Normen-Handbuch

Grundlagen der Geometrischen Produktspezifikation (GPS)

Grundlagen der Geometrischen Produktspezifikation (GPS)

Jetzt diesen Titel zusätzlich als E-Book downloaden und 70 % sparen!

Als Käufer dieses Buchtitels haben Sie Anspruch auf ein besonderes Kombi-Angebot: Sie können den Titel zusätzlich zum Ihnen vorliegenden gedruckten Exemplar für nur 30 % des Normalpreises als E-Book beziehen.

Der BESONDERE VORTEIL: Im E-Book recherchieren Sie in Sekundenschnelle die gewünschten Themen und Textpassagen. Denn die E-Book-Variante ist mit einer komfortablen Volltextsuche ausgestattet!

Deshalb: Zögern Sie nicht. Laden Sie sich am besten gleich Ihre persönliche E-Book-Ausgabe dieses Titels herunter.

In 3 einfachen Schritten zum E-Book:

❶ Rufen Sie die Website **www.beuth.de/e-book** auf.

❷ Geben Sie hier Ihren persönlichen, nur einmal verwendbaren E-Book-Code ein:

3155138B95A19CF

❸ Klicken Sie das „Download-Feld“ an und gehen dann weiter zum Warenkorb. Führen Sie den normalen Bestellprozess aus.

Hinweis: Der E-Book-Code wurde individuell für Sie als Erwerber dieses Buches erzeugt und darf nicht an Dritte weitergegeben werden. Mit Zurückziehung dieses Buches wird auch der damit verbundene E-Book-Code für den Download ungültig.

Normen-Handbuch

Grundlagen der Geometrischen Produktspezifikation (GPS)

DIN-Normen für die Ausbildung und Anwendung

2., aktualisierte Auflage

Stand der abgedruckten Normen: Februar 2023

Herausgeber: DIN Deutsches Institut für Normung e. V.

Herausgeber: DIN Deutsches Institut für Normung e. V.

Berlin · Wien · Zürich
Am DIN-Platz
Burggrafenstraße 6
10787 Berlin

Telefon: +49 30 2601-0
Internet: www.beuth.de
E-Mail: kundenservice@beuth.de

Druck: Prime Rate AG, Megyeri út 53, HU-1044 Budapest

Gedruckt auf säurefreiem, alterungsbeständigem Papier nach DIN EN ISO 9706

ISBN 978-3-410-31551-3
ISBN (E-Book) 978-3-410-31552-0

Vorwort

Dieses Normen-Handbuch soll Lehrer an Berufsschulen sowie Konstrukteure und Messtechniker dabei unterstützen, die neuen Anforderungen des GPS-Systems zu implementieren.

Das vorliegende Normen-Handbuch soll Sie in die Lage versetzen, zu erkennen, welche Normen mindestens erforderlich sind, um international rechtssichere Zeichnungen oder Modelle zu erstellen.

Bei der Zusammenstellung der Normenübersicht konnten aufgrund des Buchumfangs nicht alle GPS (Geometrische Produktspezifikation)-Normen aufgenommen werden.

Eine Übersicht aller gültigen GPS-Normen finden Sie auf den Seiten der DIN-Normenausschüsse unter www.din.de.

Um einen ersten Überblick über das Thema GPS zu geben, bestand die Notwendigkeit, sich mit dem Verlag auf eine gewisse Anzahl von Normen zu verständigen.

Sicherlich wird es Personen geben, die eine andere Auswahl getroffen hätten. Dies ist bedingt durch die Vielzahl von GPS- und TPD (Technische Produktdokumentation)-Normen, die international verwendet werden.

Das Buch soll dem Leser einen ersten Überblick über wesentliche Normen geben, damit er die Veränderungen, die sich in den letzten Jahren ergeben haben, in seinen Konstruktionen umsetzen kann. Ebenso hilft die Normenauswahl, den beruflichen Anforderungen in der Konstruktion und in der Messtechnik in Zukunft gewachsen zu sein.

Das Thema GPS und TPD ist für die berufliche Ausbildung und Fortbildung sehr relevant, damit die digitale Umsetzung der Zeichnungen und Modelle in den Prozessketten gelingen und ein weltweiter rechtssicherer Handel erfolgen kann. Diese Übersicht soll dabei helfen.

Das Normen-Handbuch gibt einen Überblick über die Grundlagen der Zeichnungsdarstellung. Es informiert über Oberflächenangaben, Größenmaße sowie über Bezüge und die Tolerierung von Form, Richtung, Ort und Lauf.

Es erlaubt Diskussionen mit Mitarbeitern, Studenten und Schülern zu führen und dient ebenso als eine Arbeitsunterlage in Berufsschulen, Konstruktion und Messtechnik.

Dies war für mich der Grund, dieses Buch mitzuerstellen.

Hersbruck, im Februar 2023 Ernst Ammon

Inhalt

Maßgebend für das Anwenden jeder in diesem Normen-Handbuch abgedruckten Norm ist deren Fassung mit dem neuesten Ausgabedatum.

Sie können sich auch über den aktuellen Stand unter der Telefon-Nr. 030/2601-2260 oder im Internet unter www.beuth.de informieren.

Hinweise zur Nutzung von DIN-Taschenbüchern und Normen-Handbüchern

Was sind DIN-Normen?

DIN Deutsches Institut für Normung e. V. erarbeitet Normen und Standards als Dienstleistung für Wirtschaft, Staat und Gesellschaft. Die Hauptaufgabe von DIN besteht darin, gemeinsam mit Vertreterinnen und Vertretern der interessierten Kreise konsensbasierte Normen markt- und zeitgerecht zu erarbeiten. Hierfür bringen rund 35.000 Expertinnen und Experten ihr Fachwissen in die Normungsarbeit ein. Aufgrund eines Vertrages mit der Bundesregierung ist DIN als die nationale Normungsorganisation und als Vertreter deutscher Interessen in den europäischen und internationalen Normungsorganisationen anerkannt. Heute ist die Normungsarbeit von DIN zu fast 90 Prozent international ausgerichtet. DIN-Normen können Nationale Normen, Europäische Normen oder Internationale Normen sein. Welchen Ursprung und damit welchen Wirkungsbereich eine DIN-Norm hat, ist aus deren Bezeichnung zu ersehen:

DIN (plus Zählnummer, z. B. DIN 4701)

Hier handelt es sich um eine N ationale Norm, die ausschließlich oder überwiegend nationale Bedeutung hat oder als Vorstufe zu einem internationalen Dokument veröffentlicht wird (Entwürfe zu DIN-Normen werden zusätzlich mit einem „E" gekennzeichnet). Die Zählnummer hat keine klassifizierende Bedeutung. Bei Nationalen Normen mit Sicherheitsfestlegungen aus dem Bereich der Elektrotechnik ist neben der Zählnummer des Dokumentes auch die VDE-Klassifikation angegeben (z. B. DIN VDE 0100).

DIN EN (plus Zählnummer, z. B. DIN EN 71)

Hier handelt es sich um die deutsche Ausgabe einer Europäischen Norm, die unverändert von allen Mitgliedern der europäischen Normungsorganisationen CEN/CENELEC/ETSI übernommen wurde. Bei Europäischen Normen der Elektrotechnik ist der Ursprung der Norm aus der Zählnummer ersichtlich: Von CENELEC erarbeitete Normen haben Zählnummern zwischen 50000 und 59999, von CENELEC übernommene Normen, die in der IEC erarbeitet wurden, haben Zählnummern zwischen 60000 und 69999, Europäische Normen des ETSI haben Zählnummern im Bereich 300000.

DIN EN ISO oder DIN EN ISO/IEC (plus Zählnummer, z. B. DIN EN ISO 306)

Hier handelt es sich um die deutsche Ausgabe einer Europäischen Norm, die mit einer Internationalen Norm identisch ist und die unverändert von allen Mitgliedern der europäischen Normungsorganisationen CEN/CENELEC/ETSI übernommen wurde.

DIN ISO, DIN IEC oder DIN ISO/IEC (plus Zählnummer, z. B. DIN ISO 720)

Hier handelt es sich um die unveränderte Übernahme einer Internationalen Norm in das Deutsche Normenwerk.

Weitere Ergebnisse der Normungs- und Standardisierungsarbeit bei DIN können sein:

Technische Spezifikation (DIN/TS)

Eine Technische Spezifikation ist ein normatives Dokument, bei dem die künftige Möglichkeit zur Annahme als Norm gegeben ist, jedoch zurzeit die Veröffentlichung als Norm aus unterschiedlichen Gründen ausgeschlossen ist (z. B. wenn die technische Entwicklung des Normungsgegenstandes noch nicht abgeschlossen ist).

ANMERKUNG: Publikationen bis 2019 wurden unter der Bezeichnung „DIN SPEC (Vornorm)" bzw. „Vornorm" geführt.

ANMERKUNG: Eine Technische Spezifikation von DIN kann auch die Übernahme einer europäischen oder internationalen Technischen Spezifikation beinhalten.

Technischer Report (DIN/TR)

Bei einem Technischen Report handelt es sich um ein informatives Dokument zum technischen Inhalt von Normungsarbeiten (z. B. Daten, die aus einer Umfrage gewonnen wurden, oder Informationen zum „Stand der Technik" auf einem bestimmten Gebiet).

ANMERKUNG: Publikationen bis 2019 wurden unter der Bezeichnung „DIN SPEC (Fachbericht)" bzw. „Fachbericht" geführt.

ANMERKUNG: Ein Technischer Report von DIN kann auch die Übernahme eines europäischen oder internationalen Technischen Reports beinhalten.

DIN SPEC

Eine DIN SPEC ist ein Dokument, das in einem temporär zusammengestellten Gremium unter Beratung von DIN und ohne zwingende Einbeziehung aller interessierten Kreise erarbeitet wird.

ANMERKUNG: Unter dem Produktnamen DIN SPEC wurden auch Publikationen bis 2019 nach den Vornorm- und Fachberichts-Verfahren geführt.

ANMERKUNG: Europäische und internationale Dokumente, die nach dem gleichen Verfahren erarbeitetet werden, werden als „Workshop Agreement" bezeichnet und können von DIN als DIN CWA bzw. DIN IWA übernommen werden.

ANMERKUNG: ISO/PAS und IEC PAS werden als DIN ISO/PAS und DIN IEC/PAS übernommen.

Beiblatt (Bbl)

Ein Beiblatt enthält Informationen zu einer Norm oder Normenreihe, einer DIN/TS oder einem DIN/TR, jedoch keine zusätzlich genormten Festlegungen.

Was sind DIN-Taschenbücher und Normen-Handbücher?

Ein besonders einfacher und preisgünstiger Zugang zu den DIN-Normen führt über die DIN-Taschenbücher bzw. Normen-Handbücher. Sie enthalten die jeweils für ein bestimmtes Fach- oder Anwendungsgebiet relevanten Normen im Originaltext. Die Dokumente sind in der Regel als Originaltextfassungen abgedruckt, verkleinert auf das Format A5.

Was muss ich beachten?

Die Anwendung von DIN-Normen ist freiwillig. Das heißt, man kann sie anwenden, muss es aber nicht. DIN-Normen werden verbindlich durch Bezugnahme, z. B. in einem Vertrag zwischen privaten Parteien oder in Gesetzen und Verordnungen.

Der Vorteil der einzelvertraglich vereinbarten Verbindlichkeit von Normen liegt darin, dass sich Rechtsstreitigkeiten von vornherein vermeiden lassen, weil die Normen eindeutige Festlegungen sind. Die Bezugnahme in Gesetzen und Verordnungen entlastet den Staat und die Bevölkerung von rechtlichen Detailregelungen.

DIN-Taschenbücher und Normen-Handbücher geben den Stand der Normung zum Zeitpunkt ihres Erscheinens wieder. Die Angabe zum Stand der abgedruckten Normen und anderer Regeln des DIN-Taschenbuchs bzw. Normen-Handbuchs finden Sie auf S. III. Maßgebend für das Anwenden jeder in einem DIN-Taschenbuch bzw. Normen-Handbuch abgedruckten Norm ist deren Fassung mit dem neuesten Ausgabedatum. Den aktuellen Stand zu jeder in diesem DIN-Taschenbuch abgedruckten DIN-Norm können Sie im Webshop des Beuth Verlags unter www.beuth.de abfragen. Dort finden Sie insbesondere etwaige Berichtigungen und Warnvermerke, welche bei der Anwendung der jeweiligen Norm unbedingt zu beachten sind.

Wie sind DIN-Taschenbücher und Normen-Handbücher aufgebaut?

DIN-Taschenbücher bzw. Normen-Handbücher enthalten die im Abschnitt „Verzeichnis abgedruckter Normen" jeweils aufgeführten Dokumente in ihrer Originalfassung. Ein DIN-Nummernverzeichnis sowie ein Stichwortverzeichnis am Ende des Buches erleichtern die Orientierung.

Abkürzungsverzeichnis

Die in den Dokumentnummern der Normen verwendeten Abkürzungen bedeuten:

A	Änderung von Europäischen oder Deutschen Normen
Bbl	Beiblatt
Ber	Berichtigung
CWA	CEN Workshop Agreement
DIN	Deutsche Norm
DIN EN	Deutsche Norm auf der Basis einer Europäischen Norm
DIN EN ISO	Deutsche Norm auf der Grundlage einer Europäischen Norm, die auf einer Internationalen Norm der ISO beruht
DIN EN ISO/IEC	Deutsche Norm auf der Grundlage einer Europäischen Norm, die auf einer Internationalen Norm der IEC beruht
DIN IEC	Deutsche Norm auf der Grundlage einer Internationalen Norm der IEC
DIN ISO	Deutsche Norm, auf der Grundlage einer Internationalen Norm der ISO
DIN SPEC	DIN-Spezifikation
DIN VDE	Deutsche Norm, die zugleich VDE-Bestimmung oder VDE-Leitlinie ist
DVS	DVS-Richtlinie oder DVS-Merkblatt
E	Entwurf
EN	Europäische Norm
EN ISO	Europäische Norm, in die eine Internationale Norm unverändert übernommen wurde und deren deutsche Fassung den Status einer Deutschen Norm erhalten hat
ENV	Europäische Vornorm, deren deutsche Fassung den Status einer Deutschen Vornorm erhalten hat
IEC	Internationale Norm der IEC
ISO	Internationale Norm der ISO
IWA	International Workshop Agreement
PAS	Publicly Available Specification
TR	Technischer Report (Technical Report)
TS	Technische Spezifikation (Technical Specification)
VDI	VDI-Richtlinie

Verzeichnis abgedruckter Normen

(nach steigenden DIN-Nummern geordnet)

Februar 2022

	DIN EN ISO 129-1	

ICS 01.100.01; 01.110

Ersatz für
DIN EN ISO 129-1:2020-02

Technische Produktdokumentation (TPD) – Angabe von Maßen und Toleranzen – Teil 1: Grundlagen (ISO 129-1:2018 + Amd 1:2020); Deutsche Fassung EN ISO 129-1:2019 + A1:2021

Technical product documentation (TPD) –
Presentation of dimensions and tolerances –
Part 1: General principles (ISO 129-1:2018 + Amd 1:2020);
German version EN ISO 129-1:2019 + A1:2021

Documentation technique de produits –
Représentation des dimensions et tolérances –
Partie 1: Principes généraux (ISO 129-1:2018 + Amd 1:2020);
Version allemande EN ISO 129-1:2019 + A1:2021

Gesamtumfang 83 Seiten

DIN-Normenausschuss Technische Grundlagen (NATG)

Nationales Vorwort

Der Text von ISO 129-1:2018 + Amd 1:2020 wurde vom Technischen Komitee ISO/TC 10 „Technical product documentation" der Internationalen Organisation für Normung (ISO) erarbeitet und als EN ISO 129-1:2019 + A1:2021 durch das Technische Komitee CEN/SS F01 „Technische Zeichnungen" übernommen, dessen Sekretariat vom Europäischen Komitee für Normung (CEN) gehalten wird.

Das zuständige deutsche Normungsgremium ist der Arbeitsausschuss NA 152-06-05 AA „Technische Produktdokumentation" im DIN-Normenausschuss Technische Grundlagen (NATG).

Dieses Dokument enthält die Änderung 1, angenommen von CEN am 13. Dezember 2020.

Der Beginn und das Ende von neuem oder geändertem Text werden durch die Markierungen !A1) (A1! angezeigt.

Für die in diesem Dokument zitierten Dokumente wird im Folgenden auf die entsprechenden deutschen Dokumente hingewiesen:

ISO 128-20	siehe	DIN EN ISO 128-20
ISO 128-22	siehe	DIN ISO 128-22
ISO 128-30	siehe	DIN ISO 128-30
ISO 128-34	siehe	DIN ISO 128-34
ISO 128-50	siehe	DIN ISO 128-50
ISO 286-1	siehe	DIN EN ISO 286-1
ISO 1101	siehe	DIN EN ISO 1101
ISO 2538-1	siehe	DIN EN ISO 2538-1
ISO 2538-2	siehe	DIN EN ISO 2538-2
ISO 3040	siehe	DIN EN ISO 3040
ISO 3098 (all parts)	siehe	DIN EN ISO 3098 (alle Teile)
ISO 6284	siehe	DIN ISO 6284
ISO 6410-1	siehe	DIN ISO 6410-1
ISO 6428	siehe	DIN ISO 6428
ISO 10209	siehe	DIN EN ISO 10209
ISO 13715	siehe	DIN EN ISO 13715
ISO 14405 (all parts)	siehe	DIN EN ISO 14405 (alle Teile)
ISO 15786	siehe	DIN ISO 15786
ISO 81714-1	siehe	DIN EN ISO 81714-1
ISO/TS 8062-2	siehe	DIN CEN ISO/TS 8062-2 (DIN SPEC 91184)

Aktuelle Informationen zu diesem Dokument können über die Internetseiten von DIN (www.din.de) durch eine Suche nach der Dokumentennummer aufgerufen werden.

2

Änderungen

Gegenüber DIN EN ISO 129-1:2020-02 wurden folgende Änderungen vorgenommen:

a) im Unterabschnitt 7.1 Bild 39 c) und Bild 39 d) hinzugefügt;

b) Text in Bezug auf die neu eingefügten Bilder ergänzt;

c) Übersetzung der Fachbegriffe überprüft und korrigiert.

Frühere Ausgaben

DIN 27: 1919-10, 1920-05, 1955-09, 1964-03, 1967-03
DIN 406-1: 1922-12, 1970-10, 1977-04
DIN 406-2: 1922-12, 1968-06, 1980-04, 1981-08
DIN 406-3: 1922-12, 1975-07
DIN 406-3 Beiblatt 1: 1978-10, 1985-04
DIN 406-4: 1922-12, 1937-05, 1980-12
DIN 406-4 Beiblatt 1: 1980-12
DIN 406-5: 1924-11, 1941-10
DIN 406-6: 1924-12, 1926-01, 1941-10
DIN 30: 1932-07, 1940x-08, 1970-12
DIN 406: 1949x-09, 1955-09
DIN ISO 128: 1977-08, 2003-09
DIN ISO 3040: 1978-04
DIN ISO 6410: 1982-08
DIN 406-10: 1992-12
DIN 406-11: 1992-12
DIN 406-11 Beiblatt 1: 2000-12
DIN 406-12: 1992-12
DIN ISO 6410-1: 1993-12
DIN ISO 6410-2: 1993-12
DIN ISO 6410-3: 1993-12
DIN EN ISO 129-1: 2020-02

3

Nationaler Anhang NA
(informativ)

Literaturhinweise

DIN CEN ISO/TS 8062-2 (DIN SPEC 91184), *Geometrische Produktspezifikationen (GPS) — Maß-, Form- und Lagetoleranzen für Formteile — Teil 2: Regeln*

DIN EN ISO 128-20, *Technische Zeichnungen — Allgemeine Grundlagen der Darstellung — Teil 20: Linien, Grundregeln*

DIN EN ISO 286-1, *Geometrische Produktspezifikation (GPS) — ISO-Toleranzsystem für Längenmaße — Teil 1: Grundlagen für Toleranzen, Abmaße und Passungen*

DIN EN ISO 1101, *Geometrische Produktspezifikation (GPS) — Geometrische Tolerierung — Tolerierung von Form, Richtung, Ort und Lauf*

DIN EN ISO 2538-1, *Geometrische Produktspezifikation (GPS) — Keile — Teil 1: Reihen von Winkeln und Neigungen*

DIN EN ISO 2538-2, *Geometrische Produktspezifikation (GPS) — Keile — Teil 2: Bemaßung und Tolerierung*

DIN EN ISO 3040, *Geometrische Produktspezifikation (GPS) — Bemaßung und Tolerierung — Kegel*

DIN EN ISO 3098 (alle Teile), *Technische Produktdokumentation — Schriften*

DIN EN ISO 10209, *Technische Produktdokumentation — Vokabular — Begriffe für technische Zeichnungen, Produktdefinition und verwandte Dokumentation*

DIN EN ISO 13715, *Technische Produktdokumentation — Kanten mit unbestimmter Gestalt — Angaben und Bemaßung*

DIN EN ISO 14405 (alle Teile), *Geometrische Produktspezifikation (GPS) — Dimensionelle Tolerierung*

DIN EN ISO 81714-1, *Gestaltung von graphischen Symbolen für die Anwendung in der technischen Produktdokumentation — Teil 1: Grundregeln*

DIN ISO 128-22, *Technische Zeichnungen — Allgemeine Grundlagen der Darstellung — Teil 22: Grund- und Anwendungsregeln für Hinweis- und Bezugslinien*

DIN ISO 128-30, *Technische Zeichnungen — Allgemeine Grundlagen der Darstellung — Teil 30: Grundregeln für Ansichten*

DIN ISO 128-34, *Technische Zeichnungen — Allgemeine Grundlagen der Darstellung — Teil 34: Ansichten in Zeichnungen der mechanischen Technik*

DIN ISO 128-50, *Technische Zeichnungen — Allgemeine Grundlagen der Darstellung — Teil 50: Grundregeln für Flächen in Schnitten und Schnittansichten*

DIN ISO 6284, *Technische Zeichnungen — Zeichnungen für das Bauwesen — Eintragung von Grenzabmaßen*

DIN ISO 6410-1, *Technische Zeichnungen — Gewinde und Gewindeteile — Allgemeines*

DIN ISO 6428, *Technische Zeichnungen — Anforderungen für die Mikroverfilmung*

DIN ISO 15786, *Technische Zeichnungen — Vereinfachte Darstellung und Bemaßung von Löchern*

4

EUROPÄISCHE NORM
EUROPEAN STANDARD
NORME EUROPÉENNE

EN ISO 129-1
Oktober 2019
+ A1
Januar 2021

ICS 01.100.01; 01.110

Deutsche Fassung

Technische Produktdokumentation (TPD) — Angabe von Maßen und Toleranzen — Teil 1: Grundlagen (ISO 129-1:2018 + Amd 1:2020)

Technical product documentation (TPD) —
Presentation of dimensions and tolerances —
Part 1: General principles
(ISO 129-1:2018 + Amd 1:2020)

Documentation technique de produits —
Représentation des dimensions et tolérances —
Partie 1: Principes généraux
(ISO 129-1:2018 + Amd 1:2020)

Diese Europäische Norm wurde vom CEN am 5. August 2019 angenommen. Die Änderung A1 modifiziert die Europäische Norm EN ISO 129-1:2019. Sie wurde vom CEN am 13. Dezember 2020 angenommen.

Die CEN-Mitglieder sind gehalten, die CEN/CENELEC-Geschäftsordnung zu erfüllen, in der die Bedingungen festgelegt sind, unter denen dieser Europäischen Norm ohne jede Änderung der Status einer nationalen Norm zu geben ist. Auf dem letzten Stand befindliche Listen dieser nationalen Normen mit ihren bibliographischen Angaben sind beim CEN-CENELEC-Management-Zentrum oder bei jedem CEN-Mitglied auf Anfrage erhältlich.

Diese Europäische Norm besteht in drei offiziellen Fassungen (Deutsch, Englisch, Französisch). Eine Fassung in einer anderen Sprache, die von einem CEN-Mitglied in eigener Verantwortung durch Übersetzung in seine Landessprache gemacht und dem CEN-CENELEC-Management-Zentrum mitgeteilt worden ist, hat den gleichen Status wie die offiziellen Fassungen.

CEN-Mitglieder sind die nationalen Normungsinstitute von Belgien, Bulgarien, Dänemark, Deutschland, Estland, Finnland, Frankreich, Griechenland, Irland, Island, Italien, Kroatien, Lettland, Litauen, Luxemburg, Malta, den Niederlanden, Norwegen, Österreich, Polen, Portugal, der Republik Nordmazedonien, Rumänien, Schweden, der Schweiz, Serbien, der Slowakei, Slowenien, Spanien, der Tschechischen Republik, der Türkei, Ungarn, dem Vereinigten Königreich und Zypern.

EUROPÄISCHES KOMITEE FÜR NORMUNG
EUROPEAN COMMITTEE FOR STANDARDIZATION
COMITÉ EUROPÉEN DE NORMALISATION

CEN-CENELEC Management-Zentrum: Rue de la Science 23, B-1040 Brüssel

Ref. Nr. EN ISO 129-1:2019 + A1:2021 D

Inhalt

Europäisches Vorwort

Der Text von ISO 129-1:2018 wurde vom Technischen Komitee ISO/TC 10 „Technical product documentation" der Internationalen Organisation für Normung (ISO) erarbeitet und als EN ISO 129-1:2019 durch CCMC übernommen.

Diese Europäische Norm muss den Status einer nationalen Norm erhalten, entweder durch Veröffentlichung eines identischen Textes oder durch Anerkennung bis April 2020, und etwaige entgegenstehende nationale Normen müssen bis April 2020 zurückgezogen werden.

Es wird auf die Möglichkeit hingewiesen, dass einige Elemente dieses Dokuments Patentrechte berühren können. CEN ist nicht dafür verantwortlich, einige oder alle diesbezüglichen Patentrechte zu identifizieren.

Entsprechend der CEN-CENELEC-Geschäftsordnung sind die nationalen Normungsinstitute der folgenden Länder gehalten, diese Europäische Norm zu übernehmen: Belgien, Bulgarien, Dänemark, Deutschland, die Republik Nordmazedonien, Estland, Finnland, Frankreich, Griechenland, Irland, Island, Italien, Kroatien, Lettland, Litauen, Luxemburg, Malta, Niederlande, Norwegen, Österreich, Polen, Portugal, Rumänien, Schweden, Schweiz, Serbien, Slowakei, Slowenien, Spanien, Tschechische Republik, Türkei, Ungarn, Vereinigtes Königreich und Zypern.

Anerkennungsnotiz

Der Text von ISO 129-1:2018 wurde von CEN als EN ISO 129-1:2019 ohne irgendeine Abänderung genehmigt.

[A1) Europäisches Vorwort der Änderung 1 (A1]

[A1) Der Text von ISO 129-1:2018/Amd 1:2020 wurde vom Technischen Komitee ISO/TC 10 „Technical product documentation" der Internationalen Organisation für Normung (ISO) erarbeitet und als EN ISO 129-1:2019/A1:2021 durch das Technische Komitee CEN/SS F01 „Technische Zeichnungen" übernommen, dessen Sekretariat von CCMC gehalten wird.

Diese Änderung zur Europäischen Norm EN ISO 129-1:2018[N1)] muss den Status einer nationalen Norm erhalten, entweder durch Veröffentlichung eines identischen Textes oder durch Anerkennung bis Juli 2021, und etwaige entgegenstehende nationale Normen müssen bis Juli 2021 zurückgezogen werden.

Es wird auf die Möglichkeit hingewiesen, dass einige Elemente dieses Dokuments Patentrechte berühren können. CEN ist nicht dafür verantwortlich, einige oder alle diesbezüglichen Patentrechte zu identifizieren.

Entsprechend der CEN-CENELEC-Geschäftsordnung sind die nationalen Normungsinstitute der folgenden Länder gehalten, diese Europäische Norm zu übernehmen: Belgien, Bulgarien, Dänemark, Deutschland, die Republik Nordmazedonien, Estland, Finnland, Frankreich, Griechenland, Irland, Island, Italien, Kroatien, Lettland, Litauen, Luxemburg, Malta, Niederlande, Norwegen, Österreich, Polen, Portugal, Rumänien, Schweden, Schweiz, Serbien, Slowakei, Slowenien, Spanien, Tschechische Republik, Türkei, Ungarn, Vereinigtes Königreich und Zypern.

Anerkennungsnotiz

Der Text von ISO 129-1:2018/Amd 1:2020 wurde von CEN als EN ISO 129-1:2019/A1:2021 ohne irgendeine Abänderung genehmigt. (A1]

N1) Nationale Fußnote: Redaktioneller Fehler der Referenzfassung, richtig ist die Datierung EN ISO 129-1:2019.

Vorwort

ISO (die Internationale Organisation für Normung) ist eine weltweite Vereinigung nationaler Normungsorganisationen (ISO-Mitgliedsorganisationen). Die Erstellung von Internationalen Normen wird üblicherweise von Technischen Komitees von ISO durchgeführt. Jede Mitgliedsorganisation, die Interesse an einem Thema hat, für welches ein Technisches Komitee gegründet wurde, hat das Recht, in diesem Komitee vertreten zu sein. Internationale staatliche und nichtstaatliche Organisationen, die in engem Kontakt mit ISO stehen, nehmen ebenfalls an der Arbeit teil. ISO arbeitet bei allen elektrotechnischen Themen eng mit der Internationalen Elektrotechnischen Kommission (IEC) zusammen.

Die Verfahren, die bei der Entwicklung dieses Dokuments angewendet wurden und die für die weitere Pflege vorgesehen sind, werden in den ISO/IEC-Direktiven, Teil 1 beschrieben. Es sollten insbesondere die unterschiedlichen Annahmekriterien für die verschiedenen ISO-Dokumentenarten beachtet werden. Dieses Dokument wurde in Übereinstimmung mit den Gestaltungsregeln der ISO/IEC-Direktiven, Teil 2 erarbeitet (siehe www.iso.org/directives).

Es wird auf die Möglichkeit hingewiesen, dass einige Elemente dieses Dokuments Patentrechte berühren können. ISO ist nicht dafür verantwortlich, einige oder alle diesbezüglichen Patentrechte zu identifizieren. Details zu allen während der Entwicklung des Dokuments identifizierten Patentrechten finden sich in der Einleitung und/oder in der ISO-Liste der erhaltenen Patenterklärungen (siehe www.iso.org/patents).

Jeder in diesem Dokument verwendete Handelsname dient nur zur Unterrichtung der Anwender und bedeutet keine Anerkennung.

Für eine Erläuterung des freiwilligen Charakters von Normen, der Bedeutung ISO-spezifischer Begriffe und Ausdrücke in Bezug auf Konformitätsbewertungen sowie Informationen darüber, wie ISO die Grundsätze der Welthandelsorganisation (WTO, en: World Trade Organization) hinsichtlich technischer Handelshemmnisse (TBT, en: Technical Barriers to Trade) berücksichtigt, siehe www.iso.org/iso/foreword.html.

Dieses Dokument wurde vom Technischen Komitee ISO/TC 10, *Technical product documentation,* erarbeitet.

Diese zweite Ausgabe ersetzt die erste Ausgabe (ISO 129-1:2004), die technisch überarbeitet wurde.

Die wesentlichen Änderungen im Vergleich zur Vorgängerausgabe sind folgende:

— die Tatsache, dass dieses Dokument die Anwendung der Maßtoleranzen nicht abdeckt, wurde geklärt;

— Eigenschaftsindikator, Flächenindikator, entwickelte Länge und „Zwischen"-Symbole wurden erörtert;

— Kennzeichnungshinweise und textliche Anweisungen wurden erörtert;

— die Bemaßung wiederholter Elemente und begrenzter Bereiche wurde geklärt.

Eine Liste aller Teile der Normenreihe ISO 129 kann auf der ISO-Internetseite abgerufen werden.

A1 Vorwort der Änderung 1 A1

A1 ISO (die Internationale Organisation für Normung) ist eine weltweite Vereinigung nationaler Normungsinstitute (ISO-Mitgliedsorganisationen). Die Erstellung von Internationalen Normen wird üblicherweise von Technischen Komitees von ISO durchgeführt. Jede Mitgliedsorganisation, die Interesse an einem Thema hat, für welches ein Technisches Komitee gegründet wurde, hat das Recht, in diesem Komitee vertreten zu sein. Internationale staatliche und nichtstaatliche Organisationen, die in engem Kontakt mit ISO stehen, nehmen ebenfalls an der Arbeit teil. ISO arbeitet bei allen elektrotechnischen Normungsthemen eng mit der Internationalen Elektrotechnischen Kommission (IEC) zusammen.

Die Verfahren, die bei der Entwicklung dieses Dokuments angewendet wurden und die für die weitere Pflege vorgesehen sind, werden in den ISO/IEC-Direktiven, Teil 1 beschrieben. Es sollten insbesondere die unterschiedlichen Annahmekriterien für die verschiedenen ISO-Dokumentenarten beachtet werden. Dieses Dokument wurde in Übereinstimmung mit den Gestaltungsregeln der ISO/IEC-Direktiven, Teil 2 erarbeitet (siehe www.iso.org/directives).

Es wird auf die Möglichkeit hingewiesen, dass einige Elemente dieses Dokuments Patentrechte berühren können. ISO ist nicht dafür verantwortlich, einige oder alle diesbezüglichen Patentrechte zu identifizieren. Details zu allen während der Entwicklung des Dokuments identifizierten Patentrechten finden sich in der Einleitung und/oder in der ISO-Liste der erhaltenen Patenterklärungen (siehe www.iso.org/patents).

Jeder in diesem Dokument verwendete Handelsname dient nur zur Unterrichtung der Anwender und bedeutet keine Anerkennung.

Für eine Erläuterung des freiwilligen Charakters von Normen, der Bedeutung ISO-spezifischer Begriffe und Ausdrücke in Bezug auf Konformitätsbewertungen sowie Informationen darüber, wie ISO die Grundsätze der Welthandelsorganisation (WTO, en: World Trade Organization) hinsichtlich technischer Handelshemmnisse (TBT, en: Technical Barriers to Trade) berücksichtigt, siehe www.iso.org/iso/foreword.html.

Dieses Dokument wurde vom Technischen Komitee ISO/TC 10, *Technical product documentation,* erarbeitet.

Eine Auflistung aller Teile der Normenreihe ISO 129 ist auf der ISO-Internetseite abrufbar.

Rückmeldungen oder Fragen zu diesem Dokument sollten an das jeweilige nationale Normungsinstitut des Anwenders gerichtet werden. Eine vollständige Auflistung dieser Institute ist unter www.iso.org/members.html zu finden. A1

Einleitung

Dieses Dokument ist für alle Anwendungsbereiche bestimmt. Siehe andere Teile von ISO 129 für Informationen, die sich auf bestimmte Anwendungsbereiche beziehen.

Die Prinzipien der Tolerierung und die Auslegung der Toleranzdarstellungen sind der Normenreihe ISO 14405 zu entnehmen.

Bilder in diesem Dokument veranschaulichen die Regeln und sind nicht zur Abbildung vollständiger Darstellung bestimmt. Es wird darauf hingewiesen, dass Projektionsmethode 3, unbeschadet der festgelegten Prinzipien, gleichermaßen hätte verwendet werden können.

1 Anwendungsbereich

Dieses Dokument legt die allgemeinen Grundsätze für die Angabe von Maßen und den zugehörigen Toleranzen fest, die für technische 2D-Zeichnungen in allen Bereichen und Branchen gelten, aber auch auf 3D-Anwendungen angewendet werden können.

Dieses Dokument deckt nicht die Anwendung der Maßtoleranzen und deren Bedeutung ab. Siehe ISO 14405-1 für Tolerierungsprinzipien. Dieses Dokument kann nur zur Beschreibung des Nennmodells einer Zeichnung verwendet werden, nicht für das nicht-ideale Oberflächenmodell (Hautmodell), das zu Tolerierungszwecken verwendet wird (für weitere Informationen zu Tolerierungsspezifikationen siehe die Liste der GPS-Normen, die als normative Verweisungen oder als Literaturhinweise aufgeführt sind).

Unter Berücksichtigung der Normenreihe ISO 14405 ist die Angabe der Toleranzindikation eindeutig, wenn sie auf ein Maß angewendet wird, das ein Größenmaß darstellt und mehrdeutig, wenn das Maß kein Größenmaß ist.

Alle in diesem Dokument genannten Regeln sind für jede Art von Zeichnung anwendbar (siehe ISO 29845).

Ergänzend führt dieses Dokument das Konzept der Eigenschaftsindikatoren, der entwickelten Länge, des „Zwischen"-Symbols, der Flächenindikatoren, der Kennzeichnungshinweise und der textlichen Anweisungen ein.

ANMERKUNG 1 Alle Bilder sind ausschließlich in der 2D-Ansicht dargestellt.

ANMERKUNG 2 Zusätzliche Informationen und Einzelheiten für das Bauingenieurwesen sind ISO 6284 zu entnehmen.

2 Normative Verweisungen

Die folgenden Dokumente werden im Text in solcher Weise in Bezug genommen, dass einige Teile davon oder ihr gesamter Inhalt Anforderungen des vorliegenden Dokuments darstellen. Bei datierten Verweisungen gilt nur die in Bezug genommene Ausgabe. Bei undatierten Verweisungen gilt die letzte Ausgabe des in Bezug genommenen Dokuments (einschließlich aller Änderungen).

ISO 128-20, *Technical drawings — General principles of presentation — Part 20: Basic conventions for lines*

ISO 128-22, *Technical drawings — General principles of presentation — Part 22: Basic conventions and applications for leader lines and reference lines*

ISO 128-24:2014, *Technical drawings — General principles of presentation — Part 24: Lines on mechanical engineering drawings*

ISO 3098 (all parts), *Technical product documentation — Lettering*

ISO 10209, *Technical product documentation — Vocabulary — Terms relating to technical drawings, product definition and related documentation*

ISO 14405 (all parts), *Geometrical product specifications (GPS) — Dimensional tolerancing*

ISO 81714-1, *Design of graphical symbols for use in the technical documentation of products — Part 1: Basic rules*

3 Begriffe

Für die Anwendung dieses Dokuments gelten die Begriffe nach ISO 10209 und die folgenden Begriffe.

ISO und IEC stellen terminologische Datenbanken für die Verwendung in der Normung unter den folgenden Adressen bereit:

— ISO Online Browsing Platform: verfügbar unter https://www.iso.org/obp

— IEC Electropedia: verfügbar unter http://www.electropedia.org/

3.1 Elemente der Bemaßung

3.1.1
Mittellinie
Linie oder Satz aus zwei senkrecht zueinander verlaufenden Linien, die zur Darstellung eines zentralen (Geometrie-)Elements verwendet werden, z. B. eine Achse oder eine Mittelebene

3.1.2
Maßlinie
gerade oder gebogene Linie mit Maßlinienbegrenzungen an jedem Ende oder Ursprung und einer Maßlinienbegrenzung an jedem Ende, die das Größenmaß eines Geometrieelements oder das Ausmaß eines Geometrieelements oder zwischen zwei Geometrieelementen oder zwischen einem Geometrieelement und einer *Maßhilfslinie* (3.1.3) oder zwischen zwei Maßhilfslinien angibt

3.1.3
Maßhilfslinie
Linie, die eine Erweiterung einer Elementkontur oder einer *Mittellinie* (3.1.1) ist

3.1.4
Ursprungssymbol
Kreis, der den Beginn der fortlaufenden Bemaßung oder der Koordinatenbemaßung angibt

3.2 Maße

3.2.1
Winkelmaß
Winkel eines winkelförmigen Größenmaßelements oder Winkel zwischen zwei Geometrieelementen

Anmerkung 1 zum Begriff: In technischen Zeichnungen der mechanischen Technik sind Winkelmaße als Winkelgrößen oder Winkelabstände klassifiziert, siehe ISO 14405-2.

3.2.2
Maßwert
nominaler Zahlenwert eines Größenmaßes, in einer bestimmten, für ein *lineares* oder *Winkelmaß* (3.2.4, 3.2.1) relevanten Maßeinheit angegeben

Anmerkung 1 zum Begriff: Die Toleranzgrenzen und/oder zulässigen Abweichungen werden auf den Maßwert angewendet.

3.2.3
entwickelte Länge
erste Länge des Materials vor der Verformung, z. B. durch Biegen

3.2.4
Längenmaß
lineares Maß eines Größenmaßelements oder eines linearen Abstands zwischen zwei Geometrieelementen

Anmerkung 1 zum Begriff: In technischen Zeichnungen der mechanischen Technik sind Längenmaße als lineare Maße oder lineare Abstände klassifiziert, siehe ISO 14405-2.

3.2.5
Eigenschaftsindikator
Symbol, das zur Definition der Form eines Geometrieelementes oder der Eigenschaft einer aus mehreren Geometrieelementen bestehenden Einheit verwendet wird

4 Angabe von Maßen

4.1 Regeln für die Angabe

4.1.1 Maße

Nur die Maße, die zur eindeutigen Definition der Nenngeometrie (Nennmodell) notwendig sind, dürfen dargestellt werden. Jedes Maß darf nur einmal durch eine Maßlinie, einen vorausgehenden Maßwert und, falls erforderlich, durch einen Eigenschaftsindikator dargestellt werden. Besteht die Notwendigkeit, die Angabe eines Maßes zu wiederholen, dürfen Hilfsmaße verwendet werden.

Maßwerte, die in Dezimalschreibweise angegeben werden, müssen als Dezimalzeichen ein Komma verwenden.

Wenn nicht anders festgelegt, müssen die Maße für den fertigen Zustand des bemaßten Geometrieelements angegeben werden.

Der Text aller Maße, graphischen Symbole und Notierungen muss oberhalb der Maßlinie angegeben werden und ist von unten zu lesen. Wenn der Text eines Maßes, eines Symbols oder einer Notierung vertikal dargestellt ist, wird er von rechts gelesen. Die Bestimmung der Ausrichtung basiert auf dem Mittelpunkt des Maßes, des Symbols oder der Notierung.

Maße allein reichen nicht aus, um die Anforderungen eines Produkts zu definieren. Maße müssen mit anderen Spezifikationstechniken, wie jeweils zutreffend, verwendet werden, z. B. allgemeine Toleranzen, geometrischer Tolerierung oder Oberflächentexturanforderungen.

4.1.2 Wiederholte Maße

Wenn ein Geometrieelement auf der Zeichnung wiederholt wird, ist es möglich, die Maßangabe auf der Zeichnung durch folgende Angaben zu vereinfachen:

— an einer Stelle des Geometrieelements, das Nennmaß (mit einem Symbol des Eigenschaftsindikators, sofern zutreffend), dem die zugehörige Wiederholungszahl vorausgeht, gefolgt von einem Multiplikationssymbol (×) und einem Leerzeichen (z. B. 2× ⌀18) (siehe Bild 10). Zur Vermeidung von Missverständnissen ist es möglich, jeden Teil der Wiederholung zu identifizieren, indem ein Referenzidentifikator verwendet wird (z. B. ein Buchstabe oder ein Symbol) (siehe Bild 64);

— ein Nennmaß (mit einem Eigenschaftsindikatorsymbol, sofern zutreffend) über einer Bezugslinie, die an jedem Teil der Wiederholung angehängt ist (siehe Bild 49 und Bild 50).

4.1.3 Maße außerhalb des Maßstabs

Standardmäßig wird eine Maßlinie im Maßstab der Zeichnung gezogen. In Ausnahmefällen, und zwar nur in 2D-Zeichnungen, wenn der Maßwert nicht seinem Maßstabswert entspricht (Geometrieelemente außerhalb des Maßstabs), ist der Maßwert durch Unterstreichen des Maßwerts zu kennzeichnen (siehe 7.11 und Bild 70).

4.1.4 Hilfsmaße

Für rein informative Zwecke kann ein Maßwert als ein Maß definiert werden. In diesem Fall ist der Maßwert in Klammern zu setzen, ( ). Diese Art von Maß wird als Hilfsmaß bezeichnet (siehe 7.12 und Bild 65 und Bild 66).

4.1.5 Theoretisch exakte Maße

Wenn ein Maßwert als ein theoretisch exaktes Maß gilt und mit der allgemeinen ±-Tolerierung oder einem Hilfsmaß nicht assoziiert ist, ist er in einen rechteckigen Rahmen zu setzen (in Übereinstimmung mit ISO 1101, 7.13 und Bild 71).

4.1.6 Symmetrische Maße

Wenn die Auslegung eines Teils eine oder mehrere Symmetrien aufweist, ist es möglich, einen Teilbereich des Teils darzustellen, der die Rekonstruktion des kompletten Teils durch Symmetrie ermöglichen kann (siehe 7.9). In diesem Fall werden die Maße, die nur auf dem Teilbereich und der Maßlinie zwischen zwei symmetrischen Geometrieelementen abgebildet sind, vom Geometrieelement angegeben, das auf dem Teilbereich mit einer Maßlinienbegrenzung und senkrecht zur Symmetrieachse ohne Maßlinienbegrenzung dargestellt ist (siehe Bild 65 und Bild 66).

4.1.7 Zeichen und Angabe

Zeichen auf Zeichnungen müssen der Normenreihe ISO 3098 entsprechen.

Es darf nur eine Zeichenhöhe für Maß- und Toleranzangabe für eine spezifische Zeichnung geben.

Die Bestandteile des Maßindikators müssen durch ein Leerzeichen getrennt sein (siehe Bild A.3 und Bild A.4).

Der Maßwert und die untere Abweichung müssen sich im selben Abstand von der Maßlinie befinden (siehe Beispiel 1 und Beispiel 2).

Wenn obere und untere Toleranzgrenzen in zwei separaten Linien dargestellt werden (z. B. Grenzabmaße, Maßgrenzwerte), muss das Dezimalzeichen der oberen und unteren Linie angeglichen werden. Wenn eine Toleranzgrenze ohne Dezimalzeichen dargestellt wird, müssen die verbleibenden Stellen angeglichen werden, als wäre ein Dezimalzeichen vorhanden (siehe Beispiel 1 und Beispiel 2).

Nachgestellte Nullen dürfen dargestellt oder weggelassen werden:

Beispiel 1	**Beispiel 2**
+0,20	0
2× 55 −0,15	2× 55 −0,15

Abweichungen müssen immer mit dem zutreffenden Zeichen, „+“ oder „−“, dargestellt werden, außer der Wert ist Null, in diesem Fall darf kein Zeichen angegeben werden (siehe Beispiel 2).

Bei Toleranzen, die an ein Maß, das in Übereinstimmung mit ISO 286-1 dargestellt ist, angehängt wurden, ist es nicht notwendig, die Werte der Abweichungen anzugeben, es sei denn, sie werden benötigt (siehe Bild 1).

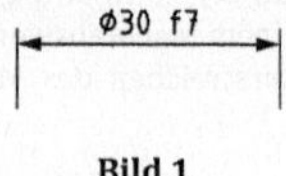

Bild 1

4.2 Positionierung der Maße

Maße müssen in einer Ansicht oder einem Schnitt angegeben werden, die/der das/die wichtigste(n) Geometrieelement(e) am deutlichsten angibt (siehe Bild 2).

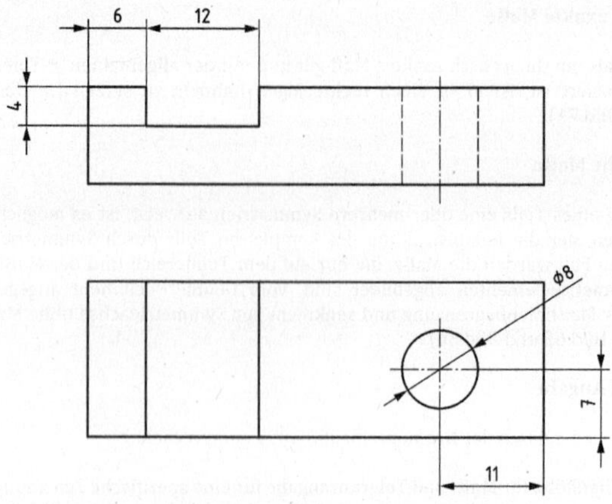

Bild 2

Maßlinien für interne Geometrieelemente und Maßlinien für externe Geometrieelemente müssen, soweit dies möglich ist, in separaten Maßgruppen angeordnet und angegeben werden, um die Lesbarkeit zu verbessern (siehe Bild 3).

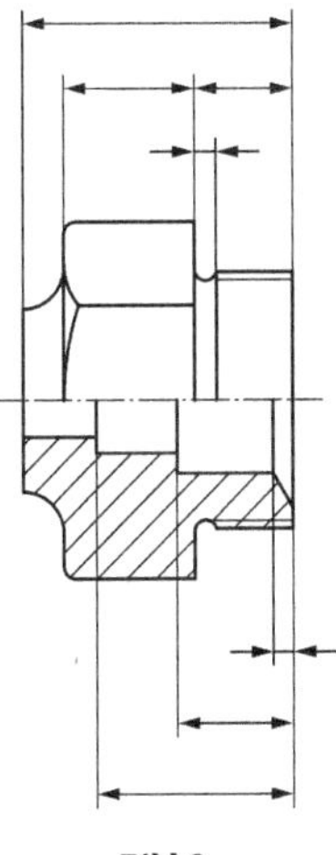

Bild 3

Wenn mehrere Geometrieelemente oder Objekte nahe beieinanderliegend abgebildet werden, müssen ihre relativen Maße separat gruppiert werden, um die Lesbarkeit zu vereinfachen (siehe Bild 4).

Wenn möglich, sollten die Maße nicht innerhalb des Umrisses des dargestellten Objekts angegeben werden.

Die Bemaßung verdeckter Geometrieelemente wird nicht empfohlen und sollte vermieden werden, es sei denn, dies ist absolut notwendig und völlig eindeutig.

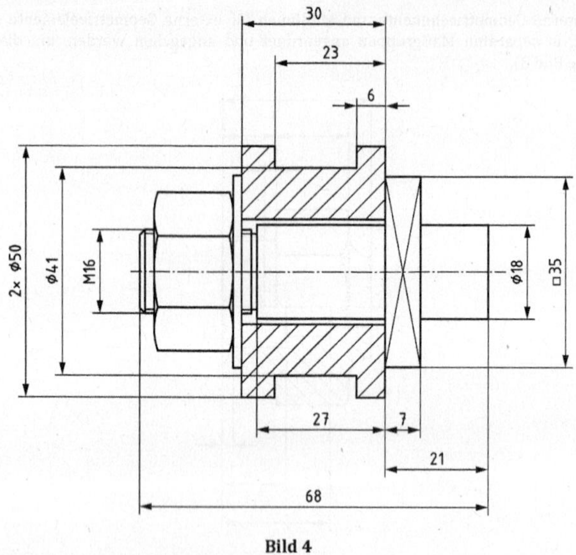

Bild 4

4.3 Maßeinheiten

Für lineare Einheiten darf die überwiegende Einheit auf einer Zeichnung auf derselben oder in einem beiliegenden Dokument angegeben und damit bei den einzelnen Bemaßungen weggelassen werden.

Bei Winkelmaßen müssen die Einheiten immer mit den einzelnen Maßen angegeben werden (siehe Bild 7 und Bild 34 bis Bild 37).

Alle in einer anderen Maßeinheit angegebenen Maße müssen diese Maßeinheit angeben.

5 Elemente der Bemaßung — Anwendung

5.1 Allgemeines

Verschiedene Elemente der Bemaßung sind in Bild 5 dargestellt.

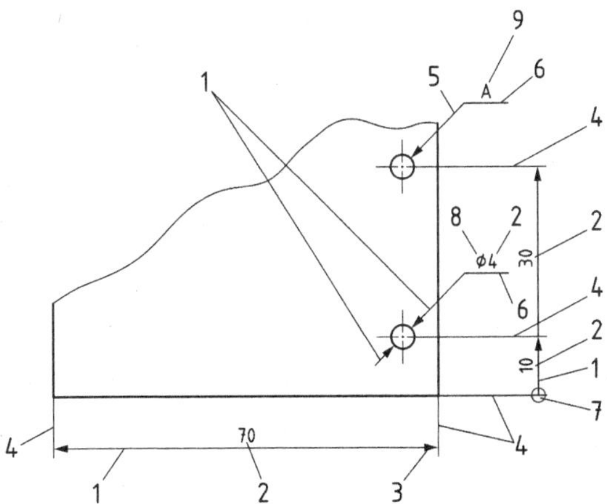

Legende

1 Maßlinie
2 Nennmaßwert
3 Maßlinienbegrenzung (in diesem Fall eine Pfeilspitze)
4 Maßhilfslinie
5 Hinweislinie
6 Bezugslinie
7 Ursprungssymbol
8 Eigenschaftsindikator
9 Referenzzeichen

Bild 5

5.2 Eigenschaftsindikatoren

Eigenschaftsindikatorsymbole (siehe Tabelle 1) dürfen verwendet werden, um die Form des Geometrieelements und die Art des zugeordneten Maßes zu beschreiben. Das Symbol muss ohne Leerzeichen vor dem Maß stehen (siehe Bilder, auf die in Tabelle 1 verwiesen wird).

Kein Eigenschaftsindikator ist für die folgenden Angaben erforderlich:

— lineare Maße zwischen zwei parallelen Ebenen (siehe Bild 9) oder zwei parallel verlaufenden geraden Linien (siehe Bild 41); oder

— Winkelmaße zwischen zwei Schnittebenen (siehe Bild 7 und Bild 59) oder zwei sich schneidenden geraden Linien.

Tabelle 1

Eigenschafts-indikatorsymbol	Beschreibung	Zugeordnete Eigenschaft	Beispiel für die Angabe
⌀	Durchmesser	Zylindrisches Geometrieelement oder rundes Geometrieelement, beschrieben durch seinen Durchmesser.	Bild 2, Bild 6 und Bild 10
R	Radius	Zylindrisches Geometrieelement oder rundes Geometrieelement, beschrieben durch seinen Radius.	Bild 8 und Bild 44
□	Quadrat	Quadratisches Geometrieelement mit vier gleichen Winkeln und vier gleichen Seiten, beschrieben durch sein Seitenmaß.	Bild 4, Bild 55 bis Bild 57
S⌀	sphärischer Durchmesser	Sphärisches Geometrieelement, beschrieben durch seinen Durchmesser.	Bild 51
SR	sphärischer Radius	Sphärisches Geometrieelement, beschrieben durch seinen Radius.	Bild 52
⌒	Bogenlänge	Krummliniges Maß eines nicht-flachen Geometrieelements (z. B. Bogenlänge).	Bild 8, Bild 53 und Bild 54
t=	Dicke (dünner Objekte)	Zwei versetzte Geometrieelemente, definiert durch ihre Dicke.	Bild 78
↧	Tiefe	Tiefe einer Bohrung oder eines internen Geometrieelements.	Bild 39 und Bild 41
⌴	zylindrische Aussenkung	Zylindrische Bohrung mit einer flachen Unterseite, beschrieben durch ihren Durchmesser und ihre Tiefe.	Bild 39
⌵	Senkung	Runde Abschrägung, beschrieben durch Durchmesser und Winkel.	Bild 40
⊸	entwickelte Länge	Länge eines Geometrieelements vor dem Biegen oder Verformen.	Bild 77
↔	zwischen	Angabe des Umfangs eines begrenzten Bereichs, verwendet in Verbindung mit Referenzzeichen.	Bild 54 und Bild 81

5.3 Maßlinie

Maßlinien müssen als schmale Volllinien nach ISO 128-20 angegeben sein.

Maßlinien müssen in folgenden Fällen angegeben sein:

— Längenmaß:

  — das ein Größenmaß eines Größenmaßelements ist, angegeben durch eine einzelne Maßlinie (siehe Bild 6 und Bild 27);

  — das ein Radius ist, generiert aus dem geometrischen Mittelpunkt des Kreises, zu dem der Bogen gehört und der zur Kontur des Bogens führt (siehe Bild 8);

  — das ein Abstand zwischen zwei Geometrieelementen oder eine Länge des begrenzten Bereichs parallel zur zu dimensionierenden Länge ist (siehe Bild 10 und Bild 83);

— Winkelmaße oder Maße eines Bogens als ein runder Bogen um den Scheitelpunkt des Winkels oder den Mittelpunkt des Bogens (siehe Bild 7 und Bild 8).

Ist der Platz begrenzt, dürfen die Maßlinien über die Maßhilfslinien hinaus erweitert und die Pfeilspitzen außerhalb der Maßhilfslinien platziert und umgedreht werden (siehe Bild 2).

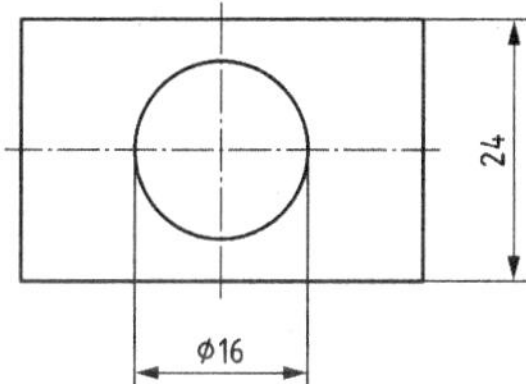

Bild 6

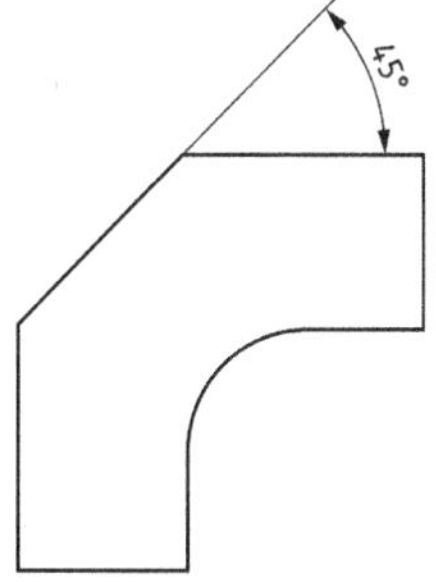

Bild 7

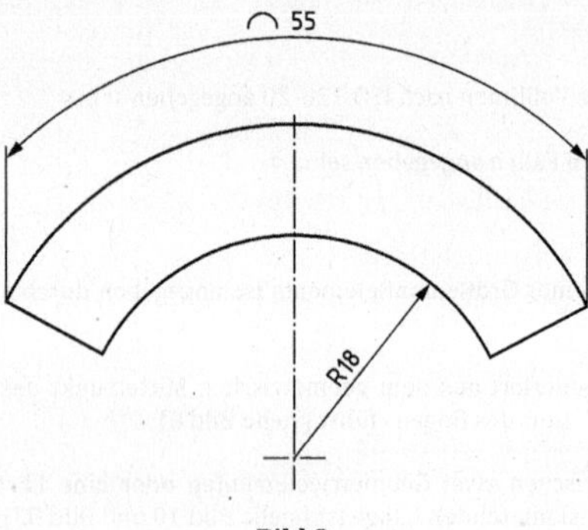

Bild 8

Wird das Geometrieelement gebrochen dargestellt, muss die entsprechende Maßlinie ungebrochen dargestellt werden (siehe Bild 9).

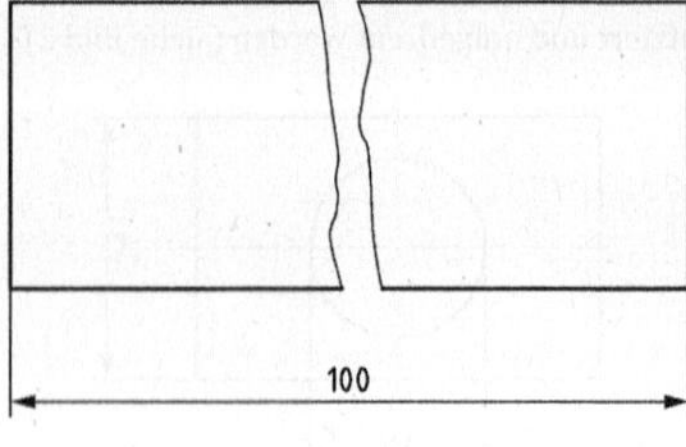

Bild 9

Maßlinien von runden Geometrieelementen dürfen schräg durch den Mittelpunkt des Geometrieelements angegeben werden (siehe Bild 10).

Überschneidungen von Maßlinien mit einer anderen Linie sollten vermieden werden, wo jedoch eine Überschneidung unvermeidbar ist, muss diese ungebrochen dargestellt werden (siehe Bild 10).

Mittellinien und Konturen eines Geometrieelements dürfen nicht als Maßlinien verwendet werden.

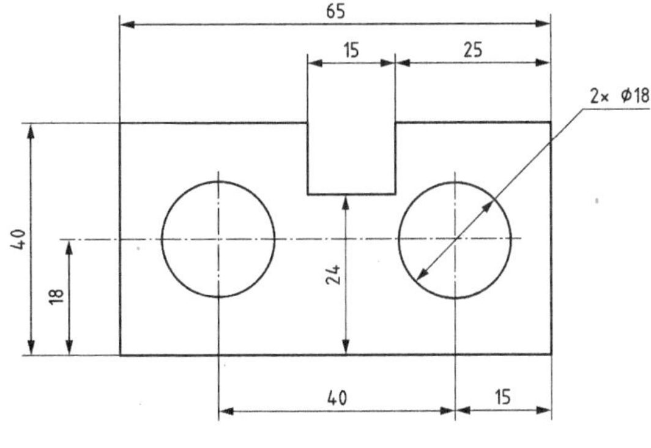

Bild 10

Maßlinien brauchen nicht vollständig dargestellt zu werden, wenn:

— Maße von Durchmessern angegeben werden (siehe Bild 11);

— ein Teil eines symmetrischen Geometrieelements als Ansicht oder Schnitt gezeichnet ist (siehe Bild 65 und Bild 67);

— das Referenzgeometrieelement zur Bemaßung nicht in der Zeichnung enthalten ist und kein Bedarf für dessen Angabe besteht (siehe Bild 45, R140);

— die vereinfachte fortlaufende Bemaßung verwendet wird [siehe Bild 90 b)].

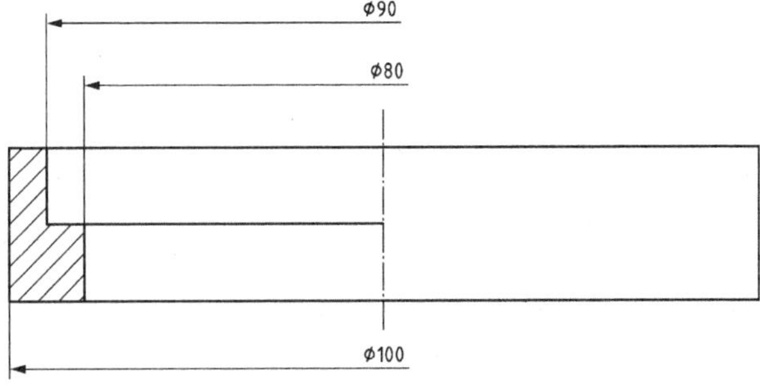

Bild 11

5.4 Maßlinienbegrenzungen und Angabe des Ursprungs

5.4.1 Maßlinienbegrenzungen

Maßlinienbegrenzungen müssen nach einer der folgenden Darstellungsweisen abgebildet werden (siehe Bild 12):

a) Pfeilspitzen: Wenn eine Pfeilspitze dargestellt ist, muss sie einer der folgenden Arten entsprechen (wobei nur eine Art Pfeilspitze auf einer einzelnen Zeichnung oder einem Satz Zeichnungen verwendet werden darf):

   1) geschlossen, 30°, gefüllt, Bild 12 a);

   2) geschlossen, 30°, nicht gefüllt, Bild 12 b);

   3) offen, 30°, Bild 12 c);

   4) offen, 90°, Bild 12 d);

b) Schrägstrich, Bild 12 e) und Bild 12 f);

c) Punkt, Bild 12 g).

Maßlinienbegrenzungen nach Bild 12 c) und Bild 12 d) dürfen nicht für Zwecke der mechanischen Technik verwendet werden.

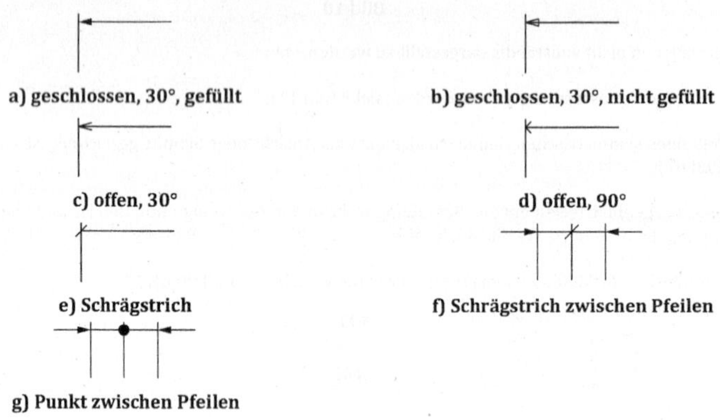

Bild 12

Die Größenmaßverhältnisse der in Bild 12 dargestellten Maßlinienbegrenzungen müssen Anhang A entsprechen. Wenn Platz vorhanden ist, müssen die Pfeilspitzen-Maßlinienbegrenzungen zwischen den Maßhilfslinien dargestellt werden (siehe Bild 14). Wenn der Platz begrenzt ist, darf die Pfeilspitzen-Maßlinienbegrenzung

— außerhalb der Maßhilfslinien auf einer verlängerten Maßlinie dargestellt werden (siehe Bild 26, Maß 1,5); oder

— entweder durch Punkte oder Schrägstriche ersetzt werden (siehe Bild 26, Maß 6); oder

— durch den Einsatz einer entgegengesetzten Pfeilspitze oder einer anderen Maßlinienbegrenzung von einer anderen Maßlinie ersetzt werden (siehe Bild 26, Maß 3, Bild 83 und Bild 100, Maß 5).

5.4.2 Angabe des Ursprungs

Das Ursprungssymbol darf verwendet werden für:

— den Ursprung für fortlaufende Bemaßung (siehe 8.4); oder

— den Ursprung eines Koordinatensystems für die Koordinatenbemaßung (siehe 8.5).

Das Ursprungssymbol muss auf der Maßlinie an der Stelle angegeben werden, an der ein spezifisches Maß oder mehrere Maße beginnen (siehe Bild 13 und Bild 96).

Die in Bild 13 dargestellten Größenmaßverhältnisse des Ursprungskreises müssen Anhang A entsprechen.

ANMERKUNG Das Ursprungssymbol verändert nicht die Bedeutung der Maßtoleranzen und fungiert nicht als ein Bezug.

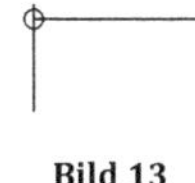

Bild 13

5.5 Maßhilfslinie

Maßhilfslinien müssen als schmale Volllinien nach ISO 128-20 gezeichnet sein.

Maßhilfslinien sollten nicht zwischen Ansichten und nicht parallel zur Schraffurrichtung gezeichnet werden.

Maßhilfslinien müssen um etwa das Achtfache der Linienbreite über ihre zugehörige Maßlinie hinausgehen

Maßhilfslinien sollten senkrecht zur entsprechenden physischen Länge gezeichnet werden (siehe Bild 5, Bild 6, Bild 11, Bild 14 und Bild 15).

Bei runden Geometrieelementen muss die Maßhilfslinie als Fortführung der Form des Geometrieelements gezeichnet werden (siehe Bild 43, ⌀60).

Eine Lücke, die dem Achtfachen der Maßhilfslinienbreite entspricht, ist zwischen dem Geometrieelement und dem Beginn der Maßhilfslinie zulässig (siehe Bild 15). Lücken können ohne Maßlinienbegrenzung verwendet werden.

Die Mittellinie oder die Kontur eines Geometrieelements oder ihre Erweiterungen dürfen anstelle einer Maßhilfslinie verwendet werden (siehe Bild 10).

Wenn gemeinsame Maßhilfslinien dargestellt sind, d. h. zwischen wiederholten Elementen, sollten diese als übereinstimmend gelten (siehe Bild 21).

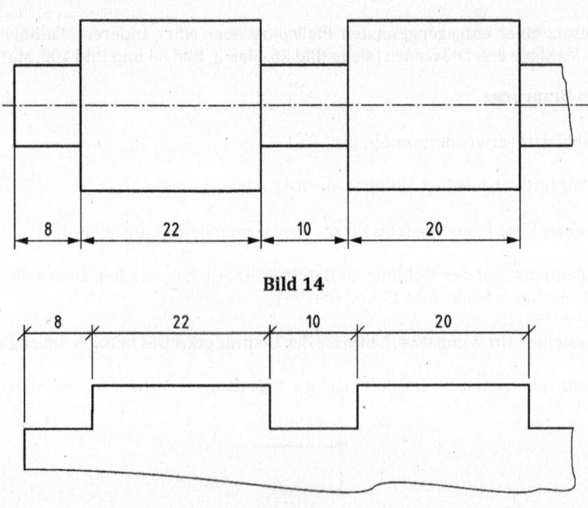

Bild 14

Bild 15

Die Maßhilfslinien dürfen schräg zum Geometrieelement gezeichnet werden, müssen jedoch parallel zueinander sein (siehe Bild 16).

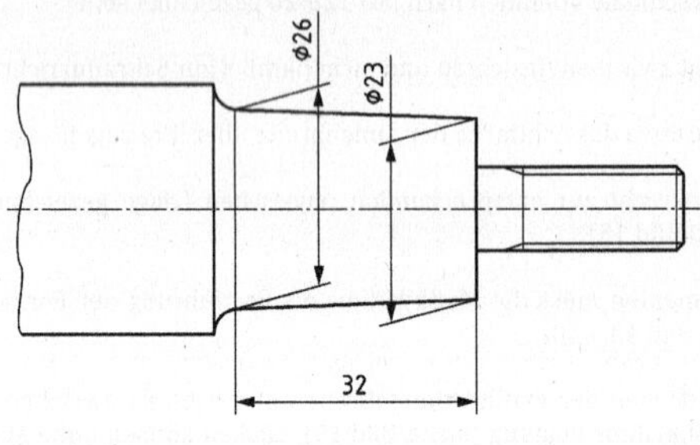

Bild 16

Bei der Bemaßung müssen sich überschneidende projizierte Umrisse der Kontur um etwa das Achtfache der Linienbreite über die Stelle der Überschneidung hinausgehen (siehe Bild 17).

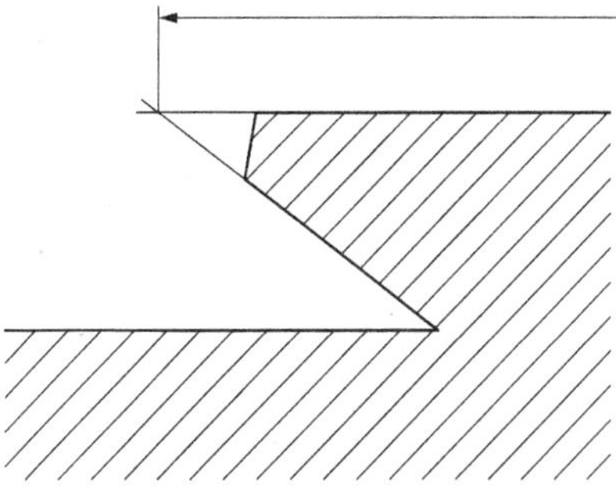

Bild 17

Bei projizierten Umrissen von Übergängen und ähnlichen Geometrieelementen finden die Maßhilfslinien an der Stelle der Überschneidung der Projektionslinien Anwendung (siehe Bild 18).

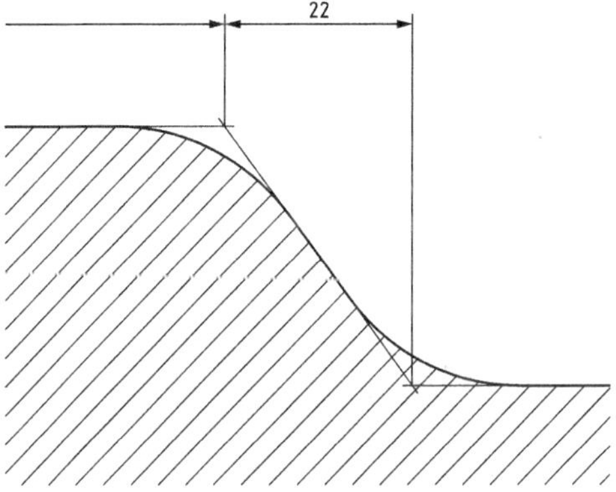

Bild 18

Maßhilfslinien dürfen unterbrochen werden, wenn ihre Fortführung eindeutig ist (siehe Bild 19 und Bild 20). Bei Winkelmaßen sind die Maßhilfslinien die Verlängerungen der Winkelschenkel (siehe Bild 20).

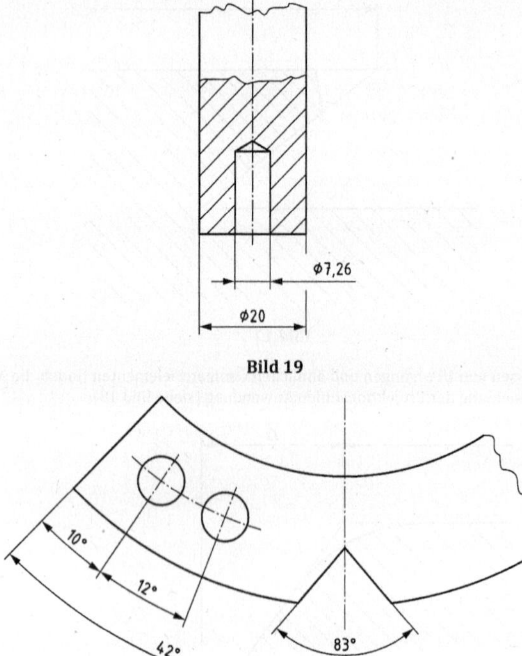

Bild 19

Bild 20

Bei wiederholten Elementen darf, alternativ zu Einzelmaßen [siehe Bild 21 a)] oder zur Verwendung gemeinsamer Linien, die mehrdeutig sein können [siehe Bild 21 b)], das Bemaßungsverfahren für wiederholte Elemente „n×“, wie in 4.1.2 beschrieben, verwendet werden [siehe Bild 21 c)].

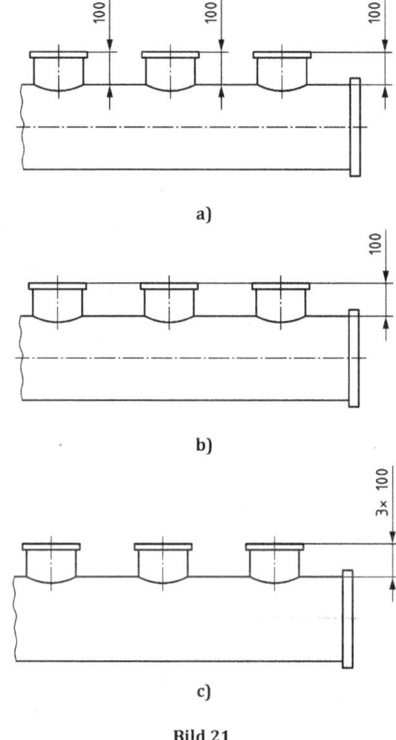

Bild 21

5.6 Hinweislinie

Hinweislinien müssen als schmale Volllinien nach ISO 128-22 gezeichnet werden und sollten mit einer Maßlinienbegrenzung, wie in 5.4.1 definiert, enden. Hinweislinien dürfen auch in Verbindung mit Bezugslinien verwendet werden (siehe Bild 5).

5.7 Maßwerte

5.7.1 Angabe

Zur Sicherstellung der vollständigen Lesbarkeit in der Originalzeichnung sowie von Kopien von Mikrofilmen (siehe ISO 6428) muss die für Maße verwendete Beschriftung ISO 3098-2:2000, Typ B, vertikal erfüllen.

ANMERKUNG Diese Beschriftung führt zu einer Zeichenhöhe, die dem Zehnfachen der Breite einer dünnen Linie entspricht. Siehe ISO 128-20.

5.7.2 Anordnung von Maßwerten und Symbolen

Maßwerte müssen parallel zur jeweiligen Maßlinie angeordnet werden. Der Platz zwischen der Maßlinie und dem unteren Ende der Zeichen und Symbole im Maß muss mindestens das Zweifache der Linienbreite zwischen der Maßlinie und dem unteren Ende der Zeichen und Symbole in dem Maß, in Übereinstimmung mit Anhang A, entsprechen. Die Maße sollten oberhalb und in der Nähe der Mitte der Maßlinie angeordnet werden. Siehe Bild 22 und Bild 23 sowie Anhang A. Für Sonderfälle siehe 5.7.3.

Maßwerte müssen so angeordnet werden, dass sie nicht von einer Linie durchkreuzt werden. Lässt sich dies nicht vermeiden, müssen unterbrochene Maßhilfslinien, auf die in 5.5 (Bild 19) verwiesen wird, verwendet werden.

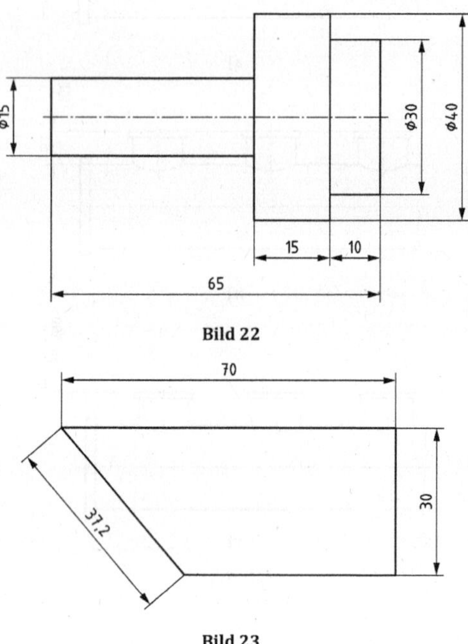

Bild 22

Bild 23

Werte von Längenmaßen auf schrägen Maßlinien müssen wie in Bild 24 dargestellt ausgerichtet werden. Die Werte müssen, wie in 4.1 festgelegt, so angegeben werden, dass sie von unten nach oben oder von rechts nach links in der Zeichnung gelesen werden können.

Werte von Winkelmaßen müssen, wie in Bild 25 dargestellt, ausgerichtet werden. Winkelmaße müssen auf der Maßlinie angeordnet werden und dieselbe Regel wie Längenmaße einhalten; siehe 4.1 und Bild 24.

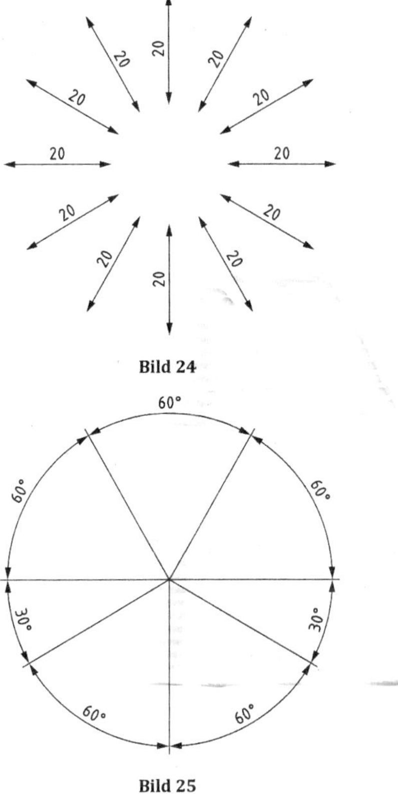

Bild 24

Bild 25

5.7.3 Besondere Anordnung von Maßwerten und Symbolen

Die Anordnung von Maßwerten darf entsprechend den unterschiedlichen Situationen angepasst werden:

a) wenn der Platz begrenzt ist, müssen Maßwerte oberhalb der Verlängerung der Maßlinie über eine der Maßlinienbegrenzungen hinaus angeordnet werden (siehe Bild 26, Maße 1,5 und 30°);

b) ist die Maßlinie zu kurz, als dass der Maßwert, wie üblich, zwischen den Maßhilfslinien angegeben werden kann, müssen die Maßwerte auf einer Bezugslinie angeordnet und über eine Hinweislinie an die Maßlinie angeschlossen werden, die auf der Maßlinie begrenzt ist (siehe Bild 26, Maße 2 und 3);

c) die Maßlinie oder die Hinweislinie dürfen verlängert und eine horizontale Bezugslinie hinzugefügt werden, durch die der Maßwert horizontal oberhalb der Bezugslinie angeordnet werden kann (siehe Bild 5, Bild 10 und Bild 27);

d) bei der fortlaufenden Bemaßung müssen die Werte neben der Pfeilspitze angegeben werden (siehe Bild 88 bis Bild 90);

e) werden Durchmesser bemaßt und liegt keine Mehrdeutigkeit vor, darf eine einzelne Maßlinie verwendet werden, d. h. eine gegenüberliegende Maßlinie ist nicht erforderlich (siehe Bild 27, Maß ⌀16).

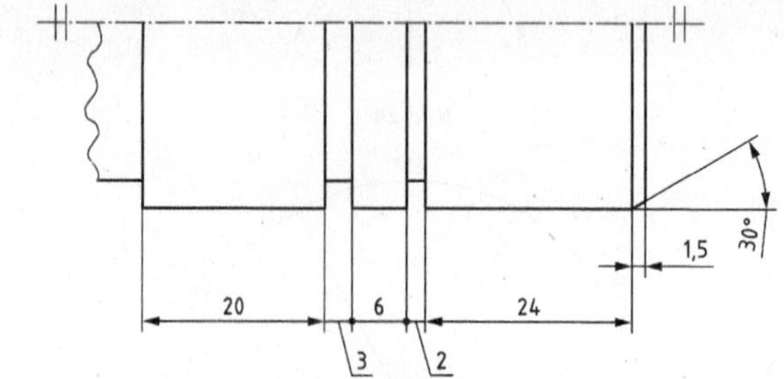

Bild 26

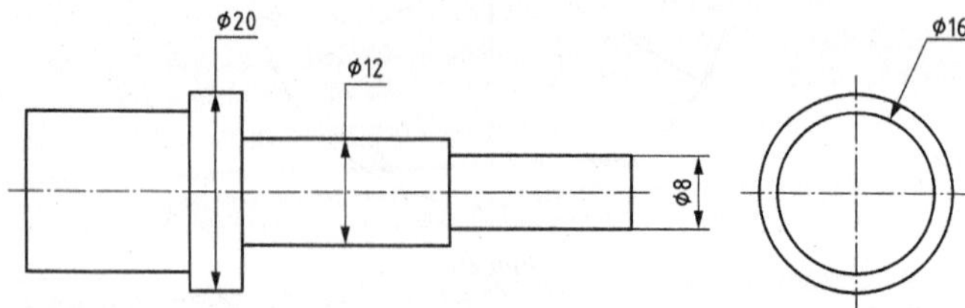

Bild 27

Um eine Fehlinterpretation zu vermeiden und die Lesbarkeit zu verbessern, dürfen Maßhilfslinien und Maßlinien versetzt werden, wenn eine große Anzahl an Maßen derselben Ausrichtung vorliegt (siehe Bild 28). Einen Teil der Maßlinie wegzulassen ist nur bei Durchmessern eindeutig.

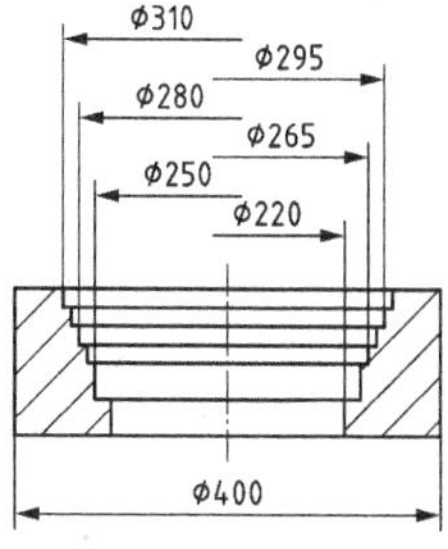

Bild 28

5.8 Alphanumerische Zeichen und Symbole, die Maßwerte darstellen

5.8.1 Alphanumerische Zeichen, die Maßwerte darstellen

Zur Darstellung von Maßwerten dürfen Zeichen verwendet werden und diese müssen auf der jeweiligen Zeichnung oder in der zugehörigen Dokumentation definiert sein (siehe Bild 29).

Zeichen auf Zeichnungen müssen nach ISO 3098-2 dargestellt werden, vorzugsweise in Großbuchstaben, außer bei Angabe der Klassen in Grenzen und Einpassungsmaße (siehe ISO 286-1) und bei Verwendung für tabellarisch angegebene Maße. Die Zeichen I, O, Q, q, X, Z oder die für Maßsymbole nach 5.2 verwendeten Zeichen, d. h. R und t, sollten nicht verwendet werden, um Konflikte und Fehlinterpretationen zu vermeiden.

Griechische Buchstaben nach ISO 3098-3 dürfen zur Angabe von Winkelmaßen eingesetzt werden.

5.8.2 Zu Maßwerten hinzugefügte Symbole

Symbole an Maßwerten, z. B. ⌀ für den Durchmesser, ⌒ für die Bogenlänge, ( ) für Hilfsmaße und M für metrische Gewinde, dürfen dem Maßwert oder dem Zeichen, das das Maß darstellt, zugewiesen werden. Auf einer gegebenen Zeichnung darf nur ein Verfahren verwendet werden (siehe Bild 29 und Bild 30).

5.9 Tabellarische Bemaßung

Dieses Bemaßungsverfahren ermöglicht die Darstellung einer Reihe unterschiedlicher gemeinsamer Geometrieelemente eines Geometrieelements oder einer Baugruppe in tabellarischer Form (siehe Bild 29 und Bild 30).

Dieses Bemaßungsverfahren darf für eine Teilegruppe verwendet werden. Siehe Bild 29 und Bild 30.

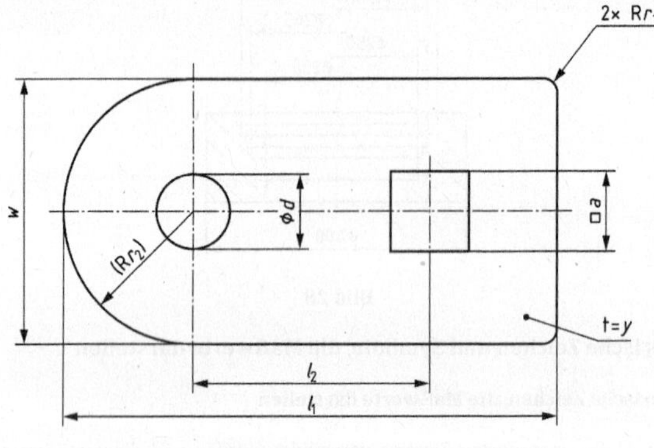

Teilenr.	a	d	l_1	l_2	r_1	r_2	w	y
1	12	10	100	50	6	16	32	4
2	16	16	120	64	6	20	40	6
3	20	20	140	78	8	24	48	8

Bild 29

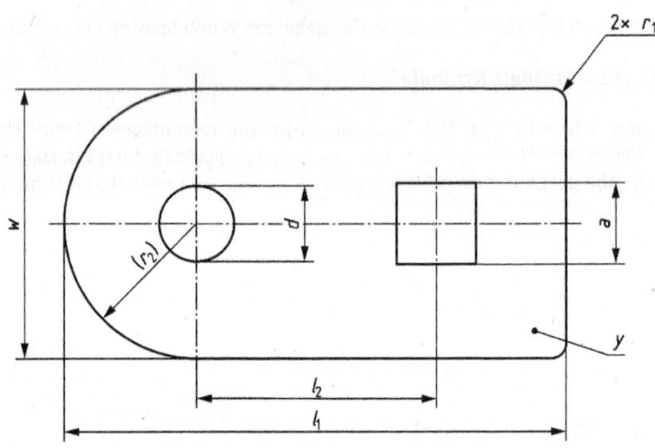

Teilenr.	a	d	l_1	l_2	r_1	r_2	w	y
1	□12	ϕ10	100	50	R6	R16	32	t=4
2	□16	ϕ16	120	64	R6	R20	40	t=6
3	□20	ϕ20	140	78	R8	R24	48	t=8

Bild 30

5.10 Ergänzende Angaben

Den Maßen dürfen ergänzende Angaben hinzugefügt werden, um Folgendes anzugeben:

— Spezifikation des Maßes (siehe Abschnitt 6);

— rein Informatives (siehe 7.12);

— für die Zusammensetzung verwendetes Maß (siehe 7.10); und

— andere Zwecke (z. B. unternehmensspezifische Angaben wie Qualitätsmanagementanforderungen).

6 Angabe von Maßtoleranzen

6.1 Allgemeines

Die normativen Regeln für Maßtoleranzen, die in der Normenreihe ISO 14405 angegeben sind, sind für die mechanische Technik anzuwenden. Es sollte jedoch beachtet werden, dass die Regeln der Normenreihe ISO 14405 auch auf andere technische Bereiche angewendet werden dürfen. Einige dieser Regeln sind hier informativ zusammengefasst.

Abhängig vom Anwendungsgebiet dürfen die Maßtoleranzen angegeben werden durch

— Grenzabmaße (siehe 6.2); und

— Maßgrenzen (siehe 6.3).

6.2 Grenzabmaße

Die Komponenten eines tolerierten Maßes müssen in der folgenden Reihenfolge angegeben werden (siehe Bild 31 bis Bild 33):

a) der Maßwert;

b) die Grenzabmaße.

Ein Leerzeichen muss die Maßwerte und die Toleranzangaben trennen (siehe Bild 1, Bild 31 und Bild 38).

Grenzabmaße müssen durch Angabe der oberen Abweichung über der unteren Abweichung (siehe Bild 31, Bild 32 und Bild 34) oder durch einen ISO-Code (siehe Bild 1) spezifiziert sein.

Die Toleranzgrenzen können direkt, ohne Angabe der Grenzabmaße, beschrieben werden (siehe Bild 37).

ANMERKUNG Der Nennwert des Maßes ist nicht identifiziert.

Ist eines der beiden Grenzabmaße Null, muss dies ausdrücklich durch die Ziffer Null, dargestellt ohne Vorzeichen, angegeben werden (siehe Bild 32).

Ist die Toleranz in Bezug auf den Maßwert symmetrisch, darf das Grenzabmaß nur einmal, mit vorgestelltem Plus-Minus-Zeichen (±), angegeben werden (siehe Bild 33).

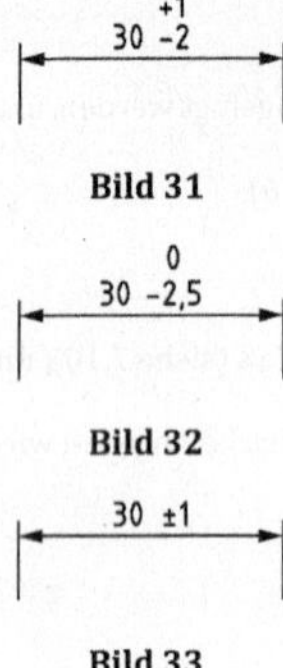

Bild 31

Bild 32

Bild 33

Bei Winkelmaßen müssen der Winkelmaßwert sowie die Grenzabmaße angegeben werden (siehe Bild 34 bis Bild 37). Ist der Winkelmaßwert oder das Winkelgrenzabmaß entweder in Minuten eines Grads oder in Sekunden einer Minute eines Grads angegeben, sollte dem Wert der Minute oder Sekunde 0° oder 0° 0′ vorangestellt sein (siehe Bild 34 und Bild 35).

Winkelmaße können durch dezimale Grade oder durch Grade, Minuten und Sekunden dargestellt werden.

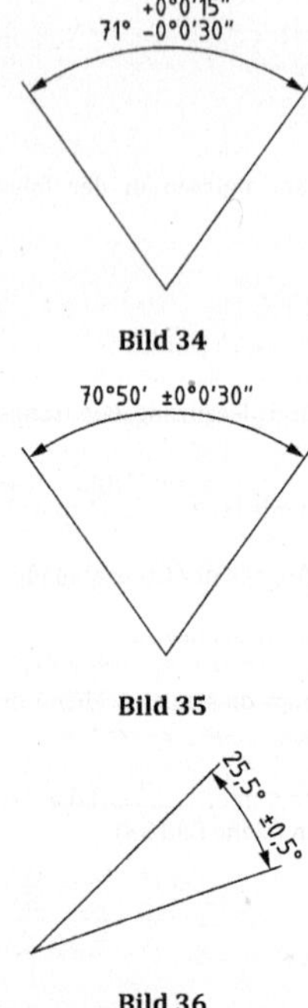

Bild 34

Bild 35

Bild 36

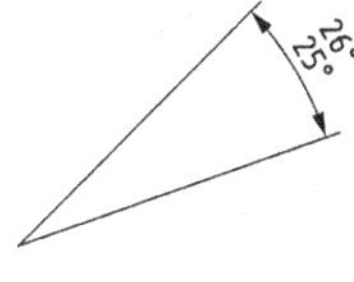

Bild 37

6.3 Grenzbemaßung

Zur Begrenzung eines Maßes in einer Richtung darf dem Maßwert nur das Wort „min." oder „max." nachgestellt werden (siehe Bild 38).

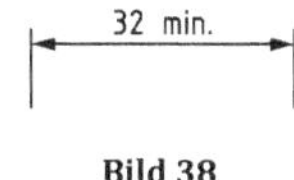

Bild 38

7 Angabe von Sondermaßen

7.1 Anordnung von graphischen oder Buchstabensymbolen mit Maßwerten

Die Eigenschaftsindikatoren müssen mit Maßen verwendet werden, um die Eigenschaften von Geometrieelementen zu bezeichnen. Werden Eigenschaftsindikatoren verwendet, müssen diese dem Maßwert direkt ohne Leerzeichen vorangestellt werden (siehe Tabelle 1, Bild 8, Bild 39 bis Bild 57, Bild 78 und Tabelle A.1).

Bei Abschrägungen und Senkungen mit einem Winkel von 45° dürfen die Maßangaben durch Angabe des Verlängerungsmaßes auf einer Maßlinie/Bezugslinie vereinfacht werden, gefolgt von einem Leerzeichen und dem Multiplikationssymbol (×), wiederum gefolgt von einem Leerzeichen und endend mit 45°; siehe Anhang B, Bild B.2.

Wird eine Aussenkung mittels eines zylindrischen Aussenkungssymbols bemaßt, müssen Durchmesser und Tiefe der Aussenkung unter dem Maßwert der Bohrung angegeben werden [siehe Bild 39 a)]. Die in Bild 39 a) und Bild 39 b) dargestellten Maße sind äquivalent.

Wird eine Senkung mittels eines Senkungssymbols bemaßt, müssen der Durchmesser an der Fläche und der enthaltene Winkel der Senkung unter dem Maßwert der Bohrung angegeben werden [siehe Bild 40 a)]. Die in Bild 40 a) und Bild 40 b) dargestellten Maße sind äquivalent.

Wird das Tiefensymbol angegeben, bezieht sich der zugehörige Wert auf die Tiefe des kompletten Geometrieelements, d. h. den zylindrischen Teil der Bohrung (siehe Bild 41) oder Aussenkung (siehe Bild 39). Bei der Bemaßung von Blindlöchern dürfen das Tiefensymbol und der Wert dem Bohrungsmaß nachgestellt sein (siehe Bild 41).

[A1) Wird mehr als eine Tiefe angegeben, siehe Bild 39 c), müssen alle Tiefen auf die Oberseite der Fläche bezogen werden. Die in Bild 39 c) und Bild 39 d) dargestellten Maße sind äquivalent.

Wird keine Tiefe angegeben, handelt es sich um eine Durchgangsbohrung. (A1]

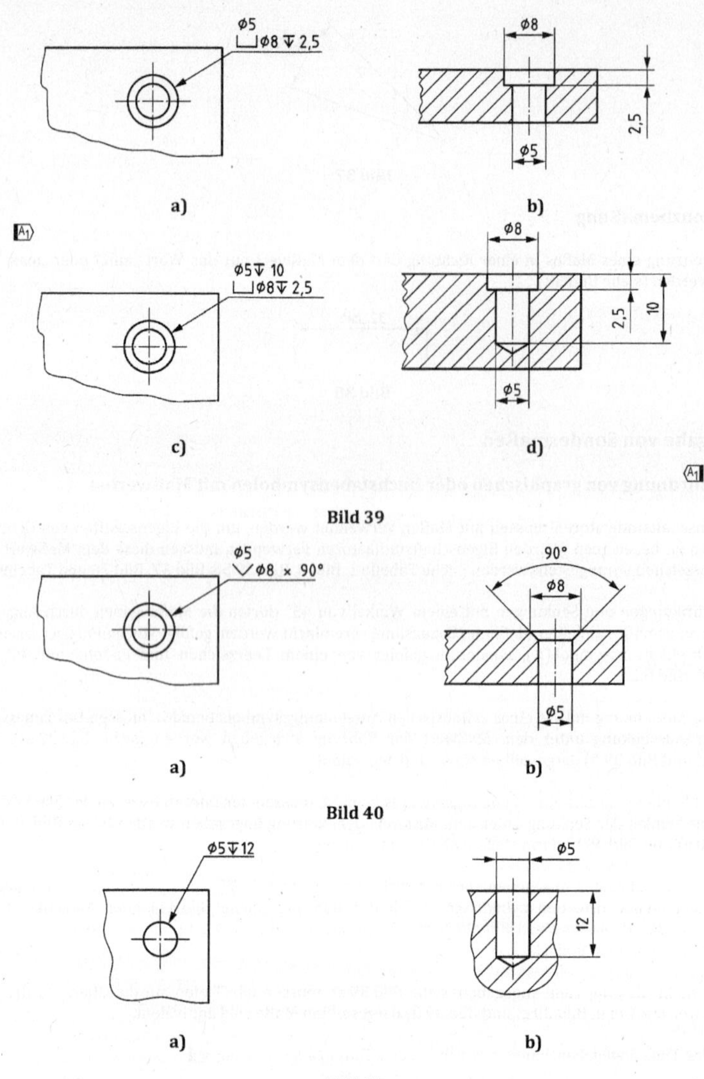

Bild 39

Bild 40

Bild 41

7.2 Durchmesser

Das graphische Symbol ⌀ gibt an, dass der Querschnitt des Geometrieelements ein Kreis ist. Das graphische Symbol ⌀ muss dem Maßwert vorangestellt sein (siehe Bild 42 und Bild 43).

Das graphische Symbol ⌀ muss bei der Bemaßung des Durchmessers eines runden Geometrieelements angegeben werden.

Durchmesser sollten angegeben werden, wenn der bemaßte Bogen größer als 180° ist (siehe Bild 43, Maß ⌀60). Die Anwendung sollte vorschreiben, ob ein Radius- oder ein Durchmesser-Maß verwendet wird. Im Allgemeinen sollte ein Durchmesser-Maß für Bögen größer als 180° verwendet werden.

Wird ein Durchmesser durch eine Pfeilspitze dargestellt, muss die Maßlinie den Mittelpunkt überschreiten (siehe Bild 43, Maß ⌀44).

Werden Hinweislinien für die Bemaßung von Durchmessern verwendet, siehe 5.6 und Bild 5, Bild 10 und Bild 63.

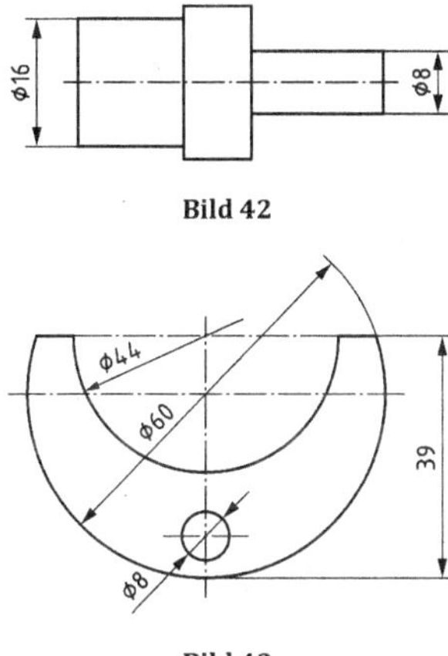

Bild 42

Bild 43

7.3 Radien

7.3.1 Allgemeines

Das Buchstabensymbol R gibt an, dass der Querschnitt des Geometrieelements Teil eines Kreises ist. Das Buchstabensymbol R muss dem Maßwert vorangestellt sein (siehe Bild 44).

Bei der Bemaßung von Radien darf nur eine Maßlinienbegrenzung verwendet werden. Diese ist an der Überschneidung von Maßlinie und Bogen anzugeben (siehe Bild 45). Im Falle einer Pfeilspitze als Maßlinienbegrenzung und abhängig von der Radiusgröße auf der Zeichnung darf die Pfeilspitze entweder innerhalb oder außerhalb der Kontur oder Maßhilfslinie des Geometrieelements liegen.

Wenn der Mittelpunkt eines auf einer Zeichnung angegebenen Bogens außerhalb des verfügbaren Platzes liegt, muss die Maßlinie des Radius entweder gebrochen oder versetzt werden, je nachdem, ob es notwendig ist, den Mittelpunkt zu lokalisieren oder nicht (siehe Bild 45).

Wenn der Mittelpunkt eines Radius aus Gründen der Positionierung angegeben werden muss, muss der Mittelpunkt mit einem aus Volllinien konstruierten Kreuz gekennzeichnet werden, deren Maß das Zehnfache der verwendeten Linienbreite betragen muss (siehe Bild 45).

Wenn dies klar und eindeutig ist, darf ein Radiusmaß an einer Werkstückkante angewendet werden (siehe Bild 45, R0,2).

Wenn der Ort des Mittelpunkts des Radius nicht ausdrücklich bemaßt ist und der Umriss tangential durchgehend erscheint, ist der Umriss tangential durchgehend und der Ort des Mittelpunkts leitet sich aus der Tangentialitätseigenschaft ab.

Ein Radius sollte angegeben werden, wenn der bemaßte Bogen kleiner als 180° ist (siehe Bild 45).

Die Anwendung sollte vorschreiben, ob ein Radius- oder ein Durchmesser-Maß verwendet wird. Im Allgemeinen sollte ein Durchmesser-Maß für Bögen größer als 180° verwendet werden.

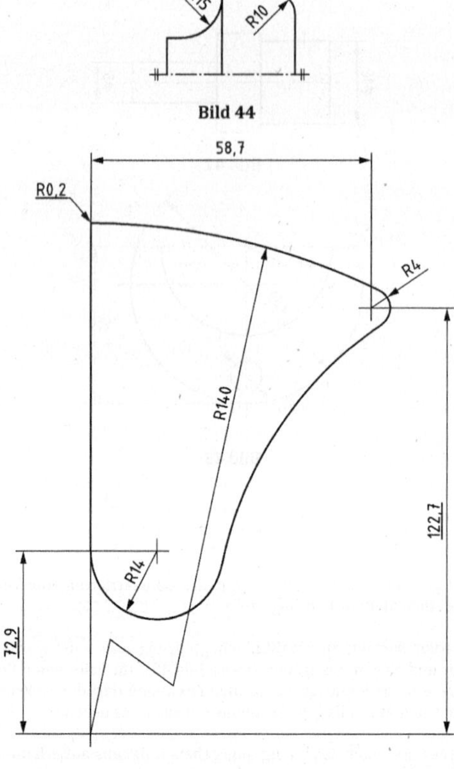

Bild 44

Bild 45

7.3.2 Maßort des Radiusmittelpunkts

Ist der Mittelpunkt des Radius nicht durch die Geometrie angrenzender Geometrieelemente gegeben, müssen die für die Definition des Ortes erforderlichen Maße angegeben werden (siehe Bild 46).

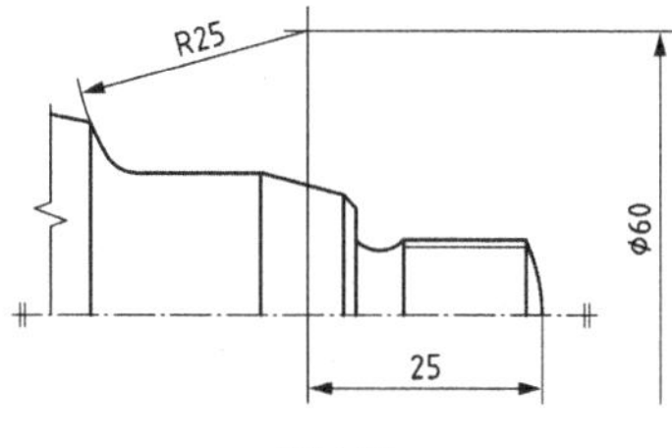

Bild 46

7.3.3 Halbkreis-Geometrieelemente

Der Radius eines Halbkreis-Geometrieelements, das parallele Linien miteinander verbindet, wird unter Verwendung eines der folgenden Verfahren, abhängig von der Auslegungsfunktion, angegeben:

— kann das Maß des Radius von anderen Maßen abgeleitet werden, ist die Angabe mit einem Radiuspfeil und dem Symbol R zulässig, ohne dass ein Wert anzugeben ist (siehe Bild 47);

ANMERKUNG Alternativ kann das Symbol R mit einem Wert als Hilfsmaß angegeben werden, d. h. R(8).

— durch Spezifikation des Maßes für den Ort des Mittelpunkts des Radius und direkte Spezifikation des Radiuswerts (siehe Bild 48).

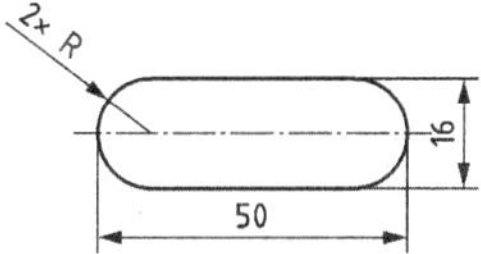

Bild 47

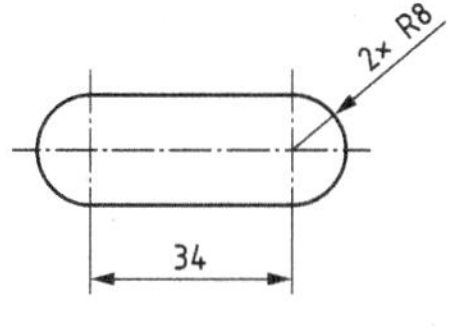

Bild 48

7.3.4 Angabe kombinierter Radien

Die Maßlinien für zwei oder mehrere Radien mit demselben Maßwert dürfen kombiniert werden (siehe Bild 49 und Bild 50).

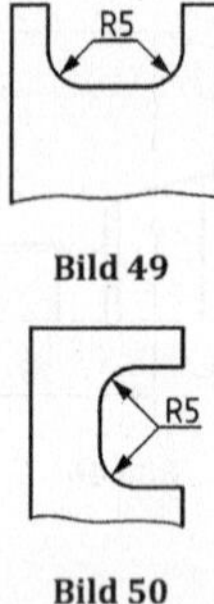

Bild 49

Bild 50

7.4 Kugeln

Kugelformen müssen durch die Symbole S⌀ für den Durchmesser und SR für den Radius angegeben werden. Das verwendete Symbol muss dem Maßwert vorangestellt sein (siehe Bild 51 und Bild 52).

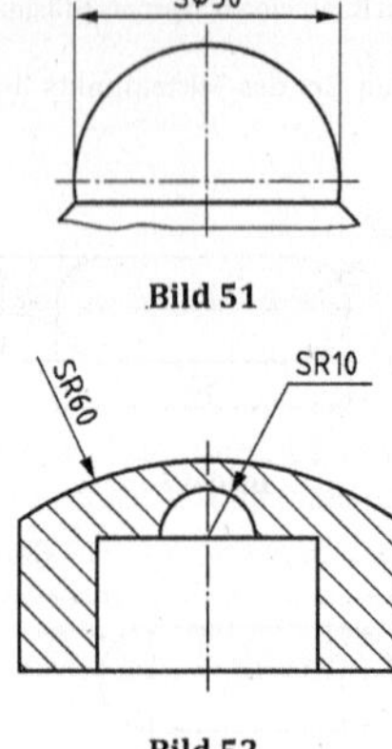

Bild 51

Bild 52

7.5 Zwischen

Wenn die Grenzen einer Eigenschaft eines Geometrieelements mehrdeutig sein können, d. h. das Ausmaß der Oberflächenbehandlung, darf das „Zwischen"-Symbol des Eigenschaftsindikators (siehe 5.2, Tabelle 1) und die zugehörige Notierung verwendet werden, um die Anforderung zu verdeutlichen. In diesem Fall sind Hinweislinien, Bezugslinien (sofern erforderlich) und Zeichen angegeben, um das Ausmaß (Start- und Endpunkt) der Eigenschaft des Geometrieelements zu bestimmen. Die Spezifikation der Eigenschaft des Geometrieelements sollte auf der Zeichnung (in der Nähe des Geometrieelements), gefolgt vom ersten Buchstaben, einem Leerzeichen, dem „Zwischen"-Symbol, einem Leerzeichen und dann dem zweiten Buchstaben A ⟷ B dargestellt werden (siehe Bild 54 und Bild 81).

7.6 Bögen, Sehnen und Winkel

Die Bemaßung von Bögen, Sehnen und Winkeln muss der in Bild 53 dargestellten entsprechen. Das graphische Symbol eines Bogens ⌒ [siehe Bild A.1 g)] muss dem Maßwert vorangestellt sein.

Bild 53 zeigt die Angaben einer Bogenlänge, Sehnenlänge und eines Winkelabstands, die für dasselbe Teil dargestellt sind.

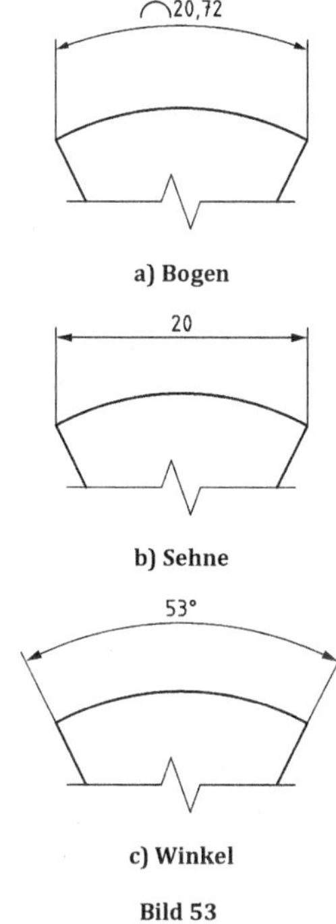

Bild 53

Bei Winkeln kleiner oder gleich 90° müssen die Maßhilfslinien parallel zur Winkelhalbierenden des Winkels gezeichnet werden. Jedes Bogenmaß muss mit eigenen Maßhilfslinien angegeben werden.

Die Maßhilfslinien für die Bemaßung der Bogen- oder Sehnenlänge müssen zum Mittelpunkt des Bogens zeigen. Ist das Verhältnis zwischen Bogenlänge und Maßwert mehrdeutig, muss es durch eine Hinweislinie und eine Bezugslinie angegeben werden, begrenzt von einer Pfeilspitze auf der zu bemaßenden Bogenlänge (siehe Bild 54).

Alternativ darf die Anwendung des „Zwischen"-Symbols und der zugehörigen Notierung (siehe 7.5) auch zur Bestimmung von Start- und Endpunkt des Maßes verwendet werden. Bei dieser Anwendung werden Start- und Endpunkt der Bogen- oder Sehnenlänge ausdrücklich angegeben und bemaßt (siehe Bild 54).

Längen- oder Winkelmaße von Bögen werden auf einer Maßlinie zwischen zwei Maßhilfslinien angegeben (siehe Bild 54).

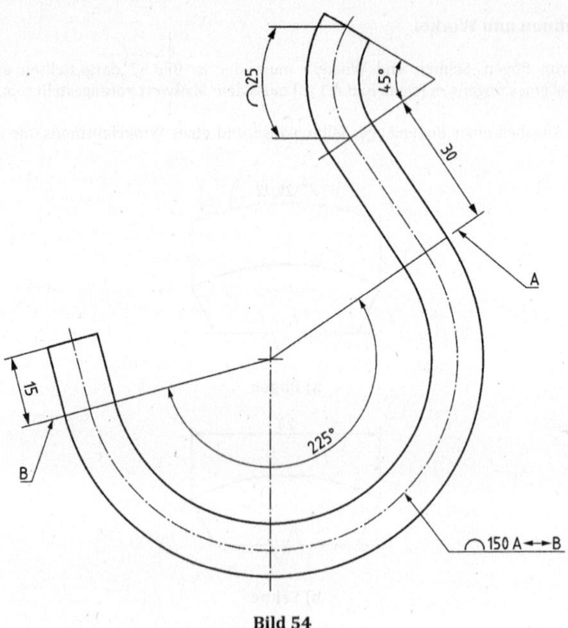

Bild 54

7.7 Quadrate

Das graphische Symbol □ muss angegeben werden, wenn ein quadratisches Geometrieelement als ein Quadrat in der Projektionsebene oder im rechten Winkel zur Projektionsebene dargestellt ist. Das graphische Symbol □ muss dem Maßwert vorangestellt sein. Sind die Toleranzen für beide Seiten des Quadrats gleich, darf das Quadrat durch die Bemaßung von nur einer Seite des Quadrats bemaßt werden (siehe Bild 55, Bild 56 und Bild 57).

ANMERKUNG Die Darstellung von flachen Oberflächen, Bild 4, Bild 55 und Bild 56, ist in ISO 128-34 beschrieben.

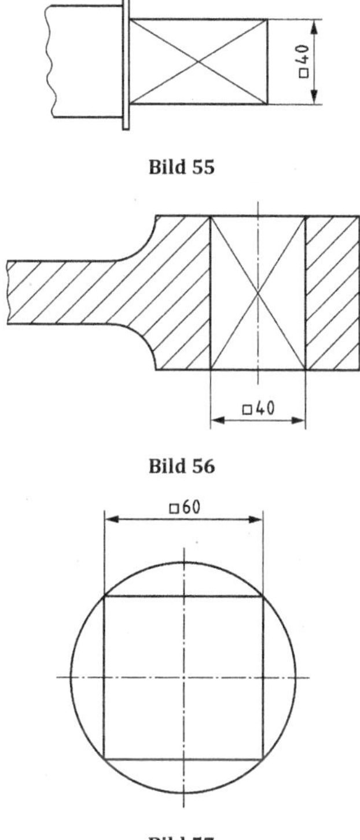

Bild 55

Bild 56

Bild 57

7.8 Gleichabständige und wiederholte Elemente

7.8.1 Gleichabständige Geometrieelemente

Haben Geometrieelemente die gleichen Abstände und sind gleichförmig angeordnet, darf ihre Bemaßung wie folgt vereinfacht werden:

Wiederholte Längen- und Winkel-Abstandsanordnung darf durch die Zahl der Abstände und deren Maßwert, getrennt durch das Symbol „×", angegeben werden (siehe 4.1.2). Die Zahl der Abstände muss direkt vor dem Symbol × ohne Leerzeichen stehen und dem Maßwert muss ein Leerzeichen vorausgehen, z. B. 17× 18. Besteht Verwechslungsgefahr zwischen der Abstandslänge und der Zahl der Abstände, darf ein Abstand zusätzlich als Hilfsmaß bemaßt werden (siehe 4.1.4 und 7.12 und Bild 58).

Die Summe der Längen- oder Winkelabstände der angegebenen Geometrieelemente ist ein Hilfsmaß (siehe 4.1.4 und 7.12 und Bild 58, Bild 59 und Bild 66). Die gesamte Darstellung ist als die Zahl der Abstände, multipliziert mit dem Maßwert der Abstände und der in Klammern gegebenen Summe, der das Gleichheitszeichen vorangestellt ist, anzugeben. Ein Leerzeichen sollte Maßwert und Summe trennen.

Werden wiederholte Elemente dupliziert, müssen die Zahl der Gruppen und das Symbol „× /" der Zahl der Abstände und deren Maßwert, wie in Bild 66 gezeigt, vorangestellt sein.

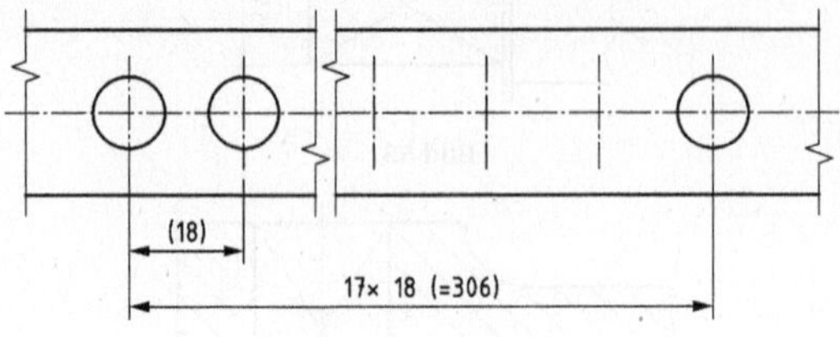

Bild 58

Der Winkelabstand darf wie in Bild 59 gezeigt bemaßt werden.

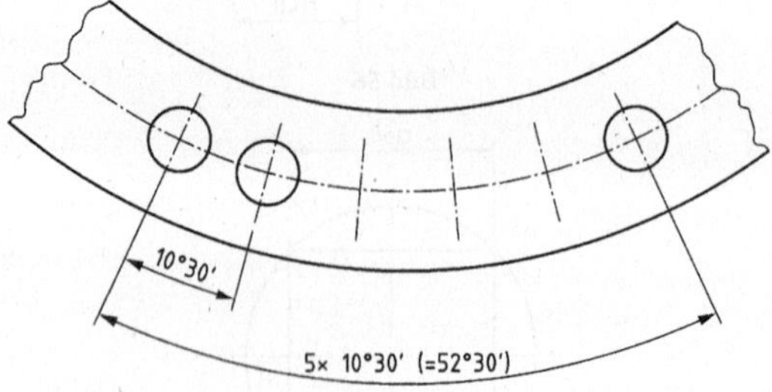

Bild 59 N2)

Bei gleichabständigen Geometrieelementen auf einem Kreis darf der Winkelabstand weggelassen werden, wenn der Abstand selbstverständlich ist und die Darstellung nicht zu Missverständnissen führt (siehe Bild 60).

N2) Nationale Fußnote: In der Referenzfassung steht bei diesem Beispiel der Maßwert 10°30' nicht in Klammern als Hilfsmaß (10°30'); siehe das Hilfsmaß (18) in Bild 58.

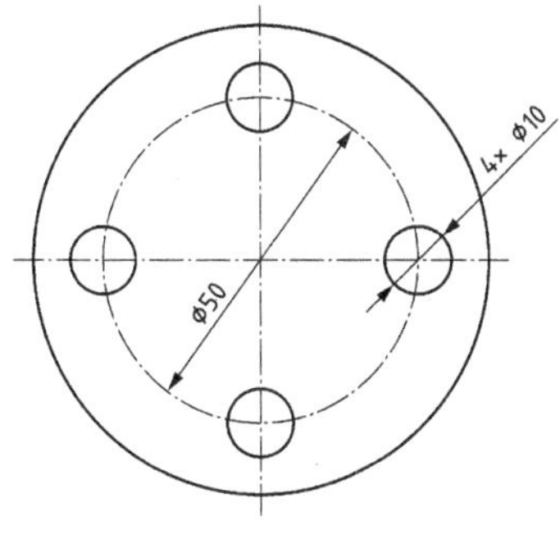

Bild 60

Kreisförmige Abstände dürfen durch Angabe der Maße und der Anzahl der Geometrieelemente bemaßt werden (siehe Bild 61).

ANMERKUNG Siehe Anhang C für Informationen zur früheren Praxis für Kreisabstände.

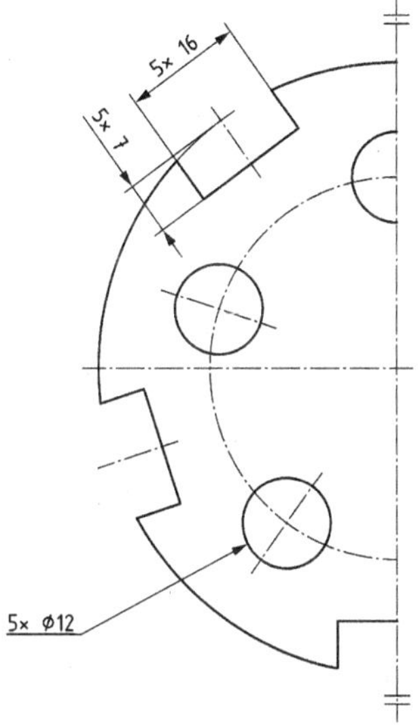

Bild 61

7.8.2 Wiederholte Elemente

Wird die Deutlichkeit nicht beeinträchtigt, dürfen Geometrieelemente mit demselben Maßwert angegeben werden, indem diesem Wert die Anzahl der Geometrieelemente und das Symbol „×“ vorangestellt werden. Die Zahl der Geometrieelemente muss direkt vor dem Symbol „×“ ohne Leerzeichen stehen und dem Maßwert muss ein Leerzeichen nach dem Symbol „×“ vorangestellt sein (siehe Bild 62 und Bild 63).

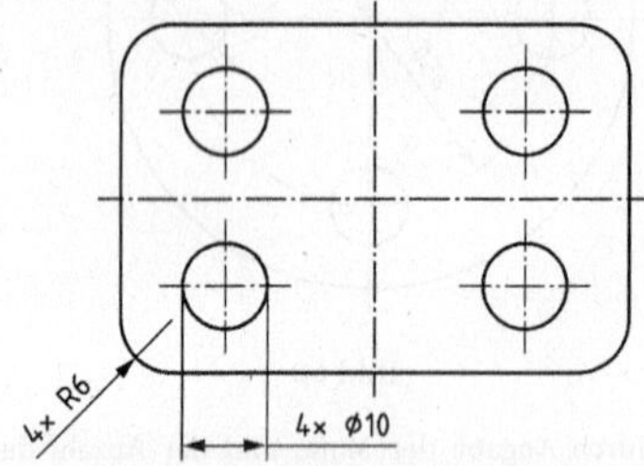

Bild 62

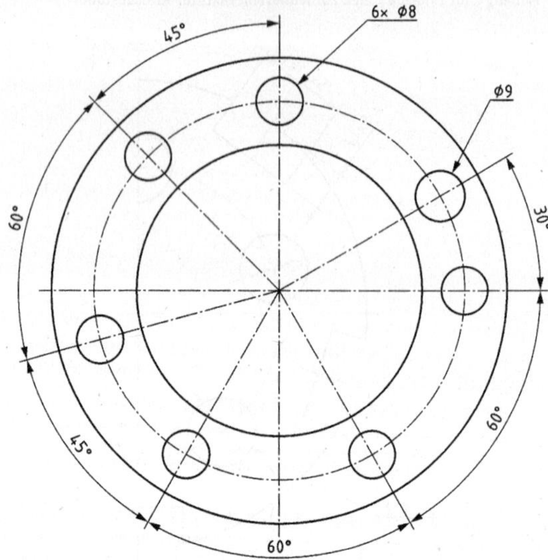

Bild 63

7.8.3 Tabellarisch dargestellte wiederholte Elemente

Zur Vermeidung der Wiederholung desselben Maßwerts oder langer Hinweislinien dürfen Referenzzeichen in Verbindung mit einer erläuternden Tabelle oder Anmerkung verwendet werden (siehe Bild 64). Die Referenzzeichen für die Geometrieelemente dürfen auf Hinweislinien, wie in Bild 64 a) oder, ohne Hinweislinien, neben den Geometrieelementen angeordnet werden, wie in Bild 64 b) gezeigt.

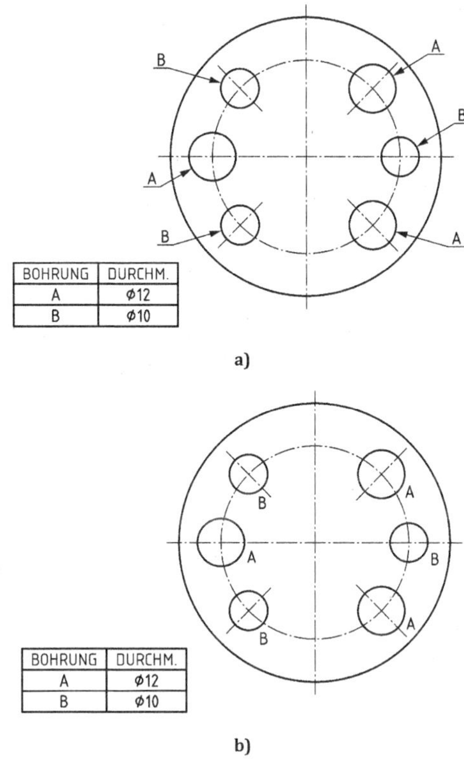

BOHRUNG	DURCHM.
A	⌀12
B	⌀10

a)

BOHRUNG	DURCHM.
A	⌀12
B	⌀10

b)

Bild 64

7.9 Symmetrische Werkstücke und Ansichten

Die Maße symmetrisch angeordneter Geometrieelemente müssen ein einziges Mal angegeben werden (siehe 4.1.6 und Bild 65, Bild 66 und Bild 67). Die Gesamtzahl wiederholter Maße ist anzugeben, direkt gefolgt (d. h. ohne Leerzeichen) von Symbol „×" und gefolgt von der Angabe des Maßes, dem ein Leerzeichen vorangestellt ist, z. B. 6× R8.

In der Regel darf die Symmetrielinie von Geometrieelementen nicht bemaßt werden (siehe Bild 65 bis Bild 67).

Bei Halb- oder Viertel-Darstellungen und auch wenn dies bei Volldarstellungen verlangt wird, muss ein Symmetriesymbol (siehe ISO 128-30) an beiden Enden der Symmetrielinie angegeben werden (siehe Bild 65 bis Bild 67).

Bei Halb- oder Vierteldarstellungen müssen die Maßlinien, die die Symmetrielinie schneiden müssen, über die Symmetrieachse hinausgehen; die zweite Begrenzung wird dann weggelassen (siehe Bild 65 bis Bild 67).

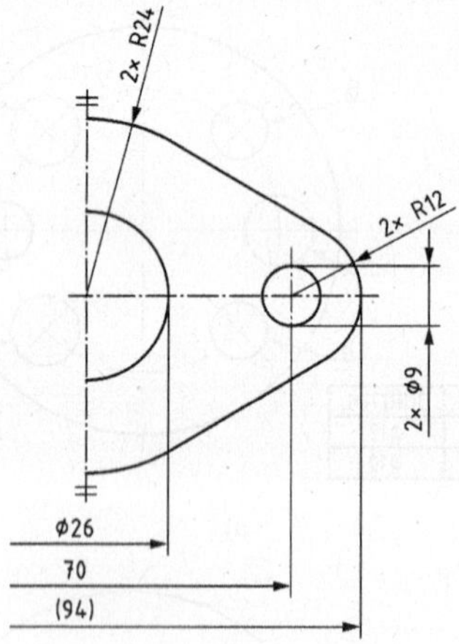

Bild 65

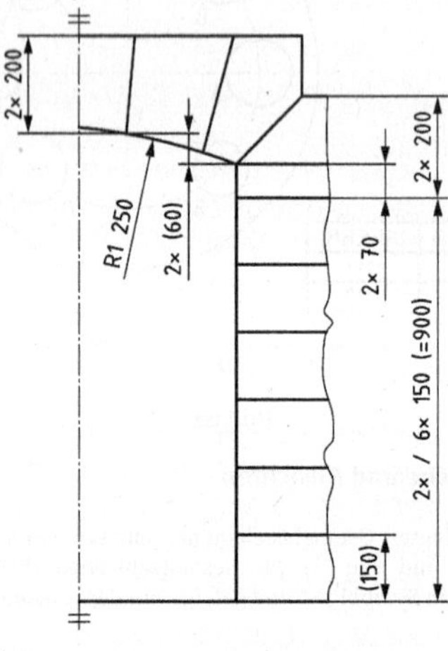

Bild 66

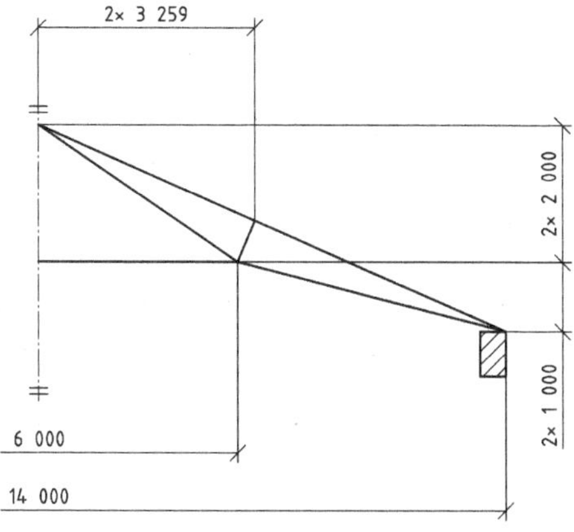

Bild 67

Neben der Angabe von Maßen müssen andere Anforderungen an symmetrische Geometrieelemente in symmetrischen Ansichten ein einziges Mal angegeben werden (z. B. Darstellungen von Oberflächentextur, Werkstückkanten mit unbestimmter Form und geometrische Spezifikationen wie Form, Ausrichtung und Ort). Die Gesamtanzahl der Anforderungen ist durch das Symbol „n×“ anzugeben.

7.10 Darstellung von Ebenen

Die Darstellung von Ebenen wird im Allgemeinen bei Bautätigkeiten eingesetzt und bezieht sich auf einen Abstand zu einem gegebenen Bezug (oftmals eine fertiggestellte Bodenhöhe).

Ebenen auf vertikalen Ansichten, Schnitten und Schnittansichten müssen durch eine vertikale Hinweislinie, begrenzt mit einer offenen 90°-Pfeilspitze, verbunden mit horizontalen Bezugslinien dargestellt werden, oberhalb derer der numerische Wert der Ebene angeordnet ist (siehe Bild 68). Die Länge der 90°-Elemente der Pfeilspitze sollte mindestens das Zehnfache der Linienbreite betragen.

Ebenen für spezifische Punkte in horizontalen (Ebenen-)Ansichten und Schnitten sind durch einen numerischen Wert der Ebene, über einer Bezugslinie angeordnet und mit dem durch „X“ gekennzeichneten Punkt verbunden, darzustellen (siehe Bild 69). Die Länge der gekreuzten Linien sollte mindestens das Zwanzigfache der Linienbreite betragen.

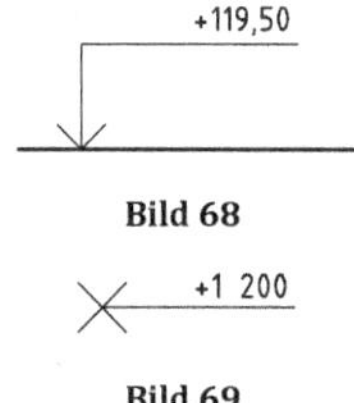

Bild 68

Bild 69

7.11 Maße von außerhalb des Maßstabs dargestellten Geometrieelementen

Die Maße für außerhalb des Maßstabs dargestellte Geometrieelemente sind zu kennzeichnen, indem der Maßwert mit einer dünnen Linie nach ISO 128-20 unterstrichen wird (siehe 4.1.3 und Bild 70). Außerhalb des Maßstabs dargestellte Geometrieelemente sollten nur in Ausnahmefällen verwendet werden, z. B. bei Änderungen an einer bestehenden Zeichnung, wenn es praktisch nicht umsetzbar ist, die Zeichnung neu zu erstellen.

Maße außerhalb des Maßstabs dürfen in 3D-Modellen nicht verwendet werden (siehe ISO 16792).

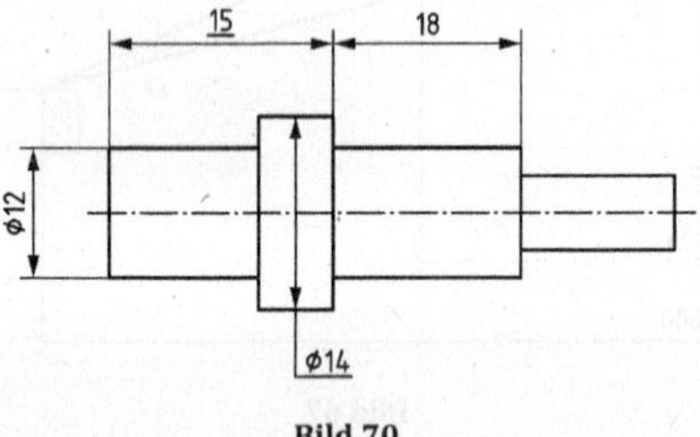

Bild 70

7.12 Hilfsmaße

Hilfsmaße (siehe 4.1.4) werden nur zu Informationszwecken dargestellt. Im Allgemeinen lassen sich diese aus anderen Maßen ableiten (siehe Bild 65 und Bild 66).

Ein Hilfsmaß sollte nicht toleriert werden, weder durch eine einzelne GPS-Spezifikation noch durch eine allgemeine Tolerierung.

7.13 Theoretisch exakte Maße

Wenn ein Maß als ein theoretisch exaktes Maß gilt (siehe 4.1.5), muss der Maßwert von einem quadratischen Kästchen, definiert durch eine dünne Linie, wie in Bild 71 dargestellt, umgeben werden. Ein theoretisch exaktes Maß darf unter keinen Umständen toleriert werden.

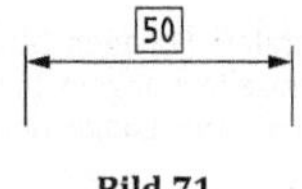

Bild 71

7.14 Maße gebogener Geometrieelemente

7.14.1 Gebogene, durch Radien definierte Geometrieelemente

Die Bemaßung gebogener, durch Radien definierter Geometrieelemente muss durch eine Kombination aus bemaßten Bogenmittelpunkten und Radiuswerten angegeben werden (siehe Bild 72 und Bild 73).

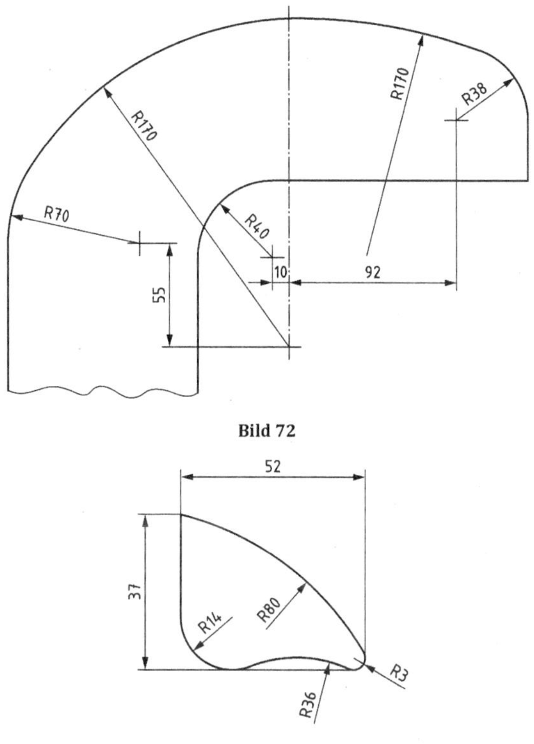

Bild 72

Bild 73

7.14.2 Gebogene, durch Koordinatenmaße definierte Geometrieelemente

Die Bemaßung gebogener Geometrieelemente mittels kartesischer oder Polarkoordinaten muss durch Maße an Punkten auf dem Profil angegeben werden (siehe Bild 74 und Bild 75).

Die Polarkoordinatenbemaßung von vereinfachten fortlaufenden Bemaßungen mittels tabellarischer Darstellungen ist in Bild 76 dargestellt.

Die Interpolation von Punkten zwischen angegebenen Punkten (z. B. durch lineare Interpolation, Spline-Funktion usw.) sollte auf der Zeichnung oder dem zugehörigen Dokument vermerkt werden (z. B. durch einen Kennzeichnungshinweis oder ein anderes Verfahren).

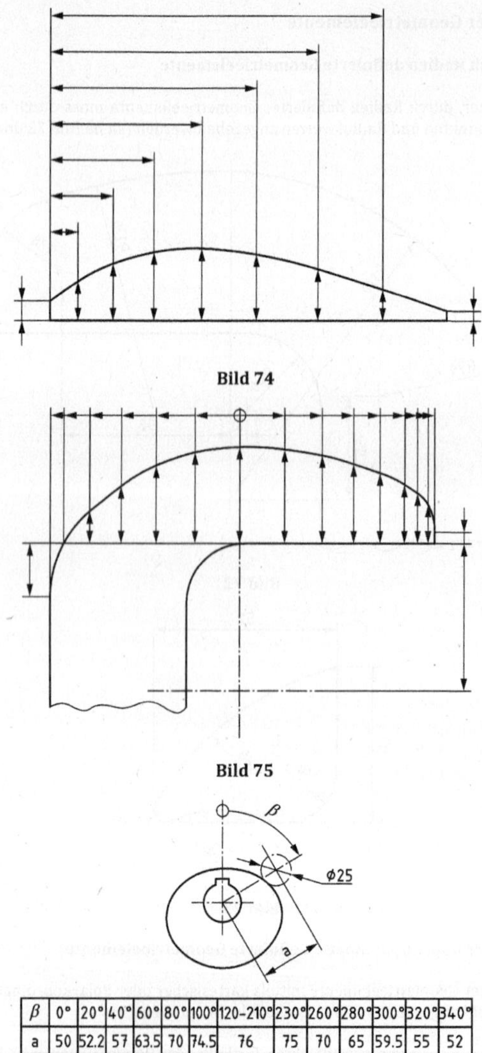

Bild 74

Bild 75

β	0°	20°	40°	60°	80°	100°	120–210°	230°	260°	280°	300°	320°	340°
a	50	52.2	57	63.5	70	74.5	76	75	70	65	59.5	55	52

Bild 76

7.15 Bemaßung entwickelter Ansichten

Wenn es aus Gründen der Information notwendig ist, die ursprüngliche Kontur eines fertigen Werkstücks anzugeben (z. B. die Länge eines Werkstücks vor dem Biegen), darf dieser durch dünne Strich-Punktlinien nach ISO 128-24:2014, Typ 05.01, dargestellt und als Hilfsmaß bemaßt werden; siehe 4.1.4, 7.12 und Bild 77 a).

Wird die ursprüngliche Kontur nicht dargestellt, darf das Symbol für entwickelte Länge zur Angabe dieses Maßes verwendet werden [siehe Bild 77 b) und c)].

Das Symbol für entwickelte Länge und das Maß dürfen gegebenenfalls als Hilfsmaß angezeigt werden [siehe Bild 77 c)].

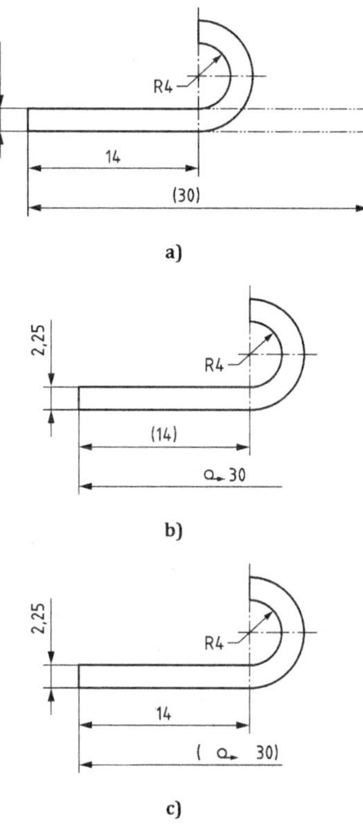

Bild 77

7.16 Bemaßung von dünnen Teilen

7.16.1 Angabe der Dicke

Die Dicke eines Teils darf mit dem Symbol „t=", gefolgt vom Dickenmaß, angebracht an einer Fläche mit einer mit einem Punkt begrenzten Hinweislinie, angegeben werden [siehe Bild 78 a) und Bild 78 b)].

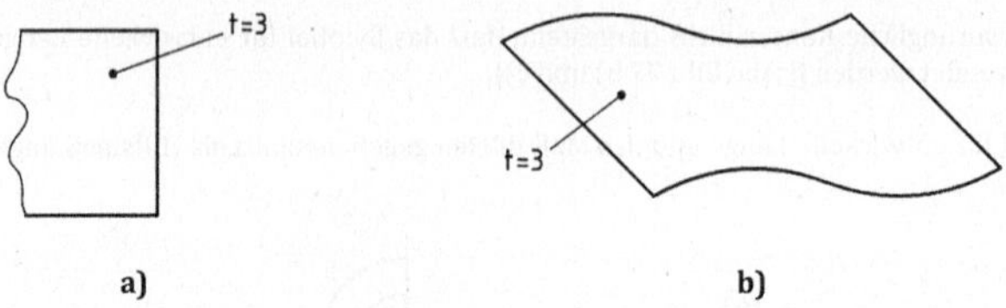

Bild 78

7.16.2 Flächenangabe

Werden dünne Teile nach ISO 128-50 bemaßt, muss der breiten Linie, die den Schnitt darstellt, ein Flächenindikatorsymbol hinzugefügt werden, um anzugeben, welche Fläche bemaßt ist (siehe Bild 79 und Bild 80). Dieses Symbol besteht aus einem kurzen Liniensegment, das die nicht bemaßte(n) oder nicht modellierte(n) Fläche(n) darstellt. Besteht der Flächenindikator aus zwei kurzen Liniensegmenten, gilt das Maß für die zentrale Fläche.

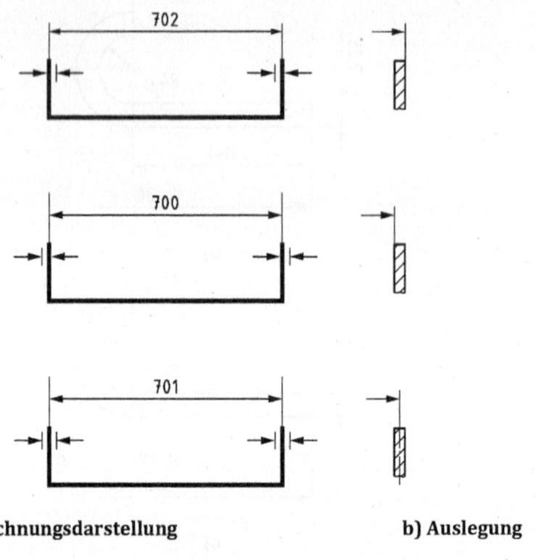

a) Zeichnungsdarstellung **b) Auslegung**

Bild 79

Die oben erläuterte Verwendung von Symbolen lässt sich direkt auf gebogene Flächen anwenden. Wird ein Flächenindikatorsymbol auf einer gebogenen Fläche angegeben, gilt es für die gesamte Fläche und nicht nur für das individuelle Geometrieelement, an dem es angebracht ist (siehe Bild 80).

Für die Bemaßung der gesamten Fläche sollte die Verwendung des „Zwischen"-Symbols und die zugehörige Notierung in Betracht gezogen werden, wenn Mehrdeutigkeit vorliegt; siehe 7.5, Tabelle 1, Bild 54 und Bild 81 für Beispiele hierzu.

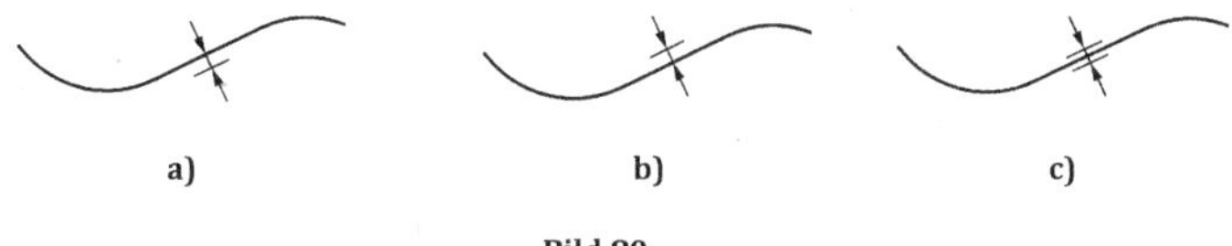

Bild 80

7.17 Bemaßung begrenzter Bereiche

7.17.1 Allgemeine Regeln

Bei der Bemaßung eines begrenzten Bereichs einer Fläche zur Angabe einer Bedingung oder Spezifikation müssen der Flächeninhalt und dessen Lage als breite Strich-Punktlinie in Übereinstimmung mit ISO 128-24:2014, Typ 04.2, dargestellt werden.

7.17.2 Bemaßung begrenzter Bereiche auf Umlaufflächen

Wenn Ort und Ausmaß einer Anforderung für einen begrenzten Teil eines Geometrieelements gelten, ist eine entsprechende Bemaßung notwendig (siehe Bild 81). Die Linie, die den Flächeninhalt angibt, muss angrenzend und parallel zur Fläche, in einem geringen Abstand, gezogen werden.

Wenn die Anforderung für den gesamten Flächenumfang gilt, muss nur die Länge des Flächeninhalts angegeben und darf diese nur einmal angezeigt werden (siehe Bild 81).

Liegt bei der Spezifikation im begrenzten Bereich eine Mehrdeutigkeit vor, sollte die Verwendung des „Zwischen"-Symbols und der zugehörigen Notierung in Erwägung gezogen werden [siehe 7.5, Tabelle 1 und Bild 81 b)].

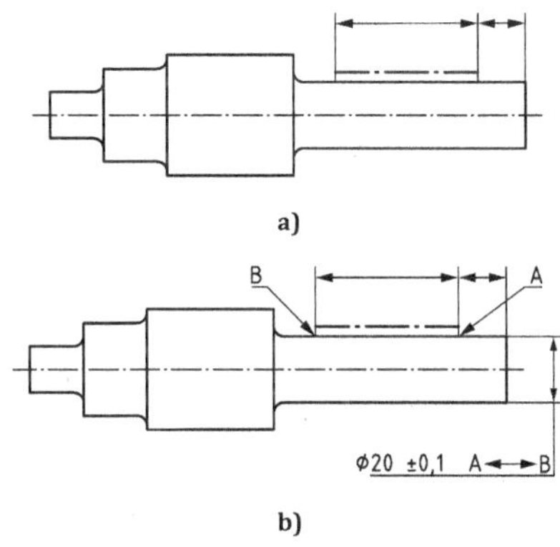

Bild 81

Gilt die Anforderung für einen begrenzten Bereich des zylindrischen Geometrieelements, muss das Winkelausmaß in einer separaten Ansicht bemaßt werden (siehe Bild 82).

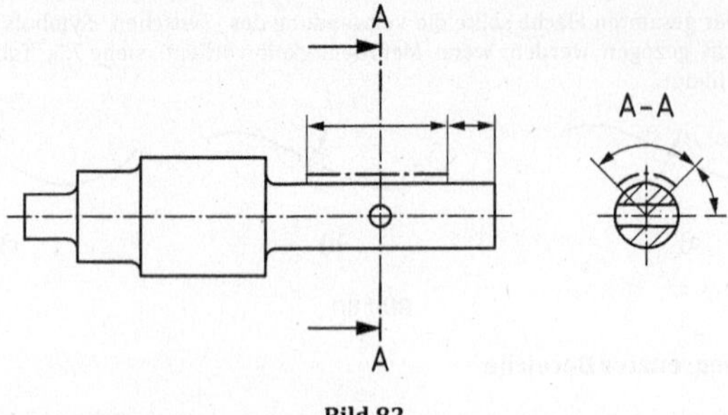

Bild 82

7.17.3 Bemaßung begrenzter Bereiche auf anderen Flächen als Umlaufflächen

Die Ausmaße des Bereichs müssen, basierend auf der Form, nach Bedarf bemaßt werden. Die Kontur des Bereichs wird dargestellt und der Bereich sollte, z. B. durch Schraffur, hervorgehoben werden (siehe Bild 83).

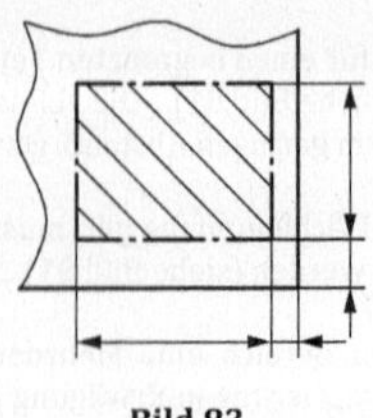

Bild 83

Zeigt die Zeichnung das Ausmaß und die Lage des angegebenen begrenzten Bereichs deutlich, ist die Bemaßung des begrenzten Bereichs nicht notwendig (siehe Bild 84).

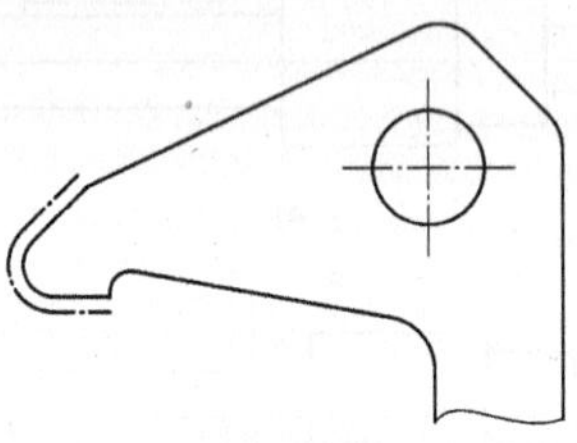

Bild 84

Liegt bei der Spezifikation im begrenzten Bereich eine Mehrdeutigkeit vor, sollte die Verwendung des „Zwischen"-Symbols und der zugehörigen Notierung in Erwägung gezogen werden [siehe 7.5, Tabelle 1 und Bild 81 b)].

ANMERKUNG Weitere Spezifikationen begrenzter Bereiche sind ISO 1101 und ISO 14405-1 zu entnehmen.

8 Anordnung von Maßen

8.1 Allgemeines

Die Anordnung von Maßen auf einer Zeichnung muss den Konstruktionszweck eindeutig angeben. Im Allgemeinen ist die Anordnung von Maßen das Ergebnis der Kombination verschiedener Anforderungen an die Konstruktion.

Maßlinien müssen parallel, als Ketten- oder fortlaufende Bemaßung oder in einer Kombination daraus angeordnet werden.

8.2 Kettenbemaßung

Bei der Kettenbemaßung werden Ketten aus einzelnen Maßen in einer Reihe angeordnet (siehe Bild 85).

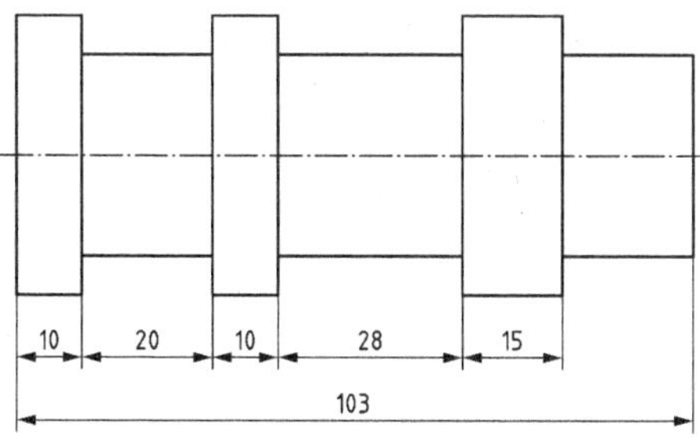

Bild 85

8.3 Parallelbemaßung

Bei der Parallelbemaßung werden die Maßlinien parallel in einer, zwei oder drei orthogonalen Richtungen oder konzentrisch gezeichnet (siehe Bild 86 und Bild 87).

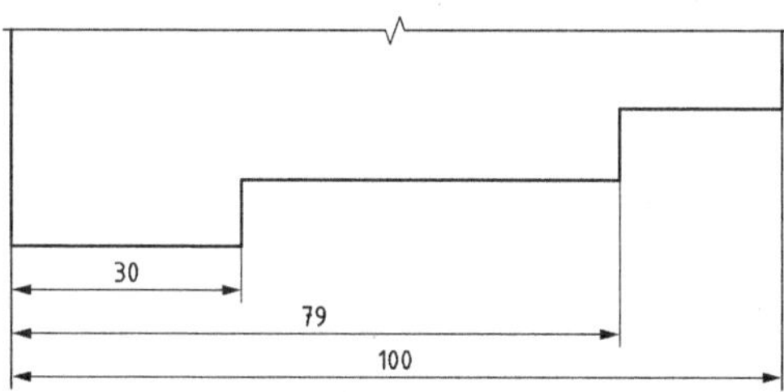

Bild 86

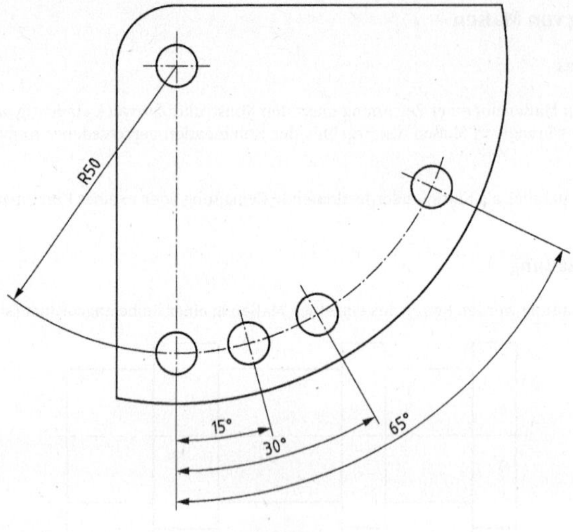

Bild 87

8.4 Fortlaufende Bemaßung

8.4.1 Allgemeines

Die fortlaufende Bemaßung ist eine vereinfachte Parallelbemaßung. Der/die Ursprung/Ursprünge der Maßlinie(n) ist/sind in Übereinstimmung mit 5.4.2 angegeben (siehe Bild 88 bis Bild 92).

Maßwerte sind nahe der Maßlinienbegrenzung, fern vom Ursprung angegeben und dürfen entweder

— fluchtend mit der entsprechenden Maßhilfslinie angeordnet [siehe Bild 88, Bild 89, Bild 90 a) und Bild 92] sein; oder

— oberhalb und entfernt von der Maßlinie (siehe Bild 91) sein.

Eine alternative Darstellung der fortlaufenden Bemaßungen darf verwendet werden, wenn

— der Beginn der fortlaufenden Bemaßung unter Verwendung des Ursprungssymbols an einer geeigneten Stelle angegeben werden muss (siehe Bild 88 und Bild 89); und

— die Maßwerte auf abgekürzten Maßlinien angezeigt sind, wobei nur ein Pfeil, auf das Geometrieelement gerichtet, für den der Maßwert gilt, verwendet wird [siehe Bild 90 b)].

Liegt keine Mehrdeutigkeit vor, dürfen die fortlaufenden Bemaßungen vereinfacht werden, indem die Maße auf einer gemeinsamen Bezugslinie angeordnet werden (siehe Bild 93).

8.4.2 Uni- und bidirektionale fortlaufende Bemaßungen

Die unidirektionale fortlaufende Bemaßung verwendet einen Ursprung und einen Satz von Maßlinien, die in derselben Richtung ausgerichtet sind (siehe Bild 88).

Die bidirektionale fortlaufende Bemaßung verwendet einen Ursprung und zwei Sätze von Maßlinien, die in entgegengesetzter Richtung ausgerichtet sind (siehe Bild 89).

Die uni- und bidirektionale fortlaufende Bemaßung in mehr als einer Ausrichtung kann auf einer Zeichnung angegeben werden [siehe Bild 90 a) und Bild 90 b), Bild 91 und Bild 92].

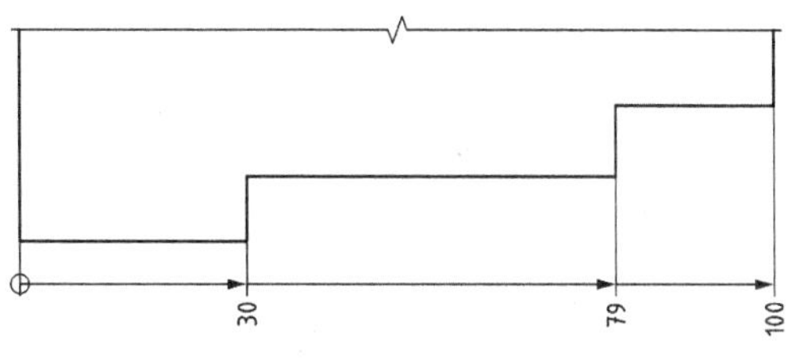

Bild 88

ANMERKUNG Die Verwendung des Ursprungssymbols impliziert keinen Bezug; folglich liegen keine Bemaßungsdifferenzen zwischen Bild 86 und Bild 88 vor.

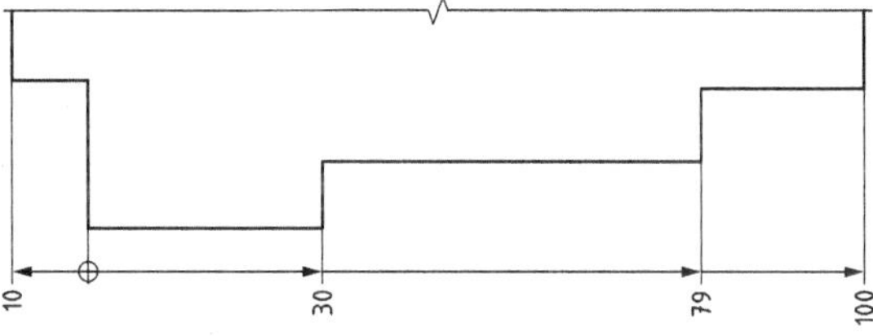

Bild 89

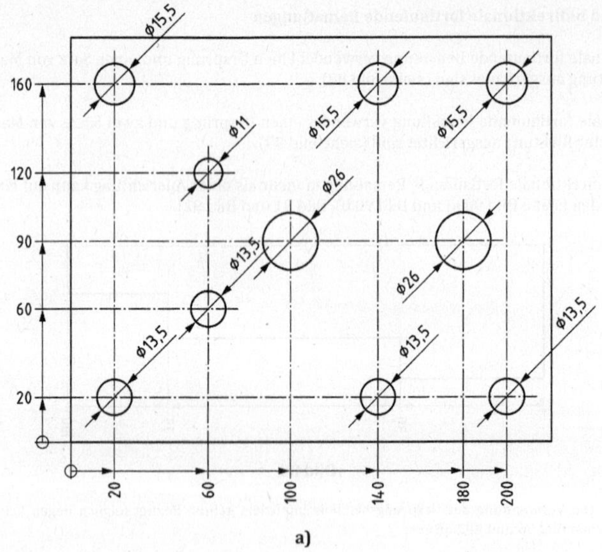
⌀15,5
⌀11
⌀15,5
⌀15,5
⌀26
⌀13,5
⌀26
⌀13,5
⌀13,5
⌀13,5
160
120
90
60
20
20
60
100
140
180
200

a)

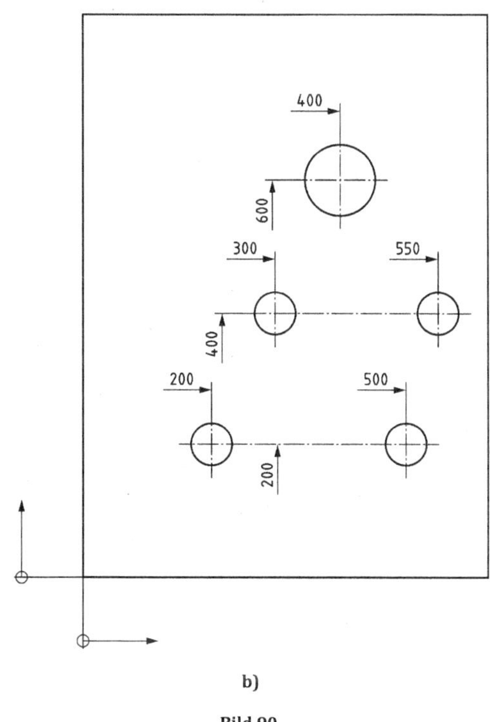

b)

Bild 90

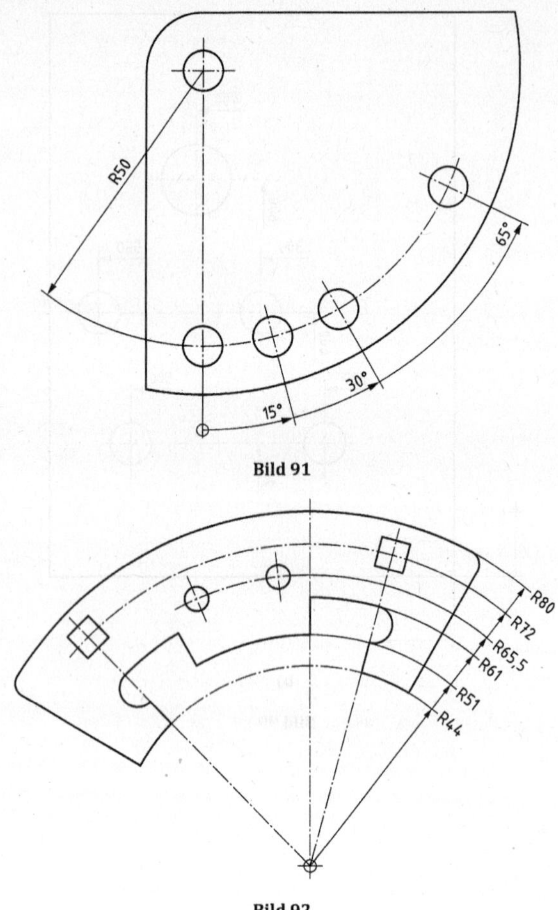

Bild 91

Bild 92

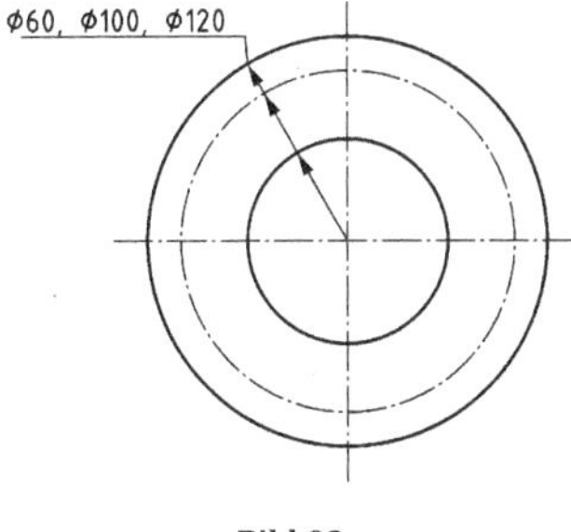

Bild 93

8.5 Koordinatenbemaßung

8.5.1 Kartesische Koordinatenbemaßung

Kartesische Koordinaten sind definiert als ausgehend vom Ursprung, durch Längenmaße in orthogonalen Richtungen (siehe Bild 94 und Bild 96). Weder Maßlinien noch Maßhilfslinien werden gezeichnet.

Die positiven und negativen Richtungen der Koordinatenachsen sind in Bild 95 dargestellt. Die in den negativen Richtungen angegebenen Maßwerte müssen negative Vorzeichen haben.

Der für die Koordinatenbemaßung verwendete Ursprung ist anzugeben (siehe Bild 94 und Bild 96).

Die Koordinaten dürfen durch ein Referenzzeichen, das in einer Tabelle zusammen mit dem Wert der Koordinate aufgeführt ist (siehe Bild 94) oder durch direkte Angabe der Koordinaten angegeben werden (siehe Bild 96). Referenzzeichen oder Koordinatenwert dürfen neben der Koordinatenposition oder unter Verwendung einer Hinweislinie angeordnet werden. Die Kennzeichnungen für die Lage dürfen numerisch oder alphanumerisch dargestellt werden.

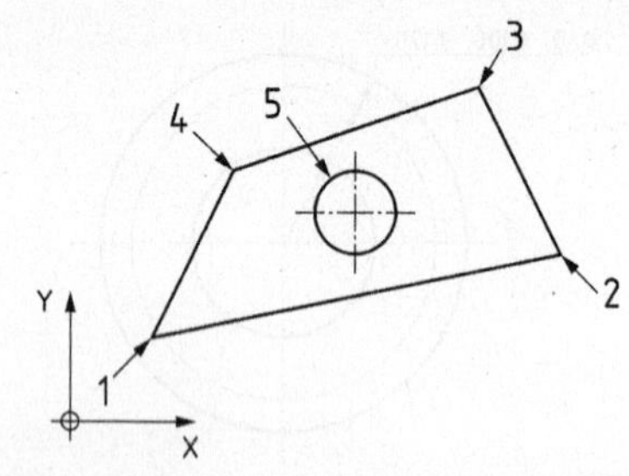

Messpunkt	X	Y	*d*
1	10	10	—
2	60	20	—
3	50	40	—
4	20	30	—
5	35	25	⌀10

Bild 94

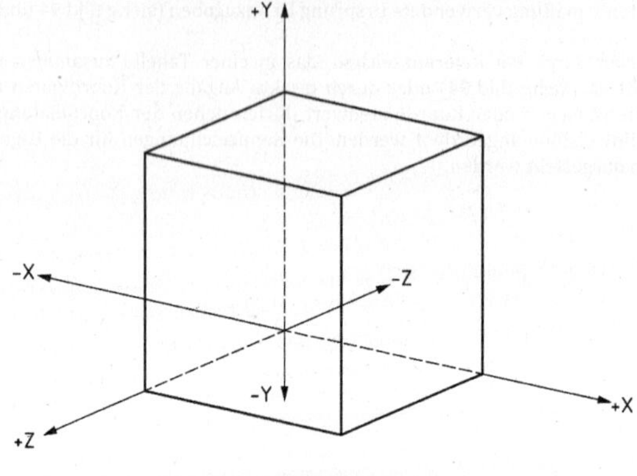

Bild 95

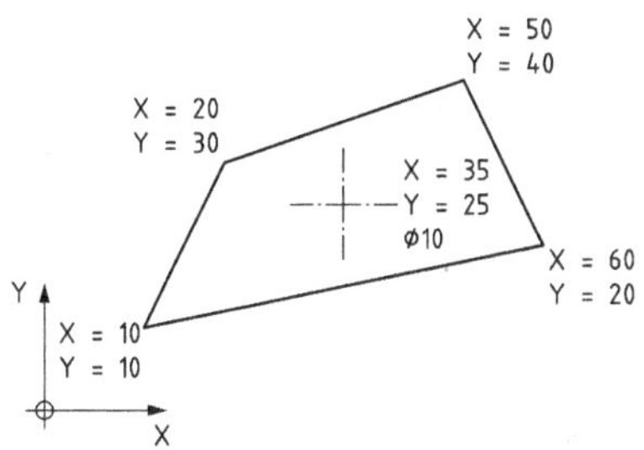

Bild 96

Das Hauptkoordinatensystem darf Untersysteme haben. Ist dies der Fall, müssen die Koordinatensystemzahl und die spezifischen Messpunkte durchgängig mit arabischen Zahlen nummeriert sein. Als Trennsymbol ist ein Punkt zu verwenden (siehe Bild 97).

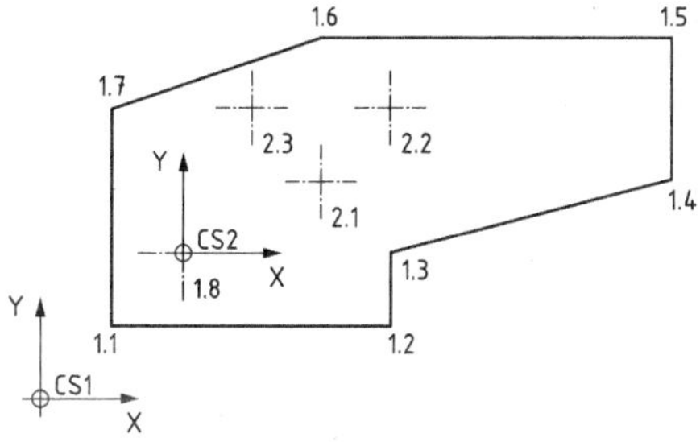

Koordinaten-systemzahl	Messpunkt	X	Y	*d*
1	1.1	10	10	—
1	1.2	50	10	—
1	1.3	50	20	—
1	1.4	80	30	—
1	1.5	80	50	—
1	1.6	30	50	—
1	1.7	10	40	—
1	1.8	20	20	⌀10
2	2.1	20	10	⌀5
2	2.2	30	20	⌀10
2	2.3	10	20	⌀5

Bild 97

8.5.2 Polarkoordinatenbemaßung

Polarkoordinaten sind als ausgehend vom Ursprung von Radius und Winkel definiert. Sie müssen immer gegen den Uhrzeigersinn im Verhältnis zur Polarachse angegeben werden. Der Punkt darf mit um 90° gekreuzten schmalen Linien angegeben werden (siehe Bild 98). Die Länge der gekreuzten Linien sollte mindestens das Zwanzigfache der Linienbreite betragen.

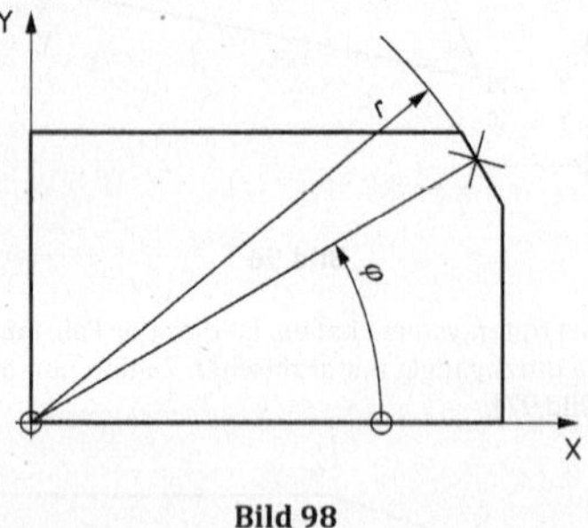

Bild 98

8.6 Kombinierte Bemaßung

In der Regel werden auf einer Zeichnung zwei oder mehr Bemaßungsverfahren kombiniert.

Fortlaufende Bemaßung und einzelne Maße dürfen auf einer Zeichnung kombiniert werden (siehe Bild 99).

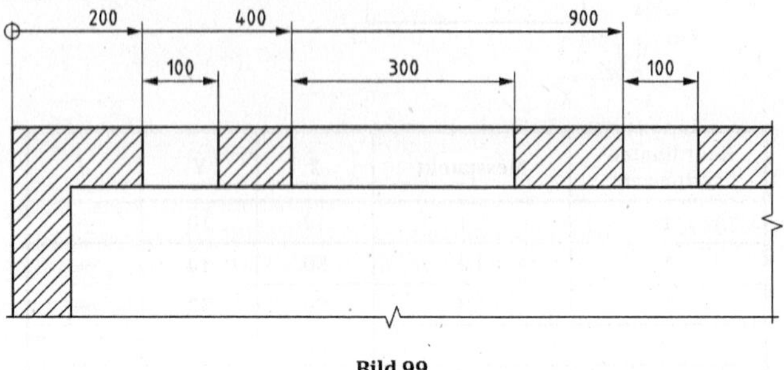

Bild 99

Parallelbemaßung, fortlaufende Bemaßung und einzelne Maße dürfen auf einer Zeichnung kombiniert werden (siehe Bild 100).

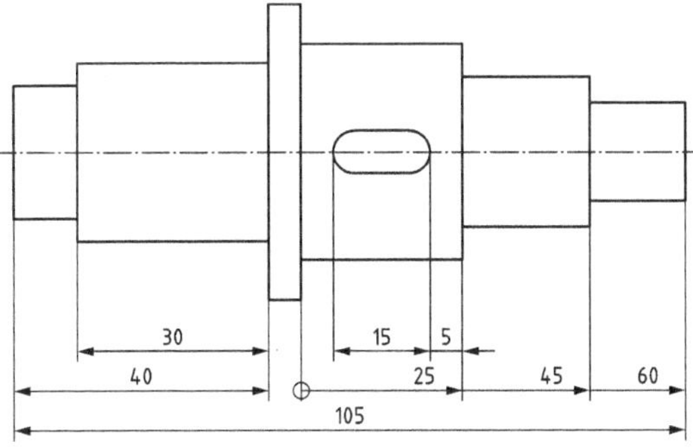

Bild 100

Kettenbemaßung, Parallelbemaßung und einzelne Maße dürfen auf einer Zeichnung kombiniert werden (siehe Bild 101).

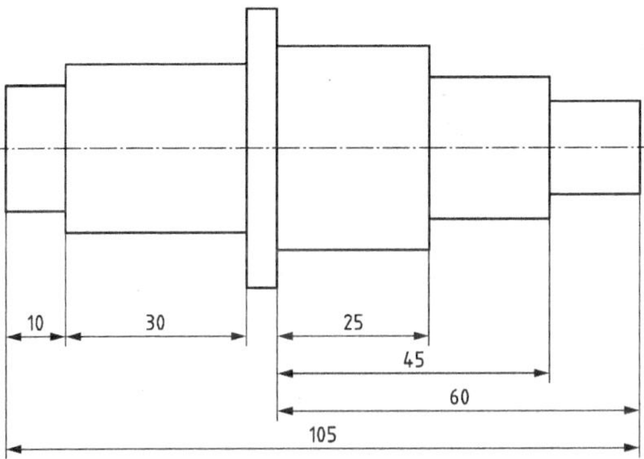

Bild 101

9 Anmerkungen und besondere Notationen

9.1 Kennzeichnungshinweise

Ist eine Anmerkung auf einer Zeichnung oder einem Modell nicht allgemeiner Natur, d. h. wenn sie für ein oder mehrere Geometrieelemente oder ein oder mehrere spezifische Maße gilt, kann ein Kennzeichnungshinweis zur Bestimmung des Satzes aus einem oder mehreren relevanten Elementen oder Angaben (z. B. Maße) verwendet werden.

Ein Kennzeichnungshinweisindikator besteht aus einem Kennzeichnungshinweissymbol und einem alphanumerischen Identifizierer [siehe Bild 102 a) und Bild 102 c)].

Alle Kennzeichnungshinweissymbole müssen erweiterbar sein, um mehrere Zeichen einschließen zu können [siehe Bild 102 b) und Bild 102 d)].

Ein Kennzeichnungshinweisindikator muss entweder über eine Hinweislinie an jedem Anwendungsobjekt angebracht oder neben der entsprechenden Angabe angeordnet werden (siehe Bild 103).

Jeder Kennzeichnungshinweisindikator muss außerdem im Anmerkungsbereich um die Anmerkungsnummer, vorzugsweise nahe am Schriftfeld platziert werden (siehe Bild 103).

Jedes Kennzeichnungshinweissymbol, einschließlich der in Bild 102 a) und Bild 102 b) dargestellten, kann zur Angabe textlicher Anforderungen verwendet werden; allerdings darf nur das in Bild 102 a) dargestellte Kennzeichnungshinweissymbol in Verbindung mit Semantik verwendet werden, z. B. zur Produktspezifikation (siehe Bild 104).

Das in Bild 102 c) und Bild 102 d) gezeigte Symbol ist nicht verpflichtend. Die Wahl des Symbols kann jeweils von einer Branche oder einem Unternehmen abhängen, aber in jedem Fall darf es nicht mit einem Symbol, das in einer für die Zeichnung oder das Modell geltenden Norm angegeben ist, in Widerspruch stehen.

Bild 102

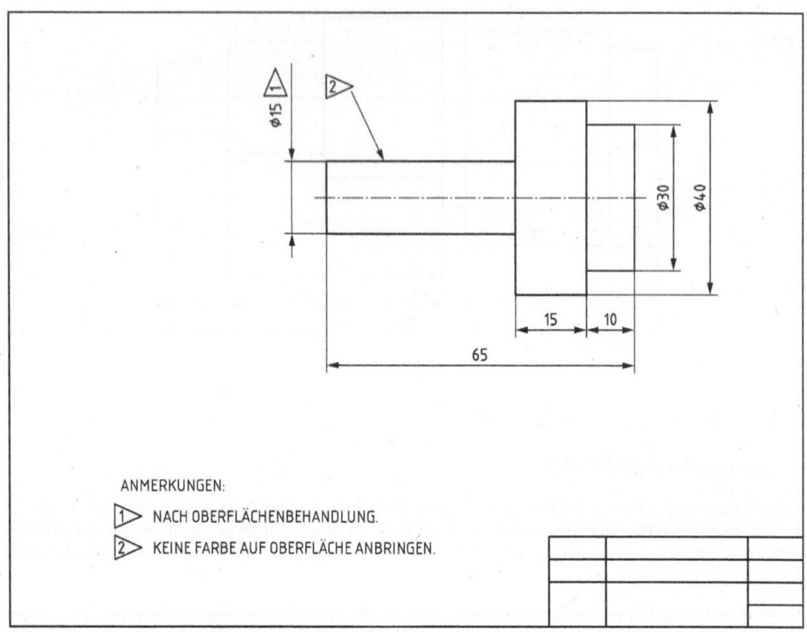

Bild 103

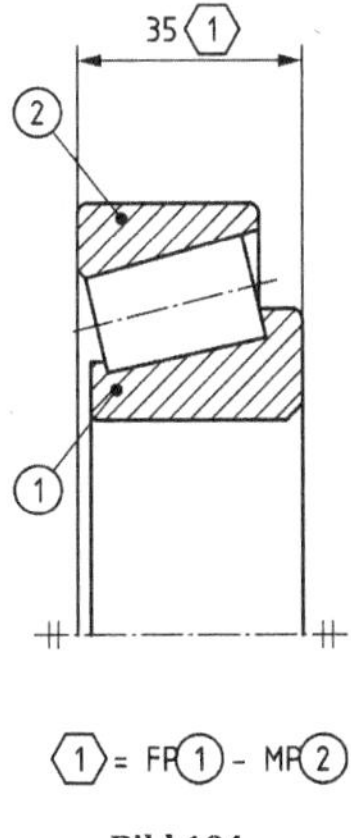

Bild 104

9.2 Angabe von textlichen Anweisungen

Textliche, an die Hinweislinien angehängte, Anweisungen müssen wie folgt angegeben werden:

— bevorzugt oberhalb der Bezugslinie (siehe die in Bild 106, Bild 107 und Bild 108 angegebenen Beispiele);

— mittig hinter der Hinweislinie oder der Bezugslinie (siehe die in Bild 105 und Bild 107 angegebenen Beispiele);

— um, innerhalb oder hinter graphischen Symbolen nach den gültigen Internationalen Normen (siehe die in Bild 108 und Bild 109 angegebenen Beispiele).

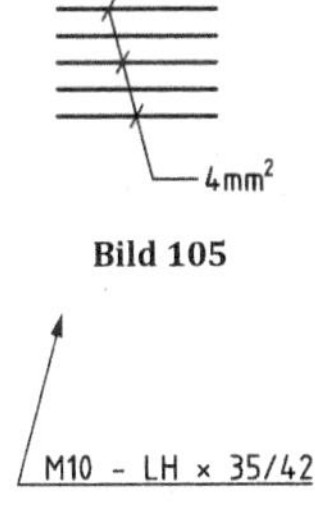

Bild 105

Bild 106

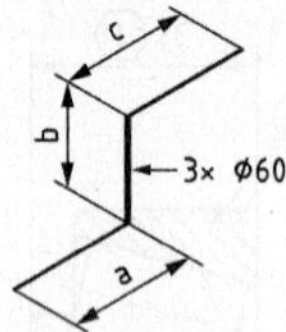

Bild 107

Unter Berücksichtigung der Anforderungen an Mikroverfilmung aus ISO 6428 sollten die Anweisungen in einem Abstand der zweifachen Linienbreite der Bezugslinie, oberhalb oder unterhalb der Bezugslinie, angegeben werden. Sie sollten nicht in die Bezugslinie hineinreichen und diese nicht berühren.

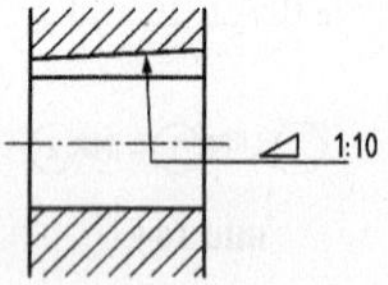

Bild 108

Wenn einzelne Schichten oder montierte Teile eines Objekts mit einer Hinweislinie gekennzeichnet sind, muss die Reihenfolge der Angaben der Reihenfolge der Schichten oder Teile entsprechen (siehe Bild 109).

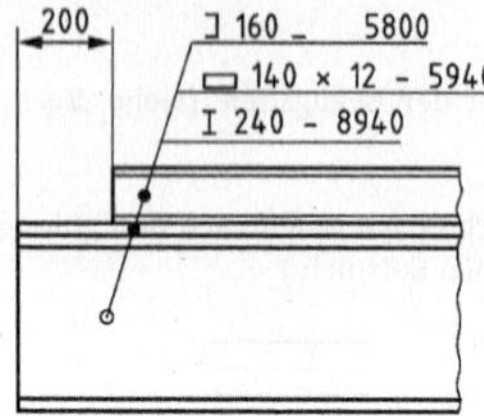

Bild 109

Anhang A
(normativ)

Beziehungen und Maße von graphischen Symbolen

A.1 Allgemeine Anforderungen

Zur Harmonisierung der Größen der in diesem Dokument beschriebenen Symbole mit anderen Beschriftungen in der Zeichnung (Größenangaben, Buchstaben, Toleranzen), sind die in Bild A.1 dargestellten Regeln, in Übereinstimmung mit ISO/IEC 81714-1, zu beachten. Der Buchstabe „a" gibt den Beschriftungsbereich an, „*h*" steht für die Höhe der Beschriftung und „*d*" für die Linienbreite (dargestellt als Beschriftung B vertikal nach ISO 3098-1). Weitere graphische Symbole sind ISO 3098-5 zu entnehmen.

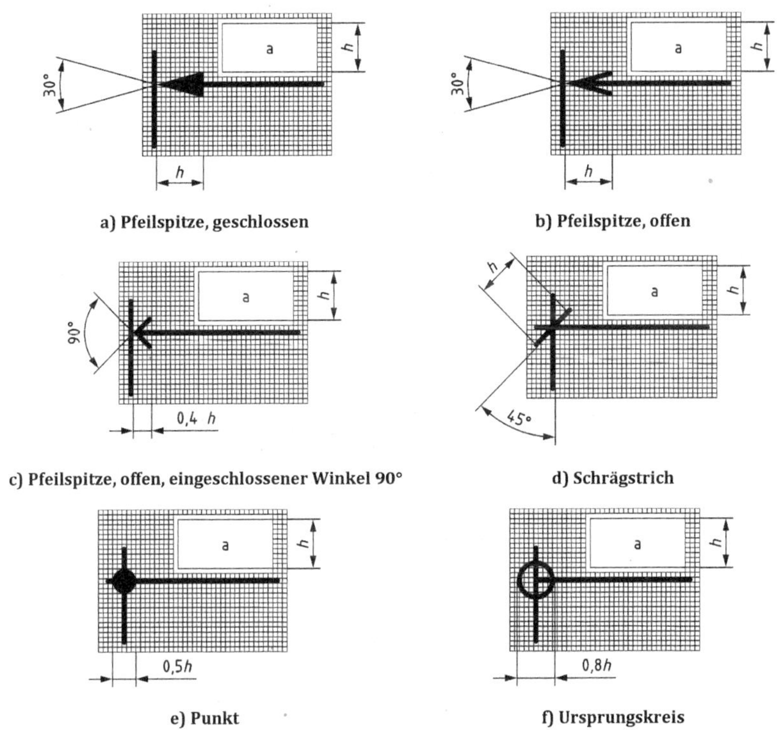

a) Pfeilspitze, geschlossen

b) Pfeilspitze, offen

c) Pfeilspitze, offen, eingeschlossener Winkel 90°

d) Schrägstrich

e) Punkt

f) Ursprungskreis

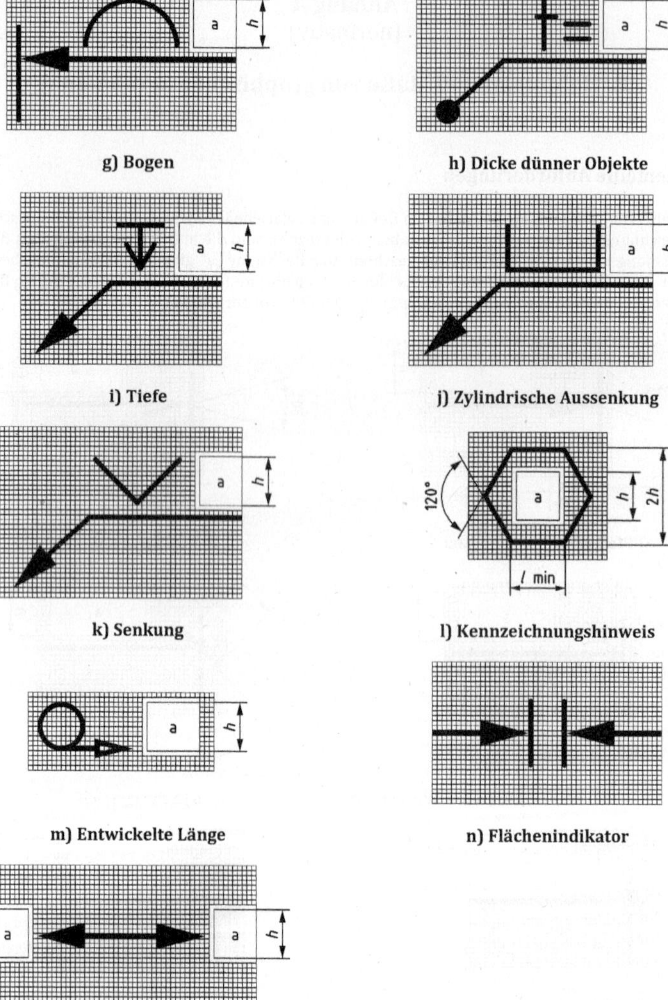

g) Bogen

h) Dicke dünner Objekte

i) Tiefe

j) Zylindrische Aussenkung

k) Senkung

l) Kennzeichnungshinweis

m) Entwickelte Länge

n) Flächenindikator

o) Zwischen

Bild A.1

A.2 Verhältnisse

Die Spezifikationen für Maße und graphische Symbole müssen in Übereinstimmung mit Bild A.2 bis Bild A.4 erarbeitet werden.

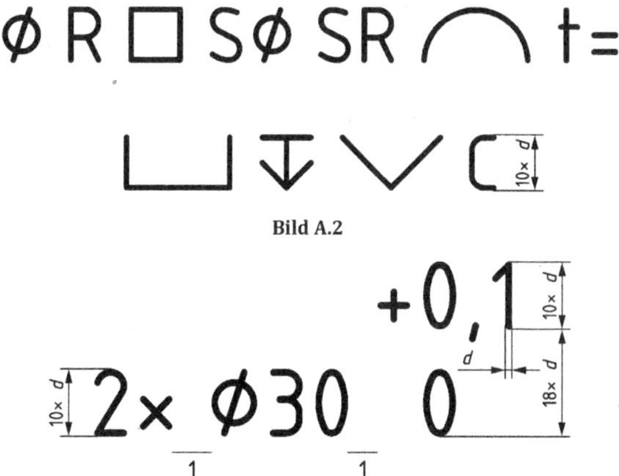

Bild A.2

Legende
1 Leerzeichen

Bild A.3

Sind keine Modifizierer angegeben, dürfen die Proportionen 18× *d* auf 16× *d* reduziert werden.

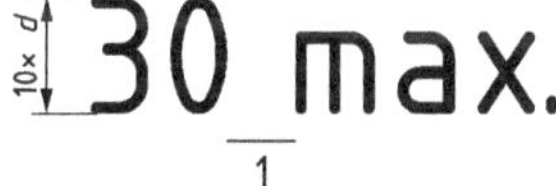

Legende
1 Leerzeichen

Bild A.4

Tabelle A.1 — Anwendungsbeispiele graphischer und Buchstabensymbole

Symbole und deren Darstellung	Bedeutung
⌀50	Durchmesser 50
□50	Quadrat, jede Seite 50
R50	Radius 50
S⌀50	sphärischer Durchmesser 50
SR 50	sphärischer Radius 50
⌒50	Bogenlänge 50
+12,25 +12,25	Darstellung der Ebene 12,25
[50]	theoretisch exaktes Maß (TED, en: theoretically exact dimension)
50	außerhalb des Maßstabs 50
(50)	Hilfsmaß 50
t=5	Dicke 5
6× 150 (=900)	Hilfsmaß von 900 für 6 gleiche Leerzeichen von 150 zwischen Geometrieelementen

A.3 Maße

In Tabelle A.2 sind die Anforderungen an die Maße der graphischen Symbole und die zusätzlichen Darstellungen festgelegt.

ANMERKUNG Diese Anforderungen entsprechen der Normenreihe ISO 3098.

Tabelle A.2 — Maße

Maße in Millimeter

Schrifthöhe, *h*	2,5	3,5	5	7	10	14
Linienbreite für Symbole und Beschriftung, *d*	0,25	0,35	0,5	0,7	1	1,4

Anhang B
(informativ)

Abschrägungen, Senkungen, Keile, Kegel und Schraubengewinde

B.1 Abschrägungen

B.1.1 Außenliegende Abschrägungen

Außenliegende Abschrägungen sollten auf herkömmliche Weise bemaßt werden, wenn der Abschrägungswinkel nicht 45° beträgt (siehe Bild B.1).

Bild B.1

Wenn der Abschrägungswinkel 45° beträgt, darf die Darstellung vereinfacht werden (siehe Bild B.2).

Bild B.2

B.1.2 Innenliegende Abschrägungen und Senkungen

Innenliegende Abschrägungen sollten auf herkömmliche Weise bemaßt werden, wenn der Abschrägungswinkel nicht 45° beträgt (siehe Bild B.3).

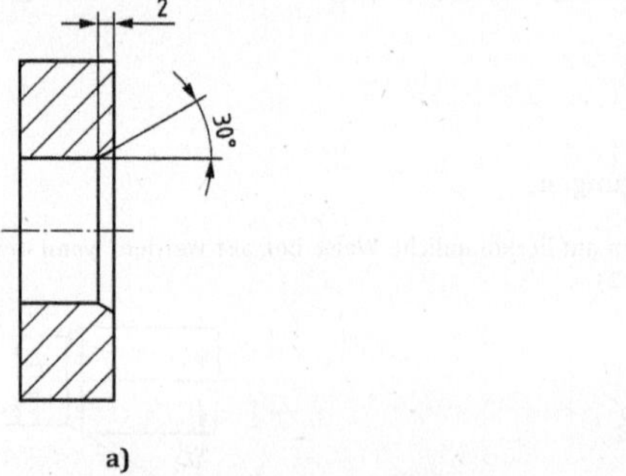

Bild B.3

Wenn der Abschrägungswinkel 45° beträgt, darf die Darstellung vereinfacht werden (siehe Bild B.4).

a) b)

Bild B.4

B.1.3 Vereinfachte Abschrägungen

Werden kleine Abschrägungen in der Zeichnung nicht dargestellt, dürfen die Maße mittels einer Hinweislinie und einer Bezugslinie angegeben werden (siehe Bild B.5).

ANMERKUNG Für die Darstellung von Spezifikationen auf Werkstückkanten mit unbestimmter Form siehe ISO 13715.

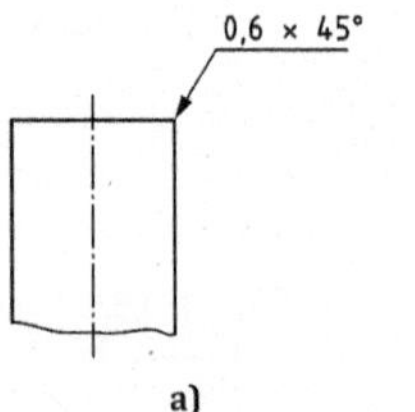

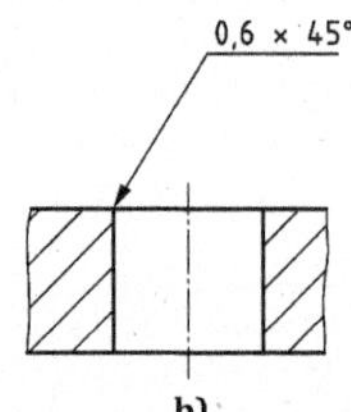

a) b)

Bild B.5

B.2 Senkungen

Senkungen sollten entweder durch Angabe des größten Durchmessers und des enthaltenen Winkels (siehe Bild B.3) oder durch Angabe der Tiefe und des enthaltenen Winkels (siehe Bild B.4 und Bild B.6) oder durch Verwendung des Senkungssymbols, wenn die Bohrung in einer Grundrissansicht bezeichnet ist, bemaßt werden [siehe Bild 40 a)].

Wird ein Senkungssymbol verwendet, gilt dies nur für die genannte Fläche, sofern nicht anders angegeben.

Wenn der enthaltene Winkel 90° beträgt, darf die Darstellung, nach ISO 15786, vereinfacht werden (siehe Bild B.6).

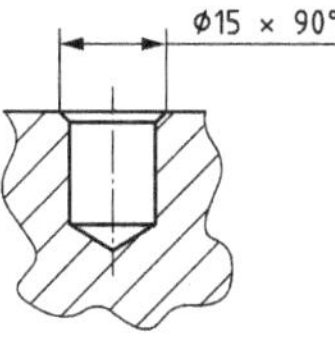

Bild B.6

B.3 Keile

Für Einzelheiten zur Bemaßung und Tolerierung von Keilen siehe ISO 2538-1 und ISO 2538-2.

B.4 Kegel

Für Einzelheiten zur Bemaßung und Tolerierung von Kegeln siehe ISO 3040.

B.5 Schraubengewinde

Für die konventionelle Darstellung und Bemaßung von Schraubengewinden siehe ISO 6410-1.

Für die vereinfachte Darstellung und Bemaßung von innenliegenden Schraubengewinden siehe ISO 15786.

Anhang C
(informativ)
Frühere Praxis

Die frühere Praxis der Bemaßung kreisförmiger Abstände bestand in der Angabe der Maße und der Anzahl der Geometrieelemente (siehe Bild C.1).

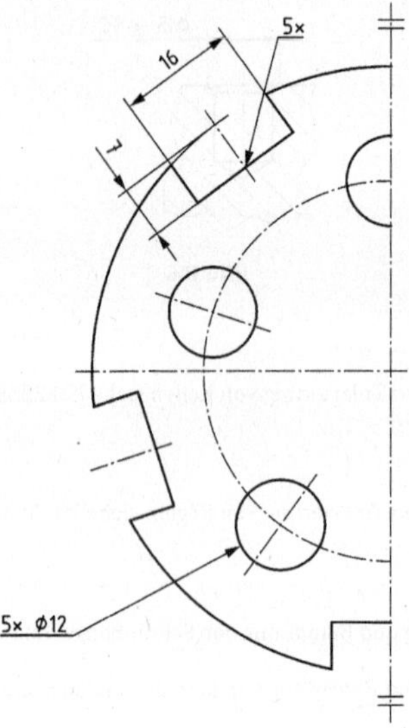

Bild C.1

ANMERKUNG Die Praxis der Angabe der „5×"-Wiederholung auf ein abgeleitetes Geometrieelement wurde zu Gunsten der Angabe der Wiederholung mit den Maßen des integralen Geometrieelements abgelehnt (siehe Bild 61). Somit wird die mögliche Mehrdeutigkeit im Hinblick darauf, welche integralen Geometrieelemente das abgeleitete Geometrieelement definieren, beseitigt.

Literaturhinweise

[1] ISO 128-30, *Technical drawings — General principles of presentation — Part 30: Basic conventions for views*

[2] ISO 128-34, *Technical drawings — General principles of presentation — Part 34: Views on mechanical engineering drawings*

[3] ISO 128-50, *Technical drawings — General principles of presentation — Part 50: Basic conventions for representing areas on cuts and sections*

[4] ISO 286-1, *Geometrical product specifications (GPS) — ISO code system for tolerances on linear sizes — Part 1: Basis of tolerances, deviations and fits*

[5] ISO 1101, *Geometrical product specifications (GPS) — Geometrical tolerancing — Tolerances of form, orientation, location and run-out*

[6] ISO 3040, *Geometrical product specifications (GPS) — Dimensioning and tolerancing — Cones*

[7] ISO 6284, *Construction drawings — Indication of limit deviations*

[8] ISO 6410-1, *Technical drawings — Screw threads and threaded parts — Part 1: General conventions*

[9] ISO 6428, *Technical drawings — Requirements for microcopying*

[10] ISO/TS 8062-2, *Geometrical product specifications (GPS) — Dimensional and geometrical tolerances for moulded parts — Part 2: Rules*

[11] ISO 13715, *Technical product documentation — Edges of undefined shape — Indication and dimensioning*

[12] ISO 15786, *Technical drawings — Simplified representation and dimensioning of holes*

[13] ISO 16792, *Technical product documentation — Digital product definition data practices*

[14] ISO 29845, *Technical product documentation — Document types*

[15] ISO 2538-1, *Geometrical product specifications (GPS) — Wedges — Part 1: Series of angles and slopes*

[16] ISO 2538-2, *Geometrical product specifications (GPS) — Wedges — Part 2: Dimensioning and tolerancing*

September 2019

DIN EN ISO 286-1

ICS 17.040.40

Ersatz für
DIN EN ISO 286-1:2019-02

Geometrische Produktspezifikation (GPS) – ISO-Toleranzsystem für Längenmaße – Teil 1: Grundlagen für Toleranzen, Abmaße und Passungen (ISO 286-1:2010 + Cor 1:2013); Deutsche Fassung EN ISO 286-1:2010 + AC:2013

Geometrical product specifications (GPS) –
ISO code system for tolerances on linear sizes –
Part 1: Basis of tolerances, deviations and fits (ISO 286-1:2010 + Cor 1:2013);
German version EN ISO 286-1:2010 + AC:2013

Spécification géométrique des produits (GPS) –
Système de codification ISO pour les tolérances sur les tailles linéaires –
Partie 1: Base des tolérances, écarts et ajustements (ISO 286-1:2010 + Cor 1:2013);
Version allemande EN ISO 286-1:2010 + AC:2013

Gesamtumfang 48 Seiten

DIN-Normenausschuss Technische Grundlagen (NATG)

Nationales Vorwort

Dieses Dokument (EN ISO 286-1:2010 + AC:2013) wurde vom Technischen Komitee ISO/TC 213 „Dimensional and geometrical product specifications and verification“ in Zusammenarbeit mit dem Technischen Komitee CEN/TC 290 „Geometrische Produktspezifikationen und -prüfung“ erarbeitet, dessen Sekretariat von AFNOR (Frankreich) gehalten wird.

Auf nationaler Ebene fällt das Dokument in die Zuständigkeit des Arbeitsausschusses NA 152-03-02 AA „CEN/ISO Geometrische Produktspezifikation und -prüfung“ im DIN-Normenausschuss Technische Grundlagen (NATG).

ISO 286 besteht unter dem Haupttitel „Geometrical product specifications (GPS) — ISO code system for tolerances of linear sizes“ aus den folgenden Teilen:

— *Part 1: Basis of tolerances, deviations and fits*

— *Part 2: Tables of standard tolerance grades and limit deviations for holes and shafts*

Anfang und Ende der durch die Berichtigung eingefügten oder geänderten Texte sind jeweils durch Korrekturmarken AC⟩ ⟨AC angegeben.

Für die in diesem Dokument zitierten internationalen Dokumente wird im Folgenden auf die entsprechenden deutschen Dokumente hingewiesen:

ISO 1	siehe	DIN EN ISO 1
ISO 286-2	siehe	DIN EN ISO 286-2
ISO 1101	siehe	DIN EN ISO 1101
ISO 1302	siehe	DIN EN ISO 1302
ISO 2692	siehe	DIN EN ISO 2692
ISO 2768-1	siehe	DIN ISO 2768-1
ISO 3534-1	siehe	DIN ISO 3534-1
ISO 3534-2	siehe	DIN ISO 3534-2
ISO 4759-1	siehe	DIN EN ISO 4759-1
ISO 14253-1	siehe	DIN EN ISO 14253-1
ISO 14405-1	siehe	DIN EN ISO 14405-1
ISO 14660-1	siehe	DIN EN ISO 14660-1
ISO 14660-2	siehe	DIN EN ISO 14660-2
ISO 17450-1	siehe	DIN EN ISO 17450-1
ISO/TS 17450-2	siehe	DIN EN ISO 17450-2

Änderungen

Gegenüber DIN ISO 286-1:1990-11 wurden folgende Änderungen vorgenommen:

a) Inhalt vollständig überarbeitet und Begriffe aktualisiert;

b) Inhalt auf ISO 14405 und damit das Default-Zuordnungskriterium „Zwei-Punkt-Maß“ statt „Hüllbedingung für das Maß eines Maßelementes“ eingeführt.

Gegenüber DIN EN ISO 286-1:2010-11 wurden folgende Korrekturen vorgenommen:

a) Beispiel 3 in 4.3.2.4 berichtigt;

b) Bilder 8 und 9 ausgetauscht;

c) Tabelle 3 und 4 berichtigt.

Gegenüber DIN EN ISO 286-1:2019-02 wurden folgende Korrekturen vorgenommen:

a) der Begriff „Abweichung" wurde im gesamten Dokument durch „Abmaß" ersetzt;

b) der Begriff „Grundabweichung" wurde im gesamten Dokument durch „Grundabmaß" ersetzt;

c) die Begriffe „obere/untere Grenzabweichung" wurden im gesamten Dokument durch „oberes/unteres Grenzabmaß" ersetzt;

d) Bild 8 und Bild 9 wurden korrigiert;

e) in der Tabellenüberschrift der Tabelle 4 wurde „Bohrungen" durch „Wellen" ersetzt;

f) in A.2 wurde im Anstrich a) „Minimummaterialgrenze" durch „Maximummaterialgrenze" ersetzt

g) das Dokument wurde redaktionell überarbeitet.

Frühere Ausgaben

DIN 774: 1923-07
DIN 775-1: 1923-07
DIN 775-2: 1923-07
DIN 775-3: 1923-07
DIN 7151: 1936-10, 1964-11
DIN 7150-1: 1938x-07, 1966-06
DIN 7182-1: 1940-09, 1957x-01, 1971-10, 1986-05
DIN 7152: 1942-05, 1965-07
DIN 7172-1: 1965-06, 1986-03
DIN 7152-2: 1965-06, 1986-03
DIN 7172-3: 1966-08, 1986-03
DIN ISO 286-1: 1990-11
DIN EN ISO 286-1: 2010-11, 2019-02

Nationaler Anhang NA
(informativ)

Literaturhinweise

DIN EN ISO 1, *Geometrische Produktspezifikation (GPS) — Standardreferenztemperatur für die geometrische Produktspezifikation und -prüfung*

DIN EN ISO 286-2, *Geometrische Produktspezifikation (GPS) — ISO-Toleranzsystem für Längenmaße — Teil 2: Tabellen der Grundtoleranzgrade und Grenzabmaße für Bohrungen und Wellen*

DIN EN ISO 1101, *Geometrische Produktspezifikation (GPS) — Geometrische Tolerierung — Tolerierung von Form, Richtung, Ort und Lauf*

DIN EN ISO 1302, *Geometrische Produktspezifikation (GPS) — Angabe der Oberflächenbeschaffenheit in der technischen Produktdokumentation*

DIN EN ISO 2692, *Geometrische Produktspezifikation (GPS) — Geometrische Tolerierung — Maximum-Material-Bedingung (MMR), Minimum-Material-Bedingung (LMR) und Reziprozitätsbedingung (RPR)*

DIN ISO 2768-1, *Allgemeintoleranzen — Toleranzen für Längen- und Winkelmaße ohne einzelne Toleranzeintragung*

DIN ISO 3534-1, *Statistik — Begriffe und Formelzeichen — Teil 1: Wahrscheinlichkeit und allgemeine statistische Begriffe*

DIN ISO 3534-2, *Statistik — Begriffe und Formelzeichen — Teil 2: Angewandte Statistik*

DIN EN ISO 4759-1, *Toleranzen für Verbindungselemente — Teil 1: Schrauben und Muttern — Produktklassen A, B und C*

DIN EN ISO 14253-1, *Geometrische Produktspezifikationen (GPS) — Prüfung von Werkstücken und Messgeräten durch Messen — Teil 1: Entscheidungsregeln für den Nachweis von Konformität oder Nichtkonformität mit Spezifikationen*

DIN EN ISO 14405-1, *Geometrische Produktspezifikation (GPS) — Dimensionelle Tolerierung — Teil 1: Lineare Größenmaße*

DIN EN ISO 14660-1, *Geometrische Produktspezifikation (GPS) — Geometrieelemente — Teil 1: Grundbegriffe und Definitionen*

DIN EN ISO 14660-2, *Geometrische Produktspezifikation (GPS) — Geometrieelemente — Teil 2: Erfasste mittlere Linie eines Zylinders und eines Kegels, erfasste mittlere Fläche, örtliches Maß eines erfassten Geometrieelementes*

DIN EN ISO 17450-1, *Geometrische Produktspezifikation (GPS) — Grundlagen — Teil 1: Modell für die geometrische Spezifikation und Prüfung*

DIN EN ISO 17450-2, *Geometrische Produktspezifikation (GPS) — Grundlagen — Teil 2: Grundsätze, Spezifikationen, Operatoren, Unsicherheiten und Mehrdeutigkeiten*

EUROPÄISCHE NORM

EUROPEAN STANDARD

NORME EUROPÉENNE

EN ISO 286-1

April 2010

+ AC

August 2013

ICS 17.040.10

Ersatz für EN 20286-1:1993

Deutsche Fassung

Geometrische Produktspezifikation (GPS) — ISO-Toleranzsystem für Längenmaße — Teil 1: Grundlagen für Toleranzen, Abmaße und Passungen (ISO 286-1:2010 + Cor 1:2013)

Geometrical product specifications (GPS) — ISO code system for tolerances on linear sizes — Part 1: Basis of tolerances, deviations and fits (ISO 286-1:2010 + Cor 1:2013)

Spécification géométrique des produits (GPS) — Système de codification ISO pour les tolérances sur les tailles linéaires — Partie 1: Base des tolérances, écarts et ajustements (ISO 286-1:2010 + Cor 1:2013)

Diese Europäische Norm wurde vom CEN am 6. Februar 2010 angenommen.

Die Berichtigung tritt am 7. August 2013 zur Einarbeitung in die drei offiziellen Sprachfassungen der EN in Kraft.

Die CEN-Mitglieder sind gehalten, die CEN/CENELEC-Geschäftsordnung zu erfüllen, in der die Bedingungen festgelegt sind, unter denen dieser Europäischen Norm ohne jede Änderung der Status einer nationalen Norm zu geben ist. Auf dem letzen Stand befindliche Listen dieser nationalen Normen mit ihren bibliographischen Angaben sind beim Management-Zentrum des CEN oder bei jedem CEN-Mitglied auf Anfrage erhältlich.

Diese Europäische Norm besteht in drei offiziellen Fassungen (Deutsch, Englisch, Französisch). Eine Fassung in einer anderen Sprache, die von einem CEN-Mitglied in eigener Verantwortung durch Übersetzung in seine Landessprache gemacht und dem Zentralsekretariat mitgeteilt worden ist, hat den gleichen Status wie die offiziellen Fassungen.

CEN-Mitglieder sind die nationalen Normungsinstitute von Belgien, Bulgarien, Dänemark, Deutschland, Estland, Finnland, Frankreich, Griechenland, Irland, Island, Italien, Kroatien, Lettland, Litauen, Luxemburg, Malta, den Niederlanden, Norwegen, Österreich, Polen, Portugal, Rumänien, Schweden, der Schweiz, der Slowakei, Slowenien, Spanien, der Tschechischen Republik, Ungarn, dem Vereinigten Königreich und Zypern.

EUROPÄISCHES KOMITEE FÜR NORMUNG
EUROPEAN COMMITTEE FOR STANDARDIZATION
COMITÉ EUROPÉEN DE NORMALISATION

Management-Zentrum: Avenue Marnix 17, B-1000 Brüssel

Ref. Nr. EN ISO 286-1:2010 + AC:2013 D

Inhalt

Vorwort

Dieses Dokument (EN ISO 286-1:2010) wurde vom Technischen Komitee ISO/TC 213 „Dimensional and geometrical product specifications and verification" in Zusammenarbeit mit dem Technischen Komitee CEN/TC 290 „Geometrische Produktspezifikation und -prüfung" erarbeitet, dessen Sekretariat von AFNOR gehalten wird.

Diese Europäische Norm muss den Status einer nationalen Norm erhalten, entweder durch Veröffentlichung eines identischen Textes oder durch Anerkennung bis Oktober 2010, und etwaige entgegenstehende nationale Normen müssen bis Oktober 2010 zurückgezogen werden.

Es wird auf die Möglichkeit hingewiesen, dass einige Elemente dieses Dokuments Patentrechte berühren können. CEN [und/oder CENELEC] ist nicht dafür verantwortlich, einige oder alle diesbezüglichen Patentrechte zu identifizieren.

Dieses Dokument ersetzt EN 20286-1:1993.

Entsprechend der CEN-CENELEC-Geschäftsordnung sind die nationalen Normungsinstitute der folgenden Länder gehalten, diese Europäische Norm zu übernehmen: Belgien, Bulgarien, Dänemark, Deutschland, Estland, Finnland, Frankreich, Griechenland, Irland, Island, Italien, Kroatien, Lettland, Litauen, Luxemburg, Malta, Niederlande, Norwegen, Österreich, Polen, Portugal, Rumänien, Schweden, Schweiz, Slowakei, Slowenien, Spanien, Tschechische Republik, Ungarn, Vereinigtes Königreich und Zypern.

Anerkennungsnotiz

Der Text von ISO 286-1:2010 wurde von CEN als EN ISO 286-1:2010 ohne irgendeine Abänderung genehmigt.

AC Vorwort der Berichtigung 1 AC

AC Dieses Dokument (EN ISO 286-1:2010/AC:2013) wurde vom Technischen Komitee ISO/TC 213 „Dimensional and geometrical product specification and verification" in Zusammenarbeit mit dem Technischen Komitee CEN/TC 290 „Geometrische Produktspezifikation und -prüfung" erarbeitet, dessen Sekretariat von AFNOR gehalten wird.

Anerkennungsnotiz

Der Text von ISO 286-1:2010/Cor 1:2013 wurde von CEN als EN ISO 286-1:2010/AC:2013 ohne irgendeine Änderung genehmigt. AC

Einleitung

Diese Internationale Norm gehört zum Bereich der Geometrischen Produktspezifikation (GPS) und ist eine allgemeine GPS-Norm (siehe ISO/TR 14638). Sie beeinflusst die Kettenglieder 1 und 2 der Normenkette für das Maß in der allgemeinen GPS-Matrix.

Für weitere Informationen über den Zusammenhang dieses Teils von ISO 286 mit dem GPS-Matrixmodell siehe Anhang C.

Die Notwendigkeit, Grenzmaße und Passungen für maschinell gefertigte Werkstücke festzulegen, wurde hauptsächlich durch die Anforderung an die Austauschbarkeit zwischen Massenprodukten und die arbeitsablaufbedingte Unsicherheit der Fertigungsverfahren zusammen mit der Tatsache verursacht, dass „vollständige Exaktheit" des Maßes für die meisten Geometrieelement der Werkstücke als unnötig angesehen wurde. Damit die Passungsfunktion sichergestellt ist, wurde es als ausreichend betrachtet, ein Werkstück so zu fertigen, dass sein Istmaß innerhalb zweier Grenzabmaße, d. h. innerhalb einer Toleranz, liegt, die der Maßschwankung entspricht, die der Fertigung zugestanden wird und bei der gleichzeitig die Anforderungen an die Passungsfunktion des Produktes sichergestellt werden.

Wenn zwischen zu fügenden Geometrieelementen von zwei unterschiedlichen Werkstücken ein spezieller Passcharakter gefordert wird, ist es notwendig, dem Nennmaß ein Abmaß zuzuordnen, das entweder positiv oder negativ ist, um das geforderte Spiel oder Übermaß zu erreichen. Dieser Teil von ISO 286 beschreibt das international anerkannte Toleranzsystem für Längenmaße. Er bietet ein System von Toleranzen und Abmaßen für zwei Geometrieelementarten: „Zylinder" und „zwei parallele gegenüberliegende Flächen". Der Zweck dieses Systems ist die Erfüllung der Passungsfunktion.

Die Benennungen „Bohrung", „Welle" und „Durchmesser" werden zur Bezeichnung dieser Geometrieelemente der Art Zylinder (zum Beispiel für die Tolerierung des Durchmessers einer Bohrung oder Welle) verwendet. Zur Vereinfachung werden sie auch für zwei parallele gegenüberliegende Flächen verwendet (zum Beispiel zur Tolerierung der Dicke einer Passfeder oder der Breite eines Schlitzes).

Voraussetzung für die Anwendung des ISO-Toleranzsystems für Längenmaße auf die die Passung bildenden Geometrieelemente ist, dass die Nennmaße der Bohrung und der Welle identisch sind.

In der vorherigen Version von ISO 286-1 (1988 veröffentlicht) war die Hüllbedingung das defaultmäßige Assoziationskriterium für das Maß eines Geometrieelementes; ISO 14405-1 jedoch ändert dieses defaultmäßige Assoziationskriterium in das Zwei-Punkt-Maß-Kriterium. Das bedeutet, dass die Gestalt nicht mehr durch die defaultmäßige Spezifikation des Größenmaßes kontrolliert wird.

In vielen Fällen reichen die Durchmessertoleranzen in diesem Teil von ISO 286 nicht aus, um die beabsichtigte Funktion der Passung ausreichend zu kontrollieren. Die Hüllbedingung, die in ISO 14405-1 festgelegt ist, kann benötigt werden. Zusätzlich kann der Gebrauch von geometrischen Formtoleranzen und Oberflächentexturanforderungen die Kontrolle der beabsichtigten Funktion verbessern.

1 Anwendungsbereich

Dieser Teil von ISO 286 legt das ISO-Toleranzsystem für Längenmaße von Geometrieelementen der Arten

a) Zylinder,

b) zwei parallele gegenüberliegende Flächen

fest.

Er definiert auch die Grundlagen und zugehörige Terminologie für das System und stellt außerdem eine genormte Auswahl von Toleranzklassen für den allgemeinen Gebrauch aus den umfangreichen Möglichkeiten zur Verfügung.

Er definiert darüber hinaus die grundlegende Terminologie für Passungen zwischen zwei Geometrieelementen ohne Bezug auf Richtung und Lage und erklärt die Prinzipien der „Einheitsbohrung" und „Einheitswelle".

2 Normative Verweisungen

Die folgenden zitierten Dokumente sind für die Anwendung dieses Dokuments erforderlich. Bei datierten Verweisungen gilt nur die in Bezug genommene Ausgabe. Bei undatierten Verweisungen gilt die letzte Ausgabe des in Bezug genommenen Dokuments (einschließlich aller Änderungen).

AC) ISO 286-2:2010, *Geometrical product specifications (GPS) — ISO code system for tolerances on linear sizes — Part 2: Tables of standard tolerance classes and limit deviations for holes and shafts* (AC

ISO 14405-1, *Geometrical product specifications (GPS) — Dimensional tolerancing — Part 1: Linear sizes*

ISO 14660-1:1999, *Geometrical Product Specification (GPS) — Geometrical features — Part 1: General terms and definitions*

ISO 14660-2:1999, *Geometrical Product Specifications (GPS) — Geometrical features — Part 2: Extracted median line of a cylinder and a cone, extracted median surface, local size of an extracted feature*

3 Begriffe

Für die Anwendung dieses Dokuments gelten die Begriffe nach ISO 14405-1 und ISO 14660-1 und die folgenden Begriffe. Es sollte jedoch angemerkt werden, dass einige der Begriffe in einem eingeschränkteren Sinn definiert sind als im allgemeinen Gebrauch.

3.1 Grundlegende Begriffe

3.1.1
Geometrieelement
geometrische Gestalt, die durch ein Längen- oder Winkelmaß als Größenmaß definiert ist

[ISO 14660-1:1999, 2.2]

ANMERKUNG 1 Geometrieelemente können ein Zylinder, eine Kugel oder zwei parallele gegenüberliegende Flächen sein.

ANMERKUNG 2 In früheren Ausgaben Internationaler Normen wie ISO 286-1 und ISO/R 1938 werden die Begriffe „glattes Werkstück" und „Einzel-Geometrieelement" in etwa gleicher Bedeutung wie „Geometrieelement" benutzt.

ANMERKUNG 3 Für die Zwecke von ISO 286 gelten nur Geometrieelemente der Arten Zylinder und zwei parallele gegenüberliegende Flächen, definiert durch ein Längenmaß.

3.1.2
vollständiges Nenn-Geometrieelement
theoretisch genaues, vollständiges Geometrieelement, das durch eine technische Zeichnung oder andere Mittel definiert ist

[ISO 14660-1:1999, 2.3]

3.1.3
Bohrung
inneres Geometrieelement eines Werkstückes, einschließlich nicht-zylindrischer innerer Geometrieelemente

ANMERKUNG Siehe auch Einleitung.

3.1.4
Einheitsbohrung
Bohrung, die als Grundlage für das Passungssystem Einheitsbohrung gewählt wurde

ANMERKUNG 1 Siehe auch 3.4.1.1.

ANMERKUNG 2 Für den Zweck dieses ISO-Systems ist eine Einheitsbohrung eine Bohrung, welche das untere Grenzabmaß null hat.

3.1.5
Welle
äußeres Geometrieelement eines Werkstückes, einschließlich nicht-zylindrischer äußerer Geometrieelemente

ANMERKUNG Siehe auch Einleitung.

3.1.6
Einheitswelle
Welle, die als Grundlage für das Passungssystem Einheitswelle gewählt wurde

ANMERKUNG 1 Siehe auch 3.4.1.2.

ANMERKUNG 2 Für den Zweck dieses ISO-Systems ist eine Einheitswelle eine Welle, welche das obere Grenzabmaß null hat.

3.2 Begriffe bezüglich Tolerierung und Abmaße

3.2.1
Nennmaß
Maß eines Geometrieelementes perfekter Form wie durch die Spezifikation der Zeichnung festgelegt

Siehe Bild 1.

ANMERKUNG 1 Das Nennmaß wird verwendet, um die Lage der Grenzmaße mittels Anwendung der oberen und unteren Grenzabmaße zu bestimmen.

ANMERKUNG 2 Früher wurde dieser Begriff „Nennmaß" genannt.

3.2.2
Istmaß
Maß des zugeordneten vollständigen Geometrieelements

ANMERKUNG 1 „Zugeordnetes vollständiges Geometrieelement" ist in ISO 14660-1:1999, 2.6 definiert.

ANMERKUNG 2 Das Istmaß wird durch eine Messung ermittelt.

3.2.3
Grenzmaß
kleinstes und größtes zulässiges Maß eines Geometrieelementes

ANMERKUNG Um eine Anforderung zu erfüllen, muss das Istmaß zwischen den kleinsten und größten Grenzmaßen liegen; die Grenzmaße selbst sind eingeschlossen.

3.2.3.1
Höchstmaß
(en: upper limit of size)
ULS
größtes zulässiges Maß eines Geometrieelementes

Siehe Bild 1.

3.2.3.2
Mindestmaß
(en: lower limit of size)
LLS
kleinstes zulässiges Maß eines Geometrieelementes

Siehe Bild 1.

3.2.4
Abmaß
Wert minus seines tatsächlichen Bezugswertes

ANMERKUNG Der Bezugswert für das Abmaß ist das Nennmaß und der Wert ist das Istmaß.

3.2.5
Grenzabmaß
oberes oder unteres Grenzabmaß vom Nennmaß

3.2.5.1
oberes Grenzabmaß
ES (für innere Geometrieelemente)
es (für äußere Geometrieelemente)
Höchstmaß minus Nennmaß

Siehe Bild 1.

ANMERKUNG Das obere Grenzabmaß ist ein vorzeichenbehafteter Wert und kann negativ, null oder positiv sein.

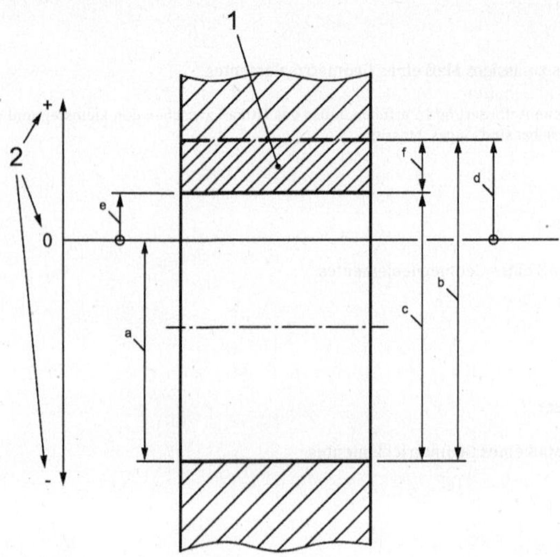

Legende

1 Toleranzzone
2 Vorzeichen für Abmaße

[a] Nennmaß
[b] Höchstmaß
[c] Mindestmaß
[d] oberes Grenzabmaß
[e] unteres Grenzabmaß (hier auch Grundabmaß)
[f] Toleranz

ANMERKUNG Die horizontal durchgezogene Linie, die die Toleranzzone begrenzt, stellt das Grundabmaß für eine Bohrung dar. Die gestrichelte Linie, die die Toleranzzone begrenzt, stellt das andere Grenzabmaß für eine Bohrung dar.

Bild 1 — Veranschaulichung der Definitionen (Beispiel Bohrung)

3.2.5.2
unteres Grenzabmaß
EI (für innere Geometrieelemente)
ei (für äußere Geometrieelemente)
Mindestmaß minus Nennmaß

Siehe Bild 1.

ANMERKUNG Das untere Grenzabmaß ist ein vorzeichenbehafteter Wert und kann negativ, null oder positiv sein.

3.2.6
Grundabmaß
Grenzabmaß, das die Lage des Toleranzfeldes in Bezug zum Nennmaß festlegt

ANMERKUNG 1 Das Grundabmaß ist jenes Grenzabmaß, welches das dem Nennmaß am nächsten liegende Grenzmaß definiert (siehe Bild 1 und 4.1.2.5).

ANMERKUNG 2 Das Grundabmaß wird mit einem Buchstaben gekennzeichnet (z. B. B, d).

3.2.7
***Δ*-Wert**
variabler Wert, der zu einem feststehenden Wert addiert wird, um das Grundabmaß eines inneren Geometrieelementes zu erhalten

Siehe Tabelle 3.

3.2.8
Toleranz
Differenz zwischen Höchstmaß und Mindestmaß

ANMERKUNG 1 Die Toleranz ist ein Absolutwert ohne Vorzeichen.

ANMERKUNG 2 Die Toleranz ist auch der Unterschied zwischen oberem Grenzabmaß und unterem Grenzabmaß.

3.2.8.1
Toleranzgrenze
vorgegebene Merkmalswerte, die die untere und/oder obere Grenze für den zulässigen Wert darstellen

3.2.8.2
Grundtoleranz
IT
jede Toleranz, die zum ISO-System für Toleranzen von Längenmaßen gehört

ANMERKUNG Die Buchstaben des Symbols „IT" stehen für „International Tolerance".

3.2.8.3
Grundtoleranzgrad
Gruppe von Toleranzen für Längenmaße, die durch einen gemeinsamen Identifizierer gekennzeichnet sind

ANMERKUNG 1 Im ISO-Toleranzsystem für Längenmaße besteht der Grundtoleranzgrad-Identifizierer aus IT plus der Gradnummer (z. B. IT7), siehe 4.1.2.3.

ANMERKUNG 2 Ein bestimmter Toleranzgrad entspricht dabei dem gleichen Genauigkeitsniveau für alle Nennmaße.

3.2.8.4
Toleranzzone
variable Werte des Größenmaßes zwischen Toleranzgrenzen, diese eingeschlossen

ANMERKUNG 1 Der früher in Verbindung mit Längenbemaßung (nach ISO 286-1:1988) verwendete Begriff „Toleranzfeld" wurde in Toleranzzone geändert, da sich eine Zone auf einen Bereich auf einer Skala bezieht, wohingegen sich ein Toleranzfeld in GPS auf den Bereich eines Raumes oder einer Fläche bezieht, z. B. Tolerierung nach ISO 1101.

ANMERKUNG 2 Für die Anwendung von ISO 286 reicht die Zone vom Mindestmaß bis zum Höchstmaß, festgelegt durch die Größe der Toleranz und deren Lage relativ zum Nennmaß (siehe Bild 1).

ANMERKUNG 3 Die Toleranzzone schließt nicht notwendigerweise das Nennmaß mit ein (siehe Bild 1). Toleranzgrenzen können zweiseitig (Werte auf beiden Seiten des Nennmaßes) oder einseitig (beide Werte auf einer Seite des Nennmaßes) sein. Der Fall, bei dem eine Toleranzgrenze auf einer Seite liegt, während der andere Grenzwert null ist, ist ein besonderer Fall einer einseitigen Angabe.

3.2.8.5
Toleranzklasse
Kombination eines Grundabmaßes und eines Grundtoleranzgrades

ANMERKUNG Im ISO-Toleranzsystem für Längenmaße besteht die Toleranzklasse aus dem Grundabmaß-Identifizierer plus der Toleranzgradnummer (z. B. D13, h9 usw.), siehe 4.2.1.

3.3 Begriffe zu Passungen

Die Begriffe in diesem Abschnitt beziehen sich nur auf Nenn-Geometrieelemente (perfekte Form). Für die Definition des Nennmodells eines Geometrieelementes siehe ISO 17450-1:—, 3.18.

Für das Bestimmen einer Passung siehe 5.3.

3.3.1
Spiel
Differenz zwischen den Maßen der Bohrung und der Welle, wenn der Durchmesser der Welle kleiner ist als der Durchmesser der Bohrung

ANMERKUNG In der Berechnung eines Spieles sind die erhaltenen Werte positiv (siehe B.2).

3.3.1.1
Mindestspiel
<bei einer Spielpassung> Differenz zwischen dem Mindestmaß der Bohrung und dem Höchstmaß der Welle

Siehe Bild 2.

3.3.1.2
Höchstspiel
<bei einer Spiel- oder Übergangspassung> Differenz zwischen dem Höchstmaß der Bohrung und dem Mindestmaß der Welle

Siehe Bilder 2 und 4.

3.3.2
Übermaß
Differenz zwischen den Maßen der Bohrung und der Welle vor dem Fügen, wenn der Durchmesser der Welle größer ist als der Durchmesser der Bohrung

ANMERKUNG In der Berechnung eines Übermaßes sind die erhaltenen Werte negativ (siehe B.2).

3.3.2.1
Mindestübermaß
<bei einer Übermaßpassung> Differenz zwischen dem Höchstmaß der Bohrung und dem Mindestmaß der Welle

Siehe Bild 3.

3.3.2.2
Höchstübermaß
<bei einer Übermaß- oder Übergangspassung> Differenz zwischen dem Mindestmaß der Bohrung und dem Höchstmaß der Welle

Siehe Bilder 3 und 4.

3.3.3
Passung
Zusammenhang zwischen einem äußeren und einem inneren Geometrieelement (Bohrung und Welle der gleichen Art), die zusammengefügt werden

3.3.3.1
Spielpassung
Passung, bei der beim Zusammenbau von Bohrung und Welle immer ein Spiel entsteht, d. h. das Mindestmaß der Bohrung ist größer als oder im Grenzfall gleich dem Höchstmaß der Welle

Siehe Bild 2.

3.3.3.2
Übermaßpassung
Passung, bei der beim Zusammenbau von Bohrung und Welle immer ein Übermaß entsteht, d. h. das Höchstmaß der Bohrung ist kleiner als oder im Grenzfall gleich dem Mindestmaß der Welle

Siehe Bild 3.

3.3.3.3
Übergangspassung
Passung, bei der beim Zusammenbau von Bohrung und Welle entweder ein Spiel oder ein Übermaß entsteht

Siehe Bild 4.

ANMERKUNG In einer Übergangspassung überdecken sich die Toleranzzonen der Bohrung und der Welle vollständig oder teilweise. Deshalb hängt es von den Istmaßen der Bohrung und der Welle ab, ob sich ein Spiel oder ein Übermaß ergibt.

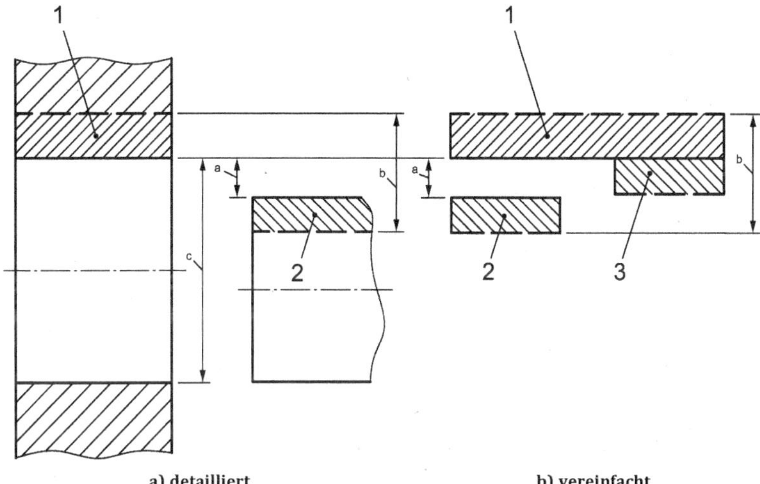

a) detailliert **b) vereinfacht**

Legende

1 Toleranzzone der Bohrung
2 Toleranzzone der Welle, Fall 1: Das Höchstmaß der Welle ist kleiner als das Mindestmaß der Bohrung. Das Mindestspiel ist in diesem Fall größer als null.
3 Toleranzzone der Welle, Fall 2: Das Höchstmaß der Welle ist mit dem Mindestmaß der Bohrung identisch. Das Mindestspiel ist in diesem Fall null.
[a] Mindestspiel
[b] Höchstspiel
[c] Nennmaß = Mindestmaß der Bohrung

ANMERKUNG Die horizontalen durchgezogenen Linien, die die Toleranzzonen begrenzen, stellen die Grundabmaße dar. Die gestrichelten Linien, die die Toleranzzonen begrenzen, stellen die anderen Grenzabmaße dar.

Bild 2 — Veranschaulichung der Definitionen einer Spielpassung (Nennmodell)

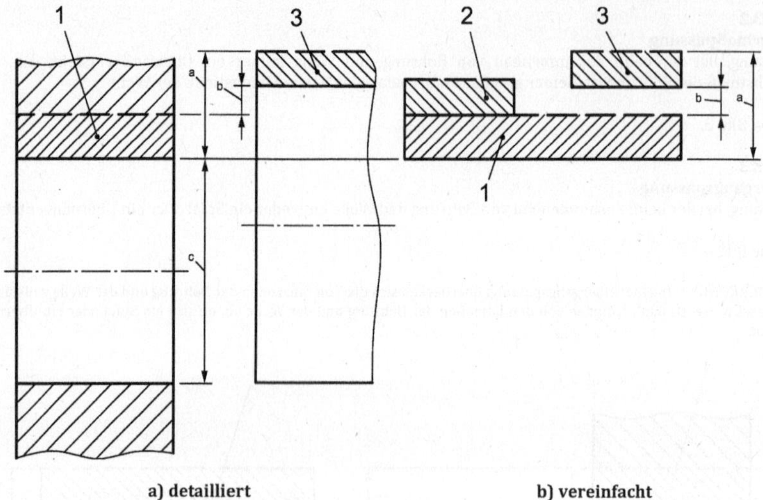

a) detailliert

b) vereinfacht

Legende

1 Toleranzzone der Bohrung

2 Toleranzzone der Welle, Fall 1: Das Mindestmaß der Welle ist mit dem Höchstmaß der Bohrung identisch. Das Mindestübermaß ist in diesem Fall null.

3 Toleranzzone der Welle, Fall 2: Das Mindestmaß der Welle ist größer als das Höchstmaß der Bohrung. Das Mindestübermaß ist in diesem Fall größer als null.

[a] Höchstübermaß

[b] Mindestübermaß

[c] Nennmaß = Mindestmaß der Bohrung

ANMERKUNG Die horizontalen durchgezogenen Linien, die die Toleranzzonen begrenzen, stellen die Grundabmaße dar. Die gestrichelten Linien, die die Toleranzzonen begrenzen, stellen die anderen Grenzabmaße dar.

Bild 3 — Veranschaulichung der Definitionen einer Übermaßpassung (Nennmodell)

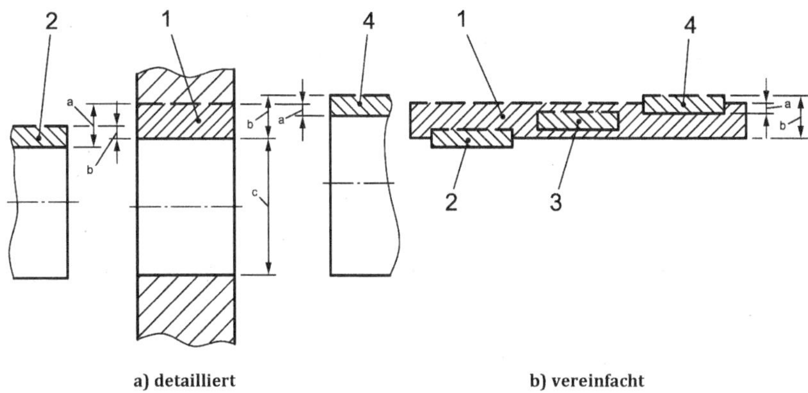

a) detailliert b) vereinfacht

Legende

1 Toleranzzone der Bohrung
2-4 Toleranzzone der Welle (einige mögliche Lagen sind dargestellt)
a Höchstspiel
b Höchstübermaß
c Nennmaß = Mindestmaß der Bohrung

ANMERKUNG Die horizontalen durchgezogenen Linien, die die Toleranzzonen begrenzen, stellen die Grundabmaße dar. Die gestrichelten Linien, die die Toleranzzonen begrenzen, stellen die anderen Grenzabmaße dar.

Bild 4 — Veranschaulichung der Definitionen einer Übergangspassung (Nennmodell)

3.3.4
Passtoleranz
arithmetische Summe der Maßtoleranzen zweier Geometrieelemente, die zu einer Passung gehören

Siehe Bild B.1.

ANMERKUNG 1 Die Passtoleranz ist ein absoluter Wert ohne Vorzeichen und drückt die mögliche Nennvariation der Passung aus.

ANMERKUNG 2 Die Passtoleranz einer Spielpassung ist die Differenz zwischen dem Höchstspiel und dem Mindestspiel. Die Passtoleranz einer Übermaßpassung ist die Differenz zwischen Höchstübermaß und Mindestübermaß. Die Passtoleranz einer Übergangspassung ist die Summe aus dem Höchstspiel und Höchstübermaß (siehe Anhang B).

3.4 Begriffe zum ISO-Passungssystem

3.4.1
ISO-Passungssystem
System von Passungen, das Bohrungen und Wellen umfasst, die mit dem ISO-Toleranzsystem für Längenmaße toleriert wurden

ANMERKUNG Die Vorbedingung für die Anwendung des ISO-Toleranzsystems für Längenmaße für Elemente einer Passung ist, dass die Nennmaße von Bohrung und Welle gleich sind.

3.4.1.1
Passungssystem Einheitsbohrung
Passungen, bei denen das Grundabmaß der Bohrung null ist, d. h. das untere Grenzabmaß ist null

Siehe Bild 5.

ANMERKUNG Ein Passungssystem, in dem das Mindestmaß der Bohrung gleich dem Nennmaß ist. Die geforderten Spiele oder Übermaße werden erhalten durch Kombination von Wellen verschiedener Toleranzklassen mit Einheitsbohrungen einer Toleranzklasse mit einem Grundabmaß von null.

3.4.1.2
Passungssystem Einheitswelle
Passungen, bei denen das Grundabmaß der Welle null ist, d. h. das obere Grenzabmaß ist null

Siehe Bild 6.

ANMERKUNG Ein Passungssystem, in dem das Höchstmaß der Welle gleich dem Nennmaß ist. Die geforderten Spiele oder Übermaße werden erhalten durch Kombination von Bohrungen verschiedener Toleranzklassen mit Einheitswellen einer Toleranzklasse mit einem Grundabmaß von null.

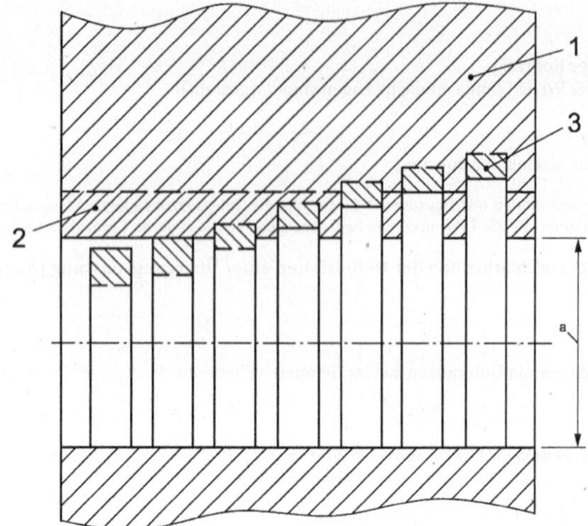

Legende

1 Einheitsbohrung „H"
2 Toleranzzone der Einheitsbohrung
3 Toleranzzone verschiedener Wellen
[a] Nennmaß

ANMERKUNG 1 Die horizontalen durchgezogenen Linien, die die Toleranzzonnen begrenzen, stellen die Grundabmaße für die Einheitsbohrung und die verschiedenen Wellen dar.

ANMERKUNG 2 Die Strichlinien, die die Toleranzzonnen begrenzen, stellen die jeweils anderen Grenzabmaße dar.

ANMERKUNG 3 Das Bild zeigt die Möglichkeit von Kombinationen aus einer Einheitsbohrung und verschiedenen Wellen in Abhängigkeit von ihren Grundtoleranzgraden.

ANMERKUNG 4 Mögliche Beispiele für Passungen von Einheitsbohrungen sind: H7/h6, H6/k5, H6/p4.

Bild 5 — Passungssystem Einheitsbohrung

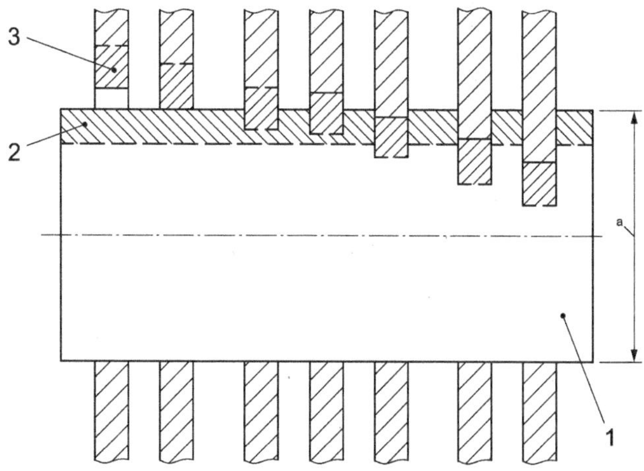

Legende

1 Einheitswelle „h"
2 Toleranzzone der Einheitswelle
3 Toleranzzone verschiedener Bohrungen

a Nennmaß

ANMERKUNG 1 Die horizontalen durchgezogenen Linien, die die Toleranzzonnen begrenzen, stellen die Grundabmaße für eine Einheitswelle und verschiedene Bohrungen dar.

ANMERKUNG 2 Die Strichlinien, die die Toleranzzonen begrenzen, stellen die jeweils anderen Grenzabmaße dar.

ANMERKUNG 3 Das Bild zeigt die Möglichkeit von Kombinationen aus einer Einheitswelle und verschiedenen Bohrungen in Abhängigkeit von ihren Grundtoleranzgraden.

ANMERKUNG 4 Mögliche Beispiele für Passungen von Einheitswellen sind: h6/G7, h6/H6, h6/M6.

Bild 6 — Passungssystem Einheitswelle

4 ISO-Toleranzsystem für Längenmaße

4.1 Grundlagen und Kennzeichnungen

4.1.1 Zusammenhang mit ISO 14405-1

Ein Geometrieelement kann unter Verwendung des ISO-Toleranzsystems, welches in diesem Teil von ISO 286 festgelegt ist, toleriert werden oder unter Verwendung der Plus-Minus-Tolerierung entsprechend der Norm ISO 14405-1. Beide Zeichnungseintragungen sind gleichwertig.

BEISPIEL 1 32^{x}_{y} ist gleichwertig zu 32 „Kennung".

Dabei ist

32	Nennmaß in Millimeter;
x	obere Toleranzgrenze (*x* kann positiv, null oder negativ sein);
y	untere Toleranzgrenze (*y* kann positiv, null oder negativ sein);
„Kennung"	Toleranzklasse nach 4.2.1.

Wenn eine Passung toleriert wird, dann darf die Hüllbedingung nach ISO 14405-1 angegeben werden (siehe A.2).

BEISPIEL 2 32^{x}_{y} Ⓔ ist gleichwertig zu 32 „Kennung" Ⓔ.

4.1.2 Toleranzklasse

4.1.2.1 Allgemeines

Die Toleranzklasse enthält Informationen über die Größe der Toleranz und die Lage der Toleranzzone bezüglich des Nennmaßes des Geometrieelements.

4.1.2.2 Größe der Toleranz

Die Toleranzklasse ist Ausdruck der Größe der Toleranz. Die Größe der Toleranz ist eine Funktion der Kennziffer des Grundtoleranzgrades und des Nennmaßes des tolerierten Geometrieelements.

4.1.2.3 Grundtoleranzgrade

Die Grundtoleranzgrade werden durch die Buchstaben IT und einer sich daran anschließenden Kennziffer des Toleranzgrades bezeichnet, z. B. IT7.

Werte für genormte Toleranzen sind in der Tabelle 1 angegeben. Jede der Spalten gibt die Werte der Toleranzen für einen Grundtoleranzgrad zwischen den Grundtoleranzgraden IT01 und IT18, sie selbst eingeschlossen, an. Jede Zeile in der Tabelle 1 stellt einen Bereich von Maßen dar. Die Grenzen für die Bereiche der Maße sind in der ersten Spalte der Tabelle 1 angegeben.

ANMERKUNG 1 Wenn dem Grundtoleranzgrad (ein Buchstabe) Buchstaben zugeordnet (ist) sind, welche(r) das Grundabmaß zur Bildung einer Toleranzklasse (darstellt) darstellen, dann werden die Buchstaben IT weggelassen, z. B. H7.

ANMERKUNG 2 Von IT6 bis IT18 sind die Grundtoleranzen bei jedem fünften Schritt mit dem Faktor 10 multipliziert. Diese Regel ist auf alle Grundtoleranzen anwendbar und kann zur Extrapolation von Werten für IT-Grade verwendet werden, welche nicht in der Tabelle 1 angegeben sind.

BEISPIEL Für die Nennmaßspanne von 120 mm bis einschließlich 180 mm berechnet sich der Wert von IT20 wie folgt:

IT20 = IT15 × 10 = 1,6 mm × 10 = 16 mm.

4.1.2.4 Lage der Toleranzzone

Die Toleranzzone ist ein veränderlicher Bereich, welcher zwischen dem Höchstmaß und dem Mindestmaß eingeschlossen ist. Die Toleranzklasse drückt die Lage der Toleranzzone bezüglich des Nennmaßes durch das Grundabmaß aus. Die Information über die Lage der Toleranzzone, d. h. über das Grundabmaß, ist durch einen oder mehrere Buchstaben gegeben, welche Grundabmaßkennung genannt werden:

Ein graphischer Überblick über die Lage der Toleranzzone bezüglich des Nennmaßes und die Vorzeichen (+ oder −) der Grundabmaße für Bohrungen und Wellen ist in den Bildern 7, 8 und 9 gegeben.

4.1.2.5 Grundabmaß

Das Grundabmaß ist das Grenzabmaß, welches das Grenzmaß festlegt, das dem Nennmaß am nächsten kommt (siehe Bild 7).

Die Grundabmaße sind gekennzeichnet und kontrolliert durch:

— Großbuchstaben für Bohrungen (A ... ZC), siehe Tabelle 2 und 3;

— Kleinbuchstaben für Wellen (a ... zc), siehe Tabelle 4 und 5.

ANMERKUNG 1 Um eine Verwirrung zu vermeiden, werden die folgenden Buchstaben nicht verwendet: I, i; L, l; O, o; Q, q; W, w.

ANMERKUNG 2 Die Grundabmaße sind nicht für jedes bestimmte Nennmaß eigens festgelegt, sondern für Bereiche von Nennmaßen, wie sie in den Tabellen 2 bis 5 angegeben sind.

Das Grundabmaß in µm ist eine Funktion der Kennung (Buchstabe) und des Nennmaßes des tolerierten Geometrieelements.

Die Tabellen 2 und 3 enthalten die vorzeichenbehafteten Werte der Grundabmaße für die Toleranzen von Bohrungen. Die Tabellen 4 und 5 enthalten die vorzeichenbehafteten Werte der Grundabmaße für die Toleranzen von Wellen.

Das Vorzeichen + wird verwendet, wenn die durch das Grundabmaß bestimmte Toleranzgrenze über dem Nennmaß liegt, und das Vorzeichen − wird verwendet, wenn die durch das Grundabmaß bestimmte Toleranzgrenze unter dem Nennmaß liegt.

Jede der Spalten in den Tabellen 2 bis 5 gibt die Werte des Grundabmaßes für eine Grundabmaßkennung an. Jede der Zeilen steht für einen Bereich der Nennmaße. Die Grenzen für die Bereiche der Nennmaße sind in der ersten Spalte der Tabellen angegeben.

Das andere Grenzabmaß (oberes oder unteres) wird durch das Grundabmaß und die Grundtoleranz (IT) festgelegt, wie dies in den Bildern 8 und 9 dargestellt ist.

ANMERKUNG 3 Das Konzept der Grundabmaße ist nicht auf JS und js anwendbar, welche symmetrischen Verteilungen der Grundtoleranzgrade über der Linie des Nennmaßes entsprechen (siehe Bilder 8 und 9).

ANMERKUNG 4 Die Bereiche der Maße in den Tabellen 2 bis 5 sind in vielen Fällen (für die Abmaße a bis c und r bis zc oder A bis C und R bis ZC) Unterteilungen der Hauptbereiche der Tabelle 1.

Die sechs letzten Spalten auf der rechten Seite der Tabelle 3 enthalten eine besondere Tabelle mit Δ-Werten. Δ ist eine Funktion des Toleranzgrades und des Nennmaßes des tolerierten Geometrieelements. Dies ist nur für die Abmaße K bis ZC und die Grundtoleranzgrade IT3 bis IT7/IT8 von Bedeutung.

Die Werte von Δ sind immer dann, wenn dies durch $+\Delta$ gekennzeichnet ist, zum in der Haupttabelle angegebenen Grundabmaß zu addieren, um den richtigen Wert für das Grundabmaß zu erhalten.

4.2 Kennzeichnung der Toleranzklasse (Schreibregeln)

4.2.1 Allgemeines

Die Toleranzklasse wird durch eine Kombination aus einem oder mehreren Großbuchstaben für Bohrungen bzw. Kleinbuchstaben für Wellen, welche das Grundabmaß festlegen, und einer Kennziffer, welche den Grundtoleranzgrad festlegt, gekennzeichnet.

BEISPIEL H7 (Bohrungen), h7 (Wellen).

4.2.2 Das Maß und seine Toleranz

Ein Maß und seine Toleranz werden durch das Nennmaß mit einer daran anschließenden Kennzeichnung der geforderten Toleranzklasse oder durch das Nennmaß mit daran anschließenden positiven oder negativen Grenzabmaßen (siehe ISO 14405-1) angegeben.

In den folgenden Beispielen sind die angegebenen Grenzabmaße gleichwertig zu den angegebenen Toleranzklassen.

BEIPIEL 1

ISO 286		ISO 14405-1
32 H7	≡	$32^{+0,025}_{0}$
80 js15	≡	80 ± 0,6
100 g6 Ⓔ	≡	$100^{-0,012}_{-0,034}$ Ⓔ

ANMERKUNG Wenn die aus einer Toleranzklasse bestimmte Tolerierung mit + oder - hinzugefügt wird, darf die Toleranzklasse in Klammern hinzugefügt werden, um zusätzliche Informationen zur Verfügung zu stellen, und umgekehrt.

BEISPIEL 2 32 H7 $\left(^{+0,025}_{0}\right)$ $32^{+0,025}_{0}$ (H7).

4.2.3 Bestimmung einer Toleranzklasse

Zur Bestimmung einer Toleranzklasse, abgeleitet aus den Anforderungen an die Passung (Spiele, Übermaße), siehe 5.3.4.

4.3 Bestimmung der Grenzabmaße (Leseregeln)

4.3.1 Allgemeines

Die Bestimmung der Grenzabmaße für ein gegebenes toleriertes Maß, z. B. die Umwandlung einer Toleranzklasse in eine Toleranz mit + und – kann durchgeführt werden unter Verwendung:

— der Tabellen 1 bis 5 dieses Teils von ISO 286 (siehe 4.3.2), oder

— der Tabellen von ISO 286-2 (siehe 4.3.3). Nur ausgewählte Fälle sind berücksichtigt.

4.3.2 Bestimmung von Grenzabmaßen unter Verwendung der Tabellen von ISO 286-1

4.3.2.1 Allgemeines

Die Toleranzklasse ist zerlegbar in die Grundabmaßkennung und die Kennziffer des Grundtoleranzgrades.

BEISPIEL Toleriertes Maß für eine Bohrung 90 F7 Ⓔ und für eine Welle 90 f7 Ⓔ.

Dabei ist

90 das Nennmaß, in mm;

F die Grundabmaßkennung für eine Bohrung;

f die Grundabmaßkennung für eine Welle;

7 die Kennziffer des Grundtoleranzgrades;

Ⓔ die Hüllbedingung nach ISO 14405-1 (falls erforderlich).

4.3.2.2 Grundtoleranzgrade

Der Grundtoleranzgrad (ITx) wird aus der Kennziffer des Grundtoleranzgrades erhalten.

Die Größe der Toleranz, z. B. der Wert der Grundtoleranz, wird aus dem Nennmaß und dem Grundtoleranzgrad unter Verwendung der Tabelle 1 erhalten.

BEISPIEL 1 Toleriertes Maß für eine Bohrung 90 F7 Ⓔ und eine Welle 90 f7 Ⓔ.

Die Kennziffer des Grundtoleranzgrades ist „7", demzufolge ist der Grundtoleranzgrad IT7.

Der Wert der Grundtoleranz ist aus der Tabelle 1 in der Zeile für den Bereich des Nennmaßes über 80 mm bis einschließlich 120 mm und der Spalte für den Grundtoleranzgrad IT7 zu entnehmen.

Folglich ist der Wert der Grundtoleranz 35 µm.

BEISPIEL 2 Toleriertes Maß für eine Bohrung 28 P9 Ⓔ.

Die Kennziffer des Grundtoleranzgrades ist „9", demzufolge ist der Grundtoleranzgrad IT9.

Der Wert der Grundtoleranz ist aus der Tabelle 1 in der Zeile für den Bereich des Nennmaßes über 18 mm bis einschließlich 30 mm und der Spalte für den Grundtoleranzgrad IT9 zu entnehmen.

Folglich ist der Wert der Grundtoleranz 52 µm.

4.3.2.3 Lage der Toleranzzone

Das Grundabmaß wird aus dem Nennmaß und der Grundabmaßkennung (obere und untere Grenzabmaße) unter Verwendung der Tabelle 2 und 3 für Bohrungen (Großbuchstaben) und der Tabelle 4 und 5 für Wellen (Kleinbuchstaben) ermittelt.

BEISPIEL 1 Toleriertes Maß für eine Bohrung 90 F7 Ⓔ.

Die Grundabmaßkennung ist „F", demzufolge ist der Fall für eine Bohrung in der Tabelle 2 anzuwenden.

Aus der Tabelle 2, Zeile „80 bis 100" und Spalte „F" ergibt sich das untere Grenzabmaß $EI = +36$ µm.

BEISPIEL 2 Toleriertes Maß für eine Welle 90 f7 Ⓔ.

Die Grundabmaßkennung ist „f", demzufolge ist der Fall für eine Welle in der Tabelle 4 anzuwenden.

Aus der Tabelle 4, Zeile „80 bis 100" und Spalte „f" ergibt sich das obere Grenzabmaß $es = -36$ µm.

BEISPIEL 3 Toleriertes Maß für eine Bohrung 28 P9 Ⓔ.

Die Grundabmaßkennung ist „P", demzufolge ist der Fall für eine Bohrung in der Tabelle 3 anzuwenden.

Aus der Tabelle 3, Zeile „24 bis 30" und Spalte „P" ergibt sich das obere Grenzabmaß $ES = -22$ µm.

4.3.2.4 Bestimmung von Grenzabmaßen

Eines der Grenzabmaße (oberes oder unteres) ist bereits in 4.3.2.3 bestimmt worden. Die anderen Grenzabmaße (obere oder untere) ergeben sich durch Berechnung nach den in den Bildern 8 und 9 angegebenen Formeln und unter Verwendung der Werte für die Grundtoleranz in der Tabelle 1 entsprechend.

BEISPIEL 1 Toleriertes Maß für eine Bohrung 90 F7 Ⓔ.

Nach 4.3.2.2 ist IT7 = 35 µm

Nach 4.3.2.3 ist das untere Grenzabmaß $EI = +36$ µm

Nach der Formel im Bild 8 ist das obere Grenzabmaß $ES = EI + \mathrm{IT} = +36 + 35 = +71$ µm.

Daraus folgt: 90 F7 Ⓔ $\equiv 90^{+0{,}071}_{+0{,}036}$. Ⓔ.

BEISPIEL 2 Toleriertes Maß für eine Welle 90 f7 Ⓔ.

Nach 4.3.2.2 ist IT7 = 35 µm

Nach 4.3.2.3 ist das obere Grenzabmaß $es = -36$ µm

Nach der Formel im Bild 9 ist das untere Grenzabmaß $ei = es - \text{IT} = -36 - 35 = -71$ µm.

Daraus folgt: 90 f7 Ⓔ $\equiv 90^{-0,036}_{-0,071}$ Ⓔ.

BEISPIEL 3 [AC] Toleriertes Maß für eine Bohrung 28 P9 Ⓔ. [AC]

Nach 4.3.2.2 ist IT7 = 52 µm

Nach 4.3.2.3 ist das obere Grenzabmaß $ES = -22$ µm

Nach der Formel im Bild 8 ist das untere Grenzabmaß $EI = ES - \text{IT} = -22 - 52 = -74$ µm.

Daraus folgt: 28 P9 Ⓔ $\equiv 28^{-0,022}_{-0,074}$ Ⓔ.

4.3.2.5 Bestimmung von Grenzabmaßen unter Verwendung von Δ-Werten

Um die Grundabmaße K, M und N für die Grundtoleranzgrade bis hinauf zu IT8 (einschließlich) und P bis ZC bis hinauf zu IT7 (einschließlich) zu bestimmen, sind die Δ-Werte aus den Spalten auf der rechten Seite der Tabelle 3 zu berücksichtigen.

BEISPIEL 1 Toleriertes Maß für eine Bohrung 20 K7 Ⓔ.

Aus der Tabelle 1: IT7 im Bereich über 18 mm bis einschließlich 30 mm IT7 = 21 µm

Aus der Tabelle 3: Δ im Bereich über 18 mm bis einschließlich 24 mm für IT7 $\Delta = 8$ µm.

Für K im Bereich über 18 mm bis einschließlich 24 mm:

oberes Grenzabmaß $ES = -2 + \Delta = -2 + 8 = +6$ µm

unteres Grenzabmaß $EI = ES - \text{IT} = +6 - 21 = -15$ µm.

Daraus folgt: 20 K7 Ⓔ $\equiv 20^{+0,006}_{-0,015}$ Ⓔ.

BEISPIEL 2 Toleriertes Maß für eine Bohrung 40 U6.

Aus der Tabelle 1: IT6 im Bereich über 30 mm bis einschließlich 50 mm IT6 = 16 µm

Aus der Tabelle 3: Δ im Bereich über 30 mm bis einschließlich 40 mm für IT6 $\Delta = 5$ µm.

Für U im Bereich über 30 mm bis einschließlich 40 mm:

oberes Grenzabmaß $ES = -60 + \Delta = -60 + 5 = -55$ µm

unteres Grenzabmaß $EI = ES - \text{IT} = -55 - 16 = -71$ µm.

Daraus folgt: 40 U6 $\equiv 40^{-0,055}_{-0,071}$.

ANMERKUNG Für diese Übermaßpassung wurde die Hüllbedingung absichtlich weggelassen. Bei starken Übermaßpassungen ist es nicht notwendig, die Hüllbedingung anzuwenden.

4.3.3 Bestimmung von Grenzabmaßen unter Verwendung der Tabellen von ISO 286-2

Die Grenzabmaße für ein gegebenes toleriertes Maß können aus den Tabellen von ISO 286-2 gewählt werden.

BEISPIEL Gegebenes toleriertes Maß: 60 M6 Ⓔ.

In der Tabelle 9 von ISO 286-2:— sind die Grenzabmaße aus der Zeile für den Bereich des Nennmaßes über 50 mm bis einschließlich 80 mm und der Spalte für den Grundtoleranzgrad mit der Kennziffer 6 zu nehmen.

Folglich sind die Grenzabmaße:

oberes Grenzabmaß $ES = -5$ µm und

unteres Grenzabmaß $EI = -24$ µm.

Daraus folgt: 60 M6 Ⓔ $\equiv 60^{-0,005}_{-0,024}$ Ⓔ.

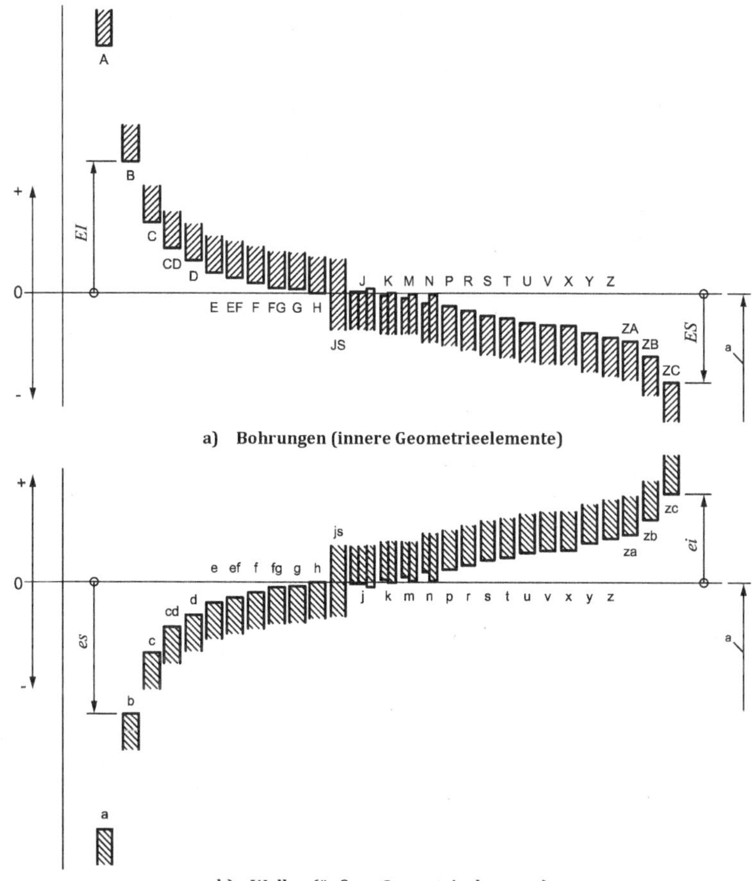

a) Bohrungen (innere Geometrieelemente)

b) Wellen (äußere Geometrieelemente)

Legende

EI, *ES* Grundabmaße der Bohrung (Beispiele)

ei, *es* Grundabmaße der Welle (Beispiele)

[a] Nennmaß

ANMERKUNG 1 Nach Vereinbarung ist das Grundabmaß dasjenige Abmaß, welches das dem Nennmaß am nächsten gelegene Grenzmaß festlegt.

ANMERKUNG 2 Für Einzelheiten bezüglich der Grundabmaße für J/j, K/k, M/m und N/n siehe Bilder 8 und 9.

Bild 7 — Schematische Darstellung der Lage der Toleranzzone (Grundabmaß) bezüglich des Nennmaßes

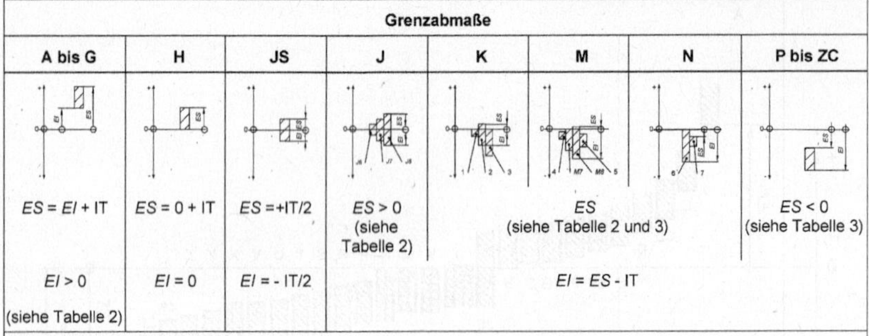

Legende

1 K1 bis K3 und auch K4 bis K8 für Nennmaß ≤ 3 mm
2 K4 bis K8 für Größenmaße 3 mm < Nennmaß ≤ 500 mm
3 K9 bis K18 und auch K4 bis K8 für Nennmaße > 500 mm
4 M1 bis M6
5 M9 bis M18 und auch M7 bis M8 für Nennmaße > 500 mm
6 N1 bis N8 und auch N9 bis N18 für Größenmaße 1 mm < Nennmaß ≤ 3 mm sowie für Nennmaße > 500 mm
7 N9 bis N18 für Größenmaße 3 mm < Nennmaß ≤ 500 mm

Bild 8 — Grenzabmaße für Bohrungen

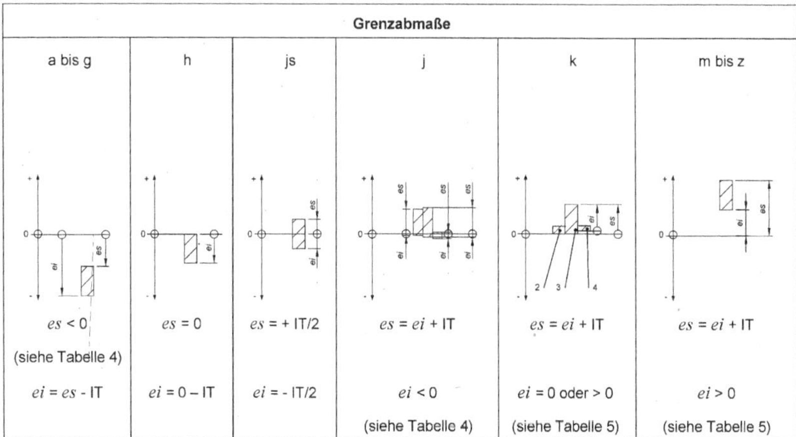

Grenzabmaße					
a bis g	h	js	j	k	m bis z
es < 0 (siehe Tabelle 4)	*es* = 0	*es* = + IT/2	*es* = *ei* + IT	*es* = *ei* + IT	*es* = *ei* + IT
ei = *es* - IT	*ei* = 0 – IT	*ei* = - IT/2	*ei* < 0 (siehe Tabelle 4)	*ei* = 0 oder > 0 (siehe Tabelle 5)	*ei* > 0 (siehe Tabelle 5)

ANMERKUNG 1 IT, siehe Tabelle 1.

ANMERKUNG 2 Die dargestellten Toleranzzonen entsprechen näherungsweise dem Nennmaßbereich von über 10 mm bis einschließlich18 mm.

Legende

1 j5, j6
2 k1 bis k3 und auch k4 bis k7, für Nennmaß ≤ 3 mm
3 k4 bis k7, für Größenmaße 3 mm < Nennmaß ≤ 500 mm
4 k8 bis k18 und auch k4 bis k7 für Größenmaße > 500 mm ⟨AC]

Bild 9 — Grenzabmaße für Wellen

Tabelle 1 — Werte der Grundtoleranzgrade für Nennmaße bis 3 150 mm

Nennmaß mm		Grundtoleranzgrade																			
		IT01	IT0	IT1	IT2	IT3	IT4	IT5	IT6	IT7	IT8	IT9	IT10	IT11	IT12	IT13	IT14	IT15	IT16	IT17	IT18
über	bis einschließlich	Grundtoleranzen																			
		µm													mm						
—	3	0,3	0,5	0,8	1,2	2	3	4	6	10	14	25	40	60	0,1	0,14	0,25	0,4	0,6	1	1,4
3	6	0,4	0,6	1	1,5	2,5	4	5	8	12	18	30	48	75	0,12	0,18	0,3	0,48	0,75	1,2	1,8
6	10	0,4	0,6	1	1,5	2,5	4	6	9	15	22	36	58	90	0,15	0,22	0,36	0,58	0,9	1,5	2,2
10	18	0,5	0,8	1,2	2	3	5	8	11	18	27	43	70	110	0,18	0,27	0,43	0,7	1,1	1,8	2,7
18	30	0,6	1	1,5	2,5	4	6	9	13	21	33	52	84	130	0,21	0,33	0,52	0,84	1,3	2,1	3,3
30	50	0,6	1	1,5	2,5	4	7	11	16	25	39	62	100	160	0,25	0,39	0,62	1	1,6	2,5	3,9
50	80	0,8	1,2	2	3	5	8	13	19	30	46	74	120	190	0,3	0,46	0,74	1,2	1,9	3	4,6
80	120	1	1,5	2,5	4	6	10	15	22	35	54	87	140	220	0,35	0,54	0,87	1,4	2,2	3,5	5,4
120	180	1,2	2	3,5	5	8	12	18	25	40	63	100	160	250	0,4	0,63	1	1,6	2,5	4	6,3
180	250	2	3	4,5	7	10	14	20	29	46	72	115	185	290	0,46	0,72	1,15	1,85	2,9	4,6	7,2
250	315	2,5	4	6	8	12	16	23	32	52	81	130	210	320	0,52	0,81	1,3	2,1	3,2	5,2	8,1
315	400	3	5	7	9	13	18	25	36	57	89	140	230	360	0,57	0,89	1,4	2,3	3,6	5,7	8,9
400	500	4	6	8	10	15	20	27	40	63	97	155	250	400	0,63	0,97	1,55	2,5	4	6,3	9,7
500	630			9	11	16	22	32	44	70	110	175	280	440	0,7	1,1	1,75	2,8	4,4	7	11
630	800			10	13	18	25	36	50	80	125	200	320	500	0,8	1,25	2	3,2	5	8	12,5
800	1 000			11	15	21	28	40	56	90	140	230	360	560	0,9	1,4	2,3	3,6	5,6	9	14
1 000	1 250			13	18	24	33	47	66	105	165	260	420	660	1,05	1,65	2,6	4,2	6,6	10,5	16,5
1 250	1 600			15	21	29	39	55	78	125	195	310	500	780	1,25	1,95	3,1	5	7,8	12,5	19,5
1 600	2 000			18	25	35	46	65	92	150	230	370	600	920	1,5	2,3	3,7	6	9,2	15	23
2 000	2 500			22	30	41	55	78	110	175	280	440	700	1 100	1,75	2,8	4,4	7	11	17,5	28
2 500	3 150			26	36	50	68	96	135	210	330	540	860	1 350	2,1	3,3	5,4	8,6	13,5	21	33

Tabelle 2 — Werte der Grundabmaße von Bohrungen A bis M

Grundabmaße in Mikrometer

Nennmaß mm		Werte der Grundabmaße																		
		unteres Grenzabmaß *EI*												oberes Grenzabmaß *ES*						
über	bis einschließlich	alle Grundtoleranzgrade												IT6	IT7	IT8	bis einschl. IT8	über IT8	bis einschl. IT8	über IT8
		A[a]	B[a]	C	CD	D	E	EF	F	FG	G	H	JS	J			K[c,d]		M[b,c,d]	
—	3	+270	+140	+60	+34	+20	+14	+10	+6	+4	+2	0	Abmaße = ±IT*n*/2, wobei *n* die Kennziffer des Grundtoleranzgrades ist	+2	+4	+6	0	0	−2	−2
3	6	+270	+140	+70	+46	+30	+20	+14	+10	+6	+4	0		+5	+6	+10	$-1 + \Delta$		$-4 + \Delta$	−4
6	10	+280	+150	+80	+56	+40	+25	+18	+13	+8	+5	0		+5	+8	+12	$-1 + \Delta$		$-6 + \Delta$	−6
10	14	+290	+150	+95	+70	+50	+32	+23	+16	+10	+6	0		+6	+10	+15	$-1 + \Delta$		$-7 + \Delta$	−7
14	18																			
18	24	+300	+160	+110	+85	+65	+40	+28	+20	+12	+7	0		+8	+12	+20	$-2 + \Delta$		$-8 + \Delta$	−8
24	30																			
30	40	+310	+170	+120	+100	+80	+50	+35	+25	+15	+9	0		+10	+14	+24	$-2 + \Delta$		$-9 + \Delta$	−9
40	50	+320	+180	+130																
50	65	+340	+190	+140		+100	+60		+30		+10	0		+13	+18	+28	$-2 + \Delta$		$-11 + \Delta$	−11
65	80	+360	+200	+150																
80	100	+380	+220	+170		+120	+72		+36		+12	0		+16	+22	+34	$-3 + \Delta$		$-13 + \Delta$	−13
100	120	+410	+240	+180																
120	140	+460	+260	+200		+145	+85		+43		+14	0		+18	+26	+41	$-3 + \Delta$		$-15 + \Delta$	−15
140	160	+520	+280	+210																
160	180	+580	+310	+230																
180	200	+660	+340	+240		+170	+100		+50		+15	0		+22	+30	+47	$-4 + \Delta$		$-17 + \Delta$	−17
200	225	+740	+380	+260																
225	250	+820	+420	+280																
250	280	+920	+480	+300		+190	+110		+56		+17	0		+25	+36	+55	$-4 + \Delta$		$-20 + \Delta$	−20
280	315	+1 050	+540	+330																
315	355	+1 200	+600	+360		+210	+125		+62		+18	0		+29	+39	+60	$-4 + \Delta$		$-21 + \Delta$	−21
355	400	+1 350	+680	+400																
400	450	+1 500	+760	+440		+230	+135		+68		+20	0		+33	+43	+66	$-5 + \Delta$		$-23 + \Delta$	−23
450	500	+1 650	+840	+480																

Tabelle 2 — (*fortgesetzt*)

Grundabmaße in Mikrometer

Nennmaß mm		Werte der Grundabmaße																		
		unteres Grenzabmaß *EI*												oberes Grenzabmaß *ES*						
über	bis einschließlich	alle Grundtoleranzgrade												IT6	IT7	IT8	bis einschl. IT8	über IT8	bis einschl. IT8	über IT8
		A[a]	B[a]	C	CD	D	E	EF	F	FG	G	H	JS	J			K[c,d]		M[b,c,d]	
500	560					+260	+145		+76		+22	0	Abmaße = ±ITn/2, wobei n die Kennziffer des Grundtoleranzgradesist				0		−26	
560	630																			
630	710					+290	+160		+80		+24	0					0		−30	
710	800																			
800	900					+320	+170		+86		+26	0					0		−34	
900	1 000																			
1 000	1 120					+350	+195		+98		+28	0					0		−40	
1 120	1 250																			
1 250	1 400					+390	+220		+110		+30	0					0		−48	
1 400	1 600																			
1 600	1 800					+430	+240		+120		+32	0					0		−58	
1 800	2 000																			
2 000	2 240					+480	+260		+130		+34	0					0		−68	
2 240	2 500																			
2 500	2 800					+520	+290		+145		+38	0					0		−76	
2 800	3 150																			

a Die Grundabmaße A und B dürfen nicht für Nennmaße ≤ 1 mm angewendet werden.

b Sonderfall: Für Toleranzklasse M6 im Bereich über 250 mm bis einschließlich 315 mm ist $ES = -9$ µm (statt −11 µm, die aus der Berechnung hervorgehen).

c Zur Bestimmung der Werte K und M siehe 4.3.2.5.

d Für Δ-Werte siehe Tabelle 3.

Tabelle 3 — Werte der Grundabmaße von Bohrungen N bis ZC

Grundabmaße und Δ-Werte in Mikrometer

Nennmaß mm		Werte der Grundabmaße oberes Grenzabmaß *ES*															Werte für Δ					
über	bis einschließlich	bis einschl. IT8	über IT8	bis einschl. IT7	Grundtoleranzgrade über IT7												Grundtoleranzgrade					
		N[a,b]		P bis ZC[a]	P	R	S	T	U	V	X	Y	Z	ZA	ZB	ZC	IT3	IT4	IT5	IT6	IT7	IT8
—	3	−4	−4	Werte für Grundtoleranzgrade über IT7, um Δ erhöht	−6	−10	−14		−18		−20		−26	−32	−40	−60	0	0	0	0	0	0
3	6	−8 + Δ	0		−12	−15	−19		−23		−28		−35	−42	−50	−80	1	1,5	1	3	4	6
6	10	−10 + Δ	0		−15	−19	−23		−28		−34		−42	−52	−67	−97	1	1,5	2	3	6	7
10	14	−12 + Δ	0		−18	−23	−28		−33		−40		−50	−64	−90	−130	1	2	3	3	7	9
14	18									−39	−45		−60	−77	−108	−150						
18	24	−15 + Δ	0		−22	−28	−35		−41	−47	−54	−63	−73	−98	−136	−188	1,5	2	3	4	8	12
24	30							−41	−48	−55	−64	−75	−88	−118	−160	−218						
30	40	−17 + Δ	0		−26	−34	−43	−48	−60	−68	−80	−94	−112	−148	−200	−274	1,5	3	4	5	9	14
40	50							−54	−70	−81	−97	−114	−136	−180	−242	−325						
50	65	−20 + Δ	0		−32	−41	−53	−66	−87	−102	−122	−144	−172	−226	−300	−405	2	3	5	6	11	16
65	80					−43	−59	−75	−102	−120	−146	−174	−210	−274	−360	−480						
80	100	−23 + Δ	0		−37	−51	−71	−91	−124	−146	−178	−214	−258	−335	−445	−585	2	4	5	7	13	19
100	120					−54	−79	−104	−144	−172	−210	−254	−310	−400	−525	−690						
120	140	−27 + Δ	0		−43	−63	−92	−122	−170	−202	−248	−300	−365	−470	−620	−800	3	4	6	7	15	23
140	160					−65	−100	−134	−190	−228	−280	−340	−415	−535	−700	−900						
160	180					−68	−108	−146	−210	−252	−310	−380	−465	−600	−780	−1 000						
180	200	−31 + Δ	0		−50	−77	−122	−166	−236	−284	−350	−425	−520	−670	−880	−1 150	3	4	6	9	17	26
200	225					−80	−130	−180	−258	−310	−385	−470	−575	−740	−960	−1 250						
225	250					−84	−140	−196	−284	−340	−425	−520	−640	−820	−1 050	−1 350						
250	280	−34 + Δ	0		−56	−94	−158	−218	−315	−385	−475	−580	−710	−920	−1 200	−1 550	4	4	7	9	20	29
280	315					−98	−170	−240	−350	−425	−525	−650	−790	−1 000	−1 300	−1 700						
315	355	−37 + Δ	0		−62	−108	−190	−268	−390	−475	−590	−730	−900	−1 150	−1 500	−1 900	4	5	7	11	21	32
355	400					−114	−208	−294	−435	−530	−660	−820	−1 000	−1 300	−1 650	−2 100						
400	450	−40 + Δ	0		−68	−126	−232	−330	−490	−595	−740	−920	−1 100	−1 450	−1 850	−2 400	5	5	7	13	23	34
450	500					−132	−252	−360	−540	−660	−820	−1 000	−1 250	−1 600	−2 100	−2 600						

AC

Tabelle 3 (*fortgesetzt*)

Grundabmaße und Δ-Werte in Mikrometer

Nennmaß mm		Werte der Grundabmaße oberes Grenzabmaß ES							
über	bis einschließlich	bis einschl. IT8	über IT8	bis einschl. IT7	Grundtoleranzgrade über IT7				
		N[a, b]		P bis ZC[a]	P	R	S	T	U
500	560	−44		Werte für Grundtoleranzgrade über IT7, um Δ erhöht	−78	−150	−280	−400	−600
560	630					−155	−310	−450	−660
630	710	−50			−88	−175	−340	−500	−740
710	800					−185	−380	−560	−840
800	900	−56			−100	−210	−430	−620	−940
900	1 000					−220	−470	−680	−1 050
1 000	1 120	−66			−120	−250	−520	−780	−1 150
1 120	1 250					−260	−580	−840	−1 300
1 250	1 400	−78			−140	−300	−640	−960	−1 450
1 400	1 600					−330	−720	−1 050	−1 600
1 600	1 800	−92			−170	−370	−820	−1 200	−1 850
1 800	2 000					−400	−920	−1 350	−2 000
2 000	2 240	−110			−195	−440	−1 000	−1 500	−2 300
2 240	2 500					−460	−1 100	−1 650	−2 500
2 500	2 800	−135			−240	−550	−1 250	−1 900	−2 900
2 800	3 150					−580	−1 400	−2 100	−3 200

a Für die Bestimmung der Werte N und P bis ZC siehe 4.3.2.5

b Die Grundabmaße N für Grundtoleranzgrade über IT8 dürfen nicht für Nennmaße ≤ 1 mm benutzt werden.

AC

Tabelle 4 — Werte der Grundabmaße von Wellen a bis j

Werte der Grundabmaße in Mikrometer

Nennmaß mm		Werte der Grundabmaße														
		oberes Grenzabmaß *es*												unteres Abmaß *ei*		
über	bis einschließlich	alle Grundtoleranzgrade												IT5 und IT6	IT7	IT8
		a[a]	b[a]	c	cd	d	e	ef	f	fg	g	h	js	j		
—	3	−270	−140	−60	−34	−20	−14	−10	−6	−4	−2	0	Abmaße = ±IT*n*/2, wobei *n* die Kennziffer des Grundtoleranzgrades ist	−2	−4	−6
3	6	−270	−140	−70	−46	−30	−20	−14	−10	−6	−4	0		−2	−4	
6	10	−280	−150	−80	−56	−40	−25	−18	−13	−8	−5	0		−2	−5	
10	14	−290	−150	−95	−70	−50	−32	−23	−16	−10	−6	0		−3	−6	
14	18															
18	24	−300	−160	−110	−85	−65	−40	AC⟩ −28 ⟨AC	−20	−12	−7	0		−4	−8	
24	30															
30	40	−310	−170	−120	−100	−80	−50	−35	−25	−15	−9	0		−5	−10	
40	50	−320	−180	−130												
50	65	−340	−190	−140		−100	−60		−30		−10	0		−7	−12	
65	80	−360	−200	−150												
80	100	−380	−220	−170		−120	−72		−36		−12	0		−9	−15	
100	120	−410	−240	−180												
120	140	−460	−260	−200		−145	−85		−43		−14	0		−11	−18	
140	160	−520	−280	−210												
160	180	−580	−310	−230												
180	200	−660	−340	−240		−170	−100		−50		−15	0		−13	−21	
200	225	−740	−380	−260												
225	250	−820	−420	−280												
250	280	−920	−480	−300		−190	−110		−56		−17	0		−16	−26	
280	315	−1 050	−540	−330												
315	355	−1 200	−600	−360		−210	−125		−62		−18	0		−18	−28	
355	400	−1 350	−680	−400												
400	450	−1 500	−760	−440		−230	−135		−68		−20	0		−20	−32	
450	500	−1 650	−840	−480												
500	560					−260	−145		−76		−22	0				
560	630															
630	710					−290	−160		−80		−24	0				
710	800															
800	900					−320	−170		−86		−26	0				
900	1 000															
1 000	1 120					−350	−195		−98		−28	0				
1 120	1 250															
1 250	1 400					−390	−220		−110		−30	0				
1 400	1 600															
1 600	1 800					−430	−240		−120		−32	0				
1 800	2 000															
2 000	2 240					−480	−260		−130		−34	0				
2 240	2 500															
2 500	2 800					−520	−290		−145		−38	0				
2 800	3 150															

[a] Die Grundabmaße a und b dürfen nicht für Nennmaße ≤ 1 mm benutzt werden.

Tabelle 5 — Werte der Grundabmaße von Wellen k bis zc

Werte der Grundabmaße in Mikrometer

Nennmaß mm		Grundabmaße unteres Grenzabmaß *ei*															
über	bis einschließlich	IT4 bis IT7	bis einschließlich IT3 und über IT7	alle Grundtoleranzgrade													
		k		m	n	p	r	s	t	u	v	x	y	z	za	zb	zc
–	3	0	0	+2	+4	+6	+10	+14		+18		+20		+26	+32	+40	+60
3	6	+1	0	+4	+8	+12	+15	+19		+23		+28		+35	+42	+50	+80
6	10	+1	0	+6	+10	+15	+19	+23		+28		+34		+42	+52	+67	+97
10	14	+1	0	+7	+12	+18	+23	+28		+33		+40		+50	+64	+90	+130
14	18										+39	+45		+60	+77	+108	+150
18	24	+2	0	+8	+15	+22	+28	+35		+41	+47	+54	+63	+73	+98	+136	+188
24	30								+41	+48	+55	+64	+75	+88	+118	+160	+218
30	40	+2	0	+9	+17	+26	+34	+43	+48	+60	+68	+80	+94	+112	+148	+200	+274
40	50								+54	+70	+81	+97	+114	+136	+180	+242	+325
50	65	+2	0	+11	+20	+32	+41	+53	+66	+87	+102	+122	+144	+172	+226	+300	+405
65	80						+43	+59	+75	+102	+120	+146	+174	+210	+274	+360	+480
80	100	+3	0	+13	+23	+37	+51	+71	+91	+124	+146	+178	+214	+258	+335	+445	+585
100	120						+54	+79	+104	+144	+172	+210	+254	+310	+400	+525	+690
120	140	+3	0	+15	+27	+43	+63	+92	+122	+170	+202	+248	+300	+365	+470	+620	+800
140	160						+65	+100	+134	+190	+228	+280	+340	+415	+535	+700	+900
160	180						+68	+108	+146	+210	+252	+310	+380	+465	+600	+780	+1 000
180	200	+4	0	+17	+31	+50	+77	+122	+166	+236	+284	+350	+425	+520	+670	+880	+1 150
200	225						+80	+130	+180	+258	+310	+385	+470	+575	+740	+960	+1 250
225	250						+84	+140	+196	+284	+340	+425	+520	+640	+820	+1 050	+1 350
250	280	+4	0	+20	+34	+56	+94	+158	+218	+315	+385	+475	+580	+710	+920	+1 200	+1 550
280	315						+98	+170	+240	+350	+425	+525	+650	+790	+1 000	+1 300	+1 700
315	355	+4	0	+21	+37	+62	+108	+190	+268	+390	+475	+590	+730	+900	+1 150	+1 500	+1 900
355	400						+114	+208	+294	+435	+530	+660	+820	+1 000	+1 300	+1 650	+2 100
400	450	+5	0	+23	+40	+68	+126	+232	+330	+490	+595	+740	+920	+1 100	+1 450	+1 850	+2 400
450	500						+132	+252	+360	+540	+660	+820	+1 000	+1 250	+1 600	+2 100	+2 600

Tabelle 5 *(fortgesetzt)*

Werte der Grundabmaße in Mikrometer

Nennmaß mm		Grundabmaße unteres Grenzabmaß *ei*															
über	bis einschließlich	IT4 bis IT7	bis einschließlich IT3 und über IT7	alle Grundtoleranzgrade													
		k		m	n	p	r	s	t	u	v	x	y	z	za	zb	zc
500	560	0	0	+26	+44	+78	+150	+280	+400	+600							
560	630						+155	+310	+450	+660							
630	710	0	0	+30	+50	+88	+175	+340	+500	+740							
710	800						+185	+380	+560	+840							
800	900	0	0	+34	+56	+100	+210	+430	+620	+940							
900	1 000						+220	+470	+680	+1 050							
1 000	1 120	0	0	+40	+66	+120	+250	+520	+780	+1 150							
1 120	1 250						+260	+580	+840	+1 300							
1 250	1 400	0	0	+48	+78	+140	+300	+640	+960	+1 450							
1 400	1 600						+330	+720	+1 050	+1 600							
1 600	1 800	0	0	+58	+92	+170	+370	+820	+1 200	+1 850							
1 800	2 000						+400	+920	+1 350	+2 000							
2 000	2 240	0	0	+68	+110	+195	+440	+1 000	+1 500	+2 300							
2 240	2 500						+460	+1 100	+1 650	+2 500							
2 500	2 800	0	0	+76	+135	+240	+550	+1 250	+1 900	+2 900							
2 800	3 150						+580	+1 400	+2 100	+3 200							

4.4 Auswahl von Toleranzklassen

Wenn möglich, sollten die Toleranzklassen aus denjenigen ausgewählt werden, welche den Kennungen für Bohrungen und Wellen entsprechen, die in den Bildern 10 bzw. 11 angegeben sind. Die erste Wahl sollte bevorzugt aus denjenigen Toleranzklassen erfolgen, deren Kennung innerhalb der Umrahmung gezeigt ist.

ANMERKUNG 1 Das Toleranzsystem für Grenzabmaße und Passungen bietet die Möglichkeit für eine breite Auswahl von verschiedenen Toleranzklassen (siehe Tabellen 2 bis 5), selbst dann, wenn die Auswahl nur auf die in der Norm ISO 286-2 gezeigten beschränkt ist. Bei einer Beschränkung der Auswahl von Toleranzklassen kann eine unnötige Vielzahl an Werkzeugen und Lehren vermieden werden.

ANMERKUNG 2 Die Toleranzklassen in den Bildern 10 und 11 sind nur für allgemeine Zwecke anwendbar, welche keine besondere Auswahl der Toleranzklassen erfordern. Keilnuten erfordern z. B. eine besondere Auswahl.

ANMERKUNG 3 Für js und JS können die Abmaße, wenn dies für eine besondere Anwendung notwendig ist, durch die entsprechenden Abmaße für j und J ersetzt werden.

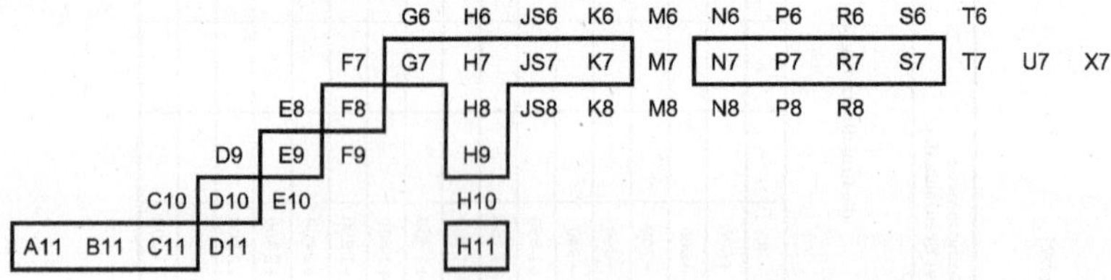

Bild 10 — Bohrungen

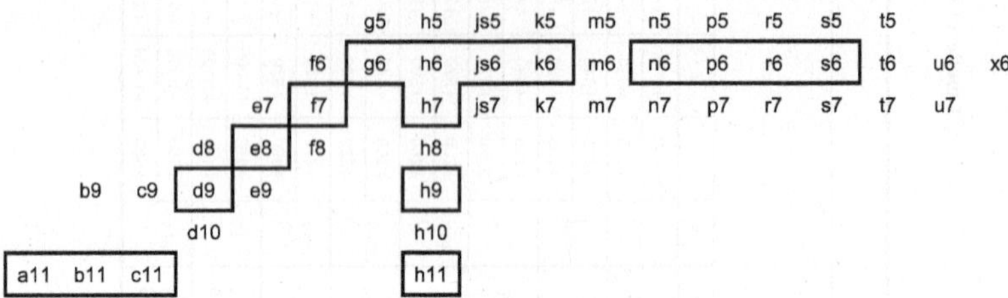

Bild 11 — Wellen

5 ISO-Passungssystem

5.1 Allgemeines

Das ISO-Passungssystem beruht auf dem „ISO-Toleranzsystem für Längenmaße" für Maße eines Geometrieelements. Die Toleranzklassen für die zwei zu fügenden Teile der Passung sollten vorzugsweise in Übereinstimmung mit den in 4.4 und 5.2 gegebenen Empfehlungen ausgewählt werden.

5.2 Allgemeine Grundlagen für Passungen

5.2.1 Bezeichnung von Passungen (Schreibregeln)

Die Bezeichnung einer Passung zwischen zu fügenden Geometrieelementen muss erfolgen durch

— das gemeinsame Nennmaß;

— die Toleranzklasse für die Bohrung;

— die Toleranzklasse für die Welle.

BEISPIEL 52 H7/g6 Ⓔ oder 52 $\frac{H7}{g6}$ Ⓔ.

5.2.2 Bestimmung der Grenzabmaße (Leseregeln)

Zum Lesen der Passungsbezeichnung (z. B. 52H7/g6 Ⓔ) gelten die Regeln in 4.3. Zur Bestimmung der Spiele und Übermaße siehe Anhang B.

5.3 Bestimmung einer Passung

5.3.1 Allgemeines

Es gibt zwei Möglichkeiten zur Bestimmung einer Passung: Die Bestimmung einer Passung entweder durch Erfahrung (siehe 5.3.4) oder aber durch die Berechnung des zulässigen Spiels und/oder des Übermaßes, abgeleitet aus den funktionellen Anforderungen und den Fertigungsmöglichkeiten der zu fügenden Teile (siehe 5.3.5).

5.3.2 Praktische Empfehlungen für die Wahl einer Passung

Es gibt mehr Merkmale als die Maße der zu fügenden Teile und ihre Toleranzen, welche die Funktion einer Passung beeinflussen. Um eine vollständige technische Festlegung einer Passung zu geben, müssen weitere Einflüsse mit in Betracht gezogen werden.

Weitere Einflüsse können zum Beispiel die Form-, Richtungs- und Lageabweichung, die Oberflächenbeschaffenheit, die Dichte des Materials, die Arbeitstemperatur sowie die Wärmebehandlung und das Material der zu fügenden Teile sein.

Form-, Richtungs- und Lagetoleranzen können als Ergänzung zu den Maßtoleranzen der zu fügenden Geometrieelemente notwendig sein, um die beabsichtigte Funktion der Passung zu erreichen.

Für weitere Informationen über die Auswahl einer Passung siehe Anhang B.

5.3.3 Wahl des Passungssystems

Zuerst muss entschieden werden, ob das „Passungssystem Einheitsbohrung" (Bohrung H) oder das „Passungssystem Einheitswelle" (Welle h) zu wählen ist. Allerdings muss angemerkt werden, dass es hierbei keine technischen Unterschiede bezüglich der Funktion der Teile gibt. Aus diesem Grunde sollte die Auswahl des Systems auf wirtschaftlichen Gesichtspunkten beruhen.

Das „**Passungssystem Einheitsbohrung**" sollte für die allgemeine Anwendung verwendet werden. Diese Auswahl vermeidet eine unnötige Vielzahl von Werkzeugen (z. B. Reibahlen) und Lehren.

Das „**Passungssystem Einheitswelle**" sollte nur dort angewendet werden, wo es unzweifelhaft wirtschaftliche Vorteile bietet (z. B. wo es notwendig ist, dazu in der Lage zu sein, mehrere Teile mit Bohrungen, die verschiedene Abmaße haben, auf einer einzige Welle aus gezogenem Stahl zu montieren, ohne diese vorher spanend bearbeitet zu haben).

5.3.4 Festlegung einer bestimmten Passung durch Erfahrung

Basierend auf der getroffenen Entscheidung sollten die Toleranzgrade und Grundabmaße (Lage der Toleranzzone) für Bohrungen und Wellen so gewählt werden, dass sich die entsprechenden kleinsten oder größten Spiele oder Übermaße ergeben, welche die geforderten Bedingungen für ihre Verwendung am besten erfüllen.

Für die üblichen ingenieurtechnischen Zwecke ist jedoch nur eine kleine Anzahl aus den vielen möglichen Passungen erforderlich. Die Bilder 12 und 13 zeigen Passungen, die eine Vielzahl der Anforderungen eines typischen ingenieurtechnischen Betriebs erfüllen. Aus wirtschaftlichen Gründen sollte die erste Wahl für eine Passung allerdings, falls möglich, aus denjenigen Toleranzklassen erfolgen, deren Kennungen in den Umrahmungen dargestellt sind (siehe Bilder 12 und 13).

Zufriedenstellende Passungen werden durch die folgenden Kombinationen des Passungssystems Einheitsbohrung (siehe Bild 12) oder für spezielle Anwendungen durch die Kombinationen des Passungssystems Einheitswelle (siehe Bild 13) erhalten.

Einheitsbohrung	Toleranzklassen für Wellen																	
	Spielpassungen							Übergangspassungen				Übermaßpassungen						
H 6						g5	h5	js5	k5	m5		n5	p5					
H 7					f6	**g6**	**h6**	**js6**	**k6**	m6	**n6**		**p6**	**r6**	**s6**	t6	u6	x6
H 8				e7	**f7**		**h7**	js7	k7	m7					s7		u7	
			d8	**e8**	f8		h8											
H 9			d8	**e8**	f8		h8											
H10	b9	c9	d9	e9			**h9**											
H 11	**b11**	**c11**	d10				h10											

Bild 12 — Bevorzugte Passungen des Passungssystems Einheitsbohrung

Einheitswelle	Toleranzklassen für Bohrungen																	
	Spielpassungen							Übergangspassungen				Übermaßpassungen						
h 5						G6	H6	JS6	K6	M6		N6	P6					
h 6					F7	**G7**	**H7**	**JS7**	**K7**	M7	**N7**		**P7**	**R7**	**S7**	T7	U7	X7
h 7				E8	**F8**		**H8**											
h 8			D9	E9	**F9**		H9											
h 9				E8	**F8**		**H8**											
			D9	**E9**	F9		**H9**											
	B11	C10	**D10**				H10											

Bild 13 — Bevorzugte Passungen des Passungssystems Einheitswelle

5.3.5 Bestimmung einer bestimmten Passung durch Berechnung

In gewissen besonderen Funktionsfällen ist es notwendig, die aus den Funktionsanforderungen der zu fügenden Teile abgeleiteten zulässigen Spiele und/oder Übermaße zu berechnen (siehe dazu die Literaturangaben). Die Spiele und/oder die Übermaße und die Spanne der Passung, welche aus diesen Rechnungen erhalten werden, müssen in Grenzabmaße und, soweit dies möglich ist, in Toleranzklassen umgewandelt werden.

Für weitere Informationen über die Bestimmung der Toleranzklassen siehe Anhang B.3.

Anhang A
(informativ)

Weitere Informationen über das ISO-System der Toleranzen und Passungen und die frühere Praxis

A.1 Frühere Praxis der Default-Definition für Längenmaße

In der Norm ISO 286-1:1988 war die Default-Definition von Durchmessern, welche mit ISO-Toleranzklassen toleriert wurden (z. B. ⌀30 H6), das Taylor-Prinzip (wirksames Passmaß an der Maximummaterialgrenze und lokaler Durchmesser an der Minimummaterialgrenze) wie in ISO/R 1938:1971 angegeben.

Dies bedeutete, dass für jedes Geometrieelement, welches mit den ISO-Toleranzklassen toleriert wurde, die Hüllbedingung gültig war, ohne dass dies gekennzeichnet war, selbst dann, wenn das tolerierte Geometrieelement nicht ein Teil der Passung war.

BEISPIEL Bei der Eintragung ⌀24 h13 für den Kopfdurchmesser von Rundkopfschrauben nach ISO 4759-1 war die Hüllbedingung automatisch wirksam.

A.2 Ausführliche Interpretation eines tolerierten Maßes

Die Interpretation eines tolerierten Maßes nach ISO 286-1:1988 und ISO/R 1938:1971 erfolgte auf folgendem Wege innerhalb der vereinbarten Länge.

a) für Bohrungen

Der Durchmesser des größten vollkommenen imaginären Zylinders, welcher der Bohrung derart einbeschrieben werden kann, dass er gerade die höchsten Punkte der Oberfläche berührt, sollte nicht kleiner sein als die Maximummaterialgrenze des Maßes.

Der größte Durchmesser an irgendeiner Stelle der Bohrung darf die Minimummaterialgrenze des Maßes nicht überschreiten.

b) für Wellen

Der Durchmesser des kleinsten vollkommenen imaginären Zylinders, welcher der Welle derart umschrieben werden kann, dass er gerade die höchsten Punkte der Oberfläche berührt, sollte nicht größer sein als die Maximummaterialgrenze des Maßes.

Der kleinste Durchmesser an irgendeiner Stelle der Welle darf nicht kleiner als die Minimummaterialgrenze des Maßes sein.

Diese Interpretation bedeutet, dass, wenn ein Geometrieelement überall an seiner Maximummaterialgrenze liegt, das Geometrieelement vollkommen rund und gerade sein sollte, d. h. ein vollkommener Zylinder.

Diese Interpretation ist in Zukunft nur gültig, wenn die Hüllbedingung nach ISO 14405-1 (Symbol Ⓔ) zusätzlich zum Maß und der Toleranz auf der Zeichnung eingetragen ist.

A.3 Änderung der Default-Definition für Längenmaße

Die Default-Definition für ein toleriertes Längenmaß ist nach ISO 14405-1 auf das lokale Maß zwischen zwei gegenüberliegenden Punkten geändert. Für das lokale Maß eines extrahierten Geometrieelementes siehe ISO 14660-2:1999, 4.2.

Um genau die gleichen Anforderungen (Taylor-Prinzip nach ISO/R 1938:1971) auf der Zeichnung anzugeben, muss die Toleranzangabe nach ISO 14405-1 durch ein entsprechendes Modifikationssymbol für das Passmaß ergänzt werden, z. B. die Hüllbedingung,

BEISPIEL ∅ 30 H6 Ⓔ.

Anhang B
(informativ)

Beispiele für den Gebrauch von ISO 286-1 für die Bestimmung von Passungen und Toleranzklassen

B.1 Allgemeines

Dieser Anhang enthält Beispiele für den Gebrauch des ISO-Toleranzsystems für Längenmaße zur Bestimmung der Spiele und/oder Übermaße von Passungen. Weiterhin enthält er Beispiele zur Bestimmung von Toleranzklassen außerhalb von Passungen.

B.2 Bestimmung von Passungen aus Grenzabmaßen

Aus den Definitionen der Spiele und Übermaße folgt für die Berechnung der Mindestspiele und Höchstübermaße die gleiche Gleichung:

Mindestmaß der Bohrung – Höchstmaß der Welle.

und für die Berechnung der Höchstspiele und der Mindestübermaße:

Höchstmaß der Bohrung – Mindestmaß der Welle.

Das Ergebnis der Berechnung ist ein positiver oder ein negativer Wert. Aus den Definitionen folgt, dass die Spiele positiv und die Übermaße negativ sind. Das bedeutet ein „+“-Vorzeichen“ für Spiele und ein „–“-Vorzeichen für Übermaße.

Nach der Interpretation der Berechnungsergebnisse werden die absoluten Werte zur Beschreibung der Spiele und Übermaße verwendet.

BEISPIEL 1 Berechnung der Passung ⌀ 36 H8/f7

Aus den Tabellen in ISO 286-2 ergibt sich für die Bohrung 36 H8:

$ES = +0{,}039$ mm daraus folgt: Höchstmaß = 36,039 mm

$EI = 0$ daraus folgt: Mindestmaß = 36,000 mm

und für die Welle 36 f7 ergibt sich:

$es = -0{,}025$ mm daraus folgt: Höchstmaß = 35,975 mm

$ei = -0{,}050$ mm daraus folgt: Mindestmaß = 35,950 mm.

Daher: Mindestmaß der Bohrung – Höchstmaß der Welle = 36,000 – 35,975 = 0,025 mm
Höchstmaß der Bohrung – Mindestmaß der Welle = 36,039 – 35,950 = 0,089 mm.

Die Berechnung ergibt zwei positive Werte. Die Passung hat ein Höchstspiel von 0,089 mm und ein Mindestspiel von 0,025 mm. Es handelt sich um eine **Spielpassung**.

BEISPIEL 2 Berechnung der Passung ⌀ 36 H7/n6.

Aus den Tabellen in ISO 286-2 ergibt sich für die Bohrung 36 H7:

ES = +0,025 mm daraus folgt: Höchstmaß = 36,025 mm

EI = 0 daraus folgt: Mindestmaß = 36,000 mm.

und für die Welle 36 n6 ergibt sich:

es = +0,033 mm daraus folgt: Höchstmaß = 36,033 mm

ei = +0,017 mm daraus folgt: Mindestmaß = 36,017 mm.

Daher: Mindestmaß der Bohrung – Höchstmaß der Welle = 36,000 – 36,033 = –0,033 mm
Höchstmaß der Bohrung – Mindestmaß der Welle = 36,025 – 36,017 = +0,008 mm.

Die Berechnung ergibt einen positiven und einen negativen Wert. Die Passung hat ein Spiel von 0,008 mm und ein Übermaß von 0,033 mm und ist eine **Übergangspassung**.

BEISPIEL 3 Berechnung der Passung ⌀ 36 H7/s6.

Aus den Tabellen in ISO 286-2 ergibt sich für die Bohrung 36 H7:

ES = +0,025 mm daraus folgt: Höchstmaß = 36,025 mm

EI = 0 daraus folgt: Mindestmaß = 36,000 mm.

und für die Welle 36 s6 ergibt sich:

es = +0,059 mm daraus folgt: Höchstmaß = 36,059 mm

ei = +0,043 mm daraus folgt: Mindestmaß = 36,043 mm.

Daher: Mindestmaß der Bohrung – Höchstmaß der Welle = 36,000 – 36,059 = –0,059 mm
Höchstmaß der Bohrung – Mindestmaß der Welle = 36,025 – 36,043 = –0,018 mm.

Die Berechnung ergibt zwei negative Werte. Die Passung hat ein Höchstübermaß von 0,059 mm und ein Mindestübermaß von 0,018 mm und ist eine **Übermaßpassung**.

B.3 Berechnung der Spanne einer Passung

Für die Bestimmung der Spanne einer Passung muss das interpretierte Resultat der Berechnung benutzt werden.

Die Spanne der Spielpassung ist per Definition Höchstspiel – Mindestspiel
0,089 mm – 0,025 mm = 0,064 mm (siehe Bild B.1).

Die Spanne der Übergangspassung ist per Definition Höchstspiel + Höchstübermaß
0,008 mm + 0,033 mm = 0,041 mm (siehe Bild B.1).

Die Spanne der Übermaßpassung ist per Definition Höchstübermaß – Mindestübermaß
0,059 mm – 0,018 mm = 0,041 mm (siehe Bild B.1).

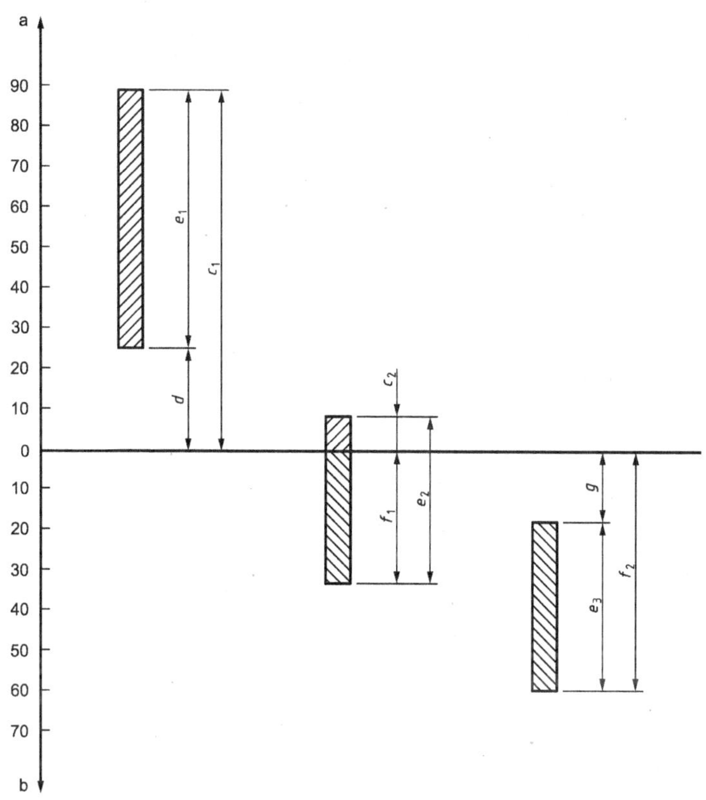

Legende

Höchstspiel	c_1 = 0,089 mm	c_2 = 0,008 mm
Mindestspiel	d = 0,025 mm	
Spanne einer Spielpassung	e_1 = 0,064 mm	
Spanne einer Übergangspassung	e_2 = 0,041 mm	
Spanne einer Übermaßpassung	e_3 = 0,041 mm	
Höchstübermaß	f_1 = 0,033 mm	f_2 = 0,059 mm
Mindestübermaß	g = 0,018 mm	

[a] Spiele
[b] Übermaße

Bild B.1 — Spanne der Passungen

B.4 Bestimmung einer bestimmten Toleranzklasse nach berechneten Passungen

B.4.1 Größe der Toleranz

Für die Umwandlung der Werte einer berechneten Passung in Grenzabmaße, und wenn möglich in Toleranzklassen, muss zuerst die Größe der Toleranz mittels Tabelle 1 dieses Teils von ISO 286 nach folgender Gleichung bestimmt werden:

Spanne der berechneten Passung ≥ IT-Wert der Bohrung + IT-Wert der Welle.

BEISPIEL	Berechnete Passung (siehe 5.3.5)	Nennmaß	40 mm
		Mindestspiel	24 µm
		Höchstspiel	92 µm
		Spanne der Spielpassung	68 µm.

Die Summe von zwei ausgewählten Grundtoleranzwerten muss kleiner oder gleich der Spanne der berechneten Passung sein.

Die Hälfte der Spanne der Passung beträgt 34 µm. In Tabelle 1, in der Zeile mit dem Nennmaßbereich über 30 mm bis einschließlich 50 mm, liegt der Wert 34 µm zwischen 25 µm und 39 µm. Die Summe der Werte der Tabelle beträgt 64 µm und ist damit kleiner als 68 µm.

Daraus folgt: Die erste Grundtoleranz hat einen Wert von 25 µm mit dem Grundtoleranzgrad IT7.

Die zweite Grundtoleranz hat einen Wert von 39 µm mit dem Grundtoleranzgrad IT8.

B.4.2 Bestimmung der Abmaße und Toleranzklasse

Nun ist die Entscheidung zu treffen, ob das Passungssystem Einheitsbohrung (Bohrung H) oder das Passungssystem Einheitswelle (Welle h) oder eine andere Kombination von Grundabmaße zur Anwendung kommt, siehe 5.3.3.

Für das Beispiel wurde das Passungssystem Einheitsbohrung nach 5.3.3 gewählt. Damit identifiziert H die Toleranzklasse und Tabelle 2 spezifiziert die Toleranzklasse.

BEISPIEL	Nennmaß (aus Beispiel B. 4.1)	40 mm
	Gewähltes Passungssystem	Bohrung H.

a) Bestimmung der Toleranzklasse für die Bohrung

Gewählter Grundtoleranzgrad für die Bohrung (aus Beispiel B.4.1): IT8.

In der Tabelle 2 kann das Grundabmaß aus Spalte H gewählt werden.

Das untere Grenzabmaß $EI = 0$

Das obere Grenzabmaß nach $ES = EI + \text{IT} = 0 + 39\ (\text{IT8}) = +39$ µm

Daraus folgt: Mindestmaß der Bohrung = 40 mm

Höchstmaß der Bohrung = 40,039 mm

Toleranzklasse der Bohrung ist H8 und das Maß des Elementes ist 40 H8.

b) Bestimmung der Toleranzklasse für die Welle

Aus der Definition des Mindestspiels folgt nach 3.3.1.1:

Mindestspiel = Mindestmaß der Bohrung – Höchstmaß der Welle

Berechnetes Mindestspiel (siehe B.4.1) 24 µm = 0,024 mm

Mindestmaß der Bohrung 40 mm.

Daraus folgt:

0,024 mm = 40 mm – Höchstmaß der Welle

und Höchstmaß der Welle = 40 mm – 0,024 mm = 39,976 mm

Aus der Definition des oberen Grenzabmaßes (siehe 3.2.5.1) folgt:

es = Höchstmaß − Nennmaß

es = 39,976 − 40 = −0,024 mm = −24 µm.

In der Tabelle 4 kann in der Zeile Nennmaßbereich über 30 mm bis einschließlich 50 mm der Wert −25 µm für *es* entnommen werden.

Daraus folgt: für *es* = −25 µm wird für die Toleranzklasse „f" angegeben, und

unteres Abmaß *ei* = *es* − IT7 = −25 − 25 = −50 µm,

Toleranzklasse für die Welle ist f7 und das Maß des Elementes ist 40 f7.

c) **Kontrolle der Passung**

Die Bezeichnung der Passung ist 40 H8/f7.
Mit ähnlicher Vorgehensweise wie in B.2, Beispiel 1, folgt:

Mindestspiel 25 µm
Höchstspiel 89 µm

Nach den Anforderungen der Funktion waren Sollwerte berechnet

Mindestspiel 24 µm
Höchstspiel 92 µm

Die Person, die für die Funktion der zu fügenden Teile die Verantwortung hat, muss entscheiden, ob Abweichungen von der ursprünglich berechneten Passung zulässig sind, oder ob die genauen Mindest- und Höchstspiele eingehalten werden müssen.

In allen Fällen wird für das Teil mit der Bohrung das tolerierte Maß „40 H8" gewählt. Für das Teil mit der Welle werden das Maß 40 und entweder die Toleranzklasse „f7 mit (−0,025/−0,050)" oder die individuellen Abmaße „−0,024/−0,053" gewählt.

Anhang C
(informativ)

Zusammenhang mit dem GPS-Matrix-Modell

C.1 Allgemeines

Einzelheiten zum GPS-Matrix-Modell siehe ISO/TR 14638.

C.2 Information über diese Internationale Norm und ihre Anwendung

Dieser Teil von ISO 286 legt ein Toleranzsystem für die Maße von vollständigen Nenn-Geometrieelementen fest. Er legt auch die Grundlagen und Begriffe für dieses System fest. Weiterhin werden die grundlegenden Begriffe definiert und die Prinzipien „Einheitsbohrung" und „Einheitswelle" erklärt.

C.3 Position im GPS-Matrix-Modell

Dieser Teil von ISO 286 ist eine GPS-Norm und als eine allgemeine GPS-Norm zu betrachten (siehe ISO/TR 14638). Er beeinflusst die Kettenglieder 1 und 2 der Normenkette für Maße in der allgemeinen GPS-Matrix, wie in Bild C.1 graphisch dargestellt.

GPS-Grundnormen

Globale GPS-Normen

Matrix allgemeiner GPS-Normen						
Kettengliednummer	**1**	**2**	**3**	**4**	**5**	**6**
Maß						
Abstand						
Radius						
Winkel						
Form einer bezugsunabhängigen Linie						
Form einer bezugsabhängigen Linie						
Form einer bezugsunabhängigen Oberfläche						
Form einer bezugsabhängigen Oberfläche						
Richtung						
Lage						
Lauf						
Gesamtlauf						
Bezüge						
Rauheitsprofil						
Welligkeitsprofil						
Primärprofil						
Oberflächenunvollkommenheit						
Kanten						

Bild C.1 — Position im GPS-Matrix-Modell

C.4 Verwandte Internationale Normen

Verwandte Internationale Normen gehen aus den in Bild C.1 angegebenen Normenketten hervor.

Literaturhinweise

[1] ISO 1:2002, *Geometrical Product Specifications (GPS) — Standard reference temperature for geometrical product specification and verification*

[2] ISO 1101:2004, *Geometrical Product Specifications (GPS) — Geometrical tolerancing — Tolerances of form, orientation, location and run-out*

[3] ISO 1302:2002, *Geometrical Product Specifications (GPS) — Indication of surface texture in technical product documentation*

[4] ISO/R 1938:1971, *ISO system of limits and fits — Part II: Inspection of plain workpieces*

[5] ISO 2692:2006, *Geometrical product specifications* (GPS) — *Geometrical tolerancing — Maximum material requirement (MMR), least material requirement (LMR) and reciprocity requirement (RPR)*

[6] ISO 2768-1:1989, *General tolerances — Part 1: Tolerances for linear and angular dimensions without individual tolerance indications*

[7] ISO 3534-1:2006, *Statistics — Vocabulary and symbols — Part 1: General statistical terms and terms used in probability*

[8] ISO 3534-2:2006, *Statistics —Vocabulary and symbols — Part 2: Applied statistics*

[9] ISO 4759-1, *Tolerances for fasteners — Part 1: Bolts, screws, studs and nuts — Product grades A, B and C*

[10] ISO 14253-1:1998, *Geometrical product specifications (GPS) — Inspection by measurement of workpieces and measuring equipment — Part 1: Decision rules for proving conformance or non-conformance with specifications*

[11] ISO/TR 14638:1995, *Geometrical Product Specifications (GPS) — Masterplan*

[12] ISO 17450-1:—[2)], *Geometrical Product Specifications — General concepts — Part 1: Model for geometrical specification and verification*

[13] ISO/TS 17450-2:2002, *Geometrical product specifications (GPS) — General concepts — Part 2: Basic tenets, specifications, operators and uncertainties*

[2)] Wird noch veröffentlicht (Überarbeitung der ISO/TS 17450-1:2005).

	DIN EN ISO 286-2	

ICS 17.040.10; 17.040.40

Ersatz für
DIN EN ISO 286-2:2019-02

Geometrische Produktspezifikation (GPS) – ISO-Toleranzsystem für Längenmaße – Teil 2: Tabellen der Grundtoleranzgrade und Grenzabmaße für Bohrungen und Wellen (ISO 286-2:2010 + Cor 1:2013); Deutsche Fassung EN ISO 286-2:2010 + AC:2013

Geometrical product specifications (GPS) –
ISO code system for tolerances on linear sizes –
Part 2: Tables of standard tolerance classes and limit deviations for holes and shafts (ISO 286-2:2010 + Cor 1:2013);
German version EN ISO 286-2:2010 + AC:2013

Spécification géométrique des produits (GPS) –
Système de codification ISO pour les tolérances sur les tailles linéaires –
Partie 2: Tableaux des classes de tolérance normalisées et des écarts limites des alésages et des arbres (ISO 286-2:2010 + Cor 1:2013);
Version allemande EN ISO 286-2:2010 + AC:2013

Gesamtumfang 60 Seiten

DIN-Normenausschuss Technische Grundlagen (NATG)

Nationales Vorwort

Dieses Dokument (EN ISO 286-2:2010 + AC:2013) wurde vom Technischen Komitee ISO/TC 213 „Dimensional and geometrical product specifications and verification" in Zusammenarbeit mit dem Technischen Komitee CEN/TC 290 „Geometrische Produktspezifikationen und -prüfung" erarbeitet, dessen Sekretariat von AFNOR (Frankreich) gehalten wird.

Auf nationaler Ebene fällt das Dokument in die Zuständigkeit des Arbeitsausschusses NA 152-03-02 AA „CEN/ISO Geometrische Produktspezifikation und -prüfung" im DIN-Normenausschuss Technische Grundlagen (NATG).

ISO 286 besteht unter dem Haupttitel „Geometrical product specifications (GPS) — ISO code system for tolerances of linear sizes" aus den folgenden Teilen:

— *Part 1: Basis of tolerances, deviations and fits*

— *Part 2: Tables of standard tolerance grades and limit deviations for holes and shafts*

Anfang und Ende der durch die Berichtigung eingefügten oder geänderten Texte sind jeweils durch Korrekturmarken AC AC angegeben.

Für die in diesem Dokument zitierten internationalen Dokumente wird im Folgenden auf die entsprechenden deutschen Dokumente hingewiesen:

ISO 286-1	siehe DIN EN ISO 286-1
ISO 1101	siehe DIN EN ISO 1101
ISO 1302	siehe DIN EN ISO 1302
ISO 2692	siehe DIN EN ISO 2692
ISO 2768-1	siehe DIN ISO 2768-1
ISO 14405-1	siehe DIN EN ISO 14405-1
ISO/TR 14638	siehe DIN V 32950

Änderungen

Gegenüber DIN ISO 286-2:1990-11 wurden folgende Änderungen vorgenommen:

a) die Norm wurde technisch überarbeitet;

b) die Norm enthält die Berichtigung ISO 286-2:1988/Cor. 1:2006.

Gegenüber DIN EN ISO 286-2:2010-11 wurden folgende Korrekturen vorgenommen:

a) Bilder 1 und 2 ausgetauscht;

b) einzelne fehlerhafte Tabellenwerte korrigiert.

Gegenüber DIN EN ISO 286-2:2019-02 wurden folgende Korrekturen vorgenommen:

a) der Begriff „Abweichung" wurde im gesamten Dokument durch „Abmaß" ersetzt;

b) der Begriff „Grundabweichung" wurde im gesamten Dokument durch „Grundabmaß" ersetzt;

c) die Begriffe „obere/untere Grenzabweichung" wurden im gesamten Dokument durch „oberes/unteres Grenzabmaß" ersetzt;

d) Bild 1 und Bild 2 wurden korrigiert;

e) die Titel von Bild 2 und Bild 6 wurden korrigiert;

f) in allen Tabellen wurde klargestellt, dass das Nennmaß als „über" und „bis einschl." angegeben ist;

g) der Begriff „Toleranzfeld" wurde im Anhang A durch „Toleranzzone" ersetzt;

h) das Dokument wurde redaktionell überarbeitet.

Frühere Ausgaben

DIN 7160-1: 1936-10, 1942-04
DIN 7160-2: 1936-10, 1942-04
DIN 7160-3: 1936-10, 1942-04
DIN 7160-4: 1936-10, 1942-04
DIN 7160-5: 1936-10, 1942-04
DIN 7160-6: 1936-10, 1942-04
DIN 7161-1: 1936-10, 1942-04
DIN 7161-2: 1936-10, 1942-04
DIN 7161-3: 1936-10, 1942-04
DIN 7161-4: 1936-10, 1942-04, 1954-02
DIN 7161-5: 1936-10, 1942-04
DIN 7161-6: 1936-10, 1942-04
DIN 7161-7: 1936-10, 1942-04
DIN 7160-7: 1942-04
DIN 7172-2: 1965-06, 1986-03
DIN 7160: 1965-08
DIN 7161: 1965-08
DIN ISO 286-2: 1990-11
DIN EN ISO 286-2: 2010-11, 2019-02

Nationaler Anhang NA
(informativ)

Literaturhinweise

DIN EN ISO 286-1, *Geometrische Produktspezifikation (GPS) — ISO-Toleranzsystem für Längenmaße — Teil 1: Grundlagen für Toleranzen, Abmaße und Passungen*

DIN EN ISO 1101, *Geometrische Produktspezifikation (GPS) — Geometrische Tolerierung — Tolerierung von Form, Richtung, Ort und Lauf*

DIN EN ISO 1302, *Geometrische Produktspezifikation (GPS) — Angabe der Oberflächenbeschaffenheit in der technischen Produktdokumentation*

DIN EN ISO 2692, *Geometrische Produktspezifikation (GPS) — Geometrische Tolerierung — Maximum-Material-Bedingung (MMR), Minimum-Material-Bedingung (LMR) und Reziprozitätsbedingung (RPR)*

DIN ISO 2768-1, *Allgemeintoleranzen — Teil 1: Toleranzen für Längen- und Winkelmaße ohne einzelne Toleranzeintragung*

DIN EN ISO 14405-1, *Geometrische Produktspezifikation (GPS) — Dimensionelle Tolerierung — Teil 1: Lineare Größenmaße*

DIN V 32950, *Geometrische Produktspezifikation (GPS) — Übersicht*

EUROPÄISCHE NORM

EUROPEAN STANDARD

NORME EUROPÉENNE

EN ISO 286-2

Juni 2010

+ AC

August 2013

ICS 17.040.10

Ersatz für EN 20286-2:1993

Deutsche Fassung

Geometrische Produktspezifikation (GPS) — ISO-Toleranzsystem für Längenmaße — Teil 2: Tabellen der Grundtoleranzgrade und Grenzabmaße für Bohrungen und Wellen (ISO 286-2:2010 + Cor 1:2013)

Geometrical product specifications (GPS) — ISO code system for tolerances on linear sizes — Part 2: Tables of standard tolerance classes and limit deviations for holes and shafts (ISO 286-2:2010 + Cor 1:2013)

Spécification géométrique des produits (GPS) — Système de codification ISO pour les tolérances sur les tailles linéaires — Partie 2: Tableaux des classes de tolérance normalisées et des écarts limites des alésages et des arbres (ISO 286-2:2010 + Cor 1:2013)

Diese Europäische Norm wurde vom CEN am 15. Mai 2010 angenommen.

Die Berichtigung tritt am 7. August 2013 zur Einarbeitung in die drei offiziellen Sprachfassungen der EN in Kraft.

Die CEN-Mitglieder sind gehalten, die CEN/CENELEC-Geschäftsordnung zu erfüllen, in der die Bedingungen festgelegt sind, unter denen dieser Europäischen Norm ohne jede Änderung der Status einer nationalen Norm zu geben ist. Auf dem letzten Stand befindliche Listen dieser nationalen Normen mit ihren bibliographischen Angaben sind beim Management-Zentrum des CEN oder bei jedem CEN-Mitglied auf Anfrage erhältlich.

Diese Europäische Norm besteht in drei offiziellen Fassungen (Deutsch, Englisch, Französisch). Eine Fassung in einer anderen Sprache, die von einem CEN-Mitglied in eigener Verantwortung durch Übersetzung in seine Landessprache gemacht und dem Zentralsekretariat mitgeteilt worden ist, hat den gleichen Status wie die offiziellen Fassungen.

CEN-Mitglieder sind die nationalen Normungsinstitute von Belgien, Bulgarien, Dänemark, Deutschland, Estland, Finnland, Frankreich, Griechenland, Irland, Island, Italien, Kroatien, Lettland, Litauen, Luxemburg, Malta, den Niederlanden, Norwegen, Österreich, Polen, Portugal, Rumänien, Schweden, der Schweiz, der Slowakei, Slowenien, Spanien, der Tschechischen Republik, Ungarn, dem Vereinigten Königreich und Zypern.

EUROPÄISCHES KOMITEE FÜR NORMUNG
EUROPEAN COMMITTEE FOR STANDARDIZATION
COMITÉ EUROPÉEN DE NORMALISATION

Management-Zentrum: Avenue Marnix 17, B-1000 Brüssel

Ref. Nr. EN ISO 286-2:2010 + AC:2013 D

Inhalt

Vorwort

Dieses Dokument (EN ISO 286-2:2010) wurde vom Technischen Komitee ISO/TC 213 „Dimensional and geometrical product specifications and verification" in Zusammenarbeit mit dem Technischen Komitee CEN/TC 290 „Geometrische Produktspezifikationen und -prüfung" erarbeitet, dessen Sekretariat von AFNOR gehalten wird.

Diese Europäische Norm muss den Status einer nationalen Norm erhalten, entweder durch Veröffentlichung eines identischen Textes oder durch Anerkennung bis Dezember 2010, und etwaige entgegenstehende nationale Normen müssen bis Dezember 2010 zurückgezogen werden.

Es wird auf die Möglichkeit hingewiesen, dass einige Elemente dieses Dokuments Patentrechte berühren können. CEN [und/oder CENELEC] ist nicht dafür verantwortlich, einige oder alle diesbezüglichen Patentrechte zu identifizieren.

Dieses Dokument ersetzt EN 20286-2:1993.

Entsprechend der CEN/CENELEC-Geschäftsordnung sind die nationalen Normungsinstitute der folgenden Länder gehalten, diese Europäische Norm zu übernehmen: Belgien, Bulgarien, Dänemark, Deutschland, Estland, Finnland, Frankreich, Griechenland, Irland, Island, Italien, Kroatien, Lettland, Litauen, Luxemburg, Malta, Niederlande, Norwegen, Österreich, Polen, Portugal, Rumänien, Schweden, Schweiz, Slowakei, Slowenien, Spanien, Tschechische Republik, Ungarn, Vereinigtes Königreich und Zypern.

Anerkennungsnotiz

Der Text von ISO 286-2:2010 wurde von CEN als EN ISO 286-2:2010 ohne irgendeine Abänderung genehmigt.

AC〉 Vorwort zur Berichtigung 1 〈AC

AC〉 Dieses Dokument (EN ISO 286-2:2010/AC:2013) wurde vom Technischen Komitee ISO/TC 213 „Dimensional and geometrical product specifications and verification“ in Zusammenarbeit mit dem Technischen Komitee CEN/TC 290 „Geometrische Produktspezifikation und -prüfung“ erarbeitet, dessen Sekretariat von AFNOR gehalten wird.

Anerkennungsnotiz

Der Text von ISO 286-2:2010/Cor 1:2013 wurde von CEN als EN ISO 286-2:2010/AC:2013 ohne irgendeine Abänderung genehmigt. 〈AC

Einleitung

Dieser Teil von ISO 286 ist eine Norm für die Geometrische Produktspezifikation (GPS) und ist als allgemeine GPS-Norm (siehe ISO/TR 14638) anzusehen. Er beeinflusst Kettenglieder 1 und 2 der Normenkette für das Maß im allgemeinen GPS-Matrix-Modell.

Für weitere Informationen über den Zusammenhang dieses Teils von ISO 286 mit dem GPS-Matrix-Modell siehe Anhang B.

Die Notwendigkeit, Grenzmaße und Passungen für maschinell gefertigte Werkstücke festzulegen, wurde hauptsächlich durch die Anforderung an die Austauschbarkeit zwischen Massenprodukten und die arbeitsablaufbedingte Unsicherheit der Fertigungsverfahren zusammen mit der Tatsache verursacht, dass „vollständige Exaktheit" des Maßes für die meisten Geometrieelemente der Werkstücke als unnötig angesehen wurde. Damit die Passungsfunktion sichergestellt ist, wurde es als ausreichend betrachtet, ein Werkstück so zu fertigen, dass sein Istmaß innerhalb zweier Grenzabmaße, d. h. innerhalb einer Toleranz, liegt, die der Maßschwankung entspricht, die der Fertigung zugestanden wird und bei der gleichzeitig die Anforderungen an die Passungsfunktion des Produktes sichergestellt werden.

Wenn zwischen zu fügenden Geometrieelementen von zwei unterschiedlichen Werkstücken ein spezieller Passcharakter gefordert wird, ist es notwendig, dem Nennmaß ein Abmaß zuzuordnen, das entweder positiv oder negativ ist, um das geforderte Spiel oder Übermaß zu erreichen. ISO 286 beschreibt das international anerkannte Toleranzsystem für Längenmaße. Sie bietet ein System von Toleranzen und Abmaßen für zwei Geometrieelementarten: „Zylinder" und „zwei parallele gegenüberliegende Flächen". Der Zweck dieses Systems ist die Erfüllung der Passungsfunktion.

Die Benennungen „Bohrung", „Welle" und „Durchmesser" werden zur Bezeichnung dieser Geometrieelemente der Art Zylinder (zum Beispiel für die Tolerierung des Durchmessers einer Bohrung oder Welle) verwendet. Zur Vereinfachung werden sie auch für zwei parallele gegenüberliegende Flächen verwendet (zum Beispiel zur Tolerierung der Dicke einer Passfeder oder der Breite eines Schlitzes).

Voraussetzung für die Anwendung des ISO-Toleranzsystems für Längenmaße auf die die Passung bildenden Geometrieelemente ist, dass die Nennmaße der Bohrung und der Welle identisch sind.

In der vorherigen Version von ISO 286-2 (1988 veröffentlicht) war die Hüllbedingung das defaultmäßige Assoziationskriterium für das Maß eines Geometrieelementes; ISO 14405-1 jedoch ändert dieses defaultmäßige Assoziationskriterium in das Zwei-Punkt-Maß-Kriterium. Das bedeutet, dass die Form nicht mehr durch die defaultmäßige Spezifikation des Maßes kontrolliert wird.

In vielen Fällen reichen die Durchmessertoleranzen in diesem Teil von ISO 286 nicht aus, um die beabsichtigte Funktion der Passung ausreichend zu kontrollieren. Die Hüllbedingung, die in ISO 14405-1 festgelegt ist, kann benötigt werden. Zusätzlich kann der Gebrauch von geometrischen Formtoleranzen und Oberflächentexturanforderungen die Kontrolle der beabsichtigten Funktion verbessern.

Eine allgemeine graphische Darstellung der Beziehung zwischen den Toleranzklassen und ihren entsprechenden Abmaßen ist im Anhang A enthalten.

1 Anwendungsbereich

Dieser Teil von ISO 286 enthält die Werte der Grenzabmaße für allgemein angewandte Toleranzklassen für Bohrungen und Wellen, die nach den Angaben der Tabellen in ISO 286-1 berechnet wurden. Dieser Teil von ISO 286 deckt die oberen Grenzabmaße *ES* (für Bohrungen) und *es* (für Wellen) sowie die unteren Grenzabmaße *EI* (für Bohrungen) und *ei* (für Wellen) ab (siehe Bilder 1 und 2).

ANMERKUNG In den Tabellen für die Grenzabmaße sind die Werte für das obere Grenzabmaß *ES* oder *es* über den Werten für das untere Grenzabmaß *EI* oder *ei* angegeben, ausgenommen für die Toleranzklassen JS und js, die zur Nulllinie symmetrisch liegen.

Das ISO-Toleranzsystem für Längenmaße (Toleranzen und Abmaße) ist für die folgenden Arten von Geometrieelementen geeignet:

a) Zylinder;

b) zwei parallele gegenüberliegende Flächen.

Zur Vereinfachung und auch wegen der Wichtigkeit von zylindrischen Werkstücken mit kreisförmigem Querschnitt wird nur auf diese ausdrücklich hingewiesen. Es sollte allerdings klar verstanden werden, dass die in diesem Teil von ISO 286 angegebenen Toleranzen und Abmaße in gleicher Weise auf Werkstücke mit anderen als kreisförmigen Querschnitten anwendbar sind.

Insbesondere werden die Benennungen „Bohrung" oder „Welle" verwendet, um Geometrieelemente vom Typ Zylinder zu kennzeichnen (z. B. für die Tolerierung des Durchmessers einer Bohrung oder Welle), und zur Vereinfachung werden diese Benennungen auch für zwei sich parallel gegenüberliegende Flächen verwendet (z. B. für die Tolerierung der Dicke einer Passfeder oder der Breite eines Schlitzes).

Für weitere Informationen zu Terminologie, Symbolen, die Grundlage des Systems usw. siehe ISO 286-1.

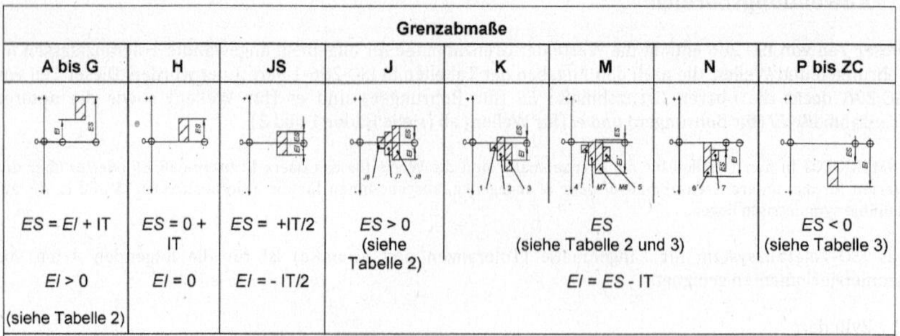

Grenzabmaße							
A bis G	**H**	**JS**	**J**	**K**	**M**	**N**	**P bis ZC**
ES = *EI* + IT *EI* > 0 (siehe Tabelle 2)	*ES* = 0 + IT *EI* = 0	*ES* = +IT/2 *EI* = - IT/2	*ES* > 0 (siehe Tabelle 2)	*ES* (siehe Tabelle 2 und 3) *EI* = *ES* - IT			*ES* < 0 (siehe Tabelle 3)

ANMERKUNG 1 IT, siehe Tabelle 1.

ANMERKUNG 2 Die dargestellten Toleranzzonen entsprechen näherungsweise dem Nennmaßbereich von über 10 mm bis einschließlich 18 mm.

Legende

1 K1 bis K3 und K4 bis K8 für Nennmaß ≤ 3 mm
2 K4 bis K8 für Maße 3 mm < Nennmaß ≤ 500 mm
3 K9 bis K18 und K4 bis K8 für Nennmaß > 500 mm
4 M1 bis M6
5 M9 bis M18 und M7 bis M8 für Nennmaß > 500 mm
6 N1 bis N8 und N9 bis N18 für Maße 1 mm < Nennmaß ≤3 mm sowie für Nennmaß > 500 mm
7 N9 bis N18 für Maße 3 mm < Nennmaß ≤ 500 mm ⟨AC⟩

Bild 1 — Obere und untere Grenzabmaße für Bohrungen (innere Geometrieelemente/Formelemente)

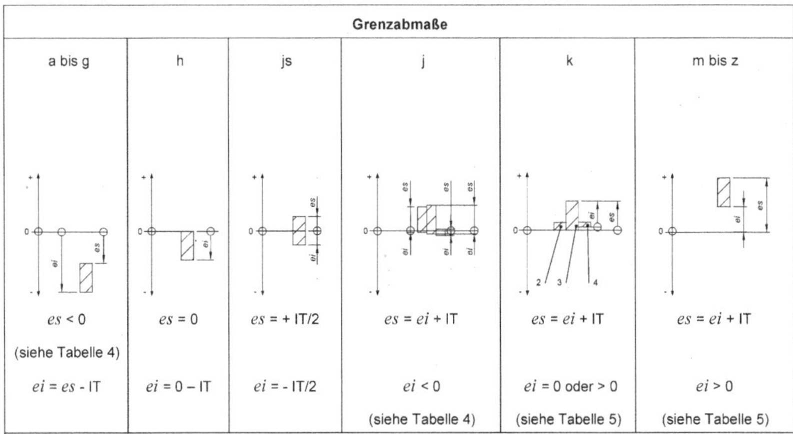

ANMERKUNG 1 IT, siehe Tabelle 1.

ANMERKUNG 2 Die dargestellten Toleranzzonen entsprechen näherungsweise dem Nennmaßbereich von über 10 mm bis einschließlich 18 mm.

Legende

1 j5, j6
2 k1 bis k3 und k4 bis k 7 für Nennmaß ≤ 3 mm
3 k4 bis k7 für Maße 3 mm < Nennmaß ≤ 500 mm
4 k8 bis k18 und k4 bis k 7 für Größenmaße > 500 mm (AC

Bild 2 — Obere und untere Grenzabmaße für Wellen (äußere Geometrieelemente/Formelemente)

2 Normative Verweisungen

Die folgenden zitierten Dokumente sind für die Anwendung dieses Dokuments erforderlich. Bei datierten Verweisungen gilt nur die in Bezug genommene Ausgabe. Bei undatierten Verweisungen gilt die letzte Ausgabe des in Bezug genommenen Dokuments (einschließlich aller Änderungen).

ISO 286-1:2010, *Geometrical product specification (GPS) — ISO code system for tolerances of linear sizes — Part 1: Basis of tolerances, deviations and fits*

3 Grundtoleranzen

Die Werte für die Grundtoleranzgrade IT01 bis einschließlich IT18 sind in der Tabelle 1 angegeben.

4 Grenzabmaße für Bohrungen

Eine zusammenfassende Darstellung der in diesem Teil der ISO 286 aufgeführten Toleranzklassen für Bohrungen zeigen die Bilder 3 und 4.

Es ist zu beachten, dass die in den Bildern 3 und 4 dargestellten Toleranzklassen und ihre in den Tabellen 2 bis 16 aufgeführten Grenzabmaße keine detaillierten Richtlinien für die Auswahl von Toleranzklassen für jedweden Zweck angeben. Empfehlungen für die Auswahl von Toleranzklassen sind in ISO 286-1:2010, 4.4 und 5, angegeben.

ANMERKUNG Einige Toleranzklassen sind nur für eine begrenzte Anzahl von Nennmaßspannen vorgesehen. Weitere Informationen siehe 6.1.

5 Grenzabmaße für Wellen

Eine zusammenfassende Darstellung der in diesem Teil der ISO 286 aufgeführten Toleranzklassen für Wellen zeigen die Bilder 5 und 6.

Es ist zu beachten, dass die in den Bildern 5 und 6 dargestellten Toleranzklassen und ihre in den Tabellen 17 bis 32 aufgeführten Grenzabmaße keine detaillierten Richtlinien für die Auswahl von Toleranzklassen für jedweden Zweck angeben. Empfehlungen für die Auswahl von Toleranzklassen sind in ISO 286-1:2010, 4.4 und 5, angegeben.

ANMERKUNG Einige Toleranzklassen sind nur für eine begrenzte Anzahl von Nennmaßspannen vorgesehen. Weitere Informationen siehe 6.1.

6 Aufstellung der Tabellen 2 bis 32

6.1 Aus den in ISO 286-1 angegebenen Tabellen können Werte für die Grundabmaße berechnet werden, welche für Toleranzklassen verwendet werden, für die es keine Einträge in den Tabellen gibt, für die aber der Platz leer gehalten worden ist.

6.2 Eine kleine horizontale Trennung ist, wo erforderlich, in die Tabellen eingesetzt worden, um zwischen Werten für Nennmaße zu unterscheiden, die kleiner oder gleich 500 mm sind, und solchen, die größer als 500 mm sind.

Tabelle 1 — Zahlenwerte der Grundtoleranzgrade für Nennmaße bis zu 3 150 mm

ANMERKUNG Um die Auslegung und Anwendung der Tabellen zu den Grenzabmaßen sowie von Bild 1 und Bild 2 zu erleichtern, ist diese aus ISO 286-1:2010 entnommene Tabelle in diesen Teil von ISO 286 integriert worden.

Nennmaß mm		Grundtoleranzgrade																			
		IT01	IT0	IT1	IT2	IT3	IT4	IT5	IT6	IT7	IT8	IT9	IT10	IT11	IT12	IT13	IT14	IT15	IT16	IT17	IT18
über	bis einschl.	Grundtoleranzen µm													Grundtoleranzen mm						
–	3	0,3	0,5	0,8	1,2	2	3	4	6	10	14	25	40	60	0,1	0,14	0,25	0,4	0,6	1	1,4
3	6	0,4	0,6	1	1,5	2,5	4	5	8	12	18	30	48	75	0,12	0,18	0,3	0,48	0,75	1,2	1,8
6	10	0,4	0,6	1	1,5	2,5	4	6	9	15	22	36	58	90	0,15	0,22	0,36	0,58	0,9	1,5	2,2
10	18	0,5	0,8	1,2	2	3	5	8	11	18	27	43	70	110	0,18	0,27	0,43	0,7	1,1	1,8	2,7
18	30	0,6	1	1,5	2,5	4	6	9	13	21	33	52	84	130	0,21	0,33	0,52	0,84	1,3	2,1	3,3
30	50	0,6	1	1,5	2,5	4	7	11	16	25	39	62	100	160	0,25	0,39	0,62	1	1,6	2,5	3,9
50	80	0,8	1,2	2	3	5	8	13	19	30	46	74	120	190	0,3	0,46	0,74	1,2	1,9	3	4,6
80	120	1	1,5	2,5	4	6	10	15	22	35	54	87	140	220	0,35	0,54	0,87	1,4	2,2	3,5	5,4
120	180	1,2	2	3,5	5	8	12	18	25	40	63	100	160	250	0,4	0,63	1	1,6	2,5	4	6,3
180	250	2	3	4,5	7	10	14	20	29	46	72	115	185	290	0,46	0,72	1,15	1,85	2,9	4,6	7,2
250	315	2,5	4	6	8	12	16	23	32	52	81	130	210	320	0,52	0,81	1,3	2,1	3,2	5,2	8,1
315	400	3	5	7	9	13	18	25	36	57	89	140	230	360	0,57	0,89	1,4	2,3	3,6	5,7	8,9
400	500	4	6	8	10	15	20	27	40	63	97	155	250	400	0,63	0,97	1,55	2,5	4	6,3	9,7
500	630			9	11	16	22	32	44	70	110	175	280	440	0,7	1,1	1,75	2,8	4,4	7	11
630	800			10	13	18	25	36	50	80	125	200	320	500	0,8	1,25	2	3,2	5	8	12,5
800	1 000			11	15	21	28	40	56	90	140	230	360	560	0,9	1,4	2,3	3,6	5,6	9	14
1 000	1 250			13	18	24	33	47	66	105	165	260	420	660	1,05	1,65	2,6	4,2	6,6	10,5	16,5
1 250	1 600			15	21	29	39	55	78	125	195	310	500	780	1,25	1,95	3,1	5	7,8	12,5	19,5
1 600	2 000			18	25	35	46	65	92	150	230	370	600	920	1,5	2,3	3,7	6	9,2	15	23
2 000	2 500			22	30	41	55	78	110	175	280	440	700	1 100	1,75	2,8	4,4	7	11	17,5	28
2 500	3 150			26	36	50	68	96	135	210	330	540	860	1 350	2,1	3,3	5,4	8,6	13,5	21	33

Tabellen	Toleranzklassen
2	A9 B9 C9 (B8 C8); A10 B10 C10; A11 B11 C11; A12 B12 C12; A13 B13 C13; B8 C8
3	E5; CD6 D6 E6; CD7 D7 E7; CD8 D8 E8; CD9 D9 E9; CD10 D10 E10; D11; D12; D13
4	EF3 F3; EF4 F4; EF5 F5; EF6 F6; EF7 F7; EF8 F8; EF9 F9; EF10 F10
5	FG3 G3; FG4 G4; FG5 G5; FG6 G6; FG7 G7; FG8 G8; FG9 G9; FG10 G10
6	H1; H2; H3; H4; H5; H6; H7; H8; H9; H10; H11; H12; H13; H14; H15; H16; H17; H18
7	JS1; JS2; JS3; JS4; JS5; JS6; JS7; JS8; JS9; JS10; JS11; JS12; JS13; JS14; JS15; JS16; JS17; JS18
8	K3; K4; K5; J6 K6; J7 K7; J8 K8; K9; K10
9	M3 N3; M4 N4; M5 N5; M6 N6; M7 N7; M8 N8; M9 N9; M10 N10; N11
10	P3; P4; P5; P6; P7; P8; P9; P10
11	R3; R4; R5; R6; R7; R8; R9; R10
12	S3; S4; S5; S6; S7; S8; S9; S10
13	T5 U5; T6 U6; T7 U7; T8 U8; U9; U10
14	V5 X5; V6 X6 Y6; V7 X7 Y7; V8 X8 Y8; X9 Y9; X10 Y10
15	Z6 ZA6; Z7 ZA7; Z8 ZA8; Z9 ZA9; Z10 ZA10; Z11 ZA11
16	ZB7 ZC7; ZB8 ZC8; ZB9 ZC9; ZB10 ZC10; ZB11 ZC11

Bild 3 — Übersicht der Toleranzklassen für Bohrungen mit Nennmaßen bis einschließlich 500 mm

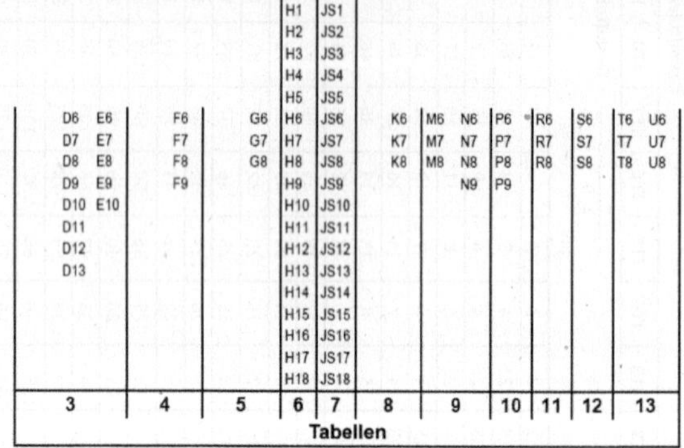

Tabellen	Toleranzklassen
3	D6 E6; D7 E7; D8 E8; D9 E9; D10 E10; D11; D12; D13
4	F6; F7; F8; F9
5	G6; G7; G8
6	H1; H2; H3; H4; H5; H6; H7; H8; H9; H10; H11; H12; H13; H14; H15; H16; H17; H18
7	JS1; JS2; JS3; JS4; JS5; JS6; JS7; JS8; JS9; JS10; JS11; JS12; JS13; JS14; JS15; JS16; JS17; JS18
8	K6; K7; K8
9	M6 N6; M7 N7; M8 N8; N9
10	P6; P7; P8; P9
11	R6; R7; R8
12	S6; S7; S8
13	T6 U6; T7 U7; T8 U8

Bild 4 — Übersicht der Toleranzklassen für Bohrungen mit Nennmaßen über 500 mm und bis einschließlich 3 150 mm

Tabellen 17	18	19	20	21	22	23	24	25	26	27	28	29	30	31	32
					h1	js1									
					h2	js2									
		ef3	f3 fg3	g3	h3	js3	k3	m3 n3	p3	r3	s3				
		ef4	f4 fg4	g4	h4	js4	k4	m4 n4	p4	r4	s4				
	cd5 d5	e5 ef5	f5 fg5	g5	h5	js5	j5 k5	m5 n5	p5	r5	s5	t5 u5	v5 x5		
	cd6 d6	e6 ef6	f6 fg6	g6	h6	js6	j6 k6	m6 n6	p6	r6	s6	t6 u6	v6 x6 y6	z6 za6	
	cd7 d7	e7 ef7	f7 fg7	g7	h7	js7	j7 k7	m7 n7	p7	r7	s7	t7 u7	v7 x7 y7	z7 za7	zb7 zc7
b8 c8	cd8 d8	e8 ef8	f8 fg8	g8	h8	js8	j8 k8	m8 n8	p8	r8	s8	t8 u8	v8 x8 y8	z8 za8	zb8 zc8
a9 b9 c9	cd9 d9	e9 ef9	f9 fg9	g9	h9	js9	k9	m9 n9	p9	r9	s9	u9	x9 y9	z9 za9	zb9 zc9
a10 b10 c10	cd10 d10	e10 ef10	f10 fg10	g10	h10	js10	k10		p10	r10	s10		x10 y10	z10 za10	zb10 zc10
a11 b11 c11	d11				h11	js11	k11							z11 za11	zb11 zc11
a12 b12 c12	d12				h12	js12	k12								
a13 b13	d13				h13	js13	k13								
					h14	js14									
					h15	js15									
					h16	js16									
					h17	js17									
					h18	js18									

Bild 5 — Übersicht der Toleranzklassen für Wellen mit Nennmaßen bis einschließlich 500 mm

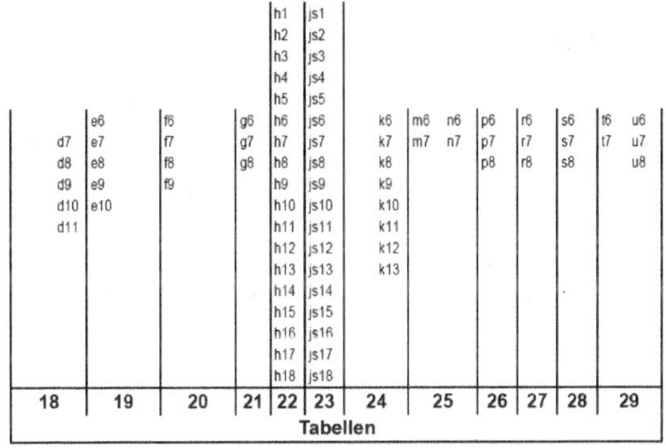

Tabellen 18	19	20	21	22	23	24	25	26	27	28	29
				h1	js1						
				h2	js2						
				h3	js3						
				h4	js4						
				h5	js5						
	e6	f6	g6	h6	js6	k6	m6 n6	p6	r6	s6	t6 u6
d7	e7	f7	g7	h7	js7	k7	m7 n7	p7	r7	s7	t7 u7
d8	e8	f8	g8	h8	js8	k8		p8	r8	s8	u8
d9	e9	f9		h9	js9	k9					
d10	e10			h10	js10	k10					
d11				h11	js11	k11					
				h12	js12	k12					
				h13	js13	k13					
				h14	js14						
				h15	js15						
				h16	js16						
				h17	js17						
				h18	js18						

Bild 6 — Übersicht der Toleranzklassen für Wellen mit Nennmaßen über 500 mm und bis einschließlich 3 150 mm

Tabelle 2 — Grenzabmaße für Bohrungen (Grundabmaße A, B und C)[a]
oberes Grenzabmaß = *ES*; unteres Grenzabmaß = *EI*

Abmaße in µm

Nennmaß mm		A[b]					B[b]						C					
über	bis einschl.	9	10	11	12	13	8	9	10	11	12	13	8	9	10	11	12	13
–	3[b]	+295	+310	+330	+370	+410	+154	+165	+180	+200	+240	+280	+74	+85	+100	+120	+160	+200
		+270	+270	+270	+270	+270	+140	+140	+140	+140	+140	+140	+60	+60	+60	+60	+60	+60
3	6	+300	+318	+345	+390	+450	+158	+170	+188	+215	+260	+320	+88	+100	+118	+145	+190	+250
		+270	+270	+270	+270	+270	+140	+140	+140	+140	+140	+140	+70	+70	+70	+70	+70	+70
6	10	+316	+338	+370	+430	+500	+172	+186	+208	+240	+300	+370	+102	+116	+138	+170	+230	+300
		+280	+280	+280	+280	+280	+150	+150	+150	+150	+150	+150	+80	+80	+80	+80	+80	+80
10	18	+333	+360	+400	+470	+560	+177	+193	+220	+260	+330	+420	+122	+138	+165	+205	+275	+365
		+290	+290	+290	+290	+290	+150	+150	+150	+150	+150	+150	+95	+95	+95	+95	+95	+95
18	30	+352	+384	+430	+510	+630	+193	+212	+244	+290	+370	+490	+143	+162	+194	+240	+320	+440
		+300	+300	+300	+300	+300	+160	+160	+160	+160	+160	+160	+110	+110	+110	+110	+110	+110
30	40	+372	+410	+470	+560	+700	+209	+232	+270	+330	+420	+560	+159	+182	+220	+280	+370	+510
		+310	+310	+310	+310	+310	+170	+170	+170	+170	+170	+170	+120	+120	+120	+120	+120	+120
40	50	+382	+420	+480	+570	+710	+219	+242	+280	+340	+430	+570	+169	+192	+230	+290	+380	+520
		+320	+320	+320	+320	+320	+180	+180	+180	+180	+180	+180	+130	+130	+130	+130	+130	+130
50	65	+414	+460	+530	+640	+800	+236	+264	+310	+380	+490	+650	+186	+214	+260	+330	+440	+600
		+340	+340	+340	+340	+340	+190	+190	+190	+190	+190	+190	+140	+140	+140	+140	+140	+140
65	80	+434	+480	+550	+660	+820	+246	+274	+320	+390	+500	+660	+196	+224	+270	+340	+450	+610
		+360	+360	+360	+360	+360	+200	+200	+200	+200	+200	+200	+150	+150	+150	+150	+150	+150
80	100	+467	+520	+600	+730	+920	+274	+307	+360	+440	+570	+760	+224	+257	+310	+390	+520	+710
		+380	+380	+380	+380	+380	+220	+220	+220	+220	+220	+220	+170	+170	+170	+170	+170	+170
100	120	+497	+550	+630	+760	+950	+294	+327	+380	+460	+590	+780	+234	+267	+320	+400	+530	+720
		+410	+410	+410	+410	+410	+240	+240	+240	+240	+240	+240	+180	+180	+180	+180	+180	+180
120	140	+560	+620	+710	+860	+1 090	+323	+360	+420	+510	+660	+890	+263	+300	+360	+450	+600	+830
		+460	+460	+460	+460	+460	+260	+260	+260	+260	+260	+260	+200	+200	+200	+200	+200	+200
140	160	+620	+680	+770	+920	+1 150	+343	+380	+440	+530	+680	+910	+273	+310	+370	+460	+610	+840
		+520	+520	+520	+520	+520	+280	+280	+280	+280	+280	+280	+210	+210	+210	+210	+210	+210
160	180	+680	+740	+830	+980	+1 210	+373	+410	+470	+560	+710	+940	+293	+330	+390	+480	+630	+860
		+580	+580	+580	+580	+580	+310	+310	+310	+310	+310	+310	+230	+230	+230	+230	+230	+230
180	200	+775	+845	+950	+1 120	+1 380	+412	+455	+525	+630	+800	+1 060	+312	+355	+425	+530	+700	+960
		AC +660 AC	+660	+660	+660	+660	+340	+340	+340	+340	+340	+340	+240	+240	+240	+240	+240	+240
200	225	+855	+925	+1 030	+1 200	+1 460	+452	+495	+565	+670	+840	+1 100	+332	+375	+445	+550	+720	+980
		+740	+740	+740	+740	+740	+380	+380	+380	+380	+380	+380	+260	+260	+260	+260	+260	+260
225	250	+935	+1 005	+1 110	+1 280	+1 540	+492	+535	+605	+710	+880	+1 140	+352	+395	+465	+570	+740	+1 000
		+820	+820	+820	+820	+820	+420	+420	+420	+420	+420	+420	+280	+280	+280	+280	+280	+280
250	280	+1 050	+1 130	+1 240	+1 440	+1 730	+561	+610	+690	+800	+1 000	+1 290	+381	+430	+510	+620	+820	+1 110
		+920	+920	+920	+920	+920	+480	+480	+480	+480	+480	+480	+300	+300	+300	+300	+300	+300
280	315	+1 180	+1 260	+1 370	+1 570	+1 860	+621	+670	+750	+860	+1 060	+1 350	+411	+460	+540	+650	+850	+1 140
		+1 050	+1 050	+1 050	+1 050	+1 050	+540	+540	+540	+540	+540	+540	+330	+330	+330	+330	+330	+330
315	355	+1 340	+1 430	+1 560	+1 770	+2 090	+689	+740	+830	+960	+1 170	+1 490	+449	+500	+590	+720	+930	+1 250
		+1 200	+1 200	+1 200	+1 200	+1 200	+600	+600	+600	+600	+600	+600	+360	+360	+360	+360	+360	+360
355	400	+1 490	+1 580	+1 710	+1 920	+2 240	+769	+820	+910	+1 040	+1 250	+1 570	+489	+540	+630	+760	+970	+1 290
		+1 350	+1 350	+1 350	+1 350	+1 350	+680	+680	+680	+680	+680	+680	+400	+400	+400	+400	+400	+400
400	450	+1 655	+1 750	+1 900	+2 130	+2 470	+857	+915	+1 010	+1 160	+1 390	+1 730	+537	+595	+690	+840	+1 070	+1 410
		+1 500	+1 500	+1 500	+1 500	+1 500	+760	+760	+760	+760	+760	+760	+440	+440	+440	+440	+440	+440
450	500	+1 805	+1 900	+2 050	+2 280	+2 620	+937	+995	+1 090	+1 240	+1 470	+1 810	+577	+635	+730	+880	+1 110	+1 450
		+1 650	+1 650	+1 650	+1 650	+1 650	+840	+840	+840	+840	+840	+840	+480	+480	+480	+480	+480	+480

[a] Die Grundabmaße A, B und C sind für Nennmaße über 500 mm nicht angegeben.
[b] Die Grundabmaße A und B sind für Grundtoleranzen für Nennmaße bis einschließlich 1 mm nicht anzuwenden.

Tabelle 3 — Grenzabmaße für Bohrungen (Grundabmaße CD, D und E)

oberes Grenzabmaß = *ES*

unteres Grenzabmaß = *EI*

Abmaße in µm

Nennmaß mm		CD[a]					D								E					
über	bis einschl	6	7	8	9	10	6	7	8	9	10	11	12	13	5	6	7	8	9	10
–	3	+40	+44	+48	+59	+74	+26	+30	+34	+45	+60	80	+120	+160	+18	+20	+24	+28	+39	+54
		+34	+34	+34	+34	+34	+20	+20	+20	+20	+20	+20	+20	+20	+14	+14	+14	+14	+14	+14
3	6	+54	+58	+64	+76	+94	+38	+42	+48	+60	+78	+105	+150	+210	+25	+28	+32	+38	+50	+68
		+46	+46	+46	+46	+46	+30	+30	+30	+30	+30	+30	+30	+30	+20	+20	+20	+20	+20	+20
6	10	+65	+71	+78	+92	+114	+49	+55	+62	+76	+98	+130	+190	+260	+31	+34	+40	+47	+61	+83
		+56	+56	+56	+56	+56	+40	+40	+40	+40	+40	+40	+40	+40	+25	+25	+25	+25	+25	+25
10	18						+61	+68	+77	+93	+120	+160	+230	+320	+40	+43	+50	+59	+75	+102
							+50	+50	+50	+50	+50	+50	+50	+50	+32	+32	+32	+32	+32	+32
18	30						+78	+86	+98	+117	+149	+195	+275	+395	+49	+53	+61	+73	+92	+124
							+65	+65	+65	+65	+65	+65	+65	+65	+40	+40	+40	+40	+40	+40
30	50						+96	+105	+119	+142	+180	+240	+330	+470	+61	+66	+75	+89	+112	+150
							+80	+80	+80	+80	+80	+80	+80	+80	+50	+50	+50	+50	+50	+50
50	80						+119	+130	+146	+174	+220	+290	+400	+560	+73	+79	+90	+106	+134	+180
							+100	+100	+100	+100	+100	+100	+100	+100	+60	+60	+60	+60	+60	+60
80	120						+142	+155	+174	+207	+260	+340	+470	+660	+87	+94	+107	+126	+159	+212
							+120	+120	+120	+120	+120	+120	+120	+120	+72	+72	+72	+72	+72	+72
120	180						+170	+185	+208	+245	+305	+395	+545	+775	+103	+110	+125	+148	+185	+245
							+145	+145	+145	+145	+145	+145	+145	+145	+85	+85	+85	+85	+85	+85
180	250						+199	+216	+242	+285	+355	+460	+630	+890	+120	+129	+146	+172	+215	+285
							+170	+170	+170	+170	+170	+170	+170	+170	+100	+100	+100	+100	+100	+100
250	315						+222	+242	+271	+320	+400	+510	+710	+1 000	+133	+142	+162	+191	+240	+320
							+190	+190	+190	+190	+190	+190	+190	+190	+110	+110	+110	+110	+110	+110
315	400						+246	+267	+299	+350	+440	+570	+780	+1 100	+150	+161	+182	+214	+265	+355
							+210	+210	+210	+210	+210	+210	+210	+210	+125	+125	+125	+125	+125	+125
400	500						+270	+293	+327	+385	+480	+630	+860	+1 200	+162	+175	+198	+232	+290	+385
							+230	+230	+230	+230	+230	+230	+230	+230	+135	+135	+135	+135	+135	+135
500	630						+304	+330	+370	+435	+540	+700	+960	+1 360		+189	+215	+255	+320	+425
							+260	+260	+260	+260	+260	+260	+260	+260		+145	+145	+145	+145	+145
630	800						+340	+370	+415	+490	+610	+790	+1 090	+1 540		+210	+240	+285	+360	+480
							+290	+290	+290	+290	+290	+290	+290	+290		+160	+160	+160	+160	+160
800	1 000						+376	+410	+460	+550	+680	+880	+1 220	+1 720		+226	+260	+310	+400	+530
							+320	+320	+320	+320	+320	+320	+320	+320		+170	+170	+170	+170	+170
1 000	1 250						+416	+455	+515	+610	+770	+1 010	+1 400	+2 000		+261	+300	+360	+455	+615
							+350	+350	+350	+350	+350	+350	+350	+350		+195	+195	+195	+195	+195
1 250	1 600						+468	+515	+585	+700	+890	+1 170	+1 640	+2 340		+298	+345	+415	+530	+720
							+390	+390	+390	+390	+390	+390	+390	+390		+220	+220	+220	+220	+220
1 600	2 000						+522	+580	+660	+800	+1 030	+1 350	+1 930	+2 730		+332	+390	+470	+610	+840
							+430	+430	+430	+430	+430	+430	+430	+430		+240	+240	+240	+240	+240
2 000	2 500						+590	+655	+760	+920	+1 180	+1 580	+2 230	+3 280		+370	+435	+540	+700	+960
							+480	+480	+480	+480	+480	+480	+480	+480		+260	+260	+260	+260	+260
2 500	3 150						+655	+730	+850	+1 060	+1 380	+1 870	+2 620	+3 820		+425	+500	+620	+830	+1 150
							+520	+520	+520	+520	+520	+520	+520	+520		+290	+290	+290	+290	+290

[a] Das besondere Grundabmaß CD ist hauptsächlich für Feinmechanik und Uhrentechnik gedacht. Wenn für dieses Grundabmaß und die angegebenen Toleranzklassen Werte in den anderen Nennmaßbereichen erforderlich sind, können sie nach ISO 286-1 berechnet werden.

Tabelle 4 — Grenzabmaße für Bohrungen (Grundabmaße EF und F)

oberes Grenzabmaß = *ES*
unteres Grenzabmaß = *EI*

Abmaße in µm

Nennmaß mm		EF[a]								F							
über	bis einschl.	3	4	5	6	7	8	9	10	3	4	5	6	7	8	9	10
–	3	+12 +10	+13 +10	+14 +10	+16 +10	+20 +10	+24 +10	+35 +10	+50 +10	+8 +6	+9 +6	+10 +6	+12 +6	+16 +6	+20 +6	+31 +6	+46 +6
3	6	+16,5 +14	+18 +14	+19 +14	+22 +14	+26 +14	+32 +14	+44 +14	+62 +14	+12,5 +10	+14 +10	+15 +10	+18 +10	+22 +10	+28 +10	+40 +10	+58 +10
6	10	+20,5 +18	+22 +18	+24 +18	+27 +18	+33 +18	+40 +18	+54 +18	+76 +18	+15,5 +13	+17 +13	+19 +13	+22 +13	+28 +13	+35 +13	+49 +13	+71 +13
10	18									+19 +16	+21 +16	+24 +16	+27 +16	+34 +16	+43 +16	+59 +16	+86 +16
18	30									+24 +20	+26 +20	+29 +20	+33 +20	+41 +20	+53 +20	+72 +20	+104 +20
30	50									+29 +25	+32 +25	+36 +25	+41 +25	+50 +25	+64 +25	+87 +25	+125 +25
50	80											+43 +30	+49 +30	+60 +30	+76 +30	+104 +30	
80	120											+51 +36	+58 +36	+71 +36	+90 +36	+123 +36	
120	180											+61 +43	+68 +43	+83 +43	+106 +43	+143 +43	
180	250											+70 +50	+79 +50	+96 +50	+122 +50	+165 +50	
250	315											+79 +56	+88 +56	+108 +56	+137 +56	+186 +56	
315	400											+87 +62	+98 +62	+119 +62	+151 +62	+202 +62	
400	500											+95 +68	+108 +68	+131 +68	+165 +68	+223 +68	
500	630												+120 +76	+146 +76	+186 +76	+251 +76	
630	800												+130 +80	+160 +80	+205 +80	+280 +80	
800	1 000												+142 +86	+176 +86	+226 +86	+316 +86	
1 000	1 250												+164 +98	+203 +98	+263 +98	+358 +98	
1 250	1 600												+188 +110	+235 +110	+305 +110	+420 +110	
1 600	2 000												+212 +120	+270 +120	+350 +120	+490 +120	
2 000	2 500												+240 +130	+305 +130	+410 +130	+570 +130	
2 500	3 150												+280 +145	+355 +145	+475 +145	+685 +145	

[a] Das besondere Grundabmaß EF ist hauptsächlich für Feinmechanik und Uhrentechnik gedacht. Wenn für dieses Grundabmaß und die angegebenen Toleranzklassen Werte in den anderen Nennmaßbereichen erforderlich sind, können sie nach ISO 286-1 berechnet werden.

Tabelle 5 — Grenzabmaße für Bohrungen (Grundabmaße FG und G)

oberes Grenzabmaß = *ES*
unteres Grenzabmaß = *EI*

Abmaße in µm

Nennmaß mm		FG[a]								G							
über	bis einschl.	3	4	5	6	7	8	9	10	3	4	5	6	7	8	9	10
–	3	+6 +4	+7 +4	+8 +4	+10 +4	+14 +4	+18 +4	+29 +4	+44 +4	+4 +2	+5 +2	+6 +2	+8 +2	+12 +2	+16 +2	+27 +2	+42 +2
3	6	+8,5 +6	+10 +6	+11 +6	+14 +6	+18 +6	+24 +6	+36 +6	+54 +6	+6,5 +4	+8 +4	+9 +4	+12 +4	+16 +4	+22 +4	+34 +4	+52 +4
6	10	+10,5 +8	+12 +8	+14 +8	+17 +8	+23 +8	+30 +8	+44 +8	+66 +8	+7,5 +5	+9 +5	+11 +5	+14 +5	+20 +5	+27 +5	+41 +5	+63 +5
10	18									+9 +6	+11 +6	+14 +6	+17 +6	+24 +6	+33 +6	+49 +6	+76 +6
18	30									+11 +7	+13 +7	+16 +7	+20 +7	+28 +7	+40 +7	+59 +7	+91 +7
30	50									+13 +9	+16 +9	+20 +9	+25 +9	+34 +9	+48 +9	+71 +9	+109 +9
50	80											+23 +10	+29 +10	+40 +10	+56 +10		
80	120											+27 +12	+34 +12	+47 +12	+66 +12		
120	180											+32 +14	+39 +14	+54 +14	+77 +14		
180	250											+35 +15	+44 +15	+61 +15	+87 +15		
250	315											+40 +17	+49 +17	+69 +17	+98 +17		
315	400											+43 +18	+54 +18	+75 +18	+107 +18		
400	500											+47 +20	+60 +20	+83 +20	+117 +20		
500	630												+66 +22	+92 +22	+132 +22		
630	800												+74 +24	+104 +24	+149 +24		
800	1 000												+82 +26	+116 +26	+166 +26		
1 000	1 250												+94 +28	+133 +28	+193 +28		
1 250	1 600												+108 +30	+155 +30	+225 +30		
1 600	2 000												+124 +32	+182 +32	+262 +32		
2 000	2 500												+144 +34	+209 +34	+314 +34		
2 500	3 150												+173 +38	+248 +38	+368 +38		

[a] Das besondere Grundabmaß FG ist hauptsächlich für Feinmechanik und Uhrentechnik gedacht. Wenn für dieses Grundabmaß und die angegebenen Toleranzklassen Werte in den anderen Nennmaßbereichen erforderlich sind, können sie nach ISO 286-1 berechnet werden.

Tabelle 6 — Grenzabmaße für Bohrungen (Grundabmaß H)

oberes Grenzabmaß = *ES*
unteres Grenzabmaß = *EI*

Nennmaß mm		H																	
		1	2	3	4	5	6	7	8	9	10	11	12	13	14[a]	15[a]	16[a]	17[a]	18[a]
über	bis einschl.	Abmaße µm											mm						
–	3[a]	+0,8 0	+1,2 0	+2 0	+3 0	+4 0	+6 0	+10 0	+14 0	+25 0	+40 0	+60 0	+0,1 0	+0,14 0	+0,25 0	+0,4 0	+0,6 0		
3	6	+1 0	+1,5 0	+2,5 0	+4 0	+5 0	+8 0	+12 0	+18 0	+30 0	+48 0	+75 0	+0,12 0	+0,18 0	+0,3 0	+0,48 0	+0,75 0	+1,2 0	+1,8 0
6	10	+1 0	+1,5 0	+2,5 0	+4 0	+6 0	+9 0	+15 0	+22 0	+36 0	+58 0	+90 0	+0,15 0	+0,22 0	+0,36 0	+0,58 0	+0,9 0	+1,5 0	+2,2 0
10	18	+1,2 0	+2 0	+3 0	+5 0	+8 0	+11 0	+18 0	+27 0	+43 0	+70 0	+110 0	+0,18 0	+0,27 0	+0,43 0	+0,7 0	+1,1 0	+1,8 0	+2,7 0
18	30	+1,5 0	+2,5 0	+4 0	+6 0	+9 0	+13 0	+21 0	+33 0	+52 0	+84 0	+130 0	+0,21 0	+0,33 0	+0,52 0	+0,84 0	+1,3 0	+2,1 0	+3,3 0
30	50	+1,5 0	+2,5 0	+4 0	+7 0	+11 0	+16 0	+25 0	+39 0	+62 0	+100 0	+160 0	+0,25 0	+0,39 0	+0,62 0	+1 0	+1,6 0	+2,5 0	+3,9 0
50	80	+2 0	+3 0	+5 0	+8 0	+13 0	+19 0	+30 0	+46 0	+74 0	+120 0	+190 0	+0,3 0	+0,46 0	+0,74 0	+1,2 0	+1,9 0	+3 0	+4,6 0
80	120	+2,5 0	+4 0	+6 0	+10 0	+15 0	+22 0	+35 0	+54 0	+87 0	+140 0	+220 0	+0,35 0	+0,54 0	+0,87 0	+1,4 0	+2,2 0	+3,5 0	+5,4 0
120	180	+3,5 0	+5 0	+8 0	+12 0	+18 0	+25 0	+40 0	+63 0	+100 0	+160 0	+250 0	+0,4 0	+0,63 0	+1 0	+1,6 0	+2,5 0	+4 0	+6,3 0
180	250	+4,5 0	+7 0	+10 0	+14 0	+20 0	+29 0	+46 0	+72 0	+115 0	+185 0	+290 0	+0,46 0	+0,72 0	+1,15 0	+1,85 0	+2,9 0	+4,6 0	+7,2 0
250	315	+6 0	+8 0	+12 0	+16 0	+23 0	+32 0	+52 0	+81 0	+130 0	+210 0	+320 0	+0,52 0	+0,81 0	+1,3 0	+2,1 0	+3,2 0	+5,2 0	+8,1 0
315	400	+7 0	+9 0	+13 0	+18 0	+25 0	+36 0	+57 0	+89 0	+140 0	+230 0	+360 0	+0,57 0	+0,89 0	+1,4 0	+2,3 0	+3,6 0	+5,7 0	+8,9 0
400	500	+8 0	+10 0	+15 0	+20 0	+27 0	+40 0	+63 0	+97 0	+155 0	+250 0	+400 0	+0,63 0	+0,97 0	+1,55 0	+2,5 0	+4 0	+6,3 0	+9,7 0
500	630	+9 0	+11 0	+16 0	+22 0	+32 0	+44 0	+70 0	+110 0	+175 0	+280 0	+440 0	+0,7 0	+1,1 0	+1,75 0	+2,8 0	+4,4 0	+7 0	+11 0
630	800	+10 0	+13 0	+18 0	+25 0	+36 0	+50 0	+80 0	+125 0	+200 0	+320 0	+500 0	+0,8 0	+1,25 0	+2 0	+3,2 0	+5 0	+8 0	+12,5 0
800	1 000	+11 0	+15 0	+21 0	+28 0	+40 0	+56 0	+90 0	+140 0	+230 0	+360 0	+560 0	+0,9 0	+1,4 0	+2,3 0	+3,6 0	+5,6 0	+9 0	+14 0
1 000	1 250	+13 0	+18 0	+24 0	+33 0	+47 0	+66 0	+105 0	+165 0	+260 0	+420 0	+660 0	+1,05 0	+1,65 0	+2,6 0	+4,2 0	+6,6 0	+10,5 0	+16,5 0
1 250	1 600	+15 0	+21 0	+29 0	+39 0	+55 0	+78 0	+125 0	+195 0	+310 0	+500 0	+780 0	+1,25 0	+1,95 0	+3,1 0	+5 0	+7,8 0	+12,5 0	+19,5 0
1 600	2 000	+18 0	+25 0	+35 0	+46 0	+65 0	+92 0	+150 0	+230 0	+370 0	+600 0	+920 0	+1,5 0	+2,3 0	+3,7 0	+6 0	+9,2 0	+15 0	+23 0
2 000	2 500	+22 0	+30 0	+41 0	+55 0	+78 0	+110 0	+175 0	+280 0	+440 0	+700 0	+1 100 0	+1,75 0	+2,8 0	+4,4 0	+7 0	+11 0	+17,5 0	+28 0
2 500	3 150	[AC] +26 [AC] 0	+36 0	+50 0	+68 0	+96 0	+135 0	+210 0	+330 0	+540 0	+860 0	+1 350 0	+2,1 0	+3,3 0	+5,4 0	+8,6 0	+13,5 0	+21 0	+33 0

[a] Die Toleranzgrade IT14 bis einschließlich IT18 sind für Nennmaße bis einschließlich 1 mm nicht anzuwenden.

Tabelle 7 — Grenzabmaße für Bohrungen (Grundabmaß JS)[a]

oberes Grenzabmaß = *ES*
unteres Grenzabmaß = *EI*

Nennmaß mm		JS																	
		1	2	3	4	5	6	7	8	9	10	11	12	13	14 [b]	15 [b]	16 [b]	17	18
über	bis einschl.	Abmaße µm											Abmaße mm						
–	3[b]	±0,4	±0,6	±1	±1,5	±2	±3	±5	±7	±12,5	±20	±30	±0,05	±0,07	±0,125	±0,2	±0,3		
3	6	AC ±0,5 AC	±0,75	±1,25	±2	±2,5	±4	±6	±9	±15	±24	±37,5	±0,06	±0,09	±0,15	±0,24	+0,375	±0,6	±0,9
6	10	AC ±0,5 AC	±0,75	±1,25	±2	±3	±4,5	±7,5	±11	±18	±29	±45	±0,075	±0,11	±0,18	±0,29	±0,45	±0,75	±1,1
10	18	±0,6	±1	±1,5	±2,5	±4	±5,5	±9	±13,5	±21,5	±35	±55	±0,09	±0,135	±0,215	±0,35	±0,55	±0,9	±1,35
18	30	±0,75	±1,25	±2	±3	±4,5	±6,5	±10,5	±16,5	±26	±42	±65	±0,105	±0,165	±0,26	±0,42	±0,65	±1,05	±1,65
30	50	±0,75	±1,25	±2	±3,5	±5,5	±8	±12,5	±19,5	±31	±50	±80	±0,125	±0,195	±0,31	±0,5	±0,8	±1,25	±1,95
50	80	±1	±1,5	±2,5	±4	±6,5	±9,5	±15	±23	±37	±60	±95	±0,15	±0,23	±0,37	±0,6	±0,95	±1,5	±2,3
80	120	±1,25	±2	±3	±5	±7,5	±11	±17,5	±27	±43,5	±70	±110	±0,175	±0,27	±0,435	±0,7	±1,1	±1,75	±2,7
120	180	±1,75	±2,5	±4	±6	±9	±12,5	±20	±31,5	±50	±80	±125	±0,2	±0,315	±0,5	±0,8	±1,25	±2	±3,15
180	250	±2,25	±3,5	±5	±7	±10	±14,5	±23	±36	±57,5	±92,5	±145	±0,23	±0,36	±0,575	±0,925	±1,45	±2,3	±3,6
250	315	±3	±4	±6	±8	±11,5	±16	±26	±40,5	±65	±105	±160	±0,26	±0,405	±0,65	±1,05	±1,6	±2,6	±4,05
315	400	±3,5	±4,5	±6,5	±9	±12,5	±18	±28,5	±44,5	±70	±115	±180	±0,285	±0,445	±0,7	±1,15	±1,8	±2,85	±4,45
400	500	±4	±5	±7,5	±10	±13,5	±20	±31,5	±48,5	±77,5	±125	±200	±0,315	±0,485	±0,775	±1,25	±2	±3,15	±4,85
500	630	±4,5	±5,5	±8	±11	±16	±22	±35	±55	±87,5	±140	±220	±0,35	±0,55	±0,875	±1,4	±2,2	±3,5	±5,5
630	800	±5	±6,5	±9	±12,5	±18	±25	±40	±62,5	±100	±160	±250	±0,4	±0,625	±1	±1,6	±2,5	±4	±6,25
800	1 000	±5,5	±7,5	±10,5	±14	±20	±28	±45	±70	±115	±180	±280	±0,45	±0,7	±1,15	±1,8	±2,8	±4,5	±7
1 000	1 250	±6,5	±9	±12	±16,5	±23,5	±33	±52,5	±82,5	±130	±210	±330	±0,525	±0,825	±1,3	±2,1	±3,3	±5,25	±8,25
1 250	1 600	±7,5	±10,5	±14,5	±19,5	±27,5	±39	±62,5	±97,5	±155	±250	±390	±0,625	±0,975	±1,55	±2,5	±3,9	±6,25	±9,75
1 600	2 000	±9	±12,5	±17,5	±23	±32,5	±46	±75	±115	±185	±300	±460	±0,75	±1,15	±1,85	±3	±4,6	±7,5	±11,5
2 000	2 500	±11	±15	±20,5	±27,5	±39	±55	±87,5	±140	±220	±350	±550	±0,875	±1,4	±2,2	±3,5	±5,5	±8,75	±14
2 500	3 150	±13	±18	±25	±34	±48	±67,5	±105	±165	±270	±430	±675	±1,05	±1,65	±2,7	±4,3	±6,75	±10,5	16,5

[a] Um eine Wiederholung gleicher Zahlenwerte zu vermeiden, sind die Werte in der Tabelle mit „± *x*" angegeben, dies ist als *ES* = +*x* und *EI* = −*x*, z. B. $^{+0,23}_{-0,23}$ mm, zu verstehen.

[b] Die Toleranzgrade IT14 bis einschließlich IT16 sind für Nennmaße bis einschließlich 1 mm nicht anzuwenden.

Tabelle 8 — Grenzabmaße für Bohrungen (Grundabmaße J und K)

oberes Grenzabmaß = *ES*
unteres Grenzabmaß = *EI*

Abmaße in µm

Nennmaß mm		J				K							
über	bis einschl.	6	7	8	9 [a]	3	4	5	6	7	8	9 [b]	10 [b]
-	3	+2 −4	+4 −6	+6 −8		0 −2	0 −3	0 −4	0 −6	0 −10	0 −14	0 −25	0 −40
3	6	+5 −3	±6 [c]	+10 −8		0 −2,5	+0,5 −3,5	0 −5	+2 −6	+3 −9	+5 −13		
6	10	+5 −4	+8 −7	+12 −10		0 −2,5	+0,5 −3,5	+1 −5	+2 −7	+5 −10	+6 −16		
10	18	+6 −5	+10 −8	+15 −12		0 −3	+1 −4	+2 −6	+2 −9	+6 −12	+8 −19		
18	30	+8 −5	+12 −9	+20 −13		−0,5 −4,5	0 −6	+1 −8	+2 −11	+6 −15	+10 −23		
30	50	+10 −6	+14 −11	+24 −15		−0,5 −4,5	+1 −6	+2 −9	+3 −13	+7 −18	+12 −27		
50	80	+13 −6	+18 −12	+28 −18				+3 −10	+4 −15	+9 −21	+14 −32		
80	120	+16 −6	+22 −13	+34 −20				+2 −13	+4 −18	+10 −25	+16 −38		
120	180	+18 −7	+26 −14	+41 −22				+3 −15	+4 −21	+12 −28	+20 −43		
180	250	+22 −7	+30 −16	+47 −25				+2 −18	+5 −24	+13 −33	+22 −50		
250	315	+25 AC) −7 (AC	+36 −16	+55 −26				+3 −20	+5 −27	+16 −36	+25 −56		
315	400	+29 −7	+39 −18	+60 −29				+3 −22	+7 −29	+17 −40	+28 −61		
400	500	+33 −7	+43 −20	+66 −31				+2 −25	+8 −32	+18 −45	+29 −68		
500	630								0 −44	0 −70	0 −110		
630	800								0 −50	0 −80	0 −125		
800	1 000								0 −56	0 −90	0 −140		
1 000	1 250								0 −66	0 −105	0 −165		
1 250	1 600								0 −78	0 −125	0 −195		
1 600	2 000								0 −92	0 −150	0 −230		
2 000	2 500								0 −110	0 −175	0 −280		
2 500	3 150								0 −135	0 −210	0 −330		

[a] Die Grenzabmaße der Toleranzklassen J9, J10 usw. liegen symmetrisch zur Nulllinie (Werte dieser Grenzabmaße siehe Tabelle 7 und Bild 1).
[b] Die Abmaße des Grundabmaßes K für Toleranzgrade über IT8 sind für Nennmaße über 3 mm nicht festgelegt.
[c] Identisch mit JS7.

Tabelle 9 — Grenzabmaße für Bohrungen (Grundabmaße M und N)

oberes Grenzabmaß = *ES*
unteres Grenzabmaß = *EI*

Abmaße in µm

Nennmaß mm		M								N								
über	bis einschl	3	4	5	6	7	8	9	10	3	4	5	6	7	8	9[a]	10[a]	11[a]
–	3[a]	−2 −4	−2 −5	−2 −6	−2 −8	−2 −12	−2 −16	−2 −27	−2 −42	−4 −6	−4 −7	−4 −8	−4 −10	−4 −14	−4 −18	−4 −29	−4 −44	−4 −64
3	6	−3 −5,5	−2,5 −6,5	−3 −8	−1 −9	0 −12	+2 −16	−4 −34	−4 −52	−7 −9,5	−6,5 −10,5	−7 −12	−5 −13	−4 −16	−2 −20	0 −30	0 −48	0 −75
6	10	−5 −7,5	−4,5 −8,5	−4 −10	−3 −12	0 −15	+1 −21	−6 −42	−6 −64	−9 −11,5	−8,5 −12,5	−8 −14	−7 −16	−4 −19	−3 −25	0 −36	0 −58	0 −90
10	18	−6 −9	−5 −10	−4 −12	−4 −15	0 −18	+2 −25	−7 −50	−7 −77	−11 −14	−10 −15	−9 −17	−9 −20	−5 −23	−3 −30	0 −43	0 −70	0 −110
18	30	−6,5 −10,5	−6 −12	−5 −14	−4 −17	0 −21	+4 −29	−8 −60	−8 −92	−13,5 −17,5	−13 −19	−12 −21	−11 −24	−7 −28	−3 −36	0 −52	0 −84	0 −130
30	50	−7,5 −11,5	−6 −13	−5 −16	−4 −20	0 −25	+5 −34	−9 −71	−9 −109	−15,5 −19,5	−14 −21	−13 −24	−12 −28	−8 −33	−3 −42	0 −62	0 −100	0 −160
50	80			−6 −19	−5 −24	0 −30	+5 −41					−15 −28	−14 −33	−9 −39	−4 −50	0 −74	0 −120	0 −190
80	120			−8 −23	−6 −28	0 −35	+6 −48					−18 −33	−16 −38	−10 −45	−4 −58	0 −87	0 −140	0 −220
120	180			−9 −27	−8 −33	0 −40	+8 −55					−21 −39	−20 −45	−12 −52	−4 −67	0 −100	0 −160	0 −250
180	250			−11 −31	−8 −37	0 −46	+9 −63					−25 −45	−22 −51	−14 −60	−5 −77	0 −115	0 −185	0 −290
250	315			−13 −36	−9 −41	0 −52	+9 −72					−27 −50	−25 −57	−14 −66	−5 −86	0 −130	0 −210	0 −320
315	400			−14 −39	−10 −46	0 −57	+11 −78					−30 −55	−26 −62	−16 −73	−5 −94	0 −140	0 −230	0 −360
400	500			−16 −43	−10 −50	0 −63	+11 −86					−33 −60	−27 −67	−17 −80	−6 −103	0 −155	0 −250	0 −400
500	630				−26 −70	−26 −96	−26 −136						−44 −88	−44 −114	−44 −154	−44 −219		
630	800				−30 −80	−30 −110	−30 −155						−50 −100	−50 −130	−50 −175	−50 −250		
800	1 000				−34 −90	−34 −124	−34 −174						−56 −112	−56 −146	−56 −196	−56 −286		
1 000	1 250				−40 −106	−40 −145	−40 −205						−66 −132	−66 −171	−66 −231	−66 −326		
1 250	1 600				−48 −126	−48 −173	−48 −243						−78 −156	−78 −203	−78 −273	−78 −388		
1 600	2 000				−58 −150	−58 −208	−58 −288						−92 −184	−92 −242	−92 −322	−92 −462		
2 000	2 500				−68 −178	−68 −243	−68 −348						−110 −220	−110 −285	−110 −390	−110 −550		
2 500	3 150				−76 −211	−76 −286	−76 −406						−135 −270	−135 −345	−135 −465	−135 −675		

[a] Die Toleranzklassen N9, N10 und N11 sind für die Nennmaße bis einschließlich 1 mm nicht anzuwenden.

Tabelle 10 — Grenzabmaße für Bohrungen (Grundabmaß P)

oberes Grenzabmaß = *ES*
unteres Grenzabmaß = *EI*

Abmaße in µm

Nennmaß mm		P							
über	**bis einschl.**	**3**	**4**	**5**	**6**	**7**	**8**	**9**	**10**
-	3	−6 −8	−6 −9	−6 −10	−6 −12	−6 −16	−6 −20	−6 −31	−6 −46
3	6	−11 −13,5	−10,5 −14,5	−11 −16	−9 −17	−8 −20	−12 −30	−12 −42	−12 −60
6	10	−14 −16,5	−13,5 −17,5	−13 −19	−12 −21	−9 −24	−15 −37	−15 −51	−15 −73
10	18	−17 −20	−16 −21	−15 −23	−15 −26	−11 −29	−18 −45	−18 −61	−18 −88
18	30	−20,5 −24,5	−20 −26	−19 −28	−18 −31	−14 −35	−22 −55	−22 −74	−22 −106
30	50	−24,5 −28,5	−23 −30	−22 −33	−21 −37	−17 −42	−26 −65	−26 −88	−26 −126
50	80			−27 −40	−26 −45	−21 −51	−32 −78	−32 −106	
80	120			−32 −47	−30 −52	−24 −59	−37 −91	−37 −124	
120	180			−37 −55	−36 −61	−28 −68	−43 −106	−43 −143	
180	250			−44 −64	−41 −70	−33 −79	−50 −122	−50 −165	
250	315			−49 −72	−47 −79	−36 −88	−56 −137	−56 −186	
315	400			−55 −80	−51 −87	−41 −98	−62 −151	−62 −202	
400	500			−61 −88	−55 −95	−45 −108	−68 −165	−68 −223	
500	630				−78 −122	−78 −148	−78 −188	−78 −253	
630	800				−88 −138	−88 −168	−88 −213	−88 −288	
800	1 000				−100 −156	−100 −190	−100 −240	−100 −330	
1 000	1 250				−120 −186	−120 −225	−120 −285	−120 −380	
1 250	1 600				−140 −218	−140 −265	−140 −335	−140 −450	
1 600	2 000				−170 −262	−170 −320	−170 −400	−170 −540	
2 000	2 500				−195 −305	−195 −370	−195 −475	−195 −635	
2 500	3 150				−240 −375	−240 −450	−240 −570	−240 −780	

Tabelle 11 — Grenzabmaße für Bohrungen (Grundabmaß R)

oberes Grenzabmaß = *ES*
unteres Grenzabmaß = *EI*

Abmaße in µm

Nennmaß mm		R							
über	bis einschl.	3	4	5	6	7	8	9	10
-	3	−10 −12	−10 −13	−10 −14	−10 −16	−10 −20	−10 −24	−10 −35	−10 −50
3	6	−14 −16,5	−13,5 −17,5	−14 −19	−12 −20	−11 −23	−15 −33	−15 −45	−15 −63
6	10	−18 −20,5	−17,5 −21,5	−17 −23	−16 −25	−13 −28	−19 −41	−19 −55	−19 −77
10	18	−22 −25	−21 −26	−20 −28	−20 −31	−16 −34	−23 −50	−23 −66	−23 −93
18	30	−26,5 −30,5	−26 −32	−25 −34	−24 −37	−20 −41	−28 −61	−28 −80	−28 −112
30	50	−32,5 −36,5	−31 −38	−30 −41	−29 −45	−25 −50	−34 −73	−34 −96	−34 −134
50	65			−36 −49	−35 −54	−30 −60	−41 −87		
65	80			−38 −51	−37 −56	−32 −62	−43 −89		
80	100			−46 −61	−44 −66	−38 −73	−51 −105		
100	120			−49 −64	−47 −69	−41 −76	−54 −108		
120	140			−57 −75	−56 −81	−48 −88	−63 −126		
140	160			−59 −77	−58 −83	−50 −90	−65 −128		
160	180			−62 −80	−61 −86	−53 −93	−68 −131		
180	200			−71 −91	−68 −97	−60 −106	−77 −149		
200	225			−74 −94	−71 −100	−63 −109	−80 −152		
225	250			−78 −98	−75 −104	−67 −113	−84 −156		
250	280			−87 −110	−85 −117	−74 −126	−94 −175		
280	315			−91 −114	−89 −121	−78 −130	−98 −179		
315	355			−101 −126	−97 −133	−87 −144	−108 −197		
355	400			−107 −132	−103 −139	−93 −150	−114 −203		
400	450			−119 −146	−113 −153	−103 −166	−126 −223		
450	500			−125 −152	−119 −159	−109 −172	−132 −229		

Tabelle 11 *(fortgesetzt)*

Abmaße in µm

Nennmaß mm		R							
über	**bis einschl.**	**3**	**4**	**5**	**6**	**7**	**8**	**9**	**10**
500	560				−150 −194	−150 −220	−150 −260		
560	630				−155 −199	−155 −225	−155 −265		
630	710				−175 −225	−175 −255	−175 −300		
710	800				−185 −235	−185 −265	−185 −310		
800	900				−210 −266	−210 −300	−210 −350		
900	1 000				−220 −276	−220 −310	−220 −360		
1 000	1 120				−250 −316	−250 −355	−250 −415		
1 120	1 250				−260 −326	−260 −365	−260 −425		
1 250	1 400				−300 −378	−300 −425	−300 −495		
1 400	1 600				−330 −408	−330 −455	−330 −525		
1 600	1 800				−370 −462	−370 −520	−370 −600		
1 800	2 000				−400 −492	−400 −550	−400 −630		
2 000	2 240				−440 −550	−440 −615	−440 −720		
2 240	2 500				−460 −570	−460 −635	−460 −740		
2 500	2 800				−550 −685	−550 −760	−550 −880		
2 800	3 150				−580 −715	−580 −790	−580 −910		

Tabelle 12 — Grenzabmaße für Bohrungen (Grundabmaß S)

oberes Grenzabmaß = *ES*
unteres Grenzabmaß = *EI*

Abmaße in µm

Nennmaß mm		**S**							
über	**bis einschl.**	**3**	**4**	**5**	**6**	**7**	**8**	**9**	**10**
-	3	−14 −16	−14 −17	−14 −18	−14 −20	−14 −24	−14 −28	−14 −39	−14 −54
3	6	−18 −20,5	−17,5 −21,5	−18 −23	−16 −24	−15 −27	−19 −37	−19 −49	−19 −67
6	10	−22 −24,5	−21,5 −25,5	−21 −27	−20 −29	−17 −32	−23 −45	−23 −59	−23 −81
10	18	−27 −30	−26 −31	−25 −33	−25 −36	−21 −39	−28 −55	−28 −71	−28 [AC⟩ −98 ⟨AC]
18	30	−33,5 −37,5	−33 −39	−32 −41	−31 −44	−27 −48	−35 −68	−35 −87	−35 −119
30	50	−41,5 −45,5	−40 −47	−39 −50	−38 −54	−34 −59	−43 −82	−43 −105	−43 −143
50	65			−48 −61	−47 −66	−42 −72	−53 −99	−53 −127	
65	80			−54 −67	−53 −72	−48 −78	−59 −105	−59 −133	
80	100			−66 −81	−64 −86	−58 −93	−71 −125	−71 −158	
100	120			−74 −89	−72 −94	−66 −101	−79 −133	−79 [AC⟩ −166 ⟨AC]	
120	140			−86 −104	−85 −110	−77 −117	−92 −155	−92 −192	
140	160			−94 −112	−93 −118	−85 −125	−100 −163	−100 −200	
160	180			−102 −120	−101 −126	−93 −133	−108 −171	−108 −208	
180	200			−116 −136	−113 −142	−105 −151	−122 −194	−122 −237	
200	225			−124 −144	−121 −150	−113 −159	−130 −202	−130 −245	
225	250			−134 −154	−131 −160	−123 −169	−140 −212	−140 −255	
250	280			−151 −174	−149 −181	−138 −190	−158 −239	−158 −288	
280	315			−163 −186	−161 −193	−150 −202	−170 −251	−170 −300	
315	355			−183 −208	−179 −215	−169 −226	−190 −279	−190 −330	
355	400			−201 −226	−197 −233	−187 −244	−208 −297	−208 −348	
400	450			−225 −252	−219 −259	−209 −272	−232 −329	−232 −387	
450	500			−245 −272	−239 −279	−229 −292	−252 −349	−252 [AC⟩ −407 ⟨AC]	

Tabelle 12 *(fortgesetzt)*

Abmaße in µm

Nennmaß mm		s							
über	bis einschl.	3	4	5	6	7	8	9	10
500	560				−280 −324	−280 −350	−280 −390		
560	630				−310 −354	−310 −380	−310 −420		
630	710				−340 −390	−340 −420	−340 −465		
710	800				−380 −430	−380 −460	−380 −505		
800	900				−430 −486	−430 −520	−430 −570		
900	1 000				−470 −526	−470 −560	−470 −610		
1 000	1 120				−520 −586	−520 −625	−520 −685		
1 120	1 250				−580 −646	−580 −685	−580 −745		
1 250	1 400				−640 −718	−640 −765	−640 −835		
1 400	1 600				−720 −798	−720 −845	−720 −915		
1 600	1 800				−820 −912	−820 −970	−820 −1 050		
1 800	2 000				−920 −1 012	−920 −1 070	−920 −1 150		
2 000	2 240				−1 000 −1 110	−1 000 −1 175	−1 000 −1 280		
2 240	2 500				−1 100 −1 210	−1 100 −1 275	−1 100 −1 380		
2 500	2 800				−1 250 −1 385	−1 250 −1 460	−1 250 −1 580		
2 800	3 150				−1 400 −1 535	−1 400 −1 610	−1 400 −1 730		

Tabelle 13 — Grenzabmaße für Bohrungen (Grundabmaße T und U)

oberes Grenzabmaß = *ES*
unteres Grenzabmaß = *EI*

Abmaße in µm

Nennmaß mm		T[a]				U					
über	bis einschl.	5	6	7	8	5	6	7	8	9	10
-	3					−18 −22	−18 −24	−18 −28	−18 −32	−18 −43	−18 −58
3	6					−22 −27	−20 −28	−19 −31	−23 −41	−23 −53	−23 −71
6	10					−26 −32	−25 −34	−22 −37	−28 −50	−28 −64	−28 −86
10	18					−30 −38	−30 −41	−26 −44	−33 −60	−33 −76	−33 −103
18	24					−38 −47	−37 −50	−33 −54	−41 −74	−41 −93	−41 −125
24	30	−38 −47	−37 −50	−33 −54	−41 −74	−45 −54	−44 −57	−40 −61	−48 −81	−48 −100	−48 −132
30	40	−44 −55	−43 −59	−39 −64	−48 −87	−56 −67	−55 −71	−51 −76	−60 −99	−60 −122	−60 −160
40	50	−50 −61	−49 −65	−45 −70	−54 −93	−66 −77	−65 −81	−61 −86	−70 −109	−70 −132	−70 −170
50	65		−60 −79	−55 −85	−66 −112		−81 −100	−76 −106	−87 −133	−87 −161	−87 −207
65	80		−69 −88	−64 −94	−75 −121		−96 −115	−91 −121	−102 −148	−102 −176	−102 −222
80	100		−84 −106	−78 −113	−91 −145		−117 −139	−111 −146	−124 −178	−124 −211	−124 −264
100	120		−97 −119	−91 −126	−104 −158		−137 −159	−131 −166	−144 −198	−144 −231	−144 −284
120	140		−115 −140	−107 −147	−122 −185		−163 −188	−155 −195	−170 −233	−170 −270	−170 −330
140	160		−127 −152	−119 −159	−134 −197		−183 −208	−175 −215	−190 −253	−190 −290	−190 −350
160	180		−139 −164	−131 −171	−146 −209		−203 −228	−195 −235	−210 −273	−210 −310	−210 −370
180	200		−157 −186	−149 −195	−166 −238		−227 −256	−219 −265	−236 −308	−236 −351	−236 −421
200	225		−171 −200	−163 −209	−180 −252		−249 −278	−241 −287	−258 −330	−258 −373	−258 −443
225	250		−187 −216	−179 −225	−196 −268		−275 −304	−267 −313	−284 −356	−284 −399	−284 −469
250	280		−209 −241	−198 −250	−218 −299		−306 −338	−295 −347	−315 −396	−315 −445	−315 −525
280	315		−231 −263	−220 −272	−240 −321		−341 −373	−330 −382	−350 −431	−350 −480	−350 −560
315	355		−257 −293	−247 −304	−268 −357		−379 −415	−369 −426	−390 −479	−390 −530	−390 −620
355	400		−283 −319	−273 −330	−294 −383		−424 −460	−414 −471	−435 −524	−435 −575	−435 −665
400	450		−317 −357	−307 −370	−330 −427		−477 −517	−467 −530	−490 −587	−490 −645	−490 −740

Tabelle 13 *(fortgesetzt)*

Abmaße in µm

Nennmaß mm		T[a]				U					
über	bis einschl.	5	6	7	8	5	6	7	8	9	10
450	500		−347 −387	−337 −400	−360 −457		−527 −567	−517 −580	−540 −637	−540 −695	−540 −790
500	560		−400 −444	−400 −470	−400 −510		−600 −644	−600 −670	−600 −710		
560	630		−450 −494	−450 −520	−450 −560		−660 −704	−660 −730	−660 −770		
630	710		−500 −550	−500 −580	−500 −625		−740 −790	−740 −820	−740 −865		
710	800		−560 −610	−560 −640	−560 −685		−840 −890	−840 −920	−840 −965		
800	900		−620 −676	−620 −710	−620 −760		−940 −996	−940 −1 030	−940 −1 080		
900	1 000		−680 −736	−680 −770	−680 −820		−1 050 −1 106	−1 050 −1 140	−1 050 −1 190		
1 000	1 120		−780 −846	−780 −885	−780 −945		−1 150 −1 216	−1 150 −1 255	−1 150 −1 315		
1 120	1 250		−840 −906	−840 −945	−840 −1 005		−1 300 −1 366	−1 300 −1 405	−1 300 −1 465		
1 250	1 400		−960 −1 038	−960 −1 085	−960 −1 155		−1 450 −1 528	−1 450 −1 575	−1 450 −1 645		
1 400	1 600		−1 050 −1 128	−1 050 −1 175	−1 050 −1 245		−1 600 −1 678	−1 600 −1 725	−1 600 −1 795		
1 600	1 800		−1 200 −1 292	−1 200 −1 350	−1 200 −1 430		−1 850 −1 942	−1 850 −2 000	−1 850 −2 080		
1 800	2 000		−1 350 −1 442	−1 350 −1 500	−1 350 −1 580		−2 000 −2 092	−2 000 −2 150	−2 000 −2 230		
2 000	2 240		−1 500 −1 610	−1 500 −1 675	−1 500 −1 780		−2 300 −2 410	−2 300 −2 475	−2 300 −2 580		
2 240	2 500		−1 650 −1 760	−1 650 −1 825	−1 650 −1 930		−2 500 −2 610	−2 500 −2 675	−2 500 −2 780		
2 500	2 800		−1 900 −2 035	−1 900 −2 110	−1 900 −2 230		−2 900 −3 035	−2 900 −3 110	−2 900 −3 230		
2 800	3 150		−2 100 −2 235	−2 100 −2 310	−2 100 −2 430		−3 200 −3 335	−3 200 −3 410	−3 200 −3 530		

[a] Die Toleranzklassen T5 bis einschließlich T8 sind für Nennmaße bis einschließlich 24 mm nicht aufgeführt. Stattdessen wird die Anwendung der Toleranzklassen U5 bis einschließlich U8 empfohlen.

Tabelle 14 — Grenzabmaße für Bohrungen (Grundabmaße V, X und Y)[a]

oberes Grenzabmaß = *ES*; unteres Grenzabmaß = *EI*

Abmaße in µm

Nennmaß mm		V[b]				X						Y[c]				
über	bis einschl.	5	6	7	8	5	6	7	8	9	10	6	7	8	9	10
-	3					−20 −24	−20 −26	−20 −30	−20 −34	−20 −45	−20 −60					
3	6					−27 −32	−25 −33	−24 −36	−28 −46	−28 −58	−28 −76					
6	10					−32 −38	−31 −40	−28 −43	−34 −56	−34 −70	−34 −92					
10	14					−37 −45	−37 −48	−33 −51	−40 −67	−40 −83	−40 −110					
14	18	−36 −44	−36 −47	−32 −50	−39 −66	−42 −50	−42 −53	−38 −56	−45 −72	−45 −88	−45 −115					
18	24	−44 −53	−43 −56	−39 −60	−47 −80	−51 −60	−50 −63	−46 −67	−54 −87	−54 −106	−54 −138	−59 −72	−55 −76	−63 −96	−63 −115	−63 −147
24	30	−52 −61	−51 −64	−47 −68	−55 −88	−61 −70	−60 −73	−56 −77	−64 −97	−64 −116	−64 −148	−71 −84	−67 −88	−75 −108	−75 −127	−75 −159
30	40	−64 −75	−63 −79	−59 −84	−68 −107	−76 −87	−75 −91	−71 −96	−80 −119	−80 −142	−80 −180	−89 −105	−85 −110	−94 −133	−94 −156	−94 −194
40	50	−77 −88	−76 −92	−72 −97	−81 −120	−93 −104	−92 −108	−88 −113	−97 −136	−97 −159	−97 −197	−109 −125	−105 −130	−114 −153	−114 −176	−114 −214
50	65		−96 −115	−91 −121	−102 −148		−116 −135	−111 −141	−122 −168	−122 −196		−138 −157	−133 −163	−144 −190		
65	80		−114 −133	−109 −139	−120 −166		−140 −159	−135 −165	−146 −192	−146 −220		−168 −187	−163 −193	−174 −220		
80	100		−139 −161	−133 −168	−146 −200		−171 −193	−165 −200	−178 −232	−178 −265		−207 −229	−201 −236	−214 −268		
100	120		−165 −187	−159 −194	−172 −226		−203 −225	−197 −232	−210 −264	−210 −297		−247 −269	−241 −276	−254 −308		
120	140		−195 −220	−187 −227	−202 −265		−241 −266	−233 −273	−248 −311	−248 −348		−293 −318	−285 −325	−300 −363		
140	160		−221 −246	−213 −253	−228 −291		−273 −298	−265 −305	−280 −343	−280 −380		−333 −358	−325 −365	−340 −403		
160	180		−245 −270	−237 −277	−252 −315		−303 −328	−295 −335	−310 −373	−310 −410		−373 −398	−365 −405	−380 −443		
180	200		−275 −304	−267 −313	−284 −356		−341 −370	−333 −379	−350 −422	−350 −465		−416 −445	−408 −454	−425 −497		
200	225		−301 −330	−293 −339	−310 −382		−376 −405	−368 −414	−385 −457	−385 −500		−461 −490	−453 −499	−470 −542		
225	250		−331 −360	−323 −369	−340 −412		−416 −445	−408 −454	−425 −497	−425 −540		−511 −540	−503 −549	−520 −592		
250	280		−376 −408	−365 −417	−385 −466		−466 −498	−455 −507	−475 −556	−475 −605		−571 −603	−560 −612	−580 −661		
280	315		−416 −448	−405 −457	−425 −506		−516 −548	−505 −557	−525 −606	−525 −655		−641 −673	−630 −682	−650 −731		
315	355		−464 −500	−454 −511	−475 −564		−579 −615	−569 −626	−590 −679	−590 −730		−719 −755	−709 −766	−730 −819		
355	400		−519 −555	−509 −566	−530 −619		−649 −685	−639 −696	−660 −749	−660 −800		−809 −845	−799 −856	−820 −909		
400	450		−582 −622	−572 −635	−595 −692		−727 −767	−717 −780	−740 −837	−740 −895		−907 −947	−897 −960	−920 −1 017		
450	500		−647 −687	−637 −700	−660 −757		−807 −847	−797 −860	−820 −917	−820 −975		−987 −1 027	−977 −1 040	−1 000 −1 097		

[a] Die Grundabmaße V, X und Y sind für die Nennmaße über 500 mm nicht vorgesehen.

[b] Die Toleranzklassen V5 bis einschließlich V8 sind für Nennmaße bis einschließlich 14 mm nicht aufgeführt. Stattdessen wird die Anwendung der Toleranzklassen X5 bis einschließlich X8 empfohlen.

[c] Die Toleranzklassen Y6 bis einschließlich Y10 sind für Nennmaße bis einschließlich 18 mm nicht aufgeführt. Stattdessen wird die Anwendung der Toleranzklassen Z6 bis einschließlich Z10 empfohlen.

Tabelle 15 — Grenzabmaße für Bohrungen (Grundabmaße Z und ZA)[a]

oberes Grenzabmaß = *ES*
unteres Grenzabmaß = *EI*

Abmaße in µm

Nennmaß mm		Z						ZA					
über	bis einschl.	6	7	8	9	10	11	6	7	8	9	10	11
–	3	−26 −32	−26 −36	−26 −40	−26 −51	−26 −66	−26 −86	−32 −38	−32 −42	−32 −46	−32 −57	−32 −72	−32 −92
3	6	−32 −40	−31 −43	−35 −53	−35 −65	−35 −83	−35 −110	−39 −47	−38 −50	−42 −60	−42 −72	−42 −90	−42 −117
6	10	−39 −48	−36 −51	−42 −64	−42 −78	−42 −100	−42 −132	−49 −58	−46 −61	−52 −74	−52 −88	−52 −110	−52 −142
10	14	−47 −58	−43 −61	−50 −77	−50 −93	−50 −120	−50 −160	−61 −72	−57 −75	−64 −91	−64 −107	−64 −134	−64 −174
14	18	−57 −68	−53 −71	−60 −87	−60 −103	−60 −130	−60 −170	−74 −85	−70 −88	−77 −104	−77 −120	−77 −147	−77 −187
18	24	−69 −82	−65 −86	−73 −106	−73 −125	−73 −157	−73 −203	−94 −107	−90 −111	−98 −131	−98 −150	−98 −182	−98 −228
24	30	−84 −97	−80 −101	−88 −121	−88 −140	−88 −172	−88 −218	−114 −127	−110 −131	−118 −151	−118 −170	−118 −202	−118 −248
30	40	−107 −123	−103 −128	−112 −151	−112 −174	−112 −212	−112 −272	−143 −159	−139 −164	−148 −187	−148 −210	−148 −248	−148 −308
40	50	−131 −147	−127 −152	−136 −175	−136 −198	−136 −236	−136 −296	−175 −191	−171 −196	−180 −219	−180 −242	−180 −280	−180 −340
50	65		−161 −191	−172 −218	−172 −246	−172 −292	−172 −362		−215 −245	−226 −272	−226 −300	−226 −346	−226 −416
65	80		−199 −229	−210 −256	−210 −284	−210 −330	−210 −400		−263 −293	−274 −320	−274 −348	−274 −394	−274 −464
80	100		−245 −280	−258 −312	−258 −345	−258 −398	−258 −478		−322 −357	−335 −389	−335 −422	−335 −475	−335 −555
100	120		−297 −332	−310 −364	−310 −397	−310 −450	−310 −530		−387 −422	−400 −454	−400 −487	−400 −540	−400 −620
120	140		−350 −390	−365 −428	−365 −465	−365 −525	−365 −615		−455 −495	−470 −533	−470 −570	−470 −630	−470 −720
140	160		−400 −440	−415 −478	−415 −515	−415 −575	−415 −665		−520 −560	−535 −598	−535 −635	−535 −695	−535 −785
160	180		−450 −490	−465 −528	−465 −565	−465 −625	−465 −715		−585 −625	−600 −663	−600 −700	−600 −760	−600 −850
180	200		−503 −549	−520 −592	−520 −635	−520 −705	−520 −810		−653 −699	−670 −742	−670 −785	−670 −855	−670 −960
200	225		−558 −604	−575 −647	−575 −690	−575 −760	−575 −865		−723 −769	−740 −812	−740 −855	−740 −925	−740 −1 030
225	250		−623 −669	−640 −712	−640 −755	−640 −825	−640 −930		−803 −849	−820 −892	−820 −935	−820 −1 005	−820 −1 110
250	280		−690 −742	−710 −791	−710 −840	−710 −920	−710 −1 030		−900 −952	−920 −1 001	−920 −1 050	−920 −1 130	−920 −1 240
280	315		−770 −822	−790 −871	−790 −920	−790 −1 000	−790 −1 110		−980 −1 032	−1 000 −1 081	−1 000 −1 130	−1 000 −1 210	−1 000 −1 320
315	355		−879 −936	−900 −989	−900 −1 040	−900 −1 130	−900 −1 260		−1 129 −1 186	−1 150 −1 239	−1 150 −1 290	−1 150 −1 380	−1 150 −1 510
355	400		−979 −1 036	−1 000 −1 089	−1 000 −1 140	−1 000 −1 230	−1 000 −1 360		−1 279 −1 336	−1 300 −1 389	−1 300 −1 440	−1 300 −1 530	−1 300 −1 660
400	450		−1 077 −1 140	−1 100 −1 197	−1 100 −1 255	−1 100 −1 350	−1 100 −1 500		−1 427 −1 490	−1 450 −1 547	−1 450 −1 605	−1 450 −1 700	−1 450 −1 850
450	500		−1 227 −1 290	−1 250 −1 347	−1 250 −1 405	−1 250 −1 500	−1 250 −1 650		−1 577 −1 640	−1 600 −1 697	−1 600 −1 755	−1 600 −1 850	−1 600 −2 000

[a] Die Grundabmaße Z und ZA sind für Nennmaße über 500 mm nicht vorgesehen.

Tabelle 16 — Grenzabmaße für Bohrungen (Grundabmaße ZB und ZC)[a]

oberes Grenzabmaß = *ES*
unteres Grenzabmaß = *EI*

Abmaße in µm

Nennmaß mm		ZB					ZC				
über	bis einschl.	7	8	9	10	11	7	8	9	10	11
–	3	−40	−40	−40	−40	−40	−60	−60	−60	−60	−60
		−50	−54	−65	−80	−100	−70	−74	−85	−100	−120
3	6	−46	−50	−50	−50	−50	−76	−80	−80	−80	−80
		−58	−68	−80	−98	−125	−88	−98	−110	−128	−155
6	10	−61	−67	−67	−67	−67	−91	−97	−97	−97	−97
		−76	−89	−103	−125	−157	−106	−119	−133	−155	−187
10	14	−83	−90	−90	−90	−90	−123	−130	−130	−130	−130
		−101	−117	−133	−160	−200	−141	−157	−173	−200	−240
14	18	−101	−108	−108	−108	−108	−143	−150	−150	−150	−150
		−119	−135	−151	−178	−218	−161	−177	−193	−220	−260
18	24	−128	−136	−136	−136	−136	−180	−188	−188	−188	−188
		−149	−169	−188	−220	−266	−201	−221	−240	−272	−318
24	30	−152	−160	−160	−160	−160	−210	−218	−218	−218	−218
		−173	−193	−212	−244	−290	−231	−251	−270	−302	−348
30	40	−191	−200	−200	−200	−200	−265	−274	−274	−274	−274
		−216	−239	−262	−300	−360	−290	−313	−336	−374	−434
40	50	−233	−242	−242	−242	−242	−316	−325	−325	−325	−325
		−258	−281	−304	−342	−402	−341	−364	−387	−425	−485
50	65	−289	−300	−300	−300	−300	−394	−405	−405	−405	−405
		−319	−346	−374	−420	−490	−424	−451	−479	−525	−595
65	80	−349	−360	−360	−360	−360	−469	−480	−480	−480	−480
		−379	−406	−434	−480	−550	−499	−526	−554	−600	−670
80	100	−432	−445	−445	−445	−445	−572	−585	−585	−585	−585
		−467	−499	−532	−585	−665	−607	−639	−672	−725	−805
100	120	−512	−525	−525	−525	−525	−677	−690	−690	−690	−690
		−547	−579	−612	−665	−745	−712	−744	−777	−830	−910
120	140	−605	−620	−620	−620	−620	−785	−800	−800	−800	−800
		−645	−683	−720	−780	−870	−825	−863	−900	−960	−1 050
140	160	−685	−700	−700	−700	−700	−885	−900	−900	−900	−900
		−725	−763	−800	−860	−950	−925	−963	−1 000	−1 060	−1 150
160	180	−765	−780	−780	−780	−780	−985	−1 000	−1 000	−1 000	−1 000
		−805	−843	−880	−940	−1 030	−1 025	−1 063	−1 100	−1 160	−1 250
180	200	−863	−880	−880	−880	−880	−1 133	−1 150	−1 150	−1 150	−1 150
		−909	−952	−995	−1 065	−1 170	−1 179	−1 222	−1 265	−1 335	−1 440
200	225	−943	−960	−960	−960	−960	−1 233	−1 250	−1 250	−1 250	−1 250
		−989	−1 032	−1 075	−1 145	−1 250	−1 279	−1 322	−1 365	−1 435	−1 540
225	250	−1 033	−1 050	−1 050	−1 050	−1 050	−1 333	−1 350	−1 350	−1 350	−1 350
		−1 079	−1 122	−1 165	−1 235	−1 340	−1 379	−1 422	−1 465	−1 535	−1 640
250	280	−1 180	−1 200	−1 200	−1 200	−1 200	−1 530	−1 550	−1 550	−1 550	−1 550
		−1 232	−1 281	−1 330	−1 410	−1 520	−1 582	−1 631	−1 680	−1 760	−1 870
280	315	−1 280	−1 300	−1 300	−1 300	−1 300	−1 680	−1 700	−1 700	−1 700	−1 700
		−1 332	−1 381	−1 430	−1 510	−1 620	−1 732	−1 781	−1 830	−1 910	−2 020
315	355	−1 479	−1 500	−1 500	−1 500	−1 500	−1 879	−1 900	−1 900	−1 900	−1 900
		−1 536	−1 589	−1 640	−1 730	−1 860	−1 936	−1 989	−2 040	−2 130	−2 260
355	400	−1 629	−1 650	−1 650	−1 650	−1 650	−2 079	−2 100	−2 100	−2 100	−2 100
		−1 686	−1 739	−1 790	−1 880	−2 010	−2 136	−2 189	−2 240	−2 330	−2 460
400	450	−1 827	−1 850	−1 850	−1 850	−1 850	−2 377	−2 400	−2 400	−2 400	−2 400
		−1 890	−1 947	−2 005	−2 100	−2 250	−2 440	−2 497	−2 555	−2 650	−2 800
450	500	−2 077	−2 100	−2 100	−2 100	−2 100	−2 577	−2 600	−2 600	−2 600	−2 600
		−2 140	−2 197	−2 255	−2 350	−2 500	−2 640	−2 697	−2 755	−2 850	−3 000

[a] Die Grundabmaße ZB und ZC sind für Nennmaße über 500 mm nicht vorgesehen.

Tabelle 17 — Grenzabmaße für Wellen (Grundabmaße a, b und c) [a]

oberes Grenzabmaß = *es*; unteres Grenzabmaß = *ei*

Abmaße in µm

Nennmaß mm		a[b]					b[b]						c				
über	bis einschl.	9	10	11	12	13	8	9	10	11	12	13	8	9	10	11	12
–	3[b]	−270	−270	−270	−270	−270	−140	−140	−140	−140	−140	−140	−60	−60	−60	−60	−60
		−295	−310	−330	−370	−410	−154	−165	−180	−200	−240	−280	−74	−85	−100	−120	[AC] −160 [AC]
3	6	−270	−270	−270	−270	−270	−140	−140	−140	−140	−140	−140	−70	−70	−70	−70	−70
		−300	−318	−345	−390	−450	−158	−170	−188	−215	−260	−320	−88	−100	−118	−145	−190
6	10	−280	−280	−280	−280	−280	−150	−150	−150	−150	−150	−150	−80	−80	−80	−80	−80
		−316	−338	−370	−430	−500	−172	−186	−208	−240	−300	−370	−102	−116	−138	−170	−230
10	18	−290	−290	−290	−290	−290	−150	−150	−150	−150	−150	−150	−95	−95	−95	−95	−95
		−333	−360	−400	−470	−560	−177	−193	−220	−260	−330	−420	−122	−138	−165	−205	−275
18	30	−300	−300	−300	−300	−300	−160	−160	−160	−160	−160	−160	−110	−110	−110	−110	−110
		−352	−384	−430	−510	−630	−193	−212	−244	−290	−370	−490	−143	−162	−194	−240	−320
30	40	−310	−310	−310	−310	−310	−170	−170	−170	−170	−170	−170	−120	−120	−120	−120	−120
		−372	−410	−470	−560	−700	−209	−232	−270	−330	−420	−560	−159	−182	−220	−280	−370
40	50	−320	−320	−320	−320	−320	−180	−180	−180	−180	−180	−180	−130	−130	−130	−130	−130
		−382	−420	−480	−570	−710	−219	−242	−280	−340	−430	−570	−169	−192	−230	−290	−380
50	65	−340	−340	−340	−340	−340	−190	−190	−190	−190	−190	−190	−140	−140	−140	−140	−140
		−414	−460	−530	−640	−800	−236	−264	−310	−380	−490	−650	−186	−214	−260	−330	−440
65	80	−360	−360	−360	−360	−360	−200	−200	−200	−200	−200	−200	−150	−150	−150	−150	−150
		−434	−480	−550	−660	−820	−246	−274	−320	−390	−500	−660	−196	−224	−270	−340	−450
80	100	−380	−380	−380	−380	−380	−220	−220	−220	−220	−220	−220	−170	−170	−170	−170	−170
		−467	−520	−600	−730	−920	−274	−307	−360	−440	−570	−760	−224	−257	−310	−390	−520
100	120	−410	−410	−410	−410	−410	−240	−240	−240	−240	−240	−240	−180	−180	−180	−180	−180
		−497	−550	−630	−760	−950	−294	−327	−380	−460	−590	−780	−234	−267	−320	−400	−530
120	140	−460	−460	−460	−460	−460	−260	−260	−260	−260	−260	−260	−200	−200	−200	−200	−200
		−560	−620	−710	−860	−1 090	−323	−360	−420	−510	−660	−890	−263	−300	−360	−450	−600
140	160	−520	−520	−520	−520	−520	−280	−280	−280	−280	−280	−280	−210	−210	−210	−210	−210
		−620	−680	−770	−920	−1 150	−343	−380	−440	−530	−680	−910	−273	−310	−370	−460	−610
160	180	−580	−580	−580	−580	−580	−310	−310	−310	−310	−310	−310	−230	−230	−230	−230	−230
		−680	−740	−830	−980	−1 210	−373	−410	−470	−560	−710	−940	−293	−330	−390	−480	−630
180	200	−660	−660	−660	−660	−660	−340	−340	−340	−340	−340	−340	−240	−240	−240	−240	−240
		−775	−845	−950	−1 120	−1 380	−412	−455	−525	−630	−800	−1 060	−312	−355	−425	−530	−700
200	225	−740	−740	−740	−740	−740	−380	−380	−380	−380	−380	−380	−260	−260	−260	−260	−260
		−855	−925	−1 030	−1 200	−1 460	−452	−495	−565	−670	−840	−1 100	−332	−375	−445	−550	−720
225	250	−820	−820	−820	−820	−820	−420	−420	−420	−420	−420	−420	−280	−280	−280	−280	−280
		−935	−1 005	−1 110	−1 280	−1 540	−492	−535	−605	−710	−880	−1 140	−352	−395	−465	−570	−740
250	280	−920	−920	−920	−920	−920	−480	−480	−480	−480	−480	−480	−300	−300	−300	−300	−300
		−1 050	−1 130	−1 240	−1 440	−1 730	−561	−610	−690	−800	−1 000	−1 290	−381	−430	−510	−620	−820
280	315	−1 050	−1 050	−1 050	−1 050	−1 050	−540	−540	−540	−540	−540	−540	−330	−330	−330	−330	−330
		−1 180	−1 260	−1 370	−1 570	−1 860	−621	−670	−750	−860	−1 060	−1 350	−411	−460	−540	−650	−850
315	355	−1 200	−1 200	−1 200	−1 200	−1 200	−600	−600	−600	−600	−600	−600	−360	−360	−360	−360	−360
		−1 340	−1 430	−1 560	−1 770	−2 090	−689	−740	−830	−960	−1 170	−1 490	−449	−500	−590	−720	−930
355	400	−1 350	−1 350	−1 350	−1 350	−1 350	−680	−680	−680	−680	−680	−680	−400	−400	−400	−400	−400
		−1 490	−1 580	−1 710	−1 920	−2 240	−769	−820	−910	−1 040	−1 250	−1 570	−489	−540	−630	−760	−970
400	450	−1 500	−1 500	−1 500	−1 500	−1 500	−760	−760	−760	−760	−760	−760	−440	−440	−440	−440	−440
		−1 655	−1 750	−1 900	−2 130	−2 470	−857	−915	−1 010	−1 160	−1 390	−1 730	−537	−595	−690	−840	−1 070
450	500	−1 650	−1 650	−1 650	−1 650	−1 650	−840	−840	−840	−840	−840	−840	−480	−480	−480	−480	−480
		−1 805	−1 900	−2 050	−2 280	−2 620	−937	−995	−1 090	−1 240	−1 470	−1 810	−577	−635	−730	−880	−1 110

[a] Die Grundabmaße a, b und c sind für Nennmaße über 500 mm nicht vorgesehen.

[b] Die Grundabmaße a und b sind für Grundtoleranzen für Nennmaße bis einschließlich 1 mm nicht anzuwenden.

Tabelle 18 — Grenzabmaße für Wellen (Grundabmaße cd und d)

oberes Grenzabmaß = *es*
unteres Grenzabmaß = *ei*

Abmaße in µm

Nennmaß mm		cd[a]						d								
über	bis einschl.	5	6	7	8	9	10	5	6	7	8	9	10	11	12	13
–	3	−34 −38	−34 −40	−34 −44	−34 −48	−34 −59	−34 −74	−20 −24	−20 −26	−20 −30	−20 −34	−20 −45	−20 −60	−20 −80	−20 −120	−20 −160
3	6	−46 −51	−46 −54	−46 −58	−46 −64	−46 −76	−46 −94	−30 −35	−30 −38	−30 −42	−30 −48	−30 −60	−30 −78	−30 −105	−30 −150	−30 −210
6	10	−56 −62	−56 −65	−56 −71	−56 −78	−56 −92	−56 −114	−40 −46	−40 −49	−40 −55	−40 −62	−40 −76	−40 −98	−40 −130	−40 −190	−40 −260
10	18							−50 −58	−50 −61	−50 −68	−50 −77	−50 −93	−50 −120	−50 −160	−50 −230	−50 −320
18	30							−65 −74	−65 −78	−65 −86	−65 −98	−65 −117	−65 −149	−65 −195	−65 −275	−65 −395
30	50							−80 −91	−80 −96	−80 −105	−80 −119	−80 −142	−80 −180	−80 −240	−80 −330	−80 −470
50	80							−100 −113	−100 −119	−100 −130	−100 −146	−100 −174	−100 −220	−100 −290	−100 −400	−100 −560
80	120							−120 −135	−120 −142	−120 −155	−120 −174	−120 −207	−120 −260	−120 −340	−120 −470	−120 −660
120	180							−145 −163	−145 −170	−145 −185	−145 −208	−145 −245	−145 −305	−145 −395	−145 −545	−145 −775
180	250							−170 −190	−170 −199	−170 −216	−170 −242	−170 −285	−170 −355	−170 −460	−170 −630	−170 −890
250	315							−190 −213	−190 −222	−190 −242	−190 −271	−190 −320	−190 −400	−190 −510	−190 −710	−190 −1 000
315	400							−210 −235	−210 −246	−210 −267	−210 −299	−210 −350	−210 −440	−210 −570	−210 −780	−210 −1 100
400	500							−230 −257	−230 −270	−230 −293	−230 −327	−230 −385	−230 −480	−230 −630	−230 −860	−230 −1 200
500	630									−260 −330	−260 −370	−260 −435	−260 −540	−260 −700		
630	800									−290 −370	−290 −415	−290 −490	−290 −610	−290 −790		
800	1 000									−320 −410	−320 −460	−320 −550	−320 −680	−320 −880		
1 000	1 250									−350 −455	−350 −515	−350 −610	−350 −770	−350 −1 010		
1 250	1 600									−390 −515	−390 −585	−390 −700	−390 −890	−390 −1 170		
1 600	2 000									−430 −580	−430 −660	−430 −800	−430 −1 030	−430 −1 350		
2 000	2 500									−480 −655	−480 −760	−480 −920	−480 −1 180	−480 −1 580		
2 500	3 150									−520 −730	−520 −850	−520 −1 060	−520 −1 380	−520 −1 870		

[a] Das besondere Grundabmaß cd ist hauptsächlich für Feinmechanik und Uhrentechnik gedacht. Wenn für dieses Grundabmaß und die angegebenen Toleranzklassen Werte in den Nennmaßbereichen erforderlich sind, können sie nach ISO 286-1 berechnet werden.

Tabelle 19 — Grenzabmaße für Wellen (Grundabmaße e und ef)

oberes Grenzabmaß = *es*
unteres Grenzabmaß = *ei*

Abmaße in µm

Nennmaß mm		e						ef[a]							
über	bis einschl.	5	6	7	8	9	10	3	4	5	6	7	8	9	10
–	3	−14 −18	−14 −20	−14 −24	−14 −28	−14 −39	−14 −54	−10 −12	−10 −13	−10 −14	−10 −16	−10 −20	−10 −24	−10 −35	−10 −50
3	6	−20 −25	−20 −28	−20 −32	−20 −38	−20 −50	−20 −68	−14 −16,5	−14 −18	−14 −19	−14 −22	−14 −26	−14 −32	−14 −44	−14 −62
6	10	−25 −31	−25 −34	−25 −40	−25 −47	−25 −61	−25 −83	−18 −20,5	−18 −22	−18 −24	−18 −27	−18 −33	−18 −40	−18 −54	−18 −76
10	18	−32 −40	−32 −43	−32 −50	−32 −59	−32 −75	−32 −102								
18	30	−40 −49	−40 −53	−40 −61	−40 −73	−40 −92	−40 −124								
30	50	−50 −61	−50 −66	−50 −75	−50 −89	−50 −112	−50 −150								
50	80	−60 −73	−60 −79	−60 −90	−60 −106	−60 −134	−60 −180								
80	120	−72 −87	−72 −94	−72 −107	−72 −126	−72 −159	−72 −212								
120	180	−85 −103	−85 −110	−85 −125	−85 −148	−85 −185	−85 −245								
180	250	−100 −120	−100 −129	−100 −146	−100 −172	−100 −215	−100 −285								
250	315	−110 −133	−110 −142	−110 −162	−110 −191	−110 −240	−110 −320								
315	400	−125 −150	−125 −161	−125 −182	−125 −214	−125 −265	−125 −355								
400	500	−135 −162	−135 −175	−135 −198	−135 −232	−135 −290	−135 −385								
500	630		−145 −189	−145 −215	−145 −255	−145 −320	−145 −425								
630	800		−160 −210	−160 −240	−160 −285	−160 −360	−160 −480								
800	1 000		−170 −226	−170 −260	−170 −310	−170 −400	−170 −530								
1 000	1 250		−195 −261	−195 −300	−195 −360	−195 −455	−195 −615								
1 250	1 600		−220 −298	−220 −345	−220 −415	−220 −530	−220 −720								
1 600	2 000		−240 −332	−240 −390	−240 −470	−240 −610	−240 −840								
2 000	2 500		−260 −370	−260 −435	−260 −540	−260 −700	−260 −960								
2 500	3 150		−290 −425	−290 −500	−290 −620	−290 −830	−290 −1 150								

[a] Das besondere Grundabmaß ef ist hauptsächlich für Feinmechanik und Uhrentechnik gedacht. Wenn für dieses Grundabmaß und die angegebenen Toleranzklassen Werte in den anderen Nennmaßbereichen erforderlich sind, können sie nach ISO 286-1 berechnet werden.

Tabelle 20 — Grenzabmaße für Wellen (Grundabmaße f und fg)

oberes Grenzabmaß = *es*
unteres Grenzabmaß = *ei*

Abmaße in µm

Nennmaß mm		f								fg[a]							
über	bis einschl	3	4	5	6	7	8	9	10	3	4	5	6	7	8	9	10
–	3	−6 −8	−6 −9	−6 −10	−6 −12	−6 −16	−6 −20	−6 −31	−6 −46	−4 −6	−4 −7	−4 −8	−4 −10	−4 −14	−4 −18	−4 −29	−4 −44
3	6	−10 −12,5	−10 −14	−10 −15	−10 −18	−10 −22	−10 −28	−10 −40	−10 −58	−6 −8,5	−6 −10	−6 −11	−6 −14	−6 −18	−6 −24	−6 −36	−6 −54
6	10	−13 −15,5	−13 −17	−13 −19	−13 −22	−13 −28	−13 −35	−13 −49	−13 −71	−8 −10,5	−8 −12	−8 −14	−8 −17	−8 −23	−8 −30	−8 −44	−8 −66
10	18	−16 −19	−16 −21	−16 −24	−16 −27	−16 −34	−16 −43	−16 −59	−16 −86								
18	30	−20 −24	−20 −26	−20 −29	−20 −33	−20 −41	−20 −53	−20 −72	−20 −104								
30	50	−25 −29	−25 −32	−25 −36	−25 −41	−25 −50	−25 −64	−25 −87	−25 −125								
50	80		−30 −38	−30 −43	−30 −49	−30 −60	−30 −76	−30 −104									
80	120		−36 −46	−36 −51	−36 −58	−36 −71	−36 −90	−36 −123									
120	180		−43 −55	−43 −61	−43 −68	−43 −83	−43 −106	−43 −143									
180	250		−50 −64	−50 −70	−50 −79	−50 −96	−50 −122	−50 −165									
250	315		−56 −72	−56 −79	−56 −88	−56 −108	−56 −137	−56 −186									
315	400		−62 −80	−62 −87	−62 −98	−62 −119	−62 −151	−62 −202									
400	500		−68 −88	−68 −95	−68 −108	−68 −131	−68 −165	−68 −223									
500	630				−76 −120	−76 −146	−76 −186	−76 −251									
630	800				−80 −130	−80 −160	−80 −205	−80 −280									
800	1 000				−86 −142	−86 −176	−86 −226	−86 −316									
1 000	1 250				−98 −164	−98 −203	−98 −263	−98 −358									
1 250	1 600				−110 −188	−110 −235	−110 −305	−110 −420									
1 600	2 000				−120 −212	−120 −270	−120 −350	−120 −490									
2 000	2 500				−130 −240	−130 −305	−130 −410	−130 −570									
2 500	3 150				−145 −280	−145 −355	−145 −475	−145 −685									

[a] Das besondere Grundabmaß fg ist hauptsächlich für Feinmechanik und Uhrentechnik gedacht. Wenn für dieses Grundabmaß und die angegebenen Toleranzklassen Werte in den anderen Nennmaßbereichen erforderlich sind, können sie nach ISO 286-1 berechnet werden.

Tabelle 21 — Grenzabmaße für Wellen (Grundabmaß g)

oberes Grenzabmaß = *es*
unteres Grenzabmaß = *ei*

Abmaße in µm

Nennmaß mm		g							
über	**bis einschl.**	**3**	**4**	**5**	**6**	**7**	**8**	**9**	**10**
-	3	−2 −4	−2 −5	−2 −6	−2 −8	−2 −12	−2 −16	−2 −27	−2 −42
3	6	−4 −6,5	−4 −8	−4 −9	−4 −12	−4 −16	−4 −22	−4 −34	−4 −52
6	10	−5 −7,5	−5 −9	−5 −11	−5 −14	−5 −20	−5 −27	−5 −41	−5 −63
10	18	−6 −9	−6 −11	−6 −14	−6 −17	−6 −24	−6 −33	−6 −49	−6 −76
18	30	−7 −11	−7 −13	−7 −16	−7 −20	−7 −28	−7 −40	−7 −59	−7 −91
30	50	−9 −13	−9 −16	−9 −20	−9 −25	−9 −34	−9 −48	−9 −71	−9 −109
50	80		−10 −18	−10 −23	−10 −29	−10 −40	−10 −56		
80	120		−12 −22	−12 −27	−12 −34	−12 −47	−12 −66		
120	180		−14 −26	−14 −32	−14 −39	−14 −54	−14 −77		
180	250		−15 −29	−15 −35	−15 −44	−15 −61	−15 −87		
250	315		−17 −33	−17 −40	−17 −49	−17 −69	−17 −98		
315	400		−18 −36	−18 −43	−18 −54	−18 −75	−18 −107		
400	500		−20 −40	−20 −47	−20 −60	−20 −83	−20 −117		
500	630				−22 −66	−22 −92	−22 −132		
630	800				−24 −74	−24 −104	−24 −149		
800	1 000				−26 −82	−26 −116	−26 −166		
1 000	1 250				−28 −94	−28 −133	−28 −193		
1 250	1 600				−30 −108	−30 −155	−30 −225		
1 600	2 000				−32 −124	−32 −182	−32 −262		
2 000	2 500				−34 −144	−34 −209	−34 −314		
2 500	3 150				−38 −173	−38 −248	−38 −368		

Tabelle 22 — Grenzabmaße für Wellen (Grundabmaß h)

oberes Grenzabmaß = *es*
unteres Grenzabmaß = *ei*

Nennmaß mm		h																	
		1	2	3	4	5	6	7	8	9	10	11	12	13	14[a]	15[a]	16[a]	17	18
über	bis einschl.	Abmaße µm											Abmaße mm						
-	3[a]	0	0	0	0	0	0	0	0	0	0	0	0	0	0	0	0		
		−0,8	−1,2	−2	−3	−4	−6	−10	−14	−25	−40	−60	−0,1	−0,14	−0,25	−0,4	−0,6		
3	6	0	0	0	0	0	0	0	0	0	0	0	0	0	0	0	0	0	0
		−1	−1,5	−2,5	−4	−5	−8	−12	−18	−30	−48	−75	−0,12	−0,18	−0,3	−0,48	−0,75	−1,2	−1,8
6	10	0	0	0	0	0	0	0	0	0	0	0	0	0	0	0	0	0	0
		−1	−1,5	−2,5	−4	−6	−9	−15	−22	−36	−58	−90	−0,15	−0,22	−0,36	−0,58	−0,9	−1,5	−2,2
10	18	0	0	0	0	0	0	0	0	0	0	0	0	0	0	0	0	0	0
		−1,2	−2	−3	−5	−8	−11	−18	−27	−43	−70	−110	−0,18	−0,27	−0,43	−0,7	−1,1	−1,8	−2,7
18	30	0	0	0	0	0	0	0	0	0	0	0	0	0	0	0	0	0	0
		−1,5	−2,5	−4	−6	−9	−13	−21	−33	−52	−84	−130	−0,21	−0,33	−0,52	−0,84	−1,3	−2,1	−3,3
30	50	0	0	0	0	0	0	0	0	0	0	0	0	0	0	0	0	0	0
		−1,5	−2,5	−4	−7	−11	−16	−25	−39	−62	−100	−160	−0,25	−0,39	−0,62	−1	−1,6	−2,5	−3,9
50	80	0	0	0	0	0	0	0	0	0	0	0	0	0	0	0	0	0	0
		−2	−3	−5	−8	−13	−19	−30	−46	−74	−120	−190	−0,3	−0,46	−0,74	−1,2	−1,9	−3	−4,6
80	120	0	0	0	0	0	0	0	0	0	0	0	0	0	0	0	0	0	0
		−2,5	−4	−6	−10	−15	−22	−35	−54	−87	−140	−220	−0,35	−0,54	−0,87	−1,4	−2,2	−3,5	−5,4
120	180	0	0	0	0	0	0	0	0	0	0	0	0	0	0	0	0	0	0
		−3,5	−5	−8	−12	−18	−25	−40	−63	−100	−160	−250	−0,4	−0,63	−1	−1,6	−2,5	−4	−6,3
180	250	0	0	0	0	0	0	0	0	0	0	0	0	0	0	0	0	0	0
		−4,5	−7	−10	−14	−20	−29	−46	−72	−115	−185	−290	−0,46	−0,72	−1,15	−1,85	−2,9	−4,6	−7,2
250	315	0	0	0	0	0	0	0	0	0	0	0	0	0	0	0	0	0	0
		−6	−8	−12	−16	−23	−32	−52	−81	−130	−210	−320	−0,52	−0,81	−1,3	−2,1	−3,2	−5,2	−8,1
315	400	0	0	0	0	0	0	0	0	0	0	0	0	0	0	0	0	0	0
		−7	−9	−13	−18	−25	−36	−57	−89	−140	−230	−360	−0,57	−0,89	−1,4	−2,3	−3,6	−5,7	−8,9
400	500	0	0	0	0	0	0	0	0	0	0	0	0	0	0	0	0	0	0
		−8	−10	−15	−20	−27	−40	−63	−97	−155	−250	−400	−0,63	−0,97	−1,55	−2,5	−4	−6,3	−9,7
500	630	0	0	0	0	0	0	0	0	0	0	0	0	0	0	0	0	0	0
		−9	−11	−16	−22	−32	−44	−70	−110	−175	−280	−440	−0,7	−1,1	−1,75	−2,8	−4,4	−7	−11
630	800	0	0	0	0	0	0	0	0	0	0	0	0	0	0	0	0	0	0
		−10	−13	−18	−25	−36	−50	−80	−125	−200	−320	−500	−0,8	−1,25	−2	−3,2	−5	−8	−12,5
800	1 000	0	0	0	0	0	0	0	0	0	0	0	0	0	0	0	0	0	0
		−11	−15	−21	−28	−40	−56	−90	−140	−230	−360	−560	−0,9	−1,4	−2,3	−3,6	−5,6	−9	−14
1 000	1 250	0	0	0	0	0	0	0	0	0	0	0	0	0	0	0	0	0	0
		−13	−18	−24	−33	−47	−66	−105	−165	−260	−420	−660	−1,05	−1,65	−2,6	−4,2	−6,6	−10,5	−16,5
1 250	1 600	0	0	0	0	0	0	0	0	0	0	0	0	0	0	0	0	0	0
		−15	−21	−29	−39	−55	−78	−125	−195	−310	−500	−780	−1,25	−1,95	−3,1	−5	−7,8	−12,5	−19,5
1 600	2 000	0	0	0	0	0	0	0	0	0	0	0	0	0	0	0	0	0	0
		−18	−25	−35	−46	−65	−92	−150	−230	−370	−600	−920	−1,5	−2,3	−3,7	−6	−9,2	−15	−23
2 000	2 500	0	0	0	0	0	0	0	0	0	0	0	0	0	0	0	0	0	0
		−22	−30	−41	−55	−78	−110	−175	−280	−440	−700	−1 100	−1,75	−2,8	−4,4	−7	−11	−17,5	−28
2 500	3 150	0	0	0	0	0	0	0	0	0	0	0	0	0	0	0	0	0	0
		−26	−36	−50	−68	−96	−135	−210	−330	−540	−860	−1 350	−2,1	−3,3	−5,4	−8,6	−13,5	−21	−33

[a] Die Toleranzgrade IT14 bis einschließlich IT16 sind für Nennmaße bis einschließlich 1 mm nicht anzuwenden.

Tabelle 23 — Grenzabmaße für Wellen (Grundabmaß js)[a]

oberes Grenzabmaß = *es*
unteres Grenzabmaß = *ei*

Nennmaß mm		js																	
		1	2	3	4	5	6	7	8	9	10	11	12	13	14[b]	15[b]	16[b]	17	18
über	bis einschl.	Abmaße µm											Abmaße mm						
-	3[b]	±0,4	±0,6	±1	±1,5	±2	±3	±5	±7	±12,5	±20	±30	±0,05	±0,07	±0,125	±0,2	±0,3		
3	6	±0,5	±0,75	±1,25	±2	±2,5	±4	±6	±9	±15	±24	±37,5	±0,06	±0,09	±0,15	±0,24	±0,375	±0,6	±0,9
6	10	±0,5	±0,75	±1,25	±2	±3	±4,5	±7,5	±11	±18	±29	±45	±0,075	±0,11	±0,18	±0,29	±0,45	±0,75	±1,1
10	18	±0,6	±1	±1,5	±2,5	±4	±5,5	±9	±13,5	±21,5	±35	±55	±0,09	±0,135	±0,215	±0,35	±0,55	±0,9	±1,35
18	30	±0,75	±1,25	±2	±3	±4,5	±6,5	±10,5	±16,5	±26	±42	±65	±0,105	±0,165	±0,26	±0,42	±0,65	±1,05	±1,65
30	50	±0,75	±1,25	±2	±3,5	±5,5	±8	±12,5	±19,5	±31	±50	±80	±0,125	±0,195	±0,31	±0,5	±0,8	±1,25	±1,95
50	80	±1	±1,5	±2,5	±4	±6,5	±9,5	±15	±23	±37	±60	±95	±0,15	±0,23	±0,37	±0,6	±0,95	±1,5	±2,3
80	120	±1,25	±2	±3	±5	±7,5	±11	±17,5	±27	±43,5	±70	±110	±0,175	±0,27	±0,435	±0,7	±1,1	±1,75	±2,7
120	180	±1,75	±2,5	±4	±6	±9	±12,5	±20	±31,5	±50	±80	±125	±0,2	±0,315	±0,5	±0,8	±1,25	±2	±3,15
180	250	±2,25	±3,5	±5	±7	±10	±14,5	±23	±36	±57,5	±92,5	±145	±0,23	±0,36	±0,575	±0,925	±1,45	±2,3	±3,6
250	315	±3	±4	±6	±8	±11,5	±16	±26	±40,5	±65	±105	±160	±0,26	±0,405	±0,65	±1,05	±1,6	±2,6	±4,05
315	400	±3,5	±4,5	±6,5	±9	±12,5	±18	±28,5	±44,5	±70	±115	±180	±0,285	±0,445	±0,7	±1,15	±1,8	±2,85	±4,45
400	500	±4	±5	±7,5	±10	±13,5	±20	±31,5	±48,5	±77,5	±125	±200	±0,315	±0,485	±0,775	±1,25	±2	±3,15	±4,85
500	630	±4,5	±5,5	±8	±11	±16	±22	±35	±55	±87,5	±140	±220	±0,35	±0,55	±0,875	±1,4	±2,2	±3,5	±5,5
630	800	±5	±6,5	±9	±12,5	±18	±25	±40	±62,5	±100	±160	±250	±0,4	±0,625	±1	±1,6	±2,5	±4	±6,25
800	1 000	±5,5	±7,5	±10,5	±14	±20	±28	±45	±70	±115	±180	±280	±0,45	±0,7	±1,15	±1,8	±2,8	±4,5	±7
1 000	1 250	±6,5	±9	±12	±16,5	±23,5	±33	±52,5	±82,5	±130	±210	±330	±0,525	±0,825	±1,3	±2,1	±3,3	±5,25	±8,25
1 250	1 600	±7,5	±10,5	±14,5	±19,5	±27,5	±39	±62,5	±97,5	±155	±250	±390	±0,625	±0,975	±1,55	±2,5	±3,9	±6,25	±9,75
1 600	2 000	±9	±12,5	±17,5	±23	±32,5	±46	±75	±115	±185	±300	±460	±0,75	±1,15	±1,85	±3	±4,6	±7,5	±11,5
2 000	2 500	±11	±15	±20,5	±27,5	±39	±55	±87,5	±140	±220	±350	±550	±0,875	±1,4	±2,2	±3,5	±5,5	±8,75	±14
2 500	3 150	±13	±18	±25	±34	±48	±67,5	±105	±165	±270	±430	±675	±1,05	±1,65	±2,7	±4,3	±6,75	±10,5	16,5

[a] Um eine Wiederholung gleicher Zahlenwerte zu vermeiden, sind die Werte in der Tabelle mit „± *x*" angegeben; dies ist als *es* = +*x* und *ei* = −*x*, z. B. $^{+0,23}_{-0,23}$ mm, zu verstehen.

[b] Die Toleranzgrade IT14 bis einschließlich IT16 sind für Nennmaße bis einschließlich 1 mm nicht anzuwenden.

Tabelle 24 — Grenzabmaße für Wellen (Grundabmaße j und k)

oberes Grenzabmaß = *es*
unteres Grenzabmaß = *ei*

Abmaße in µm

Nennmaß mm		j				k										
über	bis einschl.	5[a]	6[a]	7[a]	8	3	4	5	6	7	8	9	10	11	12	13
-	3	±2	+4 −2	+6 −4	+8 −6	+2 0	+3 0	+4 0	+6 0	+10 0	+14 0	+25 0	+40 0	+60 0	+100 0	+140 0
3	6	+3 −2	+6 −2	+8 −4		+2,5 0	+5 +1	+6 +1	+9 +1	+13 +1	+18 0	+30 0	+48 0	+75 0	+120 0	AC +180 AC 0
6	10	+4 −2	+7 −2	+10 −5		+2,5 0	+5 +1	+7 +1	+10 +1	+16 +1	+22 0	+36 0	+58 0	+90 0	+150 0	+220 0
10	18	+5 −3	+8 −3	+12 −6		+3 0	+6 +1	+9 +1	+12 +1	+19 +1	+27 0	+43 0	+70 0	+110 0	+180 0	+270 0
18	30	+5 −4	+9 −4	+13 −8		+4 0	+8 +2	+11 +2	+15 +2	+23 +2	+33 0	+52 0	+84 0	+130 0	+210 0	+330 0
30	50	+6 −5	+11 −5	+15 −10		+4 0	+9 +2	+13 +2	+18 +2	+27 +2	+39 0	+62 0	+100 0	+160 0	+250 0	+390 0
50	80	+6 −7	+12 −7	+18 −12			+10 +2	+15 +2	+21 +2	+32 +2	+46 0	+74 0	+120 0	+190 0	+300 0	+460 0
80	120	+6 −9	+13 −9	+20 −15			+13 +3	+18 +3	+25 +3	+38 +3	+54 0	+87 0	+140 0	+220 0	+350 0	+540 0
120	180	+7 −11	+14 −11	+22 −18			+15 +3	+21 +3	+28 +3	+43 +3	+63 0	+100 0	+160 0	+250 0	+400 0	+630 0
180	250	+7 −13	+16 −13	+25 −21			+18 +4	+24 +4	+33 +4	+50 +4	+72 0	+115 0	+185 0	+290 0	+460 0	+720 0
250	315	+7 −16	±16	±26			+20 +4	+27 +4	+36 +4	+56 +4	+81 0	+130 0	+210 0	+320 0	+520 0	+810 0
315	400	+7 −18	±18	+29 −28			+22 +4	+29 +4	+40 +4	+61 +4	+89 0	+140 0	+230 0	+360 0	+570 0	+890 0
400	500	+7 −20	±20	+31 −32			+25 +5	+32 +5	+45 +5	+68 +5	+97 0	+155 0	+250 0	+400 0	+630 0	+970 0
500	630								+44 0	+70 0	+110 0	+175 0	+280 0	+440 0	+700 0	+1 100 0
630	800								+50 0	+80 0	+125 0	+200 0	+320 0	+500 0	+800 0	+1 250 0
800	1 000								+56 0	+90 0	+140 0	+230 0	+360 0	+560 0	+900 0	+1 400 0
1 000	1 250								+66 0	+105 0	+165 0	+260 0	+420 0	+660 0	+1 050 0	+1 650 0
1 250	1 600								+78 0	+125 0	+195 0	+310 0	+500 0	+780 0	+1 250 0	+1 950 0
1 600	2 000								+92 0	+150 0	+230 0	+370 0	+600 0	+920 0	+1 500 0	+2 300 0
2 000	2 500								+110 0	+175 0	+280 0	+440 0	+700 0	+1 100 0	+1 750 0	+2 800 0
2 500	3 150								+135 0	+210 0	+330 0	+540 0	+860 0	+1 350 0	+2 100 0	+3 300 0

[a] Wenn die Werte für j5, j6 und j7 mit „± *x*" versehen sind, dann sind sie mit den Toleranzklassen js5, js6 oder js7 für diesen Nennmaßbereich identisch.

Tabelle 25 — Grenzabmaße für Wellen (Grundabmaße m und n)

oberes Grenzabmaß = *es*
unteres Grenzabmaß = *ei*

Abmaße in µm

Nennmaß mm		m							n						
über	bis einschl.	3	4	5	6	7	8	9	3	4	5	6	7	8	9
-	3	+4 +2	+5 +2	+6 +2	+8 +2	+12 +2	+16 +2	+27 +2	+6 +4	+7 +4	+8 +4	+10 +4	+14 +4	+18 +4	+29 +4
3	6	+6,5 +4	+8 +4	+9 +4	+12 +4	+16 +4	+22 +4	+34 +4	+10,5 +8	+12 +8	+13 +8	+16 +8	+20 +8	+26 +8	+38 +8
6	10	+8,5 +6	+10 +6	+12 +6	+15 +6	+21 +6	+28 +6	+42 +6	+12,5 +10	+14 +10	+16 +10	+19 +10	+25 +10	+32 +10	+46 +10
10	18	+10 +7	+12 +7	+15 +7	+18 +7	+25 +7	+34 +7	+50 +7	+15 +12	+17 +12	+20 +12	+23 +12	+30 +12	+39 +12	+55 +12
18	30	+12 +8	+14 +8	+17 +8	+21 +8	+29 +8	+41 +8	+60 +8	+19 +15	+21 +15	+24 +15	+28 +15	+36 +15	+48 +15	+67 +15
30	50	+13 +9	+16 +9	+20 +9	+25 +9	+34 +9	+48 +9	+71 +9	+21 +17	+24 +17	+28 +17	+33 +17	+42 +17	+56 +17	+79 +17
50	80		+19 +11	+24 +11	+30 +11	+41 +11				+28 +20	+33 +20	+39 +20	+50 +20		
80	120		+23 +13	+28 +13	+35 +13	+48 +13				+33 +23	+38 +23	+45 +23	+58 +23		
120	180		+27 +15	+33 +15	+40 +15	+55 +15				+39 +27	+45 +27	+52 +27	+67 +27		
180	250		+31 +17	+37 +17	+46 +17	+63 +17				+45 +31	+51 +31	+60 +31	+77 +31		
250	315		+36 +20	+43 +20	+52 +20	+72 +20				+50 +34	+57 +34	+66 +34	+86 +34		
315	400		+39 +21	+46 +21	+57 +21	+78 +21				+55 +37	+62 +37	+73 +37	+94 +37		
400	500		+43 +23	+50 +23	+63 +23	+86 +23				+60 +40	+67 +40	+80 +40	+103 +40		
500	630				+70 +26	+96 +26						+88 +44	+114 +44		
630	800				+80 +30	+110 +30						+100 +50	+130 +50		
800	1 000				+90 +34	+124 +34						+112 +56	+146 +56		
1 000	1 250				+106 +40	+145 +40						+132 +66	+171 +66		
1 250	1 600				+126 +48	+173 +48						+156 +78	+203 +78		
1 600	2 000				+150 +58	+208 +58						+184 +92	+242 +92		
2 000	2 500				+178 +68	+243 +68						+220 +110	+285 +110		
2 500	3 150				+211 +76	+286 +76						+270 +135	+345 +135		

Tabelle 26 — Grenzabmaße für Wellen (Grundabmaß p)

oberes Grenzabmaß = *es*
unteres Grenzabmaß = *ei*

Abmaße in µm

Nennmaß mm		**p**							
über	**bis einschl.**	**3**	**4**	**5**	**6**	**7**	**8**	**9**	**10**
-	3	+8 +6	+9 +6	+10 +6	+12 +6	+16 +6	+20 +6	+31 +6	+46 +6
3	6	+14,5 +12	+16 +12	+17 +12	+20 +12	+24 +12	+30 +12	+42 +12	+60 +12
6	10	+17,5 +15	+19 +15	+21 +15	+24 +15	+30 +15	+37 +15	+51 +15	+73 +15
10	18	+21 +18	+23 +18	+26 +18	+29 +18	+36 +18	+45 +18	+61 +18	+88 +18
18	30	+26 +22	+28 +22	+31 +22	+35 +22	+43 +22	+55 +22	+74 +22	+106 +22
30	50	+30 +26	+33 +26	+37 +26	+42 +26	+51 +26	+65 +26	+88 +26	+126 +26
50	80		+40 +32	+45 +32	+51 +32	+62 +32	+78 +32		
80	120		+47 +37	+52 +37	+59 +37	+72 +37	+91 +37		
120	180		+55 +43	+61 +43	+68 +43	+83 +43	+106 +43		
180	250		+64 +50	+70 +50	+79 +50	+96 +50	+122 +50		
250	315		+72 +56	+79 +56	+88 +56	+108 +56	+137 +56		
315	400		+80 +62	+87 +62	+98 +62	+119 +62	+151 +62		
400	500		+88 +68	+95 +68	+108 +68	+131 +68	+165 +68		
500	630				+122 +78	+148 +78	+188 +78		
630	800				+138 +88	+168 +88	+213 +88		
800	1 000				+156 +100	+190 +100	+240 +100		
1 000	1 250				+186 +120	+225 +120	+285 +120		
1 250	1 600				+218 +140	+265 +140	+335 +140		
1 600	2 000				+262 +170	+320 +170	+400 +170		
2 000	2 500				+305 +195	+370 +195	+475 +195		
2 500	3 150				+375 +240	+450 +240	+570 +240		

Tabelle 27 — Grenzabmaße für Wellen (Grundabmaß r)

oberes Grenzabmaß = *es*
unteres Grenzabmaß = *ei*

Abmaße in µm

Nennmaß mm		r							
über	bis einschl.	3	4	5	6	7	8	9	10
–	3	+12 +10	+13 +10	+14 +10	+16 +10	+20 +10	+24 +10	+35 +10	+50 +10
3	6	+17,5 +15	+19 +15	+20 +15	+23 +15	+27 +15	+33 +15	+45 +15	+63 +15
6	10	+21,5 +19	+23 +19	+25 +19	+28 +19	+34 +19	+41 +19	+55 +19	+77 +19
10	18	+26 +23	+28 +23	+31 +23	+34 +23	+41 +23	+50 +23	+66 +23	+93 +23
18	30	+32 +28	+34 +28	+37 +28	+41 +28	+49 +28	+61 +28	+80 +28	+112 +28
30	50	+38 +34	+41 +34	+45 +34	+50 +34	+59 +34	+73 +34	+96 +34	+134 +34
50	65		+49 +41	+54 +41	+60 +41	+71 +41	+87 +41		
65	80		+51 +43	+56 +43	+62 +43	+73 +43	+89 +43		
80	100		+61 +51	+66 +51	+73 +51	+86 +51	+105 +51		
100	120		+64 +54	+69 +54	+76 +54	+89 +54	+108 +54		
120	140		+75 +63	+81 +63	+88 +63	+103 +63	+126 +63		
140	160		+77 +65	+83 +65	+90 +65	+105 +65	+128 +65		
160	180		+80 +68	+86 +68	+93 +68	+108 +68	+131 +68		
180	200		+91 +77	+97 +77	+106 +77	+123 +77	+149 +77		
200	225		+94 +80	+100 +80	+109 +80	+126 +80	+152 +80		
225	250		+98 +84	+104 +84	+113 +84	+130 +84	+156 +84		
250	280		+110 +94	+117 +94	+126 +94	+146 +94	+175 +94		
280	315		+114 +98	+121 +98	+130 +98	+150 +98	+179 +98		
315	355		+126 +108	+133 +108	+144 +108	+165 +108	+197 +108		
355	400		+132 +114	+139 +114	+150 +114	+171 +114	+203 +114		
400	450		+146 +126	+153 +126	+166 +126	+189 +126	+223 +126		
450	500		+152 +132	+159 +132	+172 +132	+195 +132	+229 +132		

Tabelle 27 (*fortgesetzt*)

Abmaße in µm

Nennmaß mm		**r**							
über	**bis einschl.**	**3**	**4**	**5**	**6**	**7**	**8**	**9**	**10**
500	560				+194 +150	+220 +150	+260 +150		
560	630				+199 +155	+225 +155	+265 +155		
630	710				+225 +175	+255 +175	+300 +175		
710	800				+235 +185	+265 +185	+310 +185		
800	900				+266 +210	+300 +210	+350 +210		
900	1 000				+276 +220	+310 +220	+360 +220		
1 000	1 120				+316 +250	+355 +250	+415 +250		
1 120	1 250				+326 +260	+365 +260	+425 +260		
1 250	1 400				+378 +300	+425 +300	+495 +300		
1 400	1 600				+408 +330	+455 +330	+525 +330		
1 600	1 800				+462 +370	+520 +370	+600 +370		
1 800	2 000				+492 +400	+550 +400	+630 +400		
2 000	2 240				+550 +440	+615 +440	+720 +440		
2 240	2 500				+570 +460	+635 +460	+740 +460		
2 500	2 800				+685 +550	+760 +550	+880 +550		
2 800	3 150				+715 +580	+790 +580	+910 +580		

Tabelle 28 — Grenzabmaße für Wellen (Grundabmaß s)

oberes Grenzabmaß = *es*
unteres Grenzabmaß = *ei*

Abmaße in µm

Nennmaß mm		s							
über	**bis einschl.**	**3**	**4**	**5**	**6**	**7**	**8**	**9**	**10**
-	3	+16 +14	+17 +14	+18 +14	+20 +14	+24 +14	+28 +14	+39 +14	+54 +14
3	6	+21,5 +19	+23 +19	+24 +19	+27 +19	+31 +19	+37 +19	+49 +19	+67 +19
6	10	+25,5 +23	+27 +23	+29 +23	+32 +23	+38 +23	+45 +23	+59 +23	+81 +23
10	18	+31 +28	+33 +28	+36 +28	+39 +28	+46 +28	+55 +28	+71 +28	+98 +28
18	30	+39 +35	+41 +35	+44 +35	+48 +35	+56 +35	+68 +35	+87 +35	+119 +35
30	50	+47 +43	+50 +43	+54 +43	+59 +43	+68 +43	+82 +43	+105 +43	+143 +43
50	65		+61 +53	+66 +53	+72 +53	+83 +53	+99 +53	+127 +53	
65	80		+67 +59	+72 +59	+78 +59	+89 +59	+105 +59	+133 +59	
80	100		+81 +71	+86 +71	+93 +71	+106 +71	+125 +71	+158 +71	
100	120		+89 +79	+94 +79	+101 +79	+114 +79	+133 +79	+166 +79	
120	140		+104 +92	+110 +92	+117 +92	+132 +92	+155 +92	+192 +92	
140	160		+112 +100	+118 +100	+125 +100	+140 +100	+163 +100	+200 +100	
160	180		+120 +108	+126 +108	+133 +108	+148 +108	+171 +108	+208 +108	
180	200		+136 +122	+142 +122	+151 +122	+168 +122	+194 +122	+237 +122	
200	225		+144 +130	+150 +130	+159 +130	+176 +130	+202 +130	+245 +130	
225	250		+154 +140	+160 +140	+169 +140	+186 +140	+212 +140	+255 +140	
250	280		+174 +158	+181 +158	+190 +158	+210 +158	+239 +158	+288 +158	
280	315		+186 +170	+193 +170	+202 +170	+222 +170	+251 +170	+300 +170	
315	355		+208 +190	+215 +190	+226 +190	+247 +190	+279 +190	+330 +190	
355	400		+226 +208	+233 +208	+244 +208	+265 +208	+297 +208	+348 +208	
400	450		+252 +232	+259 +232	+272 +232	+295 +232	+329 +232	+387 +232	
450	500		+272 +252	+279 +252	+292 +252	+315 +252	+349 +252	+407 +252	

Tabelle 28 (*fortgesetzt*)

Abmaße in µm

Nennmaß mm		**s**							
über	**bis einschl.**	**3**	**4**	**5**	**6**	**7**	**8**	**9**	**10**
500	560				+324 +280	+350 +280	+390 +280		
560	630				+354 +310	+380 +310	+420 +310		
630	710				+390 +340	+420 +340	+465 +340		
710	800				+430 +380	+460 +380	+505 +380		
800	900				+486 +430	+520 +430	+570 +430		
900	1 000				+526 +470	+560 +470	+610 +470		
1 000	1 120				+586 +520	+625 +520	+685 +520		
1 120	1 250				+646 +580	+685 +580	+745 +580		
1 250	1 400				+718 +640	+765 +640	+835 +640		
1 400	1 600				+798 +720	+845 +720	+915 +720		
1 600	1 800				+912 +820	+970 +820	+1 050 +820		
1 800	2 000				+1 012 +920	+1 070 +920	+1 150 +920		
2 000	2 240				+1 110 +1 000	+1 175 +1 000	+1 280 +1 000		
2 240	2 500				+1 210 +1 100	+1 275 +1 100	+1 380 +1 100		
2 500	2 800				+1 385 +1 250	+1 460 +1 250	+1 580 +1 250		
2 800	3 150				+1 535 +1 400	+1 610 +1 400	+1 730 +1 400		

Tabelle 29 — Grenzabmaße für Wellen (Grundabmaße t und u)

oberes Grenzabmaß = *es*; unteres Grenzabmaß = *ei*

Abmaße in µm

Nennmaß mm		t[a]				u				
über	bis einschl.	5	6	7	8	5	6	7	8	9
-	3					+22 +18	+24 +18	+28 +18	+32 +18	+43 +18
3	6					+28 +23	+31 +23	+35 +23	+41 +23	+53 +23
6	10					+34 +28	+37 +28	+43 +28	+50 +28	+64 +28
10	18					+41 +33	+44 +33	+51 +33	+60 +33	+76 +33
18	24					+50 +41	+54 +41	+62 +41	+74 +41	+93 +41
24	30	+50 +41	+54 +41	+62 +41	+74 +41	+57 +48	+61 +48	+69 +48	+81 +48	+100 +48
30	40	+59 +48	+64 +48	+73 +48	+87 +48	+71 +60	+76 +60	+85 +60	+99 +60	+122 +60
40	50	+65 +54	+70 +54	+79 +54	+93 +54	+81 +70	+86 +70	+95 +70	+109 +70	+132 +70
50	65	+79 +66	+85 +66	+96 +66	+112 +66	+100 +87	+106 +87	+117 +87	+133 +87	+161 +87
65	80	+88 +75	+94 +75	+105 +75	+121 +75	+115 +102	+121 +102	+132 +102	+148 +102	+176 +102
80	100	+106 +91	+113 +91	+126 +91	+145 +91	+139 +124	+146 +124	+159 +124	+178 +124	+211 +124
100	120	+119 +104	+126 +104	+139 +104	+158 +104	+159 +144	+166 +144	+179 +144	+198 +144	+231 +144
120	140	+140 +122	+147 +122	+162 +122	+185 +122	+188 +170	+195 +170	+210 +170	+233 +170	+270 +170
140	160	+152 +134	+159 +134	+174 +134	+197 +134	+208 +190	+215 +190	+230 +190	+253 +190	+290 +190
160	180	+164 +146	+171 +146	+186 +146	+209 +146	+228 +210	+235 +210	+250 +210	+273 +210	+310 +210
180	200	+186 +166	+195 +166	+212 +166	+238 +166	+256 +236	+265 +236	+282 +236	+308 +236	+351 +236
200	225	+200 +180	+209 +180	+226 +180	+252 +180	+278 +258	+287 +258	+304 +258	+330 +258	+373 +258
225	250	+216 +196	+225 +196	+242 +196	+268 +196	+304 +284	+313 +284	+330 +284	+356 +284	+399 +284
250	280	+241 +218	+250 +218	+270 +218	+299 +218	+338 +315	+347 +315	+367 +315	+396 +315	+445 +315
280	315	+263 +240	+272 +240	+292 +240	+321 +240	+373 +350	+382 +350	+402 +350	+431 +350	+480 +350
315	355	+293 +268	+304 +268	+325 +268	+357 +268	+415 +390	+426 +390	+447 +390	+479 +390	+530 +390
355	400	+319 +294	+330 +294	+351 +294	+383 +294	+460 +435	+471 +435	+492 +435	+524 +435	+575 +435
400	450	+357 +330	+370 +330	+393 +330	+427 +330	+517 +490	+530 +490	+553 +490	+587 +490	+645 +490
450	500	+387 +360	+400 +360	+423 +360	+457 +360	+567 +540	+580 +540	+603 +540	+637 +540	+695 +540

Tabelle 29 *(fortgesetzt)*

Abmaße in µm

Nennmaß mm		t[a]				u				
über	**bis einschl.**	**5**	**6**	**7**	**8**	**5**	**6**	**7**	**8**	**9**
500	560		+444 +400	+470 +400			+644 +600	+670 +600	+710 +600	
560	630		+494 +450	+520 +450			+704 +660	+730 +660	+770 +660	
630	710		+550 +500	+580 +500			+790 +740	+820 +740	+865 +740	
710	800		+610 +560	+640 +560			+890 +840	+920 +840	+965 +840	
800	900		+676 +620	+710 +620			+996 +940	+1 030 +940	+1 080 +940	
900	1 000		+736 +680	+770 +680			+1 106 +1 050	+1 140 +1 050	+1 190 +1 050	
1 000	1 120		+846 +780	+885 +780			+1 216 +1 150	+1 255 +1 150	+1 315 +1 150	
1 120	1 250		+906 +840	+945 +840			+1 366 +1 300	+1 405 +1 300	+1 465 +1 300	
1 250	1 400		+1 038 +960	+1 085 +960			+1 528 +1 450	+1 575 +1 450	+1 645 +1 450	
1 400	1 600		+1 128 +1 050	+1 175 +1 050			+1 678 +1 600	+1 725 +1 600	+1 795 +1 600	
1 600	1 800		+1 292 +1 200	+1 350 +1 200			+1 942 +1 850	+2 000 +1 850	+2 080 +1 850	
1 800	2 000		+1 442 +1 350	+1 500 +1 350			+2 092 +2 000	+2 150 +2 000	+2 230 +2 000	
2 000	2 240		+1 610 +1 500	+1 675 +1 500			+2 410 +2 300	+2 475 +2 300	+2 580 +2 300	
2 240	2 500		+1 760 +1 650	+1 825 +1 650			+2 610 +2 500	+2 675 +2 500	+2 780 +2 500	
2 500	2 800		+2 035 +1 900	+2 110 +1 900			+3 035 +2 900	+3 110 +2 900	+3 230 +2 900	
2 800	3 150		+2 235 +2 100	+2 310 +2 100			+3 335 +3 200	+3 410 +3 200	+3 530 +3 200	

[a] Die Toleranzklassen t5 bis einschließlich t8 sind für Nennmaße bis einschließlich 24 mm nicht aufgeführt. Stattdessen wird die Anwendung der Toleranzklassen u5 bis einschließlich u8 empfohlen.

Tabelle 30 — Grenzabmaße für Wellen (Grundabmaße v, x und y)[a]

oberes Grenzabmaß = *es*; unteres Grenzabmaß = *ei*

Abmaße in µm

Nennmaß mm		v[b]				x						y[c]				
über	bis einschl.	5	6	7	8	5	6	7	8	9	10	6	7	8	9	10
–	3					+24 +20	+26 +20	+30 +20	+34 +20	+45 +20	+60 +20					
3	6					+33 +28	+36 +28	+40 +28	+46 +28	+58 +28	+76 +28					
6	10					+40 +34	+43 +34	+49 +34	+56 +34	+70 +34	+92 +34					
10	14					+48 +40	+51 +40	+58 +40	+67 +40	+83 +40	+110 +40					
14	18	+47 +39	+50 +39	+57 +39	+66 +39	+53 +45	+56 +45	+63 +45	+72 +45	+88 +45	+115 +45					
18	24	+56 +47	+60 +47	+68 +47	+80 +47	+63 +54	+67 +54	+75 +54	+87 +54	+106 +54	+138 +54	+76 +63	+84 +63	+96 +63	+115 +63	+147 +63
24	30	+64 +55	+68 +55	+76 +55	+88 +55	+73 +64	+77 +64	+85 +64	+97 +64	+116 +64	+148 +64	+88 +75	+96 +75	+108 +75	+127 +75	+159 +75
30	40	+79 +68	+84 +68	+93 +68	+107 +68	+91 +80	+96 +80	+105 +80	+119 +80	+142 +80	+180 +80	+110 +94	+119 +94	+133 +94	+156 +94	+194 +94
40	50	+92 +81	+97 +81	+106 +81	+120 +81	+108 +97	+113 +97	+122 +97	+136 +97	+159 +97	+197 +97	+130 +114	+139 +114	+153 +114	+176 +114	+214 +114
50	65	+115 +102	+121 +102	+132 +102	+148 +102	+135 +122	+141 +122	+152 +122	+168 +122	+196 +122	+242 +122	+163 +144	+174 +144	+190 +144		
65	80	+133 +120	+139 +120	+150 +120	+166 +120	+159 +146	+165 +146	+176 +146	+192 +146	+220 +146	+266 +146	+193 +174	+204 +174	+220 +174		
80	100	+161 +146	+168 +146	+181 +146	+200 +146	+193 +178	+200 +178	+213 +178	+232 +178	+265 +178	+318 +178	+236 +214	+249 +214	+268 +214		
100	120	+187 +172	+194 +172	+207 +172	+226 +172	+225 +210	+232 +210	+245 +210	+264 +210	+297 +210	+350 +210	+276 +254	+289 +254	+308 +254		
120	140	+220 +202	+227 +202	+242 +202	+265 +202	+266 +248	+273 +248	+288 +248	+311 +248	+348 +248	+408 +248	+325 +300	+340 +300	+363 +300		
140	160	+246 +228	+253 +228	+268 +228	+291 +228	+298 +280	+305 +280	+320 +280	+343 +280	+380 +280	+440 +280	+365 +340	+380 +340	+403 +340		
160	180	+270 +252	+277 +252	+292 +252	+315 +252	+328 +310	+335 +310	+350 +310	+373 +310	+410 +310	+470 +310	+405 +380	+420 +380	+443 +380		
180	200	+304 +284	+313 +284	+330 +284	+356 +284	+370 +350	+379 +350	+396 +350	+422 +350	+465 +350	+535 +350	+454 +425	+471 +425	+497 +425		
200	225	+330 +310	+339 +310	+356 +310	+382 +310	+405 +385	+414 +385	+431 +385	+457 +385	+500 +385	+570 +385	+499 +470	+516 +470	+542 +470		
225	250	+360 +340	+369 +340	+386 +340	+412 +340	+445 +425	+454 +425	+471 +425	+497 +425	+540 +425	+610 +425	+549 +520	+566 +520	+592 +520		
250	280	+408 +385	+417 +385	+437 +385	+466 +385	+498 +475	+507 +475	+527 +475	+556 +475	AC +605 AC +475	+685 +475	+612 +580	+632 +580	+661 +580		
280	315	+448 +425	+457 +425	+477 +425	+506 +425	+548 +525	+557 +525	+577 +525	+606 +525	+655 +525	+735 +525	+682 +650	+702 +650	+731 +650		
315	355	+500 +475	+511 +475	+532 +475	+564 +475	+615 +590	+626 +590	+647 +590	+679 +590	+730 +590	+820 +590	+766 +730	+787 +730	+819 +730		
355	400	+555 +530	+566 +530	+587 +530	+619 +530	+685 +660	+696 +660	+717 +660	+749 +660	+800 +660	+890 +660	+856 +820	+877 +820	+909 +820		
400	450	+622 +595	+635 +595	+658 +595	+692 +595	+767 +740	+780 +740	+803 +740	+837 +740	+895 +740	+990 +740	+960 +920	+983 +920	+1 017 +920		
450	500	+687 +660	+700 +660	+723 +660	+757 +660	+847 +820	+860 +820	+883 +820	+917 +820	+975 +820	+1 070 +820	+1 040 +1 000	+1 063 +1 000	+1 097 +1 000		

[a] Die Grundabmaße v, x und y sind für Nennmaße über 500 mm nicht vorgesehen.

[b] Die Toleranzklassen v5 bis einschließlich v8 sind für Nennmaße bis einschließlich 14 mm nicht aufgeführt. Stattdessen wird die Anwendung der Toleranzklassen x5 bis einschließlich x8 empfohlen.

[c] Die Toleranzklassen y6 bis einschließlich y10 sind für Nennmaße bis einschließlich 18 mm nicht aufgeführt. Stattdessen wird die Anwendung der Toleranzklassen z6 bis einschließlich z10 empfohlen.

Tabelle 31 — Grenzabmaße für Wellen (Grundabmaße z und za)[a]

oberes Grenzabmaß = *es*
unteres Grenzabmaß = *ei*

Abmaße in µm

Nennmaß mm		z						za					
über	bis einschl.	6	7	8	9	10	11	6	7	8	9	10	11
-	3	+32	+36	+40	+51	+66	+86	+38	+42	+46	+57	+72	+92
		+26	+26	+26	+26	+26	+26	+32	+32	+32	+32	+32	+32
3	6	+43	+47	+53	+65	+83	+110	+50	+54	+60	+72	+90	+117
		+35	+35	+35	+35	+35	+35	+42	+42	+42	+42	+42	+42
6	10	+51	+57	+64	+78	+100	+132	+61	+67	+74	+88	+110	+142
		+42	+42	+42	+42	+42	+42	+52	+52	+52	+52	+52	+52
10	14	+61	+68	+77	+93	+120	+160	+75	+82	+91	+107	+134	+174
		+50	+50	+50	+50	+50	+50	+64	+64	+64	+64	+64	+64
14	18	+71	+78	+87	+103	+130	+170	+88	+95	+104	+120	+147	+187
		+60	+60	+60	+60	+60	+60	+77	+77	+77	+77	+77	+77
18	24	+86	+94	+106	+125	+157	+203	+111	+119	+131	+150	+182	+228
		+73	+73	+73	+73	+73	+73	+98	+98	+98	+98	+98	+98
24	30	+101	+109	+121	+140	+172	+218	+131	+139	+151	+170	+202	+248
		+88	+88	+88	+88	+88	+88	+118	+118	+118	+118	+118	+118
30	40	+128	+137	+151	+174	+212	+272	+164	+173	+187	+210	+248	+308
		+112	+112	+112	+112	+112	+112	+148	+148	+148	+148	+148	+148
40	50	+152	+161	+175	+198	+236	+296	+196	+205	+219	+242	+280	+340
		+136	+136	+136	+136	+136	+136	+180	+180	+180	+180	+180	+180
50	65	+191	+202	+218	+246	+292	+362	+245	+256	+272	+300	+346	+416
		+172	+172	+172	+172	+172	+172	+226	+226	+226	+226	+226	+226
65	80	+229	+240	+256	+284	+330	+400	+293	+304	+320	+348	+394	+464
		+210	+210	+210	+210	+210	+210	+274	+274	+274	+274	+274	+274
80	100	+280	+293	+312	+345	+398	+478	+357	+370	+389	+422	+475	+555
		+258	+258	+258	+258	+258	+258	+335	+335	+335	+335	+335	+335
100	120	+332	+345	+364	+397	+450	+530	+422	+435	+454	+487	+540	+620
		+310	+310	+310	+310	+310	+310	+400	+400	+400	+400	+400	+400
120	140	+390	+405	+428	+465	+525	+615	+495	+510	+533	+570	+630	+720
		+365	+365	+365	+365	+365	+365	+470	+470	+470	+470	+470	+470
140	160	+440	+455	+478	+515	+575	+665	+560	+575	+598	+635	+695	+785
		+415	+415	+415	+415	+415	+415	+535	+535	+535	+535	+535	+535
160	180	+490	+505	+528	+565	+625	+715	+625	+640	+663	+700	+760	+850
		+465	+465	+465	+465	+465	+465	+600	+600	+600	+600	+600	+600
180	200	+549	+566	+592	+635	+705	+810	+699	+716	+742	+785	+855	+960
		+520	+520	+520	+520	+520	+520	+670	670	+670	+670	+670	+670
200	225	+604	+621	+647	+690	+760	+865	+769	+786	+812	+855	+925	+1 030
		+575	+575	+575	+575	+575	+575	+740	+740	+740	+740	+740	+740
225	250	+669	+686	+712	+755	+825	+930	+849	+866	+892	+935	+1 005	+1 100
		+640	+640	+640	+640	+640	+640	+820	+820	+820	+820	+820	+820
250	280	+742	+762	+791	+840	+920	+1 030	+952	+972	+1 001	+1 050	+1 130	+1 240
		+710	+710	+710	+710	+710	+710	+920	+920	+920	+920	+920	+920
280	315	+822	+842	+871	+920	+1 000	+1 110	+1 032	+1 052	+1 081	+1 130	+1 210	+1 320
		+790	+790	+790	+790	+790	+790	+1 000	+1 000	+1 000	+1 000	+1 000	+1 000
315	355	+936	+957	+989	+1 040	+1 130	+1 260	+1 186	+1 207	+1 239	+1 290	+1 380	+1 510
		+900	+900	+900	+900	+900	+900	+1 150	+1 150	+1 150	+1 150	+1 150	+1 150
355	400	+1 036	+1 057	+1 089	+1 140	+1 230	+1 360	+1 336	+1 357	+1 389	+1 440	+1 530	+1 660
		+1 000	+1 000	+1 000	+1 000	+1 000	+1 000	+1 300	+1 300	+1 300	+1 300	+1 300	+1 300
400	450	+1 140	+1 163	+1 197	+1 255	+1 350	+1 500	+1 490	+1 513	+1 547	+1 605	+1 700	+1 850
		+1 100	+1 100	+1 100	+1 100	+1 100	+1 100	+1 450	+1 450	+1 450	+1 450	+1 450	+1 450
450	500	+1 290	+1 313	+1 347	+1 405	+1 500	+1 650	+1 640	+1 663	+1 697	+1 755	+1 850	+2 000
		+1 250	+1 250	+1 250	+1 250	+1 250	+1 250	+1 600	+1 600	+1 600	+1 600	+1 600	+1 600

[a] Die Grundabmaße z und za sind für Nennmaße über 500 mm nicht vorgesehen.

Tabelle 32 — Grenzabmaße für Wellen (Grundabmaße zb und zc)[a]

oberes Grenzabmaß = *es*
unteres Grenzabmaß = *ei*

Abmaße in µm

Nennmaß mm		zb					zc				
über	bis einschl.	7	8	9	10	11	7	8	9	10	11
-	3	+50 +40	+54 +40	+65 +40	+80 +40	+100 +40	+70 +60	+74 +60	+85 +60	+100 +60	+120 +60
3	6	+62 +50	+68 +50	+80 +50	+98 +50	+125 +50	+92 +80	+98 +80	+110 +80	+128 +80	+155 +80
6	10	+82 +67	+89 +67	+103 +67	+125 +67	+157 +67	+112 +97	+119 +97	+133 +97	+155 +97	+187 +97
10	14	+108 +90	+117 +90	+133 +90	+160 +90	+200 +90	+148 +130	+157 +130	+173 +130	+200 +130	+240 +130
14	18	+126 +108	+135 +108	+151 +108	+178 +108	+218 +108	+168 +150	+177 +150	+193 +150	+220 +150	+260 +150
18	24	+157 +136	+169 +136	+188 +136	+220 +136	+266 +136	+209 +188	+221 +188	+240 +188	+272 +188	+318 +188
24	30	+181 +160	+193 +160	+212 +160	+244 +160	+290 +160	+239 +218	+251 +218	+270 +218	+302 +218	+348 +218
30	40	+225 +200	+239 +200	+262 +200	+300 +200	+360 +200	+299 +274	+313 +274	+336 +274	+374 +274	+434 +274
40	50	+267 +242	+281 +242	+304 +242	+342 +242	+402 +242	+350 +325	+364 +325	+387 +325	+425 +325	+485 +325
50	65	+330 +300	+346 +300	+374 +300	+420 +300	+490 +300	+435 +405	+451 +405	+479 +405	+525 +405	+595 +405
65	80	+390 +360	+406 +360	+434 +360	+480 +360	+550 +360	+510 +480	+526 +480	+554 +480	+600 +480	+670 +480
80	100	+480 +445	+499 +445	+532 +445	+585 +445	+665 +445	+620 +585	+639 +585	+672 +585	+725 +585	+805 +585
100	120	+560 +525	+579 +525	+612 +525	+665 +525	+745 +525	+725 +690	+744 +690	+777 +690	+830 +690	+910 +690
120	140	+660 +620	+683 +620	+720 +620	+780 +620	+870 +620	+840 +800	+863 +800	+900 +800	+960 +800	+1 050 +800
140	160	+740 +700	+763 +700	+800 +700	+860 +700	+950 +700	+940 +900	+963 +900	+1 000 +900	+1 060 +900	+1 150 +900
160	180	+820 +780	+843 +780	+880 +780	+940 +780	+1 030 +780	+1 040 +1 000	+1 063 +1 000	+1 100 +1 000	+1 160 +1 000	+1 250 +1 000
180	200	+926 +880	+952 +880	+995 +880	+1 065 +880	+1 170 +880	+1 196 +1 150	+1 222 +1 150	+1 265 +1 150	+1 335 +1 150	+1 440 +1 150
200	225	+1 006 +960	+1 032 +960	+1 075 +960	+1 145 +960	+1 250 +960	+1 296 +1 250	+1 322 +1 250	+1 365 +1 250	+1 435 +1 250	+1 540 +1 250
225	250	+1 096 +1 050	+1 122 +1 050	+1 165 +1 050	+1 235 +1 050	+1 340 +1 050	+1 396 +1 350	+1 422 +1 350	+1 465 +1 350	+1 535 +1 350	+1 640 +1 350
250	280	+1 252 +1 200	+1 281 +1 200	+1 330 +1 200	+1 410 +1 200	+1 520 +1 200	+1 602 +1 550	+1 631 +1 550	+1 680 +1 550	+1 760 +1 550	+1 870 +1 550
280	315	+1 352 +1 300	+1 381 +1 300	+1 430 +1 300	+1 510 +1 300	+1 620 +1 300	+1 752 +1 700	+1 781 +1 700	+1 830 +1 700	+1 910 +1 700	+2 020 +1 700
315	355	+1 557 +1 500	+1 589 +1 500	+1 640 +1 500	+1 730 +1 500	+1 860 +1 500	+1 957 +1 900	+1 989 +1 900	+2 040 +1 900	+2 130 +1 900	+2 260 +1 900
355	400	+1 707 +1 650	+1 739 +1 650	+1 790 +1 650	+1 880 +1 650	+2 010 +1 650	+2 157 +2 100	+2 189 +2 100	+2 240 +2 100	+2 330 +2 100	+2 460 +2 100
400	450	+1 913 +1 850	+1 947 +1 850	+2 005 +1 850	+2 100 +1 850	+2 250 +1 850	+2 463 +2 400	+2 497 +2 400	+2 555 +2 400	+2 650 +2 400	+2 800 +2 400
450	500	+2 163 +2 100	+2 197 +2 100	+2 255 +2 100	+2 350 +2 100	+2 500 +2 100	+2 663 +2 600	+2 697 +2 600	+2 755 +2 600	+2 850 +2 600	+3 000 +2 600

[a] Die Grundabmaße zb und zc sind für Nennmaße über 500 mm nicht vorgesehen.

Anhang A
(informativ)

Graphische Übersicht über Toleranzzonen für Bohrungen und Wellen

A.1 Darstellung der Toleranzzonen für Bohrungen

Die Bilder A.1 und A.2 stellen eine graphische Übersicht über eine große Anzahl Toleranzklassen für Bohrungen dar. Bild A.1 zeigt Toleranzklassen, geordnet nach dem Grundabmaß (A bis ZC), während Bild A.2 die gleichen Angaben geordnet nach dem Grundtoleranzgrad (IT5 bis IT11) enthält. In den Bildern A.1 und A.2 sind nicht alle in diesem Teil von ISO 286 angegebenen Toleranzklassen enthalten, daher sollte hinsichtlich betrachteter Einzelheiten auf die Tabellen Bezug genommen werden.

Für Vergleichszwecke stellen die in den Bildern A.1 und A.2 gezeigten Toleranzklassen die Werte für *ES, EI* und IT für den Nennmaßbereich von über 6 mm bis einschließlich 10 mm dar. Wenn für diesen Nennmaßbereich keine Tabellenwerte aufgeführt sind, d. h. jene Toleranzklassen, die die Grundabmaße T, V und Y enthalten, dann sind wiederum zu Vergleichszwecken die Werte für den Nennmaßbereich von über 24 mm bis einschließlich 30 mm angegeben, gekennzeichnet durch unausgefüllte Rechtecke.

A.2 Darstellung der Toleranzzonen für Wellen

Die Bilder A.3 und A.4 stellen eine graphische Übersicht über eine große Anzahl Toleranzklassen für Wellen dar. Bild A.3 zeigt Toleranzklassen, geordnet nach dem Grundabmaß (a bis zc), während Bild A.4 die gleichen Angaben geordnet nach dem Grundtoleranzgrad (IT5 bis IT11) enthält. In den Bildern A.3 und A.4 sind nicht alle in diesem Teil von ISO 286 angegebenen Toleranzklassen enthalten, daher sollte hinsichtlich bestimmter Einzelheiten auf die Tabellen Bezug genommen werden.

Für Vergleichszwecke stellen die in den Bildern A.3 und A.4 gezeigten Toleranzklassen die Werte für *es, ei* und IT für den Nennmaßbereich von über 6 mm bis einschließlich 10 mm dar. Wenn für diesen Nennmaßbereich keine Toleranzwerte aufgeführt sind, d. h. jene Toleranzklassen, die die Grundabmaße t, v und y enthalten, dann sind wiederum zu Vergleichszwecken die Werte für den Nennmaßbereich von über 24 mm bis einschließlich 30 mm angegeben, gekennzeichnet durch unausgefüllte Rechtecke.

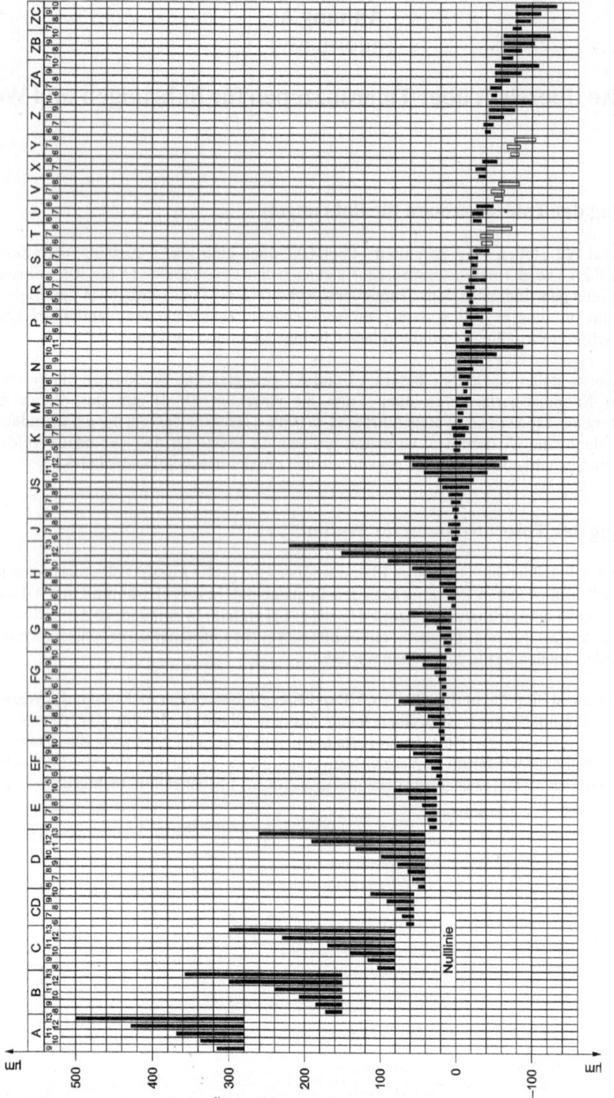

Bild A.1 — Graphische Übersicht von Toleranzklassen für Bohrungen nach Grundabmaßen geordnet

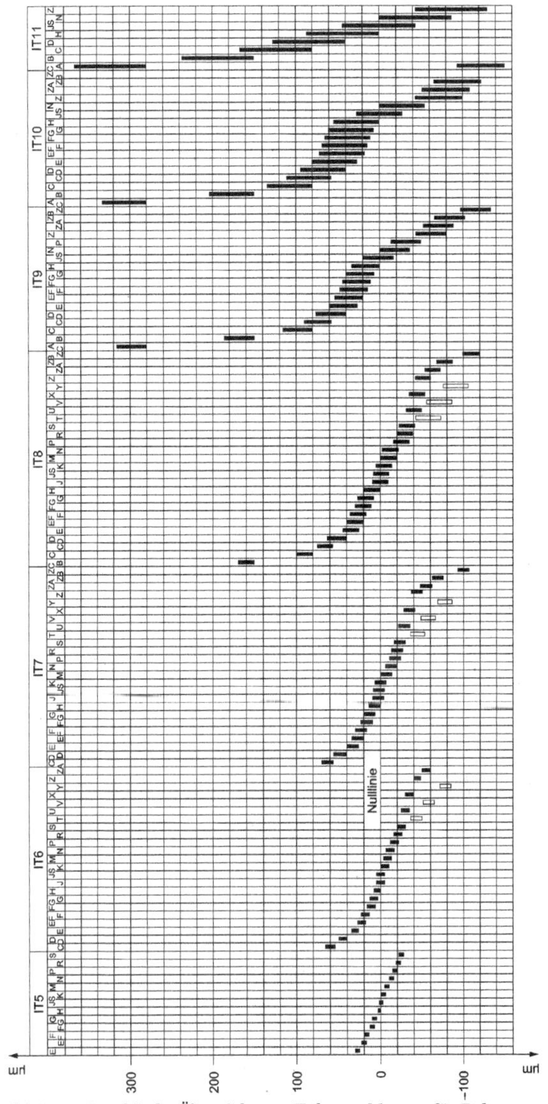

Bild A.2 — Graphische Übersicht von Toleranzklassen für Bohrungen nach Grundtoleranzgraden geordnet

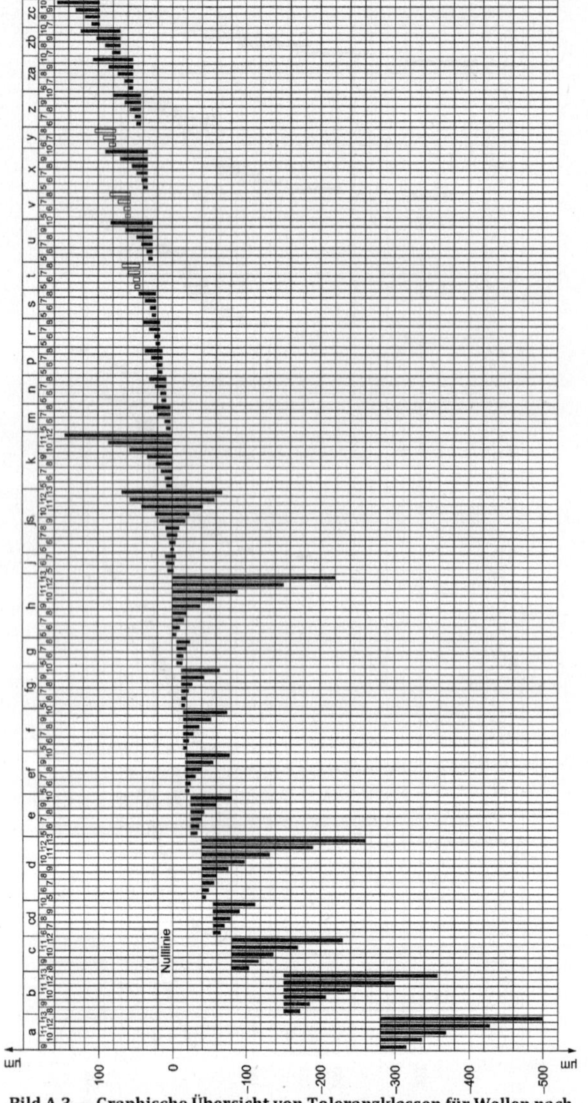

Bild A.3 — Graphische Übersicht von Toleranzklassen für Wellen nach Grundabmaßen geordnet

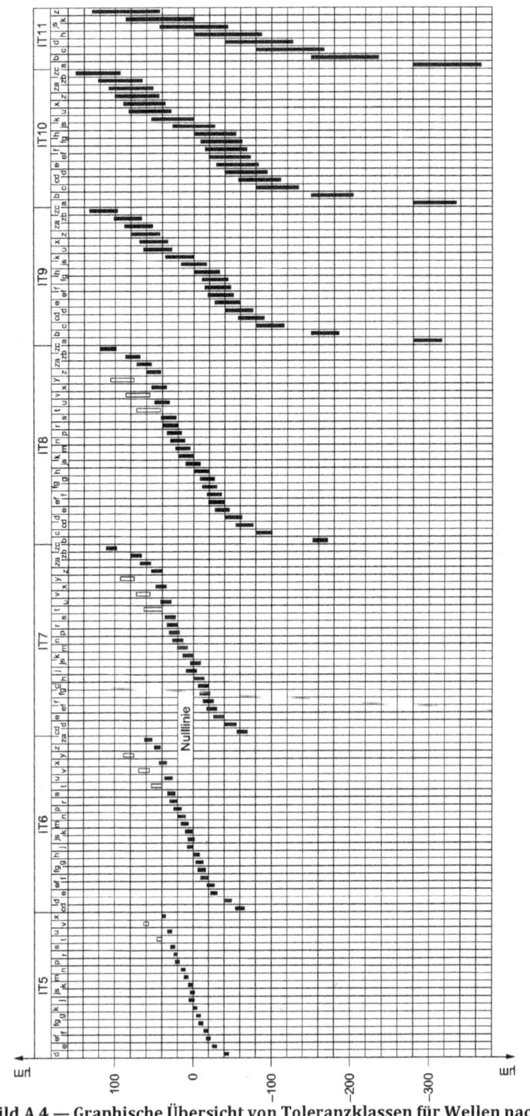

Bild A.4 — Graphische Übersicht von Toleranzklassen für Wellen nach Grundtoleranzgraden geordnet

Anhang B
(informativ)

Zusammenhang mit dem GPS-Matrix-Modell

B.1 Allgemeines

Zu den vollständigen Einzelheiten des GPS-Matrix-Modells siehe ISO/TR 14638.

B.2 Informationen über diese Internationale Norm und ihre Anwendung

Dieser Teil von ISO 286 gibt Werte der Grenzabmaße für häufig benutzte Toleranzklassen für Bohrungen und Wellen an, berechnet nach den Tabellen in ISO 286-1.

B.3 Position im GPS-Matrix-Modell

Dieser Teil von ISO 286 ist eine GPS-Norm und ist als eine allgemeine GPS-Norm zu betrachten (siehe ISO/TR 14638). Er beeinflusst die Kettenglieder 1 und 2 der Normenketten für das Maß in der allgemeinen GPS-Matrixstruktur, wie in Bild B.1 graphisch dargestellt.

GPS-Grundnormen	Globale GPS-Normen						
	Matrix allgemeiner GPS-Normen						
	Kettenglieder	**1**	**2**	**3**	**4**	**5**	**6**
	Maß						
	Abstand						
	Radius						
	Winkel						
	Form einer bezugsunabhängigen Linie						
	Form einer bezugsabhängigen Linie						
	Form einer bezugsunabhängigen Oberfläche						
	Form einer bezugsabhängigen Oberfläche						
	Richtung						
	Lage						
	Lauf						
	Gesamtlauf						
	Bezüge						
	Rauheitsprofil						
	Welligkeitsprofil						
	Primärprofil						
	Oberflächenunvollkommenheit						
	Kanten						

Bild B.1 — Position im GPS-Matrix-Modell

B.4 Verwandte Internationale Normen

Verwandte Internationale Normen gehen aus den in Bild B.1 angegebenen Normenketten hervor.

Literaturhinweise

[1] ISO 1101, *Geometrical Product Specifications (GPS) — Geometrical tolerancing — Tolerances of form, orientation, location and run-out*

[2] ISO 1302, *Geometrical Product Specifications (GPS) — Indication of surface texture in technical product documentation*

[3] ISO/R 1938, *ISO system of limits and fits — Part II: Inspection of plain workpieces*

[4] ISO 2692, *Geometrical product specifications (GPS) — Geometrical tolerancing — Maximum material requirement (MMR), least material requirement (LMR) and reciprocity requirement (RPR)*

[5] ISO 2768-1, *General tolerances — Part 1: Tolerances for linear and angular dimensions without individual tolerance indications*

[6] ISO 14405-1, *Geometrical Product Specification (GPS) — Dimensional tolerancing — Part 1: Linear sizes*

[7] ISO/TR 14638, *Geometrical product specification — Masterplan*

September 2017

DIN EN ISO 1101

ICS 17.040.40

Ersatz für
DIN EN ISO 1101:2014-04

Geometrische Produktspezifikation (GPS) – Geometrische Tolerierung – Tolerierung von Form, Richtung, Ort und Lauf (ISO 1101:2017); Deutsche Fassung EN ISO 1101:2017

Geometrical product specifications (GPS) –
Geometrical tolerancing –
Tolerances of form, orientation, location and run-out (ISO 1101:2017);
German version EN ISO 1101:2017

Spécification géométrique des produits (GPS) –
Tolérancement géométrique –
Tolérancement de forme, orientation, position et battement (ISO 1101:2017);
Version allemande EN ISO 1101:2017

Gesamtumfang 159 Seiten

DIN-Normenausschuss Technische Grundlagen (NATG)

Nationales Vorwort

Dieses Dokument (EN ISO 1101:2017) wurde vom Technischen Komitee ISO/TC 213 „Dimensional and geometrical product specifications and verification" in Zusammenarbeit mit dem technischen Komitee CEN/TC 290 „Geometrische Produktspezifikation und -prüfung" erarbeitet, dessen Sekretariat von AFNOR (Frankreich) gehalten wird.

Das zuständige deutsche Normungsgremium ist der Arbeitsausschuss NA 152-03-02 AA „CEN/ISO Geometrische Produktspezifikation und -prüfung" im DIN-Normenausschuss Technische Grundlagen (NATG) zuständig.

Für die in diesem Dokument zitierten Internationalen Normen wird im Folgenden auf die entsprechenden Deutschen Normen hingewiesen:

ISO 128-24:1999	siehe	DIN ISO 128-24:1999-12
ISO 1660	siehe	DIN ISO 1660
ISO 2692:2014	siehe	DIN EN ISO 2692:2015-12
ISO 3040:1990	siehe	DIN EN ISO 3040:2016-12
ISO 3098-1	siehe	DIN EN ISO 3098-1
ISO 3098-2:2000	siehe	DIN EN ISO 3098-2:2000-11
ISO 3098-5	siehe	DIN EN ISO 3098-5
ISO 5458	siehe	DIN EN ISO 5458
ISO 5459	siehe	DIN EN ISO 5459
ISO 7083:1983	siehe	DIN ISO 7083:1984-06
ISO 8015:2011	siehe	DIN EN ISO 8015:2011-09
ISO 10579:2010	siehe	DIN EN ISO 10579:2013-11
ISO 13715	siehe	DIN ISO 13715
ISO 14253-1	siehe	DIN EN ISO 14253-1
ISO 14638	siehe	DIN EN ISO 14638
ISO 16610 (all Parts)	siehe	DIN EN ISO 16610 (alle Teile)
ISO 17450-1:2011	siehe	DIN EN ISO 17450-1:2012-04
ISO 17450-2	siehe	DIN EN ISO 17450-2
ISO 17450-3	siehe	DIN EN ISO 17450-3
ISO 22432	siehe	DIN EN ISO 22432
ISO 25378:2011	siehe	DIN EN ISO 25378:2011-12
ISO 81714-1	siehe	DIN EN ISO 81714-1

Änderungen

Gegenüber DIN EN ISO 1101:2014-04 wurden folgende Änderungen vorgenommen:

a) es wurden Werkzeuge zur Festlegung der Filterung des tolerierten Geometrieelements ergänzt;

b) es wurden Werkzeuge zur Tolerierung assoziierter Geometrieelemente ergänzt;

c) es wurden Werkzeuge zur Tolerierung von Formeigenschaften ergänzt, indem die Assoziation von Bezugselementen und der tolerierte Parameter festgelegt werden;

d) es wurden Werkzeuge zur Festlegung der Nebenbedingungen für die Toleranzzone ergänzt;

e) die Regeln für Toleranzen, bei denen die Modifikatoren „rundum" oder „rundherum" angewendet werden, wurden erläutert;

f) im Falle von Rundheitstoleranzen für Kegel ist die Richtung der Toleranzzone nun stets anzugeben, um eine Ausnahme von der allgemeinen Regel, dass Toleranzen für integrale Geometrieelemente senkrecht zur Oberfläche gelten, zu vermeiden;

g) das „von-bis"-Symbol wurde ausgemustert und durch das „zwischen"-Symbol ersetzt.

Frühere Ausgaben

DIN 7182-4: 1959-03
DIN 7184-1: 1972-05
DIN 7184-1 Beiblatt 1: 1973-02
DIN ISO 1101: 1985-03, 2006-02
DIN EN ISO 1101: 2008-08, 2014-04
DIN EN ISO 1101 Berichtigung 1: 2011-10

Nationaler Anhang NA
(informativ)

Literaturhinweise

DIN ISO 128-24:1999-12, *Technische Zeichnungen - Allgemeine Grundlagen der Darstellung - Teil 24: Linien in Zeichnungen der mechanischen Technik (ISO 128-24:1999)*

DIN ISO 1660, *Technische Zeichnungen — Eintragung von Maßen und Toleranzen von Profilen; Identisch mit ISO 1660:1987*

DIN EN ISO 2692:2015-12, *Geometrische Produktspezifikation (GPS) — Geometrische Tolerierung — Maximum-Material-Bedingung (MMR), Minimum-Material-Bedingung (LMR) und Reziprozitätsbedingung (RPR) (ISO 2692:2014); Deutsche Fassung EN ISO 2692:2014*

DIN EN ISO 3040:2016-12, *Geometrische Produktspezifikation (GPS) — Bemaßung und Tolerierung — Kegel (ISO 3040:2016); Deutsche Fassung EN ISO 3040:2016*

DIN EN ISO 3098-1, *Technische Produktdokumentation — Schriften — Teil 1: Grundregeln*

DIN EN ISO 3098-2:2000-11, *Technische Produktdokumentation — Schriften — Teil 2: Lateinisches Alphabet, Ziffern und Zeichen (ISO 3098-2:2000); Deutsche Fassung EN ISO 3098-2:2000*

DIN EN ISO 3098-5, *Technische Produktdokumentation — Schriften Teil 5: CAD-Schrift des lateinischen Alphabetes sowie der Ziffern und Zeichen*

DIN EN ISO 5458, *Geometrische Produktspezifikation (GPS) — Form- und Lagetolerierung — Positionstolerierung*

DIN EN ISO 5459, *Geometrische Produktspezifikation (GPS) — Geometrische Tolerierung — Bezüge und Bezugssysteme*

DIN ISO 7083:1984-06, *Technische Zeichnungen —Symbole für Form- und Lagetolerierung — Verhältnisse und Maße*

DIN EN ISO 8015:2011-09, *Geometrische Produktspezifikation (GPS) - Grundlagen - Konzepte, Prinzipien und Regeln (ISO 8015:2011); Deutsche Fassung EN ISO 8015:2011*

DIN EN ISO 10579:2013-11, *Geometrische Produktspezifikation (GPS) — Bemaßung und Tolerierung — Nicht-formstabile Teile (ISO 10579:2010, einschließlich Cor 1:2011); Deutsche Fassung EN ISO 10579:2013*

DIN EN ISO 13715, *Technische Zeichnungen — Werkstückkanten mit unbestimmter Form — Begriffe und Zeichnungsangaben*

DIN EN ISO 14253-1, *Geometrische Produktspezifikationen (GPS) — Prüfung von Werkstücken und Messgeräten durch Messen — Teil 1: Entscheidungsregeln für den Nachweis von Konformität oder Nichtkonformität mit Spezifikationen*

DIN EN ISO 14638, *Geometrische Produktspezifikation (GPS) — Matrix-Modell*

DIN EN ISO 16610 (alle Teile), *Geometrische Produktspezifikation (GPS) — Filterung*

DIN EN ISO 17450-1:2012-04, *Geometrische Produktspezifikation (GPS) — Grundlagen — Teil 1: Modell für die geometrische Spezifikation und Prüfung (ISO 17450-1:2011); Deutsche Fassung EN ISO 17450-1:2011*

DIN EN ISO 17450-2, *Geometrische Produktspezifikation (GPS) — Grundlagen — Teil 2: Grundsätze, Spezifikationen, Operatoren, Unsicherheiten und Mehrdeutigkeiten*

DIN EN ISO 17450-3, *Geometrische Produktspezifikation (GPS) — Grundlagen — Teil 3: Tolerierte Geometrieelemente*

DIN EN ISO 22432, *Geometrische Produktspezifikation (GPS) — Zur Spezifikation und Prüfung benutzte Geometrieelemente*

DIN EN ISO 25378:2011-12, *Geometrische Produktspezifikation (GPS) — Merkmale und Bedingungen — Begriffe (ISO 25378:2011); Deutsche Fassung EN ISO 25378:2011*

DIN EN ISO 81714-1, *Gestaltung von graphischen Symbolen für die Anwendung in der technischen Produktdokumentation — Teil 1: Grundregeln*

— Leerseite —

EUROPÄISCHE NORM
EUROPEAN STANDARD
NORME EUROPÉENNE

EN ISO 1101

Februar 2017

ICS 17.040.40

Ersatz für EN ISO 1101:2013

Deutsche Fassung

Geometrische Produktspezifikation (GPS) — Geometrische Tolerierung — Tolerierung von Form, Richtung, Ort und Lauf (ISO 1101:2017)

Geometrical product specifications (GPS) — Geometrical tolerancing — Tolerances of form, orientation, location and run-out (ISO 1101:2017)

Spécification géométrique des produits (GPS) — Tolérancement géométrique — Tolérancement de forme, orientation, position et battement (ISO 1101:2017)

Diese Europäische Norm wurde vom CEN am 14. Dezember 2016 angenommen.

Die CEN-Mitglieder sind gehalten, die CEN/CENELEC-Geschäftsordnung zu erfüllen, in der die Bedingungen festgelegt sind, unter denen dieser Europäischen Norm ohne jede Änderung der Status einer nationalen Norm zu geben ist. Auf dem letzten Stand befindliche Listen dieser nationalen Normen mit ihren bibliographischen Angaben sind beim Management-Zentrum des CEN-CENELEC oder bei jedem CEN-Mitglied auf Anfrage erhältlich.

Diese Europäische Norm besteht in drei offiziellen Fassungen (Deutsch, Englisch, Französisch). Eine Fassung in einer anderen Sprache, die von einem CEN-Mitglied in eigener Verantwortung durch Übersetzung in seine Landessprache gemacht und dem Management-Zentrum mitgeteilt worden ist, hat den gleichen Status wie die offiziellen Fassungen.

CEN-Mitglieder sind die nationalen Normungsinstitute von Belgien, Bulgarien, Dänemark, Deutschland, der ehemaligen jugoslawischen Republik Mazedonien, Estland, Finnland, Frankreich, Griechenland, Irland, Island, Italien, Kroatien, Lettland, Litauen, Luxemburg, Malta, den Niederlanden, Norwegen, Österreich, Polen, Portugal, Rumänien, Schweden, der Schweiz, der Slowakei, Slowenien, Spanien, der Tschechischen Republik, der Türkei, Ungarn, dem Vereinigten Königreich und Zypern.

EUROPÄISCHES KOMITEE FÜR NORMUNG
EUROPEAN COMMITTEE FOR STANDARDIZATION
COMITÉ EUROPÉEN DE NORMALISATION

CEN-CENELEC Management-Zentrum: Avenue Marnix 17, B-1000 Brüssel

Ref. Nr. EN ISO 1101:2017 D

Inhalt

Europäisches Vorwort

Dieses Dokument (EN ISO 1101:2017) wurde vom Technischen Komitee ISO/TC 213 „Dimensional and geometrical product specifications and verification" in Zusammenarbeit mit dem Technischen Komitee CEN/TC 290 „Geometrische Produktspezifikationen und -prüfung" erarbeitet, dessen Sekretariat von AFNOR gehalten wird.

Diese Europäische Norm muss den Status einer nationalen Norm erhalten, entweder durch Veröffentlichung eines identischen Textes oder durch Anerkennung bis August 2017 und etwaige entgegenstehende nationale Normen müssen bis August 2017 zurückgezogen werden.

Es wird auf die Möglichkeit hingewiesen, dass einige Geometrieelemente dieses Dokuments Patentrechte berühren können. CEN [und/oder CENELEC] sind nicht dafür verantwortlich, einige oder alle diesbezüglichen Patentrechte zu identifizieren.

Dieses Dokument ersetzt EN ISO 1101:2013.

Entsprechend der CEN-CENELEC-Geschäftsordnung sind die nationalen Normungsinstitute der folgenden Länder gehalten, diese Europäische Norm zu übernehmen: Belgien, Bulgarien, Dänemark, Deutschland, die ehemalige jugoslawische Republik Mazedonien, Estland, Finnland, Frankreich, Griechenland, Irland, Island, Italien, Kroatien, Lettland, Litauen, Luxemburg, Malta, Niederlande, Norwegen, Österreich, Polen, Portugal, Rumänien, Schweden, Schweiz, Serbien, Slowakei, Slowenien, Spanien, Tschechische Republik, Türkei, Ungarn, Vereinigtes Königreich und Zypern.

Anerkennungsnotiz

Der Text von ISO 1101:2017 wurde vom CEN als EN ISO 1101:2017 ohne irgendeine Abänderung genehmigt.

Vorwort

ISO (die Internationale Organisation für Normung) ist eine weltweite Vereinigung von Nationalen Normungsorganisationen (ISO-Mitgliedsorganisationen). Die Erstellung von Internationalen Normen wird normalerweise von ISO Technischen Komitees durchgeführt. Jede Mitgliedsorganisation, die Interesse an einem Thema hat, für welches ein Technisches Komitee gegründet wurde, hat das Recht, in diesem Komitee vertreten zu sein. Internationale Organisationen, staatlich und nicht-staatlich, in Liaison mit ISO, nehmen ebenfalls an der Arbeit teil. ISO arbeitet eng mit der Internationalen Elektrotechnischen Kommission (IEC) bei allen elektrotechnischen Themen zusammen.

Die Verfahren, die bei der Entwicklung dieses Dokuments angewendet wurden und die für die weitere Pflege vorgesehen sind, werden in den ISO/IEC-Direktiven, Teil 1 beschrieben. Im Besonderen sollten die für die verschiedenen ISO-Dokumentenarten notwendigen Annahmekriterien beachtet werden. Dieses Dokument wurde in Übereinstimmung mit den Gestaltungsregeln der ISO/IEC-Direktiven, Teil 2 erarbeitet (siehe www.iso.org/directives).

Es wird auf die Möglichkeit hingewiesen, dass einige Geometrieelemente dieses Dokuments Patentrechte berühren können. ISO ist nicht dafür verantwortlich, einige oder alle diesbezüglichen Patentrechte zu identifizieren. Details zu allen während der Entwicklung des Dokuments identifizierten Patentrechten finden sich in der Einleitung und/oder in der ISO-Liste der empfangenen Patenterklärungen (siehe www.iso.org/patents).

Jeder in diesem Dokument verwendete Handelsname wird als Information zum Nutzen der Anwender angegeben und stellt keine Anerkennung dar.

Eine Erläuterung der Bedeutung ISO-spezifischer Benennungen und Ausdrücke, die sich auf Konformitätsbewertung beziehen sowie Informationen über die Beachtung der Grundsätze der Welthandelsorganisation (WTO) zu technischen Handelshemmnissen (TBT, en: Technical Barriers to Trade) durch ISO enthält der folgende Link: www.iso.org/iso/foreword.html.

Das für dieses Dokument verantwortliche Komitee ist ISO/TC 213, *Dimensional and geometrical product specifications and verifications.*

Diese vierte Ausgabe ersetzt die dritte Ausgabe (ISO 1101:2012), welche technisch überarbeitet wurde.

Die Berichtigung ISO 1101:2012/Cor.1:2013 ist ebenfalls eingearbeitet.

Die wichtigsten Änderungen sind wie folgt:

— Es wurden Werkzeuge zur Festlegung der Filterung des tolerierten Geometrieelements ergänzt und eine Linienart wurde für seine visuelle Darstellung bezeichnet.

— Es wurden Werkzeuge zur Tolerierung assoziierter Geometrieelemente ergänzt.

— Es wurden Werkzeuge zur Festlegung von Formmerkmalen ergänzt, indem die Assoziation von Referenzelementen und zugehörige Parameter festgelegt wurden.

— Es wurden Werkzeuge zur Festlegung der Nebenbedingungen für die Toleranzzone ergänzt.

— Die Regeln für Spezifikationen, die die Modifikatoren „rundum“ oder „rundherum“ verwenden, wurden erläutert.

— Im Falle von Rundheitstoleranzen für rotationssymmetrische Flächen, die weder zylindrisch noch kugelförmig sind, z. B. Kegel, ist die Richtung der Toleranzzone nun stets anzugeben, um eine Ausnahme von der allgemeinen Regel, dass Spezifikationen für integrale Geometrieelemente rechtwinklig zur Fläche gelten, zu vermeiden.

— Das „von-bis"-Symbol wurde zurückgezogen und durch das „zwischen"-Symbol ersetzt.

Einleitung

Dieses Dokument ist eine Norm der Geometrischen Produktspezifikation (GPS) und als allgemeine GPS-Norm zu betrachten (siehe ISO 14638). Es beeinflusst Kettenglieder A, B und C der Normenkette zu Form, Richtung, Ort und Lauf.

Der ISO/GPS-Masterplan in ISO 14638 gibt einen Überblick über das ISO-GPS-System, von dem dieses Dokument ein Teil ist. Die grundsätzlichen ISO-GPS-Regeln nach ISO 8015 gelten für dieses Dokument. Die Default-Entscheidungsregeln nach ISO 14253-1 gelten für Spezifikationen, die nach diesem Dokument getroffen werden, solange nichts anderes angegeben ist.

Für weitere Informationen im Zusammenhang mit diesem Dokument und dem GPS-Matrix-Modell, siehe Anhang G.

Dieses Dokument stellt die Ausgangsbasis für die geometrische Tolerierung dar und beschreibt deren erforderliche Grundlagen. Dennoch ist es ratsam, auch die gesonderten Normen, auf die im Abschnitt 2 und in den Tabellen 3 und 4 hingewiesen wird, für weitere detaillierte Informationen heranzuziehen.

Für die Darstellung der Beschriftung (Größenverhältnisse und Maße), siehe ISO 3098-2.

Alle Bilder in diesem Dokument für 2D-Zeichnungseintragungen sind in der Projektionsmethode 1 mit Maßen und Toleranzen in Millimetern gezeichnet. Es hätten jedoch ebenso gut die Projektionsmethode 3 und andere Maßeinheiten angewendet werden können, ohne dadurch die Bedeutung der festgelegten Grundlagen zu verändern. Für alle Bilder mit Spezifikationsbeispielen in 3D sind die Maße und Toleranzen dieselben wie für die gleichen in 2D dargestellten Bilder.

Die Bilder in diesem Dokument stellen entweder 2D-Zeichnungsansichten oder axonometrische 3D-Ansichten von 2D-Zeichnungen dar und sollen veranschaulichen, wie eine Spezifikation vollständig mit sichtbaren Anmerkungen angezeigt werden kann. Für Möglichkeiten der Darstellung einer Spezifikation, wo Geometrieelemente der Spezifikation durch eine Abfrage-Funktion oder eine andere Abfrage von Informationen zu dem 3D-CAD-Modell verfügbar gemacht werden können und für die Regeln zur Angabe von Spezifikationen zu 3D-CAD-Modellen siehe ISO 16792.

Die Bilder in diesem Dokument illustrieren den Text und sind nicht dazu geeignet, die tatsächliche Anwendung wiederzugeben. Folglich sind die Bilder nicht vollständig angegeben und spezifiziert sondern nur allgemeine Grundsätze. Bei den Bildern ist nicht beabsichtigt, wenn versteckte Details, Tangentenlinien oder andere Annotationen gezeigt oder nicht gezeigt werden, einer bestimmten Anzeigeanforderung inhaltlich zu entsprechen. Bei vielen Bildern wurden Linien oder Details entfernt, hinzugefügt oder erweitert, um bei der Erläuterung des Textes zu helfen. Siehe Tabelle 1 für die Darstellung der Linienarten in den Bildern.

Damit eine GPS-Spezifikation eindeutig ist, müssen die Partitionsbestimmung, die Begrenzung des tolerierten Geometrieelements sowie die Filterung genau definiert sein. Aktuell sind die detaillierten Regeln für die Partitionierung und den Default für die Filterung nicht in den GPS-Normen definiert.

Für die eindeutige Darstellung (Größenverhältnisse und Maße) der Symbole der geometrischen Tolerierung, siehe ISO 7083 und Anhang F.

Der Anhang A dieses Dokuments dient nur der Information. Er stellt frühere, in dieser Norm nicht mehr enthaltene und nicht mehr anzuwendende Zeichnungseintragungen dar.

Für die Anwendung dieses Dokuments werden die Benennungen „Achse" und „Mittelebene" für abgeleitete Geometrieelemente mit perfekter Form und die Benennungen „Mittellinie" und „Mittelfläche" für abgeleitete Geometrieelemente mit nicht perfekter Form verwendet. Weiterhin wurden in den erklärenden Bildern die nachstehenden Linienarten verwendet, d. h. die für nicht technische Zeichnungen, für welche die Regeln nach ISO 128 (alle Teile) gültig sind.

Tabelle 1

Ebene des Geometrie-elementes	**Art des Geometrie-elementes**	**Details**	**Linienart**	
			Sichtbar	Verdeckt durch Ebene/Fläche
nominales Geometrieelement	integrales Geometrieelement	Punkt Linie/Achse Fläche/Ebene	breite Volllinie	schmale Strichlinie
	abgeleitetes Geometrieelement	Punkt Linie/Achse Fläche/Ebene	schmale Strich-Punktlinie (langer Strich)	schmale Strich-Punktlinie
reales Geometrieelement	integrales Geometrieelement	Fläche	breite Freihandlinie	schmale Freihand-Strichlinie
extrahiertes Geometrieelement	integrales Geometrieelement	Punkt Linie Fläche	breite Strichlinie (kurzer Strich)	schmale Strichlinie (kurzer Strich)
	abgeleitetes Geometrieelement	Punkt Linie Fläche	breite Punktlinie	schmale Punktlinie
gefiltertes Geometrieelement	integrales Geometrieelement	Linie Fläche	schmale Volllinie	schmale Volllinie
assoziiertes Geometrieelement	integrales Geometrieelement	Punkt gerade Linie Ebene	breite Zweistrich-Zweipunktlinie	schmale Zweistrich-Zweipunktlinie
	abgeleitetes Geometrieelement	Punkt gerade Linie (Achse) Ebene	schmale Strich-Zweipunktlinie (langer Strich)	breite Strich-Zweipunktlinie
	Bezug	Punkt Linie/Achse Fläche/Ebene	breite Strich-Doppelkurz-strichlinie (langer Strich)	schmale Strich-Doppelkurz-strichlinie (langer Strich)
Grenzen der Toleranzzone, Toleranzebenen		Linie Fläche	schmale Volllinie	schmale Strichlinie
Schnitt-, Abbildungs-, Zeichnungs- und Hilfsebene		Linie Fläche	schmale Strich-Kurzstrichlinie (langer Strich)	schmale Strich-Kurzstrichlinie
Maßhilfs-, Maß-, Hinweis- und Referenzlinien		Linie	schmale Volllinie	schmale Strichlinie

WICHTIG — Die Bilder in diesem Dokument sollen den Text veranschaulichen und/oder Beispiele liefern in Bezug auf die Spezifikation der technischen Zeichnung; diese Bilder sind nicht vollständig bemaßt und toleriert und zeigen nur die jeweils zutreffenden allgemeinen Grundlagen. Insbesondere enthalten viele Bilder keine Filterspezifikationen. Folglich stellen die Bilder nicht ein gesamtes Werkstück dar und entsprechen nicht der in der Industrie geforderten Qualität (im Hinblick auf die vollständige Übereinstimmung mit den von ISO/TC 10 und ISO/TC 213 erarbeiteten Normen) und sind somit nicht für Unterrichtszwecke geeignet.

1 Anwendungsbereich

Dieses Dokument definiert die Symbolsprache für geometrische Spezifikationen von Werkstücken und die Regeln zu deren Interpretation.

Es bietet die Grundlage für die geometrische Spezifikation.

Die Bilder in diesem Dokument sollen veranschaulichen, wie eine Spezifikation vollständig mit sichtbaren Anmerkungen (einschließlich z. B. TEDs) angegeben werden kann.

ANMERKUNG 1 Weitere Internationale Normen, auf die im Abschnitt 2 und in den Tabellen 3 und 4 hingewiesen werden, enthalten ausführlichere Informationen zur geometrischen Tolerierung.

ANMERKUNG 2 Das vorliegende Dokument enthält Regeln für die explizite und direkte Angabe von geometrischen Spezifikationen. Alternativ können die gleichen Spezifikationen indirekt angegeben werden in Übereinstimmung mit ISO 16792 in dem diese einem 3D CAD-Model zugewiesen werden. In diesem Fall ist es möglich, dass Geometrieelemente der Spezifikation über eine Abfragefunktion oder sonstige Informationsabfrage zum Modell verfügbar sein können, anstatt mittels sichtbarer Anmerkungen angezeigt zu werden

2 Normative Verweisungen

Die folgenden Dokumente werden in diesem Dokument solcher Art zitiert, dass einige Teile oder der gesamte Inhalt Anforderungen dieses Dokuments enthalten. Bei datierten Verweisungen gilt nur die in Bezug genommene Ausgabe. Bei undatierten Verweisungen gilt die letzte Ausgabe des in Bezug genommenen Dokuments (einschließlich aller Änderungen).

ISO 128-24:1999, *Technical drawings — General principles of presentation — Part 24: Lines on mechanical engineering drawing*

ISO 1660, *Technical drawings — Dimensioning and tolerancing of profiles*

ISO 2692:2014, *Geometrical product specifications (GPS) — Geometrical tolerancing — Maximum material requirement (MMR), least material requirement (LMR) and reciprocity requirement (RPR)*

ISO 5458, *Geometrical product specifications (GPS) — Geometrical tolerancing — Positional tolerancing*

ISO 5459, *Geometrical product specifications (GPS) — Geometrical tolerancing — Datums and datum systems*

ISO 8015:2011, *Geometrical product specifications (GPS) — Fundamentals — Concepts, principles and rules*

ISO 10579:2010, *Geometrical product specifications (GPS) — Dimensioning and tolerancing — Non-rigid parts*

ISO 13715, *Technical drawings — Edges of undefined shape — Vocabulary and indications*

ISO 16610 (alle Teile), *Geometrical product specifications (GPS) — Filtration*

ISO 17450-1:2011, *Geometrical product specifications (GPS) — General concepts — Part 1: Model for geometrical specification and verification*

ISO 17450-2, *Geometrical product specifications (GPS) — General concepts — Part 2: Basic tenets, specifications, operators, uncertainties and ambiguities*

ISO 17450-3, *Geometrical product specifications (GPS) — General concepts — Part 3: Toleranced features*

ISO 22432, *Geometrical product specifications (GPS) — Features utilized in specification and verification*

ISO 25378:2011, *Geometrical product specifications (GPS) — Characteristics and conditions — Definitions*

3 Begriffe

Für die Anwendung dieses Dokuments gelten die Begriffe nach ISO 8015, nach der Reihe ISO 16610, ISO 17450-1, ISO 17450-2, ISO 17450-3, ISO 22432, ISO 25378 und die folgenden Begriffe.

ISO und IEC unterhalten terminologische Datenbanken für die Verwendung in der Normung unter den folgenden Adressen:

— IEC Electropedia: unter http://www.electropedia.org/

— ISO Online browsing platform: unter http://www.iso.org/obp

3.1
Toleranzzone
Raum, der durch eine oder mehrere ideale Linien oder Flächen, diese mit einschließend, begrenzt und durch ein oder mehrere Längenmaße, Toleranz genannt, gekennzeichnet ist

Anmerkung 1 zum Begriff: Siehe auch 4.4.

3.2
Schnittebene
Ebene, errichtet aus einem extrahierten Geometrieelement eines Werkstücks, die eine Linie auf einer extrahierten Fläche (integrale oder mittlere) oder einen Punkt auf einer extrahierten Linie festlegt

Anmerkung 1 zum Begriff: Die Verwendung von Schnittebenen macht es möglich, tolerierte Geometrieelemente unabhängig von der Ansicht festzulegen.

Anmerkung 2 zum Begriff: Für die Oberflächengüte kann die Schnittebene verwendet werden, um die Richtung des Auswertebereichs zu definieren, siehe ISO 25178-1.

3.3
Orientierungsebene
Ebene, errichtet aus einem extrahierten Geometrieelement eines Werkstücks, das die Orientierung der Toleranzzone festlegt

Anmerkung 1 zum Begriff: Die Verwendung einer Orientierungsebene macht es möglich, unabhängig des theoretisch exakten Maßes (TEDs) (für den Fall des Ortes) oder des Bezugs (für den Fall der Orientierung) die Richtung der Ebenen oder Zylinder festzulegen, welche die Toleranzzone begrenzen. Die Orientierungsebene wird zu diesem Zweck nur verwendet, wenn das tolerierte Geometrieelement ein mittleres Geometrieelement (Mittelpunkt, mittlere Gerade) ist und die Toleranzzone durch zwei parallele Geraden oder zwei parallele Ebenen oder für einen Mittelpunkt einen Zylinder festgelegt ist.

Anmerkung 2 zum Begriff: Die Verwendung einer Orientierungsebene ermöglicht es außerdem, die Richtung eines rechteckigen eingeschränkten Bereiches festzulegen.

3.4
Richtungsgeometrieelement
ideales Geometrieelement, errichtet aus einem extrahierten Geometrieelement des Werkstücks, das die Richtung der lokalen Abweichungen kennzeichnet

Anmerkung 1 zum Begriff: Das Richtungsgeometrieelement kann eine Ebene, ein Zylinder oder ein Kegel sein.

Anmerkung 2 zum Begriff: Für eine Linie auf einer Fläche macht es die Verwendung eines Richtungsgeometrieelements möglich, die Richtung der Weite der Toleranzzone zu ändern.

Anmerkung 3 zum Begriff: Das Richtungsgeometrieelement wird verwendet, wenn der Toleranzwert anstatt senkrecht zur spezifizierten Geometrie in einer anderen spezifizierten Richtung gilt.

Anmerkung 4 zum Begriff: Das Richtungsgeometrieelement wird aus dem Bezug aufgebaut, der im zweiten Feld des Richtungsgeometrieelement-Indikators vorgegeben ist. Die Geometrie des Richtungsgeometrieelements hängt von der Geometrie des tolerierten Geometrieelements ab.

3.5
zusammengesetztes kontinuierliches Geometrieelement
einzelnes Geometrieelement, aus mehr als einem einzelnen Geometrieelement ohne Zwischenräume zusammengesetzt

Anmerkung 1 zum Begriff: Ein zusammengesetztes kontinuierliches Geometrieelement kann geschlossen sein oder nicht.

Anmerkung 2 zum Begriff: Ein nicht geschlossenes zusammengesetztes kontinuierliches Geometrieelement kann dadurch festgelegt werden, dass das „zwischen"-Symbol (siehe 9.1.4) und der UF-Modifikator verwendet werden.

Anmerkung 3 zum Begriff: Ein geschlossenes zusammengesetztes kontinuierliches Geometrieelement kann dadurch festgelegt werden, dass das „Rundum"-Symbol (siehe 9.1.2) sowie der UF-Modifikator verwendet werden. In diesem Fall ist es ein Satz von einzelnen Geometrieelementen, deren Schnitt mit jeder Ebene parallel zu einer Kollektionsebene eine Linie oder einen Punkt ergibt.

Anmerkung 4 zum Begriff: Ein geschlossenes zusammengesetztes kontinuierliches Geometrieelement kann dadurch festgelegt werden, dass das „Rundherum"-Symbol (siehe 9.1.2) und der UF-Modifikator verwendet werden.

3.6
Kollektionsebene
Ebene, errichtet aus einem Geometrieelement eines Werkstücks, die ein geschlossenes zusammengesetztes kontinuierliches Geometrieelement festlegt

Anmerkung 1 zum Begriff: Die Kollektionsebene wird stets verwendet, wenn das „Rundum"-Symbol angewendet wird.

3.7
theoretisch exaktes Maß
TED
in GPS-Anwendungen angegebenes lineares oder Winkelmaß, welches theoretisch exakte Geometrie, Ausdehnung, Orte und Richtungen von Geometrieelementen festlegt

Anmerkung 1 zum Begriff: Für den Zweck dieses Dokuments wurde der Begriff „theoretisch exaktes Maß" durch TED (en: theoretically exact dimension) abgekürzt.

Anmerkung 2 zum Begriff: Ein TED kann verwendet werden zur Definition von Folgendem:

— die Nenngestalt und -maße von Geometrieelementen;

— die Definition von theoretisch exakten Geometrieelementen (TEF);

— der Ort und das Maß von Teilbereichen von Geometrieelementen, einschließlich eingeschränkter Toleranz-(Geometrie-)Elemente;

— die Länge von projizierten Geometrieelementen;

— der relative Ort und die relative Richtung von zwei oder mehreren Toleranzzonen;

— die relative Lage und Richtung von Bezugsstellen, einschließlich beweglicher Bezugsstellen;

— der Ort und die Richtung von Toleranzzonen bezüglich der Bezüge und Bezugssysteme;

— die Richtung der Weite von Toleranzzonen.

Anmerkung 3 zum Begriff: Ein TED kann explizit oder implizit sein. Bei dessen Angabe wird ein expliziter TED durch eine Zahl in einem rechteckigen Rahmen gekennzeichnet und teilweise mit einem assoziierten Symbol, z. B. ⌀ oder R. An 3D-Modellen können, bei Bedarf, explizite TEDs zur Verfügung gestellt werden.

Anmerkung 4 zum Begriff: Ein implizierter TED ist nicht angegeben. Ein implizierter TED ist einer der folgenden: 0 mm, 0°, 90°, 180°, 270° und der Winkelabstand zwischen Bezügen mit gleichem Abstand auf einem kompletten Kreis.

Anmerkung 5 zum Begriff: TEDs sind von individuellen oder allgemeinen Spezifikationen nicht betroffen.

3.8
theoretisch exaktes Geometrieelement
TEF
nominales Geometrieelement mit idealer Gestalt, idealem Größenmaß, idealer Richtung und Lage, je nach Anwendung

Anmerkung 1 zum Begriff: Ein theoretisch exaktes Geometrieelement (TEF) kann jede Gestalt haben und kann durch explizit angegebene theoretisch exakte Maße (TEDs) oder implizit in den CAD-Daten bestimmt definiert werden.

Anmerkung 2 zum Begriff: Die theoretisch exakte Lage und Orientierung ist, sofern zutreffend, die Lage und Orientierung relativ zum angezeigten Bezugssystem für die Spezifikation des entsprechenden tatsächlichen Geometrieelementes.

Anmerkung 3 zum Begriff: Siehe auch ISO 25378.

BEISPIEL 1 Die in Bild 110 dargestellte kugelförmige Fläche ist ein theoretisch exaktes Geometrieelement mit einem festgelegten Kugelradius und einer festgelegten Lage und Orientierung zum Bezug A.

BEISPIEL 2 Eine virtuelle Bedingung, z. B. eine virtuelle Maximum-Material-Bedingung (MMVC) nach ISO 2692 ist ein theoretisch exaktes Geometrieelement.

3.9
vereinigtes Geometrieelement
zusammengesetztes integrales Geometrieelement, das kontinuierlich sein kann, aber nicht muss und als einzelnes Geometrieelement angesehen wird

Anmerkung 1 zum Begriff: Ein vereinigtes Geometrieelement kann ein abgeleitetes Geometrieelement haben.

Anmerkung 2 zum Begriff: Die Festlegung eines vereinigten Geometrieelementes ist absichtlich sehr weit gefasst, um zu vermeiden, dass hilfreiche Anwendungen ausgeschlossen werden. Es ist jedoch nicht beabsichtigt, dass ein vereinigtes Geometrieelement zur Festlegung von etwas verwendet werden kann, das von Natur aus mehrere gesonderte Geometrieelemente umfasst. Beispielsweise ist der Aufbau eines vereinigten Geometrieelementes aus zwei parallelen nicht koaxialen zylindrischen Geometrieelementen oder zwei parallelen nicht koaxialen Rechteckrohren (jedes jeweils errichtet aus zwei senkrechten Paaren paralleler Ebenen) kein vorgesehener Verwendungszweck.

BEISPIEL 1 Ein zylindrisches Geometrieelement, das durch eine Reihe von Bogenelementen definiert wird, wie z. B. der Außendurchmesser eines Splines, ist eine geplante Anwendung für ein vereinigtes Geometrieelement, siehe Bild 48.

BEISPIEL 2 Zwei vollständige koaxiale Zylinder, die nicht dasselbe Nennmaß haben, können nicht als vereinigtes Geometrieelement angesehen werden.

4 Grundlagen

4.1 Geometrische Toleranzen müssen in Übereinstimmung mit den Funktionsanforderungen spezifiziert werden. Anforderungen aus der Herstellung und der Prüfung können die geometrische Tolerierung ebenfalls beeinflussen.

ANMERKUNG Die Angabe geometrischer Toleranzen legt nicht unbedingt die Anwendung irgendeines speziellen Verfahrens zur Herstellung, Messung oder Eichung fest.

4.2 Eine auf ein Geometrieelement angewendete geometrische Toleranz definiert die Toleranzzone um das Referenzgeometrieelement, in der dieses tolerierte Geometrieelement liegen muss.

ANMERKUNG 1 In manchen Fällen, d. h. wenn die in diesem Dokument eingeführten Modifikatoren für Merkmalparameter, siehe Bild 13, verwendet wurden, können geometrische Spezifikationen Merkmale statt Zonen beschreiben.

ANMERKUNG 2 Alle in den Bildern dieses Dokuments angegebenen Maße sind in Millimeter.

4.3 Ein Geometrieelement ist ein bestimmter Teil eines Werkstückes, wie ein Punkt, eine Linie oder eine Fläche. Diese Geometrieelemente können integrale Geometrieelemente (z. B. eine Zylindermantelfläche) oder abgeleitete Geometrieelemente (z. B. eine Mittellinie oder eine Mittelfläche) sein. Siehe ISO 17450-1.

4.4 Je nach zu spezifizierenden Merkmal und je nach Art seiner Spezifizierung ist die Toleranzzone eine der folgenden:

— der Raum innerhalb eines Kreises;

— der Raum zwischen zwei konzentrischen Kreisen;

— der Raum zwischen zwei parallelen Kreisen auf einer Kegelfläche;

— der Raum zwischen zwei parallelen Kreisen mit demselben Durchmesser;

— der Raum zwischen zwei abstandsgleichen komplexen Linien oder zwei parallelen geraden Linien;

— der Raum zwischen zwei nicht-abstandsgleichen komplexen Linien oder zwei nicht-parallelen geraden Linien;

— der Raum innerhalb eines Zylinders;

— der Raum zwischen zwei koaxialen Zylindern;

— der Raum innerhalb eines Kegels;

— der Raum innerhalb einer einzelnen komplexen Fläche;

— der Raum zwischen zwei abstandsgleichen komplexen Flächen oder zwei parallelen Ebenen;

— der Raum innerhalb einer Kugel;

— der Raum zwischen zwei nicht-abstandsgleichen komplexen Flächen oder zwei nicht-parallelen Ebenen.

ANMERKUNG Die Toleranzzone kann im CAD-Modell bestimmt werden.

4.5 Solange keine weitere Einschränkung gefordert ist, zum Beispiel durch eine erklärende Anmerkung, darf das tolerierte Geometrieelement jede beliebige Form oder Orientierung und/oder Lage innerhalb dieser Toleranzzone haben.

4.6 Die Spezifikation gilt für die ganze Länge des betrachteten Geometrieelementes, solange nicht etwas anderes spezifiziert ist. Siehe Abschnitte 11 und 12.

Aktuell sind die detaillierten Regeln für die Partitionierung (Definieren der Begrenzung des tolerierten Geometrieelements) nicht in den GPS-Normen definiert. Dies führt zu einer Spezifikationsmehrdeutigkeit.

4.7 Geometrische Spezifikationen an Geometrieelementen mit einem Bezug begrenzen nicht die Formabweichungen des(r) Bezugselements(e) selbst.

4.8 Wenn es aus funktionellen Gründen erforderlich ist, können ein oder mehrere Merkmale spezifiziert werden, um die geometrischen Abweichungen eines Geometrieelementes festzulegen. Bestimmte Spezifikationsarten, welche die geometrischen Abweichungen eines tolerierten Geometrieelements begrenzen, können auch andere Arten von Abweichungen des gleichen Geometrieelementes begrenzen.

— Eine Ortsspezifikation begrenzt die Ortsabweichung, die Richtungsabweichung und die Formabweichung des tolerierten Geometrieelements.

— Eine Richtungsspezifikation begrenzt die Richtungs- und Formabweichungen des tolerierten Geometrieelements, kann aber keine Ortsabweichung kontrollieren.

— Eine Formspezifikation begrenzt nur Formabweichungen des tolerierten Geometrieelements.

5 Symbole

Die im Symbolfeld des Toleranzindikators verwendeten Symbole sind in Tabelle 2 festgelegt.

Die im Feld für Zone, Geometrieelement und Merkmal des Toleranzindikators verwendeten Symbole sind in Tabelle 3 festgelegt. Anhang C legt die Bedeutung der Filtersymbole und Anhang D die Bedeutung von Assoziationssymbolen und Parametersymbolen (eines Merkmals) fest.

Einige in anderen Normen festgelegte Symbole, die in ISO 1101 verwendet werden, sind in Tabelle 4 zur Information dargestellt.

Für Filtersymbole, siehe Tabelle C.1, für Nesting-Indizes, siehe Tabelle C.2, für Assoziationssymbole, siehe Tabelle D.1, und für Parametersymbole, siehe Tabelle D.2.

ANMERKUNG Zu den Symbolverhältnissen siehe ISO 7083 und Anhang F.

Tabelle 2 — Symbole für geometrische Merkmale

Spezifikation	Merkmale	Symbol	Bezug erforderlich	Unterabschnitt
Form	Geradheit	—	nein	17.2
	Ebenheit	▱	nein	17.3
	Rundheit	○	nein	17.4
	Zylindrizität	⌭	nein	17.5
	Linienprofil	⌒[a]	nein	17.6
	Flächenprofil	⌓[a]	nein	17.8
Richtung	Parallelität	//	ja	17.10
	Rechtwinkligkeit	⊥	ja	17.11
	Neigung	∠	ja	17.12
	Linienprofil	⌒[a]	ja	
	Flächenprofil	⌓[a]	ja	
Ort	Position	⌖	nein	[b]
			ja	17.13
	Konzentrizität (für Mittelpunkte)	◎	ja	17.14
	Koaxialität (für Mittellinien)	◎	ja	17.14
	Symmetrie	⌯	ja	17.15
	Linienprofil	⌒[a]	ja	17.7
	Flächenprofil	⌓[a]	ja	17.9
Lauf	Einfacher Lauf	↗	ja	17.16
	Gesamtlauf	⌰	ja	17.17

ANMERKUNG 1 Das Symbol für die Spezifikation des Linienprofils wurde in früheren Versionen dieses Dokuments „Profil einer beliebigen Linie" genannt.

ANMERKUNG 2 Das Symbol für die Spezifikation des Flächenprofils wurde in früheren Versionen dieses Dokuments „Profil einer beliebigen Fläche" genannt.

[a] Siehe auch ISO 1660

[b] Siehe auch ISO 5458

Tabelle 3 — Zusätzliche in diesem Dokument festgelegte Symbole

Beschreibung	Symbol	Abschnitt
Modifikatoren zur Kombination von Toleranzzonen		
kombinierte Zone	CZ[a c]	8.2.2.1.2
getrennte Zonen	SZ[a]	8.2.2.1.2, ISO 2692 und ISO 5458
Modifikatoren für ungleichmäßige Toleranzzonen		
spezifiziert versetzte Toleranzzone	UZ[a]	8.2.2.1.3
Modifikatoren für Nebenbedingungen		
unspezifiziert linear versetzte Toleranzzone (Versatzzone)	OZ	8.2.2.1.4.1
unspezifizierte Neigung der Toleranzzone (variabler Winkel)	VA	8.2.2.1.4.2
Modifikatoren für assoziierte tolerierte Geometrieelemente		
Minimax (Tschebyschew)-Geometrieelement	Ⓒ	8.2.2.2.2
(Gaußsches) Kleinste-Quadrate-Geometrieelement	Ⓖ	8.2.2.2.2
kleinstes umschriebenes Geometrieelement	Ⓝ	8.2.2.2.2
Tangentiales Geometrieelement	Ⓣ	8.2.2.2.2
größtes einbeschriebenes Geometrieelement	Ⓧ	8.2.2.2.2
Modifikatoren für abgeleitete tolerierte Geometrieelemente		
abgeleitetes Geometrieelement	Ⓐ	Abschnitt 6 und 8.2.2.2.3
projizierte Toleranzzone	Ⓟ	Abschnitt 12 und 8.2.2.2.3
Modifikatoren für die Assoziation von Referenzelementen zur Formauswertung		
Minimax (Tschebyschew)-Geometrieelement ohne Nebenbedingung	C	8.2.2.3.1
Von der materialfreien Seite anliegendes Minimax (Tschebyschew)- Geometrieelement	CE	8.2.2.3.1
Von der Materialseite anliegendes Minimax (Tschebyschew)- Geometrieelement	CI	8.2.2.3.1
Kleinste-Quadrate(Gauß) - Geometrieelement ohne Nebenbedingung	G	8.2.2.3.1
Von der materialfreien Seite anliegendes Kleinste-Quadrate (Gauß)- Geometrieelement	GE	8.2.2.3.1
Von der Materialseite anliegendes Kleinste-Quadrate (Gauß)- Geometrieelement	GI	8.2.2.3.1
kleinstes umschriebenes Geometrieelement	N	8.2.2.3.1
größtes einbeschriebenes Geometrieelement	X	8.2.2.3.1

Tabelle 3 (*fortgesetzt*)

Beschreibung	Symbol	Abschnitt
Modifikatoren für Parameter		
Abweichungsspanne	T	8.2.2.3.2
Spitzenwert	P	8.2.2.3.2
Tiefstwert	V	8.2.2.3.2
Standardabweichung	Q	8.2.2.3.2
Modifikatoren für tolerierte Geometrieelemente		
Zwischen	↔	3.5, 7.2, 8.2.2.1.1, 8.2.2.1.3, 8.4.2, 9.1.3 und 9.1.4
vereinigtes Geometrieelement	UF	3.9 und 8.4.2
kleinster Durchmesser	LD	8.4.2
größter Durchmesser	MD	8.4.2
Flankendurchmesser	PD	8.4.2
rundum (Profil)		9.1.2
rundherum (Profil)		9.1.2
Toleranzindikator		
Angabe einer geometrischen Spezifikation ohne Bezugsfeld		8.2
Angabe einer geometrischen Spezifikation mit Bezugsfeld	D [b]	8.2 und ISO 5459
Zusatzangaben von Geometrieelementen		
jeder beliebige Querschnitt	ACS	8.4.2
Schnittebenen-Indikator	// B [b]	Abschnitt 13
Orientierungsebenen-Indikator	// B [b]	Abschnitt 14
Richtungselement-Indikator	// B [b]	Abschnitt 15
Kollektionsebenen-Indikator	// B [b]	Abschnitt 16
Symbol für das theoretisch exakte Maß (TED)		
theoretisch exaktes Maß (TED)	50 [b]	10

Symbole für Defaults auf Zeichnungen: siehe Tabelle 6.

[a] Siehe auch ISO 1660, ISO 2692 und ISO 5458.

[b] Die Buchstaben, Werte und charakteristischen Symbole in diesen Symbolen sind Beispiele.

[c] Das CZ-Symbol wurde in der früheren Version dieses Dokuments als „gemeinsame Toleranzzone" bezeichnet.

Tabelle 4 — Zusätzliche in anderen Normen festgelegte Symbole

Beschreibung	Symbol	Referenz
Modifikator für die Materialbedingung		
Maximum-Material-Bedingung	Ⓜ	ISO 2692
Minimum-Material-Bedingung	Ⓛ	ISO 2692
Reziprozitätsbedingung	Ⓡ	ISO 2692
Modifikator für den freien Zustand		
freier Zustand (nicht formstabile Teile)	Ⓕ	ISO 10579
Angaben und Modifikatoren für Bezüge		
Bezugselement-Indikator	E [a]	ISO 5459
Bezugsstellen-Indikator	Φ4 / A1 [a]	ISO 5459
berührendes Geometrieelement	CF	ISO 5459
Nur-Richtung-Modifikator	><	ISO 5459
Modifikator für die Größenmaßtoleranz		
Hüllbedingung	Ⓔ	ISO 14405-1
[a] Die Buchstaben, Werte und charakteristischen Symbole in diesen Modifikatoren sind Beispiele.		

6 Tolerierte Geometrieelemente

Eine geometrische Spezifikation gilt für ein einzelnes vollständiges Geometrieelement, sofern nicht ausdrücklich etwas anderes angegeben ist. Wenn das tolerierte Geometrieelement kein einzelnes vollständiges Geometrieelement ist, siehe 8.4.2, Abschnitt 9 und Abschnitt 11.

Wenn sich die geometrische Spezifikation auf das integrale Geometrieelement bezieht, muss die Angabe der geometrischen Spezifikation mit dem tolerierten Geometrieelement durch eine Referenzlinie verbunden werden, siehe 8.4.1, und durch eine Hinweislinie, die in einer der folgenden Weisen endet:

— in der 2D-Darstellung auf der Konturlinie des Geometrieelements oder auf einer Verlängerung der Konturlinie (aber deutlich versetzt von der Maßlinie) [siehe die Bilder 1 a) und 2 a)]. Das Ende der Hinweislinie ist

   — ein Pfeil, wenn sie auf einer Konturlinie oder verlängerten Linie des Geometrieelementes endet; oder

   — ein Punkt, wenn die Hinweislinie innerhalb der Kontur des Geometrieelementes endet [siehe Bild 3 a)]. Wenn die Fläche sichtbar ist, wird der Punkt ausgefüllt; wenn die Fläche unsichtbar ist, wird der Punkt nicht ausgefüllt, und die Hinweislinie ist eine Strichlinie;

   — Die Pfeilspitze darf auf einer Referenzlinie angebracht werden, die mit einer Hinweislinie auf die Fläche zeigt [siehe Bild 3 a)].

— in der 3D-Darstellung auf dem integralen Geometrieelements oder auf einer Verlängerung der Konturlinie (aber deutlich versetzt von der Maßlinie) [siehe die Bilder 1 b) und 2 b)]. Das Ende der

Hinweislinie ist ein Pfeil auf einer verlängerten Linie und Punkt auf dem integralen Geometrieelement. Wenn die Fläche sichtbar ist, wird der Punkt ausgefüllt; wenn die Fläche unsichtbar ist, wird der Punkt nicht ausgefüllt, und die Hinweislinie ist eine Strichlinie.

— Das Ende der Hinweislinie darf ein Pfeil sein, der auf einer Referenzlinie angebracht ist, die mit einer Hinweislinie auf die Fläche zeigt [siehe Bild 3 b)]. Die obigen Regeln für den Punkt am Ende der Hinweislinie gelten auch in diesem Fall.

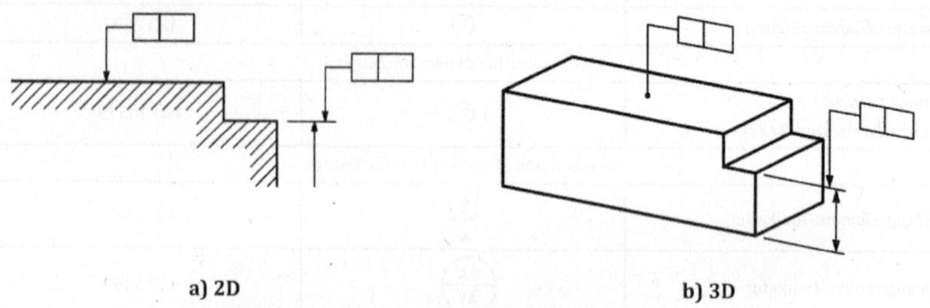

a) 2D b) 3D

Bild 1 — Angabe der Spezifikation des integralen Geometrieelements

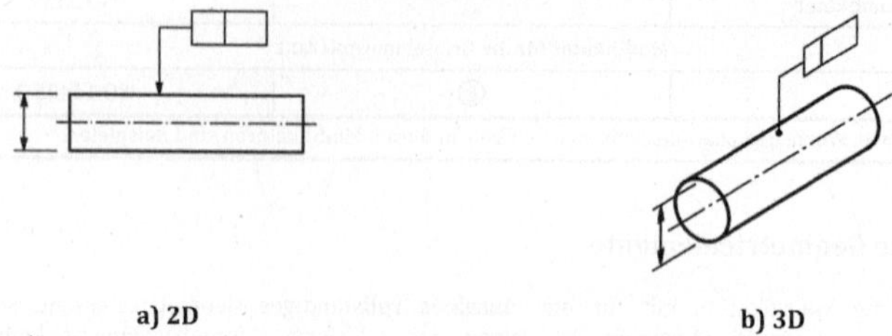

a) 2D b) 3D

Bild 2 — Angabe der Spezifikation des integralen Geometrieelements

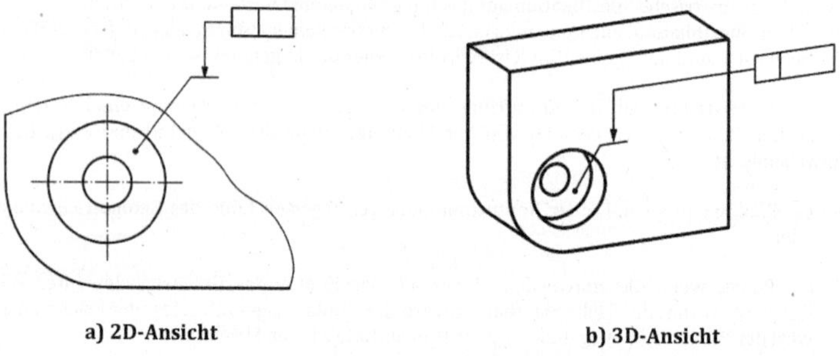

a) 2D-Ansicht b) 3D-Ansicht

Bild 3 — Verbindung der Spezifikation des tolerierten Geometrieelements mithilfe einer Referenzlinie und einer Hinweislinie

Wenn sich die geometrische Spezifikation auf ein abgeleitetes Geometrieelement (einen Mittelpunkt, eine Mittellinie oder eine Mittelfläche) bezieht, muss dies entweder

— durch eine Referenzlinie, siehe 8.4.1, und eine Hinweislinie, die mit einem Pfeil an der Verlängerung der Maßlinie eines Größenmaßelementes endet (siehe die Beispiele in den Bildern 4, 5 und 6); oder

— im Falle einer Rotationsfläche durch den Modifikator Ⓐ (mittleres Geometrieelement), der im Feld für Zone, Geometrieelement und Merkmal des Toleranzindikators platziert ist. In diesem Fall braucht die Hinweislinie nicht an der Maßlinie zu enden, sondern kann mit einem Punkt auf dem integralen Geometrieelement oder einem Pfeil an der Konturlinie oder einer Verlängerungslinie enden (siehe Bild 7).

ANMERKUNG Der Modifikator Ⓐ kann nur für Rotationsflächen verwendet werden und nicht für andere Arten von Größenmaßelementen, da es in anderen Fällen nicht eindeutig sein kann, welches das andere Geometrieelement des Größenmaßelementes ist.

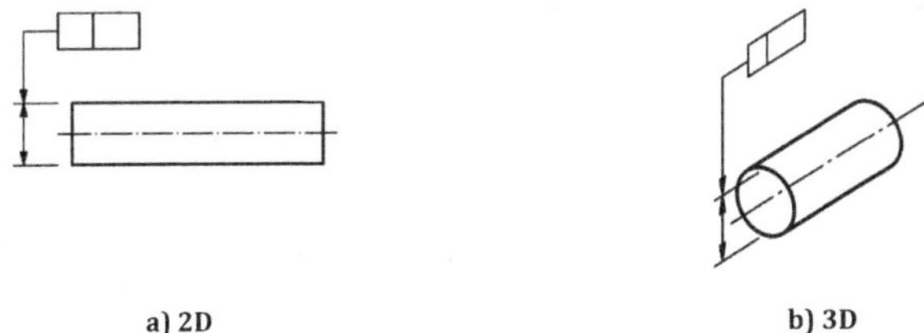

a) 2D b) 3D

Bild 4 — Angabe der Spezifikation des abgeleiteten Geometrieelements

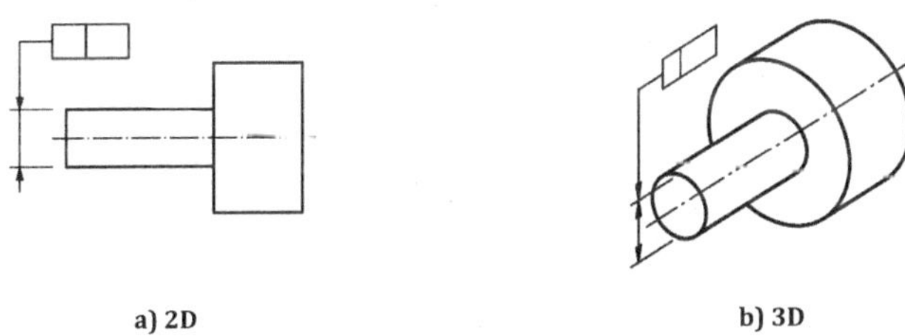

a) 2D b) 3D

Bild 5 — Angabe der Spezifikation des abgeleiteten Geometrieelements

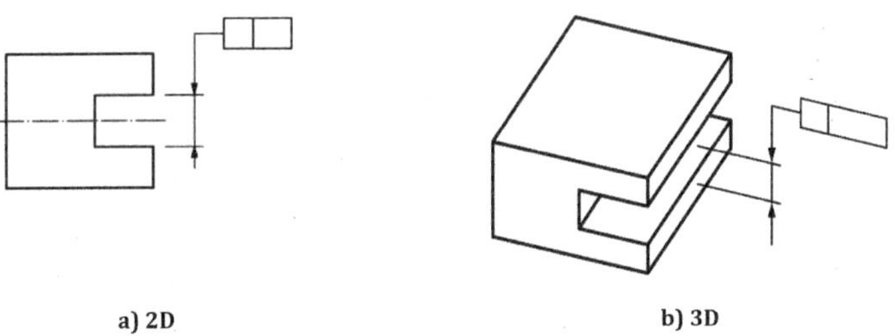

a) 2D b) 3D

Bild 6 — Angabe der Spezifikation des abgeleiteten Geometrieelements

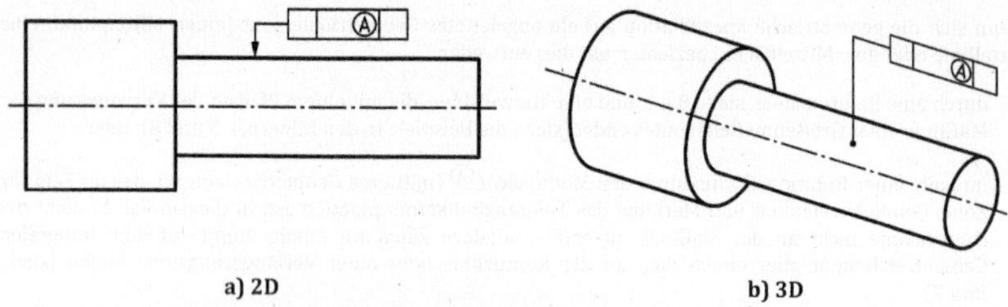

Bild 7 — Angabe der Spezifikation des abgeleiteten Geometrieelements

Wenn erforderlich, muss ein Schnittebenen-Indikator verwendet werden, um zu spezifizieren, dass das tolerierte Geometrieelement eine Ansammlung von Linien ist (siehe Bild 122, anstatt einer Fläche, wie in Bild 126).

ANMERKUNG Wenn das tolerierte Geometrieelement eine abgeleitete Linie ist, kann eine weitere Angabe zur Kontrolle der Orientierung der Toleranzzone nötig sein, siehe Bild 114.

7 Toleranzzonen

7.1 Toleranzzonendefaults

Die Toleranzzone muss symmetrisch um das Referenzgeometrieelement herum angeordnet werden, soweit nichts anderes angegeben ist (siehe 8.2.2.1.3). Der Toleranzwert definiert die Weite der Toleranzzone. Die lokale Weite der Toleranzzone muss senkrecht zur spezifizierten Geometrie gelten (siehe die Bilder 8 und 9), sofern nichts anderes angegeben ist. Siehe Abschnitt 15.

Für die Rundheit von Rotationsflächen, die weder zylindrisch noch kugelförmig sind, z. B. Kegel, muss die Richtung der Weite der Toleranzzonen stets angegeben werden. Siehe Abschnitt 15.

ANMERKUNG Die Orientierung der Hinweislinie allein beeinflusst nicht die Definition der Toleranzzone, ausgenommen den Fall, dass die Orientierung der Hinweislinie und damit die Richtung der Weite der Toleranzzone durch ein theoretisch exaktes Maß (TED) angegeben sind. Siehe Abschnitt 15.

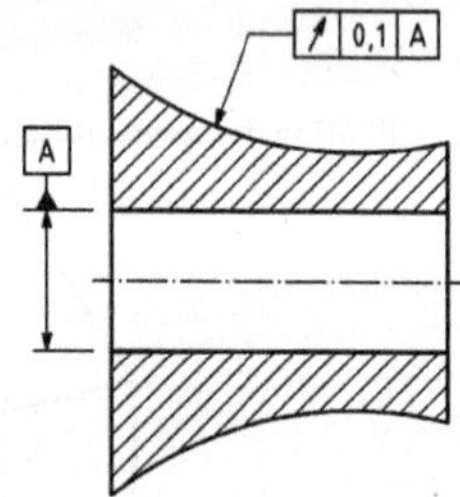

Bild 8 — Zeichnungseintragung

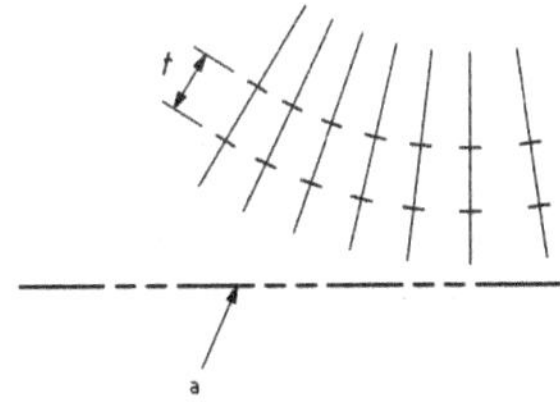

a Bezug A.

Bild 9 — Interpretation

7.2 Toleranzzonen mit variabler Weite

Der Toleranzwert ist über die Länge des betrachteten Geometrieelements konstant, sofern nicht anders durch eine graphische Darstellung angezeigt, die eine proportionale Schwankung von einem Wert zu einem anderen zwischen zwei festgelegten Orten auf dem betrachteten Geometrieelement, wie nach 8.2.2.1.1 und 9.1.4 bezeichnet (siehe Bild 10), festlegt. Defaultmäßig folgt die proportionale Schwankung dem krummlinigen Abstand, d. h. dem Abstand auf der die beiden festgelegten Orte verbindenden Kurve. Für weitere Informationen siehe auch ISO 1660.

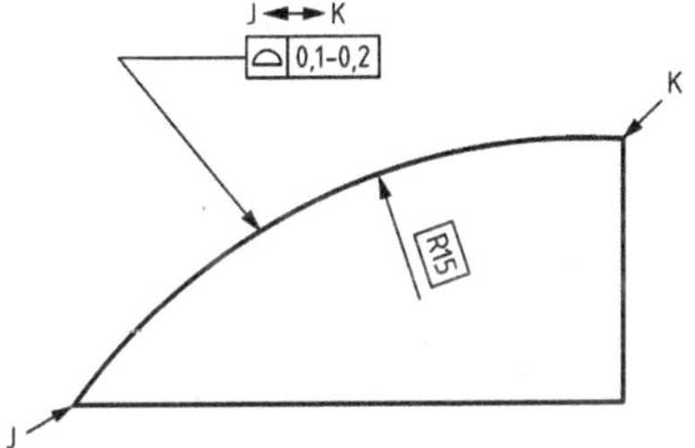

Bild 10 — Zeichnungseintragung für variable Weiten-Spezifikation mithilfe des "Zwischen"-Symbols

7.3 Richtung von Toleranzzonen bei abgeleiteten Geometrieelementen

Bei abgeleiteten Geometrieelementen, bei denen eine Toleranzzone, die aus zwei parallelen Ebenen besteht, eine Mittellinie begrenzt, oder bei denen eine Toleranzzone, die aus einem Zylinder besteht, einen Mittelpunkt eines Kreises oder einer Kugel begrenzt, muss die Richtung der Ebenen oder des Zylinders durch einen Orientierungsebenen-Indikator kontrolliert werden. Siehe Abschnitt 14 und Bilder 114 bis 117.

ANMERKUNG Anstatt der Verwendung eines Orientierungsebenen-Indikators können ähnliche Anforderungen häufig mit dem Nur-Richtung-Modifikator, siehe ISO 5459, angegeben werden.

7.4 Zylindrische und kugelförmige Toleranzzonen

Die Toleranzzone muss zylindrisch sein oder kreisförmig, wenn vor dem Toleranzwert im zweiten Feld des Toleranzindikators das Symbol „*ϕ*" steht, siehe Beispiel in Bild 94, oder sie muss kugelförmig sein, wenn davor das Symbol „*Sϕ*" steht, siehe Bild 150.

8 Angabe der geometrischen Spezifikation

8.1 Allgemeines

Die Angabe einer geometrischen Spezifikation besteht aus einem Toleranzindikator, optionalen Ebenen- und Geometrieelementangaben sowie optionalen angrenzenden Angaben. Siehe Bild 11.

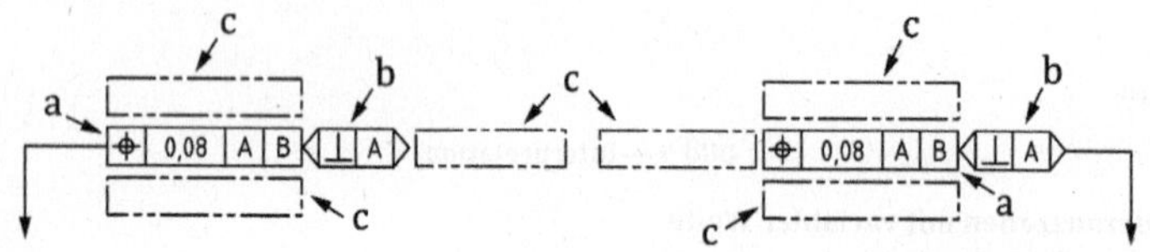

Legende

a Toleranzindikator

b Ebenen- und Geometrieelement-Indikator

c Angrenzende Angaben

Bild 11 — Die Bestandteile einer geometrischen Spezifikationsangabe

Die Angabe der geometrischen Spezifikation muss durch eine Referenzlinie mit der Hinweislinie verbunden sein. Die Referenzlinie ist am Mittelpunkt des linken oder rechten Endes des Toleranzindikators anzubringen, wenn es keine optionale Ebenen- und Geometrieelementangabe(n) gibt. Wenn es eine optionale Ebenen- und Geometrieelementangabe(n) gibt, muss die Referenzlinie am Mittelpunkt des linken Endes des Toleranzindikators oder am Mittelpunkt des rechten Endes des letzten Ebenen- und Geometrieelementindikators angebracht werden. Das gilt sowohl für 2D- als auch für 3D-Darstellungen.

8.2 Toleranzindikator

Die Anforderungen sind in einem rechteckigen Rahmen anzugeben, der in zwei oder drei Felder unterteilt ist. Das dritte und optionale Bezugsfeld darf aus einem bis drei Teilfeldern bestehen. Die Felder werden stets von links nach rechts wie in Bild 12 angegeben angeordnet.

Feld für Zone, Geometrieelement und Merkmal
Symbolfeld
Bezugsfeld
Φ0,02
A
C-B
K

Bild 12 — Die drei Felder des Toleranzindikators

ANMERKUNG Der Toleranzindikator wurde früher als Toleranzrahmen bezeichnet.

8.2.1 Symbolfeld

Das Symbolfeld muss das Symbol für das geometrische Merkmal enthalten. Siehe Tabelle 2.

8.2.2 Feld für Zone, Geometrieelement und Merkmal

Bild 13 zeigt eine Übersicht über die Modifikatoren, die in dem zum Toleranzindikator gehörenden Feld für die Zone, das Geometrieelement und Merkmal verwendet werden können. Außerdem zeigt Bild 13 die Gruppierung und Reihenfolge, in der diese Modifikatoren anzugeben sind.

Die Modifikatoren werden in den folgenden Unterabschnitten in der in Bild 13 angegebenen Reihenfolge erläutert. Alle Modifikatoren sind optional, ausgenommen Weite und Ausdehnung.

Toleranzzone					Toleriertes Geometrieelement				Merkmal		Material-zustand	Zustand
Gestalt	Weite und Ausdehnung	Komb.	Spezifizierter Versatz	Nebenbedingung	Filter[a]		Ass. tol. Geometrieelement	Abgeleitetes Geometrieelement	Assoziation[b]	Parameter[c]		
					Typ	Indizes						
Φ	0,02	CZ	UZ+0,2	OZ	G	0,8	Ⓒ	Ⓐ	C CE CI	P	Ⓜ	Ⓕ
SΦ	0,02-0,01	SZ	UZ-0,3	VA	S	-250	Ⓖ	Ⓟ	G GE GI	V	Ⓛ	
	0,1/75		UZ+0,1:+0,2	><	etc.	0,8-250	Ⓝ	Ⓟ25	X	T	Ⓡ	
	0,1/75×75		UZ+0,2:-0,3			500	Ⓣ	Ⓟ32-7	N	Q		
	0,2/Φ4		UZ-0,2:-0,3			-15	Ⓧ					
	0,2/75×30°					500-15						
	0,3/10°×30°					etc.						
1a	1b	2[d]	3	4[d]	5a	5b	6	7[d]	8	9	10[d]	11
8.2.2.1					8.2.2.2				8.2.2.3		8.2.2.4	8.2.2.5

a Filter, siehe Tabellen C.1 und C.2.

b Assoziationen, siehe Tabelle D.1.

c Parameter, siehe Tabelle D.2.

d Bei dieser Spalte ist es möglich, mehrere der aufgeführten Modifikatoren zu verwenden.

ANMERKUNG 1 Die Liste der Modifikatoren darf erweitert werden.

ANMERKUNG 2 Einige der Informationen über das tolerierte Geometrieelement dürfen in unmittelbar daneben stehenden Angaben enthalten sein, siehe 8.4.4.

ANMERKUNG 3 In der letzten Zeile im Bild ist der Unterabschnitt angegeben, in dem die Auswertung der betreffenden Modifikatoren festgelegt ist.

ANMERKUNG 4 Der Modifikator für das assoziierte tolerierte Geometrieelement ändert das tolerierte Geometrieelement, siehe 8.2.2.2.2. Der Modifikator für die Merkmalassoziation ändert das Referenzgeometrieelement aus dem charakteristische Parameter berechnet wurden, siehe 8.2.2.3.1.

Bild 13 — Die Modifikatoren in der Toleranzzone, Geometrieelement und Merkmal des Toleranzindikators

Zwischen Modifikatoren aus unterschiedlich nummerierten Spalten muss ein Leerzeichen sein, außer bei Modifikatoren in den Spalten 6, 7, 10 und 11 (Buchstaben in Kreisen), bei denen kein Leerzeichen voranstehen darf.

Zwischen den Modifikatoren in einer nummerierten Spalte oder zwischen den Modifikatoren in Spalten 1a und 1b bzw. 5a und 5b dürfen grundsätzlich keine Leerzeichen eingefügt werden.

Falls gefordert muss die Filterung des tolerierten Geometrieelements durch ein oder mehrere Buchstaben unmittelbar, d. h. ohne Leerraum, gefolgt von Zahlen definiert werden, siehe die Bilder E.9 bis E.18.

Das assoziierte Geometrieelement von dem ausgehend die Abweichung berechnet wird und/oder der Parameter müssen durch einen oder mehrere Buchstaben aus Spalte 8 und 9, denen keine Zahlen folgen, definiert werden. Dadurch können diese Modifikatoren von den Modifikatoren für die Filterung unterschieden werden. Diese Angabe ändert das tolerierte Geometrieelement nicht, siehe Bilder 38 bis 41 sowie 44 bis 45.

8.2.2.1 Modifikatoren für die Toleranzzone

8.2.2.1.1 Gestalt, Weite und Ausdehnung der Modifikatoren

Der Modifikator für die Gestalt der Toleranzzone ist ein optionaler Modifikator.

Defaultmäßig gilt:

— falls das tolerierte Geometrieelement eine Fläche ist, ist die Gestalt der Toleranzzone der Raum zwischen zwei abstandsgleichen Flächen entsprechend der Nenngeometrie des tolerierten Geometrieelements, als Beispiel siehe 17.8.,

— falls das tolerierte Geometrieelement eine integrale Linie ist, ist die Toleranzzone die Fläche zwischen zwei abstandsgleichen Linien in der Schnittebene entsprechend der Nenngeometrie des tolerierten Geometrieelements, als Beispiel siehe 17.6.,

— falls das tolerierte Geometrieelement eine abgeleitete gerade Linie ist (nominell eine Gerade), ist die Toleranzzone der Raum zwischen zwei abstandsgleichen Ebenen, als Beispiel siehe 17.10.2..

Falls das tolerierte Geometrieelement eine Linie oder ein Punkt ist und die Toleranzzone kreis-, zylinderförmig oder ein Rohr, muss dem Toleranzwert das Symbol „⌀" vorangestellt werden, siehe Bilder 94 und 95. Ist das tolerierte Geometrieelement ein Punkt und ist die Toleranzzone kugelförmig, so muss dem Toleranzwert das Symbol „S⌀" vorangestellt werden, siehe Bild 150.

Der Toleranzwert ist ein verbindliches Spezifikationselement. Der Toleranzwert muss in derselben Einheit angegeben werden wie die Längenmaße. Der Toleranzwert gibt die Weite der Toleranzzone an, die defaultmäßig als rechtwinklig zum tolerierten Geometrieelement definiert ist.

Defaultmäßig hat die Toleranzzone eine konstante Weite. Falls die Weite der Toleranzzone zwischen zwei Werten linear variiert, müssen diese beiden Werte durch das Symbol „–" getrennt angegeben werden, siehe Bild 14 und 7.2.

Eine Angabe mit dem „Zwischen"-Symbol angrenzend an den Toleranzindikator, siehe 9.1.4, ist zu verwenden, um die beiden Stellen zu bezeichnen, an denen jeder Wert gültig ist, siehe Bild 14.

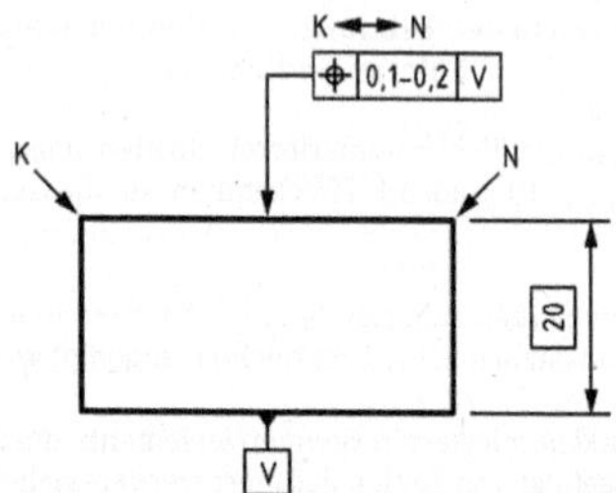

Bild 14 — Spezifikation einer linear variablen Toleranzzone

Ist die Variation nicht linear, so muss sie auf andere Weise angegeben werden.

Defaultmäßig gilt die Spezifikation für das gesamte tolerierte Geometrieelement. Falls die Spezifikation für einen beliebigen eingeschränkten Anteil innerhalb der gesamten Länge des Geometrieelements gilt, muss nach dem Toleranzwert, und von diesem durch einen Schrägstrich getrennt, die Länge des eingeschränkten Anteils in linearen Einheiten oder in Winkeleinheiten oder beiden (je nachdem, was zutrifft) angegeben werden. Wenn eine Toleranz für einen bestimmten eingeschränkten Teil innerhalb Ausdehnung des Geometrieelements gilt, werden die Methoden in 9.1.3 verwendet. Bild 15 zeigt eine auf Linienelemente begrenzte Anforderung. Bild 16 zeigt eine auf kreisförmige Bereiche begrenzte Anforderung. Siehe auch Abschnitt 11.

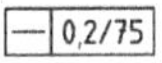

—	0,2/75

Bild 15 — Linear eingeschränkte Toleranzzonenspezifikation

▱	0,2/Φ75

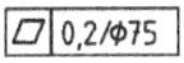

Bild 16 — Kreisförmig eingeschränkte Toleranzzonenspezifikation

8.2.2.1.2 Modifikatoren zur Kombination

Falls die Spezifikation für mehrere Geometrieelemente gilt, muss angegeben werden, in welcher Weise die Spezifikation für diese Geometrieelemente gilt, siehe die Bilder 17 bis 20.

Defaultmäßig ist die Anforderung an die Spezifikation für jedes tolerierte Geometrieelement aufgrund des in ISO 8015 festgelegten Unabhängigkeitsgrundsatzes unabhängig.

Optional kann die Angabe SZ verwendet werden, um die Unabhängigkeit der Anforderungen des Geometrieelements hervorzuheben. Dies ändert jedoch in diesem Fall nicht die Bedeutung der Angabe, siehe Bild 53. SZ steht für „Separate Zone" d. h. getrennte Zonen.

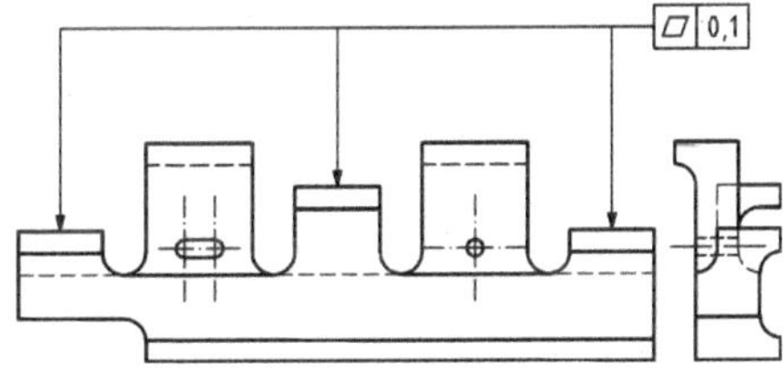

Bild 17 — Spezifikation, die separat für verschiedene Geometrieelemente gilt

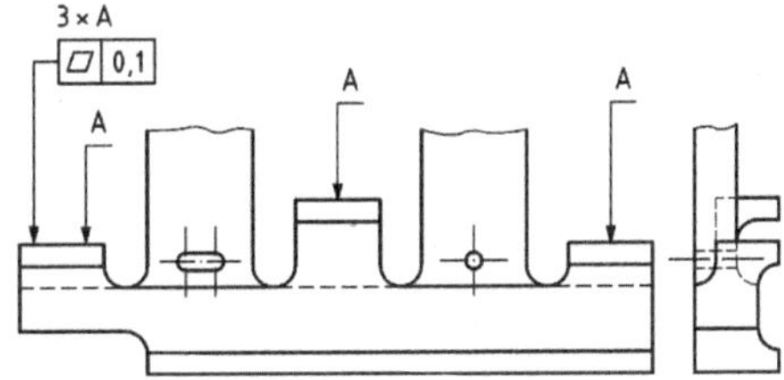

Bild 18 — Spezifikation, die separat für verschiedene Geometrieelemente gilt

Wird eine kombinierte Toleranzzone auf mehrere getrennte Geometrieelemente angewendet oder werden mehrere kombinierte Toleranzzonen (die durch denselben Toleranzindikator definiert werden) gleichzeitig auf mehrere getrennte Geometrieelemente (nicht unabhängig) angewendet, so muss die Anforderung durch das Symbol CZ für „Combined Zone" d. h. kombinierte Zone, angezeigt werden, siehe die Bilder 19 und 20. Die Angabe muss durch die Angabe ergänzt werden, dass die Spezifikation für mehrere Geometrieelemente gilt [entweder unter Verwendung von z. B. „3×" in einem angrenzenden Anzeigebereich (siehe 8.4 und Bild 18) oder unter Verwendung von z. B. drei mit dem Toleranzindikator verbundenen Hinweislinien (siehe Bild 19), nicht aber beidem].

Enthält der Toleranzindikator die Angabe CZ (siehe Bilder 19 und 20), so müssen alle einzelnen damit verbundenen Toleranzzonen in Ort und Richtung untereinander eingeschränkt werden, entweder unter Verwendung von expliziten theoretisch exakten Maßen (TED) oder von impliziten TEDs, siehe 3.7 Anmerkung 4 zum Begriff.

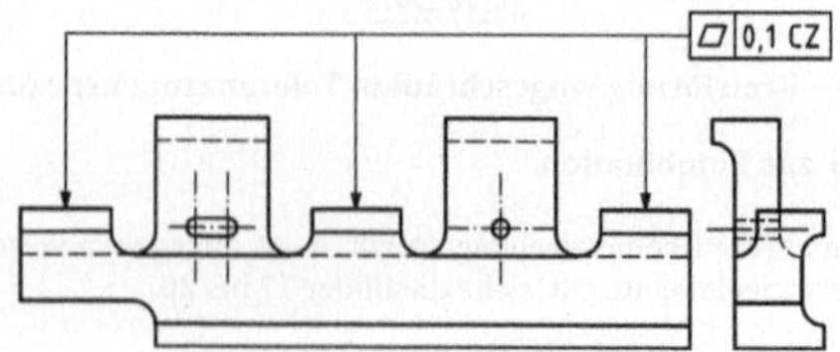

Bild 19 — Kombinierte Zonenspezifikation, die für verschiedene Geometrieelemente gilt

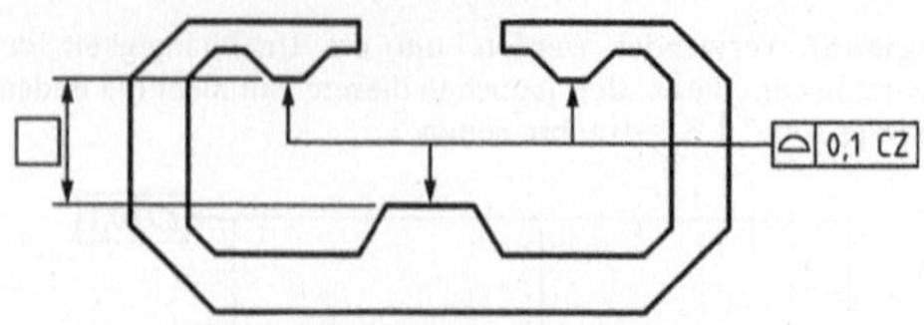

ANMERKUNG Wenn es sich bei den tolerierten Geometrieelementen um ebene Flächen handelt, kann das Lagesymbol mit derselben Bedeutung verwendet werden.

Bild 20 — Kombinierte Zonenspezifikation, die für verschiedene Geometrieelemente gilt

Der Modifikator CZ kann zur Erstellung einer Geometrieelement-Gruppe (Muster) verwendet werden: für weitere Einzelheiten zu Mustern siehe ISO 5458.

Bei Nichteindeutigkeit ist entweder SZ oder CZ anzugeben. Bei der Verwendung von „rundum" oder „rundherum" gelten separate Regeln, siehe 9.1.2.

8.2.2.1.3 Modifikator für eine spezifiziert versetzte Toleranzzone

Defaultmäßig liegt die Toleranzzone symmetrisch um das theoretisch exakte Geometrieelement (TEF) herum und macht es so zum Referenzgeometrieelement. Beim Toleranzzonenversatz UZ handelt es sich um einen optionalen Modifikator. Siehe Bild 21.

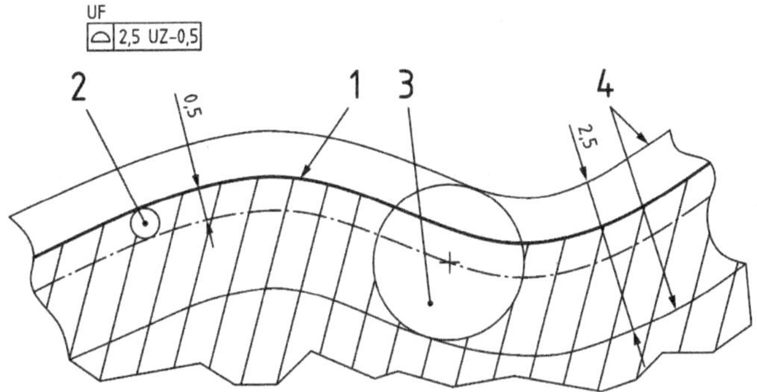

Legende

1 einzelnes komplexes theoretisch exaktes Geometrieelement (TEF, en: theoretical exact feature) in diesem Beispiel ist das Material unter dem Geometrieelement

2 eine der unendlich vielen Kugeln, welche das versetzte theoretische Geometrieelement, d. h. das Referenzgeometrieelement, definieren

3 eine der unendlich vielen Kugeln, welche die Toleranzzone entlang des Referenzgeometrieelements definieren

4 Grenzen der Toleranzzone

Für Profilspezifikationen von komplexen Linien oder Flächen darf das Spezifikationselement UZ mit oder ohne Bezüge verwendet werden.

Bild 21 — Spezifiziert versetzte Toleranzzone

Die extrahierte Fläche muss zwischen zwei abstandsgleichen Flächen liegen, die Kugeln mit einem definierten Durchmesser gleich dem Toleranzwert einschließen. Deren Mittelpunkte liegen wiederum auf einer Fläche, die der Hüllfläche einer Kugel entspricht, die an dem TEF anliegt, und deren Durchmesser gleich dem Betrag des absoluten Wertes sind, der nach UZ angegeben ist. Die Richtung des Versatzes wird durch das Vorzeichen angegeben, wobei das „+" Zeichen dabei „außerhalb des Materials" anzeigt und das „−" Zeichen „innerhalb des Materials", siehe Bild 22. Das Vorzeichen für den Versatz muss stets angegeben werden. Für die bisherige Praxis, siehe A.3.9.

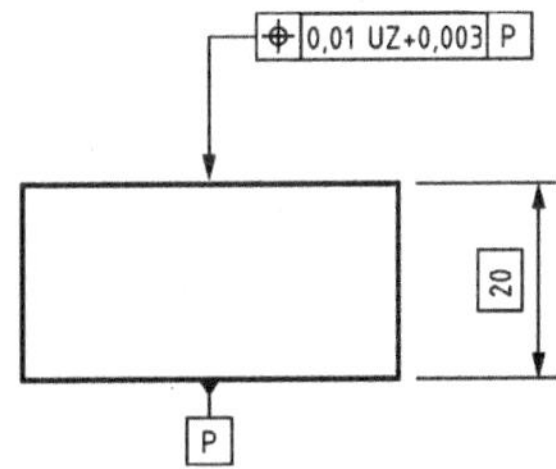

ANMERKUNG Das Spezifikationselement UZ kann in Kombination mit dem Positionssymbol ausschließlich für ebene Geometrieelemente verwendet werden.

Bild 22 — Versetzte Toleranzzonenspezifikation

Falls der Versatz der Toleranzzone zwischen zwei Werten linear variiert, müssen diese beiden Werte durch einen Doppelpunkt „:" getrennt angegeben werden, siehe Bild 13. In diesem Fall kann einer der Versatzwerte Null sein und wird dann ohne Zeichen angegeben. Eine Angabe, bei der unmittelbar neben dem Toleranzindikator das „Zwischen"-Symbol verwendet wird, siehe 9.1.4, ähnlich der in Bild 14 verwendeten, muss zur Kennzeichnung der Enden der Toleranzzone verwendet werden, innerhalb deren jeder Versatzwert gültig ist.

Erfolgt die Variation des Versatzes nicht linear, so muss sie spezifiziert werden, z. B. im CAD-Modell.

Das Spezifikationselement UZ kann nur für integrale Geometrieelemente verwendet werden.

8.2.2.1.4 Modifikatoren für Nebenbedingungen

8.2.2.1.4.1 Modifikator für eine unspezifiziert versetzte Toleranzzone

Falls ein Versatz der Toleranzzone aus der Symmetrie ihres TEF heraus um einen gleichbleibenden, jedoch nicht zuvor festgelegten Betrag zulässig ist, muss das Symbol OZ angegeben werden.

Die Nenngröße des TEF kann nicht durch ein TED für Kreise, Zylinder, Kugeln und Ringflächen definiert werden, z. B. wenn für das Größenmaß nur eine ± Toleranz angegeben ist. In diesem Fall muss der OZ-Modifikator immer für Linienprofilspezifikationen und Flächenprofilspezifikationen angegeben werden, um deutlich auszudrücken, dass das Größenmaß das TEF nicht fest ist.

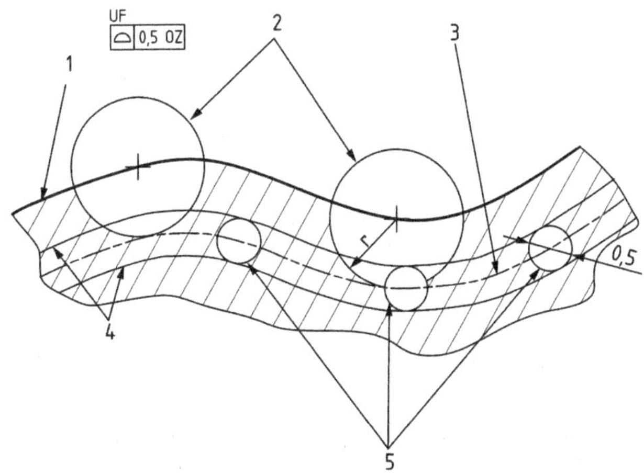

Legende

1 einzelnes komplexes theoretisch exaktes Geometrieelement (TEF)

2 zwei der unendlich vielen Kugeln oder Kreise, welche das versetzte theoretische Geometrieelement, d. h. das Referenzgeometrieelement, definieren

3 Referenzgeometrieelement in gleichem Abstand vom TEF

4 Grenzen der Toleranzzone

5 drei der unendlich vielen Kugeln oder Kreise, welche die Toleranzzone entlang des Referenzgeometrieelements definieren

r gleich bleibender, jedoch nicht spezifizierter, Versatz

Das Bild zeigt, wie die Gestalt der versetzten Toleranzzone aus dem TEF definiert wird. Für eine Formtoleranz, d. h. eine Toleranz ohne Referenz auf Bezüge, ist das TEF nicht eingeschränkt, d. h. die Toleranzzone in Kombination mit einem Versatzwert kann beim Versuch der Passung an das tolerierte Geometrieelement jede Lage oder Richtung annehmen (siehe 4.8). TEDs und Verweisungen auf einen oder mehrere Bezüge im Toleranzindikator können zur Einschränkung des TEF zusammen mit der Zone verwendet werden.

Bild 23 — Unspezifiziert versetzte Toleranzzone

ANMERKUNG 1 Da es für den Versatz keine Grenzen gibt, wird eine Spezifikation mit dem OZ-Modifikator üblicherweise mit einer größeren Toleranz ohne den OZ-Modifikator kombiniert. Wenn beiden Spezifikationen entsprochen wird, kontrolliert diese Kombination die Form des tolerierten Geometrieelements innerhalb der größeren, feststehenden Toleranzzone.

ANMERKUNG 2 Für ebene Flächen und gerade Linien ist es oftmals möglich, z. B. Parallelität anstatt der Lage zu verwenden, um dieselbe Wirkung wie OZ zu erreichen.

8.2.2.1.4.2 Modifikator für eine unspezifizierte Neigung der Toleranzzone

Der VA-Modifikator muss im Feld für Zone, Geometrieelement und Merkmal des Toleranzindikators angegeben werden, wenn die Toleranzzone aus einem TEF definiert wird, das ein Winkel-Größenmaßelement ist, und dessen Größenmaß als variabel (unspezifiziert) angesehen wird, siehe Bild 24. Siehe auch Beispiel in ISO 3040.

Das Nenn-Winkelgrößenmaß des TEF kann nicht durch ein TED für Kegel definiert werden, z. B. wenn für das Winkelgrößenmaß nur eine ± Toleranz angegeben ist. In diesem Fall muss das VA-Spezifikationselement immer für Linienprofilspezifikationen und Flächenprofilspezifikationen angegeben werden, um deutlich auszudrücken, dass das Winkelgrößenmaß das TEF nicht festgelegt ist.

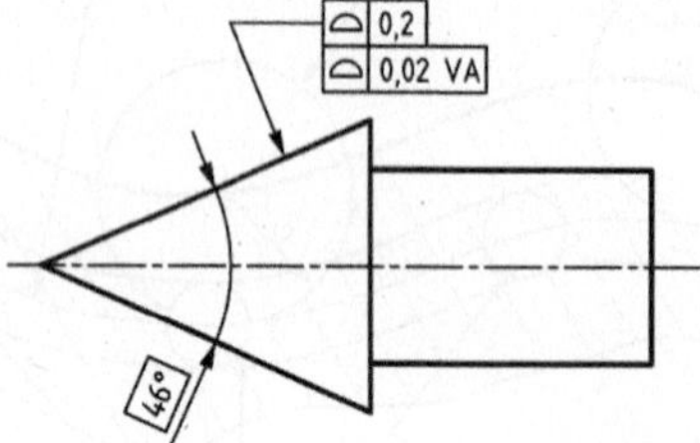

Bild 24 — Variabler Winkel, VA (en: variable angle), Modifikator

ANMERKUNG Da es für den Winkelversatz keine Grenzen gibt, wird eine Spezifikation mit dem VA-Modifikator üblicherweise mit einer anderen Spezifikation (Winkelmaßspezifikation oder geometrische Spezifikation ohne VA-Modifikator) kombiniert, siehe Beispiel in Bild 24.

8.2.2.1.4.3 Modifikator für „Nur-Richtung"

Das nur für Richtungen geltende Symbol ▸◂ ist im Feld für Zone, Geometrieelement und Merkmal des Toleranzindikators anzugeben, wenn die Toleranzzonentranslation nicht eingeschränkt ist, d. h. wenn nur rotatorische Freiheitsgrade für die Toleranzzone in einer Spezifikation eingeschränkt sind. Es sei denn die translatorischen Freiheitsgrade sind bereits durch Bezüge eingeschränkt. Siehe auch ISO 5459.

ANMERKUNG 1 Für ebene Flächen und gerade Linien ist es oftmals möglich, z. B. Parallelität anstatt der Lage zu verwenden, um dieselbe Wirkung wie Nur-Richtung zu erreichen.

ANMERKUNG 2 Nur-Richtung ermöglicht, dass die Toleranzzone unverändert versetzt wird, während bei Verwendung von OZ die Toleranzzone verändert wird (Innenradien werden kleiner und Außenradien werden größer). Dieser Unterschied ist für nicht gerade und nicht ebene Flächen und für Größenmaßelemente von Bedeutung. Wenn in Bild 23 Nur-Richtung statt OZ verwendet würde, wäre Legende 3 nicht transformiert worden, hätte aber dieselbe Gestalt wie Legende 1. Für einzelne ebene Flächen und einzelne gerade Linien ist die Wirkung von OZ und Nur-Richtung gleich.

8.2.2.2 Modifikator für das tolerierte Geometrieelement

8.2.2.2.1 Modifikatoren für Filter

Alle Begriffe in Bezug auf die Filterung sind in ISO 16610-1:2015 festgelegt. Die speziellen Filter sind in den weiteren Teilen von ISO 16610 festgelegt.

Gegenwärtig ist in den GPS-Normen keine defaultmäßige Filterung festgelegt. Folglich ist die Filterung undefiniert, wenn sie nicht ausdrücklich mithilfe dieser Spezifikationen oder durch andere Mittel angegeben ist, siehe C.3. Dadurch kommt es zu einer Spezifikationsmehrdeutigkeit, siehe ISO 17450-2.

ANMERKUNG Bezüglich der früher üblichen Filterung, siehe A.3.7.

Der Filter-Modifikator ist ein optionaler Modifikator. Der spezifizierte Filter des tolerierten Geometrieelements muss durch eine Kombination von zwei Modifikatoren angegeben werden. Der erste gibt den Filtertyp an und der zweite den Nesting-Index.

Die Symbole für die genormten Filter sind in Tabelle C.1 angegeben. Zu Einzelheiten zur Wirkung von Filtern und Beispielen für Filterangaben, siehe Anhang E.

Die Nesting-Indizes und ihre Bedeutung für die einzelnen Filtertypen sind in Tabelle C.2 angegeben. Bei Langwellenfiltern muss nach dem Index das Symbol „–" stehen. Bei Kurzwellenfiltern muss dem Index das Symbol „–" vorangestellt werden. Bei Bandpassfiltern, bei denen für beide Seiten derselbe Filtertyp verwendet wird, ist zuerst der Langwellenfilterindex und als zweites der Kurzwellenfilterindex anzugeben. Die Indizes sind durch das Symbol „–" voneinander zu trennen.

Nur bei Fourier-Filtern, die durch das Spezifikationselement F (Fourier) angegeben werden, ist ein Einzelwert anzugeben, wenn die Spezifikation für nur eine harmonische Welle gilt (Wellenlänge oder UPR-Wert). Wenn die Spezifikation für ein gefiltertes Geometrieelement gilt, das einen bestimmten Bereich von harmonischen Wellen enthält, müssen bei der Angabe die oben angegebenen Regeln befolgt werden.

Bei Bandpassfiltern, bei denen unterschiedliche Filtertypen verwendet werden, muss das Langwellenfilter vor dem Kurzwellenfilter angegeben werden.

Im Spezifikationsoperator für Bandpassfilter muss das Langwellenfilter vor dem Kurzwellenfilter angewendet werden.

Kurzwellenfilter und Bandpassfilter dürfen nur für Formspezifikationen verwendet werden, d. h. für Spezifikationen, die keine Bezüge referenzieren, weil sie Orts- und Richtungseigenschaften des tolerierten Geometrieelements beseitigen.

Für offene Geometrieelemente, z. B. gerade Linien, Ebenen und Zylinder in Axialrichtung, muss der Nesting-Index in mm angegeben werden. Für geschlossene Geometrieelemente, z. B. Zylinder in Umfangsrichtung, Ringflächen und Kugeln, muss der Nesting-Index in UPR (Wellenanzahl je Umdrehung) angegeben werden. Die Einheiten dürfen nicht angegeben werden.

Wenn für ein in beiden Richtungen offenes Geometrieelement, z. B. eine Ebene, in den beiden Richtungen zwei unterschiedliche Filter zu verwenden sind, ist ein Schnittebenen-Indikator zu verwenden, um die Richtung anzugeben, in der das zuerst angegebene Filter anzuwenden ist. Das Symbol „×"ist zur Trennung der beiden Filterangaben zu verwenden. Das zweite angegebene Filter ist in der Richtung senkrecht zur ersten Filterrichtung anzuwenden.

Für ein Geometrieelement, das in eine Richtung offen und in die andere Richtung geschlossen ist, z. B. ein Zylinder, muss das Filter für die offene Richtung vor dem Filter für die geschlossene Richtung angegeben werden. Das Symbol „×"ist zur Trennung der beiden Filterangaben zu verwenden.

Wenn beide Filter vom gleichen Typ sind, braucht der Filtertyp unabhängig davon, ob die beiden Richtungen beide offen sind (z. B bei einer Ebene), beide geschlossen (z. B. bei einer Kugel) sind oder eine offen und eine geschlossen (z. B. bei einem Zylinder) ist, nur einmal angegeben zu werden.

Wenn das tolerierte Geometrieelement ein abgeleitetes oder assoziiertes Geometrieelement ist, muss die Filterung des integralen Geometrieelements vor der Ableitung oder Assoziation erfolgen.

Siehe E.2 zu Beispielen für Spezifikationen unter Verwendung von Filtern.

8.2.2.2.2 Modifikator für ein assoziiertes toleriertes Geometrieelement

Defaultmäßig gilt die Spezifikation für das angegebene extrahierte integrale oder abgeleitete Geometrieelement selbst. Der Modifikator für ein assoziiertes toleriertes Geometrieelements ist optional. Es ist zu verwenden, um anzuzeigen, dass die Spezifikation nicht für das angegebene Geometrieelement selbst, sondern für ein damit assoziiertes Geometrieelement gilt. Ist ein Filter angegeben, bezieht sich die Assoziation auf das gefilterte Geometrieelement.

Der Modifikator für das assoziierte tolerierte Geometrieelement darf nur für Spezifikationen verwendet werden, die Bezüge beinhalten, d. h. Richtungs- und Ortsspezifikationen.

Wenn der Modifikator für das assoziierte tolerierte Geometrieelement zusammen mit einem Filter-Modifikator verwendet wird, muss sich die Assoziation auf das gefilterte Geometrieelement als das nicht ideale Geometrieelement beziehen.

Wenn das tolerierte Geometrieelement ein abgeleitetes Geometrieelement ist, muss das assoziierte Geometrieelement das indirekt assoziierte Geometrieelement sein, siehe ISO 22432.

Die Länge des assoziierten tolerierten Geometrieelements muss gleich der Länge des Geometrieelements sein, auf das es sich bezieht.

Der Modifikator für das assoziierte tolerierte Geometrieelement darf nicht zusammen mit einem Modifikator für die Assoziation von Referenzelementen, siehe 8.2.2.3.1, oder einem Parameter-Modifikator, siehe 8.2.2.3.2, oder einem Modifikator für eine Materialbedingung, siehe ISO 2692, verwendet werden.

Es stehen die folgenden Modifikatoren für assoziierte tolerierte Geometrieelemente zur Verfügung:

Ⓒ ist anzuwenden, um anzuzeigen, dass das tolerierte Geometrieelement das assoziierte Minimax (Tschebyschew)-Element ohne eine Material-Nebenbedingung ist. Dieser Modifikator kann für Geometrieelemente verwendet werden, die nominell gerade Linien, Ebenen, Kreise, Zylinder, Kegel und Ringflächen sind.

Bild 25 zeigt ein Beispiel für eine Positionsspezifikation, die für das assoziierte Minimax (Tschebyschew)-Element gilt. Siehe auch Bild 26.

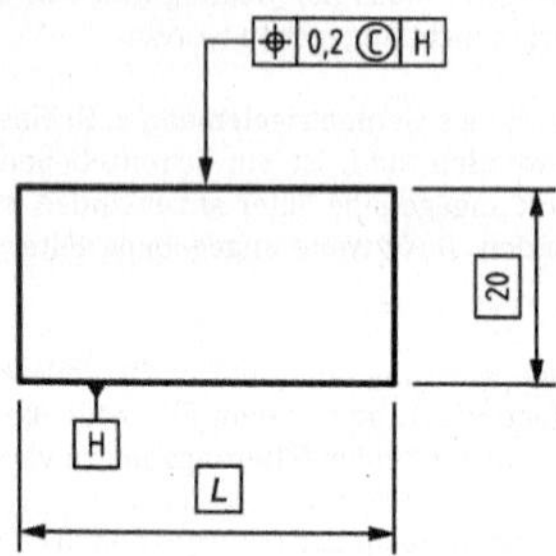

Bild 25 — Minimax (Tschebyschew) assoziiertes toleriertes Geometrieelement — Zeichnungseintragung

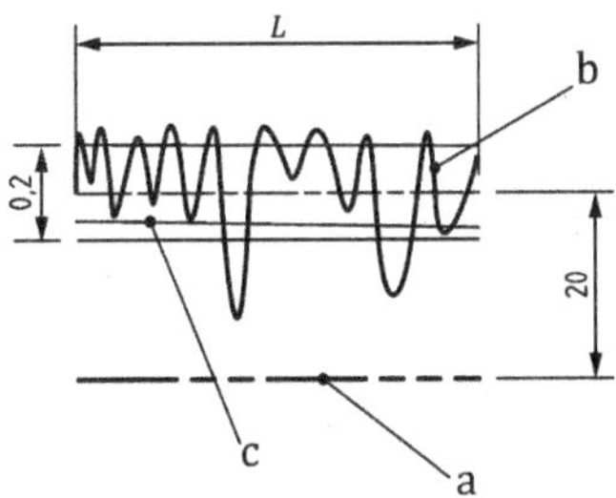

Legende

a Bezug H

b reales Geometrieelement oder gefiltertes Geometrieelement

c Minimax (Tschebyschew)-Geometrieelement (toleriertes Geometrieelement)

ANMERKUNG Das tolerierte Geometrieelement ist eine Fläche, aber zur Vereinfachung der Darstellung wird diese als Linie gezeigt.

Bild 26 — Minimax (Tschebyschew) assoziiertes toleriertes Geometrieelement — Interpretation

Ⓖ ist anzuwenden, um anzugeben, dass das tolerierte Geometrieelement das assoziierte (Gaußsche) Kleinste-Quadrate-Element ohne Material-Nebenbedingung ist. Dieses Spezifikationselement kann für Geometrieelemente verwendet werden, die nominell gerade Linien, Ebenen, Kreise und Zylinder, Kegel und Ringflächen sind.

Bild 27 zeigt ein Beispiel für eine Positionsspezifikation, die für das assoziierte (Gaußsche) Kleinste-Quadrate-Element gilt. Siehe auch Bild 28.

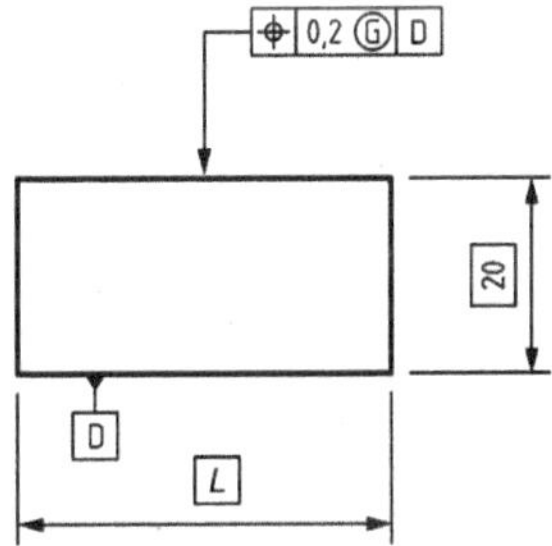

Bild 27 — Kleinste-Quadrate (Gaußsches) assoziiertes toleriertes Geometrieelement — Zeichnungseintragung

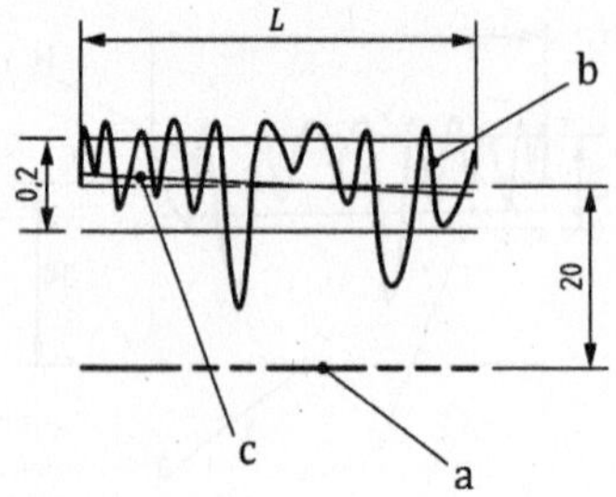

Legende

a Bezug D

b reales Geometrieelement oder gefiltertes Geometrieelement

c Kleinste-Quadrate (Gaußsches) Geometrieelement (toleriertes Geometrieelement)

ANMERKUNG Das tolerierte Geometrieelement ist eine Fläche, aber zur Vereinfachung der Darstellung wird diese als Linie gezeigt.

Bild 28 — Kleinste-Quadrate (Gaußsches) assoziiertes toleriertes Geometrieelement — Interpretation

Ⓝ ist zu verwenden, um anzugeben, dass das tolerierte Geometrieelement das assoziierte kleinste umschriebene Geometrieelement oder sein abgeleitetes Geometrieelement ist. Die Assoziation des kleinsten umschriebenen Geometrieelements minimiert das Größenmaß des assoziierten Geometrieelements mit der Nebenbedingung, dass das assoziierte Geometrieelement das nicht-ideale Geometrieelement umschreibt. Dieser Modifikator kann nur für Geometrieelemente linearer Größenmaße verwendet werden.

Bild 29 zeigt ein Beispiel für eine Positionsspezifikation, die für das kleinste umschriebene assoziierte Geometrieelement gilt. Siehe auch Bild 30.

ANMERKUNG Auch wenn das Spezifikationselement Ⓝ normalerweise für außenliegende Geometrieelemente, z. B. Wellen wie in Bild 29, verwendet wird, kann es auch für innenliegende Geometrieelemente, z. B. Bohrungen verwendet werden.

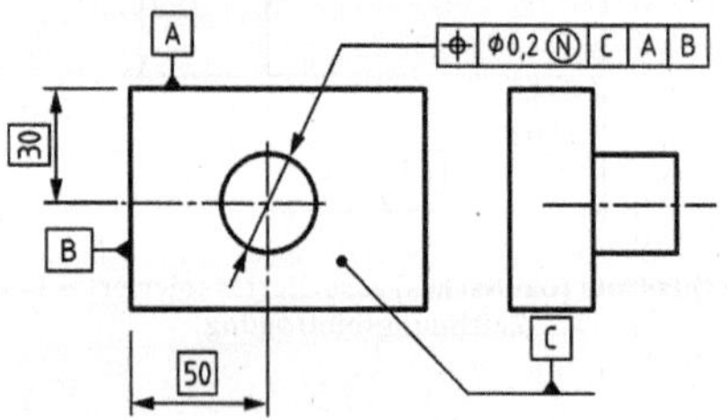

Bild 29 — Kleinstes umschriebenes assoziiertes toleriertes Geometrieelement — Zeichnungseintragung

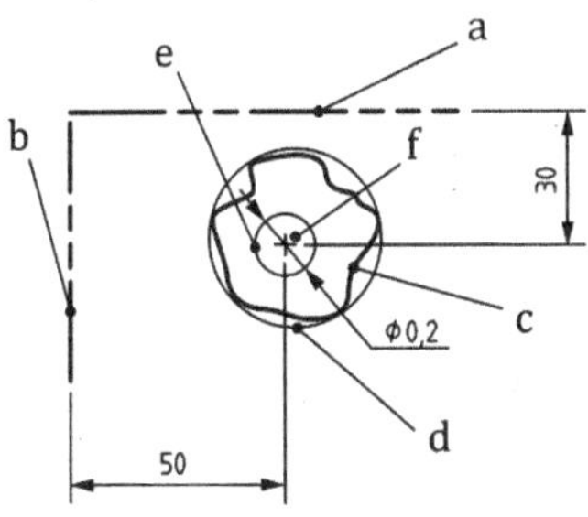

Legende

a Bezug A

b Bezug B

c reales Geometrieelement oder gefiltertes Geometrieelement

d kleinstes umschriebenes Geometrieelement

e Toleranzzone

f toleriertes Geometrieelement (Mittellinie für d)

ANMERKUNG Das tolerierte Geometrieelement ist eine gerade Linie (die Mittellinie des assoziierten Geometrieelements), aber zur Vereinfachung der Darstellung wird diese als Punkt gezeigt.

Bild 30 — Kleinstes umschriebenes assoziiertes toleriertes Geometrieelement — Interpretation

Ⓣ ist zu verwenden, um anzugeben, dass das tolerierte Geometrieelement das assoziierte Tangentialelement auf der Grundlage der L_2-Norm (kleinste Quadrate) mit der Nebenbedingung ist, dass das Tangentialelement außerhalb des Materials des nicht idealen Geometrieelements liegt. Dieser Modifikator kann nur für nominell gerade Linien- und Flächenelemente verwendet werden. Das tolerierte Geometrieelement ist die Tangentengerade oder -ebene des angegebenen Geometrieelementes, wie jeweils zutreffend.

ANMERKUNG Die L_2-Norm mit der Nebenbedingung, dass das Tangentialelement außerhalb des Material liegt, ist das Assoziationskriterium für Bezüge, siehe ISO 5459.

Bild 31 zeigt ein Beispiel für eine Parallelitätsspezifikation, die für das assoziierte Tangentialelement gilt. Siehe auch Bild 32.

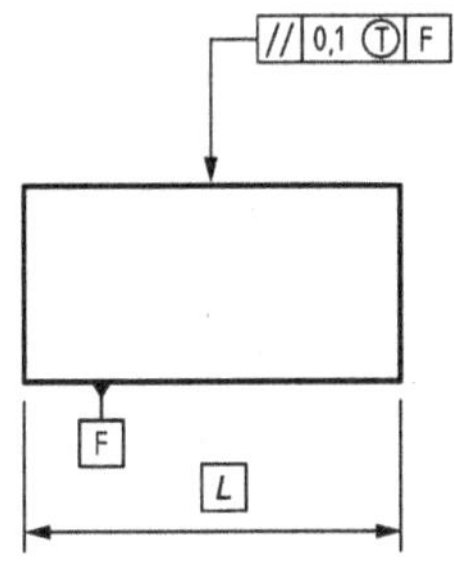

Bild 31 — Tangentiales assoziiertes toleriertes Geometrieelement — Zeichnungseintragung

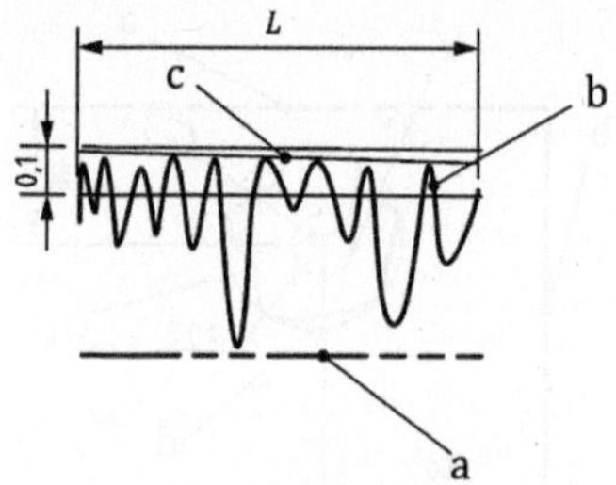

Legende

a Bezug F

b reales Geometrieelement oder gefiltertes Geometrieelement

c Tangentialelement (toleriertes Geometrieelement)

ANMERKUNG Das tolerierte Geometrieelement ist eine Fläche, aber zur Vereinfachung der Darstellung wird diese als Linie gezeigt.

Bild 32 — Tangentiales assoziiertes toleriertes Geometrieelement — Interpretation

Ⓧ ist zu verwenden, um anzugeben, dass das tolerierte Geometrieelement das assoziierte größte einbeschriebene Geometrieelement oder sein abgeleitetes Geometrieelement ist. Die Assoziation des größten einbeschriebenen Geometrieelements maximiert das Größenmaß des assoziierten Geometrieelements mit der Nebenbedingung, dass das assoziierte Geometrieelement dem nicht idealen Geometrieelement einbeschrieben ist. Dieses Spezifikationselement kann nur für Geometrieelemente linearer Größenmaße verwendet werden.

ANMERKUNG Auch wenn das Spezifikationselement Ⓧ normalerweise für innenliegende Geometrieelemente, z. B. Bohrungen wie in Bild 33, verwendet wird, kann es auch für außenliegende Geometrieelemente, z. B. Wellen, verwendet werden.

Bild 33 zeigt ein Beispiel für eine Positionsspezifikation, die für das assoziierte größte einbeschriebene Geometrieelement gilt. Siehe auch Bild 34.

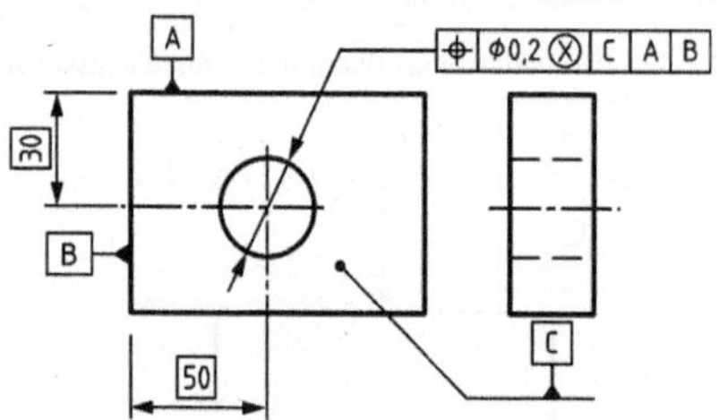

Bild 33 — Größtes einbeschriebenes assoziiertes toleriertes Geometrieelement — Zeichnungseintragung

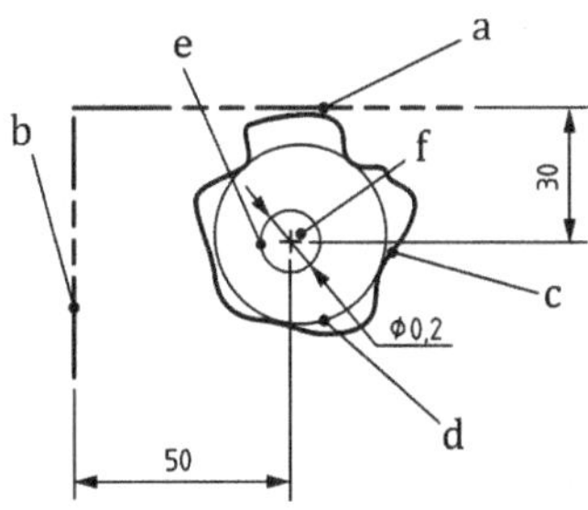

Legende

a Bezug A

b Bezug B

c reales Geometrieelement oder gefiltertes Geometrieelement

d größtes einbeschriebenes Geometrieelement

e Toleranzzone

f toleriertes Geometrieelement (Mittellinie für d)

ANMERKUNG Das tolerierte Geometrieelement ist eine gerade Linie (die Mittellinie des assoziierten Geometrieelements), aber zur Vereinfachung der Darstellung wird diese als Punkt gezeigt.

Bild 34 — Größtes einbeschriebenes assoziiertes toleriertes Geometrieelement — Interpretation

Eine Zusammenfassung der assoziierten tolerierten Geometrieelemente kann auf die in Tabelle 5 dargestellten Geometrieelementarten angewendet werden.

Tabelle 5 — Zusammenfassung der anwendbaren assoziierten tolerierten Geometrieelemente nach Geometrieelementart

Art des Geometrieelements	Ⓒ	Ⓖ	Ⓝ	Ⓣ	Ⓧ
gerade Linie	Ja	Ja		Ja	
Ebene	Ja	Ja		Ja	
Kreis	Ja	Ja	Ja		Ja
Zylinder	Ja	Ja	Ja		Ja
Kegel	Ja	Ja			
Ringfläche	Ja	Ja			
Größenmaßelement: 2 parallele Ebenen	Ja	Ja	Ja	Ja	Ja

Das Spezifikationselement des assoziierten tolerierten Geometrieelements kann mit Filter-Modifikatoren kombiniert werden. Bild 35 zeigt ein Beispiel, in dem der Modifikator Ⓣ mit dem H0-Konvexhüllen-Modifikator kombiniert ist, wodurch angegeben wird, dass das L_2-Norm Tangentialelement der konvexen Hülle, das tolerierte Geometrieelement ist. Dieses tolerierte Geometrieelement wird genau so definiert wie ein Bezug auf Basis eines Ebenen-Bezugselements, siehe ISO 5459, und ermöglicht so eine Spezifikation zur Regelung der Orientierung und des Ortes eines Bezugs. Siehe Bild 36.

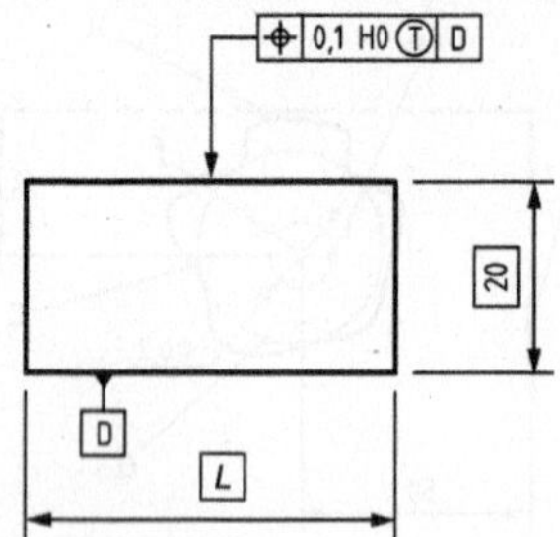

Bild 35 — Toleriertes Tangentialelement des mittels konvexer Hülle gefilterten Geometriealelementes — Zeichnungseintragung

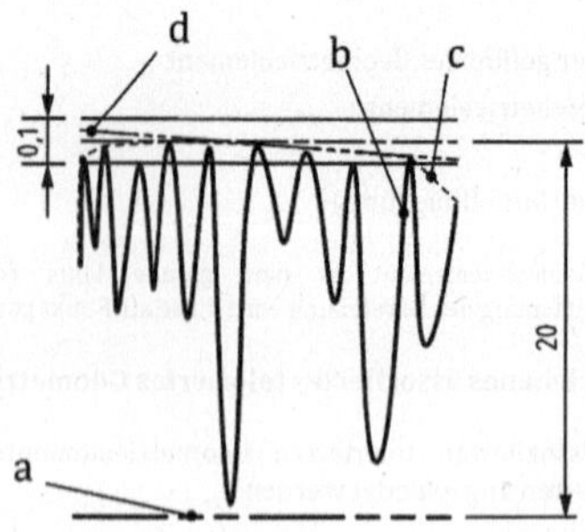

Legende

a Bezug D

b reales Geometrieelement

c gefiltertes Konvexhüllen-Element

d Tangentialelement des gefilterten Konvexhüllen-Elements (toleriertes Geometrieelement)

ANMERKUNG Das tolerierte Geometrieelement ist eine Fläche, aber zur Vereinfachung der Darstellung wird diese als Linie gezeigt.

Bild 36 — Toleriertes Tangentialelement des mittels konvexer Hülle gefilterten Geometriealelementes — Interpretation

8.2.2.2.3 Modifikatoren für abgeleitete tolerierte Geometrieelemente

Defaultmäßig gilt die Spezifikation für das angegebene Geometrieelement selbst, mit Ausnahme der Festlegungen in Abschnitt 6. Der Modifikator für abgeleitete tolerierte Geometrieelemente ist optional. Er wird verwendet, um anzuzeigen, dass die Spezifikation nicht für das integrale Geometrieelement selbst, sondern für ein davon abgeleitetes Geometrieelement gilt.

Für abgeleitete tolerierte Geometrieelemente stehen die folgenden Modifikatoren zur Verfügung:

— Ⓐ wird verwendet, um anzuzeigen, dass das tolerierte Geometrieelement das abgeleitete Geometrieelement ist. Entsprechend kann dieses Spezifikationselement nur für Größenmaßelemente verwendet werden. Da die Angabe nicht eindeutig wäre, wenn das Größenmaßelement von zwei

Geometrieelementen gebildet wird, z. B. von zwei parallelen Ebenen, kann diese Spezifikation nur für Rotationsflächen angewendet werden. Das abgeleitete Geometrieelement ist die Mittellinie, falls das angegebene Geometrieelement ein Zylinder ist, bzw. der Mittelpunkt, falls das angegebene Geometrieelement ein Kreis oder eine Kugel ist.

— Ⓟ wird verwendet, um anzugeben, dass die Toleranzzone für ein verlängertes Geometrieelement gilt (projiziertes Geometrieelement), siehe Abschnitt 12.

Bild 37 zeigt ein Beispiel für eine Geradheitstoleranz, die für das abgeleitete Geometrieelement, d. h. in diesem Fall für die Mittellinie des Zylinders gilt.

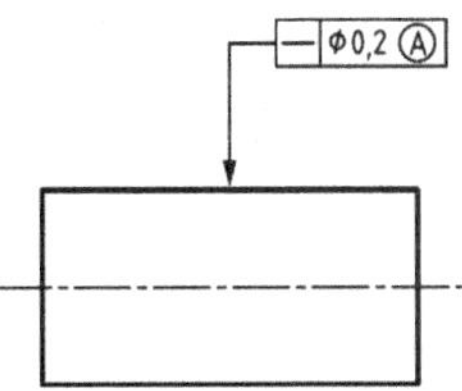

Bild 37 — Für das mittlere Geometrieelement geltende Spezifikation

8.2.2.3 Modifikatoren für Merkmale

8.2.2.3.1 Modifikator für die Assoziation von Referenzelementen

Defaultmäßig ist die Assoziation von Referenzelementen die Minimax (Tschebyschew)-Assoziation ohne Nebenbedingungen. Der Modifikator für die Assoziation von Referenzelementen ist optional. Es kann für Formspezifikationen verwendet werden, d. h. Spezifikationen, die nicht auf Bezüge verweisen und andere Spezifikationen, die mindestens einen uneingeschränkten, nicht-redundanten Freiheitsgrad haben.

Die folgenden Modifikatoren stehen zur Verfügung:

— C ist zu verwenden, um die Minimax (Tschebyschew)-Assoziation anzugeben. Es minimiert den Abstand vom fernsten Punkt auf dem tolerierten Geometrieelement zum Referenzelement, siehe Bild 38 a).

— CE ist zu verwenden, um die Minimax (Tschebyschew)-Assoziation mit der Nebenbedingung „außerhalb des Materials“ anzugeben. Er minimiert den Abstand vom fernsten Punkt auf dem tolerierten Geometrieelement zum Referenzelement, welches außerhalb des Materials bleibt, siehe Bild 38 b).

— CI ist zu verwenden, um die Minimax (Tschebyschew)-Assoziation mit der Nebenbedingung „innerhalb des Materials“ anzugeben. Er minimiert den Abstand vom fernsten Punkt auf dem tolerierten Geometrieelement zum Referenzelement, welches innerhalb des Materials bleibt, siehe Bild 38 c).

ANMERKUNG 1 Das Minimax (Tschebyschew)-Geometrieelement ohne Nebenbedingung, das von der materialfreien Seite anliegende Minimax (Tschebyschew)-Geometrieelement und das von der Materialseite anliegendes Minimax (Tschebyschew)-Geometrieelement (siehe c, g und h in Bild 38) sind alle per Definition parallel.

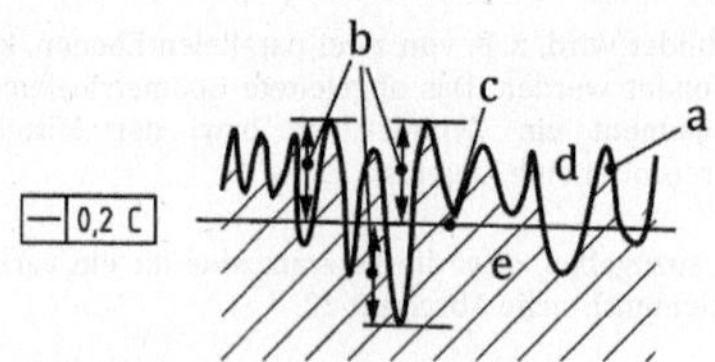

a) Minimax (Tschebyschew)-Geometrieelement ohne Nebenbedingung

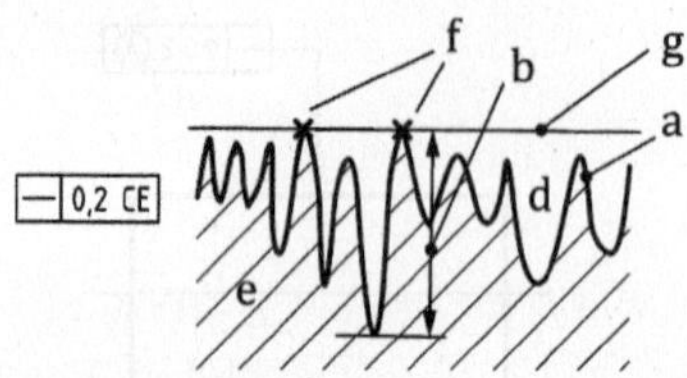

b) von der materialfreien Seite anliegendes Minimax (Tschebyschew)-Geometrieelement

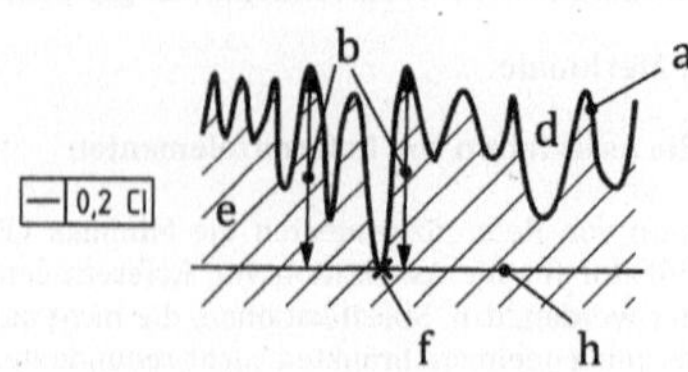

c) von der Materialseite anliegendes Minimax (Tschebyschew)-Geometrieelement

a tolerierte Geometrieelement

b minimierte größte Abstände

c assoziierte Minimax (Tschebyschew)-Gerade ohne zusätzliche Nebenbedingungen – Referenzelement mit Modifikator C

d außerhalb des Materials

e innerhalb des Materials

f Berührungspunkt zwischen assoziiertem und toleriertem Geometrieelement

g assoziierte Minimax (Tschebyschew)-Gerade mit der Nebenbedingung außerhalb des Materials – Referenzelement mit Modifikator CE

h assoziierte Minimax (Tschebyschew)-Gerade mit der Nebenbedingung innerhalb des Materials – Referenzelement mit Modifikator CI

ANMERKUNG Die in diesem Bild gezeigten Toleranzindikator zeigen kein Parameter-Spezifikationselement, siehe 8.2.2.3.2, sodass das spezifizierte Merkmal der gesamte Abweichungsbereich ist, der der Defaultparameter ist.

Bild 38 — Minimax (Tschebyschew)-Assoziationen

— G ist anzuwenden, um die (Gaußsche) Kleinste-Quadrate-Assoziation anzugeben. Es minimiert das Quadrat der örtlichen Abweichungen des tolerierten Geometrieelements auf das Referenzelement.

— GE ist anzuwenden, um die (Gaußsche) Kleinste-Quadrate-Assoziation mit der Nebenbedingung „außerhalb des Materials“ anzugeben. Es minimiert das Quadrat der örtlichen Abweichungen des tolerierten Geometrieelements auf das Referenzelement, während das Referenzelement außerhalb des Materials bleibt.

— GI ist anzuwenden, um die (Gaußsche) Kleinste-Quadrate-Assoziation mit der Nebenbedingung „innerhalb des Materials" anzugeben. Es minimiert das Quadrat der örtlichen Abweichungen des tolerierten Geometrieelements auf das Referenzelement, während das Referenzelement innerhalb des Materials bleibt.

ANMERKUNG 2 Die (Gaußschen) Kleinste-Quadrate-Assoziationen sind den in Bild 38 dargestellten Minimax (Tschebyschew)-Assoziationen ähnlich mit Ausnahme dessen, dass in diesem Falle nicht der größte Abstand zum assoziierten Geometrieelement minimiert wird, sondern die Quadratwurzel der Summe der Quadrate der örtlichen Abweichungen zwischen dem tolerierten und dem assoziierten Referenzelement.

ANMERKUNG 3 Die (Gaußsche) Kleinste-Quadrate-Assoziation ohne Nebenbedingung, die (Gaußsche) Kleinste-Quadrate-Assoziation mit der Nebenbedingung „außerhalb des Materials" und die (Gaußsche) Kleinste-Quadrate-Assoziation mit der Nebenbedingung „innerhalb des Materials" (entsprechend den Legenden c, g und h in Bild 38) sind per Definition alle nicht parallel.

— X ist anzuwenden, um die größte einbeschriebene Assoziation anzuzeigen. Er steht nur für tolerierte Geometrieelemente linearer Größenmaße zur Verfügung. Er maximiert das Größenmaß des Referenzelements, während das Referenzelement vollständig innerhalb des tolerierten Geometrieelements bleibt. Siehe Bild 39.

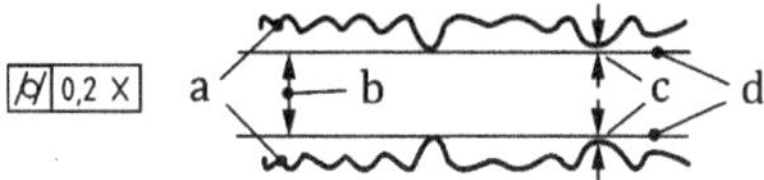

a toleriertes Größenmaßelement

b Größenmaß des assoziierten Geometrieelements (maximiert)

c ausgleichender Abstand, im Falle instabiler Assoziation

d größtes einbeschriebenes assoziiertes Größenmaßelement

Bild 39 — Größte einbeschriebene Assoziation

N ist anzuwenden, um die kleinste umschriebene Assoziation anzuzeigen. Es steht nur für tolerierte Geometrieelemente linearer Größenmaße zur Verfügung. Es minimiert das Größenmaß des Referenzelements, während das Referenzelement vollständig außerhalb des tolerierten Geometrieelements bleibt. Siehe Bild 40.

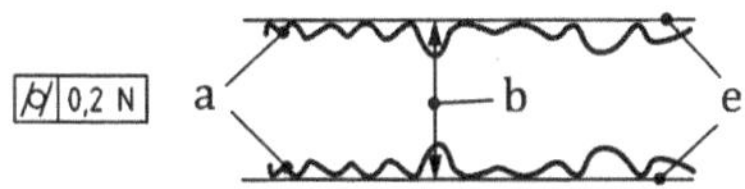

a tolerierte s Größenmaßelement

b Größenmaß des assoziierten Geometrieelements (minimiert)

e kleinstes umschriebenes assoziiertes Größenmaßelement

Bild 40 — Kleinste umschriebene Assoziation

Bild 41 zeigt ein Beispiel für eine Geradheitsspezifikation, die in Relation zum (Gaußschen) Kleinste-Quadrate-Referenzelement gilt. Der Schnittebenen-Indikator zeigt an, dass die Richtung der tolerierten Linien parallel zum Bezug C verläuft.

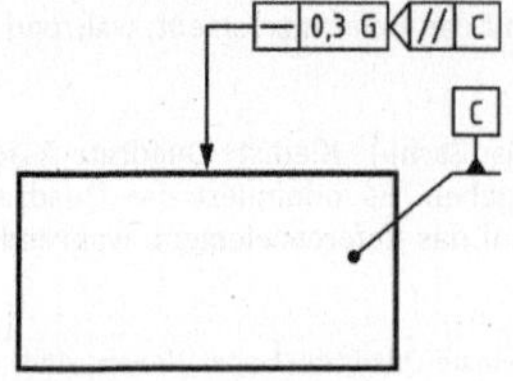

Bild 41 — Spezifikation, die den Modifikator (Gaußsches) Kleinste-Quadrate-Referenzelement verwendet

Bild 42 zeigt ein Beispiel für eine Rundheitsspezifikation, die relativ zum kleinsten umschriebenen Referenzelement nach Anwendung eines Langwellen-Gauß-Filters mit einem Grenzwellenzahl von 50 UPR gilt. Nach dem Modifikator für den Filtertyp folgt immer vom Wert des Nesting-Index und der Modifikator für das Referenzelement besteht nur aus Buchstaben. Falls beide in derselben Spezifikation gelten, muss der Modifikator für den Filtertyp immer vor dem Modifikator für das Referenzelement stehen.

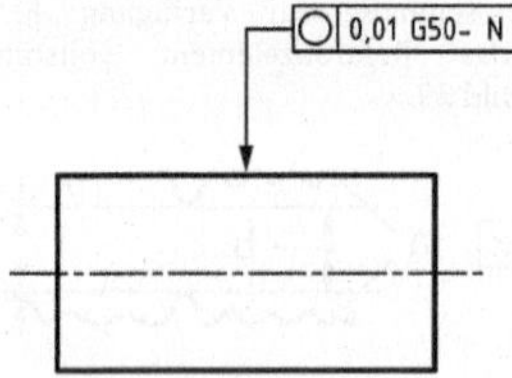

Bild 42 — Spezifikation, die den Filter-Modifikator und den Modifikator für das kleinste umschriebene Referenzelement verwendet

8.2.2.3.2 Modifikator für Parameter

Der Default-Parameter, der dann gilt, wenn kein Modifikator angegeben ist, ist der Gesamtbereich der Abweichungen, d. h. der Abstand vom tiefsten Tal des tolerierten Geometrieelements zum Referenzelement zuzüglich des Abstands von der höchsten Spitze des tolerierten Geometrieelements zum Referenzelement. Das Parameterspezifikationselement ist optional. Es kann für Formspezifikationen verwendet werden, d. h. für Spezifikationen, die keine Bezüge referenzieren und weitere Spezifikationen, die mindestens einen unbeschränkten, nicht-redundanten Freiheitsgrad haben.

Die folgenden Parameter Modifikatoren stehen zur Verfügung:

T darf angewendet werden, um den Gesamtbereich der Abweichungen, d. h. den Default-Parameter anzuzeigen, siehe Bild 43.

P ist anzuwenden, um die Spitzenhöhe anzuzeigen, d. h. den Abstand von der höchsten Spitze des tolerierten Geometrieelements zum Referenzelement. Die Spitzenhöhe ist nur in Relation zur Minimax (Tschebyschew)-Assoziation und zur (Gaußschen) Kleinste-Quadrate-Assoziation, d. h. zu den Assoziationsmodifikatoren C und G, definiert, siehe Bild 43.

V ist anzuwenden, um die Riefentiefe anzuzeigen, d. h. den Abstand vom tiefsten Tal des tolerierten Geometrieelements zum Referenzelement. Die Riefentiefe ist nur in Relation zur Minimax (Tschebyschew)-Assoziation und zur (Gaußschen) Kleinste-Quadrate-Assoziation, d. h. zu den Assoziations-Modifikatoren C und G, definiert, siehe Bild 43.

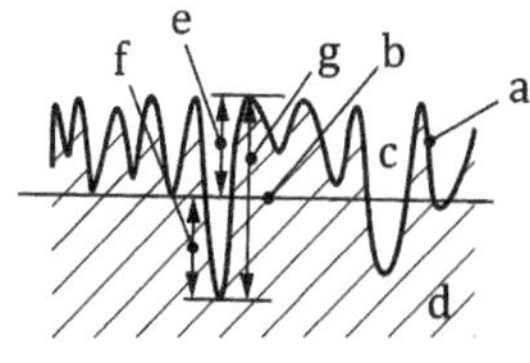

a tolerierte Geometrieelement

b assoziierte Minimax (Tschebyschew)- oder (Gaußsche) Kleinste-Quadrate-Gerade ohne zusätzliche Nebenbedingungen

c außerhalb des Materials

d innerhalb des Materials

e Parameter der Spitzenhöhe (P)

f Parameter der Riefentiefe (V)

g Parameter des Gesamtbereichs (T),T = P + V

Bild 43 — Parameter

— Q ist anzuwenden, um die Quadratwurzel der Summe der Quadrate der Residuen oder der Standardabweichung des tolerierten Geometrieelements in Relation zum Referenzelement anzuzeigen.

$Q = \sqrt{\frac{1}{l}\int_0^l Z^2(x)dx}$ für lineare Geometrieelemente

oder

$Q = \sqrt{\frac{1}{a}\int_0^a Z^2(x)dx}$ für Flächenelemente.

Dabei ist.

Q der Q-Parameter;

l die Länge des tolerierten Geometrieelements;

a die Fläche des tolerierten Geometrieelements;

$Z(x)$ die Funktion der örtlichen Abweichungen für das tolerierte Geometrieelement;

x die Position im Verlauf des tolerierten Geometrieelements.

ANMERKUNG 1 Der Ursprung von *Z(x)* ist das Referenzelement, entweder das defaultmäßige Referenzelement Minimax (Tschebyschew)-Element ohne Nebenbedingung oder das nach 8.2.2.3.1 spezifizierte Referenzelement.

ANMERKUNG 2 Das T-Spezifikationselement ist das einzige, das dem Konzept einer Toleranzzone entspricht.

Bild 44 zeigt ein Beispiel für eine Rundheitsspezifikation, die für die Riefentiefe in Relation zum (Gaußschen) Kleinste-Quadrate-Bezugskreis gilt.

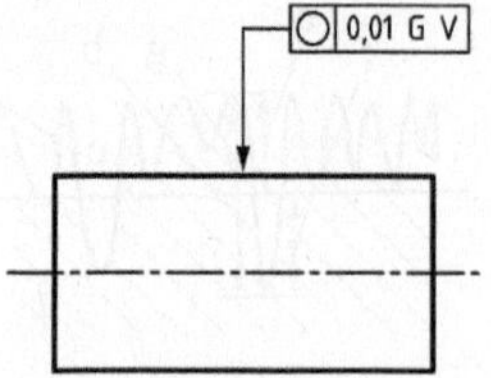

Bild 44 — Spezifikation, die den Modifikator(Gaußsches) Kleinste-Quadrate-Referenzelement und der Modifikator Taltiefe verwendet

Bild 45 zeigt ein Beispiel für eine Zylindrizitätsspezifikation, die für die Spitzenhöhe im Verhältnis zum Minimax (Tschebyschew)-Referenzzylinder nach Anwendung eines Langwellen-Spline-Filters mit einem Nesting-Index (cutoff) von 0,25 mm in Achsrichtung und 150 UPR in der Umfangsrichtung.

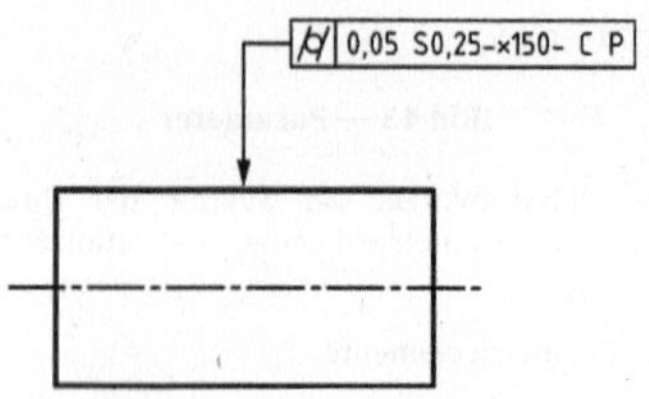

Bild 45 — Spezifikation mit einem Filter-Modifikator, einem Referenzelement-Modifikator und einem Merkmal-Modifikator

8.2.2.4 Modifikator für die Materialbedingung

Die Modifikatoren für die Materialbedingung, Ⓜ, Ⓛ und Ⓡ, sind optionale Modifikatoren, siehe ISO 2692.

8.2.2.5 Zustands Modifikator

Der Zustands Modifikator Ⓕ ist ein optionaler Modifikator, siehe ISO 10579.

8.2.3 Bezugsfeld

Zu Bezügen und Angaben im Bezugsfeld, siehe ISO 5459.

8.3 Indikatoren für Ebenen und Geometrieelemente

Schnittebenen-Indikatoren (Abschnitt 13), Orientierungsebenen-Indikatoren (Abschnitt 14), Richtungselement-Indikatoren (Abschnitt 15) und Kollektionsebenen-Indikatoren (Abschnitt 16) können rechts vom Toleranzindikator angegeben werden. Bei Angabe von mehreren dieser Indikatoren ist der Schnittebenen-Indikator am nächsten zum Toleranzindikator anzugeben, gefolgt vom Orientierungsebenen-Indikator oder Richtungselement-Indikator (diese beiden dürfen nicht zusammen angegeben werden) und abschließend dem Kollektionsebenen-Indikator. Zwischen dem Toleranzindikator und dem/den Indikator(en) für die Ebene und das Geometrieelement darf kein Leerraum eingefügt werden. Wenn irgendeiner dieser Indikatoren angezeigt wird, kann die Referenzlinie entweder links vom Toleranzindikator oder rechts davon am letzten der freigestellten Indikatoren angebracht werden.

8.4 Unmittelbar neben dem Toleranzindikator stehende Angaben

8.4.1 Allgemeines

Unmittelbar neben dem Toleranzindikator gibt es drei Bereiche, in denen ergänzende Angaben angezeigt werden können, siehe Bild 46.

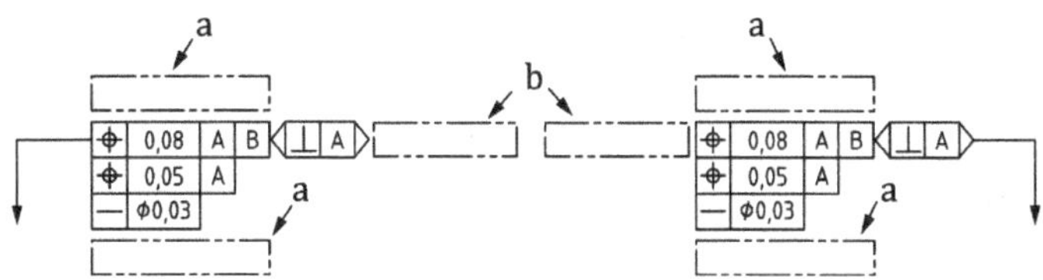

a darüber oder darunter stehender Anzeigebereich

b innerhalb der Zeile unmittelbar daneben stehender Anzeigebereich

ANMERKUNG Wenngleich Anzeigen im darüber und darunter stehenden Anzeigebereich dasselbe bedeuten, ist, sofern praktisch möglich, die Anzeige im darüber stehenden Anzeigebereich bevorzugt.

Bild 46 — Angrenzende Angabenbereiche

Angaben, die für alle mit der Hinweislinie verbundenen Toleranzindikatoren sowie alle Maßspezifikationen gelten, müssen im darüber oder darunter angrenzenden Anzeigebereich angezeigt werden. Die Bedeutung der Angaben in darüber und darunter angrenzenden Anzeigebereichen ist gleich. Nur einer dieser beiden angrenzenden Bereiche darf verwendet werden.

Angaben, die nur für einen Toleranzindikator gelten, müssen in einem in derselben Zeile unmittelbar angrenzenden Bereich angezeigt werden. Bild 46 zeigt die Anordnung von Anzeigebereichen in derselben Zeile abhängig davon, mit welchem Ende der Toleranzangabe die Referenzlinie verbunden ist.

Wenn es nur einen Toleranzindikator gibt, bedeuten die Anzeigen in den darüber oder darunter angrenzenden Anzeigebereichen und im in dieser Zeile angrenzenden Anzeigebereich dasselbe. In diesem Fall ist nur ein Anzeigenbereich zu verwenden und, sofern praktisch möglich, muss die Anzeige im darüber angrenzenden Anzeigebereich bevorzugt verwendet werden.

Angaben im darüber/darunter angrenzenden Anzeigebereich müssen linksbündig angeordnet werden. Angaben in einem in derselben Zeile unmittelbar daneben angrenzenden Bereich müssen linksbündig angeordnet werden, wenn sie sich rechts vom Toleranzindikator befinden, und rechtsbündig, wenn sie sich links vom Toleranzindikator befinden.

8.4.2 Modifikatoren für tolerierte Geometrieelemente

Falls das tolerierte Geometrieelement nicht das gesamte einzelne durch die mit dem Toleranzindikator verbundene Hinweislinie mit Pfeil gekennzeichnete Geometrieelement ist, muss eine Angabe vorhanden sein, die das tolerierte Geometrieelement anzeigt:

— ACS, falls das tolerierte Geometrieelement eine Schnittlinie oder ein Schnittpunkt ist, definiert als Schnitt zwischen einem extrahierten integralen Geometrieelement und einer Schnittebene oder zwischen einer extrahierten Mittellinie und einer Schnittebene festgelegt ist, siehe Bild 47. Falls ein Bezug angegeben ist, ändert der ACS-Modifikator auch das Bezugselement, so dass es sich im entsprechenden Querschnitt befindet. Der Querschnitt gilt rechtwinklig zum angezeigten Bezug oder zur Situationsgeraden des integralen Geometrieelements. Der ACS-Modifikator kann nur bei Rotationsflächen, Zylinderflächen oder prismatischen Flächen verwendet werden.

— Buchstaben, die Positionen auf dem Geometrieelement anzeigen und durch das „Zwischen"-Symbol getrennt sind, falls das tolerierte Geometrieelement ein eingeschränktes Geometrieelement ist, siehe Bild 60 und Bild 63, oder die Weite der Toleranzzone variiert proportional zwischen den Positionen, siehe Bild 10 und Bild 14. Frühere Praxis, siehe A.3.2.

Wenn die Spezifikation für mehrere tolerierte Geometrieelemente gilt, können *n*× oder mehrere Hinweislinien verwendet werden, um die tolerierten Geometrieelemente zu identifizieren oder sie können wie in 9.1.2 angegeben identifiziert werden. Wenn die tolerierten Geometrieelemente als ein vereinigtes Geometrieelement anzusehen sind, muss der UF-Modifikator hinzugefügt werden, siehe Bild 48, in dem eine Kollektion von gekrümmten Geometrieelementen als zylindrisches Geometrieelement definiert ist, und Bild 55, in dem das gesamte Werkstück als ein vereinigtes Geometrieelement angesehen wird. In diesem Fall definiert die Spezifikation eine Toleranzzone für das vereinigte Geometrieelement.

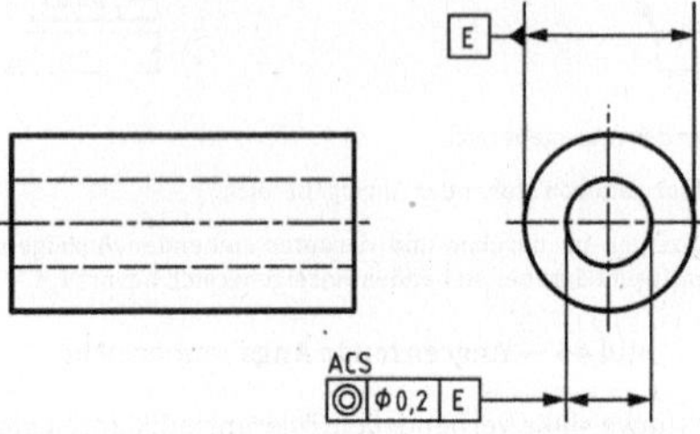

Bild 47 — Angabe, dass die Spezifikation für jeden beliebigen Querschnitt gilt

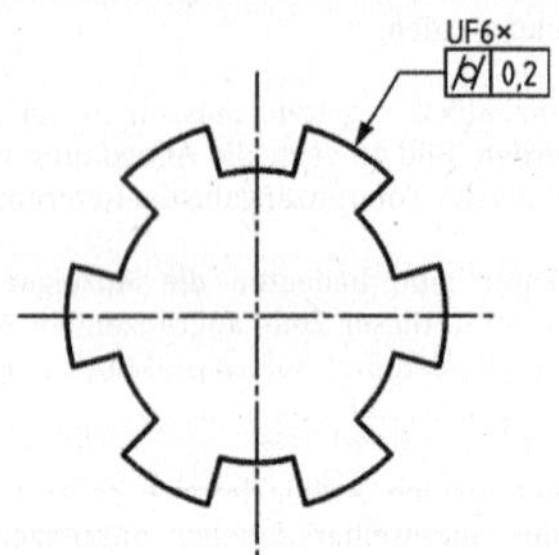

Bild 48 — Angabe einer Spezifikation, die für ein vereinigtes Geometrieelement gilt

Spezifikationen für Schraubgewinde gelten für die aus dem Zylinder defaultmäßig abgeleitete Achse. „MD" muss angegeben werden, um den größter Durchmesser zu benennen und „LD", um kleinster Durchmesser zu benennen. Spezifikationen und Bezüge für Keilwellen und Zahnräder müssen stets das spezifische Geometrieelement benennen, für das sie gültig sind, z. B. „PD" für Flankendurchmesser, „MD" für größter Durchmesser oder „LD" für kleinster Durchmesser, siehe Bild 49.

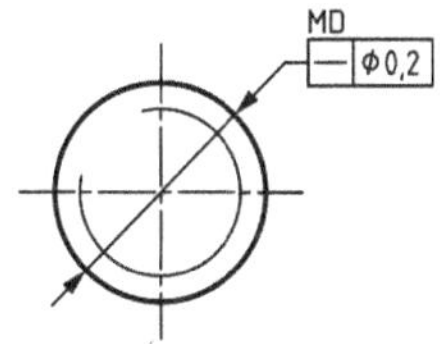

Bild 49 — Angabe einer Spezifikation für den größten Durchmesser eines Gewindes

ANMERKUNG Die Interpretation der geometrischen Spezifikationen des realen Werkstücks für die Geometrieelemente Flankendurchmesser, größter Durchmesser und kleinster Durchmesser und von diesen abgeleitete Geometrieelemente, (z. B. Mittellinie des Flankendurchmesser-Geometrieelements), ist derzeit nicht ausreichend in den GPS-Normen definiert.

8.4.3 Muster

Zusätzliche Informationen können in einem angrenzenden Anzeigebereich angegeben werden, um die Geometrieelemente zu bezeichnen, für welche die Spezifikation(en) gilt (gelten), siehe Bild 64. Hierzu gehören die Anzahl von Mustern, die Anzahl der Geometrieelemente in jedem Muster, die Bezeichnung der zum Muster gehörenden Geometrieelemente und alle für die Größenmaßelemente im Muster geltenden Größenmaßtoleranzen, für welche die Spezifikation gilt, sowie Informationen über die Länge des Geometrieelements (der Geometrieelemente), für welche die Spezifikation gilt.

Weitere Informationen über Muster, siehe ISO 5458.

8.4.4 Reihenfolge der in angrenzenden Anzeigebereichen zu machenden Angaben

Falls in einem angrenzenden Anzeigebereich mehr als eine Angabe gemacht wird, müssen die einzelnen Angaben in folgender Reihenfolge angegeben werden, wobei zwischen den Angaben jeweils ein Leerzeichen vorhanden sein muss:

— Angaben von mehreren tolerierten Geometrieelementen, z. B. *n*× oder *n*× *m*×, siehe ISO 5458.

— Maßtoleranzangabe, siehe ISO 14405-1 und ISO 286-1.

— „Zwischen"-Angabe(n), die nicht mit dem vereinigten Geometrieelement verbunden sind, siehe 9.1.4.

— UF für vereinigtes Geometrieelement und *n*× für die Anzahl von Geometrieelementen, die zum Aufbau jedes vereinigten Geometrieelementes verwendet werden, siehe 8.4.2, oder „Zwischen"-Angaben zur Definition der Länge des vereinigten Geometrieelements.

— ACS für Schnitte, siehe 8.4.2.

— LD, PD oder MD für Gewinde und Zahnräder, siehe 8.4.2.

8.5 Gestapelte Toleranzangaben

Falls es nötig ist, mehr als ein geometrisches Merkmal für ein Geometrieelement zu spezifizieren, dürfen die Anforderungen zur besseren Übersicht in Toleranzindikator untereinander gesetzt werden (siehe das Beispiel im Bild 50).

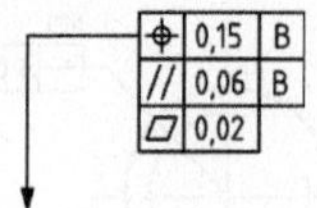

Bild 50 — Gestapelte Toleranzangabe

In diesem Fall wird empfohlen, die Toleranzindikator so anzuordnen, dass die Toleranzwerte absteigend von oben nach unten angezeigt werden, wie in Bild 50 gezeigt.

In diesem Fall ist die Referenzlinie abhängig vom Platz am Mittelpunkt des linken oder rechten Endes der Toleranzindikatoren anzubringen, nicht als Verlängerung der Linie zwischen den Toleranzindikatoren. Das gilt sowohl für 2D- als auch für 3D-Darstellungen.

8.6 Angabe von Zeichnungs-Defaults

ISO-Defaults gibt es für die Form der Toleranzzone, die Assoziation von Referenzelementen (8.2.2.3.1), Merkmale (Parameter) (8.2.2.3.2) und tolerierte Geometrieelemente (Flankendurchmesser) für Schraubgewinde (8.4.2).

Die große Bandbreite von Anwendungen des vorliegenden Dokuments macht es unmöglich, einen Default für die Filterung zu benennen, der für einen großen Teil aller Anwender anwendbar ist.

Zeichnungs-Defaults für die Filterung können im oder in der Nähe des Schriftfeldes entweder als ein Default für alle geometrischen Spezifikationen oder als gesonderte Defaults für Form, Richtung und Lage angegeben werden, indem die Angabe "ISO 1101" gefolgt von dem entsprechenden Symbole aus Tabelle 6 und einem Doppelpunkt ":" verwendet werden, gefolgt der Default-Filterung, siehe Anhang C.

Tabelle 6 — Symbole für die Default-Filterung und Assoziation

Symbol	Bedeutung	Anwendungsbereich des Defaults
FC	Form-Assoziationskriterium	Form-Spezifikation
TF	Filter für tolerierte Geometrieelemente	Alle Form-, Orts-, Richtungs- und Laufspezifikationen
TFF	Toleriertes Geometrieelement, Form, Filter	Form-Spezifikation
TFO	Toleriertes Geometrieelement, Richtung, Filter	Richtungsspezifikationen
TFL	Toleriertes Geometrieelement, Ort, Filter	Ortsspezifikationen

BEISPIEL 1 ISO 1101 TF: G 0,8– x 50– legt die defaultmäßige Filterung als Verwendung eines Gauß-Langwellenfilters mit einem Grenzwert von 0,8 mm in offenen Profilen und 50 UPR in geschlossenen Profilen fest.

Der Zeichnungs-Default für die Formassoziation kann in der Nähe des Schriftfelds angegeben werden durch die Angabe „ISO 1101 FC": gefolgt von dem Symbol für die Defaultassoziation aus Tabelle D.1. FC steht für „Formmerkmal".

BEISPIEL 2 ISO 1101 FC: G legt das defaultmäßige Assoziationskriterium für die Form als (Gaußsches) Kleinste-Quadrate-Element fest.

9 Ergänzende Angaben

9.1 Angaben eines zusammengesetzten oder eines begrenzten tolerierten Geometrieelementes

9.1.1 Allgemeines

Wenn das tolerierte Geometrieelement Teil eines einzelnen Geometrieelements oder ein zusammengesetztes kontinuierliches Geometrieelement ist, dann muss es angegeben werden als

— ein kontinuierliches, geschlossenes Geometrieelement (einfach oder zusammengesetzt), siehe 9.1.2;

— ein begrenzter Bereich einer einzelnen Fläche, siehe 9.1.3; oder

— ein kontinuierliches, nicht geschlossenes Geometrieelement (einfach oder zusammengesetzt), siehe 9.1.4.

9.1.2 Rundum und rundherum - kontinuierliches, geschlossenen toleriertes Geometrieelement

Wird eine geometrische Spezifikation auf die Konturlinien der Querschnitte oder auf alle von einer geschlossenen Konturlinie dargestellten Geometrieelemente angewendet, so muss dies durch das „Rundum"-Symbol ○ angezeigt werden, das auf dem Schnittpunkt der Hinweislinie und der Referenzlinie des Toleranzindikators zu platzieren ist. (Siehe Beispiele in den Bildern 51 und 53). Zur Bezeichnung der Kollektionsebene in 3D ist ein Kollektionsebenen-Indikator zu verwenden und in 2D ist er zu bevorzugen. Frühere 2D-Praxis, siehe A.2.3. Eine Rundum-Anforderung gilt nur für die durch die Kollektionsebene bezeichneten Flächen, nicht für das gesamte Werkstück (siehe Bilder 52 und 54).

Wird eine geometrische Spezifikation auf alle integralen Geometrieelemente eines Werkstücks angewendet, so muss dies durch das Symbol „rundherum" ◎ angezeigt werden (siehe Beispiel Bild 55).

Ein „Rundum"-Symbol ○ oder ein Symbol für „rundherum" ◎ ist stets mit einem SZ-Modifikator (separate Zonen), CZ (kombinierte Zone) oder UF (vereinigtes Geometrieelement) zu kombinieren, außer wenn das referenzierte Bezugssystem alle nicht-redundanten Freiheitsgrade fixiert.

Falls der SZ-Modifikator in Verbindung mit dem „Rundum"- oder „Rundherum"-Symbol verwendet wird, muss das betreffende Merkmal als Einzelanforderung für die angegebenen Geometrieelemente gelten, d. h. dass die Toleranzzonen für diese Geometrieelemente in keiner Beziehung zueinander stehen und die Verwendung des „Rundum"- oder „Rundherum"-Symbols gleichbedeutend mit der Verwendung von n Hinweislinien ist, von denen jeweils eine auf jedes tolerierte Geometrieelement zeigt, oder mit der Angabe $n\times$ unmittelbar neben dem Toleranzindikator.

Wenn die Spezifikation als Muster von Zonen auf alle Anforderungen an die angegebenen Geometrieelemente anzuwenden ist, d. h. die Toleranzzonen für all diese Geometrieelemente stehen in einer theoretisch exakten Beziehung zueinander und der Übergang von einer Toleranzzone zur nächsten ist die Verlängerung der beiden Toleranzzonen, was zu scharfen Ecken führt, dann muss ein CZ-Spezifikationselement (kombinierte Zone) in Verbindung mit dem „Rundum"- oder dem „Rundherum"-Symbol verwendet werden. Frühere Praxis, siehe A.3.4.

Wenn die bezeichneten Geometrieelemente als ein Geometrieelement zu betrachteten sind, so muss das UF-Spezifikationselement (vereinigtes Geometrieelement) in Verbindung mit dem „Rundum"- oder dem „Rundherum"-Symbol verwendet werden.

Gilt eine Anforderung für die Gruppe von Linienelementen auf der geschlossen zusammengesetzten kontinuierlichen Fläche (definiert durch eine Kollektionsebene), so muss auch zwischen den Toleranzindikator und den Kollektionsebenen-Indikator ein Schnittebenen-Indikator, der die Schnittebene bezeichnet, eingefügt werden [siehe Bilder 51 a) und b)].

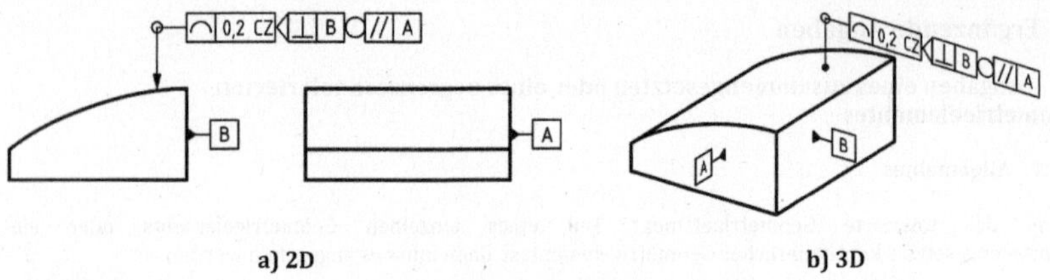

a) 2D b) 3D

ANMERKUNG 1 Die Zeichnung ist unvollständig. Die Nenngeometrie des Profils ist nicht festgelegt.

ANMERKUNG 2 Bei Verwendung des Linienprofilsymbols kann, wenn die Schnittebene und die Kollektionsebene gleich sind, das Kollektionsebenensymbol weggelassen werden.

Bild 51 — Rundum-Zeichnungseintragung

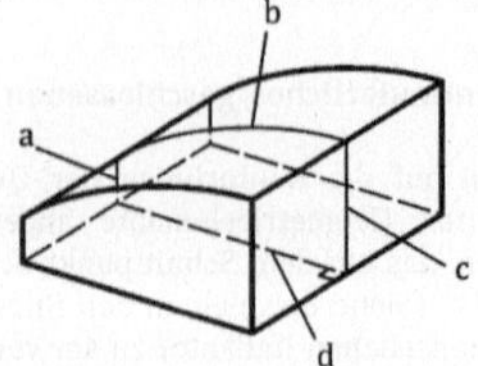

Interpretation: Die in der Zeichnung angegebene Anforderung gilt als eine kombinierte Zone für die Linien a, b, c und d in allen Querschnitten.

Bild 52 — Rundum-Interpretation

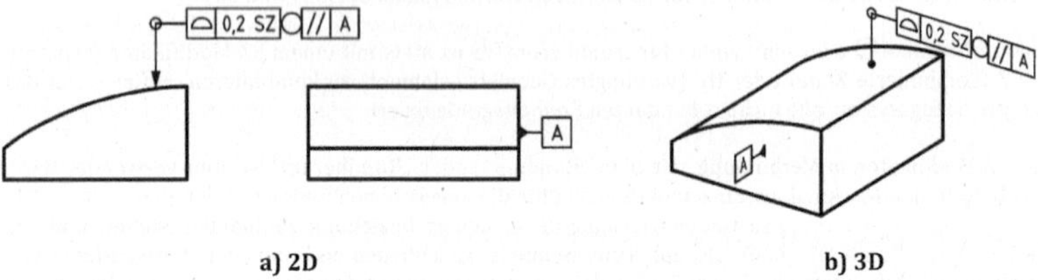

a) 2D b) 3D

ANMERKUNG Die Zeichnung ist unvollständig. Die Nenngeometrie des Profils ist nicht festgelegt.

Bild 53 — Rundum-Zeichnungseintragung

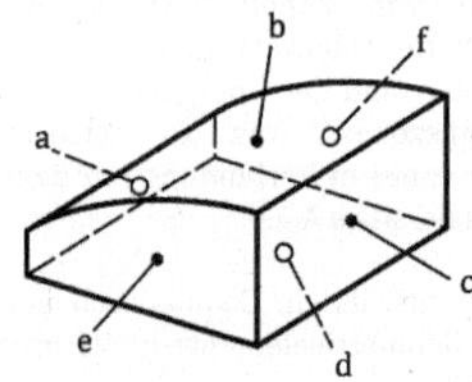

Interpretation: Die in der Zeichnung angegebene Anforderung gilt als individuelle Anforderung an die vier Flächen a, b, c und d.

ANMERKUNG Die Flächen e und f werden in das „Rundum"-Symbol nicht mit einbezogen.

Bild 54 — Rundum-Interpretation

Das Werkstück muss verhältnismäßig einfach sein, damit eine „Rundum"-Angabe eindeutig ist. Wenn sich beispielsweise in der Mitte des in Bild 51 und Bild 53 dargestellten Werkstückes eine senkrechte Bohrung befinden würde, wäre nicht klar, ob die Spezifikation für die Fläche der Bohrung gelten würde oder nicht. In Bild 51 und Bild 53 kann die Kollektionsebene jede Ebene sein, die parallel zum Bezug A verläuft. Abhängig davon, wo sich die Kollektionsebene befindet, kann es möglich sein, dass sie die Bohrung schneidet oder auch dass sie sie nicht schneidet. In derartigen Fällen darf die „Rundum"-Angabe nicht verwendet werden.

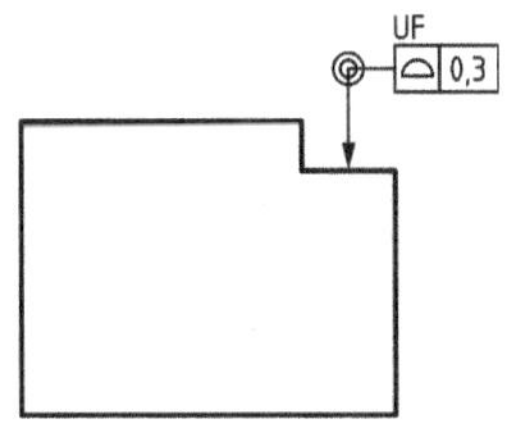

ANMERKUNG Die Zeichnung ist unvollständig. Die Nenngeometrie des Profils ist nicht festgelegt.

Bild 55 — Rundherum-Zeichnungseintragung

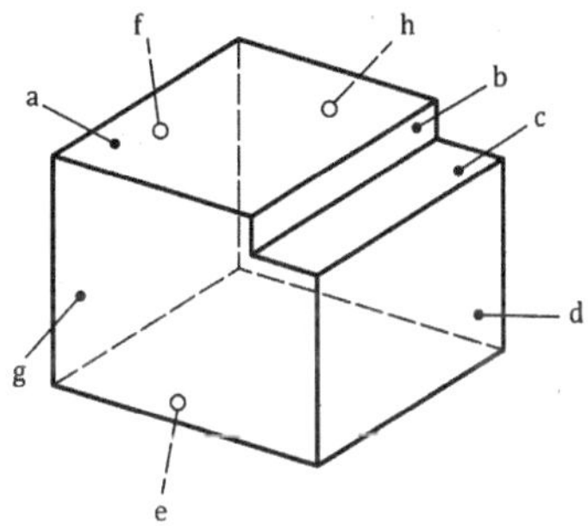

Interpretation: Die Anforderung, die für alle Flächen a, b, c, d, e, f, g, h gilt, wird als ein vereinigtes Geometrieelement angesehen.

ANMERKUNG Ohne UF werden die Flächen unabhängig betrachtet.

Bild 56 — Rundherum-Interpretation

9.1.3 Begrenzter Bereich eines tolerierten Geometrieelementes

Der begrenzte Bereich ist wie folgt festzulegen:

— durch Umreißen der beteiligten Flächenteile mit einer breiten Lang-Strich-Punktlinie (in Übereinstimmung mit ISO 128-24, Typ 04.2). Die Lage und die Maße müssen durch TEDs definiert werden, siehe Bild 58 a),

— durch eine schraffierte Fläche, deren Abgrenzungen als breite Lang-Strich-Punktlinie (in Übereinstimmung mit ISO 128-24, Typ 04.2) angegeben sind. Die Lage und die Maße müssen durch TEDs definiert werden, siehe Bild 57 a), Bild 58 b) und Bild 59,

— durch seine Eckpunkte, die durch Kreuze auf dem integralen Geometrieelement angezeigt werden (die Orte der Punkte werden durch theoretisch exakte Maße definiert), bezeichnet durch Großbuchstaben und Hinweislinien, die mit einem Pfeil enden. Die Buchstaben werden über dem Toleranzindikator mit dem „Zwischen"-Symbol zwischen den beiden Letzten angegeben, siehe Bild 57 b). Die Grenze wird dadurch gebildet, dass die Eckpunkte mit geraden Segmenten verbunden werden,

— durch zwei gerade Begrenzungslinien, die durch Großbuchstaben und Hinweislinien bezeichnet werden, die mit einem Pfeil enden (der Ort der Begrenzungslinien wird durch theoretisch exakte Maße definiert), kombiniert mit einer Anzeige, bei der das „Zwischen"-Symbol verwendet wird, siehe Bilder 60 und 63.

Die Hinweislinie, die an der Referenzlinie beginnt, die mit der Angabe der geometrischen Toleranz verbunden ist, muss im begrenzten Bereich enden.

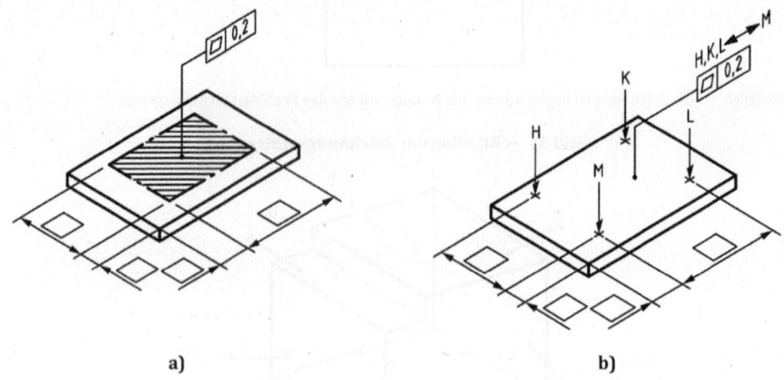

Bild 57 — Angabe einer begrenzten Fläche

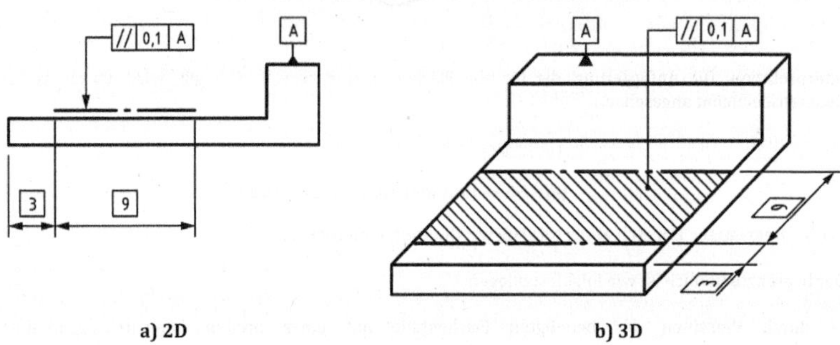

Bild 58 — Angabe einer begrenzten Fläche

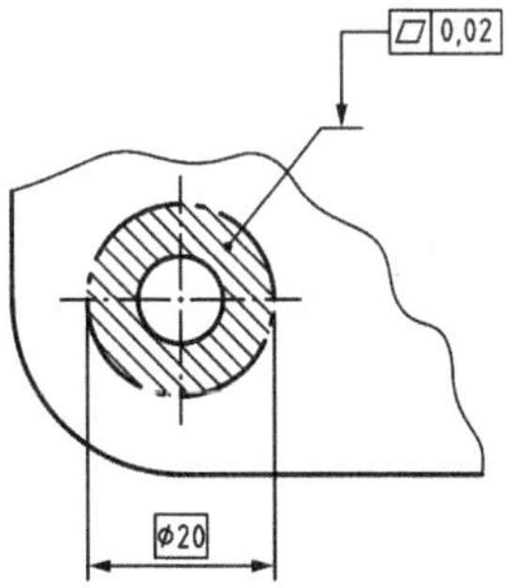

Bild 59 — Angabe einer begrenzten Fläche

Die Spezifikation gilt für jedes Flächen- oder Linienelement unabhängig voneinander, solange nichts anderes angegeben ist (z. B. durch die Verwendung eines CZ-Symbols).

9.1.4 Kontinuierliches, nicht geschlossenes toleriertes Geometrieelement

Wenn eine Spezifikation für einen gekennzeichneten begrenzten Teil eines Geometrieelements oder für zusammenhängende begrenzte Teile von zusammenhängenden Geometrieelementen gilt, aber nicht für die gesamte Kontur der Querschnitte (oder die gesamte durch die Kontur repräsentierte Fläche), dann muss diese Einschränkung durch

1) Bezeichnung des Anfangs- und Endpunkts des tolerierten Geometrieelements angegeben werden; und

2) entweder den (die) beteiligten Flächenteile(n) mit einer breiten Lang-Strich-Punktlinie (in Übereinstimmung mit ISO 128-24 Typ 04.2) umreißen oder das Symbol „↔" (genannt "Zwischen") verwenden.

Bei Verwendung des Zwischen-Symbols müssen die Punkte oder Linien, die den Anfang und das Ende des tolerierten Geometrieelements kennzeichnen, jeweils mit einem Großbuchstaben gekennzeichnet werden und mit ihm durch eine Hinweislinie verbunden sein, die mit einem Pfeil endet. Wenn der Punkt oder die Linie nicht die Begrenzung eines integralen Geometrieelements ist, muss der Ort durch TEDs angegeben werden.

Ist das tolerierte Geometrieelement ein abgeleitetes Geometrieelement, ergibt der Schnitt mit einem Geometrieelement die Begrenzung des abgeleiteten Geometrieelements.

Das Zwischen-Symbol „↔"muss zwischen zwei Großbuchstaben verwendet werden, die den Anfang und das Ende des tolerierten Geometrieelements kennzeichnen. Dieses Geometrieelement (toleriertes zusammengesetztes Geometrieelement) besteht aus allen Segmenten oder Bereichen zwischen dem Anfang und dem Ende der bezeichneten Geometrieelemente oder der Teilgeometrieelemente.

Um das tolerierte Geometrieelement eindeutig zu kennzeichnen, muss die geometrische Toleranzangabe mit dem tolerierten zusammengesetzten Geometrieelement durch eine Referenzlinie und eine Hinweislinie verbunden werden, die mit einem Pfeil auf der Kontur des tolerierten Verbundgeometrieelements endet (siehe das Beispiel im Bild 60). Die Pfeilspitze darf auch auf einer Referenzlinie angebracht werden, die mit einer Hinweislinie auf die Fläche zeigt.

Die Toleranzanforderung gilt für jedes Flächen- oder Linienelement unabhängig voneinander, solange nichts anderes spezifiziert ist, z. B. durch die Verwendung eines CZ-Symbols, um Toleranzzonen zu kombinieren oder durch Verwendung des UF-Modifikators, um anzugeben, dass das zusammengesetzte Geometrieelement als ein Geometrieelement angesehen werden muss.

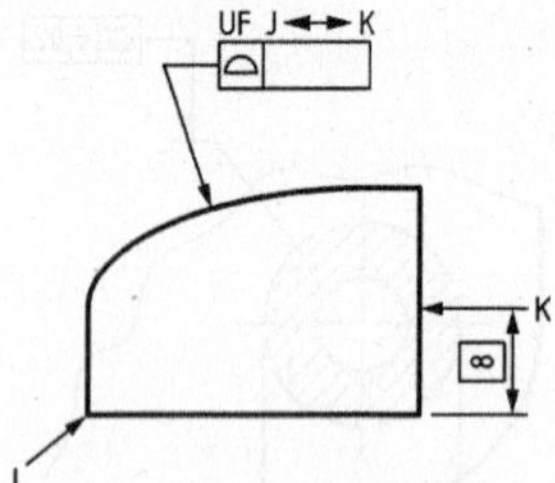

ANMERKUNG Die Zeichnung ist unvollständig. Die Nenngeometrie des Profils ist nicht festgelegt.

Bild 60 — Beispiel für ein begrenztes Geometrieelement — Toleriertes Geometrieelement ist die obere Fläche, beginnend bei der Linie J und endend bei der Linie K

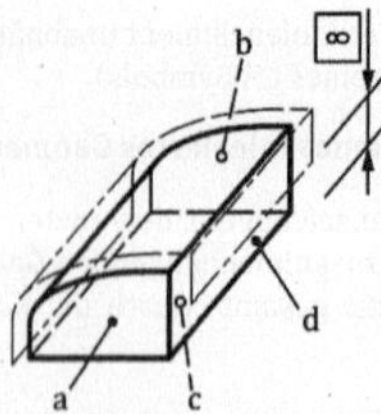

Bild 61 — Interpretation: die Langstrich-Strichlinie begrenzt das tolerierte Geometrieelement — die Flächen a, b, c und der untere Teil von d sind nicht von der Spezifikation eingeschlossen

Um Interpretationsprobleme bei dem betroffenen nominalen Geometrieelement zu vermeiden (siehe Bild 61), müssen der Anfang und das Ende des Geometrieelements entsprechend Bild 62 eingetragen werden.

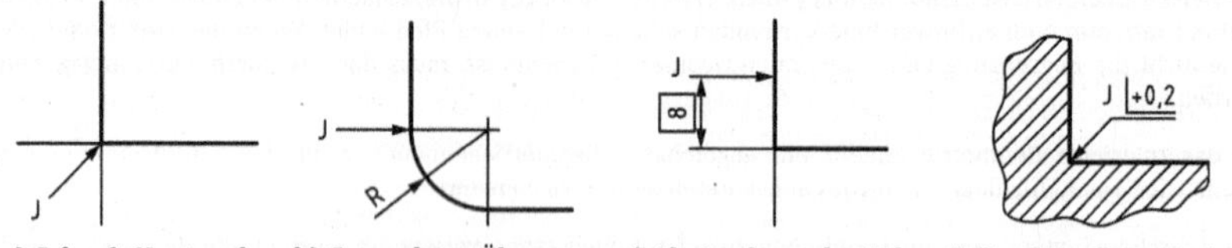

a) Scharfe Kante oder Ecke **b) Gerundeter Übergang (tangentiale Fortsetzung)** **c) Abstand von der Ecke oder Kante (mit TED)** **d) Kombination mit einer Kantenangabe nach ISO 13715**

Bild 62 — Angabe der Begrenzungen des Geometrieelements

Falls der Toleranzwert im Verlauf des betrachteten tolerierten Geometrieelements variabel ist, muss dies wie in Bild 10 angegeben angezeigt werden.

Wenn dieselbe Spezifikation auf einen Satz von tolerierten zusammengesetzten Geometrieelementen anwendbar ist, kann dieser Satz über dem Toleranzindikator eingetragen werden (siehe Bild 63).

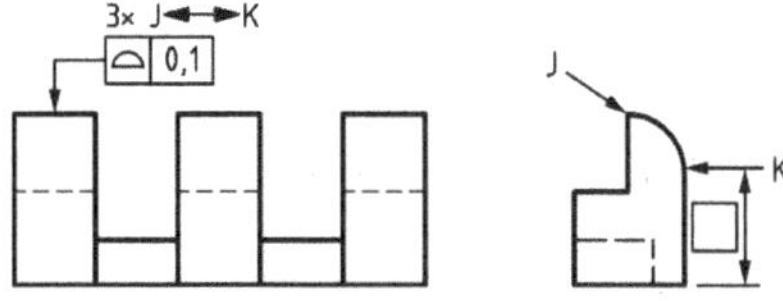

Bild 63 — Angabe von mehreren tolerierten zusammengesetzten Geometrieelementen

Wenn alle tolerierten zusammengesetzten Geometrieelemente in dem Satz gleich definiert sind, ist es möglich, die Angabe dieses Satzes durch Verwendung der „*n*ד-Angabe zu vereinfachen (siehe 8.4).

9.2 Bewegliche Baugruppen

ISO/TS 17863:2013 enthält zusätzliche Symbole für bewegliche Baugruppen.

10 Theoretisch exakte Maße (TED)

Wenn Orts-, Richtungs- oder Profilspezifikationen für ein Geometrieelement oder eine Gruppe von Geometrieelementen angegeben sind, werden die Maße, die den theoretisch exakten Ort bzw. die theoretisch exakte Richtung bzw. das theoretisch exakte Profil bestimmen, theoretisch exakte Maße (TED) genannt. TED können explizit oder implizit sein.

TED müssen auch verwendet werden, um die Winkel zwischen den Bezügen in einem Bezugssystem anzugeben.

TED dürfen nicht toleriert werden. Sie sind in einen Rahmen zu setzen (siehe Beispiele in den Bildern 64 und 65).

TEDs oder CAD-Daten müssen zur Festlegung der Nenngeometrie von komplexen Flächen (d. h. nicht-ebene Flächen) verwendet werden.

TEDs sind anzuwenden, wenn die Anforderungen im Zusammenhang miteinander stehen, d. h. wenn Toleranzzonen eine theoretisch exakte Beziehung zueinander aufrechterhalten müssen und/oder als eine einzige Toleranzzone zu behandeln sind.

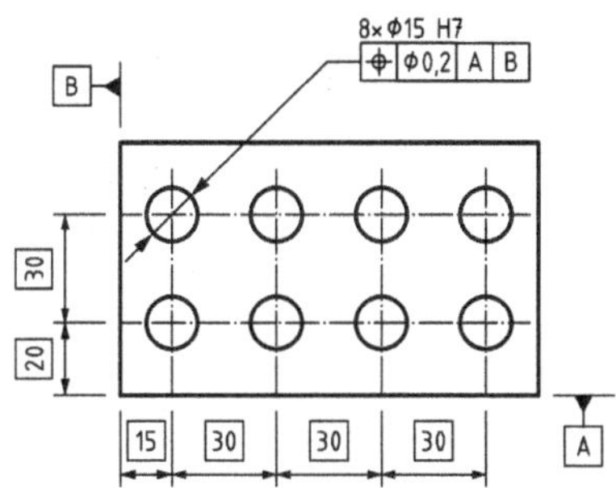

Bild 64 — Angabe linearer TED

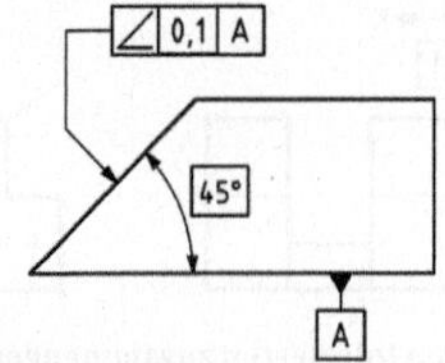

Bild 65 — Angabe von Winkel-TED

Aus dem Profil des Nennmodells in der CAD-Datei können TEDs extrahiert werden. Dies ist gegebenenfalls in der Nähe des Schriftfeldes anzugeben.

ANMERKUNG Diese Angabe kann beispielsweise wie folgt formuliert werden: „TEDs nach dem CAD-Modell 12345 rev abc". Siehe auch ISO 16792.

11 Einschränkende Spezifikationen

Wird eine Spezifikation desselben Merkmals auf eine eingeschränkte Länge an jeder möglichen Stelle innerhalb der gesamten Länge des Geometrieelementes angewendet, so muss der Wert dieser eingeschränkten Länge hinter dem Toleranzwert hinzugefügt und von diesem durch einen Schrägstrich getrennt werden [siehe Beispiel in Bild 66 a)]. Wenn zwei oder mehr Spezifikationen desselben Merkmals anzugeben sind, dürfen diese wie in Bild 66 b) dargestellt kombiniert werden.

a) b)

Bild 66 — Angabe einschränkender Spezifikationen

Die folgenden Formen eingeschränkter Flächen können für eine Spezifikation desselben Merkmals angegeben werden, dass auf eine eingeschränkte Fläche angewendet wird, die an jeder möglichen Stelle innerhalb der gesamten Länge des Geometrieelementes liegen kann:

— rechtwinklige eingeschränkte Fläche mit einer Länge und einer Höhe, die durch das Symbol „×" getrennt angegeben werden. Die Fläche kann sich in beide Richtungen erstrecken. Es ist ein Orientierungsebenen-Indikator zu verwenden, mit dem die Richtung angegeben wird, für die der erste Wert gilt, wie in Bild 67 dargestellt.

BEISPIEL „75×50"

— kreisförmig eingeschränkte Fläche, die durch das Symbol für den Durchmesser gefolgt vom Wert des Durchmessers angegeben wird.

BEISPIEL „⌀4"

— Bereich einer Zylinderfläche, der durch eine Länge in der Richtung der Zylinderachse gefolgt vom Symbol „×" und einem Winkel für die Ausdehnung in Ausdehnungsrichtung definiert ist. Dieser Bereich kann entlang der Zylinderachse verschoben werden und um diese rotieren.

BEISPIEL „75×30°"

— Bereich einer Kugelfläche, der durch zwei senkrechte, durch das Symbol „×" voneinander getrennte Winkelmaße definiert ist. Dieser Bereich kann in beiden Richtungen rotieren. Es muss ein Orientierungsebenen-Indikator verwendet werden, um die Richtung anzugeben, auf die der erste Wert zutrifft.

BEISPIEL „10°×20°"

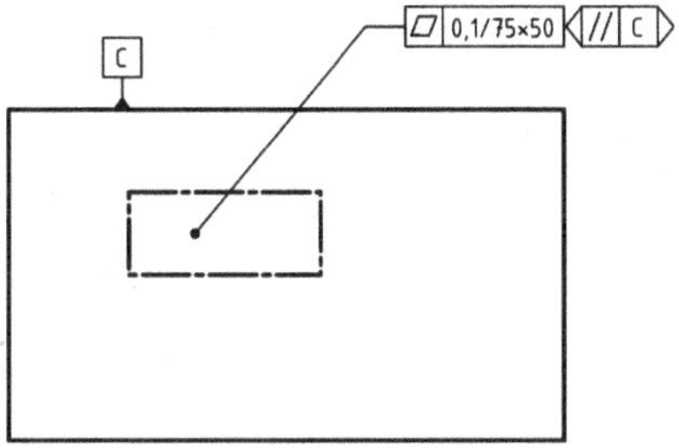

Bild 67 — Angabe einer flächenmäßig eingeschränkten Spezifikation

Das Seitenverhältnis der Fläche bzw. des Bereichs kann zur Verdeutlichung übertrieben dargestellt werden, wie in Bild 67 gezeigt.

Bei linear eingeschränkten Anteilen ist der eingeschränkte Teil als Linie festgelegt, die durch eine orthogonale Projektion einer Linie der angegebenen Länge auf das tolerierte Geometrieelement gekennzeichnet ist, wobei der Mittelpunkt dieser Linie rechtwinklig zur Normalen des tolerierten Geometrieelements an diesem Punkt ausgerichtet ist, siehe Bild 68.

ANMERKUNG Die krummlinige Länge des eingeschränkten Teils ist länger als die nach dem Schrägstrich angegebene Länge, es sei denn, das tolerierte Geometrieelement ist eine nominell gerade Linie.

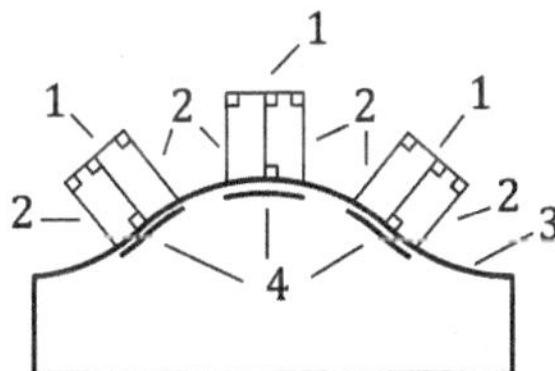

Legende

1 Beispiele für Linien mit der nach dem Schrägstrich angegebenen Länge, die an ihren Mittelpunkten parallel zu den Tangentenlinien des tolerierten Geometrieelements verlaufen. Für jeden Punkt entlang des tolerierten Geometrieelements gibt es eine dieser Linien

2 senkrechte Projektionen der Endpunkte der Linien (1) auf das tolerierte Geometrieelement

3 toleriertes Geometrieelement

4 eingeschränkten Anteile des tolerierten Geometrieelements

Bild 68 — Linear eingeschränkter Anteil eines tolerierten Geometrieelements

Bei räumlich eingeschränkten Anteilen ist der eingeschränkte Anteil als eine Fläche festgelegt, die durch die orthogonale Projektion der angegebenen Form auf das tolerierte Geometrieelement gekennzeichnet ist, wobei der Mittelpunkt der angegebenen Form rechtwinklig zur Normalen des tolerierten Geometrieelements an diesem Punkt ausgerichtet ist.

ANMERKUNG Die Fläche des eingeschränkten Anteils ist größer als die hinter dem Schrägstrich angegebene Fläche, außer, das tolerierte Geometrieelement ist nominell eben.

Aufgrund des Geometrieelement- und Unabhängigkeitsgrundsatzes, siehe ISO 8015, ist, wenn eine Formanforderung auf einen bestimmten oder beliebigen eingeschränkten Anteil des Geometrieelementes begrenzt ist, nur der eingeschränkte Anteil bei der Assoziation des Bezugselementes zu betrachten, siehe ISO 25378.

12 Projiziertes toleriertes Geometrieelement

Der Modifikator Ⓟ hinter dem Toleranzwert im zweiten Feld des Toleranzindikators ist zu verwenden, um ein projiziertes toleriertes Geometrieelement anzugeben; siehe die Bilder 69 und 70. In diesem Fall ist das tolerierte Geometrieelement entweder Teil des verlängerten Geometrieelements oder seines abgeleiteten Geometrieelements (siehe Abschnitt 6 und Tabelle 7).

Das verlängerte Geometrieelement ist ein assoziiertes Geometrieelement, das von dem integralen Geometrieelement gebildet wird. Das Default-Assoziationskriterium für das verlängerte Geometrieelement ist der kleinste maximale Abstand zwischen dem eingetragenen integralen Geometrieelement und dem assoziierten Geometrieelement mit der zusätzlichen Bedingung des externen Kontakts mit dem Material.

Tabelle 7 — Toleriertes Geometrieelement mit dem Modifikator für die projizierte Toleranzzone

Die Hinweislinie des Toleranzindikators zeigt	Toleriertes Geometrieelement
auf einen Zylinder (aber nicht in Verlängerung der Maßlinie)	Teil des assoziierten Zylinders
auf die Verlängerung der Maßlinie eines Zylinders	Teil der Achse des assoziierten Zylinders
auf eine Ebene (aber nicht in Verlängerung der Maßlinie)	Teil der assoziierten Ebene
auf die Verlängerung der Maßlinie zwischen zwei entgegengesetzt gerichteten parallelen Ebenen	Teil der Mittelebene von zwei assoziierten parallelen Ebenen

Bei assoziierten Ebenen entsprechen die Weite und Lage der verlängerten Ebene in senkrechter Richtung zur Projektion der Weite und Lage der Ebene, die das projizierte tolerierte Geometrieelement definiert.

Die Grenzen des maßgebenden Teils dieses verlängerten Geometrieelements müssen eindeutig und entweder direkt oder indirekt wie folgt festgelegt werden:

Wenn die Länge des projizierten tolerierten Geometrieelements direkt in der Zeichnung durch ein „virtuelles" integrales Geometrieelement eingetragen ist, das den betrachteten Teil des verlängerten Geometrieelements repräsentiert, dann muss dieses virtuelle Geometrieelement mit einer schmalen Langstrich-Zweipunktlinie) gekennzeichnet werden (Linienart 05.1 nach ISO 128-24), und die Länge dieser Verlängerung muss mit dem Modifikator Ⓟ vor dem Wert des theoretisch exakten Maßes (TED) eingetragen werden. Siehe Bild 69).

Wenn die Länge des projizierten tolerierten Geometrieelements indirekt im Toleranzindikator angegeben ist, dann muss der Wert nach dem Modifikator Ⓟ eingetragen werden. Siehe Bild 70). In diesem Fall muss die Darstellung des verlängerten Geometrieelementes mit der schmalen Langstrich-Zweipunktlinie entfallen. Diese indirekte Angabe darf nur bei Sacklöchern verwendet werden.

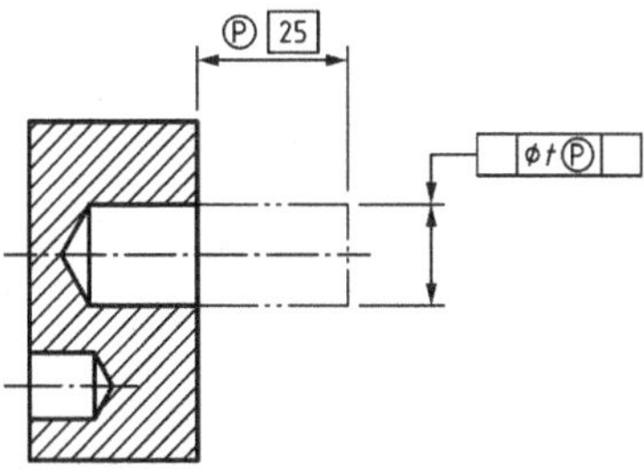

Bild 69 — Angabe einer geometrischen Spezifikation mit projiziertem Toleranz-Modifikator unter Verwendung der direkten Längenangabe der Verlängerung durch ein TED

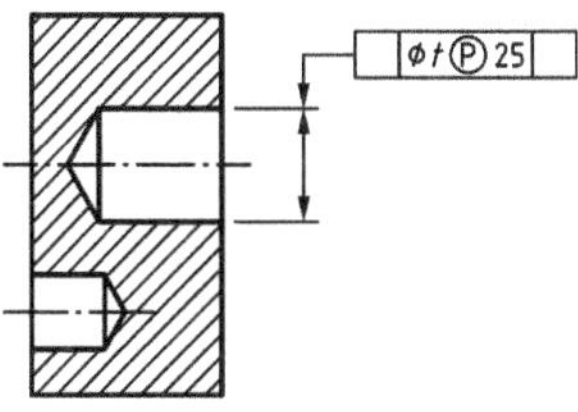

Bild 70 — Angabe einer geometrischen Spezifikation mit projiziertem Toleranz-Modifikator unter Verwendung der indirekten Längenangabe des projizierten tolerierten Geometrieelements im Toleranzindikator

Der Anfang des projizierten Geometrieelements muss von der Referenzebene gebildet werden. Die Referenzebene ist die erste Ebene, die das betrachtete Geometrieelement schneidet. Siehe Bild 71. Dieses reale Geometrieelement muss zur Definition der Referenzebene herangezogen werden. Die Referenzebene ist eine assoziierte Ebene zu diesem realen Geometrieelement. Siehe Bild 74.

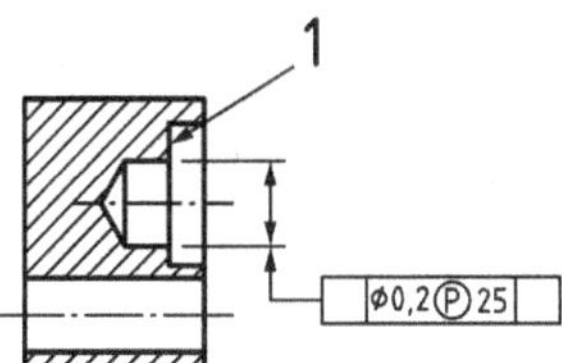

Legende

1 Referenzebene zur Festlegung des Anfangs des tolerierten Geometrieelements

Bild 71 — Referenzebene des projizierten Geometrieelements

Defaultmäßig muss der Anfang des projizierten Geometrieelements dem Ort der Referenzebene, und das Ende dem Versatz der Länge des projizierten Geometrieelements von seinem Anfang in Richtung der materialfreien Seite entsprechen.

Wenn der Anfang des projizierten Geometrieelements gegenüber der Referenzfläche versetzt ist, muss das wie folgt eingetragen werden:

— bei der direkten Angabe muss der Versatz mit einem theoretisch exakten Maß (TED) spezifiziert werden; siehe Bild 72.

— Bei der indirekten Angabe gibt der erste Wert nach dem Modifikator den Abstand der am weitesten entfernten Grenze des verlängerten Geometrieelements an, und der zweite Wert (Versatzwert), dem ein Minuszeichen vorangestellt wird, gibt den Abstand zu der nächsten Grenze des verlängerten Geometrieelements an (die Länge des verlängerten Geometrieelements ist die Differenz zwischen diesen beiden Werten), z. B. ϕ *t* Ⓟ 32−7; siehe Bild 73. Ein Versatz von Null darf nicht eingetragen werden, und das Minuszeichen entfällt in diesem Fall; siehe Bild 70.

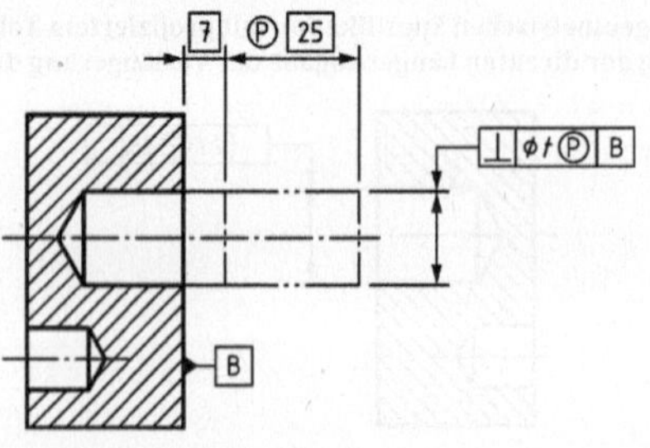

Bild 72 — Beispiel für die direkte Angabe einer projizierten Toleranz mit Versatz

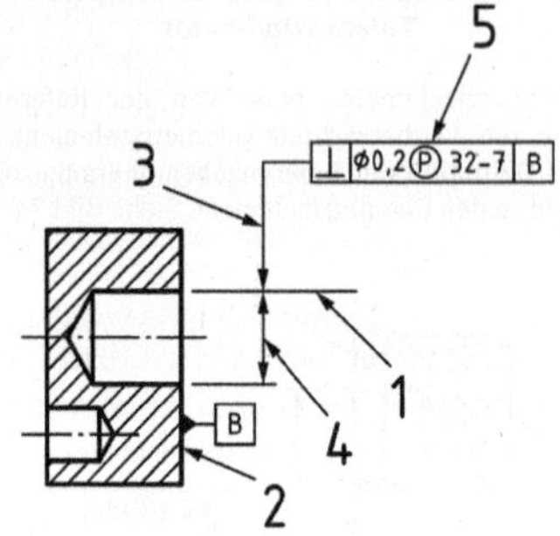

Legende

1 Verlängerungslinie

2 Bezugsfläche

3 mit dem Toleranzindikator verbundene Hinweislinie

4 Angabe zur Festlegung des tolerierten Geometrieelements als mittleres Geometrieelement (gleichwertig mit dem Modifikator Ⓐ)

5 Modifikator zur Festlegung der Gültigkeit der Spezifikation für einen Teil des verlängerten Geometrieelements mit der Begrenzung durch die folgenden Werte

Bild 73 — Indirekte Angabe einer projizierten Toleranz mit Versatz

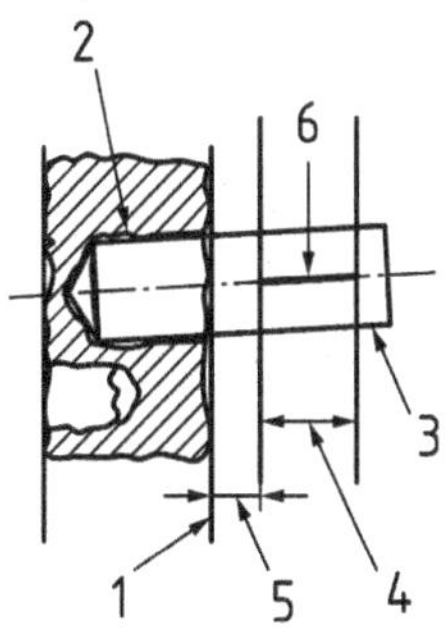

Legende

1 assoziierte Referenzebene

2 integrale Fläche

3 assoziiertes Geometrieelement

4 Länge des projizierten tolerierten Geometrieelements, in diesem Fall 25 mm (= 32 – 7)

5 Versatz des projizierten tolerierten Geometrieelements von der Referenzebene, in diesem Fall 7 mm

6 projiziertes toleriertes Geometrieelement

Bild 74 — Auswertung der indirekten Angabe einer projizierten Toleranz mit Versatz

Wenn zutreffend, darf der Modifikator Ⓟ zusammen mit anderen Arten von Modifikatoren verwendet werden; siehe Bild 75.

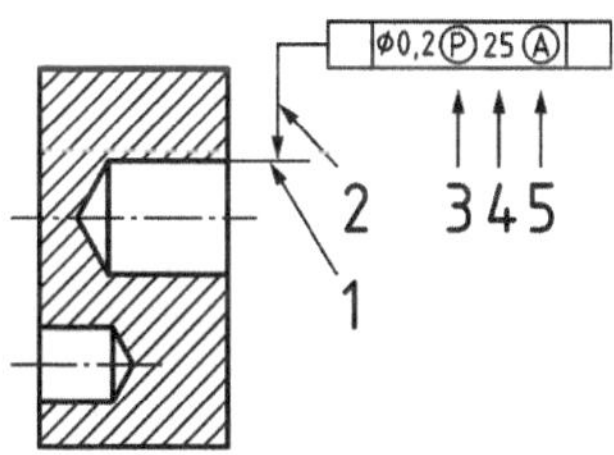

Legende

1 Verlängerungslinie

2 mit dem Toleranzindikator verbundene Hinweislinie

3 Modifikator zur Festlegung der Gültigkeit der Spezifikation für einen Teil des verlängerten Geometrieelements mit der nachfolgend angegebenen Grenze (4)

4 Länge des projizierten tolerierten Geometrieelements, in diesem Fall 25 mm

5 Modifikator zur Festlegung der Art des tolerierten Geometrieelements als mittleres Geometrieelement

Bild 75 — Beispiel für die Anwendung einer projizierten Toleranzzone zusammen mit einem Modifikator für das mittlere Geometrieelement

13 Schnittebenen

13.1 Die Rolle von Schnittebenen

Schnittebenen sind zu verwenden, um die Richtung von Linienanforderungen zu bezeichnen, z. B. die Geradheit einer Linie in einer Ebene, das Linienprofil, die Richtung eines Linienelements eines Geometrieelements, siehe Bild 90, und bei „Rundum"-Spezifikationen für Linien auf Flächen.

13.2 Zum Aufbau einer Familie von Schnittebenen verwendete Geometrieelemente

Zum Aufbau einer Familie von Schnittebenen dürfen nur Flächen benutzt werden, die zu einer der folgenden Invarianzklassen gehören (siehe ISO 17450-1):

— Rotationsflächen (z. B. ein Kegel oder ein Torus);

— zylindrische Flächen (d. h. ein Zylinder);

— ebene Flächen (d. h. eine Ebene).

13.3 Graphische Symbole

Die Schnittebene muss durch einen Schnittebenen-Indikator spezifiziert werden, der als Erweiterung rechts vom Toleranzindikator angebracht ist (siehe Bild 76):

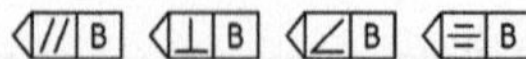

Bild 76 — Schnittebenen-Indikator

Falls notwendig, kann die Referenzlinie statt am Toleranzindikator am Schnittebenen-Indikator angebracht werden, siehe Bild 46. Das Symbol zur Festlegung, wie die Schnittebene aus dem Bezug erstellt wird, steht im ersten Feld des Schnittebenen-Indikators. Die Symbole stehen für:

// parallel;

⊥ rechtwinklig;

∠ in einem bestimmten Winkel geneigt;

⌯ symmetrisch zu (einschließlich).

ANMERKUNG Das Symmetriesymbol dient der Angabe, dass die Schnittebene den Bezug beinhaltet (und symmetrisch dazu ist).

Der Buchstabe zur Identifizierung des Bezuges, der zum Aufbau der Schnittebene verwendet wird, steht im zweiten Feld des Schnittebenen-Indikators.

13.4 Regeln

Für geometrische Spezifikationen mit Schnittebenen-Indikatoren gelten folgende Regeln.

Wenn das tolerierte Geometrieelement eine Linie auf einem integralen Geometrieelement ist, muss eine Schnittebene eingetragen werden, um Fehlinterpretationen des tolerierten Geometrieelements zu vermeiden, wobei der Fall der Geradheit von Mantellinien oder der Rundheit eines Zylinders, Kegels oder einer Kugel davon ausgenommen ist.

Frühere Praxis, siehe A.2.1 und A.2.2.

Wenn das tolerierte Geometrieelement alle Linien in einem Geometrieelement in einer angegebenen Richtung umfasst und die Spezifikation nicht ausdrücklich angibt, ob das tolerierte Geometrieelement das Flächenelement oder die Linien im Geometrieelement darstellt, ist ein Schnittebenen-Indikator anzuwenden, der angibt, dass das tolerierte Geometrieelement die Linien im Geometrieelement und die Richtung der Linien umfasst, siehe Bild 77, in dem das tolerierte Geometrieelement alle Linien der Fläche parallel zum Bezug C darstellt.

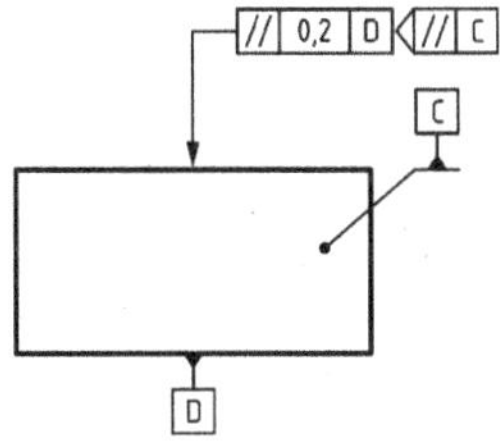

Bild 77 — Spezifikation unter Verwendung eines Schnittebenen-Indikators

Die Schnittebene muss parallel, senkrecht, geneigt oder symmetrisch zum Bezug (den Bezug beinhaltend) erstellt werden. Dieser ist im zweiten Feld des Schnittebenen-Indikators anzugeben, jedoch ohne zusätzliche Nebenbedingungen für die Richtung.

In einigen Fällen hat eine Schnittebene einen freien Freiheitsgrad. In diesem Fall liegt die Schnittebene defaultmäßig rechtwinklig zum tolerierten Geometrieelement. Wenn ein Richtungselement hinzugefügt wird, wirkt sich das in Form einer Neuausrichtung der Schnittebene aus.

ANMERKUNG Die genauen Nebenbedingungen, wie das Richtungselement die Schnittebene neu ausrichtet, werden in diesem Dokument nicht umfassend erläutert.

Die möglichen Schnittebenen sind in Tabelle 8 angegeben. Sie hängen von dem Bezug ab, der zur Bildung der Schnittebene verwendet wird und davon, wie die Ebene von diesem Bezug abgeleitet wird (wie von dem eingetragenen Symbol festgelegt).

Tabelle 8 — Anwendungsfälle der Schnittebene

Eingetragener Bezug	Schnittebene			
	Parallel zu	Rechtwinklig zu	Geneigt zu	symmetrisch zu (einschließlich)
Achse einer Rotationsfläche (Zylinder oder Kegel)	nicht anwendbar	OK[b]	OK	OK[d]
Ebene (integrale oder Mittelfläche)	OK[a]	OK[c]	OK	nicht anwendbar

[a] Siehe Bild 78.
[b] Siehe Bild 79.
[c] Siehe Bild 80.
[d] Siehe Bild 81.

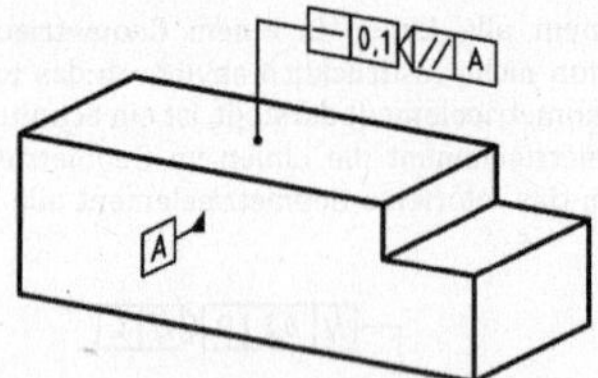

Bild 78 — Spezifikation unter Verwendung einer Schnittebene parallel zum Bezug

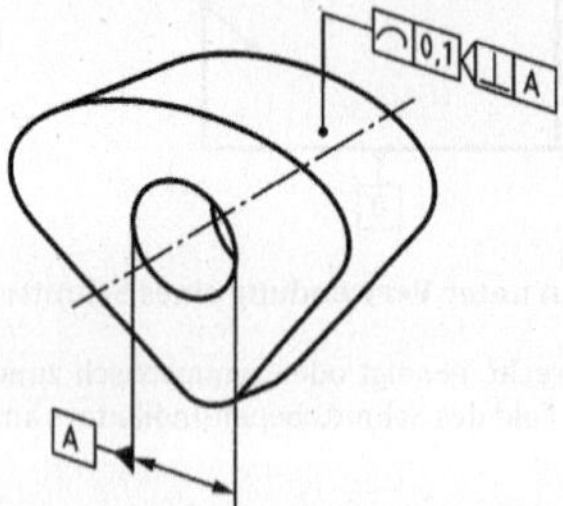

Bild 79 — Spezifikation unter Verwendung einer Schnittebene senkrecht zum Bezug

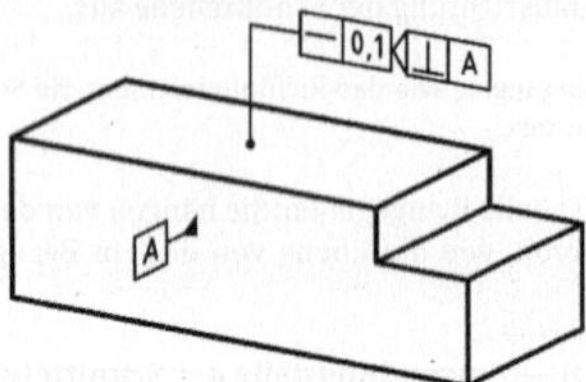

Bild 80 — Spezifikation unter Verwendung einer Schnittebene senkrecht zum Bezug

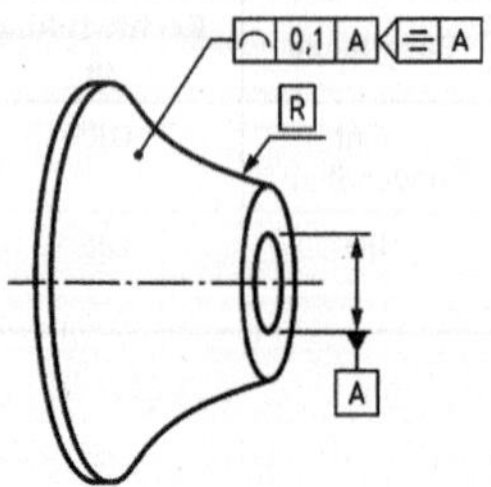

Bild 81 — Spezifikation unter Verwendung einer Schnittebene symmetrisch (einschließlich) zum Bezug

14 Orientierungsebenen

14.1 Rolle von Orientierungsebenen

Orientierungsebenen sind anzugeben, wenn

— das tolerierte Geometrieelement eine Mittellinie oder ein Mittelpunkt ist und die Weite der Toleranzzone durch zwei parallele Ebenen beschränkt ist, oder

— das tolerierte Geometrieelement ein Mittelpunkt ist und die Toleranzzone durch einen Zylinder beschränkt ist, und

— die Toleranzzone von einem anderen Geometrieelement orientiert wird, das von einem extrahierten Geometrieelement des Werkstücks gebildet wird und damit die Orientierung der Toleranzzone angibt.

Siehe Bilder 83, 84, 112, 114 und 116.

Der Orientierungsebenen-Indikator bestimmt sowohl die Orientierung der Ebenen, welche die Toleranzzone begrenzen (direkt durch den Bezug und das Symbol im Indikator), als auch die Orientierung der Weite der Toleranzzone (indirekt, senkrecht zu den Ebenen) oder die Orientierung der Achse für eine zylindrische Toleranzzone. Siehe Bilder 112, 114, 116, 130 und 132.

Orientierungsebenen müssen auch eingetragen werden, wenn es erforderlich ist, die Orientierung eines rechtwinklig eingeschränkten Bereiches festzulegen, siehe Bild 67.

14.2 Zum Aufbau von Orientierungsebenen verwendete Geometrieelemente

Zum Aufbau von Orientierungsebenen dürfen nur Flächen benutzt werden, die zu einer der folgenden Invarianzklassen gehören (siehe ISO 17450-1):

— Rotationsflächen (z. B. ein Kegel oder ein Torus);

— zylindrische Flächen (d. h. ein Zylinder);

— ebene Flächen (d. h. eine Ebene).

14.3 Graphische Symbole

Die Orientierungsebene muss durch einen Orientierungsebenen-Indikator spezifiziert werden, der rechts vom Toleranzindikator angebracht ist (siehe Bild 82):

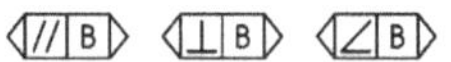

Bild 82 — Orientierungsebenen-Indikator

Falls notwendig, kann die Referenzlinie statt am Toleranzindikator am Orientierungsebenen-Indikator angebracht werden, siehe Bild 46. Das Orientierungssymbol für Parallelität, Rechtwinkligkeit oder Winkligkeit steht im ersten Feld des Orientierungsebenen-Indikators.

Der Buchstabe zur Identifizierung des Bezuges, der zum Aufbau der Orientierungsebene verwendet wird, wird in das zweite Feld des Orientierungsebenen-Indikators gesetzt.

14.4 Regeln

Für geometrische Spezifikationen mit Orientierungsebenen-Indikatoren gilt Folgendes.

Die Orientierungsebene muss parallel, rechtwinklig oder geneigt zu dem Bezug aufgebaut werden, der im zweiten Feld des Orientierungsebenen-Indikators wie folgt eingetragen ist:

— wenn die Orientierungsebene mit einem Winkel abweichend von 0° oder 90° definiert ist, muss das Neigungssymbol verwendet werden und ein explizit theoretischer Winkel muss zwischen der Orientierungsebene und dem Bezug im Orientierungsebenen-Indikator angegeben werden;

— wenn die Orientierungsebene mit einem Winkel von 0° oder 90° festgelegt ist, muss das Parallelitätssymbol beziehungsweise das Rechtwinkligkeitssymbol verwendet werden.

Wenn der Toleranzindikator einen oder mehrere Bezüge angibt, wird die Orientierungsebene parallel zu, rechtwinklig zu oder in einem bestimmten Winkel von einer Ebene gebildet, die durch den Orientierungsebenen-Indikator mit Nebenbedingungen (einem implizierten Winkel von 0° oder 90° oder einem durch ein TED definierten explizit angegebenen Winkel) von dem Bezug/den Bezügen des Toleranzindikators definiert ist. Die Bezüge im Toleranzindikator werden in der angegebenen Reihenfolge angewendet bevor die im Orientierungsebenen-Indikator angegebene Ebene gebildet wird. Ist der im Orientierungsebenen-Indikator angegebene Bezug auch im Toleranzindikator angegeben, so ist er nur durch die Bezüge eingeschränkt, die ihm im Toleranzindikator vorangehen.

Die möglichen Orientierungsebenen sind in Tabelle 9 angegeben. Sie hängen von dem Bezug ab, der zur Bildung der Orientierungsebene verwendet wird und davon, wie die Ebene von diesem Bezug abgeleitet wird (wie von dem eingetragenen Symbol festgelegt).

Tabelle 9 — Anwendungsfälle der Orientierungsebene

Eingetragener Bezug	Toleranzzone	Orientierungsebene		
		Parallel zu	Rechtwinklig zu	Geneigt zu
Achse einer Rotationsfläche (Zylinder oder Kegel)	zwei parallele Ebenen	nicht anwendbar	OK	OK
	zylindrisch	OK	OK	OK
Ebene (integrale oder Mittelfläche)	zwei parallele Ebenen	OK	OK	OK
	zylindrisch	nicht anwendbar	OK	OK

Beispiele sind in den Bildern 83 und 84 angegeben.

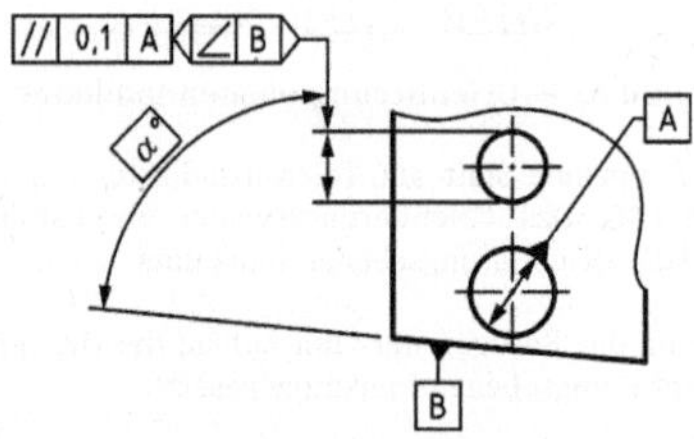

Bild 83 — Spezifikation unter Verwendung einer Orientierungsebene geneigt in einem bestimmten Winkel zum Bezug

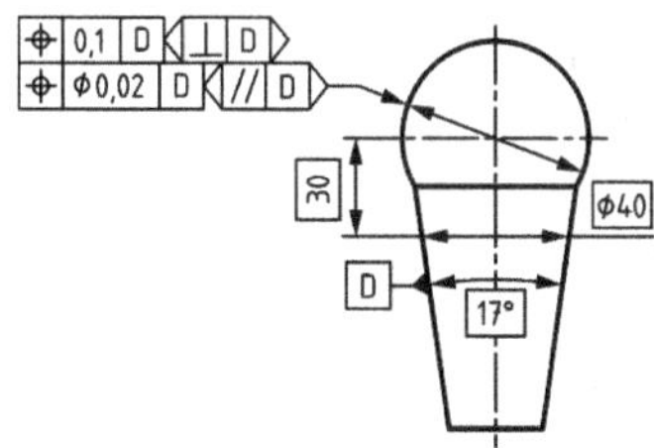

Bild 84 — Spezifikation unter Verwendung von Orientierungsebenen zur Orientierung von sowohl einer zylindrischen Toleranzzone also auch einer Toleranzzone, die durch zwei parallele Ebenen begrenzt wird

15 Richtungselement

15.1 Rolle von Richtungselementen

Richtungselemente sind zur Orientierung der Richtung der Weite der Toleranzzone anzuwenden, wenn das tolerierte Geometrieelement ein integrales Geometrieelement ist und die örtliche Weite der Toleranzzone nicht rechtwinklig zur Fläche ist. Zusätzlich muss bezüglich der Rundheit von Rotationsflächen, die weder zylindrisch noch kugelförmig sind, stets ein Richtungselement angewendet werden, um die Richtung der Weite der Toleranzzone anzugeben.

In 2D definiert die Orientierung der Hinweislinie die Richtung der Weite der Toleranzzone nur, wenn die Richtung der Hinweislinie und somit die Richtung der Weite der Toleranzzone durch ein TED angegeben ist, siehe Bild 85 a).

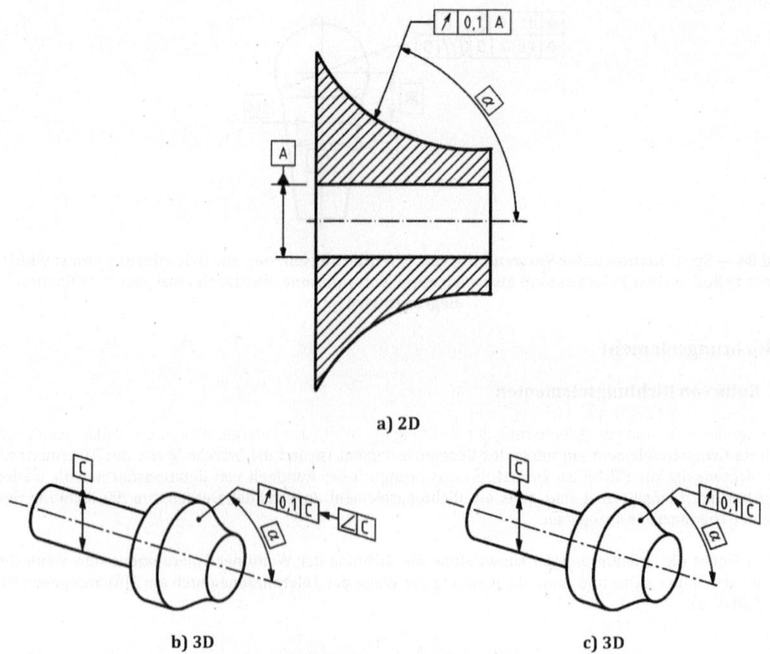

Bild 85 — Zeichnungseintragung

ANMERKUNG 1 Wenn das durch den Toleranzindikator angegebene Bezugselement dasselbe ist wie das Geometrieelement, das das Richtungsgeometrieelement bildet, dann kann das Richtungselement weggelassen werden, d. h. b) und c) haben dieselbe Bedeutung.

ANMERKUNG 2 Im Bild 85 ist die theoretische Form eines jeden tolerierten Geometrieelementes ein Kreis. Die geraden Segmente sind um den Winkel α geneigt. Damit wird ein Satz von Toleranzzonen erzeugt, die kegelförmige Abschnitte mit einem festen Winkel entlang der Fläche sind.

Wenn ein Richtungsgeometrieelement wie im Bild 85 b) angegeben oder wie in Bild 85 c) impliziert ist, wird die Weite der Toleranzzonen durch einen unendlichen Satz von geraden Abschnitten definiert, die in der durch den Richtungselement-Indikator angegebenen Richtung geneigt sind (siehe Bild 86). Jeder dieser Abschnitte hat die gleiche Länge wie der Toleranzwert, und sein Mittelpunkt liegt defaultmäßig auf der theoretischen Gestalt der Toleranzzone.

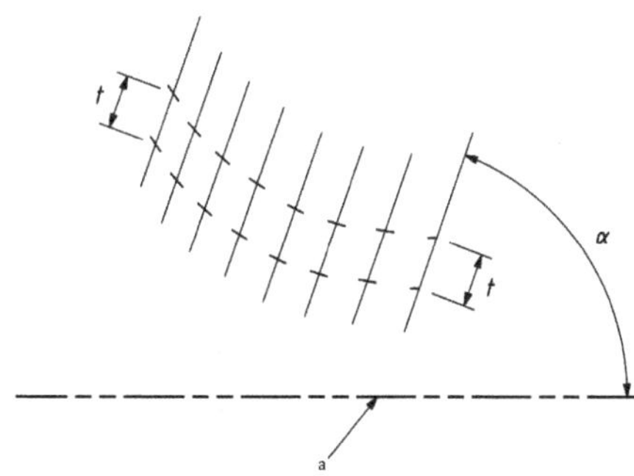

a Bezug A

Bild 86 — Auswertung

Der in Bild 85 gezeigte Winkel α ist anzugeben, auch wenn er 90° beträgt.

15.2 Zum Aufbau von Richtungselementen verwendete Geometrieelemente

Zum Aufbau von Richtungselementen dürfen nur Flächen benutzt werden, die zu einer der folgenden Invarianzklassen gehören (siehe ISO 17450-1):

— Rotationsflächen (z. B. ein Kegel oder ein Torus);

— zylindrische Flächen (d. h. ein Zylinder);

— ebene Flächen (d. h. eine Ebene).

15.3 Graphische Symbole

Falls angewendet muss der Richtungselementindikator als Erweiterung rechts vom Toleranzindikator angebracht werden, siehe Bild 87:

// | C   ⊥ | C   ∠ | C   ↗ | C

Bild 87 — Richtungselementindikator

Falls notwendig, kann die Referenzlinie statt am Toleranzindikator am Richtungselementindikator angebracht werden, siehe Bild 46. Das Richtungssymbol für Parallelität, Rechtwinkligkeit, Neigung oder Lauf muss im ersten Feld des Richtungselementindikators stehen.

ANMERKUNG Das Lauf-Symbol wird verwendet, um zu implizieren, dass die Richtung der Weite der Toleranzzone gleich dem Lauf ist, d. h. rechtwinklig zur Fläche des tolerierten Geometrieelements, siehe z. B. Bild 182.

Der Buchstabe zur Identifizierung des Bezuges, der zum Aufbau des Richtungselements verwendet wird, muss in das zweite Feld des Richtungselementindikators gesetzt werden (siehe Bild 87).

15.4 Regeln

Ein Richtungselement muss eingetragen werden, wenn

— das tolerierte Geometrieelement ein integrales Geometrieelement ist; und

— die Weite der Toleranzzone nicht rechtwinklig zur spezifizierten Geometrie ist; oder

— eine Rundheitsspezifikation auf eine Rotationsfläche angewendet wird, die weder zylindrisch noch kugelförmig ist, siehe Bild 88.

Für geometrische Spezifikationen mit Richtungselementindikatoren gilt Folgendes.

Die Richtung der Weite der Toleranzzone wird aus dem Bezug abgeleitet, der im Richtungselement-Indikator wie folgt angegeben ist:

— wenn die Richtung als senkrecht zur Fläche des tolerierten Geometrieelementes festgelegt ist, muss das Symbol für Lauf verwendet werden und das tolerierte Geometrieelement (oder das davon abgeleitete Geometrieelement) ist als Bezug im Richtungsebenen-Indikator einzutragen,

— wenn die Richtung mit einem Winkel von 0° oder 90° festgelegt ist, muss das Parallelitätssymbol beziehungsweise das Rechtwinkligkeits Symbol verwendet werden,

— wenn die Richtung mit einem Winkel abweichend von 0° oder 90° definiert ist, muss das Neigungssymbol verwendet werden und es muss explizit ein theoretischer Winkel (TED) zwischen dem Richtungselement und der Hinweislinie des Richtungselement-Indikators angegeben werden.

Die möglichen Richtungselemente sind in Tabelle 10 angegeben. Sie hängen von dem Bezug ab, der zur Bildung des Richtungselements verwendet wird und davon, wie die Richtung von diesem Bezug abgeleitet wird (wie von dem eingetragenen Symbol festgelegt).

Tabelle 10 — Anwendungsfälle für Richtungselemente

Eingetragener Bezug	Richtungselement			
	Parallel zu	Rechtwinklig zu	Geneigt zu	Lauf
Achse einer Rotationsfläche (z. B. Zylinder oder Kegel)	OK	OK	OK	OK[a]
Ebene (integrale oder Mittelfläche)	OK	OK	OK	nicht anwendbar

[a] Lauf kann nur dann angewendet werden, wenn das tolerierte Geometrieelement selbst als Bezug eingetragen ist, und in diesem Fall ist die Richtung durch die Fläche des tolerierten Geometrieelementes selbst vorgegeben, nicht aber von dem davon abgeleiteten Geometrieelement.

Ein Beispiel ist in Bild 85 angegeben.

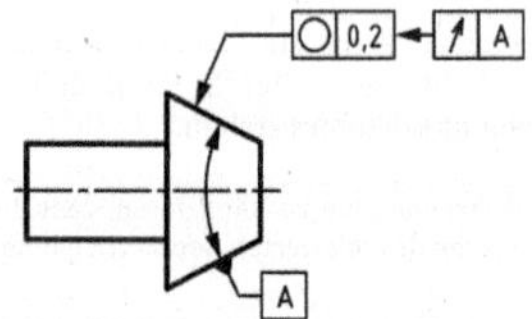

Bild 88 — Angabe einer Rundheitsspezifikation rechtwinklig zur Fläche des tolerierten Geometrieelementes

Frühere Praxis, siehe A.3.3.

16 Kollektionsebene

16.1 Rolle von Kollektionsebenen

Kollektionsebenen müssen verwendet werden, wenn das „Rundum“-Symbol angewendet wird. Die Kollektionsebene kennzeichnet eine Familie paralleler Ebenen, welche die Geometrieelemente identifiziert, die durch die Angabe „rundum“ abgedeckt sind.

16.2 Zum Aufbau von Kollektionsebenen verwendete Geometrieelemente

Dieselben Arten von Geometrieelementen, die für Schnittebenen verwendet werden, können auch zur Erstellung von Kollektionsebenen verwendet werden.

16.3 Graphische Symbole

Falls angewendet muss der Kollektionsebenen-Indikator als Erweiterung rechts vom Toleranzindikator angebracht werden, siehe Bild 89:

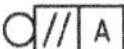

ANMERKUNG Dieselben Symbole, die im ersten Feld des Schnittebenen-Indikators verwendet werden, können auch im ersten Feld des Kollektionsebenen-Indikator mit identischer Bedeutung verwendet werden.

Bild 89 — Kollektionsebenen-Indikator

16.4 Regeln

Eine Kollektionsebene muss angegeben werden, wenn das "Rundum"-Symbol verwendet wird, um zu kennzeichnen, dass eine Spezifikation zu einer Kollektion von Geometrieelementen gehört. Eine Kollektionsebene bezeichnet einen Satz von einzelnen Geometrieelementen, deren Schnitt mit jeder Ebene parallel zur Kollektionsebene eine Linie oder einen Punkt ergibt.

Für Beispiele siehe Bild 51 und Bild 53.

17 Definitionen geometrischer Spezifikationen

17.1 Allgemeines

In diesem Abschnitt wird anhand von Beispielen eine Erklärung für die verschiedenen geometrischen Spezifikationen und ihre Toleranzzonen gegeben. Die visuellen Darstellungen, welche die Definitionen begleiten, stellen nur die Abweichungen dar, die mit der spezifischen Definition zusammenhängen. Die zugrundeliegenden Regeln sind in Anhang B zusammengefasst.

ANMERKUNG Die visuellen Darstellungen in 3D in ISO 1101 sollen veranschaulichen, wie eine Spezifikation vollständig mit sichtbaren Anmerkungen angezeigt werden kann. Alternativ kann die gleiche Spezifikation angegeben werden, wenn Übereinstimmung mit ISO 16792 besteht. In diesem Fall ist es möglich, dass einige Geometrieelemente der Spezifikation durch eine Abfragefunktion oder sonstige Abfrage von Informationen über das Modell verfügbar sein können, anstatt sie unter Verwendung von sichtbaren Anmerkungen zu versehen.

17.2 Geradheitsspezifikation

Das tolerierte Geometrieelement kann ein integrales oder ein abgeleitetes Geometrieelement sein. Die Beschaffenheit und Form des tolerierten nominalen Geometrieelements ist explizit als gerade Linien oder als eine Gruppe von geraden Linien angegeben, bei denen es sich um lineare Geometrieelemente handelt.

In Bild 90 muss jede extrahierte Linie auf der oberen Fläche, wie durch den Schnittebenen-Indikator festgelegt, zwischen zwei parallelen geraden Linien im Abstand von 0,1 enthalten sein. Frühere 2D-Praxis, siehe A.2.1.

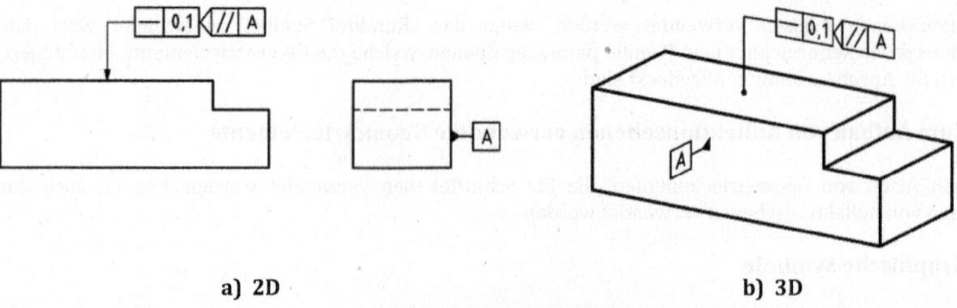

Bild 90 — Geradheitsangabe

Die durch die Spezifikation in Bild 90 festgelegte Toleranzzone in der betrachteten Ebene parallel zum Bezug A ist durch zwei parallele Geraden vom Abstand *t* in der spezifizierten Richtung begrenzt. Siehe Bild 91.

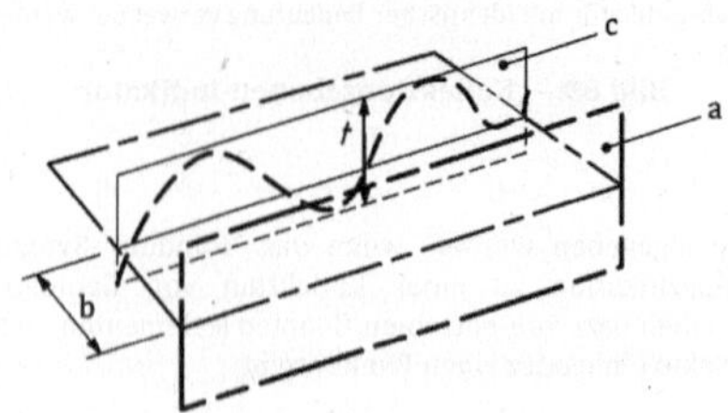

a Bezug A
b jeder Abstand
c Schnittebene parallel zu Bezug A

Bild 91 — Definition der Geradheitstoleranzzone

In Bild 92 muss jede extrahierte Längsschnittlinie auf der zylindrischen Fläche zwischen zwei parallelen Linien mit dem Abstand von 0,1 liegen.

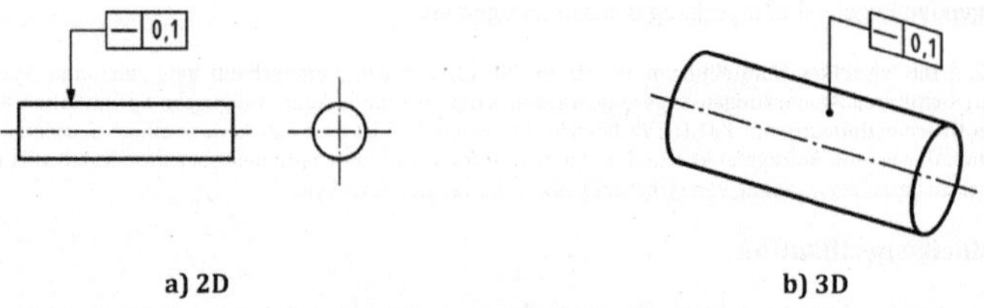

Bild 92 — Geradheitsangabe

Die durch die Spezifikation in Bild 92 festgelegte Toleranzzone wird durch zwei parallele Linien vom Abstand *t* in einer Ebene, welche die Achse des Zylinders einschließt, begrenzt, siehe Bild 93.

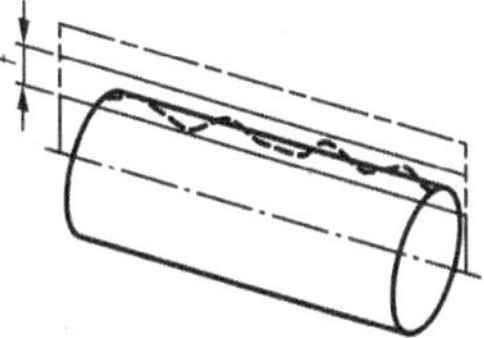

Bild 93 — Definition der Geradheitstoleranzzone

Die extrahierte Mittellinie des Zylinders in Bild 94, für welche die Spezifikation gilt, muss innerhalb einer zylindrischen Zone vom Durchmesser 0,08 liegen.

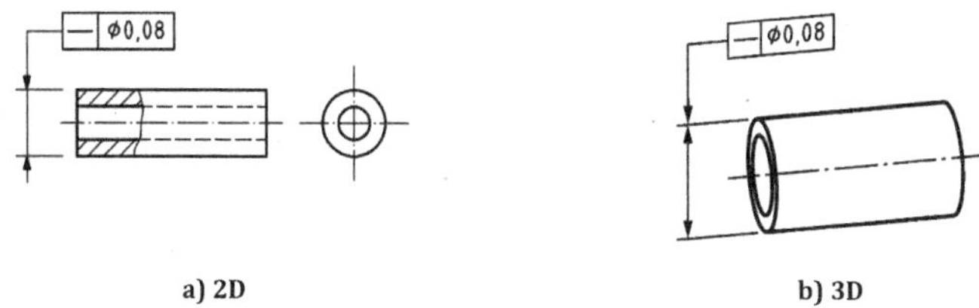

a) 2D

b) 3D

Bild 94 — Geradheitsangabe

Die durch die Spezifikation in Bild 94 festgelegte Toleranzzone wird durch einen Zylinder vom Durchmesser *t* begrenzt, wenn vor dem Toleranzwert das Symbol ⌀ steht, siehe Bild 95.

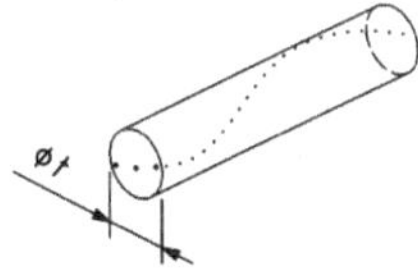

Bild 95 — Definition der Geradheitstoleranzzone

17.3 Ebenheitspezifikation

Das tolerierte Geometrieelement kann ein integrales oder ein abgeleitetes Geometrieelement sein. Die Beschaffenheit und Form des tolerierten nominalen Geometrieelements ist explizit als eine ebene Fläche angegeben, bei der es sich um ein Flächengeometrieelement handelt.

Die extrahierte Fläche in Bild 96 muss zwischen zwei parallelen Ebenen vom Abstand 0,08 liegen.

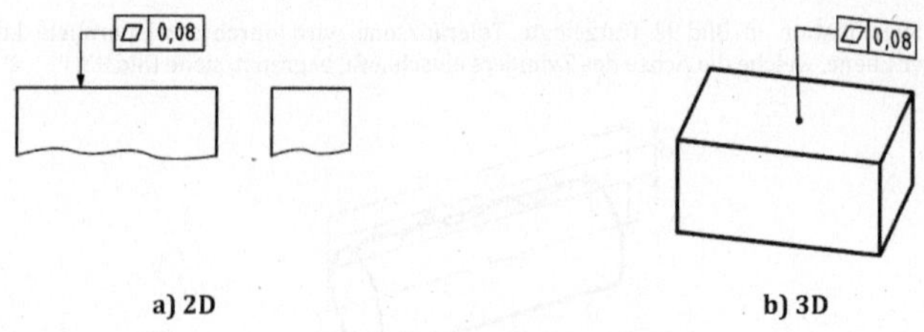

Bild 96 — Ebenheitsangabe

Die durch die Spezifikation in Bild 96 festgelegte Toleranzzone wird durch zwei parallele Ebenen vom Abstand *t* begrenzt, siehe Bild 97.

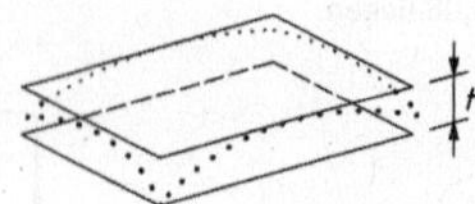

Bild 97 — Definition der Ebenheitstoleranzzone

17.4 Rundheitsspezifikation

Das tolerierte Geometrieelement ist ein integrales Geometrieelement. Die Beschaffenheit und Form des tolerierten nominalen Geometrieelements sind explizit als kreisförmige Linie oder als eine Gruppe von kreisförmigen Linien angegeben, bei denen es sich um lineare Geometrieelemente handelt.

Bei zylindrischen Geometrieelementen gilt die Rundheit in Querschnitten rechtwinklig zur Achse des tolerierten Geometrieelements. Bei kugelförmigen Geometrieelementen gilt die Rundheit in Querschnitten, die den Mittelpunkt der Kugel einschließen. Bei Rotationsflächen, die weder zylindrisch noch kugelförmig sind, muss stets ein Richtungselement angegeben werden, siehe Abschnitt 15.

In Bild 98 muss sowohl bei zylindrischen als auch bei konischen Flächen die extrahierte Umfangslinie in jedem beliebigen Querschnitt der Flächen zwischen zwei in derselben Ebene liegenden konzentrischen Kreisen mit einer Radiusdifferenz von 0,03 liegen. Das ist der Default für die zylindrische Fläche, und für die konische Fläche wird das durch den Richtungsindikator angegeben. Für konische Flächen ist stets ein Richtungselement anzugeben.

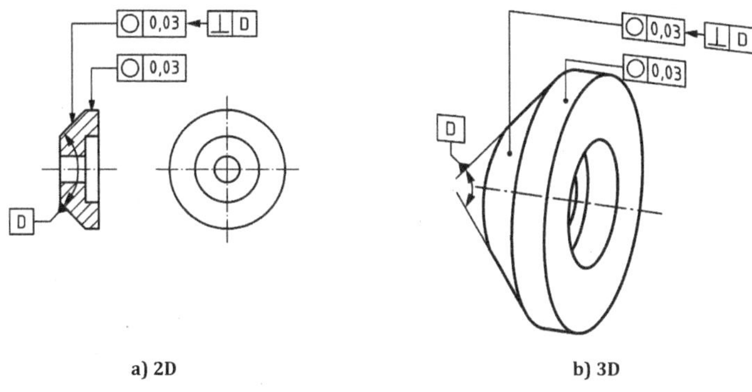

Bild 98 — Rundheitsangabe

Die durch die Spezifikation in Bild 98 festgelegte Toleranzzone im betrachteten Querschnitt wird durch zwei konzentrische Kreise vom radialen Abstand *t* begrenzt, siehe Bild 99.

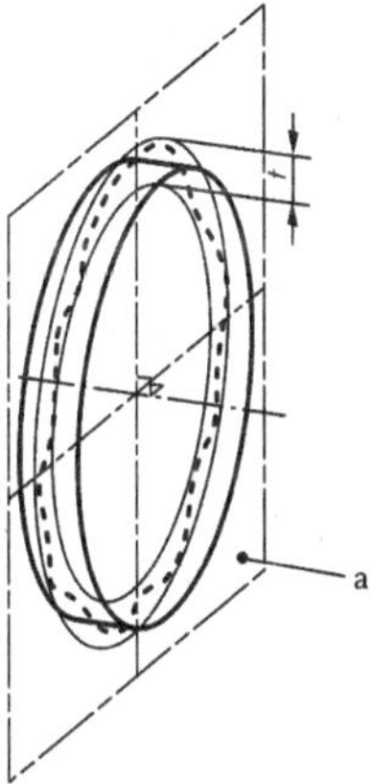

a jede Schnittebene (jeder Querschnitt)

Bild 99 — Definition der Rundheitstoleranzzone

In Bild 100 gibt es in jedem Querschnitt der Fläche eine extrahierte Umfangslinie, die durch einen Schnitt des tolerierten Geometrieelements mit einem dazu koaxialen Kegel definiert ist und der einen solchen Kegelwinkel besitzt, dass der Kegel rechtwinklig zum tolerierten Geometrieelement ist. Diese extrahierte Umfangslinie muss zwischen zwei Kreisen auf dem Schnittkegel mit einem Abstand von 0,1 liegen, das bedeutet die Toleranzzone ist rechtwinklig zur Fläche des tolerierten Elements, wie durch den Richtungselement-Indikator angegeben. Ein Richtungselement-Indikator muss immer für die Rundheit von konischen Geometrieelementen angegeben werden.

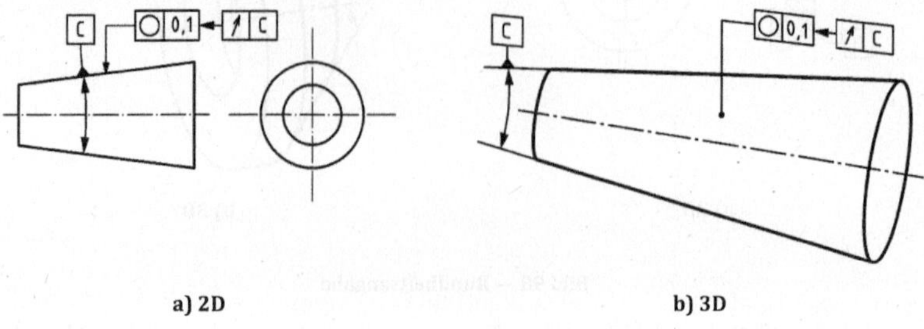

a) 2D b) 3D

Bild 100 — Rundheitsangabe

Die durch die Spezifikation in Bild 100 festgelegte Toleranzzone wird entlang der Fläche in dem betrachteten Querschnitt durch zwei Kreise auf einer Kegelfläche mit Abstand *t* voneinander definiert, siehe Bild 101.

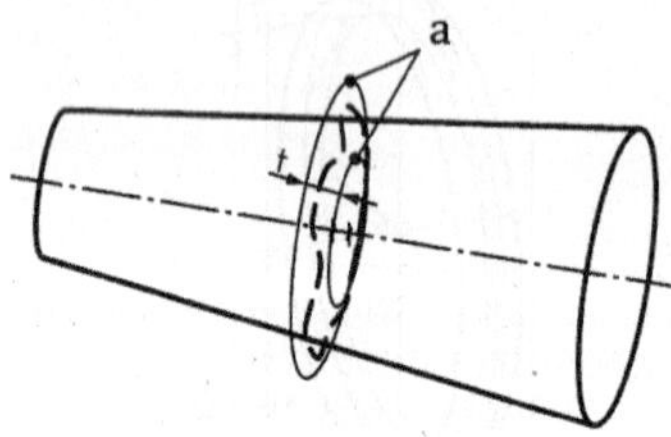

a Kreise rechtwinklig zu Bezug C (die Achse des tolerierten Geometrieelements), auf einer Kegelfläche rechtwinklig zur Fläche des tolerierten Geometrieelements

Bild 101 — Definition der Rundheitstoleranzzone

Der Richtungselementindikator, der für Rotationsflächen, die weder zylindrisch noch kugelförmig sind, stets anzugeben ist, kann dazu verwendet werden, die Rundheit rechtwinklig zur Fläche oder unter einem festgelegten Winkel zur Achse des tolerierten Geometrieelements anzugeben, siehe Abschnitt 15. Frühere Praxis, siehe A.3.3.

17.5 Zylindrizitätsspezifikation

Das tolerierte Geometrieelement ist ein integrales Geometrieelement. Die Beschaffenheit und Form des tolerierten nominalen Geometrieelements ist explizit als zylinderförmige Fläche angegeben, wobei es sich um ein Flächengeometrieelement handelt.

In Bild 102 muss die extrahierte zylinderförmige Fläche zwischen zwei koaxialen Zylindern vom radialen Abstand 0,1 liegen.

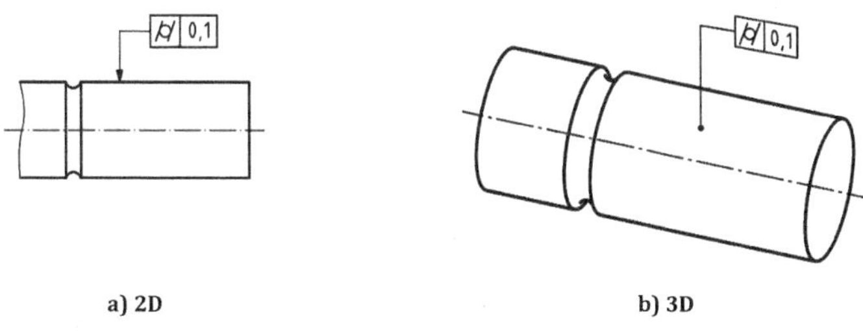

a) 2D b) 3D

Bild 102 — Zylindrizitätsangabe

Die durch die Spezifikation in Bild 102 festgelegte Toleranzzone wird durch zwei koaxiale Zylinder mit der Radiusdifferenz *t* begrenzt, siehe Bild 103.

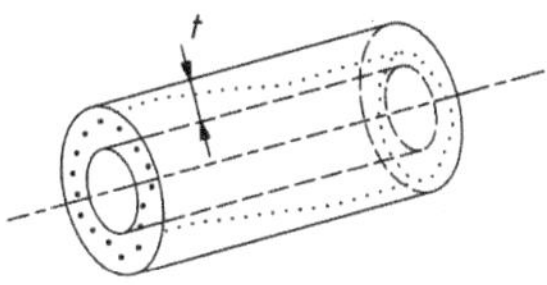

Bild 103 — Definition der Zylindrizitätstoleranzzone

17.6 Linienprofilspezifikation ohne Bezug

Das tolerierte Geometrieelement kann ein integrales oder ein abgeleitetes Geometrieelement sein. Die Beschaffenheit des tolerierten nominalen Geometrieelements ist explizit als lineares Geometrieelement oder als eine Gruppe von linearen Geometrieelementen angegeben. Die Form des tolerierten nominalen Geometrieelements muss, sofern es sich nicht um eine gerade Linie handelt, explizit durch vollständige Angaben in der Zeichnung oder an Hand des CAD-Modell angegeben sein, siehe ISO 16792.

In Bild 104 muss in jedem zur Bezugsebene A parallelen Schnitt, wie durch den Schnittebenen-Indikator angegeben, die extrahierte Profillinie zwischen zwei Linien gleichen Abstands liegen, die Kreise vom Durchmesser 0,04 einhüllen, deren Mittelpunkte auf einer Linie von theoretisch exakter geometrischer Form liegen. Das Spezifikationselement UF wird verwendet, um anzugeben, dass die drei kreisförmigen Abschnitte im zusammengesetzten Geometrieelement zu einem vereinigten Geometrieelement kombiniert werden müssen. Frühere 2D-Praxis, siehe A.2.1. Für frühere Praxis hinsichtlich des Umfangs des tolerierten Geometrieelements, siehe A.3.5.

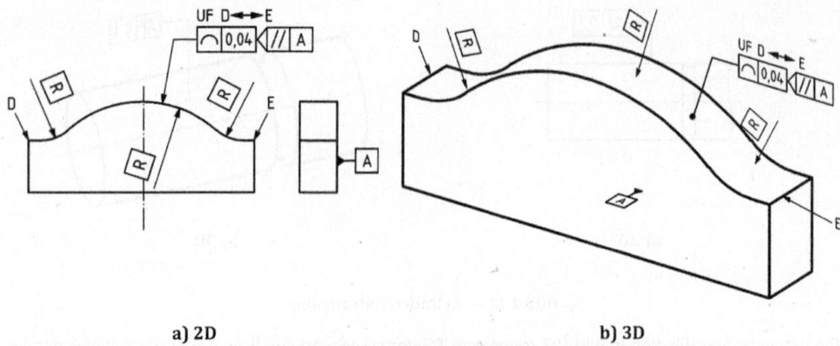

a) 2D b) 3D

ANMERKUNG Einige der für eine eindeutige Definition der Nenngeometrie erforderlichen TEDs sind nicht angegeben.

Bild 104 — Linienprofilangabe

Die durch die Spezifikation in Bild 104 festgelegte Toleranzzone wird durch zwei Linien begrenzt, die Kreise vom Durchmesser *t* einhüllen, deren Mittelpunkte auf einer Linie mit der theoretisch exakten geometrischen Form liegen, siehe Bild 105.

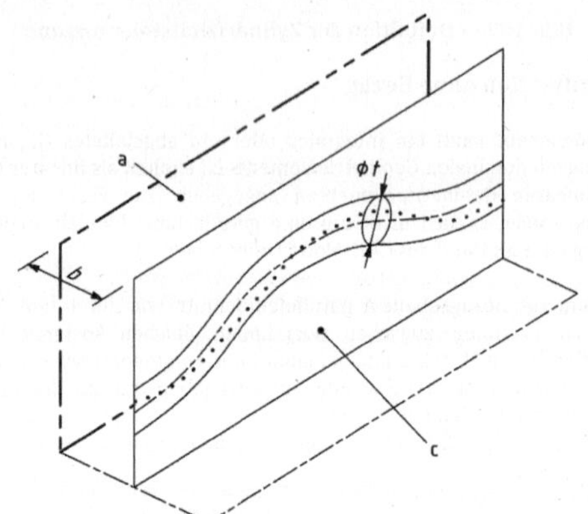

a Bezugsebene A

b beliebiger Abstand

c Ebene parallel zum Bezug A

Bild 105 — Definition der Linienprofiltoleranzzone

17.7 Linienprofilspezifikation in Verbindung mit einem Bezugssystem

Das tolerierte Geometrieelement kann ein integrales oder ein abgeleitetes Geometrieelement sein. Die Beschaffenheit des tolerierten nominalen Geometrieelements ist explizit als lineares Geometrieelement oder als eine Gruppe von linearen Geometrieelementen angegeben. Die Form des tolerierten nominalen Geometrieelements muss, sofern es sich nicht um eine gerade Linie handelt, explizit durch vollständige Angaben in der Zeichnung oder an Hand des CAD-Modells gegeben sein, siehe ISO 16792.

In Bild 106 muss in jedem Schnitt parallel zu der durch den Schnittebenen-Indikator festgelegten Bezugsebene A die extrahierte Profillinie zwischen zwei abstandsgleichen Linien enthalten sein, die Kreise mit einem Durchmesser von 0,04 einhüllen, deren Mittelpunkte sich auf einer Linie mit theoretisch exakter geometrischer Form und in Bezug auf die Bezugsebene A und die Bezugsebene B befinden. Für frühere 2D-Praxis siehe A.2.1.

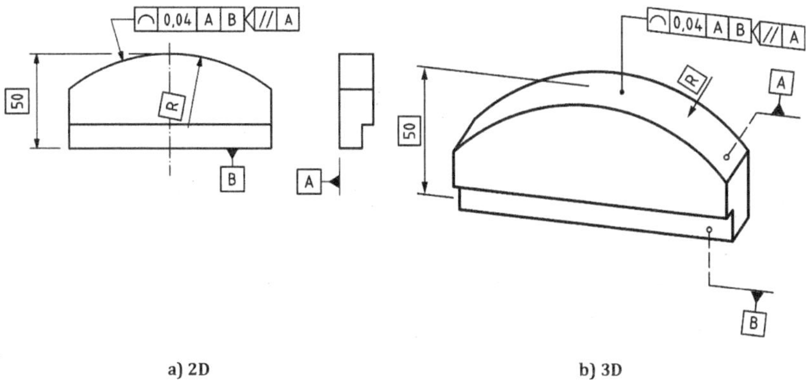

a) 2D b) 3D

ANMERKUNG Einige der für eine eindeutige Definition der Nenngeometrie erforderlichen TEDs sind nicht angegeben.

Bild 106 — Linienprofilangabe

Die durch die Spezifikation in Bild 106 festgelegte Toleranzzone wird durch zwei Linien begrenzt, die Kreise vom Durchmesser *t* einhüllen, deren Mittelpunkte auf einer Linie mit der theoretisch exakten geometrischen Form und in Bezug zu den Bezugsebenen A und B liegen, siehe Bild 107.

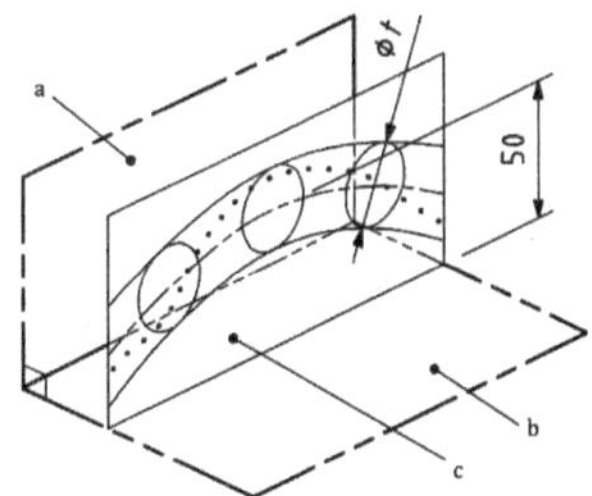

a Bezug A.

b Bezug B.

c Ebene parallel zum Bezug A.

Bild 107 — Definition der Linienprofiltoleranzzone

17.8 Flächenprofilspezifikation ohne Bezug

Das tolerierte Geometrieelement kann ein integrales oder ein abgeleitetes Geometrieelement sein. Die Beschaffenheit des tolerierten nominalen Geometrieelements ist explizit als Flächengeometrieelement angegeben. Die Form des tolerierten nominalen Geometrieelements muss, sofern es sich nicht um eine ebene Fläche handelt, explizit durch vollständige Angaben in der Zeichnung oder an Hand des CAD-Modells gegeben sein, siehe ISO 16792.

In Bild 108 muss die extrahierte Fläche zwischen zwei Flächen gleichen Abstandes liegen, die Kugeln vom Durchmesser 0,02 einhüllen, deren Mittelpunkte auf einer Fläche mit der theoretisch exakten geometrischen Form liegen.

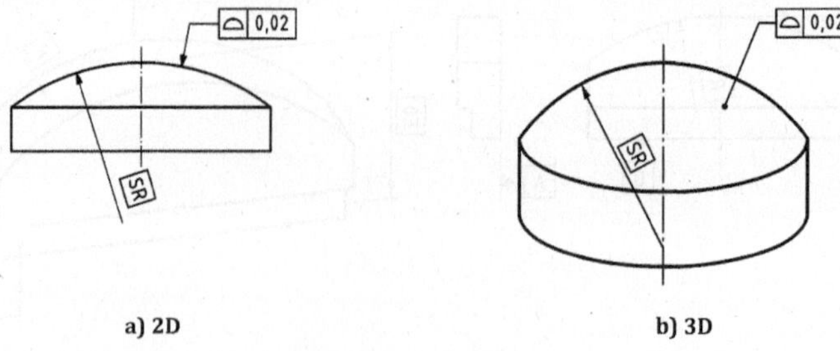

a) 2D

b) 3D

Bild 108 — Flächenprofilangabe

Die durch die Spezifikation in Bild 108 festgelegte Toleranzzone wird durch zwei Flächen begrenzt, die Kugeln vom Durchmesser t einhüllen, deren Mittelpunkte auf einer Fläche mit der theoretisch exakten geometrischen Form liegen, siehe Bild 109.

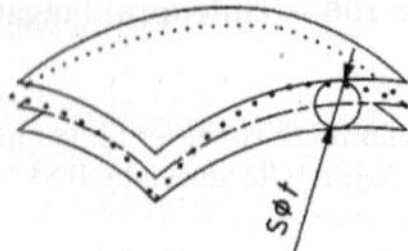

Bild 109 — Definition der Flächenprofiltoleranzzone

17.9 Flächenprofilspezifikation mit einem Bezug

Das tolerierte Geometrieelement kann ein integrales oder ein abgeleitetes Geometrieelement sein. Die Beschaffenheit des tolerierten nominalen Geometrieelements ist explizit als Flächengeometrieelement angegeben. Die Form des tolerierten nominalen Geometrieelements muss, sofern es sich nicht um eine ebene Fläche handelt, explizit durch vollständige Angaben in der Zeichnung oder an Hand des CAD-Modells angegeben sein, siehe ISO 16792.

Ist die Spezifikation richtungsbezogen, muss der >< Modifikator in das zweite Feld des Toleranzindikators oder nach jeder Bezugsangabe im Toleranzindikator angegeben werden oder es darf kein Bezug, der eine nicht-redundante Translation der Toleranzzone ermöglicht, angegeben werden. Die zwischen dem tolerierten nominalen Geometrieelement und den Bezügen fixierten Winkelmaße sind durch explizite oder implizite TEDs oder beides zu definieren, siehe ISO 5459.

Ist die Spezifikation ortsbezogen, muss im Toleranzindikator mindestens ein Bezug, der eine nicht-redundante Translation der Toleranzzone ermöglicht, angegeben werden. Die zwischen dem tolerierten nominalen Geometrieelement und den Bezügen fixierten Winkel- und Längenmaße sind durch explizite oder implizite TEDs oder beides zu definieren.

In Bild 110 muss die extrahierte Fläche zwischen zwei Flächen gleichen Abstandes liegen, die Kugeln vom Durchmesser 0,1 einhüllen, deren Mittelpunkte auf einer Fläche mit der theoretisch exakten geometrischen Form in Bezug zur Bezugsebene A liegen.

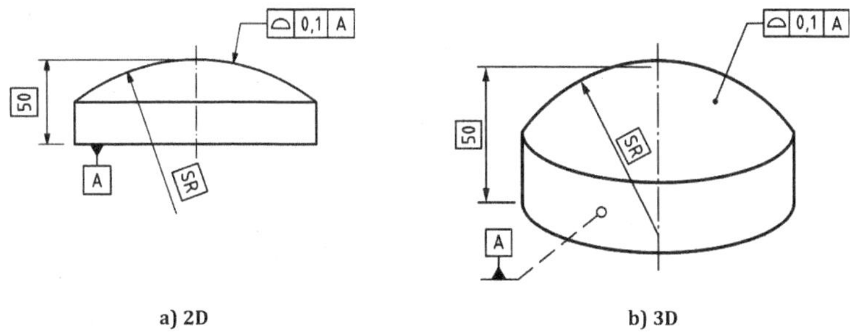

ANMERKUNG Manche für eine eindeutige Definition der Nenngeometrie erforderlichen TEDs werden nicht gezeigt.

Bild 110 — Flächenprofilangabe

Die durch die Spezifikation in Bild 110 festgelegte Toleranzzone wird durch zwei Flächen begrenzt, die Kugeln vom Durchmesser *t* einhüllen, deren Mittelpunkte auf einer Fläche mit der theoretisch exakten geometrischen Form in Bezug zur Bezugsebene A liegen, siehe Bild 111.

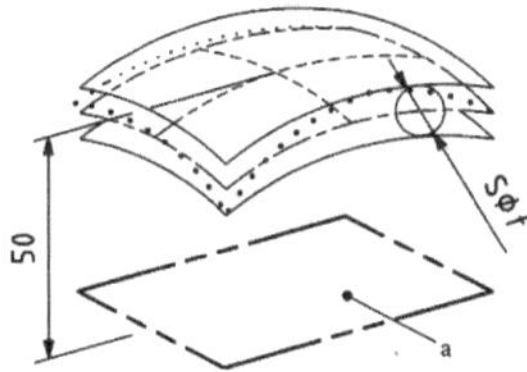

a Bezug A

Bild 111 — Definition der Flächenprofiltoleranzzone

17.10 Parallelitätsspezifikation

17.10.1 Allgemeines

Das tolerierte Geometrieelement kann ein integrales oder ein abgeleitetes Geometrieelement sein. Das tolerierte nominale Geometrieelement ist seinem Wesen nach ein lineares Geometrieelement, eine Gruppe von linearen Geometrieelementen oder ein Flächengeometrieelement. Die Form jedes tolerierten nominalen Geometrieelements ist explizit als gerade Linie oder als ebene Fläche angegeben. Handelt es sich bei dem angegebenen Geometrieelement um eine nominell ebene Fläche, und ist das tolerierte Geometrieelement eine Gruppe von geraden Linien in dieser Fläche, so muss ein Schnittebenen-Indikator angegeben werden.

Die zwischen dem tolerierten nominalen Geometrieelement und den Bezügen fixierten TED-Winkel müssen durch implizite TEDs (0°) definiert werden.

17.10.2 Parallelitätsspezifikation einer Mittellinie zu einem Bezugssystem

In Bild 112 muss die extrahierte Mittellinie zwischen zwei parallelen Ebenen vom Abstand 0,1 liegen, die parallel zur Bezugsachse A liegen. Die die Toleranzzone begrenzenden Ebenen sind parallel zu Bezugsebene B, wie es durch den Orientierungsebenen-Indikator spezifiziert ist. Bezug B ist sekundär zu Bezug A. Für frühere Praxis siehe A.3.6.

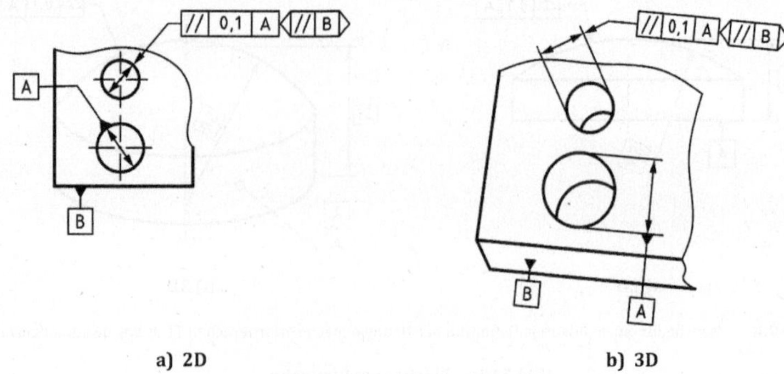

a) 2D b) 3D

Bild 112 — Parallelitätsangabe

Die durch die Spezifikation in Bild 112 festgelegte Toleranzzone wird durch zwei parallele Ebenen vom Abstand *t* begrenzt. Die Ebenen liegen parallel zu den Bezügen und in der spezifizierten Richtung, siehe Bild 113.

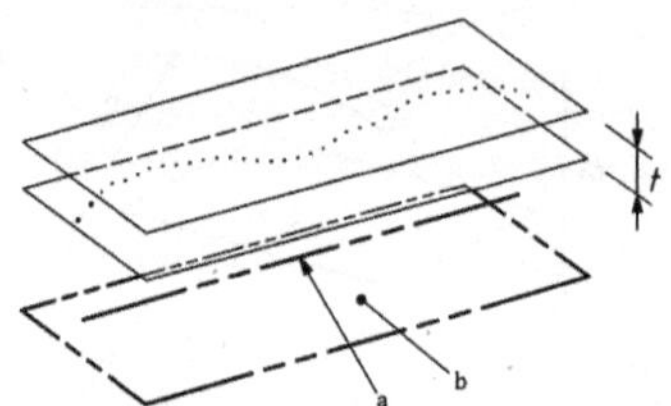

a Bezug A

b Bezug B

Bild 113 — Definition der Parallelitätstoleranzzone

In Bild 114 muss die extrahierte Mittellinie zwischen zwei parallelen Ebenen vom Abstand 0,1 liegen, die parallel zur Bezugsachse A sind. Die die Toleranzzone begrenzenden Ebenen sind rechtwinklig zur Bezugsebene B, wie es durch den Orientierungsebenen-Indikator spezifiziert ist. Bezug B ist sekundär zu Bezug A, siehe 14.4. Frühere Praxis, siehe A.3.6.

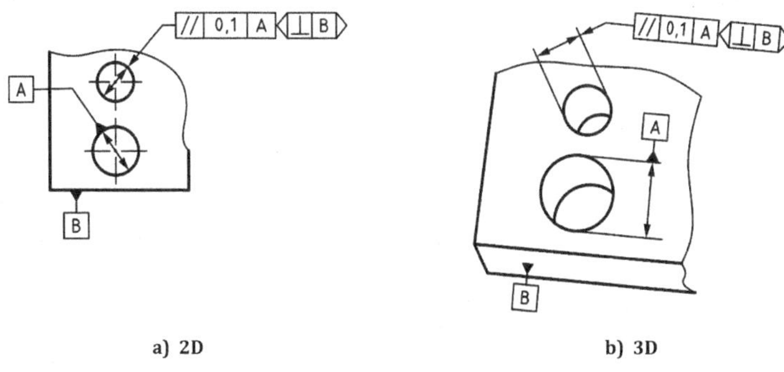

a) 2D

b) 3D

Bild 114 — Parallelitätsangabe

Die durch die Spezifikation in Bild 114 festgelegte Toleranzzone wird durch zwei parallele Ebenen vom Abstand *t* begrenzt. Die Ebenen liegen parallel zu Bezug A und senkrecht zu Bezug B, siehe Bild 115.

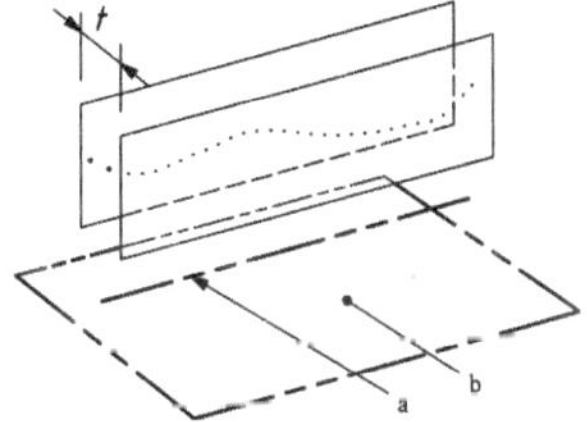

a Bezug A

b Bezug B

Bild 115 — Definition der Parallelitätstoleranzzone

In Bild 116 muss die extrahierte Mittellinie zwischen zwei Paar paralleler Ebenen liegen, die parallel zur Bezugsachse A sind und einen Abstand von 0,1 bzw. 0,2 voneinander haben. Die Ausrichtung der Ebenen, die die Toleranzzonen begrenzen, ist in Bezug auf die Bezugsebene B durch Orientierungsebenen-Indikatoren spezifiziert. Bezug B ist sekundär zu Bezug A, siehe 14.4. Frühere Praxis, siehe A.3.6.

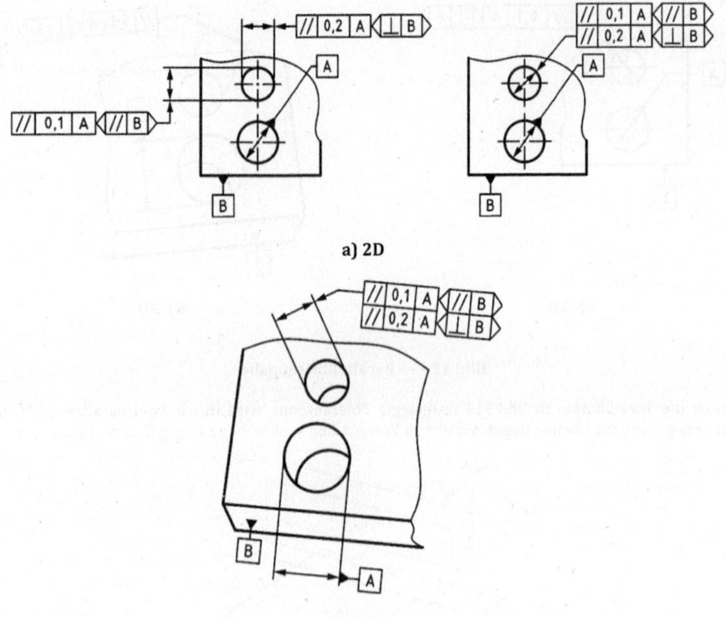

a) 2D

b) 3D

Bild 116 — Parallelitätsangabe

Auf der Grundlage der Spezifikation in Bild 116 muss die extrahierte Mittellinie zwischen zwei Paar paralleler Ebenen liegen, die parallel zur Bezugsachse A sind und einen Abstand von 0,1 bzw. 0,2 voneinander haben, siehe Bild 117. Die Orientierung der Toleranzzonen relativ zur Bezugsebene B wird durch die Orientierungsebenen-Indikatoren spezifiziert:

— die Ebenen zur Begrenzung der Toleranzzone 0,2 sind rechtwinklig zur Orientierungsebene B, wie durch den Orientierungsebenen-Indikator spezifiziert;

— die Ebenen zur Begrenzung der Toleranzzone 0,1 sind parallel zur Orientierungsebene B, wie durch den Orientierungsebenen-Indikator spezifiziert.

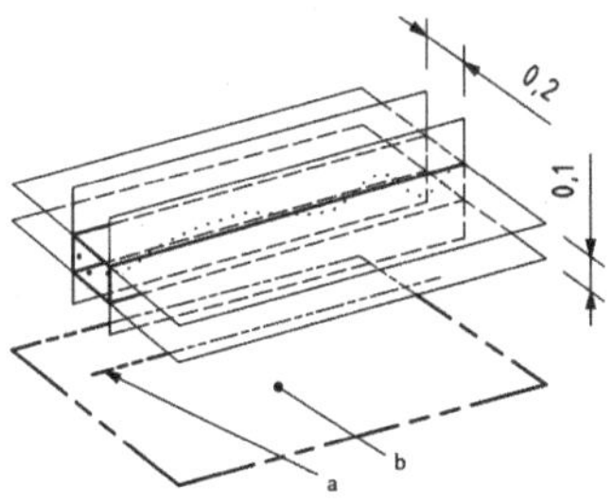

a Bezug A

b Bezug B

Bild 117 — Definition der Parallelitätstoleranzzonen

17.10.3 Parallelitätsspezifikation einer Mittellinie zu einer Bezugsgeraden

In Bild 118 muss die extrahierte Mittellinie innerhalb einer zylindrischen Zone vom Durchmesser 0,03 liegen, die parallel zur Bezugsachse A ist.

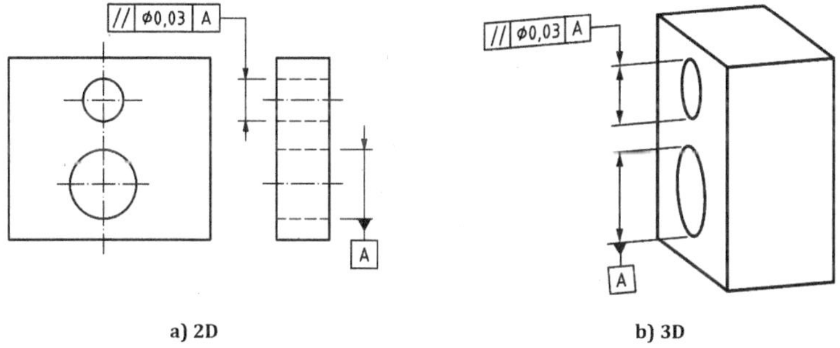

a) 2D

b) 3D

Bild 118 — Parallelitätsangabe

Die durch die Spezifikation in Bild 118 festgelegte Toleranzzone wird durch einen zum Bezug parallelen Zylinder vom Durchmesser *t* begrenzt, weil dem Toleranzwert das Symbol ⌀ vorangestellt ist, siehe Bild 119.

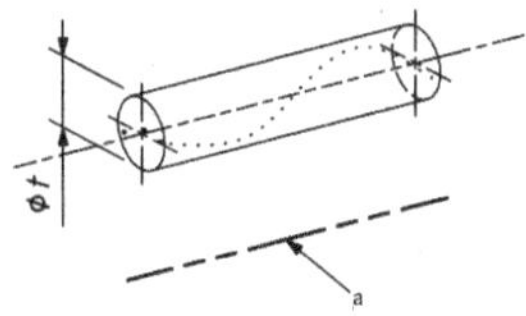

a Bezug A

Bild 119 — Definition der Parallelitätstoleranzzone

17.10.4 Parallelitätsspezifikation einer Mittellinie zu einer Bezugsebene

In Bild 120 muss die extrahierte Mittellinie zwischen zwei zur Bezugsebene B parallelen Ebenen vom Abstand 0,01 liegen.

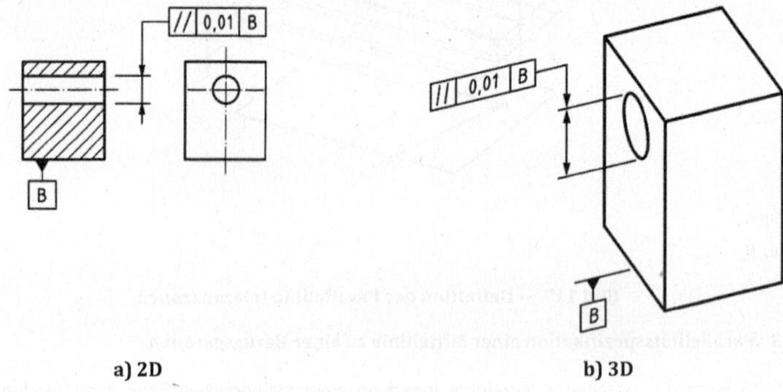

Bild 120 — Parallelitätsangabe

Die durch die Spezifikation in Bild 120 festgelegte Toleranzzone wird durch zwei zum Bezug parallele Ebenen vom Abstand *t* begrenzt, siehe Bild 121.

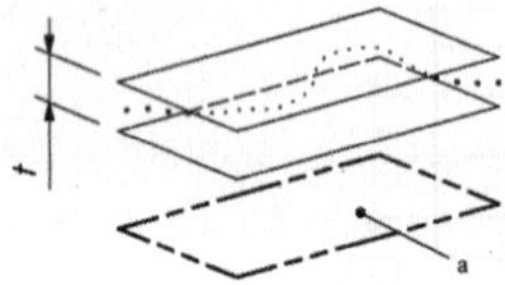

a Bezug B

Bild 121 — Definition der Parallelitätstoleranzzone

17.10.5 Parallelitätsspezifikation eines Liniensatzes in einer Fläche zu einer Bezugsebene

In Bild 122 muss jede extrahierte Linie parallel zur Bezugsebene B, wie durch den Schnittebenen-Indikator spezifiziert, zwischen zwei parallelen Linien vom Abstand 0,02 liegen, die parallel zur Bezugsebene A sind. Bezug B ist ein primärer Bezug, siehe 14.4. Frühere 2D-Praxis, siehe A.2.2.

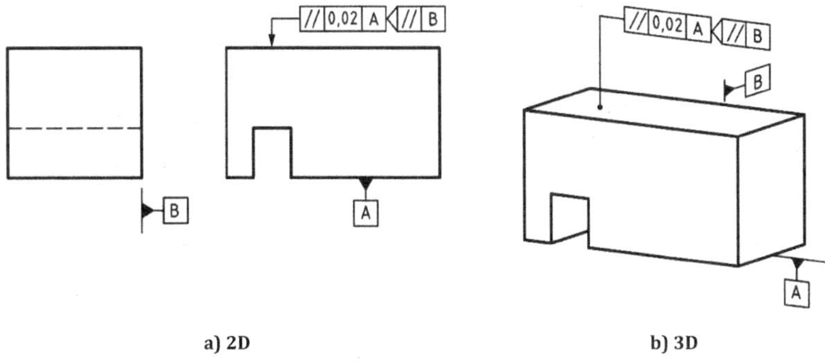

a) 2D b) 3D

Bild 122 — Parallelitätsangabe

Die durch die Spezifikation in Bild 122 festgelegte Toleranzzone wird durch zwei parallele Linien vom Abstand t begrenzt, die parallel zur Bezugsebene A ausgerichtet sind, und die in einer Ebene parallel zur Bezugsebene B liegen, siehe Bild 123.

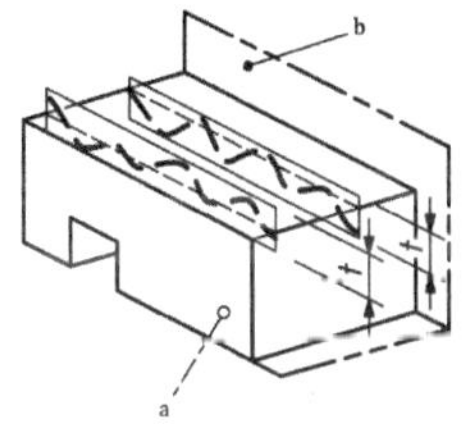

a Bezug A

b Bezug B

Bild 123 — Definition der Parallelitätstoleranzzone

17.10.6 Parallelitätsspezifikation einer ebenen Fläche zu einer Bezugsgeraden

In Bild 124 muss die extrahierte Fläche zwischen zwei zur Bezugsachse C parallelen Ebenen vom Abstand 0,1 liegen.

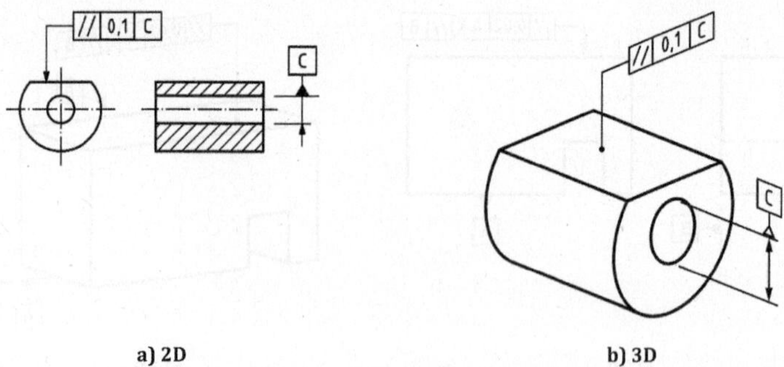

Bild 124 — Parallelitätsangabe

ANMERKUNG Die Rotation der Toleranzzone um die Bezugsachse ist nicht mit der Angabe in Bild 124 definiert, es wird nur in einer Richtung spezifiziert.

Die durch die Spezifikation in Bild 124 festgelegte Toleranzzone wird durch zwei zum Bezug parallele Ebenen vom Abstand *t* begrenzt, siehe Bild 125.

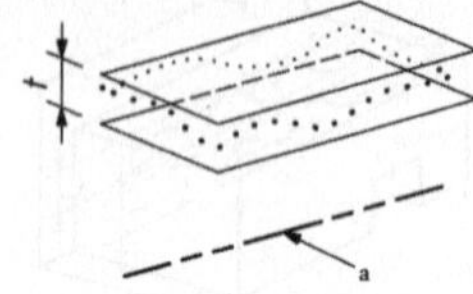

a Bezug C

Bild 125 — Definition der Parallelitätstoleranzzone

17.10.7 Parallelitätsspezifikation einer ebenen Fläche zu einer Bezugsebene

In Bild 126 muss die extrahierte Fläche zwischen zwei zur Bezugsebene D parallelen Ebenen vom Abstand 0,01 liegen.

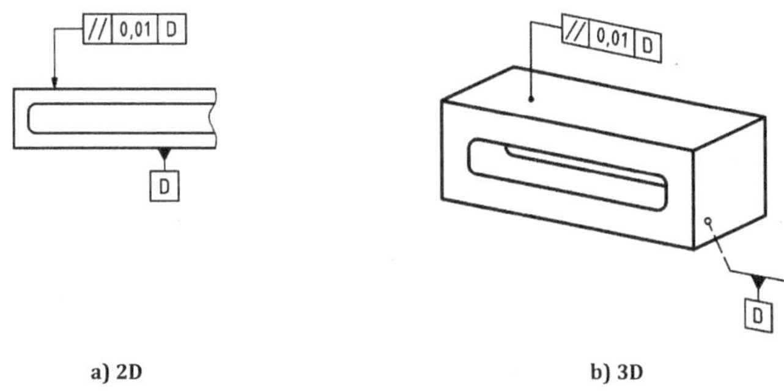

Bild 126 — Parallelitätsangabe

Die durch die Spezifikation in Bild 126 festgelegte Toleranzzone wird durch zwei zur Bezugsebene parallele Ebenen vom Abstand *t* begrenzt, siehe Bild 127.

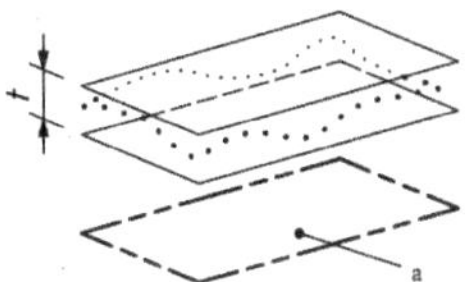

[a] Bezug D

Bild 127 — Definition der Parallelitätstoleranzzone

17.11 Rechtwinkligkeitsspezifikation

17.11.1 Allgemeines

Das tolerierte Geometrieelement kann ein integrales oder ein abgeleitetes Geometrieelement sein. Das tolerierte nominale Geometrieelement ist seinem Wesen nach ein lineares Geometrieelement, eine Gruppe von linearen Geometrieelementen oder ein Flächengeometrieelement. Die Form jedes tolerierten nominalen Geometrieelements ist explizit als gerade Linie oder als ebene Fläche angegeben. Handelt es sich bei dem angegebenen Geometrieelement um eine nominell ebene Fläche, und ist das tolerierte Geometrieelement eine Gruppe von geraden Linien in dieser Fläche, so muss ein Schnittebenen-Indikator angegeben werden. Die zwischen dem tolerierten nominalen Geometrieelement und den Bezügen fixierten TED-Winkel müssen durch implizite TEDs (90°) definiert werden.

17.11.2 Rechtwinkligkeitsspezifikation einer Mittellinie zu einer Bezugsgeraden

In Bild 128 muss die extrahierte Mittellinie zwischen zwei parallelen und zur Bezugsachse A rechtwinkligen Ebenen vom Abstand 0,06 liegen.

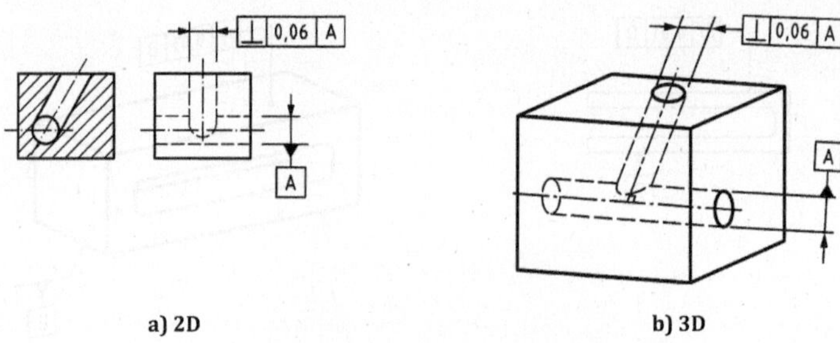

a) 2D b) 3D

Bild 128 — Rechtwinkligkeitsangabe

Die durch die Spezifikation in Bild 128 festgelegte Toleranzzone wird durch zwei zur Bezugsachse rechtwinklige parallele Ebenen vom Abstand *t* begrenzt, siehe Bild 129.

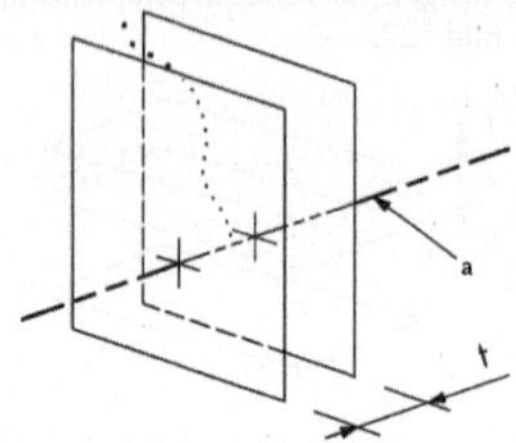

[a] Bezug A

Bild 129 — Definition der Rechtwinkligkeitstoleranzzone

17.11.3 Rechtwinkligkeitspezifikation einer Mittellinie zu einem Bezugssystem

In Bild 130 muss die extrahierte Mittellinie des Zylinders zwischen zwei parallelen und zur Bezugsebene A rechtwinkligen Ebenen vom Abstand 0,1 in der spezifizierten Richtung zur Bezugsebene B liegen. Bezug B ist ein sekundär zu Bezug A, siehe 14.4. Frühere Praxis, siehe A.3.6.

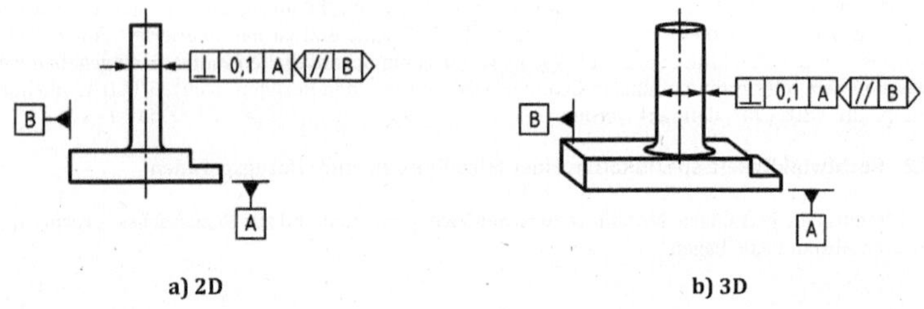

a) 2D b) 3D

Bild 130 — Rechtwinkligkeitsangabe

Die durch die Spezifikation in Bild 130 festgelegte Toleranzzone wird durch zwei parallele Ebenen vom Abstand *t* begrenzt. Die Ebenen sind rechtwinklig zum Bezug A und parallel zum sekundären Bezug B, siehe Bild 131.

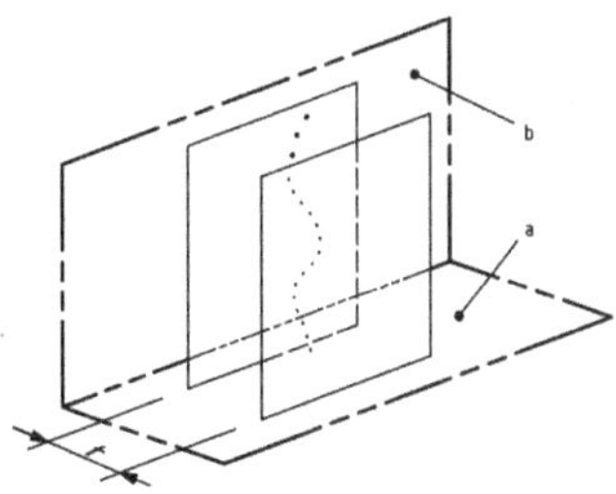

a Bezug A

a Bezug B

Bild 131 — Definition der Rechtwinkligkeitstoleranzzone

In Bild 132 muss die extrahierte Mittellinie des Zylinders zwischen zwei Paaren paralleler Ebenen senkrecht zur Bezugsebene A enthalten sein, die in einem Abstand von 0,1 bzw. 0,2 angeordnet sind. Die Ausrichtung der Ebenen, die die Toleranzzonen begrenzen, ist in Bezug auf die Bezugsebene B durch Orientierungsebenen-Indikatoren spezifiziert. Bezug B ist sekundär zu Bezug A, siehe 14.4. Frühere Praxis, siehe A.3.6.

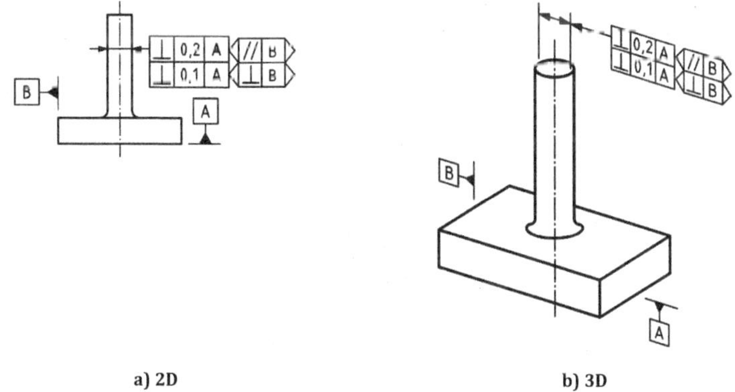

a) 2D **b) 3D**

Bild 132 — Rechtwinkligkeitsangabe

Die durch die Spezifikation in Bild 132 festgelegte Toleranzzone wird durch zwei Paare paralleler Ebenen vom Abstand 0,1 und 0,2 begrenzt, die rechtwinklig zueinander liegen. Beide Ebenen liegen rechtwinklig zum Bezug A. Ein Paar der Ebenen liegt rechtwinklig zum Bezug B, siehe Bild 133 a), das andere liegt parallel zum Bezug B, siehe Bild 133 b).

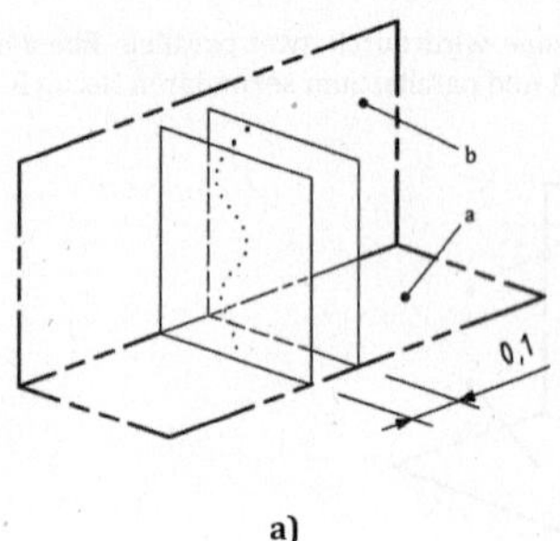

a)

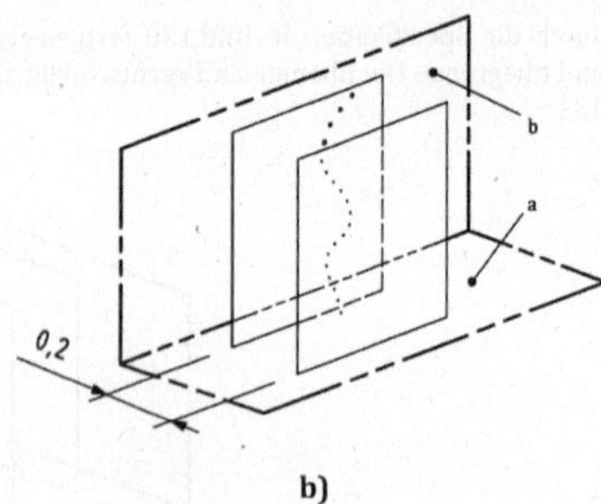

b)

a Bezug A

b Bezug B

Bild 133 — Definition der Rechtwinkligkeitstoleranzzonen

17.11.4 Rechtwinkligkeitspezifikation einer Mittellinie zu einer Bezugsebene

In Bild 134 muss die extrahierte Mittellinie des Zylinders innerhalb einer zur Bezugsebene A rechtwinkligen zylinderförmigen Zone vom Durchmesser 0,01 liegen.

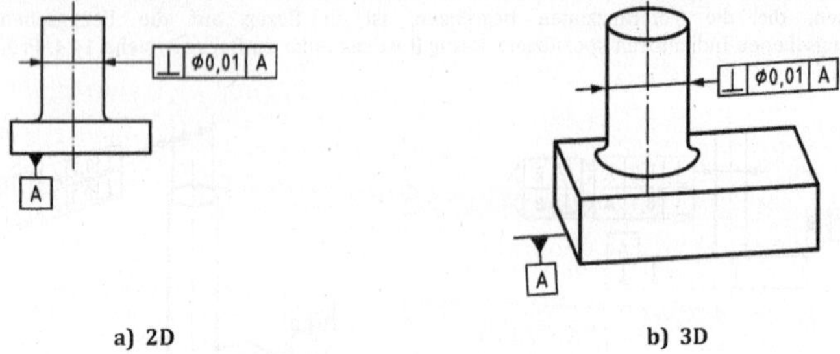

a) 2D b) 3D

Bild 134 — Rechtwinkligkeitsangabe

Die durch die Spezifikation in Bild 134 festgelegte Toleranzzone wird durch einen zum Bezug rechtwinkligen Zylinder vom Durchmesser t begrenzt, weil dem Toleranzwert das Symbol ⌀ vorangestellt ist, siehe Bild 135.

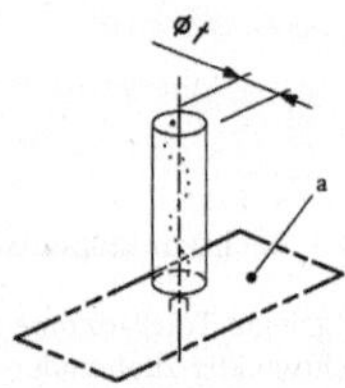

a Bezug A

Bild 135 — Definition der Rechtwinkligkeitstoleranzzone

17.11.5 Rechtwinkligkeitsspezifikation einer ebenen Fläche zu einer Bezugsgeraden

In Bild 136 muss die extrahierte Fläche zwischen zwei parallelen und zur Bezugsachse A rechtwinkligen Ebenen vom Abstand 0,08 liegen.

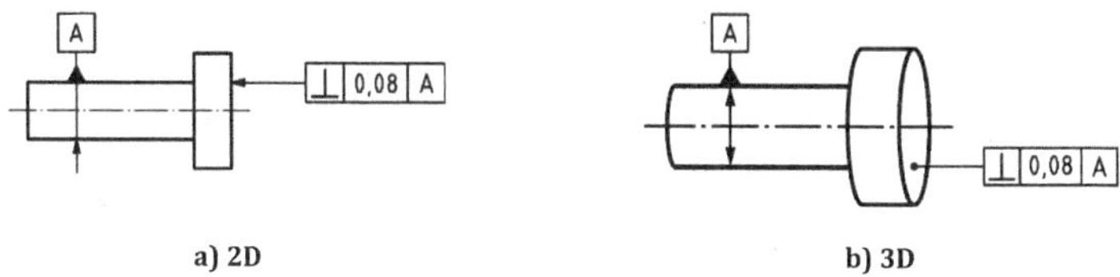

a) 2D b) 3D

Bild 136 — Rechtwinkligkeitsangabe

Die durch die Spezifikation in Bild 136 festgelegte Toleranzzone wird begrenzt von zwei parallelen Ebenen vom Abstand *t*, die rechtwinklig zum Bezug liegen, siehe Bild 137.

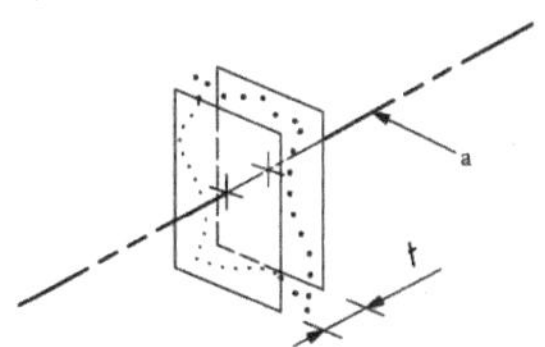

a Bezug A

Bild 137 — Definition der Rechtwinkligkeitstoleranzzone

17.11.6 Rechtwinkligkeitsspezifikation einer ebenen Fläche zu einer Bezugsebene

In Bild 138 muss Die extrahierte Fläche zwischen zwei parallelen und zur Bezugsebene A rechtwinkligen Ebenen vom Abstand 0,08 liegen.

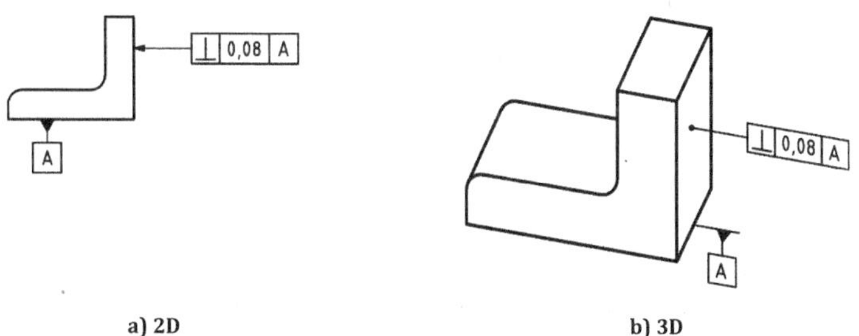

a) 2D b) 3D

Bild 138 — Rechtwinkligkeitsangabe

ANMERKUNG Die Rotation der Toleranzzone um die Normale der Bezugsebene ist nicht mit der Angabe in Bild 138 definiert, es wird nur in einer Richtung spezifiziert.

Die durch die Spezifikation in Bild 138 festgelegte Toleranzzone wird begrenzt von zwei parallelen Ebenen vom Abstand *t*, die rechtwinklig zum Bezug liegen, siehe Bild 139.

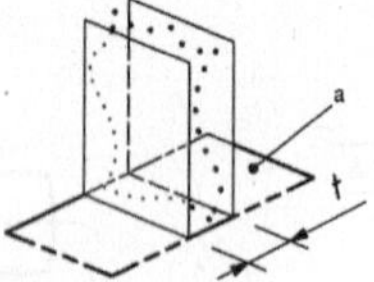

a Bezug A

Bild 139 — Definition der Rechtwinkligkeitstoleranzzone

17.12 Neigungsspezifikation

17.12.1 Allgemeines

Das tolerierte Geometrieelement kann ein integrales oder ein abgeleitetes Geometrieelement sein. Das tolerierte nominale Geometrieelement ist seinem Wesen nach ein lineares Geometrieelement, eine Gruppe von linearen Geometrieelementen oder ein Flächengeometrieelement. Die Form jedes tolerierten nominalen Geometrieelements ist explizit als gerade Linie oder als ebene Fläche angegeben. Handelt es sich bei dem angegebenen Geometrieelement um eine nominell ebene Fläche, und ist das tolerierte Geometrieelement eine Gruppe von geraden Linien in dieser Fläche, so muss ein Schnittebenen-Indikator angegeben werden. Die zwischen dem tolerierten nominalen Geometrieelement und den Bezügen fixierten TED-Winkel müssen durch mindestens ein explizites TED definiert werden. Zusätzliche Winkel dürfen durch implizite TEDs (0° oder 90°) definiert werden.

17.12.2 Neigungsspezifikation einer Mittellinie zu einer Bezugsgeraden

In Bild 140 muss die extrahierte Mittellinie zwischen zwei parallelen Ebenen vom Abstand 0,08 liegen, die in einem theoretisch exakten Winkel von 60° zur gemeinsamen Bezugsgeraden A-B geneigt sind.

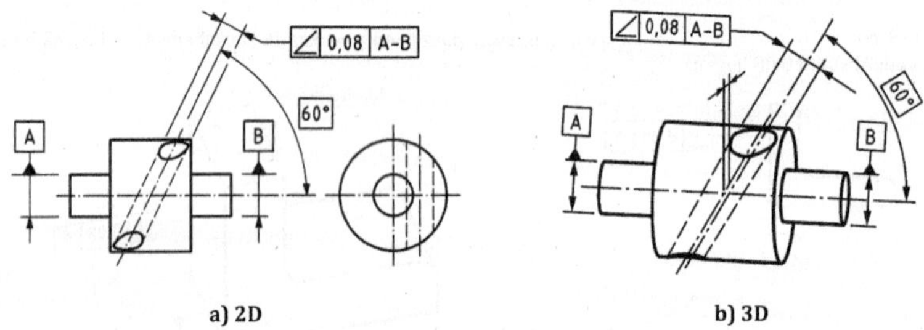

a) 2D b) 3D

Bild 140 — Neigungsangabe

ANMERKUNG 1 Die Rotation der Toleranzzone um die Bezugsachse ist nicht mit der Angabe in Bild 140 definiert, es wird nur die Richtung spezifiziert.

ANMERKUNG 2 Der Abstand zwischen der Toleranzzone und dem gemeinsamen Bezug A-B ist nicht eingeschränkt.

Die durch die Spezifikation in Bild 140 festgelegte Toleranzzone wird durch zwei im spezifizierten Winkel zum Bezug geneigte parallele Ebenen vom Abstand *t* begrenzt. Die betrachtete Linie und die Bezugsgerade liegen nicht in derselben Ebene, siehe Bild 141.

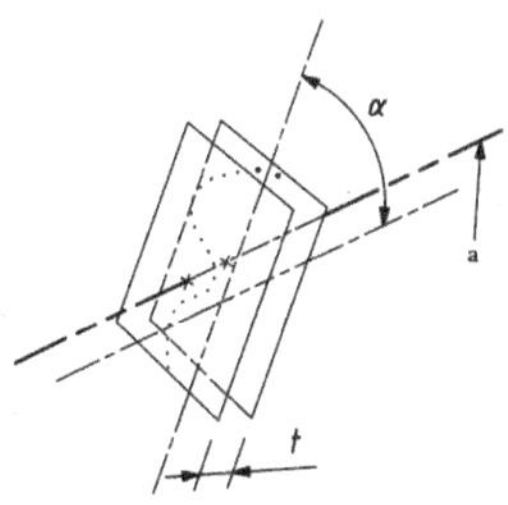

a gemeinsamer Bezug A-B

Bild 141 — Definition der Neigungstoleranzzone

In Bild 142 muss die extrahierte Mittellinie in einem Zylinder mit dem Durchmesser 0,08 liegen, der in einem theoretisch exakten Winkel von 60° zur gemeinsamen Bezugsgeraden A-B geneigt ist.

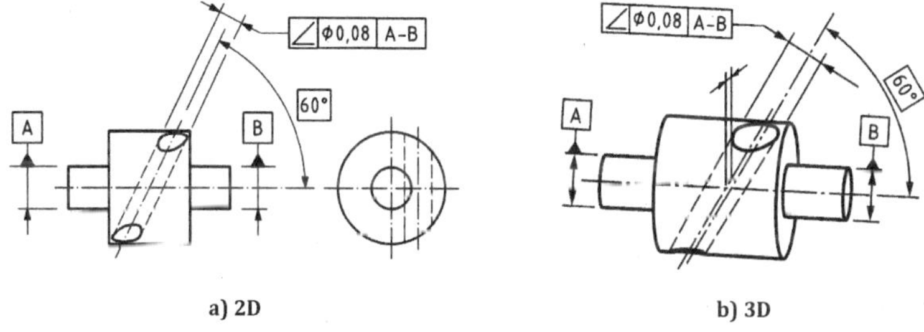

a) 2D **b) 3D**

Bild 142 — Neigung

Die durch die Spezifikation in Bild 142 festgelegte Toleranzzone wird durch einen im spezifizierten Winkel zum Bezug geneigten Zylinder mit dem Durchmesser *t* begrenzt. Die betrachtete Linie und die Bezugsgerade liegen nicht in derselben Ebene, siehe Bild 143.

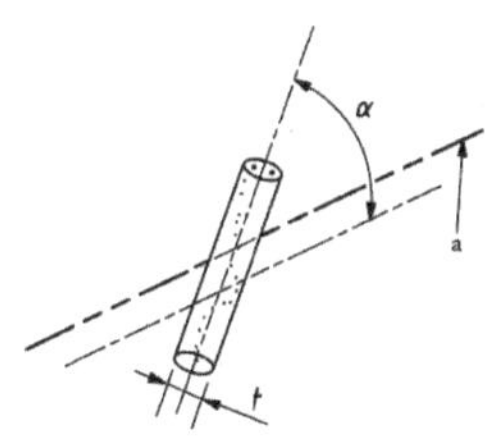

a gemeinsamer Bezug A-B

ANMERKUNG Der Abstand zwischen der Toleranzzone und dem gemeinsamen Bezug A-B ist nicht begrenzt.

Bild 143 — Definition der Neigungstoleranzzone

17.12.3 Neigungsspezifikation für eine Mittellinie zu einem Bezugssystem

In Bild 144 muss die extrahierte Mittellinie innerhalb einer zylinderförmigen Toleranzzone mit dem Durchmesser 0,1 liegen, die parallel zur Bezugsebene B liegt und in einem theoretisch exakten Winkel von 60° zur Bezugsebene A geneigt ist.

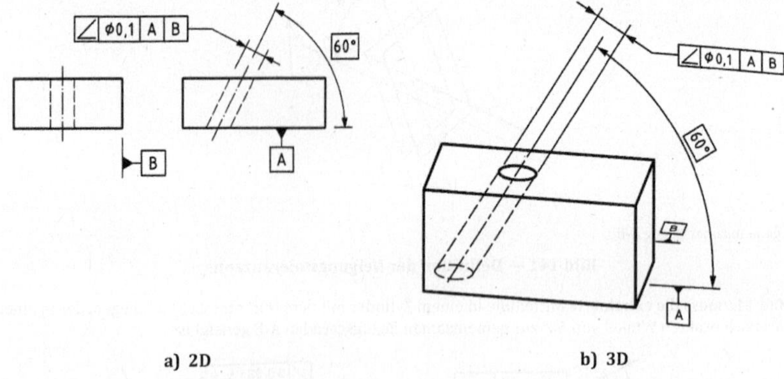

Bild 144 — Neigungsangabe

Die durch die Spezifikation in Bild 144 festgelegte Toleranzzone wird durch einen Zylinder des Durchmessers t begrenzt, weil dem Toleranzwert das Symbol ⌀ vorangestellt ist. Die zylinderförmige Toleranzzone liegt parallel zur Bezugsebene B und ist in dem spezifizierten Winkel zur Bezugsebene A geneigt, siehe Bild 145.

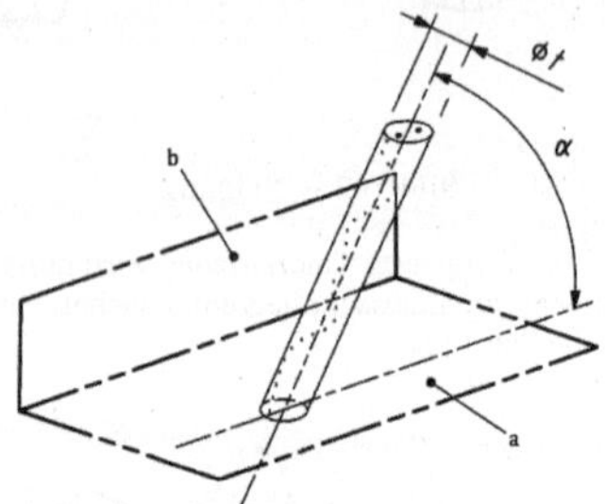

a Bezug A

b Bezug B

Bild 145 — Definition der Neigungstoleranzzone

17.12.4 Neigungsspezifikation für eine ebene Fläche zu einer Bezugsgeraden

In Bild 146 muss die extrahierte Fläche zwischen zwei parallelen Ebenen vom Abstand 0,1 liegen, die in einem theoretisch exakten Winkel von 75° zur Bezugsachse A geneigt sind.

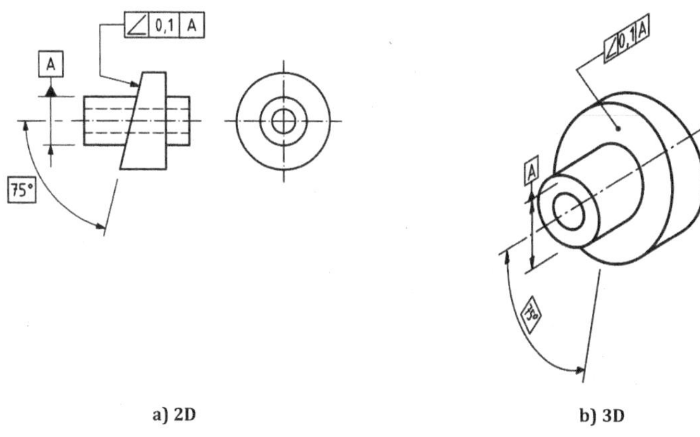

a) 2D b) 3D

Bild 146 — Neigungsangabe

ANMERKUNG Die Rotation der Toleranzzone um die Bezugsachse ist nicht mit der Angabe in Bild 146 definiert, es wird nur in einer Richtung spezifiziert.

Die durch die Spezifikation in Bild 146 festgelegte Toleranzzone wird durch zwei im spezifizierten Winkel zum Bezug geneigte parallele Ebenen vom Abstand *t* begrenzt, siehe Bild 147.

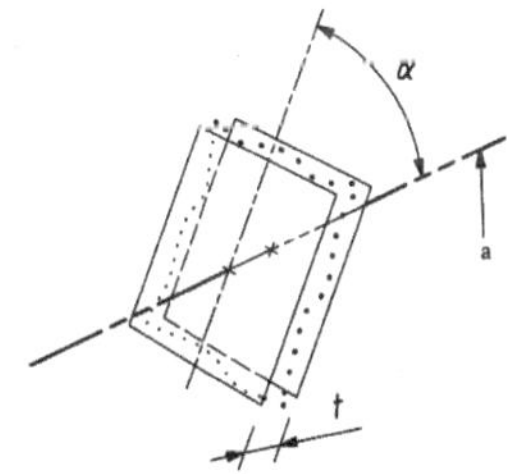

a Bezug A

Bild 147 — Definition der Neigungstoleranzzone

17.12.5 Neigungsspezifikation für eine ebene Fläche zu einer Bezugsebene

In Bild 148 die extrahierte Fläche muss zwischen zwei parallelen Ebenen vom Abstand 0,08 liegen, die in einem theoretisch exakten Winkel von 40° zur Bezugsebene A geneigt sind.

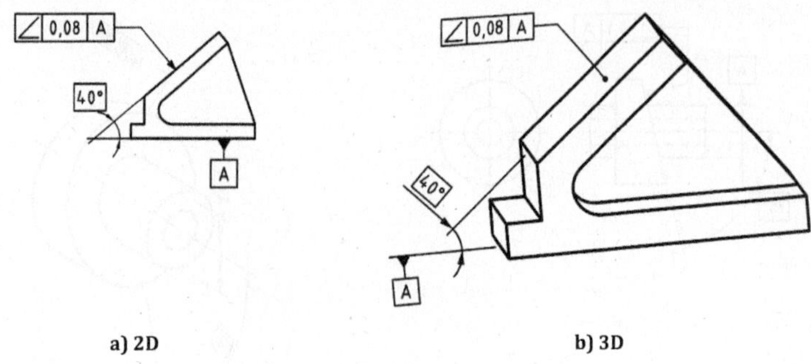

a) 2D b) 3D

Bild 148 — Neigungsangabe

ANMERKUNG Die Rotation der Toleranzzone um die Normale zur Bezugsebene ist nicht mit der Angabe in Bild 148 definiert, es wird nur in einer Richtung spezifiziert.

Die durch die Spezifikation in Bild 148 festgelegte Toleranzzone wird durch zwei im spezifizierten Winkel zum Bezug geneigte parallele Ebenen vom Abstand *t* begrenzt, siehe Bild 149.

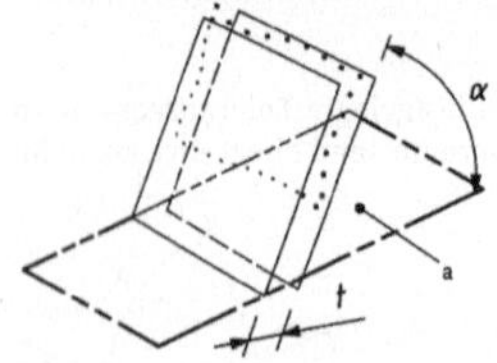

a Bezug A

Bild 149 — Definition der Neigungstoleranzzone

17.13 Positionsspezifikation

17.13.1 Allgemeines

Das tolerierte Geometrieelement ist entweder ein integrales oder ein abgeleitetes Geometrieelement. Das tolerierte nominale Geometrieelement ist seiner Beschaffenheit und Form nach ein integraler oder abgeleiteter Punkt, eine gerade Linie, eine ebene Fläche, eine nichtgerade abgeleitete Linie oder eine nichtebene abgeleitete Fläche, siehe auch ISO 1660. Die Form des tolerierten nominalen Geometrieelements muss, sofern es sich nicht um eine gerade Linie oder eine ebene Fläche handelt, explizit durch vollständige Angaben in der Zeichnung oder an Hand des CAD-Modells angegeben sein, siehe ISO 16792.

17.13.2 Positionsspezifikation eines abgeleiteten Punktes

In Bild 150 muss der extrahierte Mittelpunkt der Kugel innerhalb einer kugelförmigen Zone mit dem Durchmesser 0,3 liegen, deren Mittelpunkt mit dem theoretisch exakten Ort der Kugel zu den Bezugsebenen A und B und der Bezugs-Mittelebene C übereinstimmt.

ANMERKUNG Die Definition des extrahierten Mittelpunktes einer Kugel wurde nicht genormt.

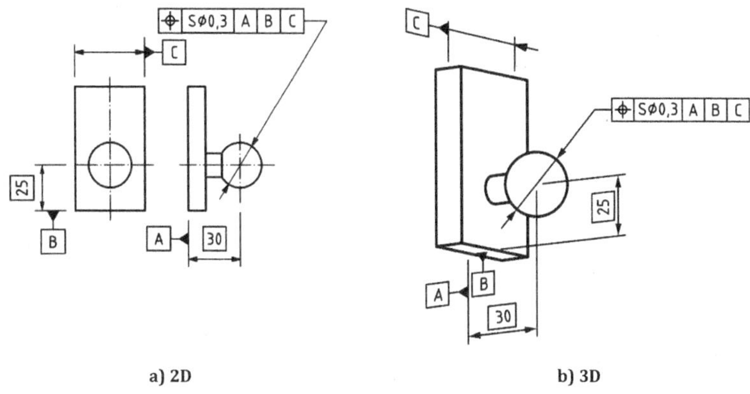

Bild 150 — Positionsangabe

Die durch die Spezifikation in Bild 150 festgelegte Toleranzzone wird durch eine Kugel vom Durchmesser 0,3 begrenzt, weil dem Toleranzwert das Symbol S⌀ vorangestellt ist. Der Mittelpunkt der kugelförmigen Zone wird durch theoretisch exakte Maße zu den Bezügen A, B und C festgelegt, siehe Bild 151.

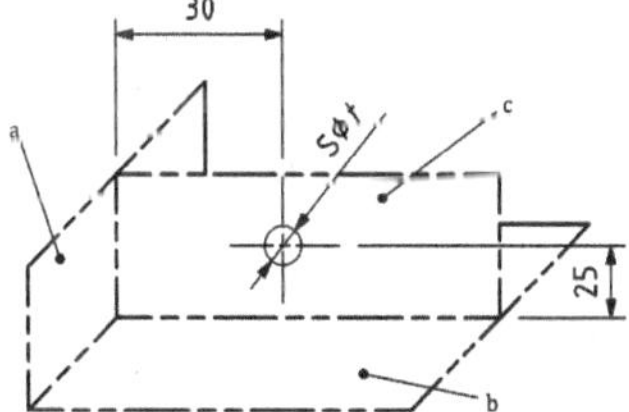

a Bezug A.

b Bezug B.

c Bezug C.

Bild 151 — Definition der Positionstoleranzzone

17.13.3 Positionsspezifikation einer Mittellinie

In Bild 152 muss die extrahierte Mittellinie jeder Bohrung zwischen zwei Paaren paralleler Ebenen im Abstand 0,05 bzw. 0,2 in der spezifizierten Richtung und rechtwinklig zueinander liegen. Jedes Paar paralleler Ebenen ist zum Bezugssystem ausgerichtet und liegt symmetrisch zum theoretisch exakten Ort der betrachteten Bohrung unter Berücksichtigung der Bezugsebenen C, A und B.

Frühere Praxis, siehe A.2.4.

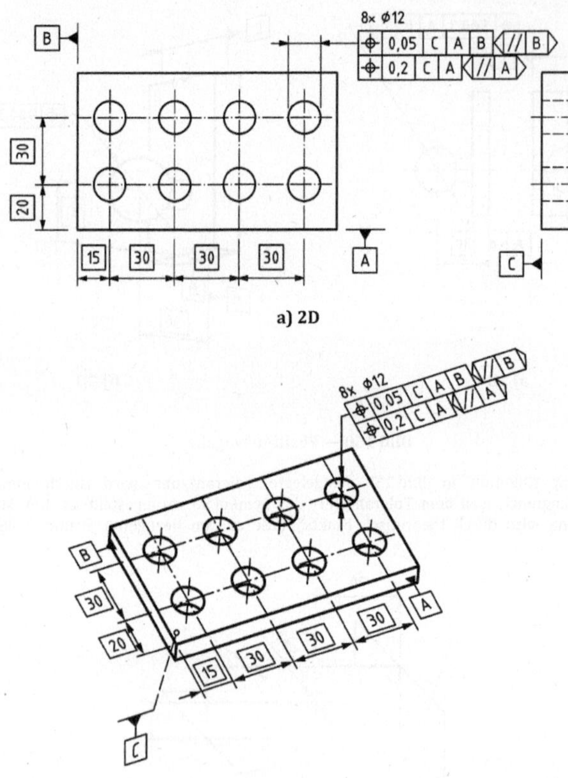

a) 2D

b) 3D

ANMERKUNG Anstatt der Verwendung von Orientierungsebenen-Indikatoren können ähnliche Anforderungen häufig mit dem Nur-Richtung-Modifikator, siehe ISO 5459, angegeben werden. In diesem Bild könnten die beiden Orientierungsebenen-Indikatoren weggelassen werden und das Bezugssystem |C|A|B| könnte für eine identische Bedeutung mit |C|A><|B| ersetzt werden.

Bild 152 — Positionsangabe

Die durch die Spezifikation in Bild 152 festgelegte Toleranzzone wird von zwei Paaren paralleler Ebenen vom Abstand 0,05 bzw. 0,2 begrenzt, die symmetrisch zum geometrisch exakten Ort liegen. Der geometrisch exakte Ort wird durch theoretisch exakte Maße zu den Bezügen C, A und B fixiert. Die Spezifikation gilt in zwei Richtungen zu den Bezügen, siehe Bild 153.

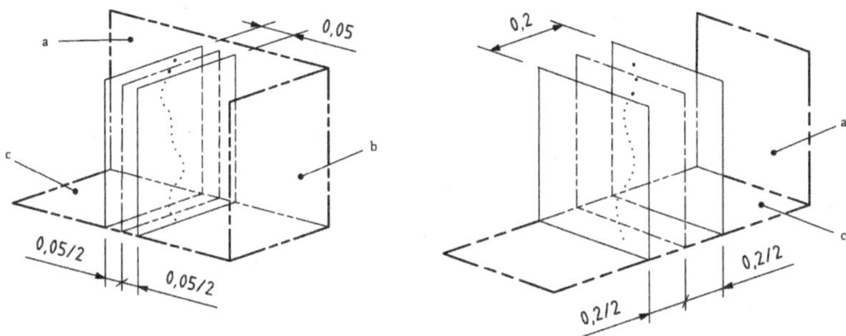

a sekundärer Bezug A, rechtwinklig zum Bezug C

b tertiärer Bezug B, rechtwinklig zum Bezug C und zum sekundären Bezug A

c Bezug C

Bild 153 — Definition der Positionstoleranzzonen

In Bild 154 muss die extrahierte Mittellinie innerhalb einer zylindrischen Zone vom Durchmesser 0,08 liegen, deren Achse mit dem theoretisch exakten Ort der betrachteten Bohrung zu den Bezugsebenen C, A und B übereinstimmt.

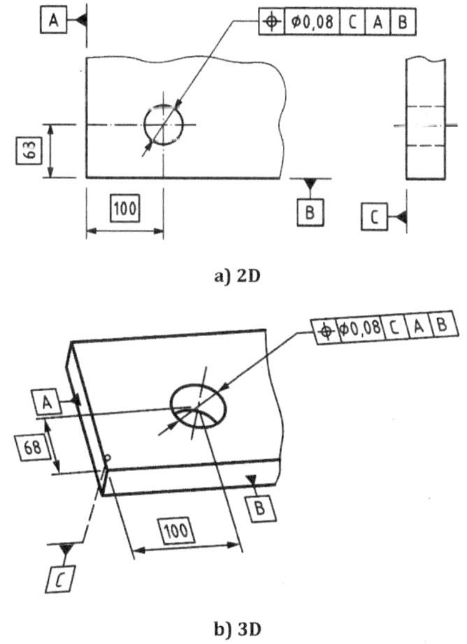

a) 2D

b) 3D

Bild 154 — Positionsangabe

In Bild 155 muss die extrahierte Mittellinie jeder Bohrung innerhalb einer zylindrischen Zone vom Durchmesser 0,1 liegen, deren Achse mit dem theoretisch exakten Ort der betrachteten Bohrung zu den Bezugsebenen C, A und B übereinstimmt.

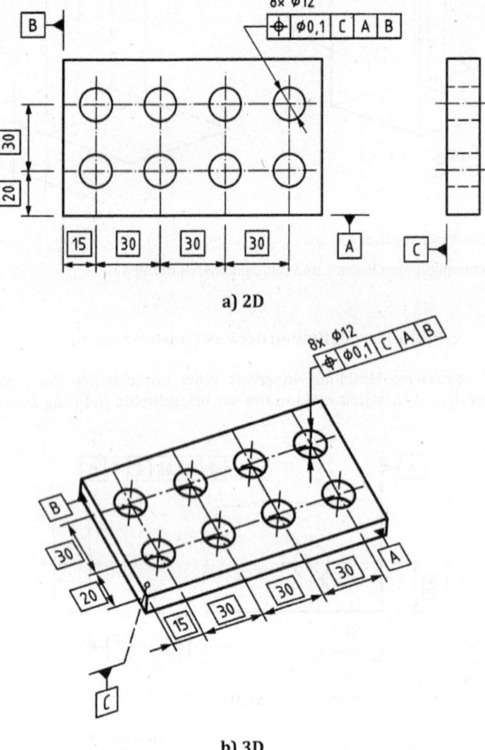

a) 2D

b) 3D

Bild 155 — Positionsangabe

Die durch die Spezifikationen in Bild 154 und Bild 155 festgelegten Toleranzzonen werden durch einen Zylinder vom Durchmesser *t* begrenzt, weil dem Toleranzwert das Symbol ⌀ vorangestellt ist. Die Achse der zylindrischen Toleranzzone wird durch theoretisch exakte Maße zu den Bezügen C, A und B festgelegt, siehe Bild 156.

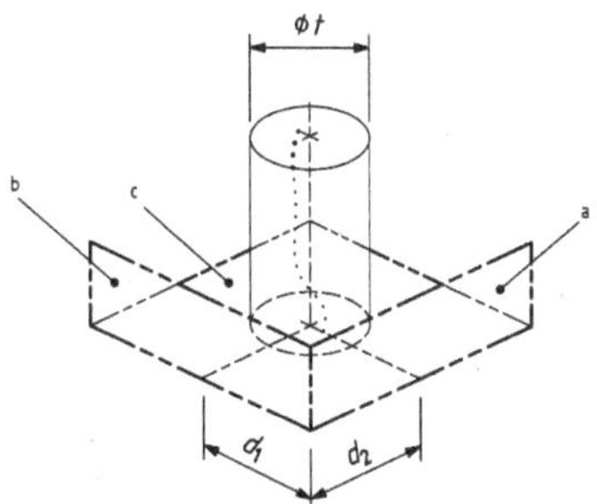

a Bezug A
b Bezug B
c Bezug C

Bild 156 — Definition der Positionstoleranzzone

17.13.4 Positionsspezifikation einer Mittelebene

In Bild 157 muss die extrahierte Mittelebene jeder Trennlinie zwischen zwei parallelen Ebenen vom Abstand 0,1 liegen, die symmetrisch zum theoretisch exakten Ort der betrachteten Linie zu den Bezugsebenen A und B liegen.

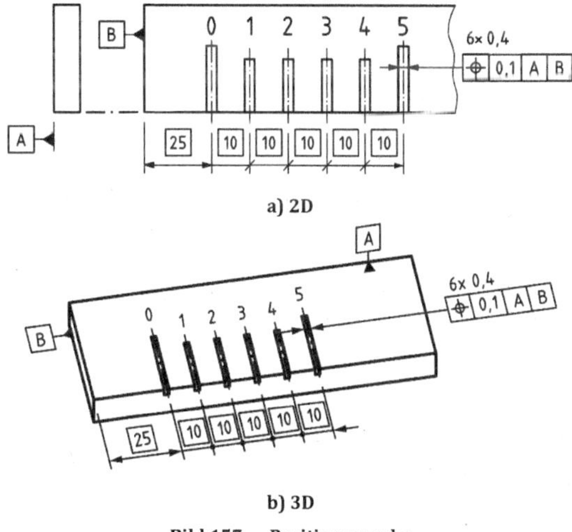

a) 2D

b) 3D

Bild 157 — Positionsangabe

Die durch die Spezifikation in Bild 157 festgelegte Toleranzzone für jedes der sechs tolerierten Geometrieelemente wird durch zwei parallele Ebenen vom Abstand 0,1 begrenzt und liegt symmetrisch zur Mittellinie für dieses Geometrieelement. Die Mittelebene wird durch theoretisch exakte Maße zu den Bezügen A und B festgelegt. Die Spezifikation gilt nur in einer Richtung, siehe Bild 158.

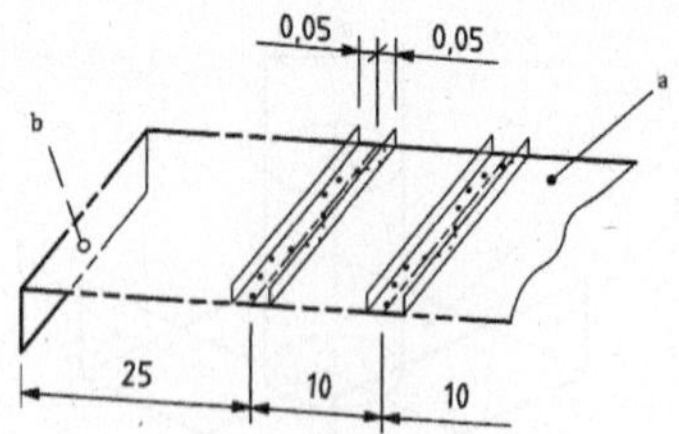

a Bezug A

b Bezug B

Bild 158 — Definition der Positionstoleranzzone

In Bild 159 muss die extrahierte Mittelfläche für jedes der acht unabhängig betrachteten tolerierten Geometrieelemente (ohne Berücksichtigung der Winkel zwischen ihnen) zwischen zwei parallelen Ebenen vom Abstand 0,05 liegen, die symmetrisch zum theoretisch exakten Ort der Mittelebene zur Bezugsachse A liegen.

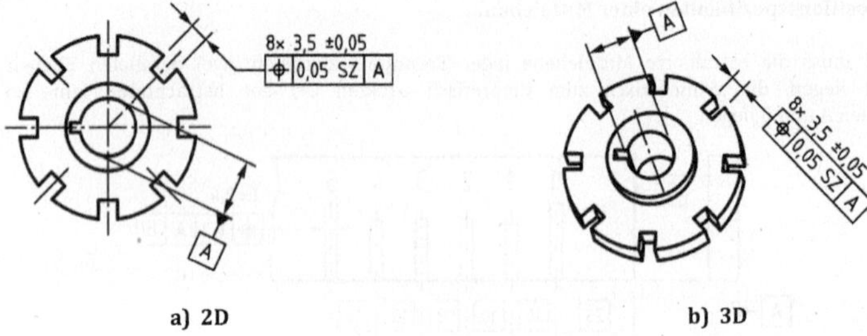

a) 2D **b) 3D**

Bild 159 — Positionsangabe

Die durch die Spezifikation in Bild 159 festgelegte Toleranzzone wird begrenzt von zwei parallelen Ebenen vom Abstand 0,05, die symmetrisch um den Bezug A herum liegen, siehe Bild 160.

ANMERKUNG Mit dem Spezifikationselement SZ sind die Winkel zwischen den Toleranzzonen für die acht Einschnitte nicht fixiert. Wenn stattdessen das Spezifikationselement CZ verwendet worden wäre, wären die Toleranzzonen in 45°-Intervallen fixiert.

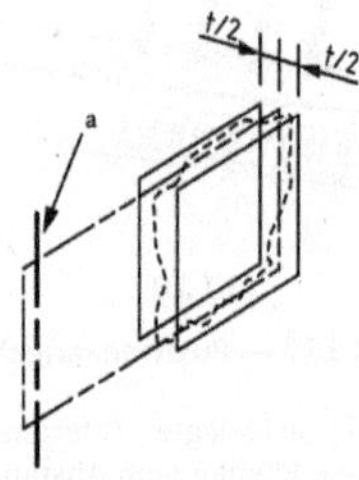

a Bezug A

Bild 160 — Definition der Positionstoleranzzone

17.13.5 Positionsspezifikation einer ebenen Fläche

In Bild 161 muss die extrahierte Fläche zwischen zwei parallelen Ebenen vom Abstand 0,05 liegen, die symmetrisch zum theoretisch exakten Ort der Fläche, bezogen auf die Bezugsebene A und die Bezugsachse B, liegen.

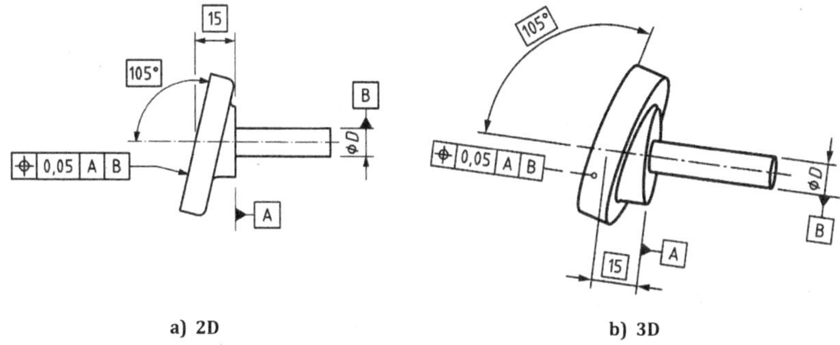

a) 2D b) 3D

Bild 161 — Positionsangabe

Die durch die Spezifikation in Bild 161 festgelegte Toleranzzone wird durch zwei parallele Ebenen vom Abstand *t* begrenzt, die symmetrisch zum theoretisch exakten Ort liegen, wobei der Ort durch theoretisch exakte Maße zu den Bezügen A und B festgelegt ist, siehe Bild 162.

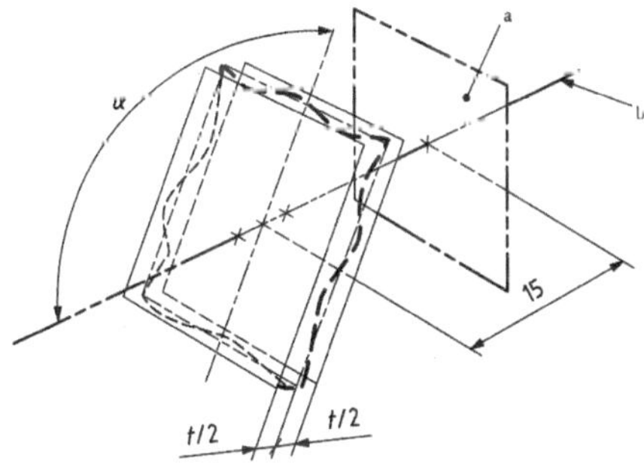

a Bezug A

b Bezug B

Bild 162 — Definition der Positionstoleranzzone

17.14 Konzentrizitäts- und Koaxialitätsspezifikation

17.14.1 Allgemeines

Das tolerierte Geometrieelement ist ein abgeleitetes Geometrieelement. Das tolerierte nominale Geometrieelement ist seiner Beschaffenheit und Form nach ein Punkt, eine Gruppe von Punkten oder eine gerade Linie. Wenn das angegebene Geometrieelement nominell eine gerade Linie ist, so muss der Modifikator ACS angegeben werden, falls das tolerierte Geometrieelement eine Gruppe von Punkten ist. In diesem Fall ist der Bezug für jeden Punkt auch ein Punkt im selben Querschnitt. Die zwischen dem tolerierten nominalen Geometrieelement und den Bezügen fixierten Winkel- und Längenmaße müssen durch implizite TEDs definiert werden.

17.14.2 Konzentrizitätsspezifikation eines Punktes

In Bild 163 muss der extrahierte Mittelpunkt des Innenkreises in jedem Querschnitt innerhalb eines Kreises vom Durchmesser 0,1 liegen, welcher konzentrisch zum im selben Querschnitt definierten Bezugspunkt A ist.

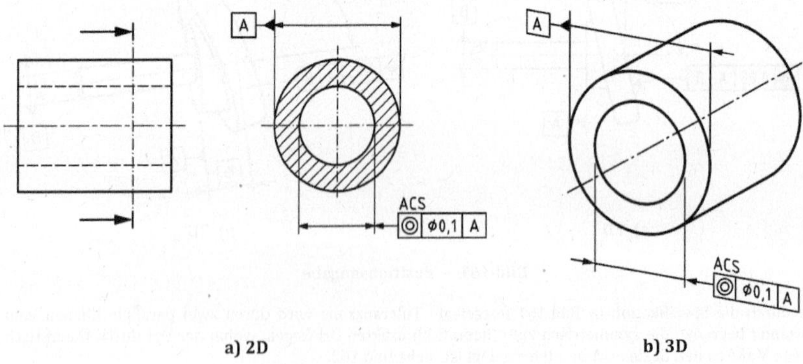

Bild 163 — Konzentrizitätsangabe

Die durch die Spezifikation in Bild 163 festgelegte Toleranzzone wird durch einen Kreis vom Durchmesser t begrenzt; dem Toleranzwert muss das Symbol ⌀ vorangestellt sein. Der Mittelpunkt der kreisförmigen Toleranzzone stimmt mit dem Bezugspunkt überein, siehe Bild 164.

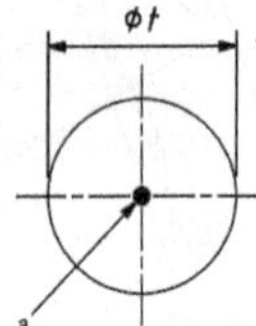

a Bezugspunkt A.

Bild 164 — Definition der Konzentrizitätstoleranzzone

17.14.3 Koaxialitätsspezifikation einer Achse

In Bild 165 muss die extrahierte Mittellinie des tolerierten Zylinders innerhalb einer zylindrischen Zone vom Durchmesser 0,08 liegen, deren Achse die gemeinsame Bezugsgerade A-B ist.

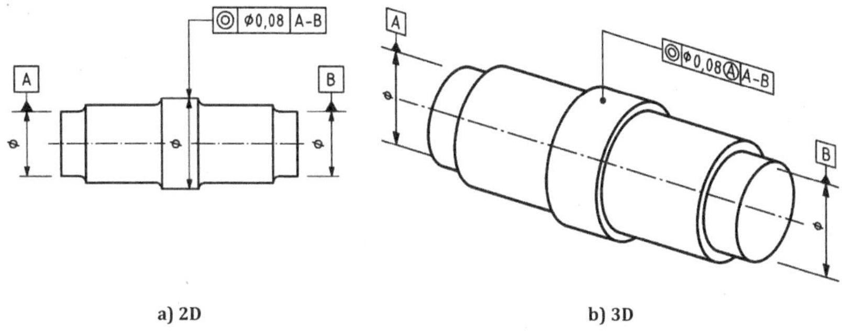

a) 2D b) 3D

Bild 165 — Koaxialitätsangabe

In Bild 166 muss die extrahierte Mittellinie des tolerierten Zylinders innerhalb einer zylindrischen Zone vom Durchmesser 0,1 liegen, deren Achse die Bezugsachse A ist.

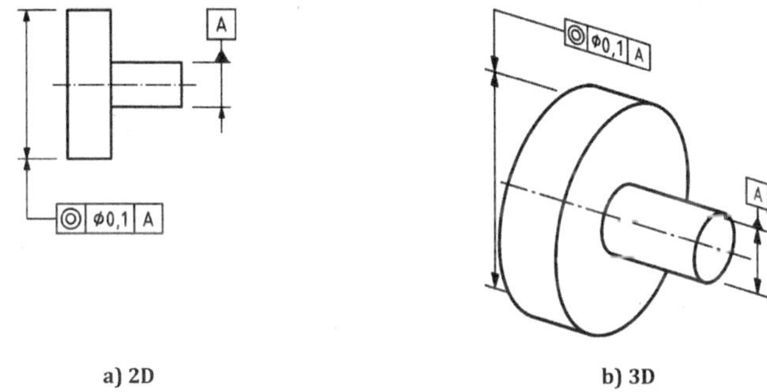

a) 2D b) 3D

Bild 166 — Koaxialitätsangabe

In Bild 167 muss die extrahierte Mittellinie des tolerierten Zylinders innerhalb einer zylindrischen Zone vom Durchmesser 0,1 liegen, deren Achse die Bezugsachse B ist, die rechtwinklig zur Bezugsebene A steht.

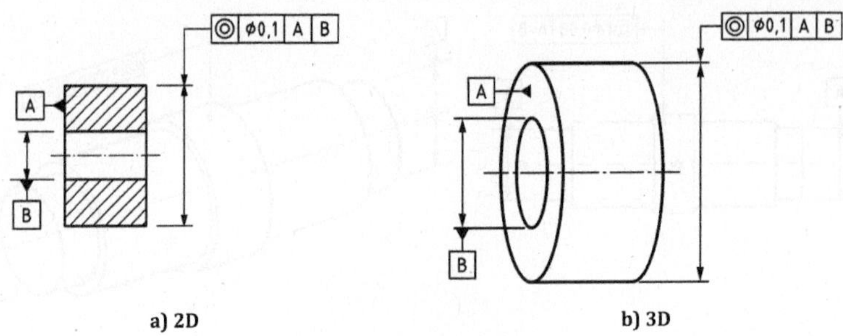

Bild 167 — Koaxialitätsangabe

Die durch die Spezifikationen in Bild 165, Bild 166 und Bild 167 festgelegten Toleranzzonen werden durch einen Zylinder mit einem Durchmesser gleich dem Toleranzwert begrenzt, da ihm das Symbol ⌀ vorangestellt ist. Die Achse der zylindrischen Toleranzzone stimmt mit dem Bezug überein, siehe Bild 168.

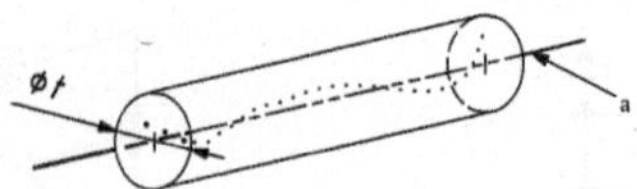

[a] Bezug A-B (Bild 165) oder
Bezug A (Bild 166) oder
sekundärer Bezug B, rechtwinklig zum primären Bezug A (nicht dargestellt) (Bild 167).

Bild 168 — Definition der Koaxialitätstoleranzzone

17.15 Symmetriespezifikation

17.15.1 Allgemeines

Das tolerierte Geometrieelement ist entweder ein integrales oder ein abgeleitetes Geometrieelement. Das tolerierte nominale Geometrieelement ist seiner Beschaffenheit und Form nach ein Punkt, eine Gruppe von Punkten, eine gerade Linie, eine Gruppe von geraden Linien oder eine ebene Fläche. Handelt es sich bei dem angegebenen Geometrieelement um eine nominell ebene Fläche, so muss ein Schnittebenen-Indikator angegeben werden, falls das tolerierte Geometrieelement eine Gruppe von geraden Linien in der Fläche ist. Handelt es sich bei dem angegebenen Geometrieelement nominell um eine gerade Linie, so muss das Spezifikationselement ACS angegeben werden, falls das tolerierte Geometrieelement eine Gruppe von Punkten auf der Linie ist. In diesem Fall ist der Bezug für jeden Punkt auch ein Punkt im selben Querschnitt. Im Toleranzindikator muss mindestens ein Bezug angegeben sein, der eine nicht-redundante Translation der Toleranzzone fixiert. Die zwischen dem tolerierten nominalen Geometrieelement und den Bezügen fixierten Winkel- und Längenmaße werden durch implizite TEDs definiert.

Eine Symmetriespezifikation kann in allen Fällen angewendet werden, bei denen eine Positionsspezifikation angewendet werden kann, vorausgesetzt alle maßgebenden linearen TEDs sind gleich Null.

17.15.2 Symmetriespezifikation einer Mittelebene

In Bild 169 muss die extrahierte Mittelfläche zwischen zwei parallelen Ebenen vom Abstand 0,08 liegen, die symmetrisch zur Bezugsebene A liegen.

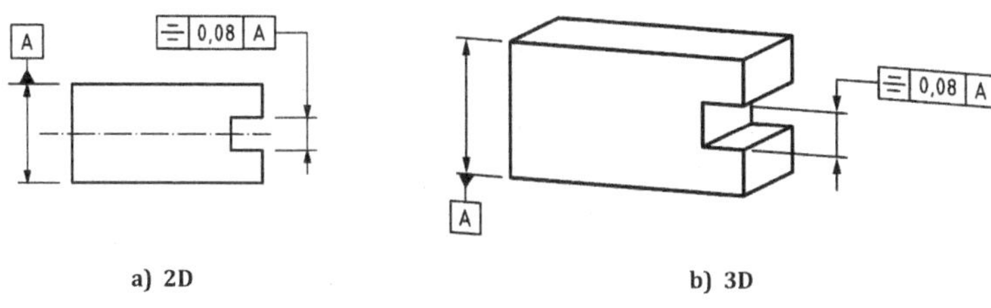

a) 2D b) 3D

Bild 169 — Symmetrieangabe

In Bild 170 muss die extrahierte Mittelfläche zwischen zwei parallelen Ebenen vom Abstand 0,08 liegen, die symmetrisch zur gemeinsamen Bezugsebene A-B liegen.

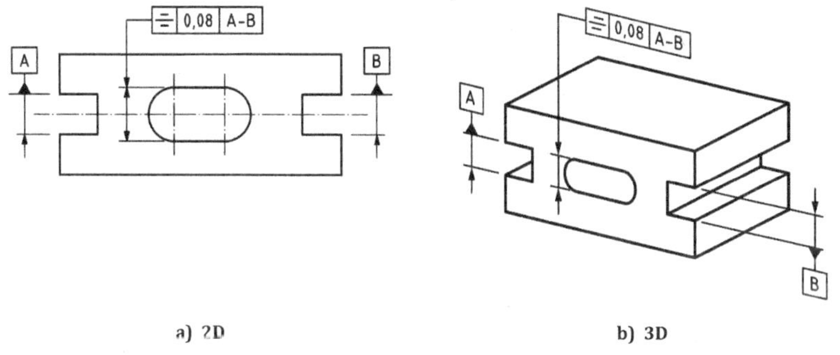

a) 2D b) 3D

Bild 170 — Symmetrieangabe

Die durch die Spezifikationen in Bild 169 und Bild 170 festgelegten Toleranzzonen werden durch zwei hinsichtlich des Bezugs zur Mittelebene symmetrisch liegende parallele Ebenen vom Abstand 0,08 begrenzt, siehe Bild 171.

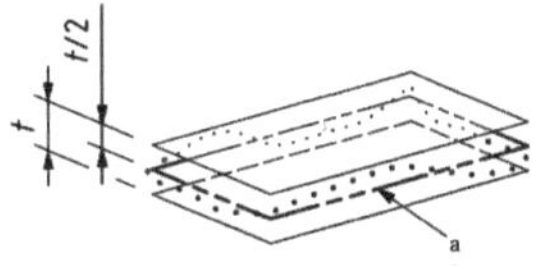

[a] Bezug A

Bild 171 — Definition der Symmetrietoleranzzone

17.16 Rundlaufspezifikation

17.16.1 Allgemeines

Das tolerierte Geometrieelement ist ein integrales Geometrieelement. Die Beschaffenheit und Form des tolerierten nominalen Geometrieelements sind explizit als kreisförmige Linie oder als eine Gruppe von kreisförmigen Linien angegeben, bei denen es sich um lineare Geometrieelemente handelt.

17.16.2 Rundlaufspezifikation – Radial

In Bild 172 muss die extrahierte Linie in jeder Querschnittsebene rechtwinklig zur Bezugsachse A zwischen zwei konzentrischen und in derselben Ebene befindlichen Kreisen vom radialen Abstand 0,1 liegen[N1)].

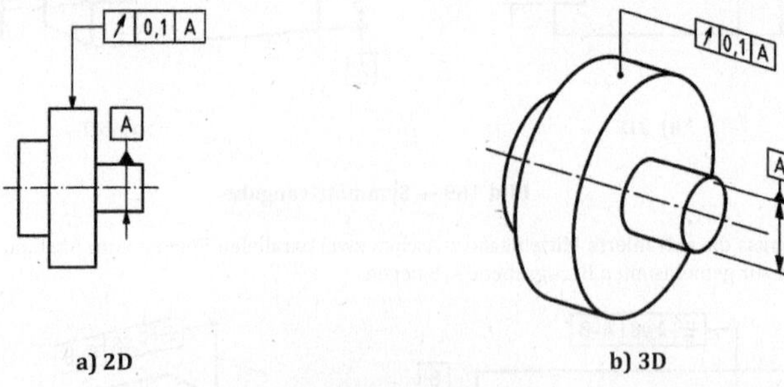

a) 2D b) 3D

Bild 172 — Rundlaufangabe

In Bild 173 muss die extrahierte Linie in jedem Querschnitt parallel zur Bezugsebene B zwischen zwei zur Bezugsachse A konzentrischen und in derselben Ebene befindlichen Kreisen vom radialen Abstand 0,1 liegen[N1)].

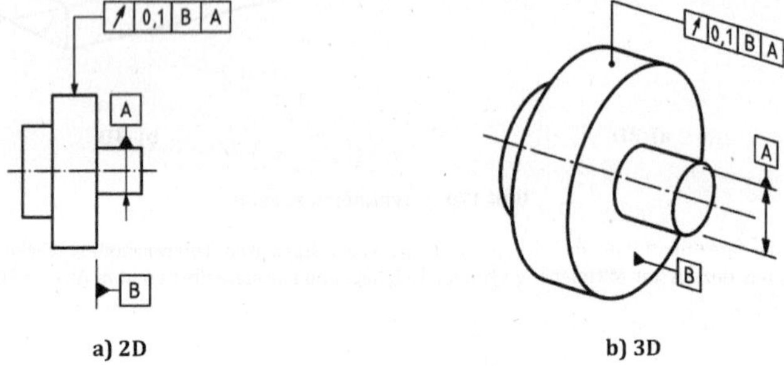

a) 2D b) 3D

Bild 173 — Rundlaufangabe

In Bild 174 muss die extrahierte Linie in jedem Querschnitt rechtwinklig zur gemeinsamen Bezugsgeraden A-B zwischen zwei konzentrischen und in derselben Ebene befindlichen Kreisen vom radialen Abstand 0,1 liegen[N1)].

[N1)] Nationale Fußnote: siehe Bild 175.

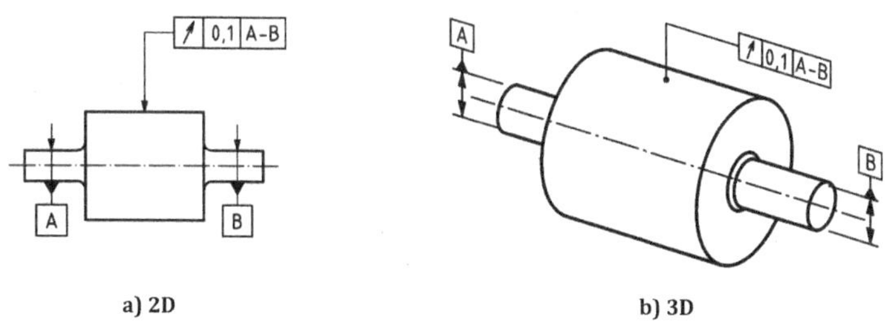

a) 2D b) 3D

Bild 174 —Rundlaufangabe

Die durch die Spezifikationen in Bild 172, Bild 173 und Bild 174 festgelegten Toleranzzonen werden in jedem Querschnitt rechtwinklig zur Bezugsachse von zwei konzentrischen Kreisen vom radialen Abstand 0,1 begrenzt, deren Mittelpunkte mit dem Bezug übereinstimmen, siehe Bild 175.

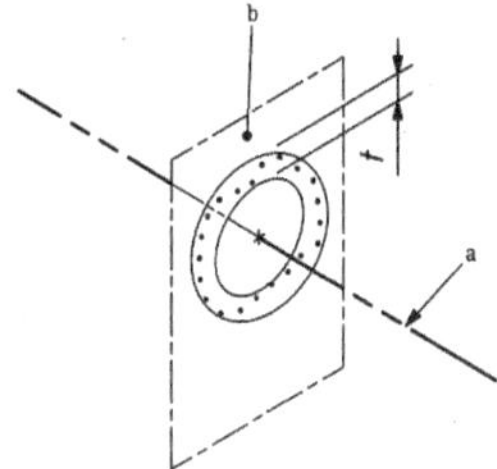

a Bezug A (Bild 172)
Sekundärer Bezug A rechtwinklig zu Bezug B (Bild 173)
Bezug A-B (Bild 174)

b Querschnittebene rechtwinklig zu Bezug A (Bild 172)
Querschnittebene parallel zu Bezug B (Bild 173)
Querschnittebene rechtwinklig zu Bezug A-B (Bild 174)

Bild 175 — Definition der Rundlauftoleranzzone

In Bild 176 muss die extrahierte Linie in jeder Querschnittsebene rechtwinklig zur Bezugsachse A zwischen zwei konzentrischen und in derselben Ebene befindlichen Kreisen vom radialen Abstand 0,2 liegen.

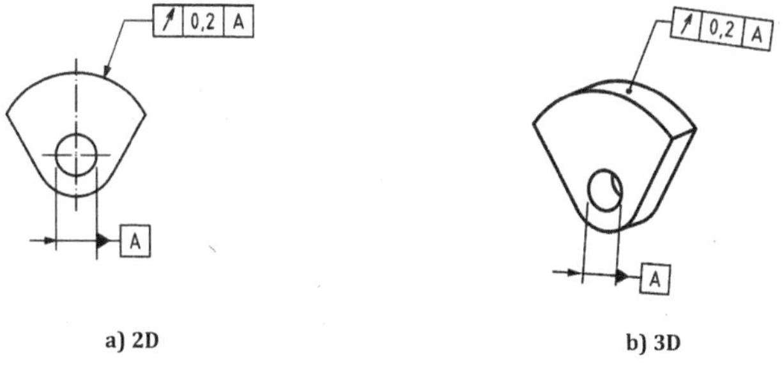

a) 2D b) 3D

Bild 176 — Rundlaufangabe

17.16.3 Rundlaufspezifikation – Axial

In Bild 177 muss die extrahierte Linie in jedem zylindrischen Schnitt, dessen Achse mit der Bezugsachse D übereinstimmt, zwischen zwei Kreisen vom axialen Abstand 0,1 liegen.

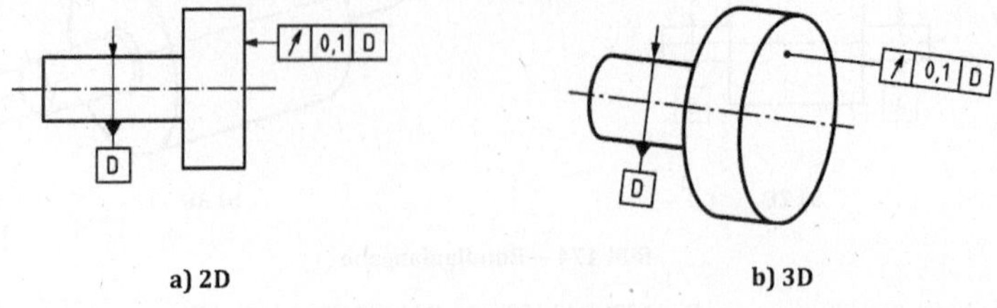

a) 2D b) 3D

Bild 177 —Rundlaufangabe

Die durch die Spezifikation in Bild 177 festgelegte Toleranzzone wird in jedem zylindrischen Schnitt, dessen Achse mit dem Bezug übereinstimmt, von zwei Kreisen vom axialen Abstand 0,1 begrenzt, die in dem zylindrischen Schnitt liegen, siehe Bild 178.

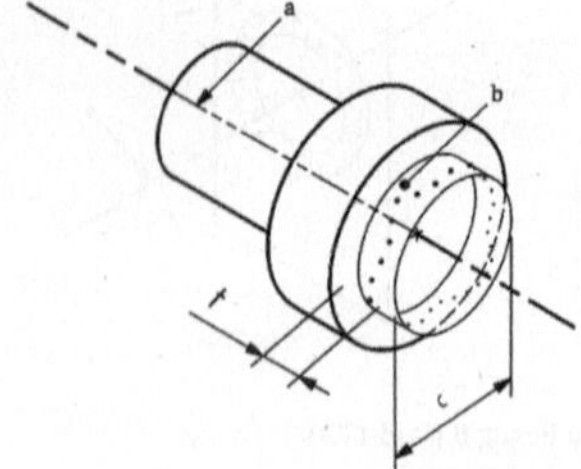

a Bezug D
b Toleranzzone
c jeder Durchmesser koaxial mit Bezug D

Bild 178 — Definition der Rundlauftoleranzzone

17.16.4 Rundlauftoleranz in beliebiger Richtung

In Bild 179 muss die extrahierte Linie in jedem kegeligen Schnitt, dessen Öffnungswinkel so ist, dass der Schnitt rechtwinklig zum tolerierten Geometrieelement ist, und dessen Achse mit der Bezugsachse C übereinstimmt, zwischen zwei Kreisen innerhalb des kegeligen Schnittes mit einem Abstand von 0,1 liegen.

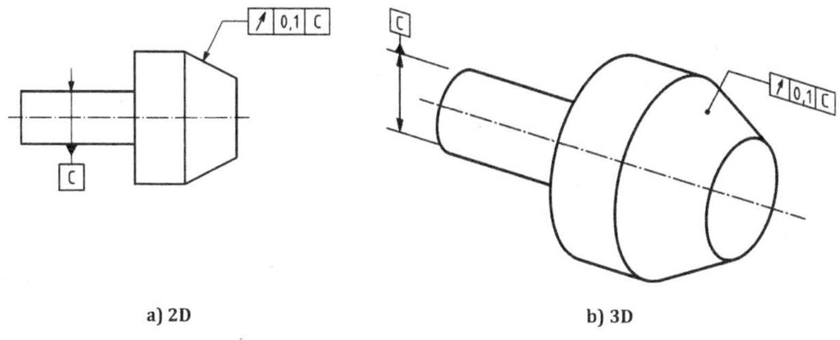

a) 2D b) 3D

Bild 179 — Rundlaufangabe

Wenn die Mantellinie des tolerierten Geometrieelementes nominell keine Gerade ist, wie in Bild 180, ändert sich der Öffnungswinkel des kegeligen Schnitts entsprechend der Ist-Position, damit der Schnitt rechtwinklig zum tolerierten Geometrieelement bleibt.

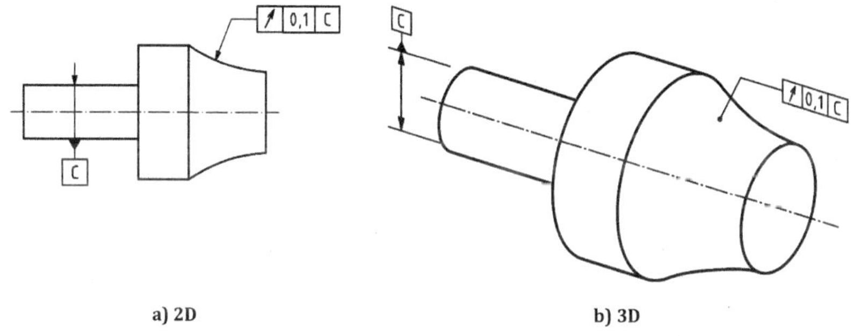

a) 2D b) 3D

Bild 180 — Rundlaufangabe

Die durch die Spezifikation in Bild 180 festgelegte Toleranzzone wird in jedem kegeligen Schnitt, dessen Achsen mit dem Bezug übereinstimmen, von zwei Kreisen vom Abstand 0,1 begrenzt, siehe Bild 181.

Solange nichts anderes angegeben ist, ist die Weite der Toleranzzone rechtwinklig zur spezifizierten Geometrie.

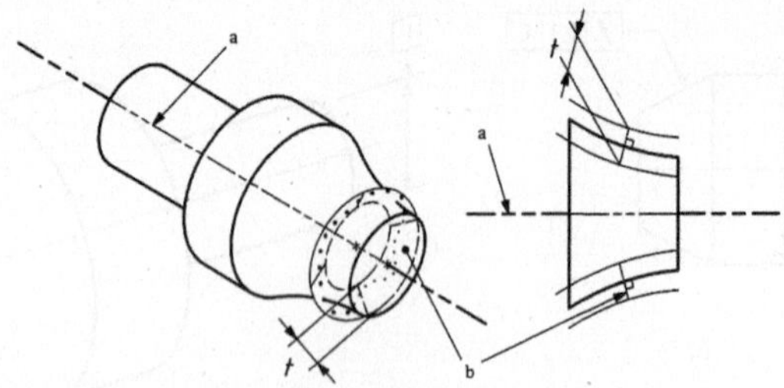

a Bezug C

b Toleranzzone

Bild 181 — Definition der Rundlauftoleranzzone

17.16.5 Rundlaufspezifikation in spezifizierter Richtung

In Bild 182 muss die extrahierte Linie in jedem kegeligen Schnitt, der einem Richtungselement entspricht (Winkel α), zwischen zwei Kreisen mit einem Abstand von 0,1 innerhalb des kegeligen Schnittes liegen.

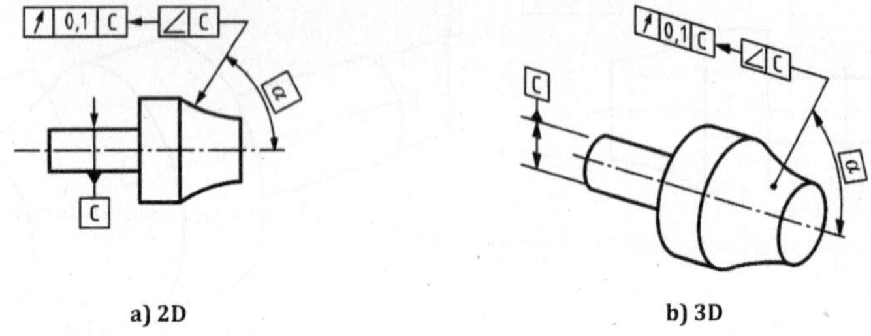

a) 2D

b) 3D

Bild 182 — Rundlaufangabe

Die durch die Spezifikation in Bild 182 festgelegte Toleranzzone wird in jedem kegeligen Schnitt mit dem spezifizierten Winkel von zwei Kreisen vom Abstand t begrenzt, wobei die Achsen mit dem Bezug übereinstimmen, siehe Bild 183.

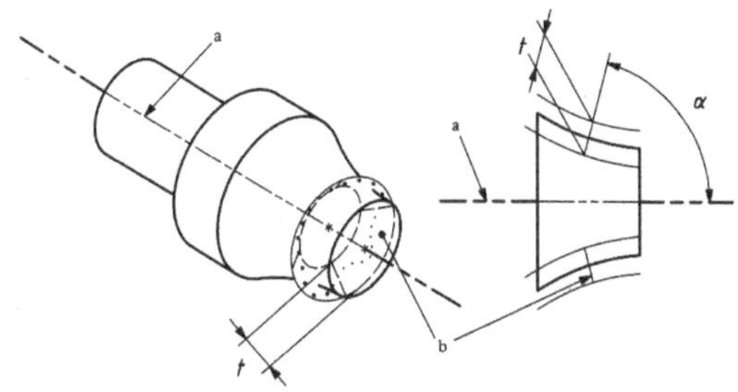

a Bezug C.

b Toleranzzone.

Bild 183 — Definition der Rundlauftoleranzzone

17.17 Gesamtrundlaufspezifikation

17.17.1 Allgemeines

Das tolerierte Geometrieelement ist ein integrales Geometrieelement. Die Beschaffenheit und Form des tolerierten nominalen Geometrieelements ist eine ebene Fläche oder eine zylindrische Fläche. Die Toleranzzone behält die Nennform des tolerierten Geometrieelements bei, aber bei einer zylindrischen Fläche ist das radiale Maß nicht eingeschränkt.

17.17.2 Gesamtrundlaufspezifikation - Radial

In Bild 184 muss die extrahierte Fläche zwischen zwei koaxialen Zylindern vom radialen Abstand 0,1 liegen, deren Achse mit der gemeinsamen Bezugsgeraden A-B übereinstimmt.

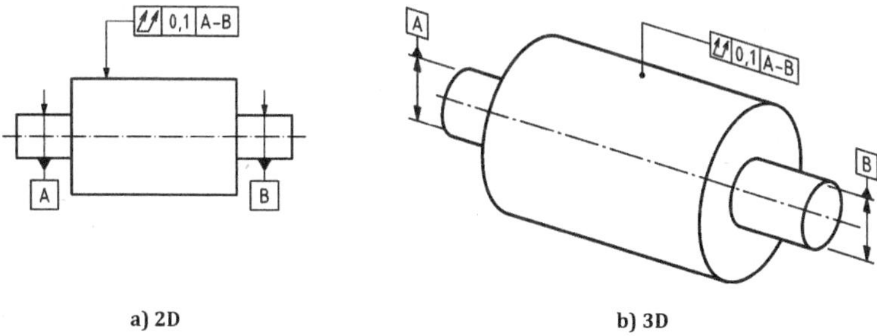

a) 2D

b) 3D

Bild 184 — Gesamtrundlaufangabe

Die durch die Spezifikation in Bild 184 festgelegte Toleranzzone wird begrenzt von zwei koaxialen Zylindern vom radialen Abstand *t*, deren Achse mit dem Bezug übereinstimmt, siehe Bild 185.

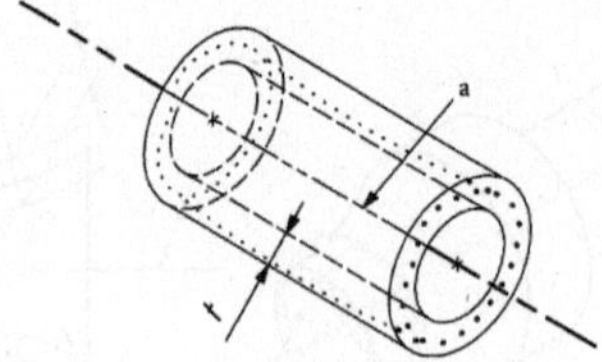

a gemeinsamer Bezug A-B

Bild 185 — Definition der Gesamtrundlauftoleranzzone

17.17.3 Gesamtrundlaufspezifikation – Axial

In Bild 186 muss die extrahierte Fläche zwischen zwei parallelen Ebenen vom Abstand 0,1 liegen, die rechtwinklig zur Bezugsachse D sind.

ANMERKUNG Eine Rechtwinkligkeitsspezifikation hätte dieselbe Bedeutung.

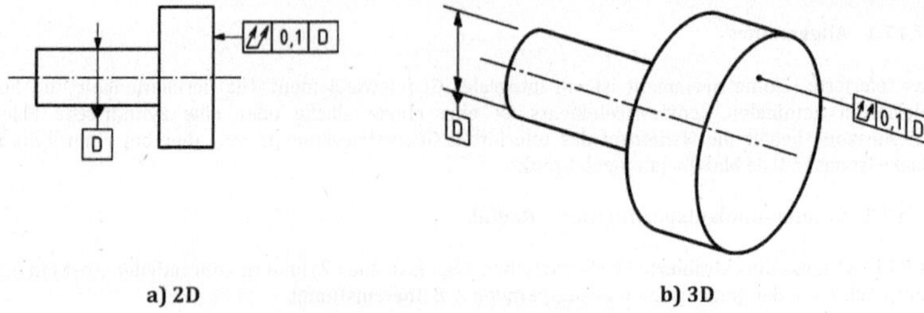

a) 2D b) 3D

Bild 186 — Gesamtrundlaufangabe

Die durch die Spezifikation in Bild 186 festgelegte Toleranzzone wird begrenzt von zwei parallelen Ebenen vom Abstand 0,1, die rechtwinklig zum Bezug liegen, siehe Bild 187.

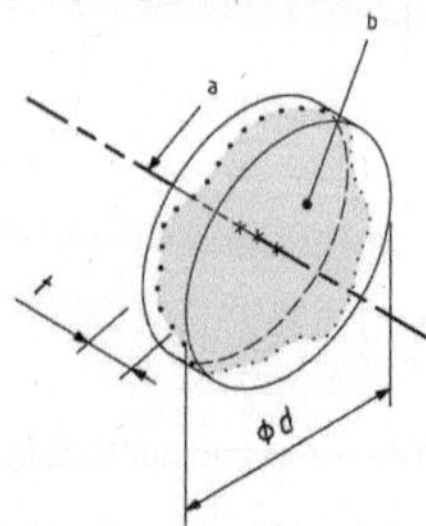

a Bezug D
b extrahierte Fläche

Bild 187 — Definition der Gesamtrundlauftoleranzzone

Anhang A
(informativ)

Überholte und frühere Praktiken

A.1 Allgemeines

Dieser Anhang beschreibt frühere Verfahrensweisen, die weggelassen wurden und nicht mehr angewendet werden. Deshalb sind sie kein Bestandteil dieses Dokuments und sollten ausschließlich zu Informationszwecken verwendet werden.

A.2 Überholte Praxis von ISO 1101:2012

Die folgenden Zeichnungseintragungen wurden in ISO 1101:2012 beschrieben. Sie können noch immer verwendet werden, aber es wird erwartet, dass sie nach und nach auslaufen.

A.2.1 Die Praxis, zur Bestimmung der Schnittebene auf die Zeichnungsebene zu setzen, z. B. für eine Geradheitstoleranz, wurde geändert, um gleichartige Angaben in 2D und 3D zu haben. Zu den bevorzugten Angaben siehe Bild 90, Bild 104, Bild 106 und Bild 122.

A.2.2 Das LE-Spezifikationselement wird verwendet, um anzuzeigen, dass die Spezifikation einzeln für die betreffenden Linienelemente gilt, siehe Bild A.1. Dieses Spezifikationselement wurde überholt, da die Verwendung eines Schnittebenen-Indikators LE überflüssig macht. Zur bevorzugten Angabe, siehe Bild 122.

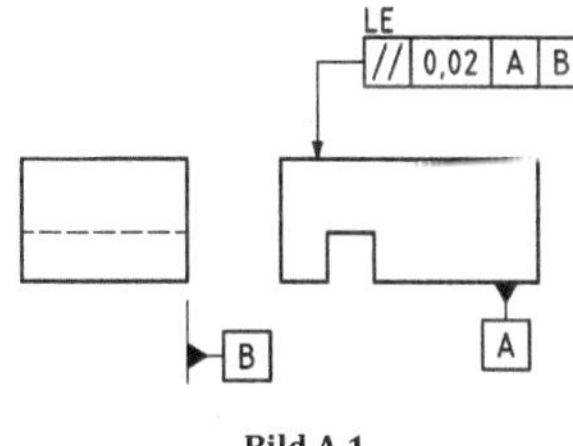

Bild A.1

A.2.3 Bei einer "Rundum"-Spezifikation in 2D kann der Kollektionsebenen-Indikator weggelassen werden, siehe Bild A.2 und stattdessen auf eine Zeichnungsebene zurückgegriffen werden, um die Kollektionsebene zu bestimmen. Diese Praxis wurde geändert, um die Praktiken zwischen 2D und 3D anzupassen. Zur bevorzugten Angabe, siehe Bild 53.

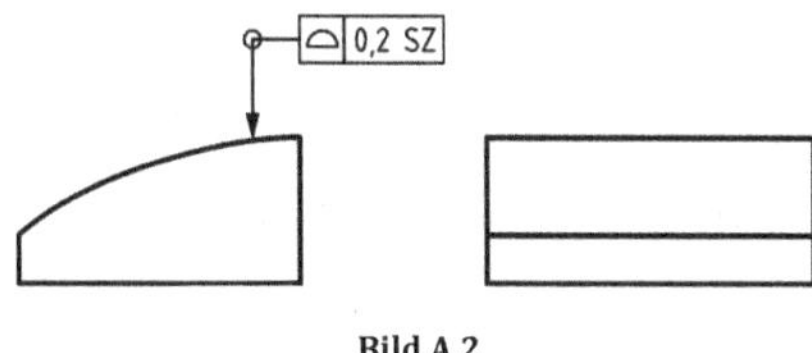

Bild A.2

A.2.4 Bei einer 2D-Spezifikation können Orientierungsebenen-Indikatoren weggelassen werden und stattdessen auf die Richtung der Maßlinie zurückgegriffen werden, um die Richtung der Toleranzzone zu bestimmen, siehe Bild A.3. Diese Praxis wurde geändert, um die Praktiken zwischen 2D und 3D anzupassen. Zur bevorzugten Angabe mit äquivalenter Bedeutung, siehe Bild 152 a).

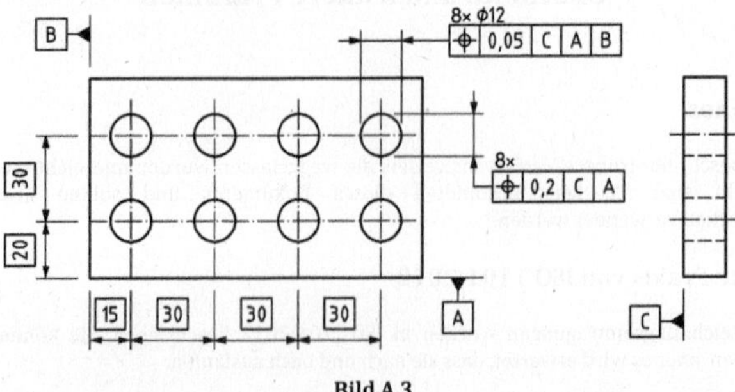

Bild A.3

A.3 Frühere Praxis von ISO 1101:2012

Die folgenden Zeichnungseintragungen wurden in ISO 1101:2012 beschrieben. Ihre Verwendung in der Praxis hat gezeigt, dass ihre Auslegung nicht eindeutig war. Daher sollten diese Zeichnungseintragungen nicht mehr verwendet werden.

A.3.1 Es war früher üblich, das NC-Spezifikationselement zu verwenden, um anzuzeigen, dass das tolerierte Geometrieelement „nicht-konvex" sein sollte, siehe Bild A.4. Dieses Spezifikationselement wird nicht mehr verwendet, weil nicht eindeutig daraus hervorgeht, was exakt ein nicht-konvexes Geometrieelement ist, d. h. wie nahe an der Kante des Geometrieelements eine Ebene dieses Geometrieelement berühren sollte, damit dieses als nicht-konvex gilt. In diesem Dokument gibt es keinen Ersatz für diese Angabe, da es sich um einen qualitativen Begriff handelt. Erforderlichenfalls kann die Angabe in Form einer Anmerkung auf der Zeichnung ergänzt werden.

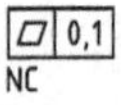

Bild A.4

A.3.2 Es war früher üblich, das „von ... bis"-Symbol „⟶" zu verwenden, um anzugeben, dass der Toleranzwert entlang des tolerierten Geometrieelements variabel war. Weil die Spezifikation ohne das gesonderte „von ... bis"-Symbol nicht eindeutig war, wurde die Praxis geändert, so dass nunmehr in allen Fällen, in denen eine Toleranz entweder für einen eingeschränkten Teil eines Geometrieelements gilt oder der Toleranzwert variabel ist, das „Zwischen"-Symbol „⟷" in Verbindung mit den Buchstaben zur Kennzeichnung von Anfang und Ende des tolerierten Geometrieelements verwendet wird. Zur gegenwärtig verwendeten Angabe, siehe Bild 14.

A.3.3 Es war früher für alle Rotationsflächen üblich, dass die Default-Richtung für Rundheitsspezifikationen rechtwinklig zur assoziierten Achse der Rotationsfläche war, siehe Bild A.5. Das war eine Ausnahme zur allgemeinen Regel, dass geometrische Spezifikationen für integrale Geometrieelemente rechtwinklig zur Fläche gelten. Nun muss stets ein Richtungselement-Indikator angewendet werden, um die Richtung von Rundheitsspezifikationen für Rotationsflächen, die weder zylinderförmig noch kugelförmig sind, anzugeben, wie z. B. für Kegel, siehe Abschnitt 15.

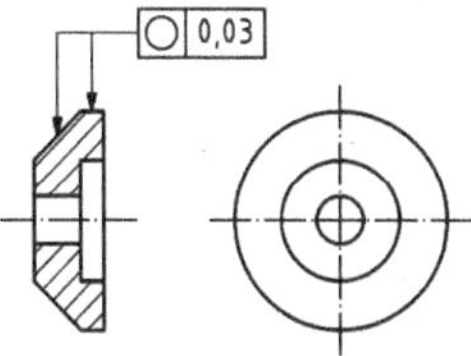

ANMERKUNG Die aktuelle Angabe mit identischer Bedeutung ist in Bild 98 dargestellt.

Bild A.5

A.3.4 In früheren Fassungen dieses Dokuments war es nicht klar, ob eine Spezifikation einer Gruppe von Geometrieelementen, z. B. eine „Rundum"-Toleranz wie in Bild A.6 dargestellt, eine Gruppe von Toleranzzonen erzeugt hat, die für jedes gekennzeichnete Geometrieelement einzeln gelten, wie es in diesem Dokument in 9.1.2, siehe Bild 53, ausdrücklich festgelegt ist, oder ob dadurch eine gemeinsame Zone erzeugt wird, die für alle tolerierten Geometrieelemente gilt, siehe Bild 51. Daher war es früher in einigen Ländern und Unternehmen üblich, eine Spezifikation einer Gruppe von Geometrieelementen, bei der die „Rundum"-Angabe verwendet wurde, als Festlegung einer gemeinsamen Zone auszulegen, die für alle tolerierten Geometrieelemente gilt und diese in Orientierung und Lage zueinander fixiert.

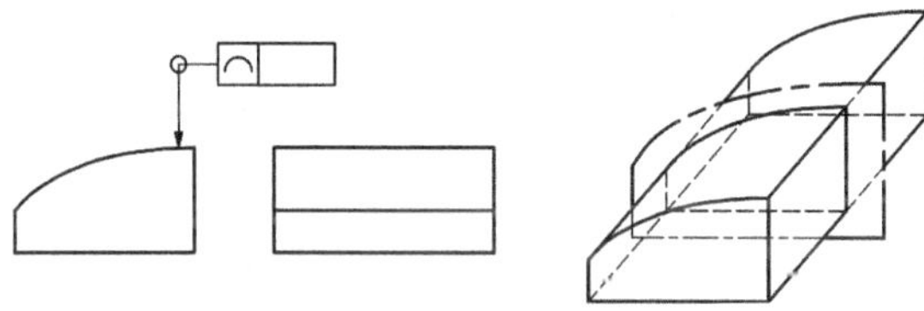

Bild A.6

A.3.5 Es war früher üblich, eine Profilspezifikation so auszulegen, dass sie „von Kante zu Kante" gilt und die Spezifikation so zu betrachten, als würde ein vereinigtes Geometrieelement, UF, angezeigt, selbst wenn das Geometrieelemente-Prinzip verletzt, siehe ISO 8015, und auch wenn nicht eindeutig festgelegt war, was genau eine Kante umfasst, siehe Bild A.7. Zur aktuellen Angabe dieser Bedeutung, siehe Bild 104.

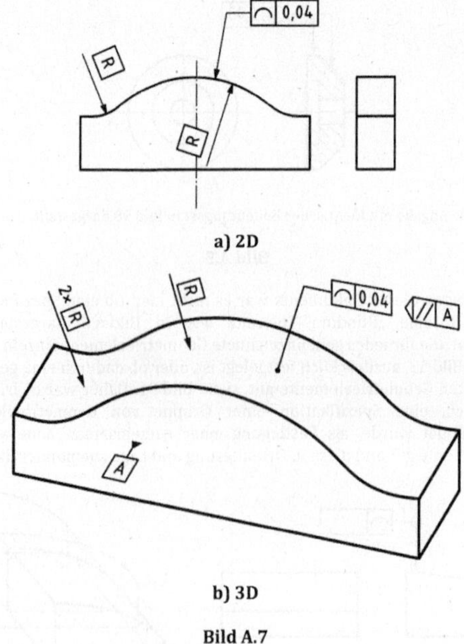

Bild A.7

A.3.6 Es war früher im Falle einer Spezifikation für einen Mittelpunkt oder eine Mittellinie in eine Richtung üblich, dass der Pfeil der Hinweislinie die Richtung der Toleranzzone angegeben hat, in manchen Fällen kombiniert mit einem sekundären Bezug, siehe Bilder A.8 bis A.11.

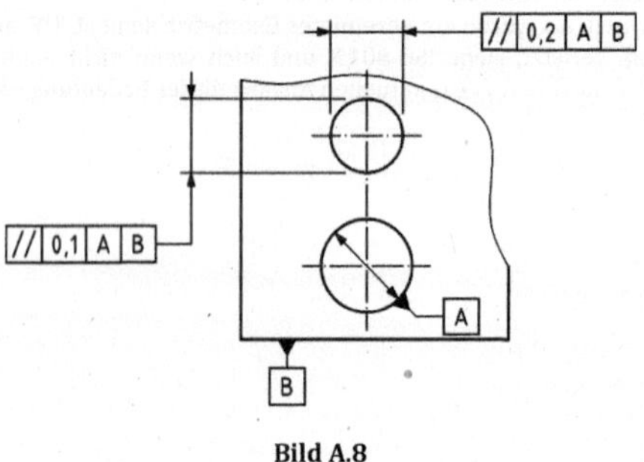

Bild A.8

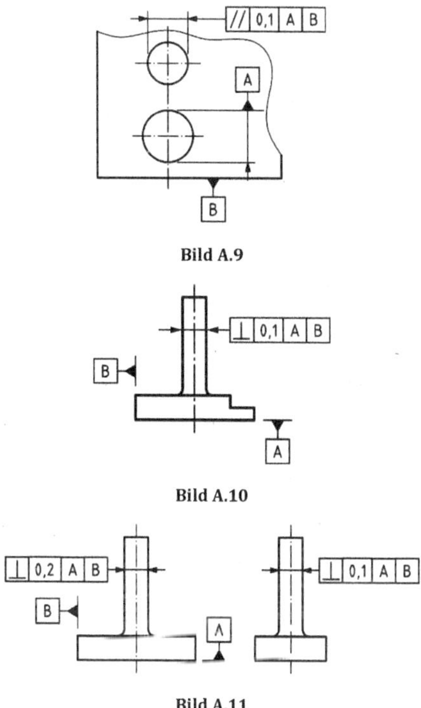

Bild A.9

Bild A.10

Bild A.11

Das ist in 2D-Darstellungen nicht genau und in 3D-Darstellungen nicht eindeutig. Die gegenwärtig verwendete Zeichnungseintragung mit der identischen Bedeutung ist in Bild 116, Bild 114, Bild 130 bzw. Bild 132 dargestellt.

A.3.7 Es war früher üblich, sich z. B. hinsichtlich der Merkmale von Messgeräten, der Abtastungsdichte und von Filtereinstellungen zur Begrenzung der Schwankungen der Ergebnisse bei der Verifikation in Ermangelung expliziter Filterspezifikationen auf die unter Messtechnikern übliche Praxis zu verlassen. Da sich jedoch unterschiedliche Messtechniker unterschiedlich entschieden haben, führte das zu einer Schwankung der Ergebnisse und daher dazu, dass die Spezifikation nicht eindeutig war. Wenn derartige Schwankungen übermäßig stark waren oder die Funktion des Werkstücks beeinflusst haben, wurden üblicherweise Anmerkungen in der Zeichnung gemacht oder Inspektionsanweisungen gegeben, um die Schwankungen zu begrenzen. Dieses Dokument führt Modifikatoren zur Angabe der Filterung ein, siehe 8.2.2.2.1 und Anhänge C und E.

A.3.8 Es war früher üblich, einen Bezug auf einem zylindrischen Teil, wie in Bild A.12 und Bild A.13 dargestellt, anzugeben. Diese Angaben sind nicht eindeutig und sollten vermieden werden. In einigen Ländern und Unternehmen wurde bei Bild A.12 ausgelegt, dass die Bohrung das Bezugselement ist, und bei Bild A.13 wurde interpretiert, dass der Außendurchmesser der Welle als Bezugselement gilt. In anderen Ländern und Unternehmen wurde interpretiert, dass die Mantellinie das Bezugselement ist.

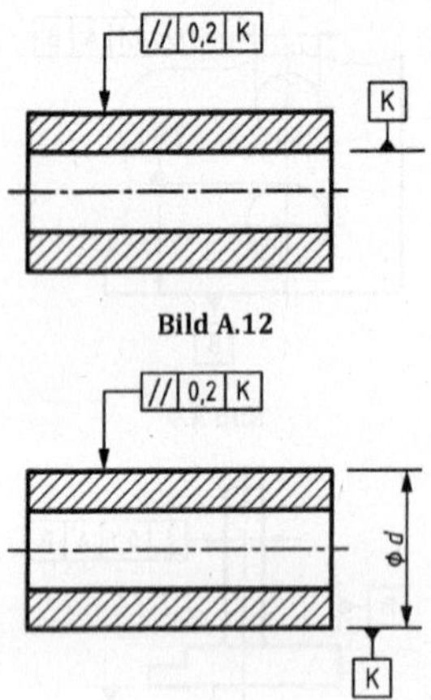

Bild A.12

Bild A.13

Formal betrachtet ist die Syntax der Angaben nicht korrekt. Wenn das zylindrische Geometrieelement als Bezugselement vorgesehen ist, muss der Bezugsindikator an einer Maßlinie ausgerichtet sein. Wenn die Mantellinie als Bezugselement vorgesehen ist, so ist sie als eine Bezugsstelle (Referenzlinie) einzutragen, da das Geometrieelement-Prinzip besagt, dass ein Eintrag sich auf das gesamte identifizierte Geometrieelement bezieht, sofern nichts anderes spezifiziert ist. Zu den aktuellen Regeln zur Angabe von Bezugselementen, siehe ISO 5459.

A.3.9 Es war früher üblich, für eine Spezifikation unter Verwendung des UZ-Spezifikationselements den Versatz in eckigen Klammern mit anzugeben. Diese Praxis hat sich geändert, da die Spezifikation ohne die eckigen Klammern eindeutig ist. Zur gegenwärtig verwendeten Angabe, siehe Bild 22.

A.3.10 Das Symbol für die Spezifikation des Linienprofils wurde in früheren Versionen dieses Dokuments „Profil einer beliebigen Linie" genannt.

Das Symbol für die Spezifikation des Flächenprofils wurde in früheren Versionen dieses Dokuments „Profil einer beliebigen Fläche" genannt.

A.4 Frühere Praxis von ISO 1101:1983

Die folgenden Zeichnungseintragungen wurden in ISO 1101:1983 beschrieben. Ihre Verwendung in der Praxis hat gezeigt, dass ihre Auslegung nicht eindeutig war. Daher sollten diese Zeichnungseintragungen nicht mehr verwendet werden.

A.4.1 Es war früher üblich, den Toleranzindikator durch eine mit einem Pfeil begrenzte Hinweislinie direkt mit der Achse oder Mittelebene (siehe Bild A.14) oder der gemeinsamen Achse oder Mittelebene (siehe die Bilder A.15 und A.16) zu verbinden, wenn sich die Spezifikation auf solche(s) Geometrieelement(e) bezog. Das wurde als alternatives Verfahren für Eintragungen angewendet, wie sie in den Bildern 4, 5 und 6 dargestellt sind.

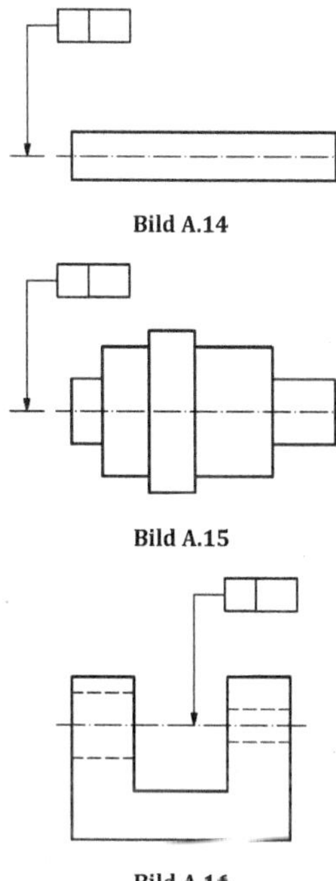

Bild A.14

Bild A.15

Bild A.16

A.4.2 Es war früher üblich, das Bezugsdreieck und den Bezugsbuchstaben direkt mit der Achse oder der Mittelebene oder der gemeinsamen Achse oder Mittelebene (siehe Bild A.17) zu verbinden, wenn sich der Bezug auf solche(s) Geometrieelement(e) bezog. Zu den aktuellen Regeln zur Angabe von Bezugselementen, siehe ISO 5459.

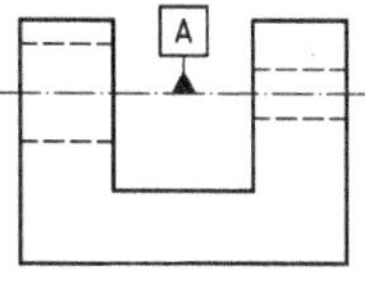

Bild A.17

A.4.3 Es war früher üblich, Bezugsbuchstaben ohne Nennung irgendeiner Rangordnung anzugeben (siehe Bild A.18). Daher war es nicht möglich, klar zwischen dem primären und dem sekundären Bezug zu unterscheiden. Zu den aktuellen Regeln zur Angabe von Bezugselementen, siehe ISO 5459.

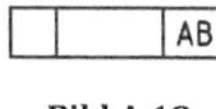

Bild A.18

A.4.4 Die Verbindung des Toleranzindikators direkt mit dem Bezugselement mittels einer Hinweislinie (siehe die Bilder A.19 und A.20) war früher übliche Praxis. Die aktuelle Angabe mit ähnlicher Bedeutung ist in Bild 126 dargestellt. Zu den aktuellen Regeln zur Angabe von Bezugselementen, siehe ISO 5459.

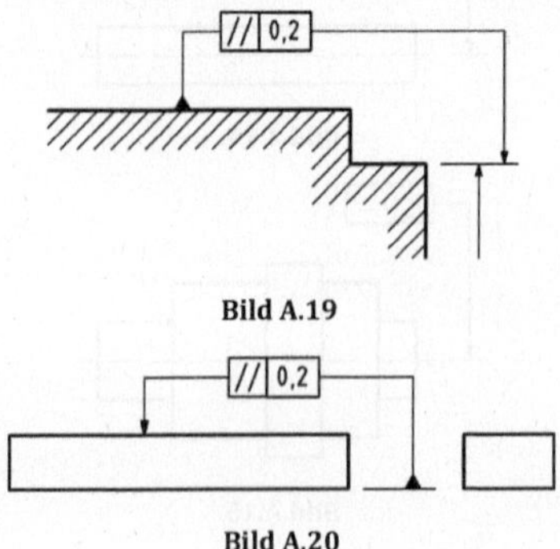

Bild A.19

Bild A.20

A.4.5 Es war früher üblich, die Anforderung an die gemeinsame Toleranzzone durch den Begriff „gemeinsame Zone" nahe am Toleranzindikator einzutragen (siehe Bilder A.21 und A.22). Das wurde als Alternativverfahren zu dem in 8.2.2.1.2 beschriebenen Verfahren angewendet.

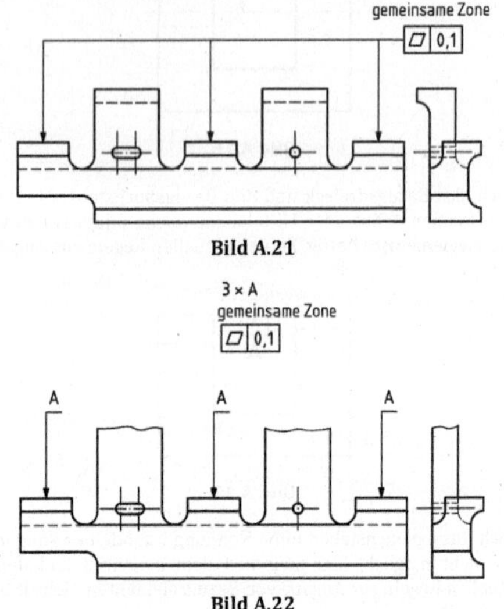

Bild A.21

Bild A.22

Anhang B
(informativ)

Explizite und implizite Regeln für geometrische Toleranzzonen

B.1 Toleranzindikator

Der Toleranzindikator für eine geometrische Spezifikation legt das tolerierte Geometrieelement, das spezifizierte Merkmal sowie die Toleranzzone(n) und die Beziehungen zwischen Toleranzzonen für das (die) tolerierte(n) Geometrieelement(e) und einen Bezug oder ein Bezugssystem fest.

B.2 Toleranzzone

Geometrische Toleranzzonen werden anhand des nominalen Modells festgelegt (theoretisch exakte Geometrie). Toleranzzonen werden durch theoretisch exakte Geometrien begrenzt, die anhand von theoretisch exakten Geometrieelementen (TEFs) definiert werden.

B.3 Theoretisch exaktes Maß (TED)

TEDs existieren ausschließlich im nominalen Modell.

TED können lineare bzw. Längen-TED (Längeneinheit) oder Winkel-TED (Winkeleinheit) sein.

TEDs können nur für die folgenden Zwecke verwendet werden:

— Verbindung von zwei oder mehr Toleranzzonen;

— Verbindung einer oder mehrerer Toleranzzonen mit einem Bezug oder Bezugssystem;

— Definition eines theoretisch exakten Geometrieelements (TEF);

— Verbindung und Orientierung von Bezugsstellen;

— Ort und Ausdehnung eines eingeschränkten tolerierten Geometrieelements;

— Richtung der Weite der Toleranzzone.

Wenn ein Punkt oder eine Linie auf einer Bezugsachse oder Bezugsebene in der Zeichnung angegeben wird, wird ein impliziter linearer TED-Nullpunkt (0) erzeugt.

Wird ein TED-Muster in der Zeichnung angezeigt, so können implizite Winkel-TEDs von Null (0°) und/oder 90° erzeugt werden, siehe ISO 5458.

Implizite Winkel-TEDs von Null (0°) und 90° werden auch für die Beziehung zwischen einer Toleranzzone (vom Typ zwei parallele Ebenen und vom Typ Zylinder) und den Ebenen und Achsen eines Bezugs oder Bezugssystems erzeugt, falls keine anderen TED-Winkel in der Zeichnung angegeben sind und die Spezifikation sich auf diese Bezüge bezieht.

Implizite Winkel-TEDs (360°/Anzahl der Toleranzzonen) werden zwischen Toleranzzonen erzeugt, die in der Zeichnung als gleichmäßig über einen Kreis verteilt angegeben sind.

B.4 Muster

Ein Muster enthält eine oder mehrere Toleranzzonen, die durch TED(s) verbunden sind, siehe ISO 5458.

Die Teile eines Musters müssen eindeutig identifiziert werden (z. B. 4×, usw.).

B.5 Theoretisch exaktes Geometrieelement (TEF)

Die Form des theoretisch exakten Geometrieelements (TEF) für ein toleriertes Geometrieelement wird implizit durch die Zeichnungsansicht(en) oder das CAD-Modell definiert. Die Maße des TEF werden durch implizite und/oder explizite TEDs oder andere Hilfsmittel, z. B. Formeln, Tabellen und Interpolationsalgorithmen, CAD-Daten usw., definiert.

B.6 Beziehungen zwischen theoretisch exakten Geometrieelementen

Beziehungen zwischen zwei oder mehr theoretisch exakten Geometrieelementen werden durch implizite oder explizite TED(s) oder beides festgelegt.

B.7 Beziehung zwischen einem oder mehreren theoretisch exakten Geometrieelement(en) und einem Bezug oder Bezugssystem

Beziehungen zwischen einem oder mehreren theoretisch exakten Geometrieelement(en) und einem Bezug oder einem Bezugssystem werden durch einen oder mehrere implizite und/oder eingetragene TEDs festgelegt.

B.8 Form von Toleranzzonen

Ist das tolerierte Geometrieelement eine (integrale oder abgeleitete) Fläche, so wird die Gestalt der die Toleranzzone begrenzenden Flächen anhand des theoretisch exakten Geometrieelementes (TEF) (integral oder abgeleitet) festgelegt.

Ist das tolerierte Geometrieelement eine integrale Gerade, so ist die Gestalt der Toleranzzone der Raum zwischen zwei parallelen Linien, siehe z. B. die Bilder 90 und 91, oder zwei nicht-parallelen Linien. Letzteres ist der Fall, wenn die Toleranzzone eine variable Weite hat, siehe 7.2.

Ist das tolerierte Geometrieelement ein integraler Kreis, so ist die Gestalt der Toleranzzone der Raum zwischen zwei konzentrischen Kreisen, siehe z. B. die Bilder 98 und 99, zwei parallele Kreise auf einer Kegelfläche oder zwei parallele Kreise mit demselben Durchmesser.

Ist das tolerierte Geometrieelement eine abgeleitete Mittellinie, so ist die Gestalt der Toleranzzone

— der Raum zwischen zwei parallelen Ebenen oder zwei nicht-parallelen Ebenen (z. B. ein Keil, wenn die Toleranzzone eine variable Weite hat, siehe 7.2), falls die Gestalt nicht durch das dem Toleranzwert vorangestellte Symbol ⌀ angegeben und das tolerierte Geometrieelement nominell gerade ist, siehe z. B. die Bilder 112 und 113,

— ein Zylinder oder ein Kegel (wenn die Toleranzzone eine variable Weite hat, siehe 7.2), falls die Gestalt durch das dem Toleranzwert vorangestellte Symbol ⌀ angegeben und das tolerierte Geometrieelement nominell gerade ist, siehe z. B. die Bilder 118 und 119,

— ein nicht gerades kreisförmiges oder kegelförmiges Rohr (wenn die Toleranzzone eine variable Weite hat, siehe 7.2), falls die Gestalt durch das dem Toleranzwert vorangestellte Symbol ⌀ angegeben und das tolerierte Geometrieelement nominell nicht gerade ist, siehe ISO 1660.

Ist das tolerierte Geometrieelement ein abgeleiteter Mittelpunkt einer Kugel, so ist die Gestalt der Toleranzzone

— der Raum zwischen zwei parallelen Ebenen, falls die Gestalt nicht durch das dem Toleranzwert vorangestellte Symbol ⌀ oder S⌀ angegeben ist,

— ein Zylinder, falls die Gestalt durch das dem Toleranzwert vorangestellte Symbol ⌀ angegeben ist, oder

— eine Kugel, falls die Gestalt durch das dem Toleranzwert vorangestellte Symbol S⌀ angegeben ist, siehe z. B. die Bilder 150 und 151.

Ist das tolerierte Geometrieelement ein abgeleiteter Mittelpunkt eines kreisförmigen Querschnitts und die Gestalt ist durch das dem Toleranzwert vorangestellte Symbol ⌀ angegeben, so ist die Gestalt der Toleranzzone ein Kreis, siehe z. B. die Bilder 163 und 164.

ANMERKUNG Ein abgeleiteter Mittelpunkt existiert bei einer Kugel, einem Kreis und einem Torus. Der abgeleitete Mittelpunkt eines Torus kann mit den aktuellen Regeln nicht spezifiziert werden.

B.9 Lage der begrenzenden Flächen einer Toleranzzone in Bezug auf das theoretisch exakte Geometrieelement (TEF)

Ist das tolerierte Geometrieelement eine Fläche (die mit einem Bezug oder Bezugssystem verbunden oder nicht verbunden ist), so werden die begrenzenden Flächen der Toleranzzone als die Hüllflächen von Punkten in einem Abstand von 0,5 × *t* (auf beiden Seiten) zu Punkten auf dem theoretisch exakten Geometrieelement (Fläche) festgelegt, das in diesem Fall das Referenzgeometrieelement ist und wobei *t* die Toleranz ist. Am der Kante des tolerierten Geometrieelements werden die begrenzenden Flächen verlängert in der Annahme, dass die Tangente des tolerierten Geometrieelementes fortgesetzt wird.

Die Default-Richtung des Abstandes 0,5 × *t* ist rechtwinklig zur theoretisch exakten Fläche in jedem Punkt.

Andere Richtungen können durch Orientierungsebenen-Indikatoren kontrolliert werden, siehe Abschnitt 14, oder durch Richtungselemente-Indikatoren, siehe Abschnitt 15.

Bei Diskontinuitätspunkten (Unstetigkeitspunkten) ist die begrenzende Fläche eine Kugel mit SR = 0,5 × *t*, die die begrenzenden Flächen verbindet, wobei *t* die Toleranz ist.

ANMERKUNG Die Toleranzzone kann durch einen oder mehrere TEDs auf ein TEF, ein Muster oder einen Bezug bzw. ein Bezugssystem bezogen werden.

B.10 Regeln für die Symbole geometrischer Merkmale

B.10.1 Toleriertes Geometrieelement

Das tolerierte Geometrieelement ist defaultmäßig ein einzelnes vollständiges Geometrieelement.

Ein nominell komplexes Geometrieelement kann bestehen aus:

— einer Gruppe von Teilen von Ebenen, Zylindern, Kugeln, Kegeln oder Ringflächen, oder aus einer Kombination von diesen;

— einer Gruppe von Teilen von geraden Linien oder Kreisen.

Für die Spezifizierung eines Geometrieelements als ein kontinuierliches Geometrieelement Die Angabe eines eingeschränkten Geometrieelements, eines vereinigten Geometrieelements oder einer kombinierten Zone kann Für die Spezifizierung eines Geometrieelements als ein kontinuierliches Geometrieelement verwendet werden. Ohne eine solche Angabe ist das tolerierte Geometrieelement:

— ein einzeln betrachteter Teil dieses komplexen Geometrieelements, durch die Hinweislinie identifiziert;

— eine Gruppe von Geometrieelementen, identifiziert durch die Hinweislinie(n), einen „Rundum"-Modifikator oder einen Modifikator „rundherum", die aber einzeln berücksichtigt werden..

B.10.2 Form-Spezifikation

Falls in einer *Form*-Spezifikation das Symbol eines der folgenden geometrischen Merkmale verwendet wird:

— Ebenheit, Zylindrizität:

  — Die Form des nominalen tolerierten Geometrieelements wird explizit angegeben.

  — Die flächige Beschaffenheit des nominalen tolerierten Geometrieelements wird explizit angegeben.

— Geradheit, Rundheit:

  — Die Form des nominalen tolerierten Geometrieelements wird explizit angegeben.

  — Die lineare Beschaffenheit des nominalen tolerierten Geometrieelements wird explizit angegeben.

— Flächenprofil:

  — Die Form des nominalen tolerierten Geometrieelements wird explizit durch vollständige Angaben in der Zeichnung oder an Hand des CAD-Modells angegeben, siehe ISO 16792.

  — Die flächige Beschaffenheit des nominalen tolerierten Geometrieelements wird explizit angegeben.

— Linienprofil:

  — Die Form des nominalen tolerierten Geometrieelements wird explizit durch vollständige Angaben in der Zeichnung oder an Hand des CAD-Modells angegeben, siehe ISO 16792.

  — Die lineare Beschaffenheit des nominalen tolerierten Geometrieelements wird explizit angegeben.

B.10.3 Richtungsspezifikationen

Falls in einer *Richtungs*-Spezifikation das Symbol eines der folgenden geometrischen Merkmale verwendet wird:

— Parallelität, Rechtwinkligkeit:

  — Die Form des nominalen tolerierten Geometrieelements ist eine Gerade oder eine Ebene.

  — Falls beide möglich sind, ist das tolerierte Geometrieelement defaultmäßig die Ebene, es sei denn, es ist ein Schnittebenen-Indikator angegeben.

  — Die TED-Winkel sind zwischen dem nominalen tolerierten Geometrieelement und dem Bezug oder Bezugssystem implizit als 0° für die Parallelität und 90° für die Rechtwinkligkeit definiert.

— Neigung:

  — Die Form des nominalen tolerierten Geometrieelements ist eine Gerade oder eine Ebene.

  — Falls beide möglich sind, ist das tolerierte Geometrieelement defaultmäßig die Ebene, es sei denn, es ist ein Schnittebenen-Indikator angegeben.

  — Mindestens ein expliziter TED-Winkel muss zwischen dem nominalen tolerierten Geometrieelement und dem Bezug oder Bezugssystem definiert werden.

— Flächenprofil oder Linienprofil:

  — Die Form des nominalen tolerierten Geometrieelements wird explizit durch vollständige Angaben in der Zeichnung oder an Hand des CAD-Modells angegeben, siehe ISO 16792.

  — Die Beschaffenheit des tolerierten Geometrieelements (linear oder flächig) wird durch das entsprechende Symbol explizit angegeben.

  — Der Modifikator >< muss in das zweite Feld des Toleranzindikators gesetzt oder jeder Bezugsangabe im Toleranzindikator nachgestellt werden, um anzuzeigen, dass die Spezifikation richtungsbezogen ist. Die Winkel zwischen dem nominalen tolerierten Geometrieelement und den Bezügen sind als TEDs anzugeben.

B.10.4 Ortsspezifikationen

Falls in einer Spezifikation des *Ortes* das Symbol eines der folgenden geometrischen Merkmale verwendet wird:

— Position:

  — Das tolerierte Geometrieelement ist ein integrales oder abgeleitetes Geometrieelement;

  — Die Form des nominalen tolerierten Geometrieelements ist ein Punkt, eine Gerade oder eine Ebene, falls das tolerierte Geometrieelement ein integrales Geometrieelement ist.

  — Die Form des nominalen tolerierten Geometrieelements ist ein Punkt, eine Linie (gerade oder ungerade) oder eine Fläche (eben oder uneben), falls das tolerierte Geometrieelement ein abgeleitetes Geometrieelement ist.

  — Falls mehr als eines möglich ist, ist das tolerierte Geometrieelement defaultmäßig die Fläche, es sei denn, es ist ein Schnittebenen-Indikator angegeben.

  — Die Winkel- und Längenmaße müssen zwischen dem tolerierten Geometrieelement und dem Bezug oder Bezugssystem von TEDs definiert werden. Diese TEDs werden explizit oder implizit durch Zeichnungseintragungen definiert.

— Koaxialität/Konzentrizität:

  — Das tolerierte Geometrieelement ist ein abgeleitetes Geometrieelement, bei dem es sich nominell um eine Gerade (Mittellinie) oder einen Punkt (Mittelpunkt) handelt.

  — Falls beide möglich sind, ist das tolerierte Geometrieelement defaultmäßig die Linie, es sei denn, es ist ein ACS-Modifikator (für jeder beliebige Querschnitt) angegeben.

  — Die Winkel- und Längenmaße sind zwischen dem tolerierten Geometrieelement und dem Bezug oder Bezugssystem immer 0° und 0 mm.

— Symmetrie:

  — Das tolerierte Geometrieelement ist ein integrales oder abgeleitetes Geometrieelement.

  — Die Form des nominalen tolerierten Geometrieelements ist ein Punkt, eine Gerade oder eine Ebene, falls das tolerierte Geometrieelement ein integrales Geometrieelement ist.

  — Die Form des nominalen tolerierten Geometrieelements ist ein Punkt, eine Gerade oder eine Ebene, wenn das tolerierte Geometrieelement ein abgeleitetes Geometrieelement ist.

  — Falls beide möglich sind, ist das tolerierte Geometrieelement defaultmäßig die Fläche, es sei denn, es ist ein Schnittebenen-Indikator angegeben.

  — Die Winkel- und Längenmaße sind zwischen dem tolerierten Geometrieelement und dem Bezug oder Bezugssystem immer 0° und 0 mm.

— Flächenprofil oder Linienprofil:

 — Diese Spezifikation ist nur dann eine Orts-Spezifikation, wenn der Toleranzindikator mindestens einen Bezug referenziert, der einen linearen Abstand fixieren kann, und wenn im zweiten Feld kein „"><"-Modifikator angegeben ist. Anderenfalls ist diese Spezifikation eine Form oder Richtungsspezifikation (siehe B.10.2 und B.10.3).

 — Die Form des nominalen tolerierten Geometrieelements wird explizit durch vollständige Angaben in der Zeichnung oder an Hand des CAD-Modells explizit angegeben, siehe ISO 16792.

 — Die Beschaffenheit des nominalen tolerierten Geometrieelements (linear oder flächig) wird durch das entsprechende Symbol explizit angegeben.

 — Die Winkel- und Längenmaße müssen zwischen dem tolerierten Geometrieelement und dem Bezug oder Bezugssystem von TEDs definiert werden. Diese TEDs werden explizit oder implizit definiert. Es müssen alle möglichen linearen Abstände zwischen dem nominalen tolerierten Geometrieelement und einem Bezug berücksichtigt werden, der in der betreffenden Toleranz angegeben ist, es sei denn, dem betrachteten Bezug ist der Modifikator >< nachgestellt.

B.10.5 Schnittebenen

Falls das Symbol für das geometrische Merkmal anzeigt, dass das nominale tolerierte Geometrieelement seinem Wesen nach eine Linie ist, wird zur Festlegung des tolerierten Geometrieelements eine implizite oder explizite Schnittebene verwendet, anderenfalls wird der Spezifikation ein Schnittebenen-Indikator hinzugefügt.

In den folgenden Fällen wird es implizit definiert:

— Geradheit der Mantellinie eines Kegels oder Zylinders: Die Schnittebene ist eine Ebene, die durch die aus dem extrahierten integralen Geometrieelement ermittelte Achse des assoziierten Geometrieelements verläuft (Symmetrieebene von der Achse aus);

— Rundheit einer Kugel oder eines Zylinders: Die Schnittebene ist eine Ebene senkrecht zu dem abgeleiteten Geometrieelement, das anhand des extrahierten integralen Geometrieelementes festgelegt wurde, wenn es sich bei dem abgeleiteten Geometrieelement um eine Achse handelt, oder eine das abgeleitete Geometrieelement einschließende Ebene, wenn das abgeleitete Geometrieelement ein Punkt ist.

In anderen Fällen muss die Schnittebene explizit definiert werden.

B.10.6 Beliebiger Querschnitt

Ist der ACS-Modifikator neben dem Toleranzindikator angegeben, so werden das tolerierte Geometrieelement und der maßgebende Bezug in jedem Querschnitt unabhängig definiert. Die das tolerierte Geometrieelement definierende Schnittebene ist als Ebene senkrecht zum Medianelement des assoziierten Geometrieelements definiert, das anhand der extrahierten integralen Fläche festgelegt wird.

ANMERKUNG Der ACS-Modifikator kann nur verwendet werden, wenn das abgeleitete Geometrieelement des tolerierten Geometrieelements eine Linie ist.

Anhang C
(informativ)

Filter

C.1 Filtersymbole

Tabelle C.1 — Filtersymbole

Symbol	Kennzeichnung(en)	Name	ISO-Dokument(e)
G	FALG, FPLG	Gauß	ISO 16610-21, ISO 16610-61
S	FALS, FPLS	Spline	ISO 16610-22, ISO/TS 16610-62[a]
SW	FALPSW, FPLPSW	Spline Wavelet	ISO 16610-29, ISO/TS 16610-69[a]
CW	FALPCW, FPLPCW	Complex Wavelet	ISO 16610-29, ISO/TS 16610-69[a]
RG	FARG, FPRG[N2)]	Robust Gauß	ISO/TS 16610-31, ISO 16610-71
RS	FARS, FPRS	Robust Spline	ISO/TS 16610-32, ISO/TS 16610-72[a]
OB	FAMOB	Opening, Kugel	ISO/TS 16610-81[a]
OH	FAMOH, FPMOH	Opening, Horizontales Segment	ISO 16610-41, ISO/TS 16610-81[a]
OD	FPMOD	Opening, Kreisscheibe	ISO 16610-41
CB	FAMCB	Closing, Kugel	ISO/TS 16610-81[a]
CH	FAMCH, FPMCH	Closing, horizontales Segment	ISO 16610-41, ISO/TS 16610-81[a]
CD	FPMCD	Closing, Kreisscheibe	ISO 16610-41
AB	FAMAB	alternierende Kugel	ISO/TS 16610-89[a]
AH	FAMAH, FPMAH	alternierendes horizontales Segment	ISO 16610-49
AD	FPMAD	alternierende Kreisscheibe	ISO 16610-49
F		Fourier (Harmonische)	N/A
H		Hülle	N/A
[a] In Entwicklung.			

N2) Nationale Fußnote: Falsche Abkürzung in ISO 1101:2017 wurde in der Deutschen Fassung korrigiert.

C.2 Nesting-Indizes

Tabelle C.2 — Nesting-Indizes

Symbol	Name	Nesting-Index
G	Gauß	Grenzwellenlänge (cut-off) Grenzwellenzahl (cut-off)
S	Spline	Grenzwellenlänge (cut off) Grenzwellenzahl (cut-off)
SW	Spline Wavelet	Grenzwellenlänge (cut-off) Grenzwellenzahl (cut-off)
CW	Complex Wavelet	Grenzwellenlänge (cut-off) Grenzwellenzahl (cut-off)
RG	robust Gauß	Grenzwellenlänge (cut-off) Grenzwellenzahl (cut-off)
RS	robust Spline	Grenzwellenlänge (cut-off) Grenzwellenzahl (cut-off)
OB	Opening, Kugel	Kugelradius
OH	Opening, horizontales Segment	Segmentlänge
OD	Opening, Kreisscheibe	Kreisscheibenradius
CB	Closing, Kugel	Kugelradius
CH	Closing, horizontales Segment	Segmentlänge
CD	Closing, Kreisscheibe	Kreisscheibenradius
AB	alternierende Reihe, Kugel	Kugelradius
AH	alternierendes horizontales Segment	Segmentlänge
AD	alternierende Kreisscheibe	Kreisscheibenradius
F	Fourier	Wellenlänge Wellenzahl je Umdrehung
H	Hülle	H0 gibt die konvexe Hülle an

ANMERKUNG Die Grenzwellenlänge gilt für Filter für offene Profile, während die Grenzwellenzahl (Wellenzahl je Umdrehung – engl.: UPR-undulations per revolution) für Filter für geschlossene Profile gilt.

C.3 Filterung in GPS

Die Filterung wurde immer schon bei Messungen der Oberflächenbeschaffenheit angewendet und in diesem Anwendungsgebiet mindestens seit der Veröffentlichung von ISO 3274:1975 genormt. Die Parameter der Oberflächenbeschaffenheit hängen in hohem Maße vom verwendeten Filter ab, und es ist allgemein bekannt, dass die Filterung festgelegt werden muss, um die Oberflächenbeschaffenheit sinnvoll kontrollieren zu können. Gegenwärtig sind die Default-Regeln für Filter für den Fall, dass die Spezifikation keine ausdrücklichen Filtereinstellungsanforderungen enthält, in ISO 4288:1996 festgelegt.

Es ist gleichermaßen bekannt, dass sich die gemessenen Formabweichungen in signifikantem Maße ändern, wenn unterschiedliche Filter und cut-off-Werte verwendet werden. Besonders gut erforscht ist dies für die Rundheit und Geradheit, weil Messgeräte, die in der Lage sind, graphische Darstellungen des gemessenen Profils mit unteschiedlichen Filtereinstellungen zu erstellen, in diesen Bereichen bereits seit Jahrzehnten zur Verfügung stehen.

Als im Jahre 2003 ISO 12180, ISO 12181, ISO 12780 und ISO 12781 („die Formnormen“) als Technische Spezifikationen veröffentlicht wurden, waren sie die ersten GPS-Dokumente der ISO, die nicht ausschließlich als Messnormen verstanden wurden, die die Auswirkungen der Filterung im Zusammenhang mit der Art der Spezifikation erörterten, die Gegenstand des Anwendungsbereichs des vorliegenden Dokuments ist.

Zu dieser Zeit gab es erhebliche Diskussionen in dem Versuch, zu einem Einvernehmen zu gelangen, welches die Default-Filtereinstellungen für die Form sein sollten. Die Unterschiede in der grundsätzlichen Herangehensweise der einzelnen Interessengruppen waren jedoch zu groß, um zu einer Übereinkunft gelangen zu können, welche die notwendige Stimmenmehrheit auf sich hätte vereinigen können. Das ist der Grund, warum es in den Form-Normen keine Defaults gibt und warum diese zunächst als Technische Spezifikationen und nicht als Internationale Normen veröffentlicht wurden.

Eines der Ziele dieser Ausgabe des vorliegenden Dokuments ist, Hilfsmittel für die Angabe von eindeutigen Filterinformationen in geometrischen Anforderungen zur Verfügung zu stellen und die Anwender der GPS-Normen in die Lage zu versetzen, Nutzen aus den 2003 in den Form-Normen erstmals festgelegten Werkzeugen ziehen zu können.

Obgleich es von großem Vorteil wäre, Regeln für Filter-Defaults in das vorliegende Dokument aufzunehmen, ist anzunehmen, dass es heute nicht einfacher sein wird, zu einem Einvernehmen zu gelangen, als dies 2003 der Fall war. Es wird daher anerkannt, dass das vorliegende Dokument viele wertvolle Werkzeuge enthält, deren Einsatz sich verzögern würde, falls vor ihrer Veröffentlichung versucht werden würde, zu einem Konsens zu gelangen.

Entsprechend wird dieses Dokument ohne Defaults für die Filterung veröffentlicht. Auf diese Weise werden die Interessengruppen in die Lage versetzt, Nutzen aus den zur Verfügung gestellten Werkzeugen zu ziehen und Erfahrung mit deren Anwendung zu sammeln. Es steht zu hoffen, dass dies zu einer Übereinkunft für Filter-Defaults führt, die dann in eine spätere Ausgabe dieses Dokuments aufgenommen werden können. Für die Zeit bis dahin werden die Werkzeuge zur Verfügung gestellt, um Zeichnungs-Defaults für die Filterung und Assoziation auf einfache Art und Weise angeben zu können, siehe 8.6.

Anhang D
(normativ)

ISO spezielle Modifikatoren für Form

Tabelle D.1 — Assoziationssymbole

Symbol	Assoziation
C	Minimax (Tschebyschew)
G	Kleinste-Quadrate (Gauß)
X	größtes einbeschriebenes[a]
N	kleinstes umschriebenes[a]
E	eingeschränkt außerhalb des Materials
I	eingeschränkt innerhalb des Materials

[a] Gilt nur für kugelförmige und zylinderförmige Geometrieelemente für Form und Größenmaßelemente für Bezüge.

Tabelle D.2 — Parametersymbole

Symbol	Parameter
P	Referenz zur Spitze
V	Referenz zum Tal
T	Spitze zum Tal
Q	Effektivwert bzw. quadratischer Mittelwert (RMS)

Anhang E
(informativ)

Filter-Details

E.1 Einleitung zu Filtern

Unterschiedliche Funktionen von Werkstücken wirken auf verschiedene Weise auf die Oberfläche des Werkstücks ein. Einige Funktionen können von den feinsten Details in der Oberfläche abhängen, während andere wiederum nur von der allgemeinen Form der Oberfläche abhängig sind. Filter werden dazu verwendet, die Details eines Geometrieelements zu einem gewissen Grad zu vernachlässigen, wodurch es ermöglicht wird, dass die Spezifikation die Anforderungen an die übrigen Oberflächendetails besser festlegen kann. Unterschiedliche Filter blenden unterschiedliche Arten von Details aus und können dazu verwendet werden, verschiedene Funktionen mit der Spezifikation besser anzugeben. Einige Filter zielen darauf ab, die Extremwerte der Oberfläche außer Acht zu lassen und konzentrieren sich auf das mittlere Oberflächenniveau, während andere Filter sich entweder auf die höchsten Spitzen oder tiefsten Täler in der Oberfläche fokussieren. Es hängt vollkommen von der Funktion der Oberfläche ab, welches Filter die funktionellen Bedürfnisse der Oberfläche am besten beschreibt.

Bild E.1 zeigt ein ungefiltertes Profil, d. h. eine Linie in einer Oberfläche. Das Profil ist 50 mm lang und hat einen Gesamthöhenbereich von etwas mehr als 40 µm. Die vertikale Skala in Bild E.1 bis Bild E.8 wurde im Vergleich zur horizontalen Skala vergrößert, damit die Höhenschwankungen sichtbar werden. Dadurch entsteht ein verzerrtes Bild des Profils, das es unebener erscheinen lässt als es tatsächlich ist. Nachfolgend werden Profile zur Veranschaulichung der Wirkung von Filtern verwendet. Filter können auch für flächige Geometrieelemente verwendet werden, d. h. Ebenen, Zylinder usw., zur Vereinfachung der Abbildungen werden hier jedoch Profile verwendet.

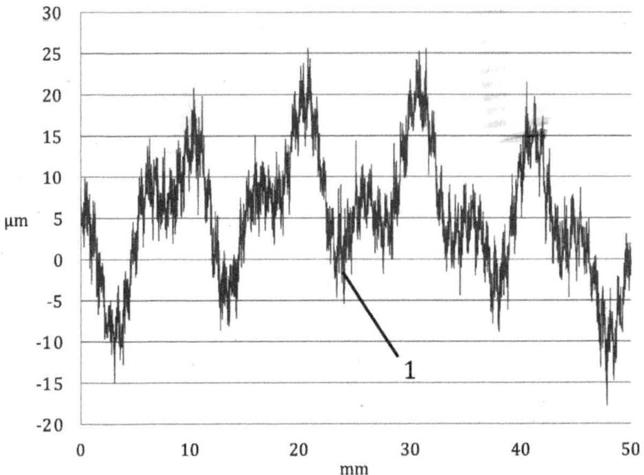

Legende

1 ungefiltertes Profil

Bild E.1 — Ungefiltertes Flächenprofil

Gauß-, Spline- und Wavelet-Filter funktionieren alle grundsätzlich auf die gleiche Art und Weise. Sie spalten das Profil in einen kurzwelligen und einen langwelligen Anteil auf und lassen dabei entweder den einen oder den anderen Anteil unberücksichtigt. Für die Anwendung dieses Dokuments ist die häufigste Situation ein Langpassfilter, der den kurzwelligen Anteil des Profils außer Acht lässt. Der Nesting-Index gibt den Übergangspunkt im Filter an, der festlegt, was durch das Filter unberücksichtigt bleibt, und was es zurückhält. In Bild E.2 ist dasselbe Profil wie in Bild E.1 dargestellt, jedoch nach der Anwendung eines Langpass-Gauß-Filters.

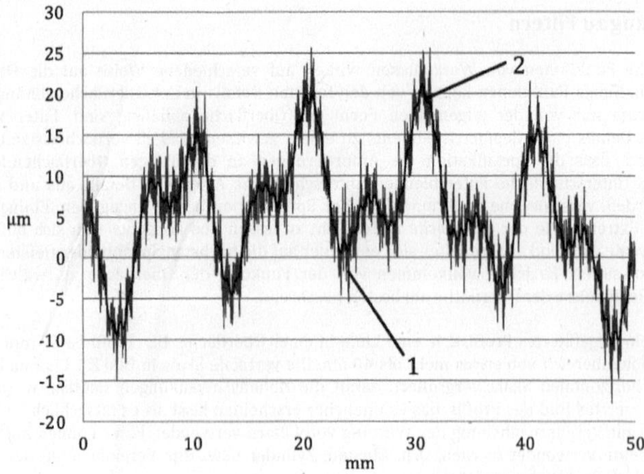

a) 0,8 mm-Langpass-Gauß-Filter

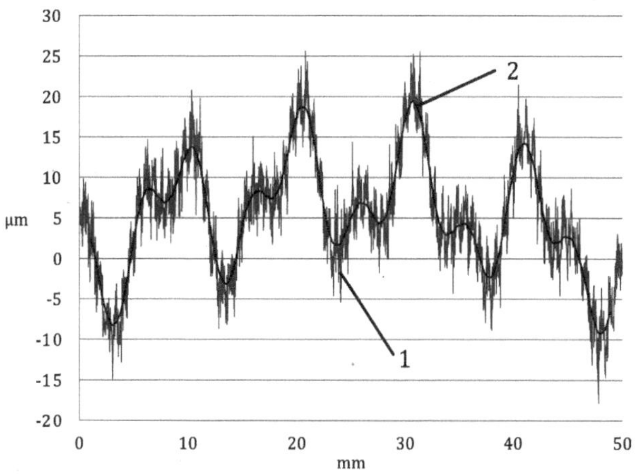

b) 2,5 mm-Langpass-Gauß-Filter

Legende

1 ungefiltertes Profil (grau)

2 gefiltertes Profil (schwarz)

Bild E.2 — Mit einem Gauß-Filter gefiltertes Flächenprofil

In dem gefilterten Profil in Bild E.2 a) sind mehr Details enthalten als in dem gefilterten Profil in Bild E.2 b), wobei jedoch die allgemeine Form des gefilterten Profils und die Amplitude der Abweichungen in beiden Bildern ähnlich sind. Die unterschiedliche Grenzwellenlänge von 0,8 mm und 2,5 mm macht für dieses spezielle Profil keinen wesentlichen Unterschied, beide haben einen Gesamthöhenbereich von etwa 30 µm. Außerdem ist aus Bild E.2 ersichtlich, dass Gauß-Filter wie auch Spline- und Wavelet-Filter ein gefiltertes Profil erzeugen, dass sich in der Mitte des ungefilterten Profils befindet.

Bild E.3 zeigt dasselbe Profil wie in Bild E.1 nach Anwendung eines Closing-Filters mit einer Kreisscheibe, deren Radius 0,5 mm beträgt, als strukturierendem Geometrieelement. Ein Kugel-Closing-Filter simuliert das Rollen einer Kugel eines bestimmten Durchmessers über die Oberfläche. Die Kugel berührt alle höchsten Spitzen in der Oberfläche, kann jedoch nicht in die tiefsten Täler vordringen, wodurch diese aus dem Profil herausgefiltert werden.

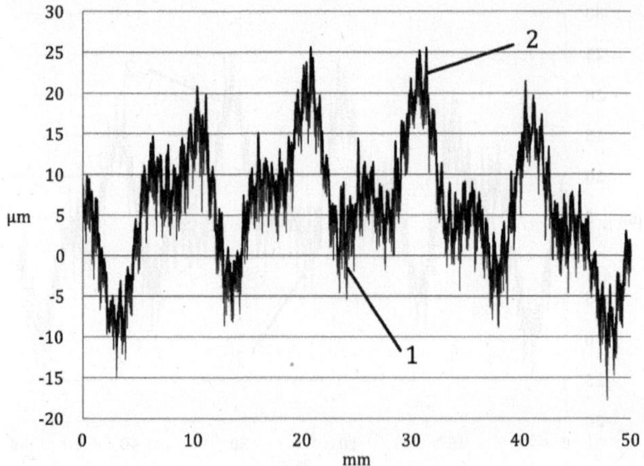

Legende

1 ungefiltertes Profil (grau)

2 gefiltertes Profil (schwarz)

Bild E.3 — Mit einem Kugel-Closing-Filter gefiltertes Flächenprofil

Das Kugel-Closing-Filter ist ebenfalls ein Langpassfilter, welches das kurzwellige Detail des Profils zu einem gewissen Teil ausblendet. In diesem Fall hat das sich daraus ergebende gefilterte Profil einen Gesamthöhenbereich von etwa 35 µm, aber im Gegensatz zum Gauß-Filter werden die höchsten Spitzen in der Oberfläche beibehalten. Das ist von Nutzen, wenn die Funktion von der Lage dieser Spitzen abhängt.

Bild E.4 zeigt dasselbe Profil wie in Bild E.1 nach Anwendung eines Konvexe-Hülle-Filters. Das Konvexe-Hülle-Filter entspricht dem Ziehen eines Stücks Gummi über die Oberfläche. Es behält die höchsten Spitzen im Profil bei und verbindet sie mit Geraden (für Profile, dreieckige Facetten für Oberflächen).

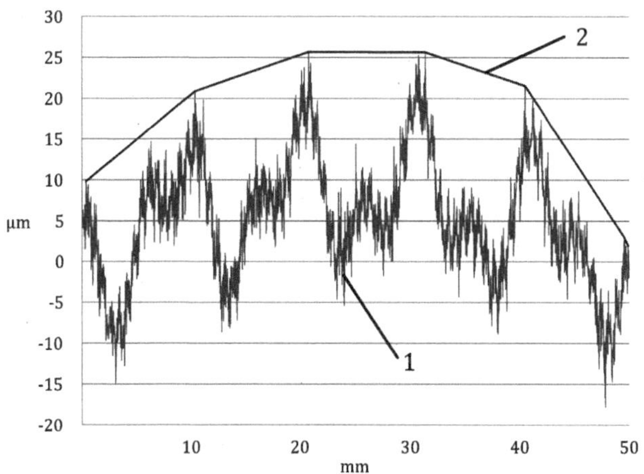

Legende

1 ungefiltertes Profil

2 gefiltertes Profil

Bild E.4 — Mit einem Konvexe-Hülle-Filter gefiltertes Flächenprofil

Das Konvexhüllen-Filter ist ein Langpassfilter. Es entfernt fast alle Details im Profil und betrachtet nur die höchsten Spitzen. In diesem Fall hat das sich daraus ergebende gefilterte Profil ebenfalls einen Gesamthöhenbereich von etwa 25 µm.

Bild E.5 zeigt ein anderes Flächenprofil. Wie das Profil in Bild E.1 ist es 50 mm lang und hat einen Gesamthöhenbereich von etwas mehr als 40 µm, die Struktur der Oberfläche ist jedoch anders.

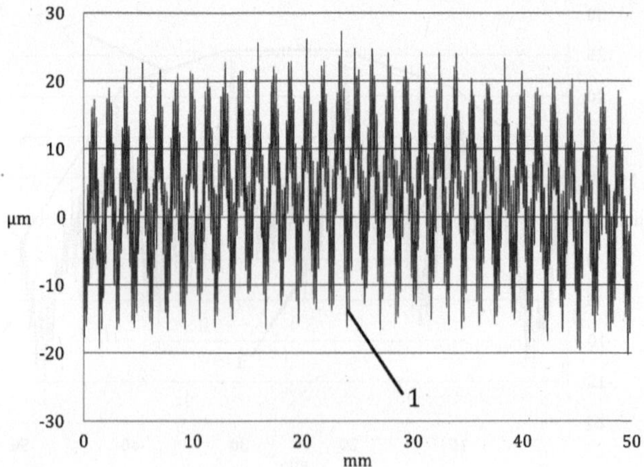

Legende

1 ungefiltertes Profil

Bild E.5 — Ungefiltertes Flächenprofil

Ohne Filterung würden die Profile in Bild E.1 und E.5 bei denselben Spezifikationen bestehen und bei denselben Spezifikationen durchfallen.

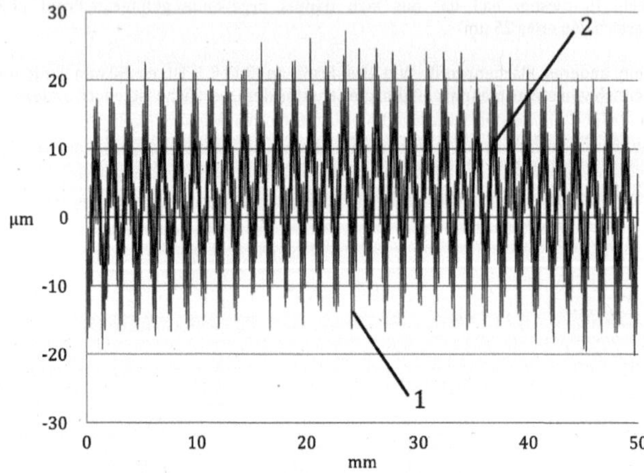

a) 0,8-mm-Langpass-Gauß-Filter

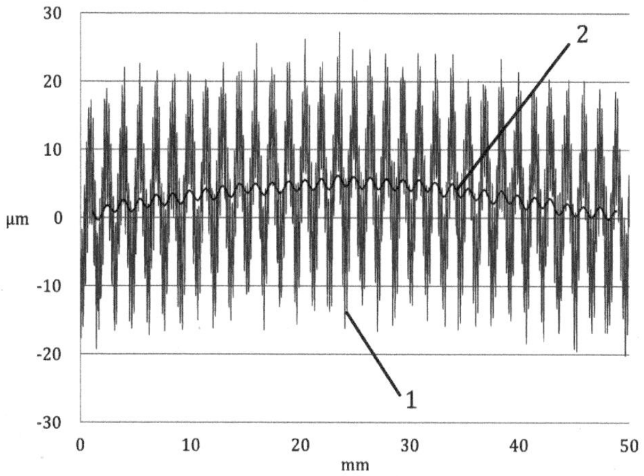

b) 2,5-mm-Langpass-Gauß-Filter

Legende

1 ungefiltertes Profil (grau)

2 gefiltertes Profil (schwarz)

Bild E.6 — Mit einem Gauß-Filter gefiltertes Flächenprofil

Wieder weist das gefilterte Profil in Bild E.6 a) mit der kürzeren Grenzwellenlänge mehr Details auf als das gefilterte Profil in Bild E.6 b), wobei sich jedoch in diesem Fall die Höhenbereiche beträchtlich unterscheiden. Das gefilterte Profil in Bild E.6 a) hat einen Höhenbereich von etwa 20 µm, während das Profil in Bild E.6 b) einen Höhenbereich von etwa 5 µm aufweist. Wenn also das Profil in Bild E.5 funktionell akzeptabel ist, das Profil in Bild E.1 dagegen nicht, ist ein Gauß-Filter mit einer Grenzwellenlänge von 2,5 mm zur Unterscheidung der beiden geeignet, während ein Gauß-Filter mit einer Grenzwellenlänge von 0,8 mm nur einen marginalen Unterschied zwischen den beiden Profilen zeigen kann.

Bild E.7 zeigt dasselbe Profil wie in Bild E.5 nach Anwendung eines Closing-Filters mit einer Kreisscheibe von 0,5 mm Radius als strukturierendem Geometrieelement.

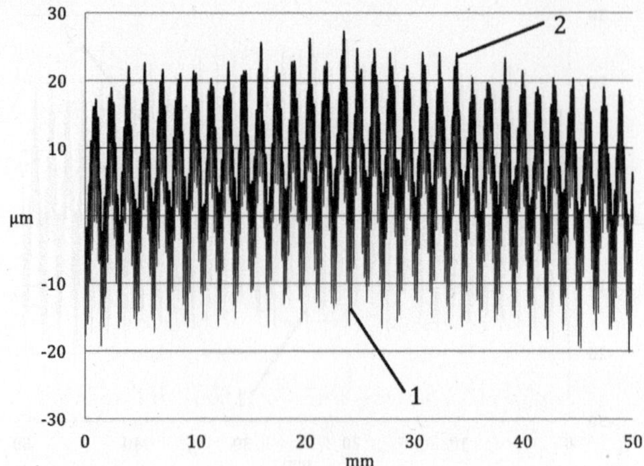

Legende

1 ungefiltertes Profil (grau)

2 gefiltertes Profil (schwarz)

Bild E.7 — Mit einem Kugel-Closing-Filter gefiltertes Flächenprofil

Das sich ergebende gefilterte Profil hat auch einen Gesamthöhenbereich von etwa 35 µm, weshalb das Kugel-Closing-Filter mit einer Kugel von 1 mm Durchmesser die beiden Profile nicht voneinander unterscheiden kann. Die Verwendung einer Kugel mit einem größeren Durchmesser als strukturierendem Geometrieelement hätte einen Unterschied gemacht. Also wäre ein Kugel-Closing-Filter mit einem größeren strukturierenden Geometrieelement geeignet, wenn die Funktion von der Lage der Spitzen abhängt, und das Profil in Bild E.1 ist nicht akzeptabel, sondern das Profil in Bild E.5, vorausgesetzt, die Spitzen sind in der korrekten Lage.

Bild E.8 zeigt dasselbe Profil wie in Bild E.5 nach Anwendung eines Konvexe-Hülle-Filters.

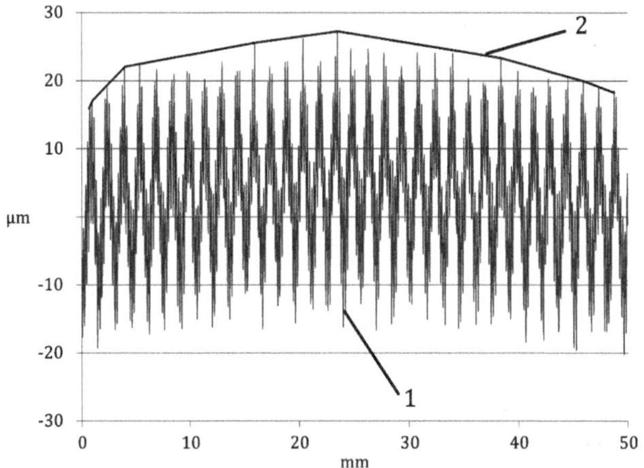

Legende

1 ungefiltertes Profil

2 gefiltertes Profil

Bild E.8 — Mit einem Konvexe-Hülle-Filter gefiltertes Flächenprofil

In diesem Fall hat das sich ergebende gefilterte Profil einen Gesamthöhenbereich von etwa 10 µm, daher kann das Konvexe-Hülle-Filter die beiden Profile auch voneinander unterscheiden. Deshalb wäre ein Konvexe-Hülle-Filter geeignet, wenn die Funktion vom Ort der Spitzen abhängt, und das Profil in Bild E.1 ist nicht akzeptabel, sondern das Profil in Bild E.5, vorausgesetzt die Spitzen sind in der korrekten Lage. In diesem Fall sieht das Konvexe-Hülle-Filter einen größeren Unterschied zwischen den beiden Profilen als das Kugel-Closing-Filter.

Weitere Informationen, siehe die Normenreihe ISO 16610, insbesondere ISO 16610-1.

E.2 Beispiele für Spezifikationen unter Verwendung von Filtern

Bild E.9 zeigt ein Beispiel für eine Parallelitäts-Spezifikation mit einem Langwellen-Filter. Das Spezifikationselement S zeigt an, dass ein Spline-Filter spezifiziert ist. Der Wert 0,25 gibt eine Grenzwellenlänge von 0,25 mm an, und da das Symbol „-" nach dem Wert folgt, handelt es sich um ein Langwellen-Filter, das kürzere Wellenlängen als die Grenzwellenlänge eliminiert. Entsprechend gilt die Spezifikation für ein mit einem 0,25 mm-Langwellen-Spline-Filter gefiltertes Geometrieelement. Der neben dem Toleranzindikator stehende Schnittebenen-Indikator zeigt an, dass die Spezifikation für Linienelemente parallel zum Bezug C gilt, d. h. dass jede einzelne gefilterte Linie innerhalb einer Toleranzzone, die als Raum zwischen zwei Linien im Abstand von 0,2 mm voneinander definiert ist, parallel zum Bezug V sein muss.

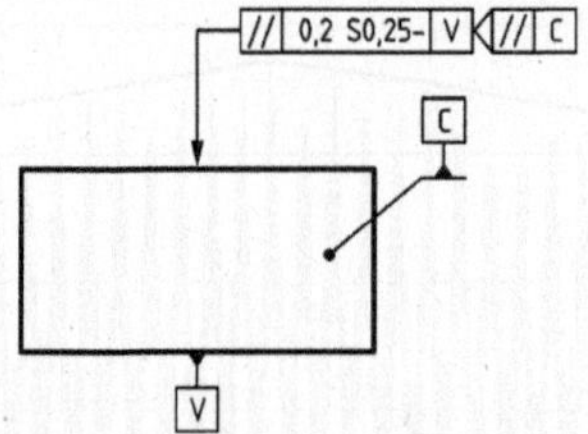

Bild E.9 — Beispiel für eine Parallelitäts-Spezifikation mit einem Langwellen Filter

Bild E.10 zeigt ein Beispiel für eine Geradheitsspezifikation mit Hilfe eines Kurzwellenfilters. Das Spezifikationselement SW zeigt an, dass ein Spline-Wavelet-Filter spezifiziert ist. Der Wert 8 zeigt einen cut-off von 8 mm an, und weil ihm das Symbol „–" vorangestellt ist, handelt es sich um ein Kurzwellenfilter, das alle Wellenlängen über dem cut-off eliminiert. Entsprechend gilt die Spezifikation für ein mit einem 8 mm-Kurzwellen-Spline-Wavelet-Filter gefiltertes Geometrieelement. Der neben dem Toleranzindikator stehende Schnittebenen-Indikator zeigt an, dass die Spezifikation für Linienelemente parallel zum Bezug C gilt, d. h. dass jede einzelne gefilterte Linie innerhalb einer Toleranzzone, die als Raum zwischen zwei Linien im Abstand von 0,3 mm voneinander definiert ist, gerade sein muss.

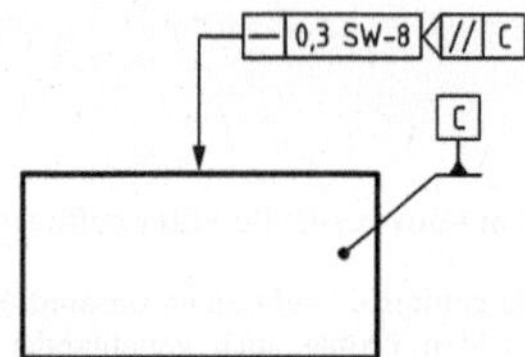

Bild E.10 — Beispiel für eine Geradheitsspezifikation mit Kurzwellenpassfilter

Kurzwellenfilter können nur für Formspezifikationen verwendet werden, d. h. für Spezifikationen, die keine Bezüge referenzieren, weil sie die Orts-und Richtungsattribute des tolerierten Geometrieelements eliminieren.

Bild E.11 zeigt ein Beispiel für eine Geradheitsspezifikation mit einem Bandpassfilter, bei dem nur ein Filtertyp zum Einsatz kommt. Das Spezifikationselement G zeigt an, dass ein Gauß-Filter spezifiziert ist. Weil zwei durch das Symbol „–" getrennte numerische Werte angegeben sind, legt dies ein Bandpassfilter fest. Der erste Wert, 0,25, zeigt ein Langwellenfilter mit einem cut-off von 0,25 mm an, das alle kürzeren Wellenlängen eliminiert. Der Wert 8 zeigt ein Kurzwellenfilter mit einem cut-off von 8 mm an, das alle längeren Wellenlängen eliminiert. Entsprechend gilt die Spezifikation für ein Geometrieelement, das mit einem 0,25 mm-Langwellen-Gauß-Filter und einem 8 mm-Kurzwellen-Gauß-Filter gefiltert wurde, die gemeinsam ein Bandpassfilter bilden, das Wellenlängen zwischen 0,25 mm und 8 mm zurückhält, wodurch diese Spezifikation letztlich zu einer Art Welligkeitsspezifikation wird. Der neben dem Toleranzindikator stehende Schnittebenen-Indikator zeigt an, dass die Spezifikation für Linienelemente parallel zum Bezug C gilt, d. h. dass jede einzelne gefilterte Linie innerhalb einer Toleranzzone, die als Raum zwischen zwei Linien im Abstand von 0,4 mm voneinander definiert ist, gerade sein muss.

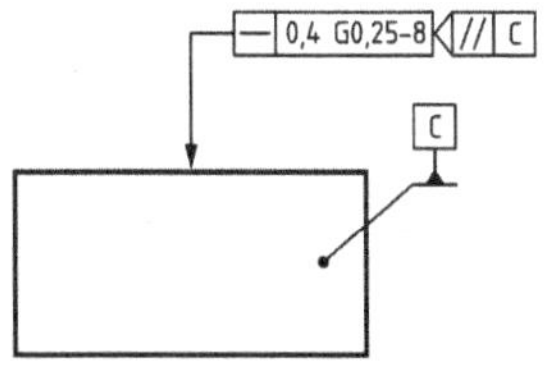

Bild E.11 —Beispiel für eine Geradheitsspezifikation mit einem Bandpassfilter mit einem Filtertyp

Weil Bandpassfilter ein Kurzwellenfilter enthalten, können sie nur für Formspezifikationen verwendet werden, d. h. für Spezifikationen, die keine Bezüge referenzieren, weil die Kurzwellenfilter die Orts- und Richtungsattribute des tolerierten Geometrieelements eliminieren.

Bild E.12 zeigt ein Beispiel für eine Geradheitsspezifikation mithilfe eines Bandpassfilters, bei dem zwei verschiedene Filtertypen zum Einsatz kommen. In diesem Falle muss das Langwellenfilter vor dem Kurzwellenfilter notiert werden. Das Spezifikationselement S zeigt an, dass ein Spline-Filter spezifiziert ist. Der Wert 0,08 gibt einen cut-off von 0,08 mm an, und da das Symbol „–" nach dem Wert folgt, handelt es sich um ein Langwellen-Filter, das kürzere Wellenlängen als den cut-off eliminiert. Das Spezifikationselement CW zeigt an, dass ein Complex-Wavelet-Filter spezifiziert ist. Der Wert 2,5 zeigt einen cut-off von 2,5 mm an, und weil ihm das Symbol „–" vorangestellt ist, handelt es sich um ein Kurzwellenfilter, das alle Wellenlängen über dem cut-off eliminiert. Die Spezifikation gilt für ein Geometrieelement, das mit einem 0,08 mm-Langwellen-Spline-Filter und einem 2,5 mm-Kurzwellen-Complex-Wavelet-Filter gefiltert wurde, die gemeinsam ein Bandpassfilter bilden, das Wellenlängen zwischen 0,08 mm und 2,5 mm zurückhält, wodurch diese Spezifikation letztlich zu einer Art Welligkeitsspezifikation wird. Der an den Toleranzindikator angrenzende Schnittebenen-Indikator zeigt an, dass die Spezifikation für Linienelemente parallel zum Bezug C gilt, sodass jede einzelne gefilterte Linie innerhalb einer Toleranzzone, die als Raum zwischen zwei Linien im Abstand von 0,2 mm voneinander definiert ist, gerade sein muss.

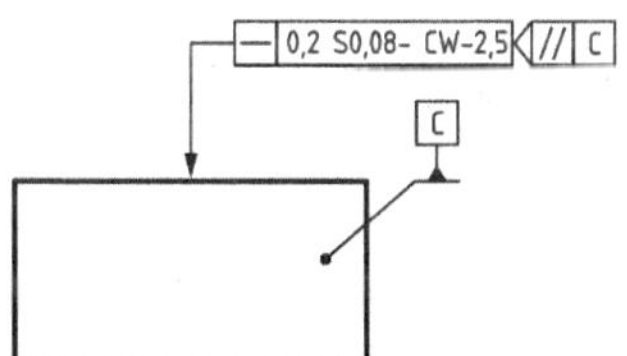

Bild E.12 — Beispiel für eine Geradheitsspezifikation mit einem Bandpassfilter mit zwei verschiedenen Filtertypen

Bild E.13 zeigt ein Beispiel für eine Rundheitsspezifikation. Das Spezifikationselement G zeigt an, dass ein Gauß-Filter spezifiziert ist. Weil es sich um eine Rundheitsspezifikation handelt, wird das tolerierte Geometrieelement als geschlossenes Geometrieelement angesehen und der Nesting-Index entsprechend in UPR (Wellenanzahl je Umdrehung) angegeben. Folglich zeigt der Wert 50 eine Grenzwellenanzahl von 50 Wellen je Umdrehung an, und weil ihm nachgestellt das Symbol „–" angegeben ist, handelt es sich um ein Langwellenfilter, das alle kürzeren Wellenlängen (höhere UPR-Zahlen) eliminiert. Infolgedessen gilt die Spezifikation für ein Geometrieelement, das mit einem 50-UPR-Langwellen-Gauß-Filter gefiltert wurde. Jede einzelne gefilterte Umfangslinie muss innerhalb einer Toleranzzone enthalten sein, die als Raum zwischen zwei konzentrischen Kreisen mit einem Radiusunterschied von 0,01 mm definiert ist.

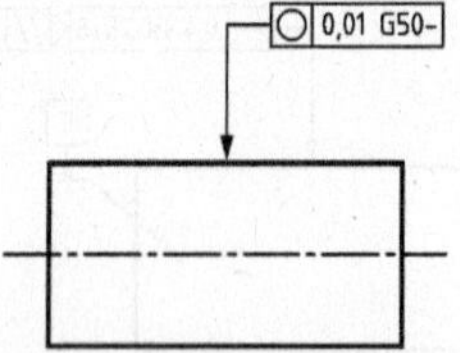

Bild E.13 — Beispiel für eine Rundheitsspezifikation — Gaußfilter

Bild E.14 zeigt ein Beispiel für eine Zylindrizitätsspezifikation. Das Spezifikationselement CB zeigt an, dass ein Kugel-Closing-Filter festgelegt ist. Der Wert 1,5 zeigt an, dass eine Kugel mit einem Radius von 1,5 mm als strukturierendes Geometrieelement zu verwenden ist, und weil diesem Wert das Symbol „–" nachgestellt ist, handelt es sich um ein Langwellenfilter, das kurze Wellenlängen eliminiert. Die gefilterte Fläche muss innerhalb einer Toleranzzone liegen, die als Raum zwischen zwei koaxialen Zylindern mit einem Radiusunterschied von 0,05 mm definiert ist.

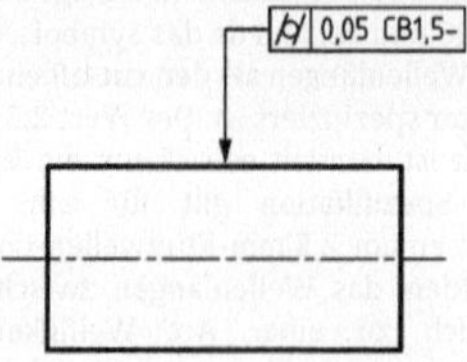

Bild E.14 — Beispiel für eine Zylindrizitätsspezifikation — Kugel-Closing-Filter

Bild E.15 zeigt ein Beispiel für eine Ebenheitsspezifikation mit zwei verschiedenen Langwellenfiltern. Das erste Spezifikationselement S zeigt an, dass für die von der Schnittebene angegebene Richtung ein Spline-Filter spezifiziert ist. Der Wert 0,25 zeigt einen cut-off von 0,25 mm an, und weil diesem Wert das Symbol „–" nachgestellt ist, handelt es sich um ein Langwellenfilter, das alle kürzeren Wellenlängen eliminiert. Das Symbol „×" wird zur Trennung der beiden Filterangaben verwendet. Das zweite Spezifikationselement G zeigt an, dass für die Richtung senkrecht zur von der Schnittebene angegebenen Richtung ein Gauß-Filter spezifiziert ist. Der Wert 0,8 zeigt einen cut-off von 0,8 mm an, und weil diesem Wert das Symbol „–" nachgestellt ist, handelt es sich um ein Langwellenfilter, das alle kürzeren Wellenlängen eliminiert. Entsprechend gilt die Spezifikation für ein Geometrieelement, das in der einen Richtung mit einem 0,25-mm-Langwellen-Spline-Filter und in der Richtung senkrecht zu dieser mit einem 0,8-mm-Langwellen-Gauß-Filter gefiltert wurde. Die gefilterte Fläche muss zwischen zwei Ebenen im Abstand von 0,02 mm voneinander enthalten sein.

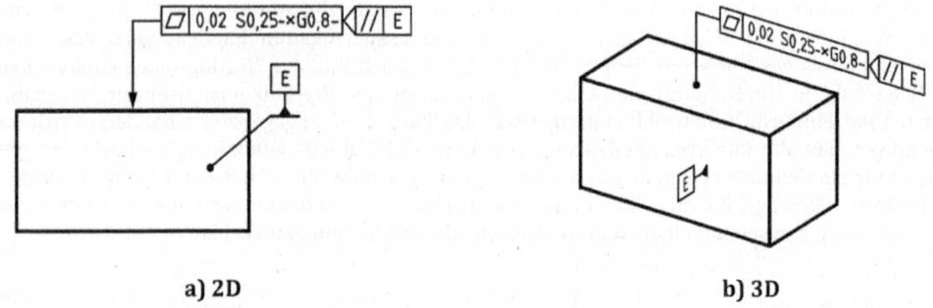

Bild E.15 — Beispiel für eine Ebenheitsspezifikation mit zwei verschiedenen Langwellenfiltern

Bild E.16 zeigt ein Beispiel für eine Zylindrizitätsspezifikation. Das Spezifikationselement G zeigt an, dass ein Gauß-Filter spezifiziert ist. Weil es sich um eine Zylindrizitätsspezifikation handelt, ist das tolerierte Geometrieelement in der Achsenrichtung offen und in der Umfangsrichtung geschlossen. Der Nesting-Index in der Achsenrichtung wird daher in mm angegeben und der Nesting-Index in der Umfangsrichtung in der Grenzwellenanzahl je Umdrehung (UPR). Vereinbarungsgemäß wird der Wert des Axialfilters vor dem Wert des Umfangsfilters angegeben. Entsprechend zeigt der Wert 8 8 mm und der Wert 15 15 UPR an. Da beiden ein „–" nachgestellt ist, handelt es sich bei beiden um Langwellenfilter. Folglich gilt die Spezifikation für ein Geometrieelement, das in der Achsenrichtung mit einem 8 mm-Langwellen-Gauß-Filter und in der Umfangsrichtung mit einem 50 UPR-Langwellen-Gauß-Filter gefiltert wurde. Die gefilterte Fläche muss innerhalb einer Toleranzzone liegen, die als Raum zwischen zwei koaxialen Zylindern mit einem Radiusunterschied von 0,05 mm definiert ist. Da beide Filter zum selben Typ gehören, wird der Typ nicht zweimal angegeben, wie in Bild E.15 zu sehen.

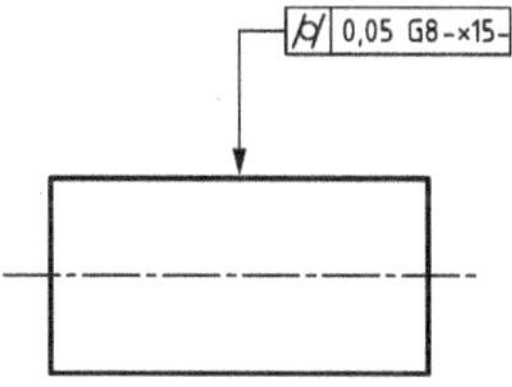

Bild E.16 — Beispiel für eine Zylindrizitätsspezifikation — Gaußfilter

Bild E.17 zeigt ein Beispiel für eine Rundheitsspezifikation. Das Spezifikationselement F (Fourier) zeigt an, dass die Spezifikation für nur eine Harmonische bzw. Oberwelle gilt (Wellenlänge oder UPR-Zahl) oder einen Bereich von Harmonischen. Der Wert 7 zeigt 7 UPR als die identifizierte Harmonische an, weil die Spezifikation für ein geschlossenes Geometrieelement (einen Kreis) gilt. Entsprechend gilt die Spezifikation für die 7. Harmonische des Geometrieelements. Jede einzelne gefilterte Umfangslinie muss innerhalb einer Toleranzzone enthalten sein, die als Raum zwischen zwei konzentrischen Kreisen mit einem Radiusunterschied von 0,02 mm definiert ist.

ANMERKUNG Da UPR-Werte Kehrwerte von Wellenlängen sind und die kurze Wellenlänge zuerst angezeigt wird, wird der höhere UPR-Wert zuerst für Bandpassfilter für geschlossene Geometrieelemente angegeben.

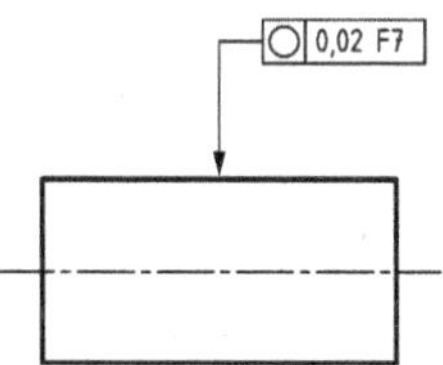

Bild E.17 — Beispiel für eine Rundheitsspezifikation angewandt auf eine Harmonische oder einen Bereich von Harmonischen

Eine Anzeige von z. B. „F7-" ist zu verwenden, um anzugeben, dass die Spezifikation für ein gefiltertes Geometrieelement gilt, das alle Harmonischen enthält, die länger oder gleich lang sind wie der angezeigte Wert (geringere UPR-Zahlen), in diesem Fall alle Harmonischen von 1 UPR bis 7 UPR. Eine Anzeige von z. B. „F-7" ist zu verwenden, um anzugeben, dass die Spezifikation für ein gefiltertes Geometrieelement gilt, das alle Harmonischen enthält, die kürzer oder gleich lang sind wie der angezeigte Wert (höhere UPR-Zahlen), in diesem Fall alle Harmonischen von 7 UPR und höher. Eine Anzeige von z. B. „F7-2" ist zu verwenden, um anzugeben, dass die Spezifikation für ein gefiltertes Geometrieelement gilt, das den angegebenen Bereich von Harmonischen enthält, in diesem Fall alle Harmonischen von 2 UPR bis 7 UPR.

Bild E.18 zeigt ein Beispiel für eine Positionsspezifikation. Das Spezifikationselement H zeigt an, dass die Spezifikation für das Geometrieelement nach Anwendung eines Hüllen-Filters gilt. Der Wert 0 zeigt an, dass das Filter ein Konvexhüllen-Filter ist. Die gefilterte Fläche muss zwischen zwei Ebenen im Abstand von 0,2 mm voneinander enthalten sein, in der theoretisch korrekten Richtung und Lage in Bezug zu Bezug D.

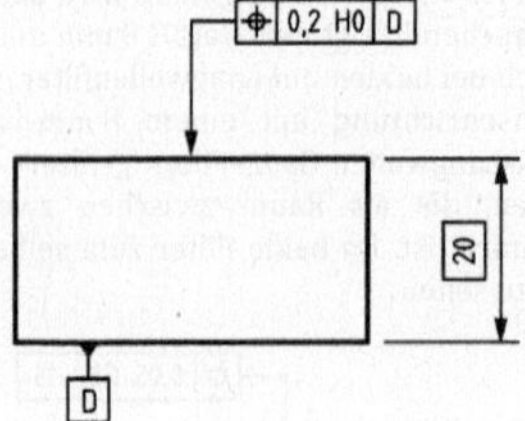

Bild E.18 — Beispiel für eine Positionsspezifikation

Anhang F
(normativ)

Verhältnisse und Maße von graphischen Symbolen

Um die Größenmaße der in diesem Dokument spezifizierten Symbole mit anderen Zeichnungseintragungen in Einklang zu bringen (Maße, Buchstaben, Toleranzen), müssen die in diesem Anhang angegebenen Regeln befolgt werden, die mit ISO 81714-1 übereinstimmen. Weitere graphische Symbole sind in ISO 3098-5 angegeben.

Die in Tabelle 2 beschriebenen graphischen Symbole müssen wie in den Bildern F.1 bis F.5 gezeichnet werden.

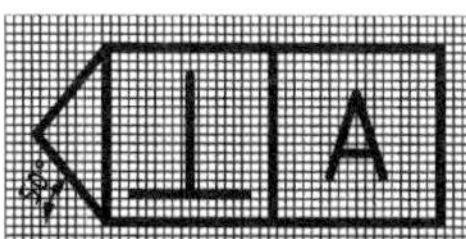

ANMERKUNG Der am weitesten links befindliche Punkt des Schnittebenen-Indikators muss den Toleranzindikator berühren, siehe z. B. Bild 77.

Bild F.1 — Schnittebenen-Indikator

ANMERKUNG Der am weitesten links befindliche Punkt des Orientierungsebenen-Indikators muss den Toleranzindikator oder Schnittebenen-Indikator berühren, siehe z. B. Bild 83.

Bild F.2 — Orientierungsebenen-Indikator

ANMERKUNG Der am weitesten links befindliche Punkt des Kollektionsebenen-Indikators muss den Toleranzindikator oder Schnittebenen-Indikator berühren, siehe z. B. Bild 51 a) und b).

Bild F.3 — Kollektionsebenen-Indikator

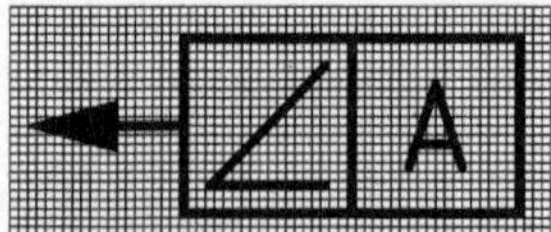

ANMERKUNG Der am weitesten links befindliche Punkt des Richtungselement-Indikators muss den Toleranzindikator oder einen angegebenen Ebenen-Indikator berühren, siehe z. B. Bild 85.

Bild F.4 — Richtungselement-Indikator

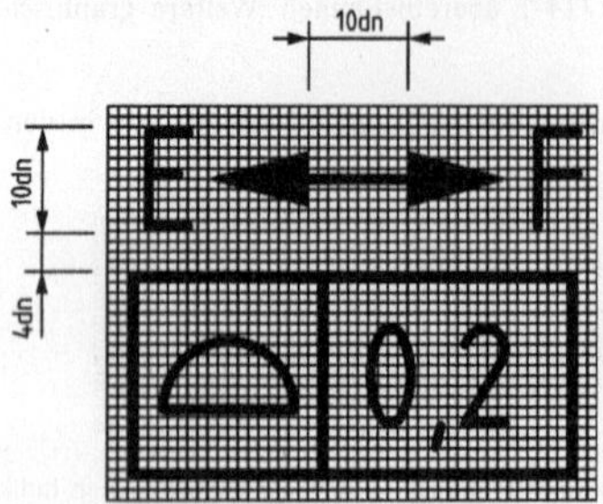

ANMERKUNG dn ist die Breite der schmalen Linie.

Bild F.5 — "Zwischen"-Symbol

Anhang G
(informativ)

Zusammenhang mit dem GPS-Matrix-Modell

G.1 Allgemeines

Zu den vollständigen Einzelheiten des GPS-Matrix-Modells siehe ISO 14638.

Der ISO/GPS-Masterplan in ISO 14638 gibt einen Überblick über das ISO-GPS-System, von dem dieses Dokument ein Teil ist. Die in ISO 8015 gegebenen grundsätzlichen Regeln von ISO/GPS gelten für dieses Dokument. Die Default-Entscheidungsregeln nach ISO 14253-1 gelten für Spezifikationen, die nach diesem Dokument getroffen werden, solange nichts anderes angegeben ist.

G.2 Informationen über diese Norm und ihre Verwendung

Dieses Dokument enthält grundlegende Informationen für die geometrische Tolerierung von Werkstücken. Sie ist die Ausgangsbasis und beschreibt die Grundlagen für die geometrische Tolerierung.

G.3 Position im GPS-Matrix-Modell

Dieses Dokument ist eine allgemeine GPS-Norm, die Kettenglied A, B und C der Normenkette für Form, Richtung, Lage, Lauf in der allgemeinen GPS-Matrix beeinflusst, wie in Tabelle G.1 graphisch dargestellt.

Tabelle G.1 — Stellung im GPS-Matrix-Modell

	Kettenglieder						
	A	B	C	D	E	F	G
	Symbole und Angaben	Element-anforderungen	Merkmale von Geometrie-elementen	Übereinstimmung und Nicht-Übereinstimmung	Messung	Mess-geräte	Kali-brierung
Größenmaß							
Abstand							
Form	x	x	x				
Richtung	x	x	x				
Ort	x	x	x				
Lauf	x	x	x				
Oberflächenbeschaffenheit: Profil							
Oberflächenbeschaffenheit: Fläche							
Oberflächenunvollkommenheiten							

G.4 Verwandte Normen

Die verwandten Normen gehen aus den in Tabelle G.1 angegebenen Normenketten hervor.

Literaturhinweise

[1] ISO 128 (all parts), *Technical drawings — General principles of presentation*

[2] ISO 129 (all parts), *Technical drawings — Indication of dimensions and tolerance*

[3] ISO 3040:1990, *Technical drawings — Dimensioning and tolerancing — Cones*

[4] ISO 3098-1; *Technical product documentation — Lettering — Part 1: General requirements*

[5] ISO 3098-2:2000, *Technical product documentation — Lettering — Part 2: Latin alphabet, numerals and marks*

[6] ISO 3098-5, *Technical product documentation — Lettering — Part 5: CAD lettering of the Latin alphabet, numerals and marks:*

[7] ISO 7083:1983, *Technical drawings — Symbols for geometrical tolerancing — Proportions and dimensions*

[8] ISO 14253-1, *Geometrical product specifications (GPS) — Inspection by measurement of workpieces and measuring equipment — Part 1: Decision rules for proving conformity or nonconformity with specifications*

[9] ISO 14638, *Geometrical Product Specifications (GPS) — Matrix model*

[10] ISO 16792, *Technical product documentation — Digital product definition data practices*

[11] ISO/TS 17863:2013, *Geometrical product specification (GPS) — Geometrical tolerancing of moveable assemblies*

[12] ISO 81714-1, *Design of graphical symbols for use in the technical documentation of products — Part 1: Basic rules*

September 2017

	DIN EN ISO 1660	

ICS 01.100.01; 17.040.40

Ersatz für
DIN ISO 1660:1988-07

Geometrische Produktspezifikation (GPS) – Geometrische Tolerierung – Profiltolerierung (ISO 1660:2017); Deutsche Fassung EN ISO 1660:2017

Geometrical product specifications (GPS) –
Geometrical tolerancing –
Profile tolerancing (ISO 1660:2017);
German version EN ISO 1660:2017

Spécification géométrique des produits (GPS) –
Tolérancement géométrique –
Tolérancement des profils (ISO 1660:2017);
Version allemande EN ISO 1660:2017

Gesamtumfang 56 Seiten

DIN-Normenausschuss Technische Grundlagen (NATG)

Nationales Vorwort

Dieses Dokument (EN ISO 1660:2017) wurde vom Technischen Komitee ISO/TC 213 „Dimensional and geometrical product specifications and verification" in Zusammenarbeit mit dem Technischen Komitee CEN/TC 290 „Geometrische Produktspezifikationen und -prüfung" erarbeitet, dessen Sekretariat von AFNOR (Frankreich) gehalten wird.

Das zuständige deutsche Normungsgremium ist der Arbeitsausschuss NA 152-03-02 AA „CEN/ISO Geometrische Produktspezifikation und -prüfung" im DIN-Normenausschuss Technische Grundlagen (NATG).

Für die im diesem Dokument zitierten Internationalen Normen wird im Folgenden auf die entsprechenden Deutschen Dokumente hingewiesen:

ISO 1101:2017	siehe	DIN EN ISO 1101:2017-05
ISO 2692	siehe	DIN EN ISO 2692
ISO 5458:1998	siehe	DIN EN ISO 5458:1999-02
ISO 5459:2011	siehe	DIN EN ISO 5459:2013-05
ISO 7083	siehe	DIN ISO 7083
ISO 8015:2011	siehe	DIN EN ISO 8015:2011-09
ISO 10579	siehe	DIN EN ISO 10579
ISO 14253-1	siehe	DIN EN ISO 14253-1
ISO 14638	siehe	DIN EN ISO 14638
ISO 17450-1	siehe	DIN EN ISO 17450-1
ISO 17450-3	siehe	DIN EN ISO 17450-3
ISO 22432	siehe	DIN EN ISO 22432

Änderungen

Gegenüber DIN ISO 1660:1988-07 wurden folgende Änderungen vorgenommen:

a) Norm wurde redaktionell überarbeitet;

b) weitere Normative Verweisungen wurden aufgenommen;

c) Begriffe wurden aufgenommen;

d) Symbole wurden aufgenommen,

e) Regeln für die Profiltolerierung wurden aufgenommen;

f) Beispiele für Zusammengesetzte Geometrieelemente wurden im Anhang A aufgenommen;

g) Beispiele zur Anwendung der Regeln wurden in Anhang B aufgenommen;

h) zur Information wurden Beispiele der früheren Zeichnungspraxis in Anhang C mit aufgenommen.

Frühere Ausgaben

DIN 7184-1 Beiblatt 3: 1974-04
DIN ISO 1660: 1988-07

Nationaler Anhang NA
(informativ)

Literaturhinweise

DIN EN ISO 1101:2017-05, *Geometrische Produktspezifikation (GPS) — Geometrische Tolerierung — Tolerierung von Form, Richtung, Ort und Lauf (ISO 1101:2017); Deutsche Fassung EN ISO 1101:2017*

DIN EN ISO 2692, *Geometrische Produktspezifikation und -prüfung (GPS) — Geometrische Tolerierung — Maximum-Material Bedingung (MMR), Minimum-Material Bedingung (LMR) und Wechselwirkungsbedingung*

DIN EN ISO 5458:1999-02, *Geometrische Produktspezifikation (GPS) — Form- und Lagetolerierung — Positionstolerierung (ISO 5458:1998); Deutsche Fassung EN ISO 5458:1998*

DIN EN ISO 5459:2013-05, *Geometrische Produktspezifikation (GPS) — Geometrische Tolerierung — Bezüge und Bezugssysteme (ISO 5459:2011); Deutsche Fassung EN ISO 5459:2011*

DIN EN ISO 8015, *Geometrische Produktspezifikation (GPS) — Grundlagen — Konzepte, Prinzipien und Regeln (ISO 8015:2011); Deutsche Fassung EN ISO 8015:2011*

DIN EN ISO 10579, *Geometrische Produktspezifikation (GPS) — Bemaßung und Tolerierung — Nichtformstabile Teile*

DIN EN ISO 14253-1, *Geometrische Produktspezifikationen (GPS) — Prüfung von Werkstücken und Messgeräten durch Messen — Teil 1: Entscheidungsregeln für den Nachweis von Konformität oder Nichtkonformität mit Spezifikationen*

DIN EN ISO 14638, *Geometrische Produktspezifikation (GPS) — Matrix-Modell*

DIN EN ISO 17450-1, *Geometrische Produktspezifikation (GPS) — Grundlagen — Teil 1: Modell für die geometrische Spezifikation und Prüfung*

DIN EN ISO 17450-3, *Geometrische Produktspezifikation (GPS) — Grundlagen — Teil 3: Tolerierte Geometrieelemente*

DIN EN ISO 22432, *Geometrische Produktspezifikation (GPS) — Zur Spezifikation und Prüfung benutzte Geometrieelemente*

DIN ISO 7083, *Technische Zeichnungen; Symbole für Form- und Lagetolerierung; Verhältnisse und Maße*

EUROPÄISCHE NORM

EUROPEAN STANDARD

NORME EUROPÉENNE

EN ISO 1660

Februar 2017

ICS 01.100.01; 17.040.40

Ersatz für EN ISO 1660:1995

Deutsche Fassung

Geometrische Produktspezifikation (GPS) — Geometrische Tolerierung — Profiltolerierung (ISO 1660:2017)

Geometrical product specifications (GPS) —
Geometrical tolerancing —
Profile tolerancing (ISO 1660:2017)

Spécification géométrique des produits (GPS) —
Tolérancement géométrique —
Tolérancement des profils (ISO 1660:2017)

Diese Europäische Norm wurde vom CEN am 14. Dezember 2016 angenommen.

Die CEN-Mitglieder sind gehalten, die CEN/CENELEC-Geschäftsordnung zu erfüllen, in der die Bedingungen festgelegt sind, unter denen dieser Europäischen Norm ohne jede Änderung der Status einer nationalen Norm zu geben ist. Auf dem letzten Stand befindliche Listen dieser nationalen Normen mit ihren bibliographischen Angaben sind beim Management-Zentrum des CEN-CENELEC oder bei jedem CEN-Mitglied auf Anfrage erhältlich.

Diese Europäische Norm besteht in drei offiziellen Fassungen (Deutsch, Englisch, Französisch). Eine Fassung in einer anderen Sprache, die von einem CEN-Mitglied in eigener Verantwortung durch Übersetzung in seine Landessprache gemacht und dem Management-Zentrum mitgeteilt worden ist, hat den gleichen Status wie die offiziellen Fassungen.

CEN-Mitglieder sind die nationalen Normungsinstitute von Belgien, Bulgarien, Dänemark, Deutschland, der ehemaligen jugoslawischen Republik Mazedonien, Estland, Finnland, Frankreich, Griechenland, Irland, Island, Italien, Kroatien, Lettland, Litauen, Luxemburg, Malta, den Niederlanden, Norwegen, Österreich, Polen, Portugal, Rumänien, Schweden, der Schweiz, der Slowakei, Slowenien, Spanien, der Tschechischen Republik, der Türkei, Ungarn, dem Vereinigten Königreich und Zypern.

EUROPÄISCHES KOMITEE FÜR NORMUNG
EUROPEAN COMMITTEE FOR STANDARDIZATION
COMITÉ EUROPÉEN DE NORMALISATION

CEN-CENELEC Management-Zentrum: Avenue Marnix 17, B-1000 Brüssel

Ref. Nr. EN ISO 1660:2017 D

Inhalt

Europäisches Vorwort

Dieses Dokument (EN ISO 1660:2017) wurde vom Technischen Komitee ISO/TC 213 „Dimensional and geometrical product specifications and verification" in Zusammenarbeit mit dem Technischen Komitee CEN/TC 290 „Geometrische Produktspezifikationen und -prüfung" erarbeitet, dessen Sekretariat von AFNOR gehalten wird.

Diese Europäische Norm muss den Status einer nationalen Norm erhalten, entweder durch Veröffentlichung eines identischen Textes oder durch Anerkennung bis August 2017, und etwaige entgegenstehende nationale Normen müssen bis August 2017 zurückgezogen werden.

Es wird auf die Möglichkeit hingewiesen, dass einige Elemente dieses Dokuments Patentrechte berühren können. CEN [und/oder CENELEC] sind nicht dafür verantwortlich, einige oder alle diesbezüglichen Patentrechte zu identifizieren.

Dieses Dokument ersetzt EN ISO 1660:1995.

Entsprechend der CEN-CENELEC-Geschäftsordnung sind die nationalen Normungsinstitute der folgenden Länder gehalten, diese Europäische Norm zu übernehmen: Belgien, Bulgarien, Dänemark, Deutschland, die ehemalige jugoslawische Republik Mazedonien, Estland, Finnland, Frankreich, Griechenland, Irland, Island, Italien, Kroatien, Lettland, Litauen, Luxemburg, Malta, Niederlande, Norwegen, Österreich, Polen, Portugal, Rumänien, Schweden, Schweiz, Serbien, Slowakei, Slowenien, Spanien, Tschechische Republik, Türkei, Ungarn, Vereinigtes Königreich und Zypern.

Anerkennungsnotiz

Der Text von ISO 1660:2017 wurde vom CEN als EN ISO 1660:2017 ohne irgendeine Abänderung genehmigt.

Vorwort

ISO (die Internationale Organisation für Normung) ist eine weltweite Vereinigung von Nationalen Normungsorganisationen (ISO-Mitgliedsorganisationen). Die Erstellung von Internationalen Normen wird normalerweise von ISO Technischen Komitees durchgeführt. Jede Mitgliedsorganisation, die Interesse an einem Thema hat, für welches ein Technisches Komitee gegründet wurde, hat das Recht, in diesem Komitee vertreten zu sein. Internationale Organisationen, staatlich und nicht-staatlich, in Liaison mit ISO, nehmen ebenfalls an der Arbeit teil. ISO arbeitet eng mit der Internationalen Elektrotechnischen Kommission (IEC) bei allen elektrotechnischen Themen zusammen.

Die Verfahren, die bei der Entwicklung dieses Dokuments angewendet wurden und die für die weitere Pflege vorgesehen sind, werden in den ISO/IEC-Direktiven, Teil 1 beschrieben. Im Besonderen sollten die für die verschiedenen ISO-Dokumentenarten notwendigen Annahmekriterien beachtet werden. Dieses Dokument wurde in Übereinstimmung mit den Gestaltungsregeln der ISO/IEC-Direktiven, Teil 2 erarbeitet (siehe www.iso.org/directives).

Es wird auf die Möglichkeit hingewiesen, dass einige Elemente dieses Dokuments Patentrechte berühren können. ISO ist nicht dafür verantwortlich, einige oder alle diesbezüglichen Patentrechte zu identifizieren. Details zu allen während der Entwicklung des Dokuments identifizierten Patentrechten finden sich in der Einleitung und/oder in der ISO-Liste der empfangenen Patenterklärungen (siehe www.iso.org/patents).

Jeder in diesem Dokument verwendete Handelsname wird als Information zum Nutzen der Anwender angegeben und stellt keine Anerkennung dar.

Eine Erläuterung der Bedeutung ISO-spezifischer Benennungen und Ausdrücke, die sich auf Konformitätsbewertung beziehen, sowie Informationen über die Beachtung der Grundsätze der Welthandelsorganisation (WTO) zu technischen Handelshemmnissen (TBT, en: Technical Barriers to Trade) durch ISO enthält der folgende Link: www.iso.org/iso/foreword.html.

Das für dieses Dokument verantwortliche Komitee ist ISO/TC 213, *Dimensional and geometrical product specifications and verification.*

Diese dritte Ausgabe ersetzt die zweite Ausgabe (ISO 1660:1987), die mit folgenden Änderungen technisch überarbeitet wurde:

— die Anforderungen für die Definition des theoretisch exakten Geometrieelements (nominale Geometrie) wurden deutlicher dargestellt;

— die Definition dessen, was ein toleriertes Geometrieelement darstellt, wurde verdeutlicht und aktualisiert, um den Prinzipien für Geometrieelemente zu folgen (siehe ISO 8015:2011, 5.5);

— Werkzeuge für die Festlegung der Spezifikationen für beschränkte Geometrieelemente und zusammengesetzte Geometrieelemente wurden hinzugefügt;

— Werkzeuge für die Festlegung der Spezifikationen für spezifiziert versetzte (unsymmetrisch, UZ) Toleranzzonen oder unspezifiziert versetzte (offset, OZ) Toleranzzonen wurden hinzugefügt;

— Werkzeuge für die Festlegung der Spezifikationen für Toleranzzonen mit variabler Weite wurden hinzugefügt.

Einleitung

Dieses Dokument ist eine Norm für die Geometrische Produktspezifikation (GPS) und ist als allgemeine GPS-Norm (siehe ISO 14638) anzusehen. Sie beeinflusst die Kettenglieder A, B und C der Normenketten zu Form, Richtung und Ort.

Der in ISO 14638 angegebene ISO/GPS-Masterplan gibt einen Überblick über das ISO/GPS-System, von dem dieses Dokument ein Bestandteil ist. Die in ISO 8015 angegebenen grundlegenden Regeln von ISO/GPS gelten für dieses Dokument und die Default-Entscheidungsregeln aus ISO 14253-1 gelten für die Spezifikationen nach diesem Dokument, soweit nicht anders angegeben.

Für eine weitergehende ausführliche Information zum Zusammenhang dieser Norm mit dem GPS-Matrix-Modell siehe Anhang D.

Dieses Dokument enthält Regeln für die Profiltolerierung.

Zur Darstellung der Beschriftung (Proportionen und Dimensionen) siehe ISO 3098-2.

Alle Bilder in diesem Dokument für 2D-Zeichnungseintragungen sind in der Projektionsmethode 1 mit Maßen und Toleranzen in Millimetern gezeichnet. Es hätten jedoch ebenso gut die Projektionsmethode 3 und andere Maßeinheiten angewendet werden können, ohne dadurch die Bedeutung der festgelegten Grundlagen zu verändern. Für alle Bilder mit Spezifikationsbeispielen in 3D sind die Maße und Toleranzen dieselben wie für die gleichen in 2D dargestellten Bilder.

Die Bilder in diesem Dokument stellen entweder 2D-Zeichnungsansichten oder axonometrische 3D-Ansichten von 2D-Zeichnungen dar und sollen zeigen, wie eine Spezifikation vollständig mit sichtbarer Notierung angezeigt werden kann. Für Möglichkeiten der Darstellung einer Spezifikation, wo Geometrieelemente der Spezifikation durch eine Abfrage-Funktion oder eine andere Abfrage von Informationen zu dem 3D-CAD-Modell verfügbar gemacht werden können und für die Regeln zur Angabe von Spezifikationen zu 3D-CAD-Modellen siehe ISO 16792.

Die Bilder in diesem Dokument illustrieren den Text und sind nicht dazu geeignet, die tatsächliche Anwendung wiederzugeben. Folglich sind die Bilder nicht vollständig angegeben und spezifiziert sondern nur allgemeine Grundsätze. Bei den Bildern ist nicht beabsichtigt, wenn versteckte Details, Tangentenlinien oder andere Annotationen gezeigt oder nicht gezeigt werden, einer bestimmten Anzeigeanforderung inhaltlich zu entsprechen. Bei vielen Bildern wurden Linien oder Details entfernt, hinzugefügt oder erweitert, um bei der Erläuterung des Textes zu helfen.

Damit eine GPS-Spezifikation eindeutig ist, müssen die Partitionsbestimmung, die Begrenzung des tolerierten Geometrieelements sowie die Filterung genau definiert sein. Aktuell sind die detaillierten Regeln für die Partitionierung und den Default für die Filterung nicht in den GPS-Normen definiert.

Zur festgelegten Darstellung (Größenverhältnisse und Dimensionen) der Symbole der geometrischen Tolerierung siehe ISO 7083 und ISO 1101:2017, Anhang F.

Für die Anwendung dieses Dokuments werden die Benennungen „Achse" und „Mittelebene" für abgeleitete Geometrieelemente mit perfekter Form und die Benennungen „Mittellinie" und „Mittelfläche" für abgeleitete Geometrieelemente mit nicht perfekter Form verwendet. Weiterhin wurden in den erklärenden Bildern die nachstehenden Linienarten verwendet, d. h. die für nicht technische Zeichnungen, für welche die Regeln nach ISO 128 (alle Teile) gültig sind.

Tabelle 1

Ebene des Geometrie-elementes	Art des Geometrie-elementes	Details	Linienart	
			Sichtbar	Verdeckt durch Ebene/Fläche
nominales Geometrieelement	integrales Geometrieelement	Punkt Linie/Achse Fläche/Ebene	breite Volllinie	schmale Strichlinie
	abgeleitetes Geometrieelement	Punkt Linie/Achse Fläche/Ebene	schmale Strich-Punktlinie (langer Strich)	schmale Strich-Punktlinie
reales Geometrieelement	integrales Geometrieelement	Fläche	breite Freihandlinie	schmale Freihand-Strichlinie
extrahiertes Geometrieelement	integrales Geometrieelement	Punkt Linie Fläche	breite Strichlinie (kurzer Strich)	schmale Strichlinie (kurzer Strich)
	abgeleitetes Geometrieelement	Punkt Linie Fläche	breite Punktlinie	schmale Punktlinie
gefiltertes Geometrieelement	integrales Geometrieelement	Linie Fläche	schmale Volllinie	schmale Volllinie
assoziiertes Geometrieelement	integrales Geometrieelement	Punkt gerade Linie Ebene	breite Zweistrich-Zweipunktlinie	schmale Zweistrich-Zweipunktlinie
	abgeleitetes Geometrieelement	Punkt gerade Linie (Achse) Ebene	schmale Strich-Zweipunktlinie (langer Strich)	breite Strich-Zweipunktlinie
	Bezug	Punkt Linie/Achse Fläche/Ebene	breite Strich-Doppelkurz-strichlinie (langer Strich)	schmale Strich-Doppelkurz-strichlinie (langer Strich)
Grenzen der Toleranzzone, Toleranzebenen		Linie Fläche	schmale Volllinie	schmale Strichlinie
Schnitt, Abbildungsebene, Zeichnungsebene, Hilfsebene		Linie Fläche	schmale Strich-Kurzstrichlinie (langer Strich)	schmale Strich-Kurzstrichlinie
Maßhilfsebene, Maß, Hinweis- und Referenzlinien		Linie	schmale Volllinie	schmale Strichlinie

Im Gegensatz zu anderen Arten von geometrischer Tolerierung ermöglicht die Profiltolerierung auch die geometrische Tolerierung von ungeraden Linien und unebenen Flächen, zusätzlich zu einfacheren Geometrieelementen, wie Ebenen, Zylinder usw. Das macht die Profiltolerierung bezüglich der Definition der nominalen Geometrie und dem Umfang der tolerierten Geometrieelemente komplexer als andere geometrische Tolerierungen. Dieses Dokument ist auf diese beiden Komplexitäten erweitert und liefert die Mittel und Regeln dazu.

Diese Ausgabe der ISO 1660 ist ein Pilotprojekt zum Schreiben regelbasierter Normen für geometrische Tolerierung statt beispielbasierter Normen. Langfristig ist vorgesehen, dass der Inhalt dieses Dokuments in eine zukünftige regelbasierte ISO 1101 integriert wird.

Dieses Dokument bezieht sich auf andere Normen hinsichtlich der GPS-Tolerierung im Allgemeinen und der geometrische Tolerierung im Besonderen anstatt diese Regeln zu wiederholen. Diese GPS-Prinzipien und Regeln umfassen, sind jedoch nicht begrenzt auf:

— den Grundsatz des Geometrieelements (siehe ISO 8015:2011, 5.4);

— den Grundsatz der Unabhängigkeit (siehe ISO 8015:2011, 5.5);

— die Regeln für implizite TEDs (siehe ISO 5458:1998, 4.3)

— die Weite der Toleranzzone gilt senkrecht zum tolerierten Geometrieelement (siehe ISO 1101:2017, Abschnitt 7);

— die Regeln zur Identifikation der tolerierten Geometrieelemente (siehe ISO 1101:2017, Abschnitt 6 und 9.1);

— Formspezifikationen, d. h. Spezifikationen ohne Bezug auf eine Bezugsstelle, ein Bezugssystem oder ein Muster, schränken weder Orientierung noch Ort ein (siehe ISO 1101:2017, 4.8);

— die Toleranzzone kann durch Verweis auf Bezüge eingeschränkt sein (siehe ISO 5459).

WICHTIG — Die in diesem Dokument enthaltenen Illustrationen sollen den Text illustrieren und/oder Beispiele für die zugehörigen Spezifikationen der technischen Zeichnungen liefern. Diese Illustrationen sind nicht vollständig bemaßt und toleriert; sie zeigen nur die relevanten allgemeinen Grundsätze. Insbesondere enthalten die Darstellungen keine Filterspezifikationen. Folglich stellen die Illustrationen keine Darstellung eines vollständigen Werkstücks dar und haben nicht die erforderliche Qualität für die Verwendung in der Industrie (bezüglich der vollständigen Konformität mit den von ISO/TC 10 und ISO/TC 213 erarbeiteten Normen) und sind daher für geplante Schulungszwecke nicht geeignet.

1 Anwendungsbereich

Dieses Dokument enthält die Regeln für die geometrische Spezifizierung integraler und abgeleiteter Geometrieelemente unter Verwendung der in ISO 1101 definierten Symbole für Profilcharakteristiken von Linien und Flächen.

2 Normative Verweisungen

Die folgenden Dokumente werden in diesem Dokument solcher Art zitiert, dass einige Teile oder der gesamte Inhalt Anforderungen dieses Dokuments enthalten. Bei datierten Verweisungen gilt nur die in Bezug genommene Ausgabe. Bei undatierten Verweisungen gilt die letzte Ausgabe des in Bezug genommenen Dokuments (einschließlich aller Änderungen).

ISO 1101:2017, *Geometrical product specifications (GPS) — Geometrical tolerancing — Tolerances of form, orientation, location and run-out*

ISO 5459:2011, *Geometrical product specifications (GPS) — Geometrical tolerancing — Datums and datum systems*

ISO 8015:2011, *Geometrical product specifications (GPS) — Fundamentals — Concepts, principles and rules*

ISO 16792, *Technical product documentation — Digital product definition data practices*

ISO 17450-1, *Geometrical product specifications (GPS) — General concepts — Part 1: Model for geometrical specification and verification*

ISO 17450-3, *Geometrical product specifications (GPS) — General concepts — Part 3: Toleranced features*

ISO 22432, *Geometrical product specifications (GPS) — Features utilized in specification and verification*

3 Begriffe

Für die Anwendung dieses Dokuments gelten die Begriffe nach ISO 1101, ISO 5459, ISO 8015, ISO 17450-1, ISO 17450-3 und ISO 22432 und die folgenden Begriffe.

ISO und IEC unterhalten terminologische Datenbanken für die Verwendung in der Normung unter den folgenden Adressen:

— IEC Electropedia: verfügbar unter http://www.electropedia.org/;

— ISO Online browsing platform: verfügbar unter http://iso.org/obp.

3.1
Profiltolerierung
geometrische Tolerierung unter Verwendung des Symbols für das Linienprofil oder des Symbols für das Flächenprofil

3.2
Linienprofil
Eigenschaft einer Linie

3.3
Flächenprofil
Eigenschaft einer Fläche

3.4
nichtredundanter Freiheitsgrad
Grad der Freiheit, für den die Toleranzzone nicht invariant ist

4 Symbole

Siehe Tabelle 2.

Tabelle 2 — Symbole für geometrische Merkmale

⌒	Symbol für Linienprofile
⌓	Symbol für Flächenprofile

Diese Symbole sind in der ersten Sektion des Toleranzindikators zu verwenden, siehe ISO 1101:2017, 8.2.

Die Nenngeometrieelemente, für die jedes Symbol verwendet werden kann, sind in Tabelle 3 angegeben.

Tabelle 3 — Gültige Symbole für geometrische Merkmale und Kombinationen tolerierter Nenngeometrieelemente

Toleriertes Geometrieelement	⌒	⌓
Integrale Gerade	X	
Abgeleitete Gerade	X	
Integrale Linie	X	
Abgeleitete Linie	X	
Integrale Ebene		X
Abgeleitete Ebene		X
Integrale Fläche		X
Abgeleitete Fläche		X

Für gerade Linien (Geraden) und Ebenen gibt es andere charakteristische Toleranzsymbole, die unmittelbar die nominale Gestalt des tolerierten Geometrieelements angeben, z. B. Ebenheit für Ebenen und Geradheit für gerade Linien (Geraden). Die Profiltoleranzsymbole können auch für gerade Linien und Flächen verwendet werden. Um die nominale Gestalt des tolerierten Geometrieelementes zu erkennen, ist es in diesem Fall allerdings notwendig zu überprüfen, dass es keine Angaben in der Zeichnung oder sofern zutreffend im CAD-Modell gibt, die darauf hinweisen, dass die Nennform des tolerierten Geometrieelements nominal uneben oder ungerade ist

ANMERKUNG Eine nominal ebene Fläche und eine nominal gekrümmte Fläche mit einem großen Radius können beide als gerade Linie in der Zeichnung erscheinen und die Symbole für Profiltoleranzen können für beide Flächentypen verwendet werden. Für die gekrümmte Fläche wird es jedoch Angaben in der Zeichnung oder explizite oder implizite theoretisch genaue Maße (TED) im CAD-Modell geben, die deutlich machen, dass die Fläche nicht eben ist. Für die ebene Fläche gibt es keine solchen Angaben. Diese Angaben oder deren Fehlen in Zeichnungen werden verwendet, um in diesen Fällen die nominale Gestalt des jeweiligen Geometrieelements zu bestimmen. In einem CAD-Modell werden die Modelldaten genutzt, um die nominale Gestalt des Geometrieelementes zu bestimmen.

Weitere Symbole, die in diesem Dokument verwendet werden, sind in Tabelle 4 in Verbindung mit dem Hinweis, wo sie definiert sind, angegeben.

Tabelle 4 — In diesem Dokument verwendete zusätzliche Symbole

Beschreibung	Symbol	Verweisung
kombinierte Zone	CZ	ISO 1101:2017, 8.2.2.1.2
getrennte Zone	SZ	ISO 1101:2017, 8.2.2.1.2
unspezifiziert linear versetzte Toleranzzone	OZ	ISO 1101:2017, 8.2.2.1.4.1
spezifiziert versetzte Toleranzzone	UZ	ISO 1101:2017, 8.2.2.1.3
vereinigtes Geometrieelement	UF	ISO 1101:2017, 3.9
zwischen		ISO 1101:2017, 9.1.4
unspezifizierte Neigung der Toleranzzone (variabler Winkel)	VA	ISO 1101:2017, 8.2.2.1.4.2
rundum		ISO 1101:2017, 9.1.2
rundherum		ISO 1101:2017, 9.1.2
Kollektionsebenen-Indikator	// B	ISO 1101:2017, 16
Schnittebenen-Indikator	// B	ISO 1101:2017, 13
Richtungselement-Indikator	// B	ISO 1101:2017, 15
Nur-Richtung-Modifikator		ISO 5459:2011, 7.4.2.8

5 Regeln für Profiltolerierung

5.1 Allgemeines

Für die grundlegenden Regeln der geometrischen Tolerierung, von der die Profiltolerierung ein Teil ist, siehe ISO 1101.

Wenn eine Zeichnung gemeinsam mit einem CAD-Modell verwendet wird, muss eine eindeutige Referenz zu dem CAD-Modell in der Zeichnung vorhanden sein und das CAD-Modell muss ISO 16792 entsprechen.

Nach dem Grundsatz für Geometrieelemente (siehe ISO 8015:2011, 5.4) gilt defaultmäßig eine Profilspezifikation für ein vollständiges einzelnes Geometrieelement, wie in ISO 22432 definiert. Der Konstrukteur trägt die Verantwortung, die Geometrieelemente oder die Bereiche des Geometrieelements auszuwählen, für die eine Spezifikation gilt und dies unter Verwendung geeigneter Symbole auf einer 2D-Zeichnung anzugeben oder auf dem CAD-Modell zu definieren.

Nach dem Grundsatz der Unabhängigkeit (siehe ISO 8015:2011, 5.5) gilt eine Profilspezifikation, die für mehr als ein einzelnes nach ISO 22432 festgelegtes Geometrieelement zutrifft, für diese Geometrieelemente defaultmäßig unabhängig. Falls es erwünscht ist, dass die Profilspezifikation für die Geometrieelemente gilt, als wären sie eins oder mit gewissen Einschränkungen unter den Toleranzzonen für die einzelnen Geometrieelemente, trägt der Konstrukteur die Verantwortung dafür, dies entweder unter Verwendung geeigneter Symbole auf einer 2D-Zeichnung anzugeben oder auf dem CAD-Modell genau zu bezeichnen.

Die Angabe „Rundherum" und die Angabe „rundum" sind, falls für geometrische Tolerierung verwendet, immer mit UF, CZ oder SZ zu kombinieren, um zu verdeutlichen, ob die Spezifikation für ein vereinigtes Geometrieelement gilt, eine kombinierte Zone festlegt oder eine Reihe von einzelnen Zonen definiert, außer wenn alle nichtredundanten Freiheitsgrade für alle Toleranzzonen durch Referenzen an Bezüge geknüpft sind.

ANMERKUNG 1 Die Bedeutung von CZ und SZ ist identisch, wenn die Spezifikation einen Satz von Toleranzzonen definiert, für welche alle nicht-redundanten Freiheitsgrade durch Bezugnahme auf einen Bezug gesperrt sind.

ANMERKUNG 2 In früheren Versionen dieses Dokuments wurde die Angabe „rundum" ohne weitere Angaben verwendet. Dadurch war unklar, ob die Spezifikation für die Geometrieelemente unabhängig galt oder ob die Spezifikation eine kombinierte Zone festlegte. Die Anforderung, immer die Angabe UF, CZ oder SZ zu verwenden, ist eine funktionssichere Angabe.

5.2 Defaultregeln für Profiltolerierung

5.2.1 Regel A: Definition des theoretisch exakten Geometrieelements (en: theoretically exact feature; TEF)

Das theoretisch exakte Geometrieelement (TEF) des tolerierten Geometrieelements ist mit theoretisch exakten Maßen (TEDs) festzulegen oder im CAD-Modell anzugeben. Für ein Größenmaßelement muss die nominale Gestalt des TEF definiert werden, die Nenngröße des TEF kann jedoch undefiniert sein, siehe Bild 4 b).

Diese TEDs können umfassen:

— explizite TEDs;

— implizite TEDs;

— Tabellen mit Werten und Interpolationsalgorithmen;

— mathematische Funktionen, einschließlich Spline-Funktionen und andere Gleichungen;

— Verweis auf CAD-Modelle.

Ein TEF, das in der Zeichnung als nominale Gerade oder Ebene erscheint, ohne expliziten Hinweis auf das Gegenteil, ist als eine nominale Gerade bzw. Ebene anzusehen, die durch implizite TEDs definiert ist.

Die Gestalt eines TEFs, das nominell ein Kreis, ein Zylinder, eine Kugel oder ein Kegel ist, gilt als implizit definiert.

Die Gestalt eines TEFs, das nominell ein Torus ist, gilt als definiert, wenn das Größenmaß der Leitlinie durch ein explizites TED definiert ist.

Das Größenmaß eines Größenmaßelements gilt als undefiniert und muss daher als Variable angesehen werden, bis es durch ein explizites TED definiert wird, siehe Bilder 1 und 4. Das Größenmaß der Mantellinie eines Torus ist undefiniert, bis es durch ein explizites TED definiert wird. Siehe auch Regeln F und G.

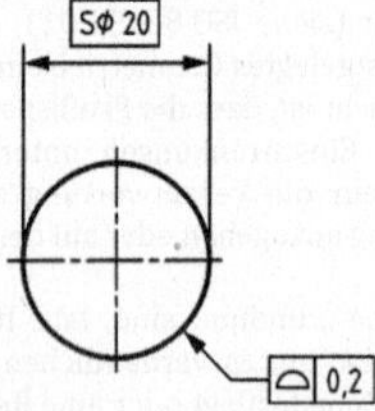

ANMERKUNG Der Durchmesser der mittleren Fläche der Toleranzzone wird auf das nominale Größenmaß festgelegt.

Bild 1 — Flächenprofilspezifikation für eine Kugel mit definiertem nominalen Größenmaß, angegeben durch ein TED

Wenn das TEF eines Geometrieelements durch eine Tabelle mit Koordinatensätzen definiert ist, muss der Interpolationsalgorithmus für Stützpunkte zwischen den gegebenen Koordinaten ebenfalls definiert werden.

ANMERKUNG 1 Es gibt keine genormten Festlegungen, wie der Interpolationsalgorithmus anzugeben ist.

ANMERKUNG 2 Eine nicht erschöpfende Liste der Interpolationsalgorithmen beinhaltet:

— lineare Interpolation;

— kubische Spline-Interpolation (mit oder ohne Periodizitätsbedingung);

— NURBS.

BEISPIEL Die Punkte sind durch gerade Linien verbunden.

Wenn das TEF im CAD-Modell enthalten ist, muss es mit ISO 16792 übereinstimmen.

5.2.2 Regel B: Art des tolerierten Geometrieelements

Die Regeln zur Angabe, ob das tolerierte Geometrieelement ein integrales oder abgeleitetes Geometrieelement ist, sind angegeben in ISO 1101:2017, Abschnitt 6.

Wenn das Merkmalsymbol für den Toleranzindikator das Symbol für Flächenprofile ist, ist das tolerierte Geometrieelement eine integrale oder abgeleitete Fläche.

Wenn das Merkmalsymbol für den Toleranzindikator das Symbol für Linienprofile ist, ist das tolerierte Geometrieelement entweder:

— das abgeleitete Geometrieelement (siehe B.15);

— eine beliebige Linie in der identifizierten integralen oder abgeleiteten Fläche in einer spezifizierten Richtung (siehe B.14); oder

— eine festgelegte Linie in der identifizierten integralen oder abgeleiteten Fläche.

Wenn das tolerierte Geometrieelement eine identifizierte Linie auf einer Fläche ist, muss der Ort dieser Linie durch TEDs bezeichnet sein.

Wenn das tolerierte Geometrieelement eine beliebige Linie auf der identifizierten Fläche in einer bestimmten Richtung ist, ist diese Richtung durch einen Schnittebenen-Indikator anzugeben, siehe ISO 1101:2017, Abschnitt 13.

5.2.3 Regel C: Definition der Toleranzzone

Siehe Bild 2.

Bei Flächenprofilmerkmalen ist die Toleranzzone durch zwei Flächen begrenzt, die Kugeln mit einem Durchmesser, der gleich dem Toleranzwert ist, einhüllen, deren Mittelpunkte, sofern nicht anders festgelegt, auf dem TEF (siehe Bild 2) liegen, siehe Regeln E, F und H.

Bei Linienprofilmerkmalen, bei denen die Toleranz konstant ist und ihr kein Ø vorangestellt ist, ist die Toleranzzone durch zwei Linien begrenzt, die Kreise mit einem Durchmesser, der gleich dem Toleranzwert ist, umgrenzen, deren Mittelpunkte auf dem TEF liegen, sofern nicht anders festgelegt, siehe Regeln E, F und H.

Bei Linienprofilmerkmalen, bei denen das tolerierte Geometrieelement eine abgeleitete Linie ist und ihr ein Ø vorangestellt ist, ist die Toleranzzone durch ein rohrförmiges Geometrieelement begrenzt, die Kugeln mit einem Durchmesser, der gleich dem Toleranzwert ist, einhüllt, deren Mittelpunkte auf dem TEF liegen, sofern nicht anders festgelegt, siehe Regel H.

ANMERKUNG Siehe auch ISO 1101:2017, 8.2.2.1.1.

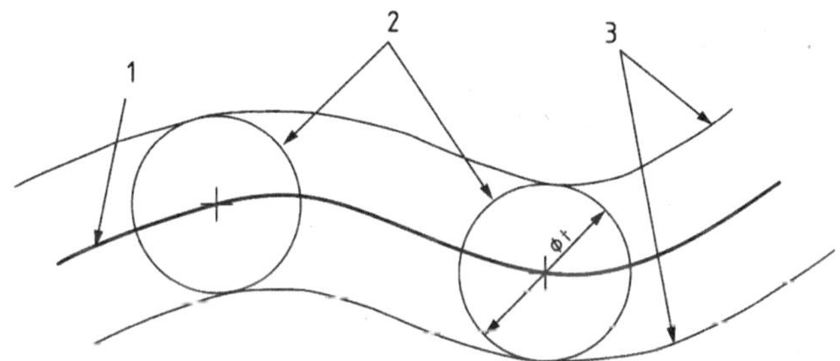

Legende

1 TEF

2 zwei der unendlich vielen Kugeln oder Kreise, die die Toleranzzone entlang dem TEF definieren

3 Grenzen der Toleranzzone

t Toleranzwert

Bild 2 — Definition der Toleranzzone

Für Linienprofilmerkmale integraler Geometrieelemente kann die Ausrichtung der Schnittebene, die die Toleranzzone enthält, vollständig über den Schnittebenen-Indikator definiert werden, z. B. wenn sie als parallel zur einer Bezugsebene oder senkrecht zu eine Bezugsachse festgelegt wird.

In anderen Fällen, z. B. wenn sie senkrecht zu einer Bezugsebene oder parallel zu einer Bezugsachse festgelegt wird, bleibt ein Orientierungswinkel entsperrt. In diesem Fall muss die Schnittebene senkrecht zur Fläche sein, siehe Bild 3, falls die senkrechte Ausrichtung zur Fläche eine konsistente Richtung für jedes Linienprofil definiert.

Falls durch die senkrechte Ausrichtung zur Fläche keine konsistente Richtung entlang jedes Linienprofils definiert ist, z. B. bei komplexen Flächen, die entlang des Linienprofils verdreht sind, und die Schnittebene einen entsperrten Orientierungswinkel enthält, muss ein Indikator für ein Richtungsgeometrieelement verwendet werden, um den zweiten Orientierungswinkel der Schnittebene zu definieren.

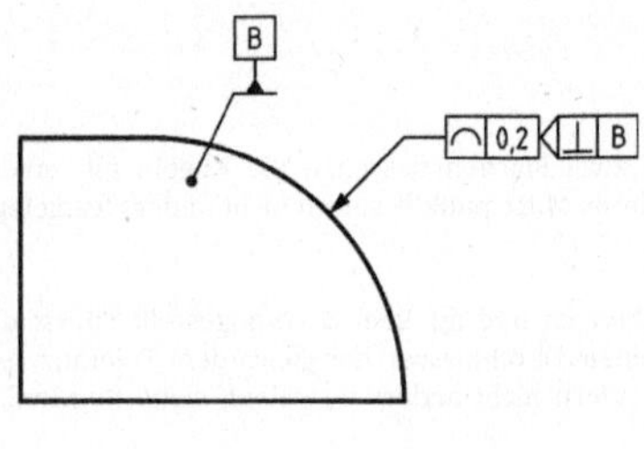

a) Spezifikation

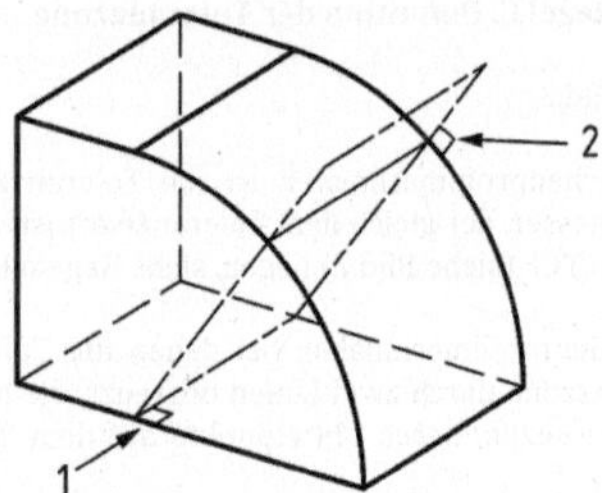

b) Ausrichtung der Schnittebene, die die Toleranzzone enthält

Legende

1 die Schnittebene ist senkrecht zur Bezugsebene B

2 die Schnittebene ist lokal senkrecht zum tolerierten Geometrieelement

Bild 3 — Ausrichtung der Schnittebene, die die Toleranzzone für Merkmale der Linienprofile enthält

5.3 Regeln für Profiltolerierung unter Verwendung zusätzlicher Spezifikationselemente

5.3.1 Regel D: Spezifikationselemente des tolerierten Geometrieelements

Wenn das tolerierte Geometrieelement kein vollständiges einzelnes Geometrieelement ist, ist das mit den in ISO 1101 enthaltenen Angaben zu bezeichnen, z. B. SZ, CZ, UF, und die Spezifikationselemente „rundherum“, „rundum“ und „zwischen“, oder durch Bezugnahme auf das CAD-Modell, (siehe B.5, Anmerkung 2). Um Mehrdeutigkeiten zu vermeiden, müssen die Spezifikationselemente „rundherum“, „rundum“ stets entweder mit den Spezifikationselementen für geometrische Spezifikationen SZ, CZ oder UF verwendet werden, außer wenn alle nicht-redundanten Freiheitsgrade der Toleranzzonen durch ein Bezugssystem gesperrt wurden.

Der SZ-Modifikator für separate Zonen betrachtet das Set von einzelnen Geometrieelementen als einzelne Geometrieelemente, mit nicht zusammenhängenden Toleranzzonen. Da es eine bestimmte Anzahl von tolerierten Geometrieelementen gibt, existieren spezifizierte Merkmale in gleicher Anzahl.

Der CZ-Modifikator für kombinierte Zonen betrachtet das Set von einzelnen Geometrieelementen als einzelne Geometrieelemente, kombiniert jedoch die Toleranzzonen. Da er eine Zusammenstellung von tolerierten Geometrieelementen erzeugt, kann er abgeleitete Geometrieelemente nicht definieren, wenn die einzelnen Geometrieelemente keine abgeleiteten Geometrieelemente haben. Daher ist der CZ-Modifikator geeignet, wenn die tolerierten Geometrieelemente separat funktionieren, jedoch eine Verbindung zwischen ihnen existiert. Der CZ-Modifikator definiert nur ein spezifiziertes Merkmal.

Der UF-Modifikator für ein vereinigtes Geometrieelement erzeugt ein zusammengesetztes Geometrieelement aus mehreren einzelnen Geometrieelementen. Dieses zusammengesetzte Geometrieelement kann ein abgeleitetes Geometrieelement haben, selbst wenn die einzelnen Geometrieelemente keines haben. Daher ist der UF-Modifikator geeignet, wenn die Funktion(en) in Verbindung mit dem integralen zusammengesetzten Geometrieelement stehen, das dann als ein Geometrieelement betrachtetet wird, oder mit dessen abgeleiteten Geometrieelement.

Eine Spezifikation für ein vereinigtes Geometrieelement oder dessen abgeleitete Geometrieelemente erzeugt eine Toleranzzone für dieses zusammengesetzte Geometrieelement oder das abgeleitete Geometrieelement. Da es nur ein zusammengesetztes Geometrieelement gibt, existiert nur ein spezifiziertes Merkmal.

Im Fall von Profiltolerierung von integralen Geometrieelementen ist der praktische Unterschied zwischen UF und CZ klein und auf die Gestalt der Toleranzzone in Übergängen zwischen den Geometrieelementen beschränkt.

5.3.2 Regel E: Spezifiziert versetzte Toleranzzone

Wenn die Toleranzzone bei integralen Geometrieelementen nicht symmetrisch nach Regel C angeordnet ist, ist der UZ-Modifikator zu verwenden. Die Regeln sind in ISO 1101:2017, 8.2.2.1.3 angegeben.

5.3.3 Regel F: Unspezifiziert linear versetzte Toleranzzone

Wenn die Toleranzzone vom TEF um einen konstanten, aber unbestimmten Betrag versetzt sein darf (offset), muss der OZ-Modifikator in der Toleranzangabe eingetragen sein. Die Regeln sind in ISO 1101:2017, 8.2.2.1.4.1 angegeben.

Im Fall eines linearen Größenmaßelements, wenn für eine Toleranzzone das nominale Größenmaß nicht beachtet werden darf, muss der OZ-Modifikator festgelegt werden, siehe Bild 4 a). Falls die Gestalt der TEF definiert ist, das nominale lineare Größenmaß jedoch nicht definiert ist, muss der OZ-Modifikator stets festgelegt werden, siehe Bild 4 b).

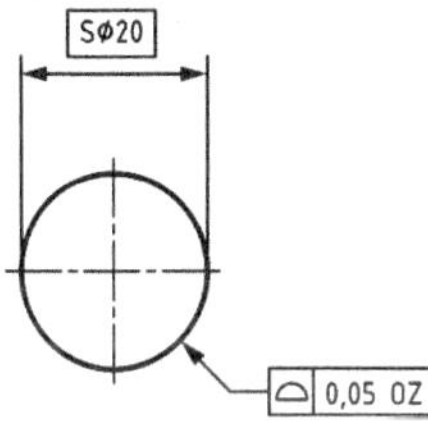

a) Flächenprofilspezifikation für eine Kugel mit definiertem Nenngrößenmaß, angegeben durch ein TED mit OZ-Modifikator

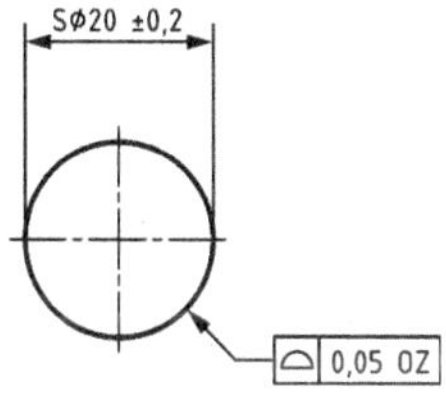

b) Flächenprofilspezifikation für eine Kugel mit nicht definiertem Nenngrößenmaß mit OZ-Modifikator

ANMERKUNG Der Durchmesser der mittleren Fläche der Toleranzzone ist variabel.

Bild 4 — Flächenprofilspezifikationen lineare Größenmaßelemente mit OZ-Modifikator

ANMERKUNG Da es keine Einschränkungen bezüglich des Versatzes gibt, wird eine Spezifikation mit dem OZ-Modifikator, wie in den Bildern 4 a) und b) gezeigt, üblicherweise mit einer Spezifikation, die eine größere Toleranz verwendet, ohne OZ-Modifikator kombiniert, wie in Bild 1 gezeigt. Wenn beide Toleranzen bedient wurden, kontrolliert diese Kombination die Form des tolerierten Geometrieelements innerhalb der größeren, fixen Toleranzzone.

5.3.4 Regel G: Unspezifizierte Neigung der Toleranzzone (variabler Winkel)

Im Fall eines Winkelgrößenmaßelements, wenn für eine Toleranzzone das nominale Größenmaß nicht beachtet werden darf, muss der VA-Modifikator (variabler Winkel) festgelegt werden. Falls die Gestalt des TEF definiert ist, das nominale Winkelmaß des TEF jedoch nicht definiert ist, muss der VA-Modifikator stets festgelegt werden. Die Regeln sind in ISO 1101:2017, 8.2.2.1.4.2 angegeben.

5.3.5 Regel H: Variable Weite der Toleranzzone

Wenn die Weite der Toleranzzone variabel ist, muss dies mit Hilfe der Möglichkeiten bezeichnet werden, die in ISO 1101: 2017, 8.2.2.1.1 angegeben sind.

5.3.6 Regel I: Spezifikationselemente für extrahierte Geometrieelemente

Wenn die Spezifikation für ein gefiltertes Geometrieelement mit einer festgelegten Filterung gilt, muss das mit Hilfe der Werkzeuge bezeichnet werden, die in ISO 1101:2017, 8.2.2.2.1 angegeben sind.

5.3.7 Regel J: Geometrieelemente für Assoziation und Parameterspezifikationen für Spezifikationselemente

Wenn sich ein unabhängiges Profilmerkmal (Profilformtoleranz) auf ein Nicht-Default Bezugselement, einen Nicht-Default Parameter oder beides bezieht, ist das mit den in ISO 1101:2017, 8.2.2.3.1 und 8.2.2.3.2 dargestellten Möglichkeiten anzugeben.

ANMERKUNG Die defaultmäßigen Assoziationskriterien und Parameter sind in ISO 1101:2017, 8.2.2.3.1 und 8.2.2.3.2 angegeben.

5.3.8 Regel K: Assoziiertes toleriertes Spezifikationselement

Wenn die Spezifikation für ein assoziiertes Geometrieelement gilt und nicht für das bezeichnete Geometrieelement selbst, ist das mit den Werkzeugen anzugeben, die in ISO 1101:2017, 8.2.2.2.2 vorgegeben sind.

5.3.9 Regel L: Nicht formstabile Teile

Wenn die Spezifikation für ein nicht formstabiles Teil in einem vorgespannten oder nichtvorgespannten Zustand gilt, sind Angaben und Regeln nach ISO 10579 anzuwenden.

Anhang A
(informativ)

Zusammengesetzte Geometrieelemente

Zusammengesetzte Geometrieelemente, die nicht vollständig durch TEDs definiert sind, und Geometrieelemente, die einer der in Regel A angegebenen Arten entsprechen, jedoch nicht die Anforderungen der Regel hinsichtlich der durch TEDs definierten Dimensionierung erfüllen, haben keine eindeutig definierte Form und können daher nicht durch Profilmerkmale spezifiziert werden. In Bild A.1 sind einige Beispiele dargestellt.

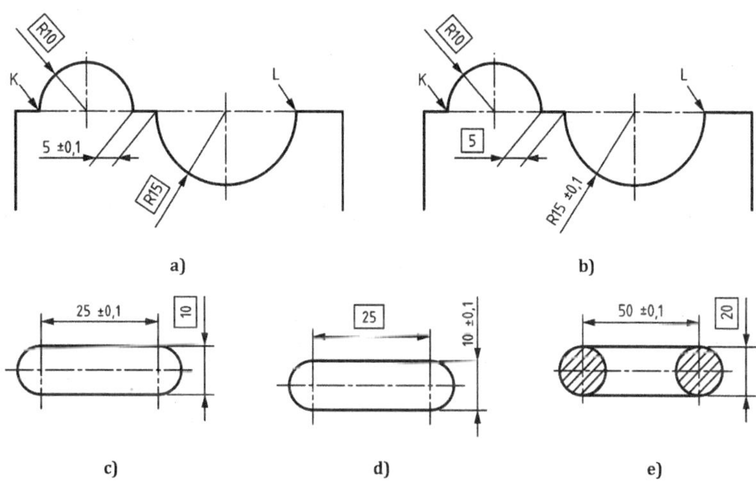

Bild A.1 — Geometrieelemente mit mehrdeutiger Geometrie

Das TEF des in Bild A.1 a) dargestellten Geometrieelements ist mehrdeutig, weil der Nennabstand zwischen den beiden Halbkreisen nicht definiert ist.

Das TEF des in Bild A.1 b) dargestellten Geometrieelements ist mehrdeutig, weil der Nennradius von einem der beiden Halbkreise nicht definiert ist.

Das TEF des in Bild A.1 c) dargestellten Geometrieelements ist mehrdeutig, weil der Nennabstand zwischen Mittelpunkten der beiden Bögen nicht definiert ist.

Das TEF des in Bild A.1 d) dargestellten Geometrieelements ist mehrdeutig, weil der Nenndurchmesser der Bögen nicht definiert ist.

Das TEF des in Bild A.1 e) dargestellten Geometrieelements ist mehrdeutig, weil das Nenngrößenmaß der Leitlinie nicht definiert ist.

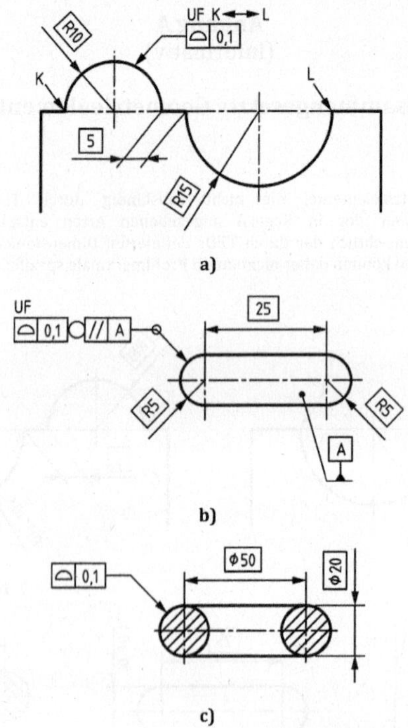

a)

b)

c)

Bild A.2 — Geometrieelemente mit eindeutiger Geometrie

ANMERKUNG 1 CZ hätte in Bild A.2 a) und Bild A.2 b) anstelle von UF verwendet werden können.

ANMERKUNG 2 Der Abstand zwischen den Ebenen in Bild A.2 b) ist implizit als 10 angegeben, da sie tangential zu den halben Zylindern angezeigt werden.

Das TEF des in Bild A.2 a) dargestellten Geometrieelements ist eindeutig, weil die Nennradien der Halbkreise sowie der Abstand zwischen den beiden Kreisen durch TEDs definiert sind.

Das TEF des in Bild A.2 b) dargestellten Geometrieelements ist eindeutig, weil sowohl die Nenndurchmesser der Bögen als auch der Nennabstand zwischen den Mittelpunkten der Bögen durch TEDs definiert sind.

Das TEF des in Bild A.2 c) dargestellten Geometrieelements ist eindeutig, weil das Nenngrößenmaß der Leitlinie durch eine TED definiert ist.

Anhang B
(informativ)

Illustration der Regeln

B.1 Allgemeines

Die folgenden Beispiele sollen die grundlegenden Regeln sowie die Regeln A bis F darstellen. Sie ergänzen, schmälern oder ändern nicht die Regeln.

— Beispiel 1: Flächenprofilspezifikation für ein einzelnes Geometrieelement (B.2).

— Beispiel 2: Flächenprofilspezifikation für ein zusammengesetztes Geometrieelement (B.3).

— Beispiel 3: Flächenprofilspezifikation für eine Gruppe unabhängiger Geometrieelemente (B.4).

— Beispiel 4: Flächenprofilspezifikation für ein vereinigtes Geometrieelement (B.5).

— Beispiel 5: Spezifiziert versetzte Flächenprofiltoleranzzone für ein vereinigtes Geometrieelement (B.6).

— Beispiel 6: Unspezifiziert linear versetzte Flächenprofiltoleranzzone für ein vereinigtes Geometrieelement (B.7).

— Beispiel 7: Kombinierte Flächenprofilspezifikation für eine Gruppe von Geometrieelementen (B.8).

— Beispiel 8: Flächenprofilspezifikation für ein zusammengesetztes Geometrieelement, das vollständig durch Bezüge eingeschränkt ist (B.9).

— Beispiel 9: Kombination einer symmetrischen Toleranzzone und einer unspezifiziert versetzten Toleranzzone (B.10).

— Beispiel 10: Ungleichmäßig verteilte Flächenprofilspezifikation, die durch Bezüge eingeschränkt ist (B.11).

— Beispiel 11: Flächenprofilspezifikation für ein zusammengesetztes Geometrieelement, das teilweise durch Bezüge eingeschränkt ist (B.12).

— Beispiel 12: Flächenprofilspezifikation für zwei unabhängige Geometrieelemente, die teilweise durch Bezüge eingeschränkt sind (B.13).

— Beispiel 13: Linienprofilspezifikation für ein einzelnes Geometrieelement (B.14).

— Beispiel 14: Linienprofilspezifikation für ein zusammengesetztes abgeleitetes Geometrieelement (B.15).

— Beispiel 15: Flächenprofilspezifikation für ein zusammengesetztes abgeleitetes Geometrieelement (B.16).

— Beispiel 16: Flächenprofilspezifikation für ein komplexes zusammengesetztes Geometrieelement (B.17).

ANMERKUNG Für die Interpretation der angegebenen Spezifikation sind nicht alle TEDs notwendig.

B.2 Beispiel 1: Flächenprofilspezifikation für ein einzelnes Geometrieelement

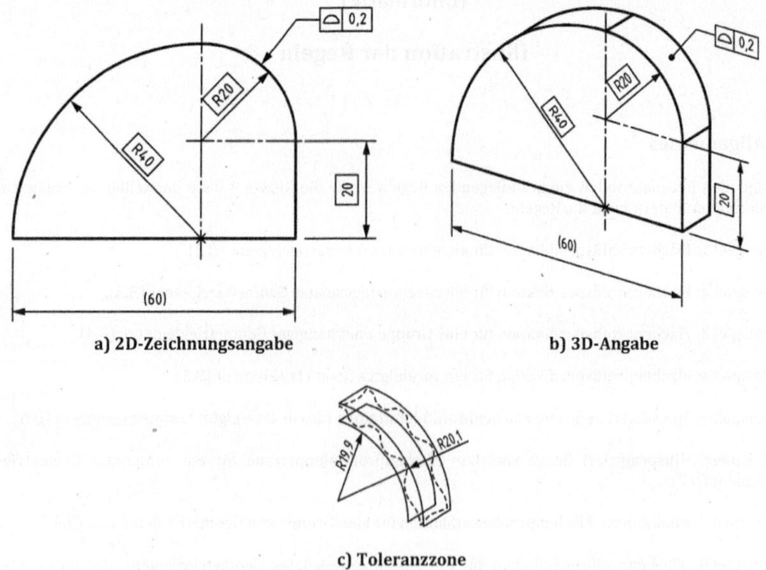

Bild B.1 — Flächenprofilspezifikation für ein einzelnes Geometrieelement

Die Zeichnungsangaben in Bild B.1 a) und b) müssen wie folgt interpretiert werden:

— Nach dem Grundsatz für Geometrieelemente gilt die Spezifikation für ein vollständiges Geometrieelement, d. h. das durch die Hinweislinie identifizierte Geometrieelement stellt ein Geometrieelement dar, das durch den 90°-Ausschnitt eines Zylinders mit einem Nennradius von 20 gebildet wurde.

— Nach Regel A ist das TEF mit theoretisch exakten Maßen zu definieren. In diesem Fall ist das tolerierte Geometrieelement als Ausschnitt eines Zylinders mit einem Nennradius von 20 definiert.

— Nach Regel B ist das tolerierte Geometrieelement eine Fläche und entsprechend den in ISO 1101:2017, Abschnitt 6 vorgegebenen Regeln zur Angabe ist das tolerierte Geometrieelement eine integrale Fläche.

— Nach Regel C ist die Toleranzzone durch zwei abstandsgleiche Flächen begrenzt, die Kugeln mit einem Durchmesser, der dem Toleranzwert entspricht, einhüllen, deren Mittelpunkte auf dem TEF liegen. Das ergibt Toleranzzonengrenzen, die 90°-Ausschnitte koaxialer Zylinder mit einem Radius von 19,9 bzw. 20,1 sind.

— Da die Spezifikation keine Bezüge enthält, sind der Ort und die Richtung der Toleranzzone nicht definiert.

ANMERKUNG Der Umfang des in Bild B.1 a) und b) gezeigten Werkstücks besteht aus vier Geometrieelementen: 1) einem horizontalen ebenen Geometrieelement, 2) einem vertikalen ebenen Geometrieelement, 3) einem 90°-Abschnitt eines Zylinders mit einem Nennradius von 20 und 4) einem 90°-Ausschnitt eines Zylinders mit einem Nennradius von 40. Obwohl es keine Unterbrechung zwischen den beiden zylindrischen Geometrieelementen und zwischen einem der zylindrischen Geometrieelemente und einem der ebenen Geometrieelemente gibt, sind es trotzdem vier einzelne Geometrieelemente.

B.3 Beispiel 2: Flächenprofilspezifikation für ein zusammengesetztes Geometrieelement

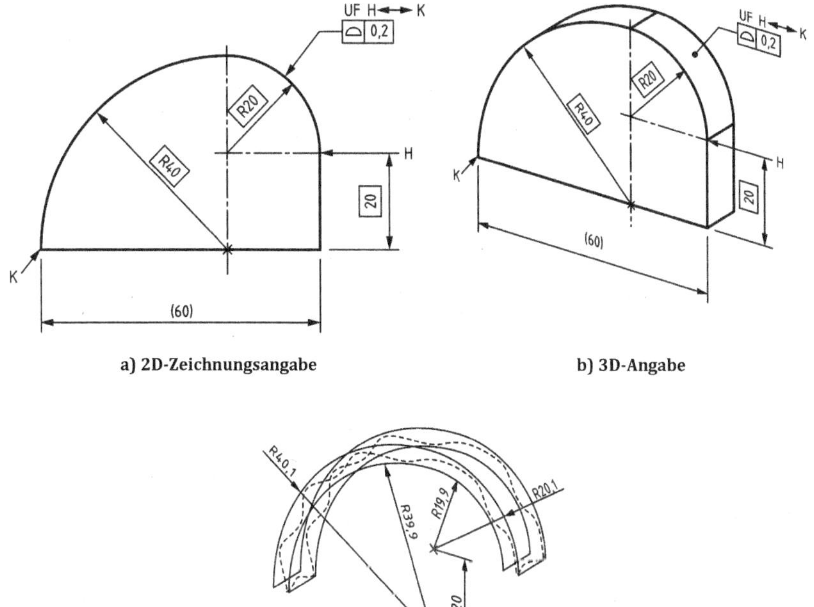

a) 2D-Zeichnungsangabe

b) 3D-Angabe

c) Toleranzzone

Bild B.2 — Flächenprofilspezifikation für ein zusammengesetztes Geometrieelement

Die Zeichnungsangaben in Bild B.2 a) und b) unterscheiden sich von Bild B.1 a) und b) darin, dass zwei spezifische Grenzlinien bezeichnet sind und das „Zwischen"-Symbol verwendet wird. Die Angaben müssen wie folgt interpretiert werden:

— Nach Regel D gilt die Spezifikation, weil das „Zwischen"-Symbol verwendet wird, für Geometrieelemente, die durch die Grenzen eingeschränkt werden, die in dem „Zwischen"-Symbol angegeben sind; und weil der UF-Modifikator verwendet wird, werden die Geometrieelemente als ein zusammengesetztes Geometrieelement betrachtet (ein vereinigtes Geometrieelement).

— Nach Regel A ist das TEF mit theoretisch exakten Maßen zu definieren. In diesem Fall ist das tolerierte Geometrieelement als Ausschnitt eines Zylinders mit einem Radius von 20 und Ausschnitt eines Zylinders mit einem Radius von 40 definiert, die in einem Achsabstand von 20 so angeordnet sind, dass es keine Unterbrechung zwischen den beiden Abschnitten des Geometrieelements gibt.

— Nach Regel B ist das tolerierte Geometrieelement eine Fläche und entsprechend den in ISO 1101:2017, Abschnitt 6, vorgegebenen Regeln zur Angabe ist das tolerierte Geometrieelement eine integrale Fläche.

— Nach Regel C ist die Toleranzzone durch zwei abstandsgleiche Flächen begrenzt, die Kugeln mit einem Durchmesser, der dem Toleranzwert entspricht, einhüllen, deren Mittelpunkte auf dem TEF liegen. Das ergibt Toleranzzonengrenzen, die zusammengesetzte gebogene Flächen sind, wobei jede aus zwei 90°-Ausschnitten von Zylindern mit einem Achsabstand von 20 besteht, die so angeordnet sind, dass es zwischen den beiden Ausschnitten der Fläche keine Unterbrechung gibt. Die Innenflächen haben einen Radius von 19,9 bzw. 39,9 und die Außenflächen haben einen Radius von 20,1 bzw. 40,1.

— Da die Spezifikation keine Bezüge enthält, sind der Ort und die Richtung der Toleranzzone nicht definiert.

B.4 Beispiel 3: Flächenprofilspezifikation für eine Gruppe unabhängiger Geometrieelemente

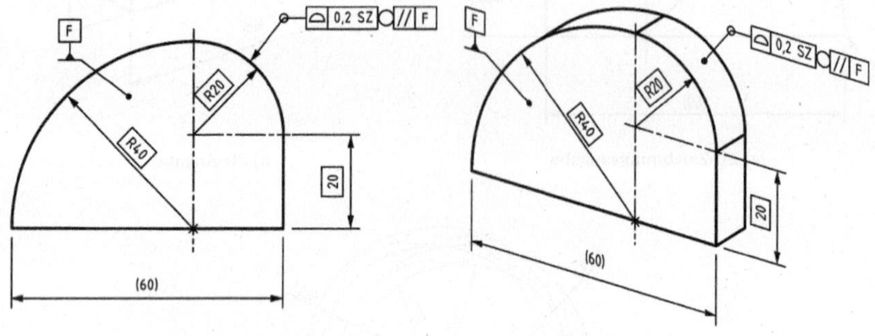

a) 2D-Zeichnungsangabe b) 3D-Zeichnungsangabe

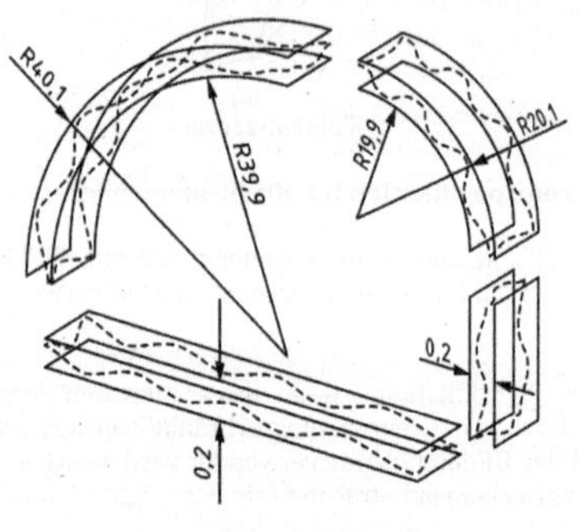

c) Toleranzzone

ANMERKUNG 1 Für die Interpretation der im Bild angegebenen Spezifikation ist die TED 20 nicht notwendig.

ANMERKUNG 2 Der Indikator für die Kollektionsebene ist in ISO 1101:2017, Abschnitt 16, definiert.

Bild B.3 — Flächenprofilspezifikation für eine Gruppe unabhängiger Geometrieelemente

Die Zeichnungsangaben in Bild B.3 a) und b) unterscheiden sich von Bild B.1 a) und b) darin, dass der „Rundum"-Modifikator verwendet wird. Die Angaben müssen wie folgt interpretiert werden:

— Nach Regel D gilt die Spezifikation, weil das „Rundum"-Symbol verwendet wird, für eine Satz von Geometrieelementen, die die Peripherie des Werkstücks darstellen, wenn in einer Ebene parallel zum Bezug F betrachtet, wie durch den Kollektionsebenen-Indikator angegeben. Die Geometrieelemente werden als unabhängig betrachtet, d. h. die Toleranzzonen stehen in keiner Beziehung zueinander. Die Bedeutung wäre die gleiche, wenn zur Bezeichnung der vier Geometrieelemente vier Hinweislinien verwendet worden wären. Das „Rundum"-Symbol ist ein Kürzel für die Bezeichnung der Geometrieelemente, die die Peripherie ausmachen. Um Mehrdeutigkeiten zu vermeiden, wird des „Rundum"-Symbol mit der SZ-Spezifikation kombiniert, um anzuzeigen, dass die Geometrieelemente unabhängig sind.

— Nach Regel A ist das TEF mit theoretisch exakten Maßen zu definieren. In diesem Fall sind die tolerierten Geometrieelemente als ein Ausschnitt eines Zylinders mit einem Radius von 20, ein Ausschnitt eines Zylinders mit einem Radius von 40 und zwei ebenen Flächen definiert.

— Nach Regel B sind die tolerierten Geometrieelemente Flächen und entsprechend den in ISO 1101:2017, Abschnitt 6, vorgegebenen Regeln zur Angabe sind die tolerierten Geometrieelemente integrale Flächen.

— Nach Regel C sind die Toleranzzonen durch zwei abstandsgleiche Flächen begrenzt, die Kugeln mit einem Durchmesser, der dem Toleranzwert entspricht, einhüllen, deren Mittelpunkte auf dem TEF liegen. Das ergibt Toleranzzonengrenzen, die 90°-Ausschnitten koaxialer Zylinder mit einem Radius von 19,9 bzw. 20,1 sind, Toleranzzonengrenzen, die 90°-Ausschnitten koaxialer Zylinder mit einem Radius von 39,9 bzw. 40,1 sind und zwei Toleranzzonengrenzen, die Ebenen sind, die durch 0,2 getrennt sind.

— Da die Spezifikation keine Bezüge enthält, sind der Ort und die Richtung der Toleranzzone nicht definiert.

B.5 Beispiel 4: Flächenprofilspezifikation für ein vereinigtes Geometrieelement

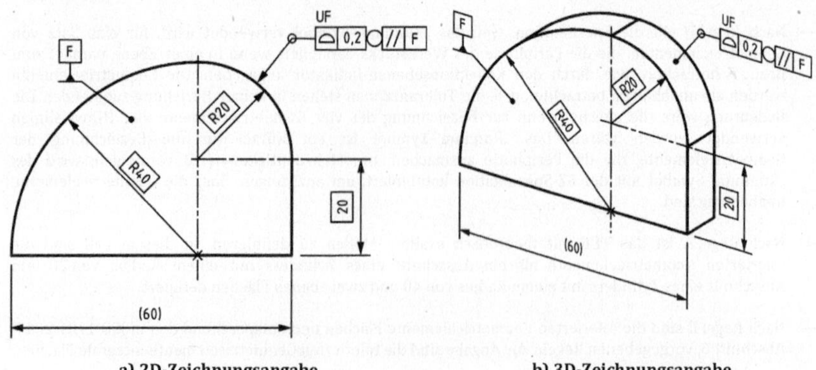

a) 2D-Zeichnungsangabe b) 3D-Zeichnungsangabe

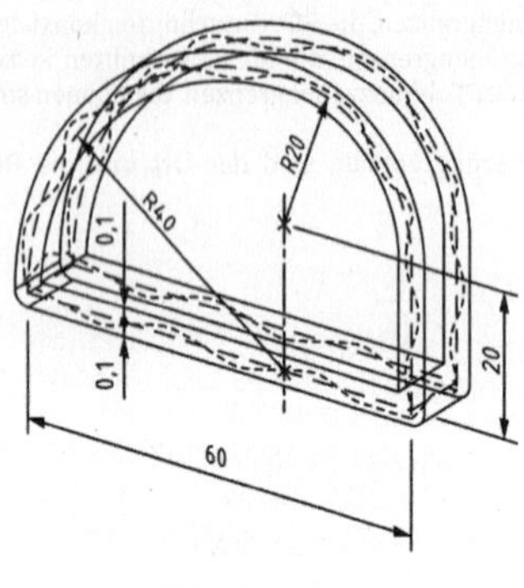

c) Toleranzzonen

Bild B.4 — Flächenprofilspezifikation für ein vereinigtes Geometrieelement

Die Zeichnungsangaben in Bild B.4 a) und b) unterscheiden sich von denen in Bild B.3 a) und b) darin, dass der UF-Modifikator verwendet wird, um anzugeben, dass die Toleranz für ein vereinigtes Geometrieelement gilt. Die Angaben müssen wie folgt interpretiert werden:

— Nach Regel D gilt die Spezifikation, weil das „Rundum"-Symbol und der UF-Modifikator verwendet werden, für ein vereinigtes Geometrieelement, das aus den Geometrieelementen gebildet wurde, die die Peripherie des Werkstücks darstellen, wenn in einer Ebene parallel zur Bezug F betrachtet, wie durch die Angabe für den Kollektionsebenen-Indikator angegeben. Die Bedeutung wäre die gleiche, wenn anstelle des „Rundum"-Symbols vier Hinweislinien zur Bezeichnung der vier Geometrieelemente verwendet worden wären.

— Nach Regel A ist das TEF mit theoretisch exakten Maßen zu definieren. In diesem Fall ist das tolerierte Geometrieelement ein zusammengesetztes Geometrieelement, das als ein Ausschnitt eines Zylinders mit einem Radius von 20, ein Ausschnitt eines Zylinders mit einem Radius von 40 und zwei durch TEDs definierte ebene Flächen in einer speziellen Beziehung zueinander, definiert ist.

— Nach Regel B ist das tolerierte Geometrieelement eine Fläche und entsprechend den in ISO 1101:2017, Abschnitt 6 vorgegebenen Regeln zur Angabe ist das tolerierte Geometrieelement eine integrale Fläche.

— Nach Regel C ist die Toleranzzone durch zwei abstandsgleiche Flächen begrenzt, die Kugeln mit einem Durchmesser, der dem Toleranzwert entspricht, einhüllen, deren Mittelpunkte auf dem TEF liegen.

— Da die Spezifikation keine Bezüge enthält, sind der Ort und die Richtung der Toleranzzone nicht definiert.

ANMERKUNG 1 Da das periphere Geometrieelement als ein Geometrieelement betrachtet wird, werden die Kugeln, die die Grenzen der Toleranzzone definieren, über die Unterbrechungen im Geometrieelement gerollt und erzeugen runde Ecken in der Toleranzzone auf der Außenseite der Unterbrechungen.

ANMERKUNG 2 Die Tatsache, dass die Spezifikation für ein vereinigtes Geometrieelement gilt, wobei die Peripherie des Werkstücks aus Geometrieelementen gebildet wird, kann bei Bedarf vom CAD-Modell angezeigt werden und braucht ansonsten nicht sichtbar sein.

B.6 Beispiel 5: Spezifiziert versetzte Flächenprofiltoleranzzone für ein vereinigtes Geometrieelement

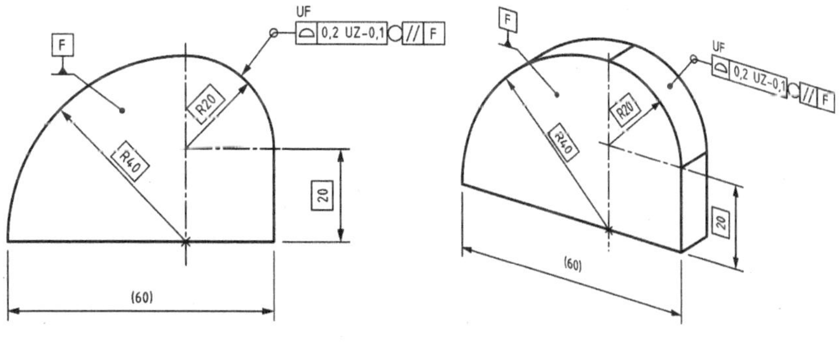

a) 2D-Zeichnungsangabe

b) 3D-Zeichnungsangabe

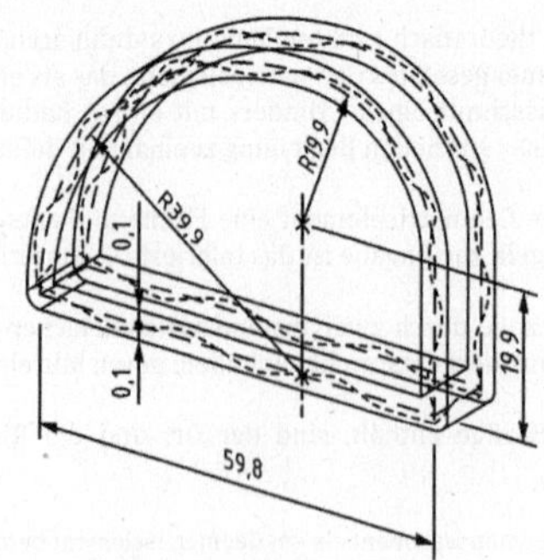

c) resultierende Toleranzzone

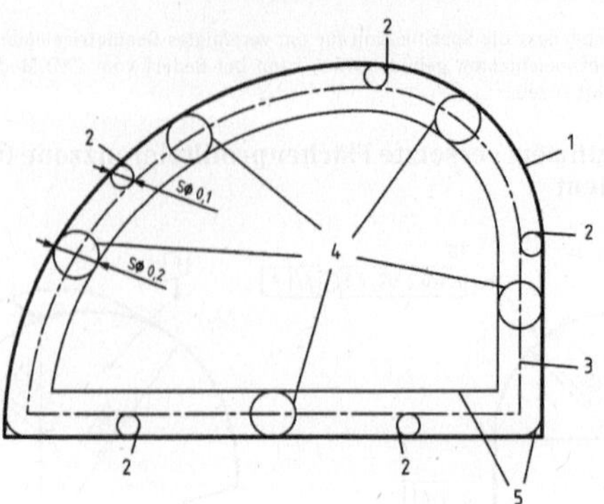

d) Definition der Toleranzzone

Legende

1 TEF

2 Beispiele für einen Satz unendlich vieler Kugeln mit einem Durchmesser von 0,1, die auf der Innenseite des TEF rollen und die Geometrie definieren, die die Mittelfläche der spezifiziert versetzten (unsymmetrisch angeordneten) Toleranzzone darstellt

3 Versatzgeometrie

4 Beispiele für einen Satz unendlich vieler Kugeln mit einem Durchmesser von 0,2, deren Mittelpunkte auf der Mittelfläche liegen, die die Grenzen der spezifiziert versetzten (unsymmetrisch angeordneten) Toleranzzone definieren

5 Grenze der spezifiziert versetzten (unsymmetrisch angeordnete) Toleranzzone; beachten, dass die Toleranzzone gerundete Ecken hat

Bild B.5 — Spezifiziert versetzte Flächenprofiltoleranzzone für ein vereinigtes Geometrieelement

Die Zeichnungsangaben in Bild B.5 a) und b) unterscheiden sich von Bild B.4 a) und b) darin, dass der UZ-Modifikator verwendet wird, um anzugeben, dass die Toleranzzone um 0,1 in das Material versetzt ist. Die Angabe muss wie folgt interpretiert werden:

— Nach Regel D gilt die Spezifikation, weil das „Rundum"-Symbol und der UF-Modifikator verwendet werden, für ein vereinigtes Geometrieelement, das aus den Geometrieelementen gebildet wurde, die die Peripherie des Werkstücks darstellen, wenn in einer Ebene parallel zum Bezug F betrachtet, wie durch die Angabe für den Kollektionsebenen-Indikator gekennzeichnet. Die Bedeutung wäre die gleiche, wenn anstelle des „Rundum"-Symbols vier Hinweislinien zur Bezeichnung der vier Geometrieelemente verwendet worden wären.

— Nach Regel A ist das TEF mit theoretisch exakten Maßen zu definieren. In diesem Fall ist das tolerierte Geometrieelement ein zusammengesetztes Geometrieelement, als ein Ausschnitt eines Zylinders mit einem Radius von 20, ein Ausschnitt eines Zylinders mit einem Radius von 40 und zwei ebenen Flächen in einer speziellen Beziehung zueinander, die durch TEDs definiert sind.

— Nach Regel B ist das tolerierte Geometrieelement eine Fläche und entsprechend den in ISO 1101:2017, Abschnitt 6 vorgegebenen Regeln zur Angabe ist das tolerierte Geometrieelement eine integrale Fläche.

— Nach Regel E ist die Toleranzzone, weil der UZ-0,1-Modifikator verwendet wird, spezifiziert versetzt zum TEF angeordnet. Eine abstandsgleiche Fläche, die, weil der Wert negativ ist, auf der Materialseite der Nenngeometrie platzierte Kugeln mit einem Durchmesser von 0,1 einhüllt, definiert die nominale Versatzgeometrie.

— Nach Regel C ist die Toleranzzone durch zwei abstandsgleiche Flächen begrenzt, die Kugeln mit einem Durchmesser, der dem Toleranzwert entspricht, einhüllen, deren Mittelpunkte auf der nominalen Versatzgeometrie liegen.

— Da die Spezifikation keine Bezüge enthält, sind der Ort und die Richtung der Toleranzzonen nicht definiert.

ANMERKUNG In diesem besonderen Fall besteht der Effekt der ungleich versetzten Toleranzzone mit einem negativen Versatz, der dem halben Toleranzwert entspricht, darin, die Toleranzzone innerhalb dem TEF zu versetzen, so dass in den meisten Bereichen die äußere Spezifikationsgrenze mit dem TEF übereinstimmt. Durch den Radius des strukturierten Elementes reicht jedoch in den Ecken die äußere Grenze der Toleranzzone nicht bis zur TEF hinaus.

B.7 Beispiel 6: Unspezifiziert linear versetzte Flächenprofiltoleranzzone für ein vereinigtes Geometrieelement

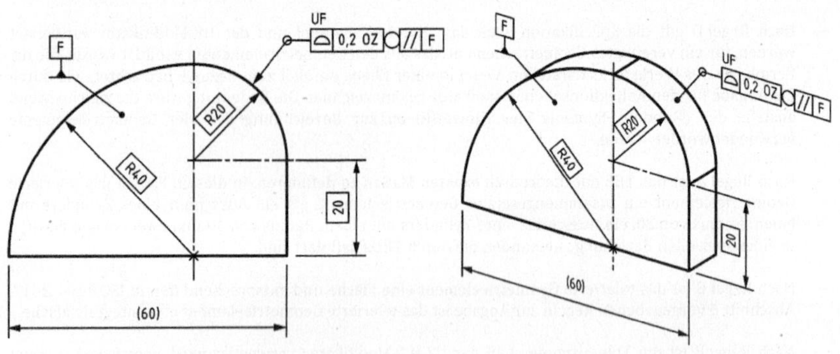

a) 2D-Zeichnungsangabe b) 3D-Zeichnungsangabe

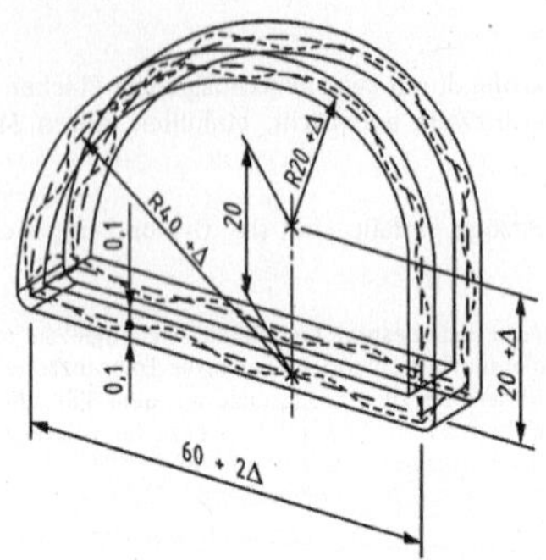

c) resultierende Toleranzzone

Bild B.6 — Unspezifiziert linear versetzte Flächenprofiltoleranzzone für ein vereinigtes Geometrieelement

ANMERKUNG Siehe Bild B.9 c) für die formale Definition der Toleranzzone.

Die Zeichnungsangaben in Bild B.6 a) und b) unterscheiden sich von Bild B.4 a) und b) darin, dass der OZ-Modifikator verwendet wird, um anzugeben, dass für die Toleranzzone ein nicht festgelegter, aber konstanter Versatz zulässig ist. Die Angaben müssen wie folgt interpretiert werden:

— Nach Regel D gilt die Spezifikation für ein vereinigtes Geometrieelement, das aus den Geometrieelementen aufgebaut ist, die die Peripherie des Werkstücks bilden, in Ebene parallel zum Bezug F, wie durch den Kollektionsebenen-Indikator angegeben, weil das „Rundum"-Symbol und der UF-Modifikator verwendet werden. Die Bedeutung wäre die gleiche, wenn anstelle des „Rundum"-Symbols vier Hinweislinien zur Bezeichnung der vier Geometrieelemente verwendet worden wären.

— Nach Regel A ist das TEF mit theoretisch exakten Maßen zu definieren. In diesem Fall ist das tolerierte Geometrieelement ein zusammengesetztes Geometrieelement, als ein Ausschnitt eines Zylinders mit einem Radius von 20, ein Ausschnitt eines Zylinders mit einem Radius von 40 und zwei ebene Flächen in einer speziellen Beziehung zueinander, die durch TEDs definiert sind.

— Nach Regel B ist das tolerierte Geometrieelement eine Fläche und entsprechend den in ISO 1101:2017, Abschnitt 6 vorgegebenen Regeln zur Angabe ist das tolerierte Geometrieelement eine integrale Fläche.

— Nach Regel F ist für die Toleranzzone, weil der OZ-Modifikator verwendet wird, ein nicht festgelegter, aber konstanter Versatz von dem TEF zulässig, siehe ISO 1101:2017, 8.2.2.1.4.1. Der Versatz wird mit Δ gekennzeichnet, siehe Bild B.6 c).

— Nach Regel C ist die Toleranzzone durch zwei abstandsgleiche Flächen begrenzt, die Kugeln mit einem Durchmesser, der dem Toleranzwert entspricht, einhüllen, deren Mittelpunkte auf der Versatz-Nenngeometrie liegen.

— Da die Spezifikation keine Bezüge enthält, sind der Ort und die Richtung der Toleranzzonen nicht definiert.

ANMERKUNG 1 Wenn Δ negativ ist, weist die Versatz-Nenngeometrie scharfe Ecken auf, siehe Bild B.6 c), wenn Δ jedoch positiv ist, sind die Ecken mit einem Radius gerundet, der Δ entspricht.

ANMERKUNG 2 Da es keine Einschränkungen bezüglich Δ gibt, wird eine Spezifikation mit dem OZ-Modifikator üblicherweise mit einer größeren Spezifikation ohne OZ-Modifikator kombiniert. Auf diese Weise kontrolliert die unspezifiziert versetzte Toleranzzone die Gestalt des tolerierten Geometrieelements innerhalb der größeren, nicht modifizierten Toleranzzone, siehe Bild B.9 c).

B.8 Beispiel 7: Kombinierte Flächenprofilspezifikation für eine Gruppe von Geometrieelementen

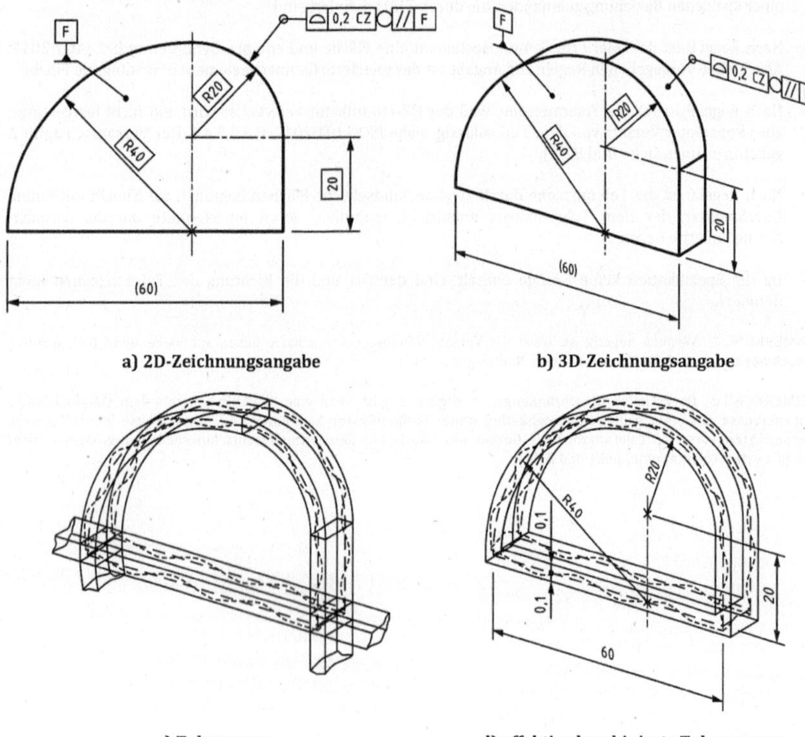

a) 2D-Zeichnungsangabe

b) 3D-Zeichnungsangabe

c) Toleranzzone

d) effektive kombinierte Toleranzzone

Bild B.7 — Kombinierte Flächenprofilspezifikation für eine Gruppe von Geometrieelementen

Die Zeichnungsangaben in Bild B.7 a) und b) unterscheiden sich von Bild B.4 a) und b) darin, dass der CZ-Modifikator anstelle des UF-Modifikators verwendet wird, um anzugeben, dass die Spezifikation eine kombinierte Toleranzzone ist, die für einen Satz von Geometrieelementen gilt. Die Angaben müssen wie folgt interpretiert werden:

— Nach Regel D gilt die Spezifikation, weil das „Rundum"-Symbol verwendet wird, für eine Satz von Geometrieelementen, die die Peripherie des Werkstücks darstellen, wenn sie in einer Ebene parallel zum Bezug F betrachtet werden, wie durch den Kollektionsebenen-Indikator angegeben. Die Bedeutung wäre die gleiche, wenn anstelle des „Rundum"-Symbols vier Hinweislinien zur Bezeichnung der vier Geometrieelemente verwendet worden wären.

— Nach Regel A ist das TEF mit theoretisch exakten Maßen zu definieren. In diesem Fall sind die tolerierten Geometrieelemente eine Reihe von vier Geometrieelementen, als ein Ausschnitt eines Zylinders mit einem Radius von 20, ein Ausschnitt eines Zylinders mit einem Radius von 40 und zwei ebene Flächen in einer speziellen Beziehung zueinander, die durch TEDs definiert sind.

— Nach Regel B sind die tolerierten Geometrieelemente Flächen und entsprechend den in ISO 1101:2017, Abschnitt 6, vorgegebenen Regeln zur Angabe sind die tolerierten Geometrieelemente integrale Flächen.

— Nach Regel C ist jede Toleranzzone durch zwei abstandsgleiche Flächen begrenzt, die Kugeln mit einem Durchmesser, der dem Toleranzwert entspricht, einhüllen, deren Mittelpunkte auf dem TEF liegen.

— Nach Regel D sind die Toleranzzonen, weil der CZ-Modifikator (kombinierte Zone) verwendet wird, für die vier Geometrieelemente zu einer Zone kombiniert. In Bild B.7 c) sind die vier Zonen dargestellt und wie die Zonen auf jeder Seite einer Ecke im Prinzip über die Ecke hinausgehen. Da die Geometrieelemente allen Zonen gerecht werden sollten, hat die resultierende kombinierte Zone scharfe Außenecken, wie in Bild B.7 d) dargestellt. Das ist der einzige praktische Unterschied zu Bild B.4 c).

— Da die Spezifikation keine Bezüge enthält, sind der Ort und die Richtung der Toleranzzonen nicht definiert.

ANMERKUNG Konzeptionell erzeugt der UF-Modifikator ein vereinigtes Geometrieelement, das aus mehreren Geometrieelementen und erzeugt wird und bildet eine Toleranzzone für dieses zusammengesetzte Geometrieelement, wohingegen der CZ-Modifikator, kombinierte Zone, die Geometrieelemente separat betrachtet jedoch die Toleranzzonen kombiniert. Der praktische Unterschied ist in diesem Fall gering, aber kann im Fall von Mustern signifikant sein.

B.9 Beispiel 8: Flächenprofilspezifikation für ein zusammengesetztes Geometrieelement, das vollständig durch Bezüge eingeschränkt ist

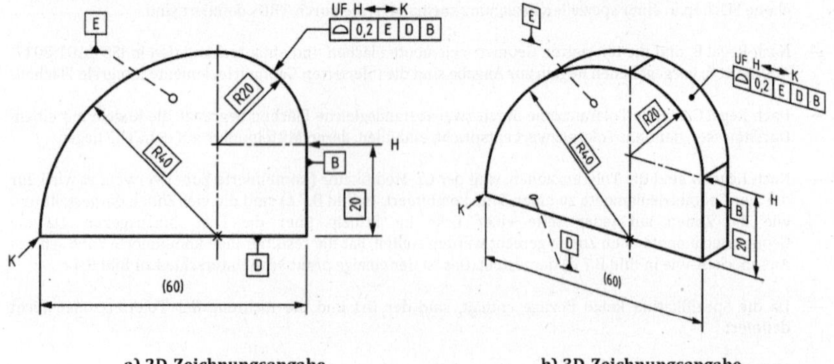

a) 2D-Zeichnungsangabe

b) 3D-Zeichnungsangabe

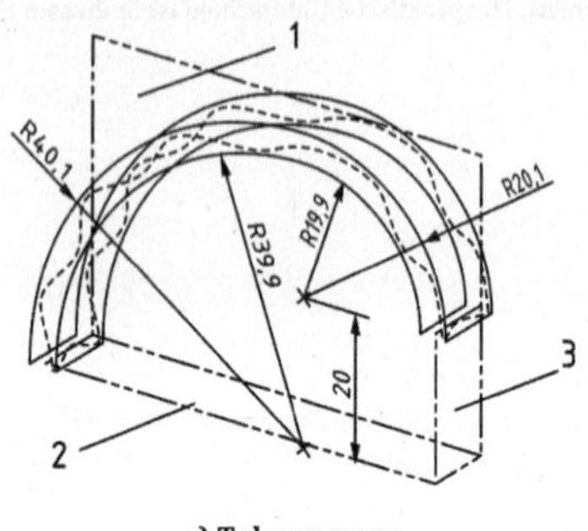

c) Toleranzzone

Legende

1 Bezug E

2 Bezug D

3 Bezug B

Bild B.8 — Flächenprofilspezifikation für ein zusammengesetztes Geometrieelement, das vollständig durch Bezüge eingeschränkt ist

ANMERKUNG Da alle nicht-redundanten Freiheitsgrade der Toleranzzone in Bild B.8 durch Bezug auf ein Bezugssystem gesperrt sind, hätte der UF-Modifikator ausgelassen werden können, ohne die praktische Bedeutung der Spezifikation zu verändern.

Die Zeichnungsangaben in Bild B.8 a) und b) unterscheiden sich von Bild B.2 a) und b) darin, dass sie sich in der Toleranzangabe auf ein vollständiges Bezugssystem beziehen. Die Angaben müssen wie folgt interpretiert werden:

— Nach Regel D gilt die Toleranz, weil das „Zwischen"-Symbol verwendet wird, für ein zusammengesetztes Geometrieelement, das durch die mit dem „Zwischen"-Symbol bezeichneten Punkte begrenzt ist. Da der UF-Modifikator angegeben ist, wird das zusammengesetzte Geometrieelement als ein Geometrieelement betrachtet.

— Nach Regel A ist das TEF mit theoretisch exakten Maßen zu definieren. In diesem Fall ist das tolerierte Geometrieelement als Ausschnitt eines Zylinders mit einem Radius von 20 und Ausschnitt eines Zylinders mit einem Radius von 40 definiert, die in einem Achsabstand von 20 so angeordnet sind, dass es keine Unterbrechung zwischen den beiden Ausschnitten des Geometrieelements gibt.

— Nach Regel B ist das tolerierte Geometrieelement eine Fläche und entsprechend den in ISO 1101:2017, Abschnitt 6 vorgegebenen Regeln zur Angabe ist das tolerierte Geometrieelement eine integrale Fläche.

— Nach Regel C ist die Toleranzzone durch zwei abstandsgleiche Flächen begrenzt, die Kugeln mit einem Durchmesser, der dem Toleranzwert entspricht, einhüllen, deren Mittelpunkte auf dem TEF liegen. Das ergibt Toleranzzonengrenzen, die zusammengesetzte gebogene Flächen sind, wobei jede aus zwei 90°-Ausschnitten von Zylindern mit einem Achsabstand von 20 besteht, die so angeordnet sind, dass es zwischen den beiden Ausschnitten der Fläche keine Unterbrechung gibt. Die Innenflächen haben einen Radius von 19,9 bzw. 39,9 und die Außenflächen haben einen Radius von 20,1 bzw. 40,1.

— Da sich die Spezifikation auf ein vollständiges Bezugssystem bezieht, ist die Toleranzzone durch das Bezugssystem vollständig eingeschränkt und kann sich zum Bezugssystem nicht relativ bewegen. Die Einzelheiten zu den Regeln, wie das Bezugssystem die Toleranzzone einschränkt, sind in ISO 5459 angegeben.

ANMERKUNG Da alle nicht-redundanten Freiheitsgrade der Toleranzzone durch Bezug auf ein Bezugssystem gesperrt sind und da es keine anguläre Diskontinuität zwischen den beiden integralen Geometrieelementen gibt, wären die resultierenden Beschränkungen dieselben gewesen, auch wenn SZ oder CZ anstelle von UF verwendet worden wären.

B.10 Beispiel 9: Kombination einer festgelegten symmetrischen Toleranzzone und einer unspezifiziert versetzten Toleranzzone

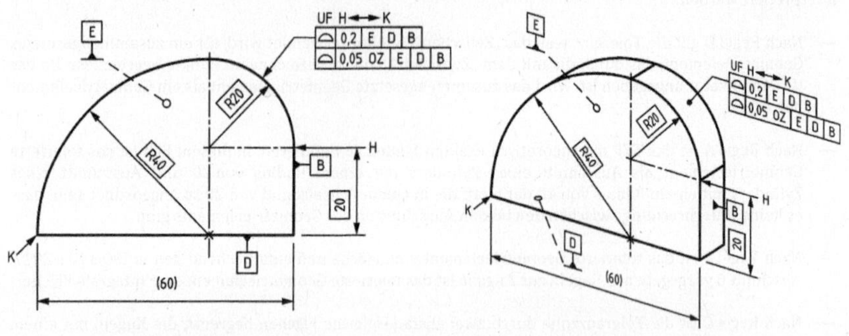

a) 2D-Zeichnungsangabe b) 3D-Zeichnungsangabe

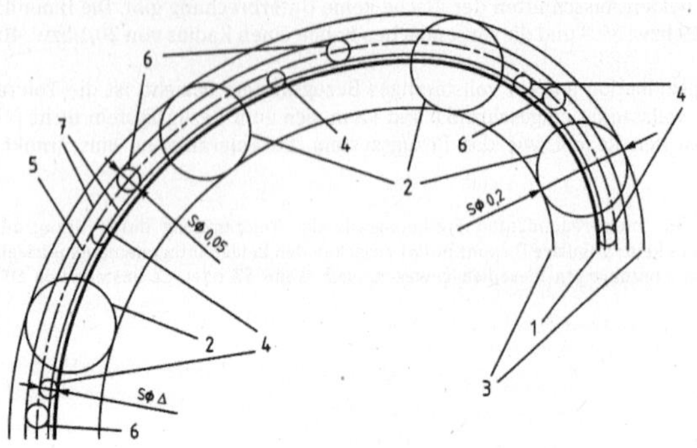

c) Toleranzzone

Legende

1 TEF
2 Beispiele für einen Satz unendlich vieler Kugeln mit einem Durchmesser von 0,2, die auf dem TEF zentriert sind, die die Grenzen der festgelegten Toleranzzone definieren
3 Grenzen der festgelegten Toleranzzone
4 Beispiele für einen Satz unendlich vieler Kugeln mit einem nicht festgelegten, aber konstanten Durchmesser, die die Versatz-Geometrie definieren, die die Mittelfläche der unspezifiziert versetzten Toleranzzone ist
5 Versatz-Geometrie
6 Beispiele für einen Satz unendlich vieler Kugeln mit einem Durchmesser von 0,05, die auf der mittleren unspezifiziert versetzten Fläche zentriert sind und die Grenzen der unspezifiziert versetzten Toleranzzone definieren
7 Grenzen der unspezifiziert versetzten Toleranzzone

Bild B.9 — Kombination einer festgelegten symmetrischen Toleranzzone und einer unspezifiziert versetzten Toleranzzone

ANMERKUNG Da alle nicht-redundanten Freiheitsgrade der Toleranzzone, definiert durch den Indikator der oberen Toleranz in Bild B.9 a) und Bild B.9 b) durch Bezug auf ein Bezugssystem gesperrt sind, hätte der UF-Modifikator ausgelassen werden können, ohne die praktische Bedeutung der Spezifikation zu verändern. Dies ist nicht der Fall für die Toleranzzone, die durch den Indikator der unteren Toleranz definiert wird. In diesem Fall ist der UF-Modifkator notwendig, um den Versatz der zwei Teile der Toleranzzone zu synchronisieren.

Die Zeichnungsangaben in Bild B.9 a) und b) definieren eine Kombination einer festgelegten Toleranz mit einem größeren Toleranzwert und einer unspezifiziert versetzten Toleranzzone mit einem kleineren Toleranzwert. Die festgelegte Toleranzzone ist identisch mit der in Bild B.8 dargestellten. Die unspezifiziert versetzte Toleranzzone entspricht der in Bild B.6, außer, dass sie nur zwischen den Linien H und K gilt. Die unspezifiziert versetzte Toleranzzone ist um einen nicht festgelegten Betrag versetzt, entweder innerhalb des Materials oder außerhalb des Materials im Vergleich zum TEF. Die Kombination der beiden Spezifikationen bestimmt die Gestalt des tolerierten Geometrieelements innerhalb der unspezifiziert versetzten Toleranzzone, die sich dem tolerierten Geometrieelement anpassen kann, vorausgesetzt, dass die unspezifiziert versetzte Toleranzzone innerhalb der festgelegten Toleranzzone bleibt.

Es gelten die gleichen Regeln für die festgelegte Toleranzzone wie für Bild B.8. Es gelten die gleichen Regeln für die unspezifiziert versetzte Toleranzzone wie die für Bild B.6.

B.11 Beispiel 10: Ungleichmäßig verteilte Flächenprofilspezifikation, die durch Bezüge eingeschränkt ist

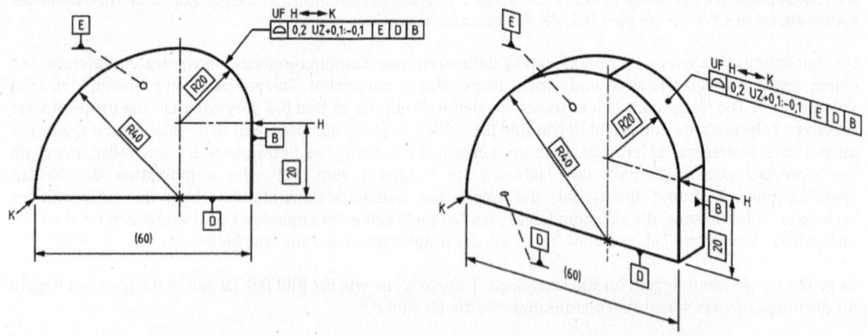

a) 2D-Zeichnungsangabe

b) 3D-Zeichnungsangabe

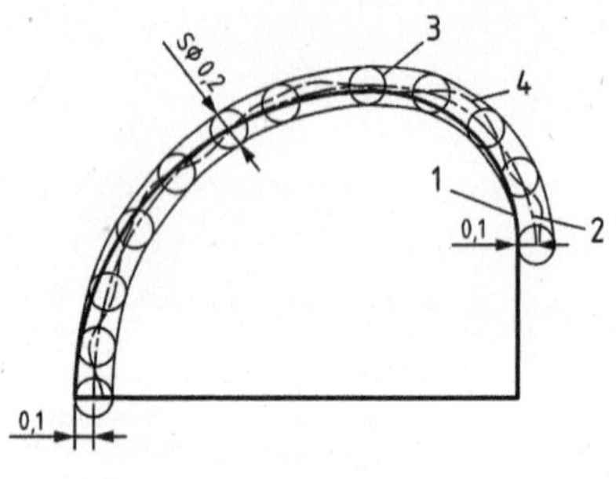

c) Toleranzzone

Legende

1 TEF

2 Mittelfläche der Toleranzzone; beginnt 0,1 außerhalb des TEF bei H und endet 0,1 innerhalb des TEF bei K

3 Kugeln mit einem Durchmesser von 0,2, die auf der Mittelfläche der Toleranzzone zentriert sind, die die Grenzen der Toleranzzone definieren

4 tatsächlich toleriertes Geometrieelement

Bild B.10 — Ungleichmäßig verteilte Flächenprofilspezifikation mit variabler Verschiebung, die durch Bezüge eingeschränkt ist

ANMERKUNG Da alle nicht-redundanten Freiheitsgrade der Toleranzzone in Bild B.10 durch Bezug auf ein Bezugssystem gesperrt sind, hätte der UF-Modifikator ausgelassen werden können, ohne die praktische Bedeutung der Spezifikation zu verändern.

Die Zeichnungsangaben in Bild B.10 a) und b) unterscheiden sich von Bild B.8 a) und b) darin, dass ein UZ-Modifikator verwendet wird, um eine ungleichmäßig angeordnete Toleranzzone anzugeben. Sie unterscheidet sich von der in Bild B.5 a) und b) gezeigten ungleichmäßig angeordneten Toleranzzone darin, dass sie nicht durch einen konstanten Betrag ungleichmäßig angeordnet ist. Die Angaben müssen wie folgt interpretiert werden:

— Nach Regel D gilt die Toleranz, weil das „Zwischen"-Symbol verwendet wird, für ein zusammengesetztes Geometrieelement, das durch die mit dem „Zwischen"-Symbol bezeichneten Grenzen begrenzt ist. Da der UF-Modifikator angegeben ist, wird das zusammengesetzte Geometrieelement als ein Geometrieelement betrachtet.

— Nach Regel A ist das TEF mit theoretisch exakten Maßen zu definieren. In diesem Fall ist das tolerierte Geometrieelement als Ausschnitt eines Zylinders mit einem Radius von 20 und Ausschnitt eines Zylinders mit einem Radius von 40 definiert, die in einem Achsabstand von 20 so angeordnet sind, dass es keine Unterbrechung zwischen den beiden Ausschnitten des Geometrieelements gibt.

— Nach Regel B ist das tolerierte Geometrieelement eine Fläche und entsprechend den in ISO 1101:2017, Abschnitt 6 vorgegebenen Regeln zur Angabe ist das tolerierte Geometrieelement eine integrale Fläche.

— Nach Regel E ist die Toleranzzone, weil der UZ+0,1:−0,1-Modifikator verwendet wird, ungleichmäßig um das TEF verteilt. Der +0,1 Wert (außerhalb des Materials) entspricht dem Punkt H, weil sie beide zuerst angegeben sind und der −0,1 Wert (innerhalb des Materials) entspricht dem Punkt K, weil sie beide zuletzt angegeben sind. Die Verschiebung der Mittelfläche der Toleranzzone variiert linear entlang der krummlinigen Länge des tolerierten Geometrieelements.

— Nach Regel C ist die Toleranzzone durch zwei abstandsgleiche Flächen begrenzt, die Kugeln mit einem Durchmesser, der dem Toleranzwert entspricht, einhüllen, deren Mittelpunkte sich auf der Mittelfläche der Toleranzzone liegen.

— Da sich die Spezifikation auf ein vollständiges Bezugssystem bezieht, ist die Toleranzzone durch das Bezugssystem vollständig eingeschränkt und kann sich zum Bezugssystem nicht relativ bewegen. Die Einzelheiten zu den Regeln, wie das Bezugssystem die Toleranzzone einschränkt, sind in ISO 5459 angegeben.

B.12 Beispiel 11: Flächenprofilspezifikation für ein zusammengesetztes Geometrieelement, das teilweise durch Bezüge eingeschränkt ist

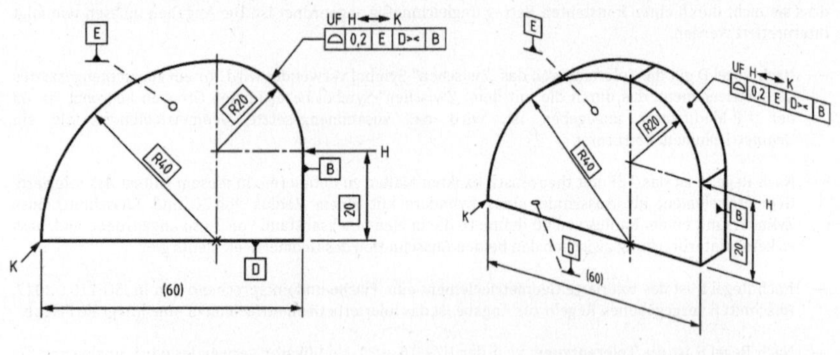

a) 2D-Zeichnungsangabe

b) 3D-Zeichnungsangabe

c) Toleranzzone

Legende

1 primärer Bezug E
2 sekundärer Bezug D
3 tertiärer Bezug B
4 Richtung der unbeschränkten Bewegung für die Toleranzzone

Bild B.11 — Flächenprofilspezifikation für ein zusammengesetztes Geometrieelement, das teilweise durch Bezüge eingeschränkt ist

Die Zeichnungsangaben in Bild B.11 a) und b) unterscheiden sich von Bild B.8 a) und b) darin, dass der >< „Nur-Richtung-Modifikator" zum Bezug D hinzugefügt wird. Die Angabe ist folgendermaßen zu interpretieren:

— Wegen des >< „Nur-Richtung-Modifikators" für den Bezug D, schränkt dieser Bezug die Verschiebung nicht ein, so dass sich die Toleranzzone in vertikaler Richtung bewegen kann. Die Einzelheiten zu den Regeln, wie das Bezugssystem die Toleranzzone einschränkt, sind in ISO 5459 angegeben.

B.13 Beispiel 12: Flächenprofilspezifikation für zwei unabhängige Geometrieelemente, die teilweise durch Bezüge eingeschränkt sind

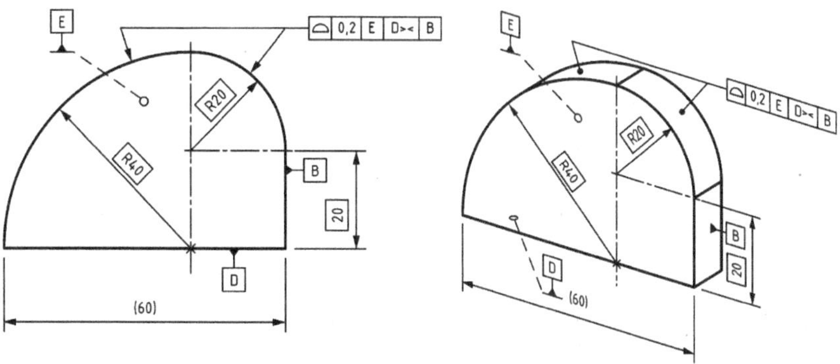

a) 2D-Zeichnungsangabe

b) 3D-Zeichnungsangabe

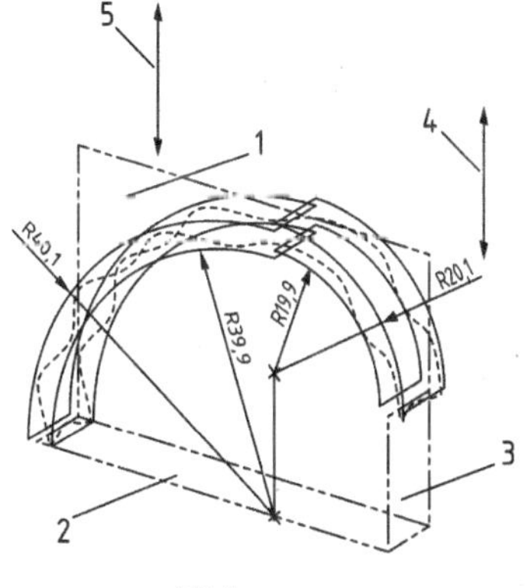

c) Toleranzzone

Legende

1 primärer Bezug E
2 sekundärer Bezug D
3 tertiärer Bezug B
4 Richtung der unbeschränkten Bewegung für die Toleranzzone R20
5 Richtung der unbeschränkten Bewegung für die Toleranzzone R40

ANMERKUNG 1 Die Bewegungen 4 und 5 sind voneinander unabhängig.

ANMERKUNG 2 Für die Interpretation der in diesem Bild angegebenen Spezifikation ist das TED 20 nicht notwendig.

Bild B.12 — Flächenprofilspezifikation für zwei unabhängige Geometrieelemente, die teilweise durch Bezüge eingeschränkt sind

Die Zeichnungsangaben in Bild B.12 a) und b) unterscheiden sich von Bild B.11 a) und b) darin, dass die beiden tolerierten Geometrieelemente als einzelne Geometrieelemente betrachtet werden, da es keine Angabe gibt, die beiden zu verknüpfen. Die Interpretation unterscheidet sich wie folgt:

— Weil die beiden tolerierten Geometrieelemente nicht mit dem UF-Modifikator als ein Geometrieelement gekennzeichnet sind und die Toleranzzonen nicht unter Verwendung des CZ-Modifikators kombiniert sind, sind die beiden Toleranzzonen gemäß dem Grundsatz der Unabhängigkeit unabhängig, siehe ISO 8015.

— Wegen des >< „Nur-Richtung-Modifikators" für den Bezug D, schränkt dieser Bezug die Verschiebung nicht ein, so dass sich die Toleranzzonen in vertikaler Richtung bewegen können. Die Einzelheiten zu den Regeln, wie das Bezugssystem die Toleranzzone einschränkt, sind in ISO 5459 angegeben.

— Weil die beiden Toleranzzonen unabhängig sind, können sie sich in der vertikalen Richtung unabhängig voneinander bewegen.

B.14 Beispiel 13: Linienprofilspezifikation für ein einzelnes Geometrieelement

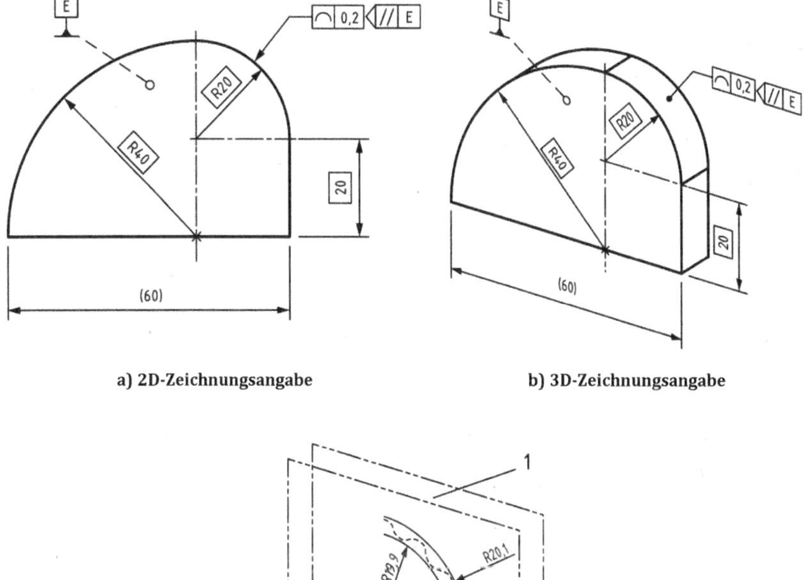

a) 2D-Zeichnungsangabe

b) 3D-Zeichnungsangabe

c) Toleranzzone

Legende

1 Bezug E

2 Schnittebene parallel zum Bezug E

ANMERKUNG Für die Interpretation der in diesem Bild angegebenen Spezifikation sind die TEDs 20 und R40 nicht notwendig.

Bild B.13 — Linienprofilspezifikation für ein einzelnes Geometrieelement

Die Zeichnungsangaben in Bild B.13 a) und b) unterscheiden sich von Bild B.1 a) und b) darin, dass das Linienprofilsymbol anstelle des Flächenprofilsymbols verwendet wird und dass der Schnittebenen-Indikator den Bezug E kennzeichnet. Die Zeichnungsangaben in Bild B.13 a) und b) müssen wie folgt interpretiert werden:

— Nach dem Geometrieelementprinzip gilt die Spezifikation für ein vollständiges Geometrieelement, d. h. das durch die Hinweislinie identifizierte Geometrieelement stellt ein Geometrieelement dar, das durch den 90°-Ausschnitt eines Zylinders mit einem Nennradius von 20 gebildet wurde.

— Nach Regel A ist das TEF mit theoretisch exakten Maßen zu definieren. In diesem Fall ist das tolerierte Geometrieelement als Ausschnitt eines Zylinders mit einem Radius von 20 definiert.

— Nach Regel B ist das tolerierte Geometrieelement alle Linien in dem gekennzeichneten Geometrieelement parallel zur Bezugsebene E und entsprechend den in ISO 1101:2017, Abschnitt 6 vorgegebenen Regeln zur Angabe ist das tolerierte Geometrieelement ein integrales Geometrieelement.

— Nach Regel C ist jede Toleranzzone durch zwei abstandsgleiche Linien begrenzt, die Kreise mit einem Durchmesser, der dem Toleranzwert entspricht, einhüllen, deren Mittelpunkte auf dem TEF liegen. Das ergibt Toleranzzonengrenzen, die 90°-Ausschnitte von koaxialen Kreisen mit einem Radius von 19,9 bzw. 20,1 sind.

— Da die Spezifikation keine Bezüge enthält, sind der Ort und die Richtung der Toleranzzone nicht definiert.

ANMERKUNG 1 Diese Spezifikation schränkt die Beziehung zwischen den tolerierten Linien nicht ein, d. h. der Ort und die Richtung in jeder zum Bezug E parallelen Ebene sind nicht eingeschränkt. Das ist der praktische Unterschied zwischen den Spezifikationen in Bild B.1 und B.13.

ANMERKUNG 2 Die Spezifikationen in den Bildern B.2 bis B.12 könnten alle verändert werden, um das Profilliniensymbol anstelle des Flächenprofilsymbols zu verwenden und deren Bedeutung würde sich gleichermaßen zum Unterschied zwischen den Spezifikationen in Bild B.1 und B.13 ändern. Die einzigen Ausnahmen sind die Spezifikationen in Bild B.8 und B.10. Weil die Toleranzzonen in diesen Fällen vollständig durch Bezüge eingeschränkt sind, hätte eine Flächenprofilspezifikation die gleiche Bedeutung wie eine Linienprofilspezifikation.

B.15 Beispiel 14: Linienprofilspezifikation für ein zusammengesetztes abgeleitetes Geometrieelement

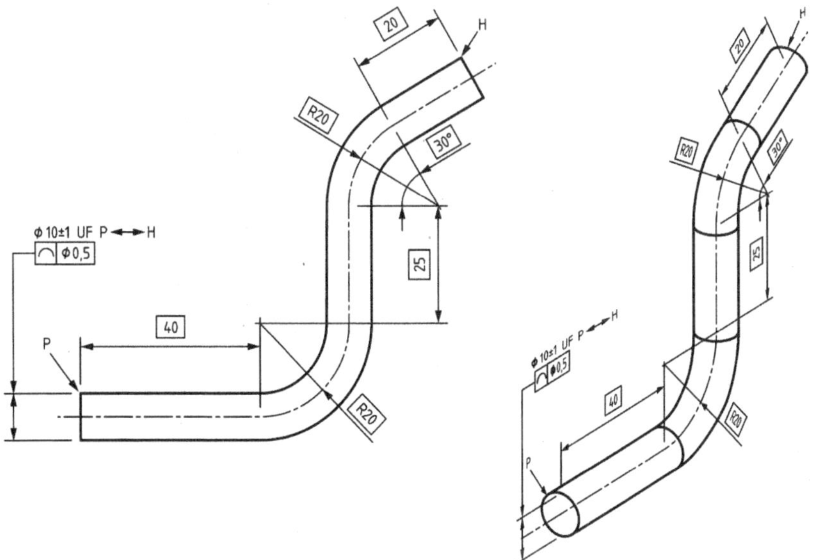

a) 2D-Zeichnungsangabe

b) 3D-Zeichnungsangabe

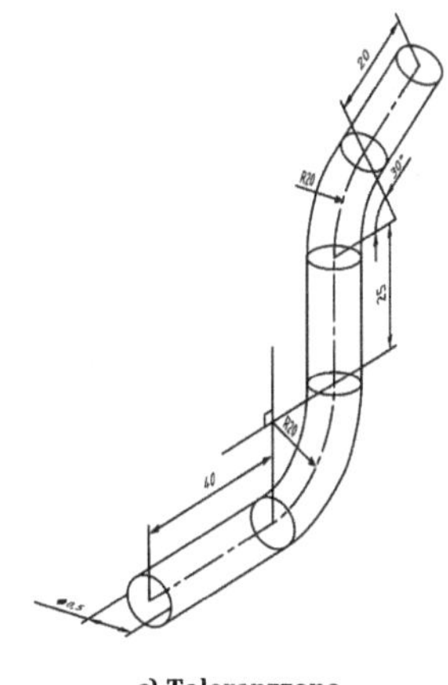

c) Toleranzzone

Bild B.14 — Linienprofilspezifikation für ein zusammengesetztes abgeleitetes Geometrieelement

Die Zeichnungsangaben in Bild B.14 a) und b) müssen wie folgt interpretiert werden:

— Nach Regel D gilt die Spezifikation, weil das „Zwischen"-Symbol und der UF-Modifikator verwendet werden, für ein zusammengesetztes Geometrieelement, das durch die mit dem „Zwischen"-Symbol bezeichneten Grenzen begrenzt ist. Das zusammengesetzte Geometrieelement wird als ein Geometrieelement betrachtet.

— Nach Regel A ist das TEF mit theoretisch exakten Maßen zu definieren. In diesem Fall ist das tolerierte Geometrieelement als eine zusammengesetzte Linie definiert, die aus drei geraden Abschnitten besteht, die durch zwei Kreissegmente mit einem Radius von 20, einem 90°-Abschnitt und einem 30°-Abschnitt verbunden sind.

— Nach Regel B ist das tolerierte Geometrieelement eine Linie und entsprechend den in ISO 1101:2017, Abschnitt 6 vorgegebenen Regeln zur Angabe ist das tolerierte Geometrieelement eine abgeleitete Linie.

— Nach Regel C ist die Toleranzzone durch ein Rohr begrenzt, das Kugeln mit einem Durchmesser, der dem Toleranzwert entspricht, deren Mittelpunkte auf dem TEF liegen, einhüllt.

— Da die Spezifikation keine Bezüge enthält, sind der Ort und die Richtung der Toleranzzone nicht definiert.

ANMERKUNG Die Bedeutung wäre die gleiche, wenn das Symbol für Positionscharakteristiken anstelle des Symbols für Linienprofilcharakteristiken verwendet worden wäre.

B.16 Beispiel 15: Flächenprofilspezifikation für ein zusammengesetztes abgeleitetes Geometrieelement

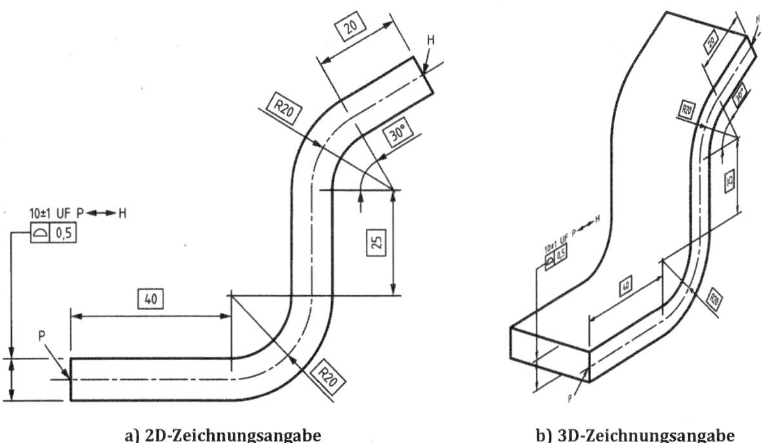

a) 2D-Zeichnungsangabe

b) 3D-Zeichnungsangabe

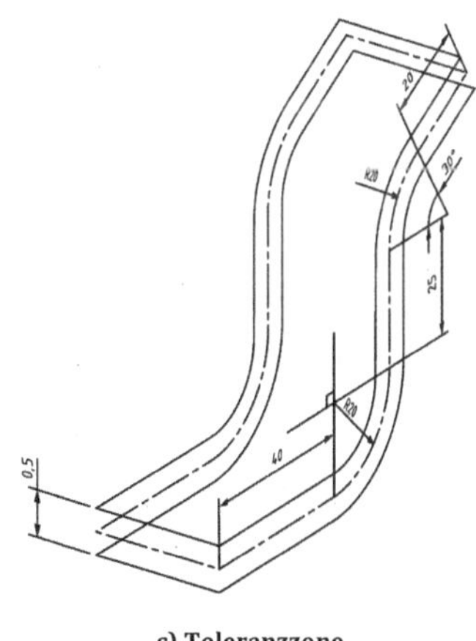

c) Toleranzzone

Bild B.15 — Flächenprofilspezifikation für ein vereinigtes abgeleitetes Geometrieelement

Die Zeichnungsangaben in Bild B.15 a) und b) müssen wie folgt interpretiert werden:

— Nach Regel D gilt die Spezifikation, weil das „Zwischen"-Symbol und der UF-Modifikator verwendet werden, für ein zusammengesetztes Geometrieelement, das durch die mit dem „Zwischen"-Symbol bezeichneten Grenzen begrenzt ist. Das zusammengesetzte Geometrieelement wird als ein Geometrieelement betrachtet.

— Nach Regel A ist die TEF mit theoretisch exakten Maßen zu definieren. In diesem Fall ist das tolerierte Geometrieelement als eine zusammengesetztes Fläche definiert, die aus drei Ebenen-Abschnitten besteht, die durch zwei gebogene Abschnitte mit einem Radius von 20, einem 90°-Abschnitt und einem 30°-Abschnitt verbunden sind.

— Nach Regel B ist das tolerierte Geometrieelement eine Fläche und entsprechend den in ISO 1101:2017, Abschnitt 6, vorgegebenen Regeln zur Angabe ist das tolerierte Geometrieelement eine abgeleitete Fläche.

— Nach Regel C ist die Toleranzzone durch zwei abstandsgleiche Flächen begrenzt, die Kugeln mit einem Durchmesser, der dem Toleranzwert entspricht, einhüllen, deren Mittelpunkte auf dem TEF liegen.

— Da die Spezifikation keine Bezüge enthält, sind der Ort und die Richtung der Toleranzzone nicht definiert.

ANMERKUNG Die Bedeutung wäre die gleiche, wenn das Ortssymbol verwendet worden wäre.

B.17 Beispiel 16: Flächenprofilspezifikation für ein komplexes vereinigtes Geometrieelement

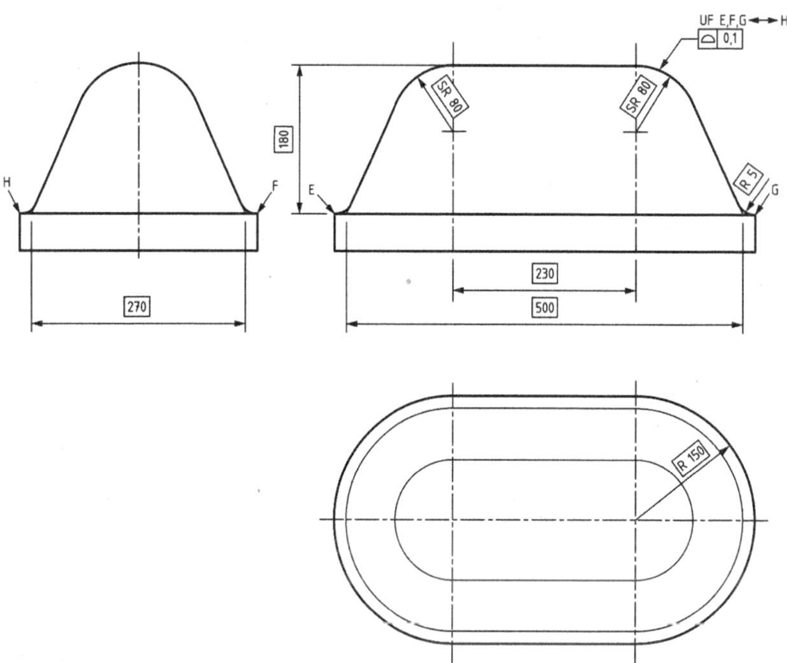

Nominale Geometrie definiert im CAD-Modell 12345 rev abc

a) Zeichnungsangabe

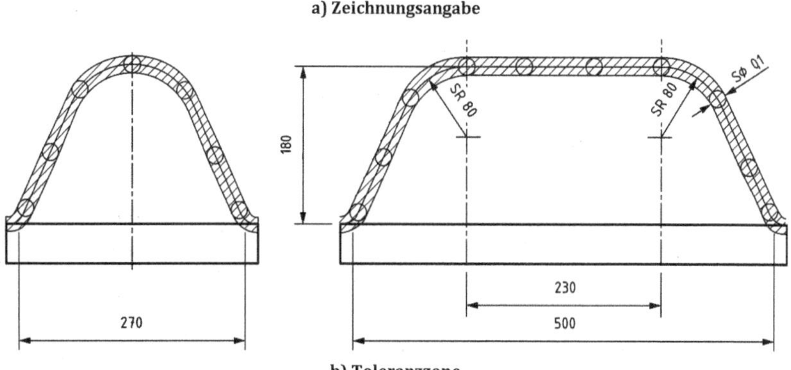

b) Toleranzzone

Bild B.16 — Flächenprofilspezifikation für ein komplexes zusammengesetztes Geometrieelement

Die Zeichnungsangaben in Bild B.16 a) müssen wie folgt interpretiert werden:

— Nach Regel D gilt die Spezifikation, weil das „Zwischen“-Symbol und der UF-Modifikator verwendet werden, für ein zusammengesetztes Geometrieelement, das durch die mit dem „Zwischen“-Symbol bezeichneten Grenzen begrenzt ist. Das zusammengesetztes Geometrieelement wird als ein Geometrieelement betrachtet.

— Nach Regel A ist das TEF mit theoretisch exakten Maßen zu definieren. In diesem Fall ist das tolerierte Geometrieelement mit Bezug auf ein CAD-Modell definiert, das mit ISO 16792 konform ist.

ANMERKUNG Da das TEF durch Bezug auf ein CAD-Modell gegeben ist, dienen die in der Zeichnung dargestellten TEDs nur der Information.

— Nach Regel B ist das tolerierte Geometrieelement eine Fläche und entsprechend den in ISO 1101:2017, Abschnitt 6 vorgegebenen Regeln zur Angabe ist das tolerierte Geometrieelement eine integrale Fläche.

— Nach Regel C ist die Toleranzzone durch zwei abstandsgleiche Flächen begrenzt, die Kugeln mit einem Durchmesser, der dem Toleranzwert entspricht, einhüllen, deren Mittelpunkte auf dem TEF liegen.

— Da die Spezifikation keine Bezüge enthält, sind der Ort und die Richtung der Toleranzzone nicht definiert.

Anhang C
(informativ)

Frühere Zeichnungspraxis

C.1 Dieser Anhang beschreibt die frühere Zeichnungspraxis, die verworfen wurde und nicht mehr angewendet wird. Daher ist sie kein integraler Bestandteil dieses Dokuments, sollte jedoch zur Information verwendet werden.

C.2 Die vorherige Ausgabe dieses Dokuments ISO 1660:1987 enthielt ein zu Bild C.1 ähnliches Bild. Das Dokument gab keine Regel an, das Bild implizierte jedoch, dass eine Profilspezifikation „von Kante zu Kante" angewendet wurde. Dies ist nicht eindeutig, da es keine Definition für Werkstückkanten gab. Des Weiteren steht es im Gegensatz zum Grundsatz des Geometrieelements, das in ISO 8015:2011, 5.4, definiert ist.

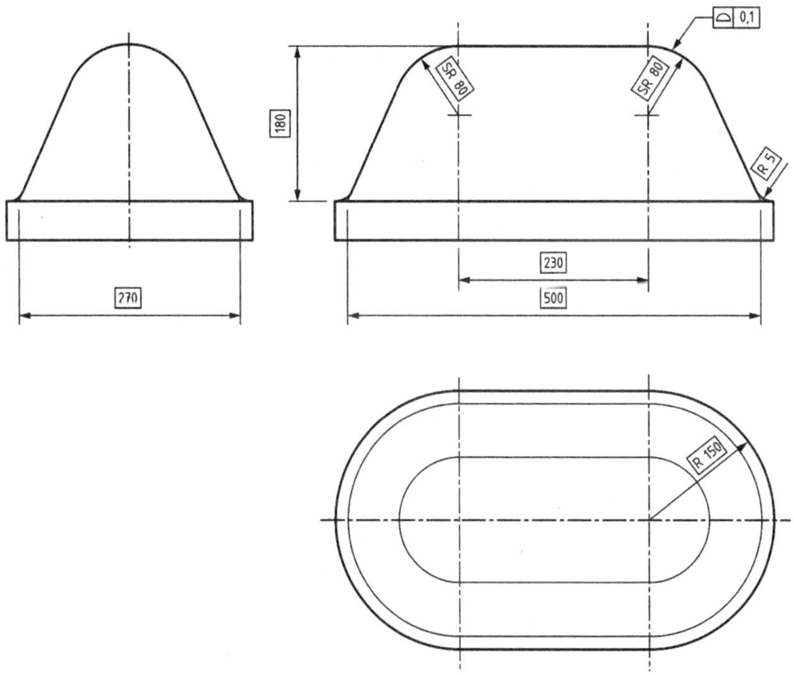

a) Zeichnungsangabe

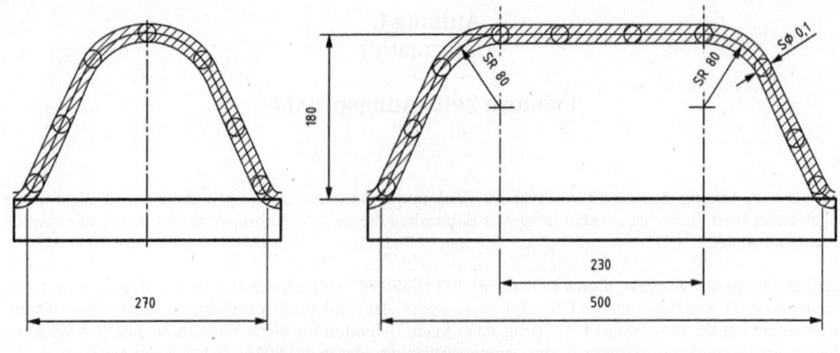

b) Interpretation (veraltet)

Bild C.1 — Veraltete Interpretation der Ausmaße des tolerierten Geometrieelements für eine Profilspezifikation

Mit den in diesem Dokument angegebenen Mitteln und Regeln kann eine Spezifikation, die, wie in Bild C.1 b) gezeigt, interpretiert wird, wie in Bild B.16 a) angegeben werden.

C.3 Es entsprach der früheren Praxis, die „Rundum"-Angabe ohne zusätzliche Angabe zu verwenden, die angibt, ob die gekennzeichneten Geometrieelemente als einzelne Geometrieelemente oder als ein komplexes Geometrieelement betrachtet werden sollten. Dies erzeugte eine Mehrdeutigkeit, d. h. es war nicht klar, ob die Angabe in Bild C.2 sowie in Bild B.3 c) gezeigt, wie in Bild B.4 c) gezeigt oder wie in Bild B.7 c) gezeigt, interpretiert werden sollte.

Statt dessen sollten die Angaben, die in Bild B.3 a) und b), Bild B.4 a) und b) oder Bild B.7 a) und b) gezeigt werden, verwendet werden, abhängig davon, welche Spezifikation gewünscht wird (SZ, UF oder CZ).

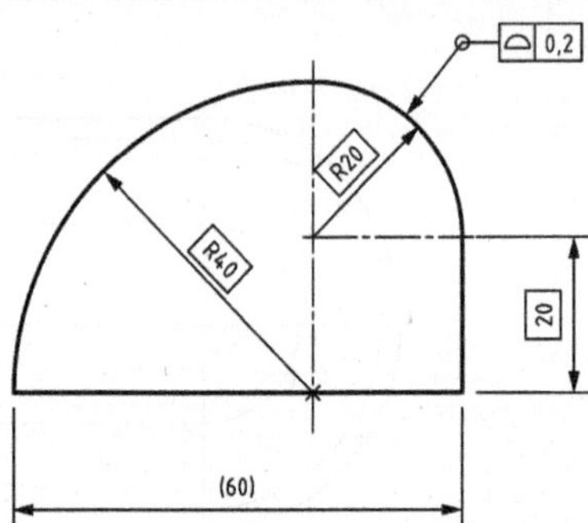

Bild C.2 — Mehrdeutige „Rundum"-Angabe ohne zusätzliche Angaben

C.4 Die Praxis, sich auf die Zeichnungsebene als Kollektionsebene in Verbindung mit dem „Rundum"-Symbol in 2D zu verlassen, wird als veraltet angesehen, um die Praktiken zwischen 2D und 3D anzugleichen, siehe ISO 1101:2017, 9.1.2.

Anhang D
(informativ)

Zusammenhang mit dem GPS-Matrix-Modell

D.1 Allgemeines

Zu den vollständigen Einzelheiten des GPS-Matrix-Modells siehe ISO 14638.

Der in ISO 14638 angegebene ISO/GPS-Masterplan gibt einen Überblick über das ISO/GPS-System, von dem dieses Dokument ein Bestandteil ist. Die in ISO 8015 angegebenen grundlegenden Regeln von ISO/GPS gelten für dieses Dokument und, sofern nicht anders angegeben, gelten die Default-Entscheidungsregeln nach ISO 14253-1 für Spezifikationen, die in Übereinstimmung mit diesem Dokument festgelegt wurden.

D.2 Information über diese Internationale Norm und ihre Anwendung

Dieses Dokument enthält grundlegende Informationen für die geometrische Tolerierung von Profilen.

D.3 Position im GPS-Matrix-Modell

Dieses Dokument ist eine allgemeine GPS-Norm, welche die Kettenglieder A, B und C der Ketten von Normen zur Form von Linien und Flächen unabhängig von Bezügen und abhängig von Bezügen beeinflusst, wie in Tabelle D.1 graphisch dargestellt.

Tabelle D.1 — Grundlegende und allgemeine ISO/GPS-Matrix

	Kettenglieder						
	A	B	C	D	E	F	G
	Symbole und Angaben	Element-anfor-derungen	Merkmale von Geometrie elementen	Übereinstimmung und Nicht-Übereinstimmung	Messung	Mess-geräte	Kali-brierung
Größenmaß							
Abstand							
Form	X	X	X				
Richtung	X	X	X				
Ort	X	X	X				
Lauf							
Oberflächen-beschaffen-heit: Profil							
Oberflächen-beschaffen-heit: Fläche							
Oberflächen-unvollkom-menheiten							

D.4 Verwandte Normen

Die verwandten Normen sind diejenigen, die in Tabelle D.1 für die Normenketten aufgeführt sind.

Literaturhinweise

[1] ISO 2692, *Geometrical product specifications (GPS) — Geometrical tolerancing — Maximum material requirement (MMR), least material requirement (LMR) and reciprocity requirement (RPR)*

[2] ISO 7083, *Technical drawings — Symbols for geometrical tolerancing — Proportions and dimensions*

[3] ISO 5458:1998, *Geometrical Product Specifications (GPS) — Geometrical tolerancing — Positional tolerancing*

[4] ISO 10579, *Geometrical product specifications (GPS) — Dimensioning and tolerancing — Non-rigid parts*

[5] ISO 14253-1, *Geometrical product specifications (GPS) — Inspection by measurement of workpieces and measuring equipment — Part 1: Decision rules for proving conformity or nonconformity with specifications*

[6] ISO 14638, *Geometrical product specifications (GPS) — Matrix model*

März 2016

DIN EN ISO 1938-1

ICS 17.040.30

Teilweiser Ersatz für
DIN 7150-2:2007-02 und
DIN 7150-2
Berichtigung 1:2007-08

Geometrische Produktspezifikation (GPS) – Längenprüftechnik – Teil 1: Grenzlehren und Lehrung der Längenmaße (ISO 1938-1:2015); Deutsche Fassung EN ISO 1938-1:2015

Geometrical product specifications (GPS) –
Dimensional measuring equipment –
Part 1: Plain limit gauges of linear size (ISO 1938-1:2015);
German version EN ISO 1938-1:2015

Spécification géométrique des produits (GPS) –
Équipement de mesure dimensionnel –
Partie 1: Calibres lisses à limite de taille linéaire (ISO 1938-1:2015);
Version allemande EN ISO 1938-1:2015

Gesamtumfang 41 Seiten

DIN-Normenausschuss Technische Grundlagen (NATG)

Nationales Vorwort

Dieses Dokument (EN ISO 1938-1:2015) wurde vom Technischen Komitee ISO/TC 213 „Dimensional and geometrical product specifications and verification" in Zusammenarbeit mit dem Technischen Komitee CEN/TC 290 „Geometrische Produktspezifikationen und -prüfung" erarbeitet, dessen Sekretariat von AFNOR (Frankreich) gehalten wird.

Das zuständige deutsche Gremium ist der NA 152-03-02-07 UA „Längenprüftechnik außer Koordinaten-, Form- und Oberflächenmesstechnik sowie Gewindekenngrößen" im DIN-Normenausschuss Technische Grundlagen (NATG).

Für die in diesem Dokument zitierten Internationalen Normen wird im Folgenden auf die entsprechenden Deutschen Normen hingewiesen:

ISO 286-1	siehe DIN EN ISO 286-1
ISO 1101	siehe DIN EN ISO 1101
ISO 14253-1	siehe DIN EN ISO 14253-1
ISO 14253-2	siehe DIN EN ISO 14253-2
ISO 14405-1	siehe DIN EN ISO 14405-1
ISO 17450-1	siehe DIN EN ISO 17450-1
ISO 17450-2	siehe DIN EN ISO 17450-2
ISO/IEC Guide 99	siehe Internationales Wörterbuch der Metrologie

Änderungen

Gegenüber DIN 7150-2:2007-02 und DIN 7150-2 Berichtigung 1:2007-08 wurden folgende Änderungen vorgenommen:

a) Titel geändert;

b) Anwendungsbereich umfasst glatte Grenzlehren der linearen Größenmaße; bisherige Einschränkung auf zylindrische Werkstücke entfällt;

c) vier Lehrenarten ergänzt und Bezeichnung der Lehrenarten geändert;

d) Konstruktionsmerkmale und messtechnische Merkmale der Grenzlehren konkretisiert;

e) Vorgehensweise bei Grenzlehren für Werkstücke, deren Toleranz des Maßes des Größenmaßelementes nicht als Code nach ISO 286-1:2010 angegeben wird, geändert;

f) Grenzlehren für Grundtoleranzgrade der Werkstücke IT 17 und IT 18 ergänzt;

g) Prüflehren für Rachenlehren in DIN EN ISO 1938-2 ausgegliedert;

h) Möglichkeiten der Kennzeichnung der Grenzlehren erweitert;

i) Terminologie an die aktuellen Normen angepasst.

Frühere Ausgaben

DIN 7150-2: 1938x-07, 1977-08, 2007-02
DIN 7150-2 Berichtigung 1: 2007-08
DIN 7162: 1936-10, 1965x-12

Nationaler Anhang NA
(informativ)

Literaturhinweise

DIN EN ISO 1, *Geometrische Produktspezifikation (GPS) — Referenztemperatur für geometrische Produktspezifikation und -prüfung*

DIN EN ISO 286-1, *Geometrische Produktspezifikation (GPS) — ISO-Toleranzsystem für Längenmaße — Teil 1: Grundlagen für Toleranzen, Abmaße und Passungen*

DIN EN ISO 1101, *Geometrische Produktspezifikation (GPS) — Geometrische Tolerierung — Tolerierung von Form, Richtung, Ort und Lauf*

DIN EN ISO 1302, *Geometrische Produktspezifikation (GPS) — Angabe der Oberflächenbeschaffenheit in der technischen Produktdokumentation*

DIN EN ISO 8015, *Geometrische Produktspezifikation (GPS) — Grundlagen — Konzepte, Prinzipien und Regeln*

DIN EN ISO 14253-1, *Geometrische Produktspezifikationen (GPS) — Prüfung von Werkstücken und Messgeräten durch Messen — Teil 1: Entscheidungsregeln für die Feststellung von Konformität oder Nichtkonformität mit Spezifikationen*

DIN EN ISO 14253-2, *Geometrische Produktspezifikationen (GPS) — Prüfung von Werkstücken und Messgeräten durch Messen — Teil 2: Anleitung zur Schätzung der Unsicherheit bei GPS-Messungen, bei der Kalibrierung von Messgeräten und bei der Produktprüfung*

DIN EN ISO 14405-1, *Geometrische Produktspezifikation (GPS) — Dimensionelle Tolerierung — Teil 1: Lineare Größenmaße*

DIN EN ISO 14638, *Geometrische Produktspezifikation (GPS) — Matrix-Modell*

DIN EN ISO 14978, *Geometrische Produktspezifikation (GPS) — Allgemeine Begriffe und Anforderungen für GPS-Messeinrichtungen*

DIN EN ISO 17450-1, *Geometrische Produktspezifikation (GPS) — Grundlagen — Teil 1: Modell für die geometrische Spezifikation und Prüfung*

DIN EN ISO 17450-2, *Geometrische Produktspezifikation (GPS) — Grundlagen — Teil 2: Grundsätze, Spezifikationen, Operatoren, Unsicherheiten und Mehrdeutigkeiten*

DIN V ENV 13005, *Leitfaden zur Angabe der Unsicherheit beim Messen (GUM)* [*)]

Internationales Wörterbuch der Metrologie — Grundlegende und allgemeine Begriffe und zugeordnete Benennungen (VIM) [**)]

[*)] Wurde 2014-10 ersatzlos zurückgezogen.

[**)] Zu beziehen bei: Beuth Verlag GmbH, 10772 Berlin, Best.-Nr. 22472, ISBN 978-3-410-22472-3.

— Leerseite —

EUROPÄISCHE NORM

EUROPEAN STANDARD

NORME EUROPÉENNE

EN ISO 1938-1

November 2015

ICS 17.040.10

Deutsche Fassung

Geometrische Produktspezifikation (GPS) — Längenprüftechnik — Teil 1: Grenzlehren und Lehrung der Längenmaße (ISO 1938-1:2015)

Geometrical product specifications (GPS) — Dimensional measuring equipment — Part 1: Plain limit gauges of linear size (ISO 1938-1:2015)

Spécification géométrique des produits (GPS) — Équipement de mesure dimensionnel — Partie 1: Calibres lisses à limite de taille linéaire (ISO 1938-1:2015)

Diese Europäische Norm wurde vom CEN am 27. April 2015 angenommen.

Die CEN-Mitglieder sind gehalten, die CEN/CENELEC-Geschäftsordnung zu erfüllen, in der die Bedingungen festgelegt sind, unter denen dieser Europäischen Norm ohne jede Änderung der Status einer nationalen Norm zu geben ist. Auf dem letzten Stand befindliche Listen dieser nationalen Normen mit ihren bibliographischen Angaben sind beim Management-Zentrum des CEN-CENELEC oder bei jedem CEN-Mitglied auf Anfrage erhältlich.

Diese Europäische Norm besteht in drei offiziellen Fassungen (Deutsch, Englisch, Französisch). Eine Fassung in einer anderen Sprache, die von einem CEN-Mitglied in eigener Verantwortung durch Übersetzung in seine Landessprache gemacht und dem Management-Zentrum mitgeteilt worden ist, hat den gleichen Status wie die offiziellen Fassungen.

CEN-Mitglieder sind die nationalen Normungsinstitute von Belgien, Bulgarien, Dänemark, Deutschland, der ehemaligen jugoslawischen Republik Mazedonien, Estland, Finnland, Frankreich, Griechenland, Irland, Island, Italien, Kroatien, Lettland, Litauen, Luxemburg, Malta, den Niederlanden, Norwegen, Österreich, Polen, Portugal, Rumänien, Schweden, der Schweiz, der Slowakei, Slowenien, Spanien, der Tschechischen Republik, der Türkei, Ungarn, dem Vereinigten Königreich und Zypern.

EUROPÄISCHES KOMITEE FÜR NORMUNG
EUROPEAN COMMITTEE FOR STANDARDIZATION
COMITÉ EUROPÉEN DE NORMALISATION

CEN-CENELEC Management-Zentrum: Avenue Marnix 17, B-1000 Brüssel

Ref. Nr. EN ISO 1938-1:2015 D

Inhalt

Europäisches Vorwort

Dieses Dokument (EN ISO 1938-1:2015) wurde vom Technischen Komitee ISO/TC 213 „Dimensional and geometrical product specifications and verification" in Zusammenarbeit mit dem Technischen Komitee CEN/TC 290 „Geometrische Produktspezifikationen und -prüfung" erarbeitet, dessen Sekretariat vom AFNOR gehalten wird.

Diese Europäische Norm muss den Status einer nationalen Norm erhalten, entweder durch Veröffentlichung eines identischen Textes oder durch Anerkennung bis Mai 2016, und etwaige entgegenstehende nationale Normen müssen bis Mai 2016 zurückgezogen werden.

Es wird auf die Möglichkeit hingewiesen, dass einige Elemente dieses Dokuments Patentrechte berühren können. CEN [und/oder CENELEC] sind nicht dafür verantwortlich, einige oder alle diesbezüglichen Patentrechte zu identifizieren.

Entsprechend der CEN-CENELEC-Geschäftsordnung sind die nationalen Normungsinstitute der folgenden Länder gehalten, diese Europäische Norm zu übernehmen: Belgien, Bulgarien, Dänemark, Deutschland, die ehemalige jugoslawische Republik Mazedonien, Estland, Finnland, Frankreich, Griechenland, Irland, Island, Italien, Kroatien, Lettland, Litauen, Luxemburg, Malta, Niederlande, Norwegen, Österreich, Polen, Portugal, Rumänien, Schweden, Schweiz, Slowakei, Slowenien, Spanien, Tschechische Republik, Türkei, Ungarn, Vereinigtes Königreich und Zypern.

Anerkennungsnotiz

Der Text von ISO 1938-1:2015 wurde vom CEN als EN ISO 1938-1:2015 ohne irgendeine Abänderung genehmigt.

Vorwort

ISO (die Internationale Organisation für Normung) ist eine weltweite Vereinigung von Nationalen Normungsorganisationen (ISO-Mitgliedsorganisationen). Die Erstellung von Internationalen Normen wird normalerweise von ISO Technischen Komitees durchgeführt. Jede Mitgliedsorganisation, die Interesse an einem Thema hat, für welches ein Technisches Komitee gegründet wurde, hat das Recht, in diesem Komitee vertreten zu sein. Internationale Organisationen, staatlich und nicht-staatlich, in Liaison mit ISO, nehmen ebenfalls an der Arbeit teil. ISO arbeitet eng mit der Internationalen Elektrotechnischen Kommission (IEC) bei allen elektrotechnischen Themen zusammen.

Die Verfahren, die bei der Entwicklung dieses Dokuments angewendet wurden und die für die weitere Pflege vorgesehen sind, werden in den ISO/IEC-Direktiven, Teil 1 beschrieben. Im Besonderen sollten die für die verschiedenen ISO-Dokumentenarten notwendigen Annahmekriterien beachtet werden. Dieses Dokument wurde in Übereinstimmung mit den Gestaltungsregeln der ISO/IEC-Direktiven, Teil 2 erarbeitet (siehe www.iso.org/directives).

Es wird auf die Möglichkeit hingewiesen, dass einige Elemente dieses Dokuments Patentrechte berühren können. ISO ist nicht dafür verantwortlich, einige oder alle diesbezüglichen Patentrechte zu identifizieren. Details zu allen während der Entwicklung des Dokuments identifizierten Patentrechten finden sich in der Einleitung und/oder in der ISO-Liste der empfangenen Patenterklärungen (siehe www.iso.org/patents).

Jeder in diesem Dokument verwendete Handelsname wird als Information zum Nutzen der Anwender angegeben und stellt keine Anerkennung dar.

Eine Erläuterung der Bedeutung ISO-spezifischer Benennungen und Ausdrücke, die sich auf Konformitätsbewertung beziehen, sowie Informationen über die Beachtung der WTO-Grundsätze zu technischen Handelshemmnissen (TBT, en: Technical Barriers to Trade) durch ISO enthält der folgende Link: Foreword - Supplementary information.

Das für dieses Dokument verantwortliche Komitee ist ISO/213, *Dimensional and geometrical product specifications and verification*.

Diese erste Ausgabe ersetzt ISO/R 1938:1971, welche technisch überarbeitet wurde.

ISO 1938 besteht aus den folgenden Teilen unter dem allgemeinen Titel „*Geometrical product specifications (GPS) — Dimensional measuring equipment*“:

— *Part 1: Plain limit gauges of linear size*

— *Part 2: Reference disk gauges*

Der vorliegende Teil von ISO 1938 enthält keine Anforderungen an Einstelldorne und Einstellringe, die in ISO/R 1938:1971, 3.9.4, behandelt wurden.

Dieser Teil der ISO 1938 umfasst die in ISO 14978 entwickelten Konzepte und Richtlinien.

Einleitung

Der vorliegende Teil von ISO 1938 gehört zum Bereich der Geometrischen Produktspezifikation (GPS) und ist als eine allgemeine GPS-Norm anzusehen (siehe ISO 14638). Er beeinflusst die Kettenglieder E, F und G der Normenkette für Größenmaße in der allgemeinen GPS-Matrix. Für weitere Informationen zu der Beziehung von diesem Teil von ISO 1938 zu anderen Normen und zum GPS-Matrix-Modell siehe Anhang C.

Das in ISO 14638 gegebene ISO/GPS-Matrix-Modell gibt einen Überblick über das ISO/GPS-System, von dem dieses Dokument ein Bestandteil ist. Die in ISO 8015 gegebenen grundlegenden Regeln von ISO/GPS gelten für dieses Dokument. Falls nichts anderes angegeben ist, gelten die Default-Entscheidungsregeln nach ISO 14253-1 für Spezifikationen die in Übereinstimmung mit diesem Dokument festgelegt wurden.

Die in dieser ersten Ausgabe von ISO 1938-1 verwendeten Begriffe und Konzepte wurden (im Vergleich zu der vorhergehenden Ausgabe ISO/R 1938:1971) entsprechend den Anforderungen und der Terminologie in den anderen GPS-Normen abgeändert.

Der vorliegende Teil von ISO 1938 behandelt die Überprüfung linearer Größenmaße für Größenmaßelemente von formstabilen Werkstücken mit Hilfe von glatten Grenzlehren, wenn die Anwendung einer Maßspezifikation erforderlich ist (siehe ISO 14405-1).

ANMERKUNG In Tabelle 4 und Tabelle 5 werden die in ISO 14405-1 und ISO 1101 angegebenen Modifikatoren verwendet.

1 Anwendungsbereich

Dieser Teil von ISO 1938 legt die wichtigsten messtechnischen Merkmale und Konstruktionsmerkmale für glatte Grenzlehren der linearen Größenmaße fest.

Dieser Teil von ISO 1938 definiert die verschiedenen Arten von glatten Grenzlehren, die für die Überprüfung von mit linearen Größenmaßen verbundenen Maßspezifikationen angewendet werden.

Dieser Teil von ISO 1938 legt ebenfalls die Konstruktionsmerkmale und messtechnischen Merkmale für diese Grenzlehren sowie die Grenzwerte für Messabweichungen (MPLs) für Lehren im Neuzustand oder Verschleißzustand für diese messtechnischen Merkmale fest.

Des Weiteren beschreibt der vorliegende Teil von ISO 1938 weiterhin die Anwendung von Grenzlehren und deckt lineare Größenmaße von bis zu 500 mm ab.

2 Normative Verweisungen

Die folgenden Dokumente, die in diesem Dokument teilweise oder als Ganzes zitiert werden, sind für die Anwendung dieses Dokumentes erforderlich. Bei datierten Verweisungen gilt nur die in Bezug genommene Ausgabe. Bei undatierten Verweisungen gilt die letzte Ausgabe des in Bezug genommenen Dokuments (einschließlich aller Änderungen).

ISO 286-1:2010, *Geometrical product specification (GPS) — ISO code system for tolerances on linear sizes — Part 1: Basis of tolerances, deviations and fits*

ISO 1101:2012, *Geometrical product specifications (GPS) — Geometrical tolerancing — Tolerances of form, orientation, location and run-out*

ISO 14253-1:2013, *Geometrical product specifications (GPS) — Inspection by measurement of workpieces and measuring equipment — Part 1: Decision rules for proving conformity or nonconformity with specifications*

ISO 14253-2:2011, *Geometrical product specifications (GPS) — Inspection by measurement of workpieces and measuring equipment — Part 2: Guidance for the estimation of uncertainty in GPS measurement, in calibration of measuring equipment and in product verification*

ISO 14405-1:2010, *Geometrical product specifications (GPS) — Dimensional tolerancing — Part 1: Linear sizes*

ISO 17450-1:2011, *Geometrical product specifications (GPS) — General concepts — Part 1: Model for geometrical specification and verification*

ISO 17450-2:2012, *Geometrical product specifications (GPS) — General concepts — Part 2: Basic tenets, specifications, operators, uncertainties and ambiguities*

ISO/IEC Guide 98-3, *Uncertainty of measurement — Part 3: Guide to the expression of uncertainty in measurement (GUM:1995)*

ISO/IEC Guide 99, *International vocabulary of metrology — Basic and general concepts and associated terms (VIM)*

3 Begriffe

Für die Anwendung dieser Internationalen Norm gelten die Begriffe nach ISO 286-1, ISO 14405-1, ISO 17450-2, ISO/IEC Guide 98-3 und ISO/IEC Guide 99 und die folgenden Begriffe.

3.1 Grenzen

3.1.1
Maximum-Material-Grenze eines Größenmaßes
MMLS
(en: maximum material limit of size)
Grenzmaß, das dem Maximum-Material-Zustand des Größenmaßelementes entspricht

Anmerkung 1 zum Begriff: MMLS schließt den numerischen Wert für das Größenmaß und die festgelegten Zuordnungskriterien ein.

Anmerkung 2 zum Begriff: Eine Anzahl verschiedener Zuordnungskriterien für Größenmaße sind in ISO 14660-2 und ISO 14405-1 angegeben.

3.1.2
Minimum-Material-Grenze eines Größenmaßes
LMLS
(en: least material limit of size)
Grenzmaß, das dem Minimum-Material-Zustand des Größenmaßelementes entspricht

Anmerkung 1 zum Begriff: LMLS schließt den numerischen Wert für das Größenmaß und die festgelegten Zuordnungskriterien ein.

Anmerkung 2 zum Begriff: Eine Anzahl verschiedener Zuordnungskriterien für Größenmaße sind in ISO 14660-2 und ISO 14405-1 angegeben.

3.1.3
oberer Grenzwert eines Größenmaßes
ULS
(en: upper limit of size)
größtes zugelassenes Maß eines Größenmaßelementes

Anmerkung 1 zum Begriff: ULS ist ein numerischer Wert.

[QUELLE: ISO 286-1:2010, 3.2.3.1]

3.1.4
unterer Grenzwert eines Größenmaßes
LLS
(en: lower limit of size)
kleinstes zugelassenes Maß eines Größenmaßelementes

Anmerkung 1 zum Begriff: LLS ist ein numerischer Wert.

[QUELLE: ISO 286-1:2010, 3.2.3.2]

3.1.5
obere Spezifikationsgrenze
USL
(en: upper specification limit)
⟨einer Lehre⟩ Grenze einer Spezifikation für ein messtechnisches Merkmal einer Lehre mit dem größten Wert

3.1.6
untere Spezifikationsgrenze
LSL
(en: lower specification limit)
⟨einer Lehre⟩ Grenze einer Spezifikation für ein messtechnisches Merkmal einer Lehre mit dem kleinsten Wert

3.2 Lehrenarten

3.2.1
Grenzlehre
Lehre, die ausschließlich dafür ausgelegt und vorgesehen ist zu prüfen, ob die Werkstückmerkmale an einer der Toleranzgrenzen innerhalb oder außerhalb der Toleranz liegen

Anmerkung 1 zum Begriff: Ist eine Grenzlehre für die Prüfung eines inneren Größenmaßelementes (z.B. einer Bohrung) ausgelegt, kann sie als „Lehre für Innenmaße" bezeichnet werden.

Anmerkung 2 zum Begriff: Ist eine Grenzlehre für die Prüfung eines äußeren Größenmaßelementes (z.B. einer Welle) ausgelegt, kann sie als „Lehre für Außenmaße" bezeichnet werden.

Anmerkung 3 zum Begriff: Eine allgemeine Anwendung von Grenzlehren ist in Anhang A enthalten.

Anmerkung 4 zum Begriff: Eine Grenzlehre kann physisch oder in virtueller Form vorliegen.

3.2.2
glatte Grenzlehre
physische Grenzlehre mit nur einer oder zwei Prüfflächen, die jeweils ein geometrisch-ideales Größenmaßelement simulieren, dessen Größenmaß von der oberen oder unteren Spezifikationsgrenze des Größenmaßes eines Größenmaßelementes abgeleitet ist

Anmerkung 1 zum Begriff: Umfasst eine glatte Grenzlehre nur eine Prüffläche, so wird sie als einseitige Lehre eingestuft (einseitige glatte Grenzlehre: glatte Gutlehre oder glatte Ausschusslehre).

Anmerkung 2 zum Begriff: Umfasst eine glatte Grenzlehre zwei Prüfflächen, so wird sie als doppelseitige Lehre eingestuft (doppelseitige glatte Grenzlehre: Gutlehre und Ausschusslehre).

3.2.3
vollzylindrischer Lehrdorn
Lehrenart A
glatte Grenzlehre, die einen Zylinder als berührendes Geometrieelement mit einem inneren Zylinder simuliert

Anmerkung 1 zum Begriff: Siehe Tabelle 1.

Anmerkung 2 zum Begriff: Die Gutlehrenart A simuliert eine Maßspezifikation, die die Maximum-Material-Grenze eines Größenmaßes mit der Hüllbedingung definiert, wenn die Länge der Prüffläche gleich der Länge des Größenmaßelementes des Werkstücks oder größer als diese ist.

3.2.4
abgeflachter zylindrischer Lehrdorn
Lehrenart B
glatte Grenzlehre, die zwei diametral gegenüberliegende Teilflächen eines Zylinders als berührendes Geometrieelement mit einem inneren Zylinder simuliert

Anmerkung 1 zum Begriff: Siehe Tabelle 1.

3.2.5
abgeflachter zylindrischer Lehrdorn mit verkürzten Prüfflächen
Lehrenart C
abgeflachter zylindrischer Lehrdorn, der zwei verkürzte diametral gegenüberliegende Teilflächen eines Zylinders als berührendes Geometrieelement mit einem inneren Zylinder simuliert

Anmerkung 1 zum Begriff: Siehe Tabelle 1.

3.2.6
voll ausgebildeter torusförmiger Lehrdorn
Lehrenart D
glatte Grenzlehre, die einen Kreis als berührendes Geometrieelement mit einem inneren Zylinder simuliert

Anmerkung 1 zum Begriff: Siehe Tabelle 1.

Anmerkung 2 zum Begriff: Die Form dieser Lehrenart ist nicht kugelförmig, sondern entspricht einem Torus; traditionell wird diese Lehre im Englischen als „spherical plug gauge" bezeichnet.

3.2.7
abgeflachter torusförmiger Lehrdorn
Lehrenart E
glatte Grenzlehre, die zwei diametral gegenüberliegende Segmente eines Kreises als berührendes Geometrieelement mit einem inneren Zylinder simuliert

Anmerkung 1 zum Begriff: Siehe Tabelle 1.

Anmerkung 2 zum Begriff: Die Form dieser Lehrenart ist nicht kugelförmig, sondern entspricht einem Torus; traditionell wird diese Lehre im Englischen als „segmental spherical plug gauge" bezeichnet.

3.2.8
Lehrdorn
Lehrenart F
voll ausgebildeter Lehrdorn
glatte Grenzlehre, die zwei gegenüberliegende Flächen als berührendes Geometrieelement mit einem inneren Größenmaßelement, das aus zwei gegenüberliegenden Flächen besteht, simuliert

Anmerkung 1 zum Begriff: Siehe Tabelle 1.

3.2.9
Stichmaß mit kugelförmigen Endflächen
Lehrenart G
glatte Grenzlehre, die zwei gegenüberliegende Punkte als berührendes Geometrieelement mit einem inneren Größenmaßelement, das aus zwei gegenüberliegenden Flächen oder einem Zylinder besteht, simuliert

Anmerkung 1 zum Begriff: Siehe Tabelle 1.

Anmerkung 2 zum Begriff: Der wirksame Teil eines Stichmaßes mit kugelförmigen Endflächen umfasst nur zwei Punkte: die beiden Punkte mit dem größten Abstand zwischen den beiden Kugeln.

Tabelle 1 — Arten von Grenzlehren für innere Größenmaßelemente

Grenzlehre	Art	Darstellung	Berührendes Nenn-Geometrieelement mit dem Größenmaßelement des Typs	
			„Zylinder"	„Zwei einander parallel gegenüberliegende Flächen"
Vollzylindrischer Lehrdorn	Lehrenart A	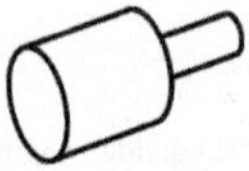	Zylinder	Zwei einander parallel gegenüberliegende gerade Linien
Abgeflachter zylindrischer Lehrdorn	Lehrenart B		Zwei diametral gegenüberliegende Teilflächen eines Zylinders	Zwei einander parallel gegenüberliegende gerade Linien
Abgeflachter zylindrischer Lehrdorn mit verkürzten Prüfflächen	Lehrenart C		Zwei diametral gegenüberliegende verkürzte Teilflächen eines Zylinders	Zwei einander parallel gegenüberliegende Liniensegmente
Voll ausgebildeter torusförmiger Lehrdorn	Lehrenart D		Kreis	Zwei Punkte
Abgeflachter torusförmiger Lehrdorn	Lehrenart E		Zwei diametral gegenüberliegende Segmente eines Kreises	Zwei Punkte
Lehrdorn	Lehrenart F	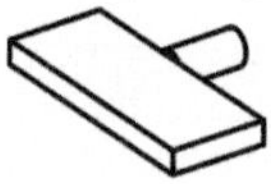	Nicht anwendbar	Zwei einander parallel gegenüberliegende Flächen
Stichmaß mit kugelförmigen Endflächen	Lehrenart G	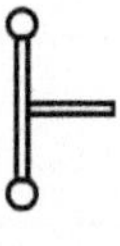	Zwei Punkte	Zwei Punkte

3.2.10
vollzylindrischer Lehrring
Lehrenart H
glatte Grenzlehre, die einen Zylinder als berührendes Geometrieelement mit einem äußeren Zylinder simuliert

Anmerkung 1 zum Begriff: Siehe Tabelle 2.

3.2.11
voll ausgebildete Kerblehre
Lehrenart J
glatte Grenzlehre, die gerade Linien oder ebene Oberflächen auf zwei einander parallel gegenüberliegenden Ebenen als berührende Geometrieelemente mit einem äußeren Größenmaßelement, das aus einem Zylinder oder zwei gegenüberliegenden Flächen besteht, simuliert

Anmerkung 1 zum Begriff: Siehe Tabelle 2.

3.2.12
Rachenlehre
Lehrenart K
glatte Grenzlehre, die Segmente gerader Linien oder ebener Oberflächen auf zwei gegenüberliegenden Ebenen als berührendes Geometrieelement mit einem äußeren Größenmaßelement, das aus einem Zylinder oder zwei gegenüberliegenden Flächen besteht, simuliert

Anmerkung 1 zum Begriff: Siehe Tabelle 2.

Tabelle 2 — Arten von Grenzlehren für äußere Größenmaßelemente

Grenzlehre	Art	Darstellung	Berührendes Nenn-Geometrieelement mit dem Größenmaßelement des Typs	
			„Zylinder"	„Zwei einander parallel gegenüberliegende Flächen"
Vollzylindrischer Lehrring	Lehrenart H		Zylinder	Nicht anwendbar
Voll ausgebildete Kerblehre	Lehrenart J		Zwei einander parallel gegenüberliegende gerade Linien	Zwei einander parallel gegenüberliegende Flächen
Rachenlehre	Lehrenart K		Zwei einander parallel gegenüberliegende gerade Liniensegmente	Zwei einander parallel gegenüberliegende Teilflächen

3.3 Merkmale und Funktion von Lehren

3.3.1
feste Lehre

Lehre mit einem inhärenten, stabilen und nicht veränderbaren messtechnischen Nennmerkmal

Anmerkung 1 zum Begriff: Die messtechnischen Merkmale einer festen Lehre können sich durch z. B. Temperatur und Verschleiß ändern.

BEISPIEL Ein vollzylindrischer Lehrdorn und ein vollzylindrischer Lehrring sind feste Lehren.

3.3.2
einstellbare Lehre

Lehre, bei der das inhärente messtechnische Nennmerkmal durch den Anwender geändert werden kann

Anmerkung 1 zum Begriff: Die messtechnischen Merkmale einer einstellbaren Lehre können sich durch z. B. Temperatur und Verschleiß ändern.

BEISPIEL Eine einstellbare Rachenlehre und ein einstellbares Stichmaß mit kugelförmigen Endflächen sind einstellbare Lehren.

3.3.3
Gutlehre
GO

Lehre, die zum Prüfen des Größenmaßes des Werkstücks in Bezug auf das Maximum-Material-Größenmaß entsprechend der Maßspezifikation angewendet wird

Anmerkung 1 zum Begriff: In Bezug auf die Maximum-Material-Grenze eines Größenmaßes (MMLS) der Maßspezifikation definiert die sich mit dem Ist-Größenmaßelement des Werkstücks paarende Gutlehre üblicherweise eine Annahme (Akzeptanz), während die sich nicht mit dem Ist-Größenmaßelement des Werkstücks paarende Gutlehre eine Nichtannahme definiert.

3.3.4
Ausschusslehre
NO GO

Lehre, die zum Prüfen des Größenmaßes des Werkstücks in Bezug auf das Minimum-Material-Größenmaß entsprechend der Maßspezifikation angewendet wird

Anmerkung 1 zum Begriff: In Bezug auf die Minimum-Material-Grenze eines Größenmaßes (LMLS) der Maßspezifikation definiert die sich mit dem Ist-Größenmaßelement des Werkstücks nicht paarende Ausschusslehre üblicherweise eine Annahme (Akzeptanz), während die sich mit dem Ist-Größenmaßelement des Werkstücks paarende Ausschusslehre eine Nichtannahme definiert.

3.3.5
Länge der Prüffläche

wirksame Länge einer Lehre in der Richtung senkrecht zu einem Querschnitt des zu prüfenden Größenmaßelementes

Anmerkung 1 zum Begriff: Bei einer zylindrischen Prüffläche ist dies die Länge des Zylinders (siehe Tabelle 4). Bei einer Prüffläche in Form zweier einander parallel gegenüberliegender Flächen ist dies die Länge des Dorns oder der Kerbe (siehe Tabelle 4). Bei einer Rachenlehre entspricht die Länge der Prüffläche der Breite der Ambosse (siehe Tabelle 4).

3.3.6
Höhe der Prüffläche
wirksame Höhe einer Lehre in der Richtung parallel zu einem Querschnitt des zu prüfenden Größenmaßelementes

Anmerkung 1 zum Begriff: Bei einer Prüffläche in Form zweier einander parallel gegenüberliegender Flächen ist dies die Höhe des Dorns oder der Kerbe (siehe Tabelle 4). Bei einer Rachenlehre ist dies die Höhe der Ambosse (siehe Tabelle 4).

3.3.7
Neuzustand-Spezifikation
⟨einer Grenzlehre⟩ Spezifikation für messtechnische Merkmale einer neuen Lehre, die von einem Hersteller oder Lieferer anzuwenden ist

3.3.8
Verschleißzustand-Spezifikation
⟨einer Grenzlehre⟩ Spezifikation für messtechnische Merkmale einer benutzten Lehre

Anmerkung 1 zum Begriff: Der Anwender darf genormte Verschleißzustand-Spezifikationen verwenden, wie z. B. in diesem Teil von ISO 1938 angegeben.

Anmerkung 2 zum Begriff: In den Verschleißzustand-Spezifikationen wird die Lehre als benutzt betrachtet, und sie können Verschleißgrenzwerte enthalten.

3.3.9
Neuzustand-Grenzwerte eines messtechnischen Merkmals
Grenzwerte eines messtechnischen Merkmals in einer Neuzustand-Spezifikation

3.3.10
Verschleißzustand-Grenzwerte eines messtechnischen Merkmals
Grenzwerte eines messtechnischen Merkmals in einer Verschleißzustand-Spezifikation

4 Abgekürzte Begriffe und Symbole

Für die Anwendung dieser Norm gelten die in Tabelle 3 angegebenen abgekürzten Begriffe und Symbole.

Tabelle 3 — Abgekürzte Begriffe und Symbole

	Beschreibung
Abgekürzte Begriffe	
B	Breite der abgeflachten Prüffläche
F	Toleranzwert der Formspezifikation der Grenzlehre
GO	Gutlehre
H	Toleranz für Größenmaßmerkmal S für eine Grenzlehre im Neuzustand
LT	Länge der Prüffläche
HG	Höhe der Prüffläche
USL	obere Spezifikationsgrenze (einer Lehre)
LG	Länge der Prüffläche
LSL	untere Spezifikationsgrenze (einer Lehre)
LMLS	Minimum-Material-Grenze eines Größenmaßes
M	Lehre im Neuzustand
MMLS	Maximum-Material-Grenze eines Größenmaßes
MPL	Grenzwert eines messtechnischen Merkmals
NO GO	Ausschusslehre
S	Größenmaß
SR	Kugelradius der Lehre
T	Toleranz
U	Lehre im Verschleißzustand
W	Werkstück
Symbole	
y	Betrag außerhalb der Toleranzgrenze des Werkstücks unter Berücksichtigung eines Spielraums für die Verschleißgrenzen für innere Größenmaßelemente
y_1	Betrag außerhalb der Toleranzgrenze des Werkstücks unter Berücksichtigung eines Spielraums für die Verschleißgrenzen für äußere Größenmaßelemente
z	Abstand zwischen der Toleranzmitte einer Gutlehre im Neuzustand und der unteren Spezifikationsgrenze eines inneren Größenmaßelementes eines Werkstücks
z_1	Abstand zwischen der Toleranzmitte einer Gutlehre im Neuzustand und der oberen Spezifikationsgrenze eines äußeren Größenmaßelementes eines Werkstücks
α	Sicherheitszugabe für die Kompensation der Messunsicherheit für innere Größenmaßelemente
α_1	Sicherheitszugabe für die Kompensation der Messunsicherheit für äußere Größenmaßelemente

5 Konstruktionsmerkmale für Lehren

Der für Lehren zu verwendende Werkstoff muss sorgfältig ausgewählt werden und Maßbeständigkeit, Haltbarkeit und Steifheit berücksichtigen.

Lehrenkörper müssen üblicherweise aus Lehrenstahl mit hoher Qualität hergestellt werden, damit ein hoher Grad an Verschleißfestigkeit nach einer Wärmebehandlung sichergestellt ist. Andere verschleißfeste Werkstoffe, wie z. B. Hartmetall, dürfen unter der Voraussetzung verwendet werden, dass ihre Haltbarkeit nicht geringer als die des oben genannten Lehrenstahls ist.

ANMERKUNG 1 Der Längenausdehnungskoeffizient des zu verwendenden Werkstoffes ist in Verbindung mit dessen Verschleißfestigkeit zu berücksichtigen.

Die Prüfflächen dürfen hartverchromt oder anders behandelt werden, um die Verschleißfestigkeit der Flächen zu erhöhen, die Dicke der Schicht muss jedoch mindestens so groß sein, dass eine zulässige Lehre immer eine voll intakte Schicht aus verschleißfesten Werkstoffen aufweist.

Unabhängig von der Werkstoffart darf die Härte der Prüffläche nicht geringer als 670 HV 30 (etwa 58 HRC) sein.

In bestimmten Anwendungsfällen ist aufgrund der Beschaffenheit des Werkstücks oder der Umgebung während der Herstellung der Einsatz von besonderen Werkstoffen (wie z. B. Aluminium und Glas) erforderlich. Es kann in solchen Fällen unmöglich sein, die geforderte Härte oder Verschleißfestigkeit zu erhalten.

Die Prüffläche muss durch Feinschleifen oder Läppen oder durch ein Verfahren, das eine ähnlich glatte Oberfläche ergibt, bearbeitet werden. Die Oberflächenrauheit der Prüffläche muss festgelegt werden, wobei der R_a-Wert 10 % des MPL-Wertes für das Maß der Lehre im Neuzustand (siehe Beispiel und Tabelle 6) mit einem Höchstwert von 0,2 µm und einer Grenzwellenlänge von 0,8 mm nicht überschreiten darf (siehe ISO 1302).

BEISPIEL Oberflächentexturspezifikation in Bezug auf den R_a-Parameter der Prüffläche: √ -0,8 / Ra 0,2

Weitere Oberflächentexturparameter können zusätzlich festgelegt werden.

Alle scharfen Kanten müssen, sofern sie nicht für die Funktion erforderlich sind, entfernt werden.

Bei der Gestaltung des Handgriffs der glatten Grenzlehre sind Erwägungen der Ergonomie zu berücksichtigen (z. B. Rändelung, sechseckige Form), und die mit dem Handgriff verbundenen Merkmale werden ebenfalls als Gestaltungs- bzw. Konstruktionsmerkmale betrachtet.

Für einige Lehren gibt es Konstruktionsoptionen, die nachfolgend beschrieben werden:

— *Luftnut*: für Gutlehren — vollzylindrischer Lehrdorn: diese Option ist für die Prüfung einer Grundbohrung vorgesehen, um Erscheinungen wie Druck oder Sog zu vermeiden. Diese Option erfordert die Festlegung der Maße der Luftnut.

— *Vorzentrierung/Einführansatz* (siehe Bild 1): für Gutlehren oder Ausschusslehren — vollzylindrischer Lehrdorn und abgeflachter zylindrischer Lehrdorn: Diese Option ist vorgesehen, um das Einführen der Lehre in das Werkstück zu erleichtern. Diese Option erfordert die Festlegung der Maße für die Vorzentrierung oder den Einführansatz.

Bei Verwendung einer Lehre mit Vorzentrierung für eine Grundbohrung darf eine Luftnut genutzt werden.

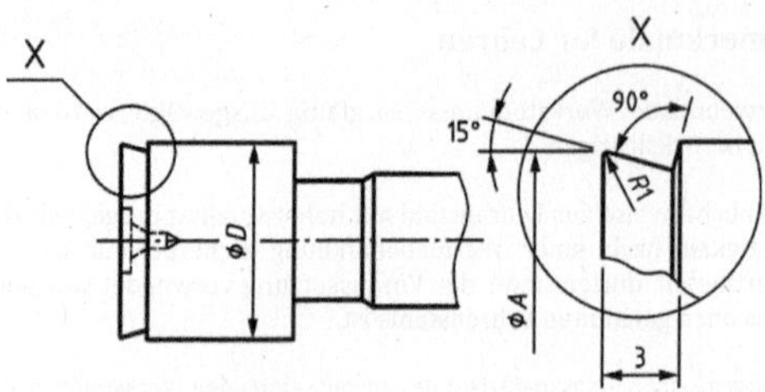

Bild 1 — Darstellung einer Vorzentrierung (Beispiel)

Weitere spezielle Konstruktionsmerkmale für bestimmte Lehrenarten sind in den Tabellen 4 und 5 beschrieben.

6 Messtechnische Merkmale

6.1 Allgemeines

Eine glatte Grenzlehre verfügt über eine oder zwei Prüfflächen (Gutlehre oder Ausschusslehre oder Gut- und Ausschusslehre). Messtechnische Merkmale sind für diese Prüfflächen definiert. Diese messtechnischen Merkmale beeinflussen die Qualität der Auswertung die mit einer Lehre durchgeführt wurde.

Die wichtigsten messtechnischen Merkmale sind das Größenmaß S sowie die Form F. Die in ISO 14405-1 definierten Modifikatoren und die in ISO 1101 definierten Symbole können bei der Festlegung der messtechnischen Merkmale verwenden werden.

Das Größenmaß kann messtechnisch auf verschiedene Weisen betrachtet werden. An einem Zylinder ist es z. B. möglich, den größten einbeschriebenen Durchmesser, den kleinsten umschriebenen Durchmesser, den örtlichen Mindestdurchmesser, den örtlichen Maximaldurchmesser oder den Durchmesser nach der Methode der kleinsten Quadrate zu prüfen. Bei jeder dieser Messungen können unterschiedliche Ergebnisse erzielt werden. Aus diesem Grund enthält das messtechnische Merkmal (durch Hinzufügen eines Modifikators nach dem Größenmaß, wie in ISO 14405-1 festgelegt) diese Information.

In Abhängigkeit von der Anwendung der glatten Grenzlehre und der Lehrenart kann es jeweils ein anderes messtechnisches Merkmal sein, das die Prüfunsicherheit derselben glatten Grenzlehre beeinflusst.

ANMERKUNG Bei der Prüfung des unteren Grenzwertes eines Schlitzes ohne Hüllbedingung mit einer Lehre der Lehrenart A werden zwei parallele Linien geprüft, die nicht exakt der Definition für das Zweipunktgrößenmaß entsprechen. Die Lehrenart G ist die Lehrenart, die der Definition für das Zweipunktgrößenmaß entspricht.

Der vorliegende Teil von ISO 1938 beschreibt mögliche messtechnische Merkmale, die für glatte Grenzlehren zur Verfügung stehen. Die endgültige Entscheidung über die Auswahl eines oder mehrerer messtechnischer Merkmale bleibt dem Anwender überlassen.

6.2 Messtechnische Merkmale in Bezug auf die Art der Grenzlehre (Gutlehre oder Ausschusslehre)

In den Tabellen 4 und 5 sind mögliche messtechnische Merkmale, die einer bestimmten Lehrenart zugeordnet werden, sowie komplementäre Konstruktionsmerkmale, wie in Abschnitt 5 festgelegt, angegeben. Je nach Bedarf des Anwenders muss eine bestimmte Menge dieser messtechnischen Merkmale festgelegt werden; standardmäßig ist für das Größenmaß S der Grenzlehre das Zweipunktgrößenmaß sowie die Formabweichung erforderlich.

Tabelle 4 — Liste möglicher Konstruktions- und messtechnischer Merkmale für Lehren für Innenmaße (1 von 3)

Beschreibung	Komplementäre Konstruktionsmerkmale	Messtechnische Merkmale für eine	
		Gutlehre	Ausschusslehre
Vollzylindrischer Lehrdorn – Lehrenart A 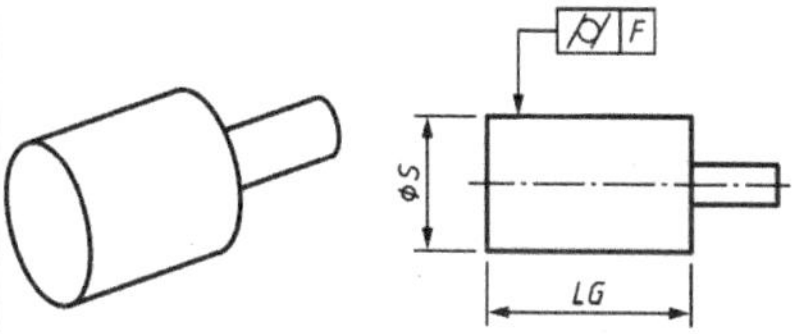	LG	ϕS (GX) ϕS (GN) ϕS (LP) [a] ⌭ | F [a] ○ | F	ϕS (GX)/0 ϕS (GN)/0 ϕS (LP) [a] ○ | F
Abgeflachter zylindrischer Lehrdorn – Lehrenart B 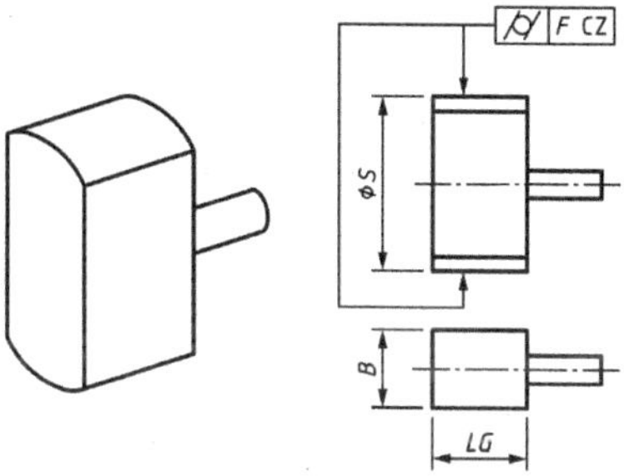	LG B	ϕS (GX) CT ϕS (GN) CT ϕS (LP) CT [a] ⌭ | F CZ [a] ○ | F CZ	ϕS (GX)/0 CT ϕS (GN)/0 CT ϕS (LP) CT [a] ○ | F CZ
Abgeflachter zylindrischer Lehrdorn mit verkürzten Prüfflächen – Lehrenart C 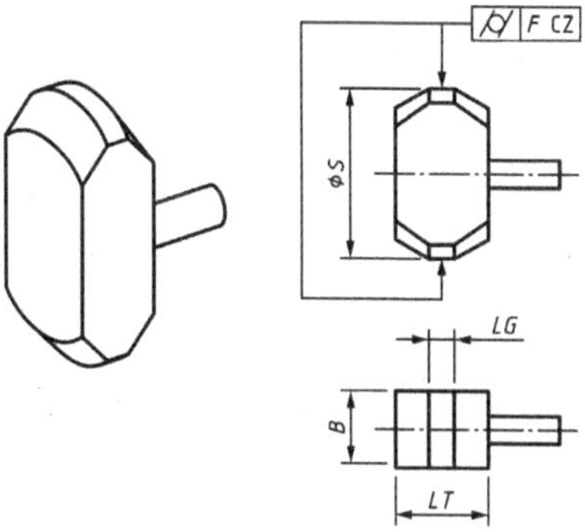	LG B LT	ϕS (GX) CT ϕS (GN) CT ϕS (LP) CT [a] ⌭ | F CZ [a] ○ | F CZ	ϕS (GX)/0 CT ϕS (GN)/0 CT ϕS (LP) CT [a] ○ | F CZ

Tabelle 4 — Liste möglicher Konstruktions- und messtechnischer Merkmale für Lehren für Innenmaße (2 von 3)

Beschreibung	Komplementäre Konstruktionsmerkmale	Messtechnische Merkmale für eine Gutlehre	Messtechnische Merkmale für eine Ausschusslehre
Voll ausgebildeter torusförmiger Lehrdorn – Lehrenart D 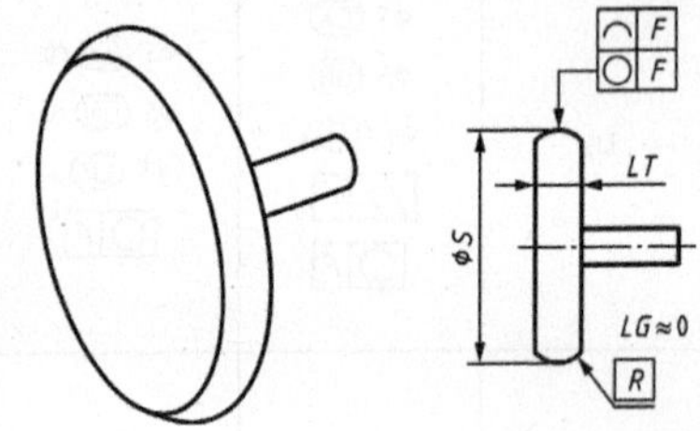	R LT	ϕS (GX)/0 ϕS (GN)/0 ϕS (LP) a ○ | F a	ϕS (GX)/0 CT ϕS (GN)/0 CT ϕS (LP) CT a ○ | F
Abgeflachter torusförmiger Lehrdorn – Lehrenart E 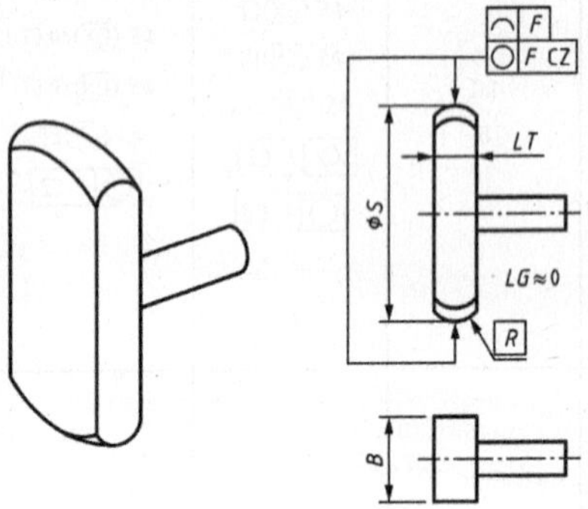	B LT R	ϕS (GX)/0 CT ϕS (GN)/0 CT ϕS (LP) CT a ○ | F CZ	ϕS (GX)/0 CT ϕS (GN)/0 CT ϕS (LP) CT a ○ | F CZ
Lehrdorn – Lehrenart F 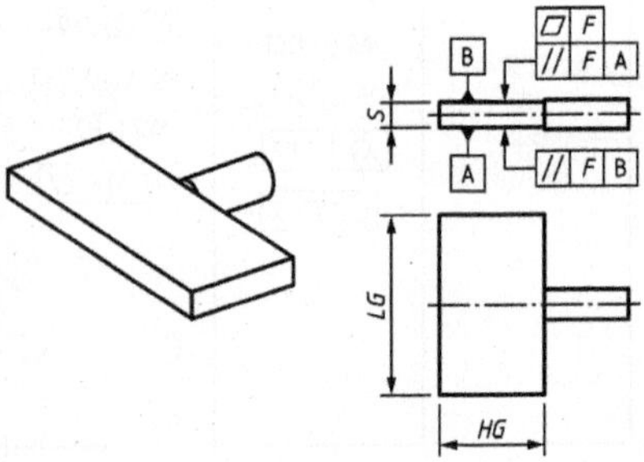	LG HG	S (GX) S (GN) S (LP) a // | F ▱ | F	S (GX)/0 S (GN)/0 S (LP) a // | F | A // | F | B ▱ | F

Tabelle 4 — Liste möglicher Konstruktions- und messtechnischer Merkmale für Lehren für Innenmaße (3 von 3)

Beschreibung	Komplementäre Konstruktionsmerkmale	Messtechnische Merkmale für eine	
		Gutlehre	Ausschusslehre
Stichmaß mit kugelförmigen Endflächen – Lehrenart G 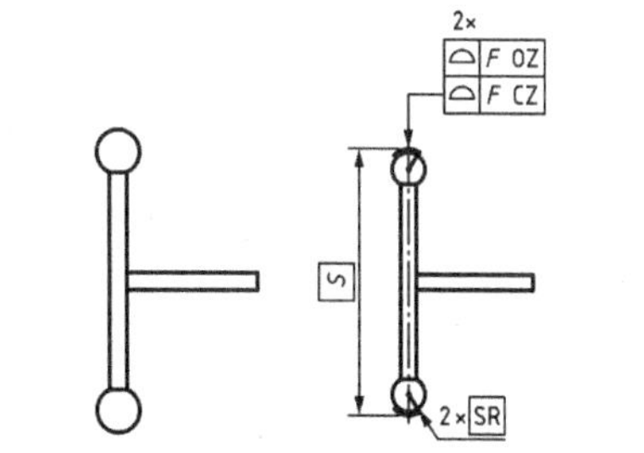 2× ⌓ F OZ ⌓ F CZ S 2× SR	SR	⌀S (LP) CT[a] ⌓ F OZ	⌀S (LP) CT[a] ⌓ F OZ
[a] messtechnische Merkmale, die standardmäßig zu berücksichtigen sind (GX) einbeschriebenes Maximum (siehe ISO 14405-1) (GN) umschriebenes Minimum (siehe ISO 14405-1) (CC) Umfang (siehe ISO 14405-1) (LP) Zweipunktgrößenmaß (siehe ISO 14405-1) CT gemeinsames Größenmaßelement (siehe ISO 14405-1)			

Tabelle 5 — Liste möglicher Konstruktions- und messtechnischer Merkmale für Lehren für Außenmaße (1 von 2)

Beschreibung	Komplementäre Konstruktionsmerkmale	Messtechnische Merkmale für eine	
		Gutlehre	Ausschusslehre
Vollzylindrischer Lehrring – Lehrenart H 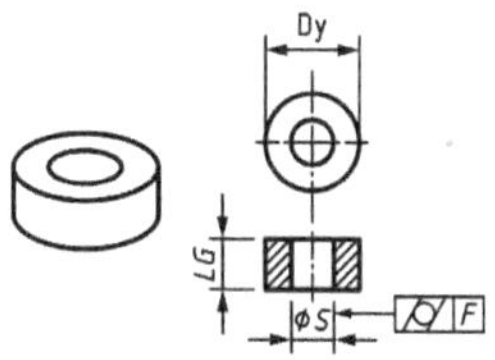 Dy LG ⌀S ⌭ F	Dy LG	⌀S (GX) ⌀S (GN) ⌀S (LP) a ⌭ F a ○ F	⌀S (GX)/0 ⌀S (GN)/0 ⌀S (LP) a ○ F

Tabelle 5 — Liste möglicher Konstruktions- und messtechnischer Merkmale für Lehren für Außenmaße (2 von 2)

Beschreibung	Komplementäre Konstruktionsmerkmale	Messtechnische Merkmale für eine Gutlehre	Messtechnische Merkmale für eine Ausschusslehre

Voll ausgebildete Kerblehre – Lehrenart J 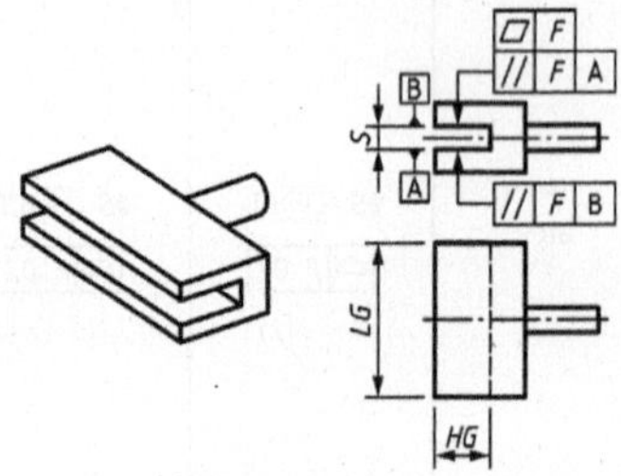	LG
	HG
		S (GX)
		S (GN)
		S (LP)[a]
		// F A
		// F B
		und
		▱ F
			S (GX)
			S (GN)
			S (LP)
			// F A
			// F B
			und
			▱ F

Rachenlehre – Lehrenart K 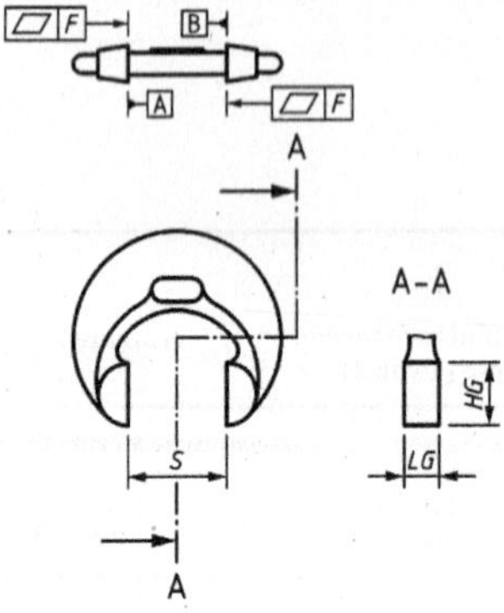Voraussetzung: a) Üblicherweise wird das Maß HG senkrecht zur Richtung der Schwerkraft gemessen; b) Rachenlehren dürfen nur bei formstabilen Werkstücken verwendet werden.	LG HG	S (GX) S (GN) S (LP)[a] und ▱ F	S (GX) S (GN) S (LP)[a] und ▱ F

[a] messtechnische Merkmale, die standardmäßig zu berücksichtigen sind

(GX) einbeschriebenes Maximum (siehe ISO 14405-1)

(GN) umschriebenes Minimum (siehe ISO 14405-1)

(LP) Zweipunktgrößenmaß (siehe ISO 14405-1)

7 Grenzwerte für messtechnische Merkmale

7.1 Allgemeines

Die Grenzwerte für eine Lehre entsprechen vollständig den Spezifikationsgrenzen eines Merkmals.

a) Die Grenzwerte für Form- und Richtungsmerkmale sind asymmetrisch.

   1) Der obere MPL-Grenzwert für diese Merkmale entspricht dem in Tabelle 6 angegebenen und von der Lehrenart abhängigen Wert für *F*.

   2) Der untere MPL-Grenzwert für diese Merkmale ist gleich Null.

   3) Die Prüfung dieser Merkmale muss in Übereinstimmung mit ISO 1101 durchgeführt werden und die MPLs erfüllen.

   BEISPIEL 1 Ein messtechnisches Merkmal der Zylindrizität mit seinen MPLs entspricht der folgenden Anforderung:

   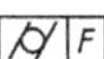

   Die Bedeutung ist in ISO 1101 angegeben.

b) Spezifikationen für messtechnische Merkmale, die zu S einer Grenzlehre derselben Art, die als Gutlehre und als Ausschusslehre verwendet wird, zugeordnet sind, unterscheiden sich (siehe 7.2 und 7.3) und sind standardmäßig auf das Zweipunktgrößenmaß (*ϕS* Ⓛⓟ) anzuwenden.

Spezifikationen für den Neu- oder den Verschleißzustand, die mit den auf *S* von Grenzlehren bezogenen messtechnischen Merkmalen verknüpft sind, sind für Gutlehren immer unterschiedlich und können für Ausschusslehren gleich sein. Die Spezifikationsgrenzen für den Neuzustand von Gutlehren liegen immer innerhalb der Werkstücktoleranz.

Die Tabellen 6 bis 11 können unmittelbar angewendet werden, wenn die Toleranz des Maßes des Größenmaßelementes des Werkstücks als Code nach ISO 286-1:2010 angegeben wird. Ist die Toleranz des Größenmaßes nicht als ISO-Code angegeben, so muss der Grundtoleranzgrad als der Grundtoleranzgrad festgelegt werden, der in demselben Nennmaßbereich der ersten Toleranz *T* aus den Tabellen 7 bis 11 entspricht, welche niedriger ist als die Toleranz des Werkstücks.

BEISPIEL 2 Bei einer Maßspezifikation für das Werkstück von 20 ± 0,02 Ⓔ ist die Toleranz für das Werkstück gleich 40 µm. In Tabelle 8 ist in dem das Nennmaß 20 enthaltenden Nennmaßbereich, die erste niedrigere Toleranz gleich 33 µm und entspricht dem Grundtoleranzgrad 8, welcher zur Festlegung des messtechnischen Merkmals der glatten Grenzlehre zur Prüfung dieser Maßspezifikation zu verwenden ist.

ANMERKUNG Die Spezifikationsgrenzen für Gutlehren werden durch *z* und z_1 in Bezug auf die Toleranzgrenze des Werkstücks festgelegt (siehe die Bilder 2 und 3), um einen gewissen Verschleiß und somit eine gewisse Nutzungsdauer zuzulassen, bevor das Größenmaß und die Form abgenutzt sind und außerhalb der Spezifikation für die Grenzlehre liegen.

7.2 Grenzlehren für innere Größenmaßelemente

Die Lage der Toleranzgrenzen für Lehren im Neuzustand und der Verschleißgrenzen für Grenzlehren für innere Größenmaßelemente in Bezug auf die Werkstücktoleranzen ist in Bild 2 dargestellt.

Die Lage der Spezifikation der Ausschusslehre ist in Bezug auf die LMLS der Werkstücktoleranz festgelegt.

Die Lage der Spezifikation der Gutlehre ist in Bezug auf die MMLS der Werkstücktoleranz festgelegt.

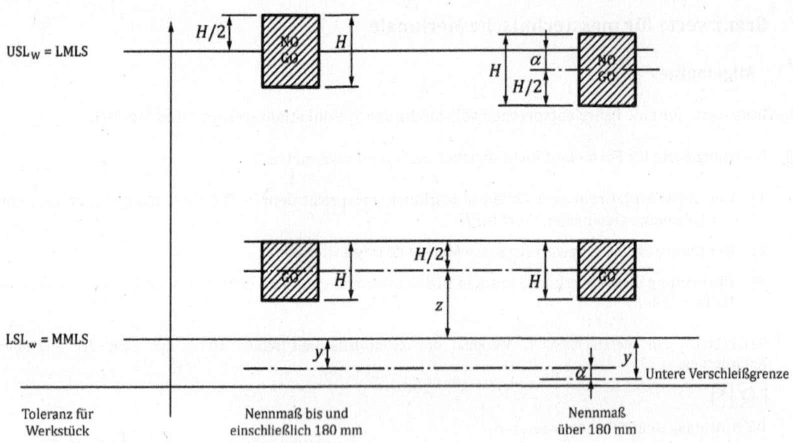

Bild 2 — Lage des MPL-Maßes für Gut- und Ausschusslehren für Werkstücke in Form innerer Größenmaßelemente

Der Wert für H(siehe Bild 2) ist für jede Art der Grenzlehre, für jeden Grundtoleranzgrad des Werkstücks und für jedes Größenmaßelement des Werkstücks festgelegt und aus der Tabelle 6 zu entnehmen.

Die Werte für z, α und y (siehe Bild 2) sind für jeden Grundtoleranzgrad des Werkstücks und für jedes Größenmaßelement des Werkstücks festgelegt und den Tabellen 7 bis 11 zu entnehmen.

Wenn ein Lehrdorn als Ausschusslehre zum Prüfen (der LMLS) eines Werkstückmerkmals ($LMLS_W$) verwendet wird, muss die Anforderung an das Größenmaß S der Prüffläche den folgenden Toleranzen für eine Lehre im Neuzustand und Verschleißzustand entsprechen (siehe Bild 2):

— für die obere Spezifikationsgrenze: $$USL_{U,\,NO\,GO} = USL_{M,\,NO\,GO} = USL_W - \alpha + \frac{H}{2}$$

— für die untere Spezifikationsgrenze: $$LSL_{U,\,NO\,GO} = LSL_{M,\,NO\,GO} = USL_W - \alpha - \frac{H}{2}$$

Dabei ist α gleich null, wenn der Nennwert kleiner oder gleich 180 mm ist.

Wenn ein Lehrdorn als Gutlehre zum Prüfen (der MMLS) eines Werkstückmerkmals ($MMLS_W$) verwendet wird, muss die Anforderung an das Größenmaß S der Prüffläche den folgenden Lehrentoleranzen entsprechen:

a) für den Neuzustand (siehe Bild 2):

1) für die obere Spezifikationsgrenze: $$USL_{M,\,GO} = LSL_W + z + \frac{H}{2}$$

2) für die untere Spezifikationsgrenze: $$LSL_{M,\,GO} = LSL_W + z - \frac{H}{2}$$

b) für den Verschleißzustand (siehe Bild 2):

1) für die obere Spezifikationsgrenze: $USL_{U,GO} = LSL_W + z + \frac{H}{2}$

2) für die untere Spezifikationsgrenze: $LSL_{U,GO} = LSL_W + \alpha - y$

Dabei stellt

y einen Betrag außerhalb der Toleranzgrenzen des Werkstücks dar, der einen Spielraum für die Verschleißgrenzen von Gutlehren berücksichtigt;

α einen Sicherheitsbereich für die Kompensation der Messunsicherheit dar.

7.3 Grenzlehren für äußere Größenmaßelemente

Die Lage der Toleranzgrenzen für Lehren im Neuzustand sowie der Verschleißgrenzen für Grenzlehren für äußere Größenmaßelemente in Bezug auf die Werkstücktoleranz ist in Bild 3 dargestellt.

Die Lage der Spezifikation der Gutlehre ist in Bezug auf die MMLS der Werkstücktoleranz festgelegt.

Die Lage der Spezifikation der Ausschusslehre ist in Bezug auf die LMLS der Werkstücktoleranz festgelegt.

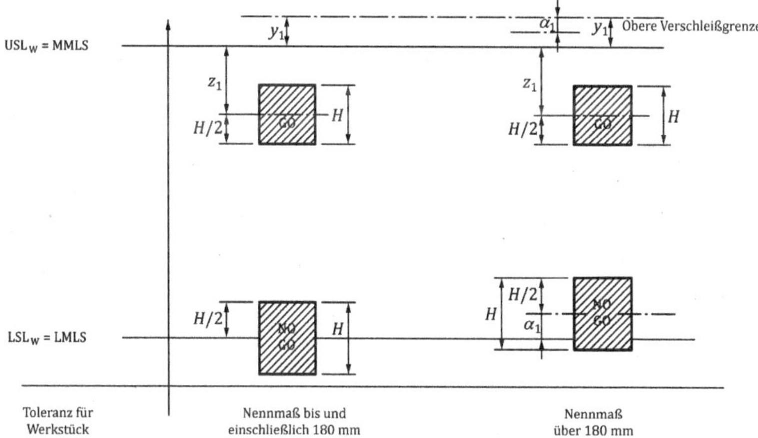

Bild 3 — Lage des MPL-Maßes für Gut- und Ausschusslehren für Werkstücke in Form äußerer Größenmaßelemente

Der Wert für H (siehe Bild 3) ist für jede Art der Grenzlehre, für jeden Grundtoleranzgrad des Werkstücks und für jedes Größenmaß festgelegt und aus Tabelle 6 zu entnehmen.

Die Werte für z_1, α_1 und y_1 (siehe Bild 3) sind für jedes Größenmaßelement des Werkstücks und für jeden Grundtoleranzgrad festgelegt. Die Werte für z_1, α_1 und y_1 sind den Tabellen 7 bis 11 zu entnehmen.

Wird ein Lehrring als Gutlehre zum Prüfen eines äußeren Größenmaßelementes eines Werkstücks ($MMLS_W$) verwendet, so muss die Anforderung an das Größenmaß S der Prüffläche den folgenden Toleranzen entsprechen:

a) für den Neuzustand (siehe Bild 3):

1) für die obere Spezifikationsgrenze: $USL_{M,GO} = USL_W - z_1 + \frac{H}{2}$

2) für die untere Spezifikationsgrenze: $LSL_{M,GO} = USL_W - z_1 - \frac{H}{2}$

b) für den Verschleißzustand (siehe Bild 3):

1) für die obere Spezifikationsgrenze: $USL_{U,GO} = USL_W + y_1 - \alpha_1$

2) für die untere Spezifikationsgrenze: $LSL_{U,GO} = USL_W - z_1 - \frac{H}{2}$

Dabei stellt

y_1 einen Betrag außerhalb der Toleranzgrenzen des Werkstücks dar, der einen Spielraum für die Verschleißgrenzen von Gutlehren berücksichtigt;

α_1 einen Sicherheitsbereich für die Kompensation der Messunsicherheit dar.

Wenn ein Lehrring als Ausschusslehre zum Prüfen eines äußeren Größenmaßelementes eines Werkstücks ($LMLS_W$) zu verwenden ist, muss die Anforderung an das Größenmaß S der Prüffläche den folgenden Toleranzen entsprechen:

— für die obere Spezifikationsgrenze (siehe Bild 3): $USL_{M,NO\,GO} = USL_{U,NO\,GO} = LSL_W + \alpha_1 + \frac{H}{2}$

— für die untere Spezifikationsgrenze (siehe Bild 3): $LSL_{M,NO\,GO} = LSL_{U,NO\,GO} = LSL_W + \alpha_1 - \frac{H}{2}$

Dabei ist α_1 gleich null, wenn der Nennwert kleiner oder gleich 180 mm ist.

7.4 Werte zur Berechnung der MPL von Grenzlehren

Wenn die Maßtoleranz des Größenmaßelementes des Werkstücks als Code nach ISO 286-1 angegeben wird, werden die Tabellen 6 bis 11 unmittelbar verwendet.

Ist die Toleranz des Größenmaßes nicht als ISO-Code angegeben, so wird der Grundtoleranzgrad als der Grundtoleranzgrad festgelegt, der in demselben Nennmaßbereich der ersten Toleranz aus den Tabellen 7 bis 11 entspricht, welche niedriger oder gleich der Toleranz des Werkstücks ist.

Die Werte für die Formgrenzen entsprechen der Hälfte der in Tabelle 6, in Spalte $2 \times F$ angegebenen Werte.

Wenn die Grade 6 bis 8 dem Buchstaben N (6N, 7N oder 8N) zugeordnet werden, sind die Werte y, y_1, α und α_1 für die Gutlehre gleich null.

Bis zu 1 mm stehen die Grade „IT14“ bis „IT18“ nicht zur Verfügung.

Lehren für IT17 und IT18 sind für die aktuelle Lehrenpraxis nur begrenzt von Nutzen.

Tabelle 6 — Werte von *H* und *F* für die Berechnung der MPL von Grenzlehren in Grundtoleranzgraden nach ISO 286-1

<table>
<tr><th rowspan="3">Lehrenart</th><th colspan="10">Grundtoleranzgrade der Werkstücke</th></tr>
<tr><th colspan="2">IT6</th><th colspan="2">IT7</th><th colspan="2">IT8 bis IT10</th><th colspan="2">IT11 und IT12</th><th colspan="2">IT13 bis IT18</th></tr>
<tr><th>Größenmaß
H</th><th>Form und Richtung
$2 \times F$</th><th>Größenmaß
H</th><th>Form und Richtung
$2 \times F$</th><th>Größenmaß
H</th><th>Form und Richtung
$2 \times F$</th><th>Größenmaß
H</th><th>Form und Richtung
$2 \times F$</th><th>Größenmaß
H</th><th>Form und Richtung
$2 \times F$</th></tr>
<tr><td>Vollzylindrischer Lehrdorn</td><td rowspan="3">IT2</td><td rowspan="3">IT1</td><td rowspan="3">IT3</td><td rowspan="3">IT2</td><td rowspan="3">IT3</td><td rowspan="3">IT2</td><td rowspan="3">IT5</td><td rowspan="3">IT4</td><td rowspan="3">IT7</td><td rowspan="3">IT5</td></tr>
<tr><td>Abgeflachter zylindrischer Lehrdorn</td></tr>
<tr><td>Abgeflachter zylindrischer Lehrdorn mit verkürzten Prüfflächen</td></tr>
<tr><td>Voll ausgebildeter torusförmiger Lehrdorn</td><td rowspan="2">IT2</td><td rowspan="2">IT1</td><td rowspan="2">IT2</td><td rowspan="2">IT1</td><td rowspan="2">IT2</td><td rowspan="2">IT1</td><td rowspan="2">IT4</td><td rowspan="2">IT3</td><td rowspan="2">IT6</td><td rowspan="2">IT5</td></tr>
<tr><td>Abgeflachter torusförmiger Lehrdorn</td></tr>
<tr><td>Lehrdorn</td><td>IT2</td><td>IT1</td><td>IT3</td><td>IT2</td><td>IT3</td><td>IT2</td><td>IT5</td><td>IT4</td><td>IT7</td><td>IT5</td></tr>
<tr><td>Stichmaß mit kugelförmigen Endflächen</td><td>IT2</td><td>IT1</td><td>IT2</td><td>IT1</td><td>IT2</td><td>IT1</td><td>IT4</td><td>IT3</td><td>IT6</td><td>IT5</td></tr>
<tr><td>Vollzylindrischer Lehrring</td><td>IT3</td><td>IT2</td><td>IT3</td><td>IT2</td><td>IT4</td><td>IT3</td><td>IT5</td><td>IT4</td><td>IT7</td><td>IT5</td></tr>
<tr><td>Voll ausgebildete Kerblehre</td><td>IT3</td><td>IT2</td><td>IT3</td><td>IT2</td><td>IT4</td><td>IT3</td><td>IT5</td><td>IT4</td><td>IT7</td><td>IT5</td></tr>
<tr><td>Rachenlehre</td><td>IT3</td><td>IT2</td><td>IT3</td><td>IT2</td><td>IT4</td><td>IT3</td><td>IT5</td><td>IT4</td><td>IT7</td><td>IT5</td></tr>
</table>

Tabelle 7 — Werte, in Mikrometer, für die Parameter zur Festlegung der Lehrengrenzen in Bezug auf die Werkstückgrenzen — Grundtoleranzgrade der Werkstücke IT 6

Nennmaß mm		Grundtoleranzgrade der Werkstücke IT 6					
>	≤	T	z	z_1	α, α_1	y	y_1
—	3	6	1	1,5	0	1	1,5
3	6	8	1,5	2	0	1	1,5
6	10	9	1,5	2	0	1	1,5
10	18	11	2	2,5	0	1,5	2
18	30	13	2	3	0	1,5	3
30	50	16	2,5	3,5	0	2	3
50	80	19	2,5	4	0	2	3
80	120	22	3	5	0	3	4
120	180	25	4	6	0	3	4
180	250	29	5	7	2	4	5
250	315	32	6	8	3	5	6
315	400	36	7	10	4	6	6
400	500	40	8	11	5	7	7

Tabelle 8 — Werte, in Mikrometer, für die Parameter zur Festlegung der Lehrengrenzen in Bezug auf die Werkstückgrenzen — Grundtoleranzgrade der Werkstücke IT 7 bis IT 9

Nennmaß mm		Grundtoleranzgrade der Werkstücke IT 7				IT 8				IT 9			
>	≤	T	z, z_1	α, α_1	y, y_1	T	z, z_1	α, α_1	y, y_1	T	z, z_1	α, α_1	y, y_1
—	3	10	1,5	0	1,5	14	2	0	3	25	5	0	0
3	6	12	2	0	1,5	18	3	0	3	30	6	0	0
6	10	15	2	0	1,5	22	3	0	3	36	7	0	0
10	18	18	2,5	0	2	27	4	0	4	43	8	0	0
18	30	21	3	0	3	33	5	0	4	52	9	0	0
30	50	25	3,5	0	3	39	6	0	5	62	11	0	0
50	80	30	4	0	3	46	7	0	5	74	13	0	0
80	120	35	5	0	4	54	8	0	6	87	15	0	0
120	180	40	6	0	4	63	9	0	6	100	18	0	0
180	250	46	7	3	6	72	12	4	7	115	21	4	0
250	315	52	8	4	7	81	14	6	9	130	24	6	0
315	400	57	10	6	8	89	16	7	9	140	28	7	0
400	500	63	11	7	9	97	18	9	11	155	32	9	0

Tabelle 9 — Werte, in Mikrometer, für die Parameter zur Festlegung der Lehrengrenzen in Bezug auf die Werkstückgrenzen — Grundtoleranzgrade der Werkstücke IT 10 bis IT 12

Nennmaß mm		Grundtoleranzgrade der Werkstücke											
		IT 10				IT 11				IT 12			
>	≤	T	z, z_1	α, α_1	y, y_1	T	z, z_1	α, α_1	y, y_1	T	z, z_1	α, α_1	y, y_1
—	3	40	5	0	0	60	10	0	0	100	10	0	0
3	6	48	6	0	0	75	12	0	0	120	12	0	0
6	10	58	7	0	0	90	14	0	0	150	14	0	0
10	18	70	8	0	0	110	16	0	0	180	16	0	0
18	30	84	9	0	0	130	19	0	0	210	19	0	0
30	50	100	11	0	0	160	22	0	0	250	22	0	0
50	80	120	13	0	0	190	25	0	0	300	25	0	0
80	120	140	15	0	0	220	28	0	0	350	28	0	0
120	180	160	18	0	0	250	32	0	0	400	32	0	0
180	250	185	24	7	0	290	40	10	0	460	45	15	0
250	315	210	27	9	0	320	45	15	0	520	50	20	0
315	400	230	32	11	0	360	50	15	0	570	65	30	0
400	500	250	37	14	0	400	55	20	0	630	70	35	0

Tabelle 10 — Werte, in Mikrometer, für die Parameter zur Festlegung der Lehrengrenzen in Bezug auf die Werkstückgrenzen — Grundtoleranzgrade der Werkstücke IT 13 bis IT 15

Nennmaß mm		Grundtoleranzgrade der Werkstücke											
		IT 13				IT 14				IT 15			
>	≤	T	z, z_1	α, α_1	y, y_1	T	z, z_1	α, α_1	y, y_1	T	z, z_1	α, α_1	y, y_1
—	3	140	20	0	0	250	20	0	0	400	40	0	0
3	6	180	24	0	0	300	24	0	0	480	48	0	0
6	10	220	28	0	0	360	28	0	0	580	56	0	0
10	18	270	32	0	0	430	32	0	0	700	64	0	0
18	30	330	36	0	0	520	36	0	0	840	72	0	0
30	50	390	42	0	0	620	42	0	0	1 000	80	0	0
50	80	460	48	0	0	740	48	0	0	1 200	90	0	0
80	120	540	54	0	0	870	54	0	0	1 400	100	0	0
120	180	630	60	0	0	1 000	60	0	0	1 600	110	0	0
180	250	720	80	25	0	1 150	100	45	0	1 850	170	70	0
250	315	810	90	35	0	1 300	110	55	0	2 100	190	90	0
315	400	890	100	45	0	1 400	125	70	0	2 300	210	110	0
400	500	970	110	55	0	1 550	145	90	0	2 500	240	140	0

Tabelle 11 — Werte, in Mikrometer, für die Parameter zur Festlegung der Lehrengrenzen in Bezug auf die Werkstückgrenzen — Grundtoleranzgrade der Werkstücke IT 16 bis IT 18

Nennmaß mm		Grundtoleranzgrade der Werkstücke											
		IT 16				IT 17				IT 18			
>	≤	T	z, z_1	α, α_1	y, y_1	T	z, z_1	α, α_1	y, y_1	T	z, z_1	α, α_1	y, y_1
—	3	600	40	0	0	1 000	80	0	0	1 400	80	0	0
3	6	750	48	0	0	1 200	96	0	0	1 800	96	0	0
6	10	900	56	0	0	1 500	112	0	0	2 200	112	0	0
10	18	1 100	64	0	0	1 800	125	0	0	2 700	125	0	0
18	30	1 300	72	0	0	2 100	140	0	0	3 300	140	0	0
30	50	1 600	80	0	0	2 500	160	0	0	3 900	160	0	0
50	80	1 900	90	0	0	3 000	180	0	0	4 600	180	0	0
80	120	2 200	100	0	0	3 500	200	0	0	5 400	200	0	0
120	180	2 500	110	0	0	4 000	220	0	0	6 300	220	0	0
180	250	2 900	210	110	0	4 600	360	180	0	7 200	470	230	0
250	315	3 200	240	140	0	5 200	400	200	0	8 100	520	250	0
315	400	3 600	280	180	0	5 700	450	230	0	8 900	600	280	0
400	500	4 000	320	220	0	6 300	500	250	0	9 700	710	320	0

8 Nachweis der Konformität mit der Spezifikation für Grenzlehren

Standardmäßig gilt für den Nachweis der Konformität und Nichtkonformität mit den Spezifikationen ISO 14253-1:2013, wenn bei der Konformitäts-/Nichtkonformitätsbeurteilung die Analyse eines Messergebnisses zusammen mit seiner Messunsicherheit verwendet wird, sofern keine spezielle anderslautende Vereinbarung zwischen Kunde und Lieferer besteht. Die Schätzung der Messunsicherheit muss nach dem ISO/IEC Guide 98-3 und besonders nach ISO 14253-2:2011 durchgeführt werden.

9 Prüfung von Maßspezifikationen eines Werkstücks mit Grenzlehren

Im Fall der Prüfung mit einer glatten Lehre gibt es kein Messergebnis, sondern nur die Beurteilung von „Gut" oder „Ausschuss", festgestellt durch die Anwendung einer Gut- oder Ausschusslehre:

a) Die Gutlehre muss vollständig in Bezug auf die entsprechende Oberfläche des Werkstücks passen (Gut);

b) die Ausschusslehre darf nicht ansatzweise in Bezug auf die entsprechende Oberfläche des Werkstücks passen (Ausschuss).

Auf der Grundlage der mathematischen Analyse der Toleranzgrenzen des Werkstücks und der Lehre und unter Berücksichtigung der Unsicherheit besteht bei der Bewertung eines Werkstücks als übereinstimmend mit den Spezifikationen ein Risiko, wenn eine Gut- oder Ausschusslehre verwendet wird. Dies gilt in besonderem Maße, wenn die Lage der Toleranzen der Lehre in Bezug auf die Werkstücktoleranzen berücksichtigt wird:

— In der Praxis bewegt sich dieses Risiko für eine Gutlehre gegen Null, wenn die Lage der Toleranzen der Gutlehre in Bezug auf die Werkstücktoleranzen berücksichtigt wird. Damit eine Lehre in ein Werkstück passt, ist es mechanisch notwendig, ein Spiel zwischen dem Werkstück und der Gutlehre zu haben. Wenn die Gutlehre in das Werkstück passt, besteht daher nur ein geringes Risiko, dass ein Werkstück fälschlich als der Maximum-Material-Grenze der Maßspezifikation des Werkstücks entsprechend eingestuft wird (kein Beitrag zur Formabweichung innerhalb des Werkstücks, Überschreitung der Toleranzgrenzen der Gutlehre gegenüber der Werkstücktoleranz). Befindet sich die Gutlehre im Verschleißzustand, besteht ein höheres Risiko, dass ein Werkstück fälschlich als übereinstimmend eingestuft wird. Aus diesem Grund ist eine sorgfältige Beachtung der Verschleißgrenzen wichtig.

— Bei einer Ausschusslehre ist das Hauptrisiko in der Anwendung abhängig von der Formabweichung des Werkstücks (siehe Bild 4). Wenn die Ausschusslehre nicht in das Werkstück passt, besteht daher das Risiko, dass das Werkstück fälschlich als mit der Minimum-Material-Grenze der Maßspezifikation des Werkstücks übereinstimmend eingestuft wird (Formabweichung innerhalb der Werkstücks, Überschreitung der Toleranzgrenzen der Ausschusslehre gegenüber der Werkstücktoleranz).

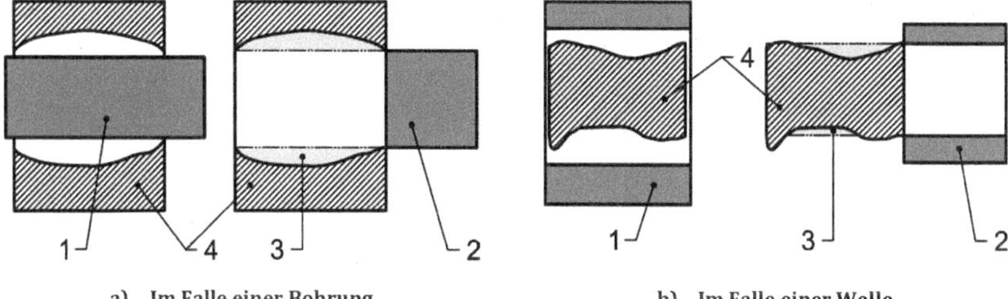

a) **Im Falle einer Bohrung** b) **Im Falle einer Welle**

Legende

1 Gutlehre
2 Ausschusslehre
3 Bereich der Formabweichung mit Übereinstimmungsrisiko
4 Tatsächliches Werkstück

Bild 4 — Einfluss der Formabweichung auf den Nachweis der Konformität des Werkstücks

Die in diesem Teil von ISO 1938 beschriebenen Grenzlehren sind hauptsächlich für die Prüfung von Toleranzen für formstabile Werkstücke vorgesehen.

Die in diesem Teil von ISO 1938 angegebenen Toleranzen für Grenzlehren sind bei Standardtemperaturbedingungen im GPS-Bereich (20 °C) gültig, siehe ISO 1.

Grenzlehren müssen im Allgemeinen mit dem Spezifikationsoperator des Größenmaßes übereinstimmen, der in der Technischen Produktdokumentation (TPD) angegeben ist, um als perfekter Verifikationsoperator verwendet werden zu können (siehe auch Anhang B, die Anwendung von Grenzlehren als vereinfachte Verifikationsoperatoren). Der Spezifikationsoperator des Größenmaßes muss nach ISO 14405-1 in der TPD angegeben sein.

Für die Grenzlehre als perfekter Verifikationsoperator für den angegebenen Spezifikationsoperator ist besonders wichtig:

— Lehrenarten müssen in Übereinstimmung mit dem angegebenen Spezifikationsoperator, z. B. mit der Standardspezifikation oder den Spezifikationsmodifikatoren, korrekt sein;

— die Länge und, falls relevant, auch die Breite der Prüffläche müssen mit dem in der Technischen Produktdokumentation (TPD) angegebenen Spezifikationsoperator übereinstimmen.

Während des Prüfprozesses einer Grenzlehre wird jedes messtechnische Merkmal (z. B. das Größenmaß *S*) bewertet und seiner Messunsicherheit zugeordnet. Diese Messunsicherheit muss in die Entscheidung über die Konformität der glatten Grenzlehre einbezogen werden.

Das Größenmaß der Lehre wird seiner Messunsicherheit *U* zugeordnet. Diese Unsicherheit muss während des Prüfprozesses und bei der Entscheidung über eine „Konformität" oder „Nichtkonformität" berücksichtigt werden.

BEISPIEL 1 Handelt es sich bei dem bewerteten Merkmal um einen Zweipunktgrößenmaß und ist die Spezifikation für die Prüfung des Werkstücks ebenfalls ein Zweipunktgrößenmaß, so entspricht die zu berücksichtigende Unsicherheit der Messunsicherheit für das Zweipunktgrößenmaß.

BEISPIEL 2 Handelt es sich bei dem bewerteten Merkmal um einen Zweipunktgrößenmaß und ist die Spezifikation für die Prüfung des Werkstücks ein globales Größenmaß des Typs „GG-Abstand" (siehe ISO 14405-1), so entspricht die zu berücksichtigende Unsicherheit der Messunsicherheit für den Zweipunktgrößenmaß, ergänzt durch die zweifache Standardform der Lehre.

10 Kennzeichnung

Jede Lehre muss leserlich und dauerhaft mit den folgenden Angaben gekennzeichnet sein:

— Größenmaßtoleranz des Werkstück angegeben als:

  — Toleranzgrenzen des Werkstücks, oder

  — ISO-Code (Wert des Werkstücknennmaßes mit dem Symbol, das die Toleranzklasse nach ISO 286-1 bezeichnet), oder

  — Wert des Werkstücknennmaßes zusammen mit dem unteren und oberen Grenzabmaß des Werkstücks oder, je nach Lehrenart (Gutlehre oder Ausschusslehre) und ihrer Beschaffenheit (Innen- oder Außenmaß) nur mit dem zutreffenden (unteren oder oberen) Grenzabmaß, siehe 7.2 und 7.3

und

— Art der Grenzlehre: GO oder NO GO, oder durch Farbcodierung: Grün für Gutlehre (wahlweise) und Rot für Ausschusslehre.

BEISPIEL 1 20 H6 GO oder 0 20 H6 +13 GO oder 0 20 H6 GO

BEISPIEL 2 12,1 ±0,15 NO GO oder −150 12,1 ±0,15 +150 NO GO

BEISPIEL 3 12,25 −0,3 / 0 NO GO

BEISPIEL 4 11,95 / 12,5 NO GO

— Seriennummer (alphanumerisch);

— Name oder Firmenzeichen des Herstellers.

Die Kennzeichnung darf nicht auf den Prüfflächen angebracht sein, und sie darf die messtechnischen Merkmale der Lehren nicht beeinträchtigen.

Anhang A
(informativ)

Allgemeine Grundsätze und Anwendung der Grenzlehrung

A.1 Allgemeine Grundsätze

Für die Prüfung einer durch eine bilaterale Toleranz eines Größenmaßelementes des Werkstücks definierte Maßspezifikation entsprechend dem in der Technischen Produktdokumentation angegebenen Spezifikationsoperator mittels Lehrung werden zwei Lehren verwendet: eine Gutlehre entsprechend der Art des Größenmaßes, die durch den Spezifikationsoperator angegeben ist, und eine Ausschusslehre, ebenfalls entsprechend der Art des Größenmaßes, die durch den Spezifikationsoperator angegeben ist.

Die Gutlehre lässt sich ohne Anwendung besonderer Kraft mit dem Werkstückelement paaren. Die Lehre lässt sich über die ganze Länge des Werkstücks mit diesem paaren.

Die Ausschusslehre lässt sich ohne Anwendung besonderer Kraft nicht mit dem Werkstückelement paaren.

ANMERKUNG Wenn für die Lehrung der gleichen Toleranzgrenze mehr als eine Lehre angewendet wird (z. B. an der Werkzeugmaschine und in der Qualitätssicherung im Werk des Lieferers und eine dritte Lehre im Werk des Kunden), kann eine Unstimmigkeit aufgrund der relativ großen Lehrentoleranzen, bezogen auf die Werkstücktoleranz, auftreten. In solchen Fällen gibt die Lehre, deren Maß am nächsten an der Werkstücktoleranzgrenze liegt, die genaueste Einschätzung.

A.2 Anwendung

A.2.1 Allgemeines

Die Grenzlehrung ermöglicht die Prüfung eines Grenzwertes einer Spezifikation einschließlich des Maßes mit Hilfe eines physikalischen Verfahrens ohne den Einsatz mathematischer Werkzeuge durch den Anwender.

Im Fall von glatten Grenzlehren, wie in diesem Teil von ISO 1938 beschrieben, besteht die Grenzlehrung in der Prüfung in Bezug auf ein Größenmaßmerkmal eines Größenmaßelementes.

Die Grenzlehrung ist kein Verfahren, das in einem Messprozess verwendet wird, um einen numerischen Wert für ein Merkmal zu erhalten. Es handelt sich vielmehr um ein Verfahren, das in einem Prüfprozess eingesetzt wird, um ein Ergebnis von zwei möglichen Ergebnissen bereitzustellen (Ja/Nein, Gut/Ausschuss, Annehmbar/Nicht annehmbar usw.).

Es gibt zwei Arten der Grenzlehrung: die Grenzlehrung für das Größenmaß in Bezug auf die Maximum-Material-Grenze und die Grenzlehrung für das Größenmaß in Bezug auf die Minimum-Material-Grenze.

Die Untersuchung mit Hilfe von Grenzlehren wird für die Annahmeprüfung als maßgeblich anerkannt, und es gilt als Konsens, dass eine Größenmaßspezifikation für ein Werkstück dann zufriedenstellend ist, wenn das Ergebnis der Untersuchung mit der Lehre den Anforderungen des vorliegenden Teils von ISO 1938 entspricht.

Um Streitfälle zu vermeiden, die eine Prüfung der Lehren des Herstellers erfordern, wird das folgende Verfahren für den Einsatz von Lehren des Herstellers und des Käufers vorgeschlagen.

A.2.2 Verwendung von Lehren im Neuzustand und im Verschleißzustand durch den Hersteller

In der Regel kann die für die Kontrolle der im Werk hergestellten Werkstücke zuständige Prüfungsabteilung des Herstellers dieselben Lehrenarten verwenden, die im Werk eingesetzt werden. Um Abweichungen zwischen den im Werk und in der Prüfungsabteilung erhaltenen Ergebnissen zu vermeiden, wird vorgeschlagen, dass im Werk nur Gutlehren im Neuzustand oder in einem leichten Verschleißzustand verwendet werden sollten, während die Prüfungsabteilung Gutlehren in einem Zustand näher an der zulässigen Verschleißgrenze verwenden sollte.

A.2.3 Verwendung der Lehre durch den Käufer

Für Untersuchungen, die im Auftrag des Käufers durch einen vom betreffenden Herstellwerk unabhängigen Kontrolleur durchgeführt werden, stehen drei mögliche Verfahren zur Verfügung:

a) Der Kontrolleur darf die Werkstücke mit Hilfe der herstellereigenen Lehren überprüfen, sofern er/sie zunächst die Genauigkeit dieser Lehren überprüft.

b) Der Kontrolleur darf zur Prüfung der Werkstücke seine/ihre eigenen Lehren verwenden, sofern sie nach dem vorliegenden Teil von ISO 1938 hergestellt wurden. Als Empfehlung gilt, dass die verwendeten Gutlehren Größenmaße nahe an der Verschleißgrenze haben sollten, um Abweichungen zwischen den vom Hersteller und vom Kontrolleur erhaltenen Ergebnissen zu vermeiden.

c) Der Kontrolleur darf zur Prüfung der Werkstücke seine eigenen Kontrolllehren verwenden. Die Lage der Toleranzzonen dieser Lehren sollte so gewählt werden, dass sichergestellt ist, dass der Kontrolleur keine Werkstücke zurückweist, deren Größenmaße innerhalb der festgelegten Grenzen liegen.

A.2.4 Vor- und Nachteile

Die Anwendung von Grenzlehren hat im Vergleich zu anderen Prüfverfahren Vor- und Nachteile (siehe Tabelle A.1).

Tabelle A.1 — Vor- und Nachteile der Grenzlehren

Vorteile	Nachteile
— Festlegung der Annahmekriterien für ein Merkmal auf ökonomische Weise; — einfache Anwendung eines physikalischen Prozesses; — schneller Erhalt einer Antwort; — ähnlich einem Vergleichsverfahren, durch das Unsicherheiten durch Umgebungsfaktoren reduziert werden; — sehr geringe Unsicherheit in Bezug auf den messtechnischen Wert des Größenmaßes der Lehre; — für die Gutlehrung: angenähert der Hüllbedingung entsprechend.	— Ist das Ergebnis nicht annehmbar, so ist es nicht möglich, direkt zu wissen, wie der Prozess angepasst werden kann, um den Herstellungsprozess durchzuführen; — Einrichtungen für spezielle Anwendungen haben keinen numerischen Wert; — die Unsicherheit im Lehrungsprozess ist ökonomisch schwierig einzuschätzen, da die Unsicherheit im Passungsprozess von zahlreichen Faktoren, wie Form, Kraft, Bedienungsperson, abhängt; — starke Abweichung von der Anforderung an die Ausschuss-Grenzlehrung, da die Erfüllung der Anforderung in Abhängigkeit von der Form des Werkstücks (fass- oder sanduhrförmig) von der Formabweichung des Werkstücks abhängt, die bewertet werden kann.

Anhang B
(informativ)

Beschreibung der speziellen Anwendung der verschiedenen Lehrenarten und der zugehörigen Unsicherheit

B.1 Gutlehre

Eine Gutlehre, die ohne Aufbringung besonderer Kraft von Hand angewendet wird, kann mit einer Bohrung bzw. Welle vollständig gepaart werden und sie über die gesamte Länge hinweg prüfen. Die Prüfung nicht formstabiler Teile (z. B. dünnwandiger Teile) mit einer Lehre erfordert eine Vielzahl von Vorkehrungen. Die Anwendung von zu viel Kraft während der Prüfung kann das Geometrieelement vergrößern, wodurch falsche Ergebnisse erzielt werden.

B.2 Ausschusslehre

Eine Ausschusslehre, die ohne Aufbringung besonderer Kraft von Hand angewendet wird, lässt sich mit dem betreffenden Geometrieelement nicht paaren. Wenn möglich wird die Bohrung an beiden Enden geprüft.

B.3 Ergebnis der Grenzlehrung

Siehe Tabelle B.1.

B.3.1 Für den Hersteller

Der Hersteller setzt Lehren im Neuzustand nach den Spezifikationen des vorliegenden Teils von ISO 1938 ein.

B.3.2 Für den Kunden

Der Kunde kann ein Werkstück, das er selbst mit einer Lehre im Verschleißzustand nach den Spezifikationen des vorliegenden Teils von ISO 1938 geprüft hat, nicht zurückweisen.

Tabelle B.1 — Spezielle Anwendung der verschiedenen Lehrenarten und die zugehörige Unsicherheit
(1 von 2)

Art	Darstellung	Art des Größenmaßelementes des Werkstücks	Merkmal	Zusätzliche Unsicherheitskomponente gegenüber dem messtechnischen Merkmal
A	Vollzylindrischer Lehrdorn	Zylinder Zwei gegenüberliegende Flächen	Prüfen des Größenmaßmerkmals mit dem (GX)-Modifikator am unteren Grenzwert für eine zylindrische Bohrung Prüfen des Größenmaßmerkmals mit dem (GX)-Modifikator am unteren Grenzwert für zwei gegenüberliegende gerade Linien	Länge der Lehre in Bezug auf die Länge des Werkstücks

Tabelle B.1 — Spezielle Anwendung der verschiedenen Lehrenarten und die zugehörige Unsicherheit (2 von 2)

Art	Darstellung	Art des Größenmaßelementes des Werkstücks	Merkmal	Zusätzliche Unsicherheitskomponente gegenüber dem messtechnischen Merkmal
B	Abgeflachter zylindrischer Lehrdorn	Zwei diametral gegenüberliegende Teilflächen eines Zylinders Zwei gegenüberliegende Flächen	Annäherung der Lehrenart A für Sackbohrungen, oder für unterbrochene, zylindrische Geometrieelemente, oder für Bohrungen bei denen die Spezifikation nur für eine diametrale Teilfläche gilt	Länge und Breite der Lehre verglichen zu(m) tolerierten Geometrieelement(en) des Werkstücks
C	Abgeflachter zylindrischer Lehrdorn mit verkürzten Prüfflächen	Zwei diametral gegenüberliegende verkürzte Teilflächen eines Zylinders Zwei gegenüberliegende Flächen	Annäherung der Lehrenart B mit eingeschränkter Länge Wie Lehrenart A mit eingeschränkter Länge	Länge und Breite der Lehre verglichen zu(m) tolerierten Geometrieelement(en) des Werkstücks
D	Voll ausgebildeter torusförmiger Lehrdorn	Kreis Zwei gegenüberliegende Flächen	Größenmaßmerkmal mit (GX)-ACS-Modifikator Zwei Punkte	Keine
E	Abgeflachter torusförmiger Lehrdorn	Zwei diametral gegenüberliegende Segmente eines Kreises Zwei gegenüberliegende Flächen	Wie Lehrenart D für die die diametralen Teilflächen als ein Geometrieelementen betrachtet werden Wie Lehrenart D	Keine
F	Lehrdorne	Zwei gegenüberliegende Flächen	(GX) am Größenmaß zwischen zwei gegenüberliegenden Flächen	Länge und Breite der Lehre in Bezug auf das Werkstück
G	Stichmaß mit kugelförmigen Endflächen		Zwei Punkte (LP)	Keine

Anhang C
(informativ)

Zusammenhänge mit dem GPS-Matrix-Modell

C.1 Allgemeines

Für ausführliche Informationen zum GPS-Matrix-Modell siehe ISO 14638.

Das in ISO 14638 gegebene ISO/GPS-Matrix-Modell gibt einen Überblick über das ISO/GPS-System, von dem dieses Dokument ein Bestandteil ist. Die in ISO 8015 gegebenen grundlegenden Regeln von ISO/GPS gelten für dieses Dokument. Falls nichts anderes angegeben ist, gelten die Default-Entscheidungsregeln nach ISO 14253-1 für Spezifikationen die in Übereinstimmung mit diesem Dokument festgelegt wurden.

C.2 Informationen über die Norm und ihre Anwendung

Der vorliegende Teil von ISO 1938 enthält die wichtigsten Konstruktions- und messtechnischen Merkmale für glatte Grenzlehren der linearen Größenmaße.

Er legt die wichtigsten messtechnischen Merkmale und Konstruktionsmerkmale für glatte Grenzlehren der linearen Größenmaße fest. Nur den für die Austauschbarkeit relevanten Konstruktionsmerkmalen wurden Anforderungswerte zugeordnet. Die messtechnischen Merkmale unterliegen keinen Anforderungswerten, weil die Werte dieser Merkmale vom Hersteller und/oder Anwender festgelegt werden. In ISO 1938-1 sind jedoch Definitionen der messtechnischen Merkmale enthalten und jene messtechnischen Merkmale angegeben, für die der Hersteller einen MPL-Wert festlegen muss.

C.3 Position im GPS-Matrix-Modell

Dieser Teil von ISO 1938 ist eine allgemeine GPS-Norm, die die Kettenglieder E, F und G der Normenkette Größenmaß in der allgemeinen GPS-Matrix beeinflusst, wie in Tabelle C.1 grafisch dargestellt. Die in dieser Internationalen Norm festgelegten Regeln und Richtlinien gelten für alle Segmente der ISO/GPS-Matrix, die einen ausgefüllten Punkt (•) enthalten.

Tabelle C.1 — Position im GPS-Matrix-Modell

	Kettenglieder						
	A	B	C	D	E	F	G
	Symbole und Angaben	Anforderungen an Geometrieelemente	Merkmale von Geometrieelementen	Übereinstimmung und Nicht-Übereinstimmung	Messung	Messgeräte	Kalibrierung
Größenmaß					•	•	•
Abstand							
Form							
Richtung							
Ort							
Lauf							
Oberflächenbeschaffenheit: Profil							
Oberflächenbeschaffenheit: Fläche							
Oberflächenunvollkommenheit							

C.4 Verwandte Normen

Verwandte Normen gehen aus den in Tabelle C.1 angegebenen Normenketten hervor.

Literaturhinweise

[1] ISO 1, *Geometrical Product Specifications (GPS) — Standard reference temperature for geometrical product specification and verification*

[2] ISO 1302, *Geometrical Product Specifications (GPS) — Indication of surface texture in technical product documentation*

[3] ISO/R 1938:1971, *ISO system of limits and fits — Part 2: Inspection of plain workpieces*

[4] ISO 8015, *Geometrical product specifications (GPS) — Fundamentals — Concepts, principles and rules*

[5] ISO 14638, *Geometrical product specifications (GPS) — Matrix model*

[6] ISO 14978:2006, *Geometrical product specifications (GPS) — General concepts and requirements for GPS measuring equipment*

	DIN EN ISO 1938-2	

ICS 17.040.30; 17.040.40

Mit DIN EN ISO 1938-1:2016-03
Ersatz für
DIN 7150-2:2007-02 und
DIN 7150-2
Berichtigung 1:2007-08

Geometrische Produktspezifikation (GPS) – Längenprüftechnik – Teil 2: Prüflehren für Rachenlehren (ISO 1938-2:2017); Deutsche Fassung EN ISO 1938-2:2017

Geometrical product specifications (GPS) –
Dimensional measuring equipment –
Part 2: Reference disk gauges (ISO 1938-2:2017);
German version EN ISO 1938-2:2017

Spécification géométrique des produits (GPS) –
Équipement de mesurage dimensionnel –
Partie 2: Disques de référence pour calibres (ISO 1938-2:2017);
Version allemande EN ISO 1938-2:2017

Gesamtumfang 20 Seiten

DIN-Normenausschuss Technische Grundlagen (NATG)

Nationales Vorwort

Dieses Dokument (EN ISO 1938-2:2017) wurde vom Technischen Komitee ISO/TC 213 „Dimensional and geometrical product specifications and verification" in Zusammenarbeit mit dem Technischen Komitee CEN/TC 290 „Geometrische Produktspezifikationen und -prüfung" erarbeitet, dessen Sekretariat von AFNOR (Frankreich) gehalten wird.

Das zuständige deutsche Gremium ist der Unterausschuss NA 152-03-02-07 UA „Längenprüftechnik außer Koordinaten-, Form- und Oberflächenmesstechnik sowie Gewindekenngrößen" im DIN-Normenausschuss Technische Grundlagen (NATG).

Für die in diesem Dokument zitierten Internationalen Normen wird im Folgenden auf die entsprechenden Deutschen Normen hingewiesen:

ISO 1	siehe	DIN EN ISO 1
ISO 286-1	siehe	DIN EN ISO 286-1
ISO 1101	siehe	DIN EN ISO 1101
ISO 1302	siehe	DIN EN ISO 1302
ISO 1938-1:2015	siehe	DIN EN ISO 1938-1:2016-03
ISO 3650	siehe	DIN EN ISO 3650
ISO 8015	siehe	DIN EN ISO 8015
ISO 14253-1:2013	siehe	DIN EN ISO 14253-1:2013-12
ISO 14405-1	siehe	DIN EN ISO 14405-1
ISO 14638	siehe	DIN EN ISO 14638
ISO 14978:2006	siehe	DIN EN ISO 14978:2006-11
ISO 17450-2	siehe	DIN EN ISO 17450-2
ISO/IEC Guide 99	siehe	Internationales Wörterbuch der Metrologie

Änderungen

Gegenüber DIN 7150-2:2007-02 und DIN 7150-2 Berichtigung 1:2007-08 wurden folgende Änderungen vorgenommen:

a) Titel geändert;

b) Konstruktionsmerkmale und messtechnische Merkmale der Prüflehren für Rachenlehren konkretisiert;

c) Vorgehensweise bei Prüflehren für Rachenlehren für Werkstücke, deren Toleranz des Maßes des Größenmaßelementes nicht als Code nach ISO 286-1:2010 angegeben wird, geändert;

d) Prüflehren für Rachenlehren für Grundtoleranzgrade der Werkstücke IT 17 und IT 18 ergänzt;

e) Möglichkeiten der Kennzeichnung der Prüflehren für Rachenlehren erweitert;

f) Terminologie an die aktuellen Normen angepasst.

Frühere Ausgaben

DIN 7162: 1936-10, 1965x-12
DIN 7150-2: 1938x-07, 1977-08, 2007-02
DIN 7150-2 Berichtigung 1: 2007-08

Nationaler Anhang NA
(informativ)
Literaturhinweise

DIN EN ISO 1, *Geometrische Produktspezifikation (GPS) — Standardreferenztemperatur für die Geometrische Produktspezifikation und -prüfung*

DIN EN ISO 286-1, *Geometrische Produktspezifikation (GPS) — ISO-Toleranzsystem für Längenmaße — Teil 1: Grundlagen für Toleranzen, Abmaße und Passungen*

DIN EN ISO 1101, *Geometrische Produktspezifikation (GPS) — Geometrische Tolerierung — Tolerierung von Form, Richtung, Ort und Lauf*

DIN EN ISO 1302, *Geometrische Produktspezifikation (GPS) — Angabe der Oberflächenbeschaffenheit in der technischen Produktdokumentation*

DIN EN ISO 1938-1, *Geometrische Produktspezifikation (GPS) — Längenprüftechnik — Teil 1: Grenzlehren und Lehrung der Längenmaße (ISO 1938-1:2015); Deutsche Fassung EN ISO 1938-1:2015*

DIN EN ISO 3650, *Geometrische Produktspezifikationen (GPS) — Längennormale — Parallelendmaße*

DIN EN ISO 8015, *Geometrische Produktspezifikation (GPS) — Grundlagen — Konzepte, Prinzipien und Regeln*

DIN EN ISO 14253-1:2013-12, *Geometrische Produktspezifikationen (GPS) — Prüfung von Werkstücken und Meßgeräten durch Messen — Teil 1: Entscheidungsregeln für den Nachweis von Konformität oder Nichtkonformität mit Spezifikationen (ISO 14253-1:2013); Deutsche Fassung EN ISO 14253-1:2013*

DIN EN ISO 14405-1, *Geometrische Produktspezifikation (GPS) — Dimensionelle Tolerierung — Teil 1: Lineare Größenmaße*

DIN EN ISO 14638, *Geometrische Produktspezifikation (GPS) — Matrix-Modell*

DIN EN ISO 14978:2006-11, *Geometrische Produktspezifikation (GPS) — Allgemeine Begriffe und Anforderungen für GPS-Messeinrichtungen (ISO 14978:2006); Deutsche Fassung EN ISO 14978:2006*

DIN EN ISO 17450-2, *Geometrische Produktspezifikation (GPS) — Grundlagen — Teil 2: Grundsätze, Spezifikationen, Operatoren, Unsicherheiten und Mehrdeutigkeiten*

Internationales Wörterbuch der Metrologie — Grundlegende und allgemeine Begriffe und zugeordnete Benennungen (VIM) — Deutsch-englische Fassung ISO/IEC-Leitfaden 99:2007[*)]

*) Zu beziehen bei: Beuth Verlag GmbH, 10772 Berlin, Best.-Nr. 22472, ISBN 978-3-410-22472-3.

— Leerseite —

EUROPÄISCHE NORM

EUROPEAN STANDARD

NORME EUROPÉENNE

EN ISO 1938-2

Februar 2017

ICS 17.040.10; 17.040.30; 17.040.40

Deutsche Fassung

Geometrische Produktspezifikation (GPS) — Längenprüftechnik — Teil 2: Prüflehren für Rachenlehren (ISO 1938-2:2017)

Geometrical product specifications (GPS) —
Dimensional measuring equipment —
Part 2: Reference disk gauges
(ISO 1938-2:2017)

Spécification géométrique des produits (GPS) —
Équipement de mesurage dimensionnel —
Partie 2: Disques de référence pour calibres
(ISO 1938-2:2017)

Diese Europäische Norm wurde vom CEN am 1. Januar 2017 angenommen.

Die CEN-Mitglieder sind gehalten, die CEN/CENELEC-Geschäftsordnung zu erfüllen, in der die Bedingungen festgelegt sind, unter denen dieser Europäischen Norm ohne jede Änderung der Status einer nationalen Norm zu geben ist. Auf dem letzten Stand befindliche Listen dieser nationalen Normen mit ihren bibliographischen Angaben sind beim Management-Zentrum des CEN-CENELEC oder bei jedem CEN-Mitglied auf Anfrage erhältlich.

Diese Europäische Norm besteht in drei offiziellen Fassungen (Deutsch, Englisch, Französisch). Eine Fassung in einer anderen Sprache, die von einem CEN-Mitglied in eigener Verantwortung durch Übersetzung in seine Landessprache gemacht und dem Management-Zentrum mitgeteilt worden ist, hat den gleichen Status wie die offiziellen Fassungen.

CEN-Mitglieder sind die nationalen Normungsinstitute von Belgien, Bulgarien, Dänemark, Deutschland, der ehemaligen jugoslawischen Republik Mazedonien, Estland, Finnland, Frankreich, Griechenland, Irland, Island, Italien, Kroatien, Lettland, Litauen, Luxemburg, Malta, den Niederlanden, Norwegen, Österreich, Polen, Portugal, Rumänien, Schweden, der Schweiz, Serbien, der Slowakei, Slowenien, Spanien, der Tschechischen Republik, der Türkei, Ungarn, dem Vereinigten Königreich und Zypern.

EUROPÄISCHES KOMITEE FÜR NORMUNG
EUROPEAN COMMITTEE FOR STANDARDIZATION
COMITÉ EUROPÉEN DE NORMALISATION

CEN-CENELEC Management-Zentrum: Avenue Marnix 17, B-1000 Brüssel

Ref. Nr. EN ISO 1938-2:2017 D

Inhalt

Europäisches Vorwort

Dieses Dokument (EN ISO 1938-2:2017) wurde vom Technischen Komitee ISO/TC 213 „Dimensional and geometrical product specifications and verification" in Zusammenarbeit mit dem Technischen Komitee CEN/TC 290 „Geometrische Produktspezifikationen und -prüfung" erarbeitet, dessen Sekretariat von AFNOR gehalten wird.

Diese Europäische Norm muss den Status einer nationalen Norm erhalten, entweder durch Veröffentlichung eines identischen Textes oder durch Anerkennung bis August 2017, und etwaige entgegenstehende nationale Normen müssen bis August 2017 zurückgezogen werden.

Es wird auf die Möglichkeit hingewiesen, dass einige Elemente dieses Dokuments Patentrechte berühren können. CEN [und/oder CENELEC] sind nicht dafür verantwortlich, einige oder alle diesbezüglichen Patentrechte zu identifizieren.

Entsprechend der CEN-CENELEC-Geschäftsordnung sind die nationalen Normungsinstitute der folgenden Länder gehalten, diese Europäische Norm zu übernehmen: Belgien, Bulgarien, Dänemark, Deutschland, die ehemalige jugoslawische Republik Mazedonien, Estland, Finnland, Frankreich, Griechenland, Irland, Island, Italien, Kroatien, Lettland, Litauen, Luxemburg, Malta, Niederlande, Norwegen, Österreich, Polen, Portugal, Rumänien, Schweden, Schweiz, Serbien, Slowakei, Slowenien, Spanien, Tschechische Republik, Türkei, Ungarn, Vereinigtes Königreich und Zypern.

Anerkennungsnotiz

Der Text von ISO 1938-2:2017 wurde von CEN als EN ISO 1938-2:2017 ohne irgendeine Abänderung genehmigt.

Vorwort

ISO (die Internationale Organisation für Normung) ist eine weltweite Vereinigung von Nationalen Normungsorganisationen (ISO-Mitgliedsorganisationen). Die Erstellung von Internationalen Normen wird normalerweise von ISO Technischen Komitees durchgeführt. Jede Mitgliedsorganisation, die Interesse an einem Thema hat, für welches ein Technisches Komitee gegründet wurde, hat das Recht, in diesem Komitee vertreten zu sein. Internationale Organisationen, staatlich und nicht-staatlich, in Liaison mit ISO, nehmen ebenfalls an der Arbeit teil. ISO arbeitet eng mit der Internationalen Elektrotechnischen Kommission (IEC) bei allen elektrotechnischen Themen zusammen.

Die Verfahren, die bei der Entwicklung dieses Dokuments angewendet wurden und die für die weitere Pflege vorgesehen sind, werden in den ISO/IEC-Direktiven, Teil 1 beschrieben. Im Besonderen sollten die für die verschiedenen ISO-Dokumentenarten notwendigen Annahmekriterien beachtet werden. Dieses Dokument wurde in Übereinstimmung mit den Gestaltungsregeln der ISO/IEC-Direktiven, Teil 2 erarbeitet (siehe www.iso.org/directives).

Es wird auf die Möglichkeit hingewiesen, dass einige Elemente dieses Dokuments Patentrechte berühren können. ISO ist nicht dafür verantwortlich, einige oder alle diesbezüglichen Patentrechte zu identifizieren. Details zu allen während der Entwicklung des Dokuments identifizierten Patentrechten finden sich in der Einleitung und/oder in der ISO-Liste der empfangenen Patenterklärungen (siehe www.iso.org/patents).

Jeder in diesem Dokument verwendete Handelsname wird als Information zum Nutzen der Anwender angegeben und stellt keine Anerkennung dar.

Eine Erläuterung der Bedeutung ISO-spezifischer Benennungen und Ausdrücke, die sich auf Konformitätsbewertung beziehen, sowie Informationen über die Beachtung der Grundsätze der Welthandelsorganisation (WTO) zu technischen Handelshemmnissen (TBT, en: Technical Barriers to Trade) durch ISO enthält der folgende Link: www.iso.org/iso/foreword.html.

Dieses Dokument wurde vom Komitee ISO/TC 213, *Dimensional and geometrical product specifications and verification*, erarbeitet.

Eine Liste aller Teile der Normenreihe ISO 1938 ist auf der ISO-Internetseite zu finden.

Dieses Dokument enthält keine Anforderungen an Einstelldorne und Einstellringe, die in ISO/R 1938:1971, 3.9.4 behandelt wurden.

Dieses Dokument umfasst die Konzepte und Prinzipien, die in ISO 14978 entwickelt wurden.

Einleitung

Dieses Dokument ist eine Norm für die Geometrische Produktspezifikation (GPS) und ist eine allgemeine GPS-Norm (siehe ISO 14638). Es beeinflusst die Kettenglieder F und G der Normenkette für Größenmaße in der allgemeinen GPS-Matrix. Für weitere Informationen zum Zusammenhang von diesem Dokument mit anderen Normen und mit dem GPS-Matrix-Modell siehe Anhang B.

Das in ISO 14638 enthaltene ISO/GPS-Matrix-Modell gibt einen Überblick über das ISO/GPS-System, wobei das vorliegende Dokument ein Teil dessen ist. Die in ISO 8015 angegebenen grundlegenden Regeln von ISO/GPS gelten für dieses Dokument, und sofern nicht anders angegeben gelten die Default-Entscheidungsregeln nach ISO 14253-1 für Spezifikationen, die in Übereinstimmung mit diesem Dokument festgelegt wurden.

Die in diesem Dokument verwendeten Begriffe und Konzepte wurden (im Vergleich zu ISO/R 1938:1971) entsprechend den Anforderungen und der Terminologie in den anderen GPS-Normen geändert.

Dieses Dokument behandelt Prüflehren für Rachenlehren. Die Anwendung von Prüflehren für Rachenlehren wird in Anhang A erläutert.

ANMERKUNG In Tabelle 2 werden die in ISO 14405-1 und ISO 1101 angegebenen Modifikatoren verwendet.

1 Anwendungsbereich

Dieses Dokument legt die wichtigsten messtechnischen und Konstruktionsmerkmale von Prüflehren für Rachenlehren fest.

Dieses Dokument umfasst lineare Größenmaße der Lehre bis zu 500 mm.

2 Normative Verweisungen

Die folgenden Dokumente werden im Text in solcher Weise in Bezug genommen, dass einige Teile davon oder ihr gesamter Inhalt Anforderungen des vorliegenden Dokuments darstellen. Bei datierten Verweisungen gilt nur die in Bezug genommene Ausgabe. Bei undatierten Verweisungen gilt die letzte Ausgabe des in Bezug genommenen Dokuments (einschließlich aller Änderungen).

ISO 286-1, *Geometrical product specifications (GPS) — ISO code system for tolerances on linear sizes —Part 1: Basis of tolerances, deviations and fits*

ISO 1101, *Geometrical product specifications (GPS) — Geometrical tolerancing — Tolerances of form, orientation, location and run-out*

ISO 1938-1:2015, *Geometrical product specifications (GPS) — Dimensional measuring equipment — Part 1: Plain limit gauges of linear size*

ISO 14405-1, *Geometrical product specifications (GPS) — Dimensional tolerancing — Part 1: Linear sizes*

ISO 17450-2, *Geometrical product specifications (GPS) — General concepts — Part 2: Basic tenets, specifications, operators, uncertainties and ambiguities*

ISO/IEC Guide 98-3, *Uncertainty of measurement — Part 3: Guide to the expression of uncertainty in measurement (GUM:1995)*

ISO/IEC Guide 99, *International vocabulary of metrology — Basic and general concepts and associated terms (VIM)*

3 Begriffe

Für die Anwendung dieses Dokuments gelten die Begriffe nach ISO 286-1, ISO 1938-1, ISO 14405-1, ISO 17450-2, ISO/IEC Guide 98-3 sowie ISO/IEC Guide 99 und die folgenden Begriffe.

ISO und IEC stellen terminologische Datenbanken für die Verwendung in der Normung unter den folgenden Adressen bereit:

— IEC Electropedia: unter http://www.electropedia.org/

— ISO Online Browsing Platform: unter http://www.iso.org/obp

3.1
Prüflehre für Rachenlehren
Lehre, die dazu ausgeführt und vorgesehen ist, das Arbeitsgrößenmaß einer Rachenlehre zu bestimmen

3.2
Eigengrößenmaß
US
<einer Rachenlehre> senkrechter Abstand zwischen den Prüfflächen einer Rachenlehre, wenn die Messkraft Null beträgt

3.3
Arbeitsgrößenmaß
WS
<einer Rachenlehre> Durchmesser eines Zylinders, über den die Rachenlehre in vertikaler Richtung unter der auf ihr gekennzeichneten Gebrauchsbelastung oder, wenn diese nicht angegeben ist, unter ihrer eigenen Gewichtskraft gerade hinübergeht

4 Symbole und Abkürzungen

Für die Anwendung dieses Dokuments gelten die Symbole und Abkürzungen nach ISO 1938-1 und Tabelle 1.

Tabelle 1 — Symbole und Abkürzungen

Symbole und Abkürzungen	Beschreibung
H_p	Toleranz für Größenmaßmerkmal S für eine Prüflehre für Rachenlehren
ref. GO-M	Prüflehre für eine Gutrachenlehre im Neuzustand
ref. GO-U	Prüflehre für eine Gutrachenlehre im Verschleißzustand
ref. NO GO	Prüflehre für eine Ausschussrachenlehre
US	Eigengrößenmaß (einer Rachenlehre)
WS	Arbeitsgrößenmaß (einer Rachenlehre)

5 Konstruktionsmerkmale

Für die Anwendung dieses Dokuments gelten die in ISO 1938-1 angegebenen Konstruktionsmerkmale für Lehren.

Prüflehren für Rachenlehren können als vollzylindrische Lehrdorne (Lehrenart A) oder als abgeflachte zylindrische Lehrdorne (Lehrenart B) gefertigt sein.

6 Messtechnische Merkmale

Die wichtigsten messtechnischen Merkmale sind das Größenmaß S sowie die Form der Prüffläche der Prüflehre für Rachenlehren. Um die messtechnischen Merkmale einer Prüflehre für Rachenlehren festzulegen, sind die Modifikatoren nach ISO 14405-1 und die Symbole nach ISO 1101 zu verwenden.

Dieses Dokument beschreibt mögliche messtechnische Merkmale, die für Prüflehren für Rachenlehren zur Verfügung stehen. Die endgültige Entscheidung über die Auswahl eines oder mehrerer messtechnischer Merkmale bleibt dem Anwender überlassen.

In Tabelle 2 sind mögliche messtechnische Merkmale, die Prüflehren für Rachenlehren zugeordnet werden, sowie komplementäre Konstruktionsmerkmale, wie in Abschnitt 5 festgelegt, angegeben. Je nach Bedarf des Anwenders muss eine bestimmte Auswahl dieser messtechnischen Merkmale festgelegt werden; standardmäßig sind für das Größenmaß S das Zweipunktgrößenmaß sowie die Formabweichung erforderlich.

Tabelle 2 — Liste von Konstruktions- und messtechnischen Merkmalen für Prüflehren für Rachenlehren

Beschreibung	Ergänzende Konstruktionsmerkmale	Messtechnische Merkmale
Vollzylindrischer Lehrdorn - Lehrenart A 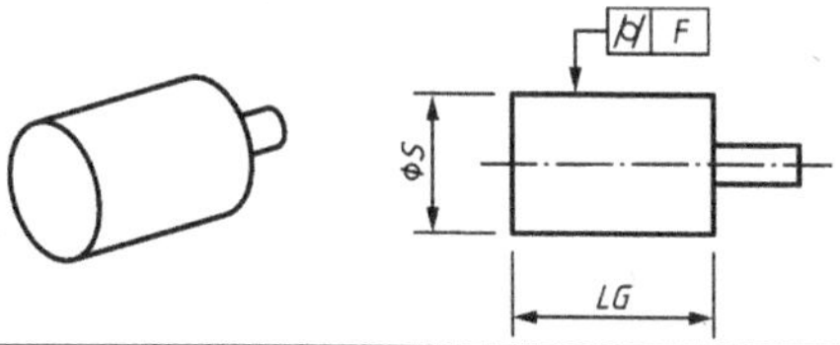 ϕS; LG	*LG*	ϕS (GX) ϕS (GN) ϕS (LP) [a] ⌭ F [a] ○ F
Abgeflachter zylindrischer Lehrdorn - Lehrenart B 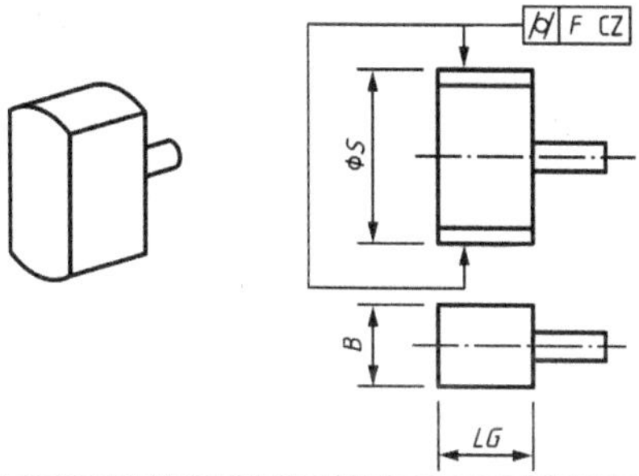 ϕS; B; LG	*LG* *B*	ϕS (GX) CT ϕS (GN) CT ϕS (LP) CT [a] ⌭ F CZ [a] ○ F CZ

[a] Messtechnische Merkmale, die standardmäßig zu berücksichtigen sind.

F Grenzwert der Zylindrigkeit (Form) (siehe ISO 1101).

(GX) einbeschriebenes Maximum (siehe ISO 14405-1).

(GN) umschriebenes Minimum (siehe ISO 14405-1).

(LP) Zweipunktgrößenmaß (siehe ISO 14405-1).

CT gemeinsame Toleranz (siehe ISO 14405-1).

CZ Kombinierte Zone (siehe ISO 1101).

7 Grenzwerte für messtechnische Merkmale

Die Lagen der Toleranzgrenzen für Prüflehren für Rachenlehren in Bezug auf die Werkstücktoleranzgrenzen sind in Bild 1 dargestellt.

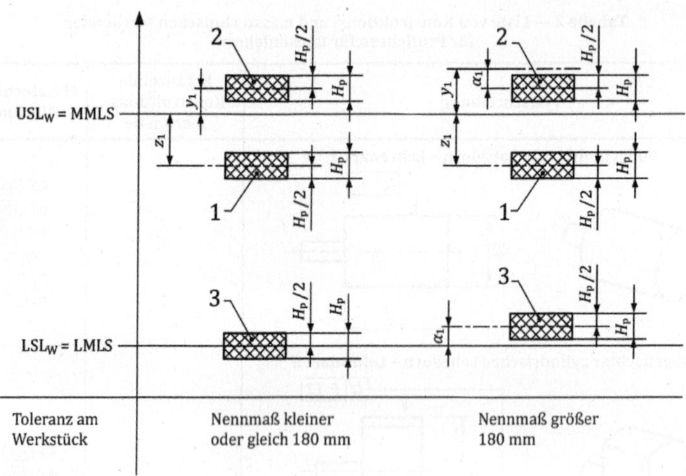

Legende

1 ref. GO-M
2 ref. GO-U
3 ref. NO GO

Bild 1 — Lage des MPL-Größenmaßes für Prüflehren für Rachenlehren

Der Wert von H_p (siehe Bild 1) ist für Prüflehren für Rachenlehren festgelegt. Er basiert auf dem Grundtoleranzgrad und dem Größenmaß des Werkstücks und ist Tabelle 3 zu entnehmen.

Die Werte von z_1, α_1 und y_1 (siehe Bild 1) sind für jeden Grundtoleranzgrad des Werkstücks sowie für jedes Größenmaß festgelegt und sind ISO 1938-1:2015, Tabellen 7 bis 11, zu entnehmen.

Die Anforderung an das Größenmaß S der Prüffläche muss den folgenden Toleranzen für den Neuzustand und für den Verschleißzustand (siehe Bild 1) entsprechen:

a) für eine Prüflehre für eine Gutrachenlehre im Neuzustand:

1) für die obere Spezifikationsgrenze: $USL_{M,\text{ ref. GO-M}} = USL_{U,\text{ ref. GO-M}} = USL_W - z_1 + H_p/2$;

2) für die untere Spezifikationsgrenze: $LSL_{M,\text{ ref. GO-M}} = LSL_{U,\text{ ref. GO-M}} = USL_W - z_1 - H_p/2$.

b) für eine Prüflehre für eine Gutrachenlehre im Verschleißzustand:

1) für die obere Spezifikationsgrenze: $USL_{M,\text{ ref. GO-U}} = USL_{U,\text{ ref. GO-U}} = USL_W + y_1 - \alpha_1 + H_p/2$;

2) für die untere Spezifikationsgrenze: $LSL_{M,\text{ ref. GO-U}} = LSL_{U,\text{ ref. GO-U}} = USL_W + y_1 - \alpha_1 - H_p/2$.

c) für eine Prüflehre für eine Ausschussrachenlehre:

1) für die obere Spezifikationsgrenze: $USL_{M,\text{ ref. NO GO}} = USL_{U,\text{ ref. NO GO}} = LSL_W + \alpha_1 + H_p/2$;

2) für die untere Spezifikationsgrenze: $LSL_{M,\text{ ref. NO GO}} = LSL_{U,\text{ ref. NO GO}} = LSL_W + \alpha_1 - H_p/2$.

Tabelle 3 — Werte von H_p und F für die Berechnung der MPL von Prüflehren für Rachenlehren in Grundtoleranzgraden nach ISO 286-1

Grundtoleranzgrade der Werkstücke					
IT6 und IT7		IT8 bis IT12		IT13 bis IT18	
Größenmaß H_p	Form $2 \times F$	Größenmaß H_p	Form $2 \times F$	Größenmaß H_p	Form $2 \times F$
IT1		IT2	IT1	IT3	IT2
Die Werte für die Formgrenzen entsprechen der Hälfte der in Spalte $2 \times F$ angegebenen Werte.					

Wenn die Maßtoleranz des Größenmaßelementes eines Werkstücks als Code nach ISO 286-1:2010 angegeben wird, können Tabelle 3 und ISO 1938-1:2015, Tabellen 7 bis 11, unmittelbar angewendet werden. Ist die Toleranz des Größenmaßes nicht als ISO-Code angegeben, so muss der Grundtoleranzgrad als der Grundtoleranzgrad festgelegt werden, der in demselben Nennmaßbereich der ersten Toleranz T aus ISO 1938-1:2015, Tabellen 7 bis 11 entspricht, welche kleiner oder gleich der Toleranz des Werkstücks ist.

Wenn die Grade 6 bis 8 dem Buchstaben N (6N, 7N oder 8N) zugeordnet werden, sind die Werte y_1 und α_1 für die Gutrachenlehre und ihre Prüflehren gleich Null.

8 Kennzeichnung

Jede Prüflehre muss leserlich und dauerhaft mit den folgenden Angaben gekennzeichnet sein:

— Toleranz des Größenmaßes des Werkstücks, angegeben durch:

  — die Toleranzgrenzen des Werkstücks;

  — den ISO-Code (Nennwert des Größenmaßes des Werkstücks mit der Kennzeichnung, die die Toleranzklasse nach ISO 286-1 bezeichnet); oder

  — den Nennwert des Größenmaßes des Werkstücks, mit dem unteren und oberen Grenzabmaß des Werkstücks oder nur mit dem zutreffenden (unteren oder oberen) Grenzabmaß, abhängig von der Lehrenart (ref. GO-M, ref. GO-U oder ref. NO GO);

— Art der Prüflehre:

ref. GO-M für eine Prüflehre für eine Gutrachenlehre im Neuzustand;

ref. GO-U für eine Prüflehre für eine Gutrachenlehre im Verschleißzustand;

ref. NO GO für eine Prüflehre für eine Ausschussrachenlehre;

BEISPIEL 1 20 g6 ref. GO-M

BEISPIEL 2 12,1 ±0,15 ref. GO-U

BEISPIEL 3 11,95/12,5 ref. NO GO

— Seriennummer (alphanumerisch);

— Name oder Firmenzeichen des Herstellers.

Die Kennzeichnung darf nicht auf den Prüfflächen angebracht sein, und sie darf die messtechnischen Merkmale der Lehren nicht beeinträchtigen.

Anhang A
(informativ)

Maßverkörperung (Referenz) des Arbeitsgrößenmaßes WS einer Rachenlehre

A.1 Interpretation des Größenmaßes

Bei Rachenlehren legt H die Grenzwerte des Arbeitsgrößenmaßes WS fest, jedoch nicht die des Eigengrößenmaßes US. Das Arbeitsgrößenmaß einer Rachenlehre wird nicht, wie bei anderen Lehren üblich, für eine Messkraft gleich Null definiert, denn eine Rachenlehre kann bei der Verwendung als Komparator betrachtet werden, der eine Vergleichsmessung zwischen einem bekannten Maß, z. B. dem Maß einer Prüflehre für Rachenlehren, und dem Maß eines Werkstückes durchführt.

Wenn Rachenlehren ohne die genormte Messkraft verifiziert werden, z. B. unter Anwendung eines Koordinatenmessgerätes, muss die elastische Verformung des Lehrenkörpers bekannt sein, damit aus dem gemessenen Eigengrößenmaß der Lehre das Arbeitsgrößenmaß berechnet werden kann. Als gemessenes Größenmaß gilt der kleinste Abstand von mindestens fünf Messstrecken (vier Positionen in der Nähe der Ecken und eine Position in der Mitte der Prüfflächen).

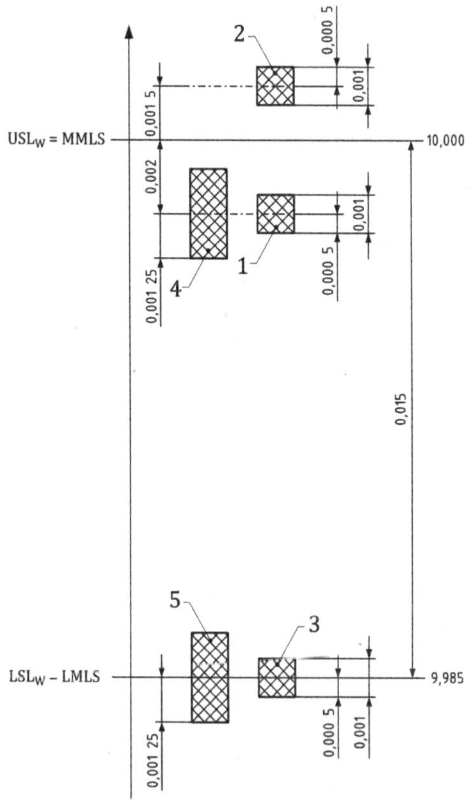

Legende

1 ref. GO-M
2 ref. GO-U
3 ref. NO GO
4 Gutrachenlehre im Neuzustand
5 Ausschussrachenlehre

Bild A.1 — Lage des MPL-Größenmaßes für Rachenlehren und Prüflehren für Rachenlehren (Beispiel für das Werkstückmaß 10 h7)

Die Beziehung zwischen der Werkstückspezifikation und der Lage des MPL-Größenmaßes für Rachenlehren und Prüflehren für Rachenlehren als Beispiel für das Werkstückmaß 10 h7 ist im Bild A.1 angegeben.

ANMERKUNG Das Verhältnis zwischen der Toleranz H der Rachenlehre und der Toleranz H_p der Prüflehre für Rachenlehren ist wie folgt:

Die Differenz zwischen den Größenmaßgrenzen, angegeben durch H und H_p, stellt einen Sicherheitsbereich an beiden Seiten von H_p dar, um die Messabweichungen auszugleichen. Deshalb liegen H und H_p symmetrisch zueinander (siehe Bild A.1). Infolgedessen werden Rachenlehren noch als gut betrachtet, wenn ihr Größenmaß entsprechend der Festlegung des Arbeitsgrößenmaßes außerhalb des Bereichs H_p, jedoch innerhalb des Bereichs H liegt.

A.2 Anwendung von Prüflehren für Rachenlehren

Es gibt zwei hauptsächliche Verfahren, die als Referenz des Arbeitsgrößenmaßes von Rachenlehren verwendet werden können.

Diese beiden Verfahren sind:

a) Verfahren mit Prüflehren für Rachenlehren

   Bei einer Gutrachenlehre werden zwei Prüflehren verwendet.

   Die Gutrachenlehre sollte unter Wirkung ihrer Gebrauchsbelastung gerade über eine Prüflehre für eine Gutrachenlehre im Neuzustand (ref. GO-M) gehen, wenn die Rachenlehre senkrecht steht, nachdem sie beim Kontakt vorsichtig in Ruhe gebracht und dann losgelassen wird. Trägheitskräfte werden auf diese Weise vermieden.

   Die Gutrachenlehre sollte nicht über eine Prüflehre für eine Gutrachenlehre im Verschleißzustand (ref. GO-U) gehen, wenn diese in der vorstehend beschriebenen Art angewendet wird.

   Eine Ausschussrachenlehre sollte gerade über die Prüflehre für eine Ausschussrachenlehre (ref. NO GO) gehen, wenn diese in der vorstehend beschriebenen Art angewendet wird.

b) Verfahren mit Prüflehren für Rachenlehren und Endmaßen

   Dieses Verfahren verwendet eine Prüflehre für Rachenlehren mit einem Durchmesser, der kleiner als das Arbeitsgrößenmaß der Rachenlehre ist; die Prüflehre für Rachenlehren wird in Verbindung mit Endmaßen nach ISO 3650, Toleranzgrad 1, verwendet und ist sowohl für Gutrachenlehren als auch für Ausschussrachenlehren geeignet. Die Summe der Größenmaße der/des Endmaße/s und der Prüflehre für Rachenlehren muss die Anforderungen an das Größenmaß der Prüffläche der entsprechenden Prüflehre für Rachenlehren nach Abschnitt 7 erfüllen.

   Die Gutrachenlehre sollte unter Wirkung ihrer Gebrauchsbelastung gerade über die einer Prüflehre für eine Gutrachenlehre im Neuzustand (ref. GO-M) entsprechende kombinierte Breite der/des Endmaße/s und der Prüflehre für Rachenlehren gehen, wenn die Rachenlehre senkrecht steht. Trägheitskräfte werden auf diese Weise vermieden.

   Die Gutrachenlehre sollte nicht über die einer Prüflehre für eine Gutrachenlehre im Verschleißzustand (ref. GO-U) entsprechende kombinierte Breite der/des Endmaße/s und der Prüflehre für Rachenlehren hinübergehen, wenn diese in der vorstehend beschriebenen Art angewendet wird.

   Die Ausschussrachenlehre sollte über die einer Prüflehre für eine Ausschussrachenlehre (ref. NO GO) entsprechende kombinierte Breite der/des Endmaße/s und der Prüflehre für Rachenlehren gehen, wenn diese in der vorstehend beschriebenen Art angewendet wird.

Es ist wichtig, dass die Prüfflächen der Rachenlehre, der/des Endmaße/s und der Prüflehre für Rachenlehren (in Abhängigkeit vom angewendeten Verfahren) sorgfältig gereinigt werden, bevor jegliche Messungen durchgeführt werden. Bei Prüflehren für Rachenlehren wird außerdem empfohlen, diese mit einem dünnen Film aus Vaseline einzufetten und dann vorsichtig abzuwischen, ohne die Vaseline vollständig zu entfernen.

Anhang B
(informativ)

Zusammenhang mit dem GPS-Matrix-Modell

B.1 Allgemeines

Zu den vollständigen Einzelheiten des GPS-Matrix-Modells siehe ISO 14638.

Das in ISO 14638 angegebene ISO/GPS-Matrix-Modell gibt einen Überblick über das ISO/GPS-System, von dem dieses Dokument ein Bestandteil ist. Die in ISO 8015 angegebenen grundlegenden Regeln von ISO/GPS gelten für dieses Dokument, und sofern nicht anders angegeben gelten die Default-Entscheidungsregeln nach ISO 14253-1 für Spezifikationen, die in Übereinstimmung mit diesem Dokument festgelegt wurden.

B.2 Informationen über dieses Dokument und seine Anwendung

Dieses Dokument legt die wichtigsten Konstruktions- und messtechnischen Merkmale von Prüflehren für Rachenlehren fest.

Nur den für die Austauschbarkeit relevanten Konstruktionsmerkmalen wurden Anforderungswerte zugeordnet. Die messtechnischen Merkmale unterliegen keinen Anforderungswerten, weil die Auffassung besteht, dass die Werte dieser Merkmale vom Hersteller und/oder Anwender festgelegt werden. In diesem Dokument sind jedoch Definitionen der messtechnischen Merkmale enthalten und jene messtechnischen Merkmale angegeben, für die der Hersteller einen MPL-Wert angibt.

B.3 Position im GPS-Matrix-Modell

Dieses Dokument ist eine globale GPS-Norm, die die Kettenglieder F und G aller Normenketten des allgemeinen GPS-Matrix-Modells beeinflusst, wie in Tabelle B.1 graphisch dargestellt.

Tabelle B.1 — Position im GPS-Matrix-Modell

	Kettenglieder						
	A	B	C	D	E	F	G
	Symbole und Angaben	Anforderungen an Geometrieelemente	Merkmale von Geometrieelementen	Übereinstimmung und Nicht-Übereinstimmung	Messung	Messgeräte	Kalibrierung
Größenmaß						•	•
Abstand							
Form							
Ausrichtung							
Ort							
Lauf							
Oberflächenbeschaffenheit: Profil							
Oberflächenbeschaffenheit: Fläche							
Oberflächenunvollkommenheit							

B.4 Betroffene Normen

Die betroffenen Normen sind diejenigen, die in Tabelle B.1 für die Normenketten aufgeführt sind.

Literaturhinweise

[1] ISO 1, *Geometrical product specifications (GPS) — Standard reference temperature for the specification of geometrical and dimensional properties*

[2] ISO 1302, *Geometrical Product Specifications (GPS) — Indication of surface texture in technical product documentation*

[3] ISO 3650, *Geometrical Product Specifications (GPS) — Length standards — Gauge blocks*

[4] ISO 8015, *Geometrical product specifications (GPS) — Fundamentals — Concepts, principles and rules*

[5] ISO 14253-1:2013, *Geometrical product specifications (GPS) — Inspection by measurement of workpieces and measuring equipment — Part 1: Decision rules for proving conformity or nonconformity with specifications*

[6] ISO 14638, *Geometrical product specifications (GPS) — Matrix model*

[7] ISO 14978:2006, *Geometrical product specifications (GPS) — General concepts and requirements for GPS measuring equipment*

August 2022

	DIN EN ISO 2692	

ICS 01.100.20; 17.040.40

Ersatz für
DIN EN ISO 2692:2015-12

Geometrische Produktspezifikation (GPS) – Geometrische Tolerierung – Maximum-Material-Bedingung (MMR), Minimum-Material-Bedingung (LMR) und Reziprozitätsbedingung (RPR) (ISO 2692:2021); Deutsche Fassung EN ISO 2692:2021

Geometrical product specifications (GPS) –
Geometrical tolerancing –
Maximum material requirement (MMR), least material requirement (LMR) and reciprocity requirement (RPR) (ISO 2692:2021);
German version EN ISO 2692:2021

Spécification géométrique des produits (GPS) –
Tolérancement géométrique –
Exigence du maximum de matière (MMR), exigence du minimum de matière (LMR) et exigence de réciprocité (RPR) (ISO 2692:2021);
Version allemande EN ISO 2692:2021

Gesamtumfang 75 Seiten

DIN-Normenausschuss Technische Grundlagen (NATG)

Nationales Vorwort

Dieses Dokument (EN ISO 2692:2021) wurde vom Technischen Komitee ISO/TC 213 „Dimensional and geometrical product specifications and verification" in Zusammenarbeit mit dem Technischen Komitee CEN/TC 290 „Geometrische Produktspezifikationen und -prüfung" erarbeitet, dessen Sekretariat von AFNOR (Frankreich) gehalten wird.

Das zuständige nationale Normungsgremium ist der Arbeitsausschuss NA 152-03-02 AA „CEN/ISO Geometrische Produktspezifikation und -prüfung" im DIN-Normenausschuss Technische Grundlagen (NATG).

Für die in diesem Dokument zitierten Dokumente wird im Folgenden auf die entsprechenden deutschen Dokumente hingewiesen:

ISO 286-1	siehe	DIN EN ISO 286-1
ISO 1101:2017	siehe	DIN EN ISO 1101:2017-09
ISO 5458	siehe	DIN EN ISO 5458
ISO 5459:2011	siehe	DIN EN ISO 5459:2013-05
ISO 7083	siehe	DIN ISO 7083
ISO 8015	siehe	DIN EN ISO 8015
ISO 14253-1	siehe	DIN EN ISO 14253-1
ISO 14405-1	siehe	DIN EN ISO 14405-1
ISO 14638	siehe	DIN EN ISO 14638
ISO 17450-1:2011	siehe	DIN EN ISO 17450-1:2012-04
ISO 17450-3	siehe	DIN EN ISO 17450-3
ISO 22432	siehe	DIN EN ISO 22432

Aktuelle Informationen zu diesem Dokument können über die Internetseiten von DIN (www.din.de) durch eine Suche nach der Dokumentennummer aufgerufen werden.

Änderungen

Gegenüber DIN EN ISO 2692:2015-12 wurden folgende Änderungen vorgenommen:

a) normative Verweisungen aktualisiert;

b) direkte Angabe des wirksamen Maximum-Material-Größenmaßes oder des wirksamen Minimum-Material-Größenmaßes hinzugefügt (siehe 4.1.3);

c) die Verwendung der Symbole SZ und CZ wurde hinzugefügt (siehe 4.1.4);

d) die Verwendung des Symbols SIM wurde hinzugefügt (siehe 4.1.5);

e) Literaturhinweise aktualisiert;

f) Dokument redaktionell überarbeitet.

Frühere Ausgaben

DIN ISO 2692: 1990-05
DIN EN ISO 2692: 2007-04, 2015-12

Nationaler Anhang NA
(informativ)

Literaturhinweise

DIN EN ISO 286-1, *Geometrische Produktspezifikation (GPS) — ISO-Toleranzsystem für Längenmaße — Teil 1: Grundlagen für Toleranzen, Abmaße und Passungen*

DIN EN ISO 1101:2017-09, *Geometrische Produktspezifikation (GPS) — Geometrische Tolerierung — Tolerierung von Form, Richtung, Ort und Lauf (ISO 1101:2017); Deutsche Fassung EN ISO 1101:2017*

DIN EN ISO 5458, *Geometrische Produktspezifikationen (GPS) — Geometrische Tolerierung — Elementgruppen und kombinierte geometrische Spezifikation*

DIN EN ISO 5459:2013-05, *Geometrische Produktspezifikation (GPS) — Geometrische Tolerierung — Bezüge und Bezugssysteme (ISO 5459:2011); Deutsche Fassung EN ISO 5459:2011*

DIN EN ISO 8015, *Geometrische Produktspezifikation (GPS) — Grundlagen — Konzepte, Prinzipien und Regeln*

DIN EN ISO 14253-1, *Geometrische Produktspezifikationen (GPS) — Prüfung von Werkstücken und Messgeräten durch Messen — Teil 1: Entscheidungsregeln für den Nachweis von Konformität oder Nichtkonformität mit Spezifikationen*

DIN EN ISO 14405-1, *Geometrische Produktspezifikation (GPS) — Dimensionelle Tolerierung — Teil 1: Lineare Größenmaße*

DIN EN ISO 14638, *Geometrische Produktspezifikation (GPS) — Matrix-Modell*

DIN EN ISO 17450-1:2012-04, *Geometrische Produktspezifikation (GPS) — Grundlagen — Teil 1: Modell für die geometrische Spezifikation und Prüfung (ISO 17450-1:2011); Deutsche Fassung EN ISO 17450-1:2011*

DIN EN ISO 17450-3, *Geometrische Produktspezifikation (GPS) — Grundlagen — Teil 3: Tolerierte Geometrieelemente*

DIN EN ISO 22432, *Geometrische Produktspezifikation (GPS) — Zur Spezifikation und Prüfung benutzte Geometrieelemente*

DIN ISO 7083, *Technische Zeichnungen — Symbole für Form- und Lagetolerierung — Verhältnisse und Maße*

— Leerseite —

EUROPÄISCHE NORM

EUROPEAN STANDARD

NORME EUROPÉENNE

EN ISO 2692

Juni 2021

ICS 01.100.20

Ersetzt EN ISO 2692:2014

Deutsche Fassung

Geometrische Produktspezifikation (GPS) — Geometrische Tolerierung — Maximum-Material-Bedingung (MMR), Minimum-Material-Bedingung (LMR) und Reziprozitätsbedingung (RPR) (ISO 2692:2021)

Geometrical product specifications (GPS) — Geometrical tolerancing — Maximum material requirement (MMR), least material requirement (LMR) and reciprocity requirement (RPR) (ISO 2692:2021)

Spécification géométrique des produits (GPS) — Tolérancement géométrique — Exigence du maximum de matière (MMR), exigence du minimum de matière (LMR) et exigence de réciprocité (RPR) (ISO 2692:2021)

Diese Europäische Norm wurde vom CEN am 1. Juni 2021 angenommen.

Die CEN-Mitglieder sind gehalten, die CEN/CENELEC-Geschäftsordnung zu erfüllen, in der die Bedingungen festgelegt sind, unter denen dieser Europäischen Norm ohne jede Änderung der Status einer nationalen Norm zu geben ist. Auf dem letzten Stand befindliche Listen dieser nationalen Normen mit ihren bibliographischen Angaben sind beim CEN-CENELEC-Management-Zentrum oder bei jedem CEN-Mitglied auf Anfrage erhältlich.

Diese Europäische Norm besteht in drei offiziellen Fassungen (Deutsch, Englisch, Französisch). Eine Fassung in einer anderen Sprache, die von einem CEN-Mitglied in eigener Verantwortung durch Übersetzung in seine Landessprache gemacht und dem Management-Zentrum mitgeteilt worden ist, hat den gleichen Status wie die offiziellen Fassungen.

CEN-Mitglieder sind die nationalen Normungsinstitute von Belgien, Bulgarien, Dänemark, Deutschland, Estland, Finnland, Frankreich, Griechenland, Irland, Island, Italien, Kroatien, Lettland, Litauen, Luxemburg, Malta, den Niederlanden, Norwegen, Österreich, Polen, Portugal, der Republik Nordmazedonien, Rumänien, Schweden, der Schweiz, Serbien, der Slowakei, Slowenien, Spanien, der Tschechischen Republik, der Türkei, Ungarn, dem Vereinigten Königreich und Zypern.

EUROPÄISCHES KOMITEE FÜR NORMUNG
EUROPEAN COMMITTEE FOR STANDARDIZATION
COMITÉ EUROPÉEN DE NORMALISATION

CEN-CENELEC Management-Zentrum: Rue de la Science 23, B-1040 Brüssel

Ref. Nr. EN ISO 2692:2021 D

Inhalt

Europäisches Vorwort

Dieses Dokument (EN ISO 2692:2021) wurde vom Technischen Komitee ISO/TC 213 „Dimensional and geometrical product specifications and verification" in Zusammenarbeit mit dem Technischen Komitee CEN/TC 290 „Geometrische Produktspezifikationen und -prüfung" erarbeitet, dessen Sekretariat von AFNOR gehalten wird.

Diese Europäische Norm muss den Status einer nationalen Norm erhalten, entweder durch Veröffentlichung eines identischen Textes oder durch Anerkennung bis Dezember 2021, und etwaige entgegenstehende nationale Normen müssen bis Dezember 2021 zurückgezogen werden.

Es wird auf die Möglichkeit hingewiesen, dass einige Elemente dieses Dokuments Patentrechte berühren können. CEN ist nicht dafür verantwortlich, einige oder alle diesbezüglichen Patentrechte zu identifizieren.

Dieses Dokument ersetzt EN ISO 2692:2014.

Entsprechend der CEN-CENELEC-Geschäftsordnung sind die nationalen Normungsinstitute der folgenden Länder gehalten, diese Europäische Norm zu übernehmen: Belgien, Bulgarien, Dänemark, Deutschland, die Republik Nordmazedonien, Estland, Finnland, Frankreich, Griechenland, Irland, Island, Italien, Kroatien, Lettland, Litauen, Luxemburg, Malta, Niederlande, Norwegen, Österreich, Polen, Portugal, Rumänien, Schweden, Schweiz, Serbien, Slowakei, Slowenien, Spanien, Tschechische Republik, Türkei, Ungarn, Vereinigtes Königreich und Zypern.

Anerkennungsnotiz

Der Text von ISO 2692:2021 wurde von CEN als EN ISO 2692:2021 ohne irgendeine Abänderung genehmigt.

Vorwort

ISO (die Internationale Organisation für Normung) ist eine weltweite Vereinigung nationaler Normungsinstitute (ISO-Mitgliedsorganisationen). Die Erstellung von Internationalen Normen wird üblicherweise von Technischen Komitees von ISO durchgeführt. Jede Mitgliedsorganisation, die Interesse an einem Thema hat, für welches ein Technisches Komitee gegründet wurde, hat das Recht, in diesem Komitee vertreten zu sein. Internationale staatliche und nichtstaatliche Organisationen, die in engem Kontakt mit ISO stehen, nehmen ebenfalls an der Arbeit teil. ISO arbeitet bei allen elektrotechnischen Normungsthemen eng mit der Internationalen Elektrotechnischen Kommission (IEC) zusammen.

Die Verfahren, die bei der Entwicklung dieses Dokuments angewendet wurden und die für die weitere Pflege vorgesehen sind, werden in den ISO/IEC-Direktiven, Teil 1 beschrieben. Es sollten insbesondere die unterschiedlichen Annahmekriterien für die verschiedenen ISO-Dokumentenarten beachtet werden. Dieses Dokument wurde in Übereinstimmung mit den Gestaltungsregeln der ISO/IEC-Direktiven, Teil 2 erarbeitet (siehe www.iso.org/directives).

Es wird auf die Möglichkeit hingewiesen, dass einige Elemente dieses Dokuments Patentrechte berühren können. ISO ist nicht dafür verantwortlich, einige oder alle diesbezüglichen Patentrechte zu identifizieren. Details zu allen während der Entwicklung des Dokuments identifizierten Patentrechten finden sich in der Einleitung und/oder in der ISO-Liste der erhaltenen Patenterklärungen (siehe www.iso.org/patents).

Jeder in diesem Dokument verwendete Handelsname dient nur zur Unterrichtung der Anwender und bedeutet keine Anerkennung.

Für eine Erläuterung des freiwilligen Charakters von Normen, der Bedeutung ISO-spezifischer Begriffe und Ausdrücke in Bezug auf Konformitätsbewertungen sowie Informationen darüber, wie ISO die Grundsätze der Welthandelsorganisation (WTO, en: World Trade Organization) hinsichtlich technischer Handelshemmnisse (TBT, en: Technical Barriers to Trade) berücksichtigt, siehe www.iso.org/iso/foreword.html.

Dieses Dokument wurde vom Technischen Komitee ISO/TC 213, *Dimensional and geometrical product specifications and verification*, in Zusammenarbeit mit dem Europäischen Komitee für Normung (CEN), Technisches Komitee CEN/TC 290, *Geometrische Produktspezifikationen und -prüfung*, in Übereinstimmung mit der Vereinbarung zur technischen Zusammenarbeit zwischen ISO und CEN (Wiener Vereinbarung) erarbeitet.

Diese vierte Ausgabe ersetzt die dritte Ausgabe (ISO 2692:2014), die technisch überarbeitet wurde.

Die wesentlichen Änderungen im Vergleich zur Vorgängerausgabe sind folgende:

— direkte Angabe des wirksamen Maximum-Material-Größenmaßes oder des wirksamen Minimum-Material-Größenmaßes wurde hinzugefügt (siehe 4.1.3);

— die Verwendung der Symbole SZ und CZ wurde hinzugefügt (siehe 4.1.4);

— die Verwendung des Symbols SIM wurde hinzugefügt (siehe 4.1.5).

Rückmeldungen oder Fragen zu diesem Dokument sollten an das jeweilige nationale Normungsinstitut des Anwenders gerichtet werden. Eine vollständige Auflistung dieser Institute ist unter www.iso.org/members.html zu finden.

Einleitung

0.1 Allgemeines

Dieses Dokument ist eine Norm der Geometrischen Produktspezifikation (GPS) und als allgemeine GPS-Norm zu betrachten (siehe ISO 14638). Es beeinflusst die Kettenglieder A, B und C der Normenkette zu Größenmaß, Form, Richtung und Ort.

Das ISO GPS-Matrix-Modell in ISO 14638 gibt einen Überblick über das ISO GPS-System, von dem dieses Dokument ein Teil ist. Die grundsätzlichen ISO GPS-Regeln nach ISO 8015 gelten für dieses Dokument. Die Default-Entscheidungsregeln nach ISO 14253-1 gelten für Spezifikationen, die nach diesem Dokument getroffen werden, solange nichts anderes angegeben ist.

Für weiterführende Angaben zum Zusammenhang dieses Dokuments mit dem GPS-Matrix-Modell siehe Anhang E.

Dieses Dokument behandelt einige häufig auftretende Fälle der Funktionsbeschreibung an Werkstücken in der Konstruktion und Tolerierung. Die Maximum-Material-Bedingung (MMR, en: maximum material requirement) kann beispielsweise die Funktion „Fügbarkeit" abbilden und die Minimum-Material-Bedingung (LMR, en: least material requirement) kann beispielsweise die Funktion „Mindestwandstärke" eines Bauteils beschreiben. MMR und LMR erlauben die Kombination zweier unabhängiger Bedingungen zu einer gemeinsamen Bedingung oder die direkte Definition des wirksamen Maximum-Material-Zustands (MMVC, en: maximum material virtual condition) oder des wirksamen Minimum-Material-Zustands (LMVC, en: least material virtual condition) (siehe Anhang C), was die beabsichtigte Funktion des Werkstücks mit hinreichender Genauigkeit nachbildet. In einigen Fällen kann zusätzlich zu MMR und LMR auch die Reziprozitätsbedingung (RPR, en: reciprocity requirement) angewendet werden.

ANMERKUNG 1 In GPS-Normen werden Gewindeelemente oftmals als ein Typ von zylindrischen Größenmaßelementen betrachtet. In diesem Dokument sind jedoch keine Regeln festgelegt, wie die MMR, die LMR und die RPR auf Gewindeelemente anzuwenden sind. Aus diesem Grund birgt die Anwendung der in diesem Dokument festgelegten Werkzeuge für Gewindeelemente Risiken.

ANMERKUNG 2 Eine geometrische Toleranz mit dem Toleranzwert 0 (0Ⓜ oder 0Ⓛ) kann zur Vermeidung der Nichtkonformität von Teilen eingesetzt werden, und zwar im Fall von MMR für Teile, die gefügt werden können, bzw. im Fall von LMR für Teile mit einer Mindestwandstärke.

0.2 Informationen zur MMR

Das Fügen von Teilen hängt von der kombinierten Wirkung von:

a) dem Größenmaß (eines oder mehrerer Größenmaßelemente) und

b) der geometrischen Abweichung der Geometrieelemente und ihrer abgeleiteten Geometrieelemente ab, wie z. B. die Anordnung von Bohrungen in zwei Flanschen und der sie sichernden Bolzen.

Das kleinste Fügespiel ergibt sich, wenn jedes der die Passung bildenden Größenmaßelemente sein Maximum-Material-Größenmaß (MMS, en: maximum material size) hat (z. B. größter Bolzen und kleinste Bohrung) und die geometrischen Abweichungen (z. B. die Form-, Richtungs- und Ortsabweichungen) der Größenmaßelemente und ihrer abgeleiteten Geometrieelemente (Mittellinie oder Mittelfläche) ihre Toleranzen voll ausnutzen. Das größte Fügespiel ergibt sich, wenn die Istmaße der die Passung bildenden Größenmaßelemente die größte Differenz zu ihren MMS aufweisen (z. B. kleinste Welle und größte Bohrung) und die geometrischen Abweichungen (z. B. die Form-, Richtungs- und Ortsabweichungen) der Größenmaßelemente und ihrer abgeleiteten Geometrieelemente Null sind. Daraus folgt, dass zur Kontrolle der Fügbarkeit die Auswirkung von Abweichungen von Größenmaßen und ihren Orten durch eine Spezifikation unter Anwendung des Maximum-Material-Konzepts behandelt werden kann. Diese Anforderung wird in der Zeichnung durch das Symbol Ⓜ angegeben.

Darüber hinaus kann es nützlich sein, das Symbol Ⓜ zum Bezugsindikator im Bezugsfeld hinzuzufügen, wenn das Bezugselement ein lineares Größenmaßelement ist und das Spiel zwischen Bezugselement und Gegenstück die Fügbarkeit des Teils begünstigt.

0.3 Informationen zur LMR

Die LMR ist zur Sicherstellung z. B. einer Mindestwandstärke zur Verhinderung eines Durchbruchs (aufgrund von Druck in einem Rohr) oder der größten Breite einer Reihe von Nuten konzipiert. Zur Kontrolle der Funktion der Tragfähigkeit kann die Auswirkung der Abweichung von Größenmaßen und ihren Orten durch eine Spezifikation unter Anwendung des Minimum-Material-Konzepts behandelt werden. Diese Anforderung wird in Zeichnungen durch das Symbol Ⓛ angegeben.

0.4 Informationen zur RPR

Die RPR ist ein zusätzlicher Modifikator, der in Verbindung mit der MMR oder der LMR in den zulässigen Fällen verwendet werden darf – unter Berücksichtigung der Funktion des/der tolerierten Geometrieelemente(s) –, um die Größenmaßtoleranz zu vergrößern, wenn die geometrische Abweichung des tatsächlichen Werkstückes den MMVC bzw. den LMVC nicht vollständig ausnutzt.

Die RPR wird in Zeichnungen durch das Symbol Ⓡ angegeben.

0.5 Allgemeine Informationen zu Begriffen und Bildern

Die Begriffe und Konzepte der Tolerierung in diesem Dokument wurden aktualisiert, um mit den GPS-Begriffen insbesondere nach ISO 286-1, ISO 14405-1, ISO 17450-1 und ISO 17450-3 übereinzustimmen.

1 Anwendungsbereich

Dieses Dokument legt die Maximum-Material-Bedingung (MMR), die Minimum-Material-Bedingung (LMR) und die Reziprozitätsbedingung (RPR) fest. Diese Anforderungen können ausschließlich auf lineare Größenmaßelemente der Typen zylindrisch oder zwei parallele gegenüberliegende Ebenen angewendet werden.

Diese Anforderungen dienen oftmals zur Steuerung bestimmter Funktionen von Werkstücken, bei denen Größenmaß und Geometrie voneinander abhängen, beispielsweise zur Erfüllung der Funktionen „Fügbarkeit von Teilen" (für die MMR) oder „Mindestwandstärke" (für die LMR). MMR und LMR können jedoch auch zur Erfüllung sonstiger funktionaler Konstruktionsanforderungen genutzt werden.

2 Normative Verweisungen

Die folgenden Dokumente werden im Text in solcher Weise in Bezug genommen, dass einige Teile davon oder ihr gesamter Inhalt Anforderungen des vorliegenden Dokuments darstellen. Bei datierten Verweisungen gilt nur die in Bezug genommene Ausgabe. Bei undatierten Verweisungen gilt die letzte Ausgabe des in Bezug genommenen Dokuments (einschließlich aller Änderungen).

ISO 1101:2017, *Geometrical product specifications (GPS) — Geometrical tolerancing — Tolerances of form, orientation, location and run-out*

ISO 5458, *Geometrical product specifications (GPS) — Geometrical tolerancing — Pattern and combined geometrical specification*

ISO 5459:2011, *Geometrical product specifications (GPS) — Geometrical tolerancing — Datums and datum systems*

ISO 14405-1, *Geometrical product specifications (GPS) — Dimensional tolerancing — Part 1: Linear sizes*

ISO 17450-1:2011, *Geometrical product specifications (GPS) — General concepts — Part 1: Model for geometrical specification and verification*

ISO 17450-3, *Geometrical product specifications (GPS) — General concepts — Part 3: Toleranced features*

3 Begriffe

Für die Anwendung dieses Dokuments gelten die Begriffe nach ISO 5459, ISO 14405-1, ISO 17450-1 und ISO 17450-3 und die folgenden Begriffe.

ISO und IEC stellen terminologische Datenbanken für die Verwendung in der Normung unter den folgenden Adressen bereit:

— ISO Online Browsing Platform: verfügbar unter https://www.iso.org/obp

— IEC Electropedia: verfügbar unter http://www.electropedia.org/

3.1
integrales Geometrieelement
Geometrieelement, das zur realen Oberfläche des Werkstücks oder zu einem Oberflächenmodell gehört

Anmerkung 1 zum Begriff: Ein integrales Geometrieelement ist intrinsisch festgelegt, beispielsweise die Haut des Werkstücks.

[QUELLE: ISO 17450-1:2011, 3.3.5, modifiziert – Anmerkungen 2 und 3 zum Begriff gestrichen.] [N1)]

3.2
lineares Größenmaßelement
Geometrieelement, das ein oder mehrere intrinsische Merkmale besitzt, von denen nur eines als veränderlicher Parameter angesehen werden darf, welcher zusätzlich ein Mitglied einer „einparametrigen Familie" ist und das der monotonen Eigenschaft des Enthaltenseins dieses Parameters unterliegt

BEISPIEL 1 Eine einzelne zylindrische Bohrung oder Welle ist ein lineares Größenmaßelement. Ihr lineares Größenmaß ist ihr Durchmesser.

BEISPIEL 2 Zwei parallele gegenüberliegende ebene Oberflächen sind ein lineares Größenmaßelement. Ihr lineares Größenmaß ist der Abstand zwischen den zwei parallelen gegenüberliegenden Ebenen.

[QUELLE: ISO 17450-1:2011, 3.3.1.5.1, modifiziert – Anmerkungen zum Begriff gestrichen; Beispiel 2 ersetzt.] [N2)]

3.3
abgeleitetes Geometrieelement
Geometrieelement, das physisch nicht auf der realen Oberfläche des Werkstücks existiert und das von Natur aus kein nominales *integrales Geometrieelement* (3.1) ist

Anmerkung 1 zum Begriff: Ein abgeleitetes Geometrieelement kann aus einer nominalen integralen Oberfläche, einer assoziierten integralen Oberfläche oder einer extrahierten integralen Oberfläche gebildet werden. Es wird entsprechend als nominales abgeleitetes Geometrieelement, assoziiertes abgeleitetes Geometrieelement oder extrahiertes abgeleitetes Geometrieelement bezeichnet.

Anmerkung 2 zum Begriff: Der Mittelpunkt, die Mittellinie und die Mittelfläche, die durch ein oder mehrere *integrale Geometrieelemente* (3.1) festgelegt werden, sind Typen abgeleiteter Geometrieelemente.

BEISPIEL 1 Die Mittellinie eines Zylinders ist ein abgeleitetes Geometrieelement, das man von der zylindrischen Oberfläche erhält, die ein *integrales Geometrieelement* (3.1) ist. Die Achse des nominalen Zylinders ist ein nominales abgeleitetes Geometrieelement.

BEISPIEL 2 Die Mittelfläche von zwei parallelen gegenüberliegenden Ebenen ist ein abgeleitetes Geometrieelement, das man aus den zwei parallelen gegenüberliegenden Ebenen erhält, die ein *integrales Geometrieelement* (3.1) bilden. Die Mittelebene der zwei nominalen parallelen gegenüberliegenden Ebenen ist ein nominales abgeleitetes Geometrieelement.

[QUELLE: ISO 17450-1:2011, 3.3.6, modifiziert.] [N3)]

N1) Nationale Fußnote: Im Vergleich zu DIN EN ISO 17450-1:2012-04, 3.3.5, wurde außerdem die Übersetzung modifiziert.

N2) Nationale Fußnote: Im Vergleich zu DIN EN ISO 17450-1:2012-04, 3.3.1.5.1, wurde außerdem die Übersetzung modifiziert.

N3) Nationale Fußnote: Im Vergleich zu DIN EN ISO 17450-1:2012-04, 3.3.6, wurde außerdem die Übersetzung modifiziert.

3.4
Maximum-Material-Größenmaß
MMS, en: maximum material size
<äußeres lineares Größenmaßelement> Wert gleich der oberen Grenze eines Größenmaßes (ULS, en: upper limit of size) oder gleich dem Höchstwert der ULS im Fall mehrerer Größenmaßspezifikationen

Anmerkung 1 zum Begriff: Ein MMS kann für jedes der Größenmaßmerkmale nach ISO 14405-1 festgelegt werden.

Anmerkung 2 zum Begriff: Der Begriff "obere Grenze eines Größenmaßes" (ULS) ist in ISO 14405-1 festgelegt.

3.5
Maximum-Material-Größenmaß
MMS, en: maximum material size
<inneres lineares Größenmaßelement> Wert gleich der unteren Grenze eines Größenmaßes (LLS, en: lower limit of size) oder gleich dem kleinsten Wert der LLS im Fall mehrerer Größenmaßspezifikationen

Anmerkung 1 zum Begriff: Ein MMS kann für jedes der Größenmaßmerkmale nach ISO 14405-1 festgelegt werden.

Anmerkung 2 zum Begriff: Der Begriff "untere Grenze eines Größenmaßes" (LLS) ist in ISO 14405-1 festgelegt.

3.6
Minimum-Material-Größenmaß
LMS, en: least material size
<äußeres lineares Größenmaßelement> Wert gleich der unteren Grenze eines Größenmaßes (LLS, en: lower limit of size) oder gleich dem kleinsten Wert der LLS im Fall mehrerer Größenmaßspezifikationen

Anmerkung 1 zum Begriff: Ein LMS kann für jedes der Größenmaßmerkmale nach ISO 14405-1 festgelegt werden.

Anmerkung 2 zum Begriff: Der Begriff "untere Grenze eines Größenmaßes" (LLS) ist in ISO 14405-1 festgelegt.

3.7
Minimum-Material-Größenmaß
LMS, en: least material size
<inneres lineares Größenmaßelement> Wert gleich der oberen Grenze eines Größenmaßes (ULS, en: upper limit of size) oder gleich dem Höchstwert der ULS im Fall mehrerer Größenmaßspezifikationen

Anmerkung 1 zum Begriff: Ein LMS kann für jedes der Größenmaßmerkmale nach ISO 14405-1 festgelegt werden.

Anmerkung 2 zum Begriff: Der Begriff "obere Grenze eines Größenmaßes" (ULS) ist in ISO 14405-1 festgelegt.

3.8
wirksames Maximum-Material-Größenmaß
MMVS, en: maximum material virtual size
Wert gleich dem Größenmaß des *wirksamen Maximum-Material-Zustands* (3.9)

Anmerkung 1 zum Begriff: Das MMVS kann direkt angegeben werden (siehe 4.1.3) oder anhand des *Maximum-Material-Größenmaßes* (3.4, 3.5) und der geometrischen Toleranz (siehe 4.1.2) berechnet werden.

3.9
wirksamer Maximum-Material-Zustand
MMVC, en: maximum material virtual condition
Zustand des assoziierten Geometrieelementes mit einem Größenmaß gleich dem *wirksamen Maximum-Material-Größenmaß* (3.8)

Anmerkung 1 zum Begriff: Der MMVC ist ein Zustand perfekter Form des *linearen Größenmaßelementes* (3.2).

Anmerkung 2 zum Begriff: Der MMVC enthält die Nebenbedingung einer Richtung (nach ISO 1101 und ISO 5459) für das assoziierte Geometrieelement, wenn die geometrische Spezifikation eine Richtungsspezifikation ist (siehe Bild A.3). Der MMVC enthält die Nebenbedingung der Lage (nach ISO 1101 und ISO 5459) für das assoziierte Geometrieelement, wenn die geometrische Spezifikation eine Ortsspezifikation ist (siehe Bild A.4).

Anmerkung 3 zum Begriff: Siehe Beispiele in Anhang A.

3.10
wirksames Minimum-Material-Größenmaß
LMVS, en: least material virtual size
Wert gleich dem Größenmaß des *wirksamen Minimum-Material-Zustands* (3.11)

Anmerkung 1 zum Begriff: Das LMVS kann direkt angegeben werden (siehe 4.1.3) oder anhand des *Minimum-Material-Größenmaßes* (3.6, 3.7) und der geometrischen Toleranz (siehe 4.1.2) berechnet werden.

3.11
wirksamer Minimum-Material-Zustand
LMVC, en: least material virtual condition
Zustand des assoziierten Geometrieelementes am *wirksamen Minimum-Material-Größenmaß* (3.10)

Anmerkung 1 zum Begriff: Der LMVC ist ein Zustand perfekter Form des *linearen Größenmaßelementes* (3.2).

Anmerkung 2 zum Begriff: Der LMVC enthält eine Nebenbedingung einer Richtung (nach ISO 1101 und ISO 5459) für das assoziierte Geometrieelement, wenn die geometrische Spezifikation eine Richtungsspezifikation ist. Der LMVC enthält eine Nebenbedingung der Lage (nach ISO 1101 und ISO 5459) für das assoziierte Geometrieelement, wenn die geometrische Spezifikation eine Ortsspezifikation ist (siehe Bild A.5).

Anmerkung 3 zum Begriff: Siehe Bild A.5, Bild A.8, Bild A.9, Bild A.14 und Bild A.15.

3.12
Maximum-Material-Bedingung
MMR, en: maximum material requirement
Anforderung an ein *lineares Größenmaßelement* (3.2), die ein Geometrieelement desselben Typs und geometrisch perfekter Form festlegt, mit einem Wert des intrinsischen Merkmals (Maß) gleich dem *wirksamen Maximum-Material-Größenmaß* (3.8), das das nicht ideale Geometrieelement von außerhalb des Materials her eingrenzt

Anmerkung 1 zum Begriff: Die MMR wird benutzt, um die Fügbarkeit eines Werkstücks sicherzustellen.

Anmerkung 2 zum Begriff: Siehe auch 4.2.

3.13
Minimum-Material-Bedingung
LMR, en: least material requirement
Anforderung an ein *lineares Größenmaßelement* (3.2), die ein Geometrieelement desselben Typs und geometrisch perfekter Form festlegt, mit einem Wert des intrinsischen Merkmals (Maß) gleich dem *wirksamen Minimum-Material-Größenmaß* (3.10), das das nicht ideale Geometrieelement auf der Innenseite des Materials eingrenzt

Anmerkung 1 zum Begriff: Die LMR wird benutzt, um beispielsweise die Mindestwandstärke zwischen zwei symmetrisch oder koaxial angeordneten, ähnlichen Größenmaßelementen sicherzustellen.

Anmerkung 2 zum Begriff: Siehe auch 4.3.

3.14
Reziprozitätsbedingung
RPR, en: reciprocity requirement
zusätzliche Anforderung an ein *lineares Größenmaßelement* (3.2), die zusätzlich zur *Maximum-Material-Bedingung* (3.12) oder *Minimum-Material-Bedingung* (3.13) angegeben wird, um anzugeben, dass die Größenmaßtoleranz um die Differenz zwischen der geometrischen Toleranz und der tatsächlichen geometrischen Abweichung erweitert wird

3.15
äußeres lineares Größenmaßelement
lineares Größenmaßelement (3.2), bei dem die Normalenvektoren der Oberfläche so gerichtet sind, dass sie aus dem Material hinaus- und vom mittleren Geometrieelement (in Gegenrichtung) wegzeigen

Anmerkung 1 zum Begriff: Die zylindrische Oberfläche einer Welle wird als ein äußeres lineares Größenmaßelement betrachtet.

Anmerkung 2 zum Begriff: Siehe Bild 1.

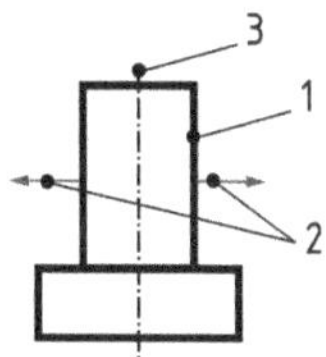

Legende
1 äußeres lineares Größenmaßelement
2 Normalenvektoren, die aus dem Material hinauszeigen
3 mittleres Geometrieelement (Zylinderachse)

Bild 1 — Beispiel für ein äußeres lineares Größenmaßelement

3.16
inneres lineares Größenmaßelement
lineares Größenmaßelement (3.2), bei dem die Normalenvektoren der Oberfläche so gerichtet sind, dass sie aus dem Material hinaus- und zum mittleren Geometrieelement hinzeigen

Anmerkung 1 zum Begriff: Die zylindrische Oberfläche einer Bohrung wird als inneres lineares Größenmaßelement betrachtet.

Anmerkung 2 zum Begriff: Siehe Bild 2.

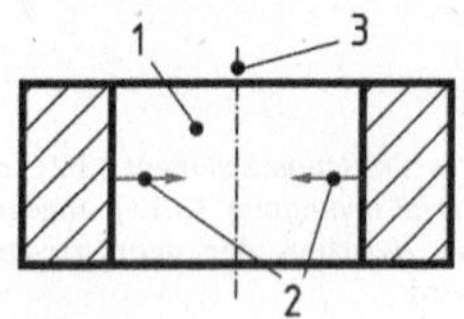

Legende

1 inneres lineares Größenmaßelement
2 Normalenvektoren, vom Material nach außen gerichtet
3 mittleres Geometrieelement (Zylinderachse)

Bild 2 — Beispiel für ein inneres lineares Größenmaßelement

4 Maximum-Material-Bedingung (MMR) und Minimum-Material-Bedingung (LMR)

4.1 Allgemeines

4.1.1 Spezifikation für MMVS oder LMVS

Die MMR und die LMR können auf eine Reihe von einem oder mehreren Größenmaßelement(en) als tolerierte(s) Geometrieelement(e), Bezugselement(e) oder beides angewendet werden. Das MMVS oder das LMVS muss durch eine der zwei folgenden Optionen festgelegt werden:

a) Eine MMR ohne direkte Angabe des MMVS oder eine LMR ohne direkte Angabe des LMVS, jedoch mit einer Größenmaßspezifikation für das betrachtete Geometrieelement. Diese Option wird in diesem Dokument als indirekte Angabe des wirksamen Größenmaßes bezeichnet.

b) Eine MMR mit direkter Angabe des MMVS in eckigen Klammern im Toleranzindikator oder eine LMR mit direkter Angabe des LMVS in eckigen Klammern im Toleranzindikator, wie in diesem Dokument erläutert. Diese Option wird als direkte Angabe des wirksamen Größenmaßes bezeichnet.

Eine geometrische Spezifikation mit MMR oder LMR muss als für ein abgeleitetes Geometrieelement geltend angegeben werden. Das in den Regeln dieses Dokuments behandelte tolerierte Geometrieelement ist jedoch das entsprechende integrale Geometrieelement.

Die Regeln in diesem Dokument dürfen nicht für Gewindeelemente angewendet werden, selbst wenn Gewindeelemente in GPS-Normen häufig als zylindrische Geometrieelemente betrachtet werden.

Die möglichen Kombinationen der Symbole für Geometriemerkmale und MMR oder LMR sind in Anhang D dargestellt.

4.1.2 Indirekte Angabe des MMVS oder LMVS

Wenn die indirekte Angabe des wirksamen Größenmaßes ausgewählt wird [4.1.1 a)], muss/müssen das/die unter Verwendung des Maximum- bzw. Minimum-Material-Modifikators in der geometrischen Spezifikation eingeführte(n) wirksame(n) Größenmaß(e) unter Berücksichtigung der Kombination(en) der geometrischen Toleranz(en) (angewendet auf das abgeleitete Geometrieelement des Größenmaßelementes) sowie der oberen bzw. unteren Toleranzgrenze der Maßspezifikation(en) [des/der Größenmaßelemente(s)] berechnet werden.

ANMERKUNG Entsprechend der Einschränkung durch den Anwendungsbereich sind die einzigen in diesem Dokument betrachteten abgeleiteten Geometrieelemente Mittellinien und Mittelflächen.

Wenn die indirekte Angabe des wirksamen Größenmaßes benutzt wird, dann muss das MMVS oder das LMVS das Ergebnis der folgenden Berechnungen sein.

Für äußere lineare Größenmaßelemente, ausgenommen für ein Bezugselement mit MMR bei Einhaltung von Regel F [siehe 4.2.2 b)], ist das MMVS gegeben durch Gleichung (1):

$$\sigma_{\text{MMVS}} = \sigma_{\text{MMS}} + \delta \tag{1}$$

Für innere lineare Größenmaßelemente, ausgenommen für ein Bezugselement mit MMR bei Einhaltung von Regel F [siehe 4.2.2 b)], ist das MMVS gegeben durch Gleichung (2):

$$\sigma_{\text{MMVS}} = \sigma_{\text{MMS}} - \delta \tag{2}$$

Für äußere lineare Größenmaßelemente, ausgenommen für ein Bezugselement mit LMR bei Einhaltung von Regel M [siehe 4.3.2 b)], ist das LMVS gegeben durch Gleichung (3):

$$\sigma_{\text{LMVS}} = \sigma_{\text{LMS}} - \delta \tag{3}$$

Für innere lineare Größenmaßelemente, ausgenommen für ein Bezugselement mit LMR bei Einhaltung von Regel M [siehe 4.3.2 b)], ist das LMVS gegeben durch Gleichung (4):

$$\sigma_{\text{LMVS}} = \sigma_{\text{LMS}} + \delta \tag{4}$$

Für ein Bezugselement mit MMR bei Einhaltung von Regel F [siehe 4.2.2 b)] ist das MMVS für äußere und innere Größenmaßelemente gegeben durch Gleichung (5):

$$\sigma_{\text{MMVS}} = \sigma_{\text{MMS}} \tag{5}$$

Für ein Bezugselement mit LMR bei Einhaltung von Regel M [siehe 4.3.2 b)], ist das LMVS für äußere und innere Größenmaßelemente gegeben durch Gleichung (6):

$$\sigma_{\text{LMVS}} = \sigma_{\text{LMS}} \tag{6}$$

Dabei ist

σ_{MMVS} das MMVS;

σ_{MMS} das MMS;

σ_{LMVS} das LMVS;

σ_{LMS} das LMS;

δ die geometrische Toleranz.

4.1.3 Direkte Angabe des MMVS oder LMVS

Wenn die direkte Angabe des wirksamen Größenmaßes ausgewählt wird [4.1.1 b)], dann muss das MMVS oder das LMVS in eckigen Klammern im Toleranzindikator angegeben werden und das wirksame Größenmaß ist gleich diesem Wert, entsprechend den Regeln dieses Dokuments. Falls ein Größenmaß auch für das betrachtete Geometrieelement festgelegt ist, muss es als eine unabhängige Spezifikation nach ISO 14405-1 betrachtet werden. Im Fall der direkten Angabe des MMVS oder des LMVS wird keine gemeinsame Bedingung zwischen den zwei Spezifikationen (Größenmaßspezifikation und geometrische Spezifikation) gebildet.

ANMERKUNG Es liegt in der Verantwortung des Konstrukteurs, passende Werte für das Größenmaß des Geometrieelementes und das MMVS oder LMVS auszuwählen, da diese zueinander in Widerspruch stehen können.

4.1.4 Anwendung einer MMR oder LMR auf mehrere tolerierte Geometrieelemente

Wenn eine MMR oder LMR für mehrere tolerierte Geometrieelemente gilt, müssen die Symbole CZ oder SZ stets im Feld für Zone des Toleranzindikators entsprechend der in ISO 1101 festgelegten Reihenfolge angegeben werden.

ANMERKUNG Siehe Anhang B für die frühere Praxis.

4.1.5 Simultane Bedingung

Eine simultane Bedingung kann beispielsweise nützlich sein für eine MMR oder LMR mit derselben Bezugsangabe mit MMR oder LMR.

Wenn eine simultane Bedingung benötigt wird, muss das SIM-Symbol nach ISO 5458 in dem angrenzenden Anzeigebereich jeder betroffenen geometrischen Spezifikation angegeben werden, gegebenenfalls ergänzt durch eine nachgestellte Indexzahl (SIM*i*) ohne ein Leerzeichen.

Die Verwendung des SIM-Modifikators überführt eine Gruppe von mehreren geometrischen Spezifikationen mit MMR oder LMR in eine kombinierte Spezifikation. Der zugehörige MMVC oder LMVC ist mit Orts- und Richtungseinschränkungen nach den Regeln dieses Dokuments verbunden. Das Bezugssystem erfährt ebenso eine Einschränkung, da jede Spezifikation derselben SIM-Gruppe das gleiche Bezugssystem aufweisen muss.

In Bild A.17 ist ein Beispiel für simultane Bedingung dargestellt.

4.1.6 MMR oder LMR auf einem Bezug ohne MMR oder LMR auf dem tolerierten Geometrieelement

Wird eine MMR oder LMR nur auf den Bezug angewendet (siehe Bild A.19), dann gelten vollständig die Regeln für das Bezugselement (siehe 4.2.2 und 4.2.4 bzw. 4.3.2 und 4.3.4). Darüber hinaus werden die Einschränkungen des/der MMVC des/der Bezugselement(e) und des/der MMVC des/der tolerierten Geometrieelemente(s) nach Regel D [siehe 4.2.1 d)] oder Regel K (siehe 4.3.1 d)] durch die entsprechenden Einschränkungen ersetzt, die auf den/die MMVC des/der Bezugselement(e) und die Toleranzzone nach ISO 1101 und ISO 5459 angewendet werden.

4.2 Maximum-Material-Bedingung (MMR)

4.2.1 MMR für tolerierte Geometrieelemente mit indirekter Angabe des wirksamen Größenmaßes

Wenn die MMR für das tolerierte Geometrieelement gilt und die indirekte Angabe des wirksamen Größenmaßes ausgewählt wird, muss die MMR in Zeichnungen mit dem Symbol Ⓜ angegeben werden, das im Toleranzindikator nach der geometrischen Toleranz des abgeleiteten Geometrieelements des linearen Größenmaßelementes (toleriertes Geometrieelement) ohne Angabe des Größenmaßes in eckigen Klammern platziert wird.

Die MMR für tolerierte Geometrieelemente mit indirekter Ermittlung des wirksamen Größenmaßes ergibt vier unabhängige Anforderungen:

— eine Anforderung an die obere Grenze des Größenmaßes [siehe Regel A 1) und Regel A 2)];

— eine Anforderung an die untere Grenze des Größenmaßes [siehe Regel B 1) und Regel B 2)];

— eine Anforderung an die Nicht-Verletzung der Oberfläche des MMVC (siehe Regel C);

— eine Anforderung an die Anwendung der Nebenbedingungen auf die MMVCs (siehe Regel D).

Wenn die MMR für das tolerierte Geometrieelement mit indirekter Angabe des wirksamen Größenmaßes festgelegt wird, dann gelten die folgenden Regeln für die Oberfläche(n) (des linearen Größenmaßelements) und das MMVS muss aus der Größenmaßspezifikation und der geometrischen Spezifikation nach den Regeln dieses Dokuments berechnet werden.

a) **Regel A:** Die Größenmaße des tolerierten Geometrieelementes müssen:

   1) bei äußeren Geometrieelementen kleiner oder gleich dem MMS sein;

   2) bei inneren Geometrieelementen größer oder gleich dem MMS sein.

   ANMERKUNG 1 Diese Regel kann durch die Angabe der RPR mit dem Symbol Ⓡ nach dem Symbol Ⓜ geändert werden [siehe 5.2 und Bild A.1 b)].

b) **Regel B:** Die Größenmaße des tolerierten Geometrieelementes müssen:

   1) bei äußeren Geometrieelementen größer oder gleich dem LMS sein [siehe Bild A.2 a), Bild A.3 a), Bild A.4 a), Bild A.6 a), Bild A.7 a), Bild A.10, Bild A.11 und Bild A.12];

   2) bei inneren Geometrieelementen kleiner oder gleich dem LMS sein [siehe Bild A.2 b), Bild A.3 b), Bild A.4 b), Bild A.6 b), Bild A.7 b), Bild A.10 bis Bild A.13 und Bild A.16 bis Bild A.19].

c) **Regel C:** Der MMVC für das tolerierte Geometrieelement darf durch das extrahierte (integrale) Geometrieelement nicht verletzt werden (siehe Bild A.2, Bild A.3, Bild A.4, Bild A.6, Bild A.7 und Bild A.10 bis Bild A.19).

ANMERKUNG 2 Die Anwendung der Hüllbedingung Ⓔ kann zu überflüssigen Einschränkungen führen, welche die technischen und wirtschaftlichen Vorteile der MMR verringern, falls die Funktionsanforderung nur die Fügbarkeit ist.

ANMERKUNG 3 Die Angabe 0Ⓜ hat angewendet auf eine Formspezifikation für ein lineares Größenmaßelement dieselbe Bedeutung wie die Hüllbedingung Ⓔ angewendet auf ein Größenmaß.

d) **Regel D:** Die Regel gilt wie folgt:

   — Wenn die geometrische Spezifikation eine Richtung oder ein Ort relativ zu einem (primären) Bezug oder einem Bezugssystem definiert, muss der MMVC des tolerierten Geometrieelementes in Übereinstimmung mit ISO 1101 und ISO 5459 in der theoretisch genauen Richtung oder dem theoretisch genauen Ort relativ zum Bezug oder zum Bezugssystem liegen (siehe 3.9, Anmerkung 2 zum Begriff, sowie Bild A.3, Bild A.4, Bild A.6 und Bild A.7).

   — Außerdem müssen, wenn mehrere tolerierte Geometrieelemente durch dieselbe Toleranzangabe mit dem Symbol CZ eingeschränkt werden, die MMVC ebenfalls in der theoretisch genauen Richtung und dem theoretisch genauen Ort relativ zueinander liegen (siehe Bild A.1, Bild A.10, Bild A.11 und Bild A.13).

   — Falls mehrere tolerierte Geometrieelemente durch denselben Toleranzindikator mit dem Symbol SZ eingeschränkt werden, dann sind die MMVC nicht darauf beschränkt, in der theoretisch genauen Richtung oder dem theoretisch genauen Ort relativ zueinander zu liegen (siehe Bild A.18). In beiden Fällen (CZ- oder SZ-Angabe) bestehen weiterhin Einschränkungen zu den Bezügen.

   — Weiterhin müssen die MMVCs in der Richtung und dem Ort mit den MMVCs der SIM-Gruppe eingeschränkt sein, wenn das SIM-Symbol nach ISO 5458, ggf. ergänzt durch eine Indexzahl, angegeben ist.

4.2.2 MMR für zugehörige Bezugselemente mit indirekter Angabe des wirksamen Größenmaßes

Wenn die MMR für das Bezugselement gilt und die indirekte Angabe des wirksamen Größenmaßes ausgewählt wird, ist sie in Zeichnungen durch das Symbol Ⓜ anzugeben, welches im Toleranzindikator nach dem/den Bezugsbuchstaben platziert wird.

Der/die Bezugsbuchstabe(n), ergänzt durch das nachgestellte Symbol Ⓜ, ergibt/ergeben ein assoziiertes Geometrieelement mit einem festen Größenmaß, das durch den MMVC festgelegt ist.

ANMERKUNG 1 Wirksame Zustände des tolerierten Geometrieelements und des Bezugselements sind in der Richtung und im Ort zueinander eingeschränkt und ergeben einen kombinierten wirksamen Zustand.

Die MMR für Bezugselemente ergibt drei unabhängige Anforderungen:

— eine Anforderung an die Nicht-Verletzung der Oberfläche des MMVC (siehe Regel E);

— eine Anforderung an das MMVS, wenn keine geometrische Spezifikation eingetragen ist oder wenn lediglich geometrische Spezifikationen eingetragen sind, deren Toleranzwert nicht durch das nachgestellte Symbol Ⓜ ergänzt ist (siehe Regel F);

— eine Anforderung an das MMVS, wenn eine geometrische Spezifikation eingetragen ist, deren Toleranzwert durch das nachgestellte Symbol Ⓜ ergänzt ist und deren Bezugsfeld (drittes Feld und nachfolgende Felder) des Toleranzindikators einer in Regel G festgelegten Eigenschaft entspricht.

ANMERKUNG 2 Die Angabe des Symbols Ⓜ nach dem Bezugsbuchstaben ist nur möglich, wenn der Bezug von einem linearen Größenmaßelement gebildet wird.

Wenn die MMR für alle Elemente der Kollektion von (Ober-)Flächen eines gemeinsamen Bezugs gilt, muss die zugehörige Buchstabenfolge zur Identifizierung des gemeinsamen Bezugs in Klammern gesetzt werden (siehe Bild A.13 und ISO 5459:2011, Regel 9), und die MMVC sind defaultmäßig in Ort und Richtung relativ zueinander eingeschränkt (siehe ISO 5459:2011, Regel 7). Wenn die MMR nur für eine (Ober-)Fläche der Kollektion der Geometrieelemente gilt, die an einem gemeinsamen Bezug beteiligt sind, darf die Buchstabenfolge zur Identifizierung des gemeinsamen Bezugs nicht in Klammern gesetzt werden und die Bedingung gilt nur für das Geometrieelement, das durch den unmittelbar vor dem Modifikator stehenden Buchstaben identifiziert wird.

In diesem Fall gelten für die Oberfläche(n) (des linearen Größenmaßelementes) die folgenden Regeln:

a) **Regel E:** Der MMVC für das betreffende Bezugselement darf durch das extrahierte (integrale) Bezugselement, von dem der Bezug abgeleitet wird, nicht verletzt werden (siehe Bild A.6 und Bild A.7). Falls ein SIM-Symbol nach ISO 5458, ggf. ergänzt durch eine nachgestellte Indexzahl, im angrenzenden Angabebereich des zugehörigen Toleranzindikators angegeben ist, dann muss der MMVC auf die Richtung und den Ort der MMVCs beschränkt sein, die für die Bezüge der gleichen SIM-Gruppe berücksichtigt wurden (siehe Bild A.17).

b) **Regel F:** Das MMVS des zugehörigen Bezugselementes muss gleich dem MMS sein [siehe Gleichung (5)], wenn das zugehörige Bezugselement:

   — keine geometrische Spezifikation aufweist (siehe Bild A.6); oder

   — lediglich geometrische Spezifikationen aufweist, deren Toleranzwert nicht durch das nachgestellte Symbol Ⓜ ergänzt ist; oder

   — keine geometrische Spezifikation aufweist, die Regel G entspricht.

ANMERKUNG 3 Es wird betont, dass Regel F nicht ausreicht, um die Fügbarkeit des Bezugselementes sicherzustellen, wenn für das zugehörige Bezugselement eine geometrische Spezifikation ohne das Symbol Ⓜ gilt. Siehe hierzu die Berechnung des MMVS nach 4.1.2 und Bild A.6 c). Falls die geometrische Spezifikation des Bezugselementes in einer späteren Überarbeitung der Zeichnung geändert wird, könnte sich darüber hinaus das MMVS ändern, wenn Regel G in diesem Fall verpflichtend wird.

c) **Regel G:** Das MMVS des betreffenden Bezugselements muss gleich dem MMS sein, zuzüglich (bei äußeren linearen Größenmaßelementen) oder abzüglich (bei inneren linearen Größenmaßelementen) der geometrischen Toleranz, wenn der Bezug durch eine geometrische Spezifikation eingeschränkt wird, deren Toleranzwert durch das nachgestellte Symbol Ⓜ ergänzt ist; und:

   1) es sich um eine Formspezifikation handelt und der zugehörige Bezug dem primären Bezug des Toleranzindikators entspricht, in dem das Symbol Ⓜ neben dem Bezugsbuchstaben angegeben wird (siehe Bild A.7); oder

   2) es sich um eine Richtungs- oder Ortsspezifikation handelt, deren Bezug oder Bezugssystem genau denselben Bezug/dieselben Bezüge in der gleichen Reihenfolge enthält, wie diejenigen, die vor dem zugeordneten Bezug im Toleranzindikator benannt sind, in dem das Symbol Ⓜ neben dem Bezugsbuchstaben angegeben wird (siehe Bild A.12 und Bild A.13).

   ANMERKUNG 4 In diesem Fall ist das MMVS für äußere lineare Größenmaßelemente durch Gleichung (1) gegeben und das MMVS für innere lineare Größenmaßelemente durch Gleichung (2). Siehe 4.1.2.

   Wenn diese Eigenschaften nicht zutreffen, gilt Regel F.

Bei Regel G sollte der Bezugsindikator direkt mit dem Toleranzindikator der geometrischen Toleranz verbunden sein, durch den der MMVC des Bezugselementes vorgegeben wird (siehe ISO 5459:2011, Regel 1, 2. Anstrich).

ANMERKUNG 5 Diese Empfehlung war in ISO 2692:2014 eine Anforderung (siehe B.3).

Wenn mehrere geometrische Spezifikationen zu einem zugehörigen Bezugselement Regel G erfüllen, wird die direkte Angabe des MMVS empfohlen (siehe 4.1.3).

4.2.3 MMR für tolerierte Geometrieelemente mit direkter Angabe des wirksamen Größenmaßes

Wenn die MMR für das tolerierte Geometrieelement gilt und die direkte Angabe des wirksamen Größenmaßes ausgewählt wird, dann muss der Wert des MMVS nach dem Symbol Ⓜ in eckigen Klammern im Feld für Zone, Geometrieelement und Merkmal angegeben werden. Dem Wert des MMVS muss bei einem Zylinder das Symbol ⌀ vorangestellt werden (siehe Bild 3 zu einem zylindrischen Geometrieelement). Das Symbol ⌀ muss weggelassen werden, wenn das (Größen-)Maß des Geometrieelements kein Durchmesser ist. Wenn eine direkte Angabe des MMVS ausgewählt wird, darf keine geometrische Toleranz im Feld für Zone, Geometrieelement und Merkmal vor dem Symbol Ⓜ angegeben werden (siehe Bild A.14 und Bild A.15).

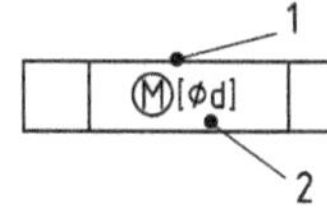

Legende
1 Feld für Zone, Geometrieelement und Merkmal
2 numerischer Wert für das MMVS

Bild 3 — Direkte Angabe des MMVS für ein toleriertes Geometrieelement

Wird die MMR für das tolerierte Geometrieelement mit der direkten Angabe des wirksamen Größenmaßes festgelegt, gelten Regeln A und B nicht und Regeln C, D und Q gelten.

Regel Q: Das MMVS für das tolerierte Geometrieelement muss gleich dem in eckigen Klammern im zugehörigen Feld für Zone, Geometrieelement und Merkmal angegebenen Wert sein.

Falls ein Größenmaß auch für das betrachtete Geometrieelement festgelegt ist, muss es als eine unabhängige Spezifikation nach ISO 14405-1 betrachtet werden (siehe Bild A.14 und Bild A.15).

ANMERKUNG Siehe 4.1.3.

4.2.4 MMR für zugehörige Bezugselemente mit direkter Angabe des wirksamen Größenmaßes

Wenn die MMR für das Bezugselement gilt und die direkte Angabe des wirksamen Größenmaßes ausgewählt wird, dann muss der Wert für MMVS nach dem Symbol Ⓜ in eckigen Klammern im Bezugsindikator angegeben werden (siehe Bild A.16). Dem Wert des MMVS muss bei einem Zylinder das Symbol ⌀ vorangestellt werden (siehe Bild 4 zu einem zylindrischen Geometrieelement). Das Symbol ⌀ muss weggelassen werden, wenn das (Größen-)Maß des Geometrieelements kein Durchmesser ist.

ANMERKUNG Der in eckigen Klammern angegebene Wert unterliegt der Verantwortung des Konstrukteurs. Dieser Wert kann vom berechneten Wert abweichen, wenn die indirekte Angabe des MMVS angewendet wird.

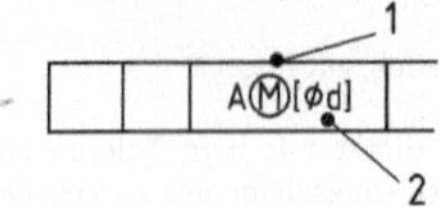

Legende
1 Bezugsfeld
2 numerischer Wert für das MMVS des Bezugselements

Bild 4 — Direkte Angabe des MMVS für einen Bezug

Im Fall eines gemeinsamen Bezugs mit demselben MMVS für jedes Bezugselement muss die Angabe des gemeinsamen Bezugs im Feld des Bezugsindikators in Klammern eingeschlossen werden, gefolgt vom Symbol Ⓜ und der Angabe des MMVS in eckigen Klammern, z. B. (A-B)Ⓜ [d].

Im Fall eines gemeinsamen Bezugs mit unterschiedlichen MMVS für jedes Bezugselement muss die Angabe des gemeinsamen Bezugs im Feld des Bezugsindikators in Klammern eingeschlossen werden, gefolgt vom Symbol Ⓜ und der Angabe der MMVS in eckigen Klammern, getrennt durch Bindestrich und in Klammern eingeschlossen, z. B. (A-B)Ⓜ ([d1]-[d2]). Jeder MMVS-Wert gilt für jedes Bezugselement in derselben Reihenfolge.

Diese beiden Anforderungen gelten ebenso für mehr als zwei Bezugselemente.

Wenn die MMR für ein Bezugselement mit direkter Angabe des MMVS gilt, dann gilt Regel E, die Regeln F und G gelten nicht und Regel O gilt für die (Ober-)Fläche des linearen Größenmaßelementes.

Regel O: Das MMVS für das zugehörige Bezugselement muss gleich dem in eckigen Klammern im zugehörigen Bezugsfeld angegebenen Wert sein.

Falls ein Größenmaß auch für das betrachtete Geometrieelement festgelegt ist, muss es als eine unabhängige Spezifikation nach ISO 14405-1 betrachtet werden.

4.3 Minimum-Material-Bedingung (LMR)

4.3.1 LMR für tolerierte Geometrieelemente mit indirekter Angabe des wirksamen Größenmaßes

Wenn die LMR für das tolerierte Geometrieelement gilt und die indirekte Ermittlung des wirksamen Größenmaßes ausgewählt wird, muss dies in der Zeichnung durch das Symbol Ⓛ angezeigt werden, welches im Toleranzindikator der geometrischen Toleranz des abgeleiteten Geometrieelementes des linearen Größenmaßelementes (toleriertes Geometrieelement) ohne Angabe des Größenmaßes in eckigen Klammern nachgestellt wird.

BEISPIEL Um die Mindestwandstärke vollständig zu steuern, kann das Symbol Ⓛ auf die Tolerierung der Geometrieelemente auf beiden Seiten der Wand angewendet werden. Die LMR kann auf zwei verschiedene Arten wie folgt umgesetzt werden:

— Die Ortsanforderungen an die zwei verschiedenen Wandseiten können sich auf die gleiche Bezugsachse oder das gleiche Bezugssystem beziehen (siehe Bild A.8). In diesem Fall gilt das Symbol Ⓛ für beide tolerierte Geometrieelemente.

— Die Ortsanforderung des abgeleiteten Geometrieelementes für eine der zwei Wandseiten kann sich auf das abgeleitete Geometrieelement der anderen Wandseite als Bezug beziehen. In diesem Fall werden die Toleranz des tolerierten Geometrieelementes und der Bezugsbuchstabe durch das nachgestellte Symbol Ⓛ ergänzt (siehe Bild A.9).

ANMERKUNG 1 Diese Möglichkeit besteht nur, wenn die Geometrieelemente beider Seiten Größenmaßelemente sind.

Wenn die LMR für das tolerierte Geometrieelement mit indirekter Ermittlung des wirksamen Größenmaßes gilt, dann gelten die folgenden Regeln für die (Ober-)Fläche(n) (des linearen Größenmaßelementes) und das LMVS muss aus der Größenmaßspezifikation und der geometrischen Spezifikation nach den Regeln dieses Dokuments berechnet werden.

a) **Regel H:** Die Größenmaße des tolerierten Geometrieelementes müssen:

   1) bei äußeren Geometrieelementen größer oder gleich dem LMS sein;

   2) bei inneren Geometrieelementen kleiner oder gleich dem LMS sein.

   ANMERKUNG 2 Diese Regel kann durch die Angabe der RPR mit dem Symbol Ⓡ nach dem Symbol Ⓛ abgeändert werden [siehe 5.3, Bild A.5 e) und Bild A.5 f)].

b) **Regel I:** Die Größenmaße des tolerierten Geometrieelementes müssen:

   1) bei äußeren Geometrieelementen kleiner oder gleich dem MMS sein [siehe Bild A.5 a), Bild A.8 und Bild A.9];

   2) bei inneren Geometrieelementen größer oder gleich dem MMS sein [siehe Bild A.5 b) und Bild A.8].

c) **Regel J:** Der LMVC des tolerierten Geometrieelementes darf durch das extrahierte (integrale) Geometrieelement nicht verletzt werden (siehe Bild A.5, Bild A.8 und Bild A.9).

d) **Regel K:** Die Regel gilt wie folgt:

- Wenn die geometrische Spezifikation eine Richtung oder ein Ort relativ zu einem (primären) Bezug oder einem Bezugssystem ist, muss der LMVC des tolerierten Geometrieelementes in Übereinstimmung mit ISO 1101 und ISO 5459 in der theoretisch genauen Richtung oder dem theoretisch genauen Ort relativ zum Bezug oder zum Bezugssystem liegen (siehe 3.11, Anmerkung 2 zum Begriff, sowie Bild A.5, Bild A.8 und Bild A.9).

- Falls mehrere tolerierte Geometrieelemente durch denselben Toleranzindikator mit dem Symbol CZ geregelt werden, müssen darüber hinaus die LMVCs ebenfalls in der theoretisch genauen Richtung und dem theoretisch genauen Ort relativ zueinander liegen.

- Falls mehrere tolerierte Geometrieelemente durch denselben Toleranzindikator mit dem Symbol SZ geregelt werden, dann sind die LMVCs nicht eingeschränkt, in der theoretisch genauen Richtung oder dem theoretisch genauen Ort relativ zueinander zu liegen (siehe Bild A.18 zu einer Darstellung für den MMR-Fall). In beiden Fällen (CZ- oder SZ-Angabe) bleiben mögliche Nebenbedingungen relativ zu Bezügen bestehen.

- Zusätzlich, falls das SIM-Symbol nach ISO 5458 angegeben ist, ggf. ergänzt durch eine nachgestellte Indexzahl, müssen die LMVCs in der Richtung und dem Ort mit den LMVCs der SIM-Gruppe eingeschränkt sein.

4.3.2 LMR für zugehörige Bezugselemente mit indirekter Angabe des wirksamen Größenmaßes

Wenn die LMR für das Bezugselement gilt und die indirekte Ermittlung des wirksamen Größenmaßes ausgewählt wird, muss dies in der Zeichnung durch das Symbol Ⓛ angezeigt werden, das dem/den Bezugsbuchstaben im Toleranzindikator nachgestellt wird.

Der/die Bezugsbuchstabe(n), ergänzt durch das nachgestellte Symbol Ⓛ, ergibt/ergeben ein assoziiertes Geometrieelement mit einem festen Größenmaß, das durch den LMVC festgelegt ist.

ANMERKUNG 1 Wirksame Zustände für das tolerierte Geometrieelement und das Bezugselement sind in Richtung und Ort zueinander eingeschränkt und ergeben einen kombinierten wirksamen Zustand.

Die LMR für Bezugselemente ergibt drei unabhängige Bedingungen:

- eine Anforderung an die Nicht-Verletzung der Oberfläche des LMVC (siehe Regel L);
- eine Anforderung an das LMVS, wenn keine geometrische Spezifikation eingetragen ist oder wenn lediglich geometrische Spezifikationen eingetragen sind, deren Toleranzwert nicht durch das nachgestellte Symbol Ⓛ ergänzt ist (siehe Regel M);
- eine Anforderung an das LMVS, wenn eine geometrische Spezifikation eingetragen ist, deren Toleranzwert durch das nachgestellte Symbol Ⓛ ergänzt ist und deren Bezugsfeld (drittes Feld und nachfolgende Felder) des Toleranzindikators einer in Regel N festgelegten Eigenschaft entspricht.

ANMERKUNG 2 Die Verwendung des Symbol Ⓛ hinter dem Bezugsbuchstaben ist nur möglich, wenn der Bezug von einem linearen Größenmaßelement gebildet wird.

Wenn die LMR für alle Elemente der Kollektion von (Ober-)Flächen eines gemeinsamen Bezugs gilt, muss die zugehörige Buchstabenfolge zur Identifizierung des gemeinsamen Bezugs in Klammern gesetzt werden (siehe Bild A.13 zu einer Darstellung eines vergleichbaren Falls mit MMR statt LMR sowie ISO 5459:2011, Regel 9), und die LMVC sind defaultmäßig in Ort und Richtung relativ zueinander eingeschränkt (siehe ISO 5459:2011, Regel 7). Wenn die LMR nur für eine (Ober-)Fläche der Kollektion von Geometrieelementen eines gemeinsamen Bezugs gilt, darf die Buchstabenfolge zur Identifizierung des gemeinsamen Bezugs nicht in Klammern gesetzt werden und die Bedingung gilt nur für das Geometrieelement, das durch den unmittelbar vor dem Modifikator stehenden Buchstaben identifiziert wird.

In diesem Fall gelten für die Oberfläche(n) (des linearen Größenmaßelementes) die folgenden Regeln:

a) **Regel L:** Der LMVC für das zugeordnete Bezugselement darf durch das extrahierte (integrale) Bezugselement, von dem der Bezug abgeleitet wird, nicht verletzt werden (siehe Bild A.9). Falls ein SIM-Symbol, wahlweise ergänzt durch eine nachgestellte Indexzahl nach ISO 5458, im angrenzenden Anzeigebereich des zugehörigen (Toleranz-)Indikators angegeben ist, dann muss der LMVC auf die gleiche Richtung und den gleichen Ort wie die LMVC eingeschränkt sein, die für die Bezüge der gleichen SIM-Gruppe herangezogen wurden.

b) **Regel M:** Das LMVS des zugehörigen Bezugselementes muss gleich seinem LMS sein [siehe Gleichung (6)], wenn das zugehörige Bezugselement:

— keine geometrische Spezifikation aufweist (siehe Bild A.9); oder

— lediglich geometrische Spezifikationen aufweist, deren Toleranzwert nicht durch das nachgestellte Symbol Ⓛ ergänzt ist; oder

— keine geometrische Spezifikation aufweist, die Regel N entspricht.

c) **Regel N:** Das LMVS des zugehörigen Bezugselementes muss gleich dem LMS abzüglich (bei äußeren linearen Größenmaßelementen) oder zuzüglich (bei inneren linearen Größenmaßelementen) der geometrischen Toleranz sein, wenn das Bezugselement durch eine geometrische Spezifikation gesteuert wird, deren Toleranzwert vom Symbol Ⓛ gefolgt wird; und

1) es sich um eine Formspezifikation handelt und der zugehörige Bezug dem primären Bezug des Toleranzindikators entspricht, in dem das Symbol Ⓛ neben dem Bezugsbuchstaben angegeben wird; oder

2) es sich um eine Richtungs- oder Ortsspezifikation handelt, deren Bezug oder Bezugssystem genau denselben/dieselben Bezug/Bezüge in der gleichen Reihenfolge enthält, wie diejenigen, die vor dem zugeordneten Bezug im Toleranzindikator benannt sind, in dem das Symbol Ⓛ neben dem Bezugsbuchstaben angegeben wird.

ANMERKUNG 3 In diesem Fall ist das LMVS für äußere lineare Größenmaßelemente durch Gleichung (3) gegeben und das LMVS für innere lineare Größenmaßelemente durch Gleichung (4). Siehe 4.1.2.

Wenn diese Eigenschaften nicht beobachtet werden, gilt Regel M.

Bei Regel N sollte Bezugsindikator direkt mit dem Toleranzindikator der geometrischen Toleranz verbunden sein, durch den der LMVC des Bezugselementes gesteuert wird (siehe ISO 5459:2011, Regel 1, 2. Anstrich).

ANMERKUNG 4 Diese Empfehlung war in ISO 2692:2014 eine Anforderung (siehe B.3).

Wenn mehrere geometrische Spezifikationen zu einem zugehörigen Bezugselement Regel N erfüllen, wird die direkte Angabe des LMVS empfohlen (siehe 4.1.3).

4.3.3 LMR für tolerierte Geometrieelemente mit direkter Angabe des wirksamen Größenmaßes

Wenn die LMR für das tolerierte Geometrieelement gilt und die direkte Angabe des wirksamen Größenmaßes ausgewählt wird, dann muss der Wert für das LMVS nach dem Symbol Ⓛ in eckigen Klammern im Feld für Zone, Geometrieelement und Merkmal angegeben werden. Dem Wert des LMVS muss bei einem Zylinder das Symbol ⌀ vorangestellt werden (siehe Bild 5 zu einem zylindrischen Geometrieelement). Das Symbol ⌀ muss weggelassen werden, wenn das (Größen-)Maß des Geometrieelements kein Durchmesser ist. Wenn eine direkte Angabe des LMVS gewählt wird, darf kein geometrischer Toleranzwert im Feld für Zone, Geometrieelement und Merkmal vor dem Symbol Ⓛ angegeben werden (siehe Bild A.14 und Bild A.15).

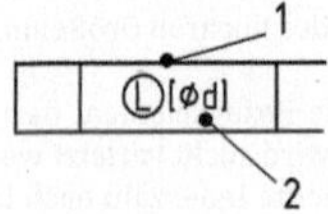

Legende

1 Feld für Zone, Geometrieelement und Merkmal

2 numerischer Wert für das LMVS

Bild 5 — Direkte Angabe des LMVS für ein toleriertes Geometrieelement

Wird die LMR für das tolerierte Geometrieelement mit direkter Angabe des wirksamen Größenmaßes festgelegt, gelten Regeln H und I nicht und Regeln J, K und R gelten.

Regel R: Das LMVS für das tolerierte Geometrieelement muss gleich dem in eckigen Klammern im zugehörigen Feld für Zone, Geometrieelement und Merkmal angegebenen Wert sein.

Falls ein Größenmaß auch für das betrachtete Geometrieelement festgelegt ist, muss es als eine unabhängige Spezifikation nach ISO 14405-1 betrachtet werden (siehe Bild A.14 und Bild A.15).

ANMERKUNG Siehe 4.1.3.

4.3.4 LMR für zugehörige Bezugselemente mit direkter Angabe des wirksamen Größenmaßes

Wenn die LMR für das Bezugselement gilt und die direkte Angabe des wirksamen Größenmaßes ausgewählt wird, dann muss der Wert des LMVS nach dem Symbol Ⓛ in eckigen Klammern im Bezugsindikator angegeben werden. Dem Wert des LMVS muss bei einem Zylinder ein Symbol ⌀ vorangestellt werden (siehe Bild 6 zu einem zylindrischen Geometrieelement). Das Symbol ⌀ muss weggelassen werden, wenn das (Größen-)Maß des Geometrieelements kein Durchmesser ist.

ANMERKUNG Der in eckigen Klammern angegebene Wert unterliegt der Verantwortung des Konstrukteurs. Dieser Wert kann vom berechneten Wert abweichen, wenn die indirekte Angabe des LMVS angewendet wird.

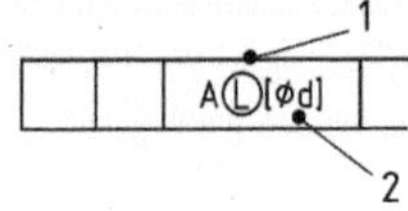

Legende

1 Bezugsfeld

2 numerischer Wert für das LMVS des Bezugelements

Bild 6 — Direkte Angabe des LMVS für einen Bezug

Im Fall eines gemeinsamen Bezugs mit demselben LMVS für jedes Bezugselement muss die Angabe des gemeinsamen Bezugs im Feld des Bezugsindikators in Klammern eingeschlossen werden, gefolgt vom Symbol Ⓛ und der Angabe des LMVS in eckigen Klammern, z. B. (A-B) Ⓛ [d].

Im Fall eines gemeinsamen Bezugs mit unterschiedlichen LMVS für jedes Bezugselement muss die Angabe des gemeinsamen Bezugs im Feld des Bezugsindikators in Klammern eingeschlossen werden, gefolgt vom Symbol Ⓛ und der Angabe der LMVS in eckigen Klammern, getrennt durch Bindestrich und in Klammern eingeschlossen, z. B. (A-B) Ⓛ ([d1]-[d2]). Jeder LMVS-Wert gilt für jedes Bezugselement in derselben Reihenfolge.

Diese beiden Anforderungen gelten ebenso für mehr als zwei Bezugselemente.

Wenn die LMR für ein Bezugselement mit direkter Angabe des LMVS angegeben ist, dann gilt Regel L, Regeln M und N gelten nicht und auf die (Ober-)Fläche des linearen Größenmaßelementes ist Regel P anzuwenden.

Regel P: Das LMVS für das zugehörige Bezugselement muss gleich dem in eckigen Klammern im zugehörigen Bezugsfeld angegebenen Wert sein.

Falls ein Größenmaß auch für das betrachtete Geometrieelement festgelegt ist, muss es als eine unabhängige Spezifikation nach ISO 14405-1 betrachtet werden.

5 Reziprozitätsbedingung (RPR)

5.1 Allgemeines

Die RPR muss in Zeichnungen als eine zusätzliche Anforderung zur MMR oder LMR angegeben werden, indem das Symbol Ⓡ dem Symbol Ⓜ bzw. das Symbol Ⓡ dem Symbol Ⓛ nachgestellt wird. Die RPR darf ausschließlich im Feld für Zone, Geometrieelement und Merkmal des Toleranzindikators angegeben werden. Der Modifikator Ⓡ darf nicht im Bezugsfeld des Toleranzindikators angegeben werden.

Die RPR darf nur bei indirekter Ermittlung des wirksamen Größenmaßes angewendet werden (siehe 4.1.1).

Als zusätzliche Anforderung ändert die RPR die Größenmaßtoleranz des linearen Größenmaßelementes in den gemeinsamen Bedingungen MMR und LMR. Durch die RPR kann das Größenmaß die vollen Vorteile von MMVC und LMVC ausschöpfen. Die RPR ermöglicht die Wahl der zulässigen Verteilung der Schwankung zwischen maßlichen und geometrischen Toleranzen basierend auf den Möglichkeiten der Fertigung.

ANMERKUNG Die RPR kann dieselben Werkstückfunktionen angeben wie die Angabe „0Ⓜ".

5.2 Reziprozitätsbedingung (RPR) und Maximum-Material-Bedingung (MMR)

Wenn das Reziprozitätssymbol Ⓡ hinter dem Symbol Ⓜ steht und somit eine RPR angegeben wird, ändert sich dadurch die MMR für die Oberfläche(n) (des linearen Größenmaßelementes) folgendermaßen [siehe Bild A.1 b)]:

— Regel A ist nicht gültig;

— Regeln B bis D bleiben gültig.

ANMERKUNG Die RPR ermöglicht eine Vergrößerung der Maßtoleranz, wenn die geometrische Abweichung den MMVC nicht voll ausnutzt.

Das Reziprozitätssymbol legt gleichwertige Anforderungen an Spezifikationen mit maßlichen und geometrischen Anforderungen mit 0Ⓜ fest.

5.3 Reziprozitätsbedingung (RPR) und Minimum-Material-Bedingung (LMR)

Wenn das Reziprozitätssymbol Ⓡ hinter dem Symbol Ⓛ steht und somit eine RPR angegeben wird, ändert sich dadurch die LMR für die Oberfläche(n) (des linearen Größenmaßelementes) folgendermaßen [siehe Bild A.5 e) und Bild A.5 f)]:

— Regel H ist nicht gültig;

— Regeln I bis K bleiben gültig.

ANMERKUNG Die RPR ermöglicht eine Vergrößerung der Maßtoleranz, wenn die geometrische Abweichung den LMVC nicht voll ausnutzt.

Das Reziprozitätssymbol legt gleichwertige Anforderungen an Spezifikationen mit maßlichen und geometrischen Anforderungen mit 0Ⓛ fest.

Anhang A
(informativ)

Beispiele für Tolerierung mit Ⓜ, Ⓛ und Ⓡ

Die Bilder in diesem Dokument sind ausschließlich zur Veranschaulichung vorgesehen, um den Anwender beim Verständnis von MMR, LMR und RPR zu unterstützen. In einigen Fällen werden in den Bildern zusätzliche Einzelheiten hervorgehoben, andere Bilder wurden absichtlich unvollständig belassen. Numerische Werte für Maße und Toleranzen dienen nur zur Veranschaulichung.

In den Bildern für die Auswertung sind die MMS und LMS so dargestellt, als wären sie in den angegebenen zweidimensionalen Ansichten sichtbar und die Maßlinien (mit Pfeilen) sind mit der Linie für die Darstellung des realen Teiles verbunden. In einigen Bildern ist dies jedoch nicht möglich (siehe Bild A.10, Bild A.11 und Bild A.12) und die MMS oder LMS sind lediglich mittels unverbundener Maßlinien (mit Pfeilen) angedeutet. In allen Fällen ist der Wert der MMS oder LMS von Bedeutung, nicht der Darstellungsort. Die Richtung der örtlichen Größenmaße (Zweipunktmaße) am realen Werkstück ist nicht notwendigerweise senkrecht zur Achse des MMVC oder LMVC.

Aus Gründen der Einheitlichkeit in diesem Dokument sind alle Maße in Millimetern und alle Bilder in der Projektionsmethode 1 angegeben worden.

Es sollte beachtet werden, dass die Projektionsmethode 3 ebenso gut anwendbar gewesen wäre, um die festgelegten Grundlagen darzustellen. Für die eindeutige Darstellung (Größenverhältnisse und Maße) der Symbole der geometrischen Tolerierung siehe ISO 7083.

In der Erklärung unter jedem Bild schließen die Bedingungen für die örtlichen Durchmesser und die örtlichen Größenmaße die Grenzwerte systematisch mit ein („gleich“ ist also jedes Mal eingeschlossen, wenn die Angaben „größer als“ oder „kleiner als“ verwendet werden).

Zeichnungseintragung

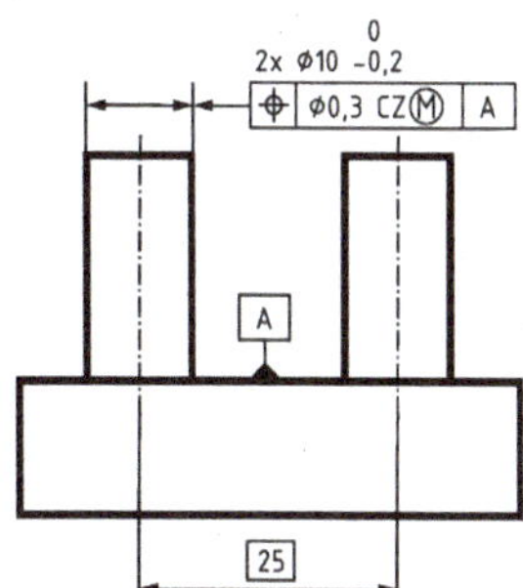

Auswertung

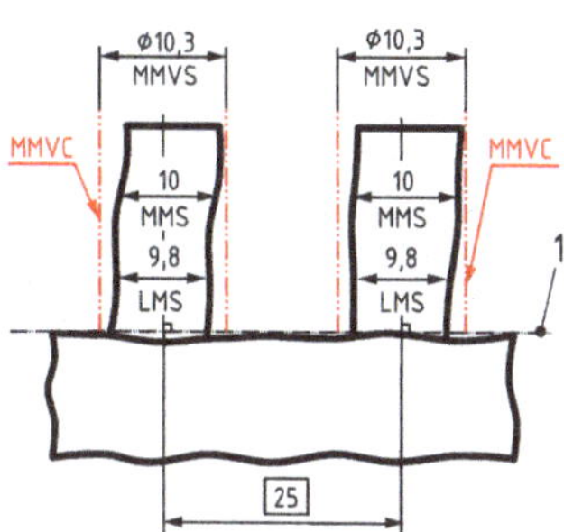

Die beabsichtigte Funktion des in Bild A.1 a) dargestellten Teiles ist die Fügbarkeit mit einer Platte, die zwei Bohrungen im Abstand von 25 mm hat. Die Bohrungen müssen senkrecht zur Kontaktfläche der Platte sein.

Die Auswertung beruht auf folgenden in diesem Dokument angegebenen Regeln und Definitionen.

i) Das extrahierte Geometrieelement der tolerierten Stifte darf den MMVC nicht verletzen, der den Durchmesser MMVS = 10,3 mm hat [siehe Regel C, 3.9 und 4.1.2].

ii) Das extrahierte Geometrieelement der tolerierten Stifte muss überall einen örtlichen Durchmesser größer als LMS = 9,8 mm [siehe Regel B 1), 3.6 und 3.7] und kleiner als MMS = 10,0 mm haben [siehe Regel A 1), 3.4 und 3.5].

iii) Der Ort der zwei MMVC ist theoretisch genau: in einem Abstand von 25 mm relativ zueinander und senkrecht zum Bezug A [siehe Regel D und 3.9, Anmerkung 2 zum Begriff].

a) Beispiel für die MMR ohne RPR für zwei äußere zylindrische Geometrieelemente auf Größenmaß- und Ortsanforderungen (Position) beruhend

Zeichnungseintragung **Auswertung**

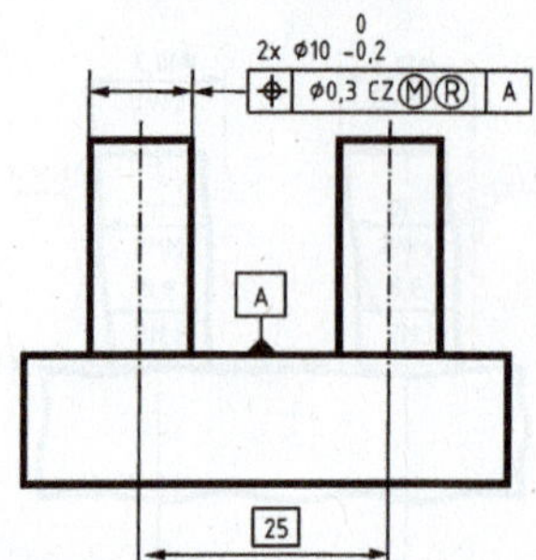

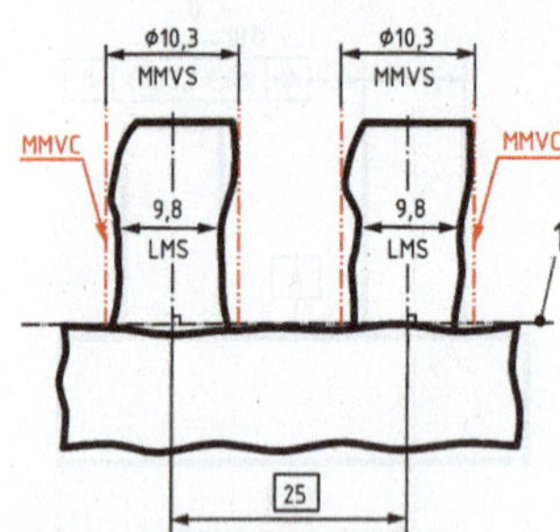

Die beabsichtigte Funktion des in Bild A.1 b) dargestellten Teiles ist die Fügbarkeit mit einer Platte, die zwei Bohrungen im Abstand von 25 mm hat. Die Bohrungen müssen senkrecht zur Kontaktfläche der Platte sein.

Die Auswertung beruht auf folgenden in diesem Dokument angegebenen Regeln und Definitionen.

i) Das extrahierte Geometrieelement der tolerierten Stifte darf den MMVC nicht verletzen, der den Durchmesser MMVS = 10,3 mm hat [siehe Regel C, 3.9 und 4.1.2].

ii) Das extrahierte Geometrieelement der tolerierten Stifte muss überall einen örtlichen Durchmesser größer als LMS = 9,8 mm [siehe Regel B 1), 3.6 und 3.7] haben. Hinsichtlich der Obergrenze für die örtlichen Durchmesser gibt es keine Anforderung (siehe 5.2). Die RPR-Anforderung ermöglicht die Vergrößerung der Größenmaßtoleranz.

iii) Der Ort der zwei MMVC ist theoretisch genau: in einem Abstand von 25 mm relativ zueinander und senkrecht zum Bezug A [siehe Regel D und 3.9, Anmerkung 2 zum Begriff].

b) Beispiel für die MMR mit RPR für zwei äußere zylindrische Geometrieelemente auf Größenmaß- und Ortsanforderungen (Position) beruhend

Legende
1 Bezug A

Bild A.1 — Beispiele für die MMR für zwei äußere zylindrische Geometrieelemente auf Größenmaß- und Ortsanforderungen (Position) beruhend

Zeichnungseintragung

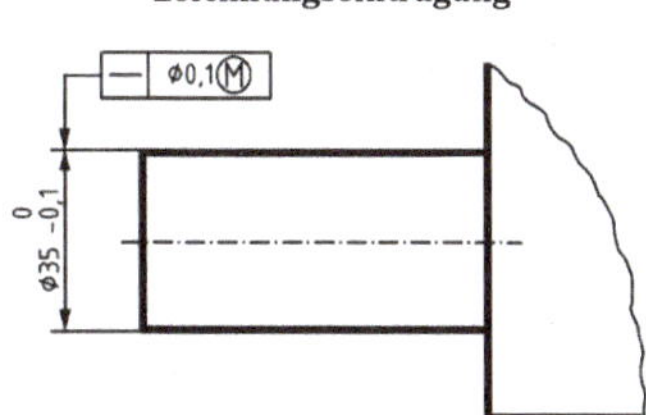

Auswertung

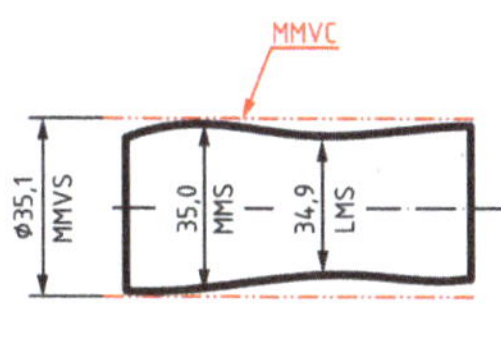

Die beabsichtigte Funktion des in Bild A.2 a) tolerierten Teiles könnte eine Spielpassung mit einer Bohrung der gleichen Länge wie die des tolerierten zylindrischen Geometrieelementes sein.

Die Auswertung beruht auf folgenden in diesem Dokument angegebenen Regeln und Definitionen.

i) Das extrahierte Geometrieelement darf den MMVC nicht verletzen, der den Durchmesser MMVS = 35,1 mm hat [siehe Regel C, 3.9 und 4.1.2].

ii) Das extrahierte Geometrieelement muss überall einen örtlichen Durchmesser größer als LMS = 34,9 mm [siehe Regel B 1), 3.6 und 3.7] und kleiner als MMS = 35,0 mm haben [siehe Regel A 1), 3.4 und 3.5].

iii) Die Richtung und der Ort des MMVC sind nicht durch äußere Bedingungen eingeschränkt (siehe 3.9, Anmerkung 2 zum Begriff).

a) Beispiel für die MMR für ein äußeres zylindrisches Geometrieelement auf Größenmaß- und Formanforderungen (Geradheit) beruhend

Zeichnungseintragung

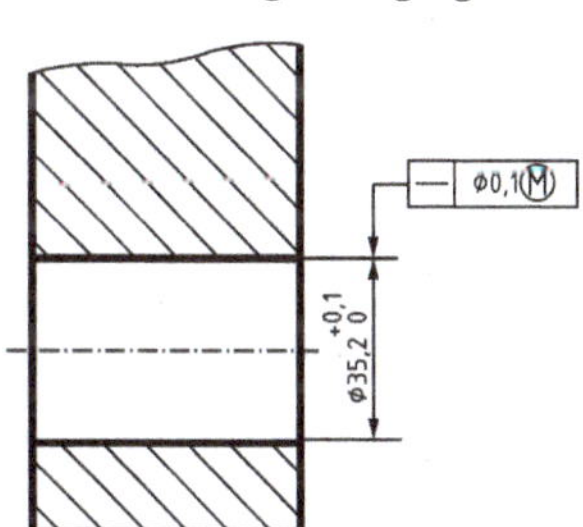

Auswertung

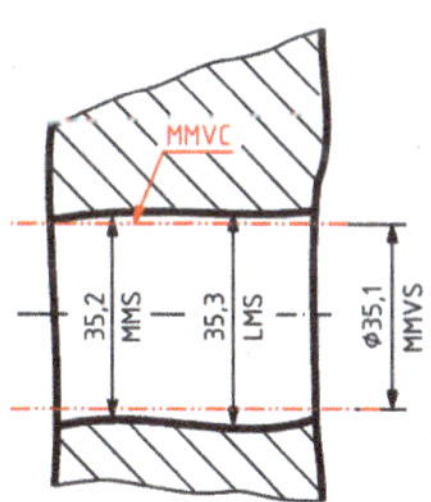

Die beabsichtigte Funktion des im Bild A.2 b) tolerierten Teiles könnte eine Spielpassung mit einer Welle derselben Länge wie die des tolerierten zylindrischen Geometrieelementes sein.

Die Auswertung beruht auf folgenden in diesem Dokument angegebenen Regeln und Definitionen.

i) Das extrahierte Geometrieelement darf den MMVC nicht verletzen, der den Durchmesser MMVS = 35,1 mm hat [siehe Regel C, 3.9 und 4.1.2].

ii) Das extrahierte Geometrieelement muss überall einen örtlichen Durchmesser kleiner als LMS = 35,3 mm [siehe Regel B 2), 3.6 und 3.7] und größer als MMS = 35,2 mm haben [siehe Regel A 2), 3.4 und 3.5].

iii) Die Richtung und der Ort des MMVC sind nicht durch äußere Bedingungen eingeschränkt (siehe 3.9, Anmerkung 2 zum Begriff).

b) Beispiel für die MMR für ein inneres zylindrisches Geometrieelement auf Größenmaß- und Formanforderungen (Geradheit) beruhend

Zeichnungseintragung

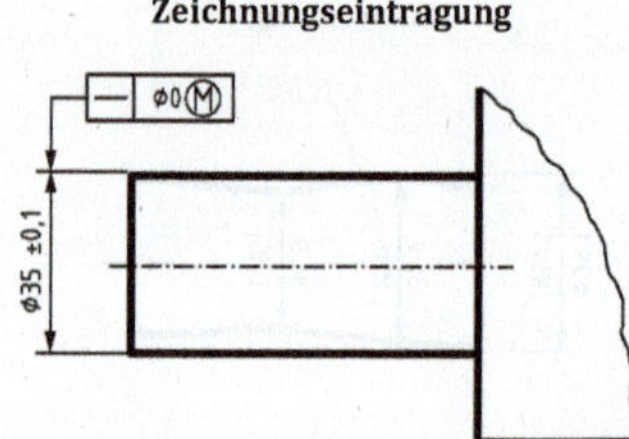

Auswertung

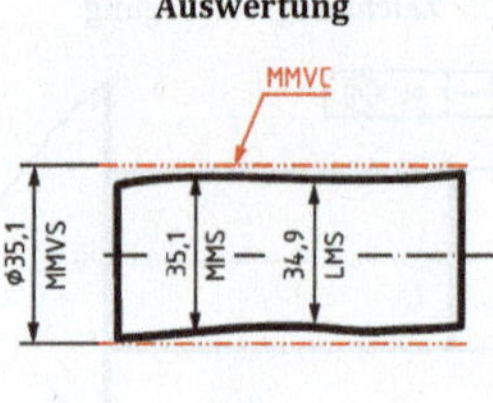

Die beabsichtigte Funktion des in Bild A.2 c) tolerierten Teiles könnte eine Spielpassung mit einer Bohrung der gleichen Länge wie die des tolerierten zylindrischen Geometrieelementes sein.

Die Auswertung beruht auf folgenden in diesem Dokument angegebenen Regeln und Definitionen.

i) Das extrahierte Geometrieelement darf den MMVC nicht verletzen, der den Durchmesser MMVS = 35,1 mm hat [siehe Regel C, 3.9 und 4.1.2].

ii) Das extrahierte Geometrieelement muss überall einen örtlichen Durchmesser größer als LMS = 34,9 mm [siehe Regel B 1), 3.6 und 3.7] und kleiner als MMS = 35,1 mm haben [siehe Regel A 1), 3.4 und 3.5]. Der Unterschied zwischen Bild A.2 c) und Bild A.2 a) ergibt sich aus der Spezifikation des örtlichen Durchmessers, in diesem Falle MMS.

iii) Die Richtung und der Ort des MMVC sind nicht durch äußere Bedingungen eingeschränkt (siehe 3.9, Anmerkung 2 zum Begriff).

c) Beispiel für die MMR [mit 0Ⓜ] für ein äußeres zylindrisches Geometrieelement auf Größenmaß- und Formanforderungen (Geradheit) beruhend

Zeichnungseintragung **Auswertung**

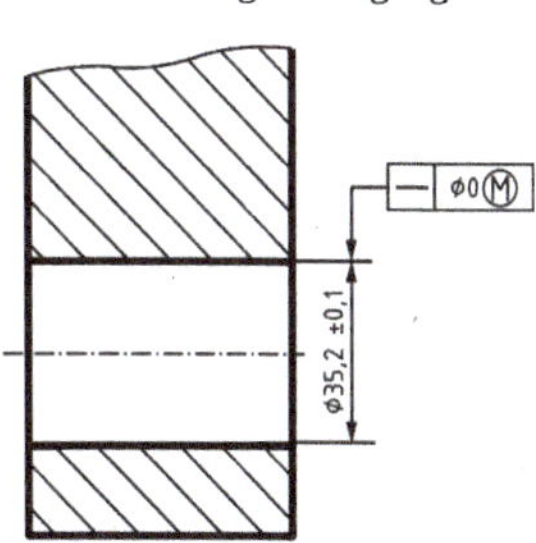

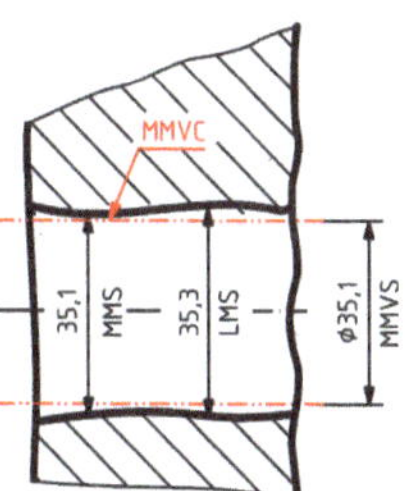

Die beabsichtigte Funktion des in Bild A.2 d) tolerierten Teiles könnte eine Spielpassung mit einer Welle der gleichen Länge wie die des tolerierten zylindrischen Geometrieelementes sein.

Die Auswertung beruht auf folgenden in diesem Dokument angegebenen Regeln und Definitionen.

i) Das extrahierte Geometrieelement darf den MMVC nicht verletzen, der den Durchmesser MMVS = 35,1 mm hat [siehe Regel C, 3.9 und 4.1.2].

ii) Das extrahierte Geometrieelement muss überall einen örtlichen Durchmesser kleiner als LMS = 35,3 mm [siehe Regel B 2), 3.6 und 3.7] und größer als MMS = 35,1 mm haben [siehe Regel A 2), 3.4 und 3.5]. Der Unterschied zwischen Bild A.2 d) und Bild A.2 b) ergibt sich aus der Spezifikation des örtlichen Durchmessers, in diesem Falle MMS.

iii) Die Richtung und der Ort des MMVC sind nicht durch äußere Bedingungen eingeschränkt (siehe 3.9, Anmerkung 2 zum Begriff).

d) Beispiel für die MMR [mit 0Ⓜ] für ein inneres zylindrisches Geometrieelement auf Größenmaß- und Formanforderungen (Geradheit) beruhend

Bild A.2 — Beispiele für die MMR für ein zylindrisches Geometrieelement auf Größenmaß- und Formanforderungen (Geradheit) beruhend

Zeichnungseintragung **Auswertung**

Die beabsichtigte Funktion des in Bild A.3 a) tolerierten Teiles könnte die Fügbarkeit mit einem Teil wie in Bild A.3 b) dargestellt sein, wobei die Funktionsanforderung ist, dass sich die zwei ebenen Flächen berühren müssen und der Stift gleichzeitig in die Bohrung passen muss.

Die Auswertung beruht auf folgenden in diesem Dokument angegebenen Regeln und Definitionen.

i) Das extrahierte Geometrieelement darf den MMVC nicht verletzen, der den Durchmesser MMVS = 35,1 mm hat [siehe Regel C, 3.9 und 4.1.2].

ii) Das extrahierte Geometrieelement muss überall einen örtlichen Durchmesser größer als LMS = 34,9 mm [siehe Regel B 1), 3.6 und 3.7] und kleiner als MMS = 35,0 mm haben [siehe Regel A 1), 3.4 und 3.5].

iii) Die Richtung des MMVC ist senkrecht zum Bezug, und der Ort des MMVC ist nicht durch äußere Bedingungen eingeschränkt [siehe Regel D und 3.9, Anmerkung 2 zum Begriff].

a) Beispiel für die MMR für ein äußeres zylindrisches Geometrieelement auf Größenmaß- und Richtungsanforderungen (Rechtwinkligkeit) beruhend

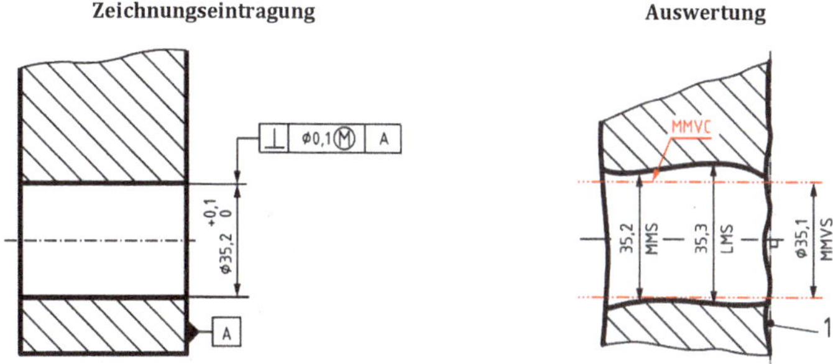

Die beabsichtigte Funktion des in Bild A.3 b) tolerierten Teiles könnte die Fügbarkeit mit einem Teil wie in Bild A.3 a) dargestellt sein, wobei die Funktionsanforderung ist, dass sich die zwei ebenen Flächen berühren müssen und der Stift gleichzeitig in die Bohrung passen muss.

Die Auswertung beruht auf folgenden in diesem Dokument angegebenen Regeln und Definitionen.

i) Das extrahierte Geometrieelement darf den MMVC nicht verletzen, der den Durchmesser MMVS = 35,1 mm hat [siehe Regel C, 3.9 und 4.1.2].

ii) Das extrahierte Geometrieelement muss überall einen örtlichen Durchmesser kleiner als LMS = 35,3 mm [siehe Regel B 2), 3.6 und 3.7] und größer als MMS = 35,2 mm haben [siehe Regel A 2), 3.4 und 3.5].

iii) Die Richtung des MMVC ist senkrecht zum Bezug, und der Ort des MMVC ist nicht durch äußere Bedingungen eingeschränkt [siehe Regel D und 3.9, Anmerkung 2 zum Begriff].

b) Beispiel für die MMR für ein inneres zylindrisches Geometrieelement auf Größenmaß- und Richtungsanforderungen (Rechtwinkligkeit) beruhend

Legende

1 Bezug A

Bild A.3 — Beispiele für die MMR für ein zylindrisches Geometrieelement auf Größenmaß- und Richtungsanforderungen (Rechtwinkligkeit) beruhend

Zeichnungseintragung **Auswertung**

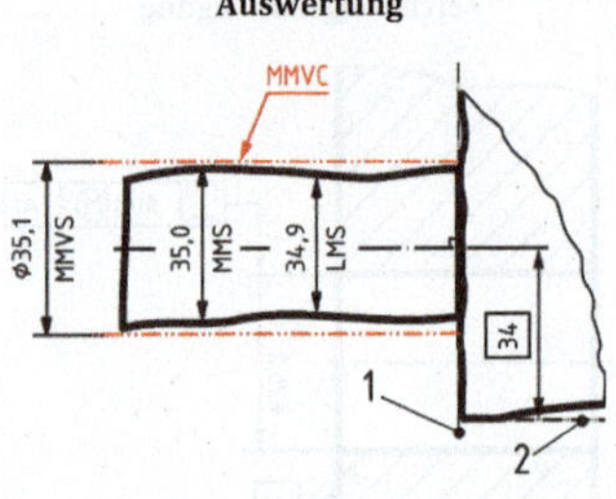

Die beabsichtigte Funktion des in Bild A.4 a) tolerierten Teiles könnte die Fügbarkeit mit einem Teil wie in Bild A.4 b) dargestellt sein, wobei die Funktionsanforderung ist, dass sich die zwei ebenen Flächen A berühren müssen und die zwei ebenen Flächen B beide gleichzeitig in Berührung mit einer Ebene (eines nicht gezeigten Teils) sein müssen.

Die Auswertung beruht auf folgenden in diesem Dokument angegebenen Regeln und Definitionen.

i) Das extrahierte Geometrieelement darf den MMVC nicht verletzen, der den Durchmesser MMVS = 35,1 mm hat [siehe Regel C, 3.9 und 4.1.2].

ii) Das extrahierte Geometrieelement muss überall einen örtlichen Durchmesser größer als LMS = 34,9 mm [siehe Regel B 1), 3.6 und 3.7] und kleiner als MMS = 35,0 mm haben [siehe Regel A 1), 3.4 und 3.5].

iii) Die Richtung des MMVC ist senkrecht zum Bezug A, und der Ort des MMVC liegt an einer Position, die theoretisch genau 34 mm vom Bezug B entfernt ist [siehe Regel D und 3.9, Anmerkung 2 zum Begriff].

a) Beispiel für die MMR für ein äußeres zylindrisches Geometrieelement auf Größenmaß- und Ortsanforderungen (Position) beruhend

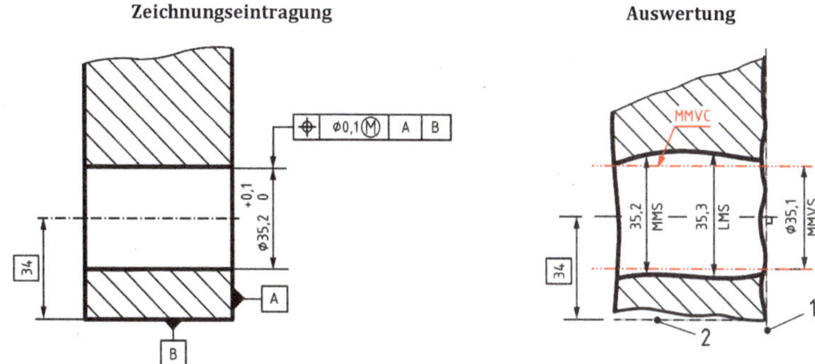

Die beabsichtigte Funktion des in Bild A.4 b) tolerierten Teiles könnte die Fügbarkeit mit einem Teil wie in Bild A.4 a) dargestellt sein, wobei die Funktionsanforderung ist, dass sich die zwei ebenen Flächen A berühren müssen und die zwei ebenen Flächen B beide gleichzeitig in Berührung mit einer Ebene (eines nicht gezeigten Teils) sein müssen.

Die Auswertung beruht auf folgenden in diesem Dokument angegebenen Regeln und Definitionen.

i) Das extrahierte Geometrieelement darf den MMVC nicht verletzen, der den Durchmesser MMVS = 35,1 mm hat [siehe Regel C, 3.9 und 4.1.2].

ii) Das extrahierte Geometrieelement muss überall einen örtlichen Durchmesser kleiner als LMS = 35,3 mm [siehe Regel B 2), 3.6 und 3.7] und größer als MMS = 35,2 mm haben [siehe Regel A 2), 3.4 und 3.5].

iii) Die Richtung des MMVC ist senkrecht zum Bezug A, und der Ort des MMVC liegt an einer Position, die theoretisch genau 34 mm vom Bezug B entfernt ist [siehe Regel D und 3.9, Anmerkung 2 zum Begriff].

b) Beispiel für die MMR für ein inneres zylindrisches Geometrieelement auf Größenmaß- und Ortsanforderungen (Position) beruhend

Legende
1 Bezug A
2 Bezug B

Bild A.4 — Beispiele für die MMR für ein zylindrisches Geometrieelement auf Größenmaß- und Ortsanforderungen (Position) beruhend

Zeichnungseintragung **Auswertung**

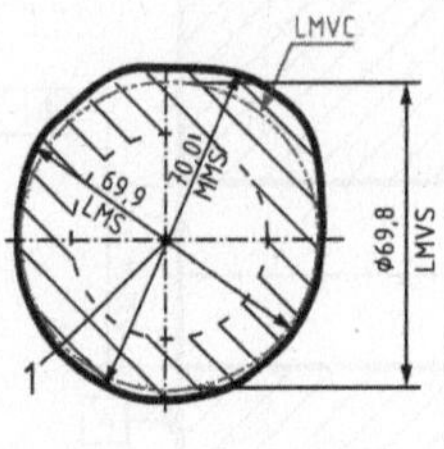

Position und Koaxialität oder Konzentrizität können in diesem Fall mit der gleichen Bedeutung angewendet werden.

Bild A.5 a) stellt nur einige Regeln für die LMR dar. Die Zeichnungseintragung ist nicht vollständig und beschreibt nicht die Mindestwandstärke. Die LMR für das andere Geometrieelement fehlt. Daher kann keine Funktion angegeben werden.

Die Auswertung beruht auf folgenden in diesem Dokument angegebenen Regeln und Definitionen.

i) Der LMVC, der den Durchmesser LMVS = 69,8 mm hat, muss vollständig im Material enthalten sein [siehe Regel J, 3.10 und 3.11].

ii) Das extrahierte Geometrieelement muss überall einen örtlichen Durchmesser kleiner als MMS = 70,0 mm [siehe Regel I 1), 3.4 und 3.5] und größer als LMS = 69,9 mm haben [siehe Regel H 1), 3.6 und 3.7].

iii) Die Richtung des LMVC ist parallel zum Bezug, und der Ort des LMVC liegt an der theoretisch genauen Position 0 mm zum Bezug A [siehe Regel K und 3.11, Anmerkung 2 zum Begriff].

a) Beispiel 1 für die LMR für ein äußeres lineares Größenmaßelement mit einem anderen konzentrischen inneren linearen Größenmaßelement als Bezug

Zeichnungseintragung

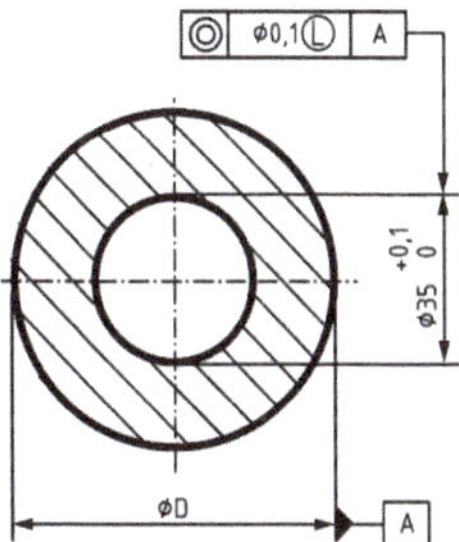

Auswertung

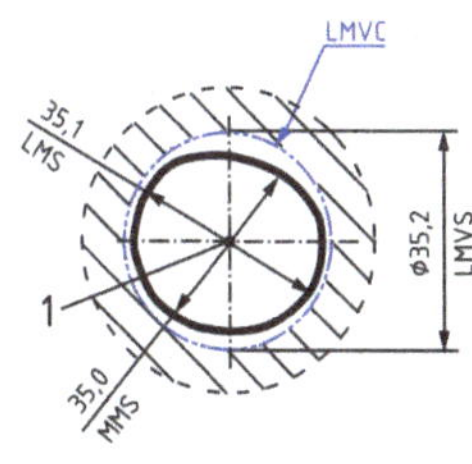

Position und Koaxialität oder Konzentrizität können in diesem Fall mit der gleichen Bedeutung angewendet werden.

Bild A.5 b) stellt nur einige Regeln für die LMR dar. Die Zeichnungseintragung ist nicht vollständig und beschreibt nicht die Mindestwandstärke. Die LMR für das andere Geometrieelement fehlt. Daher kann keine Funktion angegeben werden.

Die Auswertung beruht auf folgenden in diesem Dokument angegebenen Regeln und Definitionen.

i) Der LMVC, der den Durchmesser LMVS = 35,2 mm hat, muss vollständig im Material enthalten sein [siehe Regel J, 3.10 und 3.11].

ii) Das extrahierte Geometrieelement muss überall einen örtlichen Durchmesser größer als MMS = 35,0 mm [siehe Regel I 2), 3.4 und 3.5] und kleiner als LMS = 35,1 mm haben [siehe Regel H 2), 3.6 und 3.7].

iii) Die Richtung des LMVC ist parallel zum Bezug, und der Ort des LMVC liegt an der theoretisch genauen Position 0 mm zum Bezug A [siehe Regel K und 3.11, Anmerkung 2 zum Begriff].

b) Beispiel 1 für die LMR für ein inneres lineares Größenmaßelement mit einem anderen konzentrischen äußeren linearen Größenmaßelement als Bezug

Zeichnungseintragung | **Auswertung**

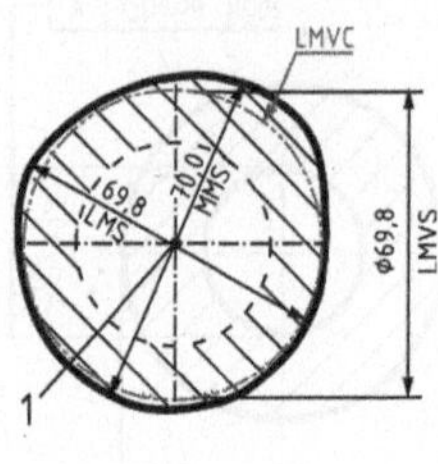

Position und Koaxialität oder Konzentrizität können in diesem Fall mit der gleichen Bedeutung angewendet werden.

Bild A.5 c) stellt nur einige Regeln für die LMR dar. Die Zeichnungseintragung ist nicht vollständig und beschreibt nicht die Mindestwandstärke. Die LMR für das andere Geometrieelement fehlt. Daher kann keine Funktion angegeben werden.

Die Auswertung beruht auf folgenden in diesem Dokument angegebenen Regeln und Definitionen.

i) Der LMVC, der den Durchmesser LMVS = 69,8 mm hat, muss vollständig im Material enthalten sein [siehe Regel J, 3.10 und 3.11].

ii) Das extrahierte Geometrieelement muss überall einen örtlichen Durchmesser kleiner als MMS = 70,0 mm [siehe Regel I 1), 3.4 und 3.5] und größer als LMS = 69,8 mm haben [siehe Regel H 1), 3.6 und 3.7]. Der Unterschied zwischen Bild A.5 c) und Bild A.5 a) ergibt sich aus der Spezifikation des örtlichen Durchmessers, in diesem Falle zu LMS.

iii) Die Richtung des LMVC ist parallel zum Bezug, und der Ort des LMVC liegt an der theoretisch genauen Position 0 mm zum Bezug A [siehe Regel K und 3.11, Anmerkung 2 zum Begriff].

c) Beispiel 2 für die LMR für ein äußeres lineares Größenmaßelement mit einem anderen konzentrischen inneren linearen Größenmaßelement als Bezug

Zeichnungseintragung

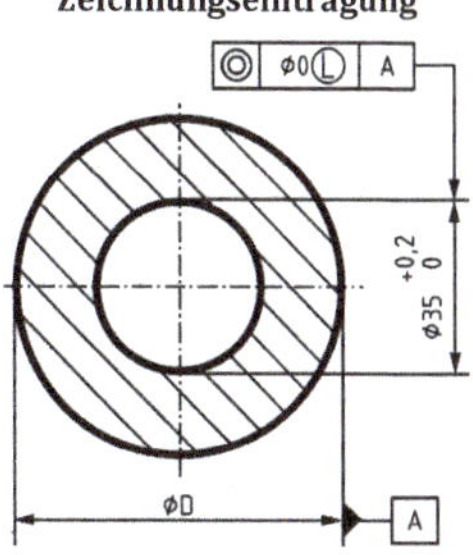

Auswertung

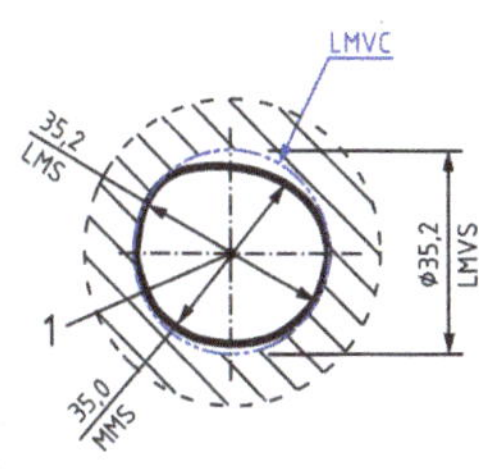

Position und Koaxialität oder Konzentrizität können in diesem Fall mit der gleichen Bedeutung angewendet werden.

Bild A.5 d) stellt nur einige Regeln für die LMR dar. Die Zeichnungseintragung ist nicht vollständig und beschreibt nicht die Mindestwandstärke. Die LMR für das andere Geometrieelement fehlt. Daher kann keine Funktion angegeben werden.

Die Auswertung beruht auf folgenden in diesem Dokument angegebenen Regeln und Definitionen.

i) Der LMVC, der den Durchmesser LMVS = 35,2 mm hat, muss vollständig im Material enthalten sein [siehe Regel J, 3.10 und 3.11].

ii) Das extrahierte Geometrieelement muss überall einen örtlichen Durchmesser größer als MMS = 35,0 mm [siehe Regel I 2), 3.4 und 3.5] und kleiner als LMS = 35,2 mm haben [siehe Regel H 2), 3.6 und 3.7]. Der Unterschied zwischen Bild A.5 d) und Bild A.5 b) ergibt sich aus der Spezifikation des örtlichen Durchmessers, in diesem Falle zu LMS.

iii) Die Richtung des LMVC ist parallel zum Bezug, und der Ort des LMVC liegt an der theoretisch genauen Position 0 mm zum Bezug A [siehe Regel K und 3.11, Anmerkung 2 zum Begriff].

d) Beispiel 2 für die LMR für ein inneres lineares Größenmaßelement mit einem anderen konzentrischen äußeren linearen Größenmaßelement als Bezug

Zeichnungseintragung **Auswertung**

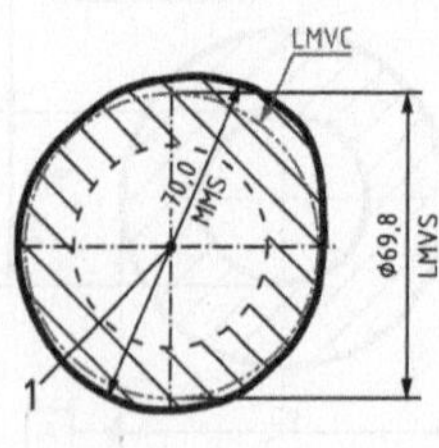

Position und Koaxialität oder Konzentrizität können in diesem Fall mit der gleichen Bedeutung angewendet werden.

Bild A.5 e) stellt nur einige Regeln für die LMR dar. Die Zeichnungseintragung ist nicht vollständig und beschreibt nicht die Mindestwandstärke. Die LMR für das andere Geometrieelement fehlt. Daher kann keine Funktion angegeben werden.

Die Auswertung beruht auf folgenden in diesem Dokument angegebenen Regeln und Definitionen.

i) Der LMVC, der den Durchmesser LMVS = 69,8 mm hat, muss vollständig im Material enthalten sein [siehe Regel J, 3.10 und 3.11].

ii) Das extrahierte Geometrieelement muss überall einen örtlichen Durchmesser kleiner als MMS = 70,0 mm haben [siehe Regel I 1), 3.4 und 3.5]. Die RPR erlaubt, dass die LLS das LMS unterschreitet (der örtliche Durchmesser darf kleiner als 69,9 mm sein, bis zum LMVS) [siehe 5.3].

iii) Die Richtung des LMVC ist parallel zum Bezug, und der Ort des LMVC liegt an der theoretisch genauen Position 0 mm zum Bezug A [siehe Regel K und 3.11, Anmerkung 2 zum Begriff].

e) Beispiel für die LMR und die RPR für ein äußeres lineares Größenmaßelement mit einem anderen konzentrischen inneren linearen Größenmaßelement als Bezug

Zeichnungseintragung

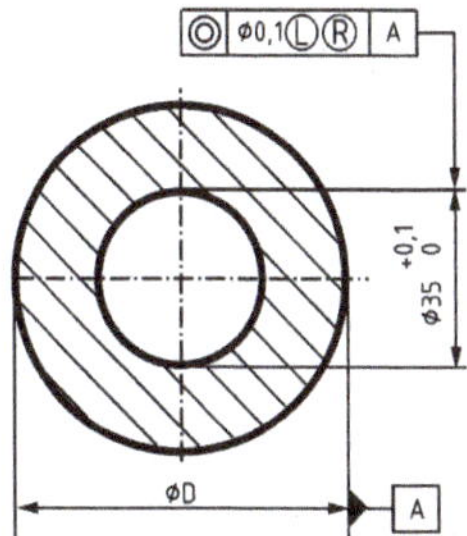

Auswertung

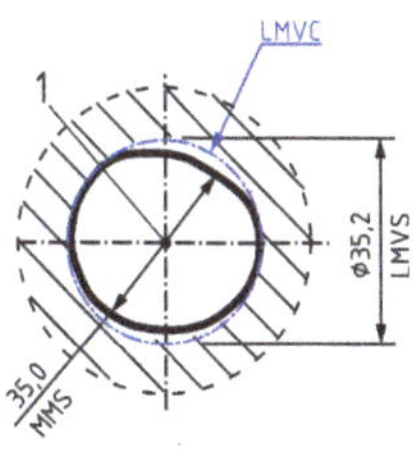

Position und Koaxialität oder Konzentrizität können in diesem Fall mit der gleichen Bedeutung angewendet werden.

Bild A.5 f) stellt nur einige Regeln für die LMR dar. Die Zeichnungseintragung ist nicht vollständig und beschreibt nicht die Mindestwandstärke. Die LMR für das andere Geometrieelement fehlt. Daher kann keine Funktion angegeben werden.

Die Auswertung beruht auf folgenden in diesem Dokument angegebenen Regeln und Definitionen.

i) Der LMVC, der den Durchmesser LMVS = 35,2 mm hat, muss vollständig im Material enthalten sein [siehe Regel J, 3.10 und 3.11].

ii) Das extrahierte Geometrieelement muss überall einen örtlichen Durchmesser größer als MMS = 35,0 mm haben [siehe Regel I 2), 3.4 und 3.5]. Die RPR erlaubt, dass die ULS das LMS überschreitet (der örtliche Durchmesser darf größer als 35,1 mm sein, bis zum LMVS) [siehe 5.3].

iii) Die Richtung des LMVC ist parallel zum Bezug, und der Ort des LMVC liegt an der theoretisch genauen Position 0 mm zum Bezug A [siehe Regel K und 3.11, Anmerkung 2 zum Begriff].

f) Beispiel für die LMR und die RPR für ein inneres lineares Größenmaßelement mit einem anderen konzentrischen äußeren linearen Größenmaßelement als Bezug

Legende
1 Bezug A

Bild A.5 — Beispiele für die LMR für ein lineares Größenmaßelement mit einem anderen konzentrischen linearen Größenmaßelement als Bezug

Zeichnungseintragung **Auswertung**

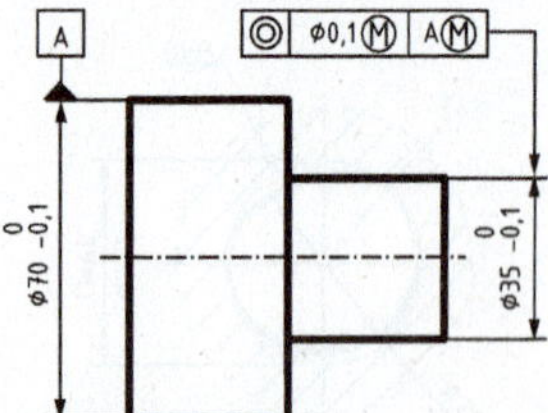

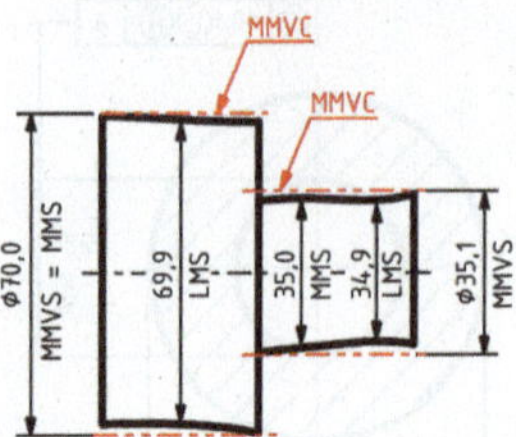

Die beabsichtigte Funktion des in Bild A.6 a) tolerierten Teiles könnte die Fügbarkeit mit einem Teil ähnlich dem in Bild A.6 b) sein.

Die Auswertung beruht auf folgenden in diesem Dokument angegebenen Regeln und Definitionen.

i) Das extrahierte Geometrieelement des tolerierten Geometrieelementes darf den MMVC nicht verletzen, der den Durchmesser MMVS = 35,1 mm hat [siehe Regel C, 3.9 und 4.1.2].

ii) Das extrahierte Geometrieelement des tolerierten Geometrieelementes muss überall einen örtlichen Durchmesser größer als LMS = 34,9 mm [siehe Regel B 1), 3.6 und 3.7] und kleiner als MMS = 35,0 mm haben [siehe Regel A 1), 3.4 und 3.5].

iii) Der Ort des MMVC ist 0 mm von der Achse des MMVC des Bezugselementes entfernt [siehe Regel D und 3.9, Anmerkung 2 zum Begriff].

iv) Das extrahierte Geometrieelement des Bezugselementes darf den MMVC nicht verletzen, der den Durchmesser MMVS = MMS = 70,0 mm hat [siehe Regeln E und F, 3.8 und 3.9].

v) Das extrahierte Geometrieelement des Bezugselementes muss überall einen örtlichen Durchmesser größer als LMS = 69,9 mm haben [siehe Regel B 1), 3.6 und 3.7].

a) Beispiel für die MMR für ein äußeres zylindrisches Geometrieelement beruhend auf Größenmaß- und Ortsanforderungen (Koaxialität) mit der Achse eines zylindrischen Geometrieelementes – mit einer Größenmaßanforderung – als Bezug, ebenfalls mit MMR

Zeichnungseintragung

⌀0,1 Ⓜ | A Ⓜ

A

⌀70 +0,1 0

⌀35,2 +0,1 0

Auswertung

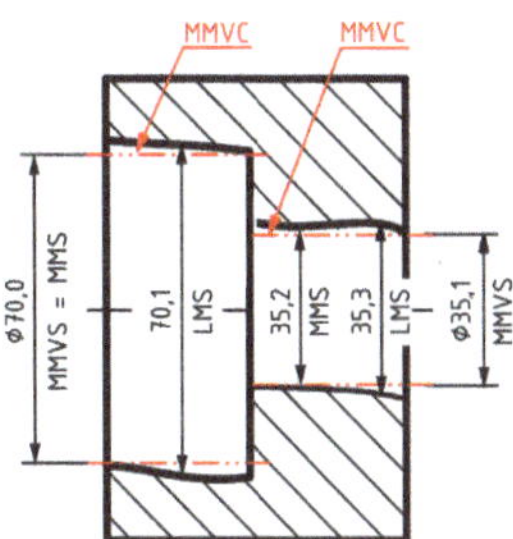

Die beabsichtigte Funktion des in Bild A.6 b) tolerierten Teiles könnte die Fügbarkeit mit einem Teil ähnlich dem in Bild A.6 a) sein.

Die Auswertung beruht auf folgenden in diesem Dokument angegebenen Regeln und Definitionen.

i) Das extrahierte Geometrieelement des tolerierten Geometrieelementes darf den MMVC nicht verletzen, der den Durchmesser MMVS = 35,1 mm hat [siehe Regel C, 3.9 und 4.1.2].

ii) Das extrahierte Geometrieelement des tolerierten Geometrieelementes muss überall einen örtlichen Durchmesser kleiner als LMS = 35,3 mm [siehe Regel B 2), 3.6 und 3.7] und größer als MMS = 35,2 mm haben [siehe Regel A 2), 3.4 und 3.5].

iii) Der Ort des MMVC ist 0 mm von der Achse des MMVC des Bezugselementes entfernt [siehe Regel D und 3.9, Anmerkung 2 zum Begriff].

iv) Das extrahierte Geometrieelement des Bezugselementes darf den MMVC nicht verletzen, der den Durchmesser MMVS = MMS = 70,0 mm hat [siehe Regeln E und F, 3.10 und 3.11].

v) Das extrahierte Geometrieelement des Bezugselementes muss überall einen örtlichen Durchmesser kleiner als LMS = 70,1 mm haben [siehe Regel B 2), 3.6 und 3.7].

b) Beispiel für die MMR für ein inneres zylindrisches Geometrieelement beruhend auf Größenmaß- und Ortsanforderungen (Koaxialität) mit der Achse eines zylindrischen Geometrieelementes – mit einer Größenmaßanforderung – als Bezug, ebenfalls mit MMR

Zeichnungseintragung | **Auswertung**

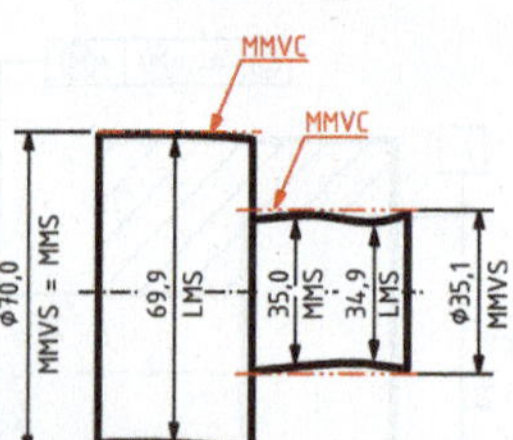

Die Auswertung beruht auf folgenden in diesem Dokument angegebenen Regeln und Definitionen.

i) Das extrahierte Geometrieelement des tolerierten Geometrieelementes darf den MMVC nicht verletzen, der den Durchmesser MMVS = 35,1 mm hat [siehe Regel C, 3.9 und 4.1.2].

ii) Das extrahierte Geometrieelement des tolerierten Geometrieelementes muss überall einen örtlichen Durchmesser größer als LMS = 34,9 mm [siehe Regel B 1), 3.6 und 3.7] und kleiner als MMS = 35,0 mm haben [siehe Regel A 1), 3.4 und 3.5].

iii) Der Ort des MMVC ist 0 mm von der Achse des MMVC des Bezugselementes entfernt [siehe Regel D und 3.9, Anmerkung 2 zum Begriff].

iv) Das extrahierte Geometrieelement des Bezugselementes darf den MMVC nicht verletzen, der den Durchmesser MMVS = MMS = 70,0 mm hat [siehe Regeln E und F, 3.8 und 3.9]. Die Zylindrizitätsspezifikation hat keine Auswirkung auf das Bezugs-MMVS, wie durch Regel F festgelegt.

v) Das extrahierte Geometrieelement des Bezugselementes muss überall einen örtlichen Durchmesser größer als LMS = 69,9 mm haben [siehe Regel B 1), 3.6 und 3.7].

c) Beispiel für die MMR für ein äußeres zylindrisches Geometrieelement beruhend auf Größenmaß- und Ortsanforderungen (Koaxialität) mit der Achse eines zylindrischen Geometrieelementes – mit einer Größenmaßanforderung – als Bezug mit geometrischer Toleranz, ebenfalls mit MMR

Bild A.6 — Beispiele für die MMR für ein zylindrisches Geometrieelement beruhend auf Größenmaß- und Ortsanforderungen (Koaxialität) mit der Achse eines zylindrischen Geometrieelementes – mit einer Größenmaßanforderung – als Bezug, ebenfalls mit MMR

Zeichnungseintragung **Auswertung**

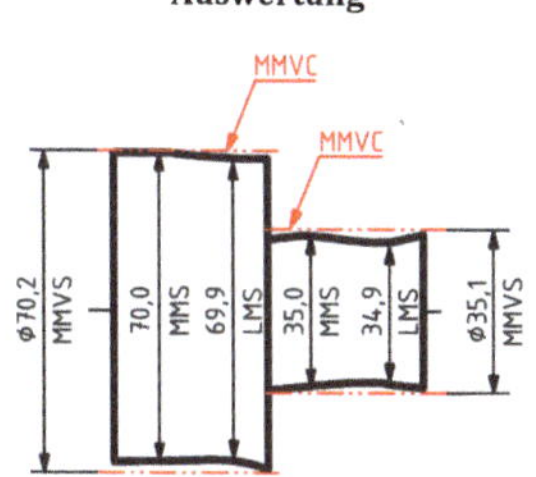

Die beabsichtigte Funktion des in Bild A.7 a) tolerierten Teiles könnte die Fügbarkeit mit einem Teil ähnlich dem in Bild A.7 b) sein.

Die Auswertung beruht auf folgenden in diesem Dokument angegebenen Regeln und Definitionen.

i) Das extrahierte Geometrieelement des tolerierten Geometrieelementes darf den MMVC nicht verletzen, der den Durchmesser MMVS = 35,1 mm hat [siehe Regel C, 3.9 und 4.1.2].

ii) Das extrahierte Geometrieelement des tolerierten Geometrieelementes muss überall einen örtlichen Durchmesser größer als LMS = 34,9 mm [siehe Regel B 1), 3.6 und 3.7] und kleiner als MMS = 35,0 mm haben [siehe Regel A 1), 3.4 und 3.5].

iii) Der Ort des MMVC ist 0 mm von der Achse des MMVC des Bezugselementes entfernt [siehe Regel D und 3.9, Anmerkung 2 zum Begriff].

iv) Das extrahierte Geometrieelement des Bezugselementes darf den MMVC nicht verletzen, der den Durchmesser MMVS = 70,2 mm hat [siehe Regeln E und G, 3.8 und 3.9]. Siehe auch B.3 zu früherer Praxis.

v) Das extrahierte Geometrieelement des Bezugselementes muss überall einen örtlichen Durchmesser größer als LMS = 69,9 mm [siehe Regel B 1), 3.6 und 3.7] und kleiner als MMS = 70,0 mm haben [siehe Regel A 1), 3.4 und 3.5].

a) Beispiel für die MMR für ein äußeres zylindrisches Geometrieelement beruhend auf Größenmaß- und Ortsanforderungen (Koaxialität) mit der Achse eines zylindrischen Geometrieelementes – mit einer Größenmaßanforderung und einer Formtoleranz – als Bezug, ebenfalls mit MMR

Zeichnungseintragung **Auswertung**

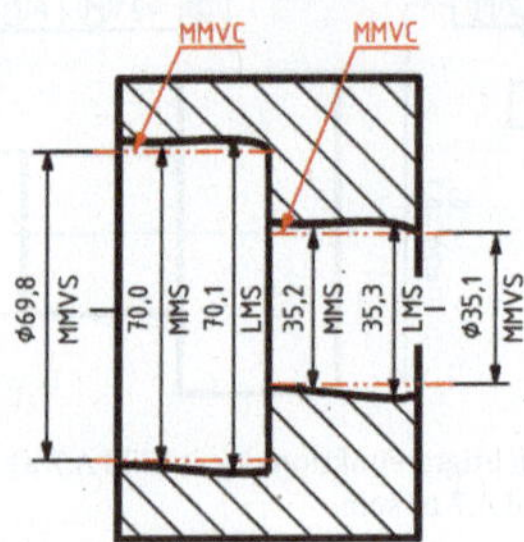

Die beabsichtigte Funktion des in Bild A.7 b) tolerierten Teiles könnte die Fügbarkeit mit einem Teil mit einer ähnlichen Form wie das in Bild A.7 a) sein, jedoch mit den entsprechenden Maßen.

Die Auswertung beruht auf folgenden in diesem Dokument angegebenen Regeln und Definitionen.

i) Das extrahierte Geometrieelement des tolerierten Geometrieelementes darf den MMVC nicht verletzen, der den Durchmesser MMVS = 35,1 mm hat [siehe Regel C, 3.9 und 4.1.2].

ii) Das extrahierte Geometrieelement des tolerierten Geometrieelementes muss überall einen örtlichen Durchmesser kleiner als LMS = 35,3 mm [siehe Regel B 2), 3.6 und 3.7] und größer als MMS = 35,2 mm haben [siehe Regel A 2), 3.4 und 3.5].

iii) Der Ort des MMVC ist 0 mm von der Achse des MMVC des Bezugselementes entfernt [siehe Regel D und 3.9, Anmerkung 2 zum Begriff].

iv) Das extrahierte Geometrieelement des Bezugselementes darf den MMVC nicht verletzen, der den Durchmesser MMVS = 69,8 mm hat [siehe Regeln E und G, 3.8 und 3.9].

v) Das extrahierte Geometrieelement des Bezugselementes muss überall einen örtlichen Durchmesser kleiner als LMS = 70,1 mm [siehe Regel B 2), 3.6 und 3.7] und größer als MMS = 70 mm haben [siehe Regel A 2), 3.4 und 3.5].

b) Beispiel für die MMR für ein inneres zylindrisches Geometrieelement beruhend auf Größenmaß- und Ortsanforderungen (Koaxialität) mit der Achse eines zylindrischen Geometrieelementes – mit einer Größenmaßanforderung und einer Formtoleranz – als Bezug, ebenfalls mit MMR

Bild A.7 — Beispiele für die MMR für ein zylindrisches Geometrieelement beruhend auf Größenmaß- und Ortsanforderungen (Koaxialität) mit der Achse eines zylindrischen Geometrieelementes – mit einer Größenmaßanforderung und einer Formtoleranz – als Bezug, ebenfalls mit MMR

Zeichnungs-eintragung

Auswertung

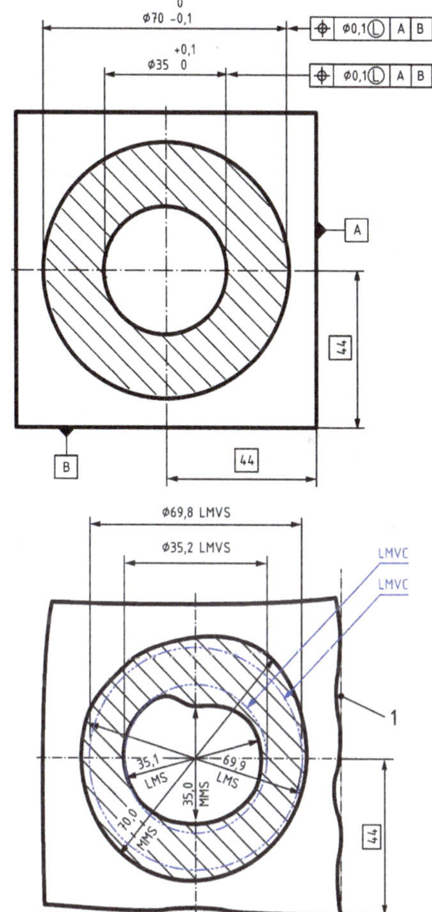

Die Auswertung beruht auf folgenden in diesem Dokument angegebenen Regeln und Definitionen.

i) Der LMVC des äußeren Geometrieelementes muss vollständig im Material enthalten sein. LMVS hat den Durchmesser 69,8 mm [siehe Regel J, 3.10 und 3.11].

ii) Das extrahierte Geometrieelement des äußeren Geometrieelementes muss überall ein örtliches Größenmaß kleiner als MMS = 70,0 mm [siehe Regel I 1), 3.4 und 3.5] und größer als LMS = 69,9 mm haben [siehe Regel H 1), 3.6 und 3.7].

iii) Der LMVC des inneren Geometrieelementes muss vollständig im Material enthalten sein. LMVS hat den Durchmesser 35,2 mm [siehe Regel J, 3.10 und 3.11].

iv) Das extrahierte Geometrieelement des inneren Geometrieelementes muss überall ein örtliches Größenmaß größer als MMS = 35,0 mm [siehe Regel I 2), 3.4 und 3.5] und kleiner als LMS = 35,1 mm haben [siehe Regel H 2), 3.6 und 3.7].

v) Der LMVC sowohl des äußeren als auch des inneren Geometrieelementes muss in der theoretisch genauen Richtung relativ zum Bezugssystem liegen und der Ort relativ zum Bezugssystem muss in der Position von 44 mm × 44 mm liegen [siehe Regel K und 3.11, Anmerkung 2 zum Begriff].

Legende
1 Bezug A
2 Bezug B

Bild A.8 — Beispiel für die LMR für zwei konzentrische zylindrische Geometrieelemente (innen und außen), beide mit Größenmaß- und Ortsanforderung (Position) zum selben Bezugssystem A und B

Zeichnungs-eintragung

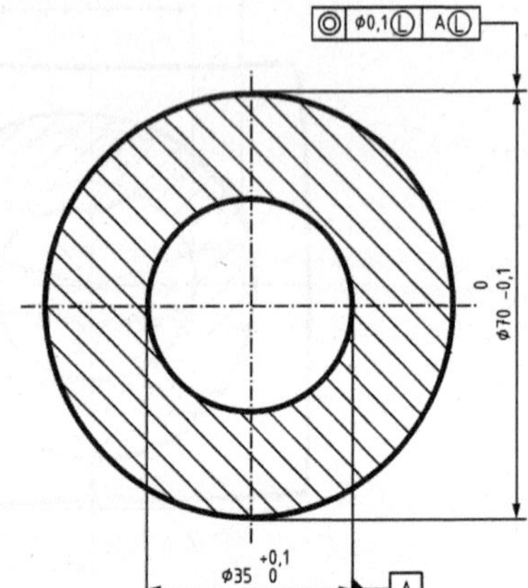

Auswertung

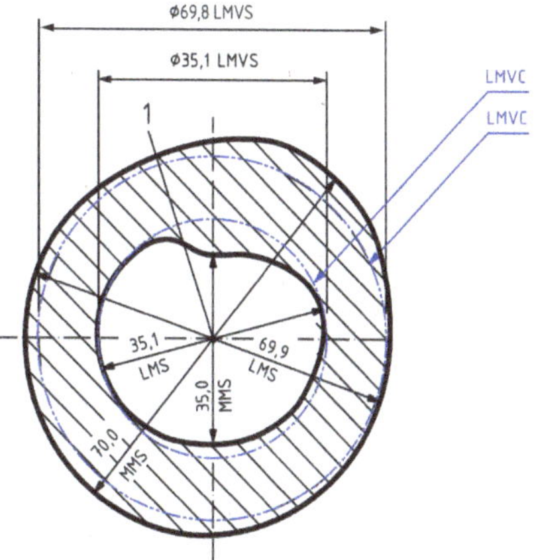

Die Auswertung beruht auf folgenden in diesem Dokument angegebenen Regeln und Definitionen.

i) Der LMVC des äußeren Geometrieelementes muss vollständig im Material enthalten sein. LMVS hat den Durchmesser 69,8 mm [siehe Regel J, 3.10 und 3.11].

ii) Das extrahierte Geometrieelement des äußeren Geometrieelementes muss überall ein örtliches Größenmaß kleiner als MMS = 70,0 mm [siehe Regel I 1), 3.4 und 3.5] und größer als LMS = 69,9 mm haben [siehe Regel H 1), 3.6 und 3.7].

iii) Der LMVC des inneren Bezugselementes muss vollständig im Material enthalten sein. LMVS = LMS hat den Durchmesser 35,1 mm [siehe Regeln L und M, 3.10 und 3.11].

iv) Das extrahierte Geometrieelement des inneren Geometrieelementes muss überall ein örtliches Größenmaß größer als MMS = 35,0 mm [siehe Regel I 2), 3.4 und 3.5] und kleiner als LMS = 35,1 mm haben [siehe Regel H 2), 3.6 und 3.7].

v) Der LMVC des äußeren Geometrieelementes muss am theoretisch genauen Ort 0 mm zur Achse des LMVC des inneren Bezugselementes liegen [siehe Regel K und 3.11, Anmerkung 2 zum Begriff].

Legende

1 Bezug A

Bild A.9 — Beispiel für die LMR für ein äußeres zylindrisches Geometrieelement mit Größenmaß- und Ortsanforderung (Koaxialität) relativ zu einem inneren zylindrischen Geometrieelement als Bezug mit Größenmaßanforderung und LMR

Zeichnungseintragung

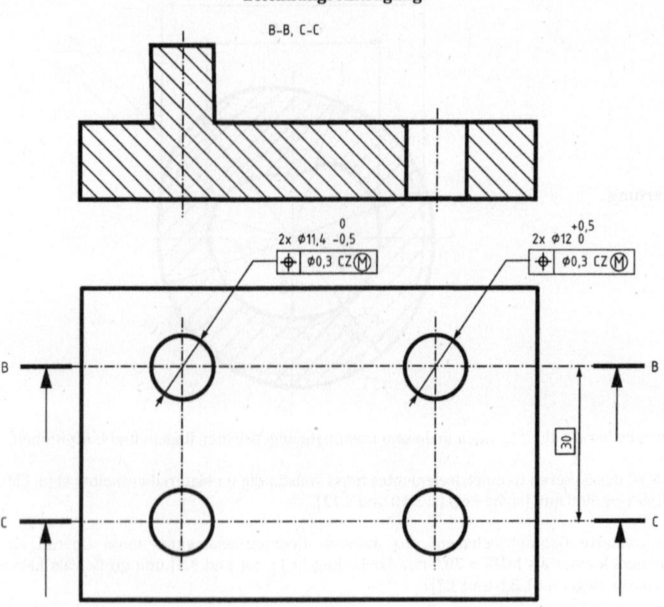

Auswertung

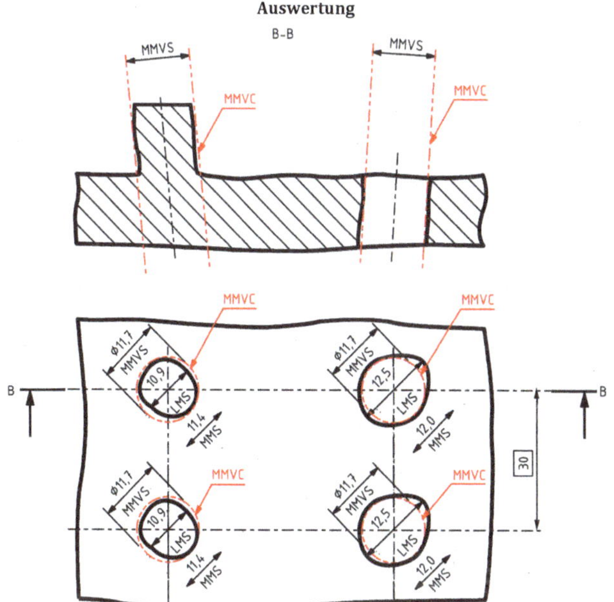

Die Auswertung beruht auf folgenden in diesem Dokument angegebenen Regeln und Definitionen.

i) Das extrahierte Geometrieelement der tolerierten Stifte darf den MMVC nicht verletzen, der den Durchmesser MMVS = 11,7 mm hat [siehe Regel C, 3.9 und 4.1.2].

ii) Das extrahierte Geometrieelement der tolerierten Stifte muss überall einen örtlichen Durchmesser größer als LMS = 10,9 mm [siehe Regel B 1), 3.6 und 3.7] und kleiner als MMS = 11,4 mm haben [siehe Regel A 1), 3.4 und 3.5].

iii) Das extrahierte Geometrieelement der tolerierten Bohrungen darf den MMVC nicht verletzen, der den Durchmesser MMVS = 11,7 mm hat [siehe Regel C, 3.9 und 4.1.2].

iv) Das extrahierte Geometrieelement der tolerierten Bohrungen muss überall einen örtlichen Durchmesser kleiner als LMS = 12,5 mm [siehe Regel B 2), 3.6 und 3.7] und größer als MMS = 12,0 mm haben [siehe Regel A 2), 3.4 und 3.5].

v) Die zwei MMVC der tolerierten Stifte liegen in der theoretisch genauen Richtung und an dem theoretisch genauen Ort: parallel zueinander und in einem Abstand von 30 mm relativ zueinander [siehe Regel D und 3.9, Anmerkung 2 zum Begriff]. Es besteht keine Anforderung bezüglich der Richtung oder des Ortes relativ zum Rest des Werkstücks.

vi) Die zwei MMVC der tolerierten Bohrungen liegen in der theoretisch genauen Richtung und an dem theoretisch genauen Ort: parallel zueinander und in einem Abstand von 30 mm relativ zueinander [siehe Regel D und 3.9, Anmerkung 2 zum Begriff]. Es besteht keine Anforderung bezüglich der Richtung oder des Ortes relativ zum Rest des Werkstücks, insbesondere zwischen den Bohrungen und den Stiften.

Bild A.10 — Beispiel für die MMR, die gesondert auf eine Gruppe von Bohrungen und eine Gruppe von Stiften ohne Verwendung eines Bezuges angewendet wird

Zeichnungseintragung

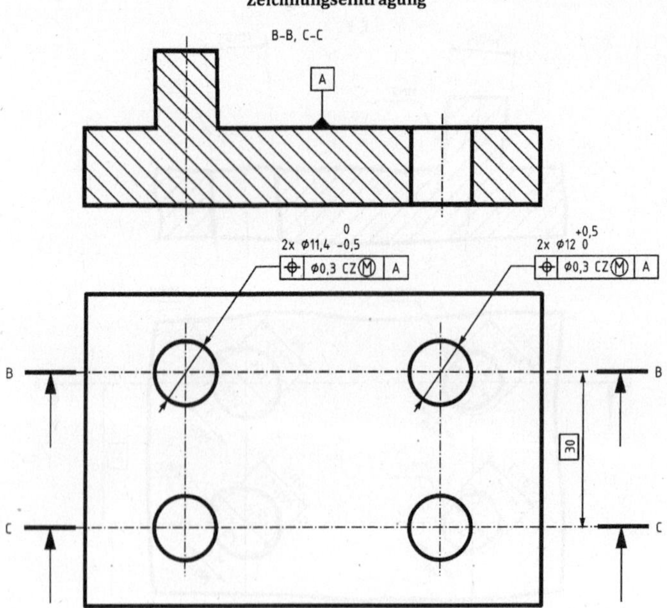

Auswertung

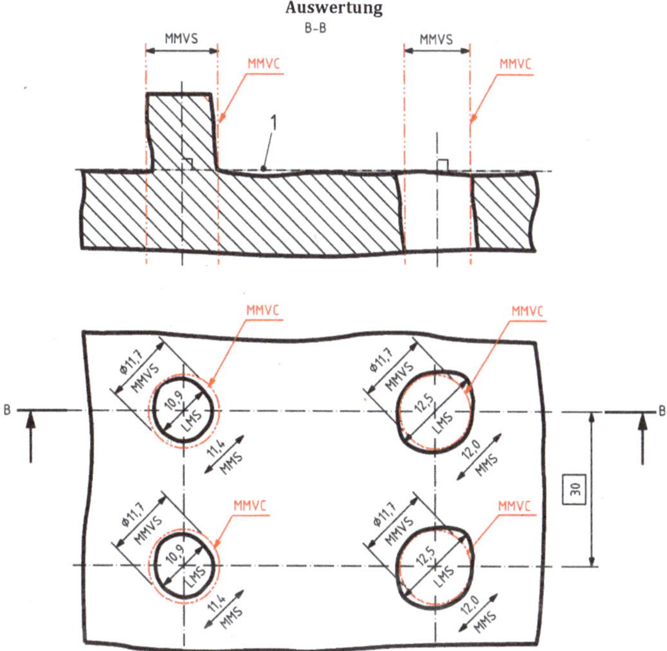

Die Auswertung beruht auf folgenden in diesem Dokument angegebenen Regeln und Definitionen.

i) Das extrahierte Geometrieelement der tolerierten Stifte darf den MMVC nicht verletzen, der den Durchmesser MMVS = 11,7 mm hat [siehe Regel C, 3.9 und 4.1.2].

ii) Das extrahierte Geometrieelement der tolerierten Stifte muss überall einen örtlichen Durchmesser größer als LMS = 10,9 mm [siehe Regel B 1), 3.6 und 3.7] und kleiner als MMS = 11,4 mm haben [siehe Regel A 1), 3.4 und 3.5].

iii) Das extrahierte Geometrieelement der tolerierten Bohrungen darf den MMVC nicht verletzen, der den Durchmesser MMVS = 11,7 mm hat [siehe Regel C, 3.9 und 4.1.2].

iv) Das extrahierte Geometrieelement der tolerierten Bohrungen muss überall einen örtlichen Durchmesser kleiner als LMS = 12,5 mm [siehe Regel B 2), 3.6 und 3.7] und größer als MMS = 12,0 mm haben [siehe Regel A 2), 3.4 und 3.5].

v) Die zwei MMVC der tolerierten Stifte liegen in der theoretisch genauen Richtung und an dem theoretisch genauen Ort: senkrecht zum Bezug A und in einem Abstand von 30 mm relativ zueinander [siehe Regel D und 3.9, Anmerkung 2 zum Begriff].

vi) Die zwei MMVC der tolerierten Bohrungen liegen in der theoretisch genauen Richtung und an dem theoretisch genauen Ort: senkrecht zum Bezug A und in einem Abstand von 30 mm relativ zueinander [siehe Regel D und 3.9, Anmerkung 2 zum Begriff]. Es besteht keine Anforderung bezüglich der Richtung oder des Ortes relativ zu den Stiften.

Legende

1 Bezug A

Bild A.11 — Beispiel für die MMR, die gesondert auf eine Gruppe von Bohrungen und eine Gruppe von Stiften unter Verwendung eines Bezuges angewendet wird

Zeichnungseintragung

Auswertung

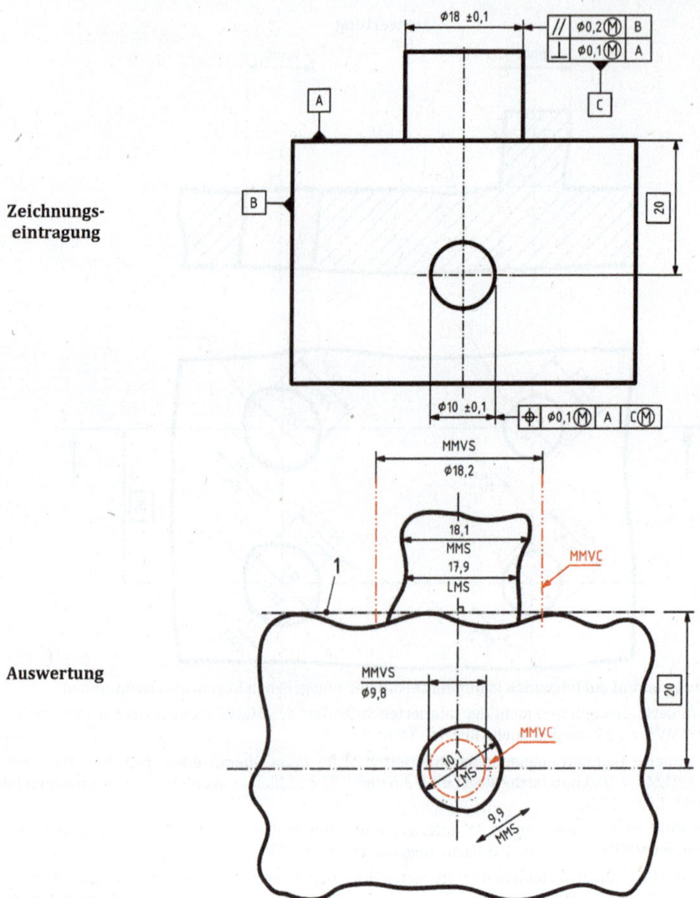

Die Auswertung beruht auf folgenden in diesem Dokument angegebenen Regeln und Definitionen.

i) Das extrahierte Geometrieelement der tolerierten Bohrung darf den MMVC nicht verletzen, der den Durchmesser MMVS = 9,8 mm hat [siehe Regel C, 3.9 und 4.1.2].

ii) Das extrahierte Geometrieelement der tolerierten Bohrung muss überall einen örtlichen Durchmesser kleiner als LMS = 10,1 mm [siehe Regel B 2), 3.6 und 3.7] und größer als MMS = 9,9 mm haben [siehe Regel A 2), 3.4 und 3.5].

iii) Der Ort des MMVC der Bohrung ist 20 mm von der Bezugsebene A und 0 mm von der Achse des MMVC des Bezugselementes C entfernt [siehe Regel D und 3.9, Anmerkung 2 zum Begriff].

iv) Das extrahierte Geometrieelement des Bezugselementes C darf den MMVC nicht verletzen, der den Durchmesser MMVS = 18,2 mm hat [siehe Regeln E und G, 3.8 und 3.9].

v) Das extrahierte Geometrieelement des Bezugselementes C muss überall einen örtlichen Durchmesser größer als LMS = 17,9 mm [siehe Regel B 1), 3.6 und 3.7] und kleiner als MMS = 18,1 mm haben [siehe Regel A 1), 3.4 und 3.5].

vi) Der MMVC des Bezugselementes C liegt in der theoretisch genauen Richtung relativ zum Bezug A, d. h. senkrecht zur Bezugsebene A [siehe Regel D und 3.9, Anmerkung 2 zum Begriff]. Es besteht keine weitere Anforderung bezüglich der Richtung oder des Ortes für das Bezugselement C. Die Parallelität relativ zur Bezugsebene B ist eine weitere geometrische Spezifikation, die nach dem Unabhängigkeitsprinzip berücksichtigt werden muss, jedoch den Stift als Bezugselement C nicht betrifft.

Legende
1 Bezug A

Bild A.12 — Beispiel für die Anwendung der MMR auf ein Bezugselement (ergänzt durch das nachgestellte Symbol Ⓜ), das durch eine Richtungsspezifikation beschrieben wird, deren Toleranzwert durch das Symbol Ⓜ ergänzt wird und deren Bezug genau dem Bezug entspricht, der vor dem zugeordneten Bezug benannt wurde

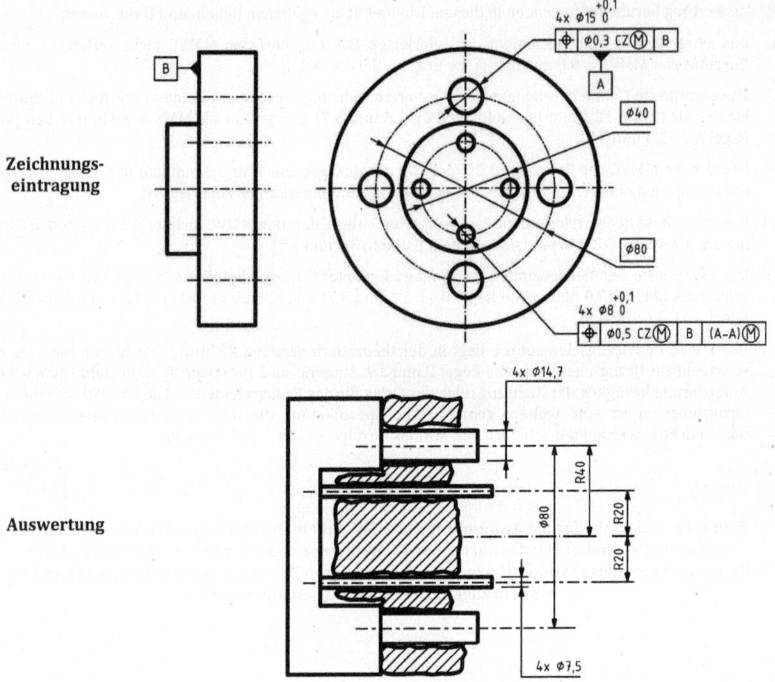
Zeichnungs-
eintragung
4x Ø15 +0,1 0
Ø0,3 CZ Ⓜ | B
A
B
Ø40
Ø80
4x Ø8 +0,1 0
Ø0,5 CZ Ⓜ | B | (A–A) Ⓜ
Auswertung
4x Ø14,7
R40
R20
R20
Ø80
4x Ø7,5

Die Auswertung beruht auf folgenden in diesem Dokument angegebenen Regeln und Definitionen.

i) Die extrahierten Geometrieelemente der vier tolerierten (Durchmesser 8 mm) Geometrieelemente dürfen die MMVC nicht verletzen, welche die Durchmesser MMVS = 7,5 mm haben [siehe Regel C, 3.9 und 4.1.2].

ii) Die extrahierten Geometrieelemente der vier tolerierten (Durchmesser 8 mm) Geometrieelemente müssen überall einen örtlichen Durchmesser kleiner als LMS = 8,1 mm [siehe Regel B 2), 3.6 und 3.7] und größer als MMS = 8 mm [siehe Regel A 2), 3.4 und 3.5] haben.

iii) Die Orte der vier MMVC sind bezüglich der Situationselemente der Kollektion der assoziierten Geometrieelemente (Einschränkung des festen Größenmaßes gleich MMVS) zu den Bezugselementen positioniert (und orientiert) [siehe Regel D und 3.9, Anmerkung 2 zum Begriff]. Der Ort und die Richtung der MMVC sind theoretisch genau.

iv) Die extrahierten Geometrieelemente der Bezugselemente (Durchmesser 15 mm) dürfen die MMVC nicht verletzen, die vier Zylinder mit Durchmesser MMVS = 15,0 mm – 0,3 mm = 14,7 mm sind [siehe Regeln E und G, 3.8 und 3.9].

v) Die extrahierten Geometrieelemente der Bezugselemente (Durchmesser 15 mm) müssen überall einen örtlichen Durchmesser kleiner als LMS = 15,1 mm [siehe Regel B 2), 3.6 und 3.7] und größer als MMS = 15,0 mm haben.

vi) Die MMVC der vier Bezugselemente liegen in der theoretisch genauen Richtung relativ zum Bezug B, d. h. senkrecht zur Bezugsebene B und an dem theoretisch genauen Ort relativ zueinander, d. h. gleichmäßig verteilt auf einem Zylinder mit einem Durchmesser von 80 mm [siehe Regel D, 3.9, Anmerkung 2 zum Begriff, und 4.2.2].

Bild A.13 — Beispiel für die MMR, angewendet auf einen gemeinsamen Bezug

Zeichnungseintragung **Auswertung**

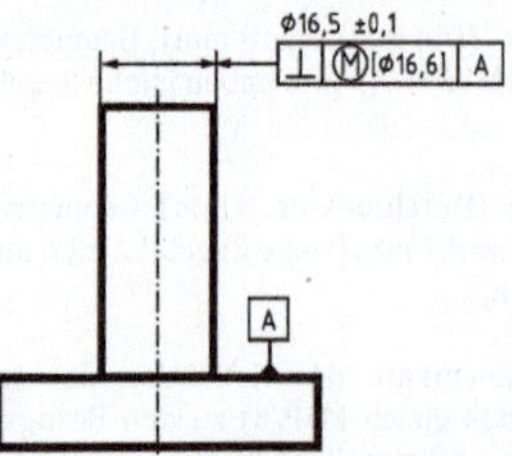

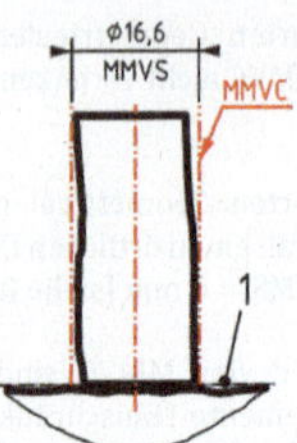

Die Auswertung des Toleranzindikators beruht auf folgenden in diesem Dokument angegebenen Regeln und Definitionen.

i) Das extrahierte Geometrieelement darf den MMVC nicht verletzen, der den Durchmesser MMVS = 16,6 mm hat [siehe Regel C, 3.9 und 4.2.3].

ii) Die Richtung des MMVC ist senkrecht zum Bezug, und der Ort des MMVC ist nicht eingeschränkt [siehe Regel D und 3.9, Anmerkung 2 zum Begriff].

Die Größenmaßspezifikation ist nicht Teil der MMR. Die Größenmaßspezifikation muss jedoch als eine gesonderte unabhängige Spezifikation nach ISO 14405-1 berücksichtigt werden (siehe 4.1.3).

a) Direkte Angabe des MMVS an einem äußeren Geometrieelement

Zeichnungseintragung **Auswertung**

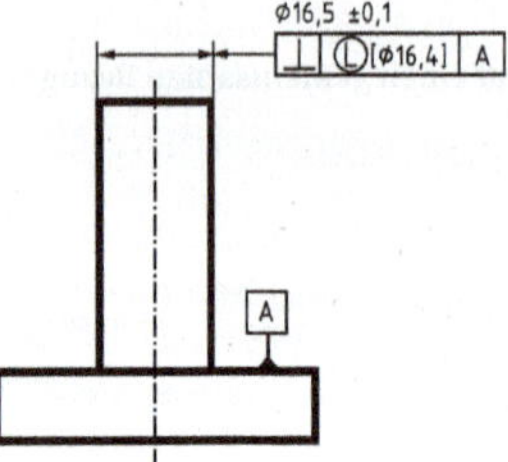

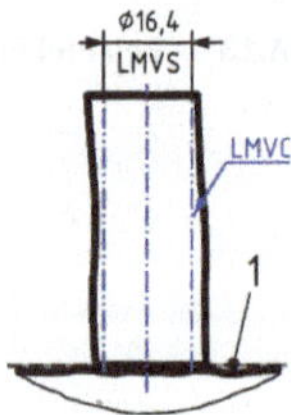

Die Auswertung des Toleranzindikators beruht auf folgenden in diesem Dokument angegebenen Regeln und Definitionen.

i) Das extrahierte Geometrieelement darf den LMVC nicht verletzen, der den Durchmesser LMVS = 16,4 mm hat [siehe Regel J, 3.10, 3.11 und 4.3.3].

ii) Die Richtung des LMVC ist senkrecht zum Bezug, und der Ort des LMVC ist nicht eingeschränkt [siehe Regel K und 3.11, Anmerkung 2 zum Begriff].

Die Größenmaßspezifikation ist nicht Teil der LMR. Die Größenmaßspezifikation muss jedoch als eine gesonderte unabhängige Spezifikation nach ISO 14405-1 berücksichtigt werden (siehe 4.1.3).

b) Direkte Angabe des LMVS an einem äußeren Geometrieelement

Legende
1 Bezug A

Bild A.14 — Direkte Angabe des MMVS und LMVS an einem äußeren Geometrieelement

Zeichnungseintragung **Auswertung**

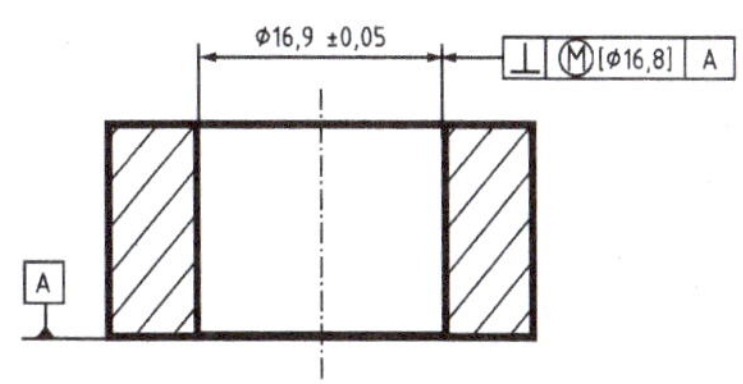

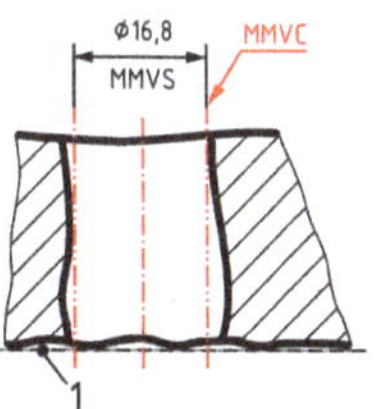

Die Auswertung des Toleranzindikators beruht auf folgenden in diesem Dokument angegebenen Regeln und Definitionen.

i) Das extrahierte Geometrieelement darf den MMVC nicht verletzen, der den Durchmesser MMVS = 16,8 mm hat [siehe Regel C, 3.9 und 4.2.3].

ii) Die Richtung des MMVC ist senkrecht zum Bezug, und der Ort des MMVC ist nicht eingeschränkt [siehe Regel D und 3.9, Anmerkung 2 zum Begriff].

Die Größenmaßspezifikation ist nicht Teil der MMR. Die Größenmaßspezifikation muss jedoch als eine gesonderte unabhängige Spezifikation nach ISO 14405-1 berücksichtigt werden (siehe 4.1.3).

a) Direkte Angabe des MMVS an einem inneren Geometrieelement

Zeichnungseintragung **Auswertung**

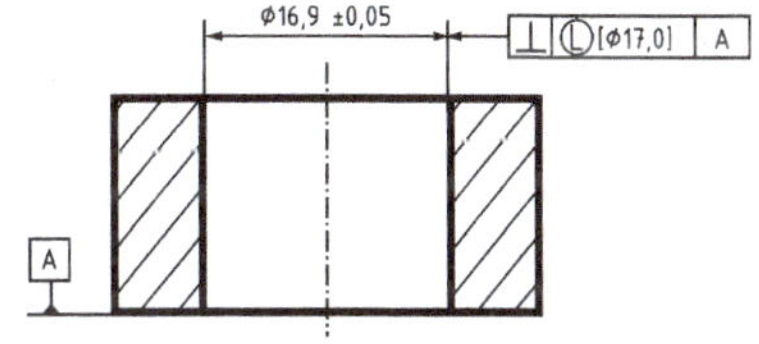

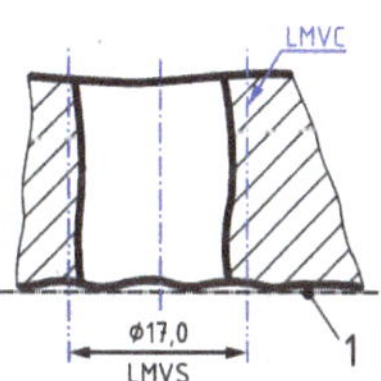

Die Auswertung des Toleranzindikators beruht auf folgenden in diesem Dokument angegebenen Regeln und Definitionen.

i) Das extrahierte Geometrieelement darf den LMVC nicht verletzen, der den Durchmesser LMVS = 17,0 mm hat [siehe Regel J, 3.10, 3.11 und 4.3.3].

ii) Die Richtung des LMVC ist senkrecht zum Bezug, und der Ort des LMVC ist nicht eingeschränkt [siehe Regel K und 3.11, Anmerkung 2 zum Begriff].

Die Größenmaßspezifikation ist nicht Teil der LMR. Die Größenmaßspezifikation muss jedoch als eine gesonderte unabhängige Spezifikation nach ISO 14405-1 berücksichtigt werden (siehe 4.1.3).

b) Direkte Angabe des LMVS an einem inneren Geometrieelement

Legende
1 Bezug A

Bild A.15 — Direkte Angabe des MMVS und LMVS an einem inneren Geometrieelement

Zeichnungseintragung

◎ ⌀0,1Ⓜ AⓂ[⌀69,8]
— ⌀0,2Ⓜ
A
⌀70 +0,1 0
⌀35,2 +0,1 0

Auswertung

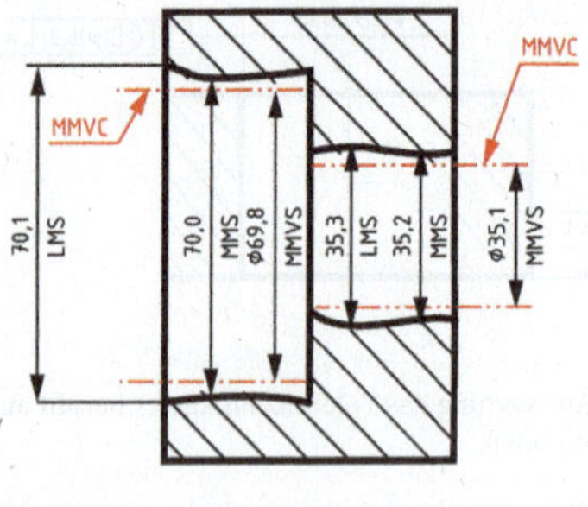

Die Auswertung des Toleranzindikators mit Koaxialität beruht auf folgenden in diesem Dokument angegebenen Regeln und Definitionen.

i) Das extrahierte Geometrieelement des tolerierten Geometrieelementes darf den MMVC nicht verletzen, der den Durchmesser MMVS = 35,1 mm hat [siehe Regel C, 3.9 und 4.1.2].

ii) Das extrahierte Geometrieelement des tolerierten Geometrieelementes muss überall einen örtlichen Durchmesser kleiner als LMS = 35,3 mm [siehe Regel B 2), 3.6 und 3.7] und größer als MMS = 35,2 mm haben [siehe Regel A 2), 3.4 und 3.5].

iii) Der Ort des MMVC ist 0 mm von der Achse des MMVC des Bezugselementes entfernt [siehe Regel D und 3.9, Anmerkung 2 zum Begriff].

iv) Das extrahierte Geometrieelement des Bezugselementes darf den MMVC nicht verletzen, der den Durchmesser MMVS = 69,8 mm hat [siehe Regel E, 3.8, 3.9 und Regel O].

Die Auswertung des Toleranzindikators mit Geradheit beruht auf folgenden in diesem Dokument angegebenen Regeln und Definitionen.

a) Das extrahierte Geometrieelement darf den MMVC nicht verletzen, der den Durchmesser MMVS = 70 mm − 0,2 mm = 69,8 mm hat [siehe Regel C, 3.9 und 4.1.2].

b) Das extrahierte Geometrieelement muss überall einen örtlichen Durchmesser kleiner als LMS = 70,1 mm [siehe Regel B 2), 3.6 und 3.7] und größer als MMS = 70,0 mm haben [siehe Regel A 2), 3.4 und 3.5].

c) Die Richtung und der Ort des MMVC sind nicht eingeschränkt [siehe 3.9, Anmerkung 2 zum Begriff].

Bild A.16 — Direkte Angabe des MMVS an einem inneren Geometrieelement

Zeichnungseintragung

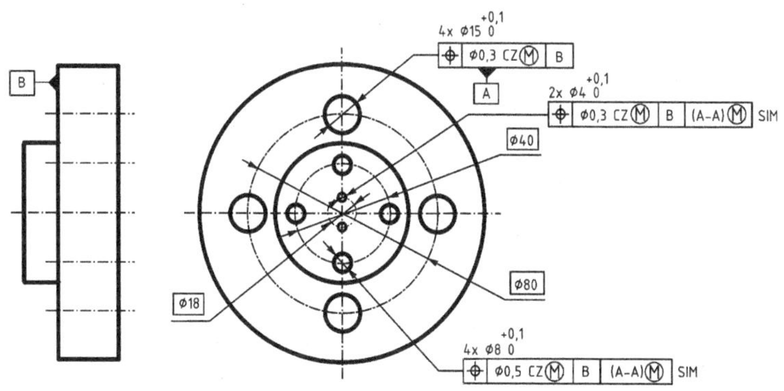

Auswertung

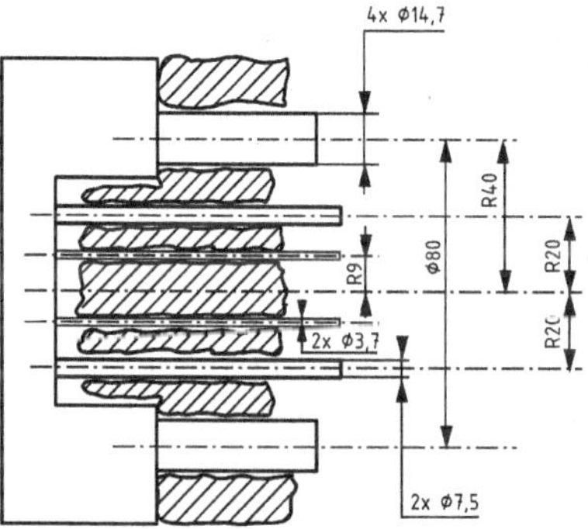

Die Auswertung beruht auf folgenden in diesem Dokument angegebenen Regeln und Definitionen.

i) Die extrahierten Geometrieelemente der vier tolerierten (Durchmesser 8 mm) Geometrieelemente dürfen die MMVC nicht verletzen, welche die Durchmesser MMVS = 7,5 mm haben [siehe Regel C, 3.9 und 4.1.2].

ii) Die extrahierten Geometrieelemente der vier tolerierten (Durchmesser 8 mm) Geometrieelemente müssen überall einen örtlichen Durchmesser kleiner als LMS = 8,1 mm [siehe Regel B 2), 3.6 und 3.7] und größer als MMS = 8,0 mm [siehe Regel A 2), 3.4 und 3.5] haben.

iii) Die Orte der vier MMVC sind bezüglich der Situationselemente der Kollektion der assoziierten Geometrieelemente (Einschränkung des festen Größenmaßes gleich MMVS) zu den Bezugselementen positioniert (und orientiert) [siehe Regel D und 3.9, Anmerkung 2 zum Begriff]. Der Ort und die Richtung der MMVC sind theoretisch genau.

iv) Die extrahierten Geometrieelemente der Bezugselemente (Durchmesser 15 mm) dürfen die MMVC nicht verletzen, die vier Zylinder mit Durchmesser MMVS = 15,0 mm – 0,3 mm = 14,7 mm sind [siehe Regeln E und G, 3.8 und 3.9].

v) Die extrahierten Geometrieelemente der Bezugselemente (Durchmesser 15 mm) müssen überall einen örtlichen Durchmesser kleiner als LMS = 15,1 mm [siehe Regel B 2), 3.6 und 3.7] und größer als MMS = 15,0 mm haben.

vi) Die MMVC der vier Bezugselemente (Durchmesser 15 mm) liegen in der theoretisch genauen Richtung relativ zum Bezug B, d. h. senkrecht zur Bezugsebene B und an dem theoretisch genauen Ort relativ zueinander, d. h. gleichmäßig verteilt auf einem Zylinder mit einem Durchmesser von 80 mm [siehe Regel D, 3.9, Anmerkung 2 zum Begriff, und 4.2.2].

vii) Die extrahierten Geometrieelemente der zwei tolerierten (Durchmesser 4 mm) Geometrieelemente dürfen die MMVC nicht verletzen, welche die Durchmesser MMVS = 3,7 mm haben [siehe Regel C, 3.9 und 4.1.2].

viii) Die extrahierten Geometrieelemente der zwei tolerierten (Durchmesser 4 mm) Geometrieelemente müssen überall einen örtlichen Durchmesser kleiner als LMS = 4,1 mm [siehe Regel B 2), 3.6 und 3.7] und größer als MMS = 4,0 mm haben [siehe Regel A 2), 3.4 und 3.5].

ix) Die Orte der zwei MMVC sind bezüglich der Situationselemente der Kollektion der assoziierten Geometrieelemente (Einschränkung des festen Größenmaßes gleich MMVS) zu den Bezugselementen positioniert (und orientiert) [siehe Regel D und 3.9, Anmerkung 2 zum Begriff]. Der Ort und die Richtung der MMVC sind theoretisch genau.

x) Die festgelegten Bezüge mit zwei simultanen geometrischen Spezifikationen (mit SIM-Symbol) sind gleich. Der MMVC, der dem Bezug der geometrischen Spezifikation für die 8-mm-Durchmesser-Bohrung entspricht, hat die gleiche Richtung und den gleichen Ort wie der MMVC, der dem Bezug der geometrischen Spezifikation für die 4-mm-Durchmesser-Bohrung entspricht (Regel D).

Bild A.17 — Simultane Spezifikationen mit MMR

Zeichnungseintragung

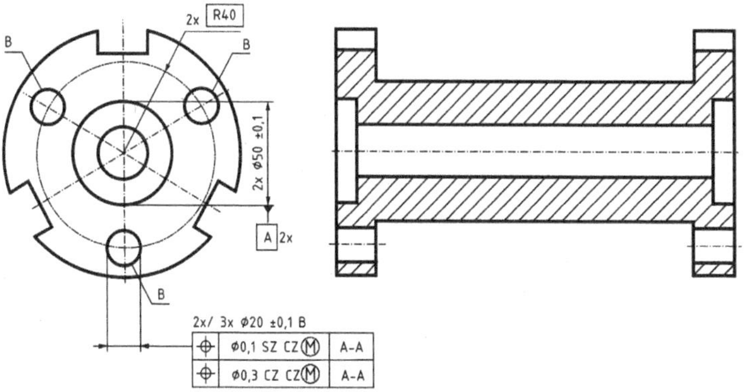

Die Auswertung der ersten Ortsspezifikation (SZ CZ) beruht auf folgenden in diesem Dokument angegebenen Regeln und Definitionen.

i) Die extrahierten Geometrieelemente der sechs tolerierten Geometrieelemente dürfen die MMVC nicht verletzen, die die Durchmesser MMVS = 19,9 mm − 0,1 mm = 19,8 mm haben [siehe Regel C, 3.9 und 4.1.2].

ii) Die extrahierten Geometrieelemente der sechs tolerierten Geometrieelemente müssen überall einen örtlichen Durchmesser kleiner als LMS = 20,1 mm [siehe Regel B 2), 3.6 und 3.7] und größer als MMS = 19,9 mm haben [siehe Regel A 2), 3.4 und 3.5].

iii) MMVC sind in Richtung und Ort nach Regel D und nach den Regeln von ISO 5458 eingeschränkt. Drei MMVC sind eingeschränkt, Achsen zu haben, die parallel sind, auf einem Zylinder mit Radius 40 mm zu liegen, auf dem Zylinder R40 mit Winkeln von 120° gleichmäßig angeordnet zu sein. Die Achse des Zylinders R40 ist auch eingeschränkt, zum Bezug ausgerichtet zu sein. Drei weitere MMVC sind auch eingeschränkt, Achsen zu haben, die parallel sind, auf einem Zylinder mit Radius 40 mm zu liegen, auf dem Zylinder R40 mit Winkeln von 120° gleichmäßig angeordnet zu sein. Die Achse des Zylinders R40 ist auch eingeschränkt, zum Bezug ausgerichtet zu sein. Die erste Dreiergruppe der MMVC ist nicht eingeschränkt, in der gleichen Winkelposition wie die zweite Dreiergruppe der MMVC zu liegen.

iv) Der Bezug ist nach den Regeln von ISO 5459 festgelegt.

Die Auswertung der zweiten Ortsspezifikation (CZ CZ) beruht auf folgenden in diesem Dokument angegebenen Regeln und Definitionen.

a) Die extrahierten Geometrieelemente der sechs tolerierten Geometrieelemente dürfen die MMVC nicht verletzen, welche den Durchmesser MMVS = 19,9 mm − 0,3 mm = 19,6 mm haben [siehe Regel A 2), 3.4 und 3.5].

b) Die extrahierten Geometrieelemente der sechs tolerierten Geometrieelemente müssen überall einen örtlichen Durchmesser kleiner als LMS = 20,1 mm [siehe Regel B 2), 3.6 und 3.7] und größer als MMS = 19,9 mm haben [siehe Regel A 2), 3.4 und 3.5].

c) MMVC sind in Richtung und Ort nach Regel D und nach den Regeln von ISO 5458 eingeschränkt. Drei MMVC sind eingeschränkt, Achsen zu haben, die parallel sind, auf einem Zylinder mit Radius 40 mm zu liegen, auf dem Zylinder R40 mit Winkeln von 120° gleichmäßig angeordnet zu sein. Die Achse des Zylinders R40 ist auch eingeschränkt, zum Bezug ausgerichtet zu sein. Drei weitere MMVC sind auch eingeschränkt, Achsen zu haben, die parallel sind, auf einem Zylinder mit Radius 40 mm zu liegen, auf dem Zylinder R40 mit Winkeln von 120° gleichmäßig angeordnet zu sein. Die Achse des Zylinders R40 ist auch eingeschränkt, zum Bezug ausgerichtet zu sein. Die erste Dreiergruppe der MMVC ist eingeschränkt, in der gleichen Winkelposition wie die zweite Dreiergruppe der MMVC zu liegen.

d) Der Bezug ist nach den Regeln von ISO 5459 festgelegt.

Bild A.18 — Spezifikationen für Elementgruppen mit MMR

Zeichnungseintragung

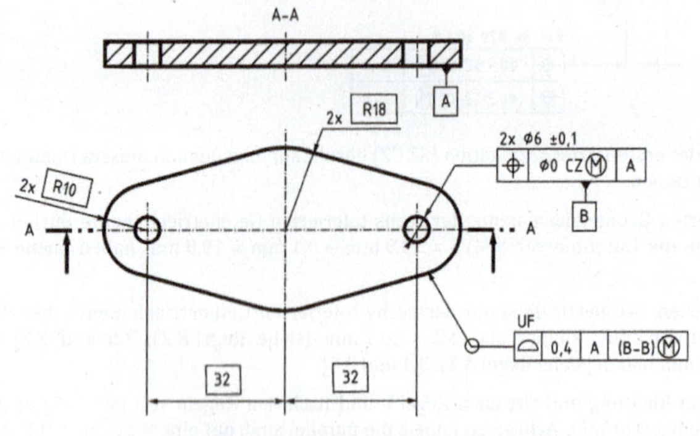

Auswertung

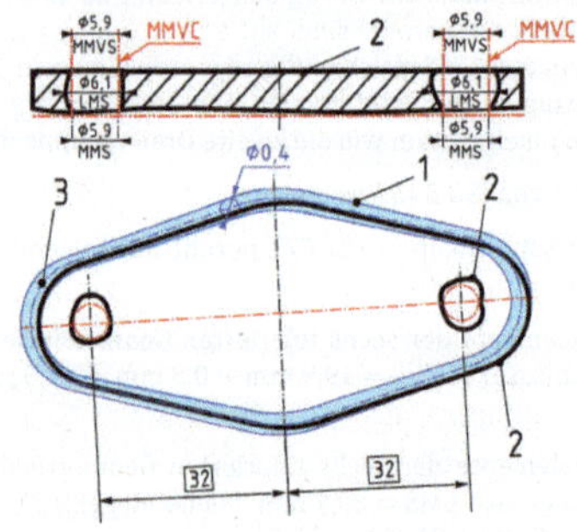

Die Auswertung der Ortsspezifikation beruht auf folgenden in diesem Dokument angegebenen Regeln und Definitionen.

i) Die extrahierten Geometrieelemente der zwei tolerierten Geometrieelemente (Bohrungen) dürfen die MMVC nicht verletzen, welche die Durchmesser MMVS = 5,9 mm haben [siehe Regel C, 3.9 und 4.1.2].

ii) Die extrahierten Geometrieelemente der zwei tolerierten Geometrieelemente (Bohrungen) müssen überall einen örtlichen Durchmesser kleiner als LMS = 6,1 mm [siehe Regel B 2), 3.6 und 3.7] und größer als MMS = 5,9 mm haben [siehe Regel A 2), 3.4 und 3.5].

iii) Die zwei MMVC liegen zum Bezug in der genauen Richtung und relativ zueinander in der genauen Richtung und dem genauen Ort [siehe Regel D und 3.9, Anmerkung 2 zum Begriff].

Die Auswertung der Flächenprofilspezifikation beruht auf folgenden in diesem Dokument und ISO 1101 angegebenen Regeln und Definitionen.

a) Die Toleranzzone wird durch eine unendliche Anzahl von Kugeln mit einem Durchmesser gleich 0,4 mm definiert, deren Mittelpunkte auf dem theoretisch genauen Geometrieelement (TEF, en: theoretically exact feature) liegen. Das TEF liegt in dem genauen Ort und in der genauen Richtung zum Bezug (siehe ISO 1101).

b) Die extrahierten Geometrieelemente des Bezugselementes dürfen die MMVC nicht verletzen, welche den Durchmesser MMVS = 5,9 mm haben [siehe Regeln E und G, 3.8 und 3.9]. MMVC liegen in der genauen Richtung und dem genauen Ort zueinander.

Legende
1 Zone für die Flächenprofiltoleranz
2 reales Bauteil
3 theoretisch genaues Geometrieelement (TEF)

Bild A.19 — Spezifikation mit MMR nur am Bezug

Anhang B
(informativ)
Frühere Praxis

B.1 Allgemeines

Dieser Anhang beschreibt frühere Verfahrensweisen, die weggelassen wurden und nicht mehr angewendet werden. Deshalb sind sie kein Bestandteil dieses Dokuments und sollten ausschließlich zu Informationszwecken verwendet werden.

B.2 Verwendung der Symbole CZ und SZ

Im Fall von mehreren tolerierten Geometrieelementen, die mit demselben Toleranzindikator eingeschränkt werden, wurden die MMVC oder LMVC in der theoretisch genauen Richtung und dem theoretisch genauen Ort relativ zueinander betrachtet (siehe Regel D und ISO 2692:2014, 4.2.1, Anmerkung 4).

Zur Vermeidung von Mehrdeutigkeit und zur weiteren Übereinstimmung mit anderen GPS-Normen muss das Symbol CZ oder SZ nach diesem Dokument angegeben werden (siehe 4.1.4). Tabelle B.1 zeigt die Entwicklung der Angaben, wenn Anforderungen für verschiedene tolerierte Geometrieelemente gelten.

Tabelle B.1 — Entwicklung der Angabe für Elementgruppen

	ISO 2692:2014	ISO 2692:2021
Kombiniert	2x [	⌀0,2 Ⓜ]	2x [	⌀0,2 CZ Ⓜ]
Getrennt	Nicht anwendbar	2x [	⌀0,2 SZ Ⓜ]

B.3 Anwendung des Bezugsindikators

Nach ISO 2692:2014, Regel G, war es erforderlich, dass der Bezugsindikator direkt mit dem Indikator für die geometrische Toleranz verbunden ist, durch den der MMVC des Bezugselementes beschrieben wird (siehe ISO 5459:2011, Regel 1, 2. Anstrich).

In diesem Dokument handelt es sich dabei lediglich um eine Empfehlung.

Nach ISO 2692:2014, Regel N, war es erforderlich, dass der Bezugsindikator direkt mit dem Indikator für die geometrische Toleranz verbunden ist, durch den der LMVC des Bezugselementes beschrieben wird (siehe ISO 5459:2011, Regel 1, 2. Anstrich).

In diesem Dokument handelt es sich dabei lediglich um eine Empfehlung.

Anhang C
(informativ)

Begriffsdiagramm

Bild C.1 zeigt die Konzepte für den Fall, dass indirekte Angabe des wirksamen Größenmaßes ausgewählt wird (siehe 4.1.2).

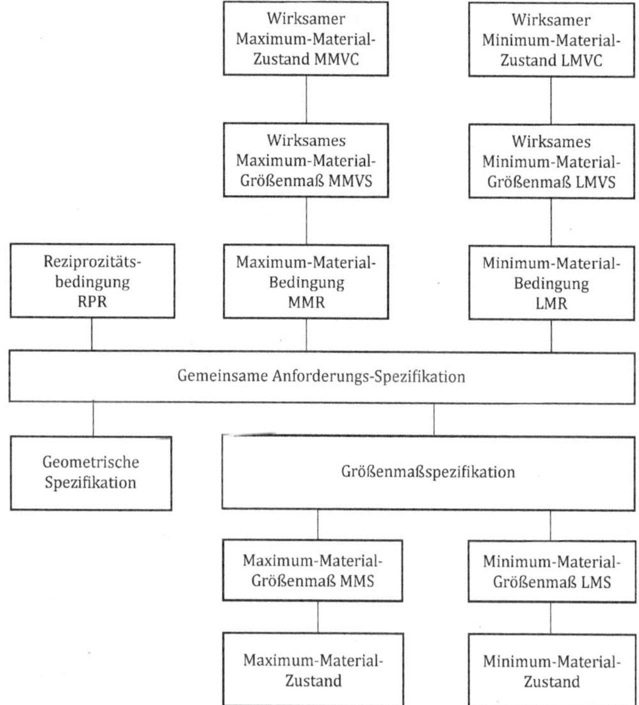

Bild C.1 — Konzeptdiagramm für Begriffe und Konzepte bezüglich MMR und LMR mit indirekter Angabe des wirksamen Größenmaßes

Bild C.2 zeigt die Konzepte für den Fall, dass direkte Angabe des wirksamen Größenmaßes ausgewählt wird (siehe 4.1.3).

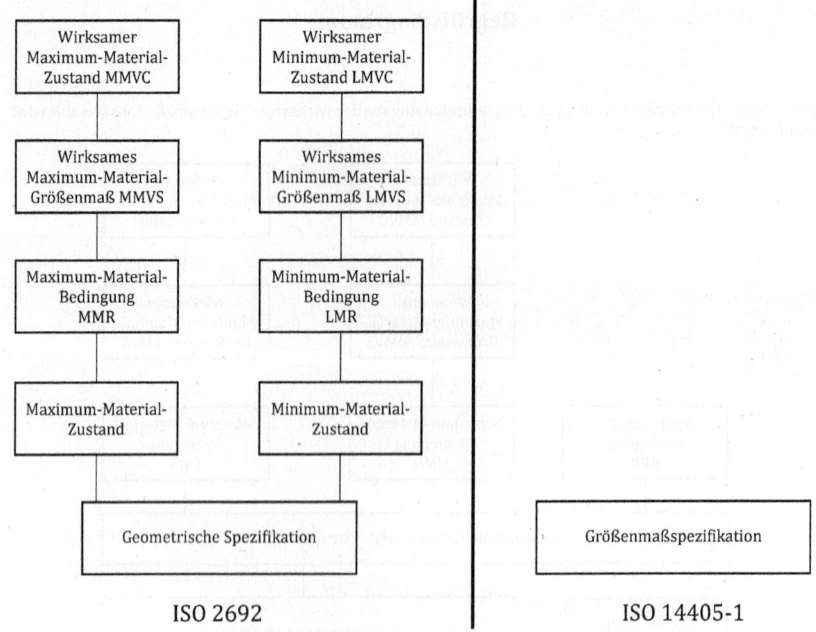

Bild C.2 — Konzeptdiagramm für Begriffe und Konzepte bezüglich MMR und LMR mit direkter Angabe des wirksamen Größenmaßes

Anhang D
(informativ)

Verwendung von Symbolen für geometrische Merkmale mit Ⓜ oder Ⓛ

D.1 Allgemeines

Eine geometrische Spezifikation mit MMR oder LMR bezieht sich stets auf ein abgeleitetes lineares Größenmaßelement vom Typ zylindrisch oder zwei parallele gegenüberliegende Ebenen. Für die Angabe eines abgeleiteten Geometrieelementes siehe ISO 1101:2017, Abschnitt 6.

Eine gemeinsame Eigenschaft der mit MMR oder LMR verwendbaren Symbole (siehe D.2) ist es, dass sie in geometrischen Spezifikationen erscheinen können, die anwendbar sind auf ein abgeleitetes Geometrieelement in Form:

— einer Mittellinie eines linearen Größenmaßelementes vom Typ Zylinder; oder

— eine Mittelfläche eines linearen Größenmaßelementes vom Typ zwei parallele gegenüberliegende Ebenen.

D.2 Verwendung von Symbolen für geometrische Merkmale

Tabelle D.1 beschreibt, ob es möglich ist oder nicht, MMR oder LMR mit den verschiedenen Symbolen für geometrische Merkmale zu verwenden.

Tabelle D.1 — Verwendung von Symbolen für geometrische Merkmale

Spezifikation	Merkmal	Symbol	Ist es möglich, das Symbol mit Ⓜ oder Ⓛ zu verwenden?
Form	Geradheit	⏤	Ja
	Ebenheit	⏥	Ja
	Rundheit	○	Nein
	Zylindrizität	⌭	Nein
	Linienprofil	⌒[a]	Nein
	Flächenprofil	⌓[b]	Nein
Richtung	Parallelität	∥	Ja
	Rechtwinkligkeit	⊥	Ja
	Neigung	∠	Ja
	Linienprofil	⌒[c]	Nein
	Flächenprofil	⌓[d]	Nein
Ort	Position	⌖	Ja
	Koaxialität	◎	Ja
	Symmetrie	⌯	Ja
	Linienprofil	⌒[e]	Nein
	Flächenprofil	⌓[f]	Nein
Lauf	Rundlauf	↗	Nein
	Gesamtlauf	⌰	Nein

[a] Verwendung des Linienprofilsymbols ist möglich, wenn gleichwertig mit der Geradheit.

[b] Verwendung des Flächenprofilsymbols ist möglich, wenn gleichwertig mit der Ebenheit.

[c] Verwendung des Linienprofilsymbols ist möglich, wenn gleichwertig mit der Richtung einer nominal geraden Linie.

[d] Verwendung des Flächenprofilsymbols ist möglich, wenn gleichwertig mit der Richtung einer nominalen Ebene.

[e] Verwendung des Linienprofilsymbols ist möglich, wenn gleichwertig mit dem Ort einer nominal geraden Linie.

[f] Verwendung des Flächenprofilsymbols ist möglich, wenn gleichwertig mit dem Ort einer nominalen Ebene.

Anhang E
(informativ)

Zusammenhang mit dem GPS-Matrix-Modell

E.1 Allgemeines

Zu den vollständigen Einzelheiten des GPS-Matrix-Modells siehe ISO 14638.

E.2 Informationen über dieses Dokument und seine Verwendung

Dieses Dokument legt die MMR, die LMR und die RPR fest, die auf lineare Größenmaßelemente vom Typ Zylinder oder zwei parallele gegenüberliegende Ebenen angewendet werden.

E.3 Position im GPS-Matrix-Modell

Dieses Dokument ist eine allgemeine GPS-Norm, die Kettenglieder A, B und C der Normenkette für Größenmaß, Form, Richtung und Ort im GPS-Matrix-Modell beeinflusst, wie in Tabelle E.1 graphisch dargestellt.

Tabelle E.1 — Stellung im GPS-Matrix-Modell

	Kettenglieder						
	A	B	C	D	E	F	G
	Symbole und Angaben	Anforderungen an Geometrie-elemente	Merkmale von Geometrie-elementen	Überein-stimmung und Nicht-Über-einstimmung	Messung	Messgeräte	Kalibrierung
Größenmaß	•	•	•				
Abstand							
Form	•	•	•				
Richtung	•	•	•				
Ort	•	•	•				
Lauf							
Oberflächen-beschaffenheit: Profil							
Oberflächen-beschaffenheit: Fläche							
Oberflächen-unvollkom-menheiten							

E.4 Verwandte Internationale Normen

Die verwandten Internationalen Normen gehen aus den in Tabelle E.1 angegebenen Normenketten hervor.

Literaturhinweise

[1] ISO 286-1, *Geometrical product specifications (GPS) — ISO code system for tolerances on linear sizes — Part 1: Basis of tolerances, deviations and fits*

[3] ISO 7083, *Technical product documentation — Symbols used in technical product documentation — Proportions and dimensions*

[4] ISO 8015, *Geometrical product specifications (GPS) — Fundamentals — Concepts, principles and rules*

[5] ISO 14253-1, *Geometrical product specifications (GPS) — Inspection by measurement of workpieces and measuring equipment — Part 1: Decision rules for verifying conformity or nonconformity with specifications*

[6] ISO 14638, *Geometrical product specifications (GPS) — Matrix model*

[7] ISO 22432, *Geometrical product specifications (GPS) — Features utilized in specification and verification*

Dezember 2016

DIN EN ISO 3040

ICS 17.040.40

Ersatz für
DIN EN ISO 3040:2012-06

Geometrische Produktspezifikation (GPS) – Bemaßung und Tolerierung – Kegel (ISO 3040:2016); Deutsche Fassung EN ISO 3040:2016

Geometrical product specifications (GPS) –
Dimensioning and tolerancing –
Cones (ISO 3040:2016);
German version EN ISO 3040:2016

Spécification géométrique des produits (GPS) –
Cotation et tolérancement –
Cônes (ISO 3040:2016);
Version allemande EN ISO 3040:2016

Gesamtumfang 33 Seiten

DIN-Normenausschuss Technische Grundlagen (NATG)

Nationales Vorwort

Dieses Dokument (EN ISO 3040:2016) wurde vom Technischen Komitee ISO/TC 213 „Dimensional and geometrical product specifications and verification" in Zusammenarbeit mit dem Technischen Komitee CEN/TC 290 „Geometrische Produktspezifikationen und -prüfung" erarbeitet, dessen Sekretariat vom AFNOR (Frankreich) gehalten wird.

Das zuständige deutsche Normungsgremium ist der Arbeitsausschuss NA 152-03-02 AA „CEN/ISO Geometrische Produktspezifikation und –prüfung" im DIN-Normenausschuss Technische Grundlagen (NATG).

Für die in diesem Dokument zitierten Internationalen Normen wird im Folgenden auf die entsprechenden Deutschen Normen hingewiesen:

ISO 1119	siehe	DIN EN ISO 1119
ISO 8015	siehe	DIN EN ISO 8015
ISO 14253-1	siehe	DIN EN ISO 14253-1
ISO 14405-1	siehe	DIN EN ISO 14405-1
ISO 14405-3	siehe	DIN EN ISO 14405-3
ISO 14638	siehe	DIN EN ISO 14638
ISO 81714-1	siehe	DIN EN ISO 81714-1

In Anhang A, Beispiel 5, ist in einer vollständigen Zeichnung durch den Bezug A in Verbindung mit TEDs auch der Ort des Kegels blockiert, siehe folgendes Bild. Dies wird durch das Symbol >< aufgehoben, so dass eine Verschiebung entlang der Achse erlaubt ist.

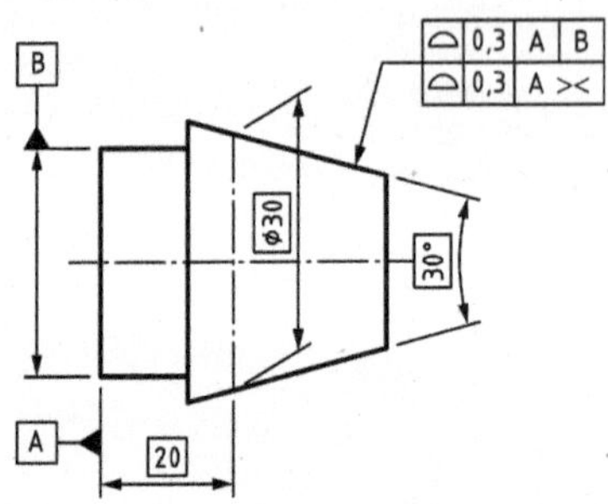

Bild 1 — Ergänztes Beispiel 5 (Siehe Anhang A)

Im Anhang A, A.2, Tabelle nach Beispiel 8, wurde nach Fertigstellung der ISO 3040 entdeckt, dass die Darstellung in der linken Spalte nicht korrekt ist. Pfeilkennzeichnungen sowohl an der von außen angelegten Winkelbemaßung als auch innerhalb des Konus sind zu viel – es sind nur Pfeilkennzeichnungen innerhalb des Konus vorzunehmen.

Änderungen

Gegenüber DIN EN ISO 3040:2012-06 wurden folgende Änderungen vorgenommen:

a) Abschnitt 6 zur Tolerierung von Kegeln wurde überarbeitet;

b) Anhang A zur früheren Praxis aus ISO 3040:1990 wurde entfernt;

c) ein neuer informativer Anhang A mit Beispielen wurde hinzugefügt.

Frühere Ausgaben

DIN 406-1: 1922-12, 1970-10, 1977-04
DIN 406-2: 1922-12, 1968-06, 1980-04
DIN 406-3: 1922-12, 1975-07
DIN 406-4: 1922-12, 1937-05, 1980-12
DIN 406-5: 1924-11, 1941-10
DIN 406-6: 1924-12, 1926-01, 1941-10
DIN 406: 1949x-09, 1955-09
DIN ISO 3040: 1978-04, 1991-09
DIN EN ISO 3040: 2012-06

Nationaler Anhang NA
(informativ)

Literaturhinweise

DIN EN ISO 1119, *Geometrische Produktspezifikation (GPS) — Reihen von Kegeln und Kegelwinkeln*

DIN EN ISO 8015, *Geometrische Produktspezifikation (GPS) — Grundlagen — Konzepte, Prinzipien und Regeln*

DIN EN ISO 14253-1, *Geometrische Produktspezifikationen (GPS) — Prüfung von Werkstücken und Messgeräten durch Messen — Teil 1: Entscheidungsregeln für den Nachweis von Konformität oder Nichtkonformität mit Spezifikationen*

DIN EN ISO 14405-1, *Geometrische Produktspezifikation (GPS) — Dimensionelle Tolerierung — Teil 1: Lineare Größenmaße*

DIN EN ISO 14405-3*), *Geometrische Produktspezifikation (GPS) — Dimensionelle Tolerierung — Teil 3: Winkelgrößenmaße*

DIN EN ISO 14638, *Geometrische Produktspezifikation (GPS) — Matrix-Modell*

DIN EN ISO 81714-1, *Gestaltung von graphischen Symbolen für die Anwendung in der technischen Produktdokumentation — Teil 1: Grundregeln*

---

*) Veröffentlichung in Vorbereitung.

EUROPÄISCHE NORM

EUROPEAN STANDARD

NORME EUROPÉENNE

EN ISO 3040

Mai 2016

ICS 17.040.30

Ersatz für EN ISO 3040:2012

Deutsche Fassung

Geometrische Produktspezifikation (GPS) — Bemaßung und Tolerierung — Kegel (ISO 3040:2016)

Geometrical product specifications (GPS) — Dimensioning and tolerancing — Cones (ISO 3040:2016)

Spécification géométrique des produits (GPS) — Cotation et tolérancement — Cônes (ISO 3040:2016)

Diese Europäische Norm wurde vom CEN am 1. November 2015 angenommen.

Die CEN-Mitglieder sind gehalten, die CEN/CENELEC-Geschäftsordnung zu erfüllen, in der die Bedingungen festgelegt sind, unter denen dieser Europäischen Norm ohne jede Änderung der Status einer nationalen Norm zu geben ist. Auf dem letzten Stand befindliche Listen dieser nationalen Normen mit ihren bibliographischen Angaben sind beim Management-Zentrum des CEN-CENELEC oder bei jedem CEN-Mitglied auf Anfrage erhältlich.

Diese Europäische Norm besteht in drei offiziellen Fassungen (Deutsch, Englisch, Französisch). Eine Fassung in einer anderen Sprache, die von einem CEN-Mitglied in eigener Verantwortung durch Übersetzung in seine Landessprache gemacht und dem Management-Zentrum mitgeteilt worden ist, hat den gleichen Status wie die offiziellen Fassungen.

CEN-Mitglieder sind die nationalen Normungsinstitute von Belgien, Bulgarien, Dänemark, Deutschland, der ehemaligen jugoslawischen Republik Mazedonien, Estland, Finnland, Frankreich, Griechenland, Irland, Island, Italien, Kroatien, Lettland, Litauen, Luxemburg, Malta, den Niederlanden, Norwegen, Österreich, Polen, Portugal, Rumänien, Schweden, der Schweiz, der Slowakei, Slowenien, Spanien, der Tschechischen Republik, der Türkei, Ungarn, dem Vereinigten Königreich und Zypern.

EUROPÄISCHES KOMITEE FÜR NORMUNG
EUROPEAN COMMITTEE FOR STANDARDIZATION
COMITÉ EUROPÉEN DE NORMALISATION

CEN-CENELEC Management-Zentrum: Avenue Marnix 17, B-1000 Brüssel

Ref. Nr. EN ISO 3040:2016 D

Inhalt

Europäisches Vorwort

Dieses Dokument (EN ISO 3040:2016) wurde vom Technischen Komitee ISO/TC 213 „Dimensional and geometrical product specifications and verification" in Zusammenarbeit mit dem Technischen Komitee CEN/TC 290 „Geometrische Produktspezifikationen und -prüfung" erarbeitet, dessen Sekretariat vom AFNOR gehalten wird.

Diese Europäische Norm muss den Status einer nationalen Norm erhalten, entweder durch Veröffentlichung eines identischen Textes oder durch Anerkennung bis November 2016, und etwaige entgegenstehende nationale Normen müssen bis November 2016 zurückgezogen werden.

Es wird auf die Möglichkeit hingewiesen, dass einige Elemente dieses Dokuments Patentrechte berühren können. CEN [und/oder CENELEC] sind nicht dafür verantwortlich, einige oder alle diesbezüglichen Patentrechte zu identifizieren.

Dieses Dokument ersetzt EN ISO 3040:2012.

Entsprechend der CEN-CENELEC-Geschäftsordnung sind die nationalen Normungsinstitute der folgenden Länder gehalten, diese Europäische Norm zu übernehmen: Belgien, Bulgarien, Dänemark, Deutschland, die ehemalige jugoslawische Republik Mazedonien, Estland, Finnland, Frankreich, Griechenland, Irland, Island, Italien, Kroatien, Lettland, Litauen, Luxemburg, Malta, Niederlande, Norwegen, Österreich, Polen, Portugal, Rumänien, Schweden, Schweiz, Slowakei, Slowenien, Spanien, Tschechische Republik, Türkei, Ungarn, Vereinigtes Königreich und Zypern.

Anerkennungsnotiz

Der Text von ISO 3040:2016 wurde vom CEN als EN ISO 3040:2016 ohne irgendeine Abänderung genehmigt.

Vorwort

ISO (die Internationale Organisation für Normung) ist eine weltweite Vereinigung von Nationalen Normungsorganisationen (ISO-Mitgliedsorganisationen). Die Erstellung von Internationalen Normen wird normalerweise von ISO Technischen Komitees durchgeführt. Jede Mitgliedsorganisation, die Interesse an einem Thema hat, für welches ein Technisches Komitee gegründet wurde, hat das Recht, in diesem Komitee vertreten zu sein. Internationale Organisationen, staatlich und nicht-staatlich, in Liaison mit ISO, nehmen ebenfalls an der Arbeit teil. ISO arbeitet eng mit der Internationalen Elektrotechnischen Kommission (IEC) bei allen elektrotechnischen Themen zusammen.

Die Verfahren, die bei der Entwicklung dieses Dokuments angewendet wurden und die für die weitere Pflege vorgesehen sind, werden in den ISO/IEC-Direktiven, Teil 1 beschrieben. Im Besonderen sollten die für die verschiedenen ISO-Dokumentenarten notwendigen Annahmekriterien beachtet werden. Dieses Dokument wurde in Übereinstimmung mit den Gestaltungsregeln der ISO/IEC-Direktiven, Teil 2 erarbeitet (siehe www.iso.org/directives).

Es wird auf die Möglichkeit hingewiesen, dass einige Elemente dieses Dokuments Patentrechte berühren können. ISO ist nicht dafür verantwortlich, einige oder alle diesbezüglichen Patentrechte zu identifizieren. Details zu allen während der Entwicklung des Dokuments identifizierten Patentrechten finden sich in der Einleitung und/oder in der ISO-Liste der empfangenen Patenterklärungen (siehe www.iso.org/patents).

Jeder in diesem Dokument verwendete Handelsname wird als Information zum Nutzen der Anwender angegeben und stellt keine Anerkennung dar.

Eine Erläuterung der Bedeutung ISO-spezifischer Benennungen und Ausdrücke, die sich auf Konformitätsbewertung beziehen, sowie Informationen über die Beachtung der Grundsätze der Welthandelsorganisation (WTO) zu technischen Handelshemmnissen (TBT, en: Technical Barriers to Trade) durch ISO enthält der folgende Link: www.iso.org/iso/foreword.html.

Das für dieses Dokument verantwortliche Komitee ist ISO/TC 213, *Dimensional and geometrical product specifications and verification*.

Diese vierte Ausgabe ersetzt die dritte Ausgabe (ISO 3040:2009), die technisch überarbeitet wurde:

— Abschnitt 6 zur Tolerierung von Kegeln wurde überarbeitet;

— Anhang A zur früheren Praxis aus ISO 3040:1990 wurde entfernt;

— ein neuer informativer Anhang A mit Beispielen wurde hinzugefügt.

Einleitung

Diese Internationale Norm ist eine Norm für die Geometrische Produktspezifikation (GPS) und als eine allgemeine GPS-Norm für konische Geometrieelemente anzusehen (siehe ISO 14638). Sie beeinflusst die Kettenglieder A und B der Normenkette zu Größenmaß, Form, Richtung, Ort und Lauf.

Zu ausführlicheren Informationen über den Zusammenhang der ISO 3040 mit anderen Normen und mit dem GPS-Matrix-Modell siehe Anhang B.

Das in ISO 14638 angegebene ISO/GPS-Matrix-Modell gibt einen Überblick über das ISO/GPS-System, zu dem diese Internationale Norm gehört. Die in ISO 8015 gegebenen grundlegenden Regeln von ISO/GPS gelten für diese Internationale Norm und, sofern nicht anders angegeben, gelten die Default-Entscheidungsregeln nach ISO 14253-1 für Spezifikationen, die in Übereinstimmung mit dieser Internationalen Norm festgelegt wurden.

In dieser Internationalen Norm veranschaulichen die Bilder lediglich den Text und sollten nicht als Auslegungsbeispiele erachtet werden. Aus diesem Grunde sind die Bilder vereinfacht und nicht maßstabsgetreu.

Keine Eintragungen/Angaben aus der vorherigen Ausgabe (ISO 3040:2009) wurden durch diese Ausgabe überholt. Es liegt daher keine „frühere Praxis" vor.

1 Anwendungsbereich

Diese Internationale Norm spezifiziert die Zeichnungseintragungen für einen Kegel (rechtwinklige kreisförmige Kegel) zur Definition seiner Bemaßung oder Spezifikation seiner Tolerierung.

Für den Zweck dieser Internationalen Norm bezieht sich der Begriff „Kegel" nur auf rechtwinklige kreisförmige Kegel (jeder Schnittpunkt durch eine Ebene senkrecht zur Achse des Nennkegels ist ein Kreis).

ANMERKUNG 1 Zur Vereinfachung wurden nur abgeschnittene Kegel in dieser Internationalen Norm dargestellt. Diese Internationale Norm kann allerdings innerhalb ihres Anwendungsbereiches auf beliebige Kegeltypen angewendet werden.

ANMERKUNG 2 Es ist nicht die Absicht dieser Internationalen Norm, die Verwendung anderer Methoden der Bemaßung und Toleranzfestlegung auszuschließen.

2 Normative Verweisungen

Die folgenden Dokumente, die in diesem Dokument teilweise oder als Ganzes zitiert werden, sind für die Anwendung dieses Dokuments erforderlich. Bei datierten Verweisungen gilt nur die in Bezug genommene Ausgabe. Bei undatierten Verweisungen gilt die letzte Ausgabe des in Bezug genommenen Dokuments (einschließlich aller Änderungen).

ISO 1119:2011, *Geometrical product specifications (GPS) — Series of conical tapers and taper angles*

ISO 81714-1, *Design of graphical symbols for use in the technical documentation of products — Part 1: Basic rules*

3 Begriffe

Für die Anwendung dieses Dokuments gelten die folgenden Begriffe.

3.1
Kegelverhältnis
C
Differenz der Durchmesser zweier Querschnitte eines Kegels dividiert durch den Abstand zwischen ihnen

Anmerkung 1 zum Begriff: Es wird durch die folgende Formel ausgedrückt (siehe auch Bild 1):

$$C = \frac{D - d}{L} = 2 \tan\left(\frac{\alpha}{2}\right) \quad (1)$$

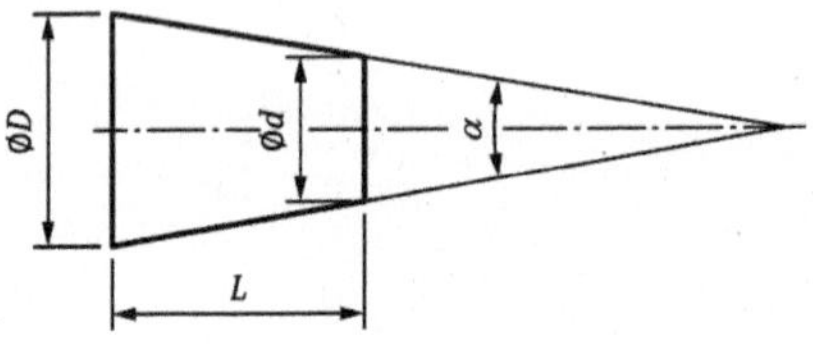

ØD Ød α L

Bild 1

4 Graphisches Symbol für ein Kegelverhältnis eines Kegels

Ein Kegelverhältnis eines Kegels ist einzutragen mittels des graphischen Symbols nach Bild 2 und mit einer Hinweislinie (siehe Bild 7). Die Orientierung des graphischen Symbols muss mit der des Kegels übereinstimmen (siehe Bild 7 und Bild 8).

Größe und Linienbreite des graphischen Symbols sind in Übereinstimmung mit ISO 81714-1.

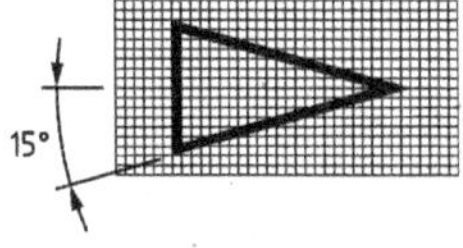

Bild 2

5 Maße und Eintragung auf einem Kegel

5.1 Maße auf einem Kegel

Mehrere Arten von Maßen, wie in Tabelle 1 gezeigt, können zur Definition eines Kegels herangezogen werden.

Tabelle 1 — Maße auf einem Kegel

Arten von Maßen	Symbol	Eintragungsbeispiele	
		Bevorzugte Methode	Optionale Methode
Wert für Kegelverhältnis	*C*	1:5 1/5	0,2:1 20 %
Wert für Kegelwinkel	*α*	35°	0,6 rad
Wert für Kegeldurchmesser			
— am größeren Ende	*D*		
— am kleineren Ende	*d*		
— am bestimmten Querschnitt	D_x		
Längenwert			
— Abstand zwischen zwei Ebenen, die einen Kegel begrenzen	*L*		
— Abstand zwischen zwei Ebenen, die eine Gruppe aus Kegel und Zylinder begrenzen	*L'*		
— Abstand des Querschnitts, in dem D_x definiert ist	L_x		

Es sind nicht mehr Maße als notwendig anzugeben. Jedoch dürfen zusätzliche Maße als Hilfsmaße zu Informationszwecken angegeben werden.

Manche Maße können zur Toleranzfestlegung basierend auf dimensionalen oder geometrischen Spezifikationen herangezogen werden (siehe Abschnitt 6). Aus diesem Grund können diese Maße als TEDs definiert werden.

Einige typische Kombinationen von Kegelmaßen sind in Bild 3, Bild 4, Bild 5 und Bild 6 gezeigt.

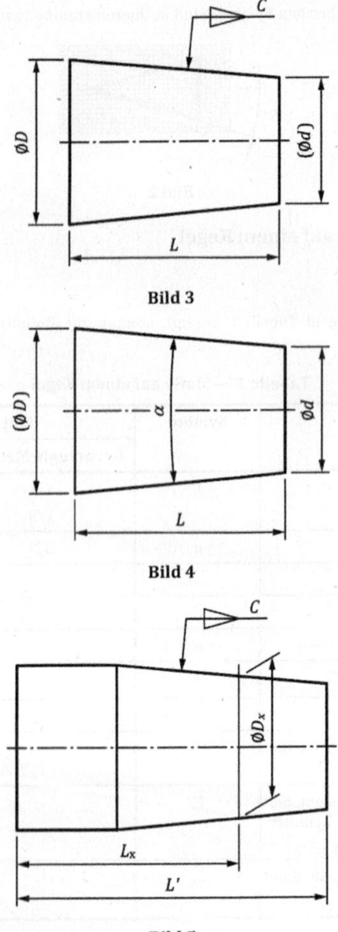

Bild 3

Bild 4

Bild 5

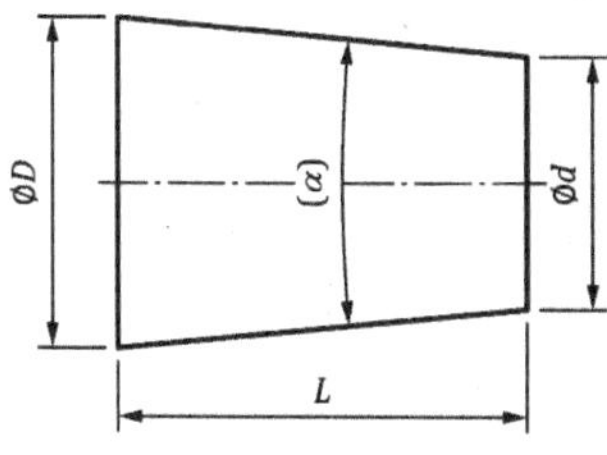

Bild 6

5.2 Zeichnungseintragung des Kegelverhältnisses

Das graphische Symbol mit dem Wert für das Kegelverhältnis eines Kegels muss in der Nähe des Geometrieelements in Übereinstimmung mit den Regeln in Abschnitt 4 eingetragen werden.

Wie im Bild 7 gezeigt muss die Hinweislinie, die an das graphische Symbol angefügt ist:

— parallel zur Kegelachse gezeichnet sein; und

— mit einer Bezugslinie mit der Kontur des Kegels verbunden sein.

Wenn der Kegel zu einer genormten Reihe von Kegeln (im Besonderen Morse- oder metrische Kegel) gehört, dann darf der Wert für das Kegelverhältnis durch die Kodifizierung der Normenreihe nach ISO 1119 und die dazugehörige Nummer (siehe Bild 8) ersetzt werden. Beispielsweise darf der Wert für das Kegelverhältnis „1:20,047“ durch die Kodifizierung „Morse Nr. 1“ ersetzt werden.

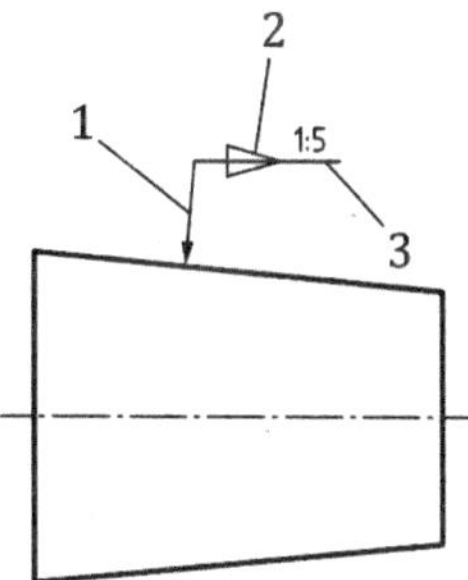

Legende

1 Bezugslinie

2 graphisches Symbol für Kegelverhältnis

3 Hinweislinie

ANMERKUNG 1:5 ist der Wert für das Kegelverhältnis.

Bild 7

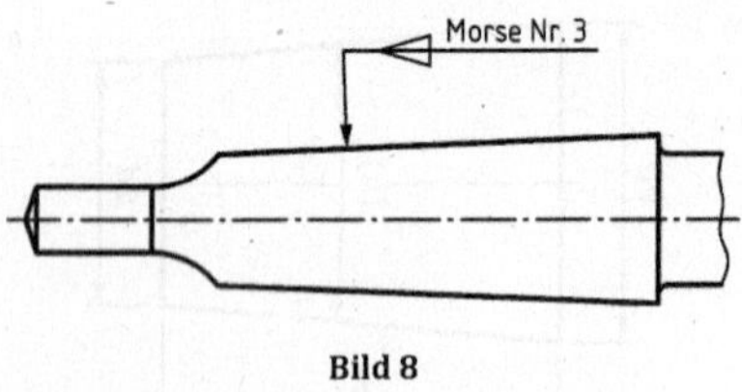

Bild 8

6 Tolerierung eines Kegels

Ein Kegel ist intrinsisch durch seinen Winkel festgelegt (siehe Bild 9).

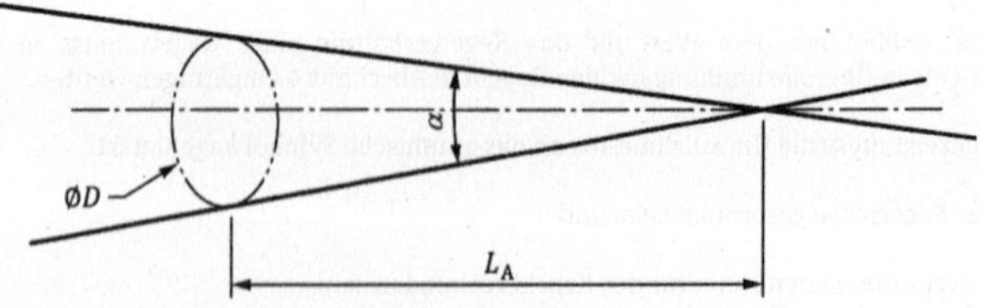

Bild 9 — Intrinsische Darstellung eines Kegels

ANMERKUNG Ein Kegel unterscheidet sich von einem Kegelstumpf, der durch drei geometrische Entitäten festgelegt ist (eine davon ist ein Kegel).

BEISPIEL Ein Kegelstumpf, festgelegt durch einen Kegel und zwei Endebenen (nicht unbedingt senkrecht zu den Achsen dieses Kegels). Siehe Bild 10.

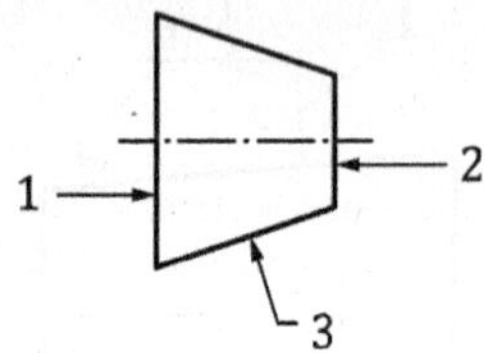

Legende

1 Ebene 1

2 Ebene 2

3 Kegel

Bild 10 — Beispiel

Das Ziel der Tolerierung ist es, einen Satz von einer oder mehreren GPS-Spezifikationen festzulegen. Jede GPS-Spezifikation definiert ein spezielles Merkmal und seine zulässige Ausdehnung durch zwei Toleranzgrenzwerte (siehe Beispiel in Bild 11).

Wenn eine Messebene in einer Spezifikation verwendet wird, dann muss der Ort der Messebene durch TEDs festgelegt werden (explizit oder implizit: 0 mm).

Wenn ein Bezug oder ein Bezugssystem verwendet wird, um Ort oder Ausrichtung der Toleranzzone festzulegen, dann müssen die Winkel- oder Längenmaße, welche die Toleranzzone einschränken, durch TEDs festgelegt werden (explizit oder implizit: 0 mm, 0°, 90°, 180°, 270°).

Wenn eine geometrische Spezifikation auf einen Kegel mit einem charakteristischen Symbol für das Oberflächenprofil ohne Bezug oder Bezugssystem angewandt wird und das intrinsische Merkmal des Kegels als feststehend zu berücksichtigen ist, dann:

— darf das VA-Symbol nicht im zweiten Teil des Toleranzrahmens eingetragen werden; und

— es muss der Winkel des Kegels angegeben werden:

    — direkt mit dem Kegelwinkel als TED oder

    — indirekt mit dem Wert für das Kegelverhältnis oder mit einer Kombination aus mehreren Maßen des Kegels (z. B. siehe Bild 6).

Jedes Merkmal kontrolliert einen Satz von Freiheitsgraden auf dem realen Werkstück.

Die Menge der Freiheitsgrade, die einzeln oder insgesamt betrachtet werden können, umfasst:

— die Winkelabweichung;

— die Formabweichung auf einer Schnittlinie oder der Oberfläche;

— die Ortsabweichung (X, Y, Z: im kartesischen Koordinatensystem);

— die Richtungsabweichung (β, γ: im kartesischen Koordinatensystem).

Die Tabelle im Bild 11 zeigt für eine Spezifikation die Art der Abweichungen, welche kontrolliert werden. Die Eintragung der Spezifikation wird gezeigt und ihre Bedeutung veranschaulicht und erklärt. Die Darstellung wird im Anhang A verwendet.

Bild 11 und Anhang A stellen verschiedene individuelle (unabhängige) Beispiele für mögliche maßliche oder geometrische Spezifikationen im Zusammenhang mit einem Kegel nach ISO 1101, ISO 14405-1 und ISO 14405-3 vor. Jedes dieser Beispiele muss unabhängig von den anderen betrachtet werden, wobei diese auch in derselben Zeichnung am selben Geometrieelement eingesetzt werden können.

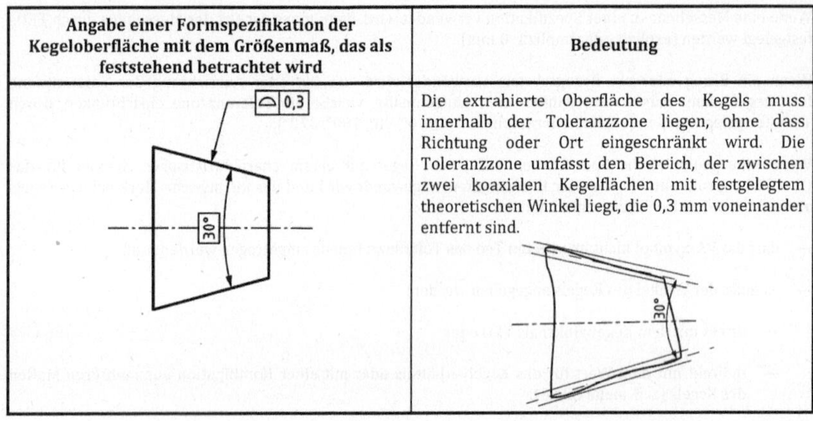

Angabe einer Formspezifikation der Kegeloberfläche mit dem Größenmaß, das als feststehend betrachtet wird	Bedeutung
	Die extrahierte Oberfläche des Kegels muss innerhalb der Toleranzzone liegen, ohne dass Richtung oder Ort eingeschränkt wird. Die Toleranzzone umfasst den Bereich, der zwischen zwei koaxialen Kegelflächen mit festgelegtem theoretischen Winkel liegt, die 0,3 mm voneinander entfernt sind.

Kontrollierte Abweichungen								
Winkelabweichung	Formabweichung	Ortsabweichung			Richtungsabweichung			Darstellung der Freiheitsgrade
		Tx	Ty	Tz	Rx	Ry	Rz	
Ja	Ja	Nein	Nein	Nein	Niemals	Nein	Nein	
WARNUNG — Richtung und Ort des Kegels sind nicht blockiert.								

Bild 11 — Beispiel für die Tolerierung eines Kegels: Spezifikation der Oberflächenform unter Berücksichtigung des theoretisch genauen Winkels des Kegels

Anhang A
(informativ)

Tolerierung eines Kegels: Beispiele

A.1 Allgemeines

Kegel gehören zur Invarianzklasse der rotationssymmetrischen Flächen. Daher kann die Rotation um die Kegelachse nicht blockiert werden. Die sechs Freiheitsgrade des Kegels können in einem kartesischen oder einem Zylinderkoordinatensystem ausgerichtet mit der Kegelachse dargestellt werden, wobei der Ursprung in der Spitze des Kegels liegt.

Alternativ kann der Ursprung an einem anderen Punkt entlang der Kegelachse bei einem Nennabstand L_A von der Spitze des Kegels liegen [siehe Gleichung (A.1) und Bild 9].

$$L_A = \frac{D}{2}\left(\tan\frac{\alpha}{2}\right) \qquad (A.1)$$

Dabei ist

α der Kegelwinkel;

D der Nenndurchmesser des Querschnitts;

L_A der Abstand zwischen der Spitze des Kegels und dem Querschnitt, der D definiert.

A.2 Beispiele

Es werden dreizehn Beispiele für die Toleranzfestlegung von Kegeln dargelegt.

BEISPIEL 1 Kegeltolerierung — Oberflächenform ohne Berücksichtigung des Kegelwinkels (Darstellung der Annäherung an eine vollkommene Kegelform, ohne einen vorgegebenen Kegelwinkel zu berücksichtigen)

Angabe einer Formspezifikation der Kegeloberfläche, wobei das Größenmaß des Kegels als veränderlich betrachtet wird	**Bedeutung**
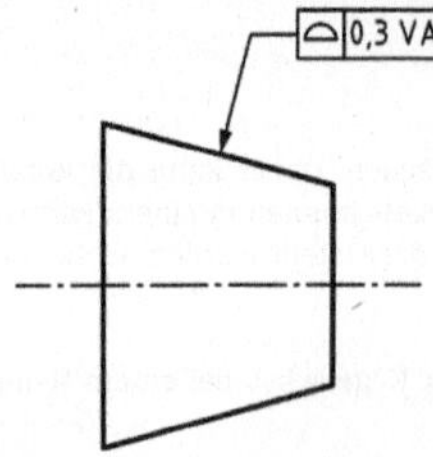 ⌓ 0,3 VA	Die extrahierte Oberfläche des Kegels muss innerhalb der Toleranzzone liegen, ohne dass Richtung oder Ort eingeschränkt wird. Die Toleranzzone umfasst den Bereich, der zwischen zwei koaxialen Kegelflächen mit demselben nicht festgelegten Winkel liegt, die 0,3 mm voneinander entfernt sind. 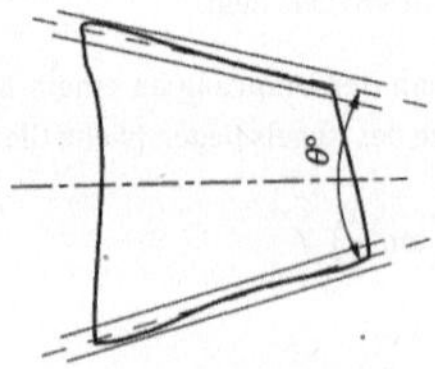 θ **Legende** θ nicht vordefinierter Winkel

Kontrollierte Abweichungen durch die Spezifikation								
Winkel-abweich-ung	Formab-weich-ung	Orts-abweichung			Richtungs-abweichung			Darstellung der Freiheitsgrade
		Tx	Ty	Tz	Rx	Ry	Rz	Y, R_y, R_x, X, R_z, Z
Nein	Ja (Kegel-fläche)	Nein	Nein	Nein	Niemals	Nein	Nein	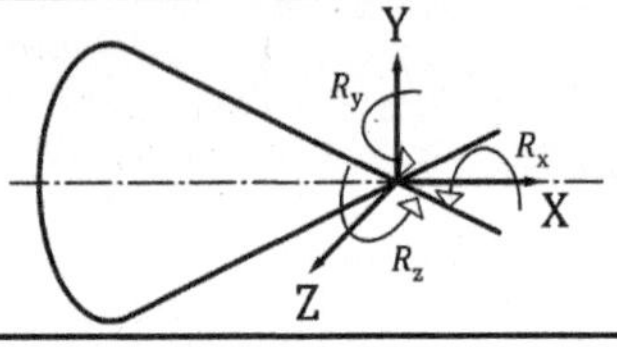
WARNUNG — Richtung und Ort des Kegels und sein Größenmaß sind nicht blockiert.								

Diese Art der Spezifikation kombiniert zwei Anforderungen (Geradheit einer Generatrixlinie oder aller Generatrixlinien und Rundheit einer Directrixlinie oder aller Directrixlinien).

BEISPIEL 2 Kegeltolerierung — Form einer beliebigen Generatrixlinie

Angabe einer Formspezifikation einer beliebigen Generatrix des Kegels (Geradheit)	Bedeutung
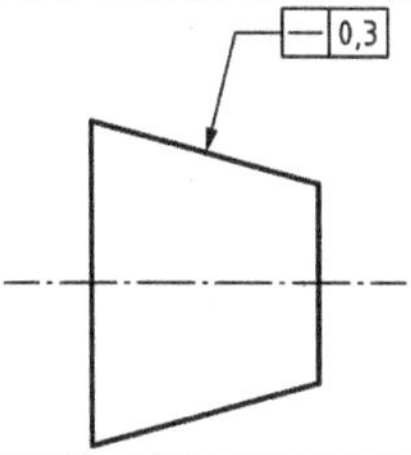 — 0,3	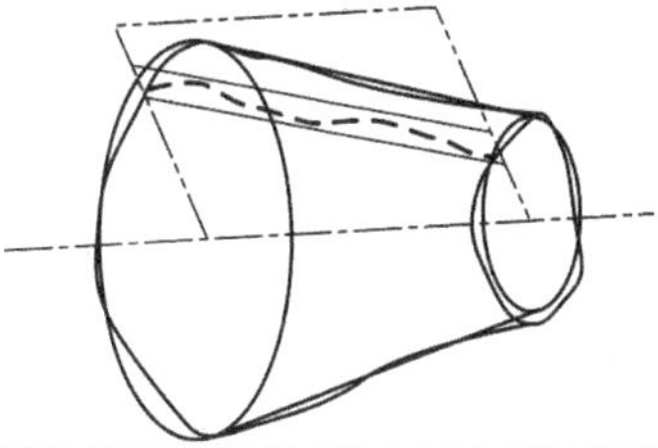

Kontrollierte Abweichungen durch die Spezifikation								
Winkelabweichung	Formabweichung	Ortsabweichung			Richtungsabweichung			Darstellung der Freiheitsgrade
		Tx	Ty	Tz	Rx	Ry	Rz	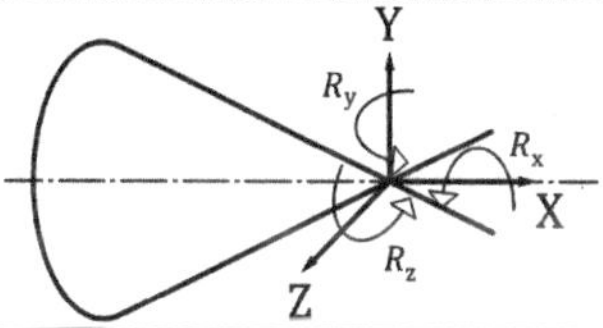 Y, R_y, R_x, X, Z, R_z
Nein	Ja (Generatrixlinien)	Nein	Nein	Nein	Niemals	Nein	Nein	
WARNUNG — Richtung und Ort des Kegels und sein Größenmaß sind nicht blockiert. Die Form des Kegels ist teilweise blockiert.								

BEISPIEL 3 Kegeltolerierung — Form einer beliebigen Directrixlinie oder aller Directrixlinien bei einem beliebigen Querschnitt senkrecht zur Achse des zugeordneten Geometrieelements mit der realen Oberfläche des Kegels, unter Verwendung von Methode der kleinsten Quadrate

Angabe einer Formspezifikation einer beliebigen Directrix des Kegels (Rundheit)	**Bedeutung**

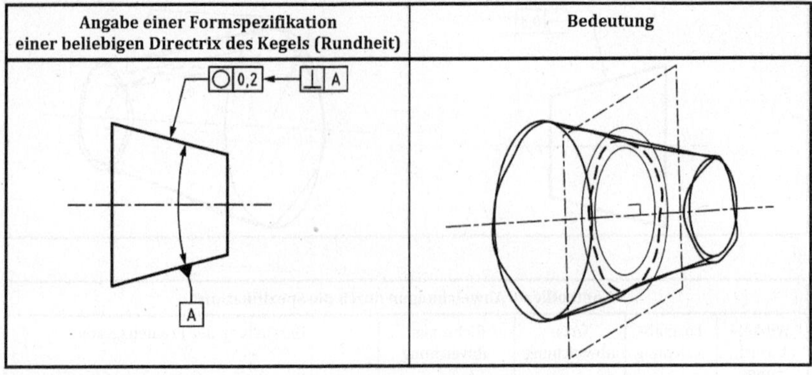

Kontrollierte Abweichungen durch die Spezifikation								
Winkelabweichung	Formabweichung	Ortsabweichung			Richtungsabweichung			Darstellung der Freiheitsgrade
		Tx	Ty	Tz	Rx	Ry	Rz	
Nein	Ja (Directrixlinien bei einem beliebigen Wirkungsquerschnitt)	Nein	Nein	Nein	Niemals	Nein	Nein	Y, R_y, R_x, X, R_z, Z
WARNUNG — Richtung und Ort des Kegels und sein Größenmaß sind nicht blockiert. Die Form des Kegels ist teilweise blockiert.								

BEISPIEL 4 Kegeltolerierung — Oberfläche, deren Ort ausgehend von einem Bezug am Ende angegeben ist. Die kontrollierten Freiheitsgrade (Tx, Rz, Ry) hängen vom Bezug ab. Der Bezug A blockiert Ort und Richtung. In diesem Fall werden die Nebenbedingung der Richtung und die Nebenbedingung des Ortes angewendet, um die Toleranzzone vom Bezug A aus zu blockieren (es ist keine andere Einschränkung erforderlich).

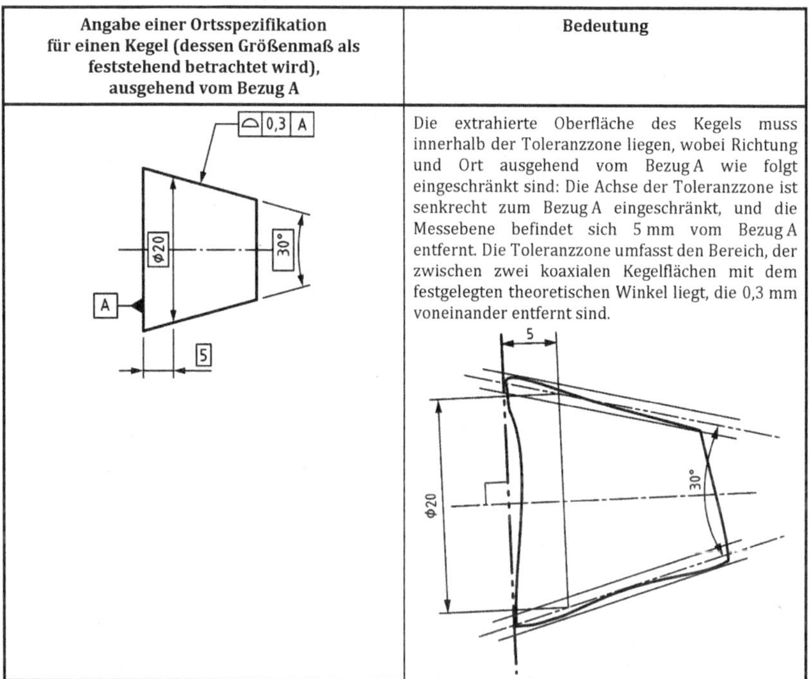

Angabe einer Ortsspezifikation für einen Kegel (dessen Größenmaß als feststehend betrachtet wird), ausgehend vom Bezug A	Bedeutung
	Die extrahierte Oberfläche des Kegels muss innerhalb der Toleranzzone liegen, wobei Richtung und Ort ausgehend vom Bezug A wie folgt eingeschränkt sind: Die Achse der Toleranzzone ist senkrecht zum Bezug A eingeschränkt, und die Messebene befindet sich 5 mm vom Bezug A entfernt. Die Toleranzzone umfasst den Bereich, der zwischen zwei koaxialen Kegelflächen mit dem festgelegten theoretischen Winkel liegt, die 0,3 mm voneinander entfernt sind.

Kontrollierte Abweichungen durch die Spezifikation									
Winkel-abweichung	Formab-weichung	Ortsabweichung			Richtungs-abweichung			Darstellung der Freiheitsgrade
		Tx	Ty	Tz	Rx	Ry	Rz	
Ja	Ja	Ja	Nein	Nein	Niemals	Ja	Ja	Y, R_y, R_x, X, R_z, Z
WARNUNG — Das Größenmaß, die Form und die Richtung des Kegels sind blockiert und der Ort des Kegels ist teilweise blockiert.								

BEISPIEL 5 Kegeltolerierung — Oberfläche, deren Ort ausgehend von einem Bezug am Ende angeben ist. Der Bezug A kann Ort und Richtung arretieren, das Modifikationssymbol >< behält nur die Nebenbedingung der Richtung der Toleranzzone vom Bezug A aus bei.

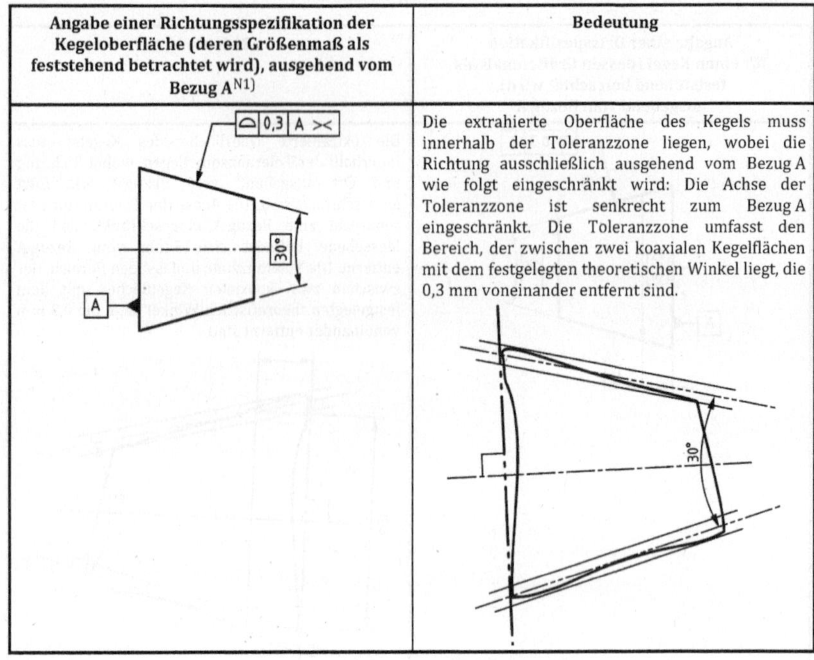

Angabe einer Richtungsspezifikation der Kegeloberfläche (deren Größenmaß als feststehend betrachtet wird), ausgehend vom Bezug A[N1]	Bedeutung
	Die extrahierte Oberfläche des Kegels muss innerhalb der Toleranzzone liegen, wobei die Richtung ausschließlich ausgehend vom Bezug A wie folgt eingeschränkt wird: Die Achse der Toleranzzone ist senkrecht zum Bezug A eingeschränkt. Die Toleranzzone umfasst den Bereich, der zwischen zwei koaxialen Kegelflächen mit dem festgelegten theoretischen Winkel liegt, die 0,3 mm voneinander entfernt sind.

Kontrollierte Abweichungen durch die Spezifikation								
Winkelabweichung	Formabweichung	Ortsabweichung			Richtungsabweichung			Darstellung der Freiheitsgrade
		Tx	Ty	Tz	Rx	Ry	Rz	
Ja	Ja	Nein	Nein	Nein	Niemals	Ja	Ja	Y, R_y, R_x, X, R_z, Z
WARNUNG — Der Ort des Kegels ist nicht blockiert.								

N1) Nationale Fußnote: Erläuterungen siehe nationales Vorwort.

BEISPIEL 6 Kegeltolerierung — Fläche, deren Ort ausgehend von einem Bezugssystem angegeben ist. Der sekundäre Bezug B wird senkrecht zum primären Bezug A definiert. Die Toleranzzone wird koaxial mit Bezug B (Y = Z = 0) eingeschränkt und so angeordnet, dass die Schnittebene, an der der Durchmesser des kreisförmigen Querschnitts 30 mm beträgt, 20 mm vom Bezug A entfernt ist.

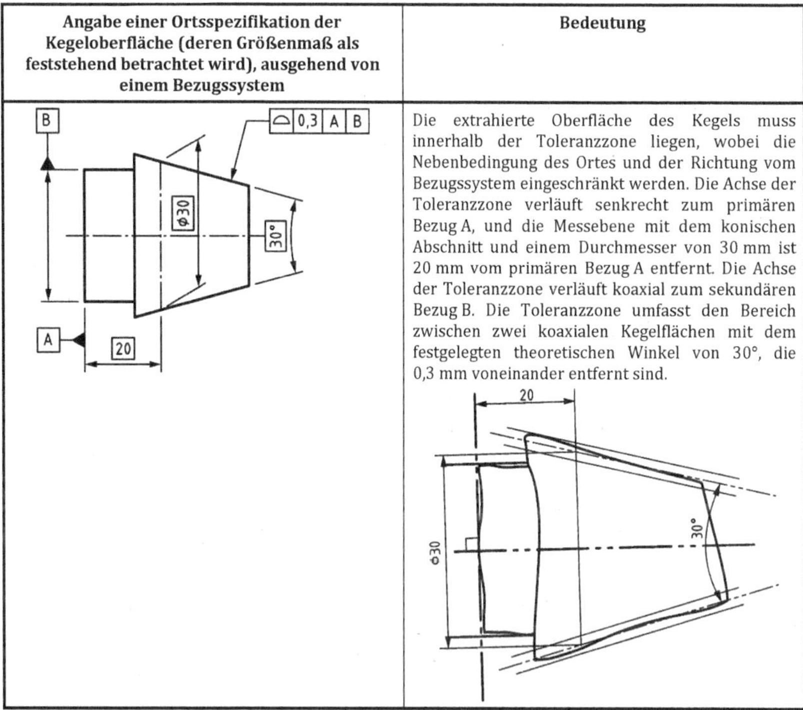

Angabe einer Ortsspezifikation der Kegeloberfläche (deren Größenmaß als feststehend betrachtet wird), ausgehend von einem Bezugssystem	Bedeutung
	Die extrahierte Oberfläche des Kegels muss innerhalb der Toleranzzone liegen, wobei die Nebenbedingung des Ortes und der Richtung vom Bezugssystem eingeschränkt werden. Die Achse der Toleranzzone verläuft senkrecht zum primären Bezug A, und die Messebene mit dem konischen Abschnitt und einem Durchmesser von 30 mm ist 20 mm vom primären Bezug A entfernt. Die Achse der Toleranzzone verläuft koaxial zum sekundären Bezug B. Die Toleranzzone umfasst den Bereich zwischen zwei koaxialen Kegelflächen mit dem festgelegten theoretischen Winkel von 30°, die 0,3 mm voneinander entfernt sind.

Kontrollierte Abweichungen durch die Spezifikation								
Winkelabweichung	Formabweichung	Ortsabweichung			Richtungsabweichung			Darstellung der Freiheitsgrade
		Tx	Ty	Tz	Rx	Ry	Rz	Y, R_y, R_x, X, R_z, Z
Ja	Ja	Ja	Ja	Ja	Niemals	Ja	Ja	
WARNUNG — Form, Richtung und Ort des Kegels sowie sein Größenmaß sind blockiert.								

BEISPIEL 7 Kegeltolerierung — der Kreisdurchmesser liegt in einem Querschnitt mit festem Abstand zu einer Endebene. Defaultmäßig ist das GPS-Merkmal der örtliche Durchmesser (Zweipunktgrößenmaß). Weitere Typen von Größenmaßmerkmalen können festgelegt werden (siehe ISO 14405-1, z. B. Ø20 ± 0,08 (GG)).

An einem echten Werkstück ist der Ort der Schnittebene in einem Abstand von 0 mm von der Endebene aufgrund der möglichen Ungleichmäßigkeiten an der Ecke nicht eindeutig und sollte daher vermieden werden.

Angabe einer Ortsspezifikation für einen Kegel (dessen Größenmaß als veränderlich betrachtet wird)	**Bedeutung**
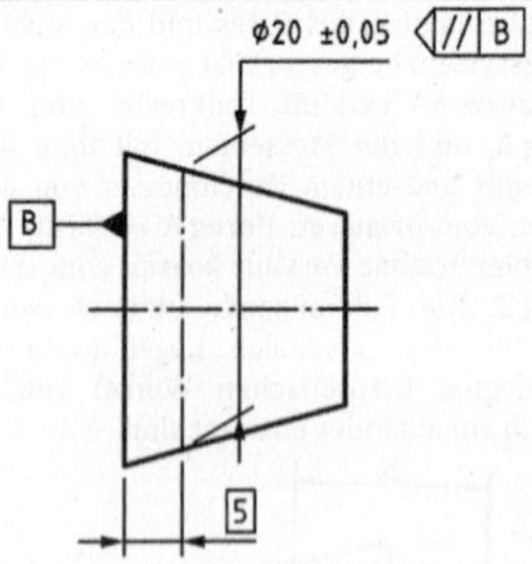 ⌀20 ±0,05 // B B 5 ANMERKUNG Ohne Eintragung der Schnittebene wird die Schnittebene als senkrecht zur Achse des zugehörigen Kegels (Winkelgrößenmaßelement) mit variablem Winkelmaß definiert.	Die Zweipunktdurchmesser (wie in ISO 14405-1 festgelegt) werden durch die Schnittebene parallel zum Bezug B und in einem Abstand von 5 mm von der linken Seite festgelegt. Die Zweipunktdurchmesser müssen zwischen den unteren und oberen Toleranzen eingeschlossen werden. 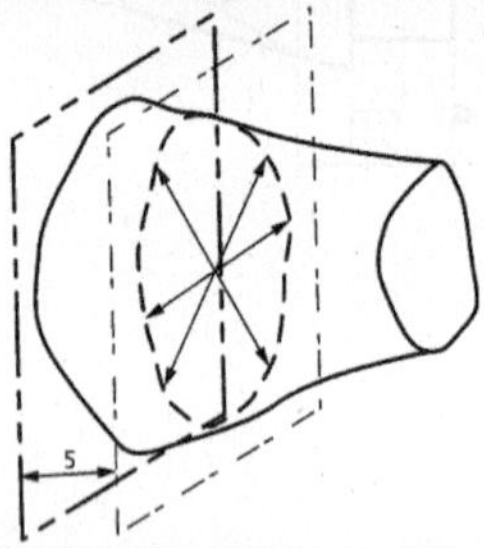 5

Kontrollierte Abweichungen durch die Spezifikation									
Winkelabweichung	Formabweichung	Ortsabweichung			Richtungsabweichung				Darstellung der Freiheitsgrade
		Tx	Ty	Tz	Rx	Ry	Rz	
Nein	Nein	Ja	Nein	Nein	Niemals	Nein	Nein	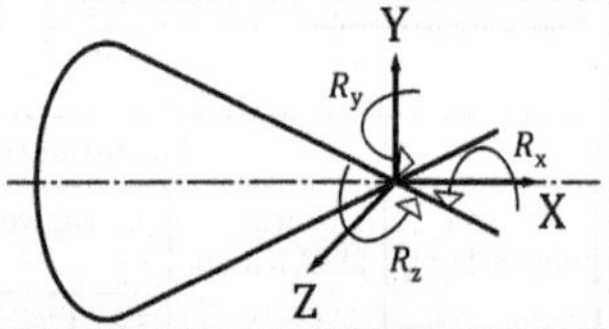 Y, R_y, R_x, X, Z, R_z
WARNUNG — Das Größenmaß, die Form und die Richtung des Kegels sind nicht blockiert. Der Ort des Kegels ist teilweise in X-Richtung, abhängig vom tatsächlichen Größenmaß des Kegels, blockiert.									

BEISPIEL 8 Kegeltolerierung — Winkel zwischen zwei einander gegenüberliegenden Generatrix. Für jeden örtlichen Winkel, der in einem beliebigen Längsschnitt liegt, festgelegt zwischen zwei berührenden Geraden, wird gefordert, dass er innerhalb der Toleranz ist. Ein Längsschnitt wird durch eine Ebene erhalten, welche die Achse des der realen Kegeloberfläche zugeordneten Kegels (mit veränderlichem Winkel) enthält.

Angabe einer maßlichen Winkelspezifikation eines Kegels (dessen Größenmaß als veränderlich angesehenen wird)	**Bedeutung**
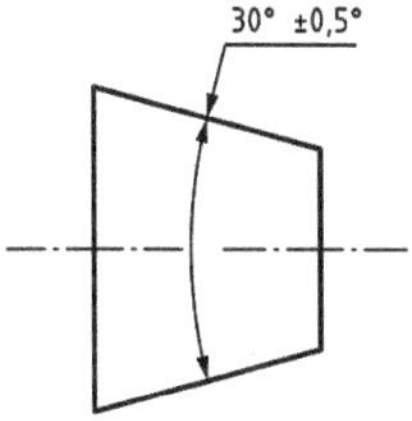 30° ±0,5°	Alle lokalen Winkel werden als Winkel zwischen zwei zugeordneten koplanaren geraden Linien definiert. Diese geraden Linien werden mittels Minimax-Zuordnungskriterien gebildet, die sich außerhalb des Materials aus einem extrahierten Paar aus der Schnittstelle zwischen der extrahierten integralen Oberfläche mit einer beliebigen Längsebene (welche die Achse des assoziierten Kegels mit veränderlichem Größenmaß umfasst) ergeben. Die örtlichen Winkel müssen zwischen den unteren und oberen Toleranzen eingeschlossen werden. 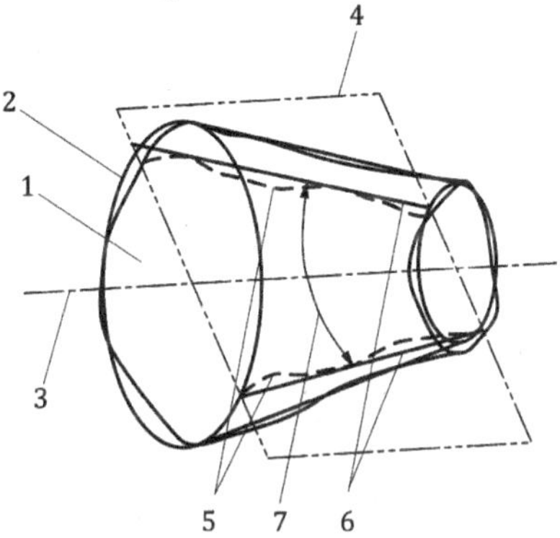 4 2 1 3 5 7 6 **Legende** 1 extrahierte integrale Oberfläche 2 zugeordneter Kegel 3 Kegelachse 4 (Beispiel einer) Schnittebene 5 (Beispiel von) zwei extrahierten Linien 6 (Beispiel von) zwei zugeordneten geraden Linien 7 (Beispiel eines) örtlichen Winkels

Kontrollierte Abweichungen durch die Spezifikation									
Winkelabweichung	Formabweichung	Ortsabweichung			Richtungsabweichung			Darstellung der Freiheitsgrade
		Tx	Ty	Tz	Rx	Ry	Rz	
Ja[a]	Nein	Nein	Nein	Nein	Niemals	Nein	Nein	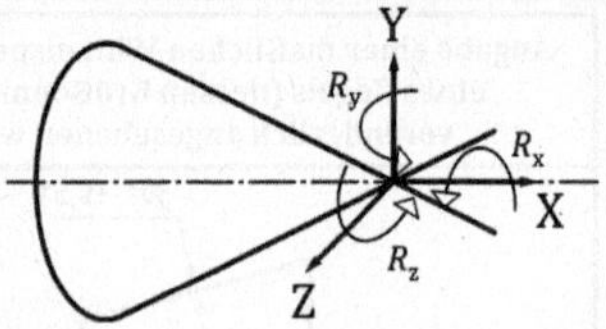 Y, R_y, R_x, X, R_z, Z
WARNUNG — Form, Richtung und Ort des Kegels sind nicht blockiert. Nur das örtliche Größenmaß des Kegels ist blockiert, da kein globales Größenmaß angegeben ist (siehe ISO 14405-3).								
[a] Der Winkel wird zwischen zwei einander gegenüberliegenden Generatrix kontrolliert und nicht durch den Winkel des Kegels der besten Anpassung.								

BEISPIEL 9 Kegeltolerierung — zwei Durchmesser von zwei Kreisen, die in zwei Querschnitten liegen. Defaultmäßig ist das GPS-Merkmal, das den kreisförmigen Querschnitt festlegt, der örtliche Durchmesser (Zweipunktmaß). Weitere Typen von Größenmaßmerkmalen können festgelegt werden (siehe ISO 14405-1).

Angabe einer Menge von zwei maßlichen Spezifikationen eines Kegels, festgelegt in zwei spezifischen Querschnitten	**Bedeutung**
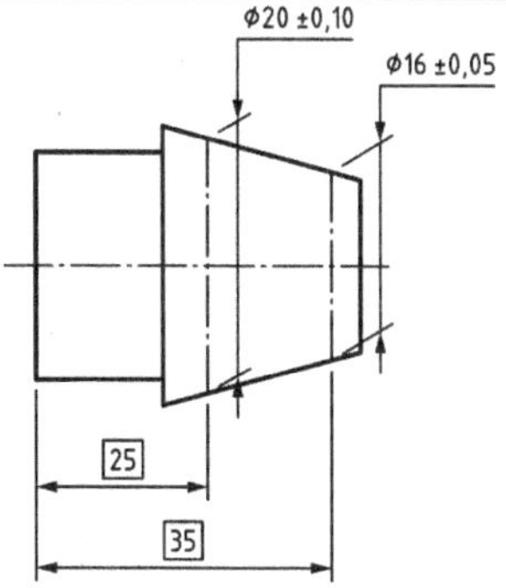 Φ20 ±0,10 Φ16 ±0,05 25 35	Zwei maßliche Spezifikationen, definiert durch zwei verschiedene spezifische Querschnitte derselben Kegelfläche und von der linken Seite ausgehend angeordnet, welche defaultmäßig so eingeschränkt ist, dass sie senkrecht zur Achse des zugeordneten Kegels verläuft. 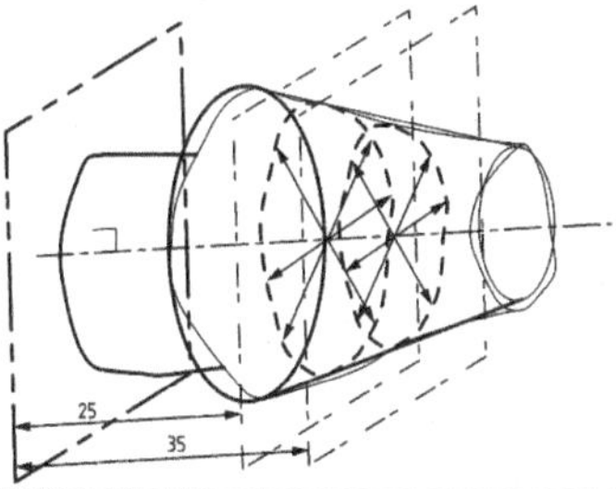 25 35

Kontrollierte Abweichungen durch die Spezifikation								
Winkelabweichung	Formabweichung	Ortsabweichung			Richtungsabweichung			Darstellung der Freiheitsgrade
		Tx	Ty	Tz	Rx	Ry	Rz	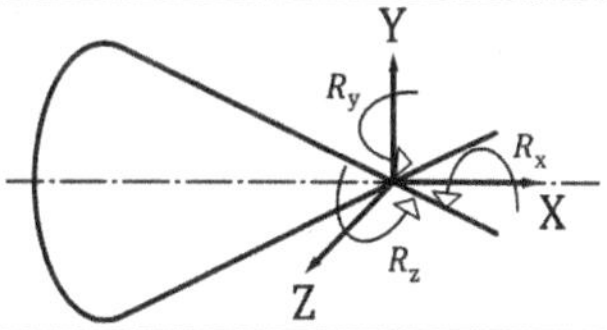 Y R_y R_x X R_z Z
Ja[a]	Nein	Ja	Nein	Nein	Niemals	Nein	Nein	

[a] Die Kontrolle des Winkels ist indirekt und wird durch die Form hervorgerufen.

ANMERKUNG Der spezifische Querschnitt (SCS) ist implizit.

BEISPIEL 10 Kegeltolerierung — Rechtwinkligkeit der Achse des Kegels. Die Toleranzzone, die ein Zylinder ist, wird senkrecht in Richtung des Bezugs A eingeschränkt.

Angabe einer Richtungsspezifikation eines Kegels vom Bezug A ohne Berücksichtigung seiner Form	**Bedeutung**
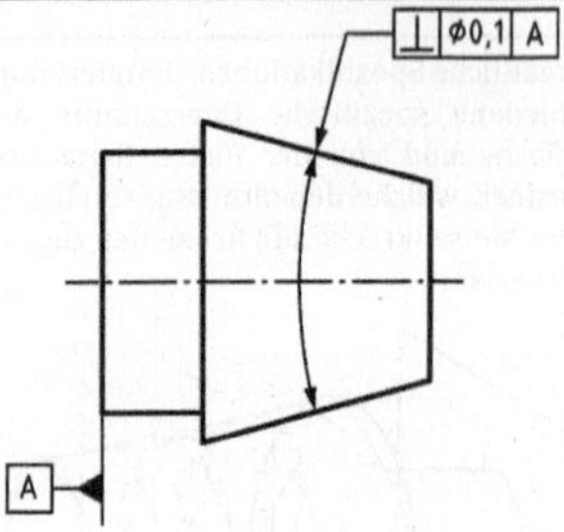 ⊥ ⌀0,1 A A	Die extrahierte Mittellinie des Kegels muss innerhalb der Toleranzzone liegen, wobei die Nebenbedingung der Richtung ausgehend vom Bezug A wie folgt ist: Die Achse der Toleranzzone ist senkrecht zum Bezug A eingeschränkt. Die Toleranzzone umfasst den Bereich, der in einem Zylinder von 0,1 mm Durchmesser enthalten ist. 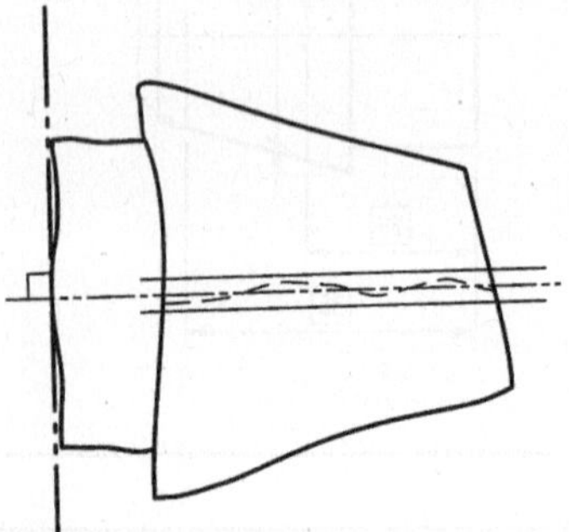

Kontrollierte Abweichungen durch die Spezifikation									
Winkelabweichung	Formabweichung	Ortsabweichung			Richtungsabweichung			Darstellung der Freiheitsgrade
		Tx	Ty	Tz	Rx	Ry	Rz	
Nein	Nein	Nein	Nein	Nein	Niemals	Ja	Ja	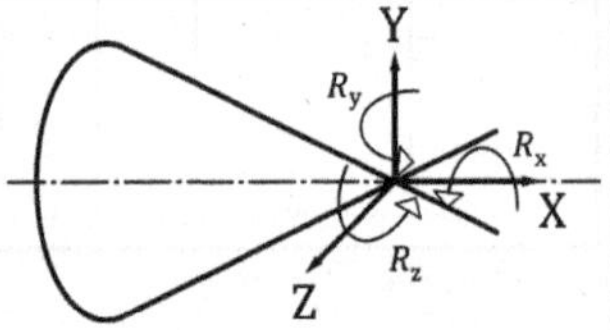 Y, R_y, R_x, X, R_z, Z
WARNUNG — Das Größenmaß, die Form und der Ort des Kegels sind nicht blockiert.								

BEISPIEL 11 Kegeltolerierung — Koaxialität der extrahierten Mittellinie eines Kegels vom Bezugssystem. Die Toleranzzone, die ein Zylinder ist, wird senkrecht in der Richtung vom Bezug A eingeschränkt und so eingeschränkt, dass sie koaxial zum Bezug B ist.

Angabe einer Ortsspezifikation eines Kegels vom Bezugssystem	Bedeutung
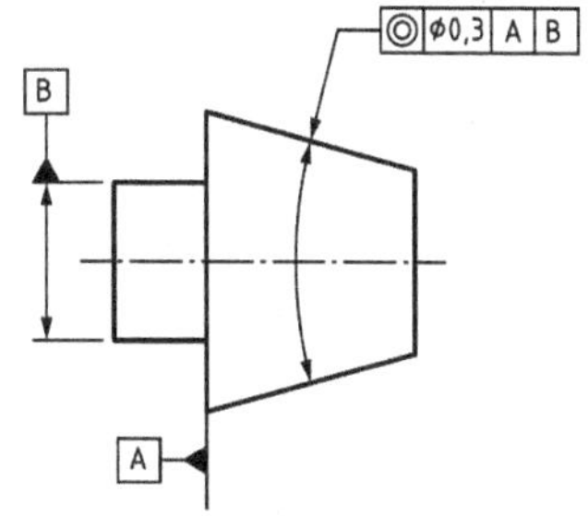 ◎ ⌀0,3 A B	Die extrahierte Mittellinie des Kegels muss innerhalb der Toleranzzone liegen, wobei die Nebenbedingungen der Richtung und des Ortes ausgehend vom Bezugssystem wie folgt sind: Die Achse der Toleranzzone ist senkrecht zum Primärbezug A und koaxial zum Sekundärbezug B eingeschränkt. Die Toleranzzone umfasst den Bereich, der in einem Zylinder von 0,3 mm Durchmesser enthalten ist. 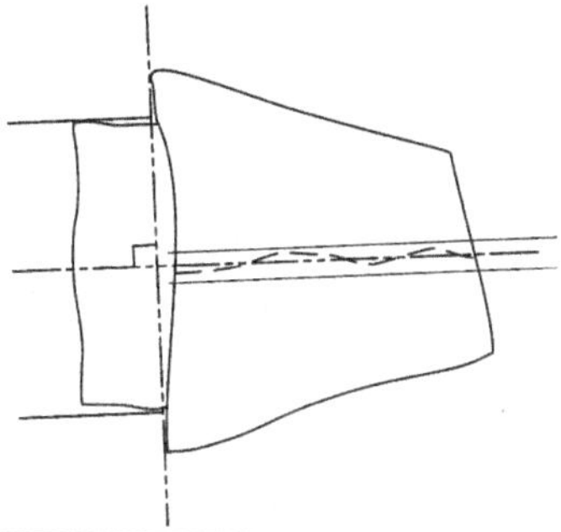

Kontrollierte Abweichungen durch die Spezifikation								
Winkelabweichung	Formabweichung	Ortsabweichung			Richtungsabweichung			Darstellung der Freiheitsgrade
		Tx	Ty	Tz	Rx	Ry	Rz	
Nein	Nein	Nein	Ja	Ja	Niemals	Ja	Ja	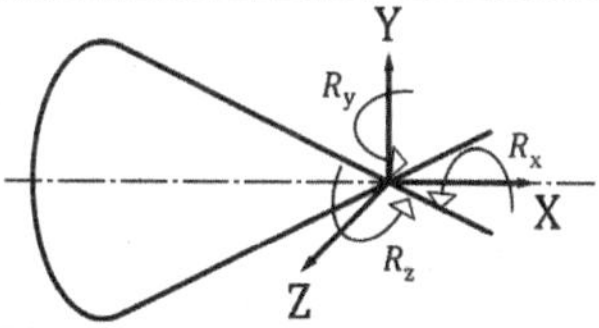 Y, R_y, R_x, X, R_z, Z
WARNUNG — Das Größenmaß und die Form des Kegels sind nicht blockiert.								

BEISPIEL 12 Kegeltolerierung — Rundlauf des Kegels vom Bezugssystem. Der Bereich zwischen zwei Kreisen, die 0,2 mm entfernt voneinander auf dem Kegel liegen, wobei die Achse senkrecht zum Bezug A in der Richtung und koaxial zum Bezug B im Ort eingeschränkt ist

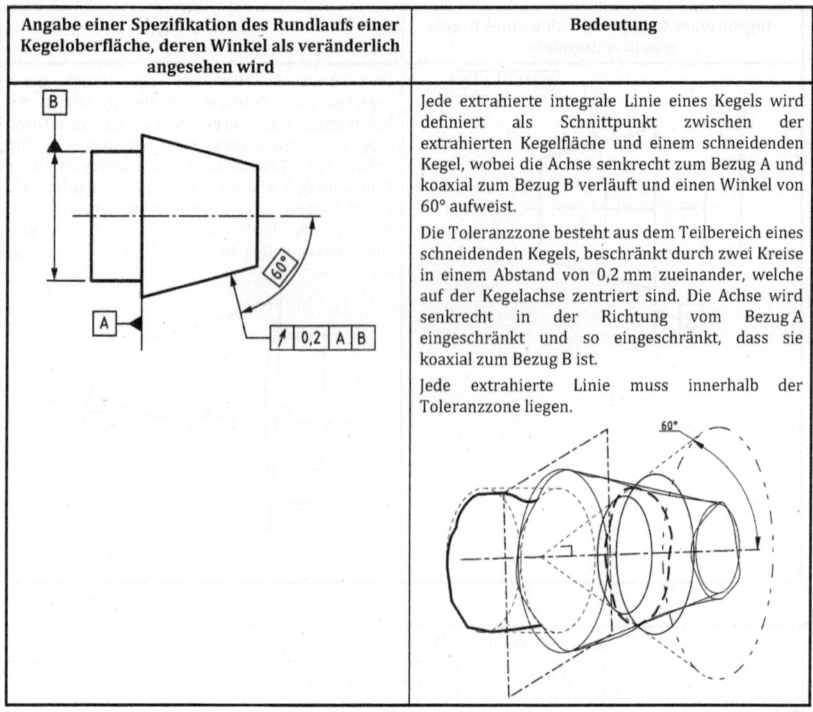

Angabe einer Spezifikation des Rundlaufs einer Kegeloberfläche, deren Winkel als veränderlich angesehen wird	**Bedeutung**
	Jede extrahierte integrale Linie eines Kegels wird definiert als Schnittpunkt zwischen der extrahierten Kegelfläche und einem schneidenden Kegel, wobei die Achse senkrecht zum Bezug A und koaxial zum Bezug B verläuft und einen Winkel von 60° aufweist. Die Toleranzzone besteht aus dem Teilbereich eines schneidenden Kegels, beschränkt durch zwei Kreise in einem Abstand von 0,2 mm zueinander, welche auf der Kegelachse zentriert sind. Die Achse wird senkrecht in der Richtung vom Bezug A eingeschränkt und so eingeschränkt, dass sie koaxial zum Bezug B ist. Jede extrahierte Linie muss innerhalb der Toleranzzone liegen.

Kontrollierte Abweichungen durch die Spezifikation									
Winkelabweichung	Formabweichung	Ortsabweichung			Richtungsabweichung			Darstellung der Freiheitsgrade
		Tx	Ty	Tz	Rx	Ry	Rz	
Nein	Ja	Nein	Ja	Ja	Niemals	Ja	Ja	Y, R_y, R_x, X, Z, R_z
WARNUNG — Das Größenmaß des Kegels ist nicht blockiert und der Ort des Kegels ist teilweise blockiert.								

BEISPIEL 13 Kegeltolerierung – berechneter Winkel aus zwei Durchmessern von zwei Kreisen innerhalb von zwei Querschnitten (siehe ISO 14405-1).

Angabe eines berechneten Winkels, definiert durch zwei maßliche Merkmale aus zwei spezifischen Querschnitten	Bedeutung
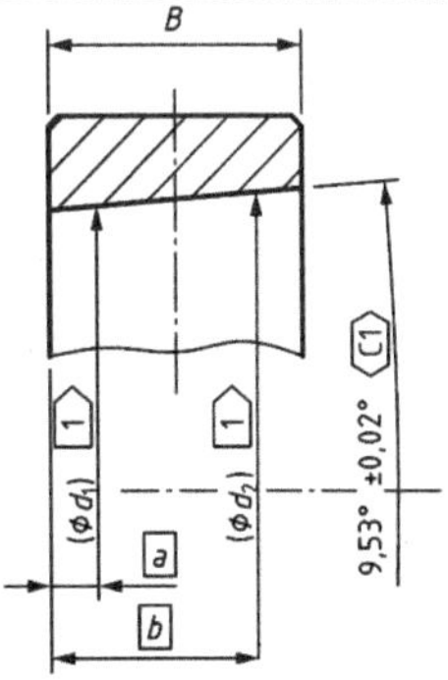 B; (⌀d_1); (⌀d_2); a; b; 9,53° ±0,02° C1 C1 berechneter Merkmalswert aus den Merkmalen d_1 und d_2 1 Zwischenmerkmal bewertet durch (GX) für den berechneten Merkmalswert C1	Zwei lineare maßliche Merkmale, definiert durch zwei verschiedene spezifische Querschnitte derselben Kegelfläche und angeordnet von der linken Seite. Jedes lineare maßliche Merkmal entspricht einer bewerteten Größe des größten einbeschriebenen Kreises, welcher der extrahierten Linie zugeordnet ist und der durch den Schnittpunkt zwischen der extrahierten integralen Oberfläche des Kegels und einem spezifischen Querschnitt erhalten wird. Der berechnete Merkmalswert α ist der Winkel, der aus diesen zwei linearen maßlichen Merkmalen d_1 und d_2 und den Abständen a und b abgeleitet ist, zum Beispiel $2\tan\left(\frac{\alpha}{2}\right) = \frac{d_2-d_1}{b-a}$ 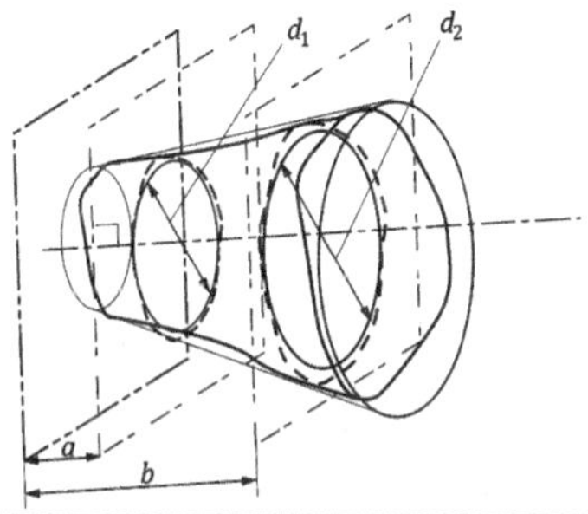 d_1; d_2; a; b

Kontrollierte Abweichungen durch die Spezifikation									
Winkelabweichung	Formabweichung	Ortsabweichung			Richtungsabweichung			Darstellung der Freiheitsgrade
		Tx	Ty	Tz	Rx	Ry	Rz	
Ja[a]	Nein	Ja	Nein	Nein	Niemals	Nein	Nein	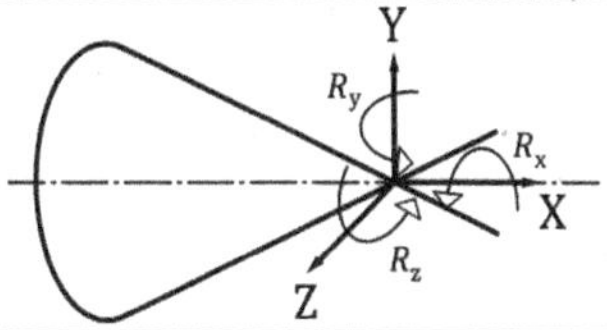 Y; R_y; R_x; X; Z; R_z

[a] Die Kontrolle des Winkels ist indirekt und wird durch die Form hervorgerufen.

Anhang B
(informativ)

Zusammenhang mit dem GPS-Matrix-Modell

B.1 Allgemeines

Zu den vollständigen Einzelheiten des GPS-Matrix-Modells siehe ISO 14638.

B.2 Informationen über diese Internationale Norm und ihre Verwendung

Diese Internationale Norm bestimmt die graphische Angabe eines Kegels zur Definition von dessen Bemaßung und Tolerierung.

B.3 Position im GPS-Matrix-Modell

Diese Internationale Norm ist eine allgemeine GPS-Norm, welche die Kettenglieder A und B der Normenkette über Größe, Form, Richtung, Ort und Lauf beeinflusst, wie in Tabelle B.1 dargestellt.

Tabelle B.1 — ISO/GPS-Normen-Matrix-Modell

	Kettenglieder						
	A	B	C	D	E	F	G
	Symbole und Angaben	Anforderungen an Geometrieelemente	Merkmale von Geometrieelementen	Übereinstimmung und Nicht-Übereinstimmung	Messung	Messgeräte	Kalibrierung
Größenmaß	•	•					
Abstand							
Form	•	•					
Richtung	•	•					
Ort	•	•					
Lauf	•	•					
Oberflächenbeschaffenheit: Profil							
Oberflächenbeschaffenheit: Fläche							
Oberflächenunvollkommenheit							

B.4 Betroffene Internationale Normen

Die betroffenen Normen sind diejenigen, die in Tabelle B.1 für die Normenketten aufgeführt sind.

Literaturhinweise

[1] ISO 8015, *Geometrical product specifications (GPS) — Fundamentals — Concepts, principles and rules*

[2] ISO 14253-1, *Geometrical product specifications (GPS) — Inspection by measurement of workpieces and measuring equipment — Part 1: Decision rules for proving conformity or nonconformity with specifications*

[3] ISO 14405-1: —[1)], *Geometrical product specifications (GPS) — Dimensional tolerancing — Part 1: Linear sizes*

[4] ISO 14405-3: —[2)], *Geometrical product specifications (GPS) — Dimensional tolerancing — Part 3: Angular sizes*

[5] ISO 14638:2015, *Geometrical product specifications (GPS) — Matrix model*

1) Veröffentlichung in Vorbereitung.

2) Veröffentlichung in Vorbereitung.

Warnvermerk / Warning notice	DIN EN ISO 5458:2018-11
Datum / Date	2019-10-28

Die deutschen Anwender dieser Internationalen Norm werden auf einen Fehler im informativen Anhang C, Tabelle C.1, Beispiel 10 hingewiesen. Die Hinweislinie zeigt auf das verlängerte Ende der Maßlinie, obwohl es sich nicht um ein abgeleitetes Geometrieelement handelt. Richtig muss die Hinweislinie nur auf die Referenzlinie zeigen (siehe auch DIN EN ISO 1101, Abschnitt 6). Das Bild in Beispiel 10 ist, wie in ISO 5458:2018 richtig dargestellt, wie folgt zu korrigieren:

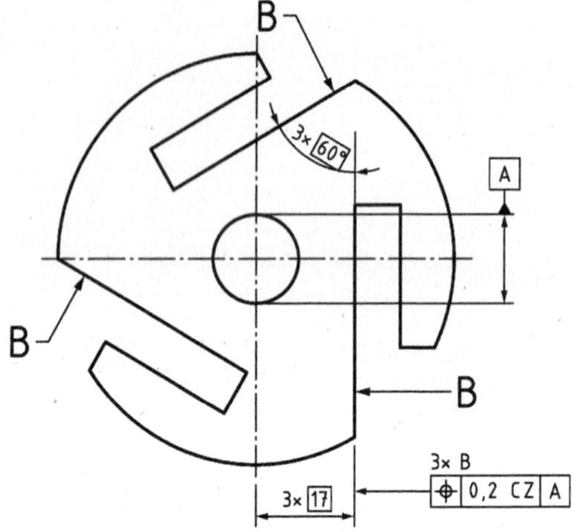

2019-10 / 29706

- Leerseite -

November 2018

DIN EN ISO 5458

ICS 17.040.40

Ersatz für
DIN EN ISO 5458:1999-02

Geometrische Produktspezifikationen (GPS) – Geometrische Tolerierung – Elementgruppen und kombinierte geometrische Spezifikation (ISO 5458:2018); Deutsche Fassung EN ISO 5458:2018

Geometrical product specifications (GPS) –
Geometrical tolerancing –
Pattern and combined geometrical specification (ISO 5458:2018);
German version EN ISO 5458:2018

Spécification géométrique des produits (GPS) –
Tolérancement géométrique –
Spécification géométrique de groupes d'éléments et spécification géométrique combinée (ISO 5458:2018);
Version allemande EN ISO 5458:2018

Gesamtumfang 53 Seiten

DIN-Normenausschuss Technische Grundlagen (NATG)

Nationales Vorwort

Dieses Dokument (EN ISO 5458:2018) wurde vom Technischen Komitee ISO/TC 213 „Dimensional and geometrical product specifications and verification" in Zusammenarbeit mit dem Technischen Komitee CEN/TC 290 „Geometrische Produktspezifikationen und -prüfung" erarbeitet, dessen Sekretariat von AFNOR (Frankreich) gehalten wird.

Das zuständige deutsche Normungsgremium ist der Arbeitsausschuss NA 152-03-02 AA „CEN/ISO Geometrische Produktspezifikation und –prüfung" im DIN-Normenausschuss Technische Grundlagen (NATG).

Für die in diesem Dokument zitierten internationalen Dokumente wird im Folgenden auf die entsprechenden deutschen Dokumente hingewiesen:

ISO 1101	siehe	DIN EN ISO 1101
ISO 2692	siehe	DIN EN ISO 2692
ISO 3098-2	siehe	DIN EN ISO 3098-2
ISO 3098-5	siehe	DIN EN ISO 3098-5
ISO 5459	siehe	DIN EN ISO 5459
ISO 8015	siehe	DIN EN ISO 8015
ISO 14253-1	siehe	DIN EN ISO 14253-1
ISO 14638	siehe	DIN EN ISO 14638
ISO 17450-1	siehe	DIN EN ISO 17450-1
ISO 17450-2	siehe	DIN EN ISO 17450-2
ISO 17450-4	siehe	DIN EN ISO 17450-4
ISO 22432	siehe	DIN EN ISO 22432
ISO 81714-1	siehe	DIN EN ISO 81714-1

Änderungen

Gegenüber DIN EN ISO 5458:1999-02 wurden folgende Änderungen vorgenommen:

a) die Ausnahme vom Grundsatz der Unabhängigkeit nach ISO 8015 wurde aufgehoben;

b) die Regeln wurden mit ISO 1101 harmonisiert;

c) die nicht genannten (impliziten) Regeln in ISO 5458:1998 wurden eliminiert;

d) das Konzept von „Elementgruppen" zur Kontrolle sämtlicher Arten von Geometrieelementen wurde generischer gestaltet, anstatt es lediglich mit dem Positionssymbol anzuwenden.

Frühere Ausgaben

DIN ISO 5458: 1988-07
DIN EN ISO 5458: 1999-02

Nationaler Anhang NA
(informativ)

Literaturhinweise

DIN EN ISO 1101, *Geometrische Produktspezifikation (GPS) — Geometrische Tolerierung — Tolerierung von Form, Richtung, Ort und Lauf*

DIN EN ISO 2692, *Geometrische Produktspezifikation (GPS) — Geometrische Tolerierung — Maximum-Material-Bedingung (MMR), Minimum-Material-Bedingung (LMR) und Reziprozitätsbedingung (RPR)*

DIN EN ISO 3098-2, *Technische Produktdokumentation — Schriften — Teil 2: Lateinisches Alphabet, Ziffern und Zeichen*

DIN EN ISO 3098-5, *Technische Produktdokumentation — Schriften — Teil 5: CAD-Schrift des lateinischen Alphabetes sowie der Ziffern und Zeichen*

DIN EN ISO 5459, *Geometrische Produktspezifikation (GPS) — Geometrische Tolerierung — Bezüge und Bezugssysteme*

DIN EN ISO 8015, *Geometrische Produktspezifikation (GPS) — Grundlagen — Konzepte, Prinzipien und Regeln*

DIN EN ISO 14253-1, *Geometrische Produktspezifikationen (GPS) — Prüfung von Werkstücken und Messgeräten durch Messen — Teil 1: Entscheidungsregeln für den Nachweis von Konformität oder Nichtkonformität mit Spezifikationen*

DIN EN ISO 14638, *Geometrische Produktspezifikation (GPS) — Matrix-Modell*

DIN EN ISO 17450-1, *Geometrische Produktspezifikation (GPS) — Grundlagen — Teil 1: Modell für die geometrische Spezifikation und Prüfung*

DIN EN ISO 17450-2, *Geometrische Produktspezifikation (GPS) — Grundlagen — Teil 2: Grundsätze, Spezifikationen, Operatoren, Unsicherheiten und Mehrdeutigkeiten*

DIN EN ISO 17450-4, *Geometrische Produktspezifikation (GPS) — Grundlagen — Teil 4: Geometrische Merkmale zum Quantifizieren von GPS-Abweichungen*

DIN EN ISO 22432, *Geometrische Produktspezifikation (GPS) — Zur Spezifikation und Prüfung benutzte Geometrieelemente*

DIN EN ISO 81714-1, *Gestaltung von graphischen Symbolen für die Anwendung in der technischen Produktdokumentation — Teil 1: Grundregeln*

— Leerseite —

EUROPÄISCHE NORM

EUROPEAN STANDARD

NORME EUROPÉENNE

EN ISO 5458

Juni 2018

ICS 17.040.10

Ersatz für EN ISO 5458:1998

Deutsche Fassung

Geometrische Produktspezifikationen (GPS) — Geometrische Tolerierung — Elementgruppen und kombinierte geometrische Spezifikation (ISO 5458:2018)

Geometrical product specifications (GPS) — Geometrical tolerancing — Pattern and combined geometrical specification (ISO 5458:2018)

Spécification géométrique des produits (GPS) — Tolérancement géométrique — Spécification géométrique de groupes d'éléments et spécification géométrique combinée (ISO 5458:2018)

Diese Europäische Norm wurde vom CEN am 25. Februar 2018 angenommen.

Die CEN-Mitglieder sind gehalten, die CEN/CENELEC-Geschäftsordnung zu erfüllen, in der die Bedingungen festgelegt sind, unter denen dieser Europäischen Norm ohne jede Änderung der Status einer nationalen Norm zu geben ist. Auf dem letzten Stand befindliche Listen dieser nationalen Normen mit ihren bibliographischen Angaben sind beim CEN-CENELEC-Management-Zentrum oder bei jedem CEN-Mitglied auf Anfrage erhältlich.

Diese Europäische Norm besteht in drei offiziellen Fassungen (Deutsch, Englisch, Französisch). Eine Fassung in einer anderen Sprache, die von einem CEN-Mitglied in eigener Verantwortung durch Übersetzung in seine Landessprache gemacht und dem Management-Zentrum mitgeteilt worden ist, hat den gleichen Status wie die offiziellen Fassungen.

CEN-Mitglieder sind die nationalen Normungsinstitute von Belgien, Bulgarien, Dänemark, Deutschland, der ehemaligen jugoslawischen Republik Mazedonien, Estland, Finnland, Frankreich, Griechenland, Irland, Island, Italien, Kroatien, Lettland, Litauen, Luxemburg, Malta, den Niederlanden, Norwegen, Österreich, Polen, Portugal, Rumänien, Schweden, der Schweiz, Serbien, der Slowakei, Slowenien, Spanien, der Tschechischen Republik, der Türkei, Ungarn, dem Vereinigten Königreich und Zypern.

EUROPÄISCHES KOMITEE FÜR NORMUNG
EUROPEAN COMMITTEE FOR STANDARDIZATION
COMITÉ EUROPÉEN DE NORMALISATION

CEN-CENELEC Management-Zentrum: Rue de la Science 23, B-1040 Brüssel

Ref. Nr. EN ISO 5458:2018 D

Inhalt

Europäisches Vorwort

Dieses Dokument (EN ISO 5458:2018) wurde vom Technischen Komitee ISO/TC 213 „Dimensional and geometrical product specifications and verification" in Zusammenarbeit mit dem Technischen Komitee CEN/TC 290 „Geometrische Produktspezifikatonen und -prüfung" erarbeitet, dessen Sekretariat von AFNOR gehalten wird.

Diese Europäische Norm muss den Status einer nationalen Norm erhalten, entweder durch Veröffentlichung eines identischen Textes oder durch Anerkennung bis Dezember 2018, und etwaige entgegenstehende nationale Normen müssen bis Dezember 2018 zurückgezogen werden.

Es wird auf die Möglichkeit hingewiesen, dass einige Elemente dieses Dokuments Patentrechte berühren können. CEN nicht dafür verantwortlich, einige oder alle diesbezüglichen Patentrechte zu identifizieren.

Dieses Dokument ersetzt EN ISO 5458:1998.

Entsprechend der CEN-CENELEC-Geschäftsordnung sind die nationalen Normungsinstitute der folgenden Länder gehalten, diese Europäische Norm zu übernehmen: Belgien, Bulgarien, Dänemark, Deutschland, die ehemalige jugoslawische Republik Mazedonien, Estland, Finnland, Frankreich, Griechenland, Irland, Island, Italien, Kroatien, Lettland, Litauen, Luxemburg, Malta, Niederlande, Norwegen, Österreich, Polen, Portugal, Rumänien, Schweden, Schweiz, Serbien, Slowakei, Slowenien, Spanien, Tschechische Republik, Türkei, Ungarn, Vereinigtes Königreich und Zypern.

Anerkennungsnotiz

Der Text von ISO 5458:2018 wurde von CEN als EN ISO 5458:2018 ohne irgendeine Abänderung genehmigt.

Vorwort

ISO (die Internationale Organisation für Normung) ist eine weltweite Vereinigung nationaler Normungsorganisationen (ISO-Mitgliedsorganisationen). Die Erstellung von Internationalen Normen wird üblicherweise von Technischen Komitees von ISO durchgeführt. Jede Mitgliedsorganisation, die Interesse an einem Thema hat, für welches ein Technisches Komitee gegründet wurde, hat das Recht, in diesem Komitee vertreten zu sein. Internationale staatliche und nichtstaatliche Organisationen, die in engem Kontakt mit ISO stehen, nehmen ebenfalls an der Arbeit teil. ISO arbeitet bei allen elektrotechnischen Themen eng mit der Internationalen Elektrotechnischen Kommission (IEC) zusammen.

Die Verfahren, die bei der Entwicklung dieses Dokuments angewendet wurden und die für die weitere Pflege vorgesehen sind, werden in den ISO/IEC-Direktiven, Teil 1 beschrieben. Es sollten insbesondere die unterschiedlichen Annahmekriterien für die verschiedenen ISO-Dokumentenarten beachtet werden. Dieses Dokument wurde in Übereinstimmung mit den Gestaltungsregeln der ISO/IEC-Direktiven, Teil 2 erarbeitet (siehe www.iso.org/directives).

Es wird auf die Möglichkeit hingewiesen, dass einige Elemente dieses Dokuments Patentrechte berühren können. ISO ist nicht dafür verantwortlich, einige oder alle diesbezüglichen Patentrechte zu identifizieren. Details zu allen während der Entwicklung des Dokuments identifizierten Patentrechten finden sich in der Einleitung und/oder in der ISO-Liste der erhaltenen Patenterklärungen (siehe www.iso.org/patents).

Jeder in diesem Dokument verwendete Handelsname dient nur zur Unterrichtung der Anwender und bedeutet keine Anerkennung.

Eine Erläuterung zum freiwilligen Charakter von Normen, der Bedeutung ISO-spezifischer Begriffe und Ausdrücke in Bezug auf Konformitätsbewertungen sowie Informationen darüber, wie ISO die Grundsätze der Welthandelsorganisation (WTO) hinsichtlich technischer Handelshemmnisse (TBT) berücksichtigt, enthält der folgende Link: www.iso.org/iso/foreword.html.

Dieses Dokument wurde vom Technischen Komitee ISO/TC 213, *Dimensional and geometrical product specifications and verification*, erarbeitet.

Diese dritte Ausgabe ersetzt die zweite Ausgabe (ISO 5458:1998), die technisch überarbeitet wurde.

Die wesentlichen Änderungen im Vergleich zur Vorgängerausgabe sind folgende:

— die Ausnahme vom Grundsatz der Unabhängigkeit nach ISO 8015 aufgehoben;

— die Regeln wurden harmonisiert, um mit ISO 1101 übereinzustimmen;

— die nicht genannten Regeln in ISO 5458:1998 wurden eliminiert;

— das Konzept von „Elementgruppen" zur Kontrolle sämtlicher Arten von Geometrieelementen wurde generischer gestaltet, anstatt es lediglich mit dem Positionssymbol anzuwenden.

Einleitung

Dieses Dokument ist eine Norm für die geometrische Produktspezifikation (GPS) und als eine allgemeine GPS-Norm anzusehen (siehe ISO 14638). Sie beeinflusst die Kettenglieder A, B und C hinsichtlich Gestalt, Richtung und Ort.

Das in ISO 14638 angegebene ISO/GPS-Matrix-Modell gibt einen Überblick über das ISO/GPS-System, von dem dieses Dokument ein Bestandteil ist. Die in ISO 8015 angegebenen grundlegenden Regeln von ISO/GPS gelten für dieses Dokument und, sofern nicht anders angegeben, gelten die defaultmäßigen Entscheidungsregeln nach ISO 14253-1 für Spezifikationen, die in Übereinstimmung mit diesem Dokument festgelegt wurden.

Für ausführlichere Informationen zum Zusammenhang dieses Dokuments mit dem GPS-Matrix-Modell siehe Anhang F.

ISO 1101 und andere relevante Dokumente, z. B. zur Minimum- und zur Maximum-Material-Bedingung (ISO 2692) und zum Bezugssystem (ISO 5459), sollten bei der Anwendung dieses Dokuments berücksichtigt werden.

Dieses Dokument enthält Regeln zur Tolerierung von Toleranzzonengruppen, z. B. einer Kollektion von Toleranzzonen, die miteinander gekoppelt sind, mit oder ohne Verweis auf ein Bezugssystem, das nicht alle Freiheitsgrade blockiert.

Für die Darstellung der Beschriftung (Größenverhältnisse und Maße) siehe ISO 3098-2.

Alle Bilder in diesem Dokument für 2D-Zeichnungseintragungen sind in der Projektionsmethode 1 mit Maßen und Toleranzen in Millimetern gezeichnet. Es sollte klar sein, dass ebenso gut die Projektionsmethode 3 und andere Maßeinheiten hätten angewendet werden können, ohne dadurch die Bedeutung der festgelegten Grundlagen zu verändern.

Die Anhänge A und B enthalten weitere Informationen zu Änderungen in der Praxis und Unterschieden zwischen diesem Dokument und ISO 1101 einerseits und und ISO 5458:1998 andrerseits.

WICHTIG — Die Bilder in diesem Dokument sollen den Text veranschaulichen und/oder Beispiele für die entsprechende Spezifikation zur technischen Zeichnung geben; die Darstellungen sind nicht vollständig bemaßt und toleriert und zeigen nur die jeweils zutreffenden allgemeinen Grundlagen. Insbesondere enthalten viele Darstellungen keine Filterspezifikationen. Folglich stellen die Darstellungen nicht ein gesamtes Werkstück dar und entsprechen nicht der Qualität, die für den Gebrauch in der Industrie gefordert wird (bezogen auf die vollständige Übereinstimmung mit den von ISO/TC 10 und ISO/TC 213 erarbeiteten Normen) und sind somit nicht für Ausbildungszwecke geeignet.

1 Anwendungsbereich

Dieses Dokument legt ergänzende Regeln zu ISO 1101 fest, die auf Elementgruppenspezifikationen anzuwenden sind, und definiert Regeln zur Kombination einzelner Spezifikationen für geometrische Spezifikationen, z. B. durch Verwenden der Symbole POSITION, SYMMETRIE, LINIENPROFIL und FLÄCHENPROFIL sowie GERADHEIT (wenn die tolerierten Geometrieelemente nominal koaxial sind) und EBENHEIT (wenn die tolerierten Geometrieelemente nominal koplanar sind) wie in Anhang C angegeben.

Diese Regeln gelten, wenn eine Reihe von Toleranzzonen durch Verwenden der CZ-, CZR- oder SIM-Modifikatoren mit Nebenbedingungen für Ort oder Richtung zusammengefasst werden.

Dieses Dokument behandelt nicht das Anwenden der Elementgruppenspezifikationen, wenn die Minimum- und die Maximum-Material-Bedingung angewendet wird (siehe ISO 2692).

Dieses Dokument behandelt nicht das Festlegen eines gemeinsamen Bezugs (siehe ISO 5459) basierend auf Gruppenelementen.

2 Normative Verweisungen

Die folgenden Dokumente werden im Text in solcher Weise in Bezug genommen, dass einige Teile davon oder ihr gesamter Inhalt Anforderungen des vorliegenden Dokuments darstellen. Bei datierten Verweisungen gilt nur die in Bezug genommene Ausgabe. Bei undatierten Verweisungen gilt die letzte Ausgabe des in Bezug genommenen Dokuments (einschließlich aller Änderungen).

ISO 1101, *Geometrical product specifications (GPS) — Geometrical tolerancing — Tolerances of form, orientation, location and run-out*

ISO 8015, *Geometrical product specifications (GPS) — Fundamentals — Concepts, principles and rules*

ISO 17450-1, *Geometrical product specifications (GPS) — General concepts — Part 1: Model for geometrical specification and verification*

ISO 17450-2, *Geometrical product specifications (GPS) — General concepts — Part 2: Basic tenets, specifications, operators, uncertainties and ambiguities*

ISO 22432, *Geometrical product specifications (GPS) — Features utilized in specification and verification*

3 Begriffe

Für die Anwendung dieses Dokuments gelten die Begriffe nach ISO 8015, ISO 1101, ISO 17450-1, ISO 17450-2, ISO 22432 und die folgenden Begriffe.

ISO und IEC stellen terminologische Datenbanken für die Verwendung in der Normung unter den folgenden Adressen bereit:

— ISO Online Browsing Platform: unter http://www.iso.org/obp

— IEC Electropedia: unter http://www.electropedia.org/

3.1
Elementgruppenspezifikation
kombinierte Anforderung, die durch eine Reihe von geometrischen Spezifikationen angezeigt und durch eine Toleranzzonengruppe kontrolliert wird

Anmerkung 1 zum Begriff: Bei den von einer Elementgruppenspezifikation kontrollierten Geometrieelementen kann es sich um eine Reihe zusammengesetzter oder vereinigter Geometrieelemente oder einzelne Geometrieelemente handeln, die (lineare oder winkelbezogene) Größenmaßelemente sein können.

Anmerkung 2 zum Begriff: Anhang C enthält Beispiele für Elementgruppenspezifikationen in Tabelle C.1.

Anmerkung 3 zum Begriff: Die Reihe einzelner Geometrieelemente, die von einer Elementgruppenspezifikation kontrolliert werden, definiert kein vereinigtes Geometrieelement. Ein vereinigtes Geometrieelement kann ein Gruppenelement sein, d. h. ein Teil einer Reihe der tolerierten Geometrieelemente, die durch eine Elementgruppenspezifikation kontrolliert werden.

3.2
Gruppenelement
geometrisches Element, das Glied einer Reihe der Geometrieelemente ist, die durch eine Elementgruppenspezifikation kontrolliert werden

3.3
Toleranzzonengruppe
Kombination aus mehr als einer Toleranzzone, die ohne Priorität zueinander Nebenbedingungen für Richtung und Ort oder Nebenbedingungen für die Richtung aufweisen

Anmerkung 1 zum Begriff: Eine Toleranzzonengruppe besteht aus mehreren Toleranzzonen, die verschiedene Nenngeometrien aufweisen können.

Anmerkung 2 zum Begriff: Eine Toleranzzonengruppe kann ohne externe Nebenbedingung oder mit Nebenbedingung für Richtung und/oder Ort durch ein Bezugssystem festgelegt werden.

3.4
Elementgruppenmerkmal
Geometriemerkmal, das von einer Elementgruppenspezifikation kontrolliert wird

3.5
theoretisch exakte Geometrieelementgruppe
TEF-Gruppe
Kombination aus mehr als einem TEF (en: theoretical exact feature), die ohne Priorität zueinander Nebenbedingungen für Richtung und Ort oder Nebenbedingungen für die Richtung aufweisen und zur Festlegung des Elementgruppenmerkmals verwendet werden

Anmerkung 1 zum Begriff: Eine TEF-Gruppe besteht aus mehreren TEFs, die verschiedene Nenngeometrien aufweisen und zueinander Nebenbedingungen hinsichtlich ihres relativen Ortes und/oder ihrer Richtung haben können.

Anmerkung 2 zum Begriff: Eine TEF-Gruppe kann ohne externe Nebenbedingung oder mit Nebenbedingung für Richtung und/oder Ort durch ein Bezugssystem festgelegt werden.

3.6
einzelne Elementgruppenspezifikation
Elementgruppenspezifikation, die von einer Toleranzindikatorspezifikation kontrolliert wird

3.7
mehrfache Elementgruppenspezifikation
Elementgruppenspezifikation, die von mehr als einer Toleranzindikatorspezifikation kontrolliert wird

3.8
mehrstufige einzelne Elementgruppenspezifikation
einzelne Elementgruppenspezifikation, die auf mehr als eine Gruppe tolerierter Geometrieelemente angewendet wird

3.9
interne Nebenbedingung
Nebenbedingung für Ort und/oder Richtung zwischen den individuellen Toleranzzonen der Toleranzzonengruppe

3.10
externe Nebenbedingung
Nebenbedingung für Ort und/oder Richtung zwischen einer Toleranzzone oder einer Toleranzzonengruppe und einem Bezugssystem

4 Symbole und Spezifikationsmodifikatoren

Für die Anwendung dieses Dokuments gelten die Spezifikationsmodifikatoren nach Tabelle 1.

Regeln für die Darstellung graphischer Symbole müssen in Übereinstimmung mit Anhang D sein.

Tabelle 1 — Spezifikationsmodifikatoren

Gilt für	Symbol	Beschreibung	Interne Nebenbedingung	Modifikator definiert in
toleriertes Geometrie-element	UF	vereinigtes Geometrieelement	nicht anwendbar	ISO 1101
Toleranz-zonen	SZ	separate Zonen	keine	5.1
	SIM*i*[a,b]	simultane Anforderung Nr. *i*	Einschränkungen für Richtung und Ort	5.4.4
	CZ	kombinierte Zone	Richtung und Ort	5.4.3, 5.4.5 und ISO 1101
	CZR	kombinierte Zone, nur rotatorisch	nur Einschränkung der Richtung	5.4.3 und 5.4.5

[a] Eine Identifikationsnummer *i* kann mit dem Modifikator SIM verbunden sein. In diesem Falle besteht kein Leerzeichen zwischen SIM und *i*.

[b] „SIM" wird in ISO 8785 für die Parameterfamilie der „Oberflächenunvollkommenheiten" (en: surface imperfection) mit Indizes (z. B. a, n, t, w, cd, ch, sh, n/A) verwendet. Die simultane Bedingung für Modifikatoren (SIM) nach diesem Dokument darf nicht mit der Angabe eines Parameters für Oberflächenunvollkommenheiten (z. B. SIM1 gegenüber SIMt) verwechselt werden.

5 Grundsätze

5.1 Allgemeines

Nach dem Grundsatz des Geometrieelementes (siehe ISO 8015:2011, 5.4) gilt defaultmäßig eine Geometriespezifikation für ein vollständiges einzelnes Geometrieelement, wie in ISO 22432 definiert. Der Konstrukteur trägt die Verantwortung, die Geometrieelemente oder die Bereiche des Geometrieelements auszuwählen, für die eine Spezifikation gilt, und dies unter Verwendung geeigneter Symbole auf einer 2D-Zeichnung anzugeben oder im CAD-Modell zu definieren.

Nach dem Grundsatz der Unabhängigkeit (siehe ISO 8015:2011, 5.5) gilt eine Geometriespezifikation, die für mehr als ein einzelnes Geometrieelement zutrifft, für diese Geometrieelemente defaultmäßig unabhängig. Die durch einen Toleranzindikator oder mehrere Toleranzindikatoren definierten Toleranzzonen müssen defaultmäßig unabhängig voneinander berücksichtigt werden; dies entspricht der Bedeutung des Modifikators SZ. Wenn dieselbe geometrische Spezifikation auf mehrere tolerierte Geometrieelemente angewendet wird, dann ist die Angabe des SZ-Modifikators für alle geometrischen Spezifikationen außer den Positionsspezifikationen redundant (siehe Regel A für die Positionsspezifikation, 5.3).

Falls es erforderlich ist, dass die geometrische Spezifikation simultan mit einigen Nebenbedingungen zwischen den Toleranzzonen für die Geometrieelemente gilt, trägt der Konstrukteur die Verantwortung dafür, dies unter Verwendung geeigneter Elementgruppenspezifikationen entweder auf einer 2D-Zeichnung oder im CAD-Modell anzugeben.

Zur Handhabung der Funktionsanforderungen für eine Reihe von Geometrieelementen können diese simultan durch eine Elementgruppenspezifikation mithilfe der Modifikatoren CZ, CZR oder SIM*n* für Toleranzzonengruppen kontrolliert werden.

Der Einsatz des Konzeptes „simultane Anforderung" wandelt eine Gruppe von mehr als einer geometrischen Spezifikation in eine kombinierte Spezifikation um, d. h. eine Elementgruppenspezifikation.

Es gibt zwei Arten, eine Toleranzzonengruppe zu erzeugen. Entweder durch die Verwendung einer einzelnen Elementgruppenspezifikation mit den Modifikatoren CZ oder CZR (siehe Bild 1 a) und Regeln C und E) oder durch die Verwendung einer mehrfachen Elementgruppenspezifikation mithilfe der SIM-Modifikatoren (siehe Bild 1 b) und Regel D [5.4.4]).

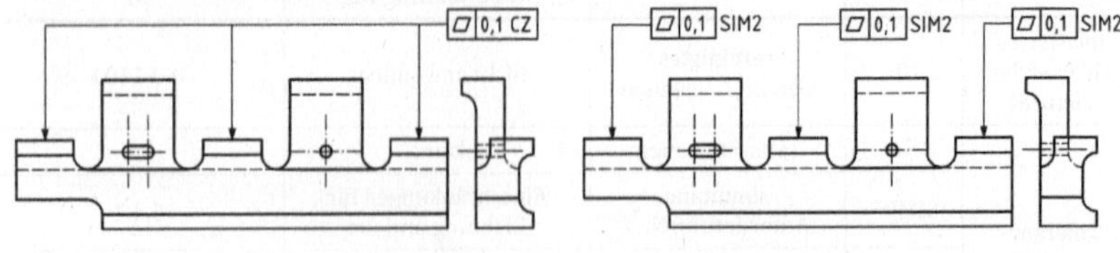

a) einzelne Elementgruppenspezifikation **b) mehrfache Elementgruppenspezifikation**

Bild 1 — Beispiel für Elementgruppenspezifikationen

5.2 Konzepte

Eine Elementgruppenspezifikation besteht aus einer Gruppe von mehr als einem Geometrieelement und einer Toleranzzonengruppe. Die Reihe der Toleranzzonen in der Toleranzzonengruppe verfügt über interne Nebenbedingungen, die durch implizite oder explizite TEDs (en: theoretically exact dimension) definiert werden.

Wenn nötig können externe Nebenbedingungen für eine Toleranzzonengruppe anhand des Verweises auf ein Bezugssystem nach ISO 5459 definiert werden. Die Werte der externen Nebenbedingungen werden implizit oder explizit durch TEDs definiert.

Die Hauptspezifikationselemente einer Elementgruppenspezifikation sind:

— Identifikation einer einzelnen Elementgruppenspezifikation oder einer mehrfachen Elementgruppenspezifikation;

— die internen Nebenbedingungen (für Richtung und/oder Ort) zwischen den jeweiligen Toleranzzonen der Toleranzzonengruppe per Definition durch die TEDs;

— die Toleranzzonengruppe, definiert als Kollektion der jeweiligen Toleranzzonen;

— falls anwendbar, die externen Nebenbedingungen (für Richtung und/oder Ort) einer von TEDs definierten Toleranzzonengruppe, die von einem Bezugssystem ausgeht, siehe ISO 5459.

Es gibt keinen funktionalen Unterschied zwischen dem Einsatz von *n* identischen Spezifikationen oder der Elementgruppenspezifikation (mit *n* Elementen), wenn diese Spezifikationen sich auf ein Bezugssystem beziehen, das alle Freiheitsgrade der zugehörigen Toleranzzonen blockiert. Es gibt jedoch im Hinblick auf die Merkmalsangabe einen Unterschied: Für eine Elementgruppenspezifikation ist nur ein Gruppenmerkmal definiert, während *n* Geometriemerkmale für jede der *n* individuellen Spezifikationen angegeben sind.

Es gibt einen funktionalen Unterschied zwischen dem Einsatz von *n* identischen Spezifikationen und der Elementgruppenspezifikation (mit *n* Elementen), wenn sich die Elementgruppenspezifikation auf ein Bezugssystem bezieht, das nicht alle Freiheitsgrade der zugehörigen Toleranzzonen blockiert, oder wenn sich die Elementgruppenspezifikation nicht auf ein Bezugssystem bezieht.

Die Regeln, die für die Elementgruppenspezifikation und ihre Wiederholung gelten, werden in 5.3 und 5.4 beschrieben. Ein Konzept-Diagramm im Anhang E veranschaulicht diese Regeln. Beispiele und deren Bedeutungen sind im Anhang C enthalten.

5.3 Regel A: Positionsspezifikation

Wenn eine Positionsspezifikation auf mehrere Geometrieelemente angewendet wird und die Toleranzzonen mindestens einen freien, nichtredundanten Freiheitsgrad haben, dann muss immer entweder der SZ- oder CZ- oder CZR-Modifikator in der Sektion Toleranzzone angegeben werden; siehe Bild 2 und für frühere Praxis siehe Anhang A.

Die Anwendung eines SZ-Modifikators auf eine Positionsspezifikation ohne die Sektion Bezug macht die Spezifikation bedeutungslos.

ANMERKUNG Diese Regel entspricht dem Grundsatz der Unabhängigkeit nach ISO 8015. ISO 5458:1998 stand jedoch mit diesem in Konflikt, da eine Elementgruppenspezifikation ohne CZ-Modifikator implizierte, dass die Toleranzzonen für die wiederholten Spezifikationen durch interne Nebenbedingungen miteinander gekoppelt und damit voneinander abhängig sind (siehe Anhang A und Anhang B). Regel A (5.3), welche die Ausnahme für die Positionsspezifikation enthält, beseitigt den Konflikt.

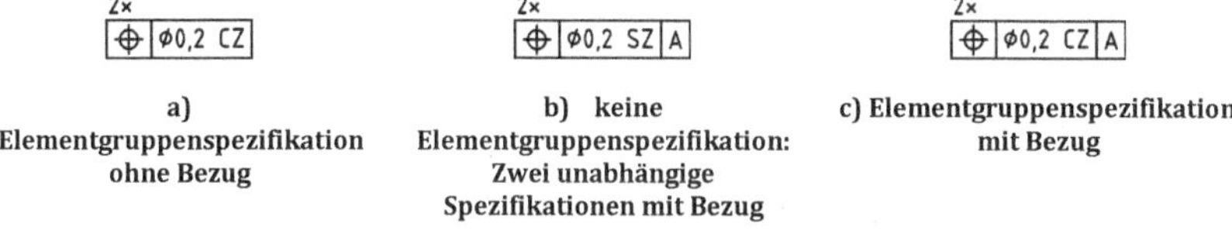

a) Elementgruppenspezifikation ohne Bezug

b) keine Elementgruppenspezifikation: Zwei unabhängige Spezifikationen mit Bezug

c) Elementgruppenspezifikation mit Bezug

Bild 2 — Beispiel für geometrische Spezifikationen, die eine oder keine Elementgruppenspezifikation sind

5.4 Regeln für die Elementgruppenspezifikation

5.4.1 Allgemeines

Für das Erstellen einer einzelnen Elementgruppenspezifikation muss eine geometrische Spezifikation auf eine Reihe von mehr als einem Geometrieelement gleichzeitig angewendet werden. Interne Nebenbedingungen zwischen den einzelnen Toleranzzonen müssen zur Definition der Toleranzzonengruppe definiert werden und wenn nötig müssen auch externe Nebenbedingungen ausgehend von einem Bezug oder einem Bezugssystem festgelegt werden.

Für das Erstellen einer mehrfachen Elementgruppenspezifikation muss eine Reihe von mehr als einer getrennten geometrischen Spezifikation auf eine Reihe von mehr als einem Geometrieelement gleichzeitig angewendet werden. Interne Nebenbedingungen zwischen den einzelnen Toleranzzonen müssen zur Definition der Toleranzzonengruppe festgelegt werden und wenn nötig müssen auch externe Nebenbedingungen ausgehend von einem Bezug oder einem Bezugssystem festgelegt werden.

Es ist möglich, eine Wiederholung einer identischen geometrischen Spezifikation wie in ISO 1101 beschrieben anzugeben, um mehrere Geometrieelemente zu kontrollieren.

5.4.2 Regel B: Nebenbedingungen

Eine Elementgruppenspezifikation definiert interne Nebenbedingungen.

Eine Elementgruppenspezifikation kann externe Nebenbedingungen definieren, wenn die geometrische Spezifikation einen Bezug oder ein Bezugssystem enthält.

Die internen Nebenbedingungen bestehen aus den Nebenbedingungen für Ort und/oder Richtung, welche die einzelnen Toleranzzonen miteinander koppeln, wodurch eine Toleranzzonengruppe entsteht.

Die externen Nebenbedingungen definieren die Nebenbedingungen für Ort und/oder Richtung, welche die Toleranzzonengruppe mit einem Bezug oder einem Bezugssystem koppeln.

Diese internen oder externen Nebenbedingungen werden durch TEDs definiert, die explizit oder implizit sein können.

Die folgenden TEDs sind implizit:

— 0 mm, wenn gezeichnete Linien gerade und/oder ausgerichtet erscheinen und es keine explizite Angabe des Gegenteils gibt, siehe Bild 3, Nr. a1 und a5;

— 0°, 90°, 180°, 270°, wenn gezeichnete Linien ausgerichtet (0°/180°) oder senkrecht erscheinen (90°/270°) und es keine explizite Angabe des Gegenteils gibt, siehe Bild 3, Nr. a2;

— gleichmäßig angeordneter Winkel, 360°/*n*, dabei ist *n* die Anzahl der Geometrieelemente der Elementgruppe, wenn diese gleichmäßig auf einem Kreis liegen und es keine explizite Angabe des Gegenteils gibt, siehe Bild 3, Nr. a3;

— winklige Ausrichtung zwischen koaxialen Elementgruppen (gleichwertig 0° oder 180°), siehe Bild 3, Nr. a4.

ANMERKUNG Um die Lesbarkeit zu verbessern kann es nützlich sein, die TEDs explizit anzugeben, die als implizit angesehen werden könnten.

Bild 3 veranschaulicht verschiedene implizite und explizite TEDs.

Ohne Notation (Zeichnungsangabe) werden die expliziten TEDs direkt mit einem eingerahmten Wert der Dimension auf der Zeichnung angegeben.

Wenn die Werte der TEDs vom CAD-Modell extrahiert werden, dann muss dies in der Nähe des Zeichnungsschriftfeldes angegeben werden (wie nach ISO 1101). Bild 3 veranschaulicht und erklärt die impliziten und expliziten TEDs.

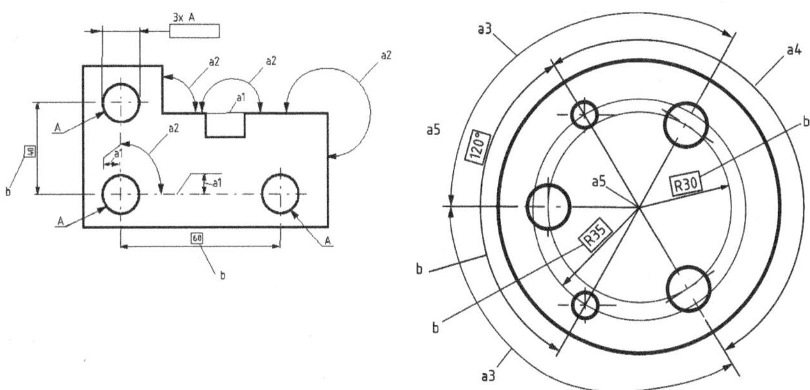

Legende

a1 implizites lineares TED von 0 mm
a2 implizites winkelbezogenes TED von 90° oder 180° oder 270°
a3 implizites gleichmäßig angeordnetes winkelbezogenes TED
a4 implizites symmetrisch angeordnetes winkelbezogenes TED
a5 implizites koaxial angeordnetes lineares TED von 0 mm
b explizites TED

Bild 3 — Implizite oder explizite TEDs

5.4.3 Regel C: Einzelne Elementgruppenspezifikation

Für die Erstellung einer einzelnen Elementgruppenspezifikation (siehe Bild 4) muss der Modifikator CZ oder CZR in einem Toleranzindikator angegeben sein, der auf mehr als ein Geometrieelement angewendet wird. Der Modifikator (CZ oder CZR) muss in der Sektion Toleranzzone nach dem Toleranzwert angegeben werden (siehe ISO 1101).

Wenn eine einzelne Elementgruppenspezifikation definiert ist, dann hat jede einzelne Toleranzzone in der Toleranzzonengruppe dieselbe Größe und Gestalt.

Zur Erstellung einer weiteren Ebene der Elementgruppenspezifikation siehe Regel E (5.4.5).

a) einzelne Elementgruppenspezifikation ohne Bezug **b) einzelne Elementgruppenspezifikation mit Bezug**

Bild 4 — Beispiel für Elementgruppenspezifikationen mit einem Indikator

Der CZ-Modifikator gibt an, dass eine Toleranzzonengruppe mit internen Nebenbedingungen für Richtung und Ort zwischen den einzelnen Toleranzzonen definiert wurde.

Der CZR-Modifikator gibt an, dass eine Toleranzzonengruppe mit internen Nebenbedingungen für die Richtung zwischen den einzelnen Toleranzzonen definiert wurde.

Die internen Nebenbedingungen (Einschränkungen für Richtung und Ort) müssen durch winkelbezogene TEDs bzw. lineare TEDs definiert werden (implizit oder explizit) (siehe Regel B, 5.4.2).

ANMERKUNG Die Modifikatoren „CZ" oder „CZR" schränken die Größemaße der Größenmaßelemente nicht ein.

Tabelle 2 enthält Beispiele, die die von den CZ- oder CZR-Modifikatoren eingeführten internen Nebenbedingungen und die vom Bezug oder vom Bezugssystem eingeführten externen Nebenbedingungen darstellen.

Tabelle 2 — Beispiele für interne Nebenbedingungen mit CZ oder CZR und externe Nebenbedingungen mit Bezug oder Bezugssystem

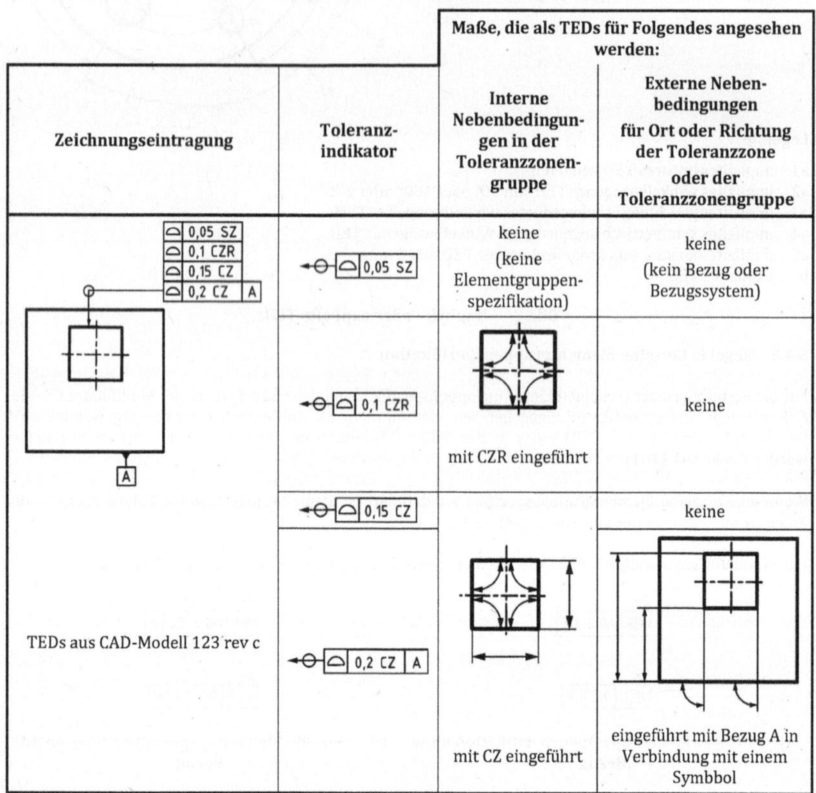

		Maße, die als TEDs für Folgendes angesehen werden:	
Zeichnungseintragung	**Toleranzindikator**	**Interne Nebenbedingungen in der Toleranzzonengruppe**	**Externe Nebenbedingungen für Ort oder Richtung der Toleranzzone oder der Toleranzzonengruppe**
⌓ 0,05 SZ ⌓ 0,1 CZR ⌓ 0,15 CZ ⌓ 0,2 CZ A A TEDs aus CAD-Modell 123 rev c	⌓ 0,05 SZ	keine (keine Elementgruppenspezifikation)	keine (kein Bezug oder Bezugssystem)
	⌓ 0,1 CZR	mit CZR eingeführt	keine
	⌓ 0,15 CZ	mit CZ eingeführt	keine
	⌓ 0,2 CZ A		eingeführt mit Bezug A in Verbindung mit einem Symbol

5.4.4 Regel D: Mehrfache Elementgruppenspezifikation

Zur Erstellung einer mehrfachen Elementgruppenspezifikation (siehe Bild 1) muss der Modifikator SIM, optional gefolgt von einer Identifikationsnummer ohne Leerzeichen, angrenzend an den Angabebereich jeder zugehörigen geometrischen Spezifikation angegeben werden (siehe Bild 5).

Der Einsatz des SIM-Modifikators (simultane Anforderung) wandelt eine Gruppe von mehr als einer geometrischen Spezifikation in eine kombinierte Spezifikation (Elementgruppenspezifikation) um. Die Toleranzzonen für alle Spezifikationen sind durch Nebenbedingungen für Ort und Richtung miteinander gekoppelt (siehe Bilder 6 und 7).

Die mit den SIM-Angaben miteinander gekoppelten Spezifikationen können Folgendes aufweisen oder nicht aufweisen:

— denselben Toleranzwert, und

— dieselbe Gestalt der Toleranzzonen (siehe Bild 7).

Im Falle einer mehrfachen Elementgruppenspezifikation, die durch einen SIM-Modifikator definiert wird:

— die individuelle geometrische Spezifikation darf keinen CZR-Modifikator enthalten;

— die individuelle geometrische Spezifikation kann den CZ-Modifikator enthalten, dies ist jedoch überflüssig und darf weggelassen werden.

ANMERKUNG Zwei Toleranzzonengruppen, die miteinander gekoppelt und hinsichtlich ihrer Rotation ausgerichtet sind, gehören zur selben SIM-Gruppe.

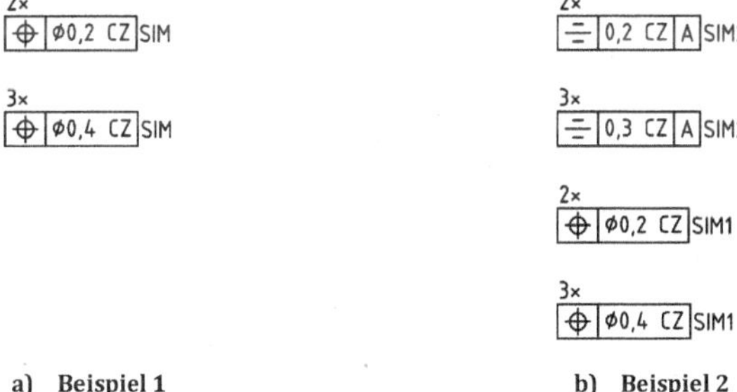

a) **Beispiel 1** b) **Beispiel 2**

Bild 5 — Beispiele der Angabe simultaner Anforderungen aus zwei separaten Spezifikationen

In Bild 5 a) bedeutet der SIM-Modifikator neben den zwei Toleranzindikatoren, dass die zwei Toleranzzonengruppen zu einer einzelnen Anforderung kombiniert werden. Alle fünf Toleranzzonen werden durch Nebenbedingungen für Ort und Richtung miteinander gekoppelt.

In Bild 5 b) erzeugt der SIM1-Modifikator eine simultane Anforderung und der SIM2-Modifikator erzeugt eine separate simultane Anforderung. Die SIM1- und SIM2-Anforderungen sind nicht gekoppelt.

In Bild 6 gibt es zwei simultane Anforderungen, die durch die Angabe von SIM1 und SIM2 definiert werden. Jede simultane Anforderung muss individuell betrachtet werden.

— SIM1: Die zwei mit der SIM1-Angabe verbundenen Spezifikationen nutzen jeweils einen CZ-Modifikator, um eine Toleranzzonengruppe zu erzeugen. Eine davon ist eine Gruppe der drei Ø0,1-Toleranzzonen für die drei extrahierten Mittellinien der Ø20-Bohrungen und die andere ist eine Toleranzzonengruppe der drei Ø0,2-Toleranzzonen für die drei extrahierten Mittellinien der Ø22-Bohrungen. Der SIM1-Modifikator verbindet die zwei Toleranzzonengruppen zu einer kombinierten Toleranzzonengruppe von sechs (3× + 3×) zylindrischen Toleranzzonen. Alle sechs Toleranzzonen sind mit den folgenden internen und externen Nebenbedingungen miteinander gekoppelt.

  Interne Nebenbedingungen:

  — die Achsen der individuellen zylindrischen Toleranzzonen befinden sich jeweils auf dem Teilzylinder R40 bzw. R35;

  — die Achsen der individuellen zylindrischen Toleranzzonen sind in jeder Toleranzzonengruppe parallel, implizite TEDs von 0°;

  — die Achsen der individuellen zylindrischen Toleranzzonen sind auf den Teilzylindern gleichmäßig angeordnet, mit einem impliziten TED von 120° in jeder Toleranzzonengruppe;

  — die Achsen der zwei Teilzylinder sind parallel, implizite TEDs von 0°;

  — der Abstand von 0 mm zwischen den Achsen der zwei Teilzylinder, implizite TEDs von 0 mm;

  — die zwei Toleranzzonengruppen sind hinsichtlich der Rotation ausgerichtet, implizites TED von 0°.

  Externe Nebenbedingungen:

  — die zwei Toleranzzonengruppen werden von der gemeinsamen Bezugsachse A-B und vom implizierten TED von 0 mm zwischen der Achse jedes Teilzylinders und der Bezugsachse lokalisiert.

— SIM2: Die zwei mit der SIM2-Angabe verbundenen Spezifikationen nutzen jeweils einen CZ-Modifikator, um eine Toleranzzonengruppe zu erzeugen. Die Toleranzzonengruppe besteht aus zwei kombinierten Toleranzzonengruppen:

  — die erste ist eine Gruppe von drei Toleranzzonen, die aus zwei parallelen Ebenen in einem Abstand von 0,1 mm für die drei extrahierten Mittelflächen der 35 mm-Nuten bestehen;

  — die zweite ist eine Gruppe von drei Toleranzzonen, die aus zwei parallelen Ebenen in einem Abstand von 0,2 mm für die drei extrahierten Mittelflächen der 34 mm-Nuten bestehen.

  Der SIM2-Modifikator verbindet die zwei Toleranzzonengruppen zu einer kombinierten Toleranzzonengruppe von sechs (3× + 3×) Toleranzzonen. Alle sechs Toleranzzonen sind durch die folgenden internen und externen Nebenbedingungen miteinander gekoppelt.

  Interne Nebenbedingungen:

  — die drei Mittelebenen der jeweiligen Toleranzzonen besitzen eine Gerade als gemeinsame Schnittgerade, implizites TED 0 mm;

  — die drei Mittelebenen der individuellen Toleranzzonen sind gleichmäßig winkelbezogen um die gemeinsame Schnittgerade herum angeordnet, mit einem impliziten Abstand von 120° (in jeder Toleranzzonengruppe);

  — die gemeinsame Schnittgerade jeder Toleranzzonengruppe ist parallel, implizites TED 0°;

— der Abstand von 0 mm zwischen den gemeinsamen Schnittgeraden jeder Toleranzzone, implizites TED von 0 mm;

— die zwei Toleranzzonengruppen sind rotatorisch ausgerichtet, implizites TED von 0°.

Externe Nebenbedingungen:

— die zwei Toleranzzonengruppen werden von der gemeinsamen Bezugsachse A-B von den implizierten TEDs von 0 mm und 0° zwischen den gemeinsamen Schnittgeraden (jeder Toleranzzonengruppe) und der Bezugsachse lokalisiert.

— Die sechs Toleranzzonen, welche die SIM2-Anforderung darstellen, sind unabhängig von und ohne Beziehung zu den sechs Toleranzzonen, welche die SIM1-Anforderung darstellen.

Wären die vier Elementgruppenspezifikationen des Bildes 6 ohne SIM-Modifikatoren angegeben worden, dann würden die vier Toleranzzonengruppen sich auch nicht gegenseitig einschränken. Jede der vier Elementgruppenspezifikationen muss als unabhängig von den anderen betrachtet werden. Alle vier Toleranzzonengruppen werden extern durch einen Bezug A-B eingeschränkt, sind aber hinsichtlich Rotation voneinander unabhängig, d. h. ohne Berücksichtigung von impliziten winkelbezogenen TEDs zwischen den vier Toleranzzonengruppen.

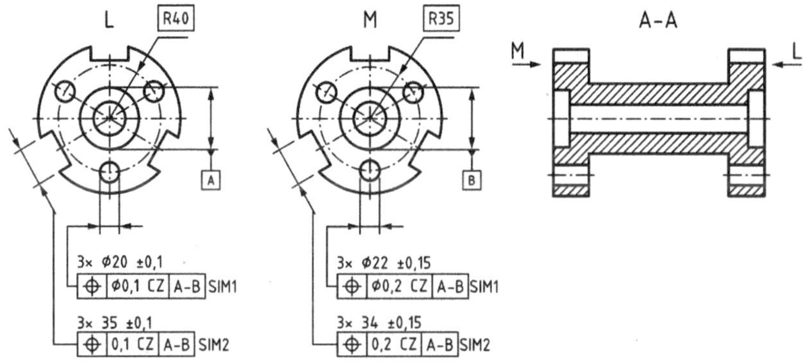

Bild 6 — Beispiel zweier separater simultaner Anforderungen für verschiedene Elementgruppenspezifikationen

Bild 7 zeigt eine mehrfache Elementgruppenspezifikation und ihre Bedeutung, wobei die Gestalt der Toleranzzonen, welche die Toleranzzonengruppe bilden, unterschiedlich ist.

Die Symmetriespezifikation definiert zwei Toleranzzonen, die aus zwei parallelen Ebenen bestehen, und die Positionsspezifikation definiert zwei zylindrische Toleranzzonen. Alle vier Toleranzzonen werden durch die SIM2-Angabe zusammengefügt. Die vier Toleranzzonen verfügen über interne Nebenbedingungen (für Ort und Richtung) zueinander und externe Nebenbedingungen (für Ort und Richtung) zum Bezug A.

Die Verwendung der Toleranzzonen mit unterschiedlicher Gestalt oder Toleranzwerten in einer Toleranzzonengruppe kann Schwierigkeiten bei der Verifikation verursachen.

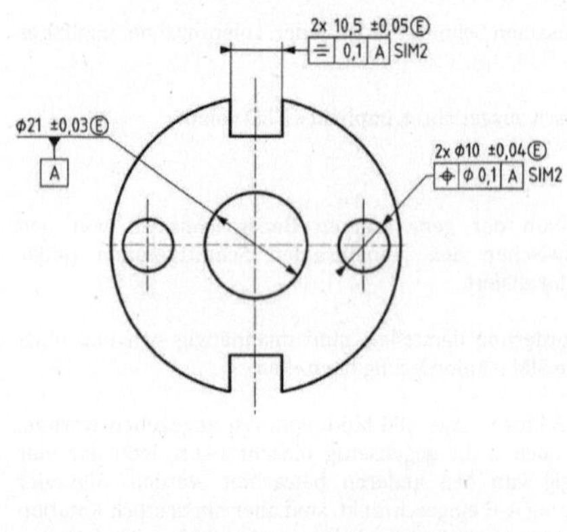

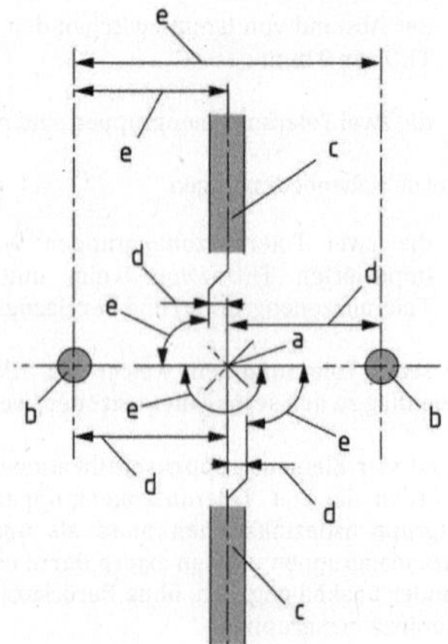

a) Notation (Zeichnungsangabe)

b) Visuelle Darstellung der Toleranzzonengruppe

Legende

a Bezug
b zylindrische Toleranzzone
c Toleranzzone, gebildet aus zwei gegenüberliegenden Ebenen
d externe Nebenbedingung
e interne Nebenbedingung

Bild 7 — Beispiel einer mehrfachen Elementgruppenspezifikation, die aus Toleranzzonen mit unterschiedlicher Gestalt besteht

5.4.5 Regel E: Mehrstufige einzelne Elementgruppenspezifikation

5.4.5.1 Allgemeines

Die Symbole aus Tabelle 3 werden verwendet, um eine mehrstufige einzelne Elementgruppenspezifikation zu beschreiben.

Tabelle 3 — Symbole

Symbol	Beschreibung
k	Anzahl der identischen Gruppen
n	Anzahl der identischen Geometrieelemente

Zur Schaffung einer mehrstufigen einzelnen Elementgruppenspezifikation muss Folgendes angegeben werden:

a) eine Reihe von *k* Gruppen, aus jeweils *n* einzelnen Geometrieelementen bestehend, wobei:

   1) *n* Hinweislinien den Toleranzindikator mit den *n* Geometrieelementen verbinden und *k*× im angrenzenden Indikationsbereich angegeben wird oder

   2) ein „Rundum"-Symbol (welches die *n* Geometrieelemente abdeckt) eine Gruppe definiert und *k*× im angrenzenden Indikationsbereich angegeben wird oder

   3) *k*× vor *n*× im angrenzenden Indikationsbereich mit einem Schrägstrich als Trennzeichen und einem Leerzeichen auf beiden Seiten des Schrägstrichs angegeben wird. Dem *k*× und *n*× müssen ein Leerzeichen und ein Identifikationsbuchstabe oder Symbol folgen, um Mehrdeutigkeiten zu vermeiden (z. B. 4×/ 2× oder 4× A/ 2× B). Der Identifikationsbuchstabe kann verwendet werden, um eine Verbindung mit einzelnen integralen Geometrieelementen oder mit einer Gruppe von integralen Geometrieelementen zu bestimmen. Wenn er verwendet wird, um eine Gruppe von Geometrieelementen zu identifizieren, darf die Gruppe auf einer Zeichnung angegeben werden, indem die Geometrieelemente von einer lang gestrichelten, doppelt gepunkteten und schmalen Linie umgeben werden (Linientyp 05.1 nach ISO 128-24) (siehe Bild 9);

   4) wenn das integrale Geometrieelement in Verbindung mit dem tolerierten Geometrieelement ein Größenmaßelement ist, dann muss die Anzahl der Gruppen gefolgt von einem Leerzeichen und ggf. dem Gruppenidentifikationsbuchstaben, gefolgt von einem Leerzeichen, einem Schrägstrich und einem Leerzeichen, gefolgt von der Anzahl an Geometrieelementen und einem Leerzeichen und der Nenngröße und ihrer Spezifikation (allgemein oder individuell), gefolgt von einem Leerzeichen und dem Identifikationsbuchstaben des Geometrieelements, falls anwendbar, angegeben werden (z. B. 3×B/ 2× 10 ± 0,05 A oder 3×/ 2× 10 ± 0,05 oder 3×/ 2× 10).

b) eine Sequenz aus CZ und/oder SZ und/oder CZR in der Sektion Toleranzzone:

   1) wenn alle Elemente der Sequenz SZ sind, dann

      i) definiert diese Spezifikation keine Elementgruppenspezifikation;

      ii) besteht die Spezifikation aus einer Gruppe von *k*× *n* unabhängigen Toleranzzonen, jede anwendbar auf ein geometrisches Element [siehe Bild 8 a)], und *k*×*n* Gruppenmerkmale defierend;

   2) wenn das erste Element der Sequenz SZ ist und die folgenden Elemente CZ sind, dann definiert die CZ-Angabe(n) jede der Toleranzzonengruppen, während SZ angibt, dass die Toleranzzonengruppen getrennt und unabhängig voneinander sind:

      i) es gibt *k* unabhängige Toleranzzonengruppen (SZ), die aus *n* individuellen Toleranzzonen bestehen, die über Nebenbedingungen für Richtung und Ort (CZ) miteinander gekoppelt sind;

      ii) die Spezifikation besteht aus einer Gruppe von *k* unabhängigen kombinierten Zonen (Toleranzzonengruppen), jede angewendet auf eine Gruppe von *n* geometrischen Elementen [siehe Bild 8 b)], welche *k* Gruppenmerkmale definieren;

   3) wenn das erste Element der Sequenz CZR ist und die folgenden Elemente alle CZ sind, dann definiert die CZ-Angabe(n) jede der Toleranzzonengruppen, während CZR angibt, dass die Toleranzzonengruppen ausschließlich mit Nebenbedingung für die Richtung miteinander gekoppelt sind:

      i) es gibt eine Toleranzzonengruppe, das aus *k* Toleranzzonengruppen besteht;

      ii) die Spezifikation besteht aus einer kombinierten Zone mit Nebenbedingungen ausschließlich für die Richtung zwischen den *k* Toleranzzonengruppen [siehe Bild 8 c)] und erzeugt ein Gruppenmerkmal;

4) wenn das erste Element der Squenz SZ ist, auf das CZR folgt, dann definiert die CZR-Angabe die jeweiligen Toleranzzonengruppen mit interner Nebenbedingung ausschließlich für die Richtung, während SZ angibt, dass die Toleranzzonengruppen getrennt und unabhängig voneinander sind:

   i) es gibt *k* Toleranzzonengruppen, die aus *n* individuellen Toleranzzonen bestehen, die ausschließlich über Nebenbedingungen für die Richtung (es bestehen keine Nebenbedingungen für den Ort zwischen den individuellen Toleranzzonen) miteinander gekoppelt sind;

   ii) die Spezifikation besteht aus einer Gruppe von *k* unabhängigen kombinierten Zonen (Toleranzzonengruppen), jede angewendet auf eine Gruppe von *n* Geometrieelementen [siehe Bild 8 d)], welche *k* Gruppenmerkmale definieren;

5) wenn alle Elemente der Sequenz CZ sind, dann

   i) gibt es eine Toleranzzonengruppe (eine Toleranzzonengruppe von Toleranzzonengruppen);

   ii) besteht die Spezifikation aus einer kombinierten Zone (Toleranzzonengruppe), die auf eine Gruppe von $k \times n$ geometrischen Elementen [siehe Bild 8 e)] angewendet wird und ein Gruppenmerkmal definiert.

ANMERKUNG Eine Spezifikation, angewendet auf *k* identische Toleranzzonengruppen, die alle aus *n* Geometrieelementen bestehen, angezeigt durch einen Modifikator CZ CZ in der Sektion Toleranzzone, hat die gleiche Bedeutung wie eine Spezifikation, die auf eine Toleranzzonengruppe aus m (= $k \times n$) Geometrieelementen angewendet wird, angezeigt durch einen Modifikator CZ in der Sektion Toleranzzone. Diese Möglichkeiten sind in den Bildern 9 und 10 angegeben.

Zusätzliche Gruppenstufen können mit derselben Logik angezeigt werden (siehe 5.4.5.2).

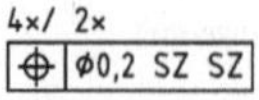

4×/ 2×
| ⌖ | ⌀0,2 SZ SZ |

a) acht unabhängige Spezifikationen

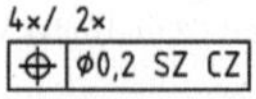

4×/ 2×
| ⌖ | ⌀0,2 SZ CZ |

b) vier unabhängige Elementgruppenspezifikationen (mit interner Nebenbedingung für Richtung und Ort)

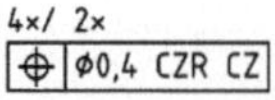

4×/ 2×
| ⌖ | ⌀0,4 CZR CZ |

c) eine Elementgruppenspezifikation, definiert durch vier abhängige Elementgruppenspezifikationen (für Richtung)

4×/ 2×
| ⌖ | ⌀0,4 SZ CZR |

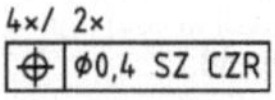

d) vier unabhängige Elementgruppenspezifikationen (mit interner Nebenbedingung für die Richtung)

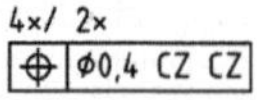

4×/ 2×
| ⌖ | ⌀0,4 CZ CZ |

e) eine Elementgruppenspezifikation, definiert durch vier abhängige Elementgruppenspezifikationen (für Richtung und Ort)

Bild 8 — Reihen von abhängigen und unabängigen Elementgruppenspezifikationen

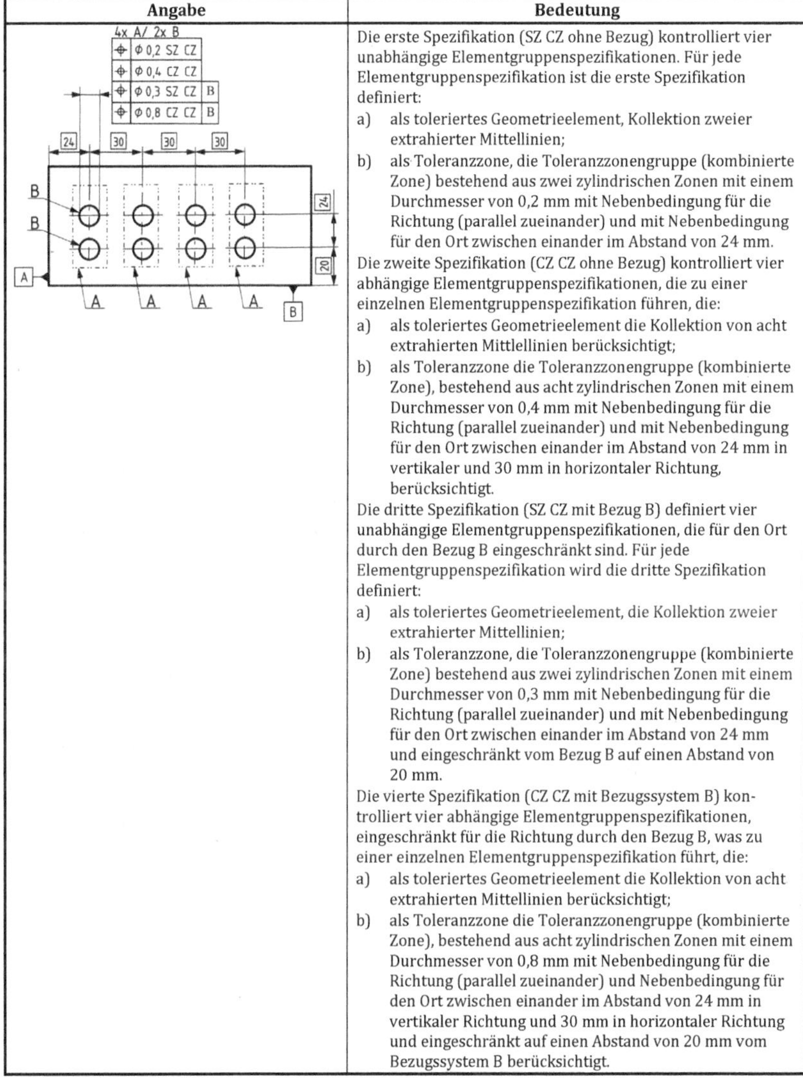

Angabe	Bedeutung
	Die erste Spezifikation (SZ CZ ohne Bezug) kontrolliert vier unabhängige Elementgruppenspezifikationen. Für jede Elementgruppenspezifikation ist die erste Spezifikation definiert: a) als toleriertes Geometrieelement, Kollektion zweier extrahierter Mittellinien; b) als Toleranzzone, die Toleranzzonengruppe (kombinierte Zone) bestehend aus zwei zylindrischen Zonen mit einem Durchmesser von 0,2 mm mit Nebenbedingung für die Richtung (parallel zueinander) und mit Nebenbedingung für den Ort zwischen einander im Abstand von 24 mm. Die zweite Spezifikation (CZ CZ ohne Bezug) kontrolliert vier abhängige Elementgruppenspezifikationen, die zu einer einzelnen Elementgruppenspezifikation führen, die: a) als toleriertes Geometrieelement die Kollektion von acht extrahierten Mittellinien berücksichtigt; b) als Toleranzzone die Toleranzzonengruppe (kombinierte Zone), bestehend aus acht zylindrischen Zonen mit einem Durchmesser von 0,4 mm mit Nebenbedingung für die Richtung (parallel zueinander) und mit Nebenbedingung für den Ort zwischen einander im Abstand von 24 mm in vertikaler und 30 mm in horizontaler Richtung, berücksichtigt. Die dritte Spezifikation (SZ CZ mit Bezug B) definiert vier unabhängige Elementgruppenspezifikationen, die für den Ort durch den Bezug B eingeschränkt sind. Für jede Elementgruppenspezifikation wird die dritte Spezifikation definiert: a) als toleriertes Geometrieelement, die Kollektion zweier extrahierter Mittellinien; b) als Toleranzzone, die Toleranzzonengruppe (kombinierte Zone) bestehend aus zwei zylindrischen Zonen mit einem Durchmesser von 0,3 mm mit Nebenbedingung für die Richtung (parallel zueinander) und mit Nebenbedingung für den Ort zwischen einander im Abstand von 24 mm und eingeschränkt vom Bezug B auf einen Abstand von 20 mm. Die vierte Spezifikation (CZ CZ mit Bezugssystem B) kontrolliert vier abhängige Elementgruppenspezifikationen, eingeschränkt für die Richtung durch den Bezug B, was zu einer einzelnen Elementgruppenspezifikation führt, die: a) als toleriertes Geometrieelement die Kollektion von acht extrahierten Mittellinien berücksichtigt; b) als Toleranzzone die Toleranzzonengruppe (kombinierte Zone), bestehend aus acht zylindrischen Zonen mit einem Durchmesser von 0,8 mm mit Nebenbedingung für die Richtung (parallel zueinander) und Nebenbedingung für den Ort zwischen einander im Abstand von 24 mm in vertikaler Richtung und 30 mm in horizontaler Richtung und eingeschränkt auf einen Abstand von 20 mm vom Bezugssystem B berücksichtigt.

Bild 9 — Beispiel für eine mehrstufige einzelne Elementgruppenspezifikation

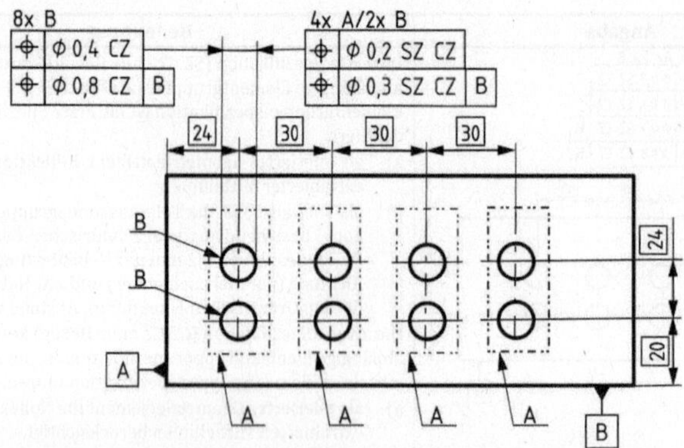

Bild 10 — Alternative Angabe mit derselben Bedeutung wie in Bild 9

5.4.5.2 Sequenzen der Modifikatoren

Es muss so viele CZ/SZ/CZR-Angaben wie Stufen in der Elementgruppe geben.

Wenn alle nichtredundanten Freiheitsgrade für die Toleranzzonen durch Bezüge blockiert werden, besteht funktionell kein Unterschied zwischen zwei Sequenzen, die ausschließlich aus SZ oder CZ bestehen. Wenn eine Sequenz SZ/CZ weggelassen wird, dann entspricht diese einer Sequenz von SZ-Modifikatoren.

CZ- oder CZR-Angaben dürfen einer SZ-Angabe nicht vorausgehen.

CZ-Angaben dürfen einer CZR-Angabe nicht vorausgehen.

Für eine Gruppe von *k* Toleranzzonengruppen, die jeweils aus *n* Toleranzzonen bestehen, ist der letzte CZ auf die *n* individuellen Toleranzzonen anwendbar. Das vorherige Element (CZ, CZR oder SZ) ist auf die *k* Toleranzzonengruppen anwendbar.

Tabelle 4 zeigt die Sequenzen der Modifikatoren (SZ, CZ und CZR) und ihre Bedeutung.

Tabelle 4 — Sequenzen der Modifikatoren und ihre Bedeutung

Sequenz	Bedeutung
SZ SZ	Gibt die Unabhängigkeit aller Geometrieelemente an.
SZ CZR	Gibt die Unabhängigkeit zwischen Toleranzzonengruppen (erste Stufe) an, wobei jede Toleranzzonengruppe aus mehreren Toleranzzonen mit ausschließlicher Nebenbedingung für die Richtung (ohne Nebenbedingung für den Ort) besteht.
SZ CZ	Gibt die Unabhängigkeit der Toleranzzonengruppen (erste Stufe) an.
CZR SZ	bedeutungslos
CZR CZR	bedeutungslos
CZR CZ	Gibt die Abhängigkeit zwischen Toleranzzonengruppen (erste Stufe) ausschließlich hinsichtlich der Rotation an, wobei jede Toleranzzonengruppe aus mehreren Toleranzzonen mit Nebenbedingungen für Richtung und Ort besteht.
CZ SZ	bedeutungslos
CZ CZR	bedeutungslos
CZ CZ	Gibt die Abhängigkeit zwischen Toleranzzonengruppen mit Nebenbedingungen für Richtung und Ort an.
SZ SZ CZ	Gibt drei Stufen von Wiederholungen an, wobei die erste Stufe die Toleranzzonengruppen erzeugt.
SZ CZR CZ	Gibt drei Stufen von Wiederholungen an, wobei die Toleranzzonengruppen der ersten Stufe ausschließlich hinsichtlich der Rotation zueinander blockiert sind.
SZ CZ CZ	Gibt drei Stufen von Wiederholungen an, wobei die erste Stufe mit der zweiten Stufe die Toleranzzonengruppen erzeugt.
CZR SZ CZ	bedeutungslos
CZR CZR CZ	bedeutungslos
CZR CZ CZ	Gibt drei Stufen von Wiederholungen an, wobei die erste Stufe mit der zweiten Stufe die Toleranzzonengruppen erzeugt, die nur hinsichtlich der Rotation zueinander blockiert sind.
CZ CZ CZ	Gibt drei Stufen von Wiederholungen an, wobei die erste Stufe mit der zweiten Stufe und der dritten Stufe eine Toleranzzonengruppe erzeugt.
ANMERKUNG Nachfolgende CZ/CZR/SZ-Angaben gelten für die nächsten Stufen der Toleranzzonengruppen nach derselben Logik.	

5.5 Elementgruppenmerkmal

Das Elementgruppenmerkmal wird anhand des theoretisch exakten Geometrieelements (TEF), das als Referenzelement (siehe ISO 22432) betrachtet wird, und der Reihe an Elementgruppenelementen, die als Eingangsgeometrieelement angesehen wird, ausgewertet.

Die TEF-Gruppe ist die Reihe von idealen Geometrieelementen, die den mittleren Geometrieelementen aller Toleranzzonen entsprechen, aus denen die Toleranzzonengruppe mit Nebenbedingungen für Ort und/oder Richtung zueinander besteht.

Wenn die Elementgruppenspezifikation eine einzelne Elementgruppenspezifikation ist, dann ist das Gruppenmerkmal defaultmäßig der Höchstwert des Parameters, der aus der örtlichen geometrischen Abweichung ausgewertet wird (siehe ISO 17450-4), die zwischen der Reihe von Gruppenelementen und ihrer TEF-Gruppe definiert wird.

Das Gruppenmerkmal hängt vom Assoziationsverfahren, der Default-Methode oder der Non-Default-Methode nach ISO 1101 ab.

Wenn nötig darf ein Parameterspezifikationselement wie T (Default), P oder V im Toleranzindikator angewendet werden (siehe ISO 1101).

Anhang A
(informativ)

Frühere Praxis, wesentliche Änderungen

A.1 Wesentliche Änderungen

Um Mehrdeutigkeiten bei geometrischen Spezifikationen mittels eines Positionsmerkmals durch ein Symbol, das auf mehr als ein geometrisches Element angewendet wird, zu vermeiden, sollte entweder ein Modifikator SZ oder CZ in der Sektion Toleranzzone angegeben werden. Das ist sehr wichtig, wenn die geometrische Spezifikation für mehrere Geometrieelemente gilt und mindestens ein nichtredundanter Freiheitsgrad der Toleranzzonen nicht durch das Bezugssystem blockiert ist.

Der Modifikator SIM sollte verwendet werden, um eindeutig zu identifizieren, welche Gruppen von Toleranzzonengruppen gleichzeitig als einzelne Toleranzzonengruppe angesehen werden müssen.

ANMERKUNG 1 Früher wurde eine Reihe von Geometrieelementen berücksichtigt, die gleichmäßig um eine Achse (z. B. in einem Vollkreis) angeordnet und mit einer oder mehreren Positionsspezifikationen von einer eindeutigen Toleranzzonengruppe kontrolliert werden, wenn diese nicht mit einem Bezug gekoppelt waren oder wenn alle mit demselben Bezugssystem in Verbindung standen, egal welche Toleranzwerte sie haben. Diese frühere Praxis wurde durch den Einsatz des Modifikators CZ ersetzt, wenn alle Positionsspezifikationen denselben Toleranzwert oder Modifikator SIM haben, wenn mindestens eine Positionsspezifikation einen Toleranzwert aufweist, der sich von den anderen Werten unterscheidet (siehe Bild A.3, simultane Anforderung zwischen zwei Toleranzzonengruppen). Besondere Aussagen, wie „Winkellage optional" sind nicht länger notwendig, um anzugeben, dass es mehrere unabhängige Elementgruppenspezifikationen gibt (siehe Bild A.2, unabhängige Anforderungen für zwei Elementgruppen).

ANMERKUNG 2 Der Einsatz des Modifikators SIM war nach ISO 5458:1998 nicht möglich, sofern nicht zwei oder mehr Gruppen von Geometrieelementen auf derselben Achse vorhanden waren. Eine Vorbedingung von ISO 5458:1998 und für den Einsatz des Modifikators SIM ist, dass alle implizierten Toleranzzonen nicht mit einem Bezug zusammenhängen oder mit demselben Bezug oder Bezugssystem verbunden sind.

A.2 Frühere Praxis

Die frühere Praxis vermied Mehrdeutigkeiten nur scheinbar. Beispiele sind in den Bildern A.1, A.2 und A.3 dargestellt.

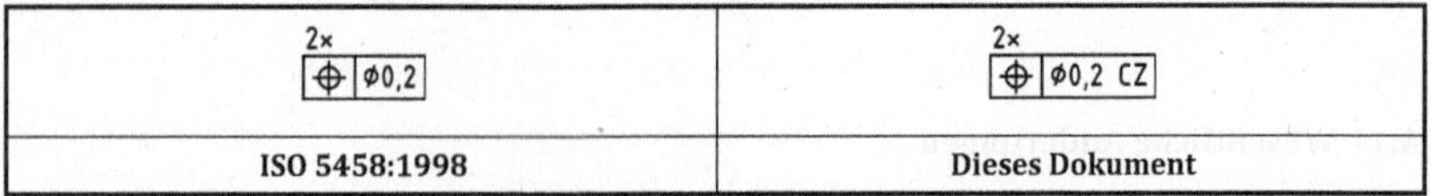

Bild A.1 — Weiterentwicklung der Angabe von Positionsspezifikationen ohne Bezug

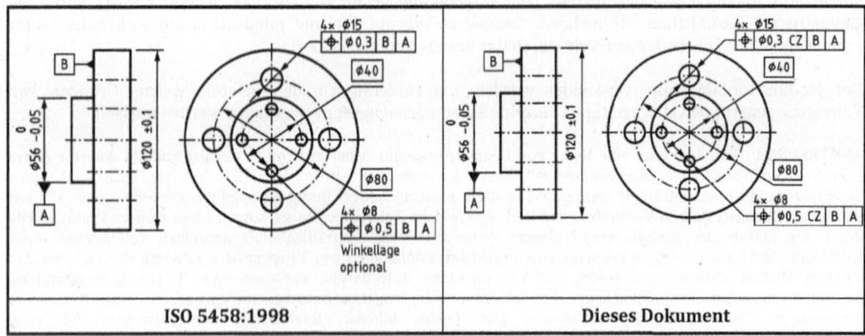

Bild A.2 — Weiterentwicklung der Angabe von Positionsspezifikationen für zwei Gruppen von Geometrieelementen, die kreisförmig angeordnet sind und über dieselbe Achse verfügen, ohne simultane Anforderung

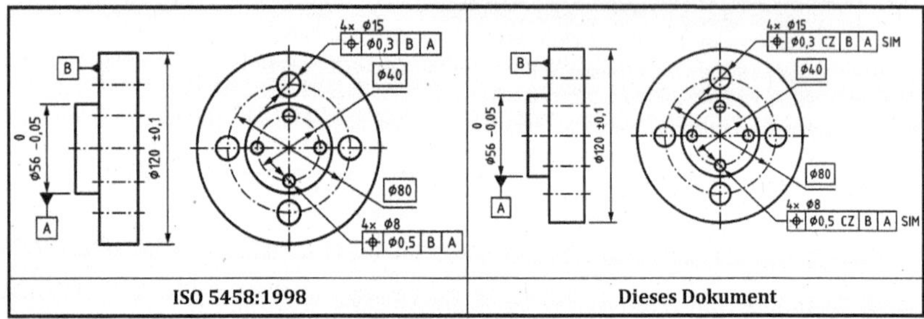

Bild A.3 — Weiterentwicklung der Angabe von Positionsspezifikationen für zwei Gruppen von Geometrieelementen, die kreisförmig angeordnet sind und über dieselbe Achse verfügen, mit simultaner Anforderung

Anhang B
(informativ)

Unterschiede zwischen ISO 5458:1998 und diesem Dokument

B.1 Allgemeines

ISO 1101:2012 setzte den Grundsatz der Unabhängigkeit, der in ISO 8015:2011 festgelegt ist, um. Sie definierte einen Modifikator CZ zur Angabe einer Abhängigkeit zwischen mehreren Toleranzzonen (zur Erstellung einer Toleranzzonengruppe). Dieses Dokument berücksichtigt die in ISO 1101 entwickelten Grundsätze und Regeln. Die dargelegten Unterschiede zwischen ISO 1101:2012 und ISO 5458:1998 gelten auch zwischen diesem Dokument und ISO 5458:1998. Diese Unterschiede bestehen auch zwischen ISO 5458:1998 und ISO 1101:2017.

Die vorherige Ausgabe, ISO 5458:1998, deckte ausschließlich geometrische Spezifikationen mit Angabe des Positionsmerkmals durch ein Symbol ab und basierte auf einer Ausnahme vom Grundsatz der Unabhängigkeit. In ISO 5458:1998 definierte eine Positionsspezifikation für eine Gruppe von *n* Geometrieelementen, die nicht mit einem Bezug in Zusammenhang stand oder mit einem Bezug oder einem Bezugssystem in Zusammenhang stand, welcher/welches alle Freiheitsgrade blockierte und keine Angabe eines Modifikators in der Sektion Toleranzzone aufwies, eine implizite Toleranzzonengruppe (der Begriff „Gruppe“ war dabei jedoch noch nicht definiert).

Um Unklarheiten und Fehlinterpretationen zu vermeiden, dient dieses Dokument dazu:

— die nicht genannten Regeln in ISO 5458:1998 zu eliminieren;

— die Ausnahme in ISO 5458:1998 aufzuheben, die nicht mit dem Grundsatz der Unabhängigkeit nach ISO 8015:2011 übereinstimmt;

— die Regeln in Übereinstimmung mit ISO 1101:2017 zu harmonisieren.

Die Regeln in diesem Dokument gelten für geometrische Spezifikationen nicht nur mit Symbolen für Positionsmerkmale, sondern auch für für Linienprofil-, Flächenprofil-, Geradheits-, Ebenheits- und Symmetriemerkmalssymbole. Dieses Dokument ermöglicht es, schriftlich festgelegte Regeln aus ISO 5458:1998 zu entnehmen und erforderlichenfalls in Übereinstimmung mit ISO 1101:2017 zu korrigieren, um Mehrdeutigkeit und Fehlinterpretation zu vermeiden. Diese Regeln sind nicht nur für Positionsmerkmale anwendbar.

B.2 Beispiele für eine Angabe zwischen ISO 5458:1998, ISO 1101:2017 und dieser Ausgabe von ISO 5458

Bild B.1 stellt die verschiedenen Bedeutungen dar, die einzeln durch die unterschiedlichen Angaben nach der vorherigen Ausgabe, ISO 5458:1998, ISO 1101:2017 und diesem Dokument ausgedrückt werden. Einige dieser Angaben können widersprüchlich sein. Das vorliegende Dokuments soll diese Widersprüche in GPS-Normen vermeiden.

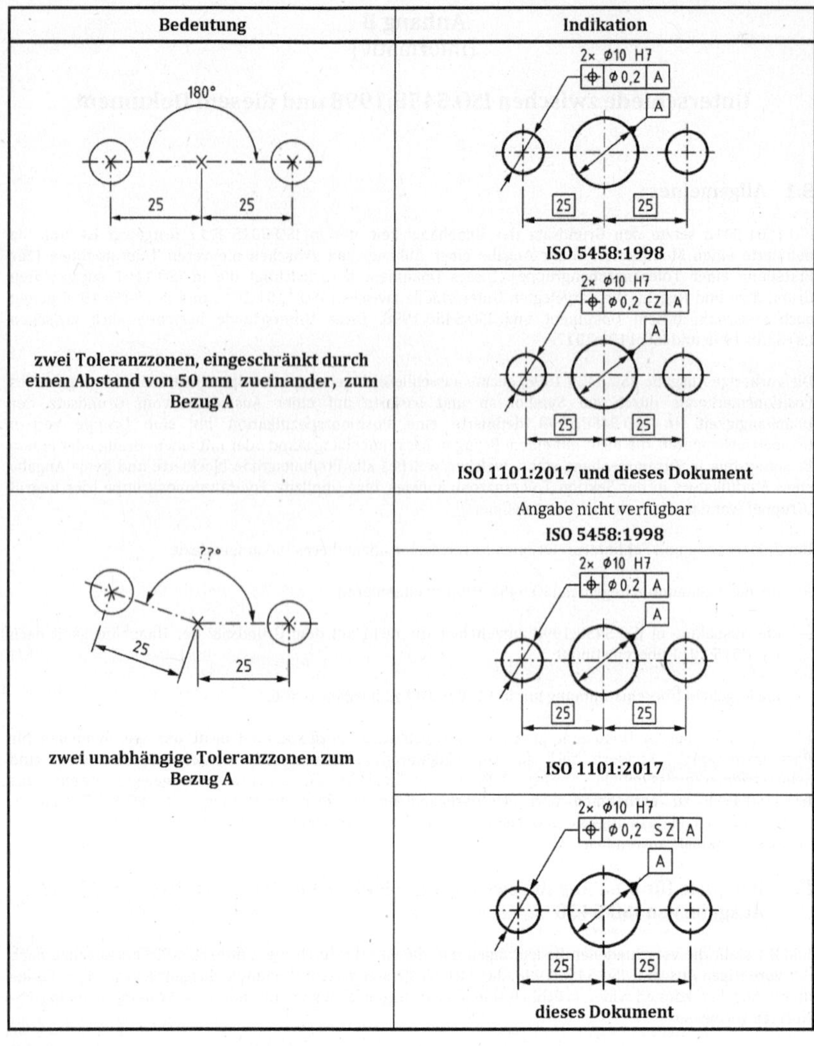

Bild B.1 — Unterschiede in der Interpretation der Angaben zwischen ISO 5458:1998, ISO 1101:2017 und diesem Dokument

Anhang C
(informativ)

Beispiele für Elementgruppenspezifikationen

Tabelle C.1 — Beispiele für Elementgruppenspezifikationen

Indikation	Bedeutung
Beispiel 1 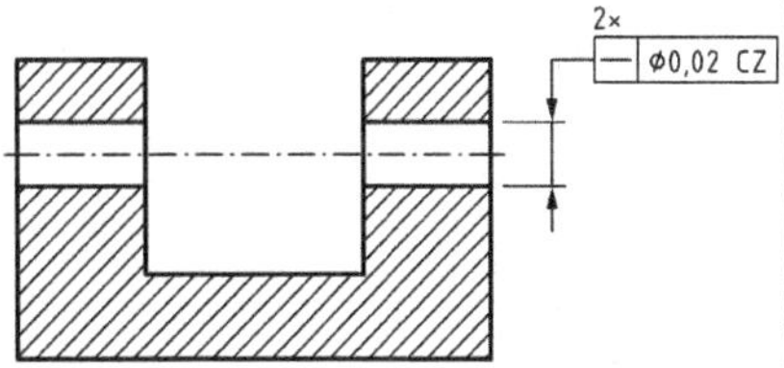 2× — ⌀0,02 CZ	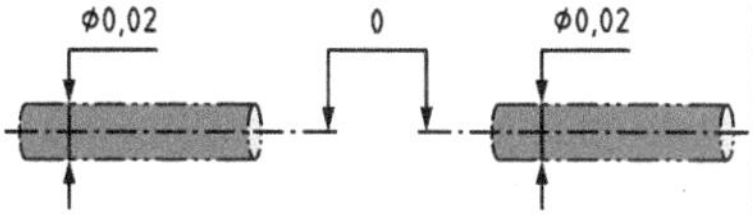 ⌀0,02 0 ⌀0,02 Die Spezifikation ist eine Elementgruppenspezifikation (CZ-Modifikator). Das tolerierte Geometrieelement ist die Kollektion zweier (2×) extrahierter Mittellinien. Jede nominale Mittellinie ist eine Gerade. Die Toleranzzone ist eine Toleranzzonengruppe (CZ-Modifikator), bestehend aus zwei (2×) zylindrischen Zonen mit einem Durchmesser von 0,02 mm, wobei ihre Achsen einer Nebenbedingung für die Richtung, parallel zu sein (implizites TED von 0°), und einer Nebenbedingung für den Ort, koaxial zu sein (implizites TED von 0 mm, definiert durch die angegebene durchgehende Symmetrielinie) unterliegen.

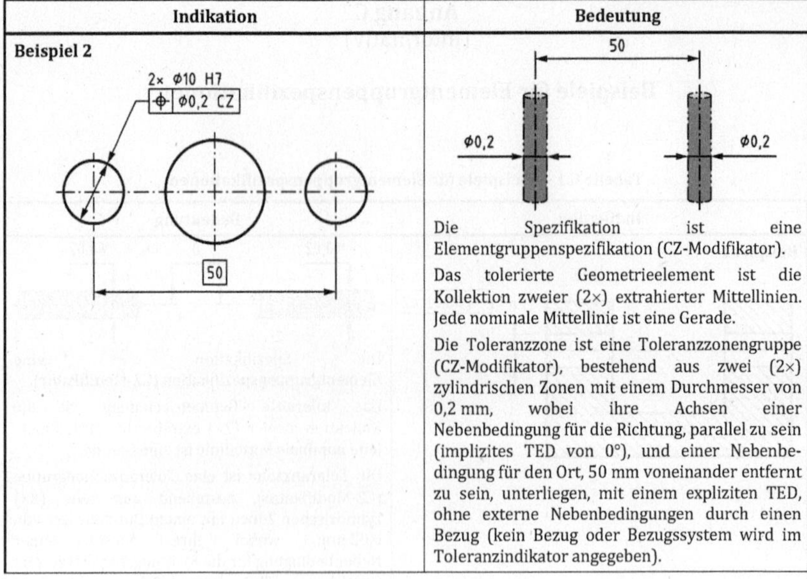

Indikation	Bedeutung
Beispiel 2	Die Spezifikation ist eine Elementgruppenspezifikation (CZ-Modifikator). Das tolerierte Geometrieelement ist die Kollektion zweier (2×) extrahierter Mittellinien. Jede nominale Mittellinie ist eine Gerade. Die Toleranzzone ist eine Toleranzzonengruppe (CZ-Modifikator), bestehend aus zwei (2×) zylindrischen Zonen mit einem Durchmesser von 0,2 mm, wobei ihre Achsen einer Nebenbedingung für die Richtung, parallel zu sein (implizites TED von 0°), und einer Nebenbedingung für den Ort, 50 mm voneinander entfernt zu sein, unterliegen, mit einem expliziten TED, ohne externe Nebenbedingungen durch einen Bezug (kein Bezug oder Bezugssystem wird im Toleranzindikator angegeben).

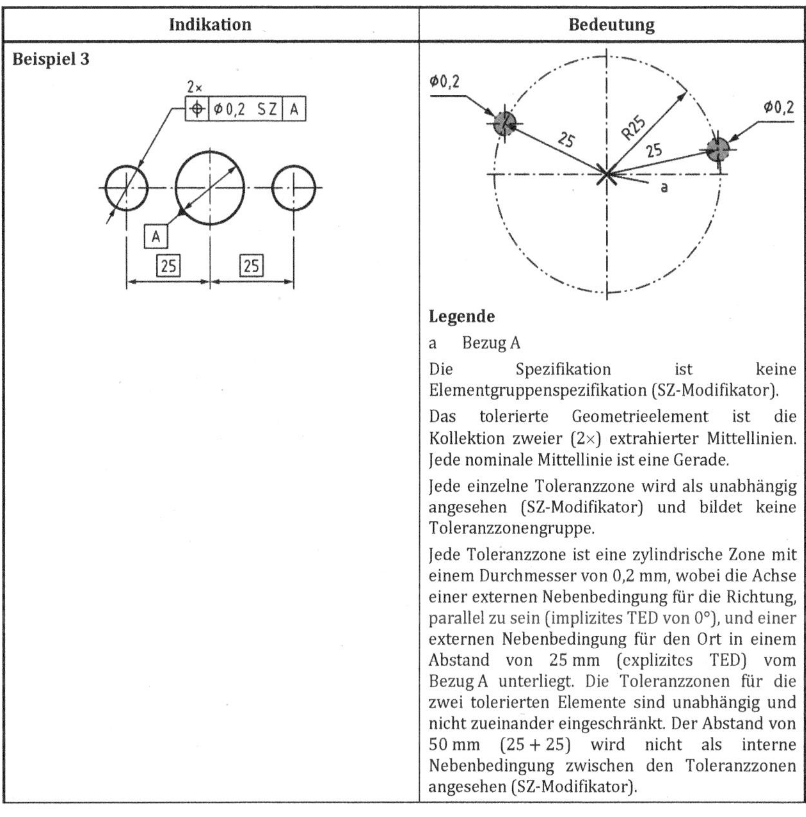

Indikation	Bedeutung
Beispiel 3	**Legende** a Bezug A Die Spezifikation ist keine Elementgruppenspezifikation (SZ-Modifikator). Das tolerierte Geometrieelement ist die Kollektion zweier (2×) extrahierter Mittellinien. Jede nominale Mittellinie ist eine Gerade. Jede einzelne Toleranzzone wird als unabhängig angesehen (SZ-Modifikator) und bildet keine Toleranzzonengruppe. Jede Toleranzzone ist eine zylindrische Zone mit einem Durchmesser von 0,2 mm, wobei die Achse einer externen Nebenbedingung für die Richtung, parallel zu sein (implizites TED von 0°), und einer externen Nebenbedingung für den Ort in einem Abstand von 25 mm (explizites TED) vom Bezug A unterliegt. Die Toleranzzonen für die zwei tolerierten Elemente sind unabhängig und nicht zueinander eingeschränkt. Der Abstand von 50 mm (25 + 25) wird nicht als interne Nebenbedingung zwischen den Toleranzzonen angesehen (SZ-Modifikator).

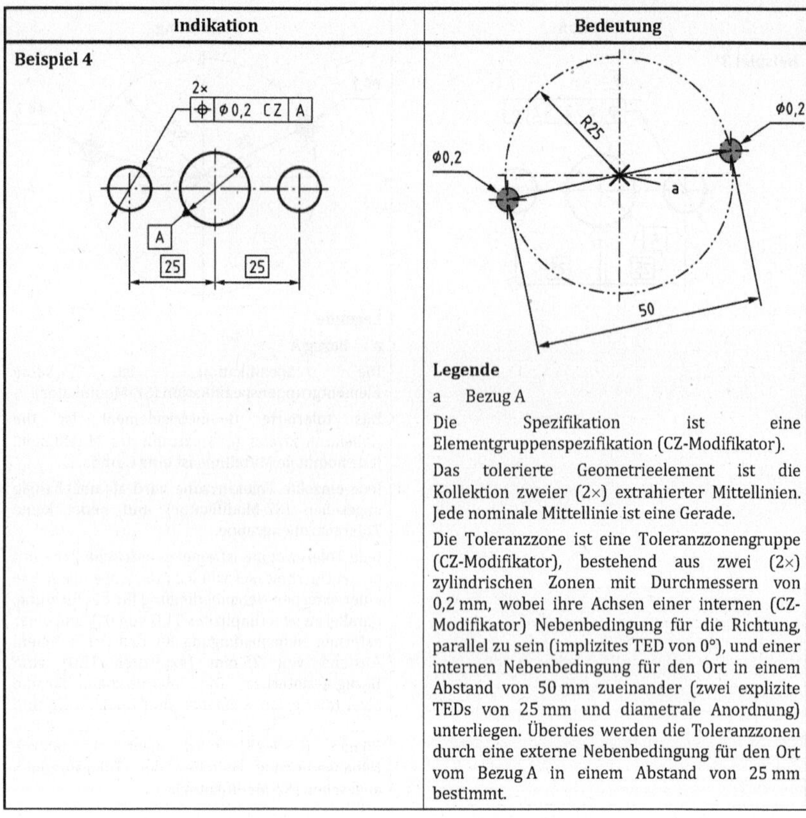

Indikation	Bedeutung
Beispiel 4	**Legende** a Bezug A Die Spezifikation ist eine Elementgruppenspezifikation (CZ-Modifikator). Das tolerierte Geometrieelement ist die Kollektion zweier (2×) extrahierter Mittellinien. Jede nominale Mittellinie ist eine Gerade. Die Toleranzzone ist eine Toleranzzonengruppe (CZ-Modifikator), bestehend aus zwei (2×) zylindrischen Zonen mit Durchmessern von 0,2 mm, wobei ihre Achsen einer internen (CZ-Modifikator) Nebenbedingung für die Richtung, parallel zu sein (implizites TED von 0°), und einer internen Nebenbedingung für den Ort in einem Abstand von 50 mm zueinander (zwei explizite TEDs von 25 mm und diametrale Anordnung) unterliegen. Überdies werden die Toleranzzonen durch eine externe Nebenbedingung für den Ort vom Bezug A in einem Abstand von 25 mm bestimmt.

Indikation	Bedeutung
Beispiel 5 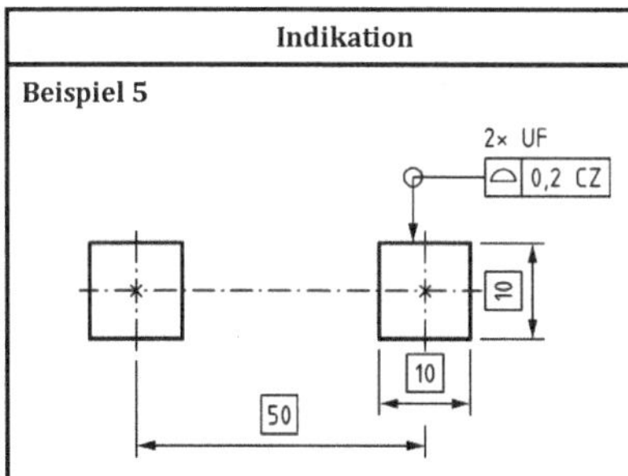 ANMERKUNG 1 Eine Spezifikation mit einem Modifikator „rundum" kann als Kollektionsebenenangabe, wie in ISO 1101 definiert, betrachtet werden. Der Modifikator „rundum" erzeugt kein vereinigtes Element oder Elementgruppenspezifikation. ANMERKUNG 2 Wenn der Modifikator UF über dem Toleranzindikator platziert wird, dann wird die Kollektion der integralen Geometrieelemente als ein einzelnes Geometrieelement angesehen. Er wandelt eine einzelne geometrische Spezifikation nicht in eine Elementgruppenspezifikation um.	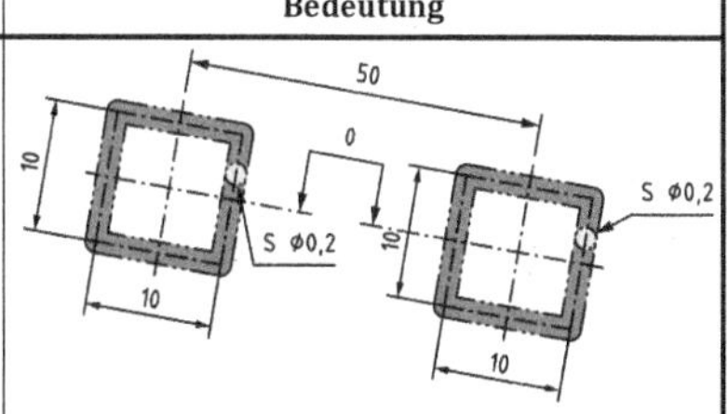 Die Spezifikation ist eine Elementgruppenspezifikation (CZ-Modifikator). Das tolerierte Geometrieelement ist die Kollektion von zwei (2×) vereinigten Geometrieelementen (UF-Modifikator), jede bestehend aus vier extrahierten vereinigten integralen Flächen (Symbol „rundum"). Die Toleranzzone ist eine Toleranzzonengruppe (CZ-Modifikator), bestehend aus zwei Toleranzzonen, jede bestehend aus zwei von der Nennform des vereinigten Geometrieelements versetzten Flächen und eingeschränkt durch eine Nebenbedingung für die Richtung, parallel zu sein (implizites TED von 0°), und eine Nebenbedingung für den Ort, 50 mm in eine Richtung (explizites TED) voneinander und 0 mm in eine andere senkrechte Richtung (implizites TED) entfernt zu sein, ohne externe Nebenbedingung durch einen Bezug oder ein Bezugssystem.

<table>
<tr><th>Indikation</th><th>Bedeutung</th></tr>
<tr><td>Beispiel 6
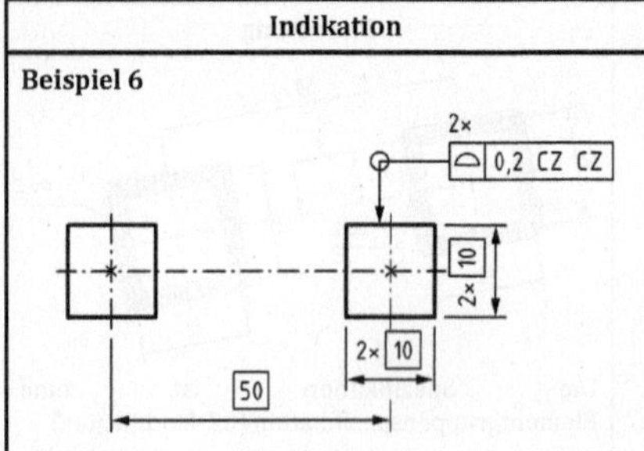

ANMERKUNG Eine Spezifikation „rundum" wird mit einer Kollektionsebenenangabe betrachtet, wie in ISO 1101 vorgegeben.</td><td>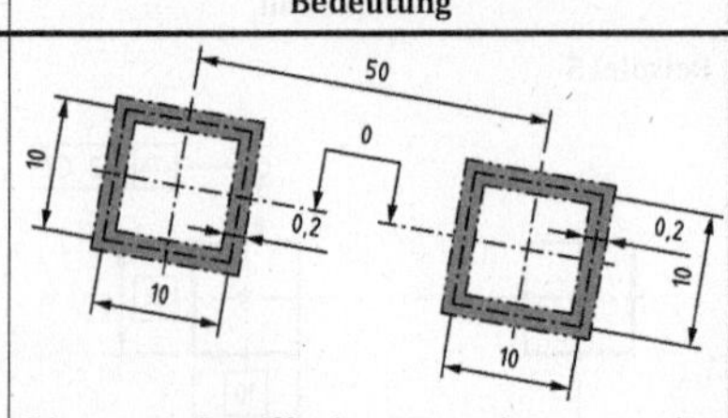

Die Spezifikation ist eine Elementgruppenspezifikation (erstes CZ in der Folge CZ CZ), die durch zwei (2×) Toleranzzonengruppen (letztes CZ in der Folge) definiert wird.
Es gibt zwei (2×) Elementgruppenspezifikationen (letztes CZ), die voneinander abhängig sind (erstes CZ) und eine globale Elementgruppenspezifikation erzeugen.
Das tolerierte Element ist eine Kollektion aus acht extrahierten, integralen Flächen (2× und Symbol „rundum").
Die Toleranzzone ist eine Toleranzzonengruppe, die aus zwei Toleranzzonengruppen (CZ CZ) besteht, die aus vier Toleranzzonen mit einem Abstand von 0,2 mm zwischen den zwei parallelen Ebenen bestehen und durch eine Nebenbedingung für die Richtung (implizite TEDs 4× 90°) und eine Nebenbedingung des Orts im Abstand von 2× 10 mm (explizite TEDs) eingeschränkt sind. Die zwei Toleranzzonen sind durch eine Nebenbedingung für die Richtung, parallel zu sein (implizites TED von 0°), und eine Nebenbedingung für den Ort, 50 mm in eine Richtung (explizites TED) voneinander entfernt und in senkrechter Richtung ausgerichtet (implizites TED im Abstand von 0 mm) zu sein, eingeschränkt, ohne externe Nebenbedingung durch einen Bezug.
ANMERKUNG Der letzte CZ-Modifikator in der Folge CZ CZ erzeugt eine Toleranzzonengruppe, die aus vier Toleranzzonen besteht. Der erste CZ in der Folge CZ CZ erzeugt die Abhängigkeit zwischen den beiden Toleranzzonengruppen.</td></tr>
</table>

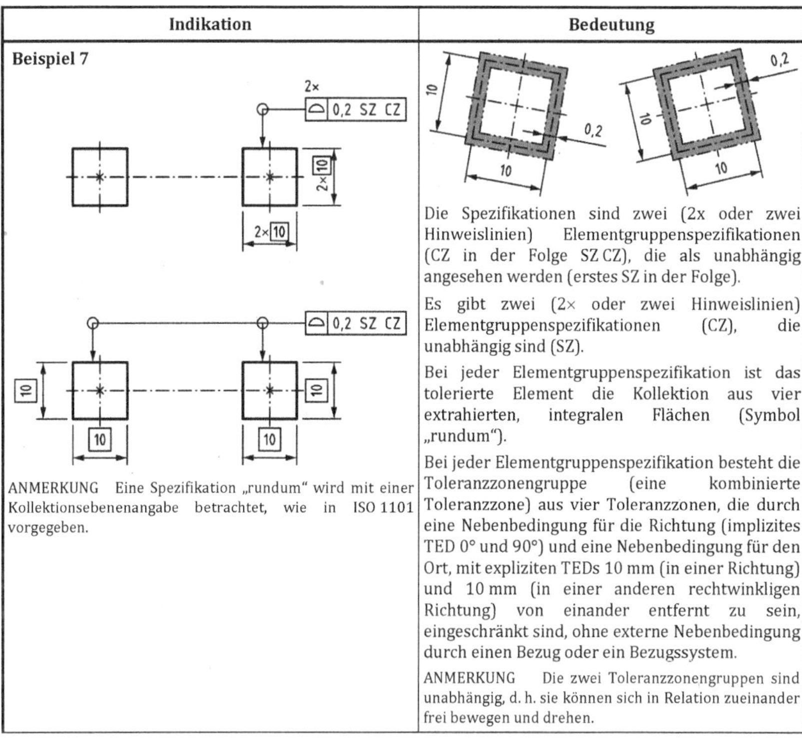

Indikation	Bedeutung
Beispiel 7 ANMERKUNG Eine Spezifikation „rundum" wird mit einer Kollektionsebenenangabe betrachtet, wie in ISO 1101 vorgegeben.	Die Spezifikationen sind zwei (2x oder zwei Hinweislinien) Elementgruppenspezifikationen (CZ in der Folge SZ CZ), die als unabhängig angesehen werden (erstes SZ in der Folge). Es gibt zwei (2× oder zwei Hinweislinien) Elementgruppenspezifikationen (CZ), die unabhängig sind (SZ). Bei jeder Elementgruppenspezifikation ist das tolerierte Element die Kollektion aus vier extrahierten, integralen Flächen (Symbol „rundum"). Bei jeder Elementgruppenspezifikation besteht die Toleranzzonengruppe (eine kombinierte Toleranzzone) aus vier Toleranzzonen, die durch eine Nebenbedingung für die Richtung (implizites TED 0° und 90°) und eine Nebenbedingung für den Ort, mit expliziten TEDs 10 mm (in einer Richtung) und 10 mm (in einer anderen rechtwinkligen Richtung) von einander entfernt zu sein, eingeschränkt sind, ohne externe Nebenbedingung durch einen Bezug oder ein Bezugssystem. ANMERKUNG Die zwei Toleranzzonengruppen sind unabhängig, d. h. sie können sich in Relation zueinander frei bewegen und drehen.

<table>
<tr><th>Indikation</th><th>Bedeutung</th></tr>
<tr><td colspan="2">Beispiel 8
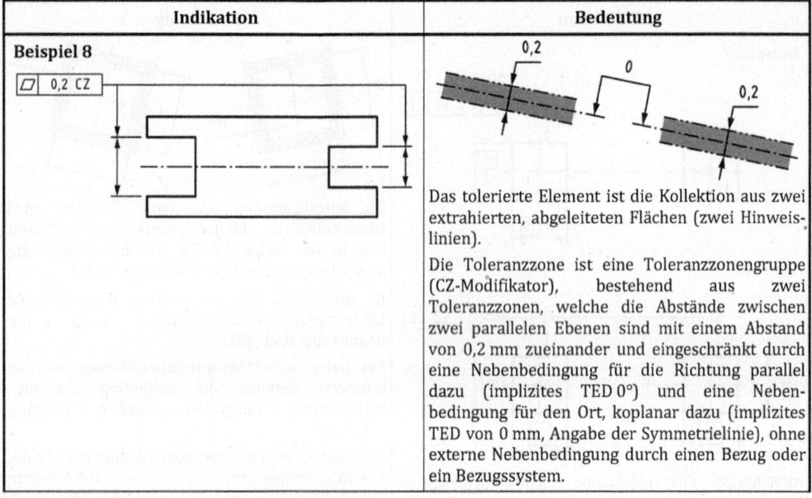</td></tr>
<tr><td></td><td>Das tolerierte Element ist die Kollektion aus zwei extrahierten, abgeleiteten Flächen (zwei Hinweislinien).

Die Toleranzzone ist eine Toleranzzonengruppe (CZ-Modifikator), bestehend aus zwei Toleranzzonen, welche die Abstände zwischen zwei parallelen Ebenen sind mit einem Abstand von 0,2 mm zueinander und eingeschränkt durch eine Nebenbedingung für die Richtung parallel dazu (implizites TED 0°) und eine Nebenbedingung für den Ort, koplanar dazu (implizites TED von 0 mm, Angabe der Symmetrielinie), ohne externe Nebenbedingung durch einen Bezug oder ein Bezugssystem.</td></tr>
</table>

Indikation	Bedeutung
Beispiel 9	

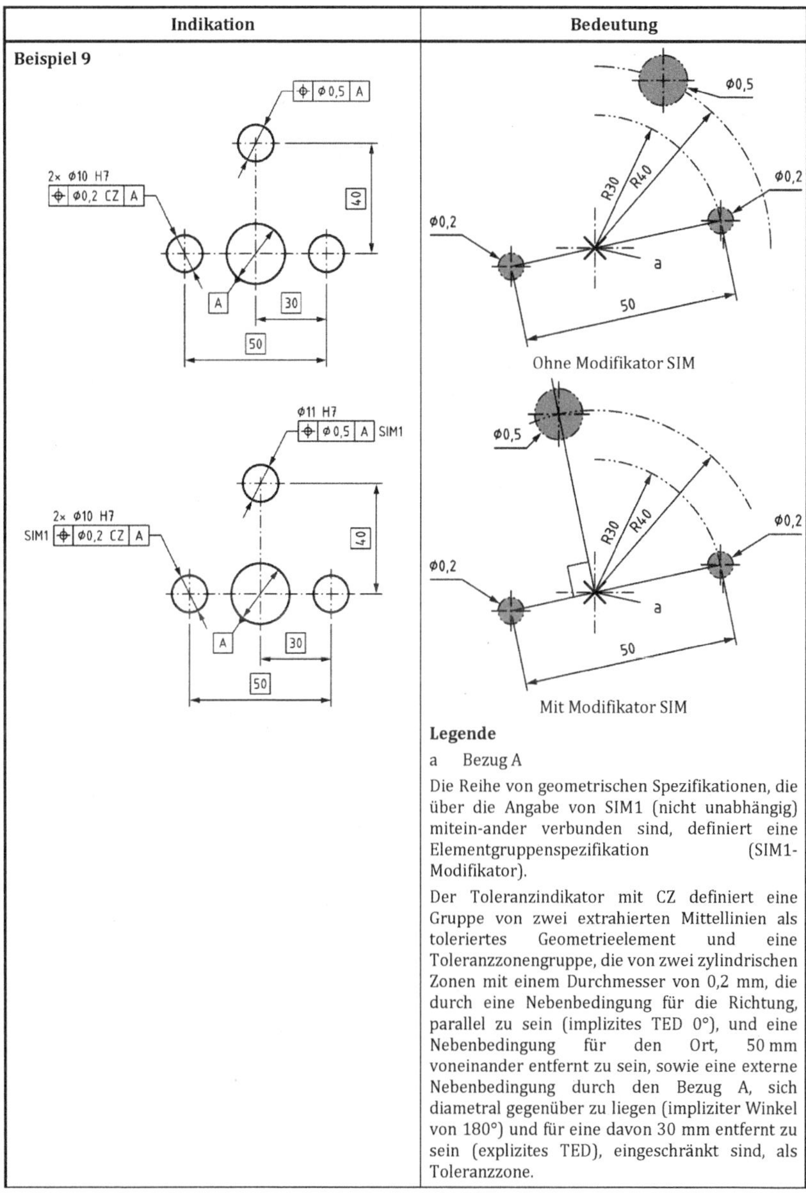

Ohne Modifikator SIM

Mit Modifikator SIM

Legende

a Bezug A

Die Reihe von geometrischen Spezifikationen, die über die Angabe von SIM1 (nicht unabhängig) mitein-ander verbunden sind, definiert eine Elementgruppenspezifikation (SIM1-Modifikator).

Der Toleranzindikator mit CZ definiert eine Gruppe von zwei extrahierten Mittellinien als toleriertes Geometrieelement und eine Toleranzzonengruppe, die von zwei zylindrischen Zonen mit einem Durchmesser von 0,2 mm, die durch eine Nebenbedingung für die Richtung, parallel zu sein (implizites TED 0°), und eine Nebenbedingung für den Ort, 50 mm voneinander entfernt zu sein, sowie eine externe Nebenbedingung durch den Bezug A, sich diametral gegenüber zu liegen (impliziter Winkel von 180°) und für eine davon 30 mm entfernt zu sein (explizites TED), eingeschränkt sind, als Toleranzzone.

Indikation	Bedeutung
	Der Toleranzindikator ohne CZ definiert eine extrahierte Mittellinie als toleriertes Geometrieelement und eine zylindrische Zone mit einem Durchmesser von 0,5 mm, die durch eine externe Nebenbedingung für den Ort durch den Bezug A im Abstand von 40 mm eingeschränkt ist, als Toleranzzone. Ohne SIM-Modifikator sind die zwei Spezifikationen unabhängig: Der Bezug A blockiert nicht alle Freiheitsgrade der Toleranzzonengruppe und die zylindrische Zone mit einem Durchmesser von 0,5 mm kann relativ dazu rotieren. Mit einem SIM-Modifikator mit der Nummer 1 sind die zylindrische Zone mit einem Durchmesser von 0,5 mm und die Toleranzzonengruppe nicht unabhängig. Sie sind durch eine Nebenbedingung für die Richtung (implizites TED von 0°) und eine Nebenbedingung für den Ort (explizites TED von 40 mm und implizites TED von 90°) eingeschränkt, welche diese Spezifikationen zu einer Elementgruppenspezifikation kombinieren.

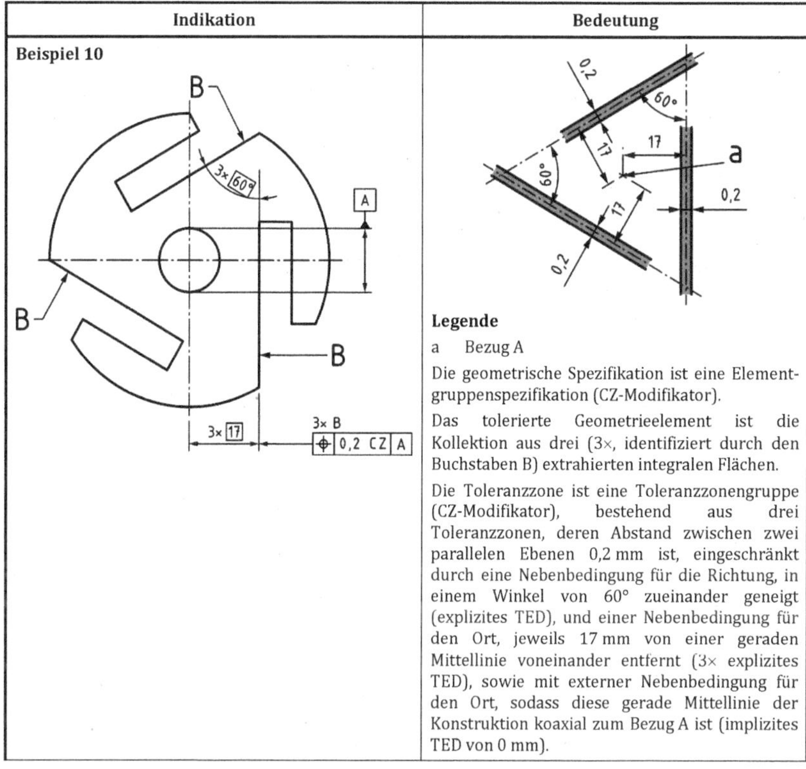

Indikation	Bedeutung
Beispiel 10	**Legende** a Bezug A Die geometrische Spezifikation ist eine Elementgruppenspezifikation (CZ-Modifikator). Das tolerierte Geometrieelement ist die Kollektion aus drei (3×, identifiziert durch den Buchstaben B) extrahierten integralen Flächen. Die Toleranzzone ist eine Toleranzzonengruppe (CZ-Modifikator), bestehend aus drei Toleranzzonen, deren Abstand zwischen zwei parallelen Ebenen 0,2 mm ist, eingeschränkt durch eine Nebenbedingung für die Richtung, in einem Winkel von 60° zueinander geneigt (explizites TED), und einer Nebenbedingung für den Ort, jeweils 17 mm von einer geraden Mittellinie voneinander entfernt (3× explizites TED), sowie mit externer Nebenbedingung für den Ort, sodass diese gerade Mittellinie der Konstruktion koaxial zum Bezug A ist (implizites TED von 0 mm).

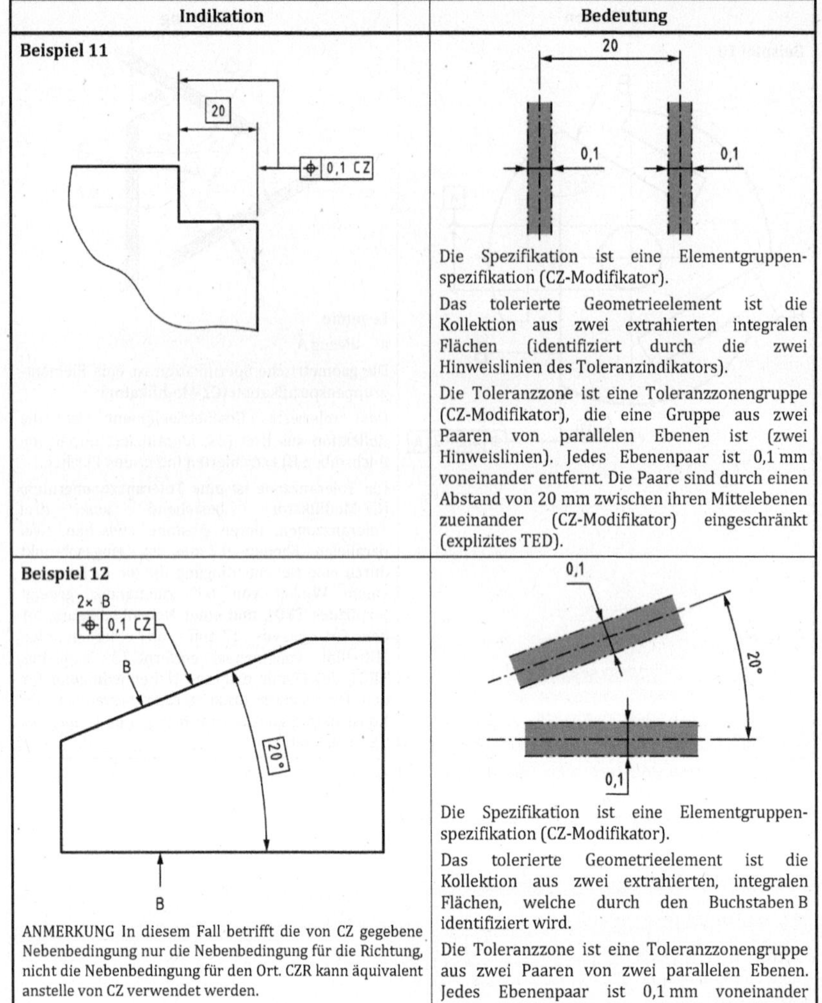

Indikation	Bedeutung
Beispiel 11	Die Spezifikation ist eine Elementgruppenspezifikation (CZ-Modifikator). Das tolerierte Geometrieelement ist die Kollektion aus zwei extrahierten integralen Flächen (identifiziert durch die zwei Hinweislinien des Toleranzindikators). Die Toleranzzone ist eine Toleranzzonengruppe (CZ-Modifikator), die eine Gruppe aus zwei Paaren von parallelen Ebenen ist (zwei Hinweislinien). Jedes Ebenenpaar ist 0,1 mm voneinander entfernt. Die Paare sind durch einen Abstand von 20 mm zwischen ihren Mittelebenen zueinander (CZ-Modifikator) eingeschränkt (explizites TED).
Beispiel 12 ANMERKUNG In diesem Fall betrifft die von CZ gegebene Nebenbedingung nur die Nebenbedingung für die Richtung, nicht die Nebenbedingung für den Ort. CZR kann äquivalent anstelle von CZ verwendet werden.	Die Spezifikation ist eine Elementgruppenspezifikation (CZ-Modifikator). Das tolerierte Geometrieelement ist die Kollektion aus zwei extrahierten, integralen Flächen, welche durch den Buchstaben B identifiziert wird. Die Toleranzzone ist eine Toleranzzonengruppe aus zwei Paaren von zwei parallelen Ebenen. Jedes Ebenenpaar ist 0,1 mm voneinander entfernt und die Paare werden durch einander (CZ-Modifikator) für die Richtung mit einem Winkel von 20° eingeschränkt. ANMERKUNG In diesem Falle kann der Abstand nicht durch eine Nebenbedingung bestimmt werden, weil die Kollektion der zwei nominellen integralen Flächen einen Keil erzeugt, der nur durch den Winkel bestimmt wird.

Indikation	Bedeutung
Beispiel 13 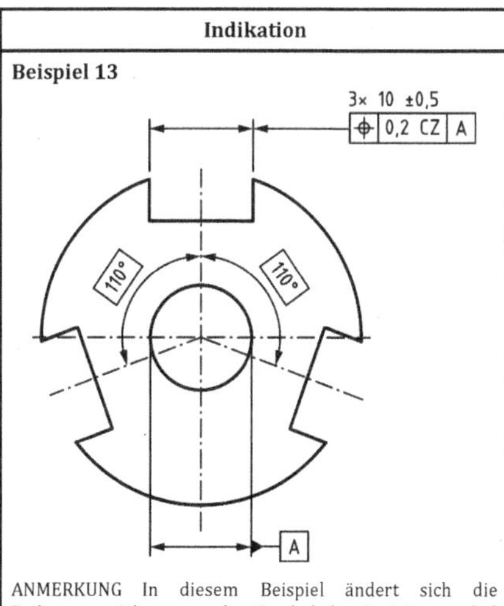 ANMERKUNG In diesem Beispiel ändert sich die Bedeutung nicht, wenn das Symbol das Positionssymbol oder das Symmetriesymbol ist (das Symmetriesymbol muss die Zeichnungslinie nicht darstellen, um die impliziten TEDs von 0 mm durch den Bezug A zu entnehmen, wie dies mit dem Positionssymbol erforderlich ist).	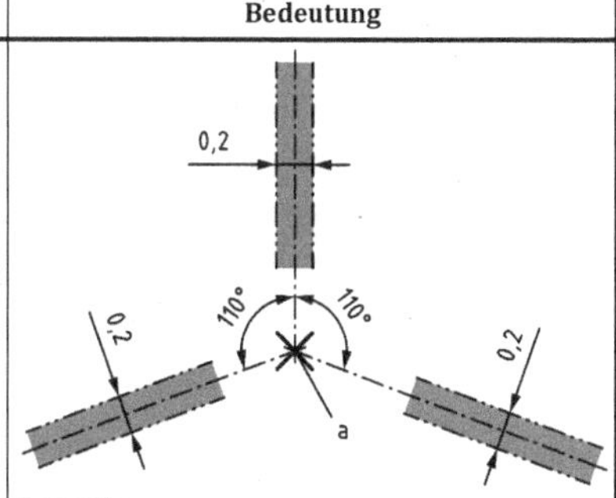 **Legende** a Bezugsachse A Die Spezifikation ist eine Elementgruppenspezifikation (CZ-Modifikator). Das tolerierte Geometrieelement ist die Kollektion aus drei extrahierten abgeleiteten Flächen, identifiziert durch die obere Angabe über dem Toleranzindikator (3× 10 ± 0,05). Die Toleranzzone ist eine Toleranzzonengruppe, bestehend aus drei Paaren paralleler Ebenen in einem Abstand von 0,2 mm zueinander, die zueinander durch eine Nebenbedingung (CZ-Modifikator) für die Richtung mit Winkeln von 110° (expliziter Winkel 2× und der implizite Winkel von 140° = 360°− 2× 110°) und durch eine Nebenbedingung für den Ort mit einer gemeinsamen Schnittgerade (impliziertes TED von 0 mm) eingeschränkt sind. Überdies ist diese Toleranzzonengruppe durch eine externe Nebenbedingung durch Bezug A eingeschränkt. Jede der drei Toleranzzonen ist symmetrisch um den Bezug A herum angeordnet (implizites TED von 0 mm als Abstand zwischen Bezug A und der Mittelebene jeder der Toleranzzonen).

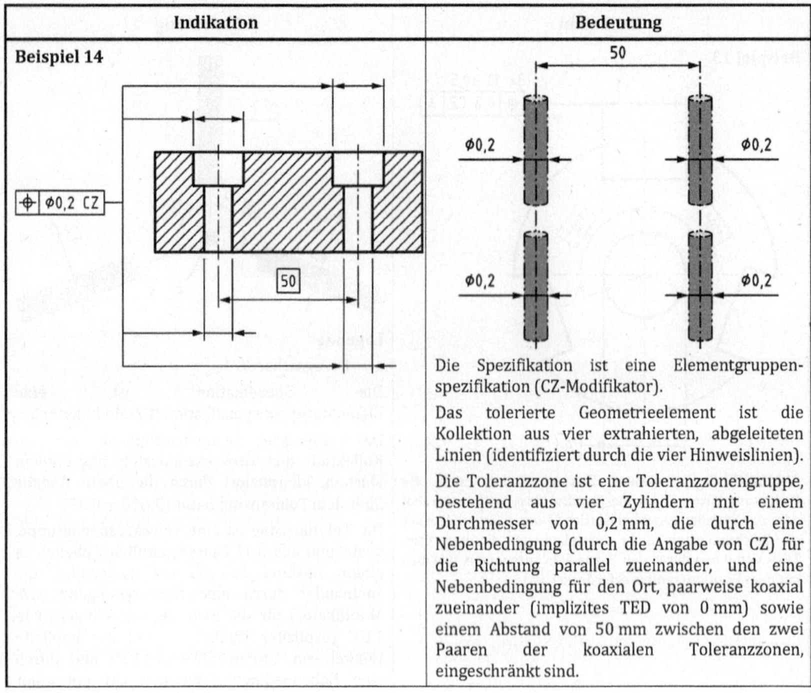

Indikation	Bedeutung
Beispiel 14	Die Spezifikation ist eine Elementgruppenspezifikation (CZ-Modifikator). Das tolerierte Geometrieelement ist die Kollektion aus vier extrahierten, abgeleiteten Linien (identifiziert durch die vier Hinweislinien). Die Toleranzzone ist eine Toleranzzonengruppe, bestehend aus vier Zylindern mit einem Durchmesser von 0,2 mm, die durch eine Nebenbedingung (durch die Angabe von CZ) für die Richtung parallel zueinander, und eine Nebenbedingung für den Ort, paarweise koaxial zueinander (implizites TED von 0 mm) sowie einem Abstand von 50 mm zwischen den zwei Paaren der koaxialen Toleranzzonen, eingeschränkt sind.

Indikation	Bedeutung

Beispiel 15

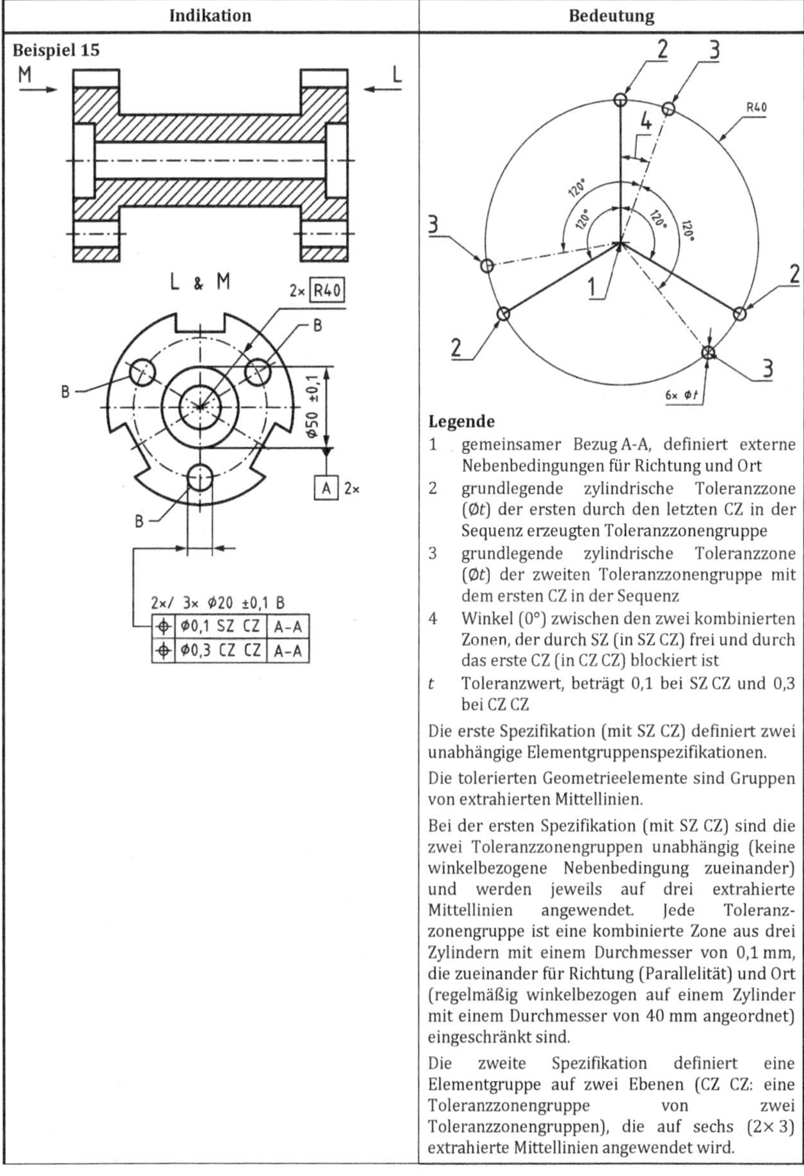

Legende

1 gemeinsamer Bezug A-A, definiert externe Nebenbedingungen für Richtung und Ort

2 grundlegende zylindrische Toleranzzone (Ø*t*) der ersten durch den letzten CZ in der Sequenz erzeugten Toleranzzonengruppe

3 grundlegende zylindrische Toleranzzone (Ø*t*) der zweiten Toleranzzonengruppe mit dem ersten CZ in der Sequenz

4 Winkel (0°) zwischen den zwei kombinierten Zonen, der durch SZ (in SZ CZ) frei und durch das erste CZ (in CZ CZ) blockiert ist

t Toleranzwert, beträgt 0,1 bei SZ CZ und 0,3 bei CZ CZ

Die erste Spezifikation (mit SZ CZ) definiert zwei unabhängige Elementgruppenspezifikationen.

Die tolerierten Geometrieelemente sind Gruppen von extrahierten Mittellinien.

Bei der ersten Spezifikation (mit SZ CZ) sind die zwei Toleranzzonengruppen unabhängig (keine winkelbezogene Nebenbedingung zueinander) und werden jeweils auf drei extrahierte Mittellinien angewendet. Jede Toleranzzonengruppe ist eine kombinierte Zone aus drei Zylindern mit einem Durchmesser von 0,1 mm, die zueinander für Richtung (Parallelität) und Ort (regelmäßig winkelbezogen auf einem Zylinder mit einem Durchmesser von 40 mm angeordnet) eingeschränkt sind.

Die zweite Spezifikation definiert eine Elementgruppe auf zwei Ebenen (CZ CZ: eine Toleranzzonengruppe von zwei Toleranzzonengruppen), die auf sechs (2× 3) extrahierte Mittellinien angewendet wird.

Indikation	Bedeutung
	Bei der zweiten Spezifikation wird eine einzelne Elementgruppenspezifikation über zwei Ebenen (mit CZ CZ) definiert. Zwei Toleranzzonengruppen werden mit dem letzten CZ der Folge definiert (CZ CZ). Jede Toleranzzonengruppe ist eine kombinierte Zone aus drei Zylindern mit einem Durchmesser von 0,3 mm, die zueinander für Richtung (Parallelität) und Ort (regelmäßig winkelbezogen auf einem Zylinder mit einem Durchmesser von 40 mm angeordnet) eingeschränkt sind. Die zwei Toleranzzonengruppen sind nicht unabhängig (erstes CZ in der Folge CZ CZ). Sie sind zueinander durch die Nebenbedingung für Richtung (Parallelität) und Ort (die Achsen jeder Toleranzzonengruppe sind koaxial, 0 mm, und die Toleranzzonengruppen sind bezüglich Rotation auf 0° blockiert) eingeschränkt.

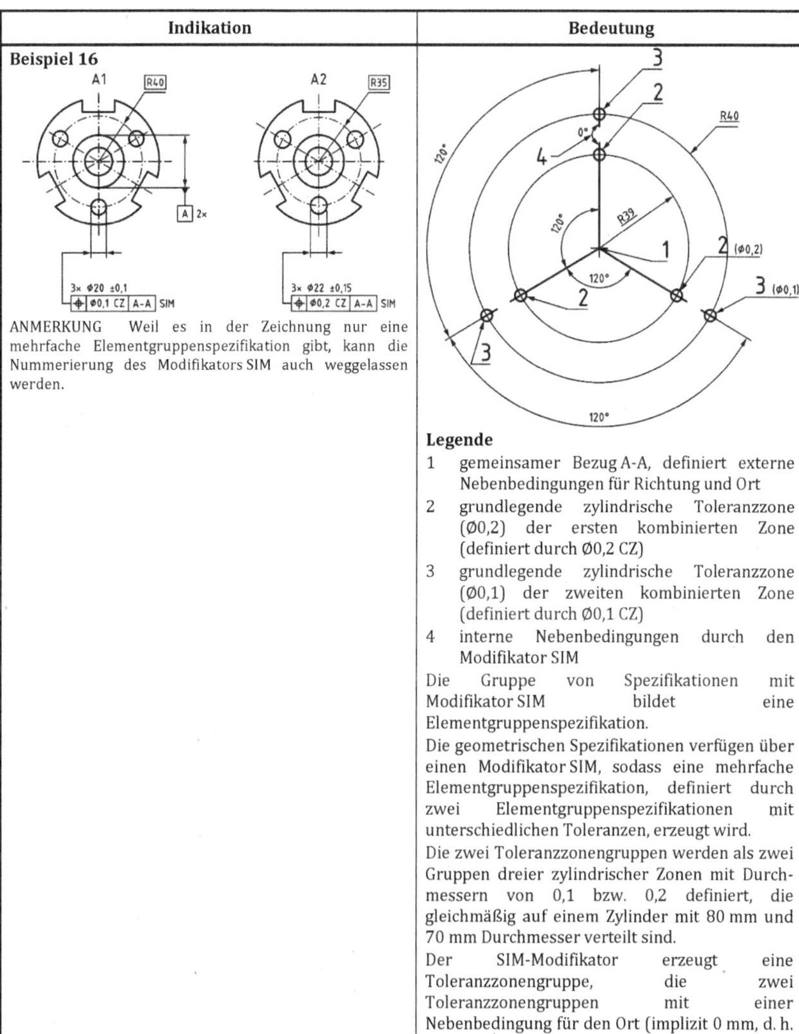

Indikation	Bedeutung
Beispiel 16 ANMERKUNG Weil es in der Zeichnung nur eine mehrfache Elementgruppenspezifikation gibt, kann die Nummerierung des Modifikators SIM auch weggelassen werden.	**Legende** 1 gemeinsamer Bezug A-A, definiert externe Nebenbedingungen für Richtung und Ort 2 grundlegende zylindrische Toleranzzone (Ø0,2) der ersten kombinierten Zone (definiert durch Ø0,2 CZ) 3 grundlegende zylindrische Toleranzzone (Ø0,1) der zweiten kombinierten Zone (definiert durch Ø0,1 CZ) 4 interne Nebenbedingungen durch den Modifikator SIM Die Gruppe von Spezifikationen mit Modifikator SIM bildet eine Elementgruppenspezifikation. Die geometrischen Spezifikationen verfügen über einen Modifikator SIM, sodass eine mehrfache Elementgruppenspezifikation, definiert durch zwei Elementgruppenspezifikationen mit unterschiedlichen Toleranzen, erzeugt wird. Die zwei Toleranzzonengruppen werden als zwei Gruppen dreier zylindrischer Zonen mit Durchmessern von 0,1 bzw. 0,2 definiert, die gleichmäßig auf einem Zylinder mit 80 mm und 70 mm Durchmesser verteilt sind. Der SIM-Modifikator erzeugt eine Toleranzzonengruppe, die zwei Toleranzzonengruppen mit einer Nebenbedingung für den Ort (implizit 0 mm, d. h. dieselbe Achse der Toleranzzonengruppe) und einer Nebenbedingung für die Richtung (impliziter Winkel von 0°) zueinander eingeschränkt.

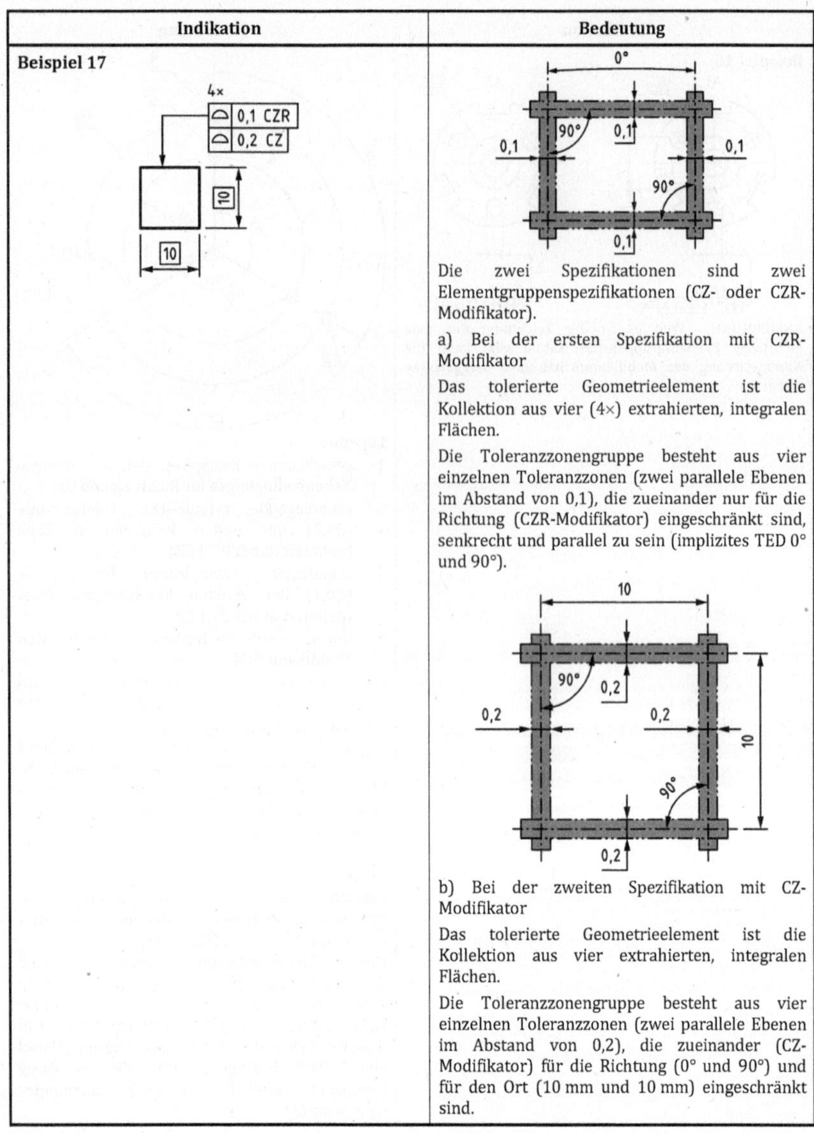

Indikation	Bedeutung
Beispiel 17	Die zwei Spezifikationen sind zwei Elementgruppenspezifikationen (CZ- oder CZR-Modifikator). a) Bei der ersten Spezifikation mit CZR-Modifikator Das tolerierte Geometrieelement ist die Kollektion aus vier (4×) extrahierten, integralen Flächen. Die Toleranzzonengruppe besteht aus vier einzelnen Toleranzzonen (zwei parallele Ebenen im Abstand von 0,1), die zueinander nur für die Richtung (CZR-Modifikator) eingeschränkt sind, senkrecht und parallel zu sein (implizites TED 0° und 90°). b) Bei der zweiten Spezifikation mit CZ-Modifikator Das tolerierte Geometrieelement ist die Kollektion aus vier extrahierten, integralen Flächen. Die Toleranzzonengruppe besteht aus vier einzelnen Toleranzzonen (zwei parallele Ebenen im Abstand von 0,2), die zueinander (CZ-Modifikator) für die Richtung (0° und 90°) und für den Ort (10 mm und 10 mm) eingeschränkt sind.

Anhang D
(normativ)

Relationen und Maße von graphischen Symbolen

Das in Tabelle 1 als „simultane Anforderung" beschriebene graphische Symbol SIM muss in Übereinstimmung mit den Bildern D.1 bis D.3 gezeichnet werden.

Um die Größen der in diesem Dokument spezifizierten Symbole mit jenen der anderen Abbildungen auf der Zeichnung (Maße, Buchstaben, Toleranzen) zu harmonisieren, sind die Regeln in Anhang D, die mit ISO 81714-1 übereinstimmen, anzuwenden. Weitere graphische Symbole sind in ISO 3098-5 festgelegt.

ANMERKUNG Dieses Symbol kann neben oder ober-/unterhalb vom Toleranzindikator einer geometrischen Spezifikation angeordnet sein.

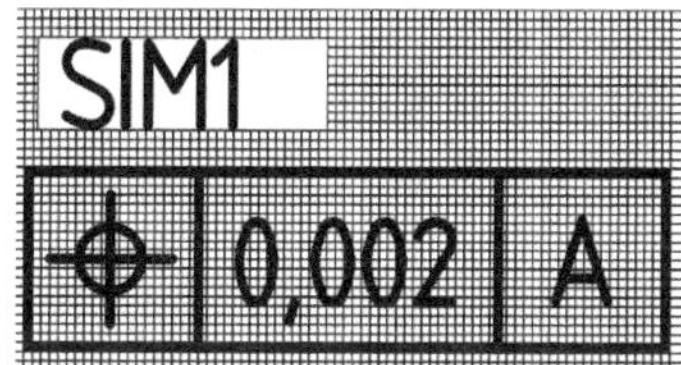

Bild D.1 — SIM-Symbol oberhalb des Toleranzindikators

Bild D.2 — SIM-Symbol neben dem Toleranzindikator

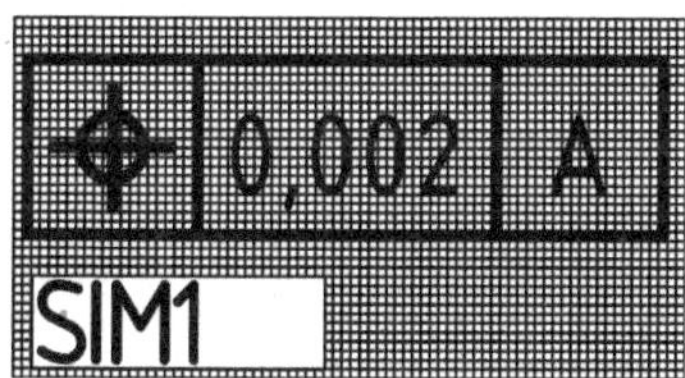

Bild D.3 — SIM-Symbol unterhalb des Toleranzindikators

Anhang E
(informativ)

Konzeptdiagramm für Elementgruppenspezifikationen und Relationen mit Modifikatoren

Das Konzeptdiagramm in Bild E.1 veranschaulicht die Relation zwischen Modifikatoren, unabhängigen Spezifikationen und nicht unabhängiger Spezifikation, mit oder ohne gleicher Gestalt oder gleichem Wert.

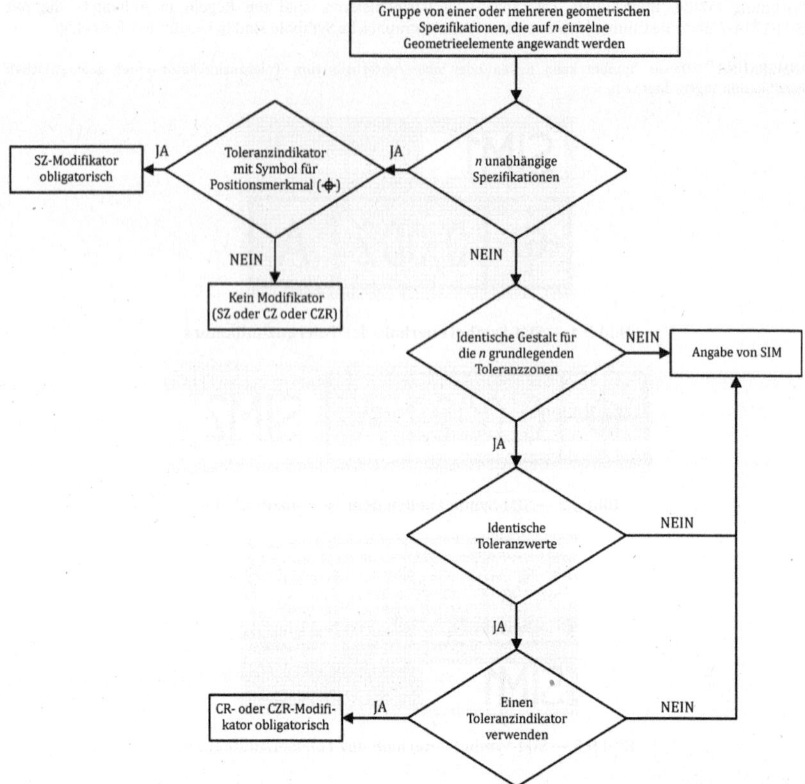

Bild E.1 — Konzeptdiagramm für Elementgruppenspezifikationen

Anhang F
(informativ)

Relation zum GPS-Matrix-Modell

F.1 Allgemeines

Zu den vollständigen Einzelheiten des GPS-Matrix-Modells siehe ISO 14638.

F.2 Information über das Dokument und seine Anwendung

Dieses Dokument legt die Standard-Definition für eine Elementgruppe und speziell damit verbundene Spezifikationen fest.

F.3 Position im GPS-Matrix-Modell

Dieses Dokument ist eine globale GPS-Norm, die Kettenglieder A, B und C der Normenketten über Geometriemerkmale (Gestalt, Richtung, Ort) mit oder ohne Bezug oder Bezugssystem in der allgemeinen GPS-Matrix beeinflusst, wie in Tabelle F.1 graphisch dargestellt.

Tabelle F.1 — Position im GPS-Matrix-Modell

	Kettenglieder						
	A	B	C	D	E	F	G
	Symbole und Angaben	Anforderungen an Geometrieelemente	Merkmale von Geometrieelementen	Übereinstimmung und Nichtübereinstimmung	Messung	Messgeräte	Kalibrierungen
Größe							
Entfernung							
Gestalt	•	•	•				
Richtung	•	•	•				
Ort	•	•	•				
Lauf							
Oberflächenbeschaffenheit: Profil							
Oberflächenbeschaffenheit: Fläche							
Oberflächenunvollkommenheiten							

F.4 Verwandte Internationale Normen

Die verwandten Internationalen Normen sind jene Normen in den Normenketten aus Tabelle F.1.

Literaturhinweise

[1] ISO 2692, *Geometrical product specifications (GPS) — Geometrical tolerancing — Maximum material requirement (MMR), least material requirement (LMR) and reciprocity requirement (RPR)*

[2] ISO 3098-2, *Technical product documentation — Lettering — Part 2: Latin alphabet, numerals and marks*

[3] ISO 3098-5, *Technical product documentation — Lettering — Part 5: CAD lettering of the Latin alphabet, numerals and marks*

[4] ISO 5459, *Geometrical product specifications (GPS) — Geometrical tolerancing — Datums and datum systems*

[5] ISO 81714-1, *Design of graphical symbols for use in the technical documentation of products — Part 1: Basic rules*

[6] ISO 14253-1, *Geometrical Product Specifications (GPS) — Inspection by measurement of workpieces and measuring equipment — Part 1: Decision rules for proving conformance or non-conformance with specifications*

[7] ISO 14638, *Geometrical product specifications (GPS) — Matrix model*

[8] ISO 17450-4, *Geometrical product specifications (GPS) — General concepts — Part 4: Geometrical characteristics for quantifying GPS deviations*

[9] ISO 22432, *Geometrical product specifications (GPS) — Features utilized in specification and verification*

Mai 2013

	DIN EN ISO 5459	

ICS 17.040.30

Ersatz für
DIN EN ISO 5459:2011-12

Geometrische Produktspezifikation (GPS) – Geometrische Tolerierung – Bezüge und Bezugssysteme (ISO 5459:2011); Deutsche Fassung EN ISO 5459:2011

Geometrical product specifications (GPS) –
Geometrical tolerancing –
Datums and datum systems (ISO 5459:2011);
German version EN ISO 5459:2011

Spécification géométrique des produits (GPS) –
Tolérancement géométrique –
Références spécifiées et systèmes de références spécifées (ISO 5459:2011);
Version allemande EN ISO 5459:2011

Gesamtumfang 99 Seiten

Normenausschuss Technische Grundlagen (NATG) im DIN

Nationales Vorwort

Dieses Dokument wurde vom ISO/TC 213/WG 2 „Datums and datum systems" in Zusammenarbeit mit CEN/TC 290 „Geometrische Produktspezifikationen und -prüfung" erarbeitet, dessen Sekretariat von AFNOR (Frankreich) gehalten wird. Auf nationaler Ebene ist der Arbeitsausschuss NA 152-03-02 AA „CEN/ISO Geometrische Produktspezifikation und -prüfung" im Normenausschuss Technische Grundlagen (NATG) im DIN zuständig.

Für die in diesem Dokument zitierten Internationalen Dokumente wird im Folgenden auf die entsprechenden Deutschen Dokumente hingewiesen:

ISO 128-24	siehe DIN ISO 128-24
ISO 2692	siehe DIN EN ISO 2692
ISO 2768-1	siehe DIN ISO 2768-1
ISO 2768-2	siehe DIN ISO 2768-2
ISO 3098-0	siehe DIN EN ISO 3098-0
ISO 3098-5	siehe DIN EN ISO 3098-5
ISO/TR 14638	siehe DIN V 32950
ISO 14660-1	siehe DIN EN ISO 14660-1
ISO 17450-1	siehe DIN EN ISO 17450-1
ISO 17450-2	siehe DIN EN ISO 17450-2
ISO/IEC 81714-1	siehe E DIN EN ISO 81714-1

Änderungen

Gegenüber DIN ISO 5459:1982-01 wurden folgende Änderungen vorgenommen:

a) die Norm wurde europäisch übernommen und redaktionell überarbeitet;

b) normative Verweisungen wurden aktualisiert;

c) die Norm wurde grundlegend überarbeitet.

Gegenüber DIN EN ISO 5459:2011-12 wurden folgende Korrekturen vorgenommen:

a) Bild 39 wurde durch das Bild 39 aus der ISO 5459:2012 ersetzt;

b) Bild A.6 wurde durch das Bild A.6 aus der ISO 5459:2012 ersetzt;

c) im Anhang C wurde das Inhaltsverzeichnis ergänzt;

d) die Terminologie im Dokument wurde angepasst, z. B. Zuordnung durch Assoziation, Erfassung durch Extraktion, Zerlegung in Partition, Zusammenfassung durch Kollektion, Standard durch Default und weitere;

e) einige Bilder aus der ISO wurden im nationalen Vorwort korrigiert.

Frühere Ausgaben

DIN ISO 5459: 1982-01, 2011-12

Nationaler Anhang NA
(informativ)

Hinweise

In diesem Abschnitt wurden Bilder aus der ISO 5459 an die aktuellen ISO-GPS-Regeln angepasst und korrigiert.

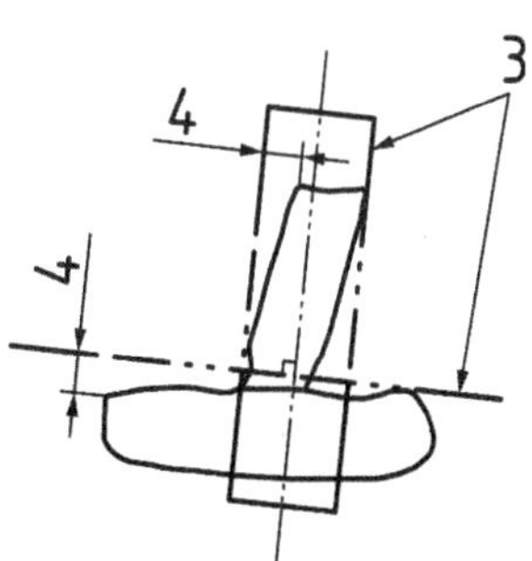

Seite 20

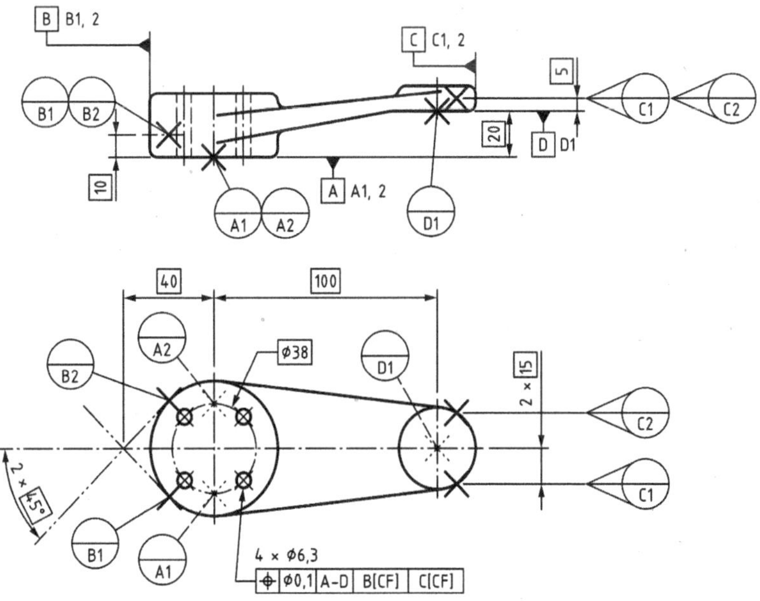

Bild 27

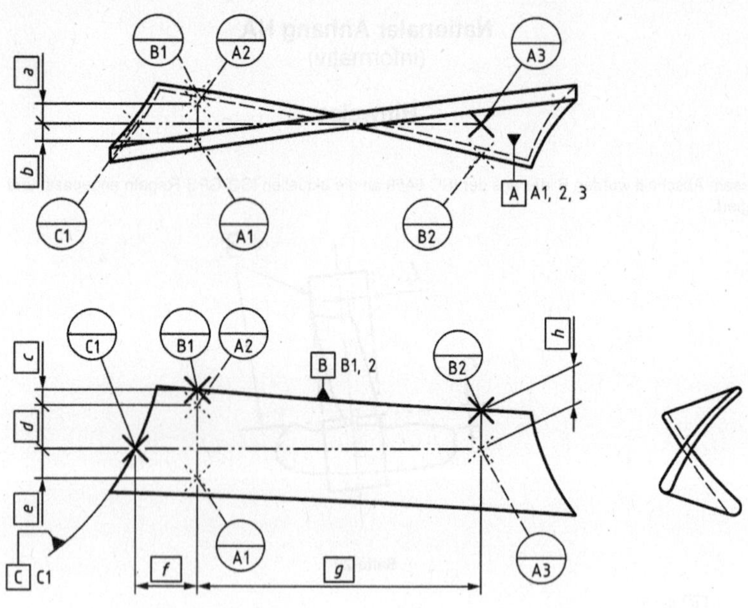

Bild 28

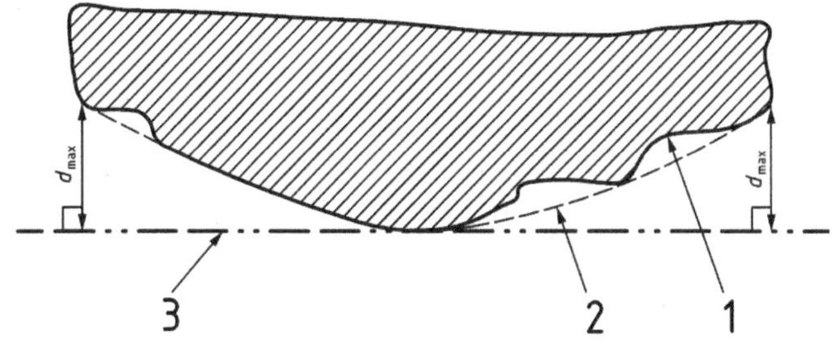

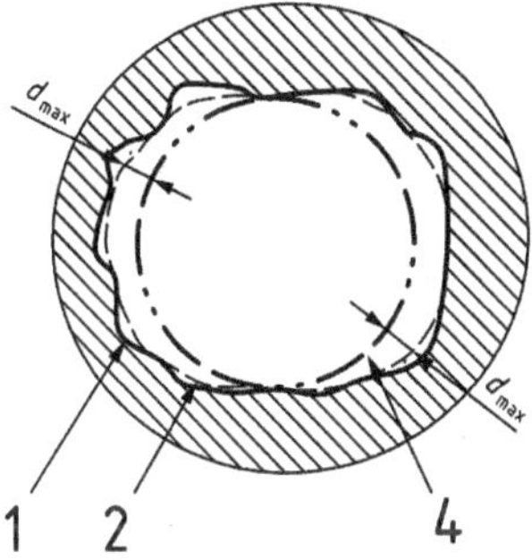

Bild A.4

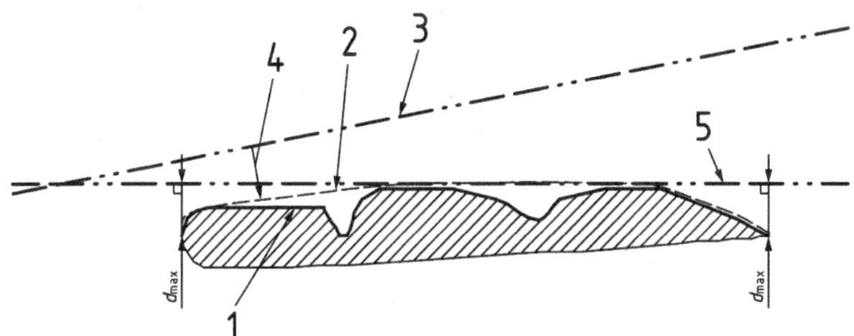

Bild A.7

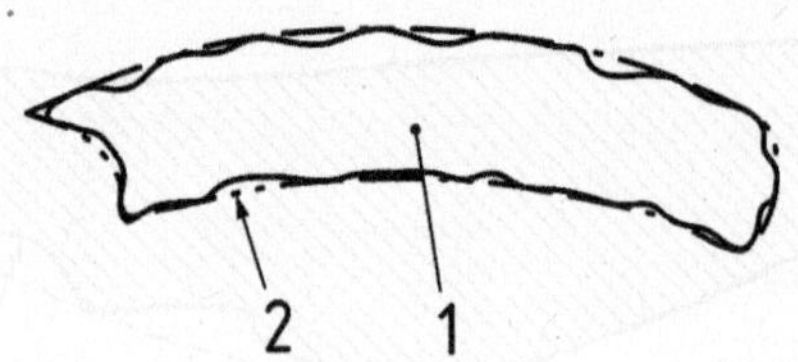

Bild C.16 b)

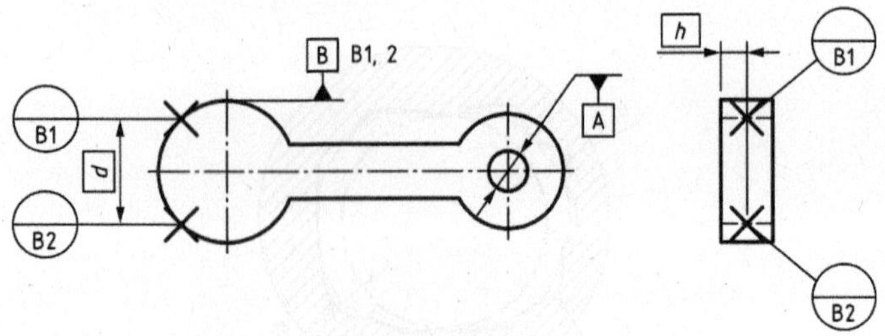

Seite 81 — Beispiel der Zeichnungseintragung

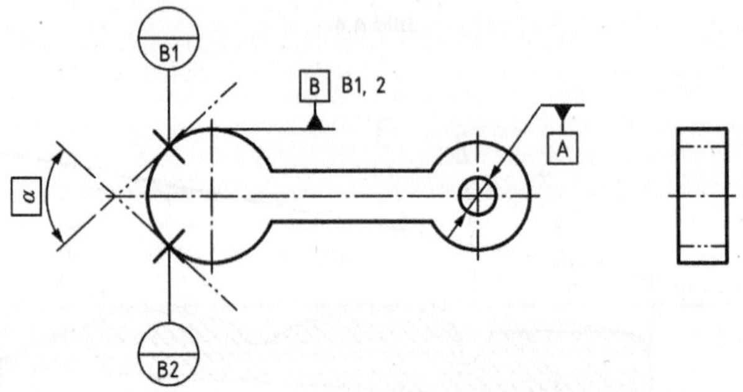

Seite 82 — Beispiel der Zeichnungseintragung

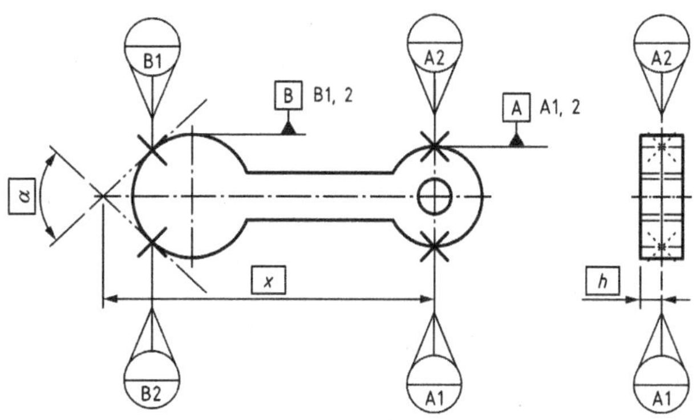

Seite 83 — Beispiel der Zeichnungseintragung

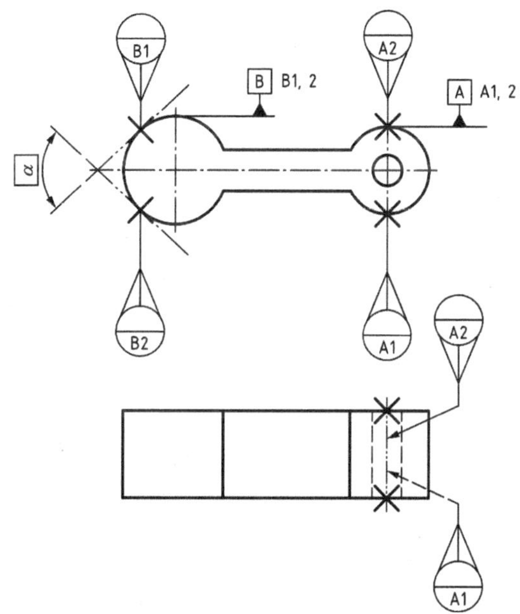

Seite 84 — Beispiel der Zeichnungseintragung

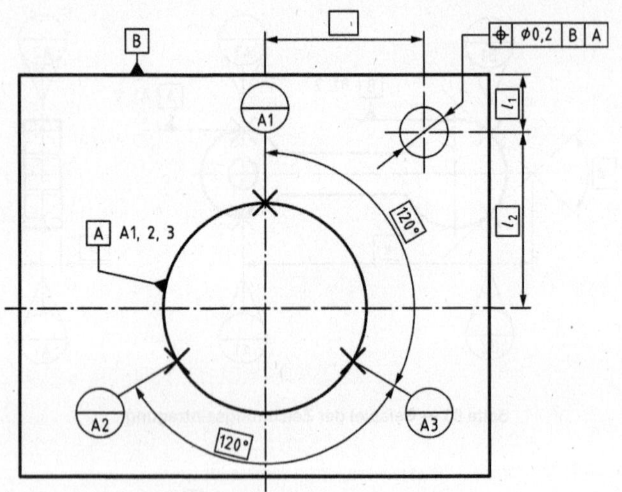

Seite 86 — Beispiel der Zeichnungseintragung

Nationaler Anhang NB
(informativ)

Literaturhinweise

DIN ISO 128-24, *Technische Zeichnungen — Allgemeine Grundlagen der Darstellung — Teil 24: Linien in Zeichnungen der mechanischen Technik*

DIN EN ISO 2692, *Geometrische Produktspezifikation (GPS) — Form- und Lagetolerierung — Maximum-Material-Bedingung (MMR), Minimum-Material-Bedingung (LMR) und Reziprozitätsbedingung (RPR)*

DIN ISO 2768-1, *Allgemeintoleranzen — Toleranzen für Längen- und Winkelmaße ohne einzelne Toleranzeintragung*

DIN ISO 2768-2, *Allgemeintoleranzen — Toleranzen für Form und Lage ohne einzelne Toleranzeintragung*

DIN EN ISO 3098-0, *Technische Produktdokumentation — Schriften — Teil 0: Grundregeln*

DIN EN ISO 3098-5, *Technische Produktdokumentation — Schriften — Teil 5: CAD-Schrift des lateinischen Alphabetes sowie der Ziffern und Zeichen*

DIN V 32950, *Geometrische Produktspezifikation (GPS) — Übersicht*

DIN EN ISO 14660-1, *Geometrische Produktspezifikation (GPS) — Geometrieelemente — Teil 1: Grundbegriffe und Definitionen*

DIN EN ISO 17450-1, *Geometrische Produktspezifikation (GPS) — Grundlagen — Teil 1: Modell für die geometrische Spezifikation und Prüfung*

DIN EN ISO 17450-2[1)] *Geometrische Produktspezifikation und -prüfung (GPS) — Allgemeine Begriffe — Teil 2: Grundlegende Lehrsätze, Spezifikationen, Operatoren, Unsicherheiten und Mehrdeutigkeiten*

E DIN EN ISO 81714-1, *Gestaltung von graphischen Symbolen für die Anwendung in der technischen Produktdokumentation — Teil 1: Grundregeln*

1) In Vorbereitung.

— Leerseite —

EUROPÄISCHE NORM

EUROPEAN STANDARD

NORME EUROPÉENNE

EN ISO 5459

August 2011

ICS 01.100.20; 17.040.10

Deutsche Fassung

Geometrische Produktspezifikation (GPS) — Geometrische Tolerierung — Bezüge und Bezugssysteme (ISO 5459:2011)

Geometrical product specifications (GPS) — Geometrical tolerancing — Datums and datum systems (ISO 5459:2011)

Spécification géométrique des produits (GPS) — Tolérancement géométrique — Références spécifiées et systèmes de références spécifiées (ISO 5459:2011)

Diese Europäische Norm wurde vom CEN am 18. Mai 2011 angenommen.

Die CEN-Mitglieder sind gehalten, die CEN/CENELEC-Geschäftsordnung zu erfüllen, in der die Bedingungen festgelegt sind, unter denen dieser Europäischen Norm ohne jede Änderung der Status einer nationalen Norm zu geben ist. Auf dem letzten Stand befindliche Listen dieser nationalen Normen mit ihren b bliographischen Angaben sind beim Management-Zentrum des CEN-CENELEC oder bei jedem CEN-Mitglied auf Anfrage erhältlich.

Diese Europäische Norm besteht in drei offiziellen Fassungen (Deutsch, Englisch, Französisch). Eine Fassung in einer anderen Sprache, die von einem CEN-Mitglied in eigener Verantwortung durch Übersetzung in seine Landessprache gemacht und dem Management-Zentrum mitgeteilt worden ist, hat den gleichen Status wie die offiziellen Fassungen.

CEN-Mitglieder sind die nationalen Normungsinstitute von Belgien, Bulgarien, Dänemark, Deutschland, Estland, Finnland, Frankreich, Griechenland, Irland, Island, Italien, Kroatien, Lettland, Litauen, Luxemburg, Malta, den Niederlanden, Norwegen, Österreich, Polen, Portugal, Rumänien, Schweden, der Schweiz, der Slowakei, Slowenien, Spanien, der Tschechischen Republik, Ungarn, dem Vereinigten Königreich und Zypern.

EUROPÄISCHES KOMITEE FÜR NORMUNG
EUROPEAN COMMITTEE FOR STANDARDIZATION
COMITÉ EUROPÉEN DE NORMALISATION

Management-Zentrum: Avenue Marnix 17, B-1000 Brüssel

Ref. Nr. EN ISO 5459:2011 D

Inhalt

Seite

Vorwort

Dieses Dokument (EN ISO 5459:2011) wurde vom Technischen Komitee ISO/TC 213 „Dimensional and geometrical product specifications and verification" in Zusammenarbeit mit dem Technischen Komitee CEN/TC 290 „Geometrische Produktspezifikationen und -prüfung" erarbeitet, dessen Sekretariat vom AFNOR gehalten wird.

Diese Europäische Norm muss den Status einer nationalen Norm erhalten, entweder durch Veröffentlichung eines identischen Textes oder durch Anerkennung bis Februar 2012, und etwaige entgegenstehende nationale Normen müssen bis Februar 2012 zurückgezogen werden.

Es wird auf die Möglichkeit hingewiesen, dass einige Texte dieses Dokuments Patentrechte berühren können. CEN [und/oder CENELEC] sind nicht dafür verantwortlich, einige oder alle diesbezüglichen Patentrechte zu identifizieren.

Entsprechend der CEN/CENELEC-Geschäftsordnung sind die nationalen Normungsinstitute der folgenden Länder gehalten, diese Europäische Norm zu übernehmen: Belgien, Bulgarien, Dänemark, Deutschland, Estland, Finnland, Frankreich, Griechenland, Irland, Island, Italien, Kroatien, Lettland, Litauen, Luxemburg, Malta, Niederlande, Norwegen, Österreich, Polen, Portugal, Rumänien, Schweden, Schweiz, Slowakei, Slowenien, Spanien, Tschechische Republik, Ungarn, Vereinigtes Königreich und Zypern.

Anerkennungsnotiz

Der Text von ISO 5459:2011 wurde vom CEN als EN ISO 5459:2011 ohne irgendeine Abänderung genehmigt.

Einleitung

ISO 5459 ist eine Norm für die geometrische Produktspezifikation (GPS) und kann als eine allgemeine GPS-Norm (siehe ISO/TR 14638) betrachtet werden. Sie beeinflusst Kettenglieder 1 bis 3 der Normenkette zu Bezügen.

Die in ISO/TR 14638 gegebene ISO/GPS-Übersicht gibt einen Überblick über das ISO/GPS-System, von dem dieses Dokument ein Bestandteil ist. Die in ISO 8015 gegebenen grundlegenden Regeln von ISO/GPS gelten für diese Norm und die Default-Entscheidungsregeln aus ISO 14253-1 gelten für die Spezifikationen nach diesem Dokument, soweit nicht anders angegeben.

Weitere Informationen über den Zusammenhang dieser Internationalen Norm mit anderen Normen und dem GPS-Matrix-Modell siehe Anhang G.

Zur festgelegten Darstellung (Proportionen und Maße) der Symbole für geometrische Tolerierung siehe ISO 7083.

Die vorhergehende Version von ISO 5459 hat nur Ebenen, Zylinder und Kugeln zur Verwendung als Bezüge behandelt. Es besteht aber eine Notwendigkeit, alle Typen von Flächen in Betracht zu ziehen, welche in zunehmendem Maße in der Industrie verwendet werden. Die Definitionen der Klassen von Flächen, wie sie im Anhang B gegeben sind, sind vollständig und eindeutig.

In dieser Ausgabe von ISO 5459 werden neue Konzepte und Begriffe angewendet, die in früheren ISO GPS-Normen nicht verwendet worden sind. Diese Konzepte sind im Einzelnen in ISO/TR 14638, ISO 17450-1 und ISO 17450-2 beschrieben. Es wird deshalb empfohlen, sich auf diese Dokumente bei der Verwendung von ISO 5459 zu beziehen.

Diese Internationale Norm stellt Werkzeuge bereit, um die Nebenbedingungen des Ortes und/oder der Richtung einer Toleranzzone auszudrücken. Sie gibt keine Informationen bezüglich des Zusammenhangs zwischen Bezügen oder Bezugssystemen und funktionalen Anforderungen oder Anwendungen.

1 Anwendungsbereich

Diese Internationale Norm legt die Terminologie, die Regeln und die Methodik zur Angabe und zum Verständnis von Bezügen und Bezugssystemen in technischen Produktdokumentationen fest. Diese Internationale Norm stellt auch Erklärungen zur Verfügung, um den Anwender dabei zu unterstützen, das zugrunde liegende Konzept zu verstehen.

Diese Internationale Norm legt den Spezifikationsoperator (siehe ISO 17450-2) fest, um einen Bezug oder ein Bezugssystem zu bilden. Der Verifikationsoperator (siehe ISO 17450-2) kann unterschiedliche Formen (physikalisch oder mathematisch) annehmen und ist nicht Gegenstand dieser Internationalen Norm.

ANMERKUNG Die ausführlichen Regeln für Maximum- und Minimum-Material-Bedingungen für Bezüge sind in ISO 2692 angegeben.

2 Normative Verweisungen

Die folgenden zitierten Dokumente sind für die Anwendung dieses Dokuments erforderlich. Bei datierten Verweisungen gilt nur die in Bezug genommene Ausgabe. Bei undatierten Verweisungen gilt die letzte Ausgabe des in Bezug genommenen Dokuments (einschließlich aller Änderungen).

ISO 128-24:1999, *Technical drawings — General principles of presentation — Part 24: Lines on mechanical engineering drawings*

ISO 1101:2004, *Geometrical Product Specifications (GPS) — Geometrical tolerancing — Tolerances of form, orientation, location and run-out*

ISO 1101:2004/Amd 1:—[1] *Geometrical Product Specifications (GPS) — Geometrical tolerancing — Tolerances of form, orientation, location and run-out — Amendment 1: Representation of specifications in the form of a 3D model*

ISO 2692:2006, *Geometrical product specifications (GPS) — Geometrical tolerancing — Maximum material requirement (MMR), least material requirement (LMR) and reciprocity requirement (RPR)*

ISO 3098-0, *Technical product documentation — Lettering — Part 0: General requirements*

ISO 3098-5, *Technical product documentation — Lettering — Part 5: CAD-Lettering of the Latin alphabet, numerals and marks*

ISO 14660-1:1999, *Geometrical Product Specifications (GPS) — Geometrical features — Part 1: General terms and definitions*

ISO 17450-1, *Geometrical product specifications (GPS) — General concepts — Part 1: Model for geometrical specification and verification*

ISO 17450-2, *Geometrical product specifications (GPS) — General concepts — Part 2: Basic tenets, specifications, operators, uncertainties*

ISO 81714-1, *Design of graphical symbols for use in the technical documentation of products — Part 1: Basic rules*

3 Begriffe

Für die Anwendung dieses Dokuments gelten die Begriffe nach ISO 1101, ISO 2692, ISO 14660-1, ISO 17450-1, ISO 17450-2 und die folgenden Begriffe.

3.1
Situationselement
Punkt, Gerade, Ebene oder Schraubenlinie, von denen ausgehend der Ort und/oder die Richtung eines Geometrieelements festgelegt werden kann

---

1) In Vorbereitung.

3.2
Bezugselement
reales (nicht ideales) integrales Geometrieelement, welches zur Bildung eines Bezugs verwendet wird

ANMERKUNG 1 Ein Bezugselement kann eine vollständige Fläche oder ein Teil dieser Fläche sein, oder aber ein Längen-Größenmaßelement.

ANMERKUNG 2 Eine Veranschaulichung der Beziehungen zwischen Bezugselement, assoziiertem Geometrieelement und Bezug ist in Bild 4 gegeben.

3.3
assoziiertes Geometrieelement
assoziiertes Geometrieelement zur Bildung eines Bezugs

ideales Geometrieelement, welches einem bestimmten Assoziationskriterium entsprechend an ein Bezugselement angepasst wird

ANMERKUNG 1 Der Typ des assoziierten Geometrieelements ist defaultmäßig der gleiche wie der Typ des integralen Nenngeometrieelements, das zur Bildung des Bezugs verwendet wird (für eine Ausnahme siehe 7.4.2.5).

ANMERKUNG 2 Das zur Bildung eines Bezugs verwendete assoziierte Geometrieelement simuliert die Berührung zwischen der realen Oberfläche des Werkstücks und anderen Komponenten.

ANMERKUNG 3 Eine Veranschaulichung der Beziehungen zwischen Bezugselement, assoziiertem Geometrieelement und Bezug ist in Bild 4 gegeben.

3.4
Bezug
ein oder mehrere Situationselemente eines oder mehrerer Geometrieelemente, die mit einem oder mehreren realen integralen Geometrieelementen assoziiert sind, welche ausgewählt werden, um den Ort und/oder die Richtung einer Toleranzzone oder eines idealen Geometrieelements festzulegen, das zum Beispiel eine virtuelle Bedingung darstellt

ANMERKUNG 1 Ein Bezug ist eine theoretisch exakte Sollgeometrie; er wird durch eine Ebene, eine Gerade, einen Punkt oder eine Kombination aus diesen definiert.

ANMERKUNG 2 Das Konzept der Bezüge beruht von Natur aus auf dem Konzept der Invarianzklassen (siehe Anhang A und Anhang B).

ANMERKUNG 3 Bezüge mit Maximum-Material-Zustand (MMC) oder Minimum-Material-Zustand (LMC) sind nicht Gegenstand dieser Internationalen Norm (siehe ISO 2692).

ANMERKUNG 4 Wenn ein Bezug zum Beispiel auf einer komplexen Fläche errichtet wird, dann besteht der Bezug aus einer Ebene, einer Geraden oder einem Punkt oder einer Kombination aus diesen. Die Modifikatoren [SL], [PL] oder [PT], oder eine Kombination aus diesen, können dem Bezugsbuchstaben hinzugefügt werden, um das (die) bezüglich dieser Fläche in Betracht gezogene(n) Situationselement(e) zu begrenzen.

ANMERKUNG 5 Eine Veranschaulichung der Beziehung zwischen Bezugselement, assoziiertem Geometrieelement und Bezug ist in Bild 4 gegeben.

3.5
primärer Bezug
Bezug, welcher nicht durch Nebenbedingungen beeinflusst ist, die von anderen Bezügen herrühren

3.6
sekundärer Bezug
Bezug in einem Bezugssystem, welcher durch eine Nebenbedingung der Richtung beeinflusst ist, die vom primären Bezug des Bezugssystems herrührt

3.7
tertiärer Bezug
Bezug in einem Bezugssystem, welcher durch Nebenbedingungen beeinflusst ist, die vom primären Bezug und vom sekundären Bezug des Bezugssystems herrühren

3.8
Einzelbezug
Bezug, gebildet aus einem Bezugselement, welches von einer einzelnen Fläche oder von einem Größenmaßelement genommen worden ist

ANMERKUNG Die Invarianzklasse einer einzelnen Fläche kann komplex, prismatisch, schraubenförmig, zylindrisch, rotationssymmetrisch, eben oder kugelförmig sein. Eine Kollektion von Situationselementen, die Bezüge definieren (siehe Tabelle B.1), bezieht sich auf jede Form der einzelnen Fläche.

3.9
gemeinsamer Bezug
Bezug, gebildet aus zwei oder mehreren Bezugselementen, welche gleichzeitig in Betracht gezogen werden

ANMERKUNG Um einen gemeinsamen Bezug festzulegen, ist es notwendig, die durch den in Betracht gezogenen Bezug erzeugten Kollektionsflächen bezüglich des Bezugselements zu betrachten. Die Invarianzklasse einer Kollektionsfläche kann komplex, prismatisch, schraubenförmig, zylindrisch, rotationssymmetrisch, eben oder kugelförmig sein (siehe Tabelle B.1).

3.10
Bezugssystem
Menge von zwei oder mehreren Situationselementen, gebildet aus zwei oder mehreren Bezugselementen in einer festgelegten Anordnung

ANMERKUNG Um ein Bezugssystem festzulegen, ist es notwendig, die durch den betrachteten Bezug erzeugten Kollektionsflächen bezüglich des Bezugselements einzubeziehen. Die Invarianzklasse einer Kollektionsfläche kann komplex, prismatisch, schraubenförmig, zylindrisch, rotationssymmetrisch, eben oder kugelförmig sein (siehe Tabelle B.1).

3.11
Bezugsstelle
Teil eines Bezugselements, welches nominell ein Punkt, eine Strecke oder eine Fläche sein kann

ANMERKUNG Wenn der Bezug ein Punkt, eine Linie oder ein Flächenteil ist, wird dieser als punktförmige Bezugsstelle, linienförmige Bezugsstelle oder flächenförmige Bezugsstelle bezeichnet.

3.12
bewegliche Bezugsstelle
Bezugsstelle mit einer kontrollierten Bewegung

3.13
Kollektionsfläche
zwei oder mehrere Flächen, welche gemeinsam als eine einzelne Fläche aufgefasst werden

ANMERKUNG 1 Tabelle B.1 wird verwendet, um die Invarianzklasse von Bezügen oder Bezugssystemen zu ermitteln, wenn Kollektionsflächen verwendet werden.

ANMERKUNG 2 Zwei sich schneidende Ebenen dürfen zusammen oder getrennt betrachtet werden. Wenn die beiden sich schneidenden Ebenen gemeinsam als eine einzelne Fläche aufgefasst werden, dann ist diese Fläche eine Kollektionsfläche.

3.14
Größenmaßelement
geometrische Form, die durch ein Längen- oder Winkel-Größenmaß definiert ist

ANMERKUNG 1 Das Größenmaßelement kann ein Zylinder, eine Kugel, zwei gegenüberliegende parallele Ebenen, ein Kegel oder ein Keil sein.

[ISO 14660-1:1999, 2.2]

ANMERKUNG 2 In dieser Internationalen Norm werden Geometrieelemente, die keine Größenmaßelemente nach ISO 14660-1 sind, verwendet, um einen Bezug als Größenmaßelement zu bilden, zum Beispiel eine abgeschnittene Kugel (siehe Beispiel in C.1.4).

3.15
Zielfunktion
Zielfunktion (für die Assoziation)

Formel, welche die Beschaffenheit der Assoziation beschreibt

ANMERKUNG 1 In dieser Internationalen Norm hat der Begriff „Zielfunktion" die Bedeutung „Zielfunktion für die Assoziation".

ANMERKUNG 2 Die Zielfunktionen werden üblicherweise benannt und mathematisch genau beschrieben: größtes einbeschriebenes Element, kleinste Zone, usw.

3.16
Assoziation
Operation zur Assoziation eines idealen Geometrieelements (idealer Geometrieelemente) an ein nicht-ideales Geometrieelement (nicht-ideale Geometrieelemente) entsprechend eines Kriteriums

[ISO 17450-1:—, 3.2]

3.17
Nebenbedingung
Einschränkung des assoziierten Geometrieelements

BEISPIEL Nebenbedingung der Richtung, Nebenbedingung des Ortes, Nebenbedingung des Materials oder Nebenbedingung eines intrinsischen Merkmals.

3.17.1
Nebenbedingung der Richtung
Einschränkung um einen oder mehrere rotatorische Freiheitsgrade

3.17.2
Nebenbedingung des Ortes
Einschränkung um einen oder mehrere translatorische Freiheitsgrade

3.17.3
Nebenbedingung des Materials
zusätzliche Bedingung für den Ort des assoziierten Geometrieelements, bezogen auf dessen Material, wobei eine Zielfunktion optimiert wird

ANMERKUNG Eine Nebenbedingung für die Assoziation könnte z. B. sein, dass alle Abstände zwischen dem assoziierten Geometrieelement und dem Bezugselement größer oder gleich null sind, d. h. dass das assoziierte Geometrieelement außerhalb des Materials ist.

3.17.4
Nebenbedingung eines intrinsischen Merkmals
zusätzliche Anforderung, angewendet auf ein intrinsisches Merkmal eines assoziierten Geometrieelements, entweder als feststehend oder veränderlich betrachtet

3.18
Assoziationskriterium
Zielfunktion mit oder ohne Nebenbedingungen, welche für eine Assoziation festgelegt ist

ANMERKUNG 1 Für die Assoziation dürfen mehrere Nebenbedingungen festgelegt werden.

ANMERKUNG 2 Die Ergebnisse der Assoziation [assoziierte Geometrieelemente] können, in Abhängigkeit von der Wahl des Assoziationskriteriums, voneinander abweichen.

ANMERKUNG 3 Die defaultmäßigen Assoziationskriterien sind in Anhang A festgelegt.

3.19
integrales Geometrieelement
Fläche oder Linie auf einer Fläche

ANMERKUNG Ein integrales Geometrieelement ist selbsterklärend definiert.

[ISO 14660-1:1999, 2.1.1]

3.20
berührendes Geometrieelement
ideales Geometrieelement jedes beliebigen Typs, welches vom in Betracht gezogenen Nenngeometrieelement verschieden ist und dem entsprechenden Bezugselement assoziiert ist

Siehe Bild 1.

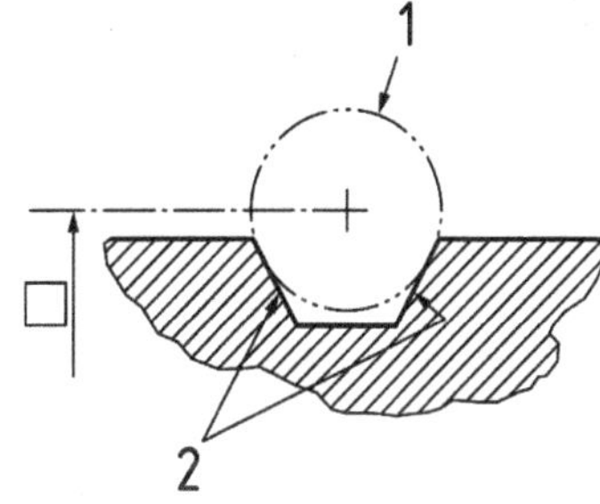

a) **berührendes Geometrieelement am Nennmodell**

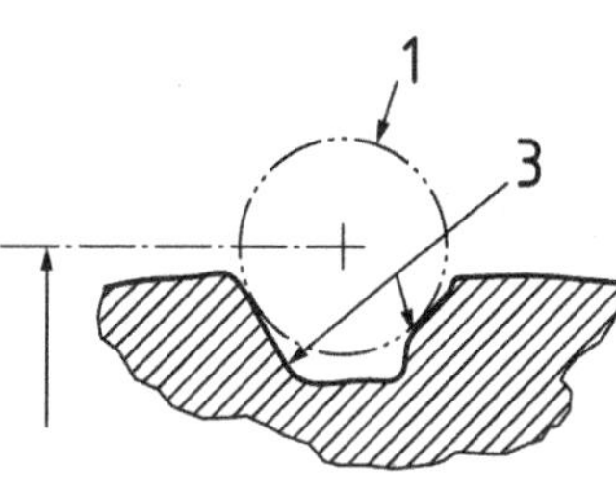

b) **berührendes Geometrieelement am realen Werkstück**

Legende

1 berührendes Geometrieelement: ideale Kugel in Berührung mit dem Bezugselement oder dem betrachteten Geometrieelement
2 betrachtete Geometrieelemente: trapezförmiger Schlitz als Nenngeometrieelement (Kollektion von zwei nicht parallelen Flächen)
3 Bezugselement: reales Geometrieelement, das dem trapezförmigen Schlitz entspricht (zwei nicht parallele Kollektionsflächen)

Bild 1 — Beispiel eines berührenden Geometrieelements

3.21
Invarianzklasse
Gruppe von idealen Geometrieelementen, für welche die nominelle Oberfläche für die gleiche Anzahl von Freiheitsgraden unveränderlich ist

ANMERKUNG Es gibt sieben Invarianzklassen (siehe Anhang B).

3.22
theoretisch exaktes Maß
TED
in technische Produktdokumentationen angegebenes Maß, welches nicht durch individuelle oder allgemeine Toleranzen beeinflusst ist

ANMERKUNG 1 Für den Zweck dieser Internationalen Norm wird die Bezeichnung „theoretisch exaktes Maß" durch „TED" (en: Theoretically Exact Dimension) abgekürzt.

ANMERKUNG 2 Ein TED ist ein für eine Operation (z. B. Assoziation, Partition, Kollektion usw.) verwendetes Maß.

ANMERKUNG 3 Ein TED kann ein Längenmaß oder ein Winkelmaß sein.

ANMERKUNG 4 Ein TED kann sein:

— die Ausdehnung oder der relative Ort eines Teils eines Geometrieelements;

— die Länge der Projektion eines Geometrieelements;

— die theoretisch exakte Richtung oder Ort eines Geometrieelements bezüglich eines oder mehrerer anderer Geometrieelemente, oder

— die Nennform eines Geometrieelements.

ANMERKUNG 5 Ein TED wird durch eine Zahl in einem rechteckigen Rahmen gekennzeichnet.

[ISO 1101:2004/Amd 1:—, 3.7]

4 Symbole

Tabelle 1 zeigt Symbole, mit denen das Bezugselement oder die Bezugsstelle zur Bildung eines Bezugs gekennzeichnet wird.

Tabelle 2 listet die Modifikatorsymbole auf, die dem Bezugsbuchstaben assoziiert werden können.

Tabelle 1 — Bezugselemente und Bezugsstellensymbole

Beschreibung	Symbol	Unterabschnitt
Kennzeichen für den Bezug		7.2.1
Bezugsname	Großbuchstabe (A, B, C, AA usw.)	7.2.2
Bezugsstellenrahmen für einzelne Bezugsstellen		7.2.3.2
Bezugsstellenrahmen für bewegliche Bezugsstellen		7.2.3.2
punktförmige Bezugsstelle		7.2.3.3
geschlossene linienförmige Bezugsstelle		7.2.3.3
nicht geschlossene linienförmige Bezugsstelle		7.2.3.3
flächenförmige Bezugsstelle		7.2.3.3

Tabelle 2 — Modifikatorsymbole

Symbol	Beschreibung	Unterabschnitt
[PD]	Flankendurchmesser	7.4.2.1
[MD]	Außendurchmesser	7.4.2.1
[LD]	Kerndurchmesser	7.4.2.1
[ACS]	jeder beliebige Querschnitt	7.4.2.4
[ALS]	jeder beliebige Längsschnitt	7.4.2.4
[CF]	berührendes Geometrieelement	7.4.2.5
[DV]	veränderlicher Abstand (für einen gemeinsamen Bezug)	7.4.2.7
[PT]	(Situationselement vom Typ) Punkt	7.4.2.8
[SL]	(Situationselement vom Typ) Gerade	7.4.2.8
[PL]	(Situationselement vom Typ) Ebene	7.4.2.8
><	nur für Nebenbedingungen der Richtung	7.4.2.8
Ⓟ	projiziert (für sekundäre und tertiäre Bezüge)	7.4.2.10
Ⓛ	Minimum-Material-Bedingung	siehe ISO 2692
Ⓜ	Maximum-Material-Bedingung	siehe ISO 2692

5 Die Rolle der Bezüge

Bezüge sind ein Teil der geometrischen Spezifikation (siehe ISO 1101).

Bezüge werden durch reale am Werkstück gekennzeichnete Oberflächen gebildet.

Bezüge erlauben es, den Ort und die Richtung von Toleranzzonen (siehe Beispiele 1 und 2) sowie virtuelle Bedingungen festzulegen (zum Beispiel virtuelle Maximum-Material-Bedingung „Ⓜ" nach ISO 2692). Die Bezüge können als Mittel zur Blockierung der Freiheitsgrade einer Toleranzzone angesehen werden. Die Anzahl der Freiheitsgrade der Toleranzzone, die blockiert werden, hängt von der nominellen Gestalt des Geometrieelements ab, das verwendet wurde, um den Bezug oder das Bezugssystem zu bilden (unabhängig davon, ob es ein primärer, sekundärer oder tertiärer Bezug ist), und von dem tolerierten Merkmal, welches im geometrischen Toleranzrahmen angegeben ist.

Falls nichts anderes angegeben ist, blockiert ein Bezug in Abhängigkeit von seiner Gestalt alle Freiheitsgrade der Toleranzzone, welche:

— durch das geometrische Merkmal gefordert sind, das im Toleranzrahmen angegeben ist und

— nicht bereits durch den (die) vorhergehenden Bezug (Bezüge) des Bezugssystems blockiert worden sind.

Wenn ein Bezug nur die Freiheitsgrade der Richtung blockiert, muss dies durch die Angabe des Modifikators >< gekennzeichnet werden.

BEISPIEL 1 Die Toleranzzone, welche der Raum zwischen zwei parallelen Ebenen ist, die einen Abstand von 0,1 mm voneinander haben, ist in ihrer Richtung zum Bezug durch einen theoretisch exakten Winkel von 75° eingeschränkt. Hier entspricht der Bezug dem Situationselement eines Zylinders (die Achse des assoziierten Zylinders). Siehe Bild 2.

Maße in Millimeter

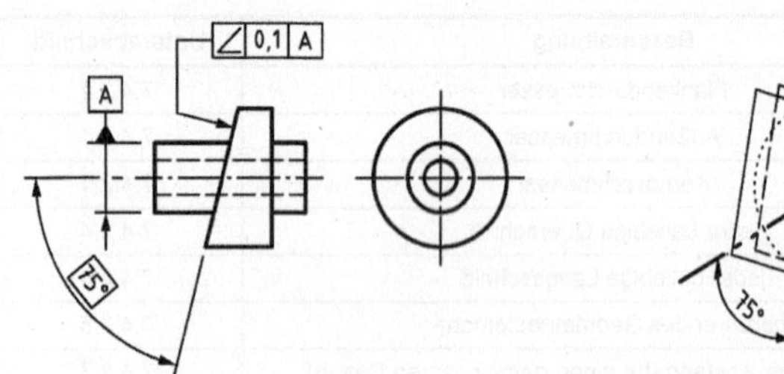

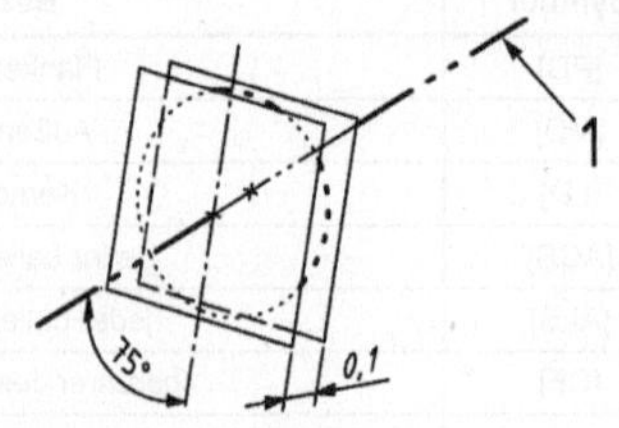

a) Zeichnungsangabe b) Veranschaulichung der Toleranzzone

Legende

1 Bezug A, gebildet durch die Achse des assoziierten Zylinders

Bild 2 — Beispiel einer Toleranzzone, die in ihrer Richtung zum Bezug eingeschränkt ist

BEISPIEL 2 Die Toleranzzone, welche der Raum zwischen zwei parallelen Ebenen ist, die einen Abstand von 0,2 mm voneinander haben, ist in ihrer Richtung zum Bezug durch einen Winkel von 70° und in ihrem Ort durch den Abstand von 20 mm von der Messebene (die Ebene, in welcher der lokale Durchmesser des Kegels, dessen Winkel auf 40° festgelegt ist, gleich 30 mm ist) eingeschränkt. Hier besteht der Bezug aus einer Menge von Situationselementen des auf 40° festgelegten Kegelwinkels, d. h. der Kegelachse und dem Schnittpunkt zwischen der Messebene und dieser Achse. Siehe Bild 3.

Maße in Millimeter

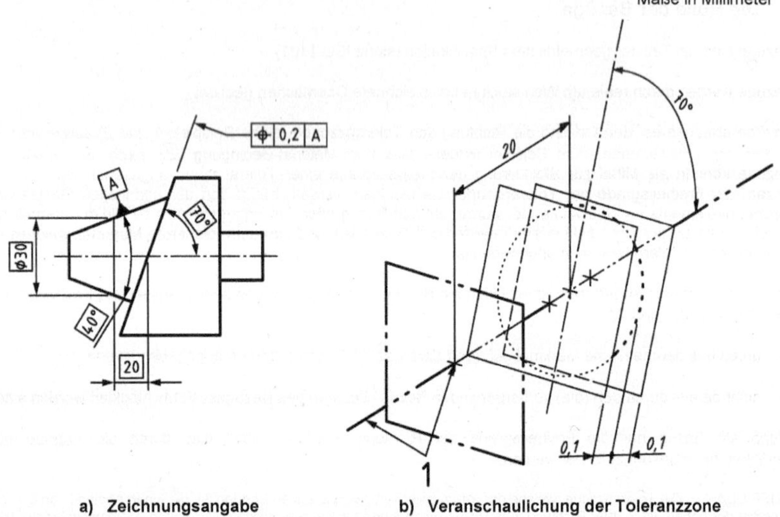

a) Zeichnungsangabe b) Veranschaulichung der Toleranzzone

Legende

1 Bezug A, der durch die Achse des assoziierten Kegels und dem Schnittpunkt der Messebene mit dieser Achse gebildet wird

Bild 3 — Beispiel einer Toleranzzone, die in ihrem Ort zum Bezug eingeschränkt ist

6 Allgemeine Konzepte

6.1 Allgemeines

Bezüge und Bezugssysteme sind theoretisch exakte Geometrieelemente, die gemeinsam mit impliziten oder expliziten TEDs verwendet werden, um den Ort und die Richtung von:

a) Toleranzzonen von tolerierten Geometrieelementen, oder

b) virtuellen Bedingungen, z. B. für den Fall der Maximum-Material-Bedingung (siehe ISO 2692),

festzulegen.

Ein Bezug besteht aus einer Menge von Situationselementen für ein ideales Geometrieelement [Geometrieelement mit perfekter Form]. Dieses ideale Geometrieelement ist ein assoziiertes Geometrieelement, das aus den bezeichneten Bezugselementen eines Werkstücks ermittelt wird. Bezugselemente können vollständige Geometrieelemente oder gekennzeichnete Teile davon sein (siehe Abschnitt 7).

Ein Bezugssystem besteht aus mehr als einem Bezug.

Der geometrische Typ dieser assoziierten Geometrieelemente gehört zu einer der folgenden Invarianzklassen:

— sphärisch (d. h. eine Kugel);

— eben (d. h. eine Ebene);

— zylindrisch (d. h. ein Zylinder);

— schraubenförmig (z. B. eine Gewindefläche)[2];

— rotationssymmetrisch (z. B. ein Kegel oder ein Torus);

— prismatisch (z. B. ein Prisma);

— komplex (z. B. eine Freiformfläche).

Jedes einzelne Geometrieelement oder Kollektionselement gehört zu einer Invarianzklasse (für Erläuterungen zu Invarianzklassen, Invarianzgraden und Freiheitsgraden siehe Anhang B).

Assoziierte Geometrieelemente werden durch die realen oder extrahiert einzelnen Geometrieelemente festgelegt, welche für die Bildung des Bezugs verwendet werden. Das assoziierte Geometrieelement kann durch eine Assoziationsoperation festgelegt werden, welche Nebenbedingungen einschließt, die von dem Geometrieelement selbst oder von einem oder mehreren anderen Geometrieelementen stammen. Die Situationselemente, aus denen der Bezug aufgebaut ist, sind durch diese assoziierten Geometrieelemente festgelegt. Die Verfahren der Assoziation sind im Anhang A angegeben.

Ein Geometrieelement oder mehrere einzelne Geometrieelemente können dazu verwendet werden, einen Bezug zu bilden. Wenn nur ein einzelnes Geometrieelement verwendet wird, dann bildet es einen Einzelbezug. Wenn mehr als ein einzelnes Geometrieelement verwendet wird, dann können diese entweder simultan betrachtet werden, um einen gemeinsamen Bezug zu bilden, oder in einer vorgegebenen Reihenfolge, um ein Bezugssystem zu bilden (siehe 6.3).

Die Bezugselemente, die für die Bildung von Bezügen verwendet werden, müssen ausgewiesen und gekennzeichnet werden.

---

2) Schraubenflächen selbst werden in dieser Norm nicht betrachtet. Sie werden als zylindrische Flächen betrachtet, weil in den meisten Funktionsfällen bei denen Schraubenflächen (Gewinde, schraubenförmige Steigung, Endlosschrauben, usw.) beteiligt sind, die kombinierte Rotation und Translation einer Schraubenlinie zum Zweck der Bezugsbildung nicht notwendig ist. In diesen Fällen wird die Fläche des im Flankendurchmesser liegenden Zylinders zur Bildung des Bezugs verwendet. Es können jedoch auch die im Außen- oder Kerndurchmesser liegenden Zylinderflächen gewählt und festgelegt werden.

Die Einzelbezüge (siehe 6.3.2), gemeinsamen Bezüge (siehe 6.3.3) oder Bezugssysteme (siehe 6.3.4) müssen für jede geometrische Spezifikation, soweit anwendbar, festgelegt werden.

Bei Bedarf müssen alle möglichen Nebenbedingungen für die Assoziation festgelegt werden.

ANMERKUNG Bezüge und Bezugssysteme sind Geometrieelemente und keine Koordinatensysteme. Koordinatensysteme können auf Bezügen aufgebaut sein, aber diese Internationale Norm stellt dazu kein Mittel zu Verfügung, um sie auszudrücken.

BEISPIEL In Bild 4 ist der Bezug als Einzelbezug angegeben, der von einem Nenngeometrieelement, nämlich einem Zylinder, abgeleitet ist, welcher dazu verwendet wurde, um den Ort und die Richtung der Toleranzzone festzulegen. Um den Bezug abzuleiten, wird die folgende Folge von Operationen durchgeführt:

— eine Partition, um die reale integrale Fläche festzulegen, die dem Nenngeometrieelement entspricht [siehe Bild 4 b)];

— eine Extraktion, um das extrahierte integrale Geometrieelement zur Verfügung zu stellen [siehe Bild 4 c)];

— eine Filterung (siehe Anhang A);

— eine Assoziation (siehe Anhang A für das Assoziationsverfahren) um das assoziierte Geometrieelement festzulegen (sein Typ ist in diesem Fall derselbe wie der des Nenngeometrieelements). Das assoziierte Geometrieelement [siehe Bild 4 d)] wird aus der nicht idealen Fläche (während des Spezifikationsprozesses) oder aus dem extrahierten Geometrieelement (während des Prüfprozesses) gebildet.

Der Bezug ist als Situationselement (die Achse) des assoziierten Zylinders festgelegt [siehe Bild 4 e)].

6.2 Intrinsische Merkmale von Flächen die Bezugselementen assoziiert werden

6.2.1 Allgemeines

Die Default-Nebenbedingung eines intrinsischen Merkmals (veränderlich oder feststehend) muss nach 6.2.2, 6.2.3 oder 6.2.4 festgelegt werden.

Für Bezüge mit virtuellen Bedingungen siehe ISO 2692:2006.

6.2.2 Ein Einzelbezug, gebildet aus einem einzelnen Geometrieelement

Die Nebenbedingungen von intrinsischen Merkmalen sind bei einzelnen Größenmaßelementen für Längen-Größenmaße standardmäßig variabel, jedoch theoretisch exakt für Winkelgrößenmaße und Maße die keine Größenmaße sind. (siehe Tabelle 3 und 7.4.2.2).

BEISPIEL Für einen Kegel ist defaultmäßig der Winkel als theoretisch exakter Winkel anzusehen. Für einen Torus ist der Querschnittsdurchmesser als veränderlich (Größenmaß des Torus) anzusehen, der mittlere Torusdurchmesser der Achse wird jedoch als theoretisch exakt betrachtet.

Tabelle 3 — Voreingestellter Zustand der intrinsischen Merkmale von Größenmaßelementen

Größenmaßelement	Invarianzklasse	Intrinsisches Merkmal	Default Status
Zylinder	zylindrisch	Durchmesser	veränderlich siehe Beispiel im C.1.2
Kugel	sphärisch	Durchmesser	veränderlich siehe Beispiel im C.1.4
zwei sich gegenüber liegende parallele Ebenen	eben	Abstand zwischen den beiden Ebenen	veränderlich siehe Beispiel im C.1.10
Kegel	rotationssymmetrisch	Winkel	theoretisch exakt siehe Beispiel im C.1.3
Keil	prismatisch	Winkel	theoretisch exakt siehe Beispiel im C.1.9

6.2.3 Gemeinsamer Bezug, gleichzeitig aus zwei oder mehr Geometrieelementen gebildet

Die intrinsischen Merkmale jedes assoziierten Geometrieelements, welche den gemeinsamen Bezug bilden, müssen wie in 6.2.2 aufgefasst werden.

Intrinsische Merkmale, welche durch eine Kollektion von Geometrieelementen eingeführt werden [welche die Beziehung zwischen den assoziierten Geometrieelementen festlegen], müssen sowohl für Längenmaße als auch für Winkelmaße als theoretisch exakt aufgefasst werden.

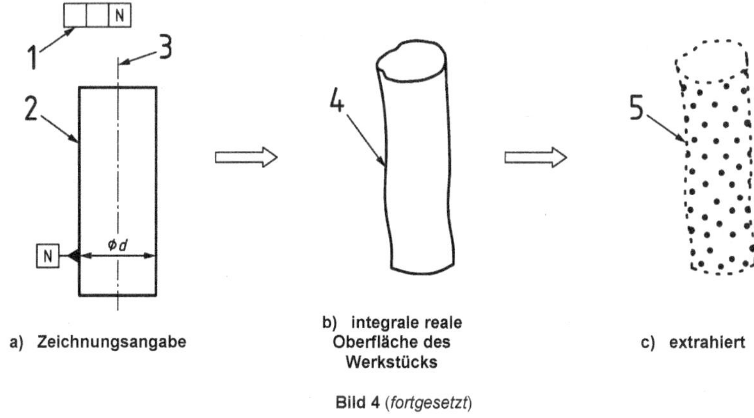

a) Zeichnungsangabe

b) integrale reale Oberfläche des Werkstücks

c) extrahiert

Bild 4 (*fortgesetzt*)

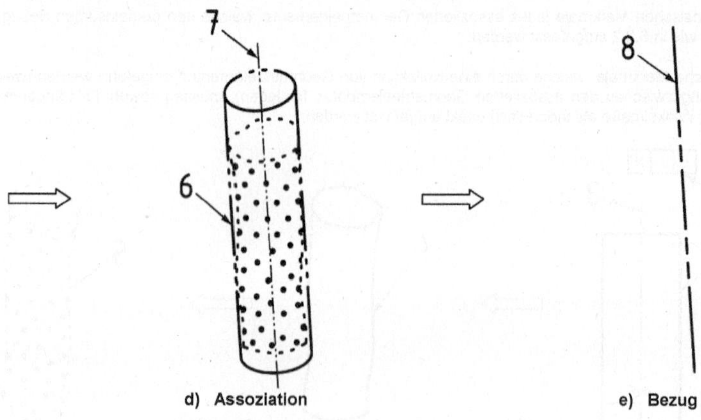

d) Assoziation

e) Bezug

Legende

1 an das tolerierte Geometrieelement zu setzender Toleranzrahmen
2 integrales Nenngeometrieelement (welches ein Größenmaßelement ist)
3 abgeleitetes Nenngeometrieelement
4 reales integrales Geometrieelement (in diesem Fall ein Bezugselement)
5 extrahiertes integrales Geometrieelement (optional)
6 assoziiertes integrales Geometrieelement
7 abgeleitetes Geometrieelement des assoziierten integralen Geometrieelements
8 Einzelbezug (Situationselement der assoziierten Fläche)

In dem in Bild 4 e) gezeigten Beispiel sind das abgeleitete Geometrieelement (Legende Nr. 7) und das Situationselement (Legende Nr. 8) identisch; dies ist jedoch nicht immer der Fall.

Bild 4 — Bildliche Darstellung der Geometrieelemente, welche zur Bildung eines Einzelbezugs aus einem Zylinder verwendet werden

BEISPIEL Ein gemeinsamer Bezug wird durch zwei parallele nicht koaxiale Zylinder (Invarianzklasse: prismatisch) gebildet. Jeder einzelne Zylinder hat ein intrinsisches Merkmal, seinen Durchmesser. Die Kollektion der Geometrieelemente weist auch intrinsische Merkmale auf: einen Winkel, definiert durch die Tatsache, dass zwei Achsen die Verdrehung des Bezuges einschränken und den Abstand zwischen den beiden Achsen (siehe C.2.4). Die beiden Durchmesser der Zylinder sind defaultmäßig als veränderlich aufzufassen, und der Verdrehungswinkel sowie der Abstand zwischen den beiden Achsen sind als theoretisch exakt zu betrachten.

ANMERKUNG Siehe auch die 6.3.3, 7.4.2.7 und 7.4.2.9 für den besonderen Fall, dass die Längenmaße zwischen den Geometrieelementen, welche in der Kollektion enthalten sind, als veränderlich aufgefasst werden können, indem der Modifikator [DV] verwendet wird.

6.2.4 Bezugssysteme, gebildet aus zwei oder mehreren einzelnen Geometrieelementen in festgelegter Reihenfolge

Die intrinsischen Merkmale jedes assoziierten Geometrieelements, welche das Bezugssystem bilden, müssen wie in 6.2.2 aufgefasst werden.

Die durch die Kollektion von Geometrieelementen eingeführten intrinsischen Merkmale, welche die Beziehung zwischen den assoziierten Geometrieelementen festlegen, müssen für Längenmaße als veränderlich aufgefasst werden, aber als theoretisch exakt für Winkelmaße.

6.3 Einzelbezüge, gemeinsame Bezüge und Bezugssysteme

6.3.1 Allgemeines

Wenn eine einzelne Fläche oder eine Kollektionsflächen als Bezugselement bestimmt ist, müssen die Invarianzgrade, für welche die Fläche unveränderlich ist, ermittelt und mit dem Inhalt der Tabelle B.1 verglichen werden, um die Menge von Situationselementen (Punkt, Gerade, Ebene oder Schraubenlinie, oder eine Kombination aus diesen) zu bestimmen, die den Bezug bildet.

6.3.2 Einzelbezüge

Ein Einzelbezug besteht aus einem oder mehreren Situationselementen, welche auf einem einzelnen Geometrieelement oder einem Teil davon beruhen.

ANMERKUNG Ein von einem Kegel stammender Einzelbezug hat zwei Situationselemente: seine Achse und ein Punkt auf dieser Achse.

BEISPIEL Ein Einzelbezug, welcher von einem Zylinder oder einer Ebene herrührt.

Kennzeichnung des Bezugselements	Kennzeichnung des Bezugs im Toleranzrahmen	Veranschaulichung der Bedeutung	Invarianzklasse und Situationselement (siehe Anhang B)	Bezug
A B	A	2 1	zylindrisch Achse des assoziierten Zylinders	2
	B	1 3	eben assoziierte Ebene	3

Legende

1 assoziiertes Geometrieelement (ohne Nebenbedingung der Richtung)

2 Gerade, die dem Situationselement des assoziierten Zylinders (seiner Achse) entspricht

3 Ebene, die das Situationselement der assoziierten Ebene (der assoziierten Ebene selbst) ist

ANMERKUNG Die Assoziation für Einzelbezüge ist in Anhang A beschrieben.

Wenn ein Einzelbezug als einziger Bezug in einem Toleranzrahmen verwendet wird oder wenn er der primäre Bezug in einem Bezugssystem ist, wird das dem realen integralen Geometrieelement assoziierte Geometrieelement (oder Teile von diesem), welches zur Bildung des Bezugs verwendet wird, ohne äußere Nebenbedingungen des Ortes oder der Richtung erhalten.

Für Nebenbedingungen, welche angewendet werden, wenn ein Einzelbezug als „sekundärer Bezug“ oder „tertiärer Bezug“ verwendet wird, siehe 6.3.4.

Zusätzliche Beispiele für Einzelbezüge sind in C.1 angegeben.

Für ein Größenmaßelement, gebildet aus zwei gegenüberliegenden parallelen Ebenen, wird die Kollektionsfläche mit einer inneren Nebenbedingung der Richtung (Parallelität) erzeugt. Die aus der gesamten oder Teilen der Flächen assoziierten Flächen (welche die Kollektionsfläche ergeben), die zur Bildung des Bezuges verwendet werden, sind individuell über die Parallelitätsbedingung und ein variables intrinsisches Merkmal bestimmt (siehe C.1.10).

Ein sekundärer Bezug darf nicht festgelegt werden, wenn er nicht mehr Freiheitsgrade der Toleranzzone einschränkt als der primäre Bezug.

Ein tertiärer Bezug darf nicht festgelegt werden, wenn er nicht mehr Freiheitsgrade der Toleranzzone einschränkt als der primäre Bezug und der sekundäre Bezug.

6.3.3 Gemeinsame Bezüge

Ein gemeinsamer Bezug besteht aus einem oder mehreren Situationselementen und wird unter Berücksichtigung der Kollektionsfläche gebildet.

Wenn der gemeinsame Bezug als einziger Bezug in einem Toleranzrahmen verwendet wird oder der primäre Bezug in einem Bezugssystem ist, wird die zur Bildung der Bezüge verwendete Kollektion der assoziierten Geometrieelemente ohne äußere Nebenbedingungen des Ortes oder der Richtung gebildet; deshalb werden die Flächen (welche die Kollektionsfläche ergeben) gleichzeitig gemeinsam assoziiert. Für die Nebenbedingungen, welche angewendet werden, wenn ein gemeinsamer Bezug als ein „sekundärer Bezug" oder ein „tertiärer Bezug" verwendet wird, siehe 6.3.4.

Ein sekundärer Bezug darf nicht festgelegt werden, wenn er nicht mehr Freiheitsgrade der Toleranzzone einschränkt als der primäre Bezug.

Ein tertiärer Bezug darf nicht festgelegt werden, wenn er nicht mehr Freiheitsgrade der Toleranzzone einschränkt als der primäre Bezug und der sekundäre Bezug.

Beispiele für gemeinsame Bezüge sind in 6.3.4 (Beispiele 1 und 2 erläutern den Unterschied zwischen einem Bezugssystem und einem gemeinsamen Bezug dar) und C.2 angegeben.

Die komplementäre Angabe [DV] (Bedeutung: „veränderlicher Abstand") hinter den Buchstaben, welche einen gemeinsamen Bezug in einem Toleranzrahmen bezeichnen, bedeutet, dass die Längen-Größenmaße zwischen den Situationselementen veränderlich sind. Siehe auch 7.4.2.9 und E.4.

6.3.4 Bezugssysteme

Ein Bezugssystem wird durch eine geordnete Anordnung von zwei oder drei Bezügen gebildet. Ein Bezugssystem besteht aus zwei oder drei Situationselementen, die sich aus der Kollektion der in Betracht gezogenen Flächen ergeben.

Die zur Bildung des Bezugssystems verwendeten assoziierten Geometrieelemente werden nacheinander in der durch die geometrische Spezifikation festgelegten Reihenfolge abgeleitet. Die gegenseitige Richtung der assoziierten Flächen ist theoretisch exakt, aber ihr gegenseitiger Ort ist veränderlich.

Diese Reihenfolge legt die Nebenbedingungen der Richtung für die Assoziationsoperation fest: der primäre Bezug führt Nebenbedingungen der Richtung des sekundären und tertiären Bezugs ein; der sekundäre Bezug führt Nebenbedingungen der Richtung des tertiären Bezugs ein.

Ein sekundärer Bezug muss festgelegt werden, wenn es erforderlich ist, mehr Freiheitsgrade der Toleranzzone einzuschränken als durch den primären Bezug eingeschränkt werden.

Ein tertiärer Bezug muss festgelegt werden, wenn es erforderlich ist, mehr Freiheitsgrade der Toleranzzone einzuschränken als durch den primären Bezug und den sekundären Bezug eingeschränkt werden.

Ein sekundärer oder tertiärer Bezug darf nicht festgelegt werden, wenn er nicht mehr Freiheitsgrade der Toleranzzone einschränkt als der primäre Bezug und im Falle eines tertiären Bezugs auch als die sekundären Bezüge.

Zusätzliche Beispiele für Bezugssysteme sind im C.3 angegeben.

BEISPIEL 1 Gemeinsamer Bezug oder Bezugssystem, der/das von einem Zylinder oder einer Ebene herrührt.

Kennzeichnung des Bezugselements	Kennzeichnung des Bezugs im Toleranzrahmen	Bedeutung am Werkstück	Resultierender gemeinsamer Bezug oder resultierendes Bezugssystem
A, B	A | B	1, 2	5, 6
	B | A	2, 1	5, 6
	A-B	3, 4, 4 N1)	5, 6

Legende

1 erstes assoziiertes Geometrieelement ohne Nebenbedingung der Richtung
2 zweites assoziiertes Geometrieelement mit Nebenbedingung der Richtung bezüglich des ersten assoziierten Geometrieelements
3 gleichzeitig assoziierte Geometrieelemente mit Nebenbedingung der Richtung und Nebenbedingung des Ortes
4 minimierter größter Abstand zwischen den assoziierten Geometrieelementen und den Bezugselementen
5 Gerade, die das Situationselement des assoziierten Zylinders (seiner Achse) ist
6 Schnittpunkt zwischen der Geraden und der Ebene

ANMERKUNG 1 Die Richtung und der Ort von Bezügen sind unterschiedlich, abhängig von der Angabe der Bezüge im Toleranzrahmen.

ANMERKUNG 2 Die Assoziation für Bezugssysteme ist in A.2.4 beschrieben.

N1) Das Bild wurde im nationalen Vorwort korrigiert.

BEISPIEL 2 Gemeinsamer Bezug oder Bezugssystem, welcher von zwei Zylindern herrührt.

Kennzeichnung des Bezugselements	Kennzeichnung des Bezugs im Toleranzrahmen	Bedeutung am Werkstück	Resultierender Bezug oder resultierendes Bezugssystem
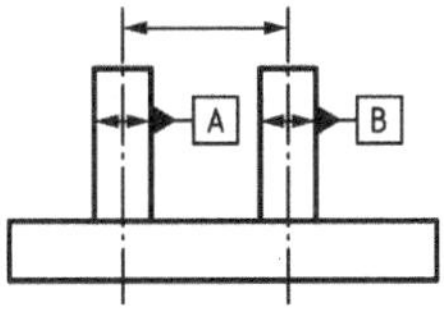 A; B	A | B	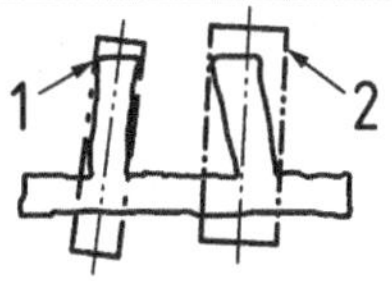 1; 2	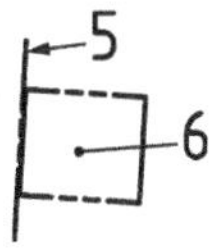 5; 6
	B | A	 2; 1	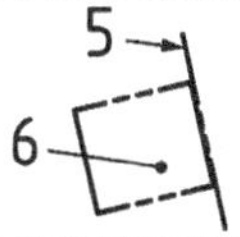 5; 6
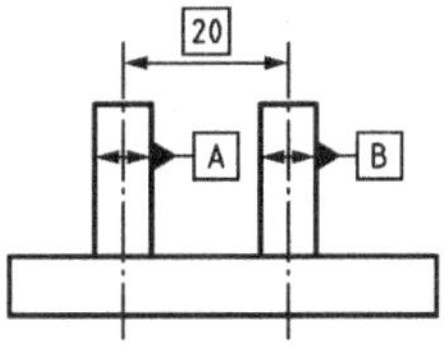 20; A; B	A-B	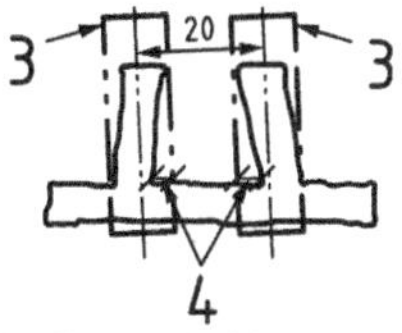 3; 20; 3; 4	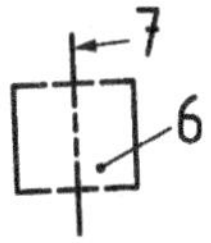 7; 6

Legende

1 erster assoziierter Zylinder ohne Nebenbedingung
2 zweiter assoziierter Zylinder mit Nebenbedingung der Parallelität bezüglich des ersten assoziierten Geometrieelements
3 gleichzeitig assoziierte Zylinder mit Nebenbedingung der Parallelität und Nebenbedingung des Ortes
4 minimierter größter Abstand zwischen den assoziierten Zylindern und den Bezugselementen
5 Gerade, die die Achse des ersten assoziierten Zylinders ist
6 Ebene, welche die Achsen der beiden assoziierten Zylinder enthält
7 Mittellinie der Achsen der beiden gleichzeitig assoziierten Zylinder

ANMERKUNG 1 Die Richtung und Ort von Bezügen sind unterschiedlich, abhängig von der Angabe der Bezüge im Toleranzrahmen. Es werden nicht alle Möglichkeiten der Bildung von Bezügen behandelt.

ANMERKUNG 2 Für das Assoziationsverfahren siehe Anhang A.

BEISPIEL 3 Bezugssystem, welches von zwei Zylindern und einer Ebene herrührt.

Kennzeichnung des Bezugselements	Kennzeichnung des Bezugs im Toleranzrahmen	Bedeutung am Werkstück	Resultierender Bezug oder resultierendes Bezugssystem
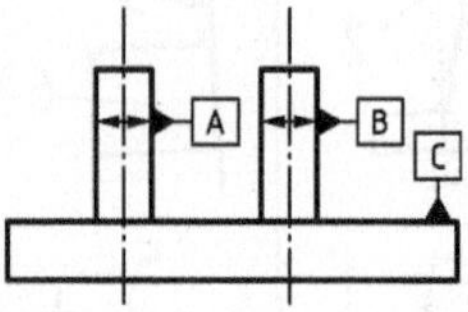 A B C	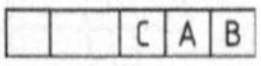 C A B	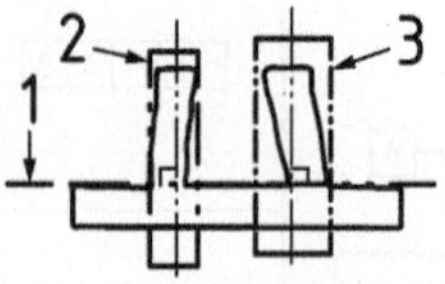 1 2 3	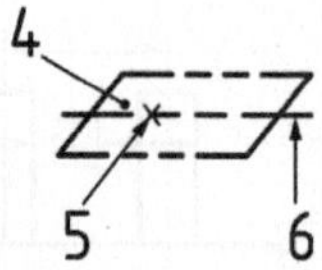 4 5 6

Legende

1 erstes assoziiertes Geometrieelement ohne Nebenbedingung
2 zweites assoziiertes Geometrieelement mit Nebenbedingung der Rechtwinkligkeit bezüglich des ersten assoziierten Geometrieelements
3 drittes assoziiertes Geometrieelement mit Nebenbedingung der Rechtwinkligkeit bezüglich des ersten assoziierten Geometrieelements (und Nebenbedingung der Parallelität bezüglich des zweiten assoziierten Geometrieelements)
4 Ebene, die das erste assoziierte Geometrieelement ist
5 Schnittpunkt zwischen der Ebene und der Achse des zweiten assoziierten Geometrieelements
6 Gerade, die dem Schnitt zwischen der assoziierten Ebene und der Ebene, welche die beiden Achsen enthält

ANMERKUNG Für das Assoziationsverfahren siehe Anhang A.

7 Graphische Sprache

7.1 Allgemeines

Die Darstellung geometrischer Toleranzen mit Bezügen in geometrischen Spezifikationen auf Zeichnungen schließt die folgenden Schritte ein:

— die integralen Flächen des Werkstücks, die als Bezugselemente zu verwenden sind, sind zu kennzeichnen. Wenn eine gesamte integrale Fläche für ein Bezugselement nicht erforderlich ist, dann ist der (sind die) in Betracht gezogene(n) Teil(e) [Fläche(n), Linie(n) oder Punkt(e)] und die zugehörigen Maße und Orte zu kennzeichnen;

— einzelne Einzelbezüge, einzelne gemeinsame Bezüge oder Bezugssysteme sind festzulegen;

— Nebenbedingungen der Richtung und/oder Nebenbedingungen des Ortes für die Toleranzzonen bezüglich der gekennzeichneten Bezüge sind anzugeben;

— die Assoziationskriterien sind festzulegen. Diese Internationale Norm definiert das defaultmäßige Assoziationskriterium in Anhang A. Wenn ein davon abweichendes Assoziationskriterium erforderlich ist, muss dieses angegeben werden;

— die Verwendung der Maximum-Material- oder Minimum-Material-Bedingung (siehe ISO 2692) oder eines projizierten Bezugs ist, falls erforderlich, anzugeben.

7.2 Kennzeichnung von Bezugselementen

7.2.1 Bezugssymbol

Einzelne Geometrieelemente, welche zur Bildung von Bezugselementen verwendet werden, müssen durch ein Rechteck gekennzeichnet werden, das mit einem ausgefüllten oder nicht ausgefüllten Bezugsdreieck durch eine Bezugslinie verbunden ist (siehe Bild 5).

ANMERKUNG Es gibt keinen Unterschied in der Bedeutung zwischen einem ausgefüllten und einem nicht ausgefüllten Bezugsdreieck.

Bild 5 — Bezugssymbol

7.2.2 Bezugsname

Einzelne Geometrieelemente, die zur Bildung von Bezugselementen verwendet werden, müssen durch einen im Bezugssymbol angegebenen Bezugsnamen gekennzeichnet werden. Ein Bezugsname besteht aus einem oder mehreren Großbuchstaben, die nicht durch Bindestriche zu trennen sind.

Die Buchstaben I, O, Q und X sollten nicht verwendet werden (da sie falsch interpretiert werden könnten).

Wenn bei einer Zeichnung das Alphabet erschöpft worden ist, oder wenn es für die Verständlichkeit der Zeichnung nützlich ist, wird empfohlen, ein eindeutiges Kodierungssystem festzulegen, indem man beispielsweise den gleichen Buchstaben zweimal, dreimal usw. (BB, CCC usw.) hintereinander verwendet. Um die Lesbarkeit dieser Internationalen Norm zu erleichtern, wird im verbleibenden Teil des Dokuments nur ein Buchstabe verwendet.

7.2.3 Bezugsstellen

7.2.3.1 Allgemeines

Wenn es nicht wünschenswert ist, ein gesamtes integrales Geometrieelement zu verwenden, um ein Bezugselement zu bilden, dann ist es möglich, Teile des einzelnen Geometrieelements (Flächen, Linien oder Punkte) und ihre zugehörigen Maße und Orte zu kennzeichnen. Diese Teile werden Bezugsstellen genannt. Sie ahmen üblicherweise die Verbindung zwischen dem Teil des betrachteten einzelnen Geometrieelements des Werkstücks und einem oder mehreren berührenden idealen Geometrieelementen (verbindende Elemente beim Zusammenbau oder Befestigungselemente) nach.

Eine Bezugsstelle ist durch ein Bezugsstellensymbol gekennzeichnet. Dieses Bezugsstellensymbol besteht aus einem Bezugsstellenrahmen, einem Bezugsstellensymbol und einer Bezugslinie, welche die beiden Symbole (entweder direkt oder über eine Bezugshilfslinie) miteinander verbindet.

Es kann notwendig sein, dieselbe Bezugsstelle in verschiedenen geeigneten Ansichten zu kennzeichnen, um eine eindeutige Definition zu erzielen (siehe Bilder 26, 27, 28 und 29).

7.2.3.2 Bezugsstellenrahmen

Der Bezugsstellenrahmen ist ein Kreis, welcher durch eine horizontale Linie in zwei Felder geteilt ist (siehe Bild 6). Das untere Feld ist für den Bezugsnamen vorgesehen, dem eine Zahl (von 1 bis n) folgt, die der Nummer der Bezugsstelle entspricht.

Das obere Feld ist für zusätzliche Informationen vorgesehen, wie z. B. die Maße der Fläche der Bezugsstelle.

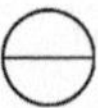

Bild 6 — Einzelner Bezugsstellenrahmen

Der Modifikator für eine bewegliche Bezugsstelle besteht aus zwei vom Kreis des Bezugsstellenrahmens zum mittleren Geradensegment verlaufenden tangentialen Linien (siehe Bild 7). Die Richtung des mittleren Geradensegments des Modifikators für eine bewegliche Bezugsstelle ist wesentlich. Sie legt die Bewegungsrichtung fest, wobei der Abstand zwischen der beweglichen Bezugsstelle und anderen Bezügen oder Bezugsstellen nicht festgelegt ist.

Der Modifikator für eine bewegliche Bezugsstelle wird für die Festlegung der Bewegungsrichtung eines physikalischen Elements oder einer Komponente verwendet, die den Bezug oder das Bezugssystem nachahmt.

a) Modifikator für eine bewegliche Bezugsstelle

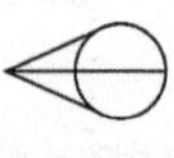

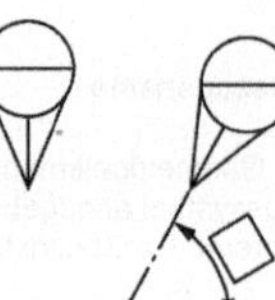

b) bewegliche Bezugsstelle (horizontale, vertikale oder geneigte Bewegung)

Bild 7 — Modifikator für eine bewegliche Bezugsstelle und Beispiele für Bezugsstellenrahmen mit dem Modifikator für eine bewegliche Bezugsstelle

7.2.3.3 Bezugsstellensymbol

Das Bezugsstellensymbol kennzeichnet den Typ der Bezugsstelle: Punkt, Linie oder Fläche, welche(r) eine punktförmige Bezugsstelle bzw. linienförmige Bezugsstelle oder flächenförmige Bezugsstelle festlegt:

— ein Kreuz (siehe Bild 8);

Bild 8 — Punktförmige Bezugsstelle

— eine Strich-Zweipunktlinie (langer Strich) schmal (Typ 05.1 nach ISO 128-24:1999), welche, wenn die Linie nicht geschlossen ist, durch zwei Kreuze abgeschlossen ist (siehe Bilder 9 und 10). Diese Linie darf gerade, kreisförmig oder eine Kurve von beliebiger Gestalt sein;

Bild 9 — Nicht geschlossene linienförmige Bezugsstelle

Bild 10 — Geschlossene linienförmige Bezugsstelle

— eine schraffierte Fläche, umgeben von einer Strich-Zweipunktlinie (langer Strich) schmal (Typ 05.1 nach ISO 128-24:1999) (siehe Bild 11).

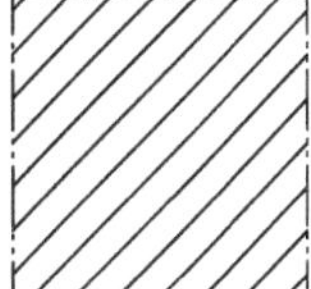

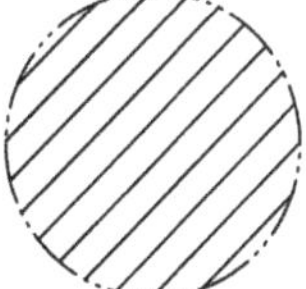

Bild 11 — Flächenförmige Bezugsstelle

7.2.3.4 Bezugslinie

Der Bezugsstellenrahmen ist mit dem Bezugsstellensymbol, entweder unmittelbar oder über eine Bezugshilfslinie, durch eine Bezugslinie verbunden, die mit oder ohne einen Pfeil oder Punkt abgeschlossenen ist (siehe Bilder 12, 13 und 14).

Wenn die punktförmige Bezugsstelle oder die linienförmige Bezugsstelle nicht verdeckt ist, muss die Bezugslinie durchgezogen sein und mit oder ohne einen Pfeil abgeschlossen werden (siehe Bilder 12 und 13).

Wenn die flächenförmige Bezugsstelle in der entsprechenden Ansicht als eine Fläche dargestellt und nicht verdeckt ist, muss die Bezugslinie durchgezogen sein und mit einem Punkt abgeschlossen werden [siehe Bild 15 b)].

Wenn die betrachtete Fläche verdeckt ist, muss die Bezugslinie gestrichelt und für den Fall einer flächenförmigen Bezugsstelle mit einem nicht ausgefüllten Kreis [siehe Bild 15 a)] oder für den Fall einer punktförmigen oder linienförmigen Bezugsstelle ohne Markierung abgeschlossen werden.

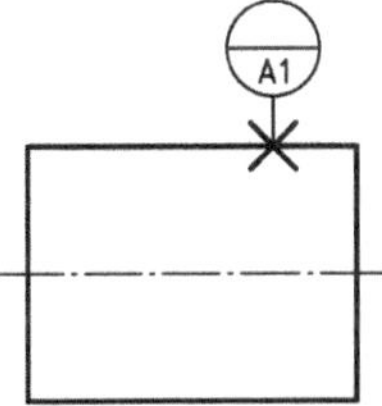

Bild 12 — Kennzeichnung einer einzelnen punktförmigen Bezugsstelle

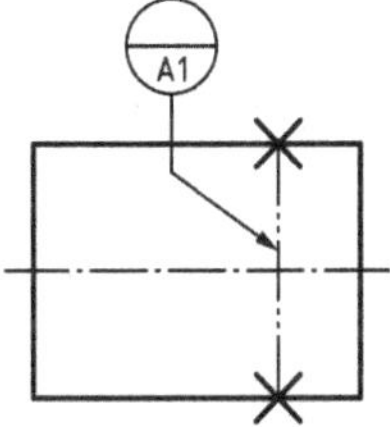

Bild 13 — Kennzeichnung einer einzelnen linienförmigen Bezugsstelle

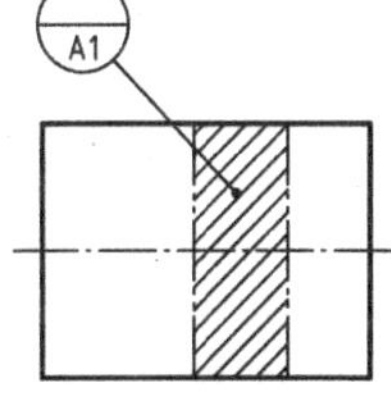

Bild 14 — Kennzeichnung einer einzelnen flächenförmigen Bezugsstelle

Die Richtung der Bezugslinie, welche den Bezugsstellenrahmen mit dem Bezugsstellensymbol verbindet, ist unwesentlich.

Eine Bezugsstelle sollte, wenn möglich, in einer Ansicht gekennzeichnet werden, in der sie nicht verdeckt ist (siehe Bild 15).

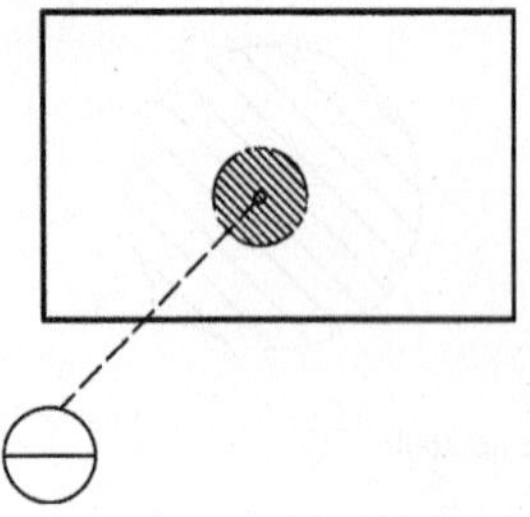

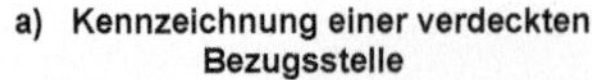

a) Kennzeichnung einer verdeckten Bezugsstelle

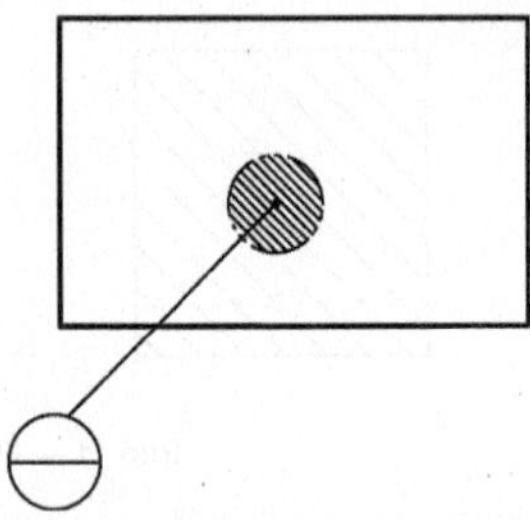

b) Kennzeichnung einer sichtbaren Bezugsstelle

Bild 15 — Beispiel für die Kennzeichnung einer Bezugsstelle

Der Modifikator für eine bewegliche Bezugsstelle wird dazu verwendet, die Richtung festzulegen, in der der Ort der Bezugsstelle nicht feststehend ist.

Die Bewegungsrichtung wird durch die Richtung festgelegt, die durch den Modifikator für eine bewegliche Bezugsstelle angegeben wird, und nicht durch die Bezugslinie (siehe Bild 16).

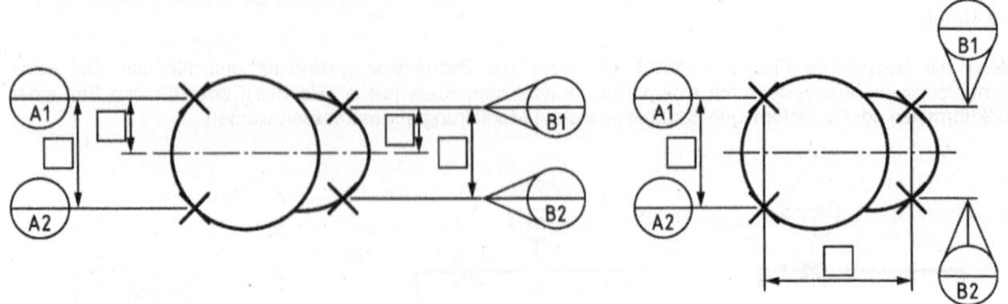

ANMERKUNG Die Bewegung der beweglichen Bezugsstelle, welche durch die Richtung des Modifikators für eine bewegliche Bezugsstelle gegeben ist, ist senkrecht zur einer Linie, welche durch die Bezugsstellen A1 und A2 geht.

a)

ANMERKUNG Die Bewegung der beweglichen Bezugsstelle, welche durch die Richtung des Modifikators für eine bewegliche Bezugsstelle gegeben ist, ist parallel zu einer Linie, welche durch die Bezugsstellen A1 und A2 verläuft.

b)

Bild 16 — Beispiele für bewegliche Bezugsstellen

7.3 Festlegung von Bezügen und Bezugssystemen

Der Bezug (oder das Bezugssystem) wird im dritten (und falls notwendig im vierten und fünften) Feld des Toleranzrahmens (siehe Bild 17) festgelegt, wie in ISO 1101:2004, 6.1, beschrieben. Siehe auch Regel 6 in 7.4.2.6.

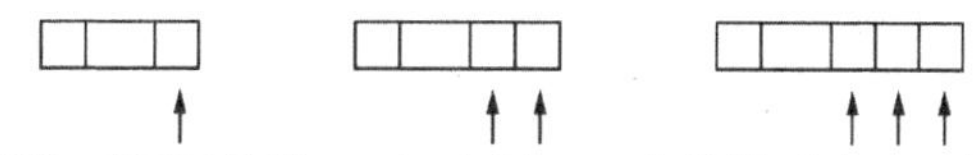

Bild 17 — Stellen für Bezugsbuchstabensymbol(e) im Toleranzrahmen

7.4 Angabe und Bedeutung der Regeln

7.4.1 Allgemeines

7.4.1.1 Menschen gehen mit technischen Produktdokumentationen auf zweierlei Arten um:

— Konstrukteure übersetzen die Anforderungen an die Bezüge in eine graphische Sprache;

— andere Anwender übersetzen die graphische Sprache in die Anforderungen an die Bezüge zurück.

Die erforderlichen Regeln sind in 7.4.2 angegeben.

7.4.1.2 Um die Nebenbedingungen des Ortes und/oder die Nebenbedingungen der Richtung für die Toleranzzone von Geometrieelementen des Werkstücks zu kodieren, müssen die folgenden Schritte durchgeführt werden.

— Alle Bezugselemente, die zur Bildung der Bezüge verwendet werden, sind festzulegen und mit Bezugsnamen zu kennzeichnen (siehe Regel 1), und es sind, falls notwendig, Bezugsstellen festzulegen (siehe Regel 3 und 4).

— Es ist zu berücksichtigen, wie die Bezüge aus den Bezugselementen gebildet werden, indem die Art und Weise der Assoziation, die wesentlichen Nebenbedingungen und Typen der Geometrieelemente festgelegt werden (siehe Regeln 2, 5, 6, 7, 8, 9 und 10).

7.4.1.3 Wenn mehr als ein assoziiertes Geometrieelement für die Bildung eines Bezugs oder Bezugssystems verwendet wird, müssen die Assoziationen nacheinander oder gleichzeitig vorgenommen werden (siehe Regel 6 und 7).

7.4.1.4 Für den Bezug oder jeden Bezug, der das Bezugssystem umfasst, siehe die nachstehende anwendbare Regel.

— Wenn der Typ des assoziierten Geometrieelements nicht derselbe ist wie der des Bezugselements (des berührenden Geometrieelements), siehe Regel 5.

— Wenn das Größenmaß des Größenmaßelements als feststehend oder veränderlich angesehen wird, siehe Regel 2.

— Wenn die Nebenbedingung, die durch einen Bezug gegeben ist, eingeschränkt werden muss, siehe Regel 8 und 9.

— Wenn ein geometrischer Modifikator (Ⓜ, Ⓛ oder Ⓟ) für einen Bezug erforderlich ist, siehe Regel 10.

7.4.1.5 Um die Bedeutung eines Bezugs oder Bezugssystems zu dekodieren, müssen die folgenden Schritte durchgeführt werden.

— Es ist der Toleranzrahmen zu lesen, um festzustellen, ob Bezüge verwendet werden. Wenn der Toleranzrahmen mehr als zwei Felder enthält, dann wird mindestens ein Bezug verwendet (siehe Regel 6).

— Es sind alle Bezugsbuchstabensymbole zu lesen, die den einzelnen Bezügen oder den Komponenten eines gemeinsamen Bezugs entsprechen (siehe Regel 7).

— Die Bezugselemente, die jedem der Bezugsbuchstabensymbole entsprechen, sind zu identifizieren (siehe Regel 1).

— Es ist zu bestimmen, ob das Bezugselement das gesamte integrale Geometrieelement ist (siehe Regel 3). Wenn dies nicht der Fall ist, ist es notwendig, die Bezugsstelle(n) und ihre Festlegung(en) zu lesen (die TEDs sind zu berücksichtigen: siehe Regel 4).

— Es ist zu berücksichtigen, wie die Assoziationen durchgeführt werden müssen, um den Bezug zu bilden (siehe Regeln 2, 5, 6, 7, 8, 9 und 10).

7.4.2 Regeln

7.4.2.1 Regel 1 — Bezugselemente [gebildet aus einem einzelnen Geometrieelement]

Wenn das zur Bildung eines Bezugs verwendete einzelne Geometrieelement ein Größenmaßelement ist, muss die Fläche mit einem Beszugssymbol gekennzeichnet werden, das wie folgt angebracht wird:

— *in Verlängerung einer Maßlinie, [siehe Bild 18 a)];*

— *an einen Toleranzrahmen, der auf eine Verlängerung einer Maßlinie für diese Fläche zeigt, [siehe Bild 18 b)];*

— *an die Maßlinie eines Maßes, [siehe Bild 18 c)];*

— *an einen Toleranzrahmen, verbunden mit einer Bezugshilfslinie mit einem Maß und die auf die Fläche zeigt, [siehe Bild 18 d)].*

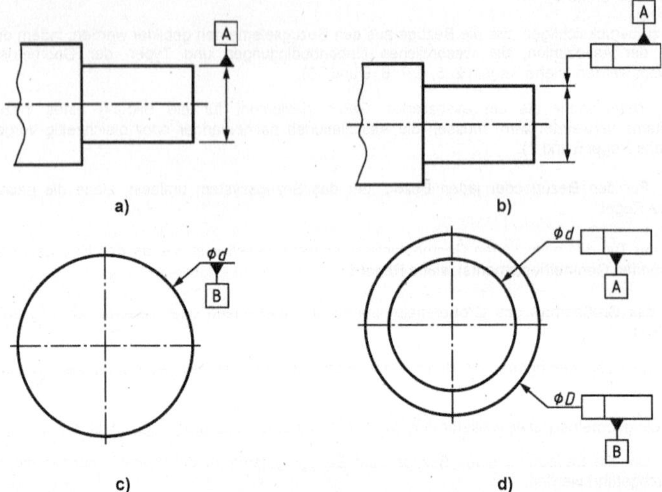

Bild 18 — Anhängen eines Bezugssymbols für ein einzelnes Geometrieelement, das als Größenmaßelement betrachtet wird

Wenn das einzelne Geometrieelement eine Schraubenfläche (z. B. eine Schraube) oder eine komplexe Fläche (z. B. ein Zahnrad) ist, wird es als zylindrische Fläche betrachtet. Um den Bezug zu bilden, muss das Bezugssymbol wie in 7.2.1 angegeben bestimmt werden. Wenn kein komplementäres Symbol vorhanden ist, wird der Bezug durch einen Flankenzylinder gebildet, der den Flankendurchmesser des einzelnen Geometrieelements besitzt, und der Modifikator PD kann weggelassen werden. Wenn der Bezug durch einen Außenzylinder (mit dem Außendurchmesser des einzelnen Geometrieelements) oder einen Kernzylinder (mit dem Kerndurchmesser des einzelnen Geometrieelements) gebildet wird, ist das Symbol MD oder LD in der unmittelbaren Nähe des Bezugssymbols anzubringen.

Wenn das zur Bildung eines Bezugs verwendete einzelne Geometrieelement kein Größenmaßelement ist, muss die Fläche mit einem Bezugssymbol gekennzeichnet werden, das wie folgt angebracht wird:

— *entweder an der Umrisslinie der Fläche, [siehe Bild 19 a), Bezugsname A],*

— *an einer Maßhilfslinie der Fläche [siehe Bild 19 a), Bezugsname B],*

— *an einen Toleranzrahmen, der auf die Umrisslinie oder die Maßhilfslinie der Fläche zeigt, oder an eine Bezugshilfslinie [siehe Bild 19 b], oder*

— *an einer Bezugshilfslinie mit einer Bezugslinie, die sich nicht auf ein Maß bezieht, angehängt an die Fläche und mit einem ausgefüllten Kreis abgeschlossen [siehe Bild 19 d], oder mit einem nicht ausgefüllten Kreis, wenn die Fläche verdeckt ist [siehe Bild 19 c]. Ein Bezugssymbol sollte in einer Ansicht angegeben werden, in der die Fläche nicht verdeckt ist (siehe Bild 19).*

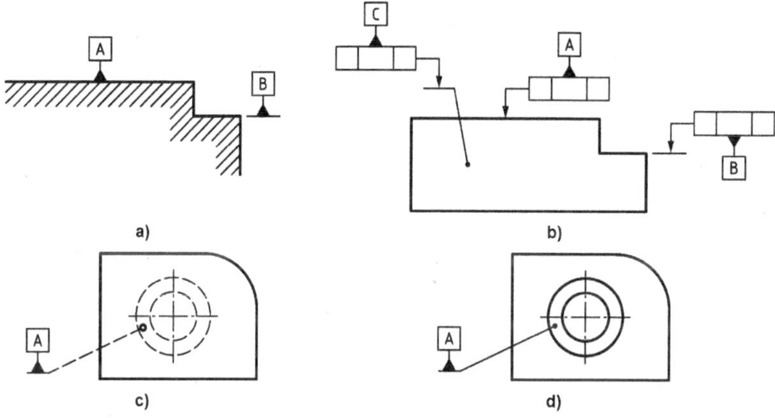

Bild 19 — Anhängen eines Bezugssymbols für ein einzelnes Geometrieelement, das nicht als Größenmaßelement betrachtet wird

Wenn die Fläche verdeckt ist, dann muss die Bezugslinie oder Bezugshilfslinie gestrichelt sein und mit einem nicht ausgefüllten Kreis abgeschlossen sein [siehe Bild 19 c)].

ANMERKUNG 1 Die Bedeutung eines an einem Toleranzrahmen angebrachten Bezugssymbols für ein als Größenmaßelement betrachtetes einzelnes Geometrieelement ist mit der eines Bezugssymbols identisch, das ein Größenmaßelement kennzeichnet und in irgendeiner anderen zulässigen Weise eingetragen ist (siehe Bild 18).

ANMERKUNG 2 Siehe Beispiel C.1.1 für ein Geometrieelement, das kein Größenmaßelement ist, und siehe Beispiel C.1.2 für ein Geometrieelement, das ein Größenmaßelement ist.

7.4.2.2 Regel 2 — Assoziierte Größenmaßelemente mit festem oder veränderlichem Größenmaß

Wenn das intrinsische Merkmal eines Größenmaßelements, das zur Bildung eines Bezugs verwendet wird, für die Assoziation theoretisch exakt ist, muss sein Maß als TED eingetragen werden (mit der Ausnahme eines impliziten TED).

Wenn das intrinsische Merkmal eines Größenmaßelements, das zur Bildung eines Bezugs verwendet wird, für die Assoziation veränderlich ist, muss es als direkte oder als allgemeine (defaultmäßige) Toleranz eingetragen werden.

Wenn der Wert des intrinsischen Merkmals weggelassen wird und wenn es nicht ein implizites TED ist, dann muss es so betrachtet werden, wie dies in der Tabelle 3 für die Assoziation festgelegt ist.

Das implizite TED eines Merkmals kann nur die Werte von 0 mm, 0°, 90°, 180° und 270° haben und wird nicht angegeben.

ANMERKUNG 1 Für ein theoretisch exaktes intrinsisches Merkmal siehe Beispiel C.1.3 und für ein veränderliches intrinsisches Merkmal siehe Beispiel C.1.2.

ANMERKUNG 2 Weitere Informationen über (defaultmäßige) Allgemeintoleranzen finden sich in ISO 2768-1 und ISO 2768-2.

7.4.2.3 Regel 3 — Bezugselemente, gebildet aus einem vollständigen Geometrieelement

Wenn ein Bezug aus einem vollständigen Geometrieelement gebildet wird, muss er mit nur einem Bezugssymbol gekennzeichnet werden.

ANMERKUNG Siehe Bild 23 a) und C.1.1.

7.4.2.4 Regel 4 — Bezugselemente, gebildet aus einer oder mehreren Bezugsstellen

Wenn ein einzelnes Bezugselement aus einer oder mehreren Bezugsstellen gebildet wird, die nur zu einer Fläche gehören, dann muss der Bezugsname, der die Fläche kennzeichnet, in der unmittelbaren Nähe des Bezugssymbols, gefolgt von Nummern(getrennt durch Kommata), welche die Bezugsstellen kennzeichnen, wiederholt werden (siehe Bild 20). Jede einzelne Bezugsstelle muss durch ein Bezugsstellensymbol bezeichnet werden, das den Bezugsname, die Nummern der Bezugsstellen und, wenn anwendbar, die Maße der Bezugsstelle angibt.

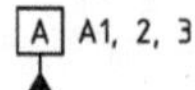

Bild 20 — Zeichnungsangabe von Bezügen, gebildet aus Bezugsstellen

Wenn es nur eine Bezugsstelle gibt, kann die Zeichnungsangabe vereinfacht werden, indem das Bezugssymbol nach Regel 1 für ein Größenmaßelement wie folgt gesetzt wird:

— an eine breite Strich-Punktlinie (langer Strich) (Typ 04.2 nach ISO 128-24:1999), die den Teil der betrachteten Fläche festlegt [siehe Bild 21 a)];

— an die Bezugshilfslinie einer Bezugslinie, welche auf eine schraffierte Fläche zeigt, die von einer schmalen Strich-Zweipunktlinie (langer Strich) (Typ 05.1 nach ISO 128-24:1999) umgeben ist [siehe Bild 21 b)];

— durch Angabe von ACS oberhalb des Toleranzrahmens [siehe Bild 22 a)] oder nach dem Bezugsbuchstabensymbol im Toleranzrahmen [ACS] [siehe Bild 22 c)], wodurch zugelassen wird, dass als Bezugselement jeder beliebige Querschnitt des integralen Geometrieelements (gleichzeitig mit dem tolerierten Geometrieelement) festgelegt werden kann. Wenn also ACS oberhalb des Toleranzrahmens angegeben wird, werden das tolerierte Geometrieelement und das Bezugselement in demselben Querschnitt gebildet;

— durch Angabe von [ALS] oberhalb des Toleranzrahmens [siehe Bild 22 b)] oder nach dem Bezugsbuchstabensymbol im Toleranzrahmen [ALS] [siehe Bild 22 c)], wodurch zugelassen wird, dass als Bezugselement jeder beliebige Längsschnitt des integralen Geometrieelements (gleichzeitig mit dem tolerierten Geometrieelement) festgelegt werden kann. Das Bezugselement ist der Schnitt zwischen dem realen integralen Geometrieelement, das zur Bildung des Bezugs verwendet wird, und der Schnittebene.

ANMERKUNG 1 Siehe C.1.11.

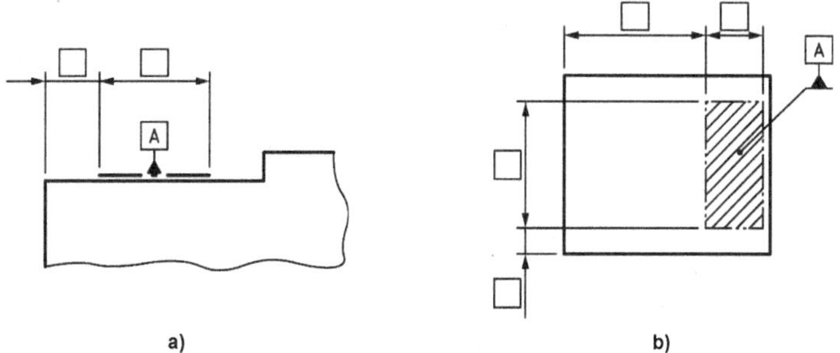

Bild 21 — Vereinfachung der Zeichnungsangabe bei nur einer flächenförmigen Bezugsstelle

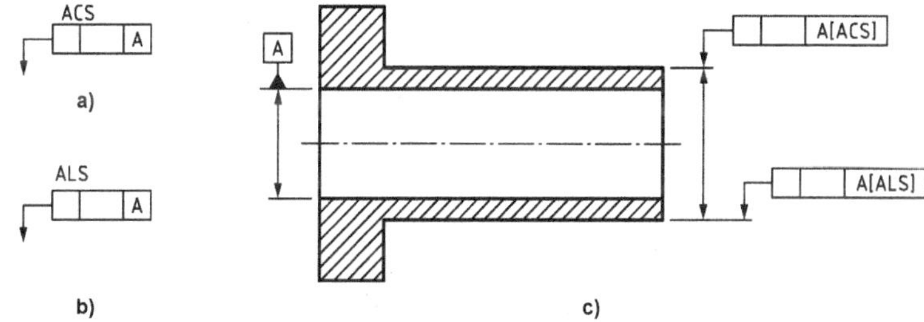

Bild 22 — Angabe der Modifikatoren [ACS] und [ALS]

Der gegenseitige Ort der Bezugsstellen auf einem einzelnen Geometrieelement muss durch theoretisch exakte Winkelmaße und/oder Längenmaße festgelegt werden, wenn sie als feststehend betrachtet werden muss.

Wenn eine Menge von Bezugsstellen für die Simulation eines Größenmaßelements verwendet wird, müssen die Anzahl und der Ort der Bezugsstellen für die Simulation seines Größenmaßes geeignet sein, und der gegenseitige Ort muss durch ein theoretisch exaktes Längen-Größenmaß (TED) oder Winkel-Größenmaß festgelegt werden [siehe Bild 23 b)]. Wenn der Ort der Bezugsstellen von einem anderen Geometrieelement aus festgelegt wird, sind theoretisch exakte Längen-Größenmaße (TED) erforderlich [siehe Bild 23 c)].

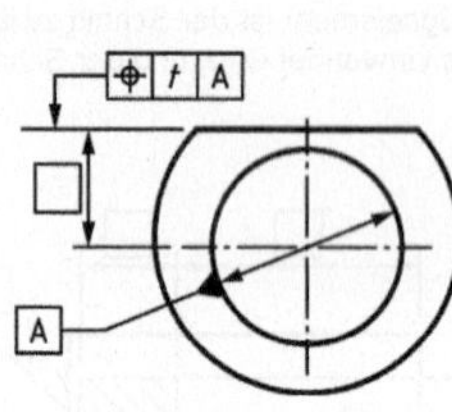

ANMERKUNG Das zur Bildung des Bezugs aus dem gesamten integralen Geometrieelement verwendete assoziierte Geometrieelement ist ein Zylinder und der Bezug ist seine Achse.

a)

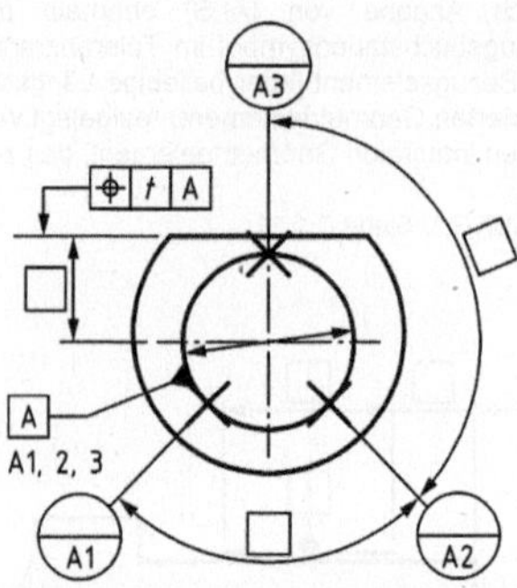

ANMERKUNG Die Winkellagen zwischen den linienförmigen Bezugsstellen A1, A2 und A3 sind TEDs angegeben und werden als feststehend angesehen. Das zur Bildung des Bezugs aus den drei linienförmigen Bezugsstellen verwendete assoziierte Geometrieelement ist ein Zylinder und der Bezug ist seine Achse.

(Um die linienförmigen Bezugsstellen A1, A2 und A3 vollständig festzulegen, ist mehr als eine Zeichnungsansicht erforderlich).

b) N2)

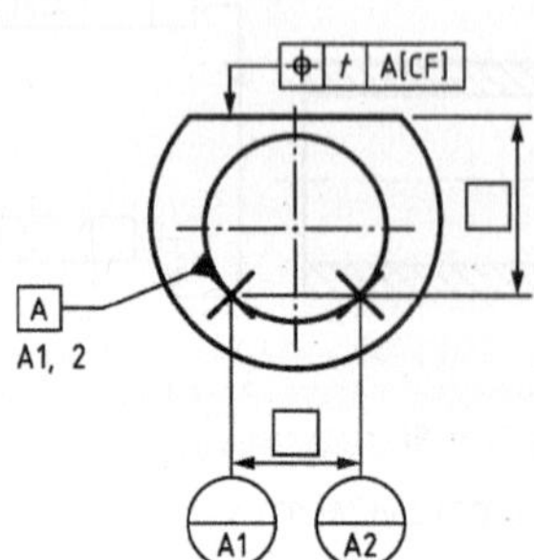

ANMERKUNG Der Abstand zwischen den Bezugsstellen A1 und A2 ist als ein TED angegeben und ist feststehend. Das zur Bildung des Bezugs verwendete assoziierte Geometrieelement ist kein Zylinder, und der Bezug ist nicht seine Achse. Der Bezug besteht aus zwei Ebenen: eine Ebene geht durch zwei linienförmige Bezugsstellen und die zweite ist senkrecht zur Mittelebene.

c)

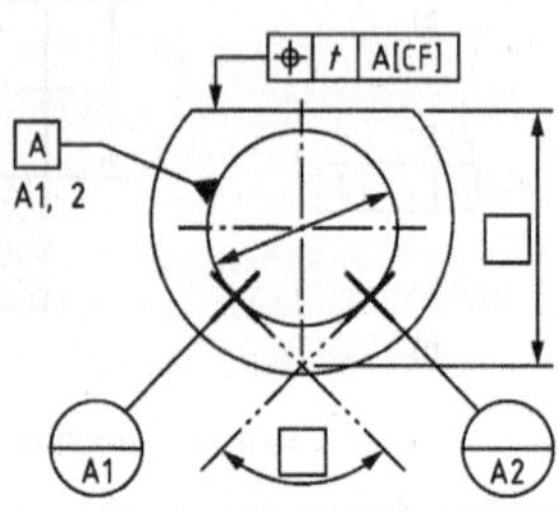

ANMERKUNG Die Bezugsstellen A1 und A2 sind durch den Übergang zwischen dem Zylinder A und einem berührenden Geometrieelement festgelegt. Der Abstand zwischen den Bezugsstellen A1 und A2 ist veränderlich. Er hängt von dem tatsächlichen Durchmesser des Zylinders und dem berührenden Geometrieelement ab, welches in diesem Fall durch ein Prisma mit dem Winkel α festgelegt ist. Das assoziierte Geometrieelement zur Bildung des Bezugs ist das Prisma, nicht der Zylinder.

d)

Bild 23 — Beispiele für Einzelbezüge, die durch einen vollständigen Zylinder oder Teile davon oder mit einem berührenden Geometrieelement werden

N2) Es wird darauf hingewiesen, dass die Darstellung und Anmerkung in Bild 23 b) mehrdeutig sind.

Wenn der Ort einer Bezugsstelle nicht feststehend ist, dann muss die Bezugsstelle unter Verwendung von:

— einem oder mehreren berührenden Geometrieelementen, wenn der Berührungsbereich nicht vorherbestimmt werden kann [siehe Regel 5 und Bild 23 d)] (implizite Bezugsstellen können vorhanden sein, wenn Bezugsstellen ohne Mehrdeutigkeiten durch die Festlegung eines berührenden Geometrieelements und des Übergangs des Bezugselements festgelegt werden), oder

— einer beweglichen Bezugsstelle (siehe E.3), wenn der Abstand zwischen dieser Bezugsstelle und anderen Bezugsstellen auf der gleichen Fläche nicht feststehend ist, sondern ihr Ort bezüglich anderer Bezugselemente festgelegt ist.

Wenn zwei oder mehr bewegliche Bezugsstellen für einen Bezug verwendet werden, müssen sie sich gleichzeitig bewegen.

Wenn z. B. drei unverwechselbare Punkte in einer Querschnittsfläche eines Zylinders als punktförmige Bezugsstellen verwendet werden, um einen Bezug zu bilden, müssen nur die Winkelbeziehungen zwischen diesen drei Punkten am Zylinder festgelegt werden. Der Modifikator für eine bewegliche Bezugsstelle, der senkrecht zur Zylinderoberfläche zeigt, kann hinzugefügt oder in diesem Fall auch weggelassen werden (in die Beziehung sind keine Abstände von anderen Geometrieelementen mit einbezogen).

Wenn nur zwei Punkte in einer Querschnittsfläche eines Zylinders mit einem festen Abstand zwischen ihnen als punktförmige Bezugsstellen verwendet werden, um einen Bezug zu bilden, muss ein TED zwischen diesen beiden Punkten angegeben werden. Das assoziierte Geometrieelement ist in diesem Fall kein Zylinder, sondern es sind zwei zueinander senkrechte Ebenen.

Der Ort einer Bezugsstelle bezüglich eines oder mehrerer anderer Geometrieelemente muss als feststehend betrachtet und durch ein TED festgelegt werden. Ausnahmen gibt es, wenn z. B. keine Modifikatoren für bewegliche Bezugsstellen verwendet werden.

Wenn der Ort einer Bezugsstelle auf einem Geometrieelement bezüglich eines anderen Geometrieelements in einer bestimmten Richtung (eine andere als senkrecht zum Oberflächenprofil) nicht feststehend ist und wenn der Modifikator [ACS] nicht verwendet wird, dann muss die Bezugsstelle als eine „bewegliche" Bezugsstelle festgelegt werden (gekennzeichnet durch den Modifikator für eine bewegliche Bezugsstelle im Bezugsstellensymbol), um die Richtung zu kennzeichnen, in welcher der Abstand zwischen den Geometrieelementen veränderlich ist.

Wenn der Ort einer Bezugsstelle in einem Querschnitt mit veränderlichem Ort auf einem Geometrieelement, das bezüglich eines anderen Geometrieelements in einem bestimmten Ort nicht feststehend ist, festgelegt ist und in jedem beliebigen Querschnitt verfügbar ist, muss der Modifikator [ACS] verwendet werden.

Der Anfang und das Ende des Ortes einer linienförmigen Bezugsstelle müssen als theoretisch exakte Orte betrachtet und durch TEDs festgelegt werden.

Die Ausdehnung einer flächenförmigen Bezugsstelle muss als theoretisch exakt angesehen werden. Die Maße der Fläche müssen:

— entweder in das obere Feld des Bezugsstellensymbols, wenn die Fläche kreisförmig, quadratisch (siehe Bild 24) oder rechteckig ist, oder, wenn der Platz innerhalb des Feldes begrenzt ist, außerhalb und mit dem entsprechenden Feld entweder durch eine Bezugslinie oder durch eine Bezugslinie und eine Bezugshilfslinie verbunden [siehe Bild 25 a)], oder

— direkt auf der Zeichnung als TEDs, wenn die Fläche weder quadratisch noch kreisförmig ist [siehe Bild 25 b)],

angegeben werden.

ANMERKUNG 2 Im Fall eines Punktes oder einer Linie kann es notwendig sein, die Bezugsstelle in mehrere Ansichten anzugeben, um eine eindeutige Festlegung zu erzielen.

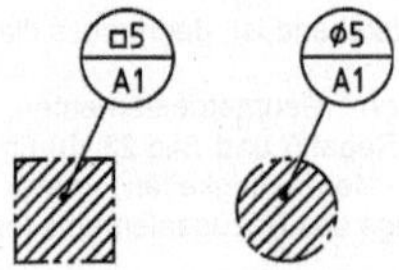

Bild 24 — Angabe der Maße einer kreisförmigen/quadratischen Fläche

Maße in Millimeter

a) **indirekte Angabe**

b) **direkte Angabe**

Bild 25 — Angabe der Maße einer rechteckigen Fläche

7.4.2.5 Regel 5 — Assoziiertes Geometrieelement mit einem vom Nenngeometrieelement verschiedenen Typ

Wenn das zur Bildung des Bezugs verwendete assoziierte Geometrieelement nicht vom selben Typ wie das Nenngeometrieelement ist, müssen Bezugsstellen verwendet werden, und die Angabe [CF] muss im Toleranzrahmen nach dem Bezugsnamen hinzugefügt werden (siehe Bilder 26 bis 30).

Die Maße des berührenden Geometrieelements müssen als feststehend betrachtet und auf der Zeichnung angegeben werden, wenn diese nicht stillschweigend durch das Einzeichnen des berührenden Geometrieelements mit einer schmalen Strich-Zweipunktlinie (langer Strich) in Verbindung mit dem Bezugselement inbegriffen sind.

ANMERKUNG 1 Der Modifikator [CF] schließt ein, dass einige Teile des Werkstücks zur Bildung des Bezugs verwendet werden und dass der Ort der Berührung zwischen dem berührenden Geometrieelement und dem Werkstück nicht genau bestimmt werden kann (abhängig von den Maßen und der Geometrie des realen Werkstücks); siehe Beispiele in Anhang E. Der Modifikator [CF] lässt zu, dass einige Maße zwischen den Bezugsstellen auf einem einzelnen Geometrieelement veränderlich werden (siehe Bild 27). Die Bezugsstellen dürfen weggelassen werden, wenn sie die mögliche Berührung zwischen dem berührenden Geometrieelement und dem Werkstück nicht verringern (siehe Bild 30).

ANMERKUNG 2 Bezugsstellen werden verwendet, um die nominelle Berührung zwischen den berührenden Geometrieelementen und der Oberfläche des Werkstücks, die zur Bildung des Bezugs verwendet wird, auszudrücken. In einigen Fällen kann die Bezugsstelle weggelassen werden.

BEISPIEL In Bild 26 ist der Bezug A mit dem Modifikator [CF] eine Menge von zwei zueinander senkrechten Ebenen und keine Achse eines Zylinders. Die erste Ebene enthält die punktförmigen Bezugsstellen, die zweite Ebene ist die Mittelebene der punktförmigen Bezugsstellen und steht senkrecht auf der ersten. Diese Mittelebene enthält die Menge der Achsen der möglichen assoziierten Zylinder (mit veränderlichen Durchmessern) von den punktförmigen Bezugsstellen. Wenn der Modifikator [CF] nicht verwendet worden wäre, wäre der Bezug A die Achse des assoziierten Zylinders (mit einem veränderlichen Durchmesser oder mit einem feststehenden Durchmesser, abhängig von der Anwendung von Regel 2).

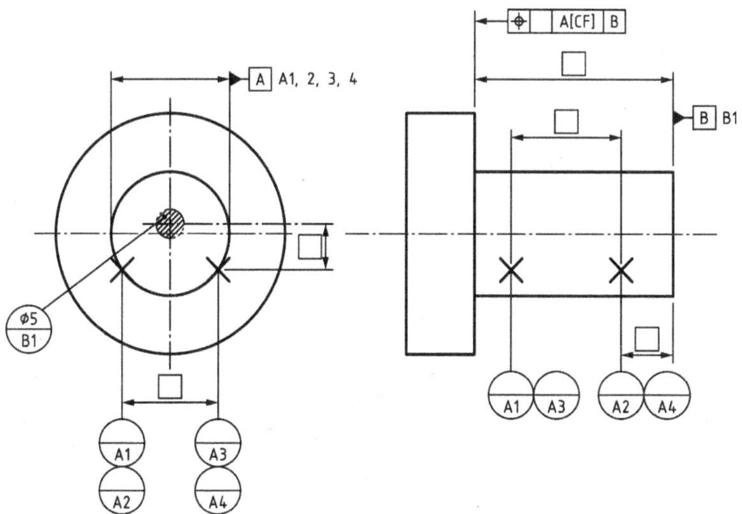

Bild 26 — Beispiel der Angabe eines Bezugs mit dem Modifikator [CF]

Maße in Millimeter

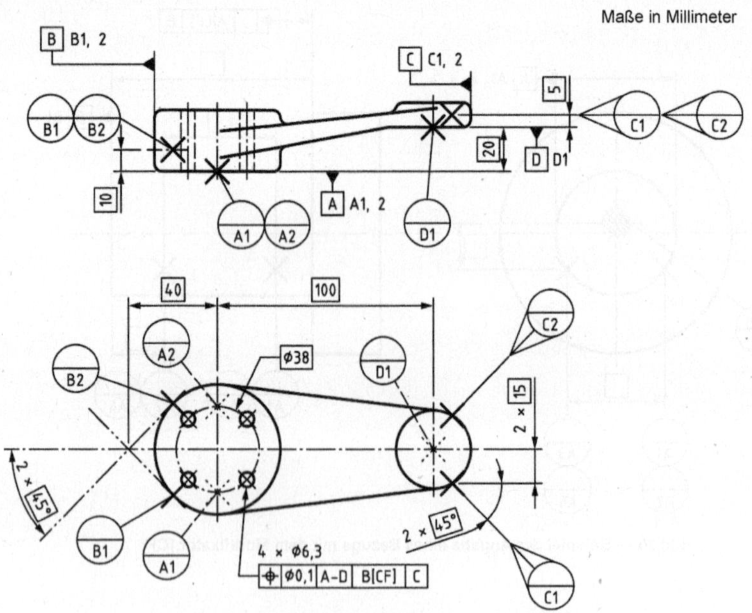

Bild 27 — Beispiel eines durch Bezugsstellen gebildeten Bezugssystems[N3)]

ANMERKUNG 3 In Bild 27 ist der Abstand zwischen den Bezugsstellen B1, B2 und C1, C2 unbekannt. Deshalb sind C1 und C2 als bewegliche Bezugsstellen bezüglich der Bezugsstellen B1 und B2 festgelegt. C1 und C2 müssen sich synchron bewegen.

N3) Das Bild wurde im nationalen Vorwort korrigiert.

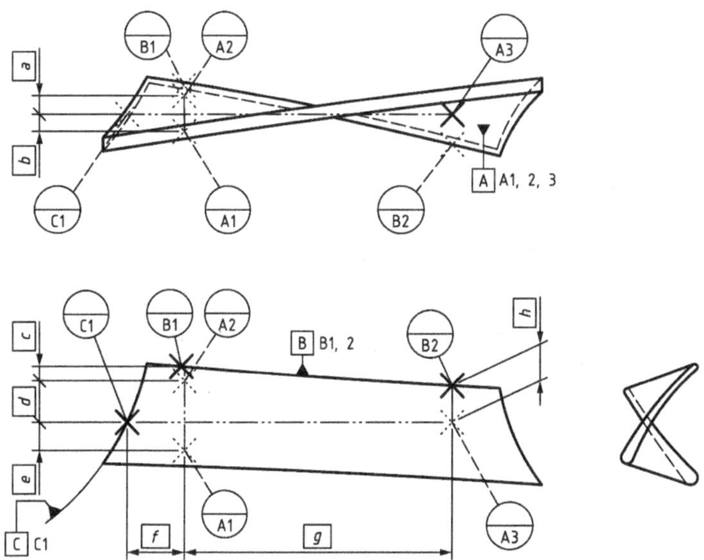

Bild 28 — Beispiel der Angaben von Bezugsstellen auf einer komplexen Fläche[N4)]

Maße in Millimeter

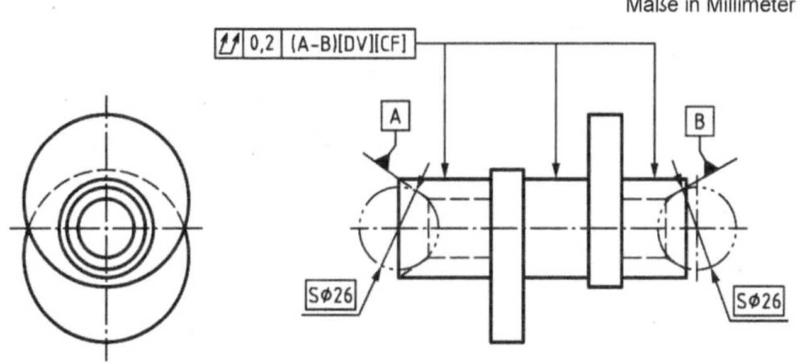

Bild 29 — Beispiel eines Bezugssystems, in dem die Angabe von Bezugsstellen weggelassen ist

N4) Das Bild wurde im nationalen Vorwort korrigiert.

Maße in Millimeter

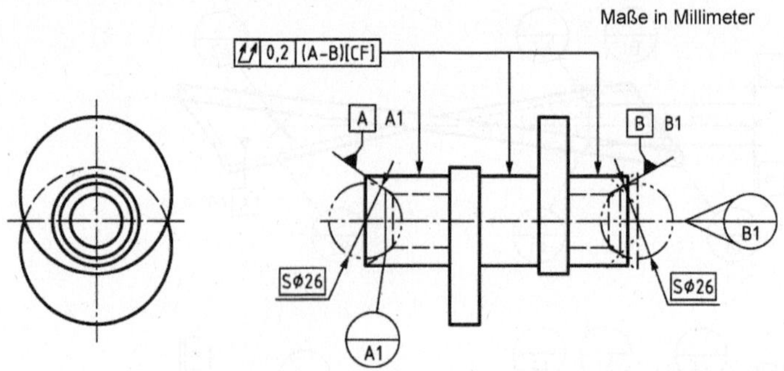

Bild 30 — Beispiel eines Bezugssystems, in dem die Bezugsstelle angegeben ist

7.4.2.6 Regel 6 — Aufbau eines Toleranzrahmens mit einem Bezug oder einem Bezugssystem

Wenn ein Toleranzrahmen nur drei Felder hat, dann ist nur ein Einzelbezug oder ein gemeinsamer Bezug, der als primärer Bezug verwendet wird, angegeben [siehe Bild 31 a) und Bild 31 b)].

Wenn die Richtung oder der Ort der Toleranzzone nur von einem Bezug aus festgelegt ist, der durch ein einzelnes Geometrieelement gebildet wird, dann darf der Toleranzrahmen nur drei Felder umfassen, und der Einzelbezug muss im dritten Feld angegeben werden [siehe Bild 31 a)].

Wenn die Richtung oder der Ort der Toleranzzone nur von einem Bezug aus festgelegt ist, der gleichzeitig durch mehr als ein einzelnes Geometrieelement gebildet wird, dann darf der Toleranzrahmen nur drei Felder umfassen, und der gemeinsame Bezug muss im dritten Feld angegeben werden [siehe Bild 31 b)].

Wenn die Richtung oder der Ort der Toleranzzone von mehr als einem Bezug aus festgelegt ist, der in einer bestimmten Reihenfolge gebildet wird, dann darf der Toleranzrahmen mehr als drei Felder umfassen, und in jedes Feld nach dem zweiten Feld muss ein Einzelbezug oder ein gemeinsamer Bezug angegeben werden [siehe Bilder 31 c) bis 31 e)]. Die angegebene Reihenfolge legt die Nebenbedingungen der Richtung zwischen den primären, sekundären und tertiären Bezügen (Einzelbezügen oder gemeinsamen Bezügen) fest. Die Werte der Nebenbedingungen müssen durch TEDs festgelegt werden. Die Werte 0°, 90°, 180° und 270° für theoretisch exakte Maße sind implizit und werden nicht angegeben.

ANMERKUNG 1 In einem Bezugssystem wird der primäre Bezug im dritten Feld des Toleranzrahmens eingetragen; der sekundäre Bezug wird im vierten Feld des Toleranzrahmens eingetragen; der tertiäre Bezug wird im fünften Feld des Toleranzrahmens eingetragen.

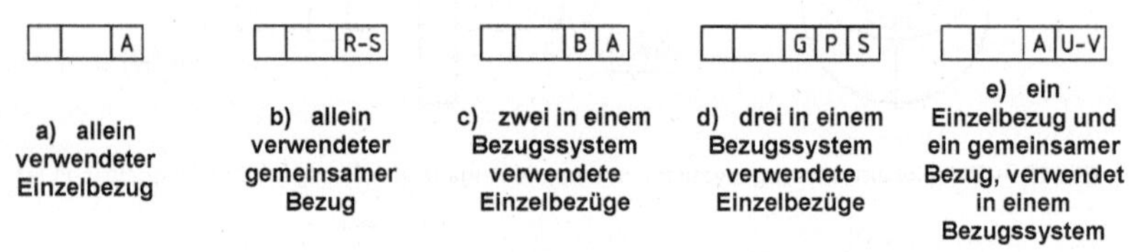

a) allein verwendeter Einzelbezug

b) allein verwendeter gemeinsamer Bezug

c) zwei in einem Bezugssystem verwendete Einzelbezüge

d) drei in einem Bezugssystem verwendete Einzelbezüge

e) ein Einzelbezug und ein gemeinsamer Bezug, verwendet in einem Bezugssystem

Bild 31 — Beispiele für die Angabe von Bezügen im Toleranzrahmen

ANMERKUNG 2 Siehe C.1 und C.2 für Beispiele, in denen es nur drei Felder im Toleranzrahmen gibt, und C.3 für Beispiele, in denen der Toleranzrahmen mehr als drei Felder umfasst.

7.4.2.7 Regel 7 — Angabe eines Einzelbezugs oder eines gemeinsamen Bezugs in einem Feld des Toleranzrahmens

Wenn der Bezug ein Einzelbezug ist, muss er mit einem Bezugsbuchstaben in einem Feld des Toleranzrahmens angegeben werden [siehe Bild 31 a), 31 c), 31 d) und 31 e)].

Wenn der Bezug ein gemeinsamer Bezug ist, muss er durch eine Folge von Bezugsbuchstaben, getrennt durch Bindestriche, in ein Feld des Toleranzrahmens angegeben werden [siehe Bild 31 b) und 31 e)].

Die im Toleranzrahmen angegebenen Bezugsbuchstaben müssen die gleichen sein wie die Buchstaben, welche in den Bezugssymbolen angegebenen worden sind.

Für den Fall eines gemeinsamen Bezugs gelten die folgenden Punkte.

— Die assoziierten Geometrieelemente, die einen gemeinsamen Bezug bilden, sind im Ort und der Richtung zueinander eingeschränkt, falls nichts anderes angegeben ist. *Wenn der Modifikator [DV] im Toleranzrahmen den (dem) Buchstaben nachgestellt wird, welche(r) einen gemeinsamen Bezug festlegt (festlegen), dann muss der Längen-Abstand zwischen den Teilelementen der Kollektion von Geometrieelementen, welche diesen gemeinsamen Bezug bilden, als veränderlich angesehen werden.*

— Die Nebenbedingungen der Richtung und des Ortes entsprechend den intrinsischen Merkmalen, die durch die Kollektion der Geometrieelemente eingeführt worden sind und durch theoretisch exakte Maße festgelegt sind. Die Werte 0 mm, 0°, 90°, 180° und 270° und gleichmäßig eingeteilte Längenmaße oder Winkelmaße können implizite TEDs sein und werden nicht angegeben.

— Prinzipiell gibt es genauso viele Bezugsnamen im Toleranzrahmen wie zur Bildung des gemeinsamen Bezugs verwendete einzelne Geometrieelemente, wenn keine vereinfachte Angabe verwendet wird.

— Die Reihenfolge der Buchstaben, die zur Kennzeichnung des gemeinsamen Bezugs verwendet werden, ist unwesentlich.

— Eine Vereinfachung der Zeichnungsangabe ist möglich durch:

  — die Verwendung von nur einem Bezugssymbol,

  — die doppelte Verwendung nur eines Buchstabens im Toleranzrahmen, getrennt durch einen Bindestrich [siehe Bild 32 d)], und

  — Hinzufügen der komplementären Angabe „n ×" auf der rechten Seite eines Bezugssymbols, das an eine der Flächen angefügt ist, wodurch die Anzahl n der Flächen in der Kollektion angegeben wird [siehe Bild 32 a)]. Wenn das Bezugssymbol auf den Toleranzrahmen zeigt, wird die Angabe „n ×" nicht auf der rechten Seite eines Bezugssymbols angegeben, sondern über den Toleranzrahmen [siehe Bild 32 b)], oder, wenn das Bezugssymbol auf den Toleranzrahmen zeigt, durch Verwendung von Bezugslinien, welche alle Flächen kennzeichnen, die zusammen den gemeinsamen Bezug bilden [siehe Bild 32 c)].

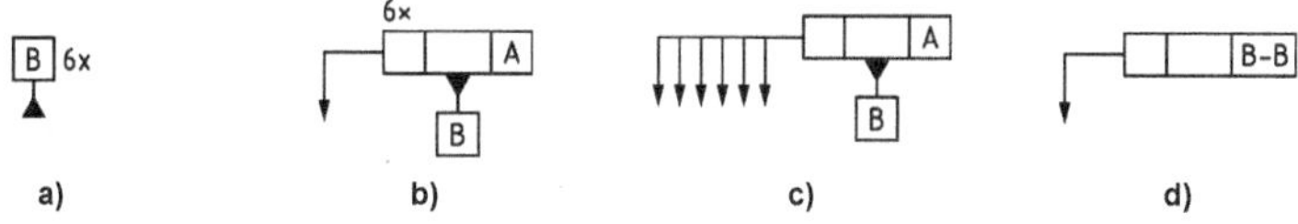

Bild 32 — Beispiele einer komplementären Angabe

ANMERKUNG Siehe die Beispiele in C.1 für Einzelbezüge und in C.2 für gemeinsame Bezüge. Siehe das Beispiel in C.2.5 für die vereinfachte Zeichnungsangabe.

7.4.2.8 Regel 8 — Blockierte oder freigegebene Freiheitsgrade eines Bezugs

Wenn alle Situationselemente eines Einzelbezugs oder eines gemeinsamen Bezugs erforderlich sind, um alle möglichen Freiheitsgrade der Toleranzzone in Bezug auf die geometrischen Merkmale zu blockieren, darf nach dem Bezugsbuchstaben in dem entsprechenden Feld des Toleranzrahmens keine weitere Angabe (PL, SL, PT, ><) hinzugefügt werden (siehe Anhang B).

Wenn nicht alle Situationselemente eines Einzelbezugs oder eines gemeinsamen Bezugs erforderlich sind und/oder der Ort von einem Bezug nicht erforderlich ist, muss eine komplementäre Angabe (PL, SL, PT, ><) nach dem Bezugsbuchstaben in dem entsprechenden Feld des Toleranzrahmens hinzugefügt werden, außer wenn es aus der Spezifikation heraus offensichtlich ist, welches Situationselement zu verwenden ist:

- *die komplementäre Angabe ist [PL], wenn die Ebene (Situationselement) benötigt wird (siehe Bild 33 und Bild 36);*
- *die komplementäre Angabe ist [SL], wenn die Gerade (Situationselement) benötigt wird (siehe Bild 34 und Bild 36);*
- *die komplementäre Angabe ist [PT], wenn der Punkt (Situationselement) benötigt wird (siehe Bild 35);*
- *die komplementäre Angabe ist ><, wenn der Bezug nur dafür verwendet wird, die Freiheitsgrade der Richtung und nicht die Freiheitsgrade des Ortes zu blockieren (siehe Bild 37). Das Symbol >< muss weggelassen werden, wenn das geometrische Merkmal nur die Richtung des Geometrieelements (z. B. eine senkrechte Spezifikation) festlegt.*

ANMERKUNG 1 Wenn z. B. ein Bezug auf einer komplexen Fläche errichtet wird, dann besteht der Bezug aus einer Ebene, einer Geraden und einem Punkt, falls nicht anderes angegeben ist. Die Modifikatoren [SL], [PL] oder [PT], oder eine Kombination aus diesen, können dem Bezugsbuchstaben hinzugefügt werden, um das (die) von der Fläche erhaltene(n) Situationselement(e) zu begrenzen.

| B[PL] |

Bild 33 — Zeichnungsangabe, wenn nur die Ebene in der Menge der Situationselemente benötigt wird

| B[SL] |

Bild 34 — Zeichnungsangabe, wenn nur die Gerade in der Menge der Situationselemente benötigt wird

| B[PT] |

Bild 35 — Zeichnungsangabe, wenn nur der Punkt in der Menge der Situationselemente benötigt wird

| B[PL][SL] |

Bild 36 — Zeichnungsangabe, wenn nur die Ebene und die Gerade in der Menge der Situationselemente benötigt werden

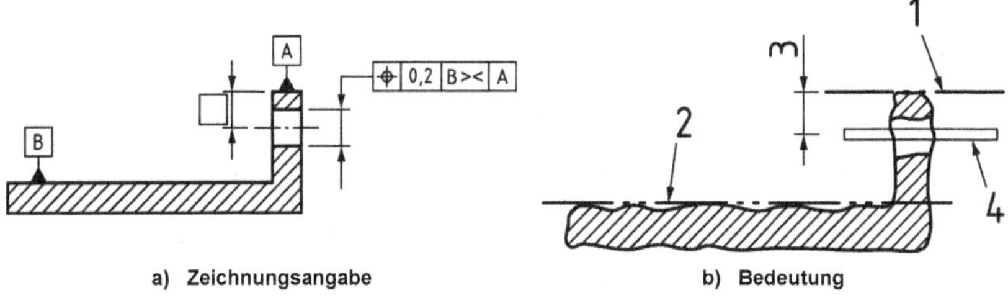

a) Zeichnungsangabe b) Bedeutung

Legende

1 assoziierte Ebene mit der Nebenbedingung, außerhalb des Materials zu sein, und Nebenbedingung der Richtung von Bezug B
2 assoziierte Ebene mit der Nebenbedingung, außerhalb des Materials zu sein (Bezug B)
3 Abstand bezüglich des Ortes
4 Toleranzzone mit Nebenbedingung der Richtung von Bezug B und Nebenbedingung des Ortes von Bezug A

ANMERKUNG 1 Der Modifikator >< lässt nur die Blockierung der Freiheitsgrade der Richtung der Toleranzzone, jedoch nicht die Blockierung der translatorischen Freiheitsgrade (in diesem Fall durch Bezug A geregelt) durch den Bezug B zu.

Bild 37 — Beispiel eines Bezugs mit dem Modifikator ><

ANMERKUNG 2 Siehe die Beispiele in C.1.5, bei denen alle Situationselemente benötigt werden, das Beispiel C.1.6 für ein eindeutig erkennbares Situationselement und das Beispiel C.1.7, bei dem nur ein Situationselement benötigt wird.

7.4.2.9 Regel 9 — Besondere Angaben für einen gemeinsamen Bezug

Wenn eine komplementäre Zeichnungsangabe (CF, SL, PL oder PT) zu allen Elementen einer Kollektion der Flächen eines gemeinsamen Bezugs hinzugefügt wird, muss die Folge der Buchstaben, welche den gemeinsamen Bezug kennzeichnen, innerhalb von Klammern eingetragen werden [siehe Bild 38 a)].

Wenn eine komplementäre Zeichnungsangabe (CF, SL, PL oder PT) nur zu einem Element einer Kollektion der Flächen eines gemeinsamen Bezugs hinzugefügt wird, darf die Folge der Buchstaben, welche den gemeinsamen Bezug kennzeichnen, nicht innerhalb von Klammern angegeben werden und die komplementäre Zeichnungsangabe wird nur auf das Geometrieelement angewendet, welches durch den Buchstaben gekennzeichnet ist, der unmittelbar vor der (den) komplementären Zeichnungsangabe(en) steht [siehe Bild 38 b)].

Wenn für einen gemeinsamen Bezug der Längen-Abstand zwischen den Komponenten der Kollektion der Geometrieelemente, aus denen er gebildet wird, als veränderlich angesehen werden muss, dann muss der Modifikator [DV] im Toleranzrahmen hinter den (die) Buchstaben gesetzt werden, welcher (welche) den gemeinsamen Bezug kennzeichnet (kennzeichnen) [siehe Bild 38 c)].

ANMERKUNG Siehe Beispiel in E.4.

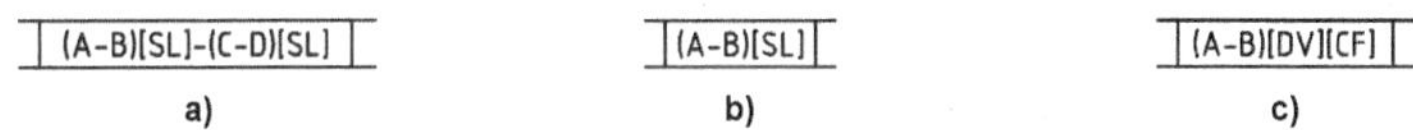

a) b) c)

Bild 38 — Komplementäre Angaben für gemeinsame Bezüge

7.4.2.10 Regel 10 — Anwendung von geometrischen Modifikatoren in einem Toleranzrahmen

Wenn die Modifikatoren Ⓜ, Ⓛ oder Ⓟ im Toleranzrahmen hinter den Buchstaben gesetzt werden, ändert sich die vorgegebene Bedeutung.

Wenn einer der Modifikatoren Ⓜ oder Ⓛ im Toleranzrahmen hinter den Buchstaben zur Kennzeichnung eines Bezugs gesetzt wird, muss der Bezug nach ISO 2692 gebildet werden.

Wenn der Modifikator Ⓟ im Toleranzrahmen hinter den Buchstaben zur Kennzeichnung eines Bezugs, der durch ein Größenmaßelement gebildet worden ist, gesetzt wird, muss das Bezugselement derart gebildet werden, dass dadurch ein assoziiertes Geometrieelement der projizierten Länge an der Ausdehnung des realen Geometrieelements anliegt, indem die in Anhang A festgelegten Kriterien und nicht das reale integrale Geometrieelement selbst betrachtet werden.

Wenn der Modifikator Ⓟ verwendet wird, muss die Projektionslänge des Geometrieelements direkt auf der Zeichnung (siehe Bild 39) oder nach dem Modifikator Ⓟ im Toleranzrahmen angegeben werden. Das (die) Maß(e) dieser Projektionslänge muss (müssen) als TED(s) angesehen werden.

ANMERKUNG Der Modifikator Ⓟ kann auf einen sekundären oder tertiären Bezug angewendet werden. In den Bildern 39 und 40 wird die Wirkung dieses Modifikators gezeigt, wenn der Bezug ein sekundärer Bezug in einem Bezugssystem ist. Der Modifikator hat keinerlei Wirkung, wenn er auf einen primären Bezug angewendet wird und die gleichen Assoziationskriterien verwendet werden, um das projizierte Bezugselement festzulegen und um den Bezug zu bestimmen.

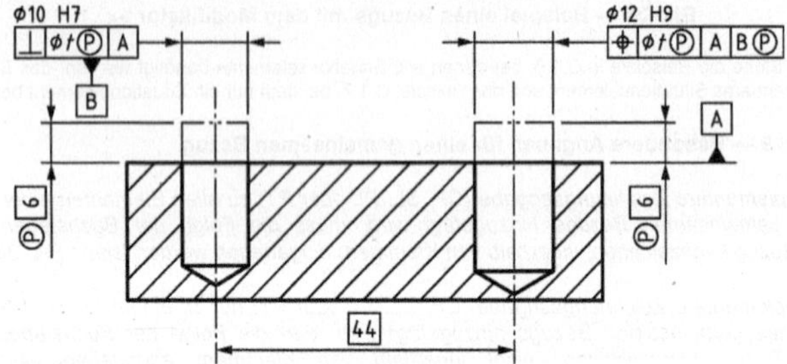

Bild 39 — Beispiel für die Anwendung des Modifikators Ⓟ auf den sekundären Bezug

Maße in Millimeter

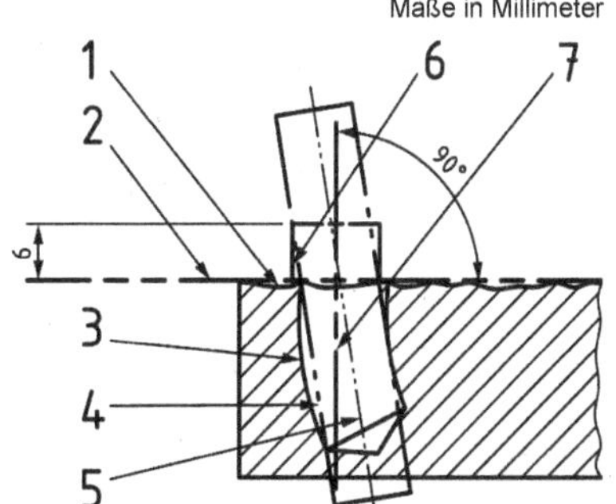

Legende

1 reales integrales Geometrieelement der ebenen Fläche
2 Bezug A: ein assoziiertes integrales Geometrieelement zu 1
3 reales integrales Geometrieelement der zylindrischen Fläche
4 assoziiertes integrales Geometrieelement zu 3
5 abgeleitetes Geometrieelement zu 4
6 assoziiertes integrales Geometrieelement zu dem Teil von 4 mit der Nebenbedingung senkrecht zu 2
7 Bezug B: das abgeleitete Geometrieelement von 6 (als ein sekundärer Bezug)

Bild 40 — Bedeutung der in Bild 39 angegebenen Spezifikation

Anhang A
(normativ)

Assoziation von Bezügen

A.1 Grundlegende Konzepte

Assoziationsverfahren für Bezüge setzen die realen Geometrieelemente zu den Bezügen und zu einer eindeutigen Menge von Nebenbedingungen, die zu einer Kennzeichnung von eindeutigen Bezügen oder Bezugssystemen führt, in Beziehung.

Um ein assoziiertes Geometrieelement zu bilden, ist es notwendig eine Partition, eine Extraktion, eine Filterung und schließlich eine Assoziation vorzunehmen (siehe Bild A.1).

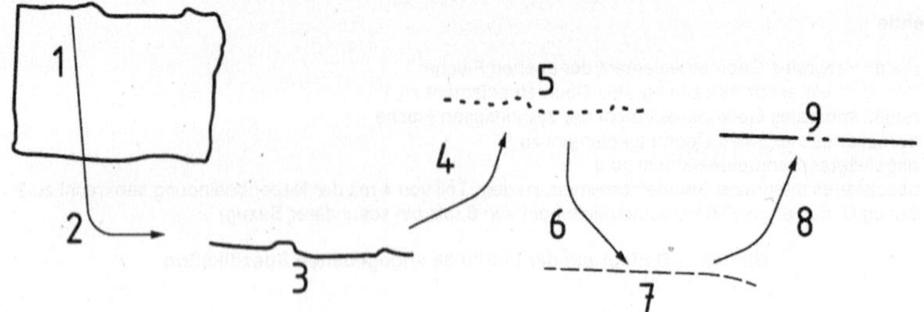

Legende

1 reales Werkstück
2 Partition
3 reales integrales Geometrieelement
4 Extraktion
5 extrahiertes integrales Geometrieelement
6 Filterung
7 gefiltertes Geometrieelement
8 Assoziation
9 assoziiertes Geometrieelement

Bild A.1 — Beispiel für ein Verfahren zur Bildung eines assoziierten Geometrieelements

Die Assoziationsverfahren für Bezüge sind unabhängig von der Partition, der Extraktion und der Filterung festgelegt. Die entsprechenden Verfahren für die Partition, die Extraktion und die Filterung sind nicht in dieser Internationalen Norm festgelegt.

Bei der Filterung müssen die höchsten Punkte des realen integralen Geometrieelements beibehalten werden. Bei einem flachen oder konvexen Nenngeometrieelement, wie eine Welle, muss die Filterung ein konvexes Geometrieelement ergeben (siehe Bild A.2). Bei anderen Typen von Nenngeometrieelementen, wie eine Bohrung, müssen Hohlräume in der Fläche auf ähnliche Weise entfernt werden (siehe Bild A.3). Die Filterung ist in dieser Internationalen Norm ansonsten nicht festgelegt.

ANMERKUNG Es ist vorgesehen, dass die Einzelheiten der Filterung in der nächsten Ausgabe dieser Internationalen Norm ausgearbeitet werden.

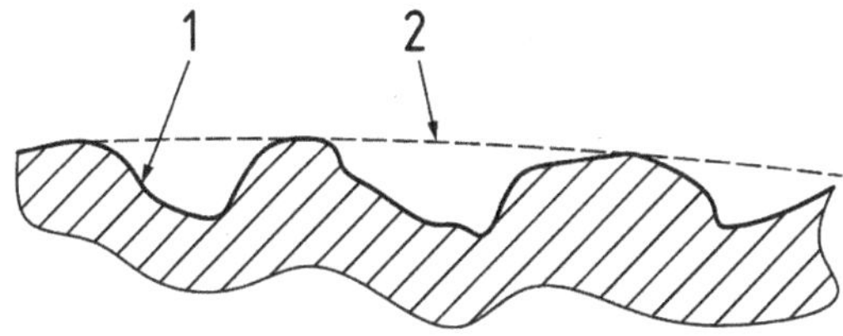

Legende

1 reales integrales Geometrieelement
2 gefiltertes Geometrieelement

Bild A.2 — Veranschaulichung der Filterung, angewendet auf eine nominell flache Fläche

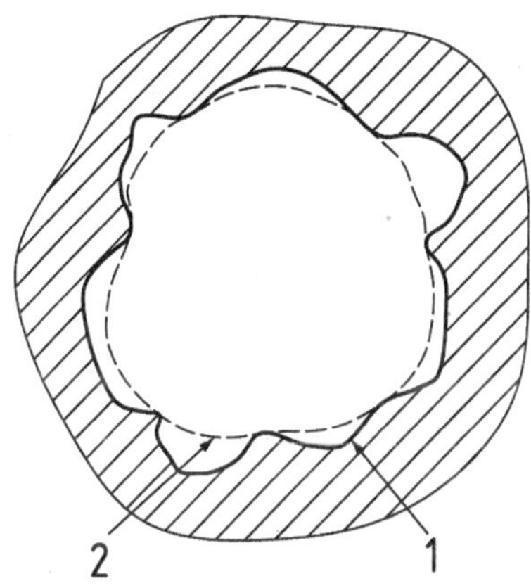

Legende

1 reales integrales Geometrieelement
2 gefiltertes Geometrieelement

Bild A.3 — Veranschaulichung der Filterung, angewendet auf eine nominell zylindrische Fläche

Das Assoziationskriterium (Zielfunktion mit oder ohne Nebenbedingungen), das für die Assoziation von Bezügen verwendet wird, falls nichts anderes angegeben ist, hat den Sinn, die Berührung zwischen einer Fläche mit einer idealen Form und der nicht idealen Fläche zu simulieren. Diese vollkommene berührende Fläche ist, wenn nichts anderes festgelegt ist, vom gleichen Typ wie die nominelle Fläche. Es gibt Fälle, in denen die assoziierte Fläche, welche verwendet wird, um den Bezug zu bilden, nicht vom gleichen Typ wie das Nennbezugselement ist [z. B. wenn berührende Geometrieelemente simuliert werden — siehe Regel 5].

A.2 Assoziationsverfahren

A.2.1 Allgemeines

Die assoziierten Geometrieelemente, die zur Bildung der Bezüge oder Bezugssysteme verwendet werden, ahmen die Berührung mit den realen integralen Geometrieelementen auf eine Art und Weise nach, die sicherstellt, dass sich das assoziierte Geometrieelement außerhalb des Materials des nicht idealen Geometrieelements befindet. Wenn das Ergebnis dieses Verfahrens nicht eindeutig ist, dann ist das zu verwendende assoziierte Geometrieelement dasjenige, welches den größten senkrechten Abstand zum assoziierten Geometrieelement zwischen dem assoziierten Geometrieelement und dem gefilterten Geometrieelement, welches das reale Geometrieelement darstellt, minimiert (siehe Bild A.4).

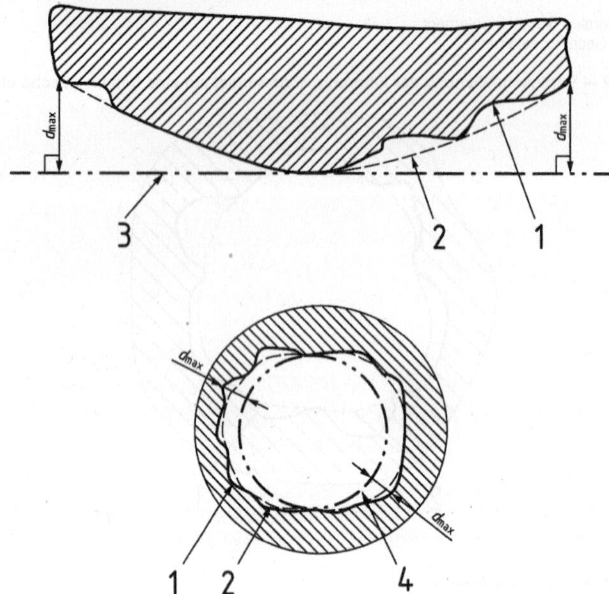

Legende

1 reales integrales Geometrieelement
2 gefiltertes Geometrieelement
3 berührende Ebene außerhalb des Materials, die den größten Abstand (d_{max}) zum gefilterten Geometrieelement minimiert
4 größter einbeschriebener Zylinder, der den größten Abstand (d_{max}) zum gefilterten Geometrieelement minimiert

Bild A.4 — Beispiele für assoziierte Geometrieelemente (für eine ebene Fläche und eine zylindrische Fläche)[N5]

[N5] Das Bild wurde im nationalen Vorwort korrigiert.

Wenn der Bezug durch ein Größenmaßelement gebildet wird, dessen intrinsisches Merkmal (Größenmaß) ein Längenmaß ist, dann muss dieses intrinsische Merkmal:

— als veränderlich (Regel 2) angesehen werden, wenn eine Berührung zwischen dem assoziierten Geometrieelement und dem realen Geometrieelement gefordert wird [siehe Bild A.5 a)], oder

— als feststehend (Regel 2) angesehen werden, wenn eine Berührung zwischen dem assoziierten Geometrieelement und dem realen Geometrieelement nicht gefordert wird [siehe Bild A.5 b)].

Wenn der Bezug durch ein Größenmaßelement gebildet wird, dessen intrinsisches Merkmal (Größenmaß) ein Winkelmaß ist, dann wird eine Berührung zwischen dem assoziierten Geometrieelement und dem realen Geometrieelement gefordert.

A.2.2 Assoziation für Einzelbezüge

A.2.2.1 Assoziation für Einzelbezüge ohne den Modifikator [CF]

Wenn der Modifikator [CF] nicht nach dem Bezugsbuchstaben im Toleranzrahmen angegeben ist, dann muss nur ein ideales Geometrieelement oder Größenmaßelement (vom gleichen Typ wie das Nenngeometrieelement) an die gekennzeichnete nicht ideale Fläche angepasst werden [siehe Bild A.5 a) und Bild A.5 b)].

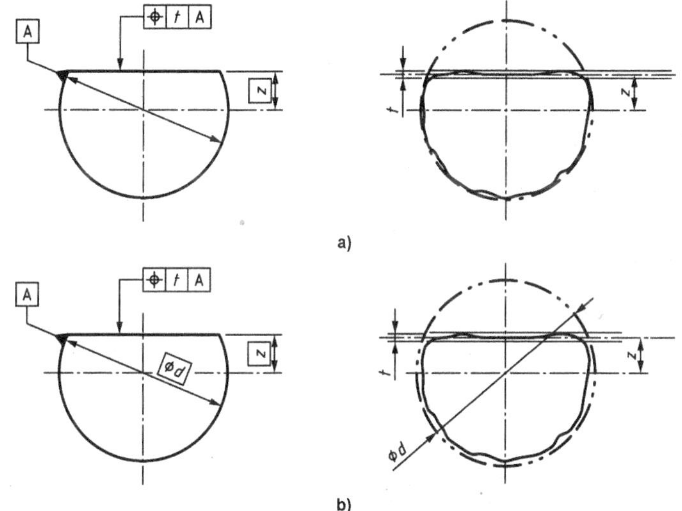

ANMERKUNG Wenn ein Zylinder mit feststehendem Größenmaß assoziiert wird, wird der größte Abstand zwischen dem assoziierten Zylinder und dem realen (extrahieren) Zylinder minimiert, ohne Nebenbedingungen der Richtung, des Ortes oder Materials.

Bild A.5 — Beispiele für Einzelbezüge, die durch eine nominell zylindrische Fläche ohne den Modifikator [CF] [berührendes Geometrieelement] gebildet worden sind und in einer geometrischen Spezifikation verwendet werden

A.2.2.2 Assoziation für Einzelbezüge mit dem Modifikator [CF]

Wenn der Modifikator [CF] nach dem Bezugsbuchstaben im Toleranzrahmen angegeben ist, dann ist es notwendig:

— die berührenden Geometrieelemente zu bestimmen, welche dazu verwendet werden, den Übergang (1) zwischen diesen berührenden Geometrieelementen und dem Bezugselement zu erhalten,

— den jeweiligen Typ des idealen Geometrieelements (2) der berührenden Geometrieelemente zu bestimmen,

— ein ideales Geometrieelement dem Übergang (vom Typ wie oben unter (1) festgelegt) zu assoziieren. Der Typ des idealen Geometrieelements ist eine Ebene, eine Gerade, ein Punkt oder eine Kollektion von diesen (abhängig vom oben unter (2) festgelegten Typ) (siehe Bild A.6).

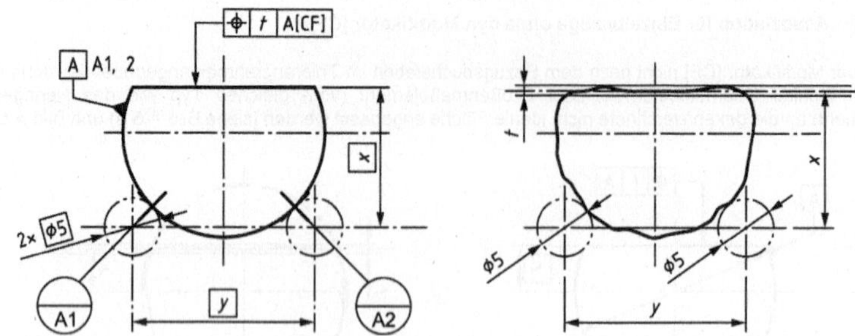

Bild A.6 — Beispiele von Einzelbezügen, welche durch eine nominell zylindrische Fläche mit dem Modifikator [CF] [berührendes Geometrieelement] gebildet worden sind und in einer geometrischen Spezifikation verwendet werden

A.2.2.3 Default-Assoziationskriterien

Wenn ein Einzelbezug durch ein Größenmaßelement gebildet wird und sein Größenmaß für die Assoziation als veränderlich anzusehen ist (z. B. ein Zylinder, eine Kugel, zwei parallele Ebenen oder ein Torus), ist das defaultmäßige Assoziationskriterium in Tabelle A.1 aufgeführt.

Wenn ein Einzelbezug durch ein Größenmaßelement gebildet wird und sein Größenmaß für die Assoziation als feststehend anzusehen ist (z. B. ein Kegel oder ein Keil), soll das defaultmäßige Assoziationskriterium den Abstand zwischen dem Bezugselement und dem assoziierten Geometrieelement minimieren (in diesem besonderen Fall wird die Nebenbedingung des Materials zwischen dem assoziierten Geometrieelement und dem Bezugselement nicht angewendet).

Der zu minimierende Abstand ist in allen Fällen senkrecht zum assoziierten Geometrieelement.

Wenn ein Einzelbezug durch eine Ebene oder eine komplexe Fläche (die keine Größenmaßelemente sind) oder durch einen Kegel oder einen Keil (welche Größenmaßelemente mit Winkelgrößenmaß sind) gebildet wird, ist das defaultmäßige Assoziationskriterium in Tabelle A.2 aufgeführt.

Wenn ein Einzelbezug, der durch eine Kegelfläche gebildet worden ist, für die Assoziation als veränderlich betrachtet wird, soll das defaultmäßige Assoziationskriterium den Abstand zwischen dem Bezugselement und dem assoziierten Geometrieelement mit der Nebenbedingung, außerhalb des Materials zu sein, und der Nebenbedingung eines feststehenden intrinsischen Merkmals minimieren.

Tabelle A.1 — Default-Assoziationskriterien für ein Größenmaßelement mit veränderlichen intrinsischen Merkmalen

Zeichnungsangabe für einen Bezug, gebildet durch diesen nominellen Typ eines Geometrieelements	Intern/ extern	Default-Assoziationskriterien für Einzelbezüge, gebildet durch ein Größenmaßelement mit der Nebenbedingung eines veränderlichen intrinsischen Merkmals		Situationselement
		Zielfunktion	Nebenbedingung des Materials	
Kugel	intern	größtes einbeschriebenes Element: der Durchmesser der assoziierten einbeschriebenen Kugel im Bezugselement ist zu maximieren[a]	außerhalb des Materials	der Mittelpunkt der assoziierten Kugel (Punkt)
	extern	kleinstes umschriebenes Element: der Durchmesser der assoziierten umschriebenen Kugel im Bezugselement ist zu minimieren[a]		
Zylinder	intern	größtes einbeschriebenes Element: der Durchmesser des assoziierten einbeschriebenen Zylinders im Bezugselement ist zu maximieren[a]	außerhalb des Materials	die Achse des assoziierten Zylinders (Gerade)
	extern	kleinstes umschriebenes Element: der Durchmesser des assoziierten umschriebenen Zylinders im Bezugselement ist zu minimieren[a]		
zwei parallele Ebenen	intern	größtes einbeschriebenes Element: der Abstand zwischen den beiden Ebenen, welche gleichzeitig dem Bezugselement assoziiert sind, ist zu maximieren. Diese beiden Ebenen sind durch die Nebenbedingung, parallel zueinander zu sein, eingeschränkt[a]	außerhalb des Materials	Mittelebene der beiden assoziierten Ebenen (Ebene)
	extern	kleinstes einbeschriebenes Element: der Abstand zwischen den beiden Ebenen, welche gleichzeitig dem Bezugselement assoziiert sind, ist zu minimieren. Diese beiden Ebenen sind durch die Nebenbedingung, parallel zueinander zu sein, eingeschränkt[a]		
Torus	intern	größtes einbeschriebenes Element: der Durchmesser des Querschnitts des einbeschriebenen Torus (Torus mit veränderlichem Durchmesser der Direktrix und feststehendem Durchmesser der Erzeugenden mit innerer Berührung), welcher dem Bezugselement assoziiert ist, ist zu maximieren	außerhalb des Materials	Ebene und Mittelpunkt des assoziierten Torus (Ebene und Punkt)
	extern	kleinstes einbeschriebenes Element: der Durchmesser des Querschnitts des umschriebenen Torus (Torus mit veränderlichem Durchmesser der Direktrix und feststehendem Durchmesser der Erzeugenden mit äußerer Berührung), welcher dem Bezugselement assoziiert ist, ist zu minimieren		

[a] In Fällen, bei denen das Längen-Größenmaß (des Größenmaßelements) als veränderlich anzusehen ist, kann das Ergebnis der Assoziation zu verschiedenen Lösungen mit dem gleichen Bezugselement führen („nicht stabile Assoziation"). In diesem Fall muss das folgende alternative Assoziationskriterium verwendet werden: der größte senkrechte Abstand zum assoziierten Geometrieelement zwischen dem assoziierten Geometrieelement und dem Bezugselement oder zwischen den zwei assoziierten Geometrieelementen und den zwei Bezugselementen (für den Fall der zwei parallelen Ebenen) ist zu minimieren.

Tabelle A.2 — Default-Assoziationskriterien für ein Geometrieelement, das kein Größenmaßelement ist, oder für ein Größenmaßelement mit feststehenden intrinsischen Merkmalen

Zeichnungsangabe für einen Bezug, gebildet durch diesen nominellen Typ eines Geometrieelements	Intern/ extern	Default-Assoziationskriterien für Einzelbezüge		
		Zielfunktion	Nebenbedingung des Materials	Situationselement
Kegel	intern	minmax: größter Abstand zwischen dem assoziierten Kegel und dem Bezugselement mit der Nebenbedingung eines feststehenden intrinsischen Merkmals (feststehender Winkel) ist zu minimieren	außerhalb des Materials	Situationselemente des assoziierten Kegels (Gerade und Punkt)
	extern			
Keil	intern	minmax: größter Abstand zwischen dem assoziierten Keil und dem Bezugselement mit der Nebenbedingung eines feststehenden intrinsischen Merkmals (feststehender Winkel) ist zu minimieren	außerhalb des Materials	Situationselemente des assoziierten Keils (Ebene und Gerade)
	extern			
komplexe Fläche	nicht anwendbar	minmax: größter Abstand zwischen der assoziierten komplexen Fläche mit feststehenden Parametern und dem Bezugselement ist zu minimieren	außerhalb des Materials	Situationselement der assoziierten komplexen Fläche (Ebene, Gerade und Punkt)
Ebene	nicht anwendbar	minmax: größter Abstand zwischen der assoziierten Ebene und dem Bezugselement ist zu minimieren	außerhalb des Materials	die assoziierte Ebene (Ebene)

A.2.3 Assoziation für gemeinsame Bezüge

A.2.3.1 Allgemeines

Das Assoziationsverfahren für gemeinsame Bezüge macht es erforderlich, dass eine Kollektion von idealen einzelnen Flächen gleichzeitig (in nur einem Schritt) an verschiedene nicht ideale Flächen angepasst werden muss.

Das Assoziationsverfahren für gemeinsame Bezüge schließt Nebenbedingungen des Ortes und der Richtung zwischen den verschiedenen assoziierten Geometrieelementen ein. Diese Nebenbedingungen sind die neuen intrinsischen Eigenschaften, welche durch die Kollektion der Geometrieelemente festgelegt werden. Diese Nebenbedingungen sind entweder explizit durch theoretisch exakte Maße oder implizit (implizite Nebenbedingung der Richtung: 0°, 90°, 180°, 270° und implizite Nebenbedingung des Ortes: 0 mm) festgelegt. Die für Einzelbezüge beschriebenen inneren Nebenbedingungen für die Assoziation sind auch für gemeinsame Bezüge anwendbar, es müssen aber komplementäre Nebenbedingungen (z. B. der Komplanarität, Koaxialität usw.) zwischen den assoziierten Geometrieelementen hinzugefügt werden.

A.2.3.2 Default-Assoziationskriterien

Das defaultmäßige Assoziationskriterium ist durch Nebenbedingungen und eine Zielfunktion festgelegt.

Die folgenden Nebenbedingungen zur Bildung eines gemeinsamen Bezugs gelten für jedes assoziierte Geometrieelement in der Kollektion, die durch die Angabe zum gemeinsamen Bezug definiert ist:

— außerhalb des Materials seines entsprechenden gefilterten Geometrieelements sein;

— die Nebenbedingung der Richtung und des Ortes, welche die Beziehung zwischen den Nenngeometrieelementen in der Kollektion (die durch ein explizites oder implizites TED angegeben sind) festlegen, sowie jegliche Modifikatoren (z. B. [DV]) berücksichtigen.

Die Zielfunktion soll den größten senkrechten Abstand zum assoziierten Geometrieelement zwischen jedem Punkt des assoziierten Geometrieelements und seinem entsprechenden gefilterten Geometrieelement minimieren, wie in der folgenden Formel veranschaulicht, und die Default-Nebenbedingungen berücksichtigen (siehe Bild A.7).

$$\text{minimiere} \left[\max_{i=1\ldots N} d(A_i, F_i) \right]$$

Dabei ist

$d(A_i, F_i)$ der Abstand zwischen den Geometrieelementen A_i und F_i;

i der Index eines einzelnen Geometrieelements als Element der Kollektionsfläche für den gemeinsamen Bezug;

N die Anzahl der einzelnen Geometrieelemente, aus denen die Kollektionsfläche für den gemeinsamen Bezug besteht;

A_i das assoziierte Geometrieelement des gefilterten Geometrieelements;

F_i das gefilterte Geometrieelement des realen integralen Geometrieelements.

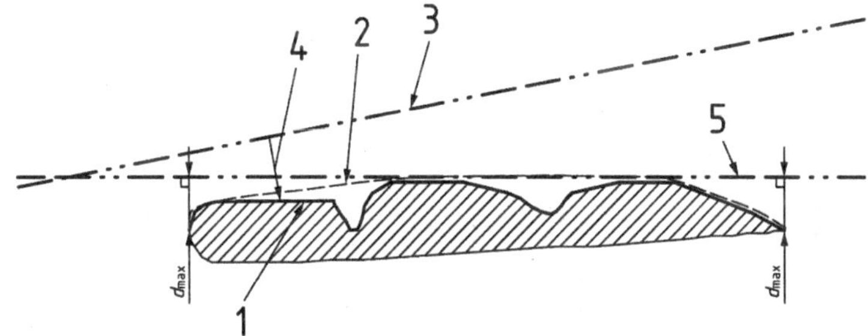

Legende

1 reales integrales Geometrieelement
2 gefiltertes Geometrieelement
3 ideales Geometrieelement
4 lokaler Abstand vom idealen Geometrieelement zum gefilterten Geometrieelement
5 assoziiertes Geometrieelement mit der Zielfunktion „minmax" und der Nebenbedingung für die Assoziation bezüglich der Berührung außerhalb des Materials (d_{max} wird minimiert)

Bild A.7 — Veranschaulichung des Assoziationsverfahrens mit der Zielfunktion minmax und der Nebenbedingung, außerhalb des Materials zu sein [N6)]

[N6)] Das Bild wurde im nationalen Vorwort korrigiert.

Bild A.8 veranschaulicht das Verfahren, das zur Bildung eines gemeinsamen Bezugs durch zwei nominell zylindrische und koaxiale Flächen verwendet wird.

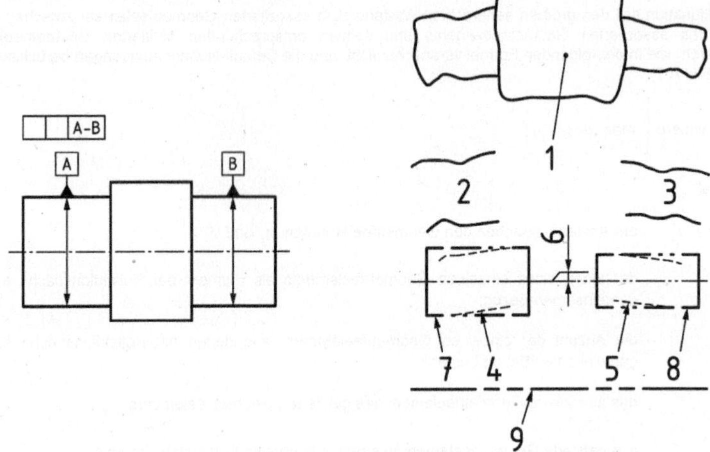

a) Zeichnungsangabe

b) Bedeutung des gemeinsamen Bezugs A-B

Legende

1 reales Werkstück
2 Bezugselement der Kollektionsfläche für den gemeinsamen Bezug, willkürlich mit Nummer 1 nummeriert
3 Bezugselement der Kollektionsfläche für den gemeinsamen Bezug, willkürlich mit Nummer 2 nummeriert
4 gefiltertes Geometrieelement des Bezugselements Nummer 1
5 gefiltertes Geometrieelement des Bezugselements Nummer 2
6 Nebenbedingung der Richtung und Nebenbedingung des Ortes zwischen den assoziierten Geometrieelementen der Kollektionsfläche (Koaxialität)
7 assoziiertes Geometrieelement des Bezugselements Nummer 1 unter Berücksichtigung der Nebenbedingung 6), der Nebenbedingung eines veränderlichen intrinsischen Merkmals und der Nebenbedingung, außerhalb des Materials zu sein, mit der Zielfunktion „minmax", um die größten Abstände zwischen dem assoziierten Geometrieelement Nummer 1 und seinem gefilterten Geometrieelement und zwischen dem assoziierten Geometrieelement Nummer 2 und seinem gefilterten Geometrieelement gleichzeitig und global zu minimieren
8 assoziiertes Geometrieelement des Bezugselements Nummer 2 unter Berücksichtigung der Nebenbedingung 6), der Nebenbedingung eines veränderlichen intrinsischen Merkmals und der Nebenbedingung, außerhalb des Materials zu sein, mit der Zielfunktion „minmax", um die größten Abstände zwischen dem assoziierten Geometrieelement Nummer 1 und seinem gefilterten Geometrieelement und zwischen dem assoziierten Geometrieelement Nummer 2 und seinem gefilterten Geometrieelement gleichzeitig und global zu minimieren
9 gemeinsamer Bezug (in diesem Fall die Achse der Kollektion der Flächen — die beiden koaxialen assoziierten Zylinder)

Bild A.8 — Gemeinsamer Bezug, gebildet durch zwei koaxiale Zylinder

A.2.4 Assoziation für Bezugssysteme

A.2.4.1 Allgemeines

Das Assoziationsverfahren für Bezugssysteme macht es erforderlich, dass eine Kollektion von idealen einzelnen Flächen in einer vorgegebenen Reihenfolge (in mehreren Schritten) an verschiedene nicht ideale Flächen angepasst werden muss.

Ein Bezugssystem besteht aus einer geordneten Liste von zwei oder drei Bezügen. Jeder dieser Bezüge (primär, sekundär, tertiär) kann ein Einzelbezug oder ein gemeinsamer Bezug sein. Die Assoziation der Flächen zu jedem Bezug wird eine nach der anderen in der durch das System festgelegten Reihenfolge durchgeführt. Die Assoziation des sekundären und des tertiären Bezugs berücksichtigt die Nebenbedingungen, welche durch die bereits durchgeführten Assoziationen erzeugt worden sind.

Zusätzlich werden die folgenden ergänzenden Nebenbedingungen gefordert.

— Der primäre Bezug legt dem sekundären Bezug Nebenbedingungen der Richtung auf, welche durch die theoretisch exakte gegenseitige Richtung zwischen dem primären und dem sekundären Bezug gegeben sind.

— Wenn ein tertiärer Bezug vorhanden ist,

  — legt der primäre Bezug dem tertiären Bezug Nebenbedingungen der Richtung auf, welche durch die theoretisch exakte gegenseitige Richtung zwischen dem primären und dem tertiären Bezug gegeben sind, und

  — der sekundäre Bezug legt dem tertiären Bezug Nebenbedingungen der Richtung auf, welche durch die theoretisch exakte gegenseitige Richtung zwischen dem sekundären und dem tertiären Bezug gegeben sind.

A.2.4.2 Default-Assoziationskriterien

Das defaultmäßige Assoziationskriterium für den primären Bezug ist das defaultmäßige Assoziationskriterium für einen Einzelbezug bzw. einen gemeinsamen Bezug, wenn der primäre Bezug ein Einzelbezug bzw. ein gemeinsamer Bezug ohne zusätzliche Nebenbedingung ist.

Das defaultmäßige Assoziationskriterium für den sekundären Bezug ist das defaultmäßige Assoziationskriterium für einen Einzelbezug bzw. einen gemeinsamen Bezug, wenn der sekundäre Bezug ein Einzelbezug bzw. ein gemeinsamer Bezug mit den zusätzlichen Nebenbedingungen der Richtung vom primären Bezug (explizit durch TED oder implizierte Winkel von 0°, 90°, 180° oder 270° festgelegt) ist.

Das defaultmäßige Assoziationskriterium für den tertiären Bezug ist das defaultmäßige Assoziationskriterium für einen Einzelbezug bzw. einen gemeinsamen Bezug, wenn der tertiäre Bezug ein Einzelbezug bzw. ein gemeinsamer Bezug mit den zusätzlichen Nebenbedingungen der Richtung vom primären Bezug und vom sekundären Bezug (explizit durch TED oder implizierte Winkel von 0°, 90°, 180° oder 270° festgelegt) ist.

Anhang B
(informativ)

Invarianzklassen

Alle Flächen können den Freiheitsgraden entsprechend, für welche die Flächen invariant bleiben, in sieben Klassen eingeteilt werden (eine Kollektion von zwei oder mehreren Flächen gehört auch zu einer dieser Klassen).

Für jede Klasse der Flächen sind Situationselemente (Punkt, Gerade, Ebene oder Schraubenfläche) festgelegt.

Tabelle B.1 — Tabelle der Invarianzklassen

Invarianzklasse	Uneingeschränkte Freiheitsgrade	Bildliche Darstellung	Situations-element	Beispiele von Flächentypen
sphärisch	3 Rotationen um einen Punkt		Punkt	Kugel
eben	1 Rotation senkrecht zur Ebene und 2 Translationen entlang zweier Geraden in dieser Ebene		Ebene	Ebene
zylindrisch	1 Translation und 1 Rotation um eine Gerade		Gerade	Zylinder
schraubenförmig	Kombination aus 1 Translation entlang und 1 Rotation um eine einzelne Gerade		Schraubenlinie[a]	Schraubenfläche mit einer Involute des Kreises als Basis
rotationssymmetrisch	1 Rotation um eine Gerade		Gerade Punkt	Kegel Torus
prismatisch	1 Translation entlang einer Geraden in einer Ebene		Ebene Gerade	pentagonales Prisma
komplex	keine		Ebene Gerade Punkt	Bezier-Fläche, die auf einer unstrukturierten Punktewolke im Raum beruht

[a] Schraubenflächen als solche werden in dieser Internationalen Norm nicht betrachtet. Sie werden als zylindrische Flächen betrachtet, weil die Kombination aus Rotation und Translation der Schraubenlinie zum Zweck der Bezugsbildung in den meisten Funktionsfällen, in denen Schraubenflächen (Gewinde, schraubenförmige Steigungen, endlose Schrauben usw.) vorkommen, nicht erforderlich ist. In diesen Fällen wird die zylindrische Fläche mit dem Flankendurchmesser für den Bezug verwendet; die zylindrische Fläche mit dem Außen- oder Kerndurchmesser kann ebenfalls in Betracht gezogen und festgelegt werden. Das Situationselement eines Geometrieelements, das zur schraubenförmigen Invarianzklasse gehört, ist natürlicherweise eine Schraubenlinie; in dieser Internationalen Norm wird jedoch nur ihre Achse betrachtet.

Wenn ein Geometrieelement zur Bildung eines Bezugs verwendet wird, muss es einige Freiheitsgrade der Toleranzzone einschränken oder blockieren. Die größtmögliche Anzahl der Freiheitsgrade, die eingeschränkt werden können, ist gleich oder kleiner sechs abzüglich des Invarianzgrades des Geometrieelements (siehe Tabelle B.1).

Wenn ein Bezug oder ein Bezugssystem im Toleranzrahmen angegeben ist, ist die Anzahl der nicht blockierten Freiheitsgrade der Toleranzzone, die frei gelassen werden, gleich oder größer als der Invarianzgrad dieses Bezugs oder Bezugssystems.

ANMERKUNG Der in der Geometrie verwendete Begriff „Invarianzgrad" ist der richtige Begriff für den in der Kinematik verwendeten Begriff „Freiheitsgrad". Die Art und Weise, wie diese Begriffe in dieser Internationalen Norm verwendet werden, ist derart, dass für ein gegebenes Geometrieelement die Zahl des Invarianzgrades gleich der Anzahl der uneingeschränkten Freiheitsgrade ist.

BEISPIEL 1 Bei einer nominell zylindrischen Fläche, die zur Bildung eines Einzelbezug verwendet wird, ist die nominelle Fläche in zwei Richtungen (eine Translation und eine Rotation) invariant, sodass sie zur zylindrischen Invarianzklasse gehört und einen Invarianzgrad von 2 hat (siehe Tabelle B.1). Das Situationselement, das zur Bildung des Bezugs von diesem Geometrieelement verwendet wurde, ist eine Gerade (Achse des Zylinders). Die Angabe des entsprechenden Bezugs allein in einen Toleranzrahmen kann bis zu vier Freiheitsgrade der Toleranzzone blockieren, lässt aber mindestens zwei Freiheitsgrade (eine Translation und eine Rotation) nicht blockiert.

BEISPIEL 2 Bei einer nominell konischen Fläche, die zur Bildung eines Einzelbezug verwendet wird, ist die nominelle Fläche in einer Richtung (eine Rotation) invariant, sodass sie zur rotationssymmetrischen Invarianzklasse gehört und einen Invarianzgrad von 1 hat (siehe Tabelle B.1). Die Situationselemente, die zur Bildung des Bezugs von diesem Geometrieelement verwendet wurden, sind eine Gerade (die Achse eines Kegels) und ein Punkt (ein Punkt auf der Achse). Die Angabe des entsprechenden Bezugs allein in einen Toleranzrahmen kann bis zu fünf Freiheitsgrade der Toleranzzone blockieren, lässt aber mindestens einen Freiheitsgrad (eine Rotation) nicht blockiert.

BEISPIEL 3 Bei zwei nominell zylindrischen, nicht koaxialen Flächen mit parallelen Achsen, die zur Bildung eines gemeinsamen Bezugs verwendet werden, ist die nominelle Kollektionsfläche nur in einer Richtung (eine Translation) invariant, sodass sie zur prismatischen Invarianzklasse gehört und einen Invarianzgrad von 1 hat (siehe Tabelle B.1). Die Situationselemente, die gemeinsam zur Bildung des Bezugs von diesen Geometrieelementen verwendet wurden, sind eine Gerade (die Mittellinie der beiden Achsen der assoziierten Zylinder) und eine Ebene (die Ebene, welche die beiden Achsen der assoziierten Zylinder enthält). Die Angabe des entsprechenden Bezugs allein in einen Toleranzrahmen kann bis zu fünf Freiheitsgrade der Toleranzzone blockieren, lässt aber mindestens einen Freiheitsgrad (eine Translation) nicht blockiert.

Anhang C
(informativ)

Beispiele

Inhalt

Seite

Das in den folgenden Beispielen verwendete defaultmäßige Assoziationskriterium ist in Anhang A festgelegt.

C.1 Beispiele für Einzelbezüge

C.1.1 Ebene

Bild C.1 veranschaulicht die Zeichnungsangabe der Konstruktionsabsicht.

Konstruktionsabsicht
(Eingabe für das Schreiben)

Es ist die integrale, nominell ebene Fläche, die kein Größenmaßelement ist, zu verwenden, um einen Bezug zu bilden. Der Bezug wird allein verwendet, um die Richtung und/oder den Ort der Toleranzzone bezogen auf sein ebenes Situationselement festzulegen.

Zeichnungsangabe
(Eingabe für das Lesen oder Eingabe für das Schreiben)

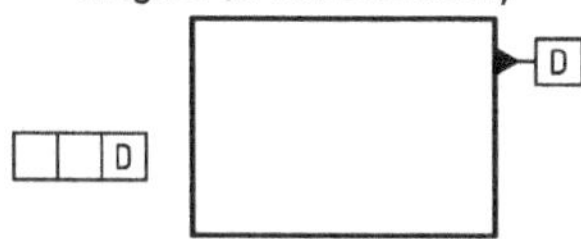

Bild C.1 — Ebene — Eingabe für das Lesen (Zeichnungsangabe) und für das Schreiben (Konstruktionsabsicht)

Erklärung:

— die reale integrale Fläche wird nach der Partition/der Extraktion erhalten [siehe Bild C.2 a)];

— nach 6.3.2 wird der Einzelbezug durch das Situationselement der Ebene beschrieben, die dem realen integralen Geometrieelement ohne äußere Nebenbedingungen assoziiert ist [siehe Bild C.2 b)]. Die nominelle Fläche gehört zur ebenen Invarianzklasse, und das Situationselement ist eine Ebene [siehe Bild C.2 c)].

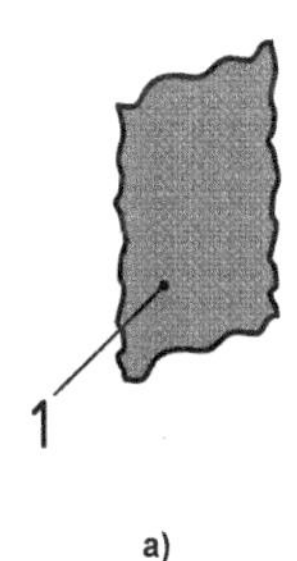

a)

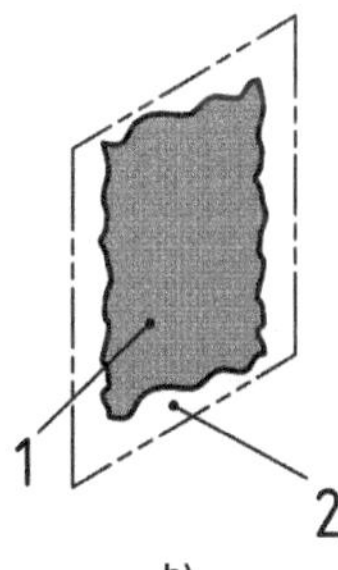

b)

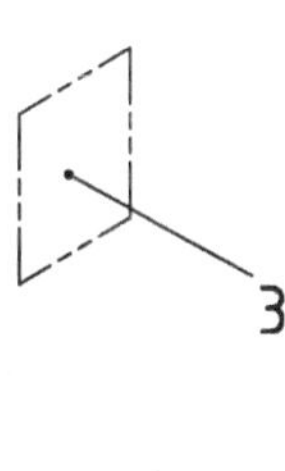

c)

Legende

1 Bezugselement: reales integrales Geometrieelement
2 Nebenbedingung für assoziiertes Geometrieelement: Berührung außerhalb des Materials
3 Einzelbezug — Situationselement des assoziierten Geometrieelements: Ebene

ANMERKUNG Veranschaulichung werden in 2D-Ansichten gegeben.

Bild C.2 — Bildung eines Einzelbezugs durch eine ebene Fläche

C.1.2 Zylinder

Bild C.3 veranschaulicht die Zeichnungsangabe der Konstruktionsabsicht.

Konstruktionsabsicht (Eingabe für das Schreiben)	**Zeichnungsangabe (Eingabe für das Lesen oder Eingabe für das Schreiben)**
Es ist die integrale, nominell zylindrische Fläche, die ein Größenmaßelement ist, zu verwenden, um einen Bezug zu bilden, indem ihr Größenmaß als veränderlich betrachtet wird. Der Bezug wird allein verwendet, um die Richtung und/oder den Ort der Toleranzzone bezogen auf sein Situationselement, das die Achse des assoziierten Zylinders ist, festzulegen.	Maße in Millimeter 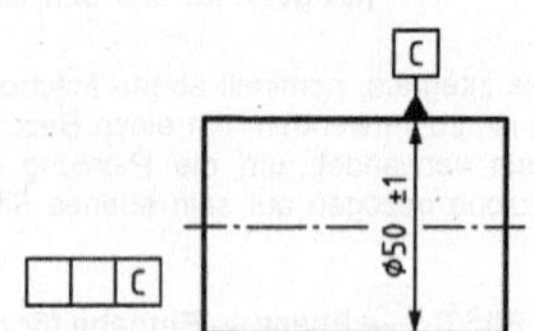

Bild C.3 — Zylinder — Eingabe für das Lesen (Zeichnungsangabe) und für das Schreiben (Konstruktionsabsicht)

Erklärung:

— die reale integrale Fläche wird nach der Partition/der Extraktion erhalten [siehe Bild C.4 a)];

— nach 6.3.2 wird der Einzelbezug durch das Situationselement des Zylinders beschrieben, der dem realen integralen Geometrieelement ohne äußere Nebenbedingungen assoziiert ist [siehe Bild C.4 b)]. Die nominelle Fläche gehört zur zylindrischen Invarianzklasse, und das Situationselement ist die Achse des Zylinders [siehe Bild C.4 c)].

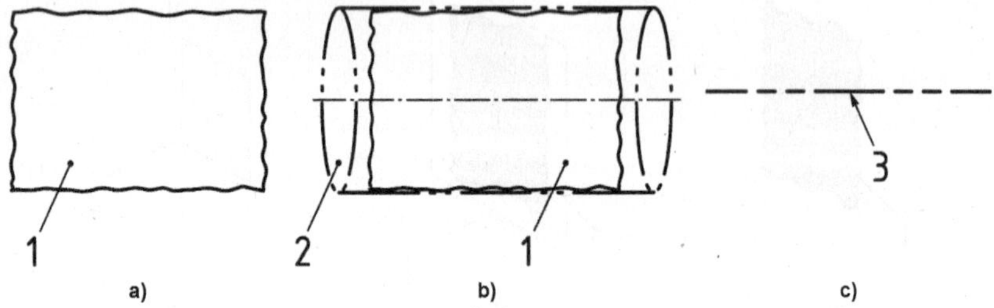

Legende

1 Bezugselement: reales integrales Geometrieelement
2 assoziiertes Geometrieelement mit veränderlichem Durchmesser
3 Einzelbezug — Situationselement des assoziierten Geometrieelements: Gerade (Achse des Zylinders)

Bild C.4 — Bildung eines Einzelbezugs durch eine zylindrische Fläche

C.1.3 Kegel

Bild C.5 veranschaulicht die Zeichnungsangabe der Konstruktionsabsicht.

Konstruktionsabsicht (Eingabe für das Schreiben)	Zeichnungsangabe (Eingabe für das Lesen oder Eingabe für das Schreiben)
Es ist die integrale, nominell konische Fläche, die ein Größenmaßelement ist, zu verwenden, um einen Bezug zu bilden, indem ihr Größenmaß als feststehend betrachtet wird. Der Bezug wird allein verwendet, um die Richtung und/oder den Ort der Toleranzzone bezogen auf seine Situationselemente, welche die Achsen des assoziierten Kegels und ein Punkt auf dieser Achse sind, festzulegen.	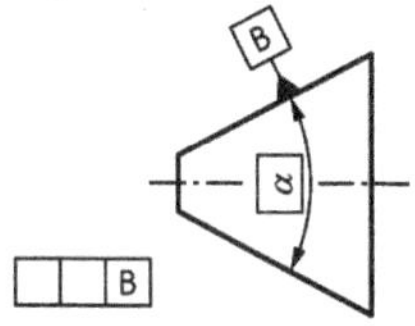

Bild C.5 — Kegel — Eingabe für das Lesen (Zeichnungsangabe) und für das Schreiben (Konstruktionsabsicht)

Erklärung:

— die reale integrale Fläche wird nach der Partition/der Extraktion erhalten [siehe Bild C.6 a)];

— nach 6.3.2 wird der Einzelbezug durch die Situationselemente des Kegels beschrieben, der dem realen integralen Geometrieelement ohne äußere Nebenbedingungen assoziiert ist [siehe Bild C.6 b)]. Die nominelle Fläche gehört zur rotationssymmetrischen Invarianzklasse und die Situationselemente sind die Achse des Kegels und ein Punkt auf dieser Achse [siehe Bild C.6 c)].

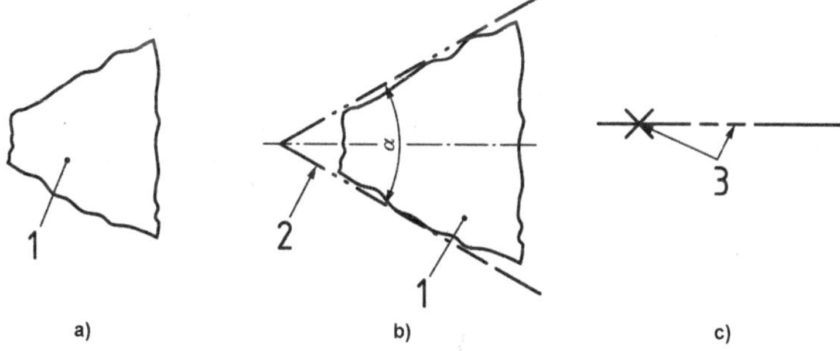

Legende

1 Bezugselement: reales integrales Geometrieelement
2 assoziiertes Geometrieelement mit Nebenbedingung eines feststehenden intrinsischen Merkmals (Winkel α)
3 Einzelbezug — Situationselemente des assoziierten Geometrieelements: Gerade (Achse des Kegels) und Punkt (Punkt auf der Achse)

Bild C.6 — Bildung eines Einzelbezugs durch eine konische Fläche

C.1.4 Kugel

Bild C.7 veranschaulicht die Zeichnungsangabe der Konstruktionsabsicht.

Konstruktionsabsicht (Eingabe für das Schreiben)	**Zeichnungsangabe (Eingabe für das Lesen oder Eingabe für das Schreiben)**
Es ist die integrale, nominell sphärische Fläche, die ein Größenmaßelement ist, zu verwenden, um einen Bezug zu bilden, indem ihr Größenmaß als veränderlich betrachtet wird. Der Bezug wird allein verwendet, um die Richtung und/oder den Ort der Toleranzzone bezogen auf sein Situationselement, das der Mittelpunkt der assoziierten Kugel ist, festzulegen.	Maße in Millimeter 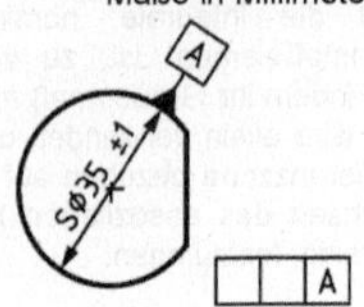

Bild C.7 — Kugel — Eingabe für das Lesen (Zeichnungsangabe) und für das Schreiben (Konstruktionsabsicht)

Erklärung:

— die reale integrale Fläche wird nach der Partition/der Extraktion erhalten [siehe Bild C.8 a)];

— nach 6.3.2 wird der Einzelbezug durch die Situationselemente der Kugel beschrieben, die dem realen integralen Geometrieelement ohne äußere Nebenbedingungen assoziiert ist [siehe Bild C.8 b)]. Die nominelle Fläche gehört zur sphärischen Invarianzklasse, und das Situationselement ist der Mittelpunkt der Kugel [siehe Bild C.8 c)].

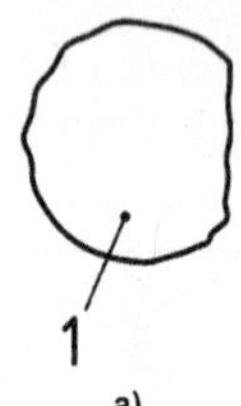

a)

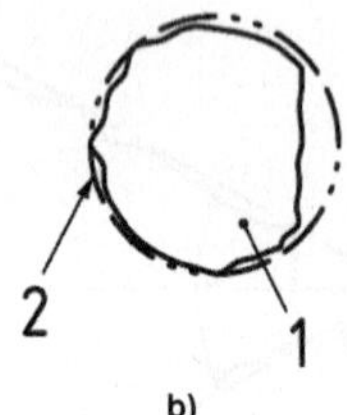

b)

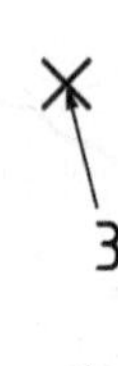

c)

Legende

1 Bezugselement: reales integrales Geometrieelement
2 assoziiertes Geometrieelement mit veränderlichem Durchmesser
3 Einzelbezug — Situationselement des assoziierten Geometrieelements: Punkt (Mittelpunkt der Kugel)

ANMERKUNG Der vierte Berührungspunkt ist in der 2D Ansicht nicht sichtbar.

Bild C.8 — Bildung eines Einzelbezugs durch eine sphärische Fläche

C.1.5 Bestimmtes Situationselement

Bild C.9 veranschaulicht die Zeichnungsangabe der Konstruktionsabsicht.

Konstruktionsabsicht (Eingabe für das Schreiben)	**Zeichnungsangabe (Eingabe für das Lesen oder Eingabe für das Schreiben)**
Es ist die integrale, nominell konische Fläche, die ein Größenmaßelement ist, zu verwenden, um einen Bezug zu bilden, indem ihr Größenmaß als feststehend betrachtet wird. Der Bezug wird allein verwendet, um die Richtung und den Ort der Toleranzzone bezogen auf seine Situationselemente festzulegen, welche die Achse des assoziierten Kegels und ein bestimmter Punkt auf der Achse sind, wobei der Punkt durch den Ort festgelegt ist, für die der Durchmesser des Querschnitts angegeben ist.	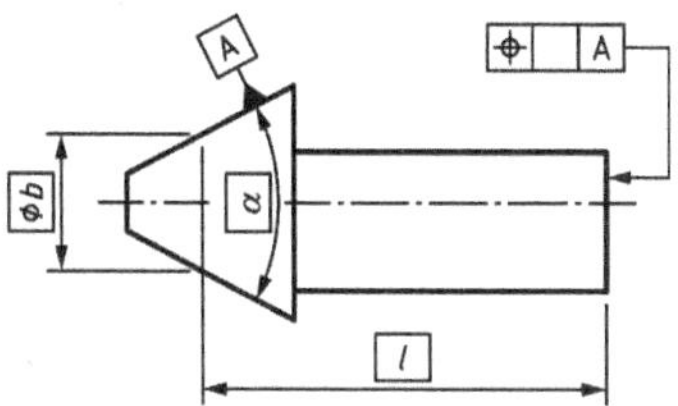

ANMERKUNG Dieser bestimmte Punkt ist als der Schnittpunkt einer Ebene mit der Achse des Kegels festgelegt. Diese Ebene ist rechtwinklig zur Achse des Kegels, und ihr Ort ist durch das TED ϕb festgelegt, das den Durchmesser eines Kreises definiert. Dieser Kreis ist die Schnittlinie des assoziierten Kegels mit der Ebene.

Bild C.9 — Bestimmtes Situationselement — Eingabe für das Lesen (Zeichnungsangabe) und für das Schreiben (Konstruktionsabsicht)

Erklärung:

— die reale integrale Fläche wird nach der Partition/der Extraktion erhalten [siehe Bild C.10 a)];

— nach 6.3.2 wird der Einzelbezug durch die Situationselemente des Kegels beschrieben, der dem realen integralen Geometrieelement ohne äußere Nebenbedingungen assoziiert ist [siehe Bild C.10 b)]. Die nominelle Fläche gehört zur rotationssymmetrischen Invarianzklasse, und die Situationselemente sind die Achse des Kegels und ein bestimmter Punkt auf dieser Achse [siehe Bild C.10 c)].

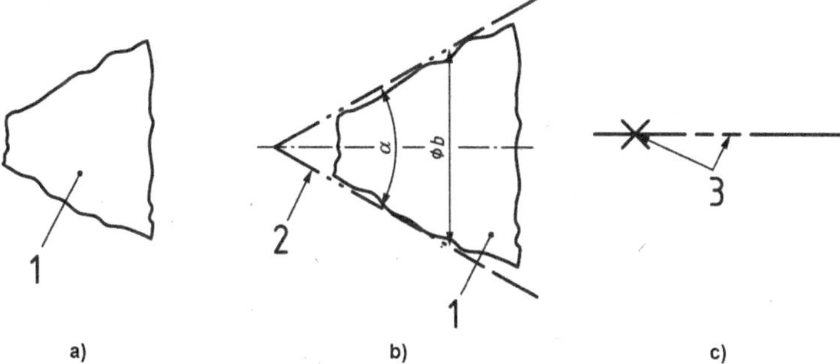

Legende

1 Bezugselement: reales integrales Geometrieelement

2 assoziiertes Geometrieelement mit Nebenbedingung eines feststehenden intrinsischen Merkmals (Winkel α)

3 Einzelbezug — Situationselement des assoziierten Geometrieelements: Gerade (Achse des Kegels) und Punkt (Punkt auf der Achse des Kegels, in dem der Durchmesser des Querschnitts ϕb ist)

Bild C.10 — Bildung eines Einzelbezugs durch eine konische Fläche, wobei eine besondere Beziehung zwischen dem tolerierten Geometrieelement und dem Bezug gegeben ist

C.1.6 Offensichtliches Situationselement

Bild C.11 veranschaulicht die Zeichnungsangabe der Konstruktionsabsicht.

Konstruktionsabsicht (Eingabe für das Schreiben)	Zeichnungsangabe (Eingabe für das Lesen oder Eingabe für das Schreiben)
Es ist die integrale, nominell konische Fläche, die ein Größenmaßelement ist, zu verwenden, um einen Bezug zu bilden, indem ihr Größenmaß als feststehend betrachtet wird. Der Bezug wird allein verwendet, um die Richtung und den Ort der Toleranzzone bezogen auf eine Achse festzulegen. Diese Achse ist das Situationselement des assoziierten Kegels.	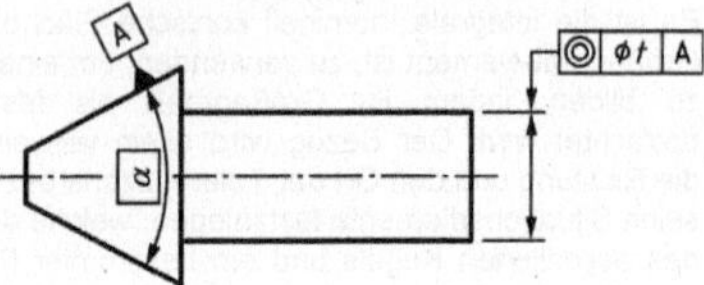

Bild C.11 — Offensichtliches Situationselement — Eingabe für das Lesen (Zeichnungsangabe) und für das Schreiben (Konstruktionsabsicht)

Erklärung:

— die reale integrale Fläche wird nach der Partition/der Extraktion erhalten [siehe Bild C.12 a)];

— nach 6.3.2 wird der Einzelbezug durch das Situationselement des Kegels beschrieben, der dem realen integralen Geometrieelement ohne äußere Nebenbedingungen assoziiert ist [siehe Bild C.12 b)]. Die nominelle Fläche gehört zur rotationssymmetrischen Invarianzklasse, und die Situationselemente sind die Achse des Kegels und ein bestimmter Punkt auf dieser Achse. In diesem Fall ist der Punkt nicht bei der Festlegung des Ortes der Toleranzzone beteiligt [siehe Bild C.12 c)].

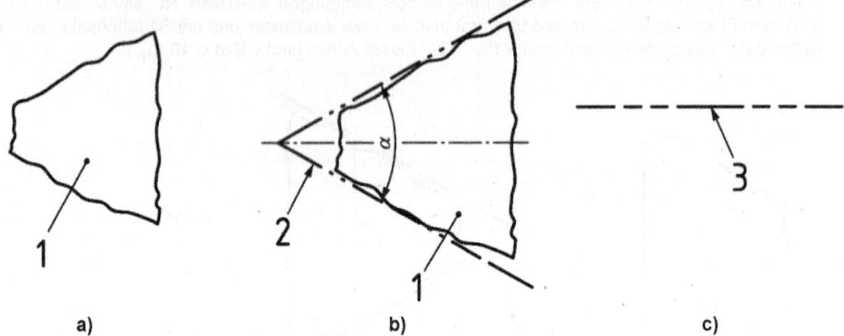

Legende

1 Bezugselement: reales integrales Geometrieelement
2 assoziiertes Geometrieelement mit Nebenbedingung eines feststehenden intrinsischen Merkmals (Winkel α)
3 Einzelbezug — nur die Gerade des Situationselements des assoziierten Geometrieelements: Gerade

Bild C.12 — Bildung eines Einzelbezugs, wobei das Situationselement offensichtlich ist

C.1.7 Nur ein Situationselement notwendig

Bild C.13 veranschaulicht die Zeichnungsangabe der Konstruktionsabsicht.

Konstruktionsabsicht
(Eingabe für das Schreiben)

Es ist die integrale, nominell konische Fläche, die ein Größenmaßelement ist, zu verwenden, um einen Bezug zu bilden, indem ihr Größenmaß als feststehend betrachtet wird. Der Bezug wird allein verwendet, um die Richtung und den Ort der Toleranzzone bezogen auf eines der Situationselemente des assoziierten Kegels festzulegen (das Situationselement ist eine Gerade: die Achse des assoziierten Kegels).

Zeichnungsangabe
(Eingabe für das Lesen oder Eingabe für das Schreiben)

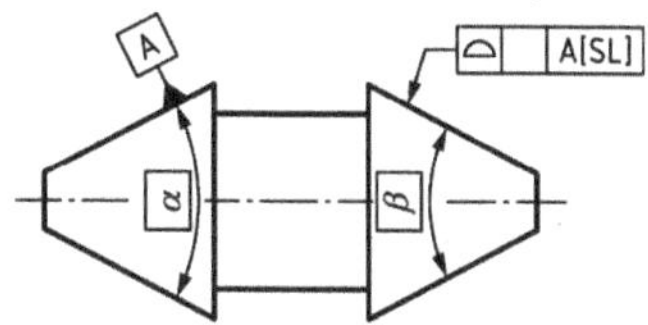

Bild C.13 — Nur ein Situationselement notwendig — Eingabe für das Lesen (Zeichnungsangabe) und für das Schreiben (Konstruktionsabsicht)

Erklärung:

— die reale integrale Fläche wird nach der Partition/der Extraktion erhalten [siehe Bild C.14 a)];

— nach 6.3.2 wird der Einzelbezug durch die Situationselemente des Kegels beschrieben, der dem realen integralen Geometrieelement ohne äußere Nebenbedingungen assoziiert ist [siehe Bild C.14 b)]. Die nominelle Fläche gehört zur rotationssymmetrischen Invarianzklasse, und die Situationselemente sind die Achse und der Kegel und ein bestimmter Punkt auf dieser Achse. Da die komplementäre Zeichnungsangabe [SL] gegeben ist, wird nur die Achse des Kegels betrachtet [siehe Bild C.14 c)].

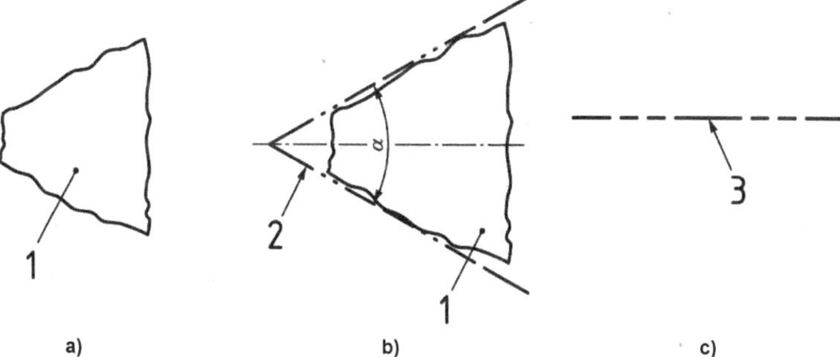

Legende

1 Bezugselement: reales integrales Geometrieelement
2 assoziiertes Geometrieelement mit Nebenbedingung eines feststehenden intrinsischen Merkmals (Winkel α)
3 Einzelbezug — nur die Gerade der Situationselemente des assoziierten Geometrieelements (Gerade und Punkt)

Bild C.14 — Bildung eines Einzelbezugs, wenn nur ein Situationselement erforderlich ist

C.1.8 Komplexe Fläche

Bild C.15 veranschaulicht die Zeichnungsangabe der Konstruktionsabsicht.

Konstruktionsabsicht (Eingabe für das Schreiben)	**Zeichnungsangabe (Eingabe für das Lesen oder Eingabe für das Schreiben)**
Es ist die integrale, nominell komplexe Fläche, die kein Größenmaßelement ist, zu verwenden, um einen Bezug zu bilden. Der Bezug wird allein verwendet, um die Richtung und/oder den Ort der Toleranzzone bezogen auf die Situationselemente der assoziierten Fläche, die eine Ebene, eine Gerade und ein Punkt sind, festzulegen.	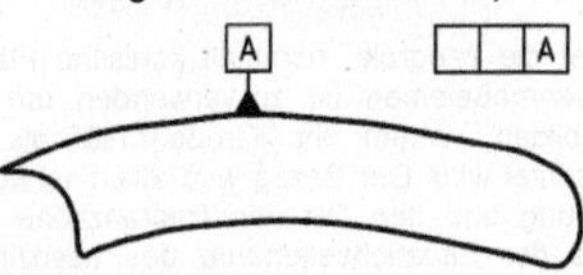

Bild C.15 — Komplexe Fläche — Eingabe für das Lesen (Zeichnungsangabe) und für das Schreiben (Konstruktionsabsicht)

Erklärung:

— die reale integrale Fläche wird nach der Partition/der Extraktion erhalten [siehe Bild C.16 a)];

— nach 6.3.2 wird der Einzelbezug durch die Situationselemente der komplexen Fläche beschrieben, die dem realen integralen Geometrieelement ohne äußere Nebenbedingungen assoziiert ist [siehe Bild C.16 b)]. Die nominelle Fläche gehört zur komplexen Invarianzklasse, und die Situationselemente sind eine Ebene, eine Gerade und ein Punkt [siehe Bild C.16 c)].

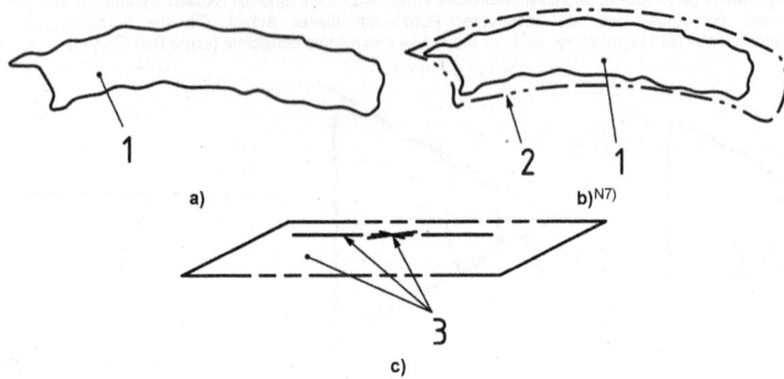

Legende

1 Bezugselement: reales integrales Geometrieelement
2 assoziiertes Geometrieelement
3 Einzelbezug — Situationselement des assoziierten Geometrieelements: Ebene, Gerade und Punkt

Bild C.16 — Bildung eines Einzelbezugs durch eine komplexe Fläche

---

N7) Das Bild wurde im nationalen Vorwort korrigiert.

C.1.9 Zwei sich schneidende Ebenen

Bild C.17 veranschaulicht die Zeichnungsangabe der Konstruktionsabsicht.

Konstruktionsabsicht (Eingabe für das Schreiben)	Zeichnungsangabe (Eingabe für das Lesen oder Eingabe für das Schreiben)
Es ist die reale integrale Fläche, die der Kollektion von zwei sich schneidenden nominell ebenen Flächen entspricht und die ein Größenmaßelement (einen Keil) bildet, zu verwenden, um einen Bezug zu bilden, indem ihr Größenmaß als feststehend betrachtet wird. Der Bezug wird allein verwendet, um die Richtung und/oder den Ort der Toleranzzone bezogen auf das Situationselement des assoziierten Größenmaßelements festzulegen. Die Situationselemente sind eine Ebene (die Halbierungsebene) und eine Gerade (Schnitt der beiden assoziierten Ebenen mit einem feststehenden Winkel zwischen ihnen).	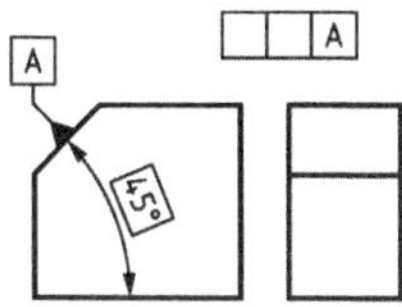

Bild C.17 — Zwei sich schneidende Ebenen — Eingabe für das Lesen (Zeichnungsangabe) und für das Schreiben (Konstruktionsabsicht)

Erklärung:

— die beiden realen integralen Flächen werden nach der Partition/der Extraktion erhalten und bilden ein Größenmaßelement mit feststehendem Winkel [siehe Bild C.18 a)];

— nach 6.3.2 besteht der Einzelbezug aus den Situationselementen der Kollektion der zwei sich schneidenden Ebenen, die den realen integralen Geometrieelementen, die zur Bildung des Einzelbezugs verwendet werden, assoziiert sind. Die Assoziation ist global, und es ist eine innere Nebenbedingung der Richtung (feststehender Winkel von 45°) vorhanden [siehe Bild C.18 b)]. Die Kollektion der nominelle ebenen Flächen gehört zur prismatischen Invarianzklasse, und die Situationselemente sind eine Ebene (die Halbierungsebene) und eine Gerade (die Schnittgerade) [siehe Bild C.18 c)].

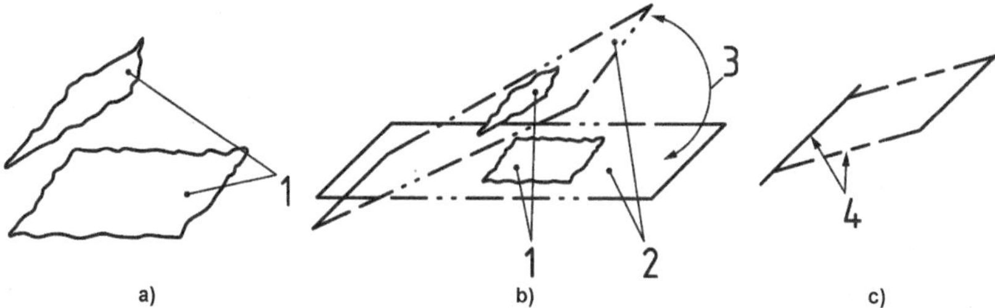

Legende

1 Bezugselement: reales integrales Geometrieelement
2 assoziierte Geometrieelemente mit Nebenbedingung der Richtung (feststehender Winkel von 45°)
3 innere Nebenbedingung der Richtung (Winkligkeit)
4 Einzelbezug — Situationselemente des assoziierten Geometrieelements: Ebene und Gerade

Bild C.18 — Bildung eines Einzelbezugs durch sich schneidende Ebenen

C.1.10 Zwei sich gegenüberliegende parallele Ebenen (festgelegt als Größenmaßelement)

Bild C.19 veranschaulicht die Zeichnungsangabe der Konstruktionsabsicht.

Konstruktionsabsicht (Eingabe für das Schreiben)

Es ist die reale integrale Fläche, die der Kollektion von zwei nominell parallelen ebenen Flächen entspricht und die ein Größenmaßelement ist, zu verwenden, um einen Bezug zu bilden, indem das Größenmaß als veränderlich betrachtet wird. Der Bezug wird allein verwendet, um die Richtung und/oder den Ort der Toleranzzone bezogen auf sein Situationselement, das eine Ebene ist (die Mittelebene der beiden assoziierten Ebenen), festzulegen.

Zeichnungsangabe (Eingabe für das Lesen oder Eingabe für das Schreiben)

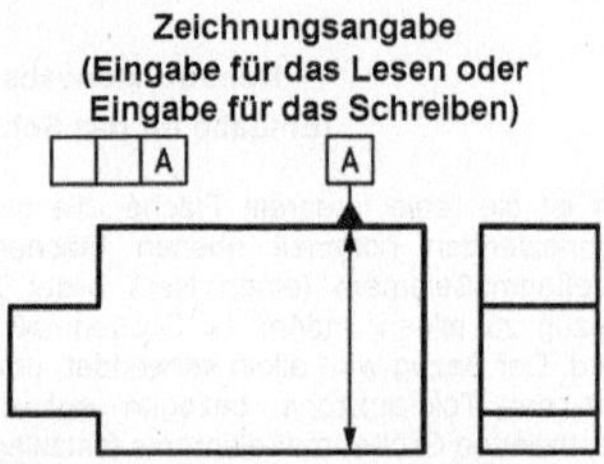

Bild C.19 — Zwei parallele Ebenen — Eingabe für das Lesen (Zeichnungsangabe) und für das Schreiben (Konstruktionsabsicht)

Erklärung:

— die beiden realen integralen Flächen werden nach der Partition/der Extraktion und Kollektion erhalten und bilden ein Größenmaßelement mit veränderlichem Größenmaß [siehe Bild C.20 a)];

— nach 6.3.2 wird der Einzelbezug durch das Situationselement der Kollektion der parallelen Ebenen beschrieben, die den realen integralen Geometrieelementen, die zur Bildung des Einzelbezugs verwendet werden, assoziiert ist. Die Assoziation ist global, und es ist eine innere Nebenbedingung der Richtung (Parallelität) (der Abstand zwischen den beiden Ebenen ist veränderlich) vorhanden [siehe Bild C.20 b)]. Die Kollektion der nominellen Flächen gehört zur ebenen Invarianzklasse, und das Situationselement ist eine Ebene (die Mittelebene der beiden assoziierten Ebenen) [siehe Bild C.20 c)].

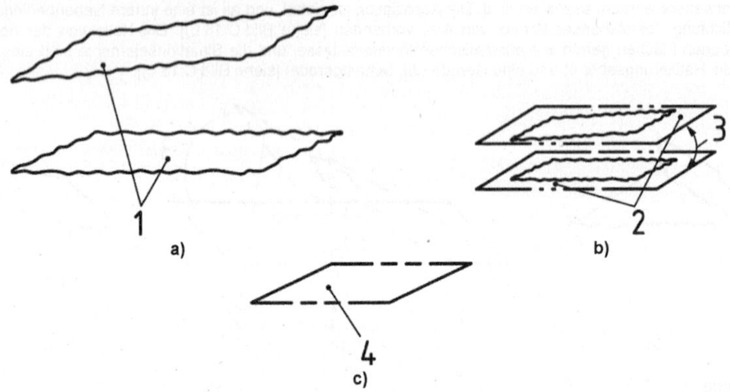

Legende

1 Bezugselement: reales integrales Geometrieelement
2 assoziierte Geometrieelemente mit veränderlichem Abstand
3 nur innere Nebenbedingung der Richtung (Parallelität) (das Größenmaß ist für die Assoziation veränderlich)
4 Einzelbezug — Situationselement der Kollektionsfläche: Ebene

Bild C.20 — Bildung eines Einzelbezugs durch ein Größenmaßelement — zwei sich gegenüberliegende parallele Ebenen

C.1.11 Drei Bezugsstellen auf einer Ebene

Bild C.21 veranschaulicht die Zeichnungsangabe der Konstruktionsabsicht.

Konstruktionsabsicht (Eingabe für das Schreiben)	Zeichnungsangabe (Eingabe für das Lesen oder Eingabe für das Schreiben)
Es sind drei Teile einer nominell ebenen Fläche, die kein Größenmaßelement ist, zu verwenden, um einen Bezug zu bilden. Der Bezug wird allein verwendet, um die Richtung und/oder den Ort der Toleranzzone bezogen auf das Situationselement der assoziierten Ebene festzulegen. Diese Ebene wird aus drei zur gleichen Fläche gehörenden Teilen gebildet.	Maße in Millimeter 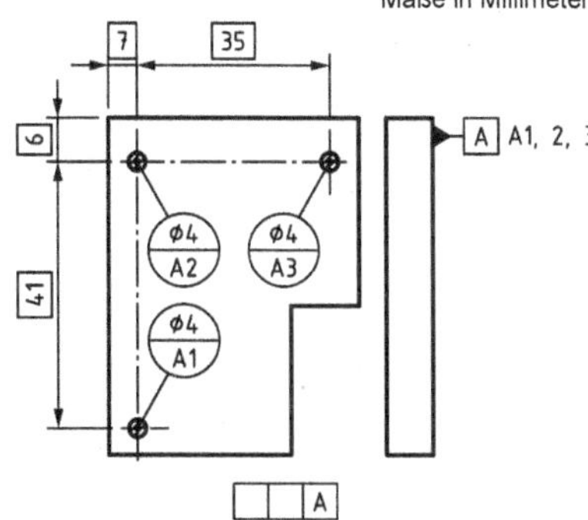

Bild C.21 — Drei Bezugsstellen auf einer Ebene — Eingabe für das Lesen (Zeichnungsangabe) und für das Schreiben (Konstruktionsabsicht)

Erklärung:

— die flächenförmigen Bezugsstellen werden nach einer Partition/der Extraktion unter Verwendung TEDs erhalten, welche den Ort und die Ausdehnung der Flächen des Bezugselements festlegen [siehe die Bilder C.22 a) und C.22 b)];

— nach 6.3.2 wird der Einzelbezug durch das Situationselement der Ebene beschrieben, die dem realen integralen Geometrieelement ohne äußere Nebenbedingungen assoziiert ist [siehe Bild C.22 c)]. Die nominelle Fläche gehört zur ebenen Invarianzklasse, und das Situationselement ist eine Ebene [siehe Bild C.22 d)].

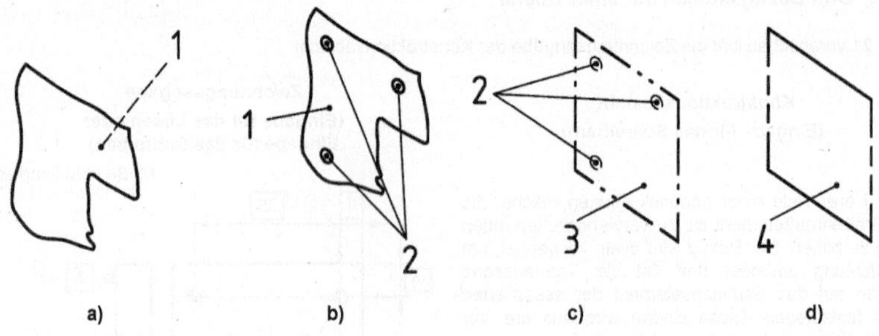

Legende

1 Bezugselement: reales integrales Geometrieelement
2 auf dem Bezugselement gegebene Bezugsstellen
3 den drei Bezugsstellen assoziiertes Geometrieelement
4 Einzelbezug — Situationselement der Kollektionsfläche: Ebene

Bild C.22 — Bildung eines Einzelbezugs durch drei Bezugsstellen auf einer ebenen Fläche

C.2 Beispiele für gemeinsame Bezüge

C.2.1 Zwei komplanare Ebenen

Bild C.23 veranschaulicht die Zeichnungsangabe der Konstruktionsabsicht.

Konstruktionsabsicht (Eingabe für das Schreiben)

Es sind zwei integrale, nominell ebene Flächen, die eingeschränkt sind, um komplanar zu sein, und die keine Größenmaßelemente sind, gleichzeitig zu verwenden, um einen Bezug zu bilden. Der Bezug wird verwendet, um die Richtung und/oder den Ort der Toleranzzone bezogen auf eine Ebene festzulegen. Diese Ebene ist das Situationselement der Kollektion der zwei assoziierten Ebenen.

Zeichnungsangabe (Eingabe für das Lesen oder Eingabe für das Schreiben)

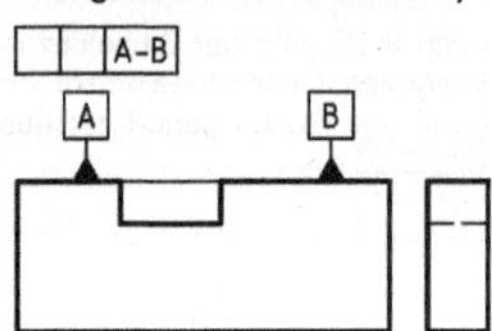

Bild C.23 — Zwei komplanare Ebenen — Eingabe für das Lesen (Zeichnungsangabe) und für das Schreiben (Konstruktionsabsicht)

Erklärung:

— die reale integrale Fläche wird nach der Partition/der Extraktion und der Kollektion erhalten [siehe Bild C.24 a)];

— nach 6.3.3 wird der gemeinsame Bezug durch das Situationselement der Kollektion von zwei komplanaren Ebenen beschrieben, die den realen integralen Geometrieelementen, die zur Bildung des gemeinsamen Bezugs verwendet werden, assoziiert ist. Die Assoziation ist global mit inneren Nebenbedingungen: komplanar (d. h. Abstand gleich Null und parallel) [siehe Bild C.24 b)]. Die Kollektion der nominellen Flächen gehört zur ebenen Invarianzklasse, und das Situationselement ist eine Ebene [siehe Bild C.24 c)].

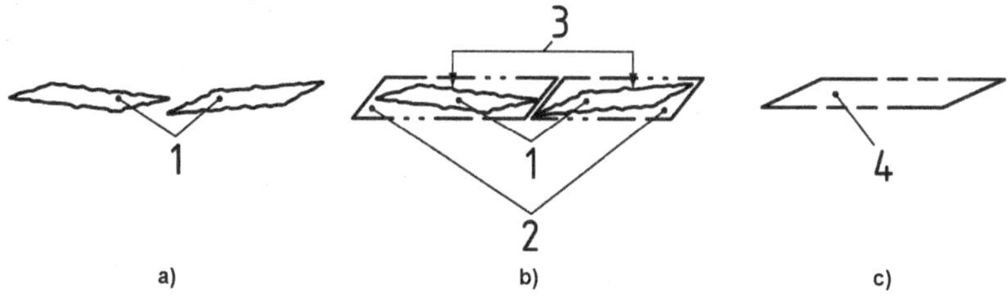

Legende

1 Bezugselemente: reale integrale Geometrieelemente
2 assoziierte Geometrieelemente (zwei assoziierte Ebenen)
3 Nebenbedingung der Richtung und des Ortes (Komplanarität) zwischen assoziierten Geometrieelementen
4 Einzelbezug — Situationselement der Kollektionsfläche: Ebene

Bild C.24 — Bildung eines gemeinsamen Bezugs durch zwei komplanare Ebenen

C.2.2 Zwei koaxiale Zylinder

Bild C.25 veranschaulicht die Zeichnungsangabe der Konstruktionsabsicht.

Konstruktionsabsicht
(Eingabe für das Schreiben)

Es sind zwei integrale, nominell zylindrische und koaxiale Flächen, die Größenmaßelemente sind, gleichzeitig zu verwenden, um einen Bezug zu bilden, indem ihre Größenmaße als veränderlich betrachtet werden und unter Berücksichtigung der Nebenbedingung der Richtung (Parallelität) sowie der Nebenbedingung des Ortes. Der Bezug wird verwendet, um die Richtung und/oder den Ort der Toleranzzone bezogen auf eine Achse festzulegen. Diese Achse ist das Situationselement der Kollektion der zwei assoziierten Zylinder.

Zeichnungsangabe
(Eingabe für das Lesen oder Eingabe für das Schreiben)

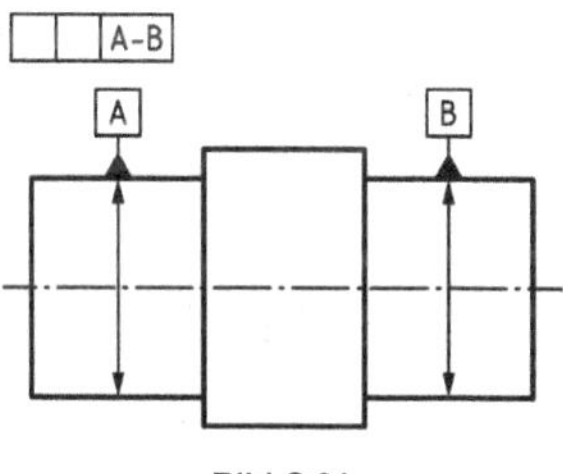

Bild C.21

Bild C.25 — Zwei koaxiale Zylinder — Eingabe für das Lesen (Zeichnungsangabe) und für das Schreiben (Konstruktionsabsicht)

Erklärung:

— die reale integrale Fläche wird nach der Partition/der Extraktion und der Kollektion erhalten [siehe Bild C.26 a)];

— nach 6.3.3 wird der gemeinsame Bezug durch das Situationselement der Kollektion von zwei koaxialen Zylindern beschrieben, die den realen integralen Geometrieelementen, die zur Bildung des gemeinsamen Bezugs verwendet werden, assoziiert ist. Die Assoziation ist global mit inneren Nebenbedingungen: Abstand gleich Null und parallel (koaxial) [siehe Bild C.26 b)]. Die Kollektion der nominellen Flächen gehört zur zylindrischen Invarianzklasse, und das Situationselement ist die gemeinsame Achse der beiden Zylinder [siehe Bild C.26 c)].

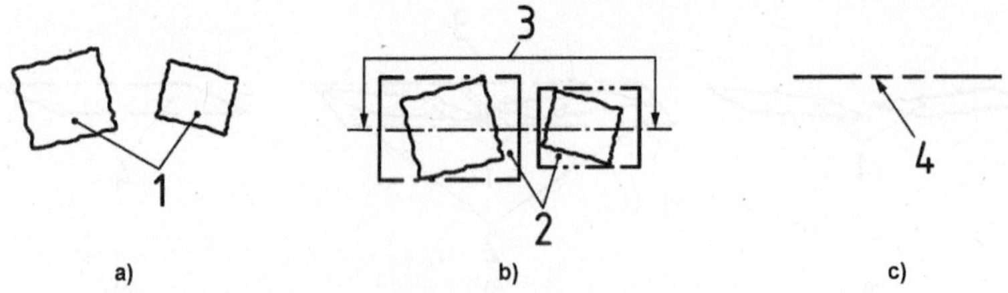

Legende

1 Bezugselement: reales integrales Geometrieelement
2 assoziierte Geometrieelemente mit veränderlichen Durchmessern
3 Nebenbedingung der Richtung (Parallelität) und Nebenbedingung des Ortes (Koaxialität)
4 gemeinsamer Bezug — Situationselement des assoziierten Geometrieelements: Gerade (gemeinsame Achse)

Bild C.26 — Bildung eines gemeinsamen Bezugs durch zwei koaxiale Zylinder

C.2.3 Ebene und Zylinder senkrecht zueinander

Bild C.27 veranschaulicht die Zeichnungsangabe der Konstruktionsabsicht.

Konstruktionsabsicht (Eingabe für das Schreiben)	Zeichnungsangabe (Eingabe für das Lesen oder Eingabe für das Schreiben)
Es sind die beiden integralen Flächen, die einer nominell ebenen Fläche (die kein Größenmaßelement ist) bzw. einer zylindrischen Fläche (die ein Größenmaßelement ist) entsprechen und nominell senkrecht zueinander sind, gleichzeitig zu verwenden, um einen Bezug zu bilden, indem das Größenmaß des Zylinders als veränderlich betrachtet wird und unter Berücksichtigung der Nebenbedingung der Richtung (Rechtwinkligkeit) zwischen der Achse des assoziierten Zylinders und der assoziierten Ebene (ohne festgelegte Reihenfolge). Der Bezug wird verwendet, um die Richtung und/oder den Ort der Toleranzzone bezogen auf eine Gerade und einen ihrer Punkte festzulegen. Die Achse und der Punkt sind die Situationselemente der Kollektion der zwei assoziierten Geometrieelemente.	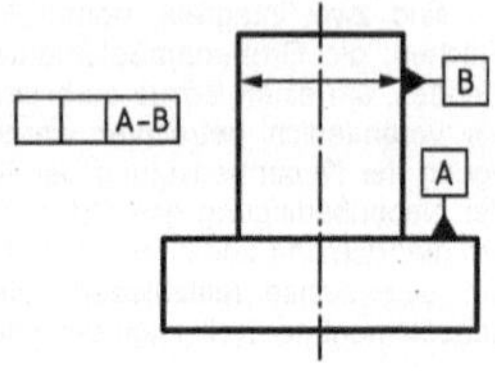

Bild C.27 — Ebene und senkrechter Zylinder — Eingabe für das Lesen (Zeichnungsangabe) und für das Schreiben (Konstruktionsabsicht)

Erklärung:

— die reale integrale Fläche wird nach der Partition/der Extraktion und der Kollektion erhalten [siehe Bild C.28 a)];

— nach 6.3.3 wird der gemeinsame Bezug durch die Situationselemente der Kollektion von einer Ebene und einem Zylinder, die senkrecht zueinander sind, beschrieben, die den realen integralen Geometrieelementen, die zur Bildung des gemeinsamen Bezugs verwendet werden, assoziiert ist. Die Assoziation ist global mit inneren Nebenbedingungen: ein Winkel von 90° zwischen der Achse und der Ebene [siehe Bild C.28 b)]. Die Kollektion der nominellen Flächen gehört zur rotationssymmetrischen Invarianzklasse, und die Situationselemente sind die Achse des Zylinders und der sich aus dem Schnitt der Ebene mit der Achse ergebende Punkt [siehe Bild C.28 c)].

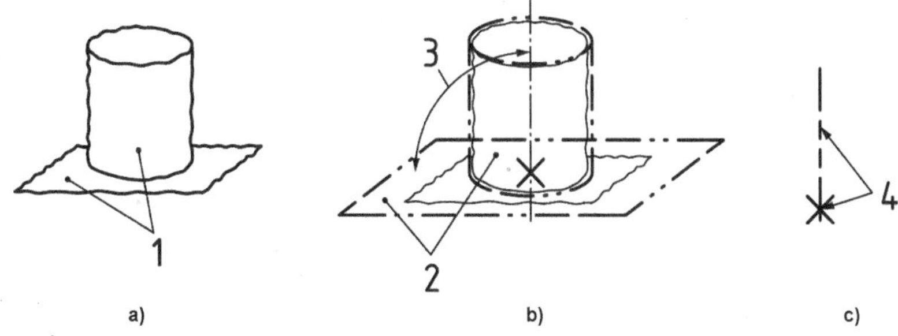

Legende

1 Bezugselemente: reale integrale Geometrieelemente
2 assoziierte Geometrieelemente (ein assoziierter Zylinder mit veränderlichem Durchmesser und eine assoziierte Ebene)
3 Nebenbedingung der Richtung (Rechtwinkligkeit)
4 gemeinsamer Bezug — Situationselement des assoziierten Geometrieelements: Gerade und ein Punkt

Bild C.28 — Bildung eines gemeinsamen Bezugs durch eine Ebene und einen senkrechten Zylinder

C.2.4 Zwei parallele Zylinder

Bild C.29 veranschaulicht die Zeichnungsangabe der Konstruktionsabsicht.

Konstruktionsabsicht (Eingabe für das Schreiben)	Zeichnungsangabe (Eingabe für das Lesen oder Eingabe für das Schreiben)
Es sind zwei integrale, nominell zylindrische und parallele Flächen, die Größenmaßelemente sind, gleichzeitig zu verwenden, um einen Bezug zu bilden, indem das Größenmaß der Zylinder als veränderlich betrachtet wird und unter Berücksichtigung der Nebenbedingung der Richtung (Parallelität) sowie der Nebenbedingung des Ortes (*l* mm) zwischen den beiden Achsen. Der Bezug wird verwendet, um die Richtung und/oder den Ort der Toleranzzone bezogen auf eine Ebene und eine Gerade in der Ebene festzulegen. Die Ebene und die Gerade sind die Situationselemente der Kollektion der zwei assoziierten Geometrieelemente.	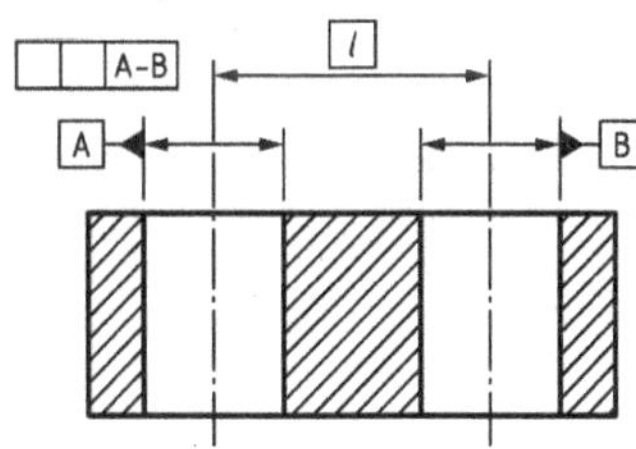

Bild C.29 — Zwei parallele Zylinder — Eingabe für das Lesen (Zeichnungsangabe) und für das Schreiben (Konstruktionsabsicht)

Erklärung:

— die reale integrale Fläche wird nach der Partition/der Extraktion und der Kollektion erhalten [siehe Bild C.30 a)];

— nach 6.3.3 wird der gemeinsame Bezug durch die Situationselemente der Kollektion von zwei parallelen Zylindern beschrieben, die den realen integralen Geometrieelementen, die zur Bildung des gemeinsamen Bezugs verwendet werden, assoziiert ist. Die Assoziation ist global mit inneren Nebenbedingungen: Abstand zwischen den beiden Achsen und Parallelität [siehe Bild C.30 b)]. Die Kollektion der nominellen Flächen gehört zur prismatischen Invarianzklasse, und die Situationselemente sind die Ebene, welche die beiden Achsen enthält, und die Mittellinie der Achsen der beiden assoziierten Zylinder [siehe Bild C.30 c)].

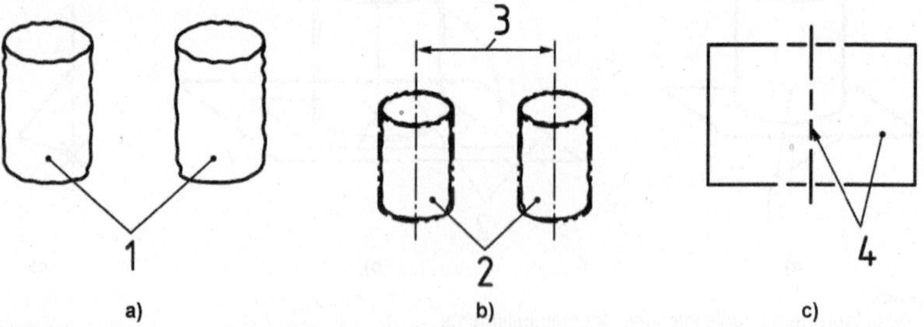

Legende

1 Bezugselemente: reale integrale Geometrieelemente
2 assoziierte Geometrieelemente mit veränderlichen Durchmessern
3 Nebenbedingung der Richtung (Parallelität) und Nebenbedingung des Ortes (*l* Abstand)
4 gemeinsamer Bezug — Situationselement der Kollektionsfläche: Ebene und Gerade

Bild C.30 — Bildung eines gemeinsamen Bezugs durch zwei parallele Zylinder

C.2.5 Eine Gruppe von fünf parallelen Zylindern

Bild C.31 veranschaulicht die Zeichnungsangabe der Konstruktionsabsicht.

Konstruktionsabsicht (Eingabe für das Schreiben)

Es sind fünf integrale, nominell identische und zylindrische Flächen, die Größenmaßelemente sind, mit parallelen Achsen zusammen gleichzeitig zu verwenden, um einen Bezug zu bilden, indem das Größenmaß der Zylinder als veränderlich betrachtet wird und unter Berücksichtigung der Nebenbedingung der Richtung (Parallelität) sowie der Nebenbedingung des Ortes (*d* mm und 4 × 72°). Der Bezug wird verwendet, um die Richtung und/oder den Ort der Toleranzzone bezogen auf eine Ebene und eine Gerade in der Ebene festzulegen. Die Ebene und die Gerade sind die Situationselemente der Kollektion der fünf assoziierten Geometrieelemente.

Zeichnungsangabe (Eingabe für das Lesen oder Eingabe für das Schreiben)

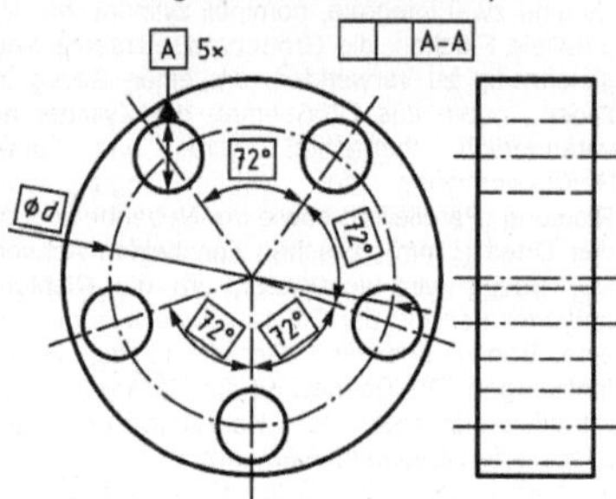

Bild C.31 — Gruppe von fünf parallelen Zylindern — Eingabe für das Lesen (Zeichnungsangabe) und für das Schreiben (Konstruktionsabsicht)

Erklärung:

— die reale integrale Fläche wird nach der Partition/der Extraktion und der Kollektion erhalten [siehe Bild C.32 a)];

— nach 6.3.3 wird der gemeinsame Bezug durch die Situationselemente der Kollektion von fünf parallelen Zylindern beschrieben, die den realen integralen Geometrieelementen, die zur Bildung des gemeinsamen Bezugs verwendet werden, assoziiert ist. Die Assoziation erfolgt gleichzeitig mit inneren Nebenbedingungen: Parallelität, Abstand und Winkel zwischen den fünf Achsen [siehe Bild C.32 b)]. Die Kollektion der nominellen Flächen gehört zur prismatischen Invarianzklasse, und die Situationselemente sind die Mittellinie der Achsen der fünf assoziierten Zylinder und eine Ebene, welche eine Achse und diese Mittellinie enthält [siehe Bild C.32 c)].

ANMERKUNG Das tatsächliche ebene Situationselement ist durch den Toleranzrahmen und durch (ein) TED(s) festgelegt, wenn anwendbar.

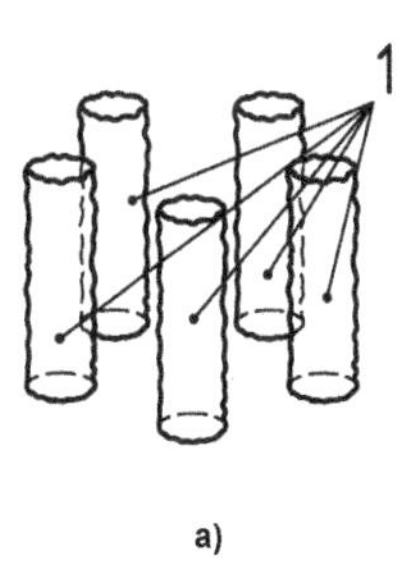

a)

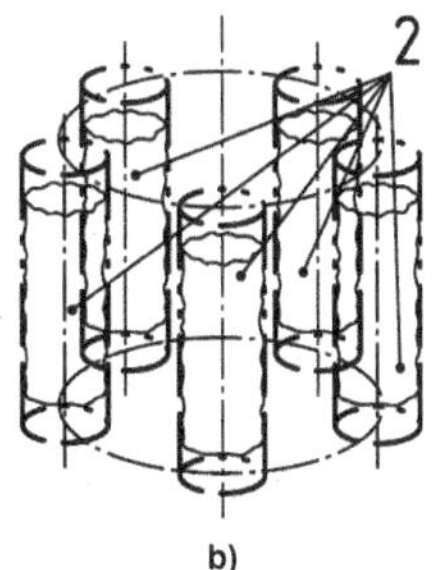

b)

c)

Legende

1 Bezugselemente: reale integrale Geometrieelemente

2 assoziierte Geometrieelemente: mit veränderlichen Durchmessern, Nebenbedingung der Richtung (Parallelität) und Nebenbedingung des Ortes (gegeben durch die TEDs und Winkel von 72°)

3 gemeinsamer Bezug — Situationselemente der Kollektionsfläche: Ebene und Gerade

Bild C.32 — Bildung eines gemeinsamen Bezugs durch eine Gruppe von fünf parallelen Zylindern

C.2.6 Zwei parallele Ebenen

Bild C.33 veranschaulicht die Zeichnungsangabe der Konstruktionsabsicht.

Konstruktionsabsicht
(Eingabe für das Schreiben)

Es sind zwei integrale, nominell ebene und parallele Flächen, die keine Größenmaßelemente sind, gleichzeitig zu verwenden, um einen Bezug zu bilden, unter Berücksichtigung einer Nebenbedingung des Abstands zwischen den beiden Ebenen. Der Bezug wird verwendet, um die Richtung und/oder den Ort der Toleranzzone bezogen auf eine Ebene festzulegen. Diese Ebene ist das Situationselement der Kollektion der beiden assoziierten Ebenen, die eingeschränkt, parallel und durch einen als TED angegebenen Wert voneinander entfernt sind.

Zeichnungsangabe
(Eingabe für das Lesen oder Eingabe für das Schreiben)

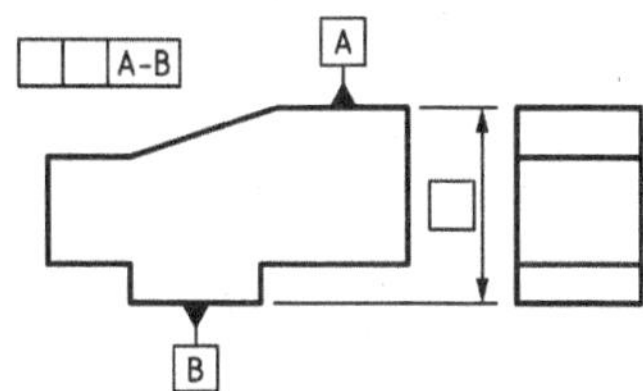

Bild C.33 — Zwei parallele Ebenen — Eingabe für das Lesen (Zeichnungsangabe) und für das Schreiben (Konstruktionsabsicht)

Erklärung:

— die beiden realen integralen Flächen, die kein Größenmaßelement bilden, werden nach der Partition/der Extraktion und Kollektion erhalten [siehe Bild C.34 a)];

— nach 6.3.3 wird der gemeinsame Bezug durch die Situationselemente der Kollektion von zwei parallelen Ebenen beschrieben, die den realen integralen Geometrieelementen, die zur Bildung des gemeinsamen Bezugs verwendet werden, assoziiert ist. Die Assoziation ist global mit inneren Nebenbedingungen:

feststehender Abstand, festgelegt durch ein TED, und Parallelität [siehe Bild C.34 b)]. Die Kollektion der nominellen Flächen gehört zur ebenen Invarianzklasse, und das Situationselement ist eine Ebene [siehe Bild C.34 c)].

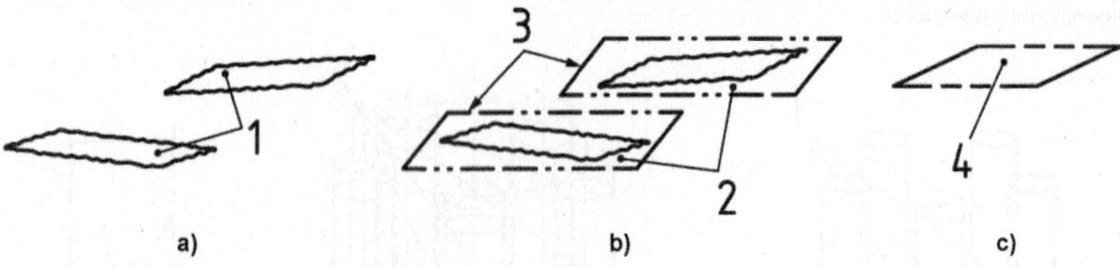

Legende

1 Bezugselemente: zwei reale integrale Geometrieelemente
2 assoziierte Geometrieelemente (zwei assoziierte Ebenen)
3 Nebenbedingung der Richtung (Parallelität) und Nebenbedingung des Ortes (Abstand, festgelegt durch ein TED)
4 gemeinsamer Bezug — Situationselement der Kollektionsfläche: Ebene

Bild C.34 — Bildung eines gemeinsamen Bezugs durch zwei parallele Ebenen

C.3 Beispiele für Bezugssysteme

C.3.1 Drei zueinander senkrechte Ebenen

Bild C.35 veranschaulicht die Zeichnungsangabe der Konstruktionsabsicht.

Konstruktionsabsicht
(Eingabe für das Schreiben)

Es sind drei integrale nominell ebene und zueinander senkrechte Flächen, die keine Größenmaßelemente sind, zu verwenden, um ein Bezugssystem zu bilden, das aus drei Einzelbezügen mit Nebenbedingungen der Richtung (Rechtwinkligkeit) zwischen ihnen besteht. Die Bezüge werden gemeinsam nacheinander in einer vorgegebenen Reihenfolge verwendet, um die Richtung und den Ort der Toleranzzone bezogen auf eine Ebene, eine ihrer Geraden und einen ihrer Punkte (für die drei Ebenen gleich) festzulegen. Diese sind die Situationselemente der Kollektion der drei assoziierten Ebenen.

Zeichnungsangabe
(Eingabe für das Lesen oder Eingabe für das Schreiben)

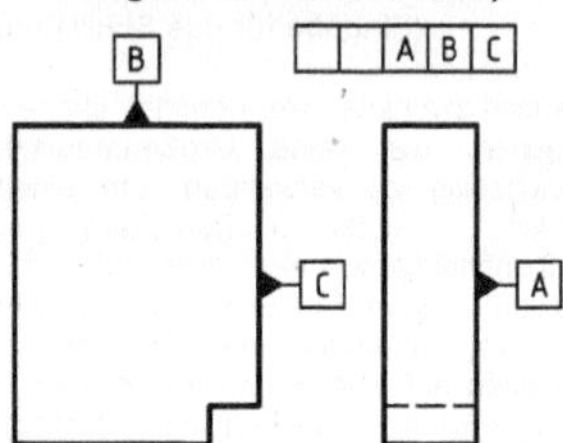

Bild C.35 — Drei zueinander senkrechte Ebenen — Eingabe für das Lesen (Zeichnungsangabe) und für das Schreiben (Konstruktionsabsicht)

Erklärung:

— die realen integralen Flächen werden nach der Partition/der Extraktion und der Kollektion erhalten (siehe Bild C.36);

Bild C.36 — Drei zueinander senkrechte Ebenen — Menge von drei realen integralen Flächen

— nach 6.3.4 wird das Bezugssystem durch die Situationselemente der Kollektion von drei Ebenen beschrieben, die den realen integralen Geometrieelementen mit den Nebenbedingungen der Richtung zwischen ihnen (Winkel von 90°) assoziiert ist. Im Bezugssystem ist der primäre Bezug eine assoziierte Ebene [siehe Bild C.37 a)]; der sekundäre Bezug ist eine assoziierte Ebene, welche die Nebenbedingung der Richtung in Bezug auf den primären Einzelbezug einhält [siehe Bild C.37 b)]; der tertiäre Bezug ist eine assoziierte Ebene, welche die Nebenbedingung der Richtung erstens in Bezug auf den primären Einzelbezug und zweitens in Bezug auf den sekundären Einzelbezug einhält [siehe Bild C.37 c)].

Die Kollektion der das Bezugssystem bildenden nominellen Flächen gehört zur komplexen Invarianzklasse, und die Situationselemente sind eine Ebene (dem primären Bezug entsprechend), eine Gerade (der Schnitt zwischen dieser Ebene und der Ebene, die dem sekundären Bezug entspricht) und ein Punkt (der Schnitt zwischen der Gerade des sekundären Bezugs und der Ebene, die dem tertiären Bezug entspricht) [siehe Bild C.37 d)].

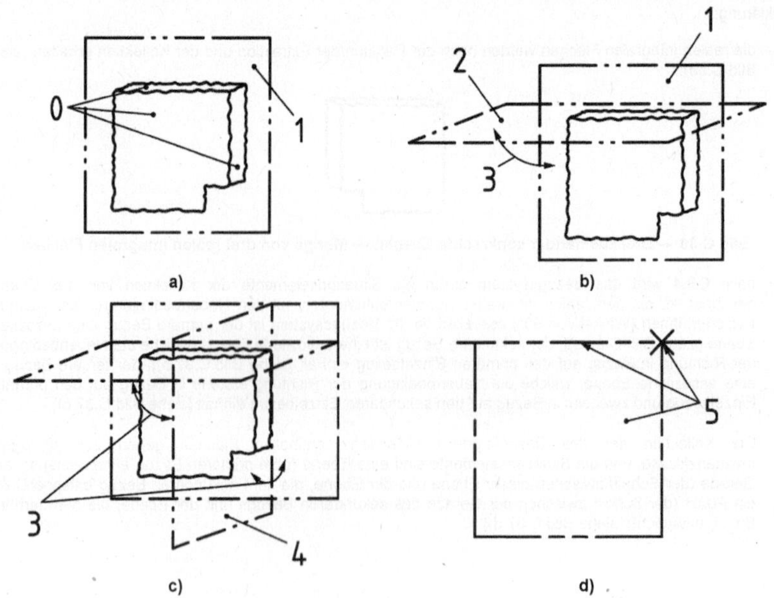

Legende

0 Bezugselemente: reale integrale Geometrieelemente
1 Ebene (primärer Bezug in diesem Fall), die dem Bezugselement assoziiert ist, das mit dem Bezugsbuchstaben A gekennzeichnet ist
2 Ebene (sekundärer Bezug in diesem Fall), die dem Bezugselement assoziiert ist, das mit dem Bezugsbuchstaben B gekennzeichnet ist, mit der Nebenbedingung der Richtung bezüglich des primären Bezugs
3 Nebenbedingung der Richtung (Rechtwinkligkeit)
4 Ebene (tertiärer Bezug in diesem Fall), die dem Bezugselement assoziiert ist, das mit dem Bezugsbuchstaben C gekennzeichnet ist, mit den Nebenbedingungen der Richtung bezüglich des primären Bezugs und des sekundären Bezugs
5 Bezugssystem: Ebene (primärer Bezug), Gerade (Schnitt zwischen dem primären und sekundären Bezug) und Punkt (Schnittpunkt der drei Bezüge)

Bild C.37 — Bildung eines Bezugssystems durch drei zueinander senkrechte Ebenen

C.3.2 Zylinder und senkrechte Ebene

Bild C.38 veranschaulicht die Zeichnungsangabe der Konstruktionsabsicht.

Konstruktionsabsicht
(Eingabe für das Schreiben)

Es sind zwei integrale Geometrieelemente, die einer nominell ebenen Fläche (die kein Größenmaßelement ist) bzw. einer zylindrischen Fläche (die ein Größenmaßelement ist) entsprechen und nominell senkrecht zueinander sind, zu verwenden, um zwei Bezüge zu bilden, indem das Größenmaß des Zylinders als veränderlich betrachtet wird und unter Berücksichtigung der Nebenbedingung der Richtung (Rechtwinkligkeit) zwischen der Achse des assoziierten Zylinders und der assoziierten Ebene. Die Bezüge werden nacheinander in einer vorgegebenen Reihenfolge verwendet, um die Richtung und/oder den Ort der Toleranzzone bezogen auf eine Gerade und einen ihrer Punkte festzulegen. Die Achse und der Punkt sind die Situationselemente der Kollektion der zwei assoziierten Geometrieelemente.

Zeichnungsangabe
(Eingabe für das Lesen oder Eingabe für das Schreiben)

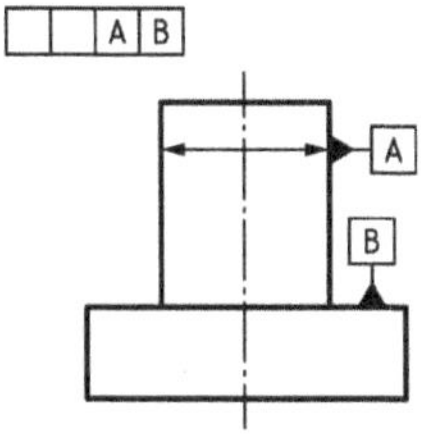

Bild C.38 — Zylinder und senkrechte Ebene — Eingabe für das Lesen (Zeichnungsangabe) und für das Schreiben (Konstruktionsabsicht)

Erklärung:

— die realen integralen Flächen werden nach der Partition/der Extraktion und Kollektion erhalten (siehe Bild C.39);

Bild C.39 — Zylinder und senkrechte Ebene — Menge von zwei realen integralen Flächen

— nach 6.3.4 wird das Bezugssystem durch die Situationselemente der Kollektion von einer Ebene und einem dazu senkrecht stehenden Zylinder, beschrieben, die den realen integralen Geometrieelementen mit einer Nebenbedingung der Richtung zwischen ihnen (Winkel von 90°) assoziiert ist. Im Bezugssystem ist der primäre Bezug ein assoziierter Zylinder [siehe Bild C.40 a)]; der sekundäre Bezug ist eine assoziierte Ebene, welche die Nebenbedingungen der Richtung in Bezug auf den primären Einzelbezug befolgt [siehe Bild C.40 b];

— die Invarianzklasse der Kollektion der nominellen Flächen ist rotationssymmetrisch, und die Situationselemente sind die Achse des Zylinders und der Punkt, welcher sich aus dem Schnitt der Achse mit der Ebene ergibt [siehe Bild C.40 c)].

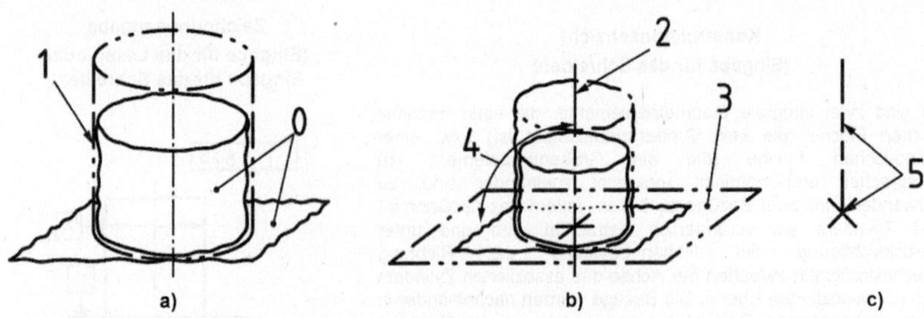

Legende

0 Bezugselemente: reale integrale Geometrieelemente
1 dem Bezugselement assoziierter Zylinder
2 primärer Bezug (Achse des assoziierten Zylinders)
3 assoziierte Ebene (sekundärer Bezug in diesem Fall) mit Nebenbedingungen der Richtung durch den primären Bezug
4 Nebenbedingung der Richtung (Rechtwinkligkeit)
5 Bezugssystem: Gerade (primärer Bezug) und Punkt (Schnitt zwischen dem primären und sekundären Bezug)

Bild C.40 — Bildung eines Bezugssystems durch einen Zylinder und eine senkrechte Eben

Anhang D
(informativ)

Frühere Zeichnungspraxis

D.1 Zeichnungsangabe eines bestimmten Querschnitts eines Zylinders als Bezugselement

Es entsprach der früheren Praxis, einen bestimmten Querschnitt eines Zylinders in die Zeichnung anzugeben, wie in Bild D.1 gezeigt.

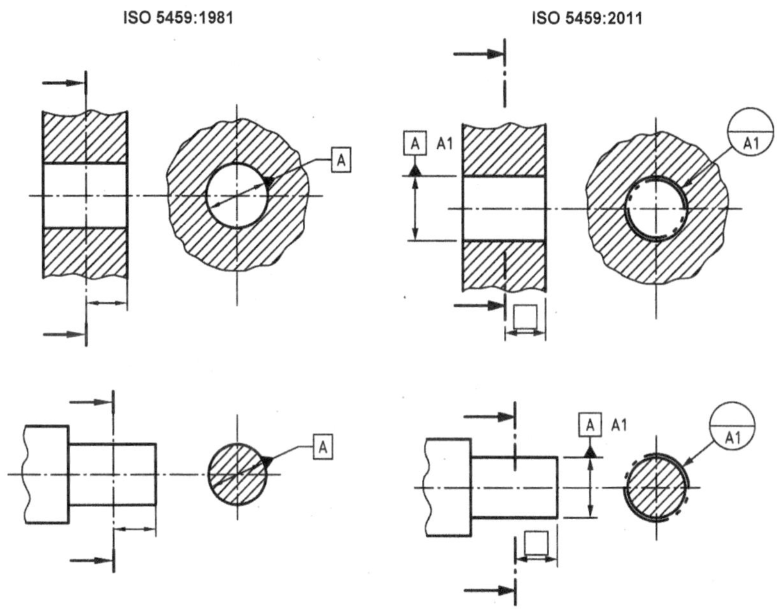

Bild D.1 — Zeichnungsangabe des Mittelpunktes eines Zylinders

D.2 Bezugslinienangabe

Es entsprach der früheren Praxis, bei Bezugslinien, zwei Kreuze durch eine schmale durchgezogene Linie zu verbinden, wie in Bild D.2 gezeigt.

Bild D.2 — Verbindung von zwei Kreuzen

D.3 Angabe von gemeinsamen Bezügen

Es entsprach der früheren Praxis einen gemeinsamen Bezug, welcher durch eine Gruppe von Geometrieelementen gebildet worden ist, mit der Bezeichnung eines Einzelbezugs in die Zeichnung anzugeben, wie in Bild D.3 gezeigt.

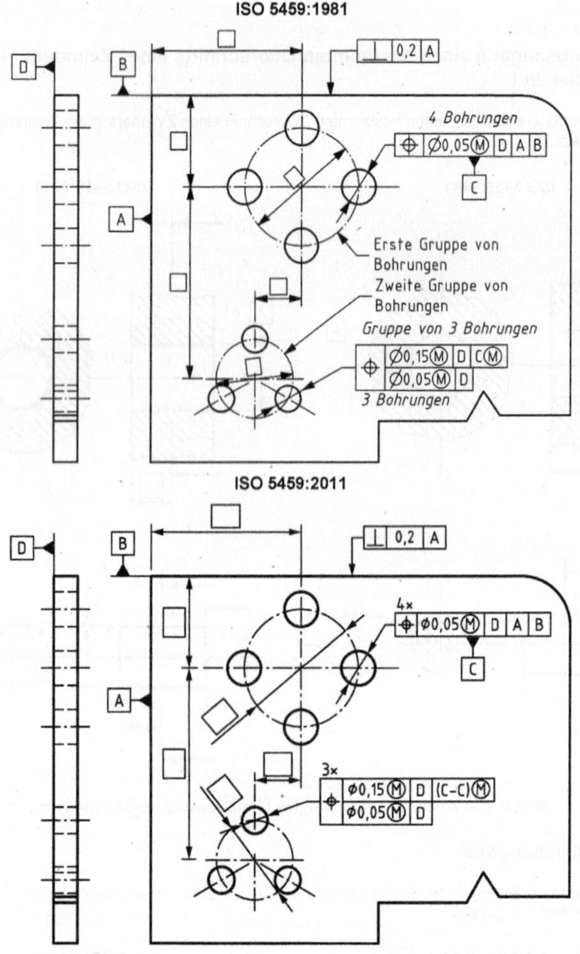

Bild D.3 — Zeichnungsangabe eines gemeinsamen Bezugs

Anhang E
(informativ)

Beispiele für ein Bezugssystem oder einen gemeinsamen Bezug, gebildet mit berührenden Geometrieelementen

E.1 Beispiel 1

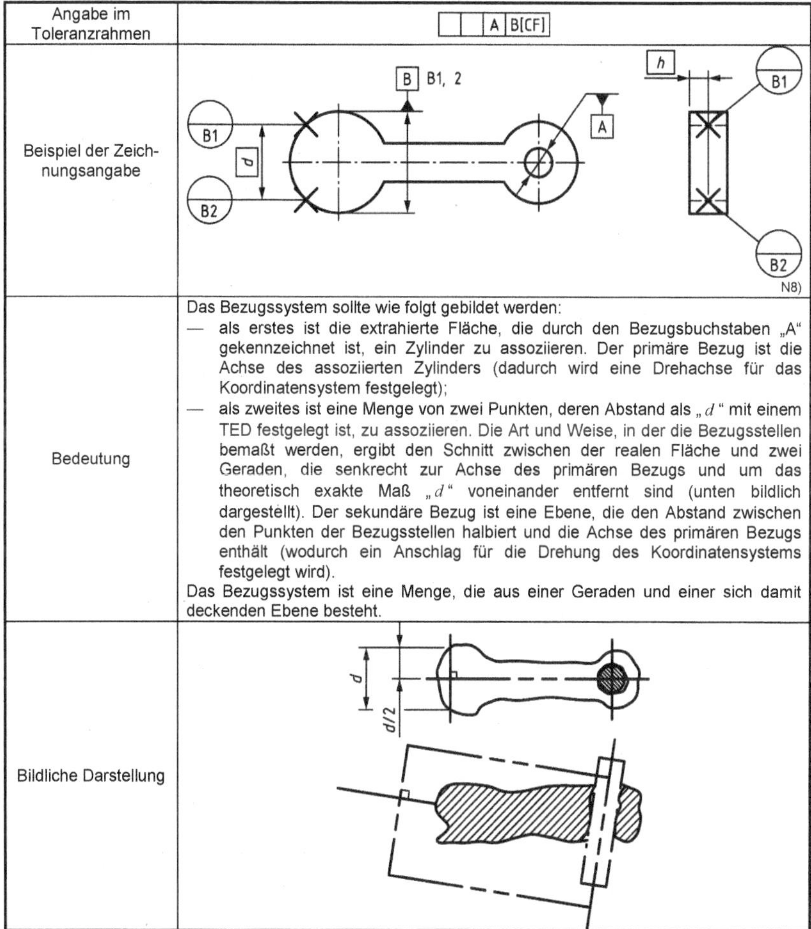

Angabe im Toleranzrahmen	A B[CF]
Beispiel der Zeichnungsangabe	N8)
Bedeutung	Das Bezugssystem sollte wie folgt gebildet werden: — als erstes ist die extrahierte Fläche, die durch den Bezugsbuchstaben „A" gekennzeichnet ist, ein Zylinder zu assoziieren. Der primäre Bezug ist die Achse des assoziierten Zylinders (dadurch wird eine Drehachse für das Koordinatensystem festgelegt); — als zweites ist eine Menge von zwei Punkten, deren Abstand als „d" mit einem TED festgelegt ist, zu assoziieren. Die Art und Weise, in der die Bezugsstellen bemaßt werden, ergibt den Schnitt zwischen der realen Fläche und zwei Geraden, die senkrecht zur Achse des primären Bezugs und um das theoretisch exakte Maß „d" voneinander entfernt sind (unten bildlich dargestellt). Der sekundäre Bezug ist eine Ebene, die den Abstand zwischen den Punkten der Bezugsstellen halbiert und die Achse des primären Bezugs enthält (wodurch ein Anschlag für die Drehung des Koordinatensystems festgelegt wird). Das Bezugssystem ist eine Menge, die aus einer Geraden und einer sich damit deckenden Ebene besteht.
Bildliche Darstellung	

N8) Das Bild wurde im nationalen Vorwort korrigiert.

E.2 Beispiel 2

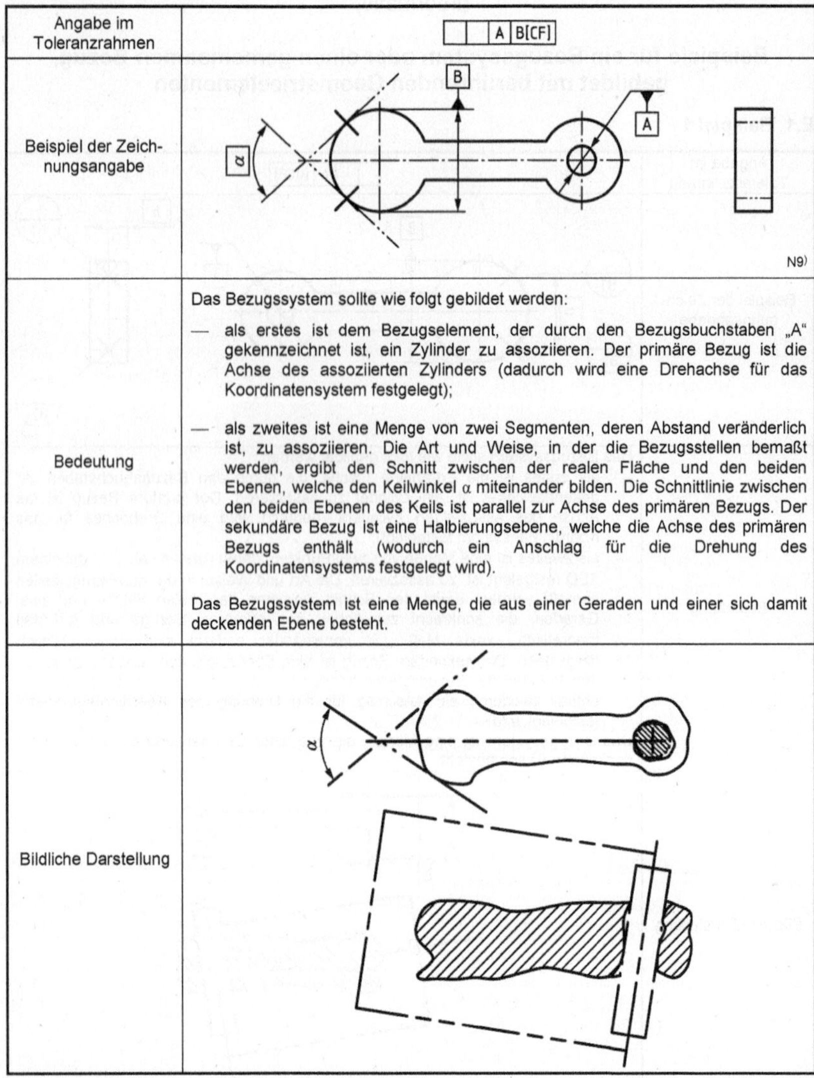

Angabe im Toleranzrahmen	A | B[CF]
Beispiel der Zeichnungsangabe	B A α N9)
Bedeutung	Das Bezugssystem sollte wie folgt gebildet werden: — als erstes ist dem Bezugselement, der durch den Bezugsbuchstaben „A" gekennzeichnet ist, ein Zylinder zu assoziieren. Der primäre Bezug ist die Achse des assoziierten Zylinders (dadurch wird eine Drehachse für das Koordinatensystem festgelegt); — als zweites ist eine Menge von zwei Segmenten, deren Abstand veränderlich ist, zu assoziieren. Die Art und Weise, in der die Bezugsstellen bemaßt werden, ergibt den Schnitt zwischen der realen Fläche und den beiden Ebenen, welche den Keilwinkel α miteinander bilden. Die Schnittlinie zwischen den beiden Ebenen des Keils ist parallel zur Achse des primären Bezugs. Der sekundäre Bezug ist eine Halbierungsebene, welche die Achse des primären Bezugs enthält (wodurch ein Anschlag für die Drehung des Koordinatensystems festgelegt wird). Das Bezugssystem ist eine Menge, die aus einer Geraden und einer sich damit deckenden Ebene besteht.
Bildliche Darstellung	α

N9) Das Bild wurde im nationalen Vorwort korrigiert.

E.3 Beispiel 3

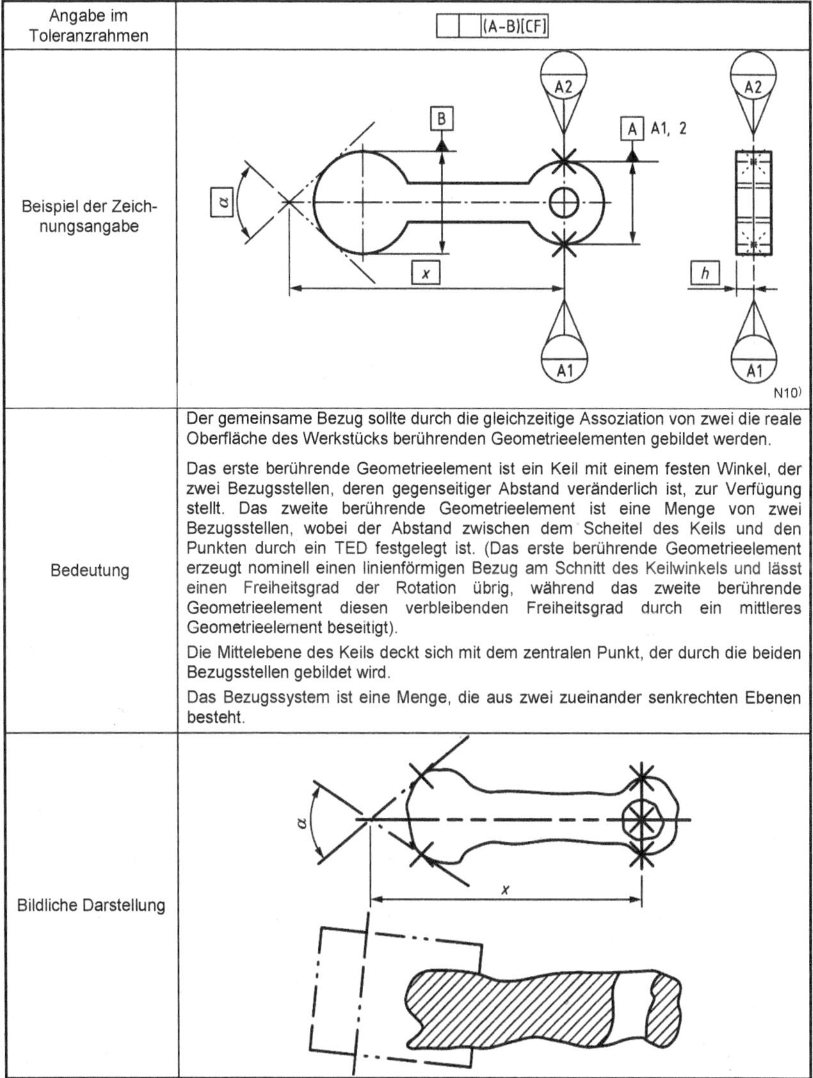

Angabe im Toleranzrahmen	(A-B)[CF]
Beispiel der Zeichnungsangabe	
Bedeutung	Der gemeinsame Bezug sollte durch die gleichzeitige Assoziation von zwei die reale Oberfläche des Werkstücks berührenden Geometrieelementen gebildet werden. Das erste berührende Geometrieelement ist ein Keil mit einem festen Winkel, der zwei Bezugsstellen, deren gegenseitiger Abstand veränderlich ist, zur Verfügung stellt. Das zweite berührende Geometrieelement ist eine Menge von zwei Bezugsstellen, wobei der Abstand zwischen dem Scheitel des Keils und den Punkten durch ein TED festgelegt ist. (Das erste berührende Geometrieelement erzeugt nominell einen linienförmigen Bezug am Schnitt des Keilwinkels und lässt einen Freiheitsgrad der Rotation übrig, während das zweite berührende Geometrieelement diesen verbleibenden Freiheitsgrad durch ein mittleres Geometrieelement beseitigt). Die Mittelebene des Keils deckt sich mit dem zentralen Punkt, der durch die beiden Bezugsstellen gebildet wird. Das Bezugssystem ist eine Menge, die aus zwei zueinander senkrechten Ebenen besteht.
Bildliche Darstellung	

N10) Das Bild wurde im nationalen Vorwort korrigiert.

E.4 Beispiel 4

Angabe im Toleranzrahmen	(A-B)[DV][CF]
Beispiel der Zeichnungsangabe	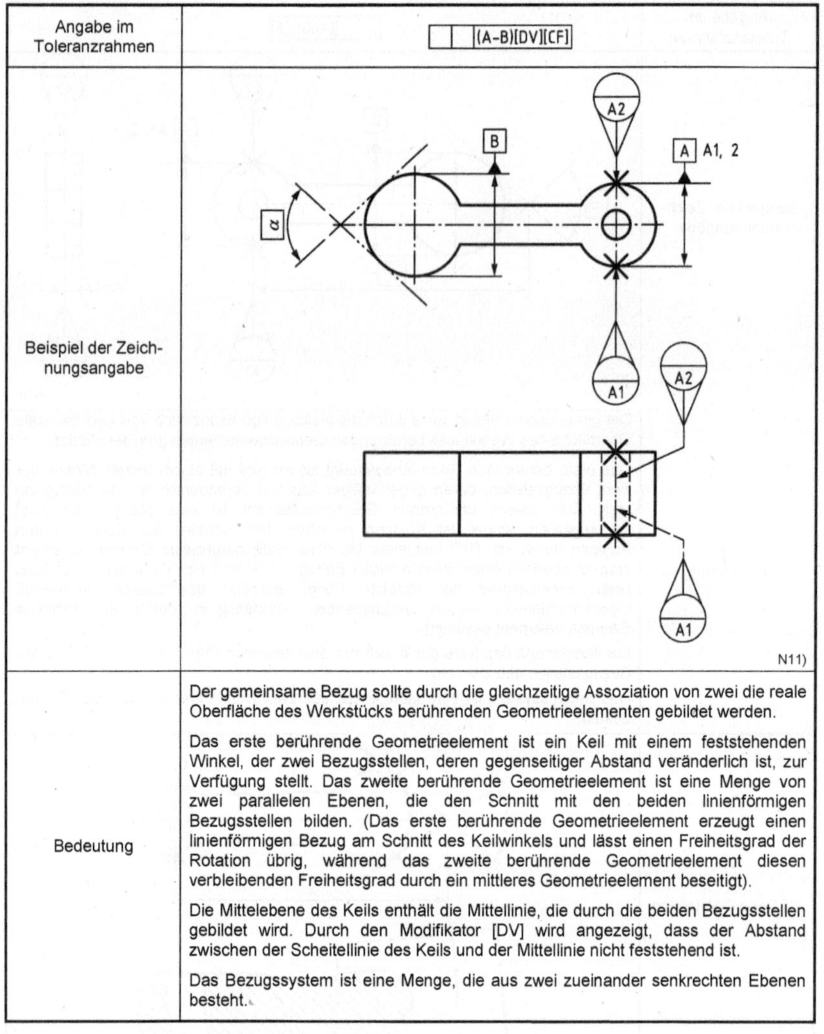 N11)
Bedeutung	Der gemeinsame Bezug sollte durch die gleichzeitige Assoziation von zwei die reale Oberfläche des Werkstücks berührenden Geometrieelementen gebildet werden. Das erste berührende Geometrieelement ist ein Keil mit einem feststehenden Winkel, der zwei Bezugsstellen, deren gegenseitiger Abstand veränderlich ist, zur Verfügung stellt. Das zweite berührende Geometrieelement ist eine Menge von zwei parallelen Ebenen, die den Schnitt mit den beiden linienförmigen Bezugsstellen bilden. (Das erste berührende Geometrieelement erzeugt einen linienförmigen Bezug am Schnitt des Keilwinkels und lässt einen Freiheitsgrad der Rotation übrig, während das zweite berührende Geometrieelement diesen verbleibenden Freiheitsgrad durch ein mittleres Geometrieelement beseitigt). Die Mittelebene des Keils enthält die Mittellinie, die durch die beiden Bezugsstellen gebildet wird. Durch den Modifikator [DV] wird angezeigt, dass der Abstand zwischen der Scheitellinie des Keils und der Mittellinie nicht feststehend ist. Das Bezugssystem ist eine Menge, die aus zwei zueinander senkrechten Ebenen besteht.

N11) Das Bild wurde im nationalen Vorwort korrigiert.

Bildliche Darstellung	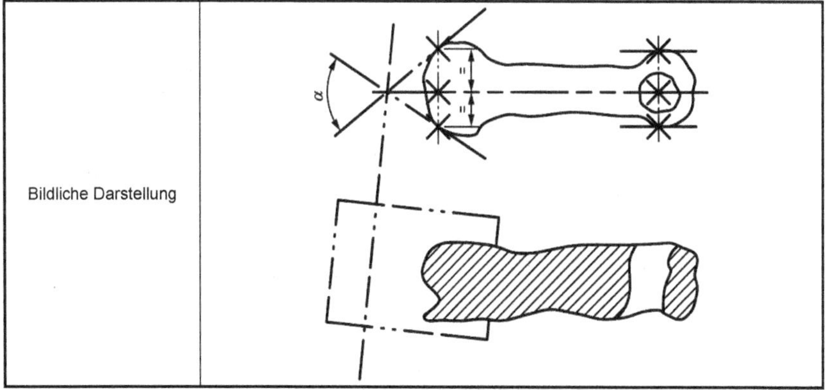

E.5 Beispiel 5 — Beispiel für ein „Dreibackenfutter“

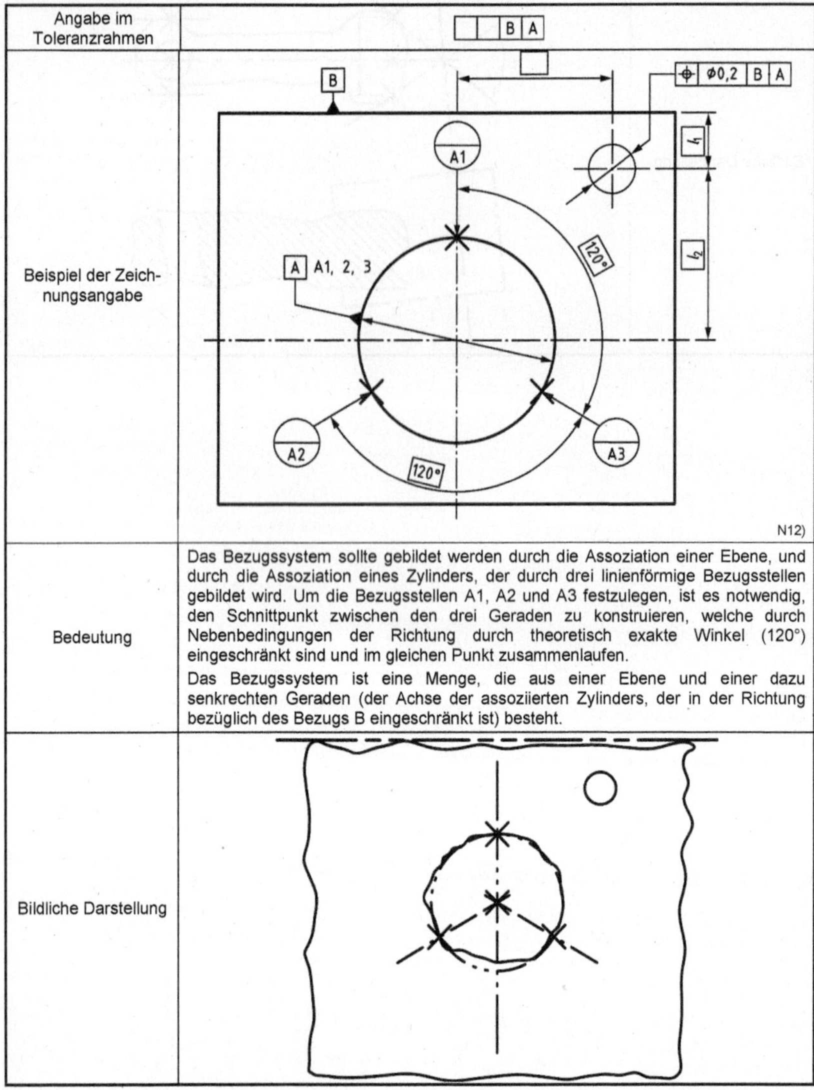

Angabe im Toleranzrahmen	
Beispiel der Zeichnungsangabe	
Bedeutung	Das Bezugssystem sollte gebildet werden durch die Assoziation einer Ebene, und durch die Assoziation eines Zylinders, der durch drei linienförmige Bezugsstellen gebildet wird. Um die Bezugsstellen A1, A2 und A3 festzulegen, ist es notwendig, den Schnittpunkt zwischen den drei Geraden zu konstruieren, welche durch Nebenbedingungen der Richtung durch theoretisch exakte Winkel (120°) eingeschränkt sind und im gleichen Punkt zusammenlaufen. Das Bezugssystem ist eine Menge, die aus einer Ebene und einer dazu senkrechten Geraden (der Achse der assoziierten Zylinders, der in der Richtung bezüglich des Bezugs B eingeschränkt ist) besteht.
Bildliche Darstellung	

N12) Das Bild wurde im nationalen Vorwort korrigiert.

Anhang F
(normativ)

Beziehungen und Abmessungen der graphischen Symbole

Um die Größen der in dieser Internationalen Norm festgelegten Symbole mit denen der anderen Zeichnungsangaben (Maße, Buchstaben, Toleranzen) zu harmonisieren, müssen die in Bild F.1 angegeben Regeln beachtet werden. Diese Regeln stimmen mit ISO 81714-1 überein. Die Buchstaben *dn* kennzeichnen die Breite der schmalen Linie.

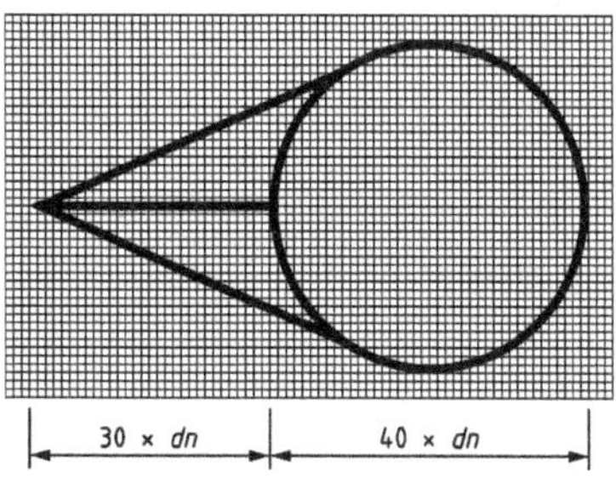

Bild F.1 — Beweglicher Bezugsstellenrahmen

Anhang G
(informativ)

Beziehung zum GPS-Matrix-Modell

G.1 Allgemeines

Zu den vollständigen Einzelheiten des GPS-Matrix-Modells siehe ISO/TR 14638.

Die in ISO/TR 14638 gegebene ISO/GPS-Übersicht gibt einen Überblick über das ISO/GPS-System, von dem dieses Dokument ein Bestandteil ist. Die in ISO 8015 gegebenen grundlegenden Regeln von ISO/GPS gelten für diese Norm und die Default-Entscheidungsregeln aus ISO 14253-1 gelten für die Spezifikationen nach diesem Dokument, soweit nicht anders angegeben.

G.2 Information über diese Internationale Norm und ihre Anwendung

Diese Internationale Norm beschreibt die Begriffe, die Regeln, die Erklärungen und die Art und Weise, in der die Bezüge und Bezugssysteme in technische Produktdokumentationen angegeben werden.

G.3 Position im GPS-Matrix-Modell

Diese Internationale Norm ist eine allgemeine GPS-Norm, welche die Kettenglieder 1 bis 3 der Normenketten über Bezüge in der allgemeinen GPS-Matrix beeinflusst, wie in Bild G.1 graphisch dargestellt.

GPS-Grundnormen

Globale GPS-Normen

Matrix allgemeiner GPS-Normen

Kettenglieder	1	2	3	4	5	6
Maß						
Abstand						
Radius						
Winkel						
Form einer bezugsunabhängigen Linie						
Form einer bezugsabhängigen Linie						
Form einer bezugsunabhängigen Oberfläche						
Form einer bezugsabhängigen Oberfläche						
Richtung						
Ort						
Lauf						
Gesamtlauf						
Bezüge						
Rauheitsprofil						
Welligkeitsprofil						
Primärprofil						
Oberflächenunvollkommenheit						
Kanten						

Bild G.1 — Position im GPS-Matrix-Modell

G.4 Betroffene Internationale Normen

Die betroffenen Internationalen Normen sind diejenigen, welche aus den Kettengliedern der in Bild G.1 gekennzeichneten Normen hervorgehen.

Literaturhinweise

[1] ISO 2768-1, *General tolerances — Part 1: Tolerances for linear and angular dimensions without individual tolerance indications*

[2] ISO 2768-2, *General tolerances — Part 2: Geometrical tolerances for features without individual tolerance indications*

[3] ISO 5459:1981, *Technical drawings — Geometrical tolerancing — Datums and datum systems for geometrical tolerances*

[4] ISO 7083:1983, *Technical drawings — Symbols for geometrical tolerancing — Proportions and dimensions*

[5] ISO 8015, *Geometrical product specifications (GPS) — Fundamentals — Concepts, principles and rules*

[6] ISO 14253-1, *Geometrical product specifications (GPS) — Inspection by measurement of workpieces and measuring equipment — Part 1: Decision rules for proving conformance or non-conformance with specifications*

[7] ISO/TR 14638, *Geometrical product specification (GPS) — Masterplan*

September 2011

	DIN EN ISO 8015	

ICS 17.040.30

Ersatz für
DIN ISO 8015:1986-06

Geometrische Produktspezifikation (GPS) – Grundlagen – Konzepte, Prinzipien und Regeln (ISO 8015:2011); Deutsche Fassung EN ISO 8015:2011

Geometrical product specifications (GPS) –
Fundamentals –
Concepts, principles and rules (ISO 8015:2011);
German version EN ISO 8015:2011

Spécification géométrique des produits (GPS) –
Principes fondamentaux –
Concepts, principes et règles (ISO 8015:2011);
Version allemande EN ISO 8015:2011

Gesamtumfang 20 Seiten

Normenausschuss Technische Grundlagen (NATG) im DIN

Nationales Vorwort

Dieses Dokument (EN ISO 8015:2011) wurde vom Technischen Komitee ISO/TC 213 „Dimensional and geometrical product specifications and verification" (Sekretariat: Dänemark, DS) in Zusammenarbeit mit dem Technischen Komitee CEN/TC 290 „Geometrische Produktspezifikationen und -prüfung" erarbeitet, dessen Sekretariat von AFNOR (Frankreich) gehalten wird.

Auf nationaler Ebene ist der Arbeitsausschuss NA 152-03-02 AA „CEN/ISO Geometrische Produktspezifikation und -prüfung" zuständig.

Für die in diesem Dokument zitierten Internationalen Dokumente und Normen wird im Folgenden auf die entsprechenden Deutschen Dokumente und Normen hingewiesen:

ISO 1	siehe DIN EN ISO 1
ISO 1101	siehe DIN EN ISO 1101
ISO 1302	siehe DIN EN ISO 1302
ISO 2692	siehe DIN EN ISO 2692
ISO 2768-1	siehe DIN ISO 2768-1
ISO 7200	siehe DIN EN ISO 7200
ISO 13715	siehe DIN ISO 13715
ISO 14253-1	siehe DIN EN ISO 14253-1
ISO 14253-2	siehe DIN EN ISO 14253-2*)
ISO 14405-1	siehe DIN EN ISO 14405-1
ISO 14978	siehe DIN EN ISO 14978
ISO 17450-1	siehe DIN EN ISO 17450-1**)
ISO 17450-2	siehe DIN EN ISO 17450-2***)
ISO/TR 14638	siehe DIN V 32950
ISO/IEC Guide 98-3	siehe DIN V ENV 13005
ISO/IEC Guide 99	siehe VIM (D)****)

Änderungen

Gegenüber DIN ISO 8015:1986-06 wurden folgende Änderungen vorgenommen:

a) die Norm wurde technisch überarbeitet.

Frühere Ausgaben

DIN 2300: 1980-11
DIN ISO 8015: 1986-06

---

*) Wird veröffentlicht.

**) Wird veröffentlicht (Überarbeitung von ISO/TS 17450-1:2005).

***) Wird veröffentlicht (Überarbeitung von ISO/TS 17450-2:2002).

****) zu beziehen bei: Beuth Verlag GmbH, AuslandsNormen-Service (ANS), 10772 Berlin, ISBN 978-3-410-20070-3.

Nationaler Anhang NA
(informativ)

Literaturhinweise

DIN EN ISO 1, *Geometrische Produktspezifikation (GPS) — Referenztemperatur für geometrische Produktspezifikation und –prüfung*

DIN EN ISO 1101, *Geometrische Produktspezifikation (GPS) — Geometrische Tolerierung — Tolerierung von Form, Richtung, Ort und Lauf*

DIN EN ISO 1302, *Geometrische Produktspezifikation (GPS) — Angabe der Oberflächenbeschaffenheit in der technischen Produktdokumentation*

DIN EN ISO 2692, *Geometrische Produktspezifikation (GPS) — Form- und Lagetolerierung — Maximum-Material-Bedingung (MMR), Minimum-Material-Bedingung (LMR) und Reziprozitätsbedingung (RPR)*

DIN EN ISO 7200, *Technische Produktdokumentation — Datenfelder in Schriftfeldern und Dokumentenstammdaten*

DIN EN ISO 14253-1, *Geometrische Produktspezifikationen (GPS) — Prüfung von Werkstücken und Meßgeräten durch Messen — Teil 1: Entscheidungsregeln für die Feststellung von Übereinstimmung oder Nichtübereinstimmung mit Spezifikationen*

DIN EN ISO 14253-2, *Geometrische Produktspezifikationen (GPS) — Prüfung von Werkstücken und Messgeräten durch Messen — Teil 2: Anleitung zur Schätzung der Unsicherheit bei GPS-Messungen, bei der Kalibrierung von Messgeräten und bei der Produktprüfung*

DIN EN ISO 14405-1, *Geometrische Produktspezifikation (GPS) — Dimensionelle Tolerierung — Teil 1: Längenmaße*

DIN EN ISO 14978, *Geometrische Produktspezifikation (GPS) — Allgemeine Begriffe und Anforderungen für GPS-Messeinrichtungen*

DIN EN ISO 17450-1, *Geometrische Produktspezifikation (GPS) — Grundlagen — Teil 1: Modell für die geometrische Spezifikation und Prüfung*

DIN EN ISO 17450-2, *Geometrische Produktspezifikation und -prüfung (GPS) — Allgemeine Begriffe — Teil 2: Grundlegende Lehrsätze, Spezifikationen, Operatoren und Unsicherheiten*

DIN ISO 2768-1, *Allgemeintoleranzen; Toleranzen für Längen- und Winkelmaße ohne einzelne Toleranzeintragung*

DIN ISO 13715, *Technische Zeichnungen — Werkstückkanten mit unbestimmter Form — Begriffe und Zeichnungsangaben*

DIN V 32950, *Geometrische Produktspezifikation (GPS) — Übersicht*

DIN V ENV 13005, *Leitfaden zur Angabe der Unsicherheit beim Messen*

VIM, *Internationales Wörterbuch der Metrologie — Grundlegende und allgemeine Begriffe und zugeordnete Benennungen*

— Leerseite —

EUROPÄISCHE NORM

EUROPEAN STANDARD

NORME EUROPÉENNE

EN ISO 8015

Juni 2011

ICS 01.100.20

Deutsche Fassung

Geometrische Produktspezifikation (GPS) - Grundlagen - Konzepte, Prinzipien und Regeln (ISO 8015:2011)

Geometrical product specifications (GPS) - Fundamentals - Concepts, principles and rules (ISO 8015:2011)

Spécification géométrique des produits (GPS) - Principes fondamentaux - Concepts, principes et règles (ISO 8015:2011)

Diese Europäische Norm wurde vom CEN am 18. Mai 2011 angenommen.

Die CEN-Mitglieder sind gehalten, die CEN/CENELEC-Geschäftsordnung zu erfüllen, in der die Bedingungen festgelegt sind, unter denen dieser Europäischen Norm ohne jede Änderung der Status einer nationalen Norm zu geben ist. Auf dem letzten Stand befindliche Listen dieser nationalen Normen mit ihren b bliographischen Angaben sind beim Management-Zentrum des CEN-CENELEC oder bei jedem CEN-Mitglied auf Anfrage erhältlich.

Diese Europäische Norm besteht in drei offiziellen Fassungen (Deutsch, Englisch, Französisch). Eine Fassung in einer anderen Sprache, die von einem CEN-Mitglied in eigener Verantwortung durch Übersetzung in seine Landessprache gemacht und dem Management-Zentrum mitgeteilt worden ist, hat den gleichen Status wie die offiziellen Fassungen.

CEN-Mitglieder sind die nationalen Normungsinstitute von Belgien, Bulgarien, Dänemark, Deutschland, Estland, Finnland, Frankreich, Griechenland, Irland, Island, Italien, Kroatien, Lettland, Litauen, Luxemburg, Malta, den Niederlanden, Norwegen, Österreich, Polen, Portugal, Rumänien, Schweden, der Schweiz, der Slowakei, Slowenien, Spanien, der Tschechischen Republik, Ungarn, dem Vereinigten Königreich und Zypern.

EUROPÄISCHES KOMITEE FÜR NORMUNG
EUROPEAN COMMITTEE FOR STANDARDIZATION
COMITÉ EUROPÉEN DE NORMALISATION

Management-Zentrum: Avenue Marnix 17, B-1000 Brüssel

Ref. Nr. EN ISO 8015:2011 D

Inhalt

Seite

Vorwort

Dieses Dokument (EN ISO 8015:2011) wurde vom Technischen Komitee ISO/TC 213 „Dimensional and geometrical product specifications and verification“ in Zusammenarbeit mit dem Technischen Komitee CEN/TC 290 „Geometrische Produktspezifikationen und -prüfung“ erarbeitet, dessen Sekretariat vom AFNOR gehalten wird.

Diese Europäische Norm muss den Status einer nationalen Norm erhalten, entweder durch Veröffentlichung eines identischen Textes oder durch Anerkennung bis Dezember 2011, und etwaige entgegenstehende nationale Normen müssen bis Dezember 2011 zurückgezogen werden.

Es wird auf die Möglichkeit hingewiesen, dass einige Texte dieses Dokuments Patentrechte berühren können. CEN [und/oder CENELEC] sind nicht dafür verantwortlich, einige oder alle diesbezüglichen Patentrechte zu identifizieren.

Entsprechend der CEN/CENELEC-Geschäftsordnung sind die nationalen Normungsinstitute der folgenden Länder gehalten, diese Europäische Norm zu übernehmen: Belgien, Bulgarien, Dänemark, Deutschland, Estland, Finnland, Frankreich, Griechenland, Irland, Island, Italien, Kroatien, Lettland, Litauen, Luxemburg, Malta, Niederlande, Norwegen, Österreich, Polen, Portugal, Rumänien, Schweden, Schweiz, Slowakei, Slowenien, Spanien, Tschechische Republik, Ungarn, Vereinigtes Königreich und Zypern.

Anerkennungsnotiz

Der Text von ISO 8015:2011 wurde vom CEN als EN ISO 8015:2011 ohne irgendeine Abänderung genehmigt.

Einleitung

Dieses internationale Dokument ist eine Norm für die geometrische Produktspezifikation (GPS) und ist als fundamentale GPS Norm (siehe ISO/TR 14638) anzusehen. Sie beeinflusst alle anderen Normen im GPS-Matrix-System, d. h. sowohl alle globalen, allgemeinen und ergänzenden Normen, als auch jede beliebige andere Art von Dokumenten innerhalb des GPS-Matrix-Systems.

Für eine weitergehende ausführliche Information über den Zusammenhang dieser Norm mit anderen Normen und mit dem GPS-Matrix-Modell siehe Anhang A.

Diese Internationale Norm deckt eine Anzahl grundlegender Prinzipien ab, die auf alle GPS-Normen und auf jede technische Produktspezifikation, welche auf dem GPS-Matrix-Modell beruht, angewendet werden können. Bis zur Veröffentlichung dieser Norm waren diese Prinzipien nur implizit und nicht explizit formuliert worden.

Diese Internationale Norm deckt auch die Angabe der Spezifikationsoperatoren nach ISO und insbesondere auch die Angabe der Spezifikationsoperatoren in denjenigen anderen Fällen, die entweder durch unmittelbare Angabe oder durch Verwendung von firmenspezifischen oder zeichnungsspezifischen Festlegungen gegeben sind.

Dem Zweck dieser Internationalen Norm entsprechend, wird ein Konzept als eine abstrakte Idee, ein Prinzip als eine genormte, allgemein anerkannte Wahrheit, beruhend auf Konzepten, auf welchen wiederum Regeln beruhen, und eine Regel als genormtes Verfahren (des Handelns) angesehen.

1 Anwendungsbereich

Diese Internationale Norm legt die grundlegenden Konzepte, Prinzipien und Regeln fest, die für die Erstellung, Interpretation und Anwendung aller anderen Internationalen Normen, technischen Spezifikationen und technischen Berichten gelten, soweit sie die geometrische Produktspezifikation (GPS) und –prüfung betreffen.

Diese Internationale Norm gilt für die Interpretation von GPS-Angaben auf allen Zeichnungsausführungen.

Für den Zweck dieser Internationalen Norm ist der Begriff „Zeichnung" im weitest möglichen Sinne zu interpretieren und schließt das gesamte Paket von Dokumentationen zur Spezifikation des Werkstücks mit ein.

2 Normative Verweisungen

Die folgenden zitierten Dokumente sind für die Anwendung dieses Dokuments erforderlich. Bei datierten Verweisungen gilt nur die in Bezug genommene Ausgabe. Bei undatierten Verweisungen gilt die letzte Ausgabe des in Bezug genommenen Dokuments (einschließlich aller Änderungen).

ISO 17450-1:—[1] *Geometrical product specifications (GPS) — General concepts — Part 1: Model for geometrical specification and verification*

ISO 17450-2:—[2] *Geometrical product specifications (GPS) — General concepts — Part 2: Basic tenets,specifications, operators and uncertainties*

ISO/IEC Guide 98-3:2008, *Uncertainty of measurement — Guide to the expression of uncertainty in measurement (GUM:1995)*

ISO/IEC Guide 99:2007, *International vocabulary of metrology — Basic and general concepts and associated terms (VIM)*

3 Begriffe

Für die Anwendung dieses Dokuments gelten die Begriffe nach ISO 17450-1, ISO 17450-2, ISO/IEC Guide 98-3, ISO/IEC Guide 99 und die folgenden Begriffe.

3.1
ISO GPS
GPS
System der geometrischen Produktspezifikation und –prüfung, entwickelt durch das ISO/TC 213

3.2
standardgemäße GPS-Spezifikation
GPS-Spezifikation, für die der Spezifikationsoperator durch Normen oder Regelwerke festgelegt ist

ANMERKUNG Wenn sie festgelegt sind, dann sind standardgemäße Spezifikationen üblicherweise an den einführenden Worten: „*wenn nicht anders festgelegt...*" zu erkennen.

3.3
standardmäßige GPS-Spezifikation der ISO
durch eine ISO-Norm festgelegte standardmäßige GPS-Spezifikation

---

[1] Wird veröffentlicht. (Überarbeitung von ISO/TS 17450-1:2005).

[2] Wird veröffentlicht. (Überarbeitung von ISO/TS 17450-2:2002).

3.4

abgewandelte standardmäßige GPS-Spezifikation

auf andere Art und Weise festgelegte standardmäßige GPS-Spezifikation

3.5

standardmäßiger GPS-Spezifikationsoperator der ISO

Spezifikationsoperator, der nur standardmäßige Spezifikationsoperationen enthält, die durch ISO-Normen in der standardmäßigen Reihenfolge festgelegt sind

4 Grundlegende Annahmen für das Lesen von Spezifikationen auf Zeichnungen

4.1 Allgemeines

Die folgenden Annahmen bezüglich der Interpretation der Toleranzgrenzen sind die Grundlage für die übergreifenden Regeln des GPS-Systems.

Allgemeine und individuelle auf der Zeichnung eingetragene Spezifikationen müssen immer beachtet werden und sind standardmäßig mit den in 4.2 bis 4.4 angegebenen Annahmen verbunden.

4.2 Funktionsgrenzen

Für die Interpretation wird angenommen, dass die Funktionsgrenzen auf einer vollständigen Untersuchung beruhen, die experimentell oder theoretisch oder als eine Kombination von beidem durchgeführt worden ist, so dass die Funktionsgrenzen ohne Unsicherheit bekannt sind.

4.3 Toleranzgrenzen

Für die Interpretation wird angenommen, dass die Toleranzgrenzen mit den Funktionsgrenzen übereinstimmen.

4.4 Funktionsniveau des Werkstücks

Für die Interpretation wird angenommen, dass das Werkstück innerhalb der Toleranzgrenzen zu 100 % funktioniert und außerhalb der Toleranzgrenzen zu 0 %.

5 Elementare Grundsätze

5.1 Grundsatz des Aufrufens

Sobald ein Teilbereich des ISO-GPS-Systems in einer Produktspezifikation des Maschinenbaus aufgerufen wird, gilt das gesamte ISO-GPS-System als aufgerufen, wenn es nicht anders in der Dokumentation gekennzeichnet ist, z. B. durch Bezugnahme auf ein entsprechendes Dokument.

„Wenn nichts anderes in der Dokumentation eingetragen ist" bedeutet z. B., dass, wenn in der Dokumentation angegeben ist, dass diese in Übereinstimmung mit einer regionalen oder nationalen Norm oder einem firmeneigenen Regelwerk erstellt worden ist und dass dann diese Norm und nicht das ISO-GPS-System verwendet werden soll, um diejenigen Elemente der Spezifikation zu interpretieren, die durch diese Norm abgedeckt sind.

„Tolerierung ISO 8015" kann wahlweise zur Information im oder in der Nähe des Titelfeldes angegeben werden, ist aber nicht erforderlich, um das ISO-GPS-System aufzurufen.

ANMERKUNG 1 Der am meisten übliche Weg um das ISO-GPS-System aufzurufen ist die Verwendung von einer oder mehreren GPS-Spezifikationen auf einer Zeichnung.

ANMERKUNG 2 Das ISO-GPS-System ist in den durch das ISO/TC 213 veröffentlichten Internationalen Normen festgelegt. Siehe auch ISO/TR 14638.

ANMERKUNG 3 Der Satz „das gesamte ISO-GPS-System wird aufgerufen" bedeutet, dass zum Beispiel fundamentale und globale GPS-Normen gelten und konsequenterweise zum Beispiel die Referenztemperatur nach ISO 1 oder die Entscheidungsregeln nach ISO 14253-1 gelten, sofern nichts anderes angegeben ist. Der Sinn des Grundsatz des Aufrufens ist es, die formale Nachverfolgbarkeit für diese GPS-Normen und Regeln zu gewährleisten.

5.2 Grundsatz der GPS-Normenhierarchie

Das ISO-GPS-System ist in einer Hierarchie von Normen festgelegt, welche die folgenden Arten von Normen in der gegebenen Reihenfolge einschließt:

— GPS-Grundnormen;

— globale GPS-Normen;

— allgemeine GPS-Normen;

— ergänzende GPS-Normen.

Die in den Normen eines höheren Niveaus der Hierarchie angegebenen Regeln gelten in allen Fällen, es sei denn, dass Regeln in Normen eines niedrigeren Niveaus in der Hierarchie eigens andere Regeln angeben.

Die in den GPS-Grundnormen, z. B. in dieser Norm, angegebenen Regeln gelten in allen Fällen, es sei denn, dass die Regeln in einer speziellen Norm auf einem niedrigeren Niveau andere Regeln angeben, die innerhalb ihres Geltungsbereiches gültig sind.

Die in globalen GPS-Normen angegebenen Regeln, z. B. in ISO 1, gelten in allen Fällen, es sei denn, dass die Regeln in einer speziellen allgemeinen oder ergänzenden Norm andere Regeln angeben, die innerhalb ihres Geltungsbereiches gültig sind.

Alle in GPS-Grundnormen und globalen GPS-Normen angegebenen Regeln gelten zusätzlich zu den in den allgemeinen GPS-Normen, z. B. ISO 1101, besonders angegebenen Regeln, außer in den Fällen, in denen die Regeln in der allgemeinen GPS-Norm ausdrücklich von den in den GPS-Grundnormen und den globalen GPS-Normen angegebenen Regeln verschieden sind und falls die Regeln in einer bestimmten ergänzenden Norm keine anderen Regeln angeben, die innerhalb ihres Geltungsbereiches gültig sind.

Alle in GPS-Grundnormen, globalen und allgemeinen GPS-Normen angegebenen Regeln gelten zusätzlich zu den in den ergänzenden GPS-Normen, z. B. ISO 2768-1, besonders angegebenen Regeln, mit Ausnahme der Fälle, bei denen die in den ergänzenden GPS-Normen angegebenen Regeln ausdrücklich von den in GPS-Grundnormen, globalen und allgemeinen GPS-Normen angegebenen Regeln verschieden sind.

5.3 Grundsatz der bestimmenden Zeichnung

Die Zeichnung ist bestimmend. Alle Anforderungen sollen auf der Zeichnung unter Verwendung von GPS-Symbolen (mit oder ohne Spezifikations-Modifikationssymbole), zugeordneten Standardregeln oder besonderen Regeln und Verweisungen auf eine dazu in Beziehung stehende Dokumentation, z. B. regionale, nationale oder firmeneigene Regelwerke, angegeben werden. Infolgedessen können Anforderungen, die nicht auf der Zeichnung angegeben sind, nicht geltend gemacht werden.

Eine Zeichnung kann Anforderungen enthalten, die sich auf unterschiedliche Zustände der Fertigstellung des Produktes beziehen. In diesem Fall muss angegeben werden, auf welchen Zustand sich jede der Angaben bezieht, es sei denn, es ist der endgültige Zustand.

Als Teil des ISO-GPS-Systems gilt diese Internationale Norm und die in ihr festgelegten Grundsätze und Regeln für alle Produktspezifikationen, bei denen das ISO-GPS-System aufgerufen wird (siehe 5.1), selbst dann, wenn auf der Zeichnung nicht ausdrücklich auf sie verwiesen wird.

ANMERKUNG Wie im Anwendungsbereich ausgewiesen, ist der Begriff „Zeichnung" für den Zweck dieser Internationalen Norm im weitest möglichen Sinne zu interpretieren und schließt das gesamte Paket von Dokumentationen zur Spezifikation des Werkstücks mit ein.

5.4 Grundsatz des Geometrieelementes

Ein Werkstück muss als aus einer Anzahl von Geometrieelementen, begrenzt durch natürliche Begrenzungen, bestehend angesehen werden. Standardmäßig gilt jede GPS-Spezifikation für ein Geometrieelement oder eine Beziehung zwischen Geometrieelementen für das gesamte Geometrieelement und jede GPS-Spezifikation gilt nur für ein einziges Geometrieelement oder eine einzige Beziehung zwischen Geometrieelementen.

Diese Standard-Festlegung kann nur durch eine ausdrückliche Angabe auf der Zeichnung außer Kraft gesetzt werden.

ANMERKUNG 1 Die natürlichen Begrenzungen eines Geometrieelements sind in den meisten Fällen Kanten, an denen eine plötzliche Änderung der Flächennormale auftritt. Dies ist allerdings nicht immer der Fall. Man überlege sich ein Werkstück, das aus einem zylindrischen Geometrieelement zwischen zwei halbkugelförmigen Geometrieelementen mit dem gleichen Durchmesser besteht. In diesem Fall gibt es keine plötzliche Änderung der Flächennormale an den natürlichen Begrenzungen zwischen den Geometrieelementen.

ANMERKUNG 2 Es stehen Angaben zur Verfügung, um festzulegen, dass eine Anforderung nicht für das gesamte Geometrieelement gilt, z. B. wenn ein Teilbereich eines Geometrieelementes mit einer lang-gestrichelten punktierten breiten Linie gekennzeichnet ist oder wenn die Angabe ACS (jeder beliebige Querschnitt; en: any cross section) verwendet wird.

ANMERKUNG 3 Es stehen Angaben zur Verfügung, um festzulegen, dass eine Anforderung für mehr als ein Geometrieelement gilt, z. B. wenn die Angabe CZ (gemeinsame Zone; en: common zone) verwendet wird.

ANMERKUNG 4 Eine allgemeine GPS-Spezifikation wird, falls nicht anders festgelegt, als eine Menge von GPS-Spezifikationen angesehen. Jede GPS-Spezifikation in der Menge gilt nur für ein Merkmal eines Geometrieelementes oder eine Beziehung zwischen Geometrieelementen (siehe auch 5.12).

5.5 Grundsatz der Unabhängigkeit

Standardmäßig muss jede GPS-Anforderung an ein Geometrieelement oder eine Beziehung zwischen Geometrieelementen unabhängig von anderen Anforderungen erfüllt werden, außer wenn sie in einer Norm oder durch eine besondere Angabe (z. B. die Modifikationssymbole Ⓜ nach ISO 2692, CZ nach ISO 1101 oder Ⓔ nach ISO 14405-1) als Teil der gegenwärtigen Spezifikation ausgewiesen ist.

5.6 Grundsatz der Dezimaldarstellung

Nicht angegebene Dezimalstellen sind Nullen. Dieser Grundsatz gilt sowohl für Zeichnungen, als auch für GPS-Normen.

BEISPIEL 1 ± 0,2 bedeutet das Gleiche wie ± 0,200 000 ... usw.

BEISPIEL 2 10 bedeutet das Gleiche wie 10,000 000 ... usw.

5.7 Grundsatz der Standardfestlegung

Ein vollständiger Spezifikationsoperator kann unter Verwendung der grundlegenden GPS-Spezifikationen der ISO angegeben werden. Die grundlegende GPS-Spezifikation der ISO gibt an, dass die Anforderung auf dem Standardspezifikationsoperator beruht.

ANMERKUNG 1 Die GPS-Normen der ISO legen den standardmäßigen GPS-Operator der ISO für jede grundlegende GPS-Spezifikation fest. Dies ist nicht unmittelbar in der Zeichnung sichtbar.

BEISPIEL Die Maßanforderung „∅30 H6" besagt, dass der Standardspezifikationsoperator (örtliches Maß) nach ISO 14405-1 anzuwenden ist.

ANMERKUNG 2 Spezielle GPS-Spezifikationen können in der technischen Produktdokumentation durch die Verwendung von Modifikationssymbolen oder Kurzbezeichnungen oder beides angegeben werden. Diese Modifikationssymbole oder Kurzbezeichnungen oder beides sind in der Zeichnung sichtbar.

ANMERKUNG 3 Modifikationssymbole werden verwendet, um den Spezifikationsoperator zu ändern, wenn der standardmäßige Spezifikationsoperator nicht gilt.

ANMERKUNG 4 Standardmäßige GPS-Spezifikationen können durch Verwendung von zeichnungsspezifischen standardmäßigen GPS-Spezifikationen oder firmenspezifische standardmäßige GPS-Spezifikationen geändert werden. Beide werden in der Zeichnung entweder unmittelbar angegeben oder durch Verweisung auf ein Dokument, z. B. ein regionales, nationales oder firmeneigenes Regelwerk (siehe 6.3).

5.8 Grundsatz der Referenzbedingungen

Standardmäßig gelten alle GPS-Spezifikationen bei Referenzbedingungen. Diese schließen die in ISO 1 festgelegte Referenztemperatur von 20 °C ein und dass das Werkstück frei von Verunreinigungen sein soll. Jede beliebige zusätzliche Bedingung oder andere Bedingungen, die gelten sollen, z. B. Feuchtigkeitsbedingungen, müssen auf der Zeichnung festgelegt werden.

5.9 Grundsatz des starren Werkstücks

Standardmäßig muss ein Werkstück so angesehen werden, als hätte es eine unendlich große Steifigkeit und alle GPS-Spezifikationen gelten für den freien Zustand, unverformt durch irgendwelche äußere Kräfte, einschließlich der Schwerkraft. Jede beliebige zusätzliche Bedingung oder andere Bedingungen, die gelten sollen, müssen auf der Zeichnung festgelegt werden; siehe zum Beispiel ISO 10579.

5.10 Grundsatz der Dualität

5.10.1 Operatorkonzept

Spezifikationen für Geometrieelemente von Werkstücken werden in GPS-Normen als Spezifikationsoperatoren formuliert. Ein Spezifikationsoperator ist eine Menge von vorgeschriebenen Operationen in einer vorgegebenen Reihenfolge.

Dieses Konzept ermöglicht die Anpassungsfähigkeit in den Spezifikationen. Die Menge der Operationen in einer Spezifikation kann darauf zugeschnitten werden, besondere funktionelle Anforderungen nachzubilden, wodurch jede Mehrdeutigkeit in der Beschreibung der Funktion in der Spezifikation eingeschränkt oder beseitigt wird.

Ein vollständiger Spezifikationsoperator legt die Messgröße für die Spezifikation in allen wesentlichen Einzelheiten fest. Dies beseitigt die Mehrdeutigkeit der Spezifikation.

Der Verifikationsoperator ist die physikalische Implementierung des Spezifikationsoperators. Er kann genau dieselben Operationen in derselben Reihenfolge besitzen (in diesem Fall ist die Verfahrensunsicherheit gleich Null) oder er kann unterschiedliche Operationen besitzen oder die Operationen in einer anderen Reihenfolge durchführen (in diesem Fall ist die Verfahrensunsicherheit nicht gleich Null).

Der Verifikationsoperator ist nicht in der Zeichnung festgelegt. Vielmehr wird während der Verifikation entschieden, dass er dem Spezifikationsoperator ausreichend nahe kommt, um die Verfahrensunsicherheit auf einem annehmbaren Niveau zu halten.

5.10.2 Beschreibung des Grundsatzes der Dualität

Der Grundsatz der Dualität sagt aus:

1) eine GPS-Spezifikation legt einen GPS-Spezifikationsoperator unabhängig von irgend einem Messverfahren oder einer Messeinrichtung fest und

2) der GPS-Spezifikationsoperator wird durch einen Verifikationsoperator in die Praxis umgesetzt, der zwar von der GPS-Spezifikation selbst unabhängig ist, aber dafür gedacht ist den GPS-Spezifikationsoperator wiederzuspiegeln.

Die GPS-Spezifikation schreibt nicht vor, welche Verifikationsoperatoren zulässig sind. Die Zulässigkeit eines Verifikationsoperators wird unter Verwendung der Messunsicherheit und jeder beliebigen Mehrdeutigkeit der Spezifikation bewertet.

5.11 Grundsatz der Funktionsbeherrschung

Die Funktion jedes Werkstückes wird durch einen Funktionsoperator ausgedrückt und kann durch eine Menge von Spezifikationsoperatoren nachgebildet werden, die wiederum eine Menge von Messgrößen und die diesen Messgrößen zugeordneten Toleranzen festlegen.

Die Spezifikation eines Werkstückes ist vollständig, wenn alle beabsichtigten Funktionen des Werkstückes beschrieben sind und durch GPS-Spezifikationen kontrolliert werden. In den meisten Fällen wird die Spezifikation unvollständig sein, weil einige Funktionen unvollkommen oder überhaupt nicht beschrieben/kontrolliert werden. Folglich kann es eine gute oder schlechte Korrelation zwischen der Funktion und der verwendeten Menge der GPS-Spezifikationen geben.

Jeder Mangel einer Korrelation zwischen den funktionellen Anforderungen und den Anforderungen der GPS-Spezifikationen führt zu einer Mehrdeutigkeit in der Beschreibung der Funktion.

5.12 Grundsatz der allgemeinen Spezifikation

Standardmäßig gilt eine allgemeine GPS-Spezifikation nur für das Merkmal eines Geometrieelementes oder eine Beziehung zwischen Geometrieelementen für die keine individuelle GPS-Spezifikation der gleichen Art angegeben worden ist. Allgemeine GPS-Spezifikationen gelten für jedes Merkmal eines Geometrieelementes und jede Beziehung zwischen Geometrieelementen einzeln betrachtet.

Wenn keine allgemeinen GPS-Spezifikationen im oder in der Nähe des Titelfeldes angegeben werden, dann gelten nur die in der technischen Produktdokumentation im einzelnen angegebenen GPS-Spezifikationen.

Wenn mehr als eine allgemeine GPS-Spezifikation im oder in der Nähe des Titelfeldes angegeben ist und diese Angaben widersprüchlich zueinander sind, dann müssen sie durch eine Erklärung ergänzt werden, um klar zu machen, für welches Merkmal jede der allgemeinen GPS-Spezifikationen gilt, um Mehrdeutigkeiten in der Spezifikation zu vermeiden.

Im Falle von widersprüchlichen allgemeinen GPS-Spezifikationen, d. h. bei zwei oder mehr allgemeinen GPS-Spezifikationen für dasselbe Merkmal, fordern die allgemeinen Regeln für eine Mehrdeutigkeit der Spezifikation nur die Einhaltung einer allgemeinen GPS-Spezifikation, d. h. die toleranteste.

ANMERKUNG 1 Eine individuelle GPS-Spezifikation kann mehr oder weniger einschränkend sein, als die in der Zeichnung angegebene allgemeine GPS-Spezifikation.

ANMERKUNG 2 Die Normen ISO 1302, ISO 2768 und ISO 13715 stellen zum Beispiel Werkzeuge zur Zeichnungseintragung von Allgemeintoleranzen zur Verfügung.

5.13 Grundsatz der Verantwortlichkeit

In Anbetracht des Grundsatzes der Dualität und des Grundsatzes der Funktionsbeherrschung ist es notwendig, die Genauigkeit der Annäherung eines Spezifikationsoperators an den Funktionsoperator und Genauigkeit der Annäherung eines Verifikationsoperators an den Spezifikationsoperator zu beschreiben. Die Mehrdeutigkeit der Beschreibung der Funktion und die Mehrdeutigkeit der Spezifikation beschreiben gemeinsam die Genauigkeit der Annäherung des Spezifikationsoperators an den Funktionsoperator. Diese Mehrdeutigkeiten liegen in der Verantwortung des Konstrukteurs. Die Messunsicherheit bestimmt quantitativ die Annäherung des Verifikationsoperators an den Spezifikationsoperator. Falls nicht anders angegeben, liegt die Messunsicherheit in der Verantwortung derjenigen Partei, welche den Nachweis der Übereinstimmung oder Nichtübereinstimmung mit den Spezifikationen führt; siehe ISO 14253-1.

6 Regeln zur Angabe von Standardspezifikationsoperatoren

6.1 Allgemeines

Standardmäßige GPS-Spezifikationen werden allgemein dazu verwendet, die Tolerierung auf der technischen Zeichnung zu vereinfachen. Ein Standard-Spezifikationsoperator kann auf eine von zwei Arten festgelegt werden, entweder durch Angabe einer allgemeinen standardmäßigen GPS-Spezifikation der ISO oder eine allgemeine abgewandelte standardmäßige GPS-Spezifikation.

6.2 Allgemeine standardmäßige GPS-Spezifikation der ISO

Wenn

— die grundlegende GPS-Spezifikation der ISO nach ISO 1101, ISO 1302, ISO 5459, usw. die gegenwärtige Spezifikation für irgendein geometrisches Merkmal auf der Zeichnung ist, und

— keine allgemeine abgewandelte standardmäßige GPS-Spezifikation in oder in der Nähe des Titelfeldes angegeben ist,

dann ist der standardmäßige Spezifikationsoperator der ISO derjenige, welcher durch die gegenwärtige ISO-Norm gefordert wird, die den fraglichen standardmäßigen Spezifikationsoperator festlegt. Die ISO-Norm, die den fraglichen standardmäßigen Spezifikationsoperator festlegt, entspricht immer der zum Zeitpunkt der Zeichnungserstellung letzten verfügbaren Ausgabe. Wenn eine Verweisung auf vorhergehende Ausgaben dieser ISO-Norm erforderlich ist, dann soll dies eindeutig angegeben werden.

ANMERKUNG Derzeit bieten die GPS-Normen der ISO nicht für alle Spezifikationsoperationen bei allen standardmäßigen Spezifikationsoperatoren Standards an. Folglich sind viele Standard-Spezifikationsoperatoren der ISO nicht vollständig.

6.3 Abgewandelte standardmäßige GPS-Spezifikation

Ein abgewandelter Standard-Spezifikationsoperator muss in einem maßgeblichen Dokument festgelegt sein.

Der abgewandelte Standard-Spezifikationsoperator muss genau, eindeutig und vollständig festgelegt sein, damit er als ein vollständiger Spezifikationsoperator angesehen werden kann.

Der abgewandelte standardmäßige Spezifikationsoperator soll in oder in der Nähe des Zeichnungskopfes in die Zeichnung eingetragen werden. Wenn Normen angewendet werden, die nicht ISO-GPS-Normen sind, dann soll die Zeichnungseintragung mindestens das Folgende einschließen:

— das Wort „Tolerierung" oder „Tolerierung ISO 8015";

— das Symbol Ⓐ(AD);

— eine vollständige Bezeichnung des maßgeblichen Dokumentes und andere notwendige Information.

ANMERKUNG AD steht für „abgewandelter Standard-..." (Altered Default).

Wenn mehr als ein abgewandelter Standard-Spezifikationsoperator auf der Zeichnung verwendet wird, dann sollte jedem Symbol (AD) eine Zahl folgen.

Einige ISO-Normen stellen Mittel zur Verfügung, um den ISO-Standard abzuwandeln, z. B. beim Maß eines Maßelementes nach ISO 14405 GG.

Das Symbol (AD) wird nur dann verwendet, wenn GPS-Normen angewendet werden, die keine ISO-Normen sind.

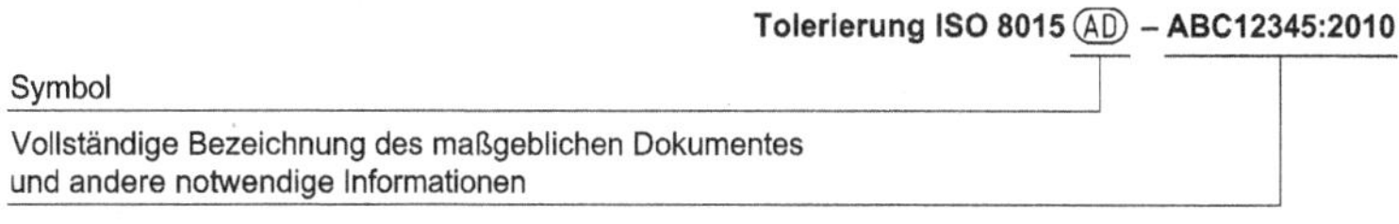

Siehe auch das Beispiel in Bild 1.

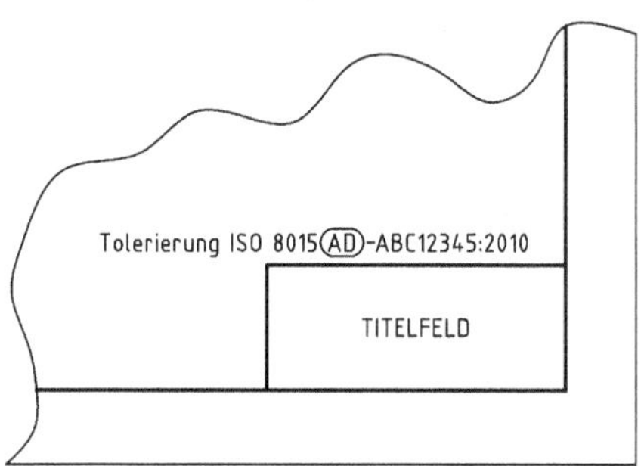

Bild 1 — Eintragung eines abgewandelten standardmäßigen GPS-Spezifikationsoperators

7 Regeln zur Angabe von speziellen Spezifikationsoperatoren

7.1 Allgemeines

Spezielle Spezifikationsoperatoren für irgendein geometrisches Merkmal müssen durch Hinzufügen ergänzender Information (Anforderungen) zu den grundlegenden ISO-Spezifikationen angegeben werden. Die hinzugefügte ergänzende Information ändert die Operationen im festgelegten Standard-Spezifikationsoperator.

ANMERKUNG 1 Diese Art von hinzugefügter ergänzender Information (Anforderung) wird als Spezifikations-Modifikationssymbol festgelegt (siehe ISO 17450-2:— , 3.5.2).

Operationen, denen keine ergänzenden Anforderungen in dem angegebenen speziellen Spezifikationsoperator zugewiesen worden sind, bleiben so wie es durch die Standard-Spezifikation nach der grundlegenden ISO-Spezifikation festgelegt ist.

ANMERKUNG 2 Derzeit bieten die GPS-Normen der ISO nicht für alle Spezifikationsoperationen bei allen standardmäßigen Spezifikationsoperatoren Standards an. Folglich sind viele Standard-Spezifikationsoperatoren der ISO nicht vollständig.

Das in 7.2 beschriebene Verfahren muss für die Angabe von speziellen Spezifikationsoperatoren angewendet werden,

— sowohl für individuell tolerierte Geometrieelemente in Übereinstimmung mit ISO 1101, ISO 1302, ISO 5459, usw.,

— als auch beim Zeichnen eindeutiger Standard-Spezifikationen.

7.2 Hinzugefügte ergänzende Information (Anforderungen) zu den grundlegenden Spezifikationen der ISO

Hinzugefügte ergänzende Information (Anforderungen) zu den grundlegenden Spezifikationen der ISO können, falls notwendig, die Standardoperationen der grundlegenden Spezifikationen der ISO ändern. Beispiele für diese Information sind

a) Zuordnungsregel,

b) Filtertyp,

c) Übertragungsband,

d) Tasterelement und

e) Erfassungsstrategie.

Wenn irgendeine dieser Standard-Operationen dem besonderen Bedürfnis der Konstruktion entsprechend geändert wird, dann müssen die grundlegenden Spezifikationen wie folgt modifiziert werden:

— im Falle einer Spezifikation nach ISO 1101, durch Hinzufügen von Information zur zweiten Abteilung des Toleranzrahmens;

— im Falle einer Spezifikation nach ISO 1302, durch Hinzufügen von Information zu den Bereichen a bis e des vollständigen graphischen Symbols für die Oberflächenbeschaffenheit;

— im Falle einer Spezifikation nach ISO 14405-1, durch Hinzufügen von Modifikationssymbolen zur Toleranzangabe.

Siehe die entsprechenden Internationalen Normen für die Einzelheiten.

ANMERKUNG Derzeit legen die GPS-Normen der ISO nicht alle notwendigen Spezifikations-Modifikationssymbole fest.

8 Regeln für eingeklammerte Angaben

Eingeklammerte Angaben dienen nur zur Information und stellen keinen wesentlichen Teil der Spezifikation/Anforderung dar.

Anhang A
(informativ)

Zusammenhang mit dem GPS-Matrix-Modell

A.1 Allgemeines

Zu den vollständigen Einzelheiten des GPS-Matrix-Modells siehe ISO/TR 14638.

A.2 Informationen über diese Norm und ihre Anwendung

Diese Internationale Norm behandelt eine Anzahl von grundlegenden Annahmen und Prinzipien, die für alle GPS-Normen und technischen Produktdokumentationen gelten, welche auf dem GPS-Matrix-System beruhen.

Diese Internationale Norm behandelt auch die Angabe von nicht standardmäßigen Operatoren, entweder durch direkte Angabe oder durch die Verwendung maßgeblicher Dokumente oder zeichnungsspezifischer Vorgaben.

A.3 Position im GPS-Matrix-Modell

Diese Internationale Norm ist eine GPS-Grundnorm, die alle anderen Normen im GPS-Matrix-System beeinflusst, wie im Bild A.1 graphisch dargestellt.

GPS-Grundnormen	Kettenglieder	1	2	3	4	5	6
	Globale GPS-Normen						
	Matrix allgemeiner GPS-Normen						
	Größenmaßelement	X	X	X	X	X	X
	Abstand	X	X	X	X	X	X
	Radius	X	X	X	X	X	X
	Winkel	X	X	X	X	X	X
	Form einer bezugsunabhängigen Linie	X	X	X	X	X	X
	Form einer bezugsabhängigen Linie	X	X	X	X	X	X
	Form einer bezugsunabhängigen Oberfläche	X	X	X	X	X	X
	Form einer bezugsabhängigen Oberfläche	X	X	X	X	X	X
	Richtung	X	X	X	X	X	X
	Lage	X	X	X	X	X	X
	Lauf	X	X	X	X	X	X
	Gesamtlauf	X	X	X	X	X	X
	Bezüge	X	X	X	X	X	X
	Rauheitsprofil	X	X	X	X	X	X
	Welligkeitsprofil	X	X	X	X	X	X
	Primärprofil	X	X	X	X	X	X
	Oberflächenunvollkommenheit	X	X	X	X	X	X
	Kanten	X	X	X	X	X	X

Bild A.1 — Position im GPS-Matrix-Modell

A.4 Betroffene Internationale Normen

Die betroffenen Internationalen Normen sind diejenigen, welche aus den Kettengliedern der in Bild A.1 gekennzeichneten Normen hervorgehen.

Literaturhinweise

[1] ISO 1:2002, *Geometrical Product Specifications (GPS) — Standard reference temperature for geometrical product specification and verification*

[2] ISO 1101:2004, *Geometrical Product Specifications (GPS) — Geometrical tolerancing — Tolerances of form, orientation, location and run-out*

[3] ISO 1302:2002, *Geometrical Product Specifications (GPS) — Indication of surface texture in technical product documentation*

[4] ISO 2692:2006, *Geometrical product specifications (GPS) — Geometrical tolerancing — Maximum material requirement (MMR), least material requirement (LMR) and reciprocity requirement (RPR)*

[5] ISO 2768-1:1989, *General tolerances — Part 1: Tolerances for linear and angular dimensions without individual tolerance indications*

[6] ISO 5459:—[3)], *Geometrical product specifications (GPS) — Geometrical tolerancing — Datums and datum systems*

[7] ISO 7200:2004, *Technical product documentation — Data fields in title blocks and document headers*

[8] ISO 10579:2010, *Geometrical product specifications (GPS) — Dimensioning and tolerancing — Non-rigid parts*

[9] ISO 13715:2000, *Technical drawings — Edges of undefined shape — Vocabulary and indications*

[10] ISO 14253-1:1998, *Geometrical Product Specifications (GPS) — Inspection by measurement of workpieces and measuring equipment — Part 1: Decision rules for proving conformance or nonconformance with specifications*

[11] ISO 14253-2:2011, *Geometrical product specifications (GPS) — Inspection by measurement of workpieces and measuring equipment — Part 2: Guidance for the estimation of uncertainty in GPS measurement, in calibration of measuring equipment and in product verification*

[12] ISO 14405-1:2010, *Geometrical product specifications (GPS) — Dimensional tolerancing — Part 1: Linear sizes*

[13] ISO/TR 14638:1995, *Geometrical product specification (GPS) — Masterplan*

[14] ISO 14978:2006, *Geometrical product specifications (GPS) — General concepts and requirements for GPS measuring equipment*

3) Wird veröffentlicht (Überarbeitung von ISO 5459:1981).

Januar 2020

	DIN EN ISO 13715	

ICS 01.100.01; 01.110

Ersatz für
DIN ISO 13715:2018-09

Technische Produktdokumentation – Kanten mit unbestimmter Gestalt – Angaben und Bemaßung (ISO 13715:2017); Deutsche Fassung EN ISO 13715:2019

Technical product documentation –
Edges of undefined shape –
Indication and dimensioning (ISO 13715:2017);
German version EN ISO 13715:2019

Documentation technique de produits –
Arêtes de forme non définie –
Indication et cotation (ISO 13715:2017);
Version allemande EN ISO 13715:2019

Gesamtumfang 32 Seiten

DIN-Normenausschuss Technische Grundlagen (NATG)

Nationales Vorwort

Der Text von ISO 13715:2017 wurde vom Technischen Komitee ISO/TC 10 „Technical product documentation" der Internationalen Organisation für Normung (ISO) erarbeitet und als EN ISO 13715:2019 von CCMC übernommen.

Das zuständige nationale Normungsgremium ist der Arbeitsausschuss NA 152-06-05 AA „Technische Produktdokumentation" im DIN-Normenausschuss Technische Grundlagen (NATG).

Für die in diesem Dokument zitierten internationalen Dokumente wird im Folgenden auf die entsprechenden deutschen Dokumente hingewiesen:

ISO 128-20	siehe	DIN EN ISO 128-20
ISO 128-22:1999	siehe	DIN ISO 128-22:1999-11
ISO 128-24	siehe	DIN ISO 128-24*
ISO 129-1	siehe	DIN EN ISO 129-1
ISO 1101	siehe	DIN EN ISO 1101
ISO 3098-1	siehe	DIN EN ISO 3098-1
ISO 81714-1	siehe	DIN EN ISO 81714-1

Änderungen

Gegenüber DIN ISO 13715:2018-09 wurden folgende Änderungen vorgenommen:

a) ISO 13715:2017 wird als Europäische Norm übernommen;

b) es wurden keine technischen Änderungen zu DIN ISO 13715:2018-09 vorgenommen.

Frühere Ausgaben

DIN 6784: 1975-09, 1982-02
DIN ISO 13715: 2000-12, 2018-09

* Diese Norm wurde ohne Ersatz zurückgezogen.

Nationaler Anhang NA
(informativ)

Literaturhinweise

DIN EN ISO 128-20, *Technische Zeichnungen — Allgemeine Grundlagen der Darstellung — Teil 20: Linien, Grundregeln*

DIN EN ISO 129-1, *Technische Produktdokumentation (TPD) — Angabe von Maßen und Toleranzen — Teil 1: Grundlagen*

DIN EN ISO 1101, *Geometrische Produktspezifikation (GPS) — Geometrische Tolerierung — Tolerierung von Form, Richtung, Ort und Lauf*

DIN EN ISO 3098-1, *Technische Produktdokumentation — Schriften — Teil 1: Grundregeln*

DIN EN ISO 81714-1, *Gestaltung von graphischen Symbolen für die Anwendung in der technischen Produktdokumentation — Teil 1: Grundregeln*

DIN ISO 128-22:1999-11, *Technische Zeichnungen — Allgemeine Grundlagen der Darstellung — Teil 22: Grund- und Anwendungsregeln für Hinweis- und Bezugslinien (ISO 128-22:1999)*

DIN ISO 128-24*, *Technische Zeichnungen — Allgemeine Grundlagen der Darstellung — Teil 24: Linien in Zeichnungen der mechanischen Technik*

— Leerseite —

EUROPÄISCHE NORM

EUROPEAN STANDARD

NORME EUROPÉENNE

EN ISO 13715

Oktober 2019

ICS 01.040.01; 01.100.20

Deutsche Fassung

Technische Produktdokumentation — Kanten mit unbestimmter Gestalt — Angaben und Bemaßung (ISO 13715:2017)

Technical product documentation — Edges of undefined shape — Indication and dimensioning (ISO 13715:2017)

Documentation technique de produits — Arêtes de forme non définie — Indication et cotation (ISO 13715:2017)

Diese Europäische Norm wurde vom CEN am 5. August 2019 angenommen.

Die CEN-Mitglieder sind gehalten, die CEN/CENELEC-Geschäftsordnung zu erfüllen, in der die Bedingungen festgelegt sind, unter denen dieser Europäischen Norm ohne jede Änderung der Status einer nationalen Norm zu geben ist. Auf dem letzten Stand befindliche Listen dieser nationalen Normen mit ihren bibliographischen Angaben sind beim CEN-CENELEC-Management-Zentrum oder bei jedem CEN-Mitglied auf Anfrage erhältlich.

Diese Europäische Norm besteht in drei offiziellen Fassungen (Deutsch, Englisch, Französisch). Eine Fassung in einer anderen Sprache, die von einem CEN-Mitglied in eigener Verantwortung durch Übersetzung in seine Landessprache gemacht und dem Management-Zentrum mitgeteilt worden ist, hat den gleichen Status wie die offiziellen Fassungen.

CEN-Mitglieder sind die nationalen Normungsinstitute von Belgien, Bulgarien, Dänemark, Deutschland, Estland, Finnland, Frankreich, Griechenland, Irland, Island, Italien, Kroatien, Lettland, Litauen, Luxemburg, Malta, den Niederlanden, Norwegen, Österreich, Polen, Portugal, der Republik Nordmazedonien, Rumänien, Schweden, der Schweiz, Serbien, der Slowakei, Slowenien, Spanien, der Tschechischen Republik, der Türkei, Ungarn, dem Vereinigten Königreich und Zypern.

EUROPÄISCHES KOMITEE FÜR NORMUNG
EUROPEAN COMMITTEE FOR STANDARDIZATION
COMITÉ EUROPÉEN DE NORMALISATION

CEN-CENELEC Management-Zentrum: Rue de la Science 23, B-1040 Brüssel

Ref. Nr. EN ISO 13715:2019 D

Inhalt

Europäisches Vorwort

Der Text von ISO 13715:2017 wurde vom Technischen Komitee ISO/TC 10 „Technical product documentation" der Internationalen Organisation für Normung (ISO) erarbeitet und als EN ISO 13715:2019 von CCMC übernommen.

Diese Europäische Norm muss den Status einer nationalen Norm erhalten, entweder durch Veröffentlichung eines identischen Textes oder durch Anerkennung bis April 2020, und etwaige entgegenstehende nationale Normen müssen bis April 2020 zurückgezogen werden.

Es wird auf die Möglichkeit hingewiesen, dass einige Elemente dieses Dokuments Patentrechte berühren können. CEN ist nicht dafür verantwortlich, einige oder alle diesbezüglichen Patentrechte zu identifizieren.

Entsprechend der CEN-CENELEC-Geschäftsordnung sind die nationalen Normungsinstitute der folgenden Länder gehalten, diese Europäische Norm zu übernehmen: Belgien, Bulgarien, Dänemark, Deutschland, die Republik Nordmazedonien, Estland, Finnland, Frankreich, Griechenland, Irland, Island, Italien, Kroatien, Lettland, Litauen, Luxemburg, Malta, Niederlande, Norwegen, Österreich, Polen, Portugal, Rumänien, Schweden, Schweiz, Serbien, Slowakei, Slowenien, Spanien, Tschechische Republik, Türkei, Ungarn, Vereinigtes Königreich und Zypern.

Anerkennungsnotiz

Der Text von ISO 13715:2017 wurde von CEN als EN ISO 13715:2019 ohne irgendeine Abänderung genehmigt.

Vorwort

ISO (die Internationale Organisation für Normung) ist eine weltweite Vereinigung nationaler Normungsorganisationen (ISO-Mitgliedsorganisationen). Die Erstellung von Internationalen Normen wird üblicherweise von Technischen Komitees von ISO durchgeführt. Jede Mitgliedsorganisation, die Interesse an einem Thema hat, für welches ein Technisches Komitee gegründet wurde, hat das Recht, in diesem Komitee vertreten zu sein. Internationale staatliche und nichtstaatliche Organisationen, die in engem Kontakt mit ISO stehen, nehmen ebenfalls an der Arbeit teil. ISO arbeitet bei allen elektrotechnischen Themen eng mit der Internationalen Elektrotechnischen Kommission (IEC) zusammen.

Die Verfahren, die bei der Entwicklung dieses Dokuments angewendet wurden und die für die weitere Pflege vorgesehen sind, werden in den ISO/IEC-Direktiven, Teil 1 beschrieben. Es sollten insbesondere die unterschiedlichen Annahmekriterien für die verschiedenen ISO-Dokumentenarten beachtet werden. Dieses Dokument wurde in Übereinstimmung mit den Gestaltungsregeln der ISO/IEC-Direktiven, Teil 2 erarbeitet (siehe www.iso.org/directives).

Es wird auf die Möglichkeit hingewiesen, dass einige Elemente dieses Dokuments Patentrechte berühren können. ISO ist nicht dafür verantwortlich, einige oder alle diesbezüglichen Patentrechte zu identifizieren. Details zu allen während der Entwicklung des Dokuments identifizierten Patentrechten finden sich in der Einleitung und/oder in der ISO-Liste der erhaltenen Patenterklärungen (siehe www.iso.org/patents).

Jeder in diesem Dokument verwendete Handelsname dient nur zur Unterrichtung der Anwender und bedeutet keine Anerkennung.

Für eine Erläuterung des freiwilligen Charakters von Normen, der Bedeutung ISO-spezifischer Begriffe und Ausdrücke in Bezug auf Konformitätsbewertungen sowie Informationen darüber, wie ISO die Grundsätze der Welthandelsorganisation (WTO, en: World Trade Organization) hinsichtlich technischer Handelshemmnisse (TBT, en: Technical Barriers to Trade) berücksichtigt, siehe www.iso.org/iso/foreword.html.

Dieses Dokument wurde vom Technischen Komitee ISO/TC 10, *Technical product documentation*, Unterkomitee SC 6, *Mechanical engineering documentation* erarbeitet.

Diese dritte Ausgabe ersetzt die zweite Ausgabe (ISO 13715:2000), die mit den folgenden Änderungen technisch überarbeitet wurde:

— Titel von *Technische Zeichnungen — Werkstückkanten mit unbestimmter Form — Begriffe und Zeichnungsangaben zu Technische Produktdokumentation — Kanten mit unbestimmter Gestalt — Angaben und Bemaßung* geändert;

— Normative Verweisungen aktualisiert;

— Text in Abschnitt 4 umgestellt;

— Titel der Bilder geändert;

— Bilder hinzugefügt und verbessert;

— 4.4.2 „Asymmetrische Angabe" hinzugefügt;

— Abschnitt 5 entfernt und Tabelle 2 „Beispiele" in Anhang B verschoben, Erläuterungen wurden verbessert;

— Anhang B „Empfohlene Kantengröße" wurde entfernt, die Definition der scharfen Kante entfernt.

Einleitung

In technischen Zeichnungen wird die ideal-geometrische Form ohne jegliche Abweichung dargestellt und grundsätzlich ohne Berücksichtigung der Kantenbedingungen. Dennoch müssen für viele Zwecke (z. B. Funktion eines Werkstücks oder aufgrund von Sicherheitserwägungen) bestimmte Kantenbedingungen angegeben werden. Dazu gehören Bedingungen von Werkstück-Außenkanten ohne Grate oder mit einem Grat von begrenzter Größe sowie von Werkstück-Innenkanten mit einem Übergang.

Dieses Dokument stellt eine Symbologie für die Angabe der gewünschten Kante zur Verfügung.

1 Anwendungsbereich

Dieses Dokument legt Regeln für die Angaben und Bemaßung von Kanten mit unbestimmter Gestalt bei technischen Produkten und Maßangaben fest. Die Verhältnisse und Maße der zu verwendenden graphischen Symbole sind ebenfalls angegeben.

In Fällen, in denen die geometrisch definierte Form einer Kante (z. B. 1 × 45°) erforderlich ist, gelten die allgemeinen Grundsätze für die Angabe von Maßen nach ISO 129-1.

2 Normative Verweisungen

Es gibt keine normativen Verweisungen in diesem Dokument.

3 Begriffe

Für die Anwendung dieses Dokuments gelten die folgenden Begriffe.

ISO und IEC stellen terminologische Datenbanken für die Verwendung in der Normung unter den folgenden Adressen bereit:

— IEC Electropedia: verfügbar unter http://www.electropedia.org/

— ISO Online Browsing Platform: verfügbar unter http://www.iso.org/obp

3.1
Kante mit unbestimmter Gestalt
in einer Schnittebene enthaltene Übergangslinie, die nicht am Nennmodell definiert ist und die zwischen zwei angrenzenden integralen Flächen existiert

3.2
Abtragung
innerhalb der ideal-geometrischen Form einer Werkstück-Außen- oder -Innenkante liegende Abweichung, definiert durch zwei tangentiale gerade äußere Linien zum angrenzenden Geometrieelement der Zone der Kante mit unbestimmter Gestalt

Anmerkung 1 zum Begriff: Die Erläuterung der Definition erfolgt in Bild 1 und Bild 3. Zur Vereinfachung der Darstellung sind nur die Abtragung und die beiden Tangenten außerhalb der geraden Linien wiedergegeben.

Anmerkung 2 zum Begriff: Beispiele sind in Bild 2 und Bild 4 wiedergegeben.

3.3
Übergang
außerhalb der ideal-geometrischen Form einer Werkstück-Innenkante liegende Abweichung, definiert durch zwei tangentiale gerade äußere Linien zum angrenzenden Geometrieelement der Zone der Kante mit unbestimmter Gestalt

Anmerkung 1 zum Begriff: Die Erläuterung der Definition erfolgt in Bild 5 und Bild 7. Zur Vereinfachung der Darstellung sind nur der Übergang und die beiden Tangenten außerhalb der geraden Linien wiedergegeben.

Anmerkung 2 zum Begriff: Ein Grat (siehe Bild 5) kann als Sonderfall eines Außenübergangs betrachtet werden.

Anmerkung 3 zum Begriff: Beispiele sind in Bild 6 und Bild 8 wiedergegeben.

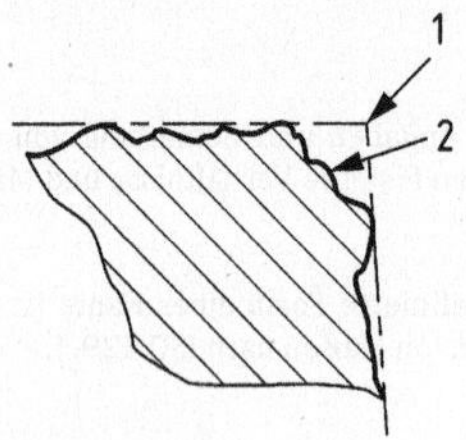

Legende

1 ideale scharfe Kante
2 Abtragung

Bild 1 — Abtragung an einer Außenkante

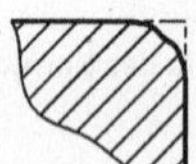
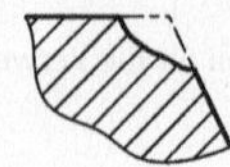
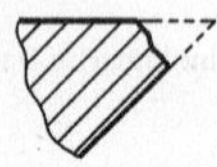

Bild 2 — Beispiele für eine Abtragung an einer Außenkante

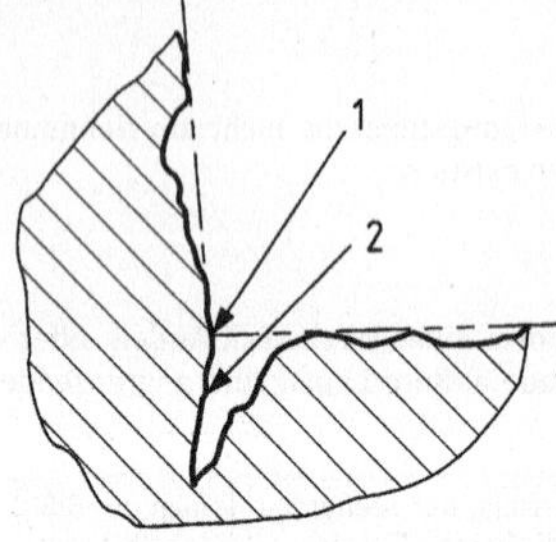

Legende

1 ideale scharfe Kante
2 Abtragung

Bild 3 — Abtragung an einer Innenkante

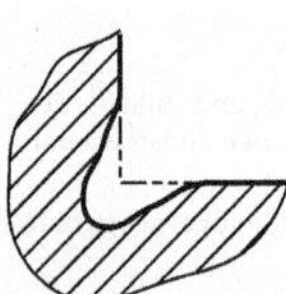
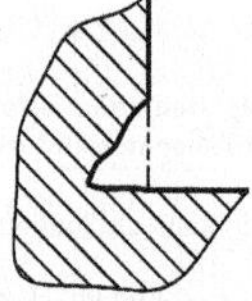
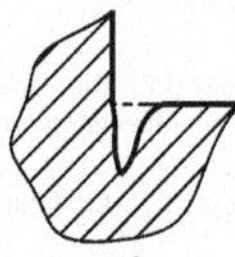

Bild 4 — Beispiele für eine Abtragung an einer Innenkante

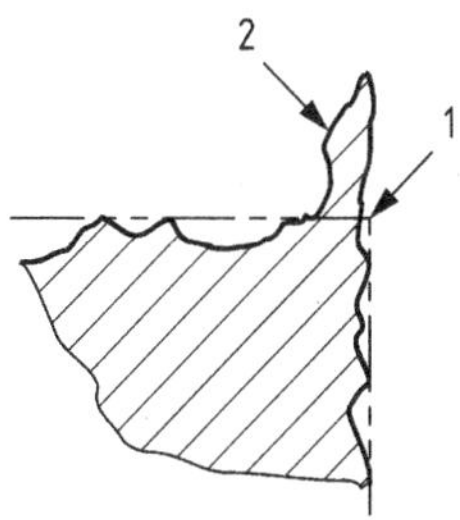

Legende

1 ideale scharfe Kante
2 Übergang

Bild 5 — Übergang an einer Außenkante (Grat)

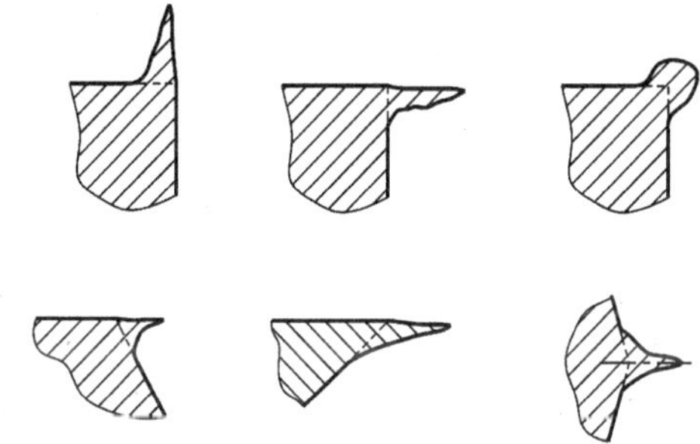

Bild 6 — Beispiele für einen Übergang an einer Außenkante (Grat)

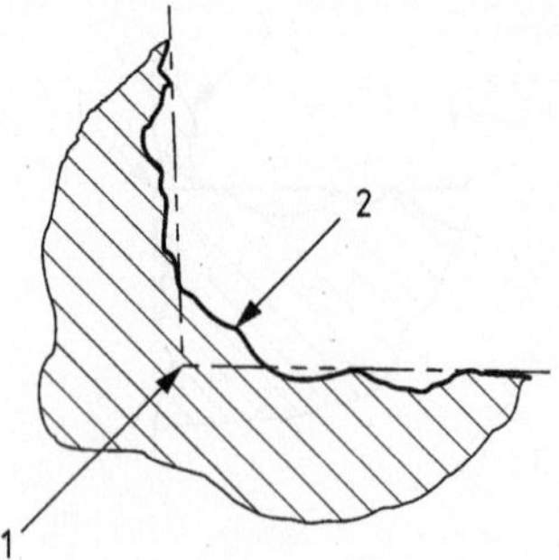

Legende

1 ideale scharfe Kante
2 Übergang

Bild 7 — Übergang an einer Innenkante

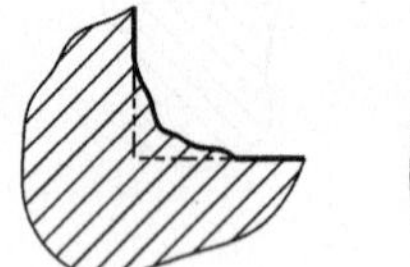
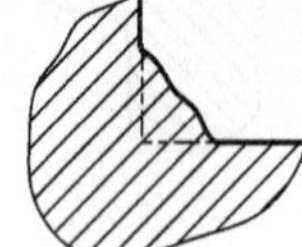
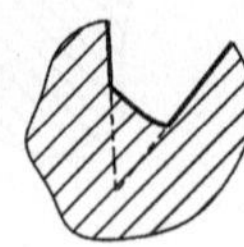

Bild 8 — Beispiele für einen Übergang an einer Innenkante

4 Angaben auf Zeichnungen

4.1 Grundsymbol

Die Anforderungen für eine Kante eines Werkstücks sind unter Anwendung des in Bild 9 dargestellten graphischen Symbols anzugeben. Wenn alle Kanten eines Werkstücks als mit unbestimmter Gestalt anzugeben sind, wird das allgemeine Grundsymbol (siehe Bild 10) verwendet.

Das graphische Symbol und die Spezifikation müssen so dargestellt sein, dass sie im unteren Teil der Zeichnung deutlich erkennbar sind.

Die Verhältnisse dieses Symbol sind in Anhang A angegeben. Zusätzliche Angaben können in den Bereichen a_1, a_2 oder a_3 (siehe Bild A.1) platziert werden.

Kanten mit unbestimmter Gestalt können nicht allein mit dem Grundsymbol beschrieben werden. Als Mindestangabe muss der Typ der Kante mit unbestimmter Gestalt spezifiziert werden.

Bild 9 — Grundsymbol

Bild 10 — Allgemeines Grundsymbol

4.2 Arten von Kanten mit unbestimmter Gestalt

Der Typ einer Kante unbestimmter Form muss im Bereich a_1 (siehe Bild A.1), innerhalb des Grundsymbols, angegeben werden. Das Symbolelement + (plus), – (minus) oder ± (plus oder minus) wird entsprechend Tabelle 1 verwendet.

Das Symbolelement + (plus) zeigt erlaubten Materialüberschuss (d. h. Übergang) an.

Das Symbolelement – (minus) zeigt erforderliche Materialabtrennung (d. h. Abtragung) an.

Das Symbolelement ± (plus oder minus) zeigt erlaubten Materialüberschuss oder entferntes Material (d. h. eine Abtragung oder einen Übergang) an. Dies kann nur zusammen mit einer Angabe des Größenmaßes (siehe 4.3) verwendet werden.

Die Abweichung von der idealen Nennform kann durch die Angabe des Größenmaßes von Übergang und Abtragung (siehe 4.3) sowie Richtung (siehe 4.4) festgelegt werden.

Tabelle 1 — Symbole für die Kantenformen

Symbol	Bedeutung			
	Außenkante		Innenkante	
	Übergang	Abtragung	Übergang	Abtragung
+	Zulässig	Unzulässig	Zulässig	Unzulässig
-	Unzulässig	Erforderlich	Unzulässig	Erforderlich
± Kann nur zusammen mit einer Angabe des Größenmaßes verwendet werden.	Zulässig	Zulässig	Zulässig	Zulässig

4.3 Kantenmaße

Die maximale Abweichung von Abtragung oder Übergang muss durch die Angabe der Maße (Größenmaß) festgelegt werden. Der Wert wird hinter dem Symbolelement +, – oder ± im Bereich a_1 (siehe Bild A.1) angegeben.

Wenn nur ein Grenzwert für das Größenmaß einer Kante mit einem positiven Wert angegeben wird, gilt als zweites Grenzabmaß der Wert 0 (Null); eine Abtragung ist unzulässig (siehe Bild 11 und Bild 12).

Wenn nur ein Grenzwert für das Größenmaß einer Kante mit einem negativen Wert angegeben wird, gilt als zweites Grenzabmaß der Wert 0 (Null); ein Übergang ist unzulässig (siehe Bild 11 und Bild 12).

Wenn es notwendig ist, für das Kantenmaß ein oberes und ein unteres Grenzabmaß festzulegen, sind beide Werte anzugeben. Das obere Grenzabmaß ist über dem unteren Grenzabmaß anzugeben (siehe Bild 13). Die angegebenen Grenzabmaße entsprechen den Höchst- bzw. Mindestmaßen.

Wenn eine bestimmte Übergangs- oder Abtragungsrichtung erforderlich ist, ist die Angabe an der entsprechenden Stelle einzutragen (siehe 4.4).

ANMERKUNG Die Dicke des Übergangs an Außenkanten und die Dicke von Abtragungen an Innenkanten kann nach diesem Dokument nicht angegeben werden.

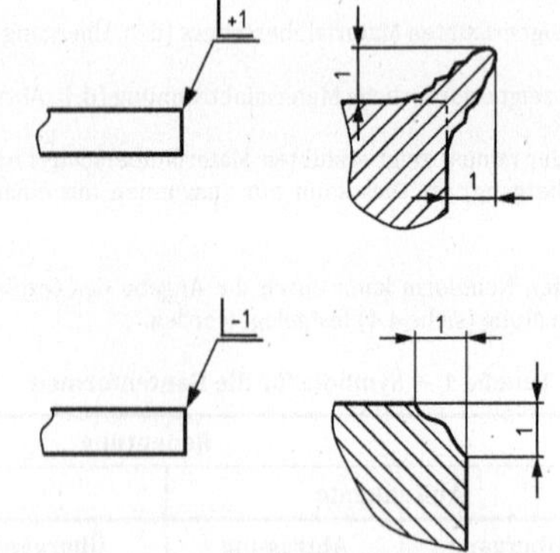

Bild 11 — Größenmaß von Außenkanten

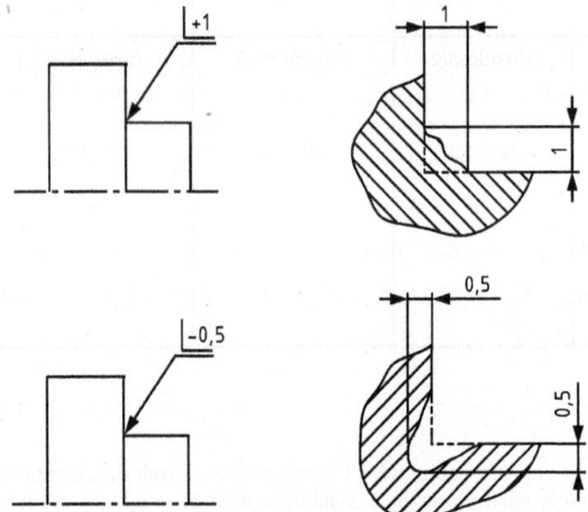

Bild 12 — Größenmaß von Innenkanten

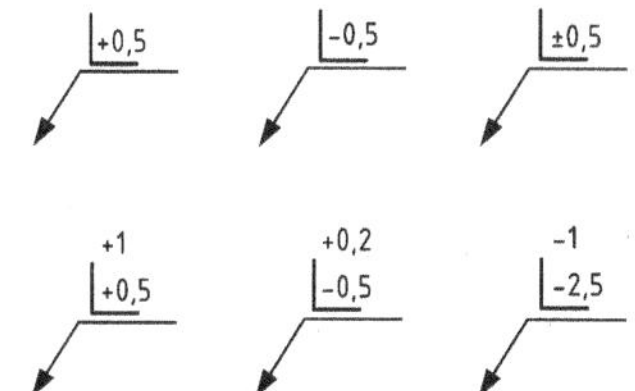

Bild 13 — Beispiele für Angaben von Größenmaßen

4.4 Übergangs- oder Abtragungsrichtung

4.4.1 Angabe in eine Richtung

Wenn es notwendig ist, bei einer Außenkante eine Übergangsrichtung oder bei einer Innenkante eine Abtragungsrichtung festzulegen, hat die Angabe des Größenmaßes im Bereich a_2 bzw. a_3 (siehe Bild A.1) zu erfolgen (siehe Bild 14, Bild 15 und Bild 16).

Die Angabe in eine Richtung kann nicht für die Abtragung an Außenkanten und den Übergang an Innenkanten verwendet werden.

Bei Winkeln ungleich 90° kann die Richtung nicht angegeben werden.

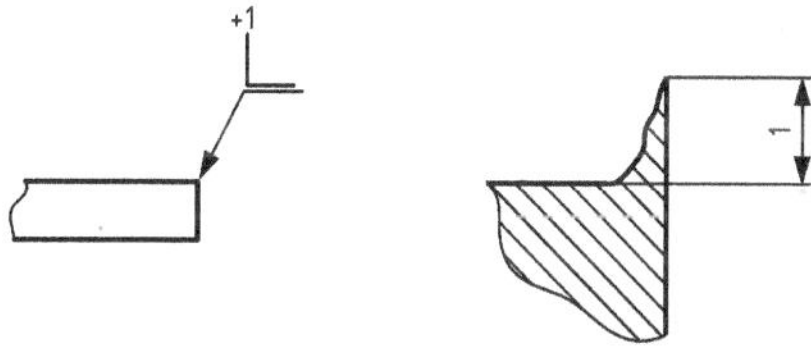

Bild 14 — Übergangsrichtung an einer Außenkante

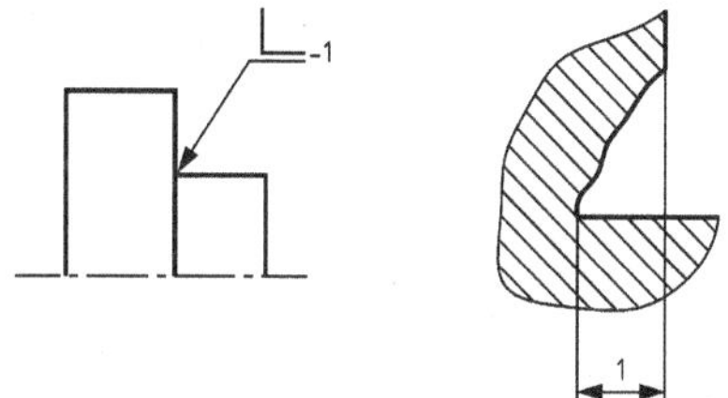

Bild 15 — Abtragungsrichtung an einer Innenkante

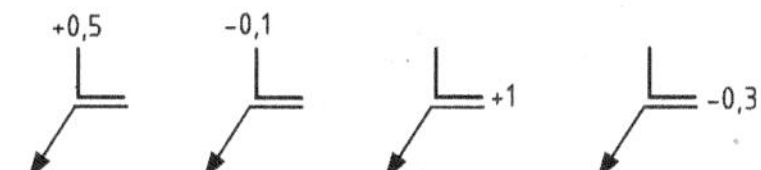

Bild 16 — Beispiele für Richtungsangaben

4.4.2 Asymmetrische Angabe

Wenn es notwendig ist, bei einer Außenkante asymmetrische Abtragungsrichtungen oder bei einer Innenkante asymmetrische Übergangsrichtungen festzulegen, hat die Angabe des Größenmaßes im Bereich a_2 bzw. a_3 (siehe Bild A.1) zu erfolgen (siehe Bild 17, Bild 18 und Bild 19).

Asymmetrische Angaben können nicht für den Übergang an Außenkanten und die Abtragung an Innenkanten verwendet werden.

Bei Winkeln ungleich 90° kann die Richtung nicht angegeben werden.

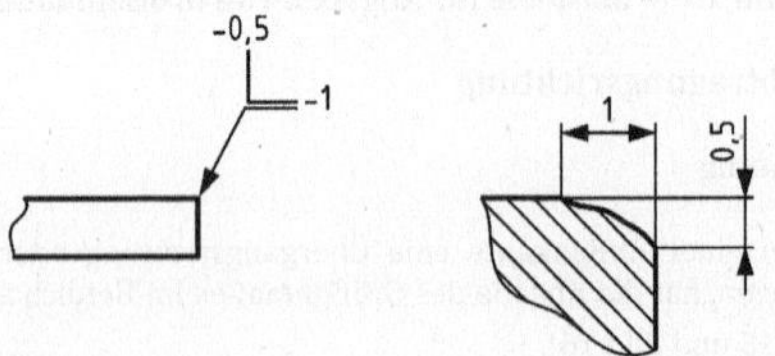

Bild 17 — Abtragungsrichtung an einer Außenkante

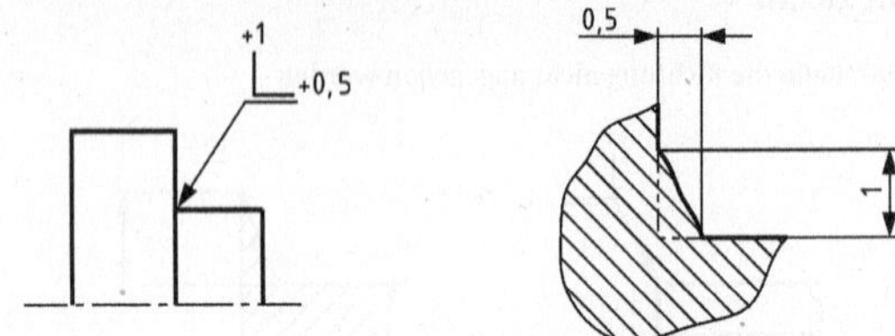

Bild 18 — Übergangsrichtung an einer Innenkante

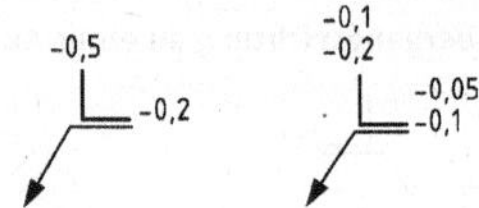

Bild 19 — Beispiele für asymmetrische Richtungsangaben

4.5 Lage des Grundsymbols

4.5.1 Allgemeines

Kanten mit unbestimmter Gestalt sind zu bezeichnen durch

- eine Einzelangabe für eine Kante oder für alle Kanten rund um die Kontur des Werkstücks,
- begrenzte Bereiche der Kanten rund um die Kontur des Werkstücks und
- allgemeine Angaben zu nicht spezifizierten Kanten eines Werkstücks.

Einzelangaben müssen einer Linie zugeordnet sein (z. B. sichtbare Körperkanten, Bereiche mit bestimmten Behandlungen oder Maßhilfslinien) oder einem Punkt, der eine parallel oder senkrecht zur Projektionsebene liegende Kante darstellt (siehe Bild 20, Bild 21 und Bild 22).

Allgemeine Angaben dürfen nur einmal für alle Kanten nahe dem Schriftfeld oder in einem Notizenbereich (siehe Bild 25 bis Bild 29 und Anhang B) gemacht werden.

4.5.2 Einzelangaben für Kanten

Die folgenden Merkmale dürfen angegeben werden:

- Kanten senkrecht zur Projektionsebene (siehe Bild 20, Ansicht von vorn);
- Kanten eines Geometrieelementes, z. B. eines Loches (siehe Bild 20, Schnitt);
- Kanten der Vorder- und Rückseite, wenn nur eine Ansicht dargestellt ist und die Konturlinien der Vorder- und Rückseite gleich sind (siehe Bild 21). Wenn weitere Kanten zwischen der Vorder- und Rückseite existieren, werden diese einbezogen, sofern nicht anderweitig angegeben. In Zweifelsfällen ist die Anzahl der Kanten anzugeben (siehe Bild 22) oder in einer separaten Ansicht zu verdeutlichen;
- alle Kanten rund um die Kontur eines in der Zeichnung dargestellten Werkstückes, wenn das Symbol „rundherum" dem Grundsymbol hinzugefügt wird (siehe Bild 21 und Bild 22). Das Symbol „rundherum" darf nicht in Schnittdarstellungen verwendet werden. Weitere Hinweise zur Anwendung dieses Symbolelementes siehe ISO 128-22:1999, Anhang B.

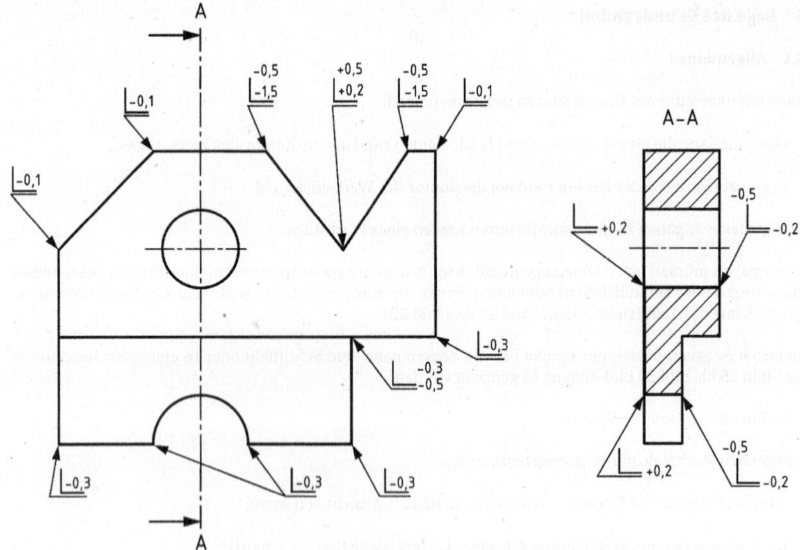

Bild 20 — Kanten senkrecht zur Projektionsebene

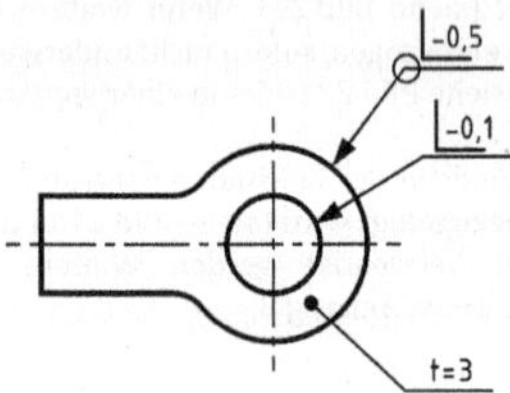

Bild 21 — Kanten rund um die Kontur eines Werkstücks, beide Seiten

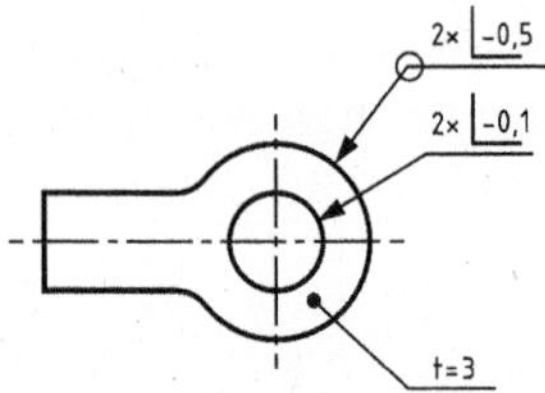

Bild 22 — Kanten rund um die Kontur eines Werkstücks, beide Seiten klar definiert

4.5.3 Angabe von begrenzten Bereichen

Wenn die Spezifikation für den Zustand einer Kante nur für einen Teil der Kantenlänge gültig ist, muss dies mit der entsprechenden Maßangabe dargestellt werden. Der begrenzte Bereich ist durch eine breite Strichpunktlinie darzustellen, siehe ISO 128-24, Linientyp 04,2 (siehe Bild 23), oder mit dem Zwischensymbol nach ISO 1101 (siehe Bild 24).

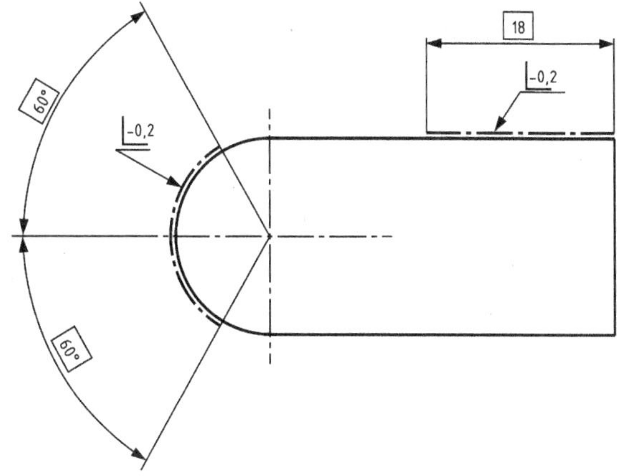

Bild 23 — Begrenzte Bereiche einer Kante, dargestellt durch Strichpunktlinien

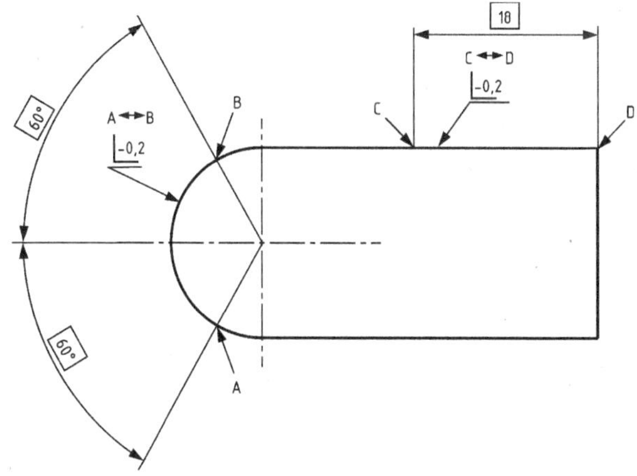

Bild 24 — Begrenzte Bereiche einer Kante, dargestellt durch Zwischensymbole

4.5.4 Allgemeine Angabe von Kanten

Wenn sich die Spezifikation für den Zustand von Kanten für alle Kanten des Profils gilt, ist eine allgemeine Angabe an der entsprechenden Stelle der Zeichnung nahe dem Schriftfeld oder in einem Notizenbereich (siehe Bild 25) ausreichend. Allgemeine Angaben von Bedingungen, die nur für Außen- oder Innenkanten gelten, müssen entsprechend Bild 26 bzw. Bild 27 angegeben werden.

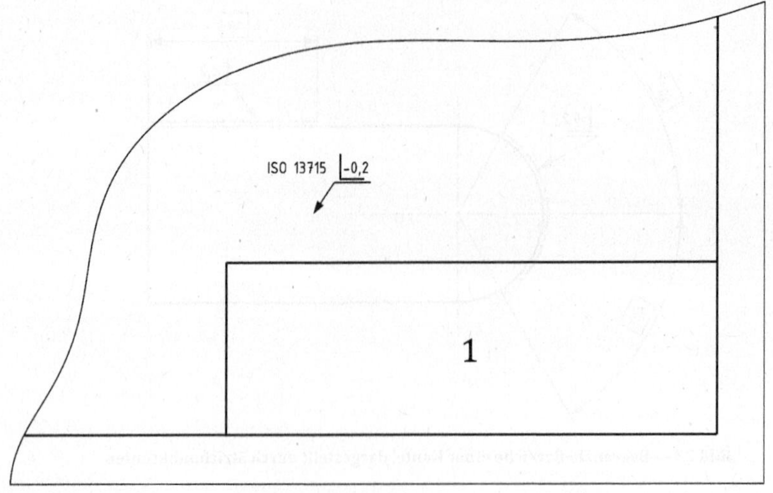

Legende

1 Schriftfeld

Bild 25 — Bedingung für alle Kanten

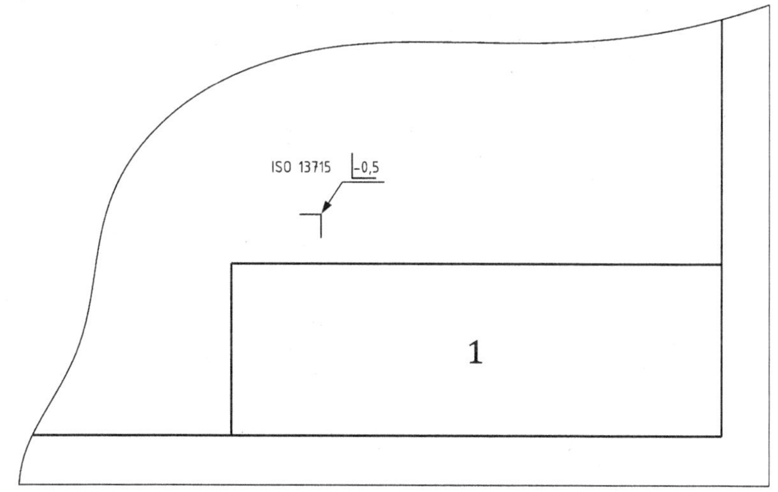

Legende

1 Schriftfeld

Bild 26 — Bedingung für alle Außenkanten

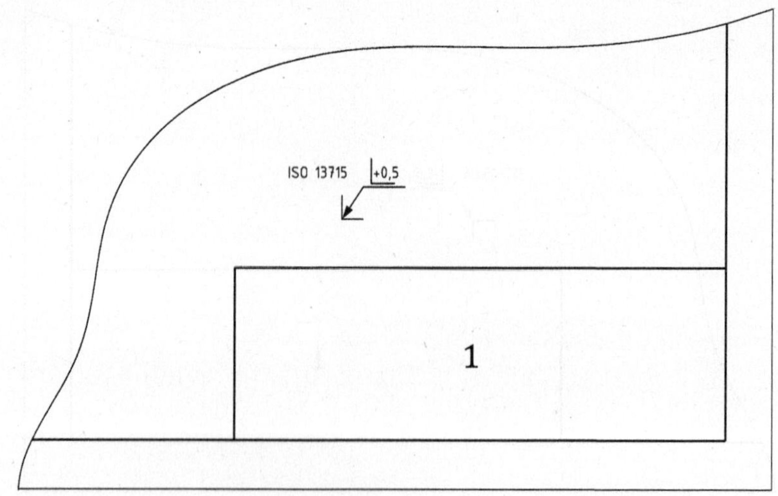

Legende

1 Schriftfeld

Bild 27 — Bedingung für alle Innenkanten

4.5.5 Ausnahmen von allgemeinen Kantenangaben

Um bei einer allgemeinen Angabe hervorzuheben, dass an anderer Stelle der Zeichnung eine andere Bedingung für einige Kanten erforderlich ist, muss eine zusätzliche Angabe in Klammern rechts neben der allgemeinen Angabe (siehe Bild 28) erfolgen.

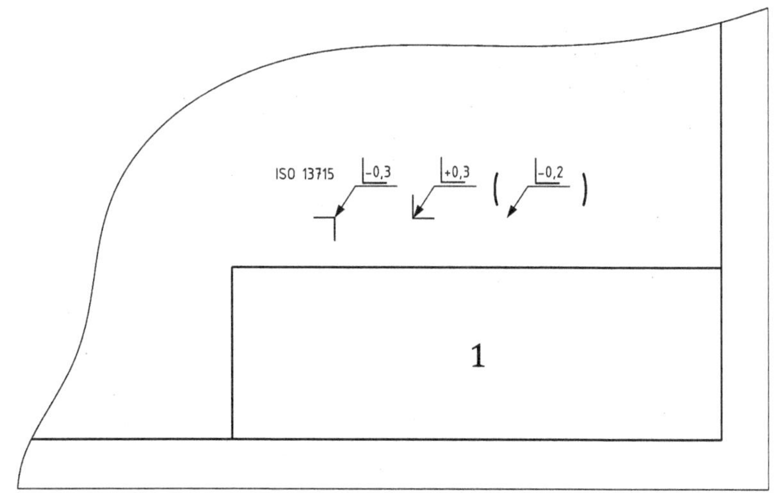

Legende

1 Schriftfeld

Bild 28 — Außen- und Innenkanten mit Ausnahme

Wenn mehr als eine zusätzliche Anforderung besteht, darf nur das Grundsymbol in Klammern rechts neben der allgemeinen Angabe (siehe Bild 29) erscheinen.

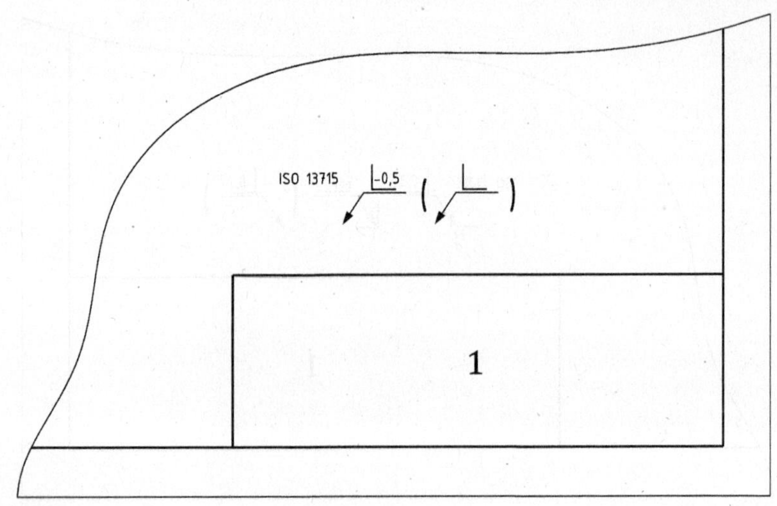

Legende

1 Schriftfeld

Bild 29 — Bedingung für alle Kanten mit mehr als einer Ausnahme

4.6 Hinweis auf dieses Dokument

Auf dieses Dokument ist in der Zeichnung hinzuweisen. Die folgende Angabe, wie in Bild 30 dargestellt, muss im Schriftfeld oder in dessen Nähe oder in einem Notizenbereich gemacht werden.

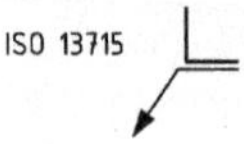

ISO 13715

Bild 30 — Hinweis auf dieses Dokument

Anhang A
(normativ)

Verhältnisse und Maße der graphischen Symbole

A.1 Allgemeine Anforderungen

Um die Größe der in diesem Dokument festgelegten graphischen Symbole mit den Größen anderer Angaben (Maße, Toleranzen usw.) in Übereinstimmung zu bringen, sind die in ISO 81714-1 festgelegten Regeln zu beachten.

Die Beschriftung muss die gleiche Höhe und Linienbreite wie die Bemaßung haben. Zwischen Linien sollte ein Abstand von zweifacher Linienbreite sein.

A.2 Verhältnisse

Die graphischen Symbole und zusätzlichen Angaben in den Bereichen a_1 bis a_3 sind entsprechend Bild A.1 zu zeichnen.

Die Nutzung des Symbolelementes „rundherum" ist optional, der Winkel der Hinweislinie hängt vom Anwendungsfall ab. Die Länge der Hinweislinie sollte gleich oder größer als 1,5 × *h* sein. Die Bezugslinie darf nötigenfalls verlängert werden.

A.3 Maße

In Tabelle A.1 sind die Anforderungen an die Maße der graphischen Symbole und zusätzlichen Angaben festgelegt.

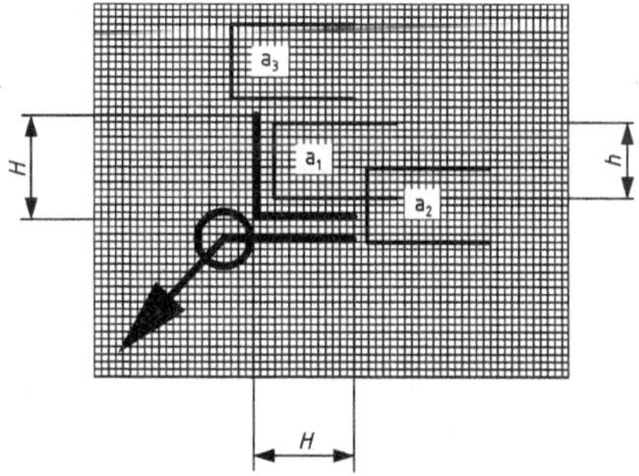

Bild A.1 — Größenverhältnisse

Tabelle A.1 — Maße

Maße in Millimeter

Schrifthöhe, *h*	3,5	5	7	10	14
Linienbreite für Symbole und Beschriftung, Typ B ISO 3098-1, *d*	0,35	0,5	0,7	1	1,4
Symbolhöhe, *H*	5	7	10	14	20

Anhang B
(informativ)

Beispiele für Angaben von Kanten mit unbestimmter Gestalt

Zu Beispielen für Angaben von Kanten siehe Tabelle B.1.

Tabelle B.1 — Angabe und zugehörige Bedeutung für Kanten mit unbestimmter Gestalt

Nr.	Angabe	Bedeutung	Erläuterung
B.1	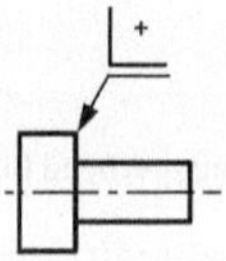 +	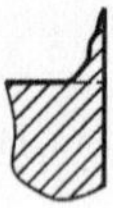 oder 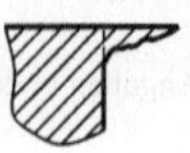 / oder 	Außenkante Übergang zulässig Größenmaß unbestimmt Richtung unbestimmt
B.2	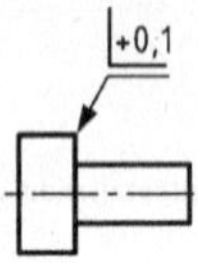 +0,1	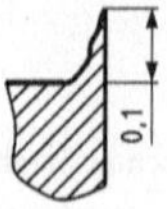 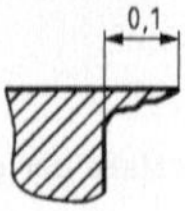 0,1 oder 0,1 oder 0,1 0,1 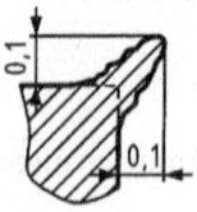	Außenkante Übergang zulässig Größenmaß 0 mm bis 0,1 mm Richtung unbestimmt
B.3	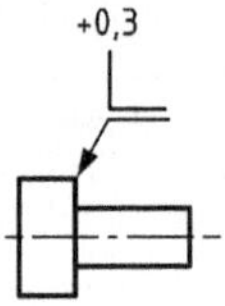 +0,3	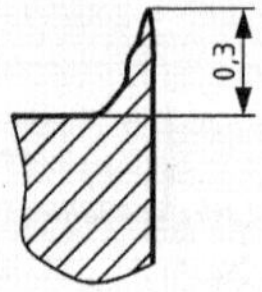 0,3	Außenkante Übergang zulässig Größenmaß 0 mm bis 0,3 mm Richtung bestimmt
B.4	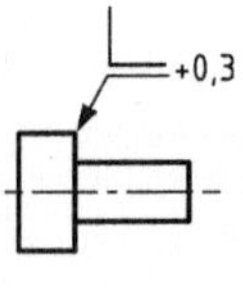 +0,3	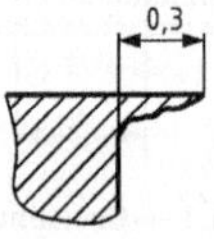 0,3	Außenkante Übergang zulässig Größenmaß 0 mm bis 0,3 mm Richtung bestimmt
B.5	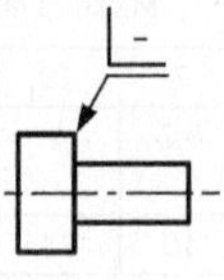 –	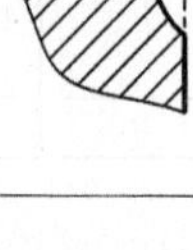 oder 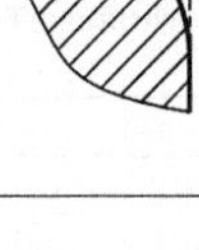	Außenkante Abtragung erforderlich Größenmaß unbestimmt Richtung unbestimmt

Nr.	Angabe	Bedeutung	Erläuterung
B.6	-0,3	0,3; 0,3 oder 0,3; 0,3	Außenkante Abtragung erforderlich Größenmaß 0 mm bis 0,3 mm Richtung unbestimmt
B.7	-0,1 -0,5	0,5; 0,5 oder 0,1; 0,1	Außenkante Abtragung erforderlich Größenmaß 0,1 mm bis 0,3 mm Richtung unbestimmt
B.8	-0,5 -1	1; 0,5	Außenkante Abtragung erforderlich Größenmaß 0 bis 0,5 senkrecht Größenmaß 0 bis 1 waagerecht Richtung bestimmt
B.9	±0,05	0,05 oder 0,05 0,05; 0,05 oder 0,05; 0,05 0,05; 0,05	Außenkante Übergang zulässig Größenmaß 0 bis 0,05 Abtragung zulässig Größenmaß 0 mm bis 0,05 mm Richtung unbestimmt

Nr.	Angabe	Bedeutung	Erläuterung
B.10	+0,3 -0,1	0,3 0,3 oder 0,1 0,1 0,1 0,1 oder 0,3 0,3	Außenkante Übergang zulässig Größenmaß 0 mm bis 0,3 mm Abtragung zulässig Größenmaß 0 mm bis 0,1 mm Richtung unbestimmt
B.11	-	oder oder	Innenkante Abtragung erforderlich Größenmaß unbestimmt Richtung unbestimmt
B.12	-0,3	0,3 0,3 oder 0,3 oder 0,3	Innenkante Abtragung erforderlich Größenmaß 0 mm bis 0,3 mm Richtung unbestimmt
B.13	-0,1 -0,3	0,1 0,1 oder 0,1 oder 0,1 0,3 0,3 oder 0,3 oder 0,3	Innenkante Abtragung erforderlich Größenmaß 0,1 mm bis 0,3 mm Richtung unbestimmt

Nr.	Angabe	Bedeutung	Erläuterung
B.14	-0,3	0,3	Innenkante Abtragung erforderlich Größenmaß 0 mm bis 0,3 mm Richtung bestimmt
B.15	-0,3	0,3	Innenkante Abtragung erforderlich Größenmaß 0 mm bis 0,3 mm Richtung bestimmt
B.16	+1 +0,3	1 1 oder 1 1 0,3 0,3 oder 0,3 0,3	Innenkante Übergang zulässig Größenmaß 0,3 mm bis 1 mm Richtung unbestimmt

Nr.	Angabe	Bedeutung	Erläuterung
B.17	±0,05	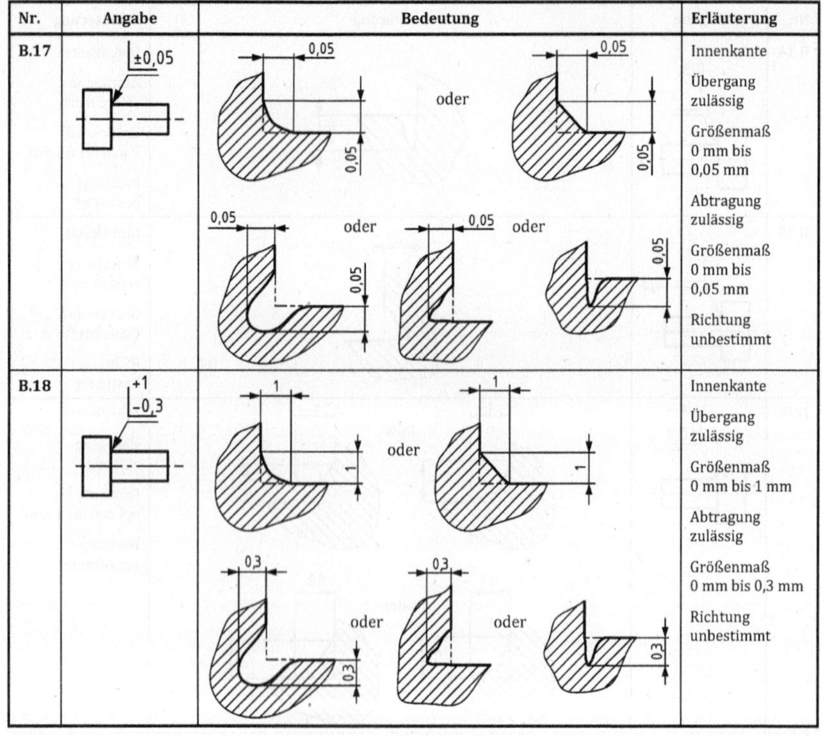	Innenkante Übergang zulässig Größenmaß 0 mm bis 0,05 mm Abtragung zulässig Größenmaß 0 mm bis 0,05 mm Richtung unbestimmt
B.18	+1 −0,3		Innenkante Übergang zulässig Größenmaß 0 mm bis 1 mm Abtragung zulässig Größenmaß 0 mm bis 0,3 mm Richtung unbestimmt

Literaturhinweise

[1] ISO 128-20, *Technical drawings — General principles of presentation — Part 20: Basic conventions for lines*

[2] ISO 128-22:1999, *Technical drawings — General principles of presentation — Part 22: Basic conventions and applications for leader lines and reference lines*

[3] ISO 128-24, *Technical drawings — General principles of presentation — Part 24: Lines on mechanical engineering drawings*

[4] ISO 129-1, *Technical drawings — Indication of dimensions and tolerances — Part 1: General principles*

[5] ISO 1101, *Geometrical product specifications (GPS) — Geometrical tolerancing — Tolerances of form, orientation, location and run-out*

[6] ISO 3098-1, *Technical product documentation — Lettering — Part 1: General requirements*

[7] ISO 81714-1, *Design of graphical symbols for use in the technical documentation of products — Part 1: Basic rules*

Juli 2017

DIN EN ISO 14405-1

ICS 17.040.40

Ersatz für
DIN EN ISO 14405-1:2011-04

Geometrische Produktspezifikation (GPS) – Dimensionelle Tolerierung – Teil 1: Lineare Größenmaße (ISO 14405-1:2016); Deutsche Fassung EN ISO 14405-1:2016

Geometrical product specifications (GPS) –
Dimensional tolerancing –
Part 1: Linear sizes (ISO 14405-1:2016);
German version EN ISO 14405-1:2016

Spécification géométrique des produits (GPS) –
Tolérancement dimensionnel –
Partie 1: Tailles linéaires (ISO 14405-1:2016);
Version allemande EN ISO 14405-1:2016

Gesamtumfang 68 Seiten

DIN-Normenausschuss Technische Grundlagen (NATG)

Nationales Vorwort

Dieses Dokument (EN ISO 14405-1:2016) wurde von der ISO/TC 213/WG 12 „Size" in Zusammenarbeit mit dem Technischen Komitee CEN/TC 290 „Geometrische Produktspezifikationen und -prüfung" erarbeitet, dessen Sekretariat von AFNOR (Frankreich) gehalten wird.

Auf nationaler Ebene ist der Arbeitsausschuss NA 152-03-02 AA „CEN/ISO Geometrische Produktspezifikation und -prüfung" des Normenausschusses Technische Grundlagen (NATG) im DIN zuständig.

Früher galt nach DIN 7167 für Zeichnungen, denen die DIN-Normen zugrunde lagen, wenn nicht anders auf der Zeichnung angegeben, die Hüllbedingung für alle Größenmaßelemente (en: features of size). Das sind Zylinder und zwei parallele, gegenüberliegende Ebenen (Schlitzbreite, Nutbreite, Zungenbreite,Federbreite).

DIN 7167 musste zurückgezogen werden, weil die neuen Normen ISO 8015 und ISO 14405-1 sowie ISO 286-1 als Default das Unabhängigkeitsprinzip nach ISO 8015 festlegen und diese Normen als DIN-EN-ISO-Normen in die DIN-Normen übernommen werden mussten. D. h., wenn nicht anders angegeben, z. B. durch den Modifikator Ⓔ, gelten nunmehr ± Toleranzen und ISO-Kode, wie z. B. H7, als Zweipunktgrößenmaße.

Wenn alte Zeichnungen, denen DIN 7167 zugrunde lag, wiederverwendet werden, sollten sie, um Missverständnisse zu vermeiden, gekennzeichnet sein, z. B. im oder am Schriftfeld mit

Size ISO 14405 Ⓔ

Frühere Kennzeichnungen, wie z. B. DIN 7167 oder ISO 2768-mK-E, erfüllen denselben Zweck.

Wenn wirtschaftlich möglich, sollten die Zeichnungen nach dem Unabhängigkeitsprinzip überarbeitet werden, d. h., wenn die Hüllbedingung gelten soll, ist Ⓔ hinter der Größenmaßtoleranz anzugeben und die Zeichnung im oder am Schriftfeld mit

Size ISO 14405

zu kennzeichnen (um Verwechslungen mit alten, nicht umgestellten Zeichnungen zu vermeiden).

Für die im Inhalt zitierten Internationalen Normen und Veröffentlichungen wird im Folgenden auf die entsprechenden Deutschen Normen und Veröffentlichungen hingewiesen:

ISO 286-1	siehe DIN EN ISO 286-1
ISO 1101	siehe DIN EN ISO 1101
ISO 2768-1	siehe DIN ISO 2768-1
ISO 3098-2	siehe DIN EN ISO 3098-2
ISO 8015	siehe DIN EN ISO 8015
ISO 10579:2010	siehe DIN EN ISO 10579:2013-11
ISO 14638:2015	siehe DIN EN ISO 14638:2015-12
ISO 17450-1:2011	siehe DIN EN ISO 17450-1:2012-04
ISO 17450-2:2012	siehe DIN EN ISO 17450-2:2013-04
ISO 17450-3	siehe DIN EN ISO 17450-3
ISO 81714-1	siehe DIN EN ISO 81714-1

Änderungen

Gegenüber DIN EN ISO 14405-1:2011-04 wurden folgende Änderungen vorgenommen:

a) der Anwendungsbereich wurde erweitert,

b) sie legt den Default-Spezifikationsoperator des Größenmaßes fest und definiert eine Anzahl von speziellen Spezifikationsoperatoren für Größenmaßelemente, das heißt "Zylinder", "zwei parallele gegenüberliegende Ebenen", "Kugel", "Kreis" oder "zwei parallele gegenüberliegende Geraden";

c) Komplementäre Zeichnungsangaben wurden unter Abschnitt 8 aufgenommen;

d) im Anhang D wurde die Datenauswertung mit Rangordnungssymbolen aufgenommen;

e) im Anhang E wurde der grundlegende Typ von Größenmaßmerkmalen aufgenommen;

f) Anpassung der Terminologie;

g) Dokument wurde redaktionell überarbeitet.

Frühere Ausgaben

DIN EN ISO 14405-1: 2011-04

Nationaler Anhang NB
(informativ)

Literaturhinweise

DIN EN ISO 286-1, *Geometrische Produktspezifikation (GPS) — ISO-Toleranzsystem für Längenmaße — Teil 1: Grundlagen für Toleranzen, Abweichungen und Passungen*

DIN EN ISO 1101, *Geometrische Produktspezifikation (GPS) — Geometrische Tolerierung — Tolerierung von Form, Richtung, Ort und Lauf*

DIN EN ISO 3098-2, *Technische Produktdokumentation — Schriften — Teil 2: Lateinisches Alphabet, Ziffern und Zeichen*

DIN EN ISO 8015, *Geometrische Produktspezifikation (GPS) — Grundlagen — Konzepte, Prinzipien und Regeln*

DIN EN ISO 10579:2013-11, *Geometrische Produktspezifikation (GPS) — Bemaßung und Tolerierung — Nichtformstabile Teile, (ISO 10579:2010, einschließlich Cor 1:2011); Deutsche Fassung EN ISO 10579:2013*

DIN EN ISO 14638:2015-12, *Geometrische Produktspezifikation (GPS) — Matrix-Modell, (ISO 14638:2015); Deutsche Fassung EN ISO 14638:2015*

DIN EN ISO 17450-1:2012-04, *Geometrische Produktspezifikation (GPS) — Grundlagen — Teil 1: Modell für die geometrische Spezifikation und Prüfung, (ISO 17450-1:2011); Deutsche Fassung EN ISO 17450-1:2011*

DIN EN ISO 17450-2:2013-04, *Geometrische Produktspezifikation (GPS) — Allgemeine Begriffe — Teil 2: Grundlegende Lehrsätze, Spezifikationen, Operatoren und Unsicherheiten, (ISO 17450-2:2012); Deutsche Fassung EN ISO 17450-2:2012*

DIN EN ISO 17450-3, *Geometrische Produktspezifikation (GPS) — Grundlagen — Teil 3: Tolerierte Geometrieelemente*

DIN EN ISO 81714-1, *Gestaltung von graphischen Symbolen für die Anwendung in der technischen Produktdokumentation — Teil 1: Grundregeln*

DIN ISO 2768-1, *Allgemeintoleranzen — Teil 1: Toleranzen für Längen- und Winkelmaße ohne einzelne Toleranzeintragung*

EUROPÄISCHE NORM

EUROPEAN STANDARD

NORME EUROPÉENNE

EN ISO 14405-1

August 2016

ICS 17.040.10

Ersatz für EN ISO 14405-1:2010

Deutsche Fassung

Geometrische Produktspezifikation (GPS) — Dimensionelle Tolerierung — Teil 1: Lineare Größenmaße (ISO 14405-1:2016)

Geometrical product specifications (GPS) —
Dimensional tolerancing —
Part 1: Linear sizes
(ISO 14405-1:2016)

Spécification géométrique des produits (GPS) —
Tolérancement dimensionnel —
Partie 1: Tailles linéaires
(ISO 14405-1:2016)

Diese Europäische Norm wurde vom CEN am 15. Januar 2016 angenommen.

Die CEN-Mitglieder sind gehalten, die CEN/CENELEC-Geschäftsordnung zu erfüllen, in der die Bedingungen festgelegt sind, unter denen dieser Europäischen Norm ohne jede Änderung der Status einer nationalen Norm zu geben ist. Auf dem letzten Stand befindliche Listen dieser nationalen Normen mit ihren bibliographischen Angaben sind beim Management-Zentrum des CEN-CENELEC oder bei jedem CEN-Mitglied auf Anfrage erhältlich.

Diese Europäische Norm besteht in drei offiziellen Fassungen (Deutsch, Englisch, Französisch). Eine Fassung in einer anderen Sprache, die von einem CEN-Mitglied in eigener Verantwortung durch Übersetzung in seine Landessprache gemacht und dem Management-Zentrum mitgeteilt worden ist, hat den gleichen Status wie die offiziellen Fassungen.

CEN-Mitglieder sind die nationalen Normungsinstitute von Belgien, Bulgarien, Dänemark, Deutschland, der ehemaligen jugoslawischen Republik Mazedonien, Estland, Finnland, Frankreich, Griechenland, Irland, Island, Italien, Kroatien, Lettland, Litauen, Luxemburg, Malta, den Niederlanden, Norwegen, Österreich, Polen, Portugal, Rumänien, Schweden, der Schweiz, der Slowakei, Slowenien, Spanien, der Tschechischen Republik, der Türkei, Ungarn, dem Vereinigten Königreich und Zypern.

EUROPÄISCHES KOMITEE FÜR NORMUNG
EUROPEAN COMMITTEE FOR STANDARDIZATION
COMITÉ EUROPÉEN DE NORMALISATION

CEN-CENELEC Management-Zentrum: Avenue Marnix 17, B-1000 Brüssel

Ref. Nr. EN ISO 14405-1:2016 D

Inhalt

Europäisches Vorwort

Dieses Dokument (EN ISO 14405-1:2016) wurde vom Technischen Komitee ISO/TC 213 „Dimensional and geometrical product specifications and verification" in Zusammenarbeit mit dem Technischen Komitee CEN/TC 290 „Geometrische Produktspezifikation und -prüfung" erarbeitet, dessen Sekretariat vom AFNOR gehalten wird.

Diese Europäische Norm muss den Status einer nationalen Norm erhalten, entweder durch Veröffentlichung eines identischen Textes oder durch Anerkennung bis Februar 2017, und etwaige entgegenstehende nationale Normen müssen bis Februar 2017 zurückgezogen werden.

Es wird auf die Möglichkeit hingewiesen, dass einige Elemente dieses Dokuments Patentrechte berühren können. CEN [und/oder CENELEC] sind nicht dafür verantwortlich, einige oder alle diesbezüglichen Patentrechte zu identifizieren.

Dieses Dokument ersetzt EN ISO 14405-1:2010.

Entsprechend der CEN-CENELEC-Geschäftsordnung sind die nationalen Normungsinstitute der folgenden Länder gehalten, diese Europäische Norm zu übernehmen: Belgien, Bulgarien, Dänemark, Deutschland, die ehemalige jugoslawische Republik Mazedonien, Estland, Finnland, Frankreich, Griechenland, Irland, Island, Italien, Kroatien, Lettland, Litauen, Luxemburg, Malta, Niederlande, Norwegen, Österreich, Polen, Portugal, Rumänien, Schweden, Schweiz, Slowakei, Slowenien, Spanien, Tschechische Republik, Türkei, Ungarn, Vereinigtes Königreich und Zypern.

Anerkennungsnotiz

Der Text von ISO 14405-1:2016 wurde vom CEN als EN ISO 14405-1:2016 ohne irgendeine Abänderung genehmigt.

Vorwort

ISO (die Internationale Organisation für Normung) ist eine weltweite Vereinigung von Nationalen Normungsorganisationen (ISO-Mitgliedsorganisationen). Die Erstellung von Internationalen Normen wird normalerweise von ISO Technischen Komitees durchgeführt. Jede Mitgliedsorganisation, die Interesse an einem Thema hat, für welches ein Technisches Komitee gegründet wurde, hat das Recht, in diesem Komitee vertreten zu sein. Internationale Organisationen, staatlich und nicht-staatlich, in Liaison mit ISO, nehmen ebenfalls an der Arbeit teil. ISO arbeitet eng mit der Internationalen Elektrotechnischen Kommission (IEC) bei allen elektrotechnischen Themen zusammen.

Die Verfahren, die bei der Entwicklung dieses Dokuments angewendet wurden und die für die weitere Pflege vorgesehen sind, werden in den ISO/IEC-Direktiven, Teil 1 beschrieben. Im Besonderen sollten die für die verschiedenen ISO-Dokumentenarten notwendigen Annahmekriterien beachtet werden. Dieses Dokument wurde in Übereinstimmung mit den Gestaltungsregeln der ISO/IEC-Direktiven, Teil 2 erarbeitet (siehe www.iso.org/directives).

Es wird auf die Möglichkeit hingewiesen, dass einige Elemente dieses Dokuments Patentrechte berühren können. ISO ist nicht dafür verantwortlich, einige oder alle diesbezüglichen Patentrechte zu identifizieren. Details zu allen während der Entwicklung des Dokuments identifizierten Patentrechten finden sich in der Einleitung und/oder in der ISO-Liste der empfangenen Patenterklärungen (siehe www.iso.org/patents).

Jeder in diesem Dokument verwendete Handelsname wird als Information zum Nutzen der Anwender angegeben und stellt keine Anerkennung dar.

Eine Erläuterung der Bedeutung ISO-spezifischer Benennungen und Ausdrücke, die sich auf Konformitätsbewertung beziehen, sowie Informationen über die Beachtung der Grundsätze der Welthandelsorganisation (WTO) zu technischen Handelshemmnissen (TBT, en: Technical Barriers to Trade) durch ISO enthält der folgende Link: www.iso.org/iso/foreword.html.

Das für dieses Dokument verantwortliche Komitee ist ISO/TC 213, *Dimensional and geometrical product specification and verification.*

Diese zweite Ausgabe ersetzt die erste Ausgabe (ISO 14405-1:2010), die technisch überarbeitet wurde.

Die wesentlichen Änderungen zur Vorgängerausgabe sind:

— Abschnitte 1 und 3, 5.3, 6.1, 7.3, 7.8, Tabellen 1 und 2 und die Bilder wurden technisch überarbeitet;

— Abschnitt 8 und Anhänge D und E wurden hinzugefügt.

ISO 14405 besteht aus folgenden Teilen unter dem allgemeinen Titel *Geometrische Produktspezifikation (GPS) — Dimensionelle Tolerierung:*

— *Teil 1: Lineare Größenmaße*

— *Teil 2: Andere als lineare Größenmaße*

— *Teil 3: Winkelgrößenmaße*

Einleitung

Dieser Teil von ISO 14405 ist eine Norm für die Geometrische Produktspezifikation (GPS) und gilt als eine allgemeine GPS-Norm (siehe ISO 14638). Er beeinflusst die Kettenglieder A bis C der Normenkette über Größenmaß.

Das in ISO 14638 gegebene ISO-GPS-Matrix-Modell gibt einen Überblick über das ISO-GPS-System, dessen Bestandteil dieser Teil von ISO 14405 ist. Die in ISO 8015 angegebenen grundlegenden ISO-GPS-Regeln gelten für diesen Teil von ISO 14405, und die Default-Entscheidungsregeln nach ISO 14253-1 gelten für die Spezifikationen nach diesem Teil von ISO 14405, sofern nicht anders angegeben.

Detailliertere Angaben zum Zusammenhang dieses Teils von ISO 14405 mit anderen Normen und dem GPS-Matrix-Modell sind Anhang F zu entnehmen.

Hergestellte Werkstücke weisen Abweichungen von der idealen geometrischen Form auf. Der tatsächliche Wert der Maße eines Größenmaßelements ist von den Formabweichungen und der spezifischen Art des verwendeten Größenmaßes abhängig.

Die Art des für ein Größenmaßelement angewendeten Größenmaßes ist von der Funktion des Werkstücks abhängig.

Die Art des Größenmaßes kann auf der Zeichnung durch einen Spezifikationsmodifikator zum Kontrollieren der Geometrieelementdefinition angegeben werden.

WICHTIG — Die Darstellungen in diesem Teil von ISO 14405 sind als Erläuterung des Textes und/oder als Beispiele für die zugehörige Spezifikation technischer Zeichnungen vorgesehen. Diese Darstellungen sind nicht vollständig bemaßt und toleriert, sondern zeigen nur die jeweiligen allgemeinen Prinzipien. Daher sind die Darstellungen nicht repräsentativ für eine vollständige Werkstückspezifikation und nicht von einer für die Anwendung in der Industrie erforderlichen Qualität (hinsichtlich der vollständigen Konformität mit den durch ISO/TC 10 und ISO/TC 213 erarbeiteten Normen) und als solche nicht für die Projektion für Lehrzwecke geeignet.

1 Anwendungsbereich

Dieser Teil von ISO 14405 führt den Default-Spezifikationsoperator (siehe ISO 17450-2) für lineare Größenmaße ein und definiert eine Anzahl spezieller Spezifikationsoperatoren für lineare Größenmaße für Größenmaßelemente, z. B. „Zylinder", „Kugel", „Torus"[1)]„Kreis", „zwei parallele gegenüberliegende Ebenen" oder „zwei parallele gegenüberliegende Geraden".

Er legt auch die Spezifikationsmodifikatoren und die Zeichnungsangaben für diese linearen Größenmaße fest.

Dieser Teil von ISO 14405 deckt die folgenden linearen Größenmaße ab:

a) örtliches Größenmaß:
   - Zweipunktgrößenmaß;
   - sphärisches Größenmaß;
   - Querschnittsgrößenmaß;
   - Teilbereichsgrößenmaß;

b) globales Größenmaß:
   - direktes globales lineares Größenmaß;
     - Größenmaß der kleinsten Abweichungsquadrate;
     - größtes einbeschriebenes Größenmaß;
     - kleinstes umschriebenes Größenmaß;
     - Minimax-Größenmaß;
   - indirektes globales lineares Größenmaß;

c) berechnetes Größenmaß;
   - umfangsbezogener Durchmesser;
   - flächenbezogener Durchmesser;
   - volumenbezogener Durchmesser;

---

1) Ein Torus ist ein Größenmaßelement, wenn sein Directrix-Durchmesser festgelegt ist.

d) Rangordnungsgrößenmaß:

— größtes Größenmaß;

— kleinstes Größenmaß;

— Mittelwert des Größenmaßes;

— Medianwert des Größenmaßes;

— Mittelwert aus größtem und kleinstem Größenmaß;

— Spanne der Größenmaße;

— Standardabweichung der Größenmaße.

Dieser Teil von ISO 14405 legt Toleranzen für lineare Größenmaße für Folgendes fest:

— eine + und/oder –-Grenzabweichung (z. B. 0/–0,019) (siehe Bild 11);

— eine obere Größenmaßgrenze (ULS) und/oder eine untere Grenze des Größenmaßes (LLS) (z. B. 15,2 max., 12 min. oder 30,2/30,181) (siehe Bild 13);

— einen ISO-Toleranzcode nach ISO 286-1 (z. B. 10 h6) (siehe Bild 12);

mit oder ohne Modifikator (en) (siehe Tabellen 1 und 2).

Dieser Teil von ISO 14405 stellt eine Reihe von Werkzeugen zur Verfügung, um verschiedene Arten von Größenmaßmerkmalen auszudrücken. Er enthält keinerlei Angaben zum Zusammenhang zwischen einer Funktion oder einer Verwendung und einem Größenmaßmerkmal.

2 Normative Verweisungen

Die folgenden Dokumente, die in diesem Dokument teilweise oder als Ganzes zitiert werden, sind für die Anwendung dieses Dokuments erforderlich. Bei datierten Verweisungen gilt nur die in Bezug genommene Ausgabe. Bei undatierten Verweisungen gilt die letzte Ausgabe des in Bezug genommenen Dokuments (einschließlich aller Änderungen).

ISO 286-1, *Geometrical product specification (GPS) — ISO code system for tolerances on linear sizes — Part 1: Basis of tolerances, deviations and fits*

ISO 8015, *Geometrical product specifications (GPS) — Fundamentals — Concepts, principles and rules*

ISO 17450-1:2011, *Geometrical product specifications (GPS) — General concepts — Part 1: Model for geometrical specification and verification*

ISO 17450-2:2012, *Geometrical product specifications (GPS) — General concepts — Part 2: Basic tenets, specifications, operators, uncertainties and ambiguities*

ISO 17450-3, *Geometrical product specifications (GPS) — General concepts — Part 3: Toleranced features*

ISO 81714-1, *Design of graphical symbols for use in the technical documentation of products — Part 1: Basic rules*

3 Begriffe

Für die Anwendung dieses Dokuments gelten die Begriffe nach ISO 286-1, ISO 8015, ISO 17450-1, ISO 17450-2, ISO 17450-3 und die folgenden Begriffe.

3.1
Größenmaßelement
lineares Größenmaßelement oder Winkelgrößenmaßelement

Anmerkung 1 zum Begriff: Element des linearen Größenmaßes und Element des Winkelgrößenmaßes sind Synonyme für lineares Größenmaßelement bzw. Winkelgrößenmaßelement.

Anmerkung 2 zum Begriff: In den Bildern 1 und 2 ist/sind ein lineares Größenmaßelement vom Typ Zylinder oder zwei parallele gegenüberliegende Ebenen dargestellt.

Anmerkung 3 zum Begriff: Dieser Teil von ISO 14405 behandelt ausschließlich lineare Größenmaßelemente, die ein Zylinder, eine Kugel, zwei parallele gegenüberliegende Ebenen, ein Kreis (Schnitt einer Rotationsfläche und einer Ebene senkrecht zur Achse der assoziierten Fläche), zwei parallele gegenüberliegende Geraden (Schnitt einer zylindrischen Fläche und einer Ebene, worin die assoziierte Achse der zylindrischen Fläche oder der prismatischen Fläche enthalten ist, und einer Ebene rechtwinklig zur assoziierten Mittelebene der prismatischen Fläche) und zwei gegenüberliegende Kreise (Schnitt eines Paars aus koaxialer rotierender Flächen und einer Ebene senkrecht zur Achse einer der rotationssymmetrischen Flächen), d. h. die Wanddicke eines Rohres, sein können.

Anmerkung 4 zum Begriff: Zwei gegenüberliegende Geraden können symmetrisch festgelegt werden anhand der assoziierten Achse bei einer zylindrischen Fläche oder einer Ebene senkrecht zur Ebene einer prismatischen Fläche. Zwei gegenüberliegende Kreise können anhand des Schnittes eines Paars aus koaxialer rotierender Flächen und einer Ebene senkrecht zur Achse einer der rotationssymmetrischen Flächen oder Schnitt einer Kollektion von zwei einzelnen Flächen und einem zylindrischen Querschnittsgeometrieelement) festgelegt werden.

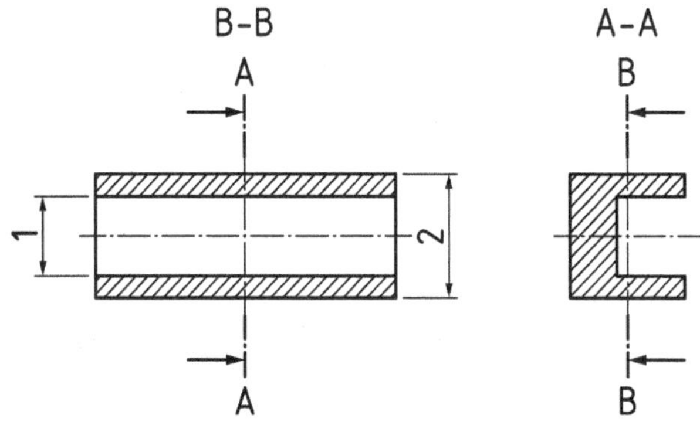

a) Nominale lineare Größenmaßelemente (innere und äußere)

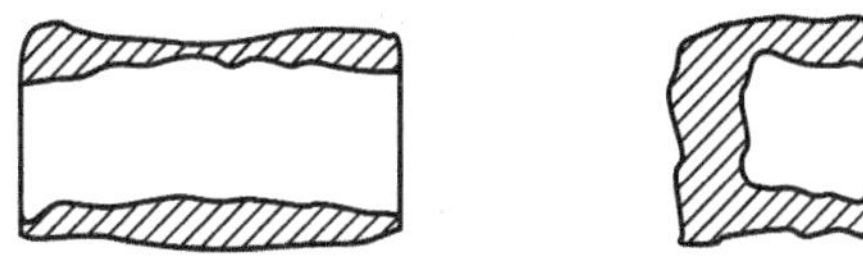

b) Extrahiertes Geometrieelement

Legende

1 Größenmaß des inneren linearen Größenmaßelements
2 Größenmaß des äußeren linearen Größenmaßelements

Bild 1 —Beispiel für ein lineares Größenmaßelement, bestehend aus zwei gegenüberliegenden Ebenen

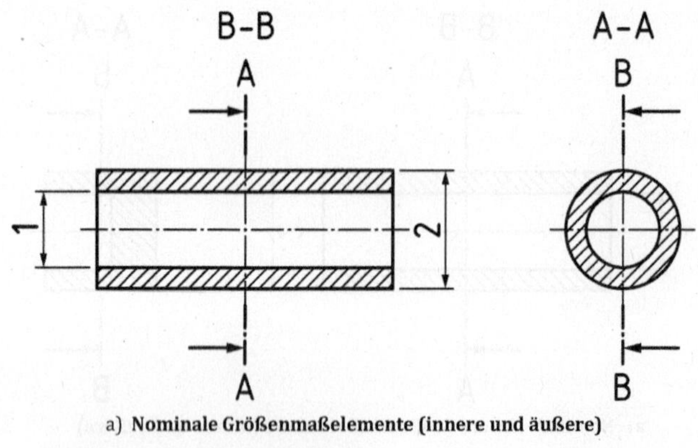

a) **Nominale Größenmaßelemente (innere und äußere)**

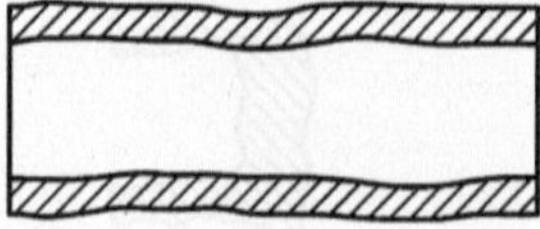

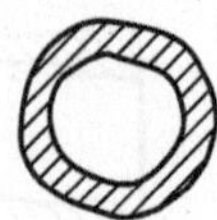

b) **Extrahiertes Geometrieelement**

Legende

1 Größenmaß des inneren linearen Größenmaßelements
2 Größenmaß des äußeren linearen Größenmaßelements

Bild 2 — Beispiel für ein lineares Größenmaßelement, bestehend aus einem Zylinder

[QUELLE: ISO 17450-1:2011, 3.3.1.5]

3.2
obere Grenze des Größenmaßes
obere Grenze des Größenmaßmerkmals
ULS (en: upper limit of size)
größter zulässiger Wert für ein *Größenmaßmerkmal* (3.5)

3.3
untere Grenze des Größenmaßes
untere Grenze des Größenmaßmerkmals
LLS (en: lower limit of size)
kleinster zulässiger Wert für ein *Größenmaßmerkmal* (3.5)

3.4
Größenmaß
Maßparameter, betrachtet als Variable für ein *Größenmaßelement* (3.1), der für ein Nenngeometrieelement oder ein assoziiertes Geometrieelement festgelegt sein kann

Anmerkung 1 zum Begriff: In diesem Teil von ISO 14405 ist das Größenmaß linear, z. B. der Durchmesser eines Zylinders oder der Abstand zwischen zwei parallelen gegenüberliegenden Ebenen, zwei gegenüberliegenden Geraden und zwei konzentrischen Kreisen. In Abhängigkeit von der Art des linearen Größenmaßelements sind die Begriffe „Durchmesser", „Breite" und „Dicke" Synonyme für das Größenmaß.

Anmerkung 2 zum Begriff: Ein Größenmaß ist ein Winkelgrößenmaß (z. B. der Winkel eines Kegels) oder ein lineares Größenmaß (z. B. der Durchmesser eines Zylinders). Dieser Teil von ISO 14405 behandelt ausschließlich lineare Größenmaße.

3.5
Größenmaßmerkmal
Merkmal bezüglich eines *Größenmaßes* (3.4), festgelegt durch ein extrahiertes integrales Geometrieelement

Anmerkung 1 zum Begriff: Siehe Bild B.1.

Anmerkung 2 zum Begriff: Ein Größenmaß kann für mehr als ein Größenmaßmerkmal ausgewertet werden (z. B. Zweipunktdurchmesser oder Durchmesser eines assoziierten Geometrieelements an diesem extrahierten Geometrieelement).

3.6
örtliches Größenmaß
örtliches lineares Größenmaß
örtliches Größenmaßmerkmal
örtliches lineares Größenmaßmerkmal
Größenmaßmerkmal (3.5), das per Definition ein nicht einheitliches Ergebnis der Auswertung entlang eines *Größenmaßelements* (3.1) und/oder um dieses herum hat

Anmerkung 1 zum Begriff: Für ein gegebenes Geometrieelement gibt es eine unendliche Anzahl von örtlichen Größenmaßen.

Anmerkung 2 zum Begriff: Ein Zweipunktgrößenmaß auf zwei gegenüberliegenden Ebenen kann als „Zweipunktdicke" oder „Zweipunktbreite" bezeichnet werden.

Anmerkung 3 zum Begriff: In Bild 3 sind Beispiele für örtliche Größenmaße dargestellt. Diese Beispiele berücksichtigen nicht das *Rangordnungsgrößenmaß* (3.7.2.2).

Anmerkung 4 zum Begriff: Grundlegende Arten von Größenmaßmerkmalen sind in Anhang D festgelegt.

3.6.1
Zweipunktgrößenmaß
<örtliches Größenmaß> Abstand zwischen zwei gegenüberliegenden Punkten auf einem extrahierten integralen Größenmaßelement

Anmerkung 1 zum Begriff: Ein Zweipunktgrößenmaß auf einem Zylinder kann „Zweipunktdurchmesser" genannt werden.

Anmerkung 2 zum Begriff: Ein Zweipunktgrößenmaß auf zwei gegenüberliegenden Ebenen kann „Zweipunktabstand" genannt werden.

Anmerkung 3 zum Begriff: Die Methode zum Bestimmen eines Zweipunktgrößenmaßes für beliebige Größenmaßelemente ist in ISO 17450-3 dargestellt.

3.6.2
Querschnittsgrößenmaß
globales Größenmaß (3.7) für einen gegebenen Querschnitt des extrahierten integralen Geometrieelements

Anmerkung 1 zum Begriff: Ein Querschnittsgrößenmaß ist ein *örtliches Größenmaß* (3.6) für das vollständig tolerierte *Größenmaßelement* (3.1).

Anmerkung 2 zum Begriff: Der Querschnitt ist nach demselben Kriterium festgelegt, wie zur Festlegung des *direkten globalen Größenmaßes* (3.7.1) verwendet.

Anmerkung 3 zum Begriff: Bei einem extrahierten Geometrieelement, das ein Zylinder ist, ist es möglich, eine unendliche Anzahl von Querschnitten festzulegen, in denen der Durchmesser des assoziierten Kreises (einem bestimmten Assoziationskriterium entsprechend) festgelegt werden kann. Dies ist ein Querschnittsgrößenmaß.

3.6.3
Teilbereichsgrößenmaß
globales Größenmaß (3.7) für einen gegebenen Teilbereich des extrahierten Geometrieelements

Anmerkung 1 zum Begriff: Ein Teilbereichsgrößenmaß ist ein *örtliches Größenmaß* (3.6) für das vollständig tolerierte *Größenmaßelement* (3.1).

3.6.4
sphärisches Größenmaß
<örtliches Größenmaß> Durchmesser der größten einbeschriebenen Kugel

Anmerkung 1 zum Begriff: Die größte einbeschriebene Kugel wird bei der Festlegung des sphärischen Größenmaßes sowohl des inneren als auch des äußeren Größenmaßelements verwendet.

Anmerkung 2 zum Begriff: Siehe Bild 3 c).

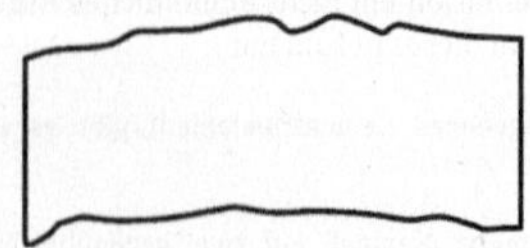

a) Betrachtetes extrahiertes Geometrieelement, welches entweder ein inneres oder äußeres Geometrieelement und entweder ein Zylinder oder zwei sich parallel gegenüberliegende Ebenen sein könnte

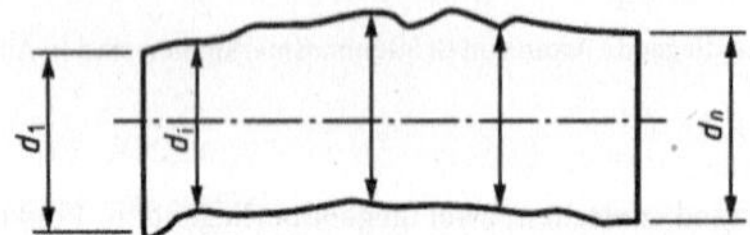

b) Zweipunktgrößenmaße (siehe ISO 17450-3)

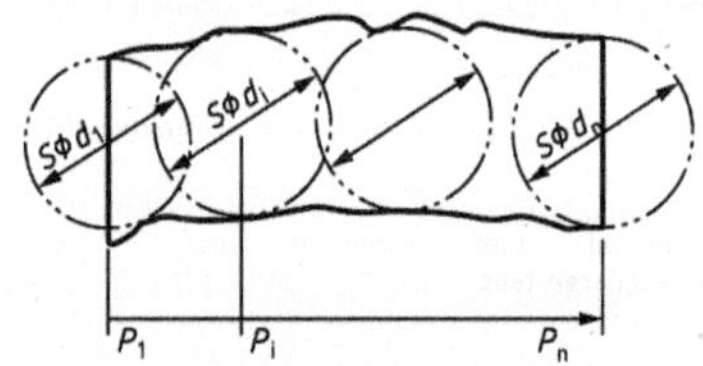

c) Sphärische Größenmaße

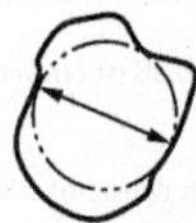

d) Querschnittsgrößenmaß, erhalten aus einem direkten globalen Größenmaß mit dem größten einbeschriebenen Kriterium (andere Kriterien sind möglich)

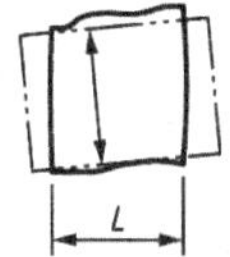

e) Teilbereichsgrößenmaß, erhalten aus einem direkten globalen Größenmaß mit dem größten einbeschriebenen Kriterium (andere Kriterien sind möglich)

ANMERKUNG 1 Das Querschnittsgrößenmaß in Bild 3 d) in jedem Querschnitt wird durch den Durchmesser des größten einbeschriebenen Kreises in diesem Querschnitt definiert.

ANMERKUNG 2 In Bild 3 e) wird nur ein Teilbereich des extrahierten Geometrieelements der Länge *L* betrachtet.

Legende

d Größenmaß [in Bild 3 b)]

L betrachtete Länge des Teilbereichs des Zylinders

P Position

S∅d Durchmesser der größten einbeschriebenen Kugel

Bild 3 — Beispiele für örtliche Größenmaße

3.7
globales Größenmaß
globales lineares Größenmaß
globales Größenmaßmerkmal
globales lineares Größenmaßmerkmal
Größenmaßmerkmal (3.5), das per Definition einen eindeutigen Wert entlang eines *Größenmaßelements* (3.1) und/oder um dieses herum hat

3.7.1
direktes globales Größenmaß
direktes globales lineares Größenmaß
direktes globales Größenmaßmerkmal
direktes globales lineares Größenmaßmerkmal
globales Größenmaß (3.7) gleich dem Größenmaß des assoziierten integralen Geometrieelements, das vom selben geometrischen Typ ist wie das *Größenmaßelement* (3.1) und das ohne Beschränkung des Größenmaßes, der Richtung oder des Ortes festgelegt wird

Anmerkung 1 zum Begriff: Die unterschiedlichen direkten globalen linearen Größenmaße sind in Bild 4 dargestellt.

Anmerkung 2 zum Begriff: Für diese Assoziationsoperation dürfen verschiedene Kriterien verwendet werden und in Abhängigkeit vom gewählten Kriterium werden unterschiedliche Ergebnisse erzielt. Die in diesem Teil von ISO 14405 beschriebenen Assoziationskriterien sind: totale kleinste Abweichungsquadrate, größtes einbeschriebenes Geometrieelement, kleinstes umschriebenes Geometrieelement und Minimax-Kriterium.

Anmerkung 3 zum Begriff: Das assoziierte integrale Geometrieelement (festgelegt anhand des extrahierten integralen Geometrieelements) hat dieselbe ideale Form wie das Größenmaßelement. Sein Größenmaß wird als variabel angesehen.

3.7.1.1
Größenmaß der kleinsten Abweichungsquadrate
direktes globales Größenmaß (3.7.1), für das ein assoziiertes integrales Geometrieelement aus dem/den extrahierten integralen Geometrieelement(en) nach dem Kriterium der totalen kleinsten Abweichungsquadrate gebildet wird

Anmerkung 1 zum Begriff: In diesem Teil von ISO 14405 werden die „totalen kleinsten Abweichungsquadrate" nur als „kleinste Abweichungsquadrate" bezeichnet. Sie minimieren die Summe der Quadrate der Abstände zwischen dem assoziierten integralen Geometrieelement und dem extrahierten integralen Geometrieelement.

3.7.1.2
größtes einbeschriebenes Größenmaß
direktes globales Größenmaß (3.7.1), für das ein assoziiertes integrales Geometrieelement aus dem/den extrahierten integralen Geometrieelement(en) nach dem Kriterium des größten einbeschriebenen Geometrieelements gebildet wird

Anmerkung 1 zum Begriff: Im Fall eines inneren linearen Größenmaßelements wurde das größte einbeschriebene Größenmaß früher „Paarungsgrößenmaß für ein inneres Geometrieelement" genannt. Es maximiert das Größenmaß des assoziierten integralen Geometrieelements, das in das extrahierte integrale Größenmaßelement (unter Begrenzung des Kontakts zwischen dem extrahierten integralen Geometrieelement und dem assoziierten integralen Geometrieelement) einbeschrieben werden kann.

3.7.1.3
kleinstes umschriebenes Größenmaß
direktes globales Größenmaß (3.7.1), für das ein assoziiertes integrales Geometrieelement aus dem/den extrahierten integralen Geometrieelement(en) nach dem Kriterium des kleinsten umschriebenen Geometrieelements gebildet wird

Anmerkung 1 zum Begriff: Im Fall eines äußeren linearen Größenmaßelements wurde das kleinste umschriebene Größenmaß früher „Paarungsgrößenmaß für ein äußeres Geometrieelement" genannt. Es minimiert das Größenmaß des assoziierten Geometrieelements, das um das extrahierte integrale Größenmaßelement (unter Begrenzung des Kontakts zwischen dem extrahierten integralen Geometrieelement und dem assoziierten integralen Geometrieelement) umschrieben werden kann.

3.7.1.4
Minimax-Größenmaß
Tschebyschew-Größenmaß
direktes globales Größenmaß (3.7.1), für das ein assoziiertes integrales Geometrieelement aus dem/den extrahierten integralen Geometrieelement(en) nach dem Minimax-Kriterium gebildet wird

Anmerkung 1 zum Begriff: Das Minimax-Kriterium ohne Bedingung innerhalb oder außerhalb des Materials gibt das mittlere Geometrieelement der kleinsten Zone an, einschließlich des extrahierten integralen Elements. Es minimiert den Höchstwert der Menge von Abständen zwischen den Punkten des extrahierten integralen Geometrieelements und des assoziierten integralen Geometrieelements ohne Materialbedingung.

3.7.2
indirektes globales Größenmaß
indirektes globales lineares Größenmaß
indirektes globales Größenmaßmerkmal
indirektes globales lineares Größenmaßmerkmal
Rangordnungsgrößenmaß (3.7.2.2) oder globales *berechnetes Größenmaß* (3.7.2.1)

Anmerkung 1 zum Begriff: Ein indirektes globales Größenmaß kann zum Beispiel ein Mittelwert einer Menge von Werten von Zweipunktgrößenmaßen sein, die an der extrahierten zylindrischen Fläche ermittelt werden.

a) Betrachtetes extrahiertes Geometrieelement, das entweder ein inneres oder ein äußeres Geometrieelement sowie entweder ein Zylinder oder zwei gegenüberliegende Ebenen sein könnte

b) Größtes einbeschriebenes Größenmaß

c) Kleinstes umschriebenes Größenmaß

d) Größenmaß der kleinsten Abweichungsquadrate

e) Minimax-Größenmaß

Bild 4 — Darstellung von direkten globalen Größenmaßen

3.7.2.1
berechnetes Größenmaß
Größenmaß (3.4), ermittelt durch Anwenden einer mathematischen Formel, die das intrinsische Merkmal eines Geometrieelements auf eine oder mehrere andere Dimensionen des gleichen Geometrieelements bezieht

Anmerkung 1 zum Begriff: Das berechnete Größenmaß kann ein örtliches Größenmaß (3.6) oder ein *globales Größenmaß* (3.7) sein.

3.7.2.1.1
umfangsbezogener Durchmesser
<eines extrahierten Zylinders> *berechnetes Größenmaß* (3.7.2.1), das den Durchmesser *d* angibt, der aus der folgenden Formel erhalten wurde

$$d = \frac{C}{\pi}$$

Dabei ist C die Länge der integralen extrahierten Linie in eines Querschnitts senkrecht zur Achse des nach den kleinsten Abweichungsquadraten assoziierten Zylinders.

Anmerkung 1 zum Begriff: Siehe Bild 5.

Anmerkung 2 zum Begriff: Der umfangsbezogene Durchmesser ist in einem Querschnitt festgelegt.

Anmerkung 3 zum Begriff: Für die Assoziationsoperation zur Ausrichtung des Querschnitts können verschiedene Kriterien verwendet werden, und entsprechend dem ausgewählten Kriterium werden unterschiedliche Ergebnisse erzielt. Das Default-Kriterium ist der dem Geometrieelement nach den kleinsten Abweichungsquadraten assoziierte Zylinder (siehe ISO 17450-3).

Anmerkung 4 zum Begriff: In Fällen, in denen das Geometrieelement nicht konvex ist, kann der umfangsbezogene Durchmesser größer als der kleinste umschriebene Durchmesser sein.

Anmerkung 5 zum Begriff: Der umfangsbezogene Durchmesser ist von den verwendeten Filterkriterien abhängig.

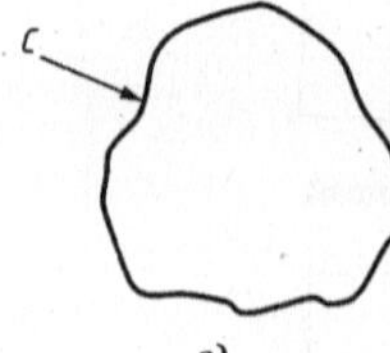

a)

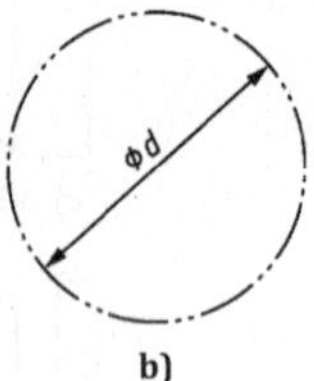

b)

Legende

C Länge der Umgrenzungslinie (extrahierte Linie)

d umfangsbezogener Durchmesser, gleich C geteilt durch π

Bild 5 — Beispiel für den umfangsbezogenen Durchmesser

3.7.2.1.2
flächenbezogener Durchmesser
<eines extrahierten Zylinders> *berechnetes Größenmaß* (3.7.2.1), das den Durchmesser d angibt, der aus der folgenden Formel erhalten wurde

$$d = \sqrt{\frac{4A}{\pi}}$$

Dabei ist A die Fläche, die durch die integrale extrahierte Linie eines Querschnitts senkrecht zur Achse des nach den kleinsten Abweichungsquadraten assoziierten Zylinders begrenzt ist.

Anmerkung 1 zum Begriff: Siehe Bild 6.

Anmerkung 2 zum Begriff: Der flächenbezogene Durchmesser ist in einem Querschnitt festgelegt.

Anmerkung 3 zum Begriff: Für die Assoziationsoperation zur Ausrichtung der Querschnitte können verschiedene Kriterien verwendet werden, und entsprechend dem ausgewählten Kriterium werden unterschiedliche Ergebnisse erzielt. Das Default-Kriterium ist der dem Geometrieelement nach den kleinsten Abweichungsquadraten assoziierte Zylinder (siehe ISO 17450-3).

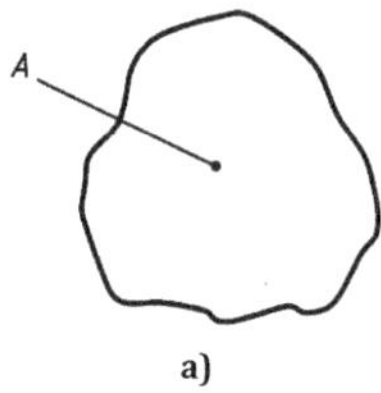

a)

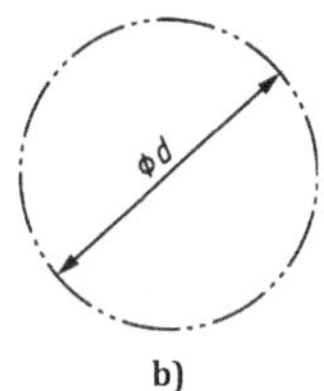

b)

Legende

A Fläche innerhalb der extrahierten Umgrenzungslinie

d flächenbezogener Durchmesser, berechnet aus *A*

Bild 6 — Beispiel für den flächenbezogenen Durchmesser

3.7.2.1.3
volumenbezogener Durchmesser
<eines extrahierten Zylinders> *berechnetes Größenmaß* (3.7.2.1), das den Durchmesser *d* angibt, der aus der folgenden Formel erhalten wurde

$$d = \sqrt{\frac{4V}{\pi \times L}}$$

Dabei ist

V das durch den integralen extrahierten Zylinder begrenzte Volumen;

L die Höhe des Zylinders, bestimmt durch zwei parallele Ebenen mit maximalem Abstand senkrecht zur Achse des nach den kleinsten Abweichungsquadraten assoziierten Zylinders, die den vollständigen Abschnitt des Geometrieelements enthalten.

Anmerkung 1 zum Begriff: Siehe Bild 7.

Anmerkung 2 zum Begriff: Für die Assoziationsoperation zur Ausrichtung der Querschnitte, welche den extrahierten Zylinder schneiden und L festlegen, können verschiedene Kriterien verwendet werden, und entsprechend dem ausgewählten Kriterium werden unterschiedliche Ergebnisse erzielt. Das Default-Kriterium ist der dem Geometrieelement nach den kleinsten Abweichungsquadraten assoziierte Zylinder (siehe ISO 17450-3).

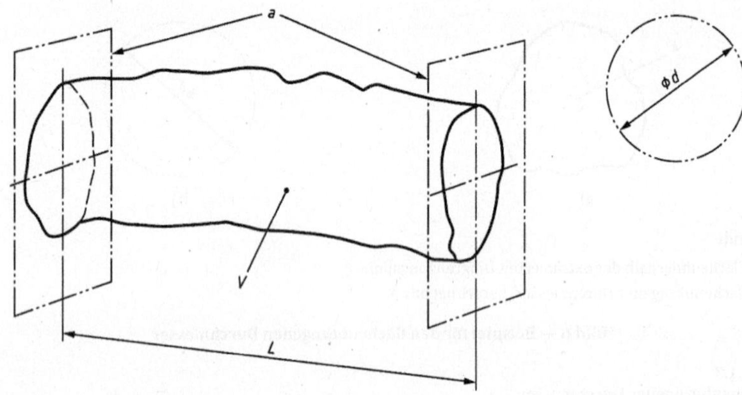

Legende

V Volumen des extrahierten Geometrieelements

L Länge des Zylinders

d volumenbezogener Durchmesser, berechnet aus *V* und *L*

[a] zwei parallele Ebenen senkrecht zur Achse des nach den kleinsten Abweichungsquadraten assoziierten Zylinders mit größtem Abstand zueinander, die den vollständigen Abschnitt des Geometrieelements enthalten

Bild 7 — Beispiel für volumenbezogenen Durchmesser

3.7.2.2
Rangordnungsgrößenmaß
Größenmaßmerkmal (3.5), mathematisch festgelegt durch eine homogene Menge von Werten eines *örtlichen Größenmaßes* (3.6), ermittelt entlang des tolerierten Geometrieelements und/oder um dieses herum

Anmerkung 1 zum Begriff: Ein Rangordnungsgrößenmaß kann dazu verwendet werden, ein *indirektes globales Größenmaß* (3.7.2) durch ein *örtliches Größenmaß* (3.6) festzulegen (*Teilbereichsgrößenmaß* (3.6.3), *Querschnittsgrößenmaß* (3.6.2), *sphärisches Größenmaß* (3.6.4) und *Zweipunktgrößenmaß* (3.6.1)).

Anmerkung 2 zum Begriff: Ein Rangordnungsgrößenmaß kann dazu verwendet werden, ein örtliches Größenmaß anhand eines anderen örtlichen Größenmaßes festzulegen (beispielsweise zur Festlegung eines Rangordnungs-Querschnittsgrößenmaßes durch ein Zweipunktgrößenmaß in dem Querschnitt).

Anmerkung 3 zum Begriff: Die verschiedenen Arten der in diesem Teil von ISO 14405 festgelegten Rangordnungsgrößenmaße sind in Bild 8 dargestellt.

3.7.2.2.1
größtes Größenmaß
Rangordnungsgrößenmaß (3.7.2.2), festgelegt als der größte Wert der Menge von Werten eines *örtlichen Größenmaßes* (3.6) entlang des tolerierten Geometrieelements und/oder um dieses herum

3.7.2.2.2
kleinstes Größenmaß
Rangordnungsgrößenmaß (3.7.2.2), festgelegt als der kleinste Wert der Menge von Werten eines *örtlichen Größenmaßes* (3.6) entlang des tolerierten Geometrieelements und/oder um dieses herum

3.7.2.2.3
mittleres Größenmaß
Rangordnungsgrößenmaß (3.7.2.2), festgelegt als der Mittelwert der Menge von Werten eines *örtlichen Größenmaßes* (3.6) entlang des tolerierten Geometrieelements und/oder um dieses herum

3.7.2.2.4
Median Größenmaß
Rangordnungsgrößenmaß (3.7.2.2), festgelegt als der Medianwert der Menge von Werten eines *örtlichen Größenmaßes* (3.6) entlang des tolerierten Geometrieelements und/oder um dieses herum

Anmerkung 1 zum Begriff: Der Medianwert erlaubt es, die Grundgesamtheit der Menge der örtlichen Werte von Größenmaße in zwei gleiche Anteile aufzuteilen (50 % darüber und 50 % darunter). In Abhängigkeit von der Verteilungsfunktion der Grundgesamtheit können das Median Größenmaß und das mittlere Größenmaß gleich oder verschieden sein.

3.7.2.2.5
Mittelwert aus größtem und kleinstem Größenmaß
Rangordnungsgrößenmaß (3.7.2.2), festgelegt als der Mittelwert des größten und des kleinsten Wertes der Menge von Werten eines *örtlichen Größenmaßes* (3.6) entlang des tolerierten Geometrieelements und/oder um dieses herum

3.7.2.2.6
Spanne der Größenmaße
Rangordnungsgrößenmaß (3.7.2.2), festgelegt als die Differenz des größten und des kleinsten Wertes der Menge von Werten eines *örtlichen Größenmaßes* (3.6) entlang des tolerierten Geometrieelements und/oder um dieses herum

3.7.2.2.7
Standardabweichung von Größenmaßen
Rangordnungsgrößenmaß (3.7.2.2), festgelegt als Standardabweichung der Menge von Werten eines *örtlichen Größenmaßes* (3.6) entlang des tolerierten Geometrieelements und/oder um dieses herum

Anmerkung 1 zum Begriff: Eine Standardabweichung wird mitunter als Quadratsumme angegeben, was den zweiten Buchstaben des zugehörigen Symbols erklärt (siehe Tabelle 1).

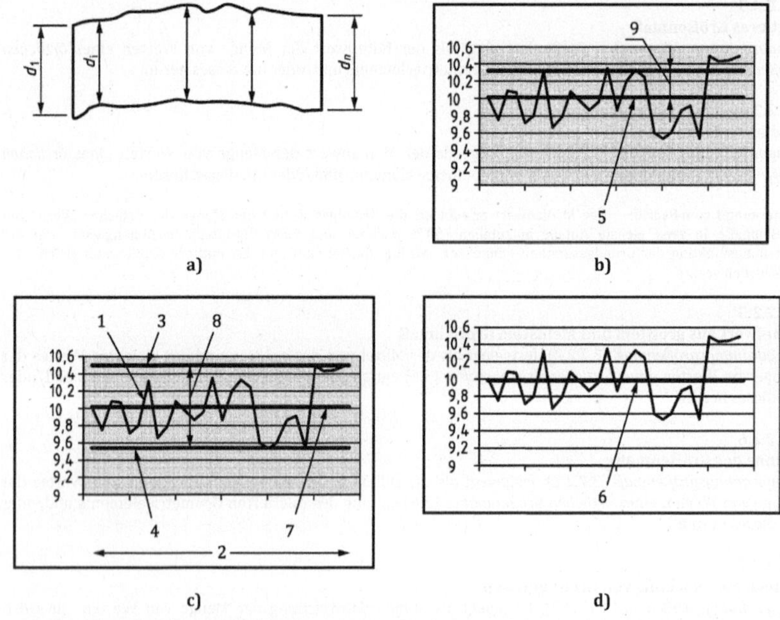

Legende

1 Menge der Werte des örtlichen Größenmaßes

2 Position entlang der Achse

3 größtes Größenmaß (= 10,497 88)

4 kleinstes Größenmaß (= 9,542 81)

5 Mittleres Größenmaß (= 10,011 69)

6 Median Größenmaß (= 9,969 86)

7 Mittelwert aus größtem und kleinstem Größenmaß (= 10,020 345)

8 Spanne der Größenmaße (= 0,955 07)

9 Standardabweichung der Größenmaße (= 0,301 78)

d_i Werte des örtlichen Größenmaßes

Bild 8 — Beispiel für Rangordnungsgrößenmaße basierend auf dem Zweipunktgrößenmaß

3.8
Hüllbedingung
Kombination aus dem *Zweipunktgrößenmaß* (3.6.1), angewendet auf die Minimum-Material-Grenze des *Größenmaßes* (3.4), und entweder dem *kleinsten umschriebenen Größenmaß* (3.7.1.3) oder dem *größten einbeschriebenen Größenmaß* (3.7.1.2), angewendet auf die Maximum-Material-Grenze des Größenmaßes

Anmerkung 1 zum Begriff: Die „Hüllbedingung" wurde früher auch als „Taylorscher Grundsatz" bezeichnet.

3.8.1
Hüllbedingung für ein äußeres Größenmaßelement
Kombination aus dem *Zweipunktgrößenmaß* (3.6.1), angewendet auf die *untere Grenze des Größenmaßes* (LLS) (3.3), und dem *kleinsten umschriebenen Größenmaß* (3.7.1.3), angewendet auf die *obere Grenze des Größenmaßes* (ULS) (3.2)

Anmerkung 1 zum Begriff: Siehe Bild 9.

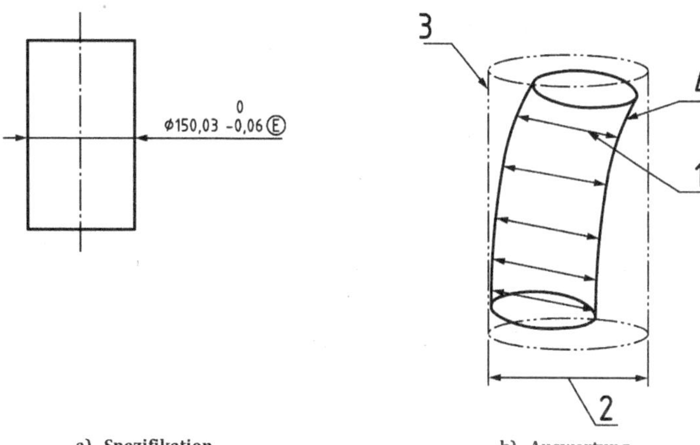

a) Spezifikation

b) Auswertung

Legende

1 Zweipunktgrößenmaße (müssen größer oder gleich 149,97 sein)
2 Durchmesser des Hüllzylinders, gleich 150,03 mm
3 Hüllzylinder einschließlich 4
4 extrahiertes integrales Geometrieelement

Bild 9 — Beispiel einer Hüllbedingung für ein äußeres lineares Größenmaßelement

3.8.2
Hüllbedingung für ein inneres Größenmaßelement
Kombination aus dem *Zweipunktgrößenmaß* (3.6.1), angewendet auf die *obere Grenze des Größenmaßes* (ULS) (3.2), und dem *größten einbeschriebenen Größenmaß* (3.7.1.2), angewendet auf die *untere Grenze des Größenmaßes* (LLS) (3.3)

Anmerkung 1 zum Begriff: Siehe Bild 10.

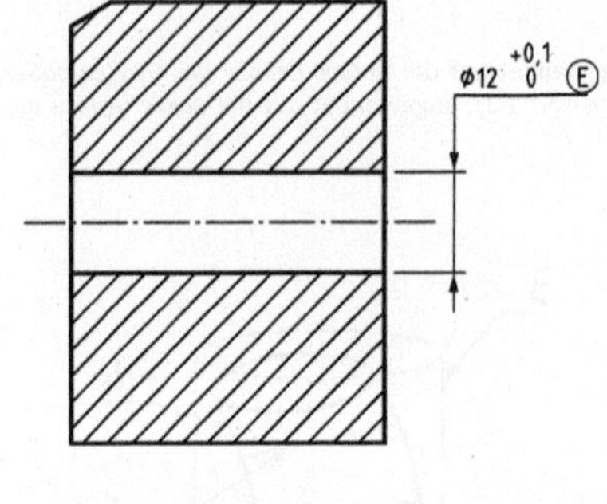

a) Spezifikation

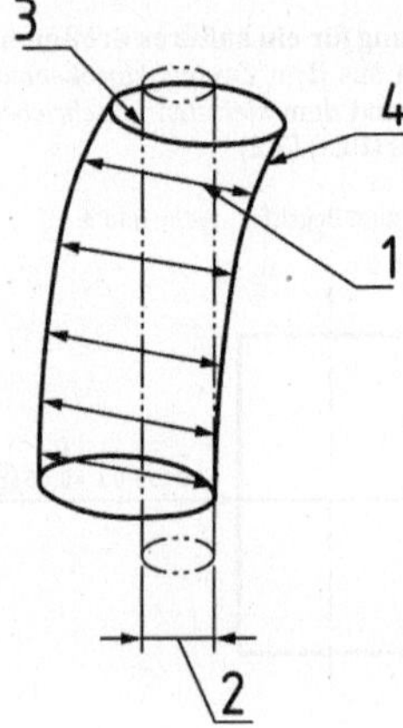

b) Auswertung

Legende

1 Zweipunktgrößenmaße (müssen kleiner oder gleich 12,1 sein)
2 Durchmesser des Hüllzylinders, gleich 12 mm
3 Hüllzylinder einschließlich 4
4 extrahiertes integrales Geometrieelement

Bild 10 — Beispiel einer Hüllbedingung für ein inneres lineares Größenmaßelement

3.9
gemeinsam toleriertes Größenmaßelement
verschiedene getrennte einzelne Größenmaßelemente, die als ein *Größenmaßelement* (3.1) angesehen werden, auf das eine gemeinsame Toleranz angewendet wird

Anmerkung 1 zum Begriff: Siehe 7.7 und Bild 33.

3.10
vereinigtes Größenmaßelement
Menge von zwei oder mehr einzelnen integralen Geometrieelementen, die als ein *Größenmaßelement* (3.1) betrachtet werden

Anmerkung 1 zum Begriff: Ein vereinigtes Größenmaßelement ist eine Unterart eines vereinigten Geometrieelements. Ein vereinigtes Geometrieelement kann ein integrales Geometrieelement sein, das kein Größenmaßelement ist.

3.11
Schnittebene
Ebene, errichtet aus einem extrahierten Geometrieelement eines Werkstücks, die eine Linie auf einer extrahierten Fläche (Integral- oder Mittelfläche) oder einen Punkt auf einer extrahierten Linie festlegt

3.12
Richtungsgeometrieelement
Geometrieelement, errichtet aus einem extrahierten Geometrieelement eines Werkstücks, das die Richtung des Abstands für die Bestimmung eines Merkmals festlegt

Anmerkung 1 zum Begriff: Diese Definition wurde aus ISO 1101:2012 angepasst übernommen, um den Anwendungsbereich zu erweitern, der in ISO 1101 auf die Richtung der Breite der Toleranzzone begrenzt ist.

4 Spezifikationsmodifikatoren und Symbole

Für die Anwendung dieses Teils von ISO 14405 gelten die Spezifikationsmodifikatoren (siehe ISO 17450-2:2012, 3.4.2) und die Symbole nach den Tabellen 1 und 2.

Zum Festlegen einer dimensionalen Spezifikation muss eine spezifische zur Verfügung stehenden Art von Größenmaßmerkmal für die obere und/oder untere Grenzspezifikation, Modifikatoren oder Symbole, wie in Tabelle 3 definiert, verwendet werden.

Die Kombination dieser Spezifikationsmodifikatoren und Symbole ist in den Abschnitten 5, 6 und 7 beschrieben. Regeln zur Darstellung der graphischen Symbole sind Anhang A zu entnehmen.

Einzelheiten der Größenmaßmerkmale sind in Anhang D gegeben.

Die Angaben der Größenmaßspezifikationen müssen den Regeln nach Anhang E entsprechen.

Tabelle 1 — Spezifikationsmodifikatoren für lineare Größenmaße

Modifikatorsymbol	Beschreibung	Verweisung
(LP)	Zweipunktgrößenmaß	3.6.1
(LS)	Örtliches Größenmaß, festgelegt durch eine Kugel	3.6.4
(GG)	Assoziationskriterium kleinste Abweichungsquadrate	3.7.1.1
(GX)	Assoziationskriterium größtes einbeschriebenes Geometrieelement	3.7.1.2
(GN)	Assoziationskriterium kleinstes umschriebenes Geometrieelement	3.7.1.3
(GC)	Minimax-(Tschebyschew) Assoziationskriterium	3.7.1.4
(CC)	Umfangsbezogener Durchmesser (berechnetes Größenmaß)	3.7.2.1.1
(CA)	Flächenbezogener Durchmesser (berechnetes Größenmaß)	3.7.2.1.2
(CV)	Volumenbezogener Durchmesser (berechnetes Größenmaß)	3.7.2.1.3
(SX)	Größtes Größenmaß[a]	3.7.2.2.1
(SN)	Kleinstes Größenmaß[a]	3.7.2.2.2
(SA)	Mittleres Größenmaß[a]	3.7.2.2.3
(SM)	Median Größenmaß[a]	3.7.2.2.4
(SD)	Mittelwert aus größtem und kleinstem Größenmaß[a]	3.7.2.2.5
(SR)	Spanne der Größenmaße[a]	3.7.2.2.6
(SQ)	Standardabweichung von Größenmaßen[a]	3.7.2.2.7
[a] Rangordnungsgrößenmaße können als Ergänzung zu berechneten Teilbereichsgrößenmaßen oder globalen Teilbereichsgrößenmaßen oder örtlichen Größenmaßen verwendet werden (siehe 3.7.2.2 und 6.1.3).		

Tabelle 2 — Ergänzende Spezifikationsmodifikatoren

Beschreibung	Symbol	Verweisung	Beispiel für die Zeichnungsangabe
Vereinigtes Größenmaßelement[b]	UF	7.1	UF 3× ⌀10 ±0,1 Ⓖⓝ
Hüllbedingung	Ⓔ	6.2.2	10 ±0,1 Ⓔ
Beliebiger eingeschränkter Teilbereich des Geometrieelements	/Länge	7.3	⌀10 ±0,1 ⒼⒼ / 5
Beliebiger Querschnitt	ACS	7.4	⌀10 ±0,1 ⒼⓍ ACS
Bestimmter Querschnitt	SCS	7.5	10 ±0,1 ⒼⓍ CSC N1)
Beliebiger Längsschnitt	ALS	7.4	10 ±0,1 ⒼⓍ ALS
Mehr als ein Geometrieelement	Anzahl ×	7.6 7.7	2× 10 ±0,1 Ⓔ
Gemeinsam toleriertes Größenmaßelement	CT	7.7	2× ⌀10 ±0,1 Ⓔ CT
Bedingung des freien Zustands	Ⓕ	7.8	⌀10 ±0,1 ⓁⓅ ⓈⒶ Ⓕ
Zwischen	◄►	7.2 bis 7.3	⌀10 ±0,1 A ◄► B
Schnittebene[a]	⟨// B	7.4	5 ±0,02 ALS ⟨⊥ A
Richtungsgeometrieelement[a]	◄// B	7.4	5 ±0,02 ALS◄⊥ A
Hinweiszeichen	⟨1⟩	8	10 ±0,1 ⟨1⟩

[a] Zu weiteren Angaben siehe ISO 1101.

[b] Das Symbol UF kann angewendet werden für die Identifizierung eines vereinigten Größenmaßelements oder eines vereinigten Geometrieelements, das kein Größenmaßelement ist.

N1) Druckfehler der EN ISO-Fassung: Richtig muss es heißen SCS (en: specific cross section), siehe Spalte „Symbol"

Tabelle 3 — Arten und Unterarten von Größenmaßmerkmalen und assoziierte Modifikatoren

Art des Größenmaß-merkmals	Unterart	Zusätzliche Festlegungen	Assoziierte Modifikatorsymbole
Örtliches Größenmaß	Zweipunkt-größenmaß		Ⓛⓟ (LP)
	Sphärisches Größenmaß		(LS)
	Querschnitts-größenmaß	Mit Assoziationskriterien kleinste Abweichungsquadrate	(GG) ACS oder (GG) ALS oder (GG) SCS
		Mit Assoziationskriterium größtes einbeschriebenes Geometrieelement	(GX) ACS oder (GX) ALS oder (GX) SCS
		Mit Assoziationskriterium kleinstes umschriebenes Geometrieelement	(GN) ACS oder (GN) ALS oder (GN) SCS
		Mit Minimax-Assoziationskriterium	(GC) ACS oder (GC) ALS oder (GC) SCS
		Berechnetes Größenmaß mit umfangsbezogenem Durchmesser	(CC)
		Berechnetes Größenmaß mit flächenbezogenem Durchmesser	(CA)
		Rangordnungsgrößenmaß aller Arten des örtlichen Größenmaßes	BEISPIEL (LP) (SA) ACS
	Teilbereichs-größenmaß der Länge *L*	Mit Assoziationskriterium kleinste Abweichungsquadrate	BEISPIEL (GG)/20
		Mit Assoziationskriterium größtes einbeschriebenes Geometrieelement	BEISPIEL (GX)/20
		Mit Assoziationskriterium kleinstes umschriebenes Geometrieelement	BEISPIEL (GN)/20
		Mit Minimax-Assoziationskriterium	BEISPIEL (GC)/20
		Berechnetes Größenmaß mit volumenbezogenem Durchmesser	BEISPIEL (CV)/20
		Rangordnungsgrößenmaß des Querschnittsgrößenmaßes oder des sphärischen Größenmaßes oder des Zweipunktgrößenmaßes	BEISPIEL (LP) (SA) ACS (SX) A ←→ B

Tabelle 3 *(fortgesetzt)*

Art des Größenmaß-merkmals	Unterart	Zusätzliche Festlegungen	Assoziierte Modifikatorsymbole
Globales Größenmaß	Direktes globales Größenmaß	Mit Assoziationskriterium kleinste Abweichungsquadrate	(GG)
		Mit dem größten einbeschriebenen Geometrieelement	(GX)
		Mit dem kleinsten umschriebenen Geometrieelement	(GN)
		Mit Minimax-Assoziationskriterium	(GC)
	Berechnetes globales Größenmaß	Berechnetes Größenmaß mit volumenbezogenem Durchmesser	(CV)
	Indirektes globales Größenmaß	Rangordnungsgrößenmaß, beruhend auf einem örtlichen Größenmaß	BEISPIEL (GN) ACS (SX)
Örtliches und globales Größenmaß	Hüll-bedingung	Kombination aus (LP) und (GX) oder (GN)	(E)

5 Default-Spezifikationsoperator für Größenmaße

5.1 Allgemeines

Der in diesem Teil von ISO 14405 festgelegte Spezifikationsoperator für Größenmaße bezieht sich ausschließlich auf lineare Größenmaßelemente, dabei kann es sich um einen Zylinder, eine Kugel, zwei parallele gegenüberliegende Ebenen, einen Kreis (Schnitt einer rotationssymmetrischen Fläche und einer Ebene senkrecht zur Achse der assoziierten Fläche), zwei parallele gegenüberliegende Geraden (Schnitt einer zylindrischen Fläche und einer Ebene, welche die assoziierte Achse der zylindrischen Fläche oder der prismatischen Fläche enthält, und einer Ebene senkrecht zur assoziierten Mittelebene der prismatischen Fläche) und zwei gegenüberliegende Kreise (Schnitt eines Paars aus koaxialer rotationssymmetrischer Flächen und einer Ebene senkrecht zur Achse der rotationssymmetrischen Fläche) handeln.

Bei Verwendung der grundlegenden GPS-Angabe für lineare Größenmaße gilt der Default-Spezifikationsoperator für Größenmaße.

Der Default-Spezifikationsoperator für Größenmaße kann Folgendes sein:

— der ISO-GPS-Default-Spezifikationsoperator (siehe 5.2 und ISO 8015);

— der zeichnungsspezifische GPS-Default-Spezifikationsoperator (siehe 5.3);

— der abgewandelte Default-GPS-Spezifikationsoperator (siehe ISO 8015).

Der grundlegenden GPS-Spezifikation für ein lineares Größenmaß ist kein Spezifikationsmodifikator beigefügt, und sie kann eine von fünf Arten sein (siehe Tabelle 4).

ANMERKUNG Die Spezifikation nach dem ISO-Toleranzcode oder mit oberen und unteren Werten ist äquivalent.

Tabelle 4 — Verschiedene grundlegende GPS-Spezifikationen für Größenmaße

Grundlegende GPS-Spezifikation für lineare Größenmaße	Beispiele[a]	Bild
Nenngrößenmaß ± Grenzabweichungen	$150^{\;0}_{-0,2}$ $\varnothing 38^{+0,2}_{-0,1}$ $55 \pm 0,2$	11
Nenngrößenmaß, gefolgt von einem Toleranzcode nach ISO 286-1	100 h8; ∅67 k6; 165 js10	12
obere und untere Grenzwerte des Größenmaßes	150 / 149,8 ∅38,2 / ∅37,9 55,2 / 54,8	13
obere oder untere Grenzwerte des Größenmaßes	85,2 max. 84,8 min.	–
Allgemeine Tolerierung, festgelegt durch ein Nenngrößenmaß, das weder in Klammern noch als theoretisch exaktes Maß (TED, en: theoretically exact dimension) (rechteckig eingerahmt) angegeben wird	10 und im Zeichnungsschriftfeld ISO 2768-m[b]	–

[a] Grenzabweichungen für Werte der oberen und unteren Grenzen können auf einer Zeile geschrieben werden, siehe 6.2.2.

[b] Zu Angaben über allgemeine Tolerierung siehe ISO 2768-1.

5.2 ISO-Default-Spezifikationsoperator für Größenmaße

Der ISO-Default-Spezifikationsoperator für Größenmaße (ohne Spezifikationsmodifikator) ist das Zweipunktgrößenmaß.

Der ISO-Default-Spezifikationsoperator für Größenmaße gilt, wenn es keine Angabe auf der Zeichnung gibt, die auf eine andere Default-Spezifikation für Größenmaße verweist, wie in 5.3 festgelegt. Die Folgen dieser Default-Festlegung sind Anhang C zu entnehmen.

Wenn das Zweipunktgrößenmaß (defaultmäßig) für beide Spezifikationsgrenzen angewendet wird, darf der Modifikator Ⓛ nicht angegeben werden. Die Spezifikationen in den Bildern 11 bis 13 verwenden den ISO-Default-Spezifikationsoperator für Größenmaße und sind identisch, aber auf verschiedene Weise geschrieben.

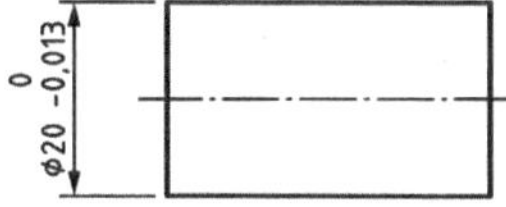

a) Lineares Größenmaßelement vom Typ: Zylinder

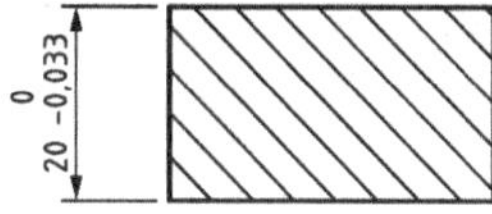

b) Lineares Größenmaßelement vom Typ: zwei parallele gegenüberliegende Ebenen

Bild 11 — Beispiel für grundlegende ISO-GPS-Spezifikation für Größenmaße — Nominales Größenmaß ± Grenzabweichungen

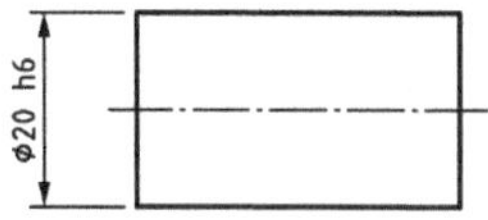

a) Lineares Größenmaßelement vom Typ: Zylinder

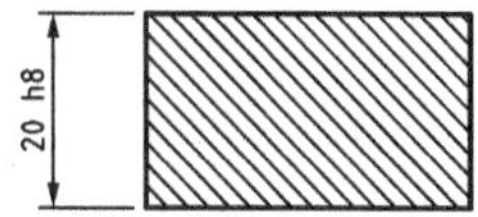

b) Lineares Größenmaßelement vom Typ: zwei parallele gegenüberliegende Ebenen

Bild 12 — Beispiel für grundlegende ISO-GPS-Spezifikation für Größenmaße — Nominales Größenmaß gefolgt vom ISO-Toleranzcode — ISO 286-1

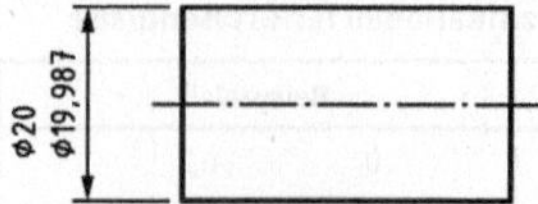

a) Lineares Größenmaßelement vom Typ: Zylinder

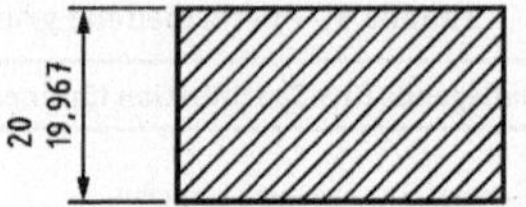

b) Lineares Größenmaßelement vom Typ: zwei parallele gegenüberliegende Ebenen

Bild 13 — Beispiel für grundlegende ISO-GPS-Spezifikation für Größenmaße — obere und untere Grenzwerte für das Größenmaß (ULS und LLS)

Wird das Zweipunktgrößenmaß nur auf einen der beiden festgelegten Grenzwerte angewendet, ist der Modifikator Ⓛⓟ nach der jeweiligen Größenmaßgrenze oder Grenzabweichung anzugeben (siehe 6.2.2).

5.3 Zeichnungsspezifischer Default-Spezifikationsoperator für Größenmaße

Wenn ein zeichnungsspezifischer Default-Spezifikationsoperator (siehe ISO 17450-2) für Größenmaße gilt, muss dies auf der Zeichnung im oder in der Nähe des Zeichungsschriftfeld(es) in folgender Reihenfolge angegeben werden:

— Verweisung auf diese Internationale Norm, d. h. „Linear Size ISO 14405";

— der/die Spezifikationsmodifikator (en) für die gewählte Default-Festlegung des linearen Größenmaßes.

Um das Lesen der Zeichnung zu erleichtern, ist es möglich, alle anderen in der Zeichnung verwendeten Arten von Modifikatoren anzugeben, indem sie in Klammern nach der zeichnungsspezifischen Angabe der Default-Spezifikation aufgeführt werden [siehe Bild 14 b)].

Siehe auch Bild 14.

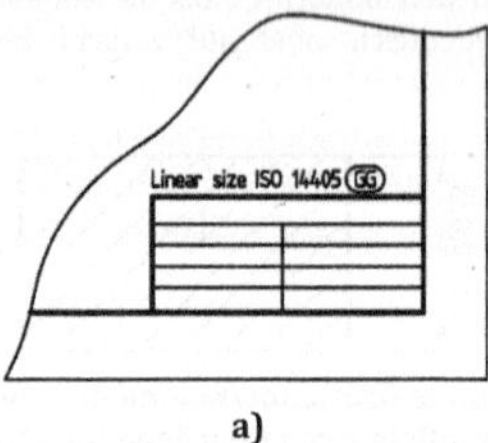

a)

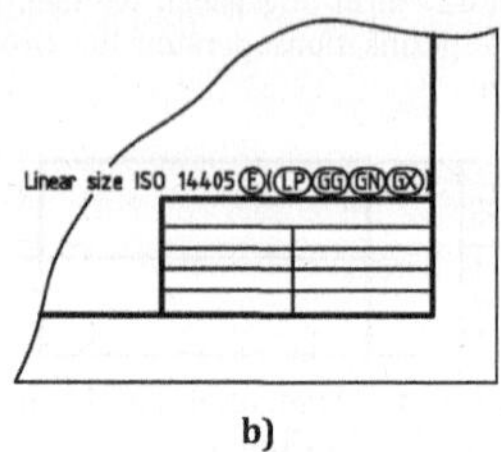

b)

ANMERKUNG Der Default-Spezifikationsoperator für diese Zeichnung ist nicht das Zweipunktgrößenmaß, sondern geändert in das Größenmaß der kleinsten Abweichungsquadrate [siehe Bild 14 a)]. Andere Beispiele können die Folgenden sein:

— „Linear size ISO 14405 Ⓔ" ändert den Default-Spezifikationsoperator zur Hüllbedingung [siehe Bild 14 b)]; oder

— „Linear size ISO 14405 ⒸⒸ" ändert den Default-Spezifikationsoperator zum umfangsbezogenen Durchmesser, usw.

Bild 14 — Beispiel: Änderung des Default-Spezifikationsoperators für lineare Größenmaße für die gesamte Zeichnung

6 Zeichnungsangaben für spezielle Spezifikationsoperatoren für Größenmaße

6.1 Grundlegende Spezifikation

6.1.1 Allgemeines

Eine Toleranzangabe für Größenmaße gilt defaultmäßig für ein einzelnes vollständiges Größenmaßelement (siehe 6.2 und 7.1). Es ist möglich anzugeben, dass

a) die Toleranz für einen beliebigen eingeschränkten Teil oder einen festen eingeschränkten Teilbereich des Größenmaßelements gilt (siehe 7.2, 7.3, 7.4 und 7.5); oder

b) die Toleranz für mehr als ein Größenmaßelement gilt (siehe 7.6 und 7.7).

Wenn der ISO-Default-Spezifikationsoperator für Größenmaßmerkmale nicht gilt, müssen Spezifikationsmodifikatoren (siehe Tabellen 1 und 2) verwendet werden, um darauf hinzuweisen, welche(r) spezielle(n) Spezifikationsoperator(en) gilt/gelten (siehe ISO 17450-2:2012, 3.2.7).

Die Spezifikationsmodifikatoren müssen gemeinsam mit der grundlegenden GPS-Spezifikation für Größenmaße verwendet werden (siehe Beispiele für Angaben in Tabelle 1) oder mit Angabe der Toleranz, wenn das Größenmaßmerkmal einer Spanne von Größenmaßen oder einer Standardabweichung von Größenmaßen beigefügt ist (siehe Beispiel für Angaben in Bild 17).

6.1.2 Regeln für die Angabe einer grundlegenden GPS-Spezifikation

Eine grundlegende GPS-Spezifikation für Größenmaße nach Tabelle 1 kann in einer Zeile oder in zwei Zeilen angegeben werden.

Wenn eine GPS-Spezifikation für Größenmaße:

— zwei Grenzabweichungen hat, die symmetrisch zu null sind (siehe Bild 25), oder

— zwei Grenzabweichungen durch einen Toleranzcode (siehe Bild 12 und ISO 286) festgelegt sind, oder

— wenn sie anhand einer allgemeinen Toleranz oder als unilaterale Grenze festgelegt ist,

wird diese Größenmaßspezifikation in einer Zeile angegeben (mit dem gleichen Spezifikationsoperator für die obere und die untere Grenze des Größenmaßes, sofern nicht die Angabe für die Hüllbedingung verwendet wird) (siehe 6.2.1 und 6.2.2).

— Dem Nennwert des Größenmaßes muss ohne Leerzeichen das Symbol ∅ vorangestellt werden, wenn das Größenmaßelement ein Kreis oder Zylinder ist, oder S∅, wenn es eine Kugel ist.

— Wenn das Größenmaßelement ohne die Verwendung allgemeiner Tolerierung festgelegt werden muss, muss die vorstehende Angabe von einem Leerzeichen gefolgt sein:

  — die Grenzabweichung mit vorangestelltem „±“ (siehe Bild 29), oder

  — der ISO-Code (siehe Bild 12), oder

— die Angabe „min.“ bzw. „max.“ zum Festlegen nur des unteren oder nur des oberen Grenzwertes der Toleranz (siehe Bild 21).

Wenn eine GPS-Spezifikation für Größenmaße durch zwei Grenzabweichungen oder zwei Größenmaßgrenzen festgelegt ist, wird diese Maßspezifikation in zwei Zeilen angegeben (siehe Bilder 1 und 13).

— Die untere Zeile enthält den Nennwert oder die untere Grenze des Größenmaßes, dem/der das Symbol ∅ ohne Leerzeichen vorangestellt ist, wenn das Größenmaßelement ein Kreis oder Zylinder ist, oder S∅, wenn es eine Kugel ist, im Fall eines Nennwertes wird dieser nach einem Leerzeichen gefolgt von der unteren Grenzabweichung.

— Die obere Zeile enthält

  — die obere Grenzabweichung (ohne Angabe des Nennwertes des Größenmaßes), oder

  — die obere Größenabweichung, der ohne Leerzeichen das Symbol ∅ voranzustellen ist, wenn das Größenmaßelement ein Kreis oder Zylinder ist, oder S∅, wenn es eine Kugel ist.

— Die Toleranzen werden durch Verwendung des Dezimaltrennzeichens (das Komma) ausgerichtet.

Eine (obere oder untere) Grenzabweichung muss vorzeichenbehaftet sein, d. h. das jeweilige Vorzeichen (+ oder –) muss ohne Leerzeichen vorangestellt sein, wenn der Wert ungleich null ist. Ist die (obere oder untere) Grenzabweichung gleich null, muss das Vorzeichen + oder – entfallen.

Der Modifikator „*n*ד für mehr als ein Geometrieelement muss vor der Angabe der Maßspezifikation angeordnet werden, z. B. 2× und 5× (siehe 7.6 und 7.7), gefolgt von einem Leerzeichen.

6.1.3 Regeln für die Angabe der grundlegenden Größenmaßspezifikation mit Modifikatoren

Nach dem Toleranzwert, dem Toleranzcode oder dem/den Wert(en) der Größenmaßgrenzen sind die anderen Spezifikationsmodifikatoren in der folgenden Reihenfolge (einige Modifikatoren dürfen in einer Toleranzspezifikation weggelassen werden) anzuordnen:

— Modifikator für den Typ des Größenmaßmerkmals: örtliches Größenmaß oder globales Größenmaß oder berechnetes Größenmaß, z. B. (LP), (GG), (CC), oder (E);

— Modifikator für einen beliebigen eingeschränkten Teilbereich oder einen beliebigen Querschnitt oder einen beliebigen Längsschnitt des vollständigen Geometrieelements, z. B. „/25“ oder „ACS“ oder „ALS“ (siehe 7.3 und 7.4). Wird die Maßspezifikation auf einen beliebigen eingeschränkten Teilbereich oder einen beliebigen Quer- oder Längsschnitt eines Geometrieelements angewendet, kann dem zugehörigen Modifikator ein Modifikator für die Rangordnung vorangestellt werden, z. B. (SX), (SN), oder (SA) zur Festlegung eines globalen Merkmals für jeden Teilbereich oder jeden Querschnitt (siehe Beispiel 1);

— Modifikator für einen bestimmten Querschnitt „SCS“ (siehe 7.5); bei möglicherweise vorliegender Mehrdeutigkeit mit einer Liste von einem oder mehreren bestimmten Querschnitt(en); Modifikator für die Rangordnung, z. B. (SX), (SN), oder (SA) kann einer Folge impliziter oder expliziter Modifikatoren, die ein örtliches Merkmal festlegen, vorangestellt werden (siehe Beispiel 2). Wenn ein toleriertes Geometrieelement ein „beliebiger Teilbereich“ oder ein „beliebiger Querschnitt“ oder ein „beliebiger Querschnitt eines Teils“ des linearen Größenmaßelements ist, muss der Modifikator für die Rangordnung auf das Modifikator für den eingeschränkten Teilbereich oder ein Querschnitt des vollständigen Geometrieelements folgen, z. B. 25 ±0,1 (GG)/25(SA) oder 12 ±0,05 (GG)ACS(SX);

— Angabe eines bestimmten Teilbereichs mit Symbol „zwischen“ (siehe 7.2 und 7.3);

— Modifikator für ein gemeinsames toleriertes Größenmaßelement, d. h. „CT“ (siehe 7.7); ein Modifikator für die Rangordnung (z. B. (SX), (SN), oder (SA)) kann dem Modifikatorsymbol CT vorangestellt werden, z. B. 2× 150 ±0,05 (GG)ACS(SA)CT;

— Modifikator für die Bedingung des freien Zustands, d. h. (F) (siehe 7.8);

— Schnittebene, wenn eine Erläuterung der Angabe ALS oder ACS erforderlich ist (siehe 7.4), gefolgt von einem Richtungsgeometrieelement, sofern eine Erläuterung der Richtung des zu betrachtenden Maßes und somit eine Richtungsbegrenzung der Assoziation erforderlich ist 10 ±0,03 (GN) ALS ⟨ ⌯ | A ◄ | // | A (siehe Bild 28).

— Angabe des Hinweiszeichens (siehe Abschnitt 8).

BEISPIEL 1 Die Folge von Modifikatoren (LP)(SD)ACS bedeutet, dass der mittlere Wert der Spanne des (Rangordnungs-)Größenmaßes der örtlichen Zweipunktgrößenmaße für jeden Querschnitt gesondert berechnet wird. Dies definiert ein örtliches Merkmal für jeden Querschnitt.

BEISPIEL 2 Die Folge von Modifikatoren (LP), (SD), ACS(SR) legt dieselbe Menge örtlicher Merkmale fest wie in Beispiel 1, und anhand dieser Menge wird die Spanne der (Rangordnungs-)Größenmaße berechnet. Dies definiert ein globales Merkmal.

ANMERKUNG 1 Ist ein örtliches Größenmaß ohne einen weiteren Modifikator für das Rangordnungsgrößenmaß erforderlich, gelten die Operatoren für das größte Rangordnungsgrößenmaß (SX) und für das kleinste Rangordnungsgrößenmaß (SN) defaultmäßig für die obere bzw. die untere Grenze des Größenmaßes. Wenn beispielsweise das Default-Größenmaßmerkmal das Zweipunktgrößenmaß ist, sind die folgenden Größenmaßbedingungen identisch.

150 [+0,1] – [–0,1]

150 [+0,1(LP)] – [–0,1(LP)]

150 [+0,1(LP)(SX)] – [–0,1(LP)(SN)]

Wenn die Menge von Spezifikationsmodifikatoren sowohl für die obere als auch für die untere Grenze des Größenmaßes gilt, ist nur eine Menge von Spezifikationsmodifikatoren zu verwenden (siehe Bilder 15, 16, 17, 24, 26, 27, 28, 29, 30, 31, 32, 33 und 34).

Wenn verschiedene Spezifikationsmodifikatoren für die obere und für die untere Grenze des Größenmaßes gewählt werden, ergibt das zwei unterschiedliche Merkmale, und eine Menge von Spezifikationsmodifikatoren muss der Angabe jeder Grenzabweichung (obere und untere) hinzugefügt werden (siehe 6.2.2). Die Angabe des Spezifikationsmodifikators (E) ist die einzige Ausnahme von dieser Regel für die Angabe.

ANMERKUNG 2 Wenn mehrere Spezifikationen für das gleiche Größenmaß gelten, ist jede Spezifikation unabhängig. Es darf ein mathematischer Zusammenhang zwischen den unterschiedlichen durch die Spezifikationen festgelegten Merkmalen bestehen, z. B. ist der kleinste umschriebene Durchmesser stets größer als der Durchmesser der kleinsten Abweichungsquadrate.

BEISPIEL 3 In Bild 17 a) sind das erste Merkmal, bei dem es sich um die Spanne örtlicher Zweipunktgrößenmaße handelt, und das zweite Merkmal, bei dem es sich um den Median örtlicher Zweipunktgrößenmaße handelt, unabhängig voneinander zu betrachten. In Bild 19 a) kann das Merkmal für die obere Grenze der Spezifikation mathematisch niemals geringer sein als das Merkmal für die untere Grenze der Spezifikation. In Bild 20 a) sind das Merkmal für die untere Grenze der oberen Spezifikation und das Merkmal für die untere Grenze der unteren Spezifikation gleich.

Ist eine Spanne von (Rangordnungs-)Größenmaßen oder eine Standardabweichung der (Rangordnungs-)Größenmaße erforderlich, darf kein Nennwert angegeben werden. In diesem Fall ist der angegebene festgelegte Wert (ohne die zusätzliche Angabe „max.") defaultmäßig der obere Grenzwert der Spanne von Größenmaßen oder der Standardabweichung der Größenmaße wie in Abschnitt 5 festgelegt. So bedeutet zum Beispiel 0,004(SR), dass die Differenz zwischen dem größten Wert und dem kleinsten Wert eines Zweipunktgrößenmaßmerkmals ≤ 0,004 sein muss (siehe Bild 17).

Wenn eine unilaterale Toleranzangabe verwendet wird, müssen die Modifikatoren hinter das Symbol „max." oder „min." gesetzt werden, z. B. ∅54,6 max. Ⓖⓖ und ∅45,9 min. Ⓖⓖ.

6.2 Angabe spezieller Spezifikationsoperatoren

6.2.1 Ein Spezifikationsoperator für beide Grenzen (obere und untere) eines Größenmaßmerkmals

Wenn der gleiche spezielle Spezifikationsoperator sowohl für die obere als auch für die untere Grenze des Größenmaßes gilt, darf nur eine Menge von Spezifikationsmodifikatoren verwendet werden (siehe Bilder 15, 16 und 17).

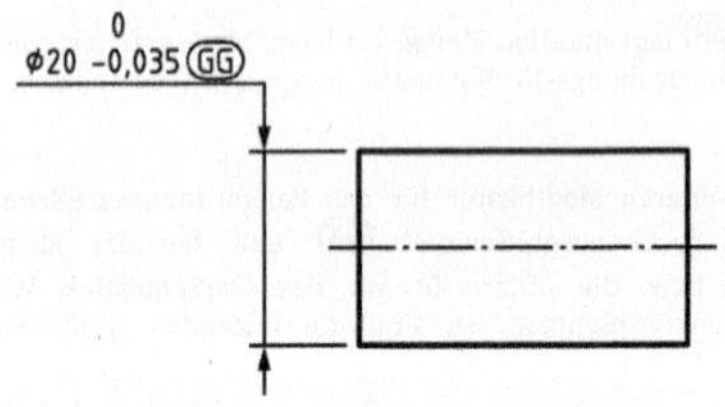

a) Spezieller Spezifikationsoperator für Größenmaße, der auf Grenzabweichungen beruht

b) Spezieller Spezifikationsoperator für Größenmaße, der auf dem Toleranzcode nach ISO 286-1 beruht

ANMERKUNG Der Spezifikationsoperator „Größenmaß der kleinsten Abweichungsquadrate" gilt sowohl für die obere als auch für die untere Grenzabweichung.

Bild 15 — Beispiel: Zeichnungsangabe für einen speziellen Spezifikationsoperator für Größenmaße

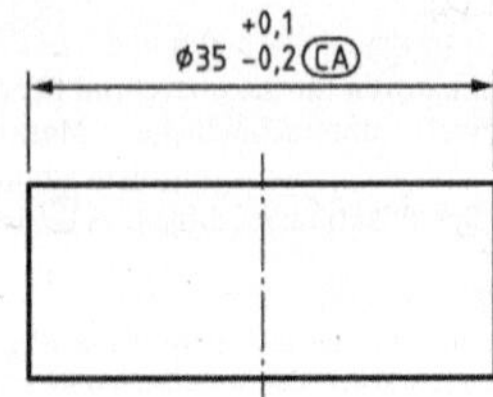

ANMERKUNG Der Spezifikationsoperator „flächenbezogener Durchmesser" gilt für die obere und die untere Grenze des Größenmaßes.

Bild 16 — Beispiel: gleicher Spezifikationsoperator für die obere und die untere Grenze des Größenmaßes

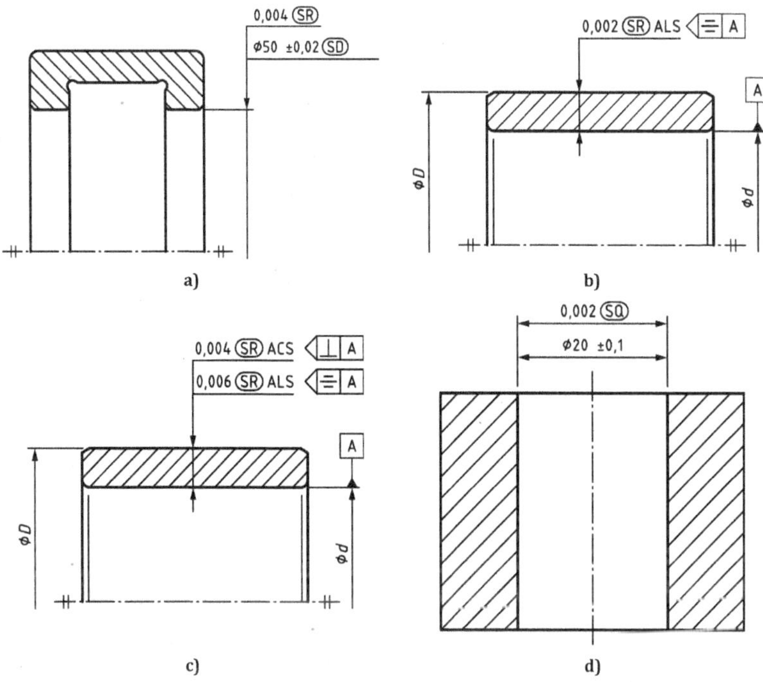

ANMERKUNG 1 a): Angegebene Spezifikationsoperatoren zum rechten Durchmesser für Folgendes:

— untere Angabe: eine obere und eine untere Grenze des Größenmaßes (∅50 ±0,02) gelten für den Mittelwert aus größtem und kleinstem Größenmaß eines Zweipunktgrößenmaßes;

— obere Angabe: eine obere Grenze des Größenmaßes (0,004) gilt für die Spanne der Größenmaße des Zweipunktgrößenmaßes.

ANMERKUNG 2 b): Angegebener Spezifikationsoperator für die Dicke: eine obere Grenze des Größenmaßes (0,002) gilt für die Spanne der Größenmaße des Zweipunktgrößenmaßes der Wanddicke an beliebiger Stelle der nicht-idealen Flächen in beliebigem Längsschnitt.

ANMERKUNG 3 c): Angegebene Spezifikationsoperatoren für die Dicke für Folgendes:

— obere Angabe: eine obere Grenze des Größenmaßes (0,004) gilt für die Spanne der Größenmaße des Zweipunktgrößenmaßes, festgelegt in beliebigem Querschnitt;

— untere Angabe: eine obere Grenze des Größenmaßes (0,006) gilt für die Spanne der Größenmaße des Zweipunktgrößenmaßes, festgelegt in beliebigem Längsschnitt.

ANMERKUNG 4 d): Angegebene Spezifikationsoperatoren für den Durchmesser für Folgendes:

— untere Angabe: eine untere und eine obere Grenze des Größenmaßes (20 ±0,1) gelten für die Zweipunktgrößenmaße, festgelegt an beliebiger Stelle der realen Oberfläche;

— obere Angabe: eine obere Grenze des Größenmaßes (0,002) gilt für die Standardabweichung der Zweipunktgrößenmaße, festgelegt an beliebiger Stelle der realen Oberfläche.

Bild 17 — Beispiele für die Verwendung von Modifikatoren für die Rangordnung

6.2.2 Verschiedene Spezifikationsoperatoren für die obere Grenze des Größenmaßes und die untere Grenze des Größenmaßes

Wenn verschiedene Spezifikationsoperatoren für die obere und die untere Grenze des Größenmaßes gelten, erfolgt die Zeichnungsangabe der Spezifikationsoperatoren entweder

a) beigefügt zu jeder Angabe der Größenmaßgrenze oder Grenzabweichung oder des Toleranzcodes (siehe Bilder 18 und 19); oder

b) in der gleichen Zeile in der folgenden Reihenfolge:

1) der Spezifikationsoperator für die obere Grenze des Größenmaßes in eckige Klammern gesetzt;

2) ein Leerzeichen, ein Trennstrich und ein Leerzeichen;

3) der Spezifikationsoperator für die untere Grenze des Größenmaßes in eckige Klammern gesetzt.

ANMERKUNG Wenn verschiedene Spezifikationsoperatoren für die obere und die untere Grenze des Größenmaßes angewendet werden, wird jeder Spezifikationsoperator durch Modifikatoren beschrieben; sogar wenn einer der defaultmäßige Operator ist.

BEISPIEL 2× ⌀78 +0,2 Ⓖ(GN)/15 −0,2 (LP)(SA) or 2× ⌀78 [+0,2 (GN)/15] - [-0,2 (LP)(SA)]

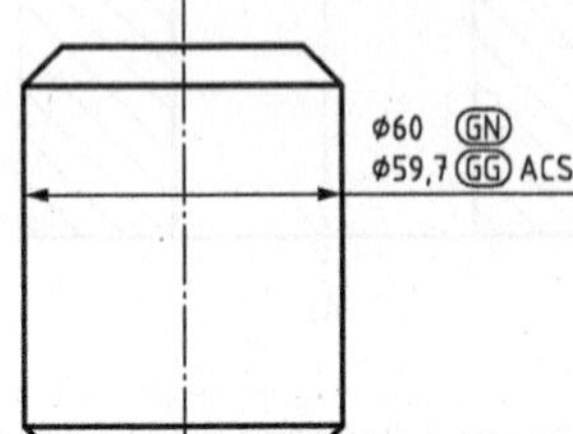

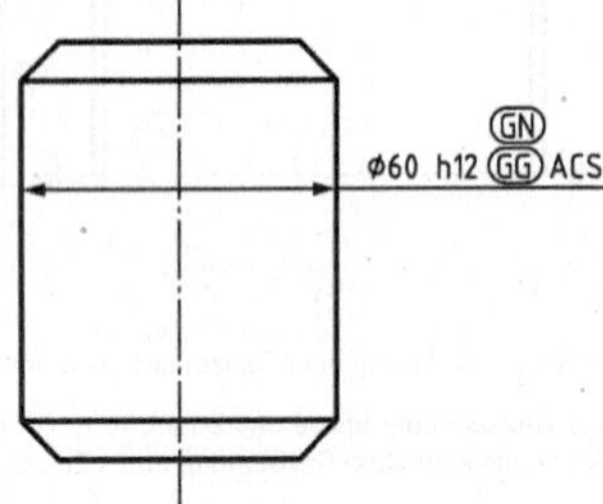

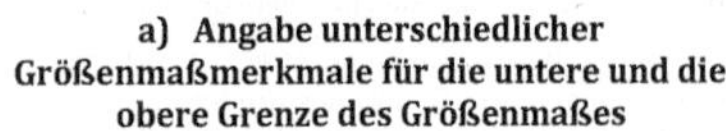

a) Angabe unterschiedlicher Größenmaßmerkmale für die untere und die obere Grenze des Größenmaßes

b) Angabe unterschiedlicher Größenmaßmerkmale bei Verwendung von Nenngrößenmaß und Toleranzcode (siehe ISO 286-1)

ANMERKUNG a) und b) drücken dieselben Bedingungen aus. Die Spezifikationsoperatoren, welche das Größenmaßmerkmal definieren, sind für die obere Grenze der „kleinste umschriebene" Zylinderdurchmesser und für die untere Grenze der „Durchmesser der kleinsten Abweichungsquadrate" in beliebigem Querschnitt.

Bild 18 — Beispiel für verschiedene Spezifikationsoperatoren für die obere und die untere Grenze des Größenmaßes

Die Hüllbedingung Ⓔ ist eine vereinfachte Angabe zur Beschreibung von zwei Spezifikationsoperatoren, wenn das örtliche Größenmaß auf dem linearen Größenmaßelement existiert. Es ist gleichbedeutend mit der Angabe von zwei getrennten Bedingungen, eine für die obere und eine andere für die untere Grenze des Größenmaßes, unter Verwendung des Modifikators (GX) für ein inneres Geometrieelement (z. B. Bohrung) oder (GN) für ein äußeres Geometrieelement (z. B. Welle) auf der Seite der (oberen oder unteren) Toleranz des größten Material-Größenmaßes und des Modifikator (LP) für die andere Seite der Toleranz (siehe Bild 19).

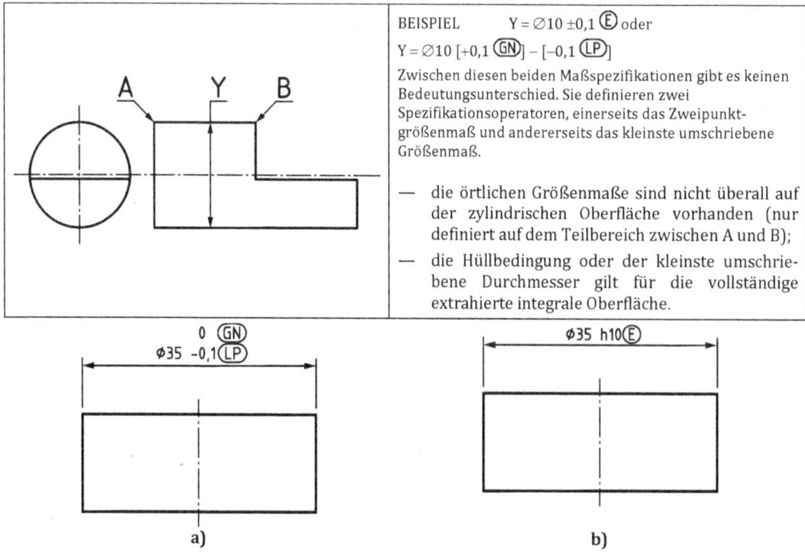

ANMERKUNG 1 Es sind zwei Spezifikationsoperatoren angegeben, welche die folgenden zwei Größenmaßmerkmale beschreiben:

— „kleinster umschriebener" assoziierter Zylinderdurchmesser, gültig für die obere Grenze;

— „Zweipunktdurchmesser", gültig für die untere Grenze.

ANMERKUNG 2 Wenn die Länge des Größenmaßelements im Vergleich zum Größenmaß relativ gering oder der vom Größenmaßelement entfernte Teilbereich (im Vergleich zum vollständigen mathematischen Geometrieelement) groß ist, kann die Auswertung des Größenmaßes Unregelmäßigkeiten aufweisen, die begrenzt werden können, z. B. durch Verwendung eines Richtungsgeometrieelements.

Bild 19 — Mögliche Zeichnungsangaben zur Angabe der Hüllbedingung

6.2.3 Anwendung von mehr als einer Größenmaßspezifikation auf ein lineares Größenmaßelement

Sind nur zwei Spezifikationsoperatoren vorhanden, ist es möglich, diese nach 6.2.2 auszudrücken oder durch zwei getrennte Spezifikationen mit der Angabe „min." oder „max.".

Bei Anwendung von mehr als zwei Spezifikationsoperatoren auf ein Größenmaßelement müssen diese durch Folgendes festgelegt werden:

— auf getrennten Maßlinien [siehe Bild 20 a)], von denen jede einen oder zwei Spezifikationsoperator(en) enthält, sofern möglich;

— auf einer Maßlinie mit direkter Angabe [siehe Bild 20 b)] oder indirekter Angabe auf einer hinzugefügten Bezugslinie [siehe Bild 20 c)] von mehr als einer Maßspezifikation, getrennt durch Trennstrich und jeweils in eckige Klammern gesetzt;

— auf einer Maßlinie, verbunden mit mehreren Bezugslinien, von denen jede einen oder zwei Spezifikationsoperator(en) enthält [siehe Bild 20 d) und Bild 21].

ANMERKUNG Wenn der Platz auf der Maßlinie nicht ausreicht, können die Spezifikationen auch auf eine Bezugslinie gesetzt werden, die mit der Maßlinie durch eine Hilfslinie verbunden ist [siehe Bild 20 c)].

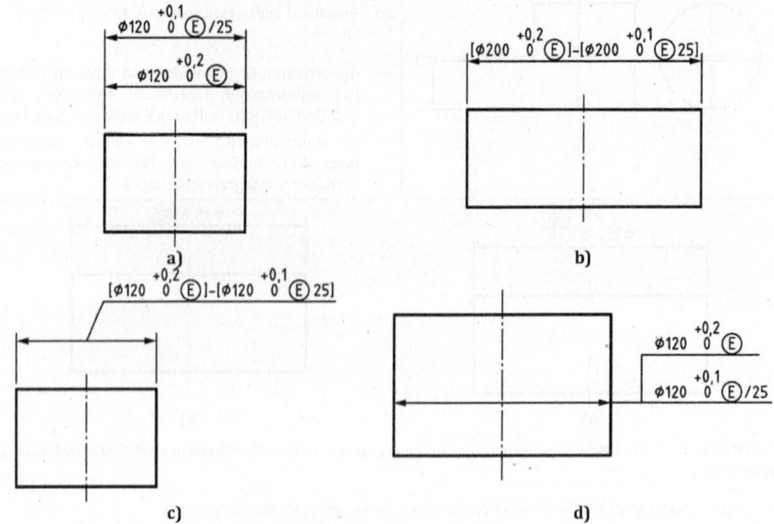

ANMERKUNG Die zwei in a), b), c) und d) angegebenen Spezifikationsoperatoren sind Folgende:

— die Hüllbedingung 0/+0,2 für das vollständige lineare Größenmaßelement;

— die Hüllbedingung 0/+0,1 für jede eingeschränkte Länge von 25 mm auf dem linearen Größenmaßelement.

Bild 20 — Beispiel der Anforderung für die Anwendung von mehr als einem Größenmaß auf ein lineares Größenmaßelement

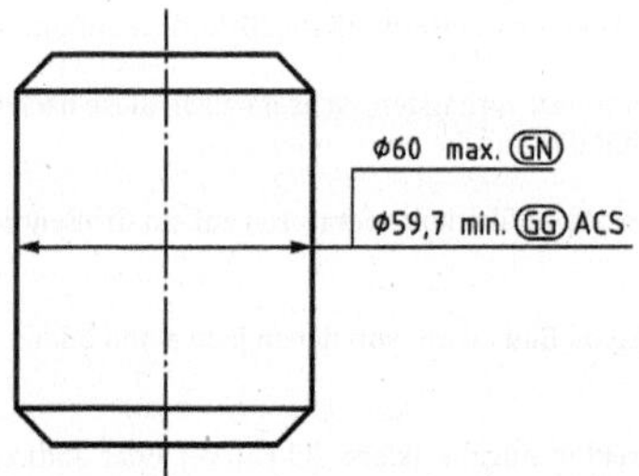

ANMERKUNG Dieses Bild drückt die gleichen Bedingungen wie die in Bild 18 aus.

Bild 21 — Beispiel für die Anforderung für die Anwendung von zwei Größenmaßmerkmalen auf ein lineares Größenmaßelement

6.3 Tolerierung von Passungen in Zusammenstellungszeichnungen

Die Bemaßung und Tolerierung einer Passung darf in einer Zusammenstellungszeichnung erfolgen, um die Möglichkeit von Missverständnissen zu beseitigen (siehe Bilder 22 und 23).

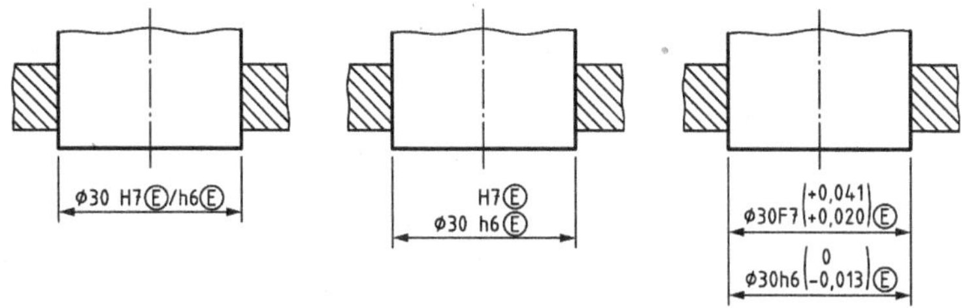

Bild 22 — Beispiele für Zusammenstellungszeichnungen mit Tolerierung nach ISO-Toleranzsystem von zwei Geometrieelementen in einer Passung

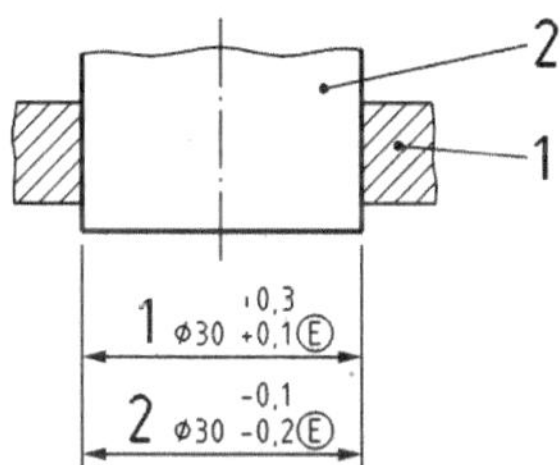

Bild 23 — Beispiele für Zusammenstellungszeichnungen mit Plus- und Minus-Tolerierung von zwei Geometrieelementen in einer Passung

7 Angabe des tolerierten Geometrieelementes für das das Größenmaßmerkmal definiert wird

7.1 Vollständiges toleriertes lineares Größenmaßelement

Die Spezifikation gilt defaultmäßig für das vollständige tolerierte Größenmaßelement. Wenn das tolerierte Geometrieelement das vollständige Geometrieelement ist, dann ist keine zusätzliche Zeichnungsangabe erforderlich [siehe Bild 24 a)]. Wenn die Spezifikation für ein vereinigtes Größenmaßelement (UF) gilt, ist der Spezifikation UF *n*× voranzustellen [siehe Bild 24 b)].

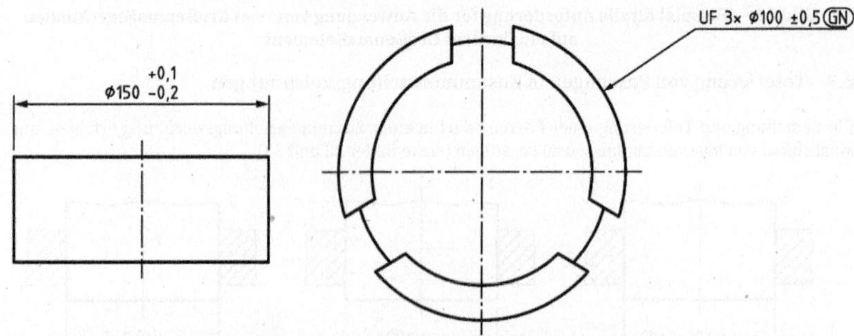

a) **Anforderung für das vollständige Größenmaßelement**

b) **Anforderung für das vollständige zusammengefasste Größenmaßelement**

ANMERKUNG Die in a) angegebenen Spezifikationsoperatoren sind die Default-Spezifikationsoperatoren. Der Zweipunktdurchmesser gilt sowohl für die obere als auch für die untere Grenze des Größenmaßes des integralen Größenmaßelements.

Bild 24 — Beispiel für die Anforderung für das vollständige Größenmaßelement

7.2 Bestimmter fester eingeschränkter Teilbereich des Größenmaßelements

Wenn die Spezifikation nur für einen festen eingeschränkten Teilbereich des vollständigen Größenmaßelements gilt, muss die Zeichnungsangabe erfolgen durch:

— eine breite Strich-Punktlinie, positioniert über dem eingeschränkten Teilbereich des vollständigen Geometrieelements, wobei die Maßangaben die Länge und deren Ort bestimmt [siehe Bild 25 a)];

— Verwendung von zwei Buchstaben, die den Anfang und das Ende des festen eingeschränkten Teilbereichs festlegen. Diese beiden Buchstaben stehen hinter der Größenmaßtoleranz und sind durch das Symbol „zwischen" voneinander getrennt [siehe Bild 25 b)].

Länge und Ort des Teilbereichs müssen durch theoretisch exakte Maße (TEDs) festgelegt werden.

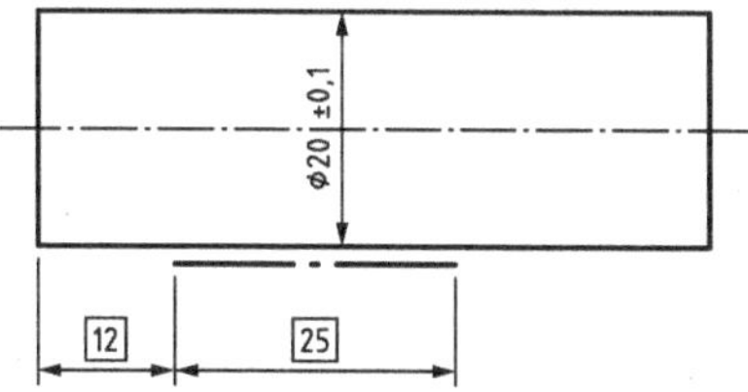

a) Eingeschränkter Teilbereich, festgelegt unter Verwendung einer breiten Strich-Punktlinie (langer Strich)

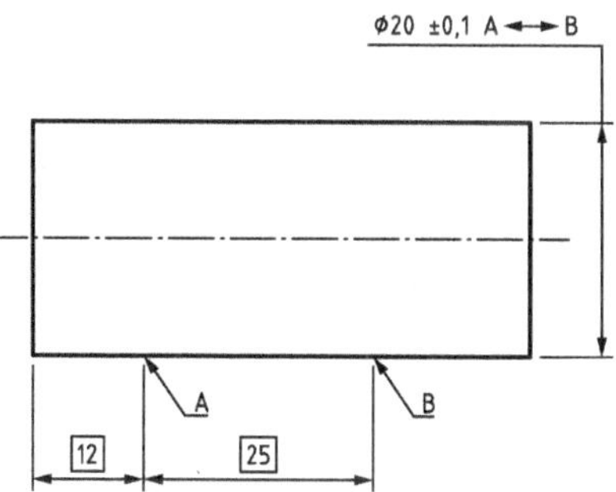

b) Eingeschränkter Teilbereich, festgelegt unter Verwendung des Symbols ↔

ANMERKUNG Die angegebenen Spezifikationsoperatoren sind die Default-Spezifikationsoperatoren. Der Zweipunkt-durchmesser gilt sowohl für die obere als auch für die untere Grenze des Größenmaßes für den eingeschränkten Teilbereich des Größenmaßelements.

Bild 25 — Beispiel der Anforderung für einen bestimmten festen eingeschränkten Teilbereich des Größenmaßelements

7.3 Beliebiger, über eine spezifizierte Länge begrenzter Teilbereich des Größenmaßelements

Wenn der Spezifikationsoperator für einen beliebigen eingeschränkten Teilbereich entweder des vollständigen Größenmaßelements oder eines festen eingeschränkten Teilbereichs davon gilt, muss er in der Folge der Spezifikationen mit dem Spezifikationsmodifikator „/“ angegeben werden, gefolgt vom Wert der Länge des eingeschränkten Teilbereichs (betrachtet als TED) [siehe Bild 26 a)]. Die Zeichnungsangabe „/0“, mit der Bedeutung, dass die Länge des begrenzen Teilbereichs gleich null ist, ist gleichbedeutend mit der Angabe des Modifikators „ACS“ (siehe 7.4). In diesem Fall wird die Verwendung des Modifikators „ACS“ empfohlen.

Wenn ein beliebiger dieser eingeschränkten Teilbereiche mit einem festen eingeschränkten Teilbereich des vollständigen Größenmaßelements angenommen wird, muss dieser eingeschränkte Teilbereich in der Zeichnung angegeben werden durch

— eine breite Strich-Punktlinie (langer Strich), und die Maßlinie muss darauf zeigen [siehe Bild 26 a)]; oder

— Verwendung von zwei Buchstaben, die den Anfang und das Ende des eingeschränkten Teilbereichs festlegen; in der Folge der Spezifikationen sind diese beiden Buchstaben durch das Symbol „zwischen" voneinander getrennt anzugeben [siehe Bild 26 b)].

Die Länge und der Ort des eingeschränkten Teilbereichs müssen durch TEDs festgelegt werden.

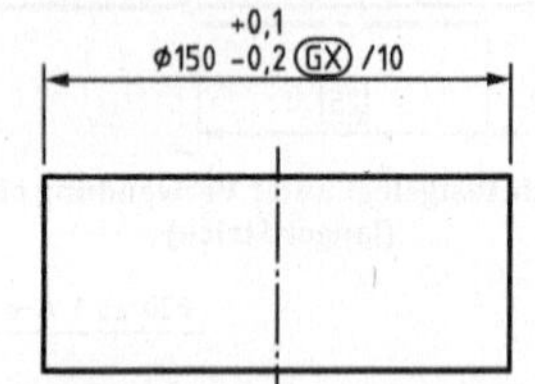

a) Unter Verwendung des Symbols „/Länge"

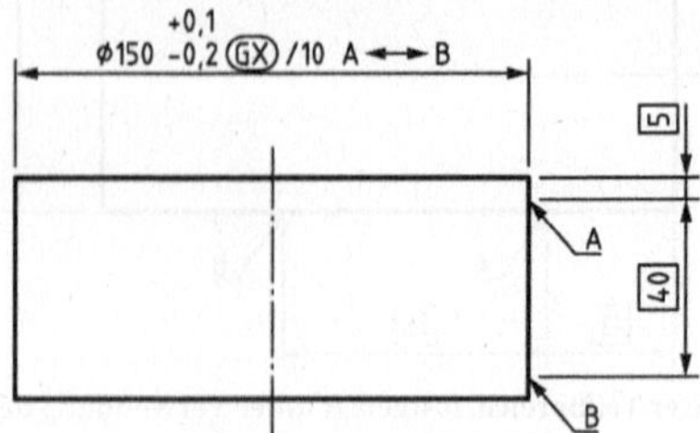

b) Unter Verwendung des Symbols ←→

ANMERKUNG Derselbe Spezifikationsoperator gilt sowohl für die obere als auch für die untere Grenze des Größenmaßes und legt als Größenmaßmerkmal den größten einbeschriebenen Zylinderdurchmesser für jeden beliebigen Teilbereich der angegebenen Länge fest

Bild 26 — Beispiel für Anforderungen für jeden eingeschränkten Teilbereich des Größenmaßelements

7.4 Beliebiger Querschnitt oder beliebiger Längsschnitt eines linearen Größenmaßelements

Wenn die Spezifikation für jeden Querschnitt oder jeden Längsschnitt entweder des vollständigen Größenmaßelements oder eines eingeschränkten Teilbereichs davon gilt, muss sie mit dem Spezifikationsmodifikator „ACS" für jeden Querschnitt oder mit dem Spezifikationsmodifikator „ALS" für jeden beliebigen Längsschnitt einer Ansicht oder eines Schnittes angegeben werden (siehe Bilder 27 und 28). Wenn beliebige Querschnitte- oder Längsschnitte für einen eingeschränkten Teilbereich des vollständigen Größenmaßelements genommen werden, muss außerdem der eingeschränkte Teilbereich durch eine breite Strich-Punktlinie (langer Strich) oder unter Verwendung des Symbols „zwischen" in der Zeichnung angegeben werden. Zur Länge einer Spezifikation für einen eingeschränkten Teilbereich siehe Bild 26 b).

Ein Querschnitt wird senkrecht zu einer Achse definiert. Ein Längsschnitt wird als Halbebene einschließlich einer Achse definiert. Defaultmäßig kann die Schnittebene vernachlässigt werden, wenn diese Achse die Achse des zugehörigen Größenmaßelements selbst sein muss, andernfalls ist sie mit einer Schnittebenenangabe festzulegen.

Ist das zu betrachtende Größenmaß eine Dicke (z. B. Abstand zwischen zwei Geraden oder zwischen zwei Kreisen), ist eine Schnittebenenangabe als Zusatz zu ALS oder ACS zu verwenden, um das Größenmaßelement zur Festlegung der Schnittebene festzulegen.

Die Angabe der Schnittebene erfolgt stets am Ende der Folge von Größenmaßspezifikationselementen, erforderlichenfalls gefolgt von einer Richtungsgeometrieelementangabe [siehe Bild 28 a)], aber vor der Angabe des Hinweiszeichens.

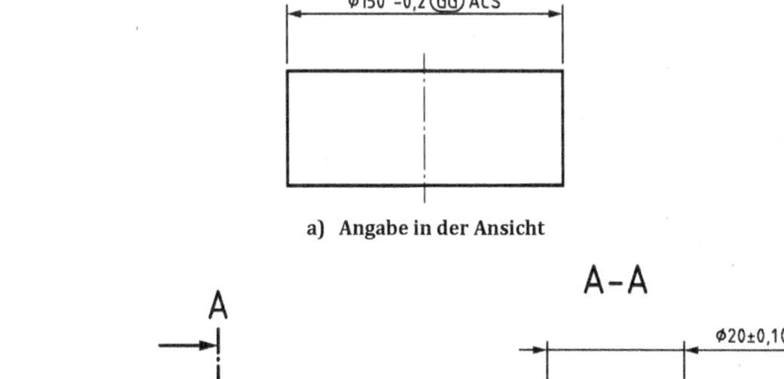

a) **Angabe in der Ansicht**

b) **Angabe in eines Querschnitts**

ANMERKUNG Der Spezifikationsoperator „Durchmesser der kleinsten Abweichungsquadrate" für jeden Querschnitt des zylindrischen Geometrieelements gilt sowohl für die obere als auch für die untere Grenze des Größenmaßes.

Bild 27 — Beispiel: Verwendung des Modifikators „ACS" zur Angabe einer Anforderung für jeden beliebigen Querschnitt des linearen Größenmaßelements

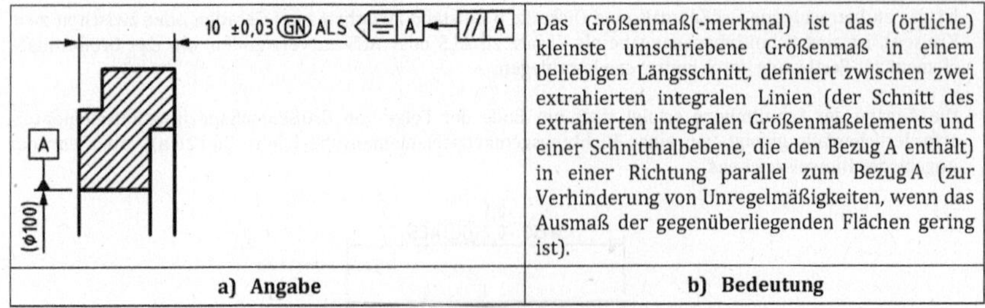

a) Angabe	b) Bedeutung
	Das Größenmaß(-merkmal) ist das (örtliche) kleinste umschriebene Größenmaß in einem beliebigen Längsschnitt, definiert zwischen zwei extrahierten integralen Linien (der Schnitt des extrahierten integralen Größenmaßelements und einer Schnitthalbebene, die den Bezug A enthält) in einer Richtung parallel zum Bezug A (zur Verhinderung von Unregelmäßigkeiten, wenn das Ausmaß der gegenüberliegenden Flächen gering ist).

Bild 28 — Beispiel: Verwendung des Modifikators „ALS" in Verbindung mit einer Schnittebene und einem Richtungsgeometrieelement

7.5 Größenmaßmerkmal in einem bestimmten Querschnitt eines Größenmaßelements

Wenn die Spezifikation für einen bestimmtne Querschnitt des vollständigen Größenmaßelements gilt:

a) der Querschnitt ist anzugeben durch Folgendes:

- die Maßspezifikation im betrachteten Querschnitt [siehe Bilder 29 a), b) und c)];
- der Querschnitt mit einer Hilfslinie, verbunden mit einer Querschnittskennzeichnung darüber [siehe Bilder 29 d)];
- bei Verwendung des Ausgangspunktes der schrägen Ausdehnungslinien, mit denen die Maßlinie verbunden ist (siehe Bild 31);

b) der Ort des Querschnitts, der von einem anderen Geometrieelement abgeleitet wird, muss mit einem TED angegeben werden; und

c) der Modifikator SCS muss in der Maßspezifikation angegeben werden, gefolgt von der Querschnittskennzeichnung in eckigen Klammern [siehe Bilder 29 a), 29 c), 29 d) und 31].

Wenn keine Verwechslung bezüglich des bestimmten Querschnitts möglich ist, kann das Symbol „SCS" weggelassen werden [siehe Bild 29 b)].

Der Ort des Querschnitts sollte nicht am Anfang oder Ende des Geometrieelements liegen (ein implizites TED von 0 mm definierend), um sicherzustellen, dass der Querschnitt auf dem tatsächlichen Werkstück vorhanden ist.

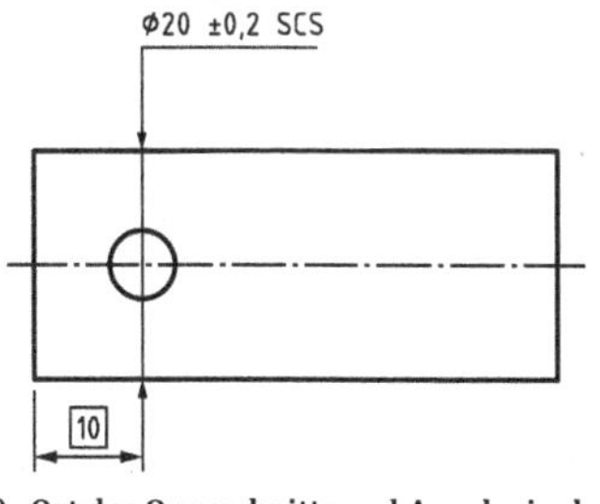

a) Ort des Querschnitts und Angabe in der gleichen Ansicht mit Modifikator „SCS"

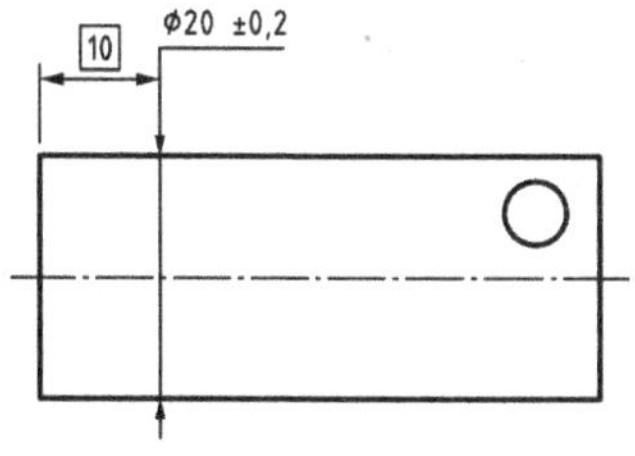

b) Ort des Querschnitts und Angabe in der gleichen Ansicht ohne Modifikator „SCS"

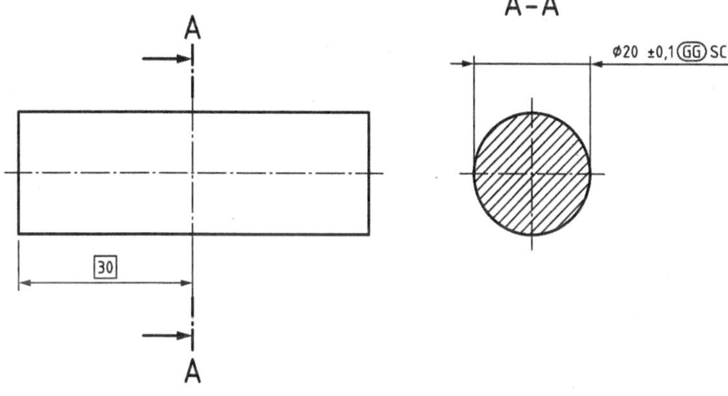

c) Ort des Querschnitt in einer Ansicht und Angabe in diesem Querschnitt

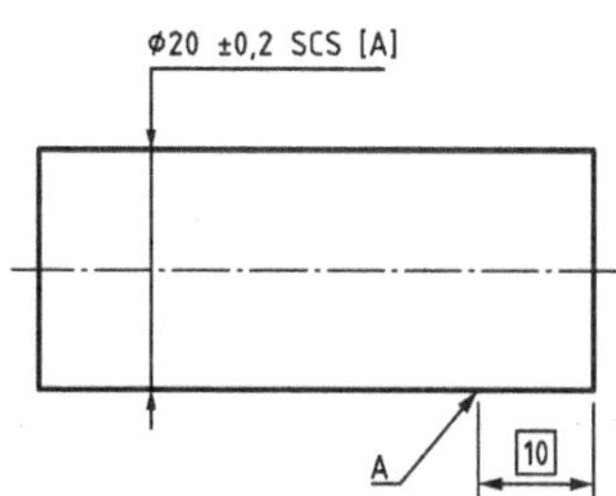

d) Maßspezifikation mit Modifikator „SCS"

ANMERKUNG In a) legt den Modifikator SCS eindeutig fest, dass die Spezifikation ausschließlich für einen bestimmten Ort gilt: das TED 10 könnte für eine geometrische Spezifikation des Ortes verwendet werden.

Bild 29 — Beispiel einer Angabe für einen bestimmten Querschnitt des vollständigen Größenmaßelements

Wenn eine Spezifikation für mehrere bestimmte Querschnitte eines Größenmaßelements gilt, muss jeder Querschnitt durch eine Kennzeichnung identifiziert werden, und die Folge der Kennzeichnungen muss nach dem Modifikator SCS jeweils in eckigen Klammern, getrennt durch Komma und Leerzeichen, angeordnet werden. Ist ein Rangordnungsgrößenmaß auf diese Menge Größenmaßmerkmale anzuwenden, muss der Modifikator für das Rangordnungsgrößenmaß nach der Kennzeichnung der Folge bestimmter Querschnitte angeordnet werden (siehe Bild 30).

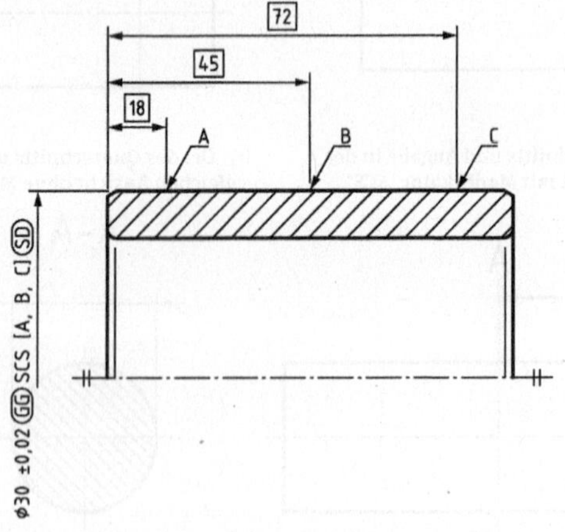

Bild 30 — Zeichnungsangabe mehrerer bestimmter Querschnitte

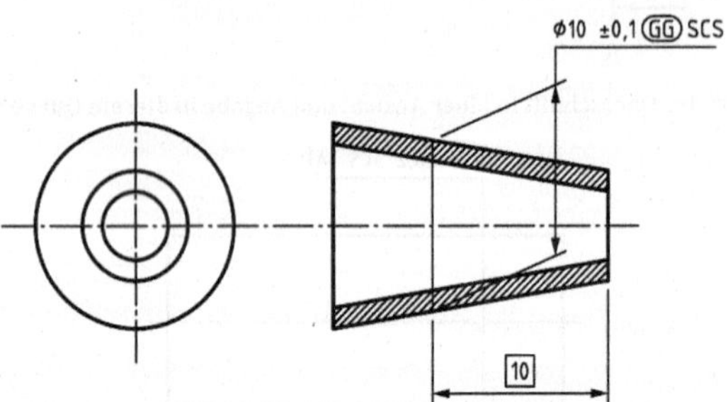

NOTE Dieses Bild dient dazu, die Angabe des Durchmessers eines bestimmten Querschnittes von einem Kegel darzustellen.

Bild 31— Beispiel für die Angabe des Durchmessers eines bestimmten Querschnittes von einem Kegel

7.6 Anforderung individuell angewendet für mehr als ein Größenmaßelement

Wenn die Spezifikation als eine individuelle Anforderung für mehr als ein Größenmaßelement gilt, muss der Spezifikationsmodifikator „*n*ד als erstes Element der Spezifikation angeordnet werden, um die Anzahl der Geometrieelemente anzugeben, für welche die Spezifikation gilt (siehe Bild 32).

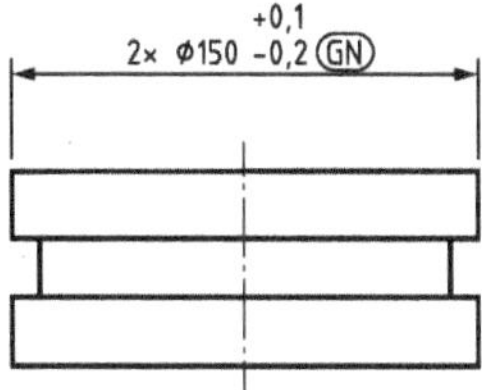

ANMERKUNG Der Spezifikationsoperator „kleinster umschriebener Zylinderdurchmesser" gilt einzeln für die obere und für die untere Grenze für jede der beiden zylindrischen Oberflächen.

Bild 32 — Beispiel für individuelle Anforderungen für zwei Größenmaßelemente

ANMERKUNG Dieser Spezifikationsmodifikator „*n*ד kann nur verwendet werden, wenn es keinen Zweifel darüber gibt, für welche Geometrieelemente die Spezifikation gilt.

7.7 Anforderung angewendet für mehr als ein Geometrieelement, das als ein Größenmaßelement betrachtet wird

Wenn die Spezifikation für eine Kollektion von mehr als einem Größenmaßelement gilt und diese Kollektion als ein Größenmaßelement anzusehen ist, muss der Spezifikationsmodifikator (*n*×) als erstes Element der Spezifikation angeordnet werden, um die Anzahl der Größenmaßelemente anzuzeigen, für welche die Spezifikation gilt, und der Spezifikationsmodifikator „CT" muss am Ende der Spezifikation angeordnet werden (siehe Bild 33).

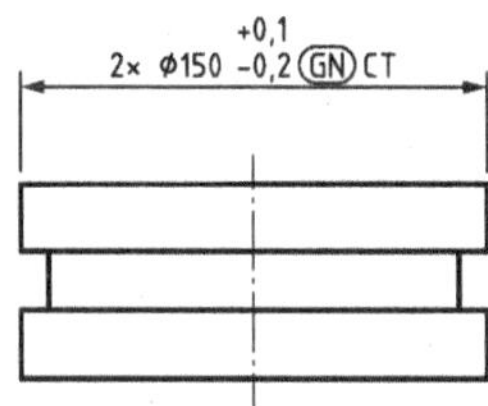

ANMERKUNG Der Spezifikationsoperator „kleinster umschriebener Zylinderdurchmesser" gilt für die obere und für die untere Grenze für die beiden zylindrischen Oberflächen, die als ein Größenmaßelement angesehen werden.

Bild 33 — Beispiel der Anforderung für zwei Größenmaßelemente, die als ein Größenmaßelement angesehen werden

7.8 Flexible/nicht-formstabile Werkstücke

Wenn die Spezifikation für ein nicht-formstabiles Werkstück gilt, muss der Spezifikationsmodifikator Ⓕ (siehe ISO 10579:2010) zur Spezifikation hinzugefügt werden, um anzugeben, dass diese für das Geometrieelement oder Werkstück unter der Bedingung des freien Zustands gilt (siehe Bild 34).

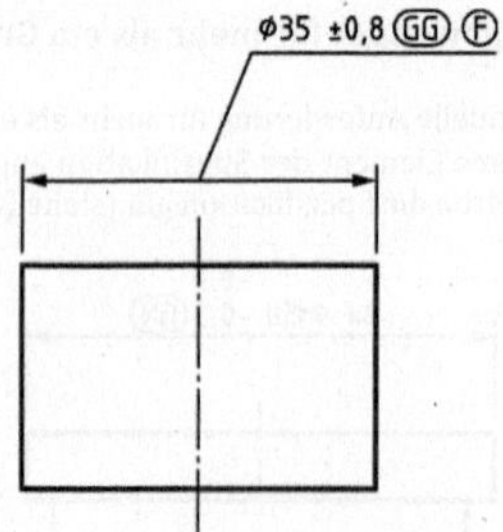

ANMERKUNG Der Spezifikationsoperator „kleinste Abweichungsquadrate-Anforderung" gilt für das Geometrieelement unter der Bedingung des freien Zustands eines flexiblen Werkstückes sowohl für den oberen als auch für den unteren Grenzwert eines Größenmaßes.

Bild 34 — Beispiel der Anforderung unter der Bedingung des freien Zustands für ein flexibles Werkstück

8 Ergänzende Angabe

Gilt eine ergänzende Anforderung für eine Maßspezifikation, ist am Ende der Spezifikation ein nummeriertes Hinweiszeichen anzugeben. Die Anforderung ist in der Nähe des Zeichungsschriftfeldes oder in einem ergänzenden Dokument festzulegen.

BEISPIEL [10 ±0,1⟨1⟩] - [10 ±0,2⟨2⟩]

mit

⟨1⟩: vor der Wärmebehandlung

⟨2⟩: nach der Wärmebehandlung

in der Nähe des Zeichnungsschriftfeldes.

Das Hinweiszeichen kann die GPS-Merkmale als Folgendes beschreiben:

— ein berechnetes Merkmal als Funktion eines oder mehrerer anderer GPS-Merkmale. In diesem Fall ist jeder Parameter der Funktion als GPS-Merkmal auf der Zeichnung anzugeben;

— ein eingeschränktes Merkmal (siehe ISO 10579 und ISO/TS 17863);

— ein Merkmal in einem besonderen Zustand.

Das Hinweiszeichen kann auch für jede andere Angabe, die mehreren Spezifikationen gemeinsam ist, verwendet werden, wie z. B. bestimmte Spezifikationsoperatoren, eingeschränkte Zustände, zusätzliche Anforderungen für die Grundgesamtheit der Werkstücke usw.

Siehe Tabelle 2 und Abschnitt 8.

Anhang A
(normativ)

Proportionen und Abmessungen graphischer Symbole

A.1 Allgemeine Anforderung

Zur Harmonisierung der Größe der in diesem Teil von ISO 14405 festgelegten Symbole mit den Größen anderer Angaben in den technischen Zeichnungen (Maßangaben, geometrische Toleranzen usw.) sind die in ISO 81714-1 angegebenen Regeln anzuwenden.

A.2 Proportionen

Die graphischen Symbole sind nach den Bildern A.1 und A.2 darzustellen.

Das Symbol XX in Bild A.1 bezeichnet sämtliche verschiedenen Buchstabenkombinationen für die Spezifikationsmodifikatoren nach Tabelle 1.

Das Symbol X in Bild A.2 kann in diesem Teil von ISO 14405 dem Buchstaben E oder F für die Spezifikationsmodifikatoren nach Tabelle 2 entsprechen.

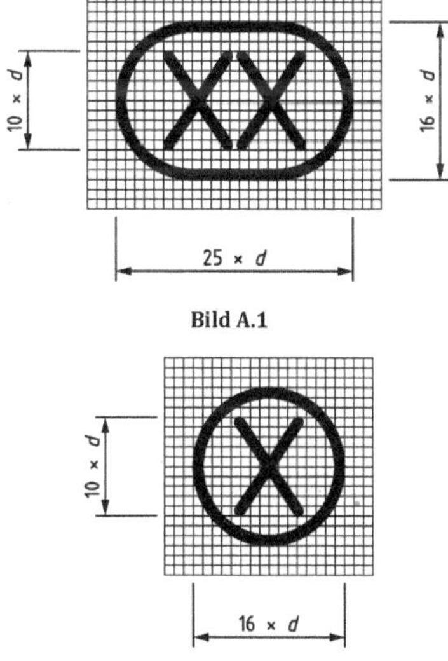

Bild A.1

Bild A.2

A.3 Abmessungen

Die Anforderungen an die Abmessungen der graphischen Symbole und der Zusatzangaben sind in Tabelle A.1 festgelegt.

ANMERKUNG Diese Anforderungen entsprechen ISO 3098-2.

Tabelle A.1 — Maße

Maße in Millimeter

Buchstabenhöhe, *h*	2,5	3,5	5	7	10	14
Linienbreite für Symbole und Buchstaben, *d*	0,25	0,35	0,5	0,7	1	1,4

Anhang B
(informativ)

Übersichtsdiagramm für lineare Größenmaße

Das Diagramm in Bild B.1 stellt die Zusammenhänge zwischen verschiedenen Typen von Merkmalen bezüglich des Größenmaßes eines linearen Größenmaßelements dar, wenn dieses auf das vollständige Größenmaßelement angewendet wird.

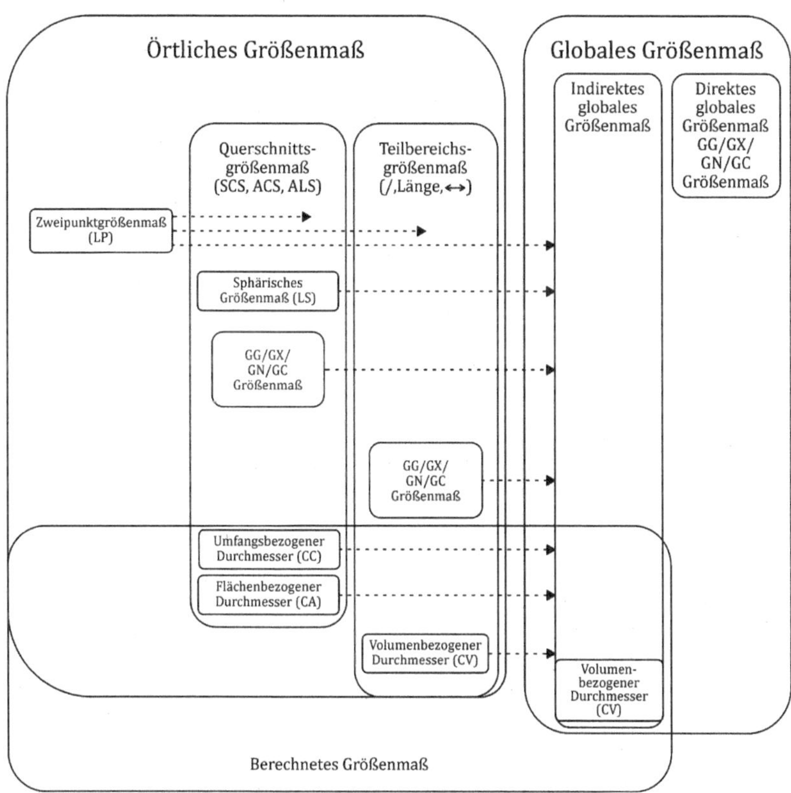

Legende

--➧ definiert durch ein Rangordnungsgrößenmaß

Bild B.1 — Übersichtsdiagramm für Größenmaße

Anhang C
(informativ)

Handhabung von Daten mit Rangordnungsmodifikatoren

Wenn eine Spezifikation nicht durch einen eingeschränkten Teilbereich oder Querschnitt verwendet wird, gehören alle Daten zu einem Satz von Ergebnissen.

Wenn eine Spezifikation für einen eingeschränkten Teilbereich oder Querschnitt verwendet wird, müssen die Datensätze für den Teilbereich oder den Querschnitt betrachtet werden. Ein Teildatensatz wird für jeden Teilbereich oder Querschnitt festgelegt.

Wenn ein globales Größenmaß (einschließlich Rangordnungsgrößenmaß) für jeden Teilbereich oder Querschnitt festgelegt wird, dann wird der Datensatz für jeden Querschnitt auf einen einzigen globalen Querschnittswert für den Querschnitt oder den Teilbereich reduziert.

Wenn ein globales Größenmaß (einschließlich Rangordnungsgrößenmaß) für das vollständige Größenmaßelement festgelegt wird, dann wird der Satz von Ergebnissen auf einen einzigen globalen Wert reduziert.

Beispiele für Maßspezifikationen:

a) ∅10 ±0,0035 Ⓛ(LP)(SD) ACS;

b) 0,005 (LP)(SD) ACS (SR);

c) 0,05 (LP)(SR);

d) 10 ±0,04 (LP).

Angenommen, es wurden in jedem von fünf Querschnitten 12 örtliche Zweipunktgrößenmaße entsprechend Tabelle C.1 gemessen (die fetten Werte sind die Maxima oder Minima innerhalb eines Schnittes).

Tabelle C.1 — Primärdatenergebnissatz (Zweipunktgrößenmaße, gemessen in fünf Querschnitten und in 12 Ausrichtungen der Winkellage)

Nr. *j* der Messung in einem Schnitt	Winkellage in einem Schnitt in	Schnitt-Nr. *i*				
		1	2	3	4	5
1	0	10,000	10,000	9,996	9,995	**9,990**
2	15	10,010	10,015	10,016	10,003	10,008
3	30	10,012	10,009	10,005	10,017	10,008
4	45	10,009	10,007	10,011	10,009	10,013
5	60	10,011	10,010	10,016	**10,021**	10,007
6	75	**10,015**	**10,025**	**10,022**	10,009	10,006
7	90	10,005	9,997	10,007	10,013	9,996
8	105	10,006	10,002	10,006	10,014	**10,014**
9	120	10,004	10,012	10,013	10,006	10,006
10	135	9,997	10,002	10,002	9,988	10,002
11	150	**9,995**	**9,986**	**9,987**	**9,993**	10,000
12	165	9,999	10,008	10,007	10,007	9,996

Tabelle C.2 — Ergebnisse der Auswertung für drei Arten spezifischer Merkmale

	Messergebnisse für diese Modifikatorfolge					
(LP)(SD) ACS	10,005	**10,0055**	10,0045	10,0045	**10,0020**	–
(LP)(SD) ACS (SR)	–	–	–	–	–	0,0035
(LP)(SR)	–	–	–	–	–	0,039
Art des Größenmaßmerkmals	Örtlich					Global

BEISPIEL Eine Größenmaßspezifikation, die in der Zeichnung angegeben ist durch ∅10 ±0,0035 (LP)(SD) ACS (SR), kann als eine Folge von Funktionen beschrieben werden, die auf einen Datensatz angewendet wird.

ANMERKUNG 1 Der Spezifikationsoperator, definiert durch „∅10 ±0,035 (LP)(SD) ACS (SR)", ist ein GPS-Operator, der gleichbedeutend mit der Beschreibung des Merkmals V_{dmp} ist, das in ISO 492 in Textform definiert wird.

Der Index *i* bezieht sich auf die Querschnitte und der Index *j* auf die Werte in jedem Querschnitt.

LP (i, j) bezeichnet den Wert *j*, ausgewertet im Schnitt *i*

$\mu_i = E_i(\mathrm{LP}(i, j))$ bezeichnet den Mittelwert im Schnitt *i* aus dem Messwertsatz LP (i, j)

$R = \mathrm{Max}(\mu_i) - \mathrm{Min}(\mu_i)$ bezeichnet die Spannweite aus dem Datensatz μ_i

Dieses Beispiel zeigt die Folge der auf den primären Datenergebnissatz angewendeten Operationen. Eine Bedingung für den Teilbereich oder Querschnitt (in diesem Fall die Bedingung „beliebiger Querschnitt") erzeugt einen sekundären Satz von Querschnittsdatensätzen aus dem primären Satz. Für jeden Querschnittsdatensatz wird ein Mittelwert der Spanne gebildet und abschließend wird aus dem Satz der Mittelwerte der Spanne einzelner Querschnitte ein Wert der Spanne berechnet. Graphisch lässt sich diese

Folge von Operationen wie folgt abbilden, wobei *B* der primäre Datenergebnissatz (wie in Tabelle C.1 angegeben), C_i die Querschnittsdatensätze für jeden Querschnitt und *R* die Ergebnisse für jedes festgelegte Merkmal (siehe Tabelle C.2) sind, wie in Bild C.1 dargestellt.

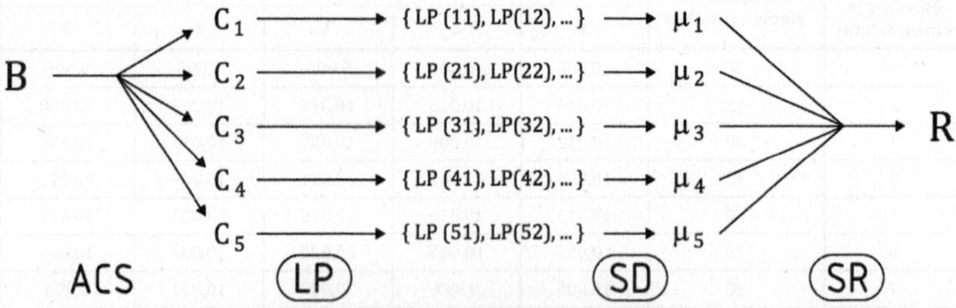

Bild C.1 — Darstellung eines Beispiels für das Schema vom primären Satz von Auswertungen bis zum Ergebnis für das Merkmal

ANMERKUNG 2 Die Folge der auf den Datensatz angewendeten Operationen entspricht nicht immer der Folge der Modifikatoren der Spezifikation. Beispielsweise ist die Aufteilung des primären Datenergebnissatzes nach Querschnitt oder Teilbereich, sofern zutreffend, stets die erste Operation, unabhängig davon, an welcher Stelle in der Folge der zugehörige Modifikator steht.

Anhang D
(normativ)

Größenmaßmerkmale

D.1 Zweipunktgrößenmaß

D.1.1 Allgemeines

Ein Zweipunktgrößenmaß ist der Abstand zwischen zwei Punkten, die ein Paar gegenüberliegender Punkte bilden, die gleichzeitig auf dem extrahierten Geometrieelement bestimmt werden (siehe ISO 17450-3).

D.1.2 Default-Operator zur Festlegung eines Paares gegenüberliegender Punkte

Ein Paar gegenüberliegender Punkte kann nur auf einem linearen Größenmaßelement erhalten werden.

Geometrisch werden Paare gegenüberliegender Punkte aus der Schnittlinie eines nicht-idealen integralen Geometrieelements mit einem Hilfsgeometrieelement erhalten, das eine Gerade ist.

Wenn die Schnittlinie einen Punkt oder mehr als zwei Punkte ergibt, kann in diesem Ort auf dem Hilfsgeometrieelement kein Paar gegenüberliegender Punkte festgelegt werden. Zur Festlegung eines Paares gegenüberliegender Punkte muss die Schnittlinie genau zwei Punkte ergeben.

Defaultmäßig wird (sofern nicht anders festgelegt) ein toleriertes Geometrieelement aus einem Paar gegenüberliegender Punkte durch Anwendung der nachstehenden Folge von Operationen erhalten:

a) Partition des einzelnen Geometrieelements vom nicht-idealen Oberflächenmodell oder von der realen Oberfläche des Werkstücks;

b) wenn das extrahierte Geometrieelement nicht eine unendliche Anzahl von Oberflächenpunkten enthält: Rekonstruktion der Oberfläche;

c) Filterung des extrahierten Geometrieelements zur Definition des Eingangsgeometrieelements.

Ein erstes Hilfsgeometrieelement wird mit einem Skelettelement des assoziierten Geometrieelements festgelegt, das aus dem Eingangsgeometrieelement erhalten wurde (dem realen integralen Geometrieelement) (siehe Tabelle D.1). Defaultmäßig werden die assoziierten Geometrieelemente durch die Kriterien der totalen Abweichungsquadrate erhalten.

Wenn der Schnitt zwischen dem Eingangsgeometrieelement und dem ersten Hilfsgeometrieelement ein Paar gegenüberliegender Punkte ergibt, wird kein zweites Hilfsgeometrieelement verwendet (siehe Tabelle D.1).

Ist die Verwendung eines zweiten Hilfsgeometrieelements vorgesehen (siehe Tabelle D.1), definiert das erste ermöglichende Geometrieelement Schnittlinien. Anhand dieser wird jedes zweite ermöglichende Geometrieelement gebildet. Das Paar gegenüberliegender Punkte wird durch den Schnittpunkt der Schnittlinien und des sekundären Hilfsgeometrieelements erhalten.

Siehe Beispiele in den Bildern D.1 und D.2.

Tabelle D.1 — Hilfsgeometrieelement zur Errichtung der Paare gegenüberliegender Punkte

<table>
<tr><th>Typ des assoziierten Geometrieelements</th><th>Skelettelement im Verhältnis zum assoziierten Geometrieelement</th><th>Hilfsgeometrieelement</th><th>Zweites Hilfsgeometrieelement erforderlich</th></tr>
<tr><td>Kugel</td><td>Punkt</td><td>Gerade verläuft durch den Punkt
(Freie Richtung)</td><td>Nein</td></tr>
<tr><td>Zylinder</td><td>Gerade</td><td rowspan="3">Ebene senkrecht zur Skelettlinie
(Freier Ort entlang der Achse)</td><td rowspan="3">Ja, Gerade</td></tr>
<tr><td>Torus</td><td>Kreis</td></tr>
<tr><td>Komplexe Fläche</td><td>Teil einer Linie</td></tr>
<tr><td>Komplexe Fläche</td><td>Teil einer Fläche</td><td>Gerade senkrecht zur Skelettfläche
(Freier Ort entlang der Achse)</td><td>Nein</td></tr>
<tr><td>Zwei parallele Ebenen</td><td>Ebene</td><td rowspan="3">Gerade senkrecht zum Skelett
(Festgelegte Richtung und freier Ort)</td><td rowspan="3">Nein</td></tr>
<tr><td>Zwei koaxiale Zylinder</td><td>Zylinder</td></tr>
<tr><td>Zwei komplexe Flächen in gleichem Abstand</td><td>Komplexe Fläche</td></tr>
<tr><td>Kreis</td><td>Punkt</td><td rowspan="2">Gerade verläuft durch den Punkt
(Freie Richtung)</td><td rowspan="4">Nein</td></tr>
<tr><td>Komplexe Linie</td><td>Teil einer Linie</td></tr>
<tr><td>Zwei parallele Geraden</td><td>Gerade</td><td rowspan="2">Gerade senkrecht zur Skelettlinie</td></tr>
<tr><td>Zwei komplexe Linien in gleichem Abstand</td><td>Komplexe Linie</td></tr>
</table>

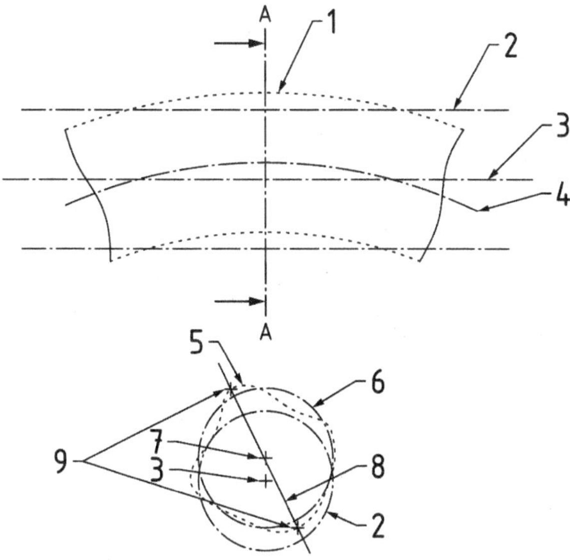

Legende

1 extrahierte Fläche
2 assoziierter Zylinder
3 assoziierte Zylinderachse
4 extrahierte Mittellinie
5 extrahierte Linie
6 assoziierter Kreis
7 assoziierter Kreismittelpunkt
8 Hilfsgeometrieelement, Gerade durch 7, die die Bildung eines Paares gegenüberliegender Punkte erlaubt
9 Paar gegenüberliegender Punkte

ANMERKUNG Schnittebene A-A ist auch ein Hilfsgeometrieelement.

Bild D.1 — Beispiel für die Bildung eines Paares gegenüberliegender Punkte auf einem Zylinder

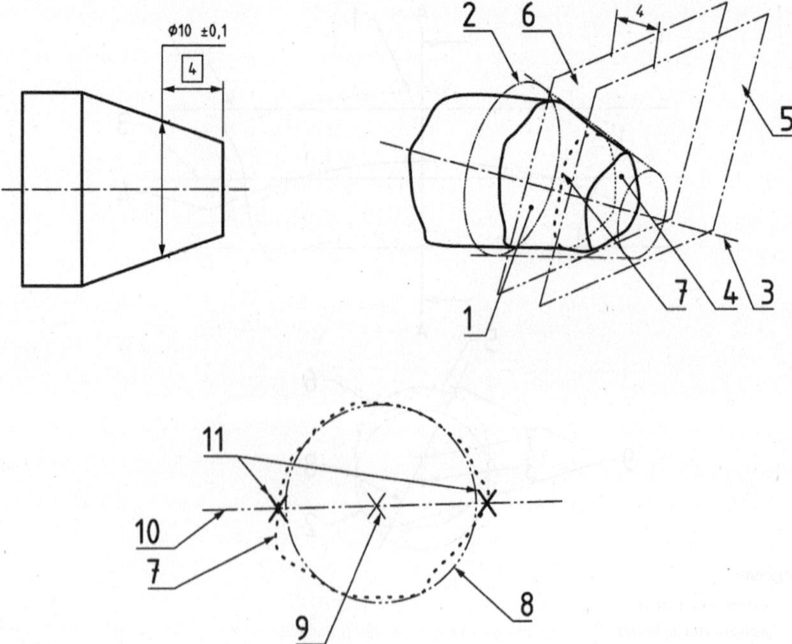

Legende

1 vollständiges extrahiertes integrales Geometrieelement
2 assoziiertes integrales Geometrieelement
3 Situationselement der assoziierten integralen Fläche
4 reale angrenzende Oberfläche
5 assoziierte Ebene mit äußerer Begrenzung von Material und Richtung durch die assoziierte integrale Fläche
6 Schnittebene parallel zu 5 im Abstand 4 mm
7 Schnittgerade: extrahierte integrale Linie
8 assoziierter Kreis
9 Mittelpunkt des assoziierten Kreises
10 Hilfsgeometrieelement, Gerade durch 9, die die Bildung eines Paares gegenüberliegender Punkte erlaubt
11 Paar gegenüberliegender Punkte

Bild D.2 — Beispiel für die Bildung eines Paares gegenüberliegender Punkte auf einer Schnittlinie auf einer kegelförmigen Oberfläche

D.2 Größenmaß der kleinsten Abweichungsquadrate

Das Größenmaß eines assoziierten Geometrieelements wird aus dem extrahierten Geometrieelement nach den Kriterien der totalen kleinsten Abweichungsquadrate gebildet ohne Begrenzung des Materials, wobei Größenmaß, Richtung und Ort als variabel angesehen werden.

D.3 Minimax-Größenmaß

Das Größenmaß eines assoziierten Geometrieelements wird aus dem extrahierten Geometrieelement gebildet durch Minimierung des Höchstwertes örtlicher Abstände zwischen dem extrahierten Geometrieelement und einem zu optimierenden assoziierten Geometrieelement ohne Begrenzung des Materials, wobei Größenmaß, Richtung und Ort als variabel angesehen werden.

Anhang E
(normativ)
Graphische Regeln zum Bestimmen des Ortes und der Dimension von dimensionalen Spezifikationselementen

Anhang E enthält die Zeichnungsregeln für die Angabe der Größenmaßspezifikationen.

Die als graphische Angabe verwendeten Spezifikationselemente sind entsprechend den Bildern E.1 bis E.5 darzustellen unter Einhaltung der Abstände zwischen mehreren Angaben in der Zeichnung sowie zwischen den Spezifikationselementen einer Spezifikation. Die in den Bildern E.1 bis E.5 dargestellte untere Bezugslinie kann die Bezugslinie einer Maßspezifikation oder die obere Linie eines Toleranzindikators sein, der eine geometrische Spezifikation angibt.

Die graphischen Abstände werden anhand der Breite der schmalen Zeile festgelegt, gekennzeichnet mit dn, welche die Höhe eines Zeichens auf 10 dn festlegt (siehe auch Anhang A). Die Höhe der Textzeile beträgt 16 dn.

Wird die Textzeile einer Dimensionsspezifikation ohne Symbol angegeben, muss der Abstand zwischen:

— dem unteren Spezifikationselement und der Bezugslinie (oder dem Toleranzindikator) (siehe Bild E1), oder

— dem unteren Spezifikationselement der oberen Textzeile und dem oberen Spezifikationselement der unteren Textzeile (siehe Bild E.2)

2 dn [siehe Bilder E.1 a) und E.2 a)] bzw. 0 dn [siehe Bilder E.1 b) und E.2 b)] betragen.

Wird die Textzeile einer Dimensionsspezifikation mit Symbol angegeben, muss der Abstand zwischen:

— dem oberen oder unteren Spezifikationselement einer Dimensionsspezifikation mit Symbol und einer anderen Spezifikation (Maß- oder geometrisch), oder

— dem oberen Spezifikationselement einer Dimensionsspezifikation mit Symbol und dem unteren Spezifikationselement einer anderen Dimensionsspezifikation

(senkrecht) 2 dn (siehe Bilder E.3 bis E.5) betragen.

Ist zwischen zwei Spezifikationselementen einer Dimensionsspezifikation kein Leerzeichen vorhanden, trennt sie ein Abstand von 2 dn.

Ein Leerzeichen ist nur zwischen Folgendem vorhanden (siehe 6.1.2):

— dem Nennwert und dem darauffolgenden Spezifikationselement (siehe Tabelle 4, Zeilen 1, 2 und 4);

— dem oberen oder unteren Toleranzwert und dem darauffolgenden Spezifikationselement (siehe Tabelle 4, Zeile 3);

— der Angabe „*n*ד und dem Nennwert (siehe Tabelle 2, Zeile 7).

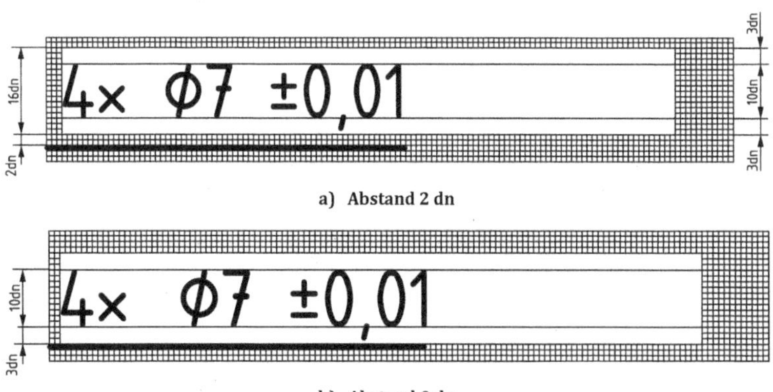

a) **Abstand 2 dn**

b) **Abstand 0 dn**

ANMERKUNG 1 In a) ist der Abstand bei Dimensionsspezifikationen mit oder ohne Symbol gleich.

ANMERKUNG 2 In b) ist der Abstand bei Dimensionsspezifikationen ohne Symbol geringer als der Abstand bei Größenmaßspezifikationen mit Symbol.

Bild E.1 — Beispiel für die Angabe einer Dimensionsspezifikation in einer Textzeile ohne Symbol

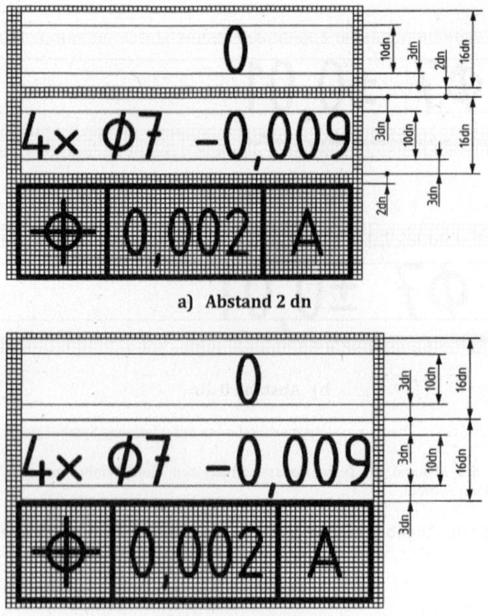

a) Abstand 2 dn

b) Abstand 0 dn

Bild E.2 — Beispiel für die Angabe einer Dimensionsspezifikation in zwei Textzeilen ohne Symbol

Bild E.3 — Beispiel für die Angabe einer Dimensionsspezifikation in einer Textzeile mit Symbolen

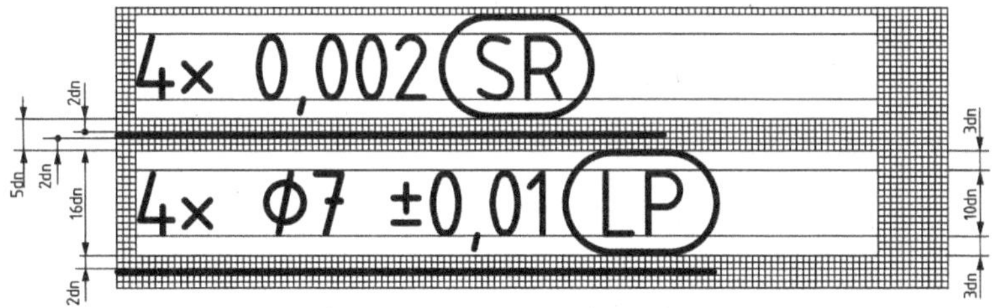

Bild E.4 — Beispiel für die Angabe von zwei Dimensionsspezifikationen in jeweils einer Textzeile mit Symbol

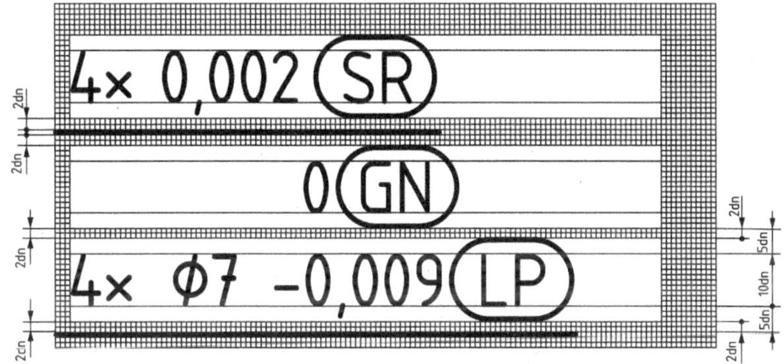

Bild E.5 — Beispiel für die Angabe von zwei Dimensionsspezifikationen in jeweils einer oder zwei Textzeile(n) mit Symbol

Anhang F
(informativ)

Zusammenhänge mit dem GPS-Matrix-Modell

F.1 Allgemeines

Das in ISO 14638 vorgegebene ISO-GPS-Matrix-Modell gibt einen Überblick über das ISO-GPS-System, dessen Bestandteil dieser Teil von ISO 14405 ist.

Die fundamentalen ISO-GPS-Regeln nach ISO 8015 gelten für diesen Teil von ISO 14405 und die Default-Entscheidungsregeln nach ISO 14253-1 gelten für Spezifikationen, die in Übereinstimmung mit diesem Teil von ISO 14405 angefertigt wurden, sofern nicht anders angegeben.

F.2 Informationen über diesen Teil von ISO 14405 und seine Anwendung

Dieser Teil von ISO 14405 führt die Default-Definition für das Größenmaß ein, sowie spezielle Festlegungen und Zeichnungsangaben für Größenmaße für die linearen Größenmaßelemente, wie z. B. „Zylinder" oder „zwei parallele gegenüberliegende Ebenen".

F.3 Position im GPS-Matrix-Modell

Dieser Teil von ISO 14405 ist eine allgemeine ISO-GPS-Norm, welche die Kettenglieder A bis C der Normenkette über Größenmaß im GPS-Matrix-Modell beeinflusst. Die in diesem Teil von ISO 14405 gegebenen Regeln und Grundsätze gelten für alle Segmente der ISO-GPS-Matrix, die mit einem ausgefüllten Punkt (•) gekennzeichnet sind.

Tabelle F.1 — Position im Matrix-Modell der ISO-GPS-Normen

	Kettenglieder						
	A	B	C	D	E	F	G
	Symbole und Angaben	Anforde-rungen an Geometrie-elemente	Merkmale von Geometrie-elementen	Überein-stimmung und Nicht-Überein-stimmung	Messung	Messgeräte	Kalibrie-rung
Größenmaß	•	•	•				
Abstand							
Form							
Richtung							
Ort							
Lauf							
Oberflächen-beschaffenheit: Profil							
Oberflächen-beschaffenheit: Fläche							
Oberflächenunvoll-kommenheiten							

F.4 Betroffene Internationale Normen

Die betroffenen Internationalen Normen sind diejenigen, welche aus den Kettengliedern der in Tabelle F.1 gekennzeichneten Normen hervorgehen.

Literaturhinweise

[1] ISO 492, *Rolling bearings — Radial bearings — Geometrical product specifications (GPS) and tolerance values*

[2] ISO 1101, *Geometrical product specifications (GPS) — Geometrical tolerancing — Tolerances of form, orientation, location and run-out*

[3] ISO 2768-1, *General tolerances — Part 1: Tolerances for linear and angular dimensions without individual tolerance indications*

[4] ISO 3098-2, *Technical product documentation — Lettering — Part 2: Latin alphabet, numerals and marks*

[5] ISO 10579:2010, *Geometrical product specifications (GPS) — Dimensioning and tolerancing — Non-rigid parts*

[6] ISO 14638:2015, *Geometrical product specifications (GPS) — Matrix model*

[7] ISO/TS 17863, *Geometrical product specification (GPS) — Geometrical tolerancing of moveable assemblies*

Warnvermerk / Warning notice	DIN EN ISO 14405-2:2019-06
Datum / Date	2019-06-04

Die deutschen Anwender dieser Internationalen Norm werden auf einen Fehler in Bild 9 „Beispiel für einen Winkelabstand zwischen einem integralen Geometrieelement und einem abgeleiteten Geometrieelement a) und eine Lösung unter Verwendung geometrischer Spezifikationen b)" hingewiesen: Die Hinweislinie für den Bezug B ist nicht durchgehend gestrichelt dargestellt.

Bild 9 b) ist daher wie folgt zu korrigieren:

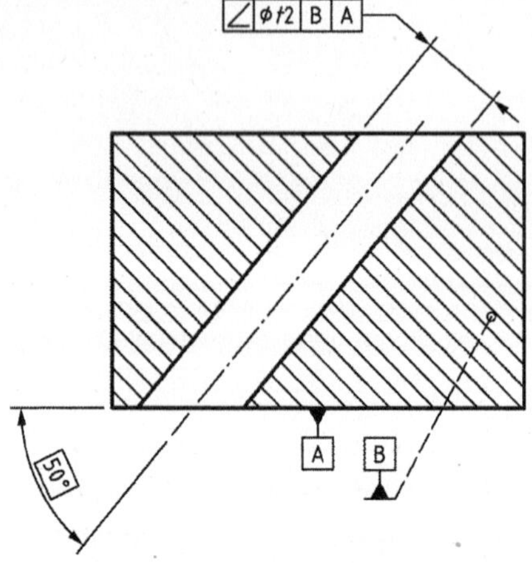

2019-05-27 / 29444

- Leerseite -

Juni 2019

DIN EN ISO 14405-2

ICS 17.040.40

Ersatz für
DIN EN ISO 14405-2:2012-03

Geometrische Produktspezifikation (GPS) – Dimensionelle Tolerierung – Teil 2: Andere als lineare oder Winkelgrößenmaße (ISO 14405-2:2018); Deutsche Fassung EN ISO 14405-2:2019

Geometrical product specifications (GPS) –
Dimensional tolerancing –
Part 2: Dimensions other than linear or angular sizes (ISO 14405-2:2018);
German version EN ISO 14405-2:2019

Spécification géométrique des produits (GPS) –
Tolérancement dimensionnel –
Partie 2: Dimensions autres que tailles linéaires ou angulaires (ISO 14405-2:2018);
Version allemande EN ISO 14405-2:2019

Gesamtumfang 31 Seiten

DIN-Normenausschuss Technische Grundlagen (NATG)

Nationales Vorwort

Dieses Dokument (EN ISO 14405-2:2018) wurde vom Technischen Komitee ISO/TC 213 „Dimensional and geometrical product specifications and verification“ in Zusammenarbeit mit dem Technischen Komitee CEN/TC 290 „Geometrische Produktspezifikationen und -prüfung“ erarbeitet, dessen Sekretariat von AFNOR (Frankreich) gehalten wird.

Für die deutsche Mitarbeit ist der Arbeitsausschuss NA 152-03-02 AA „CEN/ISO Geometrische Produktspezifikation und -prüfung“ im DIN-Normenausschuss Technische Grundlagen (NATG) verantwortlich.

Für die in diesem Dokument zitierten internationalen Dokumente wird im Folgenden auf die entsprechenden deutschen Dokumente hingewiesen:

ISO 129-1	siehe	DIN ISO 129-1
ISO 1101	siehe	DIN EN ISO 1101
ISO 2538-1	siehe	DIN EN ISO 2538-1
ISO 2538-2	siehe	DIN EN ISO 2538-2
ISO 2692	siehe	DIN EN ISO 2692
ISO 2768-1	siehe	DIN ISO 2768-1
ISO 3040	siehe	DIN EN ISO 3040
ISO 5458	siehe	DIN EN ISO 5458
ISO 5459	siehe	DIN EN ISO 5459
ISO 8015	siehe	DIN EN ISO 8015
ISO 8062-3	siehe	DIN EN ISO 8062-3
ISO 13715	siehe	DIN ISO 13715
ISO 14253-1	siehe	DIN EN ISO 14253-1
ISO 14253-2	siehe	DIN EN ISO 14253-2
ISO 14405-1	siehe	DIN EN ISO 14405-1
ISO 14405-3	siehe	DIN EN ISO 14405-3
ISO 14638	siehe	DIN EN ISO 14638
ISO 17450-1	siehe	DIN EN ISO 17450-1
ISO 17450-2	siehe	DIN EN ISO 17450-2
ISO 17450-3	siehe	DIN EN ISO 17450-3
ISO 81714-1	siehe	DIN EN ISO 81714-1

Änderungen

Gegenüber DIN EN ISO 14405-2:2012-03 wurden folgende Änderungen vorgenommen:

a) die Bilder wurden geändert;

b) die Änderung ISO 14405-2:2011/DAM 1:2017 wurde in die Norm aufgenommen;

c) das Dokument wurde redaktionell überarbeitet.

Frühere Ausgaben

DIN EN ISO 14405-2: 2012-03

Nationaler Anhang NA
(informativ)

Literaturhinweise

DIN EN ISO 1101, *Geometrische Produktspezifikation (GPS) — Geometrische Tolerierung — Tolerierung von Form, Richtung, Ort und Lauf*

DIN EN ISO 2538-1, *Geometrische Produktspezifikation (GPS) — Keile — Teil 1: Reihen von Winkeln und Neigungen*

DIN EN ISO 2538-2, *Geometrische Produktspezifikation (GPS) — Keile — Teil 2: Bemaßung und Tolerierung*

DIN EN ISO 2692, *Geometrische Produktspezifikation (GPS) — Geometrische Tolerierung — Maximum-Material-Bedingung (MMR), Minimum-Material-Bedingung (LMR) und Reziprozitätsbedingung (RPR)*

DIN EN ISO 3040, *Geometrische Produktspezifikation (GPS) — Bemaßung und Tolerierung — Kegel*

DIN EN ISO 5458, *Geometrische Produktspezifikation (GPS) — Geometrische Tolerierung — Elementgruppen und kombinierte geometrische Spezifikation*

DIN EN ISO 5459, *Geometrische Produktspezifikation (GPS) — Geometrische Tolerierung — Bezüge und Bezugssysteme*

DIN EN ISO 8015, *Geometrische Produktspezifikation (GPS) — Grundlagen — Konzepte, Prinzipien und Regeln*

DIN EN ISO 8062-3, *Geometrische Produktspezifikationen (GPS) — Maß-, Form- und Lagetoleranzen für Formteile — Teil 3: Allgemeine Maß-, Form- und Lagetoleranzen und Bearbeitungszugaben für Gussstücke*

DIN EN ISO 14253-1, *Geometrische Produktspezifikationen (GPS) — Prüfung von Werkstücken und Messgeräten durch Messen — Teil 1: Entscheidungsregeln für den Nachweis von Konformität oder Nichtkonformität mit Spezifikationen*

DIN EN ISO 14253-2, *Geometrische Produktspezifikationen (GPS) — Prüfung von Werkstücken und Messgeräten durch Messen — Teil 2: Anleitung zur Schätzung der Unsicherheit bei GPS-Messungen, bei der Kalibrierung von Messgeräten und bei der Produktprüfung*

DIN EN ISO 14405-1, *Geometrische Produktspezifikation (GPS) — Dimensionelle Tolerierung — Teil 1: Lineare Größenmaße*

DIN EN ISO 14405-3, *Geometrische Produktspezifikationen (GPS) — Dimensionelle Tolerierung — Teil 3: Winkelgrößenmaße*

DIN EN ISO 14638, *Geometrische Produktspezifikation (GPS) — Matrix-Modell*

DIN EN ISO 17450-1, *Geometrische Produktspezifikation (GPS) — Grundlagen — Teil 1: Modell für die geometrische Spezifikation und Prüfung*

DIN EN ISO 17450-2, *Geometrische Produktspezifikation (GPS) — Grundlagen — Teil 2: Grundsätze, Spezifikationen, Operatoren, Unsicherheiten und Mehrdeutigkeiten*

DIN EN ISO 17450-3, *Geometrische Produktspezifikation (GPS) — Grundlagen — Teil 3: Tolerierte Geometrieelemente*

DIN EN ISO 81714-1, *Gestaltung von graphischen Symbolen für die Anwendung in der technischen Produktdokumentation — Teil 1: Grundregeln*

DIN ISO 129-1, *Technische Produktdokumentation (TPD) — Angabe von Maßen und Toleranzen — Teil 1: Grundlagen*

DIN ISO 2768-1, *Allgemeintoleranzen — Toleranzen für Längen- und Winkelmaße ohne einzelne Toleranzeintragung*

DIN ISO 13715, *Technische Produktdokumentation — Kanten mit unbestimmter Gestalt — Angaben und Bemaßung*

EUROPÄISCHE NORM

EUROPEAN STANDARD

NORME EUROPÉENNE

EN ISO 14405-2

Januar 2019

ICS 17.040.10

Ersatz für EN ISO 14405-2:2011

Deutsche Fassung

Geometrische Produktspezifikation (GPS) — Dimensionelle Tolerierung — Teil 2: Andere als lineare oder Winkelgrößenmaße (ISO 14405-2:2018)

Geometrical product specifications (GPS) — Dimensional tolerancing — Part 2: Dimensions other than linear or angular sizes (ISO 14405-2:2018)

Spécification géométrique des produits (GPS) — Tolérancement dimensionnel — Partie 2: Dimensions autres que tailles linéaires ou angulaires (ISO 14405-2:2018)

Diese Europäische Norm wurde vom CEN am 2. November 2018 angenommen.

Die CEN-Mitglieder sind gehalten, die CEN/CENELEC-Geschäftsordnung zu erfüllen, in der die Bedingungen festgelegt sind, unter denen dieser Europäischen Norm ohne jede Änderung der Status einer nationalen Norm zu geben ist. Auf dem letzten Stand befindliche Listen dieser nationalen Normen mit ihren bibliographischen Angaben sind beim CEN-CENELEC-Management-Zentrum oder bei jedem CEN-Mitglied auf Anfrage erhältlich.

Diese Europäische Norm besteht in drei offiziellen Fassungen (Deutsch, Englisch, Französisch). Eine Fassung in einer anderen Sprache, die von einem CEN-Mitglied in eigener Verantwortung durch Übersetzung in seine Landessprache gemacht und dem Management-Zentrum mitgeteilt worden ist, hat den gleichen Status wie die offiziellen Fassungen.

CEN-Mitglieder sind die nationalen Normungsinstitute von Belgien, Bulgarien, Dänemark, Deutschland, der ehemaligen jugoslawischen Republik Mazedonien, Estland, Finnland, Frankreich, Griechenland, Irland, Island, Italien, Kroatien, Lettland, Litauen, Luxemburg, Malta, den Niederlanden, Norwegen, Österreich, Polen, Portugal, Rumänien, Schweden, der Schweiz, Serbien, der Slowakei, Slowenien, Spanien, der Tschechischen Republik, der Türkei, Ungarn, dem Vereinigten Königreich und Zypern.

EUROPÄISCHES KOMITEE FÜR NORMUNG
EUROPEAN COMMITTEE FOR STANDARDIZATION
COMITÉ EUROPÉEN DE NORMALISATION

CEN-CENELEC Management-Zentrum: Rue de la Science 23, B-1040 Brüssel

Ref. Nr. EN ISO 14405-2:2019 D

Inhalt

Europäisches Vorwort

Dieses Dokument (EN ISO 14405-2:2019) wurde vom Technischen Komitee ISO/TC 213 „Dimensional and geometrical product specifications and verification" in Zusammenarbeit mit dem Technischen Komitee CEN/TC 290 „Geometrische Produktspezifikationen und -prüfung" erarbeitet, dessen Sekretariat von AFNOR gehalten wird.

Diese Europäische Norm muss den Status einer nationalen Norm erhalten, entweder durch Veröffentlichung eines identischen Textes oder durch Anerkennung bis Juli 2019, und etwaige entgegenstehende nationale Normen müssen bis Juli 2019 zurückgezogen werden.

Es wird auf die Möglichkeit hingewiesen, dass einige Elemente dieses Dokuments Patentrechte berühren können. CEN ist nicht dafür verantwortlich, einige oder alle diesbezüglichen Patentrechte zu identifizieren.

Dieses Dokument ersetzt EN ISO 14405-2:2011.

Entsprechend der CEN-CENELEC-Geschäftsordnung sind die nationalen Normungsinstitute der folgenden Länder gehalten, diese Europäische Norm zu übernehmen: Belgien, Bulgarien, Dänemark, Deutschland, die ehemalige jugoslawische Republik Mazedonien, Estland, Finnland, Frankreich, Griechenland, Irland, Island, Italien, Kroatien, Lettland, Litauen, Luxemburg, Malta, Niederlande, Norwegen, Österreich, Polen, Portugal, Rumänien, Schweden, Schweiz, Serbien, Slowakei, Slowenien, Spanien, Tschechische Republik, Türkei, Ungarn, Vereinigtes Königreich und Zypern.

Anerkennungsnotiz

Der Text von ISO 14405-2:2018 wurde von CEN als EN ISO 14405-2:2019 ohne irgendeine Abänderung genehmigt.

Vorwort

ISO (die Internationale Organisation für Normung) ist eine weltweite Vereinigung nationaler Normungsorganisationen (ISO-Mitgliedsorganisationen). Die Erstellung von Internationalen Normen wird üblicherweise von Technischen Komitees von ISO durchgeführt. Jede Mitgliedsorganisation, die Interesse an einem Thema hat, für welches ein Technisches Komitee gegründet wurde, hat das Recht, in diesem Komitee vertreten zu sein. Internationale staatliche und nichtstaatliche Organisationen, die in engem Kontakt mit ISO stehen, nehmen ebenfalls an der Arbeit teil. ISO arbeitet bei allen elektrotechnischen Themen eng mit der Internationalen Elektrotechnischen Kommission (IEC) zusammen.

Die Verfahren, die bei der Entwicklung dieses Dokuments angewendet wurden und die für die weitere Pflege vorgesehen sind, werden in den ISO/IEC-Direktiven, Teil 1 beschrieben. Es sollten insbesondere die unterschiedlichen Annahmekriterien für die verschiedenen ISO-Dokumentenarten beachtet werden. Dieses Dokument wurde in Übereinstimmung mit den Gestaltungsregeln der ISO/IEC-Direktiven, Teil 2 erarbeitet (siehe www.iso.org/directives).

Es wird auf die Möglichkeit hingewiesen, dass einige Elemente dieses Dokuments Patentrechte berühren können. ISO ist nicht dafür verantwortlich, einige oder alle diesbezüglichen Patentrechte zu identifizieren. Details zu allen während der Entwicklung des Dokuments identifizierten Patentrechten finden sich in der Einleitung und/oder in der ISO-Liste der erhaltenen Patenterklärungen (siehe www.iso.org/patents).

Jeder in diesem Dokument verwendete Handelsname dient nur zur Unterrichtung der Anwender und bedeutet keine Anerkennung.

Für eine Erläuterung des freiwilligen Charakters von Normen, der Bedeutung ISO-spezifischer Begriffe und Ausdrücke in Bezug auf Konformitätsbewertungen sowie Informationen darüber, wie ISO die Grundsätze der Welthandelsorganisation (WTO, en: World Trade Organization) hinsichtlich technischer Handelshemmnisse (TBT, en: Technical Barriers to Trade) berücksichtigt, siehe www.iso.org/iso/foreword.html.

Dieses Dokument wurde vom Technischen Komitee ISO/TC 213, *Dimensional and geometrical product specifications and verification,* erarbeitet.

Diese zweite Ausgabe ersetzt die erste Ausgabe (ISO 14405-2:2011), die technisch überarbeitet wurde.

Die wesentlichen Änderungen im Vergleich zur Vorgängerausgabe sind folgende:

— Hinzufügen von Winkelgrößenmaßen, um ISO 14405-3 einzubringen;

— Klarstellungen zu Spezifikationsmehrdeutigkeit und der Verwendung von geometrischer Tolerierung;

— Durchsicht und Aktualisierung aller normativen Verweisungen und anderer im Text gegebenen Verweisungen auf ISO-GPS-Normen.

Eine Auflistung aller Teile der Normenreihe ISO 14405 ist auf der ISO-Internetseite abrufbar.

Alle Rückmeldungen und Fragen zu diesem Dokument sollten an das jeweilige Normungsinstitut des Anwenders gerichtet werden. Eine vollständige Liste dieser Institute ist unter www.iso.org/members.html zu finden.

Einleitung

Dieses Dokument ist eine Norm der Geometrischen Produktspezifikation (GPS) und als allgemeine GPS-Norm anzusehen (siehe ISO 14638). Es beeinflusst Kettenglied A der Normenkette zum Abstand.

Das in ISO 14638 gegebene ISO-GPS-Matrixmodell gibt einen Überblick über das ISO-GPS-System, von dem dieses Dokument ein Bestandteil ist. Die in ISO 8015 gegebenen grundlegenden Regeln von ISO/GPS gelten für dieses Dokument, und die Vorzugsentscheidungsregeln aus ISO 14253-1 gelten für die Spezifikationen nach diesem Dokument, soweit nicht anders angegeben.

Für andere als lineare oder Winkelgrößenmaße ist die Anforderung mehrdeutig, wenn sie auf das reale Werkstück angewendet wird. Es ist das Vorhandensein von Form- und Winkelabweichungen an allen realen Werkstücken, das diese Anforderungen mehrdeutig macht, d. h. es gibt eine Spezifikationsmehrdeutigkeit.

Diese Spezifikationsmehrdeutigkeit kann nur für Größenmaßelemente vermieden werden, die nach ISO 14405-1 oder ISO 14405-3 toleriert worden sind. Für alle anderen Maße sollten geometrische Spezifikationen verwendet werden, um die Spezifikationsmehrdeutigkeit zu kontrollieren.

Zu weiteren detaillierten Informationen zum Verhältnis dieses Dokuments zu anderen Normen und dem GPS-Matrix-Modell siehe Anhang B.

1 Anwendungsbereich

Dieses Dokument veranschaulicht die Mehrdeutigkeit, die durch die Verwendung von Maßspezifikationen zur Kontrolle von anderen als linearen oder Winkelgrößenmaßen verursacht wird, und den Vorteil der Verwendung von geometrischen Spezifikationen an ihrer Stelle.

Die dimensionelle Tolerierung kann als Plus-Minus-Tolerierung oder als geometrische Spezifikationen in die Zeichnung eingetragen werden.

Die durch die Verwendung der Plus-Minus-Tolerierung für andere als lineare oder Winkelgrößenmaße (für Einzeltoleranzen und Allgemeintoleranzen nach z. B. ISO 2768-1 und ISO 8062-3) verursachte Mehrdeutigkeit ist in Anhang A erklärt.

ANMERKUNG 1 Die Bilder, die in diesem Dokument gezeigt sind, veranschaulichen lediglich den Text, und es ist nicht beabsichtigt, dass sie die tatsächliche Anwendung widerspiegeln. Infolgedessen sind die Bilder so vereinfacht worden, dass sie nur die wesentlichen Grundsätze wiedergeben.

ANMERKUNG 2 Für die Zeichnungseintragung von Maßspezifikationen siehe:

— ISO 14405-1 für lineare Größenmaße;

— ISO 14405-3 für Winkelgrößenmaße;

— ISO 2538-1 und ISO 2538-2 für Keile;

— ISO 3040 für Kegel.

ANMERKUNG 3 Die Regeln der geometrischen Tolerierung sind in ISO 1101 angegeben.

2 Normative Verweisungen

Die folgenden Dokumente werden im Text in solcher Weise in Bezug genommen, dass einige Teile davon oder ihr gesamter Inhalt Anforderungen des vorliegenden Dokuments darstellen. Bei datierten Verweisungen gilt nur die in Bezug genommene Ausgabe. Bei undatierten Verweisungen gilt die letzte Ausgabe des in Bezug genommenen Dokuments (einschließlich aller Änderungen).

ISO 129-1, *Technical product documentation (TPD) — Presentation of dimensions and tolerances — Part 1: General principles*

ISO 1101, *Geometrical product specifications (GPS) — Geometrical tolerancing — Tolerances of form, orientation, location and run-out*

ISO 8015, *Geometrical product specifications (GPS) — Fundamentals — Concepts, principles and rules*

ISO 13715, *Technical product documentation — Edges of undefined shape — Indication and dimensioning*

ISO 14405-1, *Geometrical product specifications (GPS) — Dimensional tolerancing — Part 1: Linear sizes*

ISO 14405-3, *Geometrical product specifications (GPS) — Dimensional tolerancing — Part 3: Angular sizes*

ISO 17450-1, *Geometrical product specifications (GPS) — General concepts — Part 1: Model for geometrical specification and verification*

ISO 17450-2, *Geometrical product specifications (GPS) — General concepts — Part 2: Basic tenets, specifications, operators, uncertainties and ambiguities*

ISO 17450-3, *Geometrical product specifications (GPS) — General concepts — Part 3: Toleranced features*

3 Begriffe

Für die Anwendung dieses Dokuments gelten die Begriffe nach ISO 129-1, ISO 1101, ISO 8015, ISO 13715, ISO 14405-1, ISO 14405-3, ISO 17450-1, ISO 17450-2, ISO 17450-3 und die folgenden Begriffe.

ISO und IEC stellen terminologische Datenbanken für die Verwendung in der Normung unter den folgenden Adressen bereit:

— ISO Online Browsing Platform: verfügbar unter https://www.iso.org/obp

— IEC Electropedia: verfügbar unter http://www.electropedia.org/

Die Benennung „technische Zeichnung" wird in diesem Dokument als Synonym zu der 2D-Zeichnung, dem 3D-Modell und anderen Darstellungen des Werkstücks verwendet.

3.1
Plus-Minus-Tolerierung
Tolerierung, die Maße und eine Angabe von Grenzabweichungen, Grenzwerten für Maße oder einseitige Maßgrenzen verwendet

Anmerkung 1 zum Begriff: Das Symbol „±" sollte nicht so verstanden werden, dass die Grenzabweichungen immer symmetrisch zum nominalen Größenmaß sind.

3.2
lineares Größenmaß
Maß in Längeneinheiten, das ein Größenmaßelement kennzeichnet

3.3
Winkelgrößenmaß
Maß in Winkeleinheiten, das ein Größenmaßelement kennzeichnet

3.4
Abstand
Maß zwischen zwei geometrischen Elementen, die nicht als Größenmaßelemente angesehen werden

Anmerkung 1 zum Begriff: Der Abstand kann zwischen zwei integralen Geometrieelementen oder einem integralen und einem abgeleiteten Geometrieelement oder zwischen zwei abgeleiteten Geometrieelementen festgelegt sein.

Anmerkung 2 zum Begriff: Es existieren linearer Abstand (3.4.1) und Winkelabstand (3.4.2).

3.4.1
linearer Abstand
Abstand (3.4), gemessen in Längeneinheiten

3.4.2
Winkelabstand
Abstand (3.4), gemessen in Winkeleinheiten

4 Grundsätze und Regeln für die Zeichnungseintragung von Maßen und dazugehörige Toleranzen

Die allgemeinen Regeln und Grundsätze für die Zeichnungseintragung von Plus-Minus-Toleranzen, die in ISO 14405-1 und ISO 14405-3 angegeben sind, gelten auch für dieses Dokument und sind die Grundlage für die Tolerierung auf technischen Zeichnungen. In allen anderen Fällen gelten besondere Regeln.

Zu Regeln für die Zeichnungseintragung von Einheiten siehe Abschnitt 5.

Für andere als lineare oder Winkelgrößenmaße ist eine Anforderung mit Plus-Minus-Tolerierung mehrdeutig (Spezifikationsmehrdeutigkeit), wenn sie auf ein reales Werkstück angewendet wird. Diese Art von Festlegung wird nicht empfohlen; siehe Anhang A.

Spezifikationsmehrdeutigkeit von Maßspezifikationen kann für lineare Größenmaßelemente vermieden werden, wenn sie nach ISO 14405-1 spezifiziert wurden, sowie für Winkelmaßelemente, wenn sie nach ISO 14405-3 spezifiziert wurden. Um die Spezifikationsmehrdeutigkeit auf ein Mindestmaß zu verringern, müssen für die in Tabelle 1 dargestellten Fälle geometrische Spezifikationen verwendet werden.

Falls nicht anders festgelegt, z. B. durch Verwendung von CZ nach ISO 1101 oder Ⓜ nach ISO 2692, sind Toleranzen auf technischen Zeichnungen unabhängige Anforderungen ohne irgendwelche Beziehungen zu anderen Anforderungen für das (die) gleiche(n) Geometrieelement(e). Hierbei handelt es sich um das Unabhängigkeitsprinzip (siehe ISO 8015).

Tabelle 1 — Arten von Maßen, die keine Größenmaße sind

<table>
<tr><th colspan="2"></th><th colspan="3">Beschreibung, Typ und Anzahl der Geometrieelemente</th><th>Typ des Maßes</th><th>Einzelheiten in</th></tr>
<tr><td rowspan="11">Maß</td><td rowspan="8">Lineares Maß (Längeneinheiten)</td><td rowspan="2">ein Geometrieelement</td><td colspan="2">integral oder abgeleitet</td><td>radiales Maß</td><td>7.5, A.6, A.7</td></tr>
<tr><td colspan="2">integral oder abgeleitet</td><td>Bogenlänge</td><td>A.12</td></tr>
<tr><td rowspan="4">zwei Geometrieelemente</td><td rowspan="2">integral — integral</td><td>in gleiche Richtung zeigend</td><td>linearer Abstand oder Stufenmaß</td><td>7.2, A.2</td></tr>
<tr><td>in entgegengesetzte Richtung zeigend</td><td>linearer Abstand</td><td>7.2, 7.6, A.3, A.8</td></tr>
<tr><td colspan="2">integral — abgeleitet</td><td>linearer Abstand</td><td>7.3, 7.7, A.4, A.9</td></tr>
<tr><td colspan="2">abgeleitet — abgeleitet</td><td>linearer Abstand</td><td>7.4, A.5</td></tr>
<tr><td rowspan="2">Kante (Übergangsbereich zwischen zwei integralen Geometrieelementen)</td><td rowspan="2">integral</td><td>Form der Abschrägung</td><td>Höhe und Winkel der Abschrägung</td><td>A.11</td></tr>
<tr><td>Form der Abrundung</td><td>Kantenradius</td><td>A.11</td></tr>
<tr><td rowspan="3">Winkelmaß (Winkeleinheiten)</td><td rowspan="3">zwei Geometrieelemente</td><td colspan="2">integral — integral</td><td>Winkelabstand</td><td>8.1
ISO 14405-3,
ISO 2538-1
ISO 2538-2</td></tr>
<tr><td colspan="2">integral — abgeleitet</td><td>Winkelabstand</td><td>8.2, A.10</td></tr>
<tr><td colspan="2">abgeleitet — abgeleitet</td><td>Winkelabstand</td><td>-</td></tr>
</table>

5 Einheiten für Maße in technischen Zeichnungen

Die Standardeinheiten für Maße sind Folgende:

— für lineare Maße und zugeordnete Toleranzgrenzen ist die Einheit Millimeter (mm).

— Für Winkelmaße und zugeordnete Toleranzgrenzen ist die Einheit Grad (360°). Es können Dezimalgrade oder Grade, Minuten und Sekunden verwendet werden.

Für lineare Maße wird die Einheit nicht eingetragen; sie ist implizit.

Für Winkelmaße muss die Einheit für den Nennwert und die Toleranzgrenzen eingetragen werden.

Wenn eine andere als die Standardeinheit verwendet wird, dann muss die Einheit im oder in der Nähe des Titelfeldes der Zeichnung eingetragen werden.

6 Zeichnungseintragung von Toleranzen für lineare Maße oder Winkelmaße

Zeichnungseintragungen von Toleranzen für lineare Maße müssen in Übereinstimmung mit den Regeln nach ISO 14405-1 angegeben werden.

Zeichnungseintragungen von Toleranzen für Winkelmaße müssen in Übereinstimmung mit den Regeln nach ISO 14405-3 angegeben werden.

7 Gegenüberstellung mehrdeutiger Plus-Minus-Tolerierung im Gegensatz zu eindeutigen geometrischen Spezifikationen

7.1 Allgemeines

Dieser Abschnitt zeigt Beispiele für die Verwendung von geometrischen Spezifikationen für Maße, die keine linearen oder Winkelgrößenmaße sind. Geometrische Spezifikationen können verwendet werden, um die Mehrdeutigkeit von Maßen mit Plus-Minus-Toleranzen zu vermeiden. Im Allgemeinen haben Anforderungen, die auf geometrischen Spezifikationen beruhen, keine oder nur sehr geringe Spezifikationsmehrdeutigkeiten.

Die Mehrdeutigkeit, die durch Verwendung von Plus-Minus-Toleranzen verursacht wird, ist in Anhang A beschrieben.

Wenn geometrische Spezifikationen verwendet werden, sind normalerweise mehrere unterschiedliche Lösungen möglich. Die Beispiele in diesem Abschnitt zeigen einige dieser Möglichkeiten.

Jedem Beispiel ist ein Bild beigefügt, welches die Verwendung der Plus-Minus-Tolerierung veranschaulicht, die mehrdeutig ist und daher eine große Spezifikationsmehrdeutigkeit ergibt. (Siehe Anhang A für Erklärungen und Beispiele für die Mehrdeutigkeiten bei der Plus-Minus-Tolerierung für andere als lineare oder Winkelgrößenmaße).

Für weitere Einzelheiten über geometrische Toleranzen siehe ISO 1101.

7.2 Linearer Abstand zwischen zwei integralen Geometrieelementen

Siehe Bild 1.

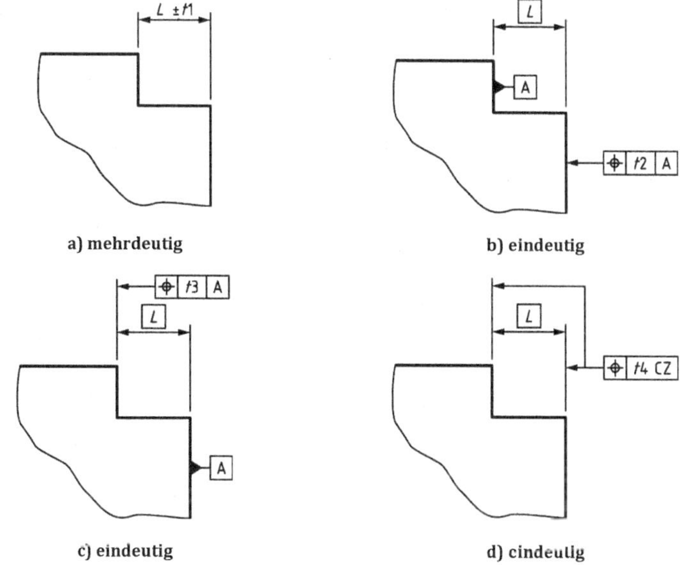

a) mehrdeutig

b) eindeutig

c) eindeutig

d) eindeutig

Bild 1 — Beispiel für ein lineares Stufenmaß a)) und drei unterschiedliche Lösungen unter Verwendung geometrischer Spezifikationen b), c) und d)

ANMERKUNG 1 Bild 1a) zeigt ein Beispiel für die Verwendung von Plus-Minus-Toleranzen für ein Maß. Dies ist mehrdeutig und kann eine große Spezifikationsmehrdeutigkeit ergeben; siehe Anhang A.

ANMERKUNG 2 Die Bilder 1b), c) und d) zeigen unterschiedliche Lösungen unter Verwendung geometrischer Spezifikationen. Diese sind eindeutig und kann keine oder nur eine sehr kleine Spezifikationsmehrdeutigkeit ergeben.

ANMERKUNG 3 In Bild 1b) wird eine Bezugsebene A am Bezugselement A gebildet, die vertikale, nominal ebene Fläche auf der linken Seite. Der Bezug A richtet das Werkstück im Raum aus. Die rechte vertikale ebene Fläche ist durch eine Positionstoleranzzone bei einem theoretisch exakten Abstandsmaß (en: theoretically exact dimension, TED) *L* toleriert.

ANMERKUNG 4 In Bild 1c) wird eine Bezugsebene A am Bezugselement A gebildet, die vertikale, nominal ebene Fläche auf der rechten Seite. Der Bezug A richtet das Werkstück im Raum aus. Die linke vertikale ebene Fläche ist durch eine Positionstoleranzzone bei einem theoretisch genauen Abstandsmaß *L* toleriert.

ANMERKUNG 5 In Bild 1d) ist kein Bezug eingetragen. Das Werkstück wird durch die gleichzeitige Berücksichtigung der zwei vertikalen ebenen Flächen im Raum ausgerichtet. Die beiden ebenen Flächen sind durch Positionstoleranzzonen in Bezug zueinander toleriert, die einen Abstand *L* voneinander haben.

Bild 2 zeigt ein Beispiel mit zwei integralen Geometrieelementen, die in entgegengesetzte Richtungen zeigen. Das Prinzip ist jedoch dasselbe wie in Bild 1.

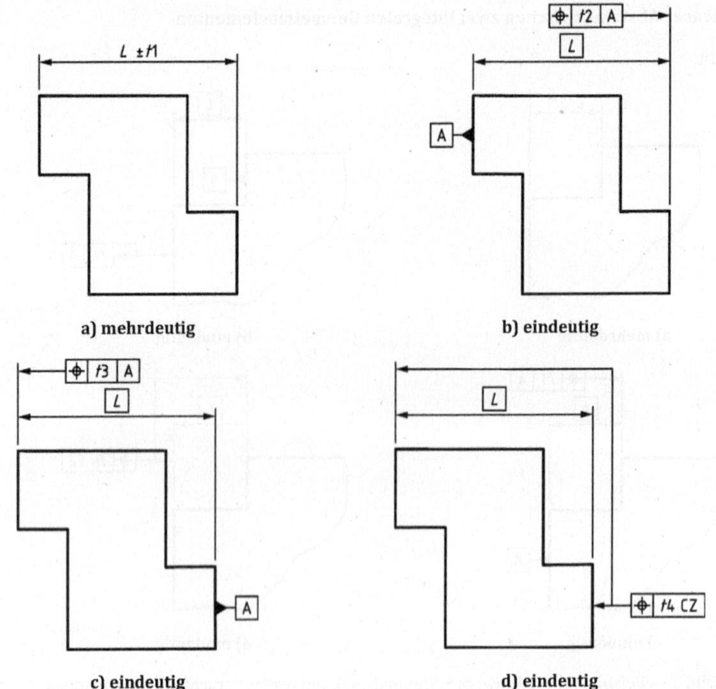

a) mehrdeutig

b) eindeutig

c) eindeutig

d) eindeutig

Bild 2 — Beispiel für einen linearen Abstand zwischen zwei integralen Geometrieelementen, die in entgegengesetzter Richtung ausgerichtet sind und keine Größenmaßelemente sind a), und drei unterschiedliche Lösungen unter Verwendung geometrischer Spezifikationen b), c) und d)

7.3 Linearer Abstand zwischen einem integralen und einem abgeleiteten Geometrieelement

Siehe Bild 3.

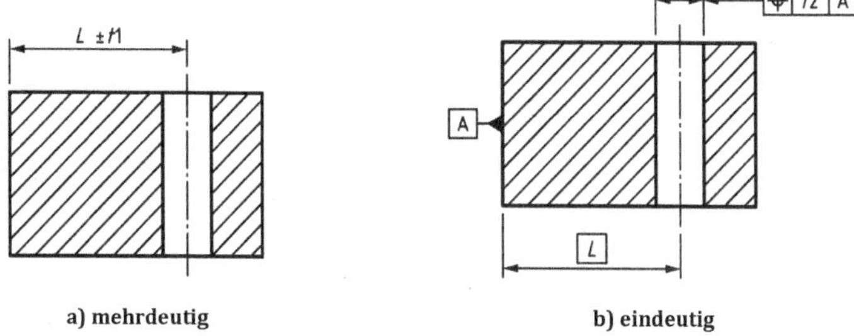

a) mehrdeutig

b) eindeutig

Bild 3 — Beispiel für einen linearen Abstand zwischen einem integralen und einem abgeleiteten Geometrieelement a) und eine Lösung unter Verwendung geometrischer Spezifikationen b)

7.4 Linearer Abstand zwischen zwei abgeleiteten Geometrieelementen

Siehe Bild 4.

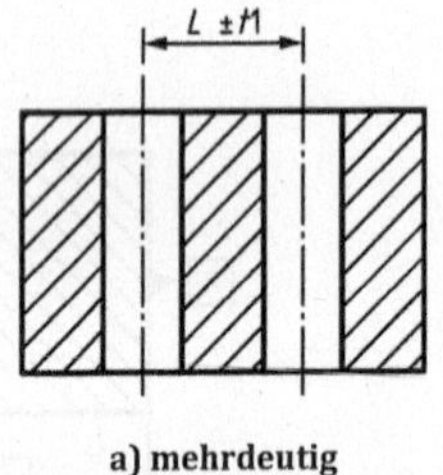

a) mehrdeutig

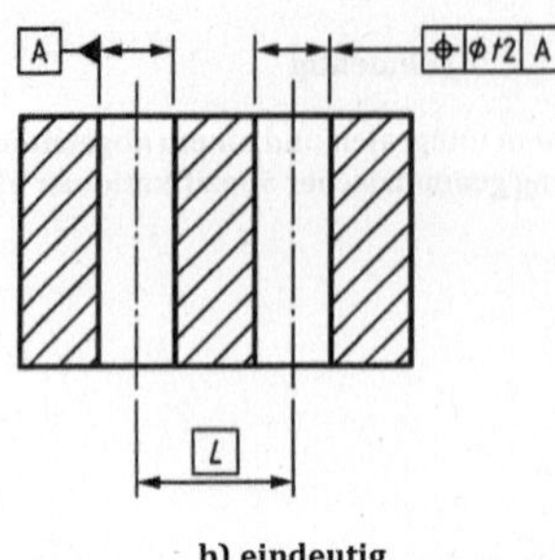

b) eindeutig

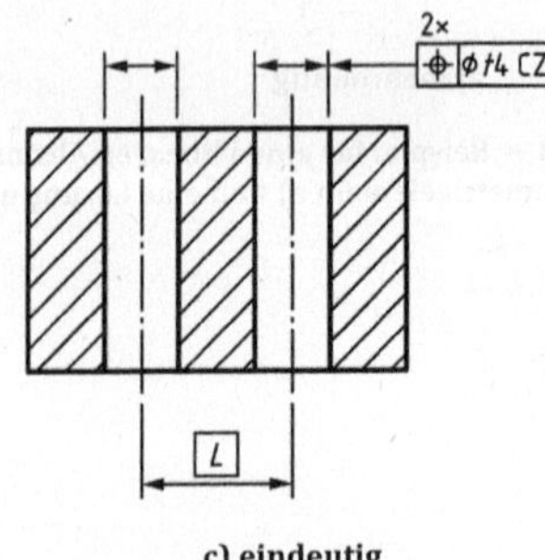

c) eindeutig

Bild 4 — Beispiel für einen linearen Abstand zwischen zwei abgeleiteten Geometrieelementen a) und zwei Lösungen unter Verwendung geometrischer Spezifikationen b) und c)

ANMERKUNG 1 Bild 4b) zeigt eine Lösung mit geometrischen Spezifikationen, bei der eine der Bohrungen als Bezug verwendet wird und eine Positionstoleranz für die andere Bohrung in Beziehung zu diesem Bezug angegeben ist.

ANMERKUNG 2 Bild 4c) zeigt eine Lösung mit geometrischen Spezifikationen mit einer Positionstoleranz für beide Bohrungen in Beziehung zueinander. Es ist kein Bezug eingetragen.

7.5 Radiales Maß

Siehe Bild 5.

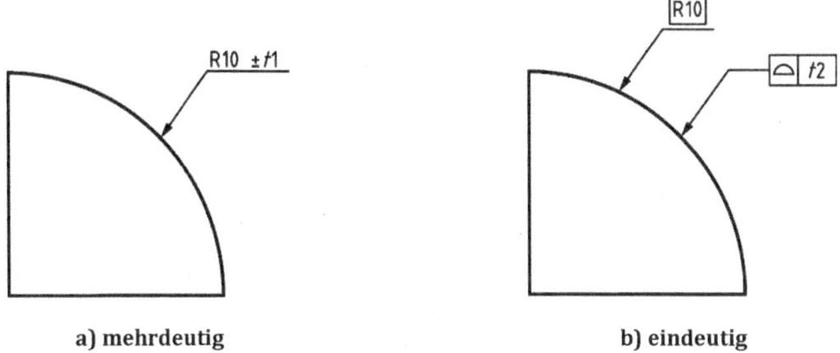

Bild 5 — Beispiel für ein radiales Maß für ein integrales Geometrieelement a) und eine Lösung unter Verwendung geometrischer Spezifikationen b)

7.6 Linearer Abstand zwischen zwei nicht ebenen integralen Geometrieelementen

Siehe Bild 6.

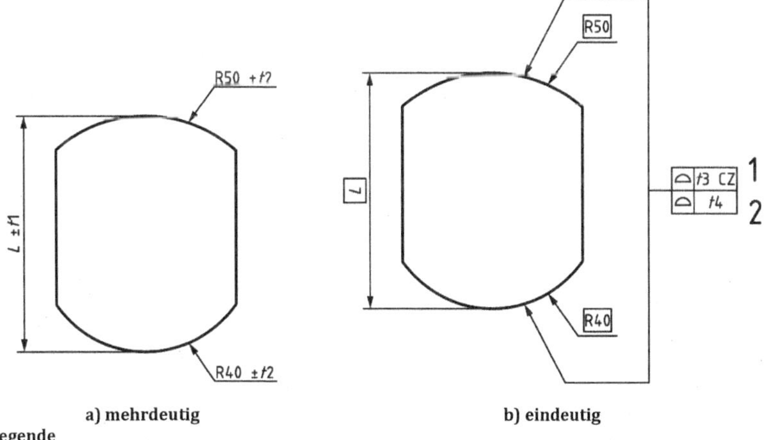

Legende

1 Toleranzzonenindikator zur Ortsangabe
2 Toleranzzonenindikator zur Gestaltangabe

Bild 6 — Beispiel für einen linearen Abstand zwischen zwei nicht ebenen integralen Geometrieelementen a) und eine Lösung unter Verwendung geometrischer Spezifikationen b)

7.7 Linearer Abstand in zwei Richtungen

Siehe Bild 7.

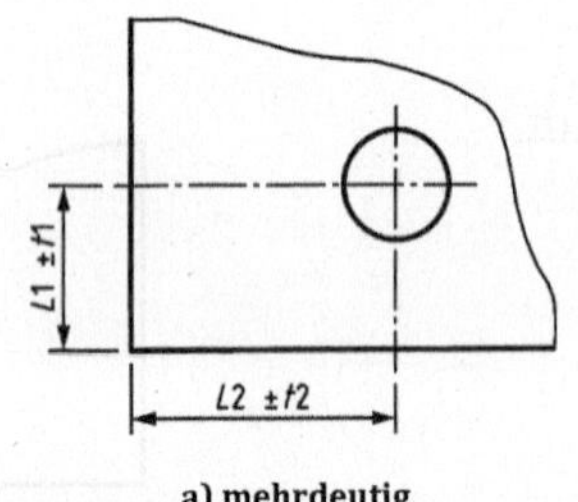

a) mehrdeutig

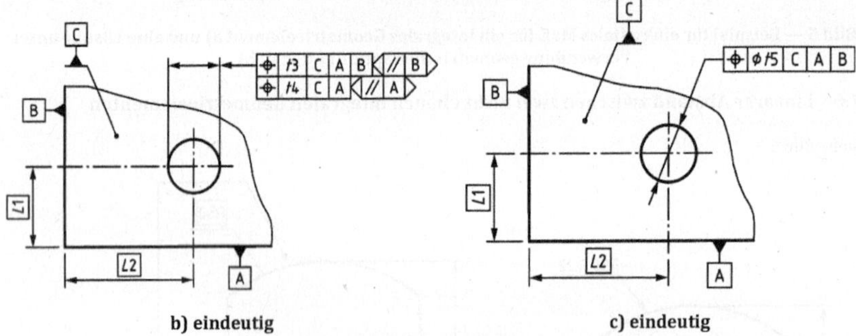

b) eindeutig

c) eindeutig

Bild 7 — Beispiel für einen linearen Abstand in zwei Richtungen a) und zwei Lösungen unter Verwendung geometrischer Spezifikationen b) und c)

ANMERKUNG 1 Bild 7b) zeigt eine Lösung mit geometrischen Spezifikationen und einer Positionsanforderung für jede Richtung. Es ist möglich, unterschiedliche Toleranzwerte für die beiden in der Zeichnung eingetragenen Richtungen anzugeben. Die Verwendung des Bezugs C orientiert die Toleranzzone senkrecht zum Bezug C.

ANMERKUNG 2 Bild 7c) zeigt eine Lösung mit geometrischen Spezifikationen und einer Positionsanforderung mit einer zylindrischen Toleranzzone. Die Verwendung des Bezugs C orientiert die Toleranzzone senkrecht zum Bezug C.

8 Plus-Minus-Tolerierung für Winkel

8.1 Beispiele für die Anwendung geometrischer Spezifikationen auf einen Winkelabstand zwischen zwei integralen Geometrieelementen

Siehe Bild 8.

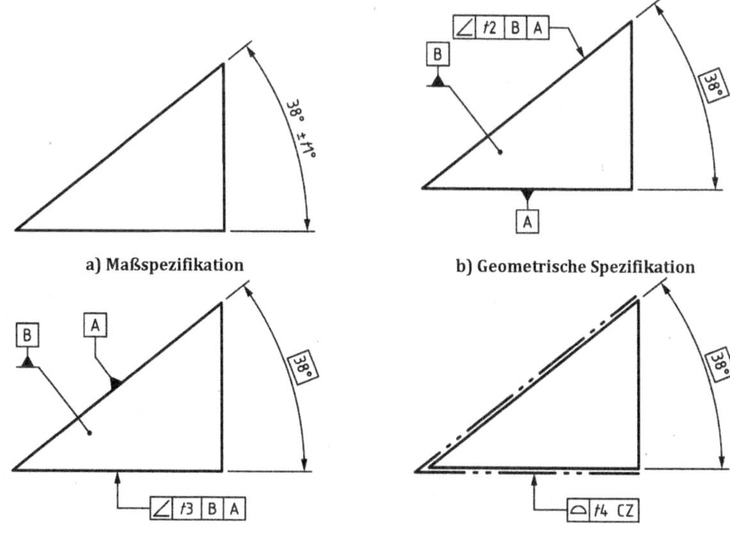

a) Maßspezifikation

b) Geometrische Spezifikation

c) Geometrische Spezifikation

d) Geometrische Spezifikation

Bild 8 — Beispiel eines Winkelgrößenmaßes für ein Winkelmaßelement a) und drei unterschiedliche Lösungen unter Verwendung geometrischer Spezifikationen zwischen zwei integralen Geometrieelementen b), c) und d)

0.2 Winkelabstand zwischen einem integralen Geometrieelement und einem abgeleiteten Geometrieelement

Siehe Bild 9.

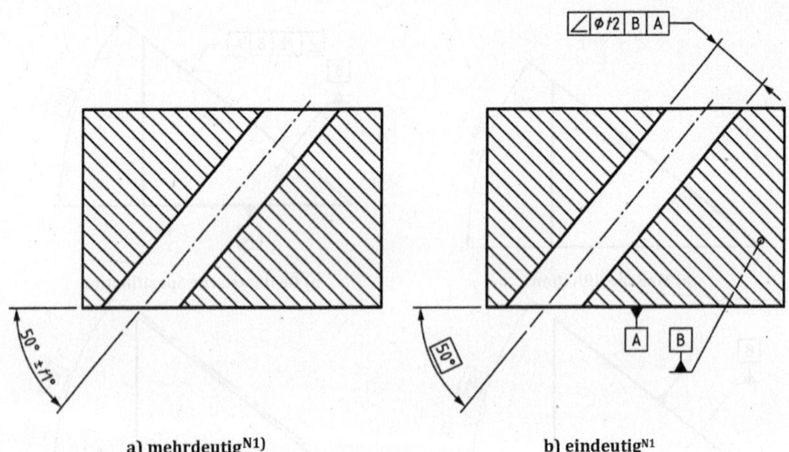

a) mehrdeutig[N1)] b) eindeutig[N1]

Bild 9 — Beispiel für einen Winkelabstand zwischen einem integralen Geometrieelement und einem abgeleiteten Geometrieelement a) und eine Lösung unter Verwendung geometrischer Spezifikationen b)

N1) Nationale Fußnote: Hier muss es wie in Bild 8 „a) Maßspezifikation" und „b) Geometrische Spezifikation" heißen.

Anhang A
(informativ)

Erklärungen und Beispiele für die Mehrdeutigkeiten, die bei der Verwendung von Plus-Minus-Toleranzen für andere als lineare oder Winkelgrößenmaße verursacht werden

A.1 Einleitung

Dieser Anhang gibt Erklärungen und Beispiele für die Mehrdeutigkeiten, die durch die Verwendung von Plus-Minus-Toleranzen für andere als lineare oder Winkelgrößenmaße verursacht werden.

Für andere Maße als Größenmaße ist die Anforderung mehrdeutig, wenn sie auf ein reales Werkstück angewendet wird. Es gibt keine allgemeine Lösung zur Auflösung dieser Mehrdeutigkeit. Es ist das Vorhandensein von Form- und Winkelabweichungen bei allen realen Werkstücken, das diese Anforderungen mehrdeutig macht. Diese Abweichungen werden durch die Plus-Minus-Tolerierung nicht eingeschränkt, aber sie beeinflussen das Ergebnis der Auswertung des Maßes. Diese Spezifikationsmehrdeutigkeit bedeutet, dass mehr als eine Auslegung der Anforderung möglich ist. Jede dieser Auslegungen kann dazu verwendet werden, die Übereinstimmung mit der Anforderung nachzuweisen. Die Mehrdeutigkeit der Maßspezifikation ist nicht im Voraus vorhersagbar und quantitativ bestimmbar; deshalb ist es in den meisten funktionalen Fällen nicht möglich, nicht funktionsfähige Teile auszuschließen. Diese Mehrdeutigkeit kommt durch die geometrischen Abweichungen des realen Werkstücks zustande (siehe Bild A.1).

Das erste Beispiel in diesem Anhang zeigt verschiedene mögliche Auslegungen und die zugeordneten Erklärungen. Die anderen Beispiele zeigen nur, wo die Verwendung von Plus-Minus-Toleranzen eine Mehrdeutigkeit verursacht.

Die Mehrdeutigkeit des Maßes für das reale Werkstück ist mit einem Fragezeichen veranschaulicht

A.2 Linearer Abstand zwischen zwei parallelen integralen Geometrieelementen, die in der gleichen Richtung ausgerichtet sind

Siehe Bild A.1.

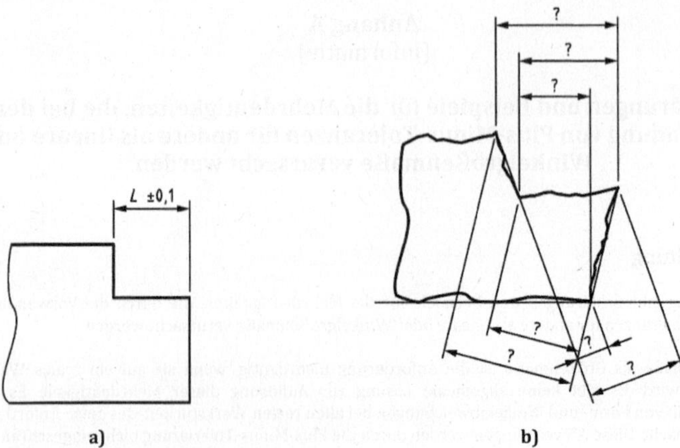

Bild A.1 — Beispiel für einen linearen Abstand, der zwischen zwei integralen Geometrieelementen verwendet wird, die in der gleichen Richtung ausgerichtet sind

ANMERKUNG Die Mehrdeutigkeit der Zeichnungseintragung in Bild A.1a) ist in Bild A.1b) gezeigt. Die Mehrdeutigkeit tritt auf, weil Ort und Richtung des tolerierten Maßes beim realen Werkstück nicht mittels Form- und Richtungsabweichung festgelegt ist.

Bild A.1b) zeigt einige der möglichen Arten, die Anforderung beim realen Werkstück auszulegen.

A.3 Linearer Abstand zwischen zwei parallelen integralen Geometrieelementen, die in entgegengesetzter Richtung ausgerichtet sind

Siehe Bild A.2.

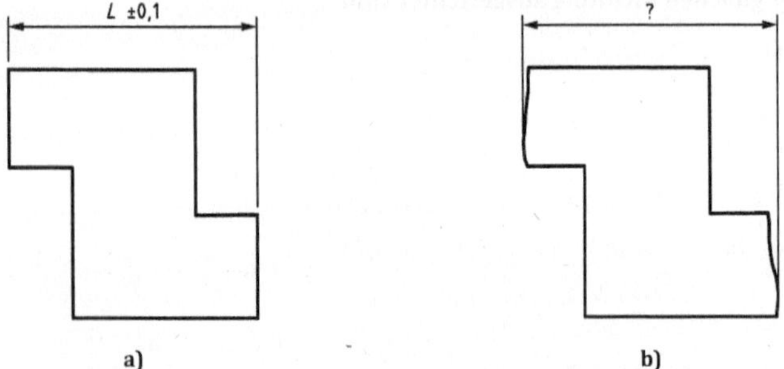

Bild A.2 — Beispiel für einen linearen Abstand, der zwischen zwei integralen Geometrieelementen verwendet wird, die in entgegengesetzter Richtung ausgerichtet sind

ANMERKUNG Die Mehrdeutigkeit der Zeichnungseintragung in Bild A.2a) ist in Bild A.2b) gezeigt.

A.4 Linearer Abstand zwischen einem integralen und einem abgeleiteten Geometrieelement

Siehe Bild A.3.

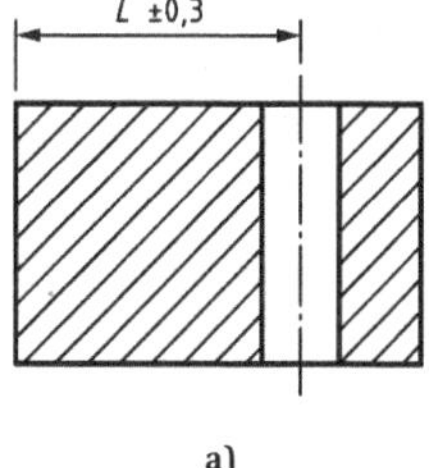

a)

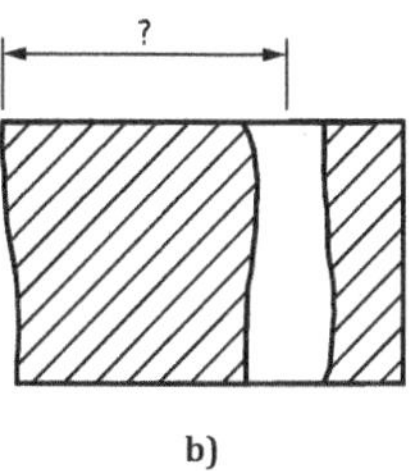

b)

Bild A.3 — Beispiel für einen linearen Abstand zwischen einem integralen und einem abgeleiteten Geometrieelement

ANMERKUNG Die Mehrdeutigkeit der Zeichnungseintragung in Bild A.3a) ist in Bild A.3b) gezeigt.

A.5 Linearer Abstand zwischen zwei abgeleiteten Geometrieelementen

Siehe Bild A.4.

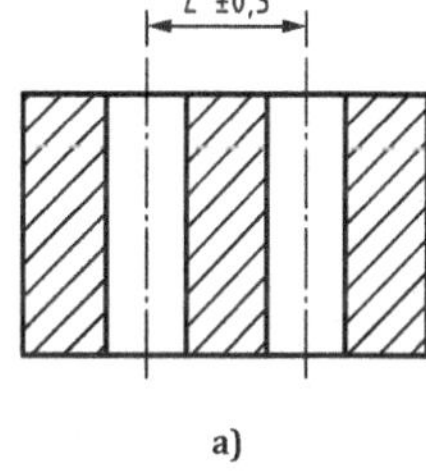

a)

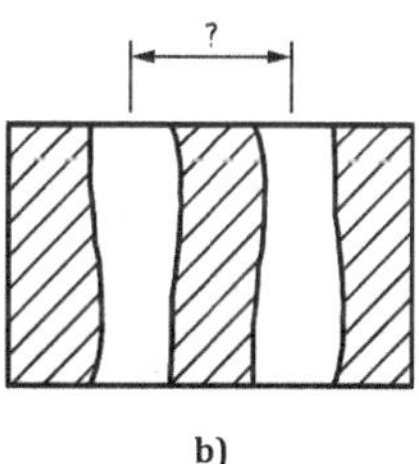

b)

Bild A.4 — Beispiel für einen linearen Abstand zwischen zwei abgeleiteten Geometrieelementen

ANMERKUNG Die Mehrdeutigkeit der Zeichnungseintragung in Bild A.4a) ist in Bild A.4b) gezeigt.

A.6 Radiales Maß für ein integrales Geometrieelement

Siehe Bild A.5.

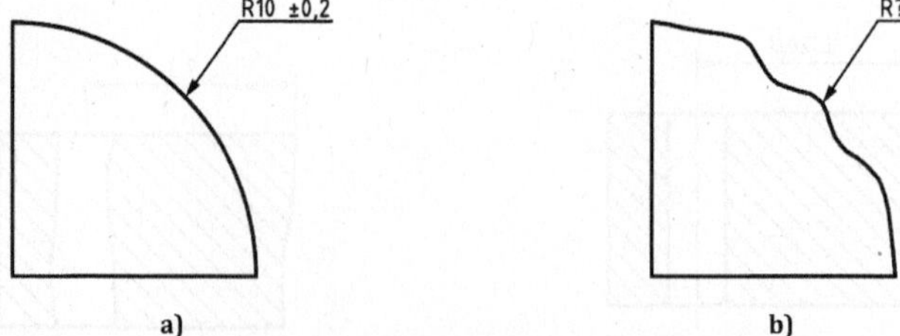

Bild A.5 — Beispiel für ein radiales Maß für ein integrales Geometrieelement

ANMERKUNG Die Mehrdeutigkeit der Zeichnungseintragung in Bild A.5a) ist in Bild A.5b) gezeigt.

A.7 Radiales Maß für ein abgeleitetes Geometrieelement

Siehe Bild A.6.

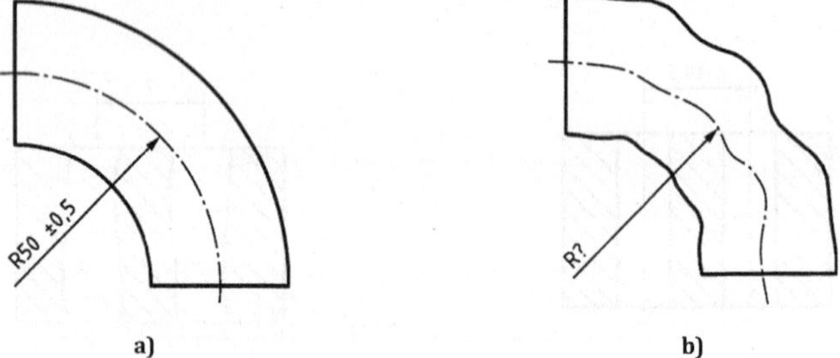

Bild A.6 — Beispiel für ein radiales Maß für ein abgeleitetes Geometrieelement

ANMERKUNG Die Mehrdeutigkeit der Zeichnungseintragung in Bild A.6a) ist in Bild A.6b) gezeigt.

A.8 Linearer Abstand zwischen zwei nicht ebenen integralen Geometrieelementen

Siehe Bild A.7.

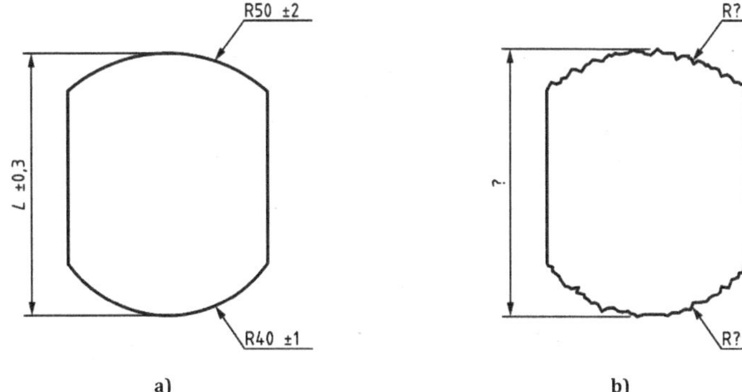

Bild A.7 — Beispiel für einen linearen Abstand zwischen zwei nicht ebenen integralen Geometrieelementen

ANMERKUNG Die Mehrdeutigkeit der Zeichnungseintragung in Bild A.7a) ist in Bild A.7b) gezeigt.

A.9 Linearer Abstand in zwei Richtungen

Siehe Bild A.8.

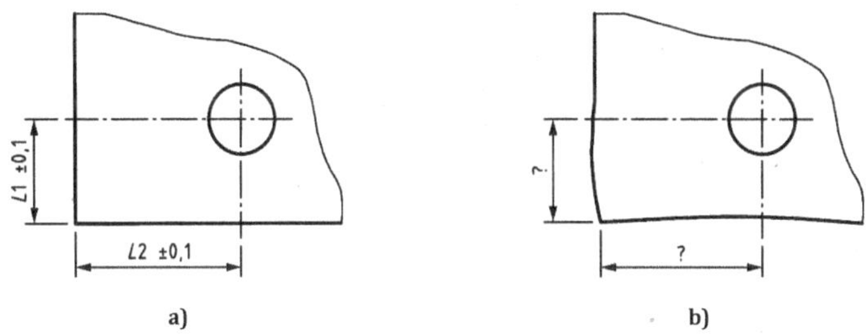

Bild A.8 — Beispiel für einen linearen Abstand in zwei Richtungen

ANMERKUNG Die Mehrdeutigkeit der Zeichnungseintragung in Bild A.8a) ist in Bild A.8b) gezeigt.

A.10 Winkelabstand zwischen einem integralen Geometrieelement und einem abgeleiteten Geometrieelement

Siehe Bild A.9.

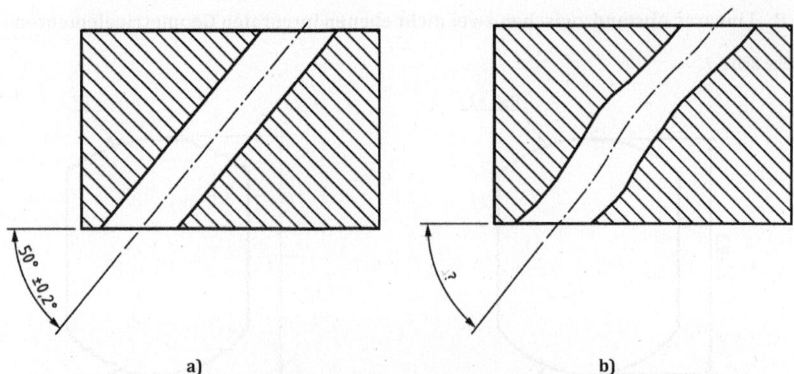

Bild A.9 — Beispiel für einen Winkelabstand zwischen einem integralen Geometrieelement und einem abgeleiteten Geometrieelement

ANMERKUNG Die Mehrdeutigkeit der Zeichnungseintragung in Bild A.9a) ist in Bild A.9b) gezeigt.

A.11 Kantenabrundungen und Abschrägungen

Siehe Bild A.10.

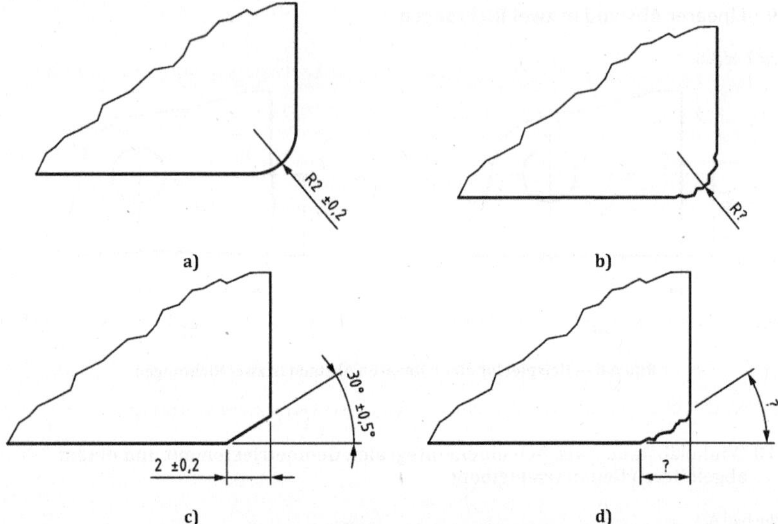

Bild A.10 — Beispiele für Zeichnungseintragungen von Kantenrundungen und Abschrägungen bei der Verwendung von Plus-Minus-Toleranzen

ANMERKUNG Die Mehrdeutigkeit der Zeichnungseintragung in den Bildern A.10a) und c) sind in den Bildern A.10b) und d) gezeigt.

Die Verwendung von Plus-Minus-Toleranzen für Kantenabrundungen und Abschrägungen kann bei einem realen Werkstück mit Form- und Winkelabweichungen mehrdeutig sein. Ist diese Spezifikationsmehrdeutigkeit nicht annehmbar, müssen geometrische Spezifikationen verwendet werden.

A.12 Bogenlänge

Siehe Bild A.11.

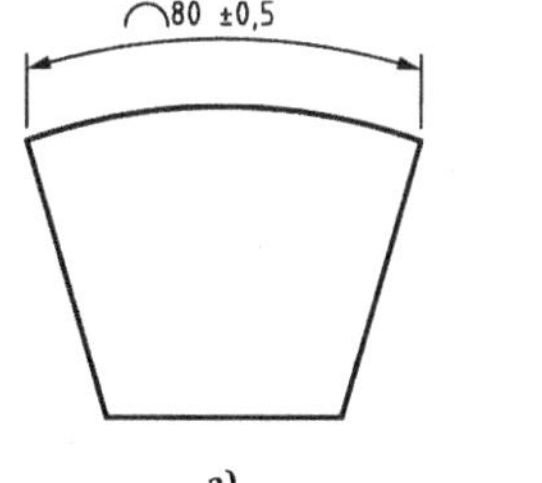

a)

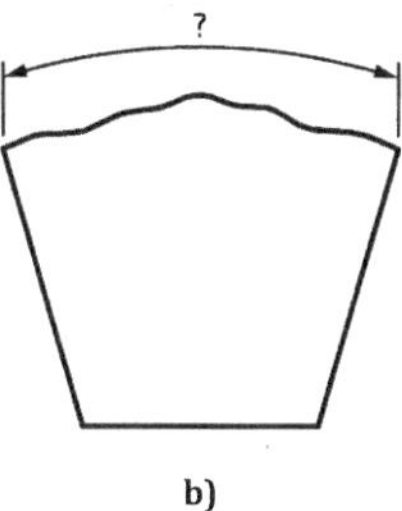

b)

Bild A.11 — Beispiel einer Bogenlänge bei der Verwendung von Plus-Minus-Toleranzen

ANMERKUNG Die Mehrdeutigkeit der Zeichnungseintragung in Bild A.11a) ist in Bild A.11b) gezeigt.

Die Verwendung von Plus-Minus-Toleranzen für Maße von Bogenlängen ist bei einem realen Werkstück mit Form- und Winkelabweichungen mehrdeutig.

Die Verwendung einer Kombination von Festlegungen, z. B. einem theoretisch genauen radialen Maß und einer geometrischen Spezifikation für die Form einer Linie oder die Form einer Fläche, ist einer Plus-Minus-Toleranz für eine Bogenlänge vorzuziehen.

Anhang B
(informativ)

Zusammenhänge mit dem GPS-Matrix-Modell

B.1 Allgemeines

Zu den vollständigen Einzelheiten des GPS-Matrix-Modells siehe ISO 14638.

Der in ISO 14638 gegebene ISO-GPS-Masterplan gibt einen Überblick über das ISO-GPS-System, von dem dieses Dokument ein Bestandteil ist. Die in ISO 8015 gegebenen grundlegenden Regeln von ISO/GPS gelten für dieses Dokument. Die Vorzugsentscheidungsregeln aus ISO 14253-1 gelten für die Spezifikationen nach diesem Dokument, soweit nicht anders angegeben.

B.2 Informationen über dieses Dokument und seine Anwendung

Dieses Dokument zeigt, wie geometrische Spezifikationen für Maße, die keine linearen oder Winkelgrößenmaße sind, verwendet werden können, um die Mehrdeutigkeit zu vermeiden, die die Verwendung von Plus-Minus-Toleranzen bei diesem Typ von Maßen verursacht.

Es erklärt auch die Mehrdeutigkeit, die durch die Verwendung von Plus-Minus-Toleranzen bei anderen Maßen als den linearen oder Winkelgrößenmaßen verursacht wird.

B.3 Position im GPS-Matrix-Modell

Dieses Dokument ist eine allgemeine GPS-Norm, die das Kettenglied A der Normenkette nur zum Abstand im allgemeinen GPS-Matrix-Modell beeinflusst, wie in Tabelle B.1 graphisch dargestellt.

Tabelle B.1 — Position im GPS-Matrix-Modell

	Kettenglieder						
	A	B	C	D	E	F	G
	Symbole und Angaben	Anforderungen an Geometrieelemente	Merkmale von Geometrieelementen	Übereinstimmung und Nichtübereinstimmung	Messung	Messgeräte	Kalibrierung
Größenmaß							
Abstand	•						
Form							
Richtung							
Ort							
Lauf							
Oberflächenbeschaffenheit: Profil							
Oberflächenbeschaffenheit: Fläche							
Oberflächenunvollkommenheiten							

B.4 Betroffene Internationale Normen

Die betroffenen Normen sind diejenigen, die aus den Kettengliedern der in Tabelle B.1 gekennzeichneten Normen hervorgehen.

Literaturhinweise

[1] ISO 2538-1, *Geometrical product specifications (GPS) — Wedges — Part 1: Series of angles and slopes*

[2] ISO 2538-2, *Geometrical product specifications (GPS) — Wedges — Part 2: Dimensioning and tolerancing*

[3] ISO 2692, *Geometrical product specifications (GPS) — Geometrical tolerancing — Maximum material requirement (MMR), least material requirement (LMR) and reciprocity requirement (RPR)*

[4] ISO 2768-1, *General tolerances — Part 1: Tolerances for linear and angular dimensions without individual tolerance indications*

[5] ISO 3040, *Geometrical product specifications (GPS) — Dimensioning and tolerancing — Cones*

[6] ISO 5458, *Geometrical product specifications (GPS) — Geometrical tolerancing — Pattern and combined geometrical specification*

[7] ISO 5459, *Geometrical product specifications (GPS) — Geometrical tolerancing — Datums and datum systems*

[8] ISO 8062-3, *Geometrical product specifications (GPS) — Dimensional and geometrical tolerances for moulded parts — Part 3: General dimensional and geometrical tolerances and machining allowances for castings*

[9] ISO 14253-1, *Geometrical product specifications (GPS) — Inspection by measurement of workpieces and measuring equipment — Part 1: Decision rules for verifying conformity or nonconformity with specifications*

[10] ISO 14253-2, *Geometrical product specifications (GPS) — Inspection by measurement of workpieces and measuring equipment — Part 2: Guidance for the estimation of uncertainty in GPS measurement, in calibration of measuring equipment and in product verification*

[11] ISO 14638, *Geometrical product specifications (GPS) — Matrix model*

[12] ISO 81714-1, *Design of graphical symbols for use in the technical documentation of products — Part 1: Basic rules*

Juli 2017

	DIN EN ISO 14405-3	

ICS 17.040.40

Geometrische Produktspezifikationen (GPS) – Dimensionelle Tolerierung – Teil 3: Winkelgrößenmaße (ISO 14405-3:2016); Deutsche Fassung EN ISO 14405-3:2017

Geometrical product specifications (GPS) –
Dimensional tolerancing –
Part 3: Angular sizes (ISO 14405-3:2016);
German version EN ISO 14405-3:2017

Spécification géométrique des produits (GPS) –
Tolérancement dimensionnel –
Partie 3: Tailles angulaires (ISO 14405-3:2016);
Version allemande EN ISO 14405-3:2017

Gesamtumfang 33 Seiten

DIN-Normenausschuss Technische Grundlagen (NATG)

Nationales Vorwort

Dieses Dokument (EN ISO 14405-3:2017) wurde vom Technischen Komitee ISO/TC 213 „Dimensional and geometrical product specifications and verification" in Zusammenarbeit mit dem Technischen Komitee CEN/TC 290 „Geometrische Produktspezifikationen und -prüfung", dessen Sekretariat von AFNOR (Frankreich) gehalten wird, erarbeitet.

Das zuständige deutsche Normungsgremium ist der Arbeitsausschuss NA 152-03-02 AA „CEN/ISO Geometrische Produktspezifikation und -prüfung" im DIN-Normenausschuss Technische Grundlagen (NATG).

Für die in diesem Dokument zitierten Internationalen Normen wird im Folgenden auf die entsprechenden Deutschen Normen hingewiesen:

ISO 2768-1	siehe	DIN ISO 2768-1
ISO 8015	siehe	DIN EN ISO 8015
ISO 10579	siehe	DIN EN ISO 10579
ISO 14253-1	siehe	DIN EN ISO 14253-1
ISO 14405-1:2016	siehe	DIN EN ISO 14405-1:2017-04
ISO 14405-2	siehe	DIN EN ISO 14405-2
ISO 14638	siehe	DIN EN ISO 14638
ISO 17450-1	siehe	DIN EN ISO 17450-1
ISO 17450-2	siehe	DIN EN ISO 17450-2
ISO 17450-3	siehe	DIN EN ISO 17450-3
ISO 22432:2011	siehe	DIN EN ISO 22432:2012-03

Nationaler Anhang NA
(informativ)

Literaturhinweise

DIN ISO 2768-1, *Geometrische Produktspezifikation (GPS) — Allgemeintoleranzen — Teil1: Toleranzen für Längen- und Winkelmaße ohne einzelne Toleranzeintragung*

DIN EN ISO 8015, *Geometrische Produktspezifikation (GPS) — Grundlagen — Konzepte, Prinzipien und Regeln*

DIN ISO 10579, *Technische Zeichnungen; Bemaßung und Tolerierung nicht-formstabiler Teile*

DIN EN ISO 14253-1, *Geometrische Produktspezifikationen (GPS) — Prüfung von Werkstücken und Messgeräten durch Messen — Teil 1: Entscheidungsregeln für den Nachweis von Konformität oder Nichtkonformität mit Spezifikationen*

DIN EN ISO 14405-1:2017-04, *Geometrische Produktspezifikation (GPS) — Dimensionelle Tolerierung — Teil 1: Längenmaße (ISO 14405-1:2016); Deutsche Fassung EN ISO 14405-1:2016*

DIN EN ISO 14405-2, *Geometrische Produktspezifikation (GPS) — Dimensionelle Tolerierung — Teil 2: Andere als lineare Maße*

DIN EN ISO 14638, *Geometrische Produktspezifikation (GPS) — Matrix-Modell*

DIN EN ISO 17450-1, *Geometrische Produktspezifikation (GPS) — Grundlagen — Teil 1: Modell für die geometrische Spezifikation und Prüfung*

DIN EN ISO 17450-2, *Geometrische Produktspezifikation und -prüfung (GPS) — Allgemeine Begriffe — Teil 2: Grundlegende Lehrsätze, Spezifikationen, Operatoren und Unsicherheiten*

DIN EN ISO 17450-3, *Geometrische Produktspezifikation (GPS) — Grundlagen — Teil 3: Tolerierte Geometrieelemente*

DIN EN ISO 22432:2012-03, *Geometrische Produktspezifikation (GPS) — Zur Spezifikation und Prüfung benutzte Geometrieelemente (ISO 22432:2011); Deutsche Fassung EN ISO 22432:2011*

— Leerseite —

EUROPÄISCHE NORM
EUROPEAN STANDARD
NORME EUROPÉENNE

EN ISO 14405-3

Januar 2017

ICS 17.040.40

Deutsche Fassung

Geometrische Produktspezifikationen (GPS) — Dimensionelle Tolerierung — Teil 3: Winkelgrößenmaße (ISO 14405-3:2016)

Geometrical product specifications (GPS) — Dimensional tolerancing — Part 3: Angular sizes (ISO 14405-3:2016)

Spécification géométrique des produits (GPS) — Tolérancement dimensionnel — Partie 3: Tailles angulaires (ISO 14405-3:2016)

Diese Europäische Norm wurde vom CEN am 2. Oktober 2016 angenommen.

Die CEN-Mitglieder sind gehalten, die CEN/CENELEC-Geschäftsordnung zu erfüllen, in der die Bedingungen festgelegt sind, unter denen dieser Europäischen Norm ohne jede Änderung der Status einer nationalen Norm zu geben ist. Auf dem letzten Stand befindliche Listen dieser nationalen Normen mit ihren bibliographischen Angaben sind beim Management-Zentrum des CEN-CENELEC oder bei jedem CEN-Mitglied auf Anfrage erhältlich.

Diese Europäische Norm besteht in drei offiziellen Fassungen (Deutsch, Englisch, Französisch). Eine Fassung in einer anderen Sprache, die von einem CEN-Mitglied in eigener Verantwortung durch Übersetzung in seine Landessprache gemacht und dem Management-Zentrum mitgeteilt worden ist, hat den gleichen Status wie die offiziellen Fassungen.

CEN-Mitglieder sind die nationalen Normungsinstitute von Belgien, Bulgarien, Dänemark, Deutschland, der ehemaligen jugoslawischen Republik Mazedonien, Estland, Finnland, Frankreich, Griechenland, Irland, Island, Italien, Kroatien, Lettland, Litauen, Luxemburg, Malta, den Niederlanden, Norwegen, Österreich, Polen, Portugal, Rumänien, Schweden, der Schweiz, Serbien, der Slowakei, Slowenien, Spanien, der Tschechischen Republik, der Türkei, Ungarn, dem Vereinigten Königreich und Zypern.

EUROPÄISCHES KOMITEE FÜR NORMUNG
EUROPEAN COMMITTEE FOR STANDARDIZATION
COMITÉ EUROPÉEN DE NORMALISATION

CEN-CENELEC Management-Zentrum: Avenue Marnix 17, B-1000 Brüssel

Ref. Nr. EN ISO 14405-3:2017 D

Inhalt

Europäisches Vorwort

Dieses Dokument (EN ISO 14405-3:2017) wurde vom Technischen Komitee ISO/TC 213 „Dimensional and geometrical product specifications and verification" in Zusammenarbeit mit dem Technischen Komitee CEN/TC 290 „Geometrische Produktspezifikationen und -prüfung" erarbeitet, dessen Sekretariat vom AFNOR (Frankreich) gehalten wird.

Diese Europäische Norm muss den Status einer nationalen Norm erhalten, entweder durch Veröffentlichung eines identischen Textes oder durch Anerkennung bis Juli 2017, und etwaige entgegenstehende nationale Normen müssen bis Juli 2017 zurückgezogen werden.

Es wird auf die Möglichkeit hingewiesen, dass einige Elemente dieses Dokuments Patentrechte berühren können. CEN [und/oder CENELEC] sind nicht dafür verantwortlich, einige oder alle diesbezüglichen Patentrechte zu identifizieren.

Entsprechend der CEN-CENELEC-Geschäftsordnung sind die nationalen Normungsinstitute der folgenden Länder gehalten, diese Europäische Norm zu übernehmen: Belgien, Bulgarien, Dänemark, Deutschland, die ehemalige jugoslawische Republik Mazedonien, Estland, Finnland, Frankreich, Griechenland, Irland, Island, Italien, Kroatien, Lettland, Litauen, Luxemburg, Malta, Niederlande, Norwegen, Österreich, Polen, Portugal, Rumänien, Schweden, Schweiz, Serbien, Slowakei, Slowenien, Spanien, Tschechische Republik, Türkei, Ungarn, Vereinigtes Königreich und Zypern.

Anerkennungsnotiz

Der Text von ISO 14405-3:2016 wurde vom CEN als EN ISO 14405-3:2017 ohne irgendeine Abänderung genehmigt.

Vorwort

ISO (die Internationale Organisation für Normung) ist eine weltweite Vereinigung von Nationalen Normungsorganisationen (ISO-Mitgliedsorganisationen). Die Erstellung von Internationalen Normen wird normalerweise von ISO Technischen Komitees durchgeführt. Jede Mitgliedsorganisation, die Interesse an einem Thema hat, für welches ein Technisches Komitee gegründet wurde, hat das Recht, in diesem Komitee vertreten zu sein. Internationale Organisationen, staatlich und nicht-staatlich, in Liaison mit ISO, nehmen ebenfalls an der Arbeit teil. ISO arbeitet eng mit der Internationalen Elektrotechnischen Kommission (IEC) bei allen elektrotechnischen Themen zusammen.

Die Verfahren, die bei der Entwicklung dieses Dokuments angewendet wurden und die für die weitere Pflege vorgesehen sind, werden in den ISO/IEC-Direktiven, Teil 1 beschrieben. Im Besonderen sollten die für die verschiedenen ISO-Dokumentenarten notwendigen Annahmekriterien beachtet werden. Dieses Dokument wurde in Übereinstimmung mit den Gestaltungsregeln der ISO/IEC-Direktiven, Teil 2 erarbeitet (siehe www.iso.org/directives).

Es wird auf die Möglichkeit hingewiesen, dass einige Elemente dieses Dokuments Patentrechte berühren können. ISO ist nicht dafür verantwortlich, einige oder alle diesbezüglichen Patentrechte zu identifizieren. Details zu allen während der Entwicklung des Dokuments identifizierten Patentrechten finden sich in der Einleitung und/oder in der ISO-Liste der empfangenen Patenterklärungen (siehe www.iso.org/patents).

Jeder in diesem Dokument verwendete Handelsname wird als Information zum Nutzen der Anwender angegeben und stellt keine Anerkennung dar.

Eine Erläuterung der Bedeutung ISO-spezifischer Benennungen und Ausdrücke, die sich auf Konformitätsbewertung beziehen, sowie Informationen über die Beachtung der Grundsätze der Welthandelsorganisation (WTO) zu technischen Handelshemmnissen (TBT, en: Technical Barriers to Trade) durch ISO enthält der folgende Link: www.iso.org/iso/foreword.html.

Das für dieses Dokument verantwortliche Komitee ist das Technische Komitee ISO/TC 213, *Dimensional and geometrical product specifications and verification.*

ISO 14405 besteht aus folgenden Teilen unter dem allgemeinen Titel *Geometrical product specification (GPS) — Dimensional tolerancing*:

— *Part 1: Linear sizes*

— *Part 2: Dimensions other than linear sizes*

— *Part 3: Angular sizes*

Einleitung

Dieser Teil von ISO 14405 gehört zum Bereich der Geometrischen Produktspezifikation (GPS) und ist eine allgemeine GPS-Norm (siehe ISO 14638). In der allgemeinen GPS-Matrix beeinflusst sie die Kettenglieder „Symbole und Angaben", „Anforderungen an Geometrieelemente" und „Merkmale von Geometrieelementen" der Normenketten für Größenmaß.

Die in ISO 14638 gegebene ISO/GPS-Übersicht gibt einen Überblick über das ISO/GPS-System, von dem dieser Teil von ISO 14405 ein Bestandteil ist. Sofern nichts anderes angegeben ist, gelten die in ISO 8015 angegebenen Grundregeln zu ISO/GPS für diesen Teil der ISO 14405 und die in ISO 14253-1 angegebenen Default-Entscheidungsregeln für die in Übereinstimmung mit diesem Teil der ISO 14405 festgelegten Spezifikationen.

Zu ausführlicheren Informationen zum Zusammenhang dieses Teils von ISO 14405 mit anderen Normen und dem GPS-Matrix-Modell siehe Anhang D.

1 Anwendungsbereich

Dieser Teil von ISO 14405 führt den Default-Spezifikationsoperator für Winkelgrößenmaße ein und legt eine Anzahl besonderer Spezifikationsoperatoren fest für Winkelgrößenmaßelemente mit Winkelgrößenmaß vom Typ: Kegel (abgeschnitten, d. h. Kegelstumpf, oder nicht), Keil (abgeschnitten oder nicht), zwei gegenüberliegende Geraden (Schnittpunkt eines Keils/abgeschnittenen Keils und einer Ebene senkrecht zur Schnittgeraden der zwei Ebenen des Keils/abgeschnittenen Keils, Schnittpunkt eines Kegels/Kegelstumpfes und einer Ebene, die die Rotationsachse des Kegels/Kegelstumpfes einschließt). Siehe Bild 1 und Bild 2.

Dieser Teil von ISO 14405 legt ebenfalls die Spezifikationsmodifikatoren und die Zeichnungsangaben für diese Winkelgrößenmaße fest.

Dieser Teil von ISO 14405 behandelt die folgenden Winkelgrößenmaße:

- örtliches Winkelgrößenmaß:
  - Winkelgrößenmaß zwischen zwei Linien;
  - Teilbereich-Winkelgrößenmaß;
- globales Winkelgrößenmaß:
  - direktes globales Winkelgrößenmaß;
    - Winkelgrößenmaß der kleinsten Abweichungsquadrate;
    - Minimax-Winkelgrößenmaß;
- Rangordnungswinkelgrößenmaß/indirektes globales Winkelgrößenmaß:
  - größtes Winkelgrößenmaß;
  - kleinstes Winkelgrößenmaß;
  - Mittelwert des Winkelgrößenmaßes;
  - Spanne der Winkelgrößenmaße;
  - Mittelwert aus größtem und kleinstem Winkelgrößenmaß;
  - Medianwert des Winkelgrößenmaßes;
  - Standardabweichung der Winkelgrößenmaße.

Dieser Teil von ISO 14405 legt die Bedeutung von Toleranzen für Winkelgrößenmaße fest, angegeben

- als + und/oder – Grenzabweichung, z. B. 0°/−0,5°; oder
- mit oberer Grenze eines Größenmaßes (ULS, en: upper limit of size) und/oder unterer Grenze eines Größenmaßes (LLS, en: lower limit of size), z. B. 35° max. oder 15° min. oder 34°/36°,
- mit oder ohne Modifikatoren.

Dieser Teil von ISO 14405 stellt eine Reihe von Werkzeugen zur Verfügung, um verschiedene Arten von Winkelgrößenmaßmerkmalen auszudrücken. Er enthält keinerlei Angaben zum Zusammenhang zwischen einer Funktion oder einer Verwendung und einem Winkelgrößenmaßmerkmal.

2 Normative Verweisungen

Die folgenden Dokumente, die in diesem Dokument teilweise oder als Ganzes zitiert werden, sind für die Anwendung dieses Dokuments erforderlich. Bei datierten Verweisungen gilt nur die in Bezug genommene Ausgabe. Bei undatierten Verweisungen gilt die letzte Ausgabe des in Bezug genommenen Dokuments (einschließlich aller Änderungen).

ISO 8015, *Geometrical product specifications (GPS) — Fundamentals — Concepts, principles and rules*

ISO 17450-1, *Geometrical product specifications (GPS) — General concepts — Part 1: Model for geometrical specification and verification*

ISO 17450-2, *Geometrical product specifications (GPS) — General concepts — Part 2: Basic tenets, specifications, operators, uncertainties and ambiguities*

ISO 17450-3, *Geometrical product specification (GPS) — General concepts — Part 3: Toleranced Features*

ISO 14405-1:2016, *Geometrical product specifications (GPS) — Dimensional tolerancing — Part 1: Linear sizes*

ISO 14405-2, *Geometrical product specifications (GPS) — Dimensional tolerancing — Part 2: Dimensions other than linear sizes*

3 Begriffe

Für die Anwendung dieses Dokuments gelten die Begriffe nach ISO 8015, ISO 17450-1, ISO 17450-2, ISO 17450-3, ISO 14405-1, ISO 14405-2 und die folgenden Begriffe.

Es wird bei Assoziationskriterien davon ausgegangen, dass die Begriffe „der kleinsten Abweichungsquadrate" und „Gauß" sowie „Minimax" und „Tschebyschew" äquivalent sind. In diesem Dokument werden die Begriffe „der kleinsten Abweichungsquadrate" und „Minimax" beibehalten. Das Kriterium der kleinsten Abweichungsquadrate wird in diesem Gesamten Teil von ISO 14405 ohne Nebenbedingung des Materials verstanden.

3.1
Winkelgrößenmaß
Winkelgrößenmaß eines Kegels oder zwischen zwei auf einer Ebene gegenüberliegenden Geraden oder zwischen zwei gegenüberliegenden nicht parallelen Ebenen

Anmerkung 1 zum Begriff: Das Winkelgrößenmaß wird durch Nenngeometrieelemente oder assoziierte Geometrieelemente festgelegt, die Größenmaßelemente von Winkeln sind.

Anmerkung 2 zum Begriff: Siehe Beispiel für Winkelgrößenmaß in Bild 1 und Bild 2.

Anmerkung 3 zum Begriff: Die Definition für „Größenmaßelemente von Winkeln (Winkelgrößenmaßelemente)" ist ISO 17450-1 zu entnehmen; das Winkelmaß kann weder 0° noch 180° betragen.

Anmerkung 4 zum Begriff: Winkelgrößenmaßelemente werden in zwei Typen unterteilt.

— Rotationssymmetrische Winkelgrößenmaßelemente: ein Kegel oder ein Kegelstumpf. Zwei gegenüberliegende Geraden werden durch einen Längsschnitt eines Kegels/Kegelstumpfes mit einer Ebene, die die assoziierte Rotationsachse des Kegels/Kegelstumpfes einschließt, festgelegt.

— Prismatische Winkelgrößenmaßelemente: ein Keil (abgeschnitten oder nicht). Zwei gegenüberliegende Geraden werden durch einen Querschnitt eines Keils/abgeschnittenen Keils mit einer Ebene senkrecht zur Schnittgeraden der beiden assoziierten Ebenen des Kegels/Kegelstumpfes festgelegt.

Anmerkung 5 zum Begriff: In den Bildern 1 und 2 sind die Winkelgrößenmaßelemente vom Typ Keil, Kegel, Kegelstumpf und zwei Linien dargestellt.

Anmerkung 6 zum Begriff: Bild 3 a) und Bild 3 b) stellen den Fall eines Winkelgrößenmaßelements und eines Winkelabstands zwischen zwei Ebenen dar, der kein Winkelgrößenmaßelement ist, und zeigen, dass ein Winkelgrößenmaßelement dann vorliegt, wenn die Materialrichtungen gegenüber liegen (wenn eines der Größenmaßelemente um ihre Schnittgerade rotiert, um mit dem anderen Größenmaßelement übereinzustimmen, dann befindet sich das Material auf der gegenüberliegenden Seite der beiden Elemente). Siehe auch Anhang B.

Anmerkung 7 zum Begriff: Die Hüllbedingung ist nicht auf Winkelgrößenmaßelemente anwendbar.

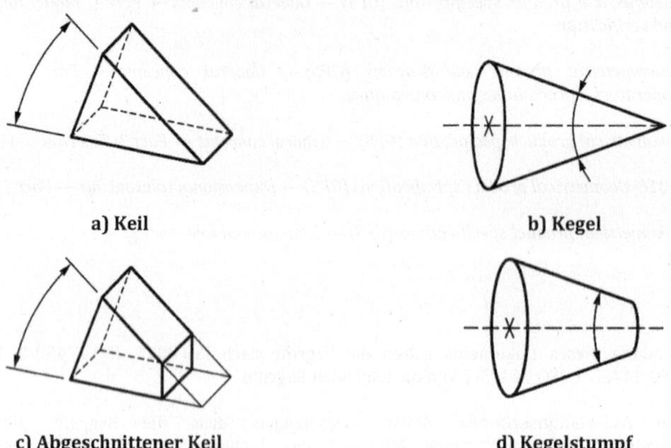

a) Keil **b) Kegel**

c) Abgeschnittener Keil **d) Kegelstumpf**

Bild 1 — Beispiele räumlicher Winkelgrößenmaßelemente

a) Zwei gegenüberliegende Linien eines Keils **b) Zwei gegenüberliegende Mantellinien eines Kegels**

Bild 2 — Beispiele von Winkelgrößenmaßelementen

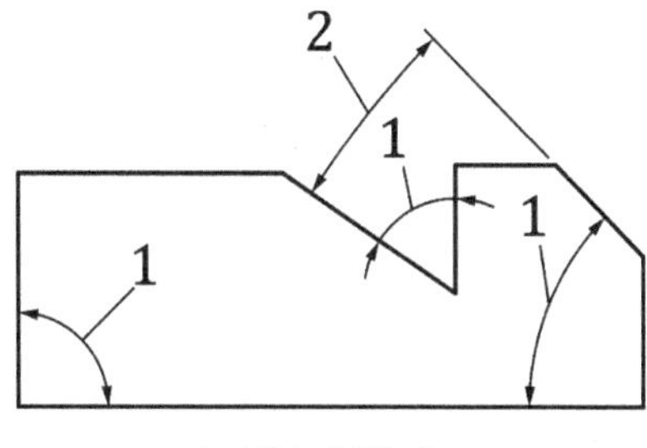

a) Beispiel Nr. 1

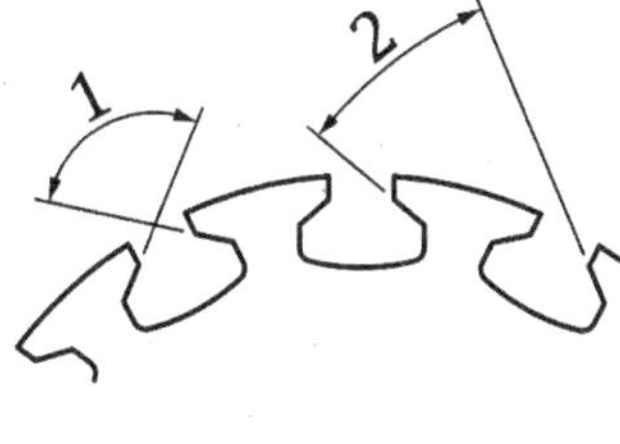

b) Beispiel Nr. 2

Legende

1 Winkelmaßelement

2 kein Winkelmaßelement

Bild 3 — Beispiele möglicher Winkelgrößenmaßelemente

3.2
örtliches Winkelgrößenmaß
örtliches Winkelgrößenmaßmerkmal
Winkelgrößenmaßmerkmal mit einem eindeutigen Wert für einen bestimmten Ort und einem mehrdeutigen Größenwert entlang des und/oder um ein Winkelgrößenmaßelement(s) herum

Anmerkung 1 zum Begriff: Für ein gegebenes Geometrieelement gibt es eine unendliche Anzahl von örtlichen Winkelgrößenmaßen.

Anmerkung 2 zum Begriff: In Bild 4 ist ein Beispiel für ein örtliches Winkelgrößenmaße dargestellt.

Anmerkung 3 zum Begriff: Zwei örtliche Winkelgrößenmaßassoziationen können festgelegt werden: örtliches Winkelgrößenmaß der kleinsten Abweichungsquadrate und örtliches Minimax-Winkelgrößenmaß. Siehe Anhang A.

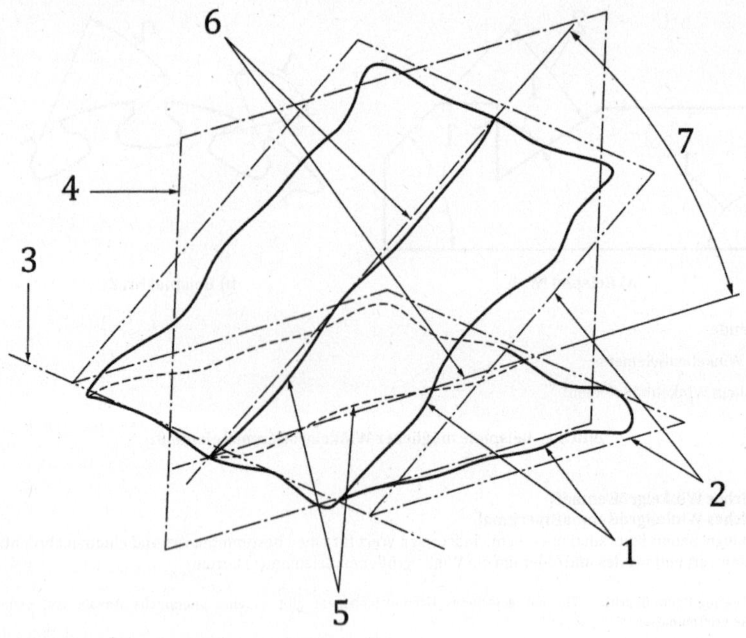

Legende

1 reales Winkelgrößenmaßelement

2 assoziierte Ebenen mit (1)

3 Schnittgerade von (2)

4 rechtwinklige Schnittebene zu (3)

5 zwei extrahierte Linien

6 zwei assoziierte Geraden

7 Zwei-Linien-Winkelgrößenmaß

Bild 4 — Zwei-Linien-Winkelgrößenmaß

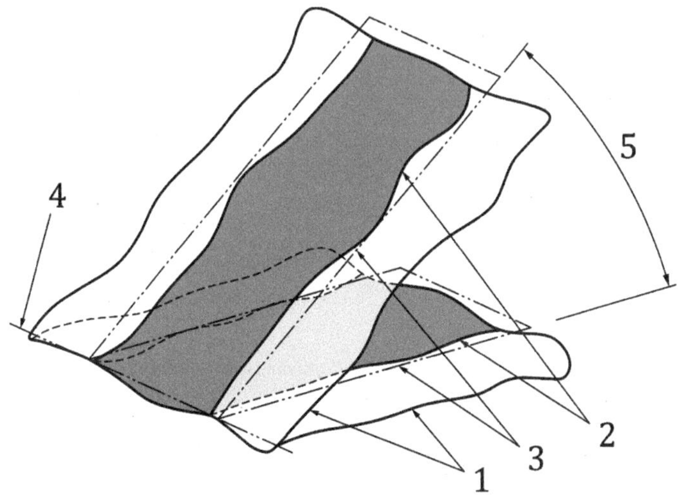

Legende

1 reales Winkelgrößenmaßelement

2 Teilbereich von (1)

3 assoziierte Ebenen mit (2)

4 Schnittgerade von (3)

5 Teilbereich-Winkelgrößenmaß

Bild 5 — Teilbereich-Winkelgrößenmaß

3.2.1
Zwei-Linien-Winkelgrößenmaß
örtliches Winkelgrößenmaß zwischen zwei Linien
Winkel zwischen zwei assoziierten Geraden, festgelegt durch zwei extrahierte Linien, bestimmt anhand des Schnittes mit einer Schnittebene, definiert durch das assoziierte Winkelgrößenmaßelement

Anmerkung 1 zum Begriff: Siehe Bild 4.

Anmerkung 2 zum Begriff: Der Prozess zur Festlegung des Zwei-Linien-Winkelgrößenmaßes ist von der Invarianzklasse des Geometrieelements abhängig: rotationssymmetrische oder prismatische Oberfläche.

Anmerkung 3 zum Begriff: Der Default-Spezifikationsoperator, der das Zwei-Linien-Winkelgrößenmaß definiert, ist in Anhang A beschrieben.

3.2.1.1
rotationssymmetrisches Zwei-Linien-Winkelgrößenmaß
Zwei-Linien-Winkelgrößenmaß (3.2.1), bei dem die Geraden mit zwei extrahierten Linien assoziiert werden, die aus dem Schnitt eines extrahierten rotationssymmetrischen Geometrieelements und einer Ebene, die dessen assoziierte Achse enthält, resultieren

Anmerkung 1 zum Begriff: Die Achse des assoziierten rotationssymmetrischen Geometrieelements ist die in ISO 22432:2011, 3.5.1.2.4, beschriebene „direkt assoziierte mittlere Linie".

3.2.1.2
prismatisches Zwei-Linien-Winkelgrößenmaß
Zwei-Linien-Winkelgrößenmaß (3.2.1), bei dem die Geraden mit zwei extrahierten Linien assoziiert werden, die aus dem Schnittpunkt von zwei extrahierten Oberflächen und einer Ebene senkrecht zu ihrer assoziierten Schnittgeraden resultieren

3.2.2
Teilbereich-Winkelgrößenmaß
globales Winkelgrößenmaß (3.3) für einen bestimmten Teilbereich des extrahierten Winkelgrößenmaßelements

Anmerkung 1 zum Begriff: Ein Teilbereich-Winkelgrößenmaß ist bei Berücksichtigung des vollständigen Winkelgrößenmaßelements ein örtliches Winkelgrößenmaß und bei Berücksichtigung nur eines bestimmten Teilbereichs mit festgelegtem Ort ein globales Winkelgrößenmaß.

Anmerkung 2 zum Begriff: Siehe Bild 5.

Anmerkung 3 zum Begriff: Ein Teilbereich-Winkelgrößenmaß kann ein *direktes globales Winkelgrößenmaß* (3.3.1) oder ein *indirektes globales Winkelgrößenmaß* (3.3.2) sein.

Anmerkung 4 zum Begriff: Der Operator für die Festlegung eines Teilbereichs wird in diesem Teil von ISO 14405 nicht behandelt.

3.3
globales Winkelgrößenmaß
globales Winkelgrößenmaßmerkmal
Winkelgrößenmaßmerkmal mit einem eindeutigen Wert für das gesamte tolerierte Winkelgrößenmaßelement

3.3.1
direktes globales Winkelgrößenmaß
direktes globales Winkelgrößenmaßmerkmal
globales Winkelgrößenmaß, das durch eine Assoziation über das Winkelgrößenmaßelement festgelegt wird

Anmerkung 1 zum Begriff: Ist das Winkelgrößenmaßelement ein Kegel, ist das assoziierte Geometrieelement ein Kegel. Ist das Winkelgrößenmaßelement ein Keil, sind die assoziierten Geometrieelemente zwei Ebenen. Eine Ebene ist mit jeder Seite des Keils unabhängig assoziiert.

Anmerkung 2 zum Begriff: Siehe Bild 6

Anmerkung 3 zum Begriff: Unterschiedliche Assoziationskriterien führen zu unterschiedlichen Ergebnissen. Die in diesem Teil von ISO 14405 beschriebenen Assoziationskriterien sind das Kriterium der kleinsten Abweichungsquadrate ohne Material-Nebenbedingung und das Minimax-Kriterium.

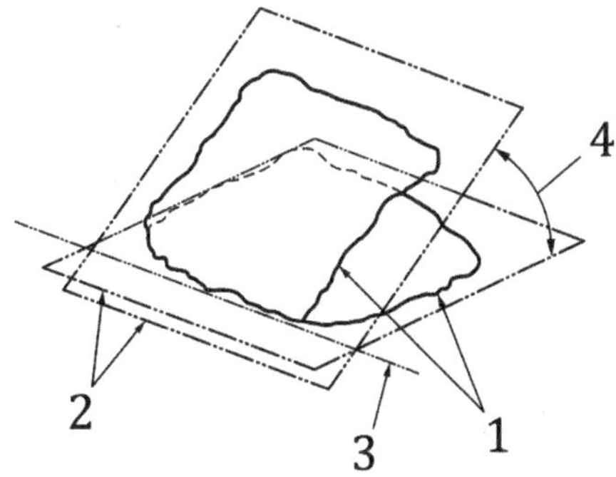

Legende

1 reales Winkelgrößenmaßelement

2 assoziierte Ebenen mit (1)

3 Schnittgerade von (2)

4 direktes globales Winkelgrößenmaß, definiert in einer Ebene senkrecht zur Schnittgeraden

Bild 6 — Direktes globales Winkelgrößenmaß

3.3.1.1
globales Winkelgrößenmaß der kleinsten Abweichungsquadrate
direktes globales Winkelgrößenmaß unter Verwendung des Assoziationskriteriums der kleinsten Abweichungsquadrate

Anmerkung 1 zum Begriff: Siehe Bild 7 und Bild 9.

3.3.1.2
globales Minimax-Winkelgrößenmaß
direktes globales Winkelgrößenmaß unter Verwendung des Minimax-Assoziationskriteriums

Anmerkung 1 zum Begriff: Siehe Bild 8 und Bild 10.

Anmerkung 2 zum Begriff: Bild 7 bis Bild 10 stellen zwei globale Winkelgrößenmaße dar, die anhand desselben realen Winkelgrößenmaßelements definiert sind.

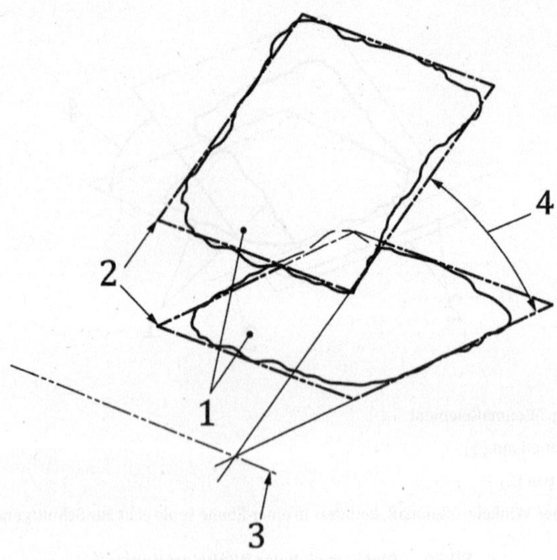

Legende

1 reales Winkelgrößenmaßelement

2 assoziierte Ebenen mit (1)

3 Schnittgerade von (2)

4 globales Winkelgrößenmaß der kleinsten Abweichungsquadrate

Bild 7 — Globales Winkelgrößenmaß der kleinsten Abweichungsquadrate in 3D-Ansicht

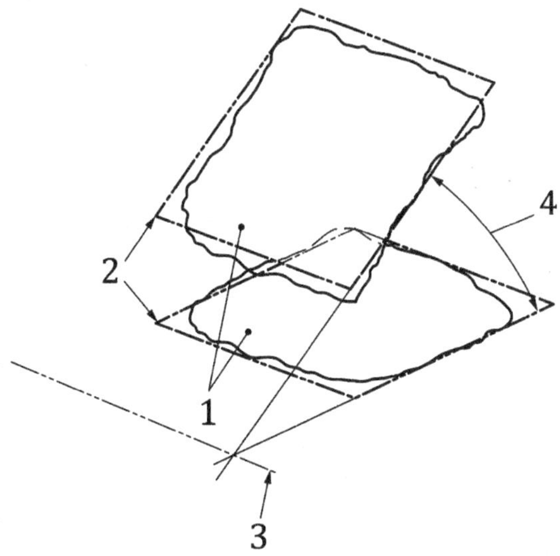

Legende

1 reales Winkelgrößenmaßelement

2 assoziierte Ebenen mit (1)

3 Schnittgerade von (2)

4 globales Minimax-Winkelgrößenmaß

Bild 8 — Globales Minimax-Winkelgrößenmaß in 3D-Ansicht

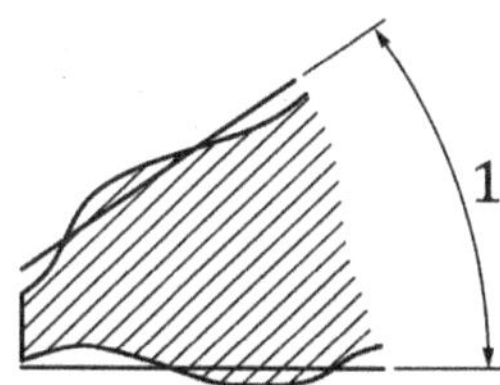

Legende

1 globales Winkelgrößenmaß der kleinsten Abweichungsquadrate

Bild 9 — Globales Winkelgrößenmaß der kleinsten Abweichungsquadrate in 2D-Ansicht

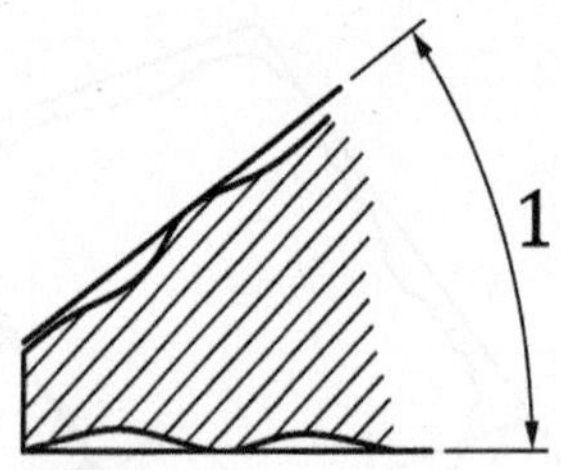

Legende

1 globales Minimax-Winkelgrößenmaß

Bild 10 — Globales Minimax-Winkelgrößenmaß in 2D-Ansicht

3.3.2
indirektes globales Winkelgrößenmaß
indirektes globales Winkelgrößenmaßmerkmal
Rangordnungswinkelgrößenmaß
Rangordnungswinkelgrößenmaßmerkmal
globales Winkelgrößenmaß, mathematisch definiert anhand einer homogenen Reihe örtlicher Größenmaßwerte, erhalten entlang des und/oder um das Winkelgrößenmaßelement(s) herum

Anmerkung 1 zum Begriff: Ein Rangordnungswinkelgrößenmaß kann verwendet werden für das Definieren eines eindeutigen Wertes entlang des und/oder um das Winkelgrößenmaßelement(s) herum anhand eines örtlichen Winkelgrößenmaßes für einen Teilbereich oder für ein vollständiges Winkelgrößenmaßelement.

Anmerkung 2 zum Begriff: Ein Rangordnungswinkelgrößenmaß kann verwendet werden für das Definieren eines örtlichen Winkelgrößenmaßes anhand eines anderen örtlichen Winkelgrößenmaßes (z. B. eines Rangordnungswinkelgrößenmaßes anhand eines in einem beliebigen Teilbereich bestimmten Zwei-Linien-Winkelgrößenmaßes).

Anmerkung 3 zum Begriff: Weitere Einzelheiten zu den Unterarten des Rangordnungsmaßes sind ISO 14405-1 zu entnehmen.

Anmerkung 4 zum Begriff: Ein Rangordnungswinkelgrößenmaß kann beispielsweise der Mittelwert aller Zwei-Linien-Winkelgrößenmaßwerte einer extrahierten Kegelfläche sein.

4 Spezifikationsmodifikatoren und Symbole

Für die Anwendung dieses Teils von ISO 14405 gelten die in Tabelle 1 und Tabelle 2 angegebenen Spezifikationsmodifikatoren und Symbole. Für das Definieren eines bestimmten Typs von für Spezifikationen oberer und/oder unterer Grenzen verfügbaren Winkelgrößenmaßmerkmalen im Rahmen einer Maßspezifikation sind die Modifikatoren oder Symbole in der Reihenfolge nach Tabelle 3 zu verwenden (siehe auch Anhang C).

Die Kombination dieser Modifikatoren und Symbole ist in den Abschnitten 5 und 6 beschrieben.

Regeln für die Darstellung graphischer Symbole sind ISO 14405-1:2016, Anhang A und Anhang E, zu entnehmen.

Tabelle 1 — Spezifikationsmodifikatoren für das Winkelgrößenmaß

Modifikator	Beschreibung
(LC)	Zwei-Linien-Winkelgrößenmaß mit Minimax-Assoziationskriterium
(LG)	Zwei-Linien-Winkelgrößenmaß mit Assoziationskriterium kleinste Abweichungsquadrate
(GG)	Globales Winkelgrößenmaß mit Assoziationskriterium kleinste Abweichungsquadrate
(GC)	Globales Winkelgrößenmaß mit Minimax-Assoziationskriterium
(SX)	Größtes Winkelgrößenmaß[a]
(SN)	Kleinstes Winkelgrößenmaß[a]
(SA)	Mittleres Winkelgrößenmaß[a]
(SM)	Median Winkelgrößenmaß[a]
(SD)	Mittelwert aus größtem und kleinsten Winkelgrößenmaß[a]
(SR)	Spanne der Winkelgrößenmaße[a]
(SQ)	Standardabweichung der Winkelgrößenmaße[a, b]

[a] Das Rangordnungswinkelgrößenmaß kann zusätzlich zum Teilbereich-Winkelgrößenmaß, globalen Teilbereich-Winkelgrößenmaß oder örtlichen Winkelgrößenmaß verwendet werden.

[b] Standardabweichung vom quadratischen Mittel.

Tabelle 2 — Allgemeine Spezifikationsmodifikatoren für das Winkelgrößenmaß

Beschreibung	Symbol	Beispiele für die Angabe	
		Prismatisches Winkelgrößenmaßelement	Rotationssymmetrisches Winkelgrößenmaßelement
Beliebiger beschränkter Teilbereich des Winkelgrößenmaßelements	/linearer Abstand	35° ± 1°/15[a]	35° ± 1°/15[a]
Beliebiger beschränkter Teilbereich des Winkelgrößenmaßelements	/Winkelabstand	**nicht anwendbar**	35° ± 1°/15°[a]
Festgelegte Querschnittsfläche	SCS	45° ± 2° SCS	**nicht anwendbar**
Mehr als ein Winkelgrößenmaßelement	Anzahl x	2 × 45° ± 2°	2 × 45° ± 2°
Gemeinsam toleriertes Winkelgrößenmaßelement	CT	2 × 45° ± 2° CT	2 × 45° ± 2° CT
Bedingung des freien Zustands	Ⓕ[b]	35° ± 1° Ⓕ	35° ± 1° Ⓕ
Zwischen	◄►	35° ± 1° A◄►B	35° ± 1° A◄►B

[a] /linearer Abstand gilt für prismatische Größenmaßelemente und rotationssymmetrische Größenmaßelemente entlang der Achse des rotationssymmetrischen Geometrieelements. /Winkelabstand gilt für ein rotationssymmetrisches Größenmaßelement.

[b] Siehe ISO 10579.

Tabelle 3 — Reihenfolge der Modifikatoren zur Bezugnahme auf ein spezifisches Winkelgrößenmaßmerkmal

Art des Winkelgrößenmaßmerkmals	Unterart	Zusätzliche Festlegungen	Zugeordnete Modifikatoren
Örtliches Winkelgrößenmaß	Zwei-Linien-Winkelgrößenmaß		(LC) oder (LG)
	Teilbereich-Winkelgrößenmaß der Länge L	Mit Assoziationskriterium[a] kleinste Abweichungsquadrate	Beispiel: (GG)/25
		Mit Minimax-Assoziationskriterium[a]	Beispiel: (GC)/2
		Rangordnungswinkelgrößenmaß beruhend auf dem örtlichen Winkelgrößenmaß; Winkelgrößenmaß bestimmt an einem Teilbereich	Beispiel: (LG)/20 (SN)
Globales Winkelgrößenmaß	Direktes globales Winkelgrößenmaß	Mit Assoziationskriterium kleinste Abweichungsquadrate	Beispiel (GG)
		Mit Minimax-Assoziationskriterium	Beispiel (GC)
	Indirektes globales Winkelgrößenmaß	Rangordnungswinkelgrößenmaß beruhend auf dem örtlichen Winkelgrößenmaß	Beispiele (LG) (SD) (GG)/10 (SD)

[a] Für die zweite Assoziationsoperation wird die erste Assoziationsoperation stets durch das Assoziationskriterium der kleinsten Abweichungsquadrate definiert.

5 Default-Spezifikationsoperator für das Winkelgrößenmaß

5.1 Allgemeines

Bei Verwendung der grundlegenden GPS-Angabe für das Winkelgrößenmaß gilt der Default-Spezifikationsoperator für das Winkelgrößenmaß. Der Default-Spezifikationsoperator für das Winkelgrößenmaß kann sein:

— der ISO-Default-GPS-Spezifikationsoperator der ISO (siehe 5.2 und ISO 8015);

— der zeichnungsspezifische Default-Spezifikationsoperator (siehe 5.3);

— der abgewandelte Default-GPS-Spezifikationsoperator (siehe ISO 8015).

Die grundlegende GPS-Spezifikation für das Winkelgrößenmaß hat kein beigefügtes Spezifikationsmodifikatorsymbol und kann zu einem der folgenden vier Typen gehören; siehe Tabelle 4.

Tabelle 4 — Unterschiedliche grundlegende GPS-Spezifikationen für das Winkelgrößenmaß

Grundlegende GPS-Spezifikation für das Winkelgrößenmaß	Beispiele
Nennwinkelgrößenmaß ± Grenzabweichungen[a]	$35° \pm 1°$ $35°\,{}^{+1°}_{-2°}$
Obere und untere Grenzwerte des Winkelgrößenmaßes[a]	36° 34°
Obere oder untere Grenzwerte des Winkelgrößenmaßes[a]	45° max 32° min
Ein Nennwinkelgrößenmaß, das weder in Klammern noch als theoretisch exaktes Maß (TED, en: theoretically exact dimension) angegeben ist, und ein Hinweis auf die allgemeine Tolerierung im oder beim Zeichnungsschriftfeld[b].	45° und ISO 2768-f (im oder beim Zeichnungsschriftfeld)

[a] Nennwinkelgrößenmaß und Grenzabweichung sollten mit der Einheit angegeben werden (in Grad als Dezimalbruch oder in Grad/Minuten/Sekunden).

[b] Siehe ISO 2768-1 zu Angaben zur allgemeinen Tolerierung.

5.2 ISO-Default-Spezifikationsoperator für das Winkelgrößenmaß

Der ISO-Default-Spezifikationsoperator für das Winkelgrößenmaß ist das „Zwei-Linien-Winkelgrößenmaß" mit Minimax-Assoziationskriterium, siehe auch Anhang A.

Der ISO-Default-Spezifikationsoperator für das Winkelgrößenmaß gilt, wenn die Zeichnung keine Angabe zu einer anderen Default-Spezifikation für das Winkelgrößenmaß nach 5.3 enthält.

Bei Verwendung des Zwei-Linien-Winkelgrößenmaßes für beide festgelegten Grenzen kann der Modifikator (LC) entfallen.

Siehe Bild 11 a) und Bild 11 b).

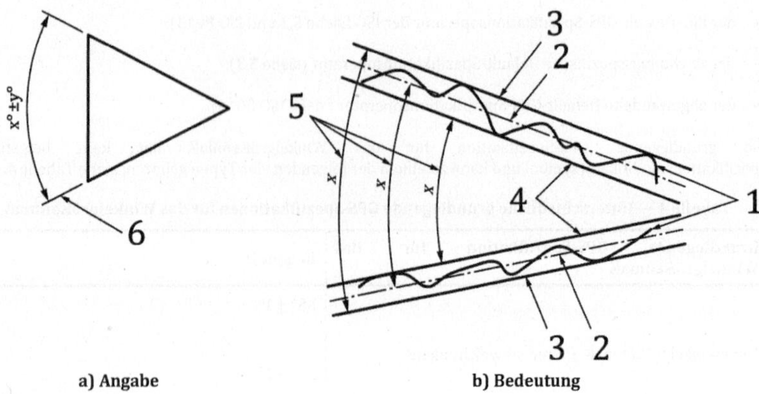

a) Angabe

b) Bedeutung

Legende

1 reales Geometrieelement

2 assoziiertes Geometrieelement mit Minimax-Kriterium ohne Material-Nebenbedingung

3 assoziiertes Geometrieelement mit Minimax-Kriterium mit außerhalb des Materials liegender Nebenbedingung

4 assoziiertes Geometrieelement mit Minimax-Kriterium mit innerhalb des Materials liegender Nebenbedingung

5 Zwei-Linien-Winkelgrößenmaß

6 Winkelmaß

Bild 11 — ISO-Default-Spezifikationsoperator für das Winkelgrößenmaß

Im Fall des Minimax-Kriteriums wird das Ergebnis der Bewertung des Winkelgrößenmaßes nicht davon beeinflusst, ob die Nebenbedingung des Materials angewendet wird oder nicht. Siehe auch Bild 11.

Die Toleranz gilt für alle Querschnitte mit einem Winkel entlang der zwei realen integralen Flächen, wobei alle derartigen Winkel innerhalb des Toleranzintervalls liegen müssen.

5.3 Zeichnungsspezifischer Default-Spezifikationsoperator für das Winkelgrößenmaß

Wenn ein zeichnungsspezifischer Default-Spezifikationsoperator für das Winkelgrößenmaß gilt, ist dies auf der Zeichnung im oder nahe dem Schriftfeld in folgenden Reihenfolge einzutragen:

- Verweisung auf ISO 14405;
- Spezifikationsmodifikatorsymbol(e) für die gewählte Default-Spezifikationsdefinition des Winkelgrößenmaßes.

Siehe auch Bild 12.

Für die Festlegung unterschiedlicher Default-Spezifikationsoperatoren für lineare Größenmaße und/oder Winkelgrößenmaße ist vor der Verweisung auf diese Internationale Norm der Zusatz „Linear Size" und/oder „Angular size" anzugeben.

BEISPIEL „Angular size ISO 14405".

Siehe auch Bild 12 und Bild 13.

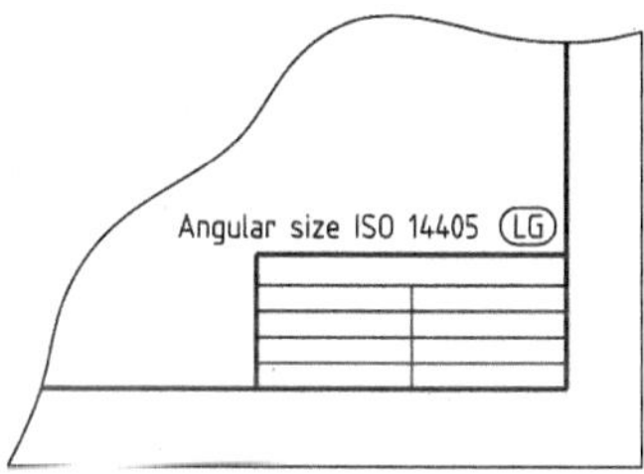

ANMERKUNG 1 Der Default-Spezifikationsoperator für das Winkelgrößenmaß in dieser Zeichnung wird geändert zum Winkelgrößenmaß der kleinsten Abweichungsquadrate.

ANMERKUNG 2 Der geänderte Default-Spezifikationsoperator ist das Default-Winkelgrößenmaß, sofern nicht anders angegeben.

ANMERKUNG 3 Die Default-Spezifikation für diese Zeichnung gilt ausschließlich für Winkelgrößenmaße.

Bild 12 — Beispiel einer Änderung des Default-Spezifikationsoperators für das Winkelgrößenmaß für die gesamte Zeichnung

Zur Unterstützung beim Lesen der Zeichnung ist die Angabe aller anderen darin verwendeten Modifikatoren in Klammern nach der Angabe der jeweiligen Default-Spezifikation möglich. Siehe Bild 13.

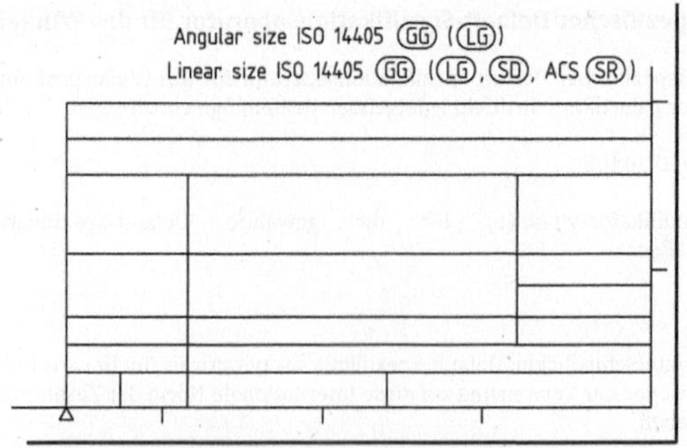

Bild 13 — Beispiel einer Änderung des Default-Spezifikationsoperators für sowohl lineare Größenmaße als auch Winkelgrößenmaße für die gesamte Zeichnung

6 Zeichnungsangabe

6.1 Zeichnungsangabe für spezielle Spezifikationsoperatoren für das Winkelgrößenmaß

Eine Toleranzangabe für das Winkelgrößenmaß gilt für ein einzelnes vollständiges Winkelgrößenmaßelement. Es ist möglich anzugeben, dass

— die Toleranz für einen beliebigen beschränkten oder einen festgelegten beschränkten Teil des Winkelgrößenmaßelements gilt; oder

— die Toleranz für mehr als ein Winkelgrößenmaßelement gilt; siehe Bild 14 a) und Bild 14 b).

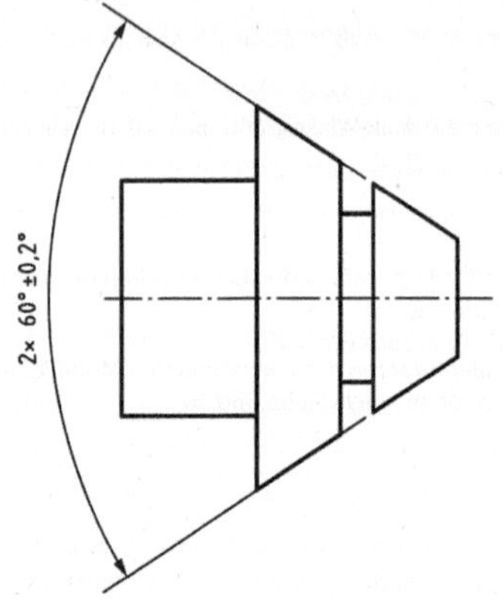

a) Gleiche Anforderung für zwei separate, einzeln bewertete Winkelgrößenmaßelemente

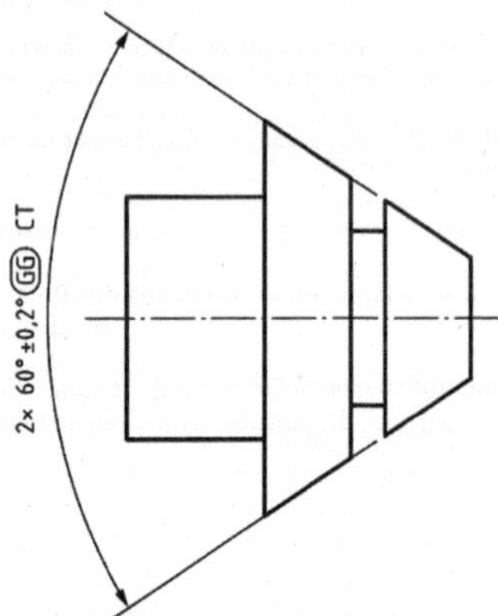

b) Gemeinsame Anforderung für die zwei Winkelgrößenmaßelemente, die als Einheit betrachtet werden (Modifikator CT)

Bild 14 — Beispiel der für mehr als ein Winkelgrößenmaßelement geltenden Toleranz

Gilt der ISO-Default-Spezifikationsoperator für Winkelgrößenmaße nicht, muss die Toleranzangabe Spezifikationsmodifikatoren enthalten (siehe Tabelle 1 und Tabelle 2), aus denen hervorgeht, welche(r) spezielle(n) Spezifikationsoperator(en) gilt/gelten.

Die Regeln für Reihenfolge und Angabe von Modifikatoren (siehe Tabelle 1 und Tabelle 2) für Winkelgrößenmaß müssen jene nach ISO 14405-1:2016, Abschnitt 6, berücksichtigen.

6.2 Angabe des tolerierten Geometrieelements, welches das Winkelgrößenmaßmerkmal definiert

Ist das tolerierte Geometrieelement das vollständige Geometrieelement, ist keine zusätzliche Angabe erforderlich (siehe Bild 15).

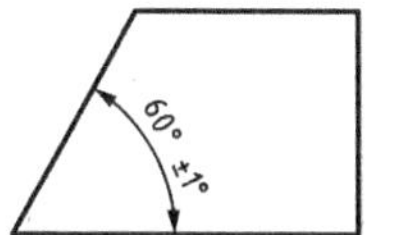

Bild 15 — Beispiel einer Anforderung für das vollständige Winkelgrößenmaßelement

Ist das tolerierte Geometrieelement Teil des vollständigen Geometrieelements sind Angaben zur Definition eines Querschnitts oder eines Teilbereichs nach ISO 14405-1:2016, 7.2 bis 7.3, erforderlich.

Gilt eine Anforderung einzeln für mehr als ein Winkelgrößenmaßelement, sind Regeln zur Verwendung des Modifikators für die Anzahl wiederholter Geometrieelemente „*n*ד nach ISO 14405-1:2016, 7.6, anzuwenden.

Gilt eine Anforderung gleichzeitig für mehrere Winkelgrößenmaßelemente, die als Einheit betrachten werden, ist der Modifikator CT nach ISO 14405-1:2016, 7.7, anzuwenden.

Anhang A
(normativ)

Assoziationskriterien für das Zwei-Linien-Winkelgrößenmaß (für ein rotationssymmetrisches oder prismatisches Größenmaßelement)

Zwei-Linien-Winkelgrößenmaß

Zwei aufeinander folgende Assoziationsoperationen werden zur Bestimmung eines Zwei-Linien-Winkelgrößenmaßes verwendet. Siehe Tabelle A.1.

a) Zur Assoziation der realen Winkelgrößenmaßelemente mit einem Geometrieelement derselben Art.

b) Zur Assoziation der extrahierten Linien (ausgehend vom Schnittpunkt der realen Winkelgrößenmaßelemente und der Schnittebene) mit zwei Geraden. Siehe Bild A.1 für ein Beispiel mit Minimax-Kriterium.

Für die erste Assoziation (a): das Assoziationskriterium ist das Assoziationskriterium der kleinsten Abweichungsquadrate (ohne Material-Nebenbedingung, siehe Abschnitt 3) für die zwei extrahierten Oberflächen eines prismatischen Größenmaßelements (unabhängig voneinander) und für die extrahierte Oberfläche eines rotationssymmetrischen Größenmaßelements.

ANMERKUNG Die erste Assoziation mit einem Kriterium der kleinsten Abweichungsquadrate muss entweder eine stabile Schnittgerade für das prismatische Größenmaßelement, siehe Bild 4, oder eine stabile Achse für das rotationssymmetrische Größenmaßelement festlegen.

Für die zweite Assoziation (b): das zweite Assoziationskriterium kann entweder ein Minimax-Assoziationskriterium (Default-Fall) oder ein Assoziationskriterium der kleinsten Abweichungsquadrate (ohne Material-Nebenbedingung, siehe Abschnitt 3) sein. Die zwei Linien werden unabhängig voneinander assoziiert.

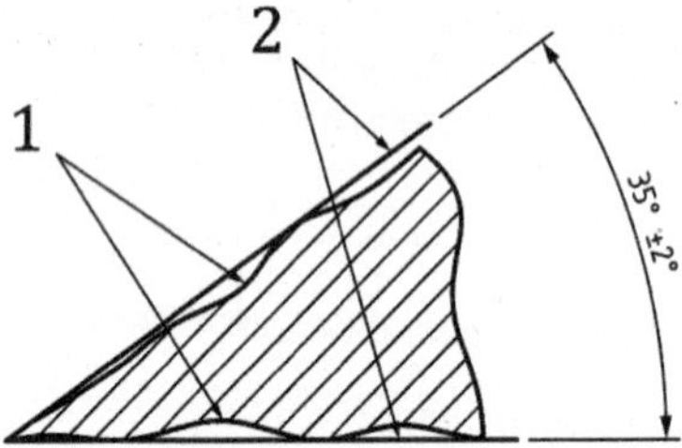

Legende

1 extrahierte Linien

2 assoziierte Geraden

Bild A.1 — Zwei-Linien-Winkelgrößenmaß: Zweite Assoziation mit Minimax-Kriterium

Tabelle A.1 — Symbole für Zwei-Linien-Winkelgrößenmaß

	Erste Assoziation vorgeschrieben	Zweite Assoziation spezifikationsabhängig	
		Minimax = Default-Fall	Kleinste Abweichungsquadrate
Zwei-Linien-Winkelgrößen-maß	Kleinste Abweichungsquadrate kein Symbol	(LC)	(LG)

Anhang B
(informativ)

Unterschiede zwischen zwei als ein Winkelgrößenmaßelement angesehenen Ebenen und zwei als zwei einzelne Größenmaßelemente angesehenen Ebenen

Zeichnungsangabe	Winkelgrößenmaßelement
38° ±1°	Ja Die zwei Ebenen werden gemeinsam als ein Größenmaßelement betrachtet und der Winkel gilt als variabel.
∠ t2 B A; B; A; 38°	Nein Die zwei Ebenen werden unabhängig voneinander betrachtet. Eine Ebene ist von der anderen weggerichtet. Der TED-Winkel definiert die Toleranzzone.
A; B; ∠ t3 B A; 38°	Nein Die zwei Ebenen werden unabhängig voneinander betrachtet. Eine Ebene ist von der anderen weggerichtet. Der TED-Winkel definiert die Toleranzzone.
⌓ t4 CZ; 38°	Nein Die zwei Ebenen werden gleichzeitig betrachtet. Der TED-Winkel definiert die kombinierte Toleranzzone.

Anhang C
(informativ)

Übersichtsdiagramm für das Winkelgrößenmaß

In Bild C.1 sind die Zusammenhänge zwischen Winkelgrößenmaßmerkmalen dargestellt.

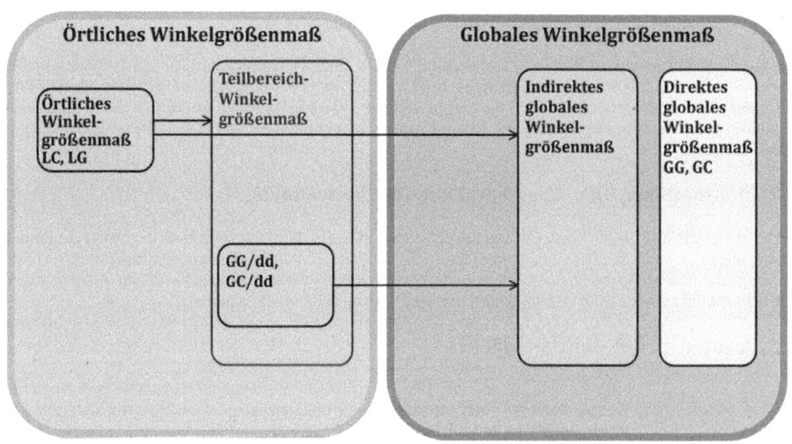

Legende

→	Rangordnungsoperator
dd	den Teilbereich definierendes Maß

Bild C.1 — Übersichtsdiagramm für das Winkelgrößenmaß

Anhang D
(informativ)

Zusammenhang mit der ISO-GPS-Matrix

D.1 Allgemeines

Zu den vollständigen Einzelheiten des GPS-Matrix-Modells siehe ISO 14638.

Die in ISO 14638 gegebene ISO/GPS-Übersicht gibt einen Überblick über das ISO/GPS-System, von dem dieser Teil von ISO 14405 ein Bestandteil ist. Sofern nichts anderes angegeben ist, gelten die in ISO 8015 angegebenen Grundregeln zu ISO/GPS für diesen Teil der ISO 14405 und die in ISO 14253-1 angegebenen Default-Entscheidungsregeln für die in Übereinstimmung mit diesem Teil der ISO 14405 festgelegten Spezifikationen.

D.2 Informationen über diese Norm und ihre Verwendung

Dieser Teil von ISO 14405 führt die Default-Definition für das Winkelgrößenmaß ein sowie besondere Festlegungen und Zeichnungsangaben für die Winkelgrößenmaßspezifikation eines Winkelgrößenmaßelements (z. B. Keil, Kegel oder zwei gegenüberliegende integrale Linien, definiert durch den Schnittpunkt einer Ebene und der Oberfläche des Winkelgrößenmaßelements).

D.3 Position im GPS-Matrix-Modell

Dieser Teil von ISO 14405 ist eine allgemeine GPS-Norm, die die Kettenglieder „Symbole und Angaben", „Anforderungen an Geometrieelemente" und „Merkmale von Geometrieelementen" der Normenketten für Größenmaß in der allgemeinen GPS-Matrix beeinflusst, wie in Tabelle D.1 dargestellt.

Tabelle D.1 — Fundamentale und allgemeine ISO-GPS-Normen

	Kettenglieder						
	A	**B**	**C**	**D**	**E**	**F**	**G**
	Symbole und Angaben	**Anforde-rungen an Geometrie elemente**	**Merkmale von Geometrie elementen**	**Übereinstim mung und Nicht-Überein-stimmung**	**Messung**	**Messgeräte**	**Kalibrie-rung**
Größenmaß	•	•	•				
Abstand							
Form							
Richtung							
Ort							
Lauf							
Oberflächen-beschaffen-heit: Profil							
Oberflächen-beschaffen-heit: Fläche							
Oberflächen-unvollkom-menheit							

Literaturhinweise

[1] ISO 2768-1, *General tolerances — Part 1: Tolerances for linear and angular dimensions without individual tolerance indications*

[2] ISO 10579, *Geometrical product specifications (GPS) — Dimensioning and tolerancing — Non-rigid parts*

[3] ISO 14253-1, *Geometrical Product Specifications (GPS) — Inspection by measurement of workpieces and measuring equipment — Part 1: Decision rules for proving conformance or non-conformance with specifications*

[4] ISO 14638, *Geometrical product specifications (GPS) — Matrix model*

[5] ISO 22432:2011, *Geometrical product specifications (GPS) — Features utilized in specification and verification*

Dezember 2015

	DIN EN ISO 14638	

ICS 17.040.30

Ersatz für
DIN V 32950:1997-04

Geometrische Produktspezifikation (GPS) – Matrix-Modell (ISO 14638:2015); Deutsche Fassung EN ISO 14638:2015

Geometrical product specifications (GPS) –
Matrix model (ISO 14638:2015);
German version EN ISO 14638:2015

Spécification géométrique des produits (GPS) –
Modèle de matrice (ISO 14638:2015);
Version allemande EN ISO 14638:2015

Gesamtumfang 24 Seiten

DIN-Normenausschuss Technische Grundlagen (NATG)

Nationales Vorwort

Dieses Dokument (EN ISO 14638:2015) wurde vom Technischen Komitee ISO/TC 213/WG 17 „Facilitation of GPS implementation" in Zusammenarbeit mit dem Technischen Komitee CEN/TC 290 „Geometrische Produktspezifikationen und -prüfung", dessen Sekretariat von AFNOR (Frankreich) gehalten wird, erarbeitet.

Auf nationaler Ebene ist der Arbeitsausschuss NA 152-03-02 AA „CEN/ISO Geometrische Produktspezifikation und -prüfung" im Normenausschuss Technische Grundlagen (NATG) im DIN zuständig.

ANMERKUNG In ISO 14638:2015, wurde die Nummerierung bei „B.4" übersprungen und ist daher „B.5".

Änderungen

Gegenüber DIN V 32950:1997-04 wurden folgende Änderungen vorgenommen:

a) die Kategorie der globalen GPS-Normen wurde entfernt, da sie nicht eindeutig von fundamentalen GPS-Normen oder allgemeinen GPS-Normen abgrenzbar war;

b) komplette Überarbeitung des GPS-Matrix-Modells (weitere Details, siehe Nationalen Anhang);

c) die Norm wurde redaktionell überarbeitet.

Frühere Ausgaben

DIN V 32950: 1997-04

Nationaler Anhang NA
(informativ)

Informationen aus dem ISO-Vorwort

Diese erste Ausgabe von ISO 14638 ersetzt ISO/TR 14638:1995.

ISO 14638 wurde gegenüber dem früheren Dokument ISO/TR 14638 mit dem Ziel überarbeitet, den Text und die Definitionen eindeutiger zu formulieren, um die Anwendbarkeit des Dokumentes zu verbessern, und um die Matrix zu überarbeiten, soweit die Entwicklung der ISO-GPS das erforderlich gemacht hat.

Folgende wesentlichen Änderungen wurden vorgenommen:

- die Kategorie der globalen GPS-Normen wurde entfernt, da sie nicht eindeutig von fundamentalen GPS-Normen oder allgemeinen GPS-Normen abgrenzbar war. Normen, die bisher als globale GPS-Normen eingestuft waren, wurden entweder zurückgezogen oder können als fundamentale GPS-Norm oder allgemeine GPS-Norm eingestuft werden;
- die Anzahl der früher verwendeten Benennungen zur Beschreibung der verschiedenen Ketten in der Matrix wurde verringert;
  - die Überschriften „Form einer Linie (bezugsunabhängig)" und „Form einer Oberfläche (bezugsunabhängig)" wurden durch die Überschrift „Form" ersetzt;
  - die Überschriften „Form einer Linie (bezugsabhängig)" und „Form einer Oberfläche (bezugsabhängig)" wurden entfernt, da diese Merkmale bereits in „Richtung" und „Ort" abgedeckt werden;
  - die Überschrift „Bezüge" wurde aus der Matrix entfernt, da es sich bei Bezügen nicht um geometrische Merkmale handelt. In Abschnitt 5 wird nunmehr erklärt, wie die ISO-GPS-Norm für Bezüge im ISO-GPS-Matrix-Modell behandelt wird;
  - die Überschriften „Rundlauf" und „Gesamtlauf" wurden unter der Überschrift „Lauf" zusammengefasst;
  - die drei Ketten „Oberflächenrauheit", „Oberflächenwelligkeit" und „Grundprofil" wurden durch den Eintrag „Oberflächenbeschaffenheit: Profil" ersetzt;
  - die Überschrift „Winkel" wurde entfernt, da Winkel bereits von den Überschriften „Größenmaß" und „Abstand" erfasst werden;
  - die Überschrift „Radius" wurde entfernt, da Radien mit von den Überschriften „Abstand" und „Form" erfasst werden;
  - die Überschrift „Kanten" wurde entfernt, da Kanten kein geometrisches Merkmal sind;
- es wurde eine zusätzliche Kategorie von allgemeinen GPS-Normen für die Oberflächenbeschaffenheit: Fläche hinzugefügt;
- es wurde ein zusätzliches Kettenglied für Übereinstimmung und Nicht-Übereinstimmung hinzugefügt;
- die Kettenglieder haben beschreibende Titel erhalten und werden mit Buchstaben bezeichnet. Die zuvor verwendeten Kettengliednummern wurden entfernt;

— die GPS-Matrix erscheint nun nur noch in einem einzigen Format für fundamentale GPS-Normen und allgemeine GPS-Normen;

— die Listen von GPS-Normen wurden aus diesem Dokument entfernt. Eine aktuelle Liste der Normen des ISO/TC 213 wird an folgender Stelle auf der ISO-Website geführt:

  http://www.iso.org/iso/home/store/catalogue tc/catalogue tc browse.htm?commid=54924&published=on;

— ein Diagramm, das eine Version der Matrix darstellt, in der Bezüge auf einzelne ISO-Normen enthalten sind, wurde aus diesem Dokument entfernt. Eine Online-Version der Matrix mit Abfragemöglichkeiten erscheint nun auf der Website des ISO/TC 213 unter http://isotc213.ds.dk/, wo sie auf dem aktuellen Stand gehalten werden kann;

— die Regeln, die früher zur Erstellung von ISO-GPS-Normen aufgeführt wurden, sind jetzt in Form einer mit Anstrichen versehenen Liste von Grundsätzen und Empfehlungen vorhanden;

  — der „Grundsatz der Widerspruchsfreiheit" wurde als erste Regel der Liste neu geschrieben;

  — der „Grundsatz der Vollständigkeit" wurde entfernt, da es sich dabei nicht um eine Regel, sondern um ein Bestreben handelt;

  — der „Grundsatz der Ergänzung" wurde entfernt, da seine Bedeutung nicht klar war;

  — der zweite Grundsatz wurde hinzugefügt, um Konflikte zwischen unterschiedlichen GPS-Normen zu vermeiden, was auch mit dem früheren „Grundsatz der Ergänzung" beabsichtigt war;

— eine dritte Empfehlung wurde hinzugefügt, die das Format des informativen Anhangs festlegt, der in allen künftigen von ISO/TC 213 erstellten GPS-Normen erscheinen muss. In dem Anhang wird erklärt, wie sich die jeweilige Norm in die GPS-Matrix einfügt.

EUROPÄISCHE NORM

EUROPEAN STANDARD

NORME EUROPÉENNE

EN ISO 14638

Januar 2015

ICS 17.040.01

Ersatz für CR ISO 14638:1996

Deutsche Fassung

Geometrische Produktspezifikation (GPS) — Matrix-Modell (ISO 14638:2015)

Geometrical product specifications (GPS) — Matrix model (ISO 14638:2015)

Spécification géométrique des produits (GPS) — Modèle de matrice (ISO 14638:2015)

Diese Europäische Norm wurde vom CEN am 25. Oktober 2014 angenommen.

Die CEN-Mitglieder sind gehalten, die CEN/CENELEC-Geschäftsordnung zu erfüllen, in der die Bedingungen festgelegt sind, unter denen dieser Europäischen Norm ohne jede Änderung der Status einer nationalen Norm zu geben ist. Auf dem letzten Stand befindliche Listen dieser nationalen Normen mit ihren bibliographischen Angaben sind beim Management-Zentrum des CEN-CENELEC oder bei jedem CEN-Mitglied auf Anfrage erhältlich.

Diese Europäische Norm besteht in drei offiziellen Fassungen (Deutsch, Englisch, Französisch). Eine Fassung in einer anderen Sprache, die von einem CEN-Mitglied in eigener Verantwortung durch Übersetzung in seine Landessprache gemacht und dem Management-Zentrum mitgeteilt worden ist, hat den gleichen Status wie die offiziellen Fassungen.

CEN-Mitglieder sind die nationalen Normungsinstitute von Belgien, Bulgarien, Dänemark, Deutschland, der ehemaligen jugoslawischen Republik Mazedonien, Estland, Finnland, Frankreich, Griechenland, Irland, Island, Italien, Kroatien, Lettland, Litauen, Luxemburg, Malta, den Niederlanden, Norwegen, Österreich, Polen, Portugal, Rumänien, Schweden, der Schweiz, der Slowakei, Slowenien, Spanien, der Tschechischen Republik, der Türkei, Ungarn, dem Vereinigten Königreich und Zypern.

EUROPÄISCHES KOMITEE FÜR NORMUNG
EUROPEAN COMMITTEE FOR STANDARDIZATION
COMITÉ EUROPÉEN DE NORMALISATION

CEN-CENELEC Management-Zentrum: Avenue Marnix 17, B-1000 Brüssel

Ref. Nr. EN ISO 14638:2015 D

Inhalt

Vorwort

Dieses Dokument (EN ISO 14638:2015) wurde vom Technischen Komitee ISO/TC 213 „Dimensional and geometrical product specifications and verification" in Zusammenarbeit mit dem Technischen Komitee CEN/TC 290 „Geometrische Produktspezifikatonen und -prüfung" erarbeitet, dessen Sekretariat von AFNOR gehalten wird.

Diese Europäische Norm muss den Status einer nationalen Norm erhalten, entweder durch Veröffentlichung eines identischen Textes oder durch Anerkennung bis Juli 2015, und etwaige entgegenstehende nationale Normen müssen bis Juli 2015 zurückgezogen werden.

Es wird auf die Möglichkeit hingewiesen, dass einige Elemente dieses Dokuments Patentrechte berühren können. CEN [und/oder CENELEC] sind nicht dafür verantwortlich, einige oder alle diesbezüglichen Patentrechte zu identifizieren.

Dieses Dokument ersetzt CR ISO 14638:1996.

Entsprechend der CEN-CENELEC-Geschäftsordnung sind die nationalen Normungsinstitute der folgenden Länder gehalten, diese Europäische Norm zu übernehmen: Belgien, Bulgarien, Dänemark, Deutschland, die ehemalige jugoslawische Republik Mazedonien, Estland, Finnland, Frankreich, Griechenland, Irland, Island, Italien, Kroatien, Lettland, Litauen, Luxemburg, Malta, Niederlande, Norwegen, Österreich, Polen, Portugal, Rumänien, Schweden, Schweiz, Slowakei, Slowenien, Spanien, Tschechische Republik, Türkei, Ungarn, Vereinigtes Königreich und Zypern.

Anerkennungsnotiz

Der Text von ISO 14638:2015 wurde vom CEN als EN ISO 14638:2015 ohne irgendeine Abänderung genehmigt.

Einleitung

Geometrische Produktspezifikation (ISO GPS) ist das System, das zur Festlegung der geometrischen Anforderungen an Werkstücke in technischen Spezifikationen und den Anforderungen an ihre Verifizierung verwendet wird.

Die GPS-Normen der ISO liegen in der Verantwortung des ISO/TC 213. Die GPS-Normen der ISO werden in Verbindung mit weiteren Normen zur Technischen Produktdokumentation (TPD) verwendet, die im Verantwortungsbereich von ISO/TC 10 liegen, um eine Technische Produktspezifikation (TPS) zu erstellen.

Die vorliegende Internationale Norm gibt einen Überblick über den Aufbau des GPS-Systems der ISO.

Die fundamentalen ISO-GPS-Regeln nach ISO 8015 gelten für diese Internationale Norm und die Default-Entscheidungsregeln nach ISO 14253-1 gelten für Spezifikationen, die in Übereinstimmung nach dieser Internationalen Norm angefertigt wurden, sofern nicht anders angegeben.

1 Anwendungsbereich

Diese Internationale Norm ist eine fundamentale ISO-GPS-Norm. Sie erläutert das Konzept der Geometrischen Produktspezifikation (ISO GPS) und enthält ein Bezugssystem, das angibt, wie gegenwärtige und künftige ISO-GPS-Normen die Anforderungen an das ISO-GPS-System behandeln.

Dieses Bezugssystem soll für die Anwender von ISO-GPS-Normen von Nutzen sein, indem es den Umfang des Anwendungsbereiches der verschiedenen Normen darstellt und zeigt, wie die einzelnen Normen gegenseitig in Beziehung zueinander stehen.

Das Bezugssystem dient auch der Strukturierung der Entwicklung von Normen für GPS durch das Technische Komitee ISO/TC 213.

Die vollständige Auflistung von Normen, aus denen das ISO-GPS-System besteht, ist der Website von ISO/TC 213 unter http://www.iso.org/iso/home/store/catalogue_tc/catalogue_tc_browse.htm?commid=54924&published=on zu entnehmen. Wenn maßgebende Normen und Dokumente zur Verfügung stehen, die aus anderen Quellen als ISO/TC 213 stammen, können diese ebenfalls aufgeführt sein, wenngleich eine solche Auflistung weder vollständig noch umfassend ist.

2 Konzept

ISO GPS ist ein System, das zur Beschreibung bestimmter Merkmale von Werkstücken, die einige der verschiedenen Phasen innerhalb des Lebenszyklus des Werkstückes betreffen (Konstruktion, Herstellung, Prüfung usw.), verwendet wird.

ISO GPS behandelt geometrische Merkmale, wie z. B. Größenmaß, Ort, Richtung, Form, Oberflächenbeschaffenheit usw.

Im ISO-GPS-System sind neun geometrische Merkmale identifiziert. Zusätzliche geometrische Merkmale dürfen zukünftig hinzugefügt werden. Die Merkmale sind:

— Größenmaß;

— Abstand;

— Form;

— Richtung;

— Ort;

— Lauf;

— Oberflächenbeschaffenheit: Profil;

— Oberflächenbeschaffenheit: Fläche;

— Oberflächenunvollkommenheit.

Die ISO-GPS-Normen, die sich auf jede dieser neun geometrischen Merkmale beziehen, werden in eine Reihe von neun Kategorien von Normen eingeteilt (siehe 3.3). Jede Kategorie kann dabei weiter unterteilt sein in eine Anzahl spezieller Elemente, und jedem dieser speziellen Elemente entspricht eine Normenkette.

Beispielsweise handelt es sich bei „Größenmaß" um eine geometrische Eigenschaftskategorie. „Größenmaß" kann in „Größenmaß von Zylindern", „Größenmaß von Kegeln", „Größenmaß von Kugeln" usw. unterteilt sein, wobei jede dieser Unterteilungen einer Normenkette entspricht.

Winkel werden durch die Merkmale Größenmaß und Abstand abgedeckt, und Radien durch die Merkmale Abstand und Form.

Für jedes geometrische Merkmal ist es notwendig, dass eine Spezifikation für dieses Merkmal festgelegt werden kann, es ist notwendig, dass das Merkmal gemessen werden kann, und es ist notwendig, dass die Messung mit der Spezifikation verglichen werden kann. Die GPS-Normen, die sich auf diese Anforderungen beziehen, sind in einer Reihe von sieben Kettengliedern in jeder Normenkette festgelegt (siehe 3.3).

Einige Herstellungsprozesse, wie z. B. Gießen und Schweißen (diese Aufzählung ist nicht umfassend), haben Anforderungen, die für den jeweiligen Prozess spezifisch sind. Normen, die spezifische Prozesse behandeln, können in weitere Normenketten eingeteilt werden.

Einige Maschinenelemente, wie z. B. Schraubengewinde und Zahnräder (diese Aufzählung ist nicht umfassend), haben Anforderungen, die für das jeweilige Maschinenelement spezifisch sind. Normen, die spezifische Maschinenelemente behandeln, werden in weitere Normenketten eingeteilt.

Weitere Kategorien geometrischer Merkmale und Ketten dürfen künftig hinzugefügt werden, um Entwicklungen bei Herstellungs- und Prüfprozessen sowie weitere industrielle Anforderungen widerzuspiegeln.

Die Normen, Kategorien und Normenketten sind in einer Matrix so angeordnet, dass es möglich ist, den Anwendungsbereich jeder Norm und die Beziehungen zwischen den einzelnen Normen eindeutig abzubilden.

3 Aufbau

3.1 Allgemeines

Die ISO-GPS-Normen können in einer Matrix aus Zeilen und Spalten angeordnet werden. Jede Zeile in der Matrix besteht aus einer der Kategorien für die neun geometrischen Merkmale, die weiter in Normenketten unterteilt werden können, und jede Spalte wird als „Kettenglied“ beschrieben. Der Anwendungsbereich jeder ISO-GPS-Norm kann auf der ISO-GPS-Matrix dargestellt werden, indem gezeigt wird, für welche Kettenglieder (Spalten) in welchen Kategorien geometrischer Merkmale (Zeilen) die jeweilige Norm gilt.

3.2 Arten von ISO-GPS-Normen

3.2.1 Fundamentale ISO-GPS-Normen

ISO-GPS-Normen, welche die Regeln und Grundsätze festlegen, die für alle Kategorien (Kategorien geometrischer Merkmale und sonstige Kategorien) und alle Kettenglieder in der ISO-GPS-Matrix gelten.

ANMERKUNG Die Kategorie der globalen ISO-GPS-Normen wurde aus diesem Dokument entfernt. ISO-GPS-Normen, die zuvor als globale ISO-GPS-Normen klassifiziert waren, sind jetzt entweder als fundamentale GPS-Normen oder als allgemeine ISO-GPS-Normen eingestuft.

3.2.2 Allgemeine ISO-GPS-Normen

ISO-GPS-Normen, die für eine oder mehrere Kategorien geometrischer Merkmale und für ein oder mehrere Kettenglieder gelten, bei denen es sich jedoch nicht um fundamentale ISO-GPS-Normen handelt.

3.2.3 Komplementäre ISO-GPS-Normen

ISO-GPS-Normen, die sich auf spezifische Herstellungsprozesse oder spezifische Maschinenelemente beziehen.

3.3 Die ISO-GPS-Matrix

3.3.1 Kategorien geometrischer Merkmale

Eine *Kategorie für geometrische Merkmale* umfasst alle allgemeinen ISO-GPS-Normen, die sich auf eine bestimmte geometrische Eigenschaft beziehen, wie z. B. Größenmaß, Abstand oder Ort. Gegenwärtig gibt es neun *Kategorien für geometrische Merkmale.*

In der ISO-GPS-Matrix entspricht jede *Kategorie geometrischer Merkmale* einer Zeile in der Matrix.

3.3.2 Komplementäre Kategorien

Die Matrix enthält zwei nicht geometrische Kategorien, die Kategorie für Herstellungsprozesse und die Kategorie für Maschinenelemente.

3.3.3 Normenkette

Eine Kategorie für geometrische Merkmale kann in „Ketten" von Normen unterteilt sein, wobei jede davon alle allgemeinen ISO-GPS-Normen beinhaltet, die sich auf eine bestimmte Unterteilung einer geometrischen Eigenschaftskategorie beziehen, wie z. B. Größenmaß von Zylindern, Größenmaß von Kegeln und Größenmaß von Kugeln.

Diese Unterteilungen sind in dieser Internationalen Norm nicht detailliert beschrieben.

Die Kategorie der Herstellungsprozesse kann in Normenketten unterteilt werden, die unterschiedlichen Arten von Herstellungsprozessen entsprechen.

Die Kategorie der Maschinenelemente kann in Normenketten unterteilt werden, die unterschiedlichen Arten von Maschinenelementen entsprechen.

Künftig können weitere Ketten zu jeder Kategorie hinzugefügt werden.

3.3.4 Kettenglieder

Ein Kettenglied umfasst alle allgemeinen ISO-GPS-Normen, die sich auf eine bestimmte Funktion bei der Spezifikation oder Verifizierung einer geometrischen Eigenschaft beziehen, wie z. B. die zu verwendenden Symbole oder die Messung der Eigenschaft. Es gibt gegenwärtig sieben Kettenglieder.

In der ISO-GPS-Matrix entspricht jedes Kettenglied einer Spalte in der Matrix.

ANMERKUNG Beispiele für verschiedene Möglichkeiten, wie die GPS-Matrix zur Identifizierung spezieller Normen oder Normengruppen angewendet werden kann, die sich auf ein bestimmtes geometrisches Merkmal oder ein bestimmtes Kettenglied beziehen, sind in Anhang B aufgeführt.

3.4 Kategorien für geometrische Merkmale

Die neun Kategorien für geometrische Merkmale sind in Tabelle 1 aufgeführt.

Ergänzende Normen und Normen von anderen Technischen Komitees können mit dieser Matrix ebenfalls dargestellt werden.

4 Bezüge

Bezüge werden nicht mehr von einer Kette in der Matrix behandelt, da es sich dabei nicht um geometrische Merkmale handelt. Bezüge sind jedoch für die Festlegung vieler geometrischer Eigenschaften von Bedeutung, weshalb ISO-GPS-Normen, die Bezüge behandeln, in der Matrix durch einen ausgefüllten Punkt in jedem Kettenglied dargestellt werden, auf das sie sich beziehen (siehe Anhang C).

5 Kettenglieder

5.1 Allgemeines

Jedes Kettenglied hat einen Titel und eine Beschreibung.

ANMERKUNG Die im vorherigen ISO/TR 14638:1995 verwendeten Nummern für die Kettenglieder sind zur Bezugnahme in Anmerkungen angegeben.

5.2 Kettenglied A: Symbole und Angaben

Dieses Kettenglied besteht aus ISO-GPS-Normen, die die Form und Proportionen von Symbolen, Angaben und Modifikatoren sowie die Regeln für ihre Anwendung festlegen.

ANMERKUNG Dieses Kettenglied war früher Kettenglied 1.

5.3 Kettenglied B: Anforderungen an Geometrieelemente

Dieses Kettenglied besteht aus ISO-GPS-Normen, die die Toleranzmerkmale, Toleranzzonen, Einschränkungen und Parameter festlegen. Das schließt Normen ein, die geometrische Merkmale, Größenmerkmale, Parameter für die Oberflächenbeschaffenheit, die Form, das Größenmaß und den Ort von Toleranzzonen sowie die Definitionen von Parametern festlegen.

ANMERKUNG Dieses Kettenglied war früher Kettenglied 2.

5.4 Kettenglied C: Merkmale von Geometrieelementen

Dieses Kettenglied besteht aus ISO-GPS-Normen, die die Merkmale und Bedingungen von Geometrieelementen eines Werkstückes festlegen. Das schließt Normen ein, die Prozesse der Partitionierung, Extraktion, Filterung, Assoziation, Kollektion und der Konstruktion festlegen.

ANMERKUNG Dieses Kettenglied war früher Kettenglied 3.

5.5 Kettenglied D: Übereinstimmung und Nicht-Übereinstimmung

Dieses Kettenglied besteht aus ISO-GPS-Normen, die die Anforderungen an den Vergleich von Anforderungen der Spezifikation mit den Verifizierungsergebnissen festlegen.

ANMERKUNG 1 Dieses Kettenglied umfasst Normen, die Defaultwerte, Regeln für die Übereinstimmung und Nicht-Übereinstimmung festlegen sowie Normen, die die Messunsicherheit behandeln.

ANMERKUNG 2 Dieses Kettenglied war früher durch Kettenglied 4 abgedeckt.

5.6 Kettenglied E: Messung

Dieses Kettenglied besteht aus ISO-GPS-Normen, die die Anforderungen an die Messung von Geometrieelementen und Bedingungen festlegen.

ANMERKUNG Dieses Kettenglied war früher Kettenglied 4.

5.7 Kettenglied F: Messgeräte

Dieses Kettenglied besteht aus ISO-GPS-Normen, die die Anforderungen an die für die Messung verwendeten Geräte festlegen.

ANMERKUNG Dieses Kettenglied war früher Kettenglied 5.

5.8 Kettenglied G: Kalibrierung

Dieses Kettenglied besteht aus ISO-GPS-Normen, die die Anforderungen an die Kalibrierung und Kalibrierverfahren für das Messgerät festlegen.

ANMERKUNG Dieses Kettenglied war früher Kettenglied 6.

6 Erstellung von ISO-GPS-Normen

6.1 Anleitung

Diese Internationale Norm soll all denjenigen, die mit der Erarbeitung von ISO-GPS-Normen befasst sind, als Anleitung dienen und diejenigen, die etwas über das ISO-GPS-System lernen, dabei unterstützen. Um diese Ziele zu erreichen, sollten die folgenden Punkte und Empfehlungen bei der Erarbeitung von ISO-GPS-Normen berücksichtigt werden.

a) Jede Kette von ISO-GPS-Normen soll widerspruchsfrei und vollständig sein;

   1) Jede Normenkette sollte die Rückverfolgbarkeit der verwendeten Symbole und Angaben, der Merkmale und Bedingungen von Geometrieelementen, der am Werkstück durchgeführten Messungen und der SI-Maßeinheiten sicherstellen.

   2) „Vollständig" bedeutet, dass jedes Kettenglied alle notwendigen Informationen enthält, einschließlich ISO-Defaults usw.

a) Keine ISO-GPS-Norm oder Normenkette sollte zu einer anderen ISO-GPS-Norm oder Normenkette im Widerspruch stehen;

b) jede vom ISO/TC 213 erarbeitete ISO-GPS-Norm enthält einen informativen Anhang, bei dem es sich um den letzten Anhang des Dokumentes handelt und der die Beziehung des Dokumentes zum ISO-GPS-Matrix-Modell erklärt. Dazu wird folgender Text empfohlen:

„Das in ISO 14638 vorgegebene ISO-GPS-Matrix-Modell gibt einen Überblick über das ISO-GPS-System, dessen Teil die vorliegende Norm ist."

6.2 Zusätzlicher Text

6.2.1 Allgemeines

Es darf zusätzlicher Text im Anhang für fundamentale, allgemeine und komplementäre Normen enthalten sein, wie in 6.2.2 bis 6.2.4 dargestellt. Der informative Anhang sollte eine Tabelle zur Darstellung der ISO-GPS-Matrix enthalten. Siehe Tabelle 1 zum Matrix-Modell, und Anhang A bezüglich eines Beispiels dafür, wie es anzuwenden wäre.

6.2.2 Fundamentale Norm

Fundamentale Normen sollten in allen Segmenten der Matrix einen ausgefüllten Punkt enthalten. Der folgende erläuternde Text wird empfohlen:

„Diese Norm ist eine fundamentale ISO-GPS-Norm. Die in dieser Norm angegebenen Regeln und Grundsätze gelten für alle allgemeinen und komplementären ISO-GPS-Normen in der ISO-GPS-Matrix."

6.2.3 Allgemeine Norm

Der folgende, erläuternde Text wird empfohlen:

„Diese Norm ist eine allgemeine ISO-GPS-Norm. Die in dieser Norm angegebenen Regeln und Grundsätze gelten für alle Segmente der ISO-GPS-Matrix, die einen ausgefüllten Punkt (•) enthalten."

6.2.4 Komplementäre Norm

Der Anwendungsbereich einer komplementären Norm kann ebenfalls in einer Matrix dargestellt werden, indem ausgefüllte Punkte (•) in den geeigneten Segmenten eingetragen werden. Der folgende erläuternde Text wird empfohlen:

„Diese Norm ist eine komplementäre ISO-GPS-Norm. Die in dieser Norm angegebenen Anforderungen gelten für alle Segmente der Matrix für komplementäre ISO-GPS Normen, die einen ausgefüllten Punkt (•) enthalten."

Tabelle 1 — Matrix-Modell für ISO-GPS-Normen

	Kettenglieder						
	A	B	C	D	E	F	G
	Symbole und Angaben	Anforderungen an Geometrieelemente	Merkmale von Geometrieelementen	Übereinstimmung und Nicht-Übereinstimmung	Messung	Messgeräte	Kalibrierung
Größenmaß							
Abstand							
Form							
Richtung							
Ort							
Lauf							
Oberflächenbeschaffenheit: Profil							
Oberflächenbeschaffenheit: Fläche							
Oberflächenunvollkommenheit							

Anhang A
(informativ)

Beispiel eines informativen Anhangs für ISO-GPS-Normen

Diese Internationale Norm empfiehlt (siehe Abschnitt 6), dass im jeweils letzten Anhang jeder GPS-Norm des ISO/TC 213 eine Darstellung der ISO-GPS-Matrix vorhanden sein sollte, welche die Beziehung der betreffenden Norm zur Matrix wiedergibt, und einen erläuternden Text enthält. Die Matrix und der Text können im nachstehend dargestellten Format verwendet werden (angegebenes Beispiel für ISO 1101):

„Das in ISO 14638 angegebene ISO-GPS-Matrix-Modell gibt einen Überblick über das ISO-GPS-System, wobei die vorliegende Norm ein Teil dessen ist.

Diese Norm ist eine allgemeine ISO-GPS-Norm. Die in dieser Norm angegebenen Regeln und Grundsätze gelten für alle Segmente der ISO-GPS-Matrix, die in Tabelle A.1 einen ausgefüllten Punkt (•) enthalten."

Tabelle A.1 — Matrix-Modell der ISO-GPS-Normen

	Kettenglieder						
	A	B	C	D	E	F	G
	Symbole und Angaben	Anforderungen an Geometrieelemente	Merkmale von Geometrieelementen	Übereinstimmung und Nicht-Übereinstimmung	Messung	Messgeräte	Kalibrierung
Größenmaß							
Abstand							
Form	•	•					
Richtung	•	•					
Ort	•	•					
Lauf	•	•					
Oberflächenbeschaffenheit: Profil							
Oberflächenbeschaffenheit: Fläche							
Oberflächenunvollkommenheit							

Anhang B
(informativ)

Beispiele für verschiedene Verfahrensweisen, wie die GPS-Matrix zur Identifizierung spezieller Normen oder Normengruppen, die sich auf eine spezielle geometrische Eigenschaft oder ein spezielles Kettenglied beziehen, angewendet werden kann

ANMERKUNG 1 Die in diesen Beispielen angegebenen Daten sind nicht zwangsläufig vollständig oder auf dem neuesten Stand.

ANMERKUNG 2 Bei den über die GPS-Matrix-Website (http://isotc213.ds.dk/) zur Verfügung stehenden Daten gibt es gegenwärtig (Mai 2014) nur begrenzte Abfragefunktionen, mit der Weiterentwicklung der Website sollte sich das jedoch verbessern.

B.1 BEISPIEL 1: Verwendete Matrix zur Identifizierung der Normen, die sich auf das Merkmal „Größenmaß" beziehen

Siehe Tabelle B.1.

Tabelle B.1 — Matrix-Modell der ISO-GPS-Normen

	Kettenglieder						
	A	B	C	D	E	F	G
	Symbole und Angaben	Anforderungen an Geometrieelemente	Merkmale von Geometrieelementen	Übereinstimmung und Nicht-Übereinstimmung	Messung	Messgeräte	Kalibrierung
Größenmaß	ISO 14405-1	ISO 14405-1	ISO 286-1	ISO/TR 16015	ISO 1938-1	ISO 463	ISO/TS 15530-3
	ISO 286-1	ISO 286-1	Reihe ISO/TS 16610	Reihe ISO 14253		ISO 13385-1	ISO/TS 15530-4
		ISO 286-2	ISO 14405-1			ISO 13385-2	ISO/TR 16015
						ISO 3650	Reihe ISO/TS 16610
						ISO/TR 16015	Reihe ISO 14253
						ISO/TS 23165	
						Reihe ISO 14253	
						Reihe ISO 10360	

B.2 BEISPIEL 2: Verwendete Matrix zur Identifizierung der Normen, die sich auf Messgeräte hinsichtlich des Merkmals „Oberflächenbeschaffenheit: Profil" beziehen

Siehe Tabelle B.2.

Tabelle B.2 — Matrix-Modell der ISO-GPS-Normen

	Kettenglieder						
	A	B	C	D	E	F	G
	Symbole und Angaben	Anforderungen an Geometrieelemente	Merkmale von Geometrieelementen	Übereinstimmung und Nicht-Übereinstimmung	Messung	Messgeräte	Kalibrierung
Oberflächenbeschaffenheit: Profil						ISO 3274	

B.3 BEISPIEL 3: Verwendete Matrix zur Identifizierung der Normen, die sich auf das Kettenglied „Merkmale von Geometrieelementen" beziehen

Siehe Tabelle B.3.

Tabelle B.3 — Matrix-Modell der ISO-GPS-Normen

	Kettenglieder						
	A	B	C	D	E	F	G
	Symbole und Angaben	Anforderungen an Geometrieelemente	Merkmale von Geometrieelementen	Übereinstimmung und Nicht-Übereinstimmung	Messung	Messgeräte	Kalibrierung
Größenmaß			ISO 286-1 Reihe ISO/TS 16610 ISO 14405-1				
Abstand			ISO 14405-1 ISO 14405-2				
Form			ISO 1101 ISO 1660 ISO 3040 ISO 12181-1 ISO 12181-2 ISO 12780-1 ISO 12780-2				
Richtung			ISO 1101 ISO 1660 ISO 2692 ISO 5458				
Ort			ISO 1101 ISO 1660 ISO 2692 ISO 5458				
Lauf			ISO 1101				
Oberflächenbeschaffenheit: Profil			ISO 4287 ISO 4288 ISO 12085 ISO 13565 ISO 16610-21				
Oberflächenbeschaffenheit: Fläche			ISO 25178-601				
Oberflächenunvollkommenheit							

B.5 BEISPIEL 4: Ergebnis der Abfrage von Normen, die sich auf das geometrische Merkmal „Richtung" beziehen

Die durch Abfrage der GPS-Matrix-Website ermittelten Daten dürfen anstelle des Matrixformats in Form einer Liste dargestellt werden und Verweisungen auf Normen dürfen den vollständigen Titeltext wie nachstehend angegeben enthalten:

Geometrisches Merkmal: Richtung

Kettenglied A: Symbole und Angaben

ISO 1101:2012, *Geometrical product specifications (GPS) — Geometrical tolerancing — Tolerances of form, orientation, location and run-out*

Kettenglied B: Anforderungen an Geometrieelemente

ISO 1101:2012, *Geometrical product specifications (GPS) — Geometrical tolerancing — Tolerances of form, orientation, location and run-out*

Kettenglied C: Merkmale von Geometrieelementen

ISO 1101:2012, *Geometrical product specifications (GPS) — Geometrical tolerancing — Tolerances of form, orientation, location and run-out*

Kettenglied D: Übereinstimmung und Nicht-Übereinstimmung

Keine Norm behandelt dieses Kettenglied hinsichtlich dieser geometrischen Eigenschaft.

Kettenglied E: Messung

ISO 1101:2012, *Geometrical product specifications (GPS) — Geometrical tolerancing — Tolerances of form, orientation, location and run-out*

Kettenglied F: Messgeräte

Keine Norm behandelt dieses Kettenglied hinsichtlich dieser geometrischen Eigenschaft.

Kettenglied G: Kalibrierung

Keine Norm behandelt dieses Kettenglied hinsichtlich dieser geometrischen Eigenschaft.

Anhang C
(informativ)

Darstellung der ISO-GPS-Norm für Bezüge in der ISO-GPS-Matrix

Da „Bezüge" aus der Liste der Kategorien geometrischer Merkmale entfernt wurden, könnte es hinsichtlich der Darstellung von ISO 5459, der ISO-GPS-Norm für Bezüge, in der ISO-GPS-Matrix zur Verwirrung kommen.

Tabelle C.1 zeigt, wie ISO 5459, *Geometrical product specification (GPS) — Geometrical tolerancing — Datums and datum systems* in der Matrix dargestellt werden würde:

> „Diese Internationale Norm ist eine allgemeine ISO-GPS-Norm. Die in dieser Internationalen Norm angegebenen Regeln und Grundsätze gelten für alle Segmente der ISO-GPS-Matrix, die einen ausgefüllten Punkt (•) enthalten."

Tabelle C.1 — Matrix-Modell der ISO-GPS-Normen

	Kettenglieder						
	A	B	C	D	E	F	G
	Symbole und Angaben	Anforderungen an Geometrieelemente	Merkmale von Geometrieelementen	Übereinstimmung und Nicht-Übereinstimmung	Messung	Messgeräte	Kalibrierung
Größenmaß							
Abstand							
Form							
Richtung	•	•	•				
Ort	•	•	•				
Lauf	•	•	•				
Oberflächenbeschaffenheit: Profil							
Oberflächenbeschaffenheit: Fläche							
Oberflächenunvollkommenheit							

Anhang D
(informativ)

Das bisherige ISO-GPS-Matrix-Modell

Die in ISO/TR 14638:1995 eingeführte ISO-GPS-Matrix umfasste sechs Kettenglieder von Normen (siehe Tabelle D.1). In der vorliegenden Internationalen Norm wurde das zusätzliche Kettenglied Übereinstimmung und Nicht-Übereinstimmung hinzugefügt.

Die bisherigen Kettenglieder Nr. 3 und Nr. 4 waren nicht eindeutig. In der neuen Matrix behandelt das Kettenglied C die Spezifikation und das Kettenglied D die Verifizierung.

Tabelle D.1 — Das ISO-GPS-Matrix-Modell nach ISO/TR 14638:1995

Kettenglied Nr.		**1**	**2**	**3**	**4**	**5**	**6**
Geometrisches Merkmal des Geometrieelementes		**Angabe der Produkt-dokumentation – Kodierung**	**Festlegung von Toleranzen – Theoretische Definition und Werte**	**Definitionen für das tatsächliche Geometrieelement – Merkmal oder Parameter**	**Bewertung der Abweichungen des Werkstücks – Vergleich mit den Toleranzgrenzen**	**Anforderungen an Messgeräte**	**Anforderungen an die Kalibrierung –Eichnormale**
1	Größenmaß						
2	Abstand						
3	Radius						
4	Winkel (Toleranz in Grad)						
5	Form einer Linie, bezugsunabhängig						
6	Form einer Linie, bezugsabhängig						
7	Form einer Oberfläche, bezugsunabhängig						
8	Form einer Oberfläche, bezugsabhängig						
9	Richtung						
10	Ort						
11	Rundlauf						
12	Gesamtlauf						
13	Bezüge						
14	Rauheitsprofil						
15	Welligkeitsprofil						
16	Primärprofil						
17	Oberflächenfehler						
18	Kanten						

Anhang E
(informativ)

Zusammenhang mit dem ISO-GPS-Matrix-Modell

Das in dieser Internationalen Norm vorgegebene ISO-GPS-Matrix-Modell gibt einen Überblick über das ISO-GPS-System. Die fundamentalen ISO/GPS-Regeln nach ISO 8015 gelten für diese Internationale Norm und die Default-Entscheidungsregeln nach ISO 14253-1 gelten für Spezifikationen, die in Übereinstimmung nach dieser Internationalen Norm angefertigt wurden, sofern nicht anders angegeben.

Diese Norm ist eine fundamentale ISO-GPS-Norm. Die in dieser Norm angegebenen Regeln und Grundsätze gelten für alle allgemeinen und komplementären ISO-GPS-Normen in der ISO-GPS-Matrix.

Siehe Tabelle E.1.

Tabelle E.1 — Matrix-Modell der ISO-GPS-Normen

	Kettenglieder						
	A	B	C	D	E	F	G
	Symbole und Angaben	Anforderungen an Geometrieelemente	Merkmale von Geometrieelementen	Übereinstimmung und Nicht-Übereinstimmung	Messung	Messgeräte	Kalibrierung
Größenmaß	•	•	•	•	•	•	•
Abstand	•	•	•	•	•	•	•
Form	•	•	•	•	•	•	•
Richtung	•	•	•	•	•	•	•
Ort	•	•	•	•	•	•	•
Lauf	•	•	•	•	•	•	•
Oberflächenbeschaffenheit: Profil	•	•	•	•	•	•	•
Oberflächenbeschaffenheit: Fläche	•	•	•	•	•	•	•
Oberflächenunvollkommenheit	•	•	•	•	•	•	•

Literaturhinweise

[1] ISO 286-1:2010, *Geometrical product specifications (GPS) — ISO code system for tolerances on linear sizes — Part 1: Basis of tolerances, deviations and fits*

[2] ISO 286-2:2010, *Geometrical product specifications (GPS) — ISO code system for tolerances on linear sizes — Part 2: Tables of standard tolerance classes and limit deviations for holes and shafts*

[3] ISO 463:2006, *Geometrical Product Specifications (GPS) — Dimensional measuring equipment — Design and metrological characteristics of mechanical dial gauges*

[4] ISO 1101:2012, *Geometrical product specifications (GPS) — Geometrical tolerancing — Tolerances of form, orientation, location and run-out*

[5] ISO 1660:1987, *Technical drawings — Dimensioning and tolerancing of profiles*

[6] ISO 1829:1975, *Selection of tolerance zones for general purposes*

[7] ISO 1938-1, *Geometrical product specifications (GPS) — Dimensional measuring equipment — Part 1: Plain limit gauges of linear size*

[8] ISO 2692:2006, *Geometrical product specifications (GPS) — Geometrical tolerancing — Maximum material requirement (MMR), least material requirement (LMR) and reciprocity requirement (RPR)*

[9] ISO 3040:2009, *Geometrical product specifications (GPS) — Dimensioning and tolerancing — Cones*

[10] ISO 3274:1996, *Geometrical Product Specifications (GPS) — Surface texture: Profile method — Nominal characteristics of contact (stylus) instruments*

[11] ISO 3650:1998, *Geometrical Product Specifications (GPS) — Length standards — Gauge blocks*

[12] ISO 4287:1997, *Geometrical Product Specifications (GPS) — Surface texture: Profile method — Terms, definitions and surface texture parameters*

[13] ISO 4288:1996, *Geometrical Product Specifications (GPS) — Surface texture: Profile method — Rules and procedures for the assessment of surface texture*

[14] ISO 5458:1998, *Geometrical Product Specifications (GPS) — Geometrical tolerancing — Positional tolerancing*

[15] ISO 5459:2011, *Geometrical product specifications (GPS) — Geometrical tolerancing — Datums and datum systems*

[16] ISO 8015:2011, *Geometrical product specifications (GPS) — Fundamentals — Concepts, principles and rules*

[17] ISO 10360 series, *Geometrical product specifications (GPS) — Acceptance and reverification tests for coordinate measuring machines (CMM)*

[18] ISO 11562:1996, *Geometrical Product Specifications (GPS) — Surface texture: Profile method — Metrological characteristics of phase correct filters*

[19] ISO 12085:1996, *Geometrical Product Specifications (GPS) — Surface texture: Profile method — Motif parameters*

[20] ISO 12181-1:2011, *Geometrical product specifications (GPS) — Roundness — Part 1: Vocabulary and parameters of roundness*

[21] ISO 12181-2:2011, *Geometrical product specifications (GPS) — Roundness — Part 2: Specification operators*

[22] ISO 12780-1:2011, *Geometrical product specifications (GPS) — Straightness — Part 1: Vocabulary and parameters of straightness*

[23] ISO 12780-2:2011, *Geometrical product specifications (GPS) — Straightness — Part 2: Specification operators*

[24] ISO/PAS 12868:2009, *Geometrical product specification (GPS) — Coordinate measuring machines (CMM): Testing the performance of CMMs using single-stylus contacting probing systems*

[25] ISO 13385-1:2011, *Geometrical product specifications (GPS) — Dimensional measuring equipment — Part 1: Callipers; Design and metrological characteristics*

[26] ISO 13385-2:2011, *Geometrical product specifications (GPS) — Dimensional measuring equipment — Part 2: Calliper depth gauges; Design and metrological characteristics*

[27] ISO 13565 series, *Geometrical product specifications (GPS) — Surface texture: Profile method; Surfaces having stratified functional properties*

[28] ISO 14253 series, *Geometrical product specifications (GPS) — Inspection by measurement of workpieces and measuring equipment*

[29] ISO 14253-1:2013, *Geometrical product specifications (GPS) — Inspection by measurement of workpieces and measuring equipment — Part 1: Decision rules for proving conformity or nonconformity with specifications*

[30] ISO 14405-1:2010, *Geometrical product specifications (GPS) — Dimensional tolerancing — Part 1: Linear sizes*

[31] ISO 14405-2:2011, *Geometrical product specifications (GPS) — Dimensional tolerancing — Part 2: Dimensions other than linear sizes*

[32] ISO 15530-3:2011, *Geometrical product specifications (GPS) — Coordinate measuring machines (CMM): Technique for determining the uncertainty of measurement — Part 3: Use of calibrated workpieces or measurement standards*

[33] ISO/TS 15530-4:2008, *Geometrical Product Specifications (GPS) — Coordinate measuring machines (CMM): Technique for determining the uncertainty of measurement — Part 4: Evaluating task-specific measurement uncertainty using simulation*

[34] ISO/TR 16015:2003, *Geometrical product specifications (GPS) — Systematic errors and contributions to measurement uncertainty of length measurement due to thermal influences*

[35] ISO 16610 series, *Geometrical product specifications (GPS) — Filtration*

[36] ISO/TS 23165:2006, *Geometrical product specifications (GPS) — Guidelines for the evaluation of coordinate measuring machine (CMM) test uncertainty*

[37] ISO 25178-601:2010, *Geometrical product specifications (GPS) — Surface texture: Areal — Part 601: Nominal characteristics of contact (stylus) instruments*

November 2015

	DIN EN ISO 16610-1	

ICS 17.040.30

Geometrische Produktspezifikation (GPS) – Filterung – Teil 1: Überblick und grundlegende Konzepte (ISO 16610-1:2015); Deutsche Fassung EN ISO 16610-1:2015

Geometrical product specifications (GPS) –
Filtration –
Part 1: Overview and basic concepts (ISO 16610-1:2015);
German version EN ISO 16610-1:2015

Spécification géométrique des produits (GPS) –
Filtrage –
Partie 1: Vue d'ensemble et concepts de base (ISO 16610-1:2015);
Version allemande EN ISO 16610-1:2015

Gesamtumfang 31 Seiten

DIN-Normenausschuss Technische Grundlagen (NATG)

Nationales Vorwort

Dieses Dokument (EN ISO 16610-1:2015) wurde vom Technischen Komitee ISO/TC 213 „Dimensional and geometrical product specifications and verification" (Sekretariat: DS, Dänemark) in Zusammenarbeit mit dem Technischen Komitee CEN/TC 290 „Geometrische Produktspezifikationen und -prüfung" erarbeitet, dessen Sekretariat von AFNOR (Frankreich) gehalten wird.

Das zuständige nationale Gremium ist der Arbeitsausschuss NA 152-03-03 AA „Oberflächen" im DIN-Normenausschuss Technische Grundlagen (NATG).

Für die in diesem Dokument zitierten Internationalen Normen wird im Folgenden auf die entsprechenden Deutschen Normen hingewiesen:

ISO 17450-1 siehe DIN EN ISO 17450-1

ISO 17450-2 siehe DIN EN ISO 17450-2

ISO/IEC Guide 99 siehe Internationales Wörterbuch der Metrologie (VIM)

Nationaler Anhang NA
(informativ)

Literaturhinweise

DIN EN ISO 17450-1, *Geometrische Produktspezifikation (GPS) — Grundlagen — Teil 1: Modell für die geometrische Spezifikation und Prüfung*

DIN EN ISO 17450-2, *Geometrische Produktspezifikation (GPS) — Grundlagen — Teil 2: Grundlegende Lehrsätze, Spezifikationen, Operatoren und Unsicherheiten*

VIM, *Internationales Wörterbuch der Metrologie*[1)]

1) Zu beziehen bei: Beuth Verlag GmbH, 10772 Berlin, Best.-Nr. 22472, ISBN 978-3-410-22472-3.

EUROPÄISCHE NORM

EUROPEAN STANDARD

NORME EUROPÉENNE

EN ISO 16610-1

April 2015

ICS 17.040.20

Deutsche Fassung

Geometrische Produktspezifikation (GPS) — Filterung — Teil 1: Überblick und grundlegende Konzepte (ISO 16610-1:2015)

Geometrical product specifications (GPS) — Filtration — Part 1: Overview and basic concepts (ISO 16610-1:2015)

Spécification géométrique des produits (GPS) — Filtrage — Partie 1: Vue d'ensemble et concepts de base (ISO 16610-1:2015)

Diese Europäische Norm wurde vom CEN am 14. Februar 2015 angenommen.

Die CEN-Mitglieder sind gehalten, die CEN/CENELEC-Geschäftsordnung zu erfüllen, in der die Bedingungen festgelegt sind, unter denen dieser Europäischen Norm ohne jede Änderung der Status einer nationalen Norm zu geben ist. Auf dem letzten Stand befindliche Listen dieser nationalen Normen mit ihren bibliographischen Angaben sind beim Management-Zentrum des CEN-CENELEC oder bei jedem CEN-Mitglied auf Anfrage erhältlich.

Diese Europäische Norm besteht in drei offiziellen Fassungen (Deutsch, Englisch, Französisch). Eine Fassung in einer anderen Sprache, die von einem CEN-Mitglied in eigener Verantwortung durch Übersetzung in seine Landessprache gemacht und dem Management-Zentrum mitgeteilt worden ist, hat den gleichen Status wie die offiziellen Fassungen.

CEN-Mitglieder sind die nationalen Normungsinstitute von Belgien, Bulgarien, Dänemark, Deutschland, der ehemaligen jugoslawischen Republik Mazedonien, Estland, Finnland, Frankreich, Griechenland, Irland, Island, Italien, Kroatien, Lettland, Litauen, Luxemburg, Malta, den Niederlanden, Norwegen, Österreich, Polen, Portugal, Rumänien, Schweden, der Schweiz, der Slowakei, Slowenien, Spanien, der Tschechischen Republik, der Türkei, Ungarn, dem Vereinigten Königreich und Zypern.

EUROPÄISCHES KOMITEE FÜR NORMUNG
EUROPEAN COMMITTEE FOR STANDARDIZATION
COMITÉ EUROPÉEN DE NORMALISATION

CEN-CENELEC Management-Zentrum: Avenue Marnix 17, B-1000 Brüssel

Ref. Nr. EN ISO 16610-1:2015 D

Inhalt

Seite

Vorwort

Dieses Dokument (EN ISO 16610-1:2015) wurde vom Technischen Komitee ISO/TC 213 „Dimensional and geometrical product specifications and verification" in Zusammenarbeit mit dem Technischen Komitee CEN/TC 290 „Dimensional and geometrical product specification and verification" erarbeitet, dessen Sekretariat vom AFNOR gehalten wird.

Diese Europäische Norm muss den Status einer nationalen Norm erhalten, entweder durch Veröffentlichung eines identischen Textes oder durch Anerkennung bis Oktober 2015, und etwaige entgegenstehende nationale Normen müssen bis Oktober 2015 zurückgezogen werden.

Es wird auf die Möglichkeit hingewiesen, dass einige Elemente dieses Dokuments Patentrechte berühren können. CEN [und/oder CENELEC] sind nicht dafür verantwortlich, einige oder alle diesbezüglichen Patentrechte zu identifizieren.

EN ISO 16610 besteht aus den folgenden Teilen, unter dem allgemeinen Titel *„Geometrische Produktspezifikation (GPS) — Filterung"*:

— *Teil 1: Überblick und grundlegende Konzepte*

— *Teil 20: Lineare Profilfilter: Grundlegende Konzepte*

— *Teil 21: Lineare Profilfilter: Gauß-Filter*

— *Teil 22: Lineare Profilfilter: Spline-Filter*

— *Teil 28: Lineare Profilfilter: Endeffekte*

— *Teil 29: Lineare Profilfilter: Spline-Wavelets*

— *Teil 30: Robuste Profilfilter: Grundlegende Konzepte*

— *Teil 31: Robuste Profilfilter: Gaußsche Regressionsfilter*

— *Teil 32: Robuste Profilfilter: Spline-Filter*

— *Teil 40: Morphologische Profilfilter: Grundlegende Konzepte*

— *Teil 41: Morphologische Profilfilter: Filter mit Kreisscheibe und horizontaler Strecke*

— *Teil 49: Morphologische Profilfilter: Skalenraumverfahren*

— *Teil 60: Lineare Flächenfilter: Grundlegende Konzepte*

— *Teil 61: Lineare Flächenfilter: Gauß-Filter*

— *Teil 71: Robuste Flächenfilter: Gaußsche Regressionsfilter*

— *Teil 85: Morphologische Flächenfilterung: Segmentierung*

Die folgenden Teile sind geplant:

— *Teil 26: Lineare Profilfilter: Filterung von Datensätzen auf ebenen, nominal orthogonalen Gittern*

— *Teil 27: Lineare Profilfilter: Filterung von Datensätzen auf zylindrischen, nominal orthogonalen Gittern*

— *Teil 45: Morphologische Profilfilter: Segmentierung*

— *Teil 62: Lineare Flächenfilter: Spline-Filter*

— *Teil 69: Lineare Flächenfilter: Spline-Wavelets*

— *Teil 70: Robuste Flächenfilter: Grundlegende Konzepte*

— *Teil 72: Robuste Flächenfilter: Spline-Filter*

— *Teil 80: Morphologische Flächenfilter: Grundlegende Konzepte*

— *Teil 81: Morphologische Flächenfilter: Filter mit Kugel und horizontalem ebenen Segment*

— *Teil 89: Morphologische Flächenfilter: Skalenraumverfahren*

Entsprechend der CEN-CENELEC-Geschäftsordnung sind die nationalen Normungsinstitute der folgenden Länder gehalten, diese Europäische Norm zu übernehmen: Belgien, Bulgarien, Dänemark, Deutschland, die ehemalige jugoslawische Republik Mazedonien, Estland, Finnland, Frankreich, Griechenland, Irland, Island, Italien, Kroatien, Lettland, Litauen, Luxemburg, Malta, Niederlande, Norwegen, Österreich, Polen, Portugal, Rumänien, Schweden, Schweiz, Slowakei, Slowenien, Spanien, Tschechische Republik, Türkei, Ungarn, Vereinigtes Königreich und Zypern.

Anerkennungsnotiz

Der Text von ISO 16610-1:2015 wurde vom CEN als EN ISO 16610-1:2015 ohne irgendeine Abänderung genehmigt.

Einleitung

Dieser Teil von ISO 16610 ist eine Norm für die geometrische Produktspezifikation (GPS) und ist als eine allgemeine GPS-Norm anzusehen (siehe ISO/TR 14638). Sie beeinflusst die Kettenglieder 3 und 6 in der GPS-Matrix-Struktur.

Der in ISO 14638 gegebene ISO/GPS-Masterplan gibt einen Überblick über das ISO/GPS-System, von dem dieser Teil von ISO 16610 ein Bestandteil ist. Die in ISO 8015 gegebenen grundlegenden Regeln von ISO/GPS gelten für diesen Teil von ISO 16610. Falls nichts anderes angegeben ist, gelten die Default-Entscheidungsregeln nach ISO 14253-1 für Spezifikationen, die in Übereinstimmung mit diesem Teil von ISO 16610 festgelegt wurden.

Für ausführlichere Informationen des Zusammenhanges dieses Teils von ISO 16610 mit dem GPS-Matrix-Modell, siehe Anhang F.

Dieser Teil von ISO 16610 entwickelt auch die Terminologie und die Konzepte der GPS-Filterung. Dieser Teil von ISO 16610 verallgemeinert das Konzept der Filterung. Die Reihe von ISO 16610 stellt einen Werkzeugkasten von Filtertechniken zur Verfügung, um den Anwender in die Lage zu versetzen, ein geeignetes Filter für die funktionalen Anforderungen zu finden. Sie sind grundlegende Internationale Normen, auf denen andere ISO-Dokumente aufbauen.

1 Anwendungsbereich

Dieser Teil von ISO 16610 legt die grundlegende Terminologie der GPS-Filterung und das Rahmenwerk für die grundlegenden, bei der GPS-Filterung verwendeten, Verfahrensweisen fest.

2 Normative Verweisungen

Die folgenden Dokumente, die in diesem Dokument teilweise oder als Ganzes zitiert werden, sind für die Anwendung dieses Dokuments erforderlich. Bei datierten Verweisungen gilt nur die in Bezug genommene Ausgabe. Bei undatierten Verweisungen gilt die letzte Ausgabe des in Bezug genommenen Dokuments (einschließlich aller Änderungen).

ISO 17450-1:2011, *Geometrical product specifications (GPS) — General concepts — Part 1: Model for geometrical specification and verification*

ISO 17450-2:2012, *Geometrical product specifications (GPS) — General concepts — Part 2: Basic tenets, specifications, operators, uncertainties and ambiguities*

ISO/IEC Guide 99:2007, *International vocabulary of metrology — Basic and general concepts and associated terms (VIM)*

3 Begriffe

Für die Anwendung dieses Dokuments gelten die Begriffe nach ISO/IEC Guide 99, ISO 17450-1, ISO 17450-2 und die folgenden Begriffe.

3.1
integrales Geometrieelement
geometrisches Element, das zur wirklichen Oberfläche des Werkstücks oder zu einem Oberflächenmodell gehört

Anmerkung 1 zum Begriff: Ein integrales Geometrieelement ist intrinsisch festgelegt, z. B. die Haut des Werkstücks.

Anmerkung 2 zum Begriff: Für eine Angabe von Spezifikationen müssen geometrische Elemente, die durch Zerlegung des Oberflächenmodells oder der wirklichen Oberfläche des Werkstücks erhalten werden, festgelegt werden. Diese sogenannten „integralen Geometrieelemente" sind Modelle der verschiedenen physikalischen Teile des Werkstücks, die spezielle Funktionen aufweisen, insbesondere jene, die angrenzende Werkstücke berühren.

Anmerkung 3 zum Begriff:

Ein integrales Geometrieelement kann z. B. durch:

— eine Zerlegung des Oberflächenmodells,

— eine Zerlegung eines anderen integralen Geometrieelements, oder

— eine Sammlung anderer integraler Geometrieelemente abgeleitet werden.

[QUELLE: ISO 17450-1:2011, 3.3.5]

3.1.1
Oberflächenanteil
SP
Anteil eines zerlegten, *integralen Geometrieelementes* (3.1)

3.1.2
Oberflächenprofil
Kurve, die sich durch den Schnitt zwischen einem *Oberflächenanteil* (3.1.1) und einer idealen Ebene ergibt

Anmerkung 1 zum Begriff: Die Orientierung der idealen Ebene ist üblicherweise senkrecht zur Tangentialebene des Oberflächenanteils.

Anmerkung 2 zum Begriff: Das Konzept der Profile befindet sich in der Entwicklung, und es ist möglich, dass die Definition des Oberflächenprofils überarbeitet wird.

3.2
primäres mathematisches Modell
Menge verschachtelter, hierarchischer, mathematischer Modelle des *Oberflächenanteils* (3.1.1), wobei jedes Modell in der Menge durch eine endliche Anzahl von Parametern beschrieben werden kann

Anmerkung 1 zum Begriff: Die Beispiele schließen ein: abgeschnittene Fourier-Reihen; krümmungsbegrenzte Profile (Null zu Plus/Minus-Wert); beschränkte Wolf-Pruning-Höhensegmente (100 % zu kleinerer positiver Prozentzahl)

Anmerkung 2 zum Begriff: Ein Beispiel für ein primäres mathematisches Modell, das eine abgeschnittene Fourier-Reihe verwendet, ist in A.1 angegeben.

3.2.1
Nesting-Index
NI
Wert, der das relative Niveau der Verfeinerungshierarchie für ein bestimmtes *primäres mathematisches Modell* (3.2) angibt

Anmerkung 1 zum Begriff: Für einen vorgegebenen Nesting-Index enthalten Modelle mit einem niedrigeren Index mehr Information über die Oberfläche, während Modelle mit einem höheren Index weniger Information über die Oberfläche enthalten.

Anmerkung 2 zum Begriff: Wenn der Nesting-Index sich an Null (oder einer Reihe von nur Nullen) annähert, gibt es vereinbarungsgemäß ein primäres, mathematisches Modell, das die reale Oberfläche eines Werkstücks innerhalb eines vorgegebenen Größenmaßes der Annäherung approximiert.

Anmerkung 3 zum Begriff: Der Wert der Grenzwellenlänge des Gauß-Filters ist ein Beispiel für einen Nesting-Index (siehe 3.2.1.1). Für das morphologische Filter ist der Nesting-Index das Größenmaß des strukturierenden Elements (z. B. der Radius der Kreisscheibe). Dies unterscheidet sich vom Wellenlängenkonzept, dem die Benennung „Grenzwellenlänge" zugrunde liegt (siehe 3.2.1.2 und 3.2.1.3).

Anmerkung 4 zum Begriff: Der Begriff Nesting-Index ist von einer Kombination aus Index, von Indexmenge, und Nesting, von Verfeinerungshierarchie, abgeleitet. Beides sind mathematische Begriffe.

3.2.1.1
Grenzwellenlänge
besonderer Typ eines *Nesting-Index* (3.2.1), anwendbar für lineare Filter, die zur Trennung von Oberflächenkomponenten in lange und kurze Wellenlängen verwendet werden

Anmerkung 1 zum Begriff: Siehe zum Beispiel ISO 16610-21, ISO 16610-22 und ISO 16610-61.

3.2.1.2
Radius einer vertikalen Kreisscheibe
besonderer Typ eines *Nesting-Index* (3.2.1), anwendbar für morphologische Profilfilter mit einer Kreisscheibe als strukturierendem Element

Anmerkung 1 zum Begriff: Siehe zum Beispiel ISO 16610-41 und ISO 16610-49.

3.2.1.3
Länge einer horizontalen Strecke
besonderer Typ eines *Nesting-Index* (3.2.1), anwendbar für morphologische Profilfilter mit einer horizontalen Strecke als strukturierendem Element

Anmerkung 1 zum Begriff: Siehe zum Beispiel ISO 16610-41 und ISO 16610-49.

3.2.1.4
Kugelradius
besonderer Typ eines *Nesting-Index* (3.2.1), anwendbar für morphologische Flächenfilter mit einem Kugelradius als strukturierendem Element

3.2.1.5
Radius einer Kreisscheibe
besonderer Typ eines *Nesting-Index* (3.2.1), anwendbar für morphologische Flächenfilter mit einer Kreisscheibe als strukturierendem Element

Anmerkung 1 zum Begriff: Siehe zum Beispiel ISO 16610-40 und ISO 16610-41.

3.2.1.6
Wolf-Pruning-Höhe
besonderer Typ eines *Nesting-Index* (3.2.1), anwendbar für flächenhafte Segmentierungsfilter, die verwendet werden, um zwischen signifikanten und nicht signifikanten Oberflächenmerkmalen zu unterscheiden

Anmerkung 1 zum Begriff: Siehe zum Beispiel ISO 16610-85.

3.2.2
Freiheitsgrad
Anzahl der unabhängigen Parameter des primären mathematischen Modells, die erforderlich sind, um ein bestimmtes *primäres mathematisches Modell* (3.2) vollständig zu beschreiben

3.3
primäre Oberfläche
PS
Oberflächenanteil (3.1.1), der erhalten wird, wenn letzterer als ein bestimmtes *primäres, mathematisches Modell* (3.2) mit einem bestimmten *Nesting-Index* (3.2.1) dargestellt wird

3.3.1
Primärprofil
Kurve, die sich aus dem Schnitt zwischen der *primären Oberfläche* (3.3) und einer idealen Ebene ergibt

Anmerkung 1 zum Begriff: Das Konzept der Profile befindet sich in der Entwicklung, und es ist möglich, dass die Definition des Primärprofils überarbeitet wird.

3.4
primäre Abbildung
Abbildung, indiziert durch den *Nesting-Index* (3.2.1), die dazu verwendet wird, eine bestimmte *primäre Oberfläche* (3.3) mit dem festgelegten *Nesting-Index* (3.2.1) auszuweisen, um einen *Oberflächenanteil* (3.1.1) darzustellen, der die Sieb- und Projektionskriterien erfüllt

Anmerkung 1 zum Begriff: Eine primäre Abbildung kennzeichnet Oberflächenanteile, die „Merkmale" besitzen, die größer als ein bestimmter Nesting-Index sind.

3.4.1
Siebkriterium
Kriterium, bei dem die Anwendung zweier *primärer Abbildungen* (3.4), eine nach der anderen, auf einen Oberflächenanteil vollkommen gleichwertig dazu ist, nur eine dieser primären Abbildungen auf den Oberflächenanteil anzuwenden, nämlich die primäre Abbildung mit dem höchsten *Nesting-Index* (3.2.1)

3.4.2
Projektionskriterium
Kriterium, bei dem eine *primäre Oberfläche* (3.3) mit einem festgelegten *Nesting-Index* (3.2.1) unter Verwendung einer *primären Abbildung* (3.4) mit demselben festgelegten *Nesting-Index* (3.2.1) auf sich selbst abgebildet wird

Anmerkung 1 zum Begriff: Das bedeutet, dass, wenn man eine primäre Abbildung zweimal mit demselben Nesting-Index auf eine Oberfläche anwendet, man die gleiche Oberfläche erhält, als ob die primäre Abbildung nur einmal angewendet worden wäre. Wenn zum Beispiel ein Closing-Filter mit einem kreisförmigen strukturierenden Element mit einem gegebenen Radius zweimal auf ein Profil angewendet wird, dann ergibt sich dasselbe gefilterte Profil, als ob das Closing-Filter nur einmal angewendet worden wäre.

3.4.3
Grundmaßstab
Größenverhältnis, durch die Verwendung eines *Nesting-Indexes* (3.2.1) eingeführt, einer zugeordneten *primären Abbildung* (3.4) zugeordnet, als ein numerisches relationales System

Anmerkung 1 zum Begriff: Ein Beispiel ist der auf Sinuswellen beruhende Grundmaßstab, wenn Werte der Grenzwellenlänge verwendet werden, die einer primären Abbildung zugeordnet sind, die von einer abgeschnittenen Fourier-Reihe abgeleitet worden ist.

Anmerkung 2 zum Begriff: Damit ein relationales System stabil ist, muss die Menge der Entitäten zusammen mit ihren Relationen eine teilweise geordnete Menge mit einem größten Element bilden.

3.5
Filterung
Elementoperation zur Erzeugung eines nicht-idealen Geometrieelements aus einem nicht-idealen Geometrieelement oder zur Transformation eines Schwankungsgraphen in einen anderen durch Verringerung des Informationsniveaus

Anmerkung 1 zum Begriff: Dem Zweck dieser Internationalen Normenreihe entsprechend ist ein Filter entweder eine primäre Abbildung oder kann unter Verwendung einer Kombination von primären Abbildungen erstellt werden, z. B. der gewichtete Mittelwert von primären Abbildungen, das Supremum von primären Abbildungen, usw. Ein Gauß-Filter kann zum Beispiel aus einer gewichteten Summe von primären Abbildungen erstellt werden, die von einer abgeschnittenen Fourier-Reihe abgeleitet sind.

[QUELLE: ISO 17450-1:2011, 3.4.1.3, modifiziert – Anmerkung 1 zum Begriff hinzugefügt.]

3.5.1
Profilfilter
Operator, bestehend aus einer *Filterung* (3.5) zur Verwendung bei einem *Oberflächenprofil* (3.1.2)

Anmerkung 1 zum Begriff: In dieser Internationalen Norm wird der Begriff „Operator" durchweg innerhalb seines mathematischen Kontextes interpretiert. Wenn er im Kontext von ISO 17450-2:2012 verwendet wird, wird die Kennzeichnung „Spezifikations-" oder „Verifikations-" verwendet und dem Begriff „Operator" vorangestellt.

3.5.2
Flächenfilter
Operator, bestehend aus einer *Filterung* (3.5) zur Verwendung bei einem *Oberflächenanteil* (3.1.1)

3.6
Ausreißer
lokaler Anteil in einem Datensatz, der nicht repräsentativ oder nicht typisch für das zerlegte *integrale Geometrieelement* (3.1) ist und der durch Größe und Skala gekennzeichnet ist

Anmerkung 1 zum Begriff: Nicht alle Ausreißer können durch die Verwendung der Daten allein bestimmt werden, sondern nur solche, die physikalisch inkonsistent mit der Geometrie der Tastspitze sind. Es ist manchmal möglich eine Warnung zu geben, die auf dem Größen/Skalen-Kriterium beruht.

3.7
offenes Profil
Oberflächenprofil (3.1.2) endlicher Länge mit zwei Enden

Anmerkung 1 zum Begriff: Das Oberflächenprofil überschneidet sich nicht selbst.

3.8
geschlossenes Profil
verbundenes *Oberflächenprofil* (3.1.2) endlicher Länge ohne Enden

Anmerkung 1 zum Begriff: Das Oberflächenprofil überschneidet sich nicht selbst, d. h. es ist eine einfache geschlossene Kurve oder Jordan-Kurve.

3.9
Robustheit
Unempfindlichkeit der Ausgangsdaten gegenüber bestimmten Phänomenen in den Eingangsdaten

Anmerkung 1 zum Begriff: Ausreißer, Kratzer und Stufen sind Beispiele für bestimmte Phänomene. Weitere Einzelheiten können in ISO 16610-30 gefunden werden.

3.10
Filtergleichung
Gleichung zur mathematischen Beschreibung des Filters

Anmerkung 1 zum Begriff: Filtergleichungen legen nicht notwendigerweise einen Algorithmus zur numerischen Realisierung des Filters fest.

4 Allgemeine Erörterung

4.1 Allgemeines

Die Filterung ist ein Weg, um interessierende Geometrieelemente von anderen Geometrieelementen in den Daten zu trennen.

BEISPIEL Siebung von Teilchen, wobei Bodenteilchen nach verschiedenen Größen gefiltert werden, abhängig von der Größe der Löcher im Sieb.

Der Nesting-Index ist das Maß, bei dem die Geometrieelemente getrennt werden. In dem obigen Beispiel entspricht der Nesting-Index der Größe der Löcher in dem Sieb.

Genauer gesagt, besteht die Filterung in erster Linie in der Definition einer Menge von verschachtelten hierarchischen Darstellungen (ähnlich einer Menge von russischen Puppen), die zur Modellierung der reale Oberfläche verwendet werden, derart, dass je weiter es in die Verschachtelungshierarchie hineingeht, desto glatter ist das zur Darstellung der Oberfläche verwendete Modell. Der Nesting-Index ist eine Zahl, die den Grad der Hierarchie (Verschachtelung/Glattheit) des Modells kennzeichnet, so dass je höher der Wert des Nesting-Indexes, desto glatter ist das zur Darstellung der Oberfläche verwendete Modell. Wenn der Nesting-Index sich an Null annähert, dann gibt es vereinbarungsgemäß ein Modell, das die reale Oberfläche darstellt.

Zweitens ist eine primäre Abbildung festgelegt. Diese primäre Abbildung ist eine Methode, um ein bestimmtes Modell mit einem festgelegten Nesting-Index, das gewisse Eigenschaften befriedigt, auszuwählen, um eine reale Oberfläche darzustellen. Die primäre Abbildung ist ein grundlegendes Filter, aus dem andere Filter aufgebaut werden können. Erläuternde Beispiele sind im Anhang A angegeben.

Ein Werkzeugkasten von neuen und neuartigen Filterwerkzeugen wird empfohlen, der Mittellinienfilter, morphologische Filter, robuste Filter, und Techniken enthält, welche die Oberflächenbeschaffenheit in verschiedene Skalenkomponenten zerlegen. Der Masterplan für die Filterung (siehe Anhang B) zeigt die Struktur der für die Teile der Reihe ISO 16610 vergebenen Nummern. Das einzelne Filterwerkzeug und sein defaultmäßiger Wert werden in anderen Anwendungsdokumenten der ISO zur Verfügung gestellt.

Die Vorteile und Nachteile verschiedener Filter werden im Anhang C angegeben. Begriffsdiagramme für das grundlegende Konzept der Filterung werden im Anhang D angegeben, und die Beziehung zur Filter-Matrix wird im Anhang E angegeben.

4.2 Primäre mathematische Modelle

Die primären mathematischen Modelle wurden entwickelt, um das Konzept des Wellenlängenbandes zu verallgemeinern. Das Ziel des Nesting-Index ist es, das Konzept des Wellenlängenwertes zu verallgemeinern.

Wenn ein bestimmtes Modell innerhalb einer Menge von verschachtelten Modellen gegeben ist, enthalten höhere Verschachtelungen (mit einem kleineren Nesting-Index) mehr Information über die Oberfläche, während tiefere Verschachtelungen (mit einem größeren Nesting-Index) weniger Information über die Oberfläche enthalten. Wenn der Nesting-Index sich an Null annähert, gibt es vereinbarungsgemäß ein primäres mathematisches Modell, das die zerlegte integrale Oberfläche innerhalb eines vorgegebenen Größenmaßes der Annäherung (wie es durch eine geeignete mathematische Norm festgelegt ist) approximiert.

Das Siebkriterium ist von Matherons Größenkriterium [35][N1] abgeleitet und aus folgendem Grund eine notwendige Bedingung; wenn eine primäre Abbildung auf ein zerlegtes integrales Geometrieelement angewendet wird, dann ist jede weitere primäre Abbildung mit einem größeren Nesting-Index vollständig gleichwertig mit der unmittelbaren Anwendung der zweiten primären Abbildung mit dem größeren Nesting-Index auf das zerlegte integrale Geometrieelement. Mit anderen Worten: Für eine primäre Abbildung mit einem festgelegten Nesting-Index geht in Bezug auf eine primäre Abbildung mit einem größeren Nesting-Index keinerlei Information verloren.

Das Projektionskriterium ist notwendig, um sicherzustellen, dass die primäre Abbildung idempotent ist und, dass der Nesting-Index der Größenordnungsdefinition von Matheron entspricht. Das Projektionskriterium zusammen mit dem Siebkriterium stellt sicher, dass der Nesting-Index, der einer primären Abbildung zugeordnet ist, ein Grundmaßstab ist.

Weil der Nesting-Index der primären mathematischen Modelle dem Größenverhältnis entspricht, kann der Nesting-Index dazu verwendet werden, das verallgemeinerte Konzept einer Wellenlänge zu definieren.

5 Filterkennzeichnungen

Tabelle 1 gibt die grundlegende Semantik bei der Kennzeichnung von Filtern an. Tabelle 2 gibt andererseits die Filterkennzeichnungen an.

Tabelle 1 — Grundlegende Semantik bei der Kennzeichnung von Filtern

Filter	Typ	Kategorie
F = Filter	A = Flächenhaft (3D)	L = Linear
		M = Morphologisch
		R = Robust
	P = Profil (2D)	L = Linear
		M = Morphologisch
		R = Robust

N1) Nationale Fußnote: Hiermit ist der Literaturhinweis [34] gemeint.

Tabelle 2 — Filterkennzeichnungen

Typ	Kategorie	Symbol	Kennzeichnung	Name	ISO-Dokument
FA	FAL	G	FALG	Gauß	16610-61
		S	FALS	Spline	16610-62 [a]
		SW	FALSW	Spline-Wavelet	16610-69 [a]
	FAM	CB	FAMCB	Closing, Kugel	16610-81 [a]
		CH	FAMCH	Closing, horizontales Strecke	16610-81 [a]
		OB	FAMOB	Opening, Kugel	16610-81 [a]
		OH	FAMOH	Opening, horizontales Strecke	16610-81 [a]
		AB	FAMAB	alternierende Reihe, Kugel	16610-89 [a]
		AH	FAMAH	alternierende Reihe, horizontale Strecke	16610-89 [a]
	FAR	G	FARG	Gauß	16610-71
		S	FARS	Spline	16610-72 [a]
FP	FPL	G	FPLG	Gauß	16610-21
		S	FPLS	Spline	16610-22
		SW	FPLSW	Spline-Wavelet	16610-29
	FPM	CD	FPMCD	Closing, Kreisscheibe	16610-41
		CH	FPMCH	Closing, horizontale Strecke	16610-41
		OD	FPMOD	Opening, Kreisscheibe	16610-41
		OH	FPMOH	Opening, horizontale Strecke	16610-41
		AD	FPMAD	alternierende Reihe, Kreisscheibe	16610-49
		AH	FPMAH	alternierende Reihe, horizontale Strecke	16610-49
	FPR	G	FPRG	Gauß	16610-31
		S	FPRS	Spline	16610-32
FP (besonderer Fall)		2RC	FP2RC	2RC	3274

[a] In Planung.

Anhang A
(informativ)

Veranschaulichte Beispiele

A.1 Abgeschnittene Fourier-Reihe für ein Rundheitsprofil (geschlossenes Profil)

A.1.1 Integrales Geometrieelement

Es wird angenommen, dass das nominale Geometrieelement ein Zylinder ist, so dass das zerlegte, integrale Geometrieelement das entsprechende nicht ideale Geometrieelement ist.

A.1.2 Oberflächenanteil

Der Oberflächenanteil ist ein aus dem zerlegten, integralen Geometrieelement gewonnenes Rundheitsprofil (siehe Bild A.1).

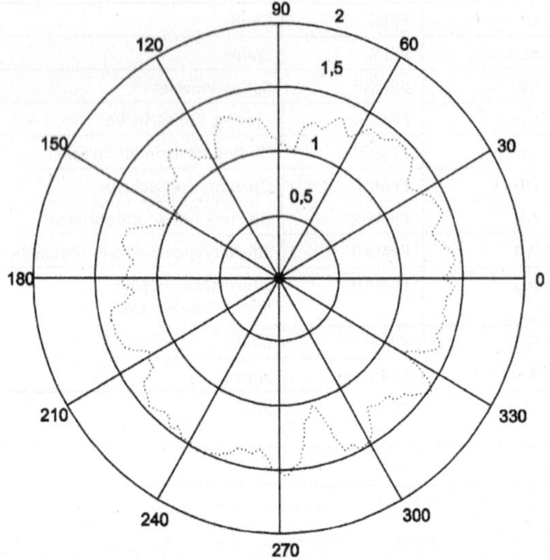

Bild A.1 — Rundheitsprofil eines zerlegten, integralen Geometrieelements

A.1.3 Primäres mathematisches Modell

Das primäre mathematische Modell ist eine abgeschnittene Fourier-Reihe für das Rundheitsprofil. Das Modell N-ter Ordnung schließt alle Harmonischen bis zur N-ten Harmonischen des Profils ein, und keine Harmonischen höherer Ordnung, als die Harmonische N-ter Ordnung (siehe Bild A.2).

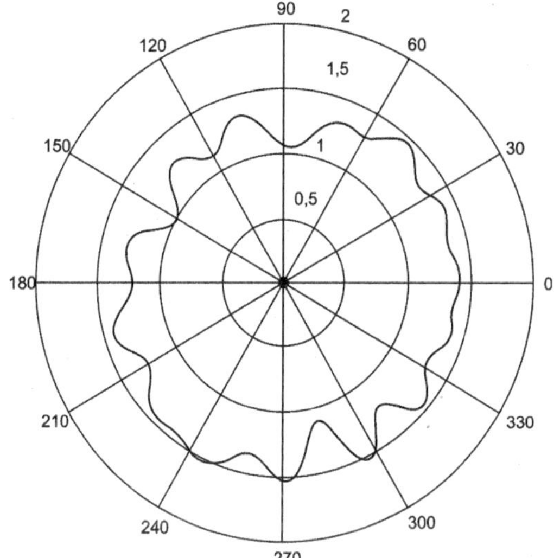

Bild A.2 — Beispiel für das primäre, mathematische Modell 13-ter Ordnung

In der Polarkoordinatendarstellung ist die mathematische Darstellung N-ter Ordnung:

$$R_N(\theta) = a_0 + \sum_{i=1}^{N} [a_i \cos(i\,\theta) + b_i \sin(i\,\theta)] \tag{3}$$

Dabei ist

R_N der radiale Term N-ter Ordnung;

θ der Winkel;

a_i, b_i die Fourier-Koeffizienten.

Dieses Modell ist verschachtelt, denn das Modell N-ter Ordnung schließt alle Harmonischen bis zur N-ten Harmonischen des Profils ein, und schließt deshalb alle Harmonischen eines Modells ein, deren Ordnung kleiner als N ist.

A.1.3.1 Nesting-Index

Ein geeigneter Nesting-Index ist durch $2\pi/N$ gegeben, der kleinsten durch das Modell dargestellten Wellenlänge des Winkels. Wenn diese Wellenlänge des Winkels sich dem Wert Null nähert, beinhaltet dies, dass N gegen Unendlich geht, d. h. das Modell nähert sich einer vollständigen Fourier-Reihe an. Es ist wohl bekannt, dass unter einigen sehr schwachen Voraussetzungen die Rundheitsprofile fast überall mit ihrer Fourier-Reihe übereinstimmen. Folglich nähert sich, wie gefordert, das Modell $R_N(\theta)$ dem realen Rundheitsprofil fast überall an, wenn der Nesting-Index sich dem Wert Null nähert.

A.1.3.2 Freiheitsgrade

Ein Modell $R_N(\theta)$ hat $2N + 1$ unabhängige Parameter und damit $2N + 1$ Freiheitsgrade.

A.1.4 Primäre Abbildung

Um das gefilterte Profil zu erhalten ist es notwendig, eine primäre Abbildung des Rundheitsprofils auf die abgeschnittene Fourier-Reihe vorzunehmen. Dies kann erreicht werden, indem die Fourier-Transformation des zerlegten, integralen Geometrieelements genommen wird, wobei die Fourier-Reihe nur bis zum Abschneidepunkt verwendet wird und die Fourier-Koeffizienten des Modells nur bis dorthin berechnet werden (siehe Bild A.3). Es kann leicht gezeigt werden, dass diese Methode der primären Abbildung das Siebkriterium erfüllt.

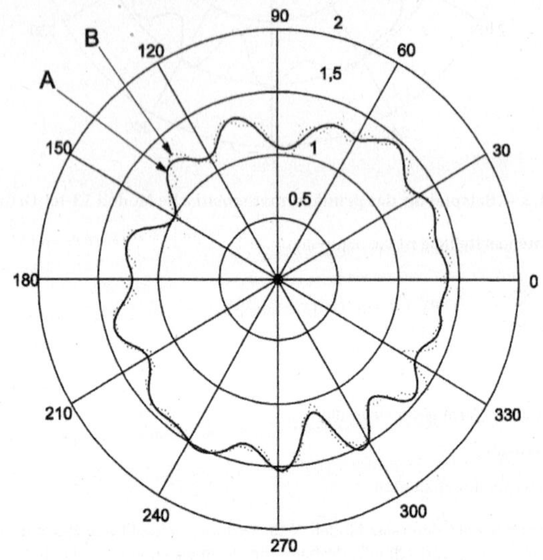

Legende

A Primärprofil

B zerlegtes, integrales Geometrieelement

Bild A.3 — Primärprofil

A.2 Anwendung eines alternierenden, sequentiellen, morphologischen Filters auf ein Profil

Morphologische Filter sind in ISO 16610-40, ISO 16610-41 und ISO 16610-49 beschrieben.

A.2.1 Integrales Geometrieelement

Es wird angenommen, dass das nominale Geometrieelement ein Würfel ist, und das zerlegte, integrale Geometrieelement ein nicht ideales Geometrieelement ist, das einer Ebene einer festgelegten Oberfläche des Würfels entspricht.

A.2.2 Oberflächenanteil

Der Oberflächenanteil ist ein aus dem zerlegten, integralen Geometrieelement gewonnenes Profil (siehe Bild A.4).

Maße in Millimeter

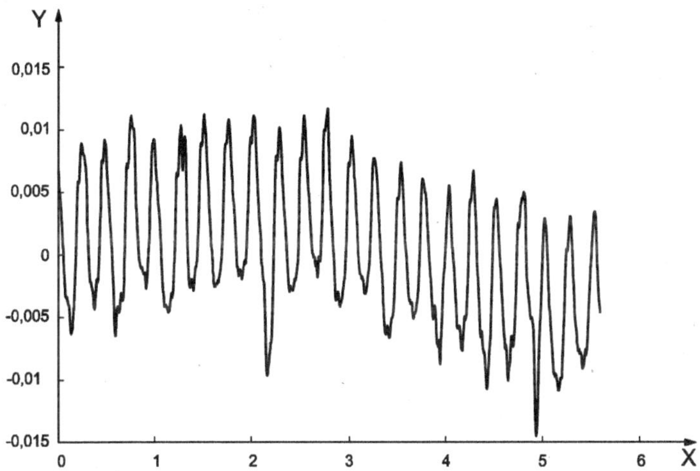

Legende

X Abstand

Y Höhe

Bild A.4 — Profil eines zerlegten, integralen Geometrieelements

A.2.3 Primäres mathematisches Modell

A.2.3.1 Allgemeines

Das primäre mathematische Modell ist ein Profil, dessen absolute momentane Krümmungswerte alle unterhalb eines festgelegten maximalen Wertes liegen (siehe Bild A.5). Dieses Modell ist verschachtelt, denn ein Modell mit festgelegten, maximalen, absoluten Krümmungswerten schließt alle Modelle mit einem niedrigeren maximalen Wert ein.

Maße in Millimeter

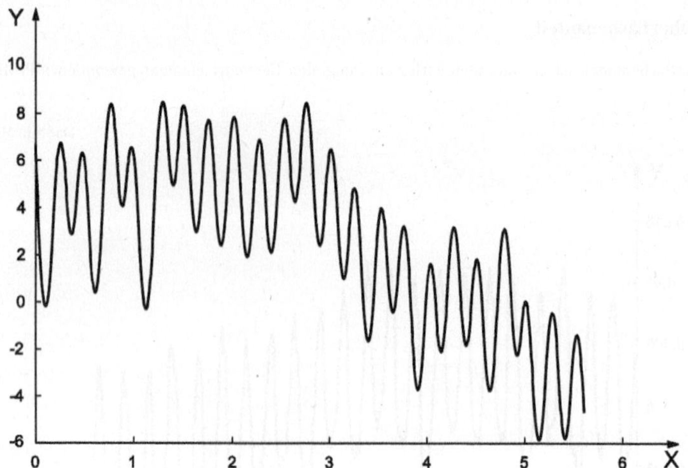

Legende

X Abstand

Y Höhe × 10^3

Bild A.5 — Beispiel eines primären, mathematischen Modells mit einem Nesting-Index (Radius) von 0,8 mm

A.2.3.2 Nesting-Index

Ein geeigneter Nesting-Index ist durch den Radius gegeben, der dem inversen, absoluten Wert der Krümmung entspricht. Wenn der Radius sich dem Wert Null annähert, d. h. wenn der Wert der Krümmung gegen Unendlich strebt, dann nähert sich das Modell, wie gefordert, dem Profil an.

A.2.3.3 Freiheitsgrade

Für jeden Nesting-Index ist es möglich, ein primäres mathematisches Modell zu aufzustellen. Folglich können endliche Freiheitsgrade nicht von vornherein für einen gegebenen Nesting-Index festgelegt werden.

A.2.4 Primäre Abbildung

Um eine gefilterte Oberfläche zu erhalten ist es notwendig, das integrale Geometrieelement durch eine primäre Abbildung auf ein primäres mathematisches Modell mit einem festgelegten Nesting-Index abzubilden (siehe Bild A.6). Dies kann durch eine Folge von morphologischen Closing- und Opening-Operationen mit kreisförmigen, strukturierenden Elementen mit einem wachsenden Nesting-Index, angewendet auf das zerlegte, integrale Geometrieelement erreicht werden, die mit demselben Radius endet, wie der Nesting-Index (für Einzelheiten siehe ISO 16610-49). Es kann leicht gezeigt werden, dass diese Methode der primären Abbildung das Siebkriterium erfüllt.

Maße in Millimeter

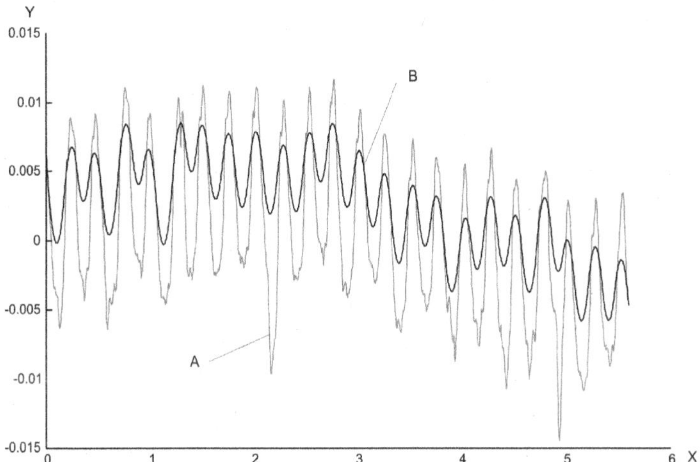

Legende

X Abstand

Y Höhe

A zerlegtes, integrales Geometrieelement

B Primärprofil

Bild A.6 — Primärprofil

Anhang B
(informativ)

Masterplan für die Filternormen — Reihe ISO 16610

B.1 Filternormen

B.1.1 Matrix der Filternormen

Tabelle B.1 zeigt die Filtermatrix für die Reihe der ISO 16610.

Tabelle B.1 — Struktur der Teile in der Reihe ISO 16610

Allgemeines	**Filter: Reihe ISO 16610**					
	Teil 1					
Grundlegendes	**Profilfilter**			**Flächenfilter**		
	Teil 11[a]			Teil 12[a]		
	Linear	**Robust**	**Morphologisch**	**Linear**	**Robust**	**Morphologisch**
Grundlegende Konzepte	Teil 20	Teil 30	Teil 40	Teil 60	Teil 70	Teil 80
Einzelne Filter	Teile 21-25	Teile 31-35	Teile 41-45	Teile 61-65	Teile 71-75	Teile 81-85
Verfahrensweise beim Filtern	Teile 26-28	Teile 36-38	Teile 46-48	Teile 66-68	Teile 76-78	Teile 86-88
Vielfachauflösung	Teil 29	Teil 39	Teil 49	Teil 69	Teil 79	Teil 89

[a] Derzeit in Teil 1 enthalten.

B.1.2 Titel der einzelnen Teile in der Reihe ISO 16610

Zu den Titeln der einzelnen Teile und den Teilen die noch in der Planung sind, siehe Vorwort.

B.2 Struktur der Filternormen — Reihe ISO 16610

B.2.1 Struktur des Teils x0 (Grundlegende Konzepte)

— Vorwort

— Einleitung

— Anwendungsbereich

— Normative Verweisungen (einschließlich ISO 80000-2)

— Begriffe

— Grundlegende Konzepte

— X Filter

— Vergleich von Filtern (Der Inhalt dieses Abschnitts soll den Anwender nur zu den Abschnitten der anderen Teile der Reihe ISO 16610 leiten, in denen der Vergleich der Filter angegeben ist)

— Anhänge

— Anhang *n*-1: „Zusammenhänge mit dem Filter-Matrix-Modell"

— Anhang *n*: „Zusammenhänge mit dem GPS-Matrix-Modell"

— Literaturhinweise

B.2.2 Struktur der Teile x1 bis x5 (Einzelheiten)

— Vorwort

— Einleitung

— Anwendungsbereich

— Normative Verweisungen (einschließlich ISO 80000-2)

— Begriffe

— Das betreffende einzelne Filter

— Empfehlungen

— Filterkennzeichnung (nach diesem Teil von ISO 16610)

— Anhänge (einschließlich Beispiele)

— Anhang *n*-1: „Zusammenhänge mit dem Filter-Matrix-Modell"

— Anhang *n*: „Zusammenhänge mit dem GPS-Matrix-Modell"

— Literaturhinweise

B.2.3 Struktur der Teile x6 bis x7 (Wie zu Filtern ist — Orientierungshilfe)

- Vorwort
- Einleitung
- Anwendungsbereich
- Normative Verweisungen (einschließlich ISO 80000-2)
- Begriffe
- Orientierungshilfe
- Anhänge (einschließlich Beispiele)
- Anhang *n*-1: „Zusammenhänge mit dem Filter-Matrix-Modell"
- Anhang *n*: „Zusammenhänge mit dem GPS-Matrix-Modell"
- Literaturhinweise

B.2.4 Struktur des Teils x9 (Vielfachauflösung)

- Vorwort
- Einleitung
- Anwendungsbereich
- Normative Verweisungen (einschließlich ISO 80000-2)
- Begriffe
- Beschreibung von Methoden der Vielfachauflösung
- Filterkennzeichnung (nach diesem Teil von ISO 16610)
- Anhänge (einschließlich Beispiele)
- Anhang *n*-1: „Zusammenhänge mit dem Filter-Matrix-Modell"
- Anhang *n*: „Zusammenhänge mit dem GPS-Matrix-Modell"
- Literaturhinweise

Anhang C
(informativ)

Vorteile und Nachteile der verschiedenen Filtertypen

Die folgenden Tabellen spiegeln die Kenntnisse der für dieses Dokument verantwortlichen Experten zum Zeitpunkt seiner Herausgabe wieder und sind nicht erschöpfend.

Tabelle C.1 — Gauß-Filter (ISO 16610-21)

Pro	Kontra	Von besonderem Interesse
gut bekannt gut definiert Nyquist-Abtastung Rekonstruktion möglich leicht zu berechnen geschlossenes Profil: keine End-effekte leicht zu interpretieren verschachtelte Menge mathematischer Modelle festgelegt durch eine Grenzwellenlänge kein Überschwingen keine Nebenzipfel	nicht robust empfindlich gegen Ausreißer verzerrt verdrehte Oberflächen die Form muss entfernt werden Endeffekte kein kompakter Träger keine Wavelet-Analyse möglich	lineares, auf Fourier-Wellenlängen beruhendes System einfach zu implementieren für äquidistante Daten

Tabelle C.2 — Spline-Filter (ISO 16610-22)

Pro	Kontra	Von besonderem Interesse
Endeffekte leichter zu handhaben die Form muss nicht entfernt werden verzerrt verdrehte Oberflächen nicht leicht zu berechnen geschlossenes Profil: keine End-effekte Wavelet-Analyse möglich Nyquist-Abtastung festgelegt durch eine Grenzwellen-länge Rauschunterdrückung schneller als das Gauß-Filter selbst justierend kompakter Träger zufällige Abstände der Daten möglich anwendbar auf beliebige Oberflächen	derzeit steht der Anwendungs-bereich nicht vollständig fest	lineare/nichtlineare Fourier-Inter-pretation möglich kann eine Approximation für das Gauß-Filter sein konvergiert gegen das Gauß-Filter, wenn die Ordnung *N* für B-Splines gegen Unendlich geht der Grenzfall des linearen Splines konvergiert gegen das 2RC PC-Filter

Tabelle C.3 — Spline-Wavelets (ISO 16610-29)

Pro	Kontra	Von besonderem Interesse
Lokalisierung und Identifizierung von Ausreißern Filterung individueller Geometrieelemente Anwendung auf nicht-stationäre Oberflächen die Form muss nicht entfernt werden Rauschunterdrückung Nyquist-Abtastung Rekonstruktion möglich leicht zu berechnen geschlossene Profile: keine Endeffekte verschachtelte Menge mathematischer Modelle ähnlich zur Grenzwellenlänge definiert schneller als das Gauß-Filter kann für kurze Profile verwendet werden kann für Oberflächen verwendet werden	viele verschiedene Typen von Mother-Wavelets schwierig zu interpretieren derzeit steht der Anwendungsbereich nicht vollständig fest	schließt B-Splines ein unterschiedliche Fourier-Wellenlängen

Tabelle C.4 — Morphologische Filter (ISO 16610-41)

Pro	Kontra	Von besonderem Interesse
Definition der mechanischen Oberfläche simuliert kompakte Phänomene (z. B. E-System) verzerrt Tschebyscheff-Anpassungen nicht geschlossene Profile: keine Endeffekte verschachtelte Menge mathematischer Modelle die Form muss nicht entfernt werden kompakter Träger zufällige Abstände der Daten möglich schneller als das Gauß-Filter	derzeit steht der Anwendungsbereich nicht vollständig fest empfindlich gegen Ausreißer	von Fourier-Wellenlängen verschieden nichtlineares Filter Default-Filter zur Errichtung von Bezügen (Alpha-Hülle)

Tabelle C.5 — Alternierende, sequentielle Filter (ISO 16610-49)

Pro	Kontra	Von besonderem Interesse
gut definiert verschachtelte Menge mathematischer Modelle natürlicherweise robust leicht zu berechnen Analyse mit Vielfachauflösung möglich Endeffekte sind leicht zu handhaben die Form muss nicht entfernt werden ähnlich zur Grenzwellenlänge definiert	derzeit steht der Anwendungsbereich nicht vollständig fest veröffentlichte Algorithmen sind langsamer als beim Gauß-Filter	von Fourier-Wellenlängen verschieden nichtlineares Filter Kugel ist durch Krümmung definiert und nicht durch eine Wellenlänge Abtasttheoreme (nicht nach Nyquist) Rekonstruktion möglich

Anhang D
(informativ)

Begriffsdiagramm

Im Folgenden wird ein Begriffsdiagramm für diesen Teil von ISO 16610 angegeben.

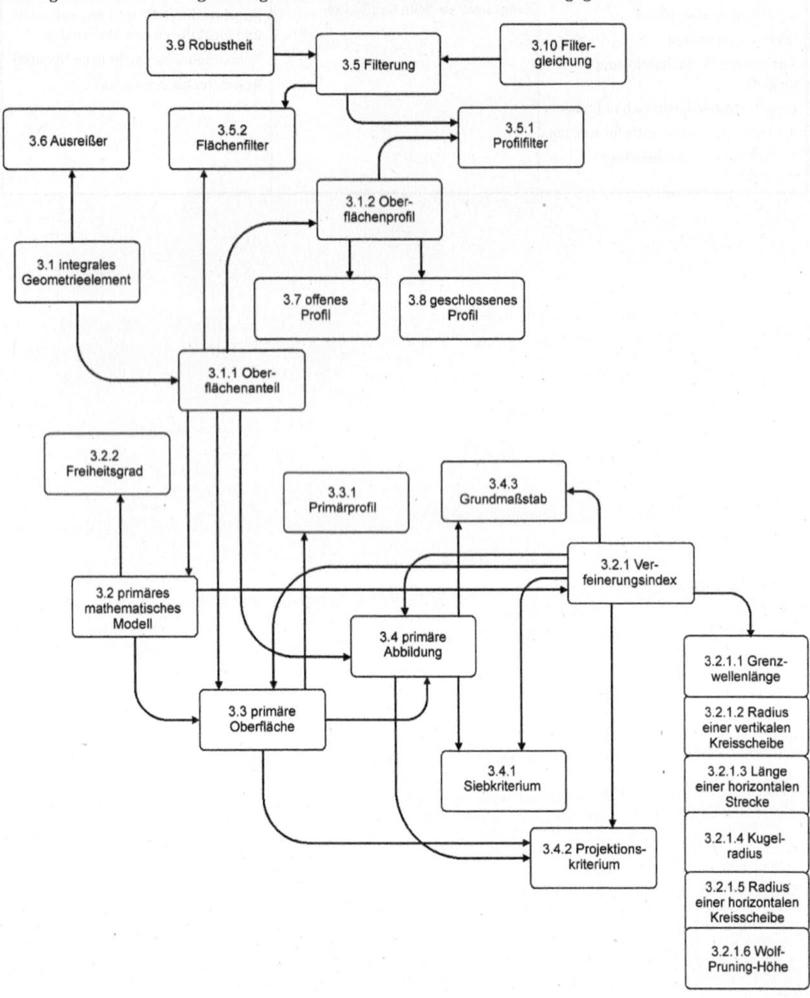

Bild D.1 — Begriffsdiagramm

Anhang E
(informativ)

Zusammenhänge mit dem Filter-Matrix-Modell

E.1 Allgemeines

Zu den vollständigen Einzelheiten des Filter-Matrix-Modells siehe Anhang B.

E.2 Position im Filter-Matrix-Modell

Dieser Teil von ISO 16610 ist ein allgemeines Dokument, das alle Normen über Filterung in der Matrix beeinflusst (siehe Tabelle E.1).

Tabelle E.1 — Zusammenhänge mit dem Filter-Matrix-Modell

Allgemeines	**Filter: Reihe ISO 16610**					
	Teil 1					
Grundlegendes	**Profilfilter**			**Flächenfilter**		
	Teil 11[a]			Teil 12[a]		
	Linear	**Robust**	**Morphologisch**	**Linear**	**Robust**	**Morphologisch**
Grundlegende Konzepte	Teil 20	Teil 30	Teil 40	Teil 60	Teil 70	Teil 80
Einzelne Filter	Teile 21-25	Teile 31-35	Teile 41-45	Teile 61-65	Teile 71-75	Teile 81-85
Verfahrensweise beim Filtern	Teile 26-28	Teile 36-38	Teile 46-48	Teile 66-68	Teile 76-78	Teile 86-88
Vielfachauflösung	Teil 29	Teil 39	Teil 49	Teil 69	Teil 79	Teil 89

[a] Derzeit in Teil 1 enthalten.

Anhang F
(informativ)

Zusammenhänge mit dem GPS-Matrix-Modell

F.1 Allgemeines

Zu den vollständigen Einzelheiten des GPS-Matrix-Modells, siehe ISO/TR 14638.

F.2 Informationen über diesen Teil von ISO 16610 und seine Anwendung

Dieser Teil von ISO 16610 legt die grundlegende Terminologie für die GPS-Filterung fest.

F.3 Position im GPS-Matrix-Modell

Dieser Teil von ISO 16610 ist eine allgemeine GPS-Norm, welche die Kettenglieder 3 und 6 in allen Normenketten in der GPS-Matrixstruktur beeinflusst, wie in Tabelle F.1 graphisch dargestellt.

Tabelle F.1 — Position im GPS-Matrix-Modell

	Globale GPS-Normen							
	Allgemeine GPS-Normen							
	Kettengliednummer	**1**	**2**	**3**	**4**	**5**	**6**	**7**
GPS-Grundnormen	Größenmaß							
	Abstand							
	Radius							
	Winkel							
	Form einer bezugsunabhängigen Linie							
	Form einer bezugsabhängigen Linie							
	Form einer bezugsunabhängigen Oberfläche							
	Form einer bezugsabhängigen Oberfläche							
	Richtung							
	Ort							
	Rundlauf							
	Gesamtlauf							
	Bezüge							
	Rauheitsprofil							
	Welligkeitsprofil							
	Primärprofil							
	Oberflächenunvollkommenheit							
	Kanten							

F.4 Betroffene Internationale Normen

Die betroffenen Internationalen Normen sind diejenigen, welche aus den Kettengliedern der in Tabelle F.1 gekennzeichneten Normen hervorgehen.

Literaturhinweise

[1] ISO 3274:1996, *Geometrical Product Specifications (GPS) — Surface Texture: Profile method — Nominal characteristics of contact (stylus) instruments*

[2] ISO 4287:1997, *Geometrical Product Specifications (GPS) — Surface Texture: Profile method — Terms, definitions and surface texture parameters*

[3] ISO 8015:2011, *Geometrical Product Specifications (GPS) — Surface texture: Profile method — Terms, definitions and surface texture parameters*

[4] ISO 12085:1996, *Geometrical Product Specifications (GPS) — Surface Texture: Profile method — Motif parameters*

[5] ISO 13565-1:1996, *Geometrical Product Specifications (GPS) — Surface texture: Profile method; Surfaces having stratified functional properties — Part 1: Filtering and general measurement conditions*

[6] ISO 14253-1:2013, *Geometrical product specifications (GPS) — Inspection by measurement of workpieces and measuring equipment — Part 1: Decision rules for proving conformity or nonconformity with specifications*

[7] ISO/TR 14638:1995, *Geometrical product specification (GPS) — Masterplan*

[8] ISO 16610-20, *Geometrical product specifications (GPS) — Filtration — Part 20: Linear profile filters: Basic concepts*

[9] ISO 16610-21, *Geometrical product specifications (GPS) — Filtration — Part 21: Linear profile filters: Gaussian filters*

[10] ISO 16610-22, *Geometrical product specifications (GPS) — Filtration — Part 22: Linear profile filters: Spline filters*

[11] ISO 16610-26[1], *Geometrical product specifications (GPS) — Filtration — Part 26: Linear profile filters: Filtration on nominally orthogonal grid planar data sets*

[12] ISO 16610-27[1)], *Geometrical product specifications (GPS) — Filtration — Part 27: Linear profile filters: Filtration on nominally orthogonal grid cylindrical data sets*

[13] ISO 16610-29, *Geometrical product specifications (GPS) — Filtration — Part 29: Linear profile filters: Spline wavelets*

[14] ISO 16610-30, *Geometrical product specifications (GPS) — Filtration — Part 30: Robust profile filters: Basic concepts*

[15] ISO 16610-31, *Geometrical product specifications (GPS) — Filtration — Part 31: Robust profile filters: Gaussian regression filters*

[16] ISO 16610-32, *Geometrical product specifications (GPS) — Filtration — Part 32: Robust profile filters: Spline filters*

[17] ISO 16610-40, *Geometrical product specifications (GPS) — Filtration — Part 40: Morphological profile filters: Basic concepts*

[18] ISO 16610-41, *Geometrical product specifications (GPS) — Filtration — Part 41: Morphological profile filters: Disk and horizontal line-segment filters*

1) In Planung.

[19] ISO 16610-42[1)], *Geometrical product specifications (GPS) — Filtration — Part 42: Morphological profile filters: Motif filters*

[20] ISO 16610-49, *Geometrical product specifications (GPS) — Filtration — Part 49: Morphological profile filters: Scale space techniques*

[21] ISO 16610-60, *Geometrical product specifications (GPS) — Filtration — Part 60: Linear areal filters: Basic concepts*

[22] ISO 16610-61, *Geometrical product specifications (GPS) — Filtration — Part 61: Linear areal filters: Gaussian filters*

[23] ISO 16610-62[1)], *Geometrical product specifications (GPS) — Filtration — Part 62: Linear areal filters: Spline filters*

[24] ISO 16610-69[1)], *Geometrical product specifications (GPS) — Filtration — Part 69: Linear areal filters: Spline wavelets*

[25] ISO 16610-70[1)], *Geometrical product specifications (GPS) — Filtration — Part 70: Robust areal filters: Basic concepts*

[26] ISO 16610-71[2], *Geometrical product specifications (GPS) — Filtration — Part 71: Robust areal filters: Gaussian regression filters*

[27] ISO 16610-72[1)], *Geometrical product specifications (GPS) — Filtration — Part 72: Robust areal filters: Spline filters*

[28] ISO 16610-80[1)], *Geometrical product specifications (GPS) — Filtration — Part 80: Morphological areal filters: Basic concepts*

[29] ISO 16610-81[1)], *Geometrical product specifications (GPS) — Filtration — Part 81: Morphological areal filters: Sphere and horizontal planar segment filters*

[30] ISO 16610-82[1)], *Geometrical product specifications (GPS) — Filtration — Part 82: Morphological areal filters: Motif filters*

[31] ISO 16610-89[1)], *Geometrical product specifications (GPS) — Filtration — Part 89: Morphological areal filters: Scale space techniques*

[32] ISO 80000-2:2009, *Quantities and units — Part 2: Mathematical signs and symbols to be used in the natural sciences and technology*

[33] ISO/IEC Guide 98-3:2008, *Uncertainty of measurement — Part 3: Guide to the expression of uncertainty in measurement (GUM:1995)*

[34] Matheron, G., *Random sets and integral geometry*, John Wiley & Sons, 1975

2) In Planung.

April 2012

DIN EN ISO 17450-1

ICS 17.040.30

Ersatz für
DIN ISO/TS 17450-1:2008-04
und
DIN ISO/TS 17450-1
Berichtigung 1:2009-08

Geometrische Produktspezifikation (GPS) – Grundlagen – Teil 1: Modell für die geometrische Spezifikation und Prüfung (ISO 17450-1:2011); Deutsche Fassung EN ISO 17450-1:2011

Geometrical product specifications (GPS) –
General concepts –
Part 1: Model for geometrical specification and verification (ISO 17450-1:2011);
German version EN ISO 17450-1:2011

Spécification géométrique des produits (GPS) –
Concepts généraux –
Partie 1: Modèle pour la spécification et la vérification géométriques (ISO 17450-1:2011);
Version allemande EN ISO 17450-1:2011

Gesamtumfang 70 Seiten

Normenausschuss Technische Grundlagen (NATG) im DIN

Nationales Vorwort

Dieses Dokument wurde vom ISO/TC 213/WG 14 „Vertical GPS principles" in Zusammenarbeit mit CEN/TC 290 „Geometrische Produktspezifikationen und -prüfung" erarbeitet, dessen Sekretariat von AFNOR (Frankreich) gehalten wird.

Auf nationaler Ebene ist der Arbeitsausschuss NA 152-03-02 AA „CEN/ISO Geometrische Produktspezifikation und -prüfung" im Normenausschuss Technische Grundlagen (NATG) im DIN zuständig.

Für die in diesem Dokument zitierten Internationalen Dokumente wird im Folgenden auf die entsprechenden Deutschen Dokumente hingewiesen:

ISO/IEC Guide 99	siehe Internationales Wörterbuch der Metrologie — Grundlegende und allgemeine Begriffe und zugeordnete Benennungen (VIM)[1)]

Änderungen

Gegenüber DIN ISO/TS 17450-1:2008-04 und DIN ISO/TS 17450-1 Berichtigung 1:2009-08 wurden folgende Änderungen vorgenommen:

a) die Norm wurde europäisch übernommen und redaktionell überarbeitet;

b) normative Verweisungen wurden aktualisiert;

c) die Norm wurde grundlegend überarbeitet.

Frühere Ausgaben

DIN ISO/TS 17450-1: 2008-04
DIN ISO/TS 17450-1 Berichtigung 1: 2009-08

Nationaler Anhang
(informativ)

Literaturhinweise

Internationales Wörterbuch der Metrologie — Grundlegende und allgemeine Begriffe und zugeordnete Benennungen (VIM)

1) Zu beziehen bei: Beuth Verlag GmbH, 10772 Berlin, ISBN 978-3-410-22472-3.

EUROPÄISCHE NORM

EUROPEAN STANDARD

NORME EUROPÉENNE

EN ISO 17450-1

Dezember 2011

ICS 17.040.01

Ersatz für CEN ISO/TS 17450-1:2007

Deutsche Fassung

Geometrische Produktspezifikation (GPS) - Grundlagen - Teil 1: Modell für die geometrische Spezifikation und Prüfung (ISO 17450-1:2011)

Geometrical product specifications (GPS) - General concepts - Part 1: Model for geometrical specification and verification (ISO 17450-1:2011)

Spécification géométrique des produits (GPS) - Concepts généraux - Partie 1: Modèle pour la spécification et la vérification géométriques (ISO 17450-1:2011)

Diese Europäische Norm wurde vom CEN am 10. Dezember 2011 angenommen.

Die CEN-Mitglieder sind gehalten, die CEN/CENELEC-Geschäftsordnung zu erfüllen, in der die Bedingungen festgelegt sind, unter denen dieser Europäischen Norm ohne jede Änderung der Status einer nationalen Norm zu geben ist. Auf dem letzten Stand befindliche Listen dieser nationalen Normen mit ihren b bliographischen Angaben sind beim Management-Zentrum des CEN-CENELEC oder bei jedem CEN-Mitglied auf Anfrage erhältlich.

Diese Europäische Norm besteht in drei offiziellen Fassungen (Deutsch, Englisch, Französisch). Eine Fassung in einer anderen Sprache, die von einem CEN-Mitglied in eigener Verantwortung durch Übersetzung in seine Landessprache gemacht und dem Management-Zentrum mitgeteilt worden ist, hat den gleichen Status wie die offiziellen Fassungen.

CEN-Mitglieder sind die nationalen Normungsinstitute von Belgien, Bulgarien, Dänemark, Deutschland, Estland, Finnland, Frankreich, Griechenland, Irland, Island, Italien, Kroatien, Lettland, Litauen, Luxemburg, Malta, den Niederlanden, Norwegen, Österreich, Polen, Portugal, Rumänien, Schweden, der Schweiz, der Slowakei, Slowenien, Spanien, der Tschechischen Republik, Ungarn, dem Vereinigten Königreich und Zypern.

EUROPÄISCHES KOMITEE FÜR NORMUNG
EUROPEAN COMMITTEE FOR STANDARDIZATION
COMITÉ EUROPÉEN DE NORMALISATION

Management-Zentrum: Avenue Marnix 17, B-1000 Brüssel

Ref. Nr. EN ISO 17450-1:2011 D

Inhalt

Seite

Bilder

Tabellen

Vorwort

Dieses Dokument (EN ISO 17450-1:2011) wurde vom Technischen Komitee ISO/TC 213 „Dimensional and geometrical product specifications and verification" in Zusammenarbeit mit dem Technischen Komitee CEN/TC 290 „Geometrische Produktspezifikationen und -prüfung" erarbeitet, dessen Sekretariat vom AFNOR gehalten wird.

Diese Europäische Norm muss den Status einer nationalen Norm erhalten, entweder durch Veröffentlichung eines identischen Textes oder durch Anerkennung bis Juni 2012, und etwaige entgegenstehende nationale Normen müssen bis Juni 2012 zurückgezogen werden.

Es wird auf die Möglichkeit hingewiesen, dass einige Texte dieses Dokuments Patentrechte berühren können. CEN [und/oder CENELEC] sind nicht dafür verantwortlich, einige oder alle diesbezüglichen Patentrechte zu identifizieren.

Dieses Dokument ersetzt CEN ISO/TS 17450-1:2007.

Entsprechend der CEN/CENELEC-Geschäftsordnung sind die nationalen Normungsinstitute der folgenden Länder gehalten, diese Europäische Norm zu übernehmen: Belgien, Bulgarien, Dänemark, Deutschland, Estland, Finnland, Frankreich, Griechenland, Irland, Island, Italien, Kroatien, Lettland, Litauen, Luxemburg, Malta, Niederlande, Norwegen, Österreich, Polen, Portugal, Rumänien, Schweden, Schweiz, Slowakei, Slowenien, Spanien, Tschechische Republik, Ungarn, Vereinigtes Königreich und Zypern.

Anerkennungsnotiz

Der Text von ISO 17450-1:2011 wurde vom CEN als EN ISO 17450-1:2011 ohne irgendeine Abänderung genehmigt.

Einleitung

Dieser Teil von ISO 17450 ist ein Dokument für die Geometrische Produktspezifikation (GPS) und ist als globales GPS-Dokument (siehe ISO/TR 14638) anzusehen. Er beeinflusst alle Kettenglieder der Normen.

Die in ISO/TR 14638 gegebene ISO/GPS-Übersicht gibt einen Überblick über das ISO/GPS-System, von dem dieses Dokument ein Bestandteil ist. Die in ISO 8015 gegebenen grundlegenden Regeln von ISO/GPS gelten für dieses Dokument, und die Vorzugsentscheidungsregeln aus ISO 14253-1 gelten für die Spezifikationen nach diesem Dokument, soweit nicht anders angegeben. Für eine weitergehende ausführliche Information über den Zusammenhang dieses Teils von ISO 17450 mit anderen Normen und mit dem GPS-Matrix-Modell, siehe Anhang F.

In einer Marktumgebung wachsender Globalisierung ist der Austausch technischer Produktinformationen von großer Wichtigkeit und die Erfordernis, die Geometrie mechanischer Bauteile eindeutig festzulegen, ist von vitaler Dringlichkeit. Konsequenterweise muss die Kodifizierung, welche den Spezifikationen der Makro- und Mikrogeometrie der Werkstücke zugeordnet ist, eindeutig und vollständig sein, um die funktionalen geometrischen Variationen der Bauteile einzuschränken. Zusätzlich sollte die Sprache für CAx-Systeme verwendbar sein.

Das Ziel des ISO/TC 213 ist es, Werkzeuge für einen globalen „Top-down"-GPS-Ansatz zur Verfügung zu stellen. Diese Werkzeuge sind die Grundlage neuer Normen über eine gemeinsame Sprache für geometrische Definitionen, verwendbar in der Konstruktion (Zusammenbau und einzelne Werkstücke), in der Herstellung und in der Prüfung, einschließlich der Beschreibung von Messverfahren, unabhängig vom verwendeten Medium (z. B. technische Zeichnungen auf Papier, numerisch dargestellte technische Zeichnungen oder Dateien zum Datenaustausch). Diese Werkzeuge basieren sowohl auf den Merkmalen von Geometrieelementen, als auch auf den zwischen den Geometrieelementen bestehenden Einschränkungen und auf den Operationen an Geometrieelementen, die zur Erzeugung verschiedener geometrischer Eigenschaften verwendet werden.

1 Anwendungsbereich

Dieser Teil von ISO 17450 stellt ein Modell für die geometrische Produktspezifikation und -prüfung zur Verfügung und legt die entsprechenden Konzepte fest. Er beschreibt außerdem die mathematischen Grundlagen der Konzepte, die dem Modell zugeordnet sind, und legt allgemeine Begriffe für geometrische Elemente von Werkstücken fest.

Dieser Teil von ISO 17450 legt die Grundlagen für das GPS-System fest, um

— eine eindeutige GPS-Sprache zur Verwendung in der Konstruktion, Herstellung und Prüfung bereitzustellen,

— Geometrieelemente, Merkmale und Regeln als Grundlage für Spezifikationen festzulegen,

— eine vollständige Symbolsprache zur Angabe von GPS-Spezifikationen zur Verfügung zu stellen,

— eine vereinfachte Symbologie durch die Festlegung von Standardregeln bereitzustellen, und

— einheitliche Regeln für die Prüfung aufzustellen.

2 Normative Verweisungen

Die folgenden zitierten Dokumente sind für die Anwendung dieses Dokuments erforderlich. Bei datierten Verweisungen gilt nur die in Bezug genommene Ausgabe. Bei undatierten Verweisungen gilt die letzte Ausgabe des in Bezug genommenen Dokuments (einschließlich aller Änderungen).

ISO/IEC Guide 99, *International vocabulary of metrology — Basic and general concepts and associated terms (VIM)*

3 Begriffe

Für die Anwendung dieses Dokuments gelten die Begriffe nach ISO/IEC Guide 99 und die folgenden Begriffe.

3.1
wirkliche Oberfläche
⟨eines Werkstücks⟩ Menge physikalisch vorhandener Geometrieelemente, die das gesamte Werkstück von seiner Umgebung trennen

3.2
Oberflächenmodell
Modell, das die Menge der physikalischen Grenzen des virtuellen oder wirklichen Werkstücks darstellt

ANMERKUNG 1 Dieses Modell wird auf alle geschlossenen Flächen angewendet.

ANMERKUNG 2 Das Oberflächenmodell lässt die Festlegung von einzelnen Geometrieelementen, einer Menge von Geometrieelementen oder Teilgeometrieelementen zu. Das gesamte Produkt wird durch eine Menge von Oberflächenmodellen, die den einzelnen Werkstücken entsprechen, modelliert.

3.2.1
Nennmodell
⟨eines Werkstücks⟩ Modell des vom Konstrukteur definierten Werkstücks perfekter Gestalt

ANMERKUNG Das Nennmodell stellt die Konstruktionsabsicht dar.

3.2.2
nicht-ideales Oberflächenmodell
Hautmodell
⟨eines Werkstücks⟩ Modell der physikalischen Grenzfläche des Werkstücks gegenüber seiner Umgebung

ANMERKUNG Siehe Abschnitt 5.

3.3
geometrisches Element
Punkt, Linie, Fläche, Volumen oder eine Menge dieser Elemente

ANMERKUNG 1 Das nicht-ideale Oberflächenmodell ist ein besonderer Typ von geometrischem Element, das mit der unendlichen Menge von Punkten übereinstimmt, welche die Trennfläche zwischen dem Werkstück und seiner Umgebung festlegt.

ANMERKUNG 2 Ein geometrisches Element kann ein ideales oder ein nicht-ideales Geometrieelement sein und kann entweder als einzelnes oder zusammengesetztes Geometrieelement betrachtet werden.

3.3.1
ideales Geometrieelement
Geometrieelement, definiert durch eine parametrisierte Gleichung

ANMERKUNG 1 Der Ausdruck der parametrisierten Gleichung hängt vom Typ des idealen Geometrieelements und seinen intrinsischen Merkmalen ab.

ANMERKUNG 2 Standardmäßig ist ein ideales Geometrieelement unendlich. Um seine Natur zu ändern, ist die Bezeichnung „beschränkt" hinzuzufügen, z. B. „beschränktes ideales Geometrieelement".

3.3.1.1
Eigenschaft eines idealen Geometrieelements
intrinsische Eigenschaft eines idealen Elements

ANMERKUNG 1 Es können vier Stufen von Eigenschaften für ein ideales Geometrieelement festgelegt werden: 1) Gestalt, 2) Maßparameter, durch die im Fall eines Größenmaßelements ein Größenmaß festgelegt werden kann, 3) Situationselement und 4) Gerüst (wenn das Größenmaß auf null festgelegt ist).

ANMERKUNG 2 Wenn das ideale Geometrieelement ein Größenmaßelement ist, dann kann einer der Parameter der Gestalt als ein Größenmaß betrachtet werden.

3.3.1.1.1
Maßparameter
lineares Maß oder Winkelmaß eines idealen Geometrieelements, das in dem Ausdruck seiner parametrisierten Gleichung verwendet wird

ANMERKUNG Ein Maßparameter kann einem Größenmaß eines Größenmaßelements entsprechen.

3.3.1.1.2
Gerüstgeometrieelement
geometrisches Element, das sich aus der Reduzierung eines Größenmaßelements ergibt, wenn sein Größenmaß auf null festgelegt ist

ANMERKUNG 1 Im Nennmodell ist das Gerüstgeometrieelement eine geometrische Eigenschaft eines integralen Nenngeometrieelements. Ein integrales Nenngeometrieelement und sein Gerüst gehören zur selben Invarianzklasse und besitzen dasselbe Situationselement.

ANMERKUNG 2 Im nicht-idealen Geometrieelement sind für das gleiche integrale Geometrieelement mehrere mögliche Gerüstgeometrieelemente vorhanden.

BEISPIEL Im Fall eines Torus gibt es zwei Maßparameter, von denen einer ein Größenmaß ist (der kleine Durchmesser des Torus). Sein Gerüst ist ein Kreis; seine Situationselemente sind eine Ebene (die den Kreis enthält) und ein Punkt (Mittelpunkt des Kreises).

3.3.1.1.3
Situationselement
Punkt, Gerade, Ebene oder Schraubenlinie, von dem/der aus die Lage oder Orientierung eines geometrischen Elements festgelegt werden kann

Siehe Bilder 1 bis 4.

ANMERKUNG 1 Ein Situationselement ist eine geometrische Eigenschaft eines idealen Geometrieelements.

ANMERKUNG 2 Einem Situationselement sind keine Maßparameter zugeordnet.

ANMERKUNG 3 In vielen Fällen wird anstelle des schraubenlinienförmigen Situationselements die Achse eines schraubenlinienförmigen Situationselements verwendet.

BEISPIEL Im Fall eines Torus gibt es zwei Maßparameter, von denen einer ein Größenmaß ist (der kleine Durchmesser des Torus). Sein Gerüst ist ein Kreis, und seine Situationselemente sind eine Ebene (die den Kreis enthält) und ein Punkt (Mittelpunkt des Kreises).

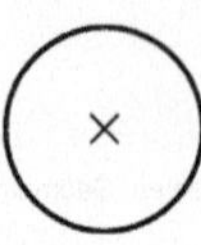

a) punktförmiges Situationselement einer Kugel

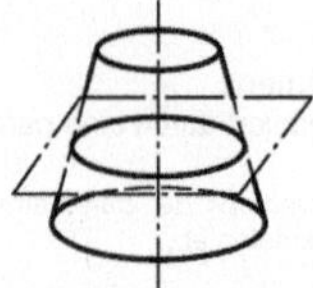

b) punktförmiges Situationselement eines Kegels

Bild 1 — Beispiel für punktförmige Situationselemente

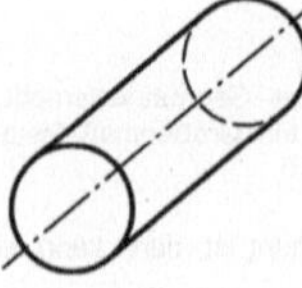

a) linienförmiges Situationselement eines Zylinders

b) linienförmiges Situationselement eines Kegels

Bild 2 — Beispiele für linienförmige Situationselemente

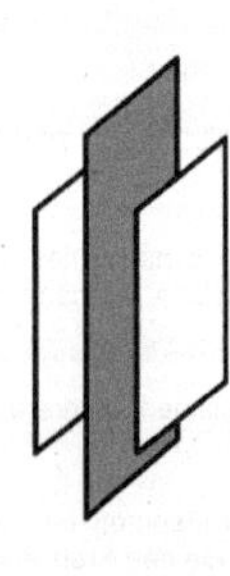

a) ebenes Situationselement eines Ebenenpaares

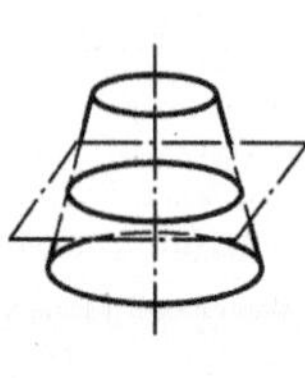

b) ebenes Situationselement eines Kegels

c) ebenes Situationselement von zwei nicht parallelen Ebenen

Bild 3 — Beispiele für ebene Situationselemente

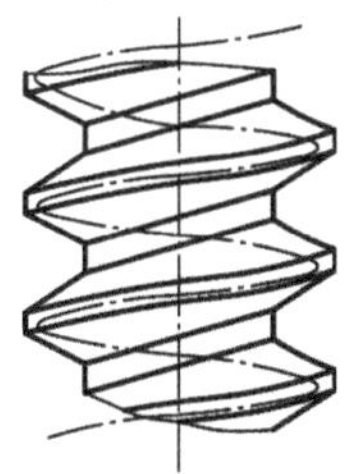

Bild 4 — Beispiel eines schraubenförmigen Situationselements

3.3.1.1.4
Gestalt
⟨eines idealen Geometrieelements⟩ mathematisch generierte Beschreibung, welche die ideale Geometrie eines Geometrieelements festlegt

ANMERKUNG Ein ideales Geometrieelement von vorgegebener Gestalt kann bezeichnet oder benannt werden.

BEISPIEL 1 Ebene Gestalt, zylindrische Gestalt, sphärische Gestalt, konische Gestalt.

BEISPIEL 2 Eine Fläche kann als „ebene Fläche" bezeichnet oder direkt als „Ebene" benannt werden.

3.3.1.2
Invarianzklasse
Gruppe von idealen Geometrieelementen, die durch dieselbe(n) Verschiebung(en) des idealen Geometrieelements festgelegt sind, für welches das Geometrieelement identisch im Raum gehalten wird

ANMERKUNG Siehe Anhang E.

3.3.1.3
Typ
⟨eines idealen Geometrieelements⟩ Benennung der Menge von Gestalten eines idealen Geometrieelements

ANMERKUNG 1 Siehe Tabelle 2 und 5.

ANMERKUNG 2 Ein bestimmtes Geometrieelement kann durch den Typ eines idealen Geometrieelements und durch die Angabe des Werts (der Werte) des wesentlichen Merkmals (der wesentlichen Merkmale) definiert werden.

ANMERKUNG 3 Der Typ definiert die parametrisierte Gleichung des idealen Geometrieelements.

3.3.1.4
Natur
⟨eines idealen Geometrieelements⟩ Eigenschaft eines idealen Geometrieelements, ein Punkt, eine Linie, eine Fläche, ein Volumen oder eine Menge dieser Elemente zu sein

BEISPIEL Die Natur eines Zylinders ist eine Fläche. Der Inhalt einer Kugel ist ein Volumen.

3.3.1.5
Größenmaßelement
lineares Größenmaßelement oder Winkelgrößenmaßelement

3.3.1.5.1
lineares Größenmaßelement
Größenmaßelement mit linearem Größenmaß
geometrisches Element, das ein oder mehrere intrinsische Merkmale besitzt, von denen nur eines als veränderlicher Parameter angesehen werden darf, der zusätzlich ein Mitglied einer „einparametrigen Familie" ist und der Eigenschaft des monotonen Enthaltenseins für diesen Parameter folgt

Siehe Bild 5.

ANMERKUNG 1 Ein Größenmaßelement kann eine Kugel, ein Kreis, zwei Geraden, zwei gegenüberliegende parallele Ebenen, ein Zylinder, ein Torus usw. sein. In früheren Normen wurden auch Keile und Kegel als Größenmaßelemente betrachtet, und das Größenmaß eines Torus wurde nicht erwähnt.

ANMERKUNG 2 Es gibt Einschränkungen, wenn mehr als ein intrinsisches Merkmal vorhanden ist (z. B. bei einem Torus).

ANMERKUNG 3 Ein Größenmaßelement ist besonders nützlich, um die Materialbedingungen, d. h. die Minimum-Material-Bedingung (LMR) und die Maximum-Material-Bedingung (MMR), auszudrücken.

ANMERKUNG 4 In Bild 5 ist der Durchmesser der Kugel ein Beispiel für das Größenmaß eines Winkelgrößenmaßelements; das geometrische Element, das für die Bildung des Größenmaßelements verwendet wird, ist sein Gerüstgeometrieelement. Im Fall der Kugel ist das Gerüstgeometrieelement ein Punkt.

BEISPIEL 1 Eine einzelne zylindrische Bohrung oder Welle ist ein lineares Größenmaßelement. Das lineare Größenmaß ist der Durchmesser.

BEISPIEL 2 Ein zusammengesetztes Geometrieelement, das aus zwei einzelnen parallelen Ebenen besteht, z. B. eine Riefe oder ein Keil, ist ein lineares Größenmaßelement. Das lineare Größenmaß ist die Breite.

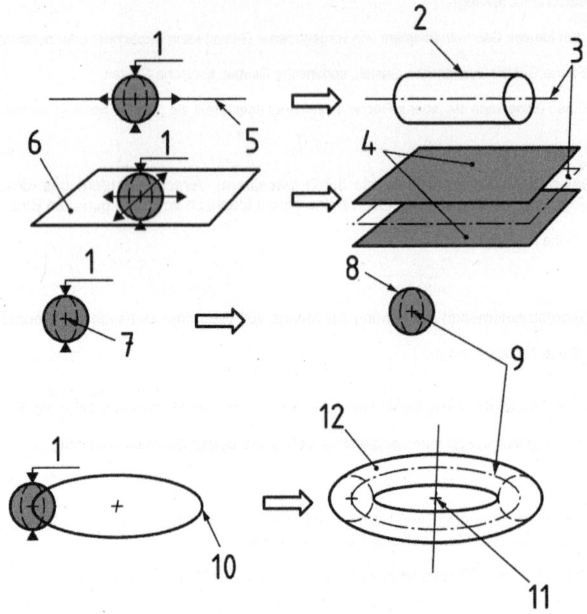

Legende

1 Größenmaß
2 Zylinder
3 zentrales Geometrieelement
4 zwei gegenüberliegende Ebenen
5 Gerüst: eine Gerade
6 Gerüst: eine Ebene
7 Gerüst: ein Punkt
8 Kugel
9 zentrales Geometrieelement
10 Gerüst: ein Kreis
11 Situationselement
12 Torus

Bild 5 — Beziehung zwischen dem Größenmaßelement, dem Gerüstgeometrieelement und dem Größenmaß

3.3.1.5.2
Winkelgrößenmaßelement
geometrisches Element der rotationssymmetrischen Invarianzklasse, dessen Mantellinie nominell mit einem anderem Winkel als 0° oder 90° geneigt ist, oder ein geometrisches Element der prismatischen Invarianzklasse, das aus zwei Flächen derselben Gestalt besteht, der Winkel zwischen den beiden Situationselementen

ANMERKUNG Ein Kegel und ein Keil sind Winkelgrößenmaßelemente.

3.3.2
nicht-ideales Geometrieelement
unvollkommenes geometrisches Element, das vollständig abhängig vom nicht-idealen Oberflächenmodell oder von der wirklichen Oberfläche des Werkstücks ist

ANMERKUNG Ein nicht-ideales Geometrieelement ist standardmäßig ein endliches Maß.

3.3.3
Nenngeometrieelement
ideales Geometrieelement, das in der technischen Produktdokumentation durch den Konstrukteur des Produkts festgelegt wird

ANMERKUNG 1 Ein Nenngeometrieelement ist in der technischen Produktdokumentation festgelegt.

ANMERKUNG 2 Ein Nenngeometrieelement kann endlich oder unendlich sein; standardmäßig ist es endlich.

BEISPIEL Ein auf einer Zeichnung festgelegter vollkommener Zylinder ist ein Nenngeometrieelement, das einer bestimmten mathematischen Formel folgt, der Maßparameter zugeordnet sind, die in einer auf das Situationselement bezogenen Bezugsmarke festgelegt sind. Das Situationselement eines Zylinders ist eine Linie, die im Allgemeinen als „seine Achse" bezeichnet wird. Nimmt man diese Linie als Achse einer kartesischen Bezugsmarke, erhält man die Formel $x^2 + y^2 = D/2$, wobei D ein Maßparameter ist. Ein Zylinder ist ein dimensionelles Geometrieelement, dessen Größenmaß sein Durchmesser D ist.

3.3.4
wirkliches Geometrieelement
geometrisches Element, das einem Teil der wirklichen Oberfläche des Werkstücks entspricht

3.3.5
integrales Geometrieelement
geometrisches Element, das zur wirklichen Oberfläche des Werkstücks oder zu einem Oberflächenmodell gehört

ANMERKUNG 1 Ein integrales Geometrieelement ist intrinsisch festgelegt, z. B. die Haut des Werkstücks.

ANMERKUNG 2 Für eine Angabe von Spezifikationen müssen geometrische Elemente, die durch Zerlegung des Oberflächenmodells oder der wirklichen Oberfläche des Werkstücks erhalten werden, festgelegt werden. Diese sogenannten „integralen Geometrieelemente" sind Modelle der verschiedenen physikalischen Teile des Werkstücks, die spezielle Funktionen aufweisen, insbesondere jene, die angrenzende Werkstücke berühren.

ANMERKUNG 3 Ein integrales Geometrieelement kann z. B. durch:

— eine Zerlegung des Oberflächenmodells,

— eine Zerlegung eines anderen integralen Geometrieelements, oder

— eine Sammlung anderer integraler Geometrieelemente abgeleitet werden.

3.3.6
abgeleitetes Geometrieelement
geometrisches Element, das physikalisch nicht auf der wirklichen Oberfläche des Werkstücks vorhanden ist und das von Natur aus kein integrales Nenngeometrieelement ist

ANMERKUNG 1 Ein abgeleitetes Geometrieelement kann aus einem Nenngeometrieelement, einem zugeordneten Geometrieelement oder einem erfassten Geometrieelement gebildet werden. Es wird entsprechend als abgeleitetes Nenngeometrieelement, zugeordnetes abgeleitetes Geometrieelement oder erfasstes abgeleitetes Geometrieelement bezeichnet.

ANMERKUNG 2 Der Mittelpunkt, die zentrale Linie und die zentrale Fläche, die durch ein oder mehrere integrale Geometrieelemente festgelegt werden, sind Typen abgeleiteter Geometrieelemente.

BEISPIEL 1 Der Mittelpunkt der Kugel ist ein abgeleitetes Geometrieelement, das von einer Kugel erhalten wird, die selbst ein integrales Geometrieelement ist.

BEISPIEL 2 Die zentrale Linie des Zylinders ist ein abgeleitetes Geometrieelement, das von der zylindrischen Fläche erhalten wird, die ein integrales Geometrieelement ist. Die Achse eines Nennzylinders ist ein abgeleitetes Nenngeometrieelement (Gerüst des Zylinders).

BEISPIEL 3 Ein geometrisches Element, das von einem integralen Geometrieelement durch Verschiebung einer bestimmten Menge in senkrechter Richtung außerhalb des Materials erhalten wird, ist ein weiterer Typ eines abgeleiteten Geometrieelements.

3.3.7
erfasstes Geometrieelement
geometrisches Element, das eine endliche Anzahl von Punkten festlegt

ANMERKUNG 1 Wenn die Darstellung durch eine unendliche Anzahl von Punkten festgelegt ist, wird die Bezeichnung „erfasst" den entsprechenden Benennungen nicht hinzugefügt.

ANMERKUNG 2 Das Konzept „erfasst" kann auf ein integrales Geometrieelement oder ein abgeleitetes Geometrieelement angewendet werden.

ANMERKUNG 3 Ein integrales Geometrieelement ist standardmäßig eine unendliche Darstellung, währenddessen ein integrales Geometrieelement mit einer endlichen Darstellung erfasst und entsprechend der festgelegten Konventionen verwendet wird.

3.3.8
zugeordnetes Geometrieelement
ideales Geometrieelement, das durch eine Zuordnungsoperation gebildet wird, die auf ein nicht-ideales Oberflächenmodell oder auf ein wirkliches Geometrieelement angewendet wurde

ANMERKUNG Ein zugeordnetes Geometrieelement kann durch ein abgeleitetes Geometrieelement (erfasst, gefiltert) oder durch ein integrales Geometrieelement (wirklich, erfasst, gefiltert) gebildet werden.

3.3.9
gefiltertes Geometrieelement
nicht-ideales Geometrieelement, welches das Ergebnis einer Filterung eines nicht-idealen Geometrieelements ist

Siehe Bild 6.

ANMERKUNG 1 Es gibt nicht-ideale gefilterte Geometrieelemente. Gefilterte Nenngeometrieelemente oder zugeordnete gefilterte Geometrieelemente gibt es nicht.

ANMERKUNG 2 Bezüglich der Funktion sind die in Betracht gezogenen Geometrieelemente häufig nicht unmittelbar integrale Geometrieelemente, sondern integrale Geometrieelemente nach einer Filterung.

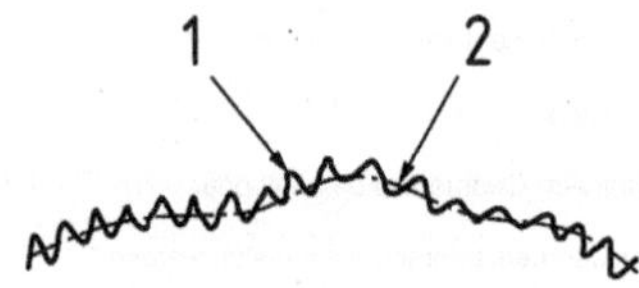

Legende

1 nicht-ideales Geometrieelement vor der Filterung
2 gefiltertes Geometrieelement (nicht-ideales Geometrieelement nach der Filterung)

Bild 6 — Gefilterte Spezifikations- und Verifikationsgeometrieelemente

3.3.10
rekonstruiertes Geometrieelement
zusammenhängendes geometrisches Element, das eine endliche Anzahl von Punkten festlegt

ANMERKUNG 1 Wenn die Darstellung durch eine unendliche Anzahl von Punkten festgelegt ist, wird die Bezeichnung „erfasst" der entsprechenden Benennung nicht hinzugefügt.

ANMERKUNG 2 Das Konzept „erfasst" kann auf ein integrales Geometrieelement oder ein abgeleitetes Geometrieelement angewendet werden.

ANMERKUNG 3 Ein integrales Geometrieelement ist standardmäßig eine unendliche Darstellung, während es mit einer endlichen Darstellung erfasst und entsprechend der festgelegten Konventionen verwendet wird.

3.4
Operation
bestimmtes Werkzeug, um Eigenschaften oder Werte eines Merkmals, ihres Nennwerts und ihrer Grenzen, zu erhalten

3.4.1
Elementoperation
bestimmtes Werkzeug, um Geometrieelemente zu erhalten

3.4.1.1
Zerlegung
Elementoperation zur Identifizierung eines Teils eines geometrischen Elements, das zur wirklichen Oberfläche des Werkstücks oder zu einem Oberflächenmodell des Werkstücks gehört

ANMERKUNG Siehe 8.1.2.

3.4.1.2
Erfassung
Elementoperation zur Identifizierung bestimmter Punkte eines nicht-idealen Geometrieelements

ANMERKUNG 1 Um Aliasing zu vermeiden, ist die Filterung im mathematischen Sinne Bestandteil der Erfassung.

ANMERKUNG 2 Siehe 8.1.3.

3.4.1.3
Filterung
Elementoperation zur Erzeugung eines nicht-idealen Geometrieelements aus einem nicht-idealen Geometrieelement oder zur Transformation eines Schwankungsgraphen in einen anderen durch Verringerung des Informationsniveaus

ANMERKUNG Siehe 8.1.4.

3.4.1.4
Zuordnung
Elementoperation zur Anpassung eines idealen Geometrieelements (idealer Geometrieelemente) an ein nicht-ideales Geometrieelement (nicht-ideale Geometrieelemente) entsprechend eines Kriteriums

ANMERKUNG Siehe 8.1.5.

3.4.1.5
Sammlung
Elementoperation zur Identifizierung mehrerer geometrischer Elemente, die zusammen eine Funktion ausüben

ANMERKUNG Siehe 8.1.6.

3.4.1.6
Zusammensetzung
Elementoperation zum Aufbau eines idealen Geometrieelements (idealer Geometrieelemente) von anderen idealen Geometrieelementen unter Einschränkungen

ANMERKUNG Siehe 8.1.7.

3.4.1.7
Rekonstruktion
Elementoperation zur Erzeugung eines zusammenhängenden Geometrieelements aus einem erfassten Geometrieelement

ANMERKUNG Siehe 8.1.8.

3.4.1.8
Reduzierung
Elementoperation zur Bildung eines abgeleiteten Geometrieelements durch Berechnung

BEISPIEL Wenn der Mittelpunkt eines geometrischen Elements als Schwerpunkt eines erfassten integralen Geometrieelements festgelegt wird, wird der Mittelpunkt durch Berechnung erhalten.

3.4.2
Auswertung
Operation um entweder den Wert eines Merkmals oder seinen Nennwert und seine Grenze(n) zu identifizieren

ANMERKUNG Siehe 8.2.

3.4.3
Transformation
Operation zur Umwandlung eines Schwankungsgraphen in einen anderen

ANMERKUNG Siehe 8.3.

3.5
Merkmal
einzelne Eigenschaft eines oder mehrerer geometrischer Elemente

ANMERKUNG 1 Ein Merkmal wird in Längen- oder Winkeleinheiten oder ohne Einheit ausgedrückt.

ANMERKUNG 2 Siehe Anhang D.

3.5.1
wesentliches Merkmal
Merkmal eines idealen Geometrieelements

ANMERKUNG 1 Siehe 7.2.

ANMERKUNG 2 Die intrinsischen Merkmale sind die Parameter der parametrisierten Gleichung des idealen Geometrieelements.

ANMERKUNG 3 Das Größenmaß eines Größenmaßelements ist ein intrinsisches Merkmal.

3.5.2
Stellungsmerkmal
Merkmal, das die relative Lage oder Orientierung zweier idealer Geometrieelemente festlegt

3.5.2.1
Stellungsmerkmal zwischen idealen Geometrieelementen
Merkmal, das die relative Lage oder Orientierung zweier idealer Geometrieelemente festlegt

3.5.2.2
Stellungsmerkmal zwischen nicht-idealen und idealen Geometrieelementen
Merkmal, das die relative Lage zwischen einem nicht-idealen und einem idealen Geometrieelement festlegt

3.6
Zusammensetzung
Operation zum Aufbau eines idealen Geometrieelements [idealer Geometrieelemente] unter Einschränkungen

3.6.1
(Zusammensetzung) durch ein Maß
Spezifikation, die zulässige Werte eines intrinsischen Merkmals oder eines Lagemerkmals zwischen idealen Geometrieelementen begrenzt

3.6.2
(Zusammensetzung) durch eine Zone
Zusammensetzung, welche die zulässigen Abweichungen eines nicht-idealen Geometrieelements innerhalb eines Bereiches begrenzt, der von einem idealen Geometrieelement (idealen Geometrieelementen) begrenzt wird

3.7
Streuung
Erscheinung, bei der der Wert eines Merkmals individueller geometrischer Elemente eines Werkstücks oder innerhalb einer Menge von Werkstücken nicht konstant ist

3.7.1
Schwankungsgraph
Schwankung eines Merkmals, dargestellt in einem Koordinatensystem

ANMERKUNG 1 Ein Schwankungsgraph kann ohne Transformation oder durch mathematische Transformation erhalten werden. Er kann als „direkt" oder „transformiert" bezeichnet werden.

ANMERKUNG 2 Ein Schwankungsgraph kann gefiltert sein.

3.8
Abweichung
Unterschied zwischen dem von der wirklichen Oberfläche des Werkstücks oder dem nicht-idealen Oberflächenmodell erhaltenen Wert eines Merkmals und dem entsprechenden Nennwert

4 Anwendungen und zukünftige Aussichten

Die in diesem Teil von ISO 17450 vorgeschlagenen Oberflächenmodelle beabsichtigen:

a) fundamentale Konzepte zum Ausdruck zu bringen, auf denen die geometrische Spezifikation von Werkstücken basieren kann, mit einem globalen Ansatz unter Einschluss aller geometrischen Werkzeuge (z. B. Operationen), die in der GPS benötigt werden, und

b) eine Mathematisierung des Konzeptes (siehe Anhang B) zur Verfügung zu stellen, um standardisierte Eingabemöglichkeiten zu ermöglichen für:

- Softwareentwickler von CAD-Systemen;
- Softwareentwicklern von Computeralgorithmen in der Metrologie; und
- Autoren von Normen zu STEP (rechnergestützter Austausch von Produktdaten zwischen CAD-Systemen).

ANMERKUNG Weitere Oberflächenmodelle werden in ISO 22432 vorgestellt und sind von dem nicht-idealen Oberflächenmodell abgeleitet.

5 Allgemeine Grundlagen

Die geometrische Spezifikation ist der Schritt der Konstruktion bei dem der Bereich der zulässigen Abweichungen einer Menge von Merkmalen eines Werkstücks festgelegt wird, um sie so den geforderten funktionalen Leistungen des Werkstücks anzupassen (funktionale Anforderungen). Es wird dabei ein Qualitätsniveau in Übereinstimmung mit dem Herstellungsprozess, den zulässigen Grenzen der Herstellung und der Definition der Übereinstimmung mit dem Werkstück festgelegt (siehe Bild 7).

funktionale Anforderung ——— **funktionale Spezifikation** ——— **geometrische Spezifikation**

Bild 7 — Zusammenhang zwischen funktionalen Anforderungen und geometrischen Spezifikationen

Der Konstrukteur legt zuerst ein „Werkstück" mit einer vollkommenen Form fest, d. h. mit der Gestalt und den Abmaßen, die erforderlich sind, um die funktionalen Anforderungen zu erfüllen. Dieses „Werkstück" wird „Nennmodell" genannt (siehe Bild 8).

Diese erste Schritt erzeugt eine Darstellung des Werkstücks nur mit Nennwerten, das unmöglich hergestellt und geprüft werden kann (jeder Fertigungs- oder Messprozess hat seine eigene Streuung oder Unsicherheit).

Die wirkliche Oberfläche des Werkstücks, welche die physikalische Trennfläche zwischen dem Werkstück und seiner Umgebung ist, hat eine unvollkommene Geometrie; es ist unmöglich, die dimensionelle Abweichung der wirklichen Oberfläche des Werkstücks vollständig zu erfassen, um das Ausmaß der gesamten Streuungen vollständig zu verstehen.

Aus der Nenngeometrie heraus entwickelt der Konstrukteur ein Modell der wirklichen Oberfläche, das die Abweichungen verkörpert, die auf der wirklichen Oberfläche des Werkstücks erwartet werden können. Dieses Modell, das die unvollkommene Geometrie des Werkstücks darstellt, heißt „nicht-ideales Oberflächenmodell" (siehe Bild 9).

Das nicht-ideale Oberflächenmodell wird dazu verwendet, die Abweichungen der Oberfläche auf dem Entwurfsniveau zu simulieren. Mit diesem Modell wird der Konstrukteur in die Lage versetzt, die maximal zulässigen Grenzwerte zu optimieren, für welche die Funktion zwar verschlechtert aber immer noch sichergestellt ist. Diese maximal zulässigen Grenzwerte definieren die Toleranzen jedes einzelnen Merkmals des Werkstücks.

ANMERKUNG Dieser Teil von ISO 17450 enthält keine Methodologie zur Beurteilung darüber, wie nahe die geometrischen Spezifikationen den funktionalen Spezifikationen kommen.

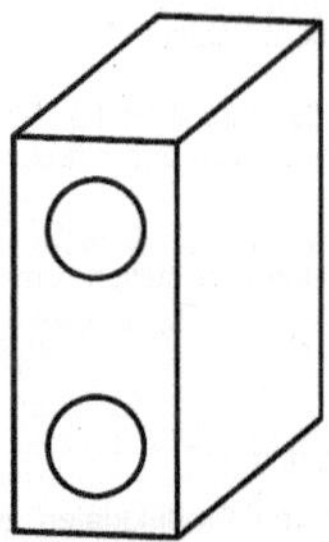

Bild 8 — Nennmodell

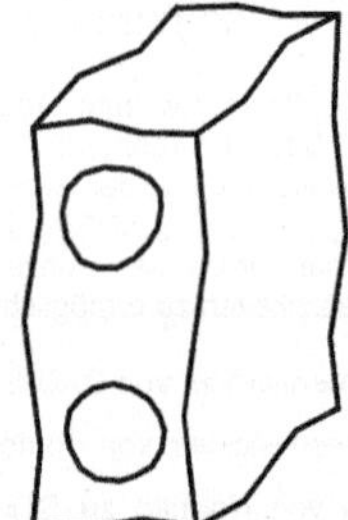

Bild 9 — Nicht ideales Oberflächenmodell

Prüfung ist die Bereitstellung objektiver Nachweise darüber, dass das Werkstück die Spezifikation erfüllt.

Die Festlegung der geometrischen Abweichung wird dazu verwendet, den Herstellungsprozess zu regeln.

Der Messtechniker beginnt mit dem Lesen der Spezifikationen unter Berücksichtigung des nicht-idealen Oberflächenmodells, um die festgelegten Merkmale kennen zu lernen. Ausgehend von der wirklichen Oberfläche des Werkstücks legt der Messtechniker, in Abhängigkeit von der Messeinrichtung, die einzelnen Schritte des Prüfplans fest.

Die Übereinstimmung mit den Spezifikationen wird dann durch Vergleich der festgelegten Merkmale mit dem Ergebnis der Messung ermittelt (siehe Bild 10).

geometrische Spezifikation ———— **Größe (zu messen)** ———— **Messergebnis**

Bild 10 — Zusammenhang zwischen geometrischer Spezifikation und dem Ergebnis der Messung

6 Geometrieelemente

6.1 Allgemeines

Entsprechend seiner Definition ist ein geometrisches Element ein Punkt, eine Linie, eine Fläche oder ein Volumen.

Zwei Arten von Geometrieelementen können unterschieden werden:

a) ideales Geometrieelement (siehe 6.2),

b) nicht-ideales Geometrieelement (siehe 6.3).

6.2 Ideale Geometrieelemente

6.2.1 Ideale Geometrieelemente werden nach Typ und nach den intrinsischen Merkmalen festgelegt.

Ein ideales Geometrieelement ist im Allgemeinen nach seinem Typ benannt, z. B. Gerade, Ebene, Zylinder, Kegel, Kugel oder Torus.

Merkmale werden in Abschnitt 7 diskutiert. Ein Beispiel für ein intrinsisches Merkmal ist der Durchmesser eines Zylinders.

6.2.2 Ideale Geometrieelemente, die zur Definition des Nennmodells verwendet werden, werden „Nenngeometrieelemente" genannt. Diese sind unabhängig vom nicht-idealen Oberflächenmodell.

Ideale Geometrieelemente, deren Merkmale vom nicht-idealen Oberflächenmodell abhängig sind, werden „zugeordnete Geometrieelemente" genannt.

So ist z. B. das in Bild 11 gezeigte Nennmodell aus mehreren idealen Geometrieelementen zweier Typen (Ebene und Zylinder) zusammengesetzt. Die relative Lage und Orientierung der Geometrieelemente sind durch Situationsmerkmale gegeben, und die Durchmesser der Zylinder sind durch intrinsische Merkmale gegeben (siehe Abschnitt 7).

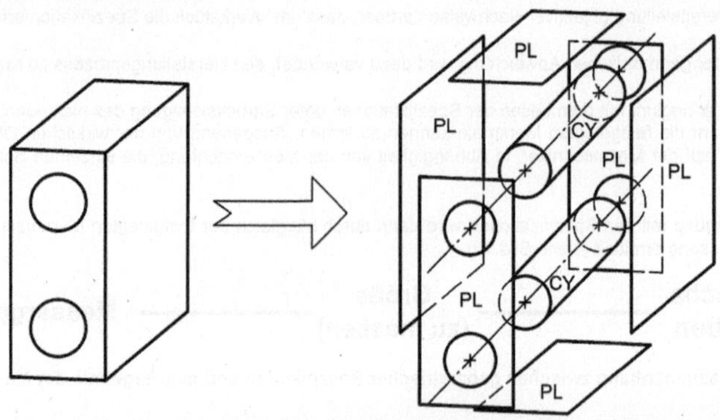

a) Nennmodell

b) ideale Geometrieelemente vom Typ Ebene (PL) und Zylinder (CY), die das Nennmodell erzeugen

Bild 11 — Erzeugung des Nennmodells

6.2.3 Ideale Geometrieelemente können von unendlicher oder von endlicher Erstreckung sein:

— Nenngeometrieelemente sind von endlicher Erstreckung,

— zugeordnete Geometrieelemente sind standardmäßig von unendlicher Erstreckung; anderenfalls werden sie als „beschränkt" bezeichnet („beschränktes zugeordnetes Geometrieelement").

6.2.4 Alle idealen Geometrieelemente gehören zu einer von sieben Invarianzklassen, die in der Tabelle 1 definiert sind.

Tabelle 1 — Invarianzklassen

Invarianzklasse	Uneingeschränkte Freiheitsgrade
komplex	keiner
prismatisch	1 Translation entlang einer Geraden
rotationssymmetrisch	1 Rotation um eine Gerade
schraubenförmig	1 Translation entlang und 1 gekoppelte Rotation um eine Gerade
zylindrisch	1 Translation entlang und 1 Rotation um eine Gerade
eben	1 Rotation um eine Gerade und 2 Translationen in einer Ebene senkrecht zur Geraden
kugelförmig	3 Rotationen um einen Punkt

BEISPIEL 1 Ein Zylinder bleibt invariant gegenüber einer Translation entlang seiner Achse oder eine Rotation um seine Achse; er gehört zur zylindrischen Invarianzklasse.

BEISPIEL 2 Ein Kegel ist invariant gegenüber einer Rotation um seine Achse; er gehört zur rotationssymmetrischen Invarianzklasse.

BEISPIEL 3 Ein Prisma mit elliptischem Querschnitt ist invariant gegenüber einer Translation entlang einer Geraden; es gehört zur prismatischen Invarianzklasse.

6.2.5 Für jedes ideale Geometrieelement können abhängig von seiner Invarianzklasse (siehe Anhang E) ein oder mehrere Situationselemente festgelegt werden. Ein Situationselement ist ein Punkt, eine Gerade, eine Ebene oder eine Schraubenlinie, von dem/der ausgehend die Lage oder Orientierung eines Geometrieelements mit Merkmalen festgelegt werden kann.

Beispiele von Stellungsmerkmalen sind in der Tabelle 2 angegeben.

Tabelle 2 — Beispiele von Stellungsmerkmalen eines idealen Geometrieelements

Invarianzklasse	Typ	Beispiel für das Stellungsmerkmal
komplex	elliptische Kurve hyperbolisches Paraboloid ...	elliptische Ebene, Symmetrieebenen Symmetrieebenen, Berührungspunkt ...
prismatisch	Prisma mit einer elliptischen Basis ...	Symmetrieebenen, Achse ...
rotations-symmetrisch	Kreis Kegel Torus ...	die Ebene, die den Kreis enthält; Kreismittelpunkt die Symmetrieachse, Spitze die Ebene senkrecht zur Torusachse, Torus-mittelpunkt ...
schraubenförmig	Schraubenlinie Schraubenfläche mit einer Basis involutorisch zu einem Kreis ...	Schraubenlinie Schraubenlinie ...
zylindrisch	Gerade Zylinder	die Gerade selbst[a] die Symmetrieachse[a]
eben	Ebene	die Ebene selbst
kugelförmig	Punkt Kugel	der Punkt selbst[a] Kugelmittelpunkt[a]

[a] Es kann kein alternatives Stellungsmerkmal gewählt werden, da das Ergebnis eine andere Invarianzklasse für das betrachtete Geometrieelement ergeben würde.

6.3 Nicht-ideales Geometrieelement

Nicht-ideale Geometrieelemente sind vollständig vom nicht-idealen Oberflächenmodell abhängig. Sie können sein:

— das nicht-ideale Oberflächenmodell selbst (siehe Bild 9),

— Teil des nicht-idealen Oberflächenmodells (Geometrieelemente, die „Geometrieelemente der Zerlegung" genannt werden) (siehe Bild 17),

— die abgeleiteten Geometrieelemente der Zerlegung (Geometrieelemente, die nicht im nicht-idealen Oberflächenmodell enthalten sind, aber durch eine Operation (siehe Abschnitt 8) aus einem Teil des nicht-idealen Oberflächenmodells erzeugt werden können (siehe Bild 12), oder

— der Mengenschnitt zwischen dem „nicht-idealen Oberflächenmodell" und einem idealen Geometrie-element.

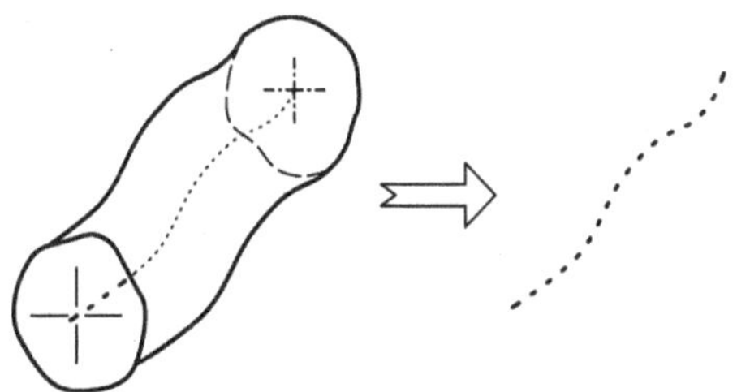

Bild 12 — Abgeleitetes Geometrieelement der Partition

Nicht-ideale Geometrieelemente sind beschränkt und bestehen aus einer endlichen oder unendlichen Menge von Punkten.

6.4 Beziehungen zwischen den Begriffen für geometrische Elemente

Die Beziehungen zwischen den Definitionen für geometrische Elemente (veranschaulicht in Bild 13) zeigen die mögliche Komplexität bei der Betrachtung des wirklichen Werkstücks oder des nicht-idealen Oberflächenmodells — nicht des Nennmodells. Das Ziel von GPS-Spezifikationen ist es, das beabsichtigte Merkmal, das entweder von einem geometrischen Element oder zwischen geometrischen Elementen bewertet wird, mit der größtmöglichen Eindeutigkeit zu definieren, indem das Merkmal und das geometrische Element vom wirklichen Werkstück oder seinem nicht-idealen Oberflächenmodell aus festgelegt werden.

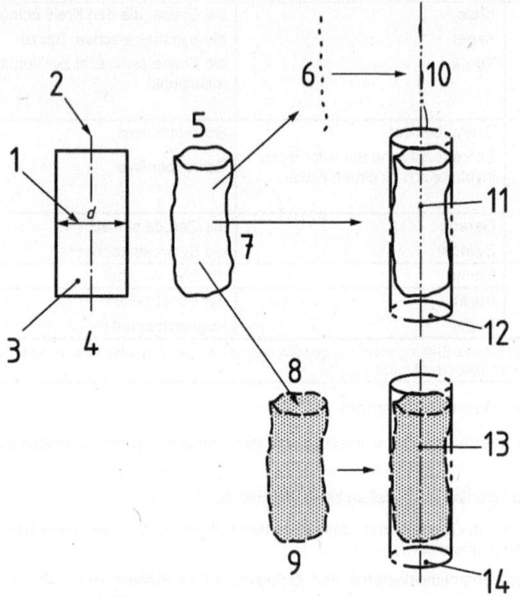

Legende

1 Größenmaß des Größenmaßelements
2 nominales zentrales Geometrieelement
3 nominale integrale Fläche
4 Nennmodell der Fläche
5 nicht-ideales Oberflächenmodell, welches die wirkliche Oberfläche des Werkstücks darstellt
6 nicht-ideales zentrales Geometrieelement
7 nicht-ideale integrale Fläche
8 Erfassung
9 nicht-ideale integrale erfasste Fläche
10 indirekt zugeordnetes zentrales Geometrieelement
11 direkt zugeordnetes zentrales Geometrieelement
12 ideale direkt zugeordnete integrale Fläche
13 direkt zugeordnetes zentrales Geometrieelement
14 ideale direkt zugeordnete integrale Fläche

Bild 13 — Beziehungen zwischen den geometrischen Elementen

Die Beziehungen zwischen den Eigenschaften geometrischer Elemente sind in Bild 14, Tabelle 3 und Tabelle 4 veranschaulicht.

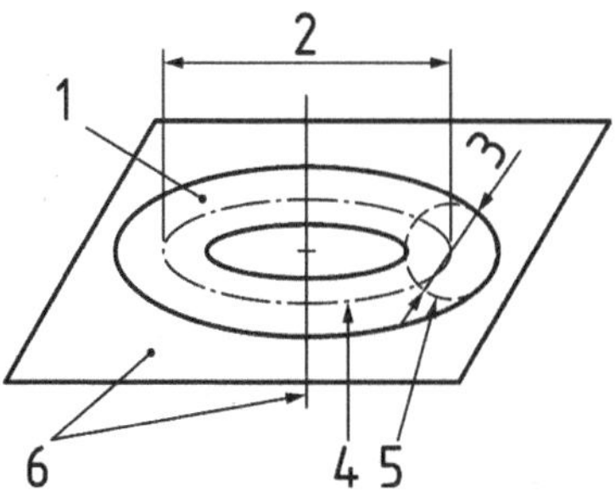

Legende

1 integrale nominale Fläche: Torus
2 Größenmaß des Torus
3 andere Maßparameter des Torus
4 Gerüst
5 Mantellinie des Torus
6 Situationselemente des Torus (Gerade und senkrechte Ebene, oder Gerade und ein bestimmter Punkt der Geraden - dieser Punkt entspricht dem Schnitt einer Ebene mit einer Linie)

Bild 14 — Beziehungen zwischen den Definitionen für Eigenschaften eines idealen Geometrieelements

Tabelle 3 — Eigenschaften eines idealen Geometrieelements

Geometrische Definition des Geometrieelements in Bezug auf die Elementform			**Eigenschaft eines idealen Geometrieelements**	
			Dimensionelles Geometrieelement	**Nicht-dimensionelles Geometrieelement**
Maßparameter	ja	Größenmaß		keine mögliche Zuordnung
		weitere?		
	nein			
Situationselement	Punkt			
	Linie			
	Ebene			
	Schraubenlinie			
Gerüst des Geometrieelements				
Komposition des Geometrieelements	einzeln			
	zusammengesetzt			
	Paar			

Tabelle 4 — Typen geometrischer Elemente und zugeordnete Bezeichnungen

Genommen von	Wirkliche Oberfläche des Werkstücks	Oberflächenmodell		
		Nennmodell	Nicht-ideales Oberflächenmodell	
Veranschaulichung				
integrales Geometrieelement	wirkliches Geometrieelement	nominales integrales Geometrieelement	Beispiel: erfasstes integrales Geometrieelement	zugeordnetes integrales Geometrieelement
abgeleitetes Geometrieelement		nominales abgeleitetes Geometrieelement	Beispiel: erfasstes abgeleitetes Geometrieelement	zugeordnetes abgeleitetes Geometrieelement
Bezeichnung	wirklich	nominal	Beispiele: erfasst, gefiltert, rekonstruiert	zugeordnet
Typ des geometrischen Elements	nicht-ideal	ideal	nicht-ideal	ideal

7 Merkmale

7.1 Allgemeines

Merkmale sind entweder:

— für ideale Geometrieelemente definiert und werden dann „intrinsische Merkmale" genannt (siehe 7.2 und B.3.1),

— zwischen idealen Geometrieelementen definiert und werden dann „Situationsmerkmale" genannt (siehe 7.3 und B.3.2), oder

— zwischen nicht-idealen und idealen Geometrieelementen definiert und werden dann ebenfalls „Situationsmerkmale" genannt (siehe 7.4 und B.3.3).

7.2 Intrinsische Merkmale idealer Geometrieelemente

Die intrinsischen Merkmale idealer Geometrieelemente sind kennzeichnend für den Typ des Geometrieelements selbst. Beispiele für intrinsische Merkmale sind in der Tabelle 5 angegeben.

Tabelle 5 — Beispiele für intrinsische Merkmale idealer Geometrieelemente

Invarianzklasse	Typ	Beispiel für das Stellungsmerkmal
komplex	elliptische Kurve polare Oberfläche ...	Länge der großen und kleinen Halbachse relative Lage der Pole ...
prismatisch	Prisma mit einer elliptischen Basis Prisma mit einer Basis involutorisch zu einem Kreis ...	Länge der großen und kleinen Halbachse Druckwinkel, Basisradius ...
rotations-symmetrisch	Kreis Kegel Torus ...	Durchmesser Kegelwinkel Mantellinie und Durchmesser der Leitlinie ...
schraubenförmig	Schraubenlinie Schraubenfläche mit einer Basis involutorisch zu einem Kreis ...	Steigung und Radius der Schraubenlinie Steigungswinkel der Schraubenfläche, Druckwinkel, Basisradius ...
zylindrisch	Gerade Zylinder	keins Durchmesser
eben	Ebene	keins
kugelförmig	Punkt Kugel	keins Durchmesser

7.3 Stellungsmerkmale zwischen idealen Geometrieelementen

Ein Situationsmerkmal definiert die relative Situation (in Bezug auf die Lage oder Orientierung) zwischen zwei idealen Situationselementen. Die betroffenen Merkmale sind die Länge und der Winkel.

Die Situationsmerkmale können in Lagemerkmale und Orientierungsmerkmale eingeteilt werden (siehe Tabelle 6).

Tabelle 6 — Stellungsmerkmale

Lage
Abstand zwischen Punkten
Abstand zwischen Punkt und Gerade
Abstand zwischen Punkt und Ebene
Abstand zwischen Geraden
Abstand zwischen Gerade und Ebene
Abstand zwischen Ebenen

Orientierung
Winkel zwischen Geraden
Winkel zwischen Gerade und Ebene
Winkel zwischen Ebenen

BEISPIEL 1 Die relative Lage zwischen einer Kugel und einer Ebene ist durch den Abstand eines Punktes von einer Ebene gegeben, nämlich zwischen dem Situationselement der Kugel (Mittelpunkt der Kugel) und dem Situationselement der Ebene (die Ebene selbst).

BEISPIEL 2 Die relative Orientierung eines Zylinders zu einer Ebene ist durch den Winkel einer Geraden und einer Ebene gegeben, nämlich dem Situationselement des Zylinders (Achse des Zylinders) und dem Situationselement der Ebene (die Ebene selbst).

In einigen Fällen (z. B. bei asymmetrischer Tolerierung) ist es notwendig, einen Teil des Raums zu identifizieren, z. B. um zu ermitteln, auf welcher Seite einer Symmetrieebene sich der größere Teil der Toleranzzone befindet. Die entsprechenden Situationsmerkmale werden „vorzeichenbehaftete Situationsmerkmale" genannt (siehe Bild 15). Vorzeichenbehaftete Situationsmerkmale können sein: ein Abstand zwischen Punkt und Ebene, ein Abstand zwischen zwei (nicht parallelen) Geraden, ein Abstand zwischen Gerade und Ebene, ein Abstand zwischen zwei Ebenen, ein Winkel zwischen zwei Geraden, ein Winkel zwischen Gerade und Ebene, ein Winkel zwischen zwei Ebenen.

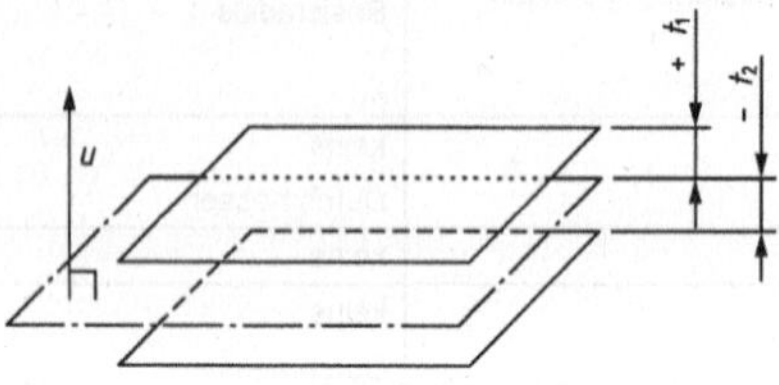

Legende

u Einheitsvektor
t_1 vorzeichenbehaftetes Merkmal 1
t_2 vorzeichenbehaftetes Merkmal 2

Bild 15 — Vorzeichenbehaftete Situationsmerkmale

Diese vorzeichenbehafteten Stellungsmerkmale sind, in Abhängigkeit von der Orientierung der Ebene oder der Gerade, durch Vektoren definiert (siehe die mathematischen Definitionen in B.1).

7.4 Stellungsmerkmale zwischen nicht-idealen und idealen Geometrieelementen

Stellungsmerkmale werden auch dazu verwendet, die Stellung zwischen nicht-idealen und idealen Geometrieelementen zu definieren.

Diese Stellungsmerkmale sind nur Abstände und sind als Funktionen des Abstandes zwischen jedem Punkt des nicht-idealen Geometrieelements und des idealen Geometrieelements definiert (siehe das Beispiel in Bild 16). Diese Funktionen sind zum Beispiel das Maximum, das Minimum oder die Summe der Quadrate der Abstände jedes Punktes zum idealen Geometrieelement. Diese Stellungsmerkmale werden für Zuordnungsoperationen verwendet.

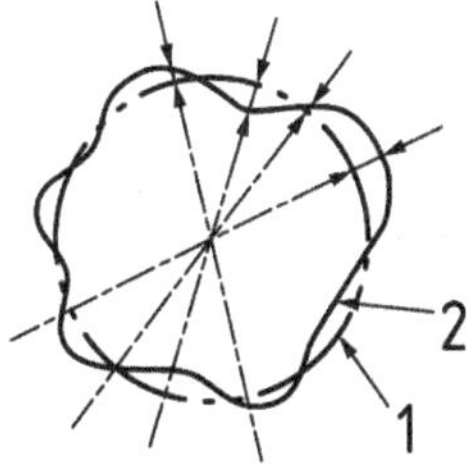

Legende

1 ideales Geometrieelement (Kreis)
2 nicht-ideales Geometrieelement („Kreis“ mit Formabweichungen)

Bild 16 — Situationsmerkmale zwischen nicht-idealen und idealen Geometrieelementen

8 Operationen

8.1 Operationen an Geometrieelementen

8.1.1 Allgemeines

Besondere Operationen sind notwendig, um ideale oder nicht-ideale Geometrieelemente zu erhalten. Diese Operationen können in beliebiger Reihenfolge verwendet werden. Sie sind in 8.1.2 bis 8.1.8 beschrieben.

8.1.2 Zerlegung

Eine „Zerlegung“ genannte Operation an Geometrieelementen wird verwendet, um einen Teil eines geometrischen Elements zu identifizieren.

Die Operation wird verwendet, um vom nicht-idealen Oberflächenmodell oder der wirklichen Oberfläche das nicht-ideale Geometrieelement zu erhalten, welches dem Nennelement entspricht (siehe Bild 17). Sie wird auch verwendet, um eingeschränkte Teile von idealen Geometrieelementen zu erhalten (zum Beispiel einen Abschnitt einer geraden Linie) oder auch von nicht-idealen Geometrieelementen (zum Beispiel der Schnitt einer nicht-idealen Oberfläche).

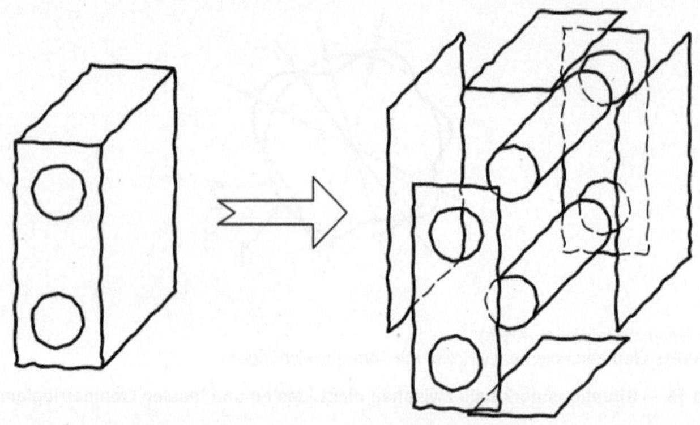

a) nicht-ideales Oberflächenmodell (Hautmodell)

b) nicht-ideale Geometrieelemente, durch Zerlegung des nicht-idealen Oberflächenmodells (Hautmodell) erhalten

Bild 17 — Partition eines nicht-idealen Oberflächenmodells

Für jedes nicht-ideale Geometrieelement gibt es ein entsprechendes ideales Geometrieelement (z. B. eine ideale Ebene und einen idealen Zylinder) des Nennmodells (vergleiche Bilder 11 und 17). Die nicht-idealen Geometrieelemente werden aus dem nicht-idealen Oberflächenmodell nach festgelegten Kriterien erhalten.

8.1.3 Erfassung

Eine „Erfassung" genannte Operation an Geometrieelementen wird verwendet, um eine endliche Anzahl von Punkten eines nicht-idealen Geometrieelements nach festgelegten Kriterien zu identifizieren (siehe Bild 18).

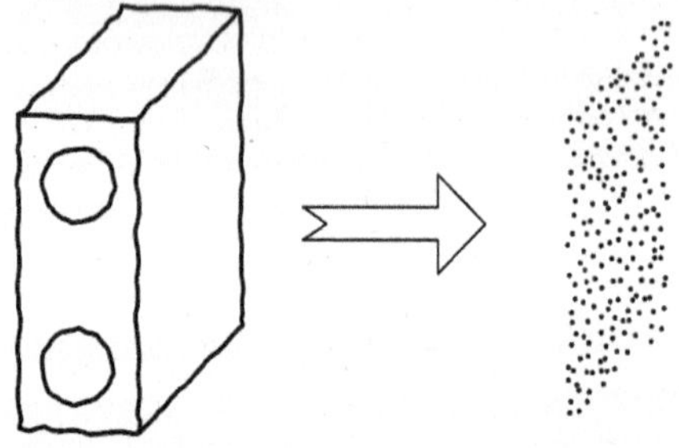

a) nicht-ideales Oberflächenmodell (Hautmodell)

b) erfasste Punkte eines Geometrieelements des nicht-idealen Oberflächenmodells (Hautmodell)

Bild 18 — Extrahierte Punkte von einem Geometrieelement des nicht-idealen Oberflächenmodells

8.1.4 Filterung

Eine „Filterung" genannte Operation an Geometrieelementen wird verwendet, um zwischen Rauheit, Welligkeit, Struktur und Form, usw. zu unterscheiden (siehe Bild 19).

a) ungefiltertes Profil **b) Welligkeitsprofil** **c) Rauheitsprofil**

Bild 19 — Beispiel für die Partition eines Profils

Diese Operation ermöglicht es, von einem nicht-idealen Geometrieelement das Geometrieelement zu erhalten, welches das betrachtete Merkmal verkörpert.

Diese Operation wird nach festgelegten Kriterien durchgeführt.

8.1.5 Zuordnung

Eine „Zuordnung" genannte Operation an Geometrieelementen wird verwendet, um ideale Geometrieelemente an nicht-ideale Geometrieelemente nach festgelegten Kriterien anzupassen (siehe Bild 20).

Die Zuordnungskriterien geben die Zielfunktion für das Merkmal an und können Nebenbedingungen fordern. Die Nebenbedingungen legen den Wert eines Merkmals fest oder grenzen das Merkmal ein.

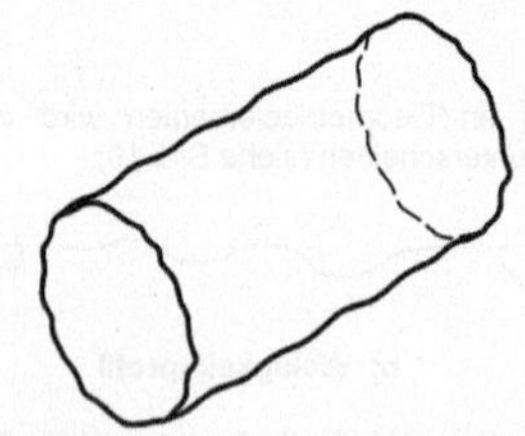

a) nicht-ideales Geometrieelement

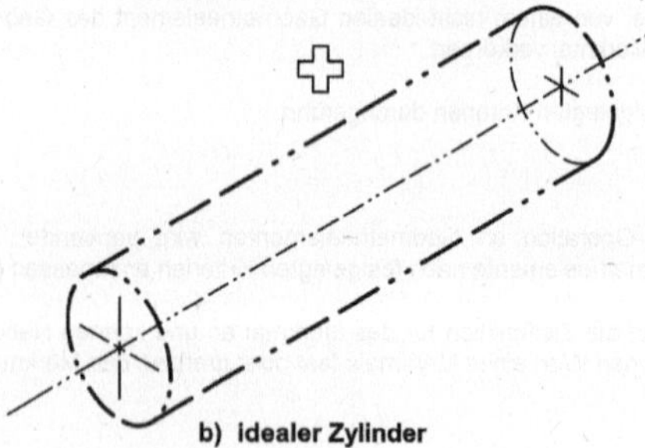

b) idealer Zylinder

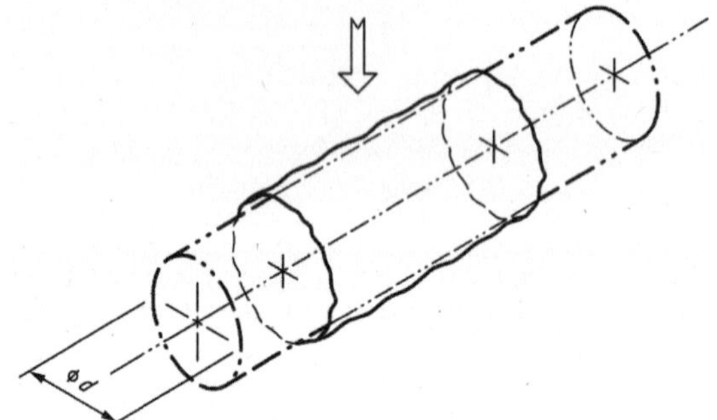

c) Zuordnung des idealen Zylinders zu einem nicht-idealen Geometrieelement nach dem Zuordnungskriterium „maximiere den Durchmesser des einbeschriebenen Zylinders"

Bild 20 — Beispiel einer Assoziation

Nebenbedingungen können für intrinsische Merkmale, Stellungsmerkmale zwischen idealen Geometrieelementen oder Stellungsmerkmalen zwischen idealen und nicht-idealen Geometrieelementen gelten.

Ein ideales Geometrieelement ist einem nicht-idealen Geometrieelement zugeordnet; z. B. können für den Fall eines Zylinders folgende Zuordnungskriterien verwendet werden:

— minimiere die Summe der Quadrate der Abstände zwischen jedem Punkt des nicht-idealen Geometrieelements zum idealen Zylinder, oder

— maximiere den Durchmesser des einbeschriebenen Zylinders (siehe Bild 20), oder

— minimiere den Durchmesser des umschriebenen Zylinders, oder

— andere Kriterien.

8.1.6 Zusammenfassung

Eine „Zusammenfassung" genannte Operation an Geometrieelementen wird verwendet, um einige Geometrieelemente zu identifizieren und gemeinsam zu betrachten, welche zusammen eine Rolle bei der Funktion spielen (siehe Bild 21). Es ist möglich Zusammenfassungen von idealen Geometrieelementen oder Zusammenfassungen von nicht-idealen Geometrieelementen vorzunehmen. Alle aus zwei Zusammenfassungsoperationen bestehenden idealen Geometrieelemente fallen in eine der sieben Invarianzklassen nach der Tabelle 1.

Die Wirkung der Zusammenstellungsoperation kann den Typ und den Invarianzgrad des durch Zusammenfassung entstandenen Geometrieelements im Vergleich zu den einfachen Geometrieelementen, aus welchen die Zusammenfassung besteht, verändern.

ANMERKUNG 1 Ein einzelnes Geometrieelement ist ein kontinuierliches Geometrieelement für das keine Teilmenge der gleichen Dimensionalität (Punkt, Linie oder Fläche) mit einem Invarianzgrad größer als der Invarianzgrad des betrachteten Geometrieelements vorhanden ist. So ist zum Beispiel ein Zylinder ein einzelnes Geometrieelement, während die durch die Zusammenfassung entstandene Oberfläche, bestehend aus zwei parallelen Zylindern, es nicht ist, denn ein einzelner Zylinder hat einen größeren Invarianzgrad.

ANMERKUNG 2 Ein Stellungsmerkmal zwischen zwei Geometrieelementen wird ein wirksames Merkmal des durch die Zusammenfassung erhaltenen Geometrieelements.

ANMERKUNG 3 Geometrieelemente in einem durch Zusammenfassung entstandenen Geometrieelement müssen sich nicht berühren.

Im Bild 21 werden zwei parallele Zylinder (deren Achsen in einer Ebene liegen und parallel sind) gemeinsam betrachtet (z. B. um einen gemeinsamen Bezug zu bilden). Das durch die Zusammenfassung entstehende Geometrieelement ist zu definieren. Diese Zusammenfassung von zwei Zylindern ist nur noch invariant gegenüber einer Translation entlang einer Geraden. Sie gehört damit zur prismatischen Invarianzklasse.

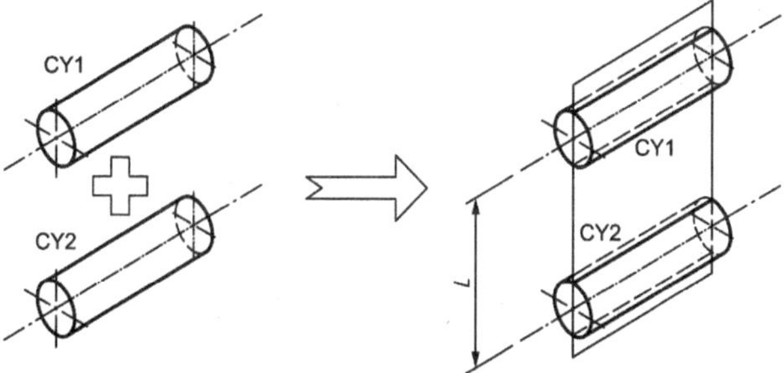

Legende

CY1 idealer Zylinder 1
CY2 idealer Zylinder 2

Bild 21 — Beispiel für die Kollektion zweier idealer Zylinder

8.1.7 Erzeugung

Eine „Erzeugung" genannte Operation an Geometrieelementen wird verwendet, um ein ideales Geometrieelement aus anderen Geometrieelementen zu erzeugen (siehe Bild 22). Bei dieser Operation sind Nebenbedingungen zu berücksichtigen.

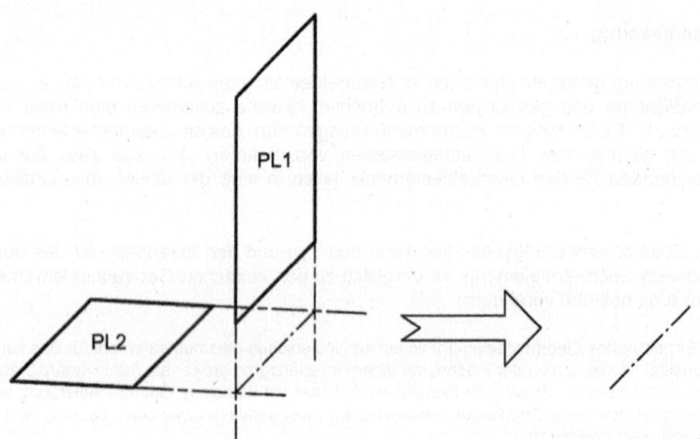

Legende

PL1 ideale Ebene 1
PL2 ideale Ebene 2

Bild 22 — Beispiel der Konstruktion einer Geraden durch den Schnitt zweier Ebenen

8.1.8 Rekonstruktion

Eine „Rekonstruktion" genannte Operation an Geometrieelementen wird verwendet, um ein zusammenhängendes Geometrieelement (geschlossen oder nicht geschlossen) aus einem nicht zusammenhängenden Geometrieelement (z. B. einem erfassten Geometrieelement) zu erzeugen (siehe Bild 23).

Es gibt verschiedene Arten von Rekonstruktionen. Ohne diese Art der Operation ist es nicht möglich, einen Schnittpunkt zwischen einem erfassten Geometrieelement und einem idealen Geometrieelement festzulegen (dieser Schnittpunkt könnte eine leere Menge von Punkten ergeben).

Legende

1 erfasstes Geometrieelement (nicht zusammenhängendes Geometrieelement)
2 rekonstruiertes Geometrieelement (zusammenhängendes Geometrieelement)

Bild 23 — Beispiel für eine Rekonstruktion

8.2 Auswertung

Eine „Auswertung“ genannte Operation wird verwendet, um entweder den Wert eines Merkmals oder seinen Nennwert und seine Grenze oder Grenzen zu identifizieren. Die Auswertung wird immer nach den Operationen an Geometrieelementen oder Operationen, welche eine Spezifikation oder Prüfung definieren, verwendet.

8.3 Transformation

Wenn das grundlegende Merkmal ein lokales Merkmal ist, kann eine Streuung entlang des betrachteten geometrischen Elements beobachtet werden. Diese Streuung kann mit Hilfe eines Schwankungsgraphen dargestellt werden. Dieser Schwankungsgraph kann einigen Verfahren unterzogen werden; diese Operationen werden „Transformationen“ genannt.

BEISPIEL Die Bestimmung einer Anteilkurve ist eine Transformation eines Schwankungsgraphen.

9 Spezifikation

9.1 Allgemeines

Eine Spezifikation besteht darin, den Bereich der zulässigen Abweichungen eines Merkmals eines Werkstücks als zulässige Grenzen festzulegen.

Es gibt zwei Wege die zulässigen Grenzen festzulegen: durch Maß (siehe 9.2) und durch Zone (siehe 9.3).

9.2 Spezifikation durch ein Größenmaß

Eine Spezifikation durch ein Maß schränkt die zulässigen Werte eines intrinsischen Merkmals (Tabelle 5) oder eines Stellungsmerkmals zwischen idealen Geometrieelementen (Tabelle 6) ein.

Eine Spezifikation durch ein Maß kann z. B. einschränken:

— den Durchmesser eines Zylinders, der einem nicht-idealen Geometrieelement zugeordnet ist (siehe Bild 24), oder

— den Abstand zwischen zwei parallelen Ebenen, die zwei nicht-idealen Geometrieelementen zugeordnet sind (siehe Bild 25).

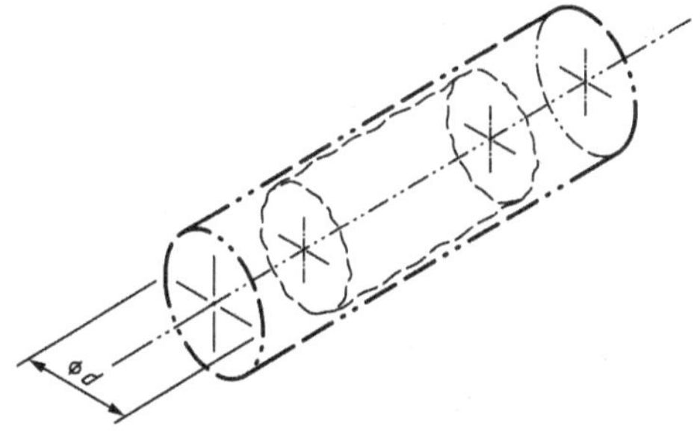

ANMERKUNG Das nicht-ideale Geometrieelement und der ideale Zylinder berühren sich.

Bild 24 — Beispiel für eine Spezifikation durch ein Größenmaß (Durchmesser eines Zylinders, *d*)

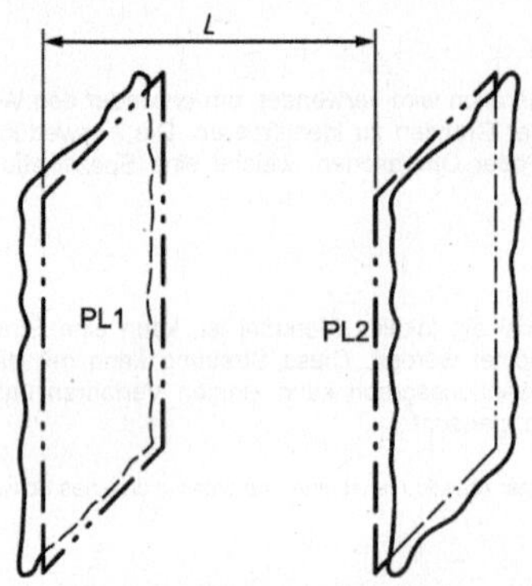

Legende

PL1 ideale Ebene 1
PL2 ideale Ebene 2

ANMERKUNG Die nicht-idealen Geometrieelemente und die idealen Ebenen berühren sich.

Bild 25 — Beispiel einer Spezifikation durch ein Größenmaß (Abstand zwischen zwei parallelen Ebenen, L)

9.3 Spezifikation durch eine Zone

Eine Spezifikation durch eine Zone begrenzt die zulässigen Abweichungen eines nicht-idealen Geometrieelements innerhalb eines Bereiches. Dieser Bereich wird durch ein ideales Geometrieelement oder ideale Geometrieelemente begrenzt und kann daher charakterisiert werden durch:

— das intrinsische Merkmal des idealen Geometrieelements oder der idealen Geometrieelemente, zum Beispiel den Durchmesser eines Zylinders, den Abstand zwischen zwei Ebenen oder den identischen Durchmesser einer Menge von Zylindern, und

— Stellungsmerkmale des idealen Geometrieelements oder der idealen Geometrieelemente, zum Beispiel die Achse eines Zylinders, die Symmetrieebene zweier Ebenen oder die Achsen und die Ebene einer Menge von parallelen Zylindern.

ANMERKUNG Eine Spezifikation durch eine Zone kann auch folgendermaßen definiert werden: der zulässige Wert des Stellungsmerkmals zwischen einem nicht-idealen Geometrieelement (zum Beispiel ein durch Zerlegung entstandenes Geometrieelement) und einem idealen Geometrieelement (Situationselement der Zone).

9.4 Abweichung

Im Falle der Spezifikation durch ein Maß ist die Abweichung entweder

— die Differenz zwischen dem Wert des intrinsischen Merkmals des zugeordneten Geometrieelements und dem Wert des intrinsischen Merkmals des entsprechenden Nennelements, oder

— die Differenz zwischen dem Wert des Stellungsmerkmals zwischen zwei zugeordneten Geometrieelementen und dem Wert des Stellungsmerkmals zwischen den entsprechenden Nennelementen.

Im Falle der Spezifikation durch eine Zone ist die Abweichung der kleinstmögliche Wert des intrinsischen Merkmals des idealen Geometrieelements, das die Zone begrenzt, welche das nicht-ideale Geometrieelement enthält.

ANMERKUNG Im Fall der Spezifikation durch eine Zone kann die Abweichung auch durch den Wert des maximalen Abstands jedes Punktes eines nicht-idealen Geometrieelements zum idealen Geometrieelement (z. B. dem Situationselement der Zone) definiert werden.

10 Prüfung

Prüfung ist die Bereitstellung objektiver Nachweise darüber, dass das Werkstück die Spezifikation erfüllt.

Dies wird üblicherweise erreicht, indem zuerst eine Messung durchgeführt wird, die ein Messergebnis mit einer zugehörigen Unsicherheit bereitstellt. Anschließend wird das Messergebnis mit den Spezifikationsgrenzen verglichen, unter Berücksichtigung des Grundsatzes der Dualität und des Grundsatzes der Verantwortlichkeit (siehe ISO 8015).

ANMERKUNG Es ist weiterhin möglich, ein Werkstück mit Hilfe einer „Gut-/Ausschusslehre“ zu prüfen, ohne ein numerisches Messergebnis zu bilden.

Anhang A
(informativ)

Beispiele für die Anwendung auf ISO 1101

A.1 Formtoleranz

Betrachtet werde das Beispiel einer Ebenheitstoleranz nach ISO 1101 (siehe Bild A.1):

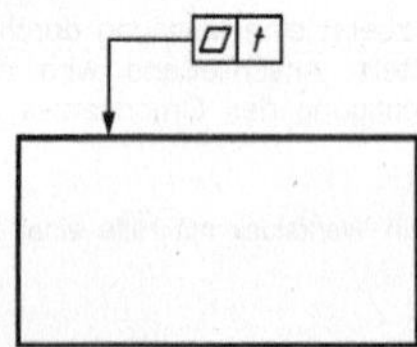

Bild A.1 — Beispiel einer Ebenheitsspezifikation

Die folgenden Operationen an Geometrieelementen werden angewendet:

a) die Oberfläche wird durch Zerlegung, ausgehend vom nicht-idealen Oberflächenmodell, aus der nicht-idealen ebenen Fläche erhalten [siehe Bilder A.2 a) und b)],

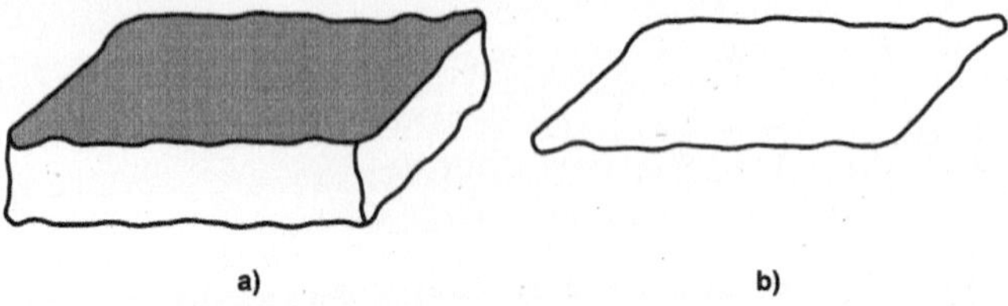

Bild A.2 — Beispiel einer Elementoperation: Partition

b) die Symmetrieebene der Toleranzzone wird durch Zuordnung eines idealen Geometrieelements vom Typ Ebene an das sich durch die Zerlegung ergebende Geometrieelement erhalten; der größte Abstand zwischen jedem Punkt des durch die Zerlegung erhaltenen Geometrieelements und dem Situationselement der Ebene sollte ein Minimum sein (siehe Bild A.3).

Bild A.3 — Beispiel einer Elementoperation: Assoziation

Die Spezifikation ist die folgende:

— unter Verwendung der Symmetrieebene der Toleranzzone als Grundlage zur Bestimmung der Abweichung von der Ebenheit, wird die Formabweichung durch Auswertung eines Merkmals erhalten, d. h. als das Maximum des Abstands zwischen jedem Punkt des durch Zerlegung erhaltenen Geometrieelements und der zugeordneten Ebene; dieses Maximum muss kleiner oder gleich $t/2$ sein (welches der Grenzwert ist).

A.2 Richtungstoleranz

Betrachtet werde das Beispiel einer Rechtwinkligkeitstoleranz nach ISO 1101 (siehe Bild A.4).

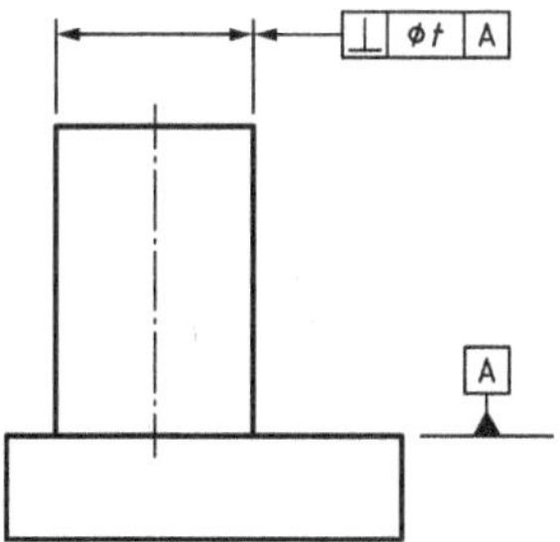

Bild A.4 — Beispiel einer Richtungsspezifikation

Die folgenden Operationen an Geometrieelementen werden angewendet:

a) die Achse des Zylinders wird erhalten durch:

   1) Zerlegung, ausgehend vom nicht-idealen Oberflächenmodell, aus der nicht-idealen Zylinderoberfläche [siehe Bilder A.5 a) und b)],

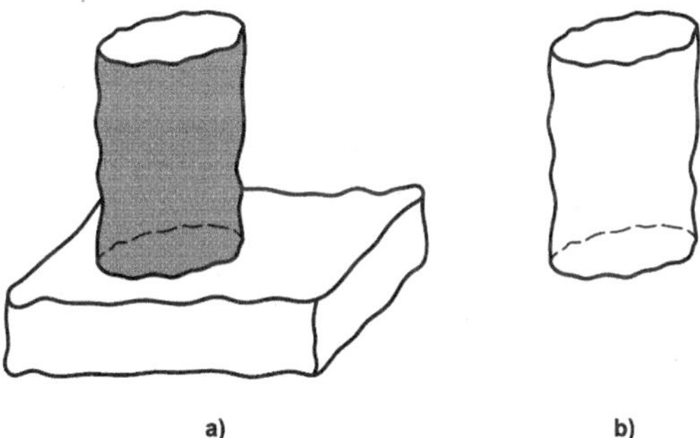

a) b)

Bild A.5 — Beispiel einer Elementoperation: Zerlegung

2) Zuordnung eines idealen Geometrieelements vom Typ Zylinder [siehe Bilder A.6 a) und b)],

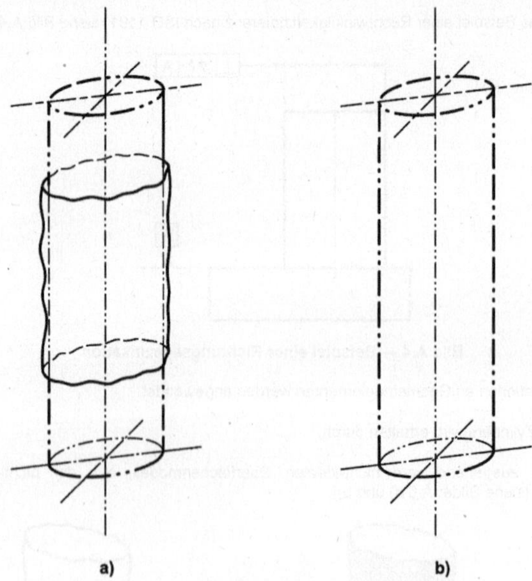

Bild A.6 — Beispiel einer Elementoperation: Zuordnung

3) Erzeugung von Ebenen senkrecht zur Achse des zugeordneten Zylinders [siehe Bilder A.7 a) und b)],

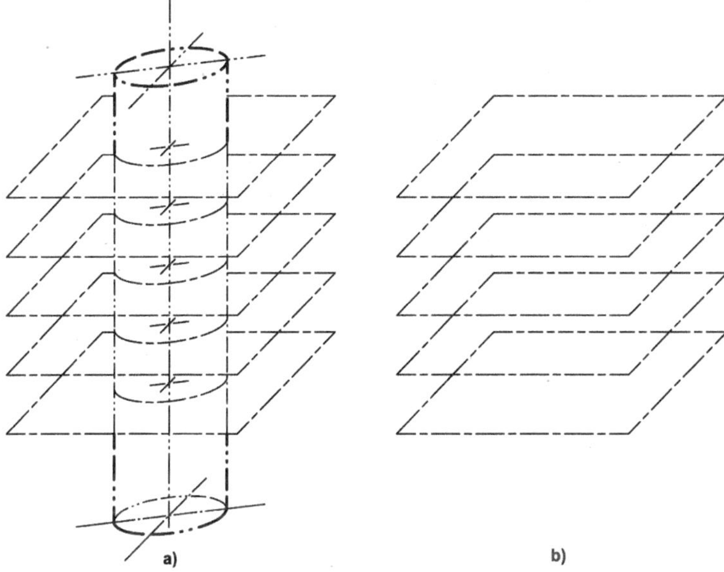

Bild A.7 — Beispiel für Elementoperationen: Zusammensetzung und Sammlung

4) Zerlegung der nicht-idealen kreisförmigen Linien [siehe Bilder A.8 a) und b)],

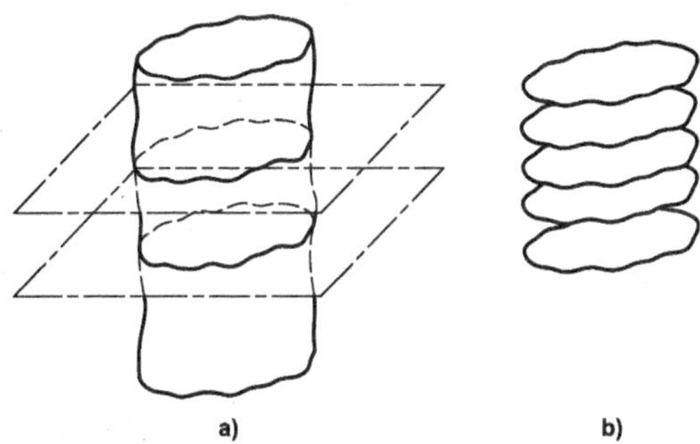

Bild A.8 — Beispiel für Elementoperationen: Zerlegung und Sammlung

5) Zuordnung von idealen Geometrieelementen vom Typ Kreis [siehe Bilder A.9 a) und b)], und

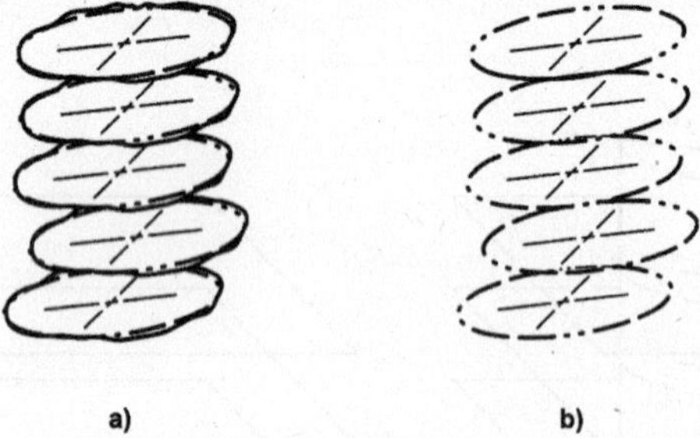

Bild A.9 — Beispiel für Elementoperationen: Zuordnung und Sammlung

6) Sammlung aller Mittelpunkte der idealen Kreise [siehe Bilder A.10 a) und b)]

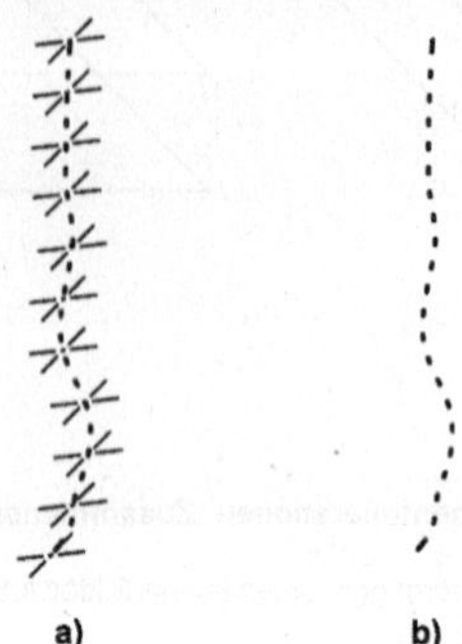

Bild A.10 —Beispiel einer Elementoperation: Sammlung

b) Die Bezugsfläche A wird erhalten durch:

1) Zerlegung, ausgehend vom nicht-idealen Oberflächenmodell, aus der nicht-idealen ebenen Oberfläche, die dem Bezug A entspricht [siehe Bilder A.11 a) und b)], und

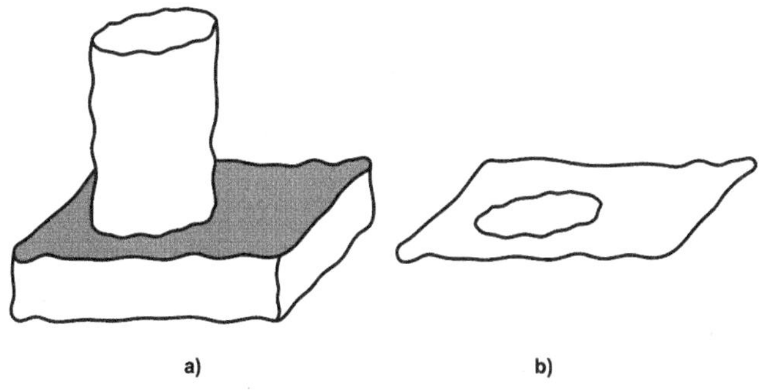

Bild A.11 — Beispiel einer Elementoperation: Zerlegung

2) Zuordnung eines idealen Geometrieelements vom Typ Ebene, dem Situationselement, aus dem der Bezug besteht [siehe Bilder A.12 a) und b)].

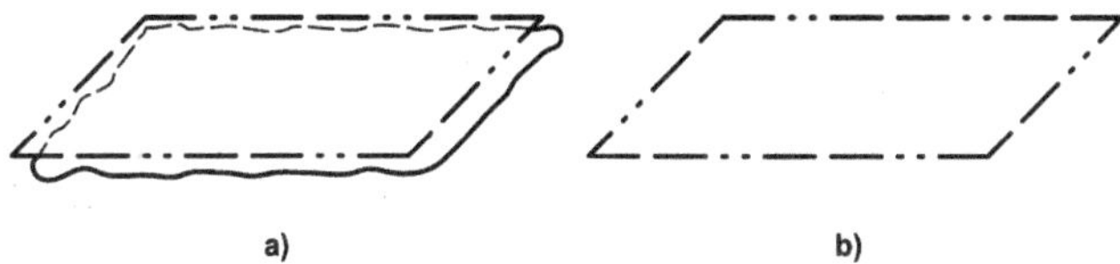

Bild A.12 — Beispiel einer Elementoperation: Zuordnung

c) Die Achse der Toleranzzone wird durch Zuordnung eines idealen Geometrieelements von Typ Gerade zu dem sich durch die Sammlung ergebende Geometrieelement erhalten. Das Situationselement der Gerade ist durch die Nebenbedingung, dass sie senkrecht zum Bezug A sein soll, eingeschränkt. Der größte Abstand zwischen jedem Punkt des durch Sammlung erhaltenen Geometrieelements und der zugeordneten Geraden muss ein Minimum sein (siehe Bild A.13).

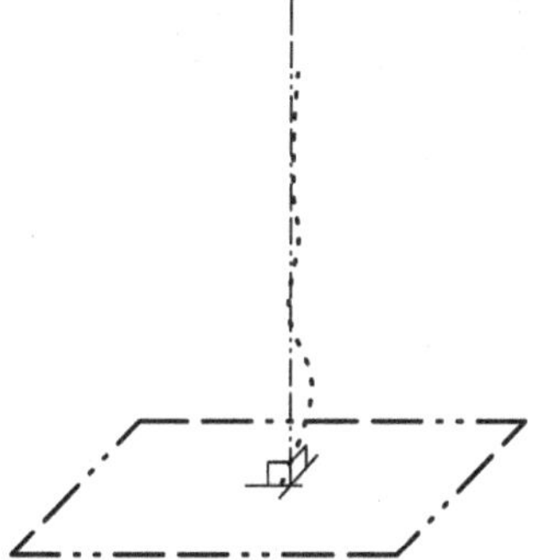

Bild A.13 — Beispiel für Elementoperationen: Zuordnung und Zusammensetzung

Die Spezifikation ist die folgende:

— die Richtungsabweichung wird durch Auswertung eines Merkmals erhalten, d. h. als das Maximum des Abstands zwischen jedem Punkt des durch Sammlung erhaltenen Geometrieelements und der Achse der Toleranzzone; dieses Maximum muss kleiner oder gleich $t/2$ sein (welches der Grenzwert ist).

A.3 Lagetoleranz

Betrachtet werde das Beispiel einer Lagetoleranz nach ISO 1101 (siehe Bild A.14).

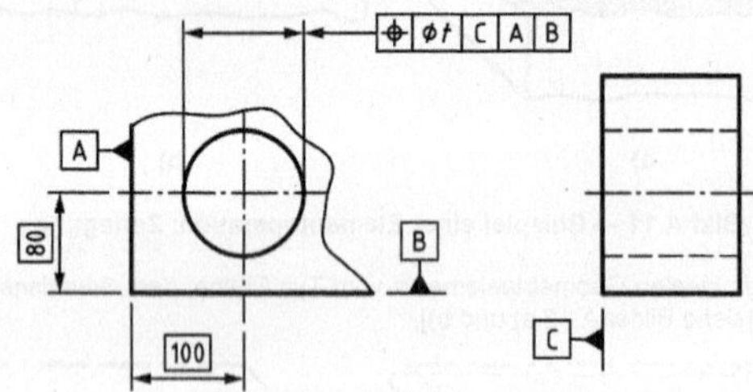

Bild A.14 — Beispiel einer Lagespezifikation

Die folgenden Operationen an Geometrieelementen werden angewendet:

a) die Achse des Zylinders wird erhalten durch:

1) Zerlegung, ausgehend vom nicht-idealen Oberflächenmodell, aus der nicht-idealen Zylinderoberfläche (siehe Bilder A.15 a) und b)],

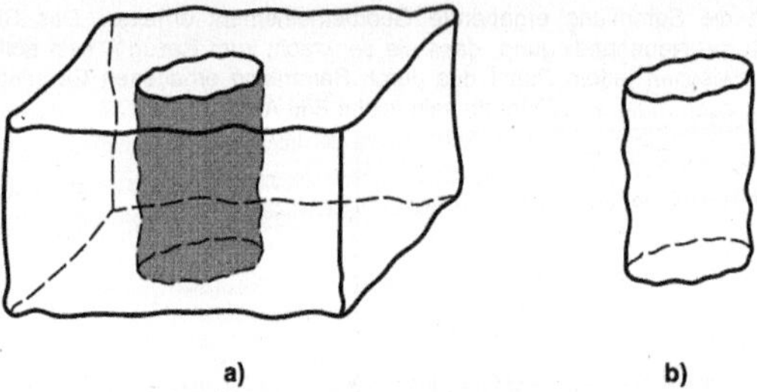

a) **b)**

Bild A.15 — Beispiel einer Elementoperation: Zerlegung

2) Zuordnung eines idealen Geometrieelements vom Typ Zylinder [siehe Bilder A.16 a) und b)],

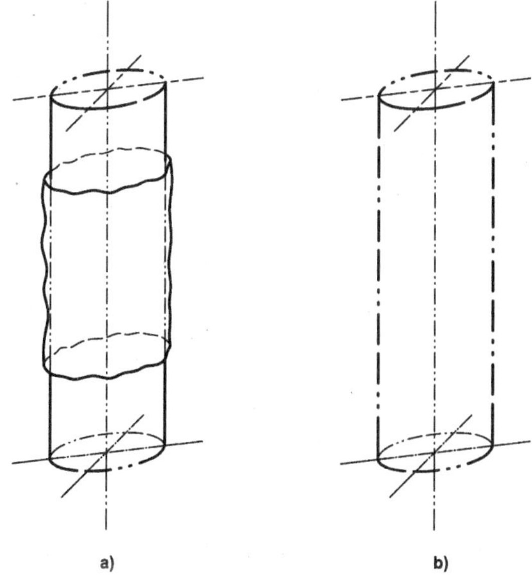

Bild A.16 — Beispiel einer Elementoperation: Zuordnung

3) Erzeugung von Ebenen senkrecht zur Achse des zugeordneten Zylinders [siehe Bilder A.17 a) und b)],

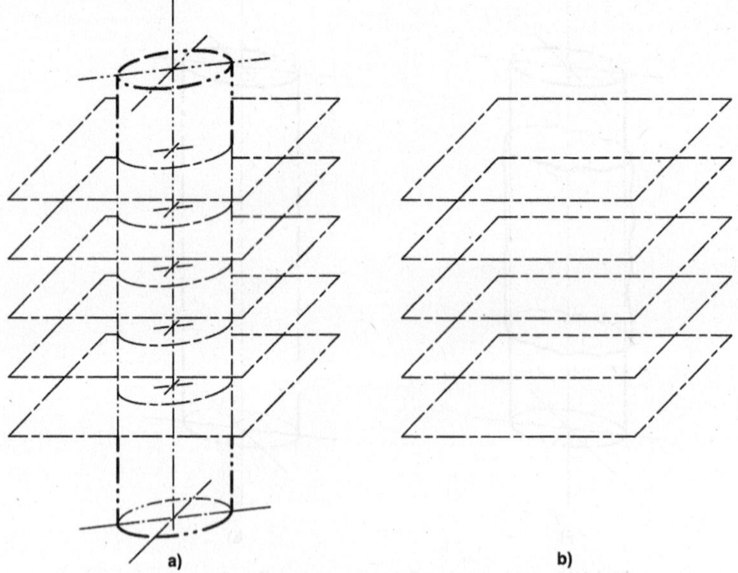

Bild A.17 — Beispiel für Elementoperationen: Zusammensetzung und Sammlung

4) Zerlegung der nicht-idealen kreisförmigen Linien [siehe Bilder A.18 a) und b)],

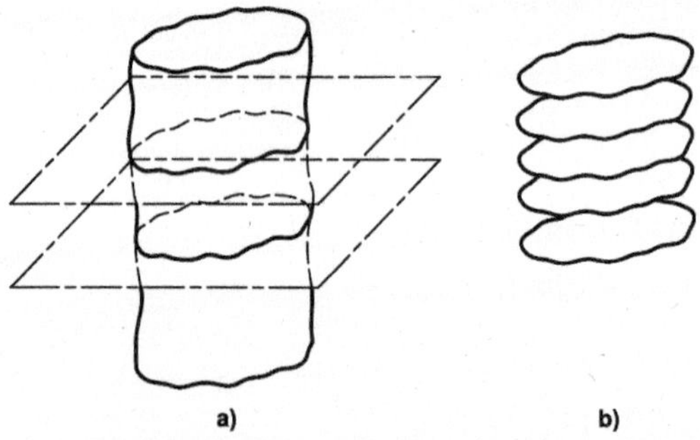

Bild A.18 — Beispiel für Elementoperationen: Zerlegung und Sammlung

5) Zuordnung von idealen Geometrieelementen vom Typ Kreis [siehe Bilder A.19 a) und b)], und

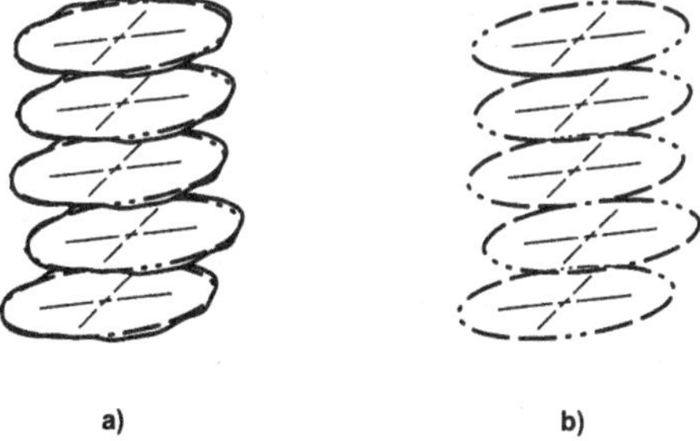

a) b)

Bild A.19 — Beispiel für Elementoperationen: Zuordnung und Sammlung

6) Sammlung aller Mittelpunkte der idealen Kreise [siehe Bilder A.20 a) und b)].

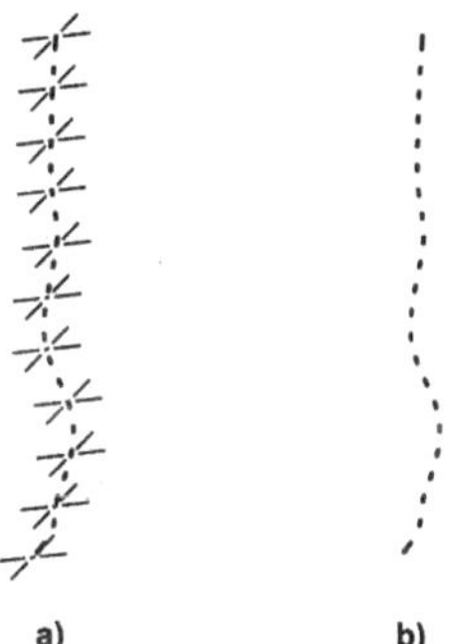

a) b)

Bild A.20 — Beispiel einer Elementoperation: Sammlung

b) Die Bezugsflächen C, A und B werden erhalten durch:

1) Zerlegung, ausgehend vom nicht-idealen Oberflächenmodell, aus der nicht-idealen ebenen Oberfläche, welche dem Bezug C entspricht [siehe Bilder A.21 a) und b)],

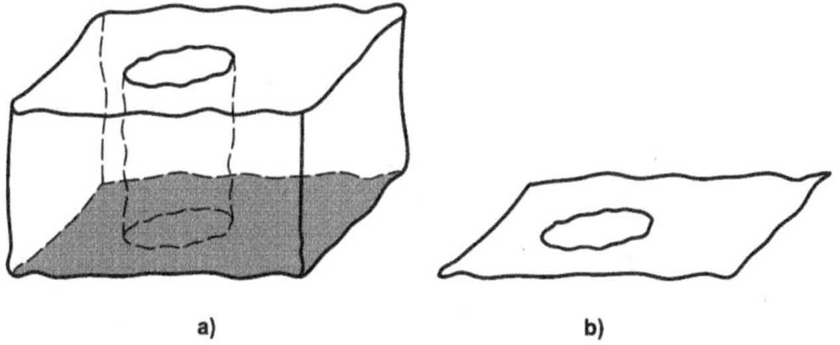

a) b)

Bild A.21 — Beispiel einer Elementoperation: Zerlegung

2) Zuordnung eines idealen Geometrieelements vom Typ Ebene, dem Situationselement, aus dem der Bezug C besteht [siehe Bilder A.22 a) und b)],

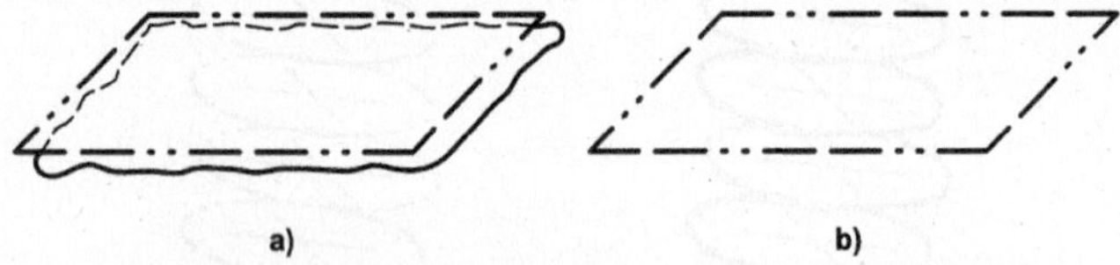

Bild A.22 — Beispiel einer Elementoperation: Zuordnung

3) Zerlegung, ausgehend vom nicht-idealen Oberflächenmodell, aus der nicht-idealen ebenen Oberfläche, welche dem Bezug A entspricht [siehe Bilder A.23 a) und b)],

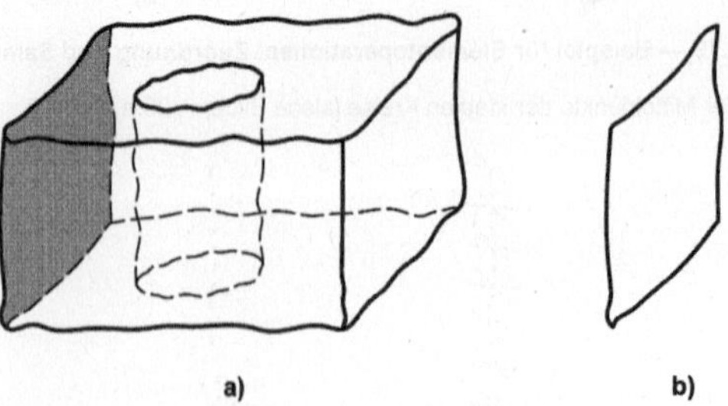

Bild A.23 — Beispiel einer Elementoperation: Zerlegung

4) Zuordnung eines idealen Geometrieelements vom Typ Ebene, dem Situationselement, aus dem der Bezug A besteht, unter einer Nebenbedingung der Rechtwinkligkeit zum Bezug C [siehe Bilder A.24 a) und b)],

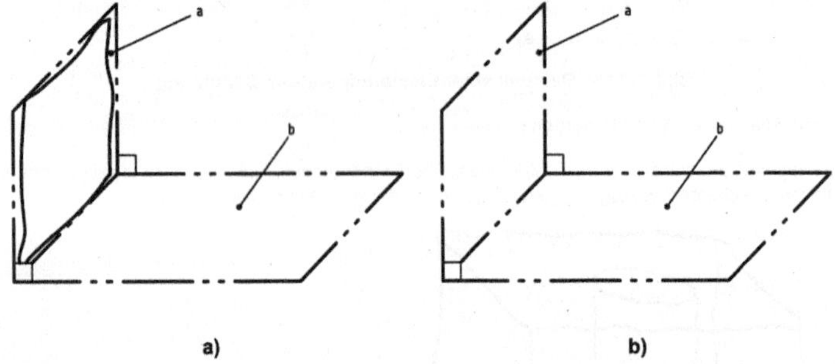

[a] Bezug A
[b] Bezug B

Bild A.24 — Beispiel für Elementoperationen: Zuordnung und Zusammensetzung

5) Zerlegung, ausgehend vom nicht-idealen Oberflächenmodell, aus der nicht-idealen ebenen Oberfläche, welche dem Bezug B entspricht [siehe Bilder A.25 a) und b)], und

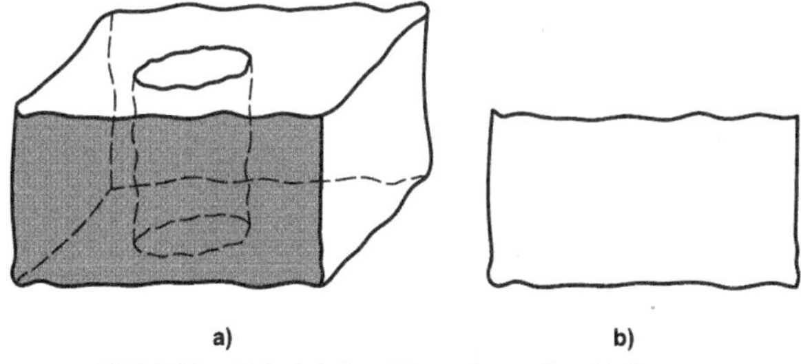

a) b)

Bild A.25 — Beispiel einer Elementoperation: Zerlegung

6) Zuordnung eines idealen Geometrieelements vom Typ Ebene, dem Situationselement, aus dem der Bezug B besteht, unter einer Nebenbedingung der Rechtwinkligkeit zu den Bezügen C und A [siehe Bilder A.26 a) und b)].

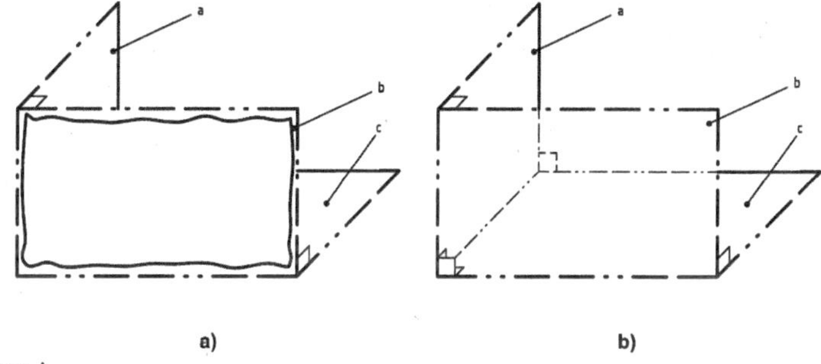

a) b)

[a] Bezug A
[b] Bezug B
[c] Bezug C

Bild A.26 — Beispiel für Elementoperationen: Zuordnung und Zusammensetzung

c) Die Achse der Toleranzzone wird durch Zusammensetzung eines idealen Geometrieelementes erhalten; das Situationselement ist eine Gerade mit den Nebenbedingungen:

— senkrecht zum Bezug C zu sein,

— einen Abstand von 100 mm vom Bezug A zu haben, und

— einen Abstand von 80 mm vom Bezug B zu haben.

Siehe Bild A.27.

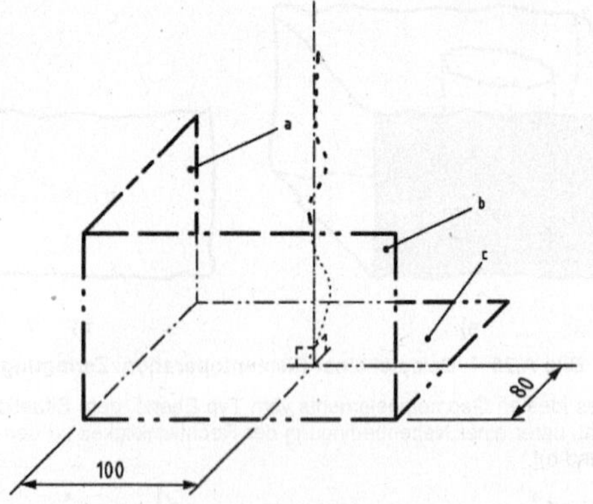

[a] Bezug A
[b] Bezug B
[c] Bezug C

Bild A.27 — Beispiel einer Elementoperation: Zusammensetzung

Die Spezifikation ist die folgende:

— die Lageabweichung wird durch Auswertung eines Merkmals erhalten, d. h. als das Maximum des Abstands zwischen jedem Punkt des durch Sammlung erhaltenen Geometrieelements und der durch Zusammensetzung erhaltenen Geraden; dieses Maximum muss kleiner oder gleich $t/2$ sein (welches der Grenzwert ist).

Anhang B
(informativ)

Mathematische Zeichen und Definitionen

B.1 Allgemeines

In diesem Anhang wird ein mathematisches System von Zeichen und Definitionen für das in diesem Teil von ISO 17450 angegebene Konzept entwickelt. Einige Formelzeichen, welche zur Beschreibung der verschiedenen Konzepte der Spezifikation verwendet werden, sind in der Tabelle B.1 aufgelistet.

Tabelle B.1 — Grundlegende Formelzeichen

Größe	Formelzeichen
Vektoren	„Times New Roman“ kursiv fett ($\boldsymbol{T}$, $\boldsymbol{u}$,...)
Ortsvektoren	der Ortsvektor eines Punktes P in Verbindung mit dem Ursprung der anzeigenden Linie (O), oder die zwei Punkte (O, P), oder der Vektor OP wird durch P bezeichnet
Funktionen	Formelzeichen einer reellen Zahl oder eines Vektors, dahinter die Parameter der Funktion in runden Klammern [r (P), dia(CY), ...]
Mengen	„Times New Roman“ kursive Großbuchstaben (E, F, ...)

Ein Formelzeichen kann mit einem Index versehen sein, um unterschiedliche Größen voneinander zu unterscheiden.

Eine Menge von Elementen wird durch die Klammern $\{\}$ bezeichnet und jedes der Elemente ist mit einem Index versehen, vorzugsweise mit i, j, k oder l. Demzufolge wird eine Menge von Vektoren bezeichnet durch:

— $\{\boldsymbol{u}_i\}$, wenn die Menge nicht abzählbar ist (unendliche Menge), oder

— $\{\boldsymbol{u}_i, i = 1, \ldots, n\}$, wenn die Menge abzählbar ist und die Anzahl der Elemente n ist (endliche Menge).

Die grundlegenden mathematischen Operatoren sind in der Tabelle B.2 angegeben.

Tabelle B.2 — Grundlegende mathematische Operatoren

Operator	Zeichen
Euklidische Norm	die Euklidische Norm (Betrag, Länge) eines Vektors u wird mit $\lvert u \rvert$ bezeichnet
Skalarprodukt	das Skalarprodukt (Punktprodukt) zweier Vektoren u und v wird mit $u \cdot v$ bezeichnet
Vektorprodukt	das Vektorprodukt (Kreuzprodukt) zweier Vektoren $\boldsymbol{u}$ und v wird mit $u \times v$ bezeichnet

Das Nennmodell des Werkstücks wird mit N bezeichnet. Das nicht-ideale Oberflächenmodell des Werkstücks wird mit S_{P} bezeichnet.

B.2 Geometrieelemente

B.2.1 Ideale Geometrieelemente

B.2.1.1 Typ

Ideale Geometrieelemente werden durch ihren Typ (siehe Tabelle B.3) gekennzeichnet. Konsequenterweise sind daher die am häufigsten verwendeten idealen Geometrieelemente durch zwei Buchstaben gekennzeichnet, welche ihren Typ ausweisen.

Tabelle B.3 — Typ

Typ	Kennzeichnung	Typ	Kennzeichnung
Punkt	PT	Kreis	CR
Zylinder	CY	Kegel	CO
Gerade	SL	Ebene	PL
Kugel	SP	Torus	TO
...	...	...	...

Eine Menge von Ebenen wird bezeichnet durch:

— $\{PL_i\}$, wenn die Menge nicht abzählbar ist, oder

— $\{PL_i, i = 1,...,n\}$, wenn die Menge abzählbar ist und die Anzahl der Elemente n ist.

B.2.1.2 Invarianzklasse

Ein ideales Geometrieelement gehört zu einer von sieben Invarianzklassen, welche mit den in der Tabelle B.4 angegebenen Symbolen bezeichnet werden.

Tabelle B.4 — Invarianzklasse

Invarianzklasse	Symbol
komplex	C_X
prismatisch	C_T
rotationssymmetrisch	C_R
schraubenförmig	C_H
zylindrisch	C_C
eben	C_P
kugelförmig	C_S
ANMERKUNG Für die prismatische Invarianzklasse ist das Symbol C_T für die Translation gewählt worden.	

B.2.1.3 Stellungselement

Die Situationselemente können folgende Typen sein: Punkt, Gerade, Ebene oder Schraubenlinie; sie sind Funktionen von Geometrieelementen. Daher sind sie als Funktionen gekennzeichnet, wie im Einzelnen in Tabelle B.5 angegeben.

Tabelle B.5 — Situationselement

Invarianzklasse		Typ	Geometrie element	Stellungs-element	Typ des Situations-elements	Kenn-zeichnung
C_R	rotationssymmetrisch	Kreis	CR	Achse	Gerade	axis(CR)
				Ebene (des Kreises)	Ebene	plane(CR)
				Mittelpunkt	Punkt	centre(CR)
		Kegel	CO	Achse	Gerade	axis(CO)
				Kegelspitze	Punkt	apex(CO)
		Torus	TO	Achse	Gerade	axis(TO)
				Mittelpunkt	Punkt	centre(TO)
C_C	zylindrisch	Zylinder	CY	Achse	Gerade	axis(CY)
C_S	kugelförmig	Kugel	SP	Mittelpunkt	Punkt	centre(SP)
	...	...	...	...	...	...

B.2.2 Nicht-ideale Geometrieelemente

Nicht-ideale Geometrieelemente werden symbolisch durch eine Menge von Punkten im Raum dargestellt. Wenn die Art des nicht-idealen Geometrieelements bekannt ist, werden sie mit den folgenden Symbolen bezeichnet:

— P, wenn ihre Natur ein Punkt ist,

— L, wenn ihre Natur eine Linie ist, oder

— S, wenn ihre Natur eine Oberfläche ist.

B.3 Merkmale

B.3.1 Intrinsische Merkmale idealer Geometrieelemente

Die intrinsischen Merkmale sind Funktionen von Geometrieelementen. Daher sind sie mit Funktionssymbolen bezeichnet, wie sie im Einzelnen in der Tabelle B.6 angegeben sind.

Tabelle B.6 — Intrinsische Merkmale

Typ	Geometrie-element	Intrinsische Merkmale	Kennzeichnung
Kreis	CR	Radius	rad(CR)
		Durchmesser	dia(CR)
Zylinder	CY	Radius	rad(CY)
		Durchmesser	dia(CY)
Kugel	SP	Radius	rad(SP)
		Durchmesser	dia(SP)
Kegel	CO	Kegelwinkel	a(CO)
...	...	...	...

B.3.2 Stellungsmerkmal zwischen idealen Geometrieelementen

B.3.2.1 Lagemerkmal

Die Abstände (siehe Tabelle B.7) sind wie folgt definiert:

- Abstand(PT, PT) = *d*(PT, PT),
- Abstand(PT, SL) = *d*(PT, SL),
- Abstand(PT, PL) = *d*(PT, PL),
- Abstand(SL, SL) = *d*(SL, SL),
- Abstand(SL, PL) = *d*(SL, PL),
- Abstand(PL, PL) = *d*(PL, PL).

B.3.2.2 Orientierungsmerkmal

Diese Winkel (siehe Tabelle B.8) sind wie folgt definiert:

- Winkel(SL, SL) = *a*(SL, SL),
- Winkel(SL, PL) = *a*(SL, PL),
- Winkel(PL, PL) = *a*(PL, PL).

Diese Winkel sind Winkel zwischen Vektoren, die kollinear und/oder normal zum Situationselement sind. Zunächst muss der Winkel zwischen den Vektoren definiert werden.

Es sei u_1 ein Einheitsvektor, und

es sei u_2 ein Einheitsvektor,

dann gilt:

Winkel(u_1, u_2) = $a(u_1, u_2)$ = Arccos $(|u_1, u_2|)$ mit $a(u_1, u_2) \in [0, \pi/2]$.

Anschließend kann der Winkel zwischen den Situationselementen definiert werden.

Tabelle B.7 — Abstände

Geometrieelemente	Abstände
es sei PT_1 ein Punkt es sei PT_2 ein Punkt	$d(PT_1, PT_2) = \lvert \mathbf{PT}_1 - \mathbf{PT}_2 \rvert$
es sei PT_1 ein Punkt es sei SL_2 eine Gerade, die durch den Punkt A_2 und den Direktor (Einheitsvektor) $\boldsymbol{u}_2$ geht	$d(PT_1, SL_2) = \lvert (\mathbf{A}_2 - \mathbf{PT}_1) \times \boldsymbol{u}_2 \rvert$
es sei PT_1 ein Punkt es sei PL_2 eine Ebene, die durch den Punkt A_2 und den Einheitsnormalenvektor $\boldsymbol{u}_2$ geht	$d(PT_1, PL_2) = \lvert \mathbf{A}_2 - \mathbf{PT}_1) \cdot \boldsymbol{u}_2 \rvert$
es sei SL_1 eine Gerade, die durch den Punkt A_1 und den Direktor (Einheitsvektor) $\boldsymbol{u}_1$ geht es sei SL_2 eine Gerade, die durch den Punkt A_2 und den Direktor (Einheitsvektor) $\boldsymbol{u}_2$ geht	wenn $\boldsymbol{u}_1 \times \boldsymbol{u}_2 \neq 0$, dann $d(SL_1, SL_2) = \lvert (\mathbf{A}_2 - \mathbf{A}_1) \cdot (\boldsymbol{u}_1 \times \boldsymbol{u}_2 \rvert / \lvert \boldsymbol{u}_1 \times \boldsymbol{u}_2 \rvert$ wenn $\boldsymbol{u}_1 \times \boldsymbol{u}_2 = 0$, dann $d(SL_1, SL_2) = \lvert (\mathbf{A}_2 - \mathbf{A}_1) \times \boldsymbol{u}_1$
es sei SL_1 eine Gerade, die durch den Punkt A_1 und den Direktor (Einheitsvektor) $\boldsymbol{u}_1$ geht es sei PL_2 eine Ebene, die durch den Punkt A_2 und den Einheitsnormalenvektor $\boldsymbol{u}_2$ geht	wenn $\boldsymbol{u}_1 \times \boldsymbol{u}_2 = 0$, dann $d(SL_1, PL_2) = \lvert (\mathbf{A}_2 - \mathbf{A}_1) \cdot \boldsymbol{u}_2 \rvert$ wenn $\boldsymbol{u}_1 \times \boldsymbol{u}_2 \neq 0$, dann $d(SL_1, PL_2) = 0$
es sei PL_1 eine Ebene, die durch den Punkt A_1 und den Einheitsnormalenvektor $\boldsymbol{u}_1$ geht es sei PL_2 eine Ebene, die durch den Punkt A_2 und den Einheitsnormalenvektor $\boldsymbol{u}_2$ geht	wenn $\boldsymbol{u}_1 \times \boldsymbol{u}_2 = 0$, dann $d(PL_1, PL_2) = \lvert (\mathbf{A}_2 - \mathbf{A}_1) \cdot \boldsymbol{u}_2 \rvert$ wenn $\boldsymbol{u}_1 \times \boldsymbol{u}_2 \neq 0$, dann $d(PL_1, PL_2) = 0$

Tabelle B.8 — Winkel

Geometrieelemente	Winkel
es sei SL_1 eine Gerade, die durch den Punkt A_1 und den Direktor (Einheitsvektor) u_1 geht es sei SL_2 eine Gerade, die durch den Punkt A_2 und den Direktor (Einheitsvektor) u_2 geht	$a(SL_1, SL_2) = a(u_1, u_2)$
es sei SL_1 eine Gerade, die durch den Punkt A_1 und den Direktor (Einheitsvektor) u_1 geht es sei PL_2 eine Ebene, die durch den Punkt A_2 und den Einheitsnormalenvektor u_2 geht	$a(SL_1, PL_2) = \pi/2 - a(u_1, u_2)$
es sei PL_1 eine Ebene, die durch den Punkt A_1 und den Einheitsnormalenvektor u_1 geht es sei PL_2 eine Ebene, die durch den Punkt A_2 und den Einheitsnormalenvektor u_2 geht	$a(PL_1, PL_2) = a(u_1, u_2)$

B.3.2.3 Vorzeichenbehaftete Merkmale

(Siehe 7.3.)

Die vorzeichenbehafteten Abstände (siehe Tabelle B.9) sind definiert durch:

— vorzeichenbehafteter Abstand(PT, PL) = d_s(PT, PL),

— vorzeichenbehafteter Abstand(SL, PL) = d_s(SL, PL), und

— vorzeichenbehafteter Abstand(PL, PL) = d_s(PL, PL).

Tabelle B.9 — Vorzeichenbehaftete Abstände

Geometrieelemente	Vorzeichenbehaftete Abstände
es sei SL_1 eine Gerade, die durch den Punkt A_1 und den Direktor (Einheitsvektor) u_1 geht es sei SL_2 eine Gerade, die durch den Punkt A_2 und den Direktor (Einheitsvektor) u_2 geht	wenn $u_1 \times u_2 \neq 0$, dann $d_s(SL_1, SL_2) = d_s(SL_2, SL_1)$ $= (A_2 - A_1) \cdot (u_1 \times u_2) / \mid u_1 \times u_2 \mid$ wenn $u_1 \times u_2 = 0$, dann $d_s(SL_1, SL_2)$ und d_s (SL_2, SL_1) sind nicht definiert
es sei PT_1 ein Punkt es sei PL_2 eine Ebene, die durch den Punkt A_2 und den Einheitsnormalenvektor u_2 geht	$d_s(PT_1, PL_2) = d_s(PL_2, PT_1) = (PT_1 - A_2) \cdot u_2$
es sei SL_1 eine Gerade, die durch den Punkt A_1 und den Direktor (Einheitsvektor) u_1 geht es sei PL_2 eine Ebene, die durch den Punkt A_2 und den Einheitsnormalenvektor u_2 geht	wenn $u_1 \cdot u_2 = 0$, dann $d_s(SL_1, PL_2) = d_s(PL_2, SL_1) = (A_1 - A_2) \cdot u_2$ wenn $u_1 \cdot u_2 = 0$, dann $d_s(SL_1, PL_2) = d_s(PL_2, SL_1) = 0$
es sei PL_1 eine Ebene, die durch den Punkt A_1 und den Einheitsnormalenvektor $u_1$geht es sei PL_2 eine Ebene, die durch den Punkt A_2 und den Einheitsnormalenvektor u_2 geht	wenn $u_1 \times u_2 = 0$, dann $d_s(PL_1, PL_2) = (A_2 - A_1) \cdot u_1$ $d_s(PL_2, PL_1) = (A_1 - A_2) \cdot u_2$ wenn $u_1 \times u_2 \neq 0$, dann $d_s(PL_1, PL_2) = d_s(PL_2, PL_1) = 0$
ANMERKUNG Die Funktion des vorzeichenbehafteten Abstands zwischen zwei parallelen Ebenen ist nicht symmetrisch. Dies ist so, weil es vorteilhaft ist, einen Vorzeichenwechsel zu haben, wenn die Ebenen sich schneiden. Dies ist eine Antinomie zur Symmetrie der Funktion.	

Die vorzeichenbehafteten Winkel (siehe Tabelle B.10) sind definiert durch:

— vorzeichenbehafteter Winkel(SL, SL) = a_s(SL, SL),

— vorzeichenbehafteter Winkel(SL, PL) = a_s(SL, PL), und

— vorzeichenbehafteter Winkel(PL, PL) = a_s(PL, PL).

Zunächst muss der vorzeichenbehaftete Winkel zwischen den Vektoren definiert werden.

Es sei u_1 ein Einheitsvektor, und

es sei u_2 ein Einheitsvektor,

dann gilt:

vorzeichenbehafteter Winkel(u_1, u_2) = $a_s(u_1, u_2) = \arccos(u_1 \cdot u_2)$ mit $a(u_1, u_2) \in [0, \pi]$.

Tabelle B.10 — Vorzeichenbehaftete Winkel

Geometrieelemente	Vorzeichenbehaftete Winkel
es sei SL_1 eine Gerade, die durch den Punkt A_1 und den Direktor (Einheitsvektor) u_1 geht es sei SL_2 eine Gerade, die durch den Punkt A_2 und den Direktor (Einheitsvektor) u_2 geht	$a_s(SL_1, SL_2) = a_s(SL_2, SL_1) = (u_1, u_2)$
es sei SL_1 eine Gerade, die durch den Punkt A_1 und den Direktor (Einheitsvektor) u_1 geht es sei PL_2 eine Ebene, die durch den Punkt A_2 und den Einheitsnormalenvektor u_2 geht	$a_s(SL_1, PL_2) = a_s(PL_2, SL_1) = \pi/2 - a_s(u_1, u_2)$
es sei PL_1 eine Ebene, die durch den Punkt A_1 und den Einheitsnormalenvektor u_1 geht es sei PL_2 eine Ebene, die durch den Punkt A_2 und den Einheitsnormalenvektor u_2 geht	$a_s(PL_1, PL_2) = a_s(PL_2, PL_1) = a_s(u_1, u_2)$

B.3.3 Stellungsmerkmale zwischen nicht-idealen und idealen Geometrieelementen

B.3.3.1 Abstand zwischen nicht-idealen und idealen Geometrieelementen

Die Stellungsmerkmale zwischen nicht-idealen und idealen Geometrieelementen beruhen auf den Abständen zwischen allen Punkten des nicht-idealen Geometrieelements zu allen Punkten des idealen Geometrieelements.

Es sei XX ein ideales Geometrieelement,

es sei E ein nicht-ideales Geometrieelement,

es sei P ein Punkt von E,

dann gilt

Abstand(P, XX) = $d(\mathrm{P}, \mathrm{XX}) = \min d(\mathrm{P}, \mathrm{P_{XX}}) = \min |\mathbf{P} - \mathbf{P}_{XX}|$

dabei ist

$\mathrm{P_{XX}} \in \mathrm{XX}$.

Anschließend an diese Definition können die maximalen, minimalen und quadratischen Abstände definiert werden (siehe Tabelle B.11). Andere Abstände können ebenfalls definiert werden.

Tabelle B.11 — Abstände zwischen nicht-idealen und idealen Geometrieelementen

Typ	Schreibweise und Definition
maximaler Abstand	$d_{max}(E, XX) = \max_{P_E \in E} d(P_E, XX)$
minimaler Abstand	$d_{min}(E, XX) = \min_{P_E \in E} d(P_E, XX)$
quadratischer Abstand	$d_{quad}(E, XX) = \frac{\int_E d(P_{dE}, XX)^2 \, dE}{\int_E dE}$ mit dE, als infinitesimalem Teil von E und P_{dE} als Schwerpunkt von dE

B.3.3.2 Vorzeichenbehafteter Abstand zwischen nicht-idealen und idealen Geometrieelementen

Für eine ideale Oberfläche kann das Stellungsmerkmal auf dem vorzeichenbehafteten Abstand zwischen den Punkten des nicht-idealen Geometrieelements und der idealen Oberfläche basieren.

Es sei XX ein ideales Geometrieelement,

es sei E ein nicht-ideales Geometrieelement,

es sei P ein Punkt von E,

dann

vorzeichenbehafteter Abstand (P, XX) = d_s(P, XX).

Wenn XX eine Ebene ist, die durch den Punkt A geht und senkrecht zum Einheitsvektor $\boldsymbol{u}$ ist, dann gilt:

$d_s(P, XX) = (\mathbf{A} - \mathbf{P}) \cdot \boldsymbol{u}$

wie vorher definiert.

Wenn XX eine geschlossene Fläche (Zylinder, Kugel, Kegel, ...) ist, dann gilt:

$d_s(P, XX) = d(P, XX) \cdot \text{side}(P, XX)$,

mit side(P, XX) = 1, wenn P innerhalb der Oberfläche XX liegt,

mit side(P, XX) = −1, wenn P außerhalb der Oberfläche XX liegt.

Für andere Typen von Oberflächen muss eine der beiden Seiten als positiv definiert werden, die andere ist dann die negative Seite.

Anschließend kann der maximale vorzeichenbehaftete Abstand und der minimale vorzeichenbehaftete Abstand definiert werden (siehe Tabelle B.12). Andere Abstände können ebenfalls definiert werden.

Tabelle B.12 — Vorzeichenbehafteter Abstand zwischen nicht-idealen und idealen Geometrieelementen

Typ	Schreibweise und Definition
maximaler vorzeichenbehafteter Abstand	$d_{smax}(E, XX) = \max d_s(P_E, XX)$ $P_E \in E$
minimaler vorzeichenbehafteter Abstand	$d_{smin}\ (E, XX = \min d_s(P_E, XX)$ $P_E \in E$

B.3.3.3 Materialbezogener vorzeichenbehafteter Abstand zwischen Teilen der tatsächlichen Oberfläche des Werkstücks und dem idealen Geometrieelement

Für einen Teil des nicht-idealen Oberflächenmodells des Werkstücks könnten die Situationsmerkmale auf den vorzeichenbehafteten Abständen mit Bezug auf die Lage des Materials basieren.

Es sei XX ein ideales Geometrieelement,

es sei S_P das nicht-ideale Oberflächenmodell des Werkstücks,

es sei E ein Teil von S_P,

es sei P ein Punkt von E,

es sei P_{XX} der Punkt von XX, der $d(P, P_{XX})$ minimiert,

dann gilt

Materialabstand (P, XX) = d_{mat} (P, XX) = $d(P, XX) \cdot mat(P, P_{XX})$,

mit $mat(P, P_{XX}) = 1$, wenn P_{XX} die äußere Seite des Materials ist,

und $mat(P, P_{XX}) = -1$, wenn P_{XX} die innere Seite des Materials ist.

Anschließend kann der maximale vorzeichenbehaftete Abstand und der minimale vorzeichenbehaftete Abstand mit Bezug auf die Lage des Materials definiert werden (siehe Tabelle B.13). Andere Abstände können ebenfalls definiert werden.

Tabelle B.13 — Materialabstand zwischen nicht-idealen und idealen Geometrieelementen

Typ	Schreibweise und Definition
maximaler Materialabstand	$d_{mat\,max}(E, XX = \max d_{mat}\ (P_E, XX)$ $P_E \in E$
minimaler Materialabstand	$d_{mat\,max}\ (E, XX) = \min d_{mat}\ (P_E, XX)$ $P_E \in E$

B.4 Operationen

B.4.1 Operationen an Geometrieelementen

B.4.1.1 Zerlegung

Ein allgemeingültiges Standardkriterium für die Zerlegung muss noch definiert werden.

B.4.1.2 Erfassung

Ein allgemeingültiges Standardkriterium für die Erfassung muss noch definiert werden.

B.4.1.3 Filterung

Ein allgemeingültiges Standardkriterium für die Filterung muss noch definiert werden.

B.4.1.4 Sammlung

Die Sammlung von zwei oder mehr Geometrieelementen ist symbolisch als eine Menge von Geometrieelementen gegeben.

Sammlung $(E, F) = \{E, F\}$.

Die Sammlung einer nicht abzählbaren Menge von Geometrieelementen ist einfach durch $\{XX_i\}$ gegeben.

B.4.1.5 Zuordnung

Die Zuordnung identifiziert ein oder mehrere Geometrieelemente, die eine Zielfunktion bezüglich einer Menge von Nebenbedingungen maximieren (oder minimieren). Die Nebenbedingungen sind Gleichungen oder Ungleichungen für die Werte von Merkmalen, wie sie in B.3 angegeben sind. Die Zielfunktion ist ein Ausdruck, der ebenfalls Werte von Merkmalen miteinander verknüpft.

Eine Zuordnung wird durch eine Menge von Geometrieelementen mit Zusatzbedingungen (Nebenbedingungen und Zielfunktion) beschrieben:

$$\{XX_i, i = 1, \ldots, n\} \left| \begin{array}{l} C_1 \\ C_2 \\ \ldots. \\ C_m \\ \text{maximiere O} \end{array} \right.$$

wobei XX_i angepasste Geometrieelemente sind, n ist die Anzahl der angepassten Geometrieelemente, C_j sind die Nebenbedingungen, m ist die Anzahl der Nebenbedingungen, und O ist die Zielfunktion.

So ist zum Beispiel der Zylinder CY, welcher der Oberfläche E einbeschrieben ist und den maximal möglichen Durchmesser hat, definiert als:

$$\text{CY} \left| \begin{array}{l} d_{\text{cmax}}(\text{E, CY}) \leq 0 \\ \text{maximiere dia(CY).} \end{array} \right.$$

Wenn der Zylinder senkrecht zur Ebene PL sein soll, dann wird CY definiert als:

$$\text{CY} \left| \begin{array}{l} d_{\text{cmax}}(\text{E, CY}) \leq 0 \\ a[\text{axis(CY)}, \text{PL}] = \pi/2 \\ \text{maximiere dia(CY).} \end{array} \right.$$

B.4.1.6 Erzeugung

Eine Erzeugung identifiziert ein oder mehrere Geometrieelemente, welche einen Satz von Nebenbedingungen erfüllen. Die Nebenbedingungen sind Gleichungen oder Ungleichungen für die Werte von Merkmalen, wie sie in B.3 angegeben sind.

Die Nebenbedingungen schränken die Werte eines Merkmals ein.

Eine Erzeugung wird durch eine Menge von Geometrieelementen mit Nebenbedingungen beschrieben:

$$\{\mathrm{XX}_i,\ i = 1, \ldots, n\} \left| \begin{array}{l} C_1 \\ C_2 \\ \ldots \\ C_m \end{array} \right.$$

wobei XX_i die erzeugten Geometrieelemente sind, n ist die Anzahl der erzeugten Geometrieelemente, C_j sind die Nebenbedingungen, m ist die Anzahl der Nebenbedingungen.

Der Zylinder mit dem Durchmesser 30 mm, zum Beispiel, dessen Achse senkrecht zur Ebene PL ist und durch den Punkt PT geht, ist definiert durch:

$$\mathrm{CY} \left| \begin{array}{l} a[\mathrm{axis(CY), PL}] = \pi/2 \\ d[\mathrm{axis(CY), PT}] = 0 \\ \mathrm{dia(CY)} = 30. \end{array} \right.$$

Wenn es eine unendliche Menge von Lösungen gibt, zum Beispiel eine Menge von Ebenen, die senkrecht zum Zylinder CY sind, ist die Schreibweise:

$$\{\mathrm{PL}_i\} \ \big|\ a[\mathrm{PL}_i, \mathrm{axis(CY)}] = \pi/2.$$

B.4.2 Auswertung

Die Auswertung identifiziert ein Merkmal. Der Wert dieses Merkmals muss eine oder mehrere Ungleichungen bezüglich einer oder mehrerer Grenzen erfüllen. Eine Auswertung wird als eine Nebenbedingung für ein Merkmal beschrieben:

$$l \leq \mathrm{char}$$

$$\mathrm{char} \leq l$$

$$l_1 \leq \mathrm{char} \leq l_2$$

wobei l, l_1 und l_2 Grenzen sind, und „char" ein Merkmal ist.

Für den Abstand zweier Punkte gilt zum Beispiel:

es seien PT_1 und PT_2 zwei Punkte, und

es seien 98,05 und 100,01 die Grenzen des Abstands,

dann gilt

$$98{,}05 \leq d(\mathrm{PT}_1, \mathrm{PT}_2) \leq 100{,}01.$$

Für die Lage der Achsen dreier Zylinder gilt zum Beispiel:

es sei $\{L_i, i = 1, 2, 3\}$ eine Menge von drei Zylinderachsen,

es sei $\{\mathrm{SL}_i, i = 1, 2, 3\}$ eine Menge von drei zylindrischen Zonen in optimaler Lage, und

es sei 0,025 die Grenze,

dann ist die Auswertung definiert durch:

$\max d_{\max} (L_i, \mathrm{SL}_i) \leq 0{,}025$

$i = 1, 2, 3.$

B.5 Spezifikation

B.5.1 Spezifikation durch ein Maß

Eine Spezifikation durch ein Maß ist eine Bedingung an das Merkmal eines idealen Geometrieelements oder zweier idealer Geometrieelemente. Für den Abstand zwischen zwei Punkten zum Beispiel, siehe B.4.2.

B.5.2 Spezifikation durch eine Zone

Eine Spezifikation durch eine Zone ist eine Bedingung an den Abstand zwischen nicht-idealen Geometrieelementen (erfasste Geometrieelemente) und idealen Geometrieelementen (Situationselemente der Zone).

Für den Fall der Lage der Achsen dreier Zylinder zum Beispiel, siehe B.4.2.

B.6 Abweichung

Die Abweichung ist die Differenz zwischen den Werten der intrinsischen Merkmale (oder den Werten von Stellungsmerkmalen) von oder zwischen zugeordneten Geometrieelementen und Nennelementen.

Für den Abstand zwischen zwei Punkten (siehe B.5.1) ist der Wert des Stellungsmerkmals zwischen zugeordneten Geometrieelementen gegeben durch:

$d(\mathrm{PT}_1, \mathrm{PT}_2)$.

Für die Lage der Achsen dreier Zylinder (siehe B.5.2) ist der Wert des intrinsischen Merkmals des zugeordneten Geometrieelements gegeben durch:

$\max d_{\max}(L_i, \mathrm{SL}_i)$

$i = 1, 2, 3.$

Anhang C
(informativ)

Vergleich zwischen Tolerierung und Messtechnik

Die erste konzeptionelle Darstellung eines Werkstücks ist durch das Nennmodell definiert. Die Spezifikation ist durch das nicht-ideale Oberflächenmodell definiert (siehe Bild C.1).

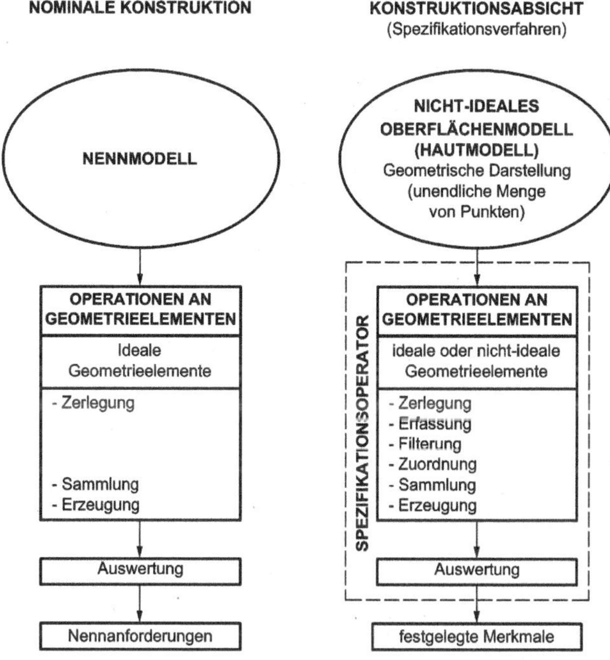

Bild C.1 — Vergleich zwischen der nominalen Konstruktion und der Konstruktionsabsicht

Die parallelen Prozeduren zwischen der „Konstruktionsabsicht“ und der „Prüfung des gefertigten Werkstücks auf Übereinstimmung mit der Konstruktionsabsicht“ sind in Bild C.2 veranschaulicht.

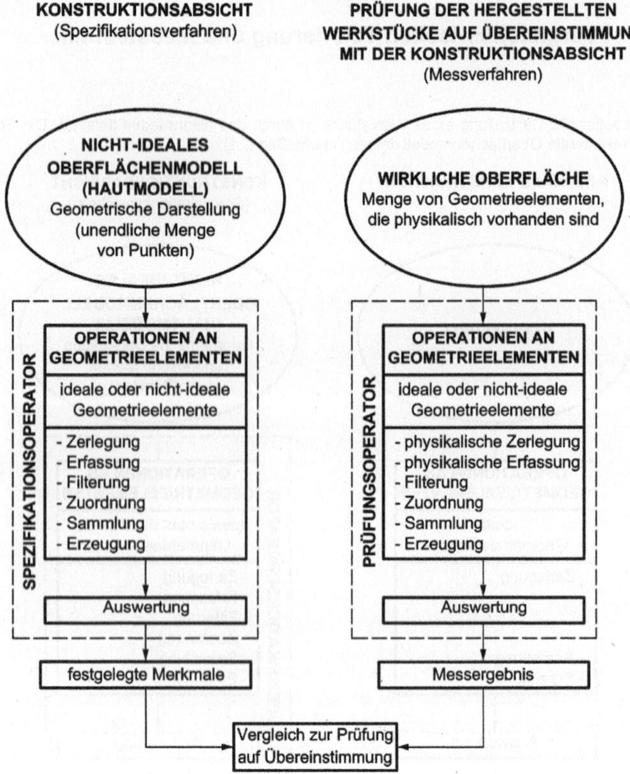

Bild C.2 — Parallele Spezifikations- und Messprozeduren

Anhang D
(informativ)

Begriffsdiagramm für Merkmale

Das folgende Diagramm (Bild D.1) veranschaulicht den Zusammenhang zwischen dem in diesem Teil von ISO 17450 verwendeten Begriff „Merkmal" und dem in den derzeit gültigen GPS-Normen verwendeten Begriff „Merkmal".

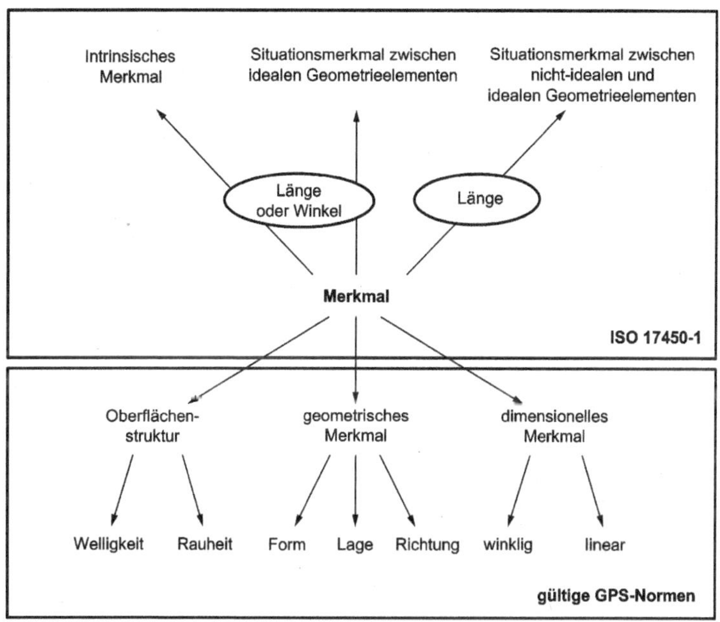

Bild D.1 — Begriffsdiagramm für Merkmale

Anhang E
(informativ)

Invarianzklassen

Alle Flächen können den Freiheitsgraden entsprechend, für welche die Flächen invariant bleiben, in sieben Klassen eingeteilt werden (eine Zusammenfassung von zwei oder mehreren Flächen gehört auch zu einer dieser Klassen).

ANMERKUNG Der in der Geometrie verwendete Begriff „Invarianzgrad" ist der richtige Begriff für den in der Kinematik verwendeten Begriff „Freiheitsgrad". Die Art und Weise, wie diese Begriffe in diesem Teil von ISO 17450 verwendet werden, ist derart, dass für ein gegebenes geometrisches Element die Zahl des Invarianzgrades gleich der Anzahl der Freiheitsgrade ist.

Tabelle E.1 definiert die Situationselemente (Punkt, Gerade, Ebene oder Schraubenlinie) für die einzelnen Invarianzklassen.

Tabelle E.1 — Tabelle der Invarianzklassen

Invarianzklasse	Invarianzgrade, für welche die Oberfläche unveränderlich ist	Bildliche Darstellung	Situationselement	Beispiele von Flächentypen
sphärisch	3 Rotationen um einen Punkt		Punkt	Kugel
eben	1 Rotation senkrecht zur Ebene und 2 Translationen entlang zweier Geraden in dieser Ebene		Ebene	Ebene
zylindrisch	1 Translation und 1 Rotation um eine Gerade		Gerade	Zylinder
schraubenförmig	Kombination aus 1 Translation entlang und 1 Rotation um eine einzelne Gerade		Schraubenlinie	Schraubenfläche mit einer Involute des Kreises als Basis
rotationssymmetrisch	1 Rotation um eine Gerade		Gerade Punkt	Kegel Torus
prismatisch	1 Translation entlang einer Geraden in einer Ebene		Ebene Gerade	Prisma mit einer elliptischen Basis
komplex	keine		Ebene Gerade Punkt	Bezier-Fläche, die auf einer unstrukturierten Punktewolke im Raum beruht

BEISPIEL 1 Im Fall einer nominalen zylindrischen Fläche ist diese Fläche in zwei Richtungen unveränderlich (1 Translation und 1 Rotation); deshalb gehört sie zur „zylindrischen" Invarianzklasse (siehe Tabelle E.1). Das Situationselement bezüglich dieses Geometrieelements ist eine Gerade (Achse des Zylinders).

BEISPIEL 2 Im Fall einer nominalen Kegelfläche ist diese Fläche in nur einer Richtung unveränderlich (1 Rotation); deshalb gehört sie zur „rotationssymmetrischen" Invarianzklasse (siehe Tabelle E.1). Die Situationselemente bezüglich dieses Geometrieelements sind eine Gerade (Achse des Kegels) und ein Punkt (bestimmter Punkt auf der Achse).

BEISPIEL 3 Im Fall einer Sammlung von zwei nominalen zylindrischen Flächen, nominell nicht koaxial mit parallelen Achsen, ist diese zusammengefasste Fläche in nur einer Richtung unveränderlich (1 Translation); deshalb gehört sie zur „prismatischen" Invarianzklasse (siehe Tabelle E.1). Die Situationselemente bezüglich dieses zusammengefassten Geometrieelements sind eine Gerade (zentrale Linie der zwei Achsen der Zylinder) und eine Ebene (Ebene, die die beiden Achsen der Zylinder enthält).

Anhang F
(informativ)

Zusammenhänge mit dem GPS-Matrix-Modell

F.1 Allgemeines

Zu den vollständigen Einzelheiten des GPS-Matrix-Modells siehe ISO/TR 14638.

Die in ISO/TR 14638 gegebene ISO/GPS-Übersicht gibt einen Überblick über das ISO/GPS-System, von dem dieses Dokument ein Bestandteil ist. Die in ISO 8015 gegebenen grundlegenden Regeln von ISO/GPS gelten für dieses Dokument, und die Vorzugsentscheidungsregeln aus ISO 14253-1 gelten für die Spezifikationen nach diesem Dokument, soweit nicht anders angegeben.

F.2 Informationen über diesen Teil von ISO 17450 und seine Anwendung

Dieser Teil von ISO 17450 ist Grundlage für zukünftige Normen über geometrische Spezifikation und Prüfung.

F.3 Position im GPS-Matrix-Modell

Dieser Teil von ISO 17450 ist ein globales GPS-Dokument und beeinflusst alle Kettenglieder aller Normenketten, wie in Bild F.1 graphisch dargestellt.

	Globale GPS-Normen						
	Allgemeine GPS-Normen						
GPS-Grundnormen	**Kettengliednummer**	1	2	3	4	5	6
	Größenmaß						
	Abstand						
	Radius						
	Winkel						
	Form einer Linie bezugsunabhängig						
	Form einer Linie bezugsabhängig						
	Form einer Oberfläche bezugsunabhängig						
	Form einer Oberfläche bezugsabhängig						
	Richtung						
	Lage						
	Rundlauf						
	Gesamtlauf						
	Bezüge						
	Rauheitsprofil						
	Welligkeitsprofil						
	Primärprofil						
	Oberflächenunvollkommenheit						
	Kanten						

Bild F.1 — Position im GPS-Matrix-Modell

F.4 Betroffene Internationale Normen

Betroffene Internationale Normen gehen aus den in Bild F.1 angegebenen Normenketten hervor.

Literaturhinweise

[1] ISO 1101:2004, *Geometrical Product Specifications (GPS) — Geometrical tolerancing — Tolerances of form, orientation, location and run-out*

[2] ISO 8015, *Geometrical product specifications (GPS) — Fundamentals — Concepts, principles and rules*

[3] ISO 14253-1, *Geometrical product specifications (GPS) — Inspection by measurement of workpieces and measuring equipment — Part 1: Decision rules for proving conformance or non-conformance with specifications*

[4] ISO/TR 14638:1995, *Geometrical product specification (GPS) — Masterplan*

[5] ISO 17450-2, *Geometrical product specifications (GPS) — General concepts — Part 2: Basic tenets, specifications, operators, uncertainties and ambiguities*

[6] ISO 22432, *Geometrical product specifications (GPS) — Features utilized in specification and verification*

[7] BALLU A. and MATHIEU L. *Analysis of dimensional and geometrical specifications: standards and models.* CIRP Computer Aided Tolerancing, 3rd Seminar, Cachan, France, 1993, pp. 157-170

[8] BALLU A. and MATHIEU L. *Univocal expression of functional and geometrical tolerances for design, manufacturing and inspection.* CIRP Computer Aided Tolerancing, 4th Seminar, Tokyo, Japan, 1995, pp. 31-46

[9] BALLU A. *Identification de modèles géométriques composés pour la spécification et la mesure par coordonnées des caractéristiques fonctionnelles des pièces mécaniques.* Doctoral thesis. LURPA-NANCY 1, 1993

[10] SRINIVASAN V. *A Geometrical Product Specification Language Based on a Classification of Symmetry Groups.* Research Report, 1999

[11] SRINIVASAN, V. *Theory of Dimensioning: An Introduction to Parameterizing Geometric Models*, Marcel-Dekker, New York, 2004

[12] SRINIVASAN ,V. Mathematical Theory of Dimensioning and Parameterizing Product Geometry. *International Journal of Product Lifecycle Management*, **1**(1), pp. 70-85, 2005

Stichwortverzeichnis

April 2013

DIN EN ISO 17450-2

ICS 17.040.30; 01.040.17

Geometrische Produktspezifikation (GPS) – Grundlagen – Teil 2: Grundsätze, Spezifikationen, Operatoren, Unsicherheiten und Mehrdeutigkeiten (ISO 17450-2:2012); Deutsche Fassung EN ISO 17450-2:2012

Geometrical product specifications (GPS) –
General concepts –
Part 2: Basic tenets, specifications, operators, uncertainties and ambiguities (ISO 17450-2:2012);
German version EN ISO 17450-2:2012

Spécification géométrique des produits (GPS) –
Concepts généraux –
Partie 2: Principes de base, spécifications, opérateurs, incertitudes et ambiguïtés (ISO 17450-2:2012);
Version allemande EN ISO 17450-2:2012

Gesamtumfang 26 Seiten

Normenausschuss Technische Grundlagen (NATG) im DIN

Nationales Vorwort

Dieses Dokument (EN ISO 17450-2:2012) wurde vom Technischen Komitee ISO/TC 213 „Dimensional and geometrical product specifications and verification" in Zusammenarbeit mit dem Technischen Komitee CEN/TC 290 „Geometrische Produktspezifikationen und -prüfung" erarbeitet, dessen Sekretariat von AFNOR (Frankreich) gehalten wird.

Das zuständige deutsche Normungsgremium ist der Arbeitsausschuss NA 152-03-02 AA „CEN/ISO Geometrische Produktspezifikation und -prüfung" im Normenausschuss Technische Grundlagen (NATG) im DIN.

Für die in diesem Dokument zitierten internationalen Dokumente wird im Folgenden auf die entsprechenden deutschen Dokumente hingewiesen:

ISO 286-1	siehe	DIN EN ISO 286-1
ISO 3274	siehe	DIN EN ISO 3274
ISO 4287	siehe	DIN EN ISO 4287
ISO 4288	siehe	DIN EN ISO 4288
ISO 14253-2	siehe	DIN EN ISO 14253-2
ISO 14660-1	siehe	DIN EN ISO 14660-1
ISO/TR 14638	siehe	DIN V 32950
ISO 14978	siehe	DIN EN ISO 14978
ISO 17450-1	siehe	DIN EN ISO 17450-1
ISO/IEC Guide 98-3	siehe	DIN V ENV 13005

Nationaler Anhang NA
(informativ)

Literaturhinweise

DIN V 32950, Geometrische *Produktspezifikation (GPS) — Übersicht*

DIN EN ISO 286-1, *Geometrische Produktspezifikation (GPS) — ISO-Toleranzsystem für Längenmaße — Teil 1: Grundlagen für Toleranzen, Abmaße und Passungen*

DIN EN ISO 3274, *Geometrische Produktspezifikationen (GPS) — Oberflächenbeschaffenheit: Tastschnittverfahren — Nenneigenschaften von Tastschnittgeräten*

DIN EN ISO 4287, *Geometrische Produktspezifikation (GPS) — Oberflächenbeschaffenheit: Tastschnittverfahren — Benennungen, Definitionen und Kenngrößen der Oberflächenbeschaffenheit*

DIN EN ISO 4288, *Geometrische Produktspezifikation (GPS) — Oberflächenbeschaffenheit: Tastschnittverfahren — Regeln und Verfahren für die Beurteilung der Oberflächenbeschaffenheit*

DIN EN ISO 14253-2, *Geometrische Produktspezifikation (GPS) — Prüfung von Werkstücken und Messgeräten durch Messen — Teil 2: Anleitung zur Schätzung der Unsicherheit von GPS-Messungen bei der Kalibrierung von Messgeräten und bei der Produktprüfung*

DIN EN ISO 14660-1, *Geometrische Produktspezifikation (GPS) — Geometrieelemente — Teil 1: Grundbegriffe und Definitionen*

DIN EN ISO 14978, *Geometrische Produktspezifikation (GPS) — Allgemeine Begriffe und Anforderungen für GPS-Messeinrichtungen*

DIN EN ISO 17450-1, *Geometrische Produktspezifikation (GPS) — Grundlagen — Teil 1: Modell für die geometrische Spezifikation und Prüfung*

DIN V ENV 13005, *Leitfaden zur Angabe der Unsicherheit beim Messen*

— Leerseite —

EUROPÄISCHE NORM

EUROPEAN STANDARD

NORME EUROPÉENNE

EN ISO 17450-2

Oktober 2012

ICS 17.040.01

Deutsche Fassung

Geometrische Produktspezifikation (GPS) — Grundlagen — Teil 2: Grundsätze, Spezifikationen, Operatoren, Unsicherheiten und Mehrdeutigkeiten (ISO 17450-2:2012)

Geometrical product specifications (GPS) — General concepts — Part 2: Basic tenets, specifications, operators, uncertainties and ambiguities (ISO 17450-2:2012)

Spécification géométrique des produits (GPS) — Concepts généraux — Partie 2: Principes de base, spécifications, opérateurs, incertitudes et ambiguïtés (ISO 17450-2:2012)

Diese Europäische Norm wurde vom CEN am 15. September 2012 angenommen.

Die CEN-Mitglieder sind gehalten, die CEN/CENELEC-Geschäftsordnung zu erfüllen, in der die Bedingungen festgelegt sind, unter denen dieser Europäischen Norm ohne jede Änderung der Status einer nationalen Norm zu geben ist. Auf dem letzten Stand befindliche Listen dieser nationalen Normen mit ihren b bliographischen Angaben sind beim Management-Zentrum des CEN-CENELEC oder bei jedem CEN-Mitglied auf Anfrage erhältlich.

Diese Europäische Norm besteht in drei offiziellen Fassungen (Deutsch, Englisch, Französisch). Eine Fassung in einer anderen Sprache, die von einem CEN-Mitglied in eigener Verantwortung durch Übersetzung in seine Landessprache gemacht und dem Management-Zentrum mitgeteilt worden ist, hat den gleichen Status wie die offiziellen Fassungen.

CEN-Mitglieder sind die nationalen Normungsinstitute von Belgien, Bulgarien, Dänemark, Deutschland, der ehemaligen jugoslawischen Republik Mazedonien, Estland, Finnland, Frankreich, Griechenland, Irland, Island, Italien, Kroatien, Lettland, Litauen, Luxemburg, Malta, den Niederlanden, Norwegen, Österreich, Polen, Portugal, Rumänien, Schweden, der Schweiz, der Slowakei, Slowenien, Spanien, der Tschechischen Republik, der Türkei, Ungarn, dem Vereinigten Königreich und Zypern.

EUROPÄISCHES KOMITEE FÜR NORMUNG
EUROPEAN COMMITTEE FOR STANDARDIZATION
COMITÉ EUROPÉEN DE NORMALISATION

Management-Zentrum: Avenue Marnix 17, B-1000 Brüssel

Ref. Nr. EN ISO 17450-2:2012 D

Inhalt

Vorwort

Dieses Dokument (EN ISO 17450-2:2012) wurde vom Technischen Komitee ISO/TC 213 „Dimensional and geometrical product specifications and verification" in Zusammenarbeit mit dem Technischen Komitee CEN/TC 290 „Geometrische Produktspezifikationen und -prüfung" erarbeitet, dessen Sekretariat vom AFNOR gehalten wird.

Diese Europäische Norm muss den Status einer nationalen Norm erhalten, entweder durch Veröffentlichung eines identischen Textes oder durch Anerkennung bis April 2013, und etwaige entgegenstehende nationale Normen müssen bis April 2013 zurückgezogen werden.

Es wird auf die Möglichkeit hingewiesen, dass einige Texte dieses Dokuments Patentrechte berühren können. CEN [und/oder CENELEC] sind nicht dafür verantwortlich, einige oder alle diesbezüglichen Patentrechte zu identifizieren.

ISO 17450 besteht unter dem allgemeinen Titel *„Geometrische Produktspezifikation (GPS) — Grundlagen"* aus folgenden Teilen:

— *Teil 1: Modell für die geometrische Spezifikation und Verifikation*

— *Teil 2: Grundsätze, Spezifikationen, Operatoren, Unsicherheiten und Mehrdeutigkeiten*

Entsprechend der CEN/CENELEC-Geschäftsordnung sind die nationalen Normungsinstitute der folgenden Länder gehalten, diese Europäische Norm zu übernehmen: Belgien, Bulgarien, Dänemark, Deutschland, die ehemalige jugoslawische Republik Mazedonien, Estland, Finnland, Frankreich, Griechenland, Irland, Island, Italien, Kroatien, Lettland, Litauen, Luxemburg, Malta, Niederlande, Norwegen, Österreich, Polen, Portugal, Rumänien, Schweden, Schweiz, Slowakei, Slowenien, Spanien, Tschechische Republik, Türkei, Ungarn, Vereinigtes Königreich und Zypern.

Anerkennungsnotiz

Der Text von ISO 17450-2:2012 wurde vom CEN als EN ISO 17450-2:2012 ohne irgendeine Abänderung genehmigt.

Einleitung

Dieser Teil von ISO 17450 ist eine Norm für die geometrische Produktspezifikation (GPS) und ist als eine globale GPS-Norm anzusehen (siehe ISO/TR 14638). Sie beeinflusst alle Kettenglieder der Normenkette in der allgemeinen GPS-Matrix.

Die in ISO/TR 14638 gegebene ISO/GPS-Übersicht gibt einen Überblick über das ISO/GPS-System, von dem dieses Dokument ein Bestandteil ist. Die in ISO 8015 gegebenen grundlegenden Regeln von ISO/GPS gelten für dieses Dokument. Falls nichts anderes angegeben gelten die Default-Entscheidungsregeln nach ISO 14253-1 für Spezifikationen die in Übereinstimmung mit diesem Dokument festgelegt wurden.

Für ausführlichere Informationen des Zusammenhanges dieses Teils von ISO 17450 mit anderen Normen und dem GPS-Matrix-Modell, siehe Anhang C.

Dieser Teil von ISO 17450 umfasst mehrere grundsätzliche Aspekte, die für alle von ISO/TC 213 erarbeitete Normen gelten. Durch Darstellung der wesentlichen Grundsätze, der Spezifikations- und Verifikationsprozesse der geometrischen Produktspezifikation (GPS) werden einige zugrunde liegende Ideen erklärt. Sie sind Ausgangspunkt für die Normen, die durch dieses Technische Komitee erarbeitet werden.

Es wird darauf hingewiesen, dass diese Ideen — und, für diese Angelegenheit, alle anderen durch das ISO/TC 213 angewendeten Ideen und Konzepte — einer Entwicklung und Verfeinerung unterliegen, da sich die diesbezügliche Erkenntnis und das Verständnis des TC während seiner laufenden Normungsarbeit weiter entwickelt.

1 Anwendungsbereich

Dieser Teil von ISO 17450-2 definiert Begriffe im Zusammenhang mit Spezifikationen, Operatoren (und Operationen) und Unsicherheiten, wie sie in den Normen der geometrischen Produktspezifikation (GPS) verwendet werden. Er stellt die wesentlichen Grundsätze der GPS Philosophie in Verbindung mit der Diskussion über die Auswirkungen der Unsicherheit auf diese wesentlichen Grundsätze dar. Weiterhin werden die Prozesse der Spezifikation und Verifikation in der Anwendung auf GPS begutachtet.

2 Normative Verweisungen

Die folgenden zitierten Dokumente sind für die Anwendung dieses Dokuments erforderlich. Bei datierten Verweisungen gilt nur die in Bezug genommene Ausgabe. Bei undatierten Verweisungen gilt die letzte Ausgabe des in Bezug genommenen Dokuments (einschließlich aller Änderungen).

ISO 14253-2:2011, *Geometrical Product Specifications (GPS) — Inspection by measurement of workpieces and measuring equipment — Part 2: Guide to the estimation of uncertainty in GPS measurement, in calibration of measuring equipment and in product verification*

ISO 14660-1:1999, *Geometrical Product Specifications (GPS) — Geometrical features — Part 1: General terms and definitions*

ISO 14978:2006, *Geometrical Product Specifications (GPS) — General concepts and requirements for GPS measuring equipment*

ISO 17450-1:2011, *Geometrical product specifications (GPS) — General concepts — Part 1: Model for geometrical specification and verification*

ISO/IEC Guide 98-3:2008, *Uncertainty of measurement — Part 3: Guide to the expression of uncertainty in measurement (GUM:1995)*

ISO/IEC Guide 99:2007, *International vocabulary of metrology — Basic and general concepts and associated terms (VIM)*

3 Begriffe

Für die Anwendungen dieses Dokumentes gelten die Begriffe nach ISO 14253-2, ISO 14660-1, ISO 14978, ISO 17450-1, ISO/IEC Guide 98-3, ISO/IEC Guide 99 und folgende Begriffe. Siehe Bild A.1, als Konzeptdiagramm als Überblick über die Beziehungen zwischen den Begriffen; es wird empfohlen, dieses Bild als Erstes zu betrachten.

3.1 Begriffe im Zusammenhang mit Operationen

3.1.1
Spezifikationsoperation
Operation, die ausschließlich mit mathematischen oder geometrischen Ausdrücken oder Algorithmen oder einer Kombination davon formuliert wird und einen Teil der Spezifikation festlegt

ANMERKUNG 1 Spezifikationsoperationen werden als Teil eines **Spezifikationsoperators** (3.2.3) verwendet, um eine GPS-Anforderung für ein Werkstück (Produkt oder Komponente) festzulegen

ANMERKUNG 2 Eine Spezifikationsoperation ist ein theoretisches Konzept.

BEISPIEL 1 Assoziation eines kleinsten umschriebenen Zylinders bei der Spezifikation des Durchmessers einer Welle.

BEISPIEL 2 Filterung mit einem Gauß-Filter bei der Spezifikation der Anforderung an eine Oberflächenbeschaffenheit.

3.1.2
Default-Spezifikationsoperation
Spezifikationsoperation (3.1.1), die ohne irgendwelche zusätzlichen Informationen oder Modifikatoren auf eine **grundlegende GPS-Spezifikation** (3.4.4) angewendet wird

ANMERKUNG 1 Die Default-Spezifikationsoperation kann eine globale Default- (ISO-Default-), Firmen-Default- oder Zeichnungs-Default-Spezifikationsoperation sein.

ANMERKUNG 2 Die Default-Spezifikationsoperation hängt von dem Kontext ab, in dem der Default-Spezifikationsoperator angewendet wird.

BEISPIEL 1 Auswertung eines Zwei-Punkt-Durchmessers in der Spezifikation des Durchmessers einer Welle unter Verwendung der Default-Zeichnungsangabe $\varnothing$ 30 ± 0,1.

BEISPIEL 2 Filterung durch einen Gauß-Filter (Default-Filter) mit der Default-Grenzwellenlänge angegeben in ISO 4288 in der Spezifikation Ra bei einer Oberfläche.

3.1.3
spezielle Spezifikationsoperation
Spezifikationsoperation (3.1.1), die auf eine **grundlegende GPS-Spezifikation** (3.4.4) angewendet wird, um eine Default-Spezifikationsoperation (3.1.2) für diese grundlegende GPS-Spezifikation mit zusätzlichen Informationen oder einem oder mehreren Modifikatoren zu ändern oder zu modifizieren

BEISPIEL 1 Die Assoziation eines kleinsten umschriebenen Zylinders in der Spezifikation des Durchmessers einer Welle, wenn das Modifikatorsymbol Ⓔ für die Hüllbedingung verwendet wird (siehe ISO 14405-1).

BEISPIEL 2 Die Filterung durch einen Gauß-Filter (Default-Filter) mit einer speziellen Grenzwellenlänge von 2,5 mm in der Spezifikation von Ra für eine Oberfläche, wenn die entsprechende Zeichnungsangabe verwendet wird, um die Default-Regeln in ISO 4288 außer Kraft zu setzen.

3.1.4
tatsächliche Spezifikationsoperation
Spezifikationsoperation (3.1.1), die implizit (im Falle einer Default-Spezifikationsoperation) oder explizit (im Falle einer spezielle Spezifikationsoperation) in einer GPS-Anforderung festgelegt ist, die in der betrachteten technischen Produktdokumentation angegeben ist

ANMERKUNG Eine tatsächliche Spezifikationsoperation kann:

— implizit durch eine **grundlegende GPS-Spezifikation** der ISO (3.4.4) angegeben sein, oder

— explizit durch ein **GPS-Spezifikationselement** (3.4.1) angegeben sein, oder

— weggelassen werden, wenn der Spezifikationsoperator nicht vollständig ist.

BEISPIEL 1 Auswertung eines Zwei-Punkt-Default-Durchmessers in einer tatsächlichen Spezifikationsoperation, wie wenn die Spezifikation $\varnothing$ 30 ± 0,1 verwendet wird (siehe ISO 14405).

BEISPIEL 2 Filterung durch einen Gauß-Filter (Default-Filter) mit einer speziellen Grenzwellenlänge von 2,5 mm und die Berechnung einer Anforderung an die Oberflächenbeschaffenheit unter Verwendung von Ra durch einen Algorithmus, sind zwei tatsächliche Spezifikationsoperationen, wenn die Spezifikation Ra 1,5 unter Verwendung eines 2,5 mm-Filters angegeben ist.

3.1.5
Verifikationsoperation
Operation, die in Form einer Messung oder mit Hilfe einer Messapparatur oder einer Kombination dieser beiden realisiert ist und einem **tatsächlichen Spezifikationsoperator** (3.1.4) entspricht

ANMERKUNG 1 Verifikationsoperationen werden im geometrischen Bereich des Maschinenbaus verwendet, um ein Produkt nach der entsprechenden **Spezifikationsoperation** (3.1.1) zu verifizieren.

ANMERKUNG 2 Eine Verifikationsoperation wird dazu verwendet, die Anforderungen einer **Spezifikationsoperation** (3.1.1) zu verifizieren.

BEISPIEL 1 Auswertung eines Zwei-Punkt-Durchmessers bei der Verifikation des Durchmessers einer Welle — zum Beispiel unter Verwendung einer Messschraube.

BEISPIEL 2 Extraktion der Datenpunkte einer Oberfläche zur Verifikation der Oberflächenbeschaffenheit unter Verwendung eines nominalen Tastspitzenradius von 2 µm und einem Abtastintervall von 0,5 µm.

3.1.6
perfekte Verifikationsoperation
Verifikationsoperation (3.1.5), die eine ideale Methode zur Verifikation einer **tatsächlichen Spezifikationsoperation** (3.1.4) ohne beabsichtigte Abweichung von ihren Anforderungen realisiert

ANMERKUNG 1 Obwohl die perfekte Verifikationsoperation eine ideale Methode zur Verifikation der Spezifikationsoperation realisiert und die Methode selbst keine Messunsicherheit einführt, können sich Beiträge zur Messunsicherheit immer noch aus anderen Quellen ergeben, wie Mängel, z. B. Abweichungen von den messtechnischen Merkmalen, in der verwendeten Apparatur.

ANMERKUNG 2 Der Zweck einer Kalibrierung besteht allgemein in dem Ermitteln der Größen dieser Messunsicherheitsbeiträge, die durch das Messgerät verursacht werden.

BEISPIEL Extraktion von Datenpunkten einer Oberfläche unter Verwendung eines nominalen Tastspitzenradius von 2 µm und einem Abtastintervall von 0,5 µm während der Verifikation der Oberflächenbeschaffenheit, wenn dies die in der Spezifikation angegebene Extraktionsoperation ist.

3.1.7
vereinfachte Verifikationsoperation
Verifikationsoperation (3.1.5) mit beabsichtigten Abweichungen von der entsprechenden **tatsächlichen Spezifikationsoperation** (3.1.4)

ANMERKUNG Diese beabsichtigen Abweichungen verursachen Beiträge zur Messunsicherheit zusätzlich zu den Messunsicherheitsbeiträgen, die durch Abweichung(en) der messtechnischen Merkmale bei der Implementierung der Operation hervorgerufen werden.

BEISPIEL Die Assoziation eines Zwei-Punkt-Durchmessers bei der Verifikation des Größenmaßes einer Welle — zum Beispiel unter Verwendung einer Messschraube — wenn die Spezifikation angibt, dass der kleinste umschriebenen Zylinder bei der Assoziation verwendet werden soll.

3.1.8
tatsächliche Verifikationsoperation
Verifikationsoperation (3.1.5), die bei der tatsächlichen Messung verwendet wird

3.2 Begriffe im Zusammenhang mit Operatoren

3.2.1
Operator
geordnete Menge von Operationen

3.2.2
Funktionsoperator
Operator (3.2.1) mit perfekter Übereinstimmung mit der beabsichtigten Funktion des Werkstücks/ Geometrieelements

ANMERKUNG 1 Während ein Funktionsoperator in den meisten Fällen nicht formal durch eine geordnete Menge von wohldefinierten Operationen ausgedrückt werden kann, kann er konzeptionell als eine Menge von **Spezifikationsoperationen** (3.1.1) oder **Verifikationsoperationen** (3.1.5) betrachtet werden, welche die funktionalen Anforderungen an das Werkstück exakt beschreiben würden.

ANMERKUNG 2 Der Funktionsoperator ist ein idealisiertes Konzept, das nur zu Vergleichszwecken verwendet wird, um zu bewerten, wie gut ein **Spezifikationsoperator** (3.2.3) oder **Verifikationsoperator** (3.2.9) die funktionalen Anforderungen ausdrückt.

BEISPIEL Die Fähigkeit einer Welle in einer Bohrung mit einer Dichtung 2 000 h zu laufen, ohne undicht zu werden.

3.2.3
Spezifikationsoperator
Menge einer oder mehrerer **Spezifikationsoperationen** (3.1.1), angewendet in einer spezifizierten Reihenfolge

ANMERKUNG 1 Der Spezifikationsoperator ist das Ergebnis der vollständigen Interpretation der Kombination der **GPS-Spezifikation(en)** (3.4.3), die in der technischen Produktdokumentation nach den ISO-GPS-Normen angegeben sind.

ANMERKUNG 2 Ein Spezifikationsoperator kann unvollständig sein und kann in einem solchen Fall zu einer **Spezifikationsmehrdeutigkeit** (3.3.2) führen.

ANMERKUNG 3 Ein Spezifikationsoperator ist dazu gedacht, zum Beispiel einen bestimmten möglichen „Durchmesser" eines Zylinders (Zwei-Punkt-Durchmesser, Durchmesser des kleinsten umschriebenen Kreises, Durchmesser des größten einbeschriebenen Kreises, Durchmesser des Kreises nach der Gauß-Methode, usw.) festzulegen, und nicht das generische Konzept „Durchmesser" an sich.

ANMERKUNG 4 Der Unterschied zwischen dem Spezifikationsoperator und dem **Funktionsoperator** (3.2.2) verursacht eine **Mehrdeutigkeit der Funktionsbeschreibung** (3.3.3).

BEISPIEL Wenn die Spezifikation für eine Welle ∅ 30 h7 (siehe ISO 286-1 und ISO 14405-1) wäre, dann wären die Spezifikationsoperatoren für die obere und die untere Grenze:

— Partitionierung des Hautmodells der nicht-idealen Zylinderfläche;

— Assoziation eines idealen Geometrieelements vom Typ Zylinder nach der Gauß-Methode als Assoziationskriterium;

— Konstruktion von Geraden senkrecht zur Achse des assoziierten Zylinders und diese Achse schneidend;

— Extraktion von zwei Punkten auf jeder Geraden an der diese die nicht-ideale Zylinderfläche schneidet;

— Auswertung des Abstands zwischen jedem Satz von zwei Punkten, wobei der größte Abstand mit dem oberen Grenzwert und der kleinste Abstand mit dem unteren Grenzwert verglichen wird.

3.2.4
vollständiger Spezifikationsoperator
Spezifikationsoperator (3.2.3), der auf einer geordneten und vollständigen Menge von vollständig festgelegten **Spezifikationsoperationen** (3.1.1) beruht

ANMERKUNG Ein vollständiger Spezifikationsoperator ist eindeutig und besitzt daher keine **Spezifikationsmehrdeutigkeit** (3.3.2).

BEISPIEL 1 Die Spezifikation eines lokalen Durchmessers, die definiert, wie ein Abstand zwischen zwei einander gegenüberliegenden Punkten definiert ist.

BEISPIEL 2 Siehe das Beispiel für 3.2.3.

3.2.5
unvollständiger Spezifikationsoperator
Spezifikationsoperator (3.2.3), bestehend aus einem oder mehreren **Spezifikationsoperationen** (3.1.1), die entweder fehlen, unvollständig festgelegt oder ungeordnet sind, oder irgendeine Kombination davon

ANMERKUNG 1 Ein unvollständiger Spezifikationsoperator ist mehrdeutig und führt daher zu einer **Spezifikationsmehrdeutigkeit** (3.3.2).

ANMERKUNG 2 Um im Falle eines unvollständigen Spezifikationsoperators einen entsprechenden **Verifikationsoperator** (3.2.9) festzulegen, ist es notwendig diesen zu vervollständigen. Dies kann durch Hinzufügen von fehlenden Operatoren oder fehlenden Teilen von Operatoren oder durch Anordnen der Operationen im unvollständigen Spezifikationsoperator erfolgen. Siehe auch **Methodenunsicherheit** (3.3.4).

BEISPIEL Die Spezifikation des Stufenmaßes 30 ± 0,1, die nicht spezifiziert, welche Assoziation zu verwenden ist.

3.2.6
Default-Spezifikationsoperator
Spezifikationsoperator (3.2.3), der ohne irgendwelche zusätzliche Information oder Modifikatoren auf eine **grundlegende GPS-Spezifikation** (3.4.4) angewendet wird

ANMERKUNG 1 Der Default-Spezifikationsoperator kann sein:

— ein durch ISO-Normen festgelegter Default-Spezifikationsoperator der ISO oder

— ein durch nationalen Normen festgelegter nationaler Default-Spezifikationsoperator oder

— ein durch Werksnormen/Dokumente festgelegter Default-Spezifikationsoperator eines Unternehmens oder

— ein auf der Zeichnung festgelegter, den obigen Ausführungen entsprechender, Default-Spezifikationsoperator (siehe Anhang B).

ANMERKUNG 2 Ein Default-Spezifikationsoperator kann entweder ein **vollständiger Spezifikationsoperator** (3.2.4) oder ein **unvollständiger Spezifikationsoperator** (3.2.5) sein.

BEISPIEL In Übereinstimmung mit den ISO-Normen, bedeutet die Spezifikation von *Ra* 1,5:

— Partitionierung des Hautmodells einer nicht-idealen Oberfläche;

— Partitionierung von nicht-idealen Linien in dieser nicht-idealen Oberfläche an vielen Stellen;

— Extraktion unter Verwendung der Auswertelänge und des Abtastintervalls, welche durch die Regeln in ISO 4288 vorgegeben sind;

— Filterung unter Verwendung eines Gauß-Filters mit einer Grenzwellenlänge und einen Tastspitzenradius, welche in ISO 4288 angegeben sind;

— Auswertung des Wertes von *Ra*, wie in ISO 4287 und ISO 4288 festgelegt (16%-Regel).

Da jede dieser Operationen eine Default-Spezifikationsoperation ist und sie in der vorgegebenen Reihenfolge verwendet werden, ist der **Spezifikationsoperator** (3.2.3) ein Default-Spezifikationsoperator.

3.2.7
spezieller Spezifikationsoperator
Spezifikationsoperator (3.2.3), der erforderlich ist, wenn eine spezielle GPS-Spezifikation (3.4.5) einschließlich einer oder mehrerer **spezieller Spezifikationsoperationen** (3.1.3) verwendet wird

ANMERKUNG 1 Der spezielle Spezifikationsoperator wird durch eine **GPS-Spezifikation** (3.4.3) festgelegt.

ANMERKUNG 2 Ein spezieller Spezifikationsoperator kann entweder ein **vollständiger Spezifikationsoperator** (3.2.4) oder ein **unvollständiger Spezifikationsoperator** (3.2.5) sein.

ANMERKUNG 3 Ein spezieller Spezifikationsoperator kann aus einem Default-Operator gewonnen werden, indem eine oder mehrere Operationen abgewandelt werden.

BEISPIEL 1 Die Spezifikation für eine Welle von ∅ 30 ± 0,1 Ⓔ ist ein spezieller Spezifikationsoperator, weil eine der **Spezifikationsoperationen** (3.1.1), die Assoziation des kleinsten umschriebenen Zylinders, keine **Default-Spezifikationsoperation** (3.1.2) ist.

BEISPIEL 2 Die Spezifikation von *Ra* 1,5 unter Verwendung eines 2,5 mm-Filters für eine Oberfläche ist ein spezieller Spezifikationsoperator, weil eine der **Spezifikationsoperationen** (3.1.1), die bei der Filterung verwendete Grenzwellenlänge, keine **Default-Spezifikationsoperation** (3.1.2) ist.

3.2.8
tatsächlicher Spezifikationsoperator
Spezifikationsoperator (3.2.3) aus der in den gegenwärtigen technischen Produktdokumentation angegebenen tatsächlichen Spezifikation abgeleitet

ANMERKUNG 1 Die Norm oder Normen, mit denen in Übereinstimmung der tatsächliche Spezifikationsoperator zu interpretieren ist, sind explizit oder implizit ausgewiesen.

ANMERKUNG 2 Ein tatsächlicher Spezifikationsoperator kann entweder ein **vollständiger Spezifikationsoperator** (3.2.4) oder ein **unvollständiger Spezifikationsoperator** (3.2.5) sein.

ANMERKUNG 3 Ein tatsächlicher Spezifikationsoperator kann entweder ein **spezieller Spezifikationsoperator** (3.2.7) oder ein **Default-Spezifikationsoperator** (3.2.6) sein.

3.2.9
Verifikationsoperator
geordnete Menge von **Verifikationsoperationen** (3.1.5)

ANMERKUNG 1 Der Verifikationsoperator ist die messtechnische Nachbildung eines **Spezifikationsoperators** (3.2.3) und ist die Grundlage für das Messverfahren.

ANMERKUNG 2 Ein Verifikationsoperator kann möglicherweise dem Spezifikationsoperator nicht völlig entsprechen. In diesem Fall führt der Unterschied zwischen diesen beiden zu einer **Methodenunsicherheit** (3.3.4), die Teil der Messunsicherheit ist.

BEISPIEL Für eine grundlegende Spezifikation der ISO für einen örtlichen Durchmesser ergibt die Durchführung der Messung mit einer Messschraube einen Typ des Verifikationsoperators.

3.2.10
perfekter Verifikationsoperator
Verifikationsoperator (3.2.9), beruhend auf einer vollständigen Menge von **perfekten Verifikationsoperationen** (3.1.6), durchgeführt in der vorgeschriebenen Reihenfolge

ANMERKUNG 1 Die einzigen Beiträge zur Messunsicherheit eines perfekten Verifikationsoperators stammen von den Abweichung(en) eines messtechnischen Merkmals bei der Implementierung des Operators.

ANMERKUNG 2 Der Zweck einer Kalibrierung ist, das Ausmaß der von der Messeinrichtung stammenden Beiträge zur Messunsicherheit zu ermitteln.

BEISPIEL In Übereinstimmung mit den ISO-Normen, ist die Verifikation der Spezifikation Ra 1,5:

— die Partitionierung (Auswahl) der geforderten Fläche des eigentlichen Werkstücks;

— die Partitionierung der nicht-idealen Linien durch die physische Positionierung des Messgerätes an mehreren Stellen;

— die Extraktion von Daten der Oberfläche mit einem Messgerät, in Übereinstimmung mit den Anforderungen von ISO 3274 und unter Verwendung der in ISO 4288 angegeben Messstrecke;

— Filterung der Daten mit Hilfe eines Gauß-Filters mit einer Grenzwellenlänge, die nach den Regeln in ISO 4288 bestimmt wird, wobei der entsprechende Tastspitzenradius und das entsprechende Abtastintervall verwendet werden;

— Filterung von Daten unter Verwendung eines Gauß-Filters mit einer durch die in ISO 4288 angegebenen Regeln festgelegten Grenzwellenlänge;

— Verwendung eines Tastspitzenradius und eines Abtastintervalls nach den in ISO 4288 angegebenen Regeln;

— Auswertung des Wertes von Ra, wie in ISO 4287 und ISO 4288 festgelegt (16%-Regel).

Da jede dieser Operationen eine perfekte Verifikationsoperation ist und sie in der durch die Spezifikation vorgeschrieben Reihenfolge durchgeführt werden, ist dieser Verifikationsoperator ein perfekter Verifikationsoperator.

3.2.11
vereinfachter Verifikationsoperator
Verifikationsoperator (3.2.9) mit einer oder mehreren **vereinfachten Verifikationsoperationen** (3.1.7) oder Abweichungen von der vorgeschriebenen Reihenfolge der Operationen, oder eine Kombination aus diesen

ANMERKUNG 1 Die **vereinfachten Verifikationsoperationen** (3.1.7), die Abweichungen in der Reihenfolge der Operationen oder beides, verursachen Beiträge zur Messunsicherheit, zusätzlich zu den Beiträgen zur Messunsicherheit durch die Abweichungen der messtechnischen Merkmale bei der Implementierung des Operators.

ANMERKUNG 2 Die Größenordnung dieser Beiträge zur Unsicherheit ist auch abhängig von den geometrischen Eigenschaften (Abweichungen von Form und Winkligkeit) des vorliegenden Werkstücks.

BEISPIEL 1 Nach den ISO-Normen ist die Verifikation der Obergrenze des Durchmessers einer Welle mit der Spezifikation ∅ 30 ± 0,1 Ⓔ unter Verwendung der Auswertung eines Zwei-Punkt-Durchmessers — zum Beispiel durch die Messung der Welle mit einer Messschraube — ein vereinfachter Verifikationsoperator, weil die Spezifikation den Durchmesser des kleinsten umschriebenen Zylinders einer Welle angibt.

BEISPIEL 2 In Übereinstimmung mit den ISO-Normen wäre ein vereinfachter Verifikationsoperator für die Spezifikation Ra 1,5:

— die Partitionierung (Auswahl) der geforderten Fläche des eigentlichen Werkstücks;

— die Partitionierung der nicht-idealen Linien durch die physische Positionierung des Messgerätes an mehreren Stellen;

— Extraktion von Daten der Oberfläche mit einem Messgerät mit einer Gleitkufe (dieses Messgerät ist allerdings nicht in Übereinstimmung mit ISO 3274), unter Verwendung der in ISO 4288 angegeben Auswertelänge;

— Filterung der Daten mit Hilfe eines Gauß-Filters mit einer Grenzwellenlänge, die nach den Regeln in ISO 4288 bestimmt wird, wobei der entsprechende Tastspitzenradius und das entsprechende Abtastintervall verwendet werden, und

— Auswertung des Wertes von Ra, wie in ISO 4287 und ISO 4288 festgelegt (16%-Regel).

Da nicht alle diese Operationen **perfekte Verifikationsoperationen** (3.1.6) sind, ist dieser Verifikationsoperator ein vereinfachter Verifikationsoperator. Der Grund dafür ist, dass die Verwendung eines Messgerätes zur Messung der Oberflächenbeschaffenheit mit einer Gleitkufe nicht die in der Spezifikation vorgeschriebene Extraktionsoperation ist.

3.2.12
tatsächlicher Verifikationsoperator
geordnete Menge von **tatsächlichen Verifikationsoperationen** (3.1.8)

ANMERKUNG 1 Der tatsächliche Verifikationsoperator kann vom geforderten **perfekten Verifikationsoperator** (3.2.10) verschieden sein. Die Abweichung zwischen dem perfekten Verifikationsoperator (3.2.10) und dem gewählten tatsächlichen Verifikationsoperator ist die Messunsicherheit (Summe der **Methodenunsicherheit** (3.3.4) und der **Implementierungsunsicherheit** (3.3.5)), siehe 3.3.5, Anmerkung 1.

ANMERKUNG 2 Wenn der tatsächliche Spezifikationsoperator unvollständig ist, dann siehe 3.2.5, Anmerkung 2 und 3.3.5, Anmerkung 1.

3.3 Begriffe im Zusammenhang mit der Unsicherheit

3.3.1
Unsicherheit
Parameter, einem angegebenen Wert oder einer Beziehung beigeordnet, der die Streuung der Werte charakterisiert, die vernünftigerweise dem angegebenen Wert oder der Beziehung zugeschrieben werden können

ANMERKUNG 1 Im GPS-Umfeld kann ein angegebener Wert ein Messergebnis oder eine Spezifikationsgrenze sein.

ANMERKUNG 2 Im GPS-Umfeld ist eine Beziehung in der Regel die Differenz zwischen den durch zwei unterschiedliche **Operatoren** (3.2.1) für das gleiche Geometrieelement erhaltenen Werten, z. B. durch einen **Spezifikationsoperator** (3.2.3) und einen **tatsächlichen Verifikationsoperator** (3.2.12).

ANMERKUNG 3 Im GPS-Umfeld kann eine Beziehung auch die Differenz zwischen dem Wert, der zum Beispiel durch einen Spezifikationsoperator erhalten wird, und einem Wert, der mit der Funktion des Geometrieelements korreliert (der **Funktionsoperator** (3.2.2)), sein.

ANMERKUNG 4 Die im GPS-Umfeld quantifizierte Unsicherheit (Messunsicherheit, **Spezifikationsmehrdeutigkeit** (3.3.2), **Mehrdeutigkeit der Funktionsbeschreibung** (3.3.3), usw.) ist immer die Unsicherheit im Sinne der erweiterten Unsicherheit nach ISO 14253-2 und ISO/IEC Guide 98-3.

3.3.2
Spezifikationsmehrdeutigkeit

Unsicherheit (3.3.1), die einem **tatsächlichen Spezifikationsoperator** (3.2.8) innewohnt, wenn dieser auf ein reales Geometrieelement angewendet wird

ANMERKUNG 1 Die Spezifikationsmehrdeutigkeit ist von derselben Art wie die Messunsicherheit und kann — falls bedeutsam — Teil einer Unsicherheitsbilanz sein.

ANMERKUNG 2 Die Spezifikationsmehrdeutigkeit quantifiziert die Mehrdeutigkeit des **Spezifikationsoperators** (3.2.3).

ANMERKUNG 3 Die Spezifikationsmehrdeutigkeit ist eine Eigenschaft, die mit dem **tatsächlichen Spezifikationsoperator** (3.2.8) im Zusammenhang steht.

ANMERKUNG 4 Die Größe der Spezifikationsmehrdeutigkeit ist auch abhängig von der erwarteten oder tatsächlichen Schwankung der geometrischen Eigenschaften (Abweichungen von Form und Winkligkeit) von Werkstücken.

BEISPIEL Die Spezifikationsmehrdeutigkeit des Stufenmaßes 30 ± 0,1, die nicht spezifiziert, welche Assoziation verwendet werden muss, wird aus dem Wertebereich erhalten, der durch verschiedene Assoziationskriterien gewonnen werden kann.

3.3.3
Mehrdeutigkeit der Funktionsbeschreibung

Unsicherheit (3.3.1), die sich aus der Differenz zwischen dem **tatsächlichen Spezifikationsoperator** (3.2.8) und dem **Funktionsoperator** (3.2.2) ergibt, der die beabsichtigte Funktion des Werkstücks festlegt, ausgedrückt durch die Bedingungen und Einheiten des tatsächlichen Spezifikationsoperators

ANMERKUNG 1 Die Mehrdeutigkeit der Funktionsbeschreibung wird, falls möglich, in Zahlen und Einheiten ausgedrückt, die mit denen der gegeben Spezifikation vergleichbar sind.

ANMERKUNG 2 Die Mehrdeutigkeit der Funktionsbeschreibung bezieht sich in der Regel nicht auf eine einzelne **GPS-Spezifikation** (3.4.3). Üblicherweise wird eine Anzahl von einzelnen GPS-Spezifikationen benötigt, um eine Funktion (z. B. Größenmaß, Form und Oberflächenbeschaffenheit für das gleiche Geometrieelement des Werkstücks) zu simulieren.

BEISPIEL Wenn der **Funktionsoperator** (3.2.2) für eine Welle die Fähigkeit der Welle ist, in einer Bohrung mit einer Dichtung 2 000 h zu laufen ohne undicht zu werden, wobei der **Spezifikationsoperator** (3.2.3) ∅ 30 h7 für das Größenmaß der Welle und *Ra* 1,5, unter Verwendung eines 2,5 mm-Filters, für die Oberflächenbeschaffenheit der Welle ist, dann wird die Mehrdeutigkeit der Funktionsbeschreibung aus der Fähigkeit dieser Spezifikation abgeleitet, um sicherzustellen, dass

— eine Welle, welche die Spezifikation einhält, 2 000 h laufen wird, ohne undicht zu werden und

— eine Welle, welche die Spezifikation nicht erfüllt, nicht 2 000 Stunden laufen wird, ohne undicht zu werden.

3.3.4
Methodenunsicherheit

Unsicherheit (3.3.1), die sich aus den Unterschieden zwischen dem **tatsächlichen Spezifikationsoperator** (3.2.8) und dem **tatsächlichen Verifikationsoperator** (3.2.12) ohne Berücksichtigung der Abweichungen eines messtechnischen Merkmals des tatsächlichen Verifikationsoperators ergibt

ANMERKUNG 1 Wenn ein **unvollständiger Spezifikationsoperator** (3.2.5) als tatsächlicher Spezifikationsoperator gegeben ist, dann ist es notwendig, einen **vollständigen Spezifikationsoperator** (3.2.4) zu definieren, der nicht im Widerspruch zur unvollständigen tatsächlichen Spezifikation steht. Dies erfolgt durch Hinzufügen von Operationen oder Teilen von Operationen die im unvollständigen Spezifikationsoperator fehlen, um den entsprechenden **perfekten Verifikationsoperator** (3.2.10) zu bilden. Gestützt auf das Wissen über diesen perfekten Verifikationsoperator wird der tatsächliche Verifikationsoperator gewählt. Die Abweichung zwischen dem perfekten Verifikationsoperator und dem gewählten tatsächlichen Verifikationsoperator ist die Messunsicherheit (Summe der Methodenunsicherheit und der **Implementierungsunsicherheit** (3.3.5)).

ANMERKUNG 2 Die Größe des Wertes der Methodenunsicherheit kennzeichnet den Grad der Abweichung des gewählten **tatsächlichen Verifikationsoperators** (3.2.12) vom **perfekten Verifikationsoperator** (3.2.10).

ANMERKUNG 3 Selbst mit einem perfekten Messsystem ist es unmöglich, die Messunsicherheit soweit zu verringern, dass sie kleiner als die Methodenunsicherheit ist.

BEISPIEL Wenn für eine Welle die Spezifikation ∅ 30 ± 0,1 Ⓔ angegeben ist und eine perfekte Messschraube (d. h. ohne Maßstabfehler und mit perfekt ebenen und parallelen Messflächen) verwendet wird, um die obere Grenze der Spezifikation zu überprüfen, dann wird die Methodenunsicherheit aus der Differenz der Werte abgeleitet, die mit der Messschraube erhalten werden, und derjenigen Werte, die durch die Messung des Durchmesser des kleinsten umschriebenen Zylinders mit einem perfekten Messgerät erhalten würden.

3.3.5
Implementierungsunsicherheit

Unsicherheit (3.3.1), die sich aus der Abweichung der messtechnischen Merkmale des **tatsächlichen Verifikationsoperators** (3.2.12) von den idealen messtechnischen Merkmalen ergibt und durch den **perfekten Verifikationsoperator** (3.2.10) festgelegt ist

ANMERKUNG 1 Der Zweck einer Kalibrierung besteht allgemein im Ermitteln der Größen der Messunsicherheitsbeiträge (Implementierungsunsicherheit), die durch das Messgerät verursacht werden.

ANMERKUNG 2 Andere Effekte (z. B. umgebungsbedingt), die nicht direkt mit dem Messsystem in Zusammenhang stehen, können auch zur Implementierungsunsicherheit beitragen.

BEISPIEL Wenn für eine Welle die Spezifikation ∅ 30 ± 0,1 Ⓔ angegeben ist und eine Messschraube verwendet wird, um die Spezifikation zu verifizieren, dann wird die Implementierungsunsicherheit aus der Unvollkommenheit der Spindel der Messschraube sowie der Ebenheit und Parallelität der Messflächen abgeleitet, unabhängig davon, ob es die obere Grenze (spezifiziert als Durchmesser des kleinsten umschriebenen Zylinders) oder die untere Grenze (spezifiziert als kleinster Zwei-Punkt-Durchmesser) ist, die verifiziert wird.

3.3.6
Gesamtunsicherheit

Summe (im Sinne des Wortes gemäß ISO/IEC Guide 98-3) der **Mehrdeutigkeit der Funktionsbeschreibung** (3.3.3), der **Spezifikationsmehrdeutigkeit** (3.3.2) und der Messunsicherheit

ANMERKUNG 1 Die Größe des Wertes der Gesamtunsicherheit gibt den Grad der Abweichung des **tatsächlichen Verifikationsoperators** (3.2.12) vom **Funktionsoperator** (3.2.2) an.

ANMERKUNG 2 Die Gesamtunsicherheit beschreibt die Fähigkeit, die funktionelle Leistungsfähigkeit an Hand der Messung zu bestimmen und ist nicht vorhersehbar und nicht leicht quantifizierbar.

ANMERKUNG 3 Die Gesamtunsicherheit, die Spezifikationsmehrdeutigkeit und die Mehrdeutigkeit der Funktionsbeschreibung sind nicht vorhersehbar und quantifizierbar.

BEISPIEL 1 Wenn der Funktionsoperator für eine Welle die Fähigkeit der Welle ist, in einer Bohrung mit einer Dichtung 2 000 h zu laufen ohne undicht zu werden, wobei der **Spezifikationsoperator** (3.2.3) ∅ 30 h7 für das Größenmaß der Welle und *Ra* 1,5 mit einem 2,5 mm-Filter für die Oberflächenbeschaffenheit der Welle ist, dann wird, beruhend auf Messungen mit zum Beispiel einem Messgerät zur Messung der Oberflächenbeschaffenheit und einer Messschraube, die Gesamtunsicherheit aus der Fähigkeit abgeleitet sicherzustellen, dass:

— eine gemessene Welle, welche die Spezifikation einhält, 2 000 h laufen wird, ohne undicht zu werden, und

— wenn eine gemessene Welle, welche die Spezifikation nicht einhält, nicht 2 000 h laufen wird, ohne undicht zu werden.

BEISPIEL 2 Übereinstimmung des Werkstücks mit der Funktionsanforderung.

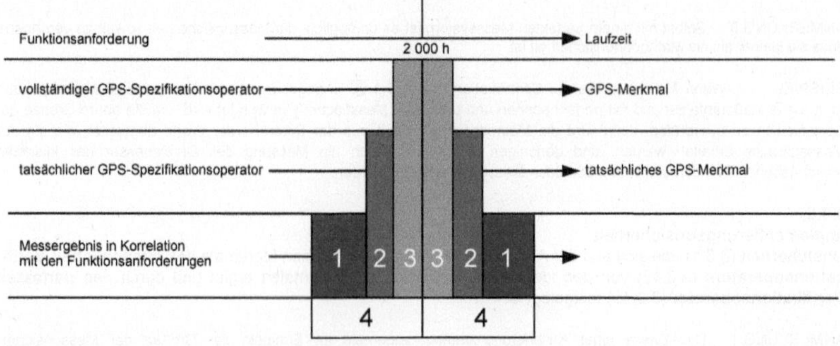

Legende

1 Messunsicherheit
2 Spezifikationsmehrdeutigkeit
3 Mehrdeutigkeit der Funktionsbeschreibung
4 Gesamtunsicherheit

3.4 Begriffe im Zusammenhang mit den Spezifikationen

3.4.1
GPS Spezifikationselement
genormtes grafisches Symbol oder in die GPS-Spezifikation eingeschlossene Zeichnungsangabe, die sich auf eine geordnete Menge von einer oder mehreren **Spezifikationsoperationen** (3.1.1) bezieht

ANMERKUNG 1 GPS Spezifikationselemente werden bei der technischen Produktdokumentation verwendet.

ANMERKUNG 2 Nicht für alle GPS Merkmale ist eine umfassende und ausreichende Liste von GPS Spezifikationselementen in den vorhandenen Normen festgelegt.

BEISPIEL In der Spezifikation für die Oberflächenstruktur: die Symbole für USL, LSL, Filtertyp, λs, λc, Profil, Parameter, Anzahl der Abtastlängen, Annahmekriterien, Parameterwert, Herstellungsprozess, Orientierung des Dralls.

3.4.2
Spezifikations-Modifikatorsymbol
GPS-Spezifikationselement (3.4.1), das bei seiner Anwendung die Default-Definition der **grundlegenden GPS-Spezifikation** (3.4.4) ändert

ANMERKUNG Spezifikations-Modifikatorsymbole können durch Internationale Normen, nationale Normen oder Werksnormen/Dokumente festgelegt werden.

3.4.3
GPS-Spezifikation
Menge von **GPS-Spezifikationselementen** (3.4.1), die gemeinsam einen **Spezifikationsoperator** (3.2.3) kontrollieren

ANMERKUNG 1 Eine GPS-Spezifikation kann mit oder ohne **Spezifikations-Modifikatorsymbole** (3.4.2) ausgedrückt werden.

ANMERKUNG 2 Eine GPS-Spezifikation enthält nicht notwendigerweise eine vollständige und ausreichende Menge von GPS-Spezifikationselementen.

3.4.4
grundlegende GPS-Spezifikation
kürzeste Form zum Ausdrücken einer **GPS-Spezifikation** (3.4.3) in der technischen Produktdokumentation durch Anwendung von **Default-Spezifikationsoperationen** (3.1.2)

ANMERKUNG 1 Die grundlegende GPS-Spezifikation kann einschließen

— einen durch ISO-Normen spezifizierten Default-Spezifikationsoperator der ISO, oder

— einen durch nationale Normen spezifizierten nationalen Default-Spezifikationsoperator, oder

— einen durch Werksnormen/ Dokumente spezifizierten Default-Spezifikationsoperator eines Unternehmens, oder

— einen auf der Zeichnung angegebenen, den obigen Ausführungen entsprechenden, Default-Spezifikationsoperator (siehe Anhang B).

ANMERKUNG 2 Wenn sie in Internationalen Normen genormt sind, dann werden grundlegende GPS-Spezifikationen als grundlegende GPS-Spezifikationen der ISO bezeichnet. Wenn sie durch nationale Normen oder Werksnormen festgelegt sind, dann wird ein ähnlicher spezifischer Verweis benötigt.

ANMERKUNG 3 Eine grundlegende GPS-Spezifikation wird ohne Anwendung von **Spezifikations-Modifikatorsymbole**(3.4.2) ausgedrückt.

ANMERKUNG 4 Wenn die grundlegende GPS-Spezifikation der ISO verwendet wird, gilt der **Default-Spezifikationsoperator** (3.2.6).

BEISPIEL 1 ⌀30h7, ⌀38 ±0,1

BEISPIEL 2 Ra 0,8

BEISPIEL 3 ○ 0,01

BEISPIEL 4

3.4.5
spezielle GPS-Spezifikation
GPS-Spezifikation (3.4.3), wiedergegeben in der technischen Produktdokumentation, unter Verwendung von einem oder mehreren **Spezifikations-Modifikatorsymbolen** (3.4.2)

ANMERKUNG In einer speziellen GPS-Spezifikation werden eine oder mehrere **Default-Spezifikationsoperationen** (3.1.2) durch eine **besondere Spezifikationsoperation** (3.1.3) entsprechend der angegebenen **GPS-Spezifikationselemente** (3.4.1) außer Kraft gesetzt.

3.4.6
tatsächliche GPS-Spezifikation
GPS-Spezifikation (3.4.3), die ein Merkmal in der vorliegenden technischen Produktdokumentation festlegt

ANMERKUNG Die tatsächliche Spezifikation kann eine **grundlegende GPS-Spezifikation** (3.4.4) oder eine **spezielle GPS-Spezifikation** (3.4.5) sein.

4 Grundsätze

Das Fundament der GPS-Philosophie kann durch die vier grundlegenden GPS-Lehrsätze A, B, C und D. ausgedrückt werden.

A Es ist möglich, die Funktionsweise eines Werkstücks oder Geometrieelements mit einer oder mehreren GPS-Spezifikationen in der technischen Produktdokumentation maßgeblich zu kontrollieren.

ANMERKUNG 1 Es kann eine gute oder schlechte Übereinstimmung zwischen der Funktion des Werkstücks oder Geometrieelements und den verwendeten GPS-Spezifikationen geben. Mit anderen Worten, die Mehrdeutigkeit der Funktionsbeschreibung für eine beabsichtigte Funktionsweise kann entweder klein oder groß sein.

B Eine GPS-Spezifikation für ein GPS-Merkmal muss in der technischen Produktdokumentation angegeben werden. Das Werkstück oder Geometrieelement wird als annehmbar/gut angesehen, wenn die Spezifikation erfüllt ist. Nur das, was ausdrücklich in der technischen Produktdokumentation gefordert wird, muss berücksichtigt werden. Die in der technischen Produktdokumentation angegebene tatsächliche GPS-Spezifikation legt die Messgröße fest.

ANMERKUNG 2 Eine GPS-Spezifikation in der technischen Produktdokumentation kann vollkommen/vollständig oder unvollkommen/unvollständig sein. Mit anderen Worten, die Spezifikationsmehrdeutigkeit kann von Null bis sehr groß sein.

C Die Realisierung einer GPS-Spezifikation muss von der GPS-Spezifikation selbst als unabhängig angesehen werden.

ANMERKUNG 3 Eine GPS-Spezifikation wird durch einen Verifikationsoperator realisiert. Die GPS-Spezifikation schreibt nicht vor, welche Verifikationsoperatoren akzeptabel sind. Die Akzeptanz eines Verifikationsoperators wird unter Verwendung der Messunsicherheit und, in manchen Fällen, der Spezifikationsmehrdeutigkeit beurteilt.

D Genormte GPS-Regeln und Definitionen für die Verifikation legen theoretisch perfekte Mittel zum Nachweis der Konformität oder Nicht-Konformität eines Werkstücks/Geometrieelements mit einer GPS-Spezifikation fest (siehe ISO 14253-1). Allerdings wird die Verifikation immer nur unvollkommen erreicht.

ANMERKUNG 4 Weil die Verifikation die Realisierung der GPS-Spezifikation durch tatsächliche Messsysteme einbezieht, die niemals perfekt sein können, wird die Verifikation immer eine Implementierungsunsicherheit enthalten.

5 Auswirkungen der Unsicherheit auf die Grundsätze

5.1 Auswirkung der Mehrdeutigkeit der Funktionsbeschreibung und der Spezifikationsmehrdeutigkeit

Eine Menge von GPS-Spezifikationen ist vollständig, wenn alle beabsichtigten Funktionalitäten eines Werkstücks durch GPS-Merkmale kontrolliert werden. In vielen Fällen kann die Menge der GPS-Spezifikationen unvollständig sein, weil einige Funktionalitäten unvollständig oder gar nicht festgelegt sind. Daher kann es eine gute oder schlechte Korrelation zwischen den Funktionalitäten und den verwendeten GPS-Spezifikationen geben.

Die Mehrdeutigkeit der Funktionsbeschreibung bezieht sich auf den Fall einer unvollständigen Kontrolle, während die Spezifikationsmehrdeutigkeit das Fehlen einer Kontrolle unterstellt. Zum Beispiel würde eine GPS-Spezifikation mit einer kleinen Mehrdeutigkeit der Funktionsbeschreibung und einer kleinen Spezifikationsmehrdeutigkeit die geometrischen Merkmale, die die Funktionalität streng kontrollieren, vollständig beschreiben und kontrollieren. Siehe Tabelle 1 für eine Zusammenfassung der Kombinationen, die für diese beiden Mehrdeutigkeiten möglich sind.

Tabelle 1 — Kombination der Mehrdeutigkeit der Funktionsbeschreibung und der Spezifikationsmehrdeutigkeit

	Kleine Spezifikationsmehrdeutigkeit	Große Spezifikationsmehrdeutigkeit
Kleine Mehrdeutigkeit der Funktionsbeschreibung	beschreibt und kontrolliert die geometrischen Merkmale, welche die beabsichtigte Funktionsweise streng kontrollieren	geometrische Merkmale werden beschrieben und kontrolliert, um Teile der beabsichtigten Funktion zu verwirklichen, aber die Spezifikation ist unvollständig
Große Mehrdeutigkeit der Funktionsbeschreibung	beschreibt alle geometrischen Eigenschaften, aber kontrolliert die beabsichtigte Funktionsweise nicht streng	die Geometrie, welche für die beabsichtigte Funktionsweise erforderlich ist, wird weder beschrieben noch kontrolliert

5.2 Auswirkungen der Verfahrens- und Implementierungsunsicherheiten

Zusätzlich ergibt sich bei jeder praktischen (und unvollständigen) Implementierung eines GPS-Verifikationsverfahrens eine Messunsicherheit, die sich aus der Methodenunsicherheit und der Implementierungsunsicherheit zusammensetzt. Wenn das umgesetzte Verfahren genau die theoretisch exakte Definition nachahmt, ergibt sich eine kleine Messunsicherheit.

ANMERKUNG Eine Messung mit kleiner Messunsicherheit ist von geringem Wert, wenn die **Mehrdeutigkeit der Funktionsbeschreibung** (3.3.3) oder **Spezifikationsmehrdeutigkeit** (3.3.2), oder beide groß sind.

In Tabelle 2 sind die Kombinationen zusammengefasst, die sich für die Verfahrens- und Implementierungsunsicherheiten ergeben können.

Tabelle 2 — Kombination von Verfahrens- und Implementierungsunsicherheiten

	Kleine Methodenunsicherheit	Große Methodenunsicherheit
Kleine Methodenunsicherheit	der Messvorgang folgt genau der Spezifikation und wird mit wenigen Abweichungen durch ideale messtechnische Eigenschaften umgesetzt	der Messvorgang folgt genau der Spezifikation, wird aber mit erheblichen Abweichungen von den idealen messtechnischen Merkmalen umgesetzt
Große Methodenunsicherheit	der Messvorgang folgt der Spezifikation nicht sehr genau, wird aber mit wenigen Abweichungen von den idealen messtechnischen Merkmalen umgesetzt	der Messvorgang folgt der Spezifikation nicht sehr genau und wird mit erheblichen Abweichungen von den idealen messtechnischen Merkmalen umgesetzt
BEISPIEL Es ist unmöglich *a priori* zu sagen, ob eine große Methodenunsicherheit und eine kleine Implementierungsunsicherheit oder eine kleine Methodenunsicherheit und eine große Implementierungsunsicherheit insgesamt zu einer größeren Messunsicherheit führen werden. Bei einer kleinen Methodenunsicherheit und einer großen Implementierungsunsicherheit wird es in der Regel den Anschein haben, als hätten sie eine größere Messunsicherheit, da die Implementierungsunsicherheit typischerweise mehr in Erscheinung tritt, als die Methodenunsicherheit.		

ANMERKUNG Für den Zweck dieses Teils von ISO 17450 ist die Messunsicherheit gleich der Summe (im Sinne des Wortes gemäß ISO/IEC Guide 98-3) der **Methodenunsicherheit** (3.3.4) und der **Implementierungsunsicherheit** (3.3.5).

BEISPIEL Die Messunsicherheit für die Verifikation der Obergrenze der Spezifikation ∅ 30 ± 0,1 Ⓔ für eine Welle wird, wenn die Verifikation durch die Messung der Welle mit einer Messschraube durchgeführt wird, abgeleitet aus der Differenz zwischen dem Wert, der mit der Messschraube (unter Berücksichtigung der Unvollkommenheiten der Spindel der Messschraube — Beiträge der Implementierungsunsicherheit — sowie der Ebenheit und Parallelität ihrer Messflächen) erhalten wird, und den Werten, die durch die Messung des Durchmessers des kleinsten umschriebenen Zylinders mit einem perfekten Messgerät (Beitrag der Methodenunsicherheit) erhalten würden.

6 Spezifikationsprozess

Der Spezifikationsprozess ist der erste Prozess, der bei der Definition eines Produkts oder eines Systems stattfindet. Sein Zweck ist die Übertragung der Entwurfsabsicht in eine Anforderung oder Anforderungen an bestimmte GPS-Merkmale. Der Spezifikationsprozess liegt in der Verantwortung des Konstrukteurs und umfasst die folgenden Schritte:

a) Funktion des Geometrieelements — die gewünschte Entwurfsabsicht der GPS-Spezifikation;

b) GPS-Spezifikation — bestehend aus einer Anzahl von GPS-Spezifikationselementen;

c) GPS-Spezifikationselemente — von denen jedes eine oder mehrere Spezifikationsoperationen kontrolliert;

d) Spezifikationsoperationen — als geordnete Mengen organisiert, um einen Spezifikationsoperator zu bilden;

e) Spezifikationsoperator — korreliert mehr oder weniger mit der beabsichtigten Funktionsweise des Geometrieelements und legt die GPS-Merkmale der Spezifikation (bei der Verifikation verwendete Messgröße) fest.

7 Verifikationsprozess

Der Verifikationsprozess erfolgt nach dem Spezifikationsprozess. Sein Zweck ist die Verifikation des Merkmals des Geometrieelements am realen Werkstück, das durch den Spezifikationsoperator in der tatsächlichen GPS-Spezifikation festgelegt ist. Dies erfolgt durch die Implementierung des tatsächlichen Spezifikationsoperators in einen tatsächlichen Verifikationsoperator. Der Verifikationsprozess liegt in der Verantwortung des Messtechnikers und umfasst die folgenden Schritte:

a) tatsächlicher Spezifikationsoperator — lässt sich in eine geordnete Menge tatsächlicher Spezifikationsoperationen untergliedern und legt die Messgröße fest;

b) tatsächliche Spezifikationsoperationen — jeweils durch tatsächliche Verifikationsoperationen angenähert;

c) tatsächliche Verifikationsoperationen — in einer geordneten Menge zusammengefasst, um den tatsächlichen Verifikationsoperator zu bilden;

d) tatsächlicher Verifikationsoperator — identisch mit dem eigentlichen Messprozess;

e) Messwert — verglichen mit der GPS-Spezifikation.

Anhang A
(informativ)

Konzeptdiagramm

Das in Bild A.1 dargestellte Konzeptdiagramm veranschaulicht die drei obersten Konzeptebenen:

— Unsicherheit;

— Operator und

— Operation.

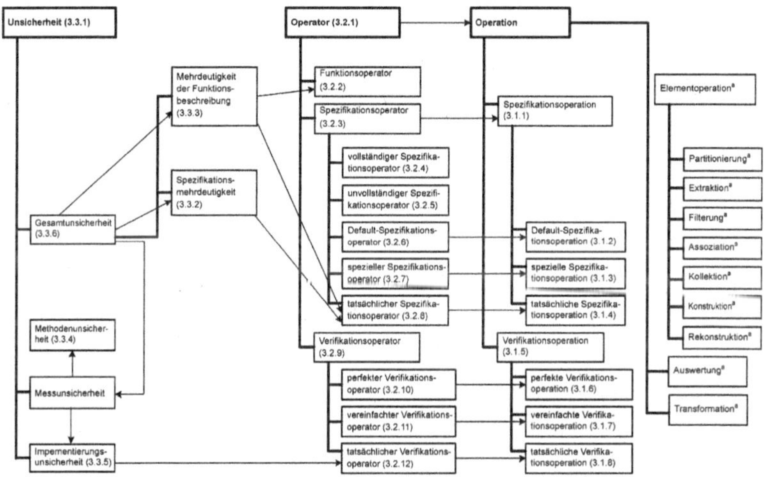

a Siehe ISO 17450-1.

ANMERKUNG Dicke Strichlinien mit Richtung nach unten und nach rechts verbinden die oberen allgemeinen Konzepte mit spezifischen Unterkonzepten. Dünne Pfeillinien weisen von einem Konzept zu anderen oder weiteren, die in der Definition des ersten Konzeptes verwendet werden.

Bild A.1 — Konzeptdiagramm für Operationen, Operatoren, Unsicherheiten und Mehrdeutigkeiten

Anhang B
(informativ)

Zeichnungsangaben

Bild B.1 zeigt die möglichen Regeln, die für GPS-Zeichnungsangaben anwendbar sind, Bild B.2 die vollständigen und unvollständigen Spezifikationen und Bild B.3 die Beziehung zwischen den Begriffen im Zusammenhang mit den Spezifikationen. Wenn der Default-Operator vom Default-Operator der ISO abweicht (z. B. ein firmeneigener Default-Operator), dann wird dies in der Zeichnung angegeben.

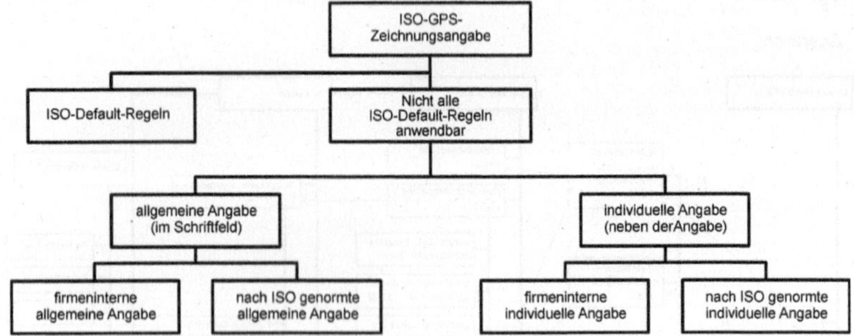

Bild B.1 — GPS-Zeichnungsangaben — Mögliche anwendbare Regeln

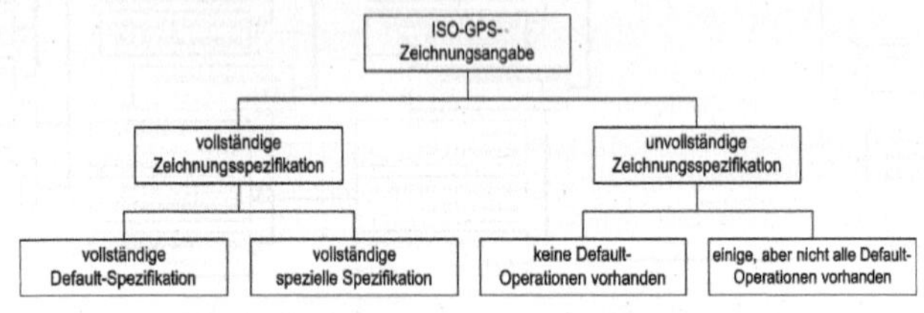

Bild B.2 — Vollständige und unvollständige Spezifikationen

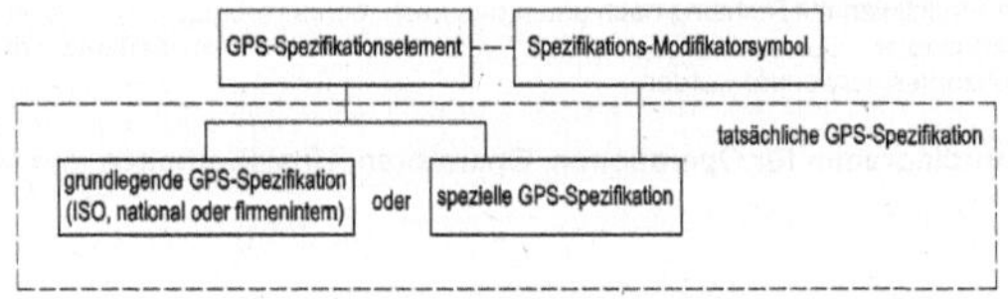

Bild B.3 — GPS-Spezifikationen

Anhang C
(informativ)

Zusammenhänge mit dem GPS-Matrix-Modell

C.1 Allgemeines

Zu den vollständigen Einzelheiten des GPS-Matrix-Modells siehe ISO/TR 14638.

Der in ISO/TR 14638 gegebene ISO/GPS-Masterplan gibt einen Überblick über das ISO/GPS-System, von dem dieses Dokument ein Bestandteil ist. Die in ISO 8015 gegebenen grundlegenden Regeln von ISO/GPS gelten für dieses Dokument, und die Vorzugsentscheidungsregeln aus ISO 14253-1 gelten für die Spezifikationen nach diesem Dokument, soweit nicht anders angegeben.

C.2 Informationen über diesen Teil von ISO 17450 und seine Verwendung

Dieser Teil von ISO 17450 ist eine Grundlage für zukünftige Normen über die geometrische Spezifikation und Verifikation.

C.3 Position im GPS-Matrix-Modell

Dieser Teil von ISO 17450 ist eine allgemeine GPS-Norm, die alle Kettenglieder der Normenkette beeinflusst, wie in Bild C.1 graphisch dargestellt.

GPS-Grundnormen

Globale GPS-Normen

Matrix allgemeiner GPS-Normen						
Kettenglieder	**1**	**2**	**3**	**4**	**5**	**6**
Größenmaß						
Abstand						
Radius						
Winkel						
Form einer bezugsunabhängigen Linie						
Form einer bezugsabhängigen Linie						
Form einer bezugsunabhängigen Oberfläche						
Form einer bezugsabhängigen Oberfläche						
Richtung						
Lage						
Lauf						
Gesamtlauf						
Bezüge						
Rauheitsprofil						
Welligkeitsprofil						
Primärprofil						
Oberflächenunvollkommenheit						
Kanten						

Bild C.1 — Position im GPS-Matrix-Modell

C.4 Betroffene Internationale Normen

Die betroffenen Internationalen Normen sind diejenigen, welche aus den Kettengliedern der in Bild C.1 gekennzeichneten Normen hervorgehen.

Literaturhinweise

[1] ISO 286-1, *Geometrical product specification (GPS) — ISO code system for tolerance on linear size — Part 1: Bases of tolerances, deviations and fits*

[2] ISO 3274, *Geometrical Product Specifications (GPS) — Surface texture: Profile method — Nominal characteristics of contact (stylus) instruments*

[3] ISO 4287, *Geometrical Product Specifications (GPS) — Surface texture: Profile method — Terms, definitions and surface texture parameters*

[4] ISO 4288, *Geometrical Product Specifications (GPS) — Surface texture: Profile method — Rules and procedures for the assessment of surface texture*

[5] ISO 8015, *Geometrical product specifications (GPS) — Fundamentals — Concepts, principles and rules*

[6] ISO 14253-1, *Geometrical Product Specifications (GPS) — Inspection by measurement of workpieces and measuring equipment — Part 1: Decision rules for proving conformance or non-conformance with specifications,*

[7] ISO 14405-1, *Geometrical product specifications (GPS) — Dimensional tolerancing — Part 1: Linear sizes*

[8] ISO/TR 14638, *Geometrical product specification (GPS) — Masterplan*

Dezember 2016

DIN EN ISO 17450-3

ICS 17.040.40

Ersatz für
DIN EN ISO 14660-2:1999-11

Geometrische Produktspezifikation (GPS) – Grundlagen – Teil 3: Tolerierte Geometrieelemente (ISO 17450-3:2016); Deutsche Fassung EN ISO 17450-3:2016

Geometrical product specifications (GPS) –
General concepts –
Part 3: Toleranced features (ISO 17450-3:2016);
German version EN ISO 17450-3:2016

Spécification géométrique des produits (GPS) –
Concepts généraux –
Partie 3: Éléments tolérancés (ISO 17450-3:2016);
Version allemande EN ISO 17450-3:2016

Gesamtumfang 29 Seiten

DIN-Normenausschuss Technische Grundlagen (NATG)

Nationales Vorwort

Dieses Dokument (EN ISO 17450-3:2016) wurde vom Technischen Komitee ISO/TC 213 „Dimensional and geometrical product specifications and verification" in Zusammenarbeit mit dem Technischen Komitee CEN/TC 290 „Geometrische Produktspezifikationen und -prüfung" erarbeitet, dessen Sekretariat vom AFNOR (Frankreich) gehalten wird.

Das zuständige deutsche Normungsgremium ist der Arbeitsausschuss NA 152-03-02 AA „CEN/ISO Geometrische Produktspezifikation und –prüfung" im DIN-Normenausschuss Technische Grundlagen (NATG).

Für die in diesem Dokument zitierten Internationalen Normen wird im Folgenden auf die entsprechenden Deutschen Normen hingewiesen:

ISO 1101	siehe	DIN EN ISO 1101
ISO 1302	siehe	DIN EN ISO 1302
ISO 5459	siehe	DIN EN ISO 5459
ISO 8015	siehe	DIN EN ISO 8015
ISO 14253-1	siehe	DIN EN ISO 14253-1
ISO 14405	siehe	DIN EN ISO 14405
ISO 14638	siehe	DIN EN ISO 14638
ISO 17450-1	siehe	DIN EN ISO 17450-1
ISO 22432	siehe	DIN EN ISO 22432
ISO 25178	siehe	DIN EN ISO 25178
ISO 25378	siehe	DIN EN ISO 25378

Änderungen

Gegenüber DIN EN ISO 14660-2:1999-11 wurden folgende Änderungen vorgenommen:

a) der Inhalt der DIN EN ISO 14660-2 wurde in diesen Teil der DIN EN ISO 17450 übernommen unter Beachtung des aktuellen Standes der GPS-Technik;

b) redaktionelle Anpassungen.

Frühere Ausgaben

DIN EN ISO 14660-2: 1999-11

Nationaler Anhang NA
(informativ)

Literaturhinweise

DIN EN ISO 1101, *Geometrische Produktspezifikation (GPS) — Geometrische Tolerierung — Tolerierung von Form, Richtung, Ort und Lauf*

DIN EN ISO 1302, *Geometrische Produktspezifikation (GPS) — Angabe der Oberflächenbeschaffenheit in der technischen Produktdokumentation*

DIN EN ISO 5459, *Geometrische Produktspezifikation (GPS) — Geometrische Tolerierung — Bezüge und Bezugssysteme*

DIN EN ISO 8015, *Geometrische Produktspezifikation (GPS) — Grundlagen — Konzepte, Prinzipien und Regeln*

DIN EN ISO 14253-1, *Geometrische Produktspezifikationen (GPS) — Prüfung von Werkstücken und Messgeräten durch Messen — Teil 1: Entscheidungsregeln für den Nachweis von Konformität oder Nichtkonformität mit Spezifikationen*

DIN EN ISO 14405 (alle Teile), *Geometrische Produktspezifikation (GPS) — Dimensionelle Tolerierung*

DIN EN ISO 14638, *Geometrische Produktspezifikation (GPS) — Matrix-Modell*

DIN EN ISO 17450-1, *Geometrische Produktspezifikation (GPS) — Grundlagen — Teil 1: Modell für die geometrische Spezifikation und Prüfung*

DIN EN ISO 22432, *Geometrische Produktspezifikation (GPS) — Zur Spezifikation und Prüfung benutzte Geometrieelemente*

DIN EN ISO 25178 (alle Teile), *Geometrische Produktspezifikation (GPS) — Oberflächenbeschaffenheit: Flächenhaft*

DIN EN ISO 25378, *Geometrische Produktspezifikation (GPS) — Merkmale und Bedingungen — Begriffe*

— Leerseite —

EUROPÄISCHE NORM

EUROPEAN STANDARD

NORME EUROPÉENNE

EN ISO 17450-3

Juni 2016

ICS 17.040.01

Ersatz für EN ISO 14660-2:1999

Deutsche Fassung

Geometrische Produktspezifikation (GPS) — Grundlagen — Teil 3: Tolerierte Geometrieelemente (ISO 17450-3:2016)

Geometrical product specifications (GPS) —
General concepts —
Part 3: Toleranced features
(ISO 17450-3:2016)

Spécification géométrique des produits (GPS) —
Concepts généraux —
Partie 3: Éléments tolérancés
(ISO 17450-3:2016)

Diese Europäische Norm wurde vom CEN am 19. Dezember 2015 angenommen.

Die CEN-Mitglieder sind gehalten, die CEN/CENELEC-Geschäftsordnung zu erfüllen, in der die Bedingungen festgelegt sind, unter denen dieser Europäischen Norm ohne jede Änderung der Status einer nationalen Norm zu geben ist. Auf dem letzten Stand befindliche Listen dieser nationalen Normen mit ihren bibliographischen Angaben sind beim Management-Zentrum des CEN-CENELEC oder bei jedem CEN-Mitglied auf Anfrage erhältlich.

Diese Europäische Norm besteht in drei offiziellen Fassungen (Deutsch, Englisch, Französisch). Eine Fassung in einer anderen Sprache, die von einem CEN-Mitglied in eigener Verantwortung durch Übersetzung in seine Landessprache gemacht und dem Management-Zentrum mitgeteilt worden ist, hat den gleichen Status wie die offiziellen Fassungen.

CEN-Mitglieder sind die nationalen Normungsinstitute von Belgien, Bulgarien, Dänemark, Deutschland, der ehemaligen jugoslawischen Republik Mazedonien, Estland, Finnland, Frankreich, Griechenland, Irland, Island, Italien, Kroatien, Lettland, Litauen, Luxemburg, Malta, den Niederlanden, Norwegen, Österreich, Polen, Portugal, Rumänien, Schweden, der Schweiz, der Slowakei, Slowenien, Spanien, der Tschechischen Republik, der Türkei, Ungarn, dem Vereinigten Königreich und Zypern.

EUROPÄISCHES KOMITEE FÜR NORMUNG
EUROPEAN COMMITTEE FOR STANDARDIZATION
COMITÉ EUROPÉEN DE NORMALISATION

CEN-CENELEC Management-Zentrum: Avenue Marnix 17, B-1000 Brüssel

Ref. Nr. EN ISO 17450-3:2016 D

Inhalt

Europäisches Vorwort

Dieses Dokument (EN ISO 17450-3:2016) wurde vom Technischen Komitee ISO/TC 213 „Dimensional and geometrical product specifications and verification" in Zusammenarbeit mit dem Technischen Komitee CEN/TC 290 „Geometrische Produktspezifikationen und -prüfung" erarbeitet, dessen Sekretariat vom AFNOR gehalten wird.

Diese Europäische Norm muss den Status einer nationalen Norm erhalten, entweder durch Veröffentlichung eines identischen Textes oder durch Anerkennung bis Dezember 2016, und etwaige entgegenstehende nationale Normen müssen bis Dezember 2016 zurückgezogen werden.

Es wird auf die Möglichkeit hingewiesen, dass einige Elemente dieses Dokuments Patentrechte berühren können. CEN [und/oder CENELEC] sind nicht dafür verantwortlich, einige oder alle diesbezüglichen Patentrechte zu identifizieren.

Entsprechend der CEN-CENELEC-Geschäftsordnung sind die nationalen Normungsinstitute der folgenden Länder gehalten, diese Europäische Norm zu übernehmen: Belgien, Bulgarien, Dänemark, Deutschland, die ehemalige jugoslawische Republik Mazedonien, Estland, Finnland, Frankreich, Griechenland, Irland, Island, Italien, Kroatien, Lettland, Litauen, Luxemburg, Malta, Niederlande, Norwegen, Österreich, Polen, Portugal, Rumänien, Schweden, Schweiz, Slowakei, Slowenien, Spanien, Tschechische Republik, Türkei, Ungarn, Vereinigtes Königreich und Zypern.

Anerkennungsnotiz

Der Text von ISO 17450-3:2016 wurde vom CEN als EN ISO 17450-3:2016 ohne irgendeine Abänderung genehmigt.

Vorwort

ISO (die Internationale Organisation für Normung) ist eine weltweite Vereinigung von Nationalen Normungsorganisationen (ISO-Mitgliedsorganisationen). Die Erstellung von Internationalen Normen wird normalerweise von ISO Technischen Komitees durchgeführt. Jede Mitgliedsorganisation, die Interesse an einem Thema hat, für welches ein Technisches Komitee gegründet wurde, hat das Recht, in diesem Komitee vertreten zu sein. Internationale Organisationen, staatlich und nicht-staatlich, in Liaison mit ISO, nehmen ebenfalls an der Arbeit teil. ISO arbeitet eng mit der Internationalen Elektrotechnischen Kommission (IEC) bei allen elektrotechnischen Themen zusammen.

Die Verfahren, die bei der Entwicklung dieses Dokuments angewendet wurden und die für die weitere Pflege vorgesehen sind, werden in den ISO/IEC-Direktiven, Teil 1 beschrieben. Im Besonderen sollten die für die verschiedenen ISO-Dokumentenarten notwendigen Annahmekriterien beachtet werden. Dieses Dokument wurde in Übereinstimmung mit den Gestaltungsregeln der ISO/IEC-Direktiven, Teil 2 erarbeitet (siehe www.iso.org/directives).

Es wird auf die Möglichkeit hingewiesen, dass einige Elemente dieses Dokuments Patentrechte berühren können. ISO ist nicht dafür verantwortlich, einige oder alle diesbezüglichen Patentrechte zu identifizieren. Details zu allen während der Entwicklung des Dokuments identifizierten Patentrechten finden sich in der Einleitung und/oder in der ISO-Liste der empfangenen Patenterklärungen (siehe www.iso.org/patents).

Jeder in diesem Dokument verwendete Handelsname wird als Information zum Nutzen der Anwender angegeben und stellt keine Anerkennung dar.

Eine Erläuterung der Bedeutung ISO-spezifischer Benennungen und Ausdrücke, die sich auf Konformitätsbewertung beziehen, sowie Informationen über die Beachtung der Grundsätze der Welthandelsorganisation (WTO) zu technischen Handelshemmnissen (TBT, en: Technical Barriers to Trade) durch ISO enthält der folgende Link: www.iso.org/iso/foreword.html.

Das für dieses Dokument verantwortliche Komitee ist ISO/TC 213, *Dimensional and geometrical product specifications and verifications.*

Diese erste Ausgabe ersetzt ISO 14660-2:1999, die technisch überarbeitet wurde.

ISO 17450 besteht unter dem allgemeinen Titel *Geometrical product specification (GPS) — General concepts* aus folgenden Teilen:

— *Part 1: Model for geometrical specification and verification*

— *Part 2: Basic tenets, specifications, operators, uncertainties and ambiguities*

— *Part 3: Toleranced features*

— *Part 4: Geometrical characteristics for quantifying form, orientation, location and run-out deviations*

Einleitung

Dieser Teil von ISO 17450 ist eine Norm für die Geometrische Produktspezifikation (GPS) und ist als eine fundamentale GPS-Norm anzusehen (siehe ISO 14638). Sie beeinflusst alle Kettenglieder der Normenkette im allgemeinen GPS-Matrix-Modell.

Das in ISO 14638 angegebene ISO/GPS-Matrix-Modell gibt einen Überblick über das ISO/GPS-System, von dem dieses Dokument ein Bestandteil ist. Die in ISO 8015 angegebenen grundlegenden Regeln von ISO/GPS gelten für dieses Dokument, und falls nichts anderes angegeben ist, gelten die Default-Entscheidungsregeln nach ISO 14253-1 für Spezifikationen, die in Übereinstimmung mit diesem Dokument festgelegt wurden.

Zu ausführlicheren Informationen über den Zusammenhang dieses Teils von ISO 17450 mit dem GPS-Matrix-Modell siehe Anhang A.

1 Anwendungsbereich

Dieser Teil von ISO 17450 enthält defaultmäßige Festlegungen für die extrahierten Geometrieelemente (integrale oder abgeleitete) von Werkstücken, die in GPS-Spezifikationen (Maßspezifikation, geometrische Spezifikation oder Spezifikation der Oberflächenbeschaffenheit) als tolerierte Geometrieelemente angesehen werden. Dieser Teil von ISO 17450 legt Default-Geometrieelemente fest, die zur Festlegung von GPS-Merkmalen verwendet werden.

2 Normative Verweisungen

Die folgenden Dokumente, die in diesem Dokument teilweise oder als Ganzes zitiert werden, sind für die Anwendung dieses Dokuments erforderlich. Bei datierten Verweisungen gilt nur die in Bezug genommene Ausgabe. Bei undatierten Verweisungen gilt die letzte Ausgabe des in Bezug genommenen Dokuments (einschließlich aller Änderungen).

ISO 17450-1, *Geometrical product specifications (GPS) — General concepts — Part 1: Model for geometrical specification and verification*

ISO 22432, *Geometrical product specifications (GPS) — Features utilized in specification and verification*

ISO 25378, *Geometrical product specifications (GPS) — Characteristics and conditions — Definitions*

3 Begriffe

Für die Anwendung dieses Dokuments gelten die Begriffe nach ISO 17450-1, ISO 22432 und ISO 25378 sowie die folgenden Begriffe.

3.1
gegenüberliegendes Punktepaar
Kollektion von zwei gleichzeitig ermittelten Punkten, deren Abstand zueinander ein örtliches Größenmaß eines festgelegten Größenmaßelements darstellt

Anmerkung 1 zum Begriff: Der Abstand zwischen den beiden Punkten eines gegenüberliegenden Punktepaares ist das Zweipunktgrößenmaß (siehe ISO 14405-1).

Anmerkung 2 zum Begriff: Im Falle eines als „zwei gegenüberliegende Ebenen" festgelegten Größenmaßelements gehört der Mittelpunkt zwischen den beiden Punkten eines extrahierten gegenüberliegenden Punktepaars zu seiner extrahierten Mittelfläche.

3.2
elementares toleriertes Geometrieelement
kleinster Bestandteil eines vollständigen Geometrieelements, für den ein GPS-Merkmal festgelegt wird

BEISPIEL 1 Im Fall einer uneingeschränkten Ebenheitsspezifikation wird ein globales GPS-Merkmal für das vollständige integrale Geometrieelement festgelegt, das in diesem Fall ein elementares toleriertes Geometrieelement ist.

BEISPIEL 2 Im Fall einer Geradheitsspezifikation kann ein örtliches GPS-Merkmal für jedes Linienelement in einer bestimmten Richtung im vollständigen integralen Geometrieelement festgelegt werden. Jedes dieser Linienelemente ist eine Schnittmenge zwischen einem Ebenheitsmerkmal und dem vollständigen integralen Geometrieelement und stellt ein elementares toleriertes Geometrieelement dar. Das vollständige integrale Geometrieelement ist das tolerierte Geometrieelement.

3.3
toleriertes Geometrieelement
vollständiges toleriertes Geometrieelement
Menge eines oder mehrerer Geometrieelemente, für die ein GPS-Merkmal festgelegt wird, oder eine Kollektion von elementaren tolerierten Geometrieelementen

Anmerkung 1 zum Begriff: Ohne ein Kennzeichen ist ein „toleriertes Geometrieelement" nicht ein elementares, sondern ein vollständiges Geometrieelement.

Anmerkung 2 zum Begriff: Ein toleriertes Geometrieelement ist eine Menge von Geometrieelementen, für die eine GPS-Spezifikation festgelegt wird.

3.4
Mittelzentrum
Mittelpunkt, der als Mitte zwischen den beiden Punkten eines gegenüberliegenden Punktepaars berechnet wird

Anmerkung 1 zum Begriff: Ein Zentrum einer assoziierten Kugel ist ein unmittelbar zugeordneter Mittelpunkt (siehe ISO 22432 und 5.3.2.1) und kein Mittelzentrum.

4 Allgemeines

Ein GPS-Merkmal (siehe ISO 25378) ist ein Grundmerkmal (ein intrinsisches Merkmal oder ein Stellungsmerkmal in Bezug auf den Ort oder die Richtung).

— Das Größenmaß eines abweichenden Geometrieelements (siehe ISO 22432), das nominell ein Größenmaßelement ist, ist ein intrinsisches Merkmal (siehe ISO 17450-1), das für die Spezifikation von Maßen verwendet wird.

— Der berechnete Wert aus den örtlichen Entfernungen zwischen einem abweichenden Geometrieelement und einem Referenzgeometrieelement (siehe ISO 22432) ist ein Stellungsmerkmal (siehe ISO 17450-1), das für geometrische Spezifikationen (siehe ISO 1101) oder für Oberflächentexturmerkmale (siehe ISO 25378 und ISO 1302) verwendet wird.

Ein abweichendes Geometrieelement wird aus einem Eingangselement (siehe ISO 25378) oder durch Anwendung oder Nichtanwendung der Filter- und/oder Assoziationsoperation ermittelt.

Defaultmäßig wird das integrale Eingangselement anhand der Extraktion einer unendlichen Anzahl von Punkten aus dem realen Geometrieelement definiert. Bei der Verifikation enthält das extrahierte integrale Geometrieelement keine unendliche Anzahl von Punkten.

Defaultmäßig ist das Eingangselement ein einzelnes Geometrieelement, siehe ISO 22432.

Defaultmäßig gehört eine Grenze zu beiden angrenzenden einzelnen extrahierten integralen Geometrieelementen.

Falls es sich bei dem vollständigen extrahierten integralen Geometrieelement um eine Linie handelt, wird die vollständige extrahierte Linie durch die Schnittmenge des vollständigen extrahierten integralen Oberflächengeometrieelements und einem Schnittelement definiert.

Bei der Schnittebene handelt es sich entweder um eine vollständige Ebene (siehe Bild 1 und Bild 2) oder eine halbe Ebene (siehe Bild 3). Die Schnittebene kann explizit oder implizit durch GPS-Spezifikation mit oder ohne einem bestimmten Stellungsmerkmal festgelegt werden. Falls der Schnittpunkt kein bestimmtes Stellungsmerkmal hat, gehört er zu einer Menge von Ebenen, die eine Achse enthält, oder zu einer Menge von parallelen Ebenen oder zu einer Menge von an einem assoziierten Geometrieelement ausgerichteten Ebenen.

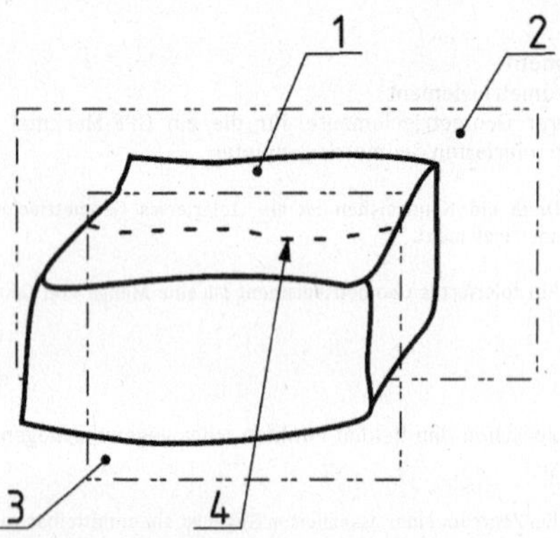

Legende

1 toleriertes Geometrieelement: vollständiges extrahiertes Geometrieelement
2 assoziiertes Geometrieelement
3 Schnittebene parallel zur assoziierten Oberfläche
4 elementares toleriertes Geometrieelement: vollständige extrahierte Schnittlinie

Bild 1 — Beispiel für eine Schnittebene, die zur Ermittlung eines elementaren tolerierten Geometrieelements verwendet wird

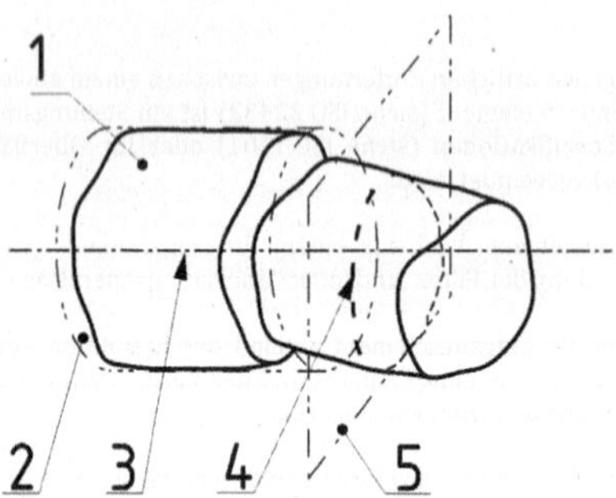

Legende

1 vollständiges extrahiertes Geometrieelement
2 assoziiertes Geometrieelement
3 Situationselement des assoziierten Geometrieelements (in diesem Fall seine Achse)
4 elementares toleriertes Geometrieelement: vollständige extrahierte Schnittlinie
5 Schnittebene senkrecht zur Achse des assoziierten Geometrieelements

Bild 2 — Beispiel für eine in Bezug auf Orientierung eingeschränkte Schnittebene, die zur Ermittlung eines elementaren tolerierten Geometrieelements verwendet wird

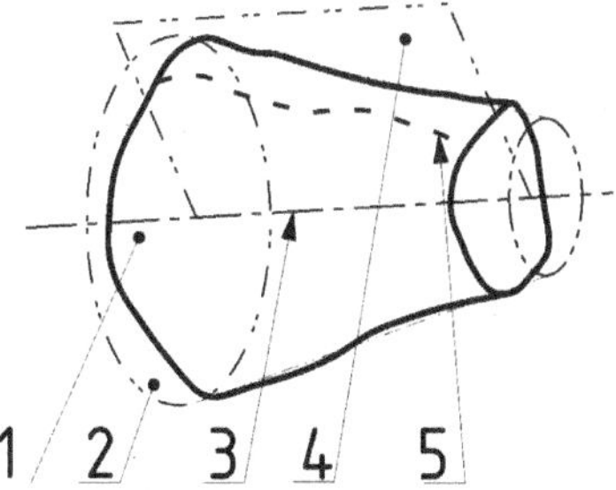

Legende

1 toleriertes Geometrieelement: vollständiges extrahiertes Geometrieelement
2 assoziiertes Geometrieelement
3 Situationselement des assoziierten Geometrieelements (in diesem Fall seine Achse)
4 Schnittebene einschließlich des Situationselements des assoziierten Geometrieelements
5 elementares toleriertes Geometrieelement: vollständige extrahierte Schnittlinie

Bild 3 — Beispiel für eine Schnittebene als Halbebene, die zur Ermittlung eines elementaren tolerierten Geometrieelements verwendet wird

Wenn das Eingangselement ein eingeschränktes Geometrieelement ist, werden dessen Grenzen anhand der Grenzen des einzelnen Geometrieelements mit anderen Geometrieelementen festgelegt. Der nominelle Ort der Grenzen des eingeschränkten Geometrieelements muss in der Spezifikation angegeben werden. Um einen anhand eines einzigen integralen Geometrieelements intrinsisch festgelegten Ort zu ermitteln, wird ein primärer Bezug zu diesem integralen Geometrieelement festgelegt. Der Ort wird anhand dieses primären Bezugs festgelegt.

Um einen Ort auf einem einzigen integralen Geometrieelement zu ermitteln, das mit einem bestimmten Abstand zum benachbarten Geometrieelement festgelegt ist, wird zunächst ein primärer Bezug zu diesem integralen Geometrieelement festgelegt. Danach wird entweder ein sekundärer Bezug als einziger Bezug oder ein gemeinsamer Bezug zu einem oder mehreren benachbarten Geometrieelementen festgelegt, anhand dessen der Ort festgelegt wird. Der Ort wird in diesem Bezugssystem festgelegt (siehe Bild 4).

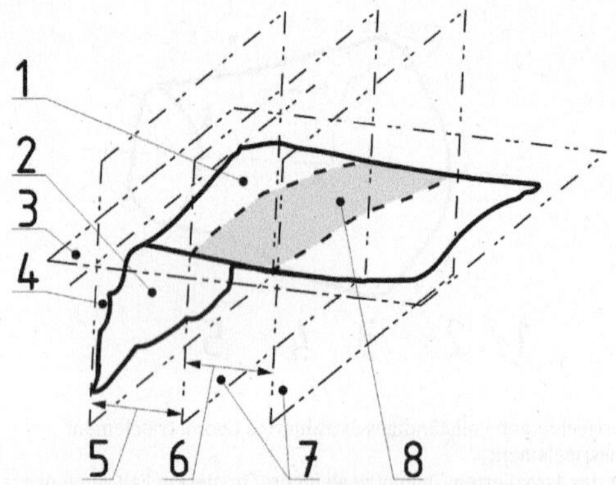

Legende

1 toleriertes Geometrieelement: vollständiges extrahiertes Geometrieelement
2 angrenzende extrahierte integrale Oberfläche
3 assoziiertes Geometrieelement zur vollständigen extrahierten Oberfläche, das den primären Bezug herstellt
4 assoziiertes Geometrieelement (zur angrenzenden Oberfläche), das in der Orientierung vom primären Bezug (3) eingeschränkt ist
5 theoretisch exaktes Maß (TED), das den Ort einer Grenze der eingeschränkten extrahierten Oberfläche (8) festlegt
6 theoretisch exaktes Maß (TED), das die Ausdehnung der eingeschränkten extrahierten Oberfläche (8) festlegt
7 Schnittebenen, die zur Festlegung von Grenzen der eingeschränkten extrahierten Oberfläche (8) verwendet werden
8 elementares toleriertes Geometrieelement: eingeschränkte extrahierte Schnittlinie

Bild 4 — Beispiel für die Angabe einer eingeschränkten Oberfläche

5 Default-Regeln für die Festlegung von Geometrieelementen

5.1 Allgemeines

Alle Zwischenassoziationen für die Festlegung eines Geometrieelements als Anteil einer integralen Oberfläche, einer integralen Linie, eines integralen Punkts oder eines abgeleiteten Geometrieelements werden defaultmäßig ohne spezielle Angabe aus einer objektiven Funktion der totalen kleinsten Abweichungsquadrate (Gauß) ohne wesentliche Einschränkung ermittelt.

Die endgültige Assoziation für die Festlegung von Bezügen hängt, wo immer der Bezug angewendet wird, von der Spezifikation ab.

Die endgültige Assoziation für die Festlegung von Merkmalen hängt von der Spezifikation ab.

ANMERKUNG Eine ungleiche Neuverteilung der auf einer Oberfläche extrahierten Punkte kann das Ergebnis der Assoziation beeinflussen. Dies beinhaltet auch den Fall, wenn ein Anteil des Geometrieelements von der vollständigen mathematischen Definition dieses Geometrieelements entfernt wird, z. B. ein Zylinder mit einer für einen Schlüssel vorgesehenen Einführöffnung: Die Einführöffnung erzeugt eine asymmetrische Neuverteilung der Punkte auf dem Zylinder. Dies führt, z. B. bei Anwendung der Assoziationskriterien der totalen kleinsten Abweichungsquadrate (Gauß), zu einer künstlichen Verschiebung der Position der Zylinderachse (Verglichen mit der assoziierten Lage ohne der Einführöffnung). Diese Verschiebung erscheint in der der Einführöffnung entgegengesetzten Richtung.

5.2 Integrales Geometrieelement

5.2.1 Allgemeines

Der Begriff des integralen Geometrieelements und seine Grundtypen (Punkt, Linie, Oberfläche oder Volumen) sind in ISO 17450-1 definiert. Er wird in verschiedenen Modellen (z. B. im nominellen Modell und im diskreten Oberflächenmodell) angewendet. Wenn es sich bei einem integralen Geometrieelement um ein extrahiertes Geometrieelement handelt, wird es als extrahiertes integrales Geometrieelement (Punkt, Linie oder Oberfläche) bezeichnet.

Defaultmäßig entspricht das tolerierte Geometrieelement dem vollständigen extrahierten integralen Geometrieelement.

Das elementare tolerierte Geometrieelement kann das vollständige integrale Geometrieelement, ein beliebiger flächenbezogener Teil davon, jede vollständige Linie oder Teillinie darauf oder ein bestimmter Punkt bzw. eine Menge von bestimmten Punkten davon sein.

5.2.2 Extrahierte integrale Linie

Eine extrahierte integrale Linie wird als Schnittmenge des nichtidealen integralen Geometrieelements und eines flächenbezogenen Schnittelements erhalten.

Ist das Schnittelement nicht vollständig fixiert, so ist eine Menge von extrahierten integralen Linien als das vollständige tolerierte Geometrieelement anzusehen (siehe Bild 5). In diesem Fall ist jede extrahierte integrale Linie ein elementares toleriertes Geometrieelement.

Ist das Schnittelement vollständig fixiert, so ist nur eine extrahierte integrale Linie zu betrachten (siehe Bild 6). In diesem Fall ist die extrahierte integrale Linie sowohl ein elementares toleriertes Geometrieelement als auch das vollständige tolerierte Geometrieelement.

5.2.3 Extrahierter integraler Punkt

Ein extrahierter integraler Punkt wird als Schnittmenge des nichtidealen integralen Geometrieelements und einer Schnittgeraden erhalten.

Für jeden extrahierten integralen Punkt muss der Ort der Schnittgeraden vollständig fixiert sein.

5.2.4 Gegenüberliegendes Punktepaar

Das Zweipunktgrößenmaßelement wird nur aus einem gegenüberliegenden Punktepaar erhalten, das anhand eines extrahierten integralen Größenmaßelements von linearer Größe festgelegt wird.

Der Mittelpunkt des gegenüberliegenden Punktepaars wird zur Festlegung der extrahierten abgeleiteten Oberfläche eines Geometrieelements, das ein lineares Größenmaßelement oder Winkelgrößenmaßelement ist, verwendet (z. B. extrahierte Mittelfläche eines Keils oder eines Schlitzes).

Ein gegenüberliegendes Punktepaar wird als Schnittmenge eines nichtidealen integralen Geometrieelements, das ein Größenmaßelement ist, und eines ermöglichenden Geometrieelements, das eine Gerade ist, erhalten.

Falls der Schnitt nicht in genau zwei Punkten resultiert, wird kein gegenüberliegendes Punktepaar an dieser Stelle des ermöglichenden Geometrieelements festgelegt.

Defaultmäßig wird ein gegenüberliegendes Punktepaar durch folgende Abfolge von Operationen erhalten:

a) Partitionierung des einzelnen Eingangselements vom nichtidealen Oberflächenmodell oder von der realen Oberfläche des Werkstücks;

b) Rekonstruktion der Oberfläche, falls das extrahierte Geometrieelement keine unendliche Anzahl von Punkten der Oberfläche enthält;

c) Filterung des extrahierten Geometrieelements.

Das primäre ermöglichende Geometrieelement wird anhand des Skelettelements des dem realen integralen Eingangselement assoziierten Geometrieelements der totalen kleinsten Abweichungsquadrate (Gauß) festgelegt (siehe Tabelle 1).

Das gegenüberliegende Punktepaar wird direkt als Schnittmenge zwischen dem Eingangselement und dem primären ermöglichenden Geometrieelement erhalten, sofern kein sekundäres ermöglichendes Geometrieelement erforderlich ist (siehe Tabelle 1).

Falls ein sekundäres ermöglichendes Geometrieelement erforderlich ist, legt das erste ermöglichende Geometrieelement eine Menge von Schnittlinien fest. Jedes sekundäre ermöglichende Geometrieelement ist ein zu einer dieser Schnittlinien gehöriges Geometrieelement. Jedes gegenüberliegende Punktepaar wird als Schnittmenge einer Schnittlinie (der extrahierten integralen Linie) und ihrem sekundären ermöglichenden Geometrieelement erhalten.

Im Falle des Zylinders werden zur Festlegung eines gegenüberliegenden Punktepaars zwei Arten von ermöglichenden Geometrieelementen benötigt. Siehe Bild 5, wie in Tabelle 1 dargestellt.

Im Falle der beiden parallelen Ebenen ist für die Festlegung eines gegenüberliegenden Punktepaars nur eine Art von ermöglichendem Geometrieelement erforderlich, wie in Tabelle 1 dargestellt ist.

Tabelle 1 — Ermöglichende Geometrieelemente für die Konstruktion gegenüberliegender Punktepaare auf einem Größenmaßelement

<table>
<tr><th>Art des assoziierten Größenmaßelements</th><th>Art des Größen-maßelements</th><th>Skelettelement des assoziierten Geometrie-elements</th><th>Ermöglichendes Geometrieelement</th><th>Sekundäres ermöglichendes Geometrie-element erforderlich</th></tr>
<tr><td>Kugel</td><td>linear</td><td>Punkt</td><td>Gerade durch das Skelett-geometrieelement (freie Orientierung)</td><td>Nein</td></tr>
<tr><td>Zylinder</td><td>linear</td><td>Gerade</td><td rowspan="3">Ebene senkrecht zur Skelettgeometrieelement (freier Ort)</td><td rowspan="4">Ja</td></tr>
<tr><td>Konus</td><td>winklig</td><td>Gerade</td></tr>
<tr><td>Drehfläche (z. B. Torus)</td><td>linear</td><td>Kreis</td></tr>
<tr><td>Komplexe Oberfläche (z. B. Längsloch)</td><td>linear</td><td>Oberflächen-segment</td><td>Gerade senkrecht zum Skelettgeometrieelement (freier Ort)</td></tr>
<tr><td>Zwei Schnittebenen</td><td>winklig</td><td rowspan="2">Ebene</td><td rowspan="4">Gerade senkrecht zum Skelettgeometrieelement (angegebene Orientierung und freier Ort)</td><td rowspan="9">Nein</td></tr>
<tr><td>Zwei parallele Ebenen</td><td>linear</td></tr>
<tr><td>Zwei koaxiale Zylinder</td><td>linear</td><td>Zylinder</td></tr>
<tr><td>Zwei äquidistante komplexe Oberflächen</td><td>linear</td><td>Komplexe Oberfläche</td></tr>
<tr><td>Kreis</td><td>linear</td><td>Punkt</td><td>Gerade durch das Skelett-geometrieelement (freie Orientierung)</td></tr>
<tr><td>Komplexe Linie</td><td>linear</td><td>Liniensegment</td><td rowspan="4">Gerade senkrecht zur Skelettgeometrieelement</td></tr>
<tr><td>Zwei parallele Geraden</td><td>linear</td><td rowspan="2">Gerade Linie</td></tr>
<tr><td>Zwei Schnittgeraden</td><td>winklig</td></tr>
<tr><td>Zwei äquidistante komplexe Linien</td><td>linear</td><td>Komplexe Linie</td></tr>
</table>

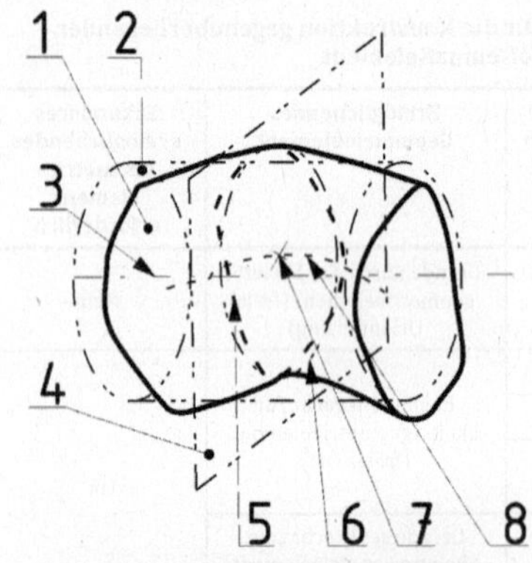

a) Extrahierte integrale Linie (nominell kreisförmig) und extrahierte Mittellinie

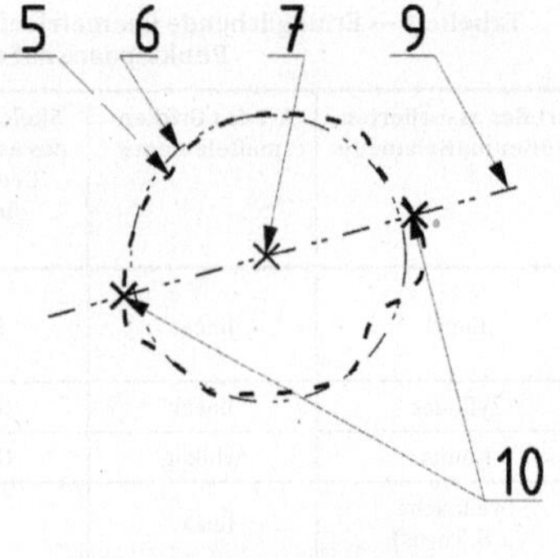

b) Gegenüberliegendes Punktepaar

Legende

1 extrahierte integrale Oberfläche
2 assoziierter Zylinder
3 assoziierte Zylinderachse
4 primäres ermöglichendes Geometrieelement: Schnittebene senkrecht zur Achse
5 extrahierte integrale Linie
6 assoziierter Kreis
7 Zentrum des assoziierten Kreises
8 extrahierte Mittellinie: Menge von Zentren der assoziierten Kreise (7) für jeden Ort der Schnittebene (4)
9 sekundäres ermöglichendes Geometrieelement: Gerade, die das Zentrum des assoziierten Kreises (7) beinhaltet
10 gegenüberliegendes Punktepaar: Schnittmenge des sekundären ermöglichenden Geometrieelements (9) mit der extrahierten integralen Linie (5)

Bild 5 — Extrahierte Mittellinie und gegenüberliegendes Punktepaar auf einem Zylinder

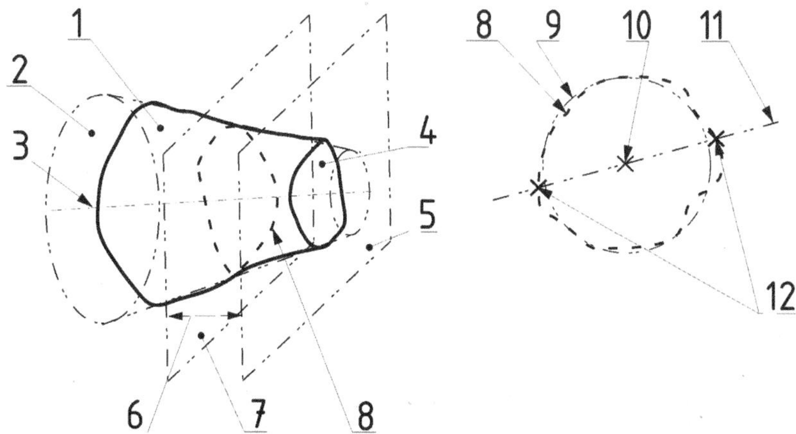

a) Extrahierte integrale Linie in einer bestimmten Schnittebene

b) Gegenüberliegendes Punktepaar auf einer extrahierten integralen Linie

Legende

1 vollständige extrahierte integrale Oberfläche
2 assoziierte integrale Oberfläche
3 Situationselement der assoziierten integralen Oberfläche (2)
4 angrenzende extrahierte integrale Oberfläche
5 assoziierte Ebene mit senkrecht zum Situationselement (3) und außerhalb des Materials eingeschränkter Orientierung
6 festgelegter Abstand
7 Schnittebene (erstes ermöglichendes Geometrieelement) konstruiert parallel zu (5) und mit einem festgelegten Abstand (6)
8 extrahierte integrale (Schnitt-)Linie in der spezifischen Schnittebene
9 assoziierter Kreis
10 Zentrum des assoziierten Kreises
11 Gerade (zweites ermöglichendes Geometrieelement), einschließlich des Kreiszentrums (10)
12 gegenüberliegendes Punktepaar

Bild 6 — Gegenüberliegendes Punktepaar in einem bestimmten Bereich einer Konusoberfläche

5.3 Mittleres Geometrieelement

5.3.1 Allgemeines

Das mittlere Geometrieelement, bei dem es sich um einen Punkt, eine Linie oder eine Oberfläche handeln kann, ist in ISO 22432 festgelegt. Es wird in unterschiedlichen Modellen (z. B. im nominellen Modell und im diskreten Oberflächenmodell) angewendet.

Wenn das betrachtete mittlere Geometrieelement (ein Punkt, eine Linie oder eine Oberfläche):

— ein extrahiertes Geometrieelement ist, wird es als extrahiertes mittleres Geometrieelement bezeichnet;

— ein assoziiertes Geometrieelement ist, wird es als indirekt oder direkt assoziiertes mittleres Geometrieelement bezeichnet.

Ein mittleres Geometrieelement liegt nur dann vor, wenn die Schnittmenge eines Größenmaßelements mit einem Schnittelement exakt zwei Punkte definiert. Nominell ist das mittlere Geometrieelement ein Symmetrieelement.

Es können verschiedene Arten von mittleren Geometrieelementen anhand desselben realen (integralen) Geometrieelements definiert werden, wie z. B. die folgenden:

— das Skelett des assoziierten Geometrieelements (das erhalten wird, wenn der Größenwert des Größenmaßelements 0 mm oder 0° wird);

— das extrahierte mittlere Geometrieelement;

— das assoziierte Geometrieelement des extrahierten abgeleiteten Geometrieelements.

Ein (lineares oder winkelbezogenes) Größenmaßelement kann ein oder mehrere Symmetrieelemente, d. h. ein oder mehrere mittlere Geometrieelemente, besitzen; siehe Beispiele in Tabelle 2.

Tabelle 2 — Beispiele für Symmetrieelemente für nominale integrale Geometrieelemente mit linearem Größenmaßelement oder Winkelgrößenmaßelement

Art des nominalen integralen Geometrieelements	Symmetrieelement
Kugel	Punkt
Zylinder	Achse: Gerade
Konus	Achse: Gerade
Torus	Kreis Punkt Achse Ebene
Längsloch	Achse Zwei senkrechte Ebenen
Zwei parallele Ebenen	Ebene
Zwei Schnittebenen	Ebene
Zwei koaxiale Zylinder	Zylinder
Kreis	Punkt
Zwei parallele Geraden	Gerade
Zwei Schnittgeraden	Gerade

Das assoziierte Default-Geometrieelement ist das assoziierte Geometrieelement der totalen kleinsten Abweichungsquadrate (Gauß).

Die Default-Art eines tolerierten extrahierten mittleren Geometrieelements hängt von der Form des nominalen integralen Geometrieelements ab (siehe Tabelle 3).

Tabelle 3 — Extrahiertes mittleres Default-Geometrieelement

<table>
<tr><th colspan="2">Art des nominalen integralen Geometrieelements</th><th>Extrahiertes mittleres Default-Geometrieelement</th></tr>
<tr><td rowspan="10">3D-Geometrieelement</td><td>Kugel</td><td>3D-assoziiertes Zentrum</td></tr>
<tr><td>Zylinder</td><td rowspan="4">Menge von 2D-assoziierten Zentren</td></tr>
<tr><td>Konus</td></tr>
<tr><td>Torus</td></tr>
<tr><td>Drehfläche</td></tr>
<tr><td>Komplexe Oberfläche</td><td rowspan="5">Menge von Mittelzentren</td></tr>
<tr><td>Zwei parallele Ebenen</td></tr>
<tr><td>Zwei Schnittebenen</td></tr>
<tr><td>Zwei koaxiale Zylinder</td></tr>
<tr><td>Zwei komplexe Oberflächen</td></tr>
<tr><td rowspan="4">2D-Geometrieelement</td><td>Kreis</td><td>2D-assoziiertes Zentrum</td></tr>
<tr><td>Zwei parallele Geraden</td><td rowspan="3">Menge von Mittelzentren</td></tr>
<tr><td>Zwei nichtparallele Geraden</td></tr>
<tr><td>Zwei komplexe Linien</td></tr>
<tr><td>1D-Geometrieelement</td><td>Gegenüberliegendes Punktepaar</td><td>Mittelzentrum</td></tr>
</table>

In Abhängigkeit vom Geometrieelement können für dasselbe extrahierte integrale Geometrieelement ein oder mehrere mittlere Geometrieelemente vorliegen. Um das tolerierte mittlere Geometrieelement bestimmen zu können, ist es erforderlich, die geometrische Spezifikation zu entschlüsseln. Bild 7 zeigt Darstellungen hierfür.

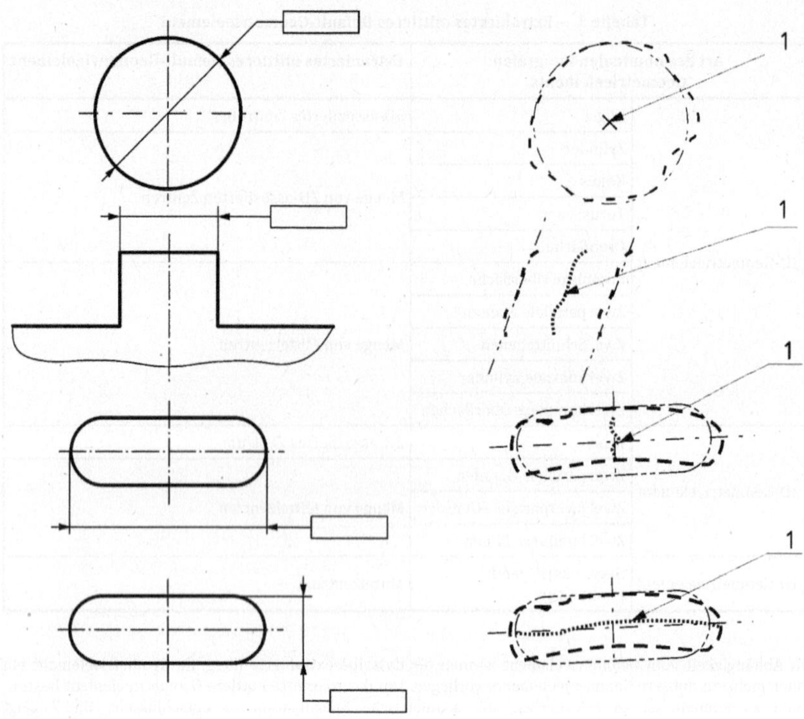

Legende

1 toleriertes mittleres Geometrieelement

Bild 7 — Beispiele für Spezifikationen mit Angabe von tolerierten mittleren Geometrieelementen

5.3.2 Mittelpunkt

5.3.2.1 Mittelzentrum

Ein Mittelzentrum wird als der berechnete Mittelpunkt erhalten, der ein berechnetes Zentrum eines gegenüberliegenden Punktepaars ist (siehe Bild 8).

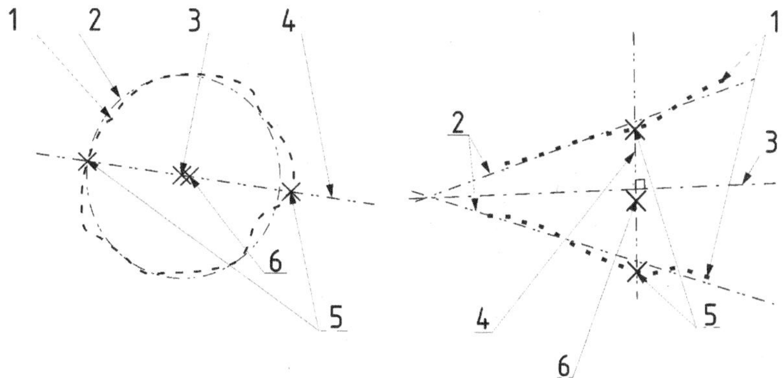

a) Beispiel für den Mittelpunkt einer nominell kreisförmigen Linie

b) Beispiel für den Mittelpunkt eines Linienpaars

Legende

1 extrahierte integrale Linie (Schnittlinie)
2 assoziierte(s) Geometrieelement(e)
3 mittleres Geometrieelement des (der) assoziierten Geometrieelemente(s) (Zentrum des assoziierten Kreises oder Mittellinie der beiden assoziierten Geraden)
4 ermöglichendes Geometrieelement in Form einer Geraden (die im Falle des Kreises durch 3 und Falle des Linienpaars senkrecht zu 3 verläuft)
5 gegenüberliegendes Punktepaar
6 Mittelzentrum

Bild 8 — Beispiel für ein anhand eines Schnittelements konstruiertes Mittelzentrum

5.3.2.2 Assoziiertes Zentrum

Ein assoziiertes Zentrum ist das Zentrum einer assoziierten Kugel (3D-assoziiertes Zentrum) oder eine Menge von Mittelpunkten assoziierter Kreise (2D-assoziierte Zentren) oder der Mittelpunkt eines gegenüberliegenden Punktepaars. Das assoziierte Geometrieelement kann dem gesamten tolerierten Geometrieelement zugehörig sein (was als 3D-assoziiertes Zentrum definiert ist) oder einem elementaren tolerierten Geometrieelement, das entweder eine Linie oder ein gegenüberliegendes Punktepaar ist (was als 2D-assoziiertes Zentrum definiert ist). Im ersten Fall ist das Zentrum ein globales Zentrum. Im zweiten Fall ist das Zentrum ein örtliches Zentrum.

5.3.2.2.1 3D-assoziiertes Zentrum

Ein 3D-assoziiertes Zentrum ist der Mittelpunkt der zughörigen Kugel (siehe Bild 9).

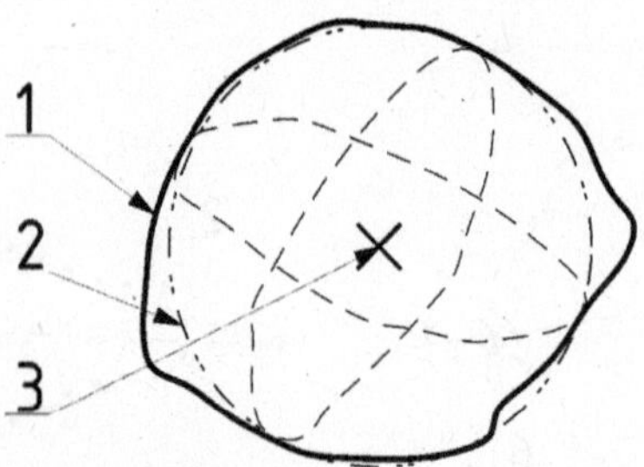

Legende

1 extrahierte integrale Oberfläche, die nominell eine Kugel ist
2 assoziierte Kugel
3 3D-assoziiertes Zentrum (Zentrum der assoziierten Kugel)

Bild 9 — Beispiel für ein 3D-assoziiertes Zentrum

5.3.2.2.2 2D-assoziiertes Zentrum

Ein 2D-assoziiertes Zentrum ist der Mittelpunkt des zu einem Schnittelement assoziierten Geometrieelements (siehe Bild 10) oder der Mittelpunkt für das gegenüberliegende Punktepaar.

Die Schnittebene, die die Schnittlinie definiert, ist anhand der Menge der Situationselemente des assoziierten Geometrieelements zu bestimmen.

— Falls das relevante Skelettelement ein Punkt ist, muss die Schnittebene das 3D-assoziierte Zentrum enthalten (siehe Bild 9).

— Falls das relevante Skelettelement eine Linie ist, muss die Schnittebene senkrecht zu dieser Linie sein.

— Falls das relevante Skelettelement eine Ebene ist, muss die Schnittebene senkrecht zu dieser Ebene sein.

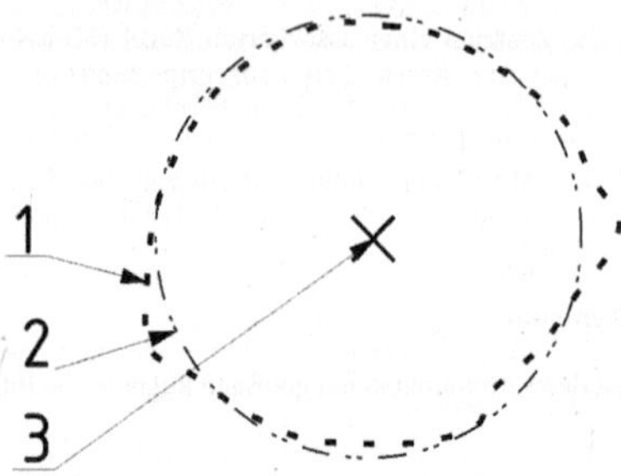

Legende

1 extrahierte integrale Linie
2 assoziierter Kreis
3 Zentrum des assoziierten Geometrieelements

Bild 10 — Beispiel für ein 2D-assoziiertes Zentrum

5.3.3 Mittellinie

5.3.3.1 Direkt assoziierter Teilbereich einer Mittellinie

Ein direkt assoziierter Teilbereich einer Mittellinie ist eine direkt assoziierte Mittellinie, die auf die Länge des Eingangselements beschränkt ist.

ANMERKUNG Ein direkt assoziierter Teilbereich einer Mittellinie ist eine Gerade.

Diese Einschränkung wird anhand der assoziierten Geometrieelemente erhalten, die zu den an das Eingangselement angrenzenden Geometrieelementen gehören. Diese assoziierten Geometrieelemente sind in Bezug auf die Orientierung durch das assoziierte Geometrieelement des Eingangselements und auf die Außenseite des Materials der angrenzenden Geometrieelemente beschränkt.

5.3.3.2 Extrahierte Mittellinie

Eine extrahierte Mittellinie ist eine Menge von 2D-assoziierten Zentren.

BEISPIEL Im Fall einer nominell zylindrischen Oberfläche ist die extrahierte Mittellinie die Kollektion der assoziierten 2D-Zentren (siehe Bild 11).

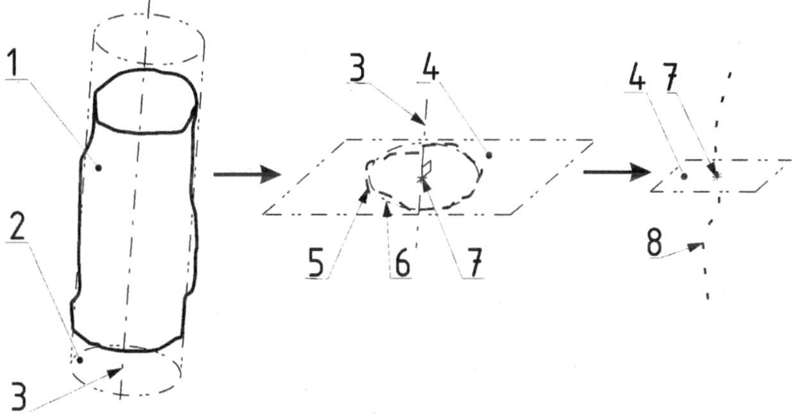

Legende

1 extrahierte integrale Oberfläche
2 assoziierter Zylinder
3 Achse des assoziierten integralen Geometrieelements
4 Schnittebene senkrecht zu (3)
5 extrahierte integrale Linie
6 assoziierter Kreis
7 2D-assoziiertes Zentrum: Zentrum von (6)
8 extrahierte Mittellinie: Menge von 2D-assoziierten Zentren für alle möglichen Orte von (4)

Bild 11 — Extrahierte Mittellinie eines Zylinders

5.3.3.3 Indirekt assoziierter Teilbereich einer Mittellinie

Ein indirekt assoziierter Teilbereich einer Mittellinie ist eine indirekt assoziierte Mittellinie, die auf die Länge der extrahierten Linie beschränkt ist.

ANMERKUNG Ein indirekt assoziierter Teilbereich einer Mittellinie ist eine Gerade.

Die Einschränkung begrenzt das Ausmaß der indirekt assoziierten Mittellinie auf den Anteil, wo ein senkrechter Abstand zwischen dem assoziierten Geometrieelement und der extrahierten Mittellinie besteht (siehe Bild 12).

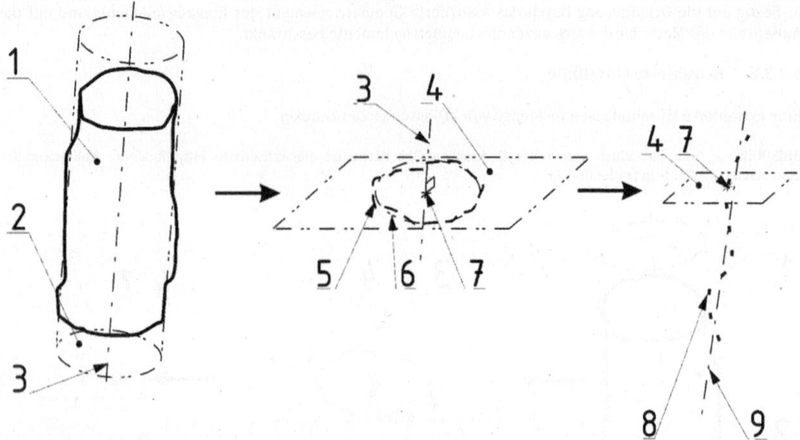

Legende

1 extrahierte integrale Oberfläche
2 assoziierter Zylinder
3 Achse des assoziierten integralen Geometrieelements
4 Schnittebene, konstruiert senkrecht zu (3)
5 extrahierte integrale Linie
6 assoziierter Kreis
7 2D-assoziiertes Zentrum: Zentrum von (6)
8 extrahierte Mittellinie: Menge der assoziierten 2D-Mitten für alle möglichen Orte von (4)
9 eingeschränkte indirekte assoziierte Linie: assoziierte Linie zu (8)

Bild 12 — Darstellung des Prozesses zur Konstruktion einer (eingeschränkten) indirekten assoziierten Linie

5.3.4 Mittelfläche

5.3.4.1 Direkt assoziierter Teilbereich einer Mittelfläche

Ein direkt assoziierter Teilbereich einer Mittelfläche ist eine direkt assoziierte Mittelfläche, die auf das Ausmaß des Eingangselements begrenzt ist.

ANMERKUNG Ein direkt assoziierter Teilbereich einer Mittelfläche ist eine Ebene.

Die Einschränkung wird durch die Geometrieelemente erhalten, die zu den an das Eingangselement angrenzenden Geometrieelementen gehören. Diese assoziierten Geometrieelemente sind in Bezug auf die Orientierung durch das assoziierte Geometrieelement des Eingangselements und auf die Außenseite des Materials der angrenzenden Geometrieelemente beschränkt.

5.3.4.2 Extrahierte Mittelfläche

Eine extrahierte Mittelfläche ist eine Menge von Mittelzentren.

BEISPIEL Im Fall von zwei gegenüberliegenden parallelen Ebenen ist die extrahierte Mittelfläche die Kollektion der Mittelzentren (siehe Bild 13).

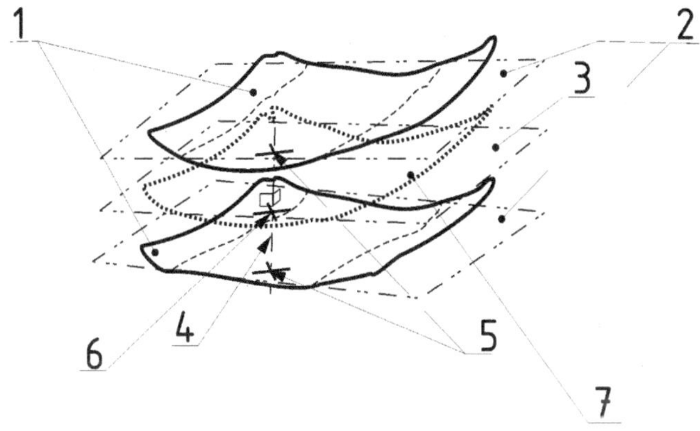

Legende

1 extrahiertes Oberflächenpaar
2 Paar von assoziierten Ebenen, die nicht auf Parallelität beschränkt sind
3 Mittelfläche des Paars von assoziierten Ebenen
4 Gerade senkrecht zu (3)
5 gegenüberliegendes Punktepaar
6 Mittelzentrum
7 extrahierte Mittelfläche (Kollektion der Mittelzentren)

Bild 13 — Beispiel für die extrahierte Mittelfläche eines Größenmaßelements, bei dem es sich nominell um zwei parallele Ebenen handelt

5.3.4.3 Indirekt assoziierter Teilbereich der Mittelfläche

Ein indirekt assoziierter Teilbereich der Mittelfläche ist eine indirekt assoziierte Mittelfläche, die auf das Ausmaß der extrahierten Mittelfläche begrenzt ist.

ANMERKUNG Ein indirekt assoziierter Teilbereich einer Mittelfläche ist eine Ebene.

Die Einschränkung begrenzt das Ausmaß der indirekt assoziierten Mittelfläche auf den Anteil, wo ein senkrechter Abstand zwischen dem assoziierten Geometrieelement und der extrahierten Mittelfläche besteht.

Anhang A
(informativ)

Zusammenhang mit dem GPS-Matrix-Modell

A.1 Allgemeines

Für ausführliche Informationen zum GPS-Matrix-Modell siehe ISO 14638.

A.2 Informationen über diesen Teil von ISO 17450 und seine Anwendung

Dieser Teil von ISO 17450 behandelt eine Reihe von grundsätzlichen Annahmen und Grundsätzen, die für sämtliche GPS-Normen und für alle auf dem GPS-Matrix-Modell basierenden technischen Produktdokumentationen gelten.

A.3 Position im GPS-Matrix-Modell

Dieser Teil von ISO 17450 ist eine fundamentale GPS-Norm, die alle anderen Normen im GPS-Matrix-Modell beeinflusst, wie in Tabelle A.1 dargestellt.

Tabelle A.1 — Position im GPS-Matrix-Modell

	Kettenglieder						
	A	B	C	D	E	F	G
	Symbole und Angaben	Anforderungen an Geometrieelemente	Merkmale von Geometrieelementen	Übereinstimmung und Nicht-Übereinstimmung	Messung	Messeinrichtung	Kalibrierungen
Größenmaß	•	•	•	•	•	•	•
Abstand	•	•	•	•	•	•	•
Form	•	•	•	•	•	•	•
Orientierung	•	•	•	•	•	•	•
Ort	•	•	•	•	•	•	•
Lauf	•	•	•	•	•	•	•
Rauheitsprofil	•	•	•	•	•	•	•
Flächenbezogene Oberflächenbeschaffenheit	•	•	•	•	•	•	•

Literaturhinweise

[1] ISO 1101, *Geometrical product specifications (GPS) — Geometrical tolerancing — Tolerances of form, orientation, location and run-out*

[2] ISO 1302:2002, *Geometrical Product Specifications (GPS) — Indication of surface texture in technical product documentation*

[3] ISO 5459:2011, *Geometrical product specifications (GPS) — Geometrical tolerancing — Datums and datum systems*

[4] ISO 8015:2011, *Geometrical product specifications (GPS) — Fundamentals — Concepts, principles and rules*

[5] ISO 14253-1:2013, *Geometrical product specifications (GPS) — Inspection by measurement of workpieces and measuring equipment — Part 1: Decision rules for proving conformity or non-conformity with specifications*

[6] ISO 14405 (alle Teile), *Geometrical product specifications (GPS) — Dimensional tolerancing*

[7] ISO 14638:2015, *Geometrical product specifications (GPS) — Matrix model*

[8] ISO 25178 (alle Teile), *Geometrical product specifications (GPS) — Surface texture: Areal*

Mai 2018

DIN EN ISO 17450-4

ICS 17.040.40

Geometrische Produktspezifikation (GPS) – Grundlagen – Teil 4: Geometrische Merkmale zum Quantifizieren von GPS-Abweichungen (ISO 17450-4:2017); Deutsche Fassung EN ISO 17450-4:2018

Geometrical product specifications (GPS) –
Basic concepts –
Part 4: Geometrical characteristics for quantifying GPS deviations (ISO 17450-4:2017);
German version EN ISO 17450-4:2018

Spécification géométrique des produits (GPS) –
Concepts généraux –
Partie 4: Caractéristiques géométriques pour la quantification des écarts GPS
(ISO 17450-4:2017);
Version allemande EN ISO 17450-4:2018

Gesamtumfang 22 Seiten

DIN-Normenausschuss Technische Grundlagen (NATG)

Nationales Vorwort

Dieses Dokument (EN ISO 17450-4:2018) wurde vom Technischen Komitee ISO/TC 213 „Dimensional and geometrical product specifications and verification" in Zusammenarbeit mit dem Technischen Komitee CEN/TC 290 „Geometrische Produktspezifikationen und -prüfung" erarbeitet, dessen Sekretariat von AFNOR (Frankreich) gehalten wird.

Das zuständige deutsche Normungsgremium ist der Arbeitsausschuss NA 152-03-02 AA „CEN/ISO Geometrische Produktspezifikation und -prüfung" im DIN-Normenausschuss Technische Grundlagen (NATG).

Für die in diesem Dokument zitierten internationalen Dokumente wird im Folgenden auf die entsprechenden deutschen Dokumente hingewiesen:

ISO 3534-1	siehe	DIN ISO 3534-1
ISO 5459	siehe	DIN EN ISO 5459
ISO 8015	siehe	DIN EN ISO 8015
ISO 14253-1	siehe	DIN EN ISO 14253-1
ISO 14638	siehe	DIN EN ISO 14638
ISO 17450-1	siehe	DIN EN ISO 17450-1
ISO 17450-2	siehe	DIN EN ISO 17450-2
ISO 17450-3	siehe	DIN EN ISO 17450-3
ISO 25378	siehe	DIN EN ISO 25378

Nationaler Anhang NA
(informativ)

Literaturhinweise

DIN EN ISO 5459, *Geometrische Produktspezifikation (GPS) — Geometrische Tolerierung — Bezüge und Bezugssysteme*

DIN EN ISO 8015, *Geometrische Produktspezifikation (GPS) — Grundlagen — Konzepte, Prinzipien und Regeln*

DIN EN ISO 14253-1, *Geometrische Produktspezifikationen (GPS) — Prüfung von Werkstücken und Messgeräten durch Messen — Teil 1: Entscheidungsregeln für den Nachweis von Konformität oder Nichtkonformität mit Spezifikationen*

DIN EN ISO 14638, *Geometrische Produktspezifikation (GPS) — Matrix-Modell*

DIN EN ISO 17450-1, *Geometrische Produktspezifikation (GPS) — Grundlagen — Teil 1: Modell für die geometrische Spezifikation und Prüfung*

DIN EN ISO 17450-2, *Geometrische Produktspezifikation (GPS) — Grundlagen — Teil 2: Grundsätze, Spezifikationen, Operatoren, Unsicherheiten und Mehrdeutigkeiten*

DIN EN ISO 17450-3, *Geometrische Produktspezifikation (GPS) — Grundlagen — Teil 3: Tolerierte Geometrieelemente*

DIN EN ISO 25378, *Geometrische Produktspezifikation (GPS) — Merkmale und Bedingungen — Begriffe*

DIN ISO 3534-1, *Statistik — Begriffe und Formelzeichen — Teil 1: Wahrscheinlichkeit und allgemeine statistische Begriffe*

EUROPÄISCHE NORM

EUROPEAN STANDARD

NORME EUROPÉENNE

EN ISO 17450-4

Januar 2018

ICS 17.040.40

Deutsche Fassung

Geometrische Produktspezifikation (GPS) — Grundlagen — Teil 4: Geometrische Merkmale zum Quantifizieren von GPS-Abweichungen (ISO 17450-4:2017)

Geometrical product specifications (GPS) — Basic concepts — Part 4: Geometrical characteristics for quantifying GPS deviations (ISO 17450-4:2017)

Spécification géométrique des produits (GPS) — Concepts généraux — Partie 4: Caractéristiques géométriques pour la quantification des écarts GPS (ISO 17450-4:2017)

Diese Europäische Norm wurde vom CEN am 15. Oktober 2017 angenommen.

Die CEN-Mitglieder sind gehalten, die CEN/CENELEC-Geschäftsordnung zu erfüllen, in der die Bedingungen festgelegt sind, unter denen dieser Europäischen Norm ohne jede Änderung der Status einer nationalen Norm zu geben ist. Auf dem letzten Stand befindliche Listen dieser nationalen Normen mit ihren bibliographischen Angaben sind beim CEN-CENELEC-Management-Zentrum oder bei jedem CEN-Mitglied auf Anfrage erhältlich.

Diese Europäische Norm besteht in drei offiziellen Fassungen (Deutsch, Englisch, Französisch). Eine Fassung in einer anderen Sprache, die von einem CEN-Mitglied in eigener Verantwortung durch Übersetzung in seine Landessprache gemacht und dem Management-Zentrum mitgeteilt worden ist, hat den gleichen Status wie die offiziellen Fassungen.

CEN-Mitglieder sind die nationalen Normungsinstitute von Belgien, Bulgarien, Dänemark, Deutschland, der ehemaligen jugoslawischen Republik Mazedonien, Estland, Finnland, Frankreich, Griechenland, Irland, Island, Italien, Kroatien, Lettland, Litauen, Luxemburg, Malta, den Niederlanden, Norwegen, Österreich, Polen, Portugal, Rumänien, Schweden, der Schweiz, Serbien, der Slowakei, Slowenien, Spanien, der Tschechischen Republik, der Türkei, Ungarn, dem Vereinigten Königreich und Zypern.

EUROPÄISCHES KOMITEE FÜR NORMUNG
EUROPEAN COMMITTEE FOR STANDARDIZATION
COMITÉ EUROPÉEN DE NORMALISATION

CEN-CENELEC Management-Zentrum: Rue de la Science 23, B-1040 Brüssel

Ref. Nr. EN ISO 17450-4:2018 D

Inhalt

Europäisches Vorwort

Dieses Dokument (EN ISO 17450-4:2018) wurde vom Technischen Komitee ISO/TC 213 „Dimensional and geometrical product specifications and verification" in Zusammenarbeit mit dem Technischen Komitee CEN/TC 290 „Geometrische Produktspezifikationen und -prüfung" erarbeitet, dessen Sekretariat von AFNOR gehalten wird.

Diese Europäische Norm muss den Status einer nationalen Norm erhalten, entweder durch Veröffentlichung eines identischen Textes oder durch Anerkennung bis Juli 2018, und etwaige entgegenstehende nationale Normen müssen bis Juli 2018 zurückgezogen werden.

Es wird auf die Möglichkeit hingewiesen, dass einige Elemente dieses Dokuments Patentrechte berühren können. CEN ist nicht dafür verantwortlich, einige oder alle diesbezüglichen Patentrechte zu identifizieren.

Entsprechend der CEN-CENELEC-Geschäftsordnung sind die nationalen Normungsinstitute der folgenden Länder gehalten, diese Europäische Norm zu übernehmen: Belgien, Bulgarien, Dänemark, Deutschland, die ehemalige jugoslawische Republik Mazedonien, Estland, Finnland, Frankreich, Griechenland, Irland, Island, Italien, Kroatien, Lettland, Litauen, Luxemburg, Malta, Niederlande, Norwegen, Österreich, Polen, Portugal, Rumänien, Schweden, Schweiz, Serbien, Slowakei, Slowenien, Spanien, Tschechische Republik, Türkei, Ungarn, Vereinigtes Königreich und Zypern.

Anerkennungsnotiz

Der Text von ISO 17450-4:2017 wurde von CEN als EN ISO 17450-4:2018 ohne irgendeine Abänderung genehmigt.

Vorwort

ISO (die Internationale Organisation für Normung) ist eine weltweite Vereinigung nationaler Normungsorganisationen (ISO-Mitgliedsorganisationen). Die Erstellung von Internationalen Normen wird üblicherweise von Technischen Komitees von ISO durchgeführt. Jede Mitgliedsorganisation, die Interesse an einem Thema hat, für welches ein Technisches Komitee gegründet wurde, hat das Recht, in diesem Komitee vertreten zu sein. Internationale staatliche und nichtstaatliche Organisationen, die in engem Kontakt mit ISO stehen, nehmen ebenfalls an der Arbeit teil. ISO arbeitet bei allen elektrotechnischen Themen eng mit der Internationalen Elektrotechnischen Kommission (IEC) zusammen.

Die Verfahren, die bei der Entwicklung dieses Dokuments angewendet wurden und die für die weitere Pflege vorgesehen sind, werden in den ISO/IEC-Direktiven, Teil 1 beschrieben. Es sollten insbesondere die unterschiedlichen Annahmekriterien für die verschiedenen ISO-Dokumentenarten beachtet werden. Dieses Dokument wurde in Übereinstimmung mit den Gestaltungsregeln der ISO/IEC-Direktiven, Teil 2 erarbeitet (siehe www.iso.org/directives).

Es wird auf die Möglichkeit hingewiesen, dass einige Elemente dieses Dokuments Patentrechte berühren können. ISO ist nicht dafür verantwortlich, einige oder alle diesbezüglichen Patentrechte zu identifizieren. Details zu allen während der Entwicklung des Dokuments identifizierten Patentrechten finden sich in der Einleitung und/oder in der ISO-Liste der erhaltenen Patenterklärungen (siehe www.iso.org/patents).

Jeder in diesem Dokument verwendete Handelsname dient nur zur Unterrichtung der Anwender und bedeutet keine Anerkennung.

Eine Erläuterung zum freiwilligen Charakter von Normen, der Bedeutung ISO-spezifischer Begriffe und Ausdrücke in Bezug auf Konformitätsbewertungen sowie Informationen darüber, wie ISO die Grundsätze der Welthandelsorganisation (WTO) hinsichtlich technischer Handelshemmnisse (TBT) berücksichtigt, enthält der folgende Link: www.iso.org/iso/foreword.html.

Dieses Dokument wurde vom Technischen Komitee ISO/TC 213, *Dimensional and geometrical product specifications and verification,* in Zusammenarbeit mit dem Technischen Komitee CEN/TC 290, *Geometrische Produktspezifikationen und -prüfung* erarbeitet.

Eine Auflistung aller Teile der Normenreihe ISO 17450 ist auf der ISO-Internetseite abrufbar.

Einleitung

Dieses Dokument ist eine Norm zu geometrischen Produktspezifikationen (GPS) und ist deshalb als eine allgemeine GPS-Norm anzusehen (siehe ISO 14638). Die in diesem Dokument enthaltenen Regeln und Prinzipien gelten für alle Segmente der ISO/GPS-Matrix, die mit einem gefüllten Punkt (•) angegeben werden.

Das in ISO 14638 enthaltene ISO/GPS-Matrix-Modell gibt einen Überblick über das ISO/GPS-System, von dem dieses Dokument ein Bestandteil ist. Die in ISO 8015 angegebenen grundlegenden Regeln von ISO/GPS gelten für dieses Dokument und, sofern nicht anders angegeben, gelten die Default-Entscheidungsregeln nach ISO 14253-1 für Spezifikationen, die in Übereinstimmung mit diesem Dokument festgelegt wurden.

Für detailliertere Informationen über die Beziehung dieses Dokuments zu anderen Normen und zum GPS-Matrix-Modell siehe Anhang A.

1 Anwendungsbereich

Dieses Dokument legt allgemeine Regeln für die Quantifizierung von GPS-Abweichungen für einzelne GPS-Merkmale fest.

ANMERKUNG GPS-Abweichungen können lokal oder global sein. Ein GPS-Merkmal, das durch lokale GPS-Abweichungen definiert ist, ist ein Parameter, der die Menge lokaler Abweichungen mittels einer Quantifizierungsfunktion in ein globales Merkmal transformiert (siehe Tabelle 1 für weitere Informationen).

2 Normative Verweisungen

Die folgenden Dokumente werden im Text in solcher Weise in Bezug genommen, dass einige Teile davon oder ihr gesamter Inhalt Anforderungen des vorliegenden Dokuments darstellen. Bei datierten Verweisungen gilt nur die in Bezug genommene Ausgabe. Bei undatierten Verweisungen gilt die letzte Ausgabe des in Bezug genommenen Dokuments (einschließlich aller Änderungen).

ISO 25378, *Geometrical product specifications (GPS) — Characteristics and conditions — Definitions*

3 Begriffe

Für die Anwendung dieses Dokuments gelten die Begriffe nach ISO 25378 und die folgenden Begriffe.

ISO und IEC stellen terminologische Datenbanken für die Verwendung in der Normung unter den folgenden Adressen bereit:

— IEC Electropedia: unter http://www.electropedia.org/

— ISO Online Browsing Platform: unter http://www.iso.org/obp

3.1
lokale geometrische Abweichung
$d(P)$, $d(P)_{A_n}$
lokaler vorzeichenbehafteter Abstand zwischen einem Punkt, P, des Eingangsgeometrieelements und einem Punkt des Referenzgeometrieelements

Anmerkung 1 zum Begriff: $d(P)$ identifiziert jegliche lokale geometrische Abweichungen, die einem Punkt (P) des Eingangsgeometrieelements zugeordnet sind.

Anmerkung 2 zum Begriff: Eine lokale geometrische Abweichung, $d(P)_{A_n}$, kann in einem n-dimensionalen Referenzraum, A_n, festgelegt werden, der dem Referenzgeometrieelement zugeordnet ist.

Anmerkung 3 zum Begriff: Eine lokale geometrische Abweichung existiert in jedem beliebigen Punkt des Eingangsgeometrieelements (siehe Bild 1). Jede lokale geometrische Abweichung eines beliebigen Punktes des Eingangsgeometrieelements kann in einem Referenzraum, A_n, anhand der Abszissen des entsprechenden Referenzgeometrieelementpunktes und anhand der Ordinate, die der lokalen geometrischen Abweichung entspricht, dargestellt werden.

Anmerkung 4 zum Begriff: Eine lokale geometrische Abweichung kann als Ordinate eines Punkts der Verlaufskurve, deren Abszissen im Referenzraum, A_n, definiert sind, beschrieben werden.

Anmerkung 5 zum Begriff: Eine lokale geometrische Abweichung ist gleich 0, wenn das abweichende Geometrieelement das Referenzgeometrieelement kreuzt.

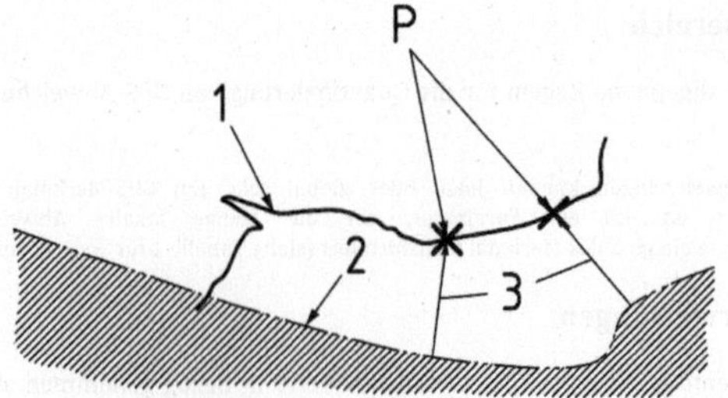

Legende

1 abweichendes Geometrieelement (Eingangsgeometrieelement)
2 Referenzgeometrieelement
3 lokale geometrische Abweichung
P Punkt von 1, von dem aus 3 definiert ist

Bild 1 — Lokale geometrische Abweichung

3.2
Referenzraum
A_n
Raum, der durch *n*-krummlinige Achsen festgelegt ist, die mit einem Referenzgeometrieelement verbunden sind, in dem für jeden Punkt eines Eingangsgeometrieelements eine lokale Abweichung festgelegt ist

Anmerkung 1 zum Begriff: Dabei ist *n* gleich 1 bei einer Referenzlinie oder gleich 2 bei einer Referenzoberfläche.

3.2.1
flächenbezogener Referenzraum
A_2
Referenzraum (3.2), wenn es sich beim Referenzgeometrieelement um eine Fläche handelt

Anmerkung 1 zum Begriff: Referenzraum für ein zweidimensionales Referenzgeometrieelement.

3.2.2
linearer Referenzraum
A_1
Referenzraum (3.2), wenn es sich beim Referenzgeometrieelement um eine Linie handelt

Anmerkung 1 zum Begriff: Referenzraum für ein eindimensionales Referenzgeometrieelement.

3.2.3
zwei-direktionaler Referenzraum
Kombination aus zwei *linearen Referenzräumen* (3.2.2) desselben linearen Referenzgeometrieelements, deren Vektoren, welche senkrecht zu jedem beliebigen Punkt *P* des Referenzgeometrieelements stehen, zueinander orthogonal sind

3.3
Quantifizierungsfunktion
mathematische Funktion, die die Gesamtmenge an lokalen Abweichungen verwendet, um ein geometrisches Merkmal als Wert zu definieren

Anmerkung 1 zum Begriff: Eine Quantifizierungsfunktion kann ein *Rangordnungsmerkmal* (3.4) sein (siehe Tabelle 1).

3.4
Rangordnungsmerkmal
Geometriemerkmal, mathematisch definiert anhand einer Menge lokaler geometrischer Abweichungen

Anmerkung 1 zum Begriff: Ein Rangordnungsmerkmal wird anhand einer Quantifizierungsfunktion definiert. Es gibt mehrere Arten von Rangordnungsmerkmalen. Die Formeln zu deren Beschreibung sind Tabelle 1 zu entnehmen.

3.4.1
Maximum
maximaler Merkmalswert der Menge lokaler geometrischer Abweichungen

Anmerkung 1 zum Begriff: Siehe Tabelle 1.

3.4.2
Minimum
minimaler Merkmalswert der Menge lokaler geometrischer Abweichungen

Anmerkung 1 zum Begriff: Siehe Tabelle 1.

3.4.3
Mittelwert
Mittelwert der Merkmalswerte der Menge lokaler geometrischer Abweichungen

Anmerkung 1 zum Begriff: Siehe Tabelle 1.

3.4.4
Median
Medianwert der Merkmalswerte der Menge lokaler geometrischer Abweichungen

Anmerkung 1 zum Begriff: Der Medianwert teilt die Grundgesamtheit lokaler geometrischer Abweichungen in zwei gleiche Teilbereiche (50 % oberhalb und 50 % unterhalb). In Abhängigkeit von der Verteilung der Grundgesamtheit können der Medianwert und der Mittelwert identisch oder unterschiedlich sein.

Anmerkung 2 zum Begriff: Siehe Tabelle 1.

3.4.5
Spannweitenmitte
Mittelwert der Merkmalswerte aus *Maximum* (3.4.1) und *Minimum* (3.4.2)

Anmerkung 1 zum Begriff: Siehe Tabelle 1.

3.4.6
Spannweite
Differenz der Merkmalswerte aus *Maximum* (3.4.1) und *Minimum* (3.4.2)

Anmerkung 1 zum Begriff: Siehe Tabelle 1.

3.4.7
maximale absolute Abweichung
Höchstwert der absoluten Merkmalswerte aus *Maximum* (3.4.1) und *Minimum* (3.4.2)

Anmerkung 1 zum Begriff: Siehe Tabelle 1.

4 Geometriemerkmal

4.1 Allgemeines

Es gibt unterschiedliche Familien von Geometriemerkmalen, wie in ISO 25378 definiert:

— intrinsische Merkmale: Größenmaß-, Form- und Oberflächentexturmerkmale;

— Situationsmerkmale: Ort-, Richtungs- und Lauf-Merkmale.

Das spezifizierte assoziierte Geometrieelement des Eingangsgeometrieelements ist das Referenzgeometrieelement für ein Geometriemerkmal (siehe Bild 2).

ANMERKUNG 1 Das Referenzgeometrieelement ist ein assoziiertes Geometrieelement. Siehe ISO 5459 für weitere Informationen.

ANMERKUNG 2 Es wird angenommen, dass das Referenzgeometrieelement die notwendige Ausdehnung hat, dass alle Punkte auf dem Eingangsgeometrieelement einen entsprechenden Punkt auf dem Referenzgeometrieelement haben. In einigen Fällen erfordert dies eine mathematische Erweiterung des Referenzgeometrieelements. Die Regeln für diese Erweiterung sind in diesem Dokument nicht enthalten; sie sind in Normen für spezifische GPS-Eigenschaften festgelegt.

Das Referenzgeometrieelement zur Evaluierung eines intrinsischen Merkmals (Größenmaß, Form oder Eigenschaften der Oberflächenbeschaffenheit) ist nicht mit einem Bezugssystem verbunden.

Das Referenzgeometrieelement zur Evaluierung eines Situationsmerkmals ist mit einem Bezugssystem verbunden (Definition einer Nebenbedingung der Richtung oder des Ortes).

Die Referenzgeometrieelemente können wie folgt vorliegen:

— komplett eingeschränkt, dabei sind alle nicht-redundanten Freiheitsgrade eingeschränkt;

— oder teilweise eingeschränkt, dabei sind nicht alle nicht-redundanten Freiheitsgrade eingeschränkt.

Für ein geometrisches Merkmal der Form, Richtung, des Orts oder Laufs ist die Gestalt des Referenzgeometrieelements defaultmäßig die nominale Gestalt des tolerierten Geometrieelements. Wenn die nominale Gestalt des tolerierten Geometrieelements zur prismatischen oder komplexen Invarianzklasse gehört, dann ist deren Definition auf ihre nominalen Ausdehnung beschränkt. Um jegliche Abweichung vom Referenzgeometrieelement zu definieren, muss eine nicht eingeschränkte Definition des Referenzgeometrieelements vorliegen. Die Erweiterung des Referenzgeometrieelements im Vergleich zu seiner nominalen Gestalt ist defaultmäßig definiert als die Fortführung der nominalen Gestaltskrümmung.

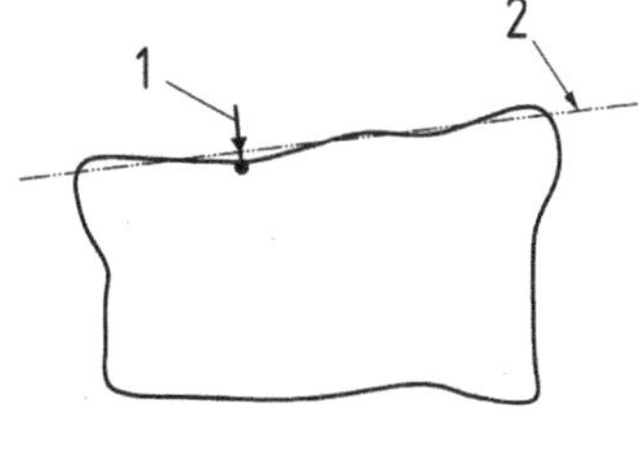

a) ohne Nebenbedingung (Formabweichung)

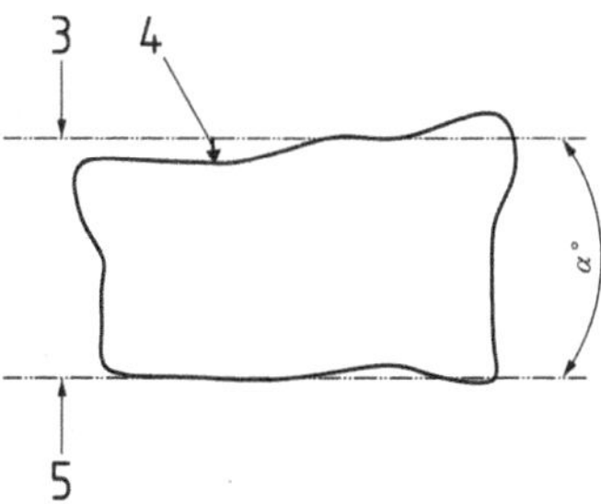

b) mit Nebenbedingung der Richtung (Richtungsabweichung)

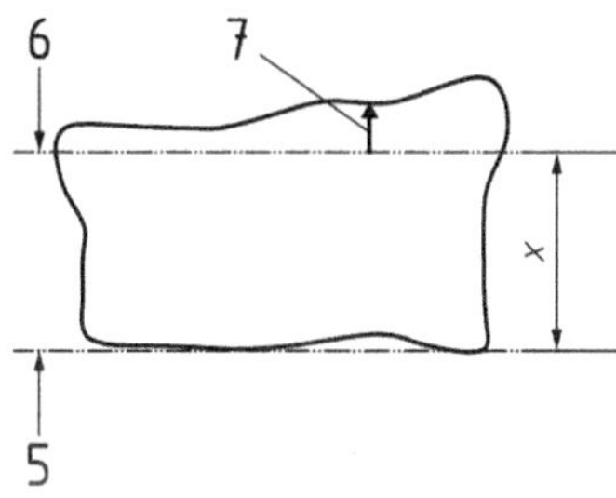

c) mit Nebenbedingung des Ortes (Ortsabweichung)

Legende

1 lokale geometrische Formabweichung
2 Referenzgeometrieelement ohne Verbindung zu einem Bezugssystem
3 Referenzgeometrieelement in Verbindung mit einem Bezugssystem mit Nebenbedingung der Richtung ($\alpha°$)
4 lokale geometrische Richtungsabweichung
5 Bezug
6 Referenzgeometrieelement in Verbindung mit einem Bezugssystem mit Nebenbedingung des Ortes (X mm)
7 lokale geometrische Ortsabweichung

Bild 2 — Beispiele für Referenzgeometrieelemente mit unterschiedlichen Nebenbedingungen für dasselbe Eingangsgeometrieelement

4.2 Arten von Geometriemerkmalen

Die lokalen geometrischen Abweichungen sind die Grundelemente, die zur Festlegung eines Geometriemerkmals verwendet werden.

Vereinbarungsgemäß weist die positive Richtung vom Material weg.

Der Default ist definiert als der minimale Abstand von einem Punkt des tolerierten Geometrieelements zum Referenzgeometrieelement (siehe Bild 3).

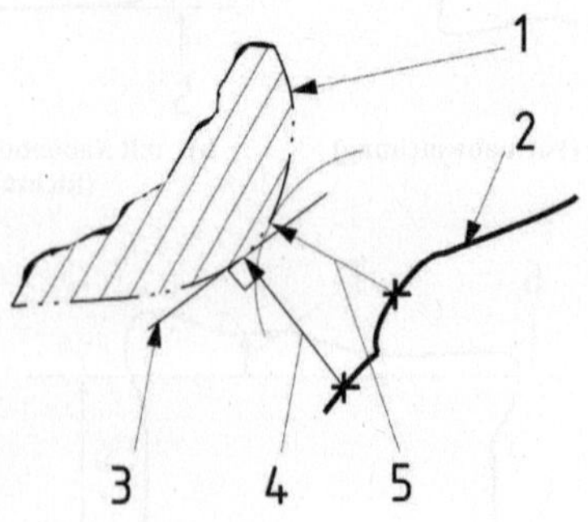

Legende

1 Referenzgeometrieelement
2 toleriertes Geometrieelement
3 lokale Tangentialebene zu 1
4 orthogonaler Abstand zwischen 2 und 1
5 minimaler Abstand (Default)

ANMERKUNG Eine lokale geometrische Abweichung wird durch jeden beliebigen Punkt des Eingangsgeometrieelements definiert, dies ist aber für das Referenzgeometrieelement nicht unbedingt notwendig. Die Menge an minimalen Abständen und die Menge an orthogonalen Abständen ist nicht zwingend identisch.

Bild 3 — Unterschied zwischen dem orthogonalen und dem minimalen Abstand

Ohne Angabe einer spezifischen Richtung zur lokalen Auswertung wird defaultmäßig eine lokale geometrische Abweichung als minimaler Abstand zwischen einem Punkt, *P*, auf dem Eingangsgeometrieelement und dem Referenzgeometrieelement definiert [die Richtung der lokalen Abweichungen ist nicht vordefiniert, siehe Bild 4 a)]; anderenfalls ist sie als minimaler Abstand vom Eingangsgeometrieelement in der spezifizierten Richtung definiert (z. B. durch Verwendung eines Richtungsgeometrieelements), siehe Bild 4 b).

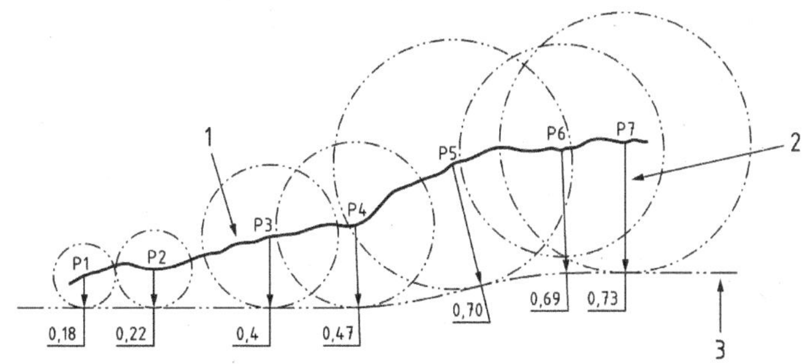

a) Default-Definition

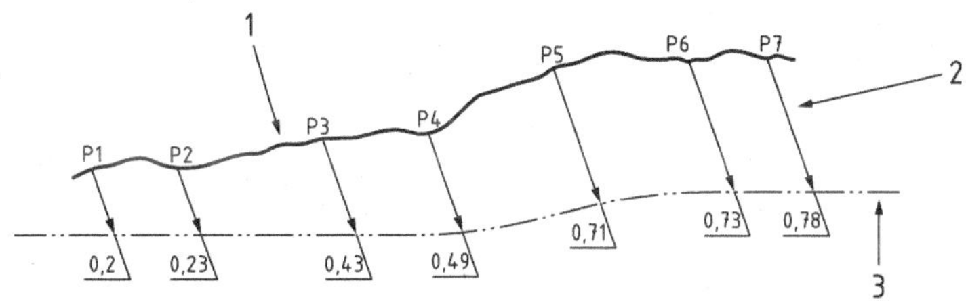

b) mit spezifizierter Richtung

Legende

1 reales Geometrieelement
2 lokale geometrische Abweichung
3 Referenzgeometrieelement

Bild 4 — Darstellung verschiedener Arten von lokalen geometrischen Abweichungen

Das Eingangsgeometrieelement ist ein extrahiertes Geometrieelement oder ein gefiltertes Geometrieelement oder ein eingeschränktes assoziiertes Geometrieelement.

Ist das Eingangsgeometrieelement eine integrale Linie, handelt es sich bei dem Geometriemerkmal um ein lineares Geometriemerkmal. Ist das Eingangsgeometrieelement eine integrale Fläche, handelt es sich bei dem Geometriemerkmal um ein flächenbezogenes Geometriemerkmal.

Ist das Eingangsgeometrieelement:

— eine abgeleitete Fläche, dann ist der Referenzraum ein flächenbezogener Referenzraum;

— eine zu einer integralen Fläche assoziierte Linie, dann ist der Referenzraum ein linearer Referenzraum;

— eine abgeleitete Linie in einem Raum, dann ist der Referenzraum ein zwei-direktionaler Referenzraum;

— ein abgeleiteter Punkt, dann ist der Referenzraum ein linearer Referenzraum;

— ein integraler Punkt, dann ist der Referenzraum linear oder flächenbezogen.

BEISPIEL Ist das Eingangsgeometrieelement eine abgeleitete Linie (Mittellinie) eines Zylinders, ist der flächenbezogene Referenzraum ein zylindrischer Raum.

Jedes Geometriemerkmal wird festgelegt als Quantifizierungsfunktion (siehe Beispiele in Tabelle 1) einer Menge lokaler geometrischer Abweichungen.

Jede Quantifizierungsfunktion wird gebildet anhand der Verlaufskurve

a) der lokalen geometrischen Abweichungen;

b) des Materialanteils; oder

c) der Amplitudenverteilung.

In einem lokalen Koordinatensystem, das in einem Referenzraum, A_n, definiert ist, ist die Verlaufskurve der lokalen geometrischen Abweichungen die Menge lokaler geometrischer Abweichungen (lokale Ordinatenwerte) über den (linearen oder flächenbezogenen) Referenzraum. Diese Kurve kann in einem Referenzraumsystem mit direkter Darstellung der lokalen Ordinatenwerte aufgetragen werden (siehe Bild 5).

ANMERKUNG 1 Da eine lokale geometrische Abweichung von jedem Punkt eines Eingangsgeometrieelements aus definiert wird, gibt es drei Möglichkeiten für jede Koordinate im Referenzraum: keine beigefügte lokale geometrische Abweichung, genau eine beigefügte lokale geometrische Abweichung und mehr als eine beigefügte lokale geometrische Abweichung (falls das Referenzgeometrieelement lokal weniger gleichmäßig als das Eingangsgeometrieelement ist).

Die Materialanteilkurve ist eine Transformation der Verlaufskurve lokaler geometrischer Abweichungen. Der Materialanteil wird als der prozentuale Materialanteil für sämtliche Werte des Geometriemerkmals zwischen dessen minimalen und maximalen Wert definiert.

ANMERKUNG 2 Die Materialanteilkurve kann als kumulative Wahrscheinlichkeitsfunktion entlang eines Referenzraums interpretiert werden.

Die Verlaufskurve der Amplitudenverteilung ergibt sich aus der Verlaufskurve der lokalen geometrischen Abweichungen. Die Verlaufskurve der Amplitudenverteilung wird definiert als die Ableitung der Materialanteilkurve, welche die Wahrscheinlichkeit für den Referenzraum angibt, dass eine lokale geometrische Abweichung einen bestimmten Wert aufweist.

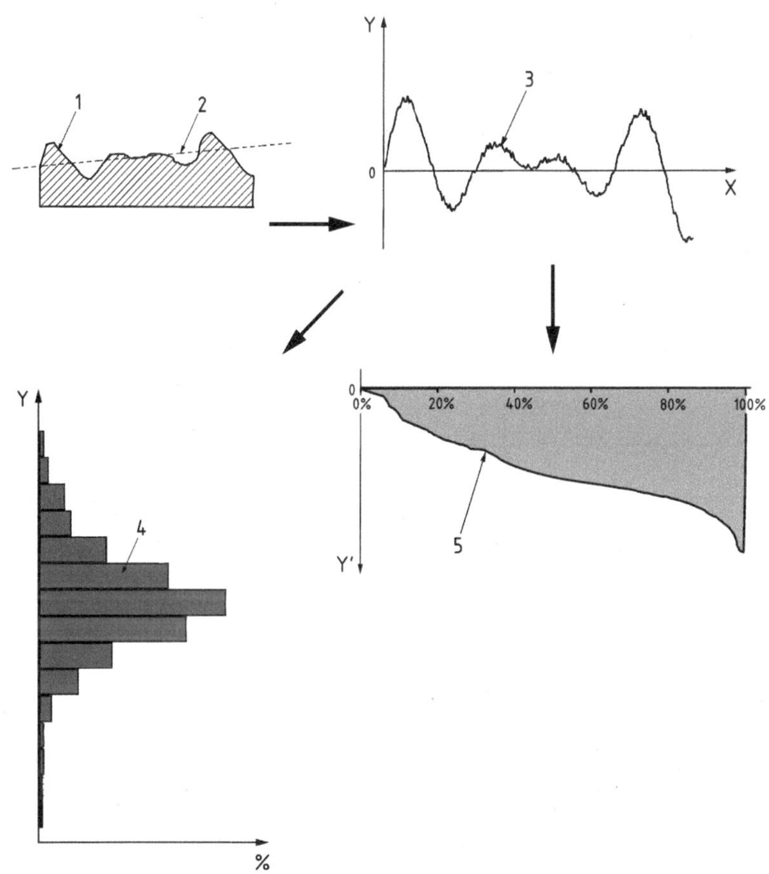

Legende

1 extrahiertes integrales Geometrieelement
2 Referenzgeometrieelement
3 Verlaufskurve der lokalen geometrischen Abweichungen
4 Histogramm der Amplitudenverteilung
5 Verlaufskurve des Materialanteils
X Abszisse im Referenzraum
Y Amplitude von lokalen geometrischen Abweichungen
Y′ Amplitude von lokalen geometrischen Abweichungen unter dem höchsten Punkt in 3

Bild 5 — Darstellung des Prozesses zur Erstellung einer Verlaufskurve

Ein geometrisches Merkmal wird anhand einer Quantifizierungsfunktion definiert, die ein mathematischer Operator ist. Die in Tabelle 1 angegebenen Quantifizierungsfunktionen werden über der Verlaufskurve der lokalen geometrischen Abweichungen angewendet (siehe ISO 25378).

Andere mathematische Operatoren können festgelegt werden, wenn ein Geometriemerkmal aus den Verlaufskurven des Materialanteils oder der Amplitudenverteilung resultiert.

ANMERKUNG 3 Die mathematischen Operatoren können auf einen Teilbereich des Geometrieelements angewendet werden, welcher an einer beliebigen Stelle entlang des extrahierten (integralen oder abgeleiteten) Geometrieelements entnommen wird. Mathematische Operatoren können erst in einer Richtung im Referenzraum und anschließend in der entgegengesetzten Richtung oder direkt in beiden Richtungen des Referenzraums angewendet werden. Dieser Prozess kann wiederholt werden, bis das Geometriemerkmal zu einem globalen Merkmal wird.

Tabelle 1 — Einfache Quantifizierungsfunktionen, festgelegt anhand der Verlaufskurve lokaler geometrischer Abweichungen

Bezeichnung der Quantifizierungs-funktion	Rang-ord-nungs-operator	Mathematische Beschreibung einer Quantifizierungsfunktion[a]	
		An einem durchgehenden Modell [aus $d(P)_{A_n}$]	An einem unterbrochenen Modell[b] [aus $d(P) = d_i$]
Maximum	Ja	$\max\left[d(P)_{A_n}\right]$	$\max\left[d(P)\right]$
Minimum	Ja	$\min\left[d(P)_{A_n}\right]$	$\min\left[d(P)\right]$
Maximale absolute Abweichung	Ja	$\max\left\{\left\|\max\left[d(P)_{A_n}\right]\right\|;\left\|\min\left[d(P)_{A_n}\right]\right\|\right\}$	$\max\left\{\left\|\max\left[d(P)\right]\right\|;\left\|\min\left[d(P)\right]\right\|\right\}$
Median	Ja	$d(P)_{50\,\%} = d_{50\,\%}$	$\tilde{d}$
Spannweite	Ja	$\max\left[d(P)_{A_n}\right] - \min\left[d(P)_{A_n}\right]$	$\max\left[d(P)\right] - \min\left[d(P)\right]$
Spannweitenmitte	Ja	$\frac{1}{2}\left\{\max\left[d(P)_{A_n}\right] + \min\left[d(P)_{A_n}\right]\right\}$	$\frac{1}{2}\left\{\max\left[d(P)\right] + \min\left[d(P)\right]\right\}$
Spitzenhöhe	Ja	$\left\|\max\left[d(P)_{A_n}\right]\right\|$	$\left\|\max\left[d(P)\right]\right\|$
Taltiefe	Ja	$\left\|\min\left[d(P)_{A_n}\right]\right\|$	$\left\|\min\left[d(P)\right]\right\|$
Doppelte maximale Abweichung[d]	Ja	$2 \cdot \max\left\{\left\|\min\left[d(P)_{A_n}\right]\right\|;\left\|\max\left[d(P)_{A_n}\right]\right\|\right\}$	$2 \cdot \max\left\{\left\|\min\left[d(P)\right]\right\|;\left\|\max\left[d(P)\right]\right\|\right\}$
Mittelwert	Nein	$\mu = \frac{1}{\int_{A_n} dA_n} \cdot \int_{A_n} d(P)_{A_n} \cdot dA_n$	$\bar{d} = \frac{\sum_{i=1}^{m} w_i \cdot d_i}{\sum_{i=1}^{m} w_i}$
Standard-abweichung	Nein	$\sigma = \sqrt{\frac{1}{\int_{A_n} dA_n} \cdot \int_{A_n} \left[d(P)_{A_n} - \mu\right]^2 \cdot dA_n}$	$s = \sqrt{\frac{\sum_{i=1}^{m} w_i \cdot \left(d_i - \bar{d}\right)^2}{\left(\sum_{i=1}^{m} w_i\right) - 1}}$

Bezeichnung der Quantifizierungsfunktion	**Rangordnungsoperator**	**Mathematische Beschreibung einer Quantifizierungsfunktion**[a]	
		An einem durchgehenden Modell **[aus $d(P)_{A_n}$]**	**An einem unterbrochenen Modell**[b] **[aus $d(P) = d_i$]**
Trägheit	Nein	$\sqrt{(\mu-\tau)^2+\sigma^2}$ [c]	$\sqrt{(\bar{d}-\tau)^2+s^2}$ [c]
Mittelwert der Absolutwerte	Nein	$\frac{1}{\int_{A_n} dA_n}\cdot\int_{A_n}\left\|d(P)_{A_n}\right\|\cdot dA_n$	$\overline{\|d\|}=\frac{\sum_{i=1}^{m} w_i\cdot\|d_i\|}{\sum_{i=1}^{m} w_i}$
Schiefe	Nein	$\frac{1}{\sigma^3}\cdot\left[\frac{1}{\int_{A_n} dA_n}\cdot\int_{A_n}\left[d(P)_{A_n}-\mu\right]^3\cdot dA_n\right]$	$\gamma_1=\frac{n}{(n-1)\cdot(n-2)}\times\sum_{i=1}^{m}\left(\frac{d_i-\bar{d}}{s}\right)^3$
Kurtosis	Nein	$\frac{1}{\sigma^4}\cdot\left[\frac{1}{\int_{A_n} dA_n}\cdot\int_{A_n}\left[d(P)_{A_n}-\mu\right]^4\cdot dA_n\right]$	$\beta_2=\frac{n\cdot(n+1)}{(n-1)\cdot(n-2)(n-3)}\cdot\sum_{i=1}^{m}\left(\frac{d_i-\bar{d}}{s}\right)^4-\frac{3\cdot(n-1)^2}{(n-2)(n-3)}$

[a] Zur Information siehe ISO 3534-1.

[b] m extrahierte Punkte, jeweils mit einer Gewichtung w_i. Die Gewichtung jedes Punktes ist gleich 1, wenn die extrahierten Punkte des tolerierten Geometrieelements gleichmäßig verteilt sind.

[c] Für geometrische Spezifikationen wird der Zielwert, τ, gleich Null gesetzt.

[d] Falls das Minimax-Kriterium (Chebyshev ohne Nebenbedingung des Materials) für die Festlegung des Referenzgeometrieelements verwendet wird, gibt es keinen Unterschied zwischen den Ergebnissen eines diskontinuierlichen Modells mit der Funktion „doppelte maximale Abweichung" oder mit der Funktion „Spannweite".

Eine dieser Quantifizierungsfunktionen wird in einer geometrischen Spezifikation für die Festlegung des Geometriemerkmals verwendet.

Bild 6 zeigt eine Menge der lokalen geometrischen Abweichungen, definiert als vorzeichenbehaftete Abstände zwischen einem extrahierten integralen Geometrieelement und einem Referenzgeometrieelement, das ein Kreis festgelegter Größe ist, dessen Ort von einem Bezugssystem bestimmt wird. Diese lokalen Abstände definieren die Verlaufskurve.

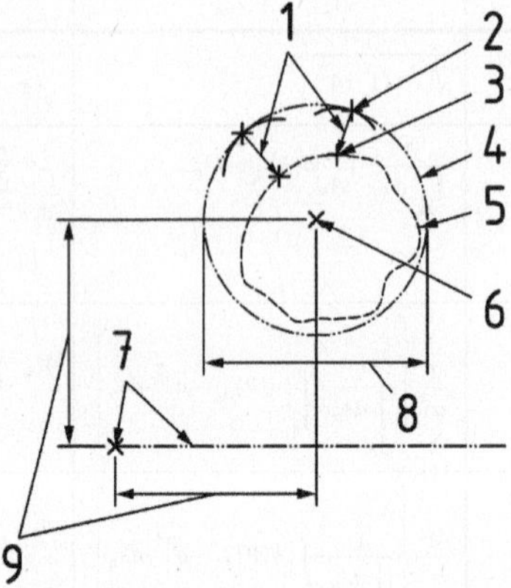

Legende

1 Beispiele für vorzeichenbehaftete lokale geometrische Abweichungen
2 Punkt auf 4 definiert durch 3, um den Abstand zwischen 3 und 2 zu minimieren
3 Punkt auf 5
4 Referenzgeometrieelement, in diesem Beispiel ein Kreis
5 extrahierte integrale Linie, zugrundeliegendes toleriertes Geometrieelement
6 Situationsgeometrieelement für das Referenzgeometrieelement 4 mit festgelegtem Ort aus 7
7 Bezugssystem (gebildet aus einer Ebene und einer Geraden)
8 spezifiziertes Größenmaß von 4
9 spezifizierte Abstände für den Ort von 4

Bild 6 — Beispiel lokaler geometrischer Abweichung, bestimmt anhand eines Referenzkreises mit festgelegtem Ort und Größenmaß

Bild 7 zeigt die Verlaufskurve, die einige der in Tabelle 1 definierten Quantifizierungsfunktionen veranschaulicht, die zur Definition eines geometrischen Merkmals verwendet werden können.

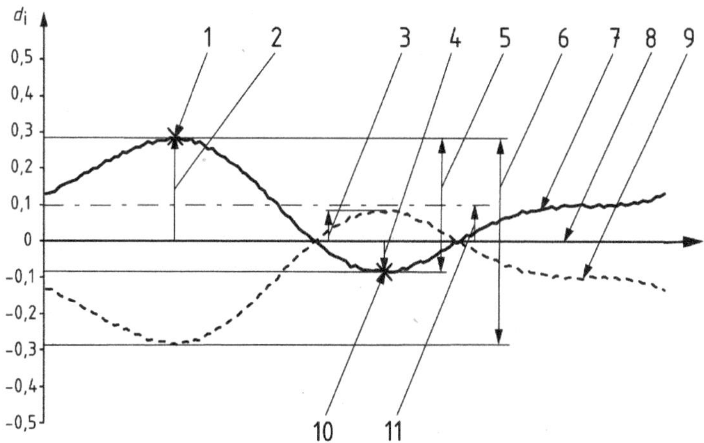

Legende

1 Spitzenhöhe von 7
2 Wert der „Maximum"-Funktion der Verlaufskurve, der in diesem Fall dem Wert der Spitzenhöhenfunktion entspricht: 0,286 8
3 Wert der „Taltiefe"-Funktion der Verlaufskurve: 0,087 7
4 Wert der „Minimum"-Funktion der Verlaufskurve: −0,087 7
5 Wert der „Spannweite"-Funktion der Verlaufskurve: 0,374 5
6 Wert der Funktion der „doppelten maximalen Abweichung" der Verlaufskurve: 0,749
7 Verlaufskurve der lokalen geometrischen Abweichungen
8 Achse, die das Referenzniveau („0-Ebene") der lokalen geometrischen Abweichung darstellt
9 virtuelle Verlaufskurve, symmetrisch zu 7, gespiegelt am Referenzniveau 8
10 Talpunkt von 7
11 Wert der „Spannweitenmitte"-Funktion der Verlaufskurve: 0,099 7 (die Median- und die Mittelwertfunktion ergeben 0,971 8 bzw. 0,099 6)
d_i lokale geometrische Abweichung

Bild 7 —Ergebnisbeispiele für Quantifizierungsfunktionen, die aus einer Verlaufskurve erhalten wurden

Anhang A
(informativ)

Zusammenhang mit dem GPS-Matrix-Modell

A.1 Allgemeines

Für vollständige Details über das GPS-Matrix-Modell siehe ISO 14638.

Das in ISO 14638 enthaltene ISO/GPS-Matrix-Modell gibt einen Überblick über das ISO/GPS-System, von dem dieses Dokument ein Bestandteil ist. Die in ISO 8015 angegebenen grundlegenden Regeln von ISO/GPS gelten für dieses Dokument und, sofern nicht anders angegeben, gelten die Default-Entscheidungsregeln nach ISO 14253-1 für Spezifikationen, die in Übereinstimmung mit diesem Dokument festgelegt wurden.

A.2 Informationen über dieses Dokument und seine Verwendung

Dieses Dokument enthält allgemeine Regeln für die Ausbildung von GPS-Merkmalen.

A.3 Position im GPS-Matrix-Modell

Dieses Dokument ist eine ISO/GPS-Norm. Die in diesem Dokument enthaltenen Regeln und Prinzipien gelten für alle Segmente der ISO/GPS-Matrix, die mit einem gefüllten Punkt (•) angegeben werden, wie in Tabelle A.1 graphisch dargestellt.

Tabelle A.1 — Position im GPS-Matrix-Modell

	Kettenglieder						
	A	B	C	D	E	F	G
	Symbole und Angaben	Element-anforderungen	Merkmale von Geometrie-elementen	Überein-stimmung und Nicht-Überein-stimmung	Messung	Messgeräte	Kalibrie-rung
Größenmaß			•		•		
Abstand			•		•		
Form			•		•		
Richtung			•		•		
Ort			•		•		
Lauf			•		•		
Oberflächen-beschaffenheit: Profil			•		•		
Oberflächen-beschaffenheit: Fläche			•		•		
Oberflächen-unvollkom-menheiten			•		•		

A.4 Verwandte Internationale Normen

Die verwandten Internationalen Normen gehen aus den in Tabelle A.1 angegebenen Kettengliedern hervor.

Literaturhinweise

[1] ISO 3534-1, *Statistics — Vocabulary and symbols — Part 1: General statistical terms and terms used in probability*

[2] ISO 5459, *Geometrical product specifications (GPS) — Geometrical tolerancing — Datums and datum systems*

[3] ISO 8015, *Geometrical product specifications (GPS) — Fundamentals — Concepts, principles and rules*

[4] ISO 14253-1, *Geometrical Product Specifications (GPS) — Inspection by measurement of workpieces and measuring equipment — Part 1: Decision rules for proving conformance or non-conformance with specifications*

[5] ISO 14638, *Geometrical product specifications (GPS) — Matrix model*

[6] ISO 17450-1, *Geometrical product specifications (GPS) — General concepts — Part 1: Model for geometrical specification and verification*

[7] ISO 17450-2, *Geometrical product specifications (GPS) — General concepts — Part 2: Basic tenets, specifications, operators, uncertainties and ambiguities*

[8] ISO 17450-3, *Geometrical product specifications (GPS) — General concepts — Part 3: Toleranced features*

Dezember 2022

	DIN EN ISO 21920-1	

ICS 17.040.40

Ersatz für
DIN EN ISO 1302:2002-06 und
DIN EN ISO 1302
Berichtigung 1:2008-08

Geometrische Produktspezifikation (GPS) – Oberflächenbeschaffenheit: Profile – Teil 1: Angabe der Oberflächenbeschaffenheit (ISO 21920-1:2021); Deutsche Fassung EN ISO 21920-1:2022

Geometrical product specifications (GPS) –
Surface texture: Profile –
Part 1: Indication of surface texture (ISO 21920-1:2021);
German version EN ISO 21920-1:2022

Spécification géométrique des produits (GPS) –
État de surface: Méthode du profil –
Partie 1: Indication des états de surface (ISO 21920-1:2021);
Version allemande EN ISO 21920-1:2022

Gesamtumfang 63 Seiten

DIN-Normenausschuss Technische Grundlagen (NATG)

Nationales Vorwort

Dieses Dokument (EN ISO 21920-1:2022) wurde vom Technischen Komitee ISO/TC 213 „Dimensional and geometrical product specifications and verification" in Zusammenarbeit mit dem Technischen Komitee CEN/TC 290 „Geometrische Produktspezifikation und -prüfung" erarbeitet, dessen Sekretariat von AFNOR (Frankreich) gehalten wird.

Das zuständige nationale Normungsgremium ist der Arbeitsausschuss NA 152-03-03 AA „Oberflächen" im DIN-Normenausschuss Technische Grundlagen (NATG).

Der Hinweis in ISO 21920-1:2021 auf den Ersatz von ISO 1302:2002 führt dazu, dass jede undatierte Verweisung auf ISO 1302 (z. B. auf sehr vielen Produktzeichnungen vor Veröffentlichung von ISO 21920-1:2021) automatisch auf ISO 21920-1 übergeht. Da in der Normenreihe ISO 21920 unter anderem neue Symbole für die Angabe der profilhaften Oberflächenbeschaffenheit eingeführt wurden, können in einem Vertragsverhältnis u. U. Risiken entstehen, wenn die bestehenden Unterlagen und Produktzeichnungen nicht überarbeitet werden.

Es wird daher empfohlen, dass sich Vertragsparteien im Vorfeld von Geschäftsbeziehungen darüber einigen, welche relevanten Normen angewendet und wie diese interpretiert werden.

Darüber hinaus wird zur Minimierung des erforderlichen Arbeitsaufwandes und gleichzeitig sicheren Interpretation der Produktdokumentation vorgeschlagen, in jeder betroffenen Technischen Produktdokumentation (nur) eine Datierung der Verweisung auf ISO 1302:2002 vorzunehmen. Dann ist zur Interpretation der Produktdokumentation, insbesondere der vielen bestehenden wiederverwendeten Zeichnung, stets die ISO 1302 anzuwenden.

Im informativen Anhang G „Neue und veränderte Aspekte im Vergleich zu früheren Dokumenten" von ISO 21920-1:2021 sind die neuen und alten Symbole sowie Zusatzangaben gegenübergestellt, sodass eine Interpretation betroffener Dokumente vereinfacht wird.

Für die in diesem Dokument zitierten Dokumente wird im Folgenden auf die entsprechenden deutschen Dokumente hingewiesen:

ISO 1302	siehe	DIN EN ISO 1302
ISO 3098-2	siehe	DIN EN ISO 3098-2
ISO 8015	siehe	DIN EN ISO 8015
ISO 14253-1	siehe	DIN EN ISO 14253-1
ISO 14638	siehe	DIN EN ISO 14638
ISO 16610 (all parts)	siehe	DIN EN ISO 16610 (alle Teile)
ISO 18391	siehe	DIN EN ISO 18391
ISO 21920-2	siehe	DIN EN ISO 21920-2
ISO 21920-3	siehe	DIN EN ISO 21920-3
ISO 81714-1	siehe	DIN EN ISO 81714-1

Aktuelle Informationen zu diesem Dokument können über die Internetseiten von DIN (www.din.de) durch eine Suche nach der Dokumentennummer aufgerufen werden.

Änderungen

Gegenüber DIN EN ISO 1302:2002-06 und DIN EN ISO 1302 Berichtigung 1:2008-08 wurden folgende Änderungen vorgenommen:

a) Änderung der Normnummer;

b) neue Spezifikationselemente für Oberflächenangaben festgelegt;

c) Tmax-Regel ist die Default-Toleranzakzeptanzregel;

d) redaktionelle Überarbeitung der Norm.

Frühere Ausgaben

DIN 140-1: 1921-02, 1931-10
DIN 140-2: 1922-12, 1931x-10
DIN 200-1: 1924-03
DIN 200-2: 1924-04
DIN 140-3: 1931-10
DIN 140-4: 1931x-10
DIN 140-5: 1931-10
DIN 140-6: 1931-10
DIN 140-7: 1952-11, 1960-12, 1961-09, 1966-05
DIN 3142: 1960-03
DIN ISO 1302: 1977-07, 1980-06, 1993-12
DIN ISO 1302 Beiblatt 1: 1980-06
DIN EN ISO 1302: 2002-06
DIN EN ISO 1302 Berichtigung 1: 2008-08

Nationaler Anhang NA
(informativ)

Literaturhinweise

DIN EN ISO 1302, *Geometrische Produktspezifikation (GPS) — Angabe der Oberflächenbeschaffenheit in der technischen Produktdokumentation*

DIN EN ISO 3098-2, *Technische Produktdokumentation — Schriften — Teil 2: Lateinisches Alphabet, Ziffern und Zeichen*

DIN EN ISO 8015, *Geometrische Produktspezifikation (GPS) — Grundlagen — Konzepte, Prinzipien und Regeln*

DIN EN ISO 14253-1, *Geometrische Produktspezifikationen (GPS) — Prüfung von Werkstücken und Messgeräten durch Messen — Teil 1: Entscheidungsregeln für den Nachweis von Konformität oder Nichtkonformität mit Spezifikationen*

DIN EN ISO 14638, *Geometrische Produktspezifikation (GPS) — Matrix-Modell*

DIN EN ISO 16610 (alle Teile), *Geometrische Produktspezifikation (GPS) — Filterung*

DIN EN ISO 18391, *Geometrische Produktspezifikation (GPS) — Populationsspezifikation*

DIN EN ISO 21920-2, *Geometrische Produktspezifikation (GPS) — Oberflächenbeschaffenheit: Profile — Teil 2: Begriffe und Kenngrößen für die Oberflächenbeschaffenheit*

DIN EN ISO 21920-3, *Geometrische Produktspezifikation (GPS) — Oberflächenbeschaffenheit: Profile — Teil 3: Spezifikationsoperatoren*

DIN EN ISO 81714-1, *Gestaltung von graphischen Symbolen für die Anwendung in der technischen Produktdokumentation — Teil 1: Grundregeln*

EUROPÄISCHE NORM

EUROPEAN STANDARD

NORME EUROPÉENNE

EN ISO 21920-1

Januar 2022

ICS 17.040.40

Ersetzt EN ISO 1302:2002

Deutsche Fassung

Geometrische Produktspezifikation (GPS) — Oberflächenbeschaffenheit: Profile — Teil 1: Angabe der Oberflächenbeschaffenheit (ISO 21920-1:2021)

Geometrical product specifications (GPS) — Surface texture: Profile — Part 1: Indication of surface texture (ISO 21920-1:2021)

Spécification géométrique des produits (GPS) — État de surface: Méthode du profil — Partie 1: Indication des états de surface (ISO 21920-1:2021)

Diese Europäische Norm wurde vom CEN am 27. November 2021 angenommen.

Die CEN-Mitglieder sind gehalten, die CEN/CENELEC-Geschäftsordnung zu erfüllen, in der die Bedingungen festgelegt sind, unter denen dieser Europäischen Norm ohne jede Änderung der Status einer nationalen Norm zu geben ist. Auf dem letzten Stand befindliche Listen dieser nationalen Normen mit ihren bibliographischen Angaben sind beim CEN-CENELEC-Management-Zentrum oder bei jedem CEN-Mitglied auf Anfrage erhältlich.

Diese Europäische Norm besteht in drei offiziellen Fassungen (Deutsch, Englisch, Französisch). Eine Fassung in einer anderen Sprache, die von einem CEN-Mitglied in eigener Verantwortung durch Übersetzung in seine Landessprache gemacht und dem Management-Zentrum mitgeteilt worden ist, hat den gleichen Status wie die offiziellen Fassungen.

CEN-Mitglieder sind die nationalen Normungsinstitute von Belgien, Bulgarien, Dänemark, Deutschland, Estland, Finnland, Frankreich, Griechenland, Irland, Island, Italien, Kroatien, Lettland, Litauen, Luxemburg, Malta, den Niederlanden, Norwegen, Österreich, Polen, Portugal, der Republik Nordmazedonien, Rumänien, Schweden, der Schweiz, Serbien, der Slowakei, Slowenien, Spanien, der Tschechischen Republik, der Türkei, Ungarn, dem Vereinigten Königreich und Zypern.

EUROPÄISCHES KOMITEE FÜR NORMUNG
EUROPEAN COMMITTEE FOR STANDARDIZATION
COMITÉ EUROPÉEN DE NORMALISATION

CEN-CENELEC Management-Zentrum: Rue de la Science 23, B-1040 Brüssel

Ref. Nr. EN ISO 21920-1:2022 D

Inhalt

Europäisches Vorwort

Dieses Dokument (EN ISO 21920-1:2022) wurde vom Technischen Komitee ISO/TC 213 „Dimensional and geometrical product specifications and verification" in Zusammenarbeit mit dem Technischen Komitee CEN/TC 290 „Geometrische Produktspezifikationen und -prüfung" erarbeitet, dessen Sekretariat von AFNOR gehalten wird.

Diese Europäische Norm muss den Status einer nationalen Norm erhalten, entweder durch Veröffentlichung eines identischen Textes oder durch Anerkennung bis Juli 2022, und etwaige entgegenstehende nationale Normen müssen bis Juli 2022 zurückgezogen werden.

Es wird auf die Möglichkeit hingewiesen, dass einige Elemente dieses Dokuments Patentrechte berühren können. CEN ist nicht dafür verantwortlich, einige oder alle diesbezüglichen Patentrechte zu identifizieren.

Dieses Dokument ersetzt EN ISO 1302:2002.

Rückmeldungen oder Fragen zu diesem Dokument sollten an das jeweilige nationale Normungsinstitut des Anwenders gerichtet werden. Eine vollständige Liste dieser Institute ist auf den Internetseiten von CEN abrufbar.

Entsprechend der CEN-CENELEC-Geschäftsordnung sind die nationalen Normungsinstitute der folgenden Länder gehalten, diese Europäische Norm zu übernehmen: Belgien, Bulgarien, Dänemark, Deutschland, die Republik Nordmazedonien, Estland, Finnland, Frankreich, Griechenland, Irland, Island, Italien, Kroatien, Lettland, Litauen, Luxemburg, Malta, Niederlande, Norwegen, Österreich, Polen, Portugal, Rumänien, Schweden, Schweiz, Serbien, Slowakei, Slowenien, Spanien, Tschechische Republik, Türkei, Ungarn, Vereinigtes Königreich und Zypern.

Anerkennungsnotiz

Der Text von ISO 21920-1:2021 wurde von CEN als EN ISO 21920-1:2022 ohne irgendeine Abänderung genehmigt.

Vorwort

ISO (die Internationale Organisation für Normung) ist eine weltweite Vereinigung nationaler Normungsinstitute (ISO-Mitgliedsorganisationen). Die Erstellung von Internationalen Normen wird üblicherweise von Technischen Komitees von ISO durchgeführt. Jede Mitgliedsorganisation, die Interesse an einem Thema hat, für welches ein Technisches Komitee gegründet wurde, hat das Recht, in diesem Komitee vertreten zu sein. Internationale staatliche und nichtstaatliche Organisationen, die in engem Kontakt mit ISO stehen, nehmen ebenfalls an der Arbeit teil. ISO arbeitet bei allen elektrotechnischen Normungsthemen eng mit der Internationalen Elektrotechnischen Kommission (IEC) zusammen.

Die Verfahren, die bei der Entwicklung dieses Dokuments angewendet wurden und die für die weitere Pflege vorgesehen sind, werden in den ISO/IEC-Direktiven, Teil 1 beschrieben. Es sollten insbesondere die unterschiedlichen Annahmekriterien für die verschiedenen ISO-Dokumentenarten beachtet werden. Dieses Dokument wurde in Übereinstimmung mit den Gestaltungsregeln der ISO/IEC-Direktiven, Teil 2 erarbeitet (siehe www.iso.org/directives).

Es wird auf die Möglichkeit hingewiesen, dass einige Elemente dieses Dokuments Patentrechte berühren können. ISO ist nicht dafür verantwortlich, einige oder alle diesbezüglichen Patentrechte zu identifizieren. Details zu allen während der Entwicklung des Dokuments identifizierten Patentrechten finden sich in der Einleitung und/oder in der ISO-Liste der erhaltenen Patenterklärungen (siehe www.iso.org/patents).

Jeder in diesem Dokument verwendete Handelsname dient nur zur Unterrichtung der Anwender und bedeutet keine Anerkennung.

Für eine Erläuterung des freiwilligen Charakters von Normen, der Bedeutung ISO-spezifischer Begriffe und Ausdrücke in Bezug auf Konformitätsbewertungen sowie Informationen darüber, wie ISO die Grundsätze der Welthandelsorganisation (WTO, en: World Trade Organization) hinsichtlich technischer Handelshemmnisse (TBT, en: Technical Barriers to Trade) berücksichtigt, siehe www.iso.org/iso/foreword.html.

Dieses Dokument wurde vom Technischen Komitee ISO/TC 213, *Dimensional and geometrical product specifications and verification*, in Zusammenarbeit mit dem Europäischen Komitee für Normung (CEN), Technisches Komitee CEN/TC 290, *Geometrische Produktspezifikationen und -prüfung*, in Übereinstimmung mit der Vereinbarung zur technischen Zusammenarbeit zwischen ISO und CEN (Wiener Vereinbarung) erarbeitet.

Dieses Dokument ersetzt ISO 1302:2002, das technisch überarbeitet wurde. Zusätzlich zur Änderung der Normnummer sind die wesentlichen Änderungen an ISO 1302:2002 folgende:

— es werden neue Spezifikationselemente für die Angabe festgelegt;

— die Höchstwert-Toleranzakzeptanzregel ist die Default-Toleranzakzeptanzregel.

Eine Auflistung aller Teile der Normenreihe ISO 21920 ist auf der ISO-Internetseite abrufbar

Rückmeldungen oder Fragen zu diesem Dokument sollten an das jeweilige nationale Normungsinstitut des Anwenders gerichtet werden. Eine vollständige Auflistung dieser Institute ist unter www.iso.org/members.html zu finden.

Einleitung

Dieses Dokument ist eine Norm über Geometrische Produktspezifikationen (GPS) und als allgemeine ISO GPS-Norm (siehe ISO 14638) anzusehen. Es beeinflusst das Kettenglied A der Normenketten für die profilhafte Oberflächenbeschaffenheit.

Das in ISO 14638 angegebene ISO GPS-Matrix-Modell gibt einen Überblick über das ISO GPS-System, von dem das vorliegende Dokument ein Teil ist. Die in ISO 8015 angegebenen Grundregeln zu ISO GPS gelten für dieses Dokument, und die Default-Entscheidungsregeln[N1] nach ISO 14253-1 gelten für Spezifikationen, die in Übereinstimmung mit diesem Dokument festgelegt wurden, sofern nicht anders angegeben.

Für ausführlichere Informationen über die Beziehung dieses Dokuments zu anderen Normen und dem ISO GPS-Matrix-Modell siehe Anhang H, Tabelle H.1 und Anhang I.

Dieses Dokument deckt die Angabe der profilhaften Oberflächenbeschaffenheit ab.

N1 Nationale Fußnote: Der englische Begriff „Default" bezeichnet im Deutschen generell den „Regelfall", beispielsweise von einer Kenngröße, einem Wert, einer Einheit, einem Verfahren oder einer Einstellung. Aufgrund der breiten Verwendung des Begriffs „Default" im technischen Bereich wird im Folgenden von einer Übersetzung abgesehen.

1 Anwendungsbereich

Dieses Dokument legt Regeln für die Angabe der Oberflächenbeschaffenheit nach dem Tastschnittverfahren in der technischen Produktdokumentation mittels graphischer Symbole fest.

Dieses Dokument behandelt keine Populationsanforderungen.

ANMERKUNG Siehe ISO 18391 für Populationsspezifikationen.

2 Normative Verweisungen

Die folgenden Dokumente werden im Text in solcher Weise in Bezug genommen, dass einige Teile davon oder ihr gesamter Inhalt Anforderungen des vorliegenden Dokuments darstellen. Bei datierten Verweisungen gilt nur die in Bezug genommene Ausgabe. Bei undatierten Verweisungen gilt die letzte Ausgabe des in Bezug genommenen Dokuments (einschließlich aller Änderungen).

ISO 21920-2, *Geometrical product specifications (GPS) — Surface texture: Profile — Part 2: Terms, definitions and surface texture parameters*

ISO 21920-3, *Geometrical product specifications (GPS) — Surface texture: Profile — Part 3: Specification operators*

ISO 81714-1, *Design of graphical symbols for use in the technical documentation of products — Part 1: Basic rules*

3 Begriffe

Für die Anwendung dieses Dokuments gelten die Begriffe nach ISO 21920-2 und ISO 21920-3.

ISO und IEC stellen terminologische Datenbanken für die Verwendung in der Normung unter den folgenden Adressen bereit:

— ISO Online Browsing Platform: verfügbar unter https://www.iso.org/obp

— IEC Electropedia: verfügbar unter http://www.electropedia.org/

4 Toleranzakzeptanzregeln

4.1 Allgemeines

Die Toleranzakzeptanzregeln legen fest, wie die Toleranzgrenzen auf die Messwerte der Kenngrößen angewendet werden. Für die profilhafte Oberflächenbeschaffenheit können drei Toleranzakzeptanzregeln angegeben werden. Siehe ISO 21920-3:2021, Tabelle 1, für die Position der Messungen.

4.2 Höchstwert-Toleranzakzeptanzregel

Die Höchstwert-Toleranzakzeptanzregel lässt nicht zu, dass ein Messwert die Toleranzgrenze überschreitet. Das Symbol für die Höchstwert-Toleranzakzeptanzregel ist in Bild 1 dargestellt.

Tmax

Bild 1 — Symbol der Höchstwert-Toleranzakzeptanzregel

Die Höchstwert-Toleranzakzeptanzregel ist der Default und gilt mit oder ohne Angabe des Symbols „Tmax".

ANMERKUNG 1 Der Suffix „max" kann als die erforderliche maximale Konformität des Messwerts aufgefasst werden.

ANMERKUNG 2 Das Symbol „Tmax" kann verwendet werden, um eine Fehlinterpretation einer Spezifikation zu vermeiden.

4.3 16 %-Toleranzakzeptanzregel

Ist eine 16 %-Toleranzakzeptanzregel festgelegt, so lässt diese die Verletzung der Toleranzgrenze durch höchstens 16 % aller Messwerte einer Kenngröße zu. Das Symbol der 16 %-Toleranzakzeptanz ist in Bild 2 dargestellt.

Die 16 %-Toleranzakzeptanzregel muss nach Anhang E angewendet werden.

T16%

Bild 2 — Symbol der 16 %-Toleranzakzeptanzregel

Die 16 %-Toleranzakzeptanzregel gilt für die Kenngröße in der Zeile, in der das „T16%"-Symbol angezeigt wird.

Falls in einer Zeile eine zweiseitige Toleranz festgelegt ist, dürfen 16 % aller Messwerte die obere Toleranzgrenze und 16 % aller Messwerte die untere Toleranzgrenze verletzen.

ANMERKUNG 1 Die 16 %-Toleranzakzeptanzregel legt fest, wie die Toleranzgrenzen auf die Messwerte angewendet werden.

ANMERKUNG 2 In ISO 1302 wurde die 16 %-Toleranzakzeptanzregel als 16 %-Regel bezeichnet.

ANMERKUNG 3 Im Gegensatz zu ISO 1302 ist die 16 %-Toleranzakzeptanzregel nicht der Default (siehe Anhang F für zusätzliche Informationen).

ANMERKUNG 4 Siehe ISO 21920-3:2021, Tabelle 1, für die Verteilung der Messungen.

4.4 Median-Toleranzakzeptanzregel

Ist eine Median-Toleranzakzeptanzregel festgelegt, so muss der Medianwert aller Messwerte der betreffenden Kenngröße die Toleranzgrenzen einhalten. Das Symbol der Median-Toleranzakzeptanzregel ist in Bild 3 dargestellt.

Tmed

Bild 3 — Symbol der Median-Toleranzakzeptanzregel

Die Median-Toleranzakzeptanzregel gilt für die Kenngröße in der Zeile, in der das „Tmed"-Symbol angezeigt wird.

Für die Anwendung der Median-Akzeptanzregel müssen mindestens drei Messwerte verwendet werden. Eine höhere Anzahl an Messungen kann in „anderen Anforderungen" (Symbol OR(*n*), siehe 7.17) festgelegt werden.

ANMERKUNG 1 Die Median-Toleranzakzeptanzregel legt fest, wie die Toleranzgrenzen auf die Messwerte angewendet werden.

ANMERKUNG 2 Wenn der Medianwert aller Messwerte einer Kenngröße die Toleranzgrenze einhält, wird die Toleranzgrenze von nicht mehr als der Hälfte der Messwerte überschritten.

5 Spezifikationselemente für die Angabe der Spezifikationen der profilhaften Oberflächenbeschaffenheit

5.1 Allgemeines

Angaben der profilhaften Oberflächenbeschaffenheit legen Anforderungen an die Werkstückoberfläche sowie den Spezifikationsoperator fest.

ANMERKUNG Alle für Angaben der Spezifikationen der profilhaften Oberflächenbeschaffenheit zulässigen Spezifikationselemente sind in 5.2 bis 5.3 aufgeführt und in Abschnitt 7 beschrieben.

5.2 Verbindlich vorgeschriebene Angabe, die explizit zu spezifizieren ist

— Graphisches Symbol für die profilhafte Oberflächentoleranz.

— Symbol der Kenngröße der profilhaften Oberflächenbeschaffenheit.

— Toleranzgrenze der Kenngröße der profilhaften Oberflächenbeschaffenheit.

— Für Kenngrößen ohne festgelegte Defaults gilt: Angabe des Nesting-Index des Profil-L-Filters N_{lc} für R-Kenngrößen oder des Nesting-Index des Profil-S-Filters N_{ic} für W-Kenngrößen oder der Einstellungsklasse Sc*n*.

ANMERKUNG 1 Kenngrößen ohne festgelegte Defaults sind in ISO 21920-3:2021, Tabelle 3 bis Tabelle 6 nicht aufgeführt.

ANMERKUNG 2 Die Angabe des Nesting-Index oder der Einstellungsklasse ist für sämtliche der in ISO 21920-3:2021, Tabelle 3 bis Tabelle 6, aufgeführten Kenngrößen optional.

ANMERKUNG 3 Der Konstrukteur ist für die Auswahl und Angabe des geeigneten L-Filters oder S-Filters verantwortlich. In ISO 21920-3:2021, Tabelle 3 bis Tabelle 6, werden Defaults festgelegt, die für Oberflächen ohne besondere Leistungsanforderungen verwendet werden können.

ANMERKUNG 4 Eine Grenzwellenlänge eines Profilfilters ist ein Beispiel für einen Nesting-Index, siehe ISO 21920-2.

5.3 Optionale Angaben zur Festlegung von nicht defaultmäßigen oder weiteren Anforderungen

— Toleranztyp (obere, untere oder zweiseitige Toleranzgrenze);

— Symbol „T16%“ oder „Tmax“ oder „Tmed“ zur Festlegung einer Toleranzakzeptanzregel;

— Typ des Profil-S-Filters;

— Nesting-Index des Profil-S-Filters;

— Typ des Profil-L-Filters für R-Kenngrößen oder Typ des Profil-S-Filters für W-Kenngrößen;

— Nesting-Index des Profil-L-Filters N_{ic} für R-Kenngrößen oder Nesting-Index des Profil-S-Filters N_{ic} für W-Kenngrößen;

— Auswertelänge l_e für die Auswertelängenkenngrößen. Abschnittlänge l_{sc} und Anzahl Abschnitte n_{sc} für die Abschnittlängenkenngrößen;

— Assoziationsverfahren und Element des Profil-F-Operators;

— Nesting-Index des Profil-F-Operators;

— Verfahren der Profilerfassung;

— Symbol „OR(*n*)“ zur Spezifizierung anderer Anforderungen;

— Fertigungsprozess;

— Oberflächenrillen und Richtung der Bearbeitungsspuren;

— Profilrichtung;

— Symbol „Sc*n*“ zur Festlegung einer Einstellungsklasse.

ANMERKUNG Default-Einstellungen sind in ISO 21920-3 definiert.

6 Angabe der profilhaften Oberflächenbeschaffenheit

6.1 Allgemeines

In technischen Produktspezifikationen enthaltene Anforderungen an die profilhafte Oberflächenbeschaffenheit müssen unter Verwendung eines der in 6.2 beschriebenen graphischen Symbole festgelegt werden.

Eine Mindestangabe der profilhaften Oberflächenbeschaffenheit muss sich aus dem graphischen Symbol, der Kenngrößenbezeichnung und dem Toleranzgrenzwert der Kenngröße zusammensetzen, siehe 6.3.

Falls mehrere Kenngrößen spezifiziert werden, ist die Kenngröße in der ersten Zeile für die Ermittlung von Default-Einstellungen maßgebend (siehe ISO 21920-3).

Alle angegebenen Spezifikationselemente werden durch ein einzelnes Leerzeichen getrennt.

ANMERKUNG 1 Ausnahmen sind in 9.1 festgelegt.

ANMERKUNG 2 Siehe Anhang G, Tabelle G.1, zu neuen Themen in diesem Dokument und zu Änderungen an früheren Dokumenten.

6.2 Graphische Symbole

Die Form der graphischen Symbole enthält Anforderungen an den Produktionsprozess. Proportionen der graphischen Symbole müssen, wie in Anhang A festgelegt, angegeben werden.

ANMERKUNG 1 Siehe Bild 4 für die Gestaltung und Deutung der drei festgelegten graphischen Symbole.

ANMERKUNG 2 Der Balken oberhalb des Symbols dient dazu, dieses Symbol von den in ISO 1302 verwendeten Symbolen und den zur Angabe der Spezifikationen der flächenhaften Oberflächenbeschaffenheit verwendeten zu unterscheiden.

a) alle Fertigungsprozesse zulässig

b) Material muss abgetragen werden

c) Materialabtragung ist unzulässig

Bild 4 — Graphische Symbole für die Angabe der profilhaften Oberflächenbeschaffenheit

6.3 Mindestangabe

6.3.1 Allgemeines

Wird eine Mindestangabe spezifiziert, so müssen alle Defaults angewendet werden. Da es nicht möglich ist, für alle Kenngrößen Defaults festzulegen, unterscheiden sich die Mindestangaben für Kenngrößen mit und ohne festgelegte Defaults.

6.3.2 Mindestangabe von Kenngrößen mit festgelegten Defaults

Bild 5 zeigt alle Symbole und Angaben, die für eine Mindestangabe von Anforderungen an die profilhafte Oberflächenbeschaffenheit und entsprechende Kenngrößen mit festgelegten Defaults verbindlich vorgeschrieben sind.

⟨a⟩⟨b⟩

Legende

a Symbol für Kenngröße
b Toleranzgrenzwert der Kenngröße der profilhaften Oberflächenbeschaffenheit
< > Platzhalter, der zu spezifizieren ist

Bild 5 — Mindestangabe von Kenngrößen mit festgelegten Defaults (alle Defaults gelten)

ANMERKUNG 1 Kenngrößen mit festgelegten Defaults sind Rz, Ra, Rp, Rv, Rq, Rmax[N2], Rt und Pt; siehe ISO 21920-3:2021, Tabelle 3 bis Tabelle 6.

ANMERKUNG 2 Ausnahmen sind in 9.1 festgelegt.

ANMERKUNG 3 Siehe Anhang D für Beispiele und Zusatzinformationen.

6.3.3 Mindestangabe von Kenngrößen ohne festgelegte Defaults

Bild 6 zeigt alle Symbole und Angaben, die für eine Mindestangabe von Anforderungen an die profilhafte Oberflächenbeschaffenheit und entsprechende Kenngrößen ohne festgelegte Defaults verbindlich vorgeschrieben sind. Alle Defaults werden durch die verbindlich festgelegte Einstellungsklasse (Sc*n*) oder durch einen der Default-Werte des verbindlich vorgeschriebenen Nesting-Index des Profil-L-Filters N_{ic} für R-Kenngrößen oder des Nesting-Index des Profil-S-Filters N_{ic} für W-Kenngrößen festgelegt.

Ein Schrägstrich „/“ wird zur Trennung der Spezifikationsabschnitte verwendet.

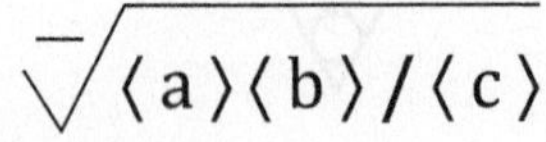

Legende

a Symbol für Kenngröße
b Toleranzgrenzwert der Kenngröße der profilhaften Oberflächenbeschaffenheit
c Symbol für die festgelegte Einstellungsklasse, Sc*n*, oder einen Default-Wert des Nesting-Index des Profil-L-Filters N_{ic} für R-Kenngrößen oder des Nesting-Index des Profil-S-Filters N_{ic} für W-Kenngrößen
< > Platzhalter, der zu spezifizieren ist

Bild 6 — Mindestangabe von Kenngrößen ohne festgelegte Defaults

ANMERKUNG 1 Kenngrößen ohne festgelegte Defaults sind in ISO 21920-3:2021, Tabelle 3 bis Tabelle 6, nicht aufgeführt.

ANMERKUNG 2 Die festgelegte Einstellungsklasse führt direkt zu der festgelegten Spalte in ISO 21920-3:2021, Tabelle 2, die die maßgebenden Default-Einstellungen enthält.

ANMERKUNG 3 Ausnahmen sind in 9.1 festgelegt.

ANMERKUNG 4 Siehe Anhang D für Beispiele und Zusatzinformationen.

6.4 Vollständige Angabe

6.4.1 Allgemeines

Die in Abschnitt 5 beschriebenen Spezifikationselemente müssen je nach Kenngrößentyp angeordnet werden, wie in 6.4.2 bis 6.4.5 dargestellt. Sämtliche Spezifikationselemente, die für eine Kenngröße gelten, müssen in derselben Zeile angegeben werden.

ANMERKUNG 1 Falls es notwendig ist, mehrere Kenngrößen oder verschiedene Spezifikationselemente für dieselbe Kenngröße zu spezifizieren, folgt die Angabe in einer oder mehreren zusätzlichen Zeilen.

ANMERKUNG 2 Siehe Anhang D für Beispiele für die Angabe und Zusatzinformationen.

[N2] Nationale Fußnote: Redaktioneller Fehler der Referenzfassung; Die korrekte Kenngröße heißt Rzx anstatt Rmax.

ANMERKUNG 3 Die vollständige Angabe wird gezeigt, um die Reihenfolge der Angabe aller Spezifikationselemente festzulegen, und dürfte in der Praxis selten verwendet werden.

6.4.2 Vollständige Angabe für Auswertelängen-R-Kenngrößen

Die Spezifikationselemente für Auswertelängen-R-Kenngrößen müssen angeordnet werden, wie in Bild 7 dargestellt.

ANMERKUNG Zu den Auswertelängen-R-Kenngrößen gehören Ra, Rq, Rt, Rzx und Rk (siehe ISO 21920-2).

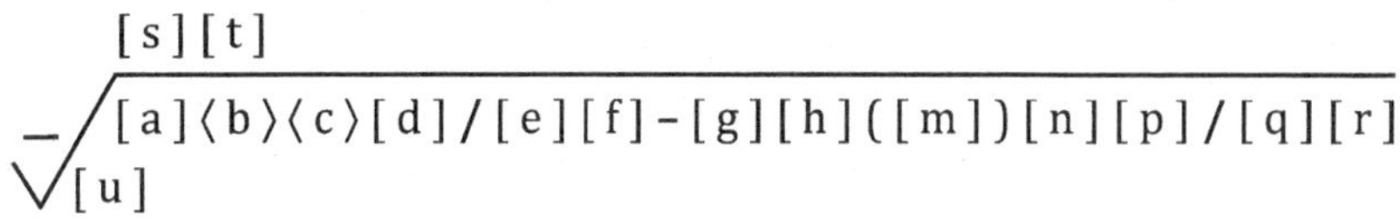

Legende

a Toleranztyp
b Symbol für R-Kenngröße
c Toleranzgrenzwert der Kenngröße der profilhaften Oberflächenbeschaffenheit
d Toleranzakzeptanzregel
e Typ des Profil-S-Filters
f Nesting-Index des Profil-S-Filters
g Typ des Profil-L-Filters
h Nesting-Index des Profil-L-Filters
m Auswertelänge
n Assoziationsverfahren und Element des Profil-F-Operators
p Nesting-Index des Profil-F-Operators
q Verfahren der Profilerfassung
r Platzhalter für das OR(*n*)-Symbol für andere Anforderungen
s Fertigungsprozess
t Oberflächenrillen und Richtung der Bearbeitungsspuren
u Profilrichtung im Verhältnis zu den Oberflächenrillen
< > Platzhalter, der zu spezifizieren ist
[ ] Platzhalter, der spezifiziert werden kann, falls vom Default oder einer zusätzlichen Anforderung abweichend

Bild 7 — Angabe für Auswertelängen-R-Kenngrößen, einschließlich aller optionalen Spezifikationselemente

6.4.3 Vollständige Angabe für Abschnittlängen-R-Kenngrößen

Die Spezifikationselemente für Abschnittlängen-R-Kenngrößen müssen angeordnet werden, wie in Bild 8 dargestellt.

ANMERKUNG Zu den Abschnittlängen-R-Kenngrößen gehören Rz, Rp und Rv (siehe ISO 21920-2)

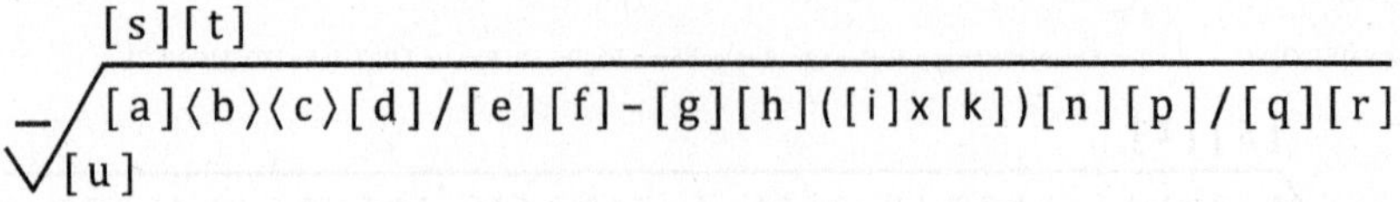

[s][t]

[a]⟨b⟩⟨c⟩[d]/[e][f]-[g][h]([i]x[k])[n][p]/[q][r]

[u]

Legende

a Toleranztyp
b Symbol für R-Kenngröße
c Toleranzgrenzwert der Kenngröße der profilhaften Oberflächenbeschaffenheit
d Toleranzakzeptanzregel
e Typ des Profil-S-Filters
f Nesting-Index des Profil-S-Filters
g Typ des Profil-L-Filters
h Nesting-Index des Profil-L-Filters
i Abschnittlänge
k Anzahl Abschnitte
n Assoziationsverfahren und Element des Profil-F-Operators
p Nesting-Index des Profil-F-Operators
q Verfahren der Profilerfassung
r Platzhalter für das OR(*n*)-Symbol für andere Anforderungen
s Fertigungsprozess
t Oberflächenrillen und Richtung der Bearbeitungsspuren
u Profilrichtung im Verhältnis zu den Oberflächenrillen
< > Platzhalter, der zu spezifizieren ist
[ ] Platzhalter, der spezifiziert werden kann, falls vom Default oder einer zusätzlichen Anforderung abweichend

ANMERKUNG Die Klammern um ([i] × [k]) verdeutlichen die Beziehung zwischen diesen Spezifikationselementen, da sich die Auswertelänge aus diesem Produkt ergibt.

Bild 8 — Angabe für Abschnittlängen-R-Kenngrößen, einschließlich aller optionalen Spezifikationselemente

6.4.4 Vollständige Angabe für Auswertelängen-P-Kenngrößen und Auswertelängen-W-Kenngrößen

Die Spezifikationselemente für Auswertelängen-P- und -W-Kenngrößen müssen angeordnet werden, wie in Bild 9 dargestellt.

ANMERKUNG Zu den Auswertelängen-P- und -W-Kenngrößen gehören Pt, Pa, Wt und Wa (siehe ISO 21920-2).

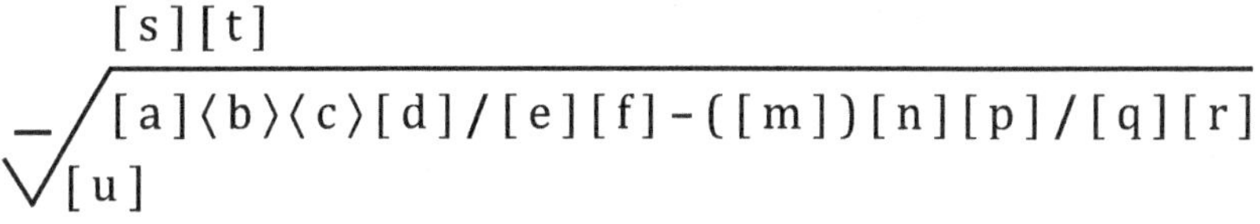

Legende

a Toleranztyp
b Symbol für P-Kenngröße oder W-Kenngröße
c Toleranzgrenzwert der Kenngröße der profilhaften Oberflächenbeschaffenheit
d Toleranzakzeptanzregel
e Typ des Profil-S-Filters
f Nesting-Index des Profil-S-Filters
m Auswertelänge
n Assoziationsverfahren und Element des Profil-F-Operators
p Nesting-Index des Profil-F-Operators
q Verfahren der Profilerfassung
r Platzhalter für das OR(*n*)-Symbol für andere Anforderungen
s Fertigungsprozess
t Oberflächenrillen und Richtung der Bearbeitungsspuren
u Profilrichtung im Verhältnis zu den Oberflächenrillen
< > Platzhalter, der zu spezifizieren ist
[ ] Platzhalter, der spezifiziert werden kann, falls vom Default abweichend

Bild 9 — Angabe für Auswertelänge-P- und -W-Kenngrößen, einschließlich aller optionalen Spezifikationselemente

6.4.5 Vollständige Angabe für Abschnittlängen-P-Kenngrößen und Abschnittlängen-W-Kenngrößen

Die Spezifikationselemente für Abschnittlängen-P- und -W-Kenngrößen müssen angeordnet werden, wie in Bild 10 dargestellt.

ANMERKUNG Zu den Abschnittlängen-P- und -W-Kenngrößen gehören Pz, Pmax[N3] und Wz (siehe ISO 21920-2).

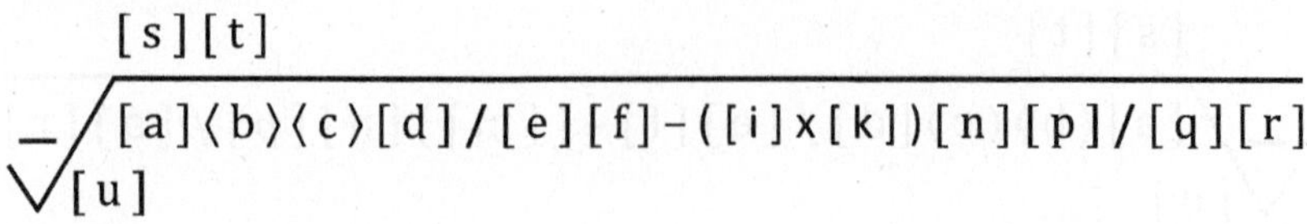

Legende

a Toleranztyp
b Symbol für P-Kenngröße oder W-Kenngröße
c Toleranzgrenzwert der Kenngröße der profilhaften Oberflächenbeschaffenheit
d Toleranzakzeptanzregel
e Typ des Profil-S-Filters
f Nesting-Index des Profil-S-Filters
i Abschnittlänge
k Anzahl Abschnitte
n Assoziationsverfahren und Element des Profil-F-Operators
p Nesting-Index des Profil-F-Operators
q Verfahren der Profilerfassung
r Platzhalter für das OR(*n*)-Symbol für andere Anforderungen
s Fertigungsprozess
t Oberflächenrillen und Richtung der Bearbeitungsspuren
u Profilrichtung im Verhältnis zu den Oberflächenrillen
< > Platzhalter, der zu spezifizieren ist
[ ] Platzhalter, der spezifiziert werden kann, falls vom Default abweichend

Bild 10 — Angabe für Abschnittlängen-P- und -W-Kenngrößen, einschließlich aller optionalen Spezifikationselemente

7 Regeln für die Angabe der Spezifikationen der profilhaften Oberflächenbeschaffenheit

7.1 Allgemeines

Die Angabe der Spezifikationen der profilhaften Oberflächenbeschaffenheit erfolgt in festgelegter Reihenfolge, um Mehrdeutigkeit zu vermeiden.

Für alle Spezifikationselemente mit variablen Werten werden Defaults festgelegt, die zu nachvollziehbaren und wiederholbaren Ergebnissen auf gleichmäßigen Oberflächen führen.

N3 Nationale Fußnote: Redaktioneller Fehler der Referenzfassung; Die korrekte Kenngröße heißt Pzx anstatt Pmax.

Im Falle einer Mindestangabe, und falls die spezifizierte Kenngröße in ISO 21920-3:2021, Tabelle 3 bis Tabelle 6 aufgeführt ist, bildet die spezifizierte Kenngröße mit ihrem Toleranztyp und der Grenze die Grundlage für die Default-Einstellungen. Anderenfalls bildet der spezifizierte Wert des Profilfilter-Nesting-Index oder die Einstellungsklasse die Grundlage für die Default-Einstellungen.

ANMERKUNG 1 Für alle Spezifikationselemente mit variablen Werten sind in ISO 21920-3 Default-Werte festgelegt.

ANMERKUNG 2 Andere Werte als Defaults können aus funktionalen oder praktischen Gründen nützlich sein.

ANMERKUNG 3 Zur Position aller Spezifikationselemente siehe 6.4.

7.2 Graphisches Symbol für die Angabe der Spezifikationen der profilhaften Oberflächenbeschaffenheit

Falls angegeben, gibt das graphische Symbol Anforderungen an die Werkstückoberfläche an.

ANMERKUNG Für die Gestaltung und Deutung des graphischen Symbols siehe 6.2.

7.3 Kenngröße der profilhaften Oberflächenbeschaffenheit

Das Kenngrößensymbol muss immer angezeigt werden (Ausnahmen sind in 9.1 festgelegt) und enthält zwei für die Deutung der Anforderung entscheidende Informationen:

— den ersten Großbuchstaben des Kenngrößensymbols, der angibt, welches skalenbegrenzte Profil (R, W oder P) die Grundlage für die Berechnung bildet;

— den (die) folgende(n) Buchstabe(n), der (die) angibt (angeben), welche Kenngrößendefinition angewendet wird.

7.4 Toleranzgrenzwert der Kenngröße der profilhaften Oberflächenbeschaffenheit

Der Toleranzgrenzwert der spezifizierten Kenngröße muss immer unmittelbar nach dem Symbol für die Kenngröße, getrennt durch ein einzelnes Leerzeichen, angegeben werden (Ausnahmen sind in 9.1 festgelegt).

7.5 Toleranztypen

Die Anforderung an die profilhafte Oberflächenbeschaffenheit muss als einseitige oder zweiseitige Toleranz angegeben werden. Die Symbole sind:

U für die obere Toleranzgrenze;

L für die untere Toleranzgrenze.

ANMERKUNG 1 Der Default-Toleranztyp ist die obere Toleranzgrenze (siehe ISO 21920-3).

ANMERKUNG 2 Zweiseitige Toleranzen werden durch eine untere und eine obere Toleranzgrenze spezifiziert (zur Angabe siehe 9.6).

7.6 Toleranzakzeptanzregel

Die Toleranzakzeptanzregel muss für die Höchstwert-Toleranzakzeptanzregel durch „Tmax", für die 16 %-Toleranzakzeptanzregel durch „T16%" oder für die Median-Toleranzakzeptanzregel durch „Tmed" angegeben werden. Die Höchstwert-Toleranzakzeptanzregel ist der Default und gilt mit oder ohne Angabe von „Tmax".

ANMERKUNG Zu Einzelheiten siehe Abschnitt 4.

7.7 Typ des Profil-S-Filters

Für den Profil-S-Filter können alle Profil-Filtertypen der Normenreihe ISO 16610 verwendet werden. Die Symbole für Profil-Filtertypen müssen angegeben werden, wie in Anhang B, Tabelle B.1, festgelegt.

7.8 Nesting-Index des Profil-S-Filters

Der Wert des Nesting-Index des Profil-S-Filters legt fest, welche kurzwelligen Anteile entfernt werden (siehe ISO 21920-2). Der Nesting-Index des Profil-S-Filters wird in Millimeter (mm) angegeben.

ANMERKUNG 1 Der Nesting-Index des Profil-S-Filters N_{is} bestimmt den maximalen Abtastabstand für alle Kenngrößen der profilhaften Oberflächenbeschaffenheit (siehe ISO 21920-3:2021, Tabelle 2).

ANMERKUNG 2 Falls der Nesting-Index des Profil-S-Filters N_{is} als gleich Null festgelegt wird, wird die Skalenbegrenzung nur durch die Eigenschaften und internen Einstellungen des Messgeräts bestimmt.

7.9 Typ des Profil-L-Filters (für R-Kenngrößen) oder Typ des Profil-S-Filters (für W-Kenngrößen)

Für das Profil-L-Filter oder das Profil-S-Filter können alle Profil-Filtertypen der Normenreihe ISO 16610 verwendet werden. Die Symbole für Profil-Filtertypen müssen angegeben werden, wie in Anhang B, Tabelle B.1, festgelegt.

7.10 Nesting-Index des Profil-L-Filters (für R-Kenngrößen) oder Nesting-Index des Profil-S-Filters (für W-Kenngrößen)

Der Wert des Nesting-Index des Profil-L-Filters legt fest, welche langwelligen Anteile für R-Kenngrößen entfernt werden. Der Wert des Nesting-Index des Profil-S-Filters legt fest, welche kurzwelligen Anteile für W-Kenngrößen entfernt werden (siehe ISO 21920-2). Der Nesting-Index des Profil-L-Filters oder des Profil-S-Filters wird in Millimeter (mm) angegeben.

7.11 Auswertelänge

Die Auswertelänge l_e legt die Länge fest, die zur Ermittlung der geometrischen Strukturen verwendet wird, die das skalenbegrenzte Profil beschreiben (siehe ISO 21920-2). Die Auswertelänge wird in Millimeter (mm) angegeben.

7.12 Abschnittlänge

Die Abschnittlänge l_{sc} legt die Länge fest, die verwendet wird, um Höhenkenngrößen anhand von Profilhügeln und Profiltälern zu berechnen (siehe ISO 21920-2).

ANMERKUNG 1 Die Angabe der Abschnittlänge ist nur für Abschnittlängenkenngrößen gültig.

ANMERKUNG 2 Der Wert der Abschnittlänge kann sich vom Wert des Nesting-Index des Profil-L-Filters oder Profil-S-Filters unterscheiden.

ANMERKUNG 3 Die Abschnittlänge wird in Millimeter (mm) angegeben.

7.13 Anzahl Abschnitte

Die Anzahl der Abschnitte n_{sc} legt die Anzahl der Abschnittlängen fest, die verwendet werden, um Höhenkenngrößen anhand von Profilhügeln und Profiltälern zu berechnen (siehe ISO 21920-2). Die Anzahl der Abschnitte muss eine positive ganze Zahl sein.

ANMERKUNG 1 Die Angabe der Anzahl der Abschnitte ist nur für Abschnittlängenkenngrößen gültig.

ANMERKUNG 2 Die Auswertelänge ergibt sich aus dem Produkt der Abschnittlänge mit der Anzahl der Abschnitte.

ANMERKUNG 3 Die Anzahl der Abschnitte ist die Basis für die Berechnung von Durchschnittswerten.

7.14 Assoziationsverfahren und -element des Profil-F-Operators

Das Assoziationsverfahren und -element des Profil-F-Operators legen fest, wie die Form aus dem Profil entfernt wird (siehe ISO 21920-2). Die Symbole für Profil-F-Operatorverfahren müssen angegeben werden, wie in Anhang C, Tabelle C.1 und Tabelle C.2, festgelegt.

7.15 Nesting-Index des Profil-F-Operators

Der Nesting-Index des Profil-F-Operators legt fest, welche Formanteile aus dem Profil entfernt werden (siehe ISO 21920-2).

ANMERKUNG Einige F-Operatoren besitzen keinen Nesting-Index.

7.16 Verfahren der Profilerfassung

Die Angabe des Verfahrens der Profilerfassung legt fest, dass eine nicht defaultmäßige Erfassung des skalenbegrenzten Profils angewendet werden muss.

ANMERKUNG 1 Das Default-Verfahren der Profilerfassung ist das mechanische Profil (siehe ISO 21920-3).

ANMERKUNG 2 Das Symbol, das ein nicht defaultmäßiges Verfahren der Profilerfassung anzeigt, ist EP, was für elektromagnetisches Profil steht (siehe ISO 21920-2).

ANMERKUNG 3 Ausführliche Einstellparameter für ein nicht defaultmäßiges Verfahren der Profilerfassung können mit Hilfe des OR(n)-Symbols angegeben werden (siehe 7.17).

ANMERKUNG 4 Bei Anwendung unterschiedlicher Verfahren der Profilerfassung auf dieselbe Oberfläche können unterschiedliche Ergebnisse erzielt werden.

7.17 Andere Anforderungen (OR(n))

Das Symbol „OR(n)" zeigt an, dass weitere Anforderungen in freiem Text an anderer Stelle der technischen Produktspezifikation zu finden sind. Falls nur eine Angabe mit OR(n)-Anforderung vorliegt, gilt: $n = 1$; anderenfalls muss n jeweils um eins erhöht werden.

ANMERKUNG Ein Beispiel für die dritte Angabe mit dem OR(n)-Symbol ist OR(3).

7.18 Fertigungsprozess

In Verbindung mit anderen Angaben trägt die Angabe des Fertigungsprozesses dazu bei sicherzustellen, dass eine Oberfläche mit den gewünschten Eigenschaften erzeugt wird. Der angegebene Fertigungsprozess muss zur Erzeugung der endgültigen Oberfläche angewendet werden.

ANMERKUNG Es kann auch andere Gründe für die Angabe des Fertigungsprozesses geben (z. B. für gewünschte Materialeigenschaften).

7.19 Oberflächenrillen und Richtung der Bearbeitungsspuren

Die Angabe der Oberflächenrillen und der Richtung der Bearbeitungsspuren enthält Anforderungen an den Fertigungsprozess.

ANMERKUNG Symbole und Regeln für die Angabe der Oberflächenrillen und der Richtung der Bearbeitungsspuren sind in 9.4 festgelegt.

7.20 Profilrichtung

Die Profilrichtung muss angegeben werden, wenn das Profil in einer bestimmten, nicht defaultmäßigen Richtung ermittelt wird.

ANMERKUNG Symbole und Regeln für die Angabe der Profilrichtung sind in 9.5 festgelegt.

7.21 Einstellungsklasse, Sc*n*

Das Symbol Sc*n* gibt an, welche Einstellungsklasse für die Ermittlung der Default-Einstellungen angewendet werden muss. Bei Kenngrößen ohne festgelegte Defaults muss eine Einstellungsklasse oder ein Default-Wert für den Nesting-Index des Profil-L- oder des Profil-S-Filters spezifiziert werden (siehe 6.3.3).

ANMERKUNG 1 Zur Definition der Einstellungsklasse siehe ISO 21920-3.

ANMERKUNG 2 Ein Beispiel für ein angezeigtes Symbol der zweiten Einstellungsklasse ist Sc2.

ANMERKUNG 3 Eine festgelegte Einstellungsklasse führt direkt zu den festgelegten Spalten von ISO 21920-3:2021, Tabelle 2 bis Tabelle 6, mit den entsprechenden Default-Einstellungen.

8 Position in der technischen Produktdokumentation

8.1 Allgemeines

Die für eine bestimmte Fläche geltenden Anforderungen an die profilhafte Oberflächenbeschaffenheit sind jeweils nur einmal und, sofern möglich, in derselben Ansicht anzugeben, in der die Größe oder die Lage oder beides angegeben ist (sind).

Die angegebenen Anforderungen an die Oberfläche gelten für die Oberfläche des gesamten Geometrieelements, die von dem graphischen Symbol oder der Pfeilspitze der Hinweislinie berührt wird. Es können eingeschränkte Anforderungen an bestimmte Oberflächenbereiche angegeben werden (siehe 9.2).

Die angegebenen Oberflächenanforderungen gelten für den Endzustand oder für die von der technischen Produktspezifikation festgelegten Produktionsphase.

8.2 Position und Ausrichtung des graphischen Symbols

Das graphische Symbol muss in Übereinstimmung mit ISO 129-1 von der unteren oder der rechten Seite der Zeichnung aus lesbar sein. Ein graphisches Symbol für die profilhafte Oberflächenbeschaffenheit kann nur außerhalb der Maßlinie angegeben werden, mit Ausnahme auf einem zylindrischen Element. In diesem Fall gilt es nur für das Geometrieelement, an dem die Maßhilfslinie beginnt, nicht für die gegenüberliegende Oberfläche, die durch die Maßlinie gekennzeichnet ist.

Für alle festgelegten Optionen bezüglich der Position und Ausrichtung des graphischen Symbols siehe Bild 11. Für CAD-Zeichnungen wird Bild 11 l) bevorzugt.

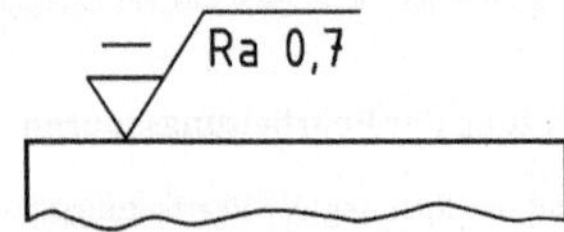

a) Von unten lesbares graphisches Symbol berührt die Oberfläche

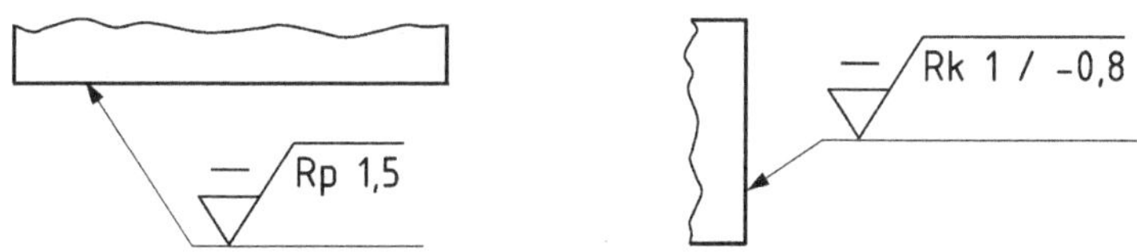

b) von unten lesbares graphisches Symbol auf einer Hinweislinie, die in einer Pfeilspitze endet

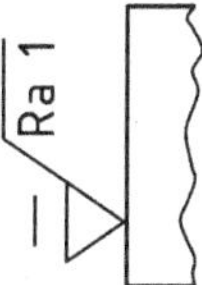

c) von rechts lesbares graphisches Symbol berührt die Oberfläche

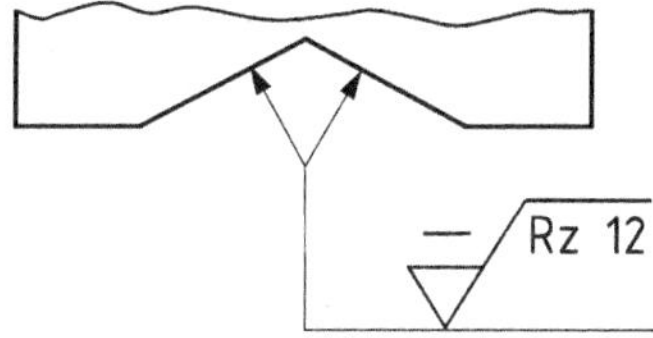

d) von unten lesbares graphisches Symbol auf einer divergierenden Hinweislinie, die in zwei Pfeilspitzen endet

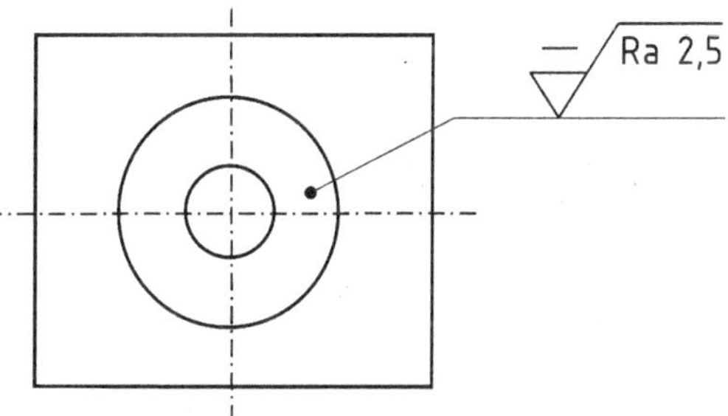

e) graphisches Symbol in einer von unten lesbaren Werkstückdraufsicht auf einer Hinweislinie, die in einem Punkt endet

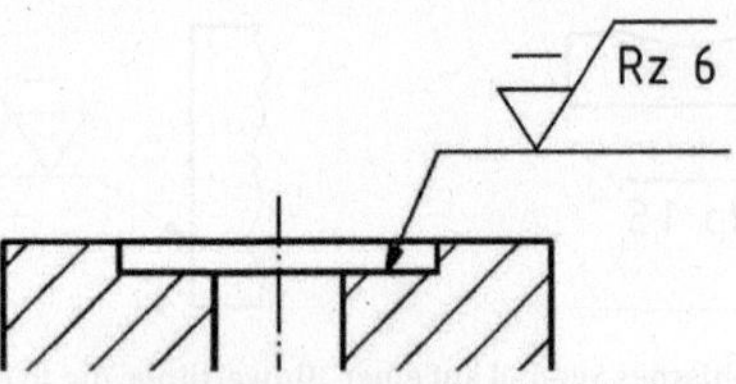

f) von unten lesbares graphisches Symbol auf einer Hinweislinie, die eine Körperkantenlinie schneidet, die in einer Pfeilspitze endet

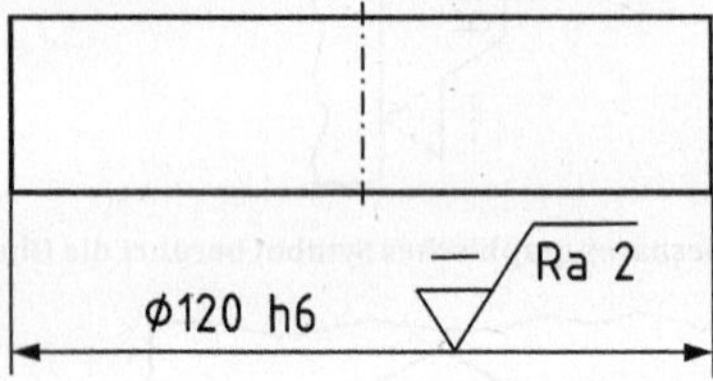

g) von unten lesbares graphisches Symbol auf einer Maßlinie eines Größenmaßelements, nur anwendbar, wenn kein Risiko einer Fehlinterpretation besteht

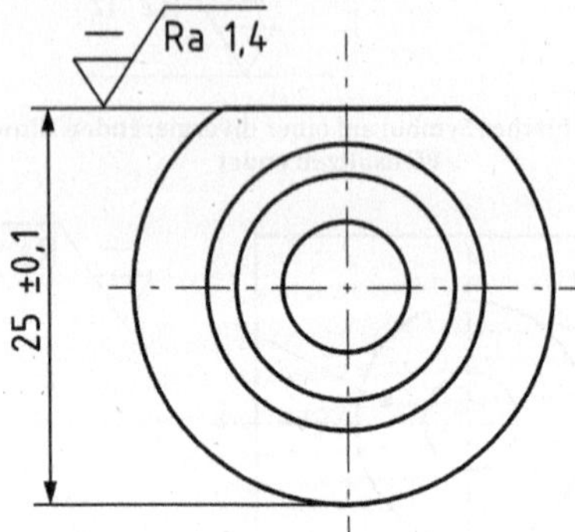

h) von unten lesbares graphisches Symbol auf einer Maßhilfslinie

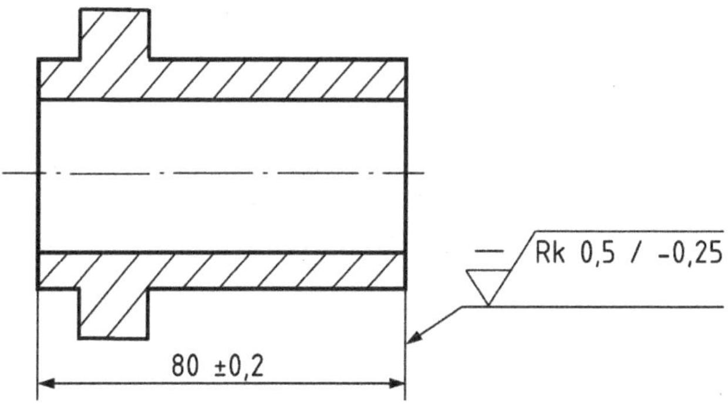

i) von unten lesbares graphisches Symbol auf einer Hinweislinie, die in einer Pfeilspitze auf einer Maßhilfslinie endet

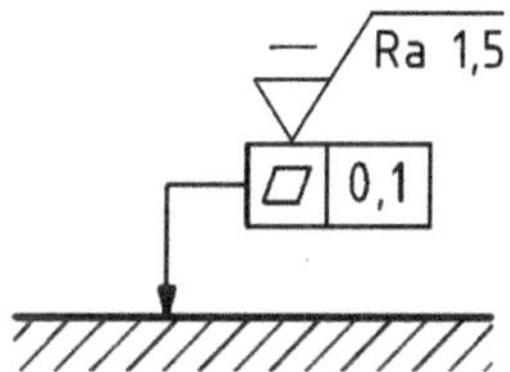

j) von unten lesbares graphisches Symbol auf dem Toleranzrahmen einer Form, Orientierung, Ort oder Lauf betreffenden Anforderung

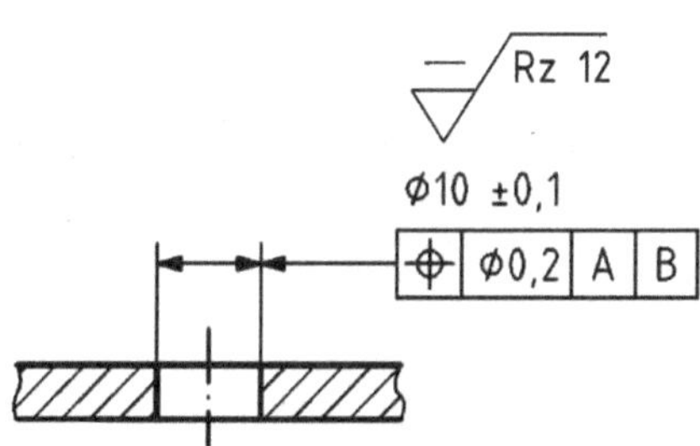

k) von unten lesbares graphisches Symbol über Angaben zur geometrischen Toleranz außerhalb der Maßlinie

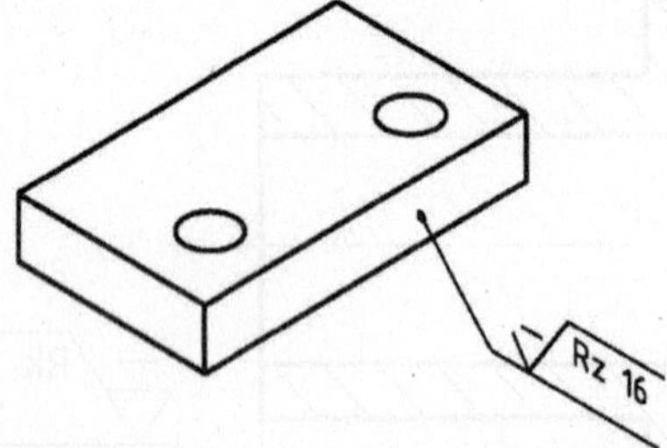

l) Graphisches Symbol in einem dreidimensionalen Modell mit einer Hinweislinie, die in einem Punkt endet

ANMERKUNG In i) gilt die Anforderung ausschließlich für das Geometrieelement, das durch die Maßhilfslinie gekennzeichnet ist, nicht für das Geometrieelement am gegenüberliegenden Ende der Maßlinie.

Bild 11 — Darstellung aller festgelegten Möglichkeiten der Position und Ausrichtung des graphischen Symbols und der Mindestangabe

9 Vereinfachte und zusätzliche Angaben

9.1 Vereinfachte Angaben

9.1.1 Allgemeines

Vereinfachte Angaben dürfen verwendet werden, um die Übersichtlichkeit und Lesbarkeit von technischen Produktdokumentationen zu verbessern.

9.1.2 Allgemeine Toleranzen

Die Angabe allgemeiner Toleranzen ist in der Nähe des Schriftfeldes der Zeichnung zu platzieren. Diese Angabe gilt für alle Geometrieelemente ohne explizit angegebene Anforderungen an die profilhafte Oberflächenbeschaffenheit, und ihr darf bzw. dürfen nur entweder das graphische Symbol (siehe Bild 12) oder wahlweise alle anderen explizit angegebenen Anforderungen in Klammern folgen (siehe Bild 13).

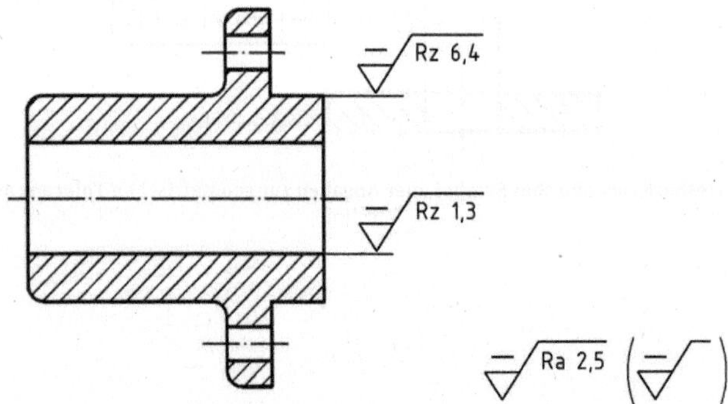

Bild 12 — Vereinfachte Angabe, auf die das graphische Symbol folgt

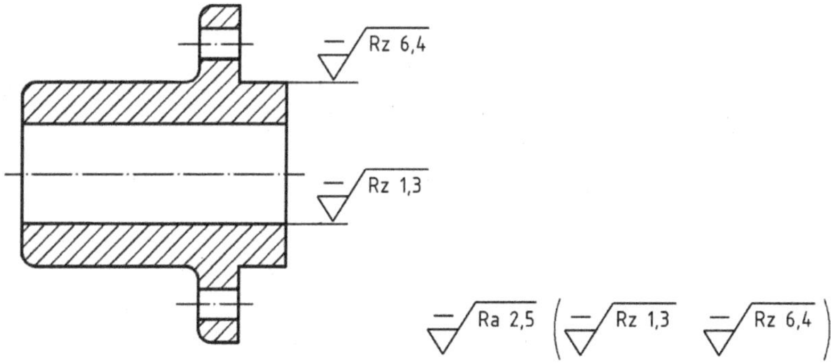

Bild 13 — Vereinfachte Angabe, auf die alle anderen explizit angegebenen Anforderungen folgen

9.1.3 Angabe durch das graphische Symbol in Kombination mit einem Buchstaben

Die Angabe durch das graphische Symbol in Kombination mit einem Buchstaben darf verwendet werden, um identische Anforderungen an mehrere Geometrieelemente zu spezifizieren (siehe Bild 14) oder um umfangreiche Anforderungen mit vielen nicht defaultmäßigen Anforderungen zu spezifizieren (siehe Bild 15) oder beides. Die Erklärung dieser Angaben muss in der Nähe des Schriftfeldes der Zeichnung platziert werden, wie in Bild 14 und Bild 15 dargestellt.

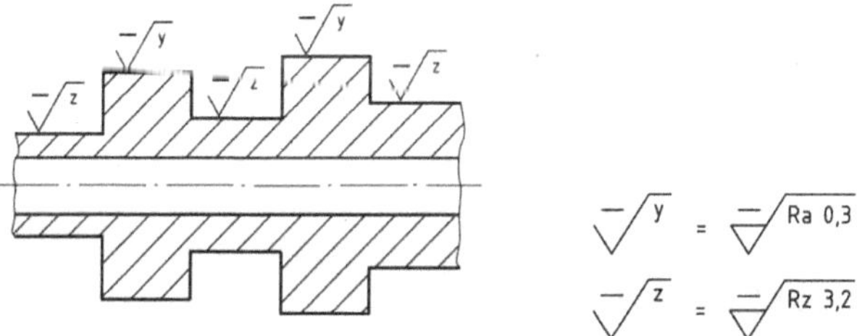

Bild 14 — Angabe durch das graphische Symbol in Kombination mit einem Buchstaben zur Spezifizierung identischer Anforderungen an mehrere Geometrieelemente

Bild 15 — Angabe durch das graphische Symbol in Kombination mit einem Buchstaben zur Spezifizierung identischer und umfangreicher Anforderungen an mehrere Geometrieelemente

9.2 Einschränkende Spezifikationen

Falls eine Angabe nur auf einen begrenzten Teil eines Geometrieelements angewendet wird, muss diese Einschränkung als breite Langstrich-Punkt-Linie dargestellt und mit theoretisch exakten Maßen bemaßt werden (für ein Beispiel der Angaben siehe Bild 16 und zu deren Deutung siehe Bild 17).

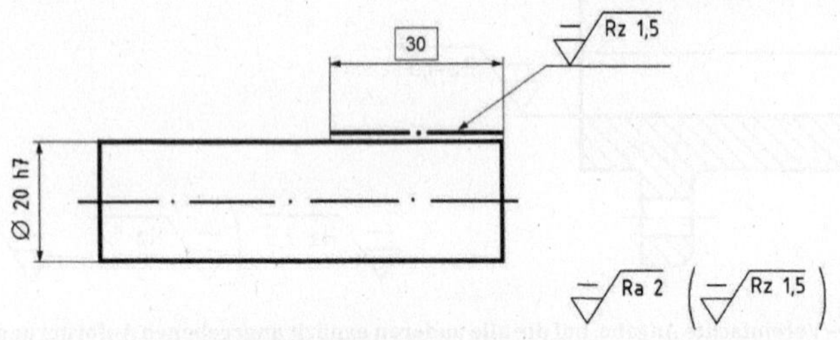

Bild 16 — Angabe zu einem begrenzten Teil eines Geometrieelements

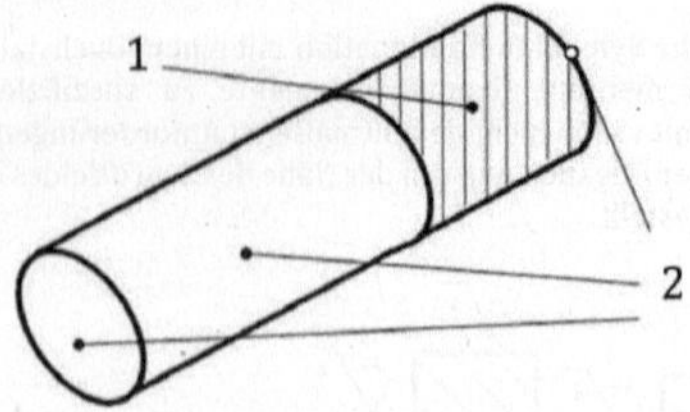

Legende

1 Bereich, für den die Anforderung Rz 1,5 µm gilt
2 Bereiche, für die die Anforderung Ra 2 µm gilt

Bild 17 — Deutung der Angabe in Bild 16

9.3 Angabe identischer Spezifikationen für eine Anzahl von Geometrieelementen

Identische Spezifikationen für eine Anzahl von identischen Geometrieelementen können durch eine Nummer der betreffenden Geometrieelemente gefolgt von einem „ × “ vor dem graphischen Symbol angegeben werden. Für ein Beispiel für die Angabe siehe Bild 18.

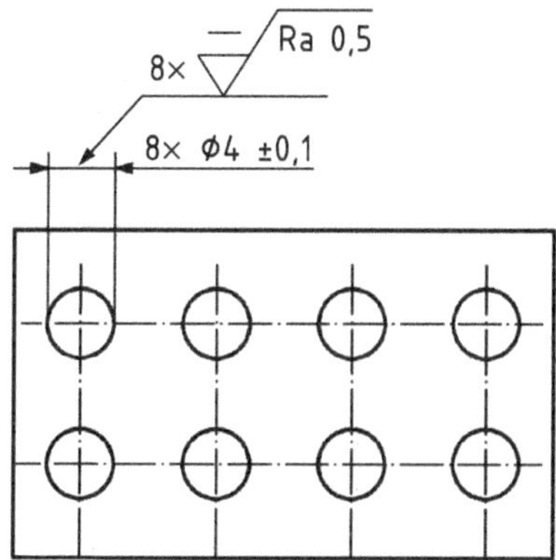

Bild 18 — Angabe einer Anzahl von identischen Spezifikationen identischer Geometrieelemente

9.4 Angabe der Oberflächenrillen und der Richtung der Bearbeitungsspuren

9.4.1 Allgemeines

Eine Anforderung zu Oberflächenrillen muss durch das Symbol (siehe 9.4.2) angegeben werden, das an der Position [t] (siehe Bild 7 bis Bild 10) angeordnet wird. Falls die Anforderung eine Richtung der Bearbeitungsspuren enthält, müssen ein zusätzlicher Schnittebenenindikator und ein Bezugselementindikator angegeben werden (siehe 9.4.3).

ANMERKUNG Die Symbole und die Angabe an der Position [t] in Bild 7 bis Bild 10 sind notwendig, um zwischen den Anforderungen an die Oberflächenrillen und an die Profilrichtung zu unterscheiden.

9.4.2 Angabe der Oberflächenrillen ohne einen Bezug

Siehe Tabelle 1 für die Angabe der Oberflächenrillen ohne einen Bezug.

Tabelle 1 — Symbole, Deutung und Beispiele für die Angabe der Oberflächenrillen

Graphisches Symbol	Deutung und Beispiel	
M	Multidirektional	M

Graphisches Symbol	Deutung und Beispiel	
C	Kreisförmig in Bezug auf den Mittelpunkt der Oberfläche, für die das Symbol gilt	 C
R	Radial in Bezug auf den Mittelpunkt der Oberfläche, für die das Symbol gilt	 R
P	Die Oberflächenrillen sind partikulär, ungerichtet oder hervortretend	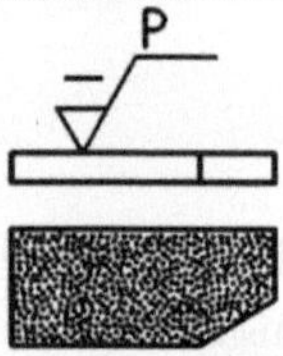 P

9.4.3 Angabe der Oberflächenrillen und der Richtung der Bearbeitungsspuren in Bezug zu einem Geometrieelement des Werkstücks

Siehe Tabelle 2 für die Angabe der Oberflächenrillen und der Richtung der Bearbeitungsspuren in Bezug zu einem Geometrieelement des Werkstücks.

Tabelle 2 — Symbole, Beispiele für die Angabe und Deutung der Oberflächenrillen und der Richtung der Bearbeitungsspuren

Graphisches Symbol	Beispiel für die Angabe	Auswertung	Geforderte Richtung der Bearbeitungsspuren
=	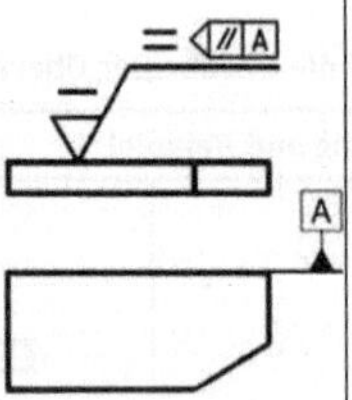 = // A A	Parallel zu der durch den Schnittebenen-indikator und den Bezugselementindikator vorgegebenen Richtung	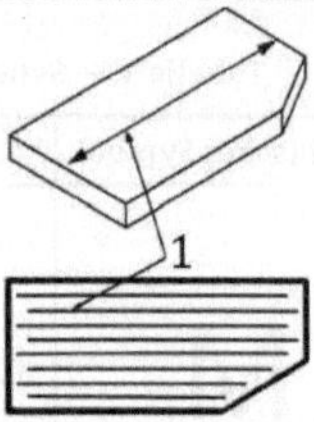 1

Graphisches Symbol	Beispiel für die Angabe	Auswertung	Geforderte Richtung der Bearbeitungsspuren
⊥	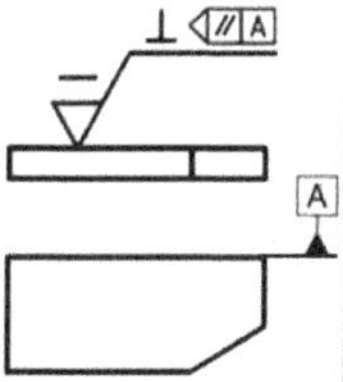 ⊥ ◁//A, A	Senkrecht zu der durch den Schnittebenenindikator und den Bezugselementindikator vorgegebenen Richtung	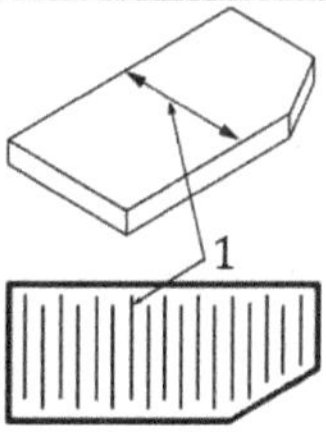 1
X	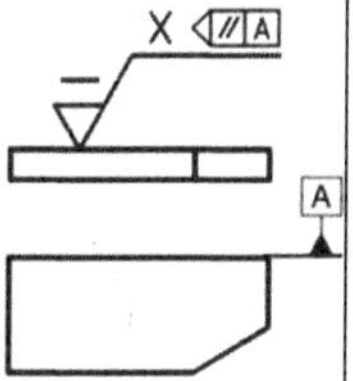 X ◁//A, A	Gekreuzt in zwei Richtungen, die in Bezug zu der durch den Schnittebenenindikator und den Bezugselementindikator vorgegebenen Richtung geneigt sind	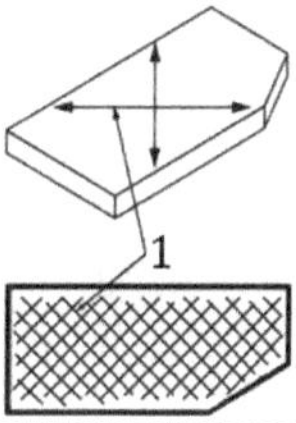 1

Legende
1 geforderte Richtung der Bearbeitungsspuren

9.5 Angabe der Profilrichtung

9.5.1 Allgemeines

Eine Profilrichtung kann auf zwei Arten angegeben werden:

a) in Bezug zur vorherrschenden Richtung der Oberflächenrillen (siehe 9.5.2);

b) in Bezug auf ein Geometrieelement des Werkstücks (siehe 9.5.3).

9.5.2 Angabe der Profilrichtung in Bezug zur vorherrschenden Richtung der Oberflächenrillen

Eine Anforderung an die Profilrichtung in Bezug zur vorherrschenden Richtung der Oberflächenrillen muss durch das entsprechende Symbol aus Tabelle 3 angegeben werden, das an der Position [u] (siehe Bild 7 bis Bild 10) angeordnet wird.

Tabelle 3 — Graphische Symbole für die Angabe der Profilrichtung

Graphisches Symbol	Auswertung
	Senkrecht zur vorherrschenden Richtung
	Parallel zur vorherrschenden Richtung
	Kreisförmig zum Mittelpunkt der Oberfläche, für die das Symbol gilt

Graphisches Symbol	Auswertung
≠	Unter einem festgelegten Winkel zur vorherrschenden Richtung (0° < *n* < 90°); für ein Beispiel siehe Bild 19

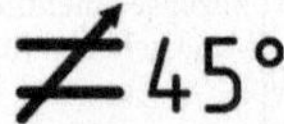

Bild 19 — Graphisches Symbol für die Angabe der Profilrichtung unter einem Winkel von 45° zur vorherrschenden Richtung

9.5.3 Angabe der Profilrichtung in Bezug auf ein Geometrieelement des Werkstücks

Eine Anforderung an die Profilrichtung in Bezug auf ein Geometrieelement des Werkstücks muss durch einen zusätzlichen Schnittebenenindikator und einen Bezugselementindikator angegeben werden (siehe Bild 20 und Bild 21).

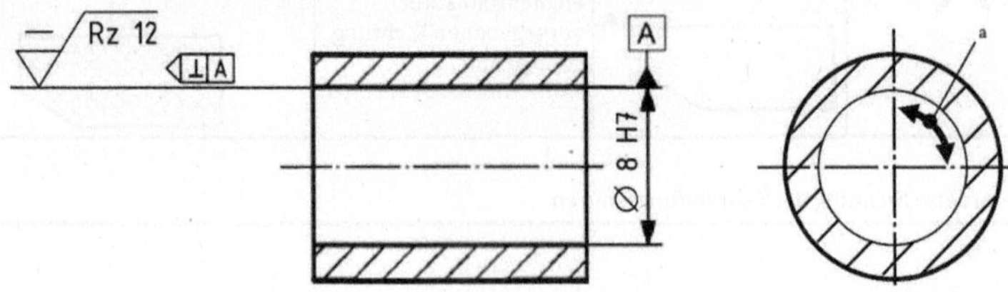

[a] Geforderte Profilrichtung.

Bild 20 — Angabe und Deutung der spezifizierten Profilrichtung durch einen Schnittebenenindikator in einer 2D-Zeichnung

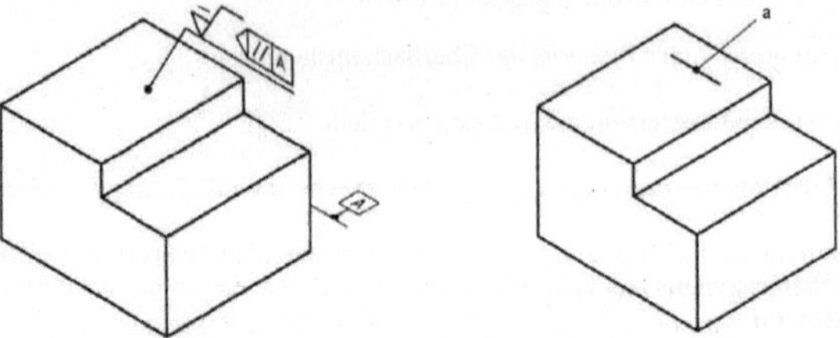

[a] Geforderte Profilrichtung an einer Beispielposition.

Bild 21 — Angabe und Deutung der spezifizierten Profilrichtung durch einen Schnittebenenindikator in einer 3D-Zeichnung

9.6 Angabe von zweiseitigen Oberflächenprofil-Toleranzen

Zweiseitige Toleranzen können auf zwei verschiedene Arten angegeben werden:

a) in getrennten Zeilen für die obere und die untere Toleranzgrenze eines Parameters (siehe Bild 22);

b) in einer Zeile durch Verwendung der Intervallangabe (siehe Bild 23).

ANMERKUNG Der Fall b) kann nur bei gleichen Anforderungen an beide Toleranzgrenzen angewendet werden.

U Rz 5
L Rz 1

Rz 5
L Rz 1

Bild 22 — Zweizeilig angegebene zweiseitige Toleranz

Ra [0,5; 2,5]

Ra [0,5; 2,5] / -RG 0,6 (15) / EP OR(1)

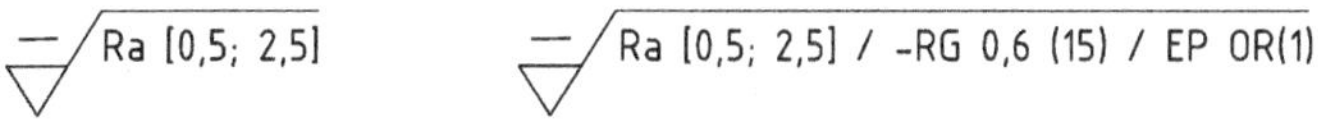

Bild 23 — Einzeilig angegebene zweiseitige Toleranzen

9.7 Angabe unterschiedlicher Anforderungen an mehrere zusätzliche Prozesse an einem Oberflächen-Geometrieelement

Die Angaben für alle Prozesse müssen mit einem nummerierten Hinweiszeichen am Ende der Spezifikation gekennzeichnet werden. Die Anforderungen der nummerierten Hinweiszeichen müssen in der Nähe des Schriftfeldes oder in einem Ergänzungsdokument festgelegt werden. Für ein Beispiel siehe Bild 24.

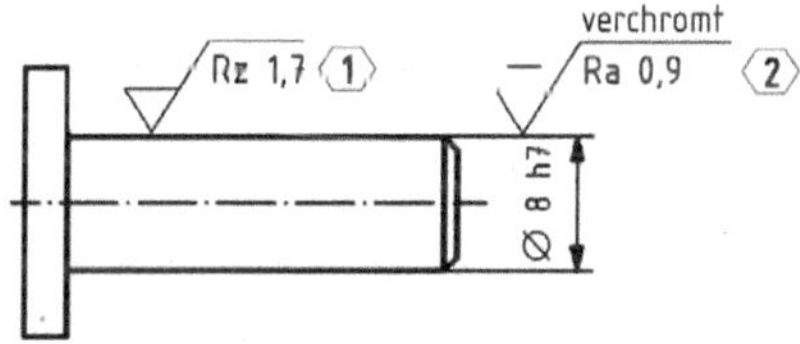

Mit den nummerierten Hinweiszeichen und ihren Anforderungen in der Nähe des Schriftfeldes der Zeichnung angeordnet:

⟨1⟩ vor dem Verchromen

⟨2⟩ nach dem Verchromen

Bild 24 — Angabe von zwei Anforderungen an ein Oberflächen-Geometrieelement nach unterschiedlichen Prozessen

Anhang A
(normativ)

Proportionen und Maße von graphischen Symbolen

A.1 Allgemeine Anforderungen

Für die Harmonisierung der Größe der in diesem Dokument festgelegten Symbole mit anderen Eintragungen in technischen Zeichnungen (z. B. Maße, geometrische Toleranzen), müssen die in ISO 81714-1 angegebenen Regeln angewendet werden.

A.2 Proportionen

Das graphische Grundsymbol und seine Ergänzungen (siehe Abschnitt 6) müssen in Übereinstimmung mit Bild A.1 bis Bild A.3 dargestellt werden. Die Form der Symbole in Bild A.2 c) bis Bild A.2 g) ist dieselbe wie die des entsprechenden Großbuchstaben in ISO 3098-2 (Beschriftung B, vertikal). Zu den Maßen siehe A.3. Die Länge der horizontalen Linie des Symbols in Bild A.1 ist abhängig von den Angaben, die oberhalb und unterhalb angeordnet werden sollen. Bei vereinfachten Angaben nach 9.1 ist die Länge der horizontalen Linie gleich l_1.

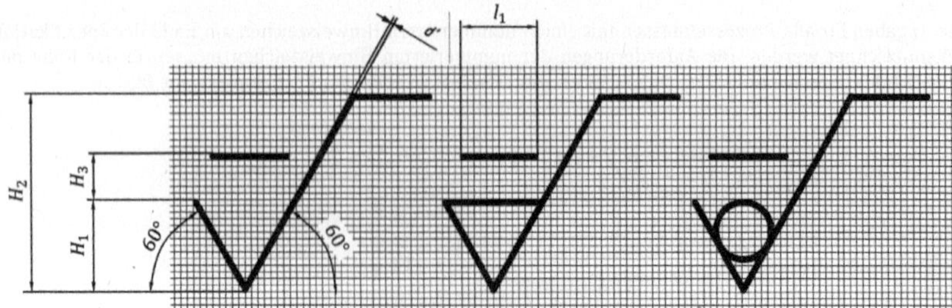

Bild A.1 — Proportionen des graphischen Grundsymbols

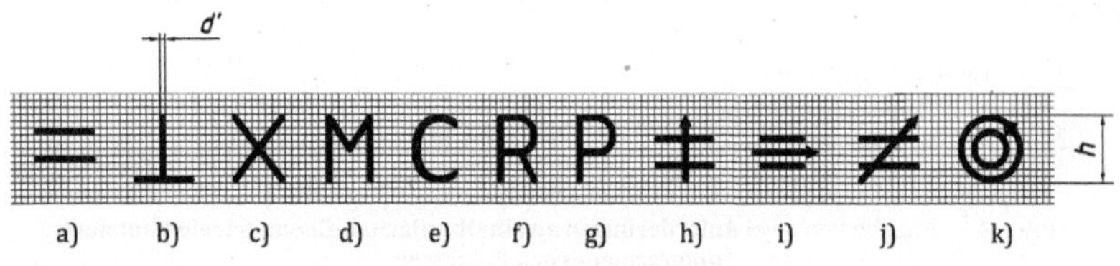

Bild A.2 — Proportionen der Symbole

Die Höhe aller Beschriftungen in allen Feldern in Bild A.3 muss h entsprechen. Für die Platzierung aller Felder siehe Bild 7 bis Bild 10.

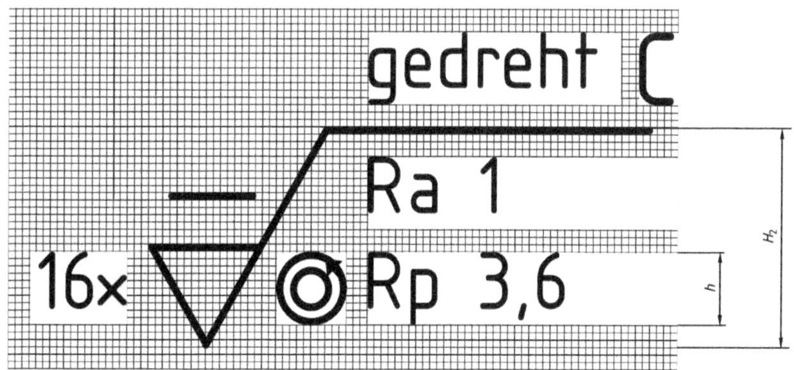

Bild A.3 — Proportionen und Maße

A.3 Maße

Die Maße der graphischen Symbole und der zusätzlichen Angaben müssen den Festlegungen von Tabelle A.1 entsprechen.

Tabelle A.1 — Maße

Maße in Millimeter

Höhe von Zahlen und Buchstaben, *h* (siehe ISO 3098-2)	2,5	3,5	5	7	10	14	20
Linienbreite für Symbole, *d'* Linienbreite für die Beschriftung, (*h*/10)	0,25	0,35	0,5	0,7	1	1,4	2
Höhe, H_1	3,5	5	7	10	14	20	28
Höhe, H_2 (Mindestwert)[a]	7,5	10,5	15	21	30	42	60
Höhe, H_3	2	2,5	3,5	5	7	10	14
Länge, l_1	3	4,5	6	8,5	12	17	24

[a] H_2 hängt von der Anzahl der Zeilen der Angabe ab.

Anhang B
(normativ)

Filtersymbole für die profilhafte Oberflächenbeschaffenheit

Tabelle B.1 — Symbole für Filter-Assoziationsverfahren

Symbol	Name	Bezeichnung der Normenreihe ISO 16610	ISO-Dokument
G	Gauß-Filter	FPLG	ISO 16610-21
S	Spline-Filter	FPLS	ISO 16610-22
RG	Robustes Gauß-Filter	FPRG	ISO 16610-31
RS	Robustes Spline-Filter	FPRS	ISO/TS 16610-32
SW	Spline-Filter, Wavelets	FPLWCS	ISO 16610-29
CW	Kubisches Wavelet	FPLWCP	ISO 16610-29
OD	Opening-Filter mit Kreisscheibe	FPMOD	ISO 16610-41
OH	Opening-Filter mit horizontaler Strecke	FPMOH	ISO 16610-41
CD	Closing-Filter mit Kreisscheibe	FPMCD	ISO 16610-41
CH	Closing-Filter mit horizontaler Strecke	FPMCH	ISO 16610-41
AD	Alternierendes Filter mit Kreisscheibe	FPMAD	ISO 16610-49

Anhang C
(normativ)

Symbole für Assoziationsverfahren und Assoziationselemente

Tabelle C.1 — Symbole für Assoziationsverfahren

Symbol	Assoziationsverfahren
TLS	Insgesamt kleinstes Abweichungsquadrat
LS	Kleinstes Abweichungsquadrat (en: least square)

Tabelle C.2 — Symbole für Assoziationselemente

Symbol	Assoziationselemente
L	Linie
P*n*	Polynom *n*-ter Ordnung
C	Kreis

Falls ein Assoziationsverfahren und ein Assoziationselement festgelegt sind, muss das Symbol des Assoziationselements direkt nach dem Symbol des Assoziationsverfahrens ohne ein Leerzeichen angegeben werden.

ANMERKUNG Der F-Operator besteht aus der Assoziation und dem Entfernen des festgelegten Formelements.

Anhang D
(informativ)

Angaben für die eindeutige Spezifikation von Oberflächenprofilen

D.1 Beispiele für die Spezifikation von R-Kenngrößen

Siehe Bild D.1 für ein Beispiel für eine Mindestangabe von R-Kenngrößen mit festgelegten Defaults und zur Erklärung Tabelle D.1.

Rz 3,2

Bild D.1 — Mindestangabe einer R-Kenngröße mit festgelegten Defaults unter Verwendung aller Defaults

Tabelle D.1 — Erklärung und gültige Defaults für die Beispiele in Bild D.1

Spezifikationselemente	Erklärung
Graphisches Symbol	Anforderung an die profilhafte Oberflächenbeschaffenheit Keine Anforderungen an die Fertigung
Rz	R-Kenngröße: Rz
3,2	Toleranzgrenzwert: 3,2 µm, führt zu den gültigen Default-Einstellungen (siehe ISO 21920-3:2021, Tabelle 3)
	Auf das Beispiel anwendbare Defaults (siehe ISO 21920-3:2021, Tabelle 1 und Tabelle 3)
Toleranztyp	Obere Toleranzgrenze
Toleranzakzeptanzregel	Tmax
Typ des Profil-S-Filters	Gauß-Filter
Nesting-Index des Profil-S-Filters N_{is}	0,002 5 mm (erfordert einen maximalen Abtastabstand von 0,5 µm)
Typ des Profil-L-Filters	Gauß-Filter
Nesting-Index des Profil-L-Filters N_{ic}	0,8 mm
Abschnittlänge l_{sc}	0,8 mm
Anzahl Abschnitte n_{sc}	5
Auswertelänge l_e	4,0 mm
Assoziationsverfahren und Element des Profil-F-Operators	Assoziation und Entfernen des festgelegten Formelements mit dem insgesamt kleinsten Abweichungsquadrat
Nesting-Index des Profil-F-Operators	Nicht benötigt
Verfahren der Profilerfassung	Mechanisches Profil
Andere Anforderungen (OR(*n*))	Es sind keine anderen Anforderungen gültig.
Fertigungsprozess	Keine Anforderung
Oberflächenrillen und Richtung der Bearbeitungsspuren	Keine Anforderung
Profilrichtung	Rechtwinklig zu den Oberflächenrillen

Siehe Bild D.2 und Bild D.3 als ein Beispiel für die beiden einander gleichwertigen Möglichkeiten der Spezifikation einer Mindestangabe von R-Kenngrößen ohne festgelegte Defaults und zur Erklärung Tabelle D.2.

Rk 0,3 / -0,25

ANMERKUNG Defaults werden durch den Wert des Nesting-Index des Profil-L-Filters N_{ic} festgelegt.

Bild D.2 — Mindestangabe einer R-Kenngröße ohne festgelegte Defaults unter Verwendung aller Defaults

Rk 0,3 / Sc2

ANMERKUNG Defaults werden durch die Einstellungsklasse festgelegt.

Bild D.3 — Mindestangabe eine R-Kenngröße ohne festgelegte Defaults unter Verwendung aller Defaults

Tabelle D.2 — Erklärung und gültige Defaults für die Beispiele in Bild D.2 und Bild D.3

Spezifikationselemente	Erklärung
Graphisches Symbol	Anforderung an die profilhafte Oberflächenbeschaffenheit Keine Anforderungen an die Fertigung
Rk	R-Kenngröße: Rk
0,3	Toleranzgrenzwert: 0,3 µm
0,25	Nesting-Index des Profil-L-Filters N_{ic}: 0,25 mm, führt zu den gültigen Default-Einstellungen (siehe ISO 21920-3:2021, Tabelle 2)
Sc2	Einstellungsklasse: Sc2, führt zu den gültigen Default-Einstellungen (siehe ISO 21920-3:2021, Tabelle 2)
	Auf das Beispiel anwendbare Defaults (siehe ISO 21920-3:2021, Tabelle 1 und Tabelle 2)
Toleranztyp	Obere Toleranzgrenze
Toleranzakzeptanzregel	Tmax
Typ des Profil-S-Filters	Gauß-Filter
Nesting-Index des Profil-S-Filters N_{is}	0,002 5 mm (erfordert einen maximalen Abtastabstand von 0,5 µm)
Typ des Profil-L-Filters	Robustes Gauß-Filter
Nesting-Index des Profil-L-Filters N_{ic}	0,25 mm
Auswertelänge l_e	1,25 mm
Assoziationsverfahren und Element des Profil-F-Operators	Assoziation und Entfernen des festgelegten Formelements mit dem insgesamt kleinsten Abweichungsquadrat
Nesting-Index des Profil-F-Operators	Nicht benötigt
Verfahren der Profilerfassung	Mechanisches Profil
Andere Anforderungen (OR(*n*))	Es sind keine anderen Anforderungen gültig.
Fertigungsprozess	Keine Anforderung
Oberflächenrillen und Richtung der Bearbeitungsspuren	Keine Anforderung
Profilrichtung	Rechtwinklig zu den Oberflächenrillen

Siehe Bild D.4 für ein Beispiel für eine vollständige Angabe von R-Parametern der Auswertelänge ohne Verwendung von Defaults und zur Erklärung Tabelle D.3.

geschliffen ⊥ ◁// A
L Ra 2 T16% / S 0,0015 – RG 0,6 (15) LSC 25 / EP OR(1)

OR(1): chromatischer Punktsensor
Punktgröße 4 µm

Bild D.4 — Angabe einer R-Kenngröße der Auswertelänge, einschließlich aller festlegbaren Spezifikationselemente ohne Verwendung von Defaults

Tabelle D.3 — Erklärung für das Beispiel in Bild D.4

Spezifikationselemente	Erklärung
Graphisches Symbol	Anforderung an die profilhafte Oberflächenbeschaffenheit Material muss abgetragen werden
L	Toleranztyp: untere Toleranzgrenze
Ra	R-Kenngröße: Ra
2	Toleranzgrenzwert: 2,0 µm
T16%	Toleranzakzeptanzregel: 16 %-Toleranzakzeptanzregel
S	Typ des Profil-S-Filters: Spline-Filter
0,001 5	Nesting-Index des Profil-S-Filters N_{is}: 0,001 5 mm (erfordert einen maximalen Abtastabstand von 0,3 µm)
RG	Typ des Profil-L-Filters: robustes Gauß-Filter
0,6	Nesting-Index des Profil-L-Filters N_{ic}: 0,6 mm
(15)	Auswertelänge l_e: 15 mm
LSC	Assoziation und Entfernen eines Kreises (C) mit dem kleinsten Abweichungsquadrat (LS)
25	Nesting-Index des Profil-F-Operators: Kreisradius 25 mm
EP	Verfahren der Profilerfassung: elektromagnetisches Profil
OR(1)	Andere Anforderungen: chromatischer Punktsensor, Punktgröße 4 µm
geschliffen	Fertigungsprozess: Schleifen
⊥ ◁// A	Oberflächenrillen und Richtung der Bearbeitungsspuren: senkrecht zu der durch den Schnittebenenindikator und den Bezugselementindikator vorgegebenen Richtung
	Profilrichtung: parallel zur Schleifrichtung

Siehe Bild D.5 für ein Beispiel für eine vollständige Angabe für Abschnittlängen-R-Kenngrößen ohne Verwendung von Defaults und zur Erklärung Tabelle D.4.

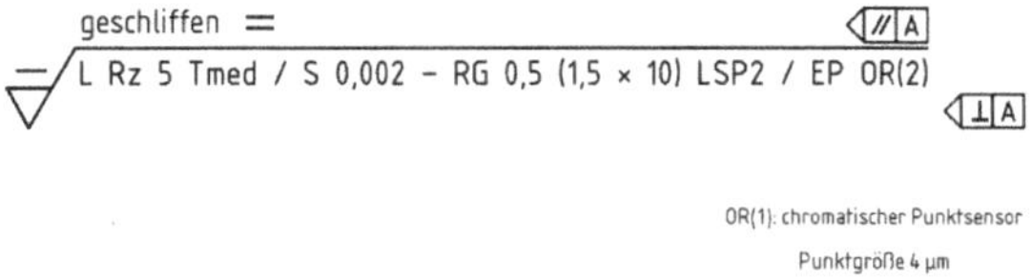

geschliffen = ◁ // | A
L Rz 5 Tmed / S 0,002 - RG 0,5 (1,5 × 10) LSP2 / EP OR(2)
◁ ⊥ | A

OR(1): chromatischer Punktsensor
Punktgröße 4 µm

Bild D.5 — Angabe einer Abschnittlängen-R-Kenngröße, einschließlich aller festlegbaren Spezifikationselemente ohne Verwendung von Defaults

Tabelle D.4 — Erklärung für das Beispiel in Bild D.5

Spezifikationselemente	Erklärung
Graphisches Symbol	Anforderung an die profilhafte Oberflächenbeschaffenheit Material muss abgetragen werden
L	Toleranztyp: untere Toleranzgrenze
Rz	R-Kenngröße: Rz
5	Toleranzgrenzwert: 5,0 µm
Tmed	Toleranzakzeptanzregel: Median-Toleranzakzeptanzregel
S	Typ des Profil-S-Filters: Spline-Filter
0,002	Nesting-Index des Profil-S-Filters N_{is}: 0,002 mm (erfordert einen maximalen Abtastabstand von 0,4 µm)
RG	Typ des Profil-L-Filters: robustes Gauß-Filter
0,5	Nesting-Index des Profil-L-Filters N_{ic}: 0,5 mm
(1,5 × 10)	Abschnittlänge l_{sc}: 1,5 mm Anzahl Abschnitte n_{sc}: 10 Resultierende Auswertelänge l_e: 15 mm
LSP2	Assoziation und Entfernen eines Polynoms zweiter Ordnung (P2) mit dem kleinsten Abweichungsquadrat (LS)
EP	Verfahren der Profilerfassung: elektromagnetisches Profil
OR(2)	Andere Anforderungen: chromatischer Punktsensor, Punktgröße 4 µm. Mehr als eine OR(*n*)-Anforderung ist angegeben
geschliffen	Fertigungsprozess: Schleifen
= ◁ // | A	Oberflächenrillen und Richtung der Bearbeitungsspuren: parallel zu der durch den Schnittebenenindikator und den Bezugselementindikator vorgegebenen Richtung
◁ ⊥ | A	Profilrichtung: senkrecht zu der durch den Bezugselementindikator vorgegebenen Richtung

Für Beispiele für eine Mindestangabe von Materialanteilkenngrößen (mit Ausnahme der unteren Toleranzgrenze) siehe Bild D.6 bis Bild D.9[N4] und zur Erklärung Tabelle D.5 bis Tabelle D.8.

In ISO 21920-3:2021, Tabelle 3 bis Tabelle 6, sind keine Materialanteilkenngrößen aufgeführt, weswegen die Einstellungsklasse oder der Wert des Nesting-Index des Profil-L-Filters N_{lc} spezifiziert werden muss.

L Rmr(-0,5) 80 % / -0,8

ANMERKUNG Das Referenzniveau 0 % ist der höchste Punkt der Materialanteilkurve und braucht nicht angegeben zu werden (siehe ISO 21920-2).

Bild D.6 — Angabe einer Materialanteilkenngröße des R-Profils mit einem festgelegten Referenzniveau von 0 %

Tabelle D.5 — Erklärung für das Beispiel in Bild D.6

Spezifikationselemente	Erklärung
Graphisches Symbol	Anforderung an die profilhafte Oberflächenbeschaffenheit Keine Anforderungen an die Fertigung
L	Toleranztyp: untere Toleranzgrenze
Rmr(−0,5)	R-Kenngröße: Rmr(p, d_{c}), mit Default p = 0 % (nicht angegeben), d_{c} = −0,5 µm
80 %	Toleranzgrenzwert: 80 %
0,8	Nesting-Index des Profil-L-Filters N_{lc}: 0,8 mm, führt zu den gültigen Default-Einstellungen (siehe ISO 21920-3:2021, Tabelle 2)

L Rmr(5 %, -0,2) 70 % / Sc2

ANMERKUNG 1 Siehe ISO 21920-2 für die Festlegung des Referenzniveaus p in Prozent der Materialanteilkurve.

ANMERKUNG 2 Der d_{c}-Wert ist negativ, wenn er unterhalb des Referenzniveaus p liegt und positiv, wenn er oberhalb des Referenzniveaus p liegt.

Bild D.7 — Angabe einer Materialanteilkenngröße des R-Profils mit einem Referenzniveau ungleich null

Tabelle D.6 — Erklärung für das Beispiel in Bild D.7

Spezifikationselemente	Erklärung
Graphisches Symbol	Anforderung an die profilhafte Oberflächenbeschaffenheit Keine Anforderungen an die Fertigung
L	Toleranztyp: untere Toleranzgrenze
Rmr(5 %, −0,2)	R-Kenngröße: Rmr(p, d_{c}), p = 5 %, d_{c} = −0,2 µm
70 %	Toleranzgrenzwert: 70 %

N4 Nationale Fußnote: Bei der Schnitthöhendifferenz in Bild D.9 handelt es sich um eine Höhendifferenz, die von der Profilhöhe bei Materialanteil p (hier 5 %) bis zur Profilhöhe bei Materialteil q (hier 40 %) gemessen wird.

Spezifikationselemente	Erklärung
Sc2	Einstellungsklasse: Sc2, führt zu den gültigen Default-Einstellungen (siehe ISO 21920-3:2021, Tabelle 2)

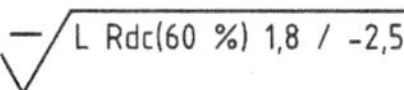

Bild D.8 — Angabe einer inversen Materialanteilkenngröße des R-Profils

Tabelle D.7 — Erklärung für das Beispiel in Bild D.8

Spezifikationselemente	Erklärung
Graphisches Symbol	Anforderung an die profilhafte Oberflächenbeschaffenheit Keine Anforderungen an die Fertigung
L	Toleranztyp: untere Toleranzgrenze
Rdc(60 %)	R-Kenngröße: Rdc(p, q), mit Default p = 0 % (nicht angegeben), q = 60 %
1,8	Toleranzgrenzwert: 1,8 µm
2,5	Nesting-Index des Profil-L-Filters N_{ic}: 2,5 mm, führt zu den gültigen Default-Einstellungen (siehe ISO 21920-3:2021, Tabelle 2)

L Rdc(5 %, 40 %) 1,5 / -0,8

Bild D.9 — Angabe einer inversen Materialanteilkenngröße des R-Profils aus der Schnitthöhendifferenz

Tabelle D.8 — Erklärung für das Beispiel in Bild D.9

Spezifikationselemente	Erklärung
Graphisches Symbol	Anforderung an die profilhafte Oberflächenbeschaffenheit Keine Anforderungen an die Fertigung
L	Toleranztyp: untere Toleranzgrenze
Rdc(5 %, 40 %)	R-Kenngröße: Rdc(p, q), p = 5 %, q = 40 %
1,5	Toleranzgrenzwert: 1,5 µm
0,8	Nesting-Index des Profil-L-Filters N_{ic}: 0,8 mm, führt zu den gültigen Default-Einstellungen (siehe ISO 21920-3:2021, Tabelle 2)

Für Beispiele für eine Angabe von Materialanteilkenngrößen ohne Verwendung von Defaults siehe Bild D.10 bis Bild D.13[N5] und zur Erklärung Tabelle D.9 bis Tabelle D.12.

[N5] Nationale Fußnote: Bei der Schnitthöhendifferenz in Bild D.13 handelt es sich um eine Höhendifferenz, die von der Profilhöhe bei Materialanteil p (hier 5 %) bis zur Profilhöhe bei Materialteil q (hier 30 %) gemessen wird.

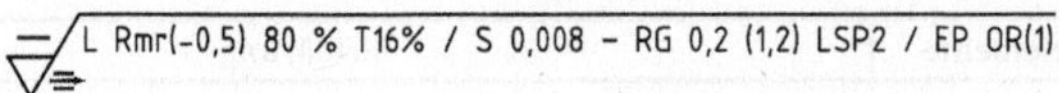

OR(1): Profilerfassung aus der primären flächenhaften CSI-Oberfläche

ANMERKUNG Das Referenzniveau 0 % ist der höchste Punkt der Materialanteilkurve und braucht nicht angegeben zu werden (siehe ISO 21920-2).

Bild D.10 — Angabe einer Materialanteilkenngröße des R-Profils mit einem festgelegten Referenzniveau von 0 % ohne Verwendung von Defaults

Tabelle D.9 — Erklärung für das Beispiel in Bild D.10

Spezifikationselemente	Erklärung
Graphisches Symbol	Anforderung an die profilhafte Oberflächenbeschaffenheit Material muss abgetragen werden
L	Toleranztyp: untere Toleranzgrenze
Rmr(−0,5)	R-Kenngröße: Rmr(p, d_c), mit Default p = 0 % (nicht angegeben), d_c = −0,5 µm
80 %	Toleranzgrenzwert: 80 %
T16%	Toleranzakzeptanzregel: 16 %-Toleranzakzeptanzregel
S	Typ des Profil-S-Filters: Spline-Filter
0,008	Nesting-Index des Profil-S-Filters N_{is}: 0,008 mm (erfordert einen maximalen Abtastabstand von 1,5 µm)
RG	Typ des Profil-L-Filters: robustes Gauß-Filter
0,2	Nesting-Index des Profil-L-Filters N_{ic}: 0,2 mm
(1,2)	Auswertelänge l_e: 1,2 mm
LSP2	Assoziation und Entfernen eines Polynoms zweiter Ordnung (P2) mit dem kleinsten Abweichungsquadrat (LS)
EP	Verfahren der Profilerfassung: elektromagnetisches Profil
OR(1)	Andere Anforderungen: Profilerfassung aus der primären flächenhaften CSI-Oberfläche
	Profilrichtung: parallel zur vorherrschenden Richtung

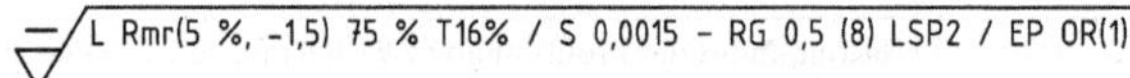

OR(1): Profilerfassung aus der primären flächenhaften CSI-Oberfläche

ANMERKUNG 1 Siehe ISO 21920-2 für die Festlegung des Referenzniveaus in Prozent der Materialanteilkurve.

ANMERKUNG 2 Der c-Wert ist negativ, wenn er unterhalb des Referenz-c-Werts liegt und positiv, wenn er oberhalb des Referenz-c-Werts liegt.

Bild D.11 — Angabe einer Materialanteilkenngröße des R-Profils ohne Verwendung von Defaults

Tabelle D.10 — Erklärung für das Beispiel in Bild D.11

Spezifikationselemente	Erklärung
Graphisches Symbol	Anforderung an die profilhafte Oberflächenbeschaffenheit Material muss abgetragen werden
L	Toleranztyp: untere Toleranzgrenze
Rmr(5 %, −1,5)	R-Kenngröße: Rmr(p, d_c), p = 5 %, d_c = −1,5 µm
75 %	Toleranzgrenzwert: 75 %
T16%	Toleranzakzeptanzregel: 16 %-Toleranzakzeptanzregel
S	Typ des Profil-S-Filters: Spline-Filter
0,001 5	Nesting-Index des Profil-S-Filters N_{is}: 0,001 5 mm (erfordert einen maximalen Abtastabstand von 0,3 µm)
RG	Typ des Profil-L-Filters: robustes Gauß-Filter
0,5	Nesting-Index des Profil-L-Filters N_{ic}: 0,5 mm
(8)	Auswertelänge l_e: 8 mm
LSP2	Assoziation und Entfernen eines Polynoms zweiter Ordnung (P2) mit dem kleinsten Abweichungsquadrat (LS)
EP	Verfahren der Profilerfassung: elektromagnetisches Profil
OR(1)	Andere Anforderungen: Profilerfassung aus der primären flächenhaften CSI-Oberfläche
⇶	Profilrichtung: parallel zur vorherrschenden Richtung

L Rdc(75 %) 2,5 T16% / S 0,004 - RG 0,6 (15) LSP2 / EP OR(1)

OR(1): chromatischer Punktsensor
Punktgröße 5 µm

Bild D.12 — Angabe einer inversen Materialanteilkenngröße des R-Profils ohne Verwendung von Defaults

Tabelle D.11 — Erklärung für das Beispiel in Bild D.12

Spezifikationselemente	Erklärung
Graphisches Symbol	Anforderung an die profilhafte Oberflächenbeschaffenheit Material muss abgetragen werden
L	Toleranztyp: untere Toleranzgrenze
Rdc(75 %)	R-Kenngröße: Rdc(p, q), mit Default p = 0 % (nicht angegeben), q = 75 %
2,5	Toleranzgrenzwert: 2,5 µm
T16%	Toleranzakzeptanzregel: 16 %-Toleranzakzeptanzregel
S	Typ des Profil-S-Filters: Spline-Filter
0,004	Nesting-Index des Profil-S-Filters N_{is}: 0,004 mm (erfordert einen maximalen Abtastabstand von 0,8 µm)
RG	Typ des Profil-L-Filters: robustes Gauß-Filter

Spezifikationselemente	Erklärung
0,6	Nesting-Index des Profil-L-Filters N_{ic}: 0,6 mm
(15)	Auswertelänge l_e: 15 mm
LSP2	Assoziation und Entfernen eines Polynoms zweiter Ordnung (P2) mit dem kleinsten Abweichungsquadrat (LS)
EP	Verfahren der Profilerfassung: elektromagnetisches Profil
OR(1)	Andere Anforderungen: chromatischer Punktsensor, Punktgröße 5 µm
	Profilrichtung: parallel zur vorherrschenden Richtung

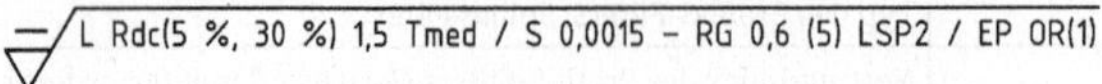

Bild D.13 — Angabe einer inversen Materialanteilkenngröße des R-Profils aus der Schnitthöhendifferenz ohne Verwendung von Defaults

Tabelle D.12 — Erklärung für das Beispiel in Bild D.13

Spezifikationselemente	Erklärung
Graphisches Symbol	Anforderung an die profilhafte Oberflächenbeschaffenheit Material muss abgetragen werden
L	Toleranztyp: untere Toleranzgrenze
Rdc(5 %, 30 %)	R-Kenngröße: Rdc(p, q), p = 5 %, q = 30 %
1,5	Toleranzgrenzwert: 1,5 µm
Tmed	Toleranzakzeptanzregel: Median-Toleranzakzeptanzregel
S	Typ des Profil-S-Filters: Spline-Filter
0,001 5	Nesting-Index des Profil-S-Filters N_{is}: 0,001 5 mm (erfordert einen maximalen Abtastabstand von 0,3 µm)
RG	Typ des Profil-L-Filters: robustes Gauß-Filter
0,6	Nesting-Index des Profil-L-Filters N_{ic}: 0,6 mm
(5)	Auswertelänge l_e: 5 mm
LSP2	Assoziation und Entfernen eines Polynoms zweiter Ordnung (P2) mit dem kleinsten Abweichungsquadrat (LS)
EP	Verfahren der Profilerfassung: elektromagnetisches Profil
OR(1)	Andere Anforderungen: chromatischer Punktsensor, Punktgröße 2 µm
	Profilrichtung: parallel zur vorherrschenden Richtung

D.2 Beispiele für die Spezifikation von W-Kenngrößen

Siehe Bild D.14 für ein Beispiel für eine Mindestangabe von W-Kenngrößen und zur Erklärung Tabelle D.13.

In ISO 21920-3:2021, Tabelle 3 bis Tabelle 6, ist keine W-Kenngröße aufgeführt, weswegen die Einstellungsklasse oder der Wert des Nesting-Index des Profil-S-Filters N_{ic} spezifiziert werden muss.

Wa 1,5 / 0,8-

Bild D.14 — Mindestangabe einer W-Kenngröße unter Verwendung aller Defaults

Tabelle D.13 — Erklärung und gültige Defaults für das Beispiel in Bild D.14

Spezifikationselemente	Erklärung
Graphisches Symbol	Anforderung an die profilhafte Oberflächenbeschaffenheit Keine Anforderungen an die Fertigung
Wa	W-Kenngröße: Wa
1,5	Toleranzgrenzwert: 1,5 µm
0,8	Nesting-Index des Profil-S-Filters N_{ic}: 0,8 mm, führt zu den gültigen Default-Einstellungen (siehe ISO 21920-3:2021, Tabelle 2)
	Auf das Beispiel anwendbare Defaults (siehe ISO 21920-3:2021, Tabelle 1 und Tabelle 2)
Toleranztyp	Obere Toleranzgrenze
Toleranzakzeptanzregel	Tmax
Typ des Profil-S-Filters	Gauß-Filter
Auswertelänge l_e	4,0 mm
Assoziationsverfahren und Element des Profil-F-Operators	Assoziation und Entfernen des festgelegten Formelements mit dem insgesamt kleinsten Abweichungsquadrat
Verfahren der Profilerfassung	Mechanisches Profil
Andere Anforderungen (OR(*n*))	Es sind keine anderen Anforderungen gültig.
Fertigungsprozess	Keine Anforderung
Oberflächenrillen und Richtung der Bearbeitungsspuren	Keine Anforderung
Profilrichtung	Rechtwinklig zu den Oberflächenrillen

Siehe Bild D.15 für ein Beispiel für eine vollständige Angabe von W-Kenngrößen der Auswertelänge ohne Verwendung von Defaults und zur Erklärung Tabelle D.14.

L Wt 6 T16% / RG 1,2- (10,5) LSC 45 / EP OR(1)

OR(1): chromatischer Punktsensor

Punktgröße 4 µm

Bild D.15 — Angabe einer Auswertelängen-W-Kenngröße ohne Verwendung von Defaults

Tabelle D.14 — Erklärung für das Beispiel in Bild D.15

Spezifikationselemente	**Erklärung**
Graphisches Symbol	Anforderung an die profilhafte Oberflächenbeschaffenheit Material muss abgetragen werden
L	Toleranztyp: untere Toleranzgrenze
Wt	W-Kenngröße: Wt
6	Toleranzgrenzwert: 6,0 µm
T16%	Toleranzakzeptanzregel: 16 %-Toleranzakeptanzregel
RG	Typ des Profil-S-Filters: robustes Gauß-Filter
1,2	Nesting-Index des Profil-S-Filters N_{ic}: 1,2 mm
(10,5)	Auswertelänge l_e: 10,5 mm
LSC	Assoziation und Entfernen eines Kreises (C) mit dem kleinsten Abweichungsquadrat (LS)
45	Nesting-Index des Profil-F-Operators: Kreisradius 45 mm
EP	Verfahren der Profilerfassung: elektromagnetisches Profil
OR(1)	Andere Anforderungen: chromatischer Punktsensor, Punktgröße 4 µm
=	Profilrichtung: parallel zur vorherrschenden Richtung

D.3 Beispiele für die Spezifikation von P-Kenngrößen

Siehe Bild D.16 für ein Beispiel für eine Mindestangabe von P-Kenngrößen mit festgelegten Defaults und zur Erklärung Tabelle D.15. Andere P-Kenngrößen als Pt sind in ISO 21920-3:2021, Tabelle 6, nicht aufgeführt, weswegen die Einstellungsklasse oder der Wert des Nesting-Index des Profil-S-Filters N_{is} spezifiziert werden muss.

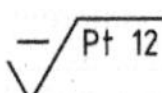

Bild D.16 — Angabe einer P-Kenngröße unter Verwendung aller Defaults

Tabelle D.15 — Erklärung und gültige Defaults für das Beispiel in Bild D.16

Spezifikationselemente	Erklärung
Graphisches Symbol	Anforderung an die profilhafte Oberflächenbeschaffenheit Keine Anforderungen an die Fertigung
Pt	P-Kenngröße: Pt
12	Toleranzgrenzwert: 12 µm, führt zu den gültigen Default-Einstellungen (siehe ISO 21920-3:2021, Tabelle 6)
	Auf das Beispiel anwendbare Defaults (siehe ISO 21920-3:2021, Tabelle 1 und Tabelle 6)
Toleranztyp	Obere Toleranzgrenze
Toleranzakzeptanzregel	Tmax
Typ des Profil-S-Filters	Gauß-Filter
Nesting-Index des Profil-S-Filters N_{is}	0,002 5 mm (erfordert einen maximalen Abtastabstand von 0,5 µm)
Auswertelänge l_e	Gleich der Länge des zu messenden Geometrieelements
Assoziationsverfahren und Element des Profil-F-Operators	Assoziation und Entfernen des festgelegten Formelements mit dem insgesamt kleinsten Abweichungsquadrat
Verfahren der Profilerfassung	Mechanisches Profil
Andere Anforderungen (OR(*n*))	Es sind keine anderen Anforderungen gültig.
Fertigungsprozess	Keine Anforderung
Oberflächenrillen und Richtung der Bearbeitungsspuren	Keine Anforderung
Profilrichtung	Rechtwinklig zu den Oberflächenrillen

Siehe Bild D.17 für ein Beispiel für eine vollständige Angabe für eine Auswertelängen-P-Kenngröße ohne Verwendung von Defaults und zur Erklärung Tabelle D.16.

L Pt 1 T16% / S 0,002 - (0,9) LSC / EP OR(1)

OR(1): Profilerfassung aus der primären flächenhaften CSI-Oberfläche

Bild D.17 — Angabe einer Auswertelängen-P-Kenngröße ohne Verwendung von Defaults

Tabelle D.16 — Erklärung für das Beispiel in Bild D.17

Spezifikationselemente	Erklärung
Graphisches Symbol	Anforderung an die profilhafte Oberflächenbeschaffenheit Material muss abgetragen werden
L	Toleranztyp: untere Toleranzgrenze
Pt	P-Kenngröße: Pt
1	Toleranzgrenzwert: 1,0 µm

Spezifikationselemente	Erklärung
T16%	Toleranzakzeptanzregel: 16 %-Toleranzakzeptanzregel
S	Typ des Profil-S-Filters: Spline-Filter
0,002	Nesting-Index des Profil-S-Filters N_{is}: 0,002 mm (erfordert einen maximalen Abtastabstand von 0,4 µm)
(0,9)	Auswertelänge l_e: 0,9 mm
LSC	Assoziation und Entfernen eines Kreises (C) mit dem kleinsten Abweichungsquadrat (LS)
EP	Verfahren der Profilerfassung: elektromagnetisches Profil
OR(1)	Andere Anforderungen: Profilerfassung aus der primären flächenhaften CSI-Oberfläche
	Profilrichtung: parallel zur vorherrschenden Richtung

Siehe Bild D.18 für ein Beispiel für eine vollständige Angabe einer Abschnittlängen-P-Kenngröße ohne Verwendung von Defaults und zur Erklärung Tabelle D.17.

L Pz 2,5 T16% / S 0,005 - (1,5 × 8) LSC 30 / EP OR(1)

OR(1): chromatischer Punktsensor

Punktgröße 4 µm

Bild D.18 — Angabe einer Abschnittlängen-P-Kenngröße ohne Verwendung von Defaults

Tabelle D.17 — Erklärung für das Beispiel in Bild D.18

Spezifikationselemente	Erklärung
Graphisches Symbol	Anforderung an die profilhafte Oberflächenbeschaffenheit Material muss abgetragen werden
L	Toleranztyp: untere Toleranzgrenze
Pz	P-Kenngröße: Pz
2	Toleranzgrenzwert: 5,0 µm
T16%	Toleranzakzeptanzregel: 16 %-Toleranzakzeptanzregel
S	Typ des Profil-S-Filters: Spline-Filter
0,005	Nesting-Index des Profil-S-Filters N_{is}: 0,005 mm (erfordert einen maximalen Abtastabstand von 1,0 µm)
(1,5 × 8)	Abschnittlänge l_{sc}: 1,5 mm Anzahl Abschnitte n_{sc}: 8 Resultierende Auswertelänge l_e: 12 mm
LSC	Assoziation und Entfernen eines Kreises (C) mit dem kleinsten Abweichungsquadrat (LS)
30	Nesting-Index des Profil-F-Operators: Kreisradius 30 mm
EP	Verfahren der Profilerfassung: elektromagnetisches Profil

Spezifikationselemente	Erklärung
OR(1)	Andere Anforderungen: chromatischer Punktsensor, Punktgröße 4 µm
⥱	Profilrichtung: parallel zur vorherrschenden Richtung

D.4 Beispiel für Spezifikationen mehrerer Kenngrößen

Für ein Beispiel für eine Angabe unter Verwendung der meisten Defaults für R- und W-Kenngrößen mit anderen Anforderungen siehe Bild D.19 und zur Erklärung Tabelle D.18.

Rz 6 / (0,8 × 16)
Wt 2 / (20)

Bild D.19 — Angabe von R- und W-Kenngrößen unter Verwendung der meisten Defaults

Tabelle D.18 — Erklärung und gültige Defaults für das Beispiel in Bild D.19

Spezifikationselemente	Erklärung
Graphisches Symbol	Anforderung an die profilhafte Oberflächenbeschaffenheit Keine Anforderungen an die Fertigung
Rz	R-Kenngröße: Rz
6	Toleranzgrenzwert: 6,0 µm
(0,8 × 16)	Abschnittlänge l_{sc}: 0,8 mm, führt zu den gültigen Default-Einstellungen (siehe ISO 21920-3:2021, Tabelle 2) für die Rz- und für die Wt-Spezifikation Anzahl Abschnitte n_{sc}: 16 Resultierende Auswertelänge l_e für die Rz-Spezifikation: 12,8 mm
Wt	W-Kenngröße: Wt
2	Toleranzgrenzwert: 2,0 µm
(20)	Auswertelänge l_e für die Wt-Spezifikation: 20 mm
	Auf das Beispiel anwendbare Defaults (siehe ISO 21920-3:2021, Tabelle 1 und Tabelle 2)
Toleranztyp	Obere Toleranzgrenze
Toleranzakzeptanzregel	Tmax
Typ des Profil-S-Filters	Gauß-Filter
Nesting-Index des Profil-S-Filters N_{is} für die Rz-Spezifikation	0,002 5 mm (erfordert einen maximalen Abtastabstand von 0,5 µm)
Nesting-Index des Profil-L-Filters N_{ic} für die Rz-Spezifikation	0,8 mm
Nesting-Index des Profil-S-Filters N_{ic} für die Wt-Spezifikation	0,8 mm
Assoziationsverfahren und Element des Profil-F-Operators	Assoziation und Entfernen des festgelegten Formelements mit dem insgesamt kleinsten Abweichungsquadrat

Spezifikationselemente	Erklärung
Verfahren der Profilerfassung	Mechanisches Profil
Andere Anforderungen (OR(*n*))	Es sind keine anderen Anforderungen gültig.
Fertigungsprozess	Keine Anforderung
Oberflächenrillen und Richtung der Bearbeitungsspuren	Keine Anforderung
Profilrichtung	Rechtwinklig zu den Oberflächenrillen

Anhang E
(normativ)

Prüfverfahren für die 16 %-Toleranzakzeptanzregel

Falls das Symbol „T16%" angegeben ist, muss die 16 %-Toleranzakzeptanzregel angewendet werden. Die Anforderung ist erfüllt und der Prüfprozess darf abgebrochen werden, wenn:

— der erste Messwert 70 % des spezifizierten oberen Toleranzgrenzwerts nicht überschreitet oder der erste Messwert 130 % des spezifizierten unteren Toleranzgrenzwerts nicht unterschreitet;

— die ersten drei Messwerte den spezifizierten oberen Toleranzgrenzwert nicht überschreiten oder die ersten drei Messwerte den spezifizierten unteren Toleranzgrenzwert nicht unterschreiten;

— nicht mehr als einer der ersten sechs Messwerte den spezifizierten oberen Toleranzgrenzwert überschreitet oder mehr als einer der ersten sechs Messwerte den spezifizierten unteren Toleranzgrenzwert unterschreitet;

— nicht mehr als zwei der ersten 12 Messwerte den spezifizierten oberen Toleranzgrenzwert überschreiten oder mehr als zwei der ersten 12 Messwerte den spezifizierten unteren Toleranzgrenzwert unterschreiten.

Anderenfalls ist das Werkstück zurückzuweisen.

In einigen Fällen, bevor hochwertige Werkstücke verworfen werden, dürfen mehr als 12 Messungen vorgenommen werden, z. B. 25 Messungen, von denen bis zu vier den spezifizierten Toleranzgrenzwert verletzen dürfen.

Die erste Messung muss in Übereinstimmung mit der Höchstwert-Toleranzakzeptanzregel nach ISO 21920-3:2021, Tabelle 1, durchgeführt werden.

ANMERKUNG Die Anwendung des vereinfachten Prüfverfahrens ist ein Kompromiss zwischen dem Messaufwand und der Gewissheit der Erfüllung der Anforderung.

Anhang F
(informativ)

Kriterien für die Anwendung der Höchstwert-Toleranzakzeptanzregel als Default

Die allgemeinen Probleme der 16 %-Toleranzakzeptanzregel sind die Gründe für die Entscheidung, dass die 16 %-Toleranzakzeptanzregel nicht mehr als Default festgelegt ist.

Die allgemeinen Probleme der 16 %-Toleranzakzeptanzregel sind wie folgt:

— dass sie in den meisten Unternehmen nicht bekannt ist und nicht angewendet wird;

— dass sie im Gegensatz zur Vorstellung der Konstrukteure steht, dass eine spezifizierte Grenze eine reale Grenze sei;

— dass sie häufig missverstanden wird;

— die meisten der in der und für die Serienfertigung in mehreren Industriezweigen in mehreren Unternehmen (Originalgerätehersteller und Lieferanten) tätigen Fachleute (Konstrukteure, Bearbeitungstechniker, Projektingenieure und Messtechniker, Ausbilder, Fachberater) in mehreren Ländern kennen die 16 %-Toleranzakzeptanzregel nicht und wenden sie nicht an.

Sofern notwendig, kann die 16 %-Toleranzakzeptanzregel spezifiziert werden.

Mögliche Vorzüge der 16 %-Toleranzakzeptanzregel umfassen das Folgende:

— sie berücksichtigt die Inhomogenität der Oberfläche;

— sie führt nicht zu einer Zurückweisung von (teuren) Werkstücken wegen nur eines überschreitenden Wertes;

— sie kann bei Kleinserien oder Einzelanfertigung von Nutzen sein.

Der Default deckt häufig angewendete Normkriterien ab. Häufig angewendete Normkriterien können sich von einem Industriezweig zum anderen unterscheiden (z. B. Kleinserien gegenüber Massenproduktion). Weil nur ein Default festgelegt werden kann, ist die Mehrheit der Anwender oder Anwendungen die Grundlage für den Default.

Für die Mehrheit der Anwender oder Anwendungen ist die 16 %-Toleranzakzeptanzregel weder von Nutzen noch anwendbar. Aus diesem Grund ist nicht mehr die 16 %-Toleranzakzeptanzregel als Default festgelegt; dies ist nun die Höchstwert-Toleranzakzeptanzregel.

Anhang G
(informativ)

Neue und veränderte Aspekte im Vergleich zu früheren Dokumenten

Tabelle G.1 — Neue und veränderte Aspekte im Vergleich zu früheren Dokumenten

Dieses Dokument	ISO 1302:2002 (früheres Dokument)
Das vollständige graphische Symbol wird um einen Balken ergänzt: 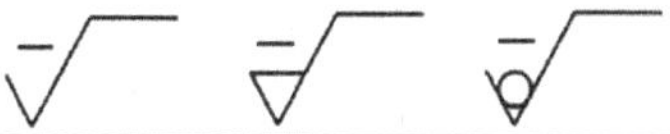	
Es wird nur das vollständige graphische Symbol festgelegt (siehe Zeile oben).	Mehrere graphische Symbole werden festgelegt: Grundsymbol:  Erweitertes Symbol:  Vollständiges graphisches Symbol: 
Neue Spezifikationselemente können spezifiziert werden, falls vom Default abweichend:	
a) Element, Verfahren und Nesting-Index des Profil-F-Operators;	a) Nicht festgelegt;
b) Verfahren der Profilerfassung;	b) Nicht festgelegt;
c) Profilrichtung;	c) Nicht festgelegt;
d) Symbol „OR(*n*)“ für andere Anforderungen;	d) Nicht festgelegt;
e) Symbol „T16%“ zur Festlegung der Anwendung der 16 %-Toleranzakzeptanzregel;	e) Kein Symbol festgelegt, Default ist die 16 %-Regel;
f) Symbol „Tmed“ zur Festlegung der Anwendung der Median-Toleranzakzeptanzregel;	f) Nicht festgelegt;
g) die meisten der Kenngrößen basieren auf der Auswertelänge (mit Ausnahme der Abschnittlängenkenngrößen);	g) Alle Kenngrößen basierten auf der Einzelmessstrecke;
h) die Einstellungsklasse (Sc*n*) kann spezifiziert werden;	h) Nicht festgelegt;
i) die Abschnittlänge kann vom Nesting-Index des Profil-L-Filters abweichen (Grenzwellenlänge).	i) Allgemein: Einzelmessstrecke = Grenzwellenlänge.

Dieses Dokument	ISO 1302:2002 (früheres Dokument)
Einschränkende Spezifikationen sind festgelegt (siehe 9.2).	Nicht festgelegt.
Die Angabe der Oberflächenrillen und der Richtung der Bearbeitungsspuren in Bezug auf ein Geometrieelement des Werkstücks ist durch einen Schnittebenenindikator festgelegt (siehe 9.4.3).	Die Angabe der Oberflächenrillen und der Richtung der Bearbeitungsspuren in Bezug auf ein Geometrieelement des Werkstücks ist durch die Projektionsfläche festgelegt.
Graphische Symbole für die Angabe der Profilrichtung werden festgelegt (siehe 9.5.2).	Nicht festgelegt.
Angabe der Profilrichtung in Bezug auf ein Geometrieelement des Werkstücks durch eine Schnittebene ist festgelegt (siehe 9.5.3).	Nicht festgelegt.
Zweiseitige Toleranzen dürfen in einer Zeile angegeben werden (siehe 9.6).	Zweiseitige Toleranzen sind in zwei Zeilen anzugeben.
Die Angabe unterschiedlicher Anforderungen an mehrere zusätzliche Prozesse an einem Oberflächen-Geometrieelement wird durch nummerierte Hinweiszeichen festgelegt (siehe 9.7).	Die Angabe von zwei oder mehr Fertigungsverfahren wird durch eine breite Langstrich-Punkt-Linie festgelegt.
Nur für einige Norm-Kenngrößen sind alle Defaults festgelegt, abhängig vom spezifizierten Grenzwert. Für alle anderen Kenngrößen muss die Einstellungsklasse (Sc*n*) oder der Nesting-Index des Profil-Filters angegeben werden, um die betreffenden Defaults zu erhalten.	Verfahren zum Erhalt der Defaults anhand von Höhenkenngrößen oder Lateralkenngrößen des zu prüfenden Werkstücks.
Die Höchstwert-Toleranzakzeptanzregel (früher Höchstwertregel) mit dem Symbol „Tmax" ist der Default, der Suffix „max" ist nicht mehr festgelegt.	Der Suffix „max" ist festgelegt, um die Anwendung der Höchstwertregel zu spezifizieren: 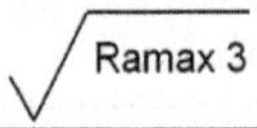 Ramax 3
Das graphische Symbol für „alle Flächen einer Werkstückoberfläche" ist nicht mehr festgelegt, um Mehrdeutigkeit zu vermeiden. Dieses kann mit gleichem Aufwand durch die festgelegten Symbole angegeben werden. 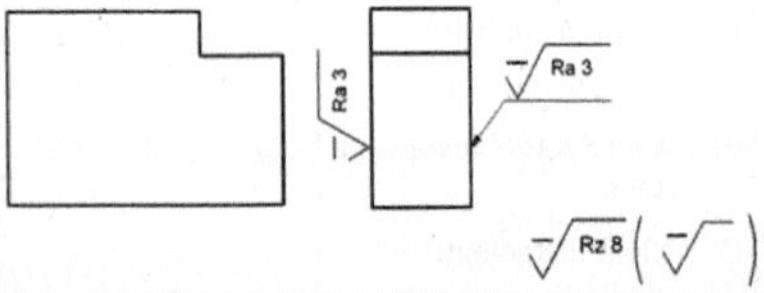 Ra 3 Ra 3 Rz 8	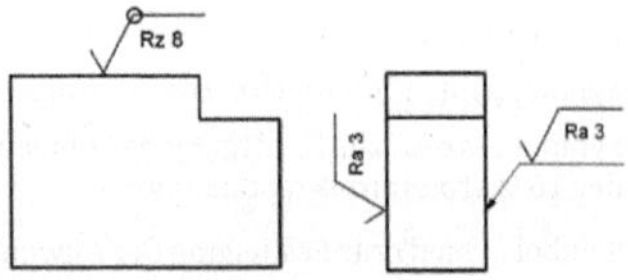 Rz 8 Ra 3 Ra 3
Die Spezifikation der Bearbeitungszugabe ist nicht mehr festgelegt.	Festgelegt in Position „e": 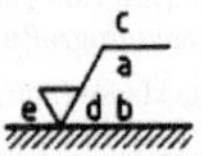 c a e d b

Dieses Dokument	ISO 1302:2002 (früheres Dokument)
Beispiele:	
a) Ra 0,5	a) Ramax 0,5
b) Rz 3,2 T16%	b) Rz 3,2

Anhang H
(informativ)

Überblick über Normen zu profilhaften und flächenhaften Oberflächenbeschaffenheiten im ISO GPS-Matrix-Modell

Für einen Überblick über Normen zur Oberflächenbeschaffenheit im ISO GPS-Matrix-Modell siehe Tabelle H.1.

Tabelle H.1 — ISO-Dokumente zur Oberflächenbeschaffenheit

	Kettenglieder						
	A	**B**	**C**	**D**	**E**	**F**	**G**
	Symbole und Angaben	Geometrie-element-anforderungen	Merkmale von Geometrieele menten	Überein-stimmung und Nicht-Über-einstimmung	Messung	Messgeräte	Kalibrierung
Profilhafte Oberflächen-beschaffenheit	ISO 21920-1	ISO 21920-2	ISO 21920-3 ISO 16610-2x ISO 16610-3x ISO 16610-4x	Normenreihe ISO 14253		ISO 25178-6 ISO 25178-6xx	ISO 25178-7x ISO 25178-70x ISO 12179
Flächenhafte Oberflächen-beschaffenheit	ISO 25178-1	ISO 25178-2	ISO 25178-3 ISO 16610-6x ISO 16610-7x ISO 16610-8x	Normenreihe ISO 14253		ISO 25178-6 ISO 25178-6xx	ISO 25178-7x ISO 25178-70x

Anhang I
(informativ)

Zusammenhang mit dem ISO GPS-Matrix-Modell

I.1 Allgemeines

Das in ISO 14638 angegebene ISO GPS-Matrix-Modell gibt einen Überblick über das ISO GPS-System, von dem dieses Dokument ein Teil ist.

Die in ISO 8015 angegebenen Grundregeln zu ISO GPS gelten für dieses Dokument, und die Default-Entscheidungsregeln nach ISO 14253-1 gelten für Spezifikationen, die in Übereinstimmung mit diesem Dokument festgelegt wurden, sofern nicht anders angegeben.

I.2 Informationen über dieses Dokument und seine Anwendung

Dieses Dokument legt grundlegende Informationen zur Tolerierung der profilhaften Oberflächenbeschaffenheit von Werkstücken fest. Es stellt die Ausgangsbasis dar und beschreibt die Grundlagen der Angabe der profilhaften Oberflächenbeschaffenheit.

I.3 Position im ISO GPS-Matrix-Modell

Dieses Dokument ist eine allgemeine ISO GPS-Norm, welche Kettenglied A der Normenketten über die profilhafte und die flächenhafte Oberflächenbeschaffenheit im ISO GPS-Matrix-Modell beeinflusst, wie in Tabelle I.1 dargestellt. Die in diesem Dokument angegebenen Regeln und Grundsätze gelten für alle Segmente der ISO GPS-Matrix, die mit einem ausgefüllten Punkt (•) angegeben sind.

Tabelle I.1 — Position im ISO GPS-Matrix-Modell

	Kettenglieder						
	A	B	C	D	E	F	G
	Symbole und Angaben	Geometrie-element-anforderungen	Merkmale von Geometrie-elementen	Übereinstimmung und Nicht-Übereinstimmung	Messung	Mess-geräte	Kalibrie-rung
Größenmaß							
Abstand							
Form							
Orientierung							
Ort							
Rundlauf							
Profilhafte Oberflächen-beschaffenheit	•						
Flächenhafte Oberflächen-beschaffenheit							
Oberflächen-unvollkommen-heiten							

I.4 Zugehörige Internationale Normen

Die zugehörigen Internationalen Normen gehen aus den in Tabelle I.1 angegebenen Normenketten hervor.

Literaturhinweise

[1] ISO 129-1, *Technical product documentation (TPD) — Presentation of dimensions and tolerances — Part 1: General principles*

[2] ISO 1302, *Geometrical Product Specifications (GPS) — Indication of surface texture in technical product documentation*

[3] ISO 3098-2, *Technical product documentation — Lettering — Part 2: Latin alphabet, numerals and marks*

[4] ISO 8015, *Geometrical product specifications (GPS) — Fundamentals — Concepts, principles and rules*

[5] ISO 14253-1, *Geometrical product specifications (GPS) — Inspection by measurement of workpieces and measuring equipment — Part 1: Decision rules for verifying conformity or nonconformity with specifications*

[6] ISO 14638, *Geometrical product specifications (GPS) — Matrix model*

[7] ISO 16610 (all parts), *Geometrical product specifications (GPS) — Filtration*

[8] ISO 18391, *Geometrical product specifications (GPS) — Population specification*

Dezember 2022

DIN EN ISO 21920-3

ICS 17.040.40

Ersatz für
DIN EN ISO 4288:1998-04

Geometrische Produktspezifikation (GPS) – Oberflächenbeschaffenheit: Profile – Teil 3: Spezifikationsoperatoren (ISO 21920-3:2021); Deutsche Fassung EN ISO 21920-3:2022

Geometrical product specifications (GPS) –
Surface texture: Profile –
Part 3: Specification operators (ISO 21920-3:2021);
German version EN ISO 21920-3:2022

Spécification géométrique des produits (GPS) –
État de surface: Méthode du profil –
Partie 3: Opérateurs de spécification (ISO 21920-3:2021);
Version allemande EN ISO 21920-3:2022

Gesamtumfang 39 Seiten

DIN-Normenausschuss Technische Grundlagen (NATG)

Nationales Vorwort

Dieses Dokument (EN ISO 21920-3:2022) wurde vom Technischen Komitee ISO/TC 213 *„Dimensional and geometrical product specifications and verification“* in Zusammenarbeit mit dem Technischen Komitee CEN/TC 290 „Geometrische Produktspezifikation und -prüfung“ erarbeitet, dessen Sekretariat von AFNOR (Frankreich) gehalten wird.

Das zuständige nationale Normungsgremium ist der Arbeitsausschuss NA 152-03-03 AA „Oberflächen“ im DIN-Normenausschuss Technische Grundlagen (NATG).

Der Hinweis in ISO 21920-3:2021 auf den Ersatz von ISO 4288:1996 führt dazu, dass jede undatierte Verweisung auf ISO 4288 (z. B. auf sehr vielen Produktzeichnungen vor Veröffentlichung von ISO 21920-3:2021) automatisch auf ISO 21920-3 übergeht. Da in der Normenreihe ISO 21920 unter anderem neue Symbole für die Angabe der profilhaften Oberflächenbeschaffenheit eingeführt wurden, können in einem Vertragsverhältnis u. U. Risiken entstehen, wenn die bestehenden Unterlagen und Produktzeichnungen nicht überarbeitet werden.

Es wird daher empfohlen, dass sich Vertragsparteien im Vorfeld von Geschäftsbeziehungen darüber einigen, welche relevanten Normen angewendet und wie diese interpretiert werden.

Darüber hinaus wird zur Minimierung des erforderlichen Arbeitsaufwandes und gleichzeitig sicheren Interpretation der Produktdokumentation vorgeschlagen, in jeder betroffenen Technischen Produktdokumentation (nur) eine Datierung der Verweisung auf ISO 4288:1996 vorzunehmen. Dann ist zur Interpretation der Produktdokumentation, insbesondere der vielen bestehenden wiederverwendeten Zeichnung, stets die ISO 4288 anzuwenden.

Im informativen Anhang C „Wesentliche Änderungen an ISO 4288“ von ISO 21920-3:2021 sind wesentliche Änderungen an ISO 4288 in Bezug auf die Bestimmung der Default-Einstellungen zusammengefasst, sodass eine Interpretation betroffener Dokumente vereinfacht wird.

Für die in diesem Dokument zitierten internationalen Dokumente wird im Folgenden auf die entsprechenden deutschen Dokumente hingewiesen:

ISO 4288	siehe	DIN EN ISO 4288
ISO 8015:2011	siehe	DIN EN ISO 8015:2011-09
ISO 13565-1	siehe	DIN EN ISO 13565-1
ISO 14253-1	siehe	DIN EN ISO 14253-1
ISO 14638	siehe	DIN EN ISO 14638
ISO 17450-1	siehe	DIN EN ISO 17450-1
ISO 17450-2	siehe	DIN EN ISO 17450-2
ISO 21920-1	siehe	DIN EN ISO 21920-1
ISO 21920-2	siehe	DIN EN ISO 21920-2
ISO 16610-21	siehe	DIN EN ISO 16610-21
ISO 16610-31	siehe	DIN EN ISO 16610-31

Änderungen

Gegenüber DIN EN ISO 4288:1998-04 wurden folgende Änderungen vorgenommen:

a) Änderung der Normnummer;

b) keine Unterscheidung zwischen periodischen und nicht-periodischen Profilen;

c) Grundlage für den Default ist die Zeichnungseintragung;

d) Tmax-Regel ist die Default-Toleranzakzeptanzregel.

Frühere Ausgaben

DIN 4775: 1982-06
DIN EN ISO 4288: 1998-04

Nationaler Anhang NA
(informativ)

Literaturhinweise

DIN EN ISO 4288, *Geometrische Produktspezifikation (GPS) — Oberflächenbeschaffenheit: Tastschnittverfahren — Regeln und Verfahren für die Beurteilung der Oberflächenbeschaffenheit*

DIN EN ISO 8015:2011-09, *Geometrische Produktspezifikation (GPS) — Grundlagen — Konzepte, Prinzipien und Regeln (ISO 8015:2011); Deutsche Fassung EN ISO 8015:2011*

DIN EN ISO 13565-1, *Geometrische Produktspezifikationen (GPS) — Oberflächenbeschaffenheit: Tastschnittverfahren — Oberflächen mit plateauartigen funktionsrelevanten Eigenschaften — Teil 1: Filterung und allgemeine Meßbedingungen*

DIN EN ISO 14253-1, *Geometrische Produktspezifikationen (GPS) — Prüfung von Werkstücken und Messgeräten durch Messen — Teil 1: Entscheidungsregeln für den Nachweis von Konformität oder Nichtkonformität mit Spezifikationen*

DIN EN ISO 14638, *Geometrische Produktspezifikation (GPS) — Matrix-Modell*

DIN EN ISO 17450-1, *Geometrische Produktspezifikation (GPS) — Grundlagen — Teil 1: Modell für die geometrische Spezifikation und Prüfung*

DIN EN ISO 17450-2, *Geometrische Produktspezifikation (GPS) — Grundlagen — Teil 2: Grundsätze, Spezifikationen, Operatoren, Unsicherheiten und Mehrdeutigkeiten*

DIN EN ISO 21920-1, *Geometrische Produktspezifikation (GPS) — Oberflächenbeschaffenheit: Profile — Teil 1: Angabe der Oberflächenbeschaffenheit*

DIN EN ISO 21920-2, *Geometrische Produktspezifikation (GPS) — Oberflächenbeschaffenheit: Profile — Teil 2: Begriffe und Kenngrößen für die Oberflächenbeschaffenheit*

DIN EN ISO 16610-21, *Geometrische Produktspezifikation (GPS) — Filterung — Teil 21: Lineare Profilfilter: Gauß-Filter*

DIN EN ISO 16610-31, *Geometrische Produktspezifikation (GPS) — Filterung — Teil 31: Robuste Profilfilter: Gaußsche Regressionsfilter*

EUROPÄISCHE NORM

EUROPEAN STANDARD

NORME EUROPÉENNE

EN ISO 21920-3

Januar 2022

ICS 17.040.40

Ersetzt EN ISO 4288:1997

Deutsche Fassung

Geometrische Produktspezifikation (GPS) — Oberflächenbeschaffenheit: Profile — Teil 3: Spezifikationsoperatoren (ISO 21920-3:2021)

Geometrical product specifications (GPS) — Surface texture: Profile — Part 3: Specification operators (ISO 21920-3:2021)

Spécification géométrique des produits (GPS) — État de surface: Méthode du profil — Partie 3: Opérateurs de spécification (ISO 21920-3:2021)

Diese Europäische Norm wurde vom CEN am 27. November 2021 angenommen.

Die CEN-Mitglieder sind gehalten, die CEN/CENELEC-Geschäftsordnung zu erfüllen, in der die Bedingungen festgelegt sind, unter denen dieser Europäischen Norm ohne jede Änderung der Status einer nationalen Norm zu geben ist. Auf dem letzten Stand befindliche Listen dieser nationalen Normen mit ihren bibliographischen Angaben sind beim CEN-CENELEC-Management-Zentrum oder bei jedem CEN-Mitglied auf Anfrage erhältlich.

Diese Europäische Norm besteht in drei offiziellen Fassungen (Deutsch, Englisch, Französisch). Eine Fassung in einer anderen Sprache, die von einem CEN-Mitglied in eigener Verantwortung durch Übersetzung in seine Landessprache gemacht und dem Management-Zentrum mitgeteilt worden ist, hat den gleichen Status wie die offiziellen Fassungen.

CEN-Mitglieder sind die nationalen Normungsinstitute von Belgien, Bulgarien, Dänemark, Deutschland, Estland, Finnland, Frankreich, Griechenland, Irland, Island, Italien, Kroatien, Lettland, Litauen, Luxemburg, Malta, den Niederlanden, Norwegen, Österreich, Polen, Portugal, der Republik Nordmazedonien, Rumänien, Schweden, der Schweiz, Serbien, der Slowakei, Slowenien, Spanien, der Tschechischen Republik, der Türkei, Ungarn, dem Vereinigten Königreich und Zypern.

EUROPÄISCHES KOMITEE FÜR NORMUNG
EUROPEAN COMMITTEE FOR STANDARDIZATION
COMITÉ EUROPÉEN DE NORMALISATION

CEN-CENELEC Management-Zentrum: Rue de la Science 23, B-1040 Brüssel

Ref. Nr. EN ISO 21920-3:2022 D

Inhalt

Europäisches Vorwort

Dieses Dokument (EN ISO 21920-3:2022) wurde vom Technischen Komitee ISO/TC 213 „Dimensional and geometrical product specifications and verification" in Zusammenarbeit mit dem Technischen Komitee CEN/TC 290 „Geometrische Produktspezifikationen und -prüfung" erarbeitet, dessen Sekretariat von AFNOR gehalten wird.

Diese Europäische Norm muss den Status einer nationalen Norm erhalten, entweder durch Veröffentlichung eines identischen Textes oder durch Anerkennung bis Juli 2022, und etwaige entgegenstehende nationale Normen müssen bis Juli 2022 zurückgezogen werden.

Es wird auf die Möglichkeit hingewiesen, dass einige Elemente dieses Dokuments Patentrechte berühren können. CEN ist nicht dafür verantwortlich, einige oder alle diesbezüglichen Patentrechte zu identifizieren.

Dieses Dokument ersetzt EN ISO 4288:1997.

Rückmeldungen oder Fragen zu diesem Dokument sollten an das jeweilige nationale Normungsinstitut des Anwenders gerichtet werden. Eine vollständige Liste dieser Institute ist auf den Internetseiten von CEN abrufbar.

Entsprechend der CEN-CENELEC-Geschäftsordnung sind die nationalen Normungsinstitute der folgenden Länder gehalten, diese Europäische Norm zu übernehmen: Belgien, Bulgarien, Dänemark, Deutschland, die Republik Nordmazedonien, Estland, Finnland, Frankreich, Griechenland, Irland, Island, Italien, Kroatien, Lettland, Litauen, Luxemburg, Malta, Niederlande, Norwegen, Österreich, Polen, Portugal, Rumänien, Schweden, Schweiz, Serbien, Slowakei, Slowenien, Spanien, Tschechische Republik, Türkei, Ungarn, Vereinigtes Königreich und Zypern.

Anerkennungsnotiz

Der Text von ISO 21920-3:2021 wurde von CEN als EN ISO 21920-3:2022 ohne irgendeine Abänderung genehmigt.

Vorwort

ISO (die Internationale Organisation für Normung) ist eine weltweite Vereinigung nationaler Normungsinstitute (ISO-Mitgliedsorganisationen). Die Erstellung von Internationalen Normen wird üblicherweise von Technischen Komitees von ISO durchgeführt. Jede Mitgliedsorganisation, die Interesse an einem Thema hat, für welches ein Technisches Komitee gegründet wurde, hat das Recht, in diesem Komitee vertreten zu sein. Internationale staatliche und nichtstaatliche Organisationen, die in engem Kontakt mit ISO stehen, nehmen ebenfalls an der Arbeit teil. ISO arbeitet bei allen elektrotechnischen Normungsthemen eng mit der Internationalen Elektrotechnischen Kommission (IEC) zusammen.

Die Verfahren, die bei der Entwicklung dieses Dokuments angewendet wurden und die für die weitere Pflege vorgesehen sind, werden in den ISO/IEC-Direktiven, Teil 1 beschrieben. Es sollten insbesondere die unterschiedlichen Annahmekriterien für die verschiedenen ISO-Dokumentenarten beachtet werden. Dieses Dokument wurde in Übereinstimmung mit den Gestaltungsregeln der ISO/IEC-Direktiven, Teil 2 erarbeitet (siehe www.iso.org/directives).

Es wird auf die Möglichkeit hingewiesen, dass einige Elemente dieses Dokuments Patentrechte berühren können. ISO ist nicht dafür verantwortlich, einige oder alle diesbezüglichen Patentrechte zu identifizieren. Details zu allen während der Entwicklung des Dokuments identifizierten Patentrechten finden sich in der Einleitung und/oder in der ISO-Liste der erhaltenen Patenterklärungen (siehe www.iso.org/patents).

Jeder in diesem Dokument verwendete Handelsname dient nur zur Unterrichtung der Anwender und bedeutet keine Anerkennung.

Für eine Erläuterung des freiwilligen Charakters von Normen, der Bedeutung ISO-spezifischer Begriffe und Ausdrücke in Bezug auf Konformitätsbewertungen sowie Informationen darüber, wie ISO die Grundsätze der Welthandelsorganisation (WTO, en: World Trade Organization) hinsichtlich technischer Handelshemmnisse (TBT, en: Technical Barriers to Trade) berücksichtigt, siehe www.iso.org/iso/foreword.html.

Dieses Dokument wurde vom Technischen Komitee ISO/TC 213, *Dimensional and geometrical product specifications and verification*, in Zusammenarbeit mit dem Europäischen Komitee für Normung (CEN), Technisches Komitee CEN/TC 290, *Geometrische Produktspezifikationen und -prüfung*, in Übereinstimmung mit der Vereinbarung zur technischen Zusammenarbeit zwischen ISO und CEN (Wiener Vereinbarung) erarbeitet.

Diese erste Ausgabe von ISO 21920-3 ersetzt ISO 4288:1996, die technisch überarbeitet wurde. Sie enthält auch die Technische Berichtigung ISO 4288:1996/Cor. 1:1998.

Die wesentlichen Änderungen an ISO 4288:1996 sind folgende:

— keine Unterscheidung zwischen periodischen und nichtperiodischen Profilen;

— die Basis für Defaults ist die Zeichnungseintragung;

— die Höchstwert-Toleranzakzeptanzregel ist die Default-Toleranzakzeptanzregel;

— für die Ermittlung der Profilposition werden Oberflächenunvollkommenheiten als Teil der festgelegten Oberfläche im Default-Fall angesehen.

Eine Auflistung aller Teile der Normenreihe ISO 21920 ist auf der ISO-Internetseite abrufbar.

Rückmeldungen oder Fragen zu diesem Dokument sollten an das jeweilige nationale Normungsinstitut des Anwenders gerichtet werden. Eine vollständige Auflistung dieser Institute ist unter www.iso.org/members.html zu finden.

Einleitung

Dieses Dokument ist eine Norm über Geometrische Produktspezifikationen (GPS) und als allgemeine ISO GPS-Norm (siehe ISO 14638) anzusehen. Es beeinflusst das Kettenglied C der Normenketten für die profilhafte Oberflächenbeschaffenheit.

Das in ISO 14638 angegebene ISO GPS-Matrix-Modell gibt einen Überblick über das ISO GPS-System, von dem das vorliegende Dokument ein Teil ist. Die in ISO 8015 angegebenen Grundregeln zu ISO GPS gelten für dieses Dokument, und die Default-Entscheidungsregeln[N1] nach ISO 14253-1 gelten für Spezifikationen, die in Übereinstimmung mit diesem Dokument festgelegt wurden, sofern nicht anders angegeben.

Für ausführlichere Informationen über die Beziehung dieses Dokuments zu anderen Normen und dem ISO GPS-Matrix-Modell siehe Anhang F.

Dieses Dokument legt die Spezifikationsoperatoren nach ISO 17450-2 fest.

In diesem gesamten Dokument werden Kenngrößen als Abkürzungen mit Kleinbuchstaben als Suffix (wie z. B. Rq) angegeben, die in Produktdokumentationen, Zeichnungen und Datenblättern verwendet werden.

N1 Nationale Fußnote: Der englische Begriff „Default" bezeichnet im Deutschen generell den „Regelfall", beispielsweise von einer Kenngröße, einem Wert, einer Einheit, einem Verfahren oder einer Einstellung. Aufgrund der breiten Verwendung des Begriffs „Default" im technischen Bereich wird im Folgenden von einer Übersetzung abgesehen.

1 Anwendungsbereich

Dieses Dokument legt den vollständigen Spezifikationsoperator für die Oberflächenbeschaffenheit nach dem Tastschnittverfahren fest.

2 Normative Verweisungen

Die folgenden Dokumente werden im Text in solcher Weise in Bezug genommen, dass einige Teile davon oder ihr gesamter Inhalt Anforderungen des vorliegenden Dokuments darstellen. Bei datierten Verweisungen gilt nur die in Bezug genommene Ausgabe. Bei undatierten Verweisungen gilt die letzte Ausgabe des in Bezug genommenen Dokuments (einschließlich aller Änderungen).

ISO 21920-1, *Geometrical product specifications (GPS) — Surface texture: Profile — Part 1: Indication of surface texture*

ISO 21920-2, *Geometrical product specifications (GPS) — Surface texture: Profile — Part 2: Terms, definitions and surface texture parameters*

ISO 16610-21, *Geometrical product specifications (GPS) — Filtration — Part 21: Linear profile filters: Gaussian filters*

ISO 16610-31, *Geometrical product specifications (GPS) — Filtration — Part 31: Robust profile filters: Gaussian regression filters*

3 Begriffe

Für die Anwendung dieses Dokuments gelten die Begriffe nach ISO 21920-1 und ISO 21920-2 und die folgenden Begriffe.

ISO und IEC stellen terminologische Datenbanken für die Verwendung in der Normung unter den folgenden Adressen bereit:

— ISO Online Browsing Platform: verfügbar unter https://www.iso.org/obp

— IEC Electropedia: verfügbar unter http://www.electropedia.org/

3.1
Einstellungsklasse
Sc*n*
Bezeichner zur Kennzeichnung von Default-Einstellungen

Anmerkung 1 zum Begriff: Spezifische Einstellungsklassen sind Sc1, Sc2, Sc3, Sc4 und Sc5.

Anmerkung 2 zum Begriff: Die Einstellungsklasse legt die entsprechende Spalte in Tabelle 2 bis Tabelle 6 fest.

4 Vollständiger Spezifikationsoperator

4.1 Einleitung

Für nicht explizit spezifizierte Spezifikationselemente (siehe ISO 21920-1) und häufig verwendete Spezifikationsoperatoren werden Default-Einstellungen verwendet. Es sollte nicht erwartet werden, dass Default-Einstellungen die Korrelation mit einer bestimmten Funktion eines Werkstücks sicherstellen.

Der Vorteil der in 4.3 und 4.4 angegebenen Default-Spezifikationsoperatoren liegt in der Vereinfachung der Zeichnungseintragungen.

4.2 Allgemeines

Der vollständige Spezifikationsoperator (siehe ISO 17450-2) umfasst sämtliche der für eine eindeutige Spezifikation erforderlichen Operatoren. Er umfasst eine geordnete vollständige Menge von eindeutigen Spezifikationsoperationen in eindeutiger Reihenfolge. Im Fall der profilhaften Oberflächenbeschaffenheit legt der vollständige Spezifikationsoperator sämtliche Einstellungselemente fest.

Grundlage für die Default-Einstellungen ist die Zeichnung nach ISO 21920-1. Für R-Kenngrößen muss entweder die Einstellungsklasse oder der Nesting-Index des Profil-L-Filters festgelegt werden. Für W-Kenngrößen muss entweder die Einstellungsklasse oder der Nesting-Index des Profil-S-Filters festgelegt werden.

Für die R-Kenngrößen Ra, Rq, Rz, Rp, Rv, Rzx und Rt, sowie für Pt, können alle Default-Einstellungen durch die Festlegung der Toleranzgrenze festgelegt werden, siehe 4.4.3 bis 4.4.6.

Ein Ablaufdiagramm, das die Ermittlung der Spezifikationsoperatoren in allgemeiner Weise darstellt, ist in Anhang A angegeben. Beispiele für die Ermittlung der Default-Einstellungen sind in Anhang B angegeben. Anhang C enthält einen Überblick über die wichtigsten Änderungen bei der Ermittlung der Default-Einstellungen nach diesem Dokument im Vergleich zu ISO 4288. Anhang D enthält eine Empfehlung für die Auswahl der Einstellungen beim Fehlen einer Spezifikation. Anhang E enthält einen Überblick über Normen zu profilhaften und flächenhaften Oberflächenbeschaffenheiten im ISO GPS-Matrix-Modell.

ANMERKUNG 1 Es wird nicht zwischen periodischen und nichtperiodischen Profilen unterschieden.

ANMERKUNG 2 Dieses Dokument legt Spezifikationsoperatoren fest. Für die Verifikation gilt Folgendes: „der Verifikationsoperator ist die physikalische Implementierung des Spezifikationsoperators. Er kann genau dieselben Operationen in derselben Reihenfolge besitzen (in diesem Fall ist die Verfahrensunsicherheit gleich Null) oder er kann unterschiedliche Operationen besitzen oder die Operationen in einer anderen Reihenfolge durchführen (in diesem Fall ist die Verfahrensunsicherheit nicht gleich Null)." [QUELLE: ISO 8015:2011, 5.10.1]

ANMERKUNG 3 Es gibt keine Defaults für elektromagnetische Profile.

4.3 Allgemeine Default-Einstellungen

Wenn die Oberflächenbeschaffenheit anhand des Tastschnittverfahrens festgelegt wird, ist die Oberfläche das tolerierte Geometrieelement. Daher sind die Profilrichtung und die Profilposition ein wesentlicher Bestandteil der Spezifikation. Oberflächenunvollkommenheiten und Oberflächenmängel sind Teil der spezifizierten Oberfläche und müssen bei der Ermittlung der Profillagen berücksichtigt werden, sofern nicht anders angegeben.

Die allgemeinen Default-Einstellungen nach Tabelle 1 müssen unabhängig vom spezifizierten Kenngrößentyp implementiert werden.

ANMERKUNG Die Berücksichtigung von Oberflächenunvollkommenheiten und Oberflächenmängeln als Bestandteil der spezifizierten Oberfläche ist eine Änderung in Bezug zu ISO 4288.

Tabelle 1 — Allgemeine Default-Einstellungen

Kriterium	Default-Einstellung
Verfahren der Profilerfassung	Mechanisches Profil
Profilrichtung	Die Richtung, die die Höchstwerte der Höhenkenngrößen der Rauheit (senkrecht zur vorherrschenden Richtung der Bearbeitungsspuren) ergibt
Profilposition	Die Profilposition ist abhängig von der Toleranzakzeptanzregel nach ISO 21920-1. Für die Höchstwert-Toleranzakzeptanzregel: Ort auf dem Teil der Oberfläche, an dem die kritischen Werte zu erwarten sind. Wenn dieser Ort nicht eindeutig identifiziert werden kann, müssen getrennte Spuren gleichmäßig über diesen Teil der Oberfläche verteilt werden. Für die 16 %-Toleranzakzeptanzregel und für die Median-Toleranzakzeptanzregel: es müssen gleichmäßig verteilte Spuren verwendet werden, um die gesamte Oberfläche zu repräsentieren, siehe Anmerkung 1.
Toleranztyp	Obere Toleranzgrenze
Toleranzakzeptanz-regel	Die Höchstwert-Toleranzakzeptanzregel nach ISO 21920-1.
Typ des Profil-S-Filters	Gauß-Filter nach ISO 16610-21
Typ des Profil-L-Filters (für R-Kenngrößen) Typ des Profil-S-Filters (für W-Kenngrößen)	Gauß-Filter nach ISO 16610-21 Ausnahme: das Default-L-Filter für Rk, Rpk, Rvk, Rpkx, Rvkx, Rmrk1, Rmrk2, Rak1, Rak2, Rpq, Rmq und Rvq ist das robuste Gauß-Filter zweiter Ordnung nach ISO 16610-31, siehe Anmerkung 2.
Assoziationsverfahren und Element des Profil-F-Operators	Assoziation und Entfernen des festgelegten Formelements mit dem insgesamt kleinsten Abweichungsquadrat, siehe Anmerkung 3 und Anmerkung 4.

ANMERKUNG 1 Für die Verifikation kann dieser Teil der Oberfläche z. B. durch Sichtprüfung identifiziert werden.

ANMERKUNG 2 Die Änderung des Default-Filtertyps für Rk, Rpk, Rvk, Rpkx, Rvkx, Rmrk1, Rmrk2, Rak1, Rak2, Rpq, Rmq und Rvq führt zu einer besseren Eliminierung von langwelligen Anteilen und kann zu geringfügig abweichenden Werten dieser Kenngrößen gegenüber den auf Grundlage von ISO 13565-1 ermittelten Werten führen.

ANMERKUNG 3 Für die Definition von Assoziation siehe ISO 17450-1.[N2]

ANMERKUNG 4 Bei einem Kreis wird der Radius auch in die Optimierung des kleinsten Abweichungsquadrats einbezogen und ist nicht auf den Nennwert fixiert. Der F-Operator wird auf die Auswertelänge angewendet.

[N2] Nationale Fußnote: In der deutschsprachigen Ausgabe DIN EN ISO 17450-1:2012-04 wird der englische Begriff „association" mit „Zuordnung" übersetzt. Diese Übersetzung ist veraltet, stattdessen wird hier für die Übersetzung der Begriff „Assoziation" verwendet.

4.4 Auf der Spezifikation basierende Default-Einstellungen

4.4.1 Allgemeine Regeln

In diesem Unterabschnitt werden auf der Spezifikation basierende Default-Einstellungen zusätzlich zu den allgemeinen Default-Einstellungen festgelegt.

Falls innerhalb eines graphischen Symbols mehrere Kenngrößen spezifiziert werden, muss die in der ersten Zeile angegebene Kenngröße für die Auswahl von Default-Einstellungen verwendet werden.

Falls mehr als ein Spezifikationselement festgelegt ist, muss das oberste Spezifikationselement für die Festlegung der Spalte für alle nicht explizit spezifizierten Default-Einstellungen in Tabelle 2 bis Tabelle 6 verwendet werden.

Falls ein Nesting-Index N_{ic} festgelegt wurde, der in Tabelle 2 bis Tabelle 6 nicht aufgeführt ist, muss ein zweites Spezifikationselement spezifiziert werden, z. B. die Einstellungsklasse, Sc*n*, um die Spalte für alle anderen nicht explizit spezifizierten Einstellungen festzulegen.

Falls ein nicht in Tabelle 2 bis Tabelle 6 aufgeführter Nesting-Index N_{is} spezifiziert wird, muss der maximale Abtastabstand d_x gleich $N_{is}/5$ sein; z. B. wenn N_{is} = 5 µm ist, beträgt der maximale Abtastabstand d_x = 1 µm.

Wenn ein Widerspruch zwischen der Default-Profilrichtung und der Default-Messlänge besteht, muss die Profilrichtung vorrangig berücksichtigt werden.

ANMERKUNG Siehe die Beispiele in B.1 bis B.8.

4.4.2 Auf N_{ic} oder Sc*n* basierende Default-Einstellungen

Für alle R-Kenngrößen, mit Ausnahme von Ra, Rq, Rz, Rp, Rv, Rzx und Rt, muss eine der folgenden Spezifikationen in der Zeichnungseintragung angegeben werden:

— der Nesting-Index des Profil-L-Filters N_{ic}; oder

— die Einstellungsklasse Sc*n*.

Für alle W-Kenngrößen muss eine der folgenden Spezifikationen in der Zeichnungseintragung angegeben werden:

— der Nesting-Index des Profil-S-Filters N_{ic}; oder

— die Einstellungsklasse Sc*n*.

Für alle P-Kenngrößen, mit Ausnahme von Pt, muss eine der folgenden Spezifikationen in der Zeichnungseintragung angegeben werden:

— der Nesting-Index des Profil-S-Filters N_{is}; oder

— die Einstellungsklasse Sc*n*.

Das legt die Default-Einstellungen nach der entsprechenden Spalte in Tabelle 2 fest, in der die nicht explizit angegebenen Einstellungen festgelegt sind.

Tabelle 2 — Auf N_{ic} oder Sc*n* basierende Default-Einstellungen

	Einstellungsklasse				
	Sc1	**Sc2**	**Sc3**	**Sc4**	**Sc5**
Nesting-Index des Profil-L-Filters N_{ic} (Grenzwellenlänge λ_c, für R-Kenngrößen) **oder Nesting-Index des Profil-S-Filters N_{ic}** (Grenzwellenlänge λ_c, für W-Kenngrößen) mm	0,08	0,25	0,8	2,5	8
Auswertelänge l_e mm	0,4	1,25	4	12,5	40
	Ausnahme: die Default-Auswertelänge l_e für P-Kenngrößen ist die Länge des spezifizierten Geometrieelements				
Nesting-Index des Profil-S-Filters N_{is} (Grenzwellenlänge λ_s) µm	2,5	2,5	2,5	8	25
Maximaler Abtastabstand d_x µm	0,5	0,5	0,5	1,5	5
Maximaler Nennspitzenradius r_{tip} µm	2	2	2	5	10
Nur für Abschnittlängenkenngrößen					
Abschnittlänge l_{sc} mm	0,08	0,25	0,8	2,5	8
	Ausnahme: die Default-Abschnittlänge l_{sc} für P-Kenngrößen aus Abschnittlängen beträgt l_e / 5				
Anzahl Abschnitte n_{sc}	5	5	5	5	5
ANMERKUNG Für P-Kenngrößen gibt es keinen Unterschied zwischen Sc1, Sc2 und Sc3, diese Spalten werden jedoch beibehalten, damit die Gliederung weiterhin der nach Tabelle 2 bis Tabelle 6 entspricht.					

4.4.3 Default-Einstellungen für Ra, Rq, Rz, Rp, Rv, Rzx und Rt basierend auf der oberen Toleranzgrenze

Die Default-Einstellungen für Ra, Rq, Rz, Rp, Rv, Rzx und Rt basierend auf der festgelegten oberen Toleranzgrenze U oder der festgelegten Einstellungsklasse Sc*n* sind in Tabelle 3 angegeben.

Falls die Einstellungsklasse festgelegt wird, legt sie die Default-Einstellungen für alle nicht festgelegten Spezifikationselemente fest, auch wenn andere Spezifikationselemente festgelegt werden.

Tabelle 3 — Default-Einstellungen für Ra, Rq, Rz, Rp, Rv, Rzx und Rt basierend auf der oberen Toleranzgrenze

	Einstellungsklasse				
	Sc1	**Sc2**	**Sc3**	**Sc4**	**Sc5**
Spezifizierte Kenngröße	**Obere Toleranzgrenze (U) der spezifizierten Kenngröße**				
Rz, µm	U ≤ 0,16	0,16 < U ≤ 0,8	0,8 < U ≤ 16	16 < U ≤ 80	U > 80
Ra, µm	U ≤ 0,02	0,02 < U ≤ 0,1	0,1 < U ≤ 2	2 < U ≤ 10	U > 10
Rp, µm	U ≤ 0,06	0,06 < U ≤ 0,3	0,3 < U ≤ 6	6 < U ≤ 30	U > 30
Rv, µm	U ≤ 0,10	0,10 < U ≤ 0,5	0,5 < U ≤ 10	10 < U ≤ 50	U > 50
Rq, µm	U ≤ 0,032	0,032 < U ≤ 0,16	0,16 < U ≤ 3,2	3,2 < U ≤ 16	U > 16
Rzx, µm	U ≤ 0,23	0,23 < U ≤ 1,15	1,15 < U ≤ 23	23 < U ≤ 115	U > 115
Rt, µm	U ≤ 0,26	0,26 < U ≤ 1,3	1,3 < U ≤ 26	26 < U ≤ 130	U > 130
Nesting-Index des Profil-L-Filters N_{ic} (Grenzwellenlänge λ_c) mm	0,08	0,25	0,8	2,5	8
Auswertelänge l_e, mm	0,4	1,25	4	12,5	40
Nesting-Index des Profil-S-Filters N_{is} (Grenzwellenlänge λ_s) µm	2,5	2,5	2,5	8	25
Maximaler Abtastabstand d_x µm	0,5	0,5	0,5	1,5	5
Maximaler Nennspitzenradius r_{tip} µm	2	2	2	5	10
Nur für Abschnittlängenkenngrößen, z. B. Rz, Rp, Rv					
Abschnittlänge l_{sc} mm	0,08	0,25	0,8	2,5	8
Anzahl Abschnitte n_{sc}	5	5	5	5	5

4.4.4 Default-Einstellungen für Ra, Rq, Rz, Rp, Rv, Rzx und Rt basierend auf zweiseitigen Toleranzgrenzen

Die Default-Einstellungen für Ra, Rq, Rz, Rp, Rv, Rzx und Rt basierend auf festgelegten zweiseitigen Toleranzgrenzen oder der festgelegten Einstellungsklasse Sc*n* sind in Tabelle 4 angegeben.

ANMERKUNG Toleranzmitte: C = (U + L)/2

Tabelle 4 — Default-Einstellungen für Ra, Rq, Rz, Rp, Rv, Rzx und Rt basierend auf zweiseitigen Toleranzgrenzen

	Einstellungsklasse				
	Sc1	**Sc2**	**Sc3**	**Sc4**	**Sc5**
Spezifizierte Kenngröße	**Toleranzmitte (C) der zweiseitigen Toleranz der spezifizierten Kenngröße**				
Rz, µm	C ≤ 0,128	0,128 < C ≤ 0,64	0,64 < C ≤ 12,8	12,8 < C ≤ 64	C > 64
Ra, µm	C ≤ 0,016	0,016 < C ≤ 0,08	0,08 < C ≤ 1,6	1,6 < C ≤ 8	C > 8
Rp, µm	C ≤ 0,048	0,048 < C ≤ 0,24	0,24 < C ≤ 4,8	4,8 < C ≤ 24	C > 24
Rv, µm	C ≤ 0,08	0,08 < C ≤ 0,4	0,4 < C ≤ 8	8 < C ≤ 40	C > 40
Rq, µm	C ≤ 0,026	0,026 < C ≤ 0,13	0,13 < C ≤ 2,6	2,6 < C ≤ 13	C > 13
Rzx, µm	C ≤ 0,184	0,184 < C ≤ 0,92	0,92 < C ≤ 18,4	18,4 < C ≤ 92	C > 92
Rt, µm	C ≤ 0,208	0,208 < C ≤ 1,04	1,04 < C ≤ 20,8	20,8 < C ≤ 104	C > 104
Nesting-Index des Profil-L-Filters N_{ic} (Grenzwellenlänge λ_c) mm	0,08	0,25	0,8	2,5	8
Auswertelänge l_e mm	0,4	1,25	4	12,5	40
Nesting-Index des Profil-S-Filters N_{is} (Grenzwellenlänge λ_s) µm	2,5	2,5	2,5	8	25
Maximaler Abtastabstand d_x µm	0,5	0,5	0,5	1,5	5
Maximaler Nennspitzenradius r_{tip} µm	2	2	2	5	10
Nur für Abschnittlängenkenngrößen, z. B. Rz, Rp, Rv					
Abschnittlänge l_{sc} mm	0,08	0,25	0,8	2,5	8
Anzahl Abschnitte n_{sc}	5	5	5	5	5

4.4.5 Default-Einstellungen für Ra, Rq, Rz, Rp, Rv, Rzx und Rt basierend auf der unteren Toleranzgrenze

Die Default-Einstellungen für Ra, Rq, Rz, Rp, Rv, Rzx und Rt basierend auf der unteren Toleranzgrenze L oder der festgelegten Einstellungsklasse Sc*n* sind in Tabelle 5 angegeben.

Tabelle 5 — Default-Einstellungen für Ra, Rq, Rz, Rp, Rv, Rzx und Rt basierend auf der unteren Toleranzgrenze

	Einstellungsklasse				
	Sc1	**Sc2**	**Sc3**	**Sc4**	**Sc5**
Spezifizierte Kenngröße	**Untere Toleranzgrenze (L) der spezifizierten Kenngröße**				
Rz, µm	L ≤ 0,08	0,08 < L ≤ 0,4	0,4 < L ≤ 8	8 < L ≤ 40	L > 40
Ra, µm	L ≤ 0,01	0,01 < L ≤ 0,05	0,05 < L ≤ 1	1 < L ≤ 5	L > 5
Rp, µm	L ≤ 0,03	0,03 < L ≤ 0,15	0,15 < L ≤ 3	3 < L ≤ 15	L > 15
Rv, µm	L ≤ 0,05	0,05 < L ≤ 0,25	0,25 < L ≤ 5	5 < L ≤ 25	L > 25
Rq, µm	L ≤ 0,016	0,016 < L ≤ 0,08	0,08 < L ≤ 1,6	1,6 < L ≤ 8	L > 8
Rzx, µm	L ≤ 0,115	0,115 < L ≤ 0,57	0,57 < L ≤ 11,5	11,5 < L ≤ 57	L > 57
Rt, µm	L ≤ 0,13	0,13 < L ≤ 0,65	0,65 < L ≤ 13	13 < L ≤ 65	L > 65
Nesting-Index des Profil-L-Filters N_{ic} (Grenzwellenlänge λ_c) mm	0,08	0,25	0,8	2,5	8
Auswertelänge l_e mm	0,4	1,25	4	12,5	40
Nesting-Index des Profil-S-Filters N_{is} (Grenzwellenlänge λ_s) µm	2,5	2,5	2,5	8	25
Maximaler Abtastabstand d_x µm	0,5	0,5	0,5	1,5	5
Maximaler Nennspitzenradius r_{tip} µm	2	2	2	5	10
Nur für Abschnittlängen-Kenngrößen, z. B. Rz, Rp, Rv					
Abschnittlänge l_{sc} mm	0,08	0,25	0,8	2,5	8
Anzahl Abschnitte n_{sc}	5	5	5	5	5

4.4.6 Default-Einstellungen für Pt

Die Default-Einstellungen für Pt basierend auf der festgelegten Toleranzgrenze und dem Toleranztyp sind in Tabelle 6 angegeben.

Tabelle 6 — Default-Einstellungen für Pt basierend auf der Toleranzgrenze

	Einstellungsklasse				
	Sc1	**Sc2**	**Sc3**	**Sc4**	**Sc5**
Spezifizierte Kenngröße Pt, µm	**Obere Toleranzgrenze (U)**				
	$U \leq 0{,}27$	$0{,}27 < U \leq 1{,}35$	$1{,}35 < U \leq 27$	$27 < U \leq 135$	$U > 135$
	Mittelpunkt (C) der zweiseitigen Toleranzgrenzen				
	$C \leq 0{,}216$	$0{,}216 < C \leq 1{,}08$	$1{,}08 < C \leq 21{,}6$	$21{,}6 < C \leq 108$	$C > 108$
	Untere Toleranzgrenze (L)				
	$L \leq 0{,}135$	$0{,}135 < L \leq 0{,}68$	$0{,}68 < L \leq 13{,}5$	$13{,}5 < L \leq 68$	$L > 68$
Auswertelänge l_e	Länge des spezifizierten Geometrieelements				
Nesting-Index des Profil-S-Filters N_{is} (Grenzwellenlänge λ_s) µm	2,5	2,5	2,5	8	25
Maximaler Abtastabstand d_x µm	0,5	0,5	0,5	1,5	5
Maximaler Nennspitzenradius r_{tip} µm	2	2	2	5	10
ANMERKUNG In dieser Tabelle gibt es keinen Unterschied zwischen Sc1, Sc2 und Sc3, diese Spalten werden jedoch beibehalten, damit die Gliederung weiterhin der nach Tabelle 2 bis Tabelle 6 entspricht.					

5 Default-Attributwerte für Kenngrößen aus ISO 21920-2

5.1 Allgemeines

Für die Berechnung einiger Kenngrößen sind Attributwerte erforderlich. Die Default-Attributwerte werden in 5.2 bis 5.5 angegeben.

Für Kenngrößen mit erforderlichen Attributwerten, die nicht in 5.2 bis 5.5 aufgeführt sind, müssen die Attributwerte in der Spezifikation angegeben werden.

ANMERKUNG Attribute werden in Klammern auf die Kenngrößenbezeichnung folgend angegeben.

5.2 Default-Attributwerte für Höhenkenngrößen und Lateralkenngrößen

Die Default-Attributwerte für Höhenkenngrößen und Lateralkenngrößen sind in Tabelle 7 angegeben.

Tabelle 7 — Default-Attributwerte für Höhenkenngrößen und Lateralkenngrößen

Kenngröße	Abschnitt in ISO 21920-2	Attribut	Default-Wert
Pzx, Wzx, Rzx	4.2.7	Länge l des bewegten Abschnitts	$l = l_{sc}$, siehe Tabelle 2
Pal, Wal, Ral	4.3.2	Schnellstes Abklingen auf einen festgelegten Wert s, mit $0 \leq s < 1$	$s = 0{,}2$

5.3 Default-Attributwerte für Materialanteilfunktionen und damit zusammenhängende Kenngrößen

Es gibt keine Defaults für die Materialanteilfunktionen und damit zusammenhängenden Kenngrößen nach ISO 21920-2:2021, 4.5.

5.4 Default-Attributwerte für Volumenkenngrößen

Die Default-Attributwerte für Volumenkenngrößen sind in Tabelle 8 angegeben.

Tabelle 8 — Default-Attributwerte für Volumenkenngrößen

Kenngröße	Abschnitt in ISO 21920-2	Attribut	Default-Wert
Pvmp, Wvmp, Rvmp	4.5.5.2	Materialanteil p	$p = 10\ \%$
Pvmc, Wvmc, Rvmc	4.5.5.3	Materialanteile p und q	$p = 10\ \%$ $q = 80\ \%$
Pvvc, Wvvc, Rvvc	4.5.5.4	Materialanteile p und q	$p = 10\ \%$ $q = 80\ \%$
Pvvv, Wvvv, Rvvv	4.5.5.5	Materialanteil p	$p = 80\ \%$

5.5 Default-Attributwerte für Merkmalkenngrößen

Die Default-Werte für die Ermittlung der Profilelemente sind wie folgt:

— Zählschwellen für Spitzenhöhen: 10 % von Pp, Rp und Wp für das P-Profil, R-Profil bzw. W-Profil;

— Zählschwellen für Talsohlentiefen: 10 % von Pv, Rv und Wv für das P-Profil, R-Profil bzw. W-Profil.

Die Default-Attributwerte für Merkmalkenngrößen sind in Tabelle 9 angegeben.

Tabelle 9 — Default-Attributwerte für Merkmalkenngrößen

Kenngröße	Abschnitt in ISO 21920-2	Attribut	Default-Wert
Ppc, Wpc, Rpc	5.2.8	Längeneinheit für Spitzenzählkenngrößen	$L = 10$ mm
Ppd, Wpd, Rpd	5.3.2.1	Wolfprune-Nesting-Index X % von Rz	$X\% = 5$ %
Pvd, Wvd, Rvd	5.3.2.2	Wolfprune-Nesting-Index X % von Rz	$X\% = 5$ %
Pmpc, Wmpc, Rmpc	5.3.2.3	Wolfprune-Nesting-Index X % von Rz	$X\% = 5$ %
Pmvc, Wmvc, Rmvc	5.3.2.4	Wolfprune-Nesting-Index X % von Rz	$X\% = 5$ %
P5p, W5p, R5p	5.3.2.5	Wolfprune-Nesting-Index X % von Rz	$X\% = 5$ %
P5v, W5v, R5v	5.3.2.6	Wolfprune-Nesting-Index X % von Rz	$X\% = 5$ %

6 Default-Einheiten für Kenngrößen aus ISO 21920-2

6.1 Allgemeines

Die Angabe erfolgt standardmäßig ohne Einheiten. Die Default-Einheiten von Kenngrößen sind in 6.2 bis 6.7 aufgeführt.

6.2 Höhenkenngrößen

Die Default-Einheiten für Höhenkenngrößen sind in Tabelle 10 angegeben.

Tabelle 10 — Default-Einheiten für Höhenkenngrößen

Kenngröße	Abschnitt in ISO 21920-2	Default-Einheit
Pa, Wa, Ra	4.2.2	µm
Pq, Wq, Rq	4.2.3	µm
Psk, Wsk, Rsk	4.2.4	—
Pku, Wku, Rku	4.2.5	—
Pt, Wt, Rt	4.2.6	µm
Pzx, Wzx, Rzx	4.2.7	µm

6.3 Lateralkenngrößen

Die Default-Einheiten für Lateralkenngrößen sind in Tabelle 11 angegeben.

Tabelle 11 — Default-Einheiten für Lateralkenngrößen

Kenngröße	Abschnitt in ISO 21920-2	Default-Einheit
Pal, Wal, Ral	4.3.2	µm
Psw, Wsw, Rsw	4.3.3	µm

6.4 Hybridkenngrößen

Die Default-Einheiten für Hybridkenngrößen sind in Tabelle 12 angegeben.

Tabelle 12 — Default-Einheiten für Hybridkenngrößen

Kenngröße	Abschnitt in ISO 21920-2	Default-Einheit
Pdq, Wdq, Rdq	4.4.2	—
Pda, Wda, Rda	4.4.3	—
Pdt, Wdt, Rdt	4.4.4	—
Pdl, Wdl, Rdl	4.4.5	mm
Pdr, Wdr, Rdr	4.4.6	—[a]

[a] Pdr, Wdr und Rdr können in Prozent angegeben werden, z. B. 5 %.

6.5 Materialanteilfunktionen und zugehörige Kenngrößen

Die Default-Einheiten für Materialanteilfunktionen und zugehörige Kenngrößen sind in Tabelle 13 angegeben.

Tabelle 13 — Default-Einheiten für Materialanteilfunktionen und zugehörige Kenngrößen

Kenngröße	Abschnitt in ISO 21920-2	Default-Einheit
Pml, Wml, Rml	4.5.1.1	mm
Pmc, Wmc, Rmc	4.5.1.2	—[a]
Pcm, Wcm, Rcm	4.5.1.4	µm
Phd, Whd, Rhd	4.5.1.6	1/µm
Pvm, Wvm, Rvm	4.5.1.8	ml/m^2
Pvv, Wvv, Rvv	4.5.1.9	ml/m^2
Pmr, Wmr, Rmr	4.5.2.1	—[a]
Pdc, Wdc, Rdc	4.5.2.2	µm
Pk, Rk	4.5.3.3	µm
Ppk, Rpk	4.5.3.4	µm
Pvk, Rvk	4.5.3.5	µm
Ppkx, Rpkx	4.5.3.6	µm
Pvkx, Rvkx	4.5.3.7	µm
Pmrk1, Rmrk1	4.5.3.8	—[a]
Pmrk2, Rmrk2	4.5.3.9	—[a]
Pak1, Rak1	4.5.3.10	$µm^2/mm$
Pak2, Rak2	4.5.3.11	$µm^2/mm$
Ppq, Rpq	4.5.4.2	µm
Pvq, Rvq	4.5.4.3	µm
Pmq, Rmq	4.5.4.4	—[a]

[a] Diese Kenngrößen können in Prozent angegeben werden.

6.6 Volumenkenngrößen

Die Default-Einheiten für Volumenkenngrößen sind in Tabelle 14 angegeben.

Tabelle 14 — Default-Einheiten für Volumenkenngrößen

Kenngröße	Abschnitt in ISO 21920-2	Default-Einheit
Pvmp, Wvmp, Rvmp	4.5.5.2	ml/m^2
Pvmc, Wvmc, Rvmc	4.5.5.3	ml/m^2
Pvvc, Wvvc, Rvvc	4.5.5.4	ml/m^2
Pvvv, Wvvv, Rvvv	4.5.5.5	ml/m^2
ANMERKUNG Die Einheit ml/m^2 wird verwendet, weil Öl üblicherweise in Liter angegeben wird und die Ölmenge je Quadratmeter bei typischen Anwendungen in der Größenordnung von einem Milliliter liegt. Wenn der Ölfilm gleichmäßig verteilt ist, entspricht 1 ml/m^2 einer Höhe des Films von 1 µm.		

6.7 Merkmalkenngrößen

Die Default-Einheiten für Merkmalkenngrößen sind in Tabelle 15 angegeben.

Tabelle 15 — Default-Einheiten für Merkmalkenngrößen

Kenngröße	Abschnitt in ISO 21920-2	Default-Einheit
Ppt, Wpt, Rpt	5.1.2	µm
Pp, Wp, Rp	5.1.3	µm
Pvt, Wvt, Rvt	5.1.4	µm
Pv, Wv, Rv	5.1.5	µm
Pz, Wz, Rz	5.1.6	µm
Psm, Wsm, Rsm	5.2.2	mm
Psmx, Wsmx, Rsmx	5.2.3	mm
Psmq, Wsmq, Rsmq	5.2.4	mm
Pc, Wc, Rc	5.2.5	µm
Pcx, Wcx, Rcx	5.2.6	µm
Pcq, Wcq, Rcq	5.2.7	µm
Ppc, Wpc, Rpc	5.2.8	1/cm
Ppd, Wpd, Rpd	5.3.2.1	1/cm
Pvd, Wvd, Rvd	5.3.2.2	1/cm
Pmpc, Wmpc, Rmpc	5.3.2.3	1/µm
Pmvc, Wmvc, Rmvc	5.3.2.4	1/µm
P5p, W5p, R5p	5.3.2.5	µm
P5v, W5v, R5v	5.3.2.6	µm
P10z, W10z, R10z	5.3.2.7	µm

Anhang A
(informativ)

Wie Spezifikationsoperatoren ermittelt werden

Bild A.1 zeigt den allgemeinen Weg für die Ermittlung der Spezifikationsoperatoren für eine bestehende Spezifikation ohne explizit spezifizierte Einstellungen.

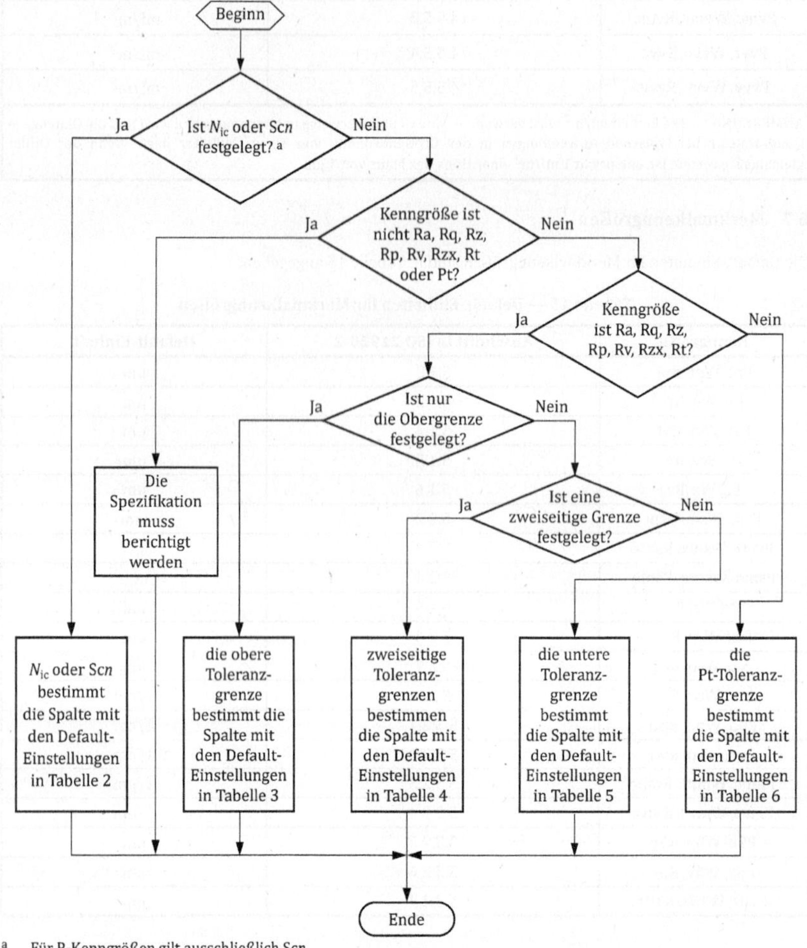

[a] Für P-Kenngrößen gilt ausschließlich Sc*n*.

Bild A.1 — Wie Default-Einstellungen für eine Mindestangabe ermittelt werden

Anhang B
(informativ)

Beispiele für die Ermittlung von Default-Einstellungen

B.1 Default-Einstellungen für eine Mindestangabe basierend auf N_{ic} oder Scn

Siehe Bild B.1 für Beispiele für zwei gleichwertige Optionen zum Spezifizieren einer Mindestangabe für R-Kenngrößen mit Defaults nach Tabelle 1 und Tabelle 2, und siehe Tabelle B.1 für Erklärungen.

Rk 0,6 / -0,8 oder Rk 0,6 / Sc3

Bild B.1 — Mindestangabe für einen R-Kenngrößen basierend auf N_{ic} oder Scn

Tabelle B.1 — Erklärung und gültige Defaults für die Beispiele in Bild B.1

Spezifikationselement	**Erklärung**
Graphisches Symbol	Anforderung an die profilhafte Oberflächenbeschaffenheit Keine Anforderungen an die Fertigung
Rk	R-Kenngröße: Rk
0,6	Toleranzgrenzwert: 0,6 µm
0,8	Nesting-Index des Profil-L-Filters N_{ic}: 0,8 mm, das legt die maßgebende Spalte in Tabelle 2 fest, die Sc3 Spalte
oder	
Sc3	Einstellungsklasse: Sc3, das legt die maßgebende Spalte in Tabelle 2 fest
Default-Einstellungen nach Tabelle 1 und Tabelle 2	
Profilrichtung	Rechtwinklig zu den Oberflächenrillen
Toleranztyp	Obere Toleranzgrenze
Toleranzakzeptanzregel	Höchstwert-Toleranzakzeptanzregel
Typ des Profil-S-Filters	Gauß-Filter nach ISO 16610-21
Typ des Profil-L-Filters	robustes Gauß-Filter nach ISO 16610-31
Assoziationsverfahren und Element des Profil-F-Operators	Assoziation und Entfernen des festgelegten Formelements mit dem insgesamt kleinsten Abweichungsquadrat
Auswertelänge l_e	4 mm
Nesting-Index des Profil-S-Filters N_{is}	2,5 µm
Maximaler Abtastabstand d_x	0,5 µm
Maximaler Nennspitzenradius r_{tip}	2 µm

B.2 Default-Einstellungen für Rz basierend auf der oberen Toleranzgrenze

Für die R-Kenngrößen Rz, Ra, Rp, Rv, Rq, Rzx und Rt gibt es Default-Einstellungen basierend auf der Toleranzgrenze. Siehe Tabelle 3, Tabelle 4 und Tabelle 5 für die obere Toleranzgrenze, zweiseitige Toleranzgrenzen bzw. die untere Toleranzgrenze.

Siehe Bild B.2 für ein Beispiel für eine Mindestangabe für Rz basierend auf der oberen Toleranzgrenze mit Defaults nach Tabelle 1 und Tabelle 3, und siehe Tabelle B.2 für Erklärungen.

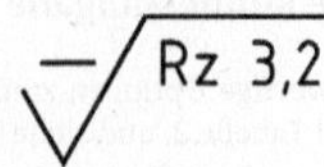

Bild B.2 — Mindestangabe für Rz basierend auf der oberen Toleranzgrenze

Tabelle B.2 — Erklärung und gültige Defaults für das Beispiel in Bild B.2

Spezifikationselement	Erklärung
Graphisches Symbol	Anforderung an die profilhafte Oberflächenbeschaffenheit Keine Anforderungen an die Fertigung
Rz	R-Kenngröße: Rz
3,2	Toleranzgrenzwert: 3,2 µm, das legt die maßgebende Spalte in Tabelle 3 fest, die Sc3-Spalte
Default-Einstellungen nach Tabelle 1 und Tabelle 3	
Profilrichtung	Rechtwinklig zu den Oberflächenrillen
Toleranztyp	Obere Toleranzgrenze
Toleranzakzeptanzregel	Höchstwert-Toleranzakzeptanzregel
Typ des Profil-S-Filters	Gauß-Filter nach ISO 16610-21
Typ des Profil-L-Filters	Gauß-Filter nach ISO 16610-21
Assoziationsverfahren und Element des Profil-F-Operators	Assoziation und Entfernen des festgelegten Formelements mit dem insgesamt kleinsten Abweichungsquadrat
Nesting-Index des Profil-L-Filters N_{ic}	0,8 mm
Auswertelänge l_e	4 mm
Nesting-Index des Profil-S-Filters N_{is}	2,5 µm
Maximaler Abtastabstand d_x	0,5 µm
Maximaler Nennspitzenradius r_{tip}	2 µm
Abschnittlänge l_{sc}	0,8 mm
Anzahl Abschnitte n_{sc}	5

B.3 Default-Einstellungen für eine Materialanteilkenngröße

Siehe Bild B.3 für ein Beispiel für eine Angabe für eine Materialanteilkenngröße mit Defaults nach Tabelle 1 und Tabelle 2, und siehe Tabelle B.3 für Erklärungen.

L Rmr(5 %, -0,3) 70 % / -0,8

Bild B.3 — Angabe einer Materialanteilkenngröße

Tabelle B.3 — Erklärung und gültige Defaults für das Beispiel in Bild B.3

Spezifikationselement	Erklärung
Graphisches Symbol	Anforderung an die profilhafte Oberflächenbeschaffenheit Keine Anforderungen an die Fertigung
L	Toleranztyp: untere Toleranzgrenze
Rmr(5 %, −0,3)	R-Kenngröße: Rmr mit einem Referenzniveau, das durch einen Materialanteil von 5 % definiert ist, und einer Schnitthöhe (en: cutting level), die 0,3 µm unterhalb dem Referenzniveau liegt
70 %	Toleranzgrenzwert: 70 %
0,8	Nesting-Index des Profil-L-Filters N_{ic}: 0,8 mm, das legt die maßgebende Spalte in Tabelle 2 fest, die Sc3 Spalte.
Default-Einstellungen nach Tabelle 1 und Tabelle 2	
Profilrichtung	Rechtwinklig zu den Oberflächenrillen
Toleranzakzeptanzregel	Höchstwert-Toleranzakzeptanzregel
Typ des Profil-S-Filters	Gauß-Filter nach ISO 16610-21
Typ des Profil-L-Filters	Gauß-Filter nach ISO 16610-21
Assoziationsverfahren und Element des Profil-F-Operators	Assoziation und Entfernen des festgelegten Formelements mit dem insgesamt kleinsten Abweichungsquadrat
Auswertelänge l_e	4 mm
Nesting-Index des Profil-S-Filters N_{is}	2,5 µm
Maximaler Abtastabstand d_x	0,5 µm
Maximaler Nennspitzenradius r_{tip}	2 µm

B.4 Default-Einstellungen für Ra basierend auf der oberen Toleranzgrenze und einer zusätzlichen Einstellungsanforderung

Für die R-Kenngrößen Rz, Ra, Rp, Rv, Rq, Rzx und Rt gibt es Default-Einstellungen basierend auf der Toleranzgrenze.

Siehe Bild B.4 für ein Beispiel für eine Angabe für Ra basierend auf der oberen Toleranzgrenze und einer zusätzlichen Einstellungsanforderung mit Defaults nach Tabelle 1 und Tabelle 3, und siehe Tabelle B.4 für Erklärungen.

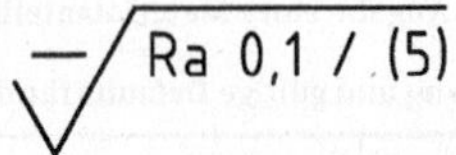

Bild B.4 — Angabe für Ra, basierend auf der oberen Toleranzgrenze und einer zusätzlichen Einstellungsanforderung

Tabelle B.4 — Erklärung und gültige Defaults für das Beispiel in Bild B.4

Spezifikationselement	Erklärung
Graphisches Symbol	Anforderung an die profilhafte Oberflächenbeschaffenheit Keine Anforderungen an die Fertigung
Ra	R-Kenngröße: Ra
0,1	Toleranzgrenzwert: 0,1 µm, das legt die maßgebende Spalte in Tabelle 3 fest, die Sc2-Spalte
(5)	Auswertelänge l_e: 5 mm
Default-Einstellungen nach Tabelle 1 und Tabelle 3	
Profilrichtung	Rechtwinklig zu den Oberflächenrillen
Toleranztyp	Obere Toleranzgrenze
Toleranzakzeptanzregel	Höchstwert-Toleranzakzeptanzregel
Typ des Profil-S-Filters	Gauß-Filter nach ISO 16610-21
Typ des Profil-L-Filters	Gauß-Filter nach ISO 16610-21
Assoziationsverfahren und Element des Profil-F-Operators	Assoziation und Entfernen des festgelegten Formelements mit dem insgesamt kleinsten Abweichungsquadrat
Nesting-Index des Profil-L-Filters N_{ic}	0,25 mm
Nesting-Index des Profil-S-Filters N_{is}	2,5 µm
Maximaler Abtastabstand d_x	0,5 µm
Maximaler Nennspitzenradius r_{tip}	2 µm

B.5 Default-Einstellungen für Pt, basierend auf der oberen Toleranzgrenze

Für Pt gibt es auf der Toleranzgrenze basierende Default-Einstellungen.

Siehe Bild B.5 für ein Beispiel für eine Mindestangabe für Pt basierend auf der oberen Toleranzgrenze mit Defaults nach Tabelle 1 und Tabelle 6, und siehe Tabelle B.5 für Erklärungen.

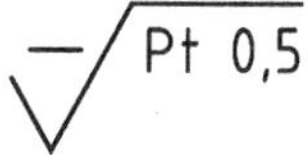

Bild B.5 — Mindestangabe für Pt, basierend auf der oberen Toleranzgrenze

Tabelle B.5 — Erklärung und gültige Defaults für das Beispiel in Bild B.5

Spezifikationselement	Erklärung
Graphisches Symbol	Anforderung an die profilhafte Oberflächenbeschaffenheit Keine Anforderungen an die Fertigung
Pt	P-Kenngröße: Pt
0,5	Toleranzgrenzwert: 0,5 µm, das legt die maßgebende Spalte in Tabelle 6 fest, die Sc2-Spalte
Default-Einstellungen nach Tabelle 1 und Tabelle 6	
Profilrichtung	Rechtwinklig zu den Oberflächenrillen
Toleranztyp	Obere Toleranzgrenze
Toleranzakzeptanzregel	Höchstwert-Toleranzakzeptanzregel
Typ des Profil-S-Filters	Gauß-Filter nach ISO 16610-21
Assoziationsverfahren und Element des Profil-F-Operators	Assoziation und Entfernen des festgelegten Formelements mit dem insgesamt kleinsten Abweichungsquadrat
Auswertelänge l_e	Länge des spezifizierten Geometrieelements
Nesting-Index des Profil-S-Filters N_{is}	2,5 µm
Maximaler Abtastabstand d_x	0,5 µm
Maximaler Nennspitzenradius r_{tip}	2 µm

B.6 Default-Einstellungen für eine P-Kenngröße aus Abschnittlängen, basierend auf dem Nesting-Index des Profil-S-Filters N_{is}

Siehe Bild B.6 für ein Beispiel für eine Mindestangabe für eine P-Kenngröße aus Abschnittlängen, basierend auf dem Nesting-Index des Profil-S-Filters N_{is} mit Defaults nach Tabelle 1 und Tabelle 2, und siehe Tabelle B.6 für Erklärungen.

Bild B.6 — Mindestangabe für *Pz*, basierend auf dem Nesting-Index des Profil-S-Filters N_{is}

Tabelle B.6 — Erklärung und gültige Defaults für das Beispiel in Bild B.6

Spezifikationselement	Erklärung
Graphisches Symbol	Anforderung an die profilhafte Oberflächenbeschaffenheit Keine Anforderungen an die Fertigung
Pz	P-Kenngröße: Pz
1	Toleranzgrenzwert: 1 µm
0,0025	Nesting-Index des Profil- S-Filters N_{is}: 2,5 µm, das legt die maßgebende Spalte in Tabelle 2 fest, die Sc1-Spalte
Default-Einstellungen nach Tabelle 1 und Tabelle 2	
Profilrichtung	Rechtwinklig zu den Oberflächenrillen
Toleranztyp	Obere Toleranzgrenze
Toleranzakzeptanzregel	Höchstwert-Toleranzakzeptanzregel
Typ des Profil-S-Filters	Gauß-Filter nach ISO 16610-21
Assoziationsverfahren und Element des Profil-F-Operators	Assoziation und Entfernen des festgelegten Formelements mit dem insgesamt kleinsten Abweichungsquadrat
Auswertelänge l_e	Länge des spezifizierten Geometrieelements
Maximaler Abtastabstand d_x	0,5 µm
Maximaler Nennspitzenradius r_{tip}	2 µm
Abschnittlänge l_{sc}	l_e / 5
Anzahl Abschnitte n_{sc}	5

B.7 Default-Einstellungen für Rq basierend auf den zweiseitigen Toleranzgrenzen und einer zusätzlichen Einstellungsanforderung

Für die R-Kenngrößen Rz, Ra, Rp, Rv, Rq, Rzx und Rt gibt es Default-Einstellungen basierend auf der Toleranzgrenze.

Siehe Bild B.7 für ein Beispiel für eine Angabe für Rq basierend auf den zweiseitigen Toleranzgrenzen und einer zusätzlichen Einstellungsanforderung mit Defaults nach Tabelle 1 und Tabelle 4, und siehe Tabelle B.7 für Erklärungen.

Rq [0,2; 0,4] / -0,5

Bild B.7 — Einstellungen für Rq basierend auf den zweiseitigen Toleranzgrenzen und einer zusätzlichen Einstellungsanforderung

Tabelle B.7 — Erklärung und gültige Defaults für das Beispiel in Bild B.7

Spezifikationselement	Erklärung
Graphisches Symbol	Anforderung an die profilhafte Oberflächenbeschaffenheit Keine Anforderungen an die Fertigung
Rq	R-Kenngröße: Rq
0,2; 0,4	Zweiseitige Toleranzgrenzen, Toleranzmitte C = (0,2 + 0,4)/2 = 0,3 µm, das legt die maßgebende Spalte in Tabelle 4 fest, die Sc3-Spalte
0,5	Nesting-Index des Profil-L-Filters N_{ic}: 0,5 mm
Default-Einstellungen nach Tabelle 1 und Tabelle 4	
Profilrichtung	Rechtwinklig zu den Oberflächenrillen
Toleranztyp	Obere Toleranzgrenze
Toleranzakzeptanzregel	Höchstwert-Toleranzakzeptanzregel
Typ des Profil-S-Filters	Gauß-Filter nach ISO 16610-21
Typ des Profil-L-Filters	Gauß-Filter nach ISO 16610-21
Assoziationsverfahren und Element des Profil-F-Operators	Assoziation und Entfernen des festgelegten Formelements mit dem insgesamt kleinsten Abweichungsquadrat
Auswertelänge l_e	4 mm
Nesting-Index des Profil-S-Filters N_{is}	2,5 µm
Maximaler Abtastabstand d_x	0,5 µm
Maximaler Nennspitzenradius r_{tip}	2 µm

B.8 Default-Einstellungen für mehrere Kenngrößen innerhalb eines graphischen Symbols

Falls innerhalb eines graphischen Symbols mehrere Kenngrößen spezifiziert werden, muss die in der ersten Zeile angegebene Kenngröße für die Auswahl von Default-Einstellungen verwendet werden, siehe 4.4.1; daher ist es wichtig, welche Kenngröße in der ersten Zeile angegeben ist.

Bild B.8 und Bild B.9 sind Beispiele, die darstellen, dass die Rangfolge der Kenngrößen innerhalb eines graphischen Symbols zu unterschiedlichen Defaults nach Tabelle 1 und Tabelle 3 führen kann; siehe Tabelle B.8 und Tabelle B.9 für Erklärungen.

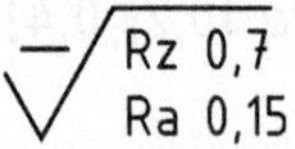

Bild B.8 — Spezifikation für Rz und Ra, wobei Rz die Defaults bestimmt

Tabelle B.8 — Erklärung und gültige Defaults für das Beispiel in Bild B.8

Spezifikationselement	Erklärung
Graphisches Symbol	Anforderung an die profilhafte Oberflächenbeschaffenheit Keine Anforderungen an die Fertigung
Rz Ra	R-Kenngrößen: Rz und Ra
0,7	Toleranzgrenzwert für Rz: 0,7 µm, das legt die maßgebende Spalte in Tabelle 3 fest, die Sc2-Spalte für die Bewertung von Rz und Ra.
0,15	Toleranzgrenzwert für Ra: 0,15 µm
Default-Einstellungen nach Tabelle 1 und Tabelle 3	
Profilrichtung	Rechtwinklig zu den Oberflächenrillen
Toleranztyp	Obere Toleranzgrenze
Toleranzakzeptanzregel	Höchstwert-Toleranzakzeptanzregel
Typ des Profil-S-Filters	Gauß-Filter nach ISO 16610-21
Typ des Profil-L-Filters	Gauß-Filter nach ISO 16610-21
Assoziationsverfahren und Element des Profil-F-Operators	Assoziation und Entfernen des festgelegten Formelements mit dem insgesamt kleinsten Abweichungsquadrat
Nesting-Index des Profil-L-Filters N_{ic}	0,25 mm
Auswertelänge l_e	1,25 mm
Nesting-Index des Profil-S-Filters N_{is}	2,5 µm
Maximaler Abtastabstand d_x	0,5 µm
Maximaler Nennspitzenradius r_{tip}	2 µm
Abschnittlänge l_{sc} (für Rz)	0,25 mm
Anzahl Abschnitte n_{sc} (für Rz)	5

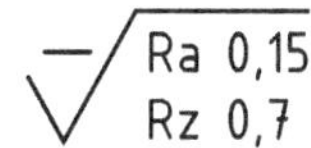

Bild B.9 — Spezifikation für Ra und Rz, wobei Ra die Defaults bestimmt

Tabelle B.9 — Erklärung und gültige Defaults für das Beispiel in Bild B.9

Spezifikationselement	Erklärung
Graphisches Symbol	Anforderung an die profilhafte Oberflächenbeschaffenheit Keine Anforderungen an die Fertigung
Ra Rz	R-Kenngrößen: Rz und Ra
0,15	Toleranzgrenzwert für Ra: 0,15 µm, das legt die maßgebende Spalte in Tabelle 3 fest, die Sc3-Spalte für die Bewertung von Ra und Rz.
0,7	Toleranzgrenzwert für Rz: 0,7 µm
Default-Einstellungen nach Tabelle 1 und Tabelle 3	
Profilrichtung	Rechtwinklig zu den Oberflächenrillen
Toleranztyp	Obere Toleranzgrenze
Toleranzakzeptanzregel	Höchstwert-Toleranzakzeptanzregel
Typ des Profil-S-Filters	Gauß-Filter nach ISO 16610-21
Typ des Profil-L-Filters	Gauß-Filter nach ISO 16610-21
Assoziationsverfahren und Element des Profil-F-Operators	Assoziation und Entfernen des festgelegten Formelements mit dem insgesamt kleinsten Abweichungsquadrat
Nesting-Index des Profil-L-Filters N_{ic}	0,8 mm
Auswertelänge l_e	4 mm
Nesting-Index des Profil-S-Filters N_{is}	2,5 µm
Maximaler Abtastabstand d_x	0,5 µm
Maximaler Nennspitzenradius r_{tip}	2 µm
Abschnittlänge l_{sc} (für Rz)	0,8 mm
Anzahl Abschnitte n_{sc} (für Rz)	5

Anhang C
(informativ)

Wesentliche Änderungen gegenüber ISO 4288

Dieses Dokument legt einen eindeutigen Weg für die Ermittlung der Default-Einstellungen zu Tastschnittverfahren der Oberflächenbeschaffenheit unter Wahrung der Kontinuität in Bezug auf die praktische Nutzung von ISO 4288 für den größten Teil der Anwendungen fest.

Tabelle C.1 führt die wesentlichen Änderungen gegenüber ISO 4288 in Bezug auf die Ermittlung der Default-Einstellungen auf.

Tabelle C.1 — Wesentliche Änderungen gegenüber ISO 4288

Früheres Verfahren nach ISO 4288	Nachteile von ISO 4288 in der praktischen Anwendung	Dieses Dokument
Unterscheidung zwischen periodischem und nichtperiodischem Profil	— Keine Kriterien für die Unterscheidung zwischen periodischen und nicht-periodischen Profilen; — subjektive, von der Bedienungsperson abhängige Entscheidung, ob das betreffende Profil periodisch ist oder nicht; — unterschiedliche Default-Einstellungen für periodische und nicht-periodische Profile bei gleichem Höhenkennwert; — im Verlauf der Produktion eines Werkstückloses kann sich der Profilkennwert von „periodisch" in „nicht-periodisch" ändern; die Default-Einstellungen sollten sich ebenfalls verändern (nicht sinnvoll).	Keine Unterscheidung zwischen periodischen und nicht-periodischen Profilen, ein eindeutiges Verfahren für alle Profiltypen
Grundlage für Default-Einstellungen ist die effektive Höhe des geprüften Werkstücks	— Komplexes Verfahren für die Ermittlung der maßgebenden Parameterwerte für die Default-Einstellungstabellen; — zeitaufwändig (es können mehrere Messungen notwendig sein); — Einstellungen und Ergebnisse sind von subjektiven Entscheidungen der Bedienungsperson abhängig; — Änderung der Einstellungen innerhalb der Grenzen von einer Toleranz ist möglich (wird in der Praxis nicht angewendet und ist auch nicht sinnvoll).	Eindeutige Grundlage für Default-Einstellungen ist die Spezifikation, unabhängig von Profilkennwert und -höhe.
Uneindeutigkeit bezüglich Mängel	— In ISO 4288 sind widersprüchliche Regeln angegeben: „Deshalb dürfen Unvollkommenheiten der Oberflächen, [...], nicht in die Prüfung der Oberflächenbeschaffenheit einbezogen werden." und „Messungen müssen an der Stelle „..." durchgeführt werden, an der kritische Messwerte zu erwarten sind".	Eindeutigkeit: Oberflächenunvollkommen-heiten und Oberflächenmängel sind Teil der spezifizierten Oberfläche, siehe 4.3.

Anhang D
(informativ)

Einstellungen für die Bewertung der Oberflächenbeschaffenheit nach dem Tastschnittverfahren im Falle einer fehlenden Spezifikation

D.1 Auswahl der Einstellungen im Falle einer fehlenden Spezifikation

Es gibt einige Fälle, in denen es keine Spezifikation gibt, aber dennoch müssen Werte der Kenngrößen der Oberflächenbeschaffenheit berichtet werden, z. B. zu Zwecken der Forschung, internen Qualitätskontrolle oder Fehlerbeseitigung. In derartigen Fällen wird für die Auswahl der Einstellungen folgende Vorgehensweise vorgeschlagen:

a) Identifizierung der interessierenden Kenngrößen;

b) Schätzung des unbekannten Wertes der interessierenden Kenngröße, z. B. durch Sichtprüfung, Rauheitsvergleichsprobekörper, graphische Analyse des Primärprofils oder andere Verfahren;

c) Auswahl der Einstellungen für die Bewertung anhand des Schätzwertes der interessierenden Kenngröße nach Tabelle D.1.

ANMERKUNG 1 Defaults basieren auf der Spezifikation. Diese Einstellungen für die Bewertung sind die für den Fall vorgeschlagenen, dass es keine Spezifikation gibt (siehe ISO 8015:2011, 5.3 und 5.7).

ANMERKUNG 2 Im Falle einer fehlenden Spezifikation ist die Auswahl von Einstellungen für die Bewertung der Oberflächenbeschaffenheit nach dem Tastschnittverfahren der erste Schritt, um Erkenntnisse über eine unbekannte Oberfläche zu sammeln. Die anfänglichen Einstellungen können je nach Zweck der Bewertung angepasst werden.

ANMERKUNG 3 Siehe das Beispiel in D.2.

ANMERKUNG 4 Kalibrierkörper sind nicht Teil des Anwendungsbereichs dieses Dokuments und es ist erforderlich, für derartige Zwecke ausführliche Einstellungen und Bedingungen festzulegen und zu berichten.

Tabelle D.1 — Default-Einstellungen für Ra, Rq, Rz, Rp, Rv, Rzx und Rt im Fall einer fehlenden Spezifikation

Interessierende Kenngröße	Schätzwert (E) der interessierenden Kenngröße				
Rz, µm	E ≤ 0,1	0,1 < E ≤ 0,5	0,5 < E ≤ 10	10 < E ≤ 50	E > 50
Ra, µm	E ≤ 0,012	0,012 < E ≤ 0,06	0,06 < E ≤ 1,2	1,2 < E ≤ 6	E > 6
Rp, µm	E ≤ 0,038	0,038 < E ≤ 0,19	0,19 < E ≤ 3,8	3,8 < E ≤ 19	E > 19
Rv, µm	E ≤ 0,062	0,062 < E ≤ 0,31	0,31 < E ≤ 6,2	6,2 < E ≤ 31	E > 31
Rq, µm	E ≤ 0,02	0,02 < E ≤ 0,1	0,1 < E ≤ 2	2 < E ≤ 10	E > 10
Rzx, µm	E ≤ 0,144	0,144 < E ≤ 0,72	0,72 < E ≤ 14,4	14,4 < E ≤ 72	E > 72
Rt, µm	E ≤ 0,162	0,162 < E ≤ 0,81	0,81 < E ≤ 16,2	16,2 < E ≤ 81	E > 81
Nesting-Index des Profil-L-Filters N_{ic} (Grenzwellenlänge λ_c) mm	0,08	0,25	0,8	2,5	8
Auswertelänge l_e mm	0,4	1,25	4	12,5	40

Interessierende Kenngröße	Schätzwert (E) der interessierenden Kenngröße				
Nesting-Index des Profil-S-Filters N_{is} (Grenzwellenlänge λ_s) µm	2,5	2,5	2,5	8	25
Maximaler Abtastabstand d_x µm	0,5	0,5	0,5	1,5	5
Maximaler Nennspitzenradius r_{tip} µm	2	2	2	5	10
Nur für Abschnittlängenkenngrößen, z. B. Rz, Rp, Rv					
Abschnittlänge l_{sc} mm	0,08	0,25	0,8	2,5	8
Anzahl Abschnitte n_{sc}	5	5	5	5	5
ANMERKUNG Für Kenngrößen, die nicht in Tabelle D.1 aufgeführt sind, gibt es kein empfohlenes Verfahren für die Auswahl der Einstellungen.					

D.2 Beispiel für eine Auswahl der Einstellungen im Falle einer fehlenden Spezifikation

Siehe Tabelle D.2 für Erklärungen zur Auswahl der Einstellungen im Falle einer fehlenden Spezifikation.

Tabelle D.2 — Beispiel für die Auswahl der Einstellungen im Falle einer fehlenden Spezifikation

Annahmen	
Interessierende Kenngröße	R-Kenngröße: Rq
Schätzwert *E* von Rq	*E*: 2,5 µm, das legt die maßgebende Spalte in Tabelle D.1 fest, die Sc4-Spalte
Spezifikationselement	**Erklärung**
Default-Einstellungen nach Tabelle 1 und Tabelle D.1	
Profilrichtung	Rechtwinklig zu den Oberflächenrillen
Toleranztyp	Obere Toleranzgrenze
Toleranzakzeptanzregel	Höchstwert-Toleranzakzeptanzregel
Typ des Profil-S-Filters	Gauß-Filter nach ISO 16610-21
Typ des Profil-L-Filters	Gauß-Filter nach ISO 16610-21
Assoziationsverfahren und Element des Profil-F-Operators	Assoziation und Entfernen des festgelegten Formelements mit dem insgesamt kleinsten Abweichungsquadrat
Nesting-Index des Profil-L-Filters N_{ic}	2,5 mm
Auswertelänge l_e	12,5 mm
Nesting-Index des Profil-S-Filters N_{is}	8 µm
Maximaler Abtastabstand d_x	1,5 µm
Maximaler Nennspitzenradius r_{tip}	5 µm

Anhang E
(informativ)

Überblick über Normen zu profilhaften und flächenhaften Oberflächenbeschaffenheiten im ISO GPS-Matrix-Modell

Siehe Tabelle E.1 für einen Überblick über Normen zur Oberflächenbeschaffenheiten im ISO GPS-Matrix-Modell.

Tabelle E.1 — ISO-Dokumente zur Oberflächenbeschaffenheit

	Kettenglieder						
	A	B	C	D	E	F	G
	Symbole und Angaben	Geometrie-element-anforderungen	Merkmale von Geometrie-elementen	Überein-stimmung und Nicht-Über-einstimmung	Messung	Messgeräte	Kalibrierung
Profilhafte Ober-flächenbe-schaffen-heit	ISO 21920-1	ISO 21920-2	ISO 21920-3 ISO 16610-2x ISO 16610-3x ISO 16610-4x	Normenreihe ISO 14253		ISO 25178-6 ISO 25178-6xx	ISO 25178-7x ISO 25178-70x ISO 12179
Flächen-hafte Ober-flächenbe-schaffen-heit	ISO 25178-1	ISO 25178-2	ISO 25178-3 ISO 16610-6x ISO 16610-7x ISO 16610-8x	Normenreihe ISO 14253		ISO 25178-6 ISO 25178-6xx	ISO 25178-7x ISO 25178-70x

Anhang F
(informativ)

Zusammenhang mit der ISO GPS-Matrix

F.1 Allgemeines

Das in ISO 14638 angegebene ISO GPS-Matrix-Modell gibt einen Überblick über das ISO GPS-System, von dem dieses Dokument ein Teil ist.

Die in ISO 8015 angegebenen Grundregeln zu ISO GPS gelten für dieses Dokument, und die Default-Entscheidungsregeln nach ISO 14253-1 gelten für Spezifikationen, die in Übereinstimmung mit diesem Dokument festgelegt wurden, sofern nicht anders angegeben.

F.2 Informationen über dieses Dokument und seine Anwendung

Dieses Dokument legt den vollständigen Spezifikationsoperator für die Oberflächenbeschaffenheit nach dem Tastschnittverfahren fest.

F.3 Position im ISO GPS-Matrix-Modell

Dieses Dokument ist eine allgemeine ISO GPS-Norm, welche Kettenglied C der Normenketten über die profilhafte Oberflächenbeschaffenheit im ISO GPS-Matrix-Modell beeinflusst, wie in Tabelle F.1 dargestellt. Die in diesem Dokument angegebenen Regeln und Grundsätze gelten für alle Segmente der ISO GPS-Matrix, die mit einem ausgefüllten Punkt (•) angegeben sind.

Tabelle F.1 — Position im ISO GPS-Matrix-Modell

	Kettenglieder						
	A	**B**	**C**	**D**	**E**	**F**	**G**
	Symbole und Angaben	Geometrie-elementanfor-derungen	Merkmale von Geometrieelementen	Übereinstimmung und Nicht-Über-einstimmung	Messung	Mess-geräte	Kali-brierung
Größenmaß							
Abstand							
Form							
Orientierung							
Ort							
Rundlauf							
Profilhafte Oberflächen-beschaffenheit			•				
Flächenhafte Oberflächen-beschaffenheit							
Oberflächen-unvollkommen-heiten							

F.4 Zugehörige Internationale Normen

Die verwandten Internationalen Normen gehen aus den in Tabelle F.1 angegebenen Normenketten hervor.

Oktober 2022

DIN EN ISO 22081

ICS 17.040.40

Ersatz für
DIN ISO 2768-2:1991-04

Geometrische Produktspezifikation (GPS) – Geometrische Tolerierung – Allgemeine geometrische und Größenmaßspezifikationen (ISO 22081:2021); Deutsche Fassung EN ISO 22081:2021

Geometrical product specifications (GPS) –
Geometrical tolerancing –
General geometrical specifications and general size specifications (ISO 22081:2021);
German version EN ISO 22081:2021

Spécification géométrique des produits (GPS) –
Tolérancement géométrique –
Spécifications géométriques générales et spécifications de taille générales (ISO 22081:2021);
Version allemande EN ISO 22081:2021

Gesamtumfang 25 Seiten

DIN-Normenausschuss Technische Grundlagen (NATG)

Nationales Vorwort

Dieses Dokument (EN ISO 22081:2021) wurde vom Technischen Komitee ISO/TC 213 „Dimensional and geometrical product specifications and verification" in Zusammenarbeit mit dem Technischen Komitee CEN/TC 290 „Geometrische Produktspezifikationen und-prüfung" erarbeitet, dessen Sekretariat von AFNOR (Frankreich) gehalten wird.

Das zuständige deutsche Normungsgremium ist der Arbeitsausschuss NA 152-03-02 AA „CEN/ISO Geometrische Produktspezifikation und -prüfung" im DIN-Normenausschuss Technische Grundlagen (NATG).

Das Ziel der Anwendung der ISO GPS-Normen ist das Erstellen von eindeutigen und vollständigen geometrischen Produktspezifikationen. Dies ist nur möglich, wenn alle Geometrieelemente in einem dreidimensionalen Bezugssystem mit Ortstoleranzen spezifiziert werden. Das Tolerieren von Orten von Geometrieelementen, wie bislang in DIN ISO 2768-1 und DIN ISO 2768-2 vorgesehen, ist mit Mehrdeutigkeiten behaftet (siehe auch ISO 14405-2) und sollte aus Gründen der Produkthaftung vermieden werden.

Von dieser Regelung ausgenommen ist das dimensionale Tolerieren von linearen Größenmaßelementen und Winkelgrößenmaßelementen, für die weiterhin Plus-Minus-Toleranzen, Hüllbedingungen, Maximum-Material-Bedingungen, Minimum-Material-Bedingungen und Reziprozitätsbedingungen verwendet werden können.

In der Schlussphase der Erstellung von ISO 22081:2021 ist – auch von deutscher Seite unbemerkt – seitens ISO sowohl im Vorwort der Norm wie auch in den zugehörigen bibliographischen Daten der Hinweis aufgenommen worden, dass ISO 22081:2021 die ISO 2768-2:1989 ersetzt; CEN hat diesen Hinweis in der EN ISO 22081:2021 übernommen. Ein solcher Ersatz war nie geplant und ist technisch-inhaltlich nicht möglich, weshalb auch früh eine abweichende Normnummer gewählt worden war.

Diese fehlerhafte Ersatzbeziehung führt nun dazu, dass jeder undatierte Verweis auf ISO 2768-2 (z. B. auf sehr vielen Produktzeichnungen vor Veröffentlichung von ISO 22081:2021) auf ISO 22081 übergeht und dadurch in einem Vertragsverhältnis u. U. erhebliche Risiken verursacht, wenn die entsprechenden Unterlagen nicht aufwändig überarbeitet werden.

Zur Minimierung des erforderlichen Arbeitsaufwandes und gleichzeitig sicherer Interpretation der Produktdokumentation wird daher vorgeschlagen, in jeder betroffenen Technischen Produktdokumentation (nur) eine Datierung des Verweises auf ISO 2768-2:1989 vorzunehmen. Dann ist zur Interpretation der Produktdokumentation, insbesondere der vielen bestehenden wiederverwendeten Zeichnungen, auf jeden Fall wie vorgesehen die ISO 2768-2 anzuwenden.

Der zuständige Arbeitsausschuss NA 152-03-02 AA hat den Beschluss gefasst, auf eine schnellstmögliche Überarbeitung von ISO 22081 hinzuwirken.

Auf Anregung der deutschen Industrie hat der NA 152-03-02 AA entschieden, in der ergänzenden nationalen Norm DIN 2769 Toleranzklassen und Allgemeintoleranzwerte festzulegen, die die Anforderungen des vorliegenden Dokuments ergänzen und konkretisieren können. Das vorliegende Dokument gibt in Abschnitt 4.3 „Angabe in einer technischen Produktdokumentation (TPD)" die Möglichkeit, auf Werte in weiteren Dokumenten zu verweisen. DIN 2769 bietet festgelegte Werte für Allgemeintoleranzen und Toleranzklassen und führt das etablierte Konzept mit Werten und Klassen für Allgemeintoleranzen konform mit dem ISO GPS-System fort.

Für die in diesem Dokument zitierten Dokumente wird im Folgenden auf die entsprechenden deutschen Dokumente hingewiesen:

ISO 286-1	siehe	DIN EN ISO 286-1
ISO 286-2	siehe	DIN EN ISO 286-2
ISO 1101	siehe	DIN EN ISO 1101
ISO 1660	siehe	DIN EN ISO 1660
ISO 5459	siehe	DIN EN ISO 5459
ISO 8015	siehe	DIN EN ISO 8015
ISO 14253-1	siehe	DIN EN ISO 14253-1
ISO 14405-1	siehe	DIN EN ISO 14405-1
ISO 14405-2	siehe	DIN EN ISO 14405-2
ISO 14405-3	siehe	DIN EN ISO 14405-3
ISO 14638	siehe	DIN EN ISO 14638
ISO 17450-1	siehe	DIN EN ISO 17450-1
ISO 17450-2	siehe	DIN EN ISO 17450-2
ISO 22432	siehe	DIN EN ISO 22432
ISO 25378	siehe	DIN EN ISO 25378

Aktuelle Informationen zu diesem Dokument können über die Internetseiten von DIN (www.din.de) durch eine Suche nach der Dokumentennummer aufgerufen werden.

Änderungen

Gegenüber DIN ISO 2768-2:1991-04 wurden folgende Änderungen vorgenommen:

a) Vollständige Überarbeitung und technisch-inhaltliche Neukonzeptionierung;

b) Methoden zur präzisen Angabe einer allgemeinen geometrischen Spezifikation sowie einer allgemeinen Größenmaßspezifikation wurden hinzugefügt;

c) die Regeln zur Anwendung allgemeiner geometrischer Spezifikationen sowie allgemeiner Größenmaßspezifikationen wurden klargestellt.

Frühere Ausgaben

DIN ISO 2768-2: 1991-04

Nationaler Anhang NA
(informativ)

Literaturhinweise

DIN 2769, *Geometrische Produktspezifikation (GPS) — Allgemeintoleranzen — Tabellenwerte für geometrische Toleranzen und Toleranzen für Längen- und Winkelgrößenmaße ohne individuelle Toleranzangabe*

DIN EN ISO 286-1, *Geometrische Produktspezifikation (GPS) — ISO-Toleranzsystem für Längenmaße — Teil 1: Grundlagen für Toleranzen, Abmaße und Passungen (ISO 286-1)*

DIN EN ISO 286-2, *Geometrische Produktspezifikation (GPS) — ISO-Toleranzsystem für Längenmaße — Teil 2: Tabellen der Grundtoleranzgrade und Grenzabmaße für Bohrungen und Wellen (ISO 286-2)*

DIN EN ISO 1101, *Geometrische Produktspezifikation (GPS) — Geometrische Tolerierung — Tolerierung von Form, Richtung, Ort und Lauf (ISO 1101)*

DIN EN ISO 1660, *Geometrische Produktspezifikation (GPS) — Geometrische Tolerierung — Profiltolerierung (ISO 1660)*

DIN EN ISO 5459, *Geometrische Produktspezifikation (GPS) — Geometrische Tolerierung — Bezüge und Bezugssysteme (ISO 5459)*

DIN EN ISO 8015, *Geometrische Produktspezifikation (GPS) — Grundlagen — Konzepte, Prinzipien und Regeln (ISO 8015)*

DIN EN ISO 14253-1, *Geometrische Produktspezifikationen (GPS) — Prüfung von Werkstücken und Messgeräten durch Messen — Teil 1: Entscheidungsregeln für den Nachweis von Konformität oder Nichtkonformität mit Spezifikationen (ISO 14253-1)*

DIN EN ISO 14405-1, *Geometrische Produktspezifikation (GPS) — Dimensionelle Tolerierung — Teil 1: Lineare Größenmaße (ISO 14405-1)*

DIN EN ISO 14405-2, *Geometrische Produktspezifikation (GPS) — Dimensionelle Tolerierung — Teil 2: Andere als lineare oder Winkelgrößenmaße (ISO 14405-2)*

DIN EN ISO 14405-3, *Geometrische Produktspezifikationen (GPS) — Dimensionelle Tolerierung — Teil 3: Winkelgrößenmaße (ISO 14405-3)*

DIN EN ISO 14638, *Geometrische Produktspezifikation (GPS) — Matrix-Modell (ISO 14638)*

DIN EN ISO 17450-1, *Geometrische Produktspezifikation (GPS) — Grundlagen — Teil 1: Modell für die geometrische Spezifikation und Prüfung (ISO 17450-1)*

DIN EN ISO 17450-2, *Geometrische Produktspezifikation (GPS) — Grundlagen — Teil 2: Grundsätze, Spezifikationen, Operatoren, Unsicherheiten und Mehrdeutigkeiten (ISO 17450-2)*

DIN EN ISO 22432, *Geometrische Produktspezifikation (GPS) — Zur Spezifikation und Prüfung benutzte Geometrieelemente (ISO 22432)*

DIN EN ISO 25378, *Geometrische Produktspezifikation (GPS) — Merkmale und Bedingungen — Begriffe (ISO 25378)*

DIN ISO 2768-1, *Allgemeintoleranzen; Toleranzen für Längen- und Winkelmaße ohne einzelne Toleranzeintragung*

DIN ISO 2768-2:1991-04, *Allgemeintoleranzen; Toleranzen für Form und Lage ohne einzelne Toleranzeintragung; Identisch mit ISO 2768-2:1989*[1]

---

1 ersetzt durch das vorliegende Dokument

— Leerseite —

EUROPÄISCHE NORM

EUROPEAN STANDARD

NORME EUROPÉENNE

EN ISO 22081

Februar 2021

ICS 17.040.40

Ersetzt EN 22768-2:1993

Deutsche Fassung

Geometrische Produktspezifikation (GPS) — Geometrische Tolerierung — Allgemeine geometrische und Größenmaßspezifikationen (ISO 22081:2021)

Geometrical product specifications (GPS) — Geometrical tolerancing — General geometrical specifications and general size specifications (ISO 22081:2021)

Spécification géométrique des produits (GPS) — Tolérancement géométrique — Spécifications géométriques générales et spécifications de taille générales (ISO 22081:2021)

Diese Europäische Norm wurde vom CEN am 21. Januar 2021 angenommen.

Die CEN-Mitglieder sind gehalten, die CEN/CENELEC-Geschäftsordnung zu erfüllen, in der die Bedingungen festgelegt sind, unter denen dieser Europäischen Norm ohne jede Änderung der Status einer nationalen Norm zu geben ist. Auf dem letzten Stand befindliche Listen dieser nationalen Normen mit ihren bibliographischen Angaben sind beim CEN-CENELEC-Management-Zentrum oder bei jedem CEN-Mitglied auf Anfrage erhältlich.

Diese Europäische Norm besteht in drei offiziellen Fassungen (Deutsch, Englisch, Französisch). Eine Fassung in einer anderen Sprache, die von einem CEN-Mitglied in eigener Verantwortung durch Übersetzung in seine Landessprache gemacht und dem Management-Zentrum mitgeteilt worden ist, hat den gleichen Status wie die offiziellen Fassungen.

CEN-Mitglieder sind die nationalen Normungsinstitute von Belgien, Bulgarien, Dänemark, Deutschland, Estland, Finnland, Frankreich, Griechenland, Irland, Island, Italien, Kroatien, Lettland, Litauen, Luxemburg, Malta, den Niederlanden, Norwegen, Österreich, Polen, Portugal, der Republik Nordmazedonien, Rumänien, Schweden, der Schweiz, Serbien, der Slowakei, Slowenien, Spanien, der Tschechischen Republik, der Türkei, Ungarn, dem Vereinigten Königreich und Zypern.

EUROPÄISCHES KOMITEE FÜR NORMUNG
EUROPEAN COMMITTEE FOR STANDARDIZATION
COMITÉ EUROPÉEN DE NORMALISATION

CEN-CENELEC Management-Zentrum: Rue de la Science 23, B-1040 Brüssel

Ref. Nr. EN ISO 22081:2021 D

Inhalt

Europäisches Vorwort

Dieses Dokument (EN ISO 22081:2021) wurde vom Technischen Komitee ISO/TC 213 „Dimensional and geometrical product specifications and verification" in Zusammenarbeit mit dem Technischen Komitee CEN/TC 290 „Geometrische Produktspezifikationen und -prüfung" erarbeitet, dessen Sekretariat von AFNOR gehalten wird.

Diese Europäische Norm muss den Status einer nationalen Norm erhalten, entweder durch Veröffentlichung eines identischen Textes oder durch Anerkennung bis August 2021, und etwaige entgegenstehende nationale Normen müssen bis August 2021 zurückgezogen werden.

Es wird auf die Möglichkeit hingewiesen, dass einige Elemente dieses Dokuments Patentrechte berühren können. CEN ist nicht dafür verantwortlich, einige oder alle diesbezüglichen Patentrechte zu identifizieren.

Dieses Dokument ersetzt EN 22768-2:1993.

Entsprechend der CEN-CENELEC-Geschäftsordnung sind die nationalen Normungsinstitute der folgenden Länder gehalten, diese Europäische Norm zu übernehmen: Belgien, Bulgarien, Dänemark, Deutschland, die Republik Nordmazedonien, Estland, Finnland, Frankreich, Griechenland, Irland, Island, Italien, Kroatien, Lettland, Litauen, Luxemburg, Malta, Niederlande, Norwegen, Österreich, Polen, Portugal, Rumänien, Schweden, Schweiz, Serbien, Slowakei, Slowenien, Spanien, Tschechische Republik, Türkei, Ungarn, Vereinigtes Königreich und Zypern.

Anerkennungsnotiz

Der Text von ISO 22081:2021 wurde von CEN als EN ISO 22081:2021 ohne irgendeine Abänderung genehmigt.

Vorwort

ISO (die Internationale Organisation für Normung) ist eine weltweite Vereinigung nationaler Normungsinstitute (ISO-Mitgliedsorganisationen). Die Erstellung von Internationalen Normen wird üblicherweise von Technischen Komitees von ISO durchgeführt. Jede Mitgliedsorganisation, die Interesse an einem Thema hat, für welches ein Technisches Komitee gegründet wurde, hat das Recht, in diesem Komitee vertreten zu sein. Internationale staatliche und nichtstaatliche Organisationen, die in engem Kontakt mit ISO stehen, nehmen ebenfalls an der Arbeit teil. ISO arbeitet bei allen elektrotechnischen Normungsthemen eng mit der Internationalen Elektrotechnischen Kommission (IEC) zusammen.

Die Verfahren, die bei der Entwicklung dieses Dokuments angewendet wurden und die für die weitere Pflege vorgesehen sind, werden in den ISO/IEC-Direktiven, Teil 1 beschrieben. Es sollten insbesondere die unterschiedlichen Annahmekriterien für die verschiedenen ISO-Dokumentenarten beachtet werden. Dieses Dokument wurde in Übereinstimmung mit den Gestaltungsregeln der ISO/IEC-Direktiven, Teil 2 erarbeitet (siehe www.iso.org/directives).

Es wird auf die Möglichkeit hingewiesen, dass einige Elemente dieses Dokuments Patentrechte berühren können. ISO ist nicht dafür verantwortlich, einige oder alle diesbezüglichen Patentrechte zu identifizieren. Details zu allen während der Entwicklung des Dokuments identifizierten Patentrechten finden sich in der Einleitung und/oder in der ISO-Liste der erhaltenen Patenterklärungen (siehe www.iso.org/patents).

Jeder in diesem Dokument verwendete Handelsname dient nur zur Unterrichtung der Anwender und bedeutet keine Anerkennung.

Für eine Erläuterung des freiwilligen Charakters von Normen, der Bedeutung ISO-spezifischer Begriffe und Ausdrücke in Bezug auf Konformitätsbewertungen sowie Informationen darüber, wie ISO die Grundsätze der Welthandelsorganisation (WTO, en: World Trade Organization) hinsichtlich technischer Handelshemmnisse (TBT, en: Technical Barriers to Trade) berücksichtigt, siehe www.iso.org/iso/foreword.html.

Dieses Dokument wurde vom Technischen Komitee ISO/TC 213, *Dimensional and geometrical product specifications and verification,* in Zusammenarbeit mit dem Europäischen Komitee für Normung (CEN), Technisches Komitee CEN/TC 290, *Geometrische Produktspezifikationen und -prüfung*, in Übereinstimmung mit der Vereinbarung zur technischen Zusammenarbeit zwischen ISO und CEN (Wiener Vereinbarung) erarbeitet.

Diese erste Ausgabe ersetzt ISO 2768-2:1989, welche technisch überarbeitet wurde.

Wesentliche Änderungen gegenüber ISO 2768-2:1989 sind:

— Methoden zur präzisen Angabe einer allgemeinen geometrischen Spezifikation sowie einer allgemeinen Größenmaßspezifikation wurden hinzugefügt;

— die Regeln zur Anwendung allgemeiner geometrischer Spezifikationen sowie allgemeiner Größenmaßspezifikationen wurden klargestellt.

Rückmeldungen oder Fragen zu diesem Dokument sollten an das jeweilige nationale Normungsinstitut des Anwenders gerichtet werden. Eine vollständige Auflistung dieser Institute ist unter www.iso.org/members.html zu finden.

Einleitung

Dieses Dokument ist eine Norm für die geometrische Produktspezifikation (GPS) und ist als eine allgemeine ISO GPS-Norm (siehe ISO 14638) anzusehen. Es beeinflusst die Kettenglieder A, B und C der Normenkette über Größenmaß, Abstand, Form, Richtung und Ort.

Das in ISO 14638 gegebene ISO GPS-Matrix-Modell gibt einen Überblick über das ISO GPS-System, dessen Bestandteil dieses Dokument ist. Die in ISO 8015 angegebenen grundlegenden ISO GPS-Regeln gelten für dieses Dokument, und die Default-Entscheidungsregeln nach ISO 14253-1 gelten für die Spezifikationen nach diesem Dokument, sofern nicht anders angegeben.

Für detailliertere Angaben zum Zusammenhang dieses Dokuments mit anderen Normen und dem ISO GPS-Matrix-Modell, siehe Anhang C.

Dieses Dokument behandelt allgemeine geometrische Spezifikationen sowie allgemeine Größenmaßspezifikationen, die verwendet werden können, um die Anzahl individueller Spezifikationsangaben in der technischen Produktdokumentation (TPD, en: technical product documentation) zu verringern. Viele Geometrieelemente haben ähnliche oder gleiche individuelle Spezifikationen. Als Alternative dürfen allgemeine geometrische Spezifikationen und/oder allgemeine Größenmaßspezifikationen angewendet werden.

Alle Bilder in diesem Dokument für die 2D-Zeichnungsangaben wurden in der Projektionsmethode 1 mit Maßen und Toleranzen in Millimetern gezeichnet. Es wird darauf hingewiesen, dass ebenso gut die Projektionsmethode 3 und andere Maßeinheiten hätten angewendet werden können, ohne dadurch die festgelegten Grundsätze zu beeinflussen.

Die Bilder in diesem Dokument stellen entweder 2D-Zeichnungsansichten oder axonometrische 3D-Ansichten dar und sind dafür vorgesehen zu veranschaulichen, wie eine Spezifikation mit sichtbarer Notierung vollständig angegeben werden kann. Für Möglichkeiten der Darstellung einer Spezifikation, bei der Spezifikationselemente durch eine Abfrage-Funktion oder eine andere Abfrage von Informationen zu dem 3D-CAD-Modell abrufbar sein können, und für Regeln zur Angabe von Spezifikationen zu 3D-CAD-Modellen siehe ISO 16792.

Alle Bilder sind nicht vollständig und sollten nicht als Möglichkeit betrachtet werden, einen Teil vollständig zu spezifizieren. Nicht angegebenen theoretisch genauen Maßen (TED, en: theoretically exact dimensions), wird unterstellt, dass sie aus dem 3D-CAD-Modell bezogen wurden.

1 Anwendungsbereich

Dieses Dokument gibt Regeln zur Festlegung und Interpretation allgemeiner geometrischer Spezifikationen und allgemeiner Größenmaßspezifikationen nach ISO 8015:2011, 5.12.

Allgemeine Spezifikationen, die in anderen Normen festgelegt sind, und der Zusammenhang mit diesen Normen werden in diesem Dokument nicht behandelt.

Die in diesem Dokument festgelegten allgemeinen geometrischen Spezifikationen und allgemeinen (linearen oder Winkel-)Größenmaßspezifikationen gelten ausschließlich für integrale Geometrieelemente (einschließlich Größenmaßelemente).

Diese Spezifikationen sind nicht anzuwenden für abgeleitete Geometrieelemente oder integrale Linien (siehe ISO 17450-1 für die Begriffsbestimmungen von integralen Geometrieelementen und abgeleiteten Geometrieelementen).

Andere als lineare Größenmaße oder Winkelgrößenmaße (siehe ISO 14405-2) werden in diesem Dokument nicht behandelt.

2 Normative Verweisungen

Die folgenden Dokumente werden im Text in solcher Weise in Bezug genommen, dass einige Teile davon oder ihr gesamter Inhalt Anforderungen des vorliegenden Dokuments darstellen. Bei datierten Verweisungen gilt nur die in Bezug genommene Ausgabe. Bei undatierten Verweisungen gilt die letzte Ausgabe des in Bezug genommenen Dokuments (einschließlich aller Änderungen).

ISO 8015, *Geometrical product specifications (GPS) — Fundamentals — Concepts, principles and rules*

ISO 17450-1, *Geometrical product specifications (GPS) — General concepts — Part 1: Model for geometrical specification and verification*

ISO 17450-2, *Geometrical product specifications (GPS) — General concepts — Part 2: Basic tenets, specifications, operators, uncertainties and ambiguities*

ISO 22432, *Geometrical product specifications (GPS) — Features utilized in specification and verification*

ISO 25378, *Geometrical product specifications (GPS) — Characteristics and conditions — Definitions*

3 Begriffe

Für die Anwendung dieses Dokuments gelten die Begriffe nach ISO 8015, ISO 17450-1, ISO 17450-2, ISO 22432 sowie ISO 25378 und die folgenden Begriffe.

ISO und IEC stellen terminologische Datenbanken für die Verwendung in der Normung unter den folgenden Adressen bereit:

— ISO Online Browsing Platform: verfügbar unter https://www.iso.org/obp

— IEC Electropedia: verfügbar unter http://www.electropedia.org/

3.1
allgemeine geometrische Spezifikation
geometrische Spezifikation, die in der technischen Produktdokumentation (TPD) angegeben wird, und bei der es sich nicht um eine individuelle Spezifikation handelt

3.2
allgemeine Größenmaßspezifikation
Größenmaßspezifikation (lineare Größenmaßspezifikation oder Winkelgrößenmaßspezifikation), die in der technischen Produktdokumentation (TPD) angegeben wird, und bei der es sich nicht um eine individuelle Spezifikation handelt

Anmerkung 1 zum Begriff: Lineare Größenmaßspezifikationen sind in ISO 14405-1 festgelegt. Winkelgrößenmaßspezifikationen sind in ISO 14405-3 festgelegt.

3.3
integrales Geometrieelement
Geometrieelement, das zur realen Oberfläche des Werkstücks oder zu einem Oberflächenmodell gehört

Anmerkung 1 zum Begriff: Ein integrales Geometrieelement ist intrinsisch festgelegt, z. B. die Haut des Werkstücks.

Anmerkung 2 zum Begriff: Für die Angabe von Spezifikationen müssen Geometrieelemente, die durch Partitionierung des Oberflächenmodells oder der realen Oberfläche des Werkstücks erhalten werden, festgelegt werden. Diese sogenannten „integralen Geometrieelemente" sind Modelle der verschiedenen physikalischen Teile des Werkstücks, die spezielle Funktionen aufweisen, insbesondere jene, die angrenzende Werkstücke berühren.

Anmerkung 3 zum Begriff: Ein integrales Geometrieelement kann z. B. durch:

— eine Partionierung des Oberflächenmodells,

— eine Partionierung eines anderen integralen Geometrieelements, oder

— eine Kollektion anderer integraler Geometrieelemente

abgeleitet werden.

[QUELLE: ISO 17450-1:2011, 3.3.5][N1]

4 Grundsätze

4.1 Allgemeines

Bei Anwendung allgemeiner geometrischer Spezifikationen oder allgemeiner Größenmaßspezifikationen sollte sich der Konstrukteur der folgenden Risiken bewusst sein:

— Übersehen wichtiger funktionaler Anforderungen;

— Auswählen unnötig enger Toleranzen bezüglich der funktionalen Anforderung.

Es liegt in der Verantwortung des Konstrukteurs sicherzustellen, dass:

— funktionale Anforderungen richtig definiert werden;

— die Geometrieelemente, die die Funktionen beeinflussen, richtig spezifiziert werden;

N1 Nationale Fußnote: Um eine Einheitlichkeit der Begriffe im gesamten Dokument zu erreichen und unter Berücksichtigung zwischenzeitlich modernisierter Übersetzungen von Begriffen im Normenbestand zur Geometrischen Produktspezifikation und -prüfung sind im vorliegenden Dokument im Vergleich zu DIN EN ISO 17450-1:2012-04, 3.3.5, folgende Änderungen vorgenommen worden: Übersetzung des Begriffs „geometrical feature" geändert von „geometrisches Element" zu „Geometrieelement"; Übersetzung des Begriffs „real surface" geändert von „wirkliche Oberfläche" zu „reale Oberfläche"; Übersetzung des Begriffs „partition" geändert von „Zerlegung" zu „Partitionierung"; Übersetzung des Begriffs „collection" geändert von „Sammlung" zu „Kollektion".

— das gesamte Teil, d. h. alle Geometrieelemente, vollständig und eindeutig spezifiziert wird.

Allgemeine geometrische Spezifikationen und allgemeine Größenmaßspezifikationen sind Möglichkeiten, um die Anzahl der Angaben in einer TPD auf ein Minimum zu reduzieren.

4.2 Grundregel

Dieses Dokument legt zwei Arten von allgemeinen Spezifikationen fest:

— allgemeine geometrische Spezifikationen;

— allgemeine Größenmaßspezifikationen.

Regel A: Nur die in Tabelle 1 und Tabelle 2 definierten Spezifikationen dürfen verwendet werden, um für integrale Geometrieelemente allgemeine geometrische Spezifikationen und/oder allgemeine Größenmaßspezifikationen festzulegen.

4.3 Angabe in einer technischen Produktdokumentation (TPD)

Regel B: Um allgemeine geometrische Spezifikationen und/oder allgemeine Größenmaßspezifikationen in Übereinstimmung mit diesem Dokument anzuwenden, müssen diese im oder nah dem Schriftfeld oder im Produktdefinitionsdatensatz nach folgenden Regeln deutlich angegeben werden:

— Formulierung „Allgemeintoleranzen" (en: „general tolerances"), gefolgt von einer Verweisung auf dieses Dokument (d. h. ISO 22081), gefolgt von der Angabe der allgemeinen geometrischen Spezifikationen und/oder Angabe der allgemeinen Größenmaßspezifikationen (siehe Bild 1).

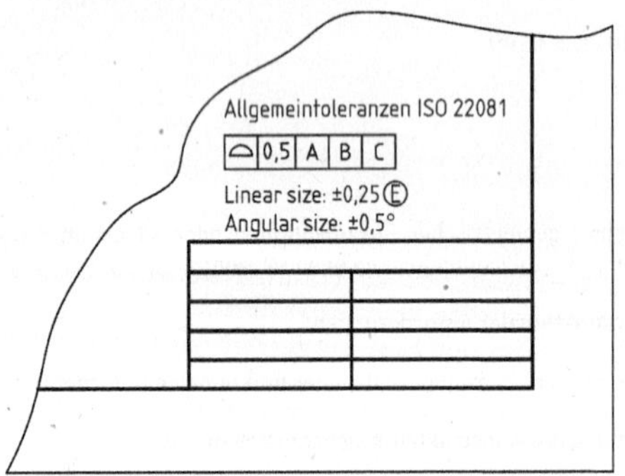

Bild 1 — Angabe allgemeiner geometrischer Spezifikationen und allgemeiner Größenmaßspezifikationen

Die Toleranzwerte können festgelegt werden als:

— Einzelwerte oder

— variable Werte.

Variable Werte können von einem oder von beiden der folgenden Punkte abhängig sein:

— von den Maßen dieser integralen Geometrieelemente;

— vom Abstand des integralen Geometrieelements zum Bezugssystem (den TEDs).

Wenn variable Toleranzwerte verwendet werden, sollten eindeutige Regeln festgelegt werden, um diese Werte aus einer Tabelle (siehe Anhang A) oder aus anderen Dokumenten (siehe Bild 2) zu erhalten.

Allgemeintoleranzen ISO 22081

| ⌓ | t1 | A | B | C | siehe Tabelle 1 in Dokument 123456

Linear size: ±t2Ⓔ siehe Tabelle 2 in Dokument 123456

Angular size: ±t3° siehe Tabelle 3 in Dokument 123456

Bild 2 — Beispiel für Angaben, bei denen die Toleranzwerte in einem in Bezug genommenen Dokument tabellarisiert sind

5 Allgemeine geometrische Spezifikation

5.1 Regel zur Angabe allgemeiner geometrischer Spezifikationen

Regel C: Die allgemeine geometrische Spezifikation (siehe 3.1) muss mit einer Flächenprofilspezifikation eingetragen werden (siehe Tabelle 1 und Bild 3).

Tabelle 1 — Allgemeine geometrische Spezifikation

Art	Beispiel für Spezifikationsangaben im oder nah dem Schriftfeld
Allgemeine geometrische Spezifikation	⌓ | 0,12 | A | B | C
ANMERKUNG Siehe 5.3 für Bezugssysteme.	

Neben dem Merkmal (welches nur das Flächenprofil sein kann) dürfen in allgemeinen geometrischen Spezifikationen beliebige Spezifikationselemente aus ISO 5459 und ISO 1101 verwendet werden, solange diese nicht den in diesem Dokument angegebenen Regeln widersprechen.

5.2 Regel für die Anwendbarkeit der allgemeinen geometrischen Spezifikation

Regel D: Die allgemeine geometrische Spezifikation gilt für jedes integrale Geometrieelement unabhängig am Produkt, mit den folgenden Ausnahmen (siehe Bild 3):

1) ein integrales Geometrieelement, spezifiziert durch eine Größenmaßspezifikation (individuelle Größenmaßspezifikation oder allgemeine Größenmaßspezifikation);

2) ein integrales Geometrieelement oder dessen abgeleitetes Geometrieelement, spezifiziert durch eine individuelle geometrische Spezifikation;

3) ein Bezugselement, verwendet in dem im Bezugsfeld der allgemeinen geometrischen Spezifikation festgelegten Bezugssystem (siehe 5.3);

4) ein integrales Geometrieelement, angegeben mit vereinfachter Darstellung und nicht enthalten im CAD-Modell, beispielsweise Kanten, Ausrundungen oder Gewinde.

ANMERKUNG 1 Eine allgemeine geometrische Spezifikation gilt für integrale Geometrieelemente unabhängig von einer Spezifikation der Oberflächenbeschaffenheit.

ANMERKUNG 2 Die allgemeinen geometrischen Spezifikationen entsprechen dem Grundsatz der Unabhängigkeit und dem Grundsatz des Geometrieelements.

ANMERKUNG 3 Wenn individuelle Spezifikationen bei einem oder mehreren Teilen eines einzelnen integralen Geometrieelements angewendet werden, wird der Rest als anderes integrales Geometrieelement betrachtet.

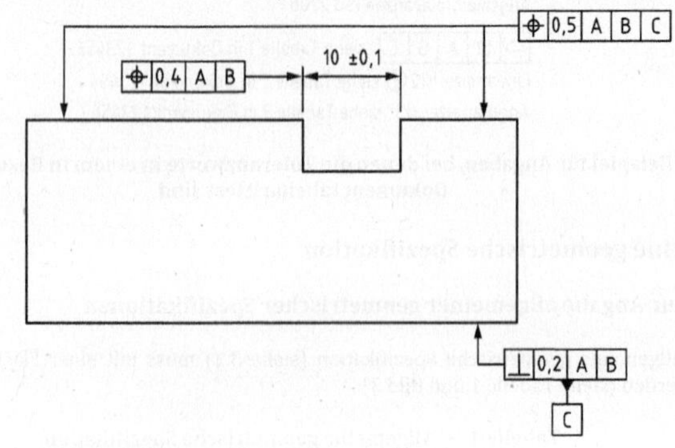

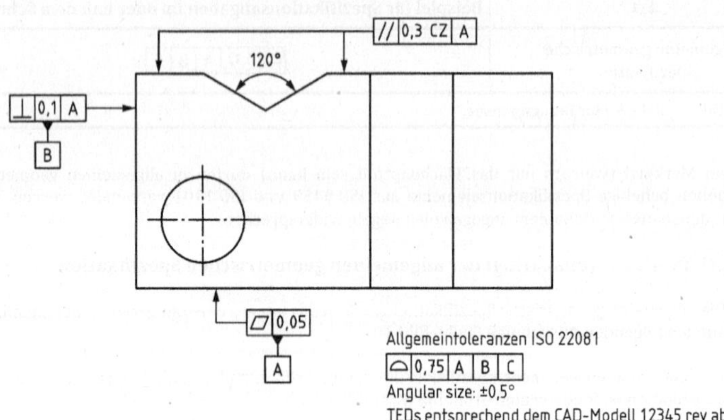

a) Angabe in der technischen Produktdokumentation (TPD)

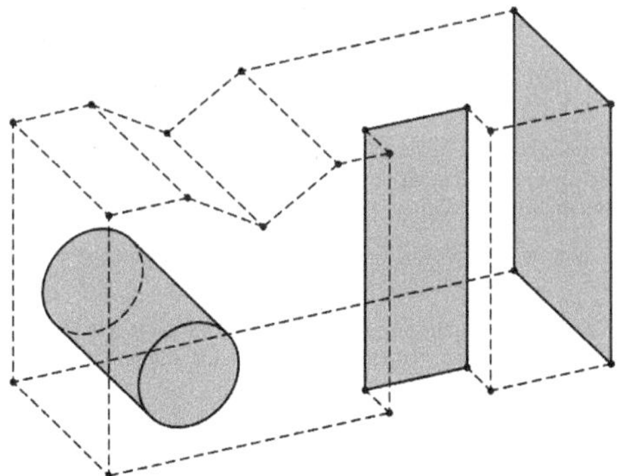

b) Integrale Geometrieelemente mit allgemeiner geometrischer Spezifikation

ANMERKUNG 1 Die allgemeine geometrische Spezifikation gilt für die in b) grau dargestellten integralen Geometrieelemente nach Regel D.

ANMERKUNG 2 Die allgemeine geometrische Spezifikation gilt nicht für:

- die beiden Ebenen in einem Winkel von 120° zueinander, da diese durch eine allgemeine Größenmaßspezifikation spezifiziert werden (Regel D1);
- die beiden parallelen Ebenen im Abstand von 10 mm zueinander, da diese durch eine individuelle Größenmaßspezifikation spezifiziert werden (Regel D1);
- die beiden parallelen Ebenen im Abstand von 10 mm zueinander, da das abgeleitete Geometrieelement durch eine individuelle geometrische Spezifikation spezifiziert wird (Regel D2),
- das Bezugselement A, da das integrale Geometrieelement durch eine individuelle geometrische Spezifikation spezifiziert wird (Regel D2);
- das Bezugselement A, da der Bezug A im Bezugsfeld der allgemeinen geometrischen Spezifikation verwendet wird (Regel D3);
- das Bezugselement B, da das integrale Geometrieelement durch eine individuelle geometrische Spezifikation spezifiziert wird (Regel D2);
- das Bezugselement B, da der Bezug B im Bezugsfeld der allgemeinen geometrischen Spezifikation verwendet wird (Regel D3);
- das Bezugselement C, da das integrale Geometrieelement durch eine individuelle geometrische Spezifikation spezifiziert wird (Regel D2);
- das Bezugselement C, da der Bezug C im Bezugsfeld der allgemeinen geometrischen Spezifikation verwendet wird (Regel D3);
- die beiden Ebenen, die dem Bezugselement C gegenüberliegen, da die integralen Geometrieelemente durch eine individuelle geometrische Spezifikation spezifiziert werden (Regel D2);
- die beiden Ebenen, die dem Bezugselement A gegenüberliegen, da die integralen Geometrieelemente durch eine individuelle geometrische Spezifikation spezifiziert werden (Regel D2).

ANMERKUNG 3 Weitere Beispiele sind in Anhang B enthalten.

Bild 3 — Beispiel für die Anwendung einer allgemeinen geometrischen Spezifikation

5.3 Regeln für das Bezugssystem

Regel E: um eine allgemeine geometrische Spezifikation zu spezifizieren, muss ein Bezugssystem festgelegt werden.

Regel F: das Bezugssystem, das in einer allgemeinen geometrischen Spezifikation angegeben wird, muss alle Freiheitsgrade fixieren, die für die Festlegung des Ortes der durch die allgemeine geometrische Spezifikation festgelegten Toleranzzonen notwendig sind.

ANMERKUNG 1 Dieses Bezugssystem besteht nicht unbedingt aus drei Bezügen, und fixiert nicht zwangsläufig alle sechs Freiheitsgrade.

Jedes der im Bezugsfeld der allgemeinen geometrischen Spezifikation gekennzeichneten Bezugselemente sollte individuelle Spezifikationen haben, da diese nicht von der allgemeinen geometrischen Spezifikation abgedeckt werden.

ANMERKUNG 2 Die allgemeine geometrische Spezifikation gilt für alle zusätzlichen Bezugselemente entsprechend den in diesem Dokument angegebenen Regeln.

6 Allgemeine Größenmaßspezifikationen

6.1 Regel zur Angabe allgemeiner Größenmaßspezifikationen

Regel G: Die allgemeinen Größenmaßspezifikationen (siehe 3.2) müssen mit einem linearen Größenmaß (en: linear size) und/oder einem Winkelgrößenmaß (en: angular size) angegeben werden (siehe Tabelle 2 und Bild 4).

Tabelle 2 — Allgemeine Größenmaßspezifikationen

Art	Spezifikationsangaben im oder nah dem Schriftfeld
Allgemeine Größenmaß-spezifikation	Linear size: $+t_5/-t_6$ oder $\pm t_5$ oder JS_n/js_n[a,b]
	Angular size: $+t_7°/-t_8°$ oder $\pm t_7°$

[a] Der Index *n* stellt den Toleranzgrad nach ISO 286-1 und ISO 286-2 dar (z. B. JS13/js13).

[b] Die Angabe „JS/js" ist lediglich ein Beispiel; es kann jedes in der Reihe ISO 286 festgelegte Grundabmaß verwendet werden.

In allgemeinen Größenmaßspezifikationen dürfen beliebige Spezifikationselemente aus ISO 14405-1 und ISO 14405-3 verwendet werden, solange diese nicht den in diesem Dokument angegebenen Regeln widersprechen.

6.2 Regel für die Anwendbarkeit von allgemeinen Größenmaßspezifikationen

Regel H: Allgemeine Größenmaßspezifikationen gelten für jedes Größenmaßelement, das in der TPD durch eines der folgenden Verfahren angegeben wird:

1) durch eine Größenmaßangabe, die den Nennwert des linearen Größenmaßes oder Winkelgrößenmaßes festlegt (siehe Bild 4), welche:
   - keine individuelle Toleranz hat;
   - kein theoretisch genaues Maß (TED, en: theoretically exact dimension) ist; und
   - kein Hilfsmaß ist.
2) durch ein CAD-Attribut, das den Nennwert des Größenmaßelementes festlegt.

ANMERKUNG 1 Allgemeine Größenmaßspezifikationen gelten für Größenmaßelemente ungeachtet einer Spezifikation der Oberflächenbeschaffenheit.

ANMERKUNG 2 Allgemeine Größenmaßspezifikationen gelten für Größenmaßelemente ungeachtet einer geometrischen Spezifikation.

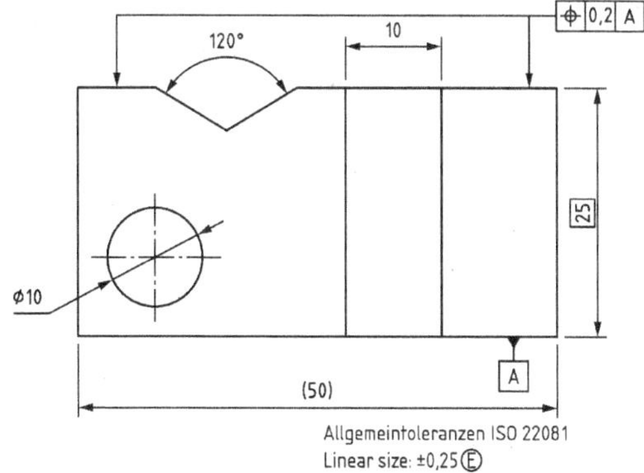

a) Angabe in der technischen Produktdokumentation (TPD)

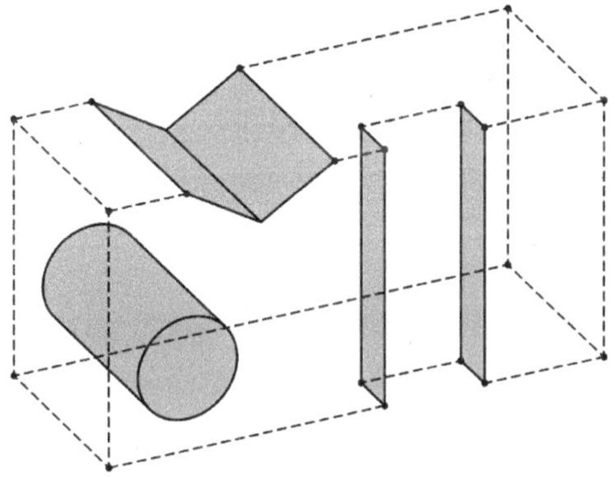

b) Größenmaßelemente mit allgemeinen Größenmaßspezifikationen

ANMERKUNG 1 Allgemeine Größenmaßspezifikationen gelten für die in b) grau dargestellten Größenmaßelemente entsprechend Regel H.

ANMERKUNG 2 Entsprechend Regel H gelten die allgemeinen Größenmaßspezifikationen nicht für:

— die beiden parallelen Ebenen mit dem Maß 25 mm, da 25 ein TED (en: theoretically exact dimension) ist;

— die beiden parallelen Ebenen mit dem Maß 50 mm, da 50 ein Hilfsmaß ist.

Bild 4 — Beispiel für die Anwendung allgemeiner Größenmaßspezifikationen

Anhang A
(informativ)

Beispiel für die Angabe mit Bezugnahme auf eine Tabelle in der technischen Produktdokumentation (TPD)

Bild A.1 zeigt ein Beispiel für eine allgemeine Größenmaßspezifikation, bei der Toleranzwerte mit Bezugnahme auf eine Tabelle in der TPD festgelegt werden.

Allgemeintoleranzen ISO 22081

⌓	0,5	A	B	C

Linear size: Siehe Tabelle

a) Angabe

Nominal linear sizes	≤ bis 6	6 < S ≤ 10	10 < S ≤ 25	25 < S ≤ 50	50 < S ≤ 100	100 < S ≤ 250	250 < S ≤ 500
Toleranzwerte	±0,1	±0,2	±0,3	±0,4	±0,5	±0,75	±1

b) Tabelle

Bild A.1 — Beispiel für die Angabe mit Bezugnahme auf eine Tabelle in der TPD

Anhang B
(informativ)

Beispiele

B.1 Beispiel mit integralen Geometrieelementen, bei denen der Ort nicht spezifiziert ist

Bild B.1 zeigt ein Beispiel mit integralen Geometrieelementen, bei denen der Ort nicht spezifiziert ist.

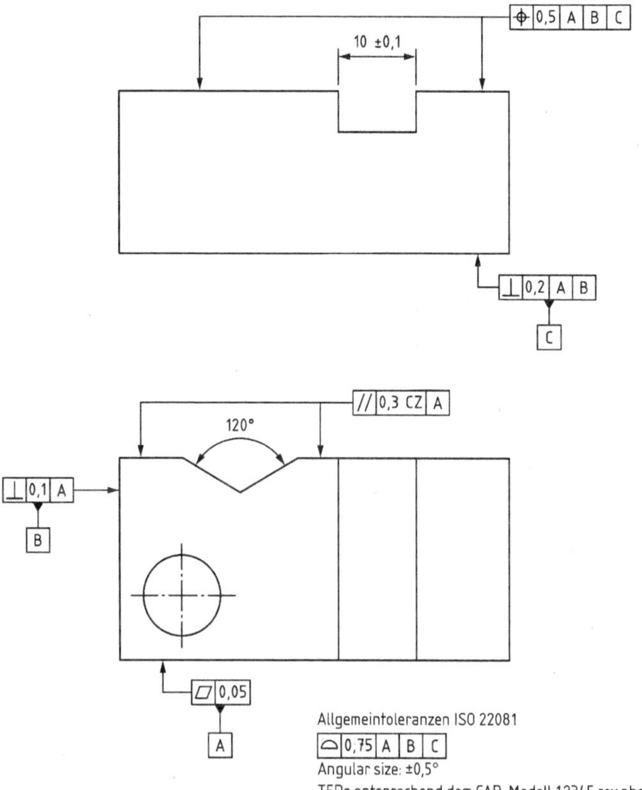

ANMERKUNG Diese Spezifikation ist unvollständig.

— Die allgemeine geometrische Spezifikation gilt nicht für die beiden Ebenen im Winkel von 120° zueinander, da diese durch eine allgemeine Größenmaßspezifikation spezifiziert werden (Regel D1). Aus diesem Grund ist der Ort der beiden Ebenen nicht festgelegt.

— Die allgemeine geometrische Spezifikation gilt nicht für die beiden parallelen Ebenen im Abstand von 10 mm zueinander, da diese durch eine individuelle Größenmaßspezifikation spezifiziert werden (Regel D1). Aus diesem Grund ist der Ort der beiden Ebenen nicht festgelegt.

— Die allgemeine geometrische Spezifikation gilt nicht für die beiden Ebenen, die gegenüber von Bezugselement A liegen, da die integralen Geometrieelemente durch eine individuelle geometrische Spezifikation spezifiziert werden (Regel D2). Der Ort der beiden Ebenen ist nicht festgelegt, da lediglich eine Parallelitätstoleranz spezifiziert wird.

Bild B.1 — Beispiel mit integralen Geometrieelementen, bei denen der Ort nicht spezifiziert ist

B.2 Beispiel mit zwei Bezügen im Bezugssystem der allgemeinen geometrischen Spezifikation

Bild B.2 zeigt ein Beispiel mit zwei Bezügen im Bezugssystem der allgemeinen geometrischen Spezifikation.

Das Bezugssystem A-B|C fixiert alle notwendigen Freiheitsgrade entsprechend Regel F.

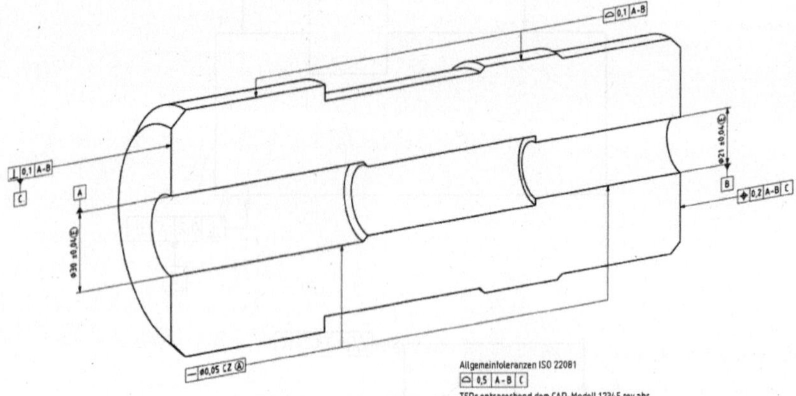

Bild B.2 — Beispiel mit zwei Bezügen im Bezugssystem der allgemeinen geometrischen Spezifikation

B.3 Beispiel, bei dem die Angabe der allgemeinen Größenmaßspezifikation fehlt

Die Spezifikation in Bild B.3 ist unvollständig: die beiden Maße 10 haben keine Toleranz, da die allgemeine Größenmaßspezifikation nicht in der TPD angegeben ist.

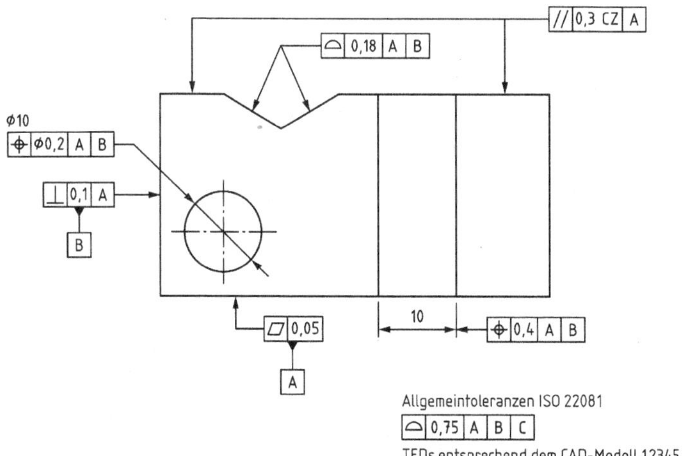

Bild B.3 — Beispiel, bei dem die Angabe der allgemeinen Größenmaßspezifikation fehlt

Anhang C
(informativ)

Zusammenhang mit dem ISO GPS-Matrix-Modell

C.1 Allgemeines

Zu den vollständigen Einzelheiten des ISO GPS-Matrix-Modells siehe ISO 14638.

C.2 Informationen über dieses Dokument und seine Verwendung

Dieses Dokument behandelt die allgemeine Tolerierung als Möglichkeit zur Vereinfachung der TPD.

C.3 Position im ISO GPS-Matrix-Modell

Dieses Dokument ist eine allgemeine ISO GPS-Norm, die die Kettenglieder A, B und C der Normenketten in der allgemeinen ISO GPS-Matrix beeinflusst, wie in Tabelle C.1 grafisch dargestellt.

Tabelle C.1 — Position im ISO GPS-Matrix-Modell

	Kettenglieder						
	A	B	C	D	E	F	G
	Symbole und Angaben	Anforderungen an Geometrie-elemente	Merkmale von Geometrie-elementen	Überein-stimmung und Nicht-Über-einstimmung	Messung	Messgeräte	Kalibrierung
Größenmaß	•	•	•				
Abstand	•	•	•				
Form	•	•	•				
Richtung	•	•	•				
Ort	•	•	•				
Lauf							
Oberflächen-beschaffenheit: Profil							
Oberflächen-beschaffenheit: Fläche							
Oberflächen-unvollkom-menheiten							

C.4 Verwandte Internationale Normen

Die verwandten Internationalen Normen gehen aus den in Tabelle C.1 angegebenen Normenketten hervor.

Literaturhinweise

[1] ISO 286-1, *Geometrical product specifications (GPS) — ISO code system for tolerances on linear sizes — Part 1: Basis of tolerances, deviations and fits*

[2] ISO 286-2, *Geometrical product specifications (GPS) — ISO code system for tolerances on linear sizes — Part 2: Tables of standard tolerance classes and limit deviations for holes and shafts*

[3] ISO 1101, *Geometrical product specifications (GPS) — Geometrical tolerancing — Tolerances of form, orientation, location and run-out*

[4] ISO 1660, *Geometrical product specifications (GPS) — Geometrical tolerancing — Profile tolerancing*

[5] ISO 5459, *Geometrical product specifications (GPS) — Geometrical tolerancing — Datums and datum systems*

[6] ISO 14253-1, *Geometrical product specifications (GPS) — Inspection by measurement of workpieces and measuring equipment — Part 1: Decision rules for verifying conformity or nonconformity with specifications*

[7] ISO 14405-1, *Geometrical product specifications (GPS) — Dimensional tolerancing — Part 1: Linear sizes*

[8] ISO 14405-2, *Geometrical product specifications (GPS) — Dimensional tolerancing — Part 2: Dimensions other than linear or angular sizes*

[9] ISO 14405-3, *Geometrical product specifications (GPS) — Dimensional tolerancing — Part 3: Angular sizes*

[10] ISO 14638, *Geometrical product specifications (GPS) — Matrix model*

[11] ISO 16792, *Technical product documentation — Digital product definition data practices*

[12] JEITA ET-5102 Ver. 1, *Standard of 3D annotated models — Datum systems, JEITA general geometrical tolerancing, simplified shape representation*, (2016), Standardization Subcommittee of the 3D CAD Information Standardization Technical Committee (ISTEC) of the Japan Electronics and Information Technology Industries Association (JEITA)

	DIN EN ISO 22432	

ICS 17.040.30

Geometrische Produktspezifikation (GPS) – Zur Spezifikation und Prüfung benutzte Geometrieelemente (ISO 22432:2011); Deutsche Fassung EN ISO 22432:2011

Geometrical product specifications (GPS) –
Features utilized in specification and verification (ISO 22432:2011);
German version EN ISO 22432:2011

Spécification géométrique des produits (GPS) –
Éléments utilisés en spécification et vérification (ISO 22432:2011);
Version allemande EN ISO 22432:2011

Gesamtumfang 60 Seiten

Normenausschuss Technische Grundlagen (NATG) im DIN

Nationales Vorwort

Diese Dokument (EN ISO 22432:2011) wurde vom Technischen Komitee ISO/TC 213/WG 14 „Vertical GPS principles“ in Zusammenarbeit mit dem Technischen Komitee CEN/TC 290 „Geometrische Produktspezifikationen und -prüfung“ dessen Sekretariat von AFNOR (Frankreich) gehalten wird, erarbeitet.

Auf nationaler Ebene ist der Arbeitsausschuss NA 152-03-02 AA „CEN/ISO Geometrische Produktspezifikation und -prüfung“ im Normenausschuss Technische Grundlagen (NATG) im DIN zuständig.

Für die in diesem Dokument zitierten Internationalen Normen wird im Folgenden auf die entsprechenden Deutschen Normen hingewiesen:

ISO 14660-1 siehe DIN EN ISO 14660-1

ISO/TS 17450-1 siehe DIN EN ISO 17450-1

ISO/TS 17450-2 siehe DIN EN ISO 17450-2

Literaturhinweise

DIN EN ISO 14660-1, *Geometrische Produktspezifikation (GPS) — Geometrieelemente — Teil 1: Grundbegriffe und Definitionen*

DIN EN ISO 17450-1, *Geometrische Produktspezifikation (GPS) — Grundlagen — Teil 1: Modell für die geometrische Spezifikation und Prüfung*

DIN EN ISO 17450-2, *Geometrische Produktspezifikation und -prüfung (GPS) — Allgemeine Begriffe — Teil 2: Grundlegende Lehrsätze, Spezifikationen, Operatoren, Unsicherheiten und Mehrdeutigkeiten*

EUROPÄISCHE NORM
EUROPEAN STANDARD
NORME EUROPÉENNE

EN ISO 22432

November 2011

ICS 17.040.01

Deutsche Fassung

Geometrische Produktspezifikation (GPS) - Zur Spezifikation und Prüfung benutzte Geometrieelemente (ISO 22432:2011)

Geometrical product specifications (GPS) - Features utilized in specification and verification (ISO 22432:2011)

Spécification géométrique des produits (GPS) - Éléments utilisés en spécification et vérification (ISO 22432:2011)

Diese Europäische Norm wurde vom CEN am 8. Juli 2011 angenommen.

Die CEN-Mitglieder sind gehalten, die CEN/CENELEC-Geschäftsordnung zu erfüllen, in der die Bedingungen festgelegt sind, unter denen dieser Europäischen Norm ohne jede Änderung der Status einer nationalen Norm zu geben ist. Auf dem letzten Stand befindliche Listen dieser nationalen Normen mit ihren b bliographischen Angaben sind beim Management-Zentrum des CEN-CENELEC oder bei jedem CEN-Mitglied auf Anfrage erhältlich.

Diese Europäische Norm besteht in drei offiziellen Fassungen (Deutsch, Englisch, Französisch). Eine Fassung in einer anderen Sprache, die von einem CEN-Mitglied in eigener Verantwortung durch Übersetzung in seine Landessprache gemacht und dem Management-Zentrum mitgeteilt worden ist, hat den gleichen Status wie die offiziellen Fassungen.

CEN-Mitglieder sind die nationalen Normungsinstitute von Belgien, Bulgarien, Dänemark, Deutschland, Estland, Finnland, Frankreich, Griechenland, Irland, Island, Italien, Kroatien, Lettland, Litauen, Luxemburg, Malta, den Niederlanden, Norwegen, Österreich, Polen, Portugal, Rumänien, Schweden, der Schweiz, der Slowakei, Slowenien, Spanien, der Tschechischen Republik, Ungarn, dem Vereinigten Königreich und Zypern.

EUROPÄISCHES KOMITEE FÜR NORMUNG
EUROPEAN COMMITTEE FOR STANDARDIZATION
COMITÉ EUROPÉEN DE NORMALISATION

Management-Zentrum: Avenue Marnix 17, B-1000 Brüssel

Ref. Nr. EN ISO 22432:2011 D

Inhalt

Seite

Bilder

Tabellen

Vorwort

Dieses Dokument (EN ISO 22432:2011) wurde vom Technischen Komitee ISO/TC 213 „Dimensional and geometrical product specifications and verification" in Zusammenarbeit mit dem Technischen Komitee CEN/TC 290 „Geometrische Produktspezifikationen und -prüfung" erarbeitet, dessen Sekretariat vom AFNOR gehalten wird.

Diese Europäische Norm muss den Status einer nationalen Norm erhalten, entweder durch Veröffentlichung eines identischen Textes oder durch Anerkennung bis Mai 2012, und etwaige entgegenstehende nationale Normen müssen bis Mai 2012 zurückgezogen werden.

Es wird auf die Möglichkeit hingewiesen, dass einige Texte dieses Dokuments Patentrechte berühren können. CEN [und/oder CENELEC] sind nicht dafür verantwortlich, einige oder alle diesbezüglichen Patentrechte zu identifizieren.

Entsprechend der CEN/CENELEC-Geschäftsordnung sind die nationalen Normungsinstitute der folgenden Länder gehalten, diese Europäische Norm zu übernehmen: Belgien, Bulgarien, Dänemark, Deutschland, Estland, Finnland, Frankreich, Griechenland, Irland, Island, Italien, Kroatien, Lettland, Litauen, Luxemburg, Malta, Niederlande, Norwegen, Österreich, Polen, Portugal, Rumänien, Schweden, Schweiz, Slowakei, Slowenien, Spanien, Tschechische Republik, Ungarn, Vereinigtes Königreich und Zypern.

Anerkennungsnotiz

Der Text von ISO 22432:2011 wurde vom CEN als EN ISO 22432:2011 ohne irgendeine Abänderung genehmigt.

Einleitung

Diese Internationale Norm ist eine Norm für die geometrische Produktspezifikation (GPS) und ist als globale GPS-Norm (siehe ISO/TR 14638) anzusehen. Sie beeinflusst alle Kettenglieder der Matrix allgemeiner GPS-Normen.

Die in ISO/TR 14638 gegebene ISO/GPS-Übersicht gibt einen Überblick über das ISO/GPS-System, von dem dieser Norm ein Bestandteil ist. Die in ISO 8015 gegebenen grundlegenden Regeln von ISO/GPS gelten für diese Norm, und die Vorzugsentscheidungsregeln aus ISO 14253-1 gelten für die Spezifikationen nach dieser Norm, soweit nicht anders angegeben.

(Geometrie) Elemente kommen in drei unterschiedlichen „Welten“ vor:

— die Welt der nominalen Festlegung (Definition), in welcher eine ideale Darstellung des Werkstücks durch den Konstrukteur festgelegt ist;

— die Welt der technischen Beschreibung (Spezifikation), in welcher der Konstrukteur mehrere verschiedene Darstellungen des Werkstücks im Sinn hat;

— die Welt der Prüfung auf Übereinstimmung (Verifikation), in welcher eine (oder mehrere) Darstellung(en) eines gegebenen Werkstücks durch die Anwendung eines Messverfahrens (von Messverfahren) identifiziert werden.

In der Welt der Prüfung auf Übereinstimmung (Verifikation) können mathematische von physikalischen Operationen unterschieden werden. Die physikalischen Operationen sind die auf physikalischen Verfahren beruhenden Operationen, welche im Allgemeinen mechanischer, optischer oder elektromagnetischer Art sind. Die mathematischen Methoden sind die mathematische Weiterverarbeitung der Abtastwerte des Werkstücks. Diese Weiterverarbeitung wird in allgemeinen durch Berechnen oder durch elektronische Verarbeitung ausgeführt.

Es ist wichtig, den Zusammenhang zwischen den drei Welten zu verstehen. Diese Internationale Norm legt die genormte Terminologie für geometrische Elemente in der Welt der technischen Beschreibung (Spezifikation) und der Welt der Prüfung auf Übereinstimmung (Verifikation) grundsätzlich fest, damit diese für die Verständigung zwischen diesen Welten verwendet werden kann.

Die in dieser Internationalen Norm festgelegten Merkmale eignen sich gut für die technische Beschreibung formstabiler Werkstücke und ihrer Zusammensetzung und können auch auf bewegliche Werkstücke und ihre Zusammensetzung angewendet werden, indem sie zulässige, starren Festkörpern entsprechende Veränderungen festlegen.

1 Anwendungsbereich

Diese Internationale Norm legt die allgemeinen Begriffe und Merkmalstypen von (Geometrie) Elementen zur technischen Beschreibung von Werkstücken fest. Diese Festlegungen beruhen auf den in der Norm ISO/TS 17450-1 entwickelten Konzepten.

Diese Internationale Norm zielt darauf ab, als ein Leitfaden zu dienen, der die gegenseitige Beziehung zwischen (Geometrie) Elementen abbildet, um damit eine zukünftige Standardisierung für die Industrie und für Programmierer in einer folgerichtigen Art und Weise zu ermöglichen.

2 Normative Verweisungen

Die folgenden zitierten Dokumente sind für die Anwendung dieses Dokuments erforderlich. Bei datierten Verweisungen gilt nur die in Bezug genommene Ausgabe. Bei undatierten Verweisungen gilt die letzte Ausgabe des in Bezug genommenen Dokuments (einschließlich aller Änderungen).

ISO 14660-1:1999, *Geometrical Product Specifications (GPS) — Geometrical features — Part 1: General terms and definitions*

ISO/TS 17450-1:2005, *Geometrical product specifications (GPS) — General concepts — Part 1: Model for geometrical specification and verification*

ISO/TS 17450-2:2002, *Geometrical product specifications (GPS) — General concepts — Part 2: Basic tenets, specifications, operators and uncertainties*

3 Begriffe

Für die Anwendung dieses Dokuments gelten die Begriffe nach ISO 14660-1, ISO/TS 17450-1 und ISO/TS 17450-2 sowie die folgenden Begriffe.

3.1
Oberflächenmodell
Modell, das die Menge von (Geometrie) Elementen, die das virtuelle oder wirkliche Werkstück beschränkt, darstellt

ANMERKUNG 1 Alle geschlossenen Flächen (siehe Bild 1 und Bild A.1) sind eingeschlossen.

ANMERKUNG 2 Das Oberflächenmodell erlaubt die Festlegung von einzelnen (Geometrie) Elementen, von Mengen von (Geometrie) Elementen und/oder von Teilen von (Geometrie) Elementen. Das gesamte Produkt wird durch eine Menge von Oberflächenmodellen modelliert, welche den einzelnen Werkstücken entsprechen.

BEISPIEL Fall einer Hohlfläche.

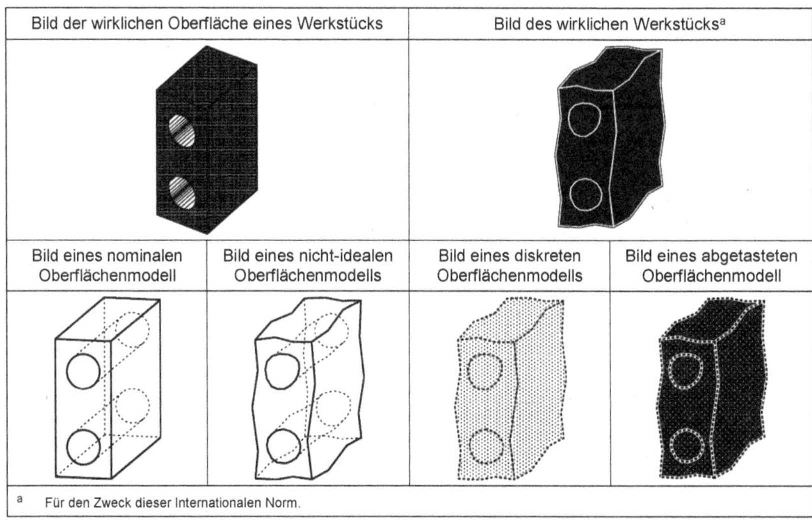

ANMERKUNG Wegen seiner geometrischen Unvollkommenheit ist es unmöglich, die gesamte Geometrie des wirklichen Werkstücks vorherzusagen. In dieser Internationalen Norm wird die wirkliche Oberfläche des Werkstücks vollständig schwarz dargestellt.

Bild 1 — Beispiel der wirklichen Oberfläche des Werkstücks und seiner Modelle

3.1.1
nominales Oberflächenmodell
Oberflächenmodell mit idealer Geometrie, festgelegt durch die technische Produktspezifikation

ANMERKUNG 1 Ein nominales Oberflächenmodell ist ein ideales (Geometrie) Element (siehe Bild 1 und Tabelle 1).

ANMERKUNG 2 Ein nominales Oberflächenmodell ist eine zusammenhängende Oberfläche, die aus einer unendlichen Anzahl von Punkten besteht.

ANMERKUNG 3 Jedes (Geometrie) Element im nominalen Oberflächenmodell [nicht-ideales Oberflächenmodell (Hautmodell)] enthält eine zusammenhängende unendliche Anzahl von Punkten.

3.1.2
nicht-ideales Oberflächenmodell (Hautmodell)
Oberflächenmodell nicht-idealer Geometrie

ANMERKUNG 1 Das nicht-ideale Oberflächenmodell (Hautmodell) ist ein virtuelles Modell, welches dazu verwendet wird, den Spezifikationsoperator und den Prüfungsoperator unter der Annahme einer zusammenhängenden Oberfläche darzustellen (siehe Tabelle 1 und ISO/TS 17450-1).

ANMERKUNG 2 Ein nicht-ideales Oberflächenmodell (Hautmodell) ist ein nicht-ideales (Geometrie) Element (siehe Bild 1).

ANMERKUNG 3 Ein nicht-ideales Oberflächenmodell (Hautmodell) ist eine zusammenhängende Oberfläche, die aus einer unendlichen Anzahl von Punkten besteht.

ANMERKUNG 4 Jedes (Geometrie) Element im nicht-idealen Oberflächenmodell (Hautmodell) enthält eine zusammenhängende unendliche Anzahl von Punkten.

3.1.3
diskretes Oberflächenmodell
Oberflächenmodell, erhalten durch Erfassung aus dem nicht-idealen Oberflächenmodell (Hautmodell)

ANMERKUNG 1 Zusätzlich zu den erforderlichen Punkten beinhaltet die Erfassung stillschweigend eine Interpolation.

ANMERKUNG 2 Das diskrete Oberflächenmodell wird dazu verwendet, den Spezifikationsoperator und den Prüfungsoperator unter der Annahme einer endlichen Anzahl von Punkten darzustellen (siehe Tabelle 1).

ANMERKUNG 3 Ein diskretes Oberflächenmodell ist ein nicht-ideales (Geometrie) Element (siehe Bild 1).

3.1.4
abgetastetes Oberflächenmodell
Oberflächenmodell, das durch physikalische Erfassung vom Modell des wirklichen Werkstücks erhalten wird

ANMERKUNG 1 Zusätzlich zu den erforderlichen Punkten kann die Prüfung auf Übereinstimmung (Verifikation) stillschweigend eine Interpolation beinhalten.

ANMERKUNG 2 Das abgetastete Oberflächenmodell wird bei der Prüfung auf Übereinstimmung (Verifikation) in der Koordinatenmesstechnik und nicht z. B. bei der Prüfung auf Übereinstimmung (Verifikation) mithilfe einer Lehre verwendet, weil bei der Lehrung keine Punkte gemessen werden. Bei der Prüfung auf Übereinstimmung (Verifikation) mithilfe einer Lehre wird die wirkliche Oberfläche des Werkstücks unmittelbar in Betracht gezogen (siehe Tabelle 1).

ANMERKUNG 3 Ein abgetastetes Oberflächenmodell ist ein nicht-ideales (Geometrie) Element (siehe Bild 1).

3.2
geometrisches Element
Punkt, Linie, Fläche, Volumen oder eine Menge der vorgenannten Elemente

ANMERKUNG 1 Das nicht-ideale Oberflächenmodell ist ein besonderes geometrisches Element, das mit der unendlichen Menge von Punkten übereinstimmt, welche die Trennfläche zwischen dem Werkstück und seiner Umgebung festlegt.

ANMERKUNG 2 Ein geometrisches Element kann ein ideales oder ein nicht-ideales (Geometrie) Element sein und kann als einzelnes oder zusammengesetztes (Geometrie) Element betrachtet werden.

3.2.1
Nenngeometrieelement
geometrisches Element von idealer Geometrie, das in der technischen Produktdokumentation durch den Konstrukteur des Produkts festgelegt wird

ANMERKUNG 1 Siehe Bild B.1.

ANMERKUNG 2 Ein Nenngeometrieelement ist in der technischen Produktdokumentation festgelegt. Siehe Tabelle 1.

ANMERKUNG 3 Ein Nenngeometrieelement kann endlich oder unendlich sein; wenn nichts anderes festgelegt ist, dann ist es unendlich.

BEISPIEL Ein auf einer Zeichnung festgelegter vollkommener Zylinder ist ein Nenngeometrieelement, das einer bestimmten mathematischen Formel folgt, die in einem auf das Situationselement bezogenen Koordinatensystem festgelegt ist, und dem Maßparameter zugeordnet sind. Das Situationselement eines Zylinders ist eine Linie, die im Allgemeinen als „seine Achse“ bezeichnet wird. Nimmt man diese Linie als Achse eines kartesischen Koordinatensystems, erhält man die Gleichung $x^2 + y^2 = D/2$, wobei D ein Maßparameter ist. Ein Zylinder ist ein Größenmaßelement, dessen Größenmaß sein Durchmesser D ist.

3.2.2
wirkliches (Geometrie) Element
geometrisches Element, das einem Teil der wirklichen Oberfläche des Werkstücks entspricht

3.2.3
diskretes (Geometrie) Element
geometrisches Element, das einem Teil des diskreten Oberflächenmodells entspricht

3.2.4
abgetastetes (Geometrie) Element
geometrisches Element, das einem Teil des abgetasteten Oberflächenmodells entspricht

3.2.5
ideales (Geometrie) Element
(Geometrie) Element, das durch eine parametrisierte Gleichung festgelegt ist

[ISO/TS 17450-1:2005, Definition 3.13]

ANMERKUNG 1 Der Ausdruck der parametrisierten Gleichung hängt vom Typ des idealen (Geometrie) Elements und von den intrinsischen Merkmalen ab.

ANMERKUNG 2 Standardmäßig ist ein ideales (Geometrie) Element unendlich. Um seine Natur zu ändern, ist die Bezeichnung „beschränkt" hinzuzufügen, z. B. beschränktes ideales (Geometrie) Element.

ANMERKUNG 3 Bei einer komplexen Fläche, die durch eine Punktewolke und ein Interpolationsverfahren festgelegt ist, wird die Punktewolke als der Parameter betrachtet.

ANMERKUNG 4 Diese Definition ist auch in ISO/TS 17450-1:2005 enthalten. Es ist vorgesehen, dass diese Definition in ISO 17450-1:2011 gelöscht wird.

3.2.5.1
Eigenschaft eines idealen (Geometrie) Elements
intrinsische Eigenschaft eines idealen (Geometrie) Elements

ANMERKUNG 1 Es können vier Stufen von Eigenschaften für ein ideales (Geometrie) Element festgelegt werden: Gestalt, Maßparameter, durch die im Fall eines Größenmaßelements ein Größenmaß festgelegt werden kann, Situationselement und Gerüst (wenn das Größenmaß gegen Null geht).

ANMERKUNG 2 Wenn das ideale (Geometrie) Element ein Größenmaßelement ist, dann kann einer der Parameter der Gestalt als ein Größenmaß betrachtet werden.

3.2.5.1.1
Größenmaßelement
geometrisches Element, das ein oder mehrere intrinsische Merkmale besitzt, von denen nur eines als veränderlicher Parameter angesehen werden darf, der zusätzlich ein Mitglied einer einparametrigen Familie ist und der Eigenschaft des monotonen Enthaltenseins für diesen Parameter folgt

ANMERKUNG 1 Ein Größenmaßelement kann eine Kugel, ein Kreis, zwei Geraden, zwei gegenüberliegende parallele Ebenen, ein Zylinder, ein Torus usw. sein. In früheren Internationalen Normen wurden auch ein Keil und ein Kegel als Größenmaßelemente betrachtet, und ein Torus wurde nicht erwähnt.

ANMERKUNG 2 Es gibt Einschränkungen, wenn mehr als ein intrinsisches Merkmal vorhanden ist (z. B. bei einem Torus).

ANMERKUNG 3 Bezüglich der Funktion ist ein Größenmaßelement besonders nützlich, um die Materialbedingungen [(Minimum-Material-Bedingung (LMR) und Maximum-Material-Bedingung (MMR), siehe ISO 2692] auszudrücken.

BEISPIEL 1 Ein einzelner Zylinder, der eine Bohrung oder eine Welle bildet, ist ein Größenmaßelement. Sein Größenmaß ist sein Durchmesser.

BEISPIEL 2 Ein aus zwei einzelnen parallelen Ebenen zusammengesetztes (Geometrie) Element, das eine Riefe oder einen Keil bildet, ist ein Größenmaßelement. Sein Größenmaß ist seine Breite.

3.2.5.1.1.1
einparametrige Familie
Menge idealer geometrischer Elemente, die durch einen oder mehrere Maßparameter festgelegt ist und deren Mitglieder dadurch erhalten werden, dass immer nur jeweils einer der Parameter verändert wird

BEISPIEL 1 Eine Menge von O-Ringen (torusförmig) mit dem gleichen feststehenden Durchmesser des zentralen Rings und unterschiedlichen Durchmessern der Querschnitte ist eine einparametrige Familie (siehe Bild 2).

BEISPIEL 2 Ein Satz von Endmaßen, der durch die Dicke des Endmaßes definiert ist, entspricht einer einparametrigen Familie.

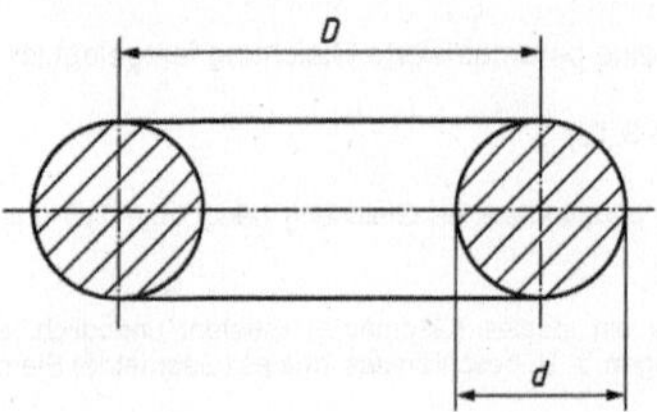

Legende

D Durchmesser des zentralen Rings
d Durchmesser des Querschnitts

Bild 2 — Beispiel einer einparametrigen Familie

3.2.5.1.1.2
Eigenschaft des monotonen Enthaltenseins
Eigenschaft einer einparametrigen Familie, bei der ein Mitglied mit einem gegebenen Größenmaß jedes beliebige Mitglied mit einem kleineren Größenmaß enthält

BEISPIEL 1 Ein zu einer einparametrigen Familie gehörender Torus, der einer Menge von O-Ringen (torusförmig) mit dem gleichen feststehenden Durchmesser des zentralen Rings und unterschiedlichen Durchmessern der Querschnitte entspricht, erfüllt die Eigenschaft des monotonen Enthaltenseins, weil von einem idealen Standpunkt der Betrachtung aus das größere Mitglied der Familie die kleineren Mitglieder der Familie vollständig umhüllt (siehe Bild 3).

BEISPIEL 2 Ein zu einer einparametrigen Familie gehörender Torus, der einer Menge von O-Ringen (torusförmig) mit unterschiedlichen Durchmessern des zentralen Rings und dem gleichen feststehenden Durchmesser der Querschnitte entspricht, erfüllt die Eigenschaft des monotonen Enthaltenseins nicht und kann deshalb nicht als Größenmaßelement betrachtet werden.

Bild 3 — Eigenschaft des monotonen Enthaltenseins

3.2.5.1.2
Situationselement
geometrisches Element, das die Lage und Richtung eines idealen (Geometrie) Elements festlegt und das eine geometrische Eigenschaft des idealen (Geometrie) Elements ist

Siehe Bilder 4 bis 7.

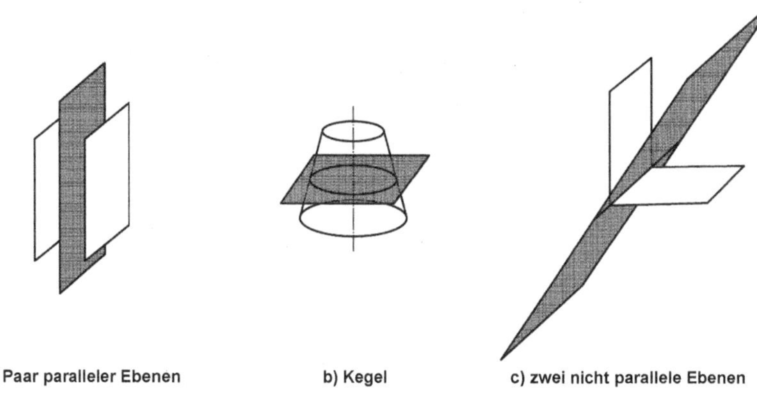

a) Paar paralleler Ebenen   b) Kegel   c) zwei nicht parallele Ebenen

Bild 4 — Beispiele für ebene Situationselemente

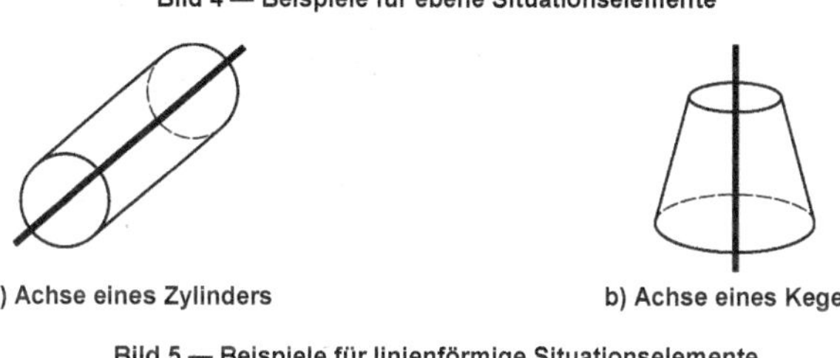

a) Achse eines Zylinders   b) Achse eines Kegels

Bild 5 — Beispiele für linienförmige Situationselemente

a) punktförmiges Situationselement eines Kegels   b) punktförmiges Situationselement einer Kugel

Bild 6 — Beispiele für punktförmige Situationselemente

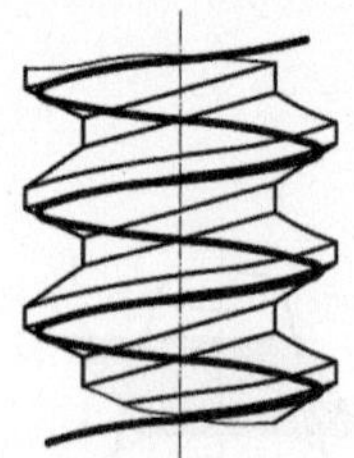

Bild 7 — Beispiel für das schraubenlinienförmige Situationselement

ANMERKUNG In vielen Fällen wird anstelle des schraubenlinienförmigen Situationselements die Achse des schraubenlinienförmigen Situationselements verwendet.

3.2.5.2
Gestalt eines idealen (Geometrie) Elements
mathematisch generierte Beschreibung, welche die ideale Geometrie eines (Geometrie) Elements festlegt

ANMERKUNG Das ideale (Geometrie) Element einer vorgegebenen Gestalt kann bezeichnet oder benannt werden.

BEISPIEL 1 Ebene Gestalt, zylindrische Gestalt, sphärische Gestalt, konische Gestalt.

BEISPIEL 2 Eine Fläche kann als „ebene Fläche" bezeichnet oder direkt als „Ebene" benannt werden.

3.2.5.3
Gerüstgeometrieelement
Reduzierung eines idealen (Geometrie) Elements, wenn sein Größenmaß gleich Null ist

ANMERKUNG In einigen Fällen ist das Gerüstgeometrieelement mit dem Situationselement identisch. Im Fall des Zylinders ist das Gerüstgeometrieelement mit dem Situationselement identisch, bei einem Torus ist dies nicht der Fall.

BEISPIEL Im Fall eines Torus gibt es zwei Maßparameter, von denen einer ein Größenmaß ist (der Durchmesser des Querschnitts des Torus). Sein Gerüst ist ein Kreis, und seine Situationselemente sind seine Ebene und eine senkrechte Linie.

3.2.6
nicht-ideales (Geometrie) Element
unvollkommenes (Geometrie) Element, das vollständig abhängig vom nicht-idealen Oberflächenmodell (Hautmodell) ist

[ISO/TS 17450-1:2005, Definition 3.19]

ANMERKUNG 1 Ein nicht-ideales (Geometrie) Element ist standardmäßig ein endliches Maß. Um diese Natur zu ändern, ist die Bezeichnung „beschränkt" hinzuzufügen.

ANMERKUNG 2 Diese Definition ist auch in ISO/TS 17450-1:2005 enthalten. Es ist vorgesehen, dass diese Definition in ISO 17450-1:2011 gelöscht wird.

3.2.7
Spezifikationsgeometrieelement
geometrisches Element, das vom nicht-idealen Oberflächenmodell (Hautmodell) oder vom diskreten Oberflächenmodell abgeleitet und durch den Spezifikationsoperator festgelegt ist

Siehe Tabelle 1 und Bild B.2.

ANMERKUNG Spezifikations- und Prüfungsoperatoren sind in ISO/TS 17450-2 festgelegt.

BEISPIEL 1 Im Verlauf der technischen Beschreibung (Spezifikation) ist ein durch eine Zuordnung aus dem nicht-idealen Oberflächenmodell (Hautmodell) abgeleiteter vollkommener Zylinder ein ideales Spezifikationsgeometrieelement.

BEISPIEL 2 Im Verlauf der technischen Beschreibung (Spezifikation) ist ein durch eine Zerlegung aus dem nicht-idealen Oberflächenmodell (Hautmodell) abgeleiteter unvollkommener Zylinder ein nicht-ideales Spezifikationsgeometrieelement.

3.2.8
Prüfungsgeometrieelement
geometrisches Element [abgeleitet vom nicht-idealen Oberflächenmodell (Hautmodell), vom diskreten Oberflächenmodell oder vom abgetasteten Oberflächenmodell] oder wirkliches (Geometrie) Element, das durch den Prüfungsoperator festgelegt ist

Siehe Tabelle 1 und Bild B.3.

ANMERKUNG 1 In der Welt der Prüfung auf Übereinstimmung (Verifikation) können mathematische Operationen von physikalischen Operationen unterschieden werden. Diese physikalischen Operationen basieren auf physikalischen Verfahren; sie sind im Allgemeinen mechanisch, optisch oder elektromagnetisch. Der vollständige Spezifikationsoperator schließt den Typ der physikalischen Eigenschaft, für welche die Spezifikation gilt, ein.

ANMERKUNG 2 Das aus dem nicht-idealen Oberflächenmodell (Hautmodell) oder dem diskreten Oberflächenmodell abgeleitete geometrische Element wird dazu verwendet, den Prüfungsoperator festzulegen. Das aus dem abgetasteten Oberflächenmodell und dem wirklichen (Geometrie) Element abgeleitete geometrische Element wird dazu verwendet, den Prüfungsoperator auszuführen.

BEISPIEL 1 Im Verlauf der Prüfung auf Übereinstimmung (Verifikation) ist ein durch eine Zuordnung aus dem Werkstück abgeleiteter vollkommener Zylinder ein ideales Prüfungsgeometrieelement.

BEISPIEL 2 Im Verlauf der Prüfung auf Übereinstimmung (Verifikation) ist ein durch eine Zerlegung aus dem Werkstück abgeleiteter unvollkommener Zylinder ein nicht-ideales Prüfungsgeometrieelement.

Tabelle 1 — Verwendung von Oberflächenmodellen

Anwendungsfeld	**Oberflächenmodell**				**Wirkliche Oberfläche**
	Nominales Oberflächenmodell	**Nicht-ideales Oberflächenmodell (Hautmodell)**	**Diskretes Oberflächenmodell**	**Abgetastetes Oberflächenmodell**	
TPD	anwendbar	nicht anwendbar	nicht anwendbar	nicht anwendbar	nicht anwendbar
Spezifikationsoperator	nicht anwendbar	anwendbar	anwendbar	nicht anwendbar	nicht anwendbar
Verifikationsoperator	nicht anwendbar	anwendbar	anwendbar	anwendbar	anwendbar

3.2.9
einzelnes (Geometrie) Element
geometrisches Element, das ein einzelner Punkt, eine einzelne Linie oder eine einzelne Fläche ist

ANMERKUNG Ein einzelnes (Geometrie) Element kann entweder kein oder ein bzw. mehrere intrinsische Merkmale haben, z. B.:

— eine Ebene ist ein einzelnes (Geometrie) Element, das kein intrinsisches Merkmal besitzt;

— ein Zylinder hat nur ein intrinsisches Merkmal;

— ein Torus hat zwei intrinsische Merkmale.

BEISPIEL Ein Zylinder ist ein einzelnes (Geometrie) Element (siehe Bild 8 und Bild 9). Eine Menge von Flächen bestehend aus zwei sich schneidenden Ebenen ist kein einzelnes (Geometrie) Element, denn eine einzige Ebene hat einen größeren Invarianzgrad als zwei Ebenen zusammen (siehe 3.2.9.4, Anmerkung 3).

	Nenngeometrieelement	Spezifikationsgeometrieelement		Prüfungsgeometrieelement	
einzelnes integrales (Geometrie) Element		1	1	1	1
einzelnes zugeordnetes (Geometrie) Element	4	1 2	1 2	1 2	1 2
einzelnes Teilgeometrie-element	3 4	3 1	3 1	3 1	3 1
erhalten von					
	nominales Oberflächenmodell	nicht-ideales Oberflächen-modell (Hautmodell)	diskretes Oberflächenmodell	abgetastetes Oberflächen-modell	wirkliche Oberfläche eines Werkstücks

Legende

1 einzelne integrale (Geometrie) Elemente
2 einzelne zugeordnete (Geometrie) Elemente
3 einzelne Teilgeometrieelemente
4 einzelne Nenngeometrieelemente

Bild 8 — Beispiele einzelner (Geometrie) Elemente, errichtet aus derselben Nennebene

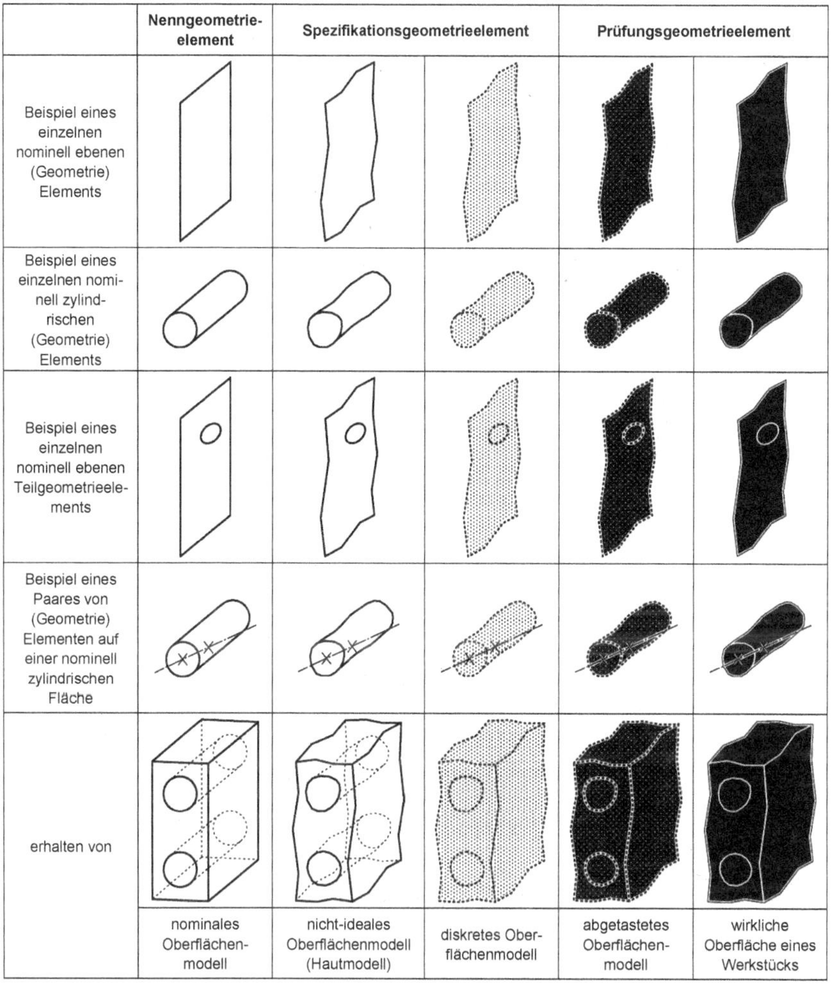

	Nenngeometrie-element	Spezifikationsgeometrieelement		Prüfungsgeometrieelement	
Beispiel eines einzelnen nominell ebenen (Geometrie) Elements					
Beispiel eines einzelnen nominell zylindrischen (Geometrie) Elements					
Beispiel eines einzelnen nominell ebenen Teilgeometrieelements					
Beispiel eines Paares von (Geometrie) Elementen auf einer nominell zylindrischen Fläche					
erhalten von	nominales Oberflächenmodell	nicht-ideales Oberflächenmodell (Hautmodell)	diskretes Oberflächenmodell	abgetastetes Oberflächenmodell	wirkliche Oberfläche eines Werkstücks

Bild 9 — Beispiele einzelner (Geometrie) Elemente, abgeleitet aus verschiedenen Oberflächenmodellen

3.2.9.1
einzelner Punkt
Punkt aus einer einzelnen Fläche oder einer einzelnen Linie

3.2.9.2
einzelne Linie
zusammenhängende Linie, die nominell eine Gerade, ein Kreis oder eine komplexe Linie ist

ANMERKUNG 1 Ein Bogen ist ein beschränkter Kreis (siehe Bild 10).

ANMERKUNG 2 Eine einzelne Linie schneidet nicht sich selbst.

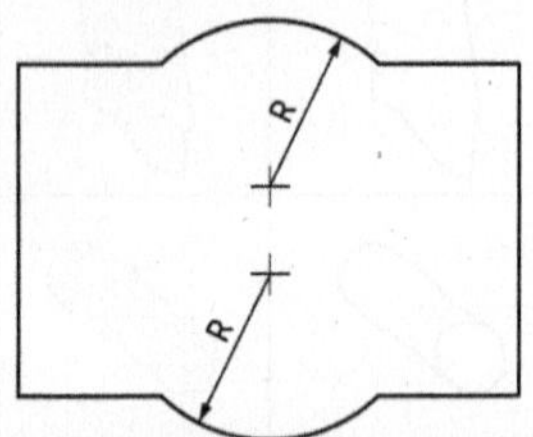

Bild 10 — Beispiele für einzelne Linien

3.2.9.3
komplexe Linie
zusammenhängende Linie, die keine Gerade oder kreisförmige Linie ist, aber deren Gestalt und Erstreckung vom Konstrukteur unter Einhaltung der Schreibregeln festgelegt und angegeben sind

3.2.9.4
einzelne Fläche
zusammenhängende Fläche, die nominell eine Ebene, ein Zylinder, eine Kugel, ein Kegel, ein Torus, eine andere Fläche der rotationssymmetrischen Invarianzklasse, eine Fläche der prismatischen Invarianzklasse, eine Schraubenlinie, eine Fläche der komplexen Invarianzklasse oder ein beschränkter Teil einer dieser Flächen ist

ANMERKUNG 1 Eine rotationssymmetrische Fläche ist eine einzelne Fläche, wenn ihre Mantellinie eine einzelne Linie ist (siehe Bild 11).

ANMERKUNG 2 Tabelle 1 in ISO/TS 17450-1:2005 veranschaulicht die Typen der einzelnen Flächen mit ihren Invarianzgraden.

ANMERKUNG 3 Wenn eine Fläche eine Teilfläche mit einem höheren Invarianzgrad als sie selbst enthält, ist sie keine einzelne Fläche. Eine einseitige Ordnung von Typen einzelner Flächen auf der Grundlage dessen, ob sie sich gegenseitig enthalten können, ist in Bild 12 gegeben. Die Ordnung ist deshalb einseitig, weil einige Flächentypen sich nicht gegenseitig enthalten können.

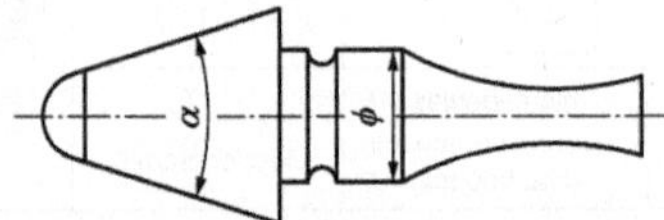

Bild 11 — Beispiel für einzelne Flächen

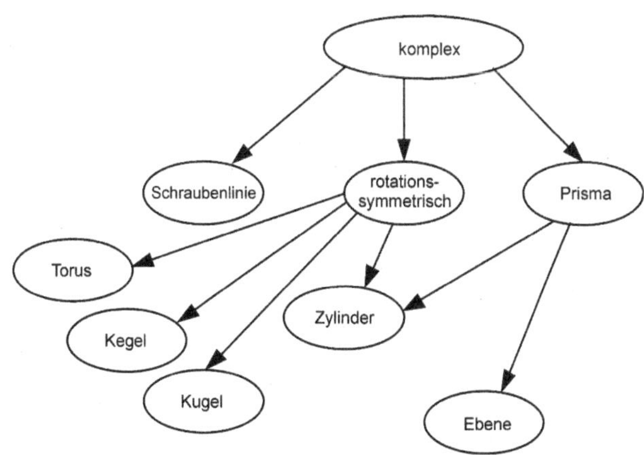

Bild 12 — Einseitige Ordnung von Typen einzelner Flächen

3.2.9.5
komplexe Fläche
zusammenhängende Fläche, deren Gestalt und Erstreckung vom Konstrukteur unter Einhaltung der Schreibregeln festgelegt und angegeben sind und die nicht als Ebene, Zylinder, Kegel, Torus oder Kugel betrachtet wird

3.2.10
zusammengesetztes (Geometrie) Element
geometrisches Element, das eine Sammlung mehrerer einzelner (Geometrie) Elemente ist

ANMERKUNG 1 Ein zusammengesetztes (Geometrie) Element kann entweder kein oder ein bzw. mehrere intrinsische Merkmale haben.

ANMERKUNG 2 Die Menge von (Geometrie) Elementen, welche ein zusammengesetztes (Geometrie) Element bilden, kann endlich (abzählbar) oder unendlich (überabzählbar) in ihrer Mächtigkeit sein (siehe Bild 13).

BEISPIEL 1 Eine Menge von Flächen, die aus zwei parallelen Zylindern besteht, ist ein zusammengesetztes (Geometrie) Element (siehe Bild 14).

BEISPIEL 2 Ein geometrisches Element, das aus zwei Gruppen von zwei parallelen Ebenen gebildet wird, ist ein zusammengesetztes (Geometrie) Element.

	Nenngeometrieelement	Spezifikationsgeometrieelement		Prüfungsgeometrieelement	
Beispiel eines zusammengesetzten (Geometrie) Elements, welches aus einer endlichen Anzahl von einzelnen nominell ebenen Teilgeometrieelementen gebildet wird					
Beispiel eines zusammengesetzten (Geometrie) Elements, welches aus einer unendlichen Anzahl von einzelnen nominal Geraden gebildet wird	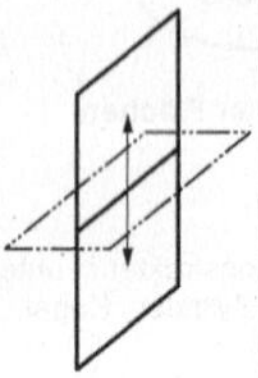	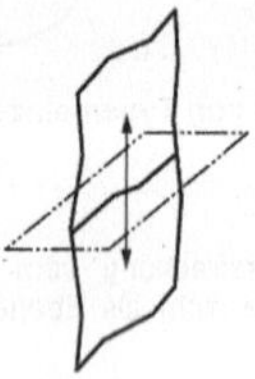	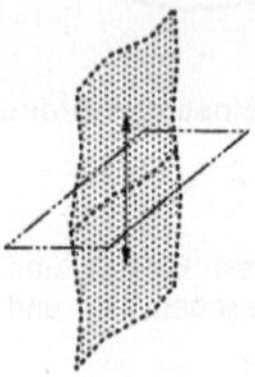	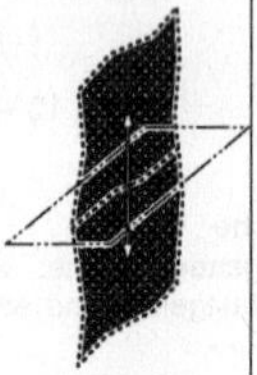	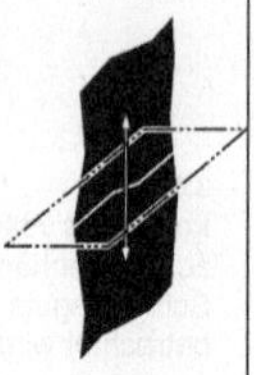
erhalten von	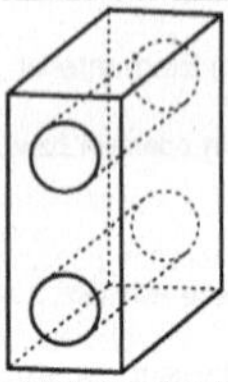	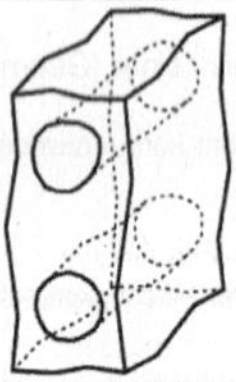	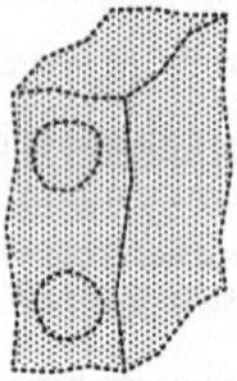	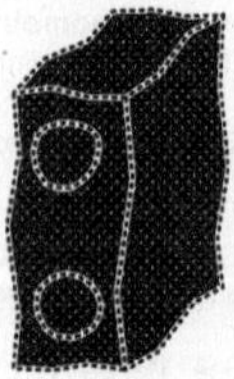	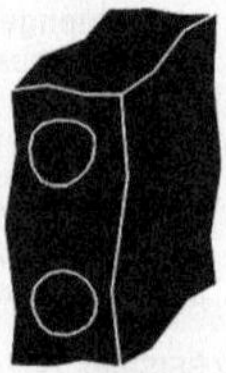
	nominales Oberflächenmodell	nicht-ideales Oberflächenmodell (Hautmodell)	diskretes Oberflächenmodell	abgetastetes Oberflächenmodell	wirkliche Oberfläche eines Werkstücks

Bild 13 — Beispiel eines zusammengesetzten (Geometrie) Elements, errichtet aus einer endlichen oder unendlichen Anzahl einzelner (Geometrie) Elemente

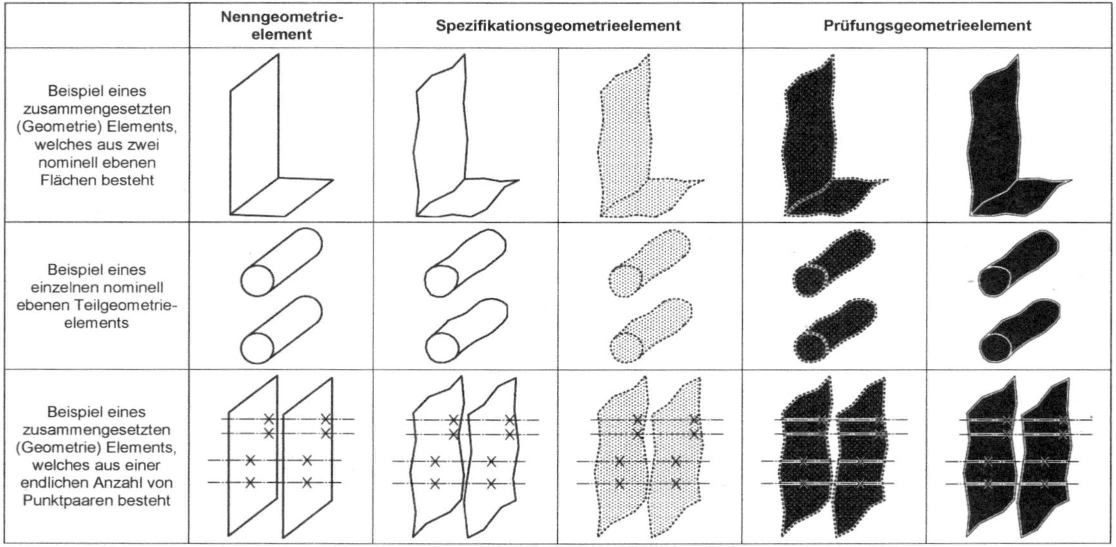

	Nenngeometrie-element	Spezifikationsgeometrieelement		Prüfungsgeometrieelement	
Beispiel eines zusammengesetzten (Geometrie) Elements, welches aus zwei nominell ebenen Flächen besteht					
Beispiel eines einzelnen nominell ebenen Teilgeometrie-elements					
Beispiel eines zusammengesetzten (Geometrie) Elements, welches aus einer endlichen Anzahl von Punktpaaren besteht					

Bild 14 — Beispiele für zusammengesetzte (Geometrie) Elemente

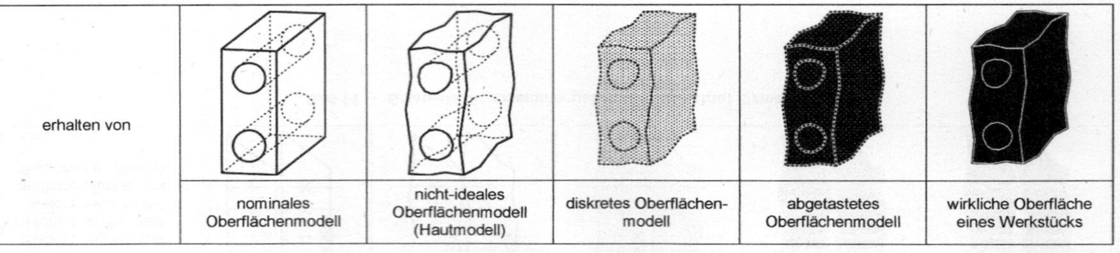

Bild 14 — *(fortgesetzt)*

3.2.11
erfasstes (Geometrie) Element
geometrisches Element, das aus einer endlichen Anzahl von Punkten besteht

ANMERKUNG 1 Wenn die Darstellung durch eine unendliche Anzahl von Punkten festgelegt ist, wird die Bezeichnung „erfasst" nicht mit den entsprechenden Benennungen verwendet.

BEISPIEL Ein integrales (Geometrie) Element ist standardmäßig eine unendliche Darstellung, während es mit einer endlichen Darstellung erfasst wird.

ANMERKUNG 2 Das Konzept der „Erfassung" kann auf ein integrales (Geometrie) Element oder ein abgeleitetes (Geometrie) Element angewendet werden.

3.2.12
unendliches (Geometrie) Element
geometrisches Element, das aus einer unendlichen Anzahl von Punkten besteht

3.2.13
vollständiges (Geometrie) Element
gesamtes (Geometrie) Element
geometrisches Element, das die Gesamtheit der Punkte enthält, die einem oder mehreren einzelnen geometrischen Elementen entsprechen und zum Oberflächenmodell gehören

3.2.14
beschränktes (Geometrie) Element
geometrisches Element, das einem Teil eines vollständigen/gesamten nicht-idealen (Geometrie) Elements entspricht oder einen Teil eines (idealen) unendlichen (Geometrie) Elements innehat

3.3
integrales (Geometrie) Element
Fläche oder Linie auf einer Fläche

[ISO 14660-1:1999, Definition 2.1.1]

ANMERKUNG 1 Ein integrales (Geometrie) Element ist intrinsisch festgelegt.

ANMERKUNG 2 Für die Darstellung der technischen Beschreibung (Spezifikation) müssen (Geometrie) Elemente festgelegt werden, welche aus der Zerlegung des Oberflächenmodells erhalten worden sind. Diese (Geometrie) Elemente sind Modelle der unterschiedlichen physikalischen Teile des Werkstücks, welche bestimmte Funktionen haben, insbesondere die Berührung mit den benachbarten Werkstücken. Diese (Geometrie) Elemente heißen „integrale (Geometrie) Elemente".

ANMERKUNG 3 Das integrale (Geometrie) Element ist entweder ein einzelnes oder ein zusammengesetztes (Geometrie) Element (siehe Bild 14 und Bild A.3).

ANMERKUNG 4 Ein integrales (Geometrie) Element wird erhalten entweder:

— durch eine Zerlegung des Oberflächenmodells, oder

— durch eine Zerlegung eines anderen integralen (Geometrie) Elements, oder

— durch eine Sammlung anderer integraler (Geometrie) Elemente.

	Nenngeometrieelement	Spezifikationsgeometrieelement		Prüfungsgeometrieelement	
Beispiel eines einzelnen, nominell ebenen integralen (Geometrie) Elements					
Beispiel eines integralen zusammengesetzten (Geometrie) Elements					
erhalten von					
	nominales Oberflächenmodell	nicht-ideales Oberflächenmodell (Hautmodell)	diskretes Oberflächenmodell	abgetastetes Oberflächenmodell	wirkliche Oberfläche eines Werkstücks

Bild 15 — Beispiele für integrale (Geometrie) Elemente

3.3.1
integrale Teilfläche
integrale Fläche, die ein Teil der vollständigen Fläche ist

ANMERKUNG Eine integrale Teilfläche wird durch jeden Typ des Schnittvolumens erhalten (siehe Bild 16).

3.3.2
integrale Teillinie
integrale Linie, die ein Teil der vollständigen Linie ist

ANMERKUNG Eine integrale Teillinie wird durch ein festgelegtes Schnittvolumen, z. B. durch zwei parallele Ebenen, erhalten (siehe Bild 16).

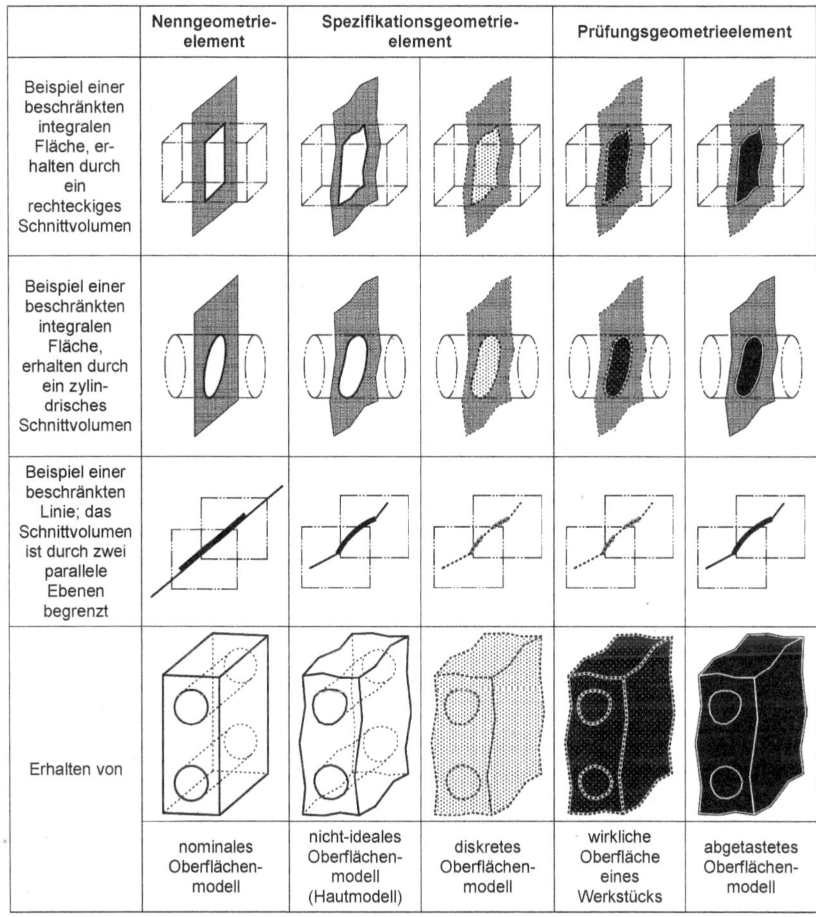

Bild 16 — Beispiel eines beschränkten (Geometrie) Elements

3.3.3
Paar von (Geometrie) Elementen
Flächenpaar, Linienpaar und Punktepaar

ANMERKUNG Ein Paar von (Geometrie) Elementen ist eine besondere Sammlung von idealen oder nicht-idealen (Geometrie) Elementen, die gemeinsam durch eine Zerlegung erhalten werden (siehe Bild 17).

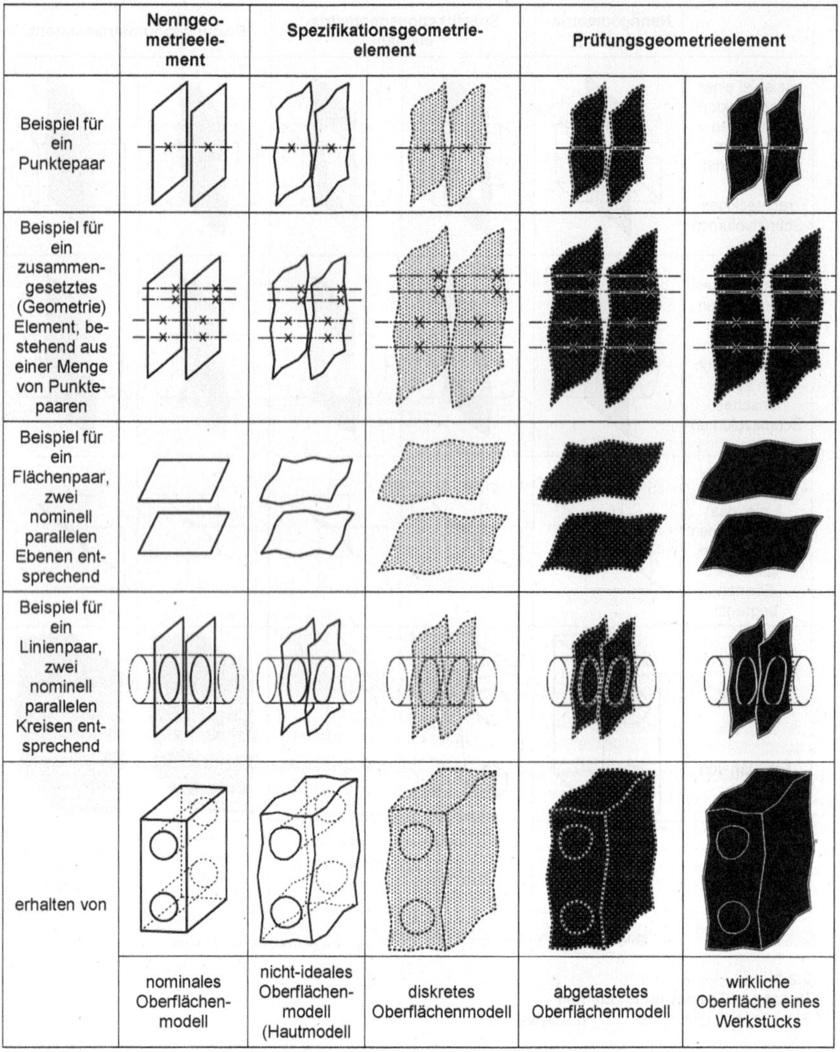

	Nenngeometrieelement	Spezifikationsgeometrieelement		Prüfungsgeometrieelement	
Beispiel für ein Punktepaar					
Beispiel für ein zusammengesetztes (Geometrie) Element, bestehend aus einer Menge von Punktepaaren					
Beispiel für ein Flächenpaar, zwei nominell parallelen Ebenen entsprechend					
Beispiel für ein Linienpaar, zwei nominell parallelen Kreisen entsprechend					
erhalten von					
	nominales Oberflächenmodell	nicht-ideales Oberflächenmodell (Hautmodell	diskretes Oberflächenmodell	abgetastetes Oberflächenmodell	wirkliche Oberfläche eines Werkstücks

Bild 17 — Beispiele für Paare von (Geometrie) Elementen

3.3.3.1
Flächenpaar
Menge von mindestens zwei Flächen, die durch eine Zerlegung eines geometrischen Elements durch ein Schnittvolumen erhalten wird

3.3.3.2
Linienpaar
Menge von mindestens zwei Linien, die durch eine Zerlegung eines geometrischen Elements durch eine Schnittfläche erhalten wird

3.3.3.3
Punktepaar
Menge von mindestens zwei Punkten, die durch eine Zerlegung eines geometrischen Elements durch eine Schnittlinie erhalten wird

ANMERKUNG Um ein Punktepaar festzulegen, wird die Schnittlinie häufig senkrecht zu einem angenommenen idealen zentralen (Geometrie) Element gewählt.

3.4
gefiltertes (Geometrie) Element
nicht-ideales (Geometrie) Element, welches das Ergebnis einer Filterung eines nicht-idealen (Geometrie) Elements ist

Siehe Bild 18 und Bild A.5.

ANMERKUNG 1 Das gefilterte (Geometrie) Element ist ein gefiltertes Spezifikations- oder Prüfungsgeometrieelement, abhängig von dem Modell, auf dem es beruht. Nominale gefilterte (Geometrie) Elemente gibt es nicht.

ANMERKUNG 2 Bezüglich der Funktion sind die in Betracht gezogenen (Geometrie) Elemente häufig nicht unmittelbar integrale (Geometrie) Elemente, sondern integrale (Geometrie) Elemente nach einer Filterung.

ANMERKUNG 3 Um einen Filter festzulegen, ist es manchmal notwendig, andere Typen von (Geometrie) Elementen zu verwenden, z. B. zugeordnete (Geometrie) Elemente, versetzte (Geometrie) Elemente, ermöglichende (Geometrie) Elemente [Schnittelemente, strukturierende (Geometrie) Elemente].

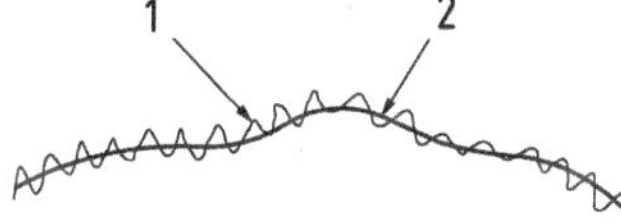

Legende

1 nicht-ideales (Geometrie) Element vor der Filterung
2 gefiltertes (Geometrie) Element [nicht-ideales (Geometrie) Element nach der Filterung]

Bild 18 — Gefilterte Spezifikations- und Prüfungsgeometrieelemente

BEISPIEL 1 Erzeugung eines Rauheitsprofils durch Anwendung eines die langen Wellen abschneidenden Filters zur Beseitigung langer Wellenlängen und der Formabweichung aus dem Primärprofil. Das Rauheitsprofil ist ein Beispiel aus der Familie der gefilterten (Geometrie) Elemente. Das Primärprofil ist ein Beispiel aus der Familie der integralen (Geometrie) Elemente (siehe Bild 19).

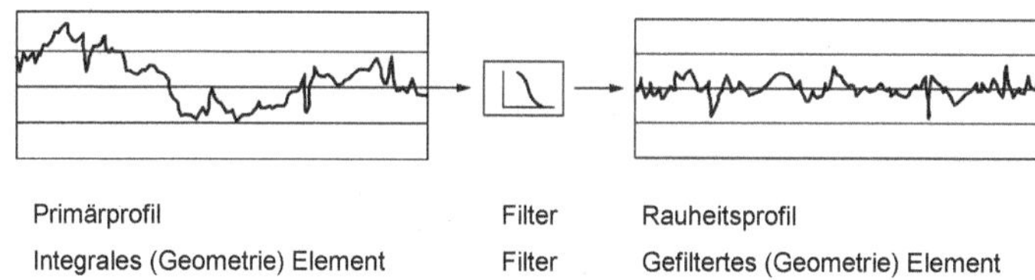

Primärprofil	Filter	Rauheitsprofil
Integrales (Geometrie) Element	Filter	Gefiltertes (Geometrie) Element

Bild 19 — Beispiel der Erzeugung eines Rauheitsprofiles

BEISPIEL 2 Ein Rundheitsprofil, das sich durch Anwendung eines Gaußschen Langpassfilters auf die erfasste Umfangslinie ergibt: das Rundheitsprofil gehört zur Familie der gefilterten (Geometrie) Elemente. Die erfasste Umfangslinie gehört zur Familie der integralen (Geometrie) Elemente (siehe Bild 18).

3.4.1
gefilterte Fläche
Fläche, welche das Ergebnis der Filterung einer Fläche ist

3.4.2
gefilterte Linie
Linie, welche das Ergebnis der Filterung einer Linie ist

3.5
abgeleitetes (Geometrie) Element
geometrisches Element, das ein zentrales, versetztes, deckungsgleiches oder gespiegeltes (Geometrie) Element ist, das sich aus einer Menge von Operationen, angewendet auf ein integrales oder gefiltertes (Geometrie) Element, ergibt

ANMERKUNG 1 Die Menge der Operationen erhält entweder die Natur des ursprünglichen (Geometrie) Elements derart, dass das abgeleitete (Geometrie) Element die Erscheinung des ursprünglichen (Geometrie) Elements besitzt, oder sie wandelt die Natur des ursprünglichen (Geometrie) Elements derart um, dass das abgeleitete (Geometrie) Element ein zentrales (Geometrie) Element des ursprünglichen (Geometrie) Elements wird (siehe Bild 20).

ANMERKUNG 2 Ein abgeleitetes (Geometrie) Element ist nicht-ideal, wenn es aus einem nicht-idealen (Geometrie) Element erhalten worden ist. Es ist ideal, wenn es aus einem idealen (Geometrie) Element erhalten worden ist.

ANMERKUNG 3 Das abgeleitete (Geometrie) Element ist ein nominales abgeleitetes Spezifikations- oder Prüfungsgeometrieelement, abhängig von dem Modell, auf dem es beruht.

ANMERKUNG 4 Das abgeleitete (Geometrie) Element kann aus einem Nenngeometrieelement, einem zugeordneten (Geometrie) Element oder einem nicht-idealen (Geometrie) Element gebildet werden.

ANMERKUNG 5 Integrale (Geometrie) Elemente und gefilterte (Geometrie) Elemente werden in technischen Beschreibungen (Spezifikationen) genauso verwendet, wie aus ihnen abgeleitete (Geometrie) Elemente, wie versetzte (Geometrie) Elemente und zentrale (Geometrie) Elemente (siehe Bild 21).

BEISPIEL Die Achse eines nominalen Zylinders ist ein nominales abgeleitetes (Geometrie) Element.

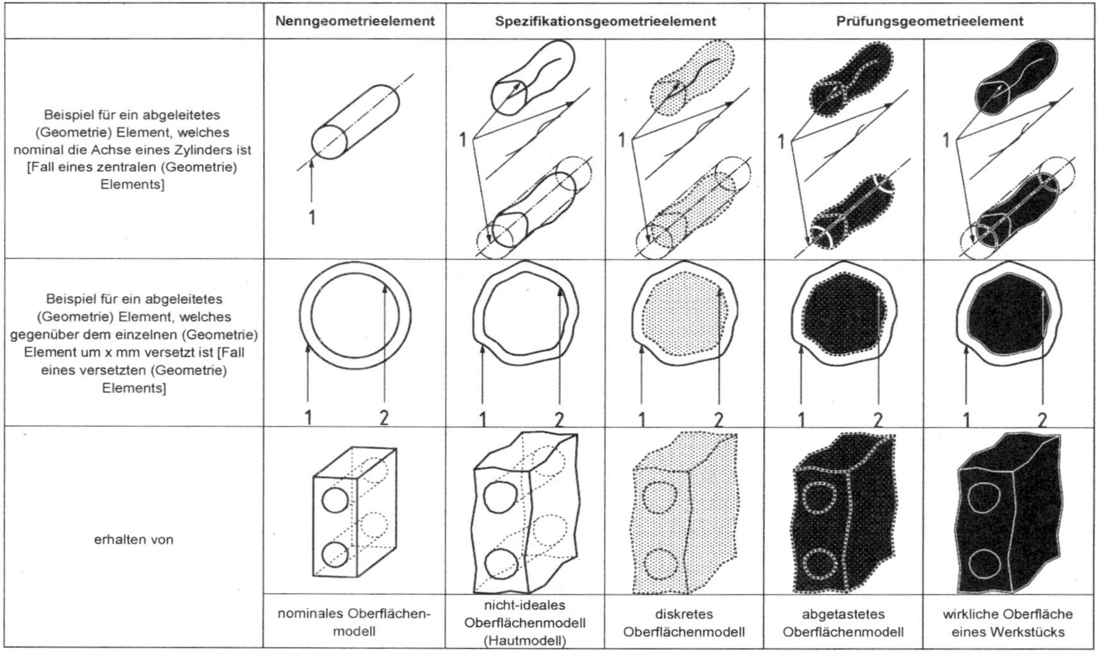

	Nenngeometrieelement	Spezifikationsgeometrieelement		Prüfungsgeometrieelement	
Beispiel für ein abgeleitetes (Geometrie) Element, welches nominal die Achse eines Zylinders ist [Fall eines zentralen (Geometrie) Elements]	1	1	1	1	1
Beispiel für ein abgeleitetes (Geometrie) Element, welches gegenüber dem einzelnen (Geometrie) Element um x mm versetzt ist [Fall eines versetzten (Geometrie) Elements]	1 2	1 2	1 2	1 2	1 2
erhalten von					
	nominales Oberflächen-modell	nicht-ideales Oberflächenmodell (Hautmodell)	diskretes Oberflächenmodell	abgetastetes Oberflächenmodell	wirkliche Oberfläche eines Werkstücks

Legende

1 abgeleitetes (Geometrie) Element

2 gegenüber dem abgeleiteten (Geometrie) Element versetzt

Bild 20 — Beispiele für abgeleitete (Geometrie) Elemente

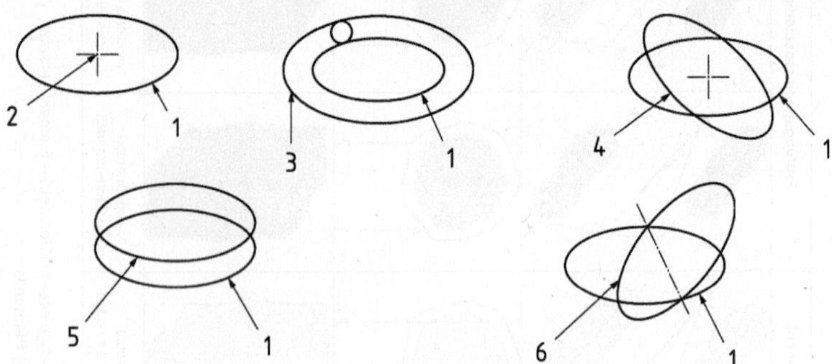

Legende

1 nominales integrales (Geometrie) Element

2 nominales zentrales (Geometrie) Element

3 nominales versetztes (Geometrie) Element

4 nominales gedrehtes (Geometrie) Element

5 nominales verschobenes (Geometrie) Element

6 nominales gespiegeltes (Geometrie) Element

Bild 21 — Veranschaulichung eines nominalen abgeleiteten (Geometrie) Elements, dargestellt in 2D

3.5.1
zentrales (Geometrie) Element
zentraler Punkt, ideale oder nicht-ideale zentrale Linie oder zentrale Fläche

ANMERKUNG 1 Ein zentrales (Geometrie) Element ist durch die Errichtung einer Sammlung von Punkten festgelegt.

ANMERKUNG 2 Ein zentrales (Geometrie) Element ist kein integrales (Geometrie) Element.

ANMERKUNG 3 Der Typ des zentralen (Geometrie) Elements bezüglich des wirklichen Werkstücks ist nicht notwendigerweise der gleiche wie der des nominalen zentralen (Geometrie) Elements (siehe Bild 22). Zum Beispiel:

— ein zentrales (Geometrie) Element, das nominal eine Linie ist, könnte auf dem Werkstück als eine Linie oder eine Fläche angesehen werden;

— ein zentrales (Geometrie) Element, das nominal ein Punkt ist, könnte auf dem Werkstück als ein Punkt, eine Linie oder eine Fläche angesehen werden.

ANMERKUNG 4 Zentrale (Geometrie) Elemente werden von „lokalen Symmetriezentren" aus festgelegt. Sie werden festgelegt, um genaue Angaben über zulässige Abweichungen bei symmetrischen (Geometrie) Elementen machen zu können.

ANMERKUNG 5 Ein zentrales (Geometrie) Element ist nicht immer ein Situationselement [z. B. ein zentrales (Geometrie) Element eines Torus, welches nicht das „Punkt-und-Linie"-Situationselement ist].

ANMERKUNG 6 Ein zentrales (Geometrie) Element kann ideal oder nicht-ideal sein.

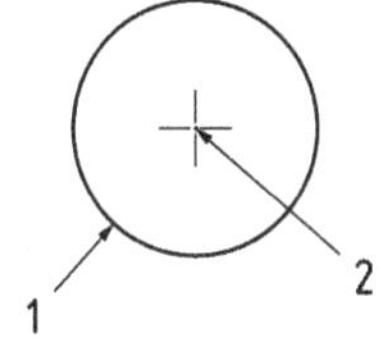

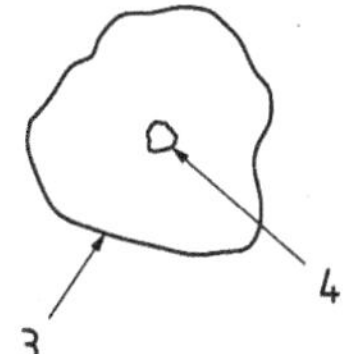

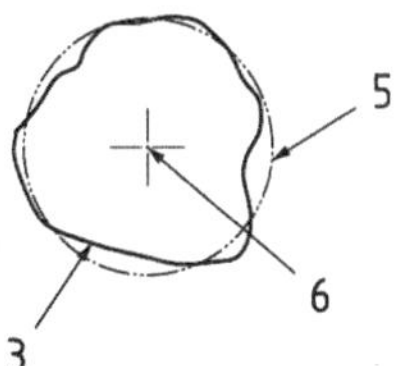

Legende

1 nominale integrale Linie

2 nominaler zentraler Punkt

3 nicht-ideale integrale Linie

4 nicht-ideale zentrale Linie (jeder Punkt der zentralen Linie wird als Mittelpunkt der zwei gegenüberliegenden Punkte festgelegt)

5 zugeordnete Linie

6 unmittelbar zugeordneter zentraler Punkt

Bild 22 — Beispiele für Typänderungen bezüglich zentraler (Geometrie) Elemente

3.5.1.1
zentrale Fläche
nominale zentrale Fläche, nicht-ideale zentrale Fläche, indirekt zugeordnete zentrale Fläche oder direkt zugeordnete zentrale Fläche

Siehe Bild 23.

3.5.1.1.1
nominale zentrale Fläche
Fläche, die aus einer Menge einer unendlichen Anzahl von Mittelpunkten der Punktpaare der nominalen integralen Fläche(n) besteht

Siehe Bild 23.

3.5.1.1.2
nicht-ideale zentrale Fläche
Fläche, die aus einer Menge einer unendlichen Anzahl von Mittelpunkten der Punktpaare der nicht-idealen integralen oder gefilterten Fläche(n) besteht

Siehe Bild 23.

3.5.1.1.3
indirekt zugeordnete zentrale Fläche
Ersatzgeometrieelement einer nicht-idealen zentralen Fläche

Siehe Bild 23.

3.5.1.1.4
direkt zugeordnete zentrale Fläche
Fläche, die aus einer Menge einer unendlichen Anzahl von Mittelpunkten der Punktpaare der Ersatzfläche(n) besteht

Siehe Bild 23.

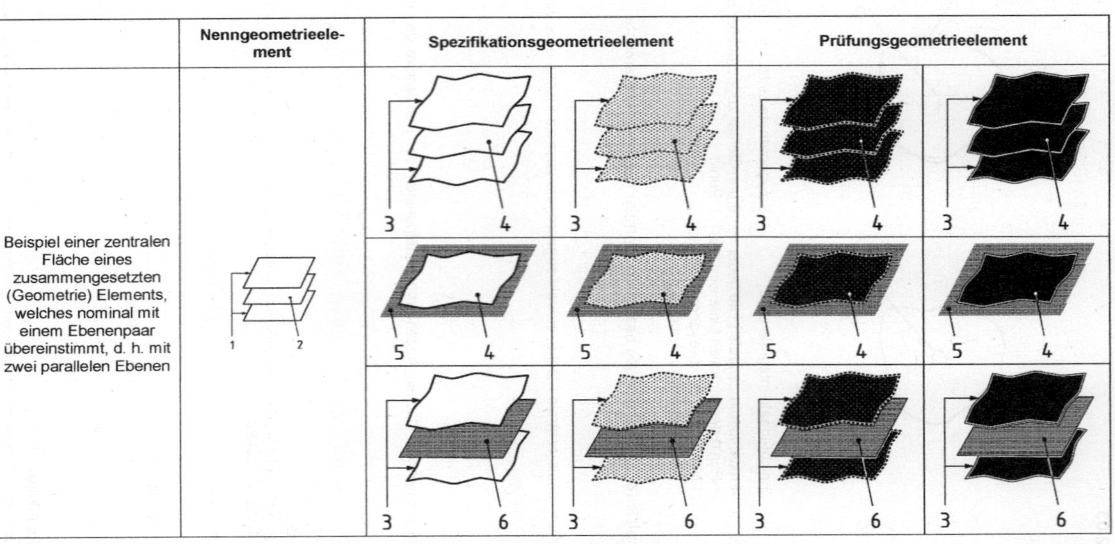

Bild 23 — Beispiele für zentrale Flächen

Erhalten von	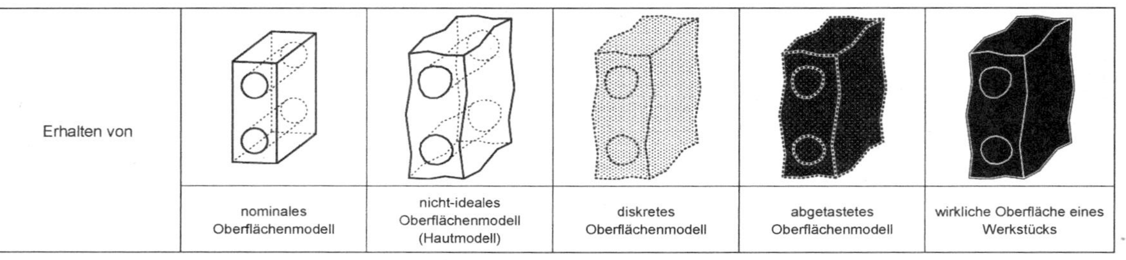				
	nominales Oberflächenmodell	nicht-ideales Oberflächenmodell (Hautmodell)	diskretes Oberflächenmodell	abgetastetes Oberflächenmodell	wirkliche Oberfläche eines Werkstücks

Legende

1 nominales Flächenpaar
2 nominale zentrale Fläche
3 nicht-ideales Flächenpaar
4 nicht-ideale zentrale Fläche
5 indirekt zugeordnete zentrale Fläche
6 Ersatzfläche

Bild 23 — *(fortgesetzt)*

3.5.1.2
zentrale Linie
nominale zentrale Linie, nicht-ideale zentrale Linie, indirekt zugeordnete zentrale Linie oder direkt zugeordnete zentrale Linie

Siehe Bild 24.

3.5.1.2.1
nominale zentrale Linie
Linie, die aus einer Menge einer unendlichen Anzahl von Schnittpunkten oder von Mittelpunkten der Punktpaare der nominalen integralen Fläche(n) oder Linie(n) besteht

Siehe Bild 24.

3.5.1.2.2
nicht-ideale zentrale Linie
Linie, die aus einer Menge einer unendlichen Anzahl von Schnittpunkten oder von Mittelpunkten der Punktpaare der nicht-idealen integralen oder gefilterten Fläche(n) besteht

Siehe Bild 24.

3.5.1.2.3
indirekt zugeordnete zentrale Linie
Ersatzgeometrieelement einer nicht-idealen zentralen Linie

ANMERKUNG Wenn eine indirekt oder direkt zugeordnete zentrale Linie nicht als unendlich betrachtet werden muss, dann ist es notwendig, sie als eine indirekte oder direkte zugeordnete zentrale Teillinie einzuschränken.

Siehe Bild 24.

3.5.1.2.4
direkt zugeordnete zentrale Linie
Situationselement oder Teilgeometrieelement des Ersatzgeometrieelements, der integralen oder gefilterten Fläche(n) oder Linie(n)

ANMERKUNG Eine Linie, die aus einer Menge einer unendlichen Anzahl von Schnittpunkten besteht.

Siehe Bild 24.

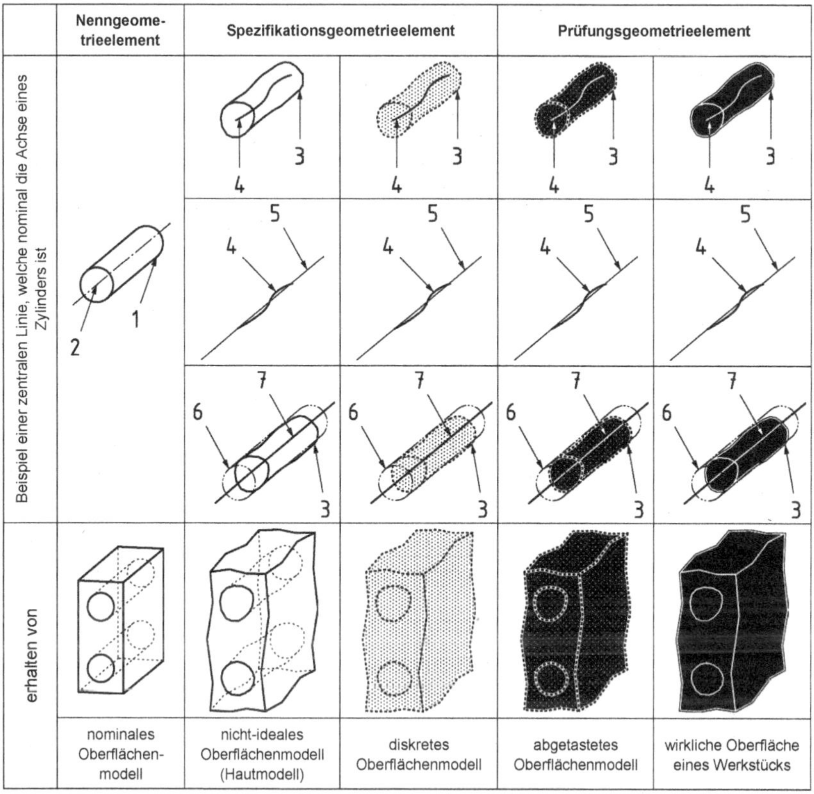

	Nenngeometrieelement	Spezifikationsgeometrieelement		Prüfungsgeometrieelement	
Beispiel einer zentralen Linie, welche nominal die Achse eines Zylinders ist	1, 2	3, 4, 5, 6, 7	3, 4, 5, 6, 7	3, 4, 5, 6, 7	3, 4, 5, 6, 7
erhalten von	nominales Oberflächenmodell	nicht-ideales Oberflächenmodell (Hautmodell)	diskretes Oberflächenmodell	abgetastetes Oberflächenmodell	wirkliche Oberfläche eines Werkstücks

Legende

1 nominale integrale Fläche
2 nominale zentrale Linie
3 nicht-ideale integrale Fläche
4 nicht-ideale zentrale Linie
5 indirekt zugeordnete zentrale Linie (Ersatzlinie)
6 direkt zugeordnete integrale Fläche (Ersatzfläche)
7 direkt zugeordnete zentrale Linie

Bild 24 — Beispiele für zentrale Linien

3.5.1.3
zentraler Punkt
nominaler zentraler Punkt, berechneter zentraler Punkt oder direkt zugeordneter zentraler Punkt

Siehe Bild 25.

3.5.1.3.1
nominaler zentraler Punkt
berechneter Mittelpunkt eines Punktepaars oder einer unendlichen Anzahl von Punkten der nominalen integralen Fläche(n) oder Linie(n)

Siehe Bild 25.

3.5.1.3.2
berechneter zentraler Punkt
berechneter Mittelpunkt einer unendlichen Anzahl von Punkten der nicht-idealen oder gefilterten Fläche(n) oder Linie(n) oder Punktpaare

Siehe Bild 25.

3.5.1.3.3
direkt zugeordneter zentraler Punkt
berechneter Mittelpunkt eines Punktepaars oder einer unendlichen Anzahl von Punkten der Ersatzfläche(n) oder Ersatzlinie(n)

Siehe Bild 25.

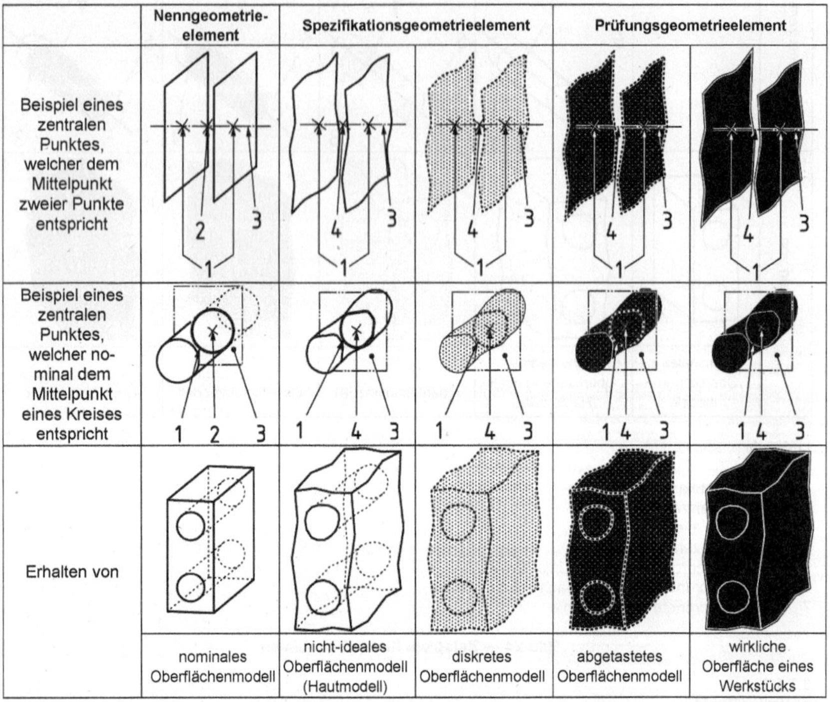

	Nenngeometrie-element	**Spezifikationsgeometrieelement**		**Prüfungsgeometrieelement**	
Beispiel eines zentralen Punktes, welcher dem Mittelpunkt zweier Punkte entspricht	2 3 1	4 3 1	4 3 1	4 3 1	4 3 1
Beispiel eines zentralen Punktes, welcher nominal dem Mittelpunkt eines Kreises entspricht	1 2 3	1 4 3	1 4 3	1 4 3	1 4 3
Erhalten von					
	nominales Oberflächenmodell	nicht-ideales Oberflächenmodell (Hautmodell)	diskretes Oberflächenmodell	abgetastetes Oberflächenmodell	wirkliche Oberfläche eines Werkstücks

Legende

1 integrales oder gefiltertes (Geometrie) Element
2 nominaler zentraler Punkt
3 Schnittlinie oder Schnittfläche
4 berechneter zentraler Punkt

Bild 25 — Beispiele für zentrale Punkte

3.5.2
versetztes (Geometrie) Element
versetzte Linie oder versetzte Fläche

BEISPIEL Siehe Bild 26.

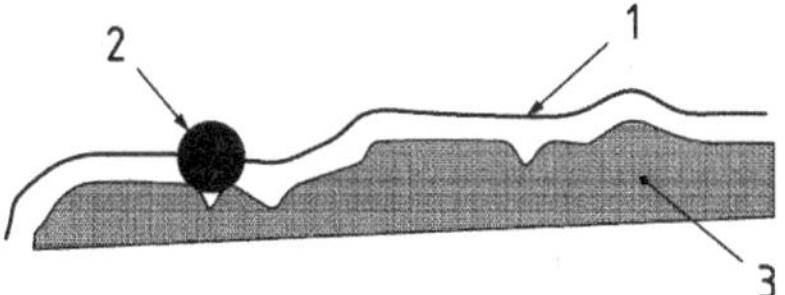

a) versetztes (Geometrie) Element, erhalten unter Verwendung eines bestimmten zweidimensionalen berührenden (Geometrie) Elements, das eine Kreisscheibe ist

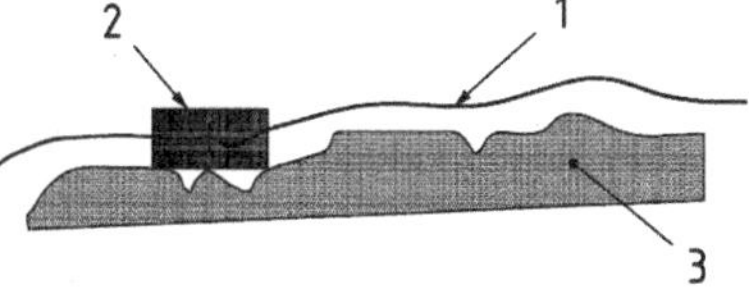

b) versetztes (Geometrie) Element, erhalten unter Verwendung eines bestimmten zweidimensionalen berührenden (Geometrie) Elements, das ein Rechteck ist

Legende

1 versetztes (Geometrie) Element
2 berührendes (Geometrie) Element
3 wirkliches integrales (Geometrie) Element

Bild 26 — Beispiel eines versetzten (Geometrie) Elements

3.5.2.1
versetzte Fläche
Fläche, die durch den Ort eines vorgegebenen Punktes eines berührenden (Geometrie) Elements festgelegt wird, wenn sie in einer vorgegebenen Richtung und unter Berührung der ursprünglichen Fläche an dieser entlang bewegt wird

3.5.2.2
versetzte Linie
Linie, die durch den Ort eines vorgegebenen Punktes eines berührenden (Geometrie) Elements festgelegt wird, wenn sie in einer vorgegebenen Richtung und unter Berührung der ursprünglichen Linie an dieser entlang bewegt wird

3.5.3
deckungsgleiches (Geometrie) Element
gedrehtes oder verschobenes (Geometrie) Element

ANMERKUNG Ein deckungsgleiches (Geometrie) Element kann durch eine geordnete Folge von verschobenen deckungsgleichen (Geometrie) Elementen und gedrehten deckungsgleichen (Geometrie) Elementen erhalten werden.

3.5.3.1
gedrehtes (Geometrie) Element
gedrehte Fläche, gedrehte Linie oder gedrehter Punkt

Siehe Bild 27.

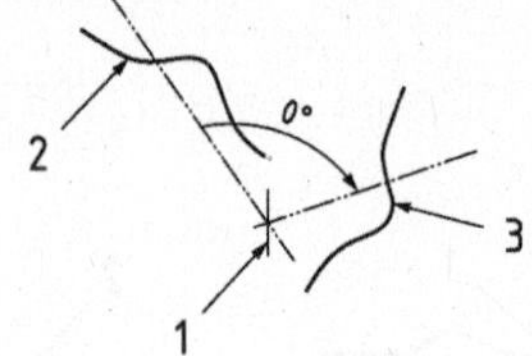

Legende

1 Drehachse
2 ursprüngliches (Geometrie) Element
3 gedrehtes (Geometrie) Element

Bild 27 — Veranschaulichung eines gedrehten (Geometrie) Elements

3.5.3.1.1
gedrehte Fläche
Fläche, die sich durch Drehung einer Fläche um einen bestimmten Winkel um eine festgelegte Achse ergibt

3.5.3.1.2
gedrehte Linie
Linie, die sich durch Drehung einer Linie um einen bestimmten Winkel um eine festgelegte Achse ergibt

3.5.3.1.3
gedrehter Punkt
Punkt, der sich durch Drehung eines Punktes um einen bestimmten Winkel um eine festgelegte Achse ergibt

3.5.3.2
verschobenes (Geometrie) Element
verschobene Fläche, verschobene Linie oder verschobener Punkt

Siehe Bild 28.

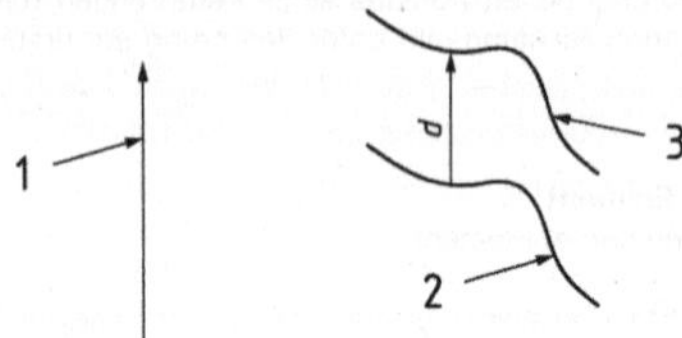

Legende

1 Richtung der Verschiebung
2 ursprüngliches (Geometrie) Element
3 verschobenes deckungsgleiches (Geometrie) Element

Bild 28 — Veranschaulichung eines verschobenen (Geometrie) Elements

3.5.3.2.1
verschobene Fläche
Fläche, die sich durch Verschiebung einer Fläche um einen bestimmten Betrag entlang einer festgelegten Richtung ergibt

3.5.3.2.2
verschobene Linie
Linie, die sich durch Verschiebung einer Linie um einen bestimmten Betrag entlang einer festgelegten Richtung ergibt

3.5.3.2.3
verschobener Punkt
Punkt, der sich durch Verschiebung eines Punktes um einen bestimmten Betrag entlang einer festgelegten Richtung ergibt

3.5.4
gespiegeltes (Geometrie) Element
gespiegelte Fläche, gespiegelte Linie oder gespiegelter Punkt

Siehe Bild 29.

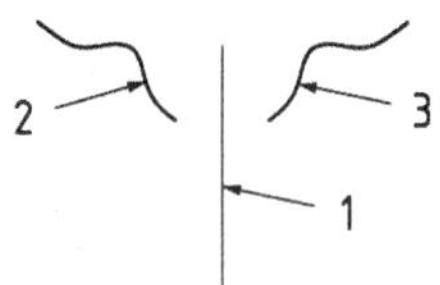

Legende

1 Spiegelebene
2 ursprüngliches (Geometrie) Element
3 gespiegeltes (Geometrie) Element

Bild 29 — Veranschaulichung eines gespiegelten (Geometrie) Elements

3.5.4.1
gespiegelte Fläche
Fläche, die sich durch Spiegelung einer Fläche an einer festgelegten Ebene ergibt

3.5.4.2
gespiegelte Linie
Linie, die sich durch Spiegelung einer Linie an einer festgelegten Ebene ergibt

3.5.4.3
gespiegelter Punkt
Punkt, der sich durch Spiegelung eines Punktes an einer festgelegten Ebene ergibt

3.6
zugeordnetes (Geometrie) Element
ideales (Geometrie) Element oder Menge idealer (Geometrie) Elemente, die durch eine Folge von Operationen, von denen die Zuordnung die letzte ist, erhalten wird

ANMERKUNG 1 Ein zugeordnetes (Geometrie) Element darf ein Ersatzgeometrieelement oder ein mögliches (Geometrie) Element sein.

ANMERKUNG 2 Ein zugeordnetes (Geometrie) Element kann endlich oder unendlich sein; es ist unendlich, wenn nichts anderes festgelegt worden ist. Wenn es endlich ist, dann wird es zugeordnetes Teilgeometrieelement genannt.

ANMERKUNG 3 Für ein geometrisches Element kann es mehrere mögliche (Geometrie) Elemente, aber nur ein Ersatzgeometrieelement geben.

Siehe Bild 30.

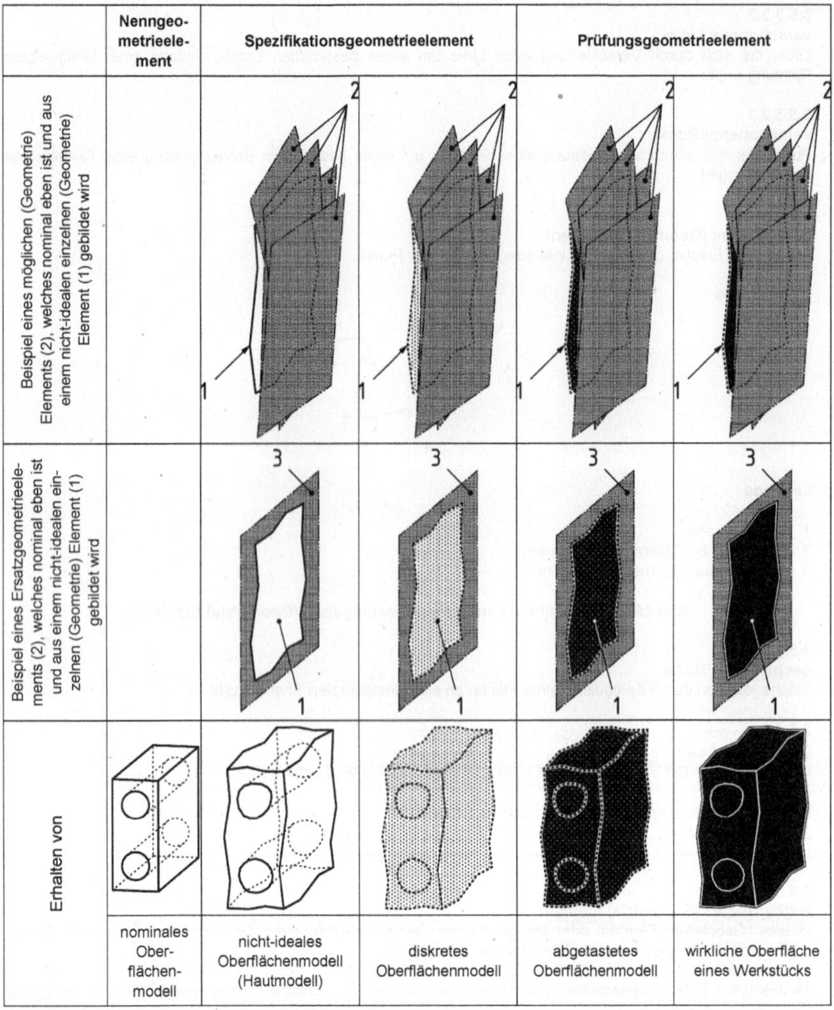

	Nenngeometrieelement	Spezifikationsgeometrieelement		Prüfungsgeometrieelement	
Beispiel eines möglichen (Geometrie) Elements (2), welches nominal eben ist und aus einem nicht-idealen einzelnen (Geometrie) Element (1) gebildet wird		2 1	2 1	2 1	2 1
Beispiel eines Ersatzgeometrieelements (2), welches nominal eben ist und aus einem nicht-idealen einzelnen (Geometrie) Element (1) gebildet wird		3 1	3 1	3 1	3 1
Erhalten von					
	nominales Oberflächenmodell	nicht-ideales Oberflächenmodell (Hautmodell)	diskretes Oberflächenmodell	abgetastetes Oberflächenmodell	wirkliche Oberfläche eines Werkstücks

Legende

1 nicht-ideales einzelnes (Geometrie) Element
2 mögliches (Geometrie) Element
3 Ersatzgeometrieelement

Bild 30 — Ersatzgeometrieelement

3.6.1
mögliches (Geometrie) Element
ein beliebiges ideales (Geometrie) Element innerhalb einer Menge, welches geometrische Nebenbedingungen bezüglich eines nicht-idealen (Geometrie) Elements erfüllt

ANMERKUNG 1 Einige Beispiele für geometrische Nebenbedingungen sind: außerhalb des Materials, innerhalb des Materials, tangential.

ANMERKUNG 2 Es gibt keine nominalen möglichen (Geometrie) Elemente.

ANMERKUNG 3 Das mögliche (Geometrie) Element ist ein mögliches Spezifikations- oder Prüfungsgeometrieelement, abhängig von dem Modell, auf dem es beruht (siehe Bild 30).

ANMERKUNG 4 Mögliche (Geometrie) Elemente werden hauptsächlich dazu verwendet, die Passfunktion zwischen Werkstücken beim Zusammenbau zu modellieren.

ANMERKUNG 5 Mögliche (Geometrie) Elemente stellen eine Menge von idealen (Geometrie) Elementen dar, die eine oder mehrere Nebenbedingungen erfüllen. Diese Nebenbedingungen betreffen Situationsmerkmale zwischen den möglichen (Geometrie) Elementen und einem integralen (Geometrie) Element. Ergänzende Nebenbedingungen mit anderen idealen (Geometrie) Elementen können ebenfalls festgelegt werden, um z. B. die Richtung anderer zugeordneter (Geometrie) Elemente einzuschränken.

ANMERKUNG 6 Die Zuordnung kann durch unterschiedliche Zuordnungskriterien bereitgestellt werden, z. B. berührend außerhalb des Materials.

ANMERKUNG 7 Das mögliche (Geometrie) Element kann auch ein ideales (Geometrie) Element eines Typs sein, der sich vom Typ des entsprechenden Nenngeometrieelements unterscheidet (z. B. Zuordnung eines Prismas zu einer Kugel).

3.6.2
Ersatzgeometrieelement
eindeutiges ideales (Geometrie) Element, das einem nicht-idealen (Geometrie) Element zugeordnet ist

ANMERKUNG 1 Das Ersatzgeometrieelement kann ein Ersatzspezifikationsgeometrieelement oder ein Ersatzprüfungsgeometrieelement sein. Es gibt keine nominalen Ersatzgeometrieelemente (siehe Bild 30).

ANMERKUNG 2 Die Zuordnungskriterien (z. B. kleinste quadratische Abweichung, Tschebyscheff-Kriterium, minimalisierter größter Abstand, kleinstes umschriebenes Element, größtes einbeschriebenes Element usw.), die zur Bildung des Ersatzgeometrieelements verwendet werden, können eine eindeutige Lösung bereitstellen.

3.7
Teilgeometrieelement
beschränktes (Geometrie) Element
ideales (Geometrie) Element oder nicht-ideales (Geometrie) Element, welches in eine Kugel von endlichem Radius eingeschlossen werden kann

ANMERKUNG 1 Das ideale (Geometrie) Element kann ein abgeleitetes (Geometrie) Element, ein zugeordnetes (Geometrie) Element oder ein Nenngeometrieelement sein. Das nicht-ideale (Geometrie) Element kann ein abgeleitetes (Geometrie) Element oder ein integrales (Geometrie) Element sein.

ANMERKUNG 2 Das Teilgeometrieelement wird näher als Teilspezifikations- oder Teilprüfungsgeometrieelement bezeichnet, abhängig von dem Modell, auf dem es beruht (siehe Bild 31).

ANMERKUNG 3 Teilgeometrieelemente sind festgelegt, um die technische Beschreibung (Spezifikation) eines bestimmten Teils eines idealen (Geometrie) Elements [z. B. ein projiziertes (Geometrie) Element] oder eines bestimmten Teils eines nicht-idealen (Geometrie) Elements (z. B. eine Bezugsstelle) zu ermöglichen.

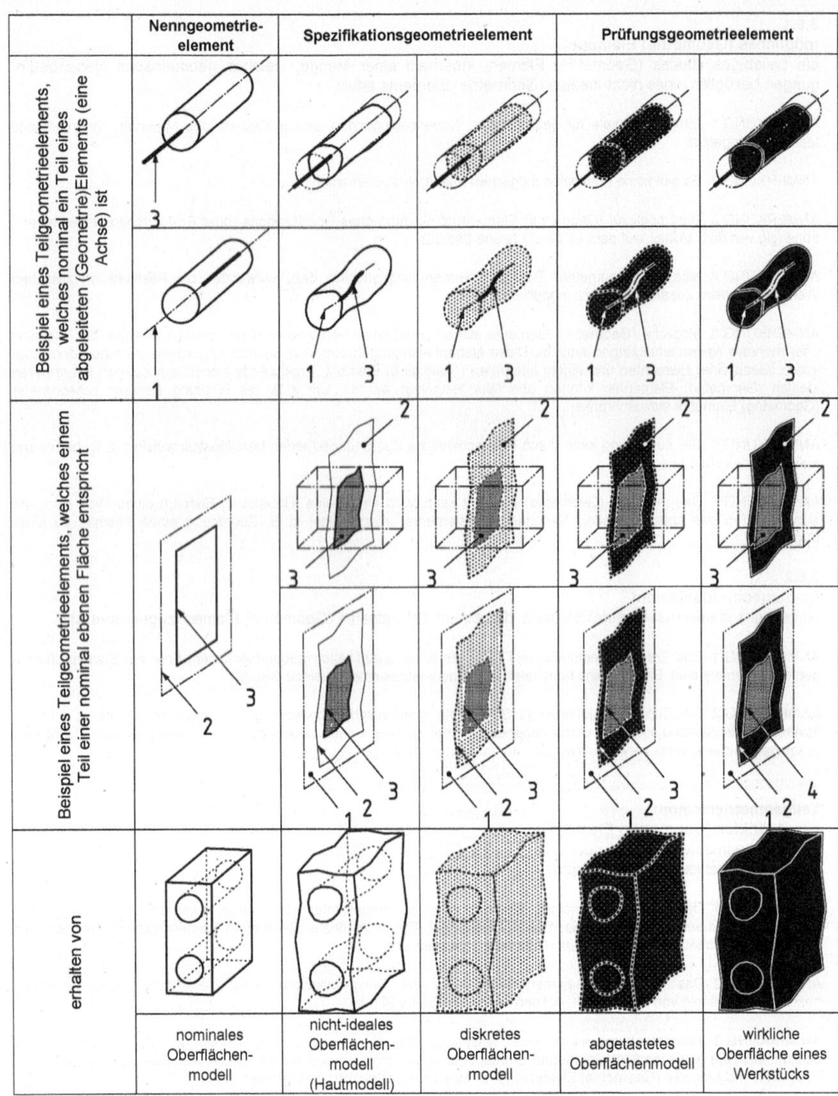

Legende

1 abgeleitetes (Geometrie) Element
2 nominell ebene Fläche
3 Teilgeometrieelement

Bild 31 — Beispiele für Teilgeometrieelemente

3.8
ermöglichendes (Geometrie) Element
Situationselement, Schnittelement oder berührendes (Geometrie) Element

ANMERKUNG 1 Hierbei handelt es sich um ein ideales (Geometrie) Element, das verwendet wird, damit andere (Geometrie) Elemente durch eine Operation errichtet werden können.

ANMERKUNG 2 Ein ermöglichendes (Geometrie) Element wird bei der Operation der Filterung, Zusammensetzung oder Zerlegung verwendet.

ANMERKUNG 3 Ein ermöglichendes (Geometrie) Element kann die Achse eines Zylinders, eine Schnittebene, eine Drehachse, die Richtung einer Verschiebung oder eine Spiegelebene sein.

ANMERKUNG 4 Das ermöglichende (Geometrie) Element ist ein nominales ermöglichendes Spezifikations- oder Prüfungsgeometrieelement, abhängig von dem Modell, auf dem es beruht (siehe Bild 32).

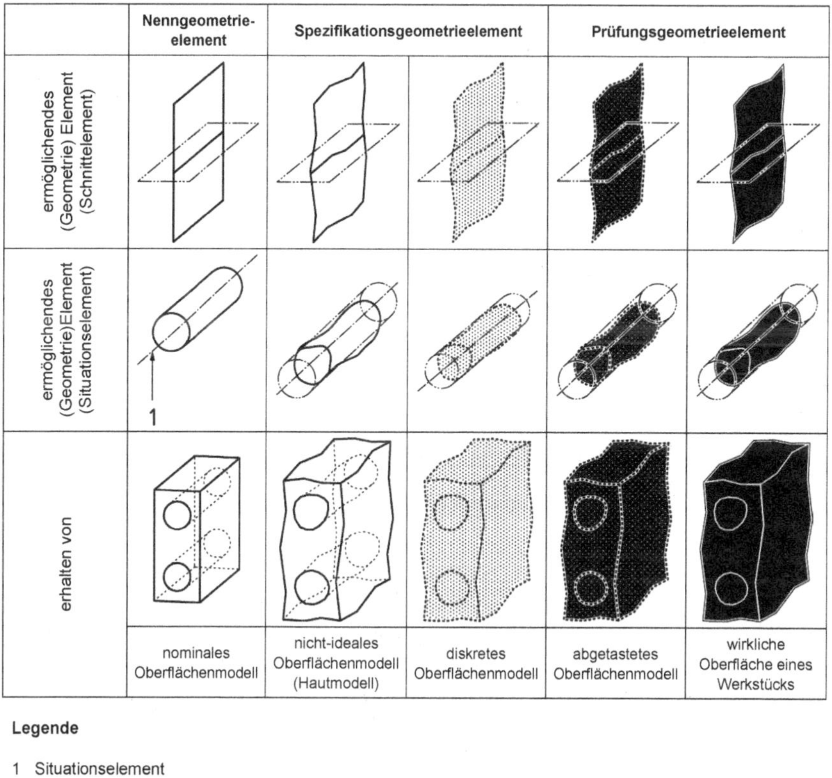

	Nenngeometrie-element	**Spezifikationsgeometrieelement**		**Prüfungsgeometrieelement**	
ermöglichendes (Geometrie) Element (Schnittelement)					
ermöglichendes (Geometrie)Element (Situationselement)	1				
erhalten von					
	nominales Oberflächenmodell	nicht-ideales Oberflächenmodell (Hautmodell)	diskretes Oberflächenmodell	abgetastetes Oberflächenmodell	wirkliche Oberfläche eines Werkstücks

Legende

1 Situationselement

Bild 32 — Beispiele für ermöglichende (Geometrie) Elemente

3.8.1
Schnittelement
Schnittvolumen, Schnittfläche oder Schnittlinie

ANMERKUNG 1 Ein Schnittelement kann bei der Zerlegung verwendet werden.

ANMERKUNG 2 Ein Schnittelement ist ein ideales (Geometrie) Element, das die Festlegung eines integralen (Geometrie) Elements oder eines Teilgeometrieelements erleichtert.

3.8.1.1
Schnittvolumen
Volumen, festgelegt durch eine Menge von einem oder mehreren idealen (Geometrie) Elementen, welches zur Festlegung eines Teilgeometrieelements verwendet wird

Siehe Bild 33.

ANMERKUNG Ein Schnittvolumen ist ein Teil des Raumes, welcher durch Begrenzungen bestimmt ist. Diese Begrenzungen sind ideale Flächen, welche aus idealen (Geometrie) Elementen erzeugt werden.

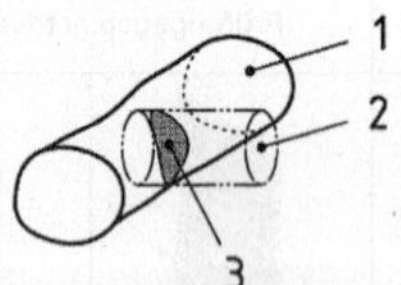

a) zylindrisches Schnittvolumen, senkrecht zur Achse eines Zylinders

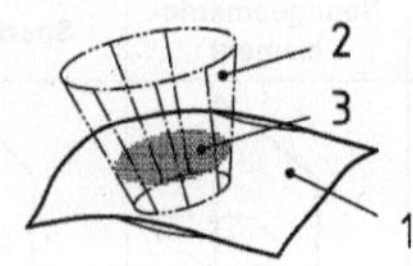

b) Schnittvolumen, begrenzt durch eine Regelfläche

Legende

1 integrales (Geometrie) Element
2 Schnittvolumen
3 Teilfläche (Ergebnis)

Bild 33 — Beispiele für Schnittvolumina

3.8.1.2
Schnittfläche
Fläche, festgelegt durch eine Menge von einem oder mehreren idealen (Geometrie) Elementen, welche zur Festlegung einer integralen Linie oder eines Linienpaares verwendet wird

Siehe Bild 34.

ANMERKUNG Eine Schnittfläche wird aus (einem) idealen (Geometrie) Element(en) erzeugt.

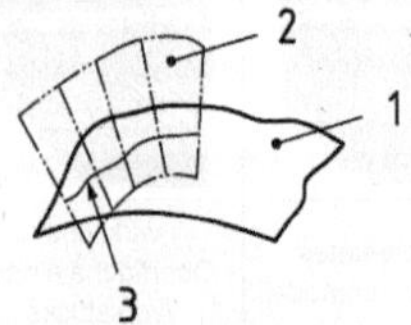

a) Schnittebene vom Typ einer Regelfläche

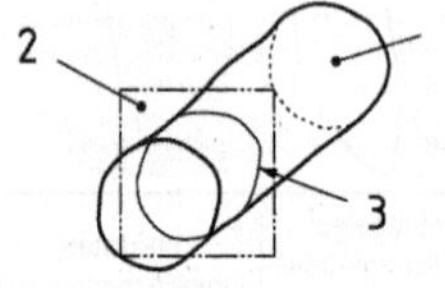

b) Schnittebene eines Zylinders

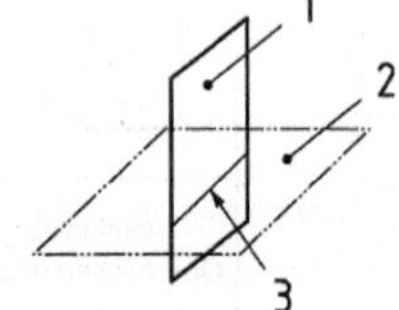

c) Schnittebene einer Ebene

Legende

1 integrales (Geometrie) Element
2 Schnittfläche
3 Teillinie (Ergebnis)

Bild 34 — Beispiele für Schnittflächen

3.8.1.3
Schnittlinie
Gerade, welche dazu verwendet wird, einen integralen Punkt oder ein Punktepaar festzulegen

Siehe Bild 35.

ANMERKUNG Eine Schnittlinie ist eine ideale Linie, welche aus (einem) idealen (Geometrie) Element(en) erzeugt wird.

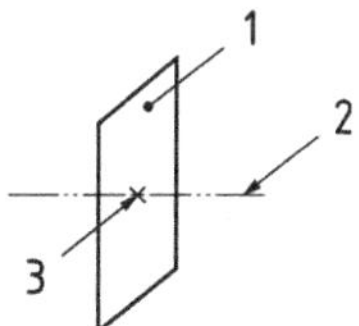

a) **Schnittlinie vom Typ einer Gerade, senkrecht zu einer Ebene**

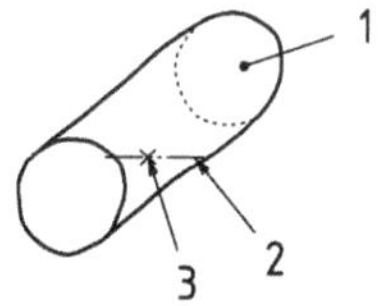

b) **Schnittlinie vom Typ einer Gerade, senkrecht zu einem Zylinder**

Legende

1 integrales (Geometrie) Element
2 Schnittlinie
3 integraler Punkt (Ergebnis)

Bild 35 — Beispiele für Schnittlinien

3.8.2
berührendes (Geometrie) Element
ideales (Geometrie) Element von endlicher Erstreckung, das die möglichen Berührungsflächen mit einem Werkstück oder mit einem seiner Oberflächenmodelle nachahmt und für welches die Menge seiner Eigenschaften und Nebenbedingungen für die Berührung vorgegeben ist

4 Beziehungen zwischen den Begriffen für geometrische Elemente

Um ein (Geometrie) Element im Vergleich mit sich selbst oder mit einem anderen (Geometrie) Element zu charakterisieren oder zu beschreiben, sind verschiedene Ansätze denkbar. Diese lassen beispielsweise zu, eine ideale oder eine nicht-ideale Geometrie, die Haut oder das Gerüst, oder eine Anzahl von mehr oder weniger fest verbundenen Punkten auf der Werkstückoberfläche zu betrachten. Diese feinen Unterschiede erfordern bestimmte Benennungen, die in dieser Internationalen Norm grundsätzlich festgelegt und in Bild 36 und Bild 37 veranschaulicht sind.

Tabelle 2 und Tabelle 3 geben die mögliche Beziehung zwischen den Begriffen für geometrische Elemente an.

Tabelle 4 zeigt die Eigenschaften eines geometrischen Elements, die in Bild 36 veranschaulicht sind.

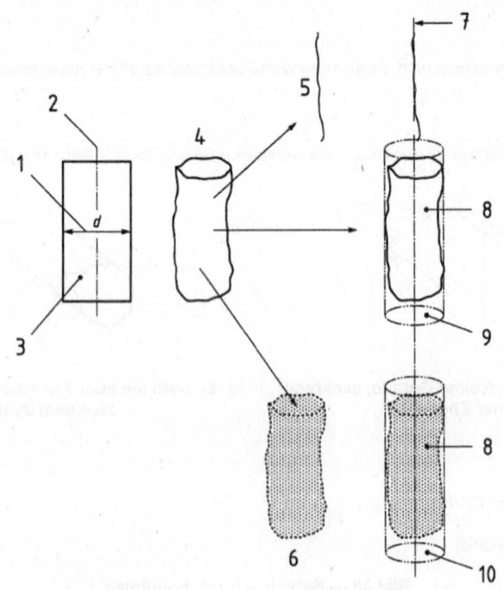

Legende

1 Größenmaß des Größenmaßelements
2 nominales zentrales (Geometrie) Element
3 nominale integrale Fläche
4 nicht-ideales Oberflächenmodell, welches die wirkliche Oberfläche des Werkstücks darstellt
5 nicht-ideales zentrales (Geometrie) Element
6 integrale erfasste Oberfläche (nicht-ideal)
7 erfasste zentrale Linie
8 direkt zugeordnetes zentrales (Geometrie) Element
9 direkt zugeordnetes (Geometrie) Element [aus dem nicht-idealen integralen (Geometrie) Element]
10 direkt zugeordnetes (Geometrie) Element [aus dem erfassten integralen (Geometrie) Element]

Bild 36 — Beziehungen zwischen den Definitionen für geometrische Elemente

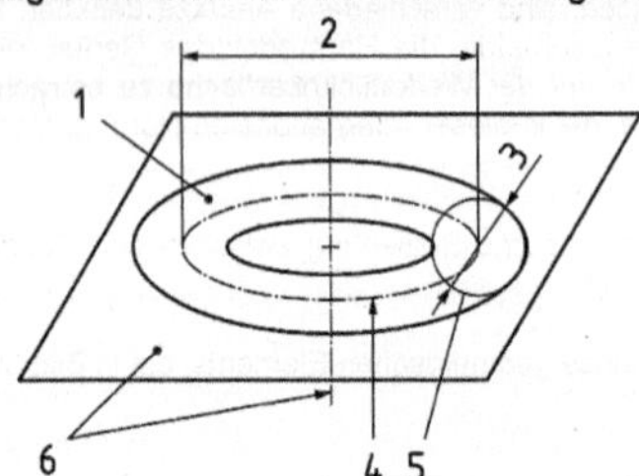

Legende

1 integrale nominale Fläche: Torus
2 andere Maßparameter des Torus
3 Größenmaß des Torus
4 Gerüst
5 Mantellinie des Torus
6 Situationselemente des Torus (Gerade und senkrechte Ebene, oder Gerade und ein bestimmter Punkt der Geraden: dieser Punkt entspricht dem Schnitt einer Ebene mit einer Linie)

Bild 37 — Beziehungen zwischen den Definitionen für Eigenschaften eines idealen (Geometrie) Elements

Tabelle 2 — Begriffsbeziehungen zwischen integralem (Geometrie) Element und abgeleitetem (Geometrie) Element

		Integrales (Geometrie) Element		Abgeleitetes (Geometrie) Element				
		Nicht gefiltert	Gefiltert	Zentral	Deckungsgleich			Versetzt
					Verschoben	Gedreht	Gespiegelt	
wirkliches Werkstück	wirklich	anwendbar	anwendbar	anwendbar	anwendbar	anwendbar	anwendbar	anwendbar
Oberflächenmodell	nominal	anwendbar	nicht anwendbar	nicht relevant				
	nicht-ideal	anwendbar	anwendbar					
	diskret	anwendbar	anwendbar					
	abgetastet	anwendbar	anwendbar					
Erstreckung des (Geometrie) Elements	unendlich	nicht anwendbar	nicht anwendbar	anwendbar	anwendbar	anwendbar	anwendbar	anwendbar
	vollständig/ gesamt	anwendbar	anwendbar	anwendbar	anwendbar	anwendbar	anwendbar	anwendbar
	beschränkt	anwendbar	anwendbar	anwendbar	anwendbar	anwendbar	anwendbar	anwendbar
Darstellung des (Geometrie) Elements	erfasst	anwendbar	anwendbar	anwendbar	anwendbar	anwendbar	anwendbar	anwendbar
	nicht erfasst	anwendbar	anwendbar	anwendbar	anwendbar	anwendbar	anwendbar	anwendbar
Komposition des (Geometrie) Elements	einzeln	anwendbar	anwendbar	anwendbar	anwendbar	anwendbar	anwendbar	anwendbar
	zusammengesetzt	anwendbar	anwendbar	anwendbar	anwendbar	anwendbar	anwendbar	anwendbar
	Paar	anwendbar	anwendbar	anwendbar	anwendbar	anwendbar	anwendbar	anwendbar
Verwendung des (Geometrie) Elements	Spezifikation	anwendbar	anwendbar	anwendbar	anwendbar	anwendbar	anwendbar	anwendbar
	Prüfung	anwendbar	anwendbar	anwendbar	anwendbar	anwendbar	anwendbar	anwendbar
Natur des (Geometrie) Elements	Fläche	anwendbar	anwendbar	anwendbar	anwendbar	anwendbar	anwendbar	anwendbar
	Linie	anwendbar	anwendbar	anwendbar	anwendbar	anwendbar	anwendbar	anwendbar
	Punkt	anwendbar	unzulässig	anwendbar	anwendbar	anwendbar	anwendbar	anwendbar

Tabelle 3 — Geometrische Elemente und weitere Typen von Elementen

Geometrisches Element		Nicht-ideal		Ideal				
		Nicht gefiltert	Gefiltert	Nominal	Zugeordnet			Berechnet
					Ersatz		Möglich	
					Direkt zugeordnet	Indirekt zugeordnet		
Natur des (Geometrie) Elements	integral	anwendbar	anwendbar	anwendbar	anwendbar	nicht anwendbar	anwendbar	nicht anwendbar
	abgeleitet	anwendbar	anwendbar	anwendbar	anwendbar	anwendbar	anwendbar	anwendbar
Erstreckung des (Geometrie) Elements	unendlich	anwendbar	anwendbar	anwendbar	anwendbar	anwendbar	anwendbar	nicht anwendbar
	vollständig/ gesamt	anwendbar	anwendbar	anwendbar	nicht anwendbar	nicht anwendbar	anwendbar	anwendbar
	beschränkt	anwendbar	anwendbar	anwendbar	anwendbar	anwendbar	anwendbar	anwendbar

Tabelle 4 — Eigenschaften von (Geometrie) Elementen

Geometrische Definition des (Geometrie) Elements in Bezug auf die Elementform			Eigenschaft eines idealen (Geometrie) Elements	
			Dimensionelles (Geometrie) Element	Nicht-dimensionelles (Geometrie) Element
Maßparameter	Ja	Größenmaß	anwendbar	nicht anwendbar
		Weitere?	anwendbar	anwendbar
	Nein		anwendbar	anwendbar
Situationselement	Punkt		anwendbar	anwendbar
	Linie			anwendbar
	Ebene		nicht relevant	anwendbar
	Schraubenlinie			anwendbar
Gerüst des (Geometrie) Elements			anwendbar	anwendbar
Komposition des (Geometrie) Elements	einzeln		anwendbar	anwendbar
	zusammengesetzt		anwendbar	anwendbar
	Paar		anwendbar	anwendbar

Anhang A
(normativ)

Übersichtsdiagramm

Dieser Anhang zeigt die Verbindung zwischen dem wirklichen Werkstück und seiner Darstellungen (Oberflächenmodelle). Geometrische Elemente werden aus Oberflächenmodellen gebildet. Geometrische Elemente decken unterschiedliche Typen von (Geometrie) Elementen und Untertypen von (Geometrie) Elementen ab. Beziehungen zwischen der wirklichen Oberfläche des Werkstücks und seinem Oberflächenmodell sind in den Bildern A.1 bis A.6 veranschaulicht.

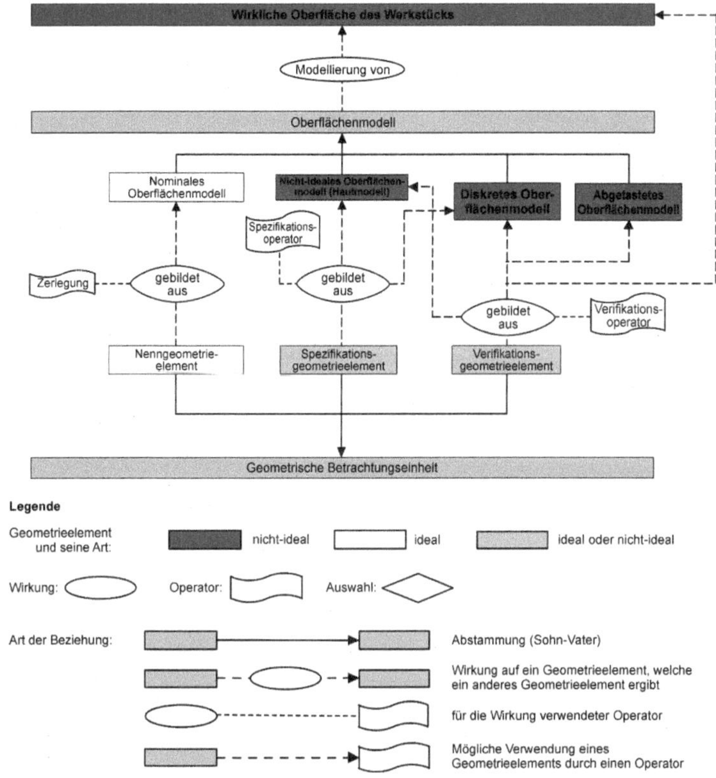

Bild A.1 — Beziehungen zwischen den Oberflächenmodellen und einem geometrischen Element

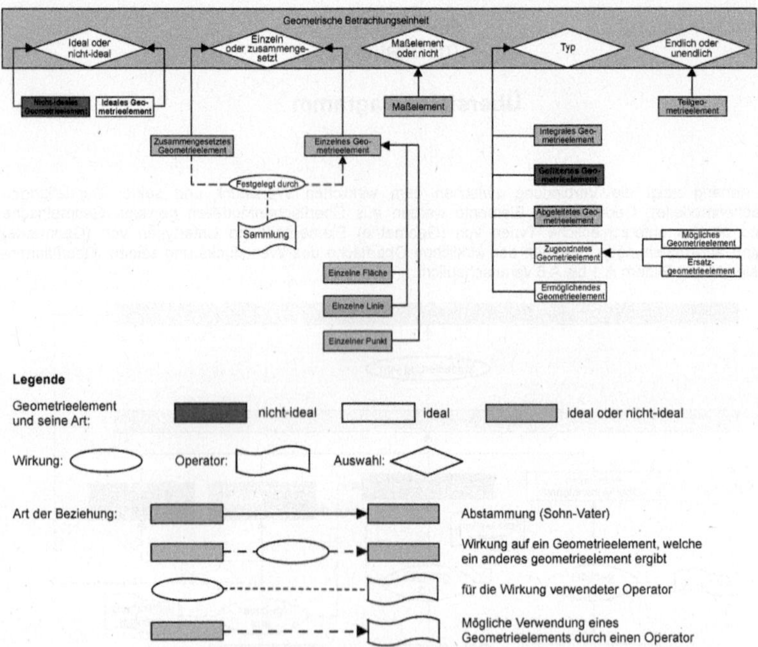

Bild A.2 — Eigenschaften eines geometrischen Elements und Typen von (Geometrie) Elementen

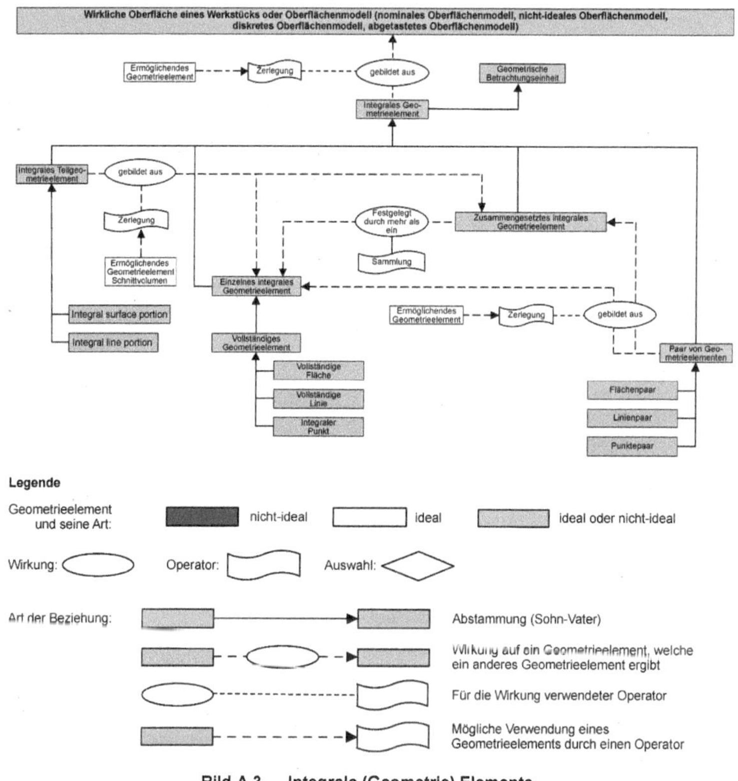

Bild A.3 — Integrale (Geometrie) Elemente

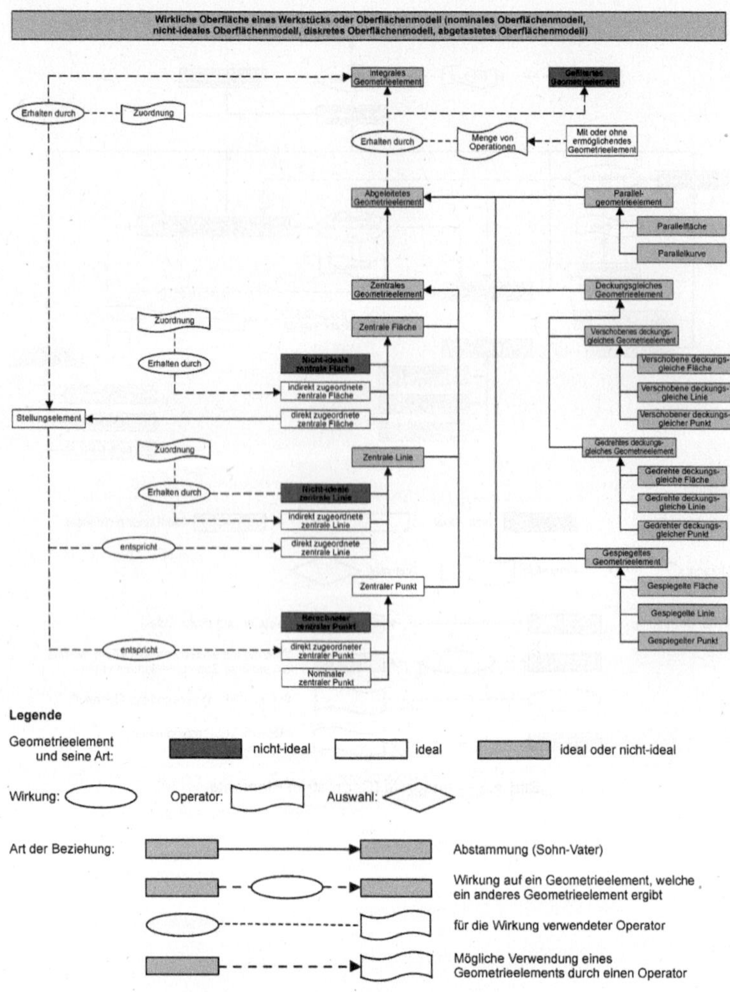

Bild A.4 — Abgeleitete (Geometrie) Elemente

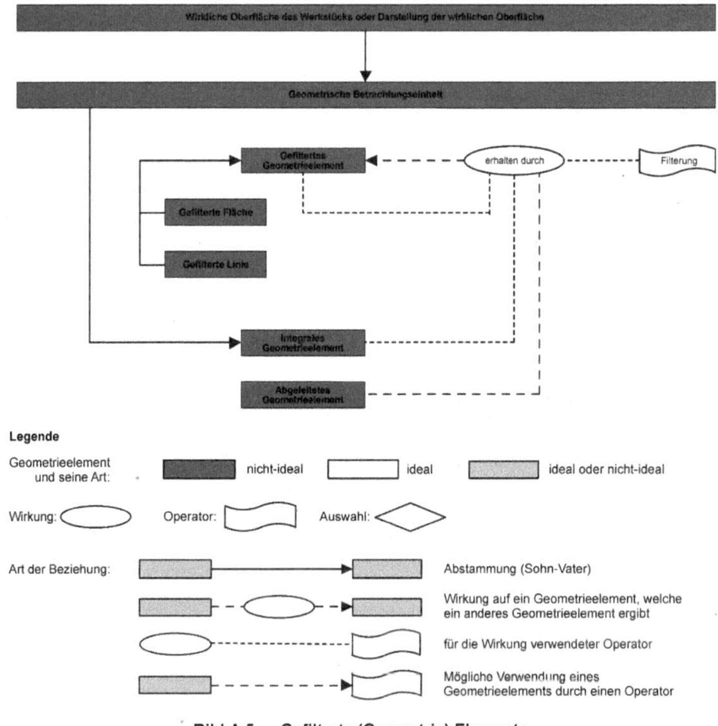

Bild A.5 — Gefilterte (Geometrie) Elemente

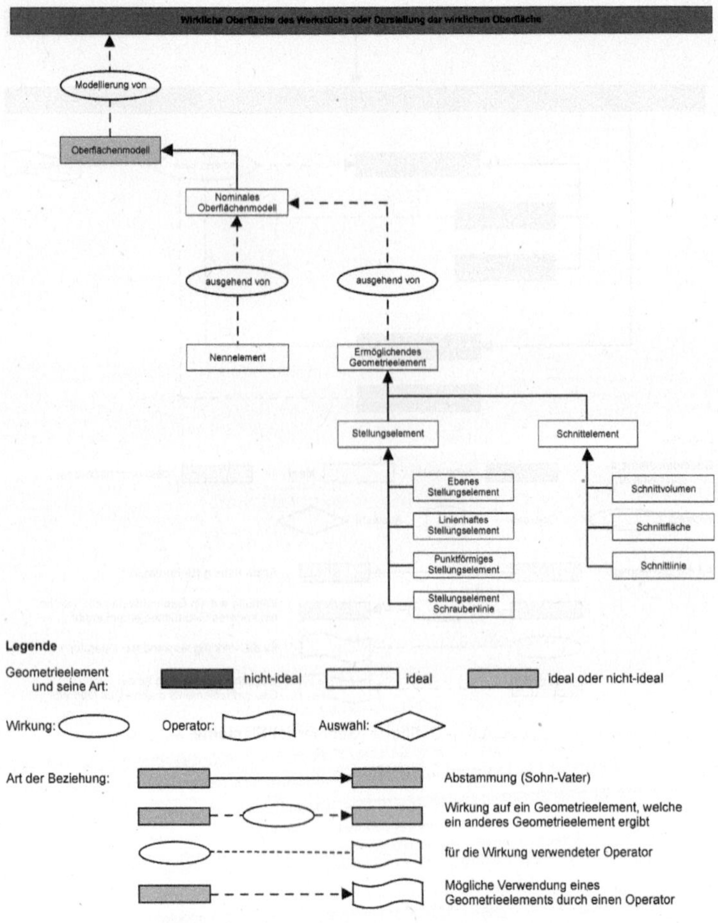

Bild A.6 — Ermöglichende (Geometrie) Elemente

Anhang B
(informativ)

Beispiele für Zusammenhänge zwischen den (Geometrie) Elementen

Beispiele für die Identifizierung und für Zusammenhänge der unterschiedlichen Typen von (Geometrie) Elementen sind in den Bildern B.1 bis B.3 gegeben.

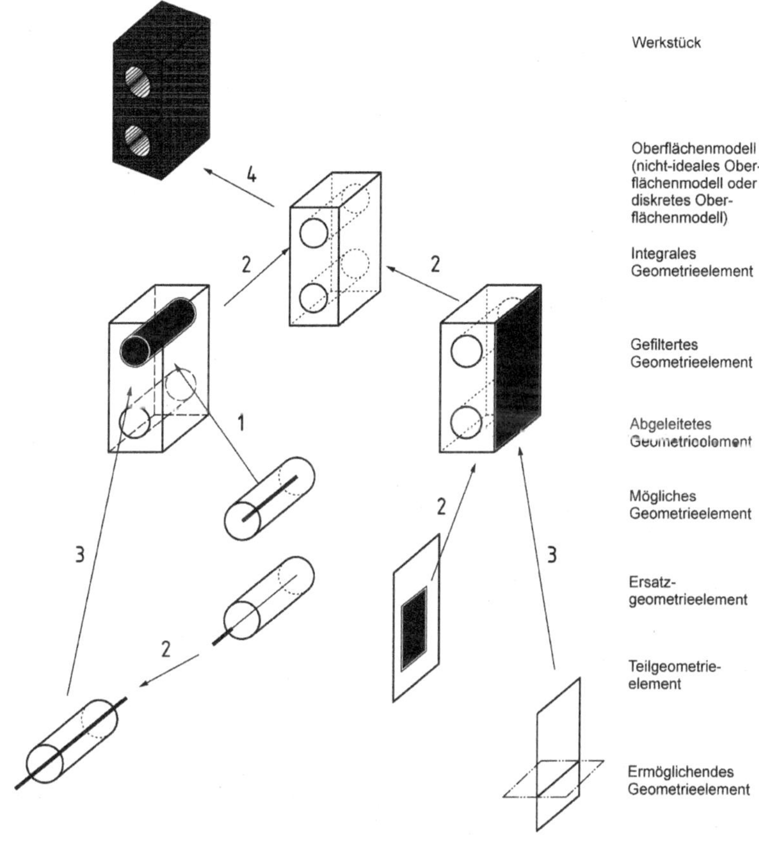

Legende

1 Menge von Operationen

2 Teil von

3 lokalisiert

4 Modellierung von

Bild B.1 — Nenngeometrieelemente

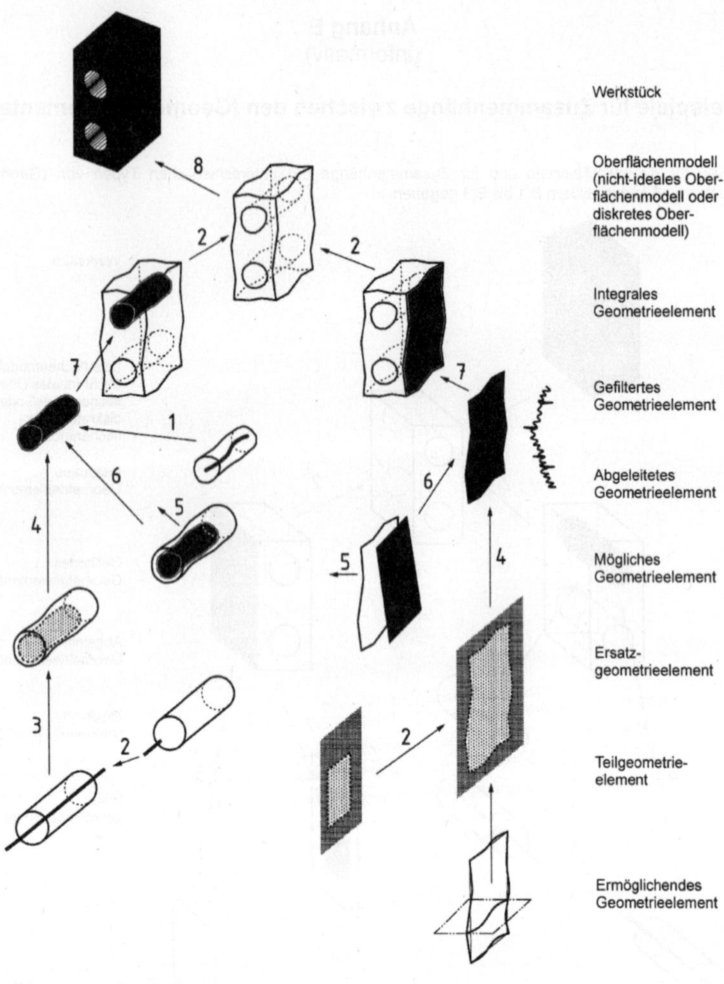

Legende

1 Menge von Operationen
2 Teil von
3 lokalisiert
4 stellt dar
5 Material
6 erfüllt Nebenbedingungen bezüglich
7 Filterung von
8 nicht-ideale Darstellung

Bild B.2 — Spezifikationsgeometrieelemente

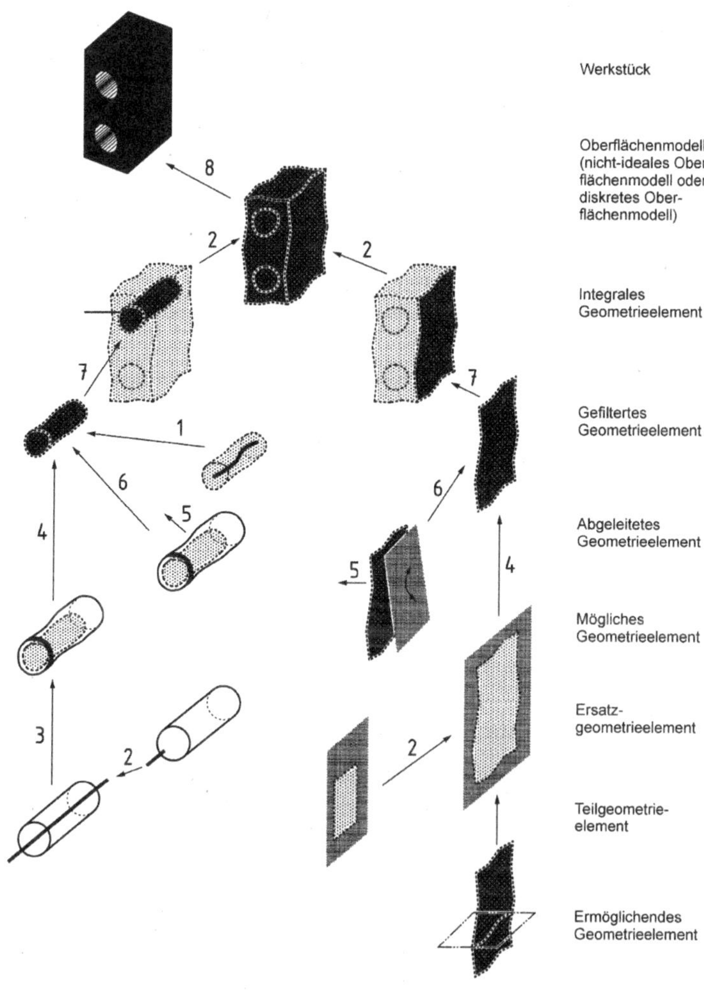

Legende

1 Menge von Operationen

2 Teil von

3 lokalisiert

4 stellt dar

5 Material

6 erfüllt Nebenbedingungen bezüglich

7 Filterung von

8 Messung

Bild B.3 — Prüfungsgeometrieelemente

Anhang C
(informativ)

Zusammenhänge mit dem GPS-Matrix-Modell

C.1 Allgemeines

Zu den vollständigen Einzelheiten des GPS-Matrix-Modells siehe ISO/TR 14638.

Die in ISO/TR 14638 gegebene ISO/GPS-Übersicht gibt einen Überblick über das ISO/GPS-System, von dem dieses Dokument ein Bestandteil ist. Die in ISO 8015 gegebenen grundlegenden Regeln von ISO/GPS gelten für dieses Dokument, und die Vorzugsentscheidungsregeln aus ISO 14253-1 gelten für die Spezifikationen nach diesem Dokument, soweit nicht anders angegeben.

C.2 Informationen über diese Internationale Norm und ihre Anwendung

Diese Internationale Norm legt die allgemeinen Begriffe und Typen für die geometrischen Elemente fest, die für die technische Beschreibung (Spezifikation) von Werkstücken verwendet werden.

C.3 Position im GPS-Matrix-Modell

Diese Internationale Norm ist eine globale GPS-Norm und beeinflusst alle Kettenglieder aller Normenketten in der globalen GPS-Matrix, wie in Bild C.1 graphisch veranschaulicht.

Fundamentale GPS-Normen	Globale GPS-Normen					
	Matrix allgemeiner GPS-Normen					
	Kettenglieder	1	2	3	4	5	6
	Maß	X	X	X	X	X	X
	Abstand	X	X	X	X	X	X
	Radius	X	X	X	X	X	X
	Winkel	X	X	X	X	X	X
	Form einer bezugsunabhängigen Linie	X	X	X	X	X	X
	Form einer bezugsabhängigen Linie	X	X	X	X	X	X
	Form einer bezugsunabhängigen Oberfläche	X	X	X	X	X	X
	Form einer bezugsabhängigen Oberfläche	X	X	X	X	X	X
	Richtung	X	X	X	X	X	X
	Lage	X	X	X	X	X	X
	Lauf	X	X	X	X	X	X
	Gesamtlauf	X	X	X	X	X	X
	Bezüge	X	X	X	X	X	X
	Rauheitsprofil	X	X	X	X	X	X
	Welligkeitsprofil	X	X	X	X	X	X
	Primärprofil	X	X	X	X	X	X
	Oberflächenunvollkommenheit	X	X	X	X	X	X
	Kanten	X	X	X	X	X	X

Bild C.1 — Position im GPS-Matrix-Modell

C.4 Betroffene Internationale Normen

Betroffene Internationale Normen gehen aus den im Bild C.1 angegebenen Normenketten hervor.

Literaturhinweise

[1] ISO 2692, *Geometrical product specifications (GPS) — Geometrical tolerancing — Maximum material requirement (MMR), least material requirement (LMR) and reciprocity requirement (RPR*

[2] ISO 8015, *Geometrical product specifications (GPS) — Fundamentals — Concepts, principles and rules*

[3] ISO/TR 14638, *Geometrical product specification (GPS) — Masterplan*

[4] ISO/TS 16610-1, *Geometrical product specifications (GPS) — Filtration — Part 1: Overview and basic concepts*

DIN EN ISO 25178-1

ICS 17.040.40

Geometrische Produktspezifikation (GPS) – Oberflächenbeschaffenheit: Flächenhaft – Teil 1: Angabe von Oberflächenbeschaffenheit (ISO 25178-1:2016); Deutsche Fassung EN ISO 25178-1:2016

Geometrical product specifications (GPS) –
Surface texture: Areal –
Part 1: Indication of surface texture (ISO 25178-1:2016);
German version EN ISO 25178-1:2016

Spécification géométrique des produits (GPS) –
État de surface: Surfacique –
Partie 1: Indication des états de surface (ISO 25178-1:2016);
Version allemande EN ISO 25178-1:2016

Gesamtumfang 36 Seiten

DIN-Normenausschuss Technische Grundlagen (NATG)

Nationales Vorwort

Dieses Dokument (EN ISO 25178-1:2016) wurde vom Technischen Komitee ISO/TC 213 „Dimensional and geometrical product specifications and verification" in Zusammenarbeit mit dem Technischen Komitee CEN/TC 290 „Geometrische Produktspezifikationen und -prüfung" erarbeitet, dessen Sekretariat vom AFNOR (Frankreich) gehalten wird.

Das zuständige deutsche Normungsgremium ist der NA 152-03-03 AA „Oberflächen" im DIN-Normenausschuss Technische Grundlagen (NATG).

Für die in diesem Dokument zitierten Internationalen Normen wird im Folgenden auf die entsprechenden Deutschen Normen hingewiesen:

ISO 128 (alle Teile)	siehe	DIN (EN) ISO 128
ISO 1101	siehe	DIN EN ISO 1101
ISO 1302	siehe	DIN EN ISO 1302
ISO 3098-2	siehe	DIN EN ISO 3098-2
ISO 3098-5	siehe	DIN EN ISO 3098-5
ISO 4288	siehe	DIN EN ISO 4288
ISO 8015	siehe	DIN EN ISO 8015
ISO 14253-1	siehe	DIN EN ISO 14253-1
ISO 14406	siehe	DIN EN ISO 14406
ISO 14638	siehe	DIN EN ISO 14638
ISO 16792	siehe	DIN ISO 16792
ISO 25178-2	siehe	DIN EN ISO 25178-2
ISO 25178-3	siehe	DIN EN ISO 25178-3
ISO 81714-1	siehe	DIN EN ISO 81714-1

Nationaler Anhang NA
(informativ)

Literaturhinweise

DIN (EN) ISO 128 (alle Teile), *Technische Zeichnungen — Allgemeine Grundlagen der Darstellung*

DIN EN ISO 1101, *Geometrische Produktspezifikation (GPS) — Geometrische Tolerierung — Tolerierung von Form, Richtung, Ort und Lauf*

DIN EN ISO 1302, *Geometrische Produktspezifikation (GPS) — Angabe der Oberflächenbeschaffenheit in der technischen Produktdokumentation*

DIN EN ISO 3098-2, *Technische Produktdokumentation — Schriften — Teil 2: Lateinisches Alphabet, Ziffern und Zeichen*

DIN EN ISO 3098-5, *Technische Produktdokumentation — Schriften — Teil 5: CAD-Schrift des lateinischen Alphabetes sowie der Ziffern und Zeichen*

DIN EN ISO 4288, *Geometrische Produktspezifikation (GPS) — Oberflächenbeschaffenheit: Tastschnittverfahren — Regeln und Verfahren für die Beurteilung der Oberflächenbeschaffenheit*

DIN EN ISO 8015, *Geometrische Produktspezifikation (GPS) — Grundlagen — Konzepte, Prinzipien und Regeln*

DIN EN ISO 14253-1, *Geometrische Produktspezifikationen (GPS) — Prüfung von Werkstücken und Messgeräten durch Messen — Teil 1: Entscheidungsregeln für den Nachweis von Konformität oder Nichtkonformität mit Spezifikationen*

DIN EN ISO 14406, *Geometrische Produktspezifikation (GPS) — Erfassung*

DIN EN ISO 14638, *Geometrische Produktspezifikation (GPS) — Matrix-Modell*

DIN EN ISO 25178-2, *Geometrische Produktspezifikation (GPS) — Oberflächenbeschaffenheit: Flächenhaft — Teil 2: Begriffe und Oberflächen-Kenngrößen*

DIN EN ISO 25178-3, *Geometrische Produktspezifikation (GPS) — Oberflächenbeschaffenheit: Flächenhaft — Teil 3: Spezifikationsoperatoren*

DIN EN ISO 81714-1, *Gestaltung von graphischen Symbolen für die Anwendung in der technischen Produktdokumentation — Teil 1: Grundregeln*

DIN ISO 16792, *Technische Produktdokumentation — Verfahren für digitale Produktdefinitionsdaten*

— Leerseite —

EUROPÄISCHE NORM

EUROPEAN STANDARD

NORME EUROPÉENNE

EN ISO 25178-1

April 2016

ICS 17.040.30

Deutsche Fassung

Geometrische Produktspezifikation (GPS) — Oberflächenbeschaffenheit: Flächenhaft — Teil 1: Angabe von Oberflächenbeschaffenheit (ISO 25178-1:2016)

Geometrical product specifications (GPS) —
Surface texture: Areal —
Part 1: Indication of surface texture
(ISO 25178-1:2016)

Spécification géométrique des produits (GPS) —
État de surface: Surfacique —
Partie 1: Indication des états de surface
(ISO 25178-1:2016)

Diese Europäische Norm wurde vom CEN am 3. Oktober 2015 angenommen.

Die CEN-Mitglieder sind gehalten, die CEN/CENELEC-Geschäftsordnung zu erfüllen, in der die Bedingungen festgelegt sind, unter denen dieser Europäischen Norm ohne jede Änderung der Status einer nationalen Norm zu geben ist. Auf dem letzten Stand befindliche Listen dieser nationalen Normen mit ihren bibliographischen Angaben sind beim Management-Zentrum des CEN-CENELEC oder bei jedem CEN-Mitglied auf Anfrage erhältlich.

Diese Europäische Norm besteht in drei offiziellen Fassungen (Deutsch, Englisch, Französisch). Eine Fassung in einer anderen Sprache, die von einem CEN-Mitglied in eigener Verantwortung durch Übersetzung in seine Landessprache gemacht und dem Management-Zentrum mitgeteilt worden ist, hat den gleichen Status wie die offiziellen Fassungen.

CEN-Mitglieder sind die nationalen Normungsinstitute von Belgien, Bulgarien, Dänemark, Deutschland, der ehemaligen jugoslawischen Republik Mazedonien, Estland, Finnland, Frankreich, Griechenland, Irland, Island, Italien, Kroatien, Lettland, Litauen, Luxemburg, Malta, den Niederlanden, Norwegen, Österreich, Polen, Portugal, Rumänien, Schweden, der Schweiz, der Slowakei, Slowenien, Spanien, der Tschechischen Republik, der Türkei, Ungarn, dem Vereinigten Königreich und Zypern.

EUROPÄISCHES KOMITEE FÜR NORMUNG
EUROPEAN COMMITTEE FOR STANDARDIZATION
COMITÉ EUROPÉEN DE NORMALISATION

CEN-CENELEC Management-Zentrum: Avenue Marnix 17, B-1000 Brüssel

Ref. Nr. EN ISO 25178-1:2016 D

Inhalt

Europäisches Vorwort

Dieses Dokument (EN ISO 25178-1:2016) wurde vom Technischen Komitee ISO/TC 213 „Dimensional and geometrical product specifications and verification" in Zusammenarbeit mit dem Technischen Komitee CEN/TC 290 „Geometrische Produktspezifikationen und -prüfung" erarbeitet, dessen Sekretariat vom AFNOR gehalten wird.

Diese Europäische Norm muss den Status einer nationalen Norm erhalten, entweder durch Veröffentlichung eines identischen Textes oder durch Anerkennung bis Oktober 2016, und etwaige entgegenstehende nationale Normen müssen bis Oktober 2016 zurückgezogen werden.

Es wird auf die Möglichkeit hingewiesen, dass einige Elemente dieses Dokuments Patentrechte berühren können. CEN [und/oder CENELEC] sind nicht dafür verantwortlich, einige oder alle diesbezüglichen Patentrechte zu identifizieren.

Entsprechend der CEN-CENELEC-Geschäftsordnung sind die nationalen Normungsinstitute der folgenden Länder gehalten, diese Europäische Norm zu übernehmen: Belgien, Bulgarien, Dänemark, Deutschland, die ehemalige jugoslawische Republik Mazedonien, Estland, Finnland, Frankreich, Griechenland, Irland, Island, Italien, Kroatien, Lettland, Litauen, Luxemburg, Malta, Niederlande, Norwegen, Österreich, Polen, Portugal, Rumänien, Schweden, Schweiz, Slowakei, Slowenien, Spanien, Tschechische Republik, Türkei, Ungarn, Vereinigtes Königreich und Zypern.

Anerkennungsnotiz

Der Text von ISO 25178-1:2016 wurde vom CEN als EN ISO 25178-1:2016 ohne irgendeine Abänderung genehmigt.

Vorwort

ISO (die Internationale Organisation für Normung) ist eine weltweite Vereinigung von Nationalen Normungsorganisationen (ISO-Mitgliedsorganisationen). Die Erstellung von Internationalen Normen wird normalerweise von ISO Technischen Komitees durchgeführt. Jede Mitgliedsorganisation, die Interesse an einem Thema hat, für welches ein Technisches Komitee gegründet wurde, hat das Recht, in diesem Komitee vertreten zu sein. Internationale Organisationen, staatlich und nicht-staatlich, in Liaison mit ISO, nehmen ebenfalls an der Arbeit teil. ISO arbeitet eng mit der Internationalen Elektrotechnischen Kommission (IEC) bei allen elektrotechnischen Themen zusammen.

Die Verfahren, die bei der Entwicklung dieses Dokuments angewendet wurden und die für die weitere Pflege vorgesehen sind, werden in den ISO/IEC-Direktiven, Teil 1 beschrieben. Im Besonderen sollten die für die verschiedenen ISO-Dokumentenarten notwendigen Annahmekriterien beachtet werden. Dieses Dokument wurde in Übereinstimmung mit den Gestaltungsregeln der ISO/IEC-Direktiven, Teil 2 erarbeitet (siehe www.iso.org/directives).

Es wird auf die Möglichkeit hingewiesen, dass einige Elemente dieses Dokuments Patentrechte berühren können. ISO ist nicht dafür verantwortlich, einige oder alle diesbezüglichen Patentrechte zu identifizieren. Details zu allen während der Entwicklung des Dokuments identifizierten Patentrechten finden sich in der Einleitung und/oder in der ISO-Liste der empfangenen Patenterklärungen (siehe www.iso.org/patents).

Jeder in diesem Dokument verwendete Handelsname wird als Information zum Nutzen der Anwender angegeben und stellt keine Anerkennung dar.

Das für dieses Dokument verantwortliche Komitee ist ISO/TC 213, *Dimensional and geometrical product specifications and verification*.

ISO 25187 unter dem allgemeinen Titel *Geometrical product specifications (GPS) — Surface texture: Areal* besteht aus folgenden Teilen:

— *Part 1: Indication of surface texture*

— *Part 2: Terms, definitions and surface texture parameters*

— *Part 3: Specification operators*

— *Part 6: Classification of methods for measuring surface texture*

— *Part 70: Physical measurement standards*

— *Part 71: Software measurement standards*

— *Part 72: XML file format x3p*

— *Part 601: Nominal characteristics of contact (stylus) instruments*

— *Part 602: Nominal characteristics of non-contact (confocal chromatic probe) instruments*

— *Part 603: Nominal characteristics of non-contact (phase shifting interferometric microscopy) instruments*

— *Part 604: Nominal characteristics of non-contact (coherence scanning interferometry) instruments*

— *Part 605: Nominal characteristics of non-contact (point autofocus probe) instruments*

— *Part 606: Nominal characteristics of non-contact (focus variation) instruments*

— *Part 701: Calibration and measurement standards for contact (stylus) instruments*

Die folgenden Teile sind geplant:

- *Part 4: Comparison rules*
- *Part 5: Verification operators*
- *Part 600: Metrological characteristics for areal-topography measuring method* [1)]
- *Part 607: Nominal characteristics of non-contact (confocal microscopy) instruments*
- *Part 700: Calibration and verification of metrological characteristics of areal-topography measuring instruments*

1) Teil 600 soll Vorgaben enthalten, die mit den anderen Teilen der 600er Reihe von ISO 25178 übereinstimmen. Sobald Teil 600 als Schlussentwurf vorgelegt sein wird, werden die dann redundant gewordenen Vorgaben der anderen Teile der 600er Reihe aus diesen herausgenommen werden.

Einleitung

Dieser Teil der Reihe ISO 25178 ist eine Norm für die Geometrische Produktspezifikation (GPS) und als eine allgemeine GPS-Norm anzusehen (siehe ISO 14638). Er beeinflusst Kettenglied A der Normenketten über flächenhafte Oberflächenbeschaffenheit.

Der in ISO 14638 angegebene ISO-GPS-Masterplan gibt einen Überblick über das ISO-GPS-System, von dem dieses Dokument ein Bestandteil ist. Die in ISO 8015 gegebenen grundlegenden Regeln von ISO-GPS gelten für dieses Dokument. Falls nichts anderes angegeben ist, gelten die Default-Entscheidungsregeln nach ISO 14253-1 für Spezifikationen, die in Übereinstimmung mit diesem Dokument festgelegt wurden.

Für ausführlichere Informationen zum Zusammenhang dieser Norm mit dem GPS-Matrix-Modell siehe Anhang F.

Dieser Teil der ISO 25178 gilt für die Angabe der flächenhaften Oberflächenbeschaffenheit.

1 Anwendungsbereich

Dieser Teil von ISO 25178 legt die Regeln für die Angabe von flächenhafter Oberflächenbeschaffenheit in der Technischen Produktdokumentation (z. B. Zeichnungen, Spezifikationen, Verträge, Berichte) mittels graphischer Symbole fest.

2 Normative Verweisungen

Die folgenden Dokumente, die in diesem Dokument teilweise oder als Ganzes zitiert werden, sind für die Anwendung dieses Dokuments erforderlich. Bei datierten Verweisungen gilt nur die in Bezug genommene Ausgabe. Bei undatierten Verweisungen gilt die letzte Ausgabe des in Bezug genommenen Dokuments (einschließlich aller Änderungen).

ISO 1101:2012, *Geometrical product specifications (GPS) — Geometrical tolerancing — Tolerances of form, orientation, location and run-out*

ISO 1302:2002, *Geometrical product specifications (GPS) — Indication of surface texture in technical product documentation*

ISO 3098-2, *Technical product documentation — Lettering — Part 2: Latin alphabet, numerals and marks*

ISO 14406, *Geometrical product specifications (GPS) — Extraction*

ISO 16792, *Technical product documentation — Digital product definition data practices*

ISO 25178-2:2012, *Geometrical product specifications (GPS) — Surface texture: Areal — Part 2: Terms, definitions and surface texture parameters*

ISO 25178-3:2012, *Geometrical product specifications (GPS) — Surface texture: Areal — Part 3: Specification operators*

ISO 81714-1, *Design of graphical symbols for use in the technical documentation of products — Part 1: Basic rules*

3 Begriffe

Für die Anwendung dieses Dokuments gelten die Begriffe nach ISO 1101, ISO 1302, ISO 14406, ISO 16792, ISO 25178-2 und ISO 25178-3.

4 Graphische Symbole für die Angabe von flächenhafter Oberflächenbeschaffenheit

Anforderungen an die flächenhafte Oberflächenbeschaffenheit werden in der Technischen Produktdokumentation mittels graphischer Symbole angegeben, von denen jedes seine eigene signifikante Bedeutung hat. Die verwendeten Symbole entsprechen den in ISO 1302:2002, Abschnitt 4, festgelegten Symbolen. Um zu kennzeichnen, dass es sich um die Anforderung einer flächenhaften Oberflächenbeschaffenheit handelt, wird das Symbol um einen Rhombus ergänzt, siehe Tabelle 1.

Tabelle 1 — Graphische Symbole für die Angabe der flächenhaften Oberflächenbeschaffenheit

Nr	Beschreibung	Symbol
1	Graphisches Grundsymbol für die flächenhafte Oberflächenbeschaffenheit	
2	Erweitertes graphisches Symbol, das anzeigt, dass Materialabtrag erforderlich ist	
3	Erweitertes graphisches Symbol, das anzeigt, dass kein Materialabtrag zulässig ist	
4	Vollständiges graphisches Symbol Alle Herstellungsprozesse zulässig	
5	Vollständiges graphisches Symbol Es muss Material abgetragen werden	
6	Vollständiges graphisches Symbol Es darf kein Material abgetragen werden	
7	Vollständiges graphisches Symbol Mit „Durchgehend"-Modifikator	

Falls für alle durch den Außenumriss des Werkstücks dargestellten Oberflächen dieselbe Oberflächenbeschaffenheit gefordert ist (integrales Geometrieelement), was in der Zeichnung durch einen geschlossenen Umriss des Werkstücks dargestellt wird, ist das vollständige graphische Symbol, wie in Tabelle 1 und Bild 1 dargestellt, um einen Kreis zu ergänzen.

Oberflächen sind unabhängig anzuzeigen, falls sich durch die durchgehende Anzeige irgendwelche Mehrdeutigkeiten ergeben könnten.

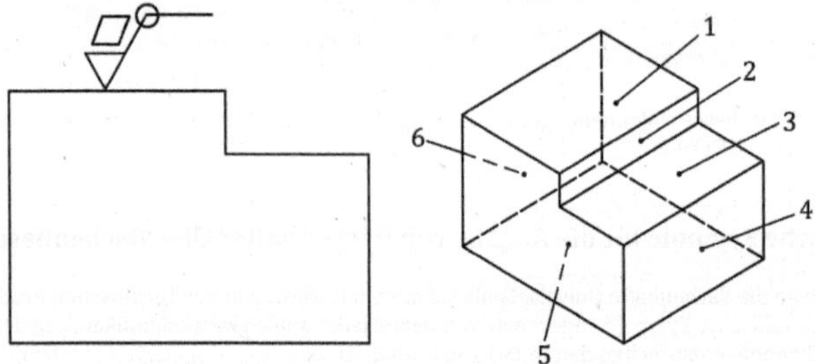

Bild 1 — Anforderung an die flächenhafte Oberflächenbeschaffenheit aller sechs durch den Außenumriss des Werksstücks dargestellten Oberflächen

Der Außenumriss auf der Zeichnung in Bild 1 umfasst die sechs Flächen, ersichtlich aus der 3D-Darstellung des Werkstücks (vordere und hintere Fläche nicht eingeschlossen).

ANMERKUNG Bei der 3D-Beschriftung könnte es hilfreich sein, einen Schnittebenenindikator zu verwenden, um die Beschriftung unabhängig von der Zeichnungsebene zu machen. Für weitere Anweisungen siehe Anhang D.

5 Zusammensetzung des vollständigen graphischen Symbols für die flächenhafte Oberflächenbeschaffenheit

5.1 Allgemeines

Um die Eindeutigkeit einer Anforderung an die flächenhafte Oberflächenbeschaffenheit sicherzustellen, ist es notwendig, zusätzlich zur Angabe sowohl einer Kenngröße der Oberflächenbeschaffenheit als auch deren Zahlenwert noch weitere Anforderungen festzulegen (z. B. Skalenbegrenzung, Übertragungscharakteristik, Filtertyp, Herstellungsprozess, Oberflächenrillen und mögliche Bearbeitungszugaben). Es kann außerdem nötig sein, Anforderungen an mehrere unterschiedliche Kenngrößen der Oberflächenbeschaffenheit festzulegen, damit durch die Oberflächenanforderungen die funktionellen Eigenschaften der Oberfläche sichergestellt sind. (Beispiele für die Angabe von Anforderungen an die flächenhafte Oberflächenbeschaffenheit sind in Anhang C gegeben.)

5.2 Position der Anforderungen an die Oberflächenbeschaffenheit

Die vorgeschriebenen Positionen der verschiedenen Anforderungen an die Oberflächenbeschaffenheit im vollständigen graphischen Symbol sind in Bild 2 dargestellt.

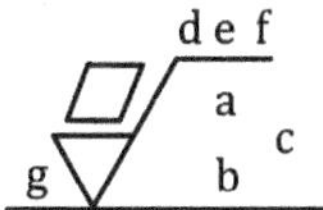

Bild 2 — Positionen der Anforderungen an die Oberflächenbeschaffenheit im vollständigen graphischen Symbol

Die zusätzlichen Anforderungen an die Oberflächenbeschaffenheit in der Form

— von Kenngrößen der Oberflächenbeschaffenheit,

— von Zahlenwerten und

— einer Übertragungscharakteristik

sind an den betreffenden Stellen des vollständigen graphischen Symbols wie folgt anzuordnen.

a) Position a — Eine einzelne Anforderung an die Oberflächenbeschaffenheit

Anzugeben sind in dieser Reihenfolge die Art der Spezifikationsgrenze, die Art der skalenbegrenzten Oberfläche und ihrer Nesting-Indizes, die Bezeichnung für die Kenngröße der flächenhaften Oberflächenbeschaffenheit mit ihrem Grenzwert und sonstige Nicht-Defaults.

Im Allgemeinen werden die unterschiedlichen Teile der Angabe durch ein Leerzeichen voneinander getrennt; um jedoch Missverständnisse zu vermeiden, müssen zwischen der Kenngrößenbezeichnung und dem Grenzwert zwei Leerzeichen eingefügt werden. Um die Spezifikationsabschnitte voneinander zu trennen, werden Schrägstriche (/) verwendet, siehe Anhang B.

Weitere Informationen zum Inhalt der Position „a" finden sich in Anhang B; siehe auch ISO 1302:2002, Abschnitt 6.

BEISPIEL S-L 0,025–0,8/Sz 6,8 (Beispiel für die mindestens anzugebenden Angaben mit vorgeschriebener Angabe der Art der skalenbegrenzten Oberfläche und ihrer Nesting-Indizes).

b) Position a und b — Zwei oder mehr Anforderungen an die Oberflächenbeschaffenheit

Die erste Anforderung an die Oberflächenbeschaffenheit ist in Position „a" wie in a) beschrieben anzugeben.

Die zweite Anforderung an die Oberflächenbeschaffenheit ist in Position „b" anzugeben.

Falls eine dritte oder weitere Anforderungen anzugeben ist/sind, muss das graphische Symbol in vertikaler Richtung entsprechend vergrößert werden, um Platz für mehr Zeilen zu schaffen. Die Positionen „a" und „b" sind aufwärts zu verschieben, wenn das Symbol vergrößert wird; siehe auch ISO 1302:2002, Abschnitt 6.

Die Richtung des Auswertebereiches und die Richtung der Rillen werden durch die Position des graphischen Symbols in der Zeichnung bestimmt.

ANMERKUNG 1 Es könnte hilfreich sein, einen Schnittebenenindikator zu verwenden, um die Beschriftung unabhängig von der Zeichnungsebene zu machen; für weitere Anweisungen siehe Anhang D.

c) Position c — Schnittebene für die Anzeige der Richtung der Auswertungsebene

Falls dies von Nutzen ist, ist die Schnittebene für die Richtung des Auswertebereiches anzuzeigen, siehe Anhang D.

ANMERKUNG 2 Falls die Rillen dieselbe Ausrichtung haben wie der Auswertebereich, deckt dieser Schnittebenenindikator beides ab.

d) Position d — Herstellungsanforderungen

Angabe des Herstellungsverfahrens, der Behandlung, Beschichtungen oder weiterer Anforderungen an den Herstellungsprozess zur Herstellung der Oberfläche, z. B. gedreht, geschliffen, gewalzt; siehe auch ISO 1302:2002, Abschnitt 7.

e) Position e — Oberflächenrillen

Angabe des Symbols für die geforderten Oberflächenrillen in Position e, z. B. „=", „X", „M"; siehe Tabelle 2. Wie die Richtung des Auswertebereiches wird auch die Richtung der Rillen durch die Position des graphischen Symbols in der Zeichnung bestimmt.

ANMERKUNG 3 Falls eine andere Richtung der Rillen erforderlich ist, kann diese in Position f durch einen Schnittebenenindikator angezeigt werden, siehe Anhang D.

f) Position f — Schnittebenenindikator für die Angabe der Richtung der Oberflächenrillen

Falls die Richtung der Oberflächenrillen von der Richtung des Oberflächenbeschaffenheitssymbols abweicht, kann dies hier durch einen Schnittebenenindikator angezeigt werden. Siehe Anhang D.

g) Position g — Bearbeitungszugabe

Angabe der erforderlichen Bearbeitungszugabe, falls zutreffend, als Zahlenwert in Millimeter angegeben. Siehe auch ISO 1302:2002, Abschnitt 9.

6 Angabe von flächenhaften Oberflächenkenngrößen

6.1 Festlegung der Grenzabweichung

Gewöhnlich sind zwei Bedingungen gegeben:

- die Art der Grenzabweichung, obere bzw. untere Grenze, mit der Bezeichnung U bzw. L;
- die Art der skalenbegrenzten Oberfläche, S-F oder S-L, wie in ISO 25178-2:2012, 3.1.5 und 3.1.6, festgelegt.

Gewöhnlich ist die obere Grenze festgelegt. Die Bezeichnung „U" ist dann ein impliziter Default und kann weggelassen werden. Bei einigen Kenngrößen, bei denen es keinen Normalfall gibt, d. h. Werkstoffverhältnis-Kenngrößen und Kenngrößen für Geometrieelemente, wird empfohlen, immer die Bezeichnungen U bzw. L zu verwenden. Siehe auch ISO 1302:2002, 6.6.

Sofern nicht anders festgelegt, ist der angegebene Kenngrößenwert der größte oder kleinste zulässige Wert.

Bezüglich beidseitiger Grenzabweichungen siehe 5.2 b).

6.2 Festlegung der Kenngröße

Der gewählte Wert der Kenngröße der flächenhaften Oberflächenbeschaffenheit ist durch die Angaben zu ergänzen, die für eine genaue und eindeutige Spezifikation notwendig sind.

Im Normalfall werden drei Arten von Informationen angegeben:

- Filter und Nesting-Indizes;
- die Kenngröße und der Kenngrößenwert;
- Nicht-Defaults.

Beispiele siehe Anhang B.

In ISO 25178-2 und ISO 25178-3 festgelegte Defaults werden üblicherweise nicht explizit festgelegt.

Jede Kenngröße der flächenhaften Oberflächenbeschaffenheit hat ihre eigenen Default-Steuerelemente und Informationsanforderungen an die Festlegung von Nicht-Default-Elementen entsprechend ISO 25178-3.

Die Reihenfolge der anzugebenden Elemente entspricht grundsätzlich der in ISO 1302 für Profilkenngrößen angegebenen Reihenfolge.

Zu Filterbezeichnungen siehe Anhang E.

6.3 Angabe des Herstellungsverfahrens oder damit zusammenhängender Informationen

Der Wert der Oberflächenbeschaffenheitskenngröße einer tatsächlichen Oberfläche wird stark von der detaillierten Form der Oberflächenbeschaffenheit beeinflusst. Daher führen eine Kenngrößenbezeichnung, ein Kenngrößenwert und eine Übertragungscharakteristik – die ausschließlich als Oberflächenbeschaffenheitsanforderung angegeben sind – nicht notwendigerweise zu einer eindeutigen Funktion der Oberfläche.

Es ist daher in einigen Fällen erforderlich, die Spezifikation durch eine Angabe zum Herstellungsprozess zu ergänzen.

Beispiele siehe ISO 1302:2002, Abschnitt 7.

6.4 Angabe der Oberflächenrillen

Standard-Oberflächenrillensymbole und ihre Angabe sind in Tabelle 2 dargestellt.

Tabelle 2 — Angabe der Oberflächenrillen

Graphisches Symbol	Bedeutung	Beispiele
=	Parallel zur Projektionsfläche der Ansicht, in der das Symbol verwendet wird	
⊥	Senkrecht zur Projektionsfläche der Ansicht, in der das Symbol verwendet wird	
X	Gekreuzt in zwei Richtungen, die in Bezug auf die Projektionsfläche der Ansicht, in der das Symbol verwendet wird, geneigt sind	
M	Multidirektional	
C	Annähernd kreisförmig in Bezug auf den Mittelpunkt der Oberfläche, für die das Symbol gilt	
R	Annähernd radial in Bezug auf den Mittelpunkt der Oberfläche, für die das Symbol gilt	
P	Die Oberflächenrillen sind partikulär, ungerichtet oder hervortretend	
1 Richtung der Oberflächenrillen		

Falls ein Oberflächenmuster spezifiziert werden muss, das durch die in Tabelle 2 festgelegten Symbole noch nicht eindeutig definiert ist, muss die Zeichnung um eine geeignete Fußnote ergänzt werden.

6.5 Angabe der Bearbeitungszugabe

Siehe ISO 1302:2002, Abschnitt 9.

6.6 Position in Zeichnungen und anderen Technischen Produktdokumentationen

Siehe ISO 1302:2002, Abschnitt 11.

6.7 Verhältnisse und Abmessungen der graphischen Symbole

Siehe Anhang A.

6.8 Richtung des Auswertebereichs

Die Position und Richtung des in ISO 1302:2002, Abschnitt 11, beispielhaft angegebenen Symbols bestimmen die Richtung des Auswertebereichs. Siehe auch ISO 25178-3:2012, 4.2.1.1.

ANMERKUNG 1 Das ist ein Unterschied zum Verfahren für die Beurteilung von Profilen, bei dem gefordert wird, als die Messrichtung diejenige Richtung zu wählen, von der erwartet wird, dass sie für die bewertete Kenngröße den größten Wert ergibt, wobei es sich üblicherweise um die senkrecht zu einer dominanten Oberflächenrille gelegene Richtung handelt. Siehe auch ISO 4288.

ANMERKUNG 2 Bei der 3D-Beschriftung könnte es hilfreich sein, einen Schnittebenenindikator zu verwenden, um die Beschriftung unabhängig von der Zeichnungsebene zu machen; für weitere Anweisungen siehe Anhang D.

7 Koordinatensystem

Das übliche Koordinatensystem, in dem die Kenngrößen für die flächenhafte Oberflächenbeschaffenheit festgelegt sind, ist ein rechtwinkliges Koordinatensystem, in dem die Achsen eine rechtshändige kartesische Menge bilden, wobei die x-Achse die durch die Position des graphischen Symbols in der Zeichnung angegebene Anzeigerichtung darstellt und auf der tatsächlichen Nennoberfläche liegt, die y-Achse ebenfalls auf der tatsächlichen Nennoberfläche liegt und die z-Achse nach außen zeigt (in eine Richtung vom Material zum umgebenden Medium). Siehe Bild 3.

Wenn die Anforderungen an die flächenhafte Oberflächenbeschaffenheit für die x-Richtung und die y-Richtung gleich sind, werden gemeinhin die Anforderungen der x-Achse dargestellt; zu weiteren Einzelheiten siehe Anhang B.

Dieses lokale Koordinatensystem darf nicht mit dem Koordinatensystem für die vollständige Zeichnung verwechselt werden, das ein anderes sein kann.

Die Festlegung der genauen Richtung des Auswertebereichs (in dem die Kenngröße der Oberflächenbeschaffenheit festgelegt ist) ist nur dann erforderlich, wenn die Anforderungen sich in der x- und y-Richtung unterscheiden.

ANMERKUNG Üblicherweise reichen die Informationen in der Zeichnung für die Richtung des Auswertebereichs und die Richtung der Oberflächenrillen aus. Für den Fall, dass es nicht möglich ist, einen oder zwei Schnittebenenindikator(en) zu verwenden, siehe Anhang D.

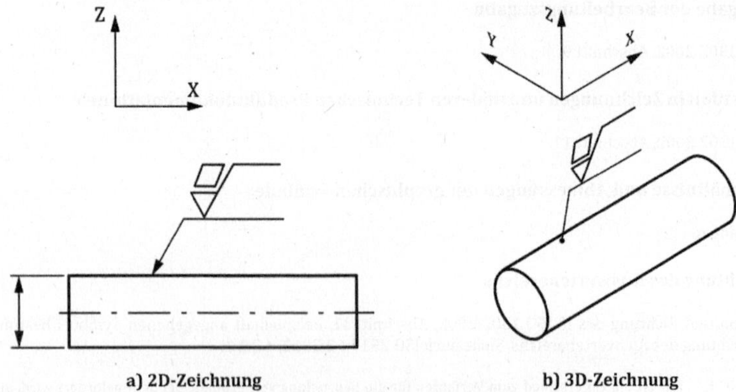

a) 2D-Zeichnung b) 3D-Zeichnung

Bild 3 — Beispiel für die örtlichen Koordinatensystemrichtungen in einer 2D- und einer 3D-Zeichnung

8 Digitale Produktdefinitionsdaten

Alle in ISO 16792 angegebenen Hinweise gelten, sofern zutreffend, ebenfalls für Spezifikationen nach der vorliegenden Internationalen Norm.

Wenn Spezifikationen in 3D-Zeichnungen angegeben werden, ist es mitunter von Nutzen, die Richtung einer Anforderung zu verdeutlichen. Zu diesem Zweck wurde der Begriff einer „Schnittebene" eingeführt. Die Schnittebene dient als Ersatz für die Zeichnungsebene in einer 2D-Zeichnung. Für weitere Informationen siehe ISO 1101.

Bei der Spezifikation von flächenhafter Oberflächenbeschaffenheit in 3D-Zeichnungen kann durch die Angabe einer Schnittebene die Richtung des Auswertebereiches verdeutlicht werden. Weitere Informationen und Beispiele siehe Anhang D.

Schnittebenen können auch für die Angabe der Richtung möglicherweise vorhandener Oberflächenrillen verwendet werden.

Im Normalfall stimmt die Schnittebene für die Richtung von Oberflächenrillen mit der Schnittebene für die Richtung des Auswertebereichs überein, wenn die 2D-Zeichnungsebene bei einer 3D-Zeichnung durch die Schnittebene ersetzt wird. Bei der Spezifikation flächenhafter Oberflächenbeschaffenheit könnte es jedoch erforderlich sein, zwei getrennte Schnittebenen anzugeben. In Anhang D sind Informationen sowie ein Beispiel dafür aufgeführt, wie das durchgeführt werden kann.

Anhang A
(normativ)

Verhältnisse und Abmessungen graphischer Symbole

A.1 Allgemeine Anforderungen

Für die Vereinheitlichung der Größe der in diesem Teil von ISO 25178 festgelegten Symbole mit denen anderer Eintragungen in technischen Zeichnungen (Abmessungen, geometrische Grenzabweichungen usw.) sind die in ISO 81714-1 angegebenen Regeln anwendbar.

A.2 Verhältnisse

Das graphische Grundsymbol und seine Ergänzungen (siehe Abschnitt 4 und Abschnitt 5) müssen nach den Bildern A.1 bis A.3 dargestellt werden. Die Form der Symbole in den Bildern A.2 c) bis A.2 g) ist dieselbe wie die des entsprechenden Großbuchstaben in ISO 3098-2:2000 (Beschriftung B, vertikal). Zu den Abmessungen siehe A.3. Die Länge der horizontalen Linie des Symbols in Bild A.1 b) ist abhängig von den Angaben, die oberhalb und unterhalb angeordnet werden sollen.

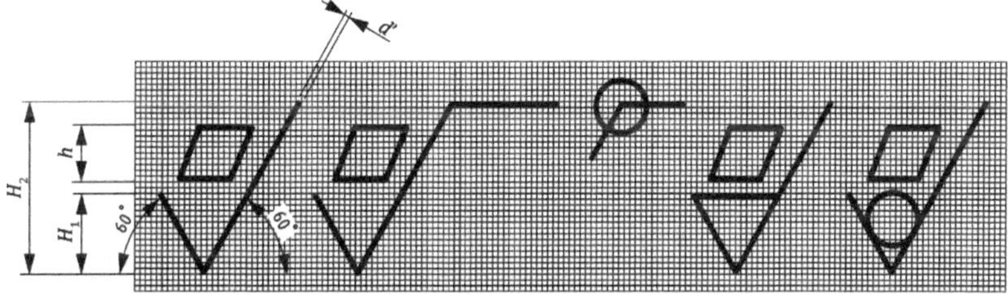

Bild A.1

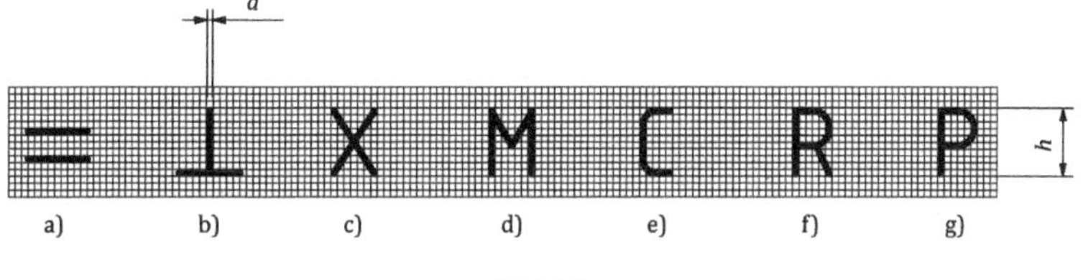

Bild A.2

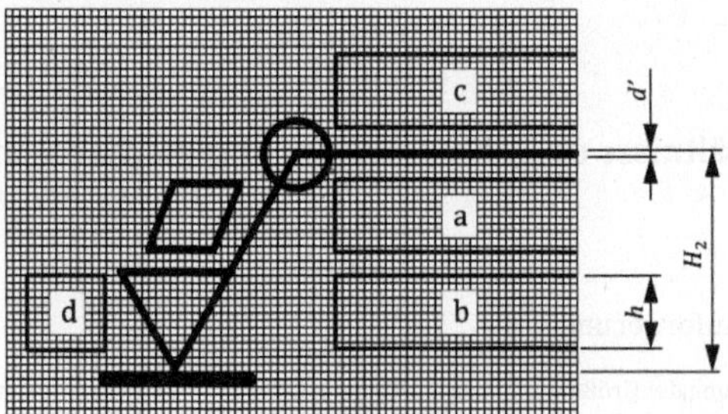

Bild A.3

Die Höhe aller Buchstaben in den Feldern „a", „b", „c" und „d" von Bild A.3 muss *h* entsprechen. Da die Buchstaben in den Feldern „a", „b" und „c" von Bild A.3 Groß- oder Kleinbuchstaben sein können, darf die Höhe dieser Felder größer als *h* sein, um die Unterlänge der Kleinbuchstaben zu berücksichtigen.

A.3 Abmessungen

Die Abmessungen der graphischen Symbole und zusätzlichen Angaben sind nach Tabelle A.1 auszuführen.

Tabelle A.1 — Abmessungen

Maße in Millimeter

Höhe von Zahlen und Buchstaben, *h* (siehe ISO 3098-2)	2,5	3,5	5	7	10	14	20
Linienbreite für Symbole, *d'* Linienbreite für Buchstaben, (*h*/10)	0,25	0,35	0,5	0,7	1	1,4	2
Höhe, H_1	3,5	5	7	10	14	20	28
Höhe, H_2 (Mindestwert)[a]	7,5	10,5	15	21	30	42	60

[a] H_2 hängt von der Anzahl der Zeilen der Angabe ab.

Anhang B
(normativ)

Angaben für eindeutige Spezifikationen zur Oberflächenbeschaffenheit

B.1 Allgemeines

Eine Spezifikation zur flächenhaften Oberflächenbeschaffenheit ist aus mehreren verschiedenen Steuerelementen aufgebaut, die als Teil der Angabe in der Zeichnung oder in anderen Dokumenten angegeben sein können. Die Elemente entsprechen den Angaben in den nachstehenden Abschnitten B.2, B.3 und B.4.

Steuerelemente werden, durch Schrägstriche voneinander getrennt, in Platzhaltern in Spezifikationsabschnitten angegeben.

Die drei Spezifikationsabschnitte sind:

a) der Typ der Toleranzgrenze, Filter- und Assoziationsinformationen, Informationen zum Bezugsniveau;

b) der Kenngröße und Wert;

c) die Wahlmöglichkeiten.

[ ] eckige Klammern bedeuten, dass der Platzhalter von Defaults gesteuert wird oder Wahlmöglichkeiten angibt.

< > spitze Klammern bedeuten, dass der Platzhalter spezifiziert werden muss.

B.2 Steuerelemente in der Angabe einer S-L-Oberflächenbeschaffenheit in technischen Zeichnungen

[Grenze] S-L < S Filter > – < L Filter > [F Operator] /< Kenngröße > < Wert > [Einheit] /[ES] [OR(*n*)]

Dabei ist

[Grenze] — Entweder U (obere) oder L (untere) Spezifikationsgrenze (der Default U braucht nicht angegeben zu werden). Siehe auch ISO 1302:2002, 6.6.

S-L — Die Spezifikation ist für eine S-L-Oberfläche, siehe auch ISO 25178-2:2012, 3.1.6.

< S Filter > — Filtertyp (siehe Tabelle E.1) und Nesting-Index des S-Filters (siehe Tabelle E.2). So steht z. B. **S 0,025** für einen Spline-Filter mit einer Grenzwellenlänge von 0,025 mm (das defaultmäßige Gauß-Filter G braucht nicht angegeben zu werden). Siehe auch ISO 25178-3:2012, 4.2.3.

Die Default-Einheit mm braucht nicht angegeben zu werden.

< L Filter > Filtertyp (siehe Tabelle E.1) und Nesting-Index des L-Filters (siehe Tabelle E.2). So steht z. B. **RG 0,8** für ein Robustes Gauß-Filter mit einer Grenzwellenlänge von 0,8 mm (das defaultmäßige Gauß-Filter G braucht nicht angegeben zu werden); siehe auch ISO 25178-3:2012, 4.4.3. Der Auswertebereich wird bestimmt durch den Wert des Nesting-Indexes des L-Filters.

[F Operator] Typ des Assoziationsoperators (siehe Tabelle E.3). Ein Filter kann auch als F-Operator genutzt werden (siehe Tabelle E.1). So steht z. B. **RS 8** für ein Robustes Spline-Filter mit einer Grenzwellenlänge von 8 mm. Der defaultmäßige Assoziationsoperator G braucht nicht angegeben zu werden; siehe auch ISO 25178-3:2012, 4.4.

< Kenngröße > Bezeichnung der flächenhaften Kenngröße. Siehe auch ISO 25178-2:2012, 3.2.

Die Kenngröße „Smr(*c*)" wird von einer Bezugsebene aus beurteilt, deren Position, sofern es sich nicht um einen Default handelt, angegeben werden muss; zu weiteren Informationen siehe B.4 und das Beispiel in C.2.

< Wert > Festgelegter Grenzwert der Kenngröße

[Einheit] Einheit des Kenngrößenwertes, sofern es nicht die defaultmäßige Einheit ist (die defaultmäßige Einheit µm braucht nicht angegeben zu werden).

[ES] Symbol für die Wahlmöglichkeit *elektromagnetische Oberfläche*

Zusammenhänge zwischen dem Nesting-Index des S-Filters, Abtastintervall und lateralem Periodengrenzwert sind aus ISO 25178-3:2012, Tabelle 3, auszuwählen.

Der Default „Mechanische Oberfläche" braucht nicht angegeben zu werden.

In ISO 25178-3:2012 wird die „elektromagnetische Oberfläche" als „optische Oberfläche" bezeichnet; diese Nomenklatur muss bei der nächsten Überarbeitung der ISO 25178-3 geändert werden.

[OR(*n*)] Symbol für die Wahlmöglichkeit *sonstige Anforderungen*.

An dieser Stelle werden zusätzliche Anforderungen angegeben.

Wird an dieser Stelle das Symbol „OR(*n*)" angegeben, so bedeutet das, dass Informationen zu zusätzlichen Anforderungen im freien Text an anderer Stelle in der Zeichnung zu finden sind.

n = 1, 2, 3 usw., falls die Zeichnung mehrere Angaben enthält.

BEISPIEL OR(7): Rechtwinkliger Auswertebereich; 2,5 mm in x-Richtung × 1,0 mm in y-Richtung.

B.3 Steuerelemente in der Angabe einer S-F-Oberflächenbeschaffenheit in technischen Zeichnungen

[Grenze] S-F < S Filter > – < F Operator > /< Kenngröße > < Wert > [Einheit] /[ES] [OR(*n*)]

Dabei ist

[Grenze] Entweder U (obere) oder L (untere) Spezifikationsgrenze (der Default U braucht nicht angegeben zu werden). Siehe auch ISO 1302:2002, 6.6.

S-F Die Spezifikation ist für eine S-F-Oberfläche. Siehe auch ISO 25178-2:2012, 3.1.5.

< S Filter > Filtertyp (siehe Tabelle E.1) und Nesting-Index des S-Filters (siehe Tabelle E.2). So steht z. B. **S 0,002 5** für einen Spline-Filter mit einer Grenzwellenlänge von 2,5 µm (das defaultmäßige Gauß-Filter G braucht nicht angegeben zu werden). Siehe auch ISO 25178-3:2012, 4.2.3.

Die Default-Einheit mm braucht nicht angegeben zu werden.

[F Operator] Typ des Assoziationsoperators und des Nesting-Indexes (siehe Tabelle E.3).

Seite des (quadratischen) Auswertebereiches in mm, wenn der F-Operator kein Filter ist.

Für den Fall, dass ein nicht zu den Filtern gehörender F-Operator spezifiziert wird, ist verbindlich gefordert, auch das Größenmaß des Auswertebereiches durch Angabe eines Ersatzwertes für den Nesting-Index zu spezifizieren; siehe das nachstehende Beispiel und ISO 25178-3:2012, 4.2.1.

Der defaultmäßige Assoziationsoperator G braucht nicht angegeben zu werden. Da aber G kein Filter ist, muss ein Ersatzwert für den Nesting-Index angegeben werden, der das Größenmaß des Auswertebereiches festlegt, üblicherweise das Fünffache der gröbsten Struktur, die von Interesse ist.

Ein Filter kann auch als F-Operator genutzt werden (siehe Tabelle E.1). So steht z. B. **RS 8** für ein Robustes Spline-Filter mit einer Grenzwellenlänge von 8 mm. Siehe auch Anmerkung 2 und ISO 25178-3:2012, 4.4.

< Kenngröße > Bezeichnung der flächenhaften Kenngröße. Siehe auch ISO 25178-2:2012, 3.2.

Die Kenngröße „Smr(*c*)" wird von einer Bezugsebene aus beurteilt, deren Position angegeben werden muss. Die Bezugsebene Smr(*c*) = 0 % braucht nicht angegeben zu werden. Zu weiteren Informationen siehe B.4 und das Beispiel in C.2.

< Wert > Festgelegter Grenzwert der Kenngröße

[Einheit] Einheit des Kenngrößenwertes, sofern es nicht die defaultmäßige Einheit ist.

Die defaultmäßige Einheit µm braucht nicht angegeben zu werden.

[ES] Symbol für die Wahlmöglichkeit *elektromagnetische Oberfläche*

Zusammenhänge zwischen dem Nesting-Index des S-Filters, Abtastintervall und lateralem Periodengrenzwert sind aus ISO 25178-3:2012, Tabelle 3, auszuwählen.

Der Default „Mechanische Oberfläche" braucht nicht angegeben zu werden.

In ISO 25178-3:2012 wird die „elektromagnetische Oberfläche" als „optische Oberfläche" bezeichnet; dies muss bei der nächsten Überarbeitung der ISO 25178-3 geändert werden.

[OR(*n*)] Symbol für die Wahlmöglichkeit *„Sonstige Anforderungen"*.

An dieser Stelle werden zusätzliche Anforderungen angegeben.

Wird an dieser Stelle das Symbol „OR" angegeben, so bedeutet das, dass Informationen zu zusätzlichen Anforderungen im freien Text an anderer Stelle in der Zeichnung zu finden sind.

$n = 1, 2, 3$ usw., falls die Zeichnung mehrere Angaben enthält.

BEISPIEL OR3: Rechtwinkliger Auswertebereich; 2,5 mm in *x*-Richtung × 1,0 mm in *y*-Richtung.

Beispiel für eine Spezifikation einer S-F-Oberflächenbeschaffenheit mit einem defaultmäßigen F-Operator G (nicht angegeben) und einem Ersatzwert für den Nesting-Index (Seite des (quadratischen) Auswertebereiches = 8 mm):

S-F 0,008-8/Sa 0,5

Beispiel für eine Spezifikation einer S-F-Oberflächenbeschaffenheit mit einem nicht defaultmäßigen Filter als F-Operator:

S-F 0,008-RG2,5/Sa 0,5

B.4 Steuerelemente für die Angabe des Kenngrößenwertes Smr für das Materialverhältnis in technischen Zeichnungen

Die Angabe gilt sowohl für die S-L- als auch die S-F-Oberflächenbeschaffenheit.

Smr([Bezugs-c-Wert] < vorzeichenbehafteter c-Wert >) < Wert > [Einheit]

Dabei ist

Smr Kenngröße für die Anforderung an das Materialverhältnis

[Bezugs-c-Wert] Spezifikation des Bezugsniveaus als prozentualer Anteil der Materialanteilskurve, siehe ISO 25178-2:2012, 4.4.3. Der Default-Bezug ist der höchste Punkt 0 % der Materialanteilskurve und braucht nicht angegeben zu werden.

[vorzeichenbehafteter c-Wert] Festgelegter Höhenabstand im Verhältnis zum Bezugs-c-Wert in µm, siehe ISO 25178-2:2012, 4.4.2.

Der c-Wert ist negativ, wenn er unter dem Bezugs-c-Wert liegt, und ist positiv, wenn er über dem Bezugs-c-Wert liegt.

< Wert > Festgelegter Grenzwert der Kenngröße

[Einheit] Defaultmäßige Einheit, %, muss immer angegeben werden.

Üblicherweise wird der Smr-Wert als Mindestgrenzwert festgelegt, der unter Verwendung der Bezeichnung L, wie in den nachstehenden Beispielen gezeigt, angegeben werden muss.

BEISPIEL 1 Beispiel für eine Spezifikation einer S-L-Oberflächenbeschaffenheit mit dem Bezugsniveau 0 % (braucht nicht angegeben zu werden):

L S-L 0,008-2,5/Smr(−0,4) 70 %

BEISPIEL 2 Beispiel für eine Spezifikation einer S-F-Oberflächenbeschaffenheit mit einem Bezugsniveau ungleich Null (muss angegeben werden):

L S-F 0,008-RG2,5/Smr(5 %,−0,2) 60 %

Siehe auch das Beispiel C.2.

BEISPIEL 3 Beispiel für eine Spezifikation einer S-F-Oberflächenbeschaffenheit mit einem Bezugsniveau ungleich Null = 65 % (muss angegeben werden):

L S-F 0,008-RG2,5/Smr(65 %,+0,2) 25 %

ANMERKUNG Beispiel 3 ist in ISO 25178-2:2012, Bild 3, dargestellt.

Anhang C
(informativ)

Beispiele für die Angaben von Anforderungen an die flächenhafte Oberflächenbeschaffenheit

C.1 Beispiel Angabe eines Flächenparameters unter Verwendung aller Defaults aus ISO 25178-3

Auswertung: Oberfläche ohne Anforderungen an die Herstellung, S-L-Oberfläche, Nesting-Index des S-Filters = 0,008 mm, Nesting-Index des L-Filters = 2,5 mm, gewählter S-Parameter ist die mittlere quadratische Höhe der skalenbegrenzten Oberfläche; Sq mit einem maximalen Grenzwert von 0,7 µm.

Implizierte Defaults (in der Darstellung nicht angegeben):

Obere Grenzabweichung „U".

Der Auswertebereich entspricht dem Definitionsbereich und ist ein Quadrat mit einer Seitenlänge von 2,5 mm, was dem Wert des Nesting-Indexes des L-Filters entspricht. Siehe auch Anmerkung 1.

Bei einem Nesting-Index des S-Filters von 0,008 mm betragen das maximale Abtastintervall 0,001 5 mm und der maximale Kugelradius 0,005 mm. Diese Bilder sind ISO 25178-3:2012, Tabelle 2, zu entnehmen und sind unabhängig vom Größenmaß des gewählten Nesting-Indexes des L-Filters zu bestimmen. Siehe auch ISO 25178-3:2012, Tabelle 1 und Anmerkung 3.

Der F-Operator ist die Formbeseitigung im S-L-Auswertebereich mit der Methode der insgesamt kleinsten Abweichungsquadrate.

Die defaultmäßige Einheit „µm" für den Sq-Kennwert wird nicht angegeben.

ANMERKUNG 1 Bei Anwendung eines geeigneten Endkorrekturalgorithmus kann die tatsächliche Gesamtfläche, die bei der Prüfung gemessen werden muss, dem festgelegten Auswertebereich sehr nahe kommen.

ANMERKUNG 2 Die Hauptunterschiede zwischen der flächenhaften Spezifikation und der Profilspezifikation sind:

— die Richtung des Auswertebereichs wird durch die Zeichnung bestimmt, siehe auch 6.8 und ISO 25178-3:2012, 4.2.1.1;

— für die Spezifikation flächenhafter Oberflächenbeschaffenheit gibt es keine der „16 %"-Regel gleichwertige Regel. Siehe auch 6.1.

ANMERKUNG 3 In diesem Falle wird das Bandbreitenverhältnis nach Tabelle 1 zu 300:1, was vom Planer als für die gewünschte Korrelationsmehrdeutigkeit zwischen der Funktion und der Anforderung an die Oberflächenbeschaffenheit ausreichend beurteilt wurde. Die Wahl eines größeren Nesting-Indexes für den S-Filter erlaubt größere Werte für das maximale Abtastintervall und den maximalen Kugelradius nach ISO 25178-3:2012, Tabelle 1, was unter Umständen eine weniger kostenintensive und schnellere Prüfung ermöglicht. Es ist jedoch zu beachten, dass das numerische Ergebnis der Messung in diesem Falle von dem der mit einem kleineren S-Filter durchgeführten Messung abweichen könnte.

C.2 Beispiel: Angabe eines Flächenparameters mit zwei nicht defaultmäßigen Anforderungen

geschliffen und gehont X

L S-F 0,025-RG8/Smr(5%,-0,2) 60%/ ES

Auswertung: Oberfläche mit einer Anforderung an die Herstellung (geschliffen und gehont) und einer Anforderung an die Oberflächenrillen, untere Grenzabweichung, S-F-Oberfläche, Nesting-Index des S-Filters = 0,025 mm; der nicht defaultmäßige F-Operator ist ein robustes Gauß-Filter mit einem Nesting-Index von 8 mm, der gewählte S-Parameter ist der flächenhafte Materialanteil der skalenbegrenzten Oberfläche, Smr, minimaler Grenzwert auf c-Niveau 0,2 µm = 60 % und gemessen von der mit Smr = 5 % gegebenen Bezugsebene nach unten in die Oberfläche. Die nicht defaultmäßige Spezifikation der erfassten Oberfläche ist eine elektromagnetische Oberfläche.

Implizierte Defaults (in der Darstellung nicht angegeben):

Der Auswertebereich entspricht dem Definitionsbereich und ist ein Quadrat mit einer Seitenlänge von 8 mm.

Das S-Filter ist ein flächenhaftes Gauß-Filter.

Bei einem Wert für den S-Filter von 0,025 mm betragen das maximale Abtastintervall 0,008 mm und der maximale laterale Periodengrenzwert 0,025 mm. Diese Bilder sind ISO 25178-3:2012, Tabelle 3, zu entnehmen.

ANMERKUNG Der laterale Periodengrenzwert für eine elektromagnetische Oberfläche entspricht dem Kugelradius für die mechanische Oberfläche.

Materialanteilsparameter werden häufig dazu benutzt, einen hohen Materialanteil im oberen Teil der Oberfläche sicherzustellen, um eine gute Tragfähigkeit und gute Verschleißeigenschaften ohne Schmierungsverlust zu erreichen. Derartige Oberflächen werden üblicherweise in vielen Schritten hergestellt, was zu einer ungleichmäßigen Materialverteilung führt. Da die Verwendung des genormten Gauß-L-Filters auf derartigen Oberflächen die Materialanteilskurve verzerren könnte, wird für dieses Beispiel empfohlen, anstelle dieses Filters ein robustes Filter, wie z. B. das robuste Gauß-Filter, zu spezifizieren; siehe ISO 16610-71, Tabelle E.1.

C.3 Beispiel: Angabe eines benannten Flächenparameters unter Verwendung aller Defaults aus ISO 25178-3

L S-L 0,008-2,5/Spd 100 mm^{-2}

Auswertung: Oberfläche ohne Anforderungen an die Herstellung, untere Grenzabweichung, S-L-Oberfläche, Nesting-Index des S-Filters = 0,008 mm, Nesting-Index des L-Filters = 2,5 mm, gewählter S-Parameter ist Spd (Spitzendichte) mit einem Mindestgrenzwert von 100 mm^{-2} (100 Spitzen je Quadratmillimeter).

Implizierte Defaults (in der Darstellung nicht angegeben):

Der Auswertebereich ist ein Quadrat mit einer Seitenlänge von 2,5 mm, was dem Wert des Nesting-Indexes des L-Filters entspricht.

Bei einem Wert für den S-Filter von 0,008 mm betragen das maximale Abtastintervall 0,001 5 mm und der maximale Kugelradius 0,005 mm. Diese Bilder sind ISO 25178-3:2012, Tabelle 1, zu entnehmen und unabhängig von der Größe des gewählten Nesting-Indexes des L-Filters zu bestimmen.

Der S- und der L-Filter sind flächenhafte Gauß-Filter.

Der F-Operator ist die Formbeseitigung im S-L-Auswertebereich mit der Methode der insgesamt kleinsten Abweichungsquadrate.

Attribute der Geometrieelemente-Parameter (FC):

Die Art des topographischen Elements ist Flächenelement.

Die Art des skalenbegrenzten Geometrieelements ist Hügel (H).

Das Segmentierungskriterium ist Wolf-Beschneidung mit einem Nesting-Index von 5 % von Sz.

Das Verfahren zur Ermittlung wesentlicher Geometrieelemente ist Fläche, Linie, Punkt (alle).

Das Elemente-Attribut nimmt den Wert Eins an (Count).

Die Attributstatistik ist die Summe aller Attributwerte, dividiert durch die Fläche des Definitionsbereichs (Dichte).

C.4 Beispiel: Angabe eines nicht benannten Elementparameters

Auswertung: Oberfläche mit einer Anforderung an die Herstellung (elektropoliert), obere Grenzabweichung, S-L-Oberfläche, nicht benannter Elementparameter (FC) mit in Klammern angegebenen Eigenschaften und mit einem maximalen Grenzwert von 25 ml je Quadratmeter. Für Definitionen der Elementcharakteristika siehe ISO 25178-2:2012, Abschnitt 6.

Implizierte Defaults (in der Darstellung nicht angegeben):

Der Auswertebereich ist ein Quadrat mit einer Seitenlänge von 1 mm, was dem Wert des Nesting-Indexes entspricht.

Bei einem Wert für den S-Filter von 0,008 mm betragen das maximale Abtastintervall 0,001 5 mm und der maximale Kugelradius 0,005 mm. Diese Bilder sind ISO 25178-3:2012, Tabelle 1, zu entnehmen und unabhängig von der Größe des gewählten Nesting-Indexes des L-Filters zu bestimmen.

Alle verwendeten Filter sind flächenhafte Gauß-Filter.

Der F-Operator ist die Formbeseitigung im S-L-Auswertebereich mit der Methode der insgesamt kleinsten Abweichungsquadrate.

Anhang D
(informativ)

Empfohlene Verfahren zur Angabe von Schnittebenen

D.1 Allgemeines

In ISO 1101:2012 werden unterschiedliche Arten von Ebenen eingeführt, um Beschriftungen unabhängig von der Zeichnungsebene zu machen.

Dieses Konzept wird nun in vereinfachter Form für Beschriftungen flächenhafter Oberflächenbeschaffenheit eingeführt, wobei eine dieser Ebenen, die „Schnittebene", mit ihrem Symbol, dem „Schnittebenenindikator", für unsere Zwecke wie in diesem Anhang erläutert angewendet wird.

Zu Definitionen und allgemeinen Informationen zur Schnittebene und anderen Ebenen siehe ISO 1101:2012.

ANMERKUNG Es wird erwartet, dass der Schnittebenenindikator in die noch andauernde Überarbeitung des Normenpakets zu den Tastschnittverfahren für die Bestimmung der Oberflächenbeschaffenheit Eingang finden wird.

Im Normalfall stimmt die Schnittebene für die Richtung von Oberflächenrillen mit der Schnittebene für die Richtung des Auswertebereichs überein, wenn die 2D-Zeichnungsebene bei einer 3D-Zeichnung durch die Schnittebene ersetzt wird, sofern das zur richtigen Auswertung der Zeichnungsanforderung notwendig ist. Bei der Spezifikation flächenhafter Oberflächenbeschaffenheit könnte jedoch die Bezugnahme auf zwei getrennte Schnittebenen erforderlich sein. In diesem Anhang sind Informationen und Beispiele dafür aufgeführt, wie das durchgeführt werden kann.

D.2 Fall 1

Bei Fall 1 handelt es sich um die Angabe einer Oberflächenbeschaffenheit ohne Oberflächenrillen-Symbol, jedoch mit einem Schnittebenenindikator. In diesem Fall bestimmt die Richtung der Schnittebene den Auswertebereich, wofür ein Beispiel in Bild D.1 angegeben ist.

Der Auswertebereich liegt parallel zur Schnittebene A. Das ist die übliche Spezifikationssituation.

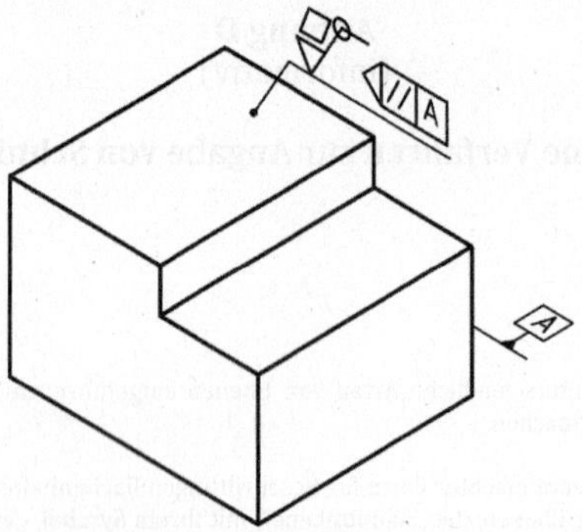

Bild D.1 — Beispiel für einen mittels einer Schnittebenenangabe ausgerichteten Auswertebereich

D.3 Fall 2

Bei Fall 2 handelt es sich um die Angabe einer Oberflächenbeschaffenheit mit einem Oberflächenrillen-Symbol und einem Schnittebenen-Symbol. In diesem Fall bestimmt die Richtung der Schnittebene sowohl den Auswertebereich als auch die Richtung der Oberflächenrillen. Wie in 2D-Zeichnungen bestimmt die Wahl des graphischen Symbols für Oberflächenrillen die Richtung der Oberflächenrillen in Bezug auf die Schnittebene. Ein Beispiel ist in Bild D.2 angegeben.

ANMERKUNG 1 Der Auswertebereich in Bild D.2 liegt parallel zur Schnittebene A. Die Oberflächenrillen sind senkrecht zur Schnittebene A ausgerichtet.

ANMERKUNG 2 Die Bearbeitungsriefen in Bild D.2 dienen zur Veranschaulichung und sind nicht Bestandteil der Spezifikationsangabe.

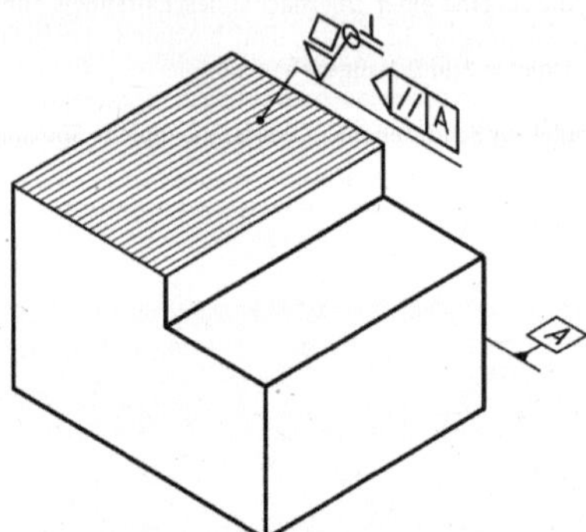

Bild D.2 — Beispiel für einen Auswertebereich und Oberflächenrillen, die beide mittels eines Schnittebenenindikators ausgerichtet wurden

D.4 Fall 3

Bei Fall 3 handelt es sich um die Angabe einer Oberflächenbeschaffenheit mit einem Oberflächenrillen-Symbol und zwei Schnittebenenindikatoren. In diesem Fall bestimmt der obere Schnittebenenindikator die Richtung der Oberflächenrillen und die untere Schnittebene die Richtung des Auswertebereichs. Wie in 2D-Zeichnungen bestimmt die Wahl des graphischen Symbols für Oberflächenrillen die Richtung in Bezug auf die Schnittebene. Ein Beispiel ist in Bild D.3 angegeben.

ANMERKUNG 1 Die Bearbeitungsriefen in Bild D.3 dienen zur Veranschaulichung und sind nicht Bestandteil der Spezifikationsangabe.

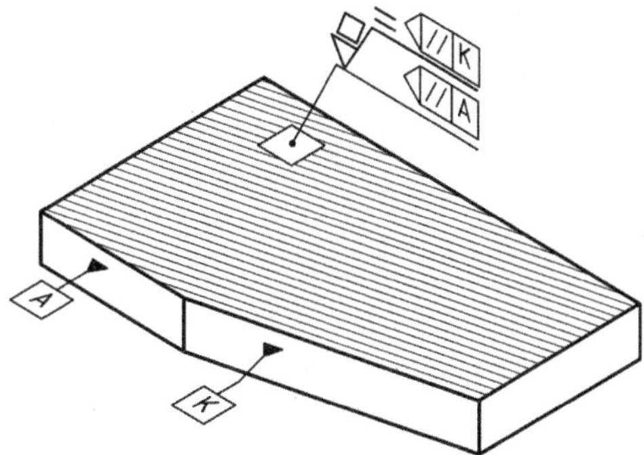

Bild D.3 — Beispiel für einen Auswertebereich und Oberflächenrillen, die beide mit Hilfe von zwei Schnittebenenindikatoren ausgerichtet wurden

In Bild D.3 ist Folgendes zu beachten:

— der Auswertebereich liegt parallel zur Schnittebene A; und

— die Oberflächenrillen sind parallel zur Schnittebene K ausgerichtet.

Die Bezugsebenen A und K sind getrennte unabhängige Bezugsebenen.

Anhang E
(informativ)

Spezielle Spezifikationselemente der ISO für flächenhafte Oberflächenbeschaffenheit

E.1 Filtersymbole

Tabelle E.1 — Filtersymbole

Symbol	Name	ISO 16610 Bezeichnung(en)	ISO-Dokument(e)
G	Gauß-Filter	**FALG, FPLG**	**ISO 16610-61, -21**
S	Spline-Filter	FALS, **FPLS**	ISO 16610-62, **-22**
SW	Spline-Filter, Wavelets	**FALPSW, FPLPSW**	**ISO 16610-**69, **-29**
CW	Komplexe Wavelets	**FALPCW, FPLPCW**	**ISO 16610-**69, **-29**
RG	Robuste Gauß-Filter	**FARG, FPRG**	**ISO 16610-71, -31**
RS	Robuste Spline-Filter	FARS, **FPRS**	ISO 16610-72, **-32**
OB	Opening-Filter mit Kugel	FAMOB	ISO 16610-81
OD	Opening-Filter mit Kreisscheibe	**FPMOD**	**ISO 16610-41**
OH	Opening-Filter mit horizontaler Strecke	FAMOH, **FPMOH**	ISO 16610-81, **-41**
CB	Closing-Filter mit Kugel	FAMCB	ISO 16610-81
CD	Closing-Filter mit Kreisscheibe	**FPMCD**	**ISO 16610-41**
CH	Closing-Filter mit horizontaler Strecke	FAMCH, **FPMCH**	ISO 16610-81, **-41**
AB	Alternierendes Filter mit Kugel	FAMAB	ISO 16610-89
AD	Alternierendes Filter mit Kreisscheibe	**FPMAD**	**ISO 16610-49**
AH	Alternierendes Filter mit horizontaler Strecke	FAMAH, **FPMAH**	ISO 16610-**49**
SW	Segmentierung	**FAMSW**	**ISO 16610-85**
H	Harmonisch (Einzelwellenlänge)		nicht verfügbar
Bezeichnungen für Flächenfilter und bereits veröffentlichte oder gegenwärtig entwickelte Normen sind fettgedruckt dargestellt.			

BEISPIEL Beispiel für eine Legende der Filterbezeichnung:

Ein Gauß-Filter mit dem Symbol „G" für flächenhafte Oberflächenbeschaffenheit wird mit FALG bezeichnet, wobei „F" für „Filter" steht, „A" für „flächenhaft", „L" für „linear" und „G" für „Gauß".

E.2 Nesting-Indizes

Tabelle E.2 — Nesting-Indizes

Symbol	Name	Nesting-Index
G	Gauß-Filter	Grenzwellenlänge, Grenzwellenzahl UPR
S	Spline-Filter	Grenzwellenlänge, Grenzwellenzahl UPR
W	Wavelet	Grenzwellenlänge, Grenzwellenzahl UPR
RG	Robuste Gauß-Filter	Grenzwellenlänge, Grenzwellenzahl UPR
RS	Robuste Spline-Filter	Grenzwellenlänge, Grenzwellenzahl UPR
OB	Opening-Filter mit Kugel	Kugelradius
OH	Opening-Filter mit horizontaler Strecke	Länge der Strecke
OD	Opening-Filter mit Kreisscheibe	Scheibenradius
CB	Closing-Filter mit Kugel	Kugelradius
CH	Closing-Filter mit horizontaler Strecke	Länge der Strecke
CD	Closing-Filter mit Kreisscheibe	Scheibenradius
AB	Alternierendes Filter mit Kugel	Kugelradius
AH	Alternierendes Filter mit horizontaler Strecke	Länge der Strecke
AD	Alternierendes Filter mit Kreisscheibe	Scheibenradius
H	Harmonisch	Wellenlänge, UPR-Nummer
UPR ist die Abkürzung für Schwankungen je Umdrehung.		

E.3 Nichtfilter-Assoziationssymbole

Tabelle E.3 — Nichtfilter-Assoziationssymbole

Symbol	Assoziation
G	Insgesamt kleinste Abweichungsquadrate (en: total least squares)
P2	Polynom zweiter Ordnung
P32	Polynom dritter Ordnung in x-Richtung Polynom zweiter Ordnung in y-Richtung

Anhang F
(informativ)

Zusammenhang mit dem GPS-Matrix-Modell

F.1 Allgemeines

Das in ISO 14638 angegebene ISO/GPS-Matrix-Modell gibt einen Überblick über das ISO-GPS-System, wobei die vorliegende Norm Teil dessen ist.

F.2 Informationen über diesen Teil der ISO 25178 und ihre Anwendung

Dieser Teil der ISO 25178 enthält grundlegende Informationen für die Tolerierung von flächenhafter Oberflächenbeschaffenheit von Werkstücken. Sie stellt die Anfangsgrundlage dar und beschreibt die Grundsätze für die Angabe von flächenhafter Oberflächenbeschaffenheit.

F.3 Position im GPS-Matrix-Modell

Dieser Teil von ISO 25178 ist eine allgemeine ISO-GPS-Norm. Die in dieser Norm angegebenen Regeln und Grundsätze gelten für alle Segmente der ISO-GPS-Matrix, die in Tabelle F.1 einen ausgefüllten Punkt (•) enthalten.

Tabelle F.1 — Position im GPS-Matrix-Modell

	Kettenglieder						
	A	B	C	D	E	F	G
	Symbole und Angaben	Anforderungen an die Geometrieelemente	Merkmale von Geometrieelementen	Übereinstimmung und Nicht-Übereinstimmung	Messung	Messgeräte	Kalibrierungen
Größenmaß							
Abstand							
Radius							
Winkel							
Form							
Richtung							
Ort							
Rundlauf							
Profil-Oberflächenbeschaffenheit							
Flächenhafte Oberflächenbeschaffenheit	•						
Oberflächenunvollkommenheit							
Kanten							

F.4 Verwandte Internationale Normen

Die verwandten Internationalen Normen gehen aus den in Bild F.1 angegebenen Normenketten hervor.

Literaturhinweise

[1] ISO 128 (alle Teile), *Technical product documentation (TPD) — General principles of presentation*

[2] ISO 129 (alle Teile), *Technical product documentation — Indication of dimensions and tolerances*

[3] ISO 3098-5, *Technical product documentation — Lettering — Part 5: CAD lettering of the Latin alphabet, numerals and marks*

[4] ISO 8015, *Geometrical product specifications (GPS) — Fundamentals — Concepts, principles and rules*

[5] ISO 4288, *Geometrical product specifications (GPS) — Surface texture: Profile method — Rules and procedures for the assessment of surface texture*

[6] ISO 14253-1, *Geometrical product specifications (GPS) — Inspection by measurement of workpieces and measuring equipment — Part 1: Decision rules for proving conformity or nonconformity with specifications*

[7] ISO 14638:2015, *Geometrical product specifications (GPS) — Matrix model*

[8] ISO/IEC Guide 99, *International vocabulary of metrology — Basic and general concepts and associated terms (VIM)*

November 2012

	DIN EN ISO 25178-3	

ICS 17.040.30

Geometrische Produktspezifikation (GPS) – Oberflächenbeschaffenheit: Flächenhaft – Teil 3: Spezifikationsoperatoren (ISO 25178-3:2012); Deutsche Fassung EN ISO 25178-3:2012

Geometrical product specifications (GPS) –
Surface texture: Areal –
Part 3: Specification operators (ISO 25178-3:2012);
German version EN ISO 25178-3:2012

Spécification géométrique des produits (GPS) –
État de surface: Surfacique –
Partie 3: Opérateurs de spécification (ISO 25178-3:2012);
Version allemande EN ISO 25178-3:2012

Gesamtumfang 24 Seiten

Normenausschuss Technische Grundlagen (NATG) im DIN

Nationales Vorwort

Dieses Dokument (EN ISO 25178-3:2012) wurde in der Arbeitsgruppe ISO/TC 213/WG 16 „Areal and profile surface texture" in Zusammenarbeit mit dem Technischen Komitee CEN/TC 290 „Geometrische Produktspezifikationen und -prüfung" erarbeitet, dessen Sekretariat von AFNOR (Frankreich) gehalten wird.

Auf nationaler Ebene ist der Arbeitsausschuss NA 152-03-03 AA „Oberflächen" im Normenausschuss Technische Grundlagen (NATG) im DIN zuständig.

ISO 25178 besteht aus den folgenden Teilen unter dem allgemeinen Titel Geometrical product specifications (GPS) — Surface texture: Areal:

— *Part 2: Terms, definitions and surface texture parameters*

— *Part 3: Specification operators*

— *Part 6: Classification of methods for measuring surface texture*

— *Part 70: Physical measurement standards*

— *Part 71: Software measurement standards*

— *Part 601: Nominal characteristics of contact (stylus) instruments*

— *Part 602: Nominal characteristics of non-contact (confocal chromatic probe) instruments*

— *Part 603: Nominal characteristics of non-contact (phase-shifting interferometric microscopy) instruments*

— *Part 604: Nominal characteristics of non-contact (coherence scanning interferometry) instruments*

— *Part 701: Calibration and measurement standards for contact (stylus) instruments*

Die folgenden Teile sind in Vorbereitung:

— *Part 1: Indication of surface texture*

— *Part 605: Nominal characteristics of non-contact (point autofocus probe) instruments*

— *Part 606: Nominal characteristics of non-contact (focus variation) instruments*

Für die in diesem Dokument zitierten Internationalen Normen wird im Folgenden auf die entsprechenden Deutschen Normen hingewiesen:

ISO 14406	siehe	DIN EN ISO 14406
ISO 14660-1	siehe	DIN EN ISO 14660-1
ISO 16610-21	siehe	DIN EN ISO 16610-21
ISO 17450-1	siehe	DIN EN ISO 17450-1
ISO 17450-2	siehe	DIN EN ISO 17450-2
ISO 25178-2	siehe	DIN EN ISO 25178-2

Nationaler Anhang NA
(informativ)

Literaturhinweise

DIN EN ISO 3274, *Geometrische Produktspezifikationen (GPS) — Oberflächenbeschaffenheit: Tastschnittverfahren — Nenneigenschaften von Tastschnittgeräten*

DIN EN ISO 8015, *Geometrische Produktspezifikation (GPS) — Grundlagen — Konzepte, Prinzipien und Regeln*

DIN EN ISO 14253-1, *Geometrische Produktspezifikationen (GPS) — Prüfung von Werkstücken und Meßgeräten durch Messen — Teil 1: Entscheidungsregeln für die Feststellung von Übereinstimmung oder Nichtübereinstimmung mit Spezifikationen*

DIN EN ISO 14406, *Geometrische Produktspezifikation (GPS) — Erfassung*

DIN EN ISO 14660-1, *Geometrische Produktspezifikation (GPS) — Geometrieelemente — Teil 1: Grundbegriffe und Definitionen*

DIN EN ISO 16610-21, *Geometrische Produktspezifikation (GPS) — Filterung — Teil 21: Lineare Profilfilter: Gauß-Filter*

DIN EN ISO 17450-1, *Geometrische Produktspezifikation (GPS) — Grundlagen — Teil 1: Modell für die geometrische Spezifikation und Prüfung*

DIN EN ISO 17450-2, *Geometrische Produktspezifikation (GPS) — Allgemeine Begriffe — Teil 2: Grundlegende Lehrsätze, Spezifikationen, Operatoren und Unsicherheiten*

DIN EN ISO 25178-2, *Geometrische Produktspezifikation (GPS) — Oberflächenbeschaffenheit: Flächenhaft — Teil 2: Begriffe und Oberflächen-Kenngrößen*

DIN V 32950, *Geometrische Produktspezifikation (GPS) — Übersicht*

— Leerseite —

EUROPÄISCHE NORM

EUROPEAN STANDARD

NORME EUROPÉENNE

EN ISO 25178-3

Juli 2012

ICS 17.040.20

Deutsche Fassung

Geometrische Produktspezifikation (GPS) - Oberflächenbeschaffenheit: Flächenhaft - Teil 3: Spezifikationsoperatoren (ISO 25178-3:2012)

Geometrical product specifications (GPS) - Surface texture: Areal - Part 3: Specification operators (ISO 25178-3:2012)

Spécification géométrique des produits (GPS) - État de surface: Surfacique - Partie 3: Opérateurs de spécification (ISO 25178-3:2012)

Diese Europäische Norm wurde vom CEN am 6. Juli 2012 angenommen.

Die CEN-Mitglieder sind gehalten, die CEN/CENELEC-Geschäftsordnung zu erfüllen, in der die Bedingungen festgelegt sind, unter denen dieser Europäischen Norm ohne jede Änderung der Status einer nationalen Norm zu geben ist. Auf dem letzten Stand befindliche Listen dieser nationalen Normen mit ihren b bliographischen Angaben sind beim Management-Zentrum des CEN-CENELEC oder bei jedem CEN-Mitglied auf Anfrage erhältlich.

Diese Europäische Norm besteht in drei offiziellen Fassungen (Deutsch, Englisch, Französisch). Eine Fassung in einer anderen Sprache, die von einem CEN-Mitglied in eigener Verantwortung durch Übersetzung in seine Landessprache gemacht und dem Management-Zentrum mitgeteilt worden ist, hat den gleichen Status wie die offiziellen Fassungen.

CEN-Mitglieder sind die nationalen Normungsinstitute von Belgien, Bulgarien, Dänemark, Deutschland, der ehemaligen jugoslawischen Republik Mazedonien, Estland, Finnland, Frankreich, Griechenland, Irland, Island, Italien, Kroatien, Lettland, Litauen, Luxemburg, Malta, den Niederlanden, Norwegen, Österreich, Polen, Portugal, Rumänien, Schweden, der Schweiz, der Slowakei, Slowenien, Spanien, der Tschechischen Republik, der Türkei, Ungarn, dem Vereinigten Königreich und Zypern.

EUROPÄISCHES KOMITEE FÜR NORMUNG
EUROPEAN COMMITTEE FOR STANDARDIZATION
COMITÉ EUROPÉEN DE NORMALISATION

Management-Zentrum: Avenue Marnix 17, B-1000 Brüssel

Ref. Nr. EN ISO 25178-3:2012 D

Inhalt

Vorwort

Dieses Dokument (EN ISO 25178-3:2012) wurde vom Technischen Komitee ISO/TC 213 „Dimensional and geometrical product specifications and verification" in Zusammenarbeit mit dem Technischen Komitee CEN/TC 290 „Geometrische Produktspezifikationen und -prüfung" erarbeitet, dessen Sekretariat von AFNOR gehalten wird.

Diese Europäische Norm muss den Status einer nationalen Norm erhalten, entweder durch Veröffentlichung eines identischen Textes oder durch Anerkennung bis Januar 2013, und etwaige entgegenstehende nationale Normen müssen bis Januar 2013 zurückgezogen werden.

Es wird auf die Möglichkeit hingewiesen, dass einige Texte dieses Dokuments Patentrechte berühren können. CEN [und/oder CENELEC] sind nicht dafür verantwortlich, einige oder alle diesbezüglichen Patentrechte zu identifizieren.

Entsprechend der CEN/CENELEC-Geschäftsordnung sind die nationalen Normungsinstitute der folgenden Länder gehalten, diese Europäische Norm zu übernehmen: Belgien, Bulgarien, Dänemark, Deutschland, Estland, Finnland, Frankreich, Griechenland, Irland, Island, Italien, Kroatien, Lettland, Litauen, Luxemburg, Malta, die ehemalige jugoslawische Republik Mazedonien, Niederlande, Norwegen, Österreich, Polen, Portugal, Rumänien, Schweden, Schweiz, Slowakei, Slowenien, Spanien, Tschechische Republik, Türkei, Ungarn, Vereinigtes Königreich und Zypern.

Anerkennungsnotiz

Der Text von ISO 25178-3:2012 wurde vom CEN als EN ISO 25178-3:2012 ohne irgendeine Abänderung genehmigt.

Einleitung

Dieser Teil von ISO 25178 ist eine Geometrische-Produkt-Spezifikations-Norm und als allgemeine GPS-Norm (siehe ISO/TR 14638) anzusehen. Sie beeinflusst das Kettenglied 3 der Normen über Oberflächenbeschaffenheit Flächenhaft.

Die in ISO/TR 14638 gegebene ISO/GPS-Übersicht gibt einen Überblick über das ISO/GPS-System, von dem dieses Dokument ein Bestandteil ist. Die in ISO 8015 gegebenen grundlegenden Regeln von ISO/GPS gelten für dieses Dokument, und die Vorzugsentscheidungsregeln aus ISO 14253-1 gelten für die Spezifikationen nach diesem Dokument, soweit nicht anders angegeben.

Für detailliertere Informationen über den Zusammenhang dieses Teils von 25178 mit dem GPS-Matrix-Modell siehe Anhang E.

Dieser Teil von ISO 25178 legt die Spezifikationsoperatoren nach ISO 17450-2 fest.

1 Anwendungsbereich

Dieser Teil von ISO 25178 legt den vollständigen Spezifikationsoperator für die Oberflächenbeschaffenheit (skalenbegrenzte Oberflächen) fest.

2 Normative Verweisungen

Die folgenden zitierten Dokumente sind für die Anwendung dieses Dokuments erforderlich. Bei datierten Verweisungen gilt nur die in Bezug genommene Ausgabe. Bei undatierten Verweisungen gilt die letzte Ausgabe des in Bezug genommenen Dokuments (einschließlich aller Änderungen).

ISO 14406:2010, *Geometrical Product Specifications (GPS) — Extraction*

ISO 14660-1:1999, *Geometrical Product Specifications (GPS) — Geometrical features — Part 1: General terms and definitions*

ISO/TS 16610-1:2006, *Geometrical Product Specifications (GPS) — Filtration — Part 1: Overview and basic concepts*

ISO 16610-21:2011, *Geometrical product specifications (GPS) — Filtration — Part 21: Linear profile filters: Gaussian filters*

ISO 17450-1:2011, *Geometrical Product Specifications (GPS) — General concepts — Part 1: Model for geometrical specification and verification*

ISO 17450-2:—[1)], *Geometrical Product Specifications (GPS) — General concepts — Part 2: Basic tenets, specifications, operators, uncertainties and ambiguities*

ISO 25178-2:2012 *Geometrical Product Specifications (GPS) — Surface texture: Areal — Part 2: Terms, definitions and surface texture parameters*

3 Begriffe

Für die Anwendung dieses Dokuments gelten die Begriffe nach ISO 14660-1, ISO 16610-1, ISO/TS 14406, ISO 17450-1, ISO 17450-2, und ISO 25178-2 und die folgenden Begriffe.

3.1
lateraler Periodengrenzwert
<optisch> räumliche Periode eines sinusförmigen Profils, für welche das optische Ansprechverhalten auf 50 % abfällt

ANMERKUNG Der laterale Periodengrenzwert hängt von der Höhe der Oberflächenelemente und der zur Abtastung der Oberfläche verwendeten optischen Methode ab.

4 Vollständiger Spezifikationsoperator

4.1 Allgemeines

Der vollständige Spezifikationsoperator (siehe ISO 17450-2) besteht aus allen erforderlichen Operationen, welche für eine eindeutige Spezifikation erforderlich sind. Er besteht aus einer geordneten vollständigen Menge von eindeutigen Spezifikationsoperationen in eindeutiger Ordnung. Für die Oberflächenbeschaffenheit legt der vollständige Spezifikationsoperator den Typ der Oberfläche, das Erfassungsverfahren, das Zuordnungsverfahren und die flächenhafte Filterung der Oberflächenbeschaffenheit fest.

Wenn Formabweichungen in die Messgröße mit einbezogen werden, dann muss die S-F-Oberfläche festgelegt werden, anderenfalls muss die S-L-Oberfläche festgelegt werden.

---

1) Wird veröffentlicht.

4.2 Erfassungsverfahren

4.2.1 Auswertebereich

4.2.1.1 Allgemeines

Der Auswertebereich besteht aus einem rechteckigen Teil der Oberfläche innerhalb dessen die Erfassung durchgeführt wird.

Die Orientierung des Auswertebereichs muss durch die Spezifikation vorgegeben werden.

ANMERKUNG 1 Wenn der Verfeinerungsindex in orthogonalen Richtungen der gleiche ist, dann spielt die Orientierung keine Rolle.

ANMERKUNG 2 Da die Funktion der Oberfläche typischerweise durch die Form beeinflusst wird, bedeutet dies, dass die Seiten der rechteckigen Fläche parallel/orthogonal zur Nenngeometrie (z. B. Zylinderachse, Seiten eines rechteckigen Ebenenstücks, usw.) sind.

4.2.1.2 S-F-Oberfläche

Wenn nichts anderes angegeben ist, dann muss der Auswertebereich für eine S-F-Oberfläche quadratisch sein.

Ist die F-Operation ein Filterverfahren, dann ist die Seitenlänge des quadratischen Auswertebereichs von der gleichen Länge wie der Verfeinerungsindex des Filters.

Ist die F-Operation ein Zuordnungsverfahren, dann wird die Seitenlänge des quadratischen Auswertebereichs als Ersatz für den Wert des Verfeinerungsindex der F-Operation benutzt. Der so ausgewählte Wert des Verfeinerungsindex der F-Operation wird für alle nachfolgenden Operationen benutzt.

Der Wert des Verfeinerungsindex für die F-Operation wird üblicherweise aus der folgenden Reihe gewählt:

...; 0,1 mm, 0,2 mm; 0,25 mm; 0,5 mm; 0,8 mm; 1,0 mm; 2,0 mm; 2,5 mm; 5,0 mm; 8,0 mm; 10 mm; ...

ANMERKUNG 1 Ein Beispiel für eine F-Operation mit einem Verfeinerungsindex ist ein Spline-Filter. Der Total-Least-Squares-Fit der nominalen Form ist ein Beispiel für eine F-Operation ohne vorab festgelegten Verfeinerungsindex.

ANMERKUNG 2 Der Wert des Verfeinerungsindex der F-Operation wird typischerweise fünfmal so groß gewählt, wie die Skala der größten Struktur, welche von Interesse ist.

4.2.1.3 S-L-Oberfläche

Wenn nichts anderes angegeben ist, dann muss der Auswertebereich für eine S-L-Oberfläche quadratisch sein, wobei die Seiten von der gleichen Länge sein sollten, wie der Wert des Verfeinerungsindex des L-Filters.

Der Wert des Verfeinerungsindex des L-Filters wird üblicherweise aus der folgenden Reihe gewählt:

...; 0,1 mm; 0,2 mm; 0,25 mm; 0,5 mm; 0,8 mm; 1,0 mm; 2,0 mm; 2,5 mm; 5,0 mm; 8,0 mm; 10 mm; ...

ANMERKUNG Der Wert des Verfeinerungsindex des L-Filters ist typischerweise fünfmal so groß, wie die Skala der größten Struktur ist, welche von Interesse ist.

4.2.2 Oberflächentyp

Wenn nichts anderes angegeben ist, dann ist die Oberfläche die mechanische Oberfläche (siehe ISO 14406), wobei der Radius in Übereinstimmung mit den Werten des Verfeinerungsindex der F-Operation oder des L-Filters und den Werten des Verfeinerungsindex des S-Filters nach den Tabellen 1 und 2 zu wählen ist.

Tabelle 1 — Zusammenhang zwischen Verfeinerungsindex (*F-Operation/L-Filter*), Verfeinerungsindex des S-Filters und Bandbreitenverhältnis

Verfeinerungsindex (F-Operation/L-Filter) mm	Verfeinerungsindex des S-Filters mm	Ungefähres Bandbreitenverhältnis zwischen (F-Operation/L-Filter) und Verfeinerungsindex des S-Filters
...	...	...
0,1	0,001	100:1
	0,000 5	200:1
	0,000 2	500:1
	0,000 1	1 000:1
0,2	0,002	100:1
	0,001	200:1
	0,000 5	400:1
	0,000 2	1 000:1
0,25	0,002 5	100:1
	0,000 8	300:1
	0,000 25	1 000:1
0,5	0,005	100:1
	0,002	250:1
	0,001	500:1
	0,000 5	1 000:1
0,8	0,008	100:1
	0,002 5	300:1
	0,000 8	1 000:1
1	0,01	100:1
	0,005	200:1
	0,002	500:1
	0,001	1 000:1
2	0,02	100:1
	0,01	200:1
	0,005	400:1
	0,002	1 000:1
2,5	0,025	100:1
	0,008	300:1
	0,002 5	1 000:1
5	0,05	100:1
	0,02	250:1
	0,01	500:1
	0,005	1 000:1
8	0,08	100:1
	0,025	300:1
	0,008	1 000:1
...	...	...

4.2.3 S-Filter

4.2.3.1 Allgemeines

Wenn nichts anderes angegeben ist, ist das S-Filter ein flächenhaftes Gaußfilter. Der Wert des Verfeinerungsindex (Grenzwellenlänge) (siehe ISO/TS 16610-1) für das S-Filter in x-Richtung/y-Richtung wird üblicherweise aus der folgenden Reihe gewählt:

…., 0,000 5 mm; 0,000 8 mm; 0,001 mm; 0,002 mm; 0,002 5 mm; 0,005 mm; 0,008 mm; 0,01 mm; …

4.2.3.2 S-Filter-Beziehungen für mechanische Oberflächen

Für mechanische Oberflächen werden die maximalen Werte für Abtastintervall und Kugelradius entsprechend der Werte des Verfeinerungsindex des S-Filters der Tabelle 2 entnommen.

Tabelle 2 — Zusammenhang zwischen Verfeinerungsindex des S-Filters, Abtastintervall und Kugelradius für mechanische Oberflächen

Verfeinerungsindex des S-Filters mm	Maximales Abtastintervall mm	Maximaler Kugelradius mm
…	…	…
0,000 1	0,000 02	0,000 07
0,000 2	0,000 04	0,000 14
0,000 25	0,000 05	0,000 2
0,000 5	0,000 1	0,000 35
0,000 8	0,000 15	0,000 5
0,001	0,000 2	0,000 7
0,002	0,000 4	0,001 4
0,002 5	0,000 5	0,002
0,005	0,001	0,003 5
0,008	0,001 5	0,005
0,01	0,002	0,007
0,02	0,004	0,014
0,025	0,005	0,02
0,05	0,01	0,035
0,08	0,015	0,05
0,1	0,02	0,07
0,2	0,04	0,14
0,25	0,05	0,2
…	…	…

ANMERKUNG 1 Ausgehend vom Wert des Verfeinerungsindex des S-Filters ist das maximale Abtastintervall als Verhältnis 5:1 berechnet worden. Der maximale Kugelradius wurde näherungsweise als Verhältnis 1,4:1 bezüglich des Wertes des Verfeinerungsindex des S-Filters berechnet. Diese Verhältnisse stimmen mit denen in ISO 3274:1996 überein.

ANMERKUNG 2 Die in der Tabelle 2 angegebenen maximalen Abtastintervalle werden als ideal betrachtet und sind für die Kombination einer gegebenen Oberfläche und eines Messgerätetyps möglicherweise nicht zu erreichen.

4.2.3.3 S-Filter-Beziehungen für optische Oberflächen

Für optische Oberflächen (elektromagnetische Oberflächen) werden die maximalen Werte für das Abtastintervall und den lateralen Periodengrenzwert entsprechend dem Wert des Verfeinerungsindex des S-Filters der Tabelle 3 entnommen.

Tabelle 3 — Zusammenhang zwischen Verfeinerungsindex des S Filters, Abtastintervall, und lateralem Periodengrenzwert für optische Oberflächen

Verfeinerungsindex des S-Filters [a] mm	**Maximales Abtastintervall** mm	**Maximaler lateraler Periodengrenzwert** mm
...	...	...
0,000 1	0,000 03	0,000 1
0,000 2	0,000 06	0,000 2
0,000 25	0,000 08	0,000 25
0,000 5	0,000 15	0,000 5
0,000 8	0,000 25	0,000 8
0,001	0,000 3	0,001
0,002	0,000 6	0,002
0,002 5	0,000 8	0,002 5
0,005	0,001 5	0,005
0,008	0,002 5	0,008
0,01	0,003	0,01
0,02	0,006	0,02
0,025	0,008	0,025
0,05	0,015	0,05
0,08	0,025	0,08
0,1	0,03	0,1
0,2	0,06	0,2
0,25	0,08	0,25
...	...	...

[a] Alternativ kann die zur Abtastung der Oberfläche verwendete optische Methode ein inhärentes Filter beinhalten, das zu einem lateralen Periodengrenzwert führt, welcher sich dem eines Gaußfilters annähert. In diesem Fall kann der laterale Periodengrenzwert dazu verwendet werden, um den kurzwelligen Verfeinerungsindex des S-Filters zu berechnen.

ANMERKUNG 1 Ausgehend vom Wert des Verfeinerungsindex des S-Filters ist das maximale Abtastintervall als Verhältnis 3:1 berechnet worden. Der maximale laterale Periodengrenzwert wurde näherungsweise als Verhältnis 1:1 bezüglich des Wertes des Verfeinerungsindex des S-Filters berechnet.

ANMERKUNG 2 Die in der Tabelle 3 angegebenen maximalen Abtastintervalle werden als ideal betrachtet und sind für die Kombination einer gegebenen Oberfläche und eines Messgerätetyps möglicherweise nicht zu erreichen.

4.3 Zuordnungsverfahren

Erfordert eine F-Operation ein Zuordnungsverfahren, so ist, wenn nichts anderes angegeben ist, die Methode der insgesamt kleinsten Abweichungsquadrate (total least square) zu verwenden.

4.4 Filterung

4.4.1 Allgemeines

Die Filterung hängt vom festgelegten Typ der Oberfläche (S-L-Oberfläche oder S-F-Oberfläche) ab.

Für die S-L-Oberfläche sind sowohl ein L-Filter, als auch eine F-Operation festgelegt. Für die S-F-Oberfläche ist nur eine F-Operation festgelegt.

4.4.2 F-Operation

Die Form muss entfernt werden, indem dieselbe Klasse verwendet wird, wie für die nominale Form, wobei das Zuordnungsverfahren für den Mangelfall verwendet werden sollte.

ANMERKUNG 1 Bei bidirektionalen Geometrieelementen „schwimmt" das Maß in der Standard-Zuordnungsoperation.

ANMERKUNG 2 Ein Filterverfahren entsprechend der Normenreihe ISO 16610 kann für besonders angegebene Form-Einfluss-Beseitigungen ebenfalls verwendet werden. Eine Aufstellung (Filter-Masterplan) aller dieser Filterverfahren kann in dem Dokument ISO/TS 16610-1 gefunden werden.

4.4.3 L-Filter

Wenn nichts anderes angegeben ist, dann ist das L-Filter ein flächenhaftes Gaußfilter (siehe ISO 16610-21). Der Verfeinerungsindex in x-Richtung/y-Richtung ist ein verbindlicher Teil der Spezifikation für die S-L-Oberfläche.

4.5 Definitionsbereich

4.5.1 S-L-Oberfläche

Wenn nichts anderes angegeben ist, dann ist der Definitionsbereich für die S-L-Oberfläche quadratisch und von derselben Größe wie der Auswertebereich.

4.5.2 S-F-Oberfläche

Wenn nichts anderes angegeben ist, dann ist der Definitionsbereich für die S-F-Oberfläche quadratisch und von derselben Größe wie der Auswertebereich.

5 Allgemeine Informationen

Ein Entscheidungsbaum für den vollständigen Spezifikationsoperator ist im Anhang A angegeben. Die zu benutzenden Merkmalswerte für die in ISO 25178-2 definierten Parameter sind im Anhang B angegeben für den Fall, dass nichts anderes angegeben ist. Die zu benutzenden Einheiten für die in ISO 25178-2 definierten Parameter sind im Anhang C angegeben für den Fall, dass nichts anderes angegeben ist. Der Zusammenhang mit den Profilparametern für die Oberflächenbeschaffenheit ist im Anhang D angegeben. Die Zusammenhänge mit dem GPS-Matrix-Modell sind im Anhang E angegeben.

Anhang A
(informativ)

Entscheidungsbaum für den vollständigen Spezifikationsoperator

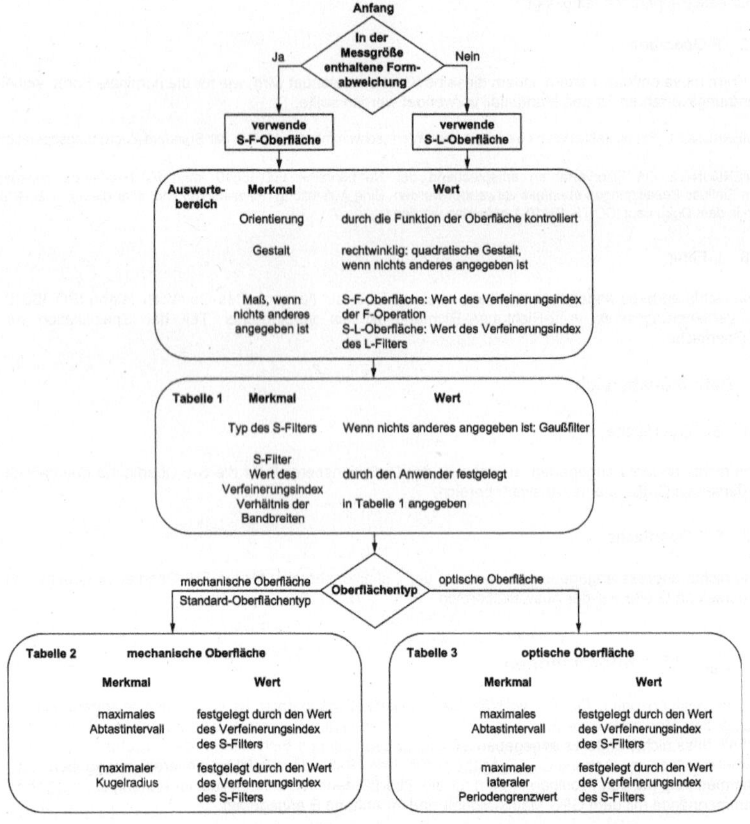

Bild A.1 — Entscheidungsbaum für den vollständigen Spezifikationsoperator

ANMERKUNG Die Reihenfolge in der die Merkmalswerte für die GPS-Operationen festgelegt sind, spiegelt nicht die Reihenfolge wieder, in der die GPS-Operationen implementiert sind.

Anhang B
(normativ)

Merkmalswerte für die Parameter aus der Norm ISO 25178-2

B.1 Flächenparameter

B.1.1 Räumliche Parameter

Abschnitt in ISO 25178-2:2012	Parameter (abgekürzter Ausdruck)	Merkmal	Wert
4.2.1	Sal	schnellster Abfall auf den festgelegten Wert s, mit $0 \leq s < 1$	s ist 0,2
4.2.2	Str	schnellster und langsamster Abfall auf den festgelegten Wert s, mit $0 \leq s < 1$	s ist 0,2

B.1.2 Funktionen und Funktionsbezogene Parameter

Abschnitt in ISO 25178-2:2012	Parameter (abgekürzter Ausdruck)	Merkmal	Wert
4.4.5.1	Vvv	Materialverhältnis p	p ist 80 %
4.4.5.2	Vvc	Materialverhältnisse p und q	p ist 10 % q ist 80 %
4.4.6.1	Vmp	Materialverhältnis p	p ist 10 %
4.4.6.2	Vmc	Materialverhältnisse p und q	p ist 10 % q ist 80 %
4.4.7	Sxp	Materialverhältnisse p und q	p ist 2,5 % q ist 50 %
4.4.9.8	SRC	Schwellenwert T_h	T_h ist 10 %

B.2 Benannte Topographieparameter

Abschnitt in ISO 25178-2:2012	Parameter (abgekürzter Ausdruck)	Merkmal	Wert
6.8.1	Spd	Wolf-Beschneidung Verfeinerungsindex X %	X % ist 5 %
6.8.2	Spc	Wolf-Beschneidung Verfeinerungsindex X %	X % ist 5 %
6.8.3.1	S5p	Wolf-Beschneidung Verfeinerungsindex X %	X % ist 5 %
6.8.3.2	S5v	Wolf-Beschneidung Verfeinerungsindex X %	X % ist 5 %
6.8.4	Sda(c)	Wolf-Beschneidung Verfeinerungsindex X %	X % ist 5 % das signifikante Element ist *geschlossen*
6.8.5	Sha(c)	Wolf-Beschneidung Verfeinerungsindex X %	X % ist 5 % das signifikante Element ist *geschlossen*
6.8.6	Sdv(c)	Wolf-Beschneidung Verfeinerungsindex X %	X % ist 5 % das signifikante Element ist *geschlossen*
6.8.7	Shv(c)	Wolf-Beschneidung Verfeinerungsindex X %	X % ist 5 % das signifikante Element ist *geschlossen*

Anhang C
(normativ)

Einheiten für die Parameter aus der Norm ISO 25178-2

C.1 Flächenparameter

C.1.1 Höhenparameter

Abschnitt in ISO 25178-2:2012	Parameter (abgekürzter Ausdruck)	Einheit
4.1.1	Sq	µm
4.1.2	Ssk	1
4.1.3	Sku	1
4.1.4	Sp	µm
4.1.5	Sv	µm
4.1.6	Sz	µm
4.1.7	Sa	µm

C.1.2 Räumliche Parameter

Abschnitt in ISO 25178-2:2012	Parameter (abgekürzter Ausdruck)	Einheit
4.2.1	Sal	µm
4.2.2	Str	1
4.5.1	Std	Grad

C.1.3 Hybride Parameter

Abschnitt in ISO 25178-2:2012	Parameter (abgekürzter Ausdruck)	Einheit
4.3.1	Sdq	Radiant
4.3.2	Sdr	%

C.1.4 Funktionen und Funktionsbezogene Parameter

Abschnitt in ISO 25178-2:2012	Parameter (abgekürzter Ausdruck)	Einheit
4.4.2	Smr(c)	%
4.4.3	Sdc(mr)	µm
4.4.4	Sk, Spk, Svk	µm
4.4.4	Smr1, Smr2	%
4.4.4	Svq, Spq, Smq	µm
4.4.7	Sxp	µm

C.1.5 Volumenparameter für leere und materialgefüllte Bereiche

Abschnitt in ISO 25178-2:2012	Parameter (abgekürzter Ausdruck)	Einheit[a]
4.4.5	Vv(p)	ml m^{-2}
4.4.5.1	Vvv	ml m^{-2}
4.4.5.2	Vvc	ml m^{-2}
4.4.6	Vm(p)	ml m^{-2}
4.4.6.1	Vmp	ml m^{-2}
4.4.6.2	Vmc	ml m^{-2}

[a] Die Einheit ml m^{-2} wird benutzt, weil das Ölvolumen üblicherweise in Liter angegeben wird und die Ölmenge je Quadratmeter bei den üblichen Anwendungen in der Größenordnung von einem Milliliter liegt.

C.1.6 Andere Parameter

Abschnitt in ISO 25178-2:2012	Parameter (abgekürzter Ausdruck)	Einheit
4.4.9.4	Svfc	1
4.4.9.5	Safc	1

C.2 Topographieparameter

Abschnitt in ISO 25178-2:2012	Parameter (abgekürzter Ausdruck)	Einheit
6.8.1	Spd	mm^{-2}
6.8.2	Spc	mm^{-2}
6.8.3	S10z	µm
6.8.3.1	S5p	µm
6.8.3.2	S5v	µm
6.8.4	Sda(c)	$µm^2$
6.8.5	Sha(c)	$µm^2$
6.8.6	Sdv(c)	$µm^3$
6.8.7	Shv(c)	$µm^3$

Anhang D
(informativ)

Zusammenhang mit den Profilparametern für die Oberflächenbeschaffenheit

D.1 Allgemeines

Die Ermittlung der Oberflächenbeschaffenheit wurde traditionell für Profile festgelegt. Dies gibt die Einschränkungen in der Technik wieder, als anfänglich nur Profilmessgeräte verfügbar waren [2] Die Technik ist fortgeschritten und Messgeräte für die Flächenmessung stehen jetzt weit und breit zur Verfügung. Dies hat zu einem Paradigmenwechsel von der Profilmessung zur Flächenmessung geführt[3] und folglich wurde diese Reihe von Normen für die Ermittlung der Oberflächenbeschaffenheit entwickelt.

Während der langen Geschichte und der Verwendung von Profilparametern ist Wissen aufgebaut worden und es hat sich eine Vertrautheit mit den Profilmethoden entwickelt. Es ist unvermeidlich, dass sich mit der Einführung von Flächenparametern ein Vergleich zwischen den Profilparametern und den Flächenparametern für die Oberflächenbeschaffenheit ergeben wird. Dieser Anhang bietet Ratschläge und Richtlinien über die Zusammenhänge und Unterschiede zwischen den Profilparametern und den Flächenparametern für die Oberflächenbeschaffenheit und ihre Werte.

D.2 Filterung

Der größte Unterschied zwischen den Profilverfahren und den flächenhaften Verfahren ist die verwendete Filterung. Ein von einer S-L-Oberfläche oder einer S-F-Oberfläche abgeleitetes Profil ist mathematisch nicht dasselbe wie ein entsprechenden der Normenreihe über Oberflächenprofile gemessenes Profil. Beim letzteren wird ein Profilfilter (Filterung nur in Vorschubrichtung, welche orthogonal zur Vorzugsrichtung ist) und beim ersteren ein Flächenfilter (Filterung in x-Richtung und y-Richtung, welche die Vorzugsrichtung betreffen kann oder nicht betreffen kann) verwendet, wodurch sehr unterschiedliche Ergebnisse erzeugt werden können, sogar dann, wenn „derselbe" Filtertyp und dieselbe Grenzwellenlänge/derselbe Verfeinerungsindex verwendet werden.

In der Praxis können einige Oberflächen bei der Verwendung von Profilfiltern und von Flächenfiltern sehr ähnlich sein, aber es wird Vorsicht empfohlen. Der Anwender sollte ein wirkliches Verständnis für die Unterschiede und Ähnlichkeiten zwischen den durch Profilfilter und Flächenfilter hervorgerufenen Effekte bei ihren besonderen, der Untersuchung unterliegenden Oberflächen besitzen. Welche Geometrieelemente sind durch die Unterschiede betroffen und bei welchen Skalen? Sind sie für den besonderen Vergleich wesentlich?

Um die Unterschiede so klein wie möglich zu halten, wird empfohlen:

- die Orientierung des rechteckigen Teils der Oberfläche, in dem die Messung durchgeführt wird, ist nach der Vorzugsrichtung der Oberfläche auszurichten;
- ein Gaußfilter mit einem empfohlenen Wert der Grenzwellenlänge, welcher den in der Normenreihe für Oberflächenprofile angegebenen Werten entspricht, wird verwendet, falls nichts anderes angegeben ist, d. h. aus der Reihe

  ...; 0,08 mm; 0,25 mm; 0,8 mm; 2,5 mm; 8,0 mm; ...
- wenn nichts anderes angegeben ist, können andere Werte, welche den in der Normenreihe für Oberflächenprofile angegebenen Werten entsprechen, soweit sie geeignet sind, verwendet werden, d. h. der Tastkugelradius, das Abtastintervall, usw.;
- die Länge der Vorschubrichtung des rechteckigen Teils der Oberfläche sollte das fünffache der Grenzwellenlänge betragen.

---

2) Siehe [5] unter Literaturhinweise.

3) Siehe [6] und [7] unter Literaturhinweise.

D.3 Andere Überlegungen

Nur diejenigen Flächenparameter, welche ein direktes Gegenstück haben, können miteinander verglichen werden, wie zum Beispiel die mittlere quadratische Höhe (Sq) mit der Rauheitsparameter (Rq), während das Seitenverhältnis der Textur (Str) kein Gegenstück bei den Profilen besitzt und damit nicht mit irgendeinem Profilparameter verglichen werden kann.

Parameter der Oberflächenbeschaffenheit, welche die Extremwerte auf der Oberfläche kennzeichnen, (d. h. die maximale Spitzenhöhe (Sp), die maximale Senkenhöhe (Sv), die maximale Höhe (Sz), usw.) neigen dazu bei den Flächenparametern größere Werte anzunehmen, als bei den dementsprechenden Profilparametern, weil die bei einem Profil sichtbaren „Spitzen" und „Senken" fast immer über die Flanken einer Spitze/Senke gehen und nicht die wirklichen Extremwerte darstellen.

Es wird nicht empfohlen, die Messwerte der entsprechenden Flächenparameter zu verwenden, um sie mit Toleranzanforderungen für Profile zu vergleichen. Im Allgemeinen sind die gemessenen Werte von vergleichbaren Profilparametern und Flächenparametern miteinander korreliert, aber sie sind aus den oben angegebenen Gründen nicht in einem absoluten Sinn direkt miteinander vergleichbar.

Es sollte angemerkt werden, dass die meisten Profilmessgeräte für die Ermittlung der Oberflächenbeschaffenheit auf dem berührenden Verfahren (Tastschnittverfahren) beruhen und dass die meisten flächenhaft messenden Geräte zur Ermittlung der Oberflächenbeschaffenheit auf berührungslosen Ansätzen beruhen. Der Unterschied in der Abtastung der Oberfläche kann ebenfalls zu Unterschieden zwischen den Profilmesswerten und den flächenhaften Messwerten führen.

Anhang E
(informativ)

Zusammenhänge mit dem GPS-Matrix-Modell

E.1 Allgemeines

Zu den vollständigen Einzelheiten des GPS–Matrix-Modells siehe ISO/TR 14638.

Die in ISO/TR 14638 gegebene ISO/GPS-Übersicht gibt einen Überblick über das ISO/GPS-System, von dem dieses Dokument ein Bestandteil ist. Die in ISO 8015 gegebenen grundlegenden Regeln von ISO/GPS gelten für dieses Dokument, und die Vorzugsentscheidungsregeln aus ISO 14253-1 gelten für die Spezifikationen nach diesem Dokument, soweit nicht anders angegeben.

E.2 Informationen über diese Norm und ihre Anwendung

Dieser Teil von ISO 25178 legt den vollständigen Spezifikationsoperator für die Oberflächenbeschaffenheit (skalenbegrenzte Oberflächen) fest.

E.3 Position im GPS-Matrix-Modell

Dieser Teil von ISO 25178 ist eine allgemeine GPS-Norm, welche die Kette 3 der Normenkette über Oberflächenbeschaffenheit in der Matrixstruktur beeinflusst, wie in Bild E.1 graphisch dargestellt.

	Globale GPS-Normen						
	Matrix allgemeiner GPS-Normen						
	Kettenglieder	**1**	**2**	**3**	**4**	**5**	**6**
GPS-Grundnormen	Maß						
	Abstand						
	Radius						
	Winkel						
	Form einer bezugsunabhängigen Linie						
	Form einer bezugsabhängigen Linie						
	Form einer bezugsunabhängigen Oberfläche						
	Form einer bezugsabhängigen Oberfläche						
	Richtung						
	Lage						
	Lauf						
	Gesamtlauf						
	Bezüge						
	Rauheitsprofil						
	Welligkeitsprofil						
	Primärprofil						
	Oberflächenunvollkommenheit						
	Kanten						
	Flächenhafte Oberflächenbeschaffenheit						

Bild E.1 — Position im GPS-Matrix-Modell

E.4 Betroffene Internationale Normen

Die betroffenen Internationalen Normen sind diejenigen, welche aus den Kettengliedern der in Bild E.1 gekennzeichneten Normen hervorgehen.

Literaturhinweise

[1] ISO 3274:1996, *Geometrical Product Specifications (GPS) — Surface texture: Profile method — Nominal characteristics of contact (stylus) instruments*

[2] ISO 8015, *Geometrical product specifications (GPS) — Fundamentals — Concepts, principles and rules*

[3] ISO 14253-1, *Geometrical Product Specifications (GPS) — Inspection by measurement of workpieces and measuring equipment — Part 1: Decision rules for proving conformance or non-conformance with specifications*

[4] ISO/TR 14638:1995, *Geometrical Product Specifications (GPS) — Masterplan*

[5] Blunt, L & Jiang, X (2003), *Advanced techniques for assessment surface topography — Development of a basis for the 3D Surface Texture Standards "SURFSTAND"*, Kogan Page Science, www.kogenpagescience.com, ISBN 1903996112

[6] Jiang, X.; Scott, P.J. *et.al.* Paradigm shifts in surface metrology. Part I. Historical philosophy, *Proc. R. Soc. London A* (2007) **463**, 2049-2070

[7] Jiang, X.; Scott, P.J. *et.al.* Paradigm shifts in surface metrology. Part II. The current shift, *Proc. R. Soc. London A,* **463**, 2071-2099

Dezember 2011

	DIN EN ISO 25378	

ICS 17.040.30

Geometrische Produktspezifikation (GPS) – Merkmale und Bedingungen – Begriffe (ISO 25378:2011); Deutsche Fassung EN ISO 25378:2011

Geometrical product specifications (GPS) –
Characteristics and conditions –
Definitions (ISO 25378:2011);
German version EN ISO 25378:2011

Spécification géométrique des produits –
Caractéristiques et conditions –
Définitions (ISO 25378:2011);
Version allemande EN ISO 25378:2011

Gesamtumfang 67 Seiten

Normenausschuss Technische Grundlagen (NATG) im DIN

Nationales Vorwort

Dieses Dokument (EN ISO 25378:2011) wurde im ISO/TC 213 „Dimensional and geometrical product specifications and verification" in Zusammenarbeit mit CEN/TC 290 „Geometrische Produktspezifikationen und -prüfung" (Sekretariat: AFNOR, Frankreich) ausgearbeitet. Auf nationaler Ebene ist der Arbeitsausschuss NA 152-03-02 AA „CEN/ISO Geometrische Produktspezifikation und -prüfung" für Mitarbeit und Übersetzung zuständig.

Für die in diesem Dokument zitierten internationalen Dokumente wird im Folgenden auf die entsprechenden deutschen Dokumente hingewiesen:

ISO 3534-1	siehe DIN ISO 3534-1
ISO 3534-2	siehe E DIN ISO 3534-2
ISO 9000	siehe DIN EN ISO 9000
ISO/TR 14638	siehe DIN V 32950
ISO/TS 17450-1	siehe E DIN EN ISO 17450-1
ISO/TS 17450-2	siehe E DIN EN ISO 17450-2
ISO 22432	siehe E DIN EN ISO 22432

Nationaler Anhang NA
(informativ)

Literaturhinweise

DIN V 32950, *Geometrische Produktspezifikation (GPS) — Übersicht*

DIN ISO 3534-1, *Statistik — Begriffe und Formelzeichen — Teil 1: Wahrscheinlichkeit und allgemeine statistische Begriffe*

E DIN ISO 3534-2, *Statistik — Begriffe und Formelzeichen — Teil 2: Angewandte Statistik*

DIN EN ISO 9000, *Qualitätsmanagementsysteme — Grundlagen und Begriffe*

E DIN EN ISO 17450-1, *Geometrische Produktspezifikation (GPS) — Grundlagen — Teil 1: Modell für die geometrische Spezifikation und Prüfung*

E DIN EN ISO 17450-2, *Geometrische Produktspezifikation und -prüfung (GPS) — Allgemeine Begriffe — Teil 2: Grundlegende Lehrsätze, Spezifikationen, Operatoren und Unsicherheiten*

E DIN EN ISO 22432, *Geometrische Produktspezifikation (GPS) — Zur Spezifikation und Prüfung benutzte Geometrieelemente*

EUROPÄISCHE NORM

EUROPEAN STANDARD

NORME EUROPÉENNE

EN ISO 25378

April 2011

ICS 17.040.01

Deutsche Fassung

Geometrische Produktspezifikation (GPS) — Merkmale und Bedingungen — Begriffe (ISO 25378:2011)

Geometrical product specifications (GPS) — Characteristics and conditions — Definitions (ISO 25378:2011)

Spécification géométrique des produits — Caractéristiques et conditions — Définitions (ISO 25378:2011)

Diese Europäische Norm wurde vom CEN am 7. August 2010 angenommen.

Die CEN-Mitglieder sind gehalten, die CEN/CENELEC-Geschäftsordnung zu erfüllen, in der die Bedingungen festgelegt sind, unter denen dieser Europäischen Norm ohne jede Änderung der Status einer nationalen Norm zu geben ist. Auf dem letzten Stand befindliche Listen dieser nationalen Normen mit ihren b bliographischen Angaben sind beim Management-Zentrum des CEN-CENELEC oder bei jedem CEN-Mitglied auf Anfrage erhältlich.

Diese Europäische Norm besteht in drei offiziellen Fassungen (Deutsch, Englisch, Französisch). Eine Fassung in einer anderen Sprache, die von einem CEN-Mitglied in eigener Verantwortung durch Übersetzung in seine Landessprache gemacht und dem Management-Zentrum mitgeteilt worden ist, hat den gleichen Status wie die offiziellen Fassungen.

CEN-Mitglieder sind die nationalen Normungsinstitute von Belgien, Bulgarien, Dänemark, Deutschland, Estland, Finnland, Frankreich, Griechenland, Irland, Island, Italien, Kroatien, Lettland, Litauen, Luxemburg, Malta, den Niederlanden, Norwegen, Österreich, Polen, Portugal, Rumänien, Schweden, der Schweiz, der Slowakei, Slowenien, Spanien, der Tschechischen Republik, Ungarn, dem Vereinigten Königreich und Zypern.

EUROPÄISCHES KOMITEE FÜR NORMUNG
EUROPEAN COMMITTEE FOR STANDARDIZATION
COMITÉ EUROPÉEN DE NORMALISATION

Management-Zentrum: Avenue Marnix 17, B-1000 Brüssel

Ref. Nr. EN ISO 25378:2011 D

Inhalt

Seite

Vorwort

Dieses Dokument (EN ISO 25378:2011) wurde vom Technischen Komitee ISO/TC 213 „Dimensional and geometrical product specifications and verification" in Zusammenarbeit mit dem Technischen Komitee CEN/TC 290 „Geometrische Produktspezifikationen und -prüfung" erarbeitet, dessen Sekretariat vom AFNOR gehalten wird.

Diese Europäische Norm muss den Status einer nationalen Norm erhalten, entweder durch Veröffentlichung eines identischen Textes oder durch Anerkennung bis Oktober 2011, und etwaige entgegenstehende nationale Normen müssen bis Oktober 2011 zurückgezogen werden.

Es wird auf die Möglichkeit hingewiesen, dass einige Texte dieses Dokuments Patentrechte berühren können. CEN [und/oder CENELEC] sind nicht dafür verantwortlich, einige oder alle diesbezüglichen Patentrechte zu identifizieren.

Entsprechend der CEN/CENELEC-Geschäftsordnung sind die nationalen Normungsinstitute der folgenden Länder gehalten, diese Europäische Norm zu übernehmen: Belgien, Bulgarien, Dänemark, Deutschland, Estland, Finnland, Frankreich, Griechenland, Irland, Island, Italien, Kroatien, Lettland, Litauen, Luxemburg, Malta, Niederlande, Norwegen, Österreich, Polen, Portugal, Rumänien, Schweden, Schweiz, Slowakei, Slowenien, Spanien, Tschechische Republik, Ungarn, Vereinigtes Königreich und Zypern.

Anerkennungsnotiz

Der Text von ISO 25378:2011 wurde vom CEN als EN ISO 25378:2011 ohne irgendeine Abänderung genehmigt.

Einleitung

Diese Internationale Norm ist eine Norm für die geometrische Produktspezifikation (GPS) und ist als eine allgemeine GPSNorm anzusehen (siehe ISO/TR 14638). Sie beeinflusst alle Kettenglieder der Normenkette in der allgemeinen GPS-Matrix.

Um das Lesen und Verstehen dieser Internationalen Norm zu erleichtern ist es wesentlich, sich auf die Normen ISO 17450-1 und ISO/TS 17450-2 zu beziehen.

Geometrische Merkmale gibt es in drei „Welten":

— die Welt der nominalen geometrischen Definition, in der eine ideale Darstellung des zukünftigen Werkstücks durch den Konstrukteur festgelegt ist;

— die Welt der Spezifikation, in der sich der Konstrukteur verschiedene Darstellungen des zukünftigen Werkstücks vorstellt;

— die Welt der Verifikation, in der eine oder mehrere Darstellungen eines bestimmten Werkstücks durch Anwendung eines oder mehrerer Messverfahrens genauer bestimmt werden.

Eine GPS-Spezifikation legt die Anforderungen durch ein geometrisches Merkmal und eine Bedingung fest.

In der Welt der Verifikation können mathematische Operationen von rein physikalischen Operationen unterschieden werden. Die physikalischen Operationen sind die Operationen, welche auf physikalische Verfahren beruhen; das sind in der Regel mechanische, optische oder elektromagnetische Verfahren. Die mathematischen Operationen sind mathematische Behandlungen der Abtastung des Werkstücks. Diese Behandlung wird in der Regel durch Berechnung oder elektronische Datenverarbeitung erreicht.

Es ist wichtig, die Beziehung zwischen diesen drei Welten zu verstehen.

Diese Spezifikationen, Merkmale und Bedingungen, die in dieser Internationalen Norm grundsätzlich festgelegt sind, sind gut geeignet, um Anforderungen an starre Werkstücke und Baugruppen festzulegen, können aber auch bei nicht-starren Werkstücken und Baugruppen angewendet werden.

1 Anwendungsbereich

Diese Internationale Norm legt die allgemeinen Begriffe für die geometrischen Spezifikationen, Merkmale und Bedingungen fest. Diese Definitionen beruhen auf Konzepten, die in ISO 17450-1 und ISO 22432 entwickelt wurden und sie werden unter Verwendung einer mathematischen Beschreibung angegeben, die auf dem Anhang B von ISO 17450-1:2011 beruht.

Diese Internationale Norm als solche ist nicht für den industriellen Einsatz unter Konstrukteuren gedacht, sondern zielt darauf ab, als „Road-Map" für die Beschreibung der auf Geometrieelementen beruhenden Anforderungen zu dienen, um so eine zukünftige Normung für die Industrie und die Software-Hersteller in einer konsistenten Art und Weise zu ermöglichen.

Diese Internationale Norm legt allgemeine Arten von geometrischen Merkmalen und Bedingungen fest, die in der geometrischen Produktspezifikation verwendet werden können. Diese Beschreibungen sind anwendbar für

— ein Werkstück,

— eine Baugruppe,

— eine Grundgesamtheit von Werkstücken und

— eine Grundgesamtheit von Baugruppen.

Diese Definitionen beruhen auf den Konzepten von Operatoren und dem in ISO 17450-1 und ISO/TS 17450-2 enthaltenen Dualitätsprinzip, sowie auf der Beschreibung der Arten von Geometrieelementen, die in ISO 22432 festgelegt sind.

Konzeptionell können diese Spezifikationsoperatoren als Spezifikationsoperatoren oder als Verifikationsoperatoren verwendet werden (Dualitätsprinzip).

Diese Internationale Norm beabsichtigt nicht, GPS-Spezifikationen, Symbolik oder andere Formen des Ausdrucks festzulegen.

2 Normative Verweisungen

Die folgenden zitierten Dokumente sind für die Anwendung dieses Dokuments erforderlich. Bei datierten Verweisungen gilt nur die in Bezug genommene Ausgabe. Bei undatierten Verweisungen gilt die letzte Ausgabe des in Bezug genommenen Dokuments (einschließlich aller Änderungen).

ISO 3534-1:2006, *Statistics — Vocabulary and symbols — Part 1: General statistical terms and terms used in probability*

ISO 3534-2, *Statistics — Vocabulary and symbols — Part 2: Applied statistics*

ISO 17450-1:2011, *Geometrical product specifications (GPS) — General concepts — Part 1: Model for geometrical specification and verification*

ISO/TS 17450-2, *Geometrical product specifications (GPS) — General concepts — Part 2: Basic tenets, specifications, operators and uncertainties*

ISO 22432[1], *Geometrical Product Specifications (GPS) — Features utilized in specification and verification*

---

1) In Vorbereitung.

3 Begriffe

Für die Anwendung dieses Dokuments gelten die Begriffe nach ISO 3534-1, ISO 3534-2 und ISO 17450-1 und die folgenden Begriffe.

3.1
geometrische Spezifikation
Ausdruck einer Menge von einem oder mehreren Bedingungen an ein oder mehrere geometrische Merkmale

ANMERKUNG 1 Eine Spezifikation kann eine Kombination aus individuellen Bedingungen an ein individuelles Merkmal oder eine Bedingung der Grundgesamtheit an ein Merkmal der Grundgesamtheit ausdrücken.

ANMERKUNG 2 Eine Spezifikation besteht aus einer oder mehreren einzelnen Spezifikationen. Diese einzelnen Spezifikationen können individuelle Spezifikationen, Grundgesamtheiten von Spezifikationen oder eine beliebige Kombination davon sein.

3.2
Bedingung
Kombination aus einem Grenzwert und einem binären relationalen mathematischen Operator

BEISPIEL 1 „kleiner als oder gleich 6,3“, der Ausdruck dieser Bedingung kann zum Beispiel sein: 6,3 max oder U 6,3. Mathematisch: Sei X der betrachtete Wert des Merkmals, dann ist die Bedingung $X \leq 6{,}3$.

BEISPIEL 2 „größer als oder gleich 0,8“, der Ausdruck dieser Bedingung kann zum Beispiel sein: 0,8 min oder L 0,8. Mathematisch: Sei X der betrachtete Wert des Merkmals, dann ist die Bedingung $0{,}8 \leq X$.

BEISPIEL 3 eine Menge von zwei sich ergänzenden Bedingungen (untere und obere Grenze) kann zum Beispiel ausgedrückt werden durch: 10,2 – 9,8, $9{,}8^{+0{,}4}_{0}$, $10 \pm 0{,}2$, oder $9{,}9^{+0{,}3}_{-0{,}1}$. Mathematisch: Sei X der betrachtete Wert des Merkmals, dann ist die Bedingung $9{,}8 \leq X \leq 10{,}2$.

BEISPIEL 4 "kleiner als oder gleich R“, wobei R durch eine Funktion gegeben ist, $R = (X^2 + Y^2) \times 0{,}85$, wobei X und Y die Koordinaten des Koordinatensystems bezeichnen.

ANMERKUNG 1 Ein binärer relationaler mathematischer Operator ist ein mathematisches Konzept, das den Begriff „größer als oder gleich“ in der Arithmetik oder „ist Element der Menge“ in der Mengenlehre verallgemeinert.

ANMERKUNG 2 Der Grenzwert kann für jedes einzelne Werkstück oder für Grundgesamtheiten von Werkstücken festgelegt werden.

ANMERKUNG 3 Der Grenzwert kann unabhängig von einem Koordinatensystem oder von ihm abhängig sein. Im letzteren Fall hängt der Grenzwert von der Funktion der Koordinaten des Koordinatensystems oder eines grafischen Koordinatensystems ab.

ANMERKUNG 4 Der Grenzwert kann durch einen Ansatz der statistischen Tolerierung, einen Ansatz der arithmetischen Tolerierung (schlechtester Fall) oder mit anderen Mitteln bestimmt werden. Die Art und Weise der Bestimmung des Grenzwertes und die Wahl der Bedingung ist nicht Gegenstand dieser Internationalen Norm.

ANMERKUNG 5 Es gibt zwei mögliche Ungleichheitsbeziehungen:

— der charakteristische Wert kann kleiner als oder gleich dem Grenzwert (obere Grenze) sein;

— der charakteristische Wert kann größer als oder gleich dem Grenzwert (untere Grenze) sein.

3.2.1
individuelle Bedingung
Bedingung, bei welcher der Grenzwert für jeden Wert eines einzelnen Merkmals aus jedem Werkstück gilt

BEISPIEL Eine individuelle Bedingung, verwendet in einer individuellen Spezifikation: Der einzelne charakteristische Wert muss kleiner als oder gleich 10,2 sein. Mathematisch: Sei X der betrachtete Wert des einzelnen Merkmals, dann ist die Bedingung $X \leq 10{,}2$.

ANMERKUNG Eine individuelle Bedingung kann allein oder in Kombination mit einer Bedingung der Grundgesamtheit an das entsprechende Merkmal der Grundgesamtheit verwendet werden.

3.2.2
Bedingung an die Grundgesamtheit
Bedingung, für welche die Grenzwerte für den Wert des Merkmals der Grundgesamtheit gelten

BEISPIEL Eine Bedingung der Grundgesamtheit, verwendet bei einer Spezifikation der Grundgesamtheit: Der Wert eines Merkmals der Grundgesamtheit muss kleiner als oder gleich 10,1 sein. Mathematisch: Sei $\overline{X}$ der betrachtete Wert des Merkmals der Grundgesamtheit (Mittelwert der Grundgesamtheit der globalen einzelnen Merkmalswerte), dann ist die Bedingung $\overline{X} \leq 10{,}1$.

ANMERKUNG Die Bedingung der Grundgesamtheit kann für die statistische Prozesskontrolle (SPC) eingesetzt werden.

3.3
geometrisches Merkmal
individuelles Merkmal oder Merkmal der Grundgesamtheit in Bezug auf die Geometrie

ANMERKUNG 1 Diese internationale Norm gilt für den Bereich der Geometrie und daher werden in dieser Norm nur "geometrische Merkmale" verwendet. Der Begriff "Merkmal" ist in ISO 9000:2005, 3.5.1 definiert.

ANMERKUNG 2 Das geometrische Merkmal ermöglicht die Auswertung einer Größe, die zum Beispiel ein Winkelmaß, eine lineares Maß, eine Fläche, ein Volumen, usw. sein kann.

3.3.1
individuelles Merkmal
individuelles geometrisches Merkmal
individuelle geometrische Eigenschaft eines oder mehrerer Geometrieelemente, die zu einem Werkstück gehören

BEISPIEL Der Zwei-Punkt-Durchmesser ist ein individuelles Merkmal und das Ergebnis ist mathematisch veränderlich entlang des zylindrischen Geometrieelements: es ist ein lokales individuelles Merkmal. Der Durchmesser des kleinsten umschriebenen Zylinders ist ein individuelles Merkmal und das Ergebnis ist mathematisch eindeutig: er ist ein globales individuelles Merkmal.

ANMERKUNG 1 Eine lokales Merkmal kann einzeln oder berechnet sein.

ANMERKUNG 2 Die Auswertung eines einzelnen Merkmals ergibt nicht notwendigerweise ein eindeutiges Ergebnis (es kann als ein lokales individuelles Merkmal oder als ein globales individuelles Merkmal beschrieben werden).

3.3.1.1
lokales individuelles Merkmal
individuelles Merkmal, für welches das Ergebnis der Auswertung nicht eindeutig ist

BEISPIEL 1 Der Zwei-Punkt-Durchmesser ist ein individuelles Merkmal und das Ergebnis ändert sich mathematisch entlang des zylindrischen Geometrieelements: es ist ein lokales individuelles Merkmal.

BEISPIEL 2 Siehe 5.3.

ANMERKUNG 1 Ein lokales individuelles Merkmal wird auf einem Teil eines Geometrieelements (Teilen von Geometrieelementen) ausgewertet und kann ein direktes Merkmal oder ein berechnetes Merkmal sein. Der zwischen zwei Punkten gemessene lokale Durchmesser ist ein direktes lokales Merkmal. Der Mittelwert der zwischen zwei Punkten gemessenen lokalen Durchmesser für einen bestimmten Querschnitt ist ein berechnetes lokales Merkmal.

ANMERKUNG 2 Das Ergebnis einer Auswertung bezieht sich auf ein ganzes Geometrieelement; ein einzelner Zwei-Punkt-Durchmesser ist für sich betrachtet eindeutig.

3.3.1.2
globales individuelles Merkmal
individuelles Merkmal, für welches das Ergebnis der Auswertung eindeutig ist

BEISPIEL 1 Der Durchmesser des kleinsten umschriebenen Zylinders ist ein direktes globales individuelles Merkmal (das Ergebnis ist mathematisch eindeutig).

BEISPIEL 2 Das Maximum der Zwei-Punkt-Durchmesser entlang eines vorgegebenen Zylinders ist ein berechnetes globales individuelles Merkmal (das Ergebnis stammt aus einer Statistik und ist mathematisch eindeutig).

ANMERKUNG Das Ergebnis der Auswertung eines globalen einzelnen Merkmals kann von einer eindeutigen Auswertung oder einer Statistik einer Menge von Ergebnissen der Auswertung eines lokalen individuellen Merkmals kommen, gekennzeichnet als direkt bzw. berechnet.

3.3.2
Merkmal der Grundgesamtheit
Statistik, bestimmt aus den Merkmalswerten, die aus der Grundgesamtheit von Werkstücken oder der Grundgesamtheit von Baugruppen erhalten werden

ANMERKUNG 1 Merkmale der Grundgesamtheit werden verwendet, um eine vollständige Grundgesamtheit von Werkstücken zu betrachten.

BEISPIEL 1 Der arithmetische Mittelwert oder die Standardabweichung der Grundgesamtheit von Werkstücken eines globalen individuellen Merkmals sind Merkmale der Grundgesamtheit.

ANMERKUNG 2 Merkmale der Grundgesamtheit sind für GPS-Merkmale nur dann statistisch sinnvoll, wenn der Wert das Ergebnis globaler individueller Merkmale ist.

BEISPIEL 2 Der Durchmesser des kleinsten umschriebenen Zylinders hat für ein vorgegebenes zylindrisches Geometrieelement einen eindeutigen Wert. Daher wird ein Merkmal der Grundgesamtheit, das auf diesem Individuellen Merkmalswert beruht, statistisch sinnvoll sein. Der Zwei-Punkt-Durchmesser für ein bestimmtes zylindrisches Geometrieelement wird, abhängig von den Formabweichungen des Geometrieelements, innerhalb eines Bereichs schwanken. In diesem Fall kann ein Merkmal der Grundgesamtheit nicht aus der Grundgesamtheit von Werten festgelegt werden. Es könnte in diesem Fall möglich sein, ein Merkmal der Grundgesamtheit aus dem Maximalwert des Zwei-Punkt-Durchmessers entlang des Geometrieelements zu ermitteln. In diesem Fall ist das individuelle Merkmal ein globales individuelles Merkmal, das gleich dem maximalen Zwei-Punkt-Durchmesser eines bestimmten Werkstücks ist.

ANMERKUNG 3 Das Merkmal der Grundgesamtheit kann zum Beispiel für die statistische Prozesskontrolle (SPC) verwendet werden.

3.4
Statistik
vollständig vorgegebene Funktion von Zufallsgrößen

BEISPIEL Siehe Tabelle 1. Weitere Informationen finden sich in der Normenreihe ISO 3534.

ANMERKUNG 1 Diese aus ISO 3534-1:2006, 1.8, entnommene Definition ist mit Anmerkungen verbunden, die in dieser Internationalen Norm nicht erneut wiedergegeben werden.

ANMERKUNG 2 In der geometrischen Produktspezifikation sind die verwendeten Zufallsgrößen in den meisten Fällen eindimensional (Skalare). Es gibt auch mehrdimensionale (vektorielle) Zufallsgrößen.

ANMERKUNG 3 Für eine Grundgesamtheit oder eine Stichprobe von einzelnen Merkmalswerten kann mindestens eine Statistik angewendet werden. In der geometrischen Produktspezifikation kann eine Statistik auf einer Grundgesamtheit von lokalen einzelnen Merkmalswerten an einem einzigen Werkstück verwendet werden, oder auf einer Grundgesamtheit von globalen einzelnen Merkmalswerten die einer Grundgesamtheit von Werkstücken entnommen werden.

Tabelle 1 — Nicht erschöpfende Liste von Statistiken

Beschreibung der Statistik	Mathematische Beschreibung nach ISO 3534-1[a]
das Minimum	Minimum (X)
das Maximum	Maximum (X)
der Erwartungswert (Mittelwert)	$\mu = E(X^k) = \frac{1}{n}\sum_{i=1}^{n} X_i^k$, oder $\mu = E\left[g(X)\right] = \int g(X)\mathrm{d}p = \int g(x)\mathrm{d}F(x)$
die Differenz zwischen dem Mittelwert und dem Zielwert (TV)	$\mu - TV$
die Standardabweichung	$\sigma = \sqrt{V(X)}$
die Varianz	$V(X) = E\left[X - E(X)\right]^2$

[a] Wobei X der Merkmalswert ist.

ANMERKUNG 4 Für einige statistische Anwendungen (wie z. B. SPC) kann es notwendig sein, einen „Zielwert" (siehe ISO 7966 und ISO 3534-2) festzulegen.

3.5
berechneter Merkmalswert
lokaler oder globaler individueller Merkmalswert, aus einer Sammlung einer Menge von Werten eines lokalen einzelnen Merkmals mit Hilfe einer Funktion erhalten, ohne die Art des Anfangsmerkmals zu verändern

BEISPIEL 1 Der aus den Werten von drei lokalen einzelnen Merkmalsvektoren erhaltene Normalenvektor ist ein berechneter Merkmalswert, der ein lokales individuelles Merkmal ist (siehe Bild 1).

BEISPIEL 2 Der aus der Grundgesamtheit der Werte des lokalen Durchmessers des Zylinders in einem bestimmten Querschnitt erhaltene Erwartungswert (Mittelwert) ist ein lokaler individueller Merkmalswert.

BEISPIEL 3 Der aus der Grundgesamtheit der Werte des lokalen Durchmessers des Zylinders (unter Berücksichtigung des gesamten Zylinders) erhaltene Erwartungswert (Mittelwert) ist ein globaler individueller Merkmalswert.

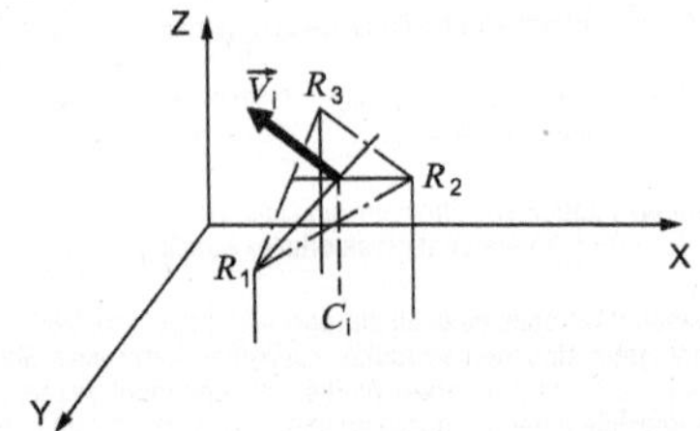

Legende

R_1, R_2, R_3 lokale einzelne Werte des Merkmalsvektors in einem Koordinatensystem

C_i dem Normalenvektor der Oberfläche zugewiesene Koordinaten

$\vec{V}_\mathrm{i}$ Normalenvektor der Oberfläche

Bild 1 — Berechnetes Merkmal, bestehend aus den Winkeln eines Normalenvektors einer Oberfläche, die aus drei Werten eines lokalen einzelnen Merkmals stammen

3.5.1
direktes Merkmal
lokales oder globales Merkmal aus einer einzigen Bewertung abgeleitet

3.5.2
transformiertes Merkmal
lokales oder globales Merkmal, welches das Anfangsmerkmal ändert

3.6
Kombinationsmerkmal
geometrisches Merkmal, erhalten aus einer Sammlung von Werten, die einer Menge von geometrischen Merkmalen unter Verwendung einer Funktion zugeordnet sind

BEISPIEL Das Volumen eines Zylinders kann als ein Kombinationsmerkmal angesehen werden, das eine Funktion von zwei geometrischen Merkmalswerten ist: die Länge und der Durchmesser des Zylinders.

3.7
Wert eines geometrischen Merkmals
geometrischer Merkmalswert
Wert mit Vorzeichen, mit oder ohne eine Einheit, der sich aus einer Auswertung eines geometrischen Merkmals ergibt, quantifiziert an einem Werkstück oder der Grundgesamtheit von Werkstücken

ANMERKUNG Der Merkmalswert ist in den meisten Fällen ein eindimensionaler Wert, kann aber auch multidimensional (vektorieller Wert) sein.

BEISPIEL Lokaler Zwei-Punkt-Durchmesser, globaler kleinster umschriebener Durchmesser, Vektor zur Beschreibung der Lage und Orientierung der Achse einer Bohrung.

3.7.1
Wert eines individuellen Merkmals
Wert mit Vorzeichen, mit oder ohne eine Einheit, der sich aus einer Auswertung eines einzelnen Merkmals ergibt,quantifiziert an einem einzigen Werkstück

3.7.2
Wert eines Merkmals der Grundgesamtheit
Wert mit Vorzeichen, mit oder ohne eine Einheit, der sich aus einer Auswertung eines Merkmals der Grundgesamtheit ergibt, quantifiziert auf der Grundgesamtheit von Werkstücken

ANMERKUNG 1 Durch die Verwendung von Stichproben (statt der gesamten Grundgesamtheit) wird eine Unsicherheit der Probennahme eingeführt (siehe E.4 von ISO/IEC Guide 98-3:2008).

ANMERKUNG 2 Auswertung eines Merkmals der Grundgesamtheit ist ein zweistufiger Prozess:

— Auswertung einer Menge von Ergebnissen eines einzelnen Merkmals;

— statistische Auswertung der Ergebnisse von Schritt 1.

ANMERKUNG 3 Für jeden einzelnen Merkmalswert wird der mit einem vereinfachten Verifikationsoperator erhaltene Wert in der Regel von dem Wert abweichen, der mit einem perfekten Verifikationsoperator erhalten wird. Im Allgemeinen gibt es keine einfache Möglichkeit, um die Schwankung dieser Differenz abzuschätzen und in den meisten praktischen Fällen ist dies einfach unmöglich. Es ist für diese Differenz nicht ungewöhnlich, dass sie von der gleichen Größenordnung wie die Schwankung der Grundgesamtheit ist. Die Schwankung in der Differenz kann die ermittelte Schwankung der Grundgesamtheit vergrößern oder verringern. Da dieser Unterschied sich in der statistischen Berechnung auswirkt und sie in einer so bedeutenden und unvorhersehbaren Art und Weise beeinflusst, ist eine sinnvolle Abschätzung der Unsicherheit der Auswertung der Schwankung eines Merkmals in einer Grundgesamtheit durch einen vereinfachten Verifikationsoperator in der Regel sehr schwierig und in den meisten Fällen unmöglich. Daher ist es nur sinnvoll, Merkmale der Grundgesamtheit in Spezifikationen zu verwenden, die durch Spezifikationsoperatoren ohne Unsicherheit der Methode ausgewertet werden.

BEISPIEL 1 Es ist unmöglich, die Beziehung zwischen der Standardabweichung von Zwei-Punkt-Durchmessem einer Grundgesamtheit von Werkstücken und der Standardabweichung des Durchmessers des kleinsten umschriebenen Zylinders derselben Grundgesamtheit von Werkstücken ohne vollständige Kenntnis der Formabweichungen der Werkstücke und den Positionen der Zwei-Punkt-Durchmesser festzulegen.

BEISPIEL 2 Durchschnittliche Länge einer Grundgesamtheit von Stäben: 5.342 mm (wobei die Länge als der Abstand zwischen zwei parallelen Ebenen definiert ist, zwischen die jeder der Stäbe passt).

3.7.3
Schwankungsmerkmal
Menge von lokalen einzelne Merkmalswerten, aufgezeichnet entlang eines Geometrieelements

ANMERKUNG 1 Ein Schwankungsmerkmal kann oder kann auch nicht auf ein Koordinatensystem bezogen sein.

ANMERKUNG 2 Um eine Kurve der Schwankung der Merkmalswerte zu erhalten, ist es notwendig, ein Koordinatensystem festzulegen.

ANMERKUNG 3 Um die Streuung der Schwankung zu erhalten, ist es nicht notwendig, ein Koordinatensystem festzulegen.

BEISPIEL 1 Der Durchmesser des kleinsten umschriebenen Kreises entlang des Zylinders ist ein lokales individuelles Merkmal. Durch die Berücksichtigung eines Koordinatensystems, verbunden mit der Achse des zugehörigen Zylinders, ist es möglich, die Schwankung dieser lokalen einzelne Merkmalswerte zu verfolgen (siehe Bild 2).

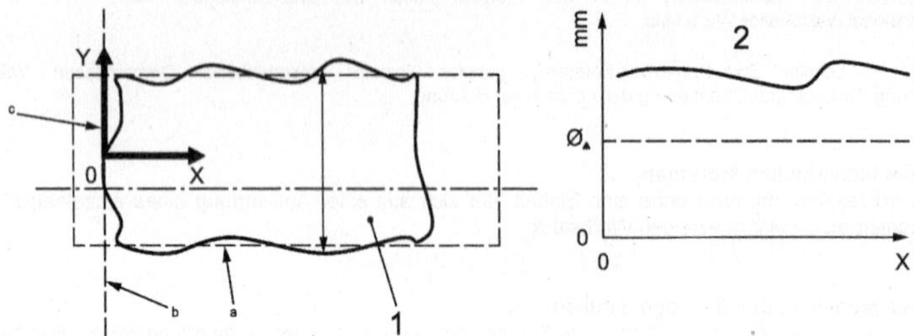

Legende

1 tatsächliches Geometrieelement
2 lokale Merkmalswerte

a zugeordneter Zylinder
b zugeordnete Ebene
c Koordinatensystem

Bild 2 — Beispiel der Kurve der Schwankung der Merkmalswerte, beruhend auf dem Durchmesser des kleinsten umschriebenen Kreises

BEISPIEL 2 Im Falle von Texturmerkmalen kann es notwendig sein, verschiedene Arten von Kurven der Schwankung der Merkmalswerte oder eine Transformation von ihnen zu verwenden (siehe Bild 3).

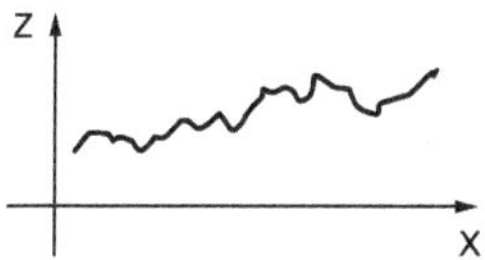

a) Kurve der Schwankung des Stellungsmerkmals zwischen der nicht-idealen integralen Oberfläche und einem Referenzgeometrieelement

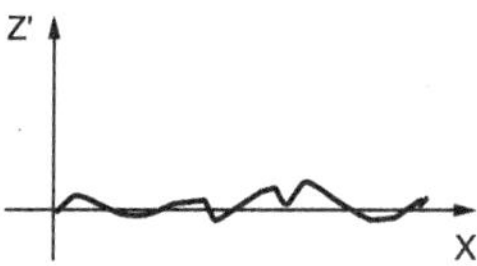

b) Kurve der Schwankung der Merkmalswerte entsprechend der Transformation der Kurve a) durch Anwendung einer Drehung mit einer Zielfunktion nach der Anwendung eines Filters

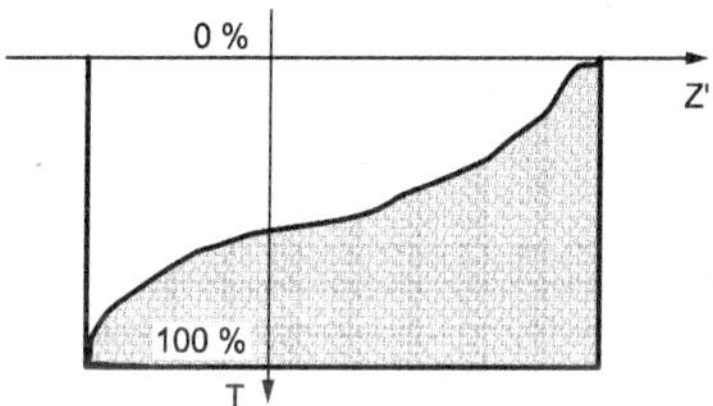

c) Kurve der Verhältnisse entsprechend der Transformation der Kurve b), um den Materialanteil festzulegen

Bild 3 — Beispiele von Kurven der Schwankung von Merkmalswerten

3.7.3.1
Schwankungskurve
Schwankung eines Merkmals, in einem Koordinatensystem dargestellt

ANMERKUNG 1 Eine Schwankungskurve kann ohne eine Transformation oder durch eine mathematische Transformation erhalten werden. Sie kann als direkt oder transformiert qualifiziert werden.

ANMERKUNG 2 Eine Schwankungskurve kann gefiltert sein.

3.8
Grundmerkmal
geometrisches Grundmerkmal
intrinsisches Merkmal oder Stellungsmerkmal

ANMERKUNG 1 Ein Grundmerkmal beinhaltet nicht die Definition von zwischenzeitlich durch Operationen erhaltenen Geometrieelementen.

ANMERKUNG 2 Siehe Anhang B.

3.8.1
intrinsisches Merkmal
Merkmal eines idealen Geometrieelements

[ISO 17450-1:2011, 3.14]

ANMERKUNG 1 Eine Ebene, eine Gerade und ein Punkt haben kein intrinsisches Merkmal.

BEISPIEL Der Durchmesser ist das intrinsische Merkmal eines Zylinders. Ein Torus hat zwei intrinsische Merkmale: Der Durchmesser der Erzeugenden und der Durchmesser der Leitlinie. Ein Zylinder und ein Torus sind Beispiele für Maßelemente. Das Maß des Maßelementes vom Typ Zylinder ist sein Durchmesser. Das Maß des Maßelementes vom Typ Torus ist der Durchmesser der Erzeugenden.

ANMERKUNG 2 Siehe B.2.

3.8.2
Stellungsmerkmal
Merkmal, das die relative Lage oder Orientierung zwischen zwei Geometrieelementen festlegt

[ISO 17450-1:2011, 3.23]

ANMERKUNG 1 Eine Stellungsmerkmal ist ein Orientierungsmerkmal oder ein Lagemerkmal.

ANMERKUNG 2 Siehe B.3.

3.8.2.1
Orientierungsmerkmal
geometrisches Merkmal, das die zugeordnete Orientierung zwischen zwei idealen Geometrieelementen festlegt

ANMERKUNG Siehe B.3.2.

3.8.2.2
Lagemerkmal
geometrisches Merkmal, das die entsprechende Lage zwischen zwei Geometrieelementen festlegt

ANMERKUNG Ein Stellungsmerkmal legt die zugeordnete Lage zwischen zwei idealen Geometrieelementen (siehe B.3.2), zwischen einem Teil eines Geometrieelementes und einem idealen Geometrieelement (siehe B.3.3), zwischen einem nicht-idealen Geometrieelement und einem idealen Geometrieelement (siehe B.3.4) und zwischen zwei nicht-idealen Geometrieelementen (siehe B.3.5) fest.

3.9
GPS-Merkmal
geometrisches Merkmal, das der Mikro- oder Makrogeometrie entsprechend genormt werden soll und quantifiziert werden kann

ANMERKUNG Siehe Abschnitt 5.

3.9.1
Eingangsgeometrieelement
Eingangsgeometrieelement des GPS-Merkmals
Menge eines oder mehrerer Merkmale, aus dem Flächenmodell oder den realen Oberflächen des Werkstücks stammend, die gefiltert sein können und durch die ein GPS-Merkmal festgelegt wird

3.9.1.1
einzelnes Merkmal
einzelnes individuelles Merkmal
geometrisches Merkmal, das die Mikro- oder Makrogeometrie eines Geometrieelements eines einzigen Werkstücks beschreibt

ANMERKUNG 1 Das betrachtete Geometrieelement kann durch eine Sammlung von mehreren Geometrieelementen bestimmt sein, wie zum Beispiel ein Geometrieelement, das aus zwei Geraden gebildet wird oder ein Geometrieelement, das durch vier parallele Zylinder erzeugt wird.

ANMERKUNG 2 Siehe 5.2.1.

3.9.1.2
individuelles Merkmal der Anordnungsbeziehung
einzelnes geometrisches Merkmal, das die geometrischen Stellung (Orientierung, Lage) zwischen mehreren Geometrieelementen beschreibt

ANMERKUNG Siehe 5.2.2.

3.9.1.3
abweichendes Geometrieelement
geometrischen Funktion oder Schwankungskurve, die bei einem intrinsischen Merkmal berücksichtigt wird oder welche die größere Abweichung zwischen den beiden in Betracht gezogenen Geometrieelementen eines Stellungsmerkmals hat

ANMERKUNG Siehe 5.4.

3.9.1.4
Referenzgeometrieelement
geometrische Funktion oder Schwankungskurve, welche die kleinere Abweichung zwischen den beiden in Betracht gezogenen Geometrieelementen eines Stellungsmerkmals hat

ANMERKUNG Siehe 5.4.

3.9.1.5
anliegendes Geometrieelement
ideales Geometrieelement, welches das Geometrieelement simuliert, mit dem ein bestimmtes Geometrieelement an einem Werkstück in Berührung tritt, unter Berücksichtigung der Montage oder irgendeiner virtuellen Geometrie

ANMERKUNG 1 Ein anliegendes Geometrieelement kann nicht allein festgelegt werden.

ANMERKUNG 2 Das anliegende Geometrieelement kann (abhängig von der Funktion) die gleiche Nenngeometrie wie das nominale integrale Geometrieelement besitzen. Siehe Tabelle 2.

ANMERKUNG 3 Ein anliegendes Geometrieelement kann die Orientierung oder Lage eines Werkstücks simulieren, eine Passung simulieren, usw.

ANMERKUNG 4 Es ist manchmal notwendig, die Berührungsfläche zwischen dem integralen Geometrieelement und seinem anliegenden Geometrieelement in Betracht zu ziehen, um das intrinsische Merkmal oder das Merkmal der Anordnungsbeziehung genau festzulegen.

Tabelle 2 — Beispiele von Berührungsflächen zwischen einem Innenzylinder und verschiedenen anliegenden Geometrieelementen

Baugruppe	Anliegendes Geometrieelement mit dem Innenzylinder als betrachtetes Werkstück	Berührungsfläche
Zylinder/Zylinder	Zylinder	Zylinder
Zylinder/Kugel	Kugel	Kreis
Zylinder/Torus	Torus	
Zylinder/Menge von zwei Kugeln	Menge von zwei Kugeln	Zwei Punkte

3.9.2
unabhängiges Merkmal
geometrisches Merkmal, das keinerlei Einfluss auf irgendeine andere geometrische Eigenschaft hat oder durch eine solche beeinflusst wird

ANMERKUNG Siehe 5.5.

3.9.2.1
unabhängiges Formmerkmal
GPS-Merkmal, das die Formabweichung eines nicht-idealen Geometrieelements (das ein abgeleitetes oder integrales Geometrieelement sein kann) als ein Stellungsmerkmal festlegt

ANMERKUNG 1 Das Referenzgeometrieelement ist ein Ersatzgeometrieelement, das aus dem abweichenden Geometrieelement durch eine Zuordnung erhalten wird.

ANMERKUNG 2 Siehe 5.5.2.

3.9.2.2
unabhängiges Merkmal eines Maßes
GPS-Merkmal, welches das Maß eines nicht-idealen Geometrieelements (das ein abgeleitetes oder integrales Geometrieelement sein kann) als ein intrinsisches Merkmal festlegt

ANMERKUNG 1 Das abweichende Geometrieelement ist das Referenzgeometrieelement des unabhängigen Formmerkmals.

ANMERKUNG 2 Siehe 5.5.3.

3.9.2.3
unabhängiges Orientierungsmerkmal
GPS-Merkmal, das die Abweichung der Orientierung zwischen nicht-idealen Geometrieelementen (die abgeleitete oder integrale Geometrieelemente sein können) als ein Stellungsmerkmal festlegt

ANMERKUNG 1 Die abweichenden Geometrieelemente sind die Referenzgeometrieelemente der unabhängigen Formmerkmale jedes der Geometrieelemente.

ANMERKUNG 2 Die Referenzgeometrieelemente sind ideale Geometrieelemente, die aus den abweichenden Geometrieelementen durch eine Zuordnung mit Nebenbedingungen an die Orientierung erhalten werden.

ANMERKUNG 3 Siehe 5.5.4.

3.9.2.4
unabhängiges Lagemerkmal
GPS-Merkmal, das die Abweichung der Lage zwischen nicht-idealen Geometrieelementen (die abgeleitete oder integrale Geometrieelemente sein können) als ein Stellungsmerkmal festlegt

ANMERKUNG 1 Die abweichenden Geometrieelemente sind die Referenzgeometrieelemente des unabhängigen Orientierungsmerkmals.

ANMERKUNG 2 Die Referenzgeometrieelemente sind ideale Geometrieelemente, die aus den abweichenden Geometrieelementen durch eine Zuordnung mit Nebenbedingungen an die Orientierung und Lage erhalten werden.

ANMERKUNG 3 Siehe 5.5.5.

3.9.2.5
ergänzendes Merkmal
Menge von unabhängigen Merkmalen in Bezug auf Form, Maß, Orientierung und Lage

ANMERKUNG Siehe 5.5.

3.9.3
Zonales Merkmal
GPS-Merkmal, das die Abweichung nicht-idealer Geometrieelemente (die abgeleitete oder integrale Geometrieelemente sein können) als ein Stellungsmerkmal vom Typ maximaler Abstand festlegt

ANMERKUNG Siehe 5.6.

3.9.3.1
Zonenformmerkmal
zonales Merkmal, das die Formabweichung eines nicht-idealen Geometrieelements (das ein abgeleitetes oder integrales Geometrieelement sein kann) festlegt

ANMERKUNG 1 Das abweichende Geometrieelement ist das nicht-ideale Geometrieelement selbst oder ein aus diesem durch Filtern gewonnenes Geometrieelement.

ANMERKUNG 2 Das Referenzgeometrieelement ist ein Ersatzgeometrieelement, das aus dem abweichenden Geometrieelement durch eine Zuordnung mit oder ohne Nebenbedingung an das Maß des Geometrieelements erhalten wird.

ANMERKUNG 3 Siehe 5.6.2.

3.9.3.2
Zonenorientierungsmerkmal
zonales Merkmal, das die Abweichung der Orientierung nicht-idealer Geometrieelemente (die abgeleitete oder integrale Geometrieelement sein können) festlegt

ANMERKUNG 1 Die abweichenden Geometrieelemente sind die nicht-idealen Geometrieelemente selbst oder aus diesen durch Filtern (geglättete Geometrieelemente) oder durch Zuordnung (Ersatzgeometrieelemente) gewonnenen Geometrieelemente.

ANMERKUNG 2 Die Referenzgeometrieelemente sind Geometrieelemente, die aus den abweichenden Geometrieelementen durch eine Zuordnung (Ersatzgeometrieelemente) mit Nebenbedingungen an die Orientierung mit oder ohne Nebenbedingung an das Maß der Geometrieelemente erhalten werden.

ANMERKUNG 3 Siehe 5.6.3.

3.9.3.3
Zonenpositionsmerkmal
zonales Merkmal, das die Abweichung der Lage nicht-idealer Geometrieelemente (die abgeleitete oder integrale Geometrieelemente sein können) festlegt

ANMERKUNG 1 Die abweichenden Geometrieelemente sind die nicht-idealen Geometrieelemente selbst oder aus diesen durch Filtern (geglättete Geometrieelemente) oder durch Zuordnung (Ersatzgeometrieelemente) gewonnenen Geometrieelemente.

ANMERKUNG 2 Die Referenzgeometrieelemente sind Geometrieelemente, die aus den abweichenden Geometrieelementen durch eine Zuordnung (Ersatzgeometrieelemente) mit Nebenbedingungen an die Orientierung und Lage mit oder ohne Nebenbedingung an das Maß der Geometrieelemente erhalten werden.

ANMERKUNG 3 Siehe 5.6.4.

3.9.4
Merkmal einer Lehre
GPS-Merkmal, das die Abweichung der integralen oder geglätteten Geometrieelemente als ein Grundmerkmal festlegt, unter Berücksichtigung mindestens eines Kandidatengeometrieelements, das den Eingangsgeometrieelementen zugeordnet ist

ANMERKUNG Siehe 5.7.

3.9.4.1
Maßmerkmal einer Lehre
GPS-Merkmal, das die Größe eines abweichenden Geometrieelements unter Verwendung des entsprechenden anliegenden Geometrieelements bei gegebener simulierter Berührungsfläche des nicht-idealen integralen Geometrieelements oder geglätteten Geometrieelements festlegt

ANMERKUNG 1 In der Mehrzahl der Fälle sind das anliegende Geometrieelement und das integrale Geometrieelement vom selben Typ. Wo dies der Fall ist, gibt es nominell keinen Unterschied zwischen der Berührungsfläche und dem integralen Geometrieelement.

ANMERKUNG 2 Das Maßmerkmal einer Lehre fasst zum Beispiel den Begriff des Durchmessers zugeordneter Zylinder mit dem des lokalen Durchmessers zusammen.

ANMERKUNG 3 Siehe 5.7.2.

3.9.4.2
Schwankungsmerkmal einer Lehre
GPS-Merkmal, das die Abweichung integraler oder geglätteter Geometrieelemente als ein Stellungsmerkmal zwischen einem Referenzgeometrieelement und Kandidatengeometrieelementen festlegt, die den integralen Geometrieelementen mit einem Ziel des Minimums oder Maximums des Stellungsmerkmals zugeordnet sind

ANMERKUNG 1 Das Referenzgeometrieelement ist wesentlich für das Konzept eines Bezugs.

ANMERKUNG 2 Siehe 5.7.3.

3.9.4.3
Lückenmerkmal einer Lehre
GPS-Merkmal, das die Abweichung der integralen oder geglätteten Geometrieelemente als ein Stellungsmerkmal zwischen zwei Orientierungen und / oder Lagen eines Kandidatengeometrieelement festlegt, so dass das Stellungsmerkmal ein Maximum ist

ANMERKUNG Siehe 5.7.4.

3.9.4.4
schwimmende Berührung
Berührung, die tangentiale, normale und rotierende Bewegungen während der normalen Arbeitsweise erlaubt

ANMERKUNG Siehe 5.8.2.

3.9.4.5
gleitende Berührung
Berührung, eingeschränkt durch eine mechanische Wirkung, die nur eine tangentiale Bewegung während der normalen Arbeitsweise erlaubt

ANMERKUNG Siehe 5.8.2.

3.9.4.6
rollende Berührung
Berührung, die nur rotierende Bewegungen während der normalen Arbeitsweise erlaubt

ANMERKUNG Siehe 5.8.2.

3.9.4.7
rollend-gleitende Berührung
Berührung, die tangentiale und rotierende Bewegungen während der normalen Arbeitsweise erlaubt

ANMERKUNG Siehe 5.8.2.

3.9.4.8
feste Berührung
Berührung, eingeschränkt durch eine mechanische Einwirkung und / oder eine induzierte Reibung, die keine Bewegung während der normalen Arbeitsweise erlaubt

ANMERKUNG Siehe 5.8.2.

3.9.4.9
Konfiguration
bestimmte Positionierung der Teile einer Baugruppe ohne Beeinträchtigung zwischen den Teilen

ANMERKUNG Siehe 5.8.3.

3.9.4.10
Untermenge einer Konfiguration
Konfiguration, derart dass sich die Geometrieelemente in fester Berührung in einer vorgegebenen Lage befinden

ANMERKUNG Siehe 5.8.3.

3.9.5
Texturmerkmal
berechnetes Merkmal auf einer Schwankungskurve der Merkmalswerte, das in erster Linie auf einem Teil eines nicht-idealen integralen Geometrieelements festgelegt wurde

ANMERKUNG 1 Die Schwankungskurve der Merkmalswerte kann die Schwankung des Stellungsmerkmals zwischen einem abweichenden Geometrieelement und einem Referenzgeometrieelement oder eine Transformation darstellen.

ANMERKUNG 2 Die Schwankungskurve der Merkmalswerte kann mehrdimensional sein.

4 Allgemeine Darstellung

4.1 Allgemeine Grundsätze der Spezifikationen

Eine GPS-Spezifikation entspricht

a) einer Anforderung:

— auf alle Werkstücke, einzeln genommen: individuelle Spezifikation,

— auf die Grundgesamtheit von Werkstücken, zusammen genommen: Spezifikation der Grundgesamtheit oder

b) einer zusammengesetzten Anforderung, welche die beiden vorhergehenden Arten von Anforderungen miteinander kombiniert.

Im Falle einer einzigen Spezifikation muss die Bedingung auf jeden Merkmalswert angewendet werden.

Dieses Merkmal ist ein Merkmal auf einem Geometrieelement (zum Beispiel das Formmerkmal für eine nominell ebene Fläche) oder zwischen mehreren Geometrieelementen (z. B. das Orientierungsmerkmal zwischen zwei Flächen) (siehe ISO 22432).

ANMERKUNG Dieses Merkmal kann ein globales Merkmal (zum Beispiel der Durchmesser des nach der Methode der kleinsten Quadrate einer nominell zylindrischen Fläche zugeordneten Zylinders) oder eine Funktion eines lokalen Merkmals (Funktion des Zwei-Punkt-Durchmessers einer nominell zylindrischen Fläche) sein.

Im Falle der Spezifikation der Grundgesamtheit muss die Bedingung auf die Grundgesamtheit der Merkmalswerte angewendet werden.

Diese Grundgesamtheit von Merkmalswerten wird aus einer Statistik (besondere Funktion) auf den Merkmalswerten erhalten, die auf der Grundgesamtheit der Werkstücke beobachtet wurden. Das am Werkstück beobachtete individuelle Merkmal muss ein globales Merkmal sein.

4.2 Allgemeiner Grundsatz der Merkmale

Ein geometrisches Merkmal entspricht der Quantifizierung oder Qualifizierung einer oder mehrerer Einschränkungen

— auf einem idealen oder nicht-idealen Geometrieelement (individuelles Merkmal) oder

— zwischen einem idealen oder nicht-idealen Geometrieelement und einem anderen idealen oder nicht idealen Geometrieelement (Merkmal der Anordnungsbeziehung).

Diese Nebenbedingung kann eine Nebenbedingung für ein Maß, eine Oberflächenbeschaffenheit, eine Form, eine Orientierung oder eine Lage sein.

Da das Merkmal mit dem tatsächlichen Werkstück im Zusammenhang steht, können alle Arten von Abweichungen vom Nennmerkmal vorhanden sein.

Das geometrische Merkmal kann als die Beobachtung eines oder mehrerer Parameter eines Geometrieelements angesehen werden:

— Oberflächenbeschaffenheit, Form, Größe bezogen auf das gleiche Nennmerkmal selbst [einzelnes (individuelles) Merkmal];

— Orientierung, Lage eines idealen oder nicht-idealen Geometrieelements aus einem oder mehreren anderen idealen Geometrieelementen (Merkmal der Anordnungsbeziehung).

Das geometrische Merkmal kann es gestatten, folgende freie Parameter eines Geometrieelements unabhängig zu überwachen:

— Oberflächenbeschaffenheit / Freiheit der Form (1 Parameter der Freiheit der Gestalt);

— Freiheit des Maßes (1 Parameter der Freiheit des Maßes);

— Freiheit des Winkels (3 Freiheitsgrade der Rotation)

— Freiheit der Translation (3 Freiheitsgrade der Translation)

Diese grundlegenden Parameter der Freiheit sollten kombiniert werden: d. h. ein geometrisches Merkmal kann die grundlegenden Parameter der Freiheit unabhängig voneinander berücksichtigen.

— Jedes geometrische Nennmerkmal hat eine Anzahl von Invarianzgraden (NID), die nicht eingeschränkt werden können. Die Anzahl der Freiheitsgrade, die eingeschränkt werden können, liegt bei einem Maximalwert von 6 minus der Anzahl der Invarianzgrade dieses Nennmerkmals.

— Unter Berücksichtigung des tatsächlichen Werkstücks oder eines Oberflächenmodells auf einem tatsächlichen Geometrieelement (kein Nenngeometrieelement), kommen zwei weitere Parameter zum Vorschein (Form- und Maßabweichung).

Als Ergebnis sollte ein geometrisches Merkmal durch bis zu 8 Nebenbedingungen minus der Anzahl der Invarianzgrade kontrolliert werden.

Die Merkmale, welche im Bereich der geometrischen Produktspezifikation verwendet werden, sollten unabhängige Merkmale, zonale Merkmale und Merkmale einer Lehre sein, die alle Untergruppen von GPS-Merkmalen sind (siehe Abschnitt 6).

Die GPS-Merkmale werden alle durch Grundmerkmale (siehe Abschnitt 5) beschrieben.

5 Veranschaulichung von GPS-Merkmalen

5.1 Allgemeines

Die GPS-Merkmale ermöglichen die Definition der Abweichungen und der Abmessungen bezüglich der idealen Geometrieelemente. Die Abweichungen werden benannt als

— Textur,

— Form,

— Orientierung und

— Lage.

Die Textur und die Formabweichungen beruhen auf einem nicht-idealen Geometrieelement.

Das Maß ist ein intrinsisches Merkmal, das auf einem nicht-idealen Geometrieelement beruht.

Die Orientierungs- und die Lageabweichungen sind Stellungsmerkmale, die durch zwei nicht-ideale Geometrieelemente errichtet werden.

ANMERKUNG Ein GPS-Merkmal auf einem oder mehreren Eingangsgeometrieelementen erfordert in der Regel die Festlegung anderer Geometrieelemente, die durch Operationen erhalten werden, und wird durch ein Grundmerkmal oder eine Funktion von Grundmerkmalen auf den Geometrieelementen ausgedrückt.

BEISPIEL Eine Formmerkmal für eine nominell ebene Fläche ist ein GPS-Merkmal. Um dieses GPS-Merkmal festzulegen, kann die festgelegte Fläche gefiltert werden und eine Ebene nach einem bestimmten Kriterium zugeordnet werden. Deshalb wird das Formmerkmal als ein Grundmerkmal ausgedrückt, das ein Stellungsmerkmal zwischen einem nicht-idealen Geometrieelement und einem idealen Geometrieelement ist: der maximale Abstand zwischen dem geglätteten Geometrieelement und der Ebene (siehe Bild 4).

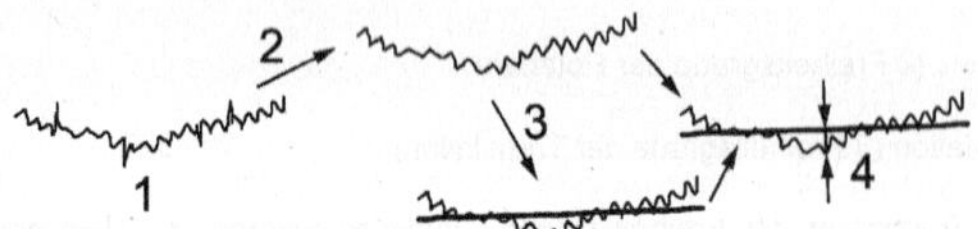

Legende
1 nicht-ideales Geometrieelement
2 Filterung
3 Zuordnung
4 Grundmerkmal

Bild 4 — Beispiel der Festlegung eines GPS-Merkmals

5.2 Einzelne Merkmale und Merkmale der Anordnungsbeziehung

5.2.1 Einzelnes Merkmal

Ein einzelnes (individuelles) Merkmal beschreibt die Mikro- oder Makrogeometrie eines nicht-idealen Geometrieelements. Dies entspricht einem Nennmerkmal; das kann sein

— ein einzelnes Merkmal, wie zum Beispiel eine Ebene oder ein Zylinder,

— ein diskontinuierliches Geometrieelement wie zum Beispiel eine Oberfläche, gebildet aus drei Teilen eines Zylinders (siehe Bild 5), oder

— ein Geometrieelement, durch eine Sammlung von mehreren Geometrieelementen, wie zum Beispiel Ebenen, erhalten (siehe Bild 6).

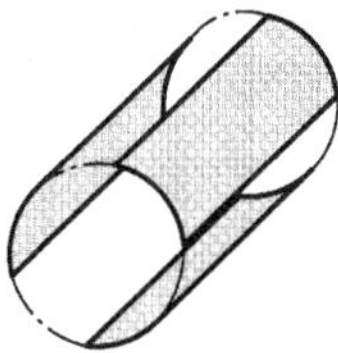

Bild 5 — Diskontinuierliches Geometrieelement, gebildet aus drei Teilen eines Zylinders

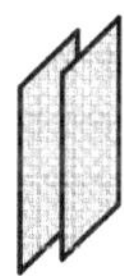

Bild 6 — Geometrieelement, durch eine Sammlung von zwei Ebenen erhalten

Das Grundmerkmal fasst ein Texturmerkmal, ein Formmerkmal und ein Merkmal eines Maßes zusammen.

BEISPIEL 1 Veranschaulichung eines lokalen Merkmals unter Berücksichtigung der Festlegung eines Texturmerkmals auf einer nominell geraden Linie (siehe Bild 7). Das Texturmerkmal wird aus der Schwankungskurve (lokale Merkmalswerte) oder aus einer Transformation dieser Kurve berechnet.

BEISPIEL 2 Formmerkmal einer nominell ebenen Fläche (siehe Bild 8).

BEISPIEL 3 Durchmesser einer nominell zylindrischen Fläche (siehe Bild 9).

BEISPIEL 4 Winkel einer Fläche, erhalten durch Sammlung von zwei nominell ebenen Flächen (siehe Bild 10).

Bild 7 — Beispiel für eine lokale Abweichung unter Berücksichtigung der Festlegung eines Texturmerkmals auf einer nominell geraden Linie

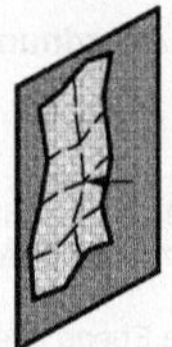

Bild 8 — Formmerkmal einer nominell ebenen Fläche

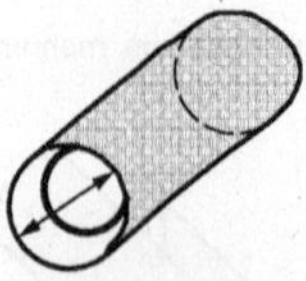

Bild 9 — Durchmesser einer nominell zylindrischen Fläche

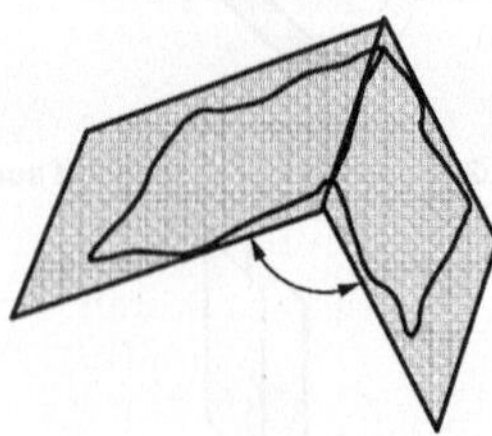

Bild 10 — Winkel einer Fläche, erhalten durch Sammlung von zwei nominell ebenen Flächen

5.2.2 Merkmal der Anordnungsbeziehung

Eine Merkmal der Anordnungsbeziehung beschreibt die Mikro- oder Makrogeometrie von mehreren nicht-idealen Geometrieelementen. Diese Geometrieelemente entsprechen Nennmerkmalen, die sein können

— ein einzelnes Merkmal, wie zum Beispiel eine Ebene oder ein Zylinder,

— ein diskontinuierliches Geometrieelement wie zum Beispiel eine Oberfläche, gebildet aus drei Teilen eines Zylinders oder

— ein Geometrieelement, erhalten durch eine Sammlung von mehreren Geometrieelementen, wie zum Beispiel Ebenen.

Für ein Merkmal der Anordnungsbeziehung muss mehr als ein Geometrieelement in Betracht gezogen werden.

BEISPIEL 1 Rechtwinkligkeit einer nominell geraden Linie in Bezug auf eine andere nominell gerade Linie (siehe Bild 11).

BEISPIEL 2 Lage von zwei nominell parallelen geraden Linien (siehe Bild 12).

BEISPIEL 3 Schwankung der Orientierung einer nominell zylindrischen Fläche (siehe Bild 13).

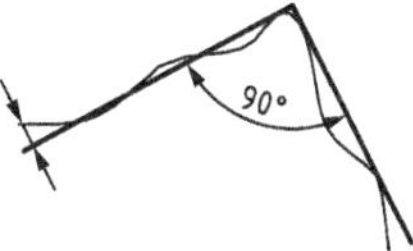

Bild 11 — Rechtwinkligkeit einer nominell geraden Linie mit Bezug auf eine andere nominell gerade Linie

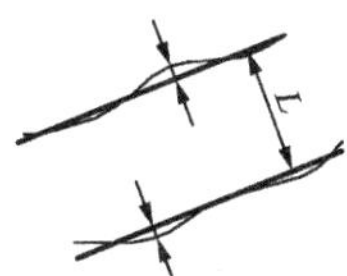

Legende

L betrachteter Abstand

Bild 12 — Lage von zwei nominell parallelen Geraden

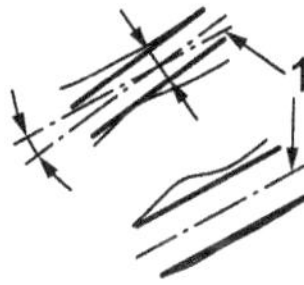

Legende

1 parallel

Bild 13 — Schwankung der Orientierung einer nominell zylindrischen Fläche

5.3 Lokale und globale Merkmale

Beispiele 1 und 2 geben Beispiele von lokalen Merkmalen.

BEISPIEL 1 Der Abstand zwischen einem Punktepaar einer nominellen Kreislinie (siehe Bild 14).

BEISPIEL 2 Der Winkel zwischen zwei Linien auf zwei nominell ebenen Flächen (siehe Bild 15).

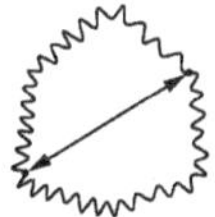

Bild 14 — Abstand zwischen einem Punktepaar einer nominellen Kreislinie

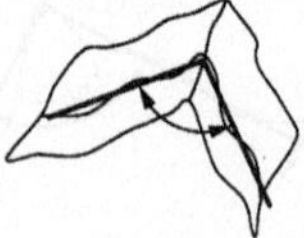

Bild 15 — Winkel zwischen zwei Linien auf zwei nominell ebenen Flächen

Beispiele 3 und 4 sind Beispiele für globale Merkmale.

BEISPIEL 3 Der Mittelwert der Abstände zwischen den Punktepaaren einer nominellen Kreislinie.

BEISPIEL 4 Das Maximum der Winkel zwischen Linienpaaren auf nominell ebenen Flächen.

5.4 Abweichende Geometrieelemente und Referenzgeometrieelemente

Das Grundmerkmal, verwendet um ein GPS-Merkmal auszudrücken, kontrolliert die durch Operationen festgelegten Geometrieelemente. Wenn das Grundmerkmal ein intrinsisches Merkmal ist, kontrolliert es ein abweichendes Geometrieelement. Wenn das Grundmerkmal ein Stellungsmerkmal ist, dann können die beiden Geometrieelemente des Merkmals im Allgemeinen unterschieden werden; in diesem Fall heißt das eine abweichendes Geometrieelement und das andere heißt Referenzgeometrieelement. Das Referenzgeometrieelement ist das Geometrieelement, welches die kleinere Abweichungen bezüglich des nominalen Modells besitzt. Ein Referenzgeometrieelement wird aus einem abweichenden Geometrieelement durch eine oder mehrere Geometrieelementoperationen erhalten.

BEISPIEL Um ein Formmerkmal festzulegen, kann die Oberfläche gefiltert werden und eine Ebene nach einem bestimmten Kriterium zugeordnet werden. Deshalb wird das Formmerkmal durch ein Grundmerkmal ausgedrückt, welches die maximale Entfernung zwischen dem geglätteten Geometrieelement und der Ebene (Stellungsmerkmal zwischen einem nicht-idealen Geometrieelement und einem idealen Geometrieelement) ist. Das geglättete Geometrieelement hat größere Abweichungen als die Ebene, so dass das geglättete Geometrieelement das abweichende Geometrieelement und die Ebene das Referenzgeometrieelement ist (siehe Bild 16).

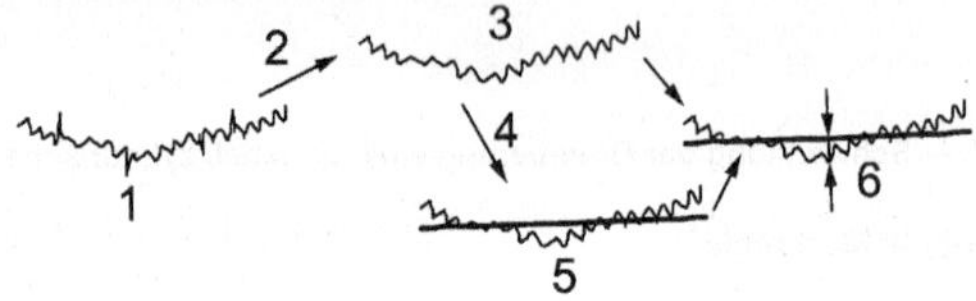

Legende

1 nicht-ideales Geometrieelement
2 Filterung
3 abweichendes Geometrieelement
4 Zuordnung
5 Referenzgeometrieelement
6 Grundmerkmal

Bild 16 — Abweichende Geometrieelemente und Referenzgeometrieelemente

5.5 Unabhängige Merkmale

5.5.1 Allgemeines

Zwei GPS-Merkmale sind unabhängig, wenn die Schwankung eines von ihnen keinen Einfluss auf das andere hat. Eine Gruppe von geometrischen Merkmalen erzeugt ergänzende Merkmale, wenn sie die Begrenzung aller Abweichungen der Geometrieelemente ermöglicht.

Eine Gruppe von ergänzenden und unabhängigen Merkmalen wird durch geometrische Merkmale gebildet, wie zum Beispiel:

- das abweichende Geometrieelement eines Merkmals ist das Referenzgeometrieelement eines anderen Merkmals;
- das Referenzgeometrieelement eines Merkmals (falls vorhanden) wird aus dem abweichenden Geometrieelement des Merkmals durch eine Operation erhalten.

BEISPIEL Die unabhängigen GPS-Merkmale von zwei nominell geraden Linien und einer nominellen Kreislinie (siehe Bilder 17, 18 und 19).

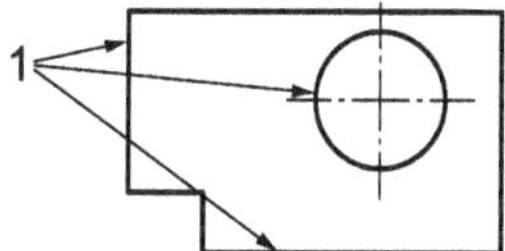

Legende

1 Nennmerkmale

Bild 17 — Nennmerkmale

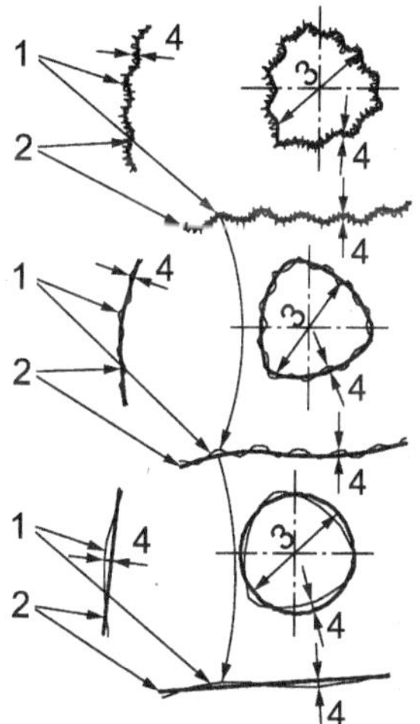

Legende

1 abweichende Geometrieelemente

2 Referenzgeometrieelemente

3 Merkmal eines Maßes

4 Formmerkmale

Bild 18 — Individuelle unabhängige Merkmale

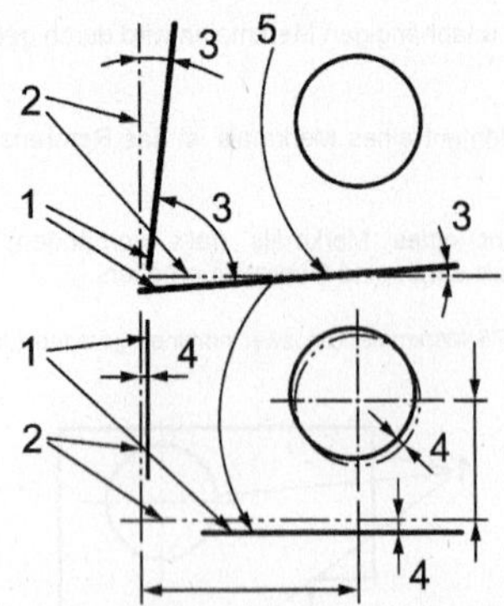

Legende

1 abweichende Geometrieelemente
2 Referenzgeometrieelemente
3 Orientierungsmerkmal
4 Lokalisierungsmerkmal
5 Referenzgeometrieelemente der Formmerkmale

Bild 19 — Unabhängige Merkmale der Anordnungsbeziehung

Die Ergänzung der Merkmale wird durch die Tatsache sichergestellt, dass das abweichende Geometrieelement eines einzigen Merkmals mit dem Referenzgeometrieelement des Merkmals des früheren Ranges übereinstimmt.

Die Unabhängigkeit der Merkmale wird durch die Tatsache sichergestellt, dass das Referenzgeometrieelement eines Merkmals aus dem abweichenden Geometrieelement dieses Merkmal erhalten wird.

5.5.2 Unabhängiges Formmerkmal

Bild 20 zeigt das unabhängige Formmerkmal.

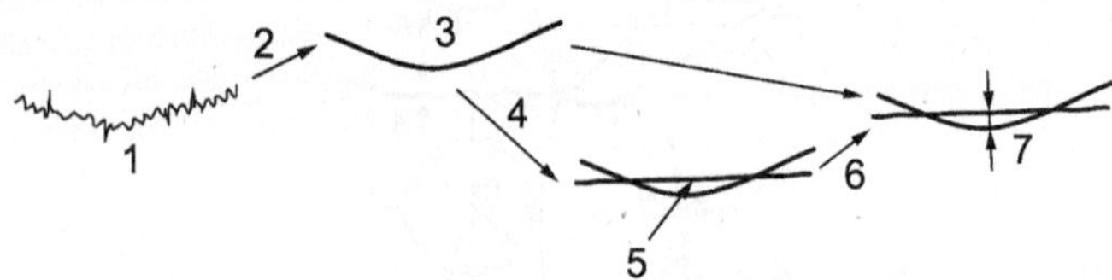

Legende

1 Eingangsgeometrieelement
2 optionale Filterung
3 abweichendes Geometrieelement
4 Zuordnung
5 Referenzgeometrieelement
6 Auswertung
7 Formmerkmal

Bild 20 — Unabhängiges Formmerkmal

Das Formmerkmal ist ein geometrisches Merkmal, welches die Formabweichung festlegt, es kann aber auch Abweichungen der Oberflächenbeschaffenheit einschließen.

Der Wert eines unabhängigen Formmerkmals verändert sich nicht, wenn das nicht-ideale Geometrieelement durch eine Verschiebung transformiert wird. Ein unabhängiges Formmerkmal ist ein Stellungsmerkmal zwischen nicht-idealen und idealen Geometrieelementen: das Referenzgeometrieelement und das abweichende Geometrieelement (siehe Bild 21).

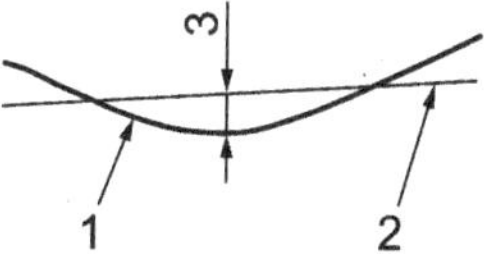

Legende

1 abweichendes Geometrieelement gefiltert oder ungefiltert (nicht-ideales Geometrieelement)
2 zugeordnetes Geometrieelement (ideales Geometrieelement)
3 Formmerkmal

Bild 21 — Unabhängige Formmerkmale einer nominell geraden Linie

Es können verschiedene Zuordnungskriterien gewählt werden. Die Zielfunktion kann zum Beispiel das Tschebyscheff-Kriterium, das Kriterium der kleinsten Quadrate, das Kriterium des kleinsten umschriebenen Elements oder das Kriterium des größten einbeschriebenen Elements sein und das intrinsisches Merkmal kann beschränkt sein. Infolgedessen kann das Formmerkmal unterschiedliche Werte annehmen (siehe Bild 22 und Bild 23).

Bild 22 — Unabhängiges Formmerkmal für eine nominell gerade Linie mit unterschiedlichen Zuordnungskriterien für die korrigierte Linie

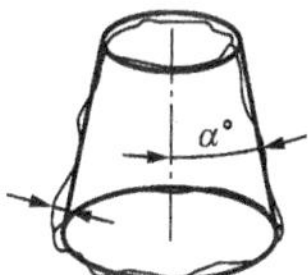

Bild 23 — Unabhängiges Formmerkmal für einen Kegel mit und ohne Nebenbedingung für den Kegelwinkel

5.5.3 Unabhängiges Merkmal eines Maßes

Bild 24 zeigt ein unabhängiges Merkmal eines Maßes.

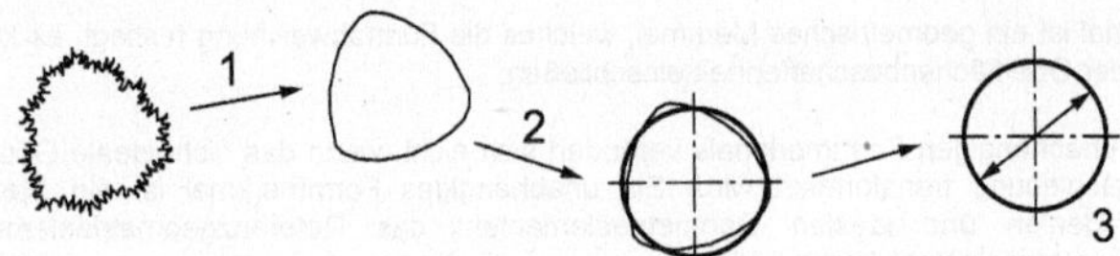

Legende

1 Filterung

2 Zuordnung

3 Merkmal eines Maßes

Bild 24 — Unabhängiges Merkmal eines Maßes

Form- und Maßmerkmale sind unabhängig voneinander und ergänzen sich, wenn das Referenzgeometrieelement des Formmerkmals und das abweichende Geometrieelement des Merkmals eines Maßes miteinander übereinstimmen (siehe Bild 25).

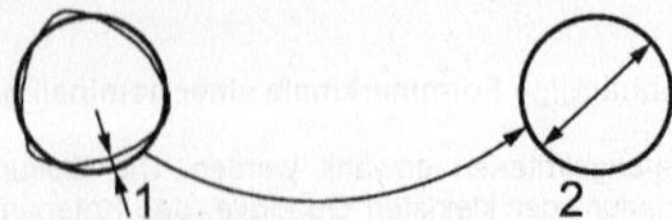

Legende

1 Formmerkmal

2 Merkmal eines Maßes

Bild 25 — Unabhängige und sich ergänzende Form- und Maßmerkmale Merkmale einer nominellen Kreislinie

Der Wert eines Merkmals eines Maßes verändert sich nicht, wenn das nicht-ideale Geometrieelement durch eine Verschiebung transformiert wird.

Das abweichende Geometrieelement ist ideal, d. h. es hat keine Formabweichung (siehe Bild 26).

Bild 26 — Merkmale eines Winkelmaßes und linearen Maßes

Die Zuordnungskriterien haben einen Einfluss auf den Wert eines unabhängigen Merkmals eines Maßes (siehe Bild 27).

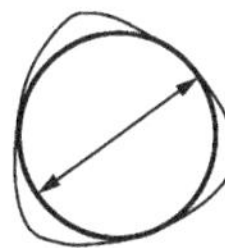

a) Kriterium des größten einbeschriebenen Elements

b) Kriterium der kleinsten Quadrate

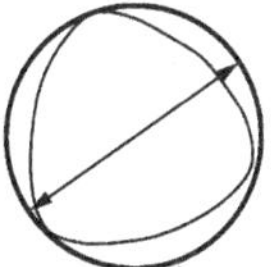

c) Kriterium des kleinsten umschriebenen Elements

Bild 27 — Unabhängiges Merkmal eines Maßes einer nominellen kreisförmigen Linie mit verschiedenen Zuordnungskriterien

5.5.4 Unabhängiges Orientierungsmerkmal

Bild 28 zeigt ein unabhängiges Orientierungsmerkmal.

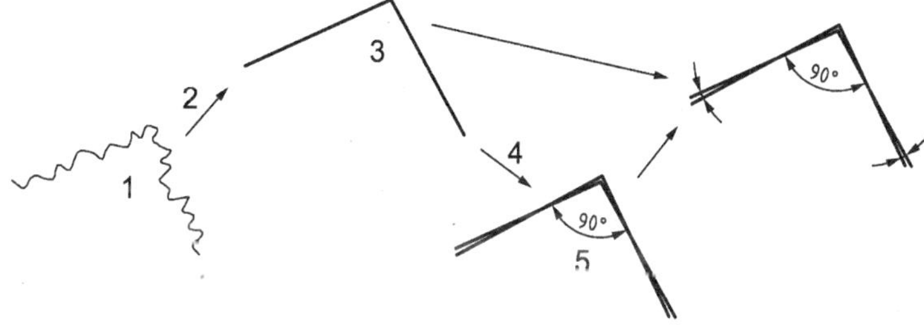

Legende

1 Eingangsgeometrieelemente
2 Filterung und Zuordnung
3 abweichende Geometrieelemente
4 Zuordnung
5 Referenzgeometrieelemente

Bild 28 — Unabhängiges Orientierungsmerkmal

Form- und Orientierungsmerkmale sind unabhängig voneinander und ergänzen sich, wenn die Referenzgeometrieelemente der Formmerkmale und die abweichenden Geometrieelemente des unabhängigen Orientierungsmerkmals für jedes Geometrieelement miteinander übereinstimmen (siehe Bild 29).

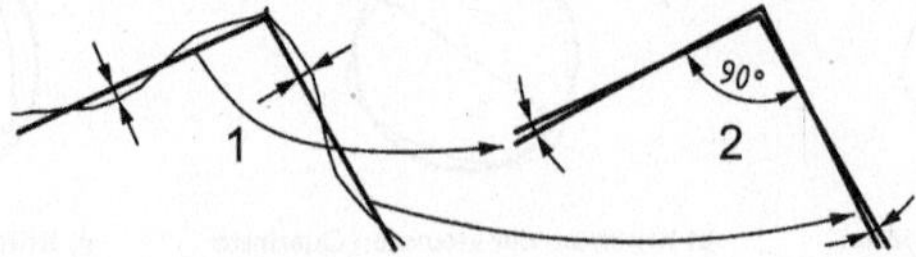

Legende

1 Formmerkmale

2 Orientierungsmerkmale

Bild 29 — Unabhängiges und sich ergänzendes Form- und Orientierungsmerkmal Merkmale von zwei nominell geraden Linien

Ein unabhängiges Orientierungsmerkmal ist ein Merkmal der Anordnungsbeziehung.

Der Wert eines unabhängigen Orientierungsmerkmals verändert sich nicht, wenn die Geometrieelemente durch unterschiedliche Translationen transformiert werden.

Die abweichenden und die Referenzgeometrieelemente sind ideal, d. h. sie besitzen keine Formabweichung und die Referenzgeometrieelemente besitzen keine Orientierunsabweichung.

Die Zuordnungskriterien der abweichenden und der Referenzgeometrieelemente haben einen Einfluss auf den Wert eines unabhängigen Orientierungsmerkmals.

Ein unabhängiges Orientierungsmerkmal kann einen Bezug haben. In diesem Fall ist ein Referenzgeometrieelement identisch mit dem entsprechenden abweichenden Geometrieelement und infolgedessen mit dem Referenzgeometrieelement des unabhängigen Formmerkmals (siehe Bild 30). Das Bezugselement kann sein

— ein einzelnes Merkmal, wie zum Beispiel eine Ebene oder ein Zylinder,

— ein diskontinuierliches Geometrieelement wie zum Beispiel eine Oberfläche, gebildet aus drei Teilen eines Zylinders oder

— ein Geometrieelement, erhalten durch eine Sammlung von mehreren Geometrieelementen, wie zum Beispiel Ebenen.

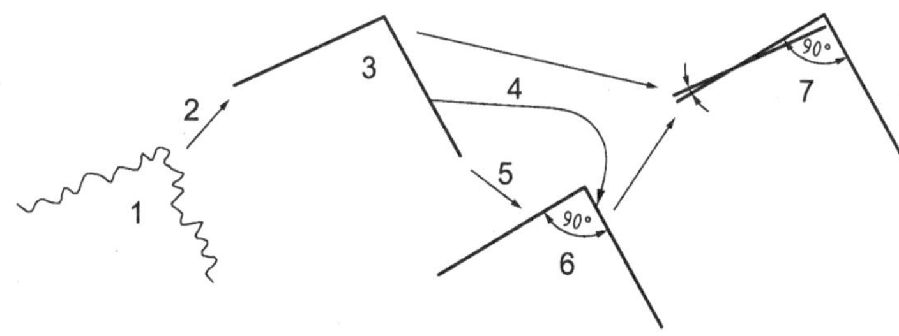

Legende

1 Eingangsgeometrieelemente
2 Filterung und Zuordnung
3 abweichende Geometrieelemente
4 Bezugselemente
5 Zuordnung
6 Referenzgeometrieelemente
7 Orientierungsmerkmal

Bild 30 — Unabhängiges Orientierungsmerkmal mit Bezug von zwei nominell gerade Linien

5.5.5 Unabhängiges Lagemerkmal

Bild 31 zeigt ein unabhängiges Lagemerkmal.

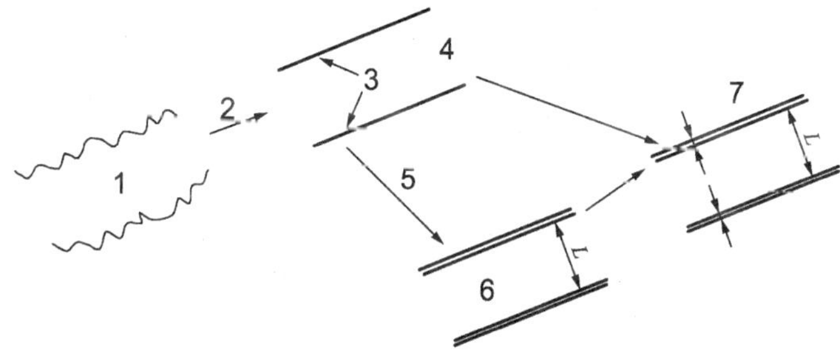

Legende

1 Eingangsgeometrieelemente
2 Filterung und Zuordnung
3 parallel
4 abweichende Geometrieelemente
5 Zuordnung
6 Referenzgeometrieelemente
7 Lagemerkmal
L betrachteter Abstand

Bild 31 — Unabhängiges Lagemerkmal

Ein Orientierungs- und ein Lagemerkmal sind unabhängig voneinander und ergänzen sich, wenn die Referenzgeometrieelemente des unabhängigen Orientierungsmerkmals und das abweichende Geometrieelement des unabhängigen Lagemerkmals für jedes Geometrieelement miteinander übereinstimmen (siehe Bild 32).

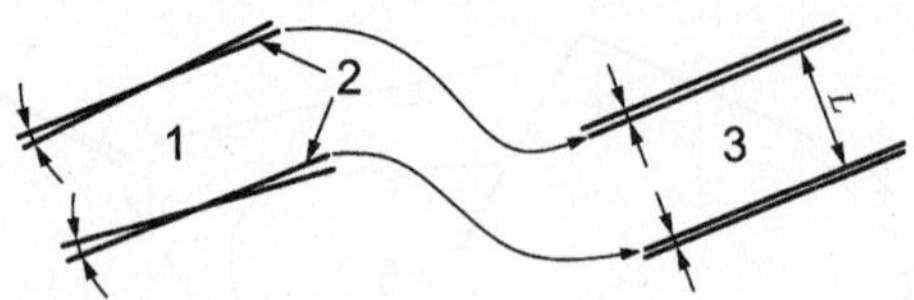

Legende

1 Orientierungsmerkmal
2 parallel
3 Lagemerkmal
L betrachteter Abstand

Bild 32 — Unabhängige und sich ergänzende Orientierungs- und Lagemerkmale von zwei nominell geraden Linien

Das unabhängige Lagemerkmal kann auf ein Geometrieelement anderer Art angewendet werden, zum Beispiel auf eine Ebene und einen Zylinder (siehe Bild 33).

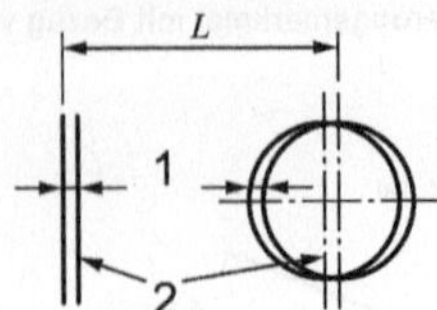

Legende

1 Lagemerkmal
2 parallel
L betrachteter Abstand

Bild 33 — Unabhängiges Lagemerkmal einer Ebene und eines Zylinders

Ein unabhängiges Lagemerkmal ist ein Merkmal der Anordnungsbeziehung.

Die abweichenden und die die Referenzgeometrieelemente sind ideal, d. h. sie besitzen keine Formabweichung und keine Orientierunsabweichung und die Referenzgeometrieelemente haben untereinander keine Orientierunsabweichung.

Die Zuordnungskriterien der abweichenden und der Referenzgeometrieelemente haben einen Einfluss auf den Wert eines unabhängigen Lagemerkmals.

Ein unabhängiges Lagemerkmal kann einen Bezug haben, in welchem Fall ein Referenzgeometrieelement mit dem entsprechenden abweichenden Geometrieelement übereinstimmt und infolgedessen mit dem Referenzgeometrieelement des unabhängigen Orientierungsmerkmals (siehe Bild 34). Das Bezugselement kann sein

— ein einzelnes Merkmal, wie zum Beispiel eine Ebene oder ein Zylinder,

— ein diskontinuierliches Geometrieelement wie zum Beispiel eine Oberfläche, gebildet aus drei Teilen eines Zylinders oder

— ein Geometrieelement, erhalten durch eine Sammlung von mehreren Geometrieelementen, wie zum Beispiel Ebenen.

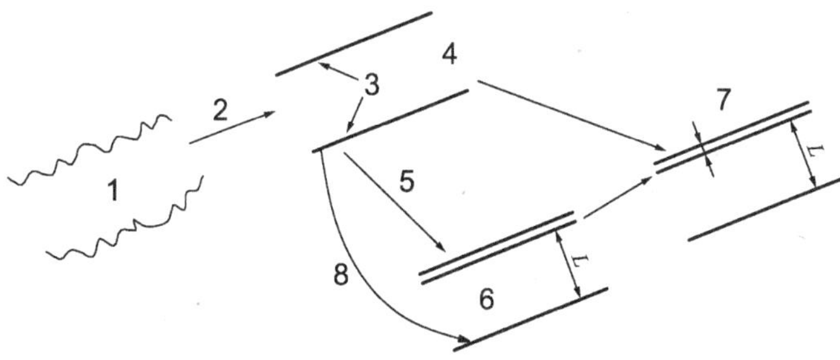

Legende

1 Eingangsgeometrieelemente
2 Filterung und Zuordnung
3 parallel
4 abweichende Geometrieelemente
5 Zuordnung
6 Referenzgeometrieelemente
7 Lagemerkmal
8 Bezug
L betrachteter Abstand

Bild 34 — Unabhängiges Lagemerkmal mit Bezug von zwei nominell geraden Linien

5.6 Zonales Merkmal

5.6.1 Allgemeines

Um zonale Merkmale festzulegen muss eine den Zonen zugeordnete Merkmalsart festgelegt werden.

Ein Gewichtsfaktor, der Position der Punkte auf dem Geometrieelement entsprechend, kann auf die Abstände angewendet werden. Diese Gewichtsfaktoren ermöglichen die Berücksichtigung von Zonen mit veränderlichen Toleranzen.

Ein Versatz kann auf das Geometrieelement oder die Entfernungen angewendet werden. Dieser Versatz erlaubt die Berücksichtigung von nicht-symmetrischen Zonen.

5.6.2 Form der Zone

Bild 35 zeigt ein Zonenformmerkmal.

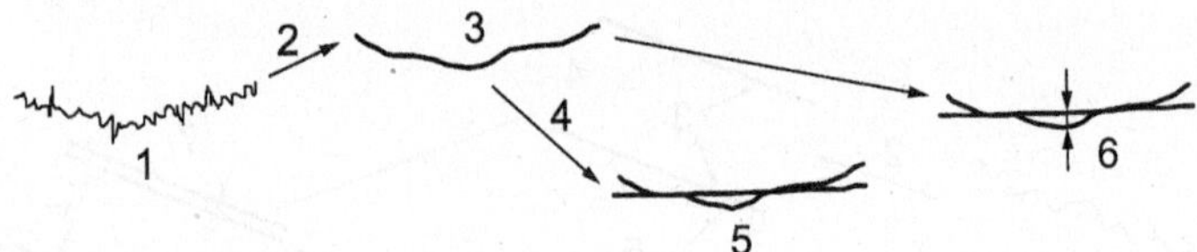

Legende

1 Eingangsgeometrieelemente
2 Filterung
3 abweichende Geometrieelemente
4 Zuordnung
5 Referenzgeometrieelemente
6 Zonenformmerkmal

Bild 35 — Zonenformmerkmal

Das Zonenformmerkmal ist ein geometrisches Merkmal, welches die Formabweichung und die Abweichung der Oberflächenbeschaffenheit einschließt. Der Anteil der Textur im Zonenformmerkmal hängt vom Wert des Verfeinerungsindexes der Filterung und der Art der Filterung ab (siehe Bild 36).

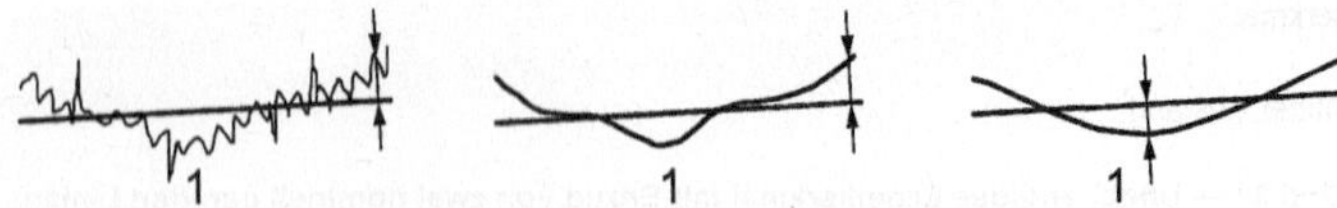

Legende

1 Zonenformmerkmal

Bild 36 — Zonenformmerkmal: Darstellung der Ergebnisse der Verwendung verschiedener Verfeinerungsindizes oder Filterverfahren

Ein Zonenformmerkmal ist ein einzelnes (individuelles) Merkmal.

Der Wert eines Zonenformmerkmals verändert sich nicht, wenn das nicht-ideale Geometrieelement durch eine Verschiebung transformiert wird.

Ein Zonenformmerkmal ist ein Stellungsmerkmal zwischen nicht-idealen und idealen Geometrieelementen.

Das Referenzgeometrieelement ist ideal, d. h. es besitzt keine Formabweichung.

Es können verschiedene Zuordnungskriterien gewählt werden. Die Zielfunktion kann zum Beispiel das Tschebyscheff-Kriterium, das Kriterium der kleinsten Quadrate, das Kriterium des kleinsten umschriebenen Elements oder das Kriterium des größten einbeschriebenen Elements sein und das intrinsisches Merkmal kann beschränkt sein. Folglich kann das Zonenformmerkmal unterschiedliche Werte annehmen.

5.6.3 Orientierung der Zone

Bild 37 zeigt ein Zonenorientierungsmerkmal.

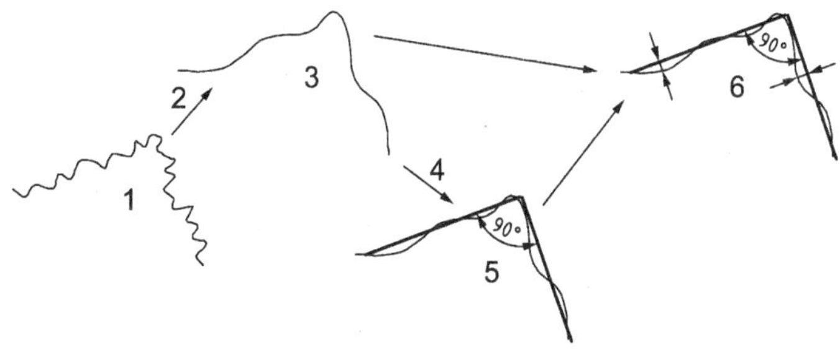

Legende

1 Eingangsgeometrieelemente
2 Filterung
3 abweichende Geometrieelemente
4 Zuordnung
5 Referenzgeometrieelemente
6 Orientierungsmerkmal

Bild 37 — Zonenorientierungsmerkmal

Das Zonenorientierungsmerkmal ist ein geometrisches Merkmal, das eine unabhängige Orientierung und teilweise eine unabhängige Form und Textur einschließt. Der Anteil der Form und Textur im Zonenorientierungsmerkmal hängt von den Typen der abweichenden Geometrieelemente ab (siehe Bild 38).

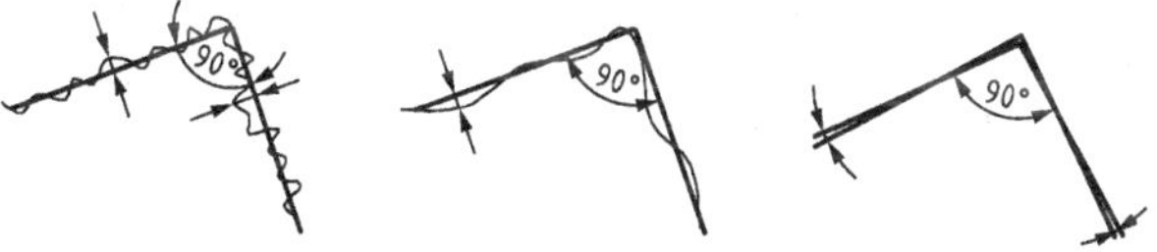

Bild 38 — Zonenorientierungsmerkmal von zwei nominell geraden Linien mit unterschiedlichen abweichenden Geometrieelementen

Bezugselemente dürfen verwendet werden; diese Geometrieelemente werden durch das Grundmerkmal nicht beeinflusst (siehe Bild 39).

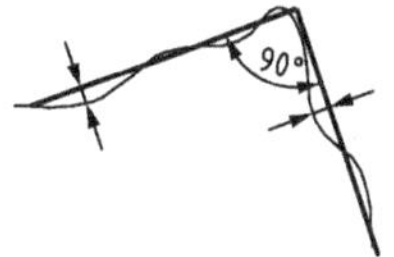

a) ohne Bezugselement

b) mit Bezugselement

Bild 39 — Zonenorientierungsmerkmal von zwei nominell geraden Linien

Ein Zonenorientierungsmerkmal ist ein Merkmal der Anordnungsbeziehung.

Der Wert eines Zonenorientierungsmerkmals verändert sich nicht, wenn die nicht-idealen Geometrieelemente durch Translationen transformiert werden.

Die Referenzgeometrieelemente haben keine Form- und keine Orientierungsabweichungen.

Es können verschiedene Zuordnungskriterien gewählt werden. Die Zielfunktion kann zum Beispiel das Tschebyscheff-Kriterium, das Kriterium der kleinsten Quadrate, das Kriterium des kleinsten umschriebenen Elements oder das Kriterium des größten einbeschriebenen Elements sein und das intrinsisches Merkmal kann beschränkt sein. Folglich kann das Zonenorientierungsmerkmal unterschiedliche Werte annehmen.

5.6.4 Lage der Zone

Bild 40 veranschaulicht ein Zonenpositionsmerkmal.

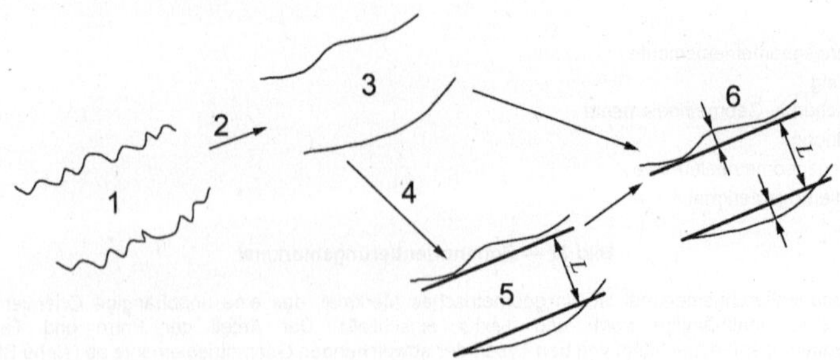

Legende

1 Eingangsgeometrieelemente
2 Filterung
3 abweichende Geometrieelemente
4 Zuordnung
5 Referenzgeometrieelemente
6 Lagemerkmal
L betrachteter Abstand

Bild 40 — Zonenpositionsmerkmal

Das Zonenpositionsmerkmal ist ein geometrisches Merkmal, das eine unabhängige Lage und teilweise eine unabhängige Orientierung, Form und Textur einschließt. Der Anteil der Orientierung, Form und Textur im Zonenpositionsmerkmal hängt vom Typ der abweichenden Geometrieelemente ab (siehe Bild 41).

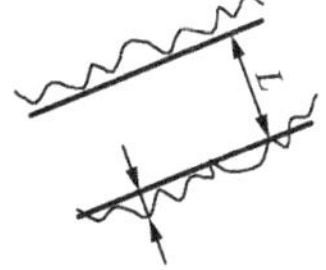

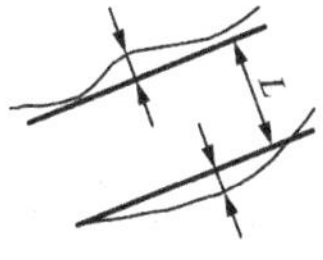

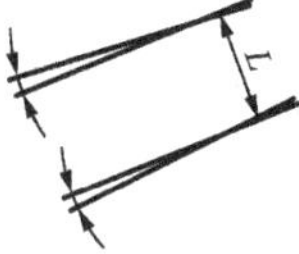

Legende
L betrachteter Abstand

Bild 41 — Zonenpositionsmerkmal für zwei nominell gerade Linien mit unterschiedlichen abweichenden Geometrieelementen

Bezugselemente können verwendet werden; diese Geometrieelemente werden durch das Grundmerkmal nicht beeinflusst (siehe Bild 42).

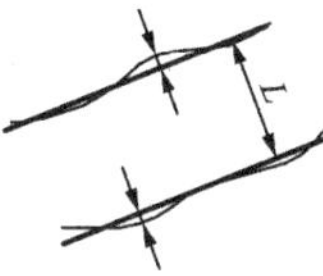

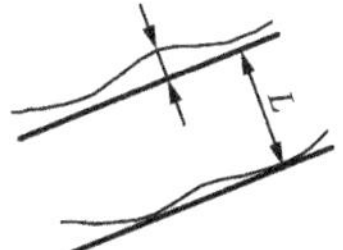

Legende
L betrachteter Abstand

Bild 42 — Zonenpositionsmerkmal für zwei nominell gerade Linien mit und ohne Bezug

Ein Zonenpositionsmerkmal ist ein Merkmal der Anordnungsbeziehung.

Die Referenzgeometrieelemente haben keine Form-, keine Orientierungs- und keine Lageabweichungen.

Es können verschiedene Zuordnungskriterien gewählt werden. Die Zielfunktion kann zum Beispiel das Tschebyscheff-Kriterium, das Kriterium der kleinsten Quadrate, das Kriterium des kleinsten umschriebenen Elements oder das Kriterium des größten einbeschriebenen Elements sein und das intrinsisches Merkmal kann beschränkt sein. Folglich kann das Zonenpositionsmerkmal unterschiedliche Werte annehmen.

5.7 Merkmal einer Lehre

5.7.1 Allgemeines

Um einige Funktionen eines Werkstücks besser ausdrücken zu können, ist die Abweichung von Kandidatengeometrieelementen nützlich. Die Merkmale einer Lehre sind in 5.7.2 bis 5.7.4 definiert.

5.7.2 Maßmerkmal einer Lehre

Besonders für die Montage ist es notwendig, das kleinste und größte Maß eines idealen Geometrieelements, das auf ein bestimmtes Werkstück montiert werden kann, nachzuvollziehen.

Ein Maßmerkmal einer Lehre kann auf ein einziges Geometrieelement angewendet werden (siehe Bild 43).

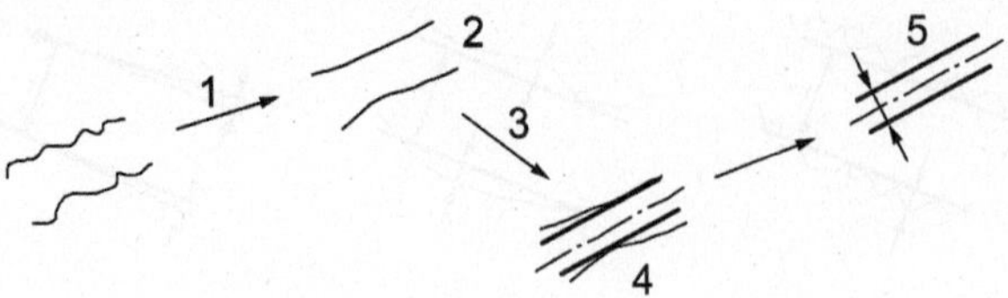

Legende

1 Filterung
2 abweichendes Geometrieelement
3 Zuordnung
4 Referenzgeometrieelement
5 Maßmerkmal einer Lehre

Bild 43 — Maßmerkmal einer Lehre

Das Maßmerkmal einer Lehre ist ein geometrisches Merkmal, das ein unabhängiges Maß und teilweise eine unabhängige Form und Textur einschließt, wenn es auf ein Geometrieelement angewendet wird (siehe Bild 44). Der Anteil der Form und Textur im Maßmerkmal einer Lehre hängt von den Typen der abweichenden Geometrieelemente ab. Wenn es auf mehrere Geometrieelemente angewendet wird, kann es auch eine unabhängige Lage und Orientierung einschließen (siehe Bild 45 und Bild 46).

Bild 44 — Maßmerkmal einer Lehre mit verschiedenen abweichenden Geometrieelementen

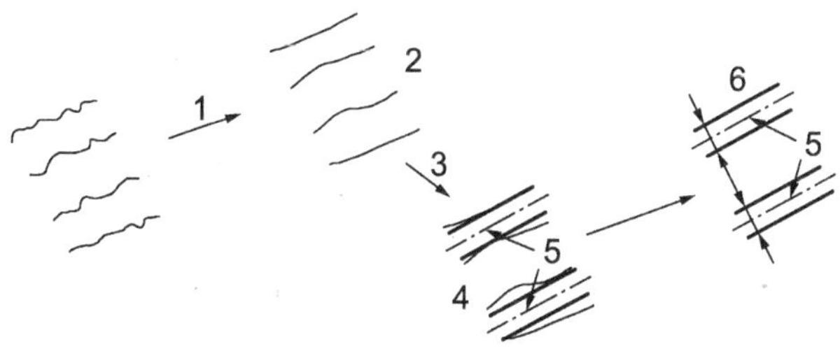

Legende

1 Filterung
2 abweichende Geometrieelemente
3 Zuordnung
4 Referenzgeometrieelemente
5 parallel
6 Maßmerkmal einer Lehre

Bild 45 — Maßmerkmal einer Lehre mit Nebenbedingungen an die Orientierung

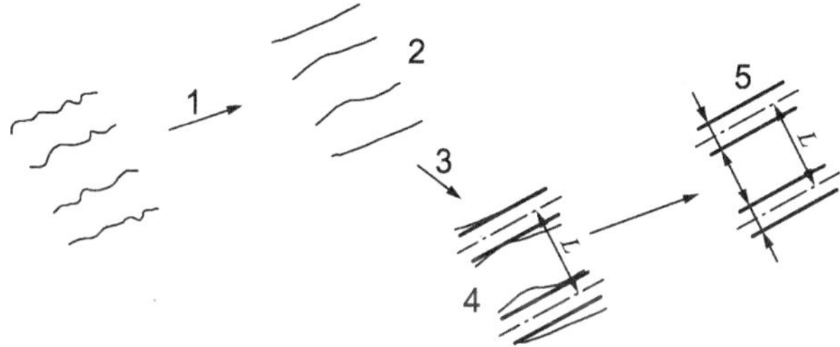

Legende

1 Filterung
2 abweichende Geometrieelemente
3 Zuordnung
4 Referenzgeometrieelemente
5 Maßmerkmal einer Lehre
L betrachteter Abstand

Bild 46 — Maßmerkmal einer Lehre mit Nebenbedingung an die Lage

Bezugselemente können verwendet werden; diese Geometrieelemente werden durch das Grundmerkmal nicht beeinflusst (siehe Bild 47 du Bild 48).

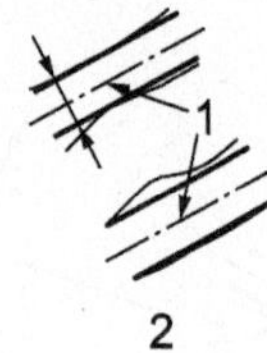

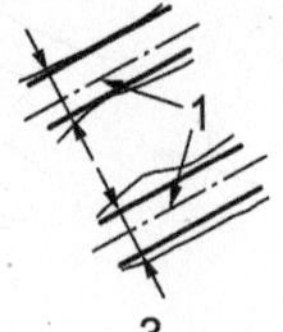

Legende

1 parallel

2 mit Bezugselement

3 ohne Bezugselement

Bild 47 — Maßmerkmal einer Lehre mit Nebenbedingung an die Orientierung

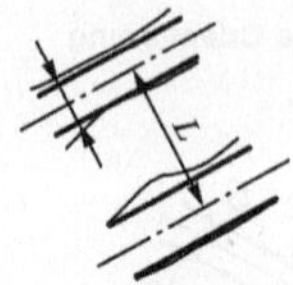

a) Mit Bezugselement

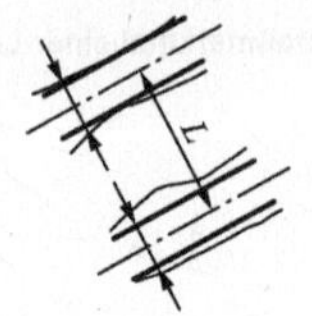

b) Ohne Bezugselement

Legende

L betrachteter Abstand

Bild 48 — Maßmerkmal einer Lehre mit Nebenbedingung an die Lage

5.7.3 Schwankungsmerkmal einer Lehre

Schwankungsmerkmale einer Lehre ermöglichen die Festlegung der möglichen Schwankungen der Orientierung und/oder Lage eines idealen Geometrieelements in Bezug auf die nominale Orientierung oder Lage (siehe Bild 49).

Das Schwankungsmerkmal einer Lehre ist ein geometrisches Merkmal, das eine unabhängige Lage und / oder Orientierung, ein unabhängiges Maß und teilweise eine unabhängige Form und Textur einschließt. Der Anteil der Form und Textur im Zonenformmerkmal hängt vom Typ der abweichenden Geometrieelemente ab (siehe Bild 50 und Bild 51).

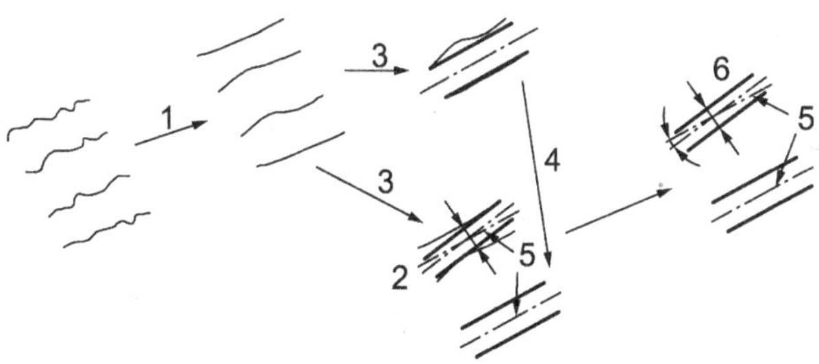

Legende

1 Filterung
2 abweichende Geometrieelemente
3 Zuordnung
4 Bezugselemente
5 parallel
6 Schwankungsmerkmal einer Lehre

Bild 49 — Schwankungsmerkmal einer Lehre mit Nebenbedingung an die Orientierung

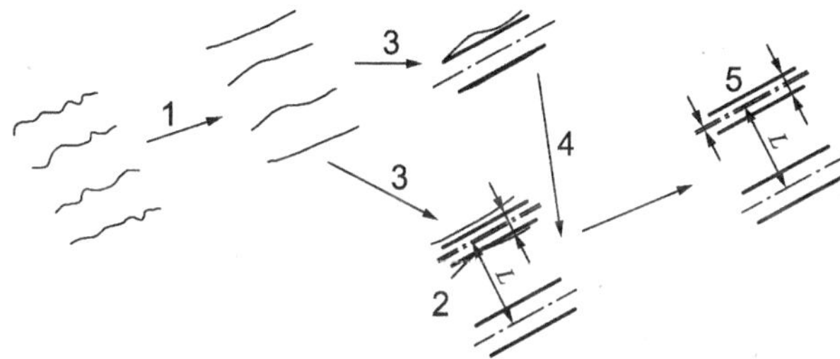

Legende

1 Filterung
2 abweichende Geometrieelemente
3 Zuordnung
4 Bezugselemente
5 Schwankungsmerkmal einer Lehre
L betrachteter Abstand

Bild 50 — Schwankungsmerkmal einer Lehre mit Nebenbedingung an die Lage

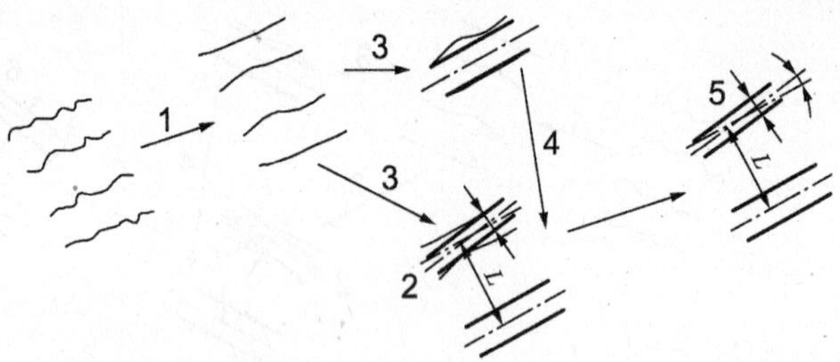

Legende
1 Filterung
2 abweichende Geometrieelemente
3 Zuordnung
4 Bezugselemente
5 Schwankungsmerkmal einer Lehre
L betrachteter Abstand

Bild 51 — Schwankungsmerkmal einer Lehre mit Nebenbedingung an die Lage an einem bestimmten Punkt

5.7.4 Lückenmerkmal einer Lehre

Lückenmerkmale einer Lehre ermöglichen die Festlegung von möglichen Bewegungen bezüglich der Orientierung und/oder Lage eines idealen Geometrieelements.

Ein Lückenmerkmal einer Lehre kann auf ein einzelnes Geometrieelement angewendet werden (siehe Bild 52).

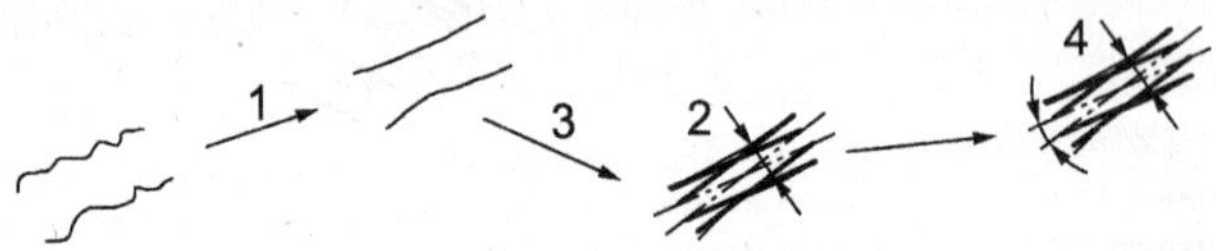

Legende
1 Filterung
2 abweichende Geometrieelemente
3 Zuordnung
4 Lückenmerkmal einer Lehre

Bild 52 — Lückenmerkmal einer Lehre

Das Stellungsmerkmal kann ein Winkel oder eine Strecke sein (siehe Bild 53).

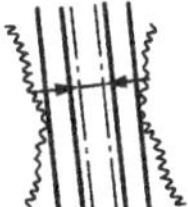

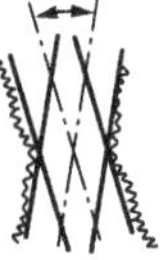

Bild 53 — Lückenmerkmale einer Lehre mit Abstand und mit Winkel

Für einen Abstand können die zwei Lagen des Kandidatengeometrieelements in der Orientierung eingeschränkt werden (siehe Bild 54).

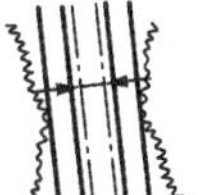

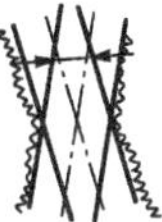

Bild 54 — Lückenmerkmale einer Lehre mit und ohne Nebenbedingung an die Orientierung

Das Lückenmerkmal einer Lehre ist ein geometrisches Merkmal, das ein unabhängiges Maß und teilweise eine unabhängige Form und Textur einschließt, wenn es auf ein Geometrieelement angewendet wird. Der Anteil der Form und Textur im Zonenformmerkmal hängt von den Typen der abweichenden Geometrieelemente ab. Wenn es auf mehrere Geometrieelemente angewendet wird, kann es auch eine unabhängige Lage und Orientierung einschließen (siehe Bild 55).

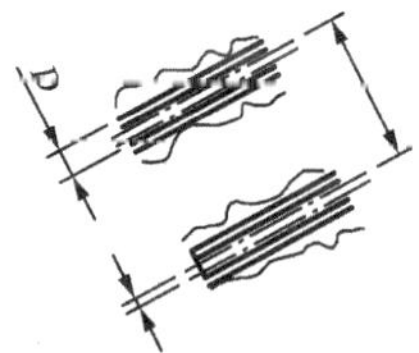

Bild 55 — Lückenmerkmal einer Lehre mit Nebenbedingung an die Lage

Bezugselemente können verwendet werden; diese Geometrieelemente werden durch das Grundmerkmal nicht beeinflusst.

5.8 Merkmal der Baugruppe oder Unterbaugruppe

5.8.1 Allgemeines

Alle Merkmale können nicht nur auf getrennte Werkstücke, sondern auch auf Baugruppen oder Unterbaugruppen angewendet werden. Die geometrische Darstellung der Baugruppe kann eine vollständige oder teilweise sein. Viele oder alle der Teile der Baugruppe können durch eine Darstellung der Kinematik ersetzt werden.

Ein Merkmal einer Baugruppe muss die möglichen Bewegungen in den Verbindungen zwischen den Teilen berücksichtigen. Die Bewegungen sind abhängig von den Freiheitsgraden der Paare und den mechanischen Wirkungen in den Verbindungselementen. Zwei Arten von Bewegungen können in Betracht gezogen werden: tangential und normal zu den Bewegungen des Geometrieelements.

5.8.2 Berührung

Nach den möglichen Bewegungen, können fünf Arten der Berührung ausgewiesen werden (siehe Bild 56).

Art der Berührung	Veranschaulichung	Mögliche verbleibende Freiheitsgrade zwischen zwei Teilen
schwimmende Berührung	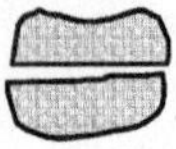	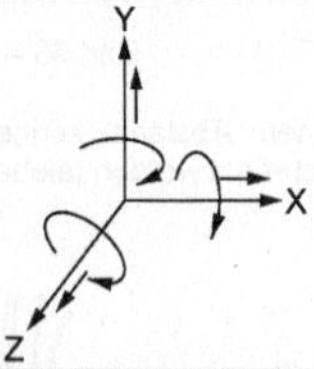 Y X Z
rollende Berührung	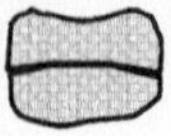	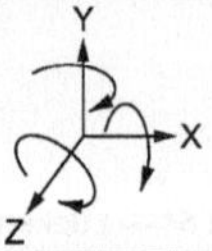 Y X Z
gleitende Berührung	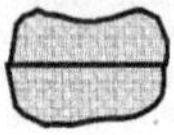	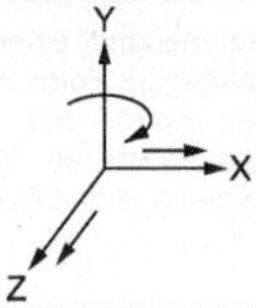 Y X Z
rollend-gleitende Berührung	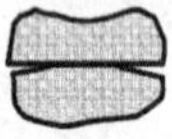	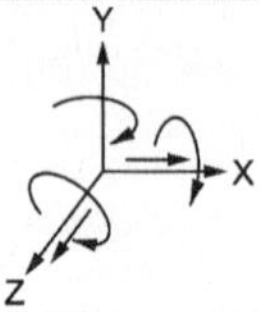 Y X Z
feste Berührung	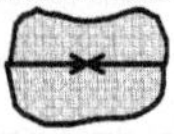	keine

Legende

→ Translation entlang einer Achse

Rotation um eine Achse

Bild 56 — Schwimmende, rollende, gleitende, rollend-gleitende und feste Berührungen

Die Bewegung zwischen zwei Teilen kann aus tangentialen Translationen, einer normalen Translation und Drehungen zusammengesetzt sein.

Die möglichen Bewegungen zwischen den beiden Teilen beschreiben die Berührung. Sie sind mit dem Freiheitsgrad der Beziehung zwischen den Teilen gekoppelt.

Es wird empfohlen, dass die Merkmale der mechanischen Wirkungen festgelegt werden.

BEISPIEL Eine Achsenführung in einem Gehäuse mit einem Deckel. Der Deckel hat ein Ebenenpaar und ein Bohrung-Zylinder-Paar mit dem Gehäuse gemeinsam. Das Ebenenpaar stellt eine feste Berührung dar, da die Abdeckung durch Befestigungselemente am Gehäuse befestigt wird. Die Berührungen der Achse mit dem Gehäuse und dem Deckel sind schwimmende Berührungen (siehe Bild 57).

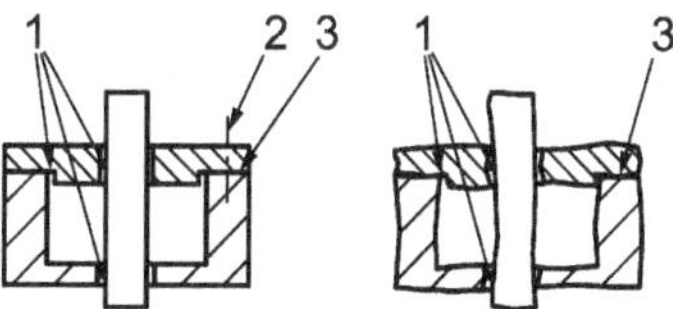

Legende

1 schwimmende Berührung

2 Verbindungselemente

3 feste Berührung

Bild 57 — Schwimmende und feste Berührungen einer Baugruppe

5.8.3 Konfiguration

Bild 58 zeigt verschiedene Arten von Konfigurationen.

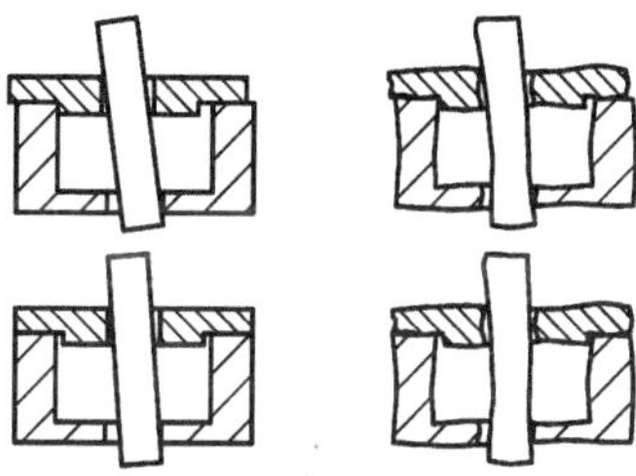

Bild 58 — Konfigurationen

Bild 59 zeigt Konfigurationen einer festen Positionierung.

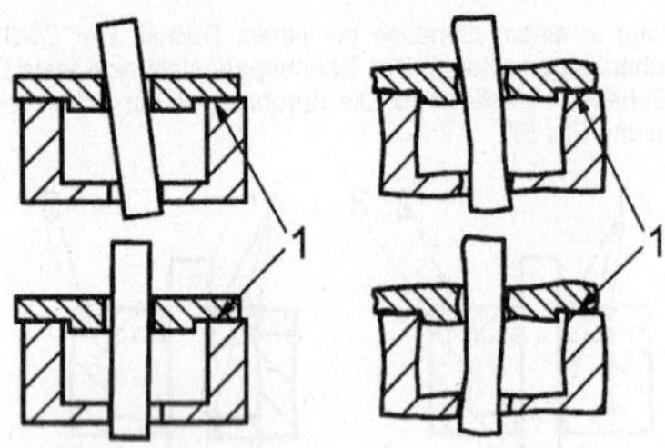

Legende

1 gleiche feste Positionierung

Bild 59 — Konfigurationen einer festen Positionierung

5.8.4 Unabhängiges Merkmal

Eine unabhängiges Merkmal, angewendet auf eine Baugruppe, ist entweder gleich dem Maximum oder dem Minimum des Merkmals unter Berücksichtigung aller Konfigurationen.

BEISPIEL Ein unabhängiges Orientierungsmerkmal einer nominell zylindrischen Fläche und einer nominell ebenen Fläche. Die nominell ebene Fläche wird als Bezug angesehen. Das unabhängige Orientierungsmerkmal ist für jede Konfiguration bestimmt (siehe Bild 60). Das Merkmal der Baugruppe ist zum Beispiel das Maximum der Merkmale aller Konfigurationen.

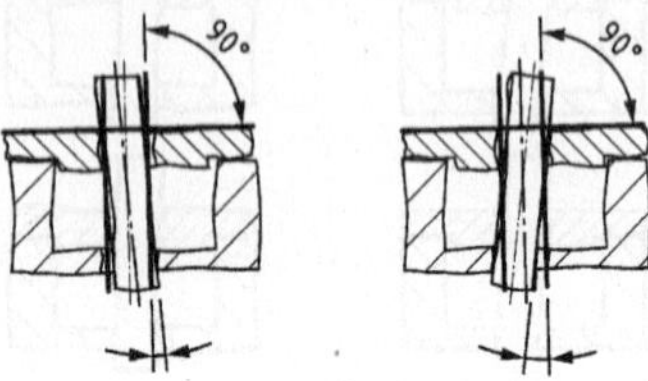

Bild 60 — unabhängiges Orientierungsmerkmal für zwei Konfigurationen

5.8.5 Zonales Merkmal

Ein zonales Merkmal, das auf eine Baugruppe angewendet wird, ist gleich dem Maximum des Merkmals unter Berücksichtigung aller Konfigurationen.

BEISPIEL Ein Zonenformmerkmal einer nominell zylindrischen Fläche. Das Zonenformmerkmal ist für jede Konfiguration bestimmt (siehe Bild 61). Das Merkmal der Baugruppe ist das Maximum der Merkmale aller Konfigurationen.

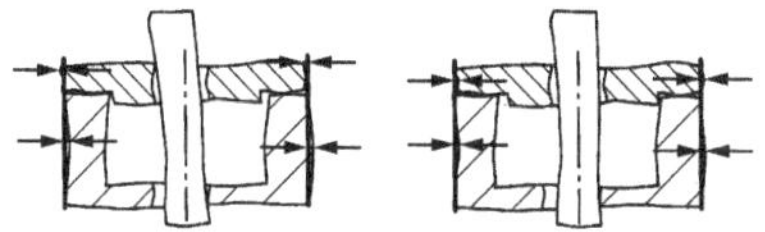

Bild 61 — Zonenformmerkmal für zwei Konfigurationen

5.8.6 Merkmal einer Lehre

5.8.6.1 Maßmerkmal einer Lehre

Ein Maßmerkmal einer Lehre, angewendet auf eine Baugruppe ist entweder gleich

— dem Maximum des Merkmals unter Berücksichtigung aller Konfigurationen oder

— dem Minimum des Merkmals unter Berücksichtigung aller Konfigurationen.

BEISPIEL Ein Maßmerkmal einer Lehre von zwei nominell zylindrischen Oberflächen. Eine der nominell zylindrischen Oberflächen wird als Bezug angesehen. Das Maßmerkmal einer Lehre ist für jede Konfiguration bestimmt (siehe Bild 62). Das Merkmal der Baugruppe ist zum Beispiel das Maximum der Merkmale aller Konfigurationen.

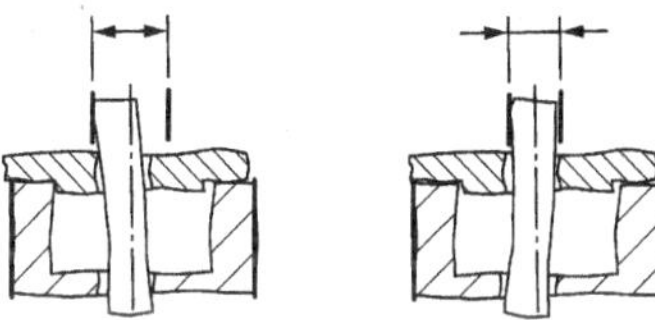

Bild 62 — Maßmerkmal einer Lehre für zwei Konfigurationen

5.8.6.2 Schwankungsmerkmal einer Lehre

Ein Schwankungsmerkmal einer Lehre, angewendet auf eine Baugruppe ist gleich dem Maximum des Merkmals unter Berücksichtigung aller Konfigurationen.

BEISPIEL Ein Schwankungsmerkmal einer Lehre von zwei nominell zylindrischen Oberflächen. Eine der nominell zylindrischen Oberflächen wird als Bezug angesehen. Das Schwankungsmerkmal einer Lehre ist für jede Konfiguration bestimmt (siehe Bild 63). Das Merkmal der Baugruppe ist das Maximum der Merkmale aller Konfigurationen.

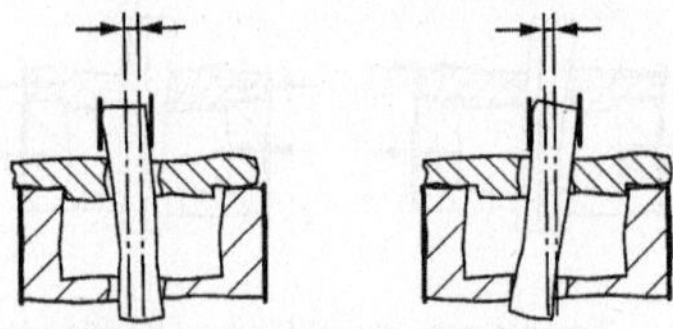

Bild 63 — Schwankungsmerkmal einer Lehre für zwei Konfigurationen

5.8.6.3 Lückenmerkmal einer Lehre

Ein Lückenmerkmal einer Lehre, angewendet auf eine feste Positionierung einer Baugruppe, ist gleich dem Maximum des Grundmerkmals zwischen zwei Konfigurationen der festen Positionierung. Ein festes Teil wird als Bezugsteil angesehen. Das Lückenmerkmal einer Lehre, angewendet auf eine Baugruppe, ist entweder das Maximum oder das Minimum der Merkmale, angewendet auf alle festen Positionierungen.

BEISPIEL Ein Lückenmerkmal einer Lehre einer nominell zylindrischen Fläche und einer nominell ebenen Fläche. Die nominell ebene Fläche wird als Bezug angesehen. Das Lückenmerkmal einer Lehre ist für jede feste Lage bestimmt (siehe Bild 64). Das Merkmal der Baugruppe ist zum Beispiel das Maximum der Merkmale aller festen Lagen.

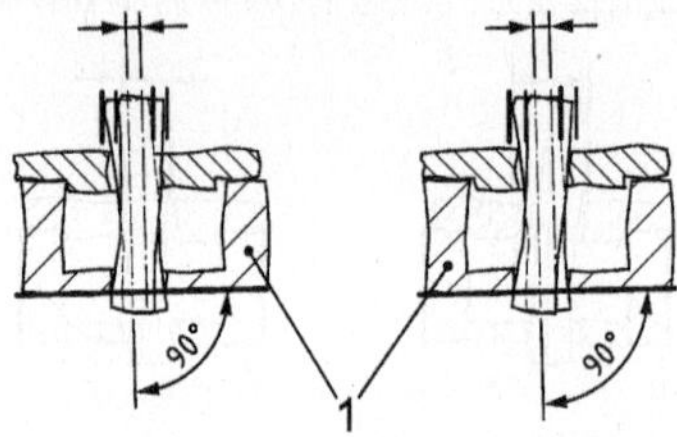

Legende
1 festes Teil

Bild 64 — Lückenmerkmal einer Lehre für zwei feste Lagen

6 Beziehungen zwischen Begriffen im Zusammenhang mit Merkmalen

Die Beziehungen zwischen den verschiedenen für die Merkmale gegeben Definitionen sind in den Tabellen 3, 4 und 5 veranschaulicht.

Tabelle 3 — Zusammenhänge zwischen den Definitionen

<table>
<tr><th>Gesichtspunkt im Zusammenhang mit</th><th>Kennzeichen des Merkmals</th><th>Im Zusammenhang mit</th><th>Kommentare</th></tr>
<tr><td rowspan="9">Bestimmung</td><td>Individuell (3.3.1)</td><td rowspan="2">Stufe der Grundgesamtheit</td><td></td></tr>
<tr><td>Grundgesamtheit (3.3.2)</td><td></td></tr>
<tr><td>Global (3.3.1.2)</td><td rowspan="2">Wahrnehmungs-ebene</td><td></td></tr>
<tr><td>Lokal (3.3.1.1)</td><td></td></tr>
<tr><td>Einzeln (elementar) (3.9.1.1)</td><td rowspan="3">Ebene des Merkmals</td><td></td></tr>
<tr><td>Kombiniert (3.6)</td><td></td></tr>
<tr><td>Transformiert (3.5.2)</td><td></td></tr>
<tr><td>Berechnet (3.5)</td><td rowspan="2">Auswertung</td><td>Festlegung eines Wertes eines geometrischen Merkmals (3.7) oder eines Schwankungsmerkmals (3.7.3)</td></tr>
<tr><td>Direkt (3.5.1)</td><td></td></tr>
<tr><td rowspan="2">Konzept:
Grundmerkmal (3.8)</td><td>Stellung (3.8.2)
Orientierung (3.8.2.1)
Lage (3.8.2.2)</td><td rowspan="2">Typ und Untergruppe</td><td>Zwischen einem abweichenden Geometrieelement (3.9.1.3) und einem Referenzgeometrieelement (3.9.1.4)
Aus einem oder mehreren GPS-Merkmalen (3.9) oder Schwankungskurven (3.7.3.1)</td></tr>
<tr><td>Intrinsisch (3.8.1)</td><td>Auf einem abweichenden Geometrieelement (3.9.1.3)
Aus einem GPS-Merkmal (3.9) oder einer Schwankungskurve (3.7.3.1)</td></tr>
<tr><td>Verwendung bei der Zeichnungseintragung:
GPS-Merkmal (3.9)</td><td>Unabhängig (3.9.2)
Form (3.9.2.1)
Maß (3.9.2.2)
Orientierung (3.9.2.3)
Zone (3.9.3)
Form (3.9.3.1)
Orientierung (3.9.3.2)
Lehre (3.9.4)
Maß (3.9.4.1)
Schwankung (3.9.4.2)
Spalt (3.9.4.3)
Textur (3.9.5)</td><td></td><td></td></tr>
</table>

Tabelle 4 — Beziehung zwischen den Arten von Merkmalen

Art der Merkmale	Untergruppe des Merkmals						
	Textur	**Form**	**Maß**	**Richtung**	**Lage**	**Schwankung**	**Lücke**
Unabhängig	Nicht anwendbar	Anwendbar — Veränderliches intrinsisches Merkmal (Maß) für das Referenzgeometrieelement	Anwendbar — Gleich dem intrinsischen Merkmal (Maß) des Referenzgeometrieelements	Anwendbar	Anwendbar	Nicht anwendbar	Nicht anwendbar
Zone	Nicht anwendbar	Anwendbar — Veränderliches intrinsisches Merkmal (Maß) für das Referenzgeometrieelement	Anwendbar — Festes intrinsisches Merkmal (Maß) für das Referenzgeometrieelement	Anwendbar	Anwendbar	Nicht anwendbar	Nicht anwendbar
Textur	Anwendbar	Nicht anwendbar	Nicht anwendbar	Nicht anwendbar	Nicht anwendbar	Nicht anwendbar	Nicht anwendbar
Lehre	Nicht anwendbar	Nicht anwendbar	Anwendbar — Festes intrinsisches Merkmal (Maß) für das Referenzgeometrieelement	Nicht anwendbar	Nicht anwendbar	Anwendbar — Festes intrinsisches Merkmal (Maß)	Anwendbar — Festes intrinsisches Merkmal (Maß)

BEISPIEL Um ein unabhängiges Formmerkmal (zum Beispiel Zylindrizität) zu erhalten, ist es notwendig, ein Referenzgeometrieelement einem veränderlichen intrinsischen Merkmal (Zylinder mit variablem Durchmesser) zuzuordnen.

Tabelle 5 — Beziehung zwischen individuellen Merkmalen und Eingangsgeometrieelementen

Merkmal	Eingangsgeometrieelement(e)	
Individuelles Merkmal	Abweichendes Geometrieelement	Mit oder ohne Referenzgeometrieelement

Anhang A
(informativ)

Übersichtsdiagramme

Die Bilder A.1 bis A.3 zeigen den Zusammenhang zwischen dem Werkstück und seiner Spezifikation.

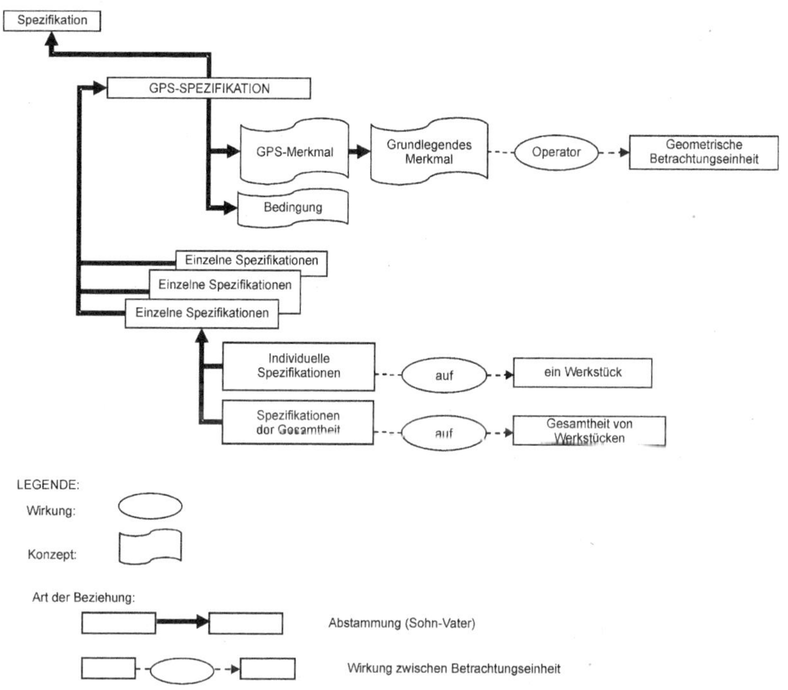

Bild A.1 — Spezifisches Übersichtsdiagramm

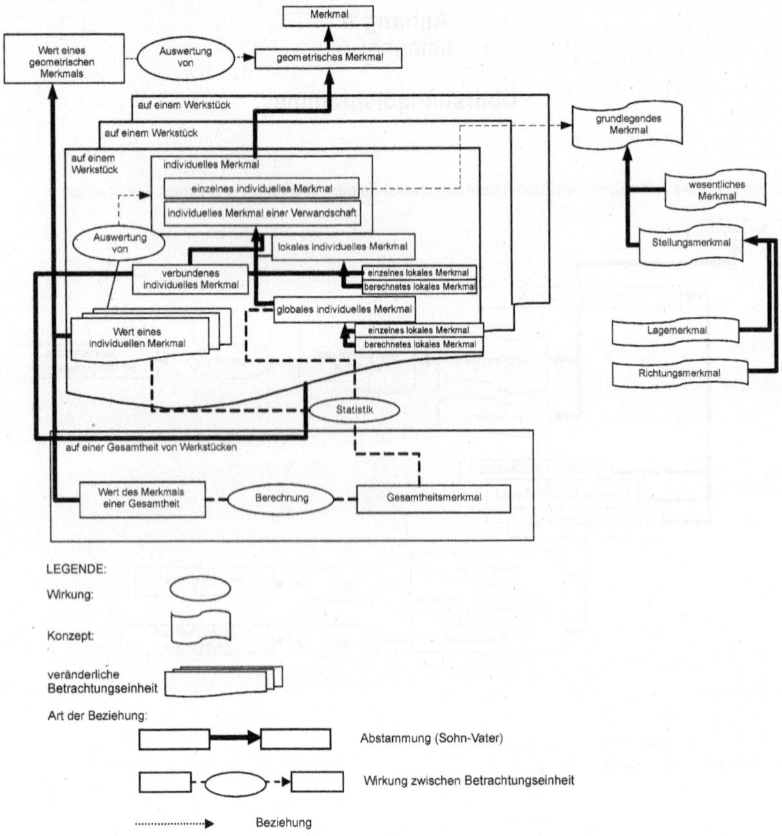

Bild A.2 — Geometrische Merkmale

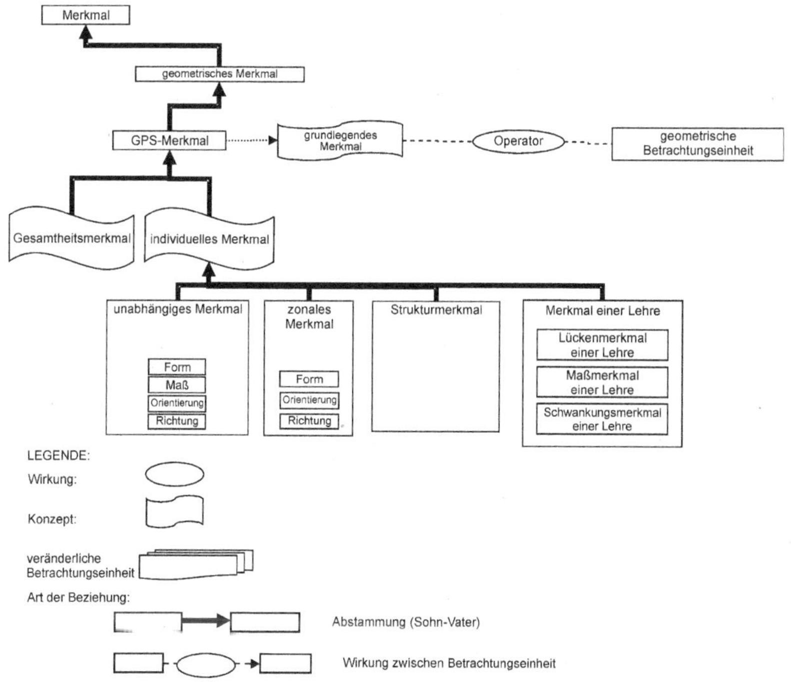

Bild A.3 — GPS-Merkmale

Anhang B
(normativ)

(Geometrisches) Grundmerkmal

B.1 Allgemeines

ISO 17450-1 enthält allgemeine Konzepte für das intrinsische Merkmal und das Stellungsmerkmal, allgemein Grundmerkmal genannt.

Dieser Anhang enthält weitere Einzelheiten über das intrinsische Merkmal und das Stellungsmerkmal.

Grundmerkmale ermöglichen die Festlegung aller individuellen geometrischen Merkmale, die bei GPS-Spezifikationen verwendet werden.

B.2 Intrinsisches Merkmal

Ein intrinsisches Merkmal ist ein geometrisches Merkmal auf einem idealen Geometrieelement, das sein kann

— ein einzelnes Geometrieelement, wie zum Beispiel eine nominell ebene Fläche oder eine nominell zylindrische Fläche,

— ein diskontinuierliches Geometrieelement, wie zum Beispiel eine Oberfläche gebildet aus drei Teilen einer nominell zylindrischen Fläche, oder

— ein Geometrieelement, erhalten durch eine Sammlung von mehreren Geometrieelementen, wie zum Beispiel zwei nominell ebenen Flächen.

BEISPIEL 1 Radius eines Kreises (siehe Bild B.1).

BEISPIEL 2 Durchmesser eines Zylinders (siehe Bild B.2).

BEISPIEL 3 Öffnungswinkel eines Kegels (siehe Bild B.3).

BEISPIEL 4 Winkel aus einer Sammlung von zwei Geraden (siehe Bild B.4).

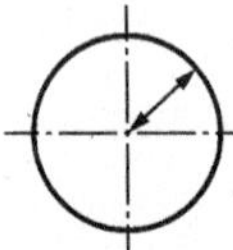

Bild B.1 — Radius eines Kreises

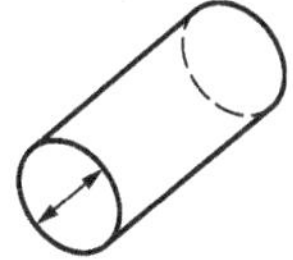

Bild B.2 — Durchmesser eines Zylinders

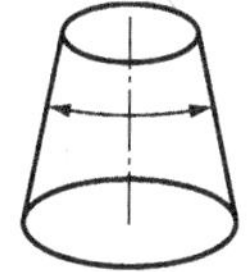

Bild B.3 — Öffnungswinkel eines Kegels

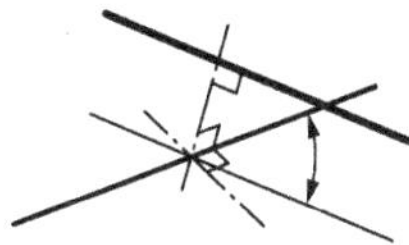

Bild B.4 — Winkel einer Sammlung von zwei Geraden

B.3 Stellungsmerkmal

B.3.1 Allgemeines

Ein Stellungsmerkmal ist zwischen zwei Geometrieelementen definiert.

Die Stellungsmerkmale zwischen zwei Geometrieelementen beruhen auf Funktionen der Abstände der Punkte des einen Geometrieelements vom anderen Geometrieelement (siehe Bild B.5). Es kann zum Beispiel der Mittelwert der Abstände sein.

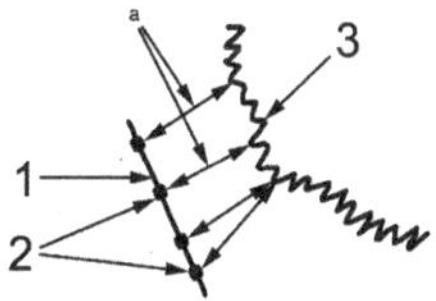

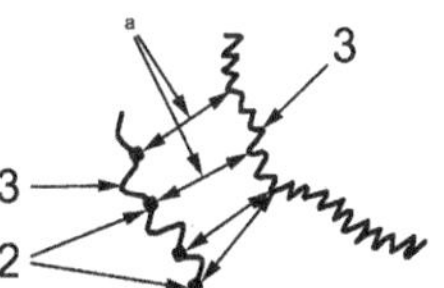

Legende

1 ideales Geometrieelement

2 Punkte

3 nicht-ideales Geometrieelement

[a] Abstand Punkt/Geometrieelement

Bild B.5 — Abstand zwischen zwei Geometrieelementen

Der Abstand muss die kürzeste Entfernung zwischen den beiden Punkten sein (siehe Bild B.6).

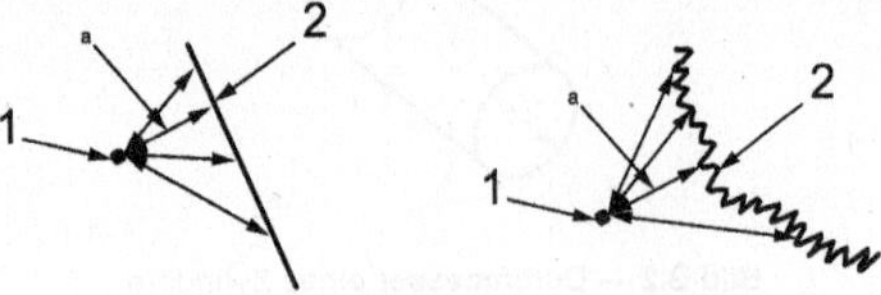

Legende

1 Punkt

2 Geometrieelement

[a] Kleinster Abstand

Bild B.6 — Abstand zwischen einem Punkt und einem Geometrieelement

ANMERKUNG Das Stellungsmerkmal kann sich in Abhängigkeit von der Reihenfolge der in Betracht gezogenen Geometrieelemente ändern. Diese Änderung kann besonders in Fällen offensichtlich sein, in denen die Richtung des Merkmals durch eine Nebenbedingung an die Orientierung geändert wird (siehe Bild B.7).

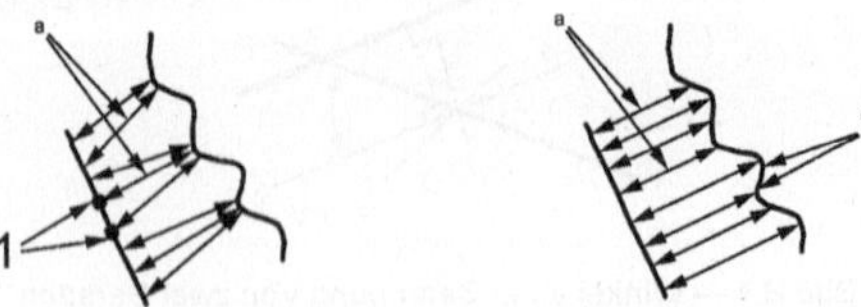

Legende

1 Punkte

[a] Abstand Punkt/Geometrieelement

Bild B.7 — Auswirkung der Änderung der Reihenfolge der in Betracht gezogenen Geometrieelemente

Der Abstand von einem Punkt zu einem Geometrieelement ist positiv. In einigen Fällen ist es möglich, einen vorzeichenbehafteten Abstand festzulegen, der negativ oder positiv sein kann. Das Vorzeichen ist abhängig von der betreffenden Position des Punktes in Bezug auf das Geometrieelement. Im dreidimensionalen Raum kann ein vorzeichenbehafteter Abstand in Bezug auf eine Oberfläche festgelegt werden. In einer Ebene kann ein vorzeichenbehafteter Abstand in Bezug auf eine ebene Kurve festgelegt werden, wobei die eine Seite des Geometrieelements als positiv und die andere als negativ festgelegt ist. Vereinbarungsgemäß ist das Vorzeichen auf die Seite des Materials bezogen (siehe Bild B.8).

Bild B.8 — Vorzeichenbehafteter Abstand von einem Punkt zu einer Geraden (in einer Ebene)

Der Abstand von einem Punkt zu einem Geometrieelement wird in der Regel im dreidimensionalen Raum betrachtet; gleichwohl ist es in manchen Fällen möglich, einen projizierten Abstand festzulegen. Ein projizierter Abstand kann in einer Ebene oder auf einer Gerade festgelegt werden (siehe Bild B.9). Der projizierte Abstand ist gleich dem Abstand zwischen der Projektion des betrachteten Punktes und der Projektion des nächstgelegenen Punktes des Geometrieelements (siehe Bild B.9).

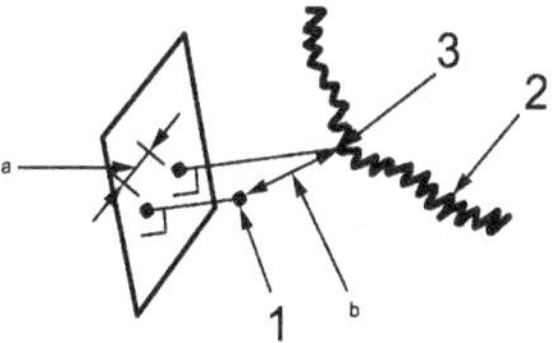

Legende

1 Punkt

2 Geometrieelement

3 nächstgelegener Punkt

[a] projizierter Abstand

[b] kleinster Abstand

Bild B.9 — Projizierter Abstand auf einer Ebene und auf einer Gerade

B.3.2 Stellungsmerkmal zwischen idealen Geometrieelementen

In dem besonderen Fall eines Stellungsmerkmals zwischen Stellungselementen gibt es Winkel (Orientierungsmerkmale) und Abstände (Lagemerkmale).

Für einen Winkel ist das Stellungsmerkmal kommutativ, d. h. die Reihenfolge, in der die beiden Merkmale berücksichtigt werden, hat keinen Einfluss auf den Winkel. Die Winkel sind wie folgt:

— Winkel zwischen 2 Geraden (siehe Bild B.10);

— Winkel zwischen einer Gerade und einer Ebene (siehe Bild B.10);

— Winkel zwischen zwei Ebenen (siehe Bild B.10).

Die Winkel liegen zwischen 0° und 90°. Winkel zwischen 0° und 180° können zwischen zwei Geraden oder zwei Ebenen festgelegt werden. Winkel zwischen –90° und 90° können zwischen einer Gerade und einer Ebene festgelegt werden. Diese werden vorzeichenbehaftete Winkel genannt und sie hängen von der Reihenfolge und der Richtung der Stellungsmerkmale ab (eine Richtung kann durch einen Vektor zu einer Gerade oder einer Ebene in Beziehung stehen).

Der projizierte Winkel mit Bezug auf eine Ebene kann zwischen zwei Geraden festgelegt werden. Der projizierte Winkel ist gleich dem Winkel zwischen den Projektionen der Geraden auf die Projektionsebene.

Für einen Abstand ist das Stellungsmerkmal als der kleinste Abstand der Punkte eines Geometrieelements zum anderen festgelegt. Dieses Merkmal ist kommutativ. Die Abstände sind wie folgt:

— Abstand zwischen zwei Punkten (siehe Bild B.10);

— Abstand zwischen einem Punkt und einer Gerade (Abstand entsprechend der Senkrechten zur Gerade, siehe Bild B.10);

— Abstand zwischen einem Punkt und einer Ebene (Abstand entsprechend der Senkrechten zur Ebene, siehe Bild B.10);

— Abstand zwischen zwei Geraden (Abstand entsprechend der gemeinsamen Senkrechten, siehe Bild B.10);

— Abstand zwischen einer Gerade und einer Ebene (siehe Bild B.10);

— Abstand zwischen zwei Ebenen (siehe Bild B.10);

Abstände haben positive Werte. Ein Vorzeichen (positiv oder negativ) kann dem Abstand zugeordnet werden und in diesem Fall muss dieser vorzeichenbehafteter Abstand genannt werden. Vorzeichenbehaftete Abstände hängen von der Reihenfolge und Richtung der Stellungselemente ab (eine Richtung kann durch einen Vektor einer Gerade oder einer Ebene zugeordnet werden).

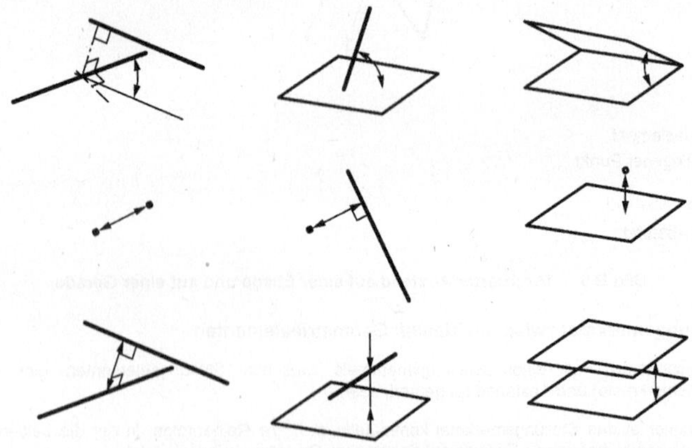

Bild B.10 — Winkel und Abstände

Projizierte Abstände können bezüglich einer Ebene oder einer Gerade festgelegt werden. Ein projizierter Abstand ist gleich dem Abstand zwischen den Projektionen der nächstliegenden Punkte der beiden Geometrieelemente. Die projizierten Abstände sind wie folgt:

— Abstand zwischen zwei Punkten;

— Abstand zwischen einem Punkt und einer Gerade;

— Abstand zwischen einem Punkt und einer Ebene;

— Abstand zwischen zwei Geraden;

— Abstand zwischen einer Gerade und einer Ebene;

— Abstand zwischen zwei Ebenen.

Vereinbarungsgemäß ist das Stellungsmerkmal zwischen idealen Geometrieelementen ein Stellungsmerkmal zwischen Stellungselementen des Geometrieelements.

Wenn jedoch das Stellungsmerkmal zwischen den Oberflächen oder den Linien erforderlich ist, wird das Stellungsmerkmal zwischen idealen Geometrieelementen als eine Funktion der Abstände der Punkte eines der idealen Geometrieelemente zum anderen festgelegt (siehe Bild B.11). Die Funktion kann der größte Abstand, der kleinste Abstand, der quadratische Abstand oder eine andere Funktion sein.

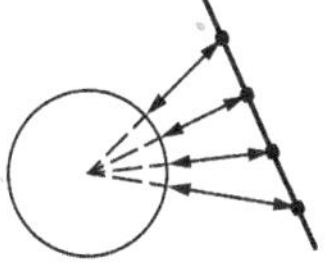

Bild B.11 — Abstände der Punkte einer Gerade zu einem Kreis

ANMERKUNG Diese Funktion der Abstände kann durch intrinsische Merkmale und Stellungsmerkmale zwischen Stellungselementen ausgedrückt werden, insbesondere im Fall des kleinsten Abstandes.

BEISPIEL kleinste Abstand von einer Gerade zu einem Kreis (die koplanar sind) kann als Differenz zwischen dem Abstand der Gerade vom Mittelpunkt des Kreises (Stellungsmerkmal zwischen Stellungselementen) und dem Radius des Kreises (intrinsisches Merkmal) ausgedrückt werden (siehe Bild B.12).

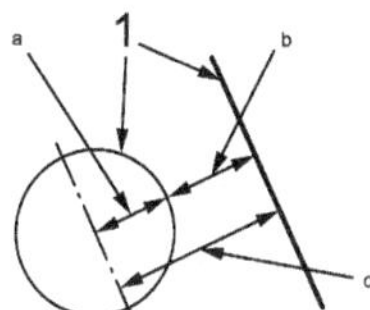

Legende

1 ideales Geometrieelement

[a] intrinsisches Merkmal Radius

[b] kleinster Abstand

[c] Abstand zwischen der Gerade und dem Mittelpunkt des Kreises

Bild B.12 — Kleinster Abstand

B.3.3 Stellungsmerkmal zwischen einem Teil eines Geometrieelements und einem idealen Geometrieelement

Das Stellungsmerkmal zwischen dem Teil des Geometrieelements und dem idealen Geometrieelement ist als eine Funktion der Abstände der Punkte des Geometrieelements zu den Punkten des idealen Geometrieelements festgelegt. Die Funktion sollte der größte Abstand, der kleinste Abstand, der quadratischen Abstand oder eine andere Funktion sein.

BEISPIEL Größter Abstand zwischen einer Strecke und einer Gerade (siehe Bild B.13)

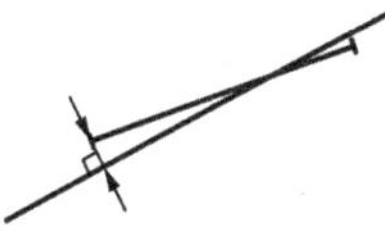

Bild B.13 — Größter Abstand zwischen einer Strecke und einer Gerade

Abstände haben positive Werte. Ein Vorzeichen (positiv oder negativ) kann dem Abstand zugeordnet werden und in diesem Fall muss dieser vorzeichenbehafteter Abstand genannt werden. Diese sind als Funktionen des vorzeichenbehafteten Abstands der Punkte des Teils des Geometrieelements zum idealen Geometrieelement festgelegt. Das Vorzeichen ist abhängig von der betreffenden Position des Punktes in Bezug auf das Geometrieelement.

Die Abstände können in eine Ebene oder auf eine Gerade projiziert werden; sie werden projizierte Abstände genannt und sind als Funktionen der projizierten Abstände der Punkte des Teils des Geometrieelements zum idealen Geometrieelement festgelegt.

B.3.4 Stellungsmerkmal zwischen nicht-idealen und idealen Geometrieelementen

Das Stellungsmerkmal zwischen nicht-idealen und idealen Geometrieelementen ist als eine Funktion der Abstände der Punkte des nicht-idealen Geometrieelements zum idealen Geometrieelement festgelegt. Der betreffende Abstand entspricht dem Abstand in Richtung der Normale, außer wenn der beteiligte Punkt auf dem idealen Geometrieelement ein singulärer Punkt ist (der keine eindeutige Normale besitzt).

BEISPIEL 1 Abstand eines Punktes zu einem idealen Profil mit einem Winkel (siehe Bild B.14).

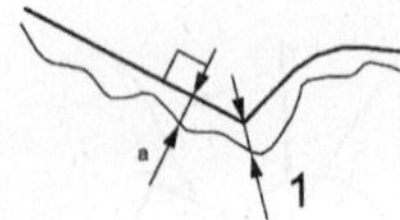

Legende

1 singulärer Punkt

[a] Abstand in Richtung der Normale

Bild B.14 — Abstand in Richtung der Normale und singulärer Punkt ohne Abstand in Richtung der Normale

Dieses Merkmal ist nicht kommutativ. Die Funktion kann der größte Abstand, der kleinste Abstand, der quadratische Abstand oder eine andere Funktion sein.

BEISPIEL 2 Größter Abstand zwischen einer nominell geraden Linie und einer Gerade (siehe Bild B.15).

BEISPIEL 3 Größter Abstand zwischen einer nominell kreisförmigen Linie und einen Kreis (siehe Bild B.15).

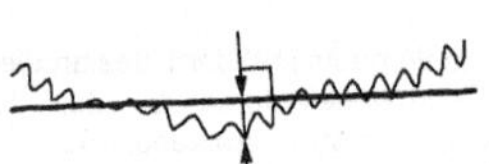

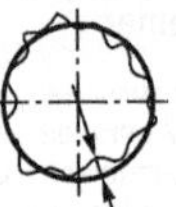

Bild B.15 — Größter Abstand zwischen einer nominell geraden Linie und einer Gerade und größte Entfernung zwischen einer nominell kreisförmigen Linie und einen Kreis

Abstände haben positive Werte. Ein Vorzeichen (positiv oder negativ) kann dem Abstand zugeordnet werden und in diesem Fall muss dieser vorzeichenbehafteter Abstand genannt werden. Diese sind als Funktionen des vorzeichenbehafteten Abstandes der Punkte des nicht-idealen Geometrieelements vom idealen Geometrieelement festgelegt. Das Vorzeichen ist abhängig von der betreffenden Position des Punktes in Bezug auf das Geometrieelement.

Die Abstände können in eine Ebene oder auf eine Geraden projiziert werden und werden projizierte Abstände genannt, die als Funktionen der projizierten Abstände der Punkte des nicht-idealen Geometrieelements vom idealen Geometrieelement festgelegt sind.

B.3.5 Stellungsmerkmal zwischen nicht-idealen Geometrieelementen

Das Stellungsmerkmal zwischen nicht-idealen Geometrieelementen ist als Funktion der Abstände der Punkte eines der Geometrieelemente zum anderen festgelegt. Dieses Merkmal ist nicht kommutativ. Die Funktion kann der größte Abstand, der kleinste Abstand, der quadratische Abstand oder eine andere Funktion sein.

Im Allgemeinen wird eines der Merkmale aus dem Anderen durch eine Filterung erhalten. In diesem Fall ist das Stellungsmerkmal eine Funktion der Abstände der Punkten des am stärksten gefilterten Geometrieelements zum anderen. In einigen Fällen ist es möglich, die Entfernungen entlang einer bestimmten Richtung zu betrachten. Diese Richtung ist normal zu einem Geometrieelement, das durch eine Zuordnung erhalten wird.

BEISPIEL 1 Größter Abstand zwischen zwei nominell geraden Linien [siehe Bild B.16 a)].

BEISPIEL 2 Kleinster Abstand zwischen zwei nominell geraden Linien [siehe Bild B.16 b)].

a) Größter Abstand

b) Kleinster Abstand

Bild B.16 — Größte und kleinste Abstände zwischen zwei nominell geraden Linien

Abstände haben positive Werte. Ein Vorzeichen (positiv oder negativ) kann dem Abstand zugeordnet werden und in diesem Fall muss dieser vorzeichenbehafteter Abstand genannt werden. Diese sind als Funktionen des vorzeichenbehafteten Abstands der Punkte eines der Geometrieelemente zum anderen festgelegt. Das Vorzeichen ist abhängig von der betreffenden Position des Punktes in Bezug auf das Geometrieelement.

Die Abstände können in eine Ebene oder auf eine Geraden projiziert werden und werden projizierte Abstände genannt, die als Funktionen der projizierten Abstände der Punkte des einen Geometrieelements zum anderen festgelegt sind.

Anhang C
(informativ)

Zusammenhänge mit dem GPS-Matrix-Modell

C.1 Allgemeines

Zu den vollständigen Einzelheiten des GPS-Matrix-Modells siehe ISO/TR 14638.

C.2 Informationen über diese Internationale Norm und ihre Verwendung

Diese Internationale Norm legt die allgemeinen Bedingungen und Typen für geometrische Merkmale von Spezifikationen fest.

C.3 Position im GPS-Matrix-Modell

Diese Internationale Norm ist eine allgemeine GPS-Norm, welche alle Kettenglieder der Normenkette in der Matrix allgemeiner GPS-Normen beeinflusst, wie in Bild C.1 graphisch dargestellt.

	Globale GPS-Normen						
	Matrix allgemeiner GPS-Normen						
	Kettengliednummer	**1**	**2**	**3**	**4**	**5**	**6**
GPS-Grundnormen	Maß	X	X	X	X	X	X
	Abstand	X	X	X	X	X	X
	Radius	X	X	X	X	X	X
	Winkel	X	X	X	X	X	X
	Form einer bezugsunabhängigen Linie	X	X	X	X	X	X
	Form einer bezugsabhängigen Linie	X	X	X	X	X	X
	Form einer bezugsunabhängigen Oberfläche	X	X	X	X	X	X
	Form einer bezugsabhängigen Oberfläche	X	X	X	X	X	X
	Richtung	X	X	X	X	X	X
	Lage	X	X	X	X	X	X
	Lauf	X	X	X	X	X	X
	Gesamtlauf	X	X	X	X	X	X
	Bezüge	X	X	X	X	X	X
	Rauheitsprofil	X	X	X	X	X	X
	Welligkeitsprofil	X	X	X	X	X	X
	Primärprofil	X	X	X	X	X	X
	Oberflächenunvollkommenheit	X	X	X	X	X	X
	Kanten	X	X	X	X	X	X

Bild C.1 — Position im GPS-Matrix-Modell

C.4 Betroffene internationale Normen

Die betroffenen internationalen Normen sind diejenigen, welche aus den Kettengliedern der in Bild C.1 gekennzeichneten Normen hervorgehen.

Literaturhinweise

[1] ISO 3534-3, *Statistics — Vocabulary and symbols — Part 3: Design of experiments*

[2] ISO 7966:1993, *Acceptance control charts*

[3] ISO 9000:2005, *Quality management systems — Fundamentals and vocabulary*

[4] ISO/TR 14638, *Geometrical product specification (GPS) — Masterplan*

[5] ISO/IEC Guide 98-3:2008, *Uncertainty of measurement — Part 3: Guide to the expression of uncertainty in measurement (GUM:1995)*

August 2018

DIN ISO 15787

ICS 01.100.20; 01.110; 25.200

Ersatz für
DIN ISO 15787:2010-01

Technische Produktdokumentation – Wärmebehandelte Teile aus Eisenwerkstoffen – Darstellung und Angaben (ISO 15787:2016)

Technical product documentation –
Heat-treated ferrous parts –
Presentation and indications (ISO 15787:2016)

Documentation technique de produits –
Produits ferreux traités thermiquement –
Présentation et indications (ISO 15787:2016)

Gesamtumfang 40 Seiten

DIN-Normenausschuss Werkstofftechnologie (NWT)
DIN-Normenausschuss Technische Grundlagen (NATG)

Inhalt

Seite

Nationales Vorwort

Dieses Dokument beinhaltet die deutsche Übersetzung der Internationalen Norm (ISO 15787:2016), die vom Technischen Komitee ISO/TC 10/SC 6 „Mechanical engineering documentation" erarbeitet wurde, dessen Sekretariat von SAC (China) gehalten wird.

Die zuständigen deutschen Gremien sind die Arbeitsausschüsse NA 145-02-02 AA „Wärmebehandlungsverfahren/Wärmebehandlungsangaben" im DIN-Normenausschuss Werkstofftechnologie (NWT) und NA 152-06-05 AA „Technische Produktdokumentation" im DIN-Normenausschuss Technische Grundlagen (NATG).

Für die in diesem Dokument zitierten internationalen Dokumente wird im Folgenden auf die entsprechenden deutschen Dokumente hingewiesen:

ISO 128-20	siehe DIN EN ISO 128-20
ISO 2639	siehe DIN EN ISO 2639
ISO 4885	siehe DIN EN ISO 4885
ISO 6506-1	siehe DIN EN ISO 6506-1
ISO 6507-1	siehe DIN EN ISO 6507-1
ISO 6508-1	siehe DIN EN ISO 6508-1
ISO 81714-1	siehe DIN EN ISO 81714-1
ISO/TS 8062-2	siehe DIN CEN ISO/TS 8062-2 (DIN SPEC 91184)

ANMERKUNG ISO 2639 wurde ersetzt durch ISO 18203.

Änderungen

Gegenüber DIN ISO 15787:2010-01 wurden folgende Änderungen vorgenommen:

a) Aufnahme der Angabe für beide Zustände des Teils: 1) nach der Wärmebehandlung (vor der Endbearbeitung) und 2) nach der Endbearbeitung (Bild 16 und Bild 30);

b) Aufnahme von Beispielen zur Darstellung der Härtewerte und ihrer Grenzabweichungen (Tabelle 1);

c) Aufnahme von Linientypen zur Angabe von örtlichen Bereichen und ihrer Anwendungen (Tabelle 2);

d) Aufnahme des Linientyps 07.2 („Punktlinie, breit") für aufgekohlte, carbonitrierte, nitrierte oder nitrocarburierte Werkstücke zum Angeben der Bereiche, die nicht wärmebehandelt sein dürfen;

e) Darstellung der Härtewerte, Härtetiefen, Schichtdicken und Grenzabweichungen ersetzt durch deren Werte und Grenzabweichungen (Tabellen 1, 3, 4 und 5);

f) Aufnahme der Kennzeichnung von Schlupfstellen (5.5.2), Aufnahme der Zuordnung Prüfstelle und Nennwert (5.6), Angabe von örtlichen Bereichen (5.7), Oxidschichtdicke (OLT) (5.11), Wärmebehandlungsanweisung (HTO) (5.14), Wärmebehandlungsplan (HTD) (5.15);

g) ehem. Titel „Zeichnungen, die spezifische Angaben zur Wärmebehandlung angeben" geändert in „Wärmebehandlungsbild" (6.4);

h) Unterabschnitt 6.4 „Randschichtschmelzhärten" entfernt;

i) Streichung der Tabellen aus Anhang A;

j) Aufnahme von graphischen Symbolen (Anhang A).

Frühere Ausgaben

DIN 6773: 1967-10, 2001-04
DIN 6773-2: 1977-05
DIN 6773-3: 1976-11
DIN 6773-4: 1977-05
DIN 6773-5: 1977-05
DIN ISO 15787: 2010-01

Nationaler Anhang NA
(informativ)

Literaturhinweise

DIN 17023, *Wärmebehandlung von Eisenwerkstoffen — Wärmebehandlungs-Anweisung (WBA) — Vordruck*

DIN CEN ISO/TS 8062-2 (DIN SPEC 91184), *Geometrische Produktspezifikationen (GPS) — Maß-, Form- und Lagetoleranzen für Formteile — Teil 2: Regeln*

DIN EN ISO 128-20, *Technische Zeichnungen — Allgemeine Grundlagen der Darstellung — Teil 20: Linien, Grundregeln*

DIN EN ISO 2639, *Stahl — Bestimmung und Prüfung der Einsatzhärtungstiefe*

DIN EN ISO 4885, *Eisenwerkstoffe — Wärmebehandlung — Begriffe*

DIN EN ISO 6506-1, *Metallische Werkstoffe — Härteprüfung nach Brinell — Teil 1: Prüfverfahren*

DIN EN ISO 6507-1, *Metallische Werkstoffe — Härteprüfung nach Vickers — Teil 1: Prüfverfahren*

DIN EN ISO 6508-1, *Metallische Werkstoffe — Härteprüfung nach Rockwell — Teil 1: Prüfverfahren*

DIN EN ISO 81714-1, *Gestaltung von graphischen Symbolen für die Anwendung in der technischen Produktdokumentation — Teil 1: Grundregeln*

Vorwort

ISO (die Internationale Organisation für Normung) ist eine weltweite Vereinigung von Nationalen Normungsorganisationen (ISO-Mitgliedsorganisationen). Die Erstellung von Internationalen Normen wird normalerweise von ISO Technischen Komitees durchgeführt. Jede Mitgliedsorganisation, die Interesse an einem Thema hat, für welches ein Technisches Komitee gegründet wurde, hat das Recht, in diesem Komitee vertreten zu sein. Internationale Organisationen, staatlich und nicht-staatlich, in Liaison mit ISO, nehmen ebenfalls an der Arbeit teil. ISO arbeitet eng mit der Internationalen Elektrotechnischen Kommission (IEC) bei allen elektrotechnischen Themen zusammen.

Die Verfahren, die bei der Entwicklung dieses Dokuments angewendet wurden und die für die weitere Pflege vorgesehen sind, werden in den ISO/IEC-Direktiven, Teil 1 beschrieben. Im Besonderen sollten die für die verschiedenen ISO-Dokumentenarten notwendigen Annahmekriterien beachtet werden. Dieses Dokument wurde in Übereinstimmung mit den Gestaltungsregeln der ISO/IEC-Direktiven, Teil 2 erarbeitet (siehe www.iso.org/directives).

Es wird auf die Möglichkeit hingewiesen, dass einige Elemente dieses Dokuments Patentrechte berühren können. ISO ist nicht dafür verantwortlich, einige oder alle diesbezüglichen Patentrechte zu identifizieren. Details zu allen während der Entwicklung des Dokuments identifizierten Patentrechten finden sich in der Einleitung und/oder in der ISO-Liste der empfangenen Patenterklärungen (siehe www.iso.org/patents).

Jeder in diesem Dokument verwendete Handelsname wird als Information zum Nutzen der Anwender angegeben und stellt keine Anerkennung dar.

Eine Erläuterung der Bedeutung ISO-spezifischer Benennungen und Ausdrücke, die sich auf Konformitätsbewertung beziehen, sowie Informationen über die Beachtung der Grundsätze der Welthandelsorganisation (WTO) zu technischen Handelshemmnissen (TBT, en: Technical Barriers to Trade) durch ISO enthält der folgende Link: www.iso.org/iso/foreword.html.

Das für dieses Dokument verantwortliche Komitee ist ISO/TC 10, *Technical product documentation,* Unterkomitee SC 6, *Mechanical engineering documentation.*

Diese zweite Ausgabe der ISO 15787 ersetzt die erste Ausgabe (ISO 15787:2001), die technisch überarbeitet wurde.

Neben redaktionellen Überarbeitungen wurden gegenüber der Vorgängerausgabe die folgenden wesentlichen Änderungen vorgenommen:

— Aufnahme der Angabe für beide Zustände des Teils: 1) nach der Wärmebehandlung (vor der Endbearbeitung) und 2) nach der Endbearbeitung (Bild 16 und Bild 30);

— Aufnahme von Beispielen zur Darstellung der Härtewerte und ihrer Grenzabmaße (Tabelle 1);

— Aufnahme von Linientypen zur Angabe von örtlichen Bereichen und ihrer Anwendungen (Tabelle 2);

— Aufnahme des Linientyps 07.2 („Punktlinie, breit") für aufgekohlte, carbonitrierte, nitrierte oder nitrocarburierte Werkstücke zum Angeben der Bereiche, die nicht wärmebehandelt sein dürfen;

— Darstellung der Härtewerte, Härtetiefen, Schichtdicken und Grenzabmaße ersetzt durch deren Werte und Grenzabmaße (Tabellen 1, 3, 4 und 5);

— Aufnahme der Kennzeichnung von Schlupfstellen (5.5.2), Darstellung mehrerer Prüfstellen und Nennwerte (5.6), Angabe von örtlichen Bereichen (5.7), Oxidschichtdicke (OLT) (5.11), Wärmebehandlungsanweisung (HTO) (5.14), Wärmebehandlungsplan (HTD) (5.15);

— ehem. Titel „Zeichnungen, die spezifische Angaben zur Wärmebehandlung angeben“ geändert in „Wärmebehandlungsbild“ (6.4);

— Unterabschnitt 6.4 „Randschichtschmelzhärten“ entfernt;

— Streichung der in Ausgabe 2001 enthaltenen Tabellen aus Anhang A;

— Aufnahme von graphischen Symbolen (Anhang A).

Einleitung

Technische Zeichnungen von Werkstücken sind die wichtigsten Dokumente

— für Konstruktion, Entwicklung und Fertigung,

— für den Zusammenbau, und

— für die Anwendung der Enderzeugnisse.

Im Allgemeinen stellt eine Zeichnung Angaben zum Werkstück, seiner Form und Gestaltung, den benutzten Werkstoff, die Maße, Oberflächenverhalten, erlaubte Kurzzeichen, Prüfdaten und weitere.

Werkstücke aus Stahl und Eisen müssen sehr häufig unter harten Bedingungen gegen Verschleiß und Korrosion beständig sein.

Um die geforderten Eigenschaften zu erreichen, werden in den meisten Anwendungen die Werkstücke wärmebehandelt. Eine Zeichnung ist ein sehr wichtiges Dokument, da es auch den Wärmebehandler über die Parameter informiert, die für eine erfolgreiche Wärmebehandlung zu beachten sind. Dazu sollte er in Kenntnis darüber gesetzt sein, welcher Werkstoff benutzt wird, die geforderte Wärmebehandlung, die geforderte Härte und Härtetiefe, das erwartete oder erlaubte Mikrogefüge, das geforderte Prüfverfahren und die Prüfstellen zum Prüfen des wärmebehandelten Werkstücks.

In Zeiten der globalen Fertigung ist es unentbehrlich, über eine internationale Produktdokumentation zu verfügen, insbesondere zur Darstellung und für Angaben zu wärmebehandelten Teilen. ISO 15787:2001 wurde deshalb überarbeitet, um die Qualität von wärmebehandelten Werkstücken zu verbessern.

1 Anwendungsbereich

Dieses Dokument legt die Art und Weise der Darstellung und Angabe des Endzustandes wärmebehandelter Teile aus Eisenwerkstoffen in technischen Zeichnungen fest.[N1)]

2 Normative Verweisungen

Die folgenden Dokumente werden im Text in solcher Weise in Bezug genommen, dass einige Teile davon oder ihr gesamter Inhalt Anforderungen des vorliegenden Dokuments darstellen. Bei datierten Verweisungen gilt nur die in Bezug genommene Ausgabe. Bei undatierten Verweisungen gilt die letzte Ausgabe des in Bezug genommenen Dokuments (einschließlich aller Änderungen).

ISO 128-24:2014, *Technical drawings — General principles of presentation — Part 24: Lines on mechanical engineering drawings*

ISO 4885, *Ferrous products — Heat treatments — Vocabulary*

ISO 6506-1, *Metallic materials — Brinell hardness test — Part 1: Test method*

ISO 6507-1, *Metallic materials — Vickers hardness test — Part 1: Test method*

ISO 6508-1, *Metallic materials — Rockwell hardness test — Part 1: Test method (scales A, B, C, D, E, F, G, H, K, N, T)*

ISO/TS 8062-2, *Geometrical product specifications (GPS) — Dimensional and geometrical tolerances for moulded parts — Part 2: Rules*

ISO 81714-1, *Design of graphical symbols for use in the technical documentation of products — Part 1: Basic rules*

3 Begriffe

Für die Anwendung dieses Dokuments gelten die Begriffe nach ISO 4885.

ISO und IEC stellen terminologische Datenbasen für die Verwendung in der Normung unter folgenden Adressen bereit:

— IEC Electropedia: unter http://www.electropedia.org

— ISO Online Browsing Plattform: unter http://www.iso.org/obp

N1) Nationale Fußnote: In diesen Zusammenhang siehe 5.1.

4 Kurzzeichen

Für die Anwendung dieser Norm gelten die folgenden Kurzzeichen.

CHD	Einsatzhärtungs-Härtetiefe	(en: case-hardening hardness depth)
CD	Aufkohlungstiefe	(en: carburizing depth)
CLT	Verbindungsschichtdicke	(en: compound layer thickness)
NHD	Nitrierhärtetiefe	(en: nitriding hardness depth)
SHD	Einhärtungstiefe nach Randschichthärten	(en: surface-hardening hardness depth)
HTO	Wärmebehandlungsanweisung	(en: heat-treatment order)
HTD	Wärmebehandlungsplan	(en: heat-treatment document)
IOD	Randoxidationstiefe	(en: internal oxidation depth)
OLT	Oxidschichtdicke	(en: oxide layer thickness)

5 Zeichnungsangaben

5.1 Allgemeines

Zeichnungsangaben des wärmebehandelten Zustands können sich sowohl auf den Einbau- oder Endzustand als auch auf den Zustand unmittelbar nach dem Wärmebehandeln beziehen. Dieser Unterschied ist unbedingt zu beachten, da wärmebehandelte Teile häufig nachträglich noch (z. B. durch Schleifen) bearbeitet werden. Dadurch verringert sich insbesondere bei einsatzgehärteten, randschichtgehärteten und nitrierten Teilen die Härtetiefe, bei nitrierten und nitrocarburierten Teilen die Verbindungsschichtdicke. Es muss daher beim Wärmebehandeln die Bearbeitungszugabe entsprechend berücksichtigt werden. Sofern keine separate Zeichnung für den Zustand der Wärmebehandlung des Teils vor einer anschließenden Bearbeitung oder Endbearbeitung erstellt wurde, müssen Informationen zur Bearbeitungszugabe gegeben werden. Dazu sollten Angaben für beide Zustände des Teils gemacht werden: 1) nach der Wärmebehandlung (vor der Endbearbeitung); und 2) nach Endbearbeitung.

ANMERKUNG Dies kann z. B. durch Angaben für den wärmebehandelten Zustand und fertigbearbeiteten Zustand nach ISO/TS 8062-2 durch eine zusätzliche Darstellung erfolgen oder durch Hinzufügen der Worte „vor dem Schleifen" oder „nach dem Schleifen" (siehe die Bilder 16 und 30).

Die Angabe des wärmebehandelten Zustands, die Angaben für Härte und Härtetiefe sind in die Nähe des Titelblocks der Zeichnung zu setzen.

In manchen Anwendungsfällen kann es notwendig sein, spezielle Prozessdaten beim Wärmebehandeln festzuhalten, um sicherzustellen, dass die nach dem Wärmebehandeln erforderlichen Eigenschaften erreicht werden.

— Hierfür sollte eine Wärmebehandlungsanweisung (HTO) benutzt werden. Wenn eine HTO erstellt worden ist, muss in der Zeichnung auf diese mit der Wortangabe: „siehe HTO-Nr. ..." verwiesen werden. Beispiele siehe die Bilder 11, 12, 25, 29 und 42.

— Zur Dokumentation des in der Härterei durchgeführten Wärmebehandlungsverfahrens sollte ein Wärmebehandlungsplan (HTD) benutzt werden.

5.2 Werkstoffangaben

Unabhängig vom Wärmebehandlungsverfahren muss im Allgemeinen in der Zeichnung erkennbar sein, welcher Werkstoff für das wärmebehandelte Teil verwendet worden ist (Werkstoffname, Verweisung auf Stückliste usw.).

5.3 Wärmebehandlungszustand

Der Zustand nach dem Wärmebehandeln ist durch Wortangaben festzulegen, z. B. „gehärtet", „gehärtet und angelassen", „einsatzgehärtet", „randschichtgehärtet", „nitriert" usw.

Ist mehr als eine Wärmebehandlung erforderlich, so muss jede einzelne durch eine Wortangabe entsprechend der Reihenfolge ihrer Durchführung angegeben werden, z. B. „gehärtet und angelassen". Die Wortangaben sind nach ISO 4885 auszuwählen. Siehe Abschnitt 7 für Ausführungsbeispiele.

Der wärmebehandelte Zustand kann auf verschiedene Weise erreicht werden. Die Gebrauchseigenschaften können dadurch voneinander abweichen. Sofern es für den wärmebehandelten Zustand erheblich ist, müssen in ergänzenden Unterlagen (z. B. HTO, HTD) verfahrenstechnische Einzelheiten festgelegt werden.

5.4 Härteangaben

5.4.1 Oberflächenhärte

Die Oberflächenhärte ist anzugeben

— als Rockwellhärte nach ISO 6508-1,

— als Vickershärte nach ISO 6507-1, oder

— als Brinellhärte nach ISO 6506-1.

In den Fällen, in denen Teile im wärmebehandelten Zustand Bereiche mit unterschiedlichen Härten aufweisen, müssen zusätzliche Härtewerte angegeben werden (siehe Abschnitt 6).

Bei einsatzgehärteten, randschichtgehärteten, nitrierten oder nitrocarburierten Teilen nimmt die Härte vom Rand zum Kern hin ab. Die Prüfung der Härte in einem Querschliff des Teils von der Oberfläche bis zum Kern ergibt ein Härteprofil[N2]. Dieses Härteprofil kann, z. B. nach ISO 2639[N3], zur Festlegung der Härtetiefe benutzt werden. Die Oberflächenhärte hängt vom Härteprofil, der Härtetiefe und der Prüflast ab. Deshalb muss bei einsatzgehärteten oder randschichtgehärteten Teilen die Prüflast an die Härtetiefe und die erwartete Oberflächenhärte angepasst werden.

5.4.2 Kernhärte

Die Kernhärte ist in der Zeichnung anzugeben, wenn eine Festlegung zur Prüfung getroffen wurde. Die Kernhärte ist anzugeben

— als Rockwellhärte nach ISO 6508-1

— als Vickershärte nach ISO 6507-1, oder

— als Brinellhärte nach ISO 6506-1.

N2) Nationale Fußnote: Im deutschen Sprachgebrauch auch Härteverlauf, Härteverlaufskurve oder Härtetiefenverlauf genannt.

N3) Nationale Fußnote: ISO 2639 wurde ersetzt durch ISO 18203.

5.4.3 Härtewerte und Grenzabmaß

Allen Härtewerten ist eine Toleranz zuzuordnen. Die Schreibweisen können den Beispielen in Tabelle 1 entnommen werden.

Tabelle 1 — Beispiele für die Angaben der Härtewerte und ihre Grenzabmaße

<table>
<tr><th>Schreibweise</th><th>untere und obere Grenze</th></tr>
<tr><td>(62 ± 2) HRC</td><td rowspan="5">60 HRC bis 64 HRC</td></tr>
<tr><td>(64 0/−4) HRC</td></tr>
<tr><td>(60 +4/0) HRC</td></tr>
<tr><td>(60^{+4}_{0}) HRC</td></tr>
<tr><td>(61 +3/−1) HRC</td></tr>
<tr><td>(750 ± 75) HV10</td><td rowspan="5">675 HV10 bis 825 HV10</td></tr>
<tr><td>(825 0/−150) HV10</td></tr>
<tr><td>(675 +150/0) HV10</td></tr>
<tr><td>(700 +125/−25) HV10</td></tr>
<tr><td>(700^{+125}_{-25}) HV10</td></tr>
</table>

Die Toleranzen sollten so groß sein wie funktionell zulässig.

5.5 Kennzeichnungen

5.5.1 Kennzeichnung der Prüfstellen

Wenn es erforderlich ist, die Prüfstelle in der Zeichnung zu kennzeichnen, ist dafür das Symbol nach Bild 1 zu verwenden. Das graphische Symbol für die Prüfstelle ist nach A.2 zu zeichnen.

Bild 1 — Symbol für eine Prüfstelle

Die genaue Position des Symbols ist nach Bild 2 anzugeben.

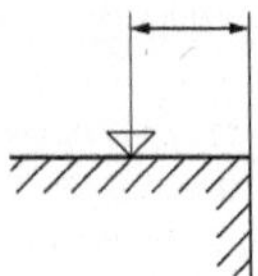

Bild 2 — Allgemeine Bemaßung einer Prüfstelle

Ist mehr als eine Prüfstelle vorhanden, ist das Symbol direkt mit einer Identifikationsnummer für jede Prüfstelle nach Bild 3 zu versehen. Das graphische Symbol für eine Prüfstelle mit Identifikationsnummer ist nach A.3 zu zeichnen.

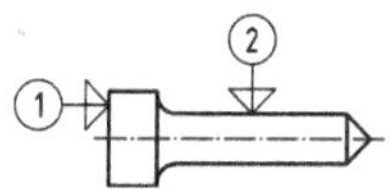

Bild 3 — Identifikationsnummer für jede Prüfstelle

Wird ein Abschnitt des wärmebehandelten Teils zur Prüfung des wärmebehandelten Zustands abgetrennt, ist dieser Abschnitt wie in Bild 4, zu kennzeichnen. Wenn es einen Abschnitt eines Stückes gibt, der nach der Wärmebehandlung abgetrennt werden soll, sollte dieser Abschnitt mit einer schmalen „Strich-Doppelpunkt-Linie" des Typs 05.1 nach ISO 128-24 gekennzeichnet werden (siehe Bild 4).

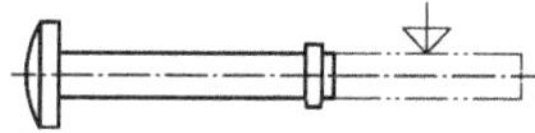

Bild 4 — Kennzeichnung eines Abschnitts, der vom wärmebehandelten Teil abgetrennt wird

5.5.2 Kennzeichnung einer Schlupfstelle

Eine Schlupfstelle ist bei einem randschichtgehärteten Werkstück[N4)], der Bereich von der Stelle, wo das umrundende Randschichthärten gestoppt wurde um das Wiedererwärmen zu verhindern bis zu der Stelle, wo das Randschichthärten begonnen wurde.

Es sollte entschieden werden, wo die Schlupfstelle hingelegt werden kann, ohne dass die erwarteten Funktionseigenschaften des Werkstücks beeinträchtigt werden. Wenn es nötig ist, die Schlupfstelle in der Zeichnung zu kennzeichnen, muss das Symbol der Schlupfstelle nach Bild 24 angegeben werden. Das graphische Symbol für eine Schlupfstelle ist nach A.4 anzugeben. Die Länge der Schlupfstelle und ihre Position sind, wie in Bild 25 dargestellt, zu bemaßen.

5.6 Darstellung mehrerer Prüfstellen und Nennwerte

Sind mehrere Prüfstellen[N5)] vorhanden, sollte die Nummer der Prüfstelle zusammen mit den Nennwerten der Härte oder der Härtetiefe angegeben werden; siehe Beispiel in Bild 12.

5.7 Angabe örtlicher Bereiche

In manchen Fällen ist es erforderlich, örtliche Bereiche eines Teils anzugeben, die folgende, besondere Bedingungen besitzen:

a) randschichtgehärtete Bereiche randschichtgehärteter Teile,

b) Bereiche eines Teils, die wärmebehandelt sein dürfen,

c) Bereiche eines gehärteten, aufgekohlten, carbonitrierten, nitrierten oder nitrocarburierten Teils, die nicht wärmebehandelt sind,

d) Angabe von Bereichen, in denen eine Härtung erwartet oder gewünscht ist.

Teile, mit den in 5.7 a), b) und c) genannten speziellen Bedingungen, sind nach Tabelle 2 zu kennzeichnen.

N4) Nationale Fußnote: Z. B. an einem größeren Nocken oder einer Nockenscheibe, wo das Wiedererwärmen eines gehärteten Bereichs zu Rissen führen kann. Die Schlupfstelle ist dann nicht gehärtet.

N5) Nationale Fußnote: Wurde mit „Prüfstelle" übersetzt. In ISO 15787 steht fälschlicherweise „measuring point" anstelle „test point".

Tabelle 2 — Linientypen für die Angabe örtlicher Bereiche und ihre Anwendung

Linie nach ISO 128-24		Anwendung
Nr.	Beschreibung und Darstellung	
04.2	Strich-Punktlinie (langer Strich), breit	Für randschichtgehärtete oder einsatzgehärtete Werkstücke: zum Angeben der Bereiche, die randschichtgehärtet oder einsatzgehärtet sein sollten
02.2	Strichlinie, breit	Für randschichtgehärtete oder einsatzgehärtete Werkstücke: zum Angeben der Bereiche, die randschichtgehärtet oder einsatzgehärtet sein dürfen
07.2[N6)]	Punktlinie, breit	Für aufgekohlte, carbonitrierte, nitrierte oder nitrocarburierte Werkstücke: zum Angeben der Bereiche, die nicht wärmebehandelt sein dürfen
04.1	Strich-Punktlinie (langer Strich), schmal	Für randschichtgehärtete Werkstücke: zum Angeben der erwarteten oder gewünschten randschichtgehärteten Bereiche

5.8 Härtetiefe

Die Härtetiefe ist nach dem jeweiligen Wärmebehandlungsverfahren als Einhärtungstiefe nach Randschichthärten (SHD), Einsatzhärtungs-Härtetiefe (CHD) oder Nitrierhärtetiefe (NHD) anzugeben.

Den Härtetiefenwerten ist eine Toleranz zuzuordnen. Die Schreibweise sollte wie in den Beispielen in Tabelle 3 beschrieben erfolgen. Die Toleranz sollte so groß sein wie funktionell zulässig.

Tabelle 3 — Beispiele für die Darstellung der Härtetiefen und deren Grenzabmaße

Schreibweise	untere und obere Grenze
$1{,}0 \pm 0{,}3$	0,7 mm bis 1,3 mm
1,3 0/−0,6	
0,7 +0,6/0	
$0{,}7\,^{+0{,}6}_{0}$	
0,9 +0,4/−0,2	

N6) Nationale Fußnote: Die Linie vom Typ 07.2 ist in ISO 128-20 enthalten.

5.9 Aufkohlungstiefe (CD)

Die Aufkohlungstiefe (CD) wird bestimmt aus dem Kohlenstoff-Konzentrationsprofil dargestellt als Massenanteil in Prozent, der einem bestimmten Grenzmerkmal entspricht (siehe ISO 4885). Der Grenzkohlenstoffgehalt ist dann als Index (tiefgestellt) dem Kurzzeichen hinzuzufügen.

BEISPIEL „$CD_{0,35}$“ bedeutet einen Grenzkohlenstoffgehalt von 0,35 % Massenanteil.

Der Aufkohlungstiefe ist eine Toleranz zuzuordnen, die Schreibweise sollte wie in den Beispielen in Tabelle 4 beschrieben erfolgen. Die Toleranzen sollten so groß sein wie funktionell zulässig.

Tabelle 4 — Beispiele für die Darstellung von Aufkohlungstiefen und ihrer Grenzabmaße

Schreibweise	untere und obere Grenze
2,0 ± 0,5	1,5 mm bis 2,5 mm
2,5 0/−1,0	
1,5 +1,0/0	
$1{,}5\ ^{+1{,}0}_{\ \ 0}$	
1,8 +0,7/−0,3	

Beim Aufkohlen oder Einsatzhärten kann es notwendig sein, die Randoxidation in Übereinstimmung mit der Tiefe anzugeben. Als Kurzzeichen für die Randoxidationstiefe sollte IOD angewendet werden. Dieser Tiefe ist eine Toleranz zuzuordnen werden, die Schreibweise sollte wie in den Beispielen in Tabelle 5 beschrieben erfolgen, mit dem Maß in Mikrometer.

5.10 Verbindungsschichtdicke (CLT)

Die Verbindungsschichtdicke (CLT) ist die Dicke des äußeren Bereichs der Nitrierschicht (siehe auch ISO 4885). Sie wird üblicherweise lichtmikroskopisch bestimmt. Das Kurzzeichen der Verbindungsschichtdicke ist CLT.

ANMERKUNG Für die Prüfung ist eine Zerstörung oder die Beschädigung des Werkstücks unvermeidbar. Falls notwendig, kann die Prüfung an einer Referenzprobe, die zu diesem Zweck zusammen mit Werkstücken wärmebehandelt wurde, vorgenommen werden.

Der Verbindungsschichtdicke ist eine Toleranz zuzuordnen, die Schreibweise sollte wie in den Beispielen in Tabelle 5 beschrieben erfolgen. Die Toleranzen sollten so groß sein wie funktionell zulässig.

Tabelle 5 — Beispiele für die Darstellung der Verbindungsschichtdicke (CLT) und ihrer Grenzabmaße

Schreibweise	untere und obere Grenze
(15 ± 5) µm	10 µm bis 20 µm
(20 0/−10) µm	
(10 +10/0) µm	
$(10\ ^{+10}_{\ \ 0})$ µm	
(12 +8/−2) µm	

Die Bezeichnung „Verbindungsschicht“ kann ebenso für die Boridschicht von borierten Werkstücken benutzt werden.

5.11 Oxidschichtdicke (OLT)

Die Oxidschichtdicke (OLT) ist die Dicke einer Oxidschicht nach einem Nitrocarburieren zur Optimierung des Korrosionswiderstands. Sie wird üblicherweise lichtmikroskopisch bestimmt. Das Kurzzeichen für die Oxidschichtdicke ist OLT.

Der Oxidschichtdicke ist eine Toleranz zuzuordnen, die Schreibweise kann wie in den Beispielen in Tabelle 5 beschrieben erfolgen. Die Toleranzen sollten so groß sein wie funktionell zulässig.

5.12 Festigkeitsangaben

Festigkeitswerte werden nur angegeben, wenn es

a) notwendig ist und

b) wenn Form und Maße des Teils es zulassen, dass eine wärmebehandelte Probe[N7)] zum Prüfen der Festigkeit verwendet werden kann.

Wenn notwendig, sind Ort und Lage anzugeben, wo diese entnommen werden kann. Die Angabe einer Kernhärte ist in diesen Fällen nicht erforderlich.

Den Festigkeitswerten sind Toleranzen zuzuordnen deren Schreibweise in derselben Art erfolgen kann wie die für Härtewerte oder Härtetiefen. Die Toleranzen sollten so groß sein wie funktionell zulässig.

5.13 Mikrogefüge

Wenn erforderlich, dürfen die Angaben zur Härte und Härtetiefe durch Angaben zum Mikrogefüge der wärmebehandelten Teile ergänzt werden. Dies können z. B. Angaben über den maximalen Anteil an Restaustenit, die Menge, Größe oder das Aussehen von Carbiden, die Länge der Martensitnadeln oder andere wichtige Kriterien sein.

ANMERKUNG Zur Prüfung des Mikrogefüges ist eine Zerstörung oder zumindest Beschädigung des Werkstückes unumgänglich. Es kann jedoch ausreichen, eine zu diesem Zweck zusammen mit den Werkstücken wärmebehandelten Referenzprobe zu prüfen.

5.14 Wärmebehandlungsanweisung (HTO)[N8)]

Die Wärmebehandlungsanweisung (HTO) ist ein Dokument, welches die Zeichnung eines wärmebehandelten Teils begleitet. Es enthält Einzelheiten des erforderlichen Wärmebehandlungsverfahrens, die an dem wärmebehandelten Teil nicht prüfbar sind. Die HTO stellt der Härterei Anweisungen über das Wärmebehandlungsverfahren zur Verfügung um sicherzustellen, dass die angegebene Härte, Härtetiefe usw. erreicht werden.

5.15 Wärmebehandlungsplan (HTD)[N9)]

Ein Wärmebehandlungsplan (HTD) ist ein Dokument über das Wärmebehandlungsverfahren, das spezifische Daten enthält wie z. B. den benutzten Ofen, die eingestellte Ofentemperatur, den Kohlenstoffpegel, das Aufkohlungsmittel, das Abschrecköl usw. Mit dem HTD kann der Anwender nachvollziehen, wie der Ablauf der Wärmebehandlung erfolgte.

N7) Nationale Fußnote: In ISO 15787 steht fälschlicherweise „probe" (de: Sonde). Diese Benennung wurde mit „Probe" übersetzt.

N8) Nationale Fußnote: Im deutschen Sprachgebrauch wird die HTO (en: heat treatment order) als Wärmebehandlungsanweisung (WBA) bezeichnet, siehe DIN 17023.

N9) Nationale Fußnote: Im deutschen Sprachgebrauch werden hierfür auch die Benennungen „Prozessvorschrift" oder „Wärmebehandlungsplan" benutzt.

6 Zeichnerische Darstellung

6.1 Allgemeines

6.1.1 Der wärmebehandelte Zustand ist anzugeben durch:

a) Wortangabe (z. B. „randschichtgehärtet") wie in 5.3.beschrieben;

b) messbare Dimensionen und Prüfstellen für folgende Werkstoffzustände:

   1) Härte;

   2) Härtetiefe;

   3) Aufkohlungstiefe;

   4) Verbindungsschichtdicke;

   5) örtliche Wärmebehandlung.

6.1.2 Die zeichnerische Darstellung eines Wärmebehandlungszustands kann ergänzt werden durch:

a) Kennzeichnung der Prüfstellen;

b) Wärmebehandlungsbild;

c) Festigkeitsangaben;

d) Angaben zum Gefügezustand.

6.1.3 Die Wärmebehandlungsanforderungen sind nach den Bildern 7 bis 44 zeichnerisch darzustellen.

6.2 Wärmebehandlung des ganzen Teils

6.2.1 Einheitlicher Zustand

Der wärmebehandelte Zustand muss durch entsprechende Wortangaben festgelegt werden. Beispiele siehe Bilder 7 bis 11, 27 bis 29, 38, 39, 41, 42 und 44.

6.2.2 Bereiche mit unterschiedlichen Zuständen

Muss ein Werkstück in verschiedenen Bereichen unterschiedliche Werte aufweisen, so ist dies wie folgt darzustellen:

a) die entsprechenden Bereiche müssen jeweils mit einer bestimmten Kennung versehen werden, um den wärmebehandelten Zustand und die Ausdehnung des Bereichs anzugeben;

b) Kennzahlen sind unter der Wortangabe nach 5.3 zusammen mit den geforderten Werten zu wiederholen (siehe Bilder 12, 20, 22, 26, 32 und 34);

c) gegebenenfalls sind festgelegte Prüfstellen nach 5.5 zu kennzeichnen.

6.3 Örtlich begrenzte Wärmebehandlung

6.3.1 Allgemeines

Es sollte in jedem Fall berücksichtigt werden, ob es sinnvoll ist, die Wärmebehandlung örtlich zu begrenzen, weil dies gegenüber einer Behandlung des ganzen Teiles mit zusätzlichem Aufwand verbunden sein kann. Andernfalls werden Übergänge mit geringerer Härte/Festigkeit gebildet und Unterbrechungen können gefördert werden.

Die Größe des Übergangs zwischen wärmebehandelten und nicht wärmebehandelten Bereichen ist vom Wärmebehandlungsverfahren, dem Werkstoff und der Form des wärmezubehandelnden Teils abhängig. Es ist daher zweckmäßig, die Maße und Toleranzen für Größe und Lage der Bereiche, die wärmebehandelt sein müssen, in Absprache mit der Härterei festzulegen.

Muss ein Werkstück unterschiedliche Werte in verschiedenen Bereichen aufweisen, so ist dies durch Kennzahlen darzustellen, die unter der Wortangabe nach 5.3 zusammen mit den geforderten Werten zu wiederholen sind (siehe Bilder 20, 22, 23, 26, 32 und 34).

6.3.2 Bereiche, die wärmebehandelt sein müssen

In der zeichnerischen Darstellung sind diejenigen Bereiche eines Teiles, die wärmebehandelt sein müssen, durch eine „Strich-Punktlinie (langer Strich), breit" vom Typ 04.2 nach Tabelle 2 außerhalb der Körperkontur des Teils zu kennzeichnen. Bei rotationssymmetrischen Teilen genügt es, eine entsprechende Mantellinie („die Erzeugende") anzugeben, wenn dies unmissverständlich ist, zum Zweck der Vereinfachung (z. B. Bild 15). Soweit erforderlich, sind Größe und Lage dieser Bereiche durch Maße und Toleranzen festzulegen.

Der Übergang zwischen wärmebehandelten und nicht wärmebehandelten Bereichen liegt grundsätzlich außerhalb der Nenngröße des wärmebehandelten Bereichs.

6.3.3 Bereiche, die wärmebehandelt sein dürfen

Neben Bereichen, die wärmebehandelt sein müssen, sollten auch Angaben zu Bereichen gemacht werden, die wärmebehandelt sein dürfen, da dies die Durchführung der örtlich begrenzten Wärmebehandlung erleichtert und den Verzug vermindern kann.

Bereiche, die wärmebehandelt sein dürfen, sind nach Tabelle 2 durch eine „Strichlinie, breit" vom Typ 02.2 außerhalb der Körperkontur zu kennzeichnen und gegebenenfalls zu bemaßen. Die Angabe einer Toleranz ist für diese Bereiche im Allgemeinen nicht erforderlich (siehe Bilder 5 und 14).

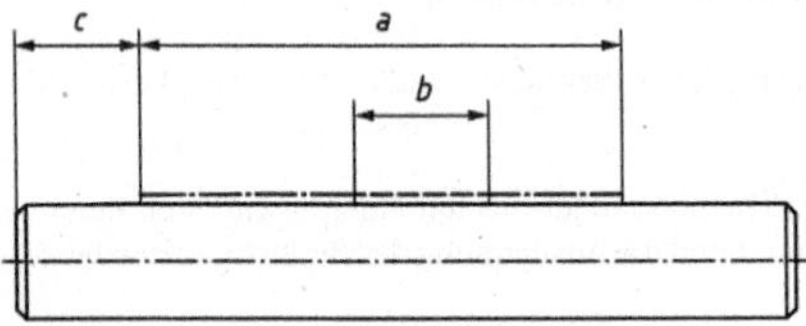

Legende

a wärmebehandelter Bereich
b Länge des Bereichs, der wärmebehandelt sein darf
c Abstand zwischen dem linken Ende und dem Anfang des Bereichs „*a*"

Der Bereich „*a*" muss bemaßt sein.

Bild 5 — Kennzeichnung von Bereichen, die wärmebehandelt sein dürfen

6.3.4 Bereiche, die nicht wärmebehandelt sein dürfen

Bereiche, die nicht wärmebehandelt sein dürfen, sind nach Tabelle 2 mit einer „Punktlinie, breit" vom Typ 07.2 zu kennzeichnen (siehe Bild 6).

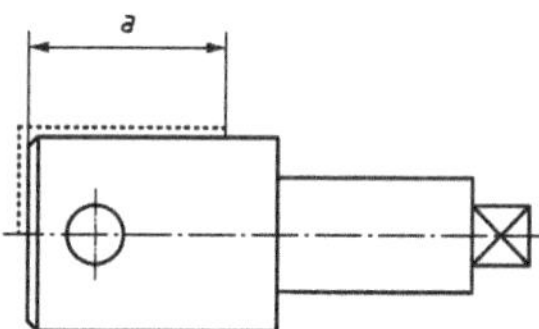

Bild 6 — Kennzeichnung von Bereichen, die nicht wärmebehandelt sein dürfen

6.4 Wärmebehandlungsbild

Wenn die Darstellung eines Teils durch Zufügen von Anweisungen zur Wärmebehandlung unklar oder mit anderen Behandlungsverfahren verwechselt werden könnte, muss ein Wärmebehandlungsbild eingefügt werden. In diesem Wärmebehandlungsbild (es darf eine Detailzeichnung sein), sind die für das Wärmebehandeln nicht relevanten Einzelheiten wegzulassen. Es ist als „Wärmebehandlungsbild" zu bezeichnen und enthält alle notwendigen Anweisungen zur Angabe des Wärmebehandlungszustands (siehe Bild 23).

Eine maßstabsgetreue Darstellung ist nicht notwendig. Das Wärmebehandlungsbild muss in der Nähe des Zeichnungsschriftfelds platziert werden.

7 Ausführungsbeispiele

7.1 Allgemeines

Die Bilder und die damit verbundenen Anweisungen in diesem Abschnitt sind Beispiele für die Ausführung. Die Zweckmäßigkeit der Anweisungen ist anhand der verfahrenstechnischen Einzelheiten des Wärmebehandlungsverfahrens zu bestimmen.

Sofern nicht anders festgelegt, sind alle Maße in Millimeter angegeben.

7.2 Härtung, Härtung und Anlassen, Bainitisieren

7.2.1 Wärmebehandlung des ganzen Teils — Allseitig gleiche Anforderungen

Der gehärtete Zustand des in Bild 7 dargestellten Teils ist durch die Wortangabe „gehärtet" zu bezeichnen, durch die Angabe des Härtewertes mit zulässiger Abweichung und durch die Kennzeichnung der Prüfstelle. Das Symbol für die Prüfstelle ohne Angabe der genauen Position erlaubt die Härteprüfung an einem beliebigen Punkt des angegebenen geometrischen Elements.

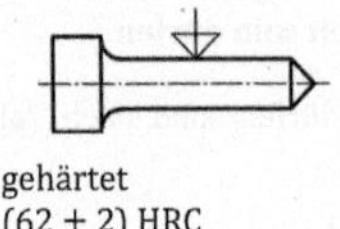

gehärtet
(62 ± 2) HRC

Bild 7 —Kennzeichnung eines Teils im gehärteten ZustandN10)

Ist nach dem Härten angelassen worden, so reicht die Wortangabe „gehärtet" nicht aus, um den gehärteten und angelassenen Zustand eindeutig zu bezeichnen. In diesem Fall muss die vollständige Angabe nach 5.3 lauten: „gehärtet und angelassen" (siehe Bild 8).

Maße in Millimeter

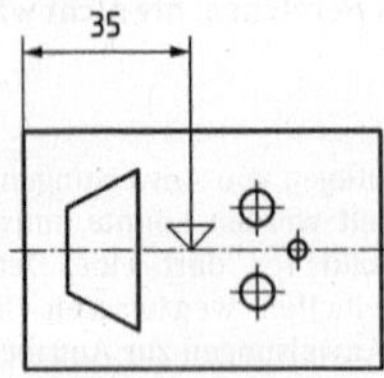

gehärtet und angelassen
(61 ± 2) HRC

Bild 8 — Kennzeichnung eines Teils im gehärteten und angelassenen Zustand

Das in Bild 9 dargestellte Teil muss vergütet sein. Die Wortangabe muss lauten: „vergütet"N11). Eine Prüfstelle ist nicht angegeben, deshalb kann die Härte an einem beliebigen Punkt geprüft werden.

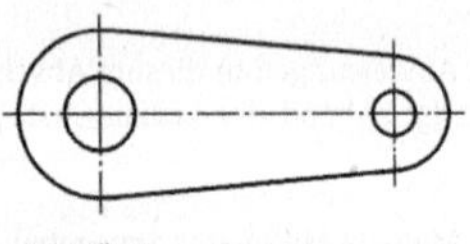

vergütet
(375 ± 25) HBW2,5/187,5
gehärtet: (62 ± 2) HRC

Bild 9 — Kennzeichnung eines Teils im vergüteten Zustand

Vergütete Teile werden nach dem Härten bei höherer Temperatur angelassen, um eine hohe Zähigkeit zu erreichen. Damit beim Härten nicht mit einer zu geringen Geschwindigkeit abgeschreckt und danach auf einer zu niedrigen Temperatur angelassen wird, sollte die Härte vor Beginn des Anlassens geprüft werden (siehe Bild 9).

N10) Nationale Fußnote: Das Prüfstellensymbol entfällt in der Praxis, wenn keine Prüfstelle oder kein Prüfstellenbereich gekennzeichnet werden muss (siehe 5.5).

N11) Nationale Fußnote: Die englische Benennung „quench hardened and tempered" wurde im Deutschen mit „vergütet" anstatt „gehärtet und angelassen" übersetzt, da es sich in den Beispielen (siehe Bild 9 und Bild 10) um einen Spezialfall des Härtens und Anlassens handelt, nämlich Anlassen bei höherer Temperatur. Im englischen Sprachgebrauch gibt es keine Benennung für „vergüten".

Wird ein Abschnitt des wärmebehandelten Teils abgetrennt, um die Zugfestigkeit des vergüteten Zustands zu prüfen, ist dies, wie in Bild 10 gezeigt, zu kennzeichnen. Es ist zu empfehlen, dafür einen Abschnitt heranzuziehen, der denselben Durchmesser aufweist wie das zu prüfende Werkstück.

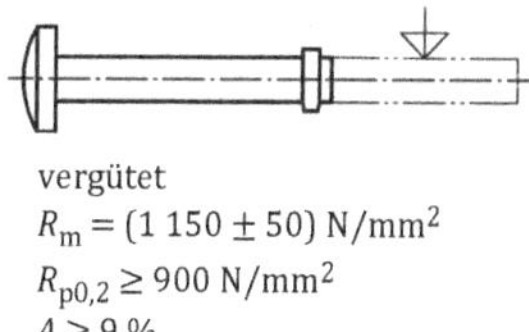

vergütet
$R_m = (1\ 150 \pm 50)$ N/mm^2
$R_{p0,2} \geq 900$ N/mm^2
$A \geq 9$ %

Bild 10 — Kennzeichnung eines vergüteten Teils von dem ein Abschnitt zur Prüfung abgetrennt wird

Das in Bild 11 dargestellte Teil ist bainitisiert. Die Bezeichnung muss lauten: „bainitisiert". Wird die Wärmebehandlung nach einer Wärmebehandlungsanweisung (HTO) durchgeführt, ist auf diese zu verweisen, siehe Bild 11.

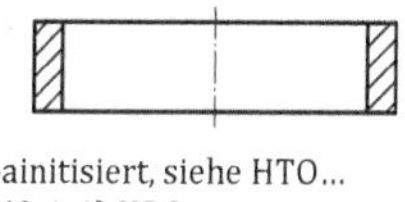

bainitisiert, siehe HTO...
(60 ± 1) HRC

Bild 11 — Kennzeichnung eines bainitisierten Teils

7.2.2 Wärmebehandlung des ganzen Teils — Bereiche mit unterschiedlicher Härte

Weist ein Teil in einzelnen Bereichen unterschiedliche Härtewerte auf und die Wärmebehandlung muss nach einer Wärmebehandlungsanweisung (HTO) durchgeführt werden, sind die Bereiche mit unterschiedlichen Härten zu kennzeichnen und, wenn erforderlich, zu bemaßen. Zusätzlich ist auf die HTO zu verweisen (siehe Bild 12).

Maße in Millimeter

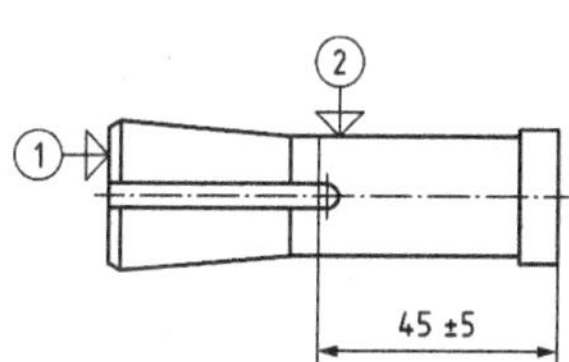

gehärtet und angelassen, siehe HTO...
1: (60 ± 2) HRC
2: (43 ± 2) HRC

Bild 12 — Kennzeichnung eines Teils mit unterschiedlichen Härtewerten

7.2.3 Örtliche Wärmebehandlung

Das in Bild 13 dargestellte Teil muss örtlich begrenzt wärmebehandelt sein. Der wärmebehandelte Bereich muss nach Tabelle 2 durch eine „Strich-Punktlinie (langer Strich), breit" vom Typ 04.2 und Maßangaben nach 6.3 gekennzeichnet werden. Die Prüfstelle muss nach 5.5 gekennzeichnet werden.

Maße in Millimeter

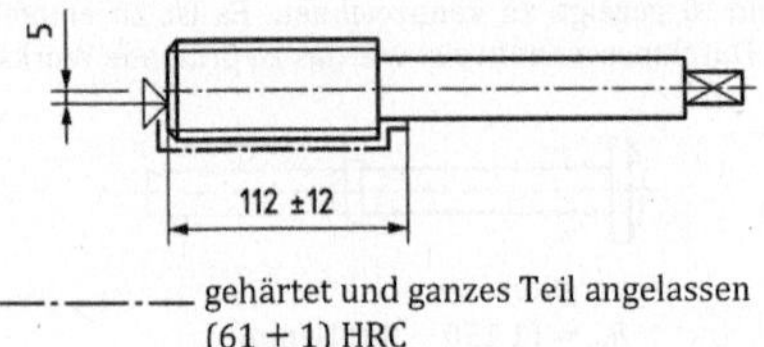

—·——·— gehärtet und ganzes Teil angelassen
(61 ± 1) HRC

Bild 13 — Kennzeichnung eines Teils mit örtlicher Wärmebehandlung

Beim Wärmebehandeln eines Werkstückes kann es verfahrenstechnisch günstiger sein, einen größeren Bereich zu härten, als erforderlich. In diesem Fall muss der zusätzlich gehärtete Bereich mit einer „Strichlinie, breit" vom Typ 02.2 nach Tabelle 2 und die Lage des wärmebehandelten Bereiches durch Maßangaben gekennzeichnet werden (siehe Bild 14).

Maße in Millimeter

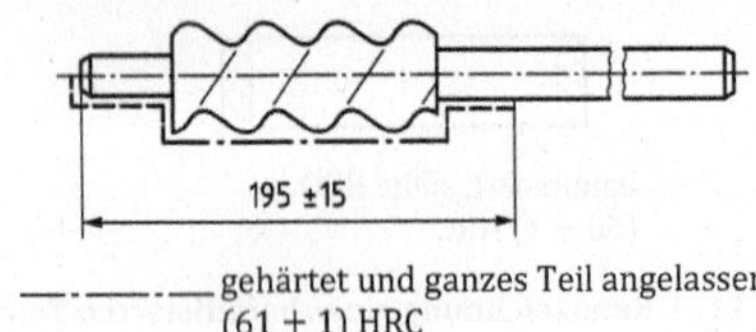

—·——·— gehärtet und ganzes Teil angelassen
(61 ± 1) HRC

Bild 14 — Kennzeichnung eines Teils mit einem zusätzlich gehärteten Bereich

7.3 Randschichthärten

7.3.1 Allgemeines

Das Randschichthärten ist üblicherweise örtlich begrenzt. Dementsprechend sind die in 6.3 dargestellten Regeln anzuwenden.

7.3.2 Festlegung der Oberflächenhärte

Beim Festlegen des Prüfverfahrens zum Bestimmen der Oberflächenhärte randschichtgehärteter Teile ist auf eine sorgfältige Abstimmung der Prüflast auf die Einhärtungstiefe nach Randschichthärten (SHD) zu achten.[N12)]

7.3.3 Festlegen der Einhärtungstiefe nach Randschichthärten (SHD)

Das Kurzzeichen für die Einhärtungstiefe nach Randschichthärten ist SHD. Es muss der Zahlenwert der Grenzhärte, die üblicherweise als Vickershärte HV1 geprüft wird, angefügt werden. Die Grenzhärte beträgt üblicherweise 80 % der Oberflächen-Mindesthärte.

Die Einhärtungstiefe wird als Nennmaß in Millimeter angegeben und es ist eine Toleranz zuzuordnen, die Schreibweise kann wie in Tabelle 3 gezeigt erfolgen. Die Toleranz sollte so groß sein wie funktionell zulässig.

N12) Nationale Fußnote: Siehe 7.4.1 „Eierschaleneffekt".

7.3.4 Ausführungsbeispiele

7.3.4.1 Allgemeine Anwendungsbeispiele

Im einfachsten Fall ist der randschichtgehärtete Bereich mit einer „Strich-Punktlinie (langer Strich), breit" vom Typ 04.2 nach Tabelle 2 zu kennzeichnen (siehe Bild 15). Die Kennzeichnung des wärmebehandelten Zustands muss durch die Wortangabe „randschichtgehärtet" erfolgen. Die Oberflächenhärte und die Einhärtungstiefe nach Randschichthärten sind Eigenschaften des randschichtgehärteten Zustands.

Der Übergang zwischen randschichtgehärtetem und nicht randschichtgehärtetem Bereich liegt grundsätzlich außerhalb des Nennmaßes für die Länge des randschichtgehärteten Bereiches. Die Breite des Übergangs hängt von der Härtetiefe, dem Randschichthärtungsverfahren, dem Werkstoff und der Form des Werkstücks ab.

Maße in Millimeter

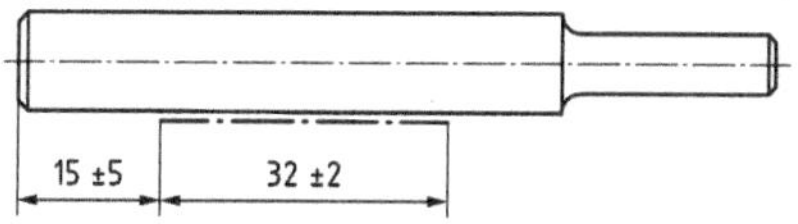

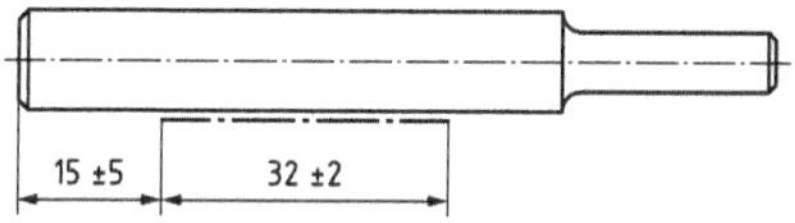

15 ±5   32 ±2

—·—·— randschichtgehärtet und ganzes Teil angelassen
(700 ± 80) HV30
SHD 500 = 1,2 ± 0,4

Bild 15 — Kennzeichnung eines randschichtgehärteten Teils

In den meisten Fällen werden die randschichtgehärteten Teile durch Schleifen fertigbearbeitet. Dadurch werden die Oberflächenhärte und die Einhärtungstiefe nach Randschichthärten verringert. Ist es notwendig, beide Zustände in der Zeichnung darzustellen, muss dies angegeben werden:

— durch Zufügen der Wortangaben „vor dem Schleifen" und „nach dem Schleifen" [siehe die linke Bildunterschrift „a)" in Bild 16]; oder

— durch Zufügen von Symbolen nach ISO/TS 8062-2 und die zu prüfenden Angaben [siehe „b)" in der Bildunterschrift rechts in Bild 16]. Die Symbole in der Schreibweise rechts sind in ISO 10135 erklärt.

Maße in Millimeter

15 ±5   32 ±2

	a)	b)
—·—·—	randschichtgehärtet und angelassen	—·—·— randschichtgehärtet und angelassen
vor dem Schleifen:	(700 ± 80) HV30	(700 ± 80) HV30
	SHD 500 = 1,2 ± 0,4	SHD 500 = 1,2 ± 0,4
nach dem Schleifen:	(680 ± 80) HV30	(680 ± 80) HV30
	SHD 475 = 1,1 ± 0,4	SHD 475 = 1,1 ± 0,4

Bild 16 — Kennzeichnung eines randschichtgehärteten Teils mit den zwei Zuständen: vor und nach dem Schleifen

Beim Randschichthärten eines Teiles kann es verfahrenstechnisch günstiger sein, einen größeren Bereich zu härten als erforderlich. In diesem Fall muss der zusätzlich gehärtete Bereich mit einer „Strichlinie, breit" vom Typ 02.2 nach Tabelle 2 gekennzeichnet werden, zusammen mit den Maßangaben und der Lage des randschichtgehärteten Bereichs (siehe Bild 17).

Maße in Millimeter

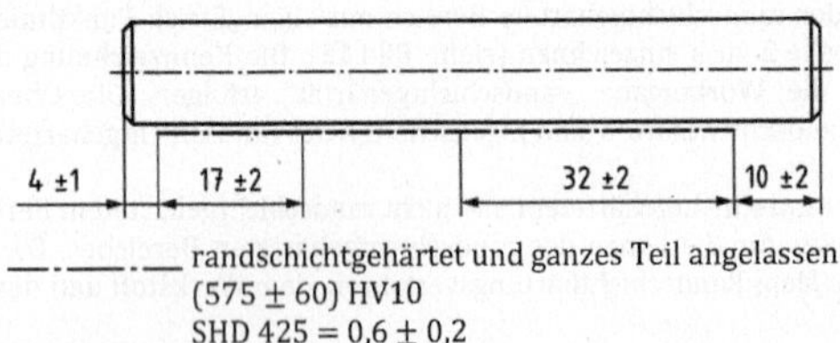

randschichtgehärtet und ganzes Teil angelassen
(575 ± 60) HV10
SHD 425 = 0,6 ± 0,2

Bild 17 — Kennzeichnung eines Teils mit einem größeren randschichtgehärteten Bereich als erforderlich

Ist es beim Randschichthärten eines Teiles nicht erforderlich, dass sich die gehärtete Randschicht bis zur Kante erstreckt (was wesentlich zur Verringerung der Gefahr von Kantenausbrüchen beiträgt), so ist dies durch geeignete Bemaßung festzulegen. Siehe Bild 18.

Das Werkstück sollte nach dem Randschichthärten nicht angelassen werden. Somit entfällt die Wortangabe „angelassen". Um die Gefahr eines Ausbrechens an den Kanten gering zu halten, ist es zweckmäßig, die Fasen so groß wie nötig zu bemaßen und den randschichtgehärteten Bereich in ausreichendem Abstand vor den Kanten enden zu lassen. Die Abstände sind in Abhängigkeit von den Möglichkeiten des Wärmebehandlungsverfahrens festzulegen. Der randschichtgehärtete Bereich ist mit einer „Strich-Punktlinie (langer Strich), breit" vom Typ 04.2 nach Tabelle 2 gekennzeichnet.

Maße in Millimeter

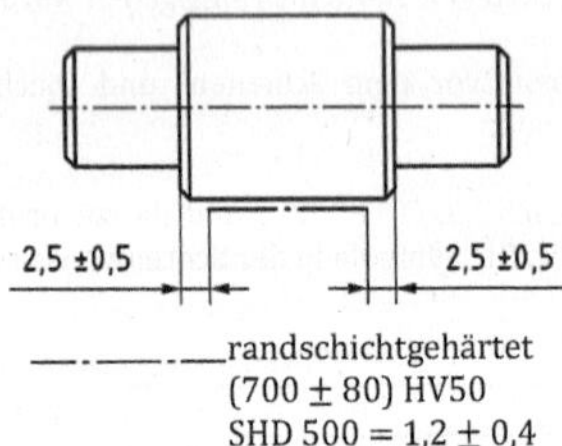

randschichtgehärtet
(700 ± 80) HV50
SHD 500 = 1,2 ± 0,4

Bild 18 — Kennzeichnung eines randschichtgehärteten Teils, bei dem sich die gehärtete Randschicht nicht bis zu den Kanten erstrecken sollte

Wenn sich die gehärtete Randschicht bis zu den Kanten erstreckt, muss dieser Bereich mit einer „Strich-Punktlinie (langer Strich), schmal" vom Typ 04.1 nach Tabelle 2 innerhalb der Werkstückkontur angegeben werden(gezeigt am rechten Nocken des Teils in Bild 19). Am linken Nocken ist nur der zylindrische Bereich randschichtgehärtet. Im Bereich der Fasen ist eine geringere Einhärtungstiefe nach Randschichthärten (SHD) erlaubt nach der „Strich-Punktlinie (langer Strich), schmal". Wenn sich die gehärtete Randschicht bis zur Kante erstreckt, ist es erlaubt, eine geringere Einhärtungstiefe nach Randschichthärten (SHD) direkt an der anschießenden Kante zu haben (Ende des gehärteten Bereichs); dies muss ebenso mit einer „Strich-Punktlinie (langer Strich), schmal" angegeben werden (siehe linker Nocken in Bild 19).

ANMERKUNG In beiden Fällen sind die Kanten mit Fasen versehen, um die Gefahr der Rissbildung zu vermindern.

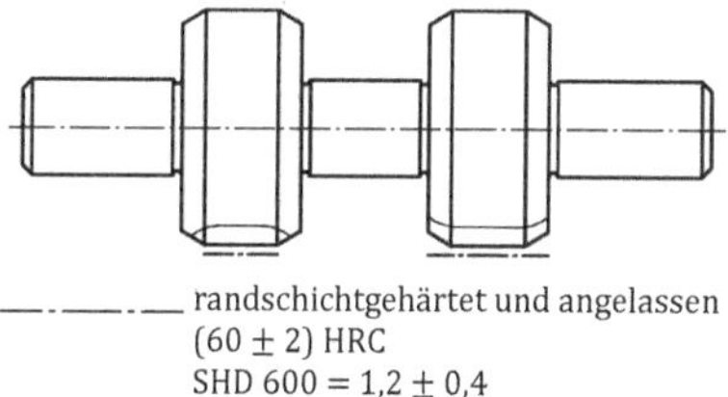

—·——·— randschichtgehärtet und angelassen
(60 ± 2) HRC
SHD 600 = 1,2 ± 0,4

Bild 19 — Kennzeichnung eines randschichtgehärteten Teils, bei dem sich die gehärtete Randschicht bis zur Kante erstrecken sollte

7.3.4.2 Wärmebehandlungsdarstellungen für Zahnräder

7.3.4.2.1 Allgemeines

Sind die Konfiguration und die Lage der gehärteten Randschicht für die Gebrauchseigenschaften wichtig (z. B. die Randschichthärtung der Zahnflanken einschließlich des Zahngrundes bei Zahnrädern), so ist dies durch eine „Strich-Punktlinie (langer Strich), schmal" vom Typ 04.1 nach Tabelle 2 innerhalb der Werkstückkontur anzugeben (siehe Bilder 20, 21 und 22).

7.3.4.2.2 Ganzzahnhärtung

Die „Strich-Punktlinie (langer Strich), breit" vom Typ 04.2 nach Tabelle 2 am Umfang des Zahnrades und die „Strich-Punktlinie (langer Strich), schmal" vom Typ 04.1 nach Tabelle 2 müssen verwendet werden um zu zeigen, dass die Zähne in diesem Bereich durchgreifend gehärtet sind (siehe Bild 20).

ANMERKUNG Verfahrensbedingt ergeben sich über die Zahnhöhe unterschiedliche Härtewerte. Die Ermittlung der Härtetiefe ist in diesem Beispiel nicht sinnvoll.

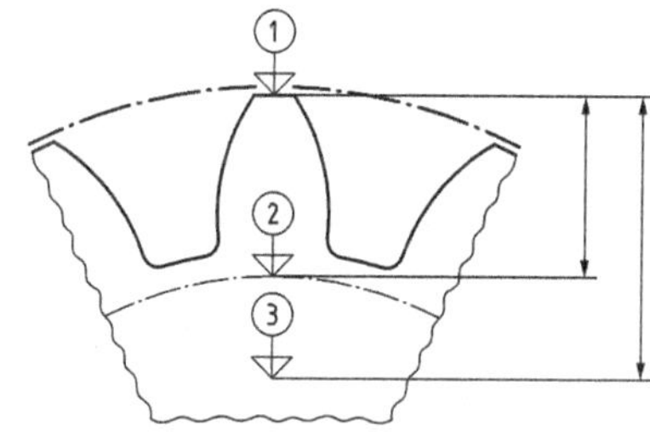

—·——·— randschichtgehärtet und ganzes Teil angelassen
1: (59 ± 3) HRC
2: (53 ± 3) HRC
3: ≤ 30 HRC

Bild 20 — Kennzeichnung eines Zahnrads mit durchgreifender Randschichthärtung der Zähne

7.3.4.2.3 Zahnflankenrandschichthärtung

Eine „Strich-Punktlinie (langer Strich), breit“ vom Typ 04.2 nach Tabelle 2 außerhalb der Körperkontur muss benutzt werden, um den randschichtgehärteten Bereich zu kennzeichnen. Eine „Strich-Punktlinie (langer Strich), schmal“ Typ 04.1 nach Tabelle 2 muss verwendet werden, um dessen Lage und Konfiguration zu kennzeichnen (siehe Bild 21). Wegen der geforderten Konfiguration der gehärteten Schicht müssen Prüfstellen[N13] für die Einhärtungstiefe nach Randschichthärten definiert werden.

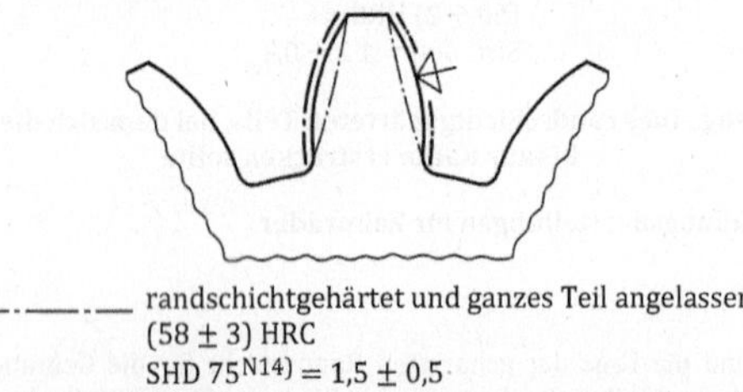

—·——·— randschichtgehärtet und ganzes Teil angelassen
(58 ± 3) HRC
SHD 75[N14] = 1,5 ± 0,5

Bild 21 — Kennzeichnung eines Teils mit randschichtgehärteten Zahnflanken

7.3.4.2.4 Zahngrundrandschichthärtung

Eine „Strich-Punktlinie (langer Strich), breit“ vom Typ 04.2 nach Tabelle 2 muss außerhalb der Körperkanten benutzt werden, um den randschichtgehärteten Bereich zu kennzeichnen. Eine „Strich-Punktlinie (langer Strich), schmal“ vom Typ 04.1 nach Tabelle 2 ist zu benutzen, um seine Lage und seine Konfiguration zu kennzeichnen. Aufgrund der zu erwartenden Konfiguration der gehärteten Randschicht müssen die Prüfstellen für die Härtetiefe definiert werden (siehe Bild 22).

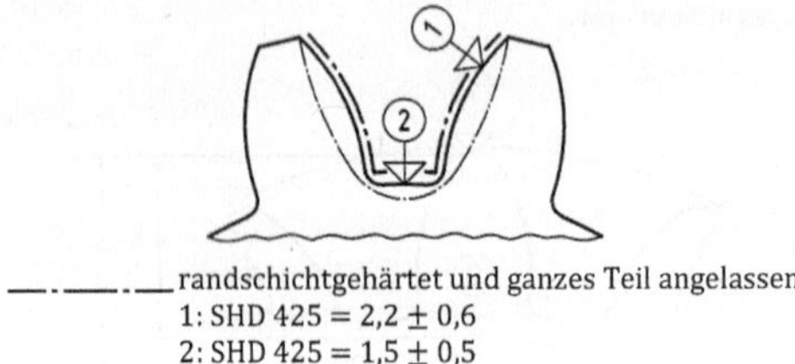

—·——·— randschichtgehärtet und ganzes Teil angelassen
1: SHD 425 = 2,2 ± 0,6
2: SHD 425 = 1,5 ± 0,5

Bild 22 — Kennzeichnung eines Teils dessen Grund zwischen den Zähnen randschichtgehärtet ist

---

N13) Nationale Fußnote: Wurde mit „Prüfstelle“ übersetzt. In ISO 15787 steht fälschlicherweise „measuring point“ anstelle „test point“.

N14) Nationale Fußnote: Nach Meinung des deutschen Arbeitsausschusses muss an dieser Stelle „SHD 475“ stehen. Die Klärung auf ISO-Ebene erfolgt im Rahmen der nächsten Überarbeitung der ISO-Norm.

7.3.4.3 Unterschiedliche Einhärtungstiefen nach Randschichthärten

In den einzelnen Bereichen des in Bild 23 dargestellten Teiles sind unterschiedliche Werte der Härtetiefe gefordert. Außerdem ist eine Bemaßung der gehärteten Bereiche notwendig. Diese zusätzlichen Angaben können die Darstellung des Teiles jedoch unübersichtlich machen. Daher wird in die Zeichnung ein Wärmebehandlungsbild mit den Einzelheiten Y und Z aufgenommen, siehe Bild 23, oben. Die „Strich-Punktlinie (langer Strich), schmal" vom Typ 04.1 nach Tabelle 2 muss verwendet werden, um die Konfiguration der gehärteten Randschicht anzugeben. Die Größe und Lage müssen durch Bemaßung festgelegt werden.

Maße in Millimeter

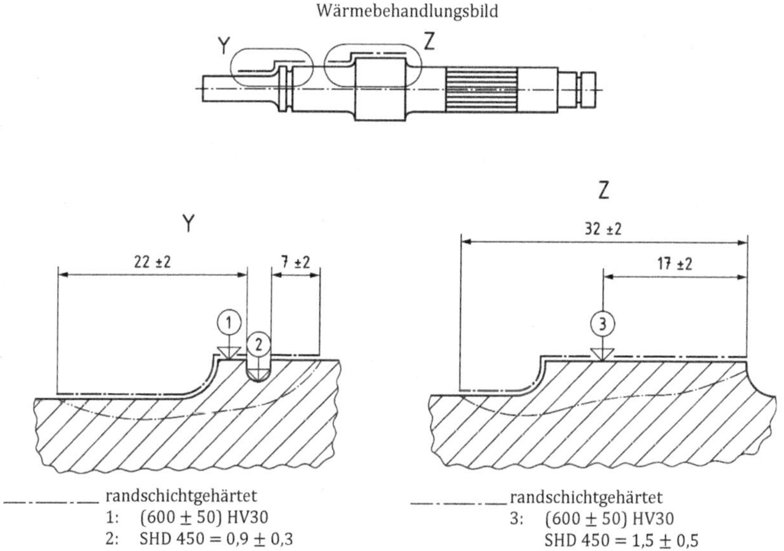

randschichtgehärtet
1: (600 ± 50) HV30
2: SHD 450 = 0,9 ± 0,3

randschichtgehärtet
3: (600 ± 50) HV30
SHD 450 = 1,5 ± 0,5

Bild 23 — Kennzeichnung eines Teils mit unterschiedlichen Einhärtungstiefen nach Randschichthärten

7.3.4.4 Randschichthärtung mit Schlupfstelle

Wenn ein Werkstück rundum randschichtgehärtet wird, kann es zweckmäßig sein, einen schmalen Bereich, abhängig vom Wärmebehandlungsverfahren und den geforderten Eigenschaften des Werkstücks, unbehandelt zu lassen. In diesem Bereich, der „Schlupfstelle", wird die Härte so niedrig wie vor der Wärmebehandlung sein. Es ist notwendig, zu definieren, wo die zulässige Schlupfstelle angeordnet und wie groß sie sein darf. Zusätzliche Angaben müssen in einer HTO enthalten sein, auf die in der Zeichnung verwiesen werden muss.

Das Symbol für eine Schlupfstelle ist in Bild 24 gezeigt. Die Länge der Schlupfstelle muss wie in Bild 25 dargestellt ist, bemaßt werden. Das graphische Symbol für die Schlupfstelle muss nach A.4 gezeichnet werden.

Bild 24 — Symbol für eine Schlupfstelle

Maße in Millimeter

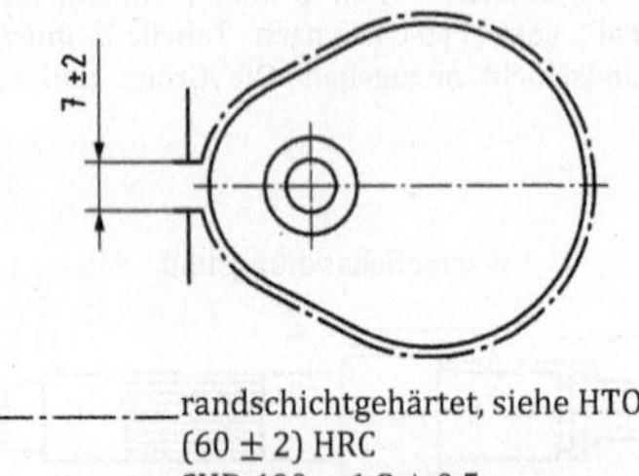

——·——·——randschichtgehärtet, siehe HTO...
(60 ± 2) HRC
SHD 400 = $1{,}8 \pm 0{,}5$

Bild 25 — Kennzeichnung eines randschichtgehärteten Teils mit einer Schlupfstelle

7.3.4.5 Beispiel für mehrere Prüfstellen

Das randschichtgehärtete Teil (siehe Bild 26) muss die gegebenen Werte in den durch „Strich-Punktlinie (langer Strich), breit" vom Typ 04.2 nach Tabelle 2 gekennzeichneten Bereichen aufweisen sowie durch Bemaßung (dieses kann z. B. durch zusätzliches örtlich begrenztes Anlassen erreicht werden).

Maße in Millimeter

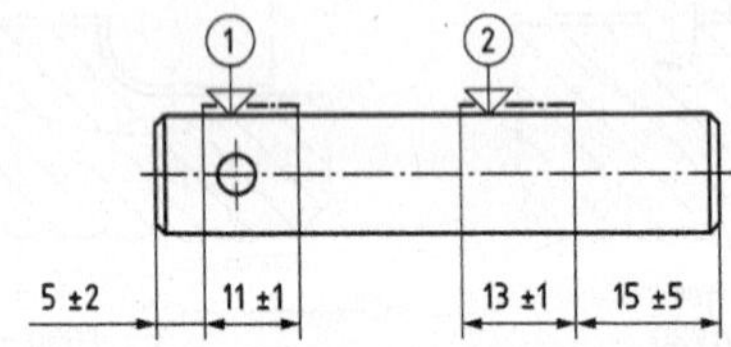

——·——·——randschichtgehärtet und angelassen
1: (520 ± 50) HV30
SHD 375 = $1{,}5 \pm 0{,}5$
2: (750 ± 50) HV30
SHD 575 = $1{,}5 \pm 0{,}5$

Bild 26 — Kennzeichnung eines Teils mit mehreren Prüfstellen[N15)]

N15) Nationale Fußnote: Wurde mit „Prüfstelle" übersetzt. In ISO 15787 steht fälschlicherweise „measuring point" anstelle „test point".

7.4 Einsatzhärten

7.4.1 Festlegen der Oberflächenhärte

Beim Festlegen der Oberflächenhärte einsatzgehärteter Teile ist auf eine sorgfältige Abstimmung der Prüflast auf die CHD zu achten, um den Eierschaleneffekt zu vermeiden. [N16)]

7.4.2 Festlegen der Einsatzhärtungs-Härtetiefe (CHD)

Das Kurzzeichen für die Einsatzhärtungs-Härtetiefe ist CHD. Die Grenzhärte zum Definieren der CHD ist üblicherweise 550 HV1 nach ISO 2639[N17)].

Die Einsatzhärtungs-Härtetiefe wird als Nennmaß in Millimeter angegeben. Dem Wert ist eine Toleranz zuzuordnen, die Schreibweise sollte wie in den Beispielen in Tabelle 3 gezeigt erfolgen. Die Toleranz sollte so groß sein wie funktionell möglich.

7.4.3 Festlegen der Aufkohlungstiefe (CD)

Das Festlegen einer Aufkohlungstiefe ist dann erforderlich, wenn das Werkstück nach dem Aufkohlen und vor der Härtungsbehandlung geprüft werden muss. Für die Aufkohlungstiefe wird das Kurzzeichen CD benutzt und ist mit einem Index für das Grenzmerkmal für die Bestimmung der Aufkohlungstiefe zu versehen (siehe Bilder 36 und 37).

Als Grenzmerkmal wird üblicherweise ein Kohlenstoffgehalt von 0,35 % Massenanteil benutzt; es ist jedoch erlaubt, auch andere Kohlenstoffgehalte festzulegen.

Die Aufkohlungstiefe wird als Nennmaß in Millimeter angegeben. Dem Wert ist eine Toleranz zuzuordnen, die Schreibweise kann wie in den Beispielen in Tabelle 4 gezeigt erfolgen. Die Toleranz sollte so groß sein wie funktionell möglich.

7.4.4 Ausführungsbeispiele

7.4.4.1 Allseitiges Einsatzhärten

Das allseitige Einsatzhärten muss durch die Wortangabe „einsatzgehärtet" angegeben werden (siehe Bild 27 bis Bild 31).

Im einfachsten Fall ist die Kennzeichnung wie im Beispiel in Bild 27 vorzunehmen und gibt den Wärmebehandlungszustand an, die Oberflächenhärte und die Einsatzhärtungs-Härtetiefe sowie die jeweils zulässigen Abweichungen (siehe Bild 27).

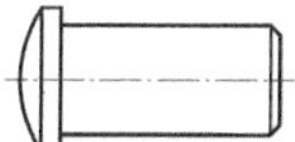

einsatzgehärtet und angelassen
(62 ± 2) HRC
CHD = 1 ± 0,2

Bild 27 — Kennzeichnung eines allseitig einsatzgehärteten Teils

N16) Nationale Fußnote: Damit ist gemeint, dass als Ergebnis der Härteprüfung wegen einer zu großen Prüflast bei einer zu kleinen Härtetiefe ein (zu niedriger) Mischwert für die Oberflächenhärte ermittelt wird.

N17) Nationale Fußnote: ISO 2639 wurde ersetzt durch ISO 18203.

Wird bei der Prüfung der Einsatzhärtungs-Härtetiefe eine andere Grenzhärte und/oder Prüflast als im Regelfall festgelegt (siehe ISO 2639[N16)]) angewendet, so ist dies bei der CHD-Festlegung anzugeben (siehe Bild 28).

einsatzgehärtet und angelassen
(750 ± 50) HV30
CHD 600 HV3 = 0,6 ± 0,1

Bild 28 — Kennzeichnung eines allseitig einsatzgehärteten Teils mit einer Grenzhärte[N18)] und Prüflast, festgelegt abweichend vom Regelfall (siehe ISO 2639[N16)])

Sind bei der Wärmebehandlung besondere Vorgaben zu beachten (z. B. die Angaben des Zeit-Temperatur-Verlaufes), so sind diese der Wärmebehandlungsanweisung (HTO) oder dem Wärmebehandlungsplan (HTD) zu entnehmen. In der Zeichnung ist auf dieses Dokument zu verweisen (siehe Bild 29).

einsatzgehärtet und angelassen, siehe HTO...
(750 ± 50) HV30
CHD 600 HV3 = 0,6 ± 0,1

Bild 29 — Kennzeichnung eines allseitig einsatzgehärteten Teils mit Hinweis auf spezielle Vorgaben des Wärmebehandlungsverfahrens

In den meisten Fällen müssen die einsatzgehärteten Teile durch Schleifen fertigbearbeitet werden. Dadurch werden die Oberflächenhärte und die Einsatzhärtungs-Härtetiefe[N19)] verringert. Wenn es notwendig ist, beide Zustände in der Zeichnung darzustellen, muss dies angegeben werden:

— durch Hinzufügen der Wortangaben „vor dem Schleifen" und „nach dem Schleifen [siehe linke Bildunterschrift "a)" in Bild 30], oder

— durch Hinzufügen der Symbole nach ISO/TS 8062-2 und Angabe der zu prüfenden Werte [siehe rechte Bildunterschrift „b)" in Bild 30]. Die Schreibweise auf der rechten Seite mit den Symbolen ist in ISO 10135 erklärt.

N18) Nationale Fußnote: Wurde mit „Grenzhärte" übersetzt (en: hardness limit). In ISO 15787 fehlt „limit".

N19) Nationale Fußnote: Wurde übersetzt mit „Einsatzhärtungs-Härtetiefe". In ISO 15787 steht fälschlicherweise „surface-hardening hardness depth" anstelle „case-hardening hardness depth".

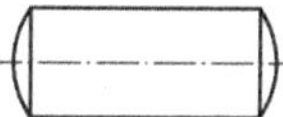

	einsatzgehärtet und angelassen	einsatzgehärtet und angelassen
vor dem Schleifen:	(750 ± 50) HV30	(750 ± 50) HV30
	CHD = 0,6 ± 0,1	CHD = 0,6 ± 0,1
nach dem Schleifen:	(750 ± 50) HV30	(750 ± 50) HV30
	CHD = 0,5 ± 0,1	CHD = 0,5 ± 0,1
	a)	b)

Bild 30 — Kennzeichnung eines allseitig einsatzgehärteten Teils mit zwei Zuständen: vor und nach dem Schleifen

7.4.4.2 Allseitiges Einsatzhärten mit unterschiedlicher Oberflächenhärte oder Härtetiefe

7.4.4.2.1 Allgemeines

Bei allseitig einsatzgehärteten Teilen mit Bereichen, in denen die Werte für die Oberflächenhärte und/oder die Härtetiefe vom übrigen Bereich abweichen, müssen diese wie in den Bildern 31 und 32 gezeigt, gekennzeichnet werden.

7.4.4.2.2 Unterschiedliche Oberflächenhärte

Das in Bild 31 dargestellte Teil muss in den durch die Prüfstellen 1 und 2 bezeichneten Bereichen die angegebenen Härtewerte aufweisen. Das ganze Teil ist angelassen aber der Bereich, für den die Härte ≤ 550 HV10 angegeben ist, muss bei einer höheren Temperatur angelassen werden um einen niedrigeren Härtewert zu erreichen als in dem durch die Prüfstelle 1 bezeichneten Bereich.

Maße in Millimeter

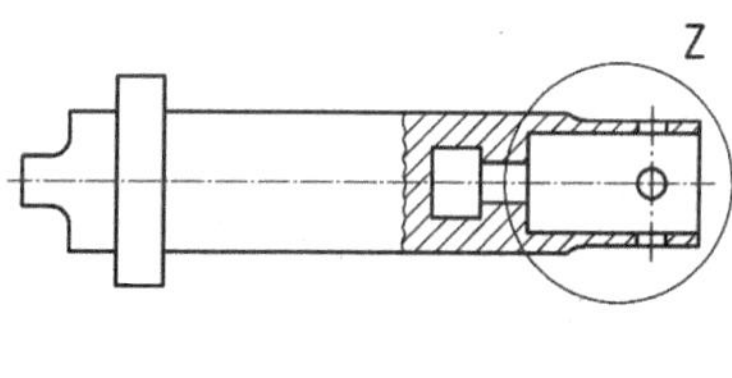

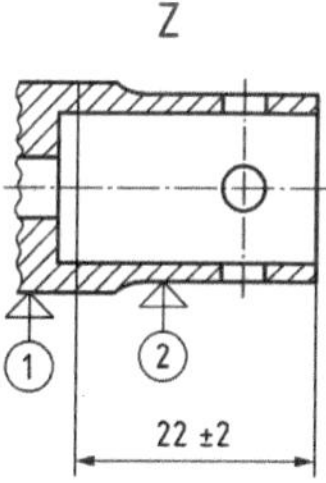

einsatzgehärtet und angelassen
1: (750 ± 50) HV10
CHD = 0,4 ± 0,1
2: ≤ 550 HV10

Bild 31 — Kennzeichnung eines Teils mit unterschiedlicher Oberflächenhärte

7.4.4.2.3 Unterschiedliche Einsatzhärtungs-Härtetiefe

Das in Bild 32 dargestellte Zahnrad ist allseitig einsatzgehärtet und angelassen. Im Bereich der Prüfstellen müssen die jeweils festgelegten Werte der Oberflächenhärte bzw. Einsatzhärtungs-Härtetiefe vorliegen.

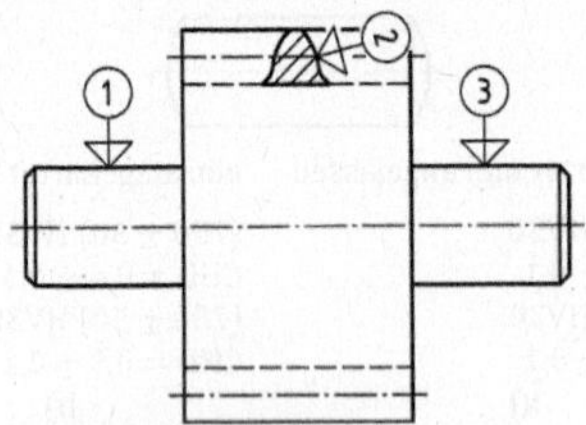

einsatzgehärtet und angelassen
1, 3: (62 ± 2) HRC
CHD = 1 ± 0,2
2: (750 ± 50) HV10
N20)

Bild 32 — Kennzeichnung eines einsatzgehärteten und angelassenen Teils mit unterschiedlichen Härten und Härtetiefen

7.4.4.3 Örtlich begrenztes Einsatzhärten

7.4.4.3.1 Allgemeines

Die Kennzeichnung der einsatzgehärteten und der nicht einsatzgehärteten Bereiche muss nach 6.3 erfolgen.

Der Übergang zwischen einsatzgehärtetem und nicht einsatzgehärtetem Bereich liegt grundsätzlich außerhalb des Nennmaßes für die Länge des einsatzgehärteten Bereichs. Die Breite des Übergangs hängt ab von der Aufkohlungstiefe nach dem Aufkohlen, dem Einsatzhärtungsverfahren, dem Werkstoff, der Form des Werkstücks und der Art und Weise, wie das örtlich begrenzte Einsatzhärten durchgeführt wird.

7.4.4.3.2 Einsatzhärten mit nicht aufgekohlten Bereichen

Der Bereich eines einsatzgehärteten Teils, der nicht aufgekohlt werden darf, sollte durch eine „Punktlinie, breit" vom Typ 07.2 nach Tabelle 2 gekennzeichnet werden. Die Worte „nicht aufgekohlt" sollten hinter der „Punktlinie, breit" angefügt werden (siehe Bilder 33 und 34). Nach dem Aufkohlen ist das ganze Teil gehärtet.

Maße in Millimeter

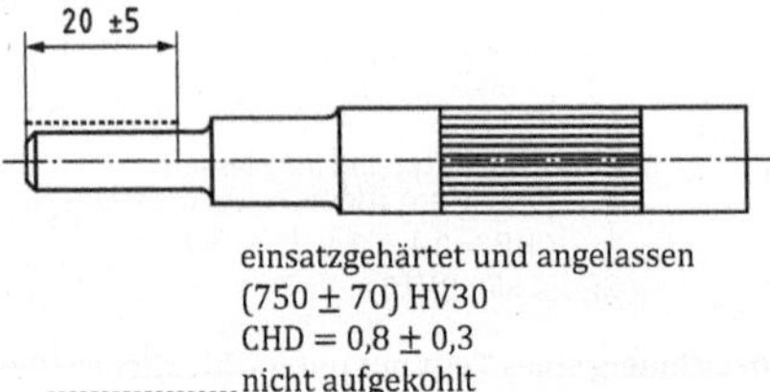

einsatzgehärtet und angelassen
(750 ± 70) HV30
CHD = 0,8 ± 0,3
.... nicht aufgekohlt

Bild 33 — Kennzeichnung eines einsatzgehärteten Teils mit einem „nicht aufgekohlten" Bereich

N20) Nationale Fußnote: Nach Meinung des deutschen Arbeitsausschusses muss an dieser Stelle ebenfalls eine Einsatzhärtungs-Härtetiefe (CHD) angegeben werden, z. B. „CHD = 0,6 ± 0,2". Die Klärung auf ISO-Ebene erfolgt im Rahmen der nächsten Überarbeitung der ISO-Norm.

Maße in Millimeter

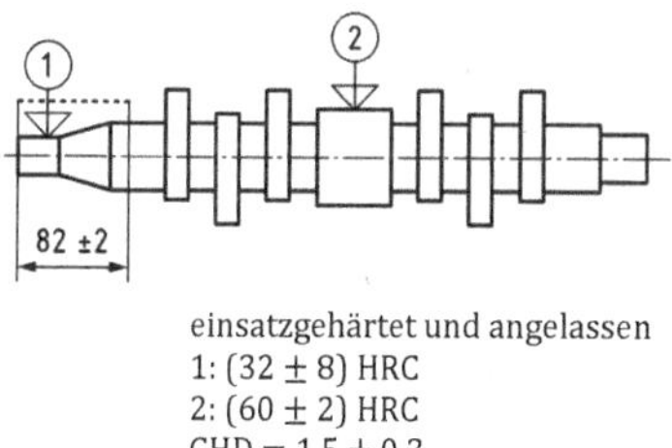

einsatzgehärtet und angelassen
1: (32 ± 8) HRC
2: (60 ± 2) HRC
CHD = 1,5 ± 0,3
................nicht aufgekohlt

Bild 34 — Kennzeichnung eines einsatzgehärteten Teils mit einem „nicht aufgekohlten" Bereich

7.4.4.3.3 Örtlich begrenztes Einsatzhärten, ganzes Teil aufgekohlt

Der einsatzgehärtete Bereich eines ganzen, aufgekohlten Teils sollte mit einer „Strich-Punktlinie (langer Strich), breit" vom Typ 04.2 nach Tabelle 2 gekennzeichnet sein. Die Wortangabe „ganzes Teil aufgekohlt" sollte hinzugefügt werden, um die Durchführung der Wärmebehandlung zu verdeutlichen (siehe Bild 35).

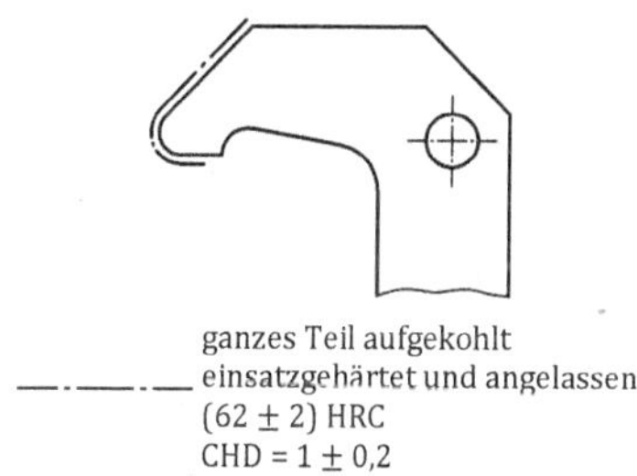

ganzes Teil aufgekohlt
—.—— .— einsatzgehärtet und angelassen
(62 ± 2) HRC
CHD = 1 ± 0,2

Bild 35 — Kennzeichnung eines ganzen aufgekohlten und örtlich begrenzt einsatzgehärteten Teils

7.4.4.4 Beispiele für aufgekohlte Teile

7.4.4.4.1 Allseitiges Aufkohlen

Das allseitige Aufkohlen ist anzugeben durch die Wortangabe „aufgekohlt" (siehe Bild 36).

Im einfachsten Fall ist der aufgekohlte Zustand mit der Wortangabe „aufgekohlt" und der Angabe der Aufkohlungstiefe mit der zulässigen Abweichung zu kennzeichnen (siehe Bild 36).

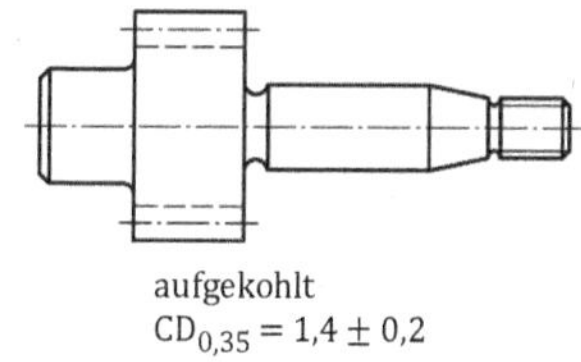

aufgekohlt
$CD_{0,35}$ = 1,4 ± 0,2

Bild 36 — Kennzeichnung eines allseitig aufgekohlten Teils

7.4.4.4.2 Örtlich begrenztes Aufkohlen

Die Kennzeichnung der aufgekohlten und der nicht aufgekohlten Bereiche muss nach 6.3 erfolgen.

Der Übergang zwischen aufgekohltem und nicht aufgekohltem Bereich liegt grundsätzlich außerhalb des Nennmaßes für die Länge des aufgekohlten Bereichs. Die Breite des Übergangs hängt von der Aufkohlungstiefe, dem Aufkohlungsverfahren, dem Werkstoff, der Form des Werkstücks und der Art und Weise, wie das örtlich begrenzte Aufkohlen durchgeführt wird, ab.

Der aufgekohlte Bereich wird durch eine „Strich-Punktlinie (langer Strich), breit" vom Typ 04.2 nach Tabelle 2 gekennzeichnet. Der aufgekohlte Zustand muss mit der Wortangabe „aufgekohlt" bezeichnet werden. Wenn die Aufkohlungstiefe vor dem Härten geprüft wird, sollten die Tiefe und das Kurzzeichen angegeben werden (siehe Bild 37).

Maße in Millimeter

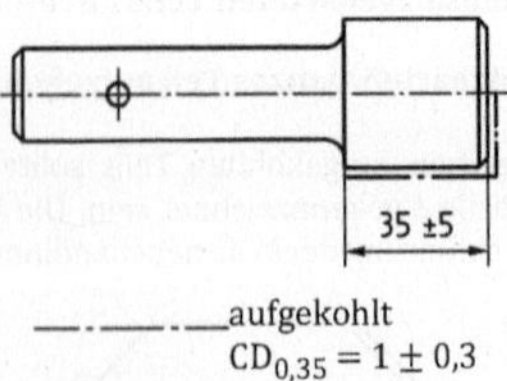

Bild 37 — Kennzeichnung eines örtlich begrenzt aufgekohlten Teils

7.5 Nitrieren und Nitrocarburieren

7.5.1 Festlegen der Nitrierhärtetiefe (NHD)

Für die Nitrierhärtetiefe ist das Kurzzeichen NHD zu benutzen. Die Grenzhärte für die Ermittlung aus einem Härteprofil beträgt im Regelfall Istkernhärte plus 50 HV.

Die Nitrierhärtetiefe wird als Nennmaß in Millimeter angegeben. Dem Wert ist ist eine Toleranz zuzuordnen. Beispiele für die Schreibweise sind in Tabelle 3 gezeigt. Die Toleranz sollte so groß sein wie funktionell möglich.

7.5.2 Festlegen der Verbindungsschichtdicke (CLT)

Für die Dicke der Verbindungsschicht sollte das Kurzzeichen CLT benutzt werden. Die CLT und die Toleranz werden in Mikrometer angegeben. Dem Wert ist eine Toleranz zuzuordnen. Beispiele für die Schreibweise sind in Tabelle 4 gezeigt. Die Toleranz sollte so groß sein wie funktionell möglich.

7.5.3 Ausführungsbeispiele

7.5.3.1 Allseitiges Nitrieren

Im einfachsten Fall muss der nitrierte Zustand durch die Wortangabe „nitriert" und die Angabe der Nitrierhärtetiefe mit der zulässigen Abweichung angegeben werden (siehe Bild 38).

Wenn das Nitrieren im Gas erfolgt, muss die Wortangabe „gasnitriert" lauten, nach ISO 4885. Wird das Nitrieren in „Plasma" durchgeführt muss die Wortangabe „plasmanitriert" lauten. Ein Beispiel für das Plasmanitrieren ist in Bild 38 dargestellt.

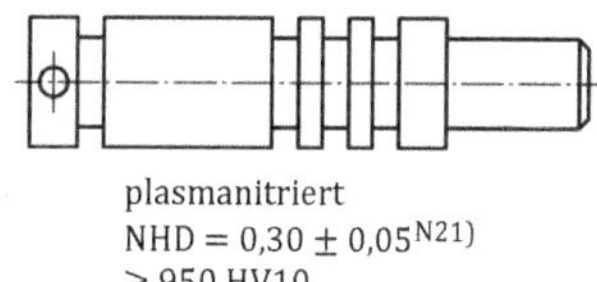

Bild 38 — Kennzeichnung eines allseitig plasmanitrierten Teils

Wird bei der Prüfung der Nitrierhärtetiefe eine andere Prüflast als z. B. HV0,5 benutzt, muss dies bei der NHD-Festlegung, wie in der Legende zu Bild 39 gezeigt, angegeben werden.

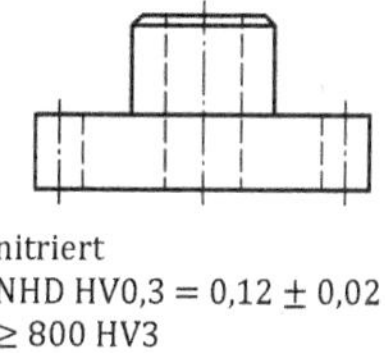

Bild 39 — Kennzeichnung eines allseitig nitrierten Teils, dessen Härteprofil mit einer Prüflast von HV0,3 geprüft wird

7.5.3.2 Örtlich begrenztes Nitrieren

Zur Kennzeichnung des nicht nitrierten Bereichs muss eine Linie vom Typ 07.2 nach Tabelle 2 verwendet werden. Vor die Wortangabe „nicht nitriert" sollte eine „Punktlinie, breit" gesetzt werden (siehe Bild 40).

Der Übergang zwischen dem nitrierten und dem nicht nitrierten Bereich liegt grundsätzlich außerhalb des Nennmaßes der Länge des nitrierten Bereichs. Die Breite des Übergangs hängt von der Nitrierhärtetiefe[N22)] und dem Nitrierverfahren, dem Werkstoff und der Form des Werkstücks sowie der Methode des örtlich begrenzten Nitrierens ab.

N21) Nationale Fußnote: Die Reihenfolge „Oberflächenhärte - Härtetiefe" in den Bildern 38 und 39 ist im Vergleich zu den Bildern in 7.4 umgekehrt. Diese andere Reihenfolge ist beabsichtigt und geht darauf zurück, dass beim Nitrieren die Nitrierhärtetiefe NHD die eigentliche Zielgröße ist und die Oberflächenhärte untergeordnet ist. Diese richtet sich nach der Stahlzusammensetzung und dem Nitrierprozess und kann nicht beliebig vorgegeben werden.

N22) Nationale Fußnote: Wurde mit „Nitrierhärtetiefe" übersetzt, nach Meinung des deutschen Arbeitsausschusses muss an dieser Stelle in der ISO 15787 „nitriding hardness depth" stehen anstelle „nitriding depth". Die Klärung auf ISO-Ebene erfolgt im Rahmen der nächsten Überarbeitung der ISO-Norm.

Maße in Millimeter

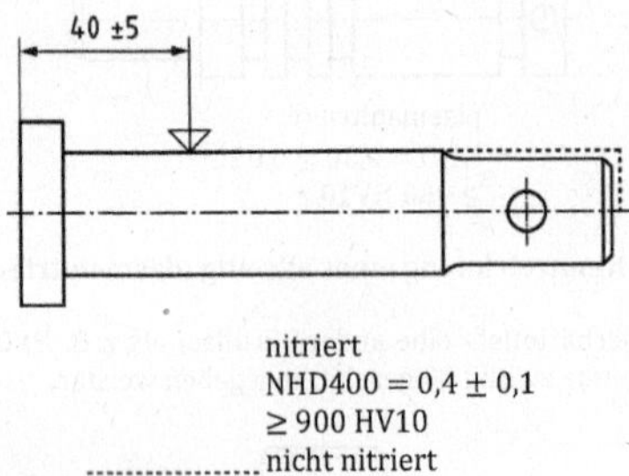

Bild 40 — Kennzeichnung eines örtlich begrenzt nitrierten Teils

7.5.3.3 Allseitiges Nitrocarburieren

Im einfachsten Fall ist der nitrocarburierte Zustand durch die Wortangabe „nitrocarburiert" und die Angabe der Verbindungsschichtdicke (CLT) mit der Toleranz in Mikrometer anzugeben (siehe Bild 41). Dem Wert ist eine Toleranz zuzuordnen, die Schreibweise kann wie in Tabelle 4 gezeigt erfolgen. Die Toleranz sollte so groß sein wie funktionell möglich.

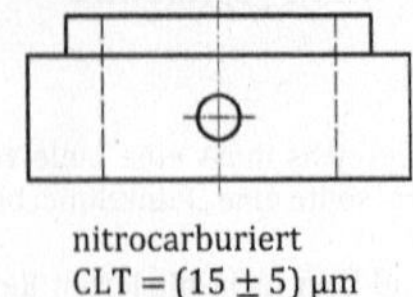

nitrocarburiert
CLT = (15 ± 5) µm

Bild 41 — Kennzeichnung eines allseitig nitrocarburierten Teils

Wird das Nitrocarburieren in einem bestimmten Mittel durchgeführt, so ist die Wortangabe des Verfahrens entsprechend zu ergänzen (siehe ISO 4885). Falls notwendig, muss auf zusätzliche Informationen verwiesen werden (siehe Bild 42).

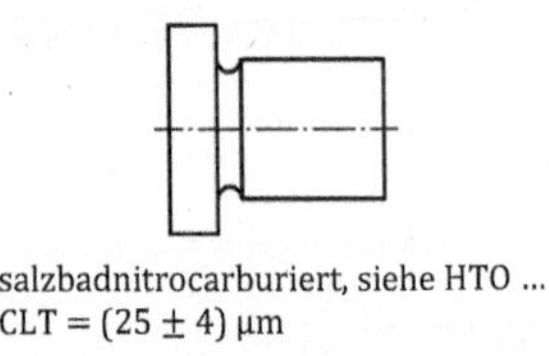

salzbadnitrocarburiert, siehe HTO ...
CLT = (25 ± 4) µm

Bild 42 — Kennzeichnung eines allseitig in einem Salzbad nitrocarburierten Teils, festgelegt in einer HTO

7.5.3.4 Örtlich begrenztes Nitrocarburieren

Für die Kennzeichnung des nicht nitrocarburierten Bereichs muss eine „Punktlinie, breit" vom Typ 07.2 nach Tabelle 2 verwendet werden (siehe Bild 43).

Der Übergang zwischen dem nitrocarburierten und nicht nitrocarburierten Bereich liegt grundsätzlich außerhalb des Nennmaßes für die Länge des nitrocarburierten Bereichs. Die Breite des Übergangs hängt von der Verbindungsschichtdicke, dem Nitrocarburierverfahren, dem Werkstoff, der Form des Werkstücks und der Methode, wie das örtlich begrenzte Nitrocarburieren durchgeführt wird, ab.

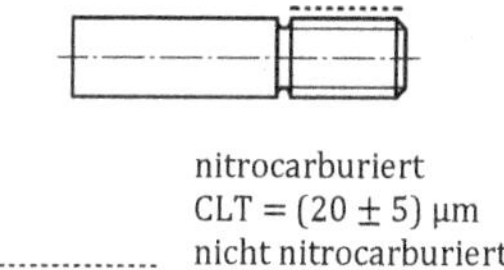

nitrocarburiert
CLT = (20 ± 5) µm
.... nicht nitrocarburiert

Bild 43 — Kennzeichnung eines örtlich begrenzt nitrocarburierten Teils

7.6 Borieren

Im einfachsten Fall ist der borierte Zustand durch die Wortangabe „boriert" und die Verbindungsschichtdicke (CLT) mit Toleranz in Mikrometer anzugeben (siehe Bild 44). Dem Wert ist eine Toleranz zuzuordnen, die Schreibweise kann wie in Tabelle 4 gezeigt erfolgen. Die Toleranz sollte so groß sein wie funktionell möglich.

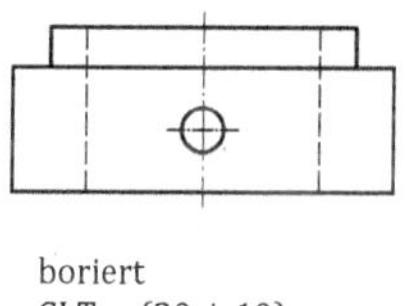

boriert
CLT = (30 ± 10) µm

Bild 44 — Kennzeichnung eines borierten Teils

7.7 Glühen

Der geglühte Zustand muss durch die Wortangabe „geglüht" und einer Zusatzbezeichnung, die das Glühverfahren genauer angibt (siehe ISO 4885) bezeichnet werden, wie:

— „spannungsarmgeglüht";

— „weichgeglüht";

— „geglüht auf kugelige Carbide";

— „rekristallisationsgeglüht"; oder

— „normalgeglüht".

Zusätzlich sind, falls erforderlich, Härtewerte oder weitere Daten zum Gefügezustand anzugeben.

Anhang A
(normativ)

Graphische Symbole

A.1 Allgemeines

Zur Harmonisierung der Größe der in diesem Dokument festgelegten graphischen Symbole mit jenen anderer Einträge in Zeichnungen (Maße, Toleranzen usw.) wende man die in ISO 81714-1 gegebenen Regeln an. Die Höhe der Identifikationsnummer in Bild A.2 müssen um den Faktor $\sqrt{2}$ größer sein als die üblichen Buchstaben in technischen Zeichnungen.

A.2 Prüfstelle

Siehe Bild A.1.

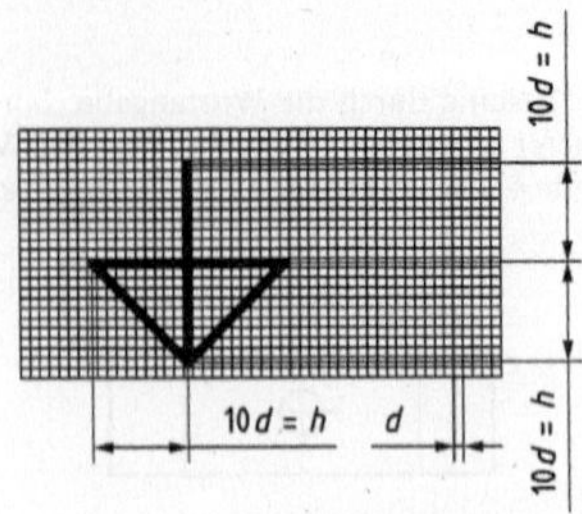

Bild A.1 — Graphisches Symbol für eine Prüfstelle

A.3 Prüfstelle mit Identifikationsnummer

Siehe Bild A.2.

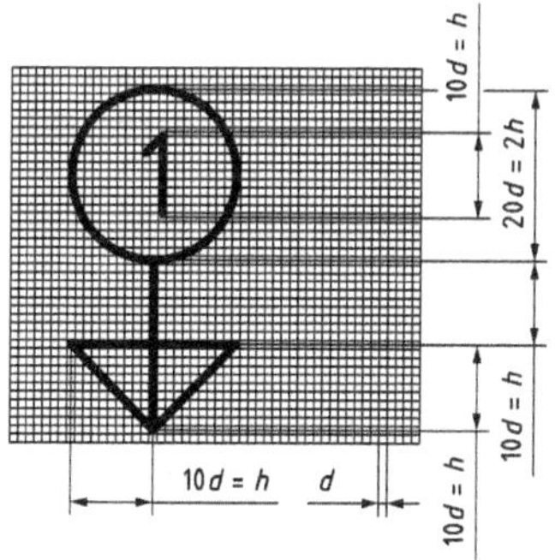

Bild A.2 — Graphisches Symbol für PrüfstelleN23) **mit Identifikationsnummer**

Für zweistellige Zahlen kann, wenn notwendig, der Kreis für die Identifikationsnummer vergrößert werden.

A.4 Schlupfstelle

Siehe Bild A.3.

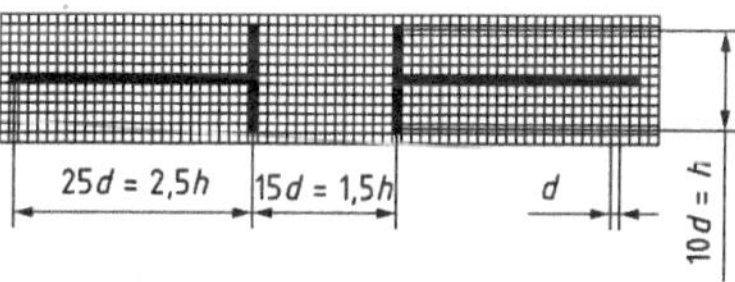

Bild A.3 — Graphisches Symbol für Schlupfstelle

N23) Nationale Fußnote: Wurde mit „Prüfstelle" übersetzt. In ISO 15787 steht fälschlicherweise „measuring point" anstelle „test point".

Literaturhinweise

[1] ISO 2639, *Steels — Determination and verification of the depth of carburized and hardened cases*

Service-Angebote des Beuth Verlags

DIN und Beuth Verlag

Der Beuth Verlag ist eine Tochtergesellschaft von DIN Deutsches Institut für Normung e. V. – gegründet im April 1924 in Berlin.

Neben den Gründungsgesellschaftern DIN und VDI (Verein Deutscher Ingenieure) haben im Laufe der Jahre zahlreiche Institutionen aus Wirtschaft, Wissenschaft und Technik ihre verlegerische Arbeit dem Beuth Verlag übertragen. Seit 1993 sind auch das Österreichische Normungsinstitut (ASI) und die Schweizerische Normen-Vereinigung (SNV) Teilhaber der Beuth Verlag GmbH.

Nicht nur im deutschsprachigen Raum nimmt der Beuth Verlag damit als Fachverlag eine führende Rolle ein: Er ist einer der größten Technikverlage Europas. Von den Synergien zwischen DIN und Beuth Verlag profitieren heute 150.000 Kundinnen und Kunden weltweit.

Normen und mehr

Die Kernkompetenz des Beuth Verlags liegt in seinem Angebot an Fachinformationen rund um das Thema Normung. In diesem Bereich hat sich in den letzten Jahren ein rasanter Medienwechsel vollzogen – die Mehrheit der DIN-Normen wird mittlerweile als PDF-Datei genutzt. Auch DIN-Taschenbücher sind als PDF-E-Books beziehbar.

Als moderner Anbieter technischer Fachinformationen stellt der Beuth Verlag seine Produkte nach Möglichkeit medienübergreifend zur Verfügung. Besondere Aufmerksamkeit gilt dabei den Online-Entwicklungen. Im Webshop unter www.beuth.de sind bereits heute mehr als 250.000 Dokumente recherchierbar. Die Hälfte davon ist auch im Download erhältlich und kann von den Anwendenden innerhalb weniger Minuten digital eingesehen und eingesetzt werden.

Von der Pflege individuell zusammengestellter Normensammlungen für Unternehmen bis hin zu maßgeschneiderten Recherchedaten bietet der Beuth Verlag ein breites Spektrum an Dienstleistungen an.

So erreichen Sie uns

Beuth Verlag GmbH
Am DIN-Platz
Burggrafenstraße 6
10787 Berlin

Telefon +49 30 58885700-70
kundenservice@beuth.de
www.beuth.de

Ihre Ansprechpartner*innen in den verschiedenen Bereichen des Beuth Verlags finden Sie auf der Seite „Kontakt“ unter www.beuth.de.

Stichwortverzeichnis

Die hinter den Stichwörtern stehenden Nummern sind DIN-Nummern der abgedruckten Normen.